제3판

철근 콘크리트공학

2012년도 개정 콘크리트구조기준 적용

민 창 식 저

EINFORCED CONCRETE DESIGN

도서출판
구미서관

제3판을 내면서

2013년 2월 저자(csmin@dongguk.edu)

콘트리트구조설계기준(1999년 5월 제정, 2003년 4월 및 2007년 10월 개정·발행)에 이어 2012년 10월에 ACI 318-08, Eurocode 및 국내주요 연구결과 등을 반영하고 ISO 19338: 2007 기준(Performance and Assessment Requirements for Design Standards on Structural Concrete)을 만족하도록 보완하여 **콘크리트구조기준**(이하 '구조기준')을 개정하여 발행하였다. 주요 개정 내용은 아래의 표와 같다.

장	2007 기준	2012 구조기준
전체	$\sqrt{f_{ck}}$	$\underline{\lambda}\sqrt{f_{ck}}$ 경량콘크리트 계수 도입
1.2(2) 3.1.1(1)	...종전에 적용하던 기준인 부록 I의 대체설계법을 따를 수 있다.	<u>대체설계법(허용응력설계법)</u> 삭제
2.2.3(8) 5.4.5	<u>신설</u> : 확대머리 전단스터드 내용 추가	확대머리 전단스터드에서 확대머리의 지름은 전단스터드 지름의 $\sqrt{10}$ (≡3.16)배 이상 등
2.3.2(2)	배합강도 $f_{cr} = f_{ck}+7$ (f_{ck}가 21 미만) ; $f_{ck}+8.5$ (21~35); $f_{ck}+10.0$ (35 초과)	배합강도 $f_{cr} = f_{ck}+7$ (f_{ck}가 21 미만) ; $f_{ck}+8.5$ (21~35 미만) ; $\underline{1.1f_{ck}+5.0}$ (35 초과)
2.3.3(1)①(나)	시료 채취 150 m^3당 1회 이상	시료 채취 <u>100 m^3</u>당 1회 이상
3.3.2 소요강도	$U=1.4(D+F+H_v)$ $U=1.2D+1.0L+1.0E+0.2S$ $U=0.9D+1.0E+1.6(\alpha_H H_v+H_h)$ $U=0.9D+1.3W+1.6(\alpha_H H_v+H_h)$	$U=1.4(D+F)$ $U=1.2(D+H_v)+1.0L+1.0E$ $+0.2S+(1.0H_h$ 또는 $0.5H_h)$ $U=0.9(D+H_v)+1.0E+(1.0H_h$ 또는 $0.5H_h)$ $U=0.9(D+H_v)+1.3W+(1.6H_h$ 또는 $0.8H_h)$
3.3.4	$f_y < 550$ MPa	$f_y <$ <u>600 MPa</u>
3.4.2	연속 휨부재의 <u>부모멘트</u> 재분배	연속 휨부재의 <u>모멘트</u> 재분배
3.4.3(1) 탄성계수	$f_{cu}=f_{ck}+8$ (MPa)	$f_{cu}=f_{ck}+\Delta f$; Δf = 4 MPa (f_{ck}가 40 이하) ; $1.1f_{ck}$ (40 초과 60 미만) ; 6 MPa (60 이상)
	초기접선탄성계수 $E_c=0.85E_{ci}$	$E_{ci}=1.18E_c=1.18(8{,}500\sqrt[3]{f_{cu}})=10{,}030\sqrt[3]{f_{cu}}$
3.4.3(4)	형강 탄성계수 $E_{ss}=210{,}000$ MPa	$E_{ss}=\underline{205{,}000\text{ MPa}}$
4.3.1(3)	파괴계수 $f_r=0.63\sqrt{f_{ck}}$	$f_r=0.63\lambda\sqrt{f_{ck}}$ (경량콘크리트계수 도입)
4.3.1(5)	장기처짐 계수 $\lambda=\xi/(1+50\rho')$	$\underline{\lambda_\Delta}=\xi/(1+50\rho')$(아래 첨자 Δ 도입)
4.3.2 표 4.3.3	슬래브 최소두께	500 MPa 및 600 MPa 기준 도입
5.3.2(7)①	...압축강도가 28 MPa 보다 크면...	...압축강도가 27 MPa 보다 크면...
5.5.2(2)⑥(가)	<u>신설</u> : 나선철근 이음길이	에폭시 도막 철근 $72d_b$; 표준갈고리를 가지는 에폭시 도막 이형 철근 $48d_b$
5.8.1(1) 5.8.1(4)	장선구조 ... A급 인장겹침이음 ... 연속성 확보 .. A급 인장겹침이음 ...	장선구조 ... <u>B급 인장겹침이음</u> ... 연속성 확보 .. <u>B급 인장겹침이음</u> ...
6.1.2	지속하중 비 β_d	β_{dns}(횡구속 골조), β_{ds}(비횡구속 골조)
6.2.2	자구 수정	휨모멘트와 축력을 받는 철근콘크리트 부재로서 계수축력이 $0.1f_{ck}A_g$보다 작은 경우 축력을 무시하고 휨부재로 취급하여 계산할 수 있다.

장	2007 기준	2012 구조기준
6.3.3 휨철근 배치	$s=375(210/f_s)-2.5c_c \le 300(210/f_s)$	$s=375(k_{cr}/f_s)-2.5c_c \le 300(k_{cr}/f_s)$; 건조환경 $k_{cr}=280$, 그 외 $k_{cr}=210$; $f_s=(2/3)f_y$
6.5.2(2)	6.5.2(5) $kl_u/l>100$ 인 경우 2계 비선형 해석 수행	2차 해석에 의한 총 휨모멘트가 탄성 1차 해석에 의한 휨모멘트의 1.4배를 초과하지 않도록 설계
6.5.3,6.5.4	이동	비선형 2차 해석 및 탄성 2차 해석
6.5.6	$C_m=0.6+0.4M_1/M_2 \underline{\ge 0.4}$	$C_m=0.6+0.4M_1/M_2$
7.4.2(3)	$V_s>(\sqrt{f_{ck}}/3)b_w d$ → 최대간격 1/2	$V_s>(\underline{\lambda}\sqrt{f_{ck}}/3)b_w d$ (λ 도입)
7.4.3(1)	추가 : $V_u>(1/2)\phi V_c$ 최소 전단철근을 배치하지 않는 조건	⑤ 속빈 부재, ⑥ 강섬유콘크리트 보 규정 추가
7.7.2(4)	$V_n=0.2f_{ck}A_c \le 5.6A_c$	일체로 친, 표면 거칠게 만든 보통콘크리트 : $V_n=0.2f_{ck}A_c \le (3.3+0.08f_{ck})A_c$ 그 외의 경우 $V_n=0.2f_{ck}A_c \le 5.5A_c$
7.7.2(5)	전단마찰철근 $f_y<400$ MPa 이하	전단마찰철근 $f_y<500$ MPa 이하
7.9.2(3)	내민받침 $V_n=(0.2f_{ck}\le 5.6)b_w d$	$V_n=\text{Min.}[0.2f_{ck}, (3.3+0.08f_{ck}), 11]b_w d$
7.12.2~3, 7.12.7	완전 수정 및 신설	2방향 거동에 대한 전단강도 ; 전단철근 ; 휨모멘트 전달을 위한 편심전단 설계
8.2.2(3)	횡방향철근지수 $K_{tr}=A_{tr}f_y/(10.7sn)$	$K_{tr}=40A_{tr}/(sn)$
8.2.5	표준갈고리 $l_{hb}=100d_b/\sqrt{f_{ck}}$	$l_{hb}=0.24\beta d_b f_y/(\lambda\sqrt{f_{ck}})$
8.2.6	신설 : 확대머리 및 기계적 인장 정착	$l_{dt}=0.19\beta d_b f_y/\sqrt{f_{ck}}$
8.5.2(3)	$l_d \le M_n/V_u+l_a$	$l_d \le M_n/V_u$
8.6.3(1)	$l_s \ge 0.072f_y d_b$ ($f_y \le 400$ MPa) ; $l_s \ge (0.13f_y-24)d_b$ ($f_y>400$ MPa)	$l_s=(1.4f_y/\lambda\sqrt{f_{ck}}-52)d_b \le 0.072f_y d_b$ ($f_y \le 400$ MPa) ; $\le (0.13f_y-24)d_b$ ($f_y>400$ MPa)
9.3.1(1)	신설 : 도입 직후 허용응력	② 단순지지 부재 단부의 휨압축응력 $0.70f_{ci}$
9.9.2(2)	...직경 13 mm 이하의...	...직경 12.7 mm 이하의...
13.1.1(3)	신설 : 옹벽 설계	(3) 이 장의 규정은 지진하중의 영향을 배제한 상시 하중들의 조합에만 적용할 수 있다.
16	4,500N/m, 22,500 N/m, 73,000 N, 45,000 N	4,400 N/m, 22,000 N/m, 71,000 N, 44,000 N
I.3.4	스트럿 강도 $F_{ns}=f_{ce}A_c+1.2A_s'f_s'$	$F_{ns}=f_{ce}A_c+\underline{1.13}A_s'f_s'$
III.3.2	균열폭의 계산	Eurocode 2 모델로 개정

용어 변경 : 건조수축 → 수축 ; 공기함유량 → 공기량 ; 기계적이음장치 → 기계적연결장치 ; 다우얼 철근 → 다월 철근 ; 단 배근 → 일열 배근 ; 단위용적중량 → 단위용적질량 ; 독립확대기초 → 독립기초 ; 베이스 플레이트(base plate) → 강재 밑면 ; 복배근 → 이열 배근 ; 비선형 2계 해석 → 비선형 2차 해석 ; 상연, 상면 → 윗면 ; 에폭시수지 피복 → 에폭시수지 도막 ; 외력 → 힘 ; 저면 → 밑면 ; 전단면(shear plane) → 전단력 전달면 ; 프리캐스트 부재 → 프리캐스트콘크리트 부재 ; 책임기술자 → 책임구조기술자 ; 흙 → 지반 ; supporting member → 받침부재(기초판) ; supported member → 지지되는 부재(기둥, 벽체, 주각 등)

Contents

Chapter 1

서론(Introduction)

Chapter 2

재료의 성질(Materials)

Reinforced Concrete Design

Contents

Chapter 5

사용하중 거동 - 처짐과 균열

(Service Load Behavior - Deflections and Cracking)

Chapter 6

부착, 정착 및 배근 상세

(Bond, Anchorage and Reinforcing Details)

Chapter 7

전단과 사인장(Shear and Diagonal Tension)

Chapter 8

비틀림 거동과 강도(Torsional Behavior and Strength)

Chapter 9

기둥 - 축 방향 하중을 받는 부재
(Column - Compression Members)

Chapter 12

옹벽의 설계(Design Of Retaining Walls)

Chapter 13

불연속 영역 및 스트럿-타이 모델
(Discontinuity Region and Strut-and-Tie Model)

Chapter 14

연속 휨부재의 모멘트 재분배
(Redistribution of Moments in Continuous Flexural Members)

Chapter 1

서 론
Introduction

Reinforced Concrete

1.1 철근콘크리트 구조물(Reinforced Concrete Structures)

구조물을 건설하는데 가장 흔히 사용되는 재료로는 나무와 석재, 강재(steel) 그리고 **철근콘크리트(reinforced concrete)**[1]를 들 수가 있으며, 근래에 와서 알루미늄이나 플라스틱과 같은 경량재료도 사용되고 있다. 철근콘크리트는 서로 성질이 다른 두 재료 즉, 보강 강재(**re**inforcing **bar**, 줄여서 'rebar'라고도 함)와 콘크리트를 동시에 사용하기 때문에 한 가지 재료만 사용하는 설계에 비해서 구조물의 설계를 지배하는 원리는 여러 방향에서 다르게 된다[1.1].

철근콘크리트를 사용해서 건설되는 구조물에는 건축물, 교량, 육교, 옹벽, 터널, 댐, 수로, 탑 등의 다양한 구조물이 있다. 본 교재에서는 축하중이나 휨모멘트, 전단력, 비틀림 모멘트 그리고 이러한 외력이 복합적으로 작용하는 철근콘크리트 구조물의 해석과 설계에 대한 기본원리를 다루게 된다. 부재의 길이와 외력들이 어떻게 얼마나 작용하는지를 알게 되면 이러한 설계원리는 기본적으로 어떤 구조물의 설계에도 적용할 수 있다. 비록 해석(analysis)과 설계(design)가 각각 다루어지지만 일반적으로 부정정 구조물인 철근콘크리트 부재에서 이를 서로 구분하기는 불가능하다. 최종 설계를 하기 전에 기본설계에서 상대적인 부재의 크기를 가정하여야 하므로 해석과 설계의 관계는 오히려 시도(trial), 판단(judgment)과 경험(experience)의 문제가 된다.

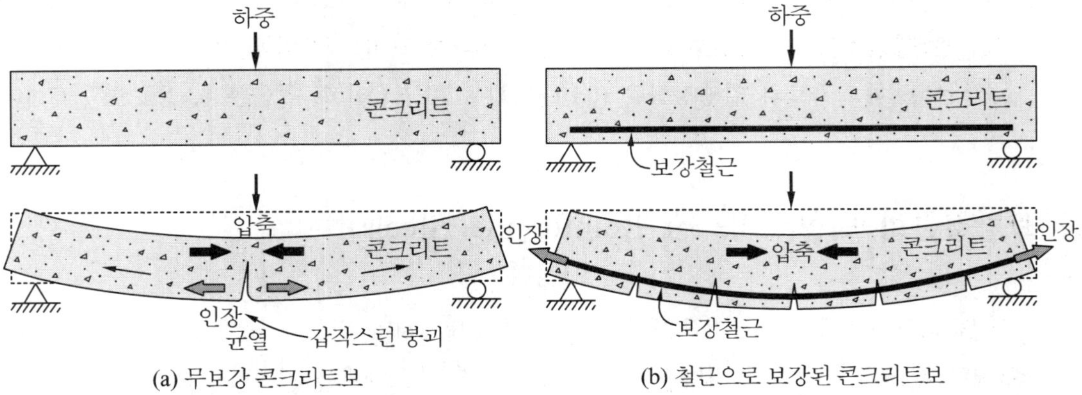

(a) 무보강 콘크리트보 (b) 철근으로 보강된 콘크리트보

그림 1.1[1.43] 휨거동을 하는 콘크리트 보 (a) 보강을 하지 않은 무보강 콘크리트보 : 인장연단에 균열이 일어나면서 갑작스런 붕괴파괴를 일으킨다. ; (b) 인장 측에 철근이 배치된 철근콘크리트 보 : 인장 측에 균열이 발생해도 철근이 인장력에 저항하여 하중이 증가해도 문제없이 외력에 저항한다.

1) Reinforced concrete는 번역한다면 "보강콘크리트"가 되어야 하지만 보강재료로 국내에서는 대부분 철근(rebar)을 사용하므로 "철근콘크리트"라는 용어가 일반적으로 사용되고 있다.

철근콘크리트는 압축강도는 높지만 인장강도는 낮은 콘크리트(plain concrete)와 콘크리트 속에 매립되어 콘크리트가 부족한 인장강도를 보충하는 보강 철근(reinforcing steel bar)의 합리적인 결합체라고 볼 수 있다. 그림 1.1a와 같이 보강철근을 배치하지 않은 **무보강 콘크리트 보(unreinforced concrete beam)**는 압축강도에 비해서 대략 1/10밖에 안되는 인장강도로 인해서 하중이 작용하면 균열이 발생하면서 갑작스런 붕괴파괴(sudden fracture failure)가 일어나게 된다. 그러나 그림 1.1b와 같이 인장영역에 보강철근을 배치하게 되면 콘크리트에 균열이 발생해도 철근이 인장력에 저항하여 보의 강도를 상당히 증가시켜서 보는 구조체로서 상대적으로 큰 하중을 지지할 수 있게 된다. 보강철근이 인장력뿐만 아니라 압축력에도 저항하므로 보강철근은 기둥과 같은 압축부재나 보의 압축영역에도 배치될 수 있다.

복합적으로 저항하는 재료(composite-resistant material)인 철근콘크리트의 거동은 보강철근과 같은 요소들이 어떻게 배치되느냐에 따라 커다란 영향을 받게 된다. 예를 들어서 그림 1.1b와 같은 보의 경우에 철근이 보의 바닥 부근이 아닌 보의 상부에 배치되었다면 철근이 인장력에 저항하지 못하게 되어 보강재로서의 역할을 하지 못하므로 철근콘크리트라고 볼 수 없을 것이다.

철근과 콘크리트는 아래와 같은 이유에 의해서 구조체로서 일체로 거동하게 된다.

① 단단하게 굳은 콘크리트와 철근(특히 이형철근) 사이의 부착력(bond)이 철근의 미끄러짐을 방지한다.

② 적절하게 배합된 콘크리트는 불침투성(impermeability)으로 철근의 부식을 방지한다.

③ 열팽창율이 거의 비슷하여 상온에서 철근과 콘크리트 사이에 거의 온도응력이 발생하지 않는다. 콘크리트의 열팽창률은 (0.10~0.13) x $10^{-4}/^{\circ}$C이고, 철근은 0.12 x $10^{-4}/^{\circ}$C이다.

1.2 보강철근의 역할(Role of Reinforcing Steels)[1.2]

철근콘크리트에서 보강철근의 역할은 그림 1.1b에서와 같이 강도만을 증진시키는 것이 아니라 부재가 붕괴되기 전까지 커다란 변형을 일으키면서도 파괴는 일어나지 않도록 상당한 **연성(延性, ductility)**을 보유하여 철근콘크리트 구조물의 설계에 다양한 이점을 제공하고 있다.

먼저 압축강도가 35 MPa인 콘크리트로 만든 보강되지 않은 콘크리트 부재에 축인장력이 작용하게 되면 평균 인장응력이 그림 1.2a에서 보는 바와 같이 대략 2 MPa에 도달하면 균열이 일어나면서 더 이상 하중을 지지하지 못하고 파괴되고 만다. 그림에서 보는 바와 같이 콘크리트의 인장강도가 매우 낮을 뿐만 아니라 그 값도 예측하기 어렵고 또한 파괴하기까지 변형은 아주 작게 나타난다.

만약에 이 콘크리트 부재에 길이 방향으로 보강철근을 매립하게 되면 부재의 인장거동이 상당히 향상하게 된다. 예를 들어서 항복강도가 400 MPa인 철근을 콘크리트 면적에 대해서 1.5% 정도 배치하게 되면 그림 1.2b와 같은 거동을 얻게 된다. 앞의 보강철근을 배치하지 않은 부재와 같이 첫 번째 균열이 일어나자마자 파괴되지 않고 균열을 지나서 배치된 철근이 항복할 때까지 부재는 지속적으로 작용하는 하중에 저항할 수 있게 된다. 비록 균열이 일어난 뒤에 상당한 강성을 잃어서 응력-변형률 곡선의 기울기가 낮아지지만 보강이 되지 않은 상태에 비해서 부재가 완전히 파괴되기 위해서는 상당한 추가적인 에너지가 필요하게 된다(즉, 응력-변형률 곡선으로 둘러싸인 면적이 훨씬 넓게 된다).

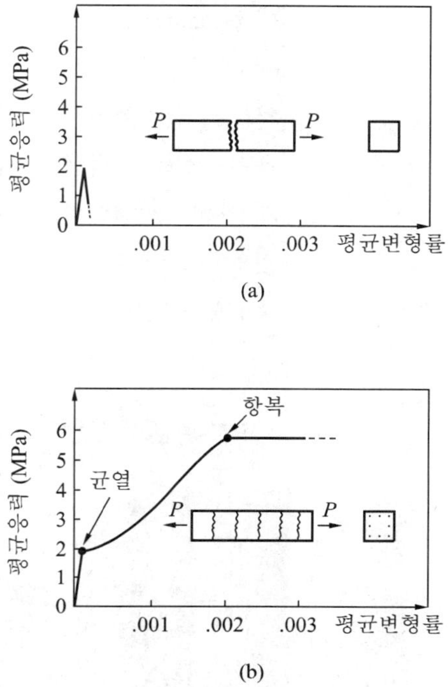

그림 1.2 (a) 보강이 되지 않은 콘크리트 부재와 (b) 철근콘크리트 부재의 거동

그림 1.2a와 b를 비교해보면 보강철근을 매립함으로서 초기 균열을 일으키는 평균응력이 거의 증가하지 않는 것을 알 수 있다. 철근이 매립되어 외력에 저항하기 위해서는 특히 마디가 있는 이형철근(그림 2.49 참고)에서 철근과 콘크리트 사이의 화학적 접착력의 기여는 매우 미미하고(6장 참고) 미세한 변형(철근의 미끄러짐)을 일으킨 뒤에 마디의 지압력에 의해서 외력에 저항하는 역할을 시작하기 때문이다.

이렇게 초기에 균열이 일어나서 부재의 강성이 감소하는 것을 방지하기 위해서 고강도 강선(high-strength prestressed tendon)을 이용하여 부재에 외력이 작용하기 전에 강선에 인장력을 주고 정착하여 부재에 사전 압축력을 주어 외력에 의해서 발생하는 인장력을 상쇄하도록 하는 보강콘크리트를 **프리스트레스트 콘크리트(prestressed concrete, PSC)**라 한다.

1.3 역사적인 배경(Historical Background)[1.3]

인류의 문명이 발달하면서 석회석을 결합제로서 이용한 석회석 모르타르(lime mortar)가 쓰이기 시작했으며, 기원전 2세기의 바빌로니아 문명(Babylonian)에서는 돌 벽돌(stone masonry)의 생산에 석회석 모르타르가 사용되었다. 로마시대에는 대리석을 대용하기 위해서 모래, 석회석과 화산재(volcanic pozzolana dust)(일명 Roman cement, caementa)를 사용하여 만든 콘크리트가 새로운 건설재료로서 사용되기 시작하였다. 이 시대의 콘크리트 구조물의 대표적인 예로는 이탈리아 로마의 판테옹(Panthéon)을 들 수가 있다(그림 1.3 참고). 비례의 미(돔의 안지름과 천장의 높이가 같은 43.2 m)와 장엄한 내부 공간의 창조라는 당시의 경이적인 건설기술로서 건축사상 불후의 명작 가운데 하나로 꼽히는 구조물로 기원전 27년에 아우구스티누스 황제의 사위인 아그리파(Agrippa)장군이 올림프스의 신들을 제사하기 위하여 건설되어 115~125년경에 하드리아누스(Hadrian)황제 시대에 재건축된 신전이다. 이 판테옹은 보강철근을 사용하지 않고 콘크리트만 사용한 것이 특징으로 천정의 중앙에 지름 9 m의 구멍이 뚫려 있으며, 건물 기반부터 돔의 정점까지 콘크리트를 사용하여 중량을 경감시키는 아치를 이용한 복잡한 공법으로 세운 구조물이다.

그림 1.3 서기 115~125년경에 콘크리트를 사용해서 건설된 판테옹 신전

콘크리트의 발달은 르네상스시대에도 지속되었으며 이 시대의 대표적인 콘크리트 구조물로는 1506년 공사가 시작되어 120년 뒤인 1626년에 완공된 바티칸의 성 베드로 성당(Basilica de San Pietro)을 들 수가 있다. 이 성당의 설계는 브라만테(Bramante)가 하고 미켈란젤로(Michelangelo) 등의 르네상스 건축가들이 참여하여 완성되었다. 거대한 반구형 돔이 인상적인 성 베드로 성당은 로마 르네상스 건축의 정점으로 평가되고 있으며 로마 시멘트와 유사한 재료로 만들어졌다.

현대적인 시멘트의 발달은 1824년 영국의 벽돌공 Joseph Aspdin이 취득한 특허로부터 시작되었다고 볼 수 있다. Aspdin은 석회석과 점토를 섞어 곱게 갈아 소성로(kiln)에서 고온으로 구워서 만드는 시멘트가 경화한 뒤의 성질이 영국남부의 포틀랜드 섬에서 생산하는 석회석과 비슷(색 등이)하다고 하여 **포틀랜드 시멘트(portland cement)**라고 명명하였다.

철근콘크리트(**r**einforced **c**oncrete, RC)는 19세기에 들어와서야 도입되기 시작했으며 이 복합 건설재료의 발달로 인해서 19세기 중반에 이르러서는 프리스트레스트 콘크리트(prestressed concrete, PSC)의 발달을 가져오게 되었다.

1850년대에 영국과 프랑스에서 Wilkinson, 랑보(Lambot) 및 프랑소와 코아네(Francois Coignet) 등은 철근망이나 무쇠(iron)을 이용한 보강방법으로 특허를 받기 시작하였다. 1876년 프랑스의 Joseph Monier가 처음으로 실용적인 철근콘크리트를 사용하여 여러 종류의 구조물(파이프, 탱크, 슬래브, 교량 및 층계)에 대한 특허를 받았다. 미국에서는 1850년경에 Thaddeus Hyatt가 인장철근과 전단보강의 수직 스터럽을 가진 철근콘크리트 보에 대한 실험을 수행하였다. 독일에서는 1880년도에 Stuttgart 대학교에서 Mörsch나 Bach 교수 등이 철근콘크리트의 강도에 대한 실험을 수행하기 시작하였다.

1890년도에서 1920년도에 걸쳐서 철근콘크리트의 역학에 대한 지식이 급속하게 발달되어 1886년도에 발행된 프러시아의 Koenan의 이론을 발전시켜서 프랑스의 공학자 코아네(Coignet)와 Tedeskko에 의해서 휨에 대한 사용응력설계법(working stress design, 허용응력설계법)이 개발되었다. 이 설계방법은 1900년도에서 1950년대까지는 전 세계적으로 통용되던 설계방법이었다. 지난 70년간 철근콘크리트에 대한 광범위한 실험과 연구가 수행되었으며 현재의 설계방법은 이러한 연구결과에 따른 것이다.

실용적인 프리스트레스트 콘크리트의 발달은 1928년 프랑스의 Eugene Freyssinet에 의해서 발달되기 시작했으며 프리스트레싱에 고강도 강재를 사용하여야만 콘크리트에 일어나는 장기변형인 크리프 변형(2.7장 참고)에 의한 손실을 극복하고 유효 프리스트레싱 힘이 남아있을 수 있다는 것을 보여주었다.

1.4 철근콘크리트 부재(Reinforced Concrete Member)[1.4]

철근콘크리트 구조물은 구조물에 작용하는 하중을 지반에 전달하기 위해서 개개의 **부재(member)**들로 구성되어 있다(그림 1.4 참고, 전달경로 : 하중 → 슬래브 → 보 → 기둥 → 기초 → 지반). 그림 1.5에서 보면 2층 바닥은 슬래브-장선(slab-joist) 구조로 건설되었다. 일련의 뼈대(T형 보가 연속된 모양) 또는 장선 구조가 상부 슬래브에 작용하는 하중을 보에 전달하고 있다. 이 보에 전달된 하중은 기둥과 기초를 통하여 지반에 분산되게 된다. 이러한 바닥 구조에서 상부 슬래브의 역할은 ① 상부에 작용하는 하중을 횡적으로 장선에 전달하고, ② 장선 구조에서 상부 플랜지로서 역할을 하여 T형 보와 같이 거동하여 장선과 직교하여 만나는 보(beam)에 하중을 전달한다. 그림 1.5의 1층 바닥은 슬래브-보의 구조로 슬래브를 보가 지지하고 이 보에 전달된 하중이 기둥을 타고 기초에 의해서 지반에 전달되는 형식이다. 기둥의 하중은 지반의 지지력이 충분하지 못해서 파괴되는 것을 피하고, 단위 면적당 전달되는 하중을 적당히 조절하기 위해서 단면적이 상당히 확대된 **확대기초(spread footing)**가 배치되고 있다. 지반의 지지력이 충분하지 못할 때는 말뚝기초(pile foundation)나

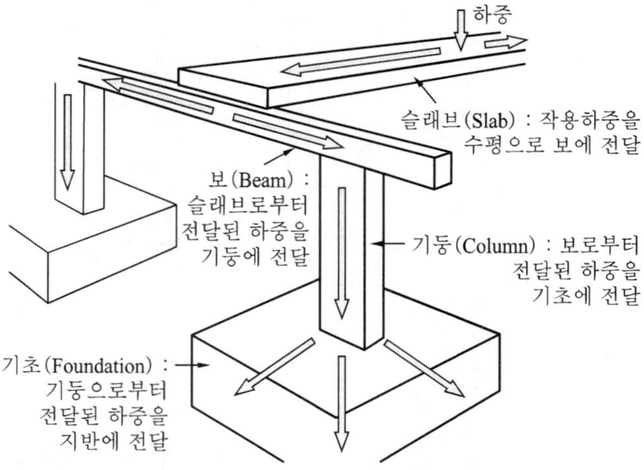

그림 1.4 구조물에서 부재들의 체계[1.5]

또는 깊이가 깊은 기초를 사용해야 할 것이다. 건물의 주변을 따라 바닥하중이 그림 1.5와 같이 벽에 의해서 직접 지지되거나 또는 그림 1.6과 같이 외부 기둥에 의해서 지지되고, 이러한 벽이나 기둥은 지하실 벽이나 또는 기초벽에 의해서 지지된다.

그림 1.5에 있는 슬래브는 하중을 남-북 방향으로 지지하여 동-서 방향으로 장선이나 보에 전달하고, 이 하중은 다시 이 장선이나 보를 지지하는 거더(girder, 큰 보)나 기둥 또는 벽으로 전달된다. 이렇게 한쪽 변의 경간길이가 다른 쪽 변의 경간길이에 비해서 길어서 슬래브가 외력이 작용하여 변형을 일으킬 때 길이가 짧은 변 방향으로만 휘는 슬래브를 **1방향 슬래브(one-way slab)**라 한다.

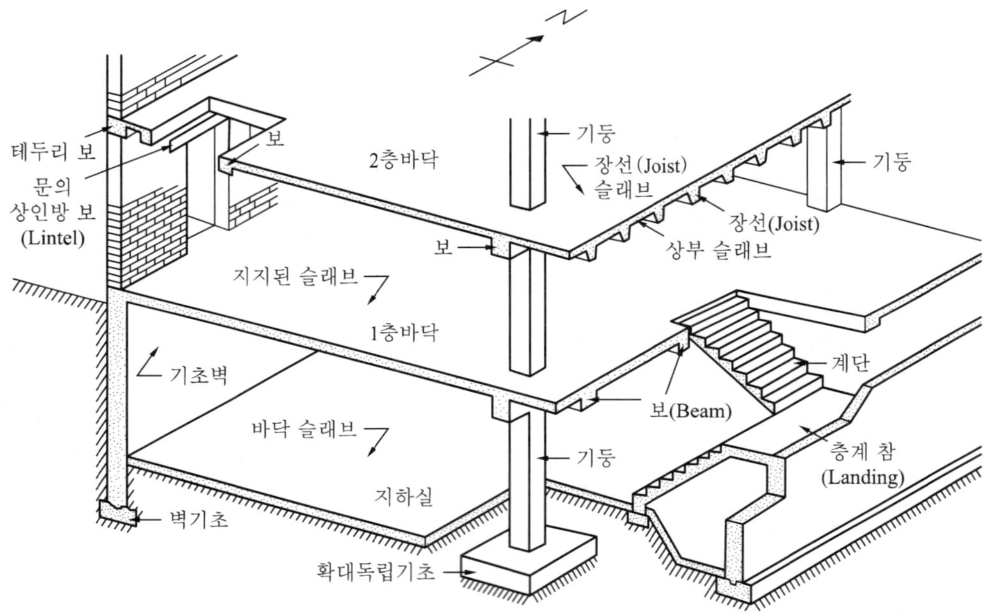

그림 1.5 철근콘크리트 건물의 구성요소

그림 1.6과 같은 슬래브나 평판(plate, 플레이트)과 같은 구조물을 건설하기 위해서는 평평한 바닥을 형성할 수 있도록 하는 거푸집이 있어야만 시공할 수 있다. 하중이 지붕이나 바닥에 작용하면 동-서와 남-북 방향의 기둥과 기둥사이의 거리가 그렇게 큰 차이가 없는 경우에 2방향 평판 작용에 의해서 하중을 기둥에 전달하게 된다. 이런 슬래브를 **2방향 슬래브(two-way slab)**라 한다. 그림 1.6에서 1층의 슬래브가 기둥부분에서 두께가 두꺼운 부분을 **지판(drop panel)**이라 부른다. 또한 기둥에서도 하중을 원활하게 전달하기 위해서 단면이 확대된 **기둥머리(capital)**나 기둥 **내민받침(corbel)**을 사용하고 있다. 이렇게 단면이 두꺼워 지거나 확대된 부분은 기둥 부근에서 추가로 휨모멘트나 전단에 저항할 수 있도록 하고 또한 슬래브의 처짐을 감소시킨다.

그림 1.6에서 지판이나 기둥머리가 없는 슬래브를 **플랫 슬래브(flat slab)**의 특별한 형식으로 **플랫 플레이트(flat plate, 평평한 평판)**라 부른다. 이런 플랫 플레이트는 아파트 등에서 많이 쓰이는데 그 이유는 슬래브 아래 면이 평평하여 천정으로 그대로 사용할 수 있을 뿐만 아니라 더 경제적이기 때문이다.

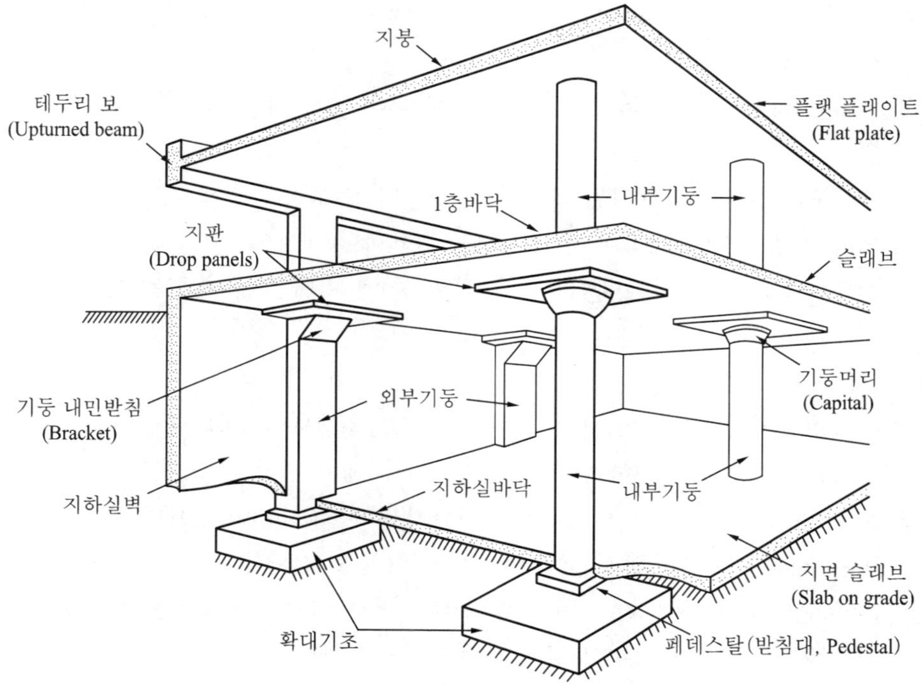

그림 1.6 철근콘크리트 구조물의 구성요소

1.5 구조재료로서의 철근콘크리트의 장점과 단점(Advantages and Disadvantages of Reinforced Concrete as a Structural Material)[1.6]

장점

① 다른 건설재료에 비해서 높은 압축강도를 가지며 상대적으로 가격이 저렴하다.

② 물과 불에 대해서 큰 내구력과 내화력(fire resistance)을 가지고 있고, 물이 존재하는 지역에서 사용할 수 있는 가장 좋은 건설재료라고 할 수 있다. 피복두께가 적당한 부재에서 보강철근은 보통의 화재에 의해서 거의 손상을 받지 않는다.

③ 철근콘크리트 구조물은 상당히 단단하여(rigid) 처짐이 적고 진동 및 충격에 저항력이 크다.

④ 유지보수비가 상대적으로 적게 들어 장기적인 관점에서 볼 때 경제성이 증가한다.

⑤ 다른 건설재료에 비해서 사용수명이 길다. 적절한 조건에서 철근콘크리트 구조물은 하중 저항능력에 감소 없이 거의 무한대로 사용할 수 있다. 이러한 사실은 콘크리트의 강도가 시간이 지남에 따라 지속적인 수화현상으로 인해서 감소하지 않고 오히려 증가하는 현상으로 설명할 수 있다(그림 2.8 참고).

⑥ 일반적으로 기초(footing)나 지하벽(basement walls) 또는 교량의 교대(pier) 등을 만들 때 가장 경제적인 재료이다.

⑦ 단순한 슬래브나 보 또는 기둥에서 아치(arch)나 쉘(shell)에 이르기까지 임의의 형태로 만들 수 있다.

⑧ 대부분의 지역에서 저가의 그 지역의 재료(잔골재, 굵은골재 및 물)를 사용할 수 있고 상대적으로 작은 양의 시멘트와 보강철근이 필요하다.

⑨ 상대적으로 다른 건설재료(구조용 강재 등)에 비해서 덜 숙련된 인력을 사용할 수 있다.

단점

① 콘크리트는 인장강도가 매우 낮기 때문에(압축강도의 10%~15% 정도, 표 2.6 참고) 균열이 일어날 수 있고, 이러한 단점을 보완하기 위해서 인장 보강철근이 필요하다.

② 묽은 콘크리트가 굳어서 형태를 갖기까지 거푸집(form)이 필요하다. 추가적으로 지붕이나 벽 또는 비슷한 구조물에서 콘크리트가 경화하여 강도를 갖기까지 지지하기 위해서 동바리(shoring)나 거푸집(falsework)이 필요하다. 거푸집은 전체 철근콘크리트 단가에 적게는 1/3에서 많게는 2/3까지 들며 보통 1/2 정도가 들어간다.

③ 콘크리트의 무게(단위질량은 강재의 30% 정도)에 대한 강도(압축강도는 강재에 비해서 5%~10% 정도)의 비가 낮기 때문에 부재가 상대적으로 커져서(또는 높아져서 고정하중(자중)의 증가) 고층빌딩이나 장경간의 교량(long-span bridge)이나 연약지반의 구조물에는 불리하다.

④ 콘크리트는 배합이나 혼합에 따라 특성이 매우 서로 다를 수 있고, 특히 콘크리트의 배치(placing)나 양생(curing)이 구조용 강재나 합판과 같은 재료의 생산에 비해서 시공관리에 어려움이 많다. 따라서 아무리 잘 관리된 현장이라도 콘크리트의 품질에 상당한 변화가 있을 가능성이 있다.

⑤ 건조수축(drying shrinkage)이나 크리프(creep) 등과 같은 장기변형(time-dependent volume change)이 일어나서 균열이 일어나기 쉽다.

⑥ 포틀랜드 시멘트가 수화하기 위해서는 물이 필요하므로 콘크리트가 충분히 강도를 가질 때까지 물이 얼지 않도록 하는 것이 중요하다. 영하의 온도에서 좋은 품질의 콘크리트를 생산하기 위해서는 추가적인 시설이 필요하여 경비가 증가한다[2].

1.6 측정단위(Units of Measure)

이전에는 공학단위계(MKS 단위계)3)를 측정단위로 사용하고 있었으나 2003년도 이후에 한국콘크리트학회에서 발행된 콘크리트구조설계기준[1.7, 1.8] 및 콘크리트구조기준[1.40]에서는 그동안 사용하여 오던 공학단위계에서 국제단위계로 완전히 변환하였다. 국제단위계(System of International unit, 일명 SI 단위계)는 국제적 공동사용을 목적으로 1960년에 국제도량형총회에서 공인된 단위계로 각 국가가 서로 다른 단위계를 사용하는 문제점을 해결하고자 제안된 단위계이다. SI 단위계는 길이 m(meter), 질량 kg(kilogram), 시간 s(second)등의 7개 기본단위로 정의되어 있으며, 현재 국제적으로 대부분의 선진국에서 이 단위계만을 사용하고 있다. 미국은 현재 미국공용 단위계(U.S. customary units, USCU)를 일반적으로 사용하고 있으며, 우리가 접하는 공학계통의 원서도 대부분 USCU 단위로 되어있다고 해도 과언이 아니다. USCU의 기본단위는 ft(feet), lb(pound), s(second) 등이다. 표 1.1에는 길이의 단위에 대한 각 단위계의 환산표가 제시되어 있다.

표 1.1 단위 환산표- 길이의 단위

	기준(길이)	in.(inch)	ft(12 in.)	mm	m(10^3mm)
USCU	1 in.	1	1/12	25.4	0.0254
	1 ft	12	1	304.8	0.3048
공학단위계 및 SI	1 mm	0.03937	0.00328	1	0.001(10^{-3})
	1 m	39.37	3.28	10^3	1

힘(force)은 SI 단위계에서는 N(Newton)으로 표시되며, $1\,\mathrm{N} = 1\,\mathrm{kg} \cdot \mathrm{m/sec}^2$로 정의되고 있다. 따라서 공학단위계에서 $1\,\mathrm{kg}f$는 $1\,\mathrm{kg}$의 단위질량에 중력가속도 $g = 9.80665\,\mathrm{m/sec}^2$을 곱하여

$$\begin{aligned} &1\,\mathrm{kg}f\ \ [1\mathrm{kg}\text{의 힘(중량), 또는 }1\,\mathrm{kgw}\ (1\mathrm{kg}\text{의 무게})] \\ &= (1\,\mathrm{kg}) \times \left(9.80665\,\frac{\mathrm{m}}{\mathrm{sec}^2}\right) = 9.80665\,\frac{\mathrm{kg} \cdot \mathrm{m}}{\mathrm{sec}^2} = 9.80665\,\mathrm{N} \end{aligned} \tag{1.1}$$

이 된다. 따라서 $1\,\mathrm{N} = (1/9.80665)\,\mathrm{kg}f = 0.1019716\,\mathrm{kg}f$ 이고, USCU의 $1\,\mathrm{lb}f$는 같은 방법으로 환산하면,

2) 시방서 8장 1.1(2)[1.9]에서는 하루의 평균기온이 4°C 이하로 되는 기상조건에서는 **한중콘크리트(cold-weather concreting)**로 시공하도록 제시하고 있다.

3) 공학단위계(MKS)에서 힘(중량)은 kg*f* 로 길이는 m(meter)로 표시되고 시간은 s(second)로 표현된다.

$$1\,\text{lb}f = (1\,\text{lb})\times\left(32.1740\,\frac{\text{ft}}{\text{sec}^2}\right) = 32.1740\,\frac{\text{lb}\cdot\text{ft}}{\text{sec}^2}$$

$$1\,\text{lb}f = 32.1740\,\frac{\text{lb}\cdot\text{ft}}{\text{sec}^2}\left(\frac{0.4535928\,\text{kg}}{1\,\text{lb}}\right)\left(\frac{0.3048\,\text{m}}{1\,\text{ft}}\right) = 4.44822\,\text{N} \tag{1.2}$$

가 되어, $1\,\text{N} = (1/4.448)\,\text{lb}f = 0.2248\,\text{lb}f$ 로 환산할 수 있다. 표 1.2에는 힘에 대한 각 단위계 사이의 환산표가 정리되어 있다. 우리나라에서 $\text{kg}f$ 대신에 kg 로 표기하는 것과 같이 USCU에서도 일반적으로 $\text{lb}f$ 를 Ib로 표기하고 있다.

표 1.2 단위 환산표 - 힘(force) 또는 중량(weight)의 단위

	기준 (힘, force)	lb*f* (pound)	kip*f* (10^3 lbf)	kg*f*	ton*f* (10^3 kgf)	N (Newton)	kN (10^3 N)
USCU	1 lb*f*	1	10^{-3}	0.4536	0.0004536	4.448	0.004448
	1 kip*f*	1,000	1	453.6	0.4536	4,448	4.448
공학단위계	1 kg*f*	2.2046	0.0022046	1	10^{-3}	9.807	0.009807
	1 ton*f*	2,204.6	2.2046	10^3	1	9,807	9.807
SI	1 N	0.2248	224.8	0.102	0.102 x10^{-3}	1	10^{-3}
	1 kN	224.8	0.2248	102.0	0.102	10^3	1

USCU에서 응력을 표현하는 psi는 $\text{lb}f/\text{in.}^2$의 표현으로 **P**ound per **S**quare **I**nches에서 맨 앞의 알파벳만을 표현한 것으로 공학단위계의 $\text{kg}f/\text{cm}^2$로 단위를 전환하려면 아래와 같은 절차를 밟으면 된다. 먼저 $\text{lb}f$ 를 소거하기 위해서 밑변에 $1\,\text{lb}f$ 를 쓰고 윗변에 이 $1\,\text{lb}f$ 와 동일한 $0.4536\,\text{kg}f$ 를 쓰면 괄호의 값은 서로 소거되어 1이 되므로 전체 값에는 변화가 없게 된다. 동일한 방법으로 in^2 에 대해서도 cm^2 으로 바꾸어주면,

$$1\,\frac{\text{lb}f}{\text{in}^2}\left(\frac{0.4536\,\text{kg}f}{1\,\text{lb}f}\right)\left(\frac{1\,\text{in}}{2.54\,\text{cm}}\right)^2 = 1\,\frac{\text{lb}f}{\text{in}^2}\left(\frac{0.070308\,\text{kg}f/\text{cm}^2}{1\,\text{lb}f/\text{in}^2}\right) = 0.070308\,\frac{\text{kg}f}{\text{cm}^2} \tag{1.3}$$

가 된다. 따라서 psi 자료에 계수 ~0.07을 곱해주면 $\text{kg}f/\text{cm}^2$ 의 단위로 쉽게 전환할 수 있다 (예: $5{,}000\,\text{psi}\times 0.07 \approx 350\,\text{kg}f/\text{cm}^2$). 표 1.3에는 USCU의 psi, 공학단위계의 $\text{kg}f/\text{cm}^2$ 그리고 SI의 <u>Pa</u>scal(N/m^2, Pa로 표기)간의 단위환산표가 주어졌다. 이러한 단위환산표를 이용하면 USCU에서 주어진 식들을 간단하게 SI 단위계나 공학단위계로 환산할 수 있다. 표 1.3에서 만약에 psf 단위의 값을 $\text{kg}f/\text{m}^2$ 단위로 환산하기 위해서는 psi에 0.070308을 곱해주면 $\text{kg}f/\text{cm}^2$ 로 전환되므로, $\text{psi}\times 0.070308 \rightarrow \text{kg}f/\text{cm}^2$ 에서 1 psf 는 144 psi이므로 먼저 psf 를 psi로 바꾸기 위해서 계수를 144

로 나누어 주고, kgf/cm^2 를 kgf/m^2 로 전환하기 위해서 10^4을 곱해주면 된다. 따라서 $0.070308/144 \times 10^4 = 4.8825$ 를 psf 단위에 곱해주면 kgf/m^2 단위로 전환된다.

표 1.3 단위 환산표 - 응력(stress) 또는 압력(pressure)

기 준 (응력, stress)	psi (lbf/in^2)	ksi ($kipf/in^2$)	psf (lbf/ft^2)	kgf/cm^2	Pa (N/m^2)	MPa (MN/m^2)
			$\times 10^{-3} \rightarrow$ ksf ($kipf/ft^2$)	$\times 10^4 \rightarrow kgf/m^2$ $\times 10 \rightarrow tonf/m^2$	$\times 10^{-3} \rightarrow$ kPa	
1 psi	1	10^{-3}	144	0.070308	6,894.8	6.8948×10^{-3}
1 ksi	10^3	1	144×10^3	70.308	6.8948×10^6	6.8948
1 psf	144^{-1}	$144{,}000^{-1}$	1	4.8825×10^{-4}	47.880	47.880×10^{-6}
1 kgf/cm^2	14.223	0.014223	2,048.1	1	98,067	0.098067
1 Pa	1.4504×10^{-4}	1.4504×10^{-7}	0.020885	1.0197×10^{-5}	1	10^6
1 MPa	145.04	0.14504	20,885	10.197	10^{-6}	1

예제 1.1 USCU 식을 SI 단위계 식으로 전환

ACI 318 시방서 9.5.2.31.12에 USCU 단위로 제시된 파괴계수(modulus of rupture) $f_r = 7.5\sqrt{f_c'}$ (psi)를 콘크리트구조기준 4.3.1(3)(이하 '구조기준')[1.40]의 SI 단위계로 전환하라. ACI에서 f_r 과 f_c' 은 psi로 표현된 파괴계수와 설계기준 압축강도이고 구조기준에서 f_r 과 f_{ck} 의 단위는 MN/m^2 (**M**ega **Pa**scal, MPa)이므로 전환은 아래와 같은 절차를 통해서 할 수 있다.

풀이

먼저 MPa은 $\frac{MN}{m^2} = \frac{MN}{m^2}\left(\frac{10^6\,N}{1\,MN}\right)\left[\frac{1\,m^2}{(10^3\,mm)^2}\right] \equiv \frac{N}{mm^2}$ 가 되므로, MPa을 계산할 때 MPa을 쓸 필요 없이 등가의 N/mm^2 을 사용하면 간편하다. f_r 의 단위가 $psi(lbf/in^2)$이므로 $f_r\,[lbf/in^2] = K\,[lbf/in^2]^{1/2}$가 되므로 상수 K의 단위는 $(lbf/in^2)^{1/2}$ 이 된다. 따라서

$$K = 7.5\left[\frac{lbf}{in^2}\right]^{1/2} = 7.5\left[\frac{lbf}{in^2}\left(\frac{4.448\,N}{1\,lbf}\right)\left(\frac{1\,in}{25.4\,mm}\right)^2\right]^{1/2}$$

$$K = 7.5\left[0.006894\frac{N}{mm^2}\right]^{1/2} = 7.5 \times 0.08303\left[\frac{N}{mm^2}\right]^{1/2} = 0.6227\left[\frac{N}{mm^2}\right]^{1/2}$$

$$\therefore f_r = 0.6227\sqrt{f_{ck}}\ (\mathrm{MPa}) \tag{1.4}$$

구조기준 식 (4.3.3)에서 식 (1.4)를 정리하여 파괴계수 $f_r = 0.63\sqrt{f_{ck}}\ (\mathrm{MPa})$로 제시 [식 (2.11) 참고]하고 있으며 계산은 이전에 사용했던 MKS 단위의 $f_r = 2.0\sqrt{f_{ck}}\ (\mathrm{kg}f/\mathrm{cm}^2)^{1.9}$ 를 다음과 같은 절차를 밟아 SI 단위로 전환하여 제시한 듯하다. f_r 의 단위가 $\mathrm{kg}f/\mathrm{cm}^2$이므로 상수 K의 단위는 $(\mathrm{kg}f/\mathrm{cm}^2)^{1/2}$ 이 된다. 따라서

$$K = 2.0\left[\frac{\mathrm{kg}f}{\mathrm{cm}^2}\right]^{1/2} = 2.0\left[\frac{\mathrm{kg}f}{\mathrm{cm}^2}\left(\frac{9.807\ \mathrm{N}}{1\ \mathrm{kg}f}\right)\left(\frac{1\ \mathrm{cm}}{10\ \mathrm{mm}}\right)^2\right]^{1/2}$$

$$K = 2.0\left[0.09807\frac{\mathrm{N}}{\mathrm{mm}^2}\right]^{1/2} = 2.0\times 0.31316\left[\frac{\mathrm{N}}{\mathrm{mm}^2}\right]^{1/2} \approx 0.63\left[\frac{\mathrm{N}}{\mathrm{mm}^2}\right]^{1/2}$$

$$\therefore f_r = 0.63\sqrt{f_{ck}}\ (\mathrm{MPa}) \tag{1.5}$$

이런 절차를 밟으면 단위의 전환에 두려움이 없이 대처할 수 있을 것이다. 표 1.4에는 철근콘크리트에서 가장 흔하게 쓰이는 단위에 대한 환산표가 주어졌다.

표 1.4 단위 환산표 - 선하중(force per unit length) 모멘트 및 단위중량

기준 (선하중)	kip*f*/ft	ton*f*/m	kN/m
1 kip*f*/ft	1	1.4882	14.593
1 ton*f*/m	0.6720	1	9.807
1 kN/m	0.06853	0.1020	1
기준 (모멘트)	**kip*f* · ft**	**ton*f* · m**	**kN · m**
1 kip*f* · ft	1	0.13826	1.3556
1 ton*f* · m	7.2329	1	9.807
1 kN · m	0.73760	0.1020	1
기준 (단위중량)	**lb*f*/ft^3**	**kg*f*/m^3**	**N/m^3**
1 lb*f*/ft^3	1	16.02	157.087
1 kg*f*/m^3	0.06243	1	9.807
1 N/m^3	0.006366	0.1020	1

1.7 시방서(Codes)

시방서(codes)는 설계나 시공건설의 중요한 세부사항을 다룬 기술적인 규정(technical **spec**ifications, 일명 'Spec.')이거나 표준(standards)이다. 시방서는 잘못된 설계나 시공으로 인하여 일반 국민이 피해보는 일을 방지하기 위해서 규정에 맞는 설계와 시공이 되도록 하는 목적을 갖고 있다.

시방서에는 두 종류가 있는데, 그 중에서 구조용 시방서(structural code)는 구조 공학자나 기술자들에 의해서 특정한 재료의 사용에 대해서 기준을 제시하거나 또는 특정한 구조물의 설계에 대해서 언급하고 설계하중, 설계방법, 허용응력, 재료의 성질 및 강도, 건설형태 등을 다루고 있다. 대표적인 구조용 시방서에서 철근콘크리트 구조물에 대한 시방서를 소개하면 아래와 같다.

[국내] 콘크리트구조설계기준4), 건설교통부제정, 한국콘크리트학회 발행, 1999[1.9], 2003[1.8] , 2007[1.7] ;
콘크리트구조기준, 국토해양부 제정, 한국콘크리트학회 발행, 2012[1.40]
콘크리트구조설계기준·해설, 한국콘크리트학회 편, 2007[1.10]
콘크리트표준시방서5), 건설교통부제정, 한국콘크리트학회 발행, 2003[1.11], 2009[1.36]

[미국] ACI 318, *Building Code Requirements for Structural Concrete and Commentary, An ACI Standard*, American Concrete Institute, Farmington Hills, Michigan 48333-9094, 1995[1.13], 2005[1.12], 2008[1.37], 2011[1.38]

[유럽] Eurocode 2: Design of Concrete Structures - Part 1-1: General rules and rules for buildings, The European Standard EN 1992-1-1:2004 has the status of a BS(British Standard)[1.14]

또한 도로교에 대한 구조용 시방서를 소개하면 아래와 같다.

[국내] 도로교설계기준, 국토해양부 제정, 한국도로교통협회, 2010[1.39], 2012[1.45]
도로교설계기준 해설, 대한토목학회, 교량설계핵심기술연구단, 2008[1.15]
도로교표준시방서, 건설교통부제정, 사단법인 한국도로교통협회 제정, 2005[1.16]

[미국] AASHTO LRFD Bridge Design Specifications, SI Units, 5th Edition, 2010, American Association of State Highway and Transportation Officials(AASHTO)[1.17]
Standard Specifications for Highway Bridges, The American Association of State Highway and Transportation Officials(AASHTO), 17th Edition, 2002[1.18]

4) 구조기준 1.1 목적에는 콘크리트 구조물을 설계하기 위해서 필요한 기술적 사항을 기술하여 콘크리트 구조물의 안전성, 사용성 및 내구성을 확보하는 것을 목적으로 한다고 기술되어있다.

5) 표준시방서 1장 총칙의 1 적용범위는 콘크리트 구조물의 시공에 관한 일반적이고 기본적인 사항(품질 확보)을 규정한다고 기술하고 있다.

두 번째 종류의 시방서는 건축물 시방서(building code)로 한 도시나 또는 일정한 지역에서의 시공에 대한 규정을 제시하고 시공에 대해서 지역적인 환경조건의 영향으로부터 일반 국민을 보호하고자 하는 목적도 갖고 있다. 예를 들어서 지진이나 폭풍 또는 폭설과 같은 지역적인 특별한 조건들을 규정하고 있으며, 보통 국가적인 구조용 시방서에 이러한 내용을 추가하여 지역적인 건축물 시방서로 사용되고 있다.

콘크리트구조설계기준[1.8] 2003은 그 동안 토목과 건축분야에서 각각 발행하여 사용하던 시방서를 미국의 ACI 318-95를 근거로 공동으로 발행한 시방서로서 철근콘크리트 구조물의 설계기준을 다루었다. 그 후에 2007년도 및 2012년도 콘크리트구조기준(이하 '구조기준')은 각각 ACI 318-05[1.12] 및 318-08[1.37]를 근거로 하고 Eurocode[1.14]를 반영하여 국내의 건축구조기준[1.32]에서 사용되어온 통일된 하중계수와 하중조합을 채택하여 개정하였다. 콘크리트표준시방서[1.36](이하 '시방서')는 콘크리트의 생산과 시공에 대한 내용을 다루고 있다. 본 교재에서 다루는 설계과정은 콘크리트구조기준(2012)과 콘크리트표준시방서(2009)에서 제시한 방법에 따르고 있다.

우리나라의 구조기준과 시방서(ACI 318 시방서)는 철근콘크리트에 대한 다년간의 연구와 현장경험의 산물로서 안전하면서 사용성이 있는 구조물(serviceable structures)을 만드는데 필요한 최소한의 표준을 제시하고 있다. 이러한 시방서들은 지속적인 연구를 통하여 대략 3～4년마다 개정판을 출판하고 있다.

1.8 한계상태와 철근콘크리트의 설계 (Limit States and the Design of Reinforced Concrete)[1.4]

한계상태(Limit State)

구조물이나 또는 구조요소(structural element)가 처음에 계획된 대로 구조적인 역할을 하지 못할 때 우리는 한계상태(limit state)에 이르렀다고 말한다. 철근콘크리트 구조물의 한계상태는 아래와 같이 크게 3 단계로 구분할 수 있다.

1) 극한 한계상태(Ultimate Limit State)

이 한계상태는 구조물의 일부 또는 전체가 붕괴(collapse)되는 상태를 말한다. 이런 한계상태로 인명을 잃거나 또는 큰 경제적 손실을 가져올 수 있기 때문에 극한한계상태가 일어날 확률빈도(probability occurrence)는 아주 낮아야 만 할 것이다.

① 평형의 상실(Loss of equilibrium) : 구조물의 일부 또는 전체가 강체(rigid body)로서 평형을 잃

는 경우가 있을 수 있다. 이런 파괴(failure)는 구조물 전체가 기울거나 또는 미끄러짐에 대한 평형을 유지하기 위해서 필요한 충분한 반력이 발달하지 않을 때 일어날 수 있다.

② 균열 파괴(Rupture) : 구조적으로 중요한 부분의 균열 파괴로 인하여 부분적인 또는 전체적인 붕괴로 이어지는 상태이다. 본 교재에서는 대부분 이 한계상태에 대해서 다루게 된다.

③ 점진적인 붕괴(Progressive collapse) : 사소한 국부적인 파괴가 인접한 부재에 과하중을 받게 하여 파괴시키면서 결국에는 구조물 전체의 붕괴로 발전되는 경우이다. 이런 점진적인 붕괴는 구조요소가 서로 잘 연결되도록 하는 설계상세(design detail)에 의해서 또는 국부적인 붕괴의 경우에 대체할 수 있는 하중경로(load path)를 만들어주는 것으로 붕괴를 방지하거나 붕괴의 발전을 지연시킬 수 있다. 이러한 파괴는 시공과정에서 일어날 수 있으므로 설계자는 시공과정과 시공 중에 작용하는 하중에 대해서도 고려하여야 할 것이다. 구조물이 이렇게 점진적인 붕괴가 전체적인 붕괴로 발전되지 못하도록 억제하는 구조물을 구조물의 일체성(general structural integrity)을 가졌다고 말한다[1.19]. 참고문헌 1.19의 해설(commentary)에서 구조물이 일체성을 갖기 위해서는 좋은 평면배치(good plan layout), 바닥슬래브에서 하중이 전달되는 경간의 방향전환이 가능하도록 보강철근을 배치(changing directions of span of floor slab)6), 하중을 지지할 수 있는 내부 칸막이 배치(load-bearing internal partitions) 등의 내용을 다루고 있다. 구조기준 5.8(ACI 7.13) 구조 일체성 요구조건에서는 철근의 배근상세에 대해서 규정하여 구조물의 여력(redundancy)과 연성(ductility)을 향상 시킬 수 있도록 하고 있다.

④ 소성 메커니즘의 형성(Formation of plastic mechanism) : 구조물이 불안정하도록 보강철근이 여러 단면에서 항복하여 소성힌지를 형성하는 경우에 파괴 메카니즘이 발달할 수 있다.

⑤ 불안정(Instability) : 구조물의 변형으로 인하여 불안정해지는 경우로 이런 종류의 파괴는 기둥 등에서 좌굴(buckling) 파괴를 일으키는 경우이다.

⑥ 피로(Fatigue) : 반복적인 하중이 작용하는 경우에 반복적인 응력주기(stress cycles)로 비록 그 응력의 크기는 크지 않더라도 부재가 찢어지거나 파괴되는 경우이다.

2) 사용성 한계상태(Serviceability Limit State)

비록 그 자체로 구조물의 붕괴를 가져오지는 않지만 설계된 목적의 기능적인 용도가 손상을 받는 경우를 말한다. 인명 손실 등의 위험이 그렇게 크지 않으므로 극한 한계상태에 비해서는 그 발생빈도가 높더라도 허용할 수 있다. 사용하중(service load)이 작용할 때 구조물은 탄성거동을 한다

6) 종종 주철근에 연직한 방향으로 배치되는 수축 및 온도철근[식 (4.30) 참고]이 사고에 의해서 슬래브의 휘는 방향이 주철근 방향에 연직하게 휘는 경우에 대처하도록 해준다.

고 볼 수 있으므로 아래에서 언급하는 처짐과 균열은 탄성응력해석 개념으로 5장에서 다루고 있다. 주요한 사용성 한계상태는 아래의 상태를 포함한다.

① 과도한 처짐(Excessive deflection) : 사용하중이 작용할 때 과도한 처짐이 발생하는 상태로 과도한 처짐의 발생은 외관상 불안감을 주거나 또는 비구조적인 요소나 기계 등의 작동을 방해하고 하중의 분포를 변화시킬 수도 있다. 만약에 지붕이 유연하게 되면 지붕 위에 고인 물에 의해서 더 깊이 처지게 되고 따라서 더 많은 물이 고이게 되면서 종래에는 고인 물의 하중에 의해서 지붕이 파괴(ponding failure)될 수도 있다. 이런 경우가 바로 사용성의 결핍으로 인하여 파괴가 일어나는 경우이다.

② 과도한 균열의 폭(Excessive crack width) : 철근콘크리트 구조물에서 보강철근이 외력을 지지하기 위해서는 먼저 콘크리트에 균열이 일어나야 되지만 보강철근의 배치를 세심하게 하면 균열의 폭을 최소화시킬 수 있다. 과도한 균열 폭은 균열을 따라 누수가 발생하여 보강철근을 부식시켜 점진적으로 콘크리트의 품질을 저하시키게 된다.

③ 과도한 진동(Undesirable vibration) : 철근콘크리트 구조물에서 진동이 문제가 되는 일은 거의 없지만 바닥이나 교량의 수직 진동 또는 고층 건물의 수평이나 비틀림 진동은 사용자에게 불쾌감을 유발할 수 있으므로 과도한 진동이 발생하지 않아야 할 것이다.

3) 특별 한계상태(Special Limit State)

이 특별 한계상태는 비정상적인 조건이나 하중에 의해서 손상을 받거나 파괴되는 한계상태를 의미하며 다음과 같은 사항들을 포함한다.

① 심한 지진하중에 의한 손상이나 붕괴

② 화재나 폭발 또는 차량의 충돌에 의한 구조적 영향

③ 부식(corrosion)이나 성능저하(deterioration)에 의한 구조적 영향

④ 장기적으로 물리-화학적인 불안정 문제

한계상태 설계(Limit State Design)

한계상태 설계에서는

① 모든 발생할 수 있는 가능성이 있는 파괴모드를 찾아내서 어떤 한계상태가 설계를 지배하는지 결정한다.

② 각각의 한계상태가 일어날 수 있는 가능성에 대해서 안전의 등급을 어떻게 할 것인지를 결정하여야 한다.

일반적인 구조물에 대해서는 이러한 과정은 건축물 시방서(building code)에서 어떤 하중들의

조합에 어떤 요소들을 검토해야 되는지를 명시함으로서 다루고 있지만, 특수한 구조물에 대해서는 기술자가 일반적인 등급의 안전수준이 적절한지 검토하여야 할 것이다.

③ 각각의 한계상태의 상호관계에 대해서 고려하여야 한다.

일반적으로 구조물의 설계에 있어서 극한 한계상태로 구조부재의 크기를 결정하고, 사용성 한계상태로 사용하중이 작용할 때 사용성에 문제가 없는지를 검토하게 된다. 이러한 과정은 구조물에 작용하중이 점차 증가하여 구조물의 기능이 극한 한계상태에 이를 때까지 적어도 사용자를 위험에 빠트리지는 않을 것이라는 상황에 근거했다고 볼 수 있다. 그러나 물탱크 등에서 물이 새지 않기 위해서는 과도한 균열 폭에 대한 한계상태도 극한 한계상태 만큼 중요하다고 볼 수 있다. 따라서 이러한 구조물에서는 균열 폭에 대한 한계상태를 고려하는 것으로 설계를 시작하여 극한 한계상태를 검토하는 방법으로 진행할 수 있다. 공중에 높이 설치되는 모노레일의 받침 보를 설계하는 경우에는 부드러운 승차감이 매우 중요하므로 처짐의 한계상태가 설계를 지배하게 될 것이다.

기본설계관계(Basic Design Relationship)

그림 1.7에는 등분포 고정하중과 집중하중을 지지하는 단순 지지된 보를 보여주고 있다. 이러한 하중들은 휨모멘트와 전단력을 보에 발생시키며 그림 1.7b와 c에는 대략적인 전단력과 휨모멘트의 분포도가 제시되어 있다. 휨모멘트 분포도는 주어진 보의 경간과 하중의 크기 그리고 정력학의 평형방정식을 이용하여 구할 수 있으며, 이 휨모멘트는 보의 크기나 구성재료와는 아무런 상관관계가 없다. 보에 발생하는 휨모멘트는 작용하는 하중을 보가 자신의 받침부(지점)에 전달(하중경로)하기 위해서 내적으로 발달하는 **하중효과(load effects)** 중의 하나이며 하중의 조건에 따라 이때 동시에 보에는 전단력, 축력 또는 비틀림, 처짐 및 진동 등의 하중효과도 나타나게 될 것이다.

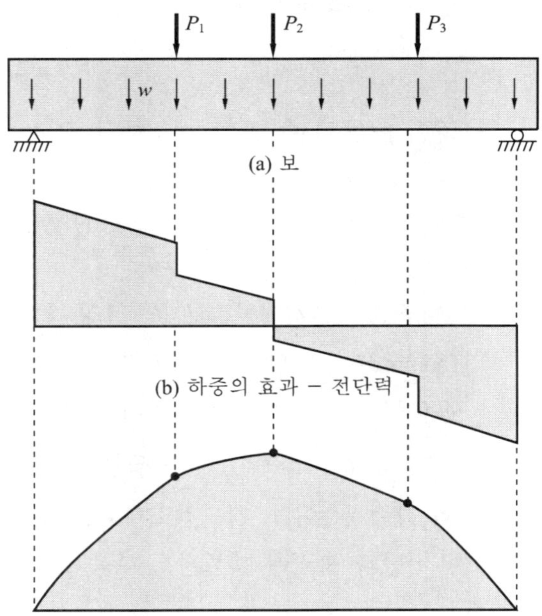

그림 1.7 하중과 보에 미치는 하중효과
(load effects)

그림 1.8에는 이 휨모멘트로 인해서 보의 하부는 볼룩하고 상부는 오목하게 휘게 되면 이때 보의 단면에 발생하는 휨응력의 분포도를 보여주고 있다. 보 상부의 압축응력과 하부의 인장응력은 그림

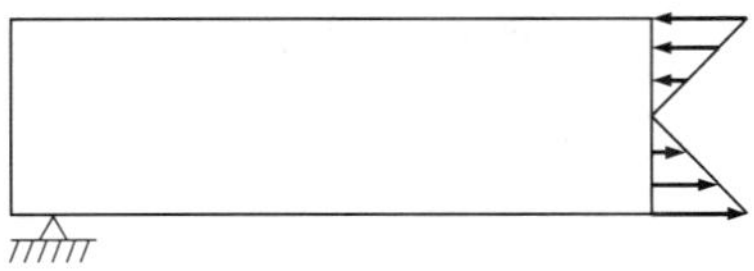

(a) 단면에 작용하는 응력의 분포

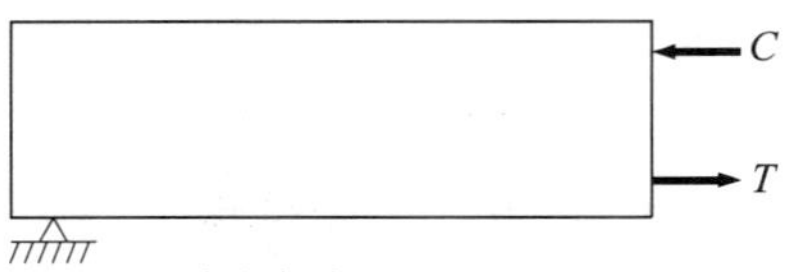

(b) 내부우력(Internal couple)

그림 1.8 내적저항 모멘트
(internal resisting moment)

1.8b와 같이 합력 C와 T로 표현할 수 있다. 이런 우력(즉, C와 T)을 **내적저항 모멘트(internal resisting moment)**라고 부른다. 단면이 파괴에 도달했을 때의 내적저항 모멘트를 단면의 모멘트 능력(moment capacity) 또는 모멘트 저항능력(moment resistance)이라고 부른다. 이 저항능력이란 말은 다른 하중효과에 대해서 전단저항능력 또는 축하중 저항능력 등으로도 쓰일 수 있을 것이다.

그림 1.8에서 보의 모든 단면에서 단면의 저항능력이 하중효과를 초과하게 되면 안전하게 하중을 지지할 수 있게 된다. 따라서 이 관계는 다음과 같은 식으로 표현될 수 있다.

$$\text{저항능력 (resistances)} \geq \text{하중효과 (load effects)} \tag{1.6}$$

저항능력이 계산된 값보다 작고 작용하는 외력에 의한 하중효과가 계산된 값보다 클 가능성을 고려해서 1보다 작은 **강도감소계수(strength reduction factor)** ϕ와 1보다 큰 **하중계수(load factors)** α를 도입하면, 식 (1.6)은

$$\phi R_n \geq \alpha_1 S_1 + \alpha_2 S_2 + \cdots \tag{1.7}$$

같이 표현될 수 있다. 여기에서 R_n은 공칭 저항능력(nominal resistance)을 표현하고, S는 특정한 하중에 대한 하중효과를 나타낸다. 그림 1.8의 휨모멘트로 이 식을 표현하게 하게 되면

$$\phi_M M_n \geq \alpha_D M_D + \alpha_L M_L + \cdots \tag{1.8a}$$

가 된다. 여기에서 M_n은 **공칭 모멘트 저항능력(nominal moment resistance)**을 말한다. '공칭(nominal)'이란 말은 계산된 값이 설계도면에서 읽은 단면적과 제시된 콘크리트와 철근의 강도를 이용하여 구한 값이라는 의미이다. M_D와 M_L은 각각 **고정하중(dead load)**과 **활하중(live load)**에 의한 하중효과이고 ϕ_M은 휨모멘트에 대한 강도감소계수이며, α_D와 α_L은 각각 고정하중과 활하중의 하중계수이다. 강도감소계수는 때로는 **저항계수(resistance factors)**라고도 부른다.

전단과 축력에 대해서도 다음과 같이 비슷한 식을 쓸 수 있다.

$$\phi_V V_n \geq \alpha_D V_D + \alpha_L V_L + \cdots \tag{1.9}$$

$$\phi_P P_n \geq \alpha_D P_D + \alpha_L P_L + \cdots \tag{1.10}$$

식 (1.6)은 기본 한계상태 설계방정식(basic limit states design equation)이며, 식 (1.8)~(1.10)들은 이 기본식의 특수한 형태라고 볼 수 있다. 예를 들어서 콘크리트구조기준의 식 (7.2.1)[7)]은 식 (1.9)의

우측 항 전체를 V_u로 표현한 것을 제외하고는 동일한 식이며 이를 계수전단력(factored shear force)이라고 부른다. 구조기준에서는 U가 우측 항을 모두($\alpha_D D + \alpha_L L + \cdots$) 포함하는 식으로 표현되고 있으며, 이 조합을 **소요강도(required strength)** 또는 **계수하중(factored loads)**이라고 부른다. 따라서 구조기준에서는 계수하중 효과가 계수하중 U로부터 계산되므로 첨자 u를 이용하여 M_u, V_u 및 T_u 등으로 표현하였다. 예를 들어서 식 (1.8a)를 구조기준의 표기방법에 따라 다시 적으면 아래와 같이 된다.

$$\phi_M M_n \geq M_u \tag{1.8b}$$

여기에서

$$M_u = \alpha_D M_D + \alpha_L M_L + \cdots \tag{1.11}$$

1.9 구조적 안전(Structural Safety)[1.4]

구조적인 설계에 있어서 하중계수나 강도감소계수 등과 같은 안전계수를 각각 틀리게 규정하는 주된 3가지 이유가 있다.

1) 저항능력의 변동성(Variability in Resistance)

보나 기둥 또는 다른 구조요소의 실제적인 강도(저항능력)는 설계자가 계산한 값과 다른 경우가 다음과 같은 이유로 언제나 발생할 수 있다.

① 콘크리트와 보강철근의 강도의 변동성

② 설계도면에 그려진 단면과 실제 시공된 단면과의 차이 발생

③ 단면의 저항능력을 계산하기 위한 식을 유도하면서 도입된 단순화한 여러 가정의 영향 등이 있다.

Mattock 등이[1.20] 1961년에 수행한 실험을 통하여 구한 $M_{(실험)}$와 설계자가 계산한 공칭 휨강도 M_n[식 (3.22a)]을 비교한 결과, 실험에 의해서 구한 값의 평균값이 $M_{(실험)} \approx 1.05 M_n$이었지만, 단면의 강도가 계산된 값보다 작을 확률은 언제나 갖고 있다고 볼 수 있다. 이러한 변동성은 저항 모멘트 M_n을 계산하는데 도입되는 단순화된 가정 때문이라고 볼 수 있다.

2) 작용하는 하중의 변동성(Variability in Loadings)

작용하는 모든 하중의 크기는 변동이 가능한데 특히 활하중 또는 적설하중, 바람하중, 지진하중

7) 구조기준 식 (7.2.1) : $\phi V_n \geq V_u$ [식 (7.27) 참고]

과 같은 **환경하중(environmental loads)**의 크기는 상당히 변동될 가능성이 있다.

실제 작용하는 하중의 변동이외에도 구조해석에 도입된 가정이나 단순화로 인해서 실제 작용하는 하중이나 모멘트와 설계자가 계산한 값들과 차이가 날 수 있다. 이렇게 저항과 하중효과의 변동성 때문에 언제나 평균보다 약한 구조물에 평균보다 큰 하중이 작용할 확률이 있어서 극한 상황에서는 파괴가 일어날 수도 있다. 따라서 식 (1.7)과 (1.8b)의 하중계수와 저항계수는 파괴 가능성의 확률이 최소가 되도록 선택되어야 할 것이다.

3번째 이유로는 특정한 구조물에 대해서 안전도를 다르게 지정해야 된다는 것이다.

3) 파괴의 결과(Consequences of Failure)

특정한 종류의 구조물에 대해서 안전도를 결정하는 경우에 다음과 같은 여러 종류의 주관적 요소를 포함하여야 한다.

① 파괴되었을 경우에 파괴된 구조물을 철거하고 새로운 구조물을 건설하는 비용

② 인명을 잃을 가능성 : 창고 건물보다는 사람들이 많이 모이는 강당 등의 구조물에 높은 안전계수를 주는 것이 좋을 것이다.

③ 구조물의 파괴로 인한 사회적 시간손실, 세입손실 또는 인명과 재산의 간접적 손실 : 예를 들어서 만약에 교량이 파괴되게 되면 교통혼잡 등으로 인해서 계산하기 어려운 비용이 발생하게 된다. 이런 경우에는 손상에 대한 비용(cost of the damage)으로 접근하여야 할 것이다.

④ 파괴의 종류, 파괴에 대한 경고, 대체 하중경로의 존재 : 철근콘크리트 보의 휨 파괴와 같이 과도한 처짐이 먼저 일어나면서 파괴가 일어나게 되면 파괴가 일어나기 전에 사람들이 건물이 파괴되는 조짐을 인지할 수 있으므로 대피할 수 있는 시간적인 여유를 가질 수 있다. 그러나 띠철근 기둥과 같은 부재는 경고도 없이 갑작스럽게 파괴가 일어날 수 있으며 이런 기둥의 경우에는 보 보다는 높은 안전계수가 요구되어야 할 것이다. 어떤 구조물에서는 한 부재의 항복이나 파괴가 일어났을 경우에 인접한 부재가 하중을 재분배하여 지탱할 수 있는 구조물이 있는 반면에 재분배하지 못하고 전체 구조물의 파괴를 유도하는 경우가 있을 수도 있다. 이렇게 하중의 재분배가 불가능한 구조물에는 높은 안전계수가 필요하게 될 것이다.

1.10 콘크리트구조기준의 설계절차[1.4]

2003년도 및 2007년도 콘크리트구조설계기준[1.8]에서 철근콘크리트 부재의 단면 크기를 결정하는 방법으로 2종류의 설계방법을 제시하였다. 첫 번째 설계접근 방법은 **강도설계법(strength design method)** 또는 **극한강도설계법(ultimate-strength design method)**이라고 부르는 방법으로 사용하중이 작용할 때 발생하는 응력 값이 아니라 부재가 파괴를 일으키는 하중을 예측하는 방법에 의해서 설계

하는 방법이다. 강도설계법에서는 설계자는 하중이 작용하여 구조물이 완전하게 파괴될 때의 하중의 크기와 파괴를 일으키는 형태(mode)에 대해서 고려하게 된다. 국부적으로 부서짐(brittle)이 아니라 연성(延性, ductile manner)으로 파괴가 일어나는 것이 바람직한 파괴형태(mode of failure)이다. 따라서 강도설계법에서는 사용하중이 작용할 때의 응력과 처짐[8)]은 간접적으로 다루게 된다.

두 번째 방법으로는 예상되는 사용하중이 작용할 때 예측한 부재의 응력을 기준으로 설계하는 **탄성설계법(elastic design method)** 또는 **허용응력설계법(working stress design method)**으로 2007년도 기준에서는 **대체설계법(alternate design method)**이라고 부르며 부록에서 다루었다. **사용하중(service load)**이란 구조물에 실제로 작용하게 되거나 또는 작용하리라고 예측하는 최대 하중(즉, 계수를 곱하지 않은 고정하중, 활하중 등)을 의미한다. 탄성설계에서 부재의 크기는 사용하중이 작용할 때에 발생하는 응력이 어떤 사전에 정해진 응력 값[즉, 허용응력(allowable stress)]을 초과하지 않도록 하여 결정하게 된다. 허용응력은 구조재료가 찢어짐(rupture)이나 항복(yielding)이 일어나기 전의 최대 응력의 일부분(즉, 말하자면 40% ~ 50% 정도)으로 그 값은 종종 설계 경험에 의해서 결정되곤 한다.

2012년에 개정된 콘크리트구조기준[1.40]에서는 2007년 이전 기준의 부록에서 대체설계법으로 다루었던 허용응력설계법을 더 이상 실무에서 사용되지 않는다는 이유를 들어 완전히 삭제하였다[1.46]. 그러나 균열이나 처짐 또는 피로 등과 같은 사용성(serviceability)을 검토하기 위해서는 콘크리트나 보강철근의 응력이 선형탄성영역에 있으므로 허용응력설계법의 개념을 이해하여야 할 것이다.

강도설계법(Strength Design Method)

현행 구조기준에서 설계는 설계강도(design strength) ϕR_n 을 이용하여 설계하며 이런 설계방법을 강도설계(strength design)라고 한다. 여기에서 ϕ 는 **강도감소계수(저항계수, resistance factor)**이고 R_n 은 공칭강도(nominal strength)이다. 강재설계의 AISC 시방서[1.33]에서는 동일한 설계법을 하중-저항계수 설계법(Load and Resistance Factor Design, LRFD)이라고 부르고 있다.

강도설계방법은 본질적으로 한계상태설계(limit states design) 방법으로 먼저 극한 한계상태를 기준으로 단면을 설계하고 이어서 사용성 한계상태(serviceability limit states)를 검토하여 설계를 수행

8) 5.4 및 5.5장 참고 : 구조기준 4.2 및 6.3.3에서 균열폭에 대한 규정은 간접적으로 철근의 최대간격과 피복두께로 다루고 있으며, 만약에 상세검토가 필요한 경우에는 부록 III 균열의 검증에 제시된 방법으로 검토하도록 규정하고, 처짐에 대해서는 처짐을 직접 계산하지 않아도 되도록 휨 부재의 최소두께에 대해서 규정(구조기준 4.3.1, ACI 9.5.2)하고 있다.

하는 방법이다.

구조기준 3.3.1(1)과 (2)[1.7](ACI 9.1.1, 9.1.2)[1.12]에는 기본한계상태 설계개념이 다음과 같이 제시되어 있다.

> 3.3.1(1) : 구조물 및 구조 부재는 모든 단면에서 이 구조기준에서 정한 하중과 힘의 조합에 의하여 계산한 소요강도(required strength) 이상의 설계강도(design strength)를 갖도록 설계하여야 한다.
>
> 3.3.1(2) : 구조 부재는 사용하중(service load level)에 대해서 충분한 기능을 확보할 수 있도록 이 구조기준의 다른 모든 규정에도 적합하여야 한다.

여기에서 설계강도는 ϕR_n을 의미하고, 소요강도란 계수하중으로 계산되는 하중영향, 즉 $\alpha_D D+\alpha_L L+\cdots$를 의미한다. 구조기준 3.3.1(2)는 구조물의 사용성(serviceability)을 확보하도록 하는 규정으로 피로의 영향을 고려하거나 처짐이나 균열 폭 등을 제한하는 내용으로 이해할 수 있다.

계수하중과 소요강도 (Factored Loads and Required Strength)

구조기준 3.3.2(ACI 9.2)에서는 하중효과를 계산할 수 있도록 **하중계수(load factor)**와 하중조합(load combination)을 제시하면서 철근콘크리트 구조물을 설계할 때는 모든 하중계수와 하중조합을 고려하여 해당 구조물에 작용하는 최대 소요강도에 대하여 만족하도록 설계하여야 한다고 규정하고 있다. 이 규정은 하중의 변경, 구조해석시의 가정 및 계산의 단순화로 인해서 발생할 수도 있는 초과하중의 영향에 대비한 것이며, 하중의 조합 영향에 대해서도 고려한 것이다[1.7]. 구조기준에서 기호 U는 계수하중(계수를 곱한 하중)의 조합을 의미하며, M_u, V_u, T_u(휨모멘트, 전단력, 비틀림 모멘트)등의 표현은 U를 이용하여 계산하는 단면의 계수하중영향(factored load effects)을 의미한다. 구조기준에서는 계수하중영향을 **소요강도(required strength, 요구강도)**라는 용어로 표현하고 있다.

하중조합(Load Combination) : 구조기준 식 (3.3.1)에서는 풍하중이나 지진하중의 영향이 거의 없는 일반적 철근콘크리트 구조물을 설계할 때에 계수하중은 아래의 식으로 계산하도록 제시하고 있다.

$$U=1.4(D+F) \tag{1.12}$$

여기에서

D = **고정하중(dead load)** 또는 이에 의해서 생기는 단면력

F = 유체(fluid)의 밀도를 알 수 있고, 저장 유체의 높이를 조절할 수 있는 유체의 중량 및 압력에 의한 하중 또는 이에 의해서 생기는 단면력

고정하중, 활하중과 지붕활하중이 조합된 경우에 구조기준 식 (3.3.2)는

$$U = 1.2(D + F + T) + 1.6(L + \alpha_H H_v + H_h) + 0.5(L_r \text{ 또는 } S \text{ 또는 } R) \qquad (1.13)$$

여기에서

T = 온도(temperature), 크리프, 건조수축 및 부등침하의 영향 등에 의해서 생기는 단면력

L = **활하중(live load)** 또는 이에 의해서 생기는 단면력

H_v = 흙, 지하수 또는 기타 재료의 자중에 의한 연직방향 하중, 또는 이에 의해서 생기는 단면력 ; 2007년도 이후 구조기준에서는 기존의 토압하중 H를 수평성분과 연직성분으로 나누어 명확히 정의하면서 연직방향 흙의 무게 H_v의 계수는 이전 기준에서 토피가 두꺼운 경우에는 고정하중으로 취급하여 하중계수 1.4를 사용하던 효과와 표피가 얇은 경우 하중의 불확실성이 증가하여 사용하는 계수 1.6의 효과를 모두 포함할 수 있도록 보정계수 α_H를 아래와 같이 도입하였다.

α_H = 토피의 두께에 따른 연직방향 하중 H_v에 대한 보정 계수

$$\begin{cases} h \le 2\text{ m}: & \alpha_H = 1.0 \\ h > 2\text{ m}: & \alpha_H = 1.05 - 0.025h \ge 0.875 \end{cases} \qquad (1.14)$$

식 (1.14)에서 $h \le 2.0\text{ m}$ 인 경우에는 $\alpha_H = 1.0$ 가 되어 $1.6\alpha_H = 1.6$ 이 되며, 최대 $h = 7.0\text{ m}$ 가 되면, $\alpha_H = 0.875$ 가 되어 $1.6\alpha_H = 1.4$ 가 되도록 하였다[9)][1.30].

H_h = 흙, 지하수 또는 기타 재료의 횡압력에 의한 수평방향 하중, 또는 이에 의해서 생기는 단면력

L_r = **지붕활하중(roof live load)** 또는 이에 의해서 생기는 단면력

S = 지붕에 작용하는 **적설하중(snow load)** 또는 이에 의해서 생기는 단면력

R = 지붕에 작용하는 **강우하중(rain load)** 또는 이에 의해서 생기는 단면력

지붕구조물 또는 지붕을 지지하는 기둥이나 기초를 설계하는 경우에 지붕활하중은 (L_r 또는 S 또는 R)중에서 가장 큰 값을 고려하고 다른 2값은 무시하면 된다.

고정하중과 활하중(Dead and Live Load) : 만약에 고정하중과 활하중만 작용하면서 F, T 또는 토압 및 지붕하중이 0인 경우에 식 (1.13)은

$$U = 1.2D + 1.6L \ge 1.4D \qquad (1.15)$$

9) ACI는 주로 건축구조물을 대상으로 하여 토피의 두께가 얇고 따라서 하중의 불확실성이 증가하여 하중계수 1.6을 사용하지만, 국내는 지하철구조물 등의 토피가 두꺼워 하중의 불확실성이 감소하므로 이런 경우를 고려하기 위해서 계수 α_H를 도입하였다고 하며, 식 (1.12)는 이전의 기준에서 연직방향 토압을 고정하중에 대한 하중계수와 동일하게 적용하였고, 또한 이는 토피가 두꺼운 경우로 계수가 1.4이므로 α_H를 적용할 필요가 없다고 함.

로 표현될 수 있다. 1.9장에서 다룬바와 같이 하중의 크기와 분포를 비교적 신뢰성 있게 예측할 수 있는 경우(고정하중은 1.2)에는 예측하기 어려운 경우(활하중은 1.6 등)에 비해서 작은 하중계수가 사용하고 있다.

지붕활하중, 적설하중 및 강우하중(Roof Live Load, Snow Load and Rain Load) : 식 (1.13)[구조기준 (3.3.2)]에서 흙, 지하수 또는 기타 재료의 횡압력에 의한 수평방향 하중 H_h가 하중효과를 오히려 감소시키는 경우에 대비하여 구조기준에서는 하중계수를 0.8로 하여 식 (1.16)을 제시하거나 [구조기준 식 (3.3.6)], 또는 만약에 지붕하중이 바닥활하중(floor live load)을 초과하거나 또는 기둥이 지지하는 총 지붕하중이 기둥이 지지하는 총 바닥활하중을 초과하는 경우에 식 (1.17)[구조기준 식 (3.3.3)]을 제시하고 있다.

$$U = 1.2(D + F + T) + 1.6(L + \alpha_H H_v) + 0.8H_h + 0.5(L_r \text{ 또는 } S \text{ 또는 } R) \tag{1.16}$$

$$U = 1.2D + 1.0L + 1.6(L_r \text{ 또는 } S \text{ 또는 } R) \tag{1.17}$$

식 (1.17)에서 지붕하중 (L_r 또는 S 또는 R)이 주하중(principal variable action)의 역할을 하고, 식 (1.13), (1.16) 및 (1.18)에서는 부하중(companion variable action)의 역할을 한다. 식 (1.16)은 횡압력을 작게 산정할 때 안전 측인 설계가 되는 경우에 대한 검토를 위한 식으로 토압의 경우 연직 방향력 보다 수평 방향력의 불확실성이 크기 때문에 이를 고려하기 위한 식이다.

풍하중(Wind Load) : W는 풍하중 또는 이에 의해서 생기는 단면력으로 방향성을 고려하여 최대 정 또는 부 계수하중을 얻을 수 있도록 ± 로 계산하여야 하며, 하중조합은 아래와 같다.

$$U = 1.2D + 1.0L + 1.3W + 0.5(L_r \text{ 또는 } S \text{ 또는 } R) \tag{1.18}$$

$$U = 1.2D + 0.65W + 1.6(L_r \text{ 또는 } S \text{ 또는 } R) \tag{1.17a}$$

$$U = 0.9(D + H_v) + 1.3W + (1.6H_h \text{ 또는 } 0.8H_h) \tag{1.19}$$

식 (1.18)[구조기준 식 (3.3.4)]에서 풍하중 W는 주하중으로 역할을 하고 식 (1.17a)에서는 부하중의 역할을 하고 있다. 식 (1.19)는 식 (1.18)에서 활하중이 없을 때 주어지는 식으로, 고정하중에 대한 계수 0.9는 풍하중에 대해서 고정하중으로 인한 연직하중이 구조물을 안정시키는 역할을 하는 경우를 대비하는 계수로 원래의 계수 1.2에 75%를 곱하여 구한 값이다. 여기에서 흙, 지하수 또는 기타 재료의 횡압력에 의한 수평방향 하중 H_h의 하중계수가 1.6 또는 0.8(또는 지진하중 E의 경우 1.0이나 0.5)로 되어있는 이유는 풍하중 W(또는 지진하중 E)로 인한 수평하중이 좌우방향으로 작용하므로 이에 대해서 각각의 경우를 고려하여 안전 측의 설계가 되도록 한 것이다[1.44].

지진하중(Earthquake Load) : 지진하중이 작용하는 경우에 소요강도는 아래의 식으로 구할 수 있으며, 지진하중도 풍하중과 마찬가지로 방향성을 고려하여 ± 로 계산하여야 한다[구조기준 식 (3.3.5) 및 (3.3.8)].

$$U = 1.2(D + H_v) + 1.0L + 1.0E + 0.2S + (1.0H_h \text{ 또는 } 0.5H_h) \tag{1.20}$$

$$U = 0.9(D + H_v) + 1.0E + (1.0H_h \text{ 또는 } 0.5H_h) \tag{1.21}$$

식 (1.21)은 식 (1.19)와 같이 고정하중의 영향이 지진하중에 대해서 구조물을 안정시키는 경우를 대비한 하중조합이다. 여기에서 지진하중에 대한 하중계수 1.0은 **강도수준지진(strength level seismic force**, 또는 **붕괴방지 수준 지진력**[1.35])에 대한 하중계수로 시설물의 등급이나 중요성에 따라 사용하고 있는 재현주기가 상당히 긴 주기[10)]의 2/3 수준의 최대 지진하중에 대한 값이다. 만약에 **사용수준 지진력(service-level seismic force**, 또는 **기능수행 수준 지진력)**을 사용하는 경우에 $1.0E$ 대신에 $1.4E$를 사용하도록 구조기준에서 규정하고 있다[구조기준 3.3.2(3), ACI 9.2.1(c)][1.12].

작은 활하중에 대한 하중계수(Load Factor for Small Live Load) : 구조기준 3.3.2(2)에서 식 (1.17), (1.18) 및 (1.20) [구조기준 식 (3.3.3), (3.3.4), (3.3.5)]에서 활하중에 대한 하중계수 1.0을 다음의 경우를 제외하고 0.5로 감소시켜도 되도록 허용하고 있다.

(1) 차고, (2) 공공집회 장소 및 (3) 활하중 $L \geq 5.0\,\text{kN/m}^2$ 이상인 모든 장소

예제 1.2 소요강도(Factored-Load Effect)의 계산[1.4]

어떤 콘크리트 건물골조에서 100%의 등분포 고정하중, 등분포 활하중과 풍하중이 각각 작용하여 탄성해석을 수행한 결과 기둥과의 연결부분 보(중간층의 단면 A)에서의 모멘트는 $M_D = -55\,\text{kN}\cdot\text{m}$, $M_L = -26\,\text{kN}\cdot\text{m}$ 및 $M_W = 114\,\text{kN}\cdot\text{m}$ 이었다. 단면 A의 소요강도를 현행 구조기준에 의하여 결정하라.

풀이

식 (1.12)~(1.21)을 이용해서 계산하고, 풍하중은 골조의 좌우방향에서 작용할 수 있으므로 하중의 방향을 고려하여 ±로 계산한다.

① 식 (1.12) : $U = 1.4(D + F)$ 경우

$F = 0$ 이므로 $U = 1.4 \times (-55) = -77\,(\text{kN}\cdot\text{m})$

10) 500년, 1,000년 또는 2,500년 재현주기

② 식 (1.13) 및 (1.15) :

$U = 1.2(D + F + T) + 1.6(L + \alpha_H H_v + H_h) + 0.5(L_r$ 또는 S 또는 $R)$

- 유체압 $F = 0$
- 온도, 크리프, 건조수축 및 부등침하의 영향에 의해서 생기는 단면력 $T = 0$ 으로 가정
- 흙, 지하수의 자중 및 횡압력에 의한 하중, 또는 이에 의해서 생기는 단면력 H_v 및 $H_h = 0$ 가정
- 보의 위치가 중간층으로 지붕하중이 작용하지 않으므로 L_r, S또는 $R = 0$

따라서, 식 (1.13)은 식 (1.15)로 표현된다.

$U = 1.2D + 1.6L = 1.2 \times (-55) + 1.6 \times (-26) = -107.6$ (kN · m)

③ 식 (1.17) : $U = 1.2D + 1.0L + 1.6(L_r$ 또는 S 또는 $R)$

지붕하중이 주하중(principal variable action)의 역할을 하지만, 단면 A는 중간층으로 지붕보(roof beam)가 아니므로 생략한다.

④ 식 (1.18) : $U = 1.2D + 1.0L + 1.3W + 0.5(L_r$ 또는 S 또는 $R)$

구조기준 3.3.2(2) : 활하중에 대한 하중계수 1.0을 (1) 차고, (2) 공공집회 장소, 및 (3) 활하중 $L \geq 5.0\ \text{kN/m}^2$ 이상인 모든 장소를 제외하고 0.5로 감소시켜도 되도록 허용하고 있으므로 본 예제에서 자료는 제공되지 않았지만 $L < 5.0\ \text{kN/m}^2$ 로 보아 구조기준 3.3.2(2)를 적용하여 $0.5L$ 로 한다.

$U = 1.2D + 0.5L + 1.3W = 1.2 \times (-55) + 0.5(-26) \pm 1.3 \times (114)$

$= -79 \pm 148.2 = 69.2$ 또는 $\underline{-227.2}$ (kN · m)

⑤ 식 (1.19) : 고정하중 모멘트가 풍하중과 활하중 모멘트와 반대작용을 할 수 있으므로 고려하여야 한다.

$U = 0.9D + 1.3W + (1.6H_h$ 또는 $0.8H_h) = 0.9 \times (-55) \pm 1.3 \times (114)$

$= -49.5 \pm 148.2 = \underline{98.7}$ 또는 -197.7 (kN · m)

따라서 단면 A의 소요 휨모멘트 M_u 는 정모멘트의 경우 최대값이 98.7 kN · m 이고 부모멘트인 경우는 -227.2 kN · m 가 된다.

계수저항능력과 설계강도(Factored Resistance and Design Strength)

식 (1.7)~(1.10)의 기본한계상태 설계방정식에서 좌측 항(ϕR_n, ϕM_n 등)은 계수저항능력(factored resistance)으로 구조기준 3.3.3에서는 **설계강도(design strength)**라는 용어로 표현하고 있다. **강도감소계수(strength reduction factors)**라고 부르는 저항계수(resistance factors) ϕ 는 1.9절에서 다룬

바와 같이 사용재료의 강도나 설계도면 상의 부재의 크기에 대한 변동성과 인부들의 숙련정도 또는 전체 구조물에 대한 부재의 중요성과 부재 연성의 정도 등에 영향을 받는다. 사용하는 방정식이 과학적으로 맞고, 재료는 제시된 만큼 강할 뿐만 아니라 단면은 설계도면에 그려진 대로라는 가정에서 단면의 기본강도 방정식(basic strength equation)[식 (1.8b)의 M_n 등]은 이상적인 강도를 계산하는 식이다. 따라서 설계에서 단면의 신뢰성 있는 강도는 이 이상적 강도에 1보다 작은 계수 ϕ를 곱해서 구하도록 하고 있다.

2007년도 개정된 콘크리트구조설계기준[1.7]에서는 ACI 318-02[1.12]에서 강구조 설계기준과 같은 통일된 하중계수 및 하중조합을 적용한 실정에 맞추어 이를 채택하게 되어 2003년 기준의 하중계수보다 값이 감소하였다. 이러한 하중계수의 감소에 따른 안전율의 감소를 방지하고 적정한 안전율 수준을 확보하기 위해서 구조기준 3.3.3(2)(ACI 9.3.2)에서 다음과 같이 강도감소계수 ϕ를 개정하였다.

① 구조기준 6.2.2(4)(ACI 10.3.4)에 정의된 인장지배 단면 ………………………… $\phi=$ 0.85[11)]

② 구조기준 6.2.2(3)에 정의된 압축지배 단면

(a) 구조기준 6.4.2에 따라 나선철근(코일철근)으로 보강된 부재 ………………………… 0.70

(b) 그 이외의 철근콘크리트 부재(즉, 스터럽이나 띠철근으로 보강된 부재) ………… 0.65

휨모멘트와 축력을 받는 부재에 대한 강도감소계수의 크기를 정할 때 2003년 기준[1.8]에서는 하중 형식(휨, 축력 또는 동시에 작용하는 경우)으로 나누어 정하였지만(참고문헌 1.31 참고), 2007년과 그 뒤에 발행한 구조기준[1.7]에서는 공칭강도에서 단면의 변형률 조건에 따라 통합하여 정하도록 개정하였다. 공칭강도에서 최 외단 인장철근의 순인장변형률(net tensile strain) ε_t[12)]가 압축지배와 인장지배 단면 사이의 변화구간(transition)인 경우에는 ε_t가 압축지배 변형률 한계(항복변형률 ε_y)에서 0.005(또는 $2.5\varepsilon_y$)로 증가함에 따라 ϕ 값을 압축지배 단면에 대한 값에서 0.85까지 선형으로 증가시키며 직선 보간하여 결정하도록 규정하였다(그림 1.9 참고).

③ 전단력과 비틀림모멘트 ………………………………………………………… 0.75

④ 콘크리트의 지압력 ………………………………………………………… 0.65

⑤ 스트럿-타이 모델에서

(가) 스트럿, 절점영역 및 지압부 ………………………………………… 0.75

(나) 타이 ………………………………………………………………… 0.85

11) ACI 318에서 인장지배 단면에 대한 강도감소계수는 0.90이지만 구조기준에서는 국내의 환경을 고려하여 0.05를 감한 0.85를 제시하고 있다.

12) 순인장변형률은 구조기준 3.1.2 및 6.2.2(3)(ACI 10.3.3)에서 작용하중 만으로 인한 철근의 변형률로 유효 프리스트레스 힘이나 크리프, 건조수축 및 온도에 의한 변형률은 포함시키지 않고 있다.

⑥ 무근콘크리트 ·· 0.55

1.9절에서 다룬바와 같이 강도감소계수의 크기는 구조요소의 파괴가 전체구조물에 미치는 영향과 파괴과정에서 경고를 어떻게 줄 수 있느냐에 좌우된다. 인장지배 단면인 보(beams)는 인장철근이 항복하여 연성파괴가 일어나도록 설계하므로 높은 ϕ값이 제시되었다. 보의 이러한 파괴는 상당한 균열과 처짐을 동반하여 충분한 경고의 시간을 줄뿐만 아니라, 보강철근은 콘크리트에 비해서 공장생산을 하므로 강도의 변동성이 작으므로 정확한 휨강도의 계산을 가능하게 만든다. 보에 비해서 압축지배 단면(기둥)은 낮은 ϕ값을 갖는데 그 이유는 콘크리트의 강도가 낮아서 일어나는 파괴는 부서짐 형태로 갑작스런 파괴(brittle failure)가 나타나고 또한 기둥의 파괴는 전체구조물의 붕괴로 이어질 수 있을 뿐만 아니라 기둥의 보수보강은 매우 어렵기 때문이다. 연성거동을 하는 나선철근 보강기둥은 띠철근 보강기둥에 비해서 높은 ϕ값이 주어졌다(그림 9.19 참고). 전단과 비틀림에 대해서는 이 값들의 중간 값을 갖는데 그 이유는 강도에 미치는 콘크리트의 역할이 압축부재인 기둥 등에 비해서 감소할 뿐만 아니라 휨에 비해서 강도를 예측하는 이론의 신뢰성이 떨어지기 때문이다.

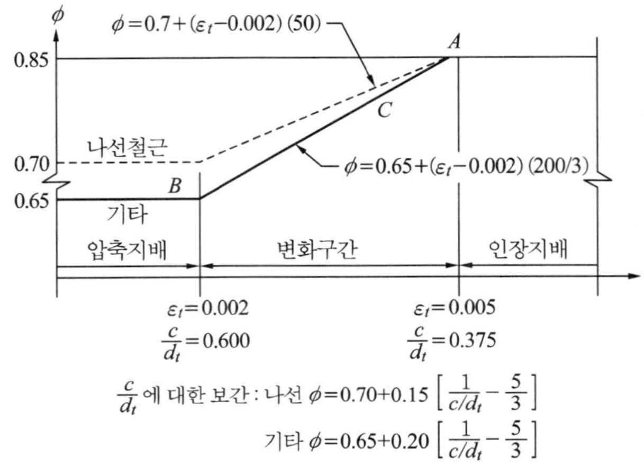

그림 1.9 SD400 철근을 사용한 휨과 압축부재에 대한 강도감소계수 산정 수식 (d_t는 압축연단에서 최 외단 인장철근 층의 도심까지의 거리)

따라서 강도설계법에서는 하중계수와 강도감소계수의 조합으로 적절한 안전의 정도를 만족하도록 하고 있다. 예를 들어서 인장지배 단면(휨)에 대해서 고려해보면, **안전계수(factor of safety, SF)**의 정의는 공칭강도(nominal resistance) / 소요강도(required strength)이므로 식 (1.7)과 식 (1.15)에서 공칭강도는 $R_n \geq U/\phi$ 로 표현하고, 소요강도는 $D+L$ 로 쓰면, 안전계수는

$$SF=\frac{(1.2D+1.6L)/\phi}{D+L},\ \text{여기에서}\ \phi=0.85 \tag{1.22}$$

로 표현될 수 있다. 따라서 만약에 활하중 휨모멘트가 작용하지 않는 $L=0$ 인 경우에 안전계수는

$$SF=\frac{1.2D}{0.85D}=1.41 \tag{1.23a}$$

가 되고, 활하중이 상당히 증가하여 $L=4D$ 인 경우에는

$$SF = \frac{1.2D + 1.6(4D)}{5D(0.85)} = \frac{7.6}{4.25} = 1.79 \qquad (1.23b)$$

로 안전율이 $L = 0$ 인 경우에 비해서 27% 증가하여 활하중이 증가할수록 안전율이 커져서, 고정하중에 비해서 큰 활하중의 변동성을 현행 구조기준의 강도설계법에서 고려하는 것을 알 수 있다. 압축지배 단면(축압축력이 작용하는 나선철근으로 보강된 부재, $\phi = 0.7$)에서 식 (1.23a, b)와 같이 L/D의 비를 0에서 4로 변화시키면 안전계수는 1.71에서 2.17로 변화하여 기둥과 같은 요소의 파괴는 갑작스럽게 전체 구조물의 파괴로 이어질 수 있기 때문에 휨에 비해서 큰 안전계수를 제공하고 있는 것을 알 수 있다. 콘크리트와 보강철근의 공칭강도(nominal strength, 즉, ideal strength)는 각 재료의 규정된 강도(specified strength)를 이용하여 계산되지만 실제 구조물에서의 강도는 이 규정된 값보다 일반적으로 크므로 안전을 위해서 추가적인 강도가 확보되게 된다[1.23].

허용응력설계법(Working Stress Design)**과 허용응력**(Allowable Stress)

2003년 기준[1.8]에서는 앞에서 다룬 강도설계법 이외에 **허용응력설계법(working stress design method)[탄성설계법(elastic design method)]**을 부록에 수록하여 사용할 수 있도록 하였다. 이 설계법은 사용하중(service loads) 또는 계수를 곱하지 않은 하중(unfactored loads)인 작용하중(working loads)이 작용할 때 선형탄성이론에 의한 응력해석과 계산된 최대 탄성응력이 허용응력을 초과하지 않도록 하는 설계방법으로 2003년 기준에서는 **별도설계법(alternate design procedure)**이라고 부르며 부록에서 다루고 있다. 이 허용응력설계법은 강도설계법이 적용되기 이전에 사용되었던 설계방법으로 국내에서도 거의 80년도까지 이 설계방법을 사용하였다. 기준에서 콘크리트는 허용휨압축응력(f_{ca})을 40%의 f_{ck} 13)로 규정하고 보강철근의 허용인장응력(f_{sa})을 SD300 등급 철근인 경우에 항복응력 f_y 의 50%로 규정하였다(그림 1.10 참고 : 철근과 콘크리트의 응력-변형률 곡선을 한 그림에 같이 표시하기 위해서 세로축의 축적은 log 축적을 적용하였다). 따라서 이 별도설계법(허용응력설계법)의 기본 설계식은 콘크리

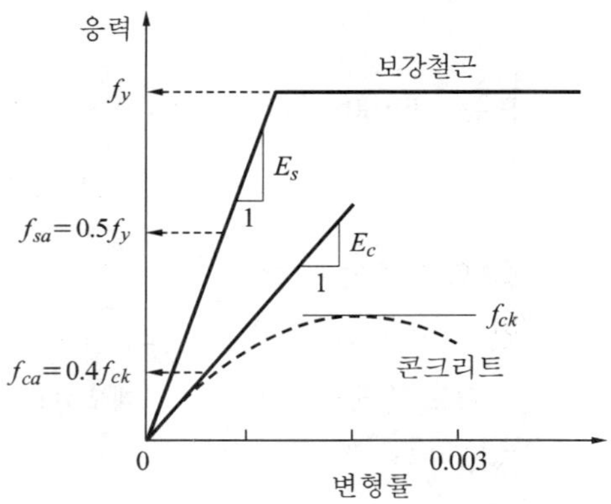

그림 1.10 콘크리트와 철근의 응력-변형률 곡선의 관계 : 탄성설계법

13) 재령 28일 콘크리트의 설계기준압축강도 (MPa)

트의 최대압축응력 f_c가 기준에서 제시한 허용응력을 초과하지 않으면 만족하므로 다음과 같이 표현될 수 있다.

$$f_c \leq f_{ca} \tag{1.24a}$$

또는 허용휨압축응력을 같이 쓰면

$$f_c \leq f_{ca} = 0.40f_{ck} \tag{1.24b}$$

로 표현될 수 있다. 여기에서 콘크리트의 응력 f_c는 보의 경우에는 아래와 같은 휨공식으로 계산할 수 있을 것이다.

$$f_c = My/I \tag{1.25}$$

보강철근인 경우에도 동일하게 기본 설계식은 보강철근에 발생하는 최대응력 f_s가 다음 식을 만족하여야 할 것이다.

$$f_s \leq f_{sa} \tag{1.26a}$$

또는 SD300 등급 철근이라면

$$f_s \leq f_{sa} = 0.5f_y = 150\ \text{MPa}\ (\text{SD300 철근인 경우}) \tag{1.26b}$$

을 만족하여야 한다. 표 1.5에는 2003년 기준 부록 I.3에서 제시한 각종 허용응력 값들이 제시되어 있다. 이 허용응력들은 과거의 설계와 경험에 의해서 제시된 값이다.

별도설계법(허용응력설계법)에서 안전계수(factor of safety, SF)는 콘크리트의 허용 휨압축응력의 경우에는

$$SF_{(\text{콘크리트})} = f_{ck}/(0.4f_{ck}) = 2.5 \tag{1.27}$$

이고 SD300 등급의 철근인 경우에는

$$SF_{(\text{철근})} = f_y/(0.5f_y) = 2.0 \tag{1.28}$$

이 된다. 따라서 이 별도설계법(허용응력설계법)에서는 강도설계법의 하중계수나 강도감소계수와 같이 각각의 하중이나 상황이 갖는 불확실성과 변동성을 구별하여 안전을 고려하지 못하고, 설계하는 단면의 강도에 일괄적으로 포함되어 저항과 하중의 변동을 적절하게 고려하지는 못하고 있다. 또한 응력은 탄성거동에 근거를 두어 계산하므로 실제 구조물은 재료가 비선형 거동을 하는 극한상태에서 파괴가 일어나므로 구조물의 안전율에 대해서는 판단할 수가 없게 된다(즉, 파괴에 대한 안전의 정도가 얼마인지를 알 수 없다.). 그 이외에도 참고문헌 1.22에는 작용하는 집단하중

에서 하중들이 각각 서로 다른 비로 증가할 때 고려할 수 없다는 단점 등이 제시되어 있다[1.4].

별도설계법(허용응력설계법)에서는 허용응력을 사용하여 설계하면 극한한계상태가 자동적으로 만족될 것이라고 가정하고 있다. 그러나 사용하는 재료와 작용하는 하중의 변동성에 따라 그렇지 않은 경우도 발생할 수 있을 것이다. 따라서 2003년 기준의 부록 별도설계법 I.1.1(4)에서 이 별도설계법(허용응력설계법)으로 설계한 휨부재는 처짐 한계상태(기준 4.3)와 균열 폭 한계상태(기준 6.3)를 만족시키도록 규정하고 있다.

현행 구조기준에 따라 비록 구조물이 계수하중을 작용하여 강도설계법에 의해서 설계되었다고 하더라도 실제 구조물을 사용할 때에는 사용하중이 작용하여 재료들은 탄성거동에 있으므로 처짐이나 균열과 같은 사용성을 검토하기 위해서는 허용응력설계법에서 다루는 탄성거동을 이해하여야 할 것이다. 2012 구조기준에서는 별도설계법(허용응력설계법)을 완전히 삭제하고 있지만, 균열의 폭 등이 문제가 되는 오폐수처리장과 같은 **환경구조물(environmental engineering concrete structures)**이나 원자력 발전소의 폐연료 저장 구조물 등의 설계에는 사용하중이 작용할 때 직접적으로 응력의 크기를 조절할 수 있는 별도설계법(허용응력설계법)을 적용하는 것이 현명한 판단일 수도 있다.

표 1.5 콘크리트와 철근의 허용응력(2003년 **기준 부록** I.3.1 **및** I.3.2)

콘크리트의 허용응력		철근의 허용인장응력($\approx 0.5f_y$)	
허용 휨압축 응력	$f_{ca} = 0.40f_{ck}$	SD300	$f_{sa} = 150$ MPa
허용 휨인장 응력	$f_{ta} = 0.13\sqrt{f_{ck}}$	SD350	$f_{sa} = 175$ MPa
허용 지압응력	$f_{ba} = 0.25f_{ck}$	SD400 이상	$f_{sa} = 180$ MPa
허용 전단응력	$v_{ca} = 0.08\sqrt{f_{ck}}$	경간이 4 m를 넘지 않는 1방향 슬래브에 배근된 10 mm 이하의 휨 철근에 대하여	$0.5f_y \leq 200$ MPa

1.11 하중과 작용(Loading and Actions)

모든 구조물은 어떤 **사용하중(service loads)**[14)]의 조합이 작용하더라도 파괴되거나 또는 과도한 변형이 발생하지 않도록 단면의 크기가 결정되어야 할 것이다. 따라서 설계자는 설계하고자 하는 구조물의 수명동안에 어떠한 하중들의 조합이 작용하는지에 대해서 세심한 고려를 하여야 할 것

14) 사용하중이란 하중계수를 곱하지 않은 실제 구조물을 사용할 때 작용하는 하중으로 구조물의 사용성(serviceability)을 검토할 때 사용하는 하중을 말한다.

이다. 구조기준 3.2(ACI 8.2)에는 콘크리트 구조물을 설계하는데 고려해야 되는 하중에 대해서 언급하고 있다. 비록 일반적인 구조요소의 설계는 동시에 작용하는 고정하중(dead load)과 활하중(live load)에 의해서 좌우되지만, 풍하중, 지진하중, 적설하중, 토압과 유체압 외에 프리스트레스 힘, 작업하중, 진동이나 충격하중, 건조수축(shrinkage), 크리프(creep)와 온도변화 및 탄성수축, 받침부의 부등침하 등과 같은 각종 하중 및 외적 작용의 영향에 대해서도 검토하여야 할 것이다.

하중의 분류와 시방서(Classification of Loads and Specifications)

하중은 시간과 장소에 따라 변화하는 정도에 따라 분류할 수 있다. **영구하중(permanent load)**은 구조물이 완성된 뒤에 변하지 않고 일정한 값을 유지하는 하중으로 구조물 자체의 무게나 지반에 작용하는 토압 등이 있다. **점유하중(occupancy loads)**이나 풍하중과 같이 **변동하중(variable load)**은 시간에 따라 그 값이 변하게 된다. 변동하중은 또한 사무실의 문서 보관함과 같이 장기적으로 작용하는 **지속하중(sustained loads)**과 사무원들과 같이 단기적으로 작용하는 하중이 있다. 따라서 콘크리트의 크리프 변형은 영구하중과 변동하중 중에서 지속하중의 영향을 받게 될 것이다. 세 번째 하중종류로는 **우발하중(accidental load)**으로 차량의 충돌이나 폭발 등의 하중이 여기에 속한다.

변동하중은 또한 장소에 고정되거나(fixed) 고정되지 않는 경우(free)가 있다. 사무실의 하중은 사무실의 어디로든지 자유롭게 움직일 수 있으므로 고정되지 않았다고 볼 수 있고, 교량 위의 철도하중은 종방향으로는 고정되지 않았지만 철도의 횡방향으로는 고정되어 있다.

하중은 또한 구조물이나 구조요소에 감지할 정도의 진동이나 가속도를 발생시키지 않는 **정하중(static load)**과 발생시키는 **동하중(dynamic load)**으로 구분할 수 있다. 동하중의 영향이 그렇게 크지 않은 경우에는 규정된 정하중을 단순히 증가시켜서 설계에 고려할 수 있다. 그러나 고속도로 교량 등과 같은 비교적 큰 가속도 영향은 활하중에 **충격계수(impact factor)**를 곱해서 고려하거나 동적해석을 하여야 한다[식 (1.29) 참고].

활하중이나 풍하중에 대해서는 세 단계의 하중을 고려해야 한다. 극한한계상태를 고려할 때의 하중은 구조물의 수명동안 작용할 수 있는 최대하중을 적용해야 한다. 따라서 규정되는 활하중이나 적설하중 또는 풍하중은 구조물의 수명동안 발생할 수 있는 최대하중의 평균값을 나타내야 한다. 사용성 한계상태를 검토할 때는 자주 작용하는 활하중(일반적으로 최대평균하중의 50%~60% 정도)을 이용하는 것이 좋고, 지속하중의 처짐을 계산할 때는 지속하중과 반영구적인 영구하중을 고려하여 대략 규정된 활하중의 20%~30%를 고려하여야 할 것이다.

우리나라에서 건축물의 하중은 2000년 사단법인 대한건축학회에서 제정한 건축물하중 기준 및 해설[1.24]을 따르도록 건설교통부 고시 제 2000-153호에 고시하고 있다. 미국에서는 ASCE/SEI

7-10[1.19]에 각종 하중에 대해서 규정하고 있고, 이 규정을 근거로 각 자치단체에서 발행한 건축설계기준으로는 UBC(Uniform Building Code)[1.25] 나 IBC(International Building Code)[1.34]등이 있다. 차량하중이나 철도하중은 전문시방서인 도로교설계기준[1.39]이나 철도설계기준(철도편)[1.26]에서 각각 규정하고 있다.

고정하중 (사하중, Dead Load)

구조요소 자신의 무게와 구조물에 영구히 장착되어 구조요소가 지지해야 되는 모든 무게를 **고정하중(dead load)**이라 한다. 도로교설계기준 2.1.2[1.15]에는 고정하중을 산출할 때 사용할 수 있는 각종 재료들의 단위질량을 표 1.6과 같이 제시하고 있다. 건축물에 장착되어 고정하중으로 고려되어야 되는 요소들은 ASCE/SEI 7-10[1.19]에 제시되어 있다.

표 1.6 도로교설계기준 : 재료의 단위질량 ρ_c (단위: kg/m³)

재 료	단위질량	재 료	단위질량
강재, 주강, 단강	7,850	콘크리트	2,350
주철	7,250	시멘트 모르타르	2,150
알루미늄	2,800	목 재	800
철근콘크리트	2,500	역청재(방수용)	1,100
프리스트레스트 콘크리트		아스팔트 포장	2,300

콘크리트 구조물의 고정하중은 상당하기 때문에 설계계산에서 무시해서는 안 되며, 부재의 크기를 최종적으로 결정하기 전까지는 고정하중의 크기를 정확하게 알 수가 없다. 설계에 있어서 부재의 크기를 결정하기 위해서는 고정하중의 크기를 알아야 하므로 우선 처음 설계 단계에서는 고정하중을 가정15)하여야 한다. 구조물을 해석하여 부재의 크기가 결정되고 건축적인 상세가 결정되면 고정하중을 좀 더 정확하게 계산할 수 있게 된다. 만약에 계산된 고정하중이 처음에 가정된 고정하중과 비교해서 거의 차이가 없으면 설계를 끝낼 수 있지만 만약에 상당한 차이가 나게 되면 새롭게 계산된 고정하중을 이용하여 재설계를 하여야 할 것이다. 특히 경간이 긴(23m 이상) 경우에는 고정하중이 설계를 좌우하기 때문에 정확한 고정하중의 계산은 매우 중요하다. 또한 교량의 포장과 같이 시간을 두고 몇 차례에 걸쳐서 재포장하거나 또는 울퉁불퉁한 장소를 평평하게 고르게 위해서 두껍게 재포장하는 경우와 같이 실제 고정하중이 계산에서 사용한 구조물의 단면적이나 단위중량과 서로 일치하지 않는 경우가 발생할 수 있으므로 조심하여야 한다.

표 1.6에서 철근콘크리트의 단위무게는 단위질량에 중력가속도 $9.81\ \mathrm{m/sec^2}$을 곱해서 구하므로, 단위무게(weight density) $\gamma_c = \rho_c g = 2{,}500(9.81) = 24{,}500\ (\mathrm{N/m^3}) = 24.5\ \mathrm{kN/m^3}$ 이 된다.

15) 보의 높이 h 는 대략 경간의 8% ~ 10%로 보고 보의 폭 b 는 $0.5h$ 로 보아 계산한 체적에 단위중량을 곱해서 고정하중을 대략적으로 계산한다[1.4].

활하중(Live Load)

구조기준 1.4에서는 활하중은 "**환경하중**(풍하중, 지진하중)이나 고정하중을 포함하지 않고, 건물이나 다른 구조물의 사용 및 점용에 의해 발생하는 하중으로 사람, 가구, 이동칸막이, 창고의 저장물, 설비기계 등의 하중과 적설하중, 또는 교량 등에서 차량에 의한 하중"이라고 정의하고 있다.

구조물을 해석하거나 설계할 때에 가장 불리한 하중조합으로 수행하여야 하며, 구조기준 3.4.9(ACI 8.11)에서는 계수고정하중은 모든 경간에 언제나 재하되고 계수활하중은

① 해당 바닥판에만 재하된 것으로 보거나(그림 1.11a, b, c의 경우),

② 두 인접 경간에 만재되었거나(그림 1.11d와 e의 경우) 또는

③ 한 경간 씩 건너서 만재된(그림 1.11f의 경우) 조합하중을 고려하여 해석할 수 있고, 구조물과 일체로 시공된 기둥의 먼 단부는 고정된 것으로 가정할 수 있다고 규정하고 있다. 그림 1.11g의 활하중이 전체 경간에 재하되는 경우는 대부분의 경우에 설계를 지배하지는 않지만 통상적으로 해석에 포함시킨다(그림 14.3b 및 그림 P14.2 참고).

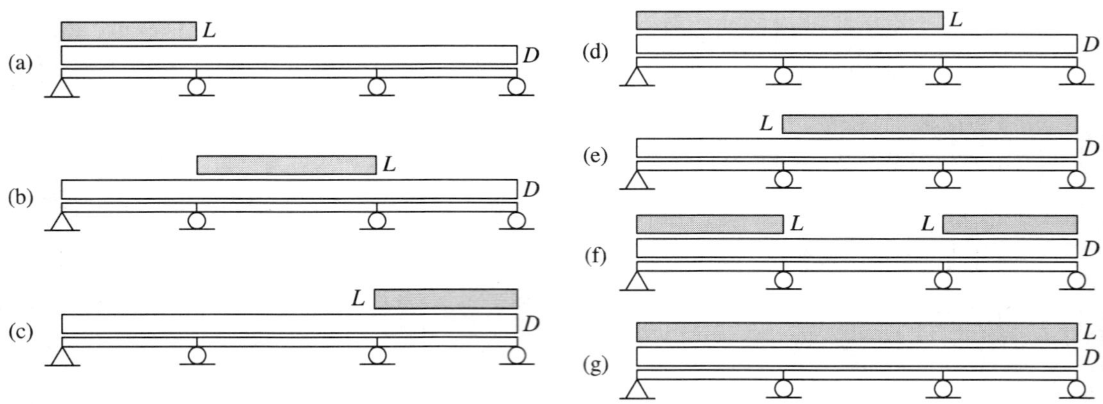

그림 1.11 **고정하중과 활하중의 하중조합** (D = **고정하중**, L = **활하중**, **구조기준** 3.4.9, ACI 8.11)

건축 구조물에 관련된 **활하중(live load)**은 설계 시에 건축물의 특정한 부분의 사람이나 장비의 점유하중을 각각 측정해야하는 번거로움을 피하기 위해서 건축물 시방서(building codes)에는 설계하고자 하는 특정한 부재에 대한 등분포 활하중(uniform live load)이 제시되어 있다[1.19]. 표 1.7에는 건축물하중 기준 및 해설[1.24](ASCE/SEI 7-10[1.19])의 전형적인 건축물에 대한 최소 등분포 활하중(minimum uniformly distributed live loads)이 제시되어 있다.

표 1.7 건축물하중 기준 및 해설 <표 0303.2.1.> : 전형적인 기본등분포활하중

장 소	용 도		설계하중 kN/m²(kPa)
주택	주거용 건축물의 거실, 공용실 및 복도		2.0
	공동주택의 발코니		3.0
병원	병실과 해당 복도		2.0
	수술실, 고용실과 해당 복도		3.0
체육시설	체육관 바닥, 옥외경기장		5.0
	스탠드 (고정식)		4.0
	스탠드 (이동식)		5.0
사무실	일반 사무실과 해당 복도		2.5
	로비		4.0
	특수용도 사무실과 해당 복도 및 문서 보관실		5.0
주차장	옥내 주차 구역	승용차 전용	3.0
		경량트럭 및 빈 버스 용도	8.0
		총중량 18톤 이하 트럭의 중량차량	12.0
	옥내 차로와 경사로	승용차 전용	3.0
		경량트럭 및 빈 버스 용도	10.0
		총중량 18톤 이하 트럭의 중량차량	16.0
	옥외	승용차, 경량트럭 및 빈 버스	12.0
		총중량 18톤 이하 트럭의 중량차량	16.0
창고	경량품 저장 창고		6.0
	중량품 저장 창고		12.0
공장	경공업 공장		6.0
	중공업 공장		12.0

도로교설계기준에서 다루는 차량하중[16]이나 철도설계기준(철도편)에서 다루는 철도하중[17] 등과 같은 활하중은 충격을 일으키는 것으로 보아 **충격계수(impact factor)** I를 도입하고 있다. 하중이 움직이게 되면 정적으로 작용하는 것에 비해서 큰 응력이 발생한다는 것은 기본적인 동력학에서 알 수 있다. 실제적인 동력학적인 거동은 상당히 복잡하지만 충격계수는 안전 측으로 하중의 동적거동을 활하중에 의해서 발생한 응력에 계수를 곱해서 설계에서 고려할 수 있도록 하는 것이다. 도로교

16) 표준트럭하중(DB-24, DB-18 및 DB-13.5 하중)과 차로하중(DL하중)
17) 기관차하중(LS-22와 LS-18)

설계기준 2.1.4[1.15]에서 충격계수는 아래와 같이 제시하고 있다.

$$I = \frac{15}{40+L} \leq 0.3 \tag{1.29}$$

여기에서 $L\,(\mathrm{m})$는 원칙적으로 보에서 활하중이 등분포하중인 경우에 설계부재에 최대응력이 일어나도록 활하중이 재하된 경간부분의 길이이다. 식 (1.29)에서와 같이 충격계수는 0.3을 초과할 수 없으므로, 경간은 $L \geq 10\,\mathrm{m}$ 이어야 할 것이다.

구조기준 3.3.2(5)(ACI 9.2.2)에서는 주차장, 하역장, 창고바닥, 엘리베이터 샤프트 등과 같이 활하중 이 짧은 시간에 작용하여 충격의 영향이 작용하는 경우에 활하중 L 대신에 충격효과가 포함된 $L(1+I)$로 대체하여 소요강도를 계산하는데 적용하도록 규정하고 있다.

적설하중(설하중, Snow Load)

적설하중은 기후적 요인, 지붕의 형태 및 지붕의 바람에 노출정도에 따라 좌우된다. 눈이 바람의 영향으로 미끄러져 한 편에 쌓이거나 또는 고르지 못한 제설작업으로 인하여 적설하중이 종종 불균형을 일으키기도 하며, 다량의 적설이 난간이나 지붕의 높이가 바뀌는 장소에서 일어난다. 따라서 적설하중을 고려할 때는 전체 면에 등분포하중으로 작용하거나 또는 불균형으로 한쪽 면에만 작용한다고 보아 최악의 상황에 대해서 설계하여야 할 것이다.

표 1.8 건축구조기준[1.32] 0304.2.2 : 지상 적설하중 기본 값

지 역	지상 적설하중 kN/m^2(kPa)
서울, 수원, 춘천, 서산, 청주, 대전, 추풍령, 포항, 군산, 대구, 전주, 울산, 광주, 부산, 통영, 목포, 여수, 제주, 서귀포, 진주, 이천	0.5
정읍, 울진	0.65
인천	0.8
속초	2.0
강릉	3.0
울릉도, 대관령	7.0

건축구조기준[1.32]에서는 적설하중의 기본 값을 지역에 따라 구분하여 표 1.8과 같이 제시하고 있다.

ASCE/SEI 7-10[1.19]에는 풍하중, 적설하중이나 지진하중을 결정하는 경우에 구조물이 파괴시 인명의 위험도가 증가함에 따라 설계조건을 점점 더 엄격하도록 하는 용도유형(use categories)을 이용하도록 제시하고 있으며, 분류는 아래와 같이하고 있다. ASCE/SEI 7-10에서는 이 유형에 따라 중요도 계수(importance factor)[18]를 제시하여 설계에 적용하도록 하고 있다.

유형 Ⅰ : 농업시설과 같이 파괴 시 인명의 피해가 낮은 건물 및 기타 구조물

18) 예를 들어 적설하중에 대해서 ASCE/SEI 7-10에서는 유형에 따라 중요도 계수가 0.8~1.2로 변하는 계수로 제시되고 있다.

유형 Ⅱ : 유형 Ⅰ, Ⅲ 및 Ⅳ에 속하지 않는 건물 및 기타 구조물

유형 Ⅲ : 파괴 시에 상당히 인명에 위험을 줄 수 있는 집회장소, 보육원, 학교, 대학, 교도소 및 다량의 유독성 및 폭발물질을 저장하는 건물 및 기타 구조물

유형 Ⅳ : 병원, 소방서, 경찰서, 통신소, 발전소 및 발전시설과 같은 필수시설의 건물 및 기타 구조물

풍하중 (Wind Load)

풍하중(wind load)은 바람에 의하여 수직방향 구조물에 수평으로 작용하는 하중으로 횡하중(lateral load)에 속하며 횡하중에는 지진하중, 횡방향 토압 및 유체압이 있다.

바람에 의해서 발생하는 압력은 풍속의 제곱으로 표현되는 함수이다. 지구표면의 거칠음 때문에 어느 특정한 순간의 풍속은 평균풍속과 거스트(gust)라고 부르는 난기류로 구성된다. 따라서 풍하중이 작용하는 구조물은 평균속도압으로 인해서 처짐을 일어나고 거스트 압력 때문에 진동을 하게 된다. 더욱이 바람이 건물을 지나갈 때의 와류현상(vortex shedding) 때문에 대부분 바람방향에 횡방향으로 건물이 처지게 된다. 거스트에 의한 진동은 ① 바람 거스트의 고유에너지와 구조물에 변위를 일으키기 위해서 필요한 에너지와의 관계, ② 거스트의 진동수와 구조물의 고유진동수(natural frequency)의 관계, ③ 구조물의 감쇠(damping) 등에 좌우되게 된다[1.27].

도로교설계기준 2.1.11[1.39]에서는 정적설계를 위한 단위면적당 작용하는 풍하중 p(MPa)를 아래와 같은 식으로 제시하고 있다.

$$p = 5 \times 10^{-7}(\rho V_d^{\,2} C_d G) \tag{1.30}$$

여기에서 ρ는 공기밀도 $(= 1.225\ \mathrm{kg/m^3})$이고, $V_d\,(\mathrm{m/s})$는 설계기준 풍속이고, C_d는 항력계수이며, G는 거스트 응답계수이다. 설계기준 풍속 V_d는 대상지역의 풍속자료가 없는 경우에는 아래의 식으로 추정할 수 있도록 하고 있다.

$$V_d = \begin{cases} 1.925\,(z/z_G)^{\alpha}\ V_{10}, & z \ge z_b \\ 1.925\,(z_b/z_G)^{\alpha}\ V_{10}, & z < z_b \end{cases} \tag{1.31}$$

여기에서 $z\,(\mathrm{m})$는 지상으로부터 높이이며, z_G, z_b, α는 지표면의 거친 정도, 즉 조도의 조건에 따라 달라지는 계수로 도로교설계기준의 표 2.1.15에 제시되어 있다. V_{10}은 기본풍속으로서 재현기간 100년에 대한 지상 10m의 10분간의 평균풍속을 의미하며 도로교설계기준에 제시된 지역에 대한 기본풍속은 표 1.9에 제시되어 있다.

고정하중이나 활하중에 의해서 구조부재의 크기가 결정되면 시방서의 규정에 따라 고정하중과

활하중에 더하여 풍하중(wind load)이 작용할 때도 검토하여야 한다. 대략 16층 정도로 구조물의 높이가 낮은 경우에는 풍하중이 구조부재의 크기를 결정하는데 영향을 안 미치지만 높이가 높은 구조물인 경우에는 풍하중이 상당한 풍력을 일으키게 된다.

표 1.9 도로교설계기준 표 2.1.14 : 지역별 기본풍속

구분	지역	지명	기본풍속 (m/s)
Ⅰ	내륙	서울, 대구, 대전, 춘천, 청주, 수원, 추풍령, 전주, 이리, 진주, 광주	30
Ⅱ	서해안	서산, 인천	35
Ⅲ	서남해안, 남해안, 동남해안	군산, 여수, 충무, 부산, 포항, 울산	40
Ⅳ	동해안, 제주지역, 특수지역	속초, 강릉, 제주, 서귀포, 목포	45
Ⅴ		울릉도	50

지진하중(Earthquake Load)

지진 다발지역에서는 설계 시에 지반의 거동에 따른 동역학적 영향을 고려하여야 한다. 구조물에 작용하는 동적하중은 건물의 중량과 지반의 거동으로 인해서 건물에 전달되는 가속도의 함수로 표현될 수 있다. 지진하중과 같이 크기가 상당한 수평하중이 작용하게 되면 압축부재인 기둥에 인장응력도 발생시키므로 보강철근이 모든 방향에 배치되어야 할 것이다.

2012년 구조기준(ACI 318-08)에는 지진 발생빈도가 높은 지역에서 높은 연성(high ductility)과 인성(toughness)을 가질 수 있도록 21장에 내진설계 특별 고려사항을 마련하고 있다.

도로교설계기준[1.39]에서는 6장에 내진설계의 규정을 포함하고 있으며 내진설계의 개념은 지진의 발생빈도와 지반운동의 세기, 교량의 중요도 등에 따라 요구되는 내진성능을 기능수행 수준과 붕괴방지 수준으로 구분하여 만족시키도록 규정하고 있다.

예제 1.3 움직이는 하중이 작용하는 보의 공칭강도계산[1.21]

그림 1.12에 보이는 보에는 (1) 보의 전체경간에 걸쳐서 등분포 고정하중 $w_D = 21\ \mathrm{kN/m}$ 가 작용하고, (2) 집중 활하중 $P_L = 107\ \mathrm{kN}$ 이 보의 임의의 위치에 작용한다. 현행 구조기준에 따라 보의 B점과 C점에서 요구되는 계수휨모멘트 M_u를 결정하라.

풀이

먼저 적절한 하중계수를 곱하여 계수하중을 계산한다.

$w_u = 1.2\,w_D = 1.2 \times 21 = 25.2\,(\text{kN/m})$

$P_u = 1.6\,P_L = 1.6 \times 107 = 171.2\,(\text{kN})$ (물론 예제 1.2와 같이 먼저 사용하중 D나 L을 작용하여 하중효과를 구한 뒤에 하중계수를 곱해서 구해도 된다.)

① **B점에서 최대 정 및 부 휨모멘트 계산 :** 계수하중을 보에 작용시킨다(그림 1.12b 참고). B점에서 최대 정휨모멘트가 발생하도록 집중 활하중을 B점에 작용시킨다. 받침부 A에서 평형방정식을 써서 C점의 연직반력 C_y를 구하면

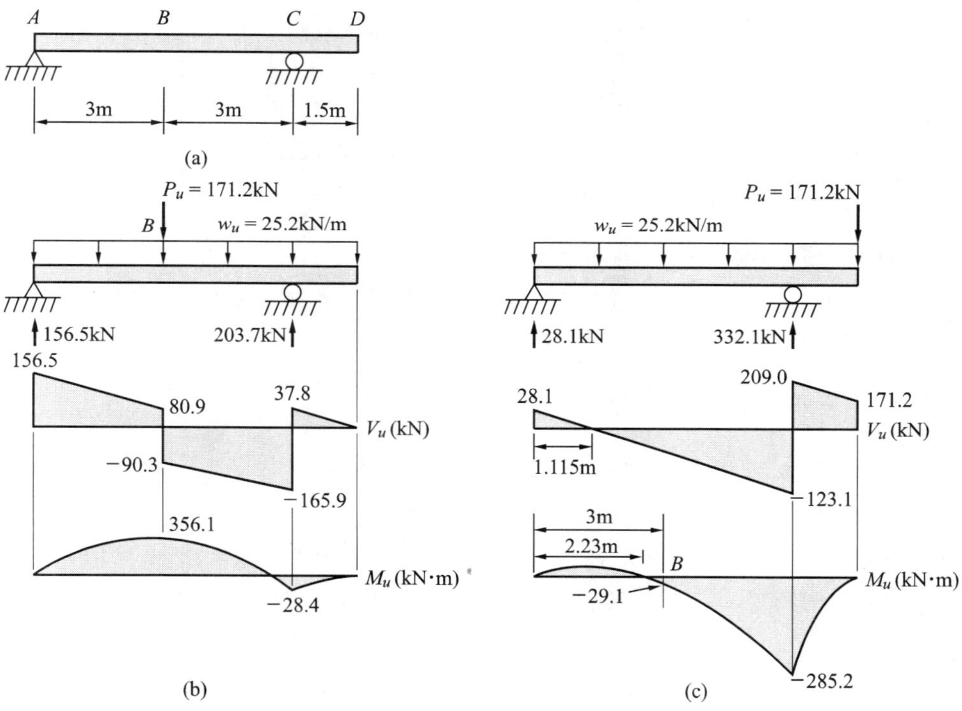

그림 1.12

(a) 보의 치수
(b) 보의 전 경간에 걸쳐서 고정하중이 작용; 최대 정휨모멘트가 발생하도록 B점에 집중 활하중 작용
(c) 받침부 C에서 최대 부휨모멘트가 발생하도록 D점에 집중 활하중 작용

$\circlearrowleft + \Sigma M_A = 0$: $C_y = (171.2 \times 3 + 25.2 \times 7.5^2/2)/6 = 1{,}222.4/6 = 203.7\,(\text{kN})(\uparrow)$

$\uparrow + \Sigma F_y = 0$: $A_y = 171.2 + 25.2 \times 7.5 - 203.7 = 306.2 - 203.7 = 156.5\,(\text{kN})(\uparrow)$

B점에서 휨모멘트를 구하려면, B 단면에서 보 A-B 구간을 보로부터 절단해서 단면법으로 B 단면에서 휨모멘트를 구하면 된다.

보를 아래로 볼록하게 만드는 휨모멘트 방향 $\circlearrowright + \Sigma M_{A-B\,구간} = 0$:

$\therefore M_{u\,@\,B(\text{정})} = 156.5 \times 3 - 25.2 \times 3^2/2 = \underline{356.1\ (\text{kN}\cdot\text{m})}$

받침부 C에서의 최대 부휨모멘트는 C-D 구간을 잘라서 단면법으로 구하면,

보를 아래로 볼록하게 만드는 휨모멘트 방향 $\hookleftarrow + \sum M_{C-D\ \text{구간}} = 0$:

$M_{u\,@\,C\,(\text{부})} = -25.2 \times 1.5^2/2 = -28.4\ (\text{kN}\cdot\text{m})$

그림 1.12b에 전단력 분포도와 휨모멘트 분포도가 제시되어 있다.

B점에 발달하는 최대 부휨모멘트도 검토하기 위해서는 집중 활하중을 D점에 작용시키면 된다. 그림 1.12c에 집중 활하중을 D점에 작용시켜서 앞의 절차로 전단력도와 휨모멘트도를 그려서 구하면 된다. 그림 1.12c에서 B점의 계수 부휨모멘트는

$\therefore M_{u\,@\,B\,(\text{부})} = \underline{-29.1\ \text{kN}\cdot\text{m}}$

가 된다. 따라서 보는 정과 부휨모멘트에 저항하도록 설계하기 위해서 보강철근을 보의 바닥과 상면에 동시에 배치하여야 할 것이다.

② **C점에서 최대 부휨모멘트 계산 :**

그림 1.12c에서 보면, 집중 활하중이 D점에 작용할 때 받침부 C 점에 최대 부휨모멘트가 발생한다. 그림 1.12c에서 C 점의 계수 부휨모멘트는

$\therefore M_{u\,@\,C\,(\text{부})} = \underline{-285.2\ \text{kN}\cdot\text{m}}$

가 된다. 본 예제의 하중상태에서 그림 1.12b를 보면 받침부 C에서는 부휨모멘트만 발생하므로 주철근은 보의 상면에만 배치하면 될 것이다.

[각 단면에 대한 최대 및 최소 계수휨모멘트를 구했으므로 설계는 3장에서 다루는 단면의 공칭 휨모멘트강도 M_n을 결정하여 식 (1.8b)의 $M_n \geq M_u/\phi$ 를 이용하여 수행하면 된다.]

1.12 경제적인 설계(Design for Economy)[1.4]

경제성은 구조물 설계의 중요한 목표이다. 구조물 프로젝트의 전체 예산은 시공속도(rate of construction)에 따라 변하는 구조물을 건설하는데 드는 비용과 금융비용으로 구성된다.

현장타설 구조물(cast-in-place building)에서 바닥과 지붕 시스템의 비용이 전체 구조물의 비용에서 대략 90% 정도를 차지한다. 바닥 시스템의 비용은 거푸집을 제작하고 제거하는 비용, 보강철근을 준비하고 구부리고 설치하는 비용, 콘크리트를 들여와서 타설하고 마무리하는 비용으로 구성되어 있다. 일반적으로 기둥의 간격이 멀어질수록 재료비가 증가하고 이 중에서 거푸집의 비용이 전

체 비용의 40%~60%를 차지하여 가장 많이 차지하게 된다.

거푸집의 비용은 동일한 크기의 거푸집을 여러 번 재사용함으로서 감소시킬 수 있다. 보나 슬래브 또는 기둥의 크기는 동일한 크기의 거푸집을 최대한도로 사용할 수 있도록 정하는 것이 유리하다. 보나 기둥의 크기를 작용하는 하중에 정확하게 맞도록 계산해서 콘크리트나 보강철근을 절약하는 방법이 오히려 경제적이지 못한 경우가 될 수도 있다. 비록 이 방법으로 재료는 절약이 되겠지만 크기가 각각 다른 거푸집이 요구되므로 오히려 비경제적이 된다.

게다가 단면의 크기를 자주 바꿈으로 해서 설계가 복잡하게 돼서 실수가 발생할 가능성이 커질 뿐만 아니라 시공 중에서도 오차가 발생할 가능성이 많게 된다. 따라서 오히려 요구조건을 만족시키는 간단한 설계가 설계와 시공시간을 단축시킬 뿐만 아니라 보통 경제적인 구조물이 되게 한다.

가능하다면 단면이 변하는 헌치 보(haunched beam)는 피하는 게 좋고, 보는 접속되는 기둥의 폭과 같거나 아니면 조금 더 넓어서 기둥-보 접합부의 거푸집을 단순화 시키는 게 좋다. 깊이가 깊은 테두리보(spandrel beams)의 거푸집은 한 층에서 다른 층으로 옮기기 쉽지 않으므로 가능하면 피하는 게 좋다. 1방향 바닥구조(one-way floor construction)(그림 4.36 참고)에서 장경간과 단경간에 따라 깊이가 다른 2 종류의 보를 사용하는 것보다는 동일한 깊이의 보를 사용하는 게 유리하다. 깊이가 다른 보를 사용한다고 해서 얻을 수 있는 콘크리트의 절약은 미비할 뿐만 아니라, 요구되는 추가적인 노동과 2 종류의 거푸집을 임대하고 계획하는 일이 오히려 더 큰 경비를 발생시키게 된다.

가능하다면 몇몇의 표준기둥을 선택해서 3~4개 층에서 동일한 크기의 기둥을 사용하도록 하거나 또는 전체 층에서 동일한 크기의 기둥을 사용하는 것이 좋다. 기둥마다 하중이 변하게 되면 철근의 양이나 콘크리트의 강도를 변화시키면 될 것이다. 될 수 있으면 기둥은 격자형으로 정돈되게 배치하고 층 높이도 일정하게 유지하는 것이 좋다.

보강철근도 경제적으로 배근하도록 해야 한다. 복잡하거나 밀집된 배근은 단위무게 당 많은 비용이 들어가게 된다. 따라서 가장 바람직한 설계는 기둥에서는 1.5%~2%의 철근비를 보에서는 보강철근 상한한계[19]의 1/2~2/3 이상의 철근을 배근하지 않도록 하는 것이 좋다.

기둥이나 보의 휨보강 철근으로 거의 대부분 SD400 등급의 보강철근(표 2.8 참고)이 사용되고 있다. 만약에 SD300 등급 철근의 단가가 SD400에 비해서 저렴하다면, 종종 최소철근비에 의해서 지배받는 슬래브(표 4.2 참고)나 최대간격에 의해서 지배를 받는 스터럽(전단보강철근)의 경우에 SD300 철근을 배치하면 약간 유리할 수도 있다. 현재 국내에서 SD400 철근의 단가는 2012년 2월

19) $f_y \leq$ 400 MPa 철근이 배치된 보의 공칭강도 상태에서 최외단 인장철근의 순인장변형률 $\epsilon_t \geq$ 0.004 이상으로 최소한의 연성(ductility)을 갖도록 하는 철근의 상한한계 단면적 [식 (3.34) 참고]

기준으로 대략 ton당 82만원 정도하며, 이에 비해서 5천 원 정도 싼 SD300 등급의 철근 생산은 되고는 있지만 거의 사용되지 않고 있다고 한다.

콘크리트의 압축강도가 바닥시스템의 휨강도에 미치는 영향은 상대적으로 미미하므로 바닥시스템에 고강도 콘크리트를 사용하는 것이 그렇게 큰 이익을 주지는 않는다. 그러나 전단강도가 두께를 좌우하는 플랫 플레이트 시스템(flat-plate system, 그림 10.2b 참고)에서는 예외일 수가 있다. 또한 기둥의 강도는 콘크리트의 강도에 직접적으로 관계가 있으므로 고강도 콘크리트를 사용하면 경제적일 수 있다.

1.13 지속(유지) 가능성(Sustainability)[1.4]

근래에 들어 건설업계에 **지속(유지) 가능성(sustainability)**과 **그린빌딩(green building)**이 뜨거운 주제로 대두되고 있다. 그동안 건축물이나 토목-기반시설의 건설재료로 철근콘크리트를 사용했던 주된 이유는 이 재료가 갖은 탁월한 내구성(durability)과 긴 수명(longevity, 장수)에 있다고 볼 수 있다. 철근콘크리트가 미적으로 보기도 좋고 또한 다양한 형태로 만들 수 있다는 장점으로 많은 건축가나 구조공학자에게 인기있는 건설재료로 선택되었다. 콘크리트의 탁월한 단열 특징과 초기나 전 **생애주기 경제성(intial and life-cycle economic)**이 철근콘크리트를 건축물이나 또는 다른 건설프로젝트의 재료로 선택되도록 하였다.

일반적으로 그린빌딩은 건물의 소유주나 설계자 그리고 일반대중에서 얼마간 다른 관점으로 인식될 수 있는데[1.42], **지속(유지) 가능 설계(sustainable design)**는 각각 서로 다른 경제성과 사회 가치 그리고 환경 영향(environmental impact)간에 타협하여 균형을 찾는 과정으로 볼 수 있다. 철근콘크리트 건설에 대해서 고려할 사항은 다음과 같다.

경제 영향(Economic impact) : 지속(유지) 가능한 건설에서 고려하여야 할 3가지 사항 중에서 하나로, 건축물이나 토목-기반시설 시스템의 경제성에 대한 고려는 초기 및 전 생애주기 비용 분석을 포함하여야 한다. 현장치기이던지 또는 공장생산 프리캐스트이던지 간에 철근콘크리트는 그 지역의 재료와 노동력을 이용하여 생산하면 지역경제를 활성화시킬 뿐만 아니라 운송비용을 절감하고 에너지 소비를 절약할 수 있다. 구조물을 효율적으로 설계를 하면 소요되는 전체 콘크리트와 보강철근의 양을 절약할 수 있고, 산업 부산물을 재활용하는 혁신적인 배합설계를 하면 시멘트 등의 재료 소비를 절감할 수 있다. 콘크리트의 **축열체 특성(thermal mass)**[20)]이나 **반사성(reflective**

20) **축열체 특성(thermal mass)** : 건설재료가 상당한 양의 열을 흡수하여 저장했다가 나중에 방출하는 특성, 다른 재료에 비해서 콘크리트는 서서히 에너지를 흡수하고 상당한 시간에 걸쳐서 유지하여 난방이나 냉방에 열손실을 감소

property)은 생애주기의 에너지 소모를 감소시켜서 건축물의 운영비를 절감할 수 있도록 한다.

미관과 거주자의 안락함(Aesthetics and occupant comfort) : 건축물의 지속 가능성을 평가하는 중요한 요소이다. 잘 설계되어 주변의 환경과 어울려 환경영향 지수가 낮은 건축물은 지역사회의 자랑거리가 될 수도 있다. 어떤 형태이던지 만들 수 있는 콘크리트의 특성을 이용하면 특히 창의적이면서 미관이 아름다운 건축물을 만들 수 있다. 지속 가능 건축물은 거주자에게 편안하게 생활하거나 일할 수 있는 환경을 조성할 수 있어야 한다. 콘크리트의 축열체 특성은 실내 온도를 각 모듈에 따라 조종할 수도 있고, 콘크리트의 반사성과 자연광을 이용하여 조명을 최소화할 수 있으며, 또한 유해할 수도 있는 마감을 하지 않고 반사성이 있는 콘크리트의 표면을 그대로 실내나 외부의 마감으로 사용할 수도 있다. 지속 가능한 건축물의 내구성은 자연적인 재료를 사용하여 장기비용을 절감하고자하는 것이다. 많은 건축물이 사용연한 동안에 소유주나 용도가 바뀌곤 하는데 만약에 주요한 재건축을 하지 않고도 요구되는 기능을 발휘할 수만 있다면 전체 사회에 이득이 될 것이다. 콘크리트는 오랜 세월동안 내구적이면서 튼튼한 건축물을 만드는데 사용되어왔다. 근래에 들어 콘크리트 구조물의 사용연한(service life)을 50년으로 고려하지만, 현대 콘크리트 구조물은 백년이상의 사용연한을 갖게 될 것이다.

탄소이력의 저감(Reducing the carbon footprint)[21)] : 새로 시작되는 모든 건설현장에 주요한 관심사로, 보통 건축물의 건설기간과 사용연한 동안에 배출하는 총 CO_2 량으로 표현된다. 위에서 콘크리트 구조물의 사용연한 동안 에너지의 사용을 어떻게 저감하여 CO_2 배출량을 감소시킬 수 있는지에 대해서 언급하였다. 콘크리트 건설에 있어서 걱정거리는 시멘트를 생산할 때에 방출하는 온실효과 가스(green-house gas)이다. 시멘트 생산이나 운송 중에 CO_2를 발생하는 3가지 주요 요인은 (1) 시멘트를 생산할 때 노(kiln)를 가열하기 위한 에너지의 생산, (2) 석회석(limestone), 혈암(shale), 점토(clay) 등의 원재료를 규산칼슘(calcium silicate)으로 소성(firing)하는 과정에서 방출, (3) 시멘트 생산지에서 콘크리트 생산지로 운송에 필요한 에너지로 인한 배출이다.

시멘트 업계에서는 CO_2 배출을 감소시키기 위해서 노를 가열하는데 대체 연료를 사용하고, 에너지 효율이 높도록 생산 설비를 개조하고, 탄소를 흡착하여 저장하는 시스템을 적용하거나 또는 에너지 효율이 높은 방법으로 시멘트를 다루거나 운송하려고 노력하고 있다. 앞에서 언급한바와 같이 콘크리트의 탄소이력은 플라이애쉬(fly ash)나 슬래그시멘트(slag cement) 또는 실리카 흄

시켜 에너지 사용을 저감시킨다.

21) **탄소이력(carbon footprint)** : 2008년 영국 체임버스 영어사전에 새로 등록된 단어로, '**탄소발자국**'이라고도 한다. 개인이나 단체와 같은 어떤 주체가 직·간접적으로 발생시킨 온실가스의 총량을 말하며, 이는 일상생활에서 연료 및 전기용품 등의 사용으로 발생되는 탄소를 모두 포함한다.

(silica fume)과 같은 시멘트 대체용 혼화재료를 사용하여 감소시킬 수도 있다.

아직까지 여러 설계기준에서 지속(유지) 가능성의 고려(sustainability consideration)에 대해서 언급하지는 않고 있지만, 근래에 들어 ACI(위원회 130)나 ASTM(the American Society for Testing and Materials) 등에서 지속(유지) 가능성에 대해서 연구하는 위원회를 설립하고 있다.

인증제도(Rating system) : 국내에서는 건축물의 자재생산, 설계, 건설, 유지관리, 폐기 등 전 과정을 대상으로 에너지 및 자원의 절약, 오염물질의 배출 감소, 쾌적성, 주변 환경과의 조화 등 환경에 영향을 미치는 요소에 대한 평가를 통해 건축물의 환경성능을 인증함으로써 친환경 건축물의 건설을 유도 촉진하고자 2005년에 개정된 건축법에 따라 **친환경 건축물 인증제도(또는 그린빌딩 인증제도)**를 시행하고 있다.

인증대상 건축물은 공동주택, 복합건축물(주거), 업무용 건축물, 학교시설, 판매시설, 숙박시설 및 그 밖의 건축물 등으로 모든 용도의 신축 건물을 대상으로 한다. 서류심사와 현장실사를 통해서 인증 여부 및 인증등급을 결정하는데, 유효기간이 5년인 인증 등급은 최우수(그린 1등급), 우수(그린 2등급), 우량(그린 3등급) 또는 일반(그린 4등급)으로 구분된다. 친환경인증 건축물은 취득세 및 등록세 감면, 환경개선부담금 경감, 건축기준 완화 등의 인센티브를 받을 수 있으며, 공공기관의 청사와 공공업무시설에 대해서는 친환경건축물 2등급 이상을 의무적으로 취득하도록 규정하고, 신축 대형건축물에 한정되었던 인증대상을 단독주택 및 20세대 미만 소형주택, 건축한지 3년이 경과한 건물들도 포함하는 기준(2012년 7월)이 만들어 졌다.

미국에서는 미국 친환경 인증협회(USGBC, the United States Green Building Council)에서 수여하는 4등급(certified, silver, gold and platinum)으로 구분하는 **LEED(Leadership in Energy and Environmental Design)** 인증이 가장 대표적이다[1.43].

참고문헌

1.1 Chu-Kia Wang and Charles G. Salmon, Reinforced Concrete Design, 4th Edition, Harper & Row, Publishers, New York, 1985, 947 pp.

1.2 Michael P. Collins and Denis Mitchell, Prestressed Concrete Structures, Prentice Hall, 1991, 766 pp.

1.3 Federation Internationale du beton(fib), Structural Concrete, the Textbook on Behavior, Design and Performance, Updated Knowledge of the CEB/FIP Model Code 1990, Volume 1, Sprint-Druck Stuttgart, 1999, 224 pp.

1.4 James K. Wight and James G. MacGregor, Reinforced Concrete Mechanics and Design, 6th Edition, Pearson Education, Inc., 2012, 1157 pp.

1.5 R. S. Narayanan and A. W. Beeby, Introduction to Design for Civil Engineers, Spon Press, 29 West 35th Street, New York, NY 10001, 2001, 196 pp.

1.6 Jack C. McCormac, Design of Reinforced Concrete, Third Edition, Harper Collins College Publishers, 1993, 693 pp.

1.7 콘크리트구조설계기준, 건설교통부제정, 한국콘크리트학회 발행, 2007, 327 pp.

1.8 콘크리트구조설계기준, 건설교통부제정, 한국콘크리트학회 발행, 2003, 295 pp.

1.9 콘크리트구조설계기준, 건설교통부제정, 한국콘크리트학회 · 대한건축학회 발행, 1999, 319 pp.

1.10 콘크리트구조설계기준 · 해설, 한국콘크리트학회 편, 2007.

1.11 콘크리트표준시방서, 건설교통부제정, 한국콘크리트학회 발행, 2003, 301 pp.

1.12 Building Code Requirements for Structural Concrete(ACI 318-05) and Commentary(ACI 318R-05), An ACI Standard, American Concrete Institute, Farmington Hills, Michigan 48333-9094, 2005.

1.13 Building Code Requirements for Structural Concrete(ACI 318-95) and Commentary(ACI 318R-95), An ACI Standard, American Concrete Institute, Farmington Hills, Michigan 48333-9094, 1995.

1.14 Eurocode 2: Design of Concrete Structures - Part 1-1: General rules and rules for buildings, The European Standard EN 1992-1-1:2004 has the status of a BS(British Standard), pp. 225

1.15 도로교설계기준 · 해설, 대한토목학회, 교량설계핵심기술연구단, 2008, 1008 pp.

1.16 도로교표준시방서, 건설교통부제정, 사단법인 한국도로교통협회, 2005.

1.17 AASHTO LRFD Bridge Design Specifications, SI Units, 5th Edition 2010, American Association of State Highway and Transportation Officials (AASHTO).

1.18 Standard Specifications for Highway Bridges, American Association of State Highway and Transportation Officials (AASHTO), 17th Edition, 2002.

1.19 Minimum Design Loads for Buildings and Other Structures, ASCE/SEI 7-10, American Society of Civil Engineers STANDARD, New York, 2010, 608 pp.

1.20 Alan H. Mattock, Ladislav B. Kriz, and Eivind Hognastad, "Rectangular Concrete Stress Distribution in Ultimate Strength Design," ACI Journal, Proceedings, Vol. 57, No. 8, February 1961, pp. 875-928.

1.21 Kenneth Leet and Dionisio Bernal, Reinforced Concrete Design, Third Edition, McGraw-Hill Companies, 1997, 546 pp.

1.22 James G. MacGregor, "Safety and Limit States Design for Reinforced Concrete," Canadian Journal of Civil Engineering, Vol. 3, No. 4, December 1976, pp. 484-513.
1.23 Park and T. Paulay, Reinforced Concrete Structures, John Wiley & Sons, Inc., 1975, 769 pp.
1.24 건축물하중 기준 및 해설, 건설교통부 제정, 사단법인 대한건축학회, 2000, 태림문화사.
1.25 Uniform Building Code, International Conference of Building Officials, Whittier, California.
1.26 철도설계기준(철도교편), 철도청, 1999, 680 pp.
1.27 Allan G. Davenport, "Gust Loading Factors," Proceedings ASCE, Journal of the Structural Division, Vol. 93, No. ST6, June 1967, pp. 12-34.
1.28 Material and Cost Estimating for Concrete Floor and Roofs Systems, Publication PA 136.01B, Portland Cement Association, Skokie, Ill., 1974, 14 pp.
1.29 정영수, 김진근, "2007 콘크리트구조설계기준의 개정 배경," 콘크리트학회지, Vol. 19, No.4(통권 99호), 2007년 7월, pp. 16-19.
1.30 신현목, 백인열, "하중조합, 강도감소계수 및 모멘트 재분배," 콘크리트학회지, Vol. 19, No.4(통권 99호), 2007년 7월, pp. 20-24.
1.31 민창식 등, 철근콘크리트공학, 구미서관, 초판 3쇄, 2006, 1054 pp.
1.32 건축구조기준, 국토해양부 고시, 대한건축학회, 2009, 772 pp.
1.33 Manual of Steel Construction, Load and Resistance Factor Design, 3rd Edition, AISC, 2001.
1.34 International Building Code(IBC) 2006, International Code Council, Inc., 663 pp.
1.35 2007 FIDIC-KAIST-KENCA 3차 공학전문과정 - 개정 콘크리트구조설계기준 해설 자료, 2007.10.16~18.
1.36 콘크리트표준시방서, 건설교통부제정, 한국콘크리트학회 발행, 2009.
1.37 Building Code Requirements for Structural Concrete(ACI 318-08) and Commentary(ACI 318R-08), An ACI Standard, American Concrete Institute, Farmington Hills, Michigan 48333-9094, 2008.
1.38 Building Code Requirements for Structural Concrete(ACI 318-11) and Commentary(ACI 318R-11), An ACI Standard, American Concrete Institute, Farmington Hills, Michigan 48333-9094, 2011.
1.39 도로교설계기준, 국토해양부 제정, 한국도로교통협회, 2010.
1.40 콘크리트구조기준, 국토해양부제정, 한국콘크리트학회 발행, 2012, 342 pp.
1.41 민창식, 보-슬래브 바닥판 종합설계, 구미서관, 2011, 285 pp.
1.42 Andrea Schokker, "The Sustainable Concrete Guide - Strategies and Examples," *US Green Concrete Council*, Farmington Hills, MI, 2010, 86 pp.
1.43 Design and Control of Concrete Mixtures, The guide to applications, methods, and materials, 15th Edition, Portland Cement Association(PCA), 2011, 444 pp.
1.44 신현목, 이영욱, 특집 개정 콘크리트구조기준 : 해석과 설계원칙, 제24권, 1호(통권 126호), 콘크리트학회지, pp. 22~23.
1.45 도로교설계기준(한계상태설계법), 국토해양부 제정, 한국도로교통협회, 2012.
1.46 신현목, 이영욱, 특집 개정콘크리트구조기준, 해석과 설계원칙, 콘크리트학회지, 제24권, 1호(통권 126호), 2012, 01, pp. 22~23.

연습문제

1.1 (1) ACI에서 콘크리트 전단강도는 $V_c = \left(1.9\lambda\sqrt{f_c{}'} + 2{,}500\rho_w \dfrac{V_u d}{M_u}\right) b_w d$ (USCU 단위)로 주어졌다. 여기에서 V_c의 단위는 Ibf 이고, $f_c{}'$의 단위는 psi이며, b_w와 d의 단위는 in.이다. $\rho_w = A_s / b_w d$와 $V_u d / M_u$는 무차원이다. 아래 구조기준 식으로의 전환이 정확한지 확인하고 $f_c{}' =$ 3,500 psi와 $b_w = d =$ 10 in. 그리고 $\rho_w =$ 0.017, $V_u d / M_u =$ 2.48를 이용하여 검산하라. λ는 경량콘크리트를 고려하는 계수이다[식 (2.11) 참고].

구조기준 : $V_c = \left(0.16\lambda\sqrt{f_{ck}} + 17.6\rho_w \dfrac{V_u d}{M_u}\right) b_w d$ (SI 단위)로 표현되며, b_w와 d의 단위는 mm이고, f_{ck}의 단위는 MPa ($\equiv$N/mm^2)이다.

(2) SI 단위로 제시된 구조기준 식 : $V_c = 0.29\lambda\sqrt{f_{ck}}\, b_w d \sqrt{1 + N_u / (3.5 A_g)}$ [식 (7.19)]에서 b_w, d, h의 단위는 mm이고, f_{ck}의 단위는 MPa ($\equiv$N/mm^2)이며, 계수축력 N_u의 단위는 N이고, $A_g = b_w h$ (mm^2)이다. 이 식을 ACI의 USCU 단위로는 아래와 같이 제시되었다. 이 전환를 검토하고, $f_{ck} =$ 45 MPa, $N_u =$ 44 kN, $b_w = d =$ 250 mm, $h =$ 300 mm를 이용하여 검산하라. λ는 경량콘크리트를 고려하는 계수이다[식 (2.11) 참고].

ACI : $V_c = 3.5\lambda\sqrt{f_c{}'}\, b_w d \sqrt{1 + N_u / (500 A_g)}$ (USCU 단위) ; 여기에서 A_g의 단위는 in.^{2} ; N_u의 단위는 Ibf ; b_w, d, h의 단위는 in. ; $f_c{}'$의 단위는 psi이다.

1.2 어떤 콘크리트 건물골조에서 100%의 등분포 고정하중, 등분포 활하중과 풍하중이 각각 작용하여 탄성해석을 수행한 결과 기둥과의 연결부분 보(중간층의 단면 B)에서의 모멘트는 $M_D = -87$ kN · m, $M_L = -41$ kN · m 및 $M_W = 114$ kN · m이었다. 단면 B의 소요강도를 현행 구조기준에 의하여 결정하라.

1.3 그림 P1.1에 보이는 보에는 등분포 사용하중 $w_d = 13.1\,\mathrm{kN/m}$ 와 $w_l = 8.7\,\mathrm{kN/m}$ 가 작용하고 있다. 고정하중 w_d는 보에 지속적으로 작용하지만 등분포 활하중 w_l은 구간에 따라(즉, A-B, B-D 또는 D-E 구간에 작용) 집중하중 P_l은 주어진 위치에 선택적으로 작용한다. 하중의 조합이 작용할 때, 현행 구조기준에 따라 보의 중앙 C점과 지지점 B에서의 정 및 부 계수 휨모멘트 M_u를 구하라. 구조기준 3.4.9(ACI 8.11)에 따라 등분포 고정하중은 모든 경간에 재하하고, 등분포 활하중은 두 인접 경간에 만재되거나 또는 한 경간씩 건너서 만재하여야 하므로 A-D 구간, B-D 구간 또는 A-B와 D-E 구간에 선택적으로 재하한다(그림 1.11f 참고). 집중 활하중도 최대값을 구하기 위해서 A-B나 D-E 구간에 등분포 활하중이 재하될 때 동시에 집중하중 P_l을 재하한다.

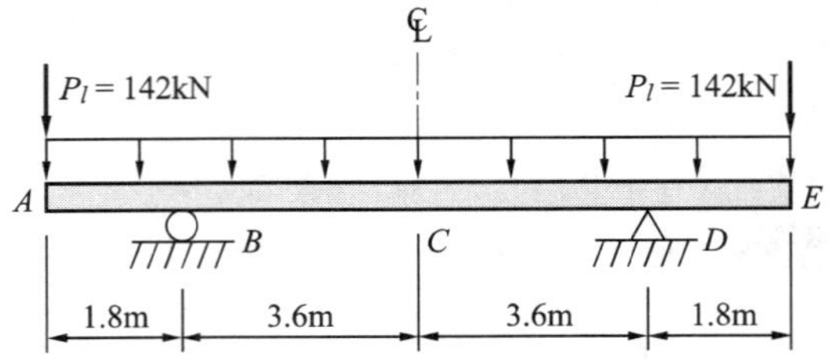

그림 P1.1

1.4 그림 P1.2에서와 같이 골조구조(frame)에는 풍하중 W와 거더 BC에 작용하는 크기가 균등한 등분포 고정하중과 활하중의 사용하중이 작용하고 있다. 기둥 AB의 최대 휨모멘트 단면에서 모든 하중이 동시에 작용할 때 계수 휨모멘트(소요강도) M_u와 계수축하중 P_u를 결정하라.

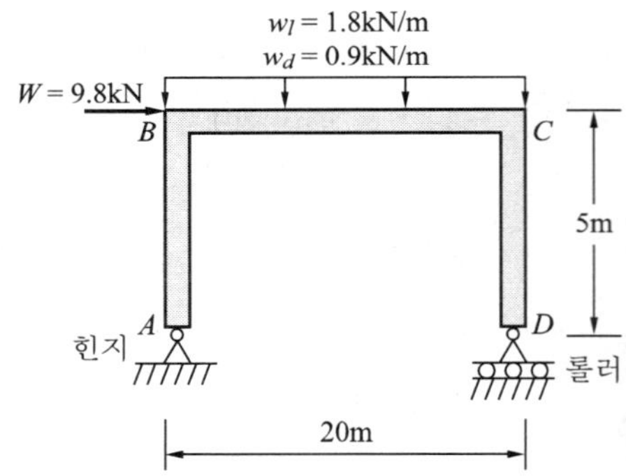

그림 P1.2

1.5 그림 P1.3의 내민보에는 등분포 고정하중과 2개의 집중 활하중이 작용하고 있다. 고정하중은 보의 전체에 걸쳐서 언제나 작용하지만 활하중은 그림에 표시된 위치에 각각 작용할 수도 있고 동시에 작용할 수도 있다. 하중이 작용하는 조합을 고려해서 보 AC의 중간점인 B 단면에서 요구되는 계수 휨모멘트(소요강도) M_u를 결정하고, 또한 지점 A의 바로 오른쪽에서 요구되는 계수전단력 V_u를 결정하라.

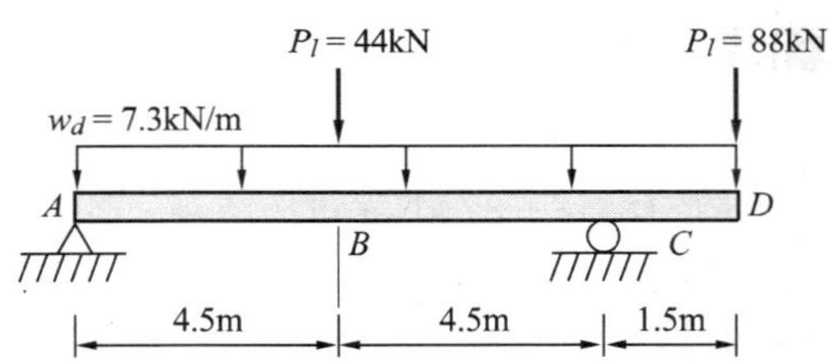

그림 P1.3

1.6 그림 P1.4에 보이는 골조구조의 거더(girder, 큰 보) ABC에는 길이 전체에 걸쳐서 등분포 고정하중 8.7 kN/m 가 작용하고 있다. 눈 폭풍이 불 때 최대 등분포 적설하중 7.3 kN/m 가 거더 ABC 전체 거나 또는 일부분에 작용한다. 또한 바람이 왼쪽에서 오른쪽으로 불 때 절점 A에 등가의 수평력 17.6 kN 이 발생하고, 거더 ABC에 들어올리는 상향력 4.4 kN/m 가 작용하게 된다(그림 P1.4b 참고). 반대방향으로 부는 바람은 고려할 필요가 없다. 만약에 거더의 단면이 휨모멘트에 의해서 결정된다면 최대 휨모멘트 단면에서 계수 휨모멘트 M_u를 결정하라. 풍하중과 적설하중이 동시에는 작용하지 않는다고 가정하라, 즉 $D+S$와 $D+W$의 경우를 각각 분리해서 계산하라.

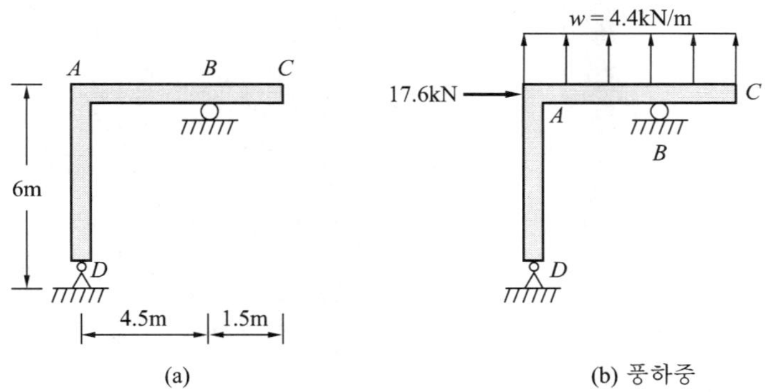

그림 P1.4

1.7 그림 P1.5의 철근콘크리트 보는 자신의 무게(고정하중) 이외에 보의 임의의 위치에 작용할 수 있는 392 kN의 집중 활하중을 지지해야 한다. 보의 중앙 B 단면과 C 단면에서의 계수 휨모멘트(required flexural strength) M_u를 결정하라.

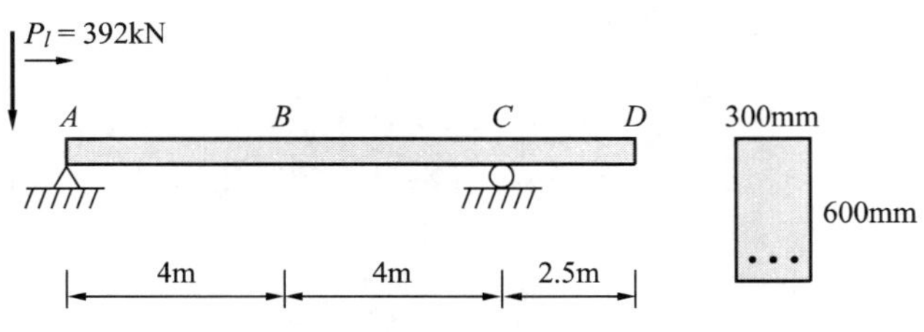

그림 P1.5

Chapter 2

재료의 성질
Materials

Reinforced Concrete

2.1 콘크리트(Concrete)

콘크리트는 기본적으로 골재(aggregate)와 시멘트풀(paste)로 구성되어 있다(그림 2.1 참고). 골재는 보통 모래(잔골재, fine aggregate)와 자갈 또는 부순돌(굵은골재, coarse aggregate)로 구성되고, 시멘트풀은 시멘트질 재료(cementing material)[1]와 물과 공기를 포함하고 있다. 접착제 역할을 하는 시멘트풀은 시멘트와 물과의 화학작용으로 단단해져서 골재를 서로 결합하여 돌과 같은 성질의 콘크리트를 생산하게 된다.

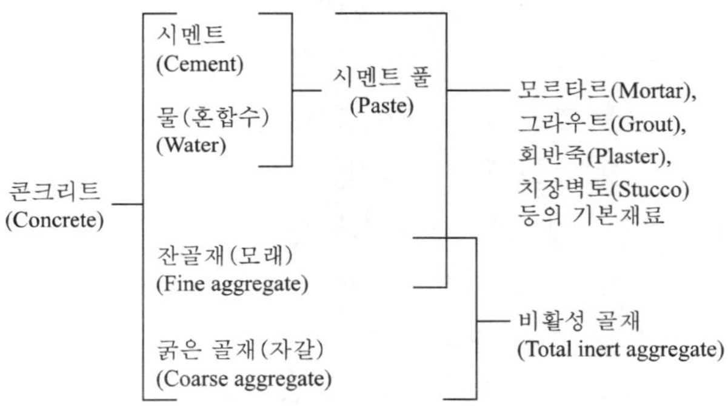

그림 2.1 일반적인 콘크리트의 구성

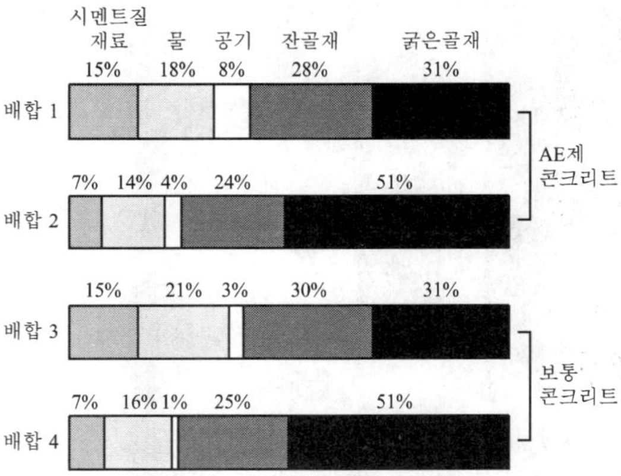

그림 2.2 콘크리트 혼합재료의 절대체적 비율 예 : 배합 1과 3은 부배합(rich mixes), 배합 2와 4는 빈배합(lean mixes)

그림 2.2에서 보는 바와 같이 시멘트풀은 콘크리트의 전체 체적에서 보통 25%~40% 정도를 차지하고 그 중에서 시멘트질 재료는 7%~15%, 물은 14%~21%를 차지하고 있으며, 공기량은 **AE제(air-entrained agent)**를 넣은 콘크리트에서는 4%~8% 정도를 차지하고 있다. 그림 2.2에서 보는 바와 같이 골재가 60%~75%의 체적을 차지하므로 품질 좋은 콘크리트를 생산하기 위해서는 질 좋은 골재를 선택하는 것이 매우 중요하다. 종종 굳기 전 묽은 콘크리트나 굳은 콘크리트의 성질을 개량하기 위해서 AE제 등의 **혼화재료(admixtures)**를 섞기도 한다. 여러 재료를 서로 섞기 시작하면 시멘트와 물이 혼합하면서 반응하여 **시멘트겔(cementing gel)**을 생성하고 이 시멘트겔이 잔골재와 굵은골재를 결합하여 돌과 같은 성질을 갖게 된다. 시멘트와 물의 화학반응은 상당한 열을 방출하는 발열반응으로 **수화반응(hydration)**이라고 부른다.

1) 포틀랜드 시멘트 또는 추가적인 시멘트질 재료를 석은 포틀랜드 시멘트

시멘트겔이 거의 생성되지 않은 초기 수화반응에서는 콘크리트는 유동성 상태로 쉽게 흐르는 성질을 갖고 있어서, 원하는 모양의 거푸집에 위치한 철근사이로 배치하여 공극을 없애고 다져서 표면을 평평하게 마무리를 할 수 있다. 수화반응이 진행되어 많은 양의 겔이 생성되게 되면 콘크리트는 점진적으로 굳으면서 **작업성(workability)**을 잃고 강도를 갖게 된다[2.1].

겔이 형성되는 비율은 반응이 일어나는 온도에 영향을 받는다. 높은 온도에서는 반응이 빠르게 일어나서 10분이나 15분이면 콘크리트가 강도를 갖기 시작하고, 낮은 온도에서는 10시간에서 12시간이 지나야 강도를 갖기 시작한다. 그림 2.3에 보이는 최종적으로 생산된 굳은 콘크리트는 크기가 서로 다른 골재를 시멘트와 잔골재의 **모르타르(mortar)**가 둘러싼 모습을 보여준다. 공학자는 공극이나 홈 또는 균열과 같은 결함이 없는 이상적인 균질의 콘크리트를 생산하고 싶을 것이다. 만약에 콘크리트가 이러한 결함이 없다면 콘크리트가 균질의 강도를 가질 뿐만 아니라 물도 침투하지도 못하고 표면도 고와서 보기 좋을 것이다. 그러나 현실적으로 아무리 생산할 때에 심혈을 기울인다고 해도 미세한 결함이 없는 콘크리트의 생산은 불가능하다고 볼 수 있다. 공극은 콘크리트의 재료를 섞는 과정에서 유입되기도 하고 거푸집에 배치하는 과정에서 **골재의 분리(segregation)**에 의해서 발생하기도 한다. 또한 작업성(workability)을 위해서 시멘트와 수화반응을 하기 위해서 필요한 양(시멘트 무게에 대해서 최소 약 25%의 물이 필요)보다 대략 2배 정도의 물을 섞기 때문에 묽은 콘크리트를 배치하고 다지기 위해서 진동을 가하면 미세한 물의 통로(channels)가 발생하여 상부의 표면으로 물이 올라오는데 이를 **블리딩(bleeding)**이라 한다(그림 2.4 참고).

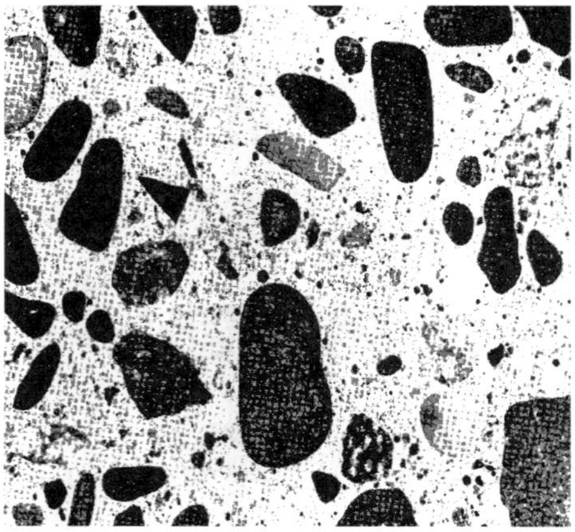

그림 2.3 굳은 콘크리트의 절단면
모든 입자와 골재 사이의 공극을 시멘트와 물의 시멘트풀(paste)이 완전하게 둘러싸고 있다[2.2].

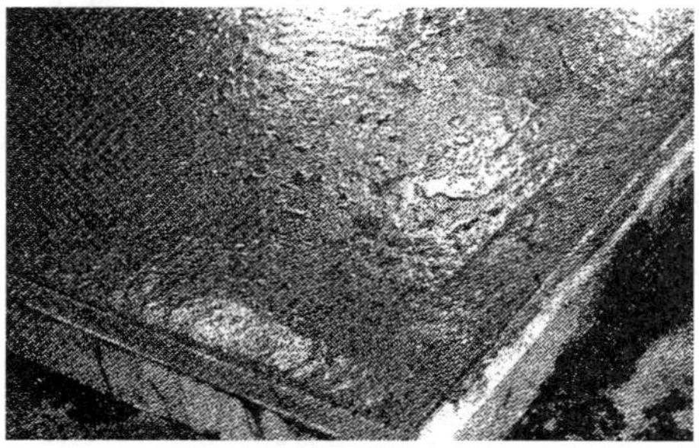

그림 2.4 배치한 직후 콘크리트 슬래브의 표면에 발생한 블리딩(bleed water)

표면에 구멍(pit)이나 벌집 같은 구멍(곰보, honeycomb)(골재 사이에 모르타르가 잘 채워지지 않은 모양)으로 나타나는 결함은 모르타르가 충분하지 않을 때나 콘크리트가 잘 다져지지 않을 때 나타난다. X선이나 현미경에 의한 조사에 의하면 미세한 균열(microcrack)이 겔과 골재사이의 접착력을 잃을 때 나타났다. 접착력의 손상은 기본적으로 건조(drying)와 **탄화수축(carbonation shrinkage)**2)이 원인이 되어 나타난다. 이러한 여러 종류의 내부

2) CO_2에 노출되어 일어나는 건조수축

결함이 콘크리트의 압축강도와 인장강도가 서로 큰 차이가 나는 현상을 얼마간 설명하고 있다.

이러한 피할 수 없는 작은 결함이외에도 구속된 콘크리트는 시간이 지나면서 주위의 온도가 변함에 따라 **건조수축(shrinkage)**과 온도에 의한 균열이 발생한다. 비록 이러한 균열을 완전히 피할 수는 없지만 설계 상세에서 주의를 기울이고 온도나 건조수축 철근을 배치하면 균열의 위치와 크기를 조종하여 구조물의 기능이나 모양이 손상되지 않도록 할 수 있다.

2.2 콘크리트 재료(Concrete Materials)

시멘트(Cement)

대부분의 콘크리트는 **포틀랜드 시멘트(portland cement)**를 사용해서 생산된다. 물과 작용하여 강도를 갖기 때문에 **수경성 시멘트(hydraulic cement)**라고 부르고, 포틀랜드라는 이름은 영국 남부의 Dorset에서 생산되는 포틀랜드 암과 색과 질이 비슷해서 붙여진 이름이다. 역사적으로 석회석 시멘트는 오래전부터 사용되어 왔으나 포틀랜드 시멘트의 생산은 1824년 영국의 벽돌공 Joseph Aspdin이 특허를 받는 것으로부터 시작되었다. 포틀랜드 시멘트를 생산하기 위해서 필요한 원재료는 대략 전체 원재료의 78%의 석회석, 15% 정도의 점토, 약 3%의 규석과 약간의 광재와 석고가 필요하며, 제조공정은 건식법(dry process)이나 습식법(wet process)으로 원료를 요구하는 화학성분을 포함하도록 혼합하여 분쇄하고, 소성로(kiln)에서 1,400℃~1,650℃로 소성하면 돌 같은 성질의 **클링커(clinker)**가 되는데 이 클링커를 냉각하여 응결 지연제로 석고를 첨가하여 미세 분쇄하면 포틀랜드 시멘트가 생산된다.

우리나라 공업규격 KS L(ASTM)에는 표 2.1과 같은 5 종류의 포틀랜드 시멘트가 있다. 5 종류의 포틀랜드 시멘트는 점토(clay)와 석회석(limestone)과 같은 원재료의 함량을 변화시켜서 표 2.2와 같이 생산된 화합물을 용도에 맞게 조종하여 각각의 특징을 나타내도록 생산한다. 표 2.2는 CAC(Canadian Association of Cement)[2.2]에서 제시한 전형적인 포틀랜드 시멘트 화합물의 함량을 제시하고 있다. KS L 5201의 포틀랜드 시멘트에서는 각 화합물의 함량을 제시하지는 않고 예를 들면 2종은 C_3S 50% 이하, C_3A 8% 이하로 4종의 경우는 C_2S 40% 이상, C_3A 6% 이하로 5종은 C_3A 4% 이하로 규정하고 있다. 따라서 현재 국내에서 생산되는 포틀랜드 시멘트의 각 화합물의 함량은 회사마다 다를 수 있으며 또한 한 회사라도 공정에 따라 사용하는 원 재료가 같지 않을 수 있기 때문에 변화가 있을 수 있다.

표 2.1 KS L 5201에 기술되어있는 포틀랜드 시멘트 종류[2.3]

종류 및 이름	특징	적용
1종 보통 (normal) 포틀랜드 시멘트	보통 시멘트	일반적인 목적에 사용, 총 생산량 중 90% 이상 차지
2종 중용열 (moderate sulfate resistance) 포틀랜드 시멘트	C_3A의 함량을 낮추어 수화열 발생 조종 (표 2.2 참고)2.4	보통의 황산 등에 노출되는 하수구 또는 중정도의 저발열이 요구되는 단면이 큰 교대, 교각 및 옹벽 구조물 또는 해수에 노출되는 구조물 등에 사용 ; 온도가 높은 지역에서 사용 ; 토양 내에 수용성 황산염이 무게비로 0.1%~0.2%인 경우 또는 물속에 황산염이 150 ppm~1,500 ppm인 경우2.5
3종 조강 (high early strength) 포틀랜드 시멘트	클링커를 미세 분쇄하고 C_3S의 함량을 증가	초기에 급속하게 강도(조강, 하루정도에 28일 강도)를 발현하므로 도로보수 등 긴급공사에 사용 ; 거푸집을 빠르게 회전할 수 있어서 공기단축을 위해 사용 ; 동절기에 양생시간을 단축하고자 할 때 사용
4종 저열 (low heat of hydration) 포틀랜드 시멘트	C_3S와 C_3A의 함량이 낮음	중력댐과 같은 매스콘크리트에서 수화열을 조절하기 위해서 사용 ; 다른 시멘트에 비해서 강도발현이 서서히 된다. 중용열 포틀랜드 시멘트보다 서서히 수화열 발생
5종 내황산염 (high sulfate resistance) 포틀랜드 시멘트	C_3A의 함량이 낮음	높은 황산(sulfates)에 노출되는 해양공사 및 지하수, 배수로 등에 사용 ; 토양 내에 수용성 황산염이 무게비로 0.2%~2.0%인 경우 또는 물속에 황산염이 1,500 ppm~10,800 ppm인 경우

표 2.2 전형적인 포틀랜드 시멘트의 화학성분 함량의 평균값 비교[2.2](* 평균값)

종류	최대 화합물의 함량, %				Blaine 분말도[2.3](m^2/kg)
	C_3S (Alite) ($3CaO \cdot SiO_2$)	**C_2S** (Belite) ($2CaO \cdot SiO_2$)	**C_3A** (Aluminate) ($3CaO \cdot Al_2O_3$)	**C_4AF** (Ferrite) ($4CaO \cdot Al_2O_3 \cdot Fe_2O_3$)	
1종 보통	40~63 (**54**)*	9~31 (**18**)	6~14 (**10**)	5~13 (**8**)	300~421 (**369**)
2종 중용열	37~68 (**55**)	6~32 (**19**)	2~8 (**6**)	7~15 (**11**)	318~480 (**377**)
3종 조강	46~71 (**55**)	4~27 (**17**)	0~13 (**9**)	4~14 (**8**)	390~644 (**548**)
4종 저열	37~49 (**42**)	27~36 (**32**)	3~4 (**4**)	11~18 (**15**)	319~362 (**340**)
5종 내황산	43~70 (**54**)	11~31 (**22**)	0~5 (**4**)	10~19 (**13**)	275~430 (**373**)

포틀랜드 시멘트의 4 종류 화합물은 서로 재령에 따른 강도의 발달 속도가 다르기 때문에 함량을 다르게 하여 각 포틀랜드 시멘트의 특징을 살릴 수가 있다. 예를 들어서 3종 조강 포틀랜드 시멘트에서 그림 2.5와 같이 초기강도의 발달이 가장 빠른 C_3S(일명 Alite = tricalcium silicate $3CaO \cdot SiO_2$의 약식표현[2.2])의 함량을 많이 하고 분말도를 높여서 조기강도가 발달하도록 하고 있다. 그림 2.5의 각 시멘트 화합물의 압축강도의 발달을 보면 포틀랜드 시멘트에서 초기강도(재령 21일~28일)는 대부분 C_3S에 의해서 마련되고 장기강도는 2 규산(silicate) 화합물(C_2S와 C_3S)에 의해서 발달되는 것을 알 수 있다. 시멘트와 물의 반응으로 발생하는 수화열도 이 화합물들의 함량에 따라 좌우되는데 C_3S와 C_3A의 함량이 많으면 수화열을 많이 발생시킨다. 각 화합물에 대한 수화열은 C_3S

가 120 cal/g, C_2S는 62 cal/g, C_3A는 207 cal/g이고 C_4AF는 100 cal/g을 발생시킨다[2.6](표 2.2 참고).

포틀랜드 시멘트에는 앞에서 다룬 5종류의 포틀랜드 시멘트 이외에도 KS L 5204에서 다루는 백색포틀랜드 시멘트와 혼합 시멘트 그리고 특수 시멘트가 있다. 백색 포틀랜드 시멘트는 일반 포틀랜드 시멘트에서 회색을 띠는 산화철을 제거(C_4AF 함량을 1% 정도로 제한)하거나 백색점토를 사용하여 생산하며 주로 장식용이나 도장용으로 사용된다. 혼합 시멘트에는 KS L 5210에서 다루는 고로슬래그 시멘트(portland blast-furnace slag cement) KS L 5401에서 다루는 포틀랜드 포졸란 시멘트(portland pozzolan cement)와 KS L 5211의 플라이애쉬 시멘트(portland flyash cement) 등이 있다[2.3]. 특수시멘트에는 KS L 5205의 알루미나 시멘트(alumina cement), KS L 5217의 팽창성 수경시멘트(expansive cement), KS L 5129의 조적용 시멘트(masonry cement) 및 초속경 시멘트(regulated-set cement) 등이 있다.

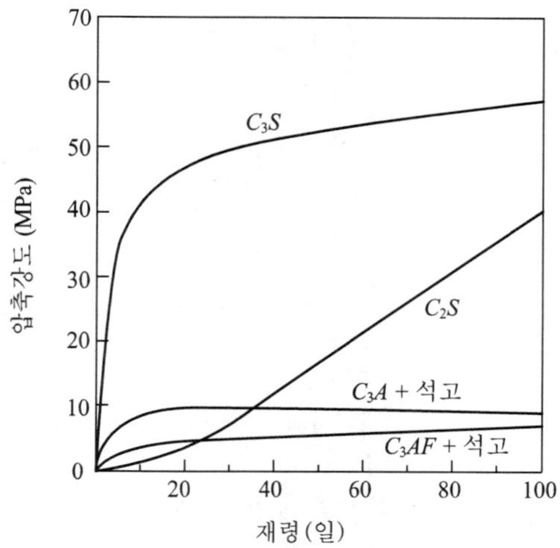

그림 2.5 순수 시멘트 화합물의 압축강도의 발달

골재 (Aggregate)

콘크리트에서 골재는 그림 2.2에서와 같이 용적비율로 60%~75%나 차지하여 종류나 성질에 따라 콘크리트의 품질을 크게 좌우한다. 골재는 잔골재와 굵은골재로 구성되어 있다.

1) 잔골재(Fine Aggregate)

콘크리트표준시방서(이하 "시방서")[2.8] 2장 1.5(64)에서 5 mm 체(≡ No. 4 체[3]))를 기준으로 하여,

① 10 mm 체(호칭 치수)를 전부 통과하고, 5 mm 체(No. 4 체)를 거의 다 통과하며, 0.08 mm 체(No. 200 체)에 거의 다 남는 골재, 또는

② 5 mm 체(No. 4 체)를 통과하고 0.08 mm 체(No. 200 체)에 남는 골재를 잔골재로 규정하고 있다.

잔골재에는 강이나 육지의 모래 또는 바다모래와 부순모래가 있으며, KS F 2544에서 제시하고 있는 고로슬래그(blast-furnace slag) 잔골재도 있다. 잔골재는 깨끗하고 강하고 내구적이며 알맞은 입도를 가지며, 먼지, 흙, 유기불순물, 염화물 등의 유해량을 허용한도 이상을 함유해서는 안 된다고 시방서 2.1.3.1(2)에서 규정하고 있다.

3) No. 4 체 = 기준 간격이 1 inch인 체를 4로 나눈 체(25.4 mm / 4 = 6.35 mm → 공칭 5 mm 체)

2) 굵은골재(Coarse Aggregate)

시방서 2장 1.5(21)에서,

① 5 mm 체(No. 4 체)에 거의 다 남는 골재, 또는

② 5 mm 체(No. 4 체)에 다 남는 골재를 굵은골재로 규정하고 있다.

굵은골재에는 천연 자갈, 부순골재, 고로슬래그 굵은골재 등이 있다. 굵은골재는 깨끗하고 강하고 내구적이며 알맞은 입도를 가지며, 얇고 가느다란 석편, 유기불순물, 염화물 등의 유해량을 함유해서는 안 되고 특히 내화성이 요구되는 경우에는 내화적인 굵은골재를 사용해야 한다고 시방서 2.1.4.1(2)에서 규정하고 있다.

3) 굵은골재의 최대치수(Maximum Size of Coarse Aggregate)

시방서 2장 1.5(22)에서는 **굵은골재의 최대치수**를 질량비로 90% 이상을 통과시키는 체 중에서 최소치수 체눈의 호칭치수로 나타낸 굵은골재의 치수로 정의하고 있다. 굵은골재의 공칭 최대치수는 콘크리트구조기준(이하 "구조기준")[2.9] 2.2.1(2)④에서 다음 값들을 초과하지 않도록 하여 굳지 않은 묽은 콘크리트를 거푸집에 배치할 때 굵은골재가 걸리지 않도록 제시하고 있다.

$$\text{굵은골재의 공칭 최대치수}\begin{cases}\text{① 거푸집 양 측면 사이의 최소 거리의 } 1/5 \text{ 이하}\\ \text{② 슬래브 두께의 } 1/3 \text{ 이하}\\ \text{③ 철근, 긴장재 또는 덕트 사이 최소 순간격의 } 3/4 \text{ 이하}\end{cases} \tag{2.1}$$

그러나 구조기준에서는 이러한 제한은 콘크리트를 공극 없이 타설 할 수 있는 다짐방법을 사용할 경우에는 책임기술자의 판단에 따라 적용하지 않을 수 있다고 규정하고 있다. 또한, 시방서 2.4.6에서 굵은골재의 최대치수는 부재 최소치수의 1/5, **피복두께(cover thickness)**[4] 및 철근의 최소 순간격의 3/4를 초과해서는 안 되며 굵은골재의 최대치수를 아래와 같이 제시하고 있다.

$$\text{굵은골재의 최대치수}\begin{cases}\text{일반적인 경우 : } 20\text{ mm 또는 } 25\text{ mm}\\ \text{단면이 큰 경우 : } 40\text{ mm}\\ \text{무근 콘크리트 : } 40\text{ mm (단, 부재 최소치수의 } 1/4\text{을}\\ \qquad\qquad\text{초과해서는안됨)}\end{cases} \tag{2.2}$$

4) 경량골재(Low-Density Aggregate)

경량골재에는 천연 경량골재와 인공 경량골재가 있다. 인공 경량골재는 시방서 2장 1.5(5)에서 팽창성 혈암(rotary kiln expanded shales), 팽창성 점토(expanded clays), 플라이애쉬(fly ash) 등을 주원료로 하여 인공적으로 소성하여 만든 인공 경량골재로서, 골재알의 내부는 다공질이고 표면은

4) 콘크리트 표면과 그에 가장 가까이 배근된 철근 표면사이의 콘크리트 두께

유리질의 피막으로 덮힌 구조로 잔골재는 **절건밀도(절대건조밀도, absolute dry condition specific density)**이 0.0018 g/mm^3(1.8 t/m^3) 미만, 굵은골재는 절건밀도가 0.0015 g/mm^3(1.5 t/m^3) 미만인 골재를 경량골재라고 정의하고 있다. 천연경량골재로는 경석(pumice) 화산자갈과 응회암, 용암(화산암재, scoria : 제주산은 일명 '송이'라고 부름)가 있다. 경량골재를 사용한 경량골재콘크리트(low-density light weight aggregate concrete)는 방온, 방음(thermal and sound insulation), 지붕재료(roof deck), 바닥이나 지붕의 표면마감(leveling courses for floor or roof), 그리고 내화벽(firewall) 등에 사용된다. **구조용 경량콘크리트(structural lightweight concrete, low-density concrete)**는 구조기준 1.4에서 골재의 전부 또는 일부를 인공경량골재를 사용하여 만든 콘크리트로 재령 28일의 설계기준압축강도가 15 MPa 이상이며 **기건(공기중 건조상태, room dry condition)** 단위질량이 2,000 kg/m^3 미만인 콘크리트로 정의하고 있다. 잔골재와 굵은골재 모두 경량골재를 사용한 콘크리트를 **전경량콘크리트(all-lightweight concrete)**라고 부르고, 굵은골재는 경량골재를 사용했지만 잔골재는 자연산 모래를 사용한 콘크리트는 **모래경량콘크리트(sand-lightweight concrete)**라고 부르며, 부분적으로 경량골재를 사용한 콘크리트를 **부분경량콘크리트**라고 부른다.

5) 중량골재(High-Density Aggregate)

원자력발전소나 의료시설 또는 원자력연구소 등에서 방사선을 차단하기 위해서는 거대한 차폐용 벽(massive walls for shielding)이 필요하다. 콘크리트는 차폐용으로 매우 우수한 재료이며, 효과적인 차폐를 위해서 비중이 큰 중량골재를 사용한다. 콘크리트에 사용되는 천연중량골재에는 갈철광(limonite), 자철광(magnetite), 중정석(barite), 철편(steel punching) 등과 같은 절건밀도가 3.4～7.8 t/m^{3}의 골재가 있다. 중량골재를 사용해서 만든 단위질량이 보통콘크리트보다 무거운 콘크리트를 **중량콘크리트(high-density concrete)**라 하고 대략 단위질량이 2,500 kg/m^3 이상의 콘크리트를 말한다[2.10]. 시방서의 13장에서는 방사선 차폐용 콘크리트에 대한 규정을 제시하고 있다[2.8](ASTM C637[2.5]).

물과 공기 (Water and Air)

시멘트풀(paste)은 시멘트와 물 그리고 갇힌 공기(entrapped air) 또는 일부러 연행한 공기(entrained air)로 구성되어 있다. 일반적으로 시멘트풀은 콘크리트 총 체적의 25%~40%에 이른다. 이 중에서 시멘트질 체적은 7%~15%가 되고, 물은 14%~21%, 공기는 굵은골재의 최대치수에 따라 콘크리트의 총 체적의 8%에 까지 이르게 된다(그림 2.2 참고). 따라서 시멘트풀의 질에 따라 콘크리트의 질이 상당히 좌우되게 된다. 물은 시멘트와 수화작용을 하여 경화하고 골재를 적셔서 시멘트풀과의 분리를 방지하며, 콘크리트에 적당한 소요의 유동성을 주어 작업을 수행할 수 있도록 한다[즉, 작업성(workability)을 준다는 의미]. 콘크리트의 혼합과정에서 공기가 포함되는 것을 피할 수는 없다. 지름이 1 mm 이상인 커다란 갇힌 공기구멍은 강도를 저하시키는 요인이 되지만 AE제(air-entrained admixture)와 같은 혼화제를 사용하여 강제로 연행된 미세한 크기(지름이 0.01 mm~1 mm이며, 대부분의 공기방울의 지름은 0.1 mm 이하)의 공기방울은 경화 전에 콘크리트에서 볼베어링(ball bearing)작용을 하여 작업성(workability)을 개선하고 경화 후에는 미세기포가 동결-융해 시에 연행수의 팽창압을 흡수하여 내구성을 현저히 높여준다.

1) 물(Water)

특별한 맛이나 냄새가 없는 대부분의 마실 수 있는 자연수는 콘크리트의 배합수로서 적합하다. 시방서 2.1.2에서는 물은 기름, 산, 유기불순물, 혼탁물 등 콘크리트나 강재의 품질에 나쁜 영향을 미치는 물질을 유해량 이상 함유해서는 안 된다고 규정하고 있으며, 혼합수는 콘크리트의 응결경화, 강도의 발현, 체적변화, 워커빌리티 등의 품질에 나쁜 영향을 미치거나 강재를 녹슬게 하는 물질의 허용함유량을 초과해서는 안 되고, 해수는 강재를 부식시킬 염려가 있으므로 보강철근이나 프리스트레싱 긴장재가 배치되는 보강 콘크리트에는 혼합수로서 사용해서는 안 된다고 규정하고 있다.

혼화재료 (Admixtures)

혼화재료는 콘크리트 혼합시에 첨가하여 굳지 않은 콘크리트나 경화한 콘크리트의 성질을 개선하거나 향상시킬 목적으로 사용되는 재료를 말한다. CAC(Cement Association of Canada[2.2])[5)]에서는 다음과 같은 4가지 이유가 혼화재료를 사용하는 주된 목적이라고 제시하고 있다.

① 콘크리트의 시공 시 공사비를 감소시키기 위해서
② 효과적으로 콘크리트의 어떤 특성을 달성하기 위해서
③ 이상 온도인 경우에 콘크리트의 배합, 운반, 배치 및 양생 중에 콘크리트의 품질을 확신하기 위해서
④ 콘크리트의 생산 시 발생할 수 있는 긴급상황에 대처하기 위해서 혼화재료를 사용한다고 하였다.

혼화재료에는 사용량이 비교적 많아서 시멘트의 대체재료로서 배합계산에 포함되는 시멘트 중량의 5% 정도 이상의 혼화재료를 **혼화재**라 하고, 사용량이 작아 배합계산에서 무시되는 통상 시멘트 중량의 1% 정도의 혼화재료를 **혼화제**라 한다.

5) PCA(Portland Cement Association)의 캐나다 판

혼화재의 종류는 다음과 같다[2.10].

① **포졸란(pozzolan)** 작용6)이나 잠재 수경성이 있어 시멘트의 대체재료로서 이용되는 것 : 플라이애쉬(fly ash), 고로슬래그 미분말(iron blast-furnace slag), 실리카 흄(silica fume), 화산재(fine volcanic ash), 규조토, 규산백토

② 경화과정에서 팽창을 일으키는 팽창재(expansive producing admixtures) : 석회계 팽창재, 소석회와 석고 및 알루미나의 조합소성물(aluminum powder) - 수축보상용(shrinkage- compensating) 및 화학적 프리스트레스용 콘크리트, 충전용 모르타르 등에 사용

③ 착색제(coloring admixtures), 폴리머(polymer) 등

혼화제의 종류는 다음과 같다.

① 워커빌리티(workability)와 내동해성을 개선시키는 것 : AE제, AE감수제, 고성능 AE감수제

② 워커빌리티를 향상시켜 소요의 단위수량이나 단위시멘트량을 감소시키는 것 : 감수제(water reducer), AE감수제

③ 배합이나 경화 후에 품질을 변하지 않도록 하고, 유동성을 개선시키는 것 : 유동화제

④ 큰 감수효과로 강도를 크게 높이는 것 : 고성능감수제(superplasticizers)

⑤ 응결, 경화시간을 조절하는 것 : 촉진제(accelerators), 급결제(quick setting admixtures), 지연제(retarders)

⑥ 그 외에도 방수제(water-proofing admixtures), 기포제(gas formers), 발포제, 방청제(corrosion inhibitors), 수중불분리성 혼화제, 수중콘크리트용 혼화제 등이 있다.

2.3 굳지 않은 콘크리트의 성질(Fresh Concrete)

굳지 않은 콘크리트(freshly mixed concrete)는 재료를 섞어서 비빈 뒤에 거푸집에 배치하여 강도가 발달될 때까지의 상태를 말한다. 콘크리트의 강도가 다짐의 정도(degree of compaction)에 따라 크게 변하기 때문에 굳지 않은 콘크리트 믹스는 **골재의 분리(segregation)**가 일어나지 않으면서 운반(transported), 치어붓기(placed), 다짐(compacted) 및 표면마감(finished) 등을 쉽게 수행할 수 있어야 한다. 이러한 굳지 않은 콘크리트의 상태를 **워커빌리티(작업성, workability)**라 하고 시방서의 2

6) 시방서 1.5(79) 포졸란 : 자체에는 수경성이 없으나 콘크리트 중의 물에 용해되어 있는 수산화칼슘과 상온에서 천천히 화합하여 물에 녹지 않는 화합물을 만들 수 있는 실리카질 물질을 함유하고 있는 미분말 상태의 재료

장 1.5(59)에서는 재료 분리를 일으키는 일 없이 운반, 타설, 다지기, 마무리 등의 작업이 용이하게 될 수 있는 정도를 나타내는 굳지 않은 콘크리트의 성질이라고 정의하고 있다. 워커빌리티에 영향을 미치는 가장 주요한 요인은 물의 함량(water content)이며, 그 외에도 시멘트의 함량, 골재의 입도와 특징(aggregate characteristics) 그리고 혼화재 등의 영향을 받는다[2.11]. 굳지 않은 콘크리트의 상태를 표현하는 또 다른 용어는 **반죽질기(consistency)**가 있는데 시방서 2장 1.5(35)에서는 주로 수량의 다소에 의해 좌우되는 굳지 않은 콘크리트, 굳지 않은 모르타르, 굳지 않은 시멘트풀의 변형 또는 유동에 대한 저항성이라고 규정하고 있다.

1) 골재의 분리(Segregation)

아직 굳지 않은 콘크리트의 배합 요소들이 균질하게 섞여있지 않고 분리되는 것을 **골재의 분리(segregation)**라 한다. 골재의 분리는 배합이 되거나 진 정도에 따라 2가지 형태로 나타난다. 배합이 된 경우에는 비중이 큰 굵은골재가 경사나 다짐 등에서 분리되는 현상이 일어날 수 있고, 이에 반해서 진 반죽에서는 시멘트풀(cement paste)이 분리되면서 블리딩이 일어날 수 있다. 앞에서 언급한 바와 같이 수화반응을 하는데 필요한 양보다 대략 2배 정도의 물을 섞기 때문에 굳지 않은 콘크리트를 배치하고 다지기 위해서 진동을 가하면 무게가 무거운 시멘트, 모래와 자갈 등이 아래로 침전하면서 미세한 물의 통로(channels)가 발생하여 상부 표면으로 물이 올라오는 **블리딩(bleeding)**이 발생한다(그림 2.4 참고). 과도한 블리딩은 상부 콘크리트의 물-시멘트 비를 증가시켜서 강도와 내구성을 떨어지게 한다.

이러한 블리딩 때문에 상부에 위치한 보강철근 밑에는 물과 미세 공기방울이 막을 형성해서 부착력이 하부 철근에 비해서 떨어지게 되며, Jeanty[2.12] 등의 실험에 의하면 부착력이 30% 까지 감소된다고 보고하고 있다. 따라서 구조기준 8.2.2(2)의 인장 이형철근의 정착에 대한 보정계수에서는 철근 밑에 300 mm 이상의 굳지 않은 콘크리트를 친 수평철근인 경우에 정착길이를 30% 늘리도록 규정하고 있다. 이러한 상황은 또한 높이가 높은 기둥이나 벽 등에서도 나타나서 상부 콘크리트의 강도를 저하시키는 요인이 된다[식 (9.12b) 참고]. 과도한 블리딩이 일어나면서 미세한 시멘트나 모래 또는 진흙 등이 콘크리트의 표면에 찌꺼기 같이 형성되는 것을 **레이턴스(laitance)**라 한다.

굳지 않은 콘크리트는 재료분리와 블리딩을 일으키려 하므로 운반 및 배치할 때에 콘크리트 믹스는 최종 배치할 위치에 가능한 한 가깝게 운반하여 배치하고, 거푸집에서 흐르게 하거나 수평으로 이동을 최대한 억제하여야 한다. 시멘트의 함량을 늘리거나, 포졸란과 같은 광물질 혼화재를 섞거나 AE제를 첨가하면 블리딩을 감소시킬 수 있으며, 또한 알카리 함량이나 C_3A 함량이 높으면 블리딩이 감소한다고 보고되고 있다[2.11].

2) 슬럼프 시험(Slump Test)

워커빌리티는 굳지 않은 콘크리트 믹스의 복합적인 성질이기 때문에 아직까지 직접적인 실험방법은 없는 형편이다. 그러나 현장이나 실험실에서 매우 간단하게 굳지 않은 콘크리트의 반죽질기(consistency)를 측정하는 방법이 있는데 이를 **슬럼프 시험(slump test)**이라 한다. 슬럼프 시험은 그림 2.6에서 보는 바와 같이 높이가 300 mm, 밑면의 내경 200 mm, 윗면의 내경 100 mm인 손잡이가 달린 금속제 절두원추형(frustum) 몰드에 배합한 묽은 콘크리트를 3층으로 넣고 지름이 16 mm, 길이가 600 mm인 끝이 둥그런 다짐봉으로 각 층을 25회씩 다진 후에 상단을 평면으로 고른 뒤에 몰드를 서서히 들어 올려 벗겨서 묽은 콘크리트가 무너진 높이를 슬럼프(slump)라 한다(KS F 2402[2.3]). 그림 2.6에서 보는 바와 같이 묽고 흐름이 큰 반죽의 슬럼프는 크고, 된 반죽의 슬럼프는 작을 것이다.

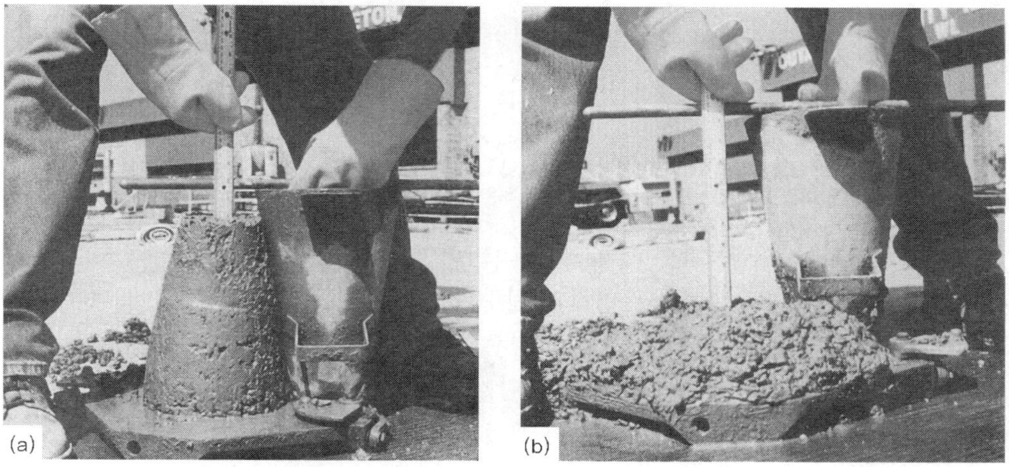

그림 2.6 콘크리트의 반죽질기를 측정하는 슬럼프 시험 (a) 슬럼프가 작은 배합 - 된 배합, (b) 슬럼프가 큰 배합 - 묽은 배합

2.4 콘크리트의 강도(Strength of Concrete)

일반적으로 압축강도가 콘크리트의 품질을 대변한다. 강도는 여러 요소에 의해서 좌우되지만 가장 중요한 변수는 물-시멘트 비와 양생방법이다. 그 외에도 강도는 공기량(air entrainment), 시멘트 종류(cement type), 골재의 종류(aggregate), 혼합수(mixing water)와 혼화재(admixtures) 등에 따라 변하며 자세한 내용은 참고문헌 2.6과 2.11을 참고하라. 이러한 재료적인 이유 외에도 시험 공시체의 형태나 하중을 작용시키는 조건 등에 따라서도 변한다[2.11].

1) 물-시멘트 비(Water/Cement Ratio)

물-시멘트 비는 콘크리트의 강도와 내구성에 가장 큰 영향을 미치는 요인이다(그림 2.7 참고). 완전한 수화작용을 위해서 중량비로 약 25%의 물-시멘트 비가 소요되지만 유동성 갖기 위해서는 적어도 35%~40% 정도의 물-시멘트 비가 필요하게 된다. 물-시멘트 비가 증가하면 묽고 건조

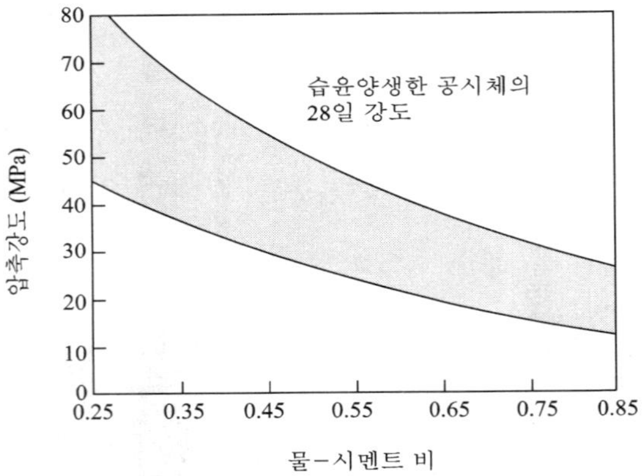

그림 2.7 1985년에서 1999년 사이에 100회 이상 실험된 자료에 의한 콘크리트의 압축강도와 물-시멘트 비의 범위[2.2]

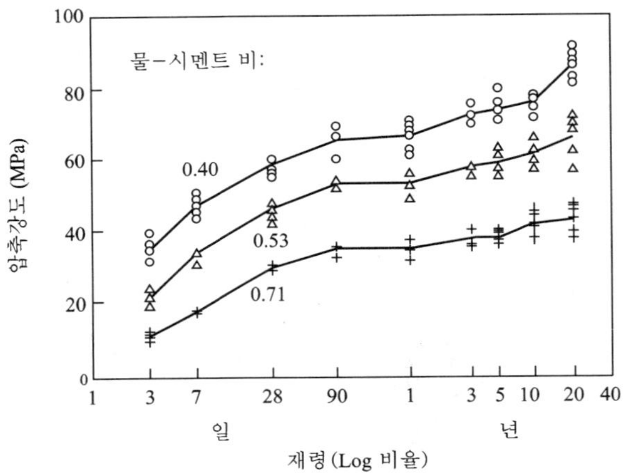

그림 2.8 150 mm 입방 공시체를 습윤상태에서 보관하여 수행한 20년간에 걸친 강도의 발달 상황[2.13]

수축이 크고 약한 시멘트겔이 만들어지고, 이러한 겔로 만들어진 콘크리트는 강도가 낮고 풍화 등의 손상에 대해서 저항성이 떨어지게 된다. 그림 2.7에는 1985년에서 1999년 사이에 각각 다른 배합으로 100회 이상 시험된 자료를 근거로 압축강도와 물-시멘트 비의 범위를 보여주고 있다. 물-시멘트 비가 증가할수록 압축강도가 감소하는 현상을 볼 수 있다.

2) 콘크리트의 재령(材齡)(Effect of Age)

콘크리트의 강도는 원주형 공시체(ϕ150 mm × 300 mm 또는 ϕ100 mm × 200 mm)를 이용하여 만든지(재령) 28일된 공시체의 1축 압축강도를 측정하여 f_{ck}로 표현한다(그림 2.15 참고). 시멘트겔의 지속적인 수화작용으로 인하여 콘크리트의 강도는 재령이 증가할수록 표 2.3과 같이 증가한다(그림 2.8 참고). Neville에 의하면 독일의 포틀랜드 시멘트는 1941년에 외부에 노출된 콘크리트의 30년 강도가 28일 강도에 비해서 2.3배 정도가 된다고 보고하였다[2.6]. 그림 2.8에는 1991년 Wood[2.13]가 제시한 재령에 따른 콘크리트 강도의 발달을 보여주고 있다. 물-시멘트비가 0.53일 때 재령 28일 강도에 비해서 20년의 강도는 대략 1.47배 증가하고 있다.

표 2.3 콘크리트의 재령에 따른 28일 강도에 대한 상대강도[2.10]

재령	7일	14일	28일	3개월	6개월	1년	2년	5년
강도비	0.67	0.86	1.0	1.17	1.23	1.27	1.31	1.35

3) 양생방법(Curing Method)

품질이 좋은 콘크리트를 생산하기 위해서는 혼합한 굳지 않은 콘크리트를 배치하고 적당한 환경을 조성하여 강도가 충분히 발달되도록 하여야한다. **양생(養生, curing)**이란 용어는 시멘트의 수화작용을 촉진시키는 과정을 일컬으며 유해한 작용의 영향을 받지 않도록 하면서 온도를 조절하고 콘크리트에 습기의 공급과 이동을 조절하는 것을 말한다. 양생의 목적은 콘크리트를 포화상태거나 또는 거의 포화상태로 유지하여 굳지 않은 콘크리트에서 물로 채워졌던 미소공간이 시멘트의 수화물(products of hydration)로 채워지도록 유도하며 이를 **습윤양생(moist curing)**이라 한다. 시방서 2장 3.5.2에서는 습윤양생 기간의 표준을 표 2.4와 같이 제시하고 있다.

표 2.4 습윤양생 기간의 표준(시방서 2장 3.5.2의 표 2.28)

일평균 기온	1종 보통포틀랜드 시멘트	고로슬래그 시멘트 플라이애쉬 시멘트 B종	3종 조강포틀랜드 시멘트
15℃ 이상	5일	7일	3일
10℃ 이상	7일	9일	4일
5℃ 이상	9일	12일	5일

또한 시방서 4장 3.5.1에서는 거푸집 및 동바리는 콘크리트가 자중 및 시공 중에 가해지는 하중을 지지할 수 있는 강도를 가질 때까지 해체하지 못하도록 규정하면서 **측면 거푸집**(보의 측면, 기초, 기둥 및 벽)은 압축강도 시험을 하는 경우에는 콘크리트 압축강도 $f_{cu} \geq 5$ MPa 이상이면, 압축강도 시험을 하지 않는 경우에는 표 2.5의 재령 이상 경과하면 해체할 수 있도록 하지만, **밑면 거푸집**(슬래브 및 보의 밑면, 아치 내면)은 시험을 통하여 콘크리트 압축강도 $f_{cu} \geq [(2/3)f_{ck}$ 또한 14 MPa] 이상을 만족할 때 해체하도록 규정하고 있다.

표 2.5 압축강도 시험을 하지 않을 경우 측면(보의 측면, 기초, 기둥 및 벽) 거푸집널의 해체 시기

일평균 기온 T_A	조강 포틀랜드 시멘트	보통 포틀랜드 시멘트 고로 슬래그 시멘트(특급) 포틀랜드 포졸란 시멘트(A종) 플라이애쉬 시멘트(A종)	고로 슬래그 시멘트(1급) 포틀랜드 포졸란 시멘트(B종) 플라이애쉬 시멘트(B종)
$T_A \geq 20$℃	2일	4일	5일
10℃ $\leq T_A <$ 20℃	3일	6일	8일

ACI 318-08[2.14] (5.11)에서는 3종 조강 포틀랜드 시멘트를 사용하지 않은 경우에 적어도 7일간 10℃ 이상에서 습윤상태로 양생하여야 한다고 하고, 3종 조강 포틀랜드 시멘트를 사용한 경우는 적어도 3일간을 습윤양생 하도록 규정하고 있다. 콘크리트의 상대습도를 80% 이상을 유지하고 적당한 온도에서 아직 수화하지 않는 시멘트가 남아있는 한 콘크리트는 시간에 따라 강도가 증진한다. 상대습도가 80% 이하로 떨어지고 온도가 결빙온도 이하로 떨어지게 되면 수화작용과 강도의 발달은

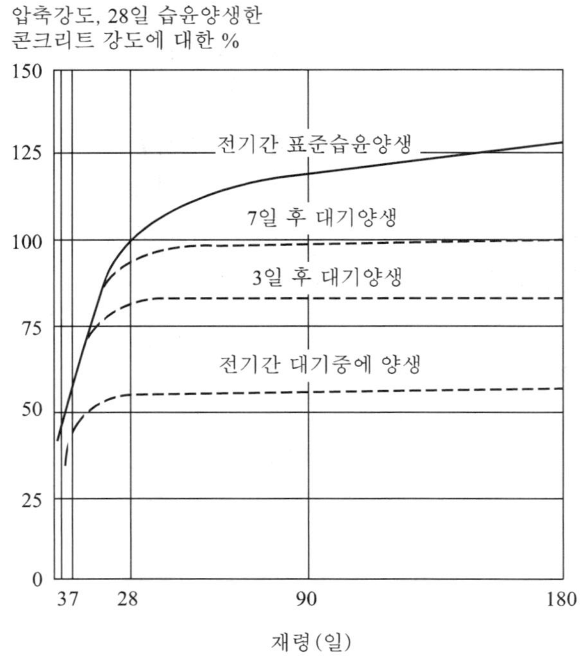

그림 2.9 양생이 콘크리트의 강도에 미치는 영향[2.2]

거의 정지하게 된다. 그림 2.9에는 습윤양생(moist curing)과 강도발달의 관계를 보여주고 있다. 비록 콘크리트가 건조상태에 있다가 다시 포화되면 수화작용이 다시 시작되어 강도도 발달되지만 콘크리트를 재포화(resaturated) 시키는 일은 어려우므로 원하는 품질의 콘크리트를 얻을 때까지 지속적으로 습윤상태를 유지하는 것이 중요하다. 실제 현장에서 유효한 양생은 대부분 가능한 최대 수화작용이 일어나기 훨씬 전에 정지되게 된다. 그림 2.9에서 보면 전 기간 대기 중에 양생한 콘크리트의 28일 강도는 전기간 습윤양생한 콘크리트에 비해서 55% 정도에 불과하지만, 3일을 습윤양생한 뒤에 대기 양생한 콘크리트의 강도는 81%로 증가하고 있다.

습윤양생의 방법에는 크게 2가지로 대별할 수 있다. 첫 번째는 콘크리트의 표면에 물을 공급하여 콘크리트가 지속적으로 물에 접하도록 하는 방법이며, 두 번째는 추가적인 물을 공급하지 않고도 콘크리트의 표면을 처리를 해서 수분을 잃지 않도록 하는 방법(water-barrier method)이다. 첫 번째 방법에는 여러 가지 방법이 있으며, 지속적으로 살수(spraying 또는 fogging)하거나, 담수양생(flooding 또는 ponding), 콘크리트를 모래나 흙 또는 톱밥, 짚으로 덮고 물을 살수하는 방법 등이다. 두 번째 방법으로는 콘크리트 표면에 플라스틱 시트(plastic sheet)나 폴리에틸렌 시트(polyethylene sheets) 또는 방수지(reinforced paper) 등을 덮어주는 방법이 있으며, 또 다른 방법으로는 막양생제(liquid membrane-forming curing compound)를 이용하여 표면을 도포하여 막을 형성해서 양생하는 방법이 있다. ASTM C31에서 실험실에서의 습윤양생은 온도가 23 ± 2℃ 이고 상대습도가 95% 이상인 습윤실(moist cabinet)에서 하거나 또는 같은 온도의 석회(lime)를 녹인 물속에 넣어서 양생(수중양생)하도록 제시하고 있다[2.5].

묽은 콘크리트의 초기 온도를 높이면 수화작용이 가속되어 높은 초기강도를 얻을 수 있는데 이렇게 초기에 높은 강도를 얻기 위해서 고온이나 고습, 고압의 증기로 촉진양생하는 방법이 있다. 이 방법으로는 대기압에서 하는 **증기양생(steam curing at atmospheric pressure)**과 압력용기를 이용한 **고압증기양생(high-pressure steam curing ; autoclaving)**이 있다. 증기양생은 65℃ 이하의 생증기(live steam)를 이용해서 보통 현장치기 부재(cast-in-place structure)나 공장에서 생산하는 프리캐스트 부재를 둘러싸서 양생하는 방법이다. 증기양생은 초기강도를 발달시켜서 조기에 탈형하여 거푸집의 회전을 빨리 해서 생산성을 높이거나 또는 기온이 낮은 겨울에 경화를 촉진시켜 공사기간을 단축시키기 위해서 사용될 수 있다. 그러나 초기에 급속하게 수화작용을 유도하여 높은 초기강도를 얻은 콘크리트는 갑작스런 수화작용으로 인해 수화물의 구조가 불안정하여 상온에서 양생한 콘크리트에 비해서 장기강도는 떨어지고 있다. Gaynor[2.15] 등에 의하면 초기 24시간의 온도가 38℃인 콘크리트의 28일 강도는 전 기간에 걸쳐서 23℃로 양생한 콘크리트에 비해서 강도가 9%~12% 정도 감소되었다고 보고하고 있다[2.6]. 이렇게 장기강도에 미치는 영향을 최소화하기 위해서는 증기양생의 양생싸이클(steam-curing cycle)에서 증기를 처음 가하는 시간(즉, 온도를 증가시키는)(pre-set period)을 지연시켜야 하고, 온도상승(temperature-rise period)을 서서히 해야 되며 최대온도가 65℃(150°F) 이상(steam period) 되지 않도록 하여야 한다[2.2, 2.6]. 최대온도가 70℃~80℃에 이르면 28일 강도가 약 5% 정도 감소되게 된다.

고압증기양생(high-pressure steam in autoclaves)은 **오토클레이브(autoclave)**라고 부르는 압력용기를 이용해서 온도 약 160℃~190℃에 증기압 0.5 MPa ~ 1.2 MPa으로 24시간 양생하면 상온에서 양생한 콘크리트의 28일 강도(80 MPa ~ 100 MPa)를 얻을 수 있는 양생방법이다. 고압고온을 유지해야 되기 때문에 압력용기의 크기에는 한계가 있어서 규산석회벽돌(sand-lime brick)이나 경량 기포콘크리트(lightweight cellular concrete) 등과 같은 작은 구조물의 생산에 사용된다. 고압증기양생을 하게 되면 특히 상온에서는 일어나지 않는 골재와 시멘트성 재료의 화학작용을 일으켜서 황산염이나 동결융해 등에 높은 내구성을 가지며 건조수축과 크리프도 감소시킨다[2.6, 2.10].

2.5 콘크리트의 역학적 특성(Mechanical Properties of Concrete)

압축강도(Compressive Strength)

콘크리트의 압축강도는 굵은골재의 최대치수가 50 mm까지인 경우에는 지름이 150 mm이고 높이가 300 mm인 원주형 표준공시체를 습윤양생하여 재령 28일에 1축 압축하중을 파괴될 때까지 가하여 얻은 값으로 결정하고 아래와 같이 f_c로 표시한다(그림 2.10 참고).

$$f_c = \frac{P}{A} = \frac{P}{\pi d^2/4} \ (\mathrm{N/mm^2} \text{ 또는 } \mathrm{MPa}) \quad (2.3)$$

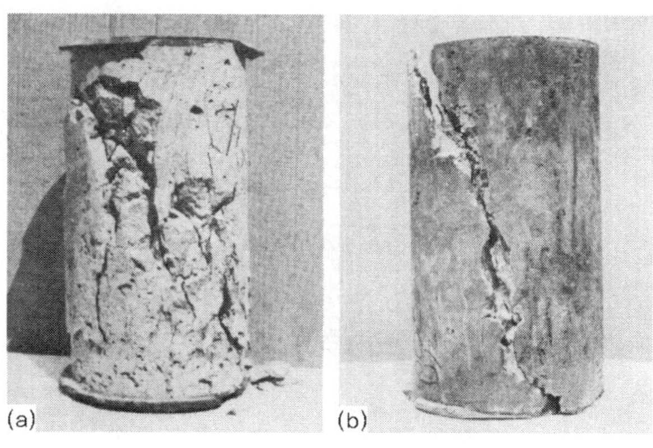

그림 2.10 에폭시 콘크리트 공시체의 파괴형상
(a) 에폭시가 작게 들어간 시멘트
(b) 에폭시가 많이 함유된 시멘트[2.17]

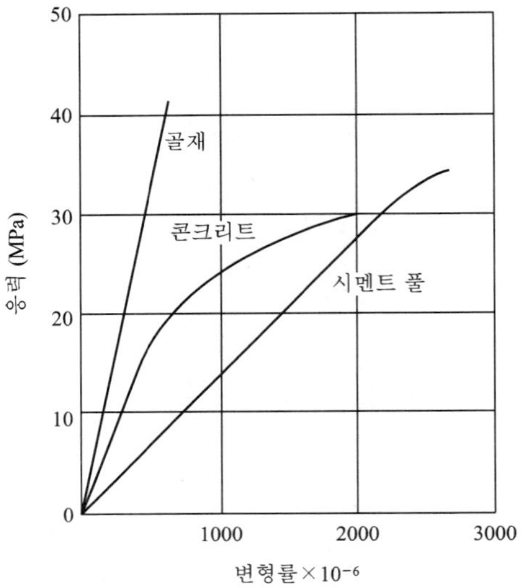

그림 2.11 시멘트풀(cement paste)과 골재(aggregate), 그리고 콘크리트의 응력-변형률곡선[2.6]

여기에서 P(N)는 파괴시의 압축하중의 크기이고, d(mm)는 공시체의 지름이다. 만약에 굵은골재의 최대치수가 더 큰 경우에는 실린더의 지름이 굵은골재의 최대치수의 3배 이상이 되어야 하고 높이는 지름의 2배 이상이 되어야 한다[2.2]. 근래에 들어 굵은골재의 최대치수가 25 mm 이하인 경우에는 작은 공시체(ϕ100 mm × 200 mm)를 종종 사용하기도 하는데 이때에는 공시체의 형상·치수와 압축강도의 관계를 고려하여(KS F 2405[2.16]) 강도보정계수 0.97을 곱하여 ϕ150 mm × 300 mm의 결과로 환산할 수 있다(구조기준 2.2.2). 공시체는 구조기준이나 ACI에서 사용하는 원주형 공시체 외에도 영국 등에서 사용하는 150 mm 또는 200 mm 입방체(cube)가 있고, 프랑스 등에서는 70 mm × 70 mm × 350 mm 또는 100 mm × 100 mm × 500 mm의 각주체(prism)를 사용한다.

구조기준 1.4[2.9]에서는 재령 28일의 설계기준 압축강도가 18 MPa 이상인 콘크리트를 **구조용 콘크리트(structural concrete)**로 정의하고 있다.

압축강도는 콘크리트의 가장 중요한 역학적 특성의 기준이 되며 다른 강도(휨강도 등)와의 관계가 실험 등에 의해서 결정되면 이러한 강도 등에 대해서 지표로 사용된다. 예를 들면, 구조기준에서 보통중량골재로 만든 콘크리트의 파괴계수(modulus of rupture)는 압축강도의 제곱근 값에 0.63배를 곱한 값을 사용하고 있다[식 (2.11) 참고].

콘크리트의 강도는 2 가지 요소, 즉 경화된 시멘트풀(cement paste)의 강도와 골재의 강도 조합으로 얻어진다. 그림 2.11에서 보면 경화된 시멘트풀과 골재는 하중이 증가함에 따라 선형의 응력-변형률 관계를 보여주는데 반하여 이 2재료가 복합된 콘크리트의 응력-변형률곡선은 상당한 비선형 관계를 보여주고 있다. 이렇게 복합된 콘크리트가 비선형 관계를 보여주는 것은 하중이 상대적으로 작은 상태에서 시멘트풀과 골재사이의 경계 면에 부착 미세균열(bond microcrack)이 나타나고, 이 균열들이 발달하고 진행되면서 콘크리트를 연화(soften)시켜서 비선형의 응력-변형률곡선을 보여주고 있다.

원주형 공시체의 파괴형상은 그림 2.12에 보이는 바와 같이 5가지 형태로 나타날 수 있다. 그림 2.12a와 d의 전단파괴는 내부마찰과 접착력에 의한 저항 때문에 나타나고, e의 쪼갬 또는 원주상 파괴는 콘크리트의 강도가 높을 때 나타나며, b와 c는 앞의 파괴형태의 복합으로 나타난다.

그림 2.12 표준 원주형 공시체의 파괴모드[2.5]
(a) 원뿔(cone) 형태의 전단파괴
(b) 원뿔과 쪼갬파괴(splitting),
(c) 원뿔과 전단파괴, (d) 전단파괴,
(e) 원주상 파괴(columnar)

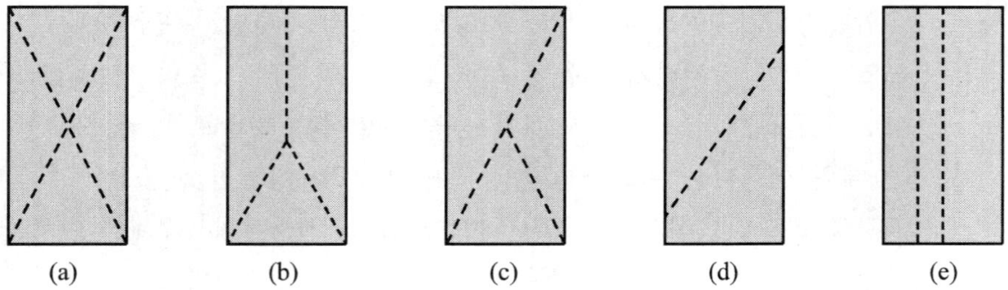

그림 2.13에는 원주형 공시체를 이용하여 1축 압축하중을 작용하여 구한 전형적인 응력-변형률곡선을 보여주고 있다. 만약에 응력-변형률곡선이 최대응력에 도달하고서 변형률의 증가에 잘 견디지 못하고 갑작스럽게 파괴되어 끝나게 되면 그 재료는 취성(脆性, brittle)재료로 분류할 수 있다. 그림 2.13을 관찰해 보면,

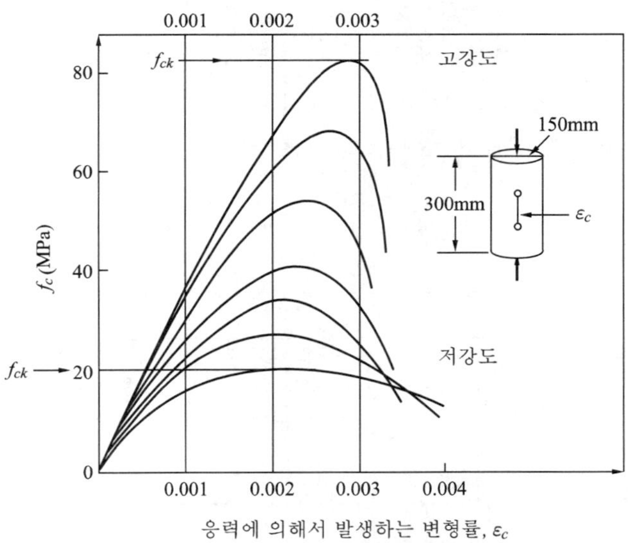

그림 2.13 전형적인 콘크리트의 1축 응력-변형률곡선[2.18]

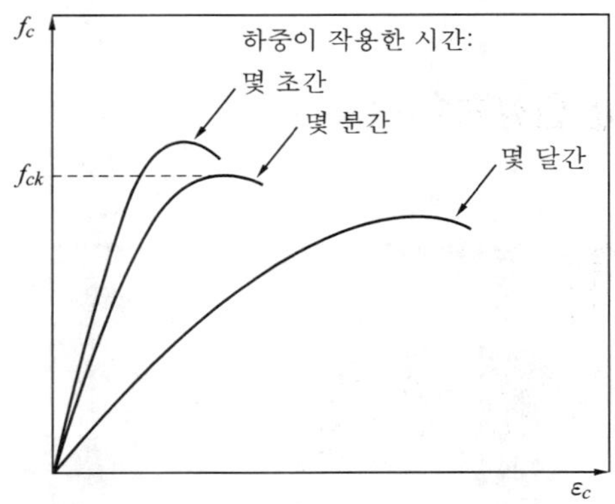

그림 2.14 하중이 증가하는 속도의 영향
(influence of loading rate)[2.25]

① 콘크리트의 강도가 낮을수록 파괴변형률(failure strain)이 커져서 연성(延性, ductility)이 증가하며, 공시체의 파괴는 $\epsilon_c = 0.003$을 초과하여 나타난다.

② 강도가 높아질수록 초기의 상대적으로 선형부분(극한강도 f_{ck}의 약 40% 정도)이 증가하면서 기울기도 증가하여 초기강성이 증가하지만, 연성은 감소하는 현상을 보여준다.

③ 보통강도 콘크리트(강도가 40 MPa 이하)에서 최대응력(f_{ck})은 대략 변형률이 0.002일 때 나타나고 있다.

압축강도가 40 MPa 이상인 고강도 콘크리트(시방서 9장[2.8])에서는 보통강도 콘크리트에 비해서 균열이 적게 발생하기 때문에 응력-변형률 곡선의 오르막 기울기가 가파르고 또한 내리막 경사도 상당히 급해서 공시체의 파괴가 종종 폭발하는 형태로 나타나곤 한다[2.6]. 또한 극한강도에 도달했을 때의 변형률을 비교해보면 강도가 20 MPa 정도인 보통강도 콘크리트에서는 0.002 정도이지만 고강도 콘크리트에서는 0.003~0.004에 이르러 1.5배에서 2배에 이르고 있다. 하지만 동일한 응력에서는 고강도 콘크리트가 작은 변형률을 보여주고 있다.

압축강도는 하중을 증가시키는 속도(rate of loading)에 큰 영향을 받는다. 그림 2.14와 같이 하중이 빠르게 증가되면 약 20% 정도의 극한강도가 증가하고 반대로 하중의 작용시간이 느려지면 약 20% 정도 감소하게 된다. 일반적으로 설계에서는 장기하중이 작용하는 것에 따른 강도의 감소를 무시하고 동시에 28일 강도에서 시간이 지남에 따라 증가되는 강도의 영향도 역시 무시하고 있다(표 2.3과 그림 2.8 참고). 일반적으로 콘크리트의 강도는 지속적인 수화작용으로 인해서 설계에서 기준으로 한 28일 강도보다 20%에서 40% 정도 강도가 증가하고 있다. 따라서 이 2가지 영향은 서로 상쇄되어 결론적으로 안전 측의 설계가 될 것이다. KS F 2405 콘크리트의 압축강도 시험방법에서는 하중을 매초 0.15 MPa ~ 0.35 MPa의 속도로 가하도록 제시하고 있다. 예를 들면 압축강도가 28 MPa인 공시체를 실험하기 위해서는 대략 1분 20초에서 3분 7초 정도가 소요되어야 할 것이다.

탄성계수(Modulus of Elasticity, E_c)

그림 2.15 지름 150mm× 높이 300mm 원주형 공시체를 이용한 압축강도 실험

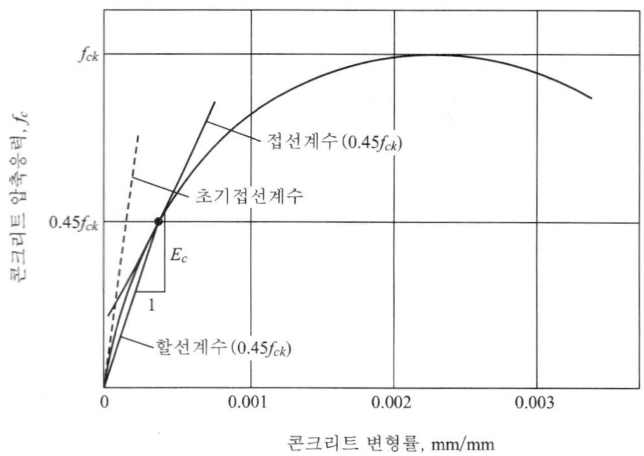

그림 2.16 콘크리트의 압축응력-변형률곡선과 탄성계수의 결정

인장과 압축에 대한 **탄성계수(정적탄성계수, static modulus of elasticity)**는 1축 하중실험에서 콘크리트의 응력-변형률곡선의 기울기(즉, $E_c=$ 단위응력/단위변형률)에 의해서 결정된다(그림 2.15 및

2.16 참고). 그림 2.13에서 보는 바와 같이 곡선이 비선형이므로 탄성계수는 응력의 크기에 따라 변하지만, 아래와 같은 3 방법에 의해서 탄성계수를 결정할 수 있다(그림 2.16 참고).

① **접선계수(tangent modulus) :** 곡선의 어떤 점에서 응력-변형률 곡선에 접선의 기울기로 구한다.

② **할선계수(secant modulus) :** 원점과 기준이 되는 응력의 값(파괴하중의 %)을 연결한 선분의 기울기로 결정한다.

③ **Chord modulus (할선계수) :** 할선계수(secant modulus)와 같지만 원점이 아니라 기준이 되는 2점을 연결한 선분의 기울기로 결정한다.

동탄성계수(dynamic modulus of elasticity)는 초기의 아주 작은 변형률에 대한 탄성계수로 보통 **초기접선계수(initial tangent modulus)**[식 (2.47) 참고]로 표현되며, 일반적으로 정적탄성계수에 비해서 콘크리트의 강도에 따라 20% ~ 40% 정도 높다[2.11]. 지진이나 충격하중이 작용하는 경우의 구조해석은 동탄성계수를 사용해서 해석하는 것이 타당하며, 동탄성계수를 정확하게 결정하기 위해서는 초음파 속도법(sonic test)을 사용해야 한다[2.16].

ACI 8.5.1 해설[2.14]에서는 $0.45f_{ck}$와 0점을 잇는 할선(secant)의 기울기를 E_c로 보지만, 종종 $0.4f_{ck}$ 또는 $0.5f_{ck}$와 0점을 잇는 할선(secant)의 기울기를 E_c로 간주하기도 한다.

구조기준(ACI)에서는 콘크리트의 탄성계수가 골재의 탄성계수와 콘크리트에서의 골재의 체적에 좌우된다는 사실에 따라 콘크리트의 질량에 1.5배 자승하여 표현하고, 콘크리트의 탄성계수의 증가가 압축강도가 증가함에 따라 증가의 비가 감소하는 현상을 표현하기 위해서 강도에 1/3배 자승하여 표현하였다.

구조기준 3.4.3에서는 콘크리트의 단위질량 $\rho_c=$ 1,450~2,500 kg/m^{3}인 경우에 탄성계수를 아래와 같이 재령 28일의 평균압축강도 $f_{cu}=f_{ck}+\Delta f$를 도입하여 제시하였다7).

$$E_c=0.077\,\rho_c^{\;1.5}\sqrt[3]{f_{cu}} \tag{2.4a}$$

여기에서 f_{cu}는 식 (2.5)와 같이 정의하고 있다. 구조기준 해설[2.28]에서는 탄성계수를 계산할 때 설계기준강도 보다는 실제 강도에 근거하는 것이 타당한 것으로 알려져 있다고 주장하고 있다8).

7) 구조기준 3.4.3에서는 단위질량(mass density)을 m_c로 표시하고 있지만 단위무게(weight density)와 구분하기 위해서 본 교재에서는 ρ_c로 표현하였다.

8) Eurocode 2[2.74]에서 f_{cm}을 "the mean compressive strength at 28 days"라고 정의하고, Sinha[2.70]에 의하면 f_{cm}을 설계평균강도(designed for mean strength)로 정의하여 이는 구조기준(ACI)의 배합강도(required average compressive strength) f_{cr}로 볼 수 있는데 구조기준에서는 새로운 f_{cu}를 도입하고 있다. 또한 도로교설계기준 2012[2.73] 5.3.1.3에서는 식 (2.4a)에서 콘크리트 압축강도의 평균값으로 f_{cm}을 사용하고 있다.

$$\begin{cases} f_{ck} \le 40\text{ MPa} : f_{cu} = f_{ck} + 4\text{ MPa} \\ 40\text{ MPa} < f_{ck} < 60\text{ MPa} : f_{cu} = 1.1 f_{ck} \\ f_{ck} \ge 60\text{ MPa} : f_{cu} = f_{ck} + 6\text{ MPa} \end{cases} \tag{2.5}$$

위 식들에서 E_c와 f_{ck}, f_{cu}의 단위는 MPa이고, ρ_c의 단위는 kg/m^{3}이다. 구조기준에서는 또한 보통 중량골재를 사용한 콘크리트(ρ_c= 2,300 kg/m^3)인 경우에는 아래와 같은 간략식을 사용할 수 있도록 제시하고 있다.

$$E_c = 8,500\sqrt[3]{f_{cu}} \tag{2.4b}$$

2003년 기준에서는 ACI[2.14]에 따라 단위질량 ρ_c= 2,300 kg/m^{3}인 경우에 $f_{ck} \le$ 30 MPa에는 $E_c = 4,700\sqrt{f_{ck}}$ 로, $f_{ck} >$ 30 MPa인 경우는 $E_c = 3,300\sqrt{f_{ck}} + 7,700$ 으로 제안하였다. 2007년 기준에서 이러한 탄성계수 식을 CEB-FIP[2.39](이후 Eurocode 2[2.74])와 유사한 형식의 식 (2.4a와 2.4b)로 개정하면서 평균압축강도는 $f_{cu} = f_{ck} + 8$ MPa로 제시하였다. 2012년 구조기준에서는 f_{cu}를 식 (2.5)로 개정하여 기준 2007년 값에 비해서 f_{ck}= 21 MPa인 경우에 E_c 값이 4.8% 감소하고, f_{ck}= 40 MPa일 때는 2.9% 감소하게 되었다.

직접인장(direct tension)이나 휨 공시체의 처짐(deflection of flexure specimens)을 측정하여 결정할 수 있는 인장 상태의 콘크리트에 대한 탄성계수의 자료는 매우 드문 형편이다. 가장 적당한 가정은 인장에 대한 탄성계수가 압축의 탄성계수와 같다고 보는 것이다[2.6]. 따라서 일반적으로 인장에서의 탄성계수 $E_c^{\,t}$는 압축에서의 탄성계수 E_c와 같다고 본다.

축 변형률에 대한 가로 변형률의 비를 **푸와송 비(poisson's ratio)**라 하는데 콘크리트의 탄성영역에서의 푸와송 비는 대략 0.15에서 0.20에 이른다[2.11].

배합강도(Required Average Compressive Strength f_{cr})와 설계기준강도(Specified Compressive Strength f_{ck}[9)])

현장에서 설계기준 압축강도인 f_{ck}를 얻기 위해서는 혼합비대로 정확하게 계량하여 혼합되어야 하고 또한 잘 배치되고 다져져서 강도가 충분히 발달할 때까지 규정의 양생이 되어야 할 것이다. 그러나 현장에서 이러한 기준이 충족되지 않으면 요구되는 강도를 얻기가 매우 힘들게 될 것이다. 따라서 구조기준 2.3.2(2)(ACI 5.3.2)에서는 생산되는 소요 **평균배합강도(required average compressive strength)** f_{cr}이 설계기준강도 f_{ck}보다 커서 실제로 생산된 콘크리트의 강도가 f_{ck} 이하가 되는 일이

9) 설계기준 압축강도 f_{ck}의 아래 첨자에서 **c**는 Concrete (또는 Compression)을 의미하며, **k**는 CEB-FIP에서 특성값(Characteristic value)을 의미한다.

발생하지 않도록 다음과 같이 제시하고 있다. 여기에서 소요 평균배합강도 f_{cr} 은 배합설계 시에 기준이 되는 재령 28일의 압축강도이고, **설계기준압축강도(specified compressive strength)** f_{ck} 는 설계시 기준이 되는 재령 28일의 압축강도를 말한다. 얼마만큼 f_{ck} 보다 증가시켜야 하는 강도의 크기는 콘크리트 생산의 품질관리 정도에 따라 결정되며 원주형 표준 공시체의 압축강도실험에 의해서 결정된다. 30회 이상의 현장강도 시험기록을 근거로 표준편차 s 를 결정할 수 있는 경우에는 $f_{ck}=$ 35 MPa을 기준으로 각각의 두 값 중에서 큰 값으로 정해야 한다.

$$f_{ck} \leq 35\,\text{MPa 인 경우} \quad \begin{cases} f_{cr} = f_{ck} + 1.34s \\ f_{cr} = (f_{ck} - 3.5) + 2.33s \end{cases} \tag{2.6a}$$

$$f_{ck} > 35\,\text{MPa 인 경우} \quad \begin{cases} f_{cr} = f_{ck} + 1.34s \\ f_{cr} = 0.9f_{ck} + 2.33s \end{cases} \tag{2.6b}$$

예를 들어서 콘크리트 생산업자의 표준편차 $s=$ 1.5 MPa이고 $f_{ck}=$ 27 MPa인 경우에 $f_{cr}=$ 27 + 1.34(1.5) = 27 + 2.01 = 29 (MPa) 또는 $f_{cr}=$ 27 - 3.5 + 2.33(1.5) = 27 (MPa)로 큰 값이 지배하므로 배합강도 $f_{cr}=$ 29 MPa이 되어야 한다[10].

표 2.6 시험이 14회 이상 29회 이하일 때 표준편차에 대한 보정계수(구조기준 표 2.3.1)

시험 회수	표준편차 s 의 보정계수
14회 이하	식 (2.7) 이용
15회	1.16
20회	1.08
25회	1.03
30회 또는 그 이상	1.00

만약에 콘크리트 생산설비가 구조기준 2.3.2.(1)의 요건[11]에 맞는 시험기록이 30회에 못 미치는 15회 ~ 29회인 경우에 표준편차 s 는 계산된 표준편차와 아래 표 2.6의 보정계수를 곱한 값으로 계산할 수 있으며 중간 시험회수에 대해서는 직선보간하여 구할 수 있다.

---

10) 국내 토목공사 현장에 의하면 골재의 변동 등으로 인해서 레미콘의 표준편차를 결정하기 어려워 안전 측인 식 (2.7)로 배합강도를 결정하는 실정이라고 한다.

11) 구조기준 2.3.2(1) 콘크리트 생산설비의 시험기록이 있을 경우, 이에 대한 표준편차를 산정하여야 한다. 표준편차의 산정에 사용할 수 있는 시험기록은 다음과 같다.
① 예상되는 실제 상황과 비슷한 재료, 품질관리 절차 및 조건들을 갖추어야 하며, 시험기록에 사용된 재료와 배합비의 변화폭이 실제 현장에 적용되는 것과 유사한 조건에서 작성된 것이어야 한다.
② 계획된 공사에서 요구하는 설계기준강도와 같거나 혹은 설계기준강도에서 그 차이가 7 MPa 이내의 강도를 갖는 콘크리트에 의해서 구해진 값이어야 한다.
③ 규정에 따라 보정을 하는 경우를 제외하고는 적어도 30회의 연속시험을 실시하여야 한다.

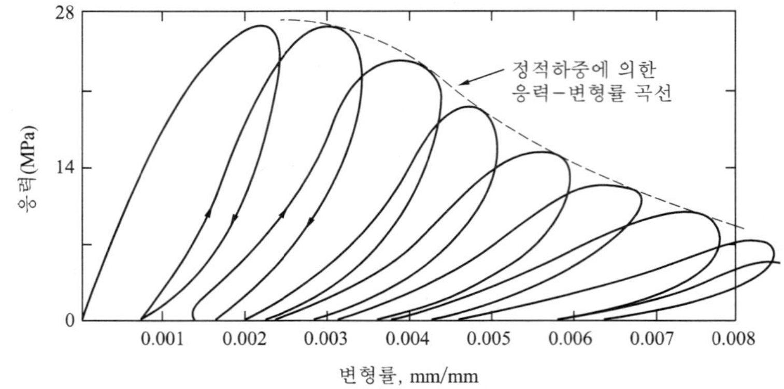

그림 2.17 반복하중에 의한 압축응력-변형률 곡선[2.30]

만약에 구조기준 2.3.2(1)의 요건에 맞는 표준편차 s 의 계산을 위한 현장강도 기록자료가 없을 경우, 또는 압축강도의 시험 횟수가 14회 이하인 경우에는 아래와 같이 결정할 수 있다.

$$\begin{cases} f_{ck} < 21\,\text{MPa 인 경우}: & f_{cr} = f_{ck} + 7 \\ 21\,\text{MPa} \le f_{ck} \le 35\,\text{MPa 인 경우}: & f_{cr} = f_{ck} + 8.5 \\ f_{ck} > 35\,\text{MPa 인 경우}: & f_{cr} = 1.1 f_{ck} + 5.0 \end{cases} \tag{2.7}$$

반복하중(Cyclic Loading of Concrete)

앞에서는 정적인 하중(monotonic loading)이 작용할 때의 콘크리트의 강도에 대해서 다루었다. 그러나 실제에 있어서 해양구조물(offshore structures)이나 교량 또는 도로 및 활주로 포장, 철도의 침목 (railway sleepers) 등과 같은 많은 구조물들에는 구조물의 수명동안에 수많은 **반복하중(cyclic loading)**이 작용할 것이다. 구조재료가 하중의 크기가 정적 압축강도보다는 작지만 무수한 반복하중에 의해서 붕괴나 파괴가 일어날 때 이를 **피로파괴(failure in fatigue)**라 한다. Ople와 Hulsbos[2.29]는 f_{ck}의 50% 이상의 반복하중이 작용하면 콘크리트의 강도에 해로운 영향을 준다고 보고하고 있다. 예를 들어서 5,000번의 반복하중이 작용하고 난 뒤에 콘크리트는 정적 극한하중의 70% 하중이 작용하면 붕괴되었다[2.11].

그림 2.17에는 1964년 Sinha[2.30] 등이 제시한 반복하중이 작용하는 경우의 압축응력-변형률 곡선을 보여주고 있다. 그림에서와 같이 반복하중이 작용할 때의 전체적인 응력-변형률곡선의 끝 부분을 연결한 선분(envelope)은 정적하중의 응력-변형률 곡선과 매우 유사하다. 이렇게 하중을 제거한 뒤에도 상당한 변형률이 남아있는 것은 콘크리트 내부에 미세한 균열(microcrack)이 발달하여 입은 손상 때문에 나타나는 현상이다[2.31].

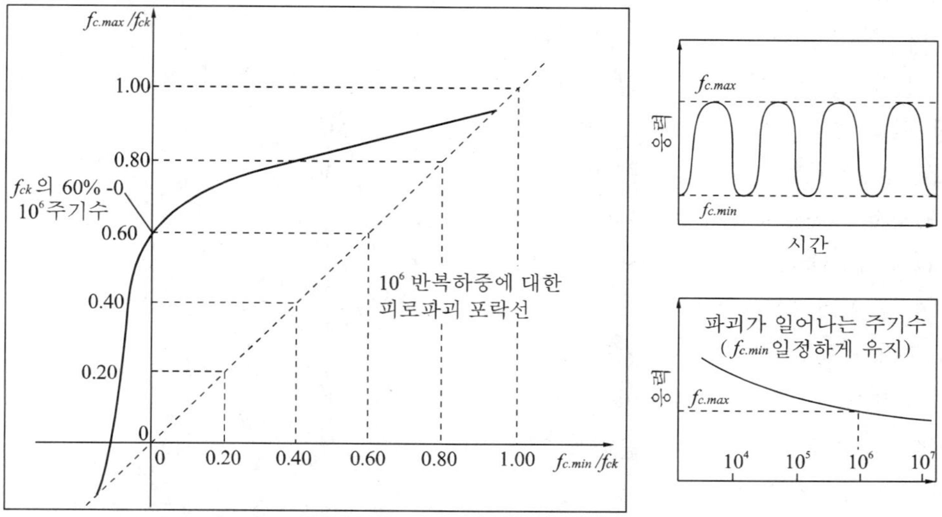

그림 2.18 Warner와 Faulkes[2.32]에 의해서 주어진 콘크리트의 피로에 대한 저항

콘크리트는 강재에 비해서 우수한 반복하중에 의한 저항력을 갖고 있다. 콘크리트의 피로파괴가 일어날 가능성은 그림 2.18의 Warner와 Faulkes가 제시한 Goodman-Johnson 도로 검토할 수 있다[2.32]. 그림 2.18에서 보면 f_{ck}의 0에서 60% 반복하중[$f_{c(\min)} \sim f_{c(\max)}$]이 작용하는 경우에 대략 1백만 번의 주기 수에서 파괴가 일어나는 것을 알 수 있다. 또한 $f_{c(\min)}$이 증가 할수록 파괴를 일으키는 최대응력과 최소응력의 범위[$f_{c(\max)} - f_{c(\min)}$]가 감소하는 현상을 발견할 수 있다. $f_{c(\min)}/f_{ck}$이 0.20에서 0.40로 증가하면 최대응력과 최소응력의 범위[$f_{c(\max)} - f_{c(\min)}$]가 대략 0.53에서 0.40으로 감소하고 있다.

인장강도 (Tensile Strength)

1축 인장하중에서의 콘크리트의 응력-변형률 관계는 압축응력에 비해서 훨씬 작은 응력 범위에서 존재하지만 균열이 일어나지 전까지는 거의 직선에 가깝다(그림 2.19 참고). 특수한 시험기기(stiff testing machine)를 사용하면 균열 폭이 아주 작은 상태의 균열 후 인장 저항력도 구할 수 있다[2.4]. 미세한 균열이 발생하고 나서도 여전히 인장응력을 전달할 수 있는 현상은 균열 면이 국부적으로 매우 거칠고 균열의 폭이 0.05 mm 이하로 매우 작은 경우에는 균열의 울퉁불퉁한 면을 통하여 인장응력이 얼마간 전달되기 때문일 것이다(**골재 맞물림 현상, aggregate interlocking**)[2.25].

실험에 의하면 콘크리트의 인장강도는 상당히 다양하게 나타나며 대략 압축강도 f_{ck}의 8%~15%에 그치고 있다. 이렇게 압축강도와 인장강도의 차이가 많이 나는 이유 중의 하나는 콘크리트에 존재하는 많은 미세한 균열 때문이라고 볼 수 있다. 적당한 응력상태에서 균열은 압축강도에 그렇게 뚜렷한 영향을 미치지 않는데 그 이유는 압축이 균열을 닫치게 하여 균열단면(cracked section)이나 비균열단면(uncracked section)에서 응력의 전달에 차이가 없기 때문이다[2.1].

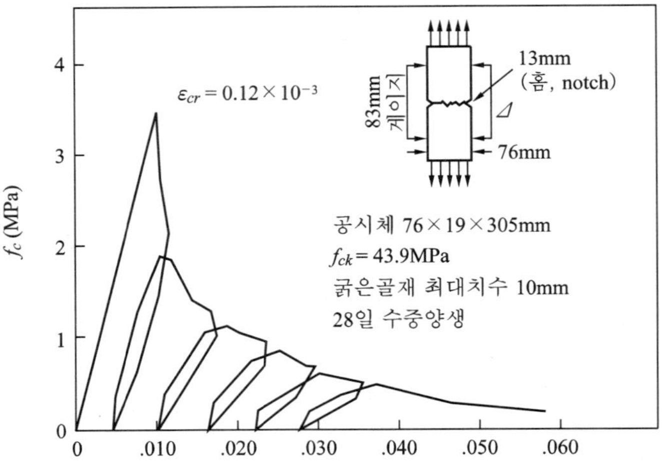

그림 2.19 인장에서의 콘크리트의 응력-변형률 거동[2.33]

그러나 콘크리트가 인장을 받게 되면 단면에서의 응력의 분포가 변하게 되는데 그 이유는 인장이 균열을 넘어서 전달되지 못하고 오직 비균열단면을 통해서만 전달될 수 있기 때문이다. 인장을 전달하는데 유효한 단면이 전체단면보다 축소되었으므로 실제의 응력은 평균응력을 초과하게 된다. 인장응력이 내부 균열과 공극을 지나서 전달되면서 균열 끝이나 공극주위에 응력집중(stress concentration)이 발생하게 된다. 비록 전체단면에 대한 평균인장응력은 작다고 하더라도 국부적인 응력은 내부균열의 길이를 증가시킬 수 있을 정도로 클 수 있다. 따라서 비균열단면이 감소되면서 응력의 증가는 자꾸 빨라지면서 파괴가 일어날 것이다. 콘크리트 재료의 특성으로 균열의 크기와 위치를 예측할 수 없기 때문에 당연히 인장강도는 상당히 분산되어 나타나게 된다(그림 2.23 참고).

콘크리트 공시체를 순수 축인장 실험을 수행하는 일은 쉽지 않기 때문에 콘크리트의 균열강도는 보통 간접적인 **할렬실험(split-cylinder test)**과 **휨실험(rupture test, bending test)**을 통해서 구한다.

1) 할렬시험(Split-Cylinder Test)

쪼갬인장강도(할렬강도, splitting strength) f_{sp} 는 표준 원주형 공시체(ϕ150 mm x 300 mm)를 누워 놓고 그림 2.20과 2.21에서와 같이 실험한다. 이렇게 하중을 작용시키면 공시체의 맨 위와 맨 아래를 제외하고 그림 2.20과 같이 단면의 중앙을 따라 연직면에 순수한 인장응력 상태가 발생한다[2.6].

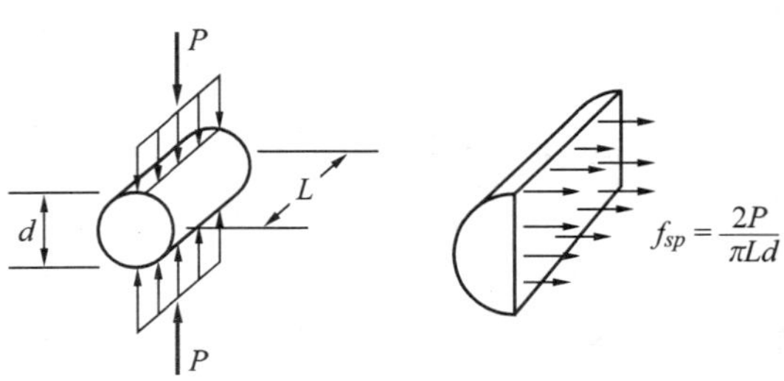

그림 2.20 인장할렬시험(split-cylinder test)

할렬시험(split-cylinder test)에 의한 **쪼갬인장강도** f_{sp} 는 다음과 같은 식으로 계산할 수 있다.

$$f_{sp} = \frac{2P}{\pi L d} \tag{2.8}$$

실험결과를 근거로 보통 중량골재 콘크리트의 쪼갬인장강도를 28일 압축강도 f_{ck} 로 표현하면 다음과 같다.

$$f_{sp} = (0.5 \sim 0.6)\sqrt{f_{ck}} \tag{2.9a}$$

또한 경량골재 콘크리트에서 f_{sp} 는 아래와 같다.

$$f_{sp} = (0.33 \sim 0.41)\sqrt{f_{ck}} \tag{2.9b}$$

여기에서 f_{ck} 의 단위는 MPa이지만 식에서는 등가의 $\mathrm{N/mm^2}$ 로 표현하면 다루기가 수월하게 된다.

그림 2.21 인장할렬시험에서 공시체의 파괴형상

2) 휨 강도시험(Flexural Strength Test or Rupture Test)

150 mm x 150 mm x 530 mm [L/3 × L/3 × (L + 80 mm) : L = 450 mm]의 장방형 무근 콘크리트 보를 사용해서 보의 중앙 점에 하중을 작용(KS F 2407)시키거나 또는 3 등분점 하중법(third-point loading, KS F 2408)(그림 2.22 참고)에 의해서 보가 파괴될 때까지 하중을 작용시켜서 시험을 수행한다. 거동이 탄성적이고 휨응력이 단면의 중립축에서 직선으로 분포한다고 가정하여, 보의 바닥에서의 최대 인장응력을 **파괴계수(modulus of rupture)** f_r 로 부르며 시험에서 작용한 휨모멘트를 아래와 같이 휨공식에 대입하여 구할 수 있다.

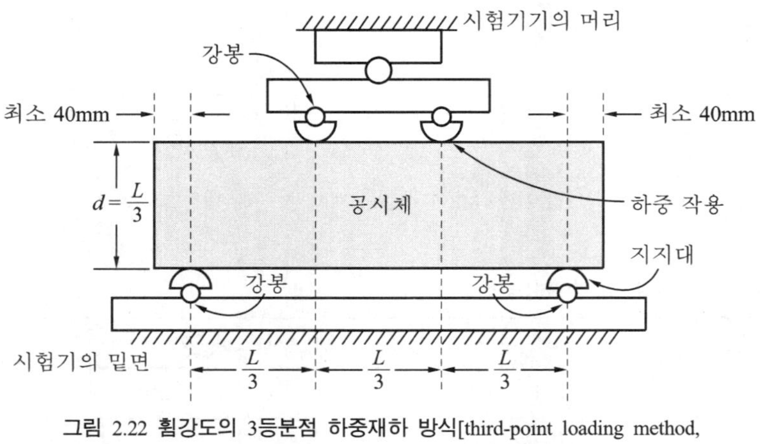

그림 2.22 휨강도의 3등분점 하중재하 방식[third-point loading method, KS F 2408(150 mm × 150 mm × 530 mm 장방형 각주체), ASTM C78]

$$f_r = \frac{M}{I}y = \frac{(P/2)(L/3)}{bd^3/12}\frac{d}{2} = \frac{PL}{bd^2} \tag{2.10}$$

단, 식 (2.10)은 균열이 경간방향 중심선의 3 등분점 사이에 나타났을 때만 사용할 수 있으며, 균열이 3 등분점 바깥쪽에 나타나면 다른 식을 사용하여야 한다[2.16].

그림 2.23에는 보통 중량골재의 콘크리트를 사용해서 Mirza[2.34] 등이 수행한 수백 개의 공시체에 대한 휨강도의 실험결과가 f_r과 f_{ck}의 관계로 제시되어 있다. 이러한 실험결과를 토대로 구조기준 4.3.1(3)(ACI 9.5.2.3)에서는 콘크리트에 대한 파괴계수(modulus of rupture)는 다음 식으로 제시하고 있다(그림 2.23 및 표 2.7 참고).

$$f_r = 0.63\lambda\sqrt{f_{ck}} \tag{2.11}$$

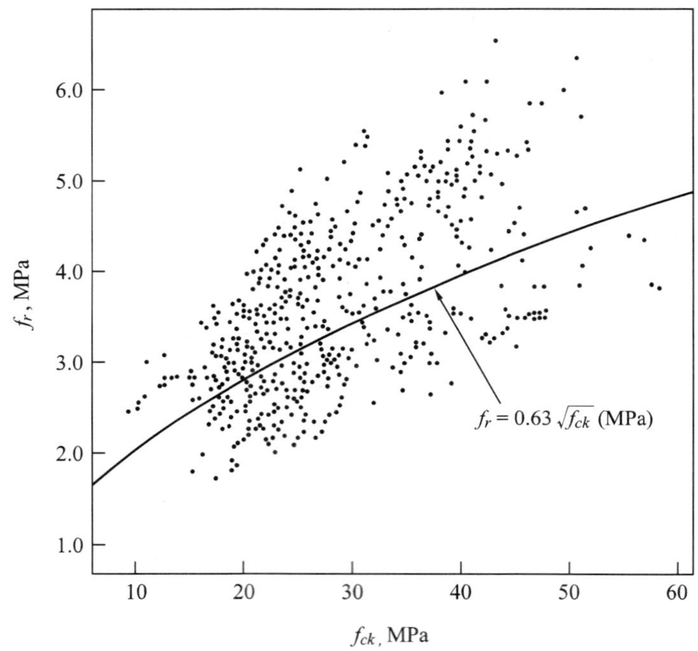

그림 2.23 Mirza[2.34] 등이 제시한 f_{ck}에 대한 파괴계수 f_r의 변화

표 2.7 보통중량골재 콘크리트의 파괴계수 (단위 : MPa)

f_{ck}	18	21	27	35	45
f_r	2.67 (f_{ck} 의 15%)	2.9 (13.8%)	3.3 (12%)	3.73 (10.6%)	4.23 (9.4%)

여기에서 λ는 콘크리트의 비중을 고려하는 경량콘크리트계수(modification factor)로 보통중량콘크리트인 경우에는 $\lambda = 1.0$이며, 경량콘크리트에 대한 쪼갬인장강도(splitting tensile strength) f_{sp} 값이 주어지면 식 (2.11)에서 λ 대신에 $f_{sp}/(0.56\sqrt{f_{ck}}) \le 1.0$를 대입하도록 규정하여 아래와 같이 표현될 수 있다(구조기준 3.4.4).

$$\left[\ f_r = 0.63\sqrt{f_{ck}} \times [f_{sp}/(0.56\sqrt{f_{ck}})] = 1.125 f_{sp}\ \right] \le\ 0.63\sqrt{f_{ck}} \tag{2.12a}$$

만약에 f_{sp} 값이 규정되어 있지 않을 때는 전경량 콘크리트(all-lightweight concrete)에는 $\lambda = 0.75$를 곱해서 사용하고[구조기준 3.4.4, ACI 8.6],

$$\text{전경량 콘크리트인 경우 :}\ \ f_r = 0.63 \times 0.75\sqrt{f_{ck}} = 0.473\sqrt{f_{ck}} \tag{2.12b}$$

모래경량 콘크리트(sand-lightweight concrete)인 경우는 $\lambda = 0.85$ 를 곱해서 사용하도록 규정하고 있다.

$$\text{모래경량 콘크리트인 경우 :}\ \ f_r = 0.63 \times 0.85\sqrt{f_{ck}} = 0.536\sqrt{f_{ck}} \tag{2.12c}$$

또한 부분적으로 경량골재가 섞인 경우에는 경량골재로 치환하는 각각의 체적비에 따라 직선보간(linear interpolation)한 값을 곱하여 보정($\lambda = 0.75 \sim 1.0$ 사이)하도록 규정하고 있다.

식 (2.11)은 처짐을 계산할 때 사용되며, 프리스트레스트 콘크리트 부재의 전단강도 계산에서 균열모멘트를 구할 때는 이 값보다 작은 아래의 식을 사용하도록 규정하고 있다[구조기준 7.3.2(3)①, ACI 11.4.3].

$$f_r = 0.5\lambda\sqrt{f_{ck}} \tag{2.13}$$

2축과 3축 강도 (Biaxial or Triaxial Strength)

구조부재의 응력 상태는 그림 2.13과 같은 1축이라기 보다는 실제는 2축 응력 상태(즉, 2방향으로 응력이 작용하는 상태)이다. 그림 2.24의 2축 응력상관도(biaxial stress interaction curves)는 2축 응력상태가 요소의 강도에 어떻게 영향을 미치는지를 보여주고 있다. 판(plate)에 2축 하중을 가하여 수행한 실험 결과인 그림 2.24를 보면 f_2 방향(최대 주응력에 연직한 방향)으로 1축 압축응력의 20%의 압축하중이 작용하면 f_1의 압축강도가 20% 증가되는 것을 보여주며, f_2 방향의 압축응력이 증가하면 최대로는 27%까지 증가하고 있다. 또한 $f_1 = f_2$ 인 압축응력 상태($\alpha = 1$ 인 대각선)에서는 16% 정도의 압축강도가 증가하고 있다. 그림은 또한 압축하중이 작용하는 방향에 연직한 방향으로 인장하중이 작용하면 압축강도가 급격하게 줄어드는 것을 보여주고 있다. 그러나 2축 인장에 대한 콘크리트의 강도는 1축 인장강도와 비슷한 것을 그림 2.24에서 볼 수 있다.

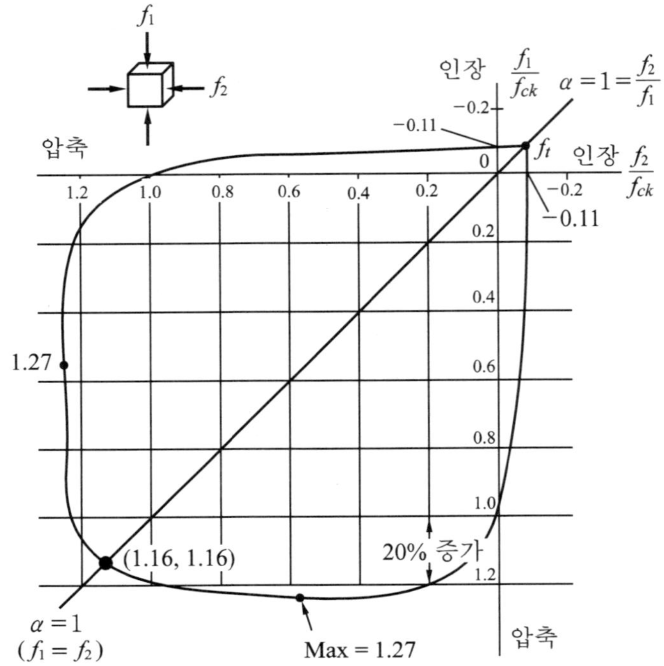

그림 2.24 콘크리트의 2축 강도 파괴 포락선[2.35]

그림 2.25에는 1928년 Richart[2.36] 등이 Illinois 대학에서 수행한 일정한 횡유압을 가하여 실험한 3축 압축응력 하에서의 응력-변형률곡선을 보여주고 있다. 3축 응력 하에서의 원주형 공시체의 파괴는 f_1 방향과 평행한 인장균열이던지 또는 전단파괴 양상을 나타낸다. 그림 2.25에서 보는 바와 같이 $f_3 > 0$ 인 경우에 1축인 경우($f_3 = 0$)에 비해서 큰 강도와 연성을 보여주고 있다. 이 실험에 의하면 파괴시의 축력은

$$f_1 = f_{ck} + 4.1 f_3 \tag{2.14}$$

로 표현되었다. 경량 및 고강도 콘크리트의 실험에서는 보통중량 콘크리트에 비해서 구속력(confined pressure)의 영향을 적게 받아 식 (2.14)의 계수가 4.1에서 2.0으로 감소하였다[2.31].

구속응력이 조금만 증가해도 상당한 에너지 흡수능력(energy-absorbing capacity : 즉, 응력-변형률곡선이 포함하는 면적)의 증가는 철근콘크리트의 연성(ductility)을 증가시키는데 아주 유용한 특성이다. 지진지역 등에서는 적당한 횡방향 철근(transverse reinforcement)을 배치하여 콘크리트에 구속력을 주어 기둥이나 보에서 연성을 증가시키도록 하고 있다[2.4](구조기준 5.5, ACI 7.11).

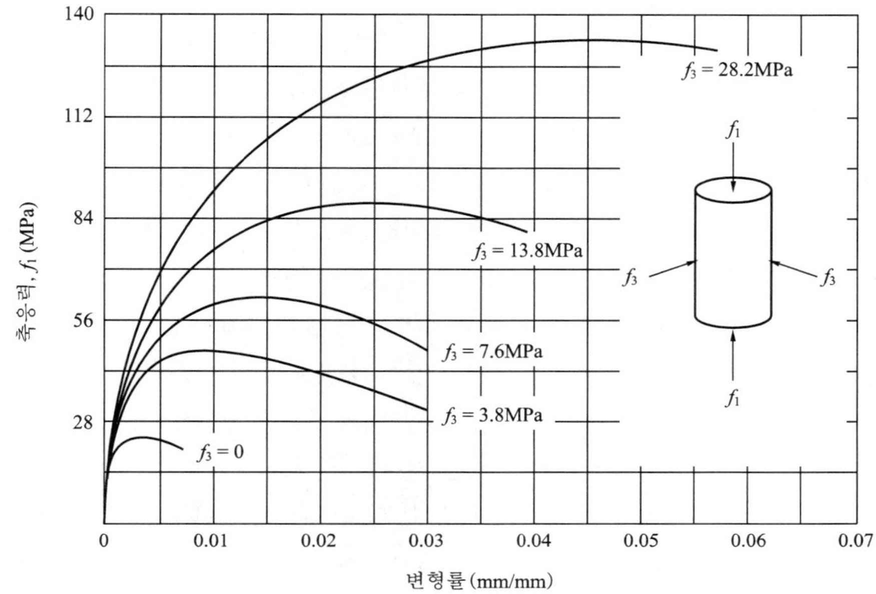

그림 2.25 콘크리트 원주형 공시체에 대한 3축 압축시험의 응력-변형률 곡선[2.36]

2.6 콘크리트의 체적변화(Time Dependent Volume Changes) - 건조수축(Drying Shrinkage)

콘크리트는 시간이 경과함(time dependent)에 따라 건조수축(shrinkage)과 크리프(creep) 등의 체적변화(volume change)가 발생한다. 건조수축이나 크리프 외에 체적변화를 일으키는 또 다른 이유는 **온도팽창(thermal expansion)**이 있으며 이 3가지 주요 원인에 의한 체적변화는 응력과 균열 및 처짐을 일으켜 철근콘크리트 구조물의 사용성에 영향을 준다.

응력의 크기에는 관련이 없이 체적의 변화에 의해서 변형을 일으키는(stress-independent strains) 건조수축(drying shrinkage)은 시멘트겔(cement gel)속의 수분이 증발하여 발생하며, 응력의 크기에 좌우되는 변형(stress-dependent strains)을 일으키는 **크리프(creep)**는 지속적으로 하중이 작용할 때 변형률이 점진적으로 증가하는 것을 말한다. 종종 건조수축과 크리프는 동일한 요인에 의해서 동시에 일어나고 시간이 지남에 따라 변형이 증가된다. 그림 2.26에는 76층 고층건물에서 14층에 위치한 기둥(400 mm × 1,200 mm 기둥, 철근비 2.04%, 콘크리트 압축강도 60 MPa)에서 시공 중에 측정한 변형과 체적변화(건조수축과 크리프의 변형)와 시간의 관계를 보여주고 있다[2.2].

1) 건조수축(Drying Shrinkage)

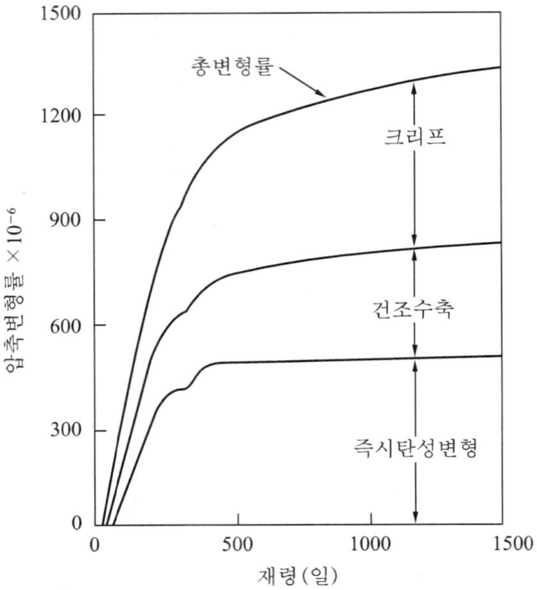

그림 2.26 고층건물의 시공 중에 기둥에서의 변형률[2.2]

거푸집과 철근 사이를 빈틈없이 배치할 수 있는 작업성이 좋은 콘크리트 믹스를 만들기 위해서는 이론적으로 수화작용을 위해서 필요한 물보다 거의 2배 이상의 물을 혼합하여야 한다. 콘크리트를 양생하고 건조하기 시작하면 시멘트와 화학작용을 일으키지 않았던 초과분의 수분은 콘크리트의 내부로부터 표면으로 이동하기 시작한다. 이 수분이 증발하면서 콘크리트의 체적은 축소하게 되며, 콘크리트에서 수분의 손실은 표면으로부터의 거리에 비례하게 된다. 표면에서는 물이 이동해야 하는 거리가 짧기 때문에 건조가 급속하게 일어나지만 내부에서는 수분이 이동해야 하는 거리가 멀기 때문에 건조는 서서히 일어나게 된다. 이렇게 수분의 손실 때문에 체적이 감소해서 일어나는 수축변형을 건조수축 변형(shrinkage strain) 또는 **건조수축(drying shrinkage 또는 shrinkage)**이라 한다[2.1].

최대 건조수축 변형률의 크기에 영향을 미치는 가장 중요한 요소는 단위수량과 상대습도이다. 그림 2.27에서 보는 바와 같이 동일한 상대습도 상태에서 단위수량과 건조수축 변형률 사이에는 거의 선형의 관계가 성립되고 있다. 단위수량의 영향은 또한 시멘트풀(cement paste)과 골재의 비로도 설명할 수 있는데 콘크리트의 전체 체적 중에서 시멘트풀이 차지하는 체적이 크면 클수록 건조수축이 많이 일어나게 되고, 이에 비해서 골재는 건조수축에 대해서는 저항하는 요소일 것이다(그림 2.28 참고).

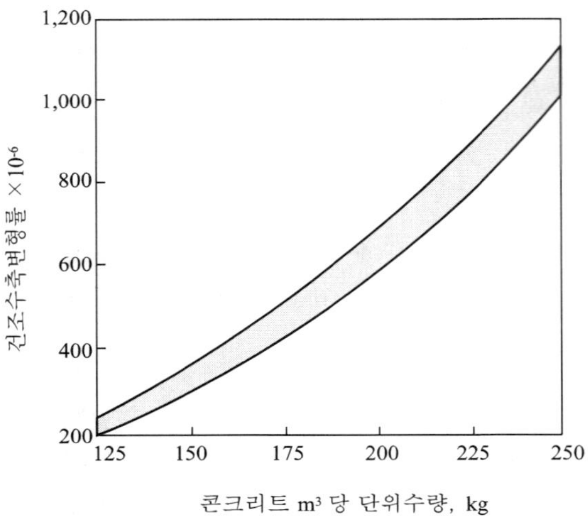

그림 2.27 단위수량이 건조수축에 미치는 영향[2.2]

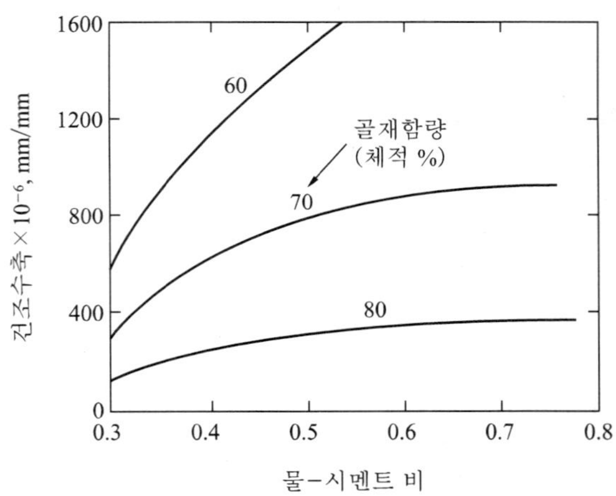

그림 2.28 건조수축에 대한 w/c 비와 골재함량의 영향[2.45]

만약에 상대습도가 증가하게 되면 콘크리트의 건조수축은 중지하게 된다. 콘크리트를 100%의 상대습도이거나 또는 물속에 담아 놓으면 수화작용의 환경이 조성되어 겔이 지속적으로 형성되어 그림 2.32에서와 같이 체적이 얼마간 증가한다.

건조수축이 일어나는 비와 건조수축의 전체 양(부재의 모양과 크기의 함수)은 체적에 대한 표면적이 늘어날수록 증가한다. 단면에 비해서 상대적으로 넓은 표면적을 가질 때 수분의 증발이 더 빠르게 일어난다. 무보강 콘크리트 부재가 상대습도 70%에 노출되어 있을 때 건조수축 변형률은 (400~700) x 10^{-6}에 이르지만, 만약에 보강되어 있으면 보강철근이 저항하여 건조수축 변형률은 (200~300) x 10^{-6}까지 감소된다. 특히 부재의 두께가 두꺼울 때 건조수축은 수년간에 걸쳐서 일어나지만 발생하는 전체 건조수축의 대략 90% 정도는 처음 1년 동안에 일어나게 된다.

건조수축은 또한 골재의 입도(grading), 최대치수(maximum size), 모양(shape)과 조직(texture) 등에도 영향을 받지만 골재의 성질 중에서 가장 큰 영향을 미치는 것은 골재의 탄성계수이다[2.11]. 골재의 탄성계수가 탄성변형률에 직접적으로 영향을 미치므로 당연히 장기변형인 건조수축의 양에도 상관관계가 성립할 것이다(물론 뒤에서 다루는 크리프에도 같은 영향을 미칠 것이다.).

그림 2.29에는 Troxell[2.38] 등이 동일한 배합으로 다양한 골재를 사용해서 23년간에 걸쳐서 수행한 실험결과를 제시하고 있다. 석영(quartz)과 석회석(limestone)을 사용한 콘크리트에서 23년의 건조수축은 각각 550 x 10^{-6}과 650 x 10^{-6}인데 자갈(gravel)과 사암(sandstone)을 사용했을 때는 각각 1,140

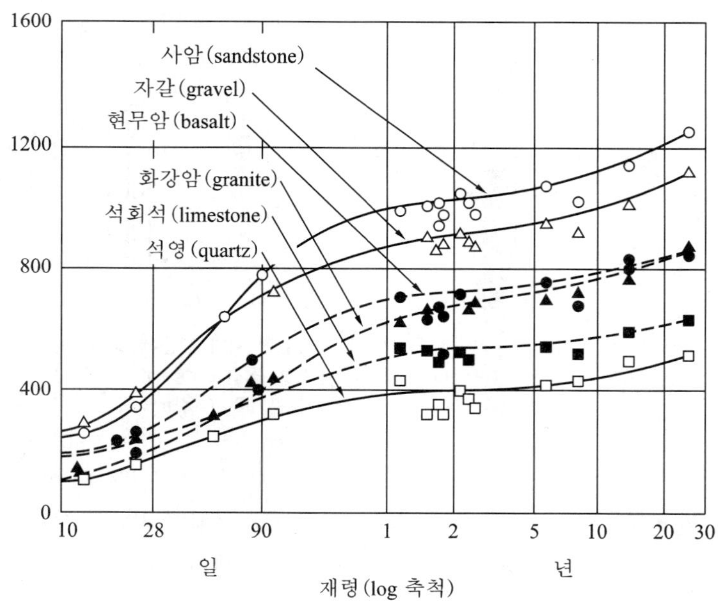

그림 2.29 골재의 종류가 건조수축에 미치는 영향
(28일 수중양생한 뒤에 상대습도 50%, 온도 21℃에서 보관)[2.38]

x 10^{-6}과 1,260 x 10^{-6}으로 증가하였다. 석영과 석회석이 골재로 사용된 콘크리트의 탄성변형(elastic deformation)은 대략 220 x 10^{-6}이지만, 자갈이나 사암이 사용된 콘크리트의 탄성변형은 대략 280 x 10^{-6}이 나타나고 있다. 따라서 탄성계수가 낮은 사암을 사용하는 경우에 탄성계수가 높은 석영에 비해서 건조수축이 2.3배에 이르는 것을 보여주고 있다[2.11].

부재에서 표면에 가까운 콘크리트가 내부의 콘크리트보다 건조가 빠르게 일어나서 초기에 건조수축 변형률은 내부보다 표면부근에서 크게 된다. 이렇게 외부와 내부의 건조수축 변형률이 다르기(differential shrinkage) 때문에 내부적으로 자기균형(internal self-balancing force)을 이루기 위해서 내부에는 압축력이 표면에는 인장력이 콘크리트에 발생하게 된다.

그림 2.30에는 대략적인 길이방향 응력(longitudinal stress)의 분포도가 제시되어 있다. 건조수축에 의해서 발생하는 응력은 그림 2.30b와 같이 콘크리트 실린더에서 내부(core)와 외부 표피(outer shell)가 서로 다른 함수량 때문에 수축이 독자적으로 일어난다고 상상하면 이해하기 쉬울 것이다. 내부와 외부 표피가 만나는 부분에서의 처짐은 반드시 서로 같아야 하므로(compatibility) 내부와 외부표피 사이에는 전단응력이 발생해서 길이의 차이를 상쇄하여야 할 것이다. 그림 2.30c와 같이 실린더 반쪽의 자유물체도를 그리면 전단응력이 길이방향 평형을 유지하기 위해서 내부(core)에는 압축력을 외부표피에는 인장력을 발생시킨다. 시간이 지남에 따라 내부도 건조되면서 단면의 건조수축 변형률이 균등해지면 이런 응력들은 사라지게 될 것이다.

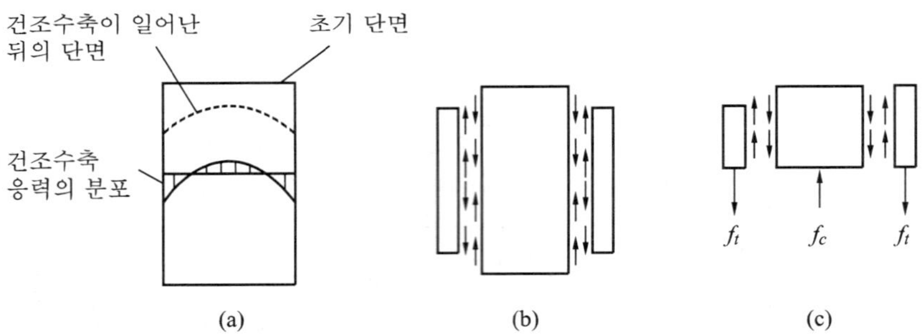

그림 2.30 내부와 표면의 건조수축 차이 때문에 발생하는 길이방향 응력
(a) 콘크리트 실린더의 응력, (b) 변형률 적합을 만족하기 위해서 발생하는 전단응력,
(c) 반쪽 실린더의 자유물체도[2.1]

외부와 내부의 건조수축 변형률의 차이(differential shrinkage)를 내부적인 균형응력(self-balancing stresses)의 발생에 의해서 적합성을 만족하는 경우 외에 만약에 부재가 건조수축이 일어나는 방향으로 구속되어 있으면 전체적인 건조수축은 응력을 발생시키게 된다. 예를 들어서 보가 건조수축에 대해서 구속되어 있지 않으면 길이가 기둥사이의 거리 L에서 L'으로 줄어들게 될 것이다. 보가 기둥에 구속되어 있으므로 길이가 짧아지는 것에 저항하기 위해서 보와 기둥의 절점에는 인장력이 발생

할 것이다. 보통 이 응력이 콘크리트의 인장강도를 초과하기 때문에 균열이 발생하게 된다. 초기에 이 균열은 보의 가장 약한 부분에서 나타나서 보의 길이에 따라 전체적으로 나타나게 될 것이다.

건조수축에 의한 인장균열은 구속되어 있는 모든 구조요소(벽, 슬래브 등)에 나타날 수 있다. 균열이 발생하면 미관상 보기 나쁘고, 전단강도를 저하시키면서 보강철근을 환경에 노출시키며 우수 등이 침투할 수 있으므로 적절히 조절하여야 한다.

건조수축에 의한 균열을 최소화하기 위해서 설계자는[2.1]

① 물의 함량을 최소화시킨다.

② 다공질이 아닌 치밀한 골재를 사용한다(석영이나 석회석 등).

③ 콘크리트의 양생을 잘한다.

④ 주어진 시간에 치는 콘크리트의 면적과 길이를 제한한다(작은 단면으로 나누어서 콘크리트를 치면 건조균열이 부분적으로 나타나서, 전체 건조균열을 감소시킬 수 있다.).

⑤ 균열의 위치를 조종하기 위하여 **시공줄눈**(construction joint, 전단력이 작은 보의 중앙부근을 선택)이나 다월(dowel) 바를 이용한 **신축줄눈**(expansion joint)을 사용한다(그림 2.31 및 5.10 참고). 구속된 슬래브에서 그림 2.31b와 c와 같이 팽창이음재 양면에 압축용 패드가 달린 정방형 다월을 배치하여 건조수축을 조종하기도 한다.

⑥ 균열의 폭을 제한하기 위해서 보강철근을 배치한다[식 (4.30) 참고]. **건조수축철근**(shrinkage steel)이라 불리는 촘촘하게 분포된 격자형 철근이나 용접철망을 배치하면, 균열의 폭이 좁아져서 눈으로 거의 인식할 수 없는 가는 균열로 유도할 수 있다.

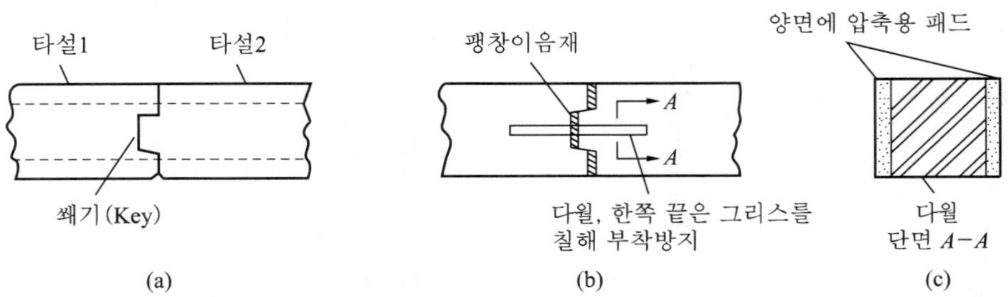

그림 2.31 (a) 시공줄눈(construction joint), (b) 신축줄눈(expansion joint),
(c) 양면에 압축패드가 부착된 정방형 다월(square dowel)

2) 건조수축 변형률의 계산(Calculation of Shrinkage Strain)

구조기준 2.2.2에서는 CEB-FIP Model code[2.39]를 참고하여 건조수축 변형률을 계산하는 방법을 아래와 같이 제시하고 있다.

보통콘크리트에서 건조수축의 시작시간 t_s와 외기에 노출된 콘크리트 재령시간 t 사이에 일어나는 콘크리트의 축방향 건조수축 변형률 ε_{cs}(구조기준에서는 ε_{sh}로 표기)는 다음 식으로 계산할 수 있다[구조기준 2.2.2(6) 식 (2.2.20), CEB-FIP 2.1.6.4.4] [식 (2.26) 참고].

$$\varepsilon_{cs}(t, t_s) = \varepsilon_{cso}\,\beta_s(t - t_s) \tag{2.15}$$

여기서 ε_{cso}는 식 (2.16)으로 정의되며 특정한 콘크리트와 상대습도에 따른 콘크리트의 기본 건조수축 변형률이고, $\beta_s(t-t_s)$는 식 (2.19)로 계산하고, 부재의 유효두께의 함수로 t_s와 t시간 사이에 발생하는 건조수축을 표현하는 계수이다. 기본 건조수축 변형률 ε_{cso}는

$$\varepsilon_{cso} = \varepsilon_s(f_{cu})\,\beta_{RH}(\mathrm{RH}) \tag{2.16}$$

로 표현되고, $\varepsilon_s(f_{cu})$는 식 (2.17)과 같이 표현된다.

$$\varepsilon_s(f_{cu}) = [160 + 10\beta_{sc}(9 - f_{cu}/10)] \times 10^{-6} \tag{2.17}$$

여기에서 β_{sc}는 시멘트(portland cement)의 종류에 따른 계수로 2종 중용열 시멘트인 경우는 $\beta_{sc}=$ 4이고, 1종 및 5종 내황산 시멘트인 경우 $\beta_{sc}=$ 5이고, 3종 조강 시멘트는 $\beta_{sc}=$ 8이다. $\beta_{RH}(RH)$는 그림 2.32와 같이 건조수축에 대한 상대습도의 영향을 표시하는 계수로

$$\begin{cases} 40\% \le RH < 99\% \text{인 경우} : & \beta_{RH}(RH) = -1.55\left[1 - (RH/100)^3\right] \\ RH \ge 99\% \text{인 경우} : & \beta_{RH}(RH) = 0.25 \end{cases} \tag{2.18}$$

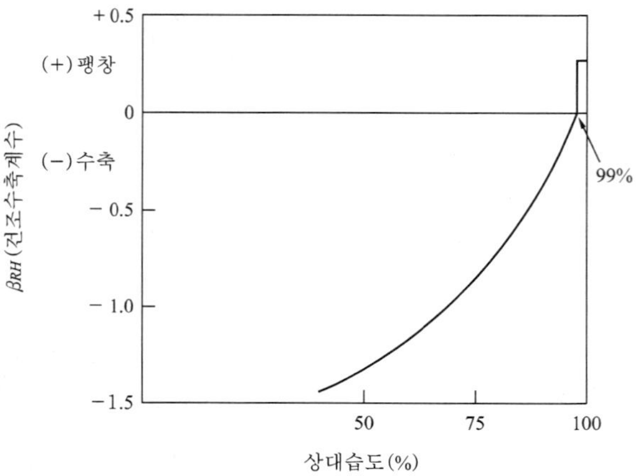

그림 2.32 건조수축에 대한 상대습도의 영향

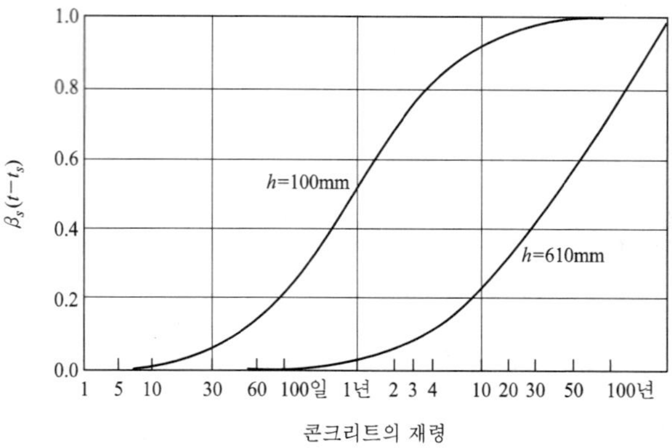

그림 2.33 건조수축에서 유효두께의 효과(t_s = 5일)

로 표현된다. 여기에서 RH는 %로 나타낸 외기(ambient atmosphere)의 상대습도이다.

식 (2.17)에서 f_{cu}는 재령 28일의 콘크리트의 평균압축강도(mean compressive strength) f_{28}로서 식 (2.5)로 계산할 수 있다. 건조수축은 원래 압축강도의 함수는 아니며, 물/시멘트 비와 시멘트의 함량이 감소하면 건조수축은 감소한다.

건조수축에 관한 상대습도의 영향은 그림 2.32에 보인 것처럼 상대습도가 클수록 적게 나타난다. 즉, 외부환경이 건조하면 큰 건조수축이 발생하게 된다. 만약 $\beta_{RH}(RH)$가 음(negative)이면 계산된 건조수축 변형률도 역시 음이며, 이는 건조수축에 의해서 콘크리트가 수축(shortening)되는 것을 의미한다. 99% 이상의 상대습도를 갖는 대기 중에서는 $\beta_{RH}(RH)$는 양(positive)이 되어, 콘크리트는 팽창(swelling)하게 된다.

건조기간에 따른 **건조수축 변형률 함수** $\beta_s(t-t_s)$는 다음 식으로 제시된다.

$$\beta_s(t-t_s)=\sqrt{\frac{(t-t_s)}{0.035h^2+(t-t_s)}} \tag{2.19}$$

여기에서 $t=$ 일(day)로 표시되는 콘크리트의 재령(age of concrete) ; $t_s=$ 일(days)로 표시되는 콘크리트가 외기 중에 노출되어 건조수축이나 팽창이 시작되는 재령으로 일반적으로 습윤양생이 끝났을 때의 재령을 취하며 ; $h=(2A_c)/u$, 체적/표면의 비(ratio)를 계산하기 위해 mm로 표현된 **개념 부재치수(notational size of member, 유효두께)**이며, A_c는 부재의 단면적 (mm²), u는 외기에 노출된 횡단면의 주변길이(perimeter) (mm)이다.

유효두께 $h=$ 100 mm 와 610 mm에 대해서 식 (2.19)를 이용하여 예측한 시간과 건조수축의 발달에 대한 관계가 그림 2.33에 보여주고 있다. 두께가 얇은 부재는 수분이 콘크리트의 외부로 신속하게 발산되기 때문에 두꺼운 부재에 비해 건조수축이 더 빠르게 나타난다.

외기의 온도(T)가 20℃가 아닌 경우 $\beta_{RH}(RH)$ 및 $\beta_s(t-t_s)$는 다음 식으로 각각 보정해야 한다.

$$\beta_{RH}(RH)=\left[1+\left(\frac{8}{103-RH}\right)\left(\frac{T-20}{40}\right)\right]\beta_{RH}(RH)_{[\text{식 (2.18)}]} \tag{2.20}$$

$$\beta_s(t-t_s)=\sqrt{\frac{(t-t_s)}{0.035h^2\exp[-0.06(T-20)]+(t-t_s)}} \tag{2.21}$$

예제 2.1 건조수축 변형률 계산[2.31]

철근으로 보강된 150 mm 두께의 지하 주차장 바닥이 400 mm 두께의 지하실 벽으로 둘러싸여 지지된다. 지하실 벽과 수직방향으로 슬래브에 중심 간격이 대략 1.8 m마다 균열이 발생하였다. 슬래브는 재령 24개월, 벽은 재령 26개월이 되었다. 콘크리트의 설계기준압축강도는 21 MPa이고, 1종 시멘트를 사용했으며, 각각 5일간 습윤양생 되었다. 건조환경(실내)으로 상대습도는 50%이고 [CEB-FIP MC90 표 2.1.11에서 습윤환경(외부)은 $RH = 80\%$ 로 고려한다.][2.39], 균열은 벽과 평행한 슬래브의 수축을 지하실 벽이 구속하는데서 오는 결과라고 가정하고, 이 균열폭을 계산하라. 재령 4일까지 습윤양생을 수행했다고 보아 $t_s = 5$ 일로 본다.

풀이

① 바닥 슬래브

(a) 기본 건조수축 변형률 계산 : 식 (2.16)의 $\varepsilon_{cso} = \varepsilon_s(f_{cu})\beta_{RH}(RH)$ 에서

$\varepsilon_s(f_{cu}) = [160 + 10\beta_{sc}(9 - f_{cu}/10)]/10^6$: $\beta_{sc} = 5$ (1종 시멘트)

$f_{ck} = 21\text{ MPa} < 40\text{ MPa} \rightarrow \Delta f = 4\text{ MPa}$

$f_{cu} = f_{28} = f_{ck} + \Delta f = 21 + 4 = 25\ (\text{MPa})$

$\varepsilon_s(f_{cu}) = [160 + 10 \times 5(9 - 25/10)]/10^6 = 485/10^6 = 0.000485$ 변형률

$RH = 50\%$; $\beta_{RH}(50) = -1.55[1 - (50/100)^3] = -1.356$

따라서 기본 건조수축 ε_{cso}는 다음과 같다.

$\therefore \varepsilon_{cso} = 0.000485 \times (-1.356) = -0.000658$ 변형률

(b) 시간에 따른 건조수축 변형률 계수의 계산 :

식 (2.19) : $\beta_s(t - t_s) = \sqrt{\dfrac{(t - t_s)}{0.035h^2 + (t - t_s)}}$

슬래브 상, 하부의 공기 중에 노출된 1 m 폭(strip)을 고려하면 다음과 같다.

$$h = \frac{2A_c}{u} = \frac{2 \times (150 \times 1{,}000)}{2 \times 1{,}000} = 150\ (\text{mm})$$

$t = 2 \times 365 = 730$ 일 , $t_s = 5$ 일 ; $t - t_s = 730 - 5 = 725$ 일

$$\therefore \beta_s(t - t_s) = \beta_s(725) = \sqrt{\frac{725}{0.035 \times 150^2 + 725}} = 0.692$$

이 계산은 2년 후 슬래브 건조수축의 69.2%가 발생됨을 뜻한다.

(c) 건조수축 변형률의 계산 : 식 (2.15)에서

$\therefore \varepsilon_{cs}(730,\ 5) = \varepsilon_{cso}\beta_s(725) = -0.000658 \times 0.692 = -0.000455$ 변형률

② 지하실벽

(a) 기본 건조수축 변형률 계산 : 바닥 슬래브와 동일 조건이므로 동일하다.

(b) 시간에 따른 건조수축의 발전에 대한 계수 계산 :

벽 1 m 폭을 고려하면, 벽은 안쪽 면만 대기에 노출되므로,

$$h = \frac{2A_c}{u} = \frac{2 \times (400 \times 1{,}000)}{1{,}000} = 800\ (\mathrm{mm})$$

$t = 730 + 61 = 791$ 일 , $t_s = 5$ 일 ; $t - t_s = 791 - 5 = 786$ 일

$$\therefore \beta_s(t - t_s) = \beta_s(786) = \sqrt{\frac{786}{0.035 \times 800^2 + 786}} = 0.184$$

(c) 건조수축 변형률의 계산

$\therefore \varepsilon_{cs}(791,\ 5) = \varepsilon_{cso}\beta_s(786) = -0.000658 \times 0.184 = -0.000121$ 변형률

③ 상대 건조수축과 균열폭 : 슬래브의 재령이 2년일 때 슬래브와 벽간의 상대수축 변형률은 -0.000455 - (-0.000121) = -0.000334이다. 만약 평균 균열간격이 1.8 m라면, 균열 사이의 수축은 약 1,800 x (-0.000334) = 0.601 mm일 것이다. 그러므로 균열폭은 평균 약 0.6 mm가 된다. 이 계산은 건조수축을 억제하는 철근의 효과를 고려하지 않은 계산이다. 따라서 실제의 수축은 계산된 값의 75%~100% 정도일 것이다.

2.7 콘크리트의 체적변화 - 크리프(Creep)

일반적으로 건조수축에 영향을 미치는 요인이 크리프(creep 또는 viscoelastic phenomena)에도 영향을 미친다. 실험에 의하면 철근콘크리트 부재의 축방향 변형이나 휨변형이 시간이 지남에 따라 증가하였다. 전체 변형은 2 부분으로 나눌 수 있는데 : ① 하중이 작용하자마자 일어나는 초기 탄성변형(initial instantaneous deformation)과 ② 이 초기변형에 이어서 수년간에 걸쳐서 일어나는 크리프(creep)라고 하는 시간의존 변형(time-dependent deformation)이 일어난다. 이런 시간의존 변형이 일어나는 현상은 압축응력을 전달하는 겔입자(gel particle)사이의 흡착된 수분층(absorbed water layer)이 얇아지는 경향 때문에 일어나게 된다. 이런 두께의 변화는 처음에는 빠르게 일어나지만, 시간이 경과함에 따라 둔화되며 새로운 위치에서 겔입자 간의 결합이 형성되게 된다. 크리프의 영향을 설명하기 위해서 일정한 하중이 작용하는 콘크리트 실린더의 축방향 변형률과 재령과의 관계를 표현한 그림 2.34를 참고할 수 있다.

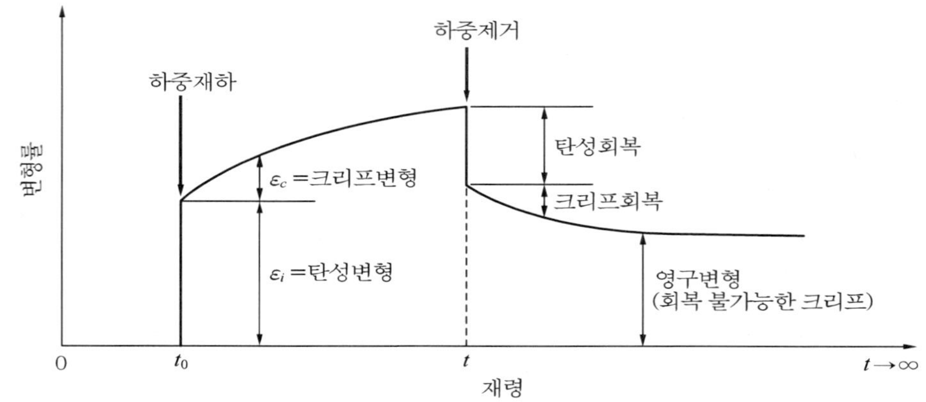

그림 2.34 t_0 시간에 하중이 재하 되어 t 시간에 제거된 경우에 탄성 및 크리프 변형률 곡선[2.31]

그림에서와 같이 크리프 변형은 초기에 매우 빠르게 일어나지만 시간이 지남에 따라 증가속도가 점점 감소한다. 대략 전체 크리프 변형률의 3/4이 처음 하중이 작용한 1년 동안에 일어나고 있다. 만약에 하중을 제거하면 즉시 탄성회복(instantaneous elastic recovery)이 먼저 일어나고 이어서 얼마간의 크리프 회복(creep recovery)이 일어나지만, 회복이 불가능한 연구변형(잔류변형률)이 변형된 위치의 겔입자들의 결합 때문에 남게 된다.

상대습도(relative humidity)가 낮은 환경에 보관된 시험체는 건조로 인해서 추가적인 크리프가 일어나며 이를 구분하기 위해서 **건조크리프(drying creep)**라고 하고, 주위 환경과 습기의 이동이 없는 상태에서의 크리프를 **기본크리프(basic creep** 또는 **true creep)**라 한다. 일반적으로 이 2 크리프를 통합하여 크리프라고 한다[2.6].

크리프는 다른 관점에서도 생각할 수 있는데 만약에 응력을 받는 콘크리트 공시체에 일정한 변형률이 작용한다면 시간에 따라 크리프는 응력이 감소하는 현상으로 나타날 것이다. 이렇게 변형률을 일정하게 유지할 때 응력이 감소하는 현상을 **응력이완(stress relaxation)** 또는 **이완(relaxation)**이라 한다(그림 2.35 참고). 1958년 Ross[2.41]의 실험에 의하면 360 x 10^{-6}변형률을 지속적으로 유지할 때 재령 120일의 응력은 재령 20일의 응력에 비해서 22% 정도 감소되었다[2.6].

크리프 변형량은 ① 콘크리트의 강도에 대한 지속응력의 비, ② 하중이 작용하는 시점의 콘크리트의 강도와 재령, ③ 하중이 작용하는 지속기간에 좌우된다. 크리프 변형량은 또한 굵은골재의 종류, 양, 최대치수, 시멘트의 종류, 시멘트풀의 양, 보강철근의 양 등과 같은 콘크리트의 구성성분과 표면/체적 비(부재의 치수), 사전 양생조건, 주위의 온도 및 습도 등과 같은 노출조건에 따라 좌우된다[2.2].

보통 응력의 범위에서 크리프는 지속응력의 크기에 비례12)한다. 1958년 Troxell[2.38] 등은 물-시멘

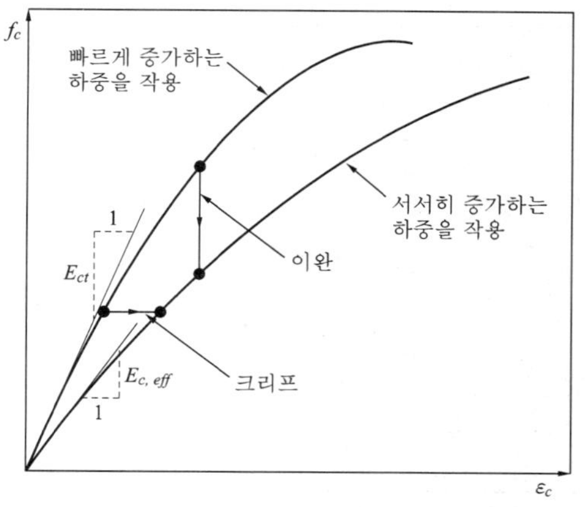

그림 2.35 콘크리트에 일어나는 크리프와 이완[2.4]

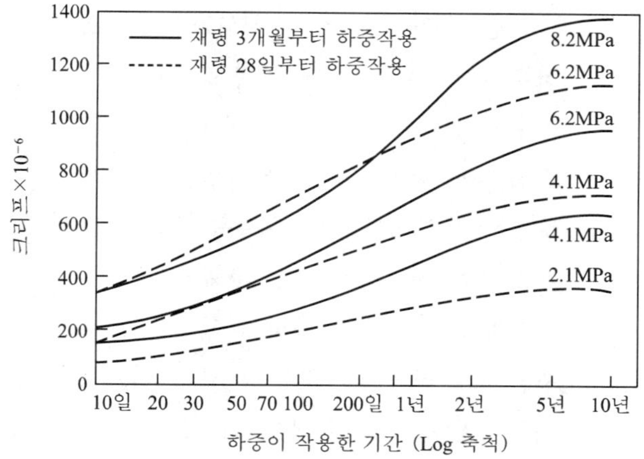

그림 2.36 크리프에 대한 지속응력의 크기의 영향[2.38]

트비가 0.69이고 압축강도가 21 MPa인 콘크리트를 이용하여 수행한 실험에서 지속응력의 크기와 크리프 사이에 직접적인 비가 성립하는 것을 보여주었다(그림 2.36 참고). 예를 들어서 90일간 양생을 하고 10년간 지속적으로 하중을 작용한 실험에서 지속응력의 크기를 4.1 MPa, 6.2 MPa, 8.2 MPa로 증가시켰을 때 각각 680×10^{-6}, $1{,}000 \times 10^{-6}$, $1{,}450 \times 10^{-6}$의 크리프 변형률을 보여주었다. 응력의 크기가 4.1 MPa에서 8.2 MPa로 2배 증가한 경우에 크리프 변형률도 대략 2배 정도 증가하는 것을 보여주고 있다. 작용하는 지속응력의 크기가 응력-변형률곡선의 탄성범위 안(즉, 압축강도의 40%~60% 정도로 비례한계)에만 있으면 크리프 변형률의 증가도 같은 비율을 유지하게 된다[2.11].

그림 2.36에는 또한 콘크리트의 강도가 크리프에 미치는 영향도 보여주고 있다. 콘크리트의 강도가 많이 발달한 재령 3개월에 하중이 작용하기 시작한 시험체는 재령 28일에 하중이 작용하기 시작한 시험체에 비해서 작은 크리프 변형률을 보여주고 있다.

지속응력의 크기가 비례한계의 응력범위를 초과하게 되면 응력의 크기가 증가하는 것에 따라 크리프가 증가하는 비도 증가하며, 크리프에 의해서 **시간파괴(time failure 또는 크리프파괴)**가 일어나는 응력/강도 비(stress/strength -ratio)가 존재하게 된다. 이 응력/강도 비는 정적 압축강도의 대략 0.8~0.9의 범위에 존재하며, 이 범위의 응력이 작용하게 되면 크리프는 주어진 콘크리트의 극한변형률에 이를 때까지 발달하여 최종적으로 시험체는 파괴되게 된다.

크리프 회복(creep recovery)도 역시 작용한 응력의 크기에 비례한다. 재령이 작은 콘크리트에서는 크리프에 의한 체적이나 길이의 변화는 회복하기 어렵지만 재령이 많거나 건조한 콘크리트에서는 대부분 회복할 수 있다[2.2].

12) 이렇게 크리프가 지속응력의 크기에 비례하는 한계를 **비례한계(limit of proportionality)**라 한다.

그림 2.37에는 ASTM C512의 실험조건에 따라 수행한 크리프 실험결과를 보여주고 있다. 원주형 공시체에는 압축강도의 대략 40% 정도의 하중을 지속적으로 작용시켰으며, 건조수축을 제외한 순수크리프만을 측정하기 위해서 동일한 공시체에서 하중을 가하지 않고 건조수축을 측정하여 이 값을 빼서 크리프를 계산하였다. 하중이 작용하는 동안 증발방지(sealed)라고 표기한 공시체를 제외하고 공기 중에서 건조할 수 있도록 방치하였다. 그림에서 보면 재령 28일부터 하중을 가하기 시작한 시험체는 공시체를 공기 중에서 건조하도록 한 시험체가 증발을 방지한 공시체에 비해서 큰 크리프를 보여주고 있다. 또한 하중을 처음 작용하는 시기가 늦어지면 늦어질수록(즉, 재령이 많으면 많을수록) 크리프가 감소하고, 콘크리트의 강도가 감소할수록 크리프가 증가하고 있다[2.2].

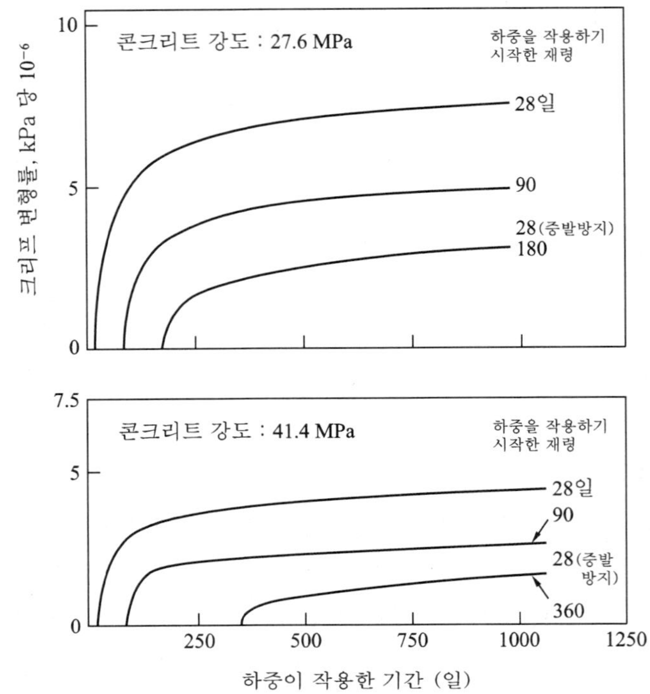

그림 2.37 강도가 각각 다른 2개의 공시체의 크리프와 재령간의 관계 : 증발 방지(sealed) 공시체를 제외하고 공시체는 하중이 작용하는 동안 대기 중에서 건조할 수 있도록 방치[2.43]

크리프가 시멘트풀(cement paste)에서 일어나고 골재는 크리프를 억제하는 역할을 하기 때문에 건조수축의 상황과 비슷하게 시멘트풀의 체적비에 따라 크리프는 크게 좌우된다. 그림 2.38에는 크리프와 골재의 함량과의 관계를 보여주고 있으며, 골재의 함량 g (콘크리트 전체 체적에 대한 골재의 비)가 커질수록 크리프 변형률의 값이 감소하는 것을 보여주고 있다.

크리프는 또한 건조수축과 같이 골재의 입도(grading), 최대치수(maximum size)와 모양(shape) 등에 영향을 받지만 역시 가장 큰 영향을 미치는 것은 골재의 탄성계수이다[2.6]. 탄성계수가 클수록 수화한 시멘트풀이 크리프가 발생하는 것에 대해서 큰 구속력을 줄 것이다. 골재의 다공성(porosity of aggregate)도 크리프에 영향을 미치는 것이 보고 되고 있지만 높은 다공성 골재가 일반적으로 낮은 탄성계수를 가지므로 다공성을 크리프에 대한 독자적인 요소로 보기는 어려운 점이 있다. 하지만 골재의 다공성과 더 나아가서 흡수력(absorption)이 콘크리트 안에서의 습기(moisture)의 이동에 대한 직접적인 역할을 할 것이며, 이런 습기의 이동이 건조크리프(drying creep)가 발생하는 환경을 조성하게 될 것이다. 이런 현상으로 건조한 환경에 배치한 경량골재를 사용한 콘크리트에서 초기에 큰 크리프 변형이 나타나는 상황을 설명할 수 있을 것이다[2.6].

광물학적이나 암석학적으로 골재에 변화가 많기 때문에 사용하는 골재의 종류에 따른 크리프의 양을 제시한 일은 거의 불가능하다고 볼 수 있다. 그러나 1958년 Troxell[2.38] 등이 제시한 그림 2.39에는 동일한 배합으로 다양한 골재를 사용해서 23년간에 걸쳐서 수행한 실험결과를 제시하고 있다. 석회석(limestone)과 석영(quartz)을 사용한 콘크리트의 23년간의 크리프는 각각 $600 x 10^{-6}$과 $870 x 10^{-6}$인데 비해서 자갈(gravel)과 사암(sandstone)을 사용했을 때는 각각 $1,070 x 10^{-6}$과 $1,500 x 10^{-6}$으로 증가하여, 사암 골재를 사용한 콘크리트가 석회석 골재를 사용한 콘크리트에 비해서 2.5배의 크리프가 발생하는 것을 알 수 있다.

보통중량 골재와 경량골재를 사용하여 골재의 중량이 변하는 것이 크리프에 미치는 영향은 경량골재를 사용해서 낮은 탄성계수로 크리프가 증가하는 현상을 제외하고는 기본적으로 차이가 없다고 볼 수 있다. 경량골재 콘크리트의 크리프 비율은 시간이 지남에 따라 보통중량 콘크리트에 비해서 서서히 감소한다. 일반적으로 품질이 좋은 구조용 경량골재 콘크리트의 크리프는 보통중량 콘크리트의 크리프 변형률과 거의 같다고 말할 수 있다(골재의 함량이 서로 비슷한 경우). 또한 경량골재 콘크리트의 탄성변형이 보통중량골재 콘크리트보다 크기 때문에 탄성변형에 대한 크리프 변형률의 비는 감소하게 된다[2.6].

외적으로 크리프에 영향을 미치는 가장 중요한 요인 중에 하나는 콘크리트를 둘러싸고 있는 대기의 상대습도(relative humidity, RH)이다. 전체적으로 볼 때 상대습도가 낮을수록 크리프 변형률은

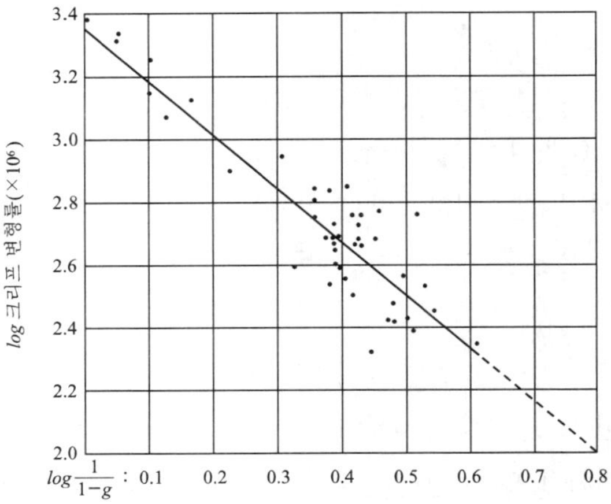

그림 2.38 습윤상태에서 14일간 양생하여 하중을 28일간 작용한 경우의 크리프 변형률과 골재의 함량 g 와의 관계 (응력/강도비가 0.50)[2.46]

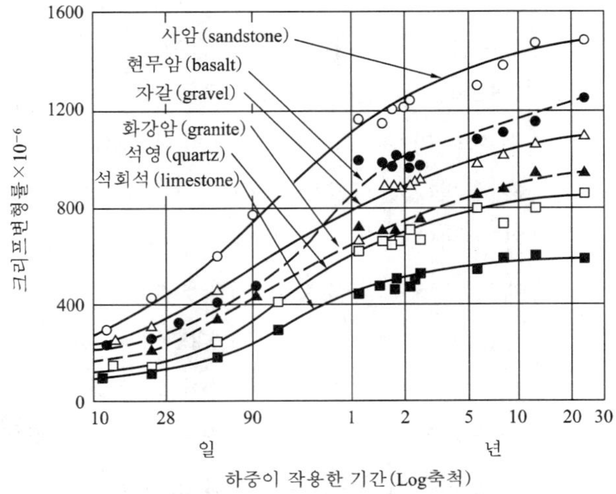

그림 2.39 골재의 종류가 크리프에 미치는 영향 (28일 수중양생한 뒤에 하중을 작용시키고 상대습도 50%, 온도 21℃에서 보관)[2.38]

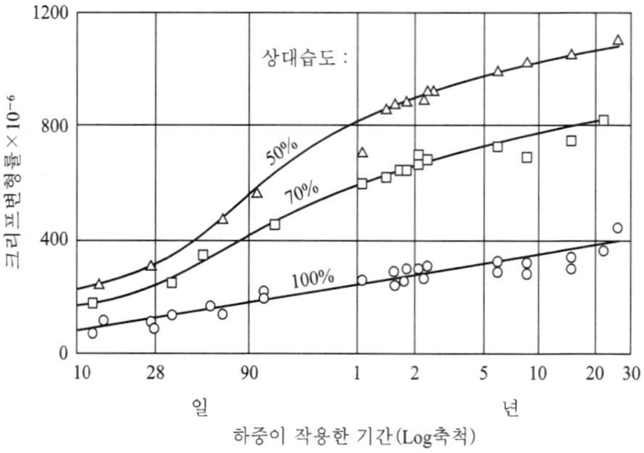

그림 2.40　습윤상태에서 28일 간 양생하고 나서 각각 다른 상대습도에서 저장한 경우에 크리프의 비교[2.38]

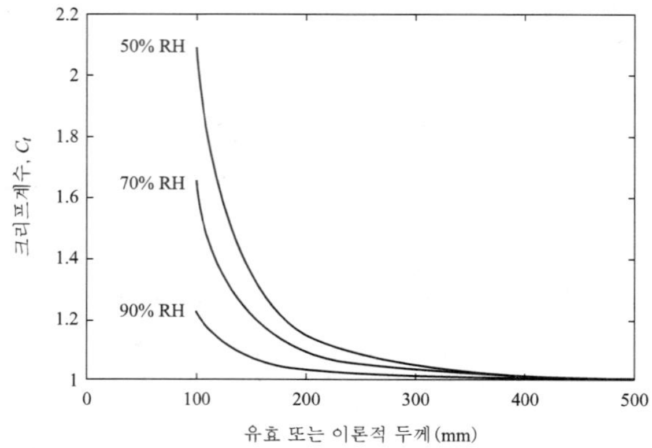

그림 2.41　크리프계수에 대한 시험체의 크기와 상대습도의 영향 (크리프계수 = 크리프 변형률/탄성변형률, 유효 또는 이론적 두께 = 공기에 접하는 면적/주변의 길이)[2.11, 2.39]

커진다. 그림 2.40에는 상대습도 100%에서 28일간 양생하고 나서 장기하중을 작용시키면서 각각 다른 상대습도에 노출시켰을 때의 크리프의 변화를 보여주고 있다. 이렇게 다른 상대습도에 노출시키면서 하중을 작용시키면 하중이 작용하는 초기단계에 상당한 건조수축이 일어나면서 그 비율도 상당히 차이가 나지만, 시간이 흐를수록 비율은 거의 비슷해진다. 하중이 작용하는 동안 건조가 일어나게 되면 추가적인 **건조크리프(drying creep)**가 일어나서 크리프 변형률을 증가시킨다. 만약에 하중을 작용시키기 전에 시험체의 습도가 주변의 습도와 차이가 없이 균형을 이루고 있다면 상대습도의 영향은 아주 작거나 또는 거의 없을 것이다. 따라서 크리프에 영향을 미치는 요인은 상대습도가 아니라 건조과정에 의한 건조크리프일 것이다[2.6].

크리프는 또한 시험체의 크기가 커질수록 감소하는 경향을 보여주고 있다. 이러한 현상은 건조수축의 영향과 표면은 건조한 상태에서 크리프가 일어나서 내부(mass curing)에 비해서 큰 크리프가 일어나기 때문일 것이다. 시간이 지나서 내부까지 건조해지더라도 이때는 상당한 수준의 수화가 일어나서 강도가 높아지기 때문에 작은 크리프가 일어나게 된다. 증발이 방지된(sealed) 시험체에서는 크기의 영향이 거의 나타나지 않고 있다[2.6].

콘크리트의 내부로부터 대기로 수분이 이동할 때 거리가 멀면 멀수록 어려우므로 수분을 잃어버리는 비는 수분이 이동해야 되는 거리에 좌우된다. 일정한 상대습도에서 시험체의 크기와 모양이 크리프 변형률의 양을 결정한다. 시험체의 크기와 모양은 간단하게 **유효두께(effective thickness)** 또는 **이론적 두께(theoretical thickness)**라는 한 함수로 표현될 수 있다. 이론적 두께는 단면적을 공기와 접하는 단면의 주변길이의 1/2로 나눈 값이다[13)].

그림 2.41에는 이론적 두께와 CEB-FIP[2.39]에서 제시한 크리프 계수와의 관계를 보여주고 있다.

이 관계도는 CEB-FIP에 제시된 크리프 계수의 식에 상대습도(relative humidity, RH) 값을 대입하여 그린 그림이다. 그림 2.41에서 상대습도 RH가 증가할수록 유효두께가 두꺼울수록 크리프계수는 급격하게 감소하는 것을 볼 수 있다.

콘크리트의 온도는 크리프에 2가지 서로 상반된 영향을 미친다. 만약에 시험체에 하중이 작용하기 전에 양생과정에서 보통온도보다 높은 온도에 노출되면 보통온도에서 양생한 콘크리트보다 강도가 발달하여 크리프 변형률은 감소하게 될 것이다. 이에 반대로 하중이 작용하는 동안에 높은 온도에 노출되면 크리프 변형률은 증가하게 된다. Nasser와 Neville[2.40]의 연구에 의하면 21℃~71℃의 온도에서 350일간 비교해본 결과 71℃일 때 크리프 변형률의 증가율이 21℃일 때에 비해서 약 3.5배가 되었다(그림 2.42 참고)[2.40]. 71℃와 96℃ 사이에서는 크리프 변형률의 증가율은 감소하여 21℃에 비해서 1.7배 정도가 되었다. 이러한 증가율의 차이는 적어도 하중을 작용시킨 15개월 동안 지속적으로 나타났다[2.6]. 이런 크리프에 대한 온도의 영향은 직사광선에 노출되는 교량이나 원자력발전소에서 중성자와 감마선의 흡수가 콘크리트의 온도를 높이는 프리스트레스트 콘크리트 격납구조물(prestressed concrete reactor vessel, RV)의 설계에서 관심을 갖는 부분이다[2.11].

저온인 경우에 동결상태에서 초기에 매우 높은 크리프의 증가율을 보이지만 곧 멈추어버리며, -10℃ ~ -30℃의 크리프는 20℃에서 나타나는 크리프의 약 1/2이 나타난다고 보고하고 있다[2.6].

크리프는 매우 오랜 기간에 걸쳐서 일어난다. 그림 2.43에서 보여주는 바와 같이 비록 크리프의 증가율은 시간이 지남에 따라 감소하지만 30년에 걸쳐서 일어나고 있다. 이렇게 크리프의 증가율은 시간이 지날수록 감소하여 일반적으로 무한의 시간이 지난 뒤에 어떤 유한한 크리프 변형률 값을 갖는다고 가정하곤 한다.

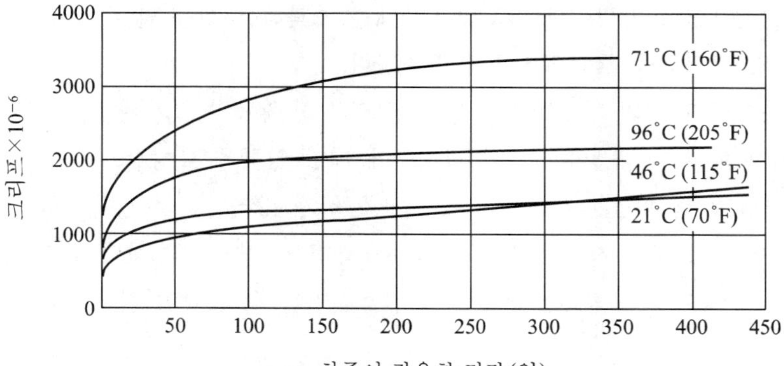

그림 2.42 다양한 온도에 저장한 콘크리트에 지속적인 하중을 작용시킨 경우의 크리프와 시간의 관계(응력/강도 비 = 0.70)[2.6]

13) Equal to the area of the section divided by the semiperimeter in contact with the atmosphere.

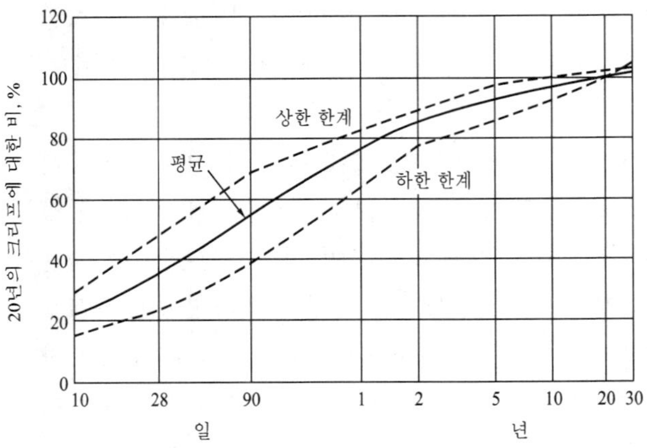

그림 2.43 다양한 종류의 콘크리트를 여러 상대습도 상태에서 보관하여 수행한 실험에 의한 크리프-시간 곡선의 범위[2.38]

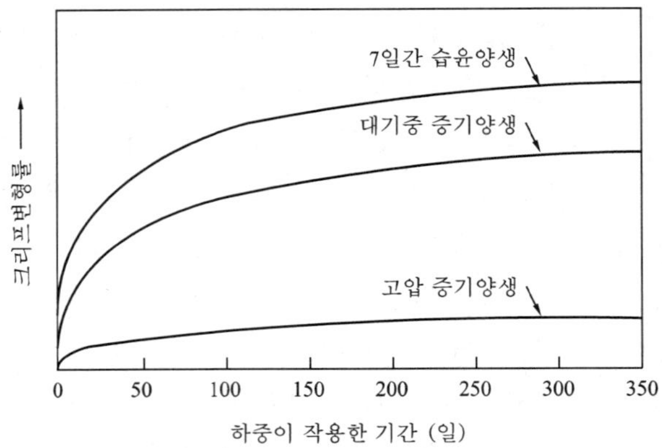

그림 2.44 보통중량 콘크리트에서 양생의 방법이 크리프에 미치는 영향 (실험을 시작할 때의 공시체의 강도는 모든 경우에 동일)[2.44]

그림 2.43에는 Troxell[2.38] 등이 30년에 걸쳐서 다양한 종류의 콘크리트를 상대습도가 서로 다른 환경에서 하중을 작용하여 수행한 실험결과가 제시되어 있다. 그림 2.43에서 보면 20년의 크리프를 기준으로 할 때 약 17%~34%(평균 25%)의 크리프가 2주 만에 발생했고, 3개월에는 39%~69%(평균 54%)의 크리프가 발생했으며, 1년 뒤에는 약 63%~82%(평균 76%)의 크리프가 발생하였다. 따라서 최초의 3개월 이내에 최종 크리프 변형률 값의 1/2 이상이 일어나는 것을 알 수 있다. 또한 1년 동안에 일어난 크리프에 대해서 2년 뒤에는 1.14배가, 5년 뒤에는 1.20배가, 10년 뒤에는 1.26배로, 20년 뒤에는 1.33배로, 30년 뒤에는 1.36배의 크리프가 나타났다. 따라서 최종적인 **극한크리프(ultimate creep)**는 1년에 발생한 크리프의 1.36배를 초과하는 것을 알 수 있다. 종종 계산 목적을 위해서 이 30년의 크리프를 극한크리프로 고려한다.

하중을 작용시키기 전의 양생방법에 따라 크리프 변형률의 크기에 커다란 영향을 미친다. 그림 2.44에는 3 가지 다른 양생방법에 따른 크리프에 대한 영향을 보여주고 있다. 오토클래이브를 이용한 고압증기양생을 실시한 경우에 크리프가 아주 작게 나타나는 특징을 보여주고 있다. 또한 대기중에서 증기양생을 실시한 경우가 7일 간 습윤양생을 한 경우보다 상당히 크리프가 감소되었다. 그림 2.44의 2 가지 증기양생 방법은 크리프를 감소시키는 것과 같이 건조수축도 대략 절반으로 감소시키고 있다[2.2].

크리프 변형률은 순간 탄성변형률의 2배~3배 정도가 되어, 시간이 지남에 따라 처짐을 증가시키거나, 단면에서 응력의 재분배(redistribution)를 유도하고, 프리스트레싱을 감소시키기도 한다. 또한 일정한 하중을 지지하는 철근콘크리트 기둥에서 장기적인 크리프에 의한 변형 때문에 철근의 초기응력이 2~3배로 증가될 수도 있다[2.1].

시간이 지남에 따라 콘크리트에 크리프 변형이 발생하게 되면 콘크리트에 완전하게 부착한 상태로 콘크리트 속에 묻혀있는 철근이 부담하는 하중은 콘크리트가 부담하는 하중이 감소되는 만큼 점진적으로 증가하게 된다. 이런 현상은 또한 축방향 하중이 작용하는 기둥의 실험에서 탄성설계가 철근의 응력을 과소평가하는 것을 보여주었다. 따라서 축방향 하중이 작용하는 기둥의 설계는 주어진 재료에 대한 허용응력으로 설계하기보다는 단면의 강도를 기준으로 설계하게 되었다. 또한 보의 압축영역에 보강철근을 배치해서 휨능력(bending capacity)을 증진시키고자 할 때는 어떤 경험적인 방법을 적용하여 크리프에 의해서 철근에 추가적인 응력이 발생하는 것을 고려할 수 있도록 하여야 할 것이다14)[2.1].

종종 크리프 처짐이 이롭지 않지만 국부적으로 아주 큰 압축응력을 받는 부재에서는 이로운 경우도 있다. 하중이 작용하여 응력이 발생하면 초기 급속한 크리프가 최대응력을 감소시키고 상대적으로 낮은 응력을 받고 있는 단면의 응력을 증가시킨다. 따라서 계속적인 응력집중을 받게 되면 파괴될 수도 있는 단면의 국부적인 응력집중을 경감시키는 효과를 준다[2.1].

크리프 변형률을 감소시키기 위해서는 아래와 같은 방법을 취할 수 있다[2.1].

① 콘크리트의 강도를 충분히 발달시킨 뒤에 하중을 작용하기 시작한다.

② 강도가 고강도인 콘크리트를 사용한다.

③ 골재의 체적비에 대한 시멘트풀(cement paste)의 체적비를 최소가 되도록 한다.

④ 압력 하에 증기양생을 한다.

⑤ 보강철근을 배치한다.

⑥ 석회석 골재를 사용한다.

1) 유효탄성계수(Effective Modulus of Elasticity)

그림 2.34에서는 일정한 축응력이 작용하는 경우의 크리프 변형이 일어나는 과정을 다루었다. 만약에 작용하는 압축응력이 대략 비례한계($\sim 0.5 f_{ck}$)를 초과하지 않으면 크리프 변형률은 거의 응력의 크기에 비례하게 된다(그림 2.36 참고). 따라서 크기가 일정한 압축응력 f_c 가 작용할 때 크리프 변형률은

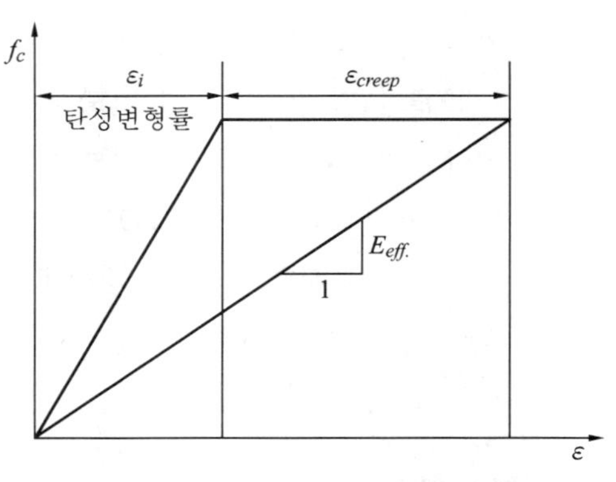

그림 2.45 지속하중에 의한 응력-변형률곡선

14) 2003년 기준의 부록 별도설계법 I.5.1(2)⑥에서 압축철근을 등가 콘크리트로 환산하는 경우에(응력계산이나 중립축, 단면 2차 모멘트를 계산하는 경우) 탄성계수비 $n = E_s / E_c$ 대신에 2배인 $2n$을 사용하도록 제시하고 있다.

$$\varepsilon_{creep} = C_t \frac{f_c}{E_c} \tag{2.22}$$

로 표현할 수 있다. 여기에서 E_c는 즉시하중에 대한 콘크리트의 할선(secant) 탄성계수이고, C_t는 콘크리트의 **크리프계수(creep coefficient)**로서 앞에서 다룬 여러 요소 즉, 하중이 작용하기 시작한 재령, 하중이 작용하는 기간, 콘크리트 배합의 비율 및 부재의 두께, 상대습도 등에 영향을 받는 실험적 값으로 다음과 같이 정의된다(그림 2.45 참고)[15].

$$C_t = \frac{\varepsilon_{creep}}{\epsilon_i} \tag{2.23}$$

여기에서 ε_i은 탄성변형률이다. 따라서 총 변형률은

$$\varepsilon_{total} = \varepsilon_i + \varepsilon_{creep} = \frac{f_c}{E_c} + C_t \frac{f_c}{E_c} = \frac{f_c}{E_c}(1 + C_t) \tag{2.24}$$

가 되고, 크리프를 포함한 유효 할선 탄성계수는 $f_c / \varepsilon_{total}$에서

$$E_{eff.} = \frac{f_c}{\varepsilon_{total}} = \frac{E_c}{1 + C_t} \tag{2.25}$$

가 된다. 하중의 크기가 일정하다고 가정되는 경우에 크리프계수를 이용하여 유효탄성계수를 계산하여 관계된 응력과 변형률을 구할 수 있다. 일반적인 설계조건에서 크리프계수 C_t의 평균값은 대략 1.5~2.0이 된다. 예를 들어서 $C_t = 1.5$ 라면, 유효탄성계수는

$$E_{eff.} = \frac{1}{1 + 1.5} E_c = \frac{1}{2.5} E_c = 0.4 E_c$$

가 된다(그림 2.45 참고).

2003년 기준의 부록 I 별도설계법에서 압축철근을 등가 콘크리트로 환산하는 경우에(응력계산이나 중립축, 단면 2차 모멘트를 계산하는 경우) 탄성계수비 $n = E_s / E_c$ 대신에 2배인 $2n$을 사용하도록 제시하고 있다[2003년 기준 I.5.1(2)⑥]. 이 $2n$의 사용은 그림 2.45에서 크리프 계수를 $C_t = 1.0$ 로 보아 $E_{eff} = 0.5E_c$ 라면 $E_s / (0.5E_c) = 2E_s / E_c = 2n$가 되어 제시한 규정으로 별도설계법(허용응력설계법)에서 장기하중이 작용할 때 크리프와 건조수축의 영향을 고려하는 규정으로 이해할 수 있다.

15) 여기에서 다루는 C_t는 CEB-FIP나 구조기준 2.2.2(5)의 ϕ [식 (2.28) 참고]와 같다. 본 교재에서는 강도감소계수와 혼동을 피하기 위해서 크리프 계수로 C_t를 사용하였다.

2) 크리프의 예측(Prediction of Creep)

구조물의 장기거동을 예측하기 위해서 크리프가 얼마나 발생할 것인가를 예측하는 일은 매우 중요하다. 크리프 변형률을 예측하는 몇몇의 계산식이 있는데 여기에서는 구조기준 2.2.2(5)에서 제시한 식을 다루었다. 이 계산절차는 소위 말하는 적산형 식(product-type formulations)으로 CEB-FIP MC90[2.39]에서 다룬 내용을 도입하여 제시하고 있다.

시간 t_o에 일정한 응력 $f_c(t_o)$의 1축 하중이 작용하기 시작한 콘크리트 부재에서 시간 t가 경과한 뒤의 전체변형률 $\varepsilon_c(t)$는 다음과 같이 표현된다[2.39](CEB-FIP 2.1.6.4).

$$\varepsilon_c(t)=\varepsilon_{ci}(t_o)+\varepsilon_{cc}(t)+\varepsilon_{cs}(t)+\varepsilon_{cT}(t)=\varepsilon_{c\sigma}(t)+\varepsilon_{cn}(t) \tag{2.26}$$

여기서 $\varepsilon_{ci}(t_o)=$ 재하 당시의 초기 변형률 $=f_c(t_o)/E_c(t_o)$

$\varepsilon_{cc}(t)=t>t_o$ 일 때, t 시간에서 크리프 변형률

$\varepsilon_{cn}(t)=\varepsilon_{cs}(t)+\varepsilon_{cT}(t)$, t 시간에서 응력의 크기에는 관련이 없는 변형률(stress independent strains)

$\varepsilon_{cs}(t)=t$ 시간에서의 건조수축(drying shrinkage) [식 (2.15)에서 제시한 값]

$\varepsilon_{cT}(t,\ T)=t$ 시간에서 온도 변형률

$E_c(t_o)=$ 하중 작용시의 탄성계수(참고 : 구조기준에서는 t_o 대신에 t'을 사용하였다.)

식 (2.26)에서 시간 t_o에서 작용응력 $f_c(t_o)$에 의한 콘크리트의 순간 변형률과 t 시간에서 크리프를 고려한 응력의존 변형률(stress-dependent strain)은,

$$\varepsilon_{c\sigma}(t,\ t_o)=\varepsilon_{ci}(t_o)+\varepsilon_{cc}(t,\ t_o) \tag{2.27}$$

가 되고, 여기에서 t_o 시점에 작용하여 t 시점까지 일정하게 지속되는 $f_c(t_o)$의 응력에 대하여, t_o와 t 시간 사이에서 크리프 변형률 $\varepsilon_{cc}(t,\ t_o)$는 다음과 같다.

$$\varepsilon_{cc}(t,\ t_o)=\frac{f_c(t_o)}{E_{ci}(28)}\phi(t,\ t_o) \tag{2.28}$$

크리프계수 $\phi(t,\ t_o)$ 계산 [구조기준 식 (2.2.2), CEB-FIP 식 (2.1-64)] : 양생온도가 20℃이고, 하중이 작용하는 동안의 대기의 기온이 20℃인 경우로서 다음과 같이 구할 수 있다.

$$\phi(t,\ t_o)=\phi_o\,\beta_c(t-t_o)=[\,\phi_{RH}\,\beta(f_{cu})\,\beta(t_o)]\,\beta_c(t-t_o) \tag{2.29}$$

여기에서 $\phi_o=$ 기본 크리프 값이며 식 (2.30)으로 주어진 값이며,

t_o = 식 (2.36)에 따라 조종된 하중이 작용하기 시작하는 콘크리트의 재령이고,

$\beta_c(t-t_o)=$ 재하기간에 따라 크리프에 미치는 영향함수로 식 (2.34)로 표현된다.

$$\phi_o = \phi_{RH}\,\beta(f_{cu})\,\beta(t_o) \tag{2.30}$$

여기에서 $\phi_{RH}=$ 외기의 상대습도와 부재 두께가 크리프에 미치는 영향함수 ; $\beta(f_{cu})=$ 콘크리트의 강도가 크리프에 미치는 영양함수 ; $\beta(t_o)=$ 지속하중이 가해지는 시간 t_o가 크리프에 미치는 영향함수로 각각 다음과 같이 규정되었다.

$$\phi_{RH} = 1 + \frac{1-0.01RH}{0.10\sqrt[3]{h}} \tag{2.31}$$

$$\beta(f_{cu}) = \frac{16.8}{\sqrt{f_{cu}}} \tag{2.32}$$

$$\beta(t_0) = \frac{1}{0.1+(t_o)^{0.2}} \tag{2.33}$$

시간에 따른 크리프의 발달은 다음과 같이 주어진다.

$$\beta_c(t-t_o) = \left[\frac{(t-t_o)}{\beta_H+(t-t_o)}\right]^{0.3} \tag{2.34}$$

여기에서 외기의 상대습도와 부재의 두께에 따른 계수 β_H는

$$\beta_H = 1.5\,[1+(0.012\,RH)^{18}]\,h + 250 \le 1{,}500\,(\text{일}) \tag{2.35}$$

여기에서 부재의 유효두께 $h = 2A_c/u$ 는 개념 부재치수(단위 : mm) ; $A_c=$ 콘크리트의 단면적 ; $u=$ 단면의 둘레 길이(perimeter)이다.

식 (2.29)의 크리프계수 $\phi(t,\,t_o)$는 양생온도가 20℃이고 하중이 작용하는 동안 기온도 20℃인 경우를 기준으로 한 것으로 20℃가 아닌 온도에서 양생되었거나 대기에 노출되었을 경우 또한 작용응력의 크기에 따라 다음과 같이 보정하여야 한다.

양생온도 및 시멘트 종류에 따른 보정계수(Effect of type of cement and curing temperature)[구조기준 2.2.2(5)③(가), CEB-FIP 2.1.6.4.3(c)] : 양생 동안 온도의 변화가 있거나 20℃가 아닌 대기에 노출되어 있는 경우, 재하할 때의 콘크리트 재령 t_o는 온도와 시멘트 종류를 고려하여 다음과 같이 보정하여야 한다.

$$t_o = t_{o,T}\left[\frac{9}{2+(t_{o,T})^{1.2}}+1\right]^{\alpha} \ge 0.5\ \text{일} \tag{2.36}$$

여기에서 α는 시멘트의 종류에 따른 계수로 구조기준에서 다음과 같이 제시되었으며,

$$\alpha = \begin{cases} \text{2종 중용열 시멘트 :} & -1 \\ \text{1종, 5종 내황산염 시멘트 :} & 0 \\ \text{3종 조강 시멘트 :} & 1 \end{cases} \tag{2.37}$$

$t_{o,T}$는 20℃가 아닌 온도 T℃에서 양생 기간인 재령(일, day)으로 구조기준 식 (2.2.10)에서는 다음과 같이 표현하고 있다.

$$t_{o,T} = \sum_{i=1}^{n} \Delta t_i \exp\left[13.65 - \frac{4,000}{273 + T(\Delta t_i)}\right] \tag{2.38}$$

여기에서 Δt_i는 온도 T로 지속된 기간(일, day)이고, n은 일정한 온도를 유지하는 단계의 수이다.

작용응력의 크기에 따른 보정계수(Effect of high stresses)[구조기준 2.2.2(5)③(나), CEB-FIP 2.1.6.4.3(d)] : 작용응력 $f_c(t_o)$가 다음과 같은 범위일 때 식 (2.30)의 ϕ_o를 아래와 같이 보정하여 크리프의 비선형성을 고려한다.

$$0.4 < \frac{|f_c(t_o)|}{f_{cu}(t_o)} \le 0.6 \text{ 인 경우 : } \quad \phi_{o,k} = \phi_o \exp\left[1.5\left(\frac{|f_c(t_o)|}{f_{cu}(t_o)} - 0.4\right)\right] \tag{2.39a}$$

$$\frac{|f_c(t_o)|}{f_{cu}(t_o)} \le 0.4 \text{ 인 경우 : } \quad \phi_{o,k} = \phi_o \tag{2.39b}$$

여기에서 $f_{cu}(t_o)$는 식 (2.5)와 (2.44)로 구할 수 있으며, $|f_c(t_o)|/f_{cu}(t_o)$는 응력-강도 비이다.

온도변화에 따른 보정계수(Effect of temperature)[구조기준 2.2.2(5)③(다), CEB-FIP 2.1.8.7] : 지속하중이 작용하는 동안 온도가 5°C에서 80°C까지 변화할 때 크리프계수는 식 (2.31)의 ϕ_{RH}와 식 (2.35)의 β_H를 각각 다음의 식으로 보정하여 구하여야 한다.

$$\phi_{RH,T} = \phi_T + (\phi_{RH} - 1.0)\,\phi_T^{\,1.2} \tag{2.40}$$

여기에서 $\phi_T = \exp[0.015(T - 20)]$ 이고, 보정되는 $\beta_{H,T}$는

$$\beta_{H,T} = \beta_H \exp\left[\frac{1,500}{273 + T} - 5.12\right] \tag{2.41}$$

와 같이 표현된다. 이를 이용하여 식 (2.34)를 계산하면서, 식 (2.29)의 크리프계수는 다음과 같이 보정하여 계산하여야 한다.

$$\phi(t, t_o, T) = \phi_{o,k}\,\beta_c(t - t_o) + 0.0004(T - 20)^2 \tag{2.42}$$

전체 변형률 $\varepsilon_{c\sigma}(t, t_o)$ 계산(Stress dependent strain) : 일정한 응력 $f_c(t_o)$하에 탄성 변형률과 크리프 변형률에 의한 재령 t시간에서 보통 콘크리트 부재의 전체 변형률은 식 (2.27)로부터 다음과 같다[구조기준 식 (2.2.1)].

$$\varepsilon_{c\sigma}(t, t_o) = f_c(t_o)\left[\frac{1}{E_{ci}(t_o)} + \frac{\phi(t, t_o)}{E_{ci}(28)}\right] = f_c(t_o)\,J(t, t_o) \tag{2.43}$$

$J(t, t_o)$는 단위응력당 전체 응력-의존변형률을 나타내는 크리프 순응계수(creep compliance function)이다.

여기서 $f_c(t_o)=$ 재령 t_o 일에서 콘크리트의 압축응력(MPa)

$\phi(t, t_o)=$ 콘크리트의 크리프계수

$E_{ci}(t_o)=$ 식 (2.48) : 재령 t_o 일에서 콘크리트의 초기 접선탄성계수(MPa)

$E_{ci}(28)=$ 식 (2.47) : 재령 28일에서 콘크리트의 초기 접선탄성계수(MPa)

28일 평균압축강도 $f_{cu}(=f_{28})$ 계산 (Mean compressive strength of concrete at the age of 28 days)

: 콘크리트의 시간에 따른 강도발현 $f_{cu}=f_{ck}+\Delta f$ 는 식 (2.5)와 다음 식으로 제시되었다.

$$\text{28일 강도}\begin{cases} f_{ck} \le 40\,\text{MPa} : f_{cu}=f_{ck}+4\,\text{MPa} \\ 40\,\text{MPa} < f_{ck} < 60\,\text{MPa} : f_{cu}=1.1f_{ck} \\ f_{ck} \ge 60\,\text{MPa} : f_{cu}=f_{ck}+6\,\text{MPa} \end{cases} \tag{2.5}$$

$$\text{시간에 따른 강도발현 :}\quad f_{cu}(t)=\beta_{cc}(t)f_{28}=\beta_{cc}(t)f_{cu} \tag{2.44}$$

콘크리트의 압축강도는 원주형 공시체의 시험에 의해 평균압축강도 f_{28}을 취하며, 시간에 따른 콘크리트의 강도발현 $f_{cu}(t)$는 식 (2.44)에 의해 구한다. 식 (2.44)에서 $\beta_{cc}(t)$는 시간에 따른 강도발현속도이며 다음과 같다.

$$\beta_{cc}(t)=\exp\left[\beta_{sc}\left(1-\sqrt{28/t}\right)\right] \tag{2.45}$$

여기서 β_{sc}는 시멘트(portland cement) 종류에 따른 상수로 양생의 상태에 따라

$$\beta_{sc}=\begin{bmatrix} \begin{cases}\text{1종 시멘트 습윤양생} : 0.35 \\ \text{증기양생} : 0.15\end{cases} \\ \begin{cases}\text{3종 시멘트 습윤양생} : 0.25 \\ \text{증기양생} : 0.12\end{cases} \\ \text{2종 시멘트} : 0.40 \end{bmatrix} \tag{2.46}$$

와 같이 규정되었다.

초기 접선탄성계수 $E_{ci}(t)$ 계산 : 크리프 변형률을 계산할 때, 콘크리트 초기 접선탄성계수 $E_{ci}(28)$은 식 (2.4b)와 구조기준 식 (3.4.4)와 함께 쓰면 다음과 같다.

$$E_{ci}(28)=1.18E_c=1.18(8{,}500\sqrt[3]{f_{cu}})=10{,}030\sqrt[3]{f_{cu}} \tag{2.47}$$

또한, 초기 접선탄성계수 $E_{ci}(t)$의 시간에 따른 변화($t \neq 28$일)는 다음으로 구한다[구조기준 식 (2.2.17)].

$$E_{ci}(t)=\sqrt{\beta_{cc}(t)}\,E_{ci}(28) \tag{2.48}$$

예제 2.2 불구속 크리프 변형률의 계산[2.31]

높이가 3 m이고 600 mm x 600 mm 단면의 기둥 콘크리트 받침대가 7 MPa의 평균응력을 받고 있다. 콘크리트가 타설 후 하중이 2주 후에 재하 되었다면, 5년 후 전체 줄어든 길이를 계산하라. 단, 콘크리트의 특성과 노출조건은 예제 2.1과 동일하다. 2주간의 습윤양생한 양생온도는 평균 15℃이고, 지속하중이 작용할 때의 대기의 평균온도도 역시 15℃로 가정한다.

풀이

① 양생온도 및 시멘트 종류에 따른 하중이 가해질 때의 재령 t_o 보정 :

식 (2.37) : 1종 시멘트 사용, $\alpha = 0$

2주간 지속된 양생온도는 15˚C이므로 $T(\varDelta t_1) = T(14) = 15^oC$

식 (2.38) : $t_{o,T} = \sum_{i=1}^{n} \Delta t_i \exp\left[3.65 - \dfrac{4,000}{273 + T(\Delta t_i)}\right]$

$$= (14)\exp\left(13.65 - \frac{4,000}{273+15}\right) = (14)\exp(-0.239) = (14)(0.788) = 11.03\ (\text{일})$$

식 (2.36) : $t_o = t_{o,T}\left[\dfrac{9}{2+(t_{o,T})^{1.2}} + 1\right]^{\alpha} \geq 0.5$ 일

$$\therefore\ t_o = 11.03\left[\frac{9}{2+(11.03)^{1.2}} + 1\right]^0 = 11.03\ (\text{일}) > 0.5\ \text{일}$$ <o.k.>

② 식 (2.30) 이용 기본 크리프계수 ϕ_o의 계산 : $\phi_o = \phi_{RH}\,\beta(f_{cu})\,\beta(t_o)$

$$RH = 50\,\%\ ;\quad h = \frac{2A_c}{u} = \frac{2(600\times 600)}{4\times 600} = 300\ (\text{mm})$$

식 (2.31) : $\phi_{RH} = 1 + \dfrac{1-0.01\,RH}{0.10\sqrt[3]{h}} = 1 + \dfrac{1-0.01\times 50}{0.10\sqrt[3]{300}} = 1.747$

식 (2.40) 온도변화에 따른 보정 :

$$\phi_T = \exp[0.015(T-20)] = \exp[0.015(15-20)] = \exp(-0.075) = 0.928$$

$$\phi_{RH,T} = \phi_T + (\phi_{RH} - 1.0)\phi_T^{1.2}$$

$$= 0.928 + (1.747-1.0)(0.928)^{1.2} = 0.928 + 0.683 = 1.611$$

식 (2.5) : $f_{ck} = 21\ \text{MPa} < 40\ \text{MPa} \rightarrow \varDelta f = 4\ \text{MPa}$

$$f_{cu} = f_{ck} + 4 = 21 + 4 = 25\ (\text{MPa})$$

식 (2.32) : $\beta(f_{cu}) = \dfrac{16.8}{\sqrt{f_{cu}}} = \dfrac{16.8}{\sqrt{25}} = \dfrac{16.8}{5.0} = 3.36$

식 (2.33) : $\beta(t_o) = \dfrac{1}{0.1 + t_o^{0.2}} = \dfrac{1}{0.1 + \underline{11.03^{0.2}}} = \underline{0.583}$; $t_o = \underline{11.03}$ 일

$\therefore \phi_{o,T} = \phi_{RH,T}\,\beta(f_{cu})\,\beta(t_o) = 1.611 \times 3.36 \times 0.583 = \underline{3.156}$

따라서 기본 크리프계수는 3.156이 되었다.

③ 작용응력에 따른 기본 크리프 값 ϕ_o 보정 :

식 (2.44)로 $f_{cu}(14)$ 계산 : 식 (2.46) 1종 습윤양생 $\beta_{sc} = 0.35$

식 (2.45) : $\beta_{cc}(14) = \exp\left[\beta_{sc}\left(1 - \sqrt{28/t}\right)\right] = \exp\left[0.35\left(1 - \sqrt{28/14}\right)\right]$

$\therefore\ \beta_{cc}(14) = \exp(-0.145) = 0.865$

식 (2.44) : $f_{cu}(14) = \beta_{cc}(14) f_{cu} = 0.865(25) = 21.63\ (\mathrm{MPa})$

식 (2.39b) 응력-강도 비 계산 : $\dfrac{|f_c(14)|}{f_{cu}(14)} = \dfrac{|7\ \mathrm{MPa}|}{21.63\ \mathrm{MPa}} = 0.324 < 0.4$ 이므로

따라서 작용응력의 크기에 대한 보정을 할 필요가 없이 $\phi_{o,k} = \phi_o =$ 3.156이 된다.

④ 재하기간에 따른 크리프 영향함수 $\beta_c(t - t_o)$계산 :

식 (2.35) : $\beta_H = 1.5\left[1 + (0.012\,RH)^{18}\right] h + 250$

$= (1.5)\left[1 + (0.012 \times 50)^{18}\right](300) + 250 = 700 < 1{,}500$ (일)

식 (2.41) 온도변화에 따른 보정 :

$\beta_{H,T} = \beta_H \exp\left[\dfrac{1{,}500}{273 + T} - 5.12\right] = 700 \exp\left[\dfrac{1{,}500}{273 + 15} - 5.12\right]$

$= 700\left[\exp(0.0883)\right] = 700(1.092) = 764.6$ (일) $< 1{,}500$ 일

$t = 5 \times 365 = 1{,}825$ (일), $t_o = 14$ 일 [구조기준 해설[2.28]에서 식 (2.34)에서 $(t - t_o)$는 실제로 하중이 가해진 기간을 사용하도록 규정하고 있다.]

$t - t_o = 1{,}825 - 14 = 1{,}811$ (일)

식 (2.34) : $\therefore\ \beta_c(t - t_o) = \left[\dfrac{(t - t_o)}{\beta_{H,T} + (t - t_o)}\right]^{0.3} = \left[\dfrac{1{,}811}{764.6 + 1{,}811}\right]^{0.3} = 0.900$

이는 전체 크리프의 90.0%가 5년 후에 발생하는 것을 뜻한다.

⑤ 크리프계수 $\phi(t, t_o, T)$의 계산 : 온도변화에 따른 보정을 하기 위해서 식 (2.42)를 이용

$\phi(t, t_o, T) = \phi_{o,k}\,\beta_c(t - t_o) + 0.0004(T - 20)^2$

$= 3.156(0.900) + 0.0004(15 - 20)^2 = 2.84 + 0.01 = 2.85$

⑥ 작용응력과 크리프에 의한 전체 변형률 $\varepsilon_{c\sigma}(t, t_o, T)$ 계산 : 식 (2.43) 이용

$f_c(t_o) = 7\,\mathrm{MPa}$; $E_{ci} = 10{,}030\sqrt[3]{f_{cu}}$; 1종 시멘트 습윤양생 $\beta_{sc} = 0.35$

28일의 탄성계수는 $E_{ci}(28) = 10{,}030\sqrt[3]{25} = 29{,}328\,(\mathrm{MPa})$

$t_o = 14$ 일 후의 강도발현속도 $\beta_{cc}(14) = 0.865$ 이므로

따라서 14일 후의 탄성계수 $E_{ci}(14)$는 식 (2.48)에서

$$E_{ci}(14) = \sqrt{\beta_{cc}(14)}\,E_{ci}(28) = \sqrt{0.865} \times 29{,}328 = 27{,}277\,(\mathrm{MPa})$$

식 (2.43) : $\therefore\ \varepsilon_{c\sigma}(t = 5\text{년},\ t_0 = 14\text{일},\ T = 15^o\mathrm{C}) = f_c(t_0)\left[\dfrac{1}{E_{ci}(t_0)} + \dfrac{\phi(t,\,t_o,\,T)}{E_{ci}(28)}\right]$

$$= 7\left[\frac{1}{27{,}2778} + \frac{2.85}{29{,}328}\right] = \text{탄성} + \text{크리프} = 0.000257 + 0.000680 = 0.000937 \text{ 변형률}$$

즉, 크리프에 의한 변형률은 즉각적인 탄성 변형률의 680/257 = 2.6배가 된다.

⑦ 전체 줄어든 길이의 계산 :

$\therefore\ \Delta l = l \times \varepsilon_{c\sigma}(t = 5\text{ 년}) = 3{,}000 \times 0.000937 = \underline{2.81\,(\mathrm{mm})}$

즉, 주각(받침대, pedestal)은 5년 후에 크리프로 인해서 총 2.81 mm가 줄어들게 된다.

2.8 콘크리트의 체적변화 - 온도수축(Thermal Shrinkage)[2.11]

대부분의 공학적 재료와 마찬가지로 콘크리트도 온도가 올라가면 팽창(expand)하고 온도가 내려가면 수축(contract)한다[2.25]. 온도의 변화 때문에 발생하는 변형률은 재료의 열팽창계수와 온도의 차이가 얼마인가에 좌우되게 된다. 온도의 차이가 혹독한 환경이 아닌 보통의 기후에 의한 온도 차이에서 콘크리트는 거의 어떤 해나 응력을 받지 않는다. 그러나 구조물의 체적이 상당히 크게 되면 상대적으로 열을 소산하기에 나쁜 조건(poor heat dissipation condition)이 되고 이때 시멘트가 수화하면서 발생하는 수화열은 배치한 뒤에 수일간에 상당한 온도의 상승을 일으키고, 주위의 온도로 식는 과정에서 균열을 일으킬 수 있다. 이런 **매스콘크리트(mass concrete)**[16)]의 설계와 시공에서 완성된 구조물이 균열이 없는 균질의 구조물이 되도록 하기 위해서 적절한 재료의 선택 및 배합, 양생 조건, 시공순서 등을 고려하여 콘크리트에 해를 입히는 온도의 상승이 일어나지 않도록 노력을 기울여야 할 것이다[2.11].

---

16) **매스콘크리트(mass concrete)** : 부재 혹은 구조물의 치수가 커서 시멘트의 수화열에 의한 온도상승을 고려하여 설계 · 시공하여야 하는 콘크리트로 시방서 7장 1.1(2)에서 넓이가 넓은 평판구조에서 두께가 0.8 m 이상, 하단이 구속된 벽체에서는 두께 0.5 m 이상을 매스콘크리트로 다루도록 제시하고 있다.

콘크리트와 같이 인장강도가 낮은 재료는 수화열에 의해서 팽창할 때보다 식으면서 발생하는 수축변형률(shrinkage strain)로 문제가 발생한다. 그 이유는 탄성계수의 크기, 구속의 정도와 크리프에 의한 응력이완(stress relaxation)(그림 2.35 참고) 등으로 인해서 발생하는 인장응력이 균열을 일으킬 정도로 충분히 클 수 있기 때문이다.

온도의 변화에 의한 온도수축 변형률(thermal shrinkage)은 열팽창계수에 온도 차이를 곱하여,

$$\varepsilon_{c(th)} = \alpha_c \Delta T \tag{2.49}$$

로 표현될 수 있다. 예를 들어서 콘크리트의 열팽창 계수(coefficient of thermal expansion)가 $\alpha_c =$ 10 x 10^{-6} ℃이고 수화열로 인한 온도의 상승이 $\Delta T =$ 15℃라면 15℃의 온도가 내려가면서 발생하는 온도수축 변형률(thermal shrinkage)은

$$\varepsilon_{c(th)} = \alpha_c \Delta T = 150 \times 10^{-6}$$

가 된다. 보통 콘크리트의 탄성계수를 $E_c =$ 2.1 x 10^4 MPa로 가정하고, 이 콘크리트 부재가 완전하게 구속되었다면 이로 인해서 발생하는 인장응력은

$$f_t = \varepsilon_{c(th)} E_c = 150 \times 10^{-6} \times 2.1 \times 10^4 = 150 \times 10^{-2} \times 2.1 = 3.15\ (\text{MPa})$$

가 된다. 일반적으로 콘크리트의 인장강도(표 2.7 참고)가 이 값보다 작기 때문에 응력이완 현상에 의해서 응력이 감소되지 않는다면 균열이 발생하게 될 것이다[2.11]. 따라서 온도응력의 크기는 구조물이 얼마나 구속되어 있느냐와 콘크리트에 발생한 최대온도와 주변온도의 차이로 표현되는 온도차이에 따라 영향을 받게 된다.

1) 구속도(Degree of Restraint, K_R)

만약에 콘크리트 요소가 구속되어 있지 않고 자유롭게 움직일 수 있다면 온도가 내려가면서 생기는 변형으로 인하여 응력은 발생하지 않을 것이다. 그러나 현장에서 외적으로는 암반 위에 위치하거나 또는 내적으로 온도차이로 인한 변형이 서로 다른 부분과 연결되어 있기 때문에 콘크리트는 구속되게 된다. ACI-207.2R[2.53]에서는 부재의 길이에 대한 높이의 비(length-to-height ratio)에 따른 구속의 정도를 산정할 수 있도록 구속도(K_R)를 제시하고 있다.

2) 온도변화(Temperature Changes, ΔT)

시멘트가 수화작용을 하면서 발열반응을 하여 콘크리트 매스의 온도가 상승하게 된다. 온도의 상승은 팽창을 일으키고 구속되어 있는 구조물에는 압축응력이 발생하도록 한다. 그러나 초기의 콘크리트의 탄성계수는 매우 낮은 반면에 상대적으로 응력이완(stress relaxation)은 최대이기 때문에 비록 상당히 구속되어 있다고 하더라도 압축응력은 보통 매우 작게 된다. 따라서 설계에서 안전 측으로 초기 압축응력이 존재하지 않는다고 가정할 수 있다. 온도의 변화 ΔT는 콘크리트에

발생한 최대온도(peak temperature)와 구조물의 주변온도(service temperature)와의 차이를 말한다. 따라서 온도의 변화는 식 (2.50)과 같이 표현할 수 있다.

$$\begin{aligned} \Delta T = & \text{ 묽은 콘크리트를 배치할 때 콘크리트의 온도} \\ & + \text{ 단열조건에서 수화열로 인한 온도상승} \\ & - \text{ 주변의 온도} \\ & - \text{ 열의 소산에 의한 온도의 저하} \end{aligned} \tag{2.50}$$

콘크리트에서 온도균열을 피하는 가장 좋은 방법은 묽은 콘크리트의 온도(placement temperature)를 조절하는 방법으로 묽은 콘크리트의 온도를 조절하기 위해서 사전냉각방법(pre-cooling of fresh concrete)이 종종 사용된다. 이 방법은 냉각된 골재를 사용하거나 또는 얼음을 혼합수 대용으로 사용하여 묽은 콘크리트의 온도를 10℃ 이하로 떨어트려서 사용하는 아주 효과적인 방법이다. 그러나 ACI 207.4R-93[2.54]에서는 사전냉각 방법으로 인한 온도의 차이로 발생하는 인장변형률이 콘크리트가 저항할 수 있는 인장변형률 이상이 되지 않도록 냉각온도를 결정해야 된다고 제시하고 있다.

단열조건에서의 콘크리트 온도의 상승(adiabatic temperature rise) 비와 크기는 시멘트의 양, 분말도 및 성분과 수화시의 온도에 따라 좌우된다. 분말도가 높거나 또는 상대적으로 C_3A와 C_3S의 함량이 많은 포틀랜드 시멘트는 그렇지 않은 경우에 비해서 많은 수화열을 발생시킨다. 그림 2.46에는 5종류의 포틀랜트 시멘트 223 kg/m^{3}을 사용한 매스콘크리트에서 단열조건의 온도상승을 보여주고 있다. 그림에서 보면 1종 보통포틀랜드 시멘트와 4종 저열포틀랜드 시멘트와의 온도차이는 재령 7일에서는 13℃이고 재령 90일에서는 약 9℃ 정도가 된다. 또한 그림에서 보면 비록 4종 저열포틀랜드 시멘트라고 할지라도 단열조건의 온도 상승이 30℃ 이상 되는 것을 알 수 있다. 그림 2.46과 2.47에서

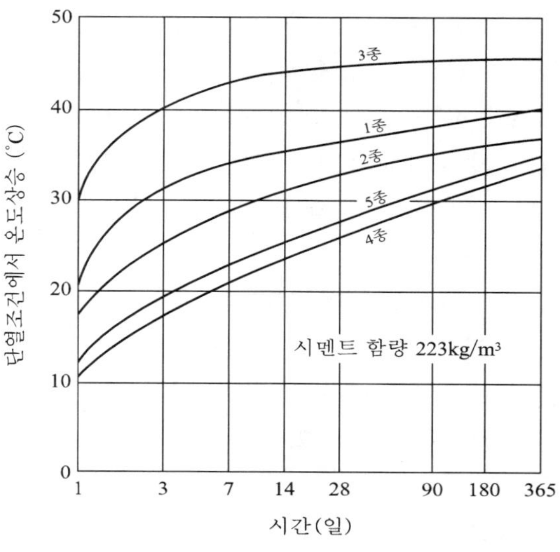

그림 2.46 종류가 다른 223 kg/m^{3}의 시멘트를 사용했을 때의 매스콘크리트에서 단열조건의 온도 상승[2.53]

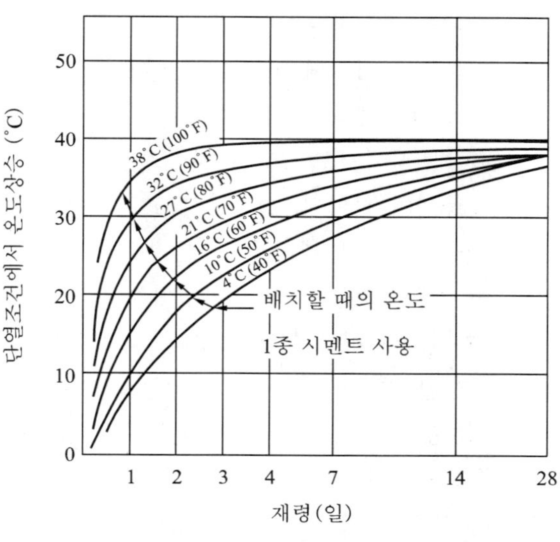

그림 2.47 1종 포틀랜드 시멘트 함량이 223kg/m^{3}인 매스콘크리트에서 묽은 콘크리트를 배치할 때의 온도가 온도상승에 미치는 영향

보면 시멘트 성분의 종류와 배치할 때의 온도는 다만 온도의 증가 비율에만 영향을 미치고 생산되는 전체 열에는 거의 영향을 미치는 않는다는 것을 알 수 있다. 물론 표면으로부터 멀리 내부에 배치된 콘크리트는 표면에 가까운 콘크리트보다 열을 방출하기 어려울 것이기 때문에 구조물의 체적-표면비(volume to surface ratio)가 또한 온도상승에 영향을 미칠 것이다[2.11].

단열온도의 상승을 억제하는 좋은 방법은 일정량의 시멘트를 포졸란(pozzolan)으로 대체하는 방법이다. Carlson[2.55] 등의 1979년 연구에 의하면 2종 중용열 포틀랜드 시멘트를 사용하면 1종에 비해서 28일 단열온도 상승을 37℃에서 32℃로 감소시킬 수 있었고, 이 2종 시멘트에 무게비로 25%를 포졸란으로 대체하면 단열온도 상승을 28℃로 감소시킬 수 있다고 보고하고 있다[2.11].

3) 열의 손실(Heat Losses)

콘크리트에서 열의 손실은 콘크리트의 열특성 값과 시공방법에 따라 좌우되게 된다. 콘크리트 구조물은 표면을 통해서 열을 방출하며, 얼마만큼 방출되느냐는 콘크리트의 표면의 환경에 따라 좌우되게 된다. Mehta와 Monteiro[2.11]는 표면의 조건에 따른 표면전달계수(surface transmission coefficient)를 제시하고 있으며, 콘크리트-공기와 콘크리트-금속-공기 경계조건인 경우의 표면전달계수는 11.6 kcal/m^2·h·C이고, 콘크리트-나무-공기 경계조건인 경우는 2.6 kcal/m^2·h·C로 콘크리트-공기 경계조건에 비해서 표면전달계수는 22.4% 밖에 되지 않았다. 물속에 잠겨있는 조건인 콘크리트-양생수 경계조건일 때 최대로 표면전달계수는 300 kcal/m^2·h·C에 달하였다.

4) 연신율과 균열(Extensibility and Cracking)

작용응력이나 온도 또는 습도 등으로 인해서 콘크리트에 발생하는 변형의 가장 중요한 문제는 과연 이런 변형으로 인해서 콘크리트에 균열이 발생하느냐 일 것이다. 수축변형률(shrinkage strain)의 크기 이외에도 균열을 일으키는데 영향을 미치는 요소로는 탄성계수, 크리프와 인장강도가 있다. 탄성계수가 낮으면 낮을수록 수축에 의해서 발생하는 탄성인장응력(elastic tensile stress)의 크기가 작아지고, 크리프가 크면 클수록 응력이완(stress relaxation)이 커져서 순인장응력(net tensile stress)이 작아지며, 인장강도가 크면 클수록 인장응력의 크기가 강도를 초과할 가능성이 작아져서 균열이 일어나지 않게 될 것이다.

콘크리트가 균열에 저항하는 복합적인 성질을 **연신율(extensibility)**이라는 용어로 표현한다. 말하자면 콘크리트가 큰 변형을 받으면서도 균열을 일으키지 않으면 높은 연신율을 가졌다고 한다. 콘크리트가 균열이 일어날 가능성이 낮기 위해서는 수축이 작아야 할 뿐만 아니라 연신율이 높아야 할 것이다(즉, 낮은 탄성계수, 높은 크리프, 높은 인장강도). 일반적으로 고강도 콘크리트는 온도수축이 많이 일어나고 낮은 응력이완을 가지기 때문에 균열이 일어나기 쉬운데 비하여, 저강도 콘크리트는 온도수축이 적고 높은 응력이완을 가지기 때문에 상대적으로 균열이 발생할 가능성이 낮게 된다[2.11].

5) 온도상승의 조절(Controlling Temperature Rise)

매스콘크리트에서 균열을 일으키는 온도변화량과 변화율을 잘 조절하여 균열의 발생을 최소화할 수 있다. 첫 번째는 최적의 균열저항력과 가장 큰 연신율을 가질 수 있는 콘크리트를 생산하기 위해서 재료와 배합비율을 개선하는 방법이다. 두 번째는 인장변형을 일으키는 인자를 제거하는 방법으로 일반적으로 사용되는 방법은 선행냉각(pre-cooling)과 사후냉각(post-cooling) 방법 등이 있다[2.10]. 매스콘크리트의 온도균열을 제어하기 위해서는 아래와 같은 방법을 동원할 수 있다(시방서 18장[2.8]).

수화열의 발생을 감소시키는 방법으로는

① 단위 시멘트 량을 줄이기 위해서 가능한 한 큰 굵은골재 최대치수를 사용한다.

② 수화열의 방출이 지연되는 2종 중용열이나 4종 저열 포틀랜드 시멘트를 사용한다.

③ 플라이애쉬(fly ash) 등의 포졸란을 시멘트 대체 재료로 사용한다.

④ 시공 방법으로 1회 타설높이(lift)를 적게 하고 시공을 천천히 하는 방법 등이 있고,

⑤ 선행냉각(pre-cooling) 방법으로 골재에 살수를 하거나 냉각수에 담가 냉각된 골재나 배합수의 일부로 얼음이나 냉각수를 이용하여 묽은 콘크리트의 온도를 10℃ 이하로 조절하는 방법[17],

⑥ 사후냉각(post-cooling) 방법으로 콘크리트에 매립된 파이프에 차가운 물을 순환하여 수화열을 방출하는 방법(pipe cooling),

⑦ 온도 상승을 작게 하는 데는 열의 소산이 빠른 철제 거푸집을 사용하지만, 콘크리트 내부와 표면 부근의 온도차가 커지는 경우에는 보온성이 좋은 거푸집을 사용하는 방법,

⑧ 콘크리트 표면을 살수 등으로 양생하고 표면이 냉각되는 속도를 조절하는 방법,

균열의 발생을 억제하기 위해서 팽창콘크리트(expansive cement concrete)를 사용하거나 균열 제어철근을 배치하는 방법 등이 있고, 균열의 위치를 조절하는 방법으로는 콘크리트 균열 유발줄눈(expansion joint)으로 균열 위치를 조종하는 방법 등이 있다(그림 2.31 및 5.10 참고).

콘크리트의 온도특성(Thermal Properties of Concrete)

식 (2.49)의 온도수축 변형률 $\varepsilon_{c(th)}$에서 열팽창계수 α_c는 골재의 종류에 따라 크게 영향을 받는다. 1981년 Priestley[2.48]는 골재의 종류에 따른 콘크리트의 열팽창계수는 석회석(limestone)을 사용할 때 가장 적은 6 x 10^{-6}/℃이고, 석영(quartz)을 사용하는 경우에 최대인 13 x 10^{-6}/℃를, 화강암(granite)인 경우는 9 x 10^{-6}/℃의 열팽창계수를 제시하였다[2.25]. 온도에 대한 열팽창계수 α_c의 변화는 상당한 온도의 범위에서 일정한 값을 보이지만 온도가 500℃에 이르면 보통 α_c가 50% 정도 증가

17) ACI 207.4R-93[2.54]에 의하면 매스콘크리트에서 온도균열을 피하기 위해서는 배치할 때의 묽은 콘크리트의 온도가 가장 큰 영향을 미치는 요인이라고 보고하고 있다.

한다고 보고되고 있다. 만약에 골재의 종류가 알려지지 않았으면 열팽창계수로 10 x 10^{-6}/℃를 보통 사용하며, 이를 도로교설계기준[2.51]에서도 제시하고 있다.

PCI[2.50] 설계도서에는 설계에 적용할 수 있는 미국전역에 대한 온도차이 ΔT 의 값이 제시되어 있으며, 북부지역의 55℃에서 남부의 15℃로 분포되고 있다. 도로교설계기준 2.1.12[2.51]에서는 강교인 경우 온도변화를 -10 ~ 50℃를 표준으로 하되 추운지방에서는 -30 ~ 50℃까지 할 수 있도록 하였고, 태양의 직사부분과 그늘부분의 온도 차이는 15℃로 한다고 제시하였다. 콘크리트교의 온도변화 범위는 지역별 평균기온을 고려하여 정하도록 하였고, 보통의 경우에는 온도 차이를 15℃로 할 수 있도록 하였다.

원자력발전소에서 냉각재의 유출 또는 화재와 같은 사고로 인해서 콘크리트가 갑작스럽게 큰 온도의 변화를 받는 경우가 있다. 이런 급작스런 온도의 변화에 어떻게 거동할 것인가는 앞에서 언급한 바와 같이 어떤 종류의 골재를 사용했느냐에 따라 크게 변한다.

그림 2.48에는 1986년 Lie[2.47] 등이 제시한 고온이 콘크리트 강도에 미치는 영향이 제시되어 있다. 온도가 400℃이상 증가하게 되면 상당한 강도(strength)의 감소가 나타나고 콘크리트의 온도가 600℃로 증가하게 되면 강도가 대략 20 ℃ 강도에 비해서 34% 정도 감소하고 있다. 또한 온도가 100℃ 이상 증가하게 되면 상당한 강성(stiffness)의 감소가 나타나서 온도가 400℃인 경우의 탄성계수는 20℃인 경우에 비해서 대략 1/3 정도 밖에 되지 않고 있다[2.4]. 온도의 증가는 또한 앞장에서 언급한바와 같이 건조수축(shrinkage)이나 크리프(creep)를 증가시킨다(그림 2.42 참고).

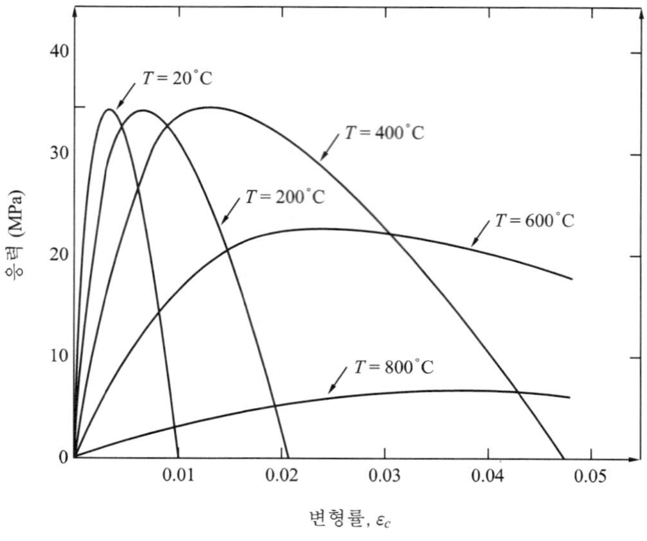

그림 2.48 고온에서의 강도의 저하[2.47]

콘크리트 부재가 화재로 인해서 높은 온도에 노출되게 되면 상당한 시간동안 잘 견디지만 화재동안에 큰 온도차이가 발생하기 때문에 표면의 콘크리트가 팽창해서 화재가 진압되고 온도가 떨어지면 균열이 일어나거나 표면이 떨어지는 박리현상이 일어날 수 있다[2.31]. CEB-FIP[2.52]에 의하면 상당한 화재에 노출되게 되면 처음 10분~20분 사이에 폭발적인 박리(explosive spalling)현상이 나타날 수 있으며, 이런 현상은 콘크리트의 함수량과 다공성 및 작용하중의 크기와 열팽창에 대한 구속 등의 요인에 의해서 좌우된다고 보고하고 있다. 이런 박리현상을 피하기 위해서는 응력의 크기를 제한하거나 콘크리트의 함수량을 무게비로 4% 이하로 유지하면 피할 수 있다고 하였다. **고강도 콘크리트(high strength concrete, HSC)**는 다공성이 매우 낮기 때문에 또한 경량골재 콘크리트는 상대적으로 높은 함수율 때문에 보통강도 콘크리트에 비해서 박리현상으로 인해서 더 큰 피해가 나타난다고 보고하고 있다.

참고문헌 2.68에 의하면 화재로부터 구조물을 보호하기 위해서 시간당의 화재에 대해서 13 mm(1/2 in.)의 피복두께를 증가시키도록 제시하고 있다(표 2.12 참고).

2.9 보강철근(Steel Reinforcement)

대부분의 구조요소는 전단과 휨모멘트로 인하여 상당한 인장응력이 발생하기 때문에 보강철근으로 보강하지 않은 콘크리트는 인장강도가 낮아서 취성(brittle) 거동을 하여 그 적용에 한계가 있다(그림 1.2 참고). 강도가 강하고 연성이 있는 철근을 콘크리트에 매립하면 철근이 콘크리트에 강하게 부착하여 인장에 저항하므로 강하고 연성(ductile)이 있는 복합구조재료가 되어 슬래브나 보 또는 기둥과 같은 여러 종류의 구조용 요소를 건설하는데 사용될 수 있다.

섬유 [강섬유(steel fiber), 탄소섬유(carbon-based, graphite), 유리섬유(glass-based) 또는 폴리프로필렌섬유(synthetic polymeric fibers)]나 플라스틱 섬유(plastic filaments) 등도 보강재로 사용되지만 일반적으로 가장 많이 사용되는 보강재료로는 강재를 사용하며 형태는 봉강[**이형철근(SD**로 표기, Steel Deformed) 또는 **원형철근(SR**로 표기, Steel Rounded)]이나 철망(wire mesh) 또는 강선(strand) 등이 있다. 강도(strength)가 높고 연성(ductility)이 크며 강성(stiffness)이 강한 철근을 콘크리트 속에 매립함으로서 콘크리트의 강도와 인성(toughness)을 증진시킬 수 있다. **보강철근(reinforcing bar, rebar)**[18)]은 또한 크리프를 감소시키고 균열의 폭을 최소화시킨다. 지름이 작고 길이가 긴 철근은 어떤 형태로든지 성형을 쉽게 할 수 있기 때문에 어떤 형태의 구조물을 건설하는데도 사용할 수 있다.

---

18) Rebar는 reinforcing bar 또는 reinforcement bar의 합성어이며, reinforcement 또는 reinforcing steel이라고도 한다.

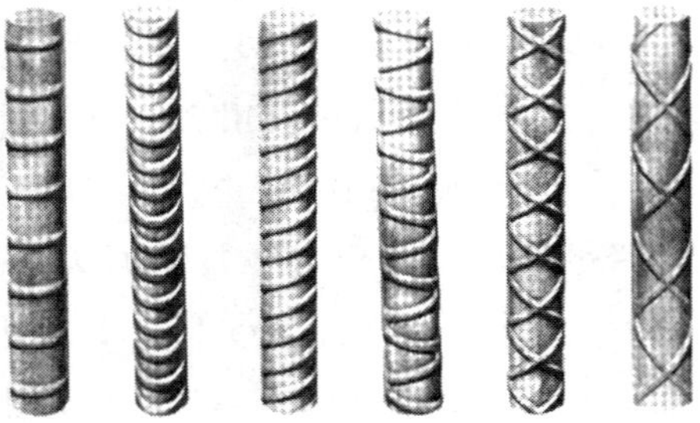

그림 2.49 이형철근(deformed bars)의 종류

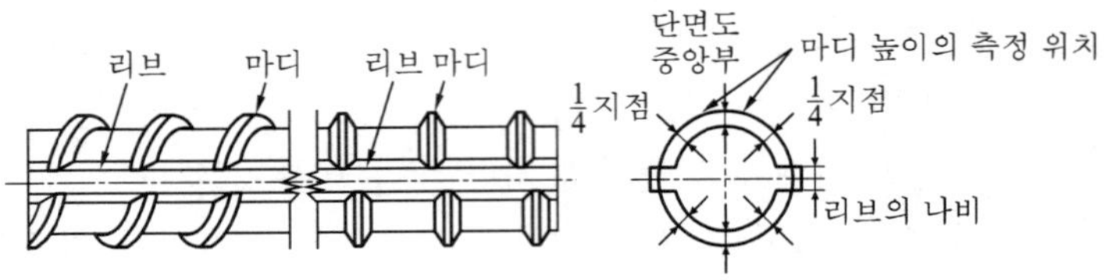

그림 2.50 이형철근의 축선 방향의 돌기를 리브라 부르고, 축선 방향 이외의 돌기를 마디라 부름

그림 2.49의 이형철근은 원형강봉의 표면에 돌기 [마디와 리브(rib, 축선 방향)]를 만들어서(그림 2.50 참고) 철근과 콘크리트의 접착력을 최대가 되도록 한 철근으로 구조기준 2.2.3(1)에서는 보강용 철근은 이형철근을 사용하여야 한다고 규정하고 다만 나선철근이나 강선으로 원형철근을 사용할 수 있도록 하고 있다. KS D 3504:2001에서는 원형철근 2종류(SR240과 SR300)와 이형철근 6종을 소개하고 있으나 2011년 개정된 KS D 3504:2011 철근 콘크리트용 봉강[2.56]에서는 원형철근에 대한 내용은 삭제하고 표 2.8과 같이 SD600과 SD700을 추가하여 이형철근 8종만 소개하고 있다. 철근의 길이는 3.5 m~12 m까지 생산되지만 일반적으로 8 m가 표준이 되고 있다.

표 2.8 KS D 3504 철근의 종류와 기계적 성질

	기 호	용도	항복점 (N/mm^2)	인장강도 (N/mm^2)	철근 끝 양단면의 색깔
이형철근	SD300	일반용	300 이상	440 이상	녹색 (일명 일반철근)
	SD350		350 이상	490 이상	적색 (지하철 공사에 사용)
	SD400		400 이상	560 이상	황색 (일명 고장력철근 'high bar')
	SD500		500 이상	620 이상	흑색 (일명 슈퍼바 'super-bar')
	SD600		600 이상	710 이상	회색
	SD700		700 이상	800 이상	하늘색
	SD400W	용접용	400 이상	560 이상	백색
	SD500W		500 이상	620 이상	분홍색

표 2.9 이형철근의 종류와 공칭지름 및 단면적

호칭 (USCU)	단위무게 (kg/m)	공칭지름 (mm)	공칭 단면적 (mm2)									
			1개	2개	3개	4개	5개	6개	7개	8개	9개	10개
D10(#3)	0.560	9.53	71.3	143	214	285	357	428	499	571	642	713
D13(#4)	0.995	12.7	126.7	253	380	507	633	760	887	1,013	1,140	1,267
D16(#5)	1.56	15.9	198.6	397	596	794	993	1,191	1,390	1,588	1,787	1,986
D19(#6)	2.25	19.1	286.5	573	860	1,146	1,433	1,719	2,006	2,292	2,579	2,865
D22(#7)	3.04	22.2	387.1	774	1,161	1,548	1,935	2,322	2,710	3,097	3,484	3,871
D25(#8)	3.98	25.4	506.7	1,013	1,520	2,027	2,534	3,040	3,547	4,054	4,560	5,067
D29(#9)	5.04	28.6	642.4	1,285	1,927	2,570	3,212	3,855	4,497	5,139	5,782	6,424
D32(#10)	6.23	31.8	794.2	1,588	2,383	3,177	3,971	4,765	5,560	6,354	7,148	7,942
D35(#11)	7.51	34.9	956.6	1,913	2,870	3,827	4,783	5,740	6,696	7,653	8,610	9,566
D38(#12)	8.95	38.1	1,140.1	2,280	3,420	4,560	5,700	6,841	7,981	9,121	10,261	11,401
D41(#13)	10.5	41.3	1,339.6	2,679	4,019	5,359	6,698	8,038	9,378	10,717	12,057	13,396
D51(#16)	15.9	50.8	2,026.8	4,054	6,081	8,107	10,134	12,161	14,188	16,215	18,242	20,268

이형철근은 지름과 단면적을 공칭지름과 공칭단면적으로 나타내며, 공칭지름이란 단위길이당의 무게가 이형철근과 같은 원형철근에서의 지름을 공칭지름, 그리고 이 공칭지름으로 계산한 단면적을 공칭단면적이라 한다. 원형철근은 KS D 3051에 규정되어 있고 지름이 6mm~42mm($\phi 6$ ~ $\phi 42$)의 종류가 있다. 표 2.9에는 설계 시에 적용하기 쉽게 이형철근의 종류와 공칭지름 및 단면적 표가 제시되어 있다. 표에는 KS의 호칭 명인 D10 등의 기호 이외에 미국의 USCU(U.S. Customary Units) 기호로도 표기되어 있다. 예를 들어서 D13 이형철근은 USCU로는 #4로 표기된다. KS에서 철근의 번호는 mm 단위의 공칭지름을 의미하고 USCU에서는 inch 단위의 공칭지름을 8로 나눈 값을 의미한다(예를 들면 #4 철근의 지름 = 4/8 inch = 12.7mm).

SD400(f_y = 400 MPa) 고장력철근[19]과 SD300(f_y = 300 MPa) 일반철근의 생산단가가 거의 비슷하여 근래에는 일반철근의 생산이 거의 중지되는 상태라고 한다[20]. 균열의 폭과 처짐량을 제한하기 위해서 응력을 제한하는 경우에는 극한변형률이 작은 항복강도가 낮은 철근을 사용하여야 할 것이다. 2007년도 기준에서 ACI 9.4에 따라 $f_y \le$ 550 MPa 이하이었던 철근의 설계기준항복강도 f_y는 한국산업표준(Korean Standard, KS)에서 550 MPa의 철근이 존재하지 않아 실효성이 떨어져서 2012년도 구조기준에서는 600 MPa을 초과하지 않아야 한다고 개정하였다(표 2.8 참고, 구조기준

19) 현장에서는 예를 들어 고장력철근(SD400)은 D10 대신에 H10으로 표기하고 있음.

20) 2012년에 고장력 철근의 가격은 대략 ton당 82만 원 정도이고, 이보다 약 5천원 낮은 단가의 일반철근의 생산은 되고는 있지만 사용은 미미하다고 한다.

3.3.4). 그러나 구조기준 7.4.1(3) 전단철근[21], 그리고 구조기준 7.6.1(4) 비틀림철근에 대한 설계기준항복강도는 $f_y \leq$ 500 MPa 이하로 취해야 한다고 제시하고 있다[22]. 또한 구조기준 6.4.2(3) 나선철근에 대한 규정에서는 나선철근의 설계기준항복강도는 $f_{yt} \leq$ 700 MPa이하로 하여야 하며, 400 MPa을 초과하는 경우에는 구조기준에서 허용하는 나선철근의 겹침이음을 할 수 없도록 제한하고 있다.

구조기준 21.2.5(2) 내진설계 특별 고려사항에서는 지진력에 저항하는 부재의 철근에서는 제작한 공장에서 계측한 실제 항복강도가 규정항복강도를 120 MPa 이상 초과하지 않아야 되고, 재시험에서 이 값을 20 MPa 이상 초과하지 않아야 된다고 규정하여 철근의 균일한 품질을 요구하고 있다.

철근의 가공 (Fabrication of Bars)[2.1]

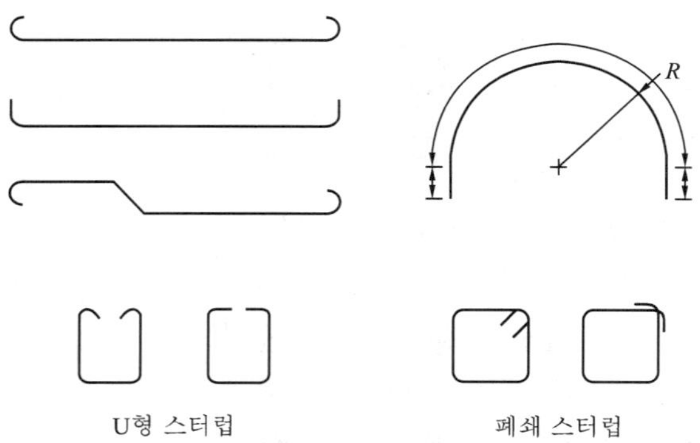

그림 2.51 전형적인 구부린 철근의 형상

철근콘크리트 구조물에 대한 설계도면과 시방서가 준비되면 시공자는 철근 가공업자를 통하여 도면에 적합하도록 철근을 자르고 구부려서 거푸집(forms)에 맞도록 가공하여야 한다. 철근을 가공하기 위해서는 먼저 각 철근에 대한 상세도면(일명 shop drawing이라 부름)을 그려서 준비하여야 한다. 그림 2.51에는 전형적인 구부린 철근을 보여주고 있다. 상세도면이 검토되어 승인되면 철근은 정해진 치수에 따라 잘라서 구부려야 할 것이다. 제작된 철근은 배치되는 위치를 알 수 있도록 표시하여 현장에 배달된다.

거푸집에 배치되어 콘크리트를 치고 다질 때 철근의 위치가 이탈되지 않도록 철근공은 여러 형태의 철근을 철사로 단단하게 주위에 고정하여야 한다. 현재 여러 회사에서 다양한 재질(강재, 플라스틱 및 몰탈)로 철근받침대가 생산되고 있다. 그림 2.52에는 그 중에서 몇몇 종류의 철근받침대를 보여주고 있다.

만약에 철근이 비나 눈 또는 이슬에 노출되면 표면에 녹이 쉽게 발생할 수 있다. 가벼운 녹은 오히려 철근의 표면을 거치게 만들어서 부착강도를 증진시키기 때문에 제거할 필요는 없다(구조기준 5.2.4, ACI 7.4). 그러나 만약에 철근이 오랫동안 습기에 노출되면 녹이 생겨서 표면에 얇은 조각(flake)이 생길 수 있고 이 얇은 조각은 부착을 위해서 반드시 제거하여야 한다.

콘크리트를 치기 전에 설계자나 현장 감리자에 의해서 철근이 설계도면에서 요구하는 제 위치

---

21) 다만, 용접 이형철망(welded deformed wire reinforcement, WWR)을 사용할 경우에는 $f_y =$ 600 MPa이하로 취할 수 있다고 규정하고 있다.

22) 전단보강철근을 주철근을 굽혀서 굽힘철근으로 배치하거나, 비틀림철근에서 종방향 비틀림철근 A_l이 주철근과 같이 배치되므로 전단과 비틀림모멘트 설계가 되는 부재에서 $f_y \leq$ 500 MPa로 제한된다고 볼 수 있다.

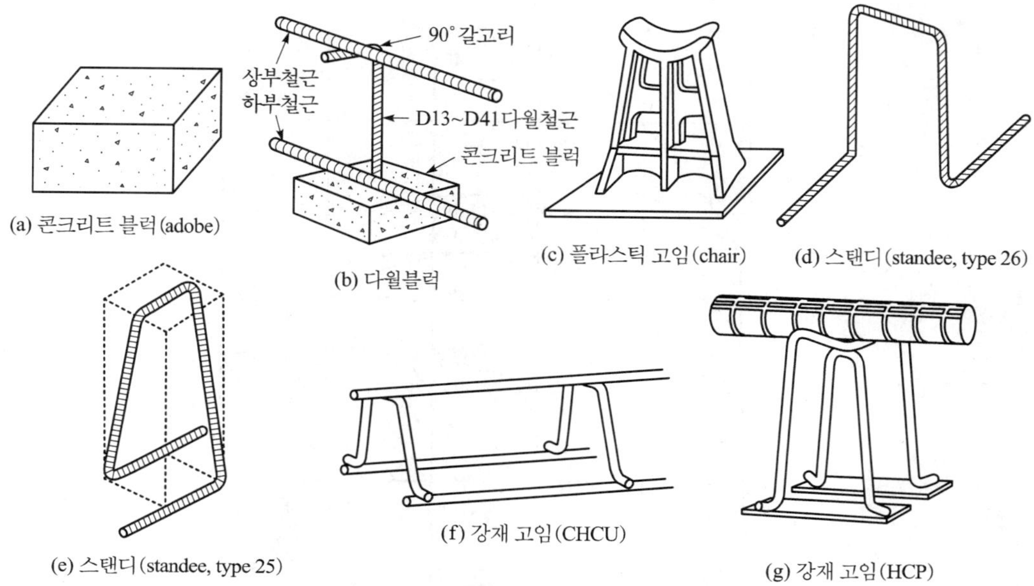

그림 2.52 다양한 철근 고임(chair, 받침대)

에 제대로 배치되었는지 최종 점검를 받아야 한다. 종종 구조물의 파괴나 붕괴가 철근을 제 위치에 배치하지 안했거나 생략하는데 기인하므로 최종점검은 매우 중요하다.

응력-변형률곡선 (Stress-strain Curve)

보강철근의 강도와 강성은 시험체가 파괴될 때까지 1축 인장하중을 작용하여 구한 응력-변형률곡선으로부터 결정할 수 있다.

그림 2.53에는 철근의 전형적인 응력-변형률곡선이 제시되었다. 그림에서 A점을 비례한계(proportional limit), B점은 상항복점($=f_y$, 항복강도 yield point), C점을 하항복점, D점은 극한강도(ultimate stress), E점을 파괴점(fracture point)이라 하고, 응력-변형률곡선을 관찰하면 아래와 같은 특징을 적을 수 있다.

① 초기에 기울기가 매우 가파른 비례한계가 존재하고, 비교적 구분이 뚜렷한 항복점이 존재한다.

② 완전소성(perfect plasticity, 항복 yielding) 단계인 B-C를 지나서 C-D의 변형률강화(strain hardening)와 D-E의 네킹(necking) 구간이 존재한다.

③ 최종적으로 항복하기 전까지 매우 큰 변형률을 보유한다.

④ 최종 끊어지기 전까지의 영구변형률(permanent strain)을 연성(ductility)이라 하고 강도가 낮은 철근일수록 큰 연성을 가지고 있다.

이러한 철근의 특징으로 인하여 철근콘크리트 구조물을 설계하는데 있어서 여러 가지 장점을 갖

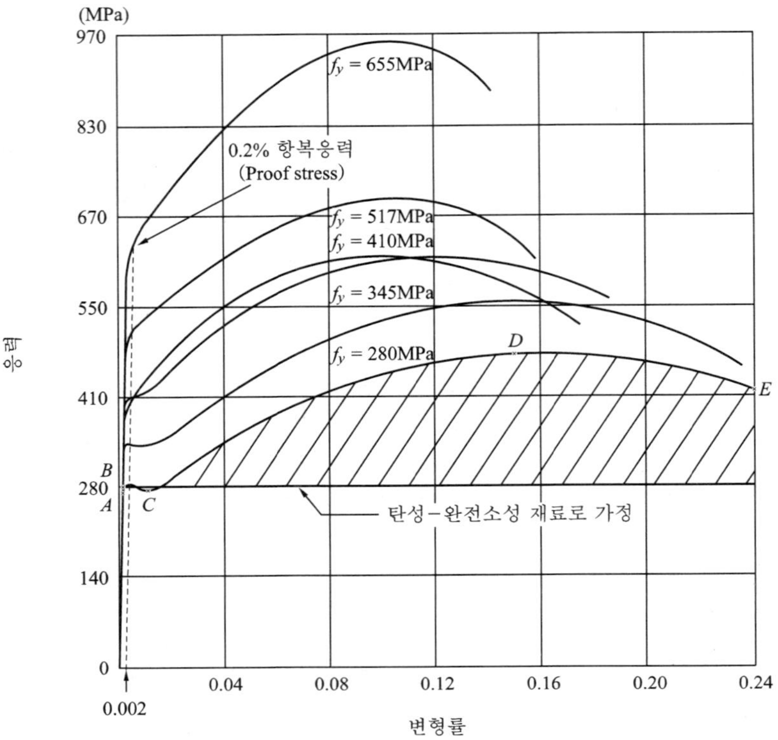

그림 2.53 전형적인 철근의 응력-변형률곡선

게 된다. 응력-변형률곡선에서 보는 바와 같이 상당한 범위의 탄성-비례한계가 존재할 뿐만 아니라 기울기도 거의 연직선과 같아서 탄성영역의 응력에 도달해도 변형률은 매우 작게 되어 구조물은 아주 작은 변형밖에 나타나지 않게 된다. 또한 항복점에 도달한 뒤에 하중이 증가하지 않더라도 변형률만 증가하는 소성영역이 있어서 과하중에 의해서 항복점에 도달하였다고 하더라도 즉시 파괴되지 않고 큰 변형을 보여서 시각적으로 사고에 대비할 수 있도록 도와줄 뿐만 아니라, 변형률경화 구간이 있어서 추가적인 하중의 증가에 저항할 수 있도록 해준다. 이렇게 철근이 큰 연성을 갖고 있어 파단되기 전까지 큰 변형률에너지(strain energy)를 흡수할 수 있어서, 구조기준 3.4.2(ACI 8.4) 연속 휨부재의 휨모멘트 재분배(redistribution of moment)에서와 같이 부정정 구조물에서 응력의 집중을 재분배할 수 있도록 한다(14장 참고).

구조기준 6.2.1(4)(ACI 10.2.4)에서는 설계를 위해서 철근의 응력-변형률 곡선은 2개의 직선, 즉 **탄성-완전소성(elastic-perfectly plastic)**으로 구성되었다고 가정하고 있다(그림 2.53 참고). 이러한 가정은 응력-변형률 곡선이 항복점에 접근하면서 보이는 곡선 부분이나 변형률경화(strain- hardening) 부분을 무시하여 설계를 간단하게 하고 설계결과가 안전 측이 되는 결과를 갖게 된다. 따라서 설계에서는 항복변형률에 도달하기 전까지는 일정한 탄성계수를 가지고 항복변형률에 도달한 뒤에는 변형률이 증가하더라도 항복응력과 같은 값을 가진다고 가정하는 것이다.

구조기준 3.4.3(2)(ACI 8.5.2)에서는 철근의 탄성계수를 인장과 압축에서 동일한 아래 값을 표준으로 하도록 제시하고 있다.

$$E_s = 2.0 \times 10^5\,\mathrm{MPa} = 200\,\mathrm{GPa} \tag{2.51}$$

항복점이 높은 고강도 철근에서는 뚜렷한 수평의 항복점을 보이지 않고 기울기가 작아지면서 지속적으로 증가하게 된다. 이런 경우에 항복점은 그림 2.53에서와 같이 응력-변형률곡선의 초기 기울기와 평행하게 0.002 변형률로부터 이어서 곡선과 만나는 응력을 항복점(오프셋 항복응력, 0.2% offset method 또는 proof stress)으로 결정하거나 또는 구조기준 2.2.3(4)에서와 같이 항복마루가 없는 경우에 변형률 0.0035에 상응하는 응력의 값을 설계기준항복강도 f_y로 사용할 수 있도록 하고 있다.

2.10 철근의 피로 특성(Fatigue Characteristics of Reinforcement)

근래에 와서 강도설계법과 같이 재료의 강도가 설계의 기준으로 이용되고 점차 고강도 철근을 사용하면서 철근의 피로거동에 대해서 관심을 갖게 되었다. 특히 교량 상판과 같은 철근콘크리트 요소들은 많은 반복하중이 작용하게 되면 보강철근이 피로에 의해서 파괴될 수도 있다. 콘크리트 보에 매립된 이형철근이 피로파괴를 일으킨 경우 중에서 가장 낮은 응력범위[stress range, $f_{s(\max)} - f_{s(\min)}$]는 145 MPa이었다[2.57]. 이 피로파괴는 $f_y =$ 400 MPa의 D35 철근이 배치된 보에 반복하중이 125만회 작용한 뒤에 일어났으며 이때의 최소응력은 121 MPa이었다[2.57].

철근의 피로특성은 응력범위와 파괴를 일으키는 데 필요한 반복하중의 수로 표현되며 이를 **S-N 곡선(maximum stress-number of cycles to failure** 또는 **Wöhler curve)**이라 한다. 이형철근에 대해서 수행한 여러 시험에 의해서 구한 S-N 곡선 이 그림 2.54에 주어졌다. 이 곡선은 D16에서 D35 철근을 이용하여 수행되었으며 최소응력은 인장항복강도의 -0.10에서 0.43배의 범위이었다. 그림에서 보면 S-N 곡선이 상당히 서로 다른 특징을 보여주어 응력범위 외에도 여러 요인이 이형철근의 피로강도에 영향을 미치는 것을 알 수 있다.

그림 2.54에서 대부분의 곡선이 반복하중 100만번(10^6)까지는 경사가 급하다가 그 이후에는 경사가 낮은 평평한 부분을 형성하고 있어 실용적인 **피로한계(fatigue limit 또는 endurance limit)**를 형성하고 있다. 작용하는 응력범위가 이 피로한계보다 작으면 무한한 반복하중에도 파괴를 일으키지 않고 견딜 수 있는 한계이다. S-N 곡선에서 기울기가 급한 부분의 피로강도 범위를 **유한수명(finite life)**이라고 하고 기울기가 거의 없어 평평한 부분의 응력범위를 **무한수명(long life)**이라고 부른다.

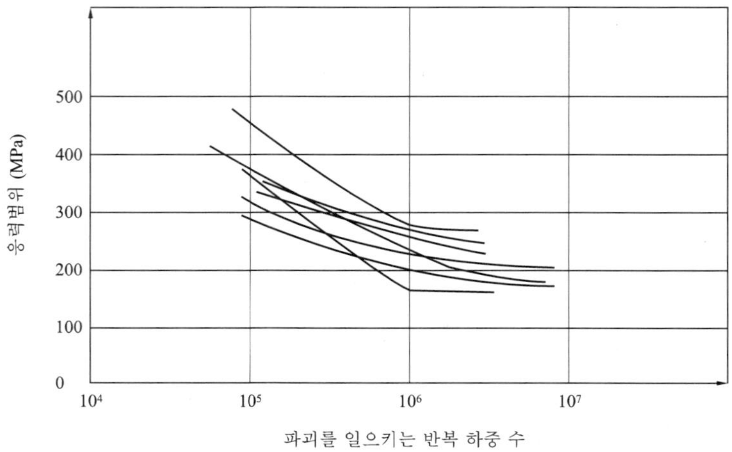

그림 2.54 이형철근의 응력범위-피로수명(stress range-fatigue life) S-N **곡선**[2.57]

보강철근의 피로파괴는 일반적으로 철근의 표면에 아주 작은 균열이 발생하면서 시작한다. 하중이 지속적으로 반복하여 작용하면서 초기 균열이 철근의 다른 부분으로 발달하여 더 이상 하중을 지지하지 못하고 파괴가 일어나게 된다[2.25].

MC90 보고서 3.2.2(1.3 Repeated loading fatigue behavior)[2.58] 에 의하면 표면이 매끄러운 철근에 비해서 리브(libs)나 홈(notch)이 있는 철근의 피로강도가 낮고 철근의 지름이 증가할수록 감소하는 경향이 있다고 보고하고 있다. 또한 굽은 철근이 직선철근에 비해서 피로강도가 떨어지고 특히 굽힌 반경이 작아질수록 피로강도가 더 떨어진다고 보고하고 있다. 실험결과에 의하면 굽힘의 반경이 철근의 지름의 5배일 때 피로강도는 직선철근에 비해서 52%~68% 밖에 되지 않고, 굽히는 반경이 지름의 15배인 경우에는 5배인 경우의 1/3 정도인 16%~22%만 감소한다고 하였다. 게다가 용접이 철근의 정적강도(static strength)에는 거의 영향을 미치지 않지만 피로강도는 상당히 감소시킨다고 보고하였다. 또한 유해한 환경(말하자면 바다 등의)에서 부식은 철근의 피로강도에 나쁜 영향을 미친다고 보고하고 있다.

철근콘크리트 구조물의 설계에 있어서 중요한 질문은 그럼 과연 콘크리트에 매립되지 않은 철근(naked bar)에 대한 피로실험 결과를 직접적으로 매립된 보강철근에 적용할 수 있느냐하는 것에 대한 의문이다. 실험에 의하면 콘크리트에 매립된 철근의 **특성피로강도(characteristic fatigue strength = stress range)**는 재료의 피로강도에 비해서 40%에서 70% 밖에 되지 않는다고 보고하고 있다. 이렇게 매립된 철근의 피로강도가 낮아지는 이유는 매립된 철근에 점진적으로 일어나는 부식의 영향(fretting corrosion effect) 때문이라고 한다.

CEB-FIP MC90 표 6.7.1[2.39]에서는 콘크리트에 매립된 보강철근의 특성피로강도(characteristic fatigue strength)를 10^6 (백만) 반복하중에 대해서 직선철근이나 굽힘철근의 굽힘반경이 지름의 25배 이상인 경우에 철근의 지름이 16 mm 이하일 때는 210 MPa로, 16 mm ~ 40 mm일 때는 210 MPa ~ 160 MPa로 제시하고 있으며, 굽힘반경이 철근 지름의 25배 이하인 경우에는 이 값들에 계수 $\xi = 0.35 + 0.026\,D/\phi$ 를 곱하도록 하였다. 여기에서 ϕ는 철근의 지름이고 D는 굽힘반경이다. 용접이나 기계적 연결을 한 경우에는 10^7 (천만) 반복하중에 대해서 응력범위를 50 MPa로 제시하고 있으며, 해양환경에 대해서는 동일한 반복하중에 대해서 65 MPa를 제시하였다.

MacGregor[2.31]는 설계목적을 위해서 다음과 같이 제시하고 있다. 어떤 부재의 이형철근이 10^6 또는 그 이상의 반복하중에 의해서 인장응력이나 인장응력과 압축응력이 작용하게 되면 최대응력과 최소응력의 차이가 140 MPa을 초과하게 되면 피로파괴가 일어날 수 있고, 굽은 부근이나 용접한 철근에서는 응력범위가 70 MPa 이상 초과하게 되면 피로파괴가 일어날 수 있다고 제안하고 있다.

구조기준 4.4.2 피로에 대한 안정성을 검토하는 경우에 충격을 포함한 사용 활하중에 의한 철근과 긴장재의 응력 범위가 표 2.10의 응력범위 이내에 들면 피로에 대해서 검토할 필요가 없다고 제안하며, 피로의 검토가 필요한 구조 부재는 높은 응력을 받는 부분에서 철근을 구부리지 못하도록 하고 있다.

표 2.10 피로를 고려하지 않아도 되는 철근과 긴장재의 응력 범위 [구조기준 4.4.2, 표 4.4.1]

강재의 종류	설계기준항복강도 혹은 위치	철근 또는 긴장재의 응력 범위(MPa)
이형철근	300 MPa	130
	350 MPa	140
	400 MPa 이상	150
긴장재	연결부 또는 정착부	140
	기타 부위	160

2.11 철근의 온도특성(Thermal Properties of Reinforcement)

철근의 온도팽창계수는 실제로는 11.5 x 10^{-6}/℃이지만 보통 설계목적을 위해서 콘크리트와 같은 10 x 10^{-6}/℃을 사용한다. 그림 2.55에서와 같이 이형철근이 화재 등으로 인해서 고온에 노출되면 강도를 잃게 된다. 철근의 온도가 200℃이상 증가하게 되면 강성(stiffness)과 강도(strength)가 상당히 감소하게 된다. 온도가 450℃ 이상 증가하게 되면 항복강도와 극한강도가 상당히 감소하게 된다. 프리스트레싱 강선이나 강봉에서는 고온에 대한 영향이 더욱더 뚜렷하여 온도가 400℃로 증가하면 극한강도는 평온의 극한강도에 비해서 50% 정도 밖에 되지 않고 있다. 보강철근에 대한 콘

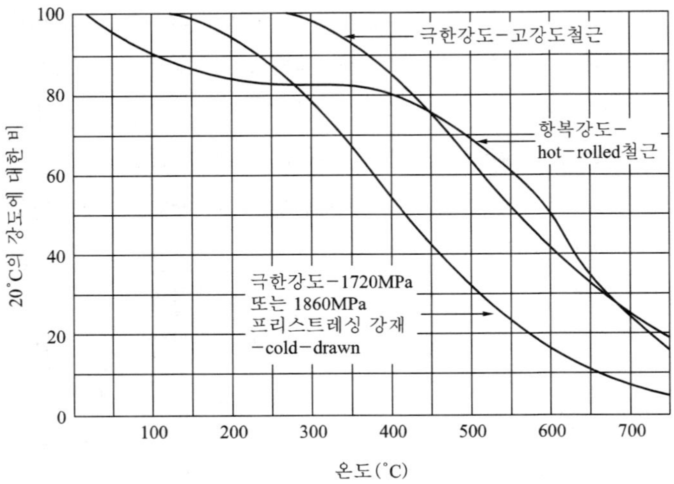

그림 2.55 고온에서의 철근의 강도감소

크리트 피복두께의 기능 중에 하나가 철근이 직접적으로 화재에 노출돼서 강도를 잃는 것을 방지하고자 하는 것이다.

구조기준 5.4.6(3)(ACI 7.7.8)에는 내화를 필요로 하는 구조물의 피복두께는 화열의 온도, 지속시간, 사용골재의 성질 등을 고려하여 정하여야 하며, 표 2.12(구조기준 5.4)에 제시된 최소 피복두께보다 더 큰 값이 요구될 때에는 이에 상응하는 내화성능의 재료나 피복 재료를 사용하거나 또는 피복두께의 값을 증가시켜야 한다고 규정하고 있다.

2.12 철근의 부착특성(Bond Characteristics of Reinforcement)

콘크리트에 매립된 이형철근을 잡아당겨 뽑기 위한 힘은 매립된 길이(embedment length)가 길면 길수록 많은 힘이 필요하게 된다(그림 2.56 및 2.57 참고)[2.25]. 따라서 매립길이가 충분히 길게 되면 철근은 콘크리트에서 빠지기 전에 인장에 의해서 항복하게 될 것이다. 철근에 항복강도가 발달하도록 요구하는 최소 매립길이를 **정착길이(development length)**라 한다. 따라서 이 정착길이 l_d는 보강철근의 부착특성에 따라 좌우되게 된다.

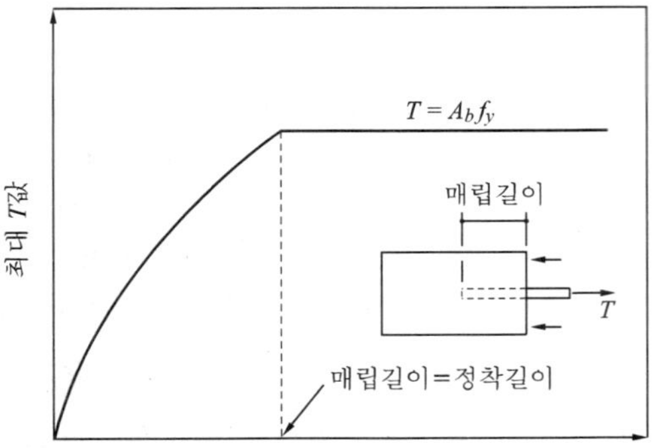

그림 2.56 정착길이(development length)의 개념

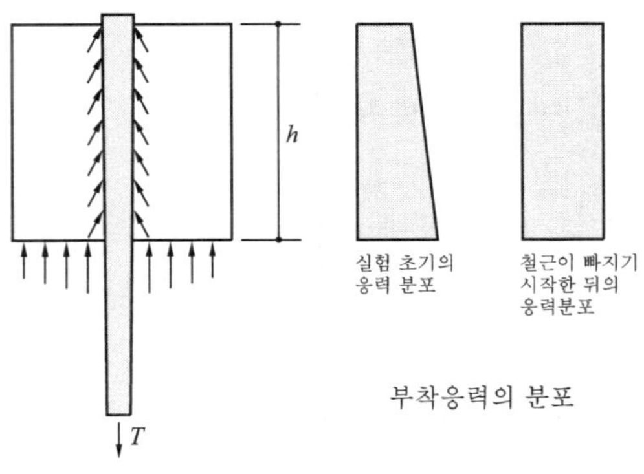

그림 2.57 뽑는 시험체(pull-out specimen)에서의 부착응력의 분포[2.59]

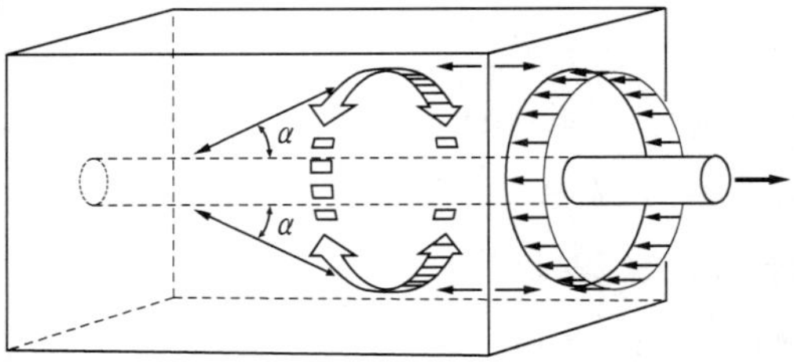

그림 2.58 경사압축응력(inclined compressive forces)의 방사 방향 분력에 균형을 이루기 위해서 콘크리트에 발생하는 환상의 인장응력(tensile stress rings)[2.60]

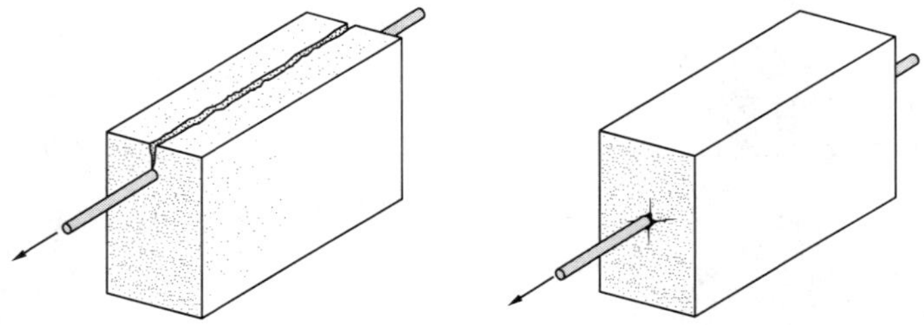

(a) 찢어짐 파괴 (b) 뽑힘 파괴

그림 2.59 찢어짐파괴(splitting)와 뽑힘파괴(pull-out failure) (그림 5.7e 참고)

보강철근으로부터 콘크리트로의 힘의 전달은 그림 2.58과 같이 철근으로부터 방사방향(radial direction)으로 분포하는 경사압축력에 의해서 전달되며 이런 현상은 1913년 Adams[2.59]에 의해서 제시되었다. 경사압축력의 방사방향 분력은 철근을 둘러싸고 있는 콘크리트에 원주 인장응력이 발생하여 균형을 이루게 된다(그림 2.58 참고). 이형철근이 둘러싼 콘크리트에 하중을 얼마나 전달할 수 있느냐 하는 능력은 환상의 인장에 의해서 어떻게 파괴가 일어나느냐에 따라 좌우되며, 콘크리트의 피복두께에서 가장 얇은 부분이 먼저 찢어지는 파괴가 일어나게 될 것이다(그림 2.59 참고). 그러나 만약에 직경이 작은 철근이 큰 콘크리트 블록에 매립되어 있게 되면 그림 2.59b와 같이 콘크리트에 찢어짐이 일어나기 전에 철근이 뽑히는 파괴가 일어나게 될 것이다.

1996년도에 발행된 콘크리트표준시방서(ACI 318-89)에서는 기본정착길이(basic development length)를 찢어짐 파괴를 방지하기 위해서는 철근의 단면적을 함수로 표현하였고, 뽑힘파괴가 일어나지 않도록 하기 위해서는 철근의 직경을 함수로 각각 제시하였다. 2003년 이후에 발행된 구조기준 8.2.2(ACI 12.2.2)에서는 이러한 기본정착길이를 계산하는데 이 2 기본 파괴모드를 통합하여 식 (6.5)로 제시하고 있다. 식 (6.5)에서 $\sqrt{f_{ck}}$ 로 나누어 주므로 콘크리트의 강도가 증가함에 따라 정착길이가 감소한다는 의미를 포함하고 있다. 그러나 구조기준에서는 콘크리트의 강도가 70 MPa 이상으로 증가한다고 하더라도 정착길이를 감소시키지 못하도록 제한하기 위해서 $\sqrt{f_{ck}} \leq$ 8.4 MPa[23)] 이하가 되도록 하고 있다[구조기준 8.2.1(2), ACI 12.1.2].

23) $f_{ck} \leq$ 70.56 MPa이 된다.

2.13 **내구성**(Durability Considerations)[2.25]

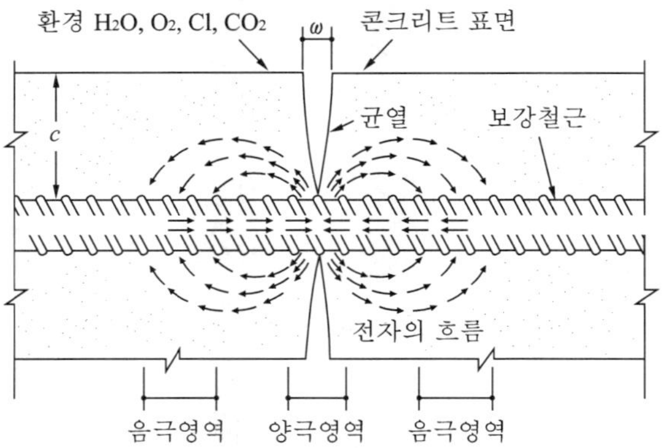

(a) 전자의 흐름

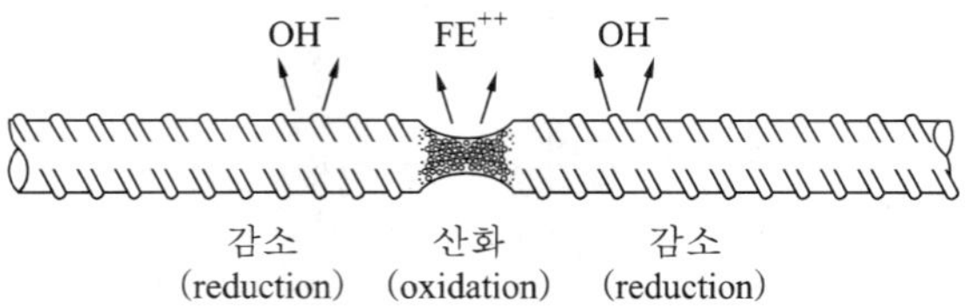

(b) 양극에서의 부식

그림 2.60 철근의 부식 - 전기화학 과정 (electrochemical process)

철근의 부식은 콘크리트 피복에 박리(spall)가 일어나도록 하여 보기에도 흉할 뿐만 아니라 보수에 많은 비용이 들게 된다. 특히 프리스트레스 콘크리트(PSC) 구조물에서 긴장재의 부식은 구조물의 내구성에 상당한 피해를 줄 수 있다. 예를 들면 1980년 5월에 Berlin Congress Hall의 붕괴는 포스트텐션 긴장재의 부식과 피로가 그 원인이었다고 보고되고 있다[2.25].

콘크리트에 매립된 철근의 부식은 전기화학 과정(electrochemical process)으로 배터리에서 일어나는 반응과 유사하다(그림 2.60 참고). 철근의 한 부분이 양극(anode)으로 작용하고 이 부분의 철근에서 철이 산화하여 산화 제1철(ferrous ions)과 전자(electron)을 방출하면서 부식이 일어나게 된다. 전기화학 전위가 높은 다른 부분의 철근은 음극(cathodes)으로서 역할을 하여 산소와 물 그리고 전자를 소모하여 수산기 이온(hydroxyl ions)을 형성한다. 전기화학 작용을 완성하기 위해서 철근은 전기 전도체(electrical conductor)로 소금이 녹아있는 콘크리트 공극의 물은 전해물(electrolyte)로서 역할을 하게 된다.

포틀랜드 시멘트 콘크리트는 전형적으로 높은 알카리성(highly alkaline environment)을 띠고 있다. 포틀랜드 시멘트의 수화작용은 상당한 양의 수산화칼슘(calcium hydroxide)을 생산하여 pH 12.5 정도로서 보호막을 형성하게 된다. 이런 정도의 알카리성을 가진 콘크리트에 매립된 철근은 전형적으로 거의 반응이 없는 부동상태에 있게 된다. 이런 철근의 부동상태(passivity)는 철근의 표면에 **얇은 산화물 막(thin oxide film, 부동태피막)**이 형성되어 추가적인 부식을 방지하는 현상으로 설명할 수 있다. 이 산화물 막은 보통의 대기환경에서 알루미늄이나 아연 표면에 생겨서 추가적인 부식을 막는 막과 유사하다. 이 산화물 막이 손상을 입지 않고 보호되면 철근은 부식을 일으키지 않고 유지될 수 있다.

콘크리트의 천연적인 알카리성은 경화된 포틀랜드 시멘트풀과 이산화탄소(carbon dioxide) 사이의 화학반응에 의해서 감소될 수 있다. 이 반응을 **탄산화(carbonation)**라 부르며 이 반응으로 인하여 콘크리트의 pH가 8 정도로 낮아져서 매립된 철근의 부동성을 파괴하여 부식이 시작되게 한다.

다행스럽게도 특히 콘크리트의 품질이 양호한 상태에서는 탄산화가 매우 느리게 진행된다. 1976년 Schiessl[2.61]은 콘크리트의 설계기준강도 $f_{ck}=$ 35 MPa인 콘크리트에서 20년 뒤의 탄산화 깊이는 10 mm 이하가 된다고 보고하고 있다. 따라서 일반적으로 균열이 일어나지 않은 콘크리트에서 탄산화가 콘크리트의 피복두께를 침투하지 못할 것이다. 만약에 콘크리트에 균열이 존재하게 되면 이산화탄소가 훨씬 더 깊이 침투하게 되어 탄산화의 깊이가 증가하게 될 것이다.

만약에 염화물(chlorides)이 있게 되면 비록 높은 pH에서도 철근의 부동성에 손상을 입힐 수 있게 된다. 콘크리트에 아주 낮은 농도의 염화물이라도 액상상태로 존재하게 되면 매립된 철근의 부동태피막을 파괴시킨다고 보고하고 있다[2.62]. 콘크리트의 염화물은 여러 원인으로부터 유입되는데 전형적으로 시멘트 자체에 이미 염화물이 무게비로 50 ppm～100 ppm을 포함하고 있다. 보통 음용수는 250 ppm 이하, 수돗물은 보통 50 ppm 이하의 염화물을 포함하고 있다. 여기에 비해서 해수는 20,000 ppm (즉, 2%)의 염화물을 포함하고 있다. 백운석(dolomite)은 1,000 ppm의 염화물을 포함하고 있지만, 일반적으로 골재에 함유된 염화물은 10 ppm～400 ppm 범위에 있다. 표 2.11에는 각각 다른 재료에 포함되어 있는 염화물의 총 함유량을 계산하는 예를 보여주고 있다.

표 2.11 총 염화물의 함량 계산 예

구성 요소	단위량 (kg/m^3)	염화물 함유량 (ppm)	총 염화물 (kg/m^3)
시멘트	356	50	0.0178
잔골재	682	100	0.0682
굵은골재	1,068	1,060	1.1321
단위수량	166	250	0.0415
혼화제	1.13	800	0.000904
총 염화물의 무게 = 1.261 kg/m^3 , 총 염화물의 함량 = 시멘트의 무게비에 대해서 0.354%			

각 재료에 함유된 염화물이 동일하게 철근의 부식에 영향을 미치지는 않을 것이다. 물속에 포함된 100 g의 염화물이 골재 속에 포함된 100 g의 염화물에 비해서 더 심각한 영향을 미칠 것이다. 더군다나 콘크리트 속에 함유된 염화물 중에서 오직 1/2이나 1/3 정도만이 물에 녹을 수 있고 이 물에 녹는 염화물이 부식에 영향을 미친다고 생각되고 있다. ACI 222R-01 보고서[2.63]에 의하면 수용성 염화물이 시멘트 무게에 비해서 0.15%를 초과하면 부식이 시작된다고 보고하고 있다.

아마도 배합재료에 포함된 염화물의 양보다도 더 중요한 사항은 콘크리트를 사용 중에 침투하는 염화물의 양일 것이다. 바닷가나 해양에 위치한 구조물에는 해수가 직접 접하거나 또는 바람에 의한 물보라 등에 의해서 염화물이 지속적으로 침투하게 될 것이다. 또는 제빙화학제(deicing chemicals)가 살포되는 도로부근의 주차건물, 교량, 구조물 등에는 상당히 높은 염화물에 노출되게 될 것이다.

염화물이 콘크리트에 침투하는 속도는 여러 요소에 의해서 좌우되지만 그 중에서 가장 중요한

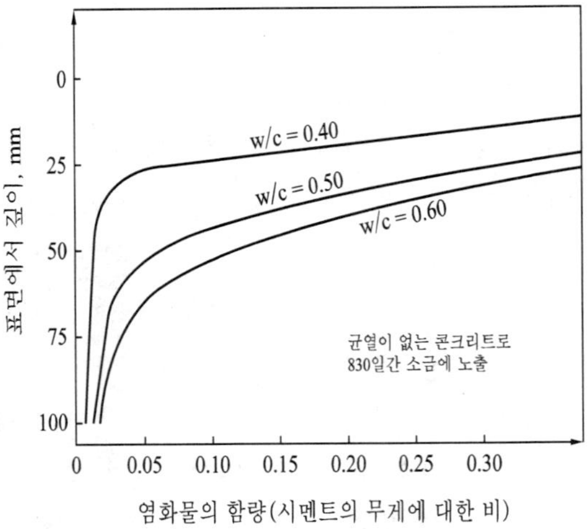

그림 2.61 830일간 소금에 노출시킨 뒤에 표면으로부터 깊이에 따른 염화물의 함량변화[2.64]

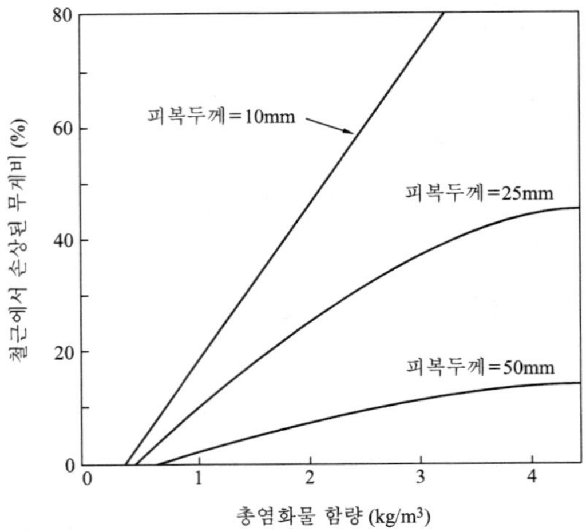

그림 2.62 콘크리트 피복두께와 염화물 함량 그리고 부식이 일어난 정도와의 관계[2.66]

요소는 콘크리트의 품질일 것이다. 따라서 그림 2.61에서 보면 물-시멘트 비가 0.4인 콘크리트가 0.6의 콘크리트보다 염화물의 침투를 잘 막는 것을 볼 수 있다.

매립된 철근의 부동상태(passivity)가 손상되게 되면 콘크리트가 탄산화에 의하던지 또는 염화물의 침투에 의해서 부식이 시작되고 구조물의 수명이 얼마나 남느냐는 얼마나 빠르게 부식이 진행되느냐에 달려있다. 부식이 진행되는 속도는 얼마나 전기화학 작용이 효과적으로 진행되느냐에 달려있다. 대부분의 경우에서 콘크리트의 전기저항(electrical resistivity)과 음극(cathode)에 얼마만큼 산소가 공급될 수 있느냐에 따라 부식 진행의 속도가 결정되게 된다[2.62].

만약에 콘크리트의 전기저항이 높게 되면 부식을 일으키기에 충분한 전류가 흐르지 못하게 된다. 콘크리트의 품질이 전기저항에 영향을 미치기는 하지만 콘크리트의 전기저항을 결정하는 가장 중요한 요인은 콘크리트의 함수율이다. 만약에 함수율이 40% 이하가 되어 전기저항이 증가하게 되면 뚜렷한 부식을 일으키지 못하게 될 것이다.

콘크리트의 투과성(permeability)과 철근에 대한 피복두께가 산소의 양을 결정하는 가장 중요한 요소들이다. 품질이 좋고 균열이 없는 콘크리트의 투과성은 상당히 낮기 때문에 1982년 Gerwick와 Mehta[2.65]는 콘크리트에 상당한 미세균열이 발생해서 투과성이 충분히 커져서 넓은 부분의 철근에 산소의 접근이 용이해질 때 부식이 비로소 일어날 수 있다고 가정하였다.

1985년 Rasheeduzzafar[2.66] 등은 콘크리트 구조물의 내구성에 대해서 콘크리트 피복두께와 염화물의 함량이 미치는 뚜렷한 영향을 보여주었다. 그들은 사우디아라비아 동부 걸프해를 따라 10년에서 15년 된 62개의 철근콘크리트 구조물에 대해서 연구하였다.

이 무더우면서(온도가 올라갈수록 부식의 속도가 증가한다) 습도가 높고 해수로 인해서 염분이 있는 환경에서 그들은 콘크리트의 성능이 상당히 손상된 것을 발견하였다. 부식이 일어난 철근을 둘러싼 콘크리트에서 채취한 샘플을 분석하면서 염화물의 함량과 강재의 손상에는 거의 직접적인 관계가 있는 것을 발견하였다. 그러나 비록 콘크리트와 철근 사이에서의 염화물의 함량은 동일하다고 하더라도 콘크리트 피복두께가 증가하게 되면 부식은 상당히 감소하였다(그림 2.62 참고).

콘크리트 피복두께가 부식에 미치는 영향을 고려해 볼 때 세계 각 국의 시방서가 환경의 정도에 따라 요구하는 피복두께를 달리하는 것은 놀랄 일이 아닐 것이다. 일반적으로 혹독한 환경에서 피복두께를 증가시켜야 된다는 데는 대부분 일치하지만 실제로 얼마만큼 두껍게 피복을 해야 하느냐는 데는 서로 상당한 차이가 있다. 예를 들어서 혹독한 환경에서 피복두께를 각종 시방서에서 적게는 20 mm에서 많게는 60 mm까지 규정하고 있어서 실제로 피복두께를 규정하는 것은 임의라고 볼 수도 있다[2.25].

구조기준 5.4(ACI 7.7)에서는 최소 **피복두께(cover thickness)**[24)]를 노출조건에 따라, 부재의 종류에 따라, 콘크리트의 종류에 따라 또한 철근의 굵기에 따라 다르게 규정하고 있다. 표 2.12에는 구조기준 5.4에서 제시하는 최소 피복두께가 주어졌다. 구조기준에서는 옥외의 공기나 흙을 직접 접하지 않는 콘크리트의 보나 기둥에서 콘크리트의 설계기준강도 f_{ck}가 40 MPa 이상이면 규정된 최소 피복두께에서 10 mm를 저감시킬 수 있다고 제시하고 있다.

구조기준 5.4.6(ACI 7.7.6) 특수 환경에 노출되는 콘크리트 및 철근에서는 고내구성이 요구되는 구조체의 경우 또는 해안에서 250 m 이내에 위치하는 구조체로서 추가의 표면처리 공사를 수행하지 않고 직접 외부에 노출되어 염해를 받는 경우 및 유수 등에 의한 심한 침식 또는 화학작용을 받는 경우에는 현장치기 콘크리트인 경우에는 D16 이하의 철근을 사용한 벽체나 슬래브에서는 50 mm 이상, 기타 부재에서는 80 mm 이상의 피복두께를, 그리고 프리캐스트 콘크리트인 경우에는 벽체나 슬래브에 40 mm 이상, 기타 부재에는 50 mm 이상의 피복두께를 확보하도록 규정하고 있다.

또한 구조기준 5.4.6(3)(ACI 7.7.8) 내화를 필요로 하는 구조물의 피복두께는 화열의 온도, 지속시간, 사용골재의 성질 등을 고려하여 정하여야 하며, 표 2.12에서 규정된 최소 피복두께보다 더 큰 값이 요구될 때에는 동등한 내화성능의 재료나 피복 재료를 사용하거나 피복두께의 값을 증가시켜야 한다고 규정하고 있다.

---

24) 피복두께(cover thickness) : 콘크리트 표면과 가장 가까이 배근된 철근 표면사이의 콘크리트 두께

표 2.12 철근의 최소 피복두께(구조기준 5.4, ACI 7.7) (단위 : mm)

<table>
<tr><th></th><th colspan="3">현장치기 콘크리트</th><th colspan="3">공장제품 프리캐스트 콘크리트</th></tr>
<tr><td rowspan="2"></td><td colspan="2">수중에 있는 콘크리트</td><td>100</td><td rowspan="2">벽 체</td><td>D35 초과</td><td>40</td></tr>
<tr><td colspan="2">영구히 흙에 묻혀있는 콘크리트</td><td>80</td><td>D35 이하</td><td>20</td></tr>
<tr><td rowspan="3">흙에 접하거나 옥외 공기에 직접 노출되는 콘크리트</td><td colspan="2">D29 이상인 철근</td><td>60</td><td rowspan="3">기타부재</td><td>D35 초과</td><td>50</td></tr>
<tr><td colspan="2">D25 이하인 철근</td><td>50</td><td>D19 이상, D35 이하</td><td>40</td></tr>
<tr><td colspan="2">D16 이하, 지름 16mm 이하인 철선</td><td>40</td><td>D16 이하</td><td>30</td></tr>
<tr><td rowspan="5">옥외 공기나 흙에 직접 접하지 않는 콘크리트</td><td rowspan="4">슬래브, 벽체, 장선구조(joist)</td><td>D35 초과</td><td>40</td><td rowspan="3">슬래브, 벽체, 장선구조</td><td>D35 초과</td><td>30</td></tr>
<tr><td rowspan="3">D35 이하</td><td rowspan="3">20</td><td>D35 이하</td><td>20</td></tr>
<tr><td>지름 16mm 이하의 철선</td><td>15</td></tr>
<tr><td rowspan="2">보와 기둥</td><td>나선철근, 띠철근, 스터럽</td><td>10</td></tr>
<tr><td>보와 기둥</td><td colspan="2">40
($f_{ck} \geq$ 40 MPa 이상이면 규정된 값에서 10mm를 저감시킬 수 있다.)</td><td>주철근</td><td>철근지름 d_b이상
다만 15 mm 이상, 40 mm 이하</td></tr>
</table>

구조기준 4.5.4(3)에서는 또한 철근의 부식방지를 위해서 굳지 않은 콘크리트의 염화물 이온량은 원칙적으로 0.30 kg/m^{3}이하로 하여야 하지만, 책임기술자의 승인을 받는 경우 0.60 kg/m^{3}까지 허용할 수 있도록 하고 있다. 이미 굳은 콘크리트의 염소물이온량(최대 수용성 염소이온 Cl^-)에 대한 검토가 염소이온 농도에 의해 이루어질 경우, 재령 28일 이후의 콘크리트에서 최대 수용성 염화물농도는 표 2.13(구조기준 표 4.5.2)에 제시되어 있다. 표 2.13에는 또한 제빙화학제, 소금, 염수, 해수 및 해수물보라 등과 같은 염화물에 직접 노출되는 콘크리트인 C2 노출등급 콘크리트인 경우 최대 물-결합재 비를 0.40를 초과하지 못하고 최소 설계기준강도는 $f_{ck} \geq$ 35 MPa 이상이 되도록 규정하고 있다.

그림 2.63과 같이 부식방지를 위해서 철근을 에폭시수지 피복(epoxy-coating)을 하여 사용하기도 한다. 에폭시수지 피복철근은 깨끗하게 청소한 이형철근을 전기오븐에 통과시키면서 철근에 열을 가하여 에폭시 코팅을 입혀서 제작하게 된다(KS D 3629 참고). 에폭시수지 피복을 하여 철근에 산소, 습기 또는 염화물의 접촉을 차단하여 부식으로부터 보호할 수 있다. 피복된 철근을 다룰 때는 피복에 손상이 가지 않도록 조심해야 되지만 국부적인 피복의 손상이 과도한 부식

그림 2.63 교량에 배치된 에폭시로 피복된 보강철근

표 2.13 노출등급에 따른 내구성 허용기준 : 철근 방식을 위한 최대 수용성 염소이온의 비율(구조기준 표 4.5.2)

철근 방식에 대한 노출등급	최대 물-결합재비	최소 f_{ck}	콘크리트 내 최대 수용성 염소이온(Cl^-) 량 (시멘트의 질량에 대한 %)	
			철근콘크리트	프리스트레스트 콘크리트
C0	-	21	1.00	0.06
C1	-		0.30	
C2	0.40	35	0.15	

C0 : 무시 - 건조하거나 또는 수분으로부터 보호되는 콘크리트

C1 : 보통 - 수분에 노출되지만 외부의 염화물에 노출되지 않는 콘크리트

C2 : 심함 - 제빙화학제, 소금, 염수, 해수 또는 해수 물보라 등과 같은 염화물에 직접적으로 노출되는 콘크리트

을 일으키지는 않는다고 보고되고 있다. 이런 피복된 철근을 사용하게 되면 앞에서 다룬 보호의 정도를 조절할 수 있어서 경제적이 될 수도 있다.

구조기준 5.2.4(ACI 7.4)에서는 콘크리트를 칠 때 철근의 표면에는 부착을 저해하는 흙, 기름 또는 비금속 도막이 없어야 하지만 구조기준 2.2.3(5)에서 규정하는 아연도금 또는 에폭시수지 피복을 한 도막철근은 사용할 수 있다고 제안하고 있다. 또한 PS 강재가 아닌 경우에 철근의 녹이나 가공 부스러기 등을 쇠부러쉬로 글어낸 시험체(hand-wire-brushed test specimen)에서 마디 높이를 포함하는 최소치수와 중량 기준(KS D 3504)에 미달하지 않는다면 특별한 조치를 취하지 않아도 만족한 결과를 얻을 수 있다고 규정하고 있다. 구조기준 해설 5.2.4(2)에 의하면 이형철근의 부착특성에 미치는 녹과 가공 부스러기(mill scale)의 영향에 대한 실험에서 적당량의 녹(normal amount of rust)은 오히려 부착을 증가시킨다는 것이 확인되었다.

구조물에 발생한 균열은 콘크리트 피복에 투수성(permeability)과 다공성(porosity)을 상당히 증가시키기 때문에 콘크리트 표면에서의 균열 폭에 대한 규정과 부식방지가 서로 관계를 갖는 것은 당연하다고 볼 수 있다(그림 2.60 참고). 균열의 폭이 넓어지면 더 많은 부식이 일어날 것이라는 견해가 논리적으로 보이지만 1983년 Beeby[2.67]는 많은 실험결과를 분석하면서 균열 폭과 부식사이에는 관계가 없다고 주장하였다. 전형적으로 실험에서 균열의 폭이 얼마이던지 간에 균열은 염화물이 철근에 도달하도록 하므로 균열의 폭이 0.1 mm 이던지 또는 넓은 0.5 mm 이던지 간에 거의 차이가 없다는 것을 보여주었다.

부식의 진행속도에 미치는 균열의 폭에 대한 연구에서는 부식이 지속적으로 진행되기 위해서는 산소가 보강철근의 음극영역에 도달하여야 한다(그림 2.60 참고). 또한 부식이 빠르게 진행되기 위해서는 음극영역이 양극영역에 비해서 훨씬 더 넓어야 한다(부식의 진행속도는 대략 음극영역에 대한 양극영역의 비에 비례한다). 따라서 그림 2.60과 같이 철근을 가로지르는 균열보다 균열을 따라 발생하는 2차적인 균열이 더욱 위험하게 된다(그림 6.10 참고).

철근의 광범위한 영역에 상당한 양의 산소가 공급되는 것을 막기 위해서는 콘크리트의 표면에 발생하는 균열의 폭을 조절하려는 노력보다는 철근에 발생하는 높은 응력을 조절하는 것이 더 효과적이다. 그 이유는 철근의 응력이 높은 영역에서는 미세균열이 부근의 철근을 따라 발생할 수 있고 이 균열이 넓은 영역에 산소를 공급하는 길이 될 수 있기 때문이다.

철근콘크리트 구조물이 내구성(durability)을 갖기 위해서는 철근을 품질이 좋은 콘크리트로 적당한 피복두께로 둘러싸야 하고 콘크리트 배합에 과도한 염화물이 포함되어 있지 않아야 할 것이다. 균열의 폭을 계산하거나 조절하려는 노력은 중요하지만 기억하여야 할 것은 균열의 폭이 부식의 가능성에 대해서 확실한 척도는 아니라는 사실을 이해하여야 한다. 오히려 배수와 같은 설계상세가 훨씬 더 중요한데 그 이유는 구조물이 견뎌야 하는 노출조건을 향상시킬 수 있으며 적절한 유지관리는 구조물의 수명을 연장시킬 수 있다.

철근의 부식이 철근이나 프리스트레스트 콘크리트 구조물의 내구성에 심각한 해를 입힐 수 있지만 다른 종류의 화학작용도 일어날 수 있다. 예를 들면 보통 포틀랜드 시멘트로 만든 콘크리트에 대한 황산염(SO_4)을 포함한 용액의 공격이나 알카리 환경에 있는 콘크리트의 특정한 골재의 화학반응과 같은 것이 있다. 이러한 반응에 의한 골재의 팽창이 구조물에 상당한 손상을 줄 수도 있다.

철근의 간격 제한(Spacing Limits for Reinforcement)

콘크리트 표면에 곰보(honeycoming) 등이 생기지 않기 위해서는 배치할 때 묽은 콘크리트가 철근사이를 통과하면서 재료분리가 일어나지 않도록 철근의 순간격에 대한 규정이 제시되어야 할 것이다. 구조기준 5.3.2(ACI 7.6)에서는 각 구조요소에 대해서 철근의 최소 순간격을 아래와 같이 규정하고 있다. 여기에서 s_c는 수평철근의 순간격 s_{cv}는 상하철근의 순간격을 의미하고, $a_{\max}$는 굵은 골재의 공칭 최대치수, d_b는 철근의 공칭지름, d_{str}은 스터럽의 공칭직경이다(그림 2.64 참고). **다발철근(bundle bar)**을 사용하는 경우에는 다발철근의 지름은 등가단면적으로 환산된 한 개의 철근지름으로 보아 다발철근의 간격과 최소 피복두께를 계산하여야 한다[구조기준 5.3.2(6)③]. 따라서 다발철근의 총 단면적 A_s인 경우에 등가철근의 직경 $d_{eff} = \sqrt{4A_s/\pi}$가 된다.

$$\text{보에서 철근의 순간격} \begin{cases} \text{① 수평 철근 간격 } s_c \geq [\,25\text{ mm},\ d_b,\ (4/3)a_{\max}\,] \text{ 이상} \\ \text{② 상하 철근 간격 } s_{cv} \geq [\,25\text{ mm},\ (4/3)a_{\max}\,] \text{ 이상} \end{cases} \quad (2.52a)$$

$$\text{압축지배 단면(기둥)} - \text{축방향 철근의 순간격} \geq [\,40\text{ mm},\ 1.5d_b,\ (4/3)a_{\max}\,] \text{ 이상} \quad (2.52b)$$

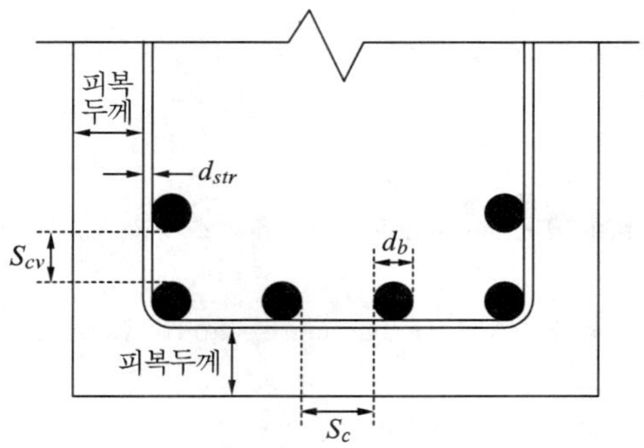

그림 2.64 철근의 최소 순간격 [구조기준 2.2.1(2), 5.3.2, ACI 7.6](그림 4.28 참고)

현행 구조기준에서는 철근의 최소 순간격 뿐만 아니라 최대 중심간격도 규정하고 있다. 슬래브나 벽체와 같이 면이 평평한 구조에서 철근의 최대 간격에 제한을 두는 이유는 철근의 간격이 적절히 배치되어 면이 휘는 거동(slab action)을 할 수 있도록 도와주고, 균열이 발생하는 형태를 조절하고(5.4장 참고) 또한 슬래브의 일부분에 집중하중이 작용하는 상황에 대처할 수 있도록 하는 것이다[2.14]. 만약에 슬래브나 벽체에서 등 간격으로 배치되는 철근의 간격이 너무 넓게 되면 폭이 넓은 균열이 발생할 수 있고 이렇게 폭이 넓은 균열이 발생하게 되면 외관뿐만 아니라 누수로 인한 부식 등의 문제가 발생할 수 있다. 균열의 폭에 대한 내용은 5.4장 균열 폭에 대한 제한에서 다루고 있으며, 이 규정에 따라 슬래브에서는 철근의 최대 중심간격이 제한을 받고 보에서는 직경이 굵은 철근보다는 직경이 가는 여러 개의 철근을 배치하도록 유도한다.

철근의 최대 중심간격 제한 :

$$\text{1방향 슬래브}\begin{cases}\text{최대 휨모멘트 단면: 슬래브두께 2배} \le 300\text{ mm 이하}\\ \text{기타 단면: 슬래브두께 3배} \le 450\text{ mm 이하}\end{cases} \tag{2.53a}$$

$$\text{2 방향 슬래브 − 위험단면[기준 10.6.1(2)] : 슬래브 두께 2배} \le 300\text{ mm 이하} \tag{2.53b}$$

$$\text{벽체 − 수직 및 수평철근 [기준 11.3(5)] : 벽두께의 3배} \le 450\text{ mm 이하} \tag{2.53c}$$

참고문헌

2.1 Kenneth Leet and Dionisio Bernal, Reinforced Concrete Design, Third Edition, McGraw-Hill Companies, 1997, 546 pp.

2.2 Cement Association of Canada(CAC), Design and Control of Concrete Mixtures, 7th Canadian Edition, 2002, 356 pp.

2.3 김생빈, 임정호, 김동신, 최세규, 건설재료학, 기문당, 2000, 300 pp.

2.4 Michael P. Collins and Denis Mitchell, Prestressed Concrete Structures, Prentice Hall, 1991, 766 pp.

2.5 Michael S. Mamlouk and John P. Zaniewski, Materials for Civil and Construction Engineers, 2nd Edition, Pearson Education, Inc., 2006, 576 pp.

2.6 A. M. Neville, Properties of Concrete, Longman, 4th Edition, 1995, 844 pp.

2.7 J. J. Beaudoin and V. S. Ramachandran, "A new perspective on the hydration characteristics of cement phases," Cement and Construction Research, 22, No. 4, pp. 689-94, 1992.

2.8 콘크리트표준시방서, 건설교통부제정, 한국콘크리트학회 발행, 2009, 360 pp.

2.9 콘크리트구조기준, 국토해양부제정, 한국콘크리트학회 발행, 2012, 342 pp.

2.10 최신 콘크리트공학, 사단법인 한국콘크리트학회, 기문당, 1992, 681 pp.

2.11 P. Kumar Mehta and Paulo J. M. Monteiro, Concrete: Structure, Properties, and Materials, 2nd Edition, Prentice Hall, 1993, 548 pp.

2.12 P. Jeanty, D. Mitchell, and M. Mirza, "Investigation of 'top bar' effects in beams", Str. J. ACI, Vol. 83, no. 3, pp. 251, 1988.

2.13 S. L. Wood, "Evaluation of the long-term properties of concrete," ACI Material Journal, 88, No. 6, pp. 630-643, 1991.

2.14 ACI Committee 318, Building Code Requirements for Structural Concrete(ACI 318-08) and Commentary(ACI 318R-08), An ACI Standard, American Concrete Institute, Farmington Hills, Michigan 48333-9094, 2008, 465 pp.

2.15 R. D. Gaynor, R. C. Meininger and T. S. Khan, "Effect of temperature and delivery time on concrete properties," in Temperature Effects on Concrete, ASTM Sp. Tech. Publ. No. 858, 1983, pp. 68-87.

2.16 박승범, 최신토목재료실험, 문운당, 2002, pp. 435.

2.17 Edward G. Nawy, Reinforced Concrete, A Fundamental Approach, 4th Edition, Prentice Hall, 777 pp. 2000.

2.18 A. H. Nilson, "Hign Strength Concrete - An Overview of Cornell Research," Proceedings of the Symposium "Utilization of High Strength Concrete," Stravanger, Norway, June, 1987, pp. 27-38.

2.19 H. Rüsch,"Versuche zur Festigkeit der Biegedruckzone," Deutscher Ausschuss für Stahlbetonbau, Bulletin No. 120, Berlin, 1955, 94 pp.

2.20 R. Park and T. Paulay, Reinforced Concrete Structures, John Wiley & Sons, Inc., 1975, 769 pp.

2.21 E. Hognestad, "A Study of Combined Bending and Axial Load in Reinforced Concrete members," University of Illinois Engineering Experimental Station, Bulletin Series No. 399, Nov. 1951, 128 pp.

2.22 T. Y. Lin and Ned H. Burnes, Design of Prestressed Concrete Structures, John Wiley & Sons, 3rd Edition,

1981, 646 pp.

2.23 S. Popovics, "A Review of Stress-Strain Relationships for Concrete," ACI Journal, Vol. 67, No. 3, March 1970, pp. 243-248.

2.24 E. Thorenfeldt, A. Tomaszewicz and J. J. Jensen, "Mechanical Properties of High Strength Concrete and Application in Design," Proceedings of the Symposium "Utilization of High Strenght Concrete," Stavanger, Norway, June 1987, Tapir, Trondheim, pp. 149-159.

2.25 Michael P. Collins and Denis Mitchell, Prestressed Concrete Basics, Canadian Prestressed Concrete Institute, 1987, 614 pp.

2.26 S. H. Ahmad and S. P. Shah, "Complete Stress-Strain Curve of Concrete and Nonlinear Design," Nonlinear Design of Concrete Structures, CSCE-ASCE-ACI-CEB International Symposium, University of Waterloo, Ontario, Canada, August 7-9, 1979, pp. 61-81.

2.27 F. Wang, S. P, Shah and A. E. Naaman, "Complete Stress-Strain Curve of Concrete and Its Effects on Ductility of Reinforced Concrete Member," Department of Materials Engineering, NTIS No. PB 272836, University of Illinois at Chicago Circle, Oct., 1977, 257 pp.

2.28 콘크리트구조설계기준 · 해설, 한국콘크리트학회, 2007, 523 pp.

2.29 F. S. Ople Jr and C. L. Hulsbos, "Probable Fatigue Life of Plain Concrete with Stress Gradient," ACI Journal, Proceedings, Vol. 63, 1966, pp. 59-81.

2.30 B. P. Sinha, Kurt H. Gerstle, and Leonard G. Tulin, "Stress-Strain Relations for Concrete under Cyclic Loading," ACI Journal, Proceedings, Vol. 61, No. 2, Feb. 1964, pp. 195-212.

2.31 James G. MacGregor and James K. Wight, Reinforced Concrete Mechanics and Design, 4th Edition, Prentice-Hall, Inc., 2006, 1111 pp.

2.32 R. F. Warner and K. A. Faulkes, Prestressed Concrete, Pitman Publishing Pty. Ltd., South Melbourne, Australia, 1979.

2.33 V. S. Gopalaratnam and S. P. Shah, "Softening Response of Plain Concrete in Direct Tension," ACI Journal, Vol. 82, No. 3, May-June 1985, pp. 310-323.

2.34 S. A. Mirza, M. Harzinkolas, and J. MacGregor, "Statistical Description of Strength of Concrete," Proc. ASCE, Vol. 105, vol. ST6, p.1021, June 1979.

2.35 H. Kupfer, H. K. Hilsdorf, and H. Rusch, "Behavior of Concrete under Biaxial Stresses," ACI Journal, Proceedings, Vol. 66, No. 8, p. 656-666, August 1969.

2.36 F. E. Richart, A. Brandtzaeg, and R. L. Brown, " A Study of the Failure of Concrete under Combined Compressive Stresses," Bulletin No. 185, Engineering Experimental Station, University of Illinois, 1928, 104 pp.

2.37 Robert F. Blanks, "Concrete for Prestressing," Proceedings of the First United States Conference on Prestressed Concrete, Massachusetts Institute of Technology, Cambridge, Mass., Aug. 1951, pp. 136-149.

2.38 G. E. Troxell, J. M. Raphael, and R. E. Davis, "Influence of Aggregate Type on Drying Shrinkage and Creep," Proc. ASTM, Vol. 58, 1958, pp. 1101-1120.

2.39 CEB-FIP Model Code, Comite Euro-International du Beton, Thomas Telford Services Ltd., 1993, pp. 437.

2.40 K. W. Nasser and A. M. Neville, "Creep of Concrete at Elevated Temperatures," ACI Journal, Vol. 62, Dec. 1959, pp. 1567-1579.

2.41 A. D. Ross, "Creep of Concrete under Variable Stress," ACI Journal, Vol. 54, March 1958, pp. 739-758.

2.42 Torban C. Hansen and Alan H. Mattock, "Influence of Size and Shape of Member on the Shrinkage and Creep of Concrete," Development Department Bulletin DX103, Portland Cement Association, 1966.

2.43 H. G. Russell and W. G. Corley, "Time-Dependent Behavior of Columns in Water Tower Place," Research and Development Bulletin RD052B, Portland Cement Association, 1977.

2.44 J. A. Hanson, "Prestress Loss as Affected by Type of Curing," Development Department Bulletin RX181, Portland Cement Association, 1964.

2.45 S. T. A. Ödman, "Effect of Variations in Volume, Surface Area Exposed to Drying and Composition of Concrete on Shrinkage," RILEM/CEMBUREAU Int. Colloquium on the Shrinkage of Hydraulic Concretes, 1, 20 pp., Madrid, 1968.

2.46 A. M. Neville, "Creep of Concrete as a Function of its Cement Paste Content," Mag. Concr. Res., 16, No. 46, pp. 21-30, 1964.

2.47 T. T. Lie, T. J. Rowe, and T. D. Lin, "Residual Strength of Fire-Exposed Reinforced Concrete Columns," Evaluation and Repair of Fire Damage to Concrete, SP-92, American Concrete Institute, 1986, pp. 153-174.

2.48 M. J. N. Priestley, "Thermal Stresses in Concrete Structures," Proceedings of the Canadian Structural Concrete Conference, Toronto, Sept. 1981, pp. 255-283.

2.50 PCI Design Handbook, Precast/Prestressed Concrete Institute(PCI), 6th Edition, 175 W. Jackson Boulevard, Chicago, Illinois 60604.

2.51 도로교설계기준 해설, 대한토목학회, 교량설계핵심기술연구단, 2008, 1008 pp.

2.52 Fédération Internationale de béton(fib), Structural Concrete, Textbook on Behavior, Design and Performance, Updated Knowledge of the CEB/FIP Model Code 1990, Volume 3, Sprint-Druck Stuttgart, 1999, 269 pp.

2.53 ACI Committee 207, "Effect of Restraint, Volume Change, and Reinforcement on Cracking of Mass Concrete (ACI 207.2R-95)", ACI Manual of Concrete Practice, Part 1, 2002, pp. 207.2R-1 to 207.2R-26.

2.54 ACI Committee 207, "Cooling and Insulating Systems for Mass Concrete,"(ACI 207.4R-93), ACI Manual of Concrete Practice, Part 1, 2002, pp. 207.4R-1 to 207.4R-22.

2.55 Roy W. Carlson, D. L. Houghton and M. Polivka, "Causes and Control of Cracking in Unreinforced Mass Concrete," ACI Journal, Proceedings, V. 76, No. 7, July, 1979, pp. 821-837.

2.56 KS D 3504: 2001 철근콘크리트용 봉강 (Steel Bars for Concrete Reinforcement), 한국표준협회 발행, 2001년 11월 13일 개정.

2.57 ACI Committee 215, "Considerations for Design of Concrete Structures Subjected to Fatigue Loading," [ACI 215R-74 (Revised 1992)], ACI Manual of Concrete Practice, Part 1, 2002, pp. 215R-1 to 215R-24.

2.58 Fédération Internationale de béton(fib), Structural Concrete, Textbook on Behavior, Design and Performance, Updated Knowledge of the CEB/FIP Model Code 1990, Volume 1, Sprint-Druck Stuttgart, 1999, 224 pp.

2.59 Duff A. Adams, "Tests of Bond between Concrete and Steel," Bulletin No. 71, Engineering Experiment Station, University of Illinois, Champaign, 1913.

2.60 Ralejs Tepfers, "A Theory of Bond Applied to Overlapped Tensile Reinforcement Splices for Deformed Bars," Publication 73:2, Div. of Concrete Structures, Chalmers Univ. of Technology, Goteborg, Sweden, 1973, 328 pp.

2.61 Peter Schiessl, "A Contribution towards the Question of Allowable Crack Widths, Required Concrete Cover with Special Consideration of the Carbonation of Concrete," Bulletin No. 255, Deutscher Ausschuss fur Stahlbeton, Berlin, 1976, 175 pp.

2.62 O. E. Gjorv, "Steel Corrosion in Reinforced and Prestressed Concrete Structures," Nordisk Betong, J. of the Nordic Concrete Federation, No. 2-4, 1982, pp. 147-151.

2.63 ACI Committee 222R-01, "Protection of Metals in Concrete Against Corrosion," ACI Manual of Concrete Practice, Part 1, 2002, pp. 222R-1 to 222R-41.

2.64 K. C. Clear, Time-to-Corrosion of Reinforcing Steel in Concrete Slabs, Vol. 3: performance after 830 Daily Salt Applications, Report No. FHWA-RD-76-70, Federal Highway Adminstration, Washington, D.C., 1976, 64 pp.

2.65 B. C. Gerwick, and P. K. Mehta, "Cracking-Corrosion Interaction in Concrete Exposed to Marine Environment," Concrete International: Design and Construction, Vol. 4, No. 10, Oct. 1982, pp. 45-51.

2.66 Dakhil Rasheeduzzafar, H. Fahd, and Ahmad S. Gahtani, "Corrosion of Reinforcement in Concrete Structures in the Middle East," Concrete International: Design and Construction, Vol. 7, No. 9, Sept. 1985, pp. 48-55.

2.67 A. W. Beeby, "Cracking Cover, and Corrosion of Reinforcement," Concrete International: Design and Construction, Vol. 5, No. 2, Feb. 1983, pp. 35-40.

2.68 Essential Requirements for Reinforced Concrete Buildings(For Buildings of Limited Size and Height, Based on ACI 318-02), ACI International publication series IPS-1, 2002, 248 pp.

2.69 민창식, 철근콘크리트공학, 구미서관, 2판 4쇄, 2011, 1017 pp.

2.70 S. N. Sinha, Reinforced Concrete Design, Second Revised Edition, McGraw-Hill Higher Education, 2002, pp. 708.

2.71 민창식, 보-슬래브 바닥판 종합설계, 구미서관, 2011, 285 pp.

2.72 Design and Control of Concrete Mixtures, The guide to applications, methods, and materials, 15th Edition, Portland Cement Association(PCA), 2011, 444 pp.

2.73 도로교설계기준(한계상태설계법), 한국도로교통협회, 국토해양부 제정, 도서출판 건설정보사, 2012.

2.74 Eurocode 2: Design of Concrete Structures – Part 1-1 : General rules and rules for buildings, The European Standard EN 1992-1-1: 2004 has the status of a British Standard, ICS 91.01.30: 91.080.40, BS EN 1992-1-1:2004, BSi(British Standards), 225 pp.

연습문제

2.1 현재 국내에서 생산(또는 유통)되고 있는 시멘트의 종류와 특징 및 생산량 등을 인터넷을 통하여 자료를 수집하여 논하라.

2.2 현재 국내에서 시판되고 있는 혼화재 및 혼화제의 종류와 특징에 대해서 논하라.

2.3 어떤 구조물이 2종 중용열 포틀랜드 시멘트를 사용한 콘크리트로 만들어졌다. 주위의 평균 상대습도는 70%이고, 콘크리트는 4일 동안 평균온도 12℃로 습윤양생 되고 나서 하중이 재하되기 전까지는 평균온도 18℃로 대기 중에 노출되었다. 콘크리트의 설계기준압축강도 $f_{ck}=27\,\text{MPa}$이다.

(a) 콘크리트가 타설 된지 3년 후에 200 mm × 500 mm 단면치수를 가진 직사각형 보의 무구속 수축변형률을 계산하라.

(b) 3년 재령의 500 mm × 500 mm 단면에 길이 3 m의 무근콘크리트 받침대(pedestal)에서 크리프에 의한 총 축소량을 계산하라. 받침대에는 재령 60일에 1.8 MN의 하중이 작용되기 시작하였다. 지속하중이 작용하는 동안 대기의 평균온도는 14℃로 가정한다.

2.4[2.25] 원주형 공시체의 압축강도가 40 MPa인 보통중량골재 콘크리트가 있다. 만약에 콘크리트에 27 MPa의 하중이 단기간에 걸쳐서 작용하게 될 때, 다음의 변형률을 결정하라.

① 선형탄성관계(즉, $f_c=E_c\varepsilon_c$)를 이용해서 구하라.

② 포물선 응력-변형률관계인 $\varepsilon_c=\varepsilon_{ck}\left(1-\sqrt{1-f_c/f_{ck}}\right)$를 이용해서 구하라. 단, 이 식은 응력-변형률곡선의 정점까지만 유효하며 정점을 지난 뒤에는 제곱근 앞의 부호 − 가 + 로 바뀌어야 한다. 단, $\varepsilon_{ck}=2f_{ck}/E_c$ 이다.

③ $f_c=f_{ck}[2\varepsilon_c/\varepsilon_{ck}-(\varepsilon_c/\varepsilon_{ck})^2]$ 응력-변형률 관계를 이용하여 시행오차방법(trial and error)으로 결정하라.

2.5 [2.25] 압축강도가 27 MPa인 보통중량골재 콘크리트에 하중이 작용하여 압축응력이 발생하였다. 이 압축응력은 0에서 24 MPa까지 단기간에 작용하고 제거되어 다시 0이 되었다. 압축응력이 제거된 뒤에 잔류하는 압축변형률을 결정하라. 계산을 간단하게 하기 위해서 응력-변형률 관계를 포물선 관계[연습문제 [2.4]③ 응력-변형률 관계식]로 가정하고, 하중이 제거될 때의 기울기는 응력-변형률곡선의 초기 기울기로 가정하라(그림 2.17 참고).

2.6 [2.25] 철근으로 보강되지 않은 900 mm × 900 mm 단면의 콘크리트 보는 단순 지지(simply supported)되어 경간은 5.5 m이고 보의 중앙에는 집중하중이 작용하고 있다. 이 콘크리트의 압축파괴 강도는 24 MPa이다. 이 보에 균열을 일으키는 집중하중의 크기를 결정하라. 콘크리트의 단위질량 $\rho_c = 2{,}350 \text{ kg/m}^3$ 로 가정하라.

2.7 [2.25] 콘크리트로 만든 길이가 900 mm이고 단면이 150 mm × 150 mm인 직사각형 각주(prism)의 끝은 교대에 부착되어 길이가 변하지 못하도록 고정되어 있다. 만약에 각주가 급격하게 냉각될 때 콘크리트에 균열을 일으키도록 하는 온도의 저하는 얼마인가? 단, 콘크리트의 압축강도는 35 MPa이다.

2.8 현행 구조기준에서 철근콘크리트 부재의 보강철근에 대한 내구성(durability)은 콘크리트의 피복두께에 대한 규정으로 마련되고 있다. 이를 이해하기 위해서 콘크리트의 성능저하 메커니즘과 철근의 부식 그리고 피복두께와의 상관관계를 설명하라.

Chapter 3

Reinforced Concrete

보 단면의 휨 거동과 공칭강도
Flexural Behavior and Nominal Strength of Beam Sections

본 장에서는 직사각형 철근콘크리트 보 단면이 어떻게 휨 거동을 하는지를 이해하기 위해서 2장에서 다루었던 콘크리트와 보강철근의 응력-변형률 관계를 이용하여 설명하였다. 재료나 단면의 값이 변화할 때 보 단면의 휨 거동(모멘트-곡률 곡선 관계)에 어떠한 영향을 주는지도 검토하였다.

휨 거동에 대해서 다룬 뒤에 현행 구조기준에서 규정하는 공칭강도를 구하는데 적용할 수 있는 단순화한 재료의 모델(콘크리트와 철근)을 제시하고, 이를 이용하여 철근콘크리트 보 단면의 공칭휨강도(nominal flexural strength) M_n을 구하는 방법을 제시하였다.

대부분의 철근콘크리트 구조물은 휨(flexure, 굽힘 bending)에 저항하는 보(beam)나 슬래브(slab)와 축방향 압축과 휨에 저항하는 기둥(column)으로 나눌 수 있다. 그림 3.1은 보와 슬래브로 구성된 전형적인 구조물 형식을 보여주고 있다. A점에 작용하는 집중하중 P는 음영으로 표시된 슬래브의 띠장(스트립, strip)에 의해서 지지된다. 집중하중 P와 슬래브 띠장의 고정하중(dead load, 자신의 무게)은 반력으로 양쪽에 위치하는 보의 B와 C에 전달된다. 보는 이 하중들을 각각 D와 E 또는 G와 F의 기둥에 전달하고, 기둥은 이 하중들을 기초(foundation)를 통하여 지반에 전달한다. 그림 3.1에서 슬래브가 한 방향으로 하중을 전달한다고 가정하고 있으므로 이를 **1방향 슬래브(one-way slab)**라고 한다. 구조기준 10.2.1(2)(ACI 9.5.3.2)에서 장변(long span)에 대한 단변(short span)의 비가 2배를 넘으면 1방향 슬래브로 설계하고, 장변/단변 < 2 이하이면 양방향으로 하중을 전달하는 **2방향 슬래브(two-way slab)**로 설계하도록 규정하고 있다.

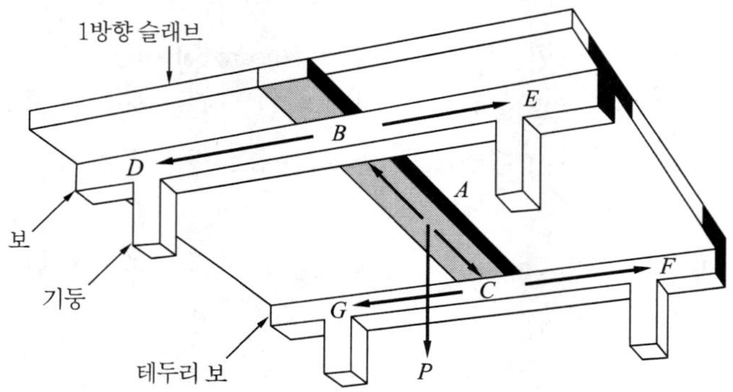

그림 3.1 1방향 휨

해석과 설계(Analysis versus Design)[3.1]

철근콘크리트 구조물을 설계(design)하는 것이 주된 목적이지만 설계된 구조물을 해석(analysis)해야 되는 경우도 발생할 수 있다.

1) 해석(Analysis) : 단면의 크기, 콘크리트 압축강도, 철근의 위치와 단면적 및 항복강도가 주어

졌을 때 단면의 강도 또는 저항력을 계산한다.

2) 설계(Design) : M_u로 표기하는 계수모멘트(factored design moment, 소요강도 required strength)가 주어진 경우에 단면의 크기 및 형태, 콘크리트의 압축강도 및 보강철근 등을 선택하는 과정을 밟아야 하고, 결과물은 여러 조합으로 다양하게 얻어질 수 있다.

비록 해석이나 설계가 모두 동일한 원리에 근거를 두고 있지만, 각각 다른 과정을 밟아서 수행된다. 해석에서는 모든 변수(단면이나 재료의 종류 및 크기 등이)가 정해진 상태이므로 단면의 강도를 계산하면 된다. 이에 비해서 설계에서는 계수하중을 지지하는데 문제가 없도록 단면의 크기, 재료의 강도 및 보강철근의 배치를 결정하여야 한다. 해석이 설계에 비해서 간단하므로 먼저 해석을 다루고 이어서 설계문제를 다루도록 한다.

3.1 휨 이론(Flexure Theory)

보 거동의 정역학(Statics of Beam Action)[3.1]

보는 작용하는 하중과 자신의 고정하중을 주로 휨모멘트(휨으로 저항)와 전단(전단저항)에 의해서 지지하는 구조부재이다. 그림 3.2에는 자신의 등분포 고정하중 w(단위 길이 당)와 집중하중 P가 작용하는 단순 지지된 보를 보여주고 있다. 만약에 축력 N이 0이면 이런 구조부재를 **보(beam)**라고 부르고, N이 압축력인 경우에는 **보-기둥(beam-column)**이라고 부른다[1)].

그림 3.2b와 같이 작용하중 w와 P는 부재에 휨모멘트를 발생시키고, 부재는 이 휨모멘트에 대해서 굽힘 작용[bending action ; 휨(flexure)]으로 하중을 받침부에 전달한다. 그림 3.2a와 같은 보에서 이런 하중의 영향(휨모멘트)은 작용하는 하중에 대해서 정역학 법칙(law of statics, 평형방정식)만을 적용하여 구하므로, 단면이 어떤 재료로 구성되었는지 또는 단면의 크기가 얼마인지 상관이 없게 된다.

보의 어떤 단면에서든지 작용하중에 의해서 발생하는 휨모멘트에 평형을 이루기 위해서 그림 3.2c와 같이 내적으로 같은 크기의 저항 휨모멘트가 발생하여야 하며, 전단력에 대해서도 평형을 이루기 위해서 내적으로 전단저항력이 필요하다.

---

1) 현행 구조기준 6.2.2(5)(ACI 10.3.5)에서 프리스트레스를 가하지 않은 휨부재 또는 휨모멘트와 축력을 동시에 받는 부재로서 계수축력이 $0.1f_{ck}A_g$보다 작은 경우를 휨부재(즉, 보 또는 인장지배 단면)로 고려하여 최 외단 인장철근의 순인장변형률 $\varepsilon_t \geq (0.004$ 또는 $2.0\varepsilon_y)$를 만족하여야 하고, 강도감소계수도 인장지배 단면의 0.85에서 직선보간하여 구할 수 있도록 규정하고 있다.

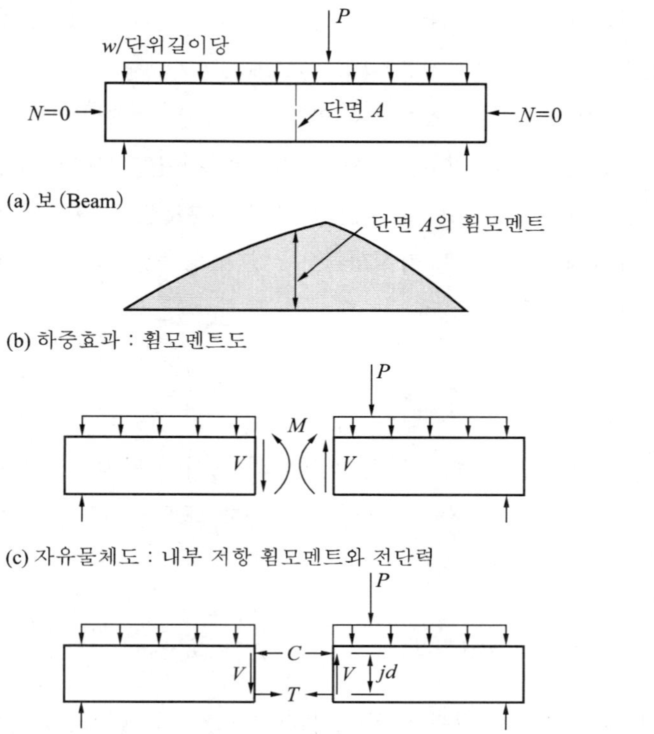

(a) 보(Beam)

(b) 하중효과 : 휨모멘트도

(c) 자유물체도 : 내부 저항 휨모멘트와 전단력

(d) 자유물체도 : 압축-인장력(우력)으로 표현된 내부 저항 휨모멘트

그림 3.2 보의 내부 힘들

내적 저항 휨모멘트 M은 그림 3.2d와 같이 내적으로 압축영역에 발달하는(보의 상부) 압축합력 C와 인장영역에 생기는 인장합력 T가 팔거리 jd[2)]에 의해서 발생한다. 외적으로 작용하는 축력 N이 0이므로, 수평력들의 합(평형방정식)은

$$C - T = 0 \quad \text{또는} \quad C = T \tag{3.1}$$

가 되고, 압축합력 C가 작용하는 점에서 휨모멘트를 구하면 자유물체도에서 모멘트는

$$M = T(jd) \tag{3.2a}$$

또는 T가 작용하는 점에서 모멘트를 구하면

$$M = C(jd) \tag{3.2b}$$

로 표현된다. 식 (3.1)에서 $C = T$ 이므로 식 (3.2a)와 식(3.2b)은 동일하다. 식 (3.1)과 식 (3.2a) 및

2) 여기에서 d는 유효깊이(effective depth)이고, j는 C와 T의 팔거리의 계수이다.

(3.2b)는 정역학으로 직접 구한 값이므로 임의의 재료, 예를 들면 강재, 목재 또는 철근콘크리트 등으로 만들어진 보에 동일하게 적용할 수 있다.

탄성 보이론에서 균열이 일어나지 않고 보강철근이 배치되지 않은 균질한 재료로 된 직사각형 보의 응력은 그림 3.3과 같이 분포되며, 작용하는 휨모멘트와 내부에 발생하는 응력의 관계는 식 (1.25)의 휨공식 $f = My/I$ 로 표현된다. 응력의 분포는 그림 3.3c와 d와 같이 3차원으로 체적을 가진 응력블록(stress block)으로 가시화할 수 있다. 압축응력의 합력 C는 그림 3.3d의 체적과 같으므로, 아래와 같이 구할 수 있다.

$$C = \frac{f_{c(\max)}}{2}\left(b\,\frac{h}{2}\right) \tag{3.3}$$

압축합력 C와 인장합력 T는 각각의 블럭의 도심을 통해서 작용한다. 탄성인 경우에 중립축으로부터 아래 또는 위로 $h/3$ 에 이 힘들이 작용하므로, 팔거리는 $jd = 2h/3$ 가 된다. 식 (3.2b), (3.3)과 그림 3.3에서

$$M = C(jd) = f_{c(\max)}\,\frac{bh}{4}\left(\frac{2h}{3}\right) = f_{c(\max)}\,\frac{bh^3/12}{h/2} = \frac{f_{c(\max)}\,I}{y} \tag{3.4a}$$

가 된다. 따라서 탄성인 경우에 식 (1.25)의 휨공식과 응력블록으로 구한 값이 같다는 것을 알 수 있다.

식 (3.4a)의 탄성 보이론은 철근콘크리트 보의 설계에 직접적으로 적용되지는 않는다. 그 이유는 그림 2.13에서 본 것과 같이 콘크리트의 응력-변형률 곡선이 비선형일 뿐만 아니라, 콘크리트가 낮은

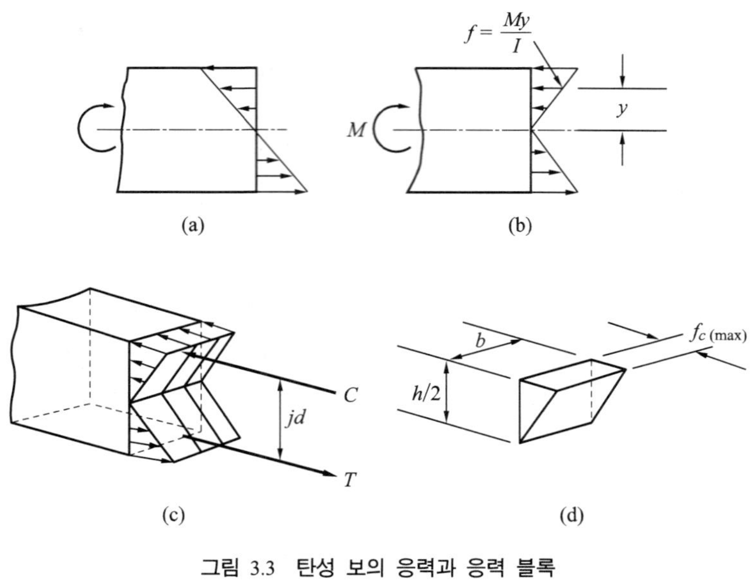

그림 3.3 탄성 보의 응력과 응력 블록

인장응력에서 균열을 일으켜 인장력에 저항하기 위해서는 보강철근을 배치해야 된다는 점이다. 이런 문제점들은 식 (3.1), (3.2a) 및 (3.2b)와 뒤에서 다루는 등가 직사각형 응력블록(equivalent stress block concept)으로 해결할 수 있다.

철근콘크리트 휨 이론의 기본 가정(Basic Assumptions in Flexure Theory for Reinforced Concrete)[3.1, 3.5]

철근콘크리트에 대한 휨 이론은 보의 모멘트 저항을 계산할 수 있도록 하는 3가지 기본 가정에 근거를 두고 있다.

1) 변형을 받아 휘기 전에 평면인 단면은 변형 후에도 평면을 유지한다.

즉, 부재는 길이가 길고 단면의 깊이는 낮으며 순수하게 휨모멘트만 작용한다는 가정으로, 이는 보의 **휨이론 가정(Bernoulli-Euler의 이론)**을 의미하고 있다. 따라서 콘크리트와 철근의 변형률은 중립축으로부터 거리에 직접 비례한다는 가정이다(즉, 직선분포). 많은 실험에서 콘크리트와 철근사이에 부착만 잘되어 있으면 휨 파괴에 이르기까지 이 가정이 잘 맞는 것으로 보고되고 있다. 비록 인장영역에서 콘크리트에 균열이 발생하면 철근에 미끄러짐이 발생한다는 것을 의미하므로 균열 부근에서는 이 가정을 적용하기는 어려울 것이다. 그러나 콘크리트의 변형률을 몇 개의 균열에 걸쳐서 평균변형률을 구한다면 이 가정을 적용하기에 문제가 없을 것이다. 그림 3.4에는 1951년 Hognestad[3.4]에 의해서 실험된 하중이 증가함에 따른 철근콘크리트 단면(250 mm 정사각형 단면)에

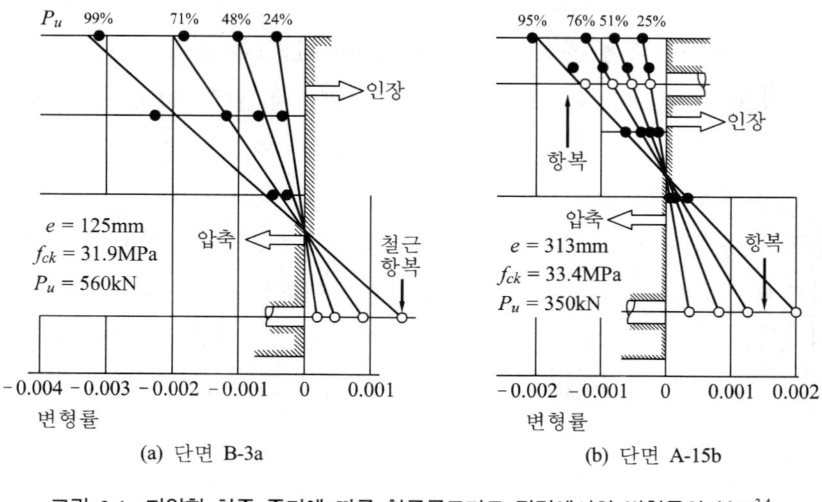

그림 3.4 다양한 하중 증가에 따른 철근콘크리트 단면에서의 변형률의 분포[3.4]

서의 변형률의 분포를 보여주고 있다. 철근은 길이가 25 mm인 변형률 게이지를 사용하였고, 콘크리트에서는 길이가 150 mm인 게이지를 사용하였다. 그림 3.4에서 보면 변형률의 분포가 거의 선형이므로 이 가정이 설계목적을 위해서는 충분히 정확하다는 것을 알 수 있다.

소위 말해서 깊이가 깊은 보(deep beam)[3)]는 보라기보다는 아치로서 거동하기 때문에 이 가정이 맞지 않아 여기에서 다루는 방법을 적용할 수 없고 13장에서 다루는 스트럿-타이 모델(strut-and-tie model, STM)의 설계방법을 적용하여야 한다.

2) 철근의 변형률은 같은 위치에 있는 콘크리트의 변형률과 같다.

이 가정은 철근과 콘크리트가 완벽하게 부착(perfectly bond) 되었다고 보는 것이다. 철근과 콘크리트가 부착되어 하중을 같이 지지하기 위해서 필요한 가정이다. 많은 실험에서 철근에 부착된 게이지의 변형률 값과 콘크리트에 부착된 게이지의 변형률 값을 그려보면 이 가정이 잘 맞는 것을 알 수 있다.

3) 콘크리트와 철근의 응력-변형률 곡선을 이용해서 변형률로부터 콘크리트와 철근의 응력을 계산할 수 있다.

이 가정은 단면의 실제 거동을 추정하기 위해서 필요한 가정으로, 다음에 다루는 보 단면에 대한 이론적인 모멘트-곡률 관계를 이용하여 설명하도록 한다.

철근콘크리트의 휨 거동(Flexural Behavior for Reinforced Concrete)[3.1]

철근콘크리트 보의 휨거동(flexural behavior)은 보의 휨이 증가하여 단면의 내적인 저항 모멘트가 증가할 때 **모멘트-곡률 관계(moment-curvature relationship)**를 구하여 설명할 수 있다.

모멘트-곡률 관계는 물론 콘크리트용 변형률 게이지(길이 400 mm 등)를 이용하여 하중을 증가시켜가면서 철근콘크리트 보의 거동에 대한 실험을 수행하여 얻을 수 있다. 그러나 철근콘크리트 보에 대한 실험을 수행하는 것은 여러 어려움이 있어서, 이에 대한 대체 연구방법으로 수치해석적인 방법을 이용하여 이론적인 모멘트-곡률 관계를 구해서 연구하기도 한다.

보 단면의 이론적인 모멘트-곡률 관계를 구하기 위해서는 사용되는 재료의 응력-변형률 관계를 알아야 한다. 그림 3.5a와 b에는 각각 콘크리트와 철근의 가정한 응력-변형률곡선을 보여주고 있다[3.1]. 응력이 0인 상태에서 압축강도 f_{ck} 까지 단순 포물선으로 구성된 압축콘크리트의 응력-변형률 곡

3) 구조기준에서 깊은 보에 대한 규정은 구조기준 6.3.4 깊은 보의 설계 또는 구조기준 7.8.1(1) 깊은 보에 대한 전단설계에서 순경간이 부재 깊이의 4배 이하인($l_n \leq 4h$) 부재로 규정하고 있다.

선[식 (3.5)]은 1951년 Hognestad[3.4]가 제안한 곡선으로 최대압축응력에 대응하는 변형률 ε_0는 보통강도 콘크리트에 대해서 일반적으로 0.002를 적용하고 있다. $\varepsilon_c > \varepsilon_0$ 인 경우에는 그림 3.5a와 식 (3.5)에서 보는 바와 같이 변형률이 증가함에 따라 응력은 선형으로 감소하는 관계로 가정되었다.

$$\varepsilon_c \leq \varepsilon_0 : f_c = f_{ck}\left[2\left(\frac{\varepsilon_c}{\varepsilon_0}\right) - \left(\frac{\varepsilon_c}{\varepsilon_o}\right)^2\right] \text{ and } \quad \varepsilon_c > \varepsilon_0 : f_c = f_{ck}\left[1 - 0.15\left(\frac{\varepsilon_c - \varepsilon_0}{\varepsilon_0}\right)\right] \tag{3.5}$$

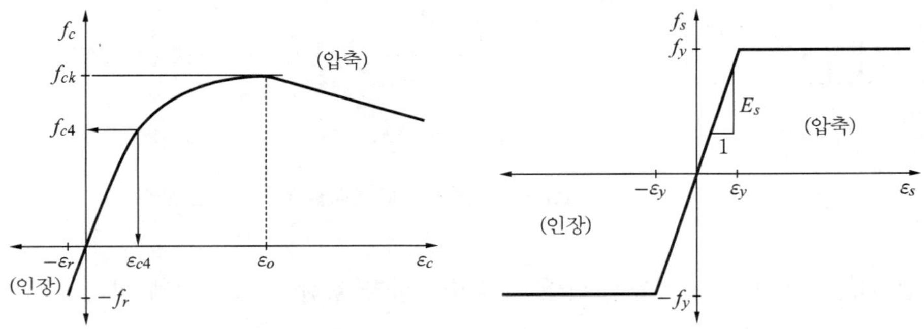

(a) 콘크리트의 가정 응력변형률 곡선 (b) 보강철근의 가정 응력변형률 곡선

그림 3.5 콘크리트와 보강철근의 가정한 응력-변형률 곡선

보강철근은 그림 3.5b에서 보는바와 같이 압축과 인장에서 모두 **탄성-완전소성 재료(elastic-perfectly plastic model)**로 가정하고, 탄성계수 $E_s =$ 200,000 MPa [식 (2.51)]로 가정하였다. 이렇게 보강 철근을 탄성-완전소성 재료로 하는 가정은 현행 구조기준 6.2.1(4)(ACI 10.2.4)에서 제안하고 있는 가정이다.

그림 3.6a에는 일반적인 모멘트-곡률 관계(moment-curvature relationship)를 얻기 위한 정모멘트를 받는 **단철근 직사각형 단면(singly reinforced section)**을 보여주고 있다. 인장영역에만 철근을 배치한 단면을 단철근 단면이라고 한다. 그림에서 A_s는 총 인장철근의 단면적이고, d는 단면의 유효깊이(effective flexural depth)로 압축연단에서 인장철근의 도심까지의 거리이다.

그림 3.6a 단면에 대한 모멘트-곡률 관계(moment-curvature relationship) 곡선은 단면의 곡률을 점차 증가(변형률 분포의 기울기, 즉, 압축연단의 최대 압축 변형률 $\epsilon_{c(\max)}$로 특정 값을 선택하여 시작한다.)시키면서 재료의 가정한 응력-변형률 관계를 이용하여 각 미소단면(압축 콘크리트 영역을 1/10이나 1/20 정도로 적당하게 세분하여 계산, 그림 3.6a에서는 압축영역을 8등분하여 표시)의 응력과 내력을 구하여 그릴 수 있다. 모멘트-곡률 곡선의 특정 값은 그림 3.6b~d 과정을 밟아서 구할 수 있다. 하중이 작용하여 휘기 전에 평면이었던 단면은 변형이 일어난 뒤에도 평면을 유지한

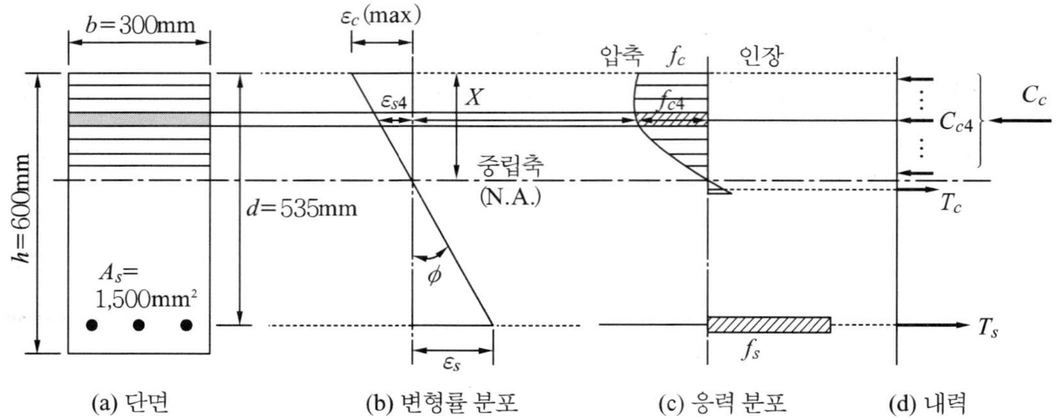

그림 3.6 모멘트-곡률 해석을 위한 단철근 단면

다는 가정 1에 따라 변형률은 단면의 깊이에 따라 직선 분포를 하게 된다. 가정한 응력-변형률 곡선(그림 3.5 참고)과 변형률 분포로부터 응력의 분포를 결정하고, 이 응력분포의 체적을 적분(즉, 단면력)하면 내력 C_c의 작용위치도 결정할 수 있다.

이렇게 압축영역을 미소하게 자른 각 단면에 대한 단면력을 합한 $C_c = \Sigma(f_c \times$ 미소요소 높이$)\times b$ 값이 내력의 평형을 유지하기 위해서 식 (3.1)의 $C_c = T_s$를 만족하여야 할 것이다. $C_c = T_s$를 만족시키기 위해서는 그림 3.6b의 중립축의 깊이 x를 만약에 $C_c > T_s$인 경우에는 감소시키고 그 반대의 경우에는 증가시켜서 내력이 평형을 이루는 중립축의 깊이를 찾아내야 한다. 초기에 중립축의 깊이 $x \approx 0.4d$ 정도로 시작하면 된다. 이렇게 하여 평형을 이루는 중립축의 깊이 x를 결정하면 **곡률(curvature)** Φ는 다음과 같이 변형률 분포의 기울기로 구할 수 있다.

$$\Phi = \frac{\varepsilon_{c(\max)}}{x} \tag{3.6a}$$

이때 단면의 저항 모멘트는 보통 인장철근의 도심을 중심으로 각 미소요소의 단면력에 대한 모멘트를 취하여 구할 수 있다. 적당하게 증분한 $\varepsilon_{c(\max)}$ 값에 대해서 이러한 과정을 반복하여 주어진 단철근 직사각형 단면의 원하는 모멘트-곡률 곡선을 완성할 수 있다.

보에 작용하는 하중이 증가하여 단면의 휨이 커짐에 따라 다음과 같은 한계상태로 구분할 수 있다.

① **균열점(Cracking Point : 그림 3.7에서 C점)** : 인장연단(extreme tension fiber)의 인장응력이 파괴

계수(modulus of rupture) f_r [식 (2.11)]보다 커지게 되면 단면에는 휨인장균열(flexural tension cracking)이 발생하게 된다. 균열을 일으키는 이 점까지 모멘트-곡률 관계는 선형이며 이 영역을 **비균열-탄성 거동 영역(uncracked-elastic range of behavior)**이라고 한다. 균열 모멘트-곡률 관계는 식 (3.4a)로 표현된 탄성 휨이론(elastic flexural theory)으로 구할 수 있다. 균열 모멘트의 계산에서 보강철근의 기여는 거의 무시할 정도이므로 보강철근은 무시하고 콘크리트의 전체단면(gross section)에 대한 단면 2차 모멘트 I_g를 이용하여 계산한다. 단면의 도심에서 인장연단까지의 거리는 y_t로 표기하고, 식 (3.4a)를 변형하여 쓰면,

$$f = \frac{My_t}{I_g} \tag{3.4b}$$

가 된다. 보에 작용하는 하중이 점차 증가하여 인장연단의 응력이 파괴계수를 초과할 때의 모멘트를 **균열모멘트(cracking moment)**라고 하며

$$M_{cr} = \frac{f_r I_g}{y_t} \tag{3.7}$$

와 같이 표현되고, 이 식은 구조기준 4.3.1(3)(ACI 9.5)에서도 균열모멘트를 구하는 식으로 제시되고 있다. 보통중량골재 콘크리트에 대한 파괴계수는 식 (2.11) $f_r = 0.63\lambda\sqrt{f_{ck}}$ 를 적용하면 된다. 물론 보강철근에 대해서 환산단면적 개념(transformed section method)을 적용하여 고려할 수도 있지만 M_{cr} 값에 미치는 영향은 미미하다.

균열이 일어나는 때의 단면의 곡률 Φ_{cr}은 탄성 휨이론을 이용하여 다음과 같이 표현할 수 있다[3.19].

$$\Phi_{cr} = \frac{M_{cr}}{E_c I_g} \tag{3.8}$$

여기에서 보통중량골재 콘크리트인 경우에 탄성계수 $E_c = 8,500\sqrt[3]{f_{ck} + \Delta f}$ (MPa)[식 (2.4b)]이다.

인장에 의해서 보 단면에 균열이 발생하면 보통 균열은 단면의 도심을 향해서 발달하게 되며, 이때 콘크리트가 저항하던 인장력이 갑작스럽게 인장영역의 보강철근에 전달되게 된다. 이렇게 갑작스럽게 인장력이 전달될 때 철근이 이 인장력을 받아줄 정도로 충분한 단면이 배치되지 못하면, 철근이 항복하면서 갑작스런 붕괴파괴(brittle failure)가 일어날 수도 있다. 구조기준 6.3.2(ACI 10.5)에서는 이런 상황에 대비해서 휨부재의 최소 철근량(minimum reinforcement of flexural member)을 배치하도록 규정하고 있다(3.6장 참고).

② **항복점(Yield Point : 그림 3.7에서 Y점)** : 항복점은 탄성영역이 끝나는 곳에 위치한다. 균열점을 지나서 단면에 작용하는 모멘트가 점차 증가하게 되면 보강철근의 인장응력과 압축영역 콘크리트의 압축응력이 점차 커지게 된다. 결국에 각 재료의 한계에 도달해서 철근이 항복하거나 또는 콘크리트가 분쇄파괴를 일으키거나 하게 된다. 지금 고려하는 단면이 콘크리트가 사용할 수 있는 최대 사용 변형률(maximum useable strain)보다 철근이 먼저 항복하는 **저보강 단면(under-reinforced section)**이라면 철근이 먼저 항복하게 될 것이다.

항복점의 모멘트와 곡률을 구하기 위해서 인장철근의 변형률을 항복변형률($\varepsilon_y = f_y / E_s$)로 맞추고 중립축의 깊이 x 는 앞에서 설명한 바와 같이 위 아래로 조종하여 $C_c = T_s$ 평형인 위치를 찾아서 결정한다. 이 상태에서 그림 3.6d의 중립축 아래에 인장변형률 $\varepsilon_t < \varepsilon_r = f_r / E_c = 0.63\lambda\sqrt{f_{ck}} / E_c$ 인 영역의 콘크리트의 인장합력 T_c 는 다른 값들에 비해서 작기 때문에 종종 무시하곤 한다. 이렇게 압축력과 인장력이 평형을 이룬 중립축의 깊이 x 를 결정하면 계산하기 편한 위치(대개 인장철근의 도심)를 중심으로 모멘트를 취하여 단면의 항복모멘트(yield moment) M_y 를 결정할 수 있다. 그림 3.6b를 참고하여 변형률도의 기울기인 항복곡률(yield curvature)은 인장철근의 변형률을 항복변형률로 정하여 다음과 같이 구할 수 있다.

$$\Phi_y = \frac{\varepsilon_y}{d - x} \tag{3.6b}$$

③ **항복점 이후의 점(Points beyond the Yield Point)** : 압축연단의 최대 압축변형률을 점차 증가시키면서 위에서 설명한 과정을 밟아서 추가적인 모멘트-곡률관계를 구할 수 있다. 일반적으로 사전에 결정된 최대 압축변형률(maximum useable compression strain)에 도달했거나 또는 단면의 모멘트 강도가 최대 값에 비해서 현저히 떨어질 때까지 구한다. 그림 3.7에는 0.002, 0.003, 0.004, 0.005 및 0.006 최대 압축 변형률 값을 표시하고 있다. 압축변형률 0.003을 넘어선 변형률 값에서는 단면의 내적 저항 모멘트의 값이 점차 조금씩 감소하고 있는 것을 알 수 있다. 그러나 만약에 그림 2.53과 같이 변형률경화(strain hardening)를 고려하는 실질적인 인장철근의 응력-변형률 곡선을 적용하게 되면 내적 저항모멘트가 0.003 변형률 이후에 감소하지 않고 점차 증가하거나 아니면 적어도 감소가 매우 미미하게 될 것이다.

대부분의 구조기준에서 단면의 **공칭모멘트강도(nominal moment strength)**일 때의 최대 압축변형률 값을 규정하고 있다. 현행 구조기준 6.2.1(3)이나 ACI 10.2.3에서는 **최대 압축변형률(maximum useable compression strain)**을 0.003으로 규정하고, 캐나다(CAN/CSA 10.1.4)에서는 0.0035로 규정하고 있다. 그림 3.7에서 보는 바와 같이 최대 압축변형률로 어떤 값을 정한다고 해도 단면의 공칭강도에는 거의 영향을 미치지 않는 것을 알 수 있다. 그림 3.7에서 보면 그림

3.6의 저보강 단철근 보는 규정한 최대 압축변형률 0.003을 넘어서 상당한 변형능력을 보여주고 있다.

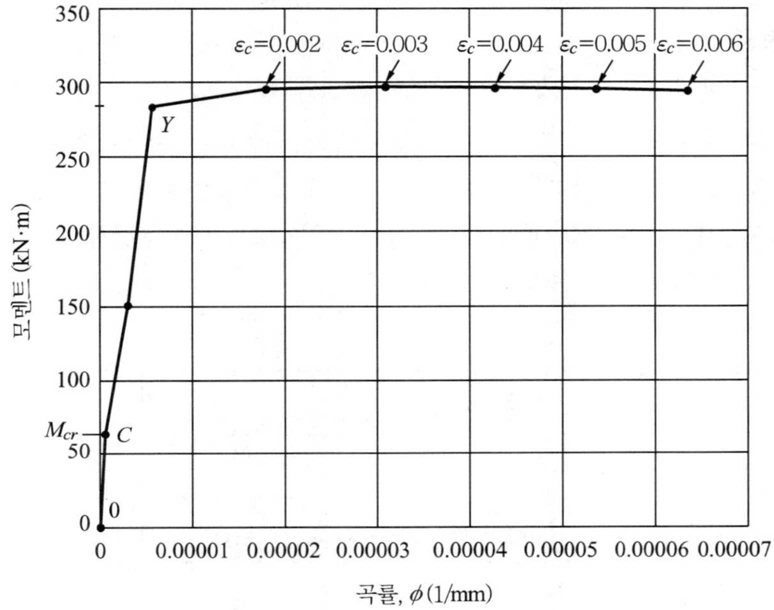

그림 3.7 그림 3.6의 단철근 단면의 모멘트-곡률 관계 곡선 (f_{ck} = 27 MPa, f_y = 400 MPa)

철근콘크리트 보 단면의 휨거동은 일반적으로 **연성(延性, ductility)**을 이용하여 설명한다. 항복점을 넘어서 상당한 강도를 유지하면서 변형에 잘 견딜 수 있는 능력을 연성이라고 하며, 변위(displacement), 회전(rotation) 및 곡률(curvature) 비 등으로 표현할 수 있다. 또한 연성거동을 하는 재료는 파단(fracture)이나 붕괴파괴가 일어나기 전에 상당한 양의 **변형률에너지(strain energy**, 하중-변형 관계도에서 관계 선분과 변형률 축 사이의 면적)를 흡수하는 능력을 가지고 있다. 단면의 연성은 인장철근이 항복할 때의 곡률을 최대 압축변형률일 때의 곡률로 나눈 값으로 표시(**곡률-연성비, curvature-ductility ratio, CDR** = Φ_n/Φ_y)한다. 그림 3.7에서 단면의 연성은 ε_y = 0.002에 Φ_y = 0.056 x 10^{-4}에서 ε_c = 0.003일 때 곡률이 Φ_n = 0.309 x 10^{-4}로 곡률-연성비 CDR, Φ_n/Φ_y = 0.309/0.056 = 5.5배에 이르러 상당한 연성을 보여주고 있다.

이렇게 이론적으로 구하는 모멘트-곡률 관계 곡선은 필요한 경우에 단면의 어떤 특정한 값을 변화시켜가면서 변수연구(parametric study)를 하는데 적용할 수 있다. 예를 들어서 보 단면의 휨거동에 대해서 철근의 단면적이 어떤 역할을 하는지 알아보기 위해서 그림 3.6과 동일한 단면에 철근의 단면적을 2배(A_{s2} = 3,000 mm^2)와 3배(A_{s3} = 4,500 mm^2)로 증가시켜서 모멘트-곡률 관계 곡선을 구하였다. 그림 3.8에서 보면 인장철근의 단면적을 2배와 3배로 증가시킴에 따라 단면의 모멘트 강도도 선형은 아니지만 비례하여 1.8배와 2.5배로 증가하였다. 그러나 인장철근의 단면적을 증가시킬수록 모멘트-곡률 곡선과 곡률 축으로 둘러싸이는 면적(변형률에너지)이 감소하여 연성이 감소하는 것을 보여주고 있다. 또한 곡률-연성비(CDR)을 계산해보면 인장철근 단면적이 2배에서 3배로 증가할 때 Φ_n/Φ_y 은 5.5배에서 2.2배로 그리고 1.2배로 급격히 감소하고 있다. 휨부재에서 연성이 감소한다는 것은 극한 상태에서 충분한 경고와 대피할 시간을 주는 지연파괴가 아니라 갑작스러운 붕괴파괴가 일어날 가능성이 높게 된다. 현행 구조기준(6.2.2(5), ACI 10.3.5)에서는 이러한 파괴모드가 일어나지 않도록 인장보강철근 단면적에 대해서 직접적은 아니지만 상한한계를 규정하고 있다(3.5장 참고).

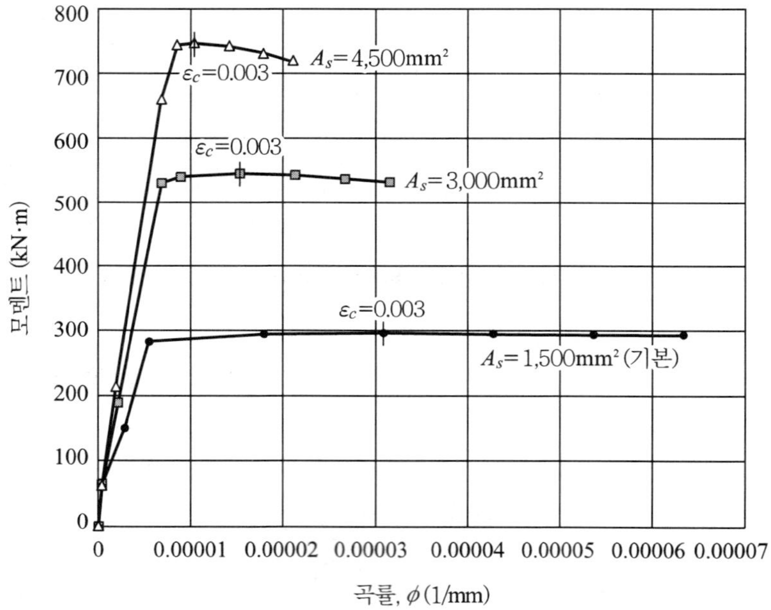

그림 3.8 인장보강 철근의 단면적을 2배 및 3배로 증가시켰을 경우에 곡선에 미치는 영향(기본단면 A_s = 1,500 mm²에서 3,000 mm² 및 4,500 mm²으로 증가)

Wight와 MacGregor[3.1]에 의하면 변수 중에서 철근의 항복강도 f_y 를 증가시킬 경우에는 인장철근 단면적을 증가시킨 것과 같이 단면의 모멘트 강도는 증가하지만 단면의 연성은 감소하며, 유효깊이 d 를 증가시키면 연성에는 영향을 안 미치면서 단면의 모멘트 강도와 탄성 강성(elastic stiffness, 단면 2차 모멘트의 증가로)은 증가하게 된다. 따라서 현장에서 압축연단과 인장철근의 도심까지의 거리인 유효깊이(effective flexural depth)가 설계한 값이 제대로 유지되는지 세심하게 관리(field inspection)되어야 한다. 콘크리트의 압축강도 f_{ck} 나 폭 b 는 증가시켰을 때 단면의 연성은 증가하지만 강도는 거의 증가하지 못하는 것을 보여주었다. f_{ck} 나 b 의 증가로 모멘트 팔거리가 약간 증가하면서 압축합력 C_c 는 증가할 수 있지만 C_c 가 증가하기 위해서는 압축력에 대응하는 T_s 가 증가하여야 하는데 T_s 는 증가하지 않으므로 단면의 모멘트 강도에는 거의 영향을 미치지 못하고 있다.

도로교설계기준 2012의 비선형 해석을 위한 응력-변형률 관계(Stress-strain Relation for Non-linear Structural Analysis)[3.35]

2012년 도로교설계기준 한계상태설계법[3.35]에서는 비선형 구조해석을 위해 단기 1축 압축력을 받는 콘크리트의 응력-변형률 곡선을 다음과 같이 제시하고 있다. 이 응력-변형률 곡선은 Eurocode 2[3.12]에서 제안된 식으로

$$f_c = f_{cm}\left[\frac{k\eta - \eta^2}{1+(k-2)\eta}\right], \quad \eta = \frac{\varepsilon_c}{\varepsilon_{co,r}} \tag{3.9}$$

여기에서 $k = 1.1E_c\varepsilon_{co,r}/f_{cm}$ 이고, $\varepsilon_{co,r}$ 은 최대 응력에 도달했을 때의 정점 변형률이며, $\varepsilon_{cu,r}$ 은 극한한계변형률을 나타낸다(표 3.1 참고). f_{cm} 은 콘크리트 압축강도의 평균값으로 설계에 대한 검증과 콘크리트의 다른 성질을 평가하기 위해서 실제 콘크리트의 평균압축강도가 필요한 경우에 적용하며, 충분한 통계자료가 없다면 평균압축강도 f_{cm} 은 다음과 같이 평가할 수 있다.

$$\begin{cases} f_{ck} < 40\,\text{MPa} : f_{cm} = f_{ck} + 4\,\text{MPa} \\ 40\,\text{MPa} \le f_{ck} < 60\,\text{MPa} : f_{cm} = 1.1 f_{ck} \\ f_{ck} \ge 60\,\text{MPa} : f_{cm} = f_{ck} + 6\,\text{MPa} \end{cases} \tag{3.10}$$

표 3.1 비선형 해석을 위한 콘크리트 응력-변형률 곡선의 콘크리트 강도 변화에 따른 계수값

f_{ck} (MPa)	18	21	24	27	30	35	40	50	60	70
$\varepsilon_{co,r}$ (‰)	1.92	2	2.05	2.1	2.2	2.25	2.3	2.45	2.6	2.7
$\varepsilon_{cu,r}$ (‰)	3.3							3.2	3.1	3.0

3.2 설계를 위한 휨이론의 단순화(Simplification in Flexural Theory for Design)[3.1, 3.5]

철근콘크리트 요소의 거동과 강도를 계산하기 위해서는 3.1장에서 제시한 3가지 기본 가정을 이용하면 충분하다. 그러나 설계를 위해서는 다음의 추가적인 3 가정을 도입하여 문제를 간단화 시켜야 한다.

1) 휨강도의 계산에서 콘크리트의 인장강도는 무시한다 [구조기준 6.2.1(5), ACI 10.2.5].

파괴 직전의 극한 상태에서 중립축 아래 콘크리트의 인장영역(그림 3.6d에서 단면력 T_c)은 거의 남아있지 않고 팔거리도 작을 뿐만 아니라 축방향 철근에 의한 인장력(T_s)에 비해서 작기 때문에 무시할 수 있을 것이다. 이 가정은 단면의 휨강도를 계산할 때 간단하게 하려는 목적을 갖고 있다는 점을 주목하여야 한다. 예를 들어서 전단, 부착, 처짐 또는 프리스트레스트 콘크리트의 사용하중 계산에서는 콘크리트의 인장강도를 고려하고 있다.

2) 콘크리트 압축변형률이 기준 값 $\varepsilon_{cu} = 0.003$ 에 도달하면 단면은 공칭강도(nominal flexural strength)에 도달했다고 가정한다.

실제에 있어서 콘크리트에는 한계 압축변형률 같은 것은 없다. 그림 3.7에서 보면 인장철근이 항복한 뒤에 전형적인 보 단면의 모멘트-곡률관계는 상당히 평평해지므로 어떤 ε_{cu} 값을 가정하던지 간에 단면의 강도를 계산하는데 거의 영향을 받지 않는다. 따라서 콘크리트 압축 변형률에 한

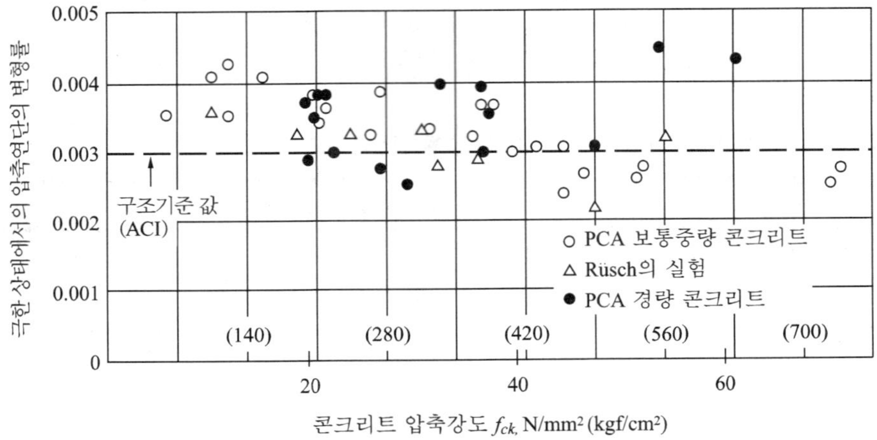

그림 3.9 직사각형 단면이 휨강도에 이를 때 압축연단에서의 콘크리트의 변형률 : 구조기준(ACI)과 실험결과의 비교[3.14]

계를 도입하면 설계계산이 상당히 간단하게 된다. 또한 한계변형률을 실제의 극한변형률보다 작은 값으로 가정하게 되면 이 한계변형률을 이용해서 구한 단면의 압축강도는 언제나 단면의 실제 압축강도보다는 작은 값을 주어 안전 측의 강도를 계산할 수 있게 한다.

그림 3.9에는 PCA[3.6]와 Rüsch[3.7]에 의해서 단면이 저항할 수 있는 최대 휨모멘트가 작용했을 때 측정한 최대변형률이 제시되어 있다. 그림에서 보면 변형률 0.003이 상대적으로 안전 측의 값임을 암시하고 있다. 휨부재의 압축콘크리트에서 이 변형률일 때 보통 눈에 보이는 균열이나 박리(剝離, spalling) 등은 나타나지 않는다. 축하중이 작용하는 원주형 공시체에서는 이 최대변형률에 도달하게 되면 상당한 균열이 나타나지만 휨 실험에서는 훨씬 더 큰 변형률에 도달하기 전까지 균열은 눈에 보이지 않는데 그 이유는 중립축 부근에 변형을 적게 받는 단면이 존재해서 그럴 것이다.

구조기준 6.2.1(3)[3.2](ACI 10.2.3)[3.3]에서는 극한상태에서 콘크리트의 압축연단의 최대 변형률을 0.003으로 가정하고 있다(즉, 극한상태에서 단면 가장 바깥 끝단의 압축 최대변형률이 $\varepsilon_{cu}=$ 0.003에 도달했을 때 단면이 파괴직전이라고 가정하며, 이때를 **공칭강도(nominal strength)**에 도달했다고 한다.). 유럽의 CEB-FIP[3.11]에서는 한계변형률을 집중 축하중 상태에서는 0.002로 규정하며, 보와 편심하중이 작용하는 기둥에서는 0.0035로 규정하고 있다. 캐나다의 CSA(Canadian Standard Association) 10.1.3[3.20]에서는 압축연단의 최대변형률을 $\varepsilon_{cu}=$ 0.0035로 가정하고 있다. 도로교설계기준 2012[3.35]에서는 설계기준압축강도 40 MPa까지 $\varepsilon_{cu}=$ 0.0033으로 규정하고, 50 MPa, 60 MPa, 70 MPa일 때 각각 0.0032, 0.0031, 0.003으로 감소하도록 규정하고 있다(표 3.1 참고).

3) 콘크리트의 압축응력-변형률 관계는 측정한 응력-변형률 곡선이나 또는 직사각형, 사다리꼴, 포물선형 또는 강도의 예측에서 광범위한 실험의 결과와 실질적으로 일치하는 어떤 형상으로도 가정할 수 있다[구조기준 6.2.1(6), ACI 10.2.6].

따라서 그림 3.5a와 같이 실제에 가까운 응력-변형률 곡선을 사용하는 대신에 실험결과를 예측하는데 문제가 없으면서 계산하는데 간편한 어떤 형태의 압축응력 분포도 사용할 수 있다. 그림 3.10a에는 공칭강도 상태에서 보의 압축응력 분포를 다음과 같이 수학적으로 3 계수(k_1, k_2 및 k_3)로 표현하고 있다. 이 압축응력 분포 형상은 그림 2.13(또는 그림 3.5a)의 응력-변형률 곡선을 마치 가로축은 응력의 변화를 세로축은 변형률의 변화(중립축에서 시작해서 압축연단을 향한)를 그려놓은 것과 같다.

형상계수 k_1 (shape factor)은 최대응력에 대한 평균압축응력의 비로

$$k_1 = \frac{\text{응력 분포도의 면적}}{\text{직사각형의 면적, } c(k_3 f_{ck})} \tag{3.11a}$$

이며, **도심계수 k_2 (centroid factor)**는

$$k_2 = \frac{\text{압축연단으로부터 압축합력 } C_c \text{가 작용하는깊이}}{\text{중립축의 깊이, } c} \tag{3.11b}$$

로 표현되고, **품질계수** k_3 **(quality control constant)**는

$$k_3 = \frac{\text{보의최대압축응력}}{\text{원주형 공시체의 압축강도 } f_{ck}} \tag{3.11c}$$

가 된다. 단면의 폭이 b 이고 유효깊이가 d (압축연단에서 인장철근의 도심까지의 거리)인 직사각형 단면에서 콘크리트의 총 압축합력은 식 (3.11a)에서

$$C_c = \text{응력블록 면적 x 단면의 폭 } b$$

$$C_c = k_1(k_3 f_{ck} \times c) \times b = k_1(k_3 f_{ck} c) b \tag{3.12a}$$

가 되고(여기에서 $k_1(k_3 f_{ck}) =$ 평균응력이다), 내부 힘의 팔거리는 $d - k_2 c (= jd)$ 가 된다 (그림 3.6 및 3.10 참고). 여기에서 c 는 중립축의 깊이이다. 그림 3.10b와 c에는 가정한 형태의 압축응력-변형률도 또는 응력분포에 대한 형상계수 k_1과 도심계수 k_2의 값이 주어졌다.

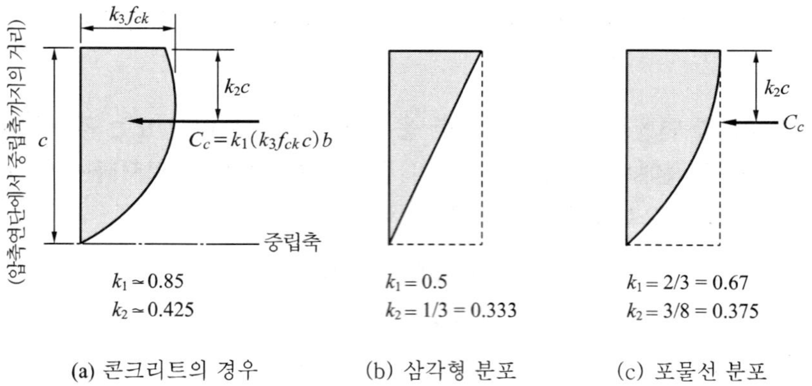

그림 3.10 압축응력 블록의 수학적인 표현 및 형상계수 k_1과 도심계수 k_2 값

Wight와 MacGregor[3.1]는 콘크리트 압축강도 f_{ck}가 크게 변하더라도 보 단면의 휨 저항에는 거의 영향을 미치지 않는 것을 보여주었다. 따라서 보의 휨 해석에서 f_{ck}를 사용하던지 아니면 $k_3 f_{ck}$를 사용하던지 문제가 되지 않을 것이다. 현행 구조기준(ACI)에서 품질계수 k_3는 기둥에서 0.85를 적용하는 것을 제외하고는 사용되지 않고 있다.

등가 직사각형 콘크리트 응력블록(Equivalent Rectangular Concrete Stress Block)[3.1]

가정 3에 대한 추가적인 간략화로 현행 구조기준 6.2.1(7)(ACI 10.2.7)에서는 단면의 공칭강도를 계산하는데 콘크리트 압축응력 분포로 그림 3.11b의 **등가 직사각형 응력블록(equivalent rectangular concrete stress block)**을 사용할 수 있도록 제시하고 있다. 1940년대에 Whitney[3.13]에 의해서 제안된 등가 직사각형 응력블록은 다음과 같다.

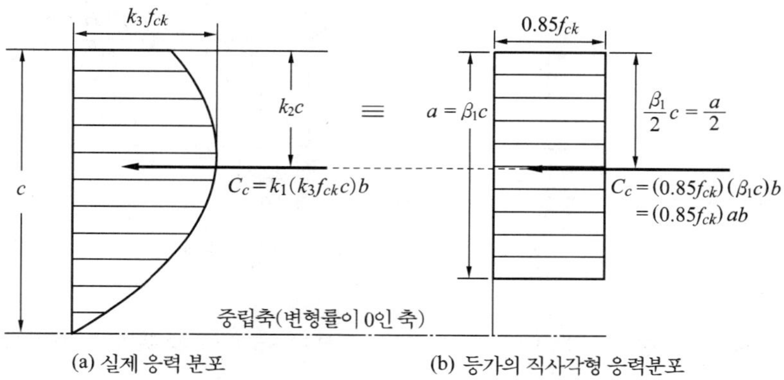

그림 3.11 직사각형 단면의 압축응력 분포

1) 크기가 $0.85 f_{ck}$인 균등한 압축응력이 최대 압축변형률이 발생하는 단면의 압축연단과 연단에서 $a = \beta_1 c$ 떨어져서 중립축과 평행하게 그은 선분으로 둘러싸인 등가 압축 영역에 균등하게 분포한다고 가정한다. 따라서 그림 3.11에서와 같이 $k_2 = \beta_1 / 2$가 된다.

2) 최대 압축변형률 연단에서 중립축까지의 거리 c는 중립축에 연직한 거리로 나타낸다.

3) 구조기준 6.2.1(7)(ACI 10.2.7.3)에서 계수 $\beta_1 = 2k_2$는 다음과 같이 주어졌다[3.16].

$$\beta_1 = \begin{cases} f_{ck} \le 28\ \text{MPa인 경우} & : 0.85 \\ 28\ \text{MPa} < f_{ck} \le 56\ \text{MPa 인 경우} & : 0.85 - 0.007(f_{ck} - 28) \\ f_{ck} > 56\ \text{MPa 인 경우} & : 0.65 \end{cases} \tag{3.13}$$

폭 b가 일정하고 중립축의 깊이가 c인 직사각형 압축영역을 갖는 단면에서 압축합력 C_c는 식 (3.12a)를 다시 쓰면,

$$C_c = k_1 k_3 f_{ck} c b = (0.85\beta_1)(1.0) f_{ck} c b = (0.85 f_{ck})(\beta_1 c) b = (0.85 f_{ck}) a b \tag{3.12b}$$

식 (3.12a)와 비교해보면, $k_3 = 1.0$ 으로 정하여 $k_1 = 0.85\beta_1$ 이 되었다.

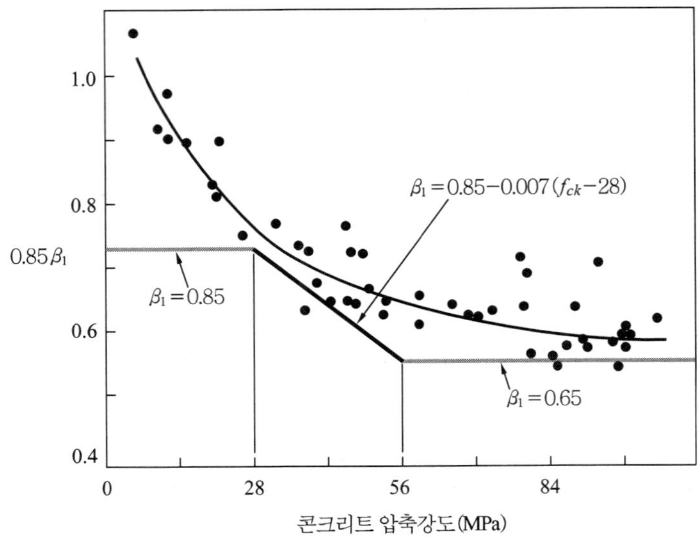

그림 3.12 실험결과와 β_1 값의 분포 비교[3.16]

그림 3.12에서 보면 식 (3.13)의 β_1 값을 이용한 $0.85\beta_1$의 분포가 실험결과에 대해서 하한한계를 보여주는 것을 알 수 있다. 참고문헌 3.14 및 3.16에서 이 등가 직사각형 응력 블록을 이용하여 구한 보의 공칭 휨강도가 실험결과와 상당히 잘 맞는 것을 보여주었다. 기둥에 대해서는 압축강도 42 MPa까지는 잘 맞았으나 42 MPa을 초과하게 되면 이 등가 직사각형 응력 블록이 과대평가하였다. 그 이유는 그림 3.12에서 보는 바와 같이 하한한계 값으로 β_1이 선택되었는데 만약에 β_1이 너무 작은 경우에 모멘트의 팔거리 $d-k_2c = d-(\beta_1/2)c$ 가 너무 커지게 되어 단면의 모멘트강도를 과대평가하게 되는 것이다.

기둥의 설계에서 고강도 콘크리트를 사용했을 경우에 불안전한 설계를 보완하기 위해서 ACI 혁신팀(innovation task group 4)[3.17]에서는 응력 블록의 크기에 대한 고정값 0.85 대신에 아래와 같은 계수 α_1을 제시하였다.

$$\alpha_1 = \begin{cases} f_{ck} \le 56\ \text{MPa인 경우} & : 0.85 \\ 56\ \text{MPa} < f_{ck} \le 126\ \text{MPa 인 경우} & : 0.97 - 0.00214 f_{ck} \\ f_{ck} > 126\ \text{MPa 인 경우} & : 0.70 \end{cases} \tag{3.14}$$

도로교설계기준 2012의 단면 설계를 위한 응력-변형률 관계(Stress-strain Relation for the Design of Cross-section)[3.35]

도로교설계기준 2012[3.35](Eurocode 2[3.12])에서는 휨 부재의 단면 설계를 위해서 포물선-직사각형(parabola-rectangle diagram)의 응력-변형률 관계를 아래 식(그림 3.13 참고)과 같이 제안하고 있다.

$$\begin{cases} 0 \le \varepsilon_c \le \varepsilon_{co} \text{구간} \;:\; f_c = \phi_c(0.85 f_{ck})\left[1 - \left(1 - \dfrac{\varepsilon_c}{\varepsilon_{co}}\right)^n\right] \\ \varepsilon_{co} < \varepsilon_c \le \varepsilon_{cu} \text{구간}: \; f_c = \phi_c(0.85 f_{ck}) \end{cases} \tag{3.15}$$

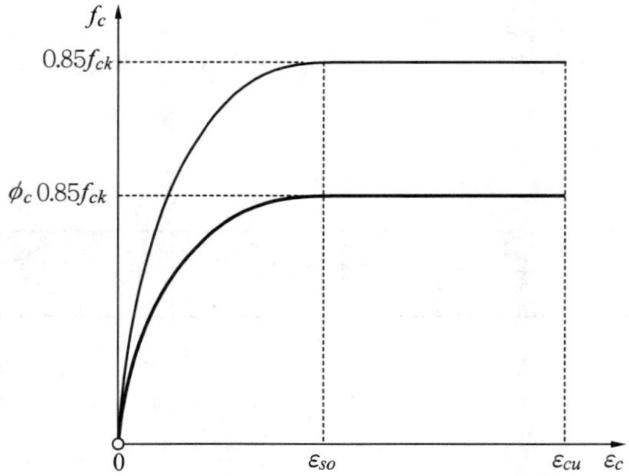

그림 3.13 도로교설계기준 2012에서 압축을 받는 콘크리트의 단면설계를 위한 포물선-직사각형(parabola-rectangle diagram)의 응력-변형률 관계

여기서 ϕ_c는 콘크리트에 대한 재료계수로서 표 3.2에 정의되었다.

식 (3.15)에서 n는 상승 곡선부의 형상을 나타내는 지수이고 ε_{co}는 최대 응력에 처음 도달할 때의 변형률d며, ε_{cu}는 극한변형률로 표 3.3과 같이 정의 되었다.

표 3.2 한계상태를 검증할 때 적용하는 재료저항계수 ϕ_c 및 ϕ_s

하중조합	콘크리트 ϕ_c	철근, 프리스트레스 강재 ϕ_s
극한하중조합 (1~4 조합)	0.65	0.95
극단상황 하중조합 (1~2 조합)	0.85	1.0
사용하중조합 I, III, IV, 지속	1.0	
피로하중조합		

극한하중 조합 1 : 풍하중은 고려하지 않는 일반적인 차량통행을 고려한 기본하중조합
극한하중 조합 2 : 풍하중은 고려하지 않는 특수차량이나 통행허가차량을 고려한 하중조합
극한하중 조합 3 : 풍속 90 km/h (25 m/sec)를 초과하는 풍하중을 고려하는 하중조합
극한하중 조합 4 : 활하중에 비하여 고정하중이 매우 큰 경우에 적용하는 하중조합
극단상황 하중조합 1 : 지진하중을 고려하는 하중조합
극단상황 하중조합 2 : 빙하중, 선박 또는 차량의 충돌하중 및 감소된 활하중을 포함한 수리학적 사건에 관계된 하중조합

표 3.3 콘크리트의 강도와 변형 특성 값

	$f_{ck} \leq 40\,\text{MPa}$	$f_{ck} > 40\,\text{MPa}$
n	2.0	$2.0 - \left(\dfrac{f_{ck}-40}{100}\right) \leq 2.0$
ε_{co}	0.002	$0.002 + \left(\dfrac{f_{ck}-40}{100,000}\right) \geq 0.002$
ε_{cu}	0.0033	$0.0033 - \left(\dfrac{f_{ck}-40}{100,000}\right) \leq 0.0033$

3.3 단철근 보의 공칭모멘트 강도 해석(Analysis of Nominal Moment Strength for Singly Reinforced Beam Sections)[3.1]

철근콘크리트 보와 기둥을 해석하고 설계하기 위해서는 다음 두 가지의 조건이 만족되어야 한다.

1) **응력-변형률 적합성(stress and strain compatibility)** : 부재의 어떤 위치에서든지 응력은 그 점의 변형률에 대응하여야 한다. 길이가 짧고 깊은 보를 제외하고 변형률의 블록은 선형이어야 한다.
2) **평형(equilibrium)** : 내적인 저항력은 그림 3.2 및 식 (3.1)과 같이 외적으로 작용하는 하중영향에 평형을 이루어야만 된다.

그림 3.14a에는 정모멘트가 작용하여(즉, 중립축 아래 부분이 인장변형을 받는 상태) 바닥에 단철근으로 보강된 단면을 보여주고 있다. 앞 장에서 언급한 바와 같이 압축연단 콘크리트의 압축변형률이 사용할 수 있는 최대변형률(maximum usable strain $\epsilon_{cu}=$ 0.003)에 도달하기 전에 인장철근이 먼저 항복변형률에 도달한 **저보강단면(under-reinforced section)**이라고 가정한다. 현행 구조기준 6.2.2(5)(ACI 10.3.5)에서는 계수축력이 $0.1f_{ck}A_g$ 보다 작은 휨부재 또는 휨모멘트와 축력을 동시에 받는 부재를 저보강단면으로 설계하기 위해서 최 외단 인장철근 층의 순인장변형률을 최소변형률(0.004 또는 $2.0\varepsilon_y$) 이상이 되도록 규정하고 있다. 여기에서 A_g는 콘크리트 전체단면적(gross area of concrete)을 의미한다.

3.1장의 해석에서와 같이 그림 3.14b에는 선형 변형률 분포를 보여주고 있다. 단면의 공칭모멘트강도를 구하기 위해서는 압축 콘크리트 연단의 변형률이 사용가능한 최대 변형률 $\varepsilon_{cu}=$ 0.003에 도달했다고 가정하여 계산한다. 현 상태에서 중립축의 깊이 c 나 인장철근 위치의 변형률은 아직 알 수 없지만 $\varepsilon_s \geq \varepsilon_y$ 로 가정한다.

그림 3.14d에는 Whitney[3.13]가 제시한 콘크리트의 실제 비선형 응력분포(그림 3.14c)에서 얻어지는 압축합력의 크기와 작용위치가 같도록 하는 등가의 직사각형 응력분포를 보여주고 있다. 실험결과에 따라 직사각형 응력블록의 깊이 a 는 압축연단에서 중립축(neutral axis, N.A.)까지의 거리 c 와 관계되어 아래와 같다.

$$a = \beta_1 c \tag{3.16a}$$

여기에서 β_1 은 식 (3.13)에 제시되었다(그림 3.12 참고).

3.2장 가정 1에 따라 콘크리트의 인장저항력은 무시하므로 중립축 아래 인장변형률 영역에 콘크리트 인장력은 존재하지 않는다고 가정한다. 보강철근의 응력 $f_s \geq f_y$ 라고 가정한다. 이 가정은 구조기준 6.2.1(4)(ACI 10.2.4)에서 규정하는 것과 같이 철근의 변형률이 항복변형률을 초과하면 철근의 응력은 일정하게 항복응력 f_y 로 고려하는 것이다(그림 3.5b)(즉, 철근을 탄성-완전소성 재료로 가정하는 것이다.)

콘크리트의 압축합력 C_c 는 그림 3.14d와 같이 등가 직사각형 응력 블록의 체적과 같으며 식 (3.16a)를 이용하여 식 (3.12b)를 다시 쓰면,

$$C_c = (0.85 f_{ck})(\beta_1 c)\, b = (0.85 f_{ck})\, a\, b \tag{3.12c}$$

가 된다. 아직 중립축의 깊이를 알지 못하므로 압축합력은 알지 못하지만 가정에 따라 인장 측의 인장합력 $T = A_s f_y$ 로 알고 있다.

축력은 작용하지 않고 오직 휨만 작용한다고 가정하는 단면에서 내력이 평형을 이루기 위해서는 식 (3.1)과 같이 압축합력의 합과 인장합력의 합이 같아야 한다. 따라서

$$[\, C_c = (0.85 f_{ck})(\beta_1 c)\, b = (0.85 f_{ck})\, a\, b\,] \equiv [\, T = A_s f_y\,] \tag{3.1}$$

이 평형방정식에서 미지는 오직 등가 직사각형 응력블록의 깊이 a 이다. 따라서 a 와 c 를 구하면,

$$a = \beta_1 c = \frac{A_s f_y}{(0.85 f_{ck})\, b} \tag{3.16b}$$

$$c = \frac{a}{\beta_1} \tag{3.17}$$

이 된다.

중립축의 깊이를 알면 인장철근의 변형률은 그림 3.14b의 변형률 분포도에서 닮은 삼각형을 이용하여 아래와 같이 쓸 수 있으며, 이를 이용하여 인장철근의 항복을 검토할 수 있다.

$$\frac{\varepsilon_s}{d-c} = \frac{\varepsilon_{cu}}{c}$$

$$\varepsilon_s = \varepsilon_{cu}\left(\frac{d}{c} - 1\right) \tag{3.18}$$

철근이 항복하여 저보강 단면이기 위해서는 아래 식 (3.19)를 만족하여야 한다.

$$\varepsilon_s \geq \varepsilon_y = \frac{f_y}{E_s} = \frac{f_y\,(\mathrm{MPa})}{200{,}000\,\mathrm{MPa}} \tag{3.19}$$

이렇게 가정이 만족되는 것을 확인하고 나면, 합력 C_c 및 T를 식 (3.2a) 및 (3.2b)에 대입하여 공칭저항 휨모멘트 강도(nominal resisting bending moment)를 구하면(즉, 인장력 T가 작용하는 점

에서 모멘트를 구하면),

$$M_{n1} = C_c(jd) = C_c\left(d - \frac{a}{2}\right) = (0.85 f_{ck})\, a\, b \left(d - \frac{a}{2}\right) \tag{3.20}$$

또는 압축합력 C_c가 작용하는 점에서 모멘트를 구하면,

$$M_{n2} = T(jd) = T\left(d - \frac{a}{2}\right) = A_s f_y \left(d - \frac{a}{2}\right) \tag{3.21}$$

가 된다. 내부저항력은 수평방향(축방향) 평형방정식을 만족하기 위해서 식 (3.1)과 같이 $C_c = T$ 이고, 식 (3.20)과 (3.21)은 동일한 팔거리를 가지므로 크기가 같아야 한다. 따라서 $M_{n1} = M_{n2} = M_n$ 이 되어 단면의 공칭 휨모멘트 강도 M_n은 아래와 같이 적을 수 있다.

$$M_n = (C_c \text{ 또는 } T)\left(d - \frac{a}{2}\right) = \left[\,(0.85 f_{ck})\, a\, b \text{ 또는 } A_s f_y\,\right]\left(d - \frac{a}{2}\right) \tag{3.22a}$$

철근비(reinforcement ratio) ρ('rho'라고 읽음)를 아래와 같이 정의하고,

$$\rho = \frac{A_s}{bd} \tag{3.23}$$

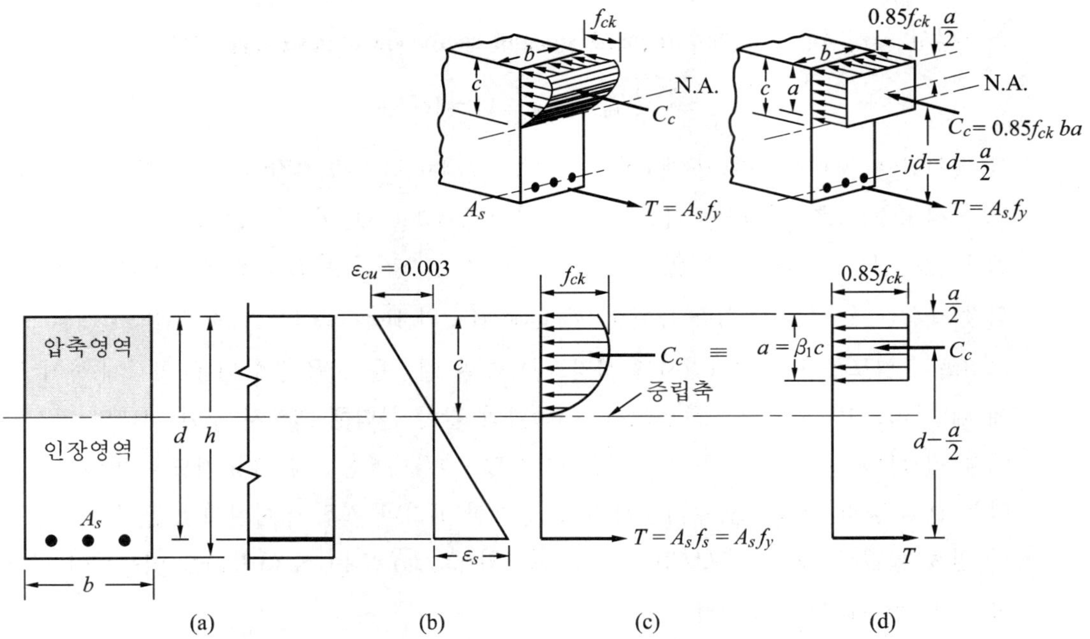

그림 3.14 $\varepsilon_s \geq \varepsilon_y$ 인 저보강 단면의 보 : (a) 단철근 보강 단면, (b) 변형률, (c) 실제의 응력분포, (d) 등가 직사각형 응력블록

식 (3.16b)에 단면의 유효깊이(effective depth = 압축연단에서 인장철근의 도심까지의 거리) d를 분자와 분모에 곱해주면, 등가 직사각형 응력블록의 깊이 a는 다음과 같이 표현할 수 있다.

$$a = \frac{A_s}{b\,d}\frac{f_y}{f_{ck}}\frac{d}{0.85} = \left(\frac{\rho f_y}{f_{ck}}\right)\frac{d}{0.85} = \omega\frac{d}{0.85} = 1.18\,\omega\,d \tag{3.16c}$$

여기에서 ω ('omega'라고 읽음)는 **강재지수(tension reinforcement index)**라고 부르고, 단면에 보강철근이 갖는 강도의 크기를 표현하여 아래와 같이 정의되어 ω는 인장철근력($A_s f_y$)에 대한 전체 콘크리트 단면의 강도[$(bd)\times f_{ck}$]의 비이다.

$$\omega = \frac{A_s}{bd}\frac{f_y}{f_{ck}} = \rho\frac{f_y}{f_{ck}} \tag{3.24}$$

식 (3.22a)에 식 (3.16c)를 대입하고 정리하면,

$$M_n = (0.85 f_{ck})\frac{\omega\,d}{0.85}b\left(d - \frac{\omega\,d}{2\times 0.85}\right) = f_{ck}\,b\,d^2\omega\left(1 - \frac{\omega}{1.7}\right) = f_{ck}\,b\,d^2\left[\omega(1-0.59\omega)\right] \tag{3.22b}$$

이 식을 다시 쓰면,

$$M_n = R_n\,b\,d^2 \tag{3.22c}$$

여기에서 **공칭저항강도 계수(nominal strength coefficient of resistance)** R_n은

$$R_n = f_{ck}\left[\omega(1 - 0.59\,\omega)\right] \tag{3.25a}$$

로 정의된다. 따라서 사용된 재료의 강도(f_{ck}, f_y)와 단면의 크기(b, d, A_s)가 주어지면 식 (3.22a) 또는 식 (3.22b)를 이용하여 직접 실험을 하지 않고도 단면이 저항할 수 있는 이론적인 공칭 휨모멘트 강도 M_n을 계산할 수 있다. 그림 3.15에는 구조기준(ACI)에서 제시한 계산식에 의해서 구한 휨강도(M_n 예상값 - 곡선)와 1961년 Mattock, Kriz와 Hognested[3.14]가 수행한 364개의 보를 실험(콘크리트의 강도를 변화시키면서 항복강도가 틀린 철근을 사용하여 만든 공시체)하여 구한 휨강도에 대한 비교가 주어졌다. 그림에서 보는 바와 같이 실험에 의해서 구한 실제의 휨강도가 계산한 예상 휨강도와 10% 이상 차이는 거의 나지 않으며, 대부분 4%~5% 정도의 범위에 들고 있다. 따라서 보의 공칭 휨강도를 구하는데 매번 설계할 때마다 직접 실험실에서 공시체를 만들어서 실험할 필요가 없이, 구조기준(ACI)에서 제시한 식 (3.22a) 또는 식 (3.22b)를 이용하여 공칭 휨모멘트 강도 M_n을 계산할 수 있다.

물론 그림 3.15에서 다룬 보는 경간-유효깊이의 비가 충분히 커서 보 거동(beam action)을 하는 길이가 길고 높이가 낮은 보(slender beam)이며, 경간이 짧아서 전단거동을 하는 깊은 보(deep beam)는 해당되지 않는다. 전단이 보의 거동을 좌우하는 경간이 짧고 깊이가 깊은 보는 전단이나 교란영역의 설계에서 다루게 된다.

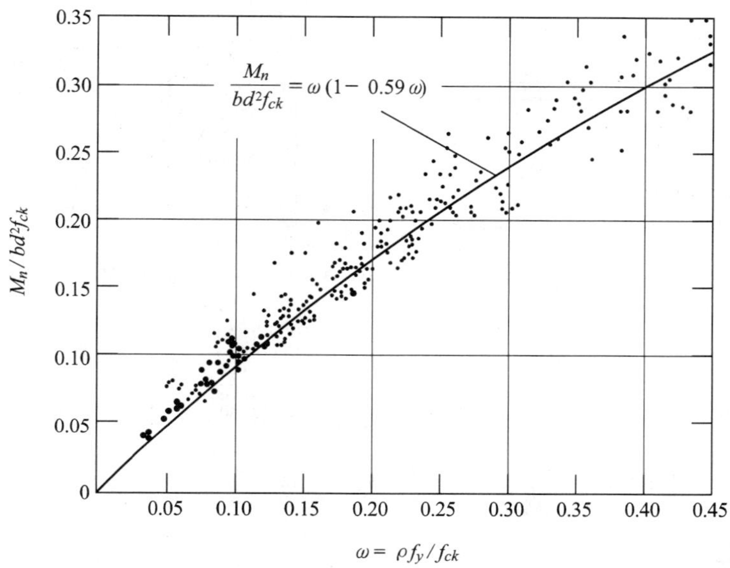

그림 3.15 실험 결과와 계산한 공칭 휨강도와의 비교 : 인장강재지수와 휨강도[3.14]

예제 3.1a 공칭 휨모멘트 강도(nominal strength) M_n 계산[3.21]

그림 3.16a와 같이 단순 지지된 보의 중앙에 집중하중이 작용할 때 현행 구조기준(ACI)의 등가 직사각형 콘크리트 응력블럭(그림 3.11)의 응력-변형률 관계를 이용하여 휨으로 인한 공칭강도 상태(극한상태)에서 단면이 저항할 수 있는 이론적인 공칭 휨모멘트 강도 M_n을 결정하라. 단, 콘크리트의 설계기준 압축강도 $f_{ck}=$ 24 MPa이고, 보강철근의 항복강도 $f_y=$ 400 MPa이다.

풀이

① 공칭강도(극한상태, 파괴에 도달하기 직전)에 보강철근이 항복한다고 가정하면, $\varepsilon_s \geq \varepsilon_y$ 이므로 $f_s = f_y$ 가 된다 (그림 3.5b 참고) :

$$T = A_s f_y = (1{,}927\ \mathrm{mm}^2)(400\ \mathrm{N/mm}^2) = 770.8 \times 10^3\ \mathrm{N}$$

② 내부 우력들의 축방향 평형 : $\Sigma F_x = 0$, $T = C_c \rightarrow A_s f_y = (0.85 f_{ck}) b a$

$$0.85 f_{ck} = 0.85 \times 24\ \mathrm{N/mm}^2 = 20.4\ \mathrm{N/mm}^2 \quad [\mathrm{MPa} \equiv \mathrm{N/mm}^2]$$

식 (3.16b) : $a = \dfrac{A_s f_y}{(0.85 f_{ck}) b} = \dfrac{770.8 \times 10^3 \text{ N}}{(20.4 \text{ N/mm}^2)(250 \text{ mm})} = 151 \text{ mm}$

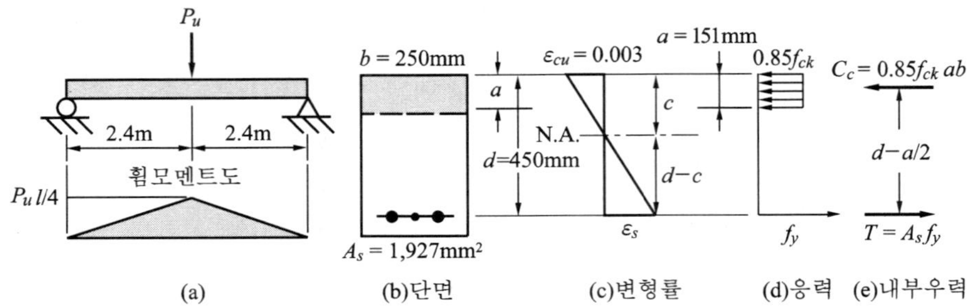

그림 3.16a

③ 인장철근의 변형률 $\varepsilon_s \geq \varepsilon_y$ 인지 검토 : $f_{ck} = 24 \text{ MPa}$ 이므로 식 (3.13)에 따라 $\beta_1 = 0.85$가 된다. 식 (3.17) : $c = \dfrac{a}{\beta_1} = \dfrac{151 \text{ mm}}{0.85} = 178 \text{ mm}$

변형률도에서 $\dfrac{\varepsilon_s}{d-c} = \dfrac{\varepsilon_{cu}}{c} = \dfrac{0.003}{c}$ [식 (2.51) : 구조기준에서 $E_s = 2.0 \times 10^5 \text{ MPa}$로 제시]

식 (3.18) : $\therefore\ \varepsilon_s = 0.003\left(\dfrac{d}{c} - 1\right) = 0.003\left(\dfrac{450}{178} - 1\right) = 0.00458$

$$> \left[\varepsilon_y = \frac{f_y}{E_s} = \frac{400}{2.0 \times 10^5} = 0.002\right]$$ <o.k.>

따라서 인장철근은 항복한다.

④ 압축합력 C_c가 작용하는 점에서 모멘트를 취하여 단면의 공칭 휨모멘트를 구하면,

식 (3.22a) : $M_n = T\left(d - \dfrac{a}{2}\right) = (770.8 \times 10^3 \text{ N})\left[\left(450 - \dfrac{151}{2}\right) \text{mm}\right]\left(\dfrac{1 \text{ kN}}{10^3 \text{ N}}\right)\left(\dfrac{1 \text{ m}}{10^3 \text{ mm}}\right)$

$\therefore M_n = (770.8 \times 10^3)(450 - 151/2)(10^{-6}) \text{ kN} \cdot \text{m} = \underline{288.7 \text{ kN} \cdot \text{m}}$

⑤ 단면이 극한상태에 이를 때까지 작용시킬 수 있는 최대 계수집중하중 P_u의 크기를 결정하기 위해서는 식 (1.8b)의 설계방정식 $\phi M_n \geq M_u$ 를 이용하여야 하고, 여기에서 설계 휨모멘트 강도 ϕM_n을 계산하기 위해서는 강도감소계수 ϕ를 결정하여야 한다. 이는 3.5장에서 다루는 몇몇 단계를 밟아야 하며, 예제 3.2에서 다루도록 한다.

예제 3.1b 도로교설계기준 2012의 규정에 따른 저항계수(nominal strength) $M_r(\equiv \phi M_n)$ 계산[3.35]

예제 3.1a의 문제를 도로교설계기준 2012 한계상태설계법의 포물선-직사각형의 콘크리트 응력-변형률 관계를 이용하여 휨으로 인한 공칭강도 상태에서 단면이 저항할 수 있는 이론적인 저항계수 $M_r(\equiv \phi M_n)$을 결정하라.

풀이

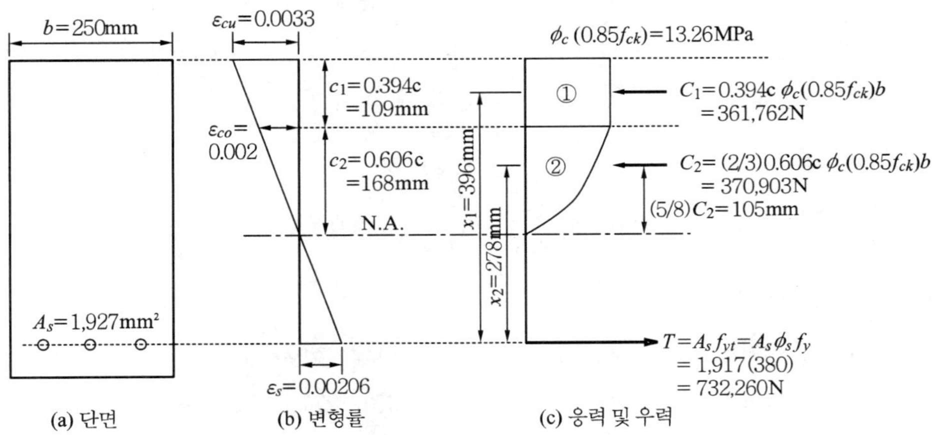

그림 3.16b

① 계수 결정 : 재료저항계수 $\phi_c = 0.65$; 철근 $\phi_s = 0.95$ (표 3.2 참고)

최대응력 값 $0.85f_{ck} = 0.85(24) = 20.4\ (\text{MPa})$

설계기준 값 $\phi_c(0.85f_{ck}) = 0.65[0.85(24)] = 0.65(20.4) = 13.26\ (\text{MPa})$

강도 특성 값 : $f_{ck} = 24\ \text{MPa} < 40\ \text{MPa}$ 이므로 $n = 2.0$; $\varepsilon_{co} = 0.002$; $\varepsilon_{cu} = 0.0033$

철근의 설계항복강도 $f_{yd} = \phi_s f_y = 0.95(400) = 380\ (\text{MPa})$

② 변형률도에서 중립축에서 $\varepsilon_{co} = 0.002$ 까지의 깊이 계산 ; $c_2 : \varepsilon_{co} = c : \varepsilon_{cu}$

$$\therefore c_2 = \frac{\varepsilon_{co}}{\varepsilon_{cu}} c = \frac{0.002}{0.0033} c = 0.606\,c$$

$\varepsilon_{co} = 0.002$ 에서 $\varepsilon_{cu} = 0.0033$ 까지의 깊이 : $c_1 = c - c_2 = c - 0.606\,c = 0.394\,c$

③ C_1, C_2 및 T 계산 :

$C_1 = 0.394\,c(\phi_c 0.85 f_{ck})b = 0.394\,c(13.26)(250) = 1,306\,c\ (\text{N})$

$C_2 = (2/3)0.606\,c\,(\phi_c 0.85 f_{ck})\,b = (2/3)0.606\,c(13.26)(250) = 1{,}339\,c$ (N)

$\varepsilon_s \geq \varepsilon_y = 400/200{,}000 = 0.002$로 가정 :

$$T = A_s f_{yd} = A_s(\phi_s f_y) = 1{,}927(0.95 \times 400) = 1{,}927(380) = 732{,}260 \text{ (N)}$$

④ $C_1 + C_2 = T$ 를 이용하여 중심축의 깊이 c 계산 :

$$1{,}306\,c + 1{,}339\,c = 732{,}260 \;\rightarrow\; \therefore c = \frac{732{,}260}{1{,}306 + 1{,}339} = \frac{732{,}260}{2{,}645} = \underline{277 \text{ (mm)}}$$

$c_1 = 0.394\,c = 0.394(277) = 109$ (mm) ; $c_2 = 0.606\,c = 0.606(277) = 168$ (mm)

$C_1 = 1{,}306c = 1{,}306(277) = 361{,}762$ (N) ; $C_2 = 1{,}339c = 1{,}339(277) = 370{,}903$ (N)

⑤ ε_s 검토 :

$$\varepsilon_s = \varepsilon_{cu}\left(\frac{d}{c} - 1\right) = 0.0033\left(\frac{450}{277} - 1\right) = 0.0033(0.625) = 0.00206 > \varepsilon_y = 0.002$$ <o.k.>

⑥ 저항계수 $M_r(\equiv \phi M_n)$ 계산 :

C_1 의 팔거리 : $x_1 = d - c_1/2 = 450 - 109/2 = 396$ (mm)

C_2 의 팔거리 : $x_2 = d - c + (5/8)c_2 = 450 - 277 + (5/8)168 = 278$ (mm)

$M_r = C_1 x_1 + C_2 x_2 = 361{,}762(396) + 370{,}903(278)$

$\therefore M_r = (143{,}3 + 103.1) \times 10^6 = \underline{246.4 \text{ (kN} \cdot \text{m)}}$

[이 값은 예제 3.2에서 현행 구조기준의 규정(등가 직사각형 응력블럭)에 따라 구한 값과 등가의 값으로 응력-변형률 관계를 직사각형으로 가정하여 구한 $\phi M_n = 237.3$ kN · m 값에 비해서 오직 3.8% 차이만 난다. 따라서 어떤 형상의 콘크리트 응력-변형률 관계를 적용해서 단면의 저항강도를 구해도 차이는 거의 없다는 것을 알 수 있다.]

3.4 직사각형 단면의 균형파괴(Balanced Failure or Balanced Strain Section)[3.21]

앞 장에서는 압축연단 콘크리트의 압축변형률이 사용할 수 있는 최대변형률(maximum usable strain, $\varepsilon_{cu} = 0.003$)에 도달하기 전에 인장철근이 먼저 항복변형률에 도달한 저보강단면(under-reinforced section)에 대해서 다루었다. 압축연단의 콘크리트가 최대 압축변형율 $\varepsilon_{cu} = 0.003$에 도달[즉, 공칭강도(nominal strength) 상태]하면서 동시에 인장철근의 변형률이 항복 변형률 $\varepsilon_y = f_y / E_s$에 도달하는 변형률 상태가 존재할 수 있다. 보 단면에서 이러한 변형률 상태가 되도록 하는 인장철근 단면적을 **균형철근 단면적(balanced area of tension reinforcement)** A_{sb}라고 한다. 이렇게 철근의 단면적이 배치된 단면을 **균형변형률 단면(balanced strain section)** 또는 **균형파괴단면(balanced failure section)**이라 한다.

연성(ductility)은 인장철근이 항복응력에 도달했을 때의 압축연단 콘크리트의 변형률 크기에 가장 크게 좌우된다. 만약에 철근이 항복하기 시작할 때 압축연단 콘크리트의 변형률이 작으면 보는 콘크리트가 사용가능한 최대변형률에 도달하기까지 상당한 휨변형을 추가적으로 받을 수가 있다. 이렇게 보는 연성거동을 하여 압축 콘크리트가 분쇄하여 파괴가 일어나기 전까지 상당한 처짐을 보여주게 된다. 배치된 보강철근의 단면적이 증가할수록 중립축은 인장철근의 도심을 향해서 접근하고 압축 콘크리트 연단으로부터는 멀어지게 된다(그림 3.18d 참고).

철근이 항복하기 시작할 때 콘크리트 압축연단의 변형률이 0.003에 동시에 도달하는 소위 말하는 균형철근 단면적 A_{sb}(그림 3.17b 참고)를 배치하게 되면 단면은 연성이 없이 철근이 항복하기 시작하면서 동시에 콘크리트가 분쇄 파괴되어 단면의 휨모멘트 저항력을 순식간에 잃게 된다(brittle failure). 아래와 같은 전개에 따라 단면의 이론적인 균형철근 단면적을 결정할 수 있다. 앞장에서 다루었던 M_n 구하는 방법과 다른 점은 변형률 분포에서 c_b를 포함한 모든 값을 알고 있지만, A_{sb}는 미지이다.

1) 단계 1 : 변형률 도에서 $\varepsilon_{cu} = 0.003$ 와 $\varepsilon_s = \varepsilon_y$ 를 이용하여 닮은 삼각형의 비례식을 쓰면(그림 3.17b 참고)

$$\frac{0.003}{c_b} = \frac{\varepsilon_y}{d - c_b} \tag{1}$$

가 된다. 여기에서 c_b는 균형변형률 단면의 중립축 깊이 c의 값이다. 식 (1)을 정리하면

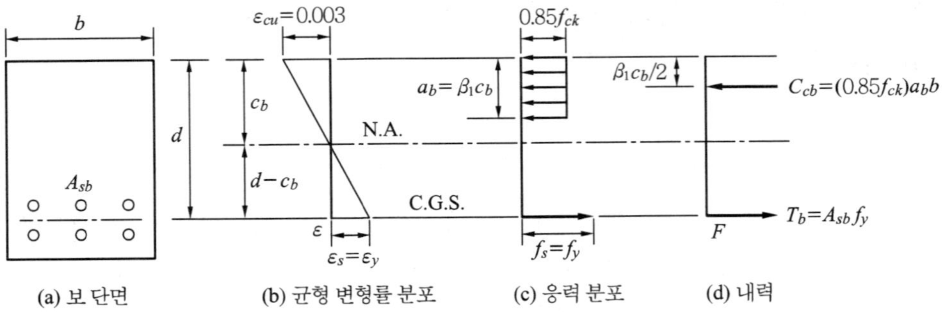

그림 3.17 단철근 직사각형 보의 균형변형률 단면

$$c_b = \left(\frac{0.003}{0.003+\varepsilon_y}\right)d \quad \text{또는} \quad \frac{c_b}{d} = \frac{0.003}{0.003+\varepsilon_y} \tag{2}$$

$f_y=$ 400 MPa인 SD400 철근에서 $\varepsilon_y = f_y/E_s =$ 400/200,000 = 0.002를 대입하면, $c_b/d=$ 0.6이 된다(그림 1.9 참고). 이 값은 SD400 철근이 배치된 어떤 형상의 단면에도 적용할 수 있다. 여기에 $\varepsilon_y = f_y/E_s$ 를 대입하고, E_s 를 분자와 분모에 곱해주면,

$$c_b = \left(\frac{0.003}{0.003+f_y/E_s}\right)d \quad \text{또는} \quad c_b = \left(\frac{0.003\,E_s}{0.003\,E_s+f_y}\right)d \tag{3}$$

여기에 구조기준에서 제시한 식 (2.51)의 철근의 탄성계수 $E_s = 2.0\times10^5\,\text{MPa}$ 을 도입하여, 0.003(200,000) = 600으로 쓰면,

$$c_b = \left(\frac{600}{600+f_y}\right)d \tag{3.26}$$

가 된다. 여기에서 f_y 의 단위는 $\text{MPa}\,(\equiv \text{N/mm}^2)$이다. $a_b = \beta_1 c_b$ 로 쓰면,

$$\frac{a_b}{d} = \beta_1\left(\frac{600}{600+f_y}\right) \tag{3.27}$$

로 표현된다. 식 (3.26)과 (3.27)은 변형률도로부터 구한 식이므로 단면의 형상에 상관없이 어떤 형상에도 사용할 수 있다.

2) 단계 2 : 내부 우력모멘트(internal couple)의 축방향 평형방정식(equilibrium equation)으로부터(그림 3.17d)

$$T_b = C_{cb}$$

$$A_{sb} f_y = (0.85 f_{ck}) a_b b$$

$$A_{sb} = \frac{(0.85 f_{ck}) a_b b}{f_y} \tag{3.28a}$$

$a_b = \beta_1 c_b$ 와 식 (3.26)을 대입하면,

$$A_{sb} = \beta_1 \frac{(0.85 f_{ck})}{f_y} \left(\frac{600}{600 + f_y} \right) b d \tag{3.28b}$$

균형철근비 $\rho_b = A_{sb}/bd$ 로 표현하면,

$$\rho_b = \frac{A_{sb}}{bd} = \beta_1 \frac{(0.85 f_{ck})}{f_y} \left(\frac{600}{600 + f_y} \right) \tag{3.29}$$

가 된다. 여기에서 β_1의 분포는 식 (3.13)에 주어졌다. 2003년 이전 기준에서 보의 연성파괴를 유도하기 위해서 철근의 단면적은 최대로 이론적인 균형철근 단면적 A_{sb}의 75%까지 배치할 수 있도록 제한하였다. ρ_b는 계산과정에 (bd)가 도입되므로 직사각형 단면에만 적용되어야 하며, 일반적인 단면은 식 (4.11)과 같이 A_{wb}(등가 응력블록의 깊이 a로 둘러싸인 콘크리트의 면적)를 이용하여 A_{sb}를 표현하여야 한다.

3.5 인장지배 단면과 압축지배 단면의 규정(Code Definitions of Tension-controlled and Compression-controlled Sections)[3.1, 3.21, 3.22]

3.1장에서 철근콘크리트 보 단면의 휨거동은 연성(곡률-연성비, curvature ductility ratio(CDR), Φ_n/Φ_y)을 이용하여 설명하였다. 지진하중이나 큰 변형이 작용할 때 철근콘크리트 부재의 곡률-연성비가 $\Phi_n/\Phi_y > 4$ 이상인 것이 적당한 것으로 인식되고 있다[3.21].

2003년과 이전에 발행된 기준[3.2]에서는 균형파괴 단면으로부터 구한 균형철근비 $\rho_b = A_{sb}/bd$ [식 (3.29)]의 0.75배 이하를 최대철근비로 규정하여 그림 3.8과 같은 부재의 연성거동(ductile behavior)을 확보하였다. 그러나 2007년 이후 발행된 구조기준[3.23]에서는 **공칭강도(nominal strength)**4)에서 **최 외단 인장철근 층(extreme layer of tension steel)**5)의 **순인장변형률(net tensile strain)** ϵ_t 6)의 크기에 따라 단면을 **압축지배 단면(compression-controlled section), 변화구간 단면(transition region), 인장지배 단면(tension-controlled section)**으로 구분하도록 제시하였다(그림 3.18 참고). 따라서 단면의 연성거동을 간접적으로 균형철근비를 이용하여 최대철근비로 제한하던 것을 2007년 이후 발행된 구조기준에서는 직접적으로 단면의 인장철근의 변형률에 대한 제한으로 변경한 것이다. 3.1장에서 다룬 것과 같이 단면의 연성은 일반적으로 곡률(curvature)로 표시하지만 변위나 회전으로 표현할 수도 있으므로 2007년 이후 발행된 구조기준의 순인장변형률 ε_t로 단면의 연성거동을 규정할 수 있을 것이다.

2003년과 이전의 기준에서 적용하던 최대 철근비를 0.75배 균형철근비로 제한하던 규정은 단철근 직사각형 단면 보에 대해서는 간단하게 적용할 수 있는 반면에 압축철근이 배치된 복철근 보나 플랜지가 붙은 T형 단면에서는 복잡하게 된다. 더군다나 일반 철근과 프리스트레싱 된 긴장재가 동시에 배치되는 보에서는 최대철근비에 대한 규정이 더욱더 복잡하게 된다. 그러나 최 외단 인장철근 층의 순인장변형률 ε_t로 단면의 인장거동을 규정하게 되면 ε_t는 단순한 변형률 분포도로부터 구할 수 있으므로 보강철근의 배치나 단면의 형상이 아무리 복잡하더라도 문제가 없게 된다.

휨에 대한 강도설계식 (1.8b)를 다시 적으면

---

4) 공칭강도(nominal strength)란 압축연단의 콘크리트가 가정된 최대변형률 $\varepsilon_{cu} = 0.003$에 도달한 상태를 말한다[구조기준 6.2.1(3), ACI 10.2.3][4.14].

5) 최 외단 인장철근 층은 압축연단으로부터 중립축에 직각으로 측정해서 가장 먼 곳에 위치한 보강철근의 층(layer)이나 철근을 의미하며 이때의 유효깊이를 d_t로 표기한다.

6) 순인장변형률(net tensile strain in the extreme tension steel) : 구조기준 3.1.2 및 6.2.2(3)(ACI 10.3.3) 공칭강도에서 최 외단 인장철근의 인장변형률에서 유효 프리스트레스 힘, 크리프, 건조수축, 온도변화에 의한 변형률을 제외한 인장변형률

$$\phi M_n \geq M_u \tag{1.8b}$$

여기에서 ϕ는 강도감소계수(strength reduction factor)로 구조기준 3.3.3(ACI 9.3.2)에서는 보 단면이 어떻게 거동하느냐에 따라 다른 값을 규정하고 있다(그림 3.7과 그림 3.8의 모멘트-곡률 관계 곡선 참고). 그림 1.5나 1.6에서 보는바와 같이 철근콘크리트 구조물은 일체로 시공되기 때문에 대부분의 보나 1방향 슬래브는 연속된 바닥시스템의 일부로 배치되게 된다. 만약에 연성거동을 하는 보에 예기치 않게 과하중이 작용하게 되면 그림 3.7과 같이 비록 철근의 항복이 시작된다고 해도 부재가 연성을 가지면서 소성힌지(plastic hinge)가 발생하여 하중을 다른 부분에 재분배하여 갑작스런 붕괴파괴가 일어나는 것을 방지하고 붕괴과정을 지연시켜서 안전 등급을 증가시킬 수 있도록 한다[7]. 따라서 구조기준에서는 연성거동을 하는 보(즉, 인장지배 단면)에 대해서는 상대적으로 높은 강도감소계수를 규정하여 안전율이 작아지는 것을 허용하고, 그림 3.8에서 본 것과 같이 인장철근의 단면적이 증가하여 연성이 감소(즉, 압축지배 단면)하게 되면 낮은 강도감소계수를 규정하여 안전율이 높아지도록 하고 있다[3.1].

■ 유효깊이와 최 외단 인장철근 층의 정의(Definition of Effective Depth and Distance to Extreme Layer of Tension Reinforcement)[3.1]

유효깊이 d는 압축연단으로부터 인장철근 도심까지의 거리로 식 (3.22a)에서 보는 바와 같이 단면의 공칭 휨모멘트 강도를 구하는 데 사용된다. 현행 구조기준과 ACI에서는 압축연단(extreme compression fiber)과 최 외단 인장철근 층(extreme layer of tension reinforcement)의 거리를 d_t로 표시하고 있는데 이는 현행 구조기준에서 연성을 규정하는 기준인 최 외단 인장철근 층(extreme layer of tension steel)의 순인장변형률(net tensile strain) ε_t와 연관하여 정의한 것이다(그림 3.18 참고). 순인장변형률 ε_t는 공칭강도에서 최 외단 인장철근의 인장변형률이며 유효 프리스트레스 힘, 크리프, 건조수축, 온도변화에 의한 변형률을 제외한 인장변형률이다 [구조기준 3.1.2 및 6.2.2(3), ACI 10.3.3]. 보 단면에서 만약에 인장철근이 여러 층으로 배치되는 경우에 ε_t는 인장철근 도심에서의 변형률 ε_s보다 약간 크게 된다. 구조기준(ACI)에서 ε_t를 이용해서 공칭강도 상태에서 단면의 거동을 규정하고 이에 대응하는 강도감소계수 ϕ도 결정되게 된다.

---

7) 구조기준 3.4.2(ACI 8.4)에서는 $\varepsilon_t \geq 0.0075$이면 연속 휨부재의 모멘트를 재분배(redistribution) 할 수 있도록 규정하고 있다(14장 참고).

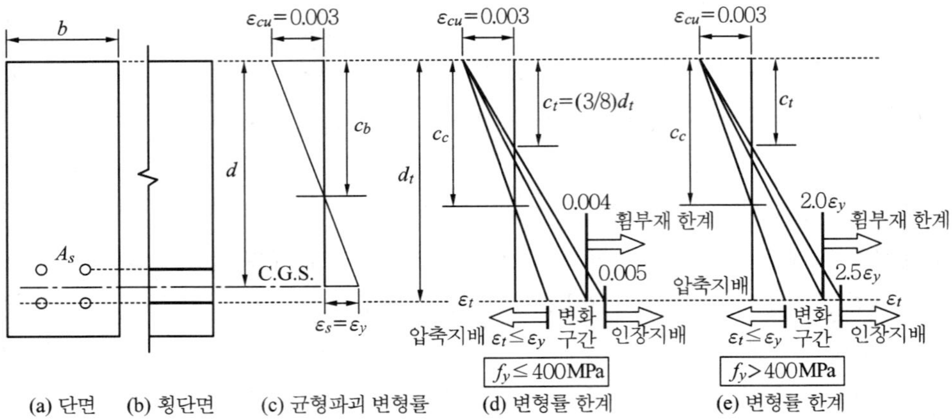

그림 3.18 현행 구조기준에 따른 공칭강도 상태에서 각종 변형률 한계
(참고 : 그림 c는 d를 기준으로 하고, d와 e는 d_t를 기준)

인장지배 단면과 압축지배 단면의 정의(Definition of Tension-Controlled and Compression-Controlled Sections)[3.1]

1) 인장지배 단면(Tension-Controlled Sections) : 보가 공칭강도에 도달했을 때(즉, 압축연단의 콘크리트가 가정한 최대변형률 $\varepsilon_{cu}=$ 0.003에 도달했을 때) 최 외단 철근 층의 순인장변형률 ε_t가 다음 값 이상이 되도록 인장철근 단면적이 배치된 단면을 인장지배 단면이라고 한다(그림 3.18d 및 e 참고).

$$\begin{cases} f_y \leq 400\,\text{MPa}\text{인 경우} : \varepsilon_t \geq 0.005 \\ f_y > 400\,\text{MPa}\text{인 경우} : \varepsilon_t \geq 2.5\,\varepsilon_y \end{cases} \tag{3.30}$$

예를 들어서 항복강도가 $f_y=$ 400 MPa인 SD400 등급의 인장철근에서 인장항복 변형률은 $\varepsilon_y = f_y/E_s=$ 400/200,000 = 0.002[식 (2.51) 참고]가 된다. 인장지배 한계 변형률로 0.005를 선택한 이유는 인장지배 한계 변형률이 보강철근 항복변형률의 2.5배가 되어 축방향 철근이 공칭강도에 도달하기 전에 항복이 시작되어 그림 3.7과 유사한 모멘트-곡률곡선을 만들어서 보가 충분한 연성을 갖도록 유도한 것이다. 그림 3.8에서 $A_s=$ 3,000 mm^{2}인 경우가 인장지배 단면의 거동과 유사하며, $\varepsilon_c=$ 0.003일 때 $\varepsilon_t=$ 0.0053에 이르고 있다.

그림 3.18d에서 인장지배 단면에 대해서 아래첨자 't'를 도입하여 변형률도의 닮은 삼각형 관계식을 적으면,

$$\frac{\varepsilon_{cu}}{c_t} = \frac{\varepsilon_{cu} + \varepsilon_t}{d_t}$$

$$c_t = \frac{\varepsilon_{cu}}{\varepsilon_{cu}+\varepsilon_t}\,d_t = \frac{0.003}{0.003+\varepsilon_t}\,d_t \tag{3.31}$$

$f_y \leq$ 400 MPa 등급의 인장지배 변형률의 범위인 $\varepsilon_t \geq$ 0.005를 대입하면,

$$c_t = \frac{0.003}{0.003+0.005}\,d_t = \frac{3}{8}\,d_t = 0.375\,d_t \tag{3.32a}$$

$$a_t = \beta_1\,c_t = 0.375\,\beta_1\,d_t \tag{3.33a}$$

$f_y \leq$ 400 MPa인 경우에 만약에 계산된 중립축의 깊이가 $c/d_t \leq$ 3/8 = 0.375가 되면, 인장지배 단면을 만족하는 $\varepsilon_t \geq$ 0.005가 될 것이다. 따라서 중립축의 깊이 비 $c/d_t <$ 3/8 = 0.375로 단면이 인장지배 단면인지 아닌지 검토할 수 있을 것이다(그림 3.19a 및 3.19b 참고).

2) 압축지배 단면(Compression-Controlled Section) : 보가 공칭강도에 도달했을 때(즉, 압축연단의 콘크리트가 가정한 최대변형률 $\varepsilon_{cu}=$ 0.003에 도달했을 때) 최 외단 철근 층의 순인장변형률 $\varepsilon_t \leq \varepsilon_y$ 가 되도록 인장철근 단면적이 배치된 단면을 압축지배 단면이라고 한다(그림 3.18d 및 e 참고).

변형률을 계산하는 위치가 d 에서 d_t 로 변한 것을 제외하고 변화구간과 압축지배 파괴 사이의 경계가 되는 전통적인 균형파괴 변형률 분포를 압축지배 변형률 한계라고 부르며, 이는 최 외단 인장철근의 순인장변형률 $\varepsilon_t = \varepsilon_y$ 일 때이다(그림 3.18d 및 e 참고). 구조기준 6.2.2(3)(ACI 10.3.3)에서는 프리스트레스트 콘크리트의 경우 최 외단 긴장재의 순인장변형률에 대한 압축지배 변형률 한계를 0.002로 할 수 있도록 하였다. 그림 3.8에서 $A_s=$ 4,500 mm^{2}인 경우가 압축지배 단면의 거동과 매우 유사하며, $\varepsilon_c=$ 0.003일 때 $\varepsilon_y=$ 0.002보다 조금 더 큰 $\varepsilon_t=$ 0.00251 밖에 안 되었다.

식 (3.31)에서 압축지배 단면에 대해서 아래첨자 'c'를 도입하여 $f_y=$ 400 MPa 등급의 압축지배 변형률의 범위인 $\varepsilon_t=$ 0.002를 대입하면,

$$c_c = \frac{0.003}{0.003+0.002}\,d_t = \frac{3}{5}\,d_t = 0.6\,d_t \tag{3.32b}$$

$$a_c = \beta_1\,c_c = 0.6\,\beta_1\,d_t \tag{3.33b}$$

$f_y=$ 400 MPa인 경우에 계산된 중립축의 깊이가 $c/d_t \geq$ 0.6이 되면, 압축지배 단면을 만족하는 $\varepsilon_t \leq$ 0.002가 될 것이다.

이렇게 최 외단 인장철근이나 철근 층의 순인장변형률 ε_t 의 크기에 따라 보 단면의 거동을 분류하여 설계하는 방법은 1992년 Mast[3.25]에 의해서 제안되었다. 그 뒤에 2002년 Darwin[3.26]이나 2004년 Naaman[3.27]등에 의해서 토론되었는데, Naaman은 최 외단 철근 층에 대한 d_t 나 ε_t 를 이용하여 단면의 거동을 판단하면 이전의 구조기준(ACI 1999)의 결과와 일치하지 않으므로 대신에 전체 인장보강

재의 도심에 대한 d_e 와 ε_{te} 를 설계에 도입하여야 한다고 주장하였다.

3) **변화구간 단면과 강도감소계수(Transition-Zone Section and Strength-Reduction Factor)** : 보가 공칭강도에 도달했을 때(즉, 압축연단의 콘크리트가 가정한 최대변형률 $\varepsilon_{cu}=$ 0.003에 도달했을 때) 최 외단 철근 층의 순인장변형률 $\varepsilon_y < \varepsilon_t <$ (0.005 또는 $2.5\varepsilon_y$) 가 되도록 인장철근 단면적이 배치된 단면을 변화구간 단면이라고 한다(그림 3.18d 및 e 참고). 인장철근이 변화구간 단면을 만족하도록 배치하게 되면 모멘트-곡률 곡선은 그림 3.8에서 $A_s=$ 3,000~4,500 mm^{2}인 경우와 비슷하게 나타날 것이다.

인장지배 단면은 예기치 않은 과하중이 작용하게 될 때 연성거동을 하기 때문에 강도감소계수 $\phi=$ 0.85로 해석이나 설계하도록 규정하고, 압축지배 단면은 거의 연성이 없어 분쇄파괴가 일어날 수 있으므로 전형적인 스터럽(또는 띠철근, 그림 7.29 참고)로 보강된 부재인 경우에 $\phi=$ 0.65를 적용하도록 제안하고 있다 [나선철근으로 보강된 기둥이 압축지배 단면인 경우에는 나선철근의 구속력을 인정하여 $\phi=$ 0.70을 적용하고 있다(그림 2.25 참고).]

공칭강도 상태에서 최 외단 인장철근 층의 순인장변형률 ε_t 나 중립축의 깊이 비 c/d_t 에 따라 강도감소계수 ϕ 는 그림 3.19a와 b와 같이 변하게 되어 $\varepsilon_y < \varepsilon_t <$ (0.005 또는 $2.5\varepsilon_y$)구간 또는 (3/5 = 0.6) $> c/d_t >$ (3/8 = 0.375)(SD400 철근)인 경우에 직선보간법으로 강도감소계수를 결정하여야 한다.

순인장변형률 ε_t 를 이용하여 그림 3.19a의 기울기가 일정한 변화구간을 식으로 표현하기 위해서 SD400 철근에서 밑변의 길이가 0.005 - 0.002 = 0.003이고 높이는 0.85 - 0.65 = 0.20인 삼각형의 기울기는 0.20/0.003 = 66.7이 된다. 또한 그림 3.19a에서 c/d_t 를 이용하여 변화구간의 식을 구하기 위해서 선분의 기울기는 증가하는데 c/d_t 값은 감소하므로 역수를 취하여 계산하면, 1/0.6 = 5/3가 되고 1/0.375 = 8/3이 된다. 따라서 스터럽나 띠철근으로 보강된 경우의 기울기는 (0.85 - 0.65) / (8/3 - 5/3) = 0.20이 되어 직선보간하는 식은 표 3.4와 같이 표현할 수 있다.

구조기준 6.2.2(5)(ACI 10.3.5)에서는 프리스트레스를 가하지 않은 휨부재 또는 휨모멘트와 축력을 동시에 받는 부재로서 계수축력(factored axial compressive load) $P_u < 0.10 f_{ck} A_g$ 보다 작은 휨부재인 경우(a flexural member)에 공칭강도 상태에서 최 외단 인장철근의 순인장변형률 $\varepsilon_t \geq$ (0.004 또는 $2.0\varepsilon_y$) 이상이 되도록 규정하여, 최소한의 연성(a minimum amount of ductility)을 확보하도록 하고 있다. 따라서 $P_u < 0.10 f_{ck} A_g$ 을 만족하면 이 변형률 구간 [즉, $0.004 < \varepsilon_t < 0.005$ 또는 $2.0\varepsilon_y < \varepsilon_t < 2.5\varepsilon_y$]에서 강도감소계수를 직선보간하여 구하여 적용하고, 만약에 계수축력 $P_u \geq 0.10 f_{ck} A_g$ 이면 압축지배 단면으로 보아 스터럽이나 띠철근으로 보강된 경우에는 $\phi=$ 0.65를 적용하고, 나선철근으로 보강된 경우에는 $\phi=$ 0.70을 적용하여야 한다.

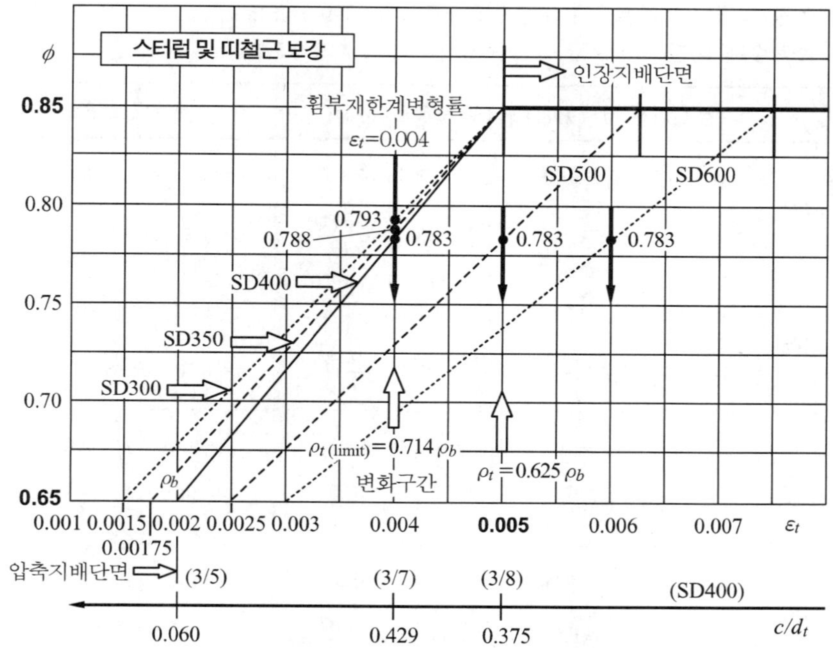

(a) 스터럽이나 띠철근으로 보강된 $P_u < 0.1 f_{ck} A_g$ 인 휨 부재

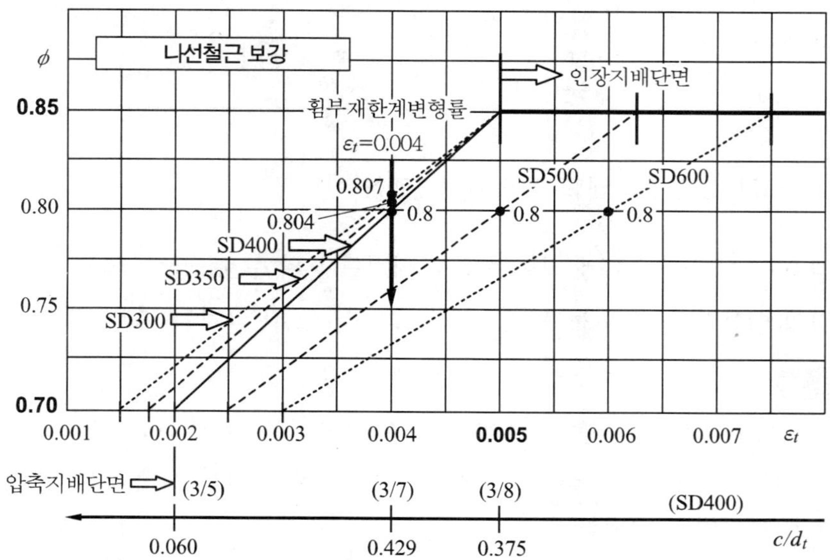

(b) 나선철근으로 보강된 $P_u < 0.1 f_{ck} A_g$ 인 휨 부재

그림 3.19 강도감소계수의 변화. (만약, 계수축력 $P_u \geq 0.1 f_{ck} A_g$ 인 경우 : 스터럽이나 띠철근 보강 $\phi = 0.65$; 나선철근 보강 $\phi = 0.70$)

표 3.4 각종 등급의 보강철근에 대한 변화구간 [$(0.004$ 또는 $2.0\varepsilon_y) \le \varepsilon_t < (0.005$ 또는 $2.5\varepsilon_y)$]의 강도감소계수에 대한 직선보간 식 (구조기준 3.3.3, ACI 9.3.2)

f_y	그 외의 부재 (띠철근으로 보강된 부재)	나선철근으로 보강된 부재
300 MPa	$\phi = 0.65 + (\varepsilon_t - 0.0015)\dfrac{400}{7} = 0.564 + 57.1\varepsilon_t$ $\phi = 0.65 + 0.171\left(\dfrac{1}{c/d_t} - \dfrac{3}{2}\right) = 0.394 + \dfrac{0.171}{c/d_t}$	$\phi = 0.70 + (\varepsilon_t - 0.0015)\dfrac{300}{7} = 0.636 + 42.9\varepsilon_t$ $\phi = 0.70 + 0.129\left(\dfrac{1}{c/d_t} - \dfrac{3}{2}\right) = 0.507 + \dfrac{0.129}{c/d_t}$
350 MPa	$\phi = 0.65 + (\epsilon_t - 0.00175)\dfrac{800}{13} = 0.542 + 61.5\varepsilon_t$ $\phi = 0.65 + 0.185\left(\dfrac{1}{c/d_t} - \dfrac{19}{12}\right) = 0.358 + \dfrac{0.185}{c/d_t}$	$\phi = 0.70 + (\varepsilon_t - 0.00175)\dfrac{600}{13} = 0.619 + 46.2\varepsilon_t$ $\phi = 0.70 + 0.138\left(\dfrac{1}{c/d_t} - \dfrac{19}{12}\right) = 0.481 + \dfrac{0.138}{c/d_t}$
400 MPa	$\phi = 0.65 + (\varepsilon_t - 0.002)\dfrac{200}{3} = 0.517 + 66.7\varepsilon_t$ $\phi = 0.65 + 0.20\left(\dfrac{1}{c/d_t} - \dfrac{5}{3}\right) = 0.317 + \dfrac{0.20}{c/d_t}$	$\phi = 0.70 + (\varepsilon_t - 0.002)(50) = 0.600 + 50.0\varepsilon_t$ $\phi = 0.70 + 0.15\left(\dfrac{1}{c/d_t} - \dfrac{5}{3}\right) = 0.450 + \dfrac{0.15}{c/d_t}$
500 MPa	$\phi = 0.65 + (\varepsilon_t - 0.0025)\dfrac{160}{3} = 0.517 + 53.3\varepsilon_t$ $\phi = 0.65 + 0.16\left(\dfrac{1}{c/d_t} - \dfrac{11}{6}\right) = 0.357 + \dfrac{0.16}{c/d_t}$	$\phi = 0.70 + (\varepsilon_t - 0.0025)(40) = 0.600 + 40.0\varepsilon_t$ $\phi = 0.70 + 0.12\left(\dfrac{1}{c/d_t} - \dfrac{11}{6}\right) = 0.480 + \dfrac{0.12}{c/d_t}$
600 MPa	$\phi = 0.65 + (\varepsilon_t - 0.003)\dfrac{400}{9} = 0.517 + 44.4\varepsilon_t$ $\phi = 0.65 + \dfrac{2}{15}\left(\dfrac{1}{c/d_t} - \dfrac{1}{0.5}\right) = 0.383 + \dfrac{2}{15(c/d_t)}$	$\phi = 0.70 + (\varepsilon_t - 0.003)\dfrac{300}{9} = 0.600 + 33.3\varepsilon_t$ $\phi = 0.70 + 0.1\left(\dfrac{1}{c/d_t} - \dfrac{1}{0.5}\right) = 0.50 + \dfrac{1}{10(c/d_t)}$

예제 3.2 보의 설계 휨모멘트 강도 ϕM_n 계산[3.1]

예제 3.1에서 그림 3.15에 보이는 단순 지지된 보의 설계 휨모멘트 강도 ϕM_n을 계산하고 보의 중앙에 작용시킬 수 있는 최대 계수집중하중 P_u의 크기를 결정하라.

풀이

① 집중하중에 의한 보 중앙에서의 휨모멘트 계산 : $M_u = P_u l/4 = P_u(4.8\text{ m})/4 = 1.2P_u\,(\text{m})$

② 그림 3.16a(3) 변형률도에서 최 외단 인장철근의 변형률 계산 : 철근이 1열로 배치되었으므로 $\varepsilon_t = \varepsilon_s$, $d_t = d$ 이다.

예제 3.1에서 계산된 c를 다시 쓰면, $c = a/\beta_1 = 151/0.85 = 178\,(\text{mm})$

식 (3.18) : $\varepsilon_t = 0.003(d_t/c - 1) = 0.003(450/178 - 1) = 0.003(2.528 - 1) = 0.00458$

$f_y = 400\,\text{MPa}$: ε_t의 범위가 $0.004 < \varepsilon_t = 0.00458 < 0.005$ 이므로 변화구간(transition region)이다. 따라서 강도감소계수는 표 3.4의 직선보간 식으로 구해야 한다.

③ 강도감소계수 ϕ 계산 : 표 3.4에서 나선철근이 아닌 그 외의 부재(즉, 스터럽이나 띠철근으로 보강된 부재)에서 $f_y = 400\ \mathrm{MPa}$ 인 경우

표 3.4 :

$\phi = 0.65 + (\varepsilon_t - 0.002)(200/3) = 0.517 + 66.7\,\varepsilon_t = 0.517 + 66.7 \times 0.00458 = 0.822$

또는 c/d_t 로 구해보면, $c/d_t = 178/450 = 0.396$

표 3.4 :

$\phi = 0.65 + 0.20\,[1/(c/d_t) - 5/3] = 0.317 + 0.20/(c/d_t) = 0.317 + 0.20/0.396 = 0.822$

ε_t 나 c/d_t 어떤 값을 이용해서 계산해도 동일한 결과가 나온다.

④ 설계 휨모멘트 강도 ϕM_n 계산 : 예제 3.1에서 $M_n = 288.7\ \mathrm{kN \cdot m}$

$\therefore \phi M_n = 0.822 \times 288.7 = 237.3\ (\mathrm{kN \cdot m})$

⑤ 식 (1.8b) 설계방정식 $\phi M_n \geq M_u$ 을 이용하여 P_u 계산 :

$\phi M_n = 237.3\ \mathrm{kN \cdot m} \geq M_u = 1.2 P_u\ (\mathrm{m})$

$\therefore P_u \leq (237.3\ \mathrm{kN \cdot m})/(1.2\ \mathrm{m}) = \underline{197.8\ \mathrm{kN}}$

휨부재의 변형률 상한한계(Upper Strain Limit for Flexural Members)[3.1]

2003년과 그 이전 기준[3.2]에서는 보의 최대 인장철근비를 균형철근비에 대해서 0.75배로 제한(즉, $\rho_{\max} \leq 0.75\,\rho_b$)하여 연성거동을 유도하였다. 2007년과 그 이후 구조기준[3.23] 6.2.2(5)(ACI 10.3.5)에서는 최대 인장철근비를 이용하여 간접적으로 접근하던 방식으로부터 최 외단 인장철근이나 철근 층의 순인장변형률 ε_t 를 이용하여 직접적으로 연성거동의 한계를 다룰 수 있도록 하였다. 구조기준에서는 휨부재 또는 휨모멘트와 축력을 동시에 받는 부재로서 계수축력(factored axial compressive load) $P_u < 0.10 f_{ck} A_g$ 보다 작은 휨부재인 경우(a flexural member) 공칭강도 상태에서 최 외단 인장철근의 순인장변형률 ε_t 는 다음 값 이상이 되도록 규정하여 최소한의 연성(a minimum amount of ductility)을 갖도록 규정하고 있다.

$$\begin{cases} f_y \leq 400\ \mathrm{MPa}\text{인 경우} : & \varepsilon_t \geq 0.004 \\ f_y > 400\ \mathrm{MPa}\text{인 경우} : & \varepsilon_t \geq 2\,\varepsilon_y \end{cases} \tag{3.34}$$

이 변형률 값은 이전 기준의 최대 인장 철근비를 $0.75\rho_b$ 로 제한하던 조건과 비슷하도록 선택하였다. SD500 철근은 $\varepsilon_y = 0.0025$ 이므로 휨 부재의 변형률 한계는 $\varepsilon_t \geq 2\varepsilon_y = 0.005$ 이고, SD600 철근은 $\varepsilon_y = 0.003$ 이므로 $\varepsilon_t \geq 2\varepsilon_y = 0.006$ 이 된다(그림 3.19a 참고).

이 규정을 2003년과 그 이전 기준의 최대 인장철근비 $0.75\rho_b$ 규정과 비교하기 위해서 순인장변형

률 ε_t 와 ρ/ρ_b 관계를 유도하도록 한다. $c_b = a_b/\beta_1$ 에 식 (3.28a)를 대입하여 균형변형률 단면의 중립축의 깊이 c_b 와 임의의 철근비에 대한 c 를 표현하면,

$$c_b = \frac{a_b}{\beta_1} = \frac{A_{sb} f_y}{(0.85 f_{ck}) b \beta_1} = \frac{\rho_b f_y d}{(0.85 f_{ck}) \beta_1} \quad \text{또는} \quad c = \frac{a}{\beta_1} = \frac{A_s f_y}{(0.85 f_{ck}) b \beta_1} = \frac{\rho f_y d}{(0.85 f_{ck}) \beta_1}$$

가 되고, c/c_b 비를 표현하면 다음과 같게 된다.

$$\frac{c}{c_b} = \frac{\rho f_y d / 0.85 f_{ck} \beta_1}{\rho_b f_y d / 0.85 f_{ck} \beta_1} = \frac{\rho}{\rho_b}$$

양변을 d_t 로 나누어 주면서 정리하면,

$$\frac{c}{d_t} = \left(\frac{\rho}{\rho_b}\right)\left(\frac{c_b}{d_t}\right) \tag{3.35a}$$

균형변형률 단면에서 $c_t = c_b$ 이고 $\varepsilon_t = \varepsilon_y$ 가 되므로 식 (3.31)을 변형하여 c_b/d_t 로 쓰면,

$$\frac{c}{d_t} = \left(\frac{\rho}{\rho_b}\right)\left(\frac{c_b}{d_t}\right) = \left(\frac{\rho}{\rho_b}\right)\left(\frac{0.003}{0.003 + \varepsilon_y}\right) \tag{3.35b}$$

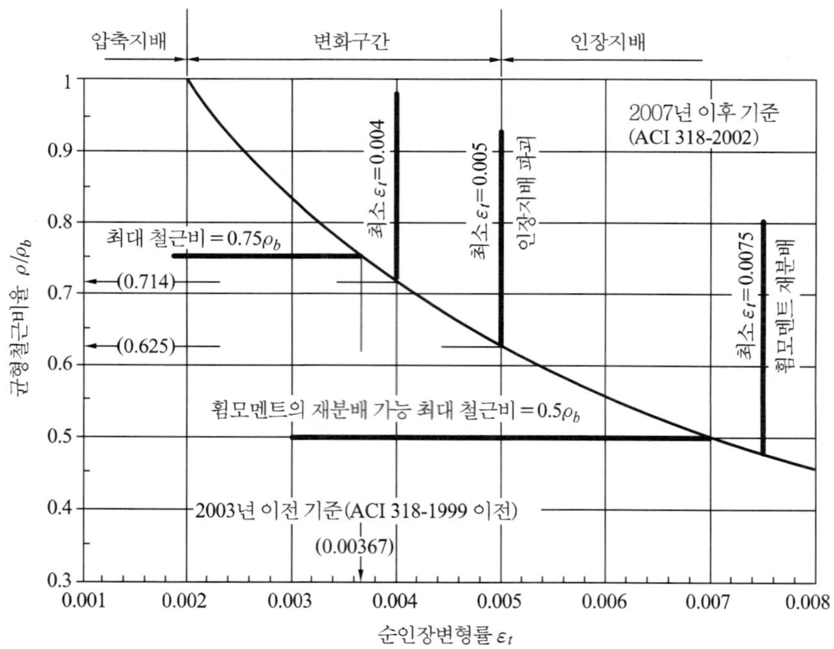

그림 3.20 f_y = 400 MPa인 경우 : 균형철근비와 순인장변형률의 관계[3.22]

이번에는 식 (3.31)에 c_t 의 아래첨자 t를 제거하여 c 로 쓰면서 정리하여 표현하고, 식 (3.35b)를 대입하면,

$$\varepsilon_t = \frac{0.003}{(c/d_t)} - 0.003 = \left(\frac{0.003 + \varepsilon_y}{\rho/\rho_b}\right) - 0.003 \tag{3.36a}$$

$$\varepsilon_t + 0.003 = \left(\frac{0.003 + \varepsilon_y}{\rho/\rho_b}\right) \quad \text{또는} \quad \frac{\rho}{\rho_b} = \frac{0.003 + \varepsilon_y}{0.003 + \varepsilon_t} \tag{3.36b}$$

가 된다. 식 (3.36a)에서 SD400 철근의 균형변형률 상태의 항복변형률은 $\varepsilon_y = f_y / E_s =$ 400/200,000 = 0.002이므로 이를 대입하면서 **최대철근비 $\rho/\rho_b =$ 0.75를 대입하면** ε_t 는

$$\varepsilon_t = \left(\frac{0.003 + 0.002}{\rho/\rho_b}\right) - 0.003 = \frac{0.005}{\rho/\rho_b} - 0.003 = \frac{0.005}{0.75} - 0.003 = 0.00667 - 0.003 = \underline{0.00367}$$

이 되어 2003년과 그 이전 기준에서 연성파괴를 유도하기 위해서 규정한 최대철근비로 인한 최 외단 인장철근의 변형률은 $\varepsilon_t =$ 0.00367이 된다. 이는 2007년에 이후에 발행된 구조기준 6.2.2(5)(ACI 10.3.5)에서 순인장변형률 $\varepsilon_t \geq (0.004 \text{ 또는 } 2\varepsilon_y)$ 이상이 되어야 한다는 규정과 연관되며, 그림 3.20에는 이러한 관계가 그림으로 도해되어 있다. 따라서 $f_y \geq$ 400 MPa인 경우에 2007년과 그 이후 구조기준의 휨 부재 한계 변형률 $\varepsilon_t =$ 0.004는 이전의 0.00367 변형률에 비해서 약 9% 더 큰 변형률을 요구하여 부재의 연성거동에 대해서 요구조건이 얼마간 안전측이 되었다.

$\varepsilon_t =$ 0.004 제한을 식 (3.36b)에 대입하고, 변화구간의 한계는 아래첨자 '$t(\text{limit})$'를 이용하여 적으면서 $f_y =$ 400 MPa인 경우에 $\varepsilon_y =$ 0.002이므로,

$$\frac{\rho}{\rho_b} = \frac{0.003 + \varepsilon_y}{0.007} = \frac{0.003 + 0.002}{0.007} = \frac{5}{7} = 0.714 \quad \text{또는} \quad \rho_{t(\text{limit})} = 0.714\,\rho_b \tag{3.36c}$$

로 표현할 수 있다. 표 3.5에는 각종 콘크리트와 철근에 대해서 순인장변형률 $\varepsilon_t \geq (0.004 \text{ 또는 } 2.0\varepsilon_y)$를 만족하는 보강철근의 상한한계 $\rho_{t(\text{limit})}$가 제시되었다.

비록 공칭강도 상태에서 $\varepsilon_t = 0.004$ 되는 인장철근 단면적이 배치된 단면의 M_n 은 $\varepsilon_t = 0.005$ 되는 인장철근 단면적이 배치된 단면보다 크기는 하지만 그림 3.19a 나 3.19b와 같이 ϕ 값이 감소하게 되어 설계강도 ϕM_n 의 증가는 미미하게 된다.

그림 3.6의 단철근 직사각형 단면에서 인장철근비(즉, 인장철근 단면적)를 점차 증가시켜서 ε_t 가 0.01에서 0.001씩 감소하여 평형 변형률 단면인 0.002가 되도록 조종한 단면의 M_n과 ϕM_n을 구한 결과가 표 3.6에 제시되었다. 표 3.6에서 2번열은 식 (3.23)으로 구하고, 3번열은 식 (3.16b), 4번열은 식 (3.18), 5번열은 표 3.4, 6번열은 식 (3.22a)로 구하였다. 그림 3.21은 $\rho - M_n$과 $\rho - \phi M_n$ 관계를 보여주고 있다. 인장지배 단면의 범위인 $\varepsilon_t =$ 0.005까지는 M_n 과 ϕM_n 이 거의 일정하게 증가하지만, 이 점

표 3.5 단철근 직사각형 보에서 균형철근비 ρ_b , $\varepsilon_t \geq (0.004$ 또는 $2.0\varepsilon_y)$ 인 상한한계 철근비 $\rho_{t\,(\mathrm{lim})}$와 $\varepsilon_t = (0.005$ 또는 $2.5\varepsilon_y)$ 인 인장지배 범위 철근비 ρ_t 및 최소철근비 (스터럽이나 띠철근 보강의 경우)

fy (MPa)	fck (MPa)	β_1	ρ_b	한계 철근비 ε_t = (0.004 또는 2.0 ε_y)			인장지배 철근비 ε_t = (0.005 또는 2.5 ε_y)			ρ_{min}	ρ_{min}/ρ_b
				$\rho_{t\,(limit)}/\rho_b$	$\rho_{t\,(limit)}$	$\Phi_{t\,(limit)}$	ρ_t/ρ_b	ρ_t	Φ_t		
300	**21**	0.850	0.0337	64.3%	0.0217	0.793	56.3%	0.0190	0.85	0.00467	13.8%
	24	0.850	0.0385		0.0248			0.0217			12.1%
	27	0.850	0.0434		0.0279			0.0244			10.8%
	30	0.836	0.0474		0.0305			0.0266			9.9%
	35	0.801	0.0530		0.0340			0.0298		0.00493	9.3%
	40	0.766	0.0579		0.0372			0.0326		0.00527	9.1%
	45	0.731	0.0621		0.0399			0.0350		0.00559	9.0%
	50	0.696	0.0657		0.0423			0.0370		0.00589	9.0%
350	**21**	0.850	0.0274	67.9%	0.0186	0.788	59.4%	0.0163	0.85	0.00400	14.6%
	24	0.850	0.0313		0.0212			0.0186			12.8%
	27	0.850	0.0352		0.0239			0.0209			11.4%
	30	0.836	0.0385		0.0261			0.0228			10.4%
	35	0.801	0.0430		0.0292			0.0255		0.00423	9.8%
	40	0.766	0.0470		0.0319			0.0279		0.00452	9.6%
	45	0.731	0.0505		0.0342			0.0300		0.00479	9.5%
	50	0.696	0.0534		0.0362			0.0317		0.00505	9.5%
400	**21**	0.850	0.0228	71.4%	0.0163	0.783	62.5%	0.0142	0.85	0.00350	15.4%
	24	0.850	0.0260		0.0186			0.0163			13.5%
	27	0.850	0.0293		0.0209			0.0183			12.0%
	30	0.836	0.0320		0.0228			0.0200			10.9%
	35	0.801	0.0357		0.0255			0.0223		0.00370	10.3%
	40	0.766	0.0391		0.0279			0.0244		0.00395	10.1%
	45	0.731	0.0419		0.0300			0.0262		0.00419	10.0%
	50	0.696	0.0444		0.0317			0.0277		0.00442	10.0%
500	**21**	0.850	0.0166	68.8%	0.0114	0.783	59.5%	0.0098	0.85	0.00280	16.9%
	24	0.850	0.0189		0.0130			0.0112			14.8%
	27	0.850	0.0213		0.0146			0.0127			13.2%
	30	0.836	0.0233		0.0160			0.0138			12.0%
	35	0.801	0.0260		0.0179			0.0155		0.00296	11.4%
	40	0.766	0.0284		0.0195			0.0169		0.00316	11.1%
	45	0.731	0.0305		0.0210			0.0181		0.00335	11.0%
	50	0.696	0.0323		0.0222			0.0192		0.00354	11.0%
600	**21**	0.850	0.0126	66.7%	0.0084	0.783	57.1%	0.0072	0.85	0.00233	18.5%
	24	0.850	0.0145		0.0096			0.0083			16.1%
	27	0.850	0.0163		0.0108			0.0093			14.4%
	30	0.836	0.0178		0.0118			0.0102			13.1%
	35	0.801	0.0199		0.0132			0.0113		0.00247	12.4%
	40	0.766	0.0217		0.0145			0.0124		0.00264	12.1%
	45	0.731	0.0233		0.0155			0.0133		0.00280	12.0%
	50	0.696	0.0247		0.0164			0.0141		0.00295	12.0%

을 넘어서는 M_n 은 증가하지만, ϕM_n 의 증가는 강도감소계수 ϕ 가 0.85에서 0.65로 감소하여 매우 미미하게 된다. 휨 부재의 한계변형률 $\varepsilon_t =$ 0.004일 때를 $\varepsilon_t =$ 0.05인 경우와 비교해보면 M_n은 (586.9/528.0 -1) x100 = 11.2% 증가하지만, ϕ 가 (0.784/0.85 -1) x100 = -7.8% 감소가 되어, ϕM_n은 (460.2/448.8 -1) x100 = 2.5% 증가에 불과하게 된다. 따라서 단면의 설계에서 휨 부재로서 강도감소계수가 감소되지 않도록 $\varepsilon_t \geq (0.005$ 또는 $2.5\varepsilon_y)$ 이상으로 유지하는 게 경제적일 것이다. 단면의 크기에 제한이 있으면서 설계강도를 증가시켜야 되는 경우에는 압축철근을 배치하여 단면이 인장지배 단면을 만족하도록 하여 강도감소계수를 0.85로 유지하는 방법이 가장 현명한 해결책일 것이다[3.22, 3.28].

표 3.6 그림 3.6 단철근 직사각형 단면의 철근비와 공칭 모멘트 강도와의 관계

ρ	A_s (mm^2)	c (mm)	ε_t	ϕ	M_n (kN · m)	ϕM_n (kN · m)
0.01126	1,806	123.5	0.0100	0.85	348.7	296.4
0.01219	1,956	133.7	0.0090	0.85	374.2	318.1
0.01330	2,135	145.9	0.0080	0.85	403.9	343.3
0.01463	2,348	160.5	0.0070	0.85	438.4	372.7
0.01625	2,608	178.3	0.0060	0.85	479.1	407.2
0.01829	**2,935**	**200.6**	**0.0050**	**0.85**	**528.0**	**448.8**
0.02089	**3,353**	**229.2**	**0.0040**	**0.784**	**586.9**	**460.2**
0.02437	3,911	267.3	0.0030	-	659.3	-
0.02926	4,696	321.0	0.0020	0.650	748.8	486.7

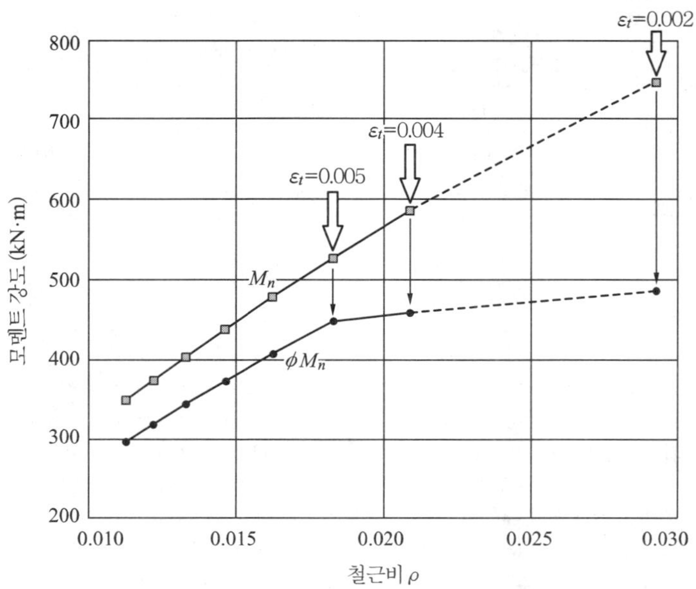

그림 3.21 계수축력 $P_u < 0.1 f_{ck} A_g$ 인 휨부재의 철근비 ρ와 $M_n - \phi M_n$ 의 관계 ($f_{ck} =$ 27 MPa, $f_y =$ 400 MPa, $b =$ 300 mm, $d =$ 535 mm ; 그림 3.6 단철근 직사각형보)

계수축력 $P_u < 0.10 f_{ck} A_g$ 규정[8] : 구조기준 6.2.2(5)(ACI 10.3.5)는 프리스트레스트를 도입하지 않는 철근콘크리트 부재에서 만약에 축력이 존재하는 경우에 계수축력 $P_u \geq 0.10 f_{ck} A_g$ 인 경우는 휨부재가 아닌 압축부재로 보아 $\varepsilon_t \geq 0.004$ 규정을 만족할 필요가 없고, 따라서 강도감소계수도 스터럽이나 띠철근으로 보강된 경우는 0.65로 나선철근으로 보강된 경우는 0.70으로 하여야 한다고 제시하고 있다. 그러나 비록 축력이 존재한다고 하더라도 $P_u < 0.10 f_{ck} A_g$ 이면 휨부재로 보아 $\varepsilon_t \geq (0.004$ 또는 $2.0\varepsilon_y)$를 만족하여야 하고, 강도감소계수도 표 3.7과 같이 변하여 $(0.004$ 또는 $2.0\varepsilon_y) \leq \varepsilon_t \leq (0.005$ 또는 $2.5\varepsilon_y)$구간은 직선보간하여 구하여야 한다고 규정하고 있다(그림 3.19a 및 3.19b 참고).

이렇게 축력의 크기에 따라 휨부재와 압축부재의 구분은 ACI 318[3.33]에서는 1977년도에 처음 도입되었고, 국내에서는 1977년도 콘크리트표준시방서 제16장 휨과 축방향 하중 제120조 일반원칙 및 제한사항의 "다) 휨부재 및 $0.10\sigma_{ck} A_g$ 또는 P_b 보다 작은 축방향 압축하중을 겸해 받는 휨부재의 철근비 p는 축방향 하중이 없는 휨 단면에 대해 균형조건을 일으키는 철근비 p_b의 0.75배를 초과할 수 없다."고 제시되어 현재에 이르고 있다.

표 3.7 **휨모멘트와 축력이 동시에 작용하는 철근콘크리트 부재 : 계수축력 $P_u < 0.10 f_{ck} A_g$ 인 휨부재와 $P_u \geq 0.10 f_{ck} A_g$ 인 압축부재의 강도감소계수(그림 3.19a 및 3.19b 참고)**

f_y	$P_u < 0.10 f_{ck} A_g$ → 휨부재		$P_u \geq 0.10 f_{ck} A_g$ → 압축부재	
	스터럽이나 띠철근으로 보강	나선철근으로 보강	스터럽이나 띠철근으로 보강	나선철근으로 보강
300	0.793 ~ 0.85	0.807 ~ 0.85	0.65	0.70
350	0.788 ~ 0.85	0.804 ~ 0.85		
400, 500 및 600	0.783 ~ 0.85	0.80 ~ 0.85		

8) 구조기준 6.2.2(5) : "프리스트레스트를 가하지 않은 휨부재 또는 휨모멘트와 축력을 동시에 받는 부재로서 계수축력이 $0.10 f_{ck} A_g$ 보다 작은 경우, 공칭축강도 상태에 있어서 순인장변형률 ε_t는 휨부재의 최소허용변형률 이상이어야 한다. 휨부재의 최소허용변형률은 철근의 항복강도가 400 MPa 이하인 경우 0.004로 하며, 철근의 항복강도가 400 MPa를 초과하는 경우 철근 항복변형률의 2배로 한다."로 되어 있고 이에 대응하는 ACI 10.3.5 "For nonprestressed flexural members and nonprestressed members with factored axial compression load less than $0.10 f_{ck} A_g$, ε_t at nominal strength shall not be less than 0.004."로 제시되어있다. 여기에서 A_g는 콘크리트의 전체단면적(gross area of concrete section)이다. 참고로 구조기준 11장 벽체에서는 계수연직축력 $P_u = 0.4 f_{ck} A_g$ 를 기준[11.2(1)]으로 휨부재와 압축부재를 구분하고, 구조기준 21장 내진설계 특별 고려사항에서는 계수축력의 크기가 $0.1 f_{ck} A_g$ 또는 $0.05 f_{ck} A_g$보다 큰지 작은지에 따라 부재를 구분하고 있다.

3.6 분쇄파괴를 방지하기 위한 최소철근 단면적 (Minimum Reinforcement to Prevent a Brittle Failure)

일반적인 보의 인장연단에서 응력이 파괴계수 f_r 에 도달했을 때의 균열모멘트 [$M_{cr}=f_r I_g/y_t$, 식 (3.7)]는 단면 휨모멘트 강도의 15%~20% 정도 밖에 되지 않는다. 인장연단의 콘크리트에 발생하는 최대 인장응력이 콘크리트의 파괴계수 [$f_r = 0.63\lambda\sqrt{f_{ck}}$, 식 (2.11)]보다 작으면, 보에는 균열이 발생하지 않고 철근의 응력도 매우 낮게 유지된다. 만약에 균열이 발생하게 되면 철근은 초기에 받았던 응력에 더하여 콘크리트가 저항하던 인장력도 지지해야 되지만, 철근의 응력은 여전히 항복응력보다 상당히 낮아서 균열에 의한 응력 재분배가 철근에 과다한 응력을 주지 않게 된다.

때때로, 건축적이거나 기능적인 요인 때문에 휨강도나 처짐을 조절하기 위해서 소요되는 단면보다 단면이 훨씬 커질 수 있다. 이런 보에서 내부 우력 힘들의 팔거리가 길어져서 소요 철근량이 매우 작아지고, 이때 단면에 균열을 일으키는 균열모멘트보다 공칭 휨강도 M_n이 작아지는 경우가 발생할 수도 있다. 이런 경우 예기치 않은 사고에 의해서 과적하중이 작용하여 휨모멘트가 균열모멘트를 초과하게 되면, 보는 갑작스런 철근의 끊어짐으로 인한 붕괴파괴(brittle failure)가 일어날 수 있다. 이를 방지하기 위하여 구조기준(ACI)에서는 다음과 같이 보의 공칭 휨강도가 적어도 균열모멘트에 안전계수 2.5를 곱한 값을 초과할 수 있도록 최소철근 단면적에 대한 규정을 제시하고 있다(구조기준 6.3.2, ACI 10.5).

$$M_n \geq 2.5\,M_{cr} \tag{6}$$

여기에서 그림 3.22b의 내부 우력방법(internal-couple method)으로 보강되지 않은 무근콘크리트 보의 균열모멘트를 적으면,

$$M_{cr} = T_c\left(\frac{2}{3}h\right) = \frac{f_r}{2}\frac{h}{2}b_w\left(\frac{2}{3}h\right) = \frac{f_r b_w h^2}{6} \tag{7}$$

가 되고, 또는 휨공식으로 아래와 같이 구할 수도 있다.

$$M_{cr} = f_r\frac{I_g}{y_t} = f_r\frac{b_w h^3/12}{h/2} = \frac{f_r b_w h^2}{6} \tag{8}$$

여기에서 b_w [9]는 복부의 폭으로 인장단면의 폭으로 보면 되고, 앞에서 쓴 b는 압축단면의 폭으

9) 여기에서 아래첨자 w는 **w**eb(복부)을 의미한다.

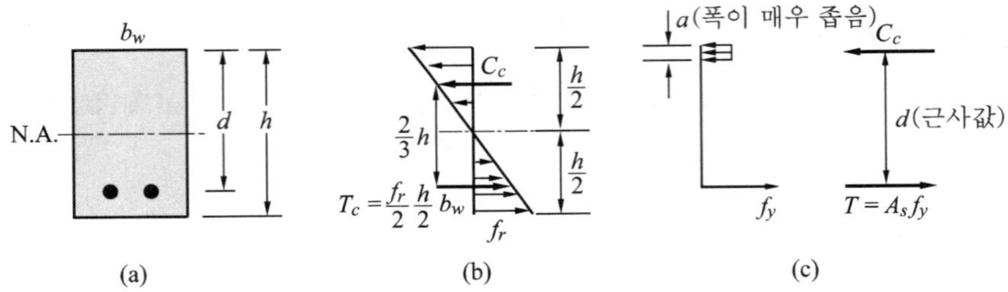

그림 3.22 직사각형 보의 응력 분포 : (a) 단면, (b) 균열이 일어나기 직전의 응력 상태, (c) 공칭강도 상태의 응력 분포

로 보면 될 것이다. 말하자면 b는 T형 단면에서 플랜지의 폭을 말한다(그림 4.16 참고). 만약 철근의 단면적이 매우 작으면 공칭강도 상태의 a도 매우 작으므로 단면의 공칭 휨강도를 계산하기 위해서 내부 우력모멘트의 팔거리를 d로 가정한다면, $M_n = A_s f_y d$ 가 된다(그림 3.22c 참고).

따라서 (공칭 휨강도 M_n) = (무근콘크리트 보의 휨균열 강도 M_{cr})로 쓰면,

$$\left(M_n = A_s f_y d\right) \equiv \left(M_{cr} = \frac{f_r b_w h^2}{6}\right) \tag{9}$$

$$A_s = \frac{f_r b_w h^2}{6 f_y d} \tag{10}$$

식 (10)에 파괴계수 $f_r = 0.63\lambda\sqrt{f_{ck}}$ 와 $h \approx d$로 보아 대입하면서, 안전계수 2.5를 곱해주면 최소철근 단면적은

$$A_{s\,(\min)} = 2.5 \times \frac{0.63\lambda\sqrt{f_{ck}}}{6 f_y} b_w d = \frac{0.263\lambda\sqrt{f_{ck}}}{f_y} b_w d \tag{3.37}$$

로 표현될 수 있다. 최소철근 단면적을 결정하기 위해서 보통중량골재 콘크리트($\lambda = 1.0$) $f_{ck} =$ 28 MPa로 가정하면, $0.263(1.0)\sqrt{28} = 1.39 \approx 1.4$ 가 되므로, 최소철근 단면적은

$$A_{s\,(\min)} = \frac{1.4}{f_y} b_w d \tag{3.38}$$

로 표현된다. 양변을 $(b_w d)$로 나누어 주면, 최소철근비 $\rho_{(\min)} = 1.4/f_y$ 가 된다. 여기에서, 최대철근비를 검토할 때의 ρ는 A_s를 (bd)로 나누고, $\rho_{(\min)}$은 A_s를 $(b_w d)$로 나누어 주므로 최대철근비와 최소철근비를 검토할 때 동일한 (bd)를 사용해서는 안 될 것이다.

f_{ck}를 28 MPa 고정 값으로 가정했기 때문에 만약에 f_{ck}가 가정한 값보다 작아지면 안전율은 증

가하게 되고, 반대로 f_{ck} 가 커지게 되면 안전율은 감소하게 된다. 따라서 고강도 콘크리트 $f_{ck} \geq$ 32 MPa인[10] 경우에 안전율이 감소하는 것을 방지하기 위하여 구조기준에서는 식 (3.37)에서 0.263 ≈ 0.25로 제시하면서, 최소 철근 단면적이 식 (3.38)보다 작아지는 것은 방지하여 $f_{ck} \geq$ 32 MPa인 경우는 여전히 식 (3.38)이 지배하도록 하였다.

$$A_{s\,(\min)} = \frac{0.25\sqrt{f_{ck}}}{f_y} b_w d \geq \frac{1.4}{f_y} b_w d \tag{3.39a}$$

여기에서 f_{ck} 와 f_y 의 단위는 MPa이다.

표 3.5에는 휨에 대한 최소철근비와 인장지배 및 한계 철근비가 제시되어 있다.

1) 예외 규정 1 [구조기준 6.3.2(2), ACI 10.5.2] : 정정구조물로서 플랜지가 인장상태인 T형 단면에 대하여 철근의 단면적 $A_{s\,(\min)}$은 식 (3.39a)에서 b_w 에 플랜지의 유효폭 b 와 $2b_w$ 중 작은 값을 대입하여 계산되는 철근 단면적 이상으로 하여야 한다.

$$A_{s\,(\min)} = \left(\frac{0.25\sqrt{f_{ck}}}{f_y} b_w d \geq \frac{1.4}{f_y} b_w d\right) \text{여기에서 } b_w = \text{작은 값}(2b_w \text{와 } b) \tag{3.39b}$$

이 예외 규정은 T형 단면의 플랜지가 인장을 받을 때 인장철근이 직사각형 단면이나 T형 단면이 압축을 받는 경우에 비해서, 특히 캔틸레버와 정정구조인 경우에 2배의 철근이 필요한 것이 실험에 의하여 밝혀졌기 때문에 생긴 추가적인 규정이다.

2) 예외 규정 2 [구조기준 6.3.2(3), ACI 10.5.3] : 부재의 모든 단면에서 사용된 철근량이 해석에 의해 필요한 철근량보다 1/3 이상 인장철근이 더 배근되는 경우는 $A_{s\,(\min)}$의 규정을 따르지 않아도 된다. 따라서 이를 식으로 쓰면,

$$\rho_{(\text{배치})} \geq (4/3)\rho_{(\text{소요})} = 1.33[A_{s\,(\text{소요})}/bd] \tag{3.40a}$$

또는

$$A_{s\,(\text{배치})} \geq (4/3)A_{s\,(\text{소요})} \tag{3.40b}$$

로 표현하거나, 또는 공칭강도로 쓰면

$$M_n \geq (4/3)(M_u/\phi) \tag{3.40c}$$

가 된다. 이는 해석보다 1/3 만큼 철근을 더 배치하면 과적하중에 의한 갑작스런 철근의 끊어짐에

10) 식 (3.39a)에서 $0.25\sqrt{f_{ck}} \equiv 1.4$ 이면 $f_{ck} = (1.4/0.25)^2 =$ 31.36 MPa가 되어 $f_{ck} \geq$ 31.36 MPa 이상이 되면 $0.25\sqrt{f_{ck}}/f_y$ 항이 지배하게 된다.

의한 붕괴파괴에 대해서 충분하게 안전이 고려되었다고 보는 것이다. 단면적이 매우 큰 단면에서는 비록 최소철근에 대한 규정이라도(소요철근의 단면적이 $(b_w d)$의 함수이므로) 상당히 많은 철근이 배치되는 경우가 발생할 수 있으며 이런 경우에 대한 보완규정이다.

휨부재의 최소 철근량 규정에 대한 제안

1963년도 ACI[3.29]에서 처음으로 휨부재의 최소철근 규정을 도입하면서 당시에는 p로 표현되던 최소철근비로 앞에서 언급한바와 같이 콘크리트 설계기준 압축강도 28 MPa(4,000 psi)[당시에는 일반적으로 21~28 MPa(3,000~4,000 psi) 콘크리트가 사용되었다.]를 기준으로 개발된 식 (3.38)을 콘크리트의 유효단면적 $(b_w d)$로 나누어 다음과 같이 제시하였다.

$$\rho_{(\min)} = \frac{1.4}{f_y} \tag{11}$$

식 (11)에 대해서 ACI 318-63 해설[3.30]에서는 항복응력 280 MPa 과 420 MPa (40,000과 60,000 psi) 철근에 대해서 각각 0.5%와 0.33%의 철근비를 의미한다고 설명하고 있다. 이렇게 1963년도에 도입된 규정은 그 후 30여년이 지나면서 콘크리트의 압축강도가 28 MPa을 초과하는 고강도콘크리트가 적용되면서 식 (11)의 최소 철근비가 충분하지 않은 경우가 발생할 수 있어 식 (3.39a)와 같이 $(b_w d)$를 곱해주어 최소철근 단면적으로 표현한 식이 1995년도에 도입되었다.

$$A_{s(\min)} = \left(\frac{0.25\sqrt{f_{ck}}}{f_y}\right) b_w d \le \left(\frac{1.4}{f_y}\right) b_w d \tag{3.39a}$$

따라서 식 (11)은 개발되던 당시에 일반적으로 사용되던 21~28 MPa (3,000~4,000 psi) 콘크리트에 안전 측으로 28 MPa을 적용하여 사용하기 간편하게 제시했다고 볼 수 있고, 1995년도 ACI 318-95[3.31]에서 점차 고강도 콘크리트의 등장으로 식 (11)을 보완하기 위해서 식 (3.39a)가 도입되었다고 이해할 수 있다. 따라서 식 (3.39a)에서 $\sqrt{f_{ck}}$ 로 표현된 식이 철근과 콘크리트 설계기준강도의 변화에 대해서 완벽하게 최소철근비 규정을 갖추고 있으므로 이전의 식 (11)을 그대로 유지할 필요는 없다고 생각한다. 따라서 식 (3.39a)에서 $(1.4/f_y)$항을 삭제하여 [구조기준에서는 식 (6.3.2)를 삭제]

$$A_{s(\min)} = \rho_{(\min)}(b_w d) = \left(\frac{0.25\sqrt{f_{ck}}}{f_y}\right) b_w d \tag{3.39c}$$

로 제시하면 압축강도가 낮은 콘크리트(21 MPa ~ 24 MPa)의 부재에서 너무 과도한 최소철근량의 배치를 피할 수 있고 규정도 정리될 수 있을 것이다[11)].

최소철근비는 식 (3.29)를 도입하여 아래와 같이 균형철근비의 함수로 표현할 수 있다.

$$f_{ck} < 31.36\text{ MPa}: \frac{\rho_{(\min)}}{\rho_b} = \frac{1.4/f_y}{\dfrac{\beta_1(0.85f_{ck})}{f_y}\left(\dfrac{600}{600+f_y}\right)} = \frac{1.4(600+f_y)}{\beta_1(0.85f_{ck})(600)} = \frac{600+f_y}{364.3\beta_1 f_{ck}} \tag{3.41a}$$

$$f_{ck} \geq 31.36\text{ MPa}: \frac{\rho_{(\min)}}{\rho_b} = \frac{0.25\sqrt{f_{ck}}/f_y}{\dfrac{\beta_1(0.85f_{ck})}{f_y}\left(\dfrac{600}{600+f_y}\right)} = \frac{0.25(600+f_y)}{\beta_1(0.85\sqrt{f_{ck}})(600)} = \frac{600+f_y}{2{,}040\beta_1\sqrt{f_{ck}}} \tag{3.41b}$$

표 3.5에는 식 (3.41a)와 (3.41b)의 계산결과를 포함하여 최소철근비가 균형철근비의 몇 %인지 쉽게 알 수 있다. 이렇게 최소철근비를 균형철근비의 함수로 표시하면 식 (3.36a)를 이용하여 $[\rho_{(\min)}/\rho_b]$인 경우에 최 외단 철근층의 변형률 ε_t를 구할 수 있다.

$$\varepsilon_t = \left(\frac{0.003+\varepsilon_y}{\rho/\rho_b}\right) - 0.003 \tag{3.36a}$$

예를 들어서 $f_{ck}=$ 40 MPa, $\beta_1=$ 0.766, $f_y=$ 400 MPa인 경우에 표 3.5에서 보면 $\rho_{(\min)}/\rho_b=$ 0.00395/0.0391 = 0.101이다. 따라서 $\rho_{(\min)}=$ 0.00395가 배치되었을 경우에 최 외단 철근층의 순 인장 변형률은 식 (3.36a)를 이용하여 구하면,

$$\varepsilon_{t(\min)} = \left(\frac{0.003+\epsilon_y}{\rho/\rho_b}\right) - 0.003 = \left(\frac{0.003+0.002}{0.101}\right) - 0.003 = \frac{0.005}{0.101} - 0.003 = 0.0495 - 0.003 = 0.0465$$

가 된다. 이 값은 인장지배 단면 변형률 $\varepsilon_t=$ 0.005의 0.0465 / 0.005 = 9.3배가 된다.

11) 예를 들어서 표 3.5에서 보면 $f_y=$ 400 MPa이고 f_{ck}가 21 MPa과 24 MPa인 경우 최소철근비가 각각 15.4%와 13.5%로 $0.25\sqrt{f_{ck}}$ 항의 10%에 비해서 각각 54%와 35% 증가하게 된다.

예제

3.3 그림 3.23에 보이는 단면에 대해서 다음 조건에 따라 공칭모멘트 강도 M_n 과 강도감소 계수 ϕ를 결정하여 설계강도 ϕM_n 을 구하라.

① 보 1 : 보통중량 골재 $f_{ck}=$ 27 MPa, $f_y=$ 400 MPa이며 $A_s=$ 4-D29 = 4(642.4) = 2,570 mm^2인 경우

② 보 2 : 보 1과 같은 조건이면서 $f_{ck}=$ 40 MPa로 콘크리트 설계기준 압축강도만 1.48배 증가한 경우

③ 보 3 : 보 1과 같은 조건이면서 $A_s=$ 5-D29 = 5(642.4) = 3,212 mm^2인 경우

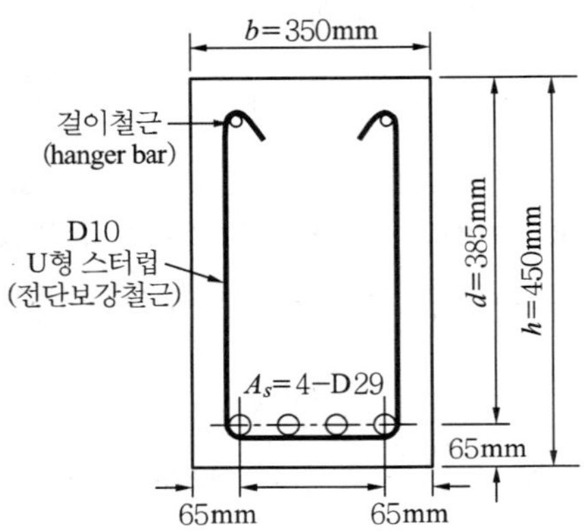

(a) 보 1과 보 2의 단면

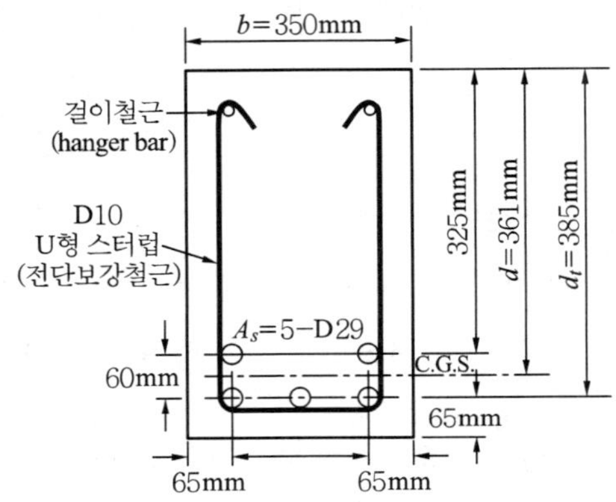

(b) 보 3의 단면

그림 3.23

풀이

그림 3.23a나 b에서 보면 압축영역에 철근이 배치되어있다. 이 철근(**걸이철근, hanger bar**)은 전단보강 철근으로 배치된 D10 U형 스터럽을 제 위치에 배치하기 위해서 필요할 뿐만 아니라 구조기준 8.5.3(3) 복부철근의 정착에서 스터럽의 단부는 종방향 철근을 둘러싸는 표준갈고리로 정착하여야 한다고 규정하고 있으므로 압축영역에 직경이 작은 철근을 배치하여야 한다. 이 철근은 압축영역에 배치되어 복철근 단면이 되지만 종종 휨강도 계산에서는 무시하여 단철근 직사각형 보로 해석한다.

① **보 1** : 보통중량골재 $f_{ck}=$ 27 MPa, $f_y=$ 400 MPa이며 $A_s=$ 4-D29 = 4(642.4) = 2,570 mm^2 인 경우

(a) 수평철근의 **최소 순간격**에 대해서 검토 : 폭 $b=350\,\mathrm{mm}$ 에 4-D29 인장철근이 배치되었으므로 수평철근의 순간격을 검토한다.

식 (2.52a) 및 그림 4.28 참고 :

D29 철근, $d_b = 28.6\text{ mm} \approx 29\text{ mm}$; D10 스터럽, $d_b = 9.53\text{ mm} \approx 10\text{ mm}$

수평철근의 소요 순간격(clear spacing, s_c) : 굵은골재 최대치수 $a_{\max} = 20\text{ mm}$ 가정

$s_{c(\min)} = \text{Max.}[25\text{ mm}, d_b, (4/3)a_{\max}] = \text{Max.}[25, \underline{29}, (4/3)(20) = 27] = 29\text{ (mm)}$

피복으로부터 맨 바깥 철근 도심까지의 두께 = 40 (현장치기 콘크리트 피복두께, 표 2.12) + 10 (D10 철근 직경) + 29/2 (주철근 지름) = 64.5 ≈ 65 mm

$\therefore s_{c(배치)} = [350 - 65\times 2 - 29\times 3]/3 = 44.3\text{ (mm)} \quad > s_{c(\min)} = 29\text{ mm}$ <o.k.>

(b) 구조기준 6.3.3(ACI 10.6.4) 보 및 1방향 슬래브의 휨철근 배치에서 철근의 **최대 중심간격** $s_{(\max)}$가 규정되어있다(5.4장 참고).

건조환경으로 가정 : $k_{cr} = 280$; 순피복두께 $c_c = 65 - 29/2 (= d_b/2) \approx 50\text{ (mm)}$

$f_s = (2/3)f_y = (2/3)(400) = 267\text{ (MPa)}$

식 (5.11) : $s_{(\max)} = 375(k_{cr}/f_s) - 2.5c_c = 375(280/267) - 2.5(50) = \underline{268\text{ (mm)}}$ 지배

$< 300(k_{cr}/f_s) = 300(280/267) = 315\text{ (mm)}$

$s_{(\max)} = 268\text{ mm} \quad > [\,s_{(배치)} = s_{c(배치)} + d_b = 44.3 + 29 = 73.3\text{ (mm)}]$ <o.k.>

(c) **최소철근량** 규정 검토 [구조기준 6.3.2 ,ACI 10.5] : 여기에서 $b_w = b = 350\text{ mm}$ 이다.

$$A_{s(\min)} = \left(\frac{0.25\sqrt{f_{ck}}}{f_y} = 0.25\frac{\sqrt{27}}{400} = 0.00325 \ge \frac{1.4}{f_y} = \frac{1.4}{400} = \underline{0.0035}\right) b_w d$$

$A_{s(\min)} = 0.0035 b_w d = 0.0035(350)(385) = 472\text{ (mm}^2) < A_{s(배치)} = 2{,}570\text{ mm}^2$ <o.k.>

(d) a, c 및 ε_s 계산 : 인장철근이 1층으로 배치되었으므로 $\varepsilon_s = \varepsilon_t$, $d = d_t$ 이다.

$0.85 f_{ck} = 0.85\times 27 = 22.95\text{ (MPa)}$; $f_{ck} = 27\text{ MPa} < 28\text{ MPa} \rightarrow \beta_1 = 0.85$

$T = A_s f_y = 2{,}570(400) = 1{,}028\times 10^3\text{ (N)}$

식 (3.16b) : $a = \beta_1 c = \dfrac{A_s f_y}{(0.85 f_{ck})b} = \dfrac{T}{(0.85 f_{ck})b} = \dfrac{1{,}028\times 10^3}{22.95(350)} = 128.0\text{ (mm)}$

$c = a/\beta_1 = 128.0/0.85 = 150.6\text{ (mm)}$

식 (3.18) : $\varepsilon_s = \varepsilon_{cu}(d/c - 1) = 0.003(385/150.6 - 1) = 0.003(1.556) = 0.00467$

$f_y = 400\text{ MPa}$: $0.004 < [\,\varepsilon_t = \varepsilon_s = 0.00467\,] < 0.005$ → 변화구간

→ 강도감소계수는 표 3.4의 식으로 계산하여야 한다.

또는 식 (3.32a) : $\left(\dfrac{3}{8} = 0.375\right) < \left(\dfrac{c}{d_t} = \dfrac{150.6}{385} = 0.391\right) < \left(\dfrac{3}{7} = 0.429\right)$ → 변화구간이다.

(e) ϕ 결정 : 표 3.4

$$\phi = 0.65 + (\varepsilon_t - 0.002)(200/3) = 0.65 + (0.00467 - 0.002)(200/3) = 0.828$$

(f) 공칭 모멘트 강도 M_n 및 설계강도 ϕM_n 계산 :

식 (3.22a) : $M_n = A_s f_y\left(d - \dfrac{a}{2}\right) = T\left(d - \dfrac{a}{2}\right) = (1{,}028 \times 10^3)\left(385 - \dfrac{128.0}{2}\right)/10^6$

$\therefore M_n = 330.0\ \text{kN} \cdot \text{m}$

$\therefore \phi M_n = 0.828(330.0) = \underline{273.3\ (\text{kN} \cdot \text{m})}$

② **보 2** : 모든 조건은 보 1과 동일하며, 단지 콘크리트의 설계기준 압축강도를 27 MPa에서 $f_{ck} =$ 40 MPa로 48.1% 증가시켰다. 해석 과정은 표 3.8을 참고한다.

콘크리트의 압축강도가 48.1% 증가하면서 등가직사각형 응력 깊이 a가 128.0 mm에서 86.4 mm로 32.5% 감소하고 따라서 중립축의 깊이 c도 150.6 mm에서 112.8 mm로 25.1% 감소하여, 인장철근의 변형률이 0.00467에서 0.00724로 증가하였다. 이로 인하여 연성(1.55배)이 상당히 증가하면서 변화구간에서 인장지배 단면이 되었다. c가 감소하면서 내력모멘트의 팔길이 $(d - a/2)$가 321 mm에서 341.8 mm로 6.5% 증가하여, 그 결과로 M_n도 6.5% 증가하여 330.0 kN · m에서 351.3 kN · m가 되었다. 강도감소계수는 변화구간의 보 1 ($\phi = 0.828$)에서 인장지배 단면의 보 2 ($\phi = 0.85$)로 2.7% 증가하여 설계강도 ϕM_n은 273.3 kN · m에서 298.6 kN · m로 6.5 + 2.7 = 9.2% 증가하였다.

③ **보 3** : 모든 조건은 보 1과 동일하며, 단지 철근의 단면적을 5-D29 = 5(642.4) = 3,212 mm^{2}로 25% 증가시켰다.

(a) 수평철근의 **최소 순간격**에 대해서 검토 : 폭 $b = 350$ mm 에 5-D29 인장철근이 배치되었으므로 먼저 1층에 모두 배치해보도록 한다.

$\therefore s_{c(\text{배치})} = [350 - 65 \times 2 - 29 \times 4]/4 = 26.0\ (\text{mm}) \quad < s_{c(\min)} = 29\ \text{mm}$ <N.G.>

2층으로 배치하도록 한다. 5개이므로 그림 3.23b와 같이 아래층에 3개를 배치하고 2층에 좌우로 1개씩 배치하여 단면 축에 대해서 평형을 유지하도록 한다.

1층의 3개 철근 :

$s_{c(\text{배치})} = [350 - 65 \times 2 - 29 \times 2]/2 = 81.0\ (\text{mm}) > s_{c(\min)} = 29\ \text{mm}$ <o.k.>

상하철근의 순간격 계산 : 식 (2.52a)

$s_{cv(\min)} = \text{Max.}[25\ \text{mm},\ (4/3)a_{\max}] = \text{Max.}[25,\ (4/3)(20) = 27] = \underline{27\ (\text{mm})}$

$\rightarrow \quad s_{cv(\text{배치})} = 30\ \text{mm}$

1층에서 2층까지의 깊이 = $s_{cv(\text{배치})} + d_b$ = 30 + 29 = 59 ≈ 60 (mm)

바닥에서 인장철근의 도심(center of gravity of steel, C.G.S.) d_{cg} 계산 :

$d_{cg} = [3 \times 65 + 2 \times (65 + 60)]/5 = 89.0 \text{ (mm)}$

$d = h - d_{cg} = 450 - 89.0 = 361 \text{ (mm)}$; $d_t = h - 65 = 450 - 65.0 = 385 \text{ (mm)}$

(b) 구조기준 6.3.3(ACI 10.6.4) 보 및 1방향 슬래브의 휨철근 배치에서 철근의 **최대 중심간격** $s_{(\max)}$가 규정되어있다(5.4장 참고).

건조환경으로 가정 : $k_{cr} = 280$; 순피복두께 $c_c = 65 - 15 (= d_b/2) = 50 \text{ (mm)}$

$f_s = (2/3) f_y = (2/3)(400) = 267 \text{ (MPa)}$

식 (5.11) : $s_{(\max)} = 375(k_{cr}/f_s) - 2.5 c_c = 375(280/267) - 2.5(50) = \underline{268 \text{ (mm)}}$ 지배

$< 300(k_{cr}/f_s) = 300(280/267) = 315 \text{ (mm)}$

$s_{(\max)} = 268 \text{ mm} > [\, s_{(배치)} = s_{c\,(배치)} + d_b = 81.0 + 29 = 110.0 \text{ (mm)}]$ <o.k.>

(c) **최소철근량** 검토 : 표 3.8 참고

표 3.8 예제 3.3의 계산 결과

	보 1	보 2	보 3
b (mm)	350		
h (mm)	450		
d (mm)	385		361
d_t (mm)	385		385
f_{ck} (MPa)	27	40	27
f_y (MPa)	400		
A_s (mm^2)	4-D29 = 2,570		5-D29 = 3,212
$A_{s\,(\min)}$ **검토**	> 472 mm^2 <o.k.>	> 533 mm^2 <o.k.>	> 472 mm^2 <o.k.>
$a = A_s f_y / (0.85 f_{ck} b)$ (mm)	128.0	86.4	160.0
β_1	0.85	0.766	0.85
$c = a/\beta_1$	150.6	112.8	188.2
$\varepsilon_s = \varepsilon_t = 0.003(d_t/c - 1)$	0.004 < **0.00467** < 0.005 변화구간	0.005 < **0.00724** 인장지배	0.004 > **0.00314** 휨부재 조건 불만족 → 압축지배 단면
ϕ	0.828	0.850	0.726 → 0.65
$M_n = A_s f_y (d - a/2)$ (kN · m)	330.0	351.3	361.1
ϕM_n (kN · m)	273.3	298.6	234.7

(d) a, c 및 ε_t 계산 : $T = A_s f_y = 3{,}212(400) = 1{,}284.8 \times 10^3$ (kN)

식 (3.16b) : $a = \beta_1 c = \dfrac{A_s f_y}{(0.85 f_{ck})b} = \dfrac{T}{(0.85 f_{ck})b} = \dfrac{1{,}284.8 \times 10^3}{22.95(350)} = 160.0$ (mm)

$c = a/\beta_1 = 160.0/0.85 = 188.2$ (mm)

식 (3.18) : $\varepsilon_t = \varepsilon_{cu}(d_t/c - 1) = 0.003(385/188.2 - 1) = 0.003(1.046) = 0.00314$

$f_y = 400$ MPa : $0.004 > [\epsilon_t = 0.00314]$ → 휨부재의 조건을 만족하지 못한다.

→ 따라서 본 단면을 휨부재로 고려하기 위해서는 철근의 단면적을 감소시켜서 $\varepsilon_t \geq 0.004$ 되게 만들거나, 아니면 압축지배 단면으로 보아 강도감소계수는 0.65가 된다.

또는 식 (3.32a) : $(c/d_t = 188.2/385 = 0.489) > (3/7 = 0.429)$ → 휨부재의 조건을 역시 만족시키지 못한다.

(e) ϕ 결정 : 표 3.4 - 스터럽이나 띠철근으로 보강된 압축지배 단면, $\phi = 0.65$ 로 고려한다.

(f) 공칭 모멘트 강도 M_n 및 설계강도 ϕM_n 계산 :

식 (3.22a) : $M_n = A_s f_y\left(d - \dfrac{a}{2}\right) = T\left(d - \dfrac{a}{2}\right) = (1{,}284.8 \times 10^3)\left(361 - \dfrac{160.0}{2}\right)/10^6$

$\therefore M_n = 361.1$ kN · m

$\therefore \phi M_n = 0.65(361.1) = \underline{234.7 \text{ (kN} \cdot \text{m)}}$

보 3에는 인장철근이 많이 배치되어 $(\varepsilon_t = 0.00314) < 0.004$ 로 휨부재의 조건을 만족하지 못하게 된다. 따라서 보 3은 압축지배 단면으로 보아야 하고 강도감소계수는 스터럽이나 띠철근으로 보강된 단면의 0.65를 적용하여야 한다.

보 3에서 인장철근은 보 1에 비해서 25% 증가하여 M_n 은 9.4% 증가했지만 설계강도 ϕM_n 은 압축지배 단면이 되어 14.1%가 감소하게 되었다. 따라서 본 단면은 압축연단에 압축철근을 배치해서 강도감소계수가 0.85인 인장지배 단면으로 만들거나, 아니면 인장철근을 $A_{s(\text{배치})} \leq \rho_t b d =$ 0.0183(350)(361) = 2,312 (mm^2)(표 3.5 참고)를 배치해서 인장지배 단면의 조건을 만족하도록 하는 것이 현명할 것이다.

예제 3.4 단면에 작용시킬 수 있는 등분포활하중의 크기 결정

그림 3.24와 같이 단순 지지된 단철근 직사각형 보의 경간 $l=$ 6 m이고 $b=$ 300 mm, $d=$ 480 mm, $h=$ 540 mm이며, $f_{ck}=$ 21 MPa, $f_y=$ 300 MPa일 때 작용 가능한 최대 등분포 활하중 w_L을 결정하라. 보에는 $A_s=$ 3-D29 = 1,927 mm^{2}으로 보강되어 있다.

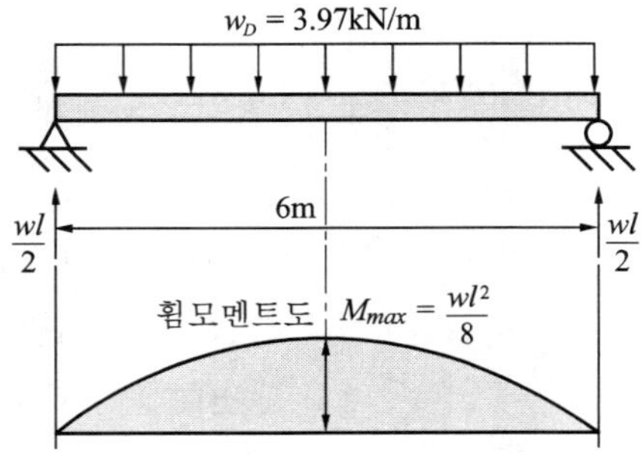

그림 3.24

풀이

① a 및 c 계산 :

$0.85f_{ck}=0.85\times 21=17.85\,(\text{MPa})$; $f_{ck}=21\,\text{MPa} < 28\,\text{MPa}$ 이므로 $\beta_1=0.85$

$T=A_sf_y=(1{,}927)(300)=578.1\times 10^3\,(\text{N})$

$$a=\frac{T}{(0.85f_{ck})b}=\frac{578.1\times 10^3}{(17.85)(300)}=108\,(\text{mm}) \quad ; \quad c=a/\beta_1=108/0.85=127\,(\text{mm})$$

② 인장지배 단면 검토 : 인장철근이 1열로 배치되었다고 보아 $d_t=d=480\,\text{mm}$

식 (3.18) : $\varepsilon_t=0.003(d_t/c-1)=0.003(480/127-1)=0.00834 > 0.005$

또는 식 (3.32a) : $c/d_t=127/480=0.265 < (c_t/d_t=3/8=0.375)$

역시 인장지배 단면이다. 따라서 $\phi=0.85$ 이다.

③ 설계 휨강도 ϕM_n 계산 :

$$\therefore \phi M_n=\phi T\left(d-\frac{a}{2}\right)=0.85(578.1\times 10^3)\left(480-\frac{108}{2}\right)(10^{-6})=209.3\,(\text{kN}\cdot\text{m})$$

④ 보에 작용하는 등분포 고정하중 w_D과 등분포 활하중 w_L에 의한 계수 휨모멘트 M_u 계산 :

식 (1.15) : $M_u=1.2M_D+1.6M_L\geq 1.4M_D$

등분포 고정하중 계산 : 표 1.6에서 철근콘크리트 단위질량 $\rho_c=2{,}500\,\text{kg/m}^3$

$$\begin{aligned} w_D&=A_g\gamma_c=A_g\rho_cg=(0.3\,\text{m}\times 0.54\,\text{m})(2{,}500\,\text{kg/m}^3\times 9.807\,\text{m/sec}^2) \\ &=(0.162\,\text{m}^2)(24{,}518\,\text{N/m}^3)=3{,}972\,\text{N/m}=3.97\,\text{kN/m} \end{aligned}$$

단면법으로 경간 중앙에서의 휨모멘트 계산 : $\frac{wl}{2}\frac{l}{2}-\frac{wl}{2}\frac{l}{4}=\frac{wl^2}{4}-\frac{wl^2}{8}=\frac{wl^2}{8}$

$$M_u=1.2\frac{w_Dl^2}{8}+1.6\frac{w_Ll^2}{8}=1.2\frac{3.97(6^2)}{8}+1.6\frac{6^2}{8}w_L=21.44+7.2w_L$$

⑤ $\phi M_n\geq M_u$ 를 이용해서 w_L 결정 : $209.3\geq 21.44+7.2w_L$

$$\therefore w_L\leq\frac{209.3-21.44}{7.2}=\underline{26.09\,(\text{kN/m})}$$

3.7 일반적인 단면의 해석 (Analysis for Sections of General Shapes)

앞에서 다룬 직사각형 단면이외에도 그림 3.25와 같은 단면이 프리캐스트 콘크리트(precast concrete, PC)에 사용될 수 있다. 1961년도 Rusch[3.15]는 압축영역이 직사각형이 아닌 임의의 형상에 대한 휨강도는 직사각형으로부터 구한 압축연단의 변형률과 응력블록 계수를 사용해도 문제가 되지 않음을 보여주었다[3.5].

임의의 단면형상에 대해서, 압축합력 C_c는 압축영역 면적 A_c (= 등가 응력블록의 깊이 a로 절단된 콘크리트 압축영역의 면적)에 일정한 응력 $(0.85f_{ck})$를 곱한 값과 같게 된다.

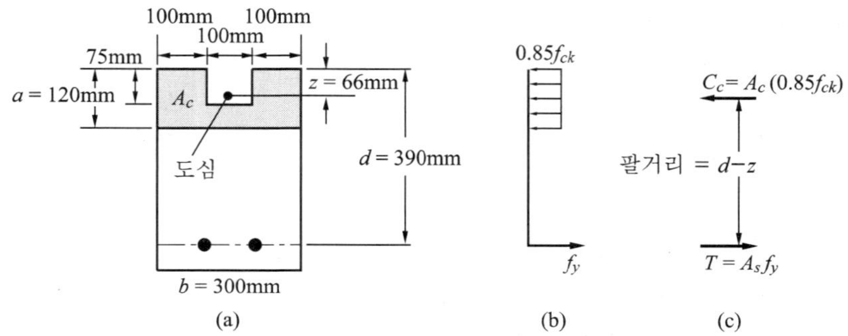

그림 3.25 임의의 압축단면에 대한 휨강도 계산[4.11]

따라서 내부우력 $C_c = T$ 는

$$C_c = (0.85f_{ck})A_c \equiv T \quad 또는 \quad A_c = \frac{A_s f_y}{(0.85f_{ck})} \tag{3.42}$$

등가 응력블록의 깊이 a는 예를 들어서 그림 3.25a에서

$$A_c = (100a) \times 2 + (a - 75)(100) \tag{12}$$

를 이용하여 구할 수 있다. 구조기준에서 제시하는 설계식 (1.8b)와 그림 3.25c에서

$$M_n = T(d-z) = A_s f_y (d-z) \geq M_u/\phi \tag{3.43a}$$

또는

$$A_{s(소요)} \geq \frac{M_u/\phi}{f_y(d-z)} \tag{3.43b}$$

로 표현할 수 있다. 여기에서 z는 압축연단에서 등가 응력블럭 깊이 a로 둘러싸인 면적의 도심까지의 거리이다.

예제 3.5 임의의 압축단면인 경우 압축연단에서 응력블록 도심의 깊이 z 계산[3.28]

그림 3.25에서 압축연단에서 응력블록 도심의 깊이 z를 계산하라. 단, $f_{ck}=$ 21 MPa이고, $f_y=$ 300 MPa, $A_s=$ 1,696 mm^{2}이다.

풀이

① 압축영역 면적 A_c 계산 :

$T=A_s f_y = 1{,}696(300) = 508.8\times10^3\,(\mathrm{N})$; $0.85f_{ck} = 0.85(21) = 17.85\,(\mathrm{MPa})$

식 (3.42) : $A_c = \dfrac{A_s f_y}{(0.85 f_{ck})} = \dfrac{508.8\times10^3}{17.85} = 28{,}504\,(\mathrm{mm}^2)$

② 응력블록의 깊이 a 계산 : 식 (12)에서

$A_c = 28{,}504 \equiv 100a\times2 + (a-75)(100) = 300a - 7{,}500$

$\therefore a = (28{,}504 + 7{,}500)/300 = 36{,}004/300 = 120\,(\mathrm{mm})$

③ 압축연단에서 응력블록 도심의 깊이 z 계산 : 압축연단에서 A_c에 대해서 단면 1차 모멘트를 취하여 계산

$$z = \frac{100(a^2/2)\times2 + (a-75)(100)[75+(a-75)/2]}{A_c}$$

$$= \frac{100(120^2/2)\times2 + (120-75)(100)[75+(120-75)/2]}{28{,}504}$$

$$= \frac{1{,}440{,}000 + 438{,}750}{28{,}504} = \underline{66\,(\mathrm{mm})}$$

예제 3.6 일반적인 단면 해석

그림 3.26의 속이 빈 박스(박막)형 보에 최대 계수휨모멘트 $M_u=$ 480 kN·m가 작용하고 있다.

① 필요한 인장철근의 단면적을 결정하고,

② 이 단면의 균형철근 단면적을 구하라. 단, $f_{ck}=$ 21 MPa, $f_y=$ 350 MPa이다.

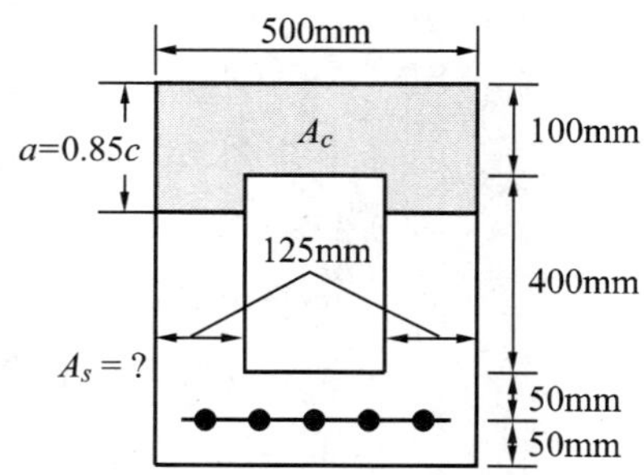

그림 3.26

풀이

(1) 인장철근의 소요 단면적 계산 :

① 먼저 $a \le h_f = 100\,\mathrm{mm}$ 로 가정하여 직사각형 단면으로 해석(그림 3.26 참고)

a) 압축합력 C_c 계산 : $0.85f_{ck} = 0.85(21) = 17.85\,(\mathrm{MPa})$

$C_c = (0.85 f_{ck})A_c = (17.85\,\mathrm{N/mm^2})(0.85c\times b\,\mathrm{mm^2}) = [(17.85)(0.85)500c]\,\mathrm{N}$

$C_c = (7{,}586.3c)$ N

b) 공칭강도 M_n 계산 : 아직 중립축의 깊이 c를 알지 못하므로 $\varepsilon_t \geq 0.005$ 로 가정하여 $\phi = 0.85$ 로 계산한다.

$$M_n \geq \frac{M_u}{\phi} = \left(480\ \text{kN}\cdot\text{m} \times \frac{10^3\ \text{N}}{1\ \text{kN}} \times \frac{10^3\ \text{mm}}{1\ \text{m}}\right)/0.85 = 564.7 \times 10^6\ (\text{N}\cdot\text{mm})$$

c) 중립축의 깊이 c 계산 :

$M_n = C_c(d - a/2) = (7{,}586.3c)(550 - 0.85c/2) \geq M_u/\phi = 564.7 \times 10^6$ (부등호 생략)

$(4{,}172.4 \times 10^3)c - 3{,}224.2c^2 = 564.7 \times 10^6$; $c^2 - 1{,}294.1c + 175{,}148 = 0$

$$\therefore c = \frac{1{,}294.1 \pm \sqrt{1{,}294.1^2 - 4(175{,}148)}}{2} = \frac{1{,}294.1 - 987.0}{2} = 154\ (\text{mm})$$

$> h_f = 100$ mm , 따라서 중립축 (또는 등가 응력블록)의 깊이가 플랜지의 두께 h_f 보다 깊으므로 T형 단면으로 해석하여야 한다.

② 2차 반복 계산 : $c = 154$ mm 로 T형 단면으로 해석, $a = 0.85(154) = 131$ (mm)

그림 3.26에서 철근이 1층으로 배치되었으므로 $d_t = d = 550$ mm

$\varepsilon_t = 0.003(d_t/c - 1) = 0.003(550/154 - 1) = 0.00771 > 0.005$

인장지배 단면이므로 강도감소계수 $\phi = 0.85$ 이다.

단면의 상연에서 a로 둘러싸인 압축영역 도심의 깊이 z 계산

$A_c = 500 \times 100 + 250 \times 31 = 50{,}000 + 7{,}750 = 57{,}750\ (\text{mm}^2)$

$z = [50{,}000 \times 50 + 7{,}750(100 + 31/2)]/57{,}750 = 58.8\ (\text{mm})$

$C_c = M_n/(d - z) = 564.7 \times 10^6/(550 - 58.8) = 1{,}149.6 \times 10^3\ (\text{N})$

$A_{c2} = C_c/(0.85f_{ck}) = 1{,}149.6 \times 10^3/17.85 = 64{,}405\ (\text{mm}^2)$

$\equiv 250a + 250(100) = 250a + 25{,}000$

$a = (A_{c2} - 25{,}000)/250 = (64{,}405 - 25{,}000)/250 = 158\ (\text{mm})$

수렴 검토 : $(a_2 - a_1)/a_1 = 100 \times (158 - 131)/131 = 20.6\,\%$ 차이가 크므로 반복계산

③ 3차 반복 계산 : $c = a/0.85 = 158/0.85 = 186$ (mm) 로 반복계산

$\varepsilon_t = 0.003(d_t/c - 1) = 0.00587 > 0.005$; 인장지배 단면 $\phi = 0.85$

$A_c = 64{,}500\ \text{mm}^2$; $z = 67.8$ mm ; $C_c = M_n/(d - z) = 1{,}171.0 \times 10^3$ N

$A_{c2} = C_c/(0.85f_{ck}) = 65{,}602\ \text{mm}^2$; $a = (A_{c2} - 25{,}000)/250 = 162$ mm

$(a_2 - a_1)/a_1 = 100 \times (162 - 158)/158 = 2.5\,\%$ 차이가 줄었지만 한 번 더 반복계산 수행

④ 4차 반복 계산 : $c = a/0.85 = 162/0.85 = 191$ (mm) 로 반복계산

$\varepsilon_t = 0.003(d_t/c - 1) = 0.00564 > 0.005$; 인장지배 단면 $\phi = 0.85$

$A_c = 65{,}500\ \text{mm}^2$; $z = 69.2$ mm ; $C_c = M_n/(d - z) = 1{,}174.4 \times 10^3$ N

$A_{c2} = C_c/(0.85f_{ck}) = 65,794\ \mathrm{mm}^2$; $a = (A_{c2} - 25,000)/250 = 163\ \mathrm{mm}$

$(a_2 - a_1)/a_1 = 100 \times (163 - 162)/162 = 0.6\ \%$ 충분히 수렴하였으므로 반복계산 중지

$\therefore c = a/0.85 = 163/0.85 = 192\ (\mathrm{mm})$

⑤ 소요 철근단면적 A_s 계산 : $T = C_c$ 를 이용해서 구하도록 한다.

$A_c = 500 \times 100 + 250 \times 63 = 50,000 + 15,750 = 65,750\ (\mathrm{mm}^2)$

$z = [50,000 \times 50 + 15,750(100 + 63/2)]/65,750 = 69.5\ (\mathrm{mm})$

$C_c = M_n/(d - z) = 564.7 \times 10^6/(550 - 69.5) = 1,175.3 \times 10^3\ (\mathrm{N})$

$\therefore A_{s(소요)} = C_c/f_y = (1,175.3 \times 10^3\ \mathrm{N})/(350\ \mathrm{N/mm}^2) = \underline{3,358\ (\mathrm{mm}^2)}$

(2) **균형철근 단면적 계산** : $\varepsilon_c = 0.003$, $\varepsilon_t = \varepsilon_y$ 인 상태

식 (3.26) : $c_b = \dfrac{600}{600 + f_y}d = \dfrac{600}{600 + 350}(550) = 347\ (\mathrm{mm})$

$a = \beta_1 c = 0.85(347) = 295\ (\mathrm{mm})$

압축합력 C_c 계산 :

$C_c = (0.85f_{ck})A_c = (17.85)(295 \times 250 + 100 \times 250) = 1,762.7 \times 10^3\ (\mathrm{N})$

$T = C_c$ 에서, $\therefore A_{sb} = \dfrac{C_c}{f_y} = \dfrac{(0.85f_{ck})A_c}{f_y} = \dfrac{1,762.7 \times 10^3\ \mathrm{N}}{350\ \mathrm{N/mm}^2} = \underline{5,036\ (\mathrm{mm}^2)}$

[표 3.5는 ρ에 관한 관계식으로 직사각형 단면이외의 단면에 적용해서는 안 된다.]

(3) **4.2장 T형 보 설계방법으로 $A_{s(소요)}$를 간단하게 결정할 수 있다.**

① $A_{sf} = 0.85f_{ck}(b - b_w)h_f/f_y = 17.85(500 - 250)(100)/350 = 1,275\ (\mathrm{mm}^2)$

② $M_{nf} = 0.85f_{ck}(b - b_w)h_f\left(d - \dfrac{h_f}{2}\right) = 17.85(250)(100)\left(550 - \dfrac{100}{2}\right)/10^6 = 223.1\ (\mathrm{kN \cdot m})$

③ $M_{nw} = M_u/\phi - M_{nf} = 564.7 - 223.1 = 341.6\ (\mathrm{kN \cdot m})$

$m = f_{ck}b_w d^2 = 21 \times 250 \times 550^2 = 1,588 \times 10^6\ (\mathrm{N \cdot m})$

$M_{nw}/m = 341.6 \times 10^6/(1,588 \times 10^6) = 0.215$ → 표 3.10에서 $\omega = 0.253$ 읽거나

식 (3.50) 계산 :

$\omega_{(소요)} = (1 - \sqrt{1 - 2.36M_{nw}/m})/1.18 = (1 - \sqrt{1 - 2.36 \times 0.215})/1.18 = 0.253$

$\rho_{(소요)} = \omega f_{ck}/f_y = 0.253(21)/350 = 0.0152$

$A_{sw(소요)} = \rho_{(소요)}b_w d = 0.0152(250)(550) = 2,087\ (\mathrm{mm}^2)$

④ $\therefore A_{s(소요)} = A_{sf} + A_{sw} = 1,275 + 2,087 = \underline{3,362\ (\mathrm{mm}^2)}$

3.8 직사각형 보의 휨모멘트에 대한 강도설계 (Strength Design of Rectangular Beams for Moment)[3.22, 3.28]

인장지배 단면의 변형률 한계에 대해서 그림 3.27과 같이 아래첨자 't'를 도입하고, 식 (3.33a)를 이용하여 인장지배 단면에서 압축합력 C_{ct} 와 인장합력 T_t 로부터 A_{st} 와 철근비 ρ_t 및 강재지수 ω_t 를 구하면,

$$a_t = \beta_1 c_t = \beta_1 (3/8) d_t = 0.375\,\beta_1\, d_t \tag{3.33a}$$

$$C_{ct} = (0.85 f_{ck})\, b\, a_t = (0.85 f_{ck})\, b\,(0.375\beta_1\, d_t) = 0.319\beta_1\, f_{ck}\, b\, d_t \tag{13}$$

$$(T_t = A_{st} f_y) \equiv (C_{ct} = 0.319\beta_1 f_{ck} b\, d_t) \quad \text{또는} \quad A_{st} = \frac{0.319\beta_1 f_{ck}\, b\, d_t}{f_y} \tag{14}$$

$$\rho_t = \frac{A_{st}}{b\,d} = \frac{0.319\,\beta_1 f_{ck}\, b\, d_t}{f_y (b\,d)} = 0.319\,\beta_1 \frac{f_{ck}}{f_y}\frac{d_t}{d} \approx 0.32\beta_1 \frac{f_{ck}}{f_y} \tag{3.44a}$$

$$\omega_t = \rho_t \frac{f_y}{f_{ck}} = \left(0.32\,\beta_1 \frac{f_{ck}}{f_y}\frac{d_t}{d}\right)\frac{f_y}{f_{ck}} \approx 0.32\,\beta_1 \tag{3.45a}$$

또는 식 (13)과 (14)에서 $T_t = C_{ct}$ 를 쓰면서 양변을 $(b\,d)$와 f_{ck}로 나누어 주면 정리하면,

$$\left[\frac{A_{st} f_y}{(b\,d) f_{ck}} = \omega_t\right] = \frac{(0.85 f_{ck}) b (\beta_1 c)}{(b\,d) f_{ck}} = 0.85\beta_1\left(\frac{c}{d}\right) \tag{15}$$

$$\omega_t = 0.85\beta_1 (c/d) \approx 0.85\beta_1 (c/d_t) \tag{3.45b}$$

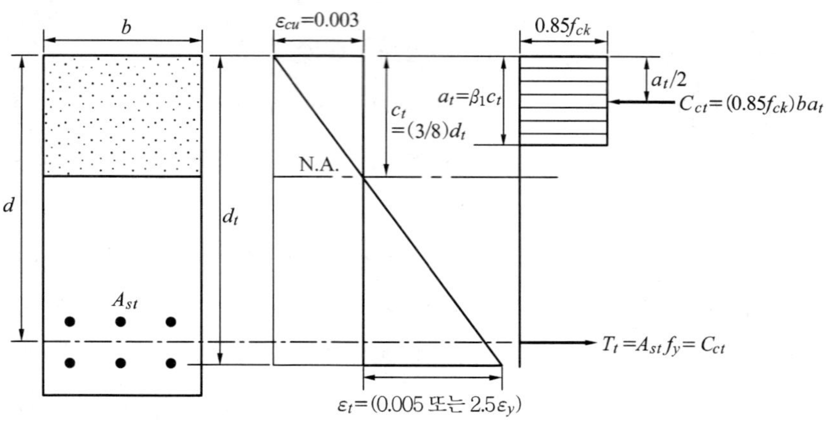

그림 3.27 $\phi=$ 0.85인 단철근 직사각형 인장지배 단면의 변형률-응력-내력 관계

식 (3.22b) 및 (3.25a)를 이 인장지배 단면의 한계에 대해서 다시 쓰면서 철근이 한 층으로 배치되었다고 보면 $d_t = d$ 이므로 공칭강도 M_{nt} 와 공칭저항강도 계수 R_{nt} 는 각각 다음과 같이 표현될 수 있다.

$$M_{nt} = f_{ck} b\, d_t\, d[\omega_t(1 - 0.59\omega_t)] \approx f_{ck} b\, d_t^{\,2}[\omega_t(1 - 0.59\omega_t)] \tag{3.22d}$$

$$R_{nt} = f_{ck}[\omega_t(1 - 0.59\omega_t)] = \frac{M_{nt}}{b\, d_t\, d} \approx \frac{M_{nt}}{b\, d_t^{\,2}} \tag{3.25b}$$

f_{ck} 와 f_y 를 변화시켜가면서 ρ_t, ω_t 및 R_{nt} 를 구한 값이 표 3.9에 제시되어 설계에 유용하게 사용될 수 있다.

표 3.9 단철근 직사각형 단면에 대한 인장지배 변형률 한계 $\varepsilon_t = (0.005$ 또는 $2.5\varepsilon_y)$, $\phi = 0.85$ 에서의 설계계수[3.22]

$f_{ck}=$			21 MPa	24 MPa	27 MPa	30 MPa	35 MPa	40 MPa	50 MPa
β_1			0.85			0.836	0.801	0.766	0.696
$f_y \le 400\,\text{MPa}$	$\omega_t = 0.32\beta_1$		0.271			0.266	0.255	0.244	0.222
	R_{nt} (MPa)		4.78	5.46	6.15	6.74	7.59	8.36	9.64
	ϕR_{nt} (MPa)		4.06	4.64	5.22	5.73	6.45	7.11	8.19
	ρ_t	$f_y = 300\,\text{MPa}$	0.0190	0.0217	0.0244	0.0266	0.0298	0.0326	0.0370
		$f_y = 350\,\text{MPa}$	0.0163	0.0186	0.0209	0.0228	0.0255	0.0279	0.0317
		$f_y = 400\,\text{MPa}$	0.0142	0.0163	0.0183	0.0200	0.0223	0.0244	0.0277
$f_y = 500\,\text{MPa}$	$\omega_t = 0.276\beta_1$		0.234			0.230	0.221	0.211	0.192
	R_{nt} (MPa)		4.24	4.85	5.45	5.97	6.72	7.39	8.51
	ϕR_{nt} (MPa)		3.60	4.12	4.63	5.08	5.71	6.29	7.23
	ρ_t		0.0098	0.0112	0.0127	0.0138	0.0155	0.0169	0.0192
$f_y = 600\,\text{MPa}$	$\omega_t = 0.243\beta_1$		0.206			0.203	0.195	0.186	0.169
	R_{nt} (MPa)		3.81	4.35	4.89	5.36	6.03	6.62	7.61
	ϕR_{nt} (MPa)		3.24	3.70	4.16	4.56	5.12	5.63	6.47
	ρ_t		0.0072	0.0083	0.0093	0.0102	0.0113	0.0124	0.0141

ε_t 와 ρ/ρ_b 의 관계식인 식 (3.36b)를 다시 쓰면,

$$\varepsilon_t + 0.003 = \frac{0.003 + \varepsilon_y}{\rho/\rho_b} \quad \text{또는} \quad \frac{\rho}{\rho_b} = \frac{0.003 + \varepsilon_y}{0.003 + \varepsilon_t} \tag{3.36b}$$

보나 다른 휨부재를 설계하기 위해서 식 (3.30)의 인장지배 변형률의 범위 $\varepsilon_t \ge 0.005$를 이용해

서 식 (3.36b)를 정리할 수 있다. 인장지배 변형률 $\varepsilon_t = 0.005$일 때의 철근비를 ρ_t로 표현하면,

$$\rho_t = \left(\frac{0.003 + \varepsilon_y}{0.003 + 0.005}\right)\rho_b = \left(\frac{0.003 + \varepsilon_y}{0.008}\right)\rho_b \tag{3.36d}$$

여기에서 $\rho \le \rho_t$가 배치되면 인장지배 단면으로 $\phi = 0.85$가 되고, $\rho > \rho_t$가 되면 변화구간(transition region)이나 압축지배 단면으로 $\phi < 0.85$가 된다. $f_y = 400$ MPa인 철근의 균형변형률 상태의 항복변형률 $\varepsilon_y = f_y / E_s = 0.002$이므로 이를 대입하면,

$$\rho_t = (0.005/0.008)\rho_b = (5/8)\rho_b = \underline{0.625\rho_b} \tag{3.36e}$$

가 된다. 단면에 이 철근비 이하를 배치하게 되면 구조기준 6.2.2(4)(ACI 10.3.4)에서 인장지배 단면으로 규정하여 보가 충분한 연성거동을 통해서 파괴되는 것을 보장하게 된다.

예를 들어서 $f_{ck} = 27$ MPa이고 $f_y = 400$ MPa인 휨부재인 경우에 식 (3.29)에서 균형철근비 $\rho_b = 0.0293$(표 3.5 참고)이고 인장지배 단면이기 위해서 철근비는 $\rho_t \le 0.625 \times 0.0293 = 0.0183$ 이하이어야 하며 이 경우에 강도감소계수 $\phi = 0.85$가 될 것이다(그림 3.19 참고).

표 3.5에는 비슷한 방법으로 각종 콘크리트와 철근의 종류에 대해서 순인장변형률 $\varepsilon_t = (0.005$ 또는 $2.5\varepsilon_y)$를 만족하는 인장지배 단면에 대한 철근비 ρ_t가 제시되어 설계에 유용하게 사용될 수 있다.

그림 3.28에는 각종 등급의 보강철근에 대한 $\varepsilon_t - (\rho/\rho_b) - (c/d_t) - (\omega/\beta_1)$의 관계를 보여주고 있다. 여기에서 $\rho_{(\min)}/\rho_b$은 $f_{ck} = 27$ MPa의 자료로 식 (3.41a)로 구하였고, ε_t는 식 (3.36a)로, c/d_t는 식 (3.31)를 이용하였고, ω/β_1은 식 (3.45b)로 계산하였다.

구조부재의 해석과 설계를 위한 두 개의 기본 방정식은 앞에서 다룬바와 같이,

① 힘의 평형(force equilibrium) $(\Sigma F_x = 0)$: 내부 우력 압축합력과 인장합력은 같아야 되므로, $C_c = T$ 에서

$$(0.85 f_{ck})ab = A_s f_y = \frac{A_s}{bd}(bd) f_y = \rho b d f_y \tag{16}$$

② 모멘트의 평형(moment equilibrium) : 내적 공칭 휨모멘트, 즉 공칭 휨모멘트는 압축합력 C_c나 인장합력 T에 모멘트 팔을 곱한 것과 같다. 따라서 M_n은 식 (3.22a)를 다시 쓰면,

$$M_n = (C_c \text{또는 } T)\left(d - \frac{a}{2}\right) = (0.85 f_{ck} ab \text{ 또는 } A_s f_y)\left(d - \frac{a}{2}\right) \tag{3.22a}$$

$$M_n = \rho b d f_y \left(d - \frac{0.5\rho d}{0.85}\frac{f_y}{f_{ck}}\right) \tag{3.22d}$$

양변을 bd^2으로 나누어 주면 식 (3.25a)에서 표현한 **공칭저항강도 계수(nominal strength coefficient of resistance)** R_n을 다음과 같이 표현할 수도 있다.

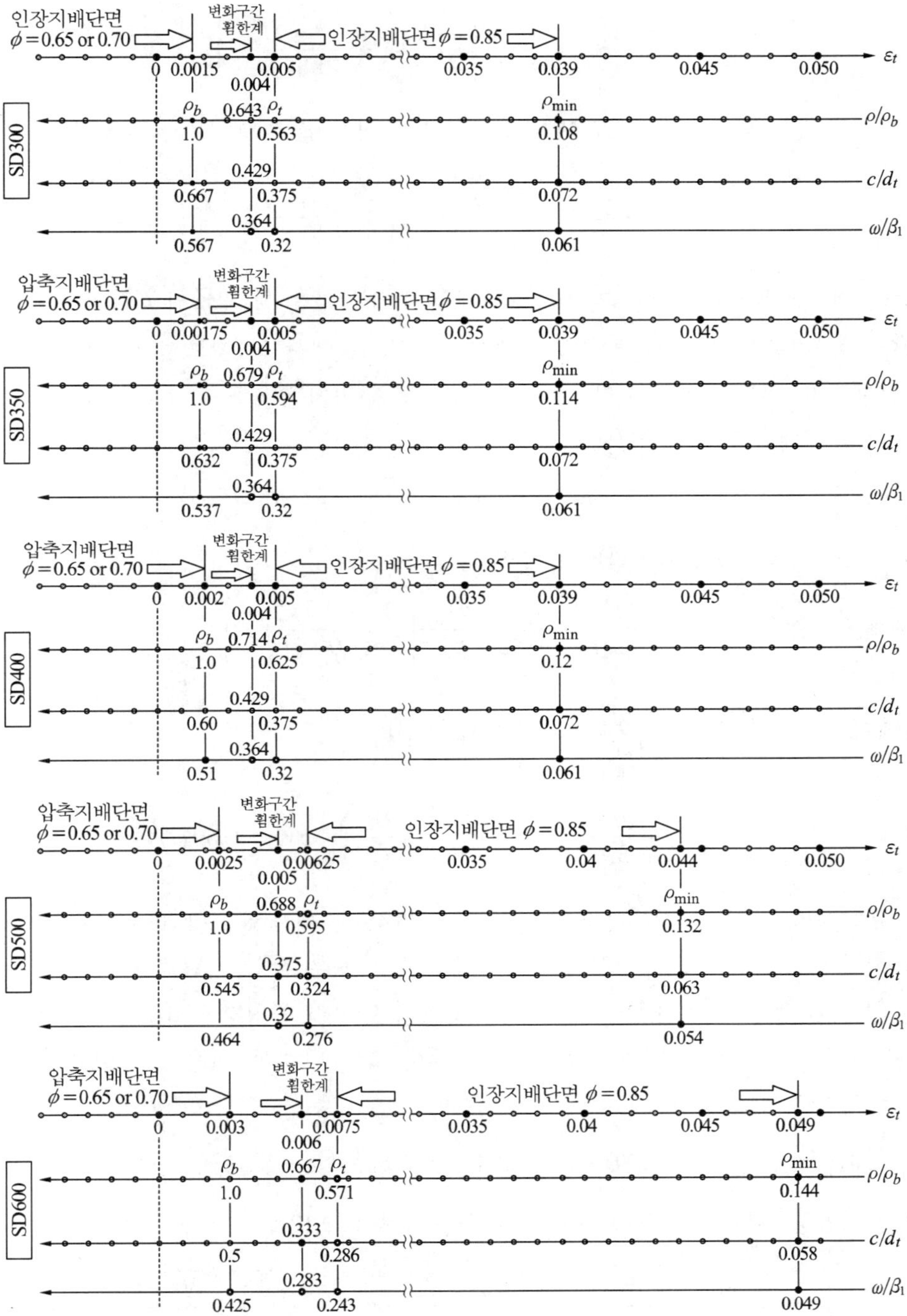

그림 3.28 각종 등급의 보강철근에 대한 $\varepsilon_t-(\rho/\rho_b)-(c/d_t)-(\omega/\beta_1)$의 관계 : $\rho_{\min}$은 f_{ck}= 27 MPa 의 자료이다(표 3.5 참고).

$$R_n = \frac{M_n}{b\,d^2} = \rho f_y \left[1 - \frac{0.5\,\rho f_y}{(0.85\,f_{ck})} \right] \tag{3.46a}$$

b 와 d 가 정해지는 경우에 R_n 에 대한 2차 방정식을 풀면 철근비 ρ 를 구할 수 있다.

$$\rho = \frac{(0.85 f_{ck})}{f_y} \left[1 - \sqrt{1 - \frac{2R_n}{(0.85 f_{ck})}} \right] \tag{3.47a}$$

식 (3.46a)는 또한 계수모멘트 $M_u/\phi \le M_n$ 이 주어졌을 때 철근비 ρ 를 구하거나 또는 b 와 d 가 주어지는 경우에 그 반대를 구할 수 있다. 구조기준에서 모든 보는 계수하중에 의해서 발생하는 휨모멘트가 보의 길이에 따라 어떤 부분에서도 단면의 휨강도를 초과하지 못하도록 규정하는 식 (1.8b)의 설계식을 다시 적으면,

$$\phi M_n \ge M_u \quad \text{또는} \quad M_n \ge M_u/\phi \tag{1.8b}$$

이 식을 식 (3.46a)에 대입하면서 양변을 f_{ck} 로 나누어 주면,

$$\frac{M_u/\phi}{f_{ck} b\,d^2} = \frac{\rho f_y}{f_{ck}} \left[1 - \frac{0.5\,\rho f_y}{(0.85 f_{ck})} \right] \tag{3.46b}$$

강재지수 $\omega = \dfrac{\rho f_y}{f_{ck}} = \dfrac{A_s}{b\,d}\dfrac{f_y}{f_{ck}}$ 를 식에 대입하면,

$$\frac{M_u/\phi}{f_{ck} b\,d^2} \le \frac{M_n}{f_{ck}\,b\,d^2} = \frac{R_n}{f_{ck}} = \omega\,(1 - 0.59\,\omega) \tag{3.48}$$

로 표현된다. 따라서 ω 를 가정(증분)하여 식 (3.48)을 계산한 표 3.10은 설계목적을 위해서 b 와 d 가 주어진 경우에 ω 를 읽어서 ρ 나 A_s 를 구할 수 있고, 또는 단면을 검토할 때 $\omega = \rho f_y / f_{ck}$ 로부터 $(M_u/\phi)/f_{ck} b\,d^2$ 이나 $M_n / f_{ck} b\,d^2$ 를 읽어서 단면의 공칭강도 M_n 을 계산할 수 있다.

식 (3.48)은 또한 아래와 같이 ω 에 대한 2차 방정식으로 직접 표현할 수도 있다. 먼저 $m = f_{ck} b\,d^2$ 라고 정의하면,

$$M_u/\phi \le (m\,\omega - 0.59\,m\,\omega^2) \quad \text{또는} \quad 0.59\,\omega^2 - \omega + [(M_u/\phi)/m] = 0 \tag{3.49}$$

따라서 인장강재지수 ω 는 아래와 같이 표현되어 표 3.10을 이용하지 않고도 직접 계산할 수 있다.

$$\omega = \frac{1 \pm \sqrt{1^2 - 4\,(0.59)(M_u/\phi)/m}}{2(0.59)} = \frac{1 \pm \sqrt{1 - 2.36\,(M_u/\phi)/m}}{1.18} \tag{3.50}$$

M_n 은 단면의 공칭 휨모멘트 강도(nominal moment capacity of the cross section)이다. 여기에서

'공칭(公稱)'이란 말은 철근의 f_y 나 콘크리트의 설계기준 압축강도 f_{ck} 가 공칭의 강도라는 의미이다. M_u 는 정역학적으로 정정인 구조물에서는 계수하중(즉, $1.2w_D + 1.6w_L$ 등)을 보에 작용시켜서 평형방정식을 이용해서 구한 계수 휨모멘트이고, ϕM_n 은 단면이 갖는 휨모멘트 강도이다.

식 (3.46a)와 강도설계법 설계식 (1.8b)를 같이 적으면,

$$[M_n = bd^2(R_n)] \geq M_u/\phi \quad \text{또는} \quad bd^2 \geq \frac{M_u/\phi}{R_n} \tag{3.51}$$

이 된다.

단철근 보의 설계과정(Design Procedure for Sections with Tension Reinforcement Only)[4.14]

1) 단계 1 - 가장 일반적인 상황으로 **설계에서 b 와 d (물론 h)가 정해지는 경우**: 소요 A_s 를 계산하여 설계한다.

$$A_{s(소요)} = \rho(bd) = \frac{(0.85f_{ck})b}{f_y}\left(d - \sqrt{d^2 - \frac{2(M_u/\phi)}{(0.85f_{ck})b}}\right) \tag{3.47b}$$

$$A_{s(소요)} = \frac{-B - \sqrt{B^2 - 4C}}{2} \tag{3.47c}$$

여기에서 $B = (-2bd)(0.85f_{ck}/f_y)$; $C = (M_u/\phi)(2b/f_y)(0.85f_{ck}/f_y)$ 이다.

2) 단계 2 - **설계에서 b 와 d 가 정해지지 않는 경우**: 철근비 ρ 를 $\rho_{(\min)} < \rho_{(선택)} \leq [\rho_t$ 또는 $\rho_{t(\lim)}]$ 범위에 들도록 선택한다. $\rho_{(시도)}$는 인장철근만 배치된 보(단철근 보)를 설계하기 위해서 인장지배 단면의 순인장변형률 $\epsilon_t = (0.005$ 나 $2.5\epsilon_y)$를 만족하는 표 3.5의 철근비 ρ_t 를 이용하여 설계를 할 수도 있다. 그러나 최종 배치에서 생산되는 철근을 조합하여 선택하면 소요철근 단면적보다 더 넓은 철근을 배치하게 되어 $\epsilon_t < (0.005$ 나 $2.5\epsilon_y)$인 경우가 발생할 수도 있다. 이런 상황을 조종하기 위해서 Wight와 MacGregor[3.1]는 $\epsilon_t = 0.0075$ 을 적용하여 설계를 시작하고 있다. 본 교재에서는 철근의 양을 줄여서 단면이 커지는 것을 최소화 하면서 순인장변형률이 $(0.005$ 나 $\varepsilon_y)$보다 작아지는 것을 방지하기 위해서 $\epsilon_t = (0.005$ 나 $2.5\epsilon_y)$ x 1.2를 기준으로 설계를 시작하였다. 식 (3.31)에 ϵ_t = 0.006, 0.0075 및 0.009를 각각 대입하고 $d_t \approx d$ 로 보면 각각 (3/9) x 0.85 = 0.283, (3/10.5) x 0.85 = 0.243, (3/12) x 0.85 = 0.213이 되어, 식 (3.44a)는

$$\begin{cases} f_y \leq 400\,\text{MPa}: & \rho_{(시도)} \approx 0.283\beta_1(f_{ck}/f_y) \\ f_y = 500\,\text{MPa}: & \rho_{(시도)} \approx 0.243\beta_1(f_{ck}/f_y) \\ f_y = 600\,\text{MPa}: & \rho_{(시도)} \approx 0.213\beta_1(f_{ck}/f_y) \end{cases} \tag{3.44b}$$

로 표현할 수 있다. 또는 표 3.5에서 ρ_t 또는 $\rho_{t(\text{limit})}$ 와 $\rho_{(\min)}$을 각각 읽어서 구한다. 여기에서

$$\beta_1 = \begin{cases} f_{ck} \le 28\,\text{MPa}\text{인 경우}: & 0.85 \\ 28\,\text{MPa} < f_{ck} \le 56\,\text{MPa}\text{ 인 경우}: & 0.85 - 0.007(f_{ck} - 28) \\ f_{ck} > 56\,\text{MPa}\text{ 인 경우}: & 0.65 \end{cases} \tag{3.15}$$

3) 단계 3 : 선택한 $\rho_{(\text{시도})}$를 이용하여 $(bd^2)_{(\text{소요})}$를 계산한다.

식 (3.51) : $bd^2{}_{(\text{소요})} \ge \dfrac{(M_u/\phi)}{R_n}$, 여기에서 $R_n = \rho f_y\left(1 - \dfrac{0.5\rho f_y}{0.85 f_{ck}}\right) = \rho f_y\left(1 - \dfrac{\rho f_y}{1.7 f_{ck}}\right)$,

휨에 대해서 $\rho \le \rho_t$ 일 때 $\phi = 0.85$이고 M_u 는 보에 작용하는 계수 휨모멘트(소요 휨강도)이다.

4) 단계 4 : $(bd^2)_{(\text{소요})}$와 크기가 같거나 크도록 부재의 b 와 d를 결정한다.

5) 단계 5 : 선택한 (bd^2)를 이용하여 다음 방법 중 한 방법으로 ρ를 다시 계산한다.

① 정확해 : $R_n = (M_u/\phi)/bd^2$ 을 이용하여 ρ를 계산한다.

$$\rho = \frac{(0.85 f_{ck})}{f_y}\left[1 - \sqrt{1 - \frac{2R_n}{(0.85 f_{ck})}}\right] \tag{3.47a}$$

② 표 3.10과 같은 휨모멘트 강도표를 이용하여 인장철근비 $\rho = \omega f_{ck}/f_y$ 를 계산한다. 식 (3.48)을 다시 쓰면

$$\frac{M_u/\phi}{f_{ck} b d^2} \le \frac{M_n}{f_{ck} b d^2} = \omega(1 - 0.59\omega) \tag{3.48}$$

가 된다. 표 3.10에서 ω를 읽어서 ρ를 계산한다.

③ (근사해) $\rho \approx (\text{본래 } \rho)\dfrac{(\text{새로 계산한 } R_n)}{(\text{본래 } R_n)}$

6) 단계 6 : 소요 A_s를 계산한다. $A_{s(\text{소요})} = (\text{새로 계산된 } \rho)(\text{선택 } bd)$

표 3.10 단철근 직사각형 보의 휨강도 $(M_u/\phi)/(f_{ck}bd^2)$ **또는** $M_n/(f_{ck}bd^2)$: **식** (3.48)

ω	.000	.001	.002	.003	.004	.005	.006	.007	.008	.009
0.0	0	.0010	.0020	.0030	.0040	.0050	.0060	.0070	.0080	.0090
0.01	.0099	.0109	.0119	.0129	.0139	.0149	.0159	.0168	.0178	.0188
0.02	.0197	.0207	.0217	.0226	.0236	.0246	.0256	.0266	.0275	.0285
0.03	.0295	.0304	.0314	.0324	.0333	.0343	.0352	.0362	.0372	.0381
0.04	.0391	.0400	.0410	.0420	.0429	.0438	.0448	.0457	.0467	.0476
0.05	.0485	.0495	.0504	.0513	.0523	.0532	.0541	.0551	.0560	.0569
0.06	.0579	.0588	.0597	.0607	.0616	.0626	.0634	.0643	.0653	.0662
0.07	.0671	.0680	.0689	.0699	.0708	.0717	.0726	.0735	.0744	.0753
0.08	.0762	.0771	.0780	.0789	.0798	.0807	.0816	.0825	.0834	.0843
0.09	.0852	.0861	.0870	.0879	.0888	.0897	.0906	.0915	.0923	.0932
0.10	.0941	.0950	.0959	.0967	.0976	.0985	.0994	.1002	.1001	.1020
0.11	.1029	.1037	.1046	.1055	.1063	.1072	.1081	.1089	.1098	.1106
0.12	.1115	.1124	.1133	.1141	.1149	.1158	.1166	.1175	.1183	.1192
0.13	.1200	.1209	.1217	.1226	.1234	.1243	.1251	.1259	.1268	.1276
0.14	.1284	.1293	.1301	.1309	.1318	.1326	.1334	.1342	.1351	.1359
0.15	.1367	.1375	.1384	.1392	.1400	.1408	.1416	.1425	.1433	.1441
0.16	.1449	.1457	.1465	.1473	.1481	.1489	.1497	.1506	.1514	.1522
0.17	.1529	.1537	.1545	.1553	.1561	.1569	.1577	.1585	.1593	.1601
0.18	.1609	.1617	.1624	.1632	.1640	.1648	.1656	.1664	.1671	.1679
0.19	.1687	.1695	.1703	.1710	.1718	.1726	.1733	.1741	.1749	.1756
0.20	.1764	.1772	.1779	.1787	.1794	.1802	.1810	.1817	.1825	.1832
0.21	.1840	.1847	.1855	.1862	.1870	.1877	.1885	.1892	.1900	.1907
0.22	.1914	.1922	.1929	.1937	.1944	.1951	.1959	.1966	.1973	.1981
0.23	.1988	.1995	.2002	.2010	.2017	.2024	.2031	.2039	.2046	.2053
0.24	.2060	.2067	.2075	.2082	.2089	.2096	.2103	.2110	.2117	.2124
0.25	.2131	.2138	.2145	.2152	.2159	.2166	.2173	.2180	.2187	.2194
0.26	.2201	.2208	.2215	.2222	.2229	.2236	.2243	.2249	.2256	.2263
0.27	.2270	.2277	.2284	.2290	.2297	.2304	.2311	.2317	.2324	.2331
0.28	.2337	.2344	.2351	.2357	.2364	.2371	.2377	.2384	.2391	.2397
0.29	.2404	.2410	.2417	.2423	.2430	.2437	.2443	.2450	.2456	.2463
0.30	.2469	.2475	.2482	.2488	.2495	.2501	.2508	.2514	.2520	.2527

설계 : M_u 로 $(M_u/\phi)/f_{ck}bd^2$ 을 계산하여 ω 를 읽어 $\rho = \omega f_{ck}/f_y$ 를 계산한다.

검토 : $\omega = \rho f_y/f_{ck}$ 에서 $M_n/f_{ck}bd^2$ 를 읽어 공칭강도 M_n 을 계산한다.

식 (3.45a) : $f_{ck} \leq 28$ MPa 인 경우 : $\omega_t \leq 0.32\beta_1 = 0.32(0.85) = 0.27$ → 인장지배 단면

$f_{ck} \geq 56$ MPa 인 경우 : $\omega_t \leq 0.32\beta_1 = 0.32(0.65) = 0.21$ → 인장지배 단면

예제 3.7 단철근 직사각형 보의 설계 (b와 d의 치수에 제한이 되어 주어지는 경우) : 단면의 검토 및 최소철근 단면적 예외 규정 적용 예

그림 3.29의 보에 최대 계수모멘트 $M_u =$ 40.21 kN·m가 작용할 때 요구되는 철근의 단면적을 결정하라. 그림 3.29와 같이 단면의 치수는 주어졌다. 단, $f_{ck} =$ 21 MPa, $f_y =$ 400 MPa이다.

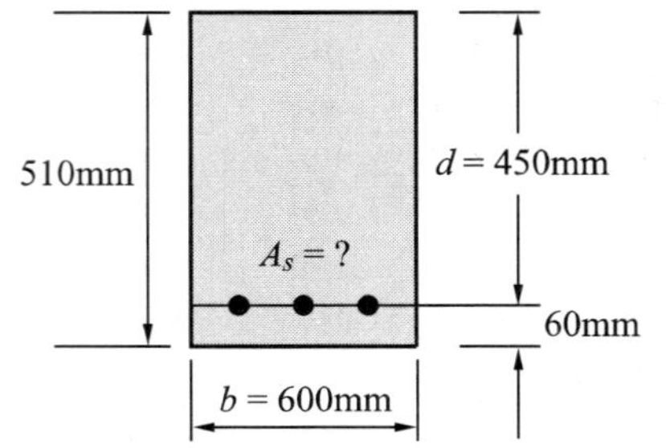

그림 3.29

풀이

① $A_{s(소요)}$ 계산 :

$0.85 f_{ck} = 0.85(21) = 17.85\ (\text{MPa})$; $\beta_1 = 0.85$

표 3.10을 이용 : 인장지배 단면으로 보아 $\phi = 0.85$ 로 가정

$M_u/\phi = 40.21/0.85 = 47.31\ (\text{kN} \cdot \text{m})$

$$\frac{M_u/\phi}{f_{ck}\,b\,d^2} = \frac{47.31 \times 10^6}{21 \times 600 \times 450^2} = 0.0185$$; 표 3.10에서 ω를 읽으면 $\omega_{(소요)} \approx 0.019$

식 (3.50)으로 표 3.10 검토 : $m = f_{ck} b d^2 = (21)(600)(450^2)(10^{-6}) = 2{,}551.5\ (\text{kN} \cdot \text{m})$

$2.36(M_u/\phi)/m = 2.36(47.31)/2{,}551.5 = 0.04376$

$$\omega = \frac{1 \pm \sqrt{1 - 2.36(M_u/\phi)/m}}{1.18} = \frac{1 - \sqrt{1 - 0.04376}}{1.18} = 0.0187 \quad \lesssim 0.019$$ <o.k.>

식 (3.45a) : $\varepsilon_t = 0.005$ 인 인장지배 변형률 범위에서

$\omega_t = 0.32\beta_1 = 0.32(0.85) = 0.27 \quad > \omega_{(소요)} = 0.019$

따라서 인장지배 단면으로 $\phi = 0.85$ 이다.

식 (3.23) 및 (3.24) : $A_{s(소요)} = \rho_{(소요)}\,bd = \left[\omega_{(소요)} \dfrac{f_{ck}}{f_y}\right] bd = \left(0.019 \dfrac{21}{400}\right)(600)(450)$

$\therefore\ A_{s(소요)} = \underline{269\ (\text{mm}^2)}$

② $A_{s(\min)}$과 $A_{st\,(\text{limit})}$ 검토 :

식 (3.39a)에서 $f_{ck} =$ 21 MPa < 31 MPa이므로 $1.4/f_y$항 지배

$A_{s(\min)} = (1.4/400)(600)(450) = 945\ (\text{mm}^2) > A_{s(소요)} = 269\ \text{mm}^2$ <N.G.>

표 3.5 : 앞에서 ω_t를 검토하여 인장지배 단면으로 $A_{st\,(\text{limit})}$를 만족할 것이지만 계산해보면,

$A_{st\,(\text{limit})} = \rho_{t\,(\text{limit})} bd = \underline{0.0163}(600)(450) = 4{,}401\ (\text{mm}^2) > A_{s(소요)} = 269\ \text{mm}^2$ <o.k.>

구조기준의 최소철근량 규정에 위배되므로 철근 단면적을 최소 945 mm^2 이상 배치하여야 된다.

이 철근단면적은 실제 보에서 소요되는 269 mm^2의 3.5배에 이른다. 따라서 구조기준 6.3.2(3) 규정에 따라 식 (3.40b)의 $A_{s(배치)} \geq (4/3)A_{s(소요)}$ 이면 $A_{s(min)}$을 배치하지 않아도 되므로,

④ $A_{s(소요)}$를 1/3 만큼 증가시킨다.

$\therefore\ A_{s(증가된 소요)} = (4/3)A_{s(소요)} = (4/3)(269) = \underline{359\ (mm^2)}$

⑤ 실제 $A_{s(배치)}$의 설계 :

$\therefore\ A_{s(배치)} = \underline{3-D13} = \underline{380\ mm^2} > A_{s(소요)} = 359\ mm^2$ <o.k.>

따라서 3-D13 철근을 주인장철근으로 배치한다.

⑥ 식 (3.40c) : $M_n \geq (4/3)(M_u/\phi)$ 를 검토해 보면,

$$\omega_{(배치)} = \rho_{(배치)}\frac{f_y}{f_{ck}} = \frac{A_{s(배치)}}{bd}\frac{f_y}{f_{ck}} = \frac{380}{(600)(450)}\frac{400}{21} = (0.00141)\frac{400}{21} = 0.0268$$

표 3.10 : $\omega_{(배치)} = 0.0268$ 을 대입하면 $M_n/(f_{ck}bd^2) = 0.0266$ 을 읽을 수 있다.

$$M_n = (0.0266)f_{ck}bd^2 = (0.0266)(21)(600)(450^2)(10^{-6}) = 67.87\ (kN \cdot m)$$

$$> \frac{4}{3}\frac{M_u}{\phi} = \frac{4}{3}(47.31) = 63.08\,(kN \cdot m)$$ <o.k.>

⑦ 수평철근의 **최소 순간격** $s_{c(min)}$에 대해서 검토 : 폭 $b = 600$ mm 에 3-D13 인장철근이 배치되었으므로 수평철근의 순간격을 검토한다.

그림 3.30에는 없지만 D10 스터럽이 배치되었다고 본다.

식 (2.52a) 및 그림 4.28 참고 :

D13 철근, $d_b = 12.7\ mm \approx 13\ mm$; D10 스터럽, $d_b = 9.53\ mm \approx 10\ mm$

수평철근의 소요 순간격(clear spacing, s_c) : 굵은골재 최대치수 $a_{max} = 20$ mm 가정

$$s_{c(min)} = Max.[25\ mm,\ d_b,\ (4/3)a_{max}] = Max.[25,\ 13,\ (4/3)(20) = \underline{27}] = 27\ (mm)$$

피복으로부터 맨 바깥 철근 도심까지의 두께 = 40 (현장치기 콘크리트 피복두께, 표 2.12) + 10 (D10 철근 직경) + 13/2 (주철근 지름) = 56.5 ≈ 60 mm

$\therefore\ s_{c(배치)} = [600 - 60\times 2 - 13\times 2]/2 = 227\ (mm) \quad > s_{c(min)} = 27\ mm$ <o.k.>

⑧ 구조기준 6.3.3(ACI 10.6.4) 보 및 1방향 슬래브의 휨철근 배치에서 철근의 **최대 중심간격** $s_{(max)}$가 규정되어있다(5.4장 참고).

건조환경 가정 : $k_{cr} = 280$; 순피복두께 $c_c = 60 - 6.5(= d_b/2) = 53.5\ (mm)$

$f_s = (2/3)f_y = (2/3)(400) = 267\ (MPa)$

식 (5.11) : $s_{(max)} = 375(k_{cr}/f_s) - 2.5c_c = 375(280/267) - 2.5(53.5) = \underline{260\ (mm)}$ 지배

$< 300(k_{cr}/f_s) = 300(280/267) = 315\ (mm)$

$s_{(max)} = 260\ mm \ > [\,s_{(배치)} = s_{c(배치)} + d_b = 227 + 13 = 240\ (mm)]$ <o.k.>

예제 3.8 단철근 직사각형 보의 설계(b 나 d 가 주어지지 않은 경우)[3.22]

사용 등분포 고정하중 $M_D = 76.5$ kN·m와 활하중 $M_L = 47.1$ kN·m가 작용하는 보에서 직사각형 단면의 크기와 보강철근의 단면적을 결정하라. 단, $f_{ck} = 27$ MPa이고 $f_y = 400$ MPa이다.

풀이

인장철근만 배치된 보(단철근 보)를 설계하기 위해서 인장지배 단면의 순인장변형률 $\varepsilon_t = 0.005$ 를 만족하는 표 3.5의 철근비 ρ_t 를 이용하여 설계를 할 수도 있다. 그러나 최종 배치에서 생산되는 철근을 조합하여 선택하다 보면 소요철근 단면적보다 더 넓은 철근을 배치하게 되어 $\varepsilon_t < 0.005$ 인 경우가 발생할 수도 있다. 이런 상황을 조종하기 위해서 $\varepsilon_t = 1.2 \times 0.005 = 0.006$ 을 적용하여 $\rho_{(시도)}$가 배치되었을 때의 최소 보의 깊이를 계산하여 설계를 시작한다.

① 단계 1 - ρ 결정 : $f_{ck} = 27\ \text{MPa}$, 식 (3.13) : $\beta_1 = 0.85$

$f_y = 400\ \text{MPa}$, 식 (3.44b) : $\rho_{(시도)} = 0.283\beta_1(f_{ck}/f_y) = 0.283(0.85)(27/400) = 0.0162$

를 적용하여 설계를 시작한다.

② 단계 2 - 소요 (bd^2)을 계산 :

계수 휨모멘트 계산 : $M_u = (1.2 \times 76.5) + (1.6 \times 47.1) = 167.2\ (\text{kN} \cdot \text{m})$

$M_u/\phi = 167.2/0.85 = 196.7\ (\text{kN} \cdot \text{m})$

$0.85 f_{ck} = 0.85 \times 27 = 22.95\ (\text{MPa})$; $\rho f_y = 0.0162(400) = 6.48$

식 (3.46a) : $R_n = \rho f_y \left(1 - \dfrac{0.5\rho f_y}{0.85 f_{ck}}\right) = 6.48\left[1 - \dfrac{0.5(6.48)}{22.95}\right] = 5.57\ (\text{MPa})$

$\varepsilon_t = 0.006 > 0.005$ 이므로 인장지배 단면으로 $\phi = 0.85$ 이다.

식 (3.51) : $bd^2_{(소요)} \geq \dfrac{M_u/\phi}{R_n} = \dfrac{196.7 \times 10^6}{5.57} = 35.32 \times 10^6\ (\text{mm}^3)$

③ 단계 3 - $bd^2_{(선택)} \geq bd^2_{(소요)}$ 가 되도록 부재의 크기를 결정 :

예를 들어서 기둥의 폭과 같이 $b = 250$ mm 로 정하면,

$d = \sqrt{35.32 \times 10^6/250} = 376\ (\text{mm})$ 이므로 철근 지름의 1/2(~15 mm)과 피복두께를 40 mm (표 2.12 참고)그리고 횡방향 스터럽의 직경 10 mm를 고려하여 주인장철근 도심에서 외피까지의 깊이를 40 + 15 + 10 = 65 mm로 보면, 소요되는 최소 보의 깊이 376 + 65 = 441 mm가 되므로 일반적으로 소요 치수보다 큰 치수를 선택하기는 하지만 본 예제에서는 단면으로 <u>250 mm × 440 mm를 선택</u>한다[12)].

④ 단계 4 - 250 mm x 440 mm 단면을 사용해서 ρ 를 다시 계산 : $d = 440 - 65 = 375\ (\text{mm})$

a) 정확해 : 식 (3.51) : $R_n \geq \dfrac{M_u/\phi}{bd^2_{(선택)}} = \dfrac{196.7 \times 10^6}{250 \times 375^2} = 5.60\,(\mathrm{MPa})$

식 (3.47a) : $\rho = \dfrac{0.85 f_{ck}}{f_y}\left(1 - \sqrt{1 - \dfrac{2R_n}{0.85 f_{ck}}}\right) = \dfrac{22.95}{400}\left(1 - \sqrt{1 - \dfrac{2 \times 5.60}{22.95}}\right) = 0.0163$

b) 또는 휨강도 표 3.10 : $\dfrac{M_u/\phi}{f_{ck} b d^2} = \dfrac{R_n}{f_{ck}} = \dfrac{5.60}{27} = 0.207$ 이므로 ω 를 읽으면 $\omega \approx 0.241$

$\rho = \omega f_{ck}/f_y = 0.241 \times 27/400 = 0.0163$

c) 근사식 : $\rho \approx (\text{본래 } \rho)\dfrac{(\text{새로 계산한 } R_n)}{(\text{본래 } R_n)} = 0.0162\dfrac{5.60}{5.57} = 0.0163$

⑤ 단계 5 - 소요 A_s 를 계산 및 휨철근의 간격 검토 :

$\therefore\ A_{s\,(소요)} = (\text{새로 계산된 } \rho)(\text{선택 } bd) = 0.0163 \times 250 \times 375 = \underline{1{,}528\,(\mathrm{mm}^2)}$

a) 계산에 이상이 없는지 M_n 을 계산하여 검토 :

$T = A_s f_y = (1{,}528\,\mathrm{mm}^2)\left(400\,\dfrac{\mathrm{N}}{\mathrm{mm}^2}\right)\left(\dfrac{1\,\mathrm{kN}}{10^3\,\mathrm{N}}\right) = 611.2\,(\mathrm{kN})$

$a = \dfrac{T}{(0.85 f_{ck})b} = \dfrac{611.2 \times 10^3}{22.95 \times 250} = 106.5\,(\mathrm{mm})$; $c = \dfrac{a}{\beta_1} = \dfrac{106.5}{0.85} = 125.3\,(\mathrm{mm})$

식 (3.18) : $\varepsilon_t = 0.003\,(d_t/c - 1) = 0.003\,(360/125.3 - 1) = 0.00562 > 0.005$

가정 o.k. 인장지배 단면 ; $\therefore \phi = 0.85$

$M_n = T\left(d - \dfrac{a}{2}\right) = (611.2 \times 10^3)\left(375 - \dfrac{106.5}{2}\right)/10^6 = 196.7\,(\mathrm{kN \cdot m})$

$\geq M_u/\phi = 196.7\,\mathrm{kN \cdot m}$ <o.k.>

[실제 철근을 배근할 때 $A_{s\,(소요)}$보다 넓은 면적을 배치하게 되므로 $M_n \lesssim M_u/\phi$인 경우가 발생해도 그 차이가 크지 않으면 문제가 되지 않는다.]

b) 구조기준 5.3.2(ACI 7.6)의 규정에 따라 휨철근의 **최소 순간격** 검토 : $A_{s\,(소요)} = 1{,}528\,\mathrm{mm}^2$

실용적인 설계에서 동일한 치수의 철근을 배근하는 게 일반적이지만 본 예제에서는 예를 보이기 위해서 2-D25와 1-D29을 배치해보면,

$A_{s\,(배치)} = (2 - D25) + (1 - D29) = 2 \times 506.7 + 642.4 = 1{,}656\,(\mathrm{mm}^2)$

$> A_{s\,(소요)} = 1{,}528\,\mathrm{mm}^2$ <o.k.>

굵은골재 최대치수 $a_{\max} = 20\,\mathrm{mm}$, 횡방향 스터럽으로는 D10 철근을 배치한다고 가정한다.

12) 강도설계법으로 설계된 보는 구조기준에 따라 사용하중이 작용할 때 발생하는 처짐에 대한 규정을 만족하여야 한다. 처짐에 대한 내용은 5장에서 다룬다.

D29, $d_b = 28.6 \approx 29\,\text{mm}$; D25, $d_b = 25.4 \approx 25\,\text{mm}$; D10 스터럽, $d_b = 9.53 \approx 10\,\text{mm}$

식 (2.52a) 및 그림 4.28 참고 :

수평철근의 소요 순간격(clear spacing, s_c) :

$s_{c(\min)} = \text{Max.}[25\text{ mm},\ d_b,\ (4/3)a_{\max}] = \text{Max.}[25,\ \underline{29},\ (4/3)20 = 27] = 29\ (\text{mm})$

$s_{c(\text{배치})} = [250 - (40+10)\times 2 - 25\times 2 - 29]/2 = (250-179)/2 = 35.5\ (\text{mm})$

$s_{c(\text{배치})} = 35.5\text{ mm} \quad > \quad s_{c(\min)} = 29\text{ mm}$ <o.k.>

만족하므로 (2-D25) + (1-D29) 철근을 배치하도록 한다.

c) 배치된 철근에 대해서 $\varepsilon_t \geq 0.005$ 인지 검토 : $T = (1{,}656)(400)/10^3 = 662.4\ (\text{kN})$

$a = 662.4\times 10^3/(22.95\times 250) = 115.5\ (\text{mm})$; $c = 115.5/0.85 = 135.8\ (\text{mm})$

식 (3.18) : $\varepsilon_t = 0.003(d_t/c - 1) = 0.003(375/135.8 - 1) = 0.00528 > 0.005$ <o.k.>

가정 o.k. 인장지배 단면 ; $\therefore \phi = 0.85$

$M_n = 662.4(375 - 115.5/2)/10^3 = 210.0\ (\text{kN}\cdot\text{m}) \quad > \quad M_u/\phi = 196.7\text{ kN}\cdot\text{m}$ <o.k.>

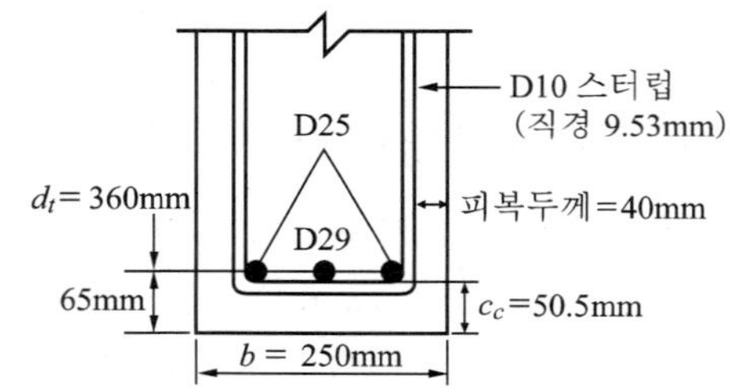

그림 3.30

d)[13] 구조기준 6.3.3(ACI 10.6.4)의 규정에 따라 휨철근 배치(최대 중심간격)에 대해서 검토 (5.4장 균열의 검토 ; 실내 건조환경 노출 가정 $k_{cr} = 280$) (그림 3.30 참고)

$c_c = 65 - 29/2 = 50.5\ (\text{mm})$; $f_s = (2/3)f_y = (2/3)400 = 267\ (\text{MPa})$

식 (5.11) : $s_{(\max)} = 375(k_{cr}/f_s) - 2.5c_c = 375(280/267) - 2.5\times 50.5 = \underline{267\ (\text{mm})}$ 지배

$\leq 300(k_{cr}/f_s) = 300(280/267) = 315\ (\text{mm})$

따라서 $s_{(\text{배치})} = [250 - 2(40+10) - 25]/2 = \underline{62.5\ (\text{mm})} < s_{(\max)} = 267\text{ mm}$ <o.k.>

13) 5.4장에서 다루는 내용이지만 설계를 완성한다는 의미로 다루어 본다. c_c는 인장철근이나 긴장재의 표면과 콘크리트 표면 사이의 최소 두께이다.

참고문헌

3.1 James K. Wight and James G. MacGregor, Reinforced Concrete Mechanics and Design, 6th Edition, Prentice-Hall, Inc., 2012, 1157 pp.

3.2 콘크리트구조설계기준, 건설교통부제정, 한국콘크리트학회 발행, 2003, 295 pp.

3.3 ACI Committee 318, *Building Code Requirements for Structural Concrete*(ACI 318-11) *and Commentary*(ACI 318R-11), *American Concrete Institute*, Farmington Hills, 2011, 503 pp..

3.4 E. Hognestad, "A Study of Combined Bending and Axial Load in Reinforced Concrete Members," University of Illinois Engineering Experimental Station Bulletin No. 399, 1951, 128 pp.

3.5 R. Park and T. Paulay, Reinforced Concrete Structures, John Wiley & Sons, Inc., 1975, 769 pp.

3.6 E. Hognestad, N. W. Hanson, and D. McHenry, "Concrete Stress Distribution in Ultimate Strength Design," *Journal ACI*, Vol. 52, No. 6, December 1955, pp. 455-479.

3.7 H. Rüsch, "Versuche zur Festigkeit der Biegedruckzone," Bulletin No. 120, Deutscher Ausschuss für Stahlbeton, Berlin, 1955, 94 pp.

3.8 G. M. Sturman, S. P. Shah, and G. Winter, "Effect of Flexural Strain Gradients on Micro-cracking and Stress-Strain Behaviour of Concrete," *Journal ACI*, Vol. 62, No. 7, July 1965, pp. 805-822.

3.9 Jin-Keun Kim, Seong-Tae Yi and Eun-Ik Yang, "Size effect on flexural compressive strength of concrete specimens," *ACI Structural Journal*, V. 97, No. 2, March-April 2000, pp. 291-296.

3.10 J. A. Blume, N. M. Newmark, and L. H. Corning, "Design of Multistory Reinforced Concrete Buildings for Earthquake Motions," Portland Cement Association, Chicago 1961, 318 pp.

3.11 CEB-FIP Model Code 90, Comité Euro-International du Béton, EPF Lausanne, Case Postale 88, CH 1015 Lausanne, Switzerland, 1993, 437 pp.

3.12 Eurocode 2: Design of concrete structures - Part 1-1: General Rules and Rules for Buildings, The Europian Standard EN 1992-1-1: 2004 has the status of a British Standard, BE EN 1992-1-1:2004.

3.13 C. S. Whitney, "Plastic Theory of Reinforced Concrete Design," *Proceedings ASCE*, December 1940; Transactions ASCE, Vol. 107, 1942, pp. 251-326.

3.14 A. H. Mattock, L. B. Kriz, and E. Hognestad, "Rectangular Concrete Stress Distribution in Ultimate Strength Design," *Journal ACI*, Vol. 57, No. 8, February 1961, pp. 875-926.

3.15 H. Rüsch, "Researches Toward a General Flexural Theory for Structural Concrete," Journal ACI, Vol. 57, No. 1, July 1960, pp. 1-28. Discussion in *Journal ACI*, Vol. 57, No. 9, March 1961, pp. 1147-1164.

3.16 P. H. Karr, N. W. Hanson and H. T. Capell, "Stress-Strain Characteristics of High Strength Concrete," Douglas McHenry International Symposium on Concrete and Concrete Structures, SP-55, *American Concrete Institute*, Farmington, Hills, MI, 1978, pp. 161~185.

3.17 ACI Innovation Task Group 4, "Structural Design and Detailing for High-Strength Concrete in Moderate to High Seismic Applications (ACI ITG 4.3)," *American Concrete Institute*, Farmington Hill, MI, pp.212.

3.18 민창식, 철근콘크리트공학, 구미서관, 2판 4쇄, 2011, 1017 pp.

3.19 James M. Gere, Mechanics of Materials, 5th Edition, Brooks/Cole, 2001, 926 pp.

3.20 Design of Concrete Structures, CAN/CSA-A23.3-04, A National Standard of Canada (approved July 2007), 214 pp.

3.21 Kenneth Leet and Dionisio Bernal, Reinforced Concrete Design, Third Edition, McGraw-Hill Companies, 1997.

3.22 Notes on ACI 318-08, Building code requirements for structural concrete with design applications, Portland Cement Association, 5420 Old Orchard Road, Skokie, Illinois 60077-1083.

3.23 콘크리트구조설계기준, 건설교통부 제정, 사단법인 한국콘크리트학회 발행, 2007, 327 pp.

3.24 콘크리트구조기준, 국토해양부 제정, 사단법인 한국콘크리트학회 발행, 2012, 342 pp.

3.25 Robert F. Mast, "Unified Design Provisions for Reinforced and Prestressed Concrete Flexural and Compression Members," *ACI Structural Journal*, Proceedings, Vol. 89, No. 2, March-April 1992, pp. 185-199.

3.26 David Darwin, et al., "ACI 318-02 Discussions and Closure," *Concrete International*, Vol. 24, No. 1, January 2002, pp. 93-103.

3.27 Antoine E. Naaman, "Limits of Reinforcement in the 2002 ACI Code: Transition, Flaws, and Solution," *ACI Structural Journal*, Vol. 101, No. 2, March-April 2004, pp. 209-218.

3.28 M. Nadim Hassoun and Akthem Al-Manaseer, Structural Concrete Theory and Design, 3rd Edition, John Wiley & Sons, Inc., 2005, 865 pp.

3.29 ACI Standard, Building Code Requirements for Reinforced Concrete(ACI 318-63), American Concrete Institute, Redford Station, Detroit 19, Michigan, 1963, 144 pp.

3.30 ACI Standard, Commentary on Building Code Requirements for Reinforced Concrete(ACI 318-63), American Concrete Institute, Publication SP-10, Redford Station, Detroit 19, Michigan, 1965, 91 pp.

3.31 ACI Committee 318, Building Code Requirements for Structural Concrete(ACI 318-95) and Commentary(ACI 318R-95), American Concrete Institute, Farmington Hills, 1995, 369 pp.

3.32 민창식 등, 철근콘크리트공학, 구미서관, 초판 3쇄, 2006, 1054 pp.

3.33 ACI Standard, Building Code Requirements for Reinforced Concrete(ACI 318-77), American Concrete Institute, 1977, 103 pp.

3.34 콘크리트표준시방서, 건설부 국립건설연구소 발행, 1968.

3.35 도로교설계기준(한계상태설계법) 2012, 국토해양부 제정, 사단법인 한국도로교통협회 관리, 도서출판 건설정보사, 2012.

3.36 S. Popovics, "A Review of Stress-Strain Relationships for Concrete," ACI Journal, Vol. 67, No. 3, March 1970, pp. 243-248.

연습문제

3.1 아래에는 1970년 Popovics[3.36]가 제안한 콘크리트의 응력-변형률 관계식을 보여주고 있다. 이 관계식을 이용하고, 보강철근은 그림 3.5b의 탄성-완전소성 재료로 가정하여 그림 3.6의 단면에 대해서

(1) 모멘트-곡률 관계 곡선을 그리고, 그림 3.7과 비교하라.

(2) A_s를 그림 3.6 단면에서 2배 및 3배로 증가 시켰을 경우에 각각의 모멘트-곡률 관계 곡선을 그리고, 각각의 단면에 대해서 곡률-연성비(CDR)를 결정하라.

$$\text{Popovics 제안 식} : f_c = f_{ck}\left[\frac{n(\varepsilon_c/\varepsilon_{ck})}{n-1+(\varepsilon_c/\varepsilon_{ck})^{nk}}\right]$$

여기에서 $n = E_c/(E_c - E_{ck})$는 곡선적합 계수(curve-fitting factor) ; $E_c = 8{,}500\sqrt[3]{f_{ck}+4}$ [식 (2.4b) 참고], ε_c가 0일 때의 접선탄성계수(tangent stiffness) ; $E_{ck} = f_{ck}/\varepsilon_{ck}$; $\varepsilon_{ck} =$ 0.002 ; k = 최대 응력에 도달하고 난 뒤에 감소하는 부분에 대한 계수 : $(\varepsilon_c/\varepsilon_{ck}) \le 1.0$ 인 경우에는 1.0으로, $(\varepsilon_c/\varepsilon_{ck}) > 1.0$ 인 경우에는 1.0보다 큰 값으로 1.02를 취한다.

3.2 도로교설계기준 2012에서 제시한 식 (3.9)의 콘크리트의 응력-변형률 관계식을 이용하고, 보강철근은 그림 3.5b의 탄성-완전소성 재료로 가정하여 그림 3.6의 단면에 대해서

(1) 모멘트-곡률 관계 곡선을 그리고, 그림 3.7과 비교하라.

(2) A_s를 그림 3.6 단면에서 2배 및 3배로 증가 시켰을 경우에 각각의 모멘트-곡률 관계 곡선을 그리고, 각각의 단면에 대해서 곡률-연성비(CDR)를 결정하라.

3.3 그림 P3.1에 주어진 콘크리트의 이상화된 응력-변형률 곡선에 대한 압축 응력블록 계수 k_1, k_2, k_3를 결정하라.

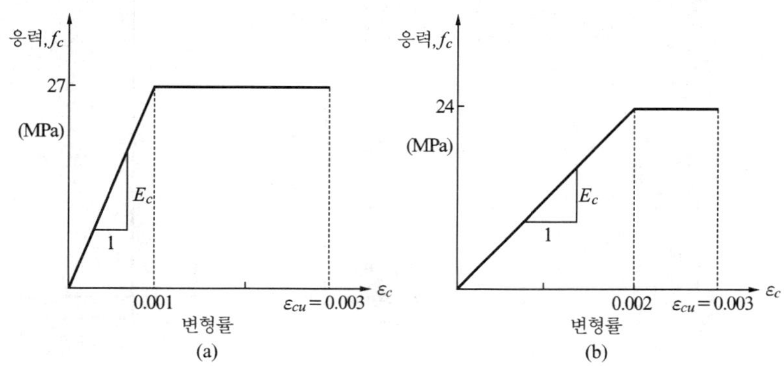

그림 P3.1

3.4 그림 P3.2에 주어진 콘크리트의 이상화된 응력-변형률 곡선에 대한 압축 응력블록계수 k_1, k_2, k_3를 결정하라.

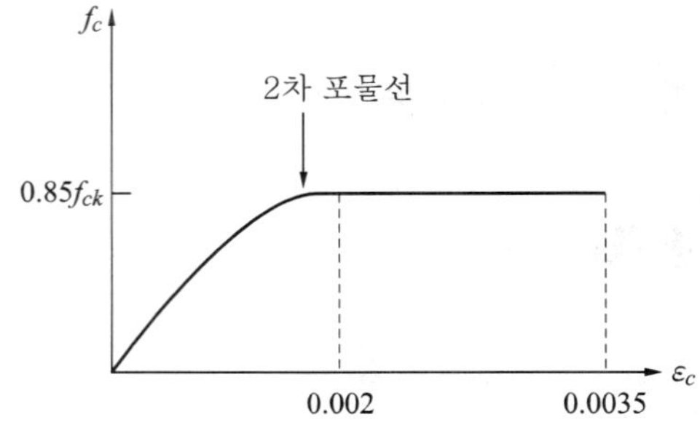

그림 P3.2

3.5 그림 P3.3의 직사각형 단면에서 설계 휨모멘트 강도 ϕM_n과 공칭강도에 도달했을 때의 인장철근의 변형률을 결정하라. 단, $f_y=$ 350 MPa이면서 (a) $f_{ck}=$ 20 MPa 와 (b) $f_{ck}=$ 40 MPa 인 각각의 경우에 공칭강도에 도달했을 때 철근의 변형률을 비교하여 어떤 강도의 콘크리트로 만든 단면이 더 큰 연성을 갖고 있는지 판단하라.

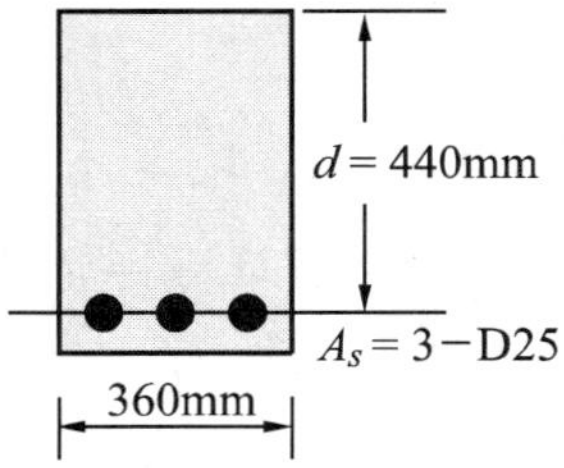

그림 P3.3

3.6 그림 P3.4의 직사각형 단면에서 다음 값들을 현행 구조기준에 따라 계산하라. (1) 균형철근량 A_{sb} ; (2) 구조기준에서 휨 부재로 배치할 수 있는 최대철근량 $[A_{st\,(\mathrm{limit})}]$; (3) 각각의 경우에 대한 중립축의 위치와 등가 압축응력의 깊이 a ; (4) 스터럽으로 전단보강 되었다고 보아 설계에서 단면이 저항할 수 있는 최대 공칭 휨모멘트강도 $M_{nt\,(\mathrm{limit})}$과 설계 휨강도 $\phi M_{nt\,(\mathrm{limit})}$를 결정하라. 단, $f_{ck}=35$ MPa , $f_y=400$ MPa 이다.

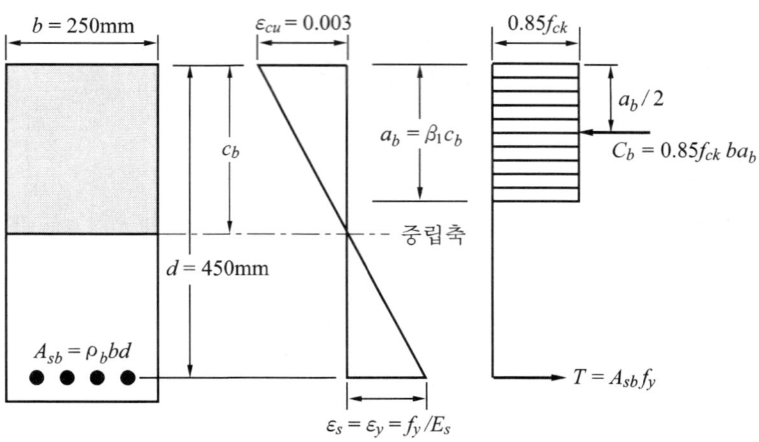

그림 P3.4

3.7 그림 P3.5의 삼각형 단면에 계수 휨모멘트 $M_u = 196\text{ kN}\cdot\text{m}$ 가 작용할 때

(1) 필요한 소요 철근량을 결정하라.

(2) 단면의 균형 철근량을 구하라.

단 $f_{ck} = 27\text{ MPa}$, $f_y = 400\text{ MPa}$ 이다.

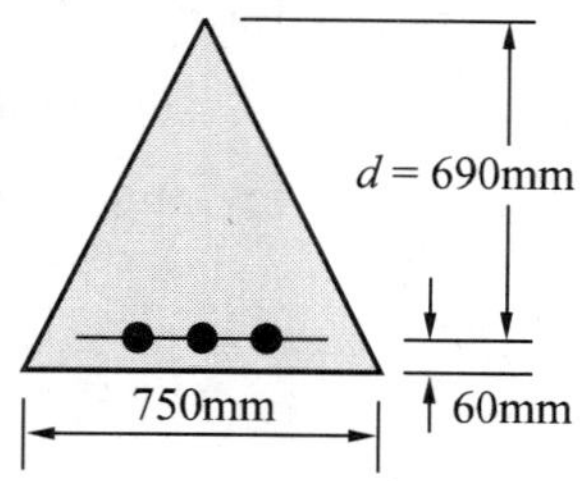

그림 P3.5

3.8 그림 P3.6의 마름모꼴 단면에서 다음의 사항들을 결정하라.

단 $f_{ck} = 24\text{ MPa}$, $f_y = 400\text{ MPa}$이다.

(1) 그림에서와 같이 8-D19 철근이 배치되었을 때 단면의 ϕM_n을 결정하라.

(2) 단면의 균형 철근단면적을 결정하라.

(3) 인장지배 단면의 범위인 $\varepsilon_t \geq 0.005$를 만족하는 철근단면적 A_{st} 를 결정하라.

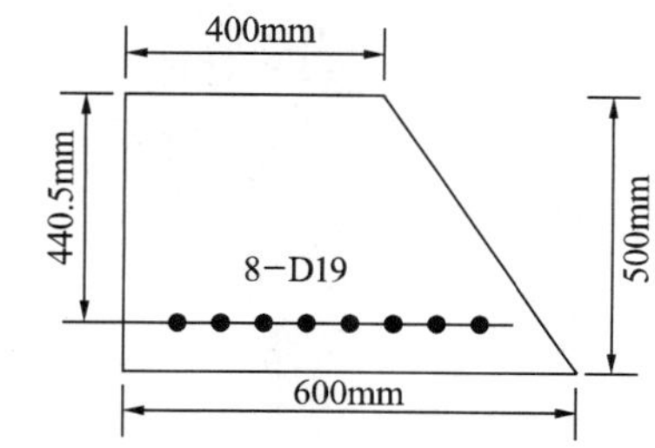

그림 P3.6

3.9 다음의 경우에 대해 폭 $b = 300\text{ mm}$이고, 유효깊이 $d = d_t = 500\text{ mm}$인 U형 스터럽로 보강된 직사각형 단면에서 ε_t를 검토하고, ϕR_n 및 ϕM_n을 계산하라.

(1) $f_{ck} = 21\text{ MPa}$, $f_y = 300\text{ MPa}$, $A_s = 4 - D25$

(2) $f_{ck} = 27\text{ MPa}$, $f_y = 400\text{ MPa}$, $A_s = 4 - D22$

(3) $f_{ck} = 35\text{ MPa}$, $f_y = 500\text{ MPa}$, $A_s = 4 - D29$ (항복마루가 뚜렷하다고 보아 항복변형률 $\varepsilon_y = f_y / E_s$ 로 구한다.)

3.10 폭 $b = 200\text{ mm}$ 이고, 유효깊이 $d = d_t = 450\text{ mm}$인 직사각형 단면에 스터럽(띠철근)로 전단 보강된 철근콘크리트 보가 있다. 공칭강도에 도달했을 때 철근의 변형률은 0.0015로 기록되었다. 단, $f_{ck} = 21\text{ MPa}$, $f_y = 350\text{ MPa}$ 이다. (단, 공칭강도에 도달했을 때 콘크리트의 변형률은 현행 구조기준과 같이 $\varepsilon_{cu} = 0.003$ 으로 가정한다.)

(1) 주어진 단면이 압축지배, 변화구간 또는 인장지배 단면 중에서 어떤 단면인지 판단하라.

(2) 이 단면에 대해서 균형파괴 단면인 경우에 철근의 단면적을 구하라.

(3) 문제에서 주어진 변형률을 주는 철근의 단면적을 구하고, 설계 휨강도 ϕM_n을 결정하라. 이 값과 구조설계기준의 $\rho_{t\,(\text{limit})}$를 이용하여 구한 최대 설계 휨강도와 비교하라.

(4) 사용된 철근비가 $\rho = 1.4\,\%$ 일 때 단면의 ϕM_n을 구하라.

3.11 그림 P3.7 직사각형 단면에서 설계 휨모멘트 강도 ϕM_n을 근거로 스터럽(띠철근)으로 전단 보강된 단순 지지 보의 최대경간을 결정하여라. 보에는 등분포 고정하중 $w_D = 11.8\,\text{kN/m}$ 과 등분포 활하중 $w_L = 13.14\,\text{kN/m}$이 작용하고 있다. 단, $f_{ck} = 24\,\text{MPa}$, $f_y = 400\,\text{MPa}$이다.

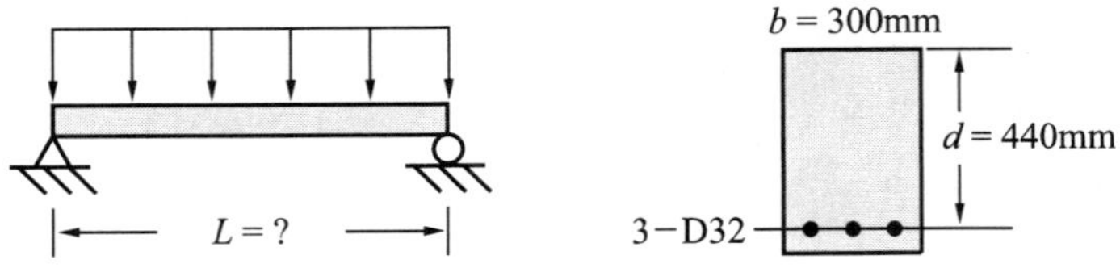

그림 P3.7

3.12 표 3.4의 변화구간에 대한 강도감소계수의 각종 철근등급에 대한 직선보간 식들을 구하고 ε_t와 c/d_t를 이용하여 이를 검증하라.

3.13 설계 상 구조요소인 A1 보는 단면이 $b = 350\,\text{mm}$, $d = d_t = 650\,\text{mm}$, $h = 710\,\text{mm}$이다. 이때 고정하중과 활하중을 작용하여 계산한 결과 계수 휨모멘트 $M_u = 353\,\text{kN}\cdot\text{m}$이었다. 단 $f_{ck} = 27\,\text{MPa}$, $f_y = 350\,\text{MPa}$이다.

설계 : $\varepsilon_t \geq 0.005$ 를 만족한다고 가정하여 $\phi = 0.85$로 고려한다.

$m = f_{ck}bd^2 = (27)(350)(650^2)/10^6 = 3{,}992.6\ (\text{kN}\cdot\text{m})$; $M_u/\phi = 353/0.85 = 415.3\ (\text{kN}\cdot\text{m})$

식 (3.50) : $\omega = \dfrac{1 \pm \sqrt{1 - 2.36\,(M_u/\phi)/m}}{1.18} = \dfrac{1 - \sqrt{1 - 2.36 \times 415.3/3{,}992.6}}{1.18} = 0.1113$

$\therefore \rho = \omega\,\dfrac{f_{ck}}{f_y} = (0.1113)\dfrac{27}{350} = 0.00859$

$\therefore A_{s\,(\text{소요})} = 0.00859 \times 350 \times 650 = 1{,}954\ (\text{mm}^2)$

따라서 $A_{s\,(\text{배치})} = 4 - D25 = 2{,}027\ \text{mm}^2$ 을 배치하기로 결정하였다.

단면의 적합성(즉, $M_n \geq M_u/\phi$)을 구조기준의 규정에 따라 검토하라.

3.14 계수 휨모멘트 $M_u = 407\,\mathrm{kN\cdot m}$가 작용하는 단철근 직사각형 보를 설계하고, 옥외의 습윤환경으로 고려하여(식 (5.11)) 현행 구조기준의 규정들을 만족하는지 검토하라. 단면의 폭은 $b = 350\,\mathrm{mm}$로 하고, $f_{ck} = 35\,\mathrm{MPa}$, $f_y = 500\,\mathrm{MPa}$이다.

3.15 고정하중에 더하여 추가 등분포 고정하중 18 kN/m과 등분포 활하중 29 kN/m가 작용하는 경간이 6.5 m인 단순 지지된 단철근 직사각형 보를 설계하고(즉, b, d, h를 결정하고, 소요 A_s를 구한다.), 현행 구조기준의 규정들을 만족하는지 검토하라. 단, $f_{ck} = 30\,\mathrm{MPa}$, $f_y = 400\,\mathrm{MPa}$이다.
(h는 대략 경간/15 정도로 취하고, b = 0.5h로 보아 설계를 시작한다.)

3.16 단순지지 순경간 $l_n =$ 6.0 m 보는 직사각형 단면으로 그림 P3.8 (a)와 같이 선택되었고, 보에는 자신의 등분포 고정하중에 더하여 추가 등분포 고정하중 $w_{sD} =$ 16.0 kN/m와 활하중 등분포하중 $w_L =$ 22.0 kN/m가 작용한다[그림 P3.8 (b) 참고]. 사용되는 재료는 보통중량골재 콘크리트($\rho_c =$ 2,500 kg/m^3), 설계기준 압축강도 $f_{ck} =$ 21 MPa이고, $f_y =$ 300 MPa이다. 주어진 Worksheet를 이용하여 휨 설계를 수행하여 주철근 $A_{s(\text{배치})}$를 선택하고, 그림 P3.8 (c)의 CRSI 보의 철근 상세를 이용하여 배근도를 그림 P3.8 (b)에 그려 넣어라.

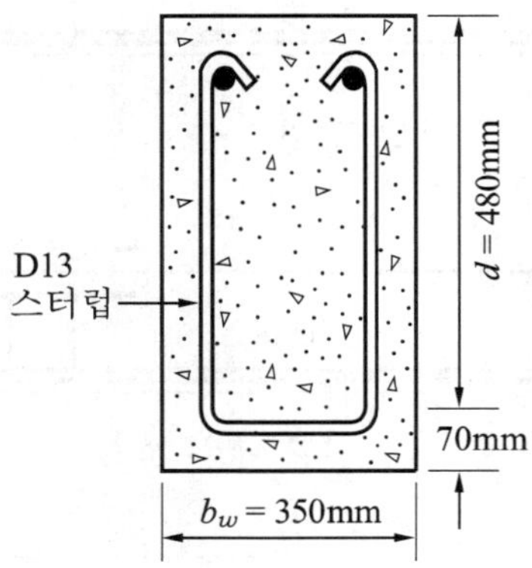

그림 P3.8 (a) 단면도

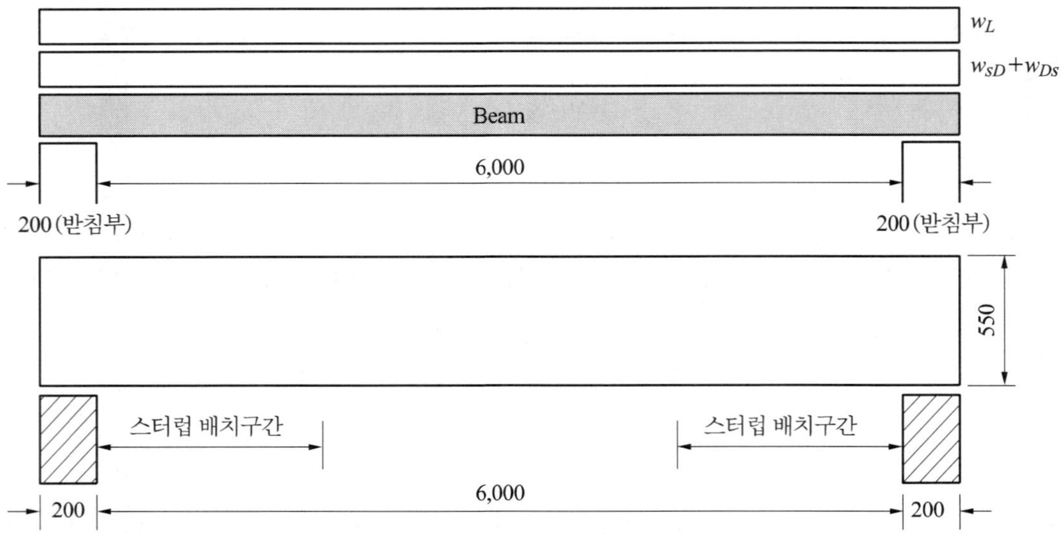

그림 P3.8 (b) 등분포 하중이 작용하는 보와 철근 배근을 위한 횡방향 단면도

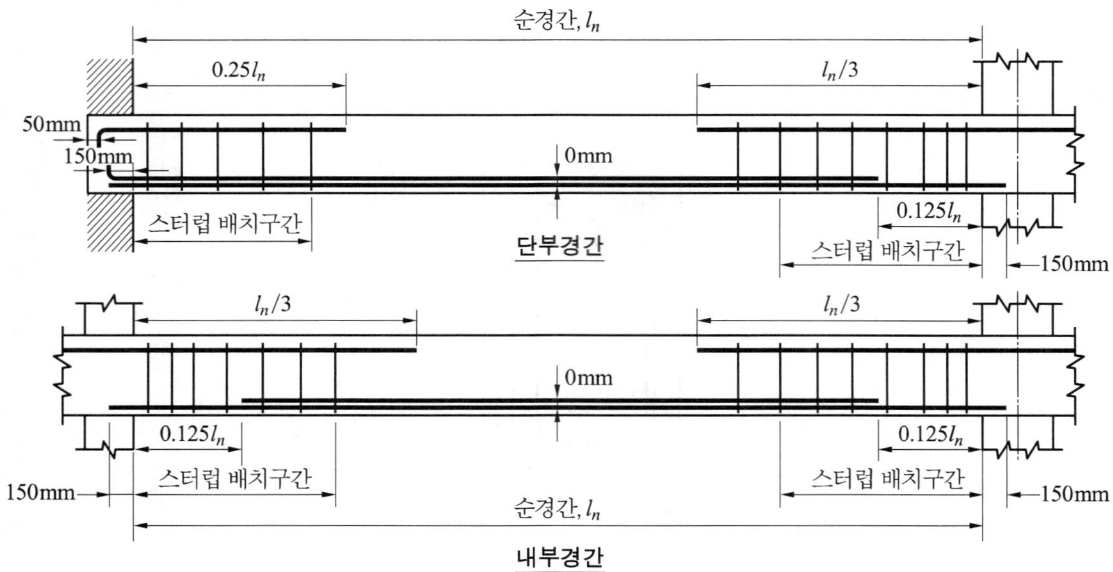

그림 P3.8 (c) CRSI의 보에 대한 철근 상세(CRSI Fig. 12-1)

[문제 3.16]의 Worksheet #1-2

① **직사각형 단면의 결정 : 처짐 계산을 하지 않는 경우의 보의 최소두께** 규정인 **표 5.6**(구조기준 표 4.3.1)에 따라 계산한다. 이 표는 큰 처짐에 의해 손상될 것 같은 칸막이들을 지지하지 않는 부재에 대해서, 처짐을 계산하지 않아도 되는 최소의 두께를 제시한다.

단순지지 : 경간 $l=$ ________ mm ; 소요 최소 두께 $h = l/$____ =______/ ____ =______ (mm)

상당한 크기의 추가 고정하중과 활하중이 작용하므로 설계는 소요 두께 ________ mm에 1.3~1.4를 곱해서 __ × (1.3~1.4) = ____~____ (mm)가 되므로, 적당하게 550 mm를 선택한다. 보의 폭은 두께(깊이)/폭이 2.0~1.0 정도이므로 1.5를 적용하면, ______/1.5 = ______ (mm)가 되므로 350 mm를 선택하도록 한다.

$h_{(설계)} =$ 550 mm ; $b_{w(설계)} =$ 350 mm로 결정한다.

$d = h - 40$(피복두께) - 10(D10 스터럽) - 29/2(주철근 D29 가정) = ________ (mm)

② **휨 설계** :

(a) 경간 중앙에서 M_u/ϕ 계산 :

단위중량 $\gamma_c = \rho_c g =$ (_____ kg/m^3)(_____ m/sec^2) = ______ N/m^3 = ______ kN/m^3

단면적 $A_g = b_w h =$ (_____) (_____) = ________ (mm^2)

등분포 고정하중 $w_{Ds} = A_g \gamma_c =$ (_____ /10^6) (_____) = ______ (kN/m)

총 고정하중 $w_D = w_{Ds} + w_{sD} =$ _____ + _____ = ______ (kN/m)

계수 등분포 하중 $w_u = 1.2w_D + 1.6w_L$

$w_u =$ 1.2(____) + 1.6(_____) = ______ + ______ = ______ (kN/m)

경간 중앙 최대 계수 휨모멘트 $M_u = w_u l^2/8 =$ (_____) (_____^{2})/8 = ______ (kN · m)

인장지배 단면 가정 : $\phi = 0.85$

$M_u/\phi =$ ________ / _____ = ______ (kN · m)

(b) $A_{s(소요)}$ 계산 : $-2bd = -2$ (____) (____) = -336,000 (mm^2)

$0.85 f_{ck}/f_y = 0.85 \times$ ____ / ____ = _____

$B = (-2bd)(0.85 f_{ck}/f_y) =$ (__________) (__________) = -__________ (mm^2)

$C = (M_u/\phi)(2b/f_y)(0.85 f_{ck}/f_y)$

= (_____×10^6) (________) (________) = ________ (mm^4)

$A_{s(소요)} = [-B - \sqrt{B^2 - 4C}]/2 =$ ____________________ = ______ (mm^2)

(c) 인장지배 단면 검토 : $f_{ck} =$ _____ MPa 〈 28 MPa → $\beta_1 =$ ______

$a = A_s f_y/(0.85 f_{ck} b) =$ (__________) / (__________) = ______ (mm)

$c = a/\beta_1 =$ _____ / _____ = _____ (mm)

$\epsilon_t = 0.003(d_t/c - 1) = 0.003($ _____ / _____ -1) = ______ 〉 0.005

인장지배 단면 → $\phi =$ ______ OK

[문제 3.16]의 Worksheet #2-2

(d) 주철근 배치 : $A_{s(배치)}$ = ___ - D____ = _______ (mm^2) > $A_{s(소요)}$ = ________ mm^2 〈OK〉

(e) 최소 수평 순간격 검토 :

수평 순간격 = [b_w − 2(피복두께 + 스터럽 직경) − 주철근 개수 × 직경] / (주철근 개수 -1)

= [_______ − 2 (40 + 10) − ___(___)] / 3 = _______ (mm)

굵은골재 최대치수 $a_{\max}$ = 20 mm 가정

수평 순간격 = _____ mm 〉 [식 (2.52a) : 25mm ; d_b = ___ mm ; $(4/3)a_{\max}$ = (4/3)20 = 27 mm] 〈OK〉

(f) 최대 중심 간격 검토 :

식 (5.11) : $f_s = (2/3)f_y$ = ____ MPa ; 실외 환경 k_{cr} = _____ 가정

순피복두께 c_c = 70 - 29/2 (주철근 직경/2) = _____ mm 가정

$s_{(\max)} = 375(k_{cr}/f_s) - 2.5c_c$ = 375 (____ / _____) − 2.5(____) = _____ (mm)

< $300(k_{cr}/f_s)$ = 300(_____ / _____) = ______ (mm)

$s_{(\max)}$ = _____ mm 〉 배치 중심 간격 = 순간격 + 철근 직경

= ______ + ______ = ______ (mm) 〈OK〉

(g) 최소 철근량 규정 검토 : 식 (3.39a)

f_{ck} = ____ MPa 〈 31 MPa → $1.4/f_y$ 항이 지배

$A_{s(\min)} = (1.4/f_y)b_w d$ = (1.4/____) (____) (____) = _____ (mm^2)

< $A_{s(배치)}$ = _______ mm^2 〈OK〉

(h) 철근의 길이 계산 : 그림 P3.8c에 따라 단부경간에서 표준갈고리를 장착한 철근과 하지 않은 철근을 한 개씩 엇갈려서 배치한다(그림에서 0 mm의 의미). 철근은 표준갈고리 장착 철근 B1, 직선 철근 B2로 표기한다.

B1 철근(___ - D___)의 표준갈고리 선택 : 90도 표준갈고리의 꼬리(A 또는 G)의 길이(그림 6.23) = $17d_b$ = 17 × 29 = 493 (mm) ≈ 490 mm로 보의 깊이 550 mm에서 하부와 상부에서 각각 피복두께 40 mm와 스터럽 직경 13mm를 제외하면 550 - 2 (40 + 13) = ____ mm 〈 490 mm로 공간이 충분하지 않다. 따라서 **180도 표준갈고리를 장착**하기로 한다.

D29 철근 180도 표준갈고리를 배치하기 위해서 필요한 **깊이** J = $10d_b$ = 10×29 = 290 (mm) 〈 _____ mm로 공간이 충분하다. 180도 표준갈고리 꼬리 길이(A 또는 G) = $13d_b$ = 13×29 = 377 (mm) ≈ 380 mm

B1 철근 총 길이 = ___ [_____ + _____ (받침부로의 연장길이)] + ______ = _______ (mm)

설명 : 그림 12d 단부경간의 좌측 받침부에서 하부 주철근은 받침부 안으로 150 mm 이상 연장한다.

B2 철근 (___ - D____) : ____ (150) + ______ = _______ (mm)

총 주철근 소요 길이 ___ - D___ = ___ (______ + ______) / 10^3 = ______ (m)

표 2.9 철근표 : D29 철근 소요 무게 : ______ m x _____ kg/m = ______ ≈ ______ kg /보

(i) 철근의 배치 : 그림 P3.8 (a)와 (b)에 횡방향 단면도와 종방향 단면도를 각각 그려 넣는다.

Chapter 4

Reinforced Concrete

보의 휨 해석: 복철근, T형 및 1방향 슬래브

Design of Beams for Flexure : Doubly Reinforced Sections, T Sections and One-Way Slabs

4.1 압축철근이 배치된 보(Beams with Compression Reinforcement)[4.2] 또는 복철근 직사각형 단면(Doubly Reinforced Section)

인장철근만 배치된 보에서 폭과 유효깊이가 제한되면 ρ_t 나 $\rho_{t\,(\text{limit})}$ [식 (3.36c) 참고]가 사용될 때 최대 공칭 설계강도 M_{nt} 나 $M_{nt\,(\text{limit})}$를 얻게 된다. 이때 계수 휨모멘트 M_u/ϕ가 공칭강도 M_{nt} 나 $M_{nt\,(\text{limit})}$보다 크게 되면 인장과 압축영역에 추가의 철근을 배치하여 휨부재의 최소변형률 규정을 어기지 않고 분쇄파괴(brittle failure)를 방지하면서 휨강도를 증가시킬 수 있다. 또한 구조기준 6.2.2(6)(ACI 10.3.5.1)에서는 휨부재의 강도를 증가시키기 위하여 추가 인장철근과 이에 대응하는 압축철근을 사용할 수 있다고 제안하고 있다.

■ 압축철근이 강도 및 거동에 미치는 영향

그림 4.1에는 인장철근의 단면적 A_s는 동일하지만 압축철근이 배치된 보와 되지 않은 보에 극한하중이 작용할 때 내부 힘들을 비교하였다. 그림 4.1b에는 압축상단으로부터 거리 d' 떨어져 압축철근 A_s'이 배치되어 있으며, 전체 압축합력 $C = (T = A_s f_y)$ 이다. 압축철근이 없는 보(그림 4.1a)에서는 모든 압축력을 콘크리트가 모두 저항(C)해야 되고, 압축철근이 배치된 보에서는 콘크리트(C_w)와 압축철근(C_c)1)이 분담해서 저항하게 된다. C_c가 있기 때문에 $C_w < C$ 보다 작고, 따라서 압축영역의 깊이는 $a_2 < a_1$ 이 된다. 따라서 각 보의 휨모멘트 강도는 다음과 같이 표현할 수 있다.

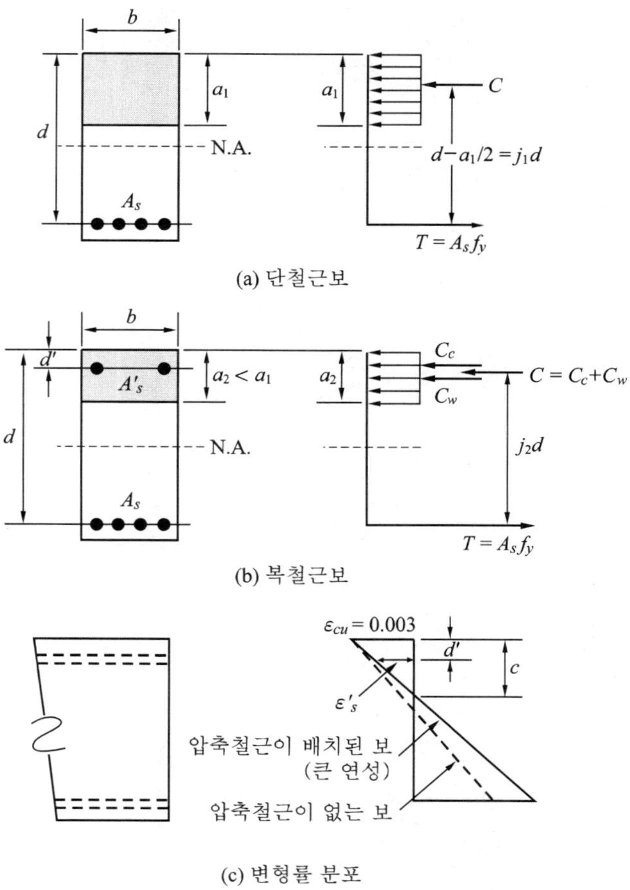

그림 4.1 휨강도에 대한 압축철근의 영향

---

1) 3장에서는 콘크리트의 압축합력을 C_c로 표기하였으나 본 장에서는 C_w(web 복부)로 표기하고, 압축철근에 의한 압축력을 C_c(compression 압축)로 표기하였다.

$$\text{압축철근이 없는 보의 휨모멘트 강도 : } M_n = A_s f_y (j_1 d)$$

$$\text{압축철근이 배치된 보의 휨모멘트 강도 : } M_n = A_s f_y (j_2 d)$$

이 두 식의 차이는 $a_2 < a_1$ 이기 때문에 j_2가 j_1보다 약간 크게 된다. 따라서 인장철근의 단면적이 동일한 경우에 압축철근의 배치가 단면의 휨강도를 거의 증가시키지 못하고 있다(그림 4.2 참고). 적당한 양의 인장철근이 배치된 보에서 [$\rho_{t\,(\mathrm{limit})}$의 71%인 $\rho=$ 0.015가 배치된 경우] 휨모멘트 강도의 증가는 그림 4.2와 같이 5% 미만이다.

압축철근은 압축변형률이 최대인 곳에(중립축에서 멀리 떨어질수록) 배치할수록 큰 효과를 주게 된다. 압축철근의 위치가 압축연단으로부터 멀어지면 그림 4.1c와 같이 철근의 변형률이 감소하므로 압축철근의 효과가 감소하여 단면의 휨강도나 거동에 영향이 작아지게 된다. 그림 4.2에서 $d'/d=$ 0.2일 때 $d'/d=$ 0.1에 비해서 휨강도가 거의 증가하지 않는 것을 볼 수 있다.

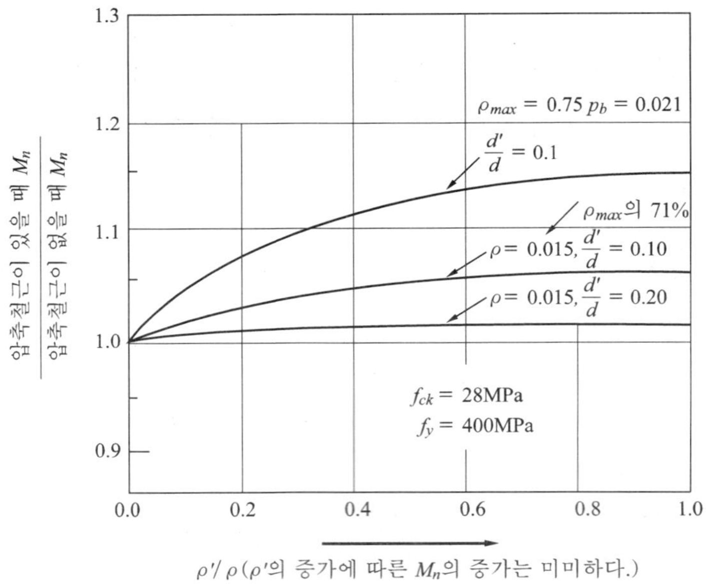

그림 4.2 압축철근에 의한 휨모멘트 강도의 증가[4.2]

압축철근을 배치하는 이유

1) 지속하중에 의한 처짐을 감소(Reduced Sustained Load Deflections)

콘크리트는 지속하중이 작용하게 되면 하중은 증가하지 않는데 변형이 증가하는 크리프 현상이 나타난다(2.7장 참고). 압축철근을 배치하면 이 크리프에 의한 장기처짐(long-term deflection)을 감소시킬 수 있다. 압축영역에서 콘크리트의 크리프 응력이 압축철근에 전달되어 콘크리트의 압축응력이 감소되므로 크리프가 감소되고 따라서 장기처짐이 감소하게 된다(그림 4.3 참고).

그림 4.3은 압축철근이 배치된 보와 배치되지 않은 보의 처짐-시간 관계도를 보여주고 있다. 보에는 사용하중을 작용하여 2년 간 보 중앙에서 처짐을 측정하였다. 하중이 작용했을 때의 처짐(즉, 즉시 탄성처짐)은 세 개의 보에서 41 mm에서 48 mm로 차이가 거의 없었다.

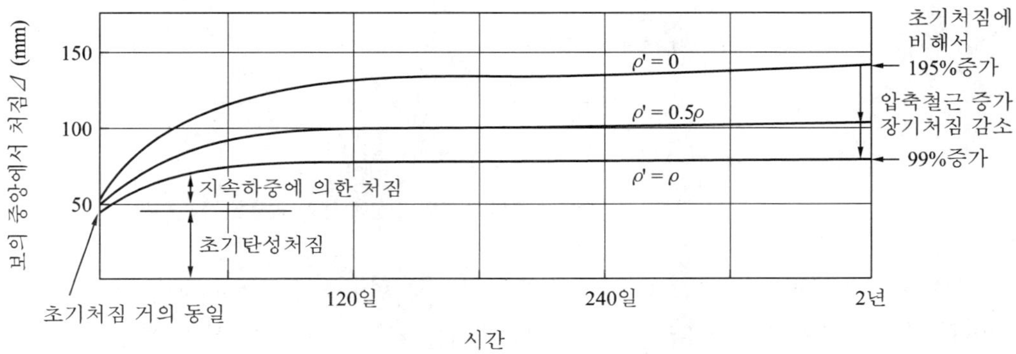

그림 4.3 지속하중 처짐에 대한 압축철근의 효과[4.2]

시간이 지남에 따라 모든 보에서 처짐이 증가했는데 특히 압축철근이 배치되지 않은 보($\rho'=0$)에서는 초기처짐에 비해서 장기 추가처짐이 195%나 증가하였다. 그러나 압축철근이 인장철근의 단면적과 같은 면적이 배치된 보($\rho'=\rho$)에서는 오직 99%의 추가처짐만이 발생하였다. 이러한 압축철근이 장기처짐에 미치는 영향을 고려해서 구조기준 4.3.1(5)(ACI 9.5.2.5)에서는 추가적인 장기처짐 Δ_a를 지속하중(sustained load)이 일으키는 순간처짐 $(\Delta_i)_{sus}$에 계수를 곱해서 구할 수 있도록 아래와 같이 제시하였다.

$$\Delta_a = \lambda_\Delta (\Delta_i)_{sus}, \quad \text{여기에서} \quad \lambda_\Delta = \frac{\xi}{1+50\rho'} \tag{4.1}$$

이 식에서 장기처짐에 대한 계수 λ_Δ는 $\rho' = A_s'/bd$를 분자에 두어 반비례하여 압축철근의 효과를 고려하도록 하고 있다. 여기에서 ξ('xi')는 지속하중에 대한 시간경과계수이다(5.5장 표 5.8 및 그림 5.23 참고).

2) 연성의 증가(Increased Ductility)

압축철근을 배치하게 되면 콘크리트 압축응력 블럭의 깊이가 감소하게 된다. 그림 4.1b에서 보는 바와 같이 압축철근이 배치되면 등가 응력블럭의 깊이 a가 감소하여 그림 4.1c와 같이 공칭강도에 도달했을 때 인장철근의 항복변형률이 증가하게 되어 큰 연성을 갖게 된다.

그림 4.4에 $\rho < \rho_b$ 이고, 다양한 압축철근비 ρ'을 가진 세 개의 보에 대한 모멘트-곡률 관계곡선을 비교하였다. 압축철근을 배치한 경우에도 인장철근이 항복하는 휨모멘트 M_y의 크기에는 거의 변화가 없었다.

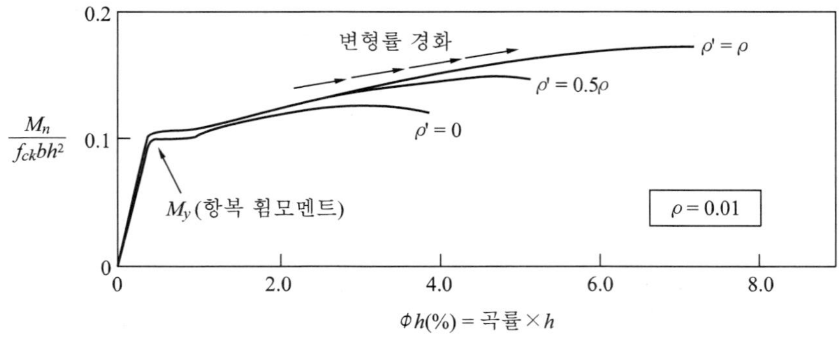

그림 4.4 저보강 보의 강도와 연성에 대한 압축철근의 효과[4.2]

항복하기 시작한 뒤에 휨모멘트의 증가는 대부분 변형률경화(strain hardening) 때문에 나타나고, 이때는 큰 처짐과 곡률을 동반하므로 설계에서는 무시한다. 그러나 그림 4.4와 같이 압축철근이 배치되게 되면 연성이 크게 증가한다. 특히 지진 다발지역이나 모멘트 재분배가 필요한 설계에서는 이 연성이 매우 중요하다(14장 참고). 압축철근의 이러한 휨거동에 대한 이점 때문에 많은 시방서에서는 비록 설계계산에서는 압축철근이 필요하지 않더라도 지진지역의 휨부재에 대해서는 최소압축철근을 배치하도록 규정하고 있다. 추가적인 압축철근이 부재에 큰 연성을 주어 지진하중과 같이 반복하중이 작용할 때 큰 휨변형에도 구조물이 붕괴되지 않고 버틸 수 있도록 할 것이다.

3) 파괴모드를 압축파괴에서 인장파괴로 전환

$\rho > \rho_b$ 인 경우에 보는 인장철근이 항복을 시작하기 전에 압축영역의 콘크리트가 분쇄하여 붕괴파괴(brittle failure)가 일어난다(그림 4.5에서 $\rho' = 0$인 경우). 이런 보에 압축철근을 충분히 배치하여 압축영역을 보강하면 콘크리트가 분쇄하기 전에 인장철근이 항복을 시작하여 그림에서와 같이 보는 연성파괴 모드를 갖게 된다. 만약 압축철근이 항복하기 시작했다면 파괴 시의 변형률 분포와 곡률은 $(\rho - \rho')$의 철근비를 가진 단철근 보와 근본적으로 같게 나타난다. 이 $(\rho - \rho')$을 **유효철근비(effective reinforcement ratio)**라 하여, 종종 설계에서 연성파괴를 유도하기 위하여 $(\rho - \rho') \le 0.5\rho_b$ 되도록 압축철근을 배치하고 있다[2)].

---

2) 2003년 기준에서 휨모멘트를 재분배하기 위해서는 최대철근비 $(\rho - \rho') \le 0.5\rho_b$ 이하인 경우에만 가능하도록 규정하였다(그림 3.20 참고)

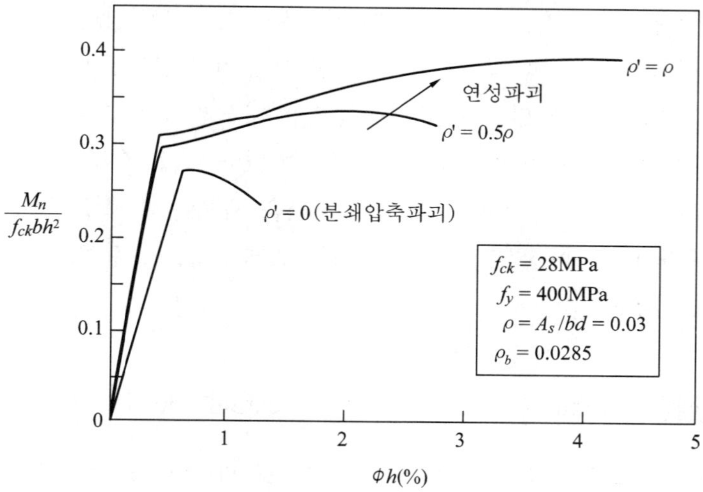

그림 4.5 과보강 보($A_s > A_{sb}$)에서 압축철근이 배치된 경우와 안 된 경우의 모멘트-곡률 관계

4) 철근의 배치가 쉽다(Fabrication Ease)

철근을 조립할 때, 전단보강 스터럽을 거푸집 내의 제자리에 고정시킬 뿐만 아니라 정착(development)시키기 위해서 연속구간 내의 굽혀진 부분에 종방향 철근을 배치(그림 7.48 참고)하도록 구조기준 8.5.4(3)(ACI 12.13.3)에서 규정하고 있다. 이렇게 배치된 철근에 의한 휨모멘트 강도의 증가는 미비하여 설계에서는 일반적으로 무시하지만, 적절하게 정착만 된다면 압축철근으로서의 역할을 하게 된다.

압축철근을 유리하게 사용할 수 있는 경우[4.6]

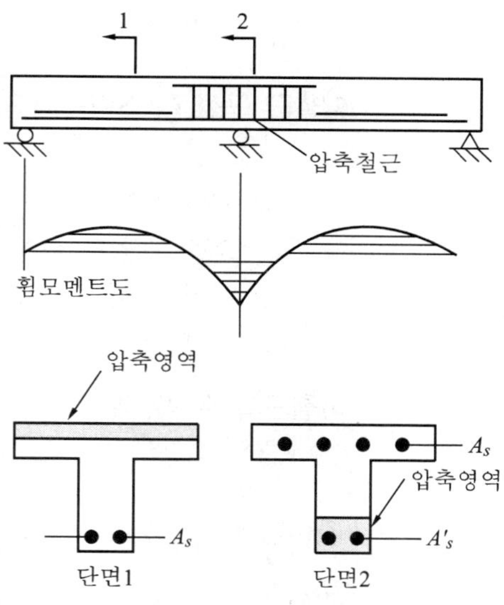

그림 4.6 압축철근의 사용 예 - 연속보에서 인장철근이 연장되어 지점 부분에서 압축철근으로 사용되는 예

그림 4.6은 압축철근을 사용하여 휨모멘트가 최대이고 유효단면이 최소인 장소에서 공칭 휨강도를 증가시켜서 연속 T형 보의 단면적을 변화시키지 않고 일정하게 유지시킬 수 있는 일반적인 설계 예를 보여주고 있다. 연속보의 경간 중앙부근(단면 1)에서 정휨모멘트로 인하여 플랜지는 압축력을 받아 보는 마치 플랜지 크기의 직사각형 보와 같이 거동한다. 보가 비록 깊이가 낮다고 하더라도 넓은 플랜지 폭 때문에 큰 휨모멘트에 저항할 수 있게 된다. 그러나 플랜지가 인장력을 받고 복부에 압축력이 작용하게 되면 (받침부에

부휨모멘트가 작용하는 단면 2의 경우) 마치 복부 크기의 직사각형 보와 같아서 단면의 휨강도가 상당히 감소하게 된다. 이때 압축영역에 철근을 보강하면(단면 2) 단면의 깊이나 복부의 폭을 넓혀서 고정하중을 증가시키지 않고도 휨강도를 증가시킬 수 있다. 그림 4.7의 역 T형 보(양쪽으로 보를 올려놓을 수 있는 공간을 제공)는 압축영역이 잘려서 작아진 경우에 압축철근을 배치함으로서 휨강도를 증가시키는 예를 보여주고 있다.

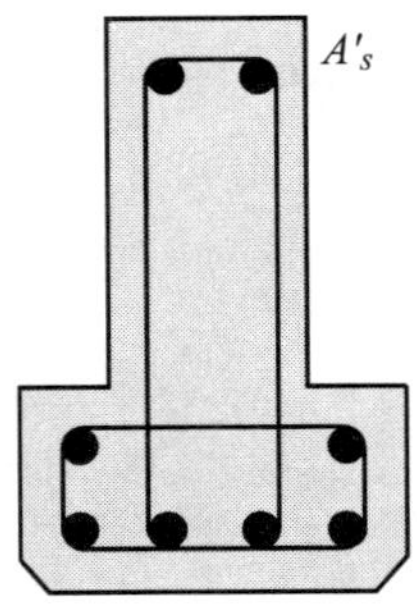

그림 4.7 압축철근이 사용되는 예 : 프리캐스트 역 T형 보

압축부재의 횡철근(Lateral Reinforcement for Flexural Members)

콘크리트를 횡적으로 구속하면 압축에서 콘크리트의 연성과 강도를 증진시킬 수 있다는 사실(그림 2.25 참고)과 극한하중에 접근하게 되면 압축철근이 좌굴되어 표면 콘크리트가 박리(剝離, spall-off)를 일으키면서 붕괴될 수 있기 때문에, 구조기준 5.5.1(1)(ACI 7.11.1)에서는 이를 방지하기 위하여 횡방향으로 압축철근을 간격이 좁게 배치된 띠철근(ties)이나 스터럽 또는 등가의 단면적을 갖는 용접철망으로 둘러싸도록 아래와 같이 규정하고 있다.

1) 띠철근 규정 [구조기준 5.5.2(3)①, ACI 7.10.5.1]

㉠ D32 이하 축방향 철근인 경우 : D10 이상의 띠철근 사용

㉡ D35 이상 축방향 철근과 다발철근인 경우 : D13 이상의 띠철근으로 둘러싸야 하며, 띠철근 대신 등가단면적의 이형철선 또는 용접철망을 사용할 수 있다. (4.2a)

2) 띠철근의 수직간격 $s_{v\,(\max)}$ 제한 [구조기준 5.5.2(3)②, ACI 7.10.5.2]

$$s_{v\,(\max)} \leq \text{Min.}\,[\,16d_b,\ 48d_t,\ b\,] \tag{4.2b}$$

여기에서 d_b는 축방향 철근지름이고, d_t는 띠철근이나 철선지름이며, b는 기둥 단면의 최소 치수이다.

복철근 직사각형 단면의 해석(Analysis of Doubly Reinforced Section)[4.2]

복철근 보의 해석은 압축철근이 항복하느냐 또는 압축철근이 항복하지 않느냐에 따라 두 경우로 나누어 생각할 수 있다. 그림 4.8b에서 압축철근의 변형률은 닮은 삼각형의 $c : c-d' = \varepsilon_{cu} : \varepsilon_s'$에서 $\varepsilon_s' = \varepsilon_{cu}[(c-d')/c]$로 표현할 수 있다. 만약에 $\varepsilon_s' \geq \varepsilon_y$이면, $f_s' = f_y$가 된다. 구조기준의 $\varepsilon_{cu} = 0.003$로 정하면, ε_s'는 다음과 같이 쓸 수 있다.

$$\varepsilon_s' = \varepsilon_{cu}\left(1 - \frac{d'}{c}\right) \quad \text{또는} \quad \varepsilon_s' = 0.003\left(1 - \frac{d'}{c}\right) \tag{4.3}$$

1) 압축철근이 항복하는 경우(Compression Steel Yields)(즉, $f_s' = f_y$ 인 경우)

그림 4.8e와 f와 같이 압축철근과 이 압축철근에 상당하는 인장철근으로 구성된 보(보 C ; compression 압축)와 단철근 보(보 W ; web 복부)로 가상적으로 나누어 해석한다. 그림 4.8e에서 $C_c = T_c$ 이고, 따라서 $A_s' f_y = A_{sc} f_y$이므로 $A_{sc} = A_s'$이고 이 보 C의 공칭 휨모멘트 강도는

$$M_{nc} = T_c(d-d') = A_s' f_y(d-d') = A_{sc} f_y(d-d') \tag{4.4}$$

이 된다. 따라서 $A_{sw} = A_s - A_{sc}$이다. 보 W에서 $C_w = T_w$이고, 콘크리트의 압축합력은 $C_w = (0.85 f_{ck})ab$이고, $T_w = (A_s - A_s')f_y$이므로, 등가 압축응력의 깊이 a는

$$a = \frac{(A_s - A_s')f_y}{(0.85 f_{ck})b} \tag{4.5}$$

로 표현된다. 따라서 보 W의 공칭 휨모멘트 강도는

$$M_{nw} = T_w\left(d - \frac{a}{2}\right) = (A_s - A_s')f_y\left(d - \frac{a}{2}\right) \equiv (0.85 f_{ck})ab\left(d - \frac{a}{2}\right) \tag{4.6}$$

가 된다. 전체 공칭 휨모멘트 강도는 식 (4.4)와 식 (4.6)을 더하여 구할 수 있다.

$$M_n = M_{nc} + M_{nw} = A_s' f_y(d-d') + (A_s - A_s')f_y\left(d - \frac{a}{2}\right) \tag{4.7}$$

일반적으로 콘크리트의 압축영역을 계산할 때 압축철근의 면적을 고려하지 않음으로 해서 식 (4.7)이 대략 0.3%~0.6% 증가하지만, 계산을 간단하게 하기 위해서 일반적으로 이 영향을 무시한다. 이 영향은 $f_s' = f_y$ 대신에 $f_s' = f_y - (0.85 f_{ck})$를 쓰면 고려할 수 있다.

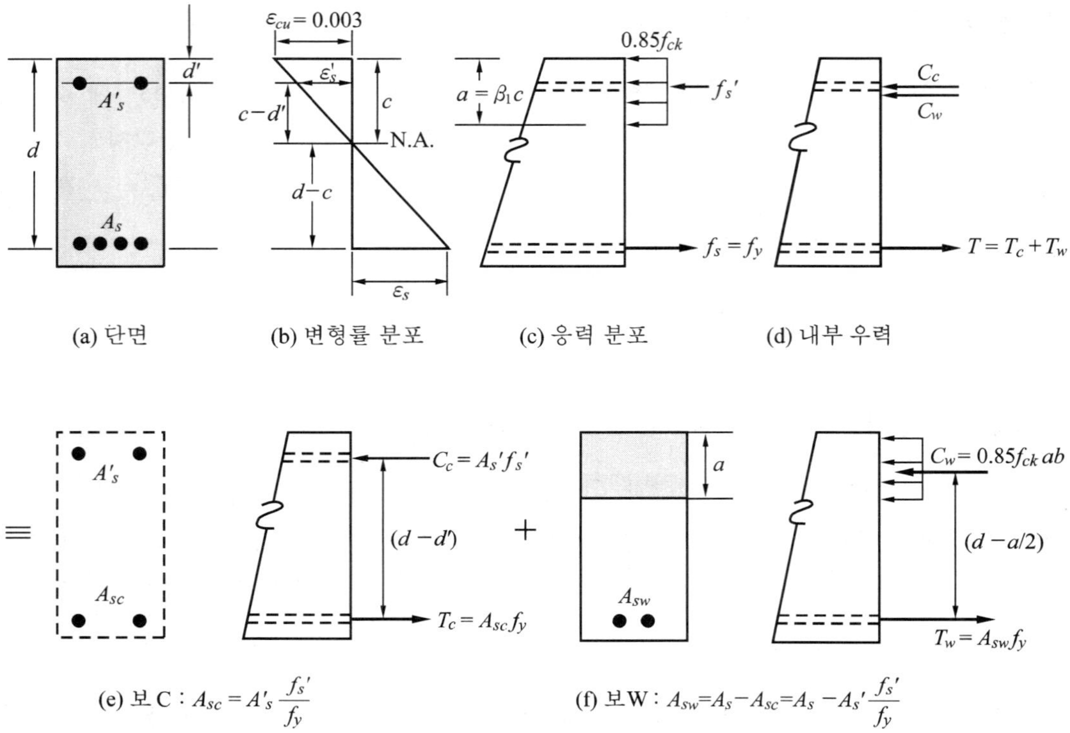

그림 4.8　복철근 보의 단면

2) 압축철근이 항복하지 않는 경우(Compression Steel does not Yield)

만약 압축철근이 항복하지 않는다면 f_s'은 알 수 없으므로 다른 해석 방법이 요구된다. 그림 4.8에서 인장철근이 항복한다면, $T=A_sf_y$; $C_w=(0.85f_{ck})ab$; $C_c=A_s'f_s'=A_s'(E_s\varepsilon_s')$[3]가 된다. 내부 힘들의 평형방정식을 쓰면, $C_w+C_c=T$ 이므로 식 (4.3)에 $c=a/\beta_1$ 을 대입하면,

$$(0.85f_{ck})ab+A_s'(1-\beta_1 d'/a)0.003E_s=A_sf_y$$

이 식을 정리하여 a 의 2차 방정식으로 표현하면서, $0.003E_s=0.003(200{,}000)=600$ 을 대입하면

$$(0.85f_{ck}b)a^2+(600A_s'-A_sf_y)a-(600A_s'\beta_1 d')=0 \tag{4.8a}$$

$$a^2+\frac{600A_s'-A_sf_y}{(0.85f_{ck})b}a-\frac{600A_s'\beta_1 d'}{(0.85f_{ck})b}=0 \tag{4.8b}$$

3) 압축철근의 면적을 고려하면 $C_c=A_s'(f_s'-0.85f_{ck})=A_s'(E_s\varepsilon_s'-0.85f_{ck})$로 쓸 수 있다.

가 된다. 식 (4.8b)를 이용해서 응력블럭의 깊이 a를 계산하면 단면의 공칭 휨모멘트 강도는

$$M_n = C_w\left(d - \frac{a}{2}\right) + C_c(d - d') = (0.85 f_{ck})\,a\,b\left(d - \frac{a}{2}\right) + (E_s \epsilon_s')A_s'(d - d') \tag{4.9}$$

로 구할 수 있다. 식 (4.9)에서 $\varepsilon_s' \le \varepsilon_y$이어야 한다.

그러나 실무에서는 이러한 복잡한 계산을 피하기 위해서 간략하게 압축철근을 무시하여 인장철근만 배치된 단면으로 식 (3.22a)를 이용하여 공칭 휨모멘트를 구하기도 한다[4.5]. 예제 4.2에서 보는 바와 같이 압축철근을 무시하고 구한 설계 휨모멘트가 대략 13% 정도 감소하고 있지만 계산을 간단하게 하면서 안전 측의 설계라는 의미에서 문제가 없다.

3) 임의의 단면에서 균형철근의 단면적을 구하는 방법(Balanced Steel for Beams with Nonrectangular Compression Zones)[4.6]

$T = C_w + C_c$ 에서 먼저 식 (3.27)을 이용하여 a_b를 계산하고, 식 (4.3)을 이용하여 $f_{sb}' = \varepsilon_{sb}' E_s$ 을 계산한다.

$$c_b = d\left(\frac{600}{600 + f_y}\right) \tag{3.26}$$

$$f_{sb}' = \left(1 - \frac{d'}{c_b}\right)(600) \tag{4.10}$$

균형철근 단면적은 $C_w + C_c = T$ 에서 $T = A_{sb} f_y$ 이므로

$$A_{sb} = \frac{C_{wb} + C_c}{f_y} = \frac{(0.85 f_{ck})A_{wb} + A_s' f_{sb}'}{f_y} \tag{4.11}$$

가 된다. 여기에서 A_{wb}는 등가 압축응력 깊이 a_b가 포함하는 압축영역의 단면적이다. 따라서 구조기준에 의한 임의의 단면에서 $f_y \le$ 400 MPa인 경우에 인장지배 변형률 한계 $\varepsilon_t \ge$ (0.004 또는 0.005)를 만족하는 최대철근 단면적은 각각 (표 3.5 참고)

$$\text{변화구간}\,(0.004 \le \varepsilon_t < 0.005):\ (0.625\,C_{wb} + C_c)/f_y < A_{st} \le (0.714\,C_{wb} + C_c)/f_y \tag{4.12a}$$

$$\text{인장지배 구간}\,(\varepsilon_t \ge 0.005,\ \phi = 0.85):\ A_{st} \le (0.625\,C_{wb} + C_c)/f_y \tag{4.12b}$$

와 같이 표현될 수 있다.

예제 4.1 복철근 보의 해석 - 압축철근이 항복하는 경우[4.2]

그림 4.9에 있는 단면에 대한 설계 휨모멘트 강도 ϕM_n을 계산하라. 단, $f_{ck} = 21$ MPa, $f_y = 400$ MPa이다.

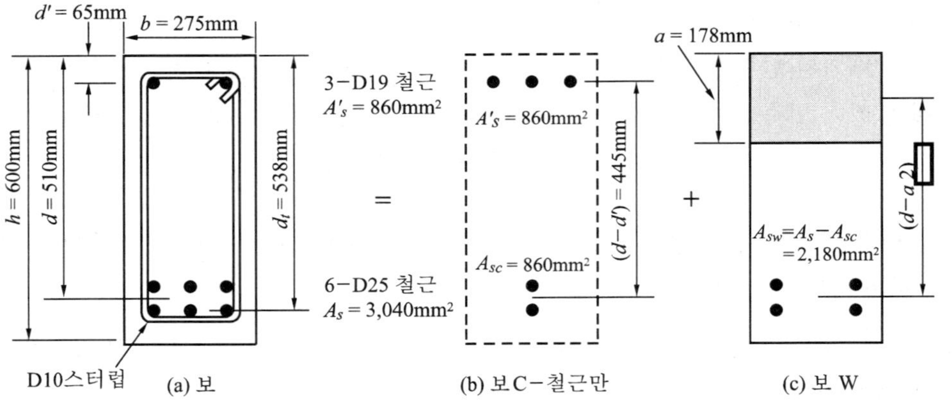

그림 4.9

풀이

① $f_s{}' = f_y$ 라고 가정하고 보를 보 C와 보 W로 나눈다 (그림 4.9b 및 c 참고).

공칭강도 상태에서 압축철근은 항복한다고 가정하므로 $A_{sc} = A_s{}'$이다.

보 W의 철근 단면적은 : $A_{sw} = A_s - A_{sc} = A_s - A_s{}' = 3{,}040 - 860 = 2{,}180\ (\text{mm}^2)$

② 보 W의 등가 응력블럭의 깊이 a 계산 : $0.85 f_{ck} = 0.85 \times 21 = 17.85\ (\text{MPa})$

식 (4.5) : $a = \dfrac{(A_s - A_s{}')f_y}{(0.85 f_{ck})b} = \dfrac{(2{,}180)(400)}{(17.85)(275)} \approx 178\ (\text{mm})$

③ 압축철근이 항복하는지 검토 : $f_{ck} = 21\ \text{MPa} < 28\ \text{MPa} \rightarrow \beta_1 = 0.85$; $d' = 65$ mm

$c = \dfrac{a}{\beta_1} = \dfrac{178}{0.85} \approx 209\ (\text{mm})$; $\varepsilon_y = \dfrac{f_y}{E_s} = \dfrac{400}{200{,}000} = 0.002$

식 (4.3) : $\varepsilon_s{}' = \left(1 - \dfrac{d'}{c}\right)0.003 = \left(1 - \dfrac{65}{209}\right)0.003 = 0.00207 > [\varepsilon_y = 0.002]$ <o.k.>

따라서 압축철근은 항복한다.

④ ε_t 및 ϕ 계산 :

단면에 계수축력 $P_u = 0$으로 $P_u < 0.1 f_{ck} A_g$를 만족하므로 인장지배 단면이기 위한 변형률의 상한값은 $\varepsilon_{t\,(\text{lim})} = (0.004$ 또는 $2.0\varepsilon_y)$이다[4)]. 이를 검토하기 위해서 최 외단 인장철근 층의 순인장 변형률 ε_t 를 계산하여 검토한다.

최 외단 철근 층의 유효깊이 계산 (그림 4.9 참고) :

D25, $d_b = 25.4 \approx 25\,\text{mm}$; D10 스터럽, $d_b = 9.53 \approx 10\,\text{mm}$

$d_t = 600 - (40 + 10 + 25/2) = 600 - 62.5 \approx 538\ (\text{mm})$

최 외단 인장철근 층의 순인장 변형률 계산 :

식 (3.18) : $\epsilon_t = 0.003\left(\dfrac{d_t}{c} - 1\right) = 0.003\left(\dfrac{538}{209} - 1\right) = 0.00472$

$0.004 < \epsilon_t = 0.00472 < 0.005$ 이므로 변화구간으로 표 3.4를 이용하여

강도감소계수 ϕ 계산 : $\phi = 0.517 + 66.7\epsilon_t = 0.517 + 66.7(0.00472) = 0.832$

⑤ $A_s \geq A_{s\,(\min)}$ 인지 검토 : 식 (3.39a), $f_{ck} = 21\,\text{MPa} < 31\,\text{MPa} \rightarrow$ 우측 항 지배

$$A_{s\,(\min)} = \frac{1.4}{f_y} b_w d = \frac{1.4}{400}(275)(510) \approx 491\ (\text{mm}^2)$$

$\therefore [A_{s\,(\text{배치})} = 3{,}040\ \text{mm}^2] > [A_{s\,(\min)} = 491\ \text{mm}^2]$ 5) <o.k.>

⑥ ϕM_n 계산 :

a) 보 C : $T_c = A_s' f_y = (860\ \text{mm}^2)(400\ \text{N/mm}^2) = 344 \times 10^3\ \text{N}$

식 (4.4) : $M_{nc} = T_c(d - d') = (344 \times 10^3)(510 - 65)(10^{-6}) = 153.1\ (\text{kN}\cdot\text{m})$

b) 보 W : $T_w = A_{sw} f_y = (2{,}180\ \text{mm}^2)(400\ \text{N/mm}^2) = 872 \times 10^3\ \text{N}$

식 (4.6) : $M_{nw} = T_w(d - a/2) = (872 \times 10^3)(510 - 178/2)(10^{-6}) = 367.1\ (\text{kN}\cdot\text{m})$

c) 총 휨모멘트 강도

$\therefore \phi M_n = \phi(M_{nc} + M_{nw}) = (0.832)(153.1 + 367.1) = \underline{432.8\ (\text{kN}\cdot\text{m})}$

예제 4.2 복철근 보의 해석 - 압축철근이 항복하지 않는 경우[4.2]

그림 4.10에 주어진 보의 $f_{ck} = 21\,\text{MPa}$ 이고 $f_y = 400\,\text{MPa}$ 이다. 좀 더 많은 압축철근이 배치된 것을 제외하고는 예제 4.1에서 고려했던 보와 유사하다. 설계 휨모멘트 강도 ϕM_n을 계산하라. 해석은 예제 4.1과 같은 방법으로 시작하여, 단계 1에서 설정한 가정들이 적당하지 않다고

---

4) 물론 변화구간에서 ϕ 값의 감소를 피하기 위해서는 인장지배 단면의 변형률 $\varepsilon_t \geq$ (0.005 또는 $2.5\epsilon_y$) 를 만족하도록 표 3.5의 $(A_s - A_{sc})/bd_{(\text{배치})} \leq \rho_t$ 를 배치하는 것이 좋다.

5) 복철근 보에서 최소철근 단면적을 검토하는데 그림 4.9c의 보 W (즉, 단철근 보)만의 철근단면적을 검토해서는 안되며 전체 인장철근 단면적에 대해서 검토하여야 한다. 그 이유는 만약에 보의 바닥에 균열이 발생했을 때 콘크리트가 보유하고 있던 인장력은 인장철근 전체가 부담하게 되기 때문이다.

판명되면, 다른 방법을 적용해야 할 것이다.

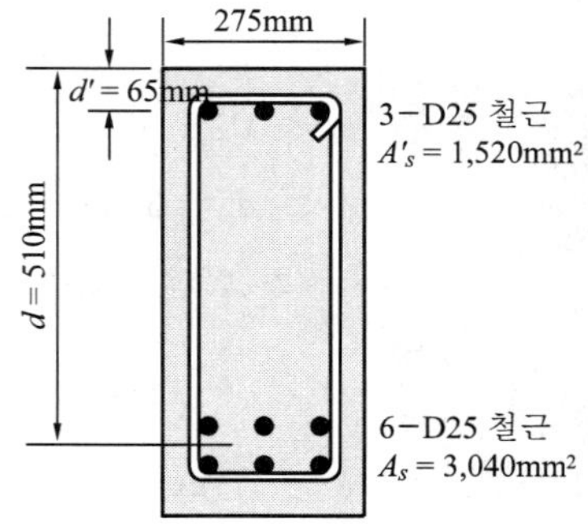

그림 4.10

풀이

① $f_s{}' = f_y$, 그리고 $f_s = f_y$라고 가정하고 보를 두 개의 구성요소로 나눈다. 보 C는 압축철근으로 3-D25 철근과 인장철근으로 같은 면적의 철근 A_{sc}가 보의 상부로부터 거리 d에 위치한다.

$A_{sw} = A_s - A_{sc} = A_s - A_s{}' = 3{,}040 - 1{,}520 = 1{,}520\ (\mathrm{mm}^2)$

② 보 W에 대하여 a를 계산 : $0.85 f_{ck} = 0.85 \times 21 = 17.85\ (\mathrm{MPa})$

식 (4.5) : $a = \dfrac{(A_s - A_s{}')f_y}{(0.85 f_{ck})b} = \dfrac{1{,}520(400)}{17.85(275)} = 124\ (\mathrm{mm})$

③ 압축철근이 항복하는지 검토 : $f_{ck} = 21\ \mathrm{MPa} < 28\ \mathrm{MPa} \rightarrow \beta_1 = 0.85$

$c = a/\beta_1 = 124/0.85 = 146\ (\mathrm{mm})$; $\varepsilon_y = f_y/E_s = 400/200{,}000 = 0.002$

식 (4.3) : $\varepsilon_s{}' = \left(1 - \dfrac{d'}{c}\right)0.003 = \left(1 - \dfrac{65}{146}\right)0.003 = 0.00166 < (\varepsilon_y = 0.002)$ <N.G.>

따라서 압축철근은 항복하지 않으므로, 단계 2의 a는 맞지 않는 값이다. 압축철근이 탄성적이라고 가정하여 식 (4.8a)를 이용하여 a를 다시 계산해야 한다.

④ a 계산 :

식 (4.8a) : $(0.85 f_{ck} b)a^2 + (600A_s{}' - A_s f_y)a - (600 A_s{}' \beta_1 d') = 0$

$(0.85 f_{ck})b = (17.85)(275) = 4{,}909$

$600A_s{}' - A_s f_y = (600)(1{,}520) - 3{,}040(400) = -304{,}000$

$600A_s{}'\beta_1 d' = (600)(1{,}520)(0.85)(65) = 50.388 \times 10^6$

또는 $4{,}909 a^2 - 304{,}000 a - 50.388 \times 10^6 = 0$

$a^2 - 61.93a - 10{,}264.4 = 0$

$a = \dfrac{61.93 \pm \sqrt{61.93^2 - [4 \times (-10{,}264.4)]}}{2} = \dfrac{61.93 + 211.9}{2} = 137\ (\mathrm{mm})$

이 값은 단계 2에서 계산된 $a = 124\ \mathrm{mm}$ 보다 크고 이는 단계 2에서 가정된 응력보다 압축철근의 응력이 낮으므로 예상할 수 있다. 따라서 콘크리트에는 더 큰 압축력이 작용하게 된다.

⑤ 인장지배 단면 $\varepsilon_t \geq 0.005$ 를 만족하는지 검토 :

$c = a/\beta_1 = 137/0.85 = 161\ (\mathrm{mm})$

최 외단 철근 층의 유효깊이 계산 (그림 4.9 참고) :

D25, $d_b = 25.4 \approx 25\ \mathrm{mm}$; D10 스터럽, $d_b = 9.53 \approx 10\ \mathrm{mm}$

$d_t = 600-(40+10+25/2) = 600-62.5 = 537.5 \approx 538\ (\mathrm{mm})$

최외단 인장철근 층의 변형률 계산 :

$\varepsilon_t = 0.003(d_t/c-1) = 0.003(538/161-1) = 0.00702 \quad > 0.005$ <o.k.>

$\varepsilon_t = 0.00702 > 0.005$이므로 인장지배 단면으로 $\phi = 0.85$ 이다.

인장지배 단면을 만족하므로 $(A_s - A_s{}' f_s{}'/f_y) \le A_{st\,(\mathrm{limit})}$ 를 검토할 필요는 없다.

⑥ $A_s \ge A_{s\,(\mathrm{min})}$인지 검토 : 식 (3.39a), $f_{ck} = 21\ \mathrm{MPa} < 31\ \mathrm{MPa} \rightarrow$우측 항 지배

$$A_{s\,(\mathrm{min})} = \frac{1.4}{f_y} b_w d = \frac{1.4}{400}(275)(510) = 491\ (\mathrm{mm}^2)$$

$\therefore [A_{s\,(배치)} = 3{,}040\ \mathrm{mm}^2] > [A_{s\,(\mathrm{min})} = 491\ \mathrm{mm}^2]$ <o.k.>

⑦ ϕM_n 을 계산 :

식 (4.9) : $\phi M_n = \phi\left[C_w\left(d-\dfrac{a}{2}\right) + C_c(d-d')\right]$

$C_w = (0.85 f_{ck}) b a = 17.85(275)(137) = 672{,}500\ (\mathrm{N})$

$C_c = A_s{}' f_s{}' = A_s{}'(E_s \varepsilon_s{}')$

식 (4.3) : $\varepsilon_s{}' = \left(1-\dfrac{d'}{c}\right)0.003 = \left(1-\dfrac{65}{161}\right)(0.003) = 0.00179$

$f_s{}' = E_s \varepsilon_s{}' = 200{,}000(0.00179) = 358\ (\mathrm{MPa}) < f_y = 400\ \mathrm{MPa}$

$C_c = A_s{}' f_s{}' = 1{,}520(358) = 544{,}160\ (\mathrm{N})$

$$\phi M_n = \phi\left[C_w\left(d-\frac{a}{2}\right) + C_c(d-d')\right] = 0.85\left[672{,}500\left(510-\frac{137}{2}\right) + 544{,}160(510-65)\right]$$

$\therefore \phi M_n = 0.85(296.9+242.2)(10^6)/10^6 = \underline{458.2\ (\mathrm{kN\cdot m})}$ [6)]

$T = T_c + T_w = A_s f_y = 3{,}040 \times 400 = 1{,}216 \times 10^3\ (\mathrm{N})$ 와

$C = C_c + C_w = 544{,}204 + 672{,}500 = 1{,}216.7 \times 10^3\ (\mathrm{N})$를 비교함으로써 이 계산에 대한 부분적인 계산의 정확성을 검토해볼 수 있다. $C = T$ 이므로 이들은 같아야 하고 계산 오차는 허용 범위 이내에 든다.

⑧ 일반적으로 압축철근이 인장철근에 비해서 적게 배치되어 무시하고 식 (3.22a)로 ϕM_n을 계산하기도 한다. 본 예제는 압축철근이 인장철근의 1/2이나 되어 압축철근을 무시하게 되면 $\varepsilon_t = 0.00253 < 0.004$로 압축지배 단면이 되어 강도감소계수 $\phi = 0.65$ (띠철근이나 스터럽으로 보강)를 적용하여야 되므로 압축철근을 무시하는 간략법을 적용할 수 없는 상황이다.

6) 앞의 예제 4.1에 비해서 압축철근은 860 mm^2에서 1,520 mm^2으로 77% 증가했는데 휨강도는 432.8 kN · m에서 458.2 kN · m로 단지 5.9% 밖에 증가하지 못하고 있다.

복철근 보의 설계과정 (Design of Rectangular Sections with Compression Reinforcement)[4.5]

b 와 d를 사전에 결정한 경우의 직사각형 복철근 보의 설계과정이다.

1) 단계 1 : 압축철근이 필요한지 검토한다.

식 (3.51) : $R_{n(\text{소요})} \geq (M_u/\phi)/bd^2$

이 값과 표 3.9에 주어진 인장지배 단면에 대한 공칭저항강도 계수 R_{nt} 와 비교해서 만약에 $R_{n(\text{소요})} > R_{nt}$ 인 경우에 압축철근을 배치한다. 또한 압축철근이 필요하게 되면 인장철근이 2 층으로 배치될 가능성이 크게 된다. 식 (3.52)를 사용할 수 있으므로 (d_t/d) 비를 계산해 둔다.

2) 단계 2 : 압축철근을 제외한 단면의 공칭 휨모멘트 강도를 계산하고, 압축철근과 이에 대응하는 인장철근이 저항하는 추가적인 휨모멘트 강도 $M_{nc}(=M_n{}')$를 계산한다.

철근을 선택한 뒤에 인장지배 단면이 되지 못하는 상황을 피하기 위해서 단철근 보의 경우와 같이 $\varepsilon_t = 1.2\times(0.005 \text{ 또는 } 2.5\varepsilon_y)$ 를 기준으로 설계를 접근한다. 식 (3.44b)에서 $f_y \leq 400\,\text{MPa}$ 인 경우 $\rho = 0.283\beta_1(f_{ck}/f_y)(d_t/d)$ 와 강재지수 $\omega = \rho f_y/f_{ck}$ 를 계산한다. 이를 이용하여 표 3.10에서 M_{nw} 를 결정한다.

압축철근에 의해서 저항하여야 하는 휨모멘트 강도를 계산한다.

$$M_{nc} = M_u/\phi - M_{nw} = M_n - M_{nw} \tag{4.13}$$

3) 단계 3 : 압축철근의 항복을 검토한다.

만약에 SD400 철근인 경우에 식 (4.3)에서 $\varepsilon_s{}' = (1-d'/c)0.003 > [\varepsilon_y = 0.002]$ 이면 압축철근이 항복하여 $f_s{}' = f_y$ 가 된다.

만약에 $\varepsilon_s{}' < \varepsilon_y$ 인 경우에는 식 (4.3)과 (4.8a)를 이용하여 $f_s{}'$ 을 계산한다.

4) 단계 4 : 총 소요 철근 단면적 $A_s{}'$과 A_s를 결정한다.

$$A_s{}' = \frac{M_{nc}}{(d-d')f_s{}'} \quad ; \quad A_s = \frac{M_{nc}}{(d-d')f_y} + \rho bd \qquad \text{(4.14) 및 (4.15)}$$

5) 단계 5 : 휨모멘트 강도를 계산하여 검토한다.

식 (4.7) : $M_n = \left[(A_s - A_s{}')f_y\left(d - \frac{a}{2}\right) + A_s{}'f_y(d-d')\right] \geq M_u/\phi$

여기에서 식 (4.5), $a = \dfrac{(A_s - A_s{}')f_y}{(0.85f_{ck})b}$.

예제 4.3 복철근 보의 설계[4.5, 4.6]

그림 4.11 보의 단면은 그림과 같이 크기가 제한되었다. 단순지지 된 보의 중앙에 최대 고정하중 휨모멘트 $M_D = 580\ \mathrm{kN \cdot m}$ 과 활하중 $M_L = 240\ \mathrm{kN \cdot m}$ 이 작용할 때 소요 보강철근의 단면적을 결정하고 설계하라. 단 $f_{ck} = 27\ \mathrm{MPa}$, $f_y = 400\ \mathrm{MPa}$ 이다.

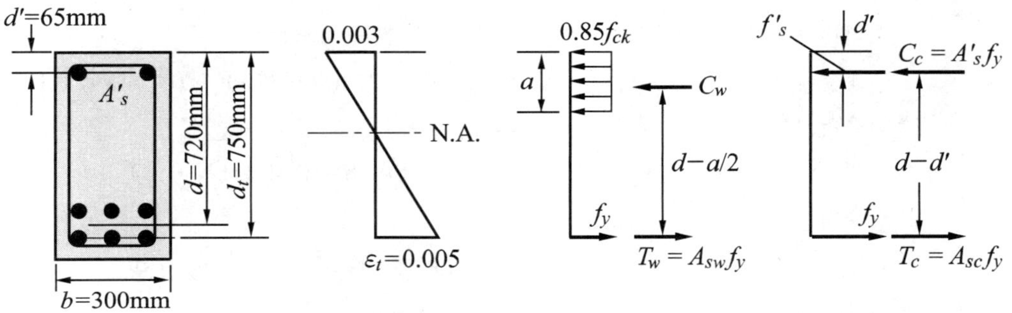

(a) 단면 (b) 변형률도 (c) 보 W (d) 보 C

그림 4.11

풀이

① 인장지배 단면이라고 가정하여 $\phi = 0.85$ 를 사용하여 압축철근이 필요한지 검토한다.

$M_u = 1.2M_D + 1.6M_L = 1.2(580) + 1.6(240) = 1{,}080\ (\mathrm{kN \cdot m})$

$> 1.4M_D = 1.4(580) = 812\ (\mathrm{kN \cdot m})$ <o.k.>

$M_n \geq M_u/\phi = 1{,}080/0.85 = 1{,}271\ (\mathrm{kN \cdot m})$

철근이 한 층으로 배치된다고 보아 $d = d_t = 750\ \mathrm{mm}$ 로 고려한다.

식 (3.51) : $R_{n(소요)} = M_n/bd^2 = 1{,}271 \times 10^6/(300 \times 750^2) = 7.53\ (\mathrm{MPa})$

표 3.9에서 $f_{ck} = 27\ \mathrm{MPa}$ 일 때 $R_{nt} = 6.15\ \mathrm{MPa} < R_{n(소요)} = 7.53\ \mathrm{MPa}$

또는 보에 대한 상한한계 순인장변형률 $\varepsilon_t = 0.004$ 인 경우를 고려해 보아도(표 3.5 참고),

$$\left[R_{nt(\mathrm{limit})} = 6.15\frac{0.714}{0.625} = 6.15(1.14) = 7.03\ (\mathrm{MPa}) \right] < R_{n(소요)} = 7.53\ \mathrm{MPa}$$

따라서 소요 R_n 이 구조기준에서 인장지배 단면으로 제한하는 한계를 초과하므로 압축철근을 배치하여 단면의 휨모멘트 강도를 증가시켜야 한다. R_{nt} 를 초과하여 인장철근을 배치하여야 하므로 인장철근이 2층으로 배치될 가능성이 많다.

전체 인장철근의 도심으로부터 압축연단까지의 유효깊이 d 추정 :

$d = d_t - 30\ \mathrm{mm} = (750 - 30)\ \mathrm{mm} = 720\ \mathrm{mm}$

② 압축철근이 배치되지 않은 단면의 공칭 휨모멘트 강도 계산 : 식 (3.44b)의 $\varepsilon_t = 1.2 \times 0.005$ 를 기준으로 설계를 한다[7]. 식 (3.13) : $f_{ck} = 27\,\mathrm{MPa} < 28\,\mathrm{MPa} \rightarrow \beta_1 = 0.85$

식 (3.44b) : $\rho = 0.283\beta_1\left(\dfrac{f_{ck}}{f_y}\right)\left(\dfrac{d_t}{d}\right) = 0.283(0.85)\left(\dfrac{27}{400}\right)\left(\dfrac{750}{720}\right) = 0.0162\left(\dfrac{750}{720}\right) = 0.0169$

$\omega = \rho(f_y/f_{ck}) = 0.0169(400/27) = 0.251$

표 3.10에서 $\omega = 0.251$ 일 때 읽으면 $M_{nt}/f_{ck}bd^2 = 0.2138$

콘크리트 단면에 의해서 저항하는 공칭 휨모멘트 강도는

$M_{nw} = M_{nt} = (0.2138)f_{ck}bd^2 = (0.2351)(27)(300)(720^2)/10^6 = 897.8\ (\mathrm{kN \cdot m})$

압축철근에 의해서 저항하여야 되는 소요 휨모멘트 강도 계산

식 (4.13) : $M_{nc} = M_n - M_{nw} = 1{,}271 - 897.8 = 373.2\ (\mathrm{kN \cdot m})$

③ 압축철근의 응력 $f_s{}'$ 검토 :

인장지배 단면의 순인장변형률 $\varepsilon_t = 0.006$ 를 기준으로 설계되었으므로,

식 (3.31) : $c = \dfrac{0.003}{0.003 + 0.006}d_t = \dfrac{0.003}{0.009}d_t = 0.333(750) = 250\ (\mathrm{mm})$

식 (4.3) : $\varepsilon_s{}' = \left(1 - \dfrac{d'}{c}\right)0.003 = \left(1 - \dfrac{65}{250}\right)0.003 = 0.00222 > [\varepsilon_y = 0.002]$ <o.k.>

압축철근은 항복한다. 따라서 $f_s{}' = f_y$ 이다.

④ 총 소요 철근 단면적을 결정 :

식 (4.14) : $A_s{}'_{(소요)} = \dfrac{M_{nc}}{f_y(d - d')} = \dfrac{373.2 \times 10^6}{(400)(720 - 65)} = \underline{1{,}424\ (\mathrm{mm}^2)}$

식 (4.15) : $A_{s(소요)} = \dfrac{M_{nc}}{f_y(d - d')} + \rho bd = A_s{}'_{(소요)} + \rho bd$

$\therefore A_{s(소요)} = 1{,}424 + (0.0169)(300)(720) = 1{,}424 + 3{,}650 = \underline{5{,}074\ (\mathrm{mm}^2)}$

⑤ 배치하는 철근을 선택하고 설계휨모멘트 강도 검토 :

압축철근 선택 : $A_s{}'_{(배치)} = 3 - D25 = 1{,}520\,\mathrm{mm}^2 > A_s{}'_{(소요)} = 1{,}424\,\mathrm{mm}^2$ <o.k.>

인장철근 선택 : $A_{s(배치)} = (3 - D32) + (3 - D35) = 2{,}383 + 2{,}870 = \underline{5{,}253\,\mathrm{mm}^2}$

$> A_{s(소요)} = 5{,}074\,\mathrm{mm}^2$ <o.k.>

$(A_s - A_s{}')_{(배치)} = 5{,}253 - 1{,}520 = 3{,}733\,\mathrm{mm}^2$; $0.85f_{ck} = (0.85)(27) = 22.95\ (\mathrm{MPa})$

---

7) Wight와 MacGregor[4.2]는 단철근 보에서 $\varepsilon_t \geq 0.0075$ 를 기준으로 설계를 시작하고 복철근 보에 대해서는 $\varepsilon_t = 0.004$ 로 설계를 시작하면서 ACI 21.5.2.2[구조기준 21.3.2(2)]에 따라 $A_s{}' = 0.5A_s$ 를 배치하여 인장지배 단면의 규정을 만족시키고 있다.

식 (4.5) : $a = \dfrac{(A_s - A_s')_{(배치)} f_y}{(0.85 f_{ck}) b} = \dfrac{3,733(400)}{22.95(300)} = \dfrac{1,493.2 \times 10^3}{6,885} = 216.9\,(\text{mm})$

단면의 최 외단 인장변형률 검토 : $c = a/\beta_1 = 216.9/0.85 = 255.1\,(\text{mm})$

$\varepsilon_t = 0.003\,(d_t/c - 1) = 0.003(750/255.1 - 1) = 0.00582 > 0.005$, $\phi = 0.85$ <o.k.>

$T_c = A_s' f_y = 1,520(400) = 608.0 \times 10^3\,(\text{N})$; $T_w = (A_s - A_s') f_y = 1,493.2 \times 10^3\,\text{N}$

$M_n = T_w(d - a/2) + T_c(d - d') = \left[(1,493.2 \times 10^3)\left(720 - \dfrac{216.9}{2}\right) + (608.0 \times 10^3)(720 - 65)\right]/10^6$

$\therefore M_n = (913.2 + 398.2) = 1,311\,(\text{kN} \cdot \text{m}) > M_u/\phi = 1,271\,\text{kN} \cdot \text{m}$ <o.k.>

⑥ 구조기준 6.3.3(ACI 10.6.4)의 휨균열을 제어하기 위한 휨철근의 배치에 대한 규정을 만족하도록 철근을 선택한다. [5.4장에서 다루는 내용이지만 설계를 완성한다는 의미로 휨균열을 제어하기 위한 휨철근의 배치에 대해서 다루어 본다.]

굵은골재 최대치수 $a_{\max} = 25\,\text{mm}$ 로 가정하고, 식 (4.2a), 구조기준 5.5.2(3)①에 따라 D35 이상의 축방향 철근이므로 D13 띠철근을 배치한다.

D35, $d_b = 34.9 \approx 35\,\text{mm}$; D13 띠철근, $d_b = 12.7 \approx 13\,\text{mm}$

휨철근의 간격 검토 : 인장철근과 콘크리트 표면사이의 두께 $c_c = 40 + 13 = 53\,(\text{mm})$

$f_s = (2/3) f_y = (2/3)400 = 267\,(\text{MPa})$; 건조환경 $k_{cr} = 280$

식 (5.11) : $s = 375(k_{cr}/f_s) - 2.5\,c_c \le 300(k_{cr}/f_s)$

$s_{(\max)} = 375(k_{cr}/f_s) - 2.5 c_c = 375(280/267) - 2.5 \times 53 = \underline{261\,(\text{mm})}$ ← 작은 값 지배

$> 300\,(k_{cr}/f_s) = 300(280/267) = 315\,(\text{mm})$

$s_{(배치)} = [300 - (40 + 13) \times 2 - 35]/2 = (300 - 141)/2 = 79.5 \approx 80\,(\text{mm})$

따라서 $s_{(배치)} = 80\,\text{mm} < s_{(\max)} = 261\,\text{mm}$ <o.k.>

수평철근의 순간격(clear spacing, s_c) 검토 :

$s_{c(배치)} = [300 - (40 + 13) \times 2 - (35 \times 3)]/2 = (300 - 211)/2 = 44.5 \approx 45\,(\text{mm})$

식 (2.52a) :

$s_{c(\min)} = \text{Max.}[25\,\text{mm},\ d_b,\ (4/3)a_{\max}] = \text{Max.}[25,\ \underline{35},\ (4/3)25 = 33] = 35\,(\text{mm})$

$s_{c(배치)} = 45\,\text{mm} > s_{c(\min)} = 35\,\text{mm}$ <o.k.>

따라서 이를 만족하므로 <u>(3-D32) + (3-D35)</u> 철근을 배치하도록 한다.

상하철근의 순간격 계산 :

식 (2.52a) :

$s_{cv(\min)} = \text{Max.}[25\,\text{mm},\ (4/3)a_{\max}] = \text{Max.}[25,\ (4/3)(25) = 33] = \underline{33\,(\text{mm})}$

$< s_{cv(배치)} = 35\,\text{mm}$ <o.k.>

⑦ 압축철근을 결합시키는 띠철근의 설계는 구조기준 5.5.1(1)에서 연성을 고려하여 압축철근 주위를 완전히 둘러싸여야 한다고 되어 있다[식 (4.2a) 참고]. D35 이상의 축방향 철근이므로 D13 띠철근을 이용하여 최소의 간격을 고려한 배치는 다음과 같다.

식 (4.2a) : $s_{v\,(\min)} = \text{Min.}[16d_b,\ 48d_b,\ \text{최소치수}] = [16(25) = 400,\ 48(13) = 624,\ \underline{300}] = \underline{300\ (\text{mm})}$

상세한 철근의 배치는 그림 4.12에 주어졌다.

바닥에서 인장철근의 도심(center of gravity of steel, C.G.S.) d_{cg} 계산 :

$$h = d_t + 53 + 35/2 = 750 + 70.5 = 820.5 \approx 820\ (\text{mm})$$

$$d_{cg} = \frac{2,870(53 + 35/2) + 2,383[53 + 35 + 35 + 32/2]}{5,253} = \frac{531,138}{5,253} = 101\ (\text{mm})$$

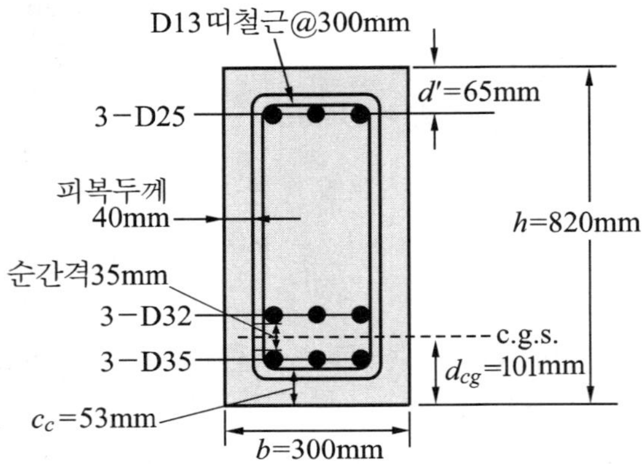

(a) 철근 배근도

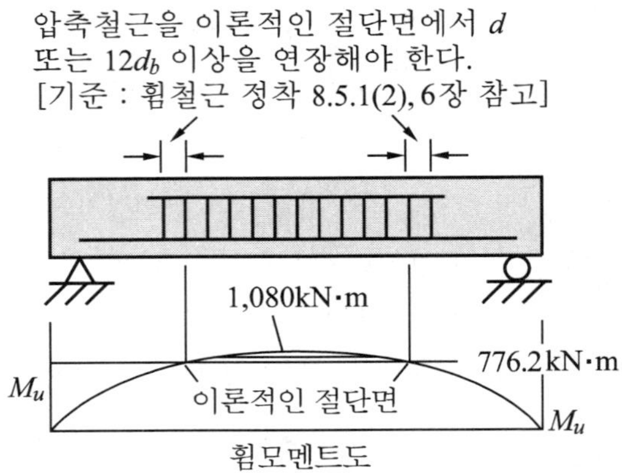

(b) $M_u \geq 0.85(913.2)$=776.2kN·m인 영역 : 압축철근 배치

그림 4.12

4.2 T형 또는 I형 단면의 해석(Design of T or I-beams)

보가 직사각형 단면일 때 경간이 길어지면 유효깊이가 깊어져서 고정하중이 커지므로 비경제적이 된다. 따라서 인장 측 콘크리트 단면은 철근만 수용할 수 있을 정도로 남기고 절단하여 그림 4.13과 같이 T형 또는 I형 단면으로 만들면 단면의 휨강도에는 손상이 없이 효과적으로 고정하중을 줄일 수 있다. 이런 방법은 마치 깊이가 깊은 보에서 중립축 부분에 응력을 작게 받는 부분의 단면을 잘라서 트러스로 만드는 방법과 유사하다. I형 단면은 압축플랜지를 갖는 T형 단면인데 이는 인장철근을 배치하는 공간을 확보하거나, 구조적 이유 또는 하중이 변화하여 인장과 압축을 교대로 받는 부재에 적용할 수 있다.

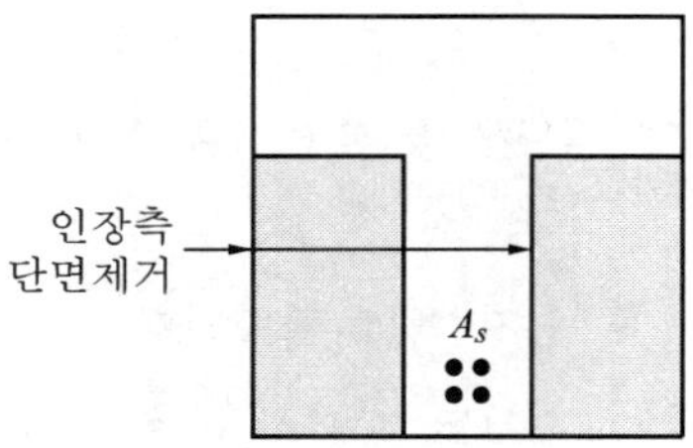

그림 4.13 T형 단면

바닥구조에서 슬래브와 보(복부, web, stem)는 일체(monolithically)로 만들어져 하나의 구조물처럼 거동하는 것이 바람직하다. 광범위한 실험과 경험에 의하면 일체로 시공된 슬래브는 보의 상부 플랜지로서의 역할을 하였다(그림 4.14 참고). 그림 4.14의 바닥구조에서 만약에 슬래브의 장변(긴 경간 L)의 길이가 단변(짧은 경간 S)에 비해서 2배 이상 길게 되면 슬래브는 보에 연직한 방향으로 대부분의 하중을 지지한다고 볼 수 있다. 이런 슬래브를 구조기준 10.2.1(2)[4.1] (ACI 9.5.3.2[4.3])에서는 1방향 슬래브로 규정하여 주철근을 단변방향과 평행하게 배치하도록 하고 있다.

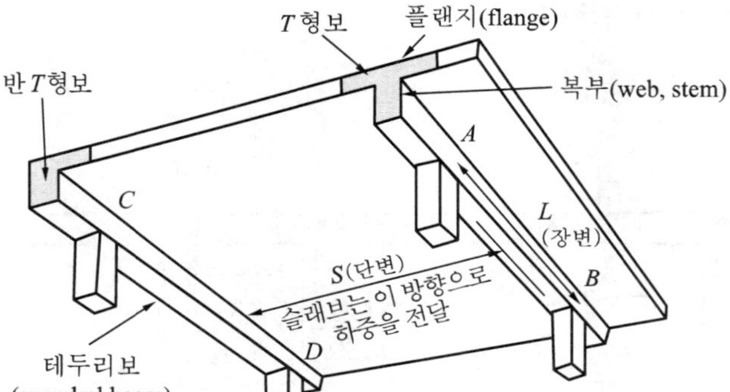

그림 4.14 1방향 슬래브(L/S ≥ 2)에서의 T형 보

독립된 T형 보도 제작하기는 하지만, 대부분은 프리캐스트(precast) T형이나 더블 T형 보로 공장에서 제작되고 있다(그림 4.15 참고). 이런 부재는 바닥을 형성하기 위해서 플랜지와 플랜지를 맞대

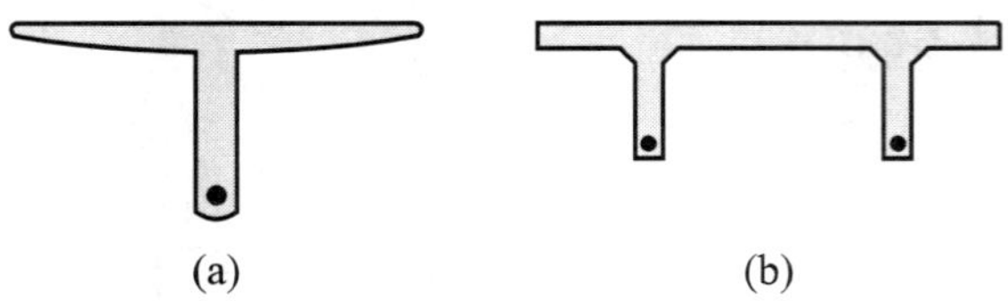

그림 4.15 프리캐스트 보 (a) T형 보, (b) 더블 T형 보

서 조립하고 그 위에 100 mm 정도의 덮어씌우기(topping)를 하여 연속체로 거동하게 하고 강선망이나 직경이 가는 철근을 배치하여 균열을 감소시킨다.

그림 4.16의 보에서 경간 중앙부근(단면 A-A)에서는 정모멘트가 받침부 부근(단면 B-B)에서는 부모멘트가 작용한다. 경간 중앙의 압축영역은 그림 4.16b 및 d와 같이 플랜지 쪽에 위치한다. 그림 4.16b의 경우는 중립축의 깊이 $c \leq h_f$ 가 되어 직사각형 압축영역을 가지므로 직사각형 보로 해석하면 될 것이다. 그러나 그림 4.16d와 같이 중립축의 깊이 $c > h_f$ 인 경우에는 중립축이 복부에 위치하여 T형의 압축영역을 가지므로 해석은 T형 보로 해석하여야 한다. 단면 B-B의 받침부에서는 인장과 압축영역이 변하여 그림 4.16c에서와 같이 복부가 압축을 받게 되므로 직사각형 보로 해석하면 된다. 실제 직사각형과 T형의 압축영역에 대한 판별은 해석과정에서 그림 4.16과 같이 c 보다는 등가 직사각형 응력깊이 a 와 플랜지의 두께 h_f에 의해서 판단한다.

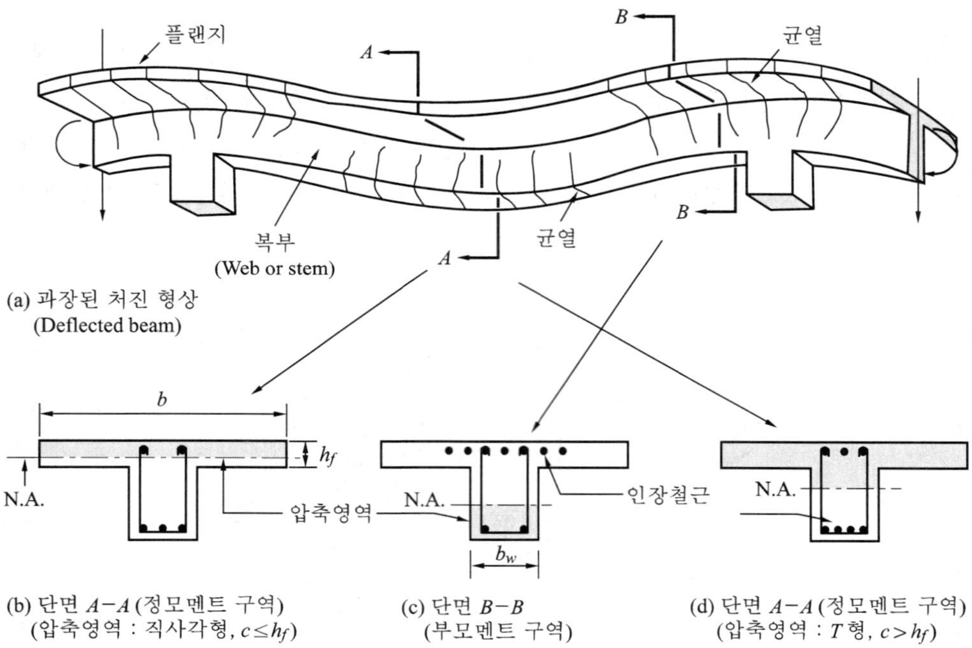

그림 4.16 T형 보에서 정 및 부모멘트 구역[4.2]

플랜지의 유효폭 (Effective Width of Flange)

직사각형 단면 보에서 압축영역은 보의 폭에 걸쳐서 균등하다고 가정하였다(즉, $(0.85f_{ck})a$에 폭 b_w를 곱해서 압축합력 C를 구했다). 두께가 얇고 길이가 긴 플랜지를 갖은 T형 보에서는 플랜지의 전단변형 때문에 플랜지의 폭을 따라 압축응력이 변하게 된다. 그림 4.17에서와 같이 받침부에서는 플랜지에 압축력이 0인 반면에 경간의 중앙에서는 전체 플랜지가 압축응력을 받게 되며, 이런 응력의 변화를 갖기 위해서는 복부와 플랜지 사이에 수평전단응력(shear flow)이 발생해야 한다. 이때 **전단지연(shear leg)** 효과(concentration of shear stresses) 때문에 복부에 가까운 플랜지 부분은 복부에서 멀리 떨어진 부분에 비해서 높은 응력을 받게 된다.

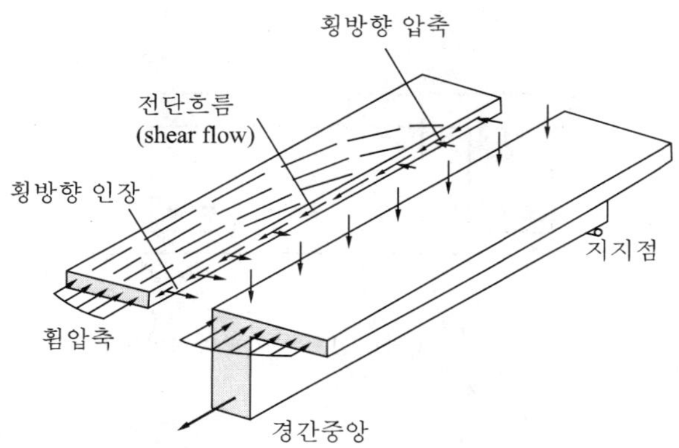

그림 4.17 T형 보 플랜지에 발생하는 힘들

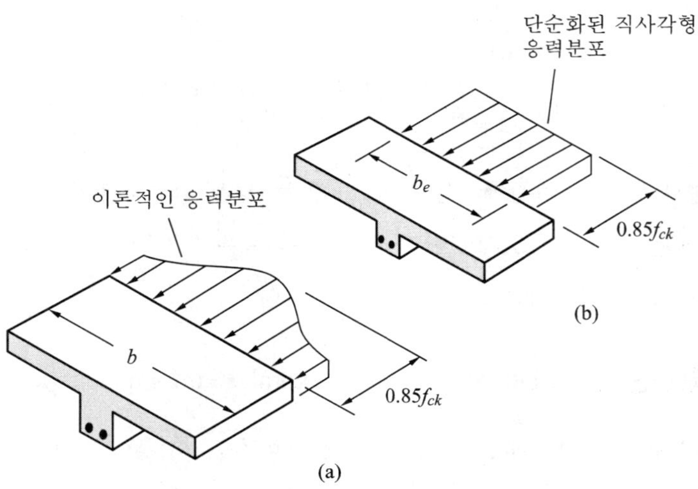

그림 4.18 T형 보의 플랜지에서의 압축응력의 변화 (a) 실제 분포, (b) 단순화된 분포

T형 보의 설계를 간단히 하기 위해서 구조기준에서는 플랜지의 폭을 따라 이런 압축응력의 변화를 등가의 균등한 응력분포로 대체하여 유효폭 b_e에 작용한다고 가정하여(그림 4.18b 참고) 계산한 값이 플랜지 전체 폭 b가 받는 실제의 압축응력의 합과 같도록 하였다. 유효폭은 하중의 종류(집중하중 또는 등분포하중), 받침부의 조건, 보의 간격, 슬래브와 보의 상대강성에 따라 영향을

받으며, T형 보-슬래브 시공인 경우에 구조기준 3.4.10(1)(ACI 8.12)에서는 압축영역인 슬래브의 유효폭을 다음과 같이 제시하고 있다(그림 4.19 참고).

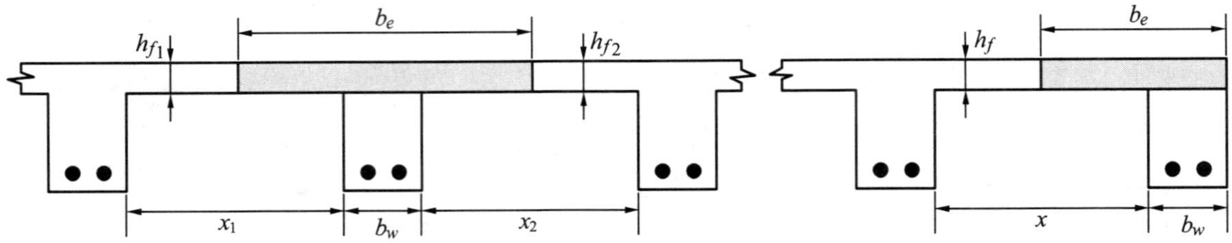

(a) 슬래브가 양쪽에 배치되는 T형 보의 유효폭

(b) 슬래브가 한쪽에만 배치되는 반 T형 보의 유효폭

그림 4.19 T형 보와 반 T형 보에서의 플랜지의 유효폭

① 대칭 T형 보 :

$$b_e \le \text{최소 값}\begin{cases} \text{(가) 양쪽으로 각각 내민 플랜지 두께의 8배씩, } 8(h_{f1}+h_{f2})+b_w \\ \text{(나) 양쪽 슬래브의 중심 간 거리, } (x_1+x_2)/2+b_w \\ \text{(다) 보 경간의 1/4, } l/4 \end{cases} \tag{4.16a}$$

② 반 T형 보 :

$$b_e \le \text{최소 값}\begin{cases} \text{(가) } 6h_f+b_w \\ \text{(나) 인접 보와의 내측거리의 1/2, } x/2+b_w \\ \text{(다) 보 경간의 1/12, } l/12+b_w \end{cases} \tag{4.16b}$$

여기에서 h_f(구조기준에서는 t_f로 표기)는 슬래브의 두께이다. 또한 독립된 T형 보의 플랜지 두께는 $h_f \ge (1/2)b_w$ 이어야 하고, 유효폭은 $b_e \le 4b_w$ 로 취하도록 규정하고 있다[구조기준 3.4.10(2), ACI 8.12.4].

플랜지에서 휨철근 분배(Distribution of Flexural Reinforcement in the Flange)

1) 축방향 철근(Longitudinal Reinforcement) [구조기준 6.3.3(5), ACI 10.6.6]

T형 보 구조의 플랜지가 인장을 받는 경우에는 휨인장 철근을 구조기준 3.4.10에서 정의된 유효플랜지 폭이나 경간의 1/10의 폭 중에서 작은 폭에 걸쳐서 분포시켜야 한다(그림 4.20 참고). 만일 유효플랜지 폭이 경간의 1/10을 넘는 경우에는 추가로 축방향 철근을 플랜지 바깥부분에 배치하여야 한다(여기에서 추가로 배치되는 축방향 철근은 구조기준 5.7.2의 수축 및 온도철근을 의미한다[식 (4.30) 참고]. 이 규정은 유효플랜지의 전 폭에 걸쳐서 넓게 철근을 배근하게 되면 복부 가까이의 슬래브에 폭이 넓은 균열이 생길 경우가 있을 수 있고 또한 복부 근처에만 너무 많이 배근하게 되면,

플랜지 바깥쪽에 문제가 생길 경우를 대비한 규정이다. 따라서 유효폭이 경간의 1/10을 초과하는 경우에는 인장철근의 간격을 너무 넓지 않게 제한하고, 때로는 플랜지 바깥쪽을 보호하기 위하여 추가로 철근을 더 배근하도록 한 것이다. 따라서 이 규정은 보의 경간에 연직한 방향으로 슬래브 상부에 폭이 넓은 몇 개의 균열보다는 가늘고 고은 균열이 발생하도록 유도하는 규정이다.

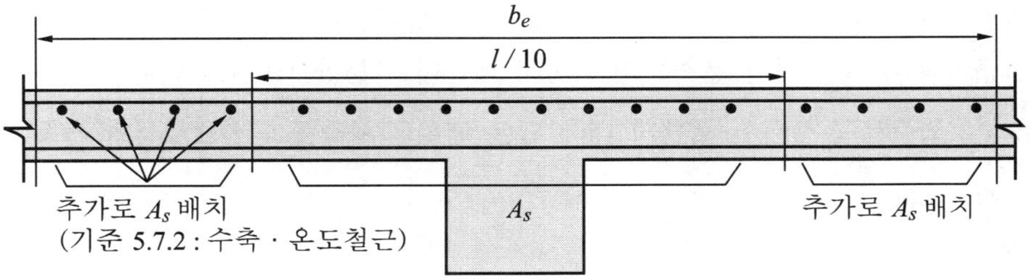

그림 4.20 플랜지에서 부모멘트 종방향 철근의 분배

2) 횡방향 철근(Transverse Reinforcement) [구조기준 3.4.10(3), ACI 8.12.5]

T형 보의 플랜지[장선구조(joist) 제외]로 취급되는 슬래브에서 주철근이 보의 방향과 같을 때에는 다음 요구조건에 따라 보의 직각 방향으로 슬래브 상부에 철근을 배근하여야 한다고 규정하고 있다.

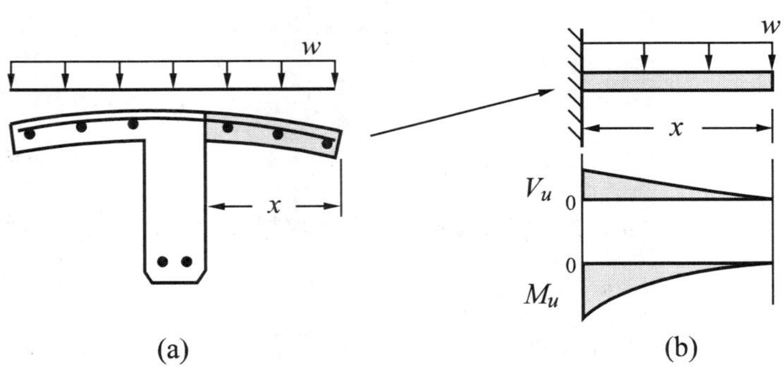

그림 4.21 (a) 횡방향 굽힘, (b) 내민 플랜지의 전단력 및 휨모멘트도

① 횡방향 철근은 T형 보의 내민 플랜지를 캔틸레버로 보고 이 플랜지에 작용하는 계수하중에 대하여 설계하여야 한다. 이 때 독립 T형 보에 대해서는 내민 플랜지 전폭을 유효폭으로 보아야 하며, 그 밖의 T형 보에 대해서는 식 (4.16a) 및 (4.16b)에 따라 계산된 유효폭만 고려한다.

② 횡방향 철근의 간격은 슬래브 두께의 5배 이하 또한 450 mm 이하로 하여야 한다.

이 규정은 플랜지에 휨파괴가 일어나지 않도록 내민 플랜지 상부에 횡방향 철근을 배치하는 규정이다. 그림 4.21과 같이 플랜지가 복부에 고정되어 있는 캔틸레버로 보고 설계한다.

T형 보의 해석 (Analysis of T-beams)

대부분의 T형 보는 연속바닥 시스템의 일부이며, 단면의 크기는 일반적으로 받침부에서 복부가 압축력을 받아 직사각형 보로 거동할 때 요구되는 전단력과 휨모멘트 강도에 의해서 결정된다. 보의 처짐이 과다하지 않도록 보의 깊이는 5.5장 표 5.6(구조기준 표 4.3.1) 최소두께 이상이 되도록 하여야 한다. 플랜지가 압축을 받는 정모멘트 구간에서는 단지 휨철근의 단면적을 결정하고, 이 휨철근이 복부에 규정된 간격을 지키면서 배근이 가능한가도 검토하여야 한다.

1) Case 1 : 압축응력 블록이 플랜지 내에 있는 경우(직사각형 단면으로서의 거동)

그림 4.22와 같이 T형 보에서 등가응력깊이 $a \leq h_f$ (또는 t_f) 인 경우에는 직사각형 보로 해석하면 된다.

$$a = \frac{A_s f_y}{(0.85 f_{ck}) b} \; ; \quad \phi M_n = \phi A_s f_y \left(d - \frac{a}{2}\right) \qquad (1.8b,\ 3.16b,\ 3.22a)$$

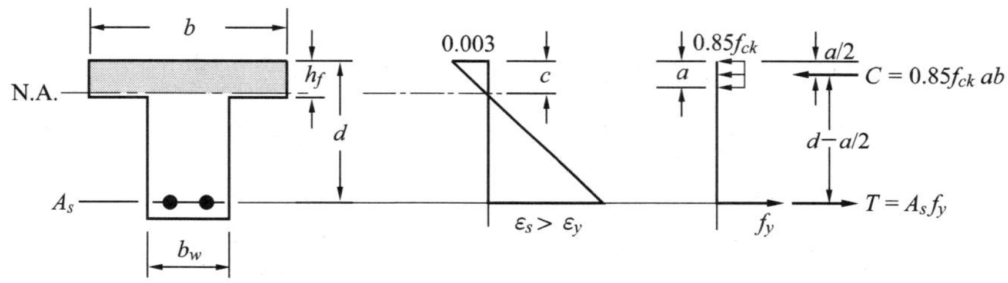

그림 4.22 (a) 단면, (b) 극한 변형률, (c) 응력, (d) 내부우력

2) Case 2 : 압축응력 블록이 복부 내에 있는 경우(T형 단면의 해석)

$a > h_f$ (또는 t_f)로 a가 플랜지 아래에 위치하여 중립축이 복부에 있는 경우로 T형 단면으로 해석하여야 한다. 해석은 그림 4.23과 같이 복부폭으로 자른 직사각형 단면(**보 W**)과 남은 플랜지의 내민부분(**보 F**)으로 구분하여 전체 내적 휨모멘트 강도 ϕM_n을 2개의 우력으로 나눈다.

M_{nf}는 보 F에서 플랜지 내민부분의 휨모멘트 강도이고, M_{nw}는 나머지 직사각형 복부 보 W의 휨모멘트 강도이며 이를 식으로 쓰면 다음과 같다(그림 4.26 참고).

$$\phi M_n = \phi (M_{nf} + M_{nw}) \qquad (4.17a)$$

① **보 F** : 압축영역은 $A_f = (b - b_w) h_f$이므로 압축합력은 $C_f = (0.85 f_{ck}) A_f = (0.85 f_{ck})(b - b_w) h_f$이다. $f_s = f_y$라고 가정하고 $T_f = C_f$이므로 $A_{sf} f_y = (0.85 f_{ck})(b - b_w) h_f$가 된다. 따라서

$$A_{sf} = \frac{C_f}{f_y} = \frac{(0.85 f_{ck})(b - b_w) h_f}{f_y} \qquad (4.18)$$

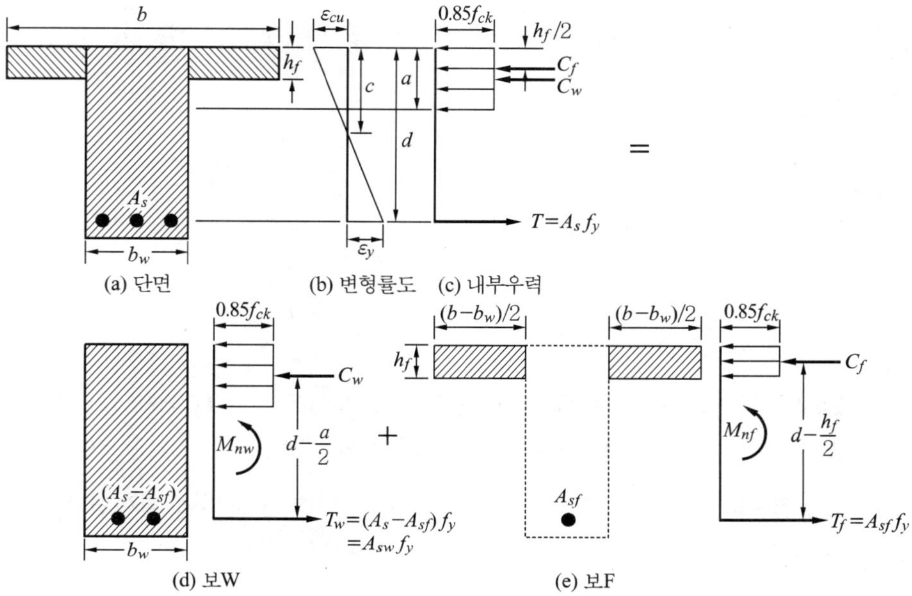

그림 4.23 T형 단면에서 $a > h_f$인 경우에 T형 단면의 해석 : (d) 복부를 자른 직사각형 단면에 대한 보 W와 (e) 플랜지 내민 부분에 대한 보 F로 나누어 해석

가 된다. 내적우력 휨모멘트의 팔거리는 $(d-h_f/2)$이므로, 인장철근의 도심에서 모멘트를 취하면

$$M_{nf} = (0.85f_{ck})(b-b_w)\,h_f\left(d-\frac{h_f}{2}\right) \tag{4.19a}$$

또는 압축합력 C_f 힘의 작용점에서 모멘트를 취하면

$$M_{nf} = T_f\left(d-\frac{h_f}{2}\right) = A_{sf}f_y\left(d-\frac{h_f}{2}\right) \tag{4.19b}$$

로 표현할 수 있다.

② **보 W** : 인장철근의 단면적은 $A_{sw} = A_s - A_{sf}$이고, 압축합력은 $C_w = (0.85f_{ck})b_w a$이므로, 플랜지를 제외한 복부만의 등가 직사각형 응력깊이 a는

$$a = \frac{A_{sw}f_y}{(0.85f_{ck})b_w} = \frac{(A_s - A_{sf})f_y}{(0.85f_{ck})b_w} \tag{4.20a}$$

로 쓸 수 있다. 휨모멘트의 팔거리는 $(d-a/2)$이므로

$$M_{nw} = (0.85f_{ck})\,b_w\,a\left(d-\frac{a}{2}\right) \tag{4.21a}$$

$$M_{nw} = T_w\left(d - \frac{a}{2}\right) = A_{sw} f_y\left(d - \frac{a}{2}\right) = (A_s - A_{sf}) f_y\left(d - \frac{a}{2}\right) \tag{4.21b}$$

따라서 식 (4.17a)에서

$$M_n = M_{nf} + M_{nw} = (0.85 f_{ck})(b - b_w) h_f\left(d - \frac{h_f}{2}\right) + (0.85 f_{ck}) b_w a\left(d - \frac{a}{2}\right) \tag{4.22a}$$

또는

$$M_n = M_{nf} + M_{nw} = A_{sf} f_y\left(d - \frac{h_f}{2}\right) + A_{sw} f_y\left(d - \frac{a}{2}\right) \tag{4.22b}$$

로 표현할 수 있다.

③ **최외단 인장철근 층의 순인장변형률 검토**: 식(3.18)에서 $\varepsilon_t = 0.003\,(d_t/c - 1) \geq (0.005$ 또는 $2.5\varepsilon_y)$ 를 만족하면 인장지배 단면으로 $\phi = 0.85$ 가 된다.

④ **최소철근비 규정 :** 3.6장에서 다룬바와 같이 복부에 균열이 일어난 뒤에 충분한 휨강도를 갖기 위한 규정이므로 b가 아니라 b_w를 사용해야 한다.

$$A_{s\,(\min)} = \frac{0.25\sqrt{f_{ck}}}{f_y} b_w d \geq \frac{1.4}{f_y} b_w d \tag{3.39a}$$

역학적으로 정정인 T형 보로 플랜지가 인장을 받는 경우에는 구조기준 6.3.2(2)(ACI 10.5.2)의 규정에 따라,

$$A_{s\,(\min)} = \left(\frac{0.25\sqrt{f_{ck}}}{f_y} b_w d \geq \frac{1.4}{f_y} b_w d\right);\ b_w = (2b_w \text{ 와 } b \text{ 중에서 작은 값}) \tag{3.39b}$$

⑤ **I형 단면의 최소철근비**[4.4] : 그림 4.24c와 같이 하부의 플랜지가 넓은 경우(I형 단면)에는 식 (3.39a)의 최소철근 단면적에 대한 규정은 직사각형 단면에 대한 식이므로 사용해서는 안 될 것이다. 4.7장과 같이 그림 4.24c의 응력블록에서 복부부분을 무시하고 모멘트의 팔거리를 각각 $d - a/2 \approx d$와 $d - h_f/2 \approx d$로 적으면 $[M_n \approx A_s f_y(d)] \equiv [M_{cr} \approx b_{\text{tens}} h_f f_r(d)]$로 쓸 수 있다. 여기에서 b_{tens}와 h_f는 각각 인장응력이 발생하는 바닥 플랜지의 폭과 두께이다. 이 식으로부터 철근의 단면적은 $A_s = b_{\text{tens}} h_f f_r / f_y$로 쓸 수 있고, 파괴계수 $f_r = 0.63\sqrt{28} = 3.33\,(\text{MPa})$를 대입하고 식 (3.37)과 같이 안전계수 2.5를 곱해주면 아래와 같이 표현될 수 있다.

$$A_{s\,(\min)} = \frac{8.33}{f_y} b_{\text{tens}} h_f \tag{4.23}$$

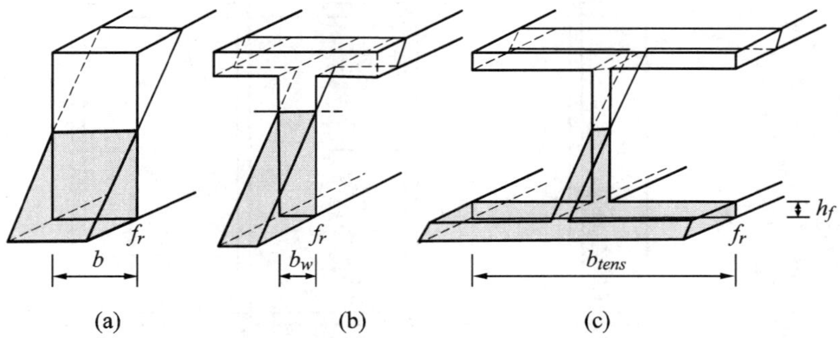

그림 4.24 최소철근 단면적을 결정하기 위한 인장응력의 블록 형태[4.4]

예제 4.4 $a \le h_f$ 인 T형 보의 해석

그림 4.25에 보이는 바닥구조는 복부의 중앙에서 중앙까지 간격이 2.5 m이고 경간은 5 m인 보가 두께는 100 mm인 철근콘크리트 바닥 슬래브를 지지하고 있다. 단, $f_{ck} = 21\,\mathrm{MPa}$, $f_y = 400\,\mathrm{MPa}$이다. 설계 휨모멘트 강도 ϕM_n을 결정하라.

풀이

① 대칭 T형 보이므로 식 (4.16a)로 유효 플랜지 폭 b(또는 b_e)를 구한다.

(a) $h_{f1} = h_{f2} = h_f = 100\,\mathrm{mm}$, $2(8h_f) + b_w = 2(8 \times 100) + 250 = 1{,}850\,(\mathrm{mm})$

(b) 슬래브의 중심 간의 거리 $(x_1 + x_2)/2 + b_w = (2{,}250 + 2{,}250)/2 + 250 = 2{,}500\,(\mathrm{mm})$

(c) 보 경간의 1/4 = $5{,}000/4 = \underline{1{,}250\,(\mathrm{mm})}$ ← b_e 최소값 지배

$\therefore b\,$(또는 b_e) $= 1{,}250\,\mathrm{mm}$

② 중립축 위치 검토 : 먼저 직사각형 보로 보아 a 계산 : $A_s = 3 - \mathrm{D25} = 1{,}520\,\mathrm{mm}^2$

$0.85 f_{ck} = 0.85 \times 21 = 17.85\,(\mathrm{MPa})$; $f_{ck} = 21\,\mathrm{MPa} < 28\,\mathrm{MPa} \rightarrow \beta_1 = 0.85$

$T = A_s f_y = (1{,}520)(400) = 608.0 \times 10^3\,(\mathrm{N})$

$$a = \frac{T}{(0.85 f_{ck})b} = \frac{608.0 \times 10^3}{(17.85)(1{,}250)} = 27\,(\mathrm{mm}) < (h_f = 100\,\mathrm{mm})$$

따라서 직사각형 단면 보로 해석하면 된다.

$c = a/\beta_1 = 27/0.85 = 32\,(\mathrm{mm})$

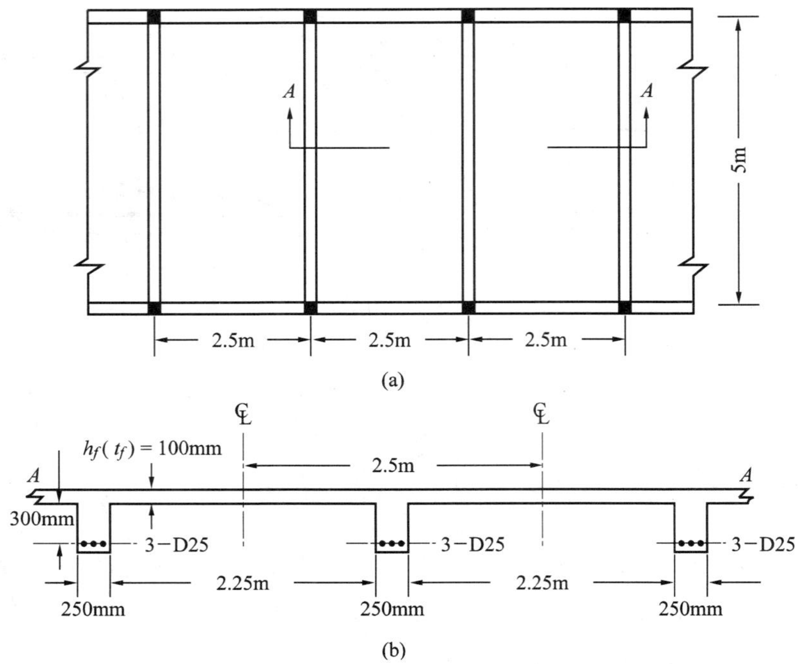

그림 4.25

③ 최 외단 인장철근 층의 순인장변형률 ϵ_t 검토 :

단철근 층으로 배치되었으므로 $d_t = d = 400\ \text{mm}$

$$\epsilon_t = 0.003\left(\frac{d_t}{c} - 1\right) = 0.003\left(\frac{400}{32} - 1\right) = 0.0345 > 0.005$$

인장지배 단면으로 $\phi = 0.85$ 이다.

④ $A_{s\,(\min)}$ 검토 : 식 (3.39a)를 적용

$$A_{s\,(\min)} b_w d = \left(\frac{0.25\sqrt{21}}{400} = 0.00286\right) \geq \left(\frac{1.4}{400} = \underline{0.00350}\right)$$; 부등식을 만족시키지 못하므로 우측 항이 지배

$[A_{s\,(\text{배치})} = 1{,}520\ \text{mm}^2] > [A_{s\,(\min)} = 0.00350(250)(400) = 350\ \text{mm}^2]$ <o.k.>

⑤ ϕM_n 계산 :

$$\phi M_n = \phi T\left(d - \frac{a}{2}\right) = 0.85(608.0 \times 10^3 \text{N})\left(400\ \text{mm} - \frac{27\ \text{mm}}{2}\right) = 0.85(235.0 \times 10^6)$$

$$\therefore \phi M_n = 0.85(235.0 \times 10^6)(10^{-6}) = \underline{199.7\ (\text{kN} \cdot \text{m})}$$

예제 4.5 복부에 중립축을 가진 T형 보의 해석[4.2]

그림 4.26에 있는 보의 정(+) 설계 휨모멘트 강도 ϕM_n을 계산하라. 콘크리트의 설계기준강도 $f_{ck}= 24\,\mathrm{MPa}$ 이고, 철근의 항복강도 $f_y= 400\,\mathrm{MPa}$ 이다. 그림에는 나타나 있지 않으나 이 보에는 D10 스터럽이 배치되어 있으므로 고려하라.

풀이

① 독립 T형 보의 b 계산 : 이 보는 압축영역의 면적을 증가시키기 위해 T형 플랜지가 사용되는 독립 T형 보이다. 이와 같은 보에 대하여 구조기준 3.4.10(2)(ACI 8.12.4)에서

$(h_f = 125\,\mathrm{mm}) \geq (b_w/2= 250/2= 125\,\mathrm{mm})$ <o.k.>

$(b_e = 500\,\mathrm{mm}) < (4b_w= 250\times 4= 1{,}000\,\mathrm{mm})$ <o.k.>

플랜지가 이 규정을 만족하고 있다. 따라서 $b= 500\,\mathrm{mm}$ 이다.

② 압축영역을 직사각형으로 가정하여 a 계산 :

$0.85f_{ck}= 0.85\times 24= 20.4\,(\mathrm{MPa})$; $A_s= 6-D29= 6(642.4)= 3{,}855\,(\mathrm{mm}^2)$

$T= A_s f_y = (3{,}855)(400) = 1{,}542\times 10^3\,(\mathrm{N})$

$$a= \frac{T}{(0.85f_{ck})b} = \frac{1{,}542\times 10^3}{20.4(500)} = 151\,(\mathrm{mm})$$

그림 4.26b에서 $a= 151\,\mathrm{mm}$ 는 플랜지의 두께 125 mm보다 깊으므로, 플랜지 아래의 복부에도 압축응력이 작용하는 것을 의미한다. $a > h_f$ 이므로 앞에서 압축영역이 직사각형이라는 가정은 잘못된 것이며, 계산된 a 값은 부정확하다. 따라서 이 보는 T형 보로 보고 다시 해석하여야 한다.

③ 보를 보 F와 보 W로 나눈다. 그림 4.26c에 보 F가 제시되어 있다.

(a) 보 F : 내민 플랜지의 압축력 C_f 는

$$C_f = (0.85f_{ck})(b- b_w)h_f= (20.4)(500- 250)(125)= 637.5\times 10^3\,(\mathrm{N})$$

보 F에 대한 철근의 단면적 : 식 (4.18), $A_{sf} = \dfrac{C_f}{f_y} = \dfrac{637.5\times 10^3\,\mathrm{N}}{400\,\mathrm{N/mm}^2} = 1{,}594\,(\mathrm{mm}^2)$

보 F는 그림 4.26c에 나타낸 것처럼 $A_{sf}= 1{,}594\,\mathrm{mm}^2$ 의 면적을 가진 인장철근과 내민 플랜지로 구성된다. 보 F의 모멘트 능력을 계산하기 위하여 인장철근의 중심을 기준으로 모멘트를 구하면,

식 (4.19b) : $\therefore M_{nf}= C_f\left(d-\dfrac{h_f}{2}\right)= (637.5\times 10^3)\left(610-\dfrac{125}{2}\right)(10^{-6}) = \underline{349.4\,(\mathrm{kN\cdot m})}$

(b) 보 W : 보 W는 그림 4.26d에 보이는 것처럼, 인장철근의 나머지 부분과 복부 폭의 콘크리트로 구성된다.

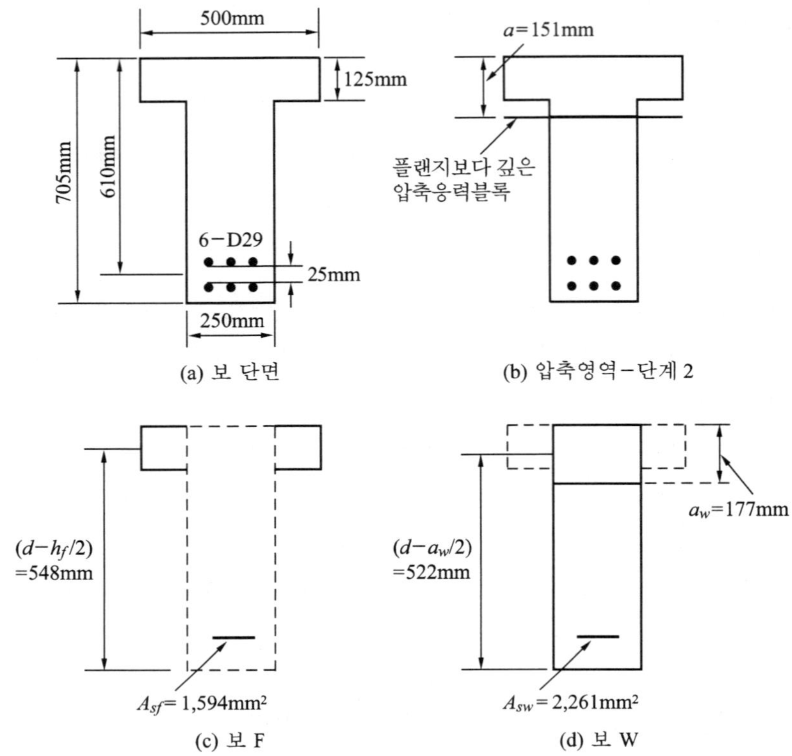

그림 4.26

$A_{sw} = A_s - A_{sf} = 3{,}855 - 1{,}594 = 2{,}261\ (\mathrm{mm}^2)$

보 W의 경우, $b = b_w$ 이고, $T_w = A_{sw} f_y = 2{,}261(400) = 904.4 \times 10^3\ (\mathrm{N})$

$$a = \frac{T_w}{(0.85 f_{ck}) b_w} = \frac{904.4 \times 10^3}{20.4(250)} = 177\ (\mathrm{mm})$$

압축응력 블록의 깊이는 '직사각형 보'로 가정하여 단계 2에서 계산된 151 mm가 아니라 실제로는 177 mm이다. 보 W의 경우 설계모멘트 강도는 다음과 같다.

식 (4.21b) : $M_{nw} = T_w\left(d - \frac{a}{2}\right) = (904.4 \times 10^3)\left(610 - \frac{177}{2}\right)(10^{-6}) = 472.1\ (\mathrm{kN \cdot m})$

그러므로 전체 공칭 휨모멘트 강도는

식 (4.22b) : $\therefore M_n = M_{nf} + M_{nw} = 349.4 + 472.1 = \underline{821.5\ (\mathrm{kN \cdot m})}$

④ 최 외단 인장철근 층의 순인장 변형률 ε_t 검토 : 굵은골재 최대치수 $a_{\max} = 19\ \mathrm{mm}$ 가정

상하철근의 연직 순간격,

식 (2.52a) : $s_{cv(배치)} = \mathrm{Max.}[\,25\ \mathrm{mm},\ (4/3)19 = 25.3\ \mathrm{mm}\,] = 25.3\ \mathrm{mm} \approx 25\ \mathrm{mm}$

연직 순간격 25 mm 유지 (그림 4.28 참고)

$d_t = d + (25+29)/2 = 610 + 27 = 637\ (\text{mm})$

$c = a/\beta_1 = 177/0.85 = 208\ (\text{mm})$

$\varepsilon_t = 0.003\left(\dfrac{d_t}{c} - 1\right) = 0.003\left(\dfrac{637}{208} - 1\right) = 0.00619 > \ 0.005$

∵ 인장지배 단면으로 $\phi = 0.85$ 이다.

⑤ $A_s \geq A_{s\,(\min)}$ 인지 검토 : 식 (3.39a)에서 $f_{ck} = 24\,\text{MPa} < \ 31\,\text{MPa}$ 이므로 우측 항 지배

$A_{s\,(\min)} = \dfrac{1.4}{f_y} b_w\, d = \dfrac{1.4}{400}(250)(610) = 534\ (\text{mm}^2)$

$\therefore \left[A_{s\,(\text{배치})} = 3{,}855\ \text{mm}^2\right] > \left[A_{s\,(\min)} = 534\ \text{mm}^2\right]$ <o.k.>

⑥ ϕM_n을 계산 : $\therefore \phi M_n = 0.85 \times 821.5 = \underline{698.3\ (\text{kN}\cdot\text{m})}$

압축철근이 배치된 경우의 T형 또는 I형 보의 해석

연속보 구조에서 플랜지 영역에 압축철근이 배치될 수도 있으며, 이를 해석에서 포함시켜야 할 경우도 생길 수 있다. 모든 해석 단계는 압축철근이 배치되지 않은 T형이나 I형 보와 동일하므로 압축철근을 검토하는 과정과 포함한 경우에 차이만을 소개하기로 한다.

1) 단계 1 : $A_s' > 0$ 인 경우 식 (4.3)을 이용하여 압축철근이 항복하는지 검토한다.

$\varepsilon_s' \geq \varepsilon_y$ 를 만족하면 $f_s' = f_y$ 로 입력하고 단계 4로 이동, 만약 만족하지 않으면 단계 2로 이동

2) 단계 2 : 압축철근이 항복하지 않으므로 식 (4.8a)와 유사한 식을 이용하여 a 다시 계산한다.

$C_f(\text{내민 플랜지}) + C_w(\text{복부}) + C_c(\text{압축철근}) = T \;;\; A_f = h_f(b - b_w) \;;\; A_w = a b_w$

$A_f(0.85 f_{ck}) + a b_w (0.85 f_{ck}) + A_s'(1 - \beta_1 d'/a) 0.003 E_s = A_s f_y$

2차 방정식 :

$$(0.85 f_{ck} b_w) a^2 + (0.85 f_{ck} A_f + 600 A_s' - A_s f_y) a - 600 A_s' \beta_1 d' = 0 \tag{4.24}$$

3) 단계 3 : 식 (4.3)으로 ε_s' 구하고 $f_s' = \varepsilon_s' E_s \leq f_y$ 를 계산한다.

4) 단계 4 : 최 외단 인장철근 층의 순인장변형률 ε_t 를 검토한다.

$\varepsilon_t = 0.003(d_t/c - 1) \geq (0.005 \text{ 또는 } 2.5\varepsilon_y)$이면 인장지배 단면으로 $\phi = 0.85$이고, (0.004

또는 $2.0\varepsilon_y) \leq \varepsilon_t < (0.005$ 또는 $2.5\varepsilon_y)$이면 변화구간으로 표 3.4로 ϕ 값을 계산한다.

$C_f = A_f(0.85f_{ck})$, $C_{wb} = (0.85f_{ck})b_w a_b$, $C_c = A_s' f_s'$ 계산

$$a_b = d\beta_1\left(\frac{600}{600+f_y}\right) \tag{3.27}$$

5) 단계 5 : 최소 철근 단면적을 검토한다. T형 단면일 때 정정 여부에 따라 식 (3.39a)나 식 (3.39b) 사용, I형 단면이면 식 (4.23)를 이용

6) 단계 6 : 식 (4.7)과 (4.22a)를 이용하여 공칭 휨모멘트 강도를 계산하고, ϕ를 곱해서 설계 휨모멘트 강도 계산

$$\begin{aligned} M_n &= C_f\left(d-\frac{h_f}{2}\right)+C_w\left(d-\frac{a}{2}\right)+C_c(d-d') \\ &= (0.85f_{ck})A_f\left(d-\frac{h_f}{2}\right)+(0.85f_{ck})b_w a\left(d-\frac{a}{2}\right)+A_s'f_s'(d-d') \end{aligned} \tag{4.25}$$

T형 또는 I형 보의 설계과정 (Design of Flanged Sections with Tension Reinforcement)[4.5]

b와 d는 사전에 결정되고 인장철근만 보강되는 T형 보의 설계과정이다.

1) 단계 1 : 식 (4.16a)와 (4.16b) 및 식 (3.13)을 이용하여 유효플랜지의 폭 b 및 β_1을 계산한다.

2) 단계 2 : 먼저 직사각형 단면보로 가정하고, 인장지배 단면 $\phi = 0.85$로 가정하여 식 (3.48) $\omega(1-0.59\omega) \geq (M_u/\phi)/f_{ck}bd^2$ 관계식으로 ω를 표 3.10에서 읽고(또는 식 (3.50)으로 ω 계산), 식 (3.16b)와 (3.24)를 이용하여 등가 응력블럭의 깊이 a를 결정한다.

$$a = \frac{A_s f_y}{(0.85f_{ck})b} = \frac{\rho f_y}{f_{ck}}\frac{d}{0.85} = 1.18\,\omega\, d \tag{3.16c}$$

3) 단계 3 : 만약 $a \leq h_f$이면 단철근 보로 설계하고, 만약에 $a > h_f$ 이면 단계 4로 이동한다.

4) 단계 4 : 만약 $a > h_f$이면 복부를 제외한 내민부분(그림 4.23b 및 4.26c의 보 F)이 압축에 저항하는데 필요한 A_{sf}와 M_{nf}를 계산한다. 식 (4.18)과 (4.19b)에서

$$A_{sf} = C_f/f_y = (0.85f_{ck})(b-b_w)h_f/f_y \tag{4.18}$$

$$M_{nf} = T_f(d-h_f/2) = A_{sf}f_y(d-h_f/2) \tag{4.19b}$$

5) 단계 5 : 복부에 의해서 저항되어야 하는 소요 휨모멘트 강도를 계산한다. 식 (4.17a)에

$M_n \geq M_u/\phi$를 같이 쓰면,

$$M_{nw} \geq M_u/\phi - M_{nf} \tag{4.17b}$$

6) 단계 6 : 식 (3.48), $M_{nw}/f_{ck}bd^2$로 ω를 표 3.10에서 읽고(또는 식 (3.50)으로 ω 계산), $a = 1.18\omega d$를 계산하여, 복부에 의해서 저항되는 철근 단면적 A_{sw}를 계산한다.

$$A_{sw} = (0.85f_{ck})b_w a/f_y \tag{4.20b}$$

또는 A_{sw}는 다음 식으로 구할 수도 있다.

$$A_{sw} = \omega f_{ck} b_w d/f_y = \rho b_w d \tag{4.20c}$$

7) 단계 7 : $\varepsilon_t \geq (0.005 \text{ 또는 } 2.5\varepsilon_y)$ 또는 $c/d_t \leq (0.375 \text{ 또는 } 0.324 \text{ 또는 } 0.286)$(각각 SD400 등급 이하 철근, SD500 및 SD600인 경우)를 만족하여 인장지배 단면인지 검토한다.

만약 $c/d_t \leq (0.375 \text{ 또는 } 0.324 \text{ 또는 } 0.286)$이면, 인장지배 단면으로 $\phi = 0.85$ 이다.

만약 $c/d_t > (0.375 \text{ 또는 } 0.324 \text{ 또는 } 0.286)$이면, 압축철근을 배치하여 인장지배 단면으로 만든다.

단계 7을 만족하면 인장지배 단면에 대한 인장철근 범위는 검토할 필요가 없다.

8) 단계 8 : 전체 소요 철근 단면적을 계산하고, 실제 배치할 철근 $A_{s(\text{배치})}$를 선택한다.

$$A_{s(\text{소요})} = A_{sf} + A_{sw}$$

배근할 철근을 선택할 때 실제 단면에서 철근의 간격과 배치에 대해서 만족하는지 검토한다.

9) 단계 9 : 최소 인장철근 단면적을 검토한다.

$$A_{s(\text{배치})} \geq \left[A_{s(\min)} = (0.25\sqrt{f_{ck}}/f_y)b_w d \geq (1.4/f_y)b_w d\right] \tag{3.39a}$$

10) 단계 10 : 휨모멘트 강도를 계산하여 검토한다.

$$M_n = \left[A_{sf}f_y\left(d - \frac{h_f}{2}\right) + (A_s - A_{sf})f_y\left(d - \frac{a}{2}\right)\right] \geq \frac{M_u}{\phi} \tag{4.22c}$$

$$A_{sf} = \frac{C_f}{f_y} = \frac{(0.85f_{ck})(b - b_w)h_f}{f_y} \tag{4.18}$$

$$a = \frac{A_{sw}f_y}{(0.85f_{ck})b_w} = \frac{(A_s - A_{sf})f_y}{(0.85f_{ck})b_w} \tag{4.20a}$$

예제 4.6 T형 보의 철근 설계 - 직사각형 단면으로의 거동[4.2]

바닥시스템의 한 내부 T형 보가 기둥의 경간 5.48 m와 그림 4.27에서 제시한 단면을 가지는 T형 보에 $M_u = 275\,\text{kN}\cdot\text{m}$ 의 계수 휨모멘트가 작용한다. 여기에서 $f_{ck} = 21\,\text{MPa}$, $f_y = 400\,\text{MPa}$이고 굵은골재의 최대치수 $a_{\max} = 25\,\text{mm}$ 인 경우에 소요되는 철근의 단면적을 설계하라.

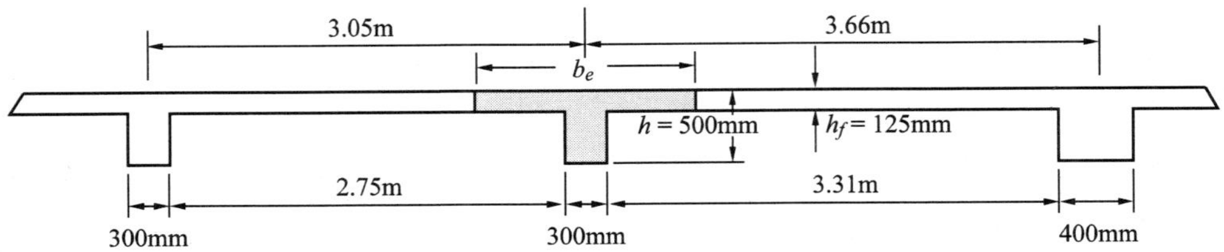

그림 4.27

풀이

① 단계 1 - 유효플랜지의 폭을 계산한다. 대칭 T형 단면, 식 (4.16a) ; $h_{f1} = h_{f2} = h_f = 125\,\text{mm}$

(a) $2(8h_f) + b_w = 2(8\times 125) + 300 = 2{,}300\,(\text{mm})$

(b) 양쪽 슬래브의 중심 간의 거리 : $\dfrac{x_1 + x_2}{2} + b_w = \dfrac{2{,}750 + 3{,}310}{2} + 300 = 3{,}330\,(\text{mm})$

(c) 보 경간의 1/4 : $l/4 = 5{,}480/4 = \underline{1{,}370\,(\text{mm})}$ ← b_e (최소 값 지배)

$\therefore b$ (또는 b_e) $= 1{,}370\,\text{mm}$

그림 4.27에서 $b_w = 300\,\text{mm}$ 이고, d는 2단으로 철근이 배치된다고 가정하여, $d = 500 - 90 = 410\,\text{mm}$로 한다.

② 단계 2 - 철근단면적 A_s를 계산한다. $f_{ck} = 21\text{MPa} < 28\,\text{MPa} \rightarrow \beta_1 = 0.85$

$\phi = 0.85$ 로 가정 : 식 (3.48) : $\dfrac{M_u/\phi}{f_{ck}bd^2} = \dfrac{275\times 10^6/0.85}{(21)(1{,}370)(410^2)} = \dfrac{323.5\times 10^6}{4{,}836\times 10^6} = 0.0669$

표 3.10에서 $\omega \approx 0.070$; 따라서 식 (3.16c), $a = 1.18\,\omega\, d = 1.18(0.070)(410) = 34\,(\text{mm})$

③ 단계 3 : $a = 34\,\text{mm} < h_f = 125\,\text{mm}$ 이므로 단철근 보(인장철근만 갖는 보)로 설계하면 된다. 단철근 보의 설계과정은 b와 d가 결정되었으므로 예제 3.7과 같은 과정을 밟으면 된다.

④ 단계 4 - 소요 A_s를 계산한다.

식 (3.45a) : $\varepsilon_t = 0.005$ 인 인장지배 변형률 범위에서

$\omega_t = 0.32\beta_1 = 0.32(0.85) = 0.272 > \omega_{(\text{소요})} = 0.070$; 따라서 인장지배 단면으로 $\phi = 0.85$이다.

식 (3.23) 및 (3.24) :

$A_{s(소요)} = \rho_{(소요)} bd = [\omega_{(소요)}(f_{ck}/f_y)]\, bd = [0.070(21/400)](1,370)(410)$

$\therefore A_{s(소요)} = 0.00368(561,700) = 2,067\ (\mathrm{mm}^2)$

표 2.8에서 가능한 선택은 다음과 같다.

(a) Case 1 : 6개 D22 철근을 2 층에 배치, $A_s = 2,323\ \mathrm{mm}^2$

(b) Case 2 : 2개 D29 철근과 2개 D25 철근, $A_s = 2,298\ \mathrm{mm}^2$

(c) Case 3 : 6개 D22 철근, 4개를 한 층에 배치, $A_s = 2,323\ \mathrm{mm}^2$

복부 폭을 검토하여 이 철근들이 300 mm 복부에 배근될 수 있는지 검토한다. 스터럽으로는 D13 철근이 사용된다고 가정한다.

(a) Case 1 : 한 층에 3-D22씩 2층으로 배치된다(그림 4.28 참고)

D13, $d_b = 12.7 \approx 13\ \mathrm{mm}$; D22, $d_b = 22.2 \approx 22\ \mathrm{mm}$

- 수평철근의 순간격 $s_{c(배치)} = [300 - (40 + 13) \times 2 - 22 \times 3]/2 = 64\ (\mathrm{mm})$
- 수평철근의 순간격 규정 - 식 (2.52a) 및 그림 4.28 :
  $s_{c(\max)} = \mathrm{Max.}[25\ \mathrm{mm},\ d_b,\ (4/3)a_{\max}] = \mathrm{Max.}[25,\ 22,\ (4/3)25 = \underline{33.3}] = 33.3 \approx 34\ (\mathrm{mm})$

$s_{c(배치)} = 64\ \mathrm{mm} > s_{c(\max)} = 34\ \mathrm{mm}$ <o.k.>

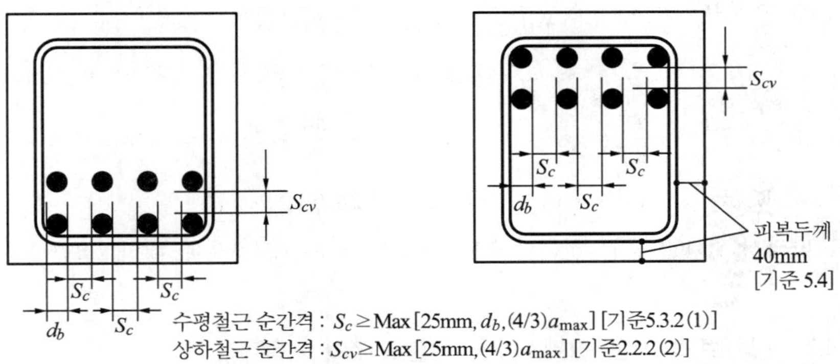

그림 4.28 순간격 규정 [식 (2.52a), $a_{\max}$ = **굵은골재 최대치수**]

(b) Case 2 : 1열로 2-D29과 2-D25 배치 : D29, $d_b = 28.6 \approx 29\ \mathrm{mm}$; D25, $d_b = 25.4 \approx 25\ \mathrm{mm}$

$s_{c(배치)} = [300 - 53 \times 2 - 29 \times 2 - 25 \times 2]/3 = 29\ (\mathrm{mm}) < 34\ \mathrm{mm}$ <N.G.>

(c) Case 3 : 4-D22를 아래층에 배치하고 나머지 2-D22를 2층에 배치

$s_{c(배치)} = [300 - 53 \times 2 - 22 \times 4]/3 = 35\ (\mathrm{mm}) > 34\ \mathrm{mm}$ <o.k.>

따라서 철근의 배치는 Case 2를 제외하고 문제가 되지 않는다.

철근의 순간격을 고려하면 3개 이하를 배치하여야 한다. 따라서 양쪽으로 2-D32 철근을 배치하고 가운데 1-D25 철근을 배치한다면 [$A_{s(배치)} =$ 1,588 + 506.7 = 2,095 mm^2 > $A_{s(소요)} =$ 2,067

mm^2]은 한 층으로 배근할 수 있으므로 이 조합을 시도해 본다. 이것은 단계 1에서 어림 계산한 410 mm에서 d를 다시 계산하면, 500 - 53 - 32/2 = 431 mm이므로 $\underline{d = 430\text{ mm}}$ 로 증가시켜서, 2-D32 + 1-D25 철근 [$\underline{A_{s(\text{배치})} = 2 \times 794.2 + 506.7 = 2{,}095\text{ mm}^2}$]을 시도해 본다.

⑤ 단계 5 - $A_{s(\text{배치})} \geq A_{s(\min)}$ 인지 검토한다.

식 (3.39a), $f_{ck} = 21\text{MPa} < 31\text{ MPa} \rightarrow$ 우측 항 지배

식 (3.39a) : $A_{s(\min)} = \dfrac{1.4}{f_y} b_w d = \dfrac{1.4}{400}(400)(430) = 452\ (\text{mm}^2)$

$\left[A_{s(\text{배치})} = 2{,}095\text{ mm}^2\right] > \left[A_{s(\min)} = 452\text{ mm}^2\right]$ <o.k>

⑥ 단계 6 - a를 다시 계산한다.

$T = A_s f_y = 2{,}095(400) = 838.0 \times 10^3\ (\text{N})$

$a = \dfrac{T}{(0.85 f_{ck})b} = \dfrac{838.0 \times 10^3}{17.85(1{,}370)} = 34\ (\text{mm}) \quad < (h_f = 125\text{ mm})$

단계 3에서 판별한 것과 같이 직사각형 보로 해석하면 된다.

⑦ 단계 7 - 설계된 단면의 휨모멘트 강도 M_n을 검토한다.

식 (3.45a) : $\omega_{(\text{배치})} = \dfrac{A_s}{bd}\dfrac{f_y}{f_{ck}} = \dfrac{838.0 \times 10^3}{1{,}370(430)(21)} = 0.0677$

$< \omega_t = 0.32\beta_1 = 0.32(0.85) = 0.272$; 인장지배 단면 $\phi = 0.85$

$M_n = T\left(d - \dfrac{a}{2}\right) = (838.0 \times 10^3)\left(430 - \dfrac{34}{2}\right)/(10^6) = 346.1\ (\text{kN} \cdot \text{m})$

$\therefore M_n = 346.1\text{ kN} \cdot \text{m} > M_u/\phi = 323.5\text{ kN} \cdot \text{m}$ <o.k.>

따라서 SD400 등급 철근을 2-D32 (양옆) + 1-D25(가운데 배치) 철근을 한 층으로 배근한다.

예제 4.7 T형 보의 철근 설계 - T형 단면으로의 거동[4.5]

계수 휨모멘트 $M_u = 490\text{ kN} \cdot \text{m}$ 가 작용하고 있는 그림 4.29의 T형 보에서 보강철근을 설계하라. 단 $f_{ck} = 27\text{ MPa}$, $f_y = 400\text{ MPa}$ 이고 굵은골재의 최대치수 $a_{\max} = 19\text{ mm}$ 가 사용될 예정이다.

풀이

① 단계 1 : 유효플랜지의 폭은 계산에 의해서 그림 4.29와 같이 $b_e = 750\text{ mm}$라고 가정한다.

② 단계 2 : 표 3.10을 이용하여 먼저 직사각형 단면이라고 가정하여 등가 응력의 깊이 a를 계산한다.

• 가정 : $a < h_f = 50\ \mathrm{mm}$; $f_{ck} = 27\ \mathrm{MPa} < 28\ \mathrm{MPa} \rightarrow \beta_1 = 0.85$

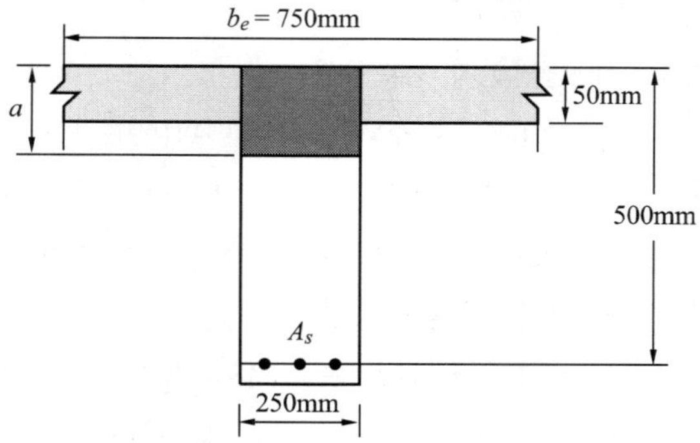

그림 4.29

인장지배 단면으로 가정하여 $\phi = 0.85$; $M_n \geq M_u/\phi = 490/0.85 = 576.5\ (\mathrm{kN \cdot m})$

$$\frac{M_u/\phi}{f_{ck} b d^2} = \frac{576.5 \times 10^6}{(27)(750)(500^2)} = 0.114$$; 표 3.10에서 ω를 읽으면 $\omega \approx 0.123$

식 (3.16c) : $a = \dfrac{A_s f_y}{(0.85 f_{ck}) b} = 1.18\,\omega\, d = 1.18(0.123)(500) = 73\ (\mathrm{mm}) > h_f = 50\ \mathrm{mm}$

③ 단계 3 : 등가 응력블럭의 깊이가 플랜지 두께보다 깊으므로 T형 단면 설계를 하여야 한다. 플랜지의 두께보다 작은 경우에는 예제 4.6과 같이 직사각형 단면으로 설계하면 된다.

④ 단계 4 : 플랜지의 내민 부분, 보 F : $(b_e - b_w) h_f$가 압축에 저항하는데 필요한 철근량 A_{sf}와 공칭 휨모멘트 강도 M_{nf}를 결정한다.

$0.85 f_{ck} = 0.85(27) = 22.95\ (\mathrm{MPa})$

$C_f = 0.85 f_{ck} (b - b_w) h_f = (22.95)(750 - 250)(50) = 573.8 \times 10^3\ (\mathrm{N})$

$\therefore A_{sf\,(소요)} = C_f / f_y = (573.8 \times 10^3)/400 = \underline{1{,}434\ (\mathrm{mm}^2)}$

플랜지의 설계 휨모멘트 강도는

$M_{nf} = C_f\,(d - h_f/2) = (573.8 \times 10^3)(500 - 50/2)(10^{-6}) = 272.6\ (\mathrm{kN \cdot m})$

⑤ 단계 5 : 복부 보(보 W)에 의해서 저항해야 되는 소요 공칭 휨모멘트 강도를 계산한다.

식 (4.17b) : $M_{nw} = M_n - M_{nf} = M_u/\phi - M_{nf} = 576.5 - 272.6 = 303.9\ (\mathrm{kN \cdot m})$

⑥ 단계 6 : 표 3.10을 이용하여 복부의 압축력에 대응하는 철근량 A_{sw}를 계산한다.

식 (3.48) : $\dfrac{M_{nw}}{f_{ck} b_w d^2} = \dfrac{303.9 \times 10^6}{(27)(250)(500^2)} = 0.181$

표 3.10에서 ω를 읽으면, $\omega \approx 0.206$; $\rho = \omega f_{ck}/f_y = 0.206(27)/400 = 0.0139$

$\therefore A_{sw\,(소요)} = \rho b_w d = 0.0139(250)(500) = \underline{1{,}738\ (\mathrm{mm}^2)}$

$$a = \frac{A_s f_y}{(0.85 f_{ck}) b_w} = 1.18\omega d = 1.18(0.206)(500) = 122\ (\text{mm})$$

⑦ 단계 7 : 인장지배 단면인지 검토한다.

ϵ_t 를 계산 : $c = a/\beta_1 = 122/0.85 = 144\ (\text{mm})$; $d_t \approx d = 500\ \text{mm}$

$\epsilon_t = 0.003(d_t/c - 1) = 0.003(500/144 - 1) = 0.00742 > 0.005$; 인장지배 단면

⑧ 단계 8 : 계수 휨모멘트 $M_u/\phi = 576.5\ \text{kN}\cdot\text{m}$ 에 저항하기 위해서 필요한 총 철근 단면적을 계산하고 실제 배치할 철근을 선택한다.

$\therefore A_{s(소요)} = A_{sf} + A_{sw} = 1{,}434 + 1{,}738 = \underline{3{,}172\ (\text{mm}^2)}$

따라서, 3-D29 철근과 3-D25 철근을 2열로 배치한다고 하면

$A_{s(배치)} = 1{,}927 + 1{,}520 = 3{,}447\ (\text{mm}^2) > A_{s(소요)} = 3{,}172\ \text{mm}^2$ <o.k.>

(a) 구조기준 5.3.2(ACI 7.6)의 규정에 따라 수평 인장철근의 순간격을 검토 : 식 (4.2a), 압축철근을 구속하는 띠철근으로 종방향 철근이 D32 이하이므로 D10 철근[구조기준 5.5.2(3)]을 배치하면,

D10, $d_b = 9.53 \approx 10\ \text{mm}$; D29, $d_b = 28.6 \approx 29\ \text{mm}$

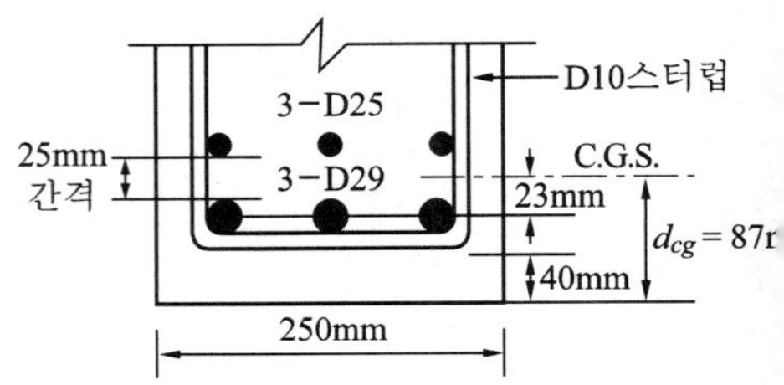

그림 4.30

주철근 D29 사이의 순간격 :

$s_{c(배치)} = [250 - (40 + 10) \times 2 - 29 \times 3]/2 = 31.5 \approx 32\ (\text{mm})$

식 (2.52a)의 수평철근의 순간격 규정 :

$s_{c(\max)} = \text{Max.}[25\ \text{mm},\ d_b,\ (4/3)a_{\max}] = \text{Max.}[25,\ \underline{29},\ (4/3)19 = 25.3] = \underline{29\ (\text{mm})}$

$s_{c(배치)} = 32\ \text{mm} > s_{c(\max)} = 29\ \text{mm}$ <o.k.>

따라서 만족하므로 그림 4.30과 같이 2열로 배치한다. D29 철근의 도심에서 전체 철근면적의 도심을 구해보면

상하 철근의 순간격 규정, 식 (2.52a) :

$s_{cv(\max)} = \text{Max.}[25,\ (4/3)a_{\max}] = \text{Max.}[25,\ (4/3)19 = 25.3] = 25.3 \approx \underline{25\ (\text{mm})}$

$(1{,}520)\left(25 + \frac{29 + 25}{2}\right)/3{,}447 = 23\ (\text{mm})$ 가 된다(그림 4.30 참고).

따라서 보의 깊이 h 는

$$h_{(소요)} \geq d + d_{cg} = 500 + 23 + \frac{29}{2} + 10 + 40(\text{피복두께}) = 500 + 87.5 = 587.5\ (\text{mm})$$

$\therefore h_{(배치)} = \underline{600\ \text{mm}}$ 로 한다.

(b) 구조기준 6.3.3(ACI 10.6)의 규정에 따라 휨철근의 배치에 대한 내용은 5.4장에서 다루는 내용으로 검토해 본다.

인장연단에 가장 가까이 배치되는 철근의 중심간격 : $c_c = 40 + 9.53 = 50\,(\text{mm})$ (인장철근의 표면과 콘크리트 표면사이의 최소 두께)

그 외 환경(즉, 습윤환경) 가정 : $k_{cr} = 210$; $f_s = (2/3)f_y = (2/3)(400) = 266.7\,(\text{MPa})$

식 (5.11) : $s_{(\max)} = 375(k_{cr}/f_s) - 2.5c_c = 375(210/266.7) - 2.5(50) = \underline{170\,(\text{mm})}$ 지배

$\leq 300\,(k_{cr}/f_s) = 300\,(210/266.7) = 236\,(\text{mm})$ <N.G.>

철근의 중심간격 : $s_{(\text{배치})} = s_{c\,(\text{배치})} + d_b = 32 + 29 = 61\,(\text{mm})$

따라서 $\therefore s_{(\text{배치})} = 61\,\text{mm} < s_{(\max)} = 170\,\text{mm}$ <o.k.>

상세한 철근의 배치는 그림 4.30에 주어졌다.

⑨ 단계 9 : $A_{s\,(\text{배치})} \geq A_{s\,(\min)}$ 인지 검토 : 식 (3.39a) $f_{ck} =$ 27 MPa < 31 MPa → 우측항 지배

$$A_{s\,(\min)} = \frac{1.4}{f_y} b_w d = \frac{1.4}{400}(250)(500) = 438\,(\text{mm}^2) < \left[A_{s\,(\text{배치})} = 3{,}447\,\text{mm}^2\right] \quad \text{<o.k.>}$$

⑩ 단계 10 : 휨모멘트 강도를 계산하여 검토 :

$$T_f = A_{sf} f_y = 1{,}434(400) = 573.6 \times 10^3\,(\text{N})$$

$$T_w = A_{sw} f_y = (A_s - A_{sf}) f_y = (3{,}447 - 1{,}434)(400) = 2{,}013(400) = 805.2 \times 10^3\,(\text{N})$$

$$M_n = T_f\,(d - h_f/2) + T_w\,(d - a/2)$$

$$= \left[(573.6 \times 10^3)(500 - 50/2) + (805.2 \times 10^3)(500 - 122/2)\right]/10^6$$

$$\therefore M_n = 272.5 + 353.5 = 626.0\,(\text{kN}\cdot\text{m}) > M_u/\phi = 576.5\,\text{kN}\cdot\text{m} \quad \text{<o.k.>}$$

예제 4.8 횡방향 철근의 설계 [구조기준 3.4.8(3), ACI 8.10.5]

그림 4.31의 독립 T형 슬래브에 등분포 활하중 $w_L = 8.43\,\text{kN/m}^2$이 작용하고, 유효폭 $b = 2.75\,\text{m}$, 복부폭 $b_w = 300\,\text{mm}$이다. 사용된 콘크리트의 단위질량은 $\rho_c = 2{,}350\,\text{kg/m}^3$이고, $f_{ck} = 27\,\text{MPa}$, $f_y = 400\,\text{MPa}$이다. 플랜지의 횡방향 굽힘 거동에 대한 횡방향 철근을 설계하라.

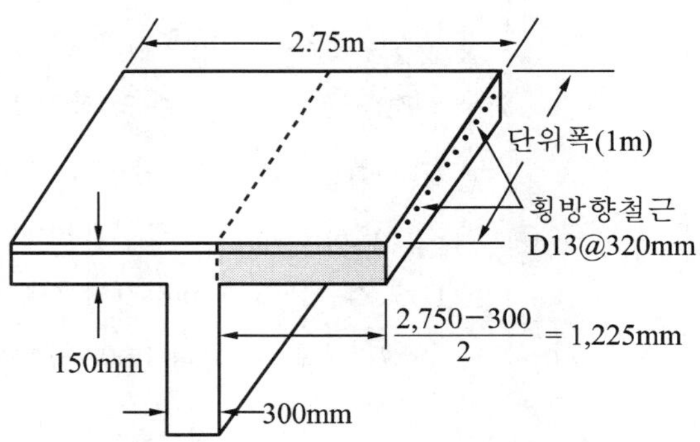

그림 4.31

풀이

$0.85f_{ck} = 0.85(27) = 22.95\,(\text{MPa})$; $f_{ck} = 27\,\text{MPa} < 28\,\text{MPa} \rightarrow \beta_1 = 0.85$

① 내민 플랜지의 고정 등분포하중 계산(단위 폭 1m 당)

$$w_D = \gamma_c A_g = \left[\left(2{,}350\ \frac{\text{kg}}{\text{m}^3}\right)\left(9.81\ \frac{\text{m}}{\text{sec}^2}\right)\right](0.15\ \text{m})(1\ \text{m}) = \left(23{,}054\ \frac{\text{kg·m}}{\text{sec}^2}\right)(0.15)/\text{m}$$

$\therefore w_D = \gamma_c A_g = 3{,}458\ \text{N/m} = 3.458\ \text{kN/m}$

② 휨모멘트 계산 (점선에 고정된 캔틸레버로 보고 계산)

$M_D = w_D l^2/2 = (3.458)(1.225^2)/2 = 2.59\ (\text{kN}\cdot\text{m})$

단위 폭 당 $w_L = (8.43\ \text{kN/m}^2)(1\ \text{m}) = 8.43\ \text{kN/m}$

$M_L = w_L l^2/2 = (8.43\ \text{kN/m})(1.225^2\ \text{m}^2)/2 = 6.33\ (\text{kN}\cdot\text{m})$;

$\therefore M_u = 1.2M_D + 1.6M_L = 1.2(2.59) + 1.6(6.33) = \underline{13.24\ (\text{kN}\cdot\text{m})}$

$> 1.4M_D = 1.4(2.59) = 3.63\ (\text{kN}\cdot\text{m})$ <o.k.>

③ d 계산 : $d = 150 - 20$(피복두께)$- 13/2$($D13$ 철근)$= 123.5 \approx 124$ (mm)

④ A_s 계산 : 인장지배 단면으로 보아 $\phi = 0.85$ 로 가정

식 (3.48) : $\dfrac{M_u/\phi}{f_{ck} b d^2} = \dfrac{(13.24/0.85)\times 10^6}{(27)(1{,}000)(124^2)} = \dfrac{15.58\times 10^6}{415.2\times 10^6} = 0.0375 \equiv \omega(1-0.59\omega)$

$(-0.59\omega^2 + \omega - 0.0375 = 0)/-0.59 \quad \rightarrow \quad \omega^2 - 1.7\omega + 0.0636 = 0$

$\omega = \dfrac{1}{2}\left[1.7 \pm \sqrt{1.7^2 - 4(0.0636)}\right] = 1.662$ 또는 $\underline{0.0383}$ ←지배 (큰 값은 $a > h_f$ 이므로 무시) 또는 표 3.10에서 읽으면 $\omega \approx 0.038$

식 (3.45a) : $\varepsilon_t = 0.005$ 인 인장지배 변형률 범위에서

$\omega_t = 0.32\beta_1 = 0.32(0.85) = 0.272 > \omega = 0.0383$; 인장지배 단면 $\phi = 0.85$

식 (3.16c) : $a = 1.18\omega d = 1.18(0.0383)(124) = 6$ (mm)

$\therefore A_{s(소요)} = (0.85 f_{ck}) b a / f_y = 22.95(1{,}000)(6)/400 = 344\ (\text{mm}^2/\text{m})$

⑤ 간격 제한 : 구조기준 3.4.8(3)②, $s_{max} = [5h_f = 5\times 150 = 750\ (\text{mm})] < \underline{450\ \text{mm}}$ ← 지배

D13 철근 사용하면 단면적 $A_b = 126.7\ \text{mm}^2$

식 (4.26) : $s_{(소요)} \le 1{,}000/(A_{s(소요)}/A_b) = 1{,}000/(344/126.7) = 368$ (mm) ← 지배

⑥ D13 철근을 320 mm 간격으로 배치하면(그림 4.31 참고)

$\therefore A_{s(배치)} = A_b(1{,}000/s) = 126.7(1{,}000/320) = 396\ (\text{mm}^2/\text{m})$

$> [A_{s(소요)} = 344\ \text{mm}^2/\text{m}]$ <o.k.>

4.3 1방향 슬래브(One-way Slabs)[4.6]

슬래브(slab)는 두께에 비해서 길이나 폭이 넓은 평평한 구조물로 지붕이나 바닥구조에 사용되는 구조 형식이다(즉, 경간에 비해 두께가 얇은 구조물, 그림 4.32, 4.33 및 4.34 참고). 그림 4.32b와 같이 슬래브에 작용하는 하중은 다음과 같은 경로, 즉 슬래브(slab) → 보(beam) → 큰보(거더, girder) → 기둥(column) → 기초 → 지반을 통해서 전달되게 된다(그림 1.4 참고).

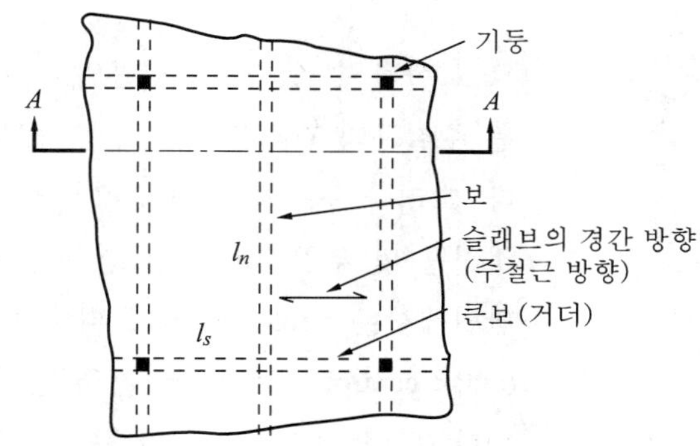

(a) 평면－패널의 중앙에 위치한 보

(b) 단면 $A-A$

그림 4.32 1방향 슬래브-보 바닥

그림 4.33과 같이 슬래브가 지지되어 한 방향으로만 휘게 되면 이를 **실린더 휨(cylindrical bending)**이라 부르고, 이런 슬래브를 1방향 슬래브로 구분한다. 1방향 슬래브의 설계는 슬래브가 마치 일련의 단독적인 보(즉, 그림 4.33의 단위 폭)가 연속하여 배치되어 거동하는 것으로 가정하여 설계한다. 전형적으로 1m 폭의 스트립을 보(beam)로 보아 해석을 하여 소요되는 철근량을 슬래브의 전체 폭에 걸쳐서 배치한다. 구조기준 10.2.1(2)(ACI 9.5.3.2)에서는 4변에 의해서 지지되는 슬래브 중에서 단변에 대한 장변의 비가 2배가 넘으면 1방향 슬래브로 설계할 수 있도록 규정하고 있다(그림 3.1 및 그림 4.14 참고).

슬래브의 보강철근은 보통 동일한 굵기의 철근을 균등한 간격으로 배치한다(그림 4.34 참고). 배치하는 철근 하나의 단면적 A_b이고 그림 4.33에서와 같이 1 m 스트립(strip)에서 요구되는 총 철근 단면적을 A_s라면 단위 폭 1,000 mm에 배치되는 철근의 개수는 같아야 되므로,

$$\frac{A_{s\,(\text{소요})}/\text{m}}{\text{철근 1개의 단면적 } A_b} = \text{배치철근의 개수} = \frac{\text{단위폭 } 1{,}000\text{ mm}}{\text{철근의 간격 } s}$$

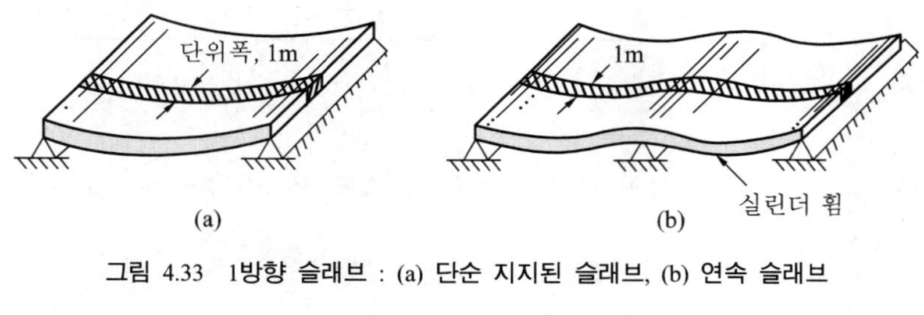

그림 4.33 1방향 슬래브 : (a) 단순 지지된 슬래브, (b) 연속 슬래브

된다. 따라서 철근의 간격 s는

$$s = \frac{1{,}000\,A_b}{A_{s\,(\text{소요})}/\text{m}}\ (\text{mm}) \tag{4.26}$$

로 표현될 수 있다. 이 철근의 간격은 구조기준의 5.3.2(5)(ACI 7.6.5)에서는 벽체 또는 슬래브에서 휨 주철근의 간격은 벽체나 슬래브 두께의 3배 이하, 450 mm 이하로 하여야 한다고 규정하고 있다. 그러나 구조기준 10.2.3(2)에서 최대 휨모멘트가 일어나는 위험단면에서는 이 규정을 강화하여 정철근 및 부철근의 중심 간격은 슬래브 두께의 2배 이하, 300 mm 이하로 규정하고 있고 기타의 단면에서는 5.3.2(5) 규정을 따르고 있다. 이에 더하여 구조기준 6.3.3(4)(ACI 10.6.4)의 균열을 조종(crack control provision)하기 위한 휨철근의 배치에 관한 규정에서는 철근의 최대간격을 제한하고 있다 (5.4장 참고). 이러한 규정들은 최근에 들어 고강도 철근이 사용되어 발생하는 몇 개의 폭이 넓은 균열을 피하고 곱고 잔균열로 유도하기 위한 규정들이다. 부식으로부터 철근을 보호하고 미관상으로도 고은 균열(many hair-line crack)의 발생이 유리할 것이다.

슬래브가 여러 개의 받침부에 걸쳐서 연속하여 위치하면 그림 4.33b나 그림 4.34와 같이 연속슬래브로 해석하여야 한다. 그림 4.33b의 굽힘 그림에서 볼 수 있는바와 같이 연속 슬래브에서 인장에 저항하기 위해서 지점부근에는 상부철근이 배치되어야 하고, 슬래브의 중앙 부분에는 하부철근이 배치되어야 한다.

1방향 슬래브가 비록 한 방향으로 휜다고 가정하지만 온도차이나 건조수축으로 단면이 변하여 발생하는 균열을 억제하기 위해서 이 휨 주철근에 연직한 방향으로 수축 및 온도철근이 배치되어야 한다[그림 4.34 참고 ; 구조기준 5.7.2(1), ACI 7.12, 식 (4.30) 참고].

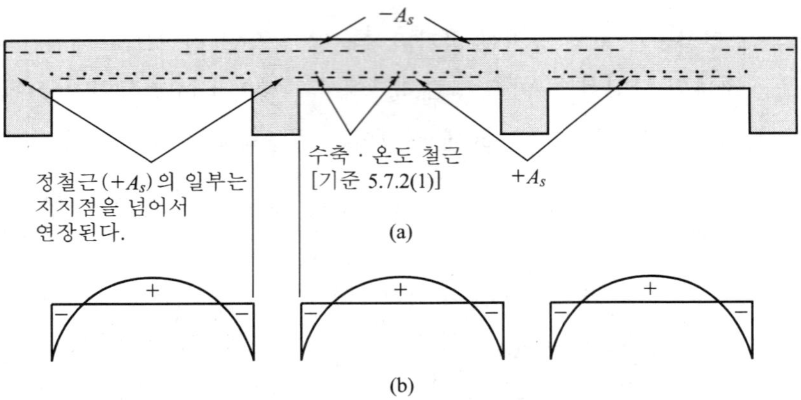

그림 4.34 연속 슬래브에서 이론적인 휨모멘트 도와 철근 배치도(그림 4.38 참고)

구조기준의 모멘트 및 전단력 계수

연속보나 1방향 슬래브에서 설계를 하기 위해서 모멘트 분포를 구하는 일은 매우 복잡하고 어려우므로 구조기준 3.4.1(3)(ACI 8.3.3)에서는 아래와 같은 조건을 만족하는 경우에 **연속보(continuous beam)** 또는 **1방향 슬래브(one-way slab)**의 휨모멘트나 전단력을 근사계수를 사용하여 구할 수 있도록 허용하고 있다.

① 2경간 이상의 경우

② 인접 2경간의 차이가 짧은 경간의 20% 이상 차이가 나지 않는 경우, $l_{s1}/l_{s2} \le 1.2$

③ 등분포 하중이 작용하는 경우

④ 활하중이 고정하중의 3배를 초과하지 않는 경우, $L/D < 3$

⑤ 부재의 단면 크기가 일정한 경우

근사계수를 이용하여 최대 정 및 부모멘트와 전단력은 다음 식으로 계산할 수 있다.

$$M_u = C_m\,(w_u\,l_n^{\;2}) \tag{4.27}$$

$$V_u = C_v\left(\frac{w_u\,l_n}{2}\right) \tag{4.28}$$

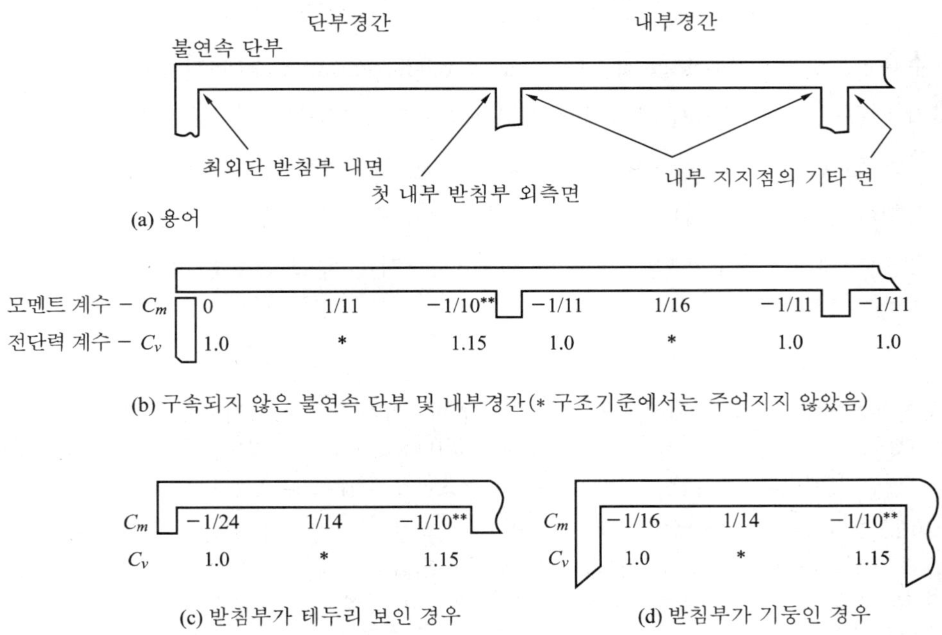

그림 4.35 구조기준 3.4.1(4) 근사 휨모멘트 및 전단력 계수(2 경간인 경우 -1/9)**

여기에서 l_n은 부재의 순경간으로

① 단부 경간에서 최 외단 받침부의 내면의 부모멘트, 모든 경간의 정모멘트 및 전단력에 대하여 l_n은 해당 경간의 순경간 길이, 또는

② 내부 받침부의 부모멘트에 대해 l_n은 인접 경간의 순경간 길이의 평균치로 구한다[ACI 8.0 기호]. 그림 4.35에는 용어와 위험단면에 대한 구조기준 3.4.1(4)(ACI 8.3.3)의 모멘트(C_m) 및 전단력(C_v) 계수가 주어졌다.

구조상세 (구조기준 10.2.3)[4.1]

① 1방향 슬래브의 두께는 최소 $h_{\min} \geq 100\,\mathrm{mm}$ 이상으로 하여야 한다고 규정하고 있다[구조기준 10.2.3(1)][8].

② 일반적으로 1방향 슬래브의 두께는 표 5.6에 제시된 구조기준 표 4.3.1의 처짐을 계산하지 않는 경우의 보 또는 1방향 슬래브의 최소 두께 규정에 따라 결정된다. 따라서 이 규정에 따라 슬래브의 두께를 결정하면 설계된 슬래브에 대한 처짐을 검토하지 않아도 된다.

③ 정모멘트 철근 및 부모멘트 철근의 중심 간격[구조기준 10.2.3(2)][9] :

$$\begin{cases} \text{위험단면} \quad : s_{\max} \leq (2h \leq 300\,\mathrm{mm})\ \text{이하} \\ \text{기타의 단면} : s_{\max} \leq (3h \leq 450\,\mathrm{mm})\ \text{이하} \end{cases} \tag{4.29}$$

④ 수축 · 온도철근(shrinkage and temperature reinforcement) : 슬래브는 지지하고 있는 보보다 얇기 때문에 보에 비해서 빠르게 건조수축하게 되어 균열이 일어나게 된다. 1방향 슬래브의 경간에 연직한 방향으로 일어나는 균열은 휨 철근에 의해서 균열폭이 제한되지만 경간 방향에 평행한 방향으로 나타나는 균열을 억제하기 위해서는 수축 · 온도철근을 주철근에 연직한 방향으로 배치하여야 한다(그림 4.34 참고)[구조기준 5.7.2(1)(ACI 7.12.2.1)].

---

8) 국토해양부는 공동주택 아파트에 대해서 층간 소음을 완화시키기 위해서 수직하중과 횡력을 전단벽이 부담하는 '벽식구조'인 경우에 슬래브 두께를 종전의 180 mm에서 210 mm 이상(f_{ck}= 21 MPa인 경우)으로 개정(2005년 6월)하였고, 보와 기둥이 배치되는 '라멘구조'인 경우에는 콘크리트 슬래브 두께를 150 mm 이상으로 고시하였다.

9) 구조기준 10.2.3(2)의 1방향 슬래브의 정모멘트 철근 및 부모멘트 철근의 중심 간격에 대한 제한은 구조기준 6.3.2(4) 두께가 균일한 구조용 슬래브(structural slab)와 기초판(footing)에 대해서 경간방향으로 보강되는 인장철근의 최소 단면적[즉, 구조기준 5.7의 수축 · 온도철근 규정, 식 (4.30)] 규정과 서로 중복되는 상황이다. 최소 단면적의 규정인 식 (4.30)에 간격 제한 $s_{(\max)} \leq (3h \leq 450\,\mathrm{mm})$가 있기 때문에 굳이 식 (4.29)를 중복하여 규정할 필요는 없을 것이다.

$$A_s = \begin{cases} (a)\ f_y \leq\ 400\,\text{MPa 인 경우} & :\ 0.0020(bh) \\ (b) f_y >\ 400\,\text{MPa 을 초과할 때} : & 0.0020(bh) \times 400/f_y\ \geq\ 0.0014(bh) \end{cases} \quad (4.30)$$

그러나 지하구조물이나 교량 하부구조의 기초 등과 같이 깊이가 유난히 깊은 슬래브에서는 과다 설계의 우려가 있어서 구조기준 5.7.2(2)에서는 전체 콘크리트 단면적을 곱하여 계산한 수축·온도철근 단면적이 단위 m당 $A_s/\text{m} \leq 1{,}800\,\text{mm}^2/\text{m}$ 를 초과할 필요는 없다고 상한 한계를 규정하였다[10].

수축·온도철근의 최대간격은 $s_{(\max)} \leq (5h \leq\ 450\,\text{mm})$ 이하로 하여야 한다. 식 (4.30)에서 $f_y >\ 400\,\text{MPa}$ 을 초과할 때는 0.0035의 항복변형률에서 측정한 철근의 설계기준 항복강도가 400 MPa를 초과한 경우이다.

⑤ 두께가 균일한 구조용 슬래브와 기초판에 대하여 경간방향으로 보강되는 인장철근의 최소철근 단면적도 이 수축·온도철근의 규정에 의한다[구조기준 6.3.2(4), ACI 10.5.4]. 이때 간격은 $s_{(\max)} \leq (3h \leq\ 450\,\text{mm})$ 이하로 제한하고 있다[11].

⑥ 피복두께(cover thickness)는 현장치기 콘크리트일 때 (표 2.11 참고, 구조기준 5.4.1)

(a) 기상작용을 받지 않거나 흙에 직접 접하지 않는 슬래브 : D35 초과할 때 40 mm, D35 이하인 경우 20 mm로 규정하고 있다.

(b) 기상작용을 받거나 흙에 직접 노출되는 슬래브 : D16 이하는 40 mm, D25 이하 철근은 50 mm, D29 이상 철근은 60 mm로 제시하고 있다.

---

10) 이렇게 수축·온도철근에 대한 전체철근 단면적의 제한은 $f_y \leq\ 400$ MPa인 경우에 슬래브의 두께를 $h \leq\ 900$ mm까지 허용하는 것과 같은 결과가 되어 슬래브가 유난히 두꺼운 경우에 배치하는 철근단면적의 상한한계 역할을 한다.

11) 구조기준 5.7.2(3)에서는 철근의 최대간격을 5h나 450 mm 이하로 규정하고, 구조기준 6.3.2(4)에서는 3h와 450 mm 이하로 규정하여 5h와 3h의 두께 규정에 대해서 동일하게 450 mm로 제한하고 있다.

예제 4.9 1방향 슬래브의 설계[4.2]

그림 4.36에 빗금으로 나타낸 1 m 설계 스트립의 8경간 바닥 슬래브를 설계하라. 이 스트립을 지나가는 단면의 한 부분이 그림 4.36에 나타나 있다. 이 바닥판에서 보들의 폭 b_w = 400 mm라고 가정한다. 단, 보통골재 콘크리트의 설계기준강도 f_{ck} = 27 MPa($0.85f_{ck}$ = 22.95 MPa)이고, 철근의 항복강도 f_y = 400 MPa이다. 슬래브에 작용하는 등분포 활하중은 w_L = 5.0 kPa이다.

풀이

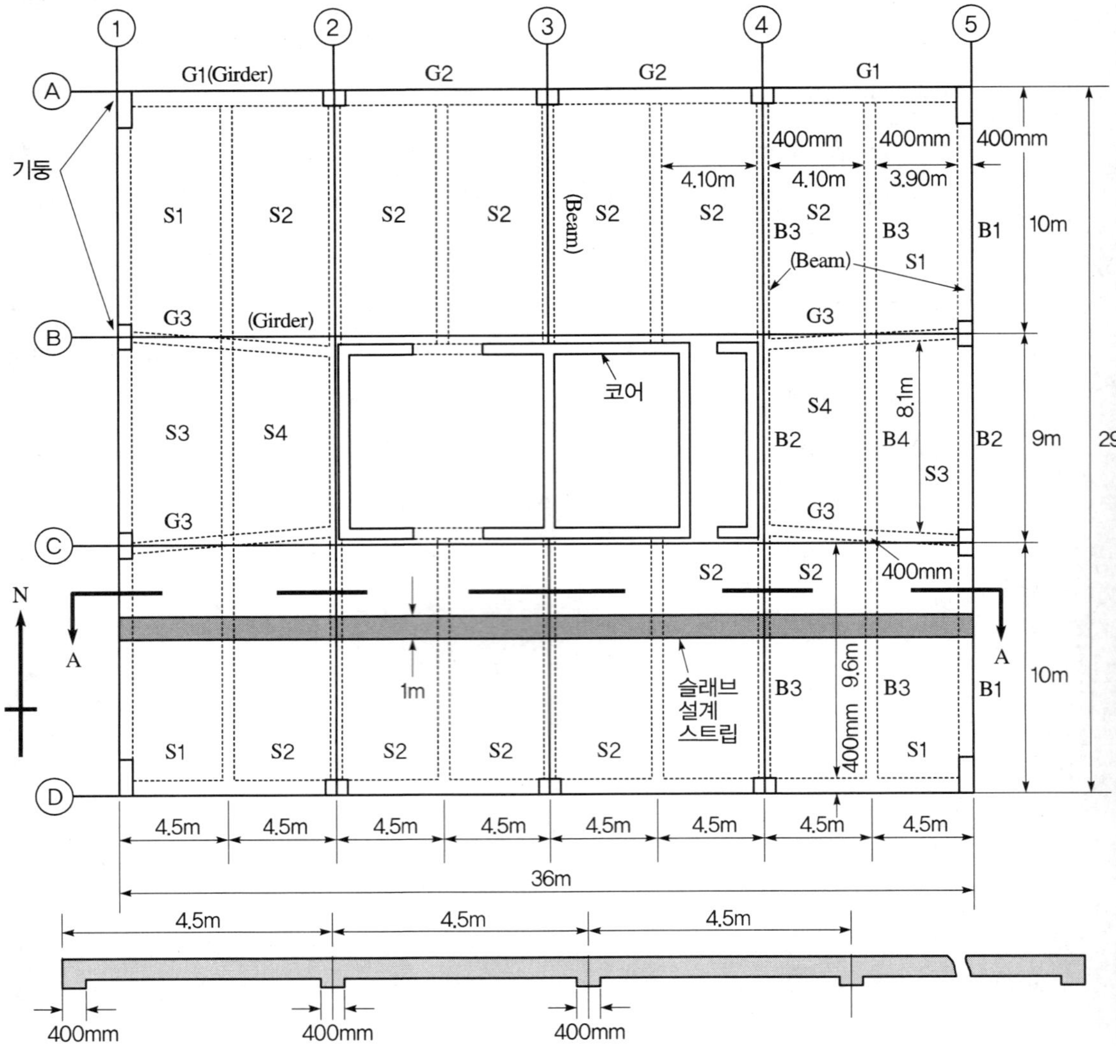

그림 4.36 바닥판 평면도(floor plan) 및 단면 A-A 단면도

① **1방향 슬래브로 설계**할 수 있는지 또한 구조기준 3.4.1(3)에 따라 **근사해법을 적용할 수 있는지 검토**[구조기준 3.4.1(3), ACI 8.3.3] :

경간 계산 : $l_l =$ 10 - 0.4/2 = 9.8 (m) ; $l_s =$ 4.5 - 0.4/2 = 4.3 (m) (테두리보 중심까지의 길이 ; 구조기준 3.4.7 참고)

형상비(aspect ratio) 검토 : $l_l / l_s =$ 9.8 / 4.3 = 2.27 > 2.0 ; 1방향 슬래브로 설계할 수 있다.

근사해법 적용 조건 검토 :

ⓐ 2 경간 이상의 경우 : 8 경간 <o.k.>

ⓑ 인접 2 경간의 $l_{s1}/l_{s2} \leq 1.2$ 만족 여부 : 그림 4.36에서 보면 최 외측 경간에서 테두리보의 폭이 400 mm로 $l_{s2} =$ 4.5−0.4/2 = 4.3 (m)가 되고 내부경간은 $l_{s1} =$ 4.5 m가 된다.

$l_{s1}/l_{s2} =$ 4.5/4.3 = 1.05 < 1.2 <o.k.>

ⓒ 등분포 하중이 작용하는 경우 : 집중하중이 작용하지 않음. <o.k.>

ⓓ $w_L/w_D < 3$의 검토 : 단계 3에서 검토할 예정으로 만족한다고 가정 <o.k.>

ⓔ 부재의 단면 크기가 일정한 경우 : 단면 일정 <o.k.>

따라서 1방향 슬래브 설계에 그림 4.35의 근사해법을 적용할 수 있다.

② **바닥의 두께를 산정 :**

바닥두께의 선정근거는 **처짐 계산을 하지 않는 경우의 1방향 슬래브의 최소두께** 규정인 표 5.6(구조기준 표 4.3.1)에 따라 계산한다. 이 표는 큰 처짐에 의해 손상될 것 같은 칸막이들을 지지하지 않는 부재에 대해서, 처짐을 계산하지 않아도 되는 최소의 두께를 제시한다. 건축자와 소유주가 서로 협의하여, 칸막이들은 바닥의 처짐을 수용할 수 있는 이동 가능한 금속 칸막이들로 할 것을 결정하였다.

최 외측 경간 (1단 연속) : 경간, $l =$ 4,300 mm ; 최소 $h = l/24 =$ 4,300/24 = <u>179 (mm)</u>

내부 경간 (양단 연속) : 경간, $l =$ 4,500 mm ; 최소 $h = l/28 =$ 4,500/28 = 161 (mm)

따라서 179 mm보다 약간 두꺼운 <u>190 mm 슬래브를 시도</u>한다 [본 구조물이 공동주택 아파트가 아니므로 슬래브 두께를 210 mm로 할 필요는 없다.].

$\therefore h_{(설계)} = 190\,\text{mm} > h_{\min} = 100\,\text{mm}$ <o.k.>

표 2.11에서 피복두께 20 mm와 주철근 D13 철근으로 가정, 유효깊이 $d =$ 190−(20+12.7/2) = **<u>164 (mm)</u>** ; 두께를 최종적으로 결정하기 전에 휨모멘트 및 전단에 충분한지 검토[12]한다.

12) 화재에 의한 열전달의 위험을 기준으로 슬래브 두께를 결정하는 개념이 ACI 216, pp. 216R-9, Fig. 2.4.1.1에 제시되고 있다. 등급은 구조 부재의 표면 온도가 136°C(250°F)로 올라가는 시간으로 규정하고, 1시간 화재 등급 - 87.5 mm (3.5 in) ; 2시간 화재 등급 - 125 mm(5 in) ; 3시간 화재 등급 - 156 mm(6.25 in)의 두께를 제안하고 있다.

③ **계수하중 계산 :**

단계 2에서 선정된 두께를 근거로, 단위 평방 m당 계수 등분포하중의 어림값을 계산할 수 있다. [구조기준 3.4.7, ACI 8.11] 모든 바닥판에 재하 되는 고정하중에 더하여 등분포 활하중은 해당 바닥판에만 재하 된다고 보아 해석한다.

- 슬래브(표 1.6 고정하중) : $w_{Ds} = h\rho_c = h(\gamma_c g)$

  w_{Ds} = (0.190 m) (2,500 kg/m^3) (9.81 m/sec^2) = (0.190 m) (24,525 kg · m/sec^2) /m^3

  = (0.190 m) (24,525 N/m^3) = (4,660 N/m^2) /10^3 = 4.66 kN/m^2 = 4.66 kPa
- 기타 고정하중[4.7] : 바닥피복 0.025 kPa ; 기계장비 0.20 kPa ; 천장 0.10 kPa
- 총 등분포 고정하중 w_D = 4.66+0.025+0.20+0.10 = 4.99 kPa
- 등분포 활하중 L = 5.0 kPa
- 계수하중 계산 : $\therefore w_u$ = 1.2 (4.99)+1.6(5.0) = 13.99 (kPa) > 1.4(4.99) = 6.99 (kPa) <o.k.>

슬래브의 설계 스트립에 가해지는 미터 당 하중은 1 m × 13.99 kN/m^2 = **<u>13.99 kN/m</u>**이다.

(w_L = 5.0) < ($3w_D$ = 3×4.99 = 15.0)이고, 구조기준 3.4.1(3)의 모든 조건을 만족하므로, 모멘트를 계산하는 데 구조기준의 **근사해법을 적용**할 수 있다.

④ 강도감소계수 선택 :

슬래브가 인장지배 단면이라고 가정한다. 인장지배 단면은 최 외단 인장철근 층의 순인장변형률 $\varepsilon_t \geq 0.005$를 만족한다는 의미이다. 따라서 강도감소계수 $\phi = 0.85$ 가 된다.

⑤ **슬래브의 두께가 최대 휨모멘트에 대해서 적당한지 검토 :**

$f_{ck} = 27\,\mathrm{MPa} < 28\,\mathrm{MPa} \rightarrow \beta_1 = 0.85$; 단위 폭에 대해서 선택된 $d = 164\,\mathrm{mm}$ 를 이용하여 단면에 발생하는 최대 계수휨모멘트 M_u와 소요되는 강재지수 ω를 구해서 이 값이 인장지배 단면을 만족하는 $\omega_t = 0.32\beta_1 = 0.32(0.85) = 0.272$을 만족하면 슬래브의 두께는 적당한 것으로 판단할 수 있다.

첫 내부 받침부 외측 면이나 내측 면에서 최대 계수모멘트 M_u가 발생할 것이다(그림 4.35 참고).

- 첫 내부 받침부 외측 면 : $-M_u = C_m(w_u l_n^2) = (w_u l_n^2)/10$; 순경간 (**인접 경간의 순경간 평균값)**

  순경간 l_{n1} = 4,500−400−400/2 = 3,900 (mm) ; l_{n2} = 4,500−400 = 4,100 (mm)

  l_n = (3,900+4,100) / 2 = 4,000 (mm)

  $-M_u = 13.99\,\mathrm{kN/m} \times (4.0\,\mathrm{m})^2/10 =$ <u>슬래브의 미터폭 당 22.38 kN · m</u>
- 내부 받침부 기타 면 : $-M_u = w_u l_n^2/11$; 여기에서 l_{n2} = 4,100 mm

  $-M_u = 13.99 \times 4.1^2/11 = 21.38\,(\mathrm{kN \cdot m/m}) < M_u = 22.38\ \mathrm{kN \cdot m}$

그러므로 최대 계수휨모멘트 $-M_u = 22.38\ \mathrm{kN \cdot m/m}$ 이다.

식 (3.48) : $\dfrac{M_u/\phi}{f_{ck}bd^2} = \dfrac{M_u/\phi}{m} = \dfrac{(22.38/0.85)\times 10^6}{(27)(1{,}000)(164^2)} = \dfrac{26.33\times 10^6}{726.2\times 10^6} = 0.0363$

표 3.10에서 읽으면 $\omega_{(소요)} \approx 0.037 < \omega_t = 0.32\beta_1 = 0.32(0.85) = 0.272$ <o.k.>

$\omega_{(소요)}/w_t = (0.037/0.272)\times 100 = 13.6\%$로 상당히 낮은 강재지수로 선택한 단면의 유효 두께는 휨에 대해서 적당하다.

또는 ω를 계산하여 구하면, 식 (3.50) :

$$\omega = \left[1-\sqrt{1-2.36(M_u/\phi)/m}\,\right]/1.18 = \left[1-\sqrt{1-2.36(0.0363)}\,\right]/1.18 = 0.0371$$

⑥ 두께가 전단에 대해 충분한지 검토 :

일반적으로 설계는 먼저 휨에 대해서 수행하고, 다음에는 전단에 대해서 검토한다.

[구조기준 7.4.3(1), ACI 11.4.6.1] : 보인 경우에 $V_u/\phi > V_c/2$를 초과하는 모든 휨부재에 전단 보강철근을 배치하도록 규정하고 검토하는 위험단면은 받침부면으로부터 거리 d 떨어진 면이다. 그러나 슬래브에 있어서 전단철근을 배치하기 어렵기 때문에 최소전단보강철근에 대한 한계를 $V_c/2$에서 V_c으로 증가시키고 있다. 계산을 간단하게 하기 위해서 전단검토는 받침부면에서 수행하도록 한다.

만약에 모든 경간이 동일하다면 전단이 $V_u = 1.15\,w_u l_n/2$ (그림 4.35 참고)인 첫 내부 받침부 외측 면에서 최대가 되겠지만 순경간이 일정하지 않으므로 그 외의 받침부면에서도 검토한다.

[구조기준 3.3.3, ACI 9.3.2.3] : 전단 강도감소계수 $\phi = 0.75$ (1.10장 참고)

첫 내부 받침부 외측 면 : 순경간 $l_{n1} = 3{,}900$ mm ; 그림 4.35 :

$$\frac{V_u}{\phi} = \frac{1.15\,w_u l_n}{2}/0.75 = \frac{1.15(13.99)(3.9)}{2}/0.75 = 31.37/0.75 = \underline{41.83\ (\mathrm{kN/폭})}$$

내부 받침부 기타 면 : 순경간 $l_{n2} = 4{,}100$ mm ; 그림 4.35 :

$$\frac{V_u}{\phi} = \frac{1.0\,w_u l_n}{2}/0.75 = \frac{1.0(13.99)(4.1)}{2}/0.75 = 28.68/0.75 = 38.24\ (\mathrm{kN/폭})$$

보통중량골재 콘크리트 $\lambda = 1.0$; 식 (7.16a) :

$$V_c = \left(\frac{\lambda\sqrt{f_{ck}}}{6}\right)b_w d = \left(\frac{1.0\sqrt{27}}{6}\right)\frac{(1{,}000)(164)}{10^3} = 142.0\ (\mathrm{kN}) > \frac{V_u}{\phi} = 41.83\ (\mathrm{kN}) \quad \text{<o.k.>}$$

따라서, h = 190 mm, d = 164 mm, 그리고 w_u = 13.99 kN/m를 적용한다. **일반적으로 처짐계산을 하지 않는 구조기준(표 5.6)으로 슬래브 두께를 선정하면 휨이나 전단강도 때문에 슬래브 두께를 증가시키는 일은 거의 일어나지 않는다.**

⑦ **철근의 설계 :** 철근의 설계는 표 4.2에 주어졌다.

(1) 순경간 l_n 계산, $l_{n1} =$ 4,500−400−400/2 = 3,900 (mm)

(2) $w_u =$ 13.99 kN/m

(3) $w_u l_n{}^2 =$ 13.99 × 3.9^2 = 212.8 (kN · m)

(4) 모멘트 계수 C_m - 그림 4.35에서 읽는다.

(5) $M_u =$ (3) × (4) 계산

(6) M_u/ϕ 계산 ; $\phi =$ 0.85(인장지배단면)

(7) $B = (-2bd)(0.85f_{ck}/f_y) = (-2 \times 1,000 \times 163)(0.85 \times 27/400) = -18,819$

(8) $C = (M_u/\phi)(2b/f_y)(0.85f_{ck}/f_y) = 2,992,330$

(9) $A_{s(소요)} = (-B - \sqrt{B^2 - 4C})/2 =$ 160 mm^2

(10) 식 (4.26) : $s_{(소요)} \le 1,000A_b/A_{s(소요)}$ = 1,000 × 126.7 / 160 = 790 mm

(11) 최소철근 규정 ; D13 철근, $A_b = 126.7\ \text{mm}^2$ 배치

식 (4.30) : $A_{s(\min)} = 0.0020(bh) = 0.0020(1,000)h = 2h =$ 2 × 190 = 380 (mm^2/m)

< 1,800 mm^2/m <o.k.>

식 (4.26) : $s_{(\min)} \le 1,000A_b/A_{s(\min)} = 1,000A_b/2h =$ 1,000 ×126.7/380 = 333 (mm)

(12) 휨철근의 간격 검토[구조기준 6.3.3(4)] :

$f_s = (2/3)f_y =$ (2/3)400=267(MPa) ; 실내 건조환경 $k_{cr} = 280$ 가정

식 (5.11) : $s_{(\max)} = 375(k_{cr}/f_s) - 2.5c_c =$ 375(280/267) - 2.5(20) = 343 (mm)

≤ 300(280/267) = 315 (mm) ← 지배

(13) 정 · 부철근의 중심간격 제한 : 식 (4.29)

식 (4.29) : $s_{(\max)} = (2h,\ 300\ \text{mm})$ 이하 = (380, 300) 이하 = 300 mm

(14) 철근의 최대 간격 결정 : $s_{(\max)} \le \text{Min}[10 \sim 13]$ = 300 mm

(15) 간격 선택(최 외단 받침부 내면) : $s_{(선택)} =$ 300 mm ≤ [$s_{(\max)} =$ 300 mm] <o.k.>

(16) $A_{s(배치)} = 1,000A_b/s =$ 1,000 × 126.7 / 300 = 422 (mm^2) > $A_{s(\min)} =$ 380 mm^2 <o.k.>

⑧ **철근비 또는 변형률 검토** : 표 4.2 참고

$\rho_{(배치)} = A_{s(배치)}/bh =$ 422/(1,000 × 190) = 0.00222 < $\rho_t =$ 0.0183(표 3.9) <o.k.>

또는 $\omega_{(배치)} = \rho_{(배치)} f_y/f_{ck} =$ 0.00222(400)/27 = 0.0329 < $\omega_t = 0.32\beta_1 =$ 0.272 <o.k.>

$\omega_{(배치)}/w_t =$ (0.0329/0.272) × 100 = 12.1 % <o.k.>

표 4.2 예제 4.9의 1방향 슬래브의 설계

	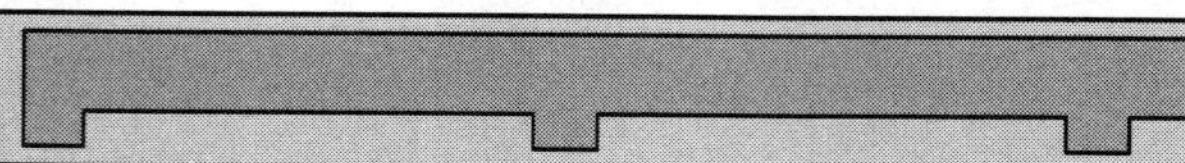						
(1) ln (m)	3.900	3.900	4.000	4.100	4.100	4.100	m
(2) $w_u \times 1\mathrm{m}$ (kN/m)	13.99	13.99	13.99	13.99	13.99	13.99	kN/m
(3) $w_u \mathrm{ln}^2$ (kN.m)	212.8	212.8	223.8	235.2	235.2	235.2	kN.m
(4) C_m	1/24	1/14	1/10	1/11	1/16	1/11	
(5) $M_u = (3) \times (4)$	8.87	15.20	**22.38**	21.38	14.70	21.38	kN.m
(6) $M_u/\phi (\phi = 0.85)$	10.43	17.88	26.33		17.29	25.15	kN.m
(7) $B = (-2bd)(0.85 f_{ck}/f_y)$	-18,819						
(8) $C = (M_u/\phi)(2b/f_y)(0.85 f_{ck}/f_y)$	2992330	5129708	7554600		4960657	7215501	
(9) $A_{s(소요)} = \left[-B - \sqrt{(B^2 - 4C)}\right]/2$	160	277	410		267	392	mm²
(10) $s_{(소요)} = 1{,}000 A_b / A_{s(소요)}$	790	458	**309**		474	324	mm
(11) 최소철근 $s_{(\min)} \le 1{,}000 A_b / 2h$	333	333	333		333	333	mm
(12) 휨철근 배치 $s_{(\max)}$	315	315	315		315	315	mm
(13) 중심간격 제한 (2h, 300 mm)	**300**	**300**	**300**		**300**	**300**	mm
(14) $s_{(\max)}$ = Min.[10~13]	**300**	**300**	**300**		**300**	**300**	mm
(15) 간격 선택, $s_{(배치)}$	**D13@300**	**D13@300**	**D13@300**		**D13@300**	**D13@300**	
(16) $A_{s(배치)} = 126.7 \times 1{,}000/s$	**422**	**422**	**422**		**422**	**422**	mm²

또는 $a = A_{s(배치)} f_y / [(0.85 f_{ck}) b] = 422 \times 400 / (22.95 \times 1{,}000) = 7.4$ (mm)

$c = a/\beta_1 = 7.4/0.85 = 8.7$ (mm)

$\epsilon_t = 0.003(d_t/c - 1) = 0.003(164/8.7 - 1) = 0.0536 > 0.005$ <o.k.>

⑨ **수축 · 온도철근 계산(Shrinkage-temperature reinforcement) :** 식 (4.30)

$\therefore A_{s(소요)} = 0.0020(bh) = 0.020(1{,}000)(190) = 380\ (\mathrm{mm^2/m}) < 1{,}800\ \mathrm{mm^2}$ <o.k.>

$s_{(\max)} \le 5h = 5 \times 190 = 950$ (mm) 또는 450 mm $\rightarrow s_{(\max)} \le 450$ mm 이하

간격 계산 - D13철근 사용 :

$s_{(소요)} \le 1{,}000 A_b / A_{s(소요)} = 1{,}000 \times 126.7 / 380 = 333$ (mm) $\rightarrow s_{(배치)} =$ 300 mm 선택

$\therefore A_{s(배치)} = 1{,}000 A_b / s_{(배치)} = 1{,}000 \times 126.7 / 300 = 422\ (\mathrm{mm^2/m}) < 1{,}800\ \mathrm{mm^2}$ <o.k.>

따라서 수축 및 온도철근으로 D13 하부철근을 중심간격 300 mm로 그림 4.37과 같이 배치한다.

⑩ **철근의 절단** : 그림 4.38의 CRSI(Concrete Reinforcing Steel Institute)[4.13]에서 제시한 표준철근 배치도를 이용하여 계산한다.

ⓐ 불연속 단부 부철근(**t1**)의 받침부 배측 면에서 연장길이 : 그림 4.38b 참고

소요 연장 길이 = $0.25l_n =$ 0.25 × 3.9 = 0.975 (m) < 배치길이 0.98 m <o.k.>

90도 표준갈고리의 갈고리 길이(A 또는 G)(그림 6.23 참고)

$= 12d_b + 3d_b + d_b = 16d_b =$ 16(12.7) = 203 (mm) < 배치길이 210 mm

t1 철근의 길이 = 980 + [400 - 25(피복두께)] + 210 = 1,565 → 1,570 mm 배치

배치 연장길이 980 + 5 = 985 mm로 수정

소요개수 : (10,000 - 400 - 400/2) /300 = 9,400/300 = 31 & 100 mm

받침부 내측 면에서 50 mm 떨어져서 300 mm 간격으로 32개 t1 철근을 배치한다.

ⓑ 첫 내부 받침부 외측면 및 내부 받침부의 부철근(**t2**) 연장길이 : 그림 4.38b 및 c 참고

소요 연장길이 = 큰 값(3.9×0.3=1.17 ; 4.1×0.3=1.23) = 1.23 m ≤ 배치길이 1.23 m <o.k.>

t2 철근의 길이 = 1,230 × 2 + 400 = 2,860 mm

ⓒ 첫 내부 받침부 외측면에서 하나건너 정철근(**b2**)의 절단 : 그림 4.38b 및 c 참고

절단 길이 = 3.9 × 0.125 = 0.488 m > 배치 절단길이 0.48 m <o.k.>

b1 = 3,900 + 150 × 2 = 4,200 mm ; b2 = 3,900 + 150 - 480 = 3,570 mm

ⓓ 내부 받침부에서 하나건너 정철근(**b4**)의 절단 : 그림 4.38b 및 c 참고

절단 길이 = 4.1 × 0.125 = 0.513 m > 배치 절단길이 0.51 m <o.k.>

b3 = 4,100 + 150 × 2 = 4,400 mm ; b4 = 4,100 - 510 × 2 = 3,080 mm

ⓔ 수축·온도철근(**ts**) : (10,000-400-200) + 150 × 2 = 9,400 + 300 = 9,700 mm

수요개수 : 3,900/300 = 13 ; 받침부 내측 면에서 150 mm 떨어져서 13개 ts 철근 배치

⑪ 거더에서 횡방향 상부철근의 설계 : 거더(그림 4.36의 G1, G2, G3 등등)와 근접한 부위의 국부적인 2방향 작용 때문에 거더에 직각방향 슬래브에 상부철근이 소요된다[구조기준 3.4.8(3)]. 거더를 설계할 때, 이 횡방향 보강철근도 설계해야 할 것이다[4.16] [4.2장 플랜지에서 휨철근 분배의 2) 횡방향 철근내용 참고].

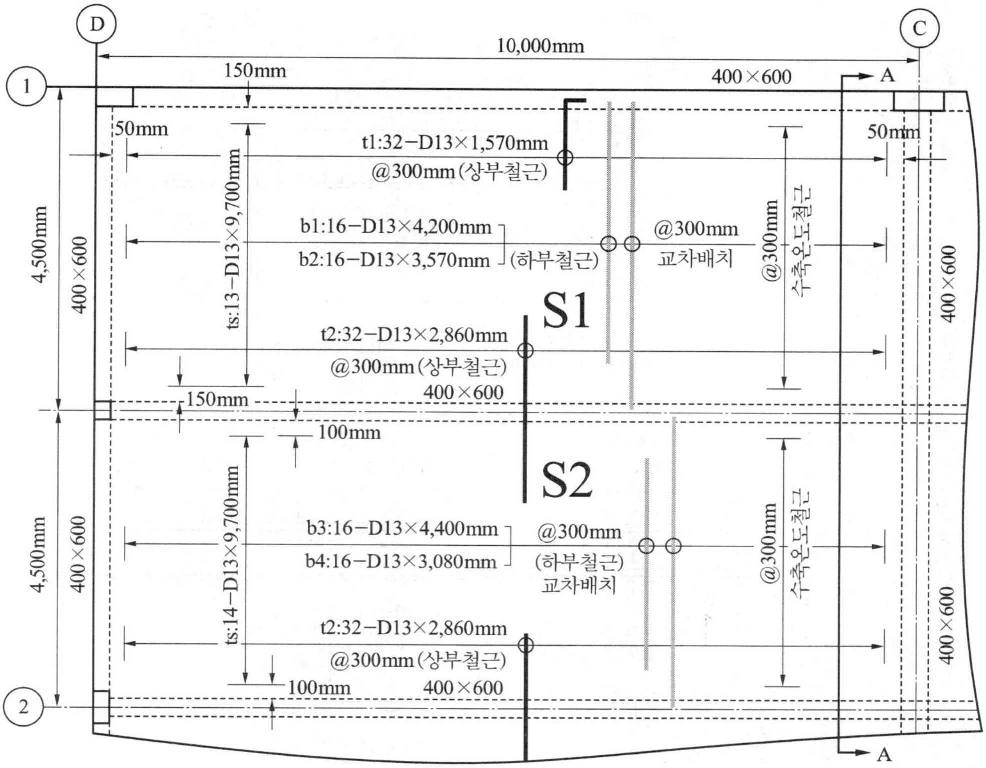

(a) 바닥판 평면에 대한 구조 및 철근 배치도(Structural drawing and placing drawing)

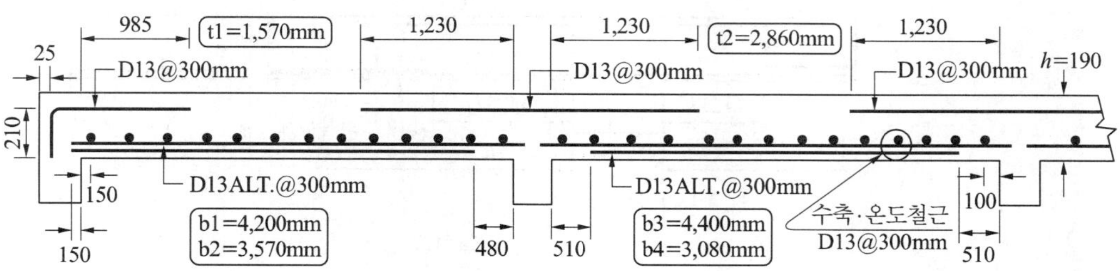

(b) 단면 A-A의 배근도

그림 4.37 철근 배치도

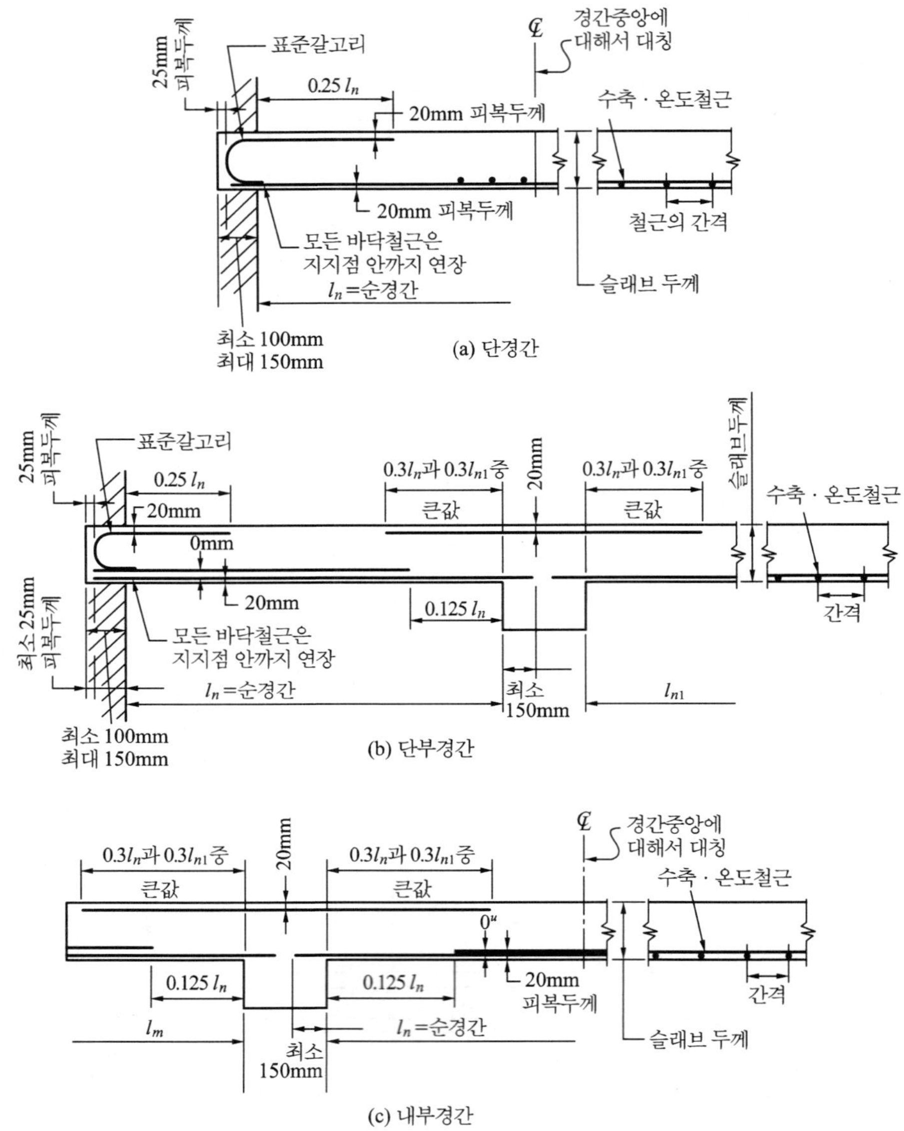

그림 4.38 1방향 슬래브의 표준 철근 배치도(CRSI Design manual)[4.13]

참고문헌

4.1 콘크리트구조기준, 국토해양부 제정, 사단법인 한국콘크리트학회 발행, 2012, 342 pp.

4.2 James K. Wight and James G. MacGregor, Reinforced Concrete Mechanics and Design, 6th Edition, Pearson Education, Inc., 2012, 1157 pp.

4.3 ACI Committee 318, Building Code Requirements for Structural Concrete(ACI 318-08) and Commentary(ACI 318R-08), American Concrete Institute, Farmington Hills, 2011, 503 pp.

4.4 Christian Meyer, Design of Concrete Structures, Prentice Hall International Series, Upper Saddle River, New Jersey, 1996, pp. 576.

4.5 Notes on ACI 318-08, Building code requirements for structural concrete with design applications, Portland Cement Association, 5420 Old Orchard Road, Skokie, Illinois 60077-1083.

4.6 Kenneth Leet and Dionisio Bernal, Reinforced Concrete Design, Third Edition, McGraw-Hill Companies, 1997.

4.7 ANSI/ASCE 7-10, Minimum Design Loads for Buildings and Other Structures, ASCE Standard, 2010, 608 pp.

4.8 R. Park and T. Paulay, Reinforced Concrete Structures, John Wiley & Sons, Inc., 1975, 769 pp.

4.9 A. H. Mattock, L. B. Kriz, and E. Hognestad, "Rectangular Concrete Stress Distribution in Ultimate Strength Design," Journal ACI, Vol. 57, No. 8, February 1961, pp. 875-928.

4.10 James M. Gere, Mechanics of Materials, 5th Edition, Brooks/Cole, 2001, 926 pp.

4.11 C. T. F. Ross, Advanced Applied Stress Analysis, John Wiley & Sons, 1987, 338 pp.

4.12 M. Nadim Hassoun and Akthem Al-Manaseer, Structural Concrete Theory and Design, 3rd Edition, John Wiley & Sons, Inc., 2005, 865 pp.

4.13 CRSI(Concrete Reinforcing Steel Institute), Design Handbook 2008, 10th Edition, 2008.

4.14 민창식 등, 철근콘크리트공학, 구미서관, 초판 3쇄, 2006, 1054 pp.

4.15 건축기준 2009, 대한건축학회, 국토해양부 고시, 개정판, 기문당, 772 pp.

4.16 민창식, 보-슬래브 바닥판 종합설계, 구미서관, 2011, 285 pp.

연습문제

4.1 그림 P4.1에서 a) $d' = 75\,\text{mm}$ 인 경우와 b) $d' = 60\,\text{mm}$ 인 경우에 대해서 각각 단면의 설계 휨모멘트 강도 ϕM_n을 구하고 결과를 서로 비교하라. 단 $f_{ck} = 21\,\text{MPa}$ 이고, $f_y = 400\,\text{MPa}$이다.

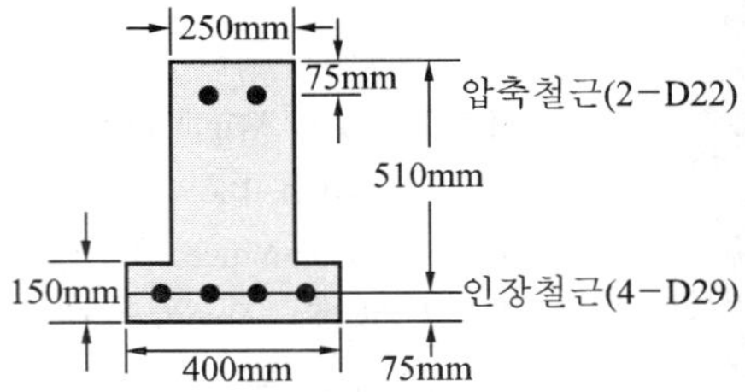

그림 P4.1

4.2 그림 P4.2와 같이 $A_s{}' = 1{,}290\,\text{mm}^2$ 의 압축철근과 구조기준에서 보에 대한 휨거동 한계 변형률 범위($\varepsilon_t \geq 0.004$)를 만족하는 인장철근으로 보강되어져 있는 단면이 있다. 이 단면의 설계 휨강도를 구하라. 단 $f_{ck} = 35\,\text{MPa}$ 이고, $f_y = 400\,\text{MPa}$ 이다.

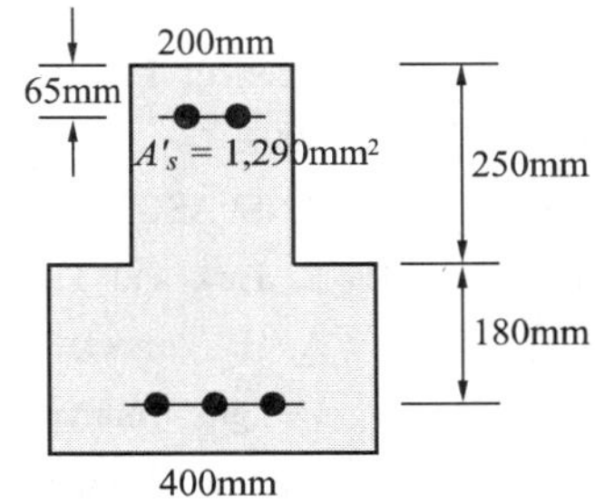

그림 P4.2

4.3 그림 P4.3과 같은 프리캐스트 역 T형 보에는 계수 휨모멘트 $M_u = 380\,\text{kN}\cdot\text{m}$가 작용하고 있다. 이때 소요되는 압축보강 철근량을 구하여라. 단 $f_{ck} = 27\,\text{MPa}$이고, $f_y = 400\,\text{MPa}$이다.

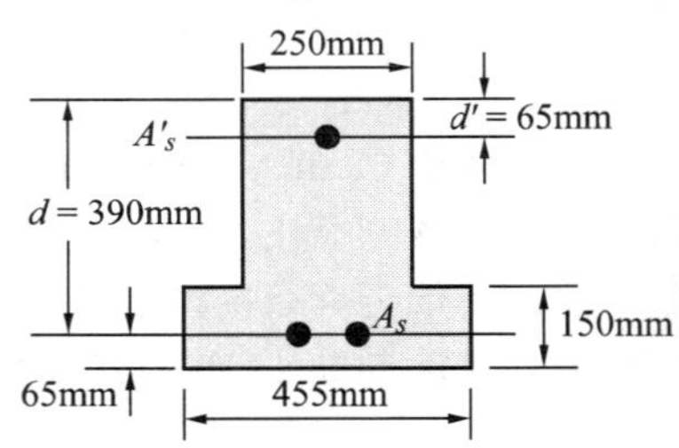

그림 P4.3

4.4 그림 P4.4에 보이는 T형 보의 (a) 설계 휨모멘트 강도 ϕM_n을 구하고, (b) 단면의 균형철근 단면적을 구하라. 단 $f_{ck} = 24\,\text{MPa}$, $f_y = 350\,\text{MPa}$ 이다.

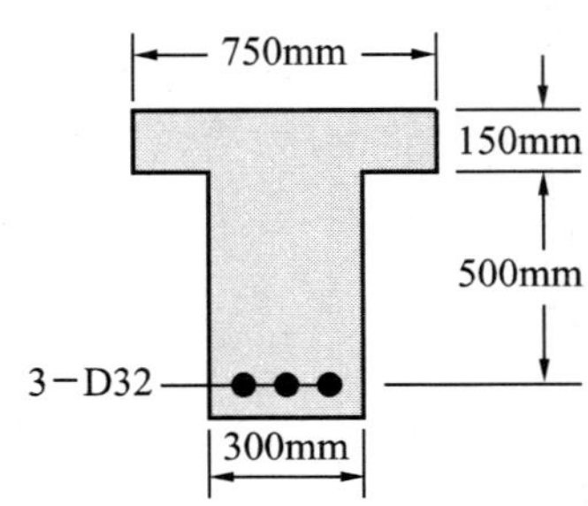

그림 P4.4

4.5 그림 P4.5는 슬래브-보 시스템의 일부분을 보여주고 있다. 이 T형 보의 설계 휨모멘트 강도 ϕM_n을 구하라. 단, f_{ck}= 21 MPa, f_y= 350 MPa이다.

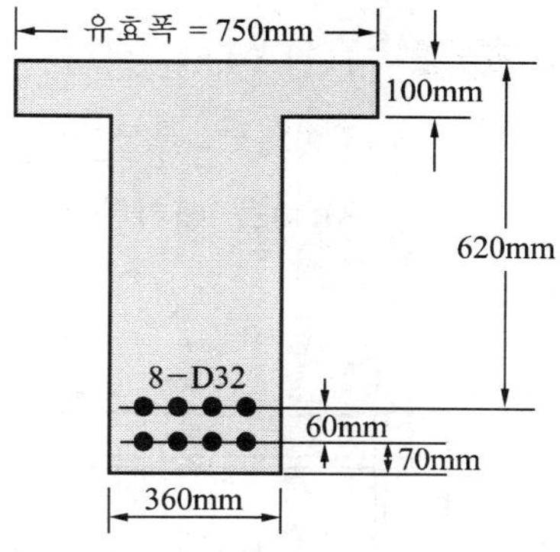

그림 P4.5

4.6 그림 P4.6에 보이는 더블 T형 보에서 (1) 현행 구조기준에서 제시하는 $\varepsilon_t \geq (0.005$ 또는 $2.5\varepsilon_y)$를 만족시키는 최대 철근 단면적이 배치되었다면 설계 휨모멘트 강도 ϕM_n은 얼마인가, (2) $A_s = 6,000\text{ mm}^2$과 그림에는 보이지 않지만 압축철근 $A_s{}' = 1,000\text{ mm}^2 (d' = 50\text{ mm})$이 배치되었을 때 ϕM_n은 얼마인가? 단 f_{ck}= 24 MPa, f_y= 400 MPa이다.

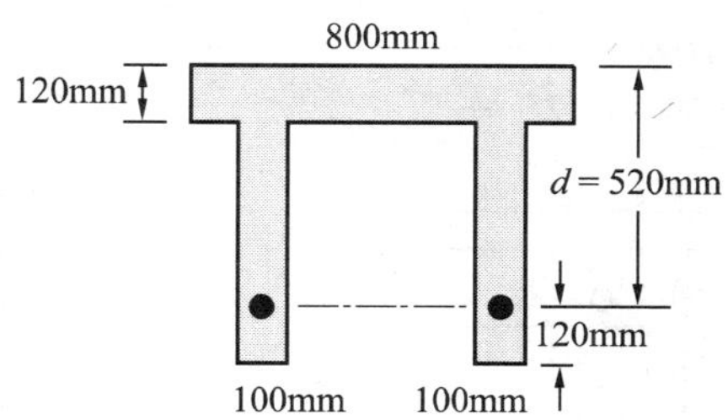

그림 P4.6

4.7[4.2] 그림 P4.7의 박스형 단면에 아래와 같이 보강철근이 배치되는 경우에 설계 휨모멘트 강도 ϕM_n 을 계산하고 $A_{s\,(\min)}$ 을 검토하라. 단, f_{ck}= 27 MPa, f_y= 400 MPa이고 $A_{s\,(\min)}$ 은 b_w 를 이용하여 검토한다.

(a) 6-D25 이형철근이 배치되어 A_s = 6-D25 = 6(506.7) = 3,040 mm^2 인 경우

(b) 9-D29 이형철근이 배치되어 A_s = 9-D29 = 9(642.4) = 5,782 mm^2 인 경우

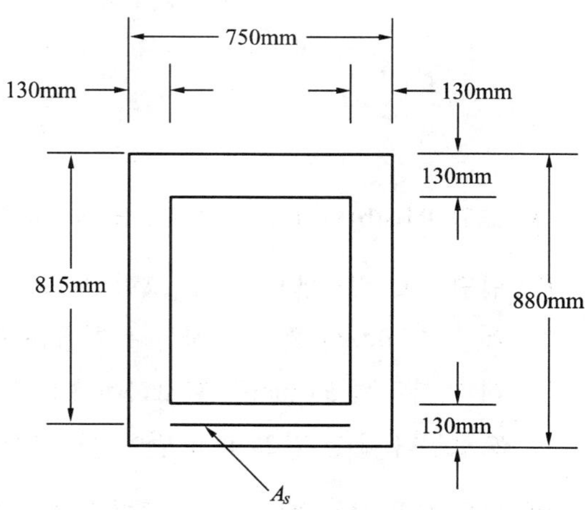

그림 P4.7

4.8 [4.2] 그림 P4.8은 바닥판 슬래브와 T형 보의 단면과 철근 배치도를 보여주고 있다. 아래의 질문에 답하라. 단, 보통중량 콘크리트 설계기준 압축강도 f_{ck}= 24 MPa, 보강철근으로는 SD400(f_y= 400 MPa)을 배치하였다.

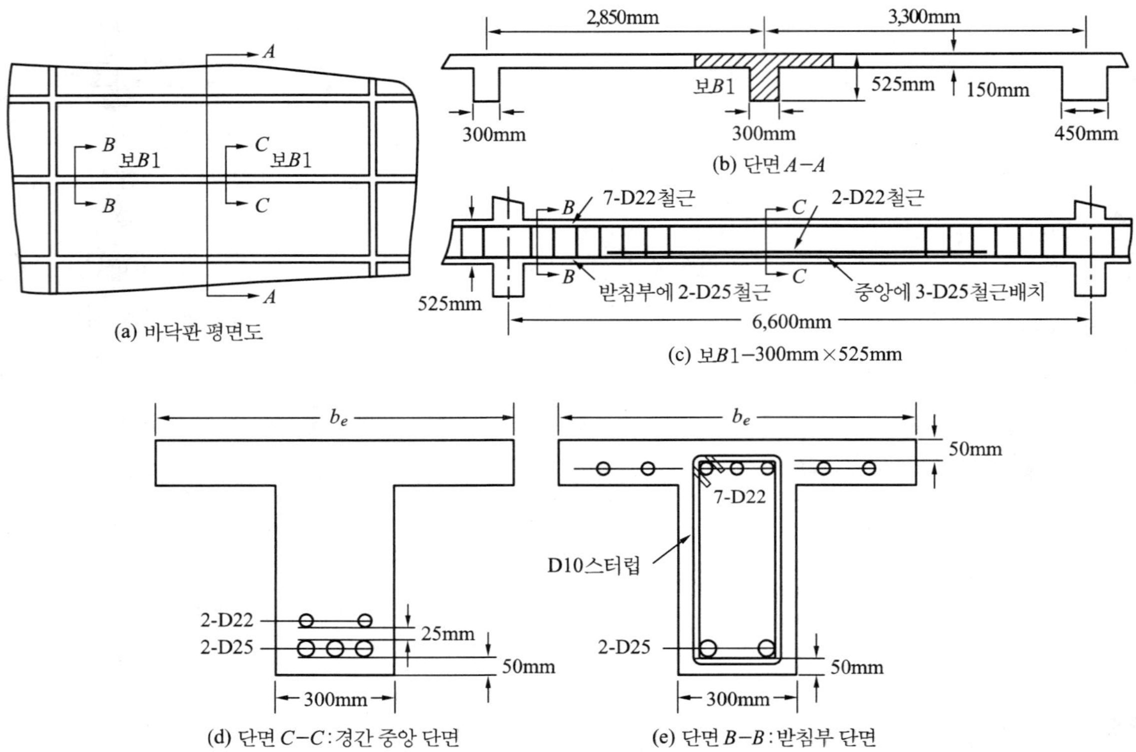

그림 P4.8 바닥판 슬래브와 T형 보

(a) 그림 P4.8(b)의 T형 단면 보 B1에 대한 유효 플랜지의 폭(effective flange width) b_e 를 계산하라.

(b) 단면 C-C 정모멘트 구역 [그림 P4.8(c)와 (d) 참고]의 ϕM_n 을 계산하고, 인장지배 단면의 변형률 한계 $\epsilon_t \geq 0.005$ 를 만족하는 한계철근 단면적 A_{st} 와 $A_{s\,(\min)}$을 검토하라. 이 단면에는 바닥으로부터 피복두께 50 mm를 확보하여 3-D25 철근(A_b= 506.7 mm^2, d_b= 25 mm)이 배치되고, 이 철근 층으로부터 순간격 25 mm 떨어져서 2-D22 철근(A_b= 387.1 mm^2, d_b= 22 mm)이 배치되었다.

(c) 단면 B-B 부모멘트 구역 [그림 P4.8(c)와 (e) 참고]의 ϕM_n 을 계산하고, $A_{s\,(\min)} = \rho_{(\min)} b_w d$ 를 검토하라.

4.9 [4.2] 그림 P4.9는 바닥판 슬래브와 T형 보의 단면을 보여주고 있다. 아래의 질문에 답하라. 단, 보통중량 콘크리트 설계기준 압축강도 f_{ck} = 21 MPa, 보강철근으로는 SD400(f_y = 400 MPa)을 배치하였다.

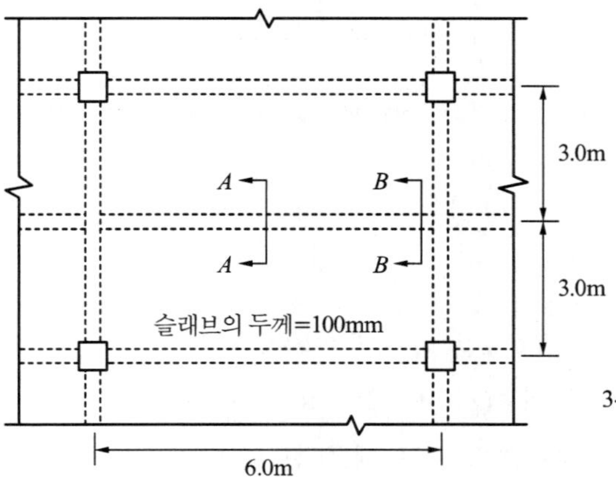

(a) 연속 바닥판 시스템

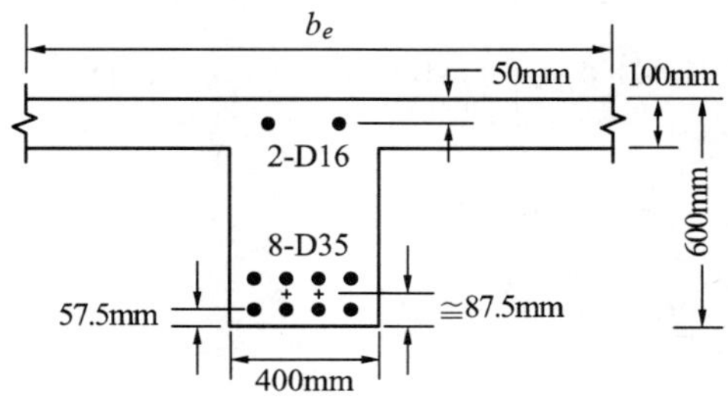

(b) 단면 A−A

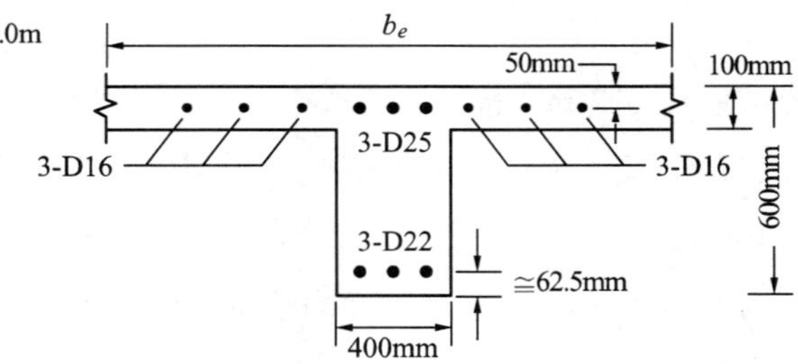

(c) 단면 B−B

그림 P4.9 연속바닥판 시스템과 T형 단면

(a) 그림 P4.9(a)의 연속바닥판 시스템에서 슬래브가 1방향 슬래브인지 검토하고, 그림 P4.9(a)에서 T형 단면 A-A나 B-B의 유효폭(effective flange width) b_e 를 결정하라.

(b) 그림 P4.9(b)의 정모멘트 구역의 단면 A-A에 대해서 ϕM_n 을 계산하고, $A_{s\,(\min)}$을 검토하라. 먼저 압축철근이 항복하는지 검토하고, 인장지배 단면인지 ϵ_t 에 대한 검토를 수행하라. 단, D16 철근은 A_b = 198.6 mm^{2}이고, D35 철근은 A_b = 956.6 mm^{2}이다.

(c) 그림 P4.9(c)의 부모멘트 구역의 단면 B-B에 대해서 ϕM_n 을 계산하고, $A_{s\,(\min)}$을 검토하라. 단, D25 철근은 A_b = 506.7 mm^{2}이고, D22 철근은 A_b = 387.1 mm^{2}이다. 최소철근 단면적은 b_w 로 검토하면 된다.

4.10 그림 P4.10에 보이는 T형 보의 경간 중간 C점과 받침부 B점에서의 휨보강 철근을 설계하라. 모든 단면에서 유효깊이 $d = 400\,\mathrm{mm}$, $h = 460\,\mathrm{mm}$로 콘크리트의 단위질량 $\rho_c = 2{,}350\,\mathrm{kg/m^3}$이고, $f_{ck} = 21\,\mathrm{MPa}$, $f_y = 400\,\mathrm{MPa}$로 가정하라.

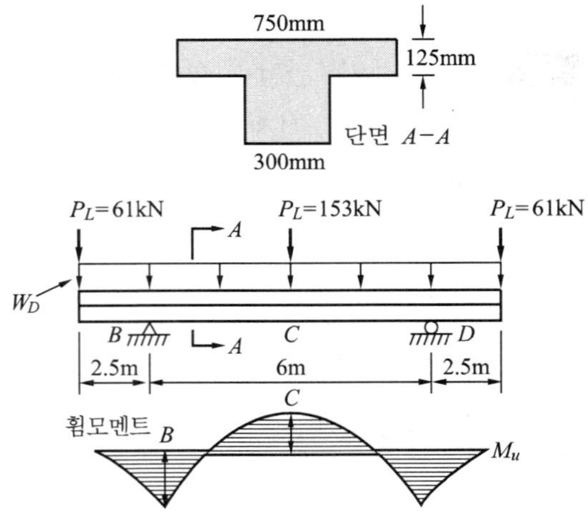

그림 P4.10

4.11 4.0 m × 8.2 m 1방향 슬래브가 짧은 경간 방향으로 6경간(4m × 6 = 24 m), 긴 경간 방향으로 3경간(8.2m × 2 + 8.0m = 24.4 m)이 연장되어 바닥판 슬래브(24 m × 24.4 m)를 구성하고 있다. 그림 P4.11 (b)에는 짧은 경간 방향으로 자른 1방향 슬래브의 설계 스트립에 대한 단면도를 보여주고 있다. 슬래브에는 추가 등분포 고정하중 w_{sD}= 480 Pa(= N/m^2)과 등분포 활하중 w_L= 4.8 kPa이 작용한다. 보통중량 골재 콘크리트의 설계기준 압축강도 f_{ck}= 21 MPa이며, f_y= 400 MPa인 철근을 사용하여 1방향 슬래브를 주어진 설계과정(worksheet)의 빈칸을 채우고 이를 바탕으로 표 P4.1의 설계도표를 완성하여 설계하라. 철근콘크리트의 단위질량 ρ_c= 2,500 kg/m^{3}이다. 바닥판의 두께는 처짐계산을 하지 않아도 되는 경우의 최소 두께를 마지막 자리수를 반올림해서 결정하고(예: 158 → 160 mm), 주철근의 간격은 첫 번째 자리 숫자를 절삭하여 결정하고(소요 간격 257 mm → 배치 간격 250 mm), 수축 · 온도철근은 300, 350, 400 등으로 50 mm 간격으로 배치하라. 주철근과 수축 · 온도철근은 D13 철근(A_b= 126.7 mm^2)을 배치한다. 최종적으로 슬래브 단면의 철근 배치도와 단면도(그림 4.37 참고)를 그림 P4.11 (c)와 (d)에 그리면서, 철근의 절단은 그림 4.38을 이용하라. 그림 P4.11 (a)의 평면도에는 차량 주차구획을 보여주고 있다. 주차구획의 규정에서 1면의 크기는 2.3 m × 5.0 m로 기둥과 기둥 사이에 3개(2.3 m × 3 = 6.9 m < 8.0 − 0.4 − 0.2 = 7.4 m ; OK)의 주차구획을 계획한다.

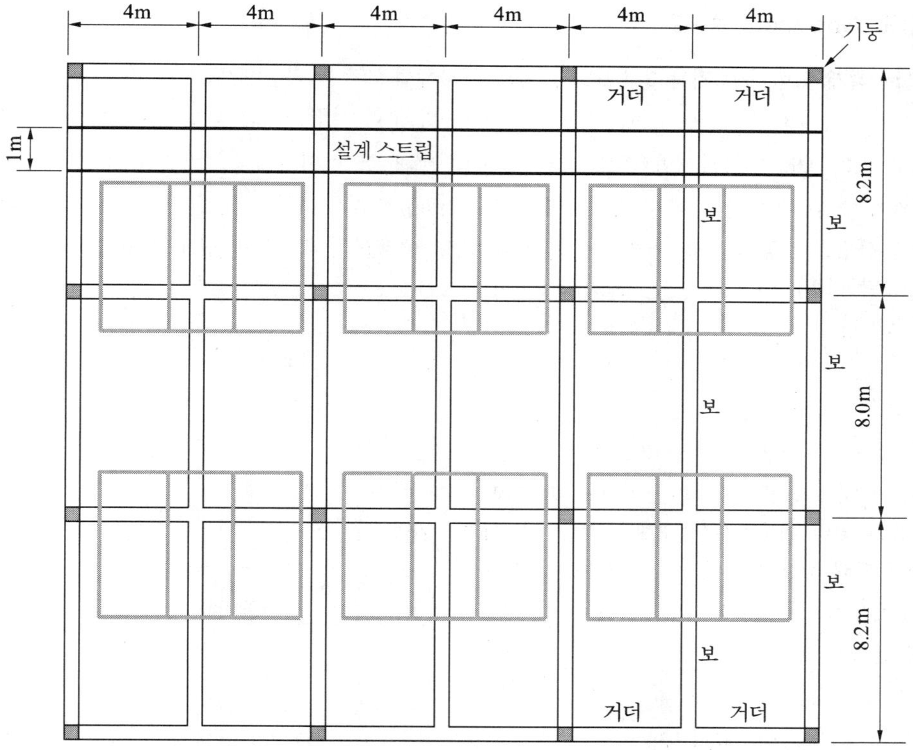

(a) 주차구획(1면의 크기: 2.3m × 5.0m)을 보여주는 바닥판 슬래브 평면도(floor plan)

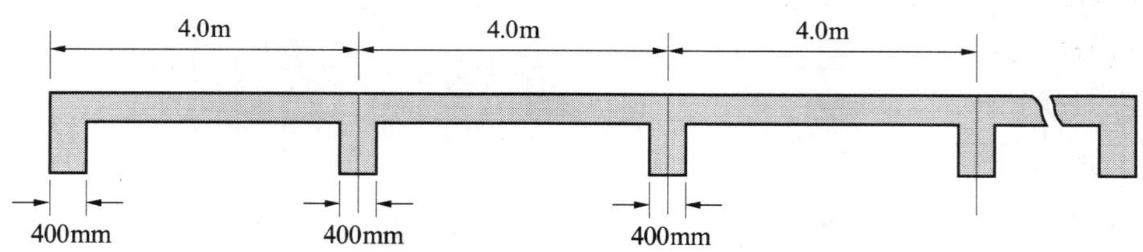

(b) 설계스트립의 단면도

그림 P4.11 (a) 및 (b) 1방향 바닥판 슬래브

[문제 4.11]의 설계 Worksheet #1-2

① **1방향 슬래브로 설계 또한 구조기준 3.4.1(3)에 따라 근사해법을 적용 가능 검토 :**

l_L= ____ - ____/2 =______ (m), l_S= ____ (중앙 부분 가장 큰 값) ; 형상비 검토 : l_L/l_S= ____ / _ =______ ≥ 2.0 OK ; 근사해법 적용 조건 검토 : ⓐ 2 경간 이상 ; ⓑ 인접 2 경간 l_{s1}/l_{s2} = ____ / _ = ____ < 1.2 ; ⓒ 등분포 하중 작용 OK ; ⓓ w_L/w_D < 3 OK 가정 ; ⓔ 단면 크기 일정 OK

② **바닥의 두께를 산정 : 처짐 계산을 하지 않는 경우의 1방향 슬래브의 최소두께** 규정인 표 5.6

최 외측 경간(1단 연속) : l = _____ mm ; 최소 $h = l$ / ____ = _____ /___= _____ mm

내부 경간(양단 연속) : l = _____ mm ; 최소 $h = l$ / ____ = _____ /___= _____ mm

∴ $h_{(설계)}$= _____ mm ; d= _____- _____- ____/2 ≈ _____ **mm**

③ 계수하중 계산 : $w_{Ds} = h\gamma_c g$= ________________=________ kN/m²

∴ $w_u = [1.2(w_{Ds} + w_{sD}) + 1.6w_L] \times 1\text{ m}$ = 1.2 (_____+_____) + 1.6 (_____) = _______ kN/m

④ **강도감소계수 선택** : 인장지배단면 ϕ= 0.85로 가정

⑤ 슬래브의 두께가 최대 휨모멘트에 대해서 적당한지 검토 : 생략

⑥ **두께가 전단에 대해 충분한지 검토** : 단부경간 순경간 : l_n= ____-_____-____/ 2 = _____ mm

V_u/ϕ= 1.15$(w_u l_n/2)/\phi$= 1.15 (_____ × _____/2) / _____ = _____ kN/m

내부경간 순경간 : l_n= _____-_____ = _____ mm

V_u/ϕ= 1.0$(w_u l_n/2)/\phi$= 1.0 (_____ × _____ /2) / _____ = _____ (kN/m)

〈 $V_c = (\lambda\sqrt{f_{ck}}/6)b_w d/1{,}000$= (___√___/6)(____)(____)/1,000 = _____ kN 〈OK〉

⑦ **철근의 설계** : 최외단 받침부 내면 계산

(1) 순경간 l_n : _______m ; (2) w_u= _______ kN.m ; (3) $w_u l_n^2$= __________ kN·m

(4) 모멘트 계수 C_m = _____ (그림 4.35) ; (5) (3) × (4) 계산 : M_u= _____ kN.m ; (6) M_u/ϕ= ____ kN.m

(7) $B = (-2bd)(0.85f_{ck}/f_y)$= ______________________________ = _________ mm²

(8) $C = (M_u/\phi)(2b/f_y)(0.85f_{ck}/f_y)$= ___________________________ = __________ mm⁴

(9) $A_{s(소요)} = (-B - \sqrt{B^2 - 4C})/2$= __________ mm²

(10) 식 (4.26) : $s_{(소요)} \le 1{,}000A_b/A_{s(소요)}$ = ______________ = ___ mm [D13 철근, A_b= 126.7 mm² 배치]

(11) 최소철근 규정 : f_y = 400 MPa → 0.002 bh

식 (4.30) : $A_{s(\min)} = 0.0020(bh) = 2h$ = _________=_______ mm²/m 〈 1,800 mm²/m 〈o.k.〉

식 (4.26) : $s_{(\min)} \le 1{,}000A_b/A_{s(\min)} = 1{,}000A_b/2h$ = ______________ = _______ mm

(12) 휨철근의 간격 검토 : $f_s = (2/3)f_y$ = ______ MPa ; 실내 환경 k_{cr}= 280 가정 ; c_c= 20 mm

식 (5.11) : $s_{(\max)} = 375(k_{cr}/f_s) - 2.5c_c$= _________ mm ≤ $300(k_{cr}/f_s)$= ________ mm ← 지배

(13) 정·부철근의 중심간격 제한 : 식 (4.29) : $s_{(\max)}$ = (2h, 300 mm) 이하 = __________ mm

(14) 철근의 최대 간격 결정 : $s_{(\max)} \le$ Min[10 ~ 13] = __________ mm

(15) 간격 선택 : $s_{(선택)}$= _______ mm ≤ [$s_{(\max)}$= _______ mm] 〈o.k.〉

(16) $A_{s(배치)} = 1{,}000A_b/s_{(선택)}$= ______________ = _____ mm² > $A_{s(\min)}$= _______ mm² 〈o.k.〉

[문제 4.11]의 설계 Worksheet #2-2

⑧ 변형률 검토 : $a = A_{s(배치)} f_y / (0.85 f_{ck} b) =$ ________ = ______ mm ; $c=$ a/0.85 = ______ mm

$\epsilon_t = 0.003(d_t/c - 1) =$ ________ = ______ 〉 0.005 〈o.k. 인장지배단면〉

⑨ 배력철근(수축・온도철근 계산(Shrinkage-temperature reinforcement) 계산 : 식 (4.30)

$A_s = 0.0020(bh) = 2h =$ ______ mm^2/m 〈 1,800 mm^2/m 〈o.k.〉

$s_{(max)} \leq 5h =$ ______ mm 또는 450 mm → $s_{(max)} \leq$ ______ mm 이하

간격 계산 – D13철근 사용 : $s \leq 1{,}000 A_b / A_s =$ ________ mm → $s_{(배치)} =$ ______ mm 선택

$\therefore A_{s(배치)} = 1{,}000 A_b / s_{(배치)} =$ ________ = ______ mm^2 〈 1,800 mm^2/m 〈o.k.〉

⑩ 철근의 절단 및 배치 : 그림 4.38 참고 ; 그림 4.37 a 평면도 및 b 단면도 참고

ⓐ **t1 철근 (테두리보 상부철근)** 길이 : 연장길이 $0.25 l_n =$ 0.25 × ______ = ______ mm

90도 표준갈고리 A 또는 G의 길이 = 16db = 16(12.7) = 203 → 배치 210 mm

테두리 보로의 연장 길이 : ____ – 25 (갈고리 피복두께) = ______ mm

총 소요 길이 = ____ + ____ + ______ = ______ → 배치 t1 = ______mm [10mm 단위 절상]

t1 철근 슬래브로의 연장길이 : 소요 ______ mm → 배치 ______ mm [절상한 길이 더해줌]

소요 개수 계산 : (= – –) (장변방향 순경간) / ______(간격) = ____ 간격 & 100 mm

받침부 내측 면에서 100/2 = **50 mm 떼어서** ______ 간격 + 1 = ______개를 배치

ⓑ **내부 보 상부철근 t2** 길이

= Max[0.3×______(순경간1) =____ ; 0.3 ×______(순경간2) =____] ×2 +____(보의 폭) = ______ mm

ⓒ **테두리 슬래브 하부철근 b1** 길이 : 자르는 길이 0.125 × ____(순경간) = ____ → 배치 ____ mm (절삭)

배치 b1 철근 총 길이 = ____(순경간) + 150 (테두리보 연장길이) –___(철근 자르는 길이) = ____ mm

ⓓ **테두리 슬래브 하부철근 b2** 길이 = ______(순경간) + 150 × 2 (테두리보 연장길이 양쪽) = ______ mm

소요 개수 계산 : 받침부 내측 면에서 50 mm 떨어져 **b1과 b2를 교대로** ______ **/ 2 =** ____**개씩 배치**

ⓔ **내부 슬래브 하부철근 b3** 길이 : 자르는 길이 0.125 × ______ (순경간) = ______ mm

배치 b3 = ______(순경간) – ______ × 2 (양쪽으로 자르는 길이) = ______ mm

ⓕ **내부 슬래브 하부철근 b4** 길이 : ______(순경간) + 150 × 2 (테두리보 연장길이 양쪽) = ______ mm

소요 개수 계산 : 받침부 내측 면에서 50 mm 떨어져 **b3와 b4를 교대로** ______ **/2 =** ______ **개씩 배치**

ⓖ **배력철근 (수축・온도철근) (t_s)** : D13@ ______ mm로 장경간 방향 배치

장경간 순경간 $l_n =$ ______(장경간) – ______ (보의 폭) / 2 – ______ (테두리보의 폭) = ______ mm

소요 총 길이 = l_n + 150 × 2 = ______ + 150 × 2 = ______ mm

받침부 내측 면에서 50 mm(× 2 양쪽) 떼어서 (______ (순경간) – 100) / ___ = ___+ 1 = ___개 배치

배치구간 = 50 × 2 + (____ – 1) × ____ = ______ mm ≡ ______ (순경간) 〈OK〉

표 P4.1 문제 [4.11]의 1방향 슬래브의 설계

	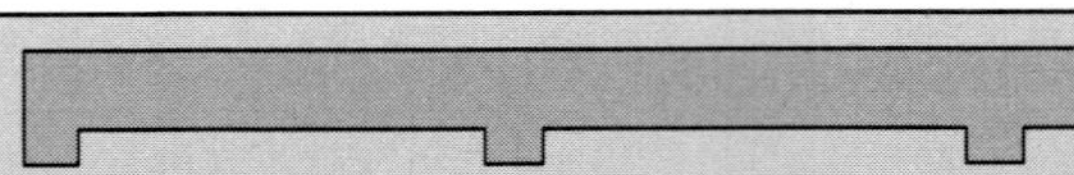						
	①	②	③	④	⑤	⑥	
(1) ln							m
(2) w_u							kN/m
(3) $w_u \ln^2$							kN.m
(4) C_m							
(5) $M_u = (3) \times (4)$							kN.m
(6) $M_u / \phi (\phi = 0.85)$							kN.m
(7) $B = (-2bd)(0.85 f_{ck} / f_y)$							
(8) $C = (M_u / \phi)(2b / f_y)(0.85 f_{ck} / f_y)$							
(9) $A_{s(소요)} = \left[-B - \sqrt{(B^2 - 4C)} \right] / 2$							mm^2
(10) $s_{(소요)} = 1{,}000 A_b / A_{s(소요)}$							mm
(11) 최소철근 $s_{(min)} \leq 1{,}000 A_b / 2h$							mm
(12) 휨철근 간격 규정 $s_{(max)}$							mm
(13) 중심간격 제한 $(2h, 300 \text{ mm})$							mm
(14) $s_{(max)}$ = Min.[10~13]							mm
(15) 간격 선택, $s_{(배치)}$	D13@	D13@	D13@		D13@	D13@	
(16) $A_{s(배치)} = 1{,}000 A_b / s_{(배치)}$							mm^2

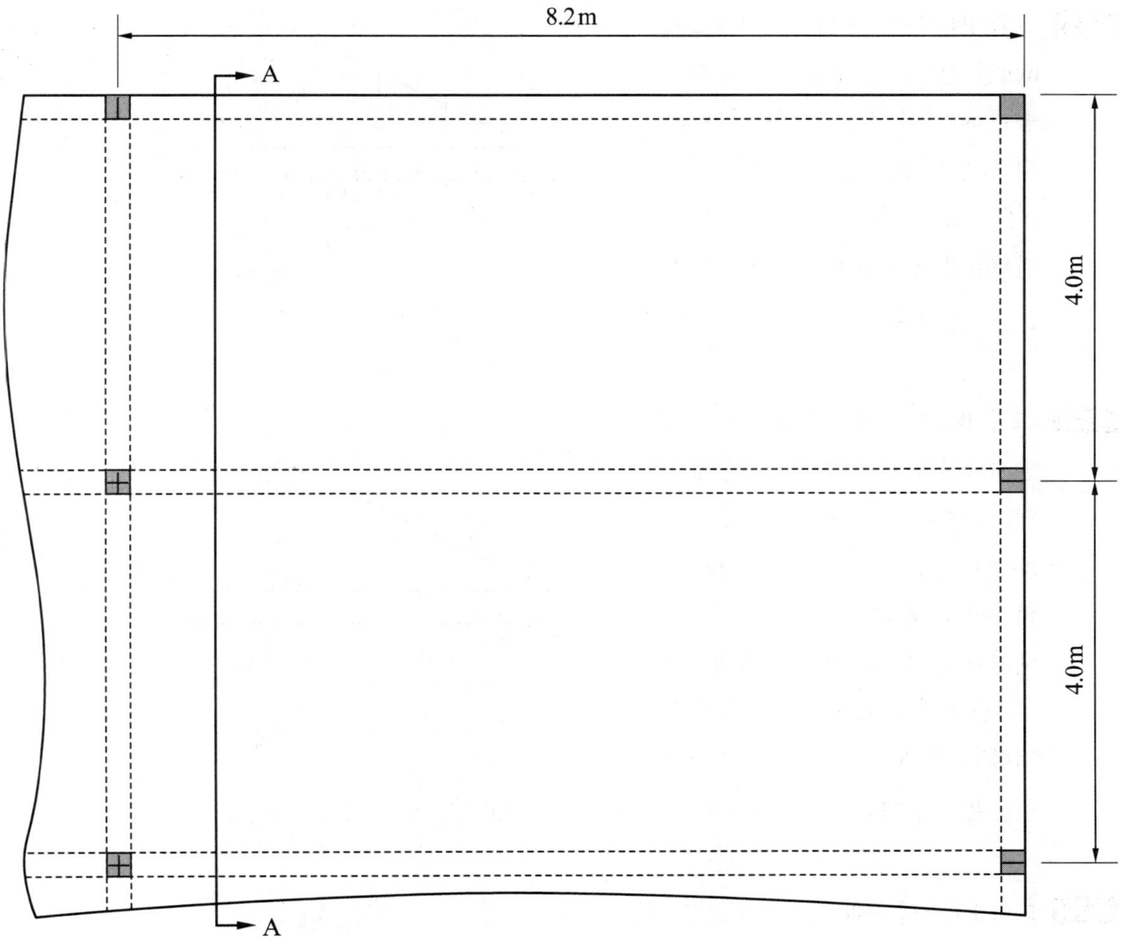

그림 P4.11 (c) 바닥판 평면에 대한 구조 및 철근 배치도

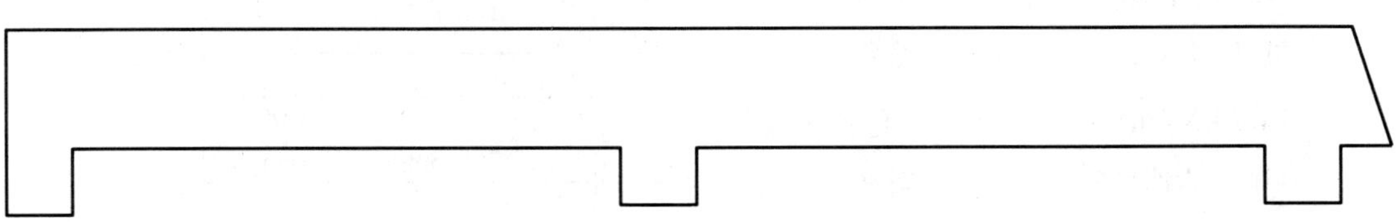

그림 P4.11 (d) 단면 A-A : CRSI에 따라 절단한 배근도

4.12 그림 P4.12에 보이는 두께가 200 mm인 1방향 슬래브에서 고정하중에 더하여 작용할 수 있는 최대 등분포 활하중을 휨만을 고려하여 결정하라. 철근콘크리트의 단위질량 $\rho_c = 2,500\ \text{kg/m}^3$이고, $f_{ck} = 21\ \text{MPa}$에 $f_y = 400\ \text{MPa}$이다.

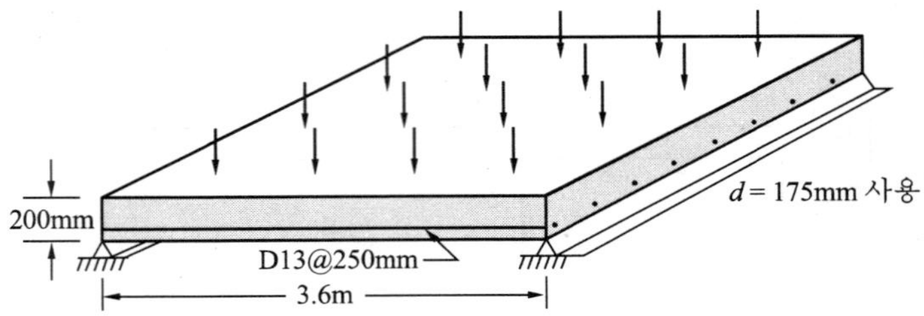

그림 P4.12

4.13 그림 P4.13의 경간이 4.2 m인 1방향 슬래브에서 자신의 고정하중에 더하여 균등한 등분포 활하중 $w_L = 3.53\ \text{kN/m}^2$이 작용한다. 사용 고정하중이 17.6 kN/m 인 벽돌벽이 그림에서와 같이 슬래브의 한편에 작용한다. 슬래브의 유효깊이와 두께를 선택하고 휨과 온도철근을 설계하라. 철근콘크리트의 단위질량 $\rho_c = 2,500\ \text{kg/m}^3$이고, $f_{ck} = 21\ \text{MPa}$에 $f_y = 400\ \text{MPa}$이다.

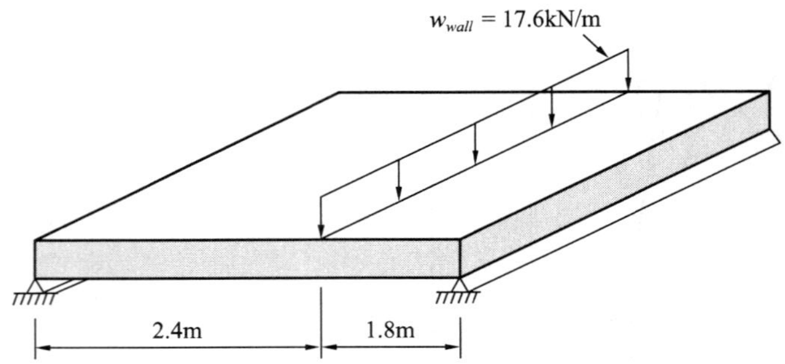

그림 P4.13

4.14 그림 P4.14의 슬래브는 계수고정하중을 포함하여 $w_u = 14.2\ \text{kN/m}^2$의 등분포 하중을 지지하고 있다. 슬래브는 또한 각각의 양끝 캔틸레버에 벽하중이 작용하고 있다. 벽의 고정하중은 $w_D = 14.7\ \text{kN/m}$(계수를 가하지 않은 하중)이다. 슬래브의 깊이를 선택하고 휨철근과 온도철근을 설계하라. 결과는 축적의 스케치를 그려라. 콘크리트는 경량콘크리트를 사용하여 단위질량 $\rho_c = 1,850\ \text{kg/m}^3$이고, $f_{ck} = 24\ \text{MPa}$에 $f_y = 400\ \text{MPa}$이다.

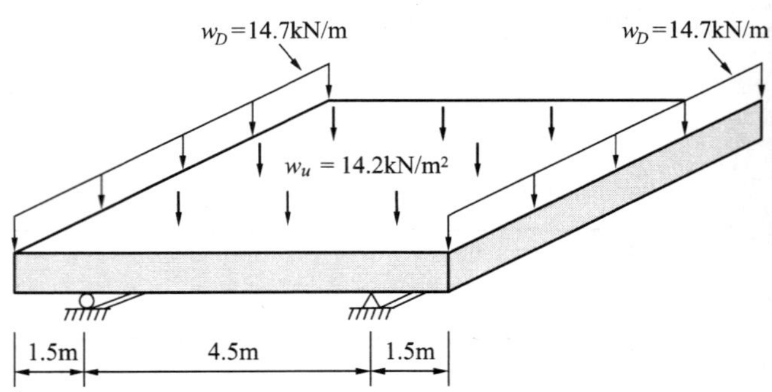

그림 P4.14

Chapter 5

사용하중 거동 - 처짐과 균열
Service Load Behavior - Deflections and Cracking

Reinforced Concrete

3장과 4장에서는 강도설계법에 의하여 재료의 극한거동에 대한 강도(strength)를 기준으로 단면을 해석하고 설계하였다. 실제 구조물에는 평상시에 계수하중(즉, 1.2D+1.6L 등)이 작용한다고 보기 어렵고, **사용하중(D+L, service load)**의 일부분이 작용할 것이다(그림 3.7의 0-C-Y 구간). 이런 사용하중이 작용할 때 균열이 일어난 보에서 압축영역의 응력분포는 선형에 가깝고 보강철근도 아직 탄성영역에 머물러 있게 된다. 따라서 사용하중 하에서 콘크리트나 철근의 응력은 탄성해석으로 구해야 되며 응력의 분포를 선형으로 가정하므로 **직선이론해석(straight-line theory analysis)** 또는 **허용응력해석법(working stress analysis)**이라고 부르고 있다. 구조부재가 강도에는 이상이 없어 붕괴에 대한 안전율을 만족시킨다고 하더라도 사용 중에 과도한 처짐이나 진동 등으로 사용자에게 불쾌감을 주어서는 안 되므로 **사용성(serviceability)** [즉, **균열(cracking)**과 **처짐(deflection)** 및 **피로(fatigue)**의 영향 등]에 대해서 검토하여야 한다고 구조기준 4.1.1에서는 규정하고 있다. 처짐과 균열은 사용하중 하에서 콘크리트와 철근이 탄성영역에 있으므로 탄성해석으로 검토해야 할 것이다(즉, 허용응력해석방법을 따라야 한다). 이는 1.8장에서 다룬바와 같이 철근콘크리트 구조물을 설계하기 위해서는 3단계의 한계상태(즉, 극한한계상태, 사용성 한계상태 및 특별한계상태)를 고려해야 하며, 본 장에서는 사용성 한계상태를 고려한다는 의미이다.

1.10장에서 다룬바와 같이 2007년 이후 구조기준[5.2]에서 휨에 대해서 요구되는 하중계수와 강도감소계수의 순효과(net effect)는 2003년 1.4D+1.7L에서 2007년 이후의 1.2D+1.6L로 감소된 하중계수에 의해서 2003년 기준에 비해서 11% 감소된 휨철근이 요구되고 있다. 따라서 동일한 하중에 대해서 개정된 구조기준은 작은 휨철근이 요구되므로 사용하중이 작용할 때 철근의 응력이 11% 정도 증가하게 되어 2003년 기준에 비해서 균열의 폭이 넓어지거나 또는 처짐이 커지게 될 것이다. 이러한 상황은 ACI에서도 나타난 현상으로 Darwin 등[5.20]은 ACI 318-1999의 부록 C에서 ASCE/SEI 7-10[5.19](또는 그 당시의 ASCE/SEI 7-95)의 하중계수를 적용하기 위해서는 인장지배 단면에 대한 강도감소계수를 $\phi=$ 0.80을 제안하면서, ACI 318-02에서 이전의 휨 강도감계수와 동일한 $\phi=$ 0.90을 사용하는 것에 대해서 안전에 위험이 될 수 있다고 지적하였다.

5.1 탄성개념 - 보의 휨 해석(Elastic Concept - Flexural Analysis of Beams)

2007년 기준에서는 설계는 강도설계법을 적용하는 것을 원칙으로 한다고 규정하고, 다만, 발주자가 필요하다고 인정하는 경우 종전에 적용하던 2003년 기준 부록의 대체설계법 [또는 **별도설계법(alternate design method)**, 허용응력설계법, working stress, service load, straight-line design method]을 따를 수 있다고 규정하여 허용응력설계법의 적용을 가능하게 하였었다. 그러나 2012년 구조기준 1.2(2)[5.2]에서는 별도설계법(허용응력설계법)이 더 이상 실무에서 사용되지 않는다는 이유를 들어 부록에서 삭제하게 되었다[5.41]. 따라서 그 동안 수십 년 이상 적용되어 오던 허용응력설계법에 의한 단면의 설계는 더 이상 고려하지 않아도 되는 상황이 되었다.

그러나 앞에서 언급한바와 같이 구조기준 4장의 균열이나 처짐 또는 피로 등과 같은 사용성을 검토하기 위해서는 콘크리트나 보강철근의 응력이 선형탄성영역에 있으므로 별도설계법(허용응력설계법)의 개념을 이해하여야 한다. 별도설계법(허용응력설계법)은 탄성이론과 Hooke의 법칙에 따라 해석 및 설계하는 방법으로 기본가정은 아래와 같다.

기본가정(Basic Assumptions)

① 평면인 단면은 휨에 의해서 처짐이 일어난 뒤에도 평면을 유지한다[1)].

② 응력과 변형률은 중립축으로부터의 거리에 비례한다[2)].

③ 인장에 대한 콘크리트의 강도는 균열이 일어난 뒤의 단면일 때 무시한다. 균열이 일어나기 전의 콘크리트의 전 단면적은 인장력에 유효하다.

④ 인장철근은 철근단면적의 n 배의 콘크리트 인장 단면적으로 계산할 수 있다. n 는 **탄성계수비(modular ratio)**이며 식 (5.1a)에 제시되어 있다[3)].

⑤ 철근과 콘크리트는 완벽한 결합상태(perfectly bond condition)로 서로 미끄러짐(no slip)이 일어나지 않는다.

⑥ 철근의 탄성계수는 식 (2.51)에서 $E_s = 2.0 \times 10^5$ MPa [구조기준 3.4.3(2)]로 주어졌으며, 콘크리트의 탄성계수는 아래와 같이 주어졌다.

구조기준 3.4.3에서는 콘크리트의 단위질량 $\rho_c = 1{,}450 \sim 2{,}500\ \mathrm{kg/m^3}$ 인 경우에 탄성계수를 아래와 같이 재령 28일의 평균압축강도 $f_{cu} = f_{ck} + \Delta f$ 를 도입하여 제시하였다.

$$E_c = 0.077\,\rho_c^{\,1.5}\,\sqrt[3]{f_{cu}}\ \ (\mathrm{MPa}) \tag{2.4a}$$

여기에서 f_{cu} 는 다음과 같이 정의하고 있다.

$$\begin{cases} f_{ck} \le 40\ \mathrm{MPa} & : f_{cu} = f_{ck} + 4\ \mathrm{MPa} \\ 40\ \mathrm{MPa} < f_{ck} < 60\ \mathrm{MPa} & : f_{cu} = 1.1 f_{ck} \\ f_{ck} \ge 60\ \mathrm{MPa} & : f_{cu} = f_{ck} + 6\ \mathrm{MPa} \end{cases} \tag{2.5}$$

구조기준에서는 또한 보통중량골재 콘크리트($\rho_c = 2{,}300\ \mathrm{kg/m^3}$)인 경우에는 아래와 같은 간략식을 사용할 수 있도록 제시하고 있다.

$$E_c = 8{,}500\,\sqrt[3]{f_{cu}}\ \ (\mathrm{MPa}) \tag{2.4b}$$

---

1) Bernoulli의 가정 : 길이가 길고 깊이는 얕은 보(slender beam)라는 가정을 의미한다.

2) Hooke의 법칙(탄성거동)을 만족한다.

3) 환산단면적 개념(transformed section concept)을 의미한다.

환산단면 개념(Transformed-Section Concept ; Transformed-Area Concept)

사용하중 하에서 보는 탄성적으로 거동한다고 가정할 수 있다. 탄성 휨에 대한 기본가정은 변형률은 부재의 깊이에 따라 선형으로 분포하고, 이 변형률에 대응하는 응력은 $f=E\varepsilon$ 으로 구할 수 있다고 하는 것이다. 이러한 가정으로부터 탄성 휨공식 $f=My/I$ [식 (1.25) 및 (3.4a)]를 유도할 수 있다. 만약에 보에서 탄성계수 E가 서로 다른 2 종류의 재료로 만들어져 한 재료가 강성이 더 크게 되면 동일한 변형률에서도 한 재료가 큰 응력을 받아 응력분포도가 서로 다르게 될 것이다. 그러나 만약에 가상적으로 보가 모두 동일한 탄성계수의 강재로 되어 있거나 아니면 보가 모두 콘크리트로 되어 있다고 하면 비록 E가 서로 다른 2 종류의 재료로 보가 구성되어 있다고 하더라도 탄성 보 이론을 적용하여 해석할 수 있을 것이다(일반적으로 후자의 방법을 보통 따른다.). 이렇게 하기 위해서는 철근의 단면적을 등가의 축 강성 AE(axial stiffness)를 갖는 콘크리트 단면적으로 바꾸면 될 것이다. 이 환산단면적의 위치는 실제 철근 단면적의 도심에 집중되어 있다고 가정해야 할 것이다.

이 방법은 작용하는 철근 단면적을 등가의 콘크리트 단면적으로 바꾸어 콘크리트와 동질의 단면으로 환산하는 것을 말하며, 단기하중 하에서 Hooke의 법칙을 만족해야 하므로 다음의 2가지 조건을 만족하여야 한다.

① 힘의 평형조건 : $A_s f_s = A_{tc} f_{tc}$, 여기에서 A_s, f_s는 각각 철근의 단면적과 응력이고 A_{tc}, f_{tc}는 각각 환산된 콘크리트의 단면적과 응력을 의미한다.

② 변형률 적합성(strain compatibility) : $\varepsilon_s=\varepsilon_{tc}$ 이어야 하므로, 식 (2.25)의 E_{eff}로 쓰면

$\dfrac{f_s}{E_s}=\dfrac{f_{tc}}{E_{eff}}$, $f_s=\dfrac{E_s}{E_{eff}}f_{tc}=nf_{tc}$ 가 된다. 여기에서 탄성계수비 n는

$$n=\frac{E_s}{E_{eff}}=\frac{E_s}{\dfrac{E_c}{1+C_t}}=\frac{E_s}{E_c}(1+C_t) \tag{5.1a}$$

로 표현될 수 있다. 여기에서 $C_t=\varepsilon_{creep}/\varepsilon_i$ 는 크리프계수[식 (2.23) 참고]이다. 따라서 철근의 환산단면적은

$$A_{tc}=A_s\frac{f_s}{f_{tc}}=A_s\frac{nf_{tc}}{f_{tc}}=nA_s \tag{5.2}$$

가 된다.

2003년 기준에서 단기하중 하에서 크리프계수 $C_t=0$ 가 되어 탄성계수비는 보통중량골재 콘크리트를 사용하여 단위질량 $\rho_c=2{,}300\ \mathrm{kg/m^3}$ 인 경우[식 (2.4b) 참고]에 식 (5.1a)는 아래와 같이

표현되며, n 를 6 이상으로 규정하고 있다[2003년 기준 I.5.1(2)⑤][4].

$$n = \frac{E_s}{E_c}(1+C_t) = \frac{2.0\times 10^5}{8{,}500\sqrt[3]{f_{cu}}}(1+0) = \frac{23.53}{\sqrt[3]{f_{cu}}} \geq 6 \tag{5.1b}$$

기준에서는 또한 계산을 간단하게 하기 위해서 가장 가까운 정수를 사용할 수도 있다고 제시하지만, 근래에는 컴퓨터를 이용하여 계산하기 때문에 정수를 사용하여 계산을 간단히 할 필요가 없어서 이런 규정을 대부분 적용하지 않고 있다.

2003년 기준의 부록 I.5.1(2)⑥에서는 장기하중 하에서 크리프와 건조수축의 영향을 고려하여 압축철근에 대해서 응력을 계산(중립축이나 단면 2차 모멘트 계산)하는 경우에 n 대신에 $2n$ 을 사용하도록 제시하고 있다. 이 $2n$ 의 사용은 만약에 그림 2.45에서 탄성변형률과 크리프 변형률을 합한 응력-변형률곡선에서 크리프 계수 $C_t = 1.0$로 보아 $E_{eff} = 0.5E_c$라면 $E_s/(0.5E_c) = 2E_s/E_c = 2n$ 가 되어 제시한 규정이다(2.7장 참고). 따라서 이 규정은 장기하중의 영향을 고려하기 위한 간략법이라고 볼 수 있다.

단기하중과 장기하중에 대한 영향을 일반적으로 고려하기 위해서는 식 (5.1a)와 같이 크리프계수 C_t 를 도입하면 장기하중에 대한 영향을 고려할 수 있다. 단기하중에 대해서는 $C_t = 0$이므로 $n = E_s/E_c$가 되고, 장기하중일 때는 예를 들어서 $C_t = 1.0$이라면 $n = 2E_s/E_c$가 되어 하중의 작용시간에 따른 영향을 고려할 수 있다[5.7].

균열 전 단면의 환산단면적은 그림 5.1과 같이 표현될 수 있고, 바닥에서의 인장응력 f_t 가 파괴계수 $f_r = 0.63\lambda\sqrt{f_{ck}}$ 를 초과하여 균열이 발생한 균열단면의 환산단면적은 그림 5.2와 같게 된다. 균열 전 단면에서 인장철근의 환산단면적은 철근의 본래 단면적이 콘크리트로 이미 변환되었으므로 $(n-1)A_s$가 되고, 균열단면에서는 nA_s가 된다.

2003년 기준 I.5.1(2)⑥에 따라 압축철근에서 크리프와 건조수축과 같은 장기하중의 영향을 고려하면 그림 5.1이나 그림 5.2에서 크리프계수 $C_t = 1.0$이 되어 $(n-1)A_s' \equiv (2E_s/E_c - 1)A_s'$ 가 되지만, 인장철근의 환산단면적은 $C_t = 0$가 되어 그림 5.1에서 $(n-1)A_s \equiv (E_s/E_c - 1)A_s$ 가 된다.

---

4) 모든 철근의 탄성계수 $E_s = 2.0\times 10^5$ MPa로 동일하므로, 탄성계수비 $n \geq 6.0$ 의 규정은 콘크리트의 강도에 제한을 두는 규정으로 이해할 수 있다. 식 (5.1b)에서 보면, $n \geq 6.0$ 은 $f_{cu} \leq 60$ MPa 이 되고 따라서 $f_{ck} \leq 54$ MPa 로 제한하는 효과를 갖고 있다.

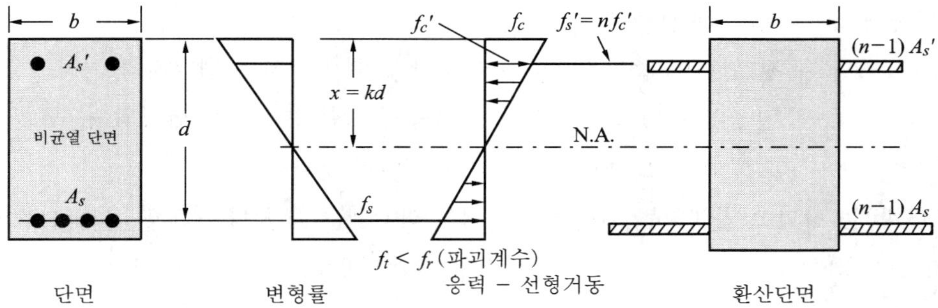

* 2003년 기준 I.5.1(2)⑥ : 압축철근에서 단기하중인 경우 $C_t=0$가 되어 $n=E_s/E_c$로, 장기하중을 고려할 때는 $C_t=1$이 되어 $n=2E_s/E_c$로 할 수 있다.

그림 5.1 균열 전 단면의 환산단면적 [여기에서 n는 식 (5.1a) 참고]

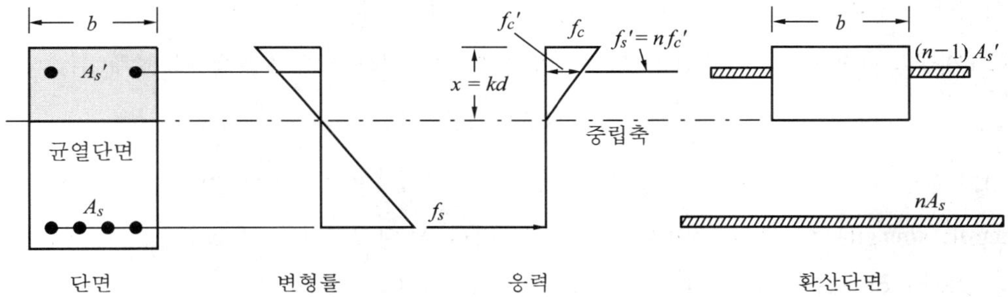

* 2003년 기준 I.5.1(2)⑥ : 압축철근에서 단기하중인 경우 $C_t=0$가 되어 $n=E_s/E_c$로, 장기하중을 고려할 때는 $C_t=1$이 되어 $n=2E_s/E_c$로 할 수 있다.

그림 5.2 균열 단면의 환산단면 [여기에서 n는 식 (5.1a) 참고]

5.2 균열모멘트 - 균열 전 탄성해석(Cracking Moment - Uncracked Elastic Analysis) (환산단면 개념 접근)

사용하중에 의한 작용모멘트 M_s가 균열모멘트 M_{cr}보다 작아서 단면의 인장 측에 아직 균열이 일어나지 않아 손상이 전혀 일어나지 않은 탄성상태로(그림 3.7의 0-C 단계) 콘크리트의 전체 단면이 아직 유효하다. 콘크리트에 발생하는 응력은 아래와 같은 전형적인 휨공식으로 계산할 수 있다.

$$f = \frac{M}{I_g}y \tag{3.4b}$$

여기에서, M = 단면에 작용하는 휨모멘트,

y = 전 단면의 중립축으로부터 응력 f를 계산하는 면까지의 거리,

I_g = 철근의 단면적은 무시한 중립축에 대한 콘크리트 단면의 총 단면 2차 모멘트[5)],

f = 도심 축으로부터 거리 y 떨어진 면의 응력이다.

식 (3.4b)는 단면에 발생하는 최대 인장응력이 파괴계수 f_r 보다 작으면 유효하다. 만약 단면의 인장응력이 파괴계수에 이르게 되면 단면에는 균열이 발생하게 되고, 이때의 휨모멘트를 **균열모멘트(cracking moment)** M_{cr}이라 한다. 균열모멘트는 식 (3.4b)의 f 에 파괴계수 f_r 을 대입하여 아래와 같이 구할 수 있다.

$$M_{cr} = \frac{f_r\, I_g}{y_t} \tag{3.7}$$

여기에서 y_t는 균열 전 단면의 중립축으로부터 인장연단까지의 거리이고, 파괴계수 f_r은 식 (2.11)[구조기준 4.3.1(4)]에 따라 보통중량골재 콘크리트를 사용했을 때 아래 식으로 표현된다.

$$f_r = 0.63\lambda\sqrt{f_{ck}}\ (\mathrm{MPa}) \tag{2.11}$$

여기에서 λ는 콘크리트의 비중을 고려하는 계수로 경량콘크리트에 대한 **쪼갬인장강도(splitting tensile strength)** f_{sp}값이 주어지면 식 (2.11)에서 λ 대신에 $f_{sp}/(0.56\sqrt{f_{ck}}) \le 1.0$ 를 대입하도록 규정하여 아래와 같이 표현될 수 있다(구조기준 3.4.4).

$$\left[\ f_r = 0.63\sqrt{f_{ck}}\,(f_{sp}/(0.56\sqrt{f_{ck}}) = 1.13 f_{sp}\ \right] \le\ 0.63\sqrt{f_{ck}} \tag{2.12a}$$

만약에 f_{sp}값이 규정되어 있지 않을 때는 전경량 콘크리트(all-lightweight concrete)에는 $\lambda = 0.75$ 를 곱해서 사용하고[구조기준 3.4.4, ACI 8.6],

$$\text{전경량 콘크리트}:\ f_r = 0.63 \times 0.75\sqrt{f_{ck}} = 0.47\sqrt{f_{ck}} \tag{2.12b}$$

모래경량 콘크리트(sand-lightweight concrete)인 경우는 $\lambda = 0.85$ 를 곱해서 사용하도록 규정하고 있다.

$$\text{모래경량 콘크리트}:\ f_r = 0.63 \times 0.85\sqrt{f_{ck}} = 0.54\sqrt{f_{ck}} \tag{2.12c}$$

또한 부분적으로 경량골재가 섞인 경우에는 경량골재로 치환하는 각각의 체적비에 따라 직선보간(linear interpolation)한 값을 곱하여 보정($\lambda = 0.75 \sim 1.0$ 사이)하도록 규정하고 있다.

---

5) I_g를 계산 할 때 철근의 단면적을 무시하면 계산이 간단해지기도 하지만 파괴계수가 표 2.6과 같이 설계기준강도의 10%~15% 밖에 되지 않고 이 파괴계수응력이 보의 바닥에 발생할 때 나타나는 휨 변형도 작아 철근의 기여는 미미하다고 볼 수 있다. 따라서 I_g 계산에서 철근의 기여를 무시하는 게 오히려 적당하다고 볼 수 있다.

그림 2.23에서 보면 실제 f_r의 값이 상당히 분산되고 있으므로 식 (3.7)로 예측하는 M_{cr}값도 실제 값과 크게는 50% 이상 차이가 있을 수 있다고 예상할 수 있다. 철근콘크리트 단면에서 단면에 균열이 일어난 경우에 콘크리트가 저항하던 인장력을 인장영역에 배치된 철근이 부담할 수만 있다면 보는 붕괴되지 않을 것이다.

예제 5.1 **균열모멘트 계산**[5.1]

그림 5.3에 주어진 단면의 균열모멘트 M_{cr}을 구하라. 단, 보통중량골재 콘크리트 설계기준강도 $f_{ck} = 24\,\text{MPa}$, $f_y = 400\,\text{MPa}$ 이다.

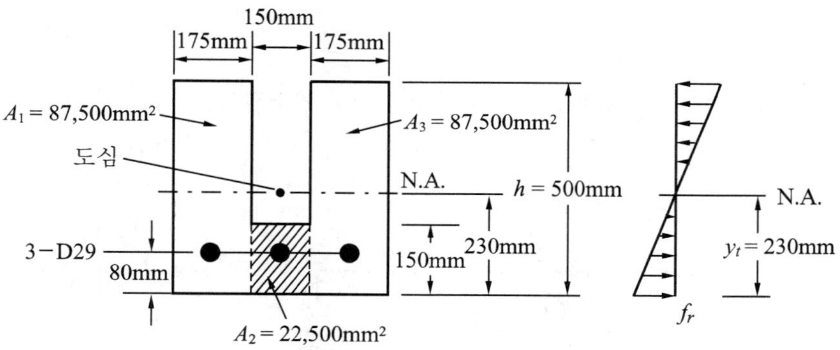

그림 5.3

풀이

① 바닥으로부터 중립축의 위치(A_s는 무시) : 단면을 그림 5.3에서와 같이 3부분으로 나눈다.

$$A_{tot}\,\bar{y} = \Sigma A_n y_n \quad ; \; (87,500\times 2 + 22,500)\,\bar{y} = 87,500\times\frac{500}{2}\times 2 + 22,500\times\frac{150}{2}$$

$$\therefore\; \bar{y} = 230\;(\text{mm})$$

② I_g 계산 : $I_g = \Sigma\dfrac{bh^3}{12} + Ad^2$ [평행축 정리(parallel-axis theorem)]

$$= \left[\frac{175(500^3)}{12} + 87,500\left(\frac{500}{2} - 230\right)^2\right](2) + \left[\frac{150(150^3)}{12} + 22,500\left(230 - \frac{150}{2}\right)^2\right]$$

$$I_g = (3,715.8\times 10^6) + (582.75\times 10^6) = 4,298.6\times 10^6\;(\text{mm}^4)$$

③ 파괴계수 계산 : $f_r = 0.63\lambda\sqrt{f_{ck}} = 0.63(1)\sqrt{24} = 3.09\;(\text{MPa})$($\lambda = 1$: 보통골재 콘크리트)

④ 균열모멘트 M_{cr} 계산 : 식 (3.7)에서

$$M_{cr} = \frac{f_r I_g}{y_t} = \frac{\left(3.09\,\frac{\text{N}}{\text{mm}^2}\right)(4,298.6\times 10^6\,\text{mm}^4)}{230\,\text{mm}} \times \frac{1\,\text{kN}}{10^3\,\text{N}} \times \frac{1\,\text{m}}{10^3\,\text{mm}} = 57.8\,(\text{kN}\cdot\text{m})$$

⑤ M_{cr}이 작용할 때 단면 상부의 콘크리트 압축응력 : $y_{t\,(상연)} = 500 - 230 = 270\,(\text{mm})$

$$f_{(상연)} = \frac{M_{cr}\,y_t}{I_g} = \frac{(57.8\times 10^6)(270)}{4,298.6\times 10^6} = 3.63\,(\text{MPa})\,(압축)$$

⑥ M_{cr}이 작용할 때 철근의 응력 : $y_{s\,(철근)} = 230 - 80 = 150\,(\text{mm})$

$$f_{(철근위치의\ 콘크리트응력)} = \frac{M_{cr}\,y_s}{I_g} = \frac{(57.8\times 10^6)(150)}{4,298.6\times 10^6} = 2.02\,(\text{MPa})\ (인장)$$

식 (5.1a)에서 단기하중 조건으로 $C_t = 0$로 보아, $f_{cu} = f_{ck} + 4 = 24 + 4 = 28\,(\text{MPa})$

식 (5.1b) : $n = \frac{E_s}{E_c}(1 + C_t) = \frac{23.53}{\sqrt[3]{28}}(1) = 7.75$ (2003년 기준에서 가장 가까운 정수를 사용할 수 있다고 하지만 근래에는 보통 그대로 계산한다.)

$\therefore f_s = n f_c = 7.75 \times 2.02 = 15.7\,(\text{N/mm}^2) = 15.7\,\text{MPa}$

콘크리트 보에 총 사용하중이 작용하여 발생하는 휨모멘트는 앞에서 계산한 균열모멘트보다 훨씬 큰 값이 된다. 따라서 철근콘크리트 보의 길이를 따라 대부분의 단면에 균열이 발생하게 된다. 그림 5.4에서 보는 바와 같이 실제 보의 단면은 휨모멘트가 M_{cr}을 초과한 부분에서는 균열이 발생하여 단면이 줄어들어 유효 단면적은 그림 5.4b와 같이 되어, 단면 2차 모멘트는 균열단면의 함수가 된다.

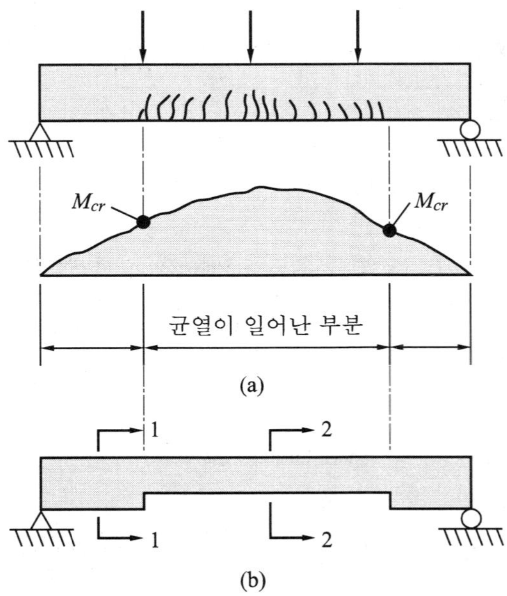

그림 5.4 단면적에 미치는 균열의 영향
(a) 휨모멘트도, (b) 유효 보

5.3 균열 후 탄성해석(Cracked Elastic Analysis)

균열이 일어난 뒤의 단면에 대한 탄성해석은 균열 전 단면을 다룬 **환산단면 개념(transformed section)**이나 **내부우력법(internal couple)**으로 할 수 있다. 환산단면 개념은 그림 5.5와 같이 접근하여 해석은 다음과 같은 절차를 밟으면 된다.

2012 구조기준 1.2(2)에서 종전 기준에서 포함하던 부록 I의 대체설계법(허용응력설계법)을 더 이상 실무에서 사용하지 않는다는 이유를 들어 구조기준에서 완전히 삭제하였다. 그러나 구조기준 6.3.3(4)(ACI 10.6.6) 보 및 1방향 슬래브의 휨철근 배치에 대한 규정에서는 여전히 사용하중 상태에서 인장연단에서 가장 가까이에 위치한 철근의 응력 f_s (식 (5.8))가 사용되고 있을 뿐 만 아니라, 구조기준 1.2(3)에서와 같이 하중계수와 강도감소계수를 적용하여 강도설계법으로 설계한 부재에 대해서 사용기간 중 충분한 기능과 성능을 유지하기 위해서 사용하중이 작용할 때 사용성과 내구성을 검토하여야 하고, 이를 위해서는 단면의 탄성해석에 대한 이해가 필요하다.

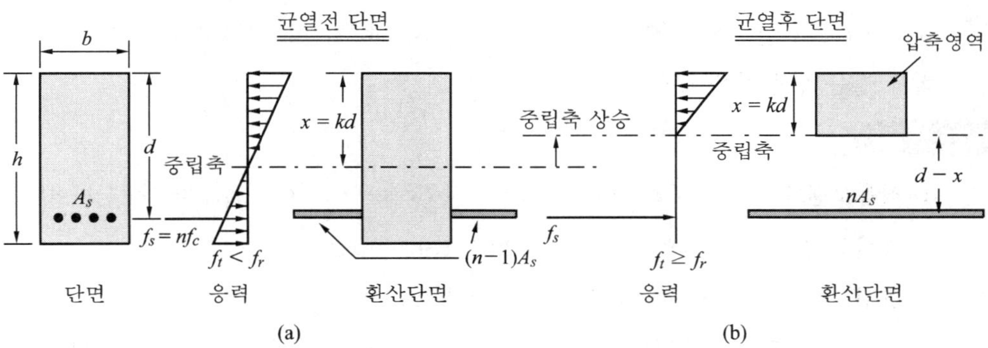

그림 5.5 (a) 균열 전의 환산단면적, (b) 균열 후의 환산단면적

환산단면 개념 접근(Transformed Section Approach)

① 중립축의 깊이 $x = kd$ (균열단면에서 단면적에 대한 1차 모멘트의 $\Sigma = 0$ 조건으로 계산) : 그림 5.5b에서 중립축에 대한 압축영역의 모멘트 합 ≡ 중립축에 대한 인장영역의 모멘트 합이어야 하므로,

$$bx(x/2) \equiv nA_s(d-x)$$

$B = b/nA_s$ 로 쓰면서 이 식을 정리하면, 중립축의 깊이 $x = kd$ 는 근의 공식을 사용하여 적으면

$$x = \frac{\sqrt{2Bd+1}-1}{B} \tag{5.3}$$

와 같이 표현된다.

② 균열단면 2차 모멘트 I_{cr} 계산 :

$$I_{cr} = \frac{bx^3}{12} + bx\left(\frac{x}{2}\right)^2 + nA_s(d-x)^2$$

가 되며, 이를 정리하면

$$I_{cr} = \frac{bx^3}{3} + nA_s(d-x)^2 \tag{5.4}$$

가 된다. 여기에서, 철근의 환산단면의 두께는 무시할 만큼 얇으므로 환산단면 자체에 대한 단면 2차 모멘트는 무시하였다.

예제 5.2 균열 후 단면 해석 - 환산단면해석

예제 5.1에서 단면에 사용모멘트 $M_s = 67\,\text{kN}\cdot\text{m}$ 가 작용할 때 압축연단의 콘크리트 최대응력과 철근의 응력을 구하라.

풀이

① 작용모멘트 $M_s = 67\,\text{kN}\cdot\text{m} > M_{cr} = 57.8\,\text{kN}\cdot\text{m}$ 이므로 균열 후 단면이다.

② 중립축 깊이 x 계산 : $A_s = 3 - D29 = 1{,}927\,\text{mm}^2$

균열 후 단면이므로 $b = 175 + 175 = 350\,(\text{mm})$

$nA_s = (7.75)(1{,}927) = 14{,}934\,(\text{mm}^2)$; $B = b/nA_s = 350/(14{,}934) = 0.0234$

식 (5.3) : $x = \dfrac{\sqrt{2Bd+1}-1}{B} = \dfrac{\sqrt{2(0.0234)(420)+1}-1}{0.0234} = 151.4\,(\text{mm})$

③ 균열환산 단면 2차 모멘트 I_{cr} 계산 : 식 (5.4)

$$I_{cr} = \frac{bx^3}{3} + nA_s(d-x)^2 = \frac{350\times 151.4^3}{3} + 14{,}934(420-151.4)^2 = 1{,}482.3\times 10^6\,(\text{mm}^4)$$

④ 압축연단 콘크리트의 최대응력 f_c 계산 : $x = kd = 151.4\,\text{mm}$

$$\therefore f_c = \frac{Mx}{I_{cr}} = \frac{(67\times 10^6)(151.4)}{1{,}482.3\times 10^6} = \underline{6.84\,(\text{MPa})\,(\text{압축})}$$

$<$ 허용휨압축응력 $f_{ca} = 0.4f_{ck} = 0.4\times 24 = 9.6\,(\text{MPa})$ (표 1.5 참고) <o.k.>

⑤ 철근의 응력 f_s 계산 : $y = 500 - 151.4 - 80 = 268.6\,(\text{mm})$

$$\therefore f_s = n\frac{My}{I_{cr}} = (7.75)\frac{(67\times 10^6)(268.6)}{1{,}482.3\times 10^6} = (7.75)(12.14) = \underline{94.1\ (\text{MPa})\ (\text{인장})}$$

$< f_{sa} = 180\ \text{MPa}$ (SD400 등급 철근, 표 1.5 참고) <o.k.>

⑥ 단면에 작용할 수 있는 최대 허용모멘트 계산 : 콘크리트의 허용휨압축응력 $f_{ca} = 9.6\ \text{MPa}$, 철근의 허용응력 $f_{sa} = 180\ \text{MPa}$

(a) 콘크리트 압축연단을 기준으로 한 최대 허용모멘트 계산

$$\therefore M_{s\,(\max)\,(\text{콘크리트})} = \frac{f_{ca} I_{cr}}{x} = \frac{(9.6)(1{,}482.3\times 10^6)}{151.4}\times 10^{-6} = 94.0\ (\text{kN}\cdot\text{m})$$

(b) 철근의 인장응력을 기준으로 한 최대 허용모멘트 계산 :

$$\therefore M_{s\,(\max)\,(\text{철근})} = \frac{\dfrac{f_{sa}}{n} I_{cr}}{y} = \frac{\dfrac{180}{7.75}(1{,}482.3\times 10^6)}{268.6}\times 10^{-6} = 128.2\ (\text{kN}\cdot\text{m})$$

따라서 2 값 중에서 작은 값이 지배하므로,

$\therefore$ 최대 허용 $M_{s\,(\max)} = M_{s\,(\max)\,(\text{콘크리트})} = \underline{94.0\ \text{kN}\cdot\text{m}}$

내부우력법(Method of Internal Couple)

① 내부 힘의 평형 : 그림 5.6의 $C = T$ 에서 $(1/2)f_c(b)(kd) = A_s f_s$ 이므로, 철근의 응력은

$$f_s = \frac{1}{2} f_c \frac{b(kd)}{A_s} \tag{5.5}$$

로 표현될 수 있다.

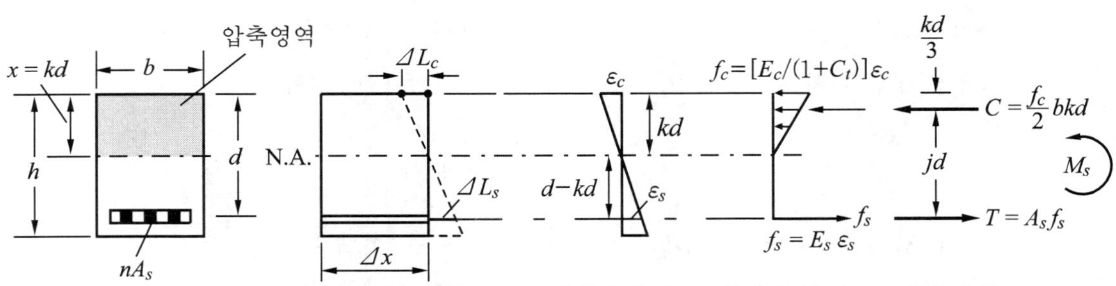

그림 5.6 사용 모멘트가 작용할 때에 발생하는 휨응력과 변형률

② 변형률 적합성(strain compatibility) : $\dfrac{\varepsilon_c}{kd} = \dfrac{\varepsilon_s}{d - kd}$ 가 되고, 여기에서 $\varepsilon_c = \dfrac{f_c}{E_c}(1 + C_t)$;

$\varepsilon_s = \dfrac{f_s}{E_s}$ 이므로, 이를 대입하여 정리하면

$$\frac{f_c(1+C_t)}{E_c(kd)} = \frac{f_s}{E_s(d-kd)}$$

$$f_s = \frac{E_s(1+C_t)}{E_c}\frac{f_c}{kd}(d-kd) = \frac{nf_c}{kd}(d-kd) \tag{5.6}$$

식 (5.5)와 (5.6)에서

$$\frac{1}{2}f_c\frac{b(kd)}{A_s} = \frac{nf_c}{kd}(d-kd)$$

$$(kd)b\frac{kd}{2} = nA_s(d-kd)$$

여기에서 $(kd)b$는 압축영역의 면적이고, $(kd/2)$는 중립축에서의 이 압축영역의 도심까지 팔거리이다. (nA_s)는 철근의 환산단면이고, $(d-kd)$는 중립축에서의 팔거리이다. 따라서 위 식을 정리하고 $A_s/bd=\rho$ 로 쓰면,

$$b(kd)^2 + 2nA_s kd - 2nA_s d = 0$$

$$k^2(bd^2) + 2n\rho k(bd^2) - 2n\rho(bd^2) = 0$$

$$k^2 + k(2\rho n) - (2\rho n) = 0$$

가 되어, 유효깊이 d에 대한 중립축의 깊이 x의 비 $k=x/d$는 다음과 같이 표현될 수 있다.

$$k = -\rho n + \sqrt{(\rho n)^2 + 2\rho n} \tag{5.7}$$

③ 내부 저항모멘트 : $M_s = T\times$ 팔거리 $= A_s f_s(jd)$에서

$$f_s = \frac{M_s}{A_s jd} \tag{5.8}$$

④ 팔거리 jd 계산 : $jd = d - \dfrac{kd}{3} = d\left(1-\dfrac{k}{3}\right)$이므로

$$j = 1 - \frac{k}{3} \tag{5.9}$$

⑤ 내부 인장력 T의 위치에서 내부 저항모멘트를 계산 :

$$M_s = C\times \text{팔거리} = \left(\frac{f_c}{2}kdb\right)jd$$

$$f_c = \frac{2M_s}{jkbd^2} \tag{5.10}$$

여기에서 M_s는 사용하중이 작용할 때 응력을 계산하는 단면의 내부 저항 휨모멘트이다. 식 (5.7)~(5.10)은 계산에서 (bd)가 도입되어 단면이 직사각형일 때 균열단면에서만 적용할 수 있다.

예제 5.3 균열 후 단면해석 - 내부우력법

예제 5.2를 내부우력법을 사용해서 다시 해석하라.

풀이

① 작용모멘트 $M_s = 67\text{ kN}\cdot\text{m} > M_{cr} = 57.8\text{ kN}\cdot\text{m}$ 이므로 균열 후 단면이다.

② 중립축 깊이 x 계산 : $A_s = 3-D29 = 1{,}927\text{ mm}^2$

$nA_s = (7.75)(1{,}927) = 14{,}934\ (\text{mm}^2)$

$\rho n = \dfrac{nA_s}{bd} = \dfrac{14{,}934}{350\times 420} = 0.1016$ (균열 후 단면이므로 직사각형 단면으로 생각해도 문제가 없다.)이므로 식 (5.7)에서

식 (5.7) : $k = -\rho n + \sqrt{(\rho n)^2 + 2\rho n} = -0.1016 + \sqrt{0.1016^2 + 2\times 0.1016} = 0.3605$

$\therefore x = kd = 0.3605\times 420 = 151.4\ (\text{mm})$

③ 모멘트 팔거리 (jd)계산 : $jd = d - \dfrac{kd}{3} = d - \dfrac{x}{3} = 420 - \dfrac{151.4}{3} = 369.5\ (\text{mm})$

④ 단면 상부연단 콘크리트의 압축응력 f_c 계산 : 식 (5.10)

$$f_c = \frac{2M_s}{(kd)b(jd)} = \frac{(2)\left(67\text{ kN}\cdot\text{m}\dfrac{10^3\text{ N}}{1\text{ kN}}\dfrac{10^3\text{ mm}}{1\text{ m}}\right)}{(151.4\text{ mm})(350\text{ mm})(370\text{ mm})} = 6.84\ \frac{\text{N}}{\text{mm}^2} \equiv 6.84\text{ MPa}$$

$\therefore f_c = \underline{6.84\text{ MPa (압축)}} < f_{ca} = 0.4f_{ck} = 0.4\times 24 = 9.6\ (\text{MPa})$ <o.k.>

⑤ 철근의 응력 f_s 계산 :

식 (5.8) : $\therefore f_s = \dfrac{M_s}{A_s(jd)} = \dfrac{67\times 10^6}{1{,}927\times 369.5} = \underline{94.1\ (\text{MPa})\ (\text{인장})}$

$< f_{sa} = 180\text{ MPa}$ (SD400 철근, 표 1.5 참고) <o.k.>

⑥ 단면에 작용할 수 있는 최대 허용모멘트 계산 :

허용휨압축응력 $f_{ca} = 9.6\text{ MPa}$; 허용인장응력 $f_{sa} = 180\text{ MPa}$

(a) 콘크리트 압축연단을 기준을 한 최대 허용모멘트 계산

$$M_{s\,(\max)\,(콘크리트)} = \left(\frac{f_{ca}}{2} x b\right) j d = \left(\frac{9.6\dfrac{\mathrm{N}}{\mathrm{mm}^2}}{2}\right)(151.4\,\mathrm{mm})(350\,\mathrm{mm})(369.5\,\mathrm{mm})/10^6$$

$$\therefore M_{s\,(\max)\,(콘크리트)} = 94.0\ \mathrm{kN \cdot m}$$

(b) 철근의 인장응력을 기준으로 한 최대 허용모멘트 계산 :

$$M_{s\,(\max)\,(철근)} = A_s f_{sa} j d = (1{,}927\,\mathrm{mm}^2)\left(180\,\frac{\mathrm{N}}{\mathrm{mm}^2}\right)(369.5\ \mathrm{mm})/10^6 = 128.2\ \mathrm{kN \cdot m}$$

따라서 2 값 중에서 작은 값이 지배하므로,

$\therefore$ 최대 허용 $M_{s\,(\max)} = M_{s\,(\max)\,(콘크리트)} = \underline{94.0\ \mathrm{kN \cdot m}}$

$\because$ 예제 5.2의 결과와 동일하다.

⑦[5.7] 만약에 장기하중의 영향을 고려하기 위하여, 2003년 기준 I.5.1(2)⑥과 같이 크리프계수를 $C_t = 1.0$ 으로 가정하면 [식 (2.25) 참고]

$$f_{cu} = f_{ck} + 4 = 24 + 4 = 28\ (\mathrm{MPa})$$

$$n = \frac{E_s}{E_c}(1 + C_t) = \frac{23.53}{\sqrt[3]{28}}(2) = 7.75(2) = 15.5$$ 이 된다.

따라서 $nA_s = 15.5(1{,}927) = 29{,}864\ (\mathrm{mm}^2)$

$$\rho n = \frac{nA_s}{bd} = \frac{29{,}864}{350 \times 420} = 0.203$$

$$k = -\rho n + \sqrt{(\rho n)^2 + 2\rho n} = -0.203 + \sqrt{0.203^2 + 2 \times 0.203} = 0.466$$

$$\therefore x = kd = 0.466 \times 420 = 196\ (\mathrm{mm})$$

$$jd = d - \frac{kd}{3} = d - \frac{x}{3} = 420 - \frac{196}{3} = 355\ (\mathrm{mm})$$

- 상부연단 콘크리트의 응력 : $f_c = \dfrac{2M_s}{(kd)b(jd)} = \dfrac{2(67 \times 10^6)}{(196)(350)(355)} = 5.50\ (\mathrm{MPa})$(압축)
- 철근의 응력 : $f_s = \dfrac{M_s}{A_s(jd)} = \dfrac{67 \times 10^6}{1{,}927 \times 355} = 97.9\ (\mathrm{MPa})$(인장)

따라서 장기하중의 영향을 고려하여 크리프계수를 $C_t = 1.0$ 로 볼 때 단기하중이 작용할 때와 비교하여 콘크리트의 응력은 19.6%가 감소하였고, 철근의 응력은 4.0% 증가하였다[6].

6) 만약에 압축철근이 배치되었다면 크리프 영향으로 인해서 압축응력이 증가하게 되며 이때 응력의 증가는 더욱더 뚜렷하게 될 것이다.

5.4 사용하중 하에서의 균열(Control of Cracking under Service Loads)

콘크리트는 인장강도가 낮기 때문에 균열이 발생하는 것을 피할 수는 없다. 일반적으로 설계과정에서 콘크리트의 인장저항력은 무시하며, 사용하중이 작용할 때 철근의 응력이 낮도록 설계한 구조물은 미세한 균열을 일으키더라도 요구되는 기능에는 이상이 없을 것이다. 일반적으로 사용하중 전체가 작용하지도 않을뿐더러 콘크리트가 인장강도를 갖고 있기 때문에 식별할 수 있는 균열은 거의 나타나지 않게 된다. 그러나 고강도 철근을 사용해서 사용하중이 작용할 때 큰 철근의 응력을 발휘되기 위해서는 변형률이 커야 되므로 사용하중 하에서도 균열이 나타나는 것을 예상하여야 한다. 철근콘크리트 구조물에 사용하중이 작용할 때 균열의 폭이 0.25 mm~0.38 mm 이상이 되지 않아야 외관상 보기 나쁘지 않을 뿐만 아니라, 콘크리트의 높은 알칼리성(alkalinity)(중성화로 부식방지 성질이 손상)을 보호하여 철근의 부식도 방지할 수 있을 것이다[5.7].

콘크리트에 균열을 일으키는 2가지 근본원인[5.29]은 ① 작용하중에 의한 응력과 ② 구속된 조건에서 건조수축(shrinkage)이나 온도변화(temperature differentials)에 의한 응력과 부등침하(differential settlements) 때문에 발생한다.

균열의 종류(Types of Cracks)[5.4, 5.27]

하중, 모멘트, 전단력에 의해서 발생하는 인장응력 때문에 부재에는 그림 5.7에 보는 바와 같이 각각 특징적인 균열이 발생한다. 직접 인장하중이 작용하는 부재는 전체 단면에 걸쳐서 균열이 발생하고, 그림 5.7a와 같이 균열의 간격은 대략 부재 최소두께의 0.75~2.0배가 된다.

그림 5.7(b-1)과 (b-2)와 같이 부재에 휨모멘트가 작용하면 휨균열이 발생한다. 이 연직 균열들은 거의 변형률이 0인 중립축까지 전진하게 된다. 깊이가 900 mm~1,200 mm의 깊은 보에서는 철근의 위치에서는 상대적으로 간격이 좁은 균열이 발생하지만 그림 5.7(b-2)에 보는 바와 같이 주철근을 지나서는 몇 개의 균열이 서로 모이거나 또는 사라져 버리면서 A 균열의 폭이 보통 B 균열의 폭보다 넓게 된다[7)].

그림 5.7c에는 전형적인 경사진 전단균열을 보여주고 있다. 이런 경사균열은 일반적으로 중립축까지 연장되지만 때때로는 압축영역을 침범하는 경우도 발생한다. 비틀림 균열도 전단균열과 비슷한데, 순수 비틀림에서는 보의 축을 따라 나선형으로 경사균열이 발생하게 된다. 전단과 휨모멘트

7) 이러한 보 중간 높이의 폭이 넓은 균열을 제어하기 위해서 구조기준 6.3.3(6)(ACI 10.6.7)에서는 $h \geq$ 900 -- 이상이 되는 깊은 보에는 인장 측에 **표피철근(skin reinforcement)**을 배치하도록 규정하고 있다(5.6장 참고).

가 동시에 작용하게 되면 전단에 의한 전단응력과 비틀림에 의한 전단응력이 서로 더해지는 면에서는 균열이 뚜렷하게 나타나지만, 그 반대인 면의 경우에는 균열이 미비하거나 거의 나타나지 않게 된다(그림 5.7d).

그림 5.7e와 같이 부착응력이 보강철근을 따라 쪼갬 균열(splitting crack)을 발생시킨다. 집중하중이 작용하는 경우에는 그림 5.7f와 같이 **파열균열(bursting crack)**을 발생시킨다. 이런 종류의 균열은 13장에서 다룬다. 이러한 형태의 균열은 지압영역이나 스트럿-타이 모델의 스트럿에서 발생하며 이런 형태의 스트럿을 **병모양 스트럿(bottle-shaped strut)**이라고 부른다.

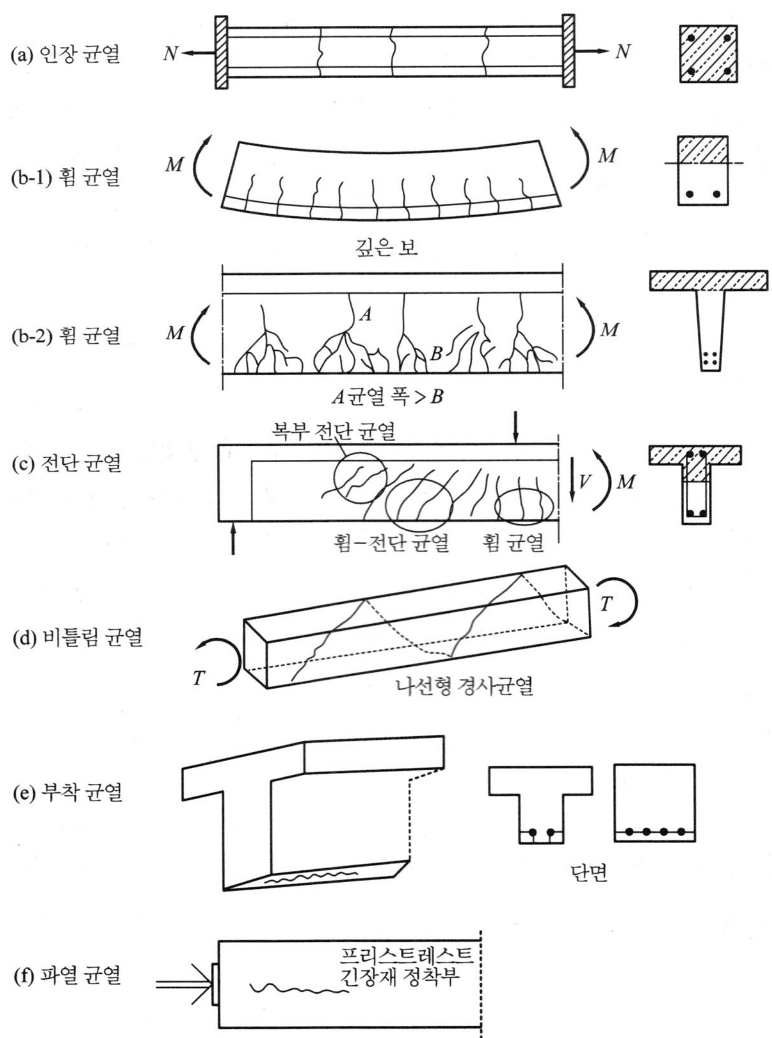

그림 5.7 작용하중에 의해서 발생하는 균열의 종류[5.27]

균열이 발생하는 또 다른 이유는 굳지 않은 콘크리트는 경화 시에 수화열(heat of hydration)을 발생시켜서 이 수화열 때문에 부재가 팽창하여 균열이 발생한다. 이렇게 팽창한 부재가 대기온도로 냉각할 때 수축하며, 만약에 이 수축이 구속되어 있으면 **수화열 균열(heat of hydration cracking)**이 발생하게 된다. 가장 일반적인 수화열 균열은 이미 타설 되어 강성이 어느 정도 발달되고 수축이 진행된 기초 위에 벽체를 타설할 때 발생할 수 있다. 벽체가 수화열을 방출하여 냉각할 때 발생하는 수축을 기초가 억제하면서 균열이 발생하게 된다(그림 5.8). 이러한 수화열 균열은 ① 2종 중용열 포틀랜드 시멘트나 또는 4종 저발열 포틀랜드 시멘트를 사용하여 수화열이 너무 급속하게 발생(control the heat rise) 하지 않도록 하거나, ② 서서히 냉각하도록 냉각속도를 조절하여 균열의 발생을 억제하거나, 또는 ③ 한 번에 치는 단면의 길이(또는 lift 제한)를 제한하거나, ④ 보통보다 많은 건조수축 철근을 배치하여 조절할 수도 있다[5.11].

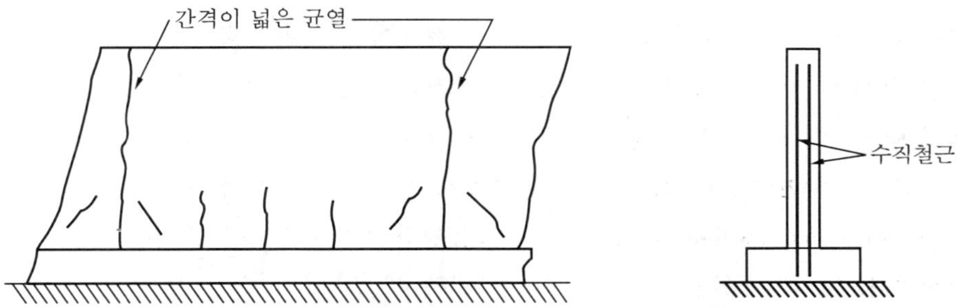

그림 5.8 수화열(heat of hydration)에 의한 균열

넓이가 넓은 평판구조에서는 두께 0.8 m 이상, 하단이 구속된 벽체에서는 두께 0.5 m 이상으로 규정하고 있는 매스콘크리트(mass concrete)는 특히 수화열이 문제가 될 수 있다[시방서 18장 1.1(2)][5.12]. 매스콘크리트에서 온도조절을 위한 4가지 효과적인 방법은 ① 시멘트 종류 및 양의 조절 [2종, 4종 고로(slag), 플라이애쉬 시멘트 또는 팽창시멘트 사용], ② 사용하는 재료를 사전에 냉각(냉각수, 얼음, 찬바람, 살수, 진공냉각 등에 의한 골재 및 시멘트 냉각)하는 선행냉각 방법(pre-cooling), ③ 파이프 쿨링(pipe-cooling)과 같은 방법으로 콘크리트를 친 후에 온도상승을 억제하는 사후 냉각방법(post-cooling), ④ 사용 콘크리트의 재료특성이나 시공 순서나 단계에 따른 과도한 온도차이가 발생하지 않도록 하는 시공관리에 의한 방법 등이 있다[5.14].

그림 5.9a에서와 같이 새로 타설된 콘크리트가 블리딩(bleeding)을 일으키고 표면이 건조되면서 소성수축(plastic shrinkage) 및 슬럼핑(slumping) 때문에 철근을 따라 **침하균열(settlement cracks - early volume change)**이 발생할 수 있다.

그림 5.9b에는 **그물형 균열(map cracking)**이라고 불리는 불규칙한 균열형상을 보여주고 있다. 배

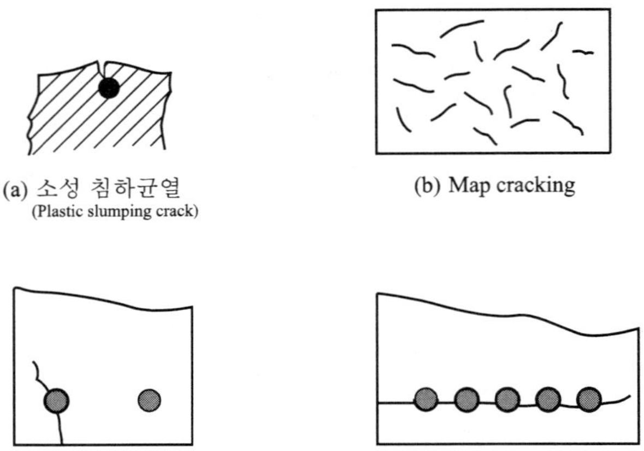

(a) 소성 침하균열 (Plastic slumping crack)

(b) Map cracking

(c) 철근의 부식에 의한 균열

그림 5.9 그 밖의 균열 형태

합설계를 적절하게 하고, 타설 후 처음 한 시간 정도에 표면이 너무 빨리 건조하는 것을 방지함으로써 이런 형태의 균열을 방지할 수 있다. 그물형 균열은 또한 **알카리 골재반응(alkali-aggregate reaction, AAR)**에 의해서도 발생할 수 있다. 알카리 골재반응은 시멘트중의 알카리 금속(Na와 K)과 골재중의 실리카(SiO_2)가 따듯하고 습한 환경에서 장기간에 걸쳐 반응하여 골재 주위에 **알카리-실리카 반응(alkali-silica reaction, ASR)**으로 그때의 팽창압으로 강도를 잃거나 과도한 팽창 또는 균열로 와해시킨다. 알카리 골재반응을 억제하기 위해서는[5.14]

① 시멘트에 Na_2O로 표현되는 알카리 양을 0.6% 이하(low-alkali)로 줄이거나(저알카리형 포틀랜드 시멘트사용),

② 콘크리트 $1m^3$당의 알카리 총량을 Na_2O 당량으로 3.0kg 이하(독일, 영국 기준)로 하거나,

③ 반응에 무해라고 판정된 골재를 사용하거나,

④ 고로시멘트, 또는 플라이애쉬 시멘트로 반응억제 효과가 확인된 것을 사용하거나,

⑤ 구조체를 최대로 건조하게 유지하거나(내부 상대습도가 80% 이하이면 반응이 정지한다),

⑥ 해수 또는 바닷바람의 영향을 받는 지역은 염분의 침투를 방지하기 위해서 방수성의 마감을 한다(해수에 용해된 알카리가 ASR 반응을 촉진시킨다).

그림 5.9c와 같이 보강철근이 부식(corrosion)을 일으켜 녹(rust)이 발생하면 본래 체적의 2~3배의 체적팽창이 일어나서 철근위치에 쪼갬균열(splitting crack)을 일으켜 종래에는 피복이 떨어져 나가게 된다. 이러한 균열은 그림 5.7e의 부착균열과 유사하게 발생하며 종종 부착균열을 동반한다.

앞에서 언급한 경우 외에도 균열은 또한 부등침하(differential settlement)와 건조수축(shrinkage), 그리고 온도 차이(temperature differential) 등과 같은 변형에 의해서도 발생할 수 있다. 두께가 얇은 바

닥 슬래브가 단면과 강성이 큰 구조물에 양단이 연결되어 건조수축이 구속된다면 건조수축균열(shrinkage cracking)이 발생하여 하중에 의해서 발생한 균열의 폭을 증가시킬 수 있다. 콘크리트의 특성 때문에 건조수축이 일어나는 것을 피할 수 없으므로 적당하게 보강철근을 배치하여 균열폭을 줄이거나 그림 5.10과 같이 **줄눈(joint)**을 배치하여 균열이 일어나는 장소를 유도할 수 있다.

구조기준 3.3.2(6)(ACI 9.2.3)에서는 부등침하, 크리프, 건조수축, 팽창콘크리트의 팽창량 및 온도변화는 사용구조물의 실제적 상황을 고려하여 계산하여야 한다고 규정하고 있다. ACI 224R-2001[5.11]에서는 건조수축 균열을 적절한 수준으로 조종하기 위해서는 수축·온도철근으로 제시된 $\rho_{(\min)}$ = 0.20% [식 (4.30) 참고] 보다 적어도 3배는 배치하여야 된다고 제안하고 있다.

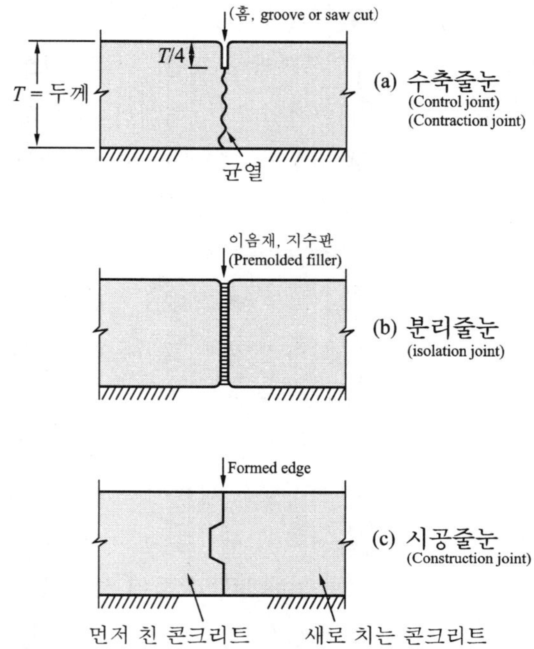

그림 5.10 바닥에 치는 슬래브 콘크리트에서 3가지 기본적인 줄눈(joint) 방법(구조기준 19.2.2 참고)

균열제어 규정(Provisions for Cracking Control)

균열폭을 제한하는 세 가지 주요한 이유는 외관(appearance), 누수(leakage) 및 부식(corrosion) 때문이다. 폭이 넓은 균열은 보기 흉할 뿐만 아니라 소유주와 거주자들의 걱정거리가 될 수 있다. CEB Manual[5.15]에 의하면 눈에 띄기 쉽고, 표면이 깨끗하고 매끄러운 면에서는 균열폭이 0.25 mm~0.33 mm 이상이 되면 사람들의 걱정을 초래할 수 있다고 한다. 만약 표면이 거칠거나 해서 잘 눈에 띠지 않으면 좀 더 넓은 균열도 문제가 되지 않을 수 있다[5.4].

사용하중이 작용하게 되면 철근콘크리트 보는 휘면서 인장 측의 인장응력이 파괴계수[f_r, 식 (2.11)]를 초과할 수 있고 따라서 균열의 발생을 피할 수는 없다. 이러한 균열한계상태(cracking limit state)에서 고려하는 것은 단지 균열이 구조물의 사용성(usage)이나 외관(appearance)에 어떠한 영향을 미치느냐는 것이다[5.4]. 보가 많이 휘면 휠수록 균열의 폭은 넓어지고 길이는 길어지게 된다. 비록 균열의 발생을 완전하게 방지할 수는 없지만 주의 깊게 철근을 배근하면 폭이 좁고 넓게 분포된 균열로 유도하여 사용성이 손상 받거나 또는 외견상으로 불안감을 주지 않도록 할 수가 있을 것이다[5.1].

2003년 이전의 기준에서는 균열폭의 계산은 ACI 318에서 적용한 Gergely와 Lutz[5.16]의 계산식을 이용하여 계산하고, 허용 균열폭은 건축물에 대해서는 ACI 318에 따라 건조환경은 0.4 mm로 습윤

환경은 0.3 mm로 제한하고, 토목구조물에 대해서는 일본형의 허용 균열폭인 최외단 철근의 표면과 콘크리트 표면 사이의 최소 피복두께(t_c)에 대해서 건조환경은 $0.006t_c$로 습윤환경은 $0.005t_c$로 제한하였다[5.21]. 이러한 종전의 균열제어 규정이 너무 엄격하지 않느냐는 의문과 균열폭 계산식은 ACI에서 도입하고 허용 균열폭은 유럽의 기준과 유사한 일본형을 적용하는 것에 대한 합리성 여부가 논란이 되었다[5.22].

더군다나 전통적으로 균열폭이 보강철근의 부식에 관계가 있다고 이해되었지만, 근래의 연구[5.3, 5.4, 5.33, 5.34]에 의하면 비록 부식이 시작되기 위해서 소요되는 기간은 균열폭에 좌우되지만 종국적인 부식의 발전은 균열폭과는 관련이 없다는 것으로 이해되고 있다(2.13장 참고). 콘크리트로 둘러싸인 보강철근은 전해물(electrolytic cell)이 형성되기 전까지는 부식이 일어나지 않는다(그림 2.60 참고). 이러한 일은 콘크리트의 탄산화(carbonation)가 보강철근에 도달하거나 또는 염화물(chloride)이 콘크리트를 침투해서 철근의 표면에 도달할 때 비로써 일어난다. 이러한 상태에 도달하기 위해서 요구되는 시간은 콘크리트에 균열이 있는지 없는지, 주변 환경, 피복의 두께 및 콘크리트의 투과성(permeability) 등에 영향을 받는다.

따라서 2007년 이후 개정된 구조기준[5.2]에서는 ACI 318-05[5.3]와 같이 균열폭을 직접 계산하여 허용 균열폭을 만족시키도록 하는 대신에 피복두께를 고려하여 철근의 중심간격을 검토함으로써 구조물에 발생하는 균열을 간접적으로 제어하도록 개정하였다[구조기준 6.3.3(4), ACI 10.6.4]. 그러나 구조기준 4.2(2~3)에서는 특별히 수밀성이 요구되거나 미관이 중요한 구조물의 균열 검토와 시공 중 혹은 완공 후에 균열이 발생한 구조물에 대하여 균열 발생의 원인 및 그 유해성에 관한 검토가 필요할 때에는 Eurocode 2[5.40]에서 도입한 부록 III의 방법을 적용하여 허용균열폭을 검토할 수 있도록 제안하고 있다.

건조수축(shrinkage)이나 온도변화(temperature change)와 같은 이유 때문에 발생하는 체적변화(volumetric change)도 균열을 발생시키지만 구조기준 6.3.3(4)(ACI 10.6.4)는 기본적으로 휨모멘트만을 받는 부재의 균열제어에 대한 규정이고, 부록 III은 휨모멘트 외의 작용에 의한 균열폭을 검토할 필요가 있는 경우에 적용할 수 있다고 III.1.1 해설에서 언급하고 있다.

실험적 연구에 의하면 사용하중이 작용할 때 균열폭은 철근의 응력에 따라 직접적으로 변화하며 인장영역에 잘 분포된 굵기가 가는 여러 개의 철근배치가 굵은 몇 가닥의 철근을 배치하는 것보다 균열을 조종하는데 더 효과적인 것으로 나타났다.

구조기준 6.3.3(4)(ACI 10.6.4)에서는 **보 및 1방향 슬래브(beams and one-way slabs)**의 균열제어를 위해서 콘크리트 인장연단에 가장 가까이에 배치되는 철근의 중심간격 s가 아래에 제시되는 식(5.11)에 의해 계산된 값 이하로 하여야 한다는 인장철근의 간격제한 규정을 제시하였다. 1999년 Frosch[5.23]가 0.4 mm ~ 0.53 mm 휨균열 폭에 대해서 Gergely-Lutz 식[5.16]을 이용하여 직선으로 추세

(fitting)한 식을 ACI에서 도입하였고, 이 식을 국내의 상황에 맞추어 아래와 같이 조종하여 제시하였다.

$$s_{(\max)} = 375\left(\frac{k_{cr}}{f_s}\right) - 2.5c_c \leq 300\left(\frac{k_{cr}}{f_s}\right) \tag{5.11}$$

여기에서 k_{cr}은 철근의 노출 조건을 고려한 계수로서 구조기준 부록 III에 정의(표 5.3 참고)된 건조환경에 노출되는 경우에는 280이고, 그 외의 환경에 노출되는 경우에는 210이다. 2007년도 기준에서는 k_{cr} 대신에 상수 210으로 표현되었는데 이 값은 ACI 318-05의 상수 280에 0.75를 곱하여 제시한 값이었다[8)]. 이광명 등[5.31]에 의하면 이 값은 허용균열폭이 약 0.3 mm인 습윤환경을 대상으로 제시한 값으로 건물의 내부와 같은 건조환경에도 동일한 기준을 적용하는 것은 너무 엄격하다는 의견에 따라 합리적인 기준의 적용을 위하여 두 가지를 구분하여 적용할 수 있도록 수정하였다고 설명하고 있다[9)].

c_c는 인장철근이나 긴장재의 표면과 콘크리트 표면사이의 최소두께(clear cover)[10)]이며, 철근이 하나만 배치된 경우에는 인장연단의 폭을 s로 하고, f_s는 사용하중 상태에서 인장연단에 가장 가까이에 위치한 철근의 응력으로 식 (5.8)의 $f_s = M_s/(A_s jd)$로 결정하여야 하지만 간단한 방법으로 균열을 검증하고자 할 때는 근사값으로 $f_s = (2/3)f_y$ 를 사용할 수 있다고 제안하고 있다[11)].

---

8) ACI 318-05의 0.4 mm 기준의 상수를 0.3 mm 기준으로 변환하기 위해서 280 × (0.3/0.4) = 280 × 0.75 = 210로 제시하였다.

9) k_{cr} 계수의 문제점 : ① 참고문헌 5.3, 5.22, 5.33, 5.34와 같은 최근의 연구에서 보면 그동안 철근의 부식이 균열폭이 넓을수록 더 빨리 진행되는 것으로 알려졌으나, 일반적인 사용하중 수준의 철근응력에서 발생하는 균열폭과 철근의 부식이 직접적인 관련이 없는 것으로 밝혀졌다. 따라서 1999년도 ACI 318에서는 이런 연구결과에 따라 그동안 균열폭에 대해서 내부와 외부노출로 구분하던 규정을 삭제하고 구분 없이 제시하였다. 그러나 국내의 2012년도 구조기준에서는 건조환경과 그 외의 환경으로 구분하여 마치 균열제어(즉, 균열폭의 제한)가 철근의 부식에 영향을 미치는 것 같은 착각을 줄 수 있으므로 노출환경 구분을 하지 않는 것이 오히려 좋지 않을까 생각된다. ; ② ACI에서 k_{cr}= 280로 제시한 것은 철근의 사용응력을 $f_s = (2/3)f_y$ 로 할 수 있다는 규정에 따라 (f_s가 최대값일 때 철근 중심간격을 기준으로 해서 만약에 f_s가 최대값의 1/2이 되면 중심간격이 2배로 늘어나도록 하는 관계) f_s= (2/3)420 = 280 MPa로 규정한 것이다. 따라서 구조기준에서는 만약 $f_s = (2/3)f_y$ 로 하면 f_s= (2/3)400 = 267 MPa이 되므로 건조환경에 대해서 **k_{cr}= 267** 로, 각주 11에서 다루는 바와 같이 만약 $f_s = 0.6f_y$ 로 하면 **k_{cr}= 240** 로 조종되어야 한다.

10) 본 교재에서는 2장에서 다룬 피복두께(cover thickness ; 콘크리트 표면과 그에 가장 가까이 배치된 철근 표면 사이의 콘크리트 두께)와 구분하기 위해서 c_c를 '**순피복두께(clear cover of reinforcement)**'로 부르고자 한다.

11) 2003년 기준에서는 f_s를 $0.6f_y$으로 보았지만, 2007년 이후 구조기준에서는 $(2/3)f_y$로 11.1%를 증가시키고 있다. 이는 ACI 318의 소요강도 $U = 1.2D + 1.6L$ 에서 하중계수의 평균값 1.4와 $M_u \leq \phi M_n$ 을 철근의 응력으로 쓰면, $1.4f_s = 0.9f_y$ 가 되어, $f_s = (0.9/1.4)f_y = 0.64f_y \approx (2/3)f_y$ 로 제시한 것이다[5.4]. 따라서 국내의 기준에 적용은 강도

현행 구조기준에서 $f_y =$ 400 MPa인 철근이 순피복두께 $c_c =$ 50 mm로 배치된 일반적인 보에서 $f_s =$ (2/3)400 = 267 (MPa)로 가정하면 최대 철근간격은 269 mm가 된다. 식 (5.11)의 상한한계를 사용하면 $f_s =$ 267 MPa일 때 피복두께에 상관없이 허용되는 인장철근의 최대간격은 $s_{(\max)} \leq$ 315 mm가 된다. 이 간격제한은 철근의 굵기에는 관련이 없다. 따라서 소요되는 휨철근량에 대해서 식 (5.11)의 규정을 만족시키기 위해서 굵기가 가느다란 철근을 사용하도록 유도하는 것이다[5.17]. 비록 식 (5.11)이 간단하게 계산될 수 있지만 다양한 철근의 사용응력 f_s와 순피복두께 c_c에 대한 표 5.2는 설계에서 간편하게 사용될 수 있다.

표 5.2 건조환경 노출 $k_{cr} = 280$ **인 경우의 철근의 최대 간격** $s_{(\max)}$ (mm) [**구조기준** 6.3.3(4), ACI 10.6.4]

f_y (MPa)	$f_s = \left(\frac{2}{3}\right) f_y$ (MPa)	순피복두께 c_c (mm)								
		20 (스터럽)	25	30 (D10)	33 (D13)	40	43	50 (D10)	53 (D13)	56 (D16)
300	200	420					418	400	393	385
350	233	360				350	343	325	318	310
400	267	315			311	294	286	**269**	**261**	**254**
500	333	252		240	233	215	208	190	183	175
600	400	210	200	188	180	163	155	138	130	123

그림 5.11에는 SD400 철근에 대한 철근의 중심간격 s와 순피복두께 c_c의 관계에 대해서 기준 2003(습윤환경 0.3 mm 및 건조 환경 0.4 mm)[5.39], 기준 2007[5.35], 구조기준 2012[5.2] 및 ACI 318-05 규정을 비교[5.3]하는 도표가 제시되었다.

그림 5.11에서 보면 현행 균열제어 식 (5.11)이 순피복두께가 증가할수록 철근의 중심간격이 너무 좁아지게 된다. 기준 2003 : 4.2.3(2)[5.39]나 도로교설계기준 2010 : 4.4.9.3[5.36]서 보면 허용균열폭은 피복두께가 100 mm 이하인 구조물에 적용하라고 하여 피복두께가 100 mm 이상이 되어도 허용균열폭이 더 이상 증가하지 못하도록 제한을 두고 있다. 또한 캐나다 시방서(CSA 2007) 10.6.1[5.37]나 AASHTO 2002 : 8.16.8.4[5.38]에서 보면 ACI 318-95의 **z 계수 방법**(Gergely-Lutz 균열폭 식)을 적용하면서 d_c나 A 계산에서 순피복두께를 50 mm(2 in.) 이상 고려할 필요는 없다고 규정하고 있다.

따라서 구조기준 2012 : 5.4[5.2] 최소 피복두께에서 최대 피복두께가 수중에 치는 콘크리트의 피복두께 100 mm이므로 이를 기준으로 만약에 피복두께가 100 mm 이상이어도 계산에서는 100 mm를

감소계수 0.9를 5.5% 감소시켜서 0.85로 조종하였으므로 $f_s = (0.85/1.4) f_y = 0.61 f_y \approx \underline{0.6 f_y}$ 가 되어야 할 것이다.

사용하도록 하면 설계상으로 100 mm 이상의 피복두께가 사용되더라도 현 구조기준과 같은 문제를 발생시키지 않을 것이다. 이렇게 순피복두께 100 mm(철근의 중심간격 125 mm)까지 피복두께가 증가함에 따라 철근의 중심간격을 감소시키는 것은 ACI 318 위원회의 휨철근의 배치에 대한 근본적인 개념과 일치한다고 볼 수 있다[12)].

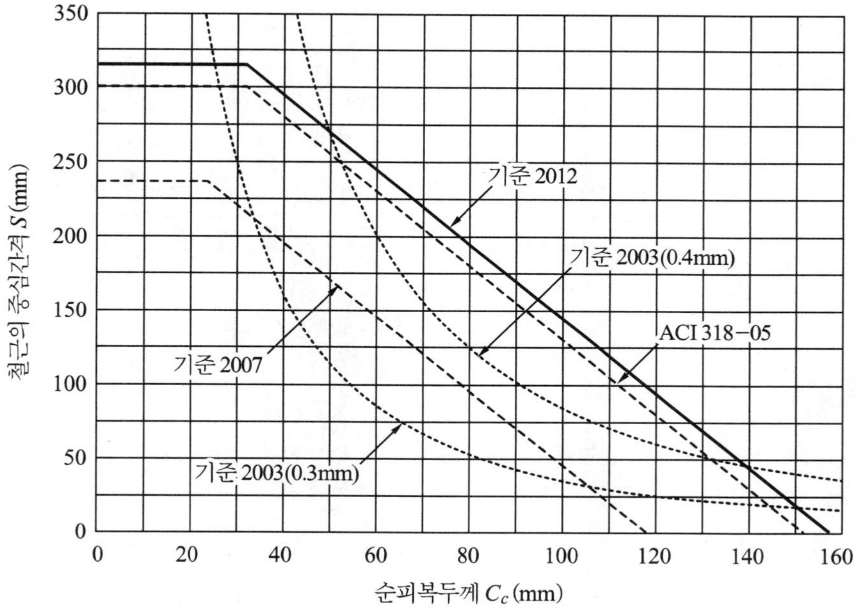

그림 5.11 SD400 철근에 대한 철근의 중심간격 s 와 순피복두께 c_c의 관계 : 기준 2003, 2007 및 2012와 ACI 318-05(또는 2008, 2011) 규정의 비교5.32

12) 구조기준 6.3.3(4)의 식 (6.3.3)과 (6.4.3)를 다음과 같이 제안하고자 한다[5.32].

$$s = 375(240/f_s) - 2.5c_c \leq 300(240/f_s) \qquad (6.3.3)과\ (6.3.4)$$

여기서, c_c는 인장철근이나 긴장재의 표면과 콘크리트 표면사이의 최소 두께인데, 계산에서 100 mm이상을 고려할 필요는 없다. 철근이 하나만 배치된 경우에는 인장연단의 폭을 s로 한다. f_s는 사용하중 상태에서 인장연단에서 가장 가까이에 위치한 철근의 응력으로 사용하중 휨모멘트에 대한 해석으로 결정하여야 하지만, 근사값으로 f_y의 60%를 사용할 수 있다.

예제 5.4 균열을 제어하기 위한 휨철근의 분포[5.17]

그림 5.12에 주어진 $b = 450$ mm의 단면 보에서 소요철근은 $A_{s\,(소요)} = 1{,}875\ \text{mm}^2$이고, $f_y = 400$ MPa이다. 건조 환경과 그 외의 환경(습윤 환경)에 노출되는 경우에 휨 균열을 제어하는 식 (5.11)을 만족시키는 철근의 조합을 결정하라. 굵은 골재 최대치수 $a_{max} = 20$ mm이다.

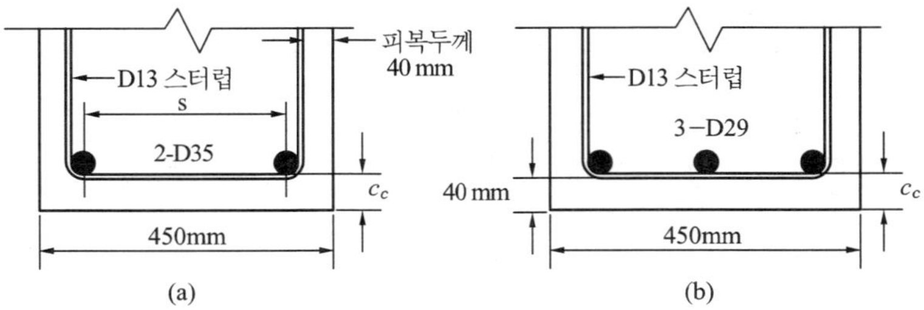

그림 5.12 예제 5.4의 그림

풀이

① 그림 5.12a나 b에서 순피복두께 c_c는 동일하므로 먼저 식 (5.11)의 철근의 최대 중심 간격을 계산한다.

D13 스터럽의 직경 = 12.7 ≈ 13 mm ; $c_c = 40 + 13 = 53$ (mm)

철근의 사용응력 $f_s = (2/3)f_y = (2/3)400 = 267$ (MPa)

건조 환경 노출 : $k_{cr} = 280$

식 (5.11) : $s_{(max)} = 375(k_{cr}/f_s) - 2.5c_c = 375(280/267) - 2.5(53) = \underline{261\ (\text{mm})}$ ← 지배

$< 300(k_{cr}/267) = 300(280/267) = 315$ (mm) <o.k.>

그 외의 환경(습윤 환경) 노출 : $k_{cr} = 210$

식 (5.11) : $s_{(max)} = 375(k_{cr}/f_s) - 2.5c_c = 375(210/267) - 2.5(53) = \underline{162\ (\text{mm})}$ ← 지배

$< 300(k_{cr}/267) = 300(210/267) = 236$ (mm) <o.k.>

② 먼저 2-D35 철근을 선택하고 **철근의 중심 간격**이 식 (5.11)을 만족하는지 검토한다.

$A_{s\,(배치)} = 2 - D35 = 1{,}913\ \text{mm}^2 > [A_{s\,(소요)} = 1{,}875\ \text{mm}^2]$ <o.k.>

배치된 철근의 중심 간격 계산 : D35 철근의 직경 = 34.9 mm ≈ 35 mm

$s_{(배치)} = 450 - 2(40 + 13 + 35/2) = 450 - 117 = 309$ (mm)

$> s_{(max)} = 261$ mm(건조환경) <N.G.>

$> s_{(max)} = 162$ mm(습윤환경) <N.G.>

③ 그림 5.12a에 비해서 굵기가 가늘은 3-D29 철근을 선택해서 검토해본다.

$A_{s\,(배치)} = 3 - D29 = 1{,}927\ \text{mm}^2 > [A_{s\,(소요)} = 1{,}875\ \text{mm}^2]$ <o.k.>

배치된 철근의 중심 간격 계산 : D29 철근의 직경 = 28.6 mm ≈ 29 mm

$s_{(배치)} = \frac{1}{2}[450 - 2(40+13+29/2)] = 158\ (\text{mm})$

$< s_{(max)} = 261$ mm(건조 환경) <o.k.>

$< s_{(max)} = 162$ mm(습윤 환경) <o.k.>

④ 3-D29 철근이 배치된 경우에 식 (2.52a)로 **철근의 수평 순간격** $s_{c\,(max)}$검토 :

식 (2.52a) : $s_{c\,(min)} = \text{Max.}[25, d_b, (4/3)a_{max}] = \text{Max.}[25, \underline{29}, (4/3)20 = 27] = \underline{29\ (\text{mm})}$

순간격 검토 : $s_{c\,(배치)} = s_{(배치)} - d_b = 158 - 29 = 129\ (\text{mm}) > s_{c(min)} = 29\ \text{mm}$ <o.k.>

본 예제로부터 휨 부재의 균열제어를 위해서 굵기가 굵은 철근을 성글게 배치하지 말고 굵기가 가느다란 여러 갈래의 철근을 배치하도록 하는 규정을 이해할 수 있다.

⑤ 구조기준 6.3.3(4)에서 최 외단 인장철근의 사용응력 f_s를 계산할 때 간단한 방법으로 균열을 검증하고자 할 때는 $f_s = (2/3)f_y$를 근사적으로 사용할 수 있다고 제안하고 있어서, 식 (5.8) $f_s = M_s/(A_s jd)$ 을 이용하여 구한 값과 얼마나 차이가 나는지 검토해본다.

$f_{ck} =$ 21 MPa, h ≈ 1.55b = 1.55(450) ≈ 700 mm, d = 700-(40+13+35/2) = 629.5 mm

$n = E_s/E_c = 200{,}000/(8{,}500\sqrt[3]{21+4}) = 200{,}000/24{,}854 = 8.05$

$\rho = A_s/(bd) = 1{,}913/(450 \times 629.5) = 0.00676\ ;\ \rho n = 0.00676(8.05) = 0.0544$

식 (5.7) : $k = -\rho n + \sqrt{(\rho n)^2 + 2\rho n} = -0.0544 + \sqrt{(0.0544)^2 + 2(0.0544)} = 0.392$

$jd = d - kd/3 = 629.5 - 0.392(629.5)/3 = 547.2\ (\text{mm})$

$a = (A_s f_y)/(0.85 f_{ck} b) = (1{,}913 \times 400)/(0.85 \times 21 \times 450) = 95.3\ (\text{mm})$

$M_u \equiv M_n = 0.85 f_{ck} ab(d - a/2) = 0.85 \times 21 \times 95.3 \times 450 \times (629.5 - 95.3/2)/10^6 = 445.4\ (\text{kN}\cdot\text{m})$

$l = 10\ \text{m}\ ;\ w_U = M_u \times 8/l^2 = 445.4 \times 8/10^2 = 35.63\ (\text{kN/m})$

$w_{D_u} = 1.2 w_D = 1.2(2{,}500 \times 9.81 \times 450 \times 700/10^9) = 1.2 \times \underline{7.73} = 9.27\ (\text{kN/m})$

$w_L = (w_U - w_{L_U})/1.6 = (35.63 - 9.27)/1.6 = 26.36/1.6 = 16.48\ (\text{kN/m})$

$M_s = (w_D + w_L)l^2/8 = (7.73 + 16.48)(10^2)/8 = 302.6\ (\text{kN}\cdot\text{m})$

$\therefore f_s = M_s/(A_s jd) = 302.6 \times 10^6/(1{,}913 \times 547.2) = \underline{\mathbf{289\ (MPa)}}\ (\equiv 0.72 f_y)$

근사값 $f_s = 0.667 f_y = (0.667)400 = 267$ (MPa)는 정해의 289 MPa에 비해서 7.6% 감소했을 뿐이고, 건조환경에서 $f_s =$ 289 MPa일 때 철근의 최대간격은 $s_{(max)} =$ 231 mm로 11.6% 줄었을

뿐이다. 따라서 구조기준에서 '간단한 방법'이라고 굳이 언급한 방법으로 f_s를 계산해도 문제가 되지 않는다고 볼 수 있다. 이러한 내용은 각주 11에서도 설명한 바로 근사방법과 정해 방법에 의해서 구한 f_s 값이 그렇게 심하게 차이가 날수는 없을 것이다.

예제 5.5 1방향 슬래브에서 철근의 최대 중심 간격 계산[5.4]

두께가 210 mm인 슬래브에 D13 철근이 중심간격 s로 배치되어있다. $f_y = 400\ \mathrm{MPa}$ 이고 순피복두께 $c_c = 20\ \mathrm{mm}$ 이며 건조 환경일 때 구조기준에서 허용하는 철근의 최대간격을 계산하라.

풀이

① 휨철근 배치 규정에 따른 최대 중심 간격 계산

철근의 사용응력 $f_s = (2/3)f_y = (2/3)400 = 267\ (\mathrm{MPa})$

식 (5.11) : $s_{(\max)(1)} = 375(k_{cr}/f_s) - 2.5c_c = 375(280/267) - 2.5(20) = 343\ (\mathrm{mm})$

$\leq 300(k_{cr}/267) = 300(280/267) = \underline{315\ (\mathrm{mm})}$ ← 지배

$\therefore s_{(\max)(1)} = \underline{315\ \mathrm{mm}}$

따라서 구조기준 6.3.3(4)를 만족하기 위해서는 D13 철근을 $s_{(\max)(1)} \leq 315\ \mathrm{mm}$ 간격으로 배치하면 된다.

② 최소 철근량의 규정에 의한 최대 중심간격 계산 [구조기준 6.3.2(4)과 5.7.2(1), ACI 10.5.4 & 7.12.2.1]

식 (4.30) : $f_y = 400\ \mathrm{MPa}$ 인 경우, $A_{s(\min)} = 0.002bh$

D13 철근($A_b = 126.7\ \mathrm{mm}^2$)을 등간격으로 배치하므로, 철근의 최대 중심간격은

식 (4.26) : $s_{(\max)(2)} = \dfrac{b}{A_{s(\min)}/A_b} = \dfrac{1{,}000\,A_b}{0.002(1{,}000)(210)} = \dfrac{126.7}{0.002(210)} = \underline{302\ (\mathrm{mm})}$

③ 또한 구조기준 10.2.3(2)의 규정도 만족하여야 하며, 이는 슬래브에서 철근의 중심간격은 위험단면에서 슬래브 두께의 2배 또는 300 mm 이하이어야 하고, 기타의 단면에서는 슬래브 두께의 3배 또는 450 mm 이하 이어야 한다[또한 구조기준 5.3.2(5), ACI 7.6.5 참고].

식 (4.29) :

위험단면 : $s_{(\max)(3)} = (2h$ 또는 $300\ \mathrm{mm}) = [2(210) = 420$ 또는 $300] = \underline{300\ \mathrm{mm}}$

기타 단면 : $s_{(\max)(3)} = (3h$ 또는 $450\ \mathrm{mm}) = [3(210) = 600$ 또는 $450] = \underline{450\ \mathrm{mm}}$

④ 따라서 이중에서 최소값이 지배하므로 철근의 최대간격은 $s_{(\max)} \leq \mathrm{Min.}[315,\ 302, \underline{300}] = \underline{300}] = \underline{300\ \mathrm{mm}}$ 가 된다.

구조기준 부록 III 균열의 검증(Verification of Crack Width)[5.2, 5.15]

2012년 구조기준에서는 특별히 수밀성이 요구되거나 미관이 중요한 구조물의 균열 검토와 시공 중 혹은 완공 후에 균열이 발생한 구조물에 대하여 균열 발생의 원인 및 그 유해성에 관한 검토가 필요할 때에는 Eurocode 2[2.40]에서 도입한 부록 III의 방법을 적용할 수 있도록 제안하고 있다.

부록 III의 균열 검토 방법은 이전 기준의 규정과 같이 강재의 부식에 대한 환경조건을 4가지(건조 환경, 습윤 환경, 부식성 환경 및 고부식성 환경 ; 표 5.3 참고)로 구분하고 표 5.4와 표 5.5에 환경조건에 대한 허용균열폭과 수처리 구조물의 허용균열폭을 각각 제안하였다.

표 5.3 강재의 부식에 대한 환경조건의 구분 (구조기준 표 III.2.1)

건조 환경	일반 옥내 부재, 부식의 우려가 없을 정도로 보호한 경우의 보통 주거 및 사무실 건물 내부
습윤 환경	일반 옥외의 경우, 흙 속의 경우, 옥내의 경우에 있어서 습기가 찬 곳
부식성 환경	1. 습윤환경과 비교하여 건습의 반복작용이 많은 경우, 특히 유해한 물질을 함유한 지하수위 이하의 흙 속에 있어서 강재의 부식에 해로운 영향을 주는 경우, 동결작용이 있는 경우, 동상방지제를 사용하는 경우 2. 해양콘크리트 구조물 중 해수 중에 있거나 극심하지 않은 해양환경에 있는 경우(가스, 액체, 고체)
고부식성 환경	1. 강재의 부식에 현저하게 해로운 영향을 주는 경우 2. 해양콘크리트 구조물 중 간만조위의 영향을 받거나 비말대(splash zone, 물보라기 미치는 부분)에 있는 경우, 극심한 해풍의 영향을 받는 경우

표 5.4 철근콘크리트 구조물의 허용균열폭 w_a(mm) (구조기준 표 III.3.1)

강재의 종류	강재의 부식에 대한 환경조건			
	건조 환경	습윤 환경	부식성 환경	고부식성 환경
철근	0.4 mm와 $0.006c_c$ 중 큰 값	0.3 mm와 $0.005c_c$ 중 큰 값	0.3 mm와 $0.004c_c$ 중 큰 값	0.3 mm와 $0.0035c_c$ 중 큰 값
긴장재	0.2 mm와 $0.005c_c$ 중 큰 값	0.2 mm와 $0.004c_c$ 중 큰 값	-	-

여기에서 c_c는 최 외단 주철근의 표면과 콘크리트 표면 사이의 콘크리트 최소 피복두께(mm)

표 5.4의 허용균열폭은 2003년 이전 기준의 허용균열폭 규정에서 건물과 기타 구조물의 구분을 없애면서 ACI의 절대값(즉, 0.4 mm 등)과 일본형 순피복두께의 함수로 계산되는 값(즉, $0.006c_c$ 등) 중에서 큰 값으로 규정하여 이전 기준에 비해서 완화하였다. 그러나 이전의 2003년 기준 4.2.3(2)에서는 배치할 수 있는 최대 피복두께를 100 mm로 제한하여 허용균열폭을 한계값 이상으로 증가시킬 수 없도록 제한하였지만, 개정된 구조기준에서는 이 규정을 삭제함으로써 행여나 순피복두께를 100 mm 이상 배치하여 의도한 바를 초과하는 허용균열폭이 제시될 우려가 있다.

표 5.5 수처리 구조물의 허용균열폭 w_a(mm) (구조기준 표 III.3.2)

	휨 인장 균열	전 단면 인장 균열
오염되지 않은 물을 처리하는 시설물[1)]	0.25	0.20
오염된 물을 처리하는 시설물[2)]	0.20	0.15

1) 음용수(상수도) 시설물
2) 오염이 매우 심한 물을 처리하는 시설물의 경우 발주자와 협의하여 결정

부록 III의 해석으로 균열폭을 검토할 때에는 다음 식을 만족하여야 하여야 한다.

$$w_d \le w_a \tag{5.12}$$

여기에서 w_d는 지속하중(sustained load)이 작용할 때 계산된 균열폭이고, w_a는 표 5.4와 표 5.5에 제시된 내구성, 사용성(누수) 및 미관에 관련하여 허용되는 균열폭이다. 균열검증에 적용하는 지속하중은 설계수명 동안 항상 작용하는 고정하중과 설계수명의 절반 이상의 기간 동안 지속해서 작용하는 하중들의 합으로서, 구조물의 특성을 고려하여 발주자 또는 건축주가 결정할 수 있다고 구조기준 III.3.1(2)에서 제시하고 있다.

설계 균열폭 w_d는 다음 식에 따라 계산하도록 구조기준 III.3.3에서 제시하고 있다.

$$w_d = k_{st} w_m = k_{st} l_s (\varepsilon_{sm} - \varepsilon_{cm}) \tag{5.13}$$

여기에서

w_d = 설계 균열폭이고, w_m = 평균 균열폭이며,

k_{st} = 균열폭 평가계수로서 구조물의 특성을 고려하여 발주자 또는 건축주가 결정할 수 있으며, 아래와 같은 값을 각각의 경우에 적용한다.

$$\begin{cases} \text{평균 균열폭}: & k_{st} = 1.0 \\ \text{최대 균열폭}: & k_{st} = 1.7 \end{cases} \tag{5.14}$$

ε_{sm}과 ε_{cm} = 각각 균열간격 l_s내의 평균 철근 변형률과 평균 콘크리트 변형률로 아래 식에 의해서

계산할 수 있다.

$$\varepsilon_{sm} - \varepsilon_{cm} = \frac{f_{so}}{E_s}\left[1 - \beta_1\beta_2(1 + n_i\rho_e)\left(\frac{f_{sr}}{f_{so}}\right)^2\right] \geq 0.6\frac{f_{so}}{E_s} \tag{5.15}$$

여기에서 f_{so}는 균열단면의 철근응력으로 파괴계수 식 (2.11) ($f_r = 0.63\lambda\sqrt{f_{ck}}$)과 식 (5.1a) 탄성계수비 $n = (E_s/E_c)(1 + C_t)$ 및 식 (3.4b)를 쓰면서, 크리프계수 $C_t = \varepsilon_{creep}/\varepsilon_i = 0$로 가정하고, 보통중량골재 콘크리트를 적용한다면,

$$f_{so} = nf_{co} = \frac{E_s}{E_c}(1 + C_t)\frac{M_{cr}\,y_s}{I_g} = \frac{200{,}000}{8{,}500\sqrt[3]{f_{ck} + \Delta f}}\frac{(f_r I_g/y_t)y_s}{I_g} \tag{5.16a}$$

$$f_{so} = nf_{co} = \frac{23.5(0.63\lambda\sqrt{f_{ck}})}{\sqrt[3]{f_{ck} + \Delta f}}\left(\frac{y_s}{y_t}\right) \tag{5.16b}$$

여기에서 y_t와 y_s는 각각 중립축에서 인장연단이나 인장철근의 도심까지의 거리이다.

f_{sr}은 균열이 발생한 직후 균열 면에서 계산한 철근응력으로 단철근 직사각형 단면이라고 가정하여 식 (5.4)로 균열단면의 단면2차모멘트를 표현하면,

$$f_{sr} = nf_{cr} = n\frac{M_s\,y_s}{I_{cr}} = nM_s\,y_s/[bx^3/3 + nA_s(d - x)^2] \tag{5.17}$$

β_1은 부착특성에 따른 계수이고 β_2는 하중조건에 따른 계수로서 아래의 값을 각각 적용한다.

$$\begin{cases} \text{이형철근} & : \beta_1 = 1.0 \\ \text{원형철근이나 강연선} & : \beta_1 = 0.5 \end{cases} \tag{5.18}$$

$$\begin{cases} \text{반복하중} & : \beta_2 = 0.5 \\ \text{그외의 경우} & : \beta_2 = 1.0 \end{cases} \tag{5.19}$$

n_i는 콘크리트의 초기접선탄성계수에 대한 철근의 탄성계수비로 식 (2.47)과 식 (5.1a)를 이용하고, 크리프계수 $C_t = \varepsilon_{creep}/\varepsilon_i = 0$로 보아 적으면 다음과 같다.

$$n_i = \left(\frac{E_s}{1.18E_c}\right) = \frac{200{,}000}{1.18(8{,}500\sqrt[3]{f_{cu}})} = \frac{200{,}000}{10{,}030\sqrt[3]{f_{ck} + \Delta f}} = \frac{19.94}{\sqrt[3]{f_{ck} + \Delta f}} \tag{5.20}$$

l_s는 평균 균열간격으로 철근과 콘크리트 사이에 미끄럼이 발생하는 길이로서 균열의 간격과 같으며, 이 길이 내에 발생한 철근과 콘크리트 변형률은 균열폭에 영향을 미친다. 평균 균열간격 l_s는 다음 식에 의해서 계산한다.

$$\begin{cases} \text{부착된 철근의 중심간격} \leq 5(c_c + d_b/2)\text{인 경우}: & l_s = 2c_c + 0.25k_1k_2d_b/\rho_e \\ \text{부착된 철근의 중심간격} > 5(c_c + d_b/2)\text{인 경우}: & l_s = 0.75(h - x) \end{cases} \tag{5.21}$$

여기에서

c_c = 최외단 인장철근이나 긴장재의 표면과 콘크리트 표면사이의 최소 피복두께,

k_1 = 부착강도에 따른 계수로 다음과 같다.

$$\begin{cases} \text{이형철근} & : k_1 = 0.8 \\ \text{원형철근이나 긴장재} & : k_1 = 1.6 \end{cases} \tag{5.22}$$

k_2 = 부재의 하중작용에 따른 계수로 다음과 같다.

$$\begin{cases} \text{휨모멘트를 받는 부재} & : k_2 = 0.5 \\ \text{직접인장력을 받는 부재} & : k_2 = 1.0 \\ \begin{cases}\text{편심을 가진 직접인장력을 받는 부재} \\ \text{부재의 국부적인 부분의 균열을 검증}\end{cases} & : k_2 = (\epsilon_1 + \epsilon_2)/(2\epsilon_1) \end{cases} \tag{5.23}$$

여기에서 ε_1과 ε_2는 단면 표면의 인장변형률로서 둘 중의 큰 값을 ε_1으로 한다.

d_b는 철근의 지름이나 다발철근의 등가지름으로 크기가 각기 다른 철근이 조합된 경우에는 아래 식으로 계산되는 평균철근 지름 d_{beq}를 사용한다.

$$d_{beq} = \frac{m_1 d_{b1}^2 + m_2 d_{b2}^2}{m_1 d_{b1} + m_2 d_{b2}} \tag{5.24}$$

여기에서 m_1은 철근 지름이 d_{b1}인 철근의 개수이고, m_2는 철근 지름이 d_{b2}인 철근의 개수이다. ρ_e는 콘크리트의 유효인장면적을 기준으로 한 철근비로 철근 단면적을 콘크리트 유효인장면적 $A_{cte} = b\,d_{cte}$로 나누어서 아래와 같이 계산한다.

$$\rho_e = \frac{A_s}{A_{cte}} = \frac{A_s}{b\,d_{cte}} \tag{5.25}$$

여기에서 d_{cte}는 콘크리트 유효인장깊이로서 아래 식에 의해서 계산한다.

$$\begin{cases} \text{휨모멘트를 받는 부재} & : d_{cte} = 2.5(h-d) \le (h-x)/3 \\ \text{직접인장력을 받는 부재} & : d_{cte} = 2.5(h-d) \le h/2 \end{cases} \tag{5.26}$$

그 외에도 구조기준에서는

① 부과된 변형에 의해서도 균열이 발생되는 곳에서는 균열 위치의 철근 변형률[식 (5.15)에서 $(1+n_i\rho_e)(f_{sr}/f_{so})^2$]을 부과된 변형에 의한 변형률 값만큼 증가시켜야 한다고 규정하고 있다.

② 철근이 직교 2방향으로 보강된 부재에서 주응력 축과 철근방향 사이의 각이 15° 보다 클 때는 다음과 같이 해설에서 제시한 근사법으로 최대 균열간격을 계산할 수 있다[5.24].

$$l_s = \left(\frac{\cos\theta}{l_{sx}} + \frac{\sin\theta}{l_{sy}}\right)^{-1} \tag{5.27}$$

여기에서 θ는 x축 방향의 철근과 주인장 응력방향 사이의 각도이며, l_{sx}및 l_{sy}는 x와 y방향으로 각각 계산한 균열간격이다.

5.5 사용하중 하에서의 처짐(Deflections under Service Loads)[5.1]

철근콘크리트 보의 설계가 제대로 수행되기 위해서는 보가 강도(strength ; 즉, M_n)를 가져야 할 뿐만 아니라 강성(stiffness)(즉, 휨강성 EI)도 가져야 한다. 사용하중이 작용할 때(under service load) 처짐이 어떤 한계 내에 있어서 구조물에 부착되는 비구조적인 요소 즉, 칸막이, 파이프, 회반죽 천정, 또는 창문 등이 작동을 하지 않거나 손상을 받지 않아야 할 것이다(그림 5.13 참고). 또한 바닥보가 활하중이 작용할 때 너무 많이 처지거나 진동이 일어나면 사용자에게 불안감을 주게 될 것이다.

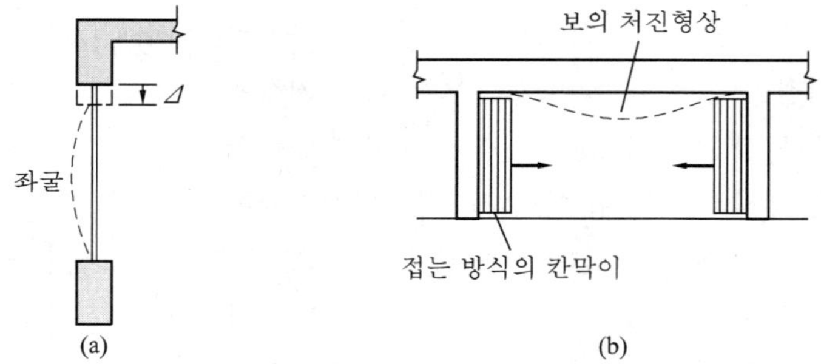

그림 5.13 과도한 처짐 때문에 보에 부착된 비 구조요소가 손상을 받거나 기능을 잃어버리는 예 (a) 보의 처짐이 창문을 좌굴시키는 경우, (b) 과다한 천장의 처짐이 균열을 일으키고 칸막이의 작동을 방해하는 경우

철근콘크리트 보의 처짐 계산에서는 하중이 처음 작용하는 순간의 **탄성처짐(instantaneous elastic deflection)** 뿐만 아니라, 수년간에 걸쳐서 크리프나 건조수축 때문에 지속적으로 증가하는 **장기처짐(long-term deflection)**도 고려하여야 한다. 하중의 크기가 변하지 않는 지속적인 조건에서 장기처짐에 의한 최대값은 보통 초기 탄성처짐의 2~3배 정도에 이르고 있다.

1970년도 이전에 사용하였던 별도설계법(허용응력법)의 설계나 해석에서는 콘크리트의 응력을 강도의 40%로 제한하고, 철근에서는 항복강도의 50%로 제한하여 설계된 단면은 크고 무거울 수 밖에 없어 상대적으로 강도의 여분이 많아 사용성(serviceability)에 대한 문제가 거의 발생하지 않았다(그림 1.10 참고). 그러나 과거에 비해서 고강도의 콘크리트와 철근을 사용하여 구조부재는 점점 더 가늘게 설계될 뿐만 아니라, 강도설계법의 도입으로 강도의 여분은 점점 감소되게 되었다. 이렇게 설계된 부재의 단면이 감소되고 따라서 휨강성(EI)이 감소하여 부재에 과도한 처짐(deflection)과 균열(cracking)이 발생하게 되었다. 과도한 처짐과 균열은 구조물의 사용성에 영향을 미치는 중요한 인자이므로 현행 구조기준에서는 각각에 대해서 규정을 제시하고 있다.

구조물에서 허용 가능한 처짐은 건물의 형태, 구조물의 외관, 회반죽 천장이나 칸막이의 존재, 과도한 처짐으로 생길 손상, 활하중의 종류와 크기 등과 같은 많은 요소에 의해 지배된다. 현행 구조기준에서는 처짐에 대해서 다음 2가지 방법으로 규정하고 있다.

현행 구조기준에서 처짐량을 제한하는 규정 - 2가지 방법

1) 방법 1 : 처짐을 계산하지 않아도 되는 경우의 휨부재의 최소두께 및 높이 규정(Use of Limiting Span/Thickness Ratios) (구조기준 4.3.1, ACI 9.5.2)

구조기준(ACI)에서는 처짐의 계산이 복잡하므로 보나 슬래브의 최소두께 h를 제한하여 이로서 처짐에 제한을 두는 방법을 사용하고 있다. 이 방법은 부재의 깊이가 주어진 경간에 대한 비보다 크게 되면 처짐에 대해서 계산을 할 필요가 없이 처짐에 대해서 만족한다는 규정을 제시하고 있다. 여러 지지점 조건에 대한 최소두께가 표 5.6에 주어졌다(구조기준 표 4.3.1).

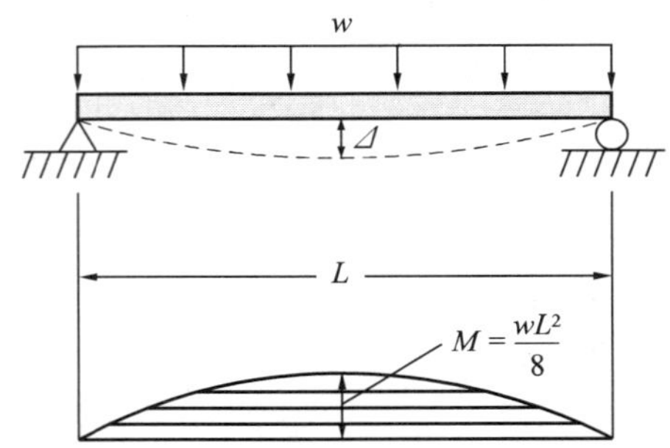

그림 5.14 단순 지지된 보의 휨모멘트와 처짐의 관계

처짐을 조절하는 이 방법의 이론적인 배경은 그림 5.14와 같은 단순 지지된 보에서 등분포하중이 작용할 때 경간 중앙의 탄성처짐을 다음과 같이 고려하는 것으로 구할 수 있다.

표 5.6 처짐을 계산하지 않는 경우의 보 또는 1방향 슬래브의 최소 두께 [구조기준 표 4.3.1, ACI Table 9.5(a)]

부 재	최소 두께 h			
	단순 지지	1단 연속	양단 연속	캔틸레버
		1단 연속	양단연속	캔틸레버
	큰 처짐에 의해 손상되기 쉬운 칸막이 벽이나 기타 구조물을 지지 또는 부착하지 않은 부재			
· 1방향 슬래브	$l/20$	$l/24$	$l/28$	$l/10$
· 보 · 리브(장선, joist)가 있는 1방향 슬래브	$l/16$	$l/18.5$	$l/21$	$l/8$

이 표의 값은 보통중량골재 콘크리트($\rho_c = 2{,}300\ \mathrm{kg/m^3}$)와 설계기준항복강도 400 MPa 철근을 사용한 부재에 대한 값이며 다른 조건에 대해서는 그 값을 다음과 같이 보정하여야 한다. 여기에서 l은 경간의 길이(span length)이다.

1) $1{,}500 \sim 2{,}000\ \mathrm{kg/m^3}$ 범위의 단위질량을 갖는 구조용 경량콘크리트에 대해서는 계산된 h값에 $(1.65 - 0.00031\rho_c)$를 곱해야 하나, 1.09보다 작지 않아야 한다.
2) f_y가 400 MPa 이외인 경우는 계산된 h 값에 $(0.43 + f_y/700)$을 곱하여야 한다.

$$\Delta = \frac{K_1 w L^4}{EI} \text{ 여기에서 } K_1 = \frac{5}{384} \tag{1}$$

여기에서 $w=$ 등분포 하중, $L=$ 경간의 길이, $E=$ 탄성계수, $I=$ 유효 단면 2차 모멘트이다. 식 (1)에 보 중앙에서의 최대 휨모멘트 M 에서 $wL^2 = 8M$ 를 대입하면,

$$\Delta = \frac{K_1(8M)L^2}{EI} = K_2 \frac{ML^2}{EI} \tag{2}$$

여기에서 $8K_1 = K_2$ 이다. 만약에 압축응력의 분포를 선형으로 가정한다면, 콘크리트의 최대 압축응력은 다음 식으로 구할 수 있다.

$$f = My/I \tag{1.25}$$

여기에서 y 는 중립축으로부터 압축연단까지의 거리이고, f 는 중립축으로부터 거리 y 떨어진 압축연단의 최대 사용응력이다.

식 (1.25)를 식 (2)에 대입하면,

$$\Delta = \frac{K_2 f I}{y} \frac{L^2}{EI} \tag{3}$$

식 (3)의 f 와 E 는 아래와 같이 f_{ck} 의 함수로 표현할 수 있을 것이다.

$$f = K_3 f_{ck} \quad \text{그리고} \quad E = K_4 f_{ck} \tag{4}$$

따라서 식 (4)를 서로 연결하면,

$$f/E = K_3/K_4 = K_5 \tag{5}$$

로 표현할 수 있다. 식 (3)에서 식 (5)을 이용하여 f 와 E 를 소거하면,

$$\Delta = K_2 K_5 L^2/y \tag{6}$$

y 를 부재의 전체 두께 h 의 함수로 적으면, $y = K_6 h$ 가 되므로, 식 (6)은 다음과 같이 쓸 수 있다.

$$\Delta = K_2 K_5 L^2/K_6 h = KL^2/h \tag{7}$$

여기에서 $K = K_2 K_5/K_6$ 이다.

철근콘크리트 구조물에서 부착된 비구조물이 손상을 받지 않는 최대처짐에 대한 연구에서 다양한 설계조건에 대해서 최대 허용처짐이 경간의 길이 L 의 분수로 표현되었다. 예를 들어서 만약에 천장의 회반죽(plaster ceiling)에 균열이 일어나지 않기 위해서는 최대 활하중 처짐이 $L/360$ 이하

이어야 한다는 것을 경험에 의해서 알고 있다. 일반적인 방법으로 표현하면,

$$\Delta \leq L/C_1 \tag{8}$$

여기에서 Δ는 허용 최대처짐을 말하고, C_1은 허용하는 최대처짐에 대한 상수이다. 식 (7)을 이용해서 식 (8)의 Δ를 소거하면,

$$KL^2/h \leq L/C_1$$

또는

$$h \geq KC_1 L \tag{9}$$

소수를 없애기 위해서 2 상수 K와 C_1의 곱한 값을 $1/N$로 표현하게 되면 N는 1보다는 큰 값이 될 것이다. 따라서 식 (9)는

$$h \geq L/N \tag{10}$$

로 쓸 수 있다.

보와 1방향 슬래브의 사용성을 만족하도록 하는 N 값이 표 5.6에 제시되었다. 이 방법이 간략식이므로 구조기준에서는 상대적으로 처짐이 크게 나타나도 손상을 받지 않는 비 구조물을 지지하거나 부착된 구조물에만 사용하도록 제한하고 있다. 만약에 표 5.6에서 제한하는 보나 슬래브의 두께이하의 구조물을 사용하는 경우에는 처짐을 반드시 계산해서 표 5.7(구조기준 표 4.3.2)의 최대 허용 처짐 값보다 작아야 할 것이다.

예제 5.6 구조기준에 의한 최소두께의 계산[5.1]

그림 5.15에서 현행 구조기준에 따라 처짐 계산을 하지 않아도 되는 보의 깊이를 각각 결정하라.

풀이

① 그림 5.15a의 단순지지 보 : 단위질량 $\rho_c = 1,760\ \mathrm{kg/m^3}$ 인 경량골재 콘크리트를 사용하고, $f_{ck} =$ 21 MPa이고 $f_y = 350$ MPa 인 경우 :

표 5.6에서 단순지지 보의 경우 : $h_{(\min)} = \dfrac{l}{16}(1.65 - 0.00031\rho_c)\left(0.43 + \dfrac{f_y}{700}\right)$ 이면,

단, $1.65 - 0.00031\rho_c \geq 1.09$ 이어야 하므로,

$1.65 - 0.00031 \times 1,760 = 1.104 > 1.09$ <o.k.>

$$\therefore h_{(\min)} = \frac{6{,}000}{16}(1.104)\left(0.43 + \frac{350}{700}\right) = \underline{385\ (\text{mm})}$$

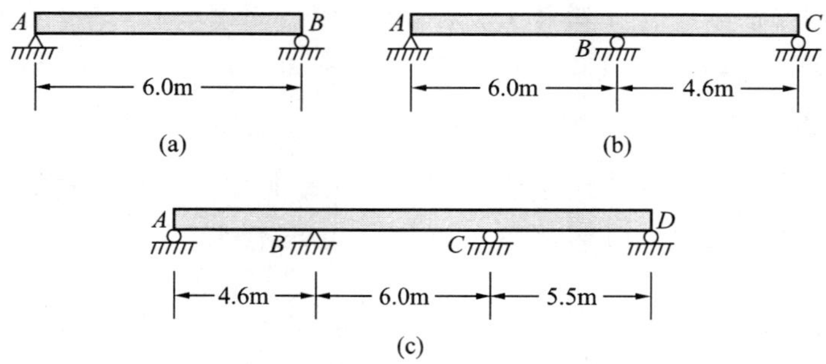

그림 5.15

② 그림 5.15b의 2경간 연속 보 : 단위질량 $\rho_c = 2{,}300\ \text{kg/m}^3$ 인 보통중량골재 콘크리트를 사용하고, $f_{ck} = 27\ \text{MPa}$ 이고 $f_y = 400\ \text{MPa}$ 인 경우 :

보통중량골재 콘크리트를 사용하였고 철근의 항복강도가 400 MPa이므로, 조종을 할 필요가 없다. 1단 연속에서 $h_{(\min)} = l/18.5$ 이고 긴 경간이 지배하므로,

$$\therefore h_{(\min)} = 6{,}000/18.5 = \underline{324\ (\text{mm})}$$

③ 그림 5.15c 3경간 연속 보 : 보통중량골재 콘크리트를 사용하였고, $f_y = 400\ \text{MPa}$ 인 경우 :

(a) 경간 BC에서 양단 연속이므로 $h_{(\min)} = l/21 = 6{,}000/21 = 286\ (\text{mm})$

(b) 경간 CD에서 1단 연속이므로 (AB는 경간이 CD에 비해서 짧으므로 CD에서 구한 값이 지배하게 된다.) $h_{(\min)} = l/18.5 = 5{,}500/18.5 = 297\ (\text{mm})$

(c) 따라서 큰 값이 지배한다. $\therefore h_{(\min)} = \underline{297\ \text{mm}}$

2) 방법 2 : 계산된 처짐이 제한 값을 초과하지 않도록 하는 규정(Use of Limiting Computed Deflections) [구조기준 4.3.1(6) 표 4.3.2 최대 허용처짐, ACI 9.5.2.6]

앞에서 언급한바와 같이 보나 1방향 슬래브에서 표 5.6의 최소두께에 대한 규정을 만족하지 못하면 구조기준 4.3.1(6)(ACI 9.5.1)에서는 계산된 처짐이 표 5.7에서 제시하는 최대허용 처짐 값(순간처짐 및 장기처짐)보다는 작도록 규정하고 있다. 그러나 비록 순간 탄성처짐이 허용한계에 있다고 하더라도 크리프나 건조수축에 의한 장기처짐이 상당하게 나타날 수 있으므로 표 5.6의 기준에 따라 보나 1방향 슬래브의 두께를 결정하는 것이 좋다.

표 5.7 **최대 허용처짐** [구조기준 표 4.3.2, ACI Table 9.5(b)]

부재의 형태	고려해야 할 처짐	처짐 한계
과도한 처짐에 의해 손상되기 쉬운 비구조 요소를 지지 또는 부착하지 않는 **평지붕구조 (외부환경)**	활하중 L에 의한 **순간처짐 (탄성처짐)**	$\frac{l}{180}$ [1]
과도한 처짐에 의해 손상되기 쉬운 비구조 요소를 지지 또는 부착하지 않는 **바닥구조 (내부환경)**		$\frac{l}{360}$
과도한 처짐에 의해 손상되기 쉬운 비구조 요소를 지지 또는 부착한 **지붕구조** 또는 **바닥구조**	전체 처짐 중에서 비구조 요소가 부착된 후에 발생하는 처짐부분 (**모든 지속하중에 의한 장기처짐과 추가적인 활하중에 의한 순간처짐의 합**)[3]	$\frac{l}{480}$ [2]
과도한 처짐에 의해 손상될 염려가 없는 비구조 요소를 지지 또는 부착한 **지붕구조** 또는 **바닥구조**		$\frac{l}{240}$ [4]

1) 이 제한은 물고임(ponding)에 대한 안전성을 고려하지 않았다. 물 고임에 대한 적절한 처짐 계산을 검토하되, 고인 물에 대한 추가 처짐을 포함하여 모든 지속하중의 장기적 영향, 솟음, 시공 오차 및 배수설비의 신뢰성을 고려하여야 한다.
2) 지지 또는 부착된 비구조 요소의 피해를 방지할 수 있는 적절한 조치가 취해지는 경우에 이 제한을 초과할 수 있다.
3) 장기처짐은 4.3.1(5) 또는 4.3.3(2)에 따라 정해지나 비구조 요소의 부착 전에 생긴 처짐량을 감소시킬 수 있다. 이 감소량은 해당 부재와 유사한 부재의 시간-처짐 특성에 관한 적절한 기술자료를 기초로 결정하여야 한다.
4) 비구조 요소에 의한 허용오차 이하이여야 한다. 그러나 전체 처짐에서 솟음을 뺀 값이 이 제한값을 초과하지 않도록 하면 된다. 즉 솟음을 했을 경우에 이 제한을 초과할 수 있다.

처짐 - 철근콘크리트 보의 거동(Deflections - Response of Concrete Beams)[5.4]

그림 5.16b는 양단 고정의 철근콘크리트 보에 대한 하중-처짐 곡선을 보여주고 있다. 하중이 작은 초기에 보에는 아직 균열이 발생하지 않아 하중-처짐 곡선의 기울기가 가파르게 유지된다(0-A 단계). 하중이 증가하여 단면에 발생하는 휨모멘트가 균열모멘트를 초과하게 되면 단면의 인장연단에는 균열이 발생하게 된다(양단 고정 부정정보이므로 받침부의 상단 부근에서 먼저 균열이 발생할 것이다.). 단면에 균열이 발생하면 단면이 감소하고 따라서 단면 2차 모멘트가 감소하여 보의 강성이 감소하게 된다. 이런 강성의 감소로 그림 5.16b의 하중-처짐 곡선에서 A-B 단계에 기울기가 감소하게 된다. 이어서 보 중앙의 하부에 균열이 발생하면 강성이 더욱 감소하게 된다(B 점). 종래에는 받침부에서 그리고 이어서 보 중앙에서 철근이 항복하여 작은 하중의 증가에도 처짐은 상당히 증가하게 된다(D 또는 E 점). 사용하중이 작용할 때는 C 점으로 볼 수 있으며, C 점까지는 보는 본질적으로 탄성영역에 있다고 볼 수 있다.

사용하중에서 추가로 하중이 점진적으로 증가하게 되면 균열이 점점 증가하여 휨강성을 점차 잃어 비선형 하중-변위관계를 보여주게 된다. 그림 5.16b에서 보는 바와 같이 사용하중의 변위는 시간이 지남에 따라 크리프로 인하여 C에서 C'으로 증가하게 된다. 설계에서는 순간처짐(C 점) 뿐

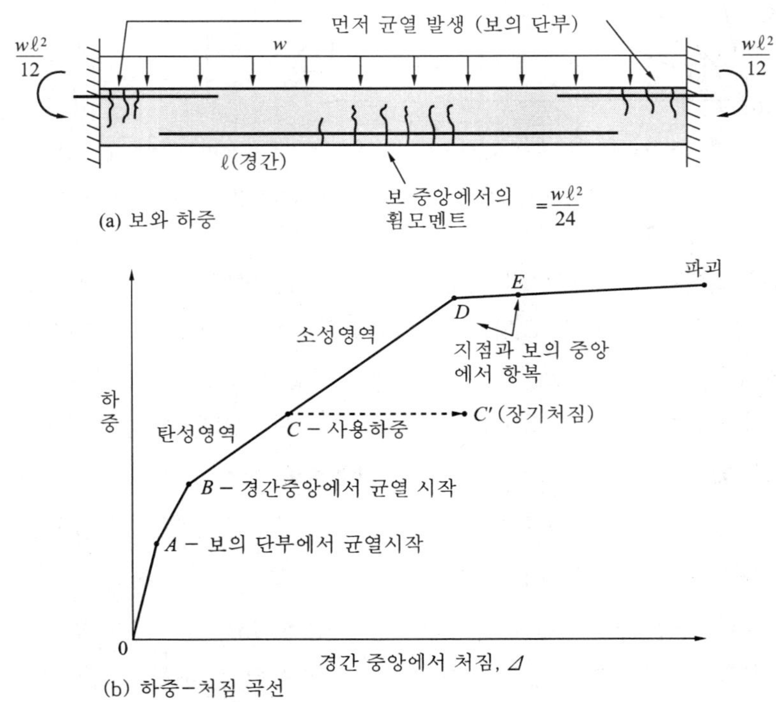

그림 5.16 철근콘크리트 보의 하중-처짐 거동

만 아니라, 장기처짐(C' 점)도 중요하다.

휨강성과 단면 2차 모멘트(Flexural Stiffness and Moment of Inertia)[5.4]

보의 처짐은 보의 길이에 따라 곡률(curvature)을 적분하면 구할 수 있다(즉, 모멘트-면적 제2정리 : $\Delta_B = \int_B^A x \dfrac{M}{EI} dx$). 탄성 보에서 곡률은 $\Phi = M/EI$ [식 (3.8) 참고]로 계산할 수 있으며, 여기에서 EI는 단면의 휨강성이다. 만약에 EI가 일정하다면 Φ의 계산이 일률적이지만, 철근콘크리트 보는 균열로 인하여 단면이 손상되므로 3종류의 EI 값을 고려하여야 한다. 이런 관계는 보의 길이에 따라 그림 5.17a에 보이는 모멘트-곡률도로 설명할 수 있다. 모멘트-곡률도에서 원점을 통과하는 직선의 기울기는 $M/\Phi = EI$로 표현할 수 있다.

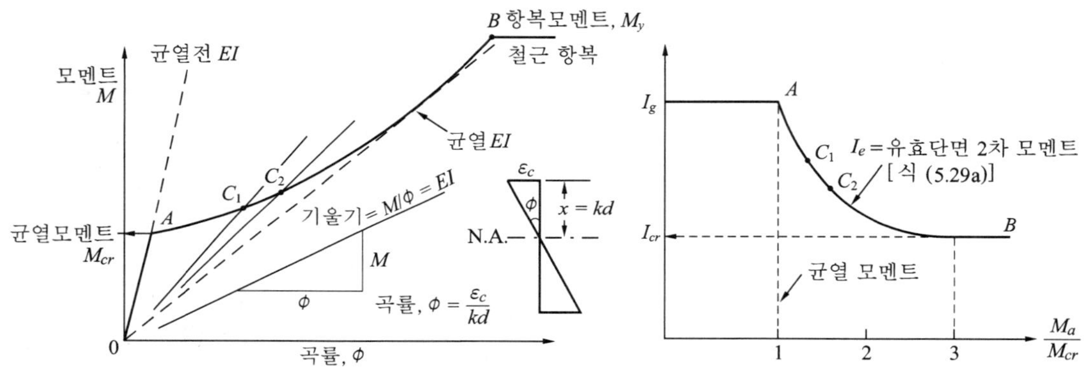

(a) 모멘트 – 곡률 관계도 (b) 모멘트에 대한 단면 2차 모멘트의 변화

그림 5.17 모멘트-곡률곡선 및 유효단면 2차 모멘트의 변화

균열이 일어나기 전 단면의 단면 2차 모멘트를 균열 전 단면 2차 모멘트(uncracked moment of inertia)라고 부르고 이때의 EI는 그림 5.17a의 O-A 직선으로 표시된다. 단면에 균열이 일어나게 되면 단면이 줄어들어서 균열 전 EI에 비해서 균열 후 EI는 상당히 감소하게 되며(단면 2차 모멘트 I의 차이 때문에), 철근이 항복을 시작하는 하중이 작용할 때의 곡률에 접근하여 그림 5.17a의 0-B 직선과 비슷하게 된다. C_1과 C_2와 같은 사용하중 하에서의 EI는 두 한계 값 안(즉, 0-A와 0-B사이)에 포함될 것이다. 사용하중 하에서 실제의 EI값은 균열모멘트 M_{cr}과 사용하중의 모멘트 M_a와 항복모멘트 M_y의 상대적 크기에 따라 $0-C_1$과 $0-C_2$ 직선의 기울기의 차이와 같이 상당히 변하게 된다. 모멘트에 대한 I값의 변화는 그림 5.17b에 보여주고 있다. 균열 전과 균열 후의 단면 2차 모멘트의 변화는 2 가지 현상을 반영한다. 작용하는 하중이 균열하중보다 그렇게 크지 않은 초기균열상태에서 균열 사이의 콘크리트가 여전히 상당한 인장력에 저항하므로 단면은 오히려 균열

단면으로 보다는 균열 전 단면으로 거동한다고 볼 수 있다. 그러나 하중이 증가하게 되면 균열 부근에서 철근의 부착력이 완전히 손상되어 콘크리트에는 뚜렷한 변화 없이 철근의 변형률이 급격히 증가하게 된다. 여기에서 하중이 더욱 증가하게 되면 철근에 비해서 콘크리트의 인장력은 거의 존재하지 않는 것과 같아서 부재는 완전한 균열단면에 접근하게 된다. 콘크리트에 잔류하는 인장력의 EI에 대한 영향을 **인장강성(tension stiffening)**이라고 한다.

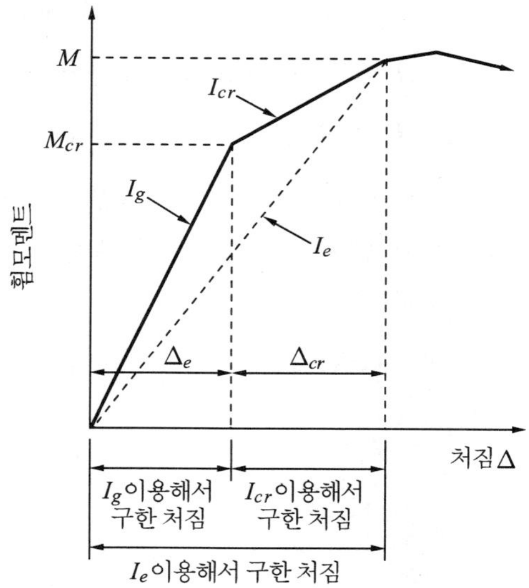

그림 5.18 유효단면 2차 모멘트 I_e 의 모멘트-처짐 관계[5.17]

유효단면 2차 모멘트(Effective Moment of Inertia)

그림 5.17a의 0-A직선의 값은 대략 EI_g가 되고, 0-B 직선은 대략 EI_{cr}이 되므로, A점(균열 전 단면)과 B점(철근이 항복하는) 사이에서는 EI의 중간 값이 존재하게 된다(그림 5.4 참고). 따라서 그림 5.18과 같이 사용하중 하에서 유효단면 2차 모멘트 I_e는 $I_g \geq I_e \geq I_{cr}$ 사이에 존재할 것이다. Branson[5.5]은 유효 단면 2차 모멘트를 구하는 식을 실험자료를 근거로 I_g에서 I_{cr}로 변하는 식 (5.28)로 제시하였다.

$$I_e = \left(\frac{M_{cr}}{M_a}\right)^a I_{gt} + \left[1 - \left(\frac{M_{cr}}{M_a}\right)^a\right] I_{cr} \tag{5.28}$$

여기서, $M_{cr} = f_r I_g / y_t$ 균열모멘트 [식 (3.7)]

$f_r = 0.63\lambda\sqrt{f_{ck}}$ 파괴계수 [식 (2.11) 참고] ; 여기에서 λ는 콘크리트의 비중을 고려하는 계수로 경량콘크리트에 대한 쪼갬인장강도(splitting tensile strength) f_{sp}가 주어지지 않은 경우에, 보통중량골재 콘크리트에는 $\lambda = 1.0$이고, 모래경량 콘크리트에는 $\lambda = 0.85$이며, 전경량 콘크리트에는 $\lambda = 0.75$가 된다. 만약에 부분적으로 경량골재가 섞인 경우에는 경량골재로 치환하는 체적비에 따라 직선보간한 값을 곱하여 보정하도록 규정하고 있다. 경량콘크리트에 대한 **쪼갬인장강도(splitting tensile strength)** f_{sp} 값이 주어지면 식 (2.11)에서 λ 대신에 $f_{sp}/(0.56\sqrt{f_{ck}}) \leq 1.0$ 를 대입하도록 규정하고 있다(구조기준 3.4.4).

$y_t =$ 전체 단면의 도심으로부터 최 외단 인장연단까지의 거리

M_a = 처짐이 계산되는 단계에서의 부재의 최대모멘트

I_{gt} = 총 단면(콘크리트+철근)의 단면 2차 모멘트

I_{cr} = 균열 단면적의 단면 2차 모멘트

Branson은 모멘트가 일정한 부분에서 지수 a를 4로 제시하였는데, 이는 인장강성의 영향을 포함한 결과이다. 단순지지 보에서 Branson은 부재의 길이에 따라 EI와 인장강성이 변하는 것을 고려하여 $a=3$을 제시하였다. 구조기준[식 (4.3.1), ACI 식 (9.8)]에서는 간략화하기 위해서 I_{gt} 대신에 철근의 단면 2차 모멘트는 생략한 I_g를 이용하여 아래와 같이 제시하였다.

$$I_e = \left(\frac{M_{cr}}{M_a}\right)^3 I_g + \left[1 - \left(\frac{M_{cr}}{M_a}\right)^3\right] I_{cr} \le I_g \tag{5.29a}$$

또는

$$I_e = I_{cr} + (I_g - I_{cr})\left(\frac{M_{cr}}{M_a}\right)^3 \le I_g \tag{5.29b}$$

단순지지 경간(simple span)의 경우에 최대 정모멘트가 작용하는 단면에서의 유효단면 2차 모멘트를 대표값으로 하여 처짐을 계산할 수 있다(구조기준 해설 4.3.1(4)[5.42]). 그러나 **연속부재(continuous member)**에서 I_e는 정모멘트 구역과 부모멘트 구역에서 서로 다를 수 있다. 구조기준 4.3.1(4) (ACI 9.5.2.4)에서는 이런 경우에 정 및 부모멘트에 대한 위험단면의 유효단면 2차 모멘트를 식 (5.29a)나 (5.29b)에 의해서 구하고 그 평균값을 사용할 수 있다고 제안하였다. 그러나 ACI에서는 **단면이 일정한 경우(prismatic member)**에 단순지지 경간(simple span)이나 연속 경간(continuous span)에서는 보의 중앙에서 구한 I_e를, 캔틸레버인 경우에는 받침부에서 구한 I_e을 이용하여 계산할 수 있다고 제시하였다. 이렇게 단면이 일정한 연속부재에서 경간 중앙의 I_e를 이용하여 처짐을 계산 할 수 있도록 허용하는 것은 처짐이 지배적으로 경간 중앙의 강성에 영향을 받기 때문일 것이다(ACI R9.5.2.4).

연속부재인 경우에 구조기준 해설 4.3.1(4)[5.42, 5.17]에서는 다음과 같이 얼마간 더 합리적인 상세식을 제시하고 있다. 양단 연속부재에 대해서 정모멘트가 작용하는 부재 중앙부 단면의 유효단면 2차 모멘트가 I_{em}이고 부모멘트가 작용하는 양단 받침부 단면에 대해서 각각 I_{e1}과 I_{e2}일 때, 평균 I_e는

$$\text{양단 연속부재 :} \quad I_e = 0.7 I_{em} + 0.15(I_{e1} + I_{e2}) \tag{5.30}$$

로 제시하여 가중평균값을 사용할 수 있도록 하였다. 1단 연속부재는 받침부 단면의 값을 I_{es}라면,

$$1\text{단 연속부재}:\quad I_e = 0.85 I_{em} + 0.15 I_{es} \tag{5.31}$$

로 제시하였다. 이 식은 1983년도 ACI 318 해설[5.43]에서 제안되었던 식으로 PCA Notes[5.17]에서는 현재에도 다루고 있지만 ACI에서는 이후로는 다루지 않고 있다.

순간-탄성처짐의 계산(Calculation of Immediate Elastic Deflection)

콘크리트 보에 하중이 작용하자마자 나타나는 처짐을 순간처짐(immediate deflection)이라 한다. 하중이 보에서 제거되지 않고 지속적으로 작용하게 되면 크리프와 건조수축 때문에 추가적인 장기처짐(sustained load deflection)이 나타나게 된다.

탄성처짐은 등분포 하중 w(또는 집중하중 P), 경간 L, 단면 2차 모멘트 I 그리고 탄성계수 E의 함수로 처짐은 $\Delta = f(wL/EI)$ 와 같이 표현될 수 있다. 철근콘크리트 보의 즉시-탄성처짐을 계산하기 위해서는 그림 5.19의 탄성-처짐 방정식을 이용하여 구하면 된다. 좀더 복잡한 하중에 대한 처짐방정식은 AISC의 LRFD 시방서[5.6] 등에서 찾을 수 있다.

단순 지지된 보와 연속보에 대해서 구조기준(ACI)이 제시한 방법으로 계산한 순간처짐과 실험에 의해서 구한 처짐의 자료가 그림 5.20에 비교되어 있다[5.5]. 그림 5.20에서 보면 계산으로 구한 순간처짐과 실험에서 구한 순간처짐간의 차이는 ±20% 안에 들어오는 것을 알 수 있다[5.7].

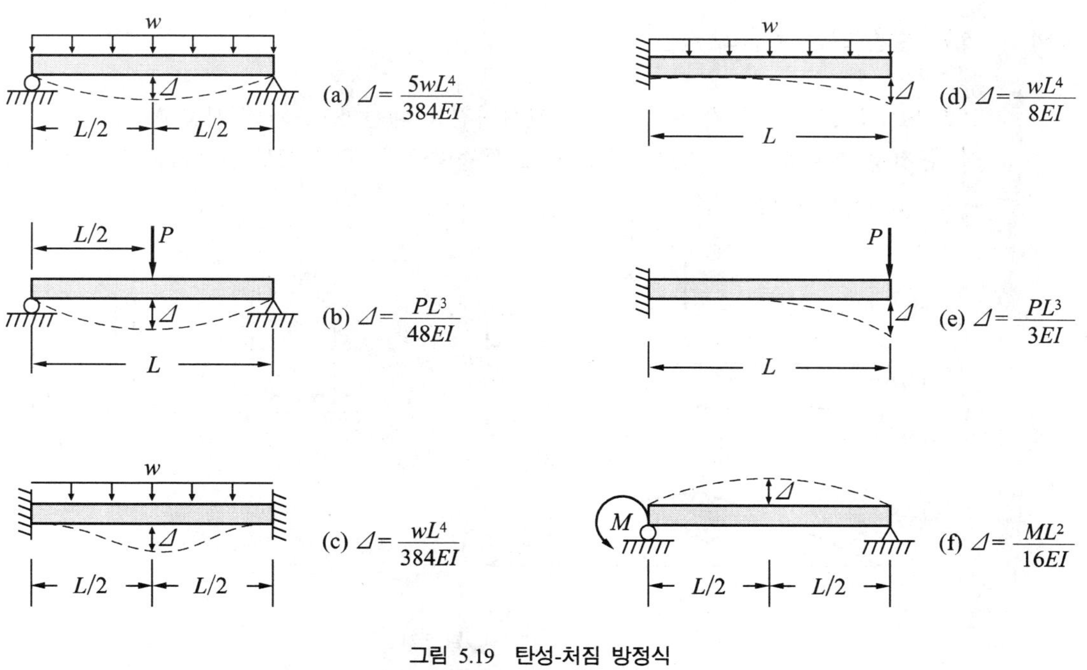

그림 5.19 탄성-처짐 방정식

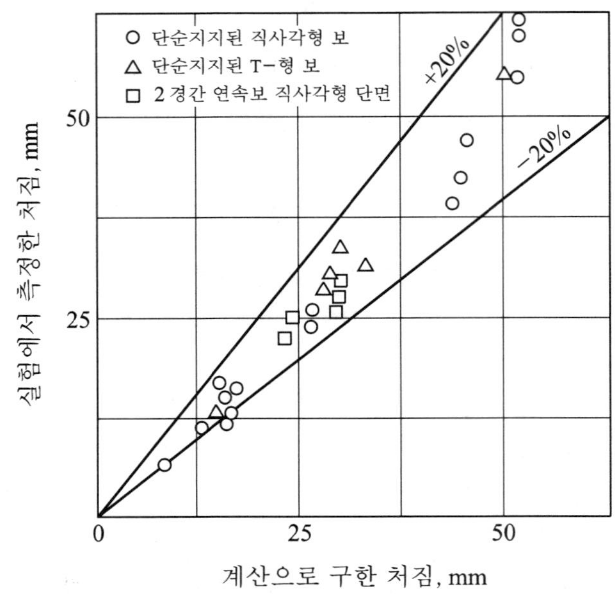

그림 5.20 구조기준(ACI) 방법으로 계산한 순간처짐과 실험에 의해서 구한 처짐과의 비교[5.5]

예제 5.7 순간-탄성 처짐의 계산

그림 5.21의 보에서 경간 중앙에서의 탄성처짐을 계산하고, 외부 지붕구조인 경우에 순간처짐의 규정을 만족하는지 검토하라. 단, 보통중량골재 콘크리트 설계기준강도 $f_{ck} = 24\,\text{MPa}$, $f_y = 400\,\text{MPa}$이다.

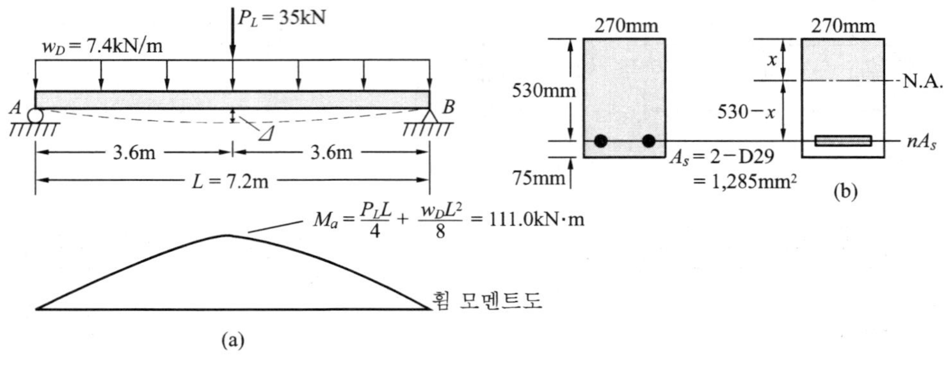

그림 5.21

풀이

① M_{cr} 계산, 식 (3.7) : $I_g = \dfrac{bh^3}{12} = \dfrac{270(605^3)}{12} = 4{,}983 \times 10^6\ (\text{mm}^4)$

$$M_{cr} = \frac{f_r I_g}{y_t} = \frac{0.63(1.0\sqrt{24})(4{,}983 \times 10^6)}{605/2} = 50.84 \times 10^6\ (\text{N} \cdot \text{mm}) = 50.84\ \text{kN} \cdot \text{m}$$

$\dfrac{M_a}{M_{cr}} = \dfrac{111.0}{50.84} = 2.18 > 1$; $\therefore$ I_e 사용해야 한다.

② I_e 계산 [식 (5.29a)] :

먼저 I_{cr} 계산하기 위해서 중립축 위치 결정, 식 (5.7) : 탄성처짐이므로 $C_t = 0$

$f_{ck} = 24\ \text{MPa} < 40\ \text{MPa} \ \rightarrow \Delta f = 4\ \text{MPa}$; $f_{cu} = f_{ck} + \Delta f = 24 + 4 = 28\ (\text{MPa})$

$$n = \frac{E_s}{E_c}(1 + C_t) = \frac{2.0 \times 10^5}{8{,}500\sqrt[3]{28}} \times 1 = \frac{2.0 \times 10^5}{25{,}811} = 7.75$$

$\rho = \dfrac{A_s}{bd} = \dfrac{1{,}285}{270(530)} = 0.00898$; $\rho n = 0.00898 \times 7.75 = 0.0696$

$$k = -\rho n + \sqrt{(\rho n)^2 + 2\rho n} = -0.0696 + \sqrt{0.0696^2 + 2(0.0696)} = 0.310$$

$\therefore x = kd = 0.310(530) = 164.3\ (\text{mm})$

$$I_{cr} = \frac{bx^3}{3} + nA_s(d-x)^2 = \frac{270(164.3)^3}{3} + 7.75(1{,}285)(530 - 164.3)^2$$

$= (399.2 \times 10^6) + (1{,}331.8 \times 10^6) = 1{,}731 \times 10^6\ (\text{mm}^4)$ (I_g의 34.7%)

$(M_{cr}/M_a)^3 = (1/2.18)^3 = 0.0965$

$$I_e = \left(\frac{M_{cr}}{M_a}\right)^3 I_g + \left[1 - \left(\frac{M_{cr}}{M_a}\right)^3\right] I_{cr} = (0.0965)(4{,}983 \times 10^6) + (1 - 0.0965)(1{,}731 \times 10^6)$$

$\therefore I_e = (480.9 + 1{,}564.0) \times 10^6 = \underline{2{,}045 \times 10^6\ (\text{mm}^4)}$

③ 그림 5.19a와 b를 이용하여 보 중앙에서의 순간-탄성처짐 계산 (단위에 특히 주의) :

$E_c I_e = (25{,}811\ \text{N/mm}^2) \times (2{,}045 \times 10^6\ \text{mm}^4)/10^9 = 52.78 \times 10^3\ \text{kN} \cdot \text{m}^2$

$$\Delta_i = \frac{5wL^4}{384E_cI_e} + \frac{PL^3}{48E_cI_e} = \frac{5(7.4\ \text{kN/m})(7.2\ \text{m})^4}{384(52.78 \times 10^3\ \text{kN} \cdot \text{m}^2)} + \frac{(35\ \text{kN})(7.2\ \text{m})^3}{48(52.78 \times 10^3\ \text{kN} \cdot \text{m}^2)}$$

$\therefore \Delta_i = \left(\dfrac{4.91 + 5.16}{10^3}\ \text{m}\right)\left(\dfrac{10^3\ \text{mm}}{1\ \text{m}}\right) = \underline{10.1\ (\text{mm})(\downarrow)}$

④ 등분포 고정하중에 의한 처짐 계산 : 먼저 I_e를 사용해야 되는지 검토

$M_a = \dfrac{w_D L^2}{8} = \dfrac{(7.4)(7.2^2)}{8} = 47.95\ (\text{kN} \cdot \text{m})$; $\dfrac{M_a}{M_{cr}} = \dfrac{47.95}{50.84} = 0.94 < 1$

$\therefore$ I_g 사용해야 한다.

$E_c I_g = (25{,}811\ \mathrm{N/mm^2}) \times (4{,}983 \times 10^6\ \mathrm{mm^4})/10^9 = 128.6 \times 10^3\ \mathrm{kN \cdot m^2}$

$\therefore \Delta_D = \dfrac{5wL^4}{384E_cI_g} = \dfrac{5(7.4)(7.2^4)\times 10^3}{384(128.6\times 10^3)} = \underline{2.01\ (\mathrm{mm})(\downarrow)}$

⑤ Δ_L 계산 : $\therefore \Delta_L = \Delta_i - \Delta_D = 10.1 - 2.01 = \underline{8.09\ (\mathrm{mm})(\downarrow)}$

⑥ 표 5.7(구조기준 표 4.3.2)에 의한 최대 허용처짐 검토 :
지붕의 처짐한계 = $l/180 = 7{,}200/180 = 40\ (\mathrm{mm}) > \Delta_L = 8.09\ \mathrm{mm}$ <o.k.>

장기처짐(Long-term Deflections or Sustained Load Deflections)[5.7]

철근콘크리트 보의 처짐은 시간이 경과함에 따라 크리프(creep)와 건조수축(shrinkage) 때문에 증가하게 된다(2.6장과 2.7장 참고). 추가적인 처짐의 증가율은 시간이 경과할수록 감소하며, 최종적으로 4~5년 뒤에는 순간처짐의 2배에서 3배에 이르게 된다.

비대칭으로 보강철근이 배치된 철근콘크리트 보의 건조수축은 일정하지 않은 기울기를 갖는 변형률 분포 때문에 건조수축 곡률(shrinkage curvature, Φ)을 갖게 된다. 단철근 보의 곡률이 복철근 보보다 크게 나타나는데 이는 압축철근이 배치되지 않아 압축영역에서 건조수축을 구속하지 않기 때문이다. 휨부재에서 보강철근이 인장영역에만 배치되는 경우에 건조수축 곡률은 연직하중이 일으키는 곡률과 같은 방향으로 나타나서 처짐을 증가시키게 된다. 또한 건조수축이 콘크리트에 추가적으로 발생시키는 인장응력이 추가적인 균열을 발생시키게 된다.

지속적인 하중이 작용하게 되면 그림 5.22와 같이 콘크리트에는 크리프 변형률이 나타나고 이때 보의 곡률이 증가하여 처짐이 증가하게 된다. 휨모멘트의 팔거리가 조금 줄어들면서 철근력이 약간 증가하지만 보통으로 보강된 단면에서는 이 증가는 예제 5.3과 같이 거의 미미한 수준에 그치게 된다. 이때 동시에 그림 5.22와 같이 콘크리트의 압축영역이 약간 넓어지면서 콘크리트의 압축응력은 얼마간 감소하게 된다[5.4].

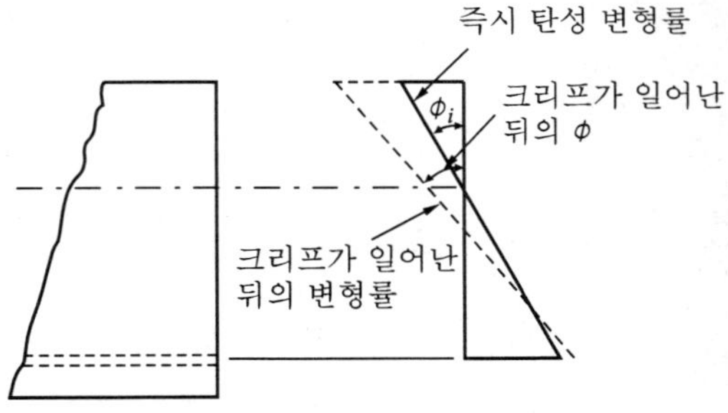

그림 5.22 변형률과 처짐에 미치는 크리프의 영향

압축철근이 배치되면 건조수축과 크리프에 의한 추가적인 처짐을 상당히 줄일 수 있게 된다(그림 4.3 참고). 압축철근은 압축영역에서 건조수축을 구속하여 건조수축 곡률을 감소시키게 된다. 대칭단면에 동일한 면적의 철근을 인장과 압축영역에 배치하였다면 건조수축 곡률은 0이 될 것이다. 일반적으로 비대칭단면에서 보강철근의 도심과 환산단면적의 도심이 일치하게 되면 건조수축 곡률은 0이 된다. 압축철근은 또한 콘크리트 크리프의 영향도 감소시키는데 이는 시간이 지남에 따라 콘크리트에 발생했던 압축변형률의 증가로 발생한 압축응력이 점진적으로 얼마간 압축철근으로 전달되어 콘크리트의 압축응력을 감소시키고 따라서 크리프 변형률도 감소하게 된다.

압축철근 이외에도 장기처짐은 상대습도, 온도, 양생조건, 하중이 작용할 때의 콘크리트의 재령과 하중의 지속기간, 강도에 대한 응력의 비(지속하중의 크기) 및 부재의 크기 등과 같은 여러 요소들에 영향을 받는다(2.6장 및 2.7장 참고)[5.17]. 이러한 이유 때문에 장기처짐의 계산은 대략적으로 추정하여 계산하며 아무리 더 정확한 방법이라도 사용하중의 조건과 콘크리트의 특징을 정확히 알기 전에는 의미가 없을 것이다. 구조기준 4.3.1(5)(ACI 9.5.2.5)에서는 종합적인 해석에 의하지 않는 한 지속하중이 작용할 때 1방향 휨부재에서 건조수축과 크리프에 의한 장기처짐을 추정하는 식으로 1971년 Branson[5.9]이 제시한 탄성처짐에 아래의 계수를 곱해서 구하는 식을 도입하였다.

$$\lambda_{\Delta} = \frac{\xi}{1 + 50\rho'} \tag{4.1}$$

여기에서 $\rho' = A_s'/bd$는 압축철근비로 단순 또는 연속경간인 경우 보 중앙에서, 캔틸레버인 경우 받침부에서 구한 값으로 한다. ξ('xi') = 지속하중에 대한 시간경과계수로 표 5.8과 그림 5.23에 제시되어 있다. 시간에 대한 시간경과계수 ξ의 변화를 살펴보면 3개월에 장기처짐의 50%가 발생하는 것을 알 수 있다. 만약에 압축철근이 배치되지 않아 $\rho' = 0$이면 $\lambda_{\Delta} = \xi$ 가 되고, 이 경우에 최대 장기처짐 $\Delta_a = 2\Delta_i$가 된다.

따라서 총 장기처짐은 아래 식으로 구할 수 있다[식 (4.1) 참고].

$$\Delta_t = \Delta_i + \Delta_a = \Delta_i + \lambda_{\Delta}(\Delta_i)_{sus} \tag{5.32}$$

여기에서 $\Delta_i =$ 순간-탄성처짐, $\Delta_a = \lambda_{\Delta}(\Delta_i)_{sus} =$ 장기처짐, $(\Delta_i)_{sus} =$ 지속하중(sustained load)이 일으키는 순간처짐이다.

식 (5.32)에서 보는 바와 같이 계수 λ_{Δ}는 지속하중(sustained load)이 일으키는 순간처짐 부분에만 곱해져야 한다. 따라서 전체의 고정하중이 여기에 속하며, 활하중 중에서 얼마만큼이 지속하중으로 작용하느냐는 하중의 지속기간에 좌우되게 된다. 예를 들어서 아파트의 사용 활하중에서 오직 20% 정도만이 여기에 속하지만, 창고에서는 80% 이상의 활하중을 지속하중으로 고려하여야 할 것이다[5.7].

표 5.8 시간경과계수 ξ

기간(월)	1	3	6	12	18	24	36	48	60 이상
ξ	0.5	**1.0**	1.2	1.4	1.6	1.7	1.8	1.9	**2.0**

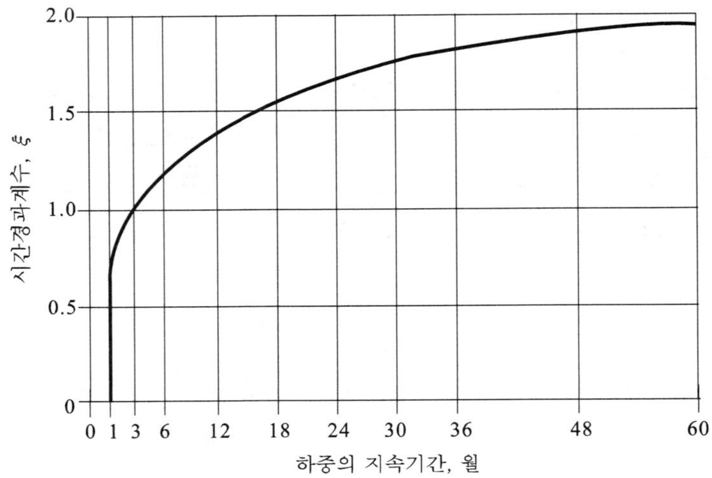

그림 5.23 시간경과계수, ξ (xi)[5.3]

식 (5.32)는 평균습도조건에서 예상한 장기처짐으로 만약에 부재가 물에 연속적으로 잠기거나 습한 환경에 있게 되면 건조수축이 일어나지 않아서 추가적인 처짐은 매우 작게 될 것이다. 이에 반해서 덥고 건조한 기후의 구조물은 건조수축과 크리프가 많이 발생해서 구조기준에서 예상한 장기처짐의 2배에 이르는 경우도 있을 수 있다[5.1].

계산된 장기처짐은 표 5.7(구조기준 표 4.3.2)의 제한 값을 초과하지 말아야 된다. 만약 초과하게 되면 설계자는 부재의 깊이를 증가시키거나, 추가적인 압축철근을 배치해야 할 것이다. 고강도 콘크리트 부재에 대한 연구에서 보면 크리프 변형률이 감소하여 지속하중에 의한 처짐은 저강도 콘크리트 부재에 비해서 상당히 감소되어 Cornell 대학의 Nilson[5.10]은 $f_{ck} \geq$ 42 MPa인 경우에 식 (4.1)의 ξ와 ρ'에 아래와 같이 표현되는 계수 μ를 곱하는 방법을 제시하였다[5.8].

$$0.7 \leq (\mu = 1.3 - 0.00714 f_{ck}) \leq 1.0 \tag{5.33}$$

예제 5.8 장기처짐의 계산[5.1]

단순 지지된 보에 등분포 고정하중 w_D와 등분포 활하중 w_L (활하중 중에서 40%만 지속적인 장기하중으로 고려할 것)이 작용하고 있다. 5년 뒤의 처짐량은 얼마인가? 단 $\rho' = 0.008$, $\xi = 2.0$ 이다.

풀이

① 탄성처짐 계산 : $\Delta_i = \dfrac{5l^4}{384EI}(w_D + w_L)$

② 장기처짐 계산 : $\lambda_\Delta = \dfrac{\xi}{1+50\rho'} = \dfrac{2.0}{1+50(0.008)} = 1.429$

지속하중 $w_{sus} = w_D + 0.4w_L$

식 (5.32) : $\Delta_a = \lambda_\Delta (\Delta_i)_{sus} = (1.429) \times \dfrac{5l^4}{384EI}(w_D + 0.4w_L)$

③ 총 처짐량 : $\therefore \Delta_t = \Delta_i + \Delta_a = \dfrac{5l^4}{384EI}[(w_D + w_L) + (w_D + 0.4w_L)(1.429)]$

예제 5.9 연속부재의 처짐계산[5.1]

(a) 등분포 사용하중 $w_s = 30\,\mathrm{kN/m}$ 가 작용하는 그림 5.24의 3경간 연속보의 중앙에서의 즉시-탄성처짐을 구하여라. (b) 모든 하중이 연속적으로 작용한다고 가정하여 1년 후에 보 중앙에서의 장기처짐을 포함한 총 처짐량을 구하여라. 단, $f_{ck} = 24\,\mathrm{MPa}$ 이고, 보통중량골재 콘크리트로 제작되었다. 그림 5.24의 휨모멘트는 그림 5.25와 같은 AISC 매뉴얼[5.6] 등에서 읽어서 계산할 수 있다.

풀이

본 예제에서 그림 5.24의 연속부재는 단면이 일정하므로 ACI에 따라 정모멘트가 작용하는 경간 중앙에서의 I_e 를 대표값으로 처짐을 계산하였다. 상세한 계산은 구조기준 해설의 식 (5.30)을 이용하여 수행할 수 있다.

① M_{cr} 계산 : $I_g = \dfrac{bh^3}{12} = \dfrac{300(465^3)}{12} = 2{,}513.6 \times 10^6\,(\mathrm{mm}^4)$

$$M_{cr} = \frac{f_r I_g}{y_t} = \frac{0.63(1)\sqrt{24}\,(2{,}513.6 \times 10^6)}{465/2} = 33.37 \times 10^6\,(\mathrm{N \cdot mm}) = 33.4\,\mathrm{kN \cdot m}$$

$$\frac{M_a}{M_{cr}} = \frac{40}{33.4} = 1.20 > 1 \quad ; \quad \because I_e \text{ 사용해야 한다.}$$

② I_e 계산 : 단기하중의 상태로 보아, 크리프 계수 $C_t = 0$로 보고, 먼저 I_{cr} 계산하기 위해서 중립축의 위치 결정,

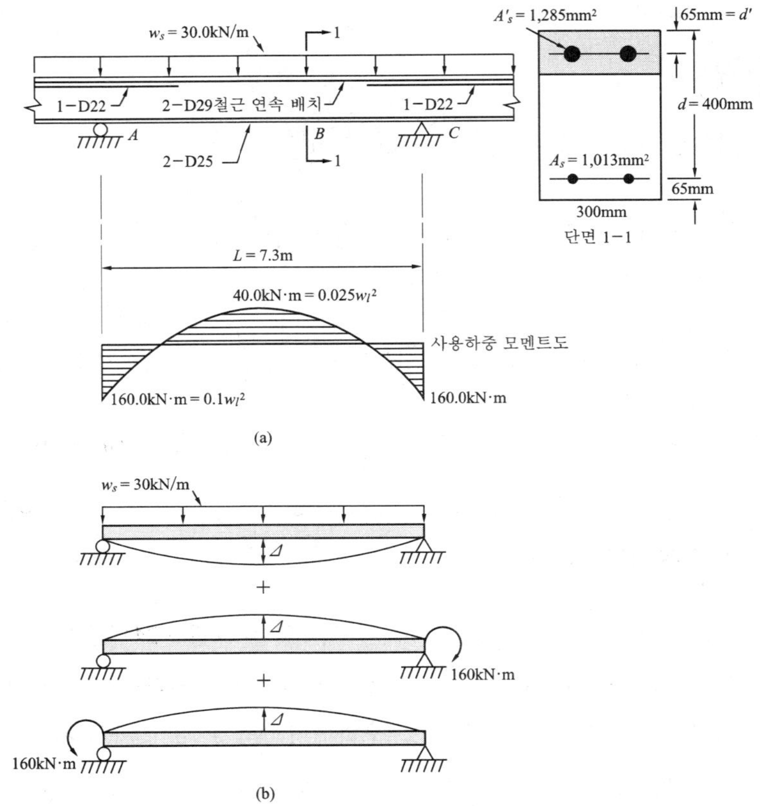

그림 5.24

식 (2.5) : $f_{cu} = f_{ck} + \Delta f = 24 + 4 = 28\,(\text{MPa})$

$$n = \frac{E_s}{E_c}(1 + C_t) = \frac{2.0 \times 10^5}{8{,}500\sqrt[3]{28}}(1+0) = \frac{2.0 \times 10^5}{25{,}811} = 7.75$$

(물론 반올림한 정수를 사용할 수도 있다.)

- 복철근 직사각형 균열단면의 해석 : 5.3장의 내부우력법의 단철근 보에서와 같은 과정으로 $C_c + C_s = T$ 이고 또는 $0.5 f_c b k d + f_s' A_s' = f_s A_s$ 로 표현할 수 있다. 여기에서 식 (5.6) $f_s = n f_c (1-k)/k$ 을 쓰고 비슷한 방법으로 압축철근의 응력 $f_s' = n f_c (kd - d')/kd$, 대입하고 $\rho = A_s/bd$, $\rho' = A_s'/bd$로 쓰면,

k에 대한 2차식으로 아래와 같이 정리될 수 있다(단, 직사각형 단면에만 사용할 수 있다.)

$$0 = k^2 + 2k(\rho+\rho')n - 2\left(\rho+\rho'\frac{d'}{d}\right)n$$

$$\therefore k = -(\rho+\rho')n + \sqrt{[(\rho+\rho')n]^2 + 2\left(\rho+\rho'\frac{d'}{d}\right)n} \quad ^{13)}$$

$$\rho = \frac{1,013}{400\times 300} = 0.008442 \quad ; \ \rho' = \frac{1,285}{400\times 300} = 0.01071$$

$$(\rho+\rho')n = (0.008442 + 0.01071)7.41 = 0.142$$

$$\rho+\rho'\frac{d'}{d} = 0.008442 + 0.01071\,\frac{65}{400} = 0.01018$$

$$\therefore k = -(\rho+\rho')n + \sqrt{[(\rho+\rho')n]^2 + 2\left(\rho+\rho'\frac{d'}{d}\right)n}$$

$$= -0.142 + \sqrt{(0.142)^2 + 2(0.01018)(7.41)} = 0.272$$

$$\therefore x = kd = 0.272(400) = 109\ (\text{mm})$$

$$I_{cr} = \frac{bx^3}{3} + (n-1)A_s'(x-d')^2 + nA_s(d-x)^2$$

$$= \frac{300(109^3)}{3} + 6.41(1,285)(109-65)^2 + 7.41(1,013)(400-109)^2$$

$$I_{cr} = (129.5\times 10^6) + (15.95\times 10^6) + (635.6\times 10^6) = 781.1\times 10^6\ (\text{mm}^4)$$

$$\left(\frac{M_{cr}}{M_a}\right)^3 = \left(\frac{1}{1.20}\right)^3 = 0.579$$

$$I_e = \left(\frac{M_{cr}}{M_a}\right)^3 I_g + \left[1-\left(\frac{M_{cr}}{M_a}\right)^3\right] I_{cr} = (0.579)(2,513.6\times 10^6) + (1-0.579)(781.1\times 10^6)$$

$$\therefore I_e = (1,455.4 + 328.8)\times 10^6\ (\text{mm}^4) = 1,784.2\times 10^6\ (\text{mm}^4)$$

③ 순간-탄성처짐 계산 (그림 5.19 참고) :

$$\Delta_i = \frac{5wL^4}{384E_cI_e} - \frac{ML^2}{16E_cI_e}(2)$$

---

13) 이 식에서 장기하중의 영향을 고려하기 위해서 2003년 기준에서 제시하는 $2n$(여기에서 $n = E_s/E_c$)을 적용하기 위해서는 ρ' 항에 2를 곱해주면 된다. 그러나 Park과 Paulay[5.7]는 크리프의 영향을 고려하기 위해서 탄성계수비를 $n = (E_s/E_c)(1+C_t)$로 하여 인장과 압축에 동일하게 적용하고 있다. Park과 Pauley의 예제 10.1에서 보면 크리프의 영향으로 압축철근의 응력은 61% 증가하는데 비하여 압축콘크리트의 응력은 26% 감소하여 크리프의 영향으로 인하여 내부응력이 재분배되는 것을 보여주고 있다.

$$= \frac{5(30)(7.3^4)(10^{12})}{384(26,986)(1,784.2\times 10^6)} - \frac{160(7.3^2)(10^{12})}{16(26,986)(1,784.2\times 10^6)}(2)$$

$\therefore \Delta_i = 23.04 - 22.14 = \underline{0.90\,(\text{mm})\,(\text{방향}\downarrow)}$

④ 1년 뒤의 총 처짐량 Δ_t : 시간경과계수 $\xi = 1.4$

$(\Delta_i)_{sus} = \Delta_i = 0.90\,\text{mm}$

$$\Delta_a = \lambda_\Delta(\Delta_i)_{sus} = \frac{\xi}{1+50\rho'}(0.90) = \frac{1.4}{1+(50)0.01071}(0.90) = (0.91)(0.90)$$

$\therefore \Delta_a = (0.91)(0.90) = \underline{0.82\,(\text{mm})\,(\text{방향}\downarrow)}$

식 (5.32) : $\therefore \Delta_t = \Delta_i + \Delta_a = 0.90 + 0.82 = \underline{1.72\,(\text{mm})\,(\text{방향}\downarrow)}$

⑤ 표 5.7(구조기준 표 4.3.2)에 의한 최대허용처짐 검토 :

바닥구조의 처짐 한계 $= \dfrac{l}{240} = \dfrac{7,300}{240} = 30\,(\text{mm}) > \Delta_t = 1.72\,\text{mm}$ <o.k.>

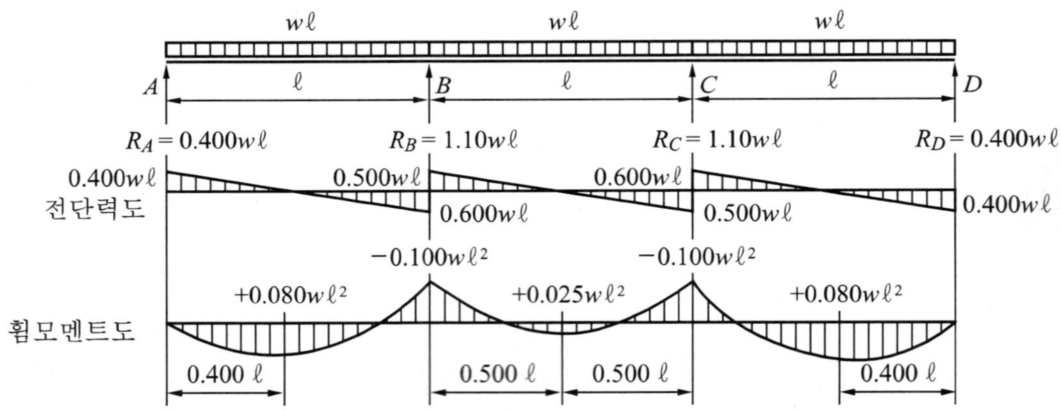

⊿Max. (0.446 l from A or D) = 0.0069$w\ell^4/EI$

그림 5.25 LRFD manual, AISC(1986)[5.6]의 3경간 연속보의 전단력과 휨모멘트도

5.6 깊은 보의 표피철근(Skin Reinforcement for Deep Beams)[5.1]

실험결과 뿐만 아니라 현장에서도 깊은 보의 중간높이에서의 최대 균열폭이 균열이 시작되는 인장연단의 균열폭의 2배에서 3배까지 이르는 것이 관측되었다[그림 5.7(b-2) 및 5.26a 참고]. 이런 균열은 보의 측면에서 보일 뿐만 아니라 보의 내부를 부식시킬 수 있다. 따라서 구조기준 6.3.3(6) (ACI 10.6.7)에서는 복부의 깊이 h가 900 mm를 초과하는 깊은 보인 경우에 보의 측면에 발생하는 균열을 억제하고자 인장영역에 추가적인 **종방향 표피철근(longitudinal skin reinforcement)**을 보의 양쪽 측면에 배치하도록 규정하고 있다.

표피철근이 복부 외부면의 균열폭을 제한하는 목적으로 배치되므로 인장부분의 $h/2$ 구간에서 양면에 고르게 철근을 배치하도록 규정하고 있다. 표피철근의 간격 s는 식 (5.11)[구조기준 6.3.3(4), ACI 10.6.4]에 따라 결정되며, 순피복두께 c_c는 표피철근의 표면에서 부재 측면까지의 최단 거리이다.

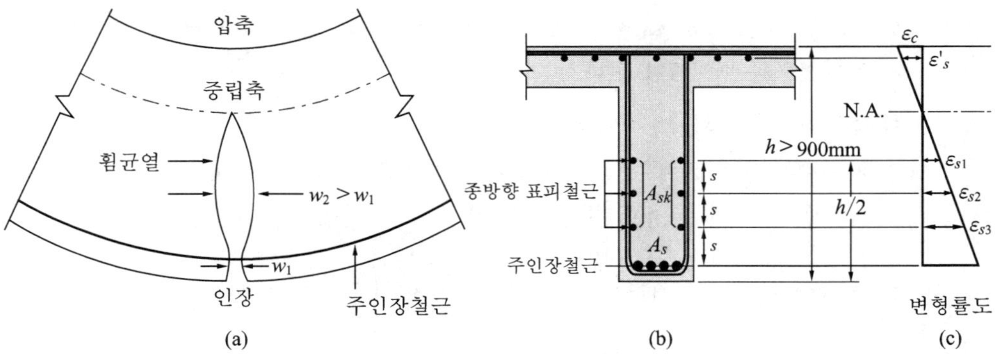

그림 5.26 (a) 표피철근이 없는 깊은 보의 측면에 발생한 균열, (b) 깊은 보의 표피철근, (c) 변형률도

Frosch[5.28]는 주어진 피복두께에 대해서 표피철근을 적절한 간격으로 배치하면 측면에 발생하는 균열을 억제할 수 있으며, 식 (5.11)으로 결정되는 표피철근의 간격이 균열을 억제하는데 충분하다는 것을 보여주었다. Frosch는 또한 표피철근이 배치되는 간격이 중요하지 굵기는 별로 중요하지 않다는 것을 보여주어서, 구조기준에서는 표피철근의 굵기에 대해서 특별히 규정하지 않고 있다. 구조기준 해설[5.42]에서는 일반적으로 표피철근으로 D10~D16 철근이나 1 m 깊이 당 280 mm^2 이상의 단면적을 갖는 용접철망(welded wire reinforcement)을 배치하면 적당하다고 제안하고 있다.

비록 표피철근의 주된 역할이 균열의 폭을 제한하고자 하는 것이지만 이 표피철근의 휨 강도에 대한 기여를 설계에 포함할 수 있도록 하고 있다. 이 계산을 하기 위해서는 단면의 깊이에 따른 휨변형률의 변화를 고려하여 철근의 응력을 계산해야 한다(5.3장 및 그림 5.26c 참고). 프리스트레스트 보에서는 전단면이 일반적으로 압축응력 상태에 있으므로 표피철근의 배치를 필요로 하지 않는다.

예제 5.10 깊은 보에서 표피철근의 설계[5.1]

그림 5.27에 보이는 보의 표피철근을 설계하라. 보에는 주철근으로 5-D35 = 4,783 mm²와 D13 스터럽을 배치하였다. 단, $f_y =$ 500 MPa이고 습윤환경에 노출된다고 가정한다.

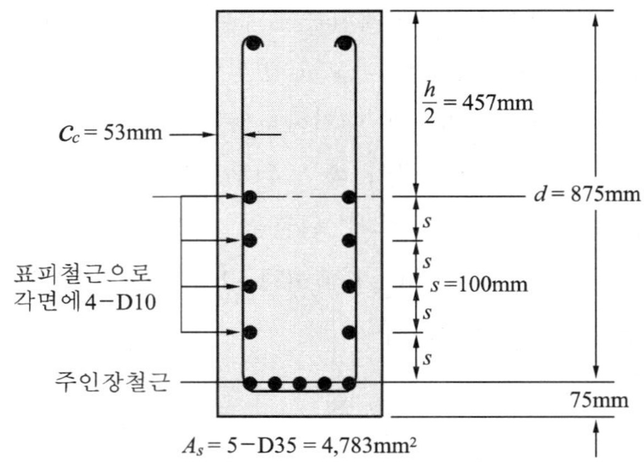

그림 5.27

풀이

① 깊은 보인지 검토 :

$h = 875 + 75 = 950\text{ mm} > 900\text{ mm}$

∴ 표피철근을 배치해야 한다.

② 식 (5.11)로 표피철근의 최대 간격 계산 :

$c_c = 40\text{ mm}(\text{피복두께}) + 13\text{ mm}(\text{D13 스터럽 직경}) = 53\text{ mm}$

$f_s = (2/3)f_y = (2/3)(500) = 333\ (\text{MPa})$; 습윤환경 $k_{cr} = 210$

식 (5.11) : $s_{(\max)} = 375\left(\frac{k_{cr}}{f_s}\right) - 2.5c_c = 375\left(\frac{210}{333}\right) - 2.5(53) = \underline{104\ (\text{mm})}$ ← 지배

$\leq 300\left(\frac{210}{333}\right) = 189\ (\text{mm})$ <o.k.>

③ 표피철근으로 D10 철근을 4개씩 각 면에 배치한다면 간격 $s_{(\text{배치})}$:

표피철근은 인장연단에서 $h/2 = 950/2 = 475\ (\text{mm})$ 지점까지 부재의 양쪽 측면에 균일하게 배치하여야 하므로,

$\therefore s_{(\text{배치})} = (475 - 75)/4 = \underline{100\ (\text{mm})} < s_{(\max)} = 104\text{ mm}$ <o.k.>

양면에 각각 4-D10 표피철근을 $s = 100\text{ mm}$ 간격으로 배치한다.

참고문헌

5.1 Kenneth Leet and Dionisio Bernal, Reinforced Concrete Design, Third Edition, McGraw-Hill Companies, 1997.

5.2 콘크리트구조기준, 국토해양부제정, 한국콘크리트학회 발행, 2012, 342 pp.

5.3 ACI Committee 318, Building Code Requirements for Structural Concrete(ACI 318-05) and Commentary(ACI 318R-05), An ACI Standard, American Concrete Institute, Farmington Hills, Michigan 48333-9094, 2005.

5.4 James K. Wight and James G. MacGregor, Reinforced Concrete Mechanics and Design, 6th Edition, Pearson Education, Inc., 2012, 1157 pp.

5.5 ACI Committee 435, "Deflections of Reinforced Concrete Flexural Members," Journal ACI, Proceedings , Vol. 63, No. 6, June, 1966, pp. 637-674.

5.6 Load & Resistance Factor Design, Manual of Steel Construction, AISC, 1986.

5.7 R. Park and T. Paulay, Reinforced Concrete Structures, John Wiley & Sons, Inc., 1975, 769 pp.

5.8 ACI Committee 435R 95, "Control of Deflections in Concrete Structures," *ACI Manual of Concrete Practice* 2002, Part 5, 2002, pp. 435R-1 to 435R-77.

5.9 Branson, D. E., "Compression Steel Effect on Long-Time Deflections," *ACI Journal*, Proceedings, V. 68, No. 8, Aug. 1971, pp. 555-559.

5.10 Nilson, A. H., "Design Implications of Current Research on High Strength Concrete," *American Concrete Institute*, SP-87, 1985, pp. 85-117.

5.11 ACI Committee 224, "Control of Cracking in Concrete Structures" (ACI 224R-01), *ACI Manual of Concrete Practice,* Part 2, 2002, pp. 224R-1 to 224R-97.

5.12 콘크리트표준시방서, 건설교통부제정, 한국콘크리트학회 발행, 2009, 360 pp.

5.13 ACI Committee 207, "Mass Concrete(ACI 207.1R-96)", *ACI Manual of Concrete Practice*, Part 1, 1999, pp. 207.1R-1 to 207.1R-42.

5.14 최신 콘크리트공학, 한국콘크리트학회, 1992, 제14장 내구성, pp. 453-476.

5.15 CEB-FIP Model Code, Comite Euro-International du Beton, Thomas Telford Services Ltd., 1993, 437 pp.

5.16 P. Gergely and L. Lutz, "Maximum Crack Width in Reinforced Concrete Flexural Members," Causes, Mechanism, and Control of Cracking In Concrete, SP-20, ACI, 1968.

5.17 Notes on ACI 318-08 Building Code Requirements for Structural Concrete, PCA, 2008.

5.18 Edward G. Nawy, Reinforced Concrete A Fundamental Approach, 4th Edition, Prentice Hall, 2000, pp. 777.

5.19 Minimum Design Loads for Buildings and Other Structures, ASCE/SEI 7-10, American Society of Civil Engineers STANDARD, New York, 2010, 608 pp.

5.20 David Darwin et al., "ACI 318-02 Discussion and Closure," *Concrete International*, Vol. 24, No. 1, January 2002, pp. 93-103.

5.21 민창식 등, 철근콘크리트공학, 구미서관, 초판 3쇄, 2006, 1054 pp.

5.22 이재훈, 홍건호, "휨과 압축 및 균열제어," 콘크리트학회지, Vol. 19, No.4(통권 99호), 2007년 7월, pp. 25-31.

5.23 Frosch, Robert J., "Another Look at Cracking and Crack Control in Reinforced Concrete," *ACI Structural*

Journal, V. 99, No. 3, May-June 1999, pp. 437-442.

5.24 콘크리트구조설계기준 해설, KCI-M-07-003, 한국콘크리트학회 발행, 2007, pp. 523.

5.25 변동균, 신현묵, 문제길, 철근콘크리트, 10판, 동명사, 2008, pp. 642.

5.26 Ghali, A., Favre, R. and Elbadry, M., Concrete Structures Stress and Deformation, Third Edition, Spon Press, 2002, pp. 584.

5.27 CEB-FIP, Structural Concrete, the Textbook on Behavior, Design and Performance Updated Knowledge of the CEB/FIP Model Code 1990, fib Bulletin, Volume 2, 1999, pp. 305.

5.28 Frosch, R. J., "Modeling and Control of Side Face Beam Cracking," *ACI Structural Journal*, Vol. 99, No. 3, May-June 2002, pp. 376-385.

5.29 Design and Control of Concrete Mixtures, PCA*(Portland Cement Association)*, 15th Edition, Engineering Bulletin 001, 2011, 444 pp.

5.30 Discussion on Proposed Revisions to Building Code Requirements for Structural Concrete (ACI 318-95) and Commentary - (ACI 318R-95), *Concrete International*, Vol. 21, No. 5, May, 1999, pp. 318-10~318-12, 318-20~318-21, 318-37~318-38.

5.31 이광명, 이수권, 이재훈, 특집 개정 콘크리트구조기준, "사용성 및 내구성과 균열제어," 콘크리트학회지, Vol. 24, No.1(통권 126호), 2012년 1월, pp. 24-28.

5.32 민창식, "보 및 1방향 슬래브의 균열제어," 콘크리트학회 논문집, Vol. 24, No. 4, 2012년 8월, pp. 381-390.

5.33 Darwin, D. et al., "Debate: Crack Width, Cover, and Corrosion," *Concrete International*, V. 8., No. 5, May, 1985, pp. 20-35.

5.34 Oesterle, R. G., "The Role of Concrete Cover in Crack Control Criteria and Corrosion Protection," PCA R&D Serial No. 2054, Portland Cement Association, 1997.

5.35 콘크리트구조설계기준, 건설교통부제정, 한국콘크리트학회 발행, 2007, 327 pp.

5.36. 도로교설계기준 2010, 국토해양부 제정, 한국도로교통협회.

5.37. Canadian Standards Association(CSA) 2007, Design of Concrete Structures, CAN/CSA-A23.3-04, A National Standard of Canada, Approved July 2007, 214 pp.

5.38. Standard Specifications for Highway Bridges, 17th Edition - 2002, Published by the American Association of State Highway and Transportation(AASHTO 2002), Code: HB-17.

5.39 콘크리트구조설계기준 · 해설 2003(KCI 2003), 건설교통부제정, 한국콘크리트학회 발행, 405 pp.

5.40 Eurocode 2: Design of Concrete Structures, Part 1-1> general rules and rules for buildings, BS EN 1992-1-1:2004, British Standard, 2004, 225 pp.

5.41 신현목, 이영욱, 특집 개정콘크리트구조기준, 해석과 설계원칙, 콘크리트학회지, 제24권, 1호(통권 126호), 2012, 01, pp. 22~23.

5.42 2012년 개정 콘크리트구조기준 해설, 한국콘크리트학회 발행, 2012, 599 pp.

5.43 Commentary on Building Code Requirements for Structural Concrete(ACI 318R-83), American Concrete Institute, Redford Station, Detroit, Michigan 48219, 1983.

연습문제

5.1 아래 그림 P5.1의 단순 지지된 보에 균열을 일으키는 최소의 등분포하중 w_{cr} 을 결정하라. 단, $f_{ck} = 24\,\mathrm{MPa}$, $f_y = 400\,\mathrm{MPa}$ 이다.

(a) $\rho_c = 2{,}300\,\mathrm{kg/m^3}$ 인 보통중량골재 콘크리트로 만들어진 경우,

(b) $f_{sp} = 2.2\,\mathrm{MPa}$ 이고 단위질량 $\rho_c = 1{,}450\,\mathrm{kg/m^3}$ 인 경량콘크리트로 만들어진 경우[식 (2.12a) 참고],

(c) 보에 w_{cr} 이 작용해서 보의 중앙에서 M_{cr} 이 발생할 때 각각의 단면 상부에서 압축응력과 철근의 응력을 구하라.

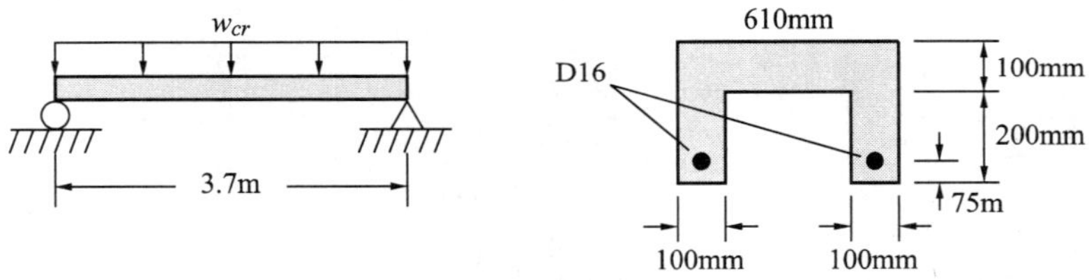

그림 P5.1

5.2 그림 P5.2의 U형 캔틸레버 보에 최초의 균열을 일으키는 등분포하중을 결정하라. 단, 보는 전경량골재 콘크리트로 만들어졌고, $f_{ck} = 21\,\mathrm{MPa}$, $f_y = 400\,\mathrm{MPa}$ 이다.

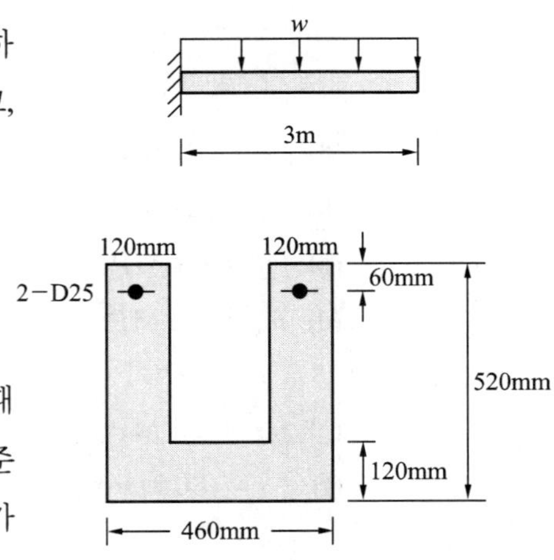

그림 P5.2

5.3 문제 [5.1a]에서 사용 등분포 활하중 $w_L = 10.3\,\mathrm{kN/m}$ 이 작용할 때 압축연단의 압축응력과 철근의 응력을 구하라. 또한 2003 구조기준에 따라 단면에 작용할 수 있는 최대 허용 등분포하중은 얼마인가 (표 1.5 참고)?

(a) 환산단면 개념으로 풀어라.

(b) 내부우력법으로 풀어라.

5.4 아래 그림 P5.3에 보이는 각각의 단면에 대해서 균열 후 단면의 단면 2차 모멘트를 계산하라. 단, 보통중량골재 콘크리트의 단위질량 $\rho_c = 2,300\ \text{kg/m}^3$이고, 부분경량골재 콘크리트는 $\rho_c = 2,000\ \text{kg/m}^3$이며, 전경량 콘크리트는 $\rho_c = 1,800\ \text{kg/m}^3$이다. 장기하중인 경우에 압축철근에 대해서 크리프계수 $C_t = 1.0$으로 고려한다.

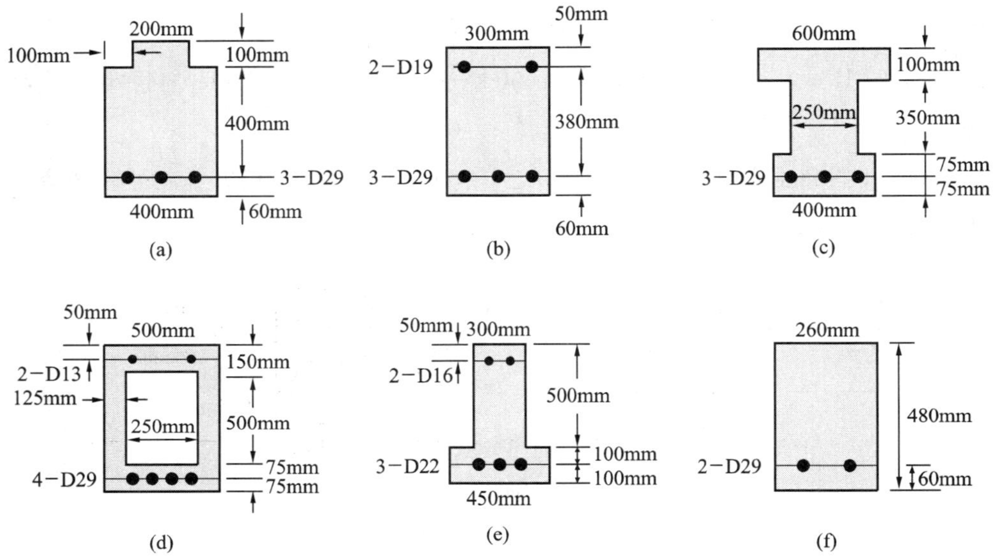

그림 P5.3

(a) $f_{ck} = 27\ \text{MPa}$, $f_y = 400\ \text{MPa}$; 보통중량골재 콘크리트 사용; 단기하중 작용하는 경우
(b) $f_{ck} = 27\ \text{MPa}$, $f_y = 350\ \text{MPa}$; 전경량골재 콘크리트 사용; 단기하중 작용하는 경우
(c) $f_{ck} = 21\ \text{MPa}$, $f_y = 300\ \text{MPa}$; 모래(부분)경량골재 콘크리트 사용; 단기하중 작용하는 경우
(d) $f_{ck} = 24\ \text{MPa}$, $f_y = 350\ \text{MPa}$; 보통중량골재 콘크리트 사용; 단기하중과 장기하중이 각각 작용하는 경우
(e) $f_{ck} = 24\ \text{MPa}$, $f_y = 400\ \text{MPa}$; 전경량골재 콘크리트 사용; 장기하중 작용하는 경우
(f) $f_{ck} = 30\ \text{MPa}$, $f_y = 350\ \text{MPa}$; 보통중량골재 콘크리트 사용; 단기하중 작용하는 경우

5.5 그림 P5.4에서 각각의 단면에 대해서 휨철근의 배치가 현행 구조기준의 균열제어를 위한 규정을 만족하는지 검토하라. 전 단면에서 피복두께는 40 mm를 고려하고, 비록 그림에 표시는 되어있지 않아도 스터럽으로 D10 철근이 각 단면에 배치된다고 가정하고, 굵은 골재의 최대치수 $a_{max} = 20\text{ mm}$를 배치한다.

(a) 건조 환경에 노출 $k_{cr} = 280$, $f_{ck} = 24\text{ MPa}$, $f_y = 400\text{ MPa}$ 인 경우

(b) 그 외의 환경에 노출(습윤 환경) $k_{cr} = 210$, $f_{ck} = 21\text{ MPa}$, $f_y = 300\text{ MPa}$ 인 경우[14)]

(c) 건조 환경에 노출 $k_{cr} = 280$, $f_{ck} = 27\text{ MPa}$, $f_y = 350\text{ MPa}$ 인 경우

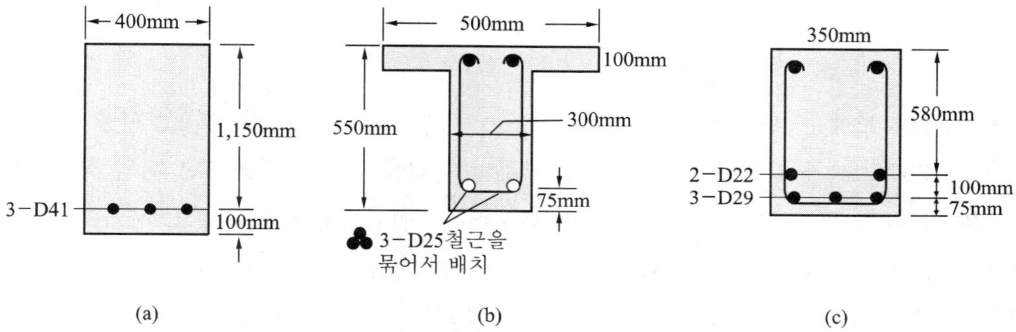

그림 P5.4 (a)에서는 5.6장에서 다루는 표피철근에 대해서도 다루어야 한다.

5.6 다음 그림 P5.5의 각각의 경우에 휨철근의 배치가 현행 구조기준의 균열제어에 대한 규정을 만족하는지 검토하라. 단, $f_{ck} = 30\text{ MPa}$, $f_y = 400\text{ MPa}$이고 피복두께는 40 mm이고, 각 단면에 D13 스터럽이 배치되었다. 굵은 골재의 최대치수 $a_{max} = 20\text{ mm}$를 배치한다. 노출조건은 2 보 모두 그 외의 환경(습윤 환경)으로 가정한다.

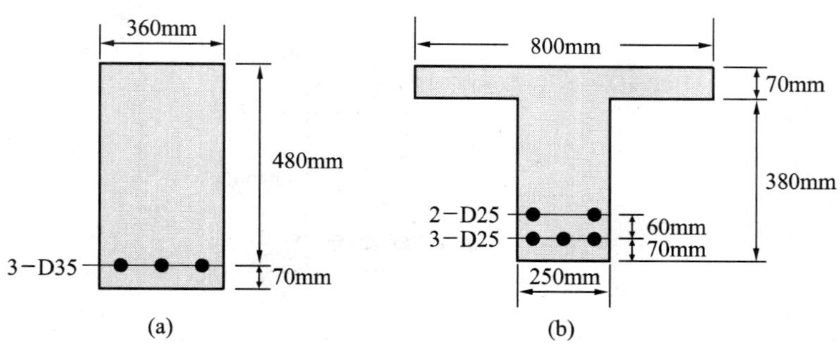

그림 P5.5

14) 다발철근(bundled bar)의 지름은 등가단면적으로 환산된 한 개의 철근지름으로 보아야 한다[식 (2.52a) 참고].

5.7 그림 P5.6의 연속보에서 처짐을 계산에서 고려하지 않아도 되는 최소깊이는 얼마인가? 단, $f_{ck} = 27\,\text{MPa}$, $f_y = 350\,\text{MPa}$ 이고 철근콘크리트의 단위질량 $\rho_c = 2{,}000\,\text{kg/m}^3$이다.

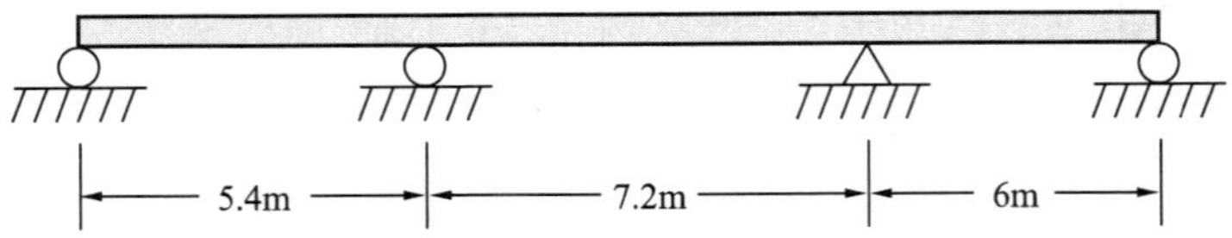

그림 P5.6

5.8 그림 P5.7의 보에는 사용 등분포 고정하중 $w_d = 20.4\,\text{kN/m}$가 작용하고, 사용 등분포 활하중 $w_l = 11.7\,\text{kN/m}$ 가 작용할 때 현행 구조기준의 규정에 따라 순간과 5년 뒤의 장기 허용처짐의 조건을 만족하는지 검토하라. 순간처짐에 대해서는 외부 지붕구조로 보고, 장기처짐에 대해서는 큰 처짐에 의해서 손상 받을 염려가 없는 비구조 요소들을 지지하고 있다고 고려하고, 활하중 중에서 40%를 지속하중으로 고려한다. 단, $f_{ck} = 24\,\text{MPa}$, $f_y = 400\,\text{MPa}$ 이고 부분경량골재 콘크리트의 단위질량 $\rho_c = 2{,}150\,\text{kg/m}^3$ 이다.

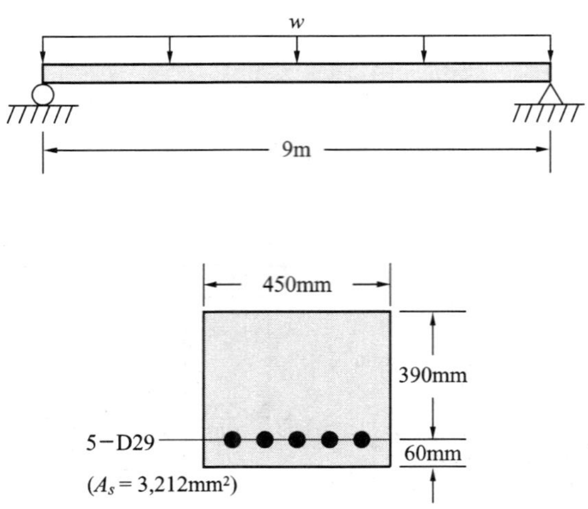

그림 P5.7

5.9 아래 그림 P5.8에 보의 (a) 전체하중에 의한 순간-탄성처짐을 계산하라. 그리고 전체 활하중이 지속적으로 작용한다고(즉, 5년 뒤) 가정하여, 추가적인 장기처짐을 구하라. (b) 순간처짐은 내부-바닥 구조로 보고, 장기처짐은 과도한 처짐으로 손상받기 쉬운 비구조 요소를 지지한다고 보아 현행 구조기준의 규정에 따라 순간과 장기 허용처짐의 조건을 만족하는지 검토하라. 단, $\rho_c = 2{,}300\ \mathrm{kg/m^3}$, $f_{ck} = 27\ \mathrm{MPa}$, $f_y = 400\ \mathrm{MPa}$이다.

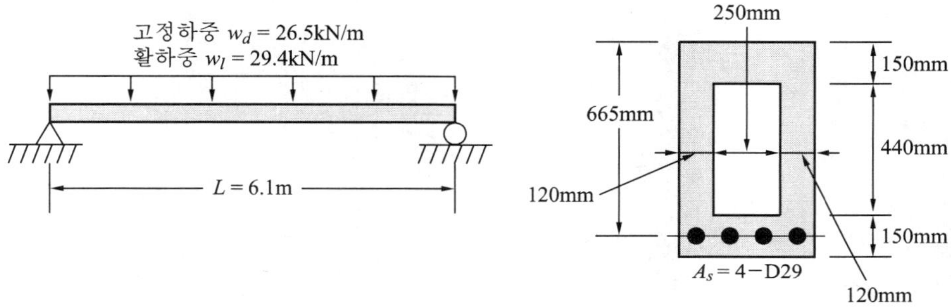

그림 P5.8

5.10 현행 구조기준에 따라 그림 P5.9에 보이는 깊은 보의 측면에 발생하는 균열을 제한하기 위한 표피 철근량과 간격을 결정하라. D10 스터럽이 배치되어 있으며, 피복두께는 구조기준에 따라 40 mm를 확보한다. 노출 환경은 습윤 환경(그 외의 환경)으로 가정한다.

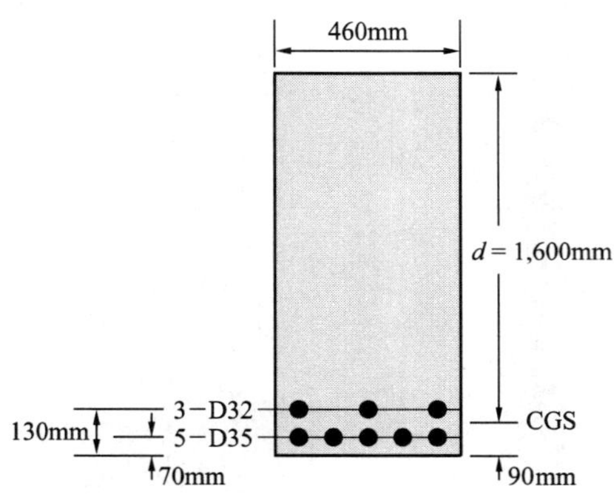

그림 P5.9

Chapter 6

부착, 정착 및 배근상세
Bond, Anchorage and Reinforcing Details

Reinforced Concrete

보의 휨변형은 콘크리트와 철근에 축방향 응력을 발생시킬 뿐만 아니라 보강철근과 콘크리트 사이에도 부착응력을 발생시킨다(그림 6.1 및 6.4 참고). 만약에 이 부착응력의 크기를 제한하지 않으면 보강철근을 둘러싼 콘크리트에 분쇄(crushing)나 찢어짐(splitting) 파괴가 일어날 수 있다. 특히 이런 일은 피복두께가 얇거나 철근의 간격이 좁게 배근 되어있을 때 일어나기 쉽다. 콘크리트가 파괴되면 보강철근이 매립된 콘크리트에서 빠질 수 있고(slip), 빠지게 되면 보강철근의 응력은 완전히 잃게 되어서 철근과 콘크리트 사이의 복합작용을 상실하게 된다. 보강철근이 완전하게 부착응력을 잃게 되면 보는 마치 무보강 보와 같이 거동하여 보에 휨균열이 발생하자마자 무너지고 말게 될 것이다.

6.1 **부착응력의 분포와 변화**(Distribution and Variation of Bond Stresses)[6.1]

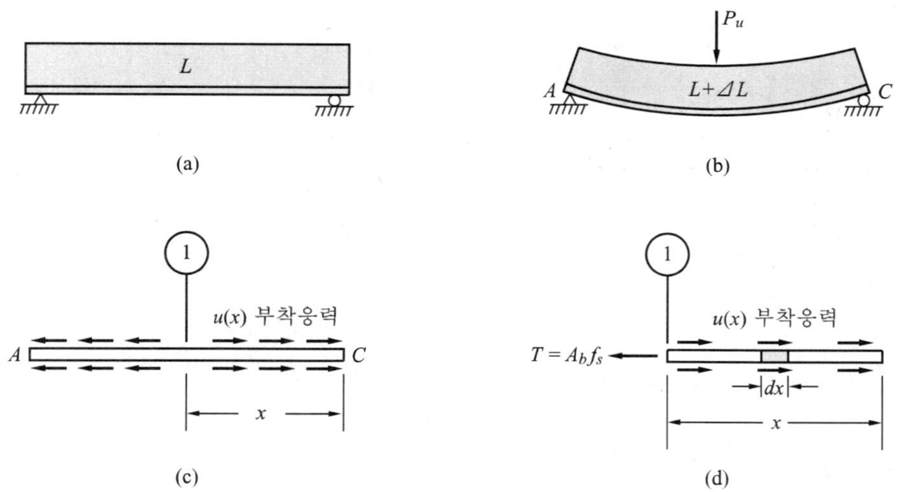

그림 6.1 휨에 의해서 철근에 발생하는 응력 : (a) 하중이 작용하기 전의 보 (철근에 응력이 발생하지 않는다), (b) 휨에 의해서 철근이 늘어나고 응력이 발생, (c) 철근에 부착응력 $u(x)$가 표시된 자유물체도, (d) 반쪽의 자유물체도 - 인장력 T는 보강철근 표면에 작용하는 부착응력에 의해서 평형이 유지

보의 설계에서 하중이 작용할 때 콘크리트와 보강철근 사이에 미끄러짐(slippage)이 일어나지 않는다는 가정을 도입하고 있다(3.1장 가정 2). 그림 6.1b와 같이 철근이 콘크리트에 완전하게 부착되어 있기 때문에 부착된 위치의 콘크리트의 압축이나 인장변형을 철근이 동일하게 받는다고 가정하는 것이다. 콘크리트와 동일하게 철근이 변형을 하기 위해서는 철근의 표면에 **부착응력(bond stress)**이라고 불리는 전단형태의 응력이 콘크리트에 발생해야 한다(그림 6.1c). 그림 6.1d의

단면 ①을 자른 자유물체도에서 부착응력 $u(x)$는 철근의 인장력 $T = A_b f_s$ 와 평형을 이뤄야하며, 크기는 $\int_0^x u(x) \sum_0 dx$와 같아야 한다. 여기에서 $\sum_0$는 철근의 원둘레(원주, 圓周)을 의미한다. 만약에 부착응력이 철근 주위에 발생하지 않으면 철근은 아무런 응력을 받지 못하여 단면의 휨강도에 전혀 기여하지 못하게 된다. 이런 경우에 콘크리트는 마치 철근이 없는 것과 같이 보의 바닥에서 콘크리트의 인장응력이 파괴계수[식 (2.11)]를 초과하게 되면 갑작스런 붕괴파괴가 일어나게 된다.

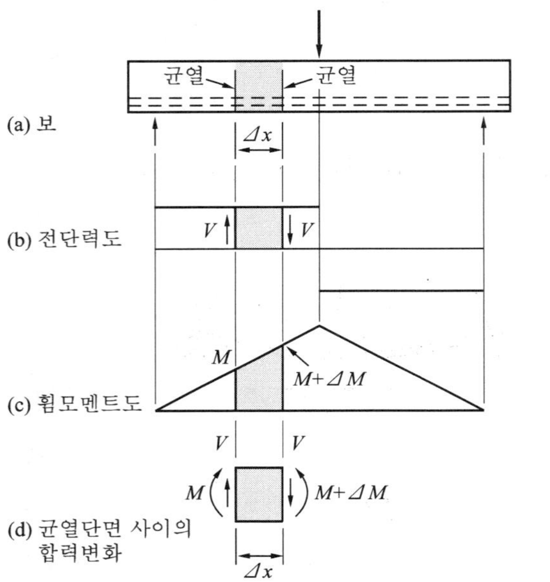

그림 6.2 균열단면 사이에서의 전단력과 휨모멘트의 변화

보강철근의 길이방향에 따라 크기가 변하는 부착응력은 단면과 단면사이에서 보강철근에 발생하는 인장력의 크기에 따라 변하는 함수이다. 휨모멘트의 변화와 인장균열 때문에 보강철근의 인장력이 위치에 따라 변하게 되고 따라서 보강철근의 표면에 발달하는 부착응력도 변하게 된다. 휨모멘트가 급격하게 변하는 위치에서는 전단력이 크므로 짧은 구간 Δx에서 2 구간의 인장력의 차이 ΔT에 평형을 이루기 위해서 부착응력 [또는 **휨부착응력(flexural bond stress)**]이라 불리는 큰 부착응력이 필요하게 된다(그림 6.2 및 6.3 참고). 그림 6.3의 미소요소 Δx에 대한 자유물체도의 x 방향 평형을 고려하여 전개된 다음의 식 (6.1)을 보면 이 부착응력의 표현이 전단력(즉, 휨모멘트 변화의 비율 $dM/dx = V$)에 관련되어 있는 것을 알 수 있다.

그림 6.3에는 그림 6.2의 균열단면 사이의 미소길이 Δx에 대한 자유물체도가 제시되어 있다. 그림 6.3b에서 철근의 원둘레(원주)를 $\sum_0 (= \pi d_b)$로 표현하고, 부착응력에 평균개념을 도입하면, 수평력에 대한 평형은

$$\Delta T = u_{(평균)} \sum_0 \Delta x \quad 또는 \quad \frac{\Delta T}{\Delta x} = u_{(평균)} \sum_0 \tag{1}$$

이 된다. 여기에 철근력은 $T = M/jd$로 표현하여 $\Delta T = \Delta M/jd$를 대입하면,

$$\frac{\Delta M}{\Delta x} = u_{(평균)} \sum_0 jd \tag{2}$$

가 된다. 그림 6.2d에서 보면 $\Delta M = V\Delta x$; $\Delta M/\Delta x = V$ 이므로, 평균부착응력은

$$u_{(평균)} = \frac{V}{\sum_0 jd} = \frac{V}{(\pi d_b)(jd)} \tag{6.1}$$

로 표현할 수 있다.

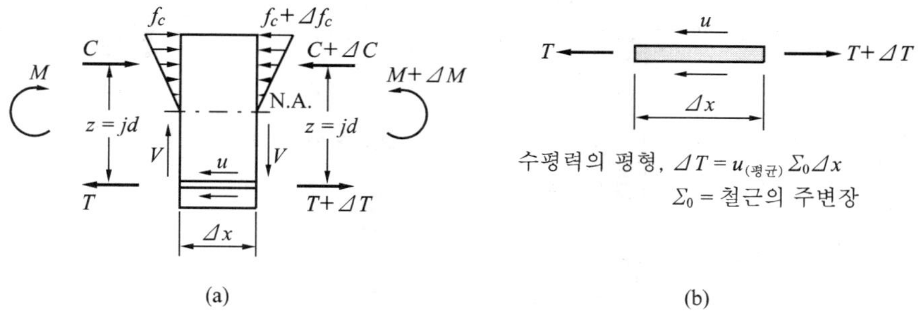

그림 6.3 **그림 6.2의 미소요소 Δx에 대한 자유물체도 - 휨모멘트의 변화에 따른 휨부착 응력의 발생** (a) 보의 Δx에서 내력힘과 부착응력, (b) ΔT에 평형을 이루기 위해서 부착응력 u가 발생하는 자유물체도

그러나 균열 때문에 국부적으로 부착응력이 크게 변한다는 것이 밝혀진 뒤에 부착응력을 계산하는 위치에 균열이 발생했다면 실제 부착응력이 계산된 값에 비해서 상당히 클 수 있다. 따라서 현행 구조기준에서는 최대 응력이 발생하는 점으로부터 철근의 끝까지의 길이로 표현되는 **정착길이(development length 또는 anchorage length)**라는 개념을 도입하였다(그림 2.56 참고).

그림 6.4에는 보의 미소요소에서 균열이 부착응력에 미치는 영향을 정량적으로 보여주고 있다. 조건을 간단하게 위해서 휨모멘트가 일정한 구간의 요소를 표시함으로서 휨모멘트의 변화가 부착응력에 영향을 미치지 않는다고 가정하였다. 균열단면에서[그림 6.4b에서 단면 ②] 전체 축방향 인장력 T_s'은 철근에 의해서만 지지되지만, 균열 전 단면인 단면 ①과 ③에서는 인장력이 보강철근력 T_s와 콘크리트의 인장저항력 T_c에 의해서 지지된다. 따라서 단면 ②와 ① 사이에서 철근의 인장력은 균열 전 콘크리트가 인장력에 저항하는 만큼 줄어들게 된다. 따라서 균열단면과 균열 전 단면사이의 인장력 차이 ($T_s' - T_s$)에 균형을 이루기 위해서는 부착응력이 발달해야만 한다(그림 6.4b 참고). 수평방향 평형에서 부착응력은 식 (1)과 비슷하게

$$u = \frac{T_s' - T_s}{\Delta x \sum_0} \tag{3}$$

로 표현될 수 있다. 균열면 사이에서는 보강철근과 콘크리트사이에 접촉을 잃었으므로 부착응력은 발달하지 못할 것이다(그림 6.4a 참고).

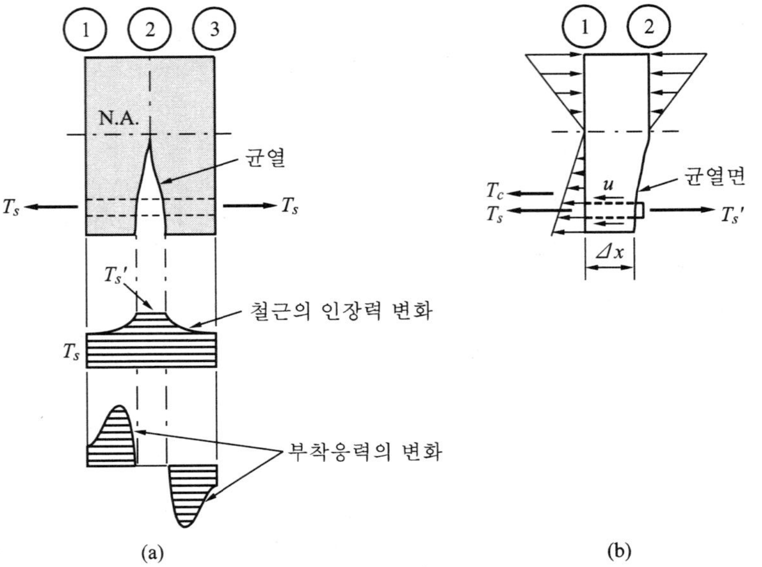

그림 6.4 부착응력에 대한 휨균열의 영향 (a) 휨모멘트가 일정한 미소 균열구간, (b) 휨균열 단면 ②와 균열 전 단면 ①의 미소요소[6.2]

앞에서 가정한 것과 같이 휨모멘트가 일정하다면 보강철근의 응력이 각각의 균열면에서 일정하고 인장력도 일정하게 된다. 따라서 균열면 사이에서 $\Delta T = 0$ 이고 균열면 사이의 총 부착응력의 합도 역시 0이 되어야 한다. 따라서 그림 6.4a의 맨 아래 부착응력 분포도의 총 면적의 합도 0이 되어야 한다(그림 6.5e에서 휨모멘트가 일정한 보의 중앙 부분에서도 동일한 현상이 나타난다.). 그림 6.5에는 실제 균열보에서 철근의 응력, 콘크리트의 응력 및 부착응력의 변화를 보여주고 있다. 그림 6.4a와 6.5e에서 보면 균열면과 균열면의 사이에서 부착응력이 보강철근에 응력이 전달됐다가 감소하는 현상이 나타나고 있다(in-and-out bond stress).

6.2 부착강도의 역학(Mechanics of Bond Strength)[6.1]

부착강도에 영향을 미치는 요인은 **화학적 접착력, 마찰력, 콘크리트에 대한 철근변형의 지압력 (bearing of bar deformations; ribs 또는 lugs)** 등이다. 이러한 요소들의 부착저항에 대한 기여는 보강철근 응력의 크기에 따라 좌우되게 된다. 부재가 낮은 응력을 받는 경우에는 부착저항은 대부분 화학적 접착력에 의해서 나타난다. 그러나 이런 화학적 접착력은 1.4 MPa ~ 2.1 MPa 정도밖에 되지 않기 때문에 부착강도에 대한 역할은 미비하고, 철근이 콘크리트에 대해서 미끄러짐(slips)이 발생하게 되면 이 화학적 접착력은 완전히 잃게 된다.

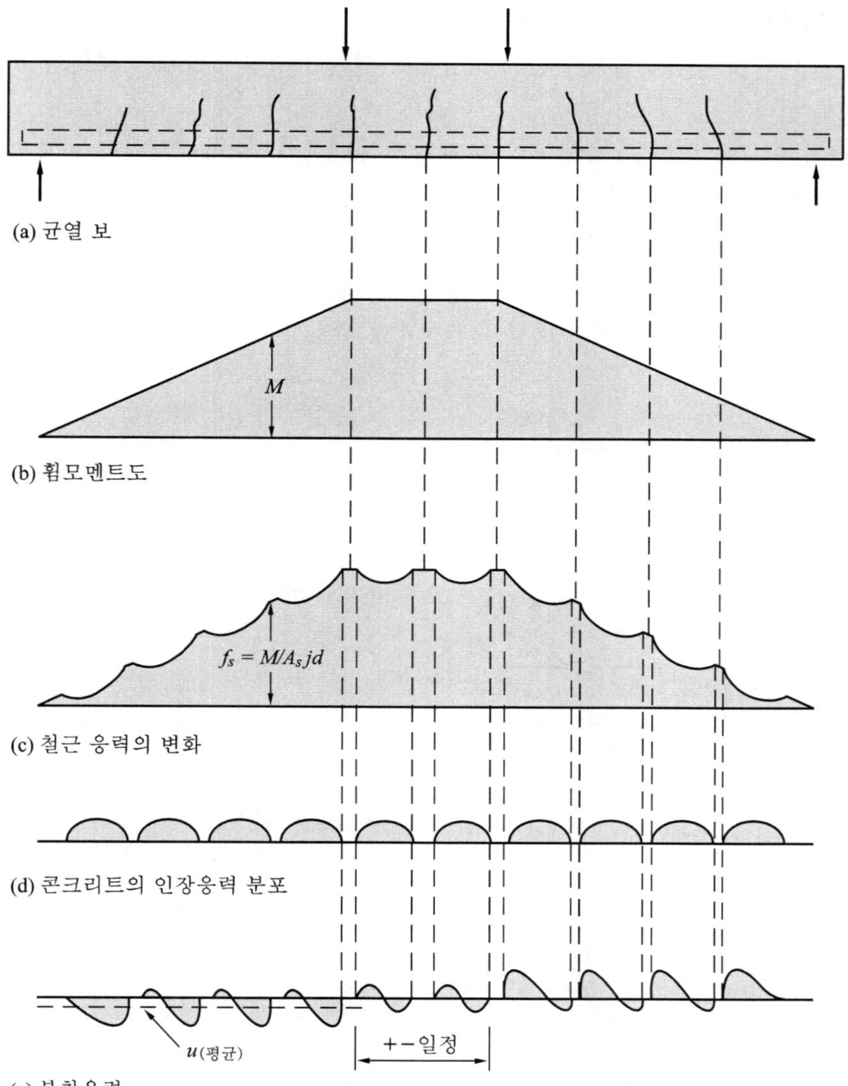

그림 6.5 실제 균열보에서 보강철근의 응력 및 콘크리트의 응력과 부착응력의 분포[6.3]

접착력을 잃고 난 후에 콘크리트와 철근 사이에 미세한 이동이 일어나면 부착강도는 콘크리트에 대한 철근변형의 지압력과 마찰력에 의해서 일어난다. 여기에서 추가적인 미끄러짐이 일어나면 지압력의 역할이 더욱 뚜렷하게 된다. 부식을 방지하기 위해서 에폭시로 도막 된(epoxy-coated) 철근인 경우에는 부착력과 마찰력에 의한 부착응력이 상당히 감소하게 된다. 이런 조건에서는 부착저항은 대부분 철근변형과 콘크리트사이의 지압응력에 의해서 나타난다.

철근을 둘러싼 콘크리트의 내부균열에 대한 실험연구에 의하면 지압응력의 방향은 마디면의 각도에 영향을 받으며, 그림 6.6b에서와 같이 철근의 축방향에 대한 각도 β는 45°에서 80°에 이르고 있다. 따라서 지압력에서 철근의 축방향에 연직한 방향 요소력은 축방향 요소력에 비해서 크거나 같게 된다.

실험적 연구에 의하면, 대부분의 보에서 50 mm에서 75 mm 정도의 피복두께로 배치된 휨보강 철근의 부착파괴는 지압응력의 방사선 방향 요소력에 의해서 일어나는 것으로 나타났다[6.4](그림 6.6c의 단면 A-A 참고, 그림 2.58 참고). 이러한 종류의 파괴는 철근을 덮고 있는 콘크리트에 균열이 일어나거나 떨어져 나갈 때(spall off) 나타난다. 그림 6.6c와 같이 보의 바닥부분을 자른 자유물체도를 고려하면 피복의 여러 종류 파괴형태를 관찰할 수가 있다(그림 6.6d와 e 및 그림 6.9 참고).

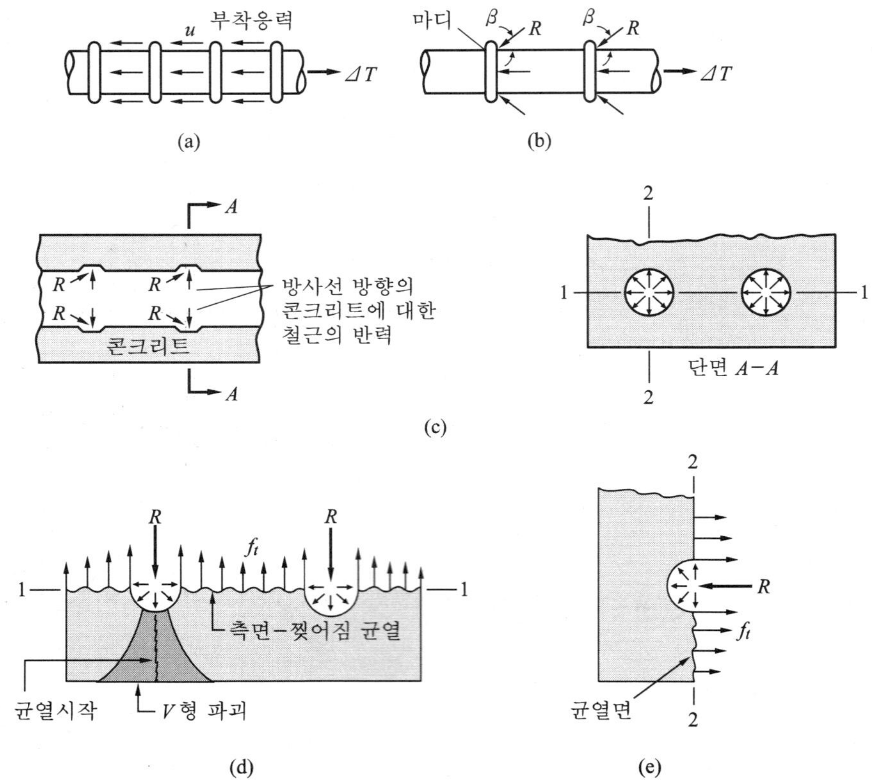

그림 6.6 부착강도의 근원

(a) 콘크리트와 철근사이의 마찰력과 화학적 부착력에 의한 부착응력
(b) 지압력에 의해서 철근의 마디에 작용하는 부착력
(c) 콘크리트의 자유물체도[6.5] - 콘크리트에 마디에 의해서 반력이 전달 ; 철근의 마디에 방사선 방향의 힘이 철근을 둘러싼 콘크리트에 균열과 쪼개짐(spalling)을 일으킨다.
(d) 지압응력의 방사선방향 힘이 피복에 수평균열과 쪼개짐(V형 파괴, V-notch failure)을 일으킨다.
(e) 단면 2-2에서 인장응력 f_t 때문에 피복에 연직균열이 발생

그림 6.6d에는 바닥 인장철근 열의 중심을 통과하는 수평단면 1-1로 자른 자유물체도를 보여주고 있다. 마디에 의해서 발휘되는 방사선 방향 응력의 크기는 모든 방향으로 같으므로 콘크리트의 반원 경계에 작용하는 힘들의 합력인 아래로 향하는 연직력 R이 존재하게 된다. 이 힘은 철근을 둘러싼 바닥 콘크리트의 피복을 밀어내려는 힘으로 작용하여 단면 1-1을 따라 콘크리트에 연직 인장응력 f_t 를 발생시킨다. 만약 이 인장응력의 크기가 콘크리트의 인장강도를 초과하게 되면 단면 1-1을 따라 **수평측면-찢어짐 균열(side-split crack)**이 발생하게 된다. 한 열의 철근의 개수가 늘어나거나 피복두께가 줄어들거나 또는 철근사이의 간격이 줄어들면 인장응력에 저항할 수 있는 콘크리트의 면적이 줄어들게 되어 측면-찢어짐 균열파괴가 일어날 가능성이 커지게 된다.

다른 부착파괴의 모드는 그림 6.6d에서 보여주는 바와 같이 연직합력 R이 철근 바로 아랫부분을 삼각형모양으로 밀어내서 피복이 떨어져나가는 파괴(spalling of the cover)가 일어날 수 있다. 이러한 형태의 파괴를 **V형 파괴(V-notch failure)**라 부르며, 피복두께가 얇을 때 일어나기 쉬울 것이다. 종종 이런 V형 파괴는 먼저 철근의 바닥에서 보의 바닥표면까지에 이르는 연직한 방향의 균열이 나타나는 것으로 시작되곤 한다(그림 6.8a 참고). 연직균열의 발생은 바닥피복 콘크리트에 수평 인장응력이 존재한다는 것을 의미한다. 그림 6.6e에서 단면 2-2를 자른 면에 대한 자유물체도에서 이 수평 인장응력의 존재를 명확하게 구분할 수 있다. 지압력의 방사선 방향 요소력의 합력 R이 왼쪽 방향으로 작용하고, 콘크리트 요소에서 이 힘에 평형을 이루기 위해서는 오른쪽방향으로 작용하는 수평 인장응력 f_t 가 발생해야 한다. 이 인장응력이 콘크리트의 인장강도를 초과하게 되면 연직균열이 발생하여 부착파괴가 일어날 것이다.

철근을 둘러싼 콘크리트의 응력상태가 마치 내부에 압력이 작용하는 두께가 두꺼운 파이프와 유사하다는 관점에서 볼 수도 있다[6.6]. 각각의 철근을 둘러싼 가상적인 원주형 콘크리트에 방사방향 압력이 확장되면서 콘크리트에 원주형 인장응력을 일으키고, 이 원주 모양의 인장응력은 콘크리트에 종방향 찢어짐을 일으키려는 경향이 있게 된다(그림 2.58 참고). 그림 6.7에는 전형적인 직경을 갖는 원통형 구역에 발생하는 인장응력의 상태를 정량적(quantitatively)으로 보여주고 있다. 찢어짐에 대한 위험면(critical plane)은 철근의 중심을 통과하면서 가상적인 원주의 두께가 가장 얇아서 인장응력이 가장 큰 방향으로 나타나게 될 것이다. 원주의 두께는 ① 피복두께의 깊이 C_b 또는 ② 접해있는 철근의 사이 순간격의 1/2 또

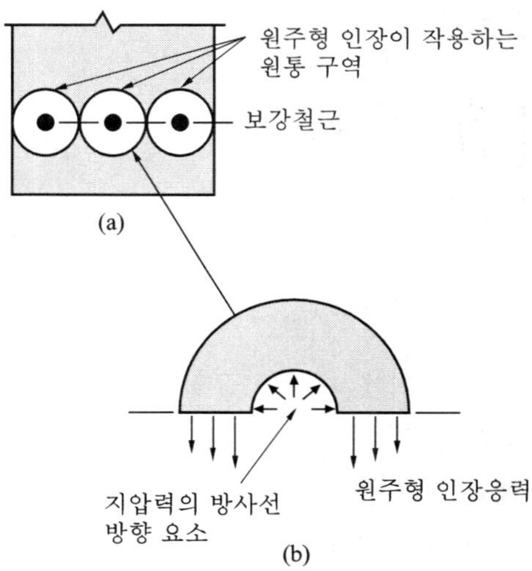

그림 6.7 지압력의 방사방향 요소력에 의해서 발생하는 인장응력 :
(a) 철근을 둘러싼 원주모양의 인장구역,
(b) 한 철근을 둘러싼 콘크리트의 대략적인 응력의 분포

그림 6.8 초기 쪼개짐의 위치에 대한 피복두께와 철근의 간격의 영향 :
(a) 바닥 피복두께가 얇고, 철근 사이의 간격이 넓은 경우,
(b) 철근이 촘촘하게 배치되고 피복두께가 두꺼운 경우

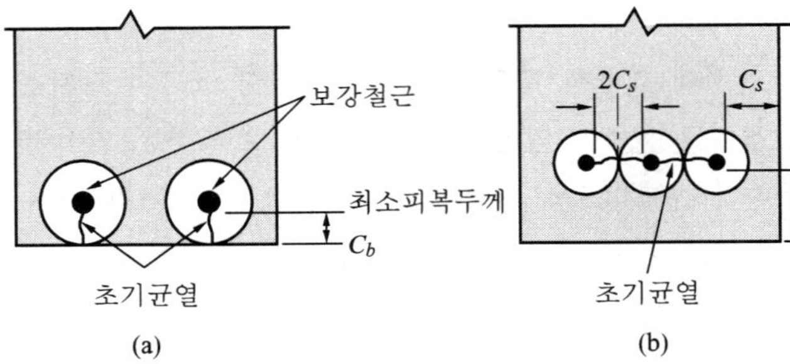

는 ③ 측면 피복두께 C_s에 따라 좌우되게 된다(그림 6.8 참고). 예를 들어서 그림 6.8a와 같이 철근이 보의 바닥면에 가깝게 배치된다면 최소 피복두께는 연직한 아래 방향이므로, 찢어짐 파괴는 그림에서 보이는 바와 같이 연직균열에 의해서 시작될 것이다. 그러나 만약에 철근의 피복두께는 충분하지만(철근 직경의 2.5배 이상) 철근이 촘촘하게 배치된 경우에는 원주의 최소두께는 철근사이 순간격의 1/2이 되게 된다. 이런 경우에 찢어짐 파괴는 철근 열을 따라 수평면으로 확대되는 균열에 의해서 시작되게 된다(그림 6.8b). 그림 6.9에는 전형적인 찢어짐 파괴형태를 보여주고 있다.

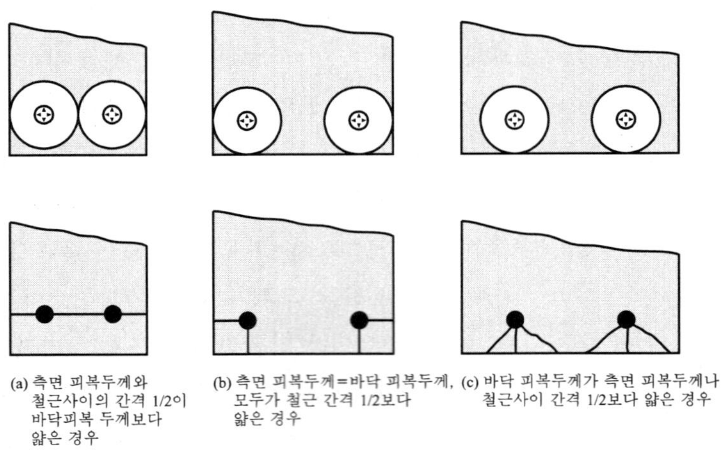

그림 6.9 전형적인 찢어짐 파괴 형태(splitting failure surface)

부착파괴를 일으키는 종방향 균열은 단계적으로 나타난다. 초기에 제한된 균열이 휨균열이나 사인장 균열이 일어난 부근에서 국부적으로 부착응력이 최대인 곳에서 나타난다(그림 6.10 참고)[균열의 방향(orientation of the plane of cracking)은 피복두께와 철근사이의 간격에 따라 결정된다]. 하중이 증가하게 되면 그림 6.10에서 보는 바와 같이 초기 균열들이 발달해서 서로 만나 보의 끝에까지 연장되는 연속균열로 발전한다. 이렇게 연속균열로 발전되면 보강철근과 콘크리트사이의 부착은 완전히 잃게 되어 철근이 빠지고 피복이 떨어져 나가면서 전체 보의 파괴가 일어나게 된다.

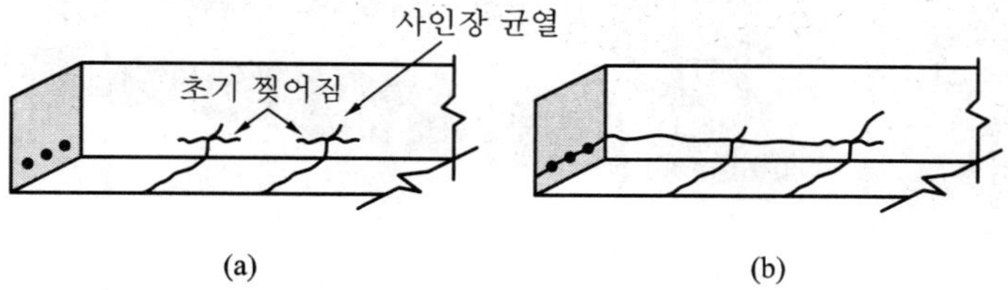

그림 6.10 **부착응력이 높은 지역에서 측면-찢어짐 파괴(side-split failure)의 발달 상황** : (a) 사인장 균열부근에 발생한 초기 찢어짐, (b) 전체적으로 발달된 균열에 의해서 피복을 잃고 부착파괴가 일어난다.

피복두께가 두껍고 철근사이의 간격이 넓은 경우에는 부착파괴는 콘크리트의 찢어짐보다는 철근의 뽑힘(pullout)에 의해서 일어나게 된다(그림 2.59 참고). 실험 연구에 의하면 피복두께가 철근 직경의 2.5배 이상이고, 철근 사이의 순간격이 철근직경의 5배 이상이면 철근의 뽑힘파괴가 일어난다고 보고되고 있다[6.3]. 뽑힘파괴가 일어나기 위해서는 철근 마디사이의 콘크리트(concrete keys)에 전단파괴가 일어나거나 마디 앞의 콘크리트가 파쇄 되어야 한다(그림 6.11 및 6.12 참고). 물론 콘크리트가 약하거나 다공질이면 뽑힘파괴가 일어나기 쉬울 것이다.

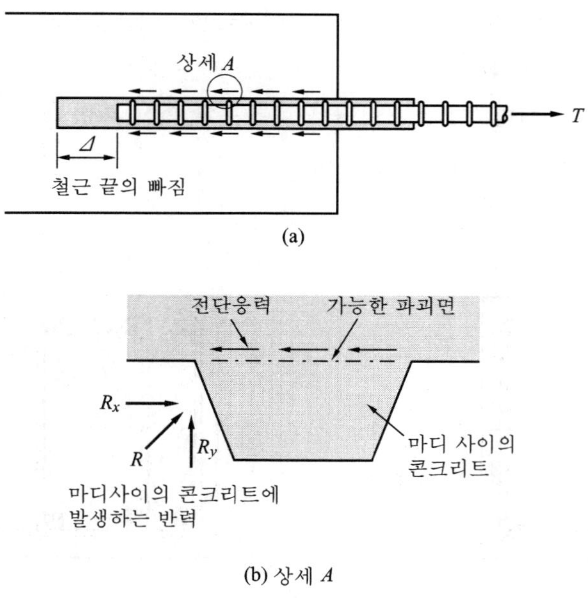

그림 6.11 **뽑힘파괴(pullout failure)** (a) 콘크리트와 철근의 마디사이에 전단파괴가 철근이 뽑힐 수 있도록 한다. (b) 상세 A : 지압반력의 수평분력 R_x 가 콘크리트와 마디사이의 전단응력을 일으킨다.

그림 6.12 단순지지 보의 받침부에서의 부착파괴

실험에 의하면 상부철근 즉, 바닥으로부터 300 mm 이상 위에 배치된 철근의 부착강도는 바닥철근에 비해서 상당히 감소되었다. 그 이유는 굳기 전 유동성 콘크리트의 **블리딩(bleeding)** 등에 의해서 공기와 물이 상부철근의 하면에 정착하기 때문이다. 실험에 의하면 이런 상부철근의 영향 때문에 상부철근의 부착력은 대략적으로 30%까지 감소되었다(표 6.1 참고)[6.4].

또한 실험 연구에 의하면 철근의 정착길이 구간에 추가적인 **횡방향 철근(transverse reinforcement)**을 배치하면 콘크리트의 찢어짐을 억제하여 부착강도를 증진시키는 것을 보여주었다. 그러나 이 횡방향 철근 즉, 스터럽이나 띠철근이 최대의 효과를 보기 위해서는 잠재적인 찢어짐 파괴면을 가로질러서 배치되어야 한다. 이 스터럽이나 띠철근에 의한 횡방향 철근은 A_{tr}로 표현하며, 예를 들어서 그림 6.13에서 다리가 2개인 스터럽인 경우에 $A_{tr} = 2A_b$이고, 다리가 4개인 경우에는 $A_{tr} = 4A_b$가 된다.

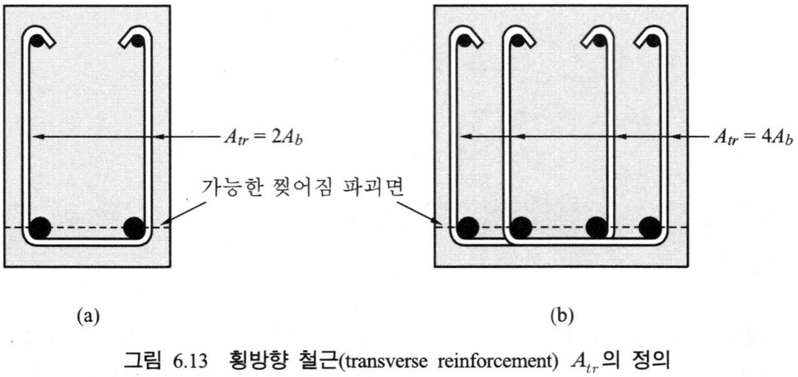

그림 6.13 **횡방향 철근**(transverse reinforcement) A_{tr}의 정의

6.3 인장철근의 정착길이(Development Length of Tension Steel)[6.1]

그림 6.4a에서와 같이 균열부근에서 부착응력의 크기와 방향이 변화한다. 따라서 부착응력을 계산한 장소에 균열이 일어난다면 계산은 아무런 의미가 없는 값이 되고 만다. 실제에 있어서 균열이 어느 장소에 일어날지 예측할 수 없으므로 균열응력과 균열강도를 실제적으로 비교할 수 없을 것이다.

균열이 어디에서 일어나든지 간에 부착응력의 계산은 단지 적당한 정착을 위한 이론적인 절차에 불과하므로 구조기준(ACI)에서는 어떤 부분의 부착응력의 강도에 대한 규정보다는 정착을 위해서 필요한 철근의 길이에 대한 규정으로 부착에 대한 규정을 정하고 있다. 따라서 구조기준에서는 정착을 위해서 필요한 철근의 길이(응력이 최대인 점에서 철근의 끝까지 길이)가 l_d로 표현되는 **정착길이(development length)** 이상 되도록 규정하고 있다. 즉, 정착길이는 철근이 항복응력을 발휘하기 위해서 필요한 매립길이로 정의되고, 정착길이 l_d는 **철근의 응력이 0에서 항복응력 f_y까지 도달하는데 필요한 최소의 길이**를 말하는 것이다.

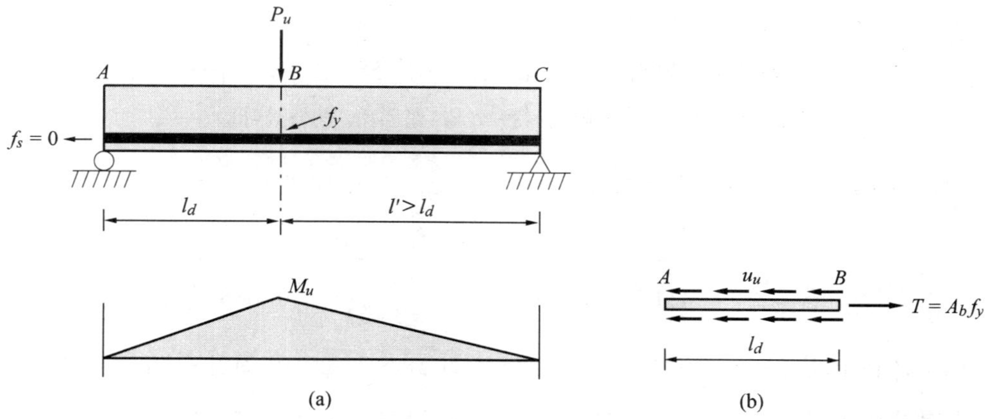

그림 6.14

(a) A에서 B의 길이가 정착길이(development length) l_d인 철근으로 보강된 보 : B점에서 철근은 f_y의 응력을 받고 있다.

(b) A와 B점 사이 철근의 자유물체도 : 극한부착응력 u_u가 완전히 발달한 상태

철근이 항복응력 f_y를 발현할 수 있는 최소정착길이 l_d를 결정하기 위해서 그림 6.14b에 있는 수평방향 힘을 받고 있는 철근의 자유물체도를 생각할 수 있다. 철근의 내적인 인장력 T에 평형을 이루기 위한 철근의 정착력은 원주의 표면적 $A_{(표면적)}$에 발달하는 수평 부착응력에 의해서 마련될 것이다. 따라서 평형방정식을 쓰면,

$$\rightarrow + \sum F_x = 0 \ ; \qquad A_b f_y = u_u A_{(\text{표면적})} \tag{4}$$

과 같이 된다. 여기에서 철근의 단면적은 $A_b = \pi d_b^{\,2}/4$ 이고, $A_{(\text{표면적})} = \pi d_b l_d$ 이다. 이를 위 식에 대입하고 정리하면,

$$\frac{\pi d_b^{\,2}}{4} f_y = u_u (\pi d_b l_d) \tag{5}$$

$$l_d = \frac{f_y}{4 u_u} d_b \tag{6.2}$$

가 된다. **극한공칭 부착강도(ultimate nominal bond strength)** u_u는 1979년 Jirsa[6.8] 등에 의해서 종방향 철근의 영향, 바닥 피복의 두께, 철근사이의 순간격 등을 고려하여 62개의 보를 실험한 결과를 갖고 다음과 같이 u_u에 대한 실험식을 제시하였다.

$$u_u = \left(1.2 + 3\frac{c}{d_b} + 50\frac{d_b}{l_s} + \frac{A_{tr} f_{yt}}{3.45\, s\, d_b}\right)(0.083\sqrt{f_{ck}}) \tag{6.3}$$

여기서, l_s = 종방향 철근의 매립 길이, mm

d_b = 철근의 직경, mm

c = 다음 2 값 중에서 작은 값 ; ① 주철근의 순 피복 두께, 또는 ② 주철근의 순간격의 1/2, mm(최종 방정식에서는 c 의 정의가 변하였다).

이 식 (6.3)을 식 (6.2)에 대입하면서 $l_s = l_d$ 로 쓰고, 양변을 d_b로 나누어 주면,

$$\frac{l_d}{d_b} = \frac{f_y}{4\left(1.2 + 3\dfrac{c}{d_b} + 50\dfrac{d_b}{l_d} + \dfrac{A_{tr} f_{yt}}{3.45\, s\, d_b}\right)(0.083\sqrt{f_{ck}})} \tag{6.4}$$

비록 식 (6.4)가 정착길이에 영향을 미치는 여러 요소를 철근의 직경 d_b 의 함수로 표현하였지만, 너무 복잡하여 설계 식으로 사용하기는 적당하지 않다고 볼 수 있다. 따라서 ACI 시방서[6.9](1995년도에 도입)에서는 식 (6.4)와 대략적으로 같은 결과를 주지만 계수를 간략화하여 식 (6.5)를 제시하였다. 제시된 식은 주어진 f_y 와 f_{ck} 에서 철근의 직경 d_b로 간단하게 정착길이 l_d 를 표현하고 있다.

식 (6.5)는 부착강도에 영향을 미치는 α, β, γ의 기호로 표시되는 3 가지의 추가적인 기본요소를 포함하고 있으며, 이는 표 6.1에 제시되어 있다. α는 철근의 위치(상부 또는 하부철근) 영향, β는 에폭시 도막의 영향, γ는 철근의 굵기 영향을 각각 고려하고 있다. 이러한 변형과 거리 c를 다시 규정하여, 적어도 300 mm 이상이어야 되는 정착길이 l_d 에 대한 기본방정식을 제시하였다(구조기준 8.2.2[6.10], ACI 12.2.3[6.13]).

$$l_d = \left[\frac{0.9 f_y}{\lambda \sqrt{f_{ck}}} \frac{\alpha \beta \gamma}{\left(\dfrac{c + K_{tr}}{d_b} \right)} \right] d_b \geq 300 \text{ mm} \tag{6.5}$$

여기에서 $(c+K_{tr})/d_b \leq 2.5$ 이어야 하며, 이 한계 2.5는 그림 6.11과 같은 뽑힘파괴(pullout failure)가 일어나지 않도록 보호하는 한계이다. 식 (6.5)에서 $\lambda\sqrt{f_{ck}}$ 로 나누어주므로 콘크리트의 강도가 증가함에 따라 정착길이가 감소한다는 의미를 포함하고 있다. 그러나 구조기준에서는 콘크리트의 강도가 70 MPa이상으로 증가한다고 하더라도 정착길이를 더 이상 감소시키지 못하도록 규정하기 위해서 $\sqrt{f_{ck}} \leq$ 8.4 MPa 이하가 되도록 하고 있다. λ는 경량콘크리트 계수로서 평균 쪼갬인장강도 f_{sp} [식 (2.9b)]가 주어지면 $\lambda = f_{sp}/(0.56\sqrt{f_{ck}}) \leq 1.0$을 대입하고, 만약 주어지지 않은 경우 ; 전경량 콘크리트 = 0.75 ; 모래경량 콘크리트(굵은골재만 경량골재인 경우) = 0.85 ; 보통중량골재 콘크리트 = 1.0를 적용하고, 사이값은 각 골재의 치환하는 체적비에 따라 직선 보간한다[식 (2.12a) 참고].

횡방향 철근지수(transverse reinforcement index) K_{tr}은

$$K_{tr} = \frac{40 A_{tr}}{s\,n} \tag{6.6}$$

로 표현되며, 구조기준에서는 비록 횡방향 철근이 배근되어 있더라도 설계를 간편하게 하기 위해서 $K_{tr} = 0$로 사용할 수 있다고 규정하고 있다[구조기준 8.2.2(3)③][1].

여기서, A_{tr} = 정착된 철근을 따라 쪼개질 가능성이 있는 면을 가로질러 배근된 간격 s 이내에 있는 횡방향 철근의 전체단면적(그림 6.13 참고) (mm^2) ; s = 정착길이 l_d 구간에서 횡방향 철근의 최대간격 (mm) ; n = 쪼개지는 면을 따라 정착되거나 이어지는 철근의 수 ; c = ① 철근의 중심으로부터 콘크리트 표면까지의 최단거리, 또는 ② 정착 되는 철근의 중심간 거리의 1/2 중 작은 값 (mm) ; f_{ck} = 콘크리트의 설계기준압축강도 (MPa) ; 식 (6.4)와 (6.5)에 대한 자료가 압축강도가 70 MPa 미만인 콘크리트에 대한 시험자료이므로, $\sqrt{f_{ck}} \leq$ 8.4 MPa 미만이어야 한다고 규정하고 있다[구조기준 8.2.1(2)].

대부분의 경우에 있어서 식 (6.5)의 c와 K_{tr}은 부재의 축을 따라 변하기 때문에 설계에 적용하기가 쉽지 않게 된다. 따라서 구조기준(ACI)에서는 몇몇의 일반적인 설계조건에서 기본정착길이 l_d를 구하는 간편한 식의 사용을 허용하고 있다. 이 방법은 시방서가 많은 실무설계에서 피복두께와 철근의 간격 또는 스터럽의 간격이 $(c+K_{tr})/d_b \geq 1.5$ 인 사실을 고려한 것이다.

1) 만약에 피복두께가 $2d_b$이고, 철근 사이의 간격이 $4d_b$라면, 여기에서 아래에 정의된 $c = 2.5d_b$ 가 되어 $(c+K_{tr})/d_b = 2.5$ 인 경우가 된다.

표 6.1 α, β, λ 및 γ 보정계수 [구조기준 8.2.2(2), (3)과 (4), ACI 12.2]

계수	조건	보정계수
α = 철근배치 위치계수	① 상부철근(정착길이 또는 이음부 아래 300 mm를 초과하게 굳지 않은 콘크리트를 친 수평철근)	1.3
	② 기타 철근	1.0
β = 철근 도막계수	① 피복두께가 $3d_b$ 미만 또는 순간격이 $6d_b$ 미만인 에폭시 도막철근 또는 철선	1.5
	② 기타 에폭시 도막철근 또는 철선	1.2
	③ 아연도금 철근 또는 도막 되지 않은 철근 - 참고 : $\alpha\beta \le 1.7$ [구조기준 8.2.2(2)③]	1.0
λ = 경량콘크리트계수	① f_{sp}가 주어진 경량콘크리트	$f_{sp}/(0.56\sqrt{f_{ck}}) \le 1.0$
	② f_{sp}가 주어지지 않은 경량콘크리트	0.75
	③ f_{sp}가 주어지지 않은 모래경량 콘크리트	0.85
	④ f_{sp}가 주어지지 않은 보통중량 콘크리트	1.0
γ = 철근의 크기계수	① D19 이하의 철근과 이형철선	0.8
	② D22 이상의 철근	1.0
소요철근량 초과* 및 항복강도 조건**		(소요A_s)/(배근A_s)

* 다만, f_y 를 발휘하도록 정착을 특별히 요구하는 경우에는 적용되지 않는다. 따라서 구조기준 8.5.2(2)의 받침부에서의 정철근의 정착; 구조기준 8.6.2 인장 이형철근의 이음, 구조기준 5.7.2(3)의 수축·온도철근의 정착; 구조기준 5.8의 구조일체성을 확보하기 위한 요구조건과 구조기준 10.6.4(6)의 전단머리에서의 철근 정착에는 적용되지 않는다[6.13].

** $f_y > 550$ MPa 인 경우에 ① 횡방향 철근이 배치하지 않는 경우 $c/d_b \ge 2.5$ 이상이어야 하고, ② 횡방향 철근을 배치하는 경우 $K_{tr}/d_b \ge 0.25$ 와 $(c+K_{tr})/d_b \ge 2.25$ 를 만족하여야 한다[구조기준 8.2.2(5)].

$(c+K_{tr})/d_b \ge 1.5$ 를 만족시키기 위한 2 조건은 다음과 같다.

1) 제 1 조건 (그림 6.15a 참고)

① 철근사이의 순간격이 d_b 이상이고,

② 전체 정착길이를 따라 스터럽의 간격이 구조기준 7.4.2의 전단철근의 규정[스터럽의 간격은 $(0.5d,\ 600\,\text{mm})$ 이하, 또는 $V_s > (\lambda\sqrt{f_{ck}}/3)b_w d$ 인 경우 : $(0.25d,\ 300\,\text{mm})$ 이하]을 만족하는 경우, 또는 띠철근의 규정이 구조기준 5.5.2(3) : 압축부재의 띠철근 규정 식 (4.2a)를 만족하면서;

③ 피복두께가 d_b 이상[2)]이면 만족한다[3)].

2) 제 2 조건 (그림 6.15b 참고)

피복두께가 d_b 이상[2)]이면서, 정착해야 되는 철근의 순간격이 $2d_b$ 이상이면 만족시킨다[4)].

---

2) 물론, 구조기준 5.4의 최소 피복두께에 대한 규정(표 2.12 참고)도 만족해야 될 것이다.

3) 여기에서 $c=$ (철근사이의 순간격, d_b)$/2+d_b/2=d_b$ 최소 스터럽으로 대략 $K_{tr} \approx 0.5d_b$ 가 배치된다고 보면 $(c+K_{tr})/d_b \approx 1.5$ 가 된다.

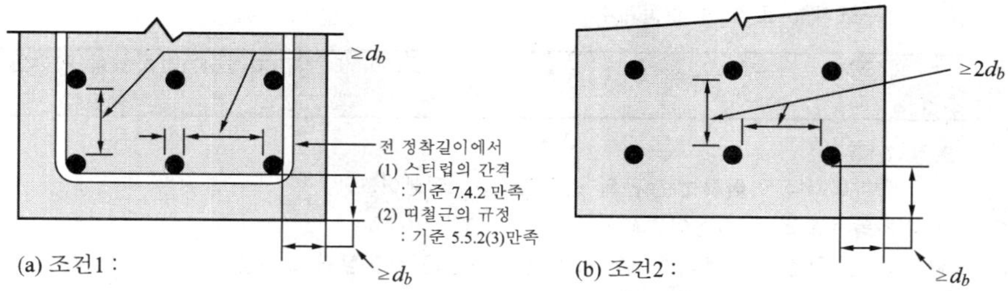

그림 6.15 조건 1과 2의 설명

이러한 경우들과 정착길이에 대한 철근의 굵기 영향을 고려하기 위해서 구조기준에서는 정착길이 l_d를 기본정착길이 l_{db}에 보정계수($\alpha\beta$ 계수)를 곱해서 구하도록 다음과 같이 제시하였다.

$$l_d = l_{db} \times (\text{보정계수}) \geq 300\,\text{mm} \tag{6.7}$$

여기에서 l_{db}는 인장 이형철근의 기본정착길이로서 식 (6.5)에 $(c+K_{tr})/d_b = 1.5$를 대입하고, 철근의 크기계수를 D19 철근이하에 $\gamma = 0.8$를 그리고 D22 이상 철근에는 1.0을 대입하여 정리하였다. 따라서 기본정착길이 l_{db}는 0.9/1.5 = 0.60이 되어 다음과 같이 표현되었다.

$$l_{db} = \left(\frac{0.6 f_y}{\lambda\sqrt{f_{ck}}}\right) d_b \tag{6.8}$$

ACI 408 위원회[6.11]에서 수행한 연구에서 의하면 D19 이하의 철근은 정착길이를 20%를 줄일 수 있다는 보고에 의하여[6.9] D19 이하 철근과 이형철선에는 계수 0.8을 곱하였다. 보정계수(구조기준 표 8.2.1)는 각각의 2 조건에 대해서 표 6.2에 주어졌으며, 이를 식으로 쓰면 아래와 같다.

① D19 이하의 철근과 이형철선[5)] :

$$\left.\begin{array}{ll} \text{조건 1 또는 2를 만족하는 경우 :} & l_d = \left[\dfrac{0.6 f_y}{\lambda\sqrt{f_{ck}}}(0.8\alpha\beta)\right] d_b \\ \text{만족하지 못하는 경우 :} & l_d = \left[\dfrac{0.6 f_y}{\lambda\sqrt{f_{ck}}}(1.2\alpha\beta)\right] d_b \end{array}\right\} \geq 300\,\text{mm} \tag{6.9}$$

② D22 이상의 철근 :

$$\left.\begin{array}{ll} \text{조건 1 또는 2를 만족하는 경우 :} & l_d = \left[\dfrac{0.6 f_y}{\lambda\sqrt{f_{ck}}}(\alpha\beta)\right] d_b \\ \text{만족하지 못하는 경우 :} & l_d = \left[\dfrac{0.6 f_y}{\lambda\sqrt{f_{ck}}}(1.5\alpha\beta)\right] d_b \end{array}\right\} \geq 300\,\text{mm} \tag{6.10}$$

---

4) 여기에서 $c = d_b + d_b/2 = 1.5 d_b$; $K_{tr} = 0$ 이므로, $(c+K_{tr})/d_b = 1.5$ 가 된다.

5) 구조기준 8.2.2(1)에서는 식 (6.5)나 간략 식 (6.7)로 구한 정착길이 계산 방법 중에서 어느 하나를 선택하여 적용할 수 있다고 규정하고 있다.

표 6.2 구조기준 표 8.2.1 보정계수

조건 \ 철근지름	D19 이하의 철근과 이형철선	D22 이상의 철근
조건 1 : ① 정착되거나 이어지는 철근의 순간격이 d_b 이상이고, ② 피복두께도 d_b 이상이면서, ③ l_d 전 구간에 구조기준에서 규정된 최소철근량 이상의 스터럽 또는 띠철근을 배근한 경우 또는 **조건 2 :** ① 정착되거나 이어지는 철근의 순간격이 $2d_b$ 이상이고, ② 피복두께가 d_b 이상인 경우	$0.8\alpha\beta$	$\alpha\beta$
기 타	$1.2\alpha\beta$	$1.5\alpha\beta$

표 6.3 정착길이 - 조건 : 도막되지 않고 바닥철근이며 보통중량골재 콘크리트인 경우

		D19 이하 철근과 이형철선					**D22 이상의 철근 (D19 이하 철근에 비해서 25% 증가)**				
	f_{ck} (MPa)	f_y=300 MPa	f_y=350 MPa	f_y=400 MPa	f_y=500 MPa	f_y=600 MPa	f_y=300 MPa	f_y=350 MPa	f_y=400 MPa	f_y=500 MPa	f_y=600 MPa
조건 1 또는 조건 2를 만족하는 경우	**21**	$31.4d_b$	$36.7d_b$	$41.9d_b$	$52.4d_b$	$62.8d_b$	$39.3d_b$	$45.8d_b$	$52.4d_b$	$65.5d_b$	$78.6d_b$
	24	$29.4d_b$	$34.3d_b$	$39.2d_b$	$49.0d_b$	$58.8d_b$	$36.7d_b$	$42.9d_b$	$49.0d_b$	$61.2d_b$	$73.5d_b$
	27	$27.7d_b$	$32.3d_b$	$37.0d_b$	$46.2d_b$	$55.4d_b$	$34.6d_b$	$40.4d_b$	$46.2d_b$	$57.7d_b$	$69.3d_b$
	30	$26.3d_b$	$30.7d_b$	$35.1d_b$	$43.8d_b$	$52.6d_b$	$32.9d_b$	$38.3d_b$	$43.8d_b$	$54.8d_b$	$65.7d_b$
	35	$24.3d_b$	$28.4d_b$	$32.5d_b$	$40.6d_b$	$48.7d_b$	$30.4d_b$	$35.5d_b$	$40.6d_b$	$50.7d_b$	$60.9d_b$
	40	$22.8d_b$	$26.6d_b$	$30.4d_b$	$37.9d_b$	$45.5d_b$	$28.5d_b$	$33.2d_b$	$37.9d_b$	$47.4d_b$	$56.9d_b$
	45	$21.5d_b$	$25.0d_b$	$28.6d_b$	$35.8d_b$	$42.9d_b$	$26.8d_b$	$31.3d_b$	$35.8d_b$	$44.7d_b$	$53.7d_b$
	50	$20.4d_b$	$23.8d_b$	$27.2d_b$	$33.9d_b$	$40.7d_b$	$25.5d_b$	$29.7d_b$	$33.9d_b$	$42.4d_b$	$50.9d_b$
그 외의 경우 (50% 증가)	**21**	$47.1d_b$	$55.0d_b$	$62.8d_b$	$78.6d_b$	$94.3d_b$	$58.9d_b$	$68.7d_b$	$78.6d_b$	$98.2d_b$	$117.8d_b$
	24	$44.1d_b$	$51.4d_b$	$58.8d_b$	$73.5d_b$	$88.2d_b$	$55.1d_b$	$64.3d_b$	$73.5d_b$	$91.9d_b$	$110.2d_b$
	27	$41.6d_b$	$48.5d_b$	$55.4d_b$	$69.3d_b$	$83.1d_b$	$52.0d_b$	$60.6d_b$	$69.3d_b$	$86.6d_b$	$103.9d_b$
	30	$39.4d_b$	$46.0d_b$	$52.6d_b$	$65.7d_b$	$78.9d_b$	$49.3d_b$	$57.5d_b$	$65.7d_b$	$82.2d_b$	$98.6d_b$
	35	$36.5d_b$	$42.6d_b$	$48.7d_b$	$60.9d_b$	$73.0d_b$	$45.6d_b$	$53.2d_b$	$60.9d_b$	$76.1d_b$	$91.3d_b$
	40	$34.2d_b$	$39.8d_b$	$45.5d_b$	$56.9d_b$	$68.3d_b$	$42.7d_b$	$49.8d_b$	$56.9d_b$	$71.2d_b$	$85.4d_b$
	45	$32.2d_b$	$37.6d_b$	$42.9d_b$	$53.7d_b$	$64.4d_b$	$40.2d_b$	$47.0d_b$	$53.7d_b$	$67.1d_b$	$80.5d_b$
	50	$30.5d_b$	$35.6d_b$	$40.7d_b$	$50.9d_b$	$61.1d_b$	$38.2d_b$	$44.5d_b$	$50.9d_b$	$63.6d_b$	$76.4d_b$

D22 이상 철근의 식 (6.10)에서 조건 1 또는 2를 만족하지 못하는 경우를 보면 계수는 0.6 x 1.5 = 0.9로 식 (6.5)에서 $(c+K_{tr})/d_b = 1.0$ 로 보고, $\gamma = 1$ 로 본 경우와 같다. 따라서 비록 식 (6.9)와 (6.10)이 식 (6.5)에 비해서 간편하지만, 조건을 만족하는 식은 $(c+K_{tr})/d_b = 1.5$ 로 본 값이고, 만족하지 않는 식은 $(c+K_{tr})/d_b = 1.0$ 로 본 값으로 규정되어 있는 반면에 식 (6.5)은 약간 계산이 복잡하지만 $(c+K_{tr})/d_b \leq 2.5$ 만 만족하면 되므로, 대부분 계산된 정착길이가 간략 식 (6.9)와 (6.10)에 비해서 짧은 정착길이가 요구될 것이다. 식 (6.9)와 (6.10)에서 비교해보면, 조건 1이나 2를 만족시키지 못하면 정착길이가 50% 증가하는 것을 발견할 수가 있다. 대부분 보의 단면에서 철근과 콘크리트의 강도가 일정하기 때문에 표 6.3과 같이 정착길이를 철근의 직경 d_b 에 곱하는 상수로 표현하면 간편하다(예 : $l_d = 31.4\,d_b$; 표 6.3 참고).

한 열의 철근이 길이가 서로 다른 철근들로 구성된 경우에 각각 길이가 다른 철근 군에게 정착구역(부착응력이 최대인 곳)이 틀린 경우가 있다. 만약에 설계자가 한 열에 길이가 짧은 철근과 길이가 긴 철근을 하나씩 건너서 배치한다면, 유효간격(effective spacing)은 같은 길이의 철근 사이의

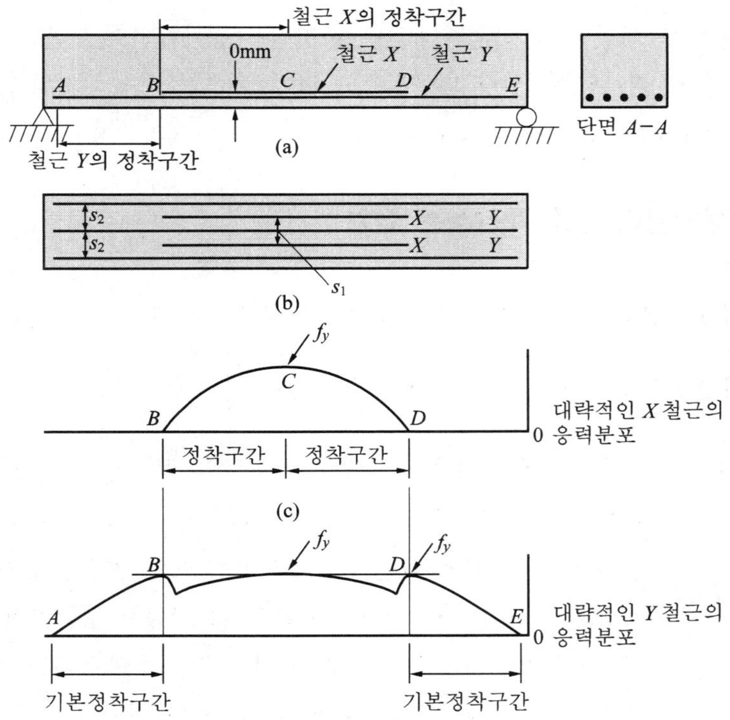

그림 6.16 (a) 길이가 다른 2종류의 철근으로 보강
(b) 보강철근의 평면도 : X 철근의 유효간격 = s_1, Y 철근의 유효간격 = s_2
(c) BC와 CD 사이에 정착되는 X 철근의 대략적인 응력의 분포도
(d) AB와 DE 사이에서 최대의 부착응력이 발달하는 Y 철근의 응력 분포도

거리로 할 수 있다. 예를 들어서 그림 6.16과 같이 한 열에 5개의 철근이 배치된 보에서 그림 6.16b의 평면도와 같이 2개의 길이가 짧은 철근(X로 표시)이 길이가 긴 철근(Y로 표시)과 하나씩 건너서 배치되었을 때 길이가 짧은 X 철근은 보의 중심에서 양쪽으로 BC와 CD 구간에 정착하게 된다. 이 구역에서 철근의 응력이 f_y에서 0으로 변할 때 평형을 이루기 위해서 부착응력이 발달해야 한다. 길이가 긴 Y 철근에서는 근본적으로 AB와 DE 구간에 정착하게 될 것이다. 이런 조건일 때 X 철근의 순간격은 s_1이고, Y 철근의 순간격은 s_2가 된다.

앞에서 언급한 바와 같이 구조기준 8.2.2(1)에서는 정착길이 $l_d \geq$ 300 mm로 규정하고 있다. 이 규정은 대부분 지배하지 않지만, $f_{ck} \geq$ 28 MPa 이상이면서 직경이 작은 철근을 배치할 때 지배하는 경우가 발생할 수도 있다.

구조기준 8.2.4(1)에서는 **다발철근(bundled bar)**인 경우에도 정착길이는 각각의 철근에 의해서 계산되며, 3개로 구성된 다발철근인 경우에는 정착길이를 20% 증가시켜야 하고, 4개로 구성된 경우는 33%를 증가시켜야 한다고 규정하고 있다. 2개의 다발철근인 경우는 증가시킬 필요가 없다. 구조기준 8.2.4(2)에서는 다발철근의 정착길이 계산에 앞에서 기술된 보정계수를 적절하게 선택하기 위해서 한 다발 내에 있는 전체 철근단면적을 등가단면으로 환산하여 산정된 지름으로 된 하나의 철근으로 취급할 수 있다고 규정하고 있다. 예를 들어서, 4개의 D29 철근인 경우에 총 단면적은 2,570 mm^{2}이므로 등가의 1개 철근의 직경 $d_{eff} = \sqrt{2{,}570 \times 4/\pi} = 57.2\ (\mathrm{mm})$ 가 된다.

소요 정착길이 l_d를 계산하는 절차

1) 단계 1 : 단면의 스케치를 그린다. 철근사이의 순간격과 피복두께를 표시한다.

2) 단계 2 : 요구 정착길이를 식 (6.5)나 식 (6.7)에 의해서 결정하고, $l_d \geq$ 300 mm이어야 한다.

3) 단계 3 : **구조기준**에서 배치된 정착길이(철근의 끝에서 최대응력을 받는 장소까지의 길이)가 $\Delta L \geq l_d$ 인 경우에 만족 : 만약 $\Delta L < l_d$ 경우에는 그림 6.17과 같이 표준갈고리를 만들거나, 철근 끝에 철근이나 플레이트 또는 구조용 강재를 용접하여 철근이 충분히 정착하도록 한다. 여기에서 ΔL은 배치 가능한 정착길이(available anchorage length)이다. 그림 6.17b에서와 같이 정착장치가 당기는 힘에 의해서 국부적으로 콘크리트에 경사 균열파괴가 일어날 수 있으므로 조심하여야 한다.

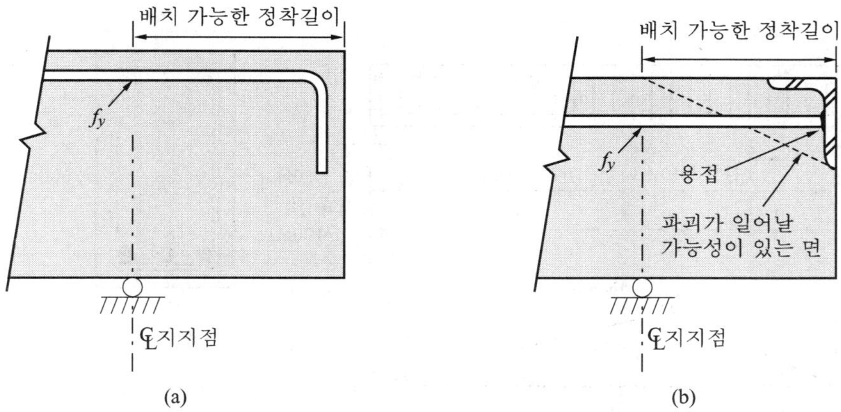

그림 6.17 $\Delta L < l_d$ **인 경우에 철근을 정착하는 방법** (a) 철근의 끝에 표준갈고리를 장치하거나(구조기준 5.2.1, 6.5장 참고), (b) 철근의 끝에 철근이나 구조용 앵글을 용접한다.

예제 6.1 인장이형철근의 정착길이[6.1]

경량골재를 사용한 콘크리트 보가 한 줄로 배치된 3개의 D25 철근에 의해서 보강되어 있다(그림 6.18 참고). 이 종방향 철근은 보 끝의 콘크리트 표면으로부터 50 mm까지 연장되어 있다.

① 현행 구조기준의 규정을 만족하는 종방향 철근의 정착길이를 구하여라.

② 만일 구조기준을 만족하지 않는다면 보의 폭을 300 mm로 증가했을 경우에는 만족하는지 검토하라. 사용철근량은 요구되는 철근량과 같다고 가정한다. 단, $f_{ck}=$ 21 MPa 그리고 $f_y = f_{yt} =$ 400 MPa이다.

풀이

① 집중하중이 작용하여 모멘트가 최대인 B점에서 종방향 철근은 항복응력에 도달한다. 최대응력 점과 보의 짧은 쪽까지의 거리가 정착에 대해서 위험영역이 된다. 최대응력을 받는 B점에서 보의 끝부분인 A점까지의 정착길이 ΔL은 보의 끝에서 철근이 배치된 간격 50 mm를 제외하면,

$\Delta L = 1{,}650 - 50 = 1{,}600\ (\text{mm})$

기본정착길이를 계산하면, 식 (6.5)에서 $l_d = \left[\dfrac{0.9 f_y}{\lambda\sqrt{f_{ck}}}\,\dfrac{\alpha\beta\gamma}{(c+K_{tr})/d_b}\right] d_b$

보정계수는 $\alpha = 1.0$ (바닥철근) ; $\beta = 1.0$ (도막 되지 않은 철근) ; $\gamma = 1.0$ (D22 이상의 철근) ; $\lambda = 0.75$ (경량콘크리트로 제조된 보)

c 계산 :

(a) 철근의 중심으로부터 콘크리트 표면까지의 최단거리 :

$c = 50\,\text{mm} + d_b/2 = 50 + 25.4/2 = 62.7\,\text{mm}$

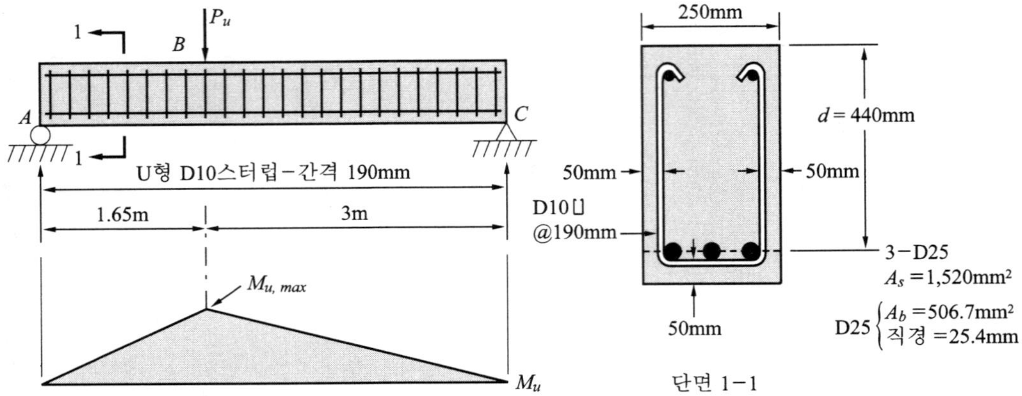

그림 6.18

(b) 정착되는 철근의 중심거리의 1/2 :

$$c = \frac{250 - 50 \times 2 - 25.4}{2} / 2 = 62.3 / 2 = 31.2\,(\text{mm}) \quad \leftarrow \text{작은 값 지배}$$

$\therefore c = 31.2\text{ mm}$

식 (6.6) : $K_{tr} = \dfrac{40A_{tr}}{s\,n}$

$s = 190\text{ mm}$ (정착길이 l_d 구간에서 횡방향 철근의 최대중심 간격)

$n = 3$ (쪼개질 가능성이 있는 면을 따라 정착되거나 이어지는 철근의 수)

$A_{tr} = 2 \times 71.3 = 143\,(\text{mm}^2)$ [정착된 철근을 따라 쪼개질 가능성이 있는 면을 가로질러 배근된 간격 s 이내에 있는 횡방향 철근(즉, 스터럽)의 전체 단면적, 그림 6.13 참고]

$$K_{tr} = \frac{40A_{tr}}{s\,n} = \frac{40(143)}{(190)(3)} = 10.04$$

$$\left(\frac{c+K_{tr}}{d_b}\right) = \frac{31.2 + 10.04}{25.4} = 1.62 < 2.5$$ <o.k.>

$$l_d = \left[\frac{0.9f_y}{\lambda\sqrt{f_{ck}}}\,\frac{\alpha\beta\gamma}{(c+K_{tr})/d_b}\right]d_b = \left[\frac{(0.9)(400)}{0.75\sqrt{21}}\,\frac{(1)(1)(1)}{1.62}\right](25.4)$$

$\therefore l_d = (64.66)(25.4) = 1,642\,(\text{mm})$

표 6.1 : 소요철근과 배근철근에 대한 자료가 주어지지 않았으므로 $\dfrac{\text{소요 } A_s}{\text{배근 } A_s} = 1.0$ 로 가정

$\therefore$ 상세 식 $l_{d\,(\text{소요})} = 1,642 \times 1.0 = \underline{1,642\,(\text{mm})}$

[상세 식 $l_{d\,(\text{소요})} = 1,642\text{ mm}$] > [$\Delta L = 1,600\text{ mm}$] <N.G.>

∵ 규정을 만족하지 못한다.

또한 구조기준에서는 간략 식으로 정착길이 l_d 를 기본정착길이 l_{db} 에 보정계수를 곱해서 구하

도록 제시하고 있다[식 (6.7)과 (6.10) 참고].

② 만일 보의 폭을 300 mm로 늘린다면 종방향 철근의 중심 간격의 1/2은

$$c = \frac{300 - 50 \times 2 - 25.4}{2} / 2 = \frac{87.3}{2} = 43.7\,(\text{mm}) \quad \leftarrow \text{작은 값 지배}$$

$$\left[\frac{(c + K_{tr})}{d_b} = \frac{43.7 + 10.04}{25.4} = 2.12\right] < 2.5$$ <o.k.>

$$\therefore l_d = 1{,}642\,\frac{1.62}{2.12} = \underline{1{,}255\,(\text{mm})}$$

$\therefore [\,l_{d(\text{소요})} = 1{,}255\,\text{mm}\,] < [\,\Delta L = 1{,}600\,\text{mm}\,]$ 이므로 정착에 대해서 규정을 만족한다.

③ 간략 식 사용할 수 있는지 검토(표 6.2에서 조건을 만족하는지 검토) :

(a) 피복두께 = 50 mm $> d_b = 25.4\,\text{mm}$ <o.k.>

(b) 철근의 순간격 = $(250 - 50 \times 2 - 3 \times 25.4)/2 = 36.9\,(\text{mm}) > d_b = 25.4\,\text{mm}$ <o.k.>

만약 순간격 36.9 mm ≥ $2d_b =$ 2(25.4) = 50.8 (mm)를 만족하면 조건 2로 (c)를 검토할 필요가 없다. 만족하지 못하므로 (c)를 검토한다.

(c) $V_{s(\text{배치})} = A_v f_{yt} d/s = (143)(400)(440)/(190) = 132.5 \times 10^3\,(\text{N})$ [구조기준 7.4.2(3)]

$$< \frac{\lambda\sqrt{f_{ck}}}{3} b_w d = (0.75)\frac{\sqrt{21}}{3}(250)(440) = (0.75)168{,}000/10^3 = 126.0\,(\text{kN})$$ <N.G.>

간격은 $0.25d =$ 0.25 × 440 = <u>110 (mm)</u> 또는 300 mm 이하이므로 배치된 간격 190 mm는 이 조건을 만족하지 못한다. 따라서 표 6.2의 보정계수 $1.5\alpha\beta$를 적용한다.

$$l_d = l_{db} \times (\text{보정계수}) \geq 300\,\text{mm}$$

$$\text{간략 식 } l_{d(\text{소요})} = \left[\frac{0.6 f_y}{\lambda\sqrt{f_{ck}}}(1.5\alpha\beta)\right] d_b = \frac{0.6(400)}{0.75\sqrt{21}}(1.5)(1)(1)(25.4) = \underline{2{,}661\,(\text{mm})}$$

$\therefore$ 간략 식 $l_{d(\text{소요})} = 2{,}661\,\text{mm} > \Delta L = 1{,}600\,\text{mm}$ <N.G.>

예제 6.2 조건 2를 만족하는 경우[6.1]

상부의 종방향 철근이 지점 B에서 부모멘트에 대해 1,300 mm^{2}의 철근량이 요구된다. 두 개의 D32 철근이 배근되어 있다면 [$A_{s(\text{배치})} =$ 1,588 mm^2], 캔틸레버 보 부분의 묻힘길이가 구조기준에서 요구하는 정착길이를 만족하는지 검토하라. 캔틸레버보 전체에 걸쳐서 200 mm간격으로 D10 스터럽이 배치되어 있고, 두 개의 D16 철근이 캔틸레버보의 하단에 배치되어 있다(그림 6.19 참고). 모든 면에서 종방향 철근의 피복두께는 50 mm이다.
단, 보통중량골재 콘크리트 $f_{ck} =$ 27 MPa, $f_y = f_{yt} =$ 400 MPa, $\beta = \lambda = 1$ 이다.

풀이

휨모멘트가 최대인 지점 B의 상부철근에서 최대 휨응력이 나타난다. 지점 B의 왼쪽구간은 철근의 정착길이가 5,000 mm이므로 정착에 대해서는 충분히 안전하다. 그러므로 정착에 대해서 위험구간은 BC 구간 (1,650 mm)이다.

사용 가능한 정착구간은 보의 끝 부분의 피복을 40 mm로 하면 1,650 - 40 = 1,610 mm이다.

표 6.2의 조건 2에 만족하는지 검토한다.

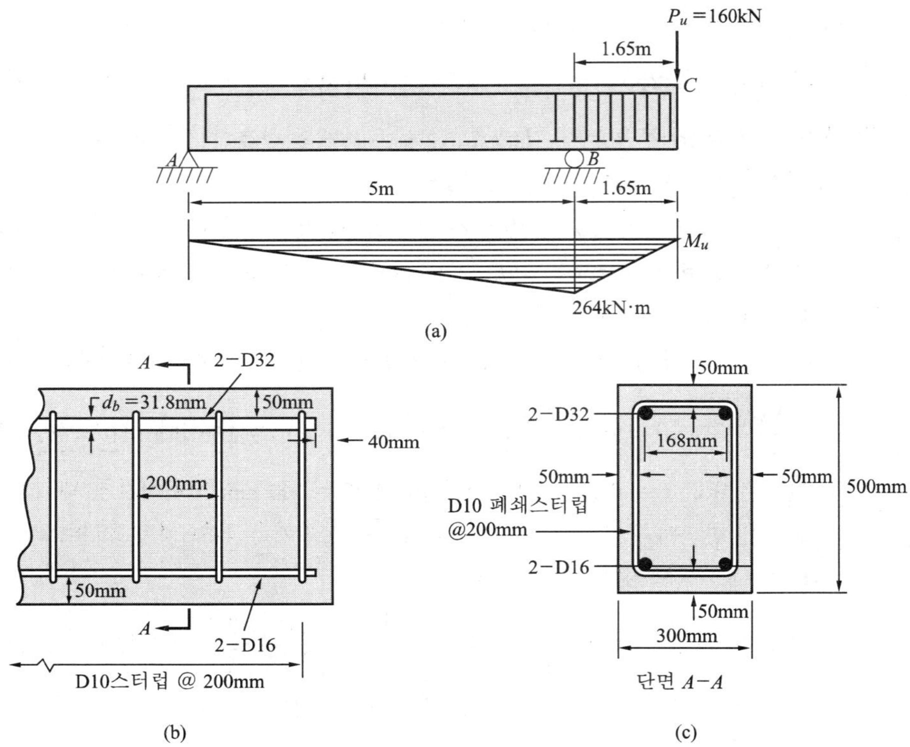

그림 6.19

① D32 철근에 대한 피복두께 : 50 mm > d_b = 31.8 mm <o.k.>

② D32 철근 순간격 : 168 - 31.8 = 136 mm > $[\,2\,d_b = 2\times 31.8 = 63.6\,(\mathrm{mm})\,]$ <o.k.>

따라서, 모든 조건을 만족하므로 식 (6.10)을 사용할 수 있다. 보통중량골재 $\lambda = 1.0$

$$\frac{l_d}{d_b} = \frac{0.6 f_y}{\lambda \sqrt{f_{ck}}}(\alpha\beta) = \frac{(0.6)(400)}{1.0\sqrt{27}}(1.3)(1) = 46.19(1.3) = 60.0 \quad [\text{표 6.3 참고}]$$

여기서, $\alpha = 1.3$ (상부철근 - 상부철근 이하의 깊이가 300 mm를 초과하므로)

$\therefore\ l_d = 60.0\,d_b = 60.0 \times 31.8 = 1{,}909\ (\mathrm{mm})$

상부철근이 단면이 요구하는 철근량을 초과하므로,

$\therefore l_{d\,(소요)} = 1{,}909(소요\ A_s)/(요구\ A_s) = 1{,}909(1{,}300/1{,}588) = \underline{1{,}563\ (\mathrm{mm})}$

따라서 사용 가능한 정착길이는

$[\ \Delta L = 1{,}650 - 40 = 1{,}610\ \mathrm{mm}\ ] > [\ l_{d\,(소요)} = 1{,}563\,\mathrm{mm}\ ]$ <o.k.>

예제 6.3 다발철근의 경우[6.1]

그림 6.20의 보는 작용하는 정모멘트에 대해서 에폭시로 도막 된 4개의 D25 철근으로 보강되어 있다. 철근은 지지점의 중앙에서 절단하였다. 같은 크기인 두 개의 집중하중 P_u가 보의 1/3 지점에 각각 작용하고, 휨모멘트도에서는 보의 고정하중(사하중)을 무시하였다. 그림 6.20b와 같이 철근이 두 개의 묶음으로 이루어져 있다면 이 철근은 구조기준에서 요구하는 정착길이를 만족하는가? 단, 배치된 철근의 면적은 요구되는 철근의 면적과 같다. 보통중량골재 콘크리트 $(\lambda = 1)$ $f_{ck} = 21$ MPa이고, $f_y = f_{yt} = 400$ MPa이다.

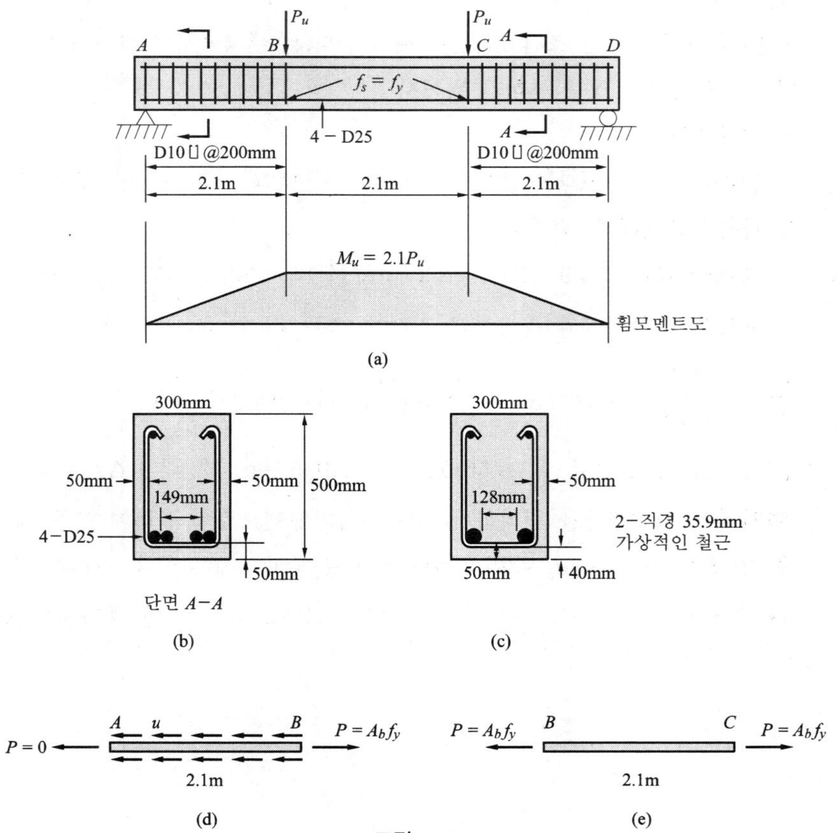

그림 6.20

풀이

B-C점 사이에 균일한 휨모멘트로 보 중앙의 1/3 구간에서 일정한 철근의 응력 f_y가 발생한다. 일정한 철근의 응력 때문에 그림 (e)의 자유물체도에서 평형을 이루기 위해서 B점과 C점에서 동일한 힘 $A_b f_y$가 필요하고, 이 구간에서 미끄러짐을 방지하기 위해서 부착응력이 발생하지 않아도 된다. 그러나 구간 B-A 사이에서는(그림 6.20d 참고) 휨응력(휨모멘트의 함수)이 B점의 f_y에서 A점의 0으로 변화하고 있다. 따라서 B-A점 사이에서 철근의 정착이 요구되며, 문제에서 주어진 정착길이는 $\Delta L = 2.1\ \mathrm{m}$ 이다. 구조기준 8.2.4(2)에서는 다발철근의 정착길이 계산에 앞에서 기술된 보정계수를 적절하게 선택하기 위해서 한 다발 내에 있는 전체 철근단면적을 등가단면으로 환산하여 산정된 지름 d_{eff}로 된 하나의 철근으로 취급할 수 있다고 규정하고 있다.

$$A_s = 2 - D25 = 2 \times 506.7 = 1{,}013.4\ (\mathrm{mm}^2) \quad ; \quad \pi d_{eff}^2/4 = 1{,}013.4\ \mathrm{mm}^2$$

$$d_{eff} = \sqrt{1{,}013.4 \times 4/\pi} = 35.9\ (\mathrm{mm})$$

d_{eff}가 D22 철근의 지름(= 22.2 mm) 보다 크기 때문에 $\gamma = 1$ 이다. 식 (6.10)을 적용하기 위해서는 순간격과 피복두께가 조건 1을 만족해야 한다(본 예제에서 이런 조건들을 만족한다고 가정한다). 에폭시 도막계수 β를 구하기 위해서,

① 피복두께 :

$[50\ \mathrm{mm} - 9.53\,(\text{D10 철근의 직경}) = 40\ \mathrm{mm}] < [3d_b = 3(35.9) = 107.7\ (\mathrm{mm})]$

② 가상적인 철근의 순간격 :

$[300 - 100 - 35.9 \times 2 = 128.2\ (\mathrm{mm})] < [6d_b = 6(35.9) = 215.4\ (\mathrm{mm})]$

따라서, 피복두께와 순간격의 조건이 모두 $3d_b$와 $6d_b$ 미만이므로 $\beta = 1.5$ 이다.

$$\frac{l_d}{d_b} = \frac{0.6 f_y}{\lambda \sqrt{f_{ck}}}(\alpha\beta\gamma) = \frac{(0.6)(400)}{1.0\sqrt{21}}(1)(1.5)(1) = 78.56$$

$$\therefore [\, l_{d\,(\text{소요})} = 78.56\, d_b = 78.56(25.4) = \underline{1{,}995\ (\mathrm{mm})}\,] < [\,\Delta L = 2{,}100\ \mathrm{mm}\,]$$

여기에서, 다발철근을 처리하기 위해서 등가단면으로 환산하여 각종 계수를 구했지만 정착길이는 원래의 철근지름 $d_b = 25.4\ \mathrm{mm}$ 를 사용해서 구해야 한다. 따라서 필요한 정착길이를 만족한다. 2개의 철근이 다발철근으로 배치되었으므로 정착길이를 증가시킬 필요는 없다.

예제 6.4 1방향 기초의 종방향 보강철근[6.1]

그림 6.21과 같이 1방향 벽 기초에서 종방향 철근으로 D16이 200 mm 간격으로 배치되어 있다. 이 철근이 구조기준의 정착길이에 대한 요구사항을 만족하는지 검토하라. 철근은 에폭시로 도막 되어 있고, 콘크리트 표면으로부터 75 mm까지 연장하여 배치되었다.

풀이

기본정착길이 $\dfrac{l_d}{d_b} = \dfrac{0.90 f_y}{\lambda\sqrt{f_{ck}}}\dfrac{\alpha\beta\gamma}{(c+K_{tr})/d_b}$ 이므로, 먼저 c를 계산하면,

① D16 철근의 중심 간격은 200 mm이므로 $c = \dfrac{200}{2} = 100\,(\mathrm{mm})$

② 콘크리트 표면으로부터 철근의 중심까지 거리, $c = 90\,\mathrm{mm}$ ← 작은 값 지배

$\therefore c = 90\,\mathrm{mm}$

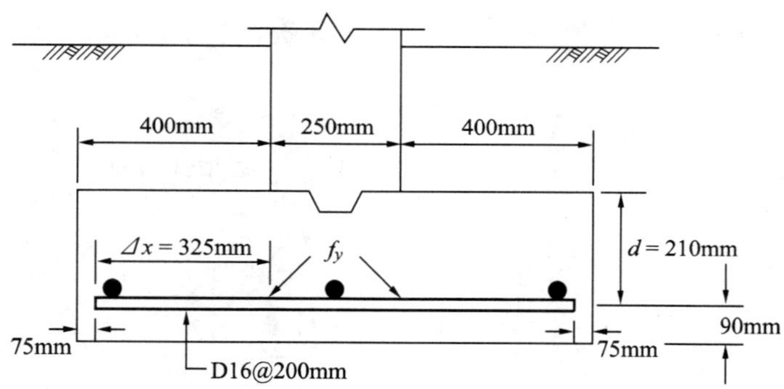

그림 6.21

스터럽이 배치되어 있지 않으므로 $A_{tr} = 0$; 따라서 $K_{tr} = 40A_{tr}/sn = 0$

$\left(\dfrac{c+K_{tr}}{d_b}\right) = \dfrac{90+0}{15.9} = 5.66 \le \underline{2.5}$; 2.5가 지배하므로 2.5를 사용한다.

$\alpha = 1$ (바닥철근),

$\beta = 1.2$ (철근의 순간격 ; $200 - 15.9 = 184\,\mathrm{mm} > 6d_b = 6\times 15.9 = 95.4\,\mathrm{mm}$ 철근의 피복두께 $= 90 - 15.9/2 = 82\,(\mathrm{mm}) > 3d_b = 47.7\,\mathrm{mm}$ 이므로 $\beta = 1.2$ 이다.)

$\gamma = 0.8$ (D19 이하의 철근사용), $\lambda = 1$ (보통중량골재 콘크리트 사용).

$$\frac{l_d}{d_b} = \frac{0.9 f_y}{\lambda\sqrt{f_{ck}}}\frac{\alpha\beta\gamma}{(c+K_{tr})/d_b} = \frac{(0.9)(400)}{1.0\sqrt{21}}\frac{(1)(1.2)(0.8)}{2.5} = 30.17$$

$\therefore l_{d\,(소요)} = 30.17(d_b) = 30.17(15.9) = \underline{480\,(\mathrm{mm})}$

사용가능한 정착길이는

$[\Delta L = 400 - 75 = 325\,(\mathrm{mm})] < [l_{d\,(소요)} = 480\,\mathrm{mm}]$가 된다.

따라서, 구조기준에서 요구하는 정착길이를 만족하지 못한다.

이런 경우에 정착을 만족하기 위해서 아래와 같은 사항을 검토할 수 있다.

(a) 작은 치수의 철근을 선택하거나, (b) 기초의 폭을 넓히거나, (c) 콘크리트의 설계강도를 증가시키거나, 또는 (d) 표준갈고리를 설치하거나 하여 규정을 만족시킬 수 있다.

6.4 압축철근의 정착길이(Development Length of Compression Steel)

압축응력을 받는 철근의 정착길이는 인장철근에 비해서 짧은 정착길이가 필요하다. 인장에서 발생하는 균열이 발생하지 않고 콘크리트에 대한 철근 끝의 단지압 저항력 때문에 압축철근을 정착하는데 필요한 길이가 줄어든 것이다. 구조기준 8.2.3(ACI 12.3)에서 압축철근에 대한 정착길이는

$$l_{dc} = l_{db} \times (보정계수) \geq 200\,\mathrm{mm} \tag{6.11}$$

로 표시되고, 기본정착길이 l_{db}는

$$압축철근 \;:\; l_{db} = \left(\frac{0.25 f_y}{\lambda \sqrt{f_{ck}}}\right) d_b \geq (0.043 f_y)\, d_b \tag{6.12}$$

로 제시되어, 보통중량골재 콘크리트에서 $f_{ck} \geq$ 33.8 MPa이면 $(0.043 f_y) d_b$ 항이 지배하게 되어, f_y = 300 MPa ($l_{db} = 12.9 d_b$), 350 MPa ($15.05 d_b$), 400 MPa ($17.2 d_b$), 500 MPa ($21.5 d_b$), 600 MPa ($25.8 d_b$)가 된다.

식 (6.12)를 인장철근의 식 (6.9)와 비교해 본다면 압축철근의 정착길이는 인장철근의 대략 53% 정도가 된다. 식 (6.11)에서 보정계수는 표 6.4에 주어졌다. 나선철근이나 띠철근으로 둘러싸여서 발생하는 구속력이 부착응력을 증가시키기 때문에 구조기준에서는 나선철근이나 띠철근으로 둘러싸인 경우 정착길이를 25% 줄일 수 있도록 허용하고 있다. 다발철근인 경우에 인장철근과 동일하게, 3개 다발일 때는 정착길이를 20%를 증가하고, 4개 다발일 때는 33%를 증가해야 한다. 다발로 배치하게 되면 각각의 철근에 의한 부착저항력의 합보다 적기 때문에 정착길이를 증가하도록 제시한 것이다. 2개 철근을 다발로 묶은 경우에는 역시 정착길이를 증가시킬 필요가 없다.

표 6.4 압축철근의 보정계수 [구조기준 8.2.3(3), ACI 12.3]

계 수	조 건	보정계수
초과 철근에 대한 감소	해석결과 요구되는 철근량을 초과하여 배근한 경우	(소요 A_s)/(배근 A_s)
나선철근이나 띠철근으로 둘러싸인 경우	① 지름이 6 mm 이상이고 나선간격이 100 mm 이하인 나선철근 또는 ② 중심간격 100 mm 이하로 띠철근 요구조건[구조기준 5.5.2(3)]에 따라 배근된 D13 띠철근으로 둘러싸인 압축 이형철근	0.75 (25% 감소)

예제 6.5 압축철근의 정착길이[6.1]

그림 6.22에서 f_y 응력이 발휘되는 4-D25 압축철근이 교각에서 확대기초로 축 압축력의 전달이 요구되는 상황에서 확대기초 내 다월(dowel)의 최소정착길이를 구하여라. 단, 보통중량골재 콘크리트 f_{ck} = 24 MPa, f_y = 400 MPa이고 D13 띠철근을 중심간격 200 mm 간격으로 배치하였다. 다월은 일반적으로 구부려서 기초보강철근에 철사로 단단하게 묶지만, 구부리는 것이 압축력의 저항에는 도움을 주지 못할 것이다.

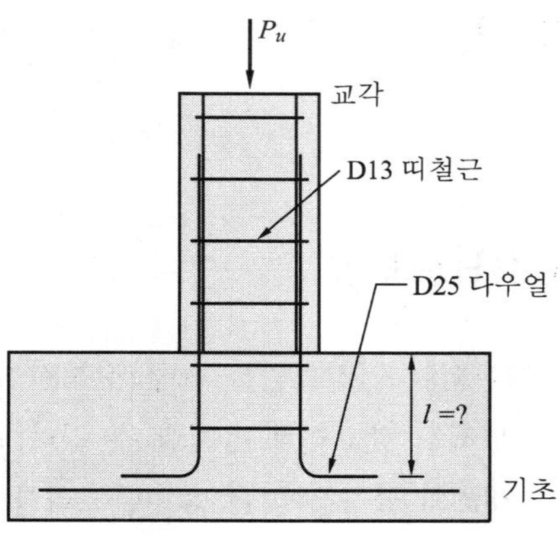

그림 6.22

풀이

식 (6.11)을 이용하여 l_d 계산,

$$l_{db} = \frac{0.25 f_y}{\lambda \sqrt{f_{ck}}} d_b = \frac{0.25(400)}{1.0\sqrt{24}}(25.4) = (20.41)(25.4) = \underline{518\ (\text{mm})}$$

$> [(0.043 f_y) d_b = 0.043(400)(25.4) = (17.2)(25.4) = 437\,(\text{mm})$ 또는 200 mm]

보정계수 없으므로, $l_{d\,(소요)} = l_{db} = 518\text{ mm}$ 가 된다.

따라서 정착길이는 518 mm가 요구되므로, 기초는 대략 625 mm [518 + 80 (피복두께, 표 2.12 참고) + 25 (종방향 철근 D25 가정, 직경) = 623 ≈ 625 mm] 정도의 두께가 요구된다. 만약에 기초의 두께가 요구 정착길이보다 얇으면, 치수가 작은 대신 여러 개의 다월을 배치함으로서 정착길이를 감소시킬 수 있다.

예를 들어서, 두 개의 D19 다월이 각각의 D25 철근을 대신한다고 가정하고, 확대기초에서의 최소요구 정착길이를 구해보면, 두 개의 D19 다월의 단면적은 573 mm^2이므로,

$f_{ck} = 24\text{ MPa} < 33.8\text{ MPaZ}$ 이므로 좌측 항이 지배,

$$l_d = \left(\frac{0.25 f_y}{\lambda\sqrt{f_{ck}}}\right) d_b \left(\frac{A_{s\,(소요)}}{A_{s\,(배근)}}\right) = \frac{0.25(400)}{1.0\sqrt{24}}(19.1)\,\frac{506.7}{573}$$

$$= 390 \times 0.884 = \underline{345\,(\text{mm})} > 200\text{ mm}$$ <o.k.>

역시, 보정계수 없으므로, $l_{d\,(소요)} = l_{db} = 345\text{ mm}$ 가 된다.

D25 다월을 감싸고 있는 D13 철근의 간격(기둥과 확대기초의 접합부분에서)을 축소하는 방법으로 요구 정착길이 l_d를 감소시킬 수 있다. D13 띠철근의 간격을 200 mm에서 100 mm로 감소시키면, 식 (6.11)에 의해서 계산된 요구 정착길이 518 mm에 0.75를 취하여 감소시킬 수 있다.

따라서 이 경우에 압축철근의 정착길이 $l_{d\,(소요)} = 0.75(518) = 389\,(\text{mm})$ 가 된다.

6.5 표준갈고리(Standard Hooks)

만약에 보의 길이가 제한되어 인장철근을 요구 정착길이 만큼 직선으로 연장시키지 못할 때는 추가적인 정착력을 갖기 위해서 갈고리를 장치할 수 있다. 구조부재의 형태에 따라 구조기준 5.2.1에서 제시하는 90° 또는 180°의 굴곡을 갖은 표준갈고리를 장치하고(그림 6.23a), 스터럽이나 띠철근에는 그림 6.23b의 90°나 135°의 스터럽용 표준갈고리를 사용할 수 있다.

이 2 종류(90°와 180°)의 표준갈고리의 정착력은 동일하며 설계도 같은 방법으로 하면 된다. 180° 표준갈고리는 단면이 얇을 때 사용하고, 90° 표준갈고리는 보통 수평철근을 굽혀서 연직철근과 연속되게 할 때 사용된다. 실험결과에 의하면 압축상태에 갈고리는 정착에 효과가 없는 것으로 나타났다.

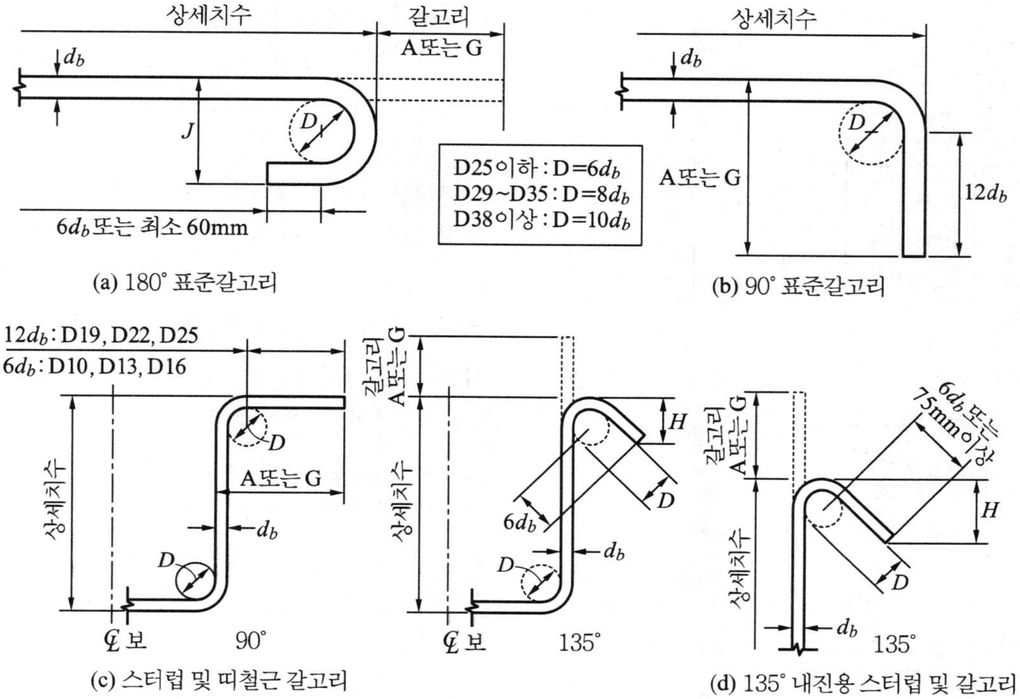

그림 6.23 표준갈고리 : **구조기준** 5.2.1(1)(ACI 7.1)**의 표준갈고리와** 5.2.1(2)**의 스터럽과 띠철근의 표준갈고리** [A(시작)**및** G(끝)**는 철근 끝의 갈고리 길이를 표시하며,** D25 **철근의 90도 표준갈고리에서** A(또는 G) **길이** = $12d_b + 3d_b$(반경)$+d_b = 16d_b = 16(25.4) = 406.5 \approx 410$ mm**가 되고, 180도 표준갈고리에서** A(또는 G)**의 길이** = $6d_b + (7d_b\pi/4) = 11.5d_b \approx 11d_b = 11(25.4) = 279$ mm $\approx$ 285 mm**가 된다**[6.18]. **스터럽 및 띠철근에서 구부림 내면 지름은** D16 **이하 철근인 경우** D = $4d_b$, D19 **이상 철근은 표준갈고리 구부림 내면 지름과 같다.**]

그림 6.24에 90° 갈고리가 인장을 받을 때의 거동을 보여준다. 철근의 응력은 철근표면의 부착응력과 갈고리 안쪽의 콘크리트에 발생하는 지압력에 의해서 저항된다. 철근을 잡아당기게 되면 갈고리가 안쪽으로 움직여서 굽혀진 곳에 틈새가 생기게 된다. 굽혀진 곳 안쪽에 발생하는 압축력은 철근의 인장력과 동일 축에 있지 않으므로 철근이 펴지려 하고 이로 인해 꼬리 바깥쪽에 압축력이 발생하게 된다. 갈고리의 파괴는 대부분 갈고리 안쪽의 지압력이 콘크리트의 압축강도를 초과하여 나타나는 분쇄파괴로

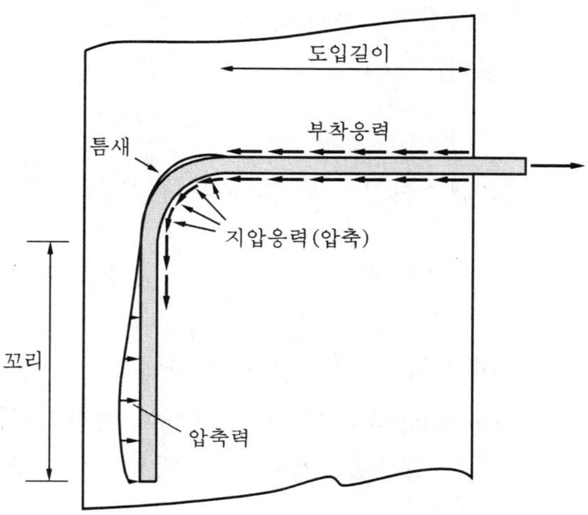

그림 6.24 갈고리의 거동 - 철근에 작용하는 힘

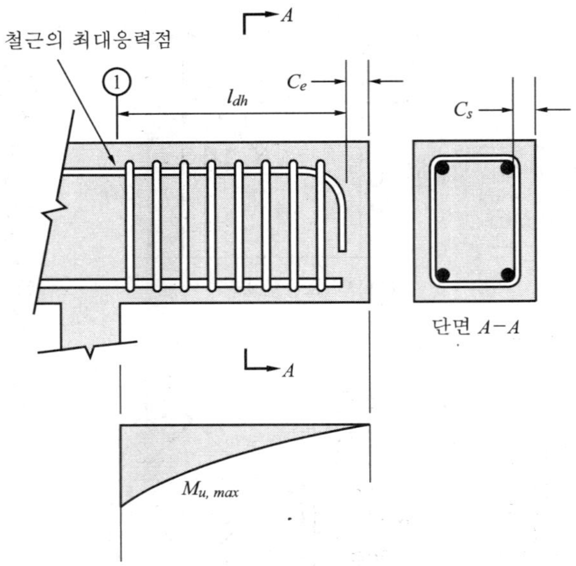

그림 6.25 표준갈고리의 콘크리트 피복상세[6.1]
C_e = 갈고리 끝의 순피복, C_s = 갈고리의 측면피복

나타난다. 만약에 갈고리가 측면에 가깝게 배치되어 있으면 꼬리 바깥쪽의 콘크리트에 균열(연직균열)이 일어나서 철근이 바깥쪽으로 펴지는 분쇄파괴가 발생할 수도 있다.

실험에 의하면 갈고리의 저항력은 그림 6.25와 같이 갈고리 반경에 있는 콘크리트를 구속할 때 증가하였다(그림 6.26 참고). 이러한 콘크리트의 구속은 그림 6.25에서 갈고리의 측면 피복두께 C_s를 증가시키거나, 상부나 하부의 피복두께를 증가시키거나 또는 갈고리의 정착길이 전체에 걸쳐서 간격이 좁은 폐쇄스터럽을 추가로 배치하여 얻을 수 있다. 갈고리의 정착길이 l_{dh}는 최대인장 응력점으로부터 갈고리 바깥쪽 면까지의 수평거리를 말한다(그림 6.25 참고).

구조기준의 설계 과정(구조기준 8.2.5, ACI 12.5)

현행 구조기준에서는 표준갈고리를 장치한 철근의 수평길이가 구조기준에서 제시한 갈고리의 소요 정착길이 l_{dh}보다 길으면 안전하게 정착되었다고 본다. 표준갈고리의 소요 정착길이는 기본 정착길이 l_{hb}에 표 6.5에 있는 보정계수를 곱하여 구하며, $l_{dh} \geq (8d_b \text{또는} 150\text{ mm})$ 이상이어야 한다.

$$l_{dh} = l_{hb} \times \text{보정계수} \geq (8d_b \text{또는 } 150\text{ mm}) \tag{6.13}$$

기본정착길이 l_{hb}는 다음과 같이 제시되었다.

$$\text{표준갈고리 :} \quad l_{hb} = \left(\frac{0.24\beta f_y}{\lambda\sqrt{f_{ck}}}\right) d_b \tag{6.14}$$

여기에서 β는 철근 도막계수로서 표 6.1에 제시되었다. 구조기준에서 상부철근에는 블리딩(bleeding)의 영향을 고려하여 정착길이를 1.3배 증가하도록 하였지만(표 6.1 참고), 표준갈고리를 가진 상부철근에는 이를 적용하지 않고 있다.

표 6.5 표준갈고리의 보정계수 [구조기준 8.2.5(3), ACI 12.5.3]

조 건		보정계수
D35 이하 철근	① 콘크리트 피복두께 : (a) 갈고리 평면에 수직방향인 측면 피복두께 $C_s = 70$ mm 이상이며, (b) 90° 갈고리에 대해서는 갈고리를 넘어선 부분의 철근 피복두께 $C_e = 50$ mm 이상인 경우 (그림 6.25 참고)	0.7
	② 띠철근 또는 스터럽 : 90°나 180°갈고리를 포함한 전체 정착길이 l_{dh} 구간에 $3d_b$ 이하 간격으로 띠철근 또는 스터럽으로 둘러싼 경우 (d_b는 갈고리 철근의 직경), 그러나 첫 번째 띠철근 또는 스터럽은 갈고리 구부러진 부분 바깥 면부터 $2d_b$ 이내에서 갈고리의 구부러진 부분을 둘러싸야 된다(그림 6.26 참고).	0.8
③ 배치된 철근량이 소요철근량을 초과하는 경우		(소요 A_s)/(배근 A_s)
④ f_y > 550 MPa인 경우 ②의 보정계수 0.8을 적용할 수 없다.		1.0

구조기준 8.2.5(5)(ACI 12.5.4)에서는 불연속단에서 만약에 측면, 상부 및 하부의 피복두께가 70 mm 미만인 경우에 띠철근이나 스터럽을 전체 정착길이 l_{dh} 구간에 걸쳐 배치하여야 하며, 이때 간격은 $3d_b$ 이하로 하는데 첫 번째 철근은 갈고리 구부러진 부분 바깥 면부터 $2d_b$ 이내에 배치하여야 한다고 규정하고 있다. 이렇게 갈고리 철근의 양 측면(갈고리 면에 직각)과 상하의 피복두께가 70 mm 미만으로 작은 경우에 **쪼갬파괴(splitting failure)**를 일으키기 쉽기 때문에 마련된 규정으로 이런 경우에는 표 6.5의 보정계수 ②의 0.8은 적용해서는 안 될 것이다.

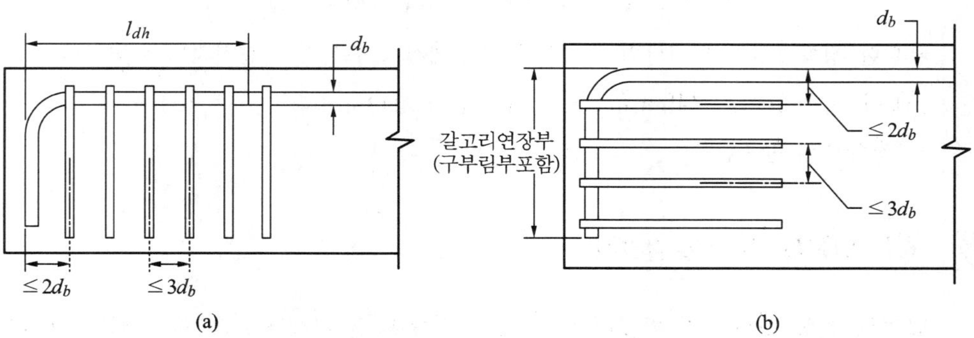

그림 6.26 스터럽이나 띠철근에 의한 갈고리의 구속 - 조건 2를 만족시키는 경우 (구조기준 8.2.5, ACI 12.5.3)

예제 6.6 인장철근의 표준갈고리[6.1]

그림 6.27과 같이 보의 상부철근이 최대 부모멘트 단면인 기둥면에서 휨응력 f_y 로 설계되었다. D16 철근이 90° 표준갈고리로 종결되었다면, 철근이 인장력을 발휘하기 위해서 정착부의 길이가 충분한지 검토하라. 상부철근에서 측면의 피복두께 C_s > 70 mm를 초과하고, 갈고리 수직다리의 피복두께 C_e = 70 mm이다. 단, 보통중량골재 콘크리트 f_{ck} = 21 MPa이고 f_y = 400 MPa이다.

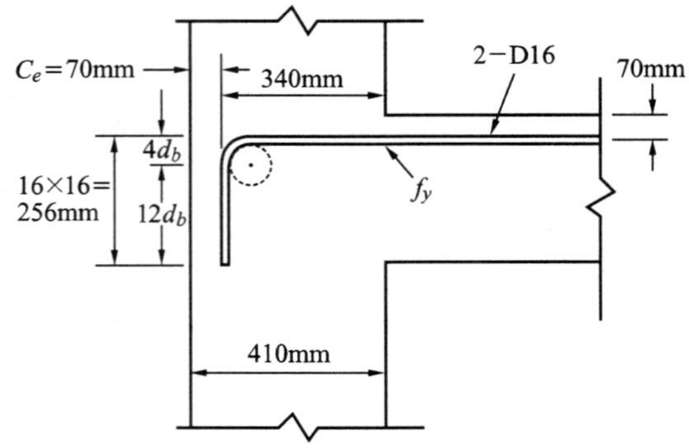

그림 6.27

풀이

식 (6.14)를 이용하여 기본정착길이 l_{hb} 를 계산한다.

$$l_{hb} = \left(\frac{0.24\beta f_y}{\lambda\sqrt{f_{ck}}}\right)d_b = \frac{0.24(1.0)(400)}{1.0\sqrt{21}}(15.9) = (20.95)(15.9) = 333\ (\text{mm})$$

측면 피복두께는 70 mm이고, 갈고리 피복두께는 50 mm를 넘는 70 mm이므로, 기본정착길이 l_{hb} 에 보정계수 0.7 [표 6.5의 ① 경우]을 곱해줄 수 있다. 따라서 갈고리의 소요정착길이 l_{dh} 는

$$\therefore\ l_{dh\,(소요)} = 0.7\,l_{hb} = 0.7(333) = \underline{233\ (\text{mm})}$$

$$> \ (8\,d_b = 8(15.9) = 127.2\ (\text{mm})\ 또는\ \underline{150\ \text{mm}}) = 150\ \text{mm}$$ <o.k.>

유효한 정착길이는 위험단면 기둥표면 내부에서 갈고리의 끝단까지의 수평거리로 340 mm이다.

$[\,배치\ 정착길이 = 340\ \text{mm}\,] > [\,l_{dh\,(소요)} = 233\ \text{mm}\,]$ <o.k.>

∴ 정착부는 만족한다.

예제 6.7 인장철근의 표준갈고리

만약에 기둥 안쪽면의 철근이 응력 f_y 를 받는다면 그림 6.27의 폭이 410 mm 기둥에서 90° 갈고리를 사용하여 정착할 수 있는 상부철근의 최대직경을 구하여라. 측면, 상부, 그리고 끝단 피복두께는 70 mm이고, 스터럽(그림에는 나타나지 않았음, 그림 6.26 참고)은 간격은 첫 번째 스터럽은 갈고리 구부러진 부분 바깥 면부터 $2d_b$ 에 배치되고, 그 외의 갈고리는 $3d_b$ 로 배치되어 있다. 경량콘크리트 f_{ck} = 21 MPa이고, f_y = 350 MPa이다.

풀이

배치 가능한 갈고리의 정착길이 l_{dh}= 410 - 70 = 340 (mm)이다.

표준갈고리의 정착길이 : $l_{dh} = \left(\dfrac{0.24\beta f_y}{\lambda\sqrt{f_{ck}}}\right)d_b\times$ (표 6.5의 보정계수), $\beta = 1.0$

$$\therefore d_b = \frac{l_{dh}(\lambda\sqrt{f_{ck}})}{0.24\beta f_y(\text{보정계수})} = \frac{340(0.75\sqrt{21})}{0.24(1.0)(350)(0.7)(0.8)} = 24.8\ (\text{mm})$$

직경 $d_b \le$ 24.8 mm인 철근까지 상부철근으로 배치할 수 있으므로, 상부철근의 최대철근 치수는 D22 철근(d_b= 22.2 mm)까지 배치 가능하다.

예제 6.8 **캔틸레버 보의 90° 표준갈고리**[6.1]

그림 6.28의 캔틸레버보에서 D41 철근(d_b= 41.3 mm)이 90° 표준갈고리로 종결되었을 때, 현행 구조기준에 따라 정착부가 만족하는지 검토하라. D16 폐쇄스터럽이 중심간격 200 mm 간격으로 갈고리 길이를 따라서 배치되어 있다. 철근의 최대응력이 기둥의 외측 면에서 나타난다고 가정하라. 소요 A_s / 배근 A_s = 0.95이고, 보통중량골재 콘크리트 f_{ck}= 40 MPa이며, f_y= 500 MPa이다.

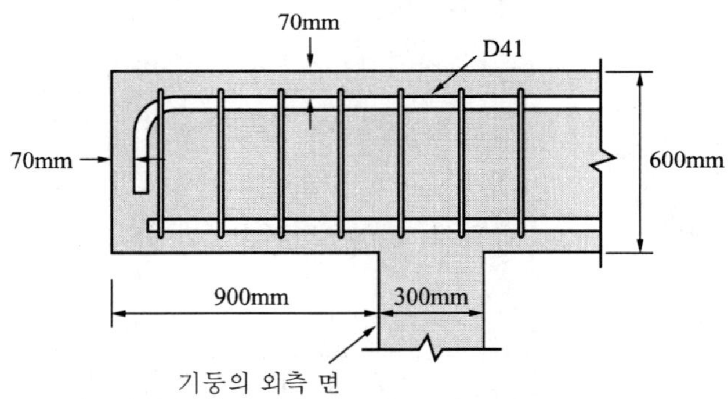

그림 6.28

풀이

① 식 (6.14)를 이용하여 기본정착길이 l_{hb}를 계산 :

$$l_{hb} = \left(\frac{0.24\beta f_y}{\lambda\sqrt{f_{ck}}}\right)d_b = \left(\frac{0.24(1.0)(500)}{1.0\sqrt{40}}\right)(41.3) = (18.97)(41.3) = 784\ (\text{mm})$$

② 소요정착길이 l_{dh}를 계산 : 철근이 D35보다 클 때에는 과다철근에 대한 수정만 할 수 있다.

$$\therefore l_{dh\,(\text{소요})} = l_{hb}\left(\frac{\text{소요 } A_s}{\text{배근 } A_s}\right) = 784(0.95) = 745\ (\text{mm})$$

③ 유효 정착길이는 기둥의 표면에서 갈고리 끝단까지의 길이 900 - 70 = 830 (mm)이므로, 소요 정착길이 $l_{dh\,(\text{소요})}$= 745 mm는 유효 정착길이 830 mm를 초과하지 않으므로 철근은 구조기준의 요구를 만족한다.

6.6 단순 지지점이나 변곡점에서의 정모멘트 철근의 정착 (Anchorage of Steel at Simple Supports and Points of Inflection)

단순 지지점이나 **변곡점(points of inflection, P.I.)**을 넘어서 정착되는 인장철근의 끝이 제대로 정착되어 있지 않아 빠지게 되면 보는 갑작스럽게 완전한 파괴가 일어날 수 있다. 이러한 점들에서 비록 모멘트의 크기는 0이고 철근의 응력은 낮지만, 부착응력이 휨모멘트의 절대값의 함수가 아니고 휨모멘트의 변화에 대한 함수[식 (6.1) 및 식 (7.4) 참고]이므로 부착응력은 상대적으로 클 수도 있다. 모멘트의 변화는 전단력에 관련되어 있고, 전단력은 단순 지지된 보의 지점에서 최대이고, 종종 변곡점에서 큰 값을 보인다.

등분포하중이 작용하는 단순 지지된 보에서 모멘트도의 모양이 부착응력에 미치는 영향은 그림 6.29를 이용하여 이해할 수 있다. 이 보는 받침부 A로부터 보의 중앙 C에 걸쳐서 배치되었으며, 이 길이는 철근의 정착길이 l_d와 동일한 상태이다[6.12]. 또한 휨모멘트가 최대인 보의 중앙에서 계수하중이 작용할 때 철근의 응력이 f_y에 도달하도록 철근을 배치하였다고 가정하였다. 만약에 전체 단면에서 철근과 휨압축응력의 합력과 팔거리가 동일하다면, 임의의 단면에서 철근의 인장력은 그 점에서의 포물선 휨모멘트도의 좌표값에 비례하게 될 것이다. 따라서 비록 응력이 0인 받침부에서 응력이 f_y인 보의 중앙까지의 길이가 정착길이와 같다고 하더라도 철근은 적절하게 정착되지 않

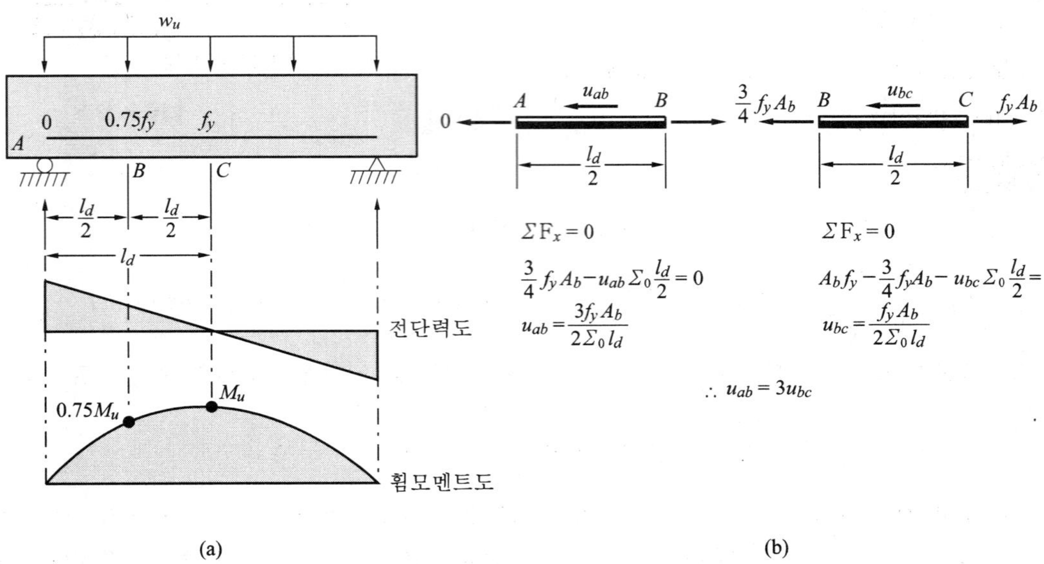

그림 6.29 등분포하중이 작용하는 단순지지 보의 받침부에서 철근의 정착 : (a) 보의 중앙에서 받침부까지의 철근의 길이가 정착길이 l_d와 동일한 철근으로 보강된 보, (b) AB와 BC의 자유물체도

은 상태가 될 수 있다. 이러한 사실은 받침부에서 중앙점 사이의 임의의 점에서의 철근력과 정착하기 위해서 남아있는 철근의 길이를 비교해보면 알 수 있다. 예를 들어서, 포물선 휨모멘트도의 좌표에서 보면 최대값과 경간의 1/4 점에서 25% 감소(최대 휨모멘트의 75%)했으므로, 경간의 1/4 점인 B에서 철근력은 $(3/4)f_y A_b$로 줄어들게 된다. 따라서 1/4 점에서 철근력은 보 중앙에서의 3/4이므로 정착길이도 역시 적어도 $(3/4)l_d$가 필요하게 된다. 그러나 B점에서 받침부까지의 정착거리는 $(1/2)l_d$밖에 남아있지 않으므로, 충족되지 못하게 되는 것이다.

그림 6.29b에서 철근의 길이에 따른 부착응력의 변화를 더욱더 명확하게 설명해주고 있다. 철근의 두 조각에서의 평형관계로부터 받침부로부터 1/4 지점까지(A-B구간)의 평균부착응력이 1/4 점에서 보의 중앙까지(B-C구간)의 부착응력에 비해서 3배가 됨을 알 수 있다. 그러므로 비록 전체 길이에 대한 평균부착응력이 부착강도를 초과하지 않더라도 받침부 부근의 높은 부착응력 때문에 국부적인 부착파괴가 일어나 철근이 뽑히게 되면 보는 완전하게 붕괴될 수도 있다.

예를 들어, 그림 6.30에 균등한 등분포하중이 작용하는 단순 지지된 보와 이에 대한 휨모멘트도가 주어졌다. 설계에서 첫 번째 시도로서 f_y= 400 MPa인 2개의 D41 철근을 선택했다면, 표 6.3에

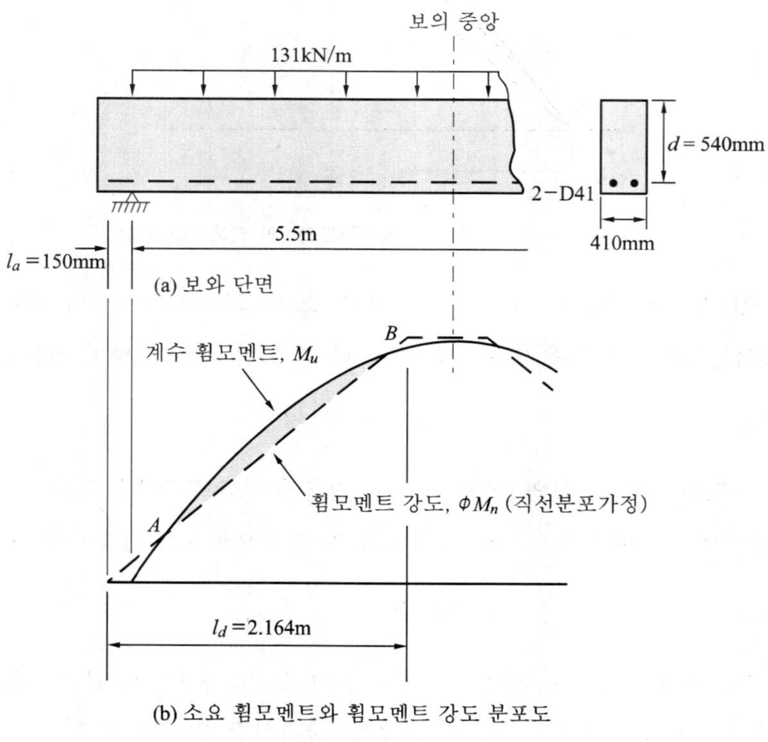

(b) 소요 휨모멘트와 휨모멘트 강도 분포도

그림 6.30 정철근의 정착

서 f_{ck}= 21 MPa인 경우에 정착길이 $l_d = 52.4 d_b$= 52.4(41.3) = 2,164 (mm)가 된다. 철근의 최대응력이 보의 중앙에서 일어나고, 철근은 보의 중앙에서 양쪽으로 5,500 / 2 = 2,750 mm가 연장되므로, 보의 중앙에서 철근은 충분히 정착되지만, 휨모멘트도가 포물선이고 ϕM_n이 선형으로 변한다고 가정하면 그림 6.30b에서와 같이 A-B구간 빗금인 부분에 $M_u > \phi M_n$인 부분이 발생한다. 다른 말로 표현하면, A와 B점 사이에서 요구되는 철근의 응력이 철근에 발달하는 정착저항력보다 크다는 것을 의미하게 된다.

간략화하기 위해서 철근이 받침부를 넘어서 연장되는 길이를 무시하면, 그림 6.31에서와 같이 휨모멘트의 증가는 OA선분 이하가 되어서는 안 된다. 만약에 모멘트강도의 기울기가 OB라면 빗금인 부분만큼의 소요응력에 대한 정착이 충분하지 않게 된다. 따라서 공칭모멘트강도의 기울기 $d(\phi M_n)/dx$는 $x = 0$에서 소요(계수) 휨모멘트의 접선 dM_u/dx보다 작아서는 안 된다.

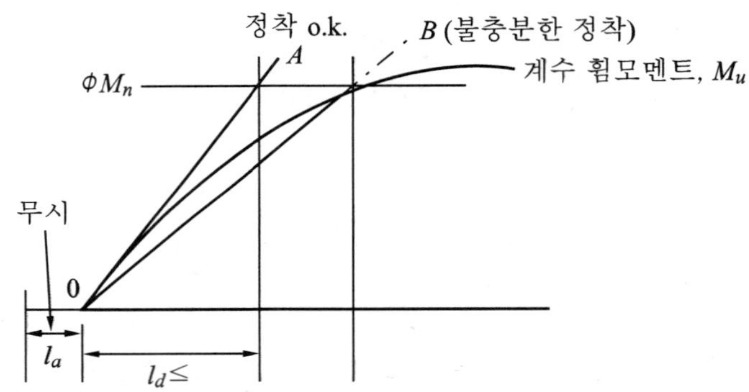

그림 6.31 휨모멘트가 0인 점에서의 정착

공칭모멘트강도의 기울기는 $\phi M_n / l_d$가 되고, 소요 휨모멘트도에서의 기울기는 $dM_u/dx = V_u$ 이므로 모멘트강도의 최소 기울기는 $\phi M_n / l_d = V_u$ 가 된다. 따라서 배치 가능한 최대로 긴 정착길이는

$$l_d = \phi M_n / V_u \tag{6}$$

가 된다. 여기에서 M_n은 보의 0점에 배치된 철근에 의한 휨모멘트강도이고 V_u는 0점에서의 전단력이다. 만약에 식 (6)을 부등호로 표시하고 안전 측으로 강도감소계수 ϕ를 생략하면

$$\text{변곡점 :} \quad l_d \leq \frac{M_n}{V_u} \tag{6.15a}$$

가 된다. 단순 받침부의 압축반력으로 인한 콘크리트의 구속으로 부착응력이 증가되는 점을 고려하여 구조기준 8.5.2(3)에서는 M_n / V_u를 30% 증가시킬 수 있도록 하므로 식 (6.15a)는

$$\text{단순 받침부 :}\quad l_d \le \frac{1.3M_n}{V_u} \tag{6.15b}$$

가 된다(그림 6.32a 참고).

만약에 받침부나 변곡점을 넘어서 배치하는 철근이 식 (6.15a)나 (6.15b)를 만족시키지 못하면 치수가 작은 철근을 사용하거나 또는 표준갈고리를 사용할 수도 있고, 또는 받침부를 통과하는 철근의 양을 늘릴 수도 있을 것이다. 또한 구조기준 8.5.2(4)에서는 단순받침부의 중심선을 지나 절단되는 철근에서 표준갈고리나 표준갈고리와 동등한 성능을 갖는 기계적 정착에 의해 직선철근으로 정착하는 경우 아래 식을 만족하면 식 (6.15b)를 만족하지 않아도 되도록 하였다.

$$\text{단순 받침부 – 표준갈고리:}\quad l_d \le \frac{M_n}{(V_u - 0.5\phi V_s)}\frac{l_a}{jd} \tag{6.15c}$$

여기에서 l_a는 받침부에서 그 중심선을 지나 묻힘길이 또는 변곡점을 지나 묻힘길이이다(그림 6.32 참고).

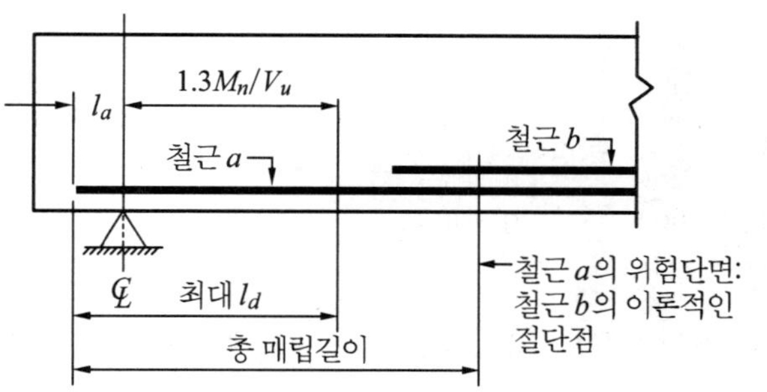

(a) 단순 지지점의 정착길이 요구조건

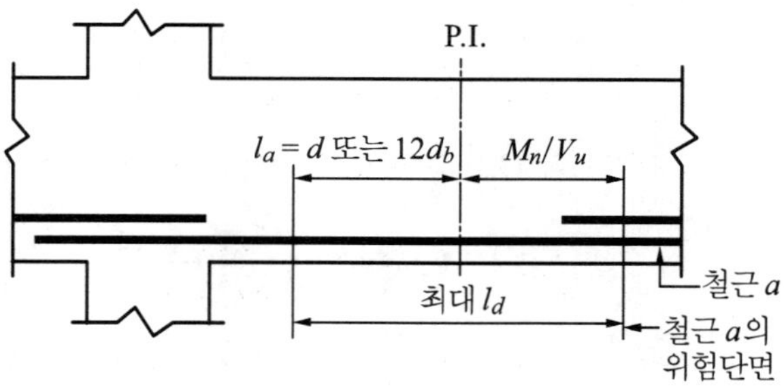

(b) 변곡점(P.I.)에서 철근 a의 최대 굵기를 결정하는 개념

그림 6.32 단순 지지점이나 변곡점에서 정모멘트 철근의 정착 「구조기준 8.5.2(3), ACI 12.11.3」[6.13]

예제 6.9 정모멘트 철근의 정착[6.1]

그림 6.33에서 지지점을 지나 연장되는 휨철근(3-D29)이 구조기준 8.5.2(ACI 12.11.3)의 정착요구에 대해서 만족하는지를 검토하라. 철근은 지지점의 중심을 지나 100 mm 연장되었다. 스터럽은 필요하지만, 그림에는 다른 그림이 잘 보이도록 생략하였다. 정착길이의 계산에서 피복두께, 철근 그리고, 스터럽 간격(그림에는 보이지 않음) 등이 표 6.3의 조건을 만족시켜서 식 (6.10)의 조건을 만족하는 식을 선택할 수 있다고 가정한다. 보통중량골재 콘크리트 f_{ck} = 27 MPa를 사용하고, f_y = 400 MPa이다.

풀이

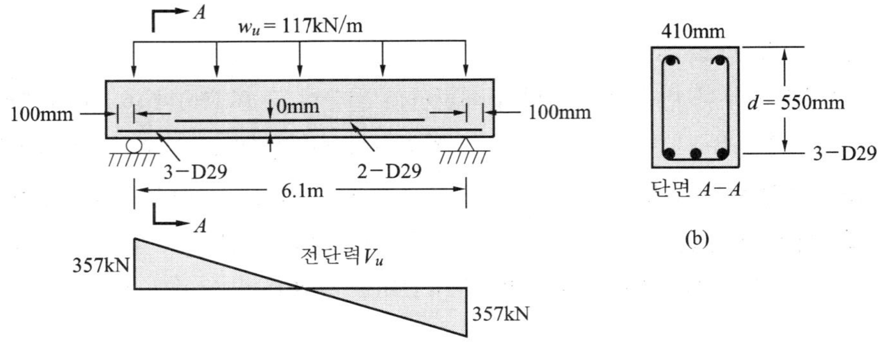

(a) (b)

그림 6.33

① l_d 계산, 식 (6.10)에서 조건을 만족하는 식 : D29 철근, $d_b = 28.6\ \text{mm}$

$$\frac{l_d}{d_b} = \frac{0.6 f_y}{\lambda \sqrt{f_{ck}}}(\alpha \beta) = \frac{(0.6)(400)}{1.0\sqrt{27}}(1)(1) = 46.2$$

$\therefore l_{d\,(소요)} = 46.2\, d_b = 46.2\,(28.6) = \underline{1,321\ (\text{mm})}$

② 식 (3.16b) 및 (3.22a)를 이용하여 M_n 계산 : $A_s = 642.4 \times 3 = 1,927\ (\text{mm}^2)$

식(3.16b) : $a = \dfrac{A_s f_y}{(0.85 f_{ck})\, b} = \dfrac{(1,927)(400)}{0.85\,(21)(410)} = \dfrac{770,800}{7,318.5} = 105\ (\text{mm})$

식 (3.22a) : $M_n = T(d - a/2) = (770,800)(550 - 105/2) \times 10^{-6} = 383.5\ (\text{kN} \cdot \text{m})$

③ 식 (6.15b) 검토 : $\therefore 1.3 M_n / V_u = 1.3\,(383.5)(10^3)/357 = 1,396\ (\text{mm})$

$[\, l_{d\,(소요)} = 1,321\ \text{mm}\,] < (\, 1.3 M_n / V_u = 1,396\ \text{mm}\,)$ 이므로, 철근은 지점에서 적절하게 정착되었다.

6.7 절단점(Cutoff Points)

깊이가 일정한 전형적인 연속보에서 횡단면의 크기는 절대최대 휨모멘트에 의하여 결정되고, 휨 보강철근의 단면적은 최대 정모멘트나 최대 부모멘트 점에서 계산된다. 이러한 점들에서 계수하중이 작용할 때 공칭강도 상태(압축연단의 콘크리트 $\varepsilon_{cu}=$ 0.003에 도달한 상태)에서 철근은 항복응력에 도달한다고 가정된다. 만약에 최대 휨모멘트에 의해서 요구되는 철근의 단면적을 정모멘트나 부모멘트 구역에 연속으로 배치하면 보는 최대 휨모멘트가 작용하는 부분을 빼놓고는 과다설계(over design)한 결과가 될 것이다. 정모멘트 구역이나 부모멘트 구역에서 동일한 철근의 단면적을 연속해서 배치하는 것이 안전 측이기는 하지만, 특히 철근이 많이 배근되는 경우에는 휨모멘트가 상당히 감소되는 부분에서 철근을 자르는 것이 좋을 것이다. 휨모멘트가 작은 부분에서 철근을 자르면 전체적으로 철근의 양이 줄어서 경제적일 수 있으며, 또한 철근의 양을 줄임으로서 철근이 많이 배치된 부분에서 굳지 않은 콘크리트가 곳곳에 배치하기 쉽도록 하고 다지기도 수월할 것이다.

계수휨모멘트가 감소하는 단면에서 연속으로 배치된 철근 중에서 몇 가닥을 이론적인 절단점에서 잘라낼 수 있다. 보통 최대 휨모멘트의 철근 중에서 50% ~ 60% 정도를 절단하고 있다(그림 6.16 참고). 그림 6.34에서는 어떻게 휨모멘트도와 단면의 휨강도 ϕM_n을 이용해서 이론적인 절단점을 결정하는지를 보여주고 있다. 구조기준 8.5.1(2)(ACI 12.10.3)에서는 절단점에서 활하중의 위치가 변하여 예상 휨모멘트보다 큰 값이 되는 경우 또는 지점의 침하 등의 이유들 때문에 단순경

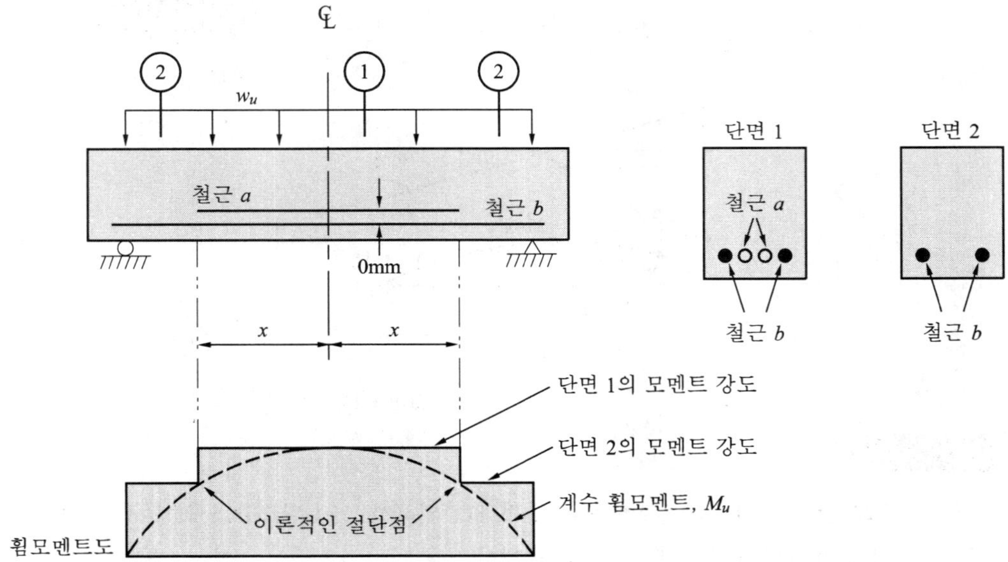

그림 6.34 이론적인 절단점의 결정

간의 받침부와 캔틸레버의 자유단을 제외하고 이론적인 절단점을 넘어서 (유효깊이 d 또는 $12d_b$) 이상을 연장하도록 하고 있다. 이 규정은 또한 7.4장에서 다룰 전단으로 인해서 철근력이 증가하여 생기는 정착에 대한 문제를 간접적으로 다루는 규정으로 볼 수 있다.

예제 6.10 이론적인 절단점 예[6.1]

그림 6.35의 단순 지지된 보의 경간 중앙에서 계수휨모멘트 $M_u =$ 314 kN·m를 지지하기 위해서, 보강철근 $A_{s(소요)} =$ 1,760 mm^{2}의 단면적이 요구되었다. D22와 D25 철근을 각각 두 개씩 배근하였다[$A_{s(배치)} =$ 774 + 1,013 = 1,787 mm^2]. 보통중량골재 콘크리트를 사용하였고, $f_{ck} =$ 21 MPa이고, $f_y =$ 400 MPa이다.

① 2-D22 철근을 절단할 수 있는 이론적인 절단점 ; ② 경간 중심선에서 각각 좌우로 연장해야 하는 2-D22 철근의 최소길이를 계산 ; ③ 2-D22 철근이 적당히 정착됐는지 검토 ; ④ 받침부 지점에서 보의 끝이 각각 200 mm 연장되고 피복두께 40 mm를 확보한다고 보아 이론적인 절단점에서 D25 철근의 정착을 검토하고, 불만족하면 180도 표준갈고리를 장착하여 검토하라.

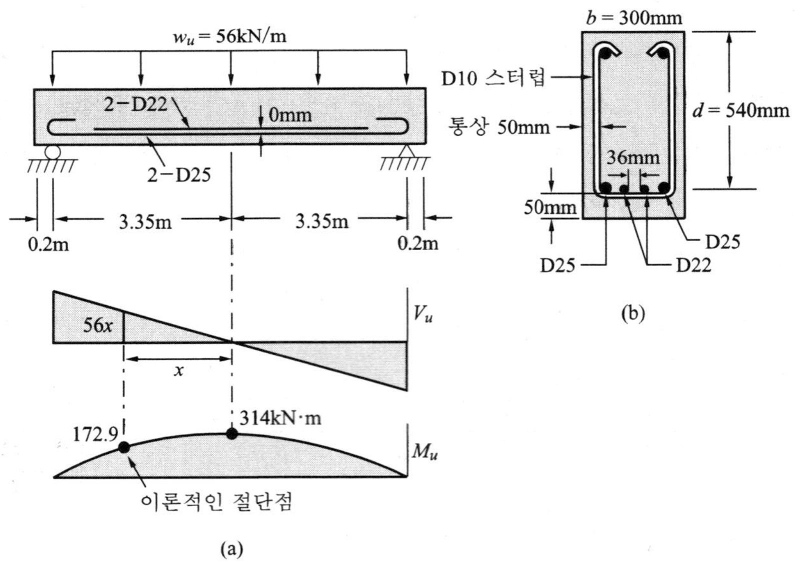

그림 6.35

풀이

① D22 철근의 이론적인 절단점을 결정하기 위해서, 연속된 2-D25 철근($A_s = 1{,}013\ \text{mm}^2$)으로 보강된 횡단면의 휨모멘트강도를 구한다.

먼저 $\omega \le \omega_t = 0.32\beta_1 = 0.32(0.85) = 0.272$ [식 (3.45a) 참고]인지 검토한다.

$\omega = \rho \dfrac{f_y}{f_{ck}} = \dfrac{A_s}{bd}\dfrac{f_y}{f_{ck}} = \dfrac{1,013}{300 \times 540}\dfrac{400}{21} = 0.119 < \omega_t = 0.272$; 따라서 $\phi = 0.85$ 이다.

$C_c = T$ 에서 ; $a = \dfrac{A_s f_y}{(0.85 f_{ck}) b} = \dfrac{T}{(0.85 f_{ck}) b} = \dfrac{405.2 \times 10^3}{(0.85 \times 21)(300)} = 76\ (\mathrm{mm})$

$\phi M_n = \phi T\left(d - \dfrac{a}{2}\right) = (0.85)(405.2)\left(540 - \dfrac{76}{2}\right)/10^3 = (0.85)(203.4) = 172.9\ (\mathrm{kN \cdot m})$

그림 6.35a의 휨모멘트도에서 172.9 kN·m인 곳에 이론적인 절단점을 위치시키면 된다. 중앙 경간으로부터 이론적인 절단점의 모멘트 변화 ΔM은 314 - 172.9 = 141.1 kN·m이다. 중앙 경간과 절단점사이의 거리 x에 대하여 전단력도 면적을 구하면 ΔM과 같다(전단력도 참고).

$M_B - M_A = \int_A^B V dx$; $314 - 172.9 = 141.1 = (x)(56x)/2 = 28x^2$

$\therefore x = \sqrt{141.1/28} = \sqrt{5.04} = \underline{2.24\ (\mathrm{m})}$

② 2-D22 철근의 총 길이는 보의 중심으로부터 양방향 이론적인 절단점인 2.24 m에 $(d,\ 12d_b)$중에서 큰 값을 더한다.

$12d_b = 12(22.2) = 266\ (\mathrm{mm})$ 또는 $d = \underline{540\ \mathrm{mm}}$ ← 지배

보의 경간 중앙으로부터 D22 철근의 길이 $l = 2.24 + 0.54 = \underline{2.78\ (\mathrm{m})}$

③ 2-D22 철근의 정착 확인 : 철근의 순간격, 피복두께 그리고 스터럽(그림에서는 생략)이 조건 1이나 2를 만족하여 식 (6.10)의 식을 사용할 수 있다고 가정한다.

l_d를 계산하면, $l_d/d_b = 0.6 f_y/(\lambda\sqrt{f_{ck}})(\alpha\beta) = (0.6)(400)/(1.0\sqrt{21})(1)(1) = 52.4$

$\therefore l_{d\,(소요)} = 52.4(22.2) = \underline{1,163\ (\mathrm{mm})}$ < [배치 정착길이 2,780 mm] <o.k.>

④ 구조기준 8.5.2(1) : 단순부재에서 정모멘트 철근의 1/3 이상, 연속부재에서 정모멘트 철근의 1/4 이상을 부재의 같은 면을 따라 받침부까지 연장하여야 하고, 보의 경우는 이러한 철근을 받침부 내로 150 mm 이상 연장하여야 하므로 그림 6.35a에서 D25 철근을 받침부 내로 150 mm 이상 연장하기 위해서 받침부 지점에서 보의 끝을 200 mm 연장하여 이 공간을 확보(200 mm - 피복두께 40 mm = 160 mm)한다.

구조기준 8.5.1(3) : 연속철근은 구부러지거나 절단된 인장철근이 휨을 저항하는데 더 이상 필요하지 않은 점에서 정착길이 l_d 이상의 묻힘길이를 확보하여야 한다고 규정 : 따라서 2-D25 철근이 이론적인 절단점 $x = 2.24$ m를 지나서 확보된 묻힘길이 (3.35 - 2.24) + 0.2 - 0.04 = 1.27 m가 l_d 이상인지 검토 :

표 6.3 조건 1 만족, $l_d = 52.4 d_b = 52.4(25.4) = 1,331\ (\mathrm{mm})$ > 1,270 mm <N.G.>

묻힘길이가 부족하므로 D25 철근 끝에 180도 표준갈고리를 장착하도록 한다.

180도 표준갈고리 정착길이, $\beta = 1.0$, 식 (6.14),

$l_{dh} = 0.24\beta f_y d_b/\lambda\sqrt{f_{ck}} = 0.24(1)(400)(25.4)/(1.0\sqrt{21}) = 532\ (\mathrm{mm})$ < 1,270 mm <o.k.>

따라서 그림 6.35a에서와 같이 2-D25 철근은 피복두께 40 mm를 유지하면서 180도 표준갈고리를 장착한다.

정 및 부모멘트 철근의 정착

모멘트가 작은 부분에서 보의 휨강도를 너무 많이 감소하지 못하도록 구조기준(ACI)에서는 절단할 수 있는 철근단면적을 제한하고 있다. 구조기준 8.5.2(1)(ACI 12.11.1) 정철근의 정착에서는 단순부재에서 정철근의 1/3 이상, 연속부재에서 정철근의 1/4 이상을 부재의 같은 면을 따라 받침부까지 연장하여야 한다고 규정하고 있으며, 보의 경우에는 이 철근을 받침부 내로 150 mm 이상 연장하라고 규정하고 있다.

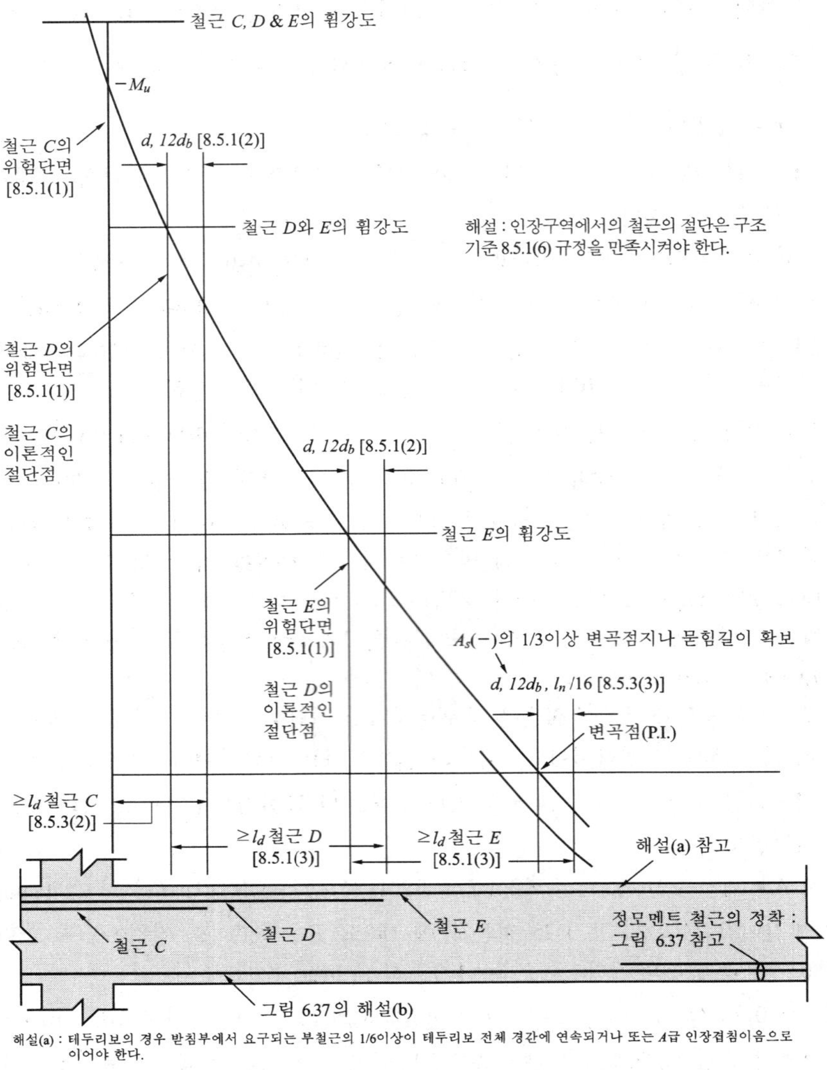

그림 6.36 부모멘트 철근의 정착길이 규정[6.13]

휨철근의 정착 일반기준 [구조기준 8.5.1(3), ACI 12.10.4] : 연속철근은 구부러지거나 절단된 인장철근이 휨을 저항하는데 더 이상 필요하지 않은 점에서 정착길이 l_d 이상의 묻힘길이를 확보하여야 한다.

구조 일체성 확보 [구조기준 5.8.1(2), ACI 7.13.2.2] : 테두리보의 경우 받침부에서 요구되는 부철근의 1/6 이상, 경간 중앙부에서 요구되는 정철근의 1/4 이상이 테두리보 전체 경간에 연속되어야 하고, 이들 철근은 폐쇄스터럽 또는 적어도 135°의 구부림을 갖는 표준갈고리로 부철근 주위를 둘러싸서 정착된 스터럽으로 결속되어야 한다고 규정하고 있다. 또한 테두리보 이외의 구조로서, 폐쇄스터럽이 배근되지 않는 경우, 경간 중앙부에서 요구되는 정철근의 1/4 이상은 연속되거

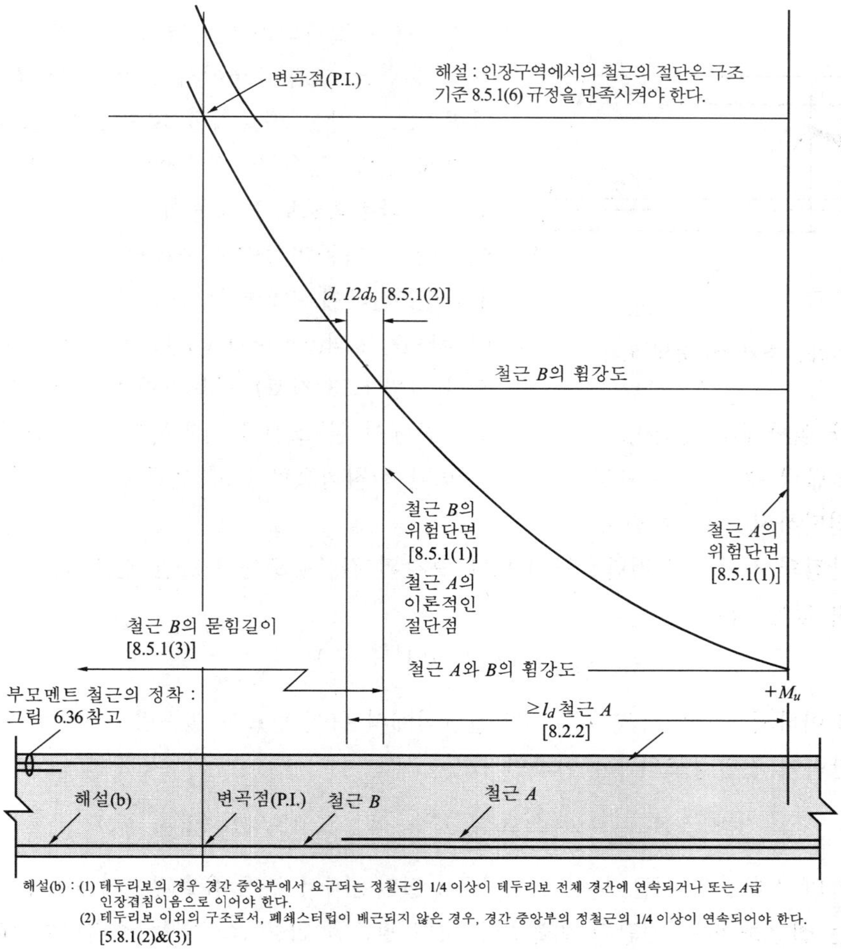

그림 6.37 정모멘트 철근의 정착길이 규정 [6.13]

나 받침부를 지나 A급 인장겹침이음으로 이어져야 하고 불연속 받침부에서는 표준갈고리로 끝나야 한다고 규정하고 있다(6.8장 참고). 그림 6.36에는 부모멘트 철근의 정착길이 규정이 제시되어 있다.

부모멘트 철근의 정착 [구조기준 8.5.3(3), ACI 12.12.3] : 받침부에서 부모멘트에 대해 배근된 전체 인장철근량의 1/3 이상은 변곡점을 지나 부재의 유효깊이 d, $12d_b$, 또는 순경간의 1/16 중 가장 큰 값 이상의 묻힘길이가 확보되도록 규정하고 있다(그림 6.36 참고). 정모멘트 철근의 절단에 대한 구조기준의 규정은 그림 6.37에 제시되어 있다.

인장영역의 절단점에서의 전단요구(Shear Requirements at Cutoff Points in Tension Zone)

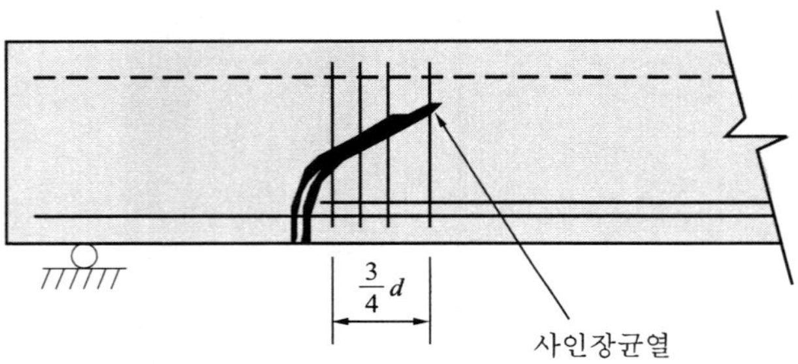

그림 6.38 절단점에 배치하는 추가 스터럽의 위치

휨철근이 절단되는 인장영역에서 절단되지 않은 연속철근의 응력은 그림 6.16에서 보는 바와 같이 축소된 철근 단면적으로 같은 인장력을 지지해야 하므로 급격하게 증가하게 된다. 연속철근의 응력이 증가하기 위해서는 절단점에서 국부적으로 변형률이 크게 증가해야만 한다. 만약에 이런 변형률의 증가에 의해서 커다란 인장균열이 형성된다면, 전단에 저항하는 단면적이 급격하게 줄어들게 되어 사인장파괴(diagonal-tension failure)의 가능성이 커지게 된다(그림 6.38 참고). 구조기준 8.5.1(6) (ACI 12.10.5) 휨철근의 정착 일반에서는 적어도 다음 3 조건 중에서 한 조건을 만족하지 않는 한 휨철근을 인장구역에서 절단할 수 없도록 규정하고 있다. 또한 원칙적으로 전체 철근량의 50%를 초과하여 한 단면에서 절단하지 않아야 한다.

① 절단점의 전단력이 전단철근에 의해 보강된 전단강도를 포함한 전체 전단강도의 2/3을 초과하지 않는 경우

$$V_u \le (2/3)\phi(V_c + V_s) \tag{6.16}$$

② D35 이하의 철근에서 연속철근이 절단점에서 휨에 필요한 철근량의 2배 이상 배근되어 있고, 전단력이 전단강도의 3/4 이하인 경우

$$(\text{배근 } A_s) \ge 2\,(\text{소요 } A_s) \text{ 와 } \quad V_u \le (3/4)\phi(V_c + V_s) \tag{6.17}$$

③ 추가의 스터럽이 배근되어 있는 경우 : 절단점에서 부재 유효깊이의 3/4 구간에 절단된 철근 또는 철선을 따라 전단과 비틀림에 대해 필요한 양을 초과하는 스터럽이 배근되어 있는 경우, 이때 초과되는 스터럽의 단면적 A_v 는

$$A_v \geq 0.42 b_w s / f_{yt} \tag{6.18}$$

이상이어야 하고, 간격 s 는

$$s \leq d / (8\beta_b) \tag{6.19}$$

이내이어야 한다. 여기서 β_b 는 단면에서 전체 인장철근에 대한 절단철근량의 비이다.

6.8 철근의 이음(Splices of Reinforcement)

공장에서 철근을 생산할 때 운반을 쉽게 하고 규격의 철근을 생산하기 위해서 제한된 길이의 철근을 생산하게 된다[보통 6 m~12 m (표준 8 m) 길이의 철근 생산]. 이렇게 생산된 철근은 현장에서 설계조건을 만족시키기 위해서 서로 이어서 연결하여 연속철근을 만들어야 한다. 이러한 **이음(splice)**은 특히 기둥의 경우나 철근의 배근이 복잡한 곳에서 종종 일어나는 일이다.

철근은 ① **겹침이음(lap splice**, 그림 6.39 참고)을 하거나, 또는 ② **맞댐용접(butt welding**, 그림 6.40 참고)이나, ③ **기계적 연결장치(mechanical connector**, 그림 6.41 참고)를 이용하여 이어서 연속되게 할 수 있다. 겹침이음은 2개의 철근을 맞대어 겹쳐서 배치하여(충분히 길게) 한쪽 철근에서 콘크리트로 인해 발생하는 부착응력이 다른 쪽 철근에 전달되도록 하는 것이다. 보통 겹침이음을 하는 철근은 현장에서 철근의 휨 등을 방지하기 위해서 철사로 잘 묶어 서로 접촉(contact splice)하게 되지만, 그림 6.39b에서 보는 바와 같이 철근을 띄어서 배치(noncontact lap splice)할 수도 있다(그림 6.42 참고). 이런 경우에 구조기준 8.6.1(2) ③(ACI 12.14.2.3)에는 철근 사이의 간격이 소요 겹침길이의 1/5 또는 150 mm보다 작도록 규정하고 있다.

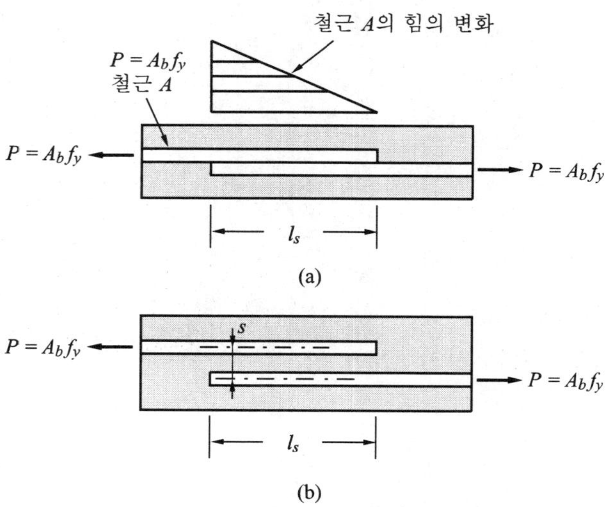

그림 6.39 겹침이음 : (a) 철사로 묶어 연결하는 철근, (b) 서로 접촉되지 않게 배치되는 겹침이음 - 간격 $s \leq l_s/5$ 또는 150 mm 중 작은 값

이음을 하는 각각의 방법에는 장점과 단점이 있다. 철근의 연속성을 유지하기에는 맞댐용접 이음(butt welding)하는 방법이 가장 우수하다. 제대로 시공만 한다면 용접한 부분의 단면적이 원래의 단면적보다 증가

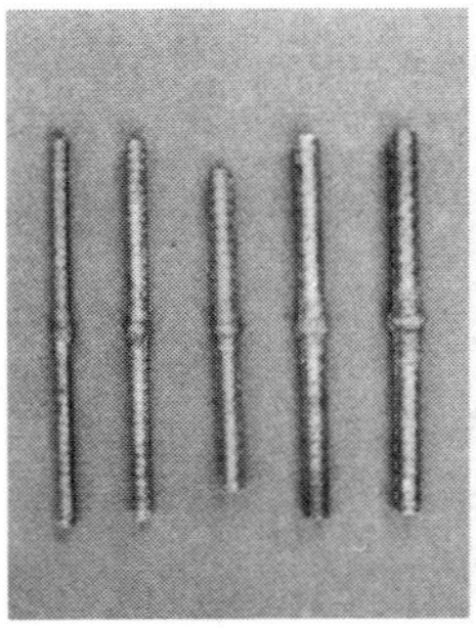

(a) 압접이음한 철근

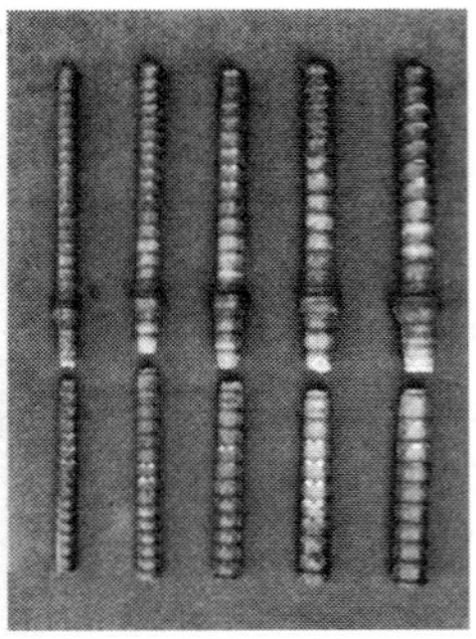

(b) 절단점의 위치

그림 6.40 고주파 압접이음

하여 용접한 부분의 강도가 더 크게 되며, 더군다나 철근보다 강도가 크고 연성이 더 큰 고품질 합금으로 만든 용접봉을 사용하므로 강도가 더 크게 된다(그림 6.40b의 절단위치 참고)[6.1].

철근을 잇는데 사용하는 여러 종류의 기계적 연결장치가 있으며, 대부분의 기계적 연결장치는 그림 6.41에서와 같이 철근을 양쪽에서 끼어 연결하는 **슬리브(sleeve)**로 구성되어 있다. 비록 기계적 연결장치가 어떤 품질의 철근에도 사용될 수 있지만, 연결부분의 강도를 발휘하기 위해서 연결장치가 철근에 미끄러짐을 일으키게 되면 콘크리트에 과도한 횡방향 균열이 일어날 수도 있다.

비록 겹침이음이 특히 철근의 직경이 작은 경우에 철근을 잇는 방법으로 간단하고 가장 경제적인 방법이지만, 이 방법도 몇 가지 단점을 갖고 있다. 철근을 겹쳐 배치해야 되기 때문에 철근의 배치가 복잡하게 될 수 있으며(congestion), 철근의 단면적이 급하게 줄어드는 이음의 끝단에서 응력 집중현상으로 횡방향균열이 발생할 수도 있다. 그림 6.42a와 b에서 보는 바와 같이 한 쪽 철근에서의 힘이 콘크리트에 전달되고 이 힘은 근접한 철근으로 다시 전달되어야 한다. 따라서 그림 6.42c에서 보는 바와 같이 철근으로부터 힘이 콘크리트로 전달되기 위해서는 방사선 방향 압력이 콘크리트에 작용하게 되어, 그림 6.42b와 같은 **갈지자 균열(zigzag crack)**이 발생하게 된다(그림 6.9a의 균열과 유사). 국부적으로 부착응력이 증가하여 일어나는 횡방향 균열은 콘크리트에 종방향으로 쪼갬을 발생시켜서 부재의 연성을 감소시키며, 그림 6.43과 같이 파괴되게 된다.

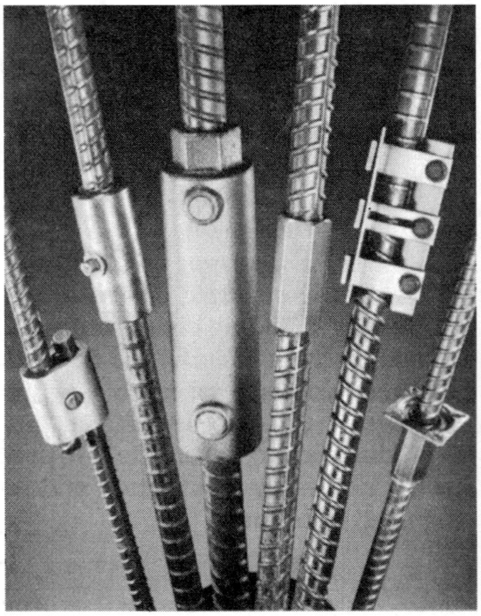

그림 6.41 기계적인 연결장치

이음은 응력이 높은 위치를 벗어나 배치하는 것이 좋으며, 전형적인 보에서 상부철근(top bar)은 기둥 밑부분에서 이어대고 하부철근(bottom bar)은 기둥 사이의 중간부분에서 이어대면 좋을 것이다[6.13].

겹침이음(Lap Splice)의 일반 규정 (구조기준 8.6.1(2), ACI 12.14.2)

(1) D35 초과하는 철근에 대한 겹침이음 금지 규정 : 직경이 굵은 D41이나 D51 철근에 대해서는 겹침이음에 대한 실험연구가 거의 수행되지 않아 이음의 거동을 잘 모르므로 구조기준에서는 D35 이하 철근에서만 겹침이음을 허용하고 있다. 단, 현장치기 시공에서 압축력만을 받는 기둥과 기초판의 힘의 전달에서는 D35 이하의 다월 철근과 D41과 D51 철근의 겹침이음을 허용하고 있다[구조기준 12.4.2(4), ACI 15.8.2.3]. 겹침이음은 응력이 낮은 부분에서 하고, 각각의 철근에서 겹침이음은 서로 엇갈리는(stagger the location) 위치에서 하는 것이 좋다. 이음이 제대로 수행되지 않으면 부재의 강도와 연성이 감소되게 된다.

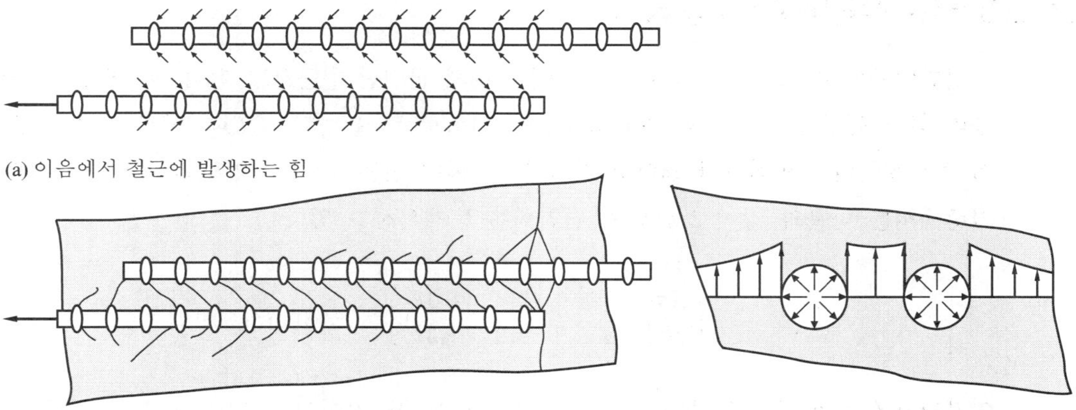

(a) 이음에서 철근에 발생하는 힘

(b) 이음에서 발생하는 내부균열

(c) 단면을 찢는 응력과 콘크리트에 작용하는 방사선 방향 힘

그림 6.42 인장 겹침이음의 거동 메카니즘

그림 6.43 인장 겹침이음의 파괴

(2) 다발철근(bundled bar) 규정 : 다발철근이 이어지는 경우는 철근과 콘크리트 사이의 접촉면적이 감소하므로 이에 상당하는 겹침이음의 길이를 증가시켜야 한다. 3개 철근의 다발인 경우에는 겹침이음 길이는 개개 철근의 겹침이음 길이에 20% 증가해야 하고, 4개 다발인 경우는 33%를 증가시켜야 한다[구조기준 8.6.1(2)②, ACI 12.14.2.2]. 그러나 한 다발 내에서 각 철근의 이음은 한 군데에서 중복하지 않아야 하며, 두 다발철근을 개개 철근처럼 겹침이음하지 않아야 한다.

(3) 서로 직접 접촉되지 않게 겹침이음된 철근의 횡방향 간격 규정 : 휨부재에서 서로 좁촉되지 않게 겹침이음된 철근은 횡방향으로 소요 겹침이음길이의 1/5 또는 150 mm 중 작은값 이상 떨어지지 않아야 한다 (그림 6.39b 참고).

인장 겹침이음(Tension Lap Splice)

겹침이음의 강도는 철근의 부착응력에 의해서 근접한 철근으로 힘이 전달되어야 하므로 겹침이음의 최소 겹침길이는 정착길이(development length)로 표현되고 있다. 비록 배치된 철근의 단면적이 소요철근의 단면적보다 크다고 하더라도 정착길이는 줄일 수 없도록 규정하고 있다. 현행 구조기준에서는 다음과 같이 2 종류의 겹침이음을 제시하고 있다.

$$\begin{pmatrix} A\text{급 겹침이음} : & 1.0\,l_d \\ B\text{급 겹침이음} : & 1.3\,l_d \end{pmatrix} \geq \; 300\,\text{mm} \tag{6.20}$$

여기에서 l_d는 6.3장에서 계산된 인장 이형철근의 정착길이이며, 이 때 과도한 철근에 대한 보정계수(소요 A_s/배근 A_s)는 적용하지 않아야 된다고 구조기준 8.6.2(1)(ACI 12.15.1)에서 제시하고 있다. 어떤 급의 겹침이음을 하느냐는 이음위치에서의 철근응력의 크기와 겹침이음을 해야 되는 철근의 비율에 좌우된다. 겹침길이가 가장 길게 요구되는 경우는 철근의 응력이 매우 높으면서 모든 철근을 동시에 이어대는 경우이다.

구조기준 8.6.2(2)(ACI 12.15.2)에서는 이형철근이나 이형철선이 인장을 받을 때 겹침이음을 B급으로 하도록 제시하였다. 그러나 다음과 같은 경우에는 A급을 사용할 수 있다고 제시하고 있다.

① 배근된 철근량이 이음부 전체 구간에서 해석결과 요구되는 소요철근량의 2배 이상,
$A_{s\,(\text{배근})} \geq 2A_{s\,(\text{소요})}$ 이고,

② 소요 겹침이음길이 내 겹침이음 된 철근량이 전체 철근량의 1/2 이하,
$(\text{겹침이음하는 } A_s) \leq 0.5(\text{전체 } A_s)$ 인 경우

겹침이음 길이를 이렇게 2 등급으로 구분하는 이유는 설계자에게 가능한 겹침이음을 응력이 가장 작은 부분(point of minimum stress)에서 엇갈려서(stagger lap splice) 하도록 유도하는 것이다[6.13].

그림 6.39b에서 언급한 바와 같이 철근 사이의 순간격은 겹침길이의 1/5 또는 150 mm 중 작은 값 이상 떨어져서는 안 된다[구조기준 8.6.1(2)③]. 그림 6.43과 같은 완전한 파괴를 지연하거나 방지하기 위해서 겹침이음은 폐쇄스터럽이나 띠철근 또는 나선철근으로 둘러싸야 한다. 구조기준 8.2.2와 8.2.3의 횡방향 철근지수 K_{tr}[식 (6.6)]이 암시하는 것과 같이 횡방향 철근의 존재가 짧은 정착길이 l_d를 요구하므로 겹침이음의 길이도 짧아지게 된다. 구조기준 내진설계 특별 고려사항 21.3.2(ACI 21.5.2.3)에서도 겹침이음은 이음길이 부분에 간격 d/4 또는 100 mm 이하로 배치되는 후프철근이나 나선철근이 있는 경우에만 사용할 수 있고, 접합부의 내부, 접합면부터 부재 깊이의 배 이내의 거리 구간 및 구조해석에서 골조의 비탄성 횡변위에 의한 휨항복이 일어나는 곳에서는 사용할 수 없도록 규정하고 있다. 이렇게 겹침이음이 금지된 위치에서는 기계적이음이나 용접이음만 사용할 수 있다.

슬래브나 벽 보강철근에서 유효순간격(effective clear spacing) s는 그림 6.44a와 같이 동일한 위치에서 이음철근의 순간격으로 한다6)[구조기준 8.6.2(1), ACI 12.15.1][6.9]. 겹침이음 길이의 1/5 또는 150 mm 중 작은 값 이상 떨어지지 않은 서로 접촉되지 않게 겹침이음 된 철근도 순간격에 대한 규정은 접촉된 겹침이음과 같은 규정에 따라야 한다. 그림 6.44b와 c와 같이 기둥이나 보 철근에서 순간격은 겹침이음 되는 철근이 어떤 방향(orientation)으로 배치되느냐에 따라 결정된다[6.13].

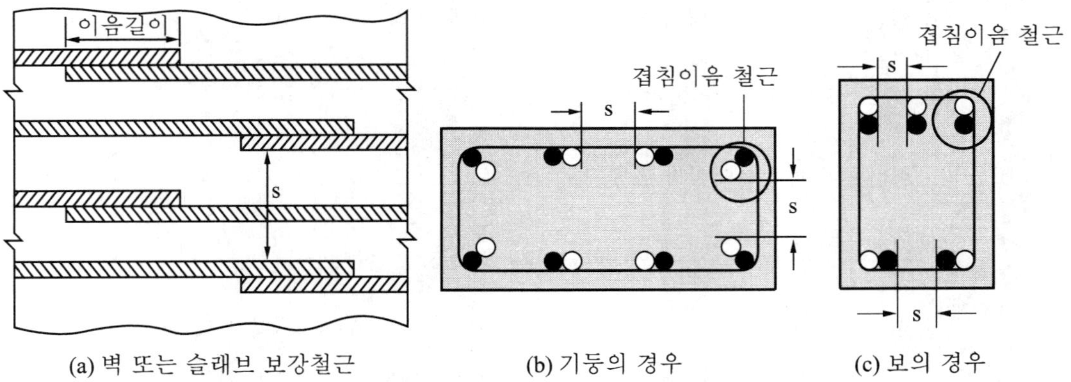

그림 6.44 겹침이음 철근의 순간격[6.13]

6) 2007년도에 발행된 콘크리트구조설계기준·해설[6.15]에서는 여러 개의 철근이 한 단면에서 겹침이음 될 때, 순간격은 이음구역을 벗어나서 잰 철근들 사이의 최소 순거리 (그림 6.44a의 s)에서 한 개의 철근지름을 뺀 값으로 한다고 규정하고 있다. 이는 ACI 318-1995에서 언급한 내용으로 ACI 318-1999 이후의 시방서(R12.15.1)에서는 '한 개의 철근지름을 뺀 값'이란 규정을 삭제하고 있다.

예제 6.11 인장 겹침이음의 설계[6.1]

옹벽구조물에서 벽의 후면부에 그림 6.45와 같이 철근이 기초 구조물로부터 벽체에 연결되기 위해서 겹침이음 되어있다. 휨철근이 벽의 바닥위치에서 항복응력에 도달한다면 요구되는 인장이음길이 l_s 는 얼마인가? 보통중량골재 콘크리트 f_{ck} = 27 MPa을 사용하였고, f_y = 400 MPa이다.

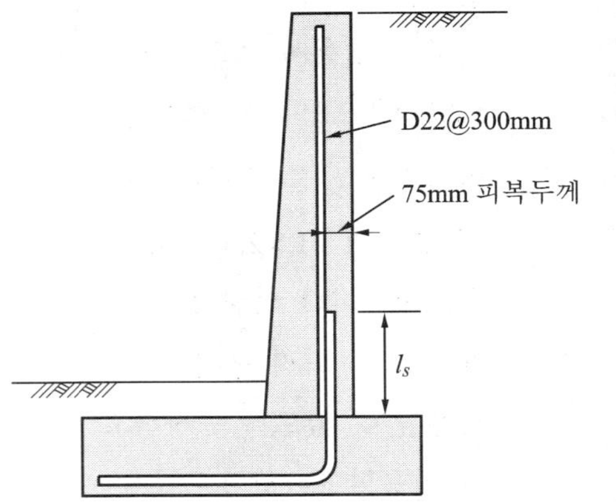

그림 6.45

풀이

철근의 응력이 완전히 발휘되는 부분에서 그림 6.45와 같이 100%의 철근이 이어져야 하므로 B급 겹침이음이 요구된다. $[A_{s(배근)}/A_{s(소요)} = 1.0]$.

식 (6.5)를 사용하여 l_d 를 계산 : $l_d = \left[\dfrac{0.9f_y}{\lambda\sqrt{f_{ck}}}\dfrac{\alpha\beta\gamma}{(c+K_{tr})/d_b}\right]d_b$, 여기에서 $(c+K_{tr})/d_b \le 2.5$ 이어야 한다.

① c 의 계산 :

(a) 철근의 중심으로부터 콘크리트 표면까지의 거리 : $c = 75 + \dfrac{22.2}{2} = 86.1\,(\text{mm})$ ← 지배

(b) D22 철근의 중심간 거리의 1/2 : $c = \dfrac{300}{2} = 150\,(\text{mm})$

스터럽이 배치되어있지 않으므로 $A_{tr} = 0$; $\therefore K_{tr} = \dfrac{40A_{tr}}{sn} = 0$

$\left(\dfrac{c+K_{tr}}{d_b}\right) = \left(\dfrac{86.1+0}{22.2}\right) = 3.88 > 2.5$ 이므로 $\left(\dfrac{c+K_{tr}}{d_b}\right) = 2.5$ 를 사용

- 표 6.1의 보정계수 : $\alpha = 1.0$ (바닥철근) ; $\beta = 1.0$ (도막 되지 않은 철근) ; $\gamma = 1.0$ (D22 이상의 철근) ; $\lambda = 1.0$ (보통중량골재 콘크리트)

$$l_d = \left[\frac{0.9f_y}{\lambda\sqrt{f_{ck}}}\frac{\alpha\beta\gamma}{(c+K_{tr})/d_b}\right]d_b = \left[\frac{(0.9)(400)}{1.0\sqrt{27}}\frac{(1)(1)(1)}{2.5}\right](22.2)$$

$\therefore l_d = (27.71)(22.2) = 615\,(\text{mm})$

∴ 소요 정착길이 $l_{s(소요)} = 1.3l_d = 1.3 \times 615 = \underline{800\,(\text{mm})}$

용접이음과 기계적이음(Welded Splices and Mechanical Splices)

(1) 조건 1 - 용접이음이나 기계적 이음이 철근의 항복강도 f_y 의 125% 이상을 발휘하는 경우 [구조기준 8.6.2(3), ACI 12.15.4] : 이런 조건을 만족하는 용접이음이나 기계적 이음인 경우에 인장겹침이음 대신에 사용할 수 있다. 이때 이음부에 배치된 철근량이 해석결과 요구되는 소요철근량의 2배 이상인 경우에는 이음부를 굳이 엇갈리게(staggering) 배치할 필요는 없지만, 만약에 배치된 철근량이 요구되는 소요철근량의 2배 미만인 경우에는 이음의 위치를 엇갈리게 배치하는 것이 바람직하다고 제안하고 있다 [구조기준 해설 8.6.2(3), ACI R12.15.4]. 이렇게 이음을 과설계하는 것은 파괴가 이음부의 쪼개짐(rupture)으로 일어나지 않고, 이어지지 않은 부분의 철근이 항복하여 연성파괴가 나타나도록 유도하는 것이다.

(2) 조건 2 - 용접이음이나 기계적 이음이 철근의 항복강도 f_y 의 125% 미만을 발휘하는 경우 [구조기준 8.6.2(4), ACI 12.15.5] : 철근의 응력이 낮은 이음부, 즉 배근된 철근량이 설계에서 요구되는 소요철근량의 2배 이상이 되는 경우에 용접이음과 기계적 이음의 강도가 철근의 항복강도의 125% 이하가 되어도 D16 이하의 철근에서는 사용할 수 있도록 하고 있다. 이러한 위치에서 용접이음과 기계적이음은 해석에서 요구되는 인장력의 2배 이상을 발휘할 수 있도록 이어져야 하고, 배치된 전체 철근이 140 MPa 이상의 응력을 발휘할 수 있어야 한다. 이때 각 철근의 이음부는 서로 600 mm 이상 엇갈려 배치되어야 한다고 규정하고 있다.

또한 각 단면에서 발휘하는 인장력을 계산할 때

ⓐ 이어진 철근의 인장응력은 규정된 이음강도를 발휘하는 것으로 볼 수 있지만 f_y 보다 크지 않아야 하고,

ⓑ 이어지지 않은 철근의 인장응력은 f_y 를 발휘할 수 있도록 계산된 정착길이 l_d 에 대해서 짧게 배치된 길이와의 비에 f_y 를 곱하여 사용하여야 하나 f_y 보다 크지 않아야 한다고 규정하고 있다[7].

7) ACI 318-08 12.15.5.2 : The stress in the unspliced reinforcement shall be taken as f_y times the ratio of the shortest length embedded beyond the section to l_d, but not greater than f_y.

압축겹침이음(Compression Splices)

구조기준 8.6.3(ACI 12.16.1)에서 압축상태에 대한 겹침이음길이는 최소 다음과 같이 규정하고 있다.

$$l_s = \left(\frac{1.4 f_y}{\lambda \sqrt{f_{ck}}} - 52 \right) d_b \begin{bmatrix} \le (0.072 f_y) d_b & \leftarrow f_y \le 400\ \text{MPa인 경우} \\ \le (0.13 f_y - 24) d_b & \leftarrow f_y > 400\ \text{MPa인 경우} \end{bmatrix} \ge 300\ \text{mm} \quad (6.21)$$

이때 콘크리트의 설계기준압축강도 $f_{ck} < 21$ MPa미만인 경우는 겹침이음길이를 1/3 증가(33% 증가)시켜야 하지만, 압축철근의 겹침이음길이는 인장철근 겹침이음길이보다 길 필요는 없다고 규정하고 있다. $f_y \le 400$ MPa이고 $\lambda = 1.0$인 보통중량골재 콘크리트를 사용했을 경우에 $f_{ck} \le 48.03$ MPa 범위까지는 $l_s = (0.072 f_y) d_b$ 항이 지배하게 된다.

압축부에서 굵기가 서로 다른 철근을 겹침이음을 할 때는 구조기준 8.6.3(2)(ACI 12.6.2)에서는 이음길이는 크기가 큰 철근의 정착길이와 크기가 작은 철근의 겹침이음길이 중 큰 값 이상이어야 한다고 규정하고 있다. 일반적으로 D41 철근과 D51 철근에 대해서는 겹침이음을 허용하지 않지만 구조기준에서는 압축이음에 한해서 D41과 D51 철근을 D35 이하 철근과 겹침이음을 허용하고 있다[구조기준 8.6.3(2)].

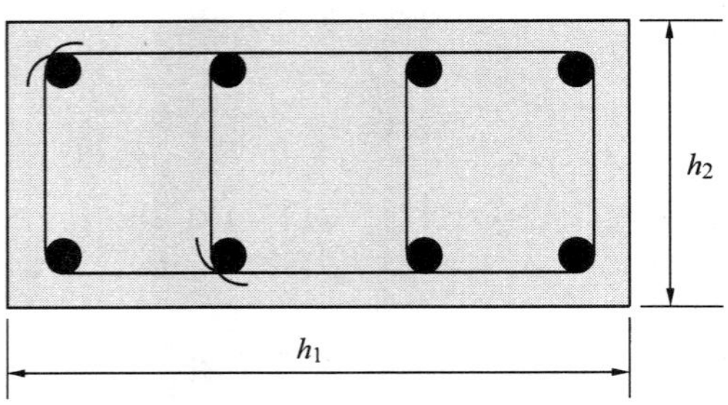

(h_1 단면에 연직한 방향) 띠철근 4개의 단면적 $\ge 0.0015 h_1 s$
(h_2 단면에 연직한 방향) 띠철근 2개의 단면적 $\ge 0.0015 h_2 s$

그림 6.46 구조기준 8.8(2)① 기둥철근 이음에 관한 규정 적용

압축상태의 콘크리트가 띠철근(tied reinforced com- pressive memeber)으로 구속되어있는 경우에 구조기준에서는 겹침이음길이 전체에 걸쳐서 띠철근이 $(0.0015hs)$ 이상의 유효단면적을 갖는다면 겹이음길이를 0.83을 곱해서 줄일 수 있도록 하고 있다(여기에서 h는 띠철근 다리에 연직한 방향의 단면 치수이고, s는 띠철근의 간격이다)(그림 6.46 참고) [구조기준 8.8(2)①, ACI 12.17.2.4]. 또한 나선철근으로 보강된 압축부재(spirally reinforced compression member)인 경우에는 콘크리트에 대한 구속력으로 강도가 증가하는 것을 감안하여 0.75를 곱하여 겹침이음길이를 줄일 수 있도록 하고 있다[구조기준 8.8(2)②, ACI 12.17.2.5]. 그러나 이 압축부재에서의 이음길이는 띠철근기둥이나 나선철근기둥에 각각 적어도 300 mm 이상이어야 한다.

만약에 철근이 언제나 압축상태인 경우에는 한 철근에서의 압축력이 직접 철근 끝의 단부지압(direct end bearing)에 의해서 두 번째 철근으로 전달될 수 있다[구조기준 8.6.3(4)]. 단부지압에 의해서 압축력을 전달하기 위해서는 적당한 장치(device)를 이용하여 철근의 끝이 서로 조종되어 일

직선이 될 수 있어야 하고(중심이 서로 잘 맞도록), 이음부분의 콘크리트는 폐쇄띠철근이나 폐쇄 스터럽 또는 나선철근으로 구속되어야 하며, 각각 철근의 끝은 축에 연직하게 잘라서 잘라진 면이 직각면에서 1.5° 이상 각도를 갖지 않도록 하여 조립 후 지압면의 오차는 3° 이내이어야 한다. 구조기준 8.8(6)(ACI 12.17.4)에서는 만약에 기둥에서 **단부지압이음(end-bearing splices)**을 사용할 때는 기둥의 각 면에서 그 면의 철근 항복강도의 25%에 해당하는 인장력이 전달될 수 있도록 이음의 장소를 엇갈려서(staggered) 하거나 또는 추가적인 철근을 배치하도록 규정하고 있다[8)].

예제 6.12 기둥의 압축이음 예[6.1]

기둥의 보강철근이 그림 6.47과 같이 바닥판의 높이에서 이어졌다. 기둥 윗부분의 D22 철근과 바닥판 아래 D25 철근이 서로 연결되어 있을 때, 필요로 하는 겹침이음 길이를 구하라. 단, 보통중량골재 콘크리트 $f_{ck} = 24$ MPa를 사용하였고, $f_y = 400$ MPa이다.

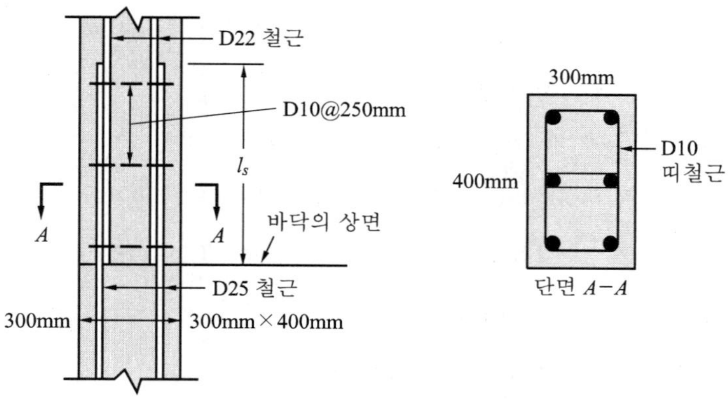

그림 6.47

풀이

구조기준 8.6.3(2)에서 크기가 서로 다른 철근을 압축부에서 겹침이음하는 경우, 겹침이음길이는 크기가 큰 철근의 정착길이와 크기가 작은 철근의 겹침이음길이 중 큰 값 이상이어야 한다. 따라서

① D25 철근의 정착길이 : 보통중량골재 콘크리트 $\lambda = 1.0$

$$\text{식 (6.12)} : l_d = \left(\frac{0.25 f_y}{\lambda \sqrt{f_{ck}}}\right) d_b = \frac{(0.24)(400)}{1.0\sqrt{24}}(25.4) = (20.41)(25.4) = 518\ (\text{mm})$$

8) 즉, 25%란 $(A_s f_y / 4)$의 인장력을 말한다. 여기에서 A_s는 그 면에 배치된 철근의 총 단면적 ; 즉, 기둥의 한 면에서 동일한 장소에서 3/4 이상의 철근이음을 하지 못하도록 하는 규정이다.

$> \left[(0.043 f_y) d_b = (0.043)(400)(25.4) = (17.2)(25.4) = 437\ (\text{mm}) \right]$ <o.k.>

② D22 철근의 압축 겹침이음길이 : 식 (6.21), $f_y \leq 400$ MPa :

$$\frac{l_s}{d_b} = \left(\frac{1.4 f_y}{\lambda \sqrt{f_{ck}}} - 52 \right) = \left[\frac{1.4(400)}{1.0\sqrt{24}} - 52 \right] = 62.3 \leq \left[0.072 f_y = 0.072(400) = \underline{28.8} \right]$$

$\therefore l_s = \underline{28.8}\, d_b = 28.8(22.2) = \underline{639\ (\text{mm})} > 300\ \text{mm}$ <o.k.>

③ 겹침이음길이는 크기가 큰 철근의 정착길이와 크기가 작은 철근의 겹침이음길이 중 큰 값 이상이어야 하므로 :

굵은 D25 철근 정착길이 = 518 mm > 가는은 D22 철근 압축 겹침이음길이 = <u>639 mm</u> ← 지배

따라서 <u>겹침이음길이 = 639 mm 배치</u>한다.

④ 압축상태의 콘크리트가 띠철근으로 구속되어 있는 경우에 구조기준 8.8(2)①에서 겹침이음길이 전체에 걸쳐서 띠철근이 $(0.0015hs)$이상의 유효 단면적을 갖는다면 겹침이음길이에 0.83을 곱해서 줄일 수 있으므로 이를 검토 : 띠철근의 간격 $s = 250$ mm

- 단면 $h = 300$ mm 방향에 대해서

  2개의 철근 → $A_{s(배근)} = 2\,(71.33) = 143\ (\text{mm}^2)$

  $A_{s(소요)} = 0.0015hs = (0.0015)(300)(250) = 113\ (\text{mm}^2)$

  $\therefore \left[A_{s(배근)} = 143\ \text{mm}^2 \right] > \left[A_{s(소요)} = 113\ \text{mm}^2 \right]$ <o.k.>

- 단면 $h = 400$ mm 방향에 대해서

  4개의 철근 → $A_{s(배근)} = 4\,(71.33) = 285\ (\text{mm}^2)$

  $A_{s(소요)} = 0.0015hs = (0.0015)(400)(250) = 150\ (\text{mm}^2)$

  $\therefore \left[A_{s(배근)} = 285\ \text{mm}^2 \right] > \left[A_{s(소요)} = 150\ \text{mm}^2 \right]$ <o.k.>

따라서 만족하므로 계수 0.83을 곱해서 겹침이음길이를 줄일 수 있다.

소요 겹침이음길이 l_s : $\therefore l_{s(소요)} = \underline{0.83}\, l_s = (0.83)(639) = \underline{530\ (\text{mm})}$

따라서 겹침이음길이 $\underline{l_s = 530\ \text{mm}}$ 를 배치하도록 한다.

참고문헌

6.1 Kenneth Leet and Dionisio Bernal, Reinforced Concrete Design, Third Edition, McGraw-Hill Companies, 1997.

6.2 R. M. Mains, "Measurement of the distribution of tensile and bond stresses along reinforcing bars," *J. ACI*, Vol. 48, p. 225, November 1951.

6.3 James K. Wight and James G. MacGregor, Reinforced Concrete Mechanics and Design, 6th Editions, Pearson Education, Inc., 2012, 1157 pp.

6.4 Y. Goto, "Cracks formed in concrete around deformed tensioned bars," *J. ACI*, Vol. 68, p. 244, April 1971.

6.5 L. Lutz and P. Gergely, "Mechanics of bond and slip of deformed bars in concrete," *J. ACI*, Vol. 64, p. 711, November 1967.

6.6 C. Orangon, J. O. Jirsa, and J. E. Breen, "A reevaluation of test data on development length and splices", *J. ACI*, Vol. 74, pp. 114,March 1977.

6.7 P. Jeanty, D. Mitchell, and M. Mirza, "Investigation of top bar effects in beams", *Str. J.* ACI, Vol. 83, no. 3, pp. 251, May-June 1988.

6.8 J. O. Jirsa, L. A. Lutz, and P. Gergely, "Rational for suggested development, splice and standard hook provisions for deformed bars in tension," *Concrete Int.*, vol. 1, no. 7, pp. 47-61, July 1979.

6.9 ACI Committee 318, Building Code Requirements for Structural Concrete(ACI 318-95) and Commentary(ACI 318R-95), American Concrete Institute, Farmington Hills, Michigan 48333-9094, 1995.

6.10 콘크리트구조기준, 국토해양부제정, 한국콘크리트학회 발행, 2012, 342 pp.

6.11 ACI Committee 408, "Suggested development, splice, and standard hook provisions for deformed bars in tension," (ACI 4081R-90), ACI Manual of Concrete Practice, Part 3, 1990.

6.12 P. M. Ferguson, Reinforced concrete fundamental, 3rd ed., Wiley, New York, 1973.

6.13 Notes on ACI 318-08 Building Code Requirements for Structural Concrete with design applications, Portland Cement Association, 5420 Old Orchard Road, Skokie, Illinois 60077-1083, 2008.

6.14 콘크리트구조설계기준 · 해설, 한국콘크리트학회, 기문당, 2003, 405 pp.

6.15 콘크리트구조설계기준 해설, KCI-M-07-003, 한국콘크리트학회 발행, 2007, pp. 523.

6.16 민창식 등, 철근콘크리트공학, 구미서관, 초판 3쇄, 2006, 1054 pp.

6.17 변동균, 신현묵, 문제길, 철근콘크리트, 10판, 동명사, 2008, pp. 642.

6.18 민창식, 보-슬래브 바닥판 종합설계, 구미서관, 2011, 285 pp.

연습문제

6.1 그림 P6.1의 보는 한 열로 배치된 5-D35 철근으로 보강되어 있다.
단면 1-1에 보이는 스터럽은 보 전체에 걸쳐 배치되었다. 2개의 4.2 m 길이의 A 철근이 3개의 7.2 m 길이의 B 철근과 교대로 등간격으로 배치되어 있으며, B 철근은 지지점의 중심을 넘어서까지 연장되었다(단면 1-1 참고). 단, $f_{ck}=$ 21 MPa, $f_y = f_{yt} =$ 400 MPa이며, $A_{s(\text{배치})} = A_{s(\text{소요})}$ 이다.

(a) A 철근은 현행 구조기준의 부착규정에 따라 적당하게 정착되어 있는가?

(b) 만약 (a)에서 정착이 만족스럽지 않다면, 요구되는 A 철근의 최소정착 길이는 얼마인가?

(c) 만약 모든 철근을 b점에서 자르지 않고 보의 끝에 50 mm까지 연장을 한다면, 철근은 점 a와 b 사이에서 구조기준의 정착요구를 만족하는가?

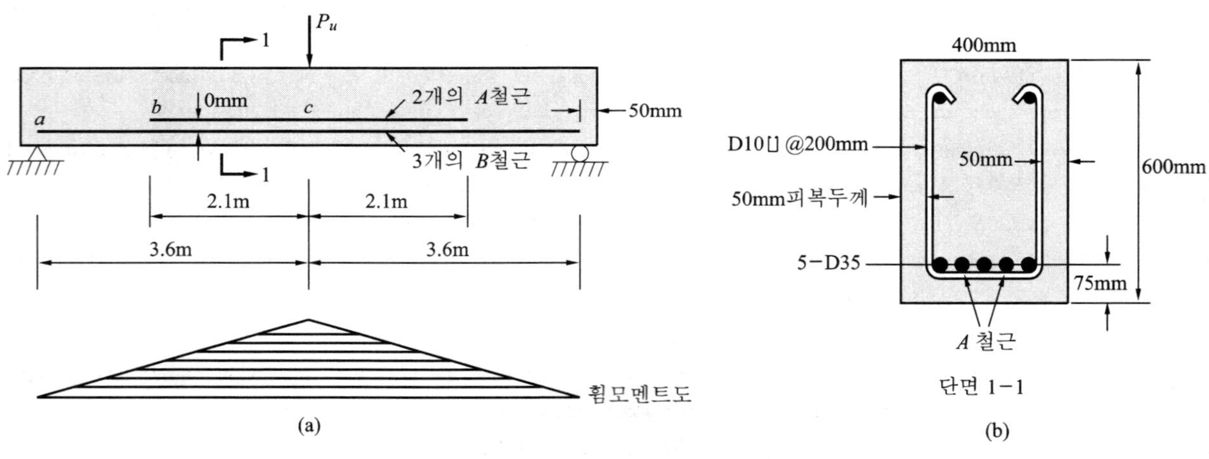

그림 P6.1

6.2 계산결과 최대 부모멘트가 발생하는 지지점 B에서 상부철근으로 1,850 mm^{2}의 철근 단면적이 소요되었다(그림 P6.2a 참고). 여기에서 보통중량골재 콘크리트 $f_{ck}=$ 24 MPa이고, 도막이 안 된 $f_y = f_{yt} =$ 400 MPa 철근을 사용하였다.

(a) 만일 보가 2-D35 철근으로 보강되고, 이 철근은 캔틸레버 끝에서 50 mm까지 연장되었다(그림 P6.2b 참고). B 와 C 사이에서 철근이 구조기준의 정착에 대한 요구를 만족하는가?

(b) 만약 (a)의 2-D35 철근의 정착이 만족하지 않는다면, 이 철근 대신에 3-D29을 배치한다면(그림 P6.2c) 정착에 대한 규정을 만족하는가? 스터럽 간격과 피복두께는 (a)와 같다고 가정한다.

(c) 만일 (b)에서의 3-D29 철근이 구조기준의 정착을 만족하지 못한다면, 철근의 끝에 갈고리를 장치하지 않고 3-D29 철근을 정착하기 위해서 요구되는 보의 최소 폭은 얼마인가?

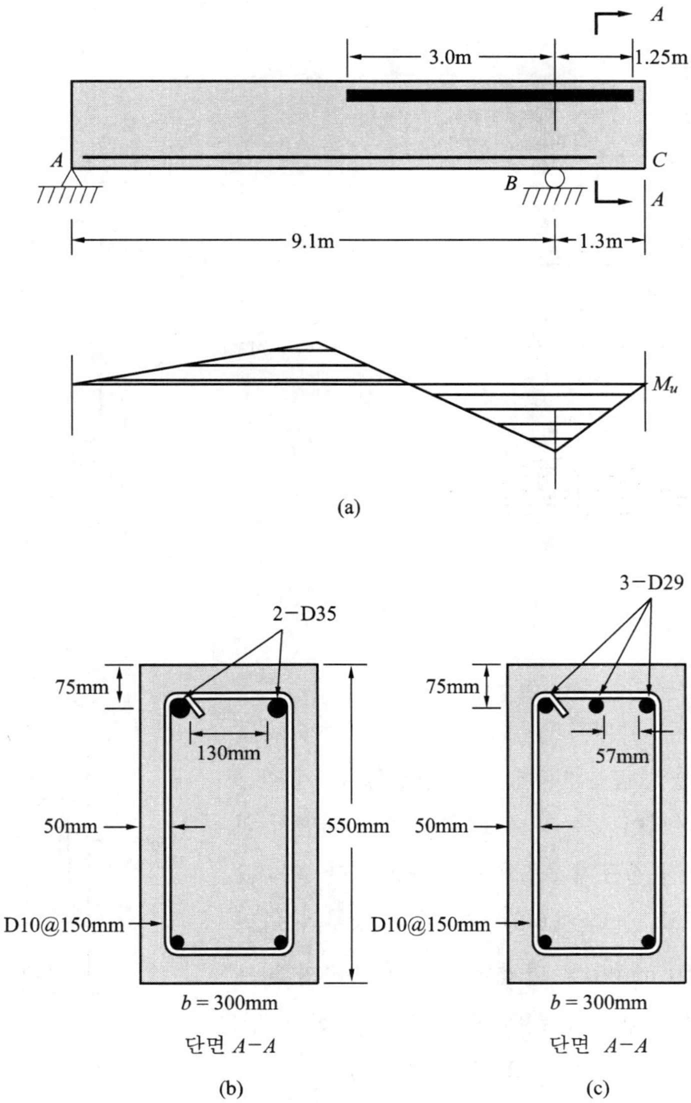

그림 P6.2

6.3 그림 P6.3에 보이는 보는 인장 측에 에폭시로 도막 된 3개의 D32 철근으로 보강되어 있다. 이중 가운데 배치된 철근(A 철근)은 보의 중앙에서 양단으로 2.70 m까지 연장되었다. (a) 이 철근의 정착에 대해서 현행 구조기준의 규정을 만족하는지 검토하고, (b) 이론적인 절단점을 넘어서 받침부 안으로 160 mm까지 연장되는 나머지 철근의 정착에 대해서 검토하라? 단, 보통중량골재 콘크리트 $f_{ck}=27$ MPa이고, $f_y=f_{yt}=400$ MPa이며, $A_{s(배치)}=A_{s(소요)}$로 고려한다. $P_u=100$ kN · m이고, 보의 고정하중은 무시한다.

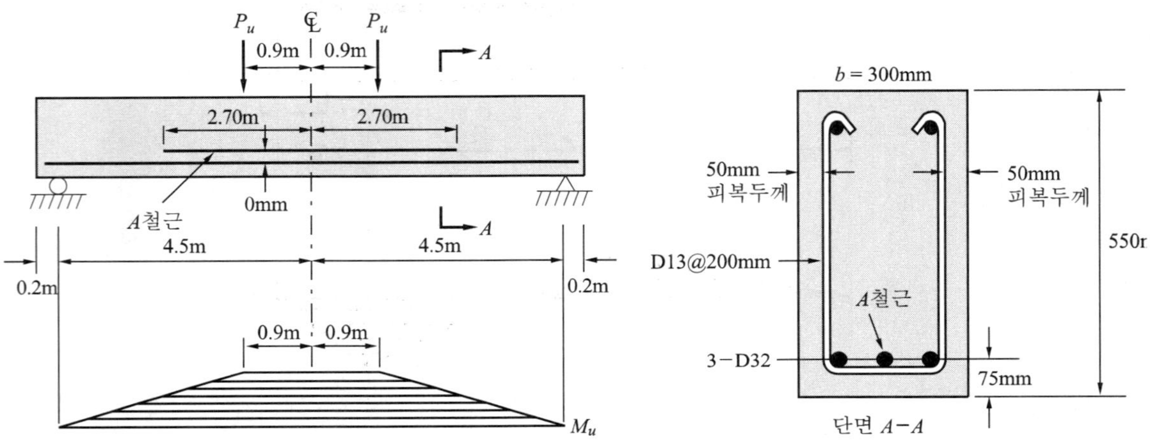

그림 P6.3

6.4 그림 P6.4과 같이 도막되지 않은 D16 철근이 90° 표준갈고리로 보와 기둥의 연결부분에 정착되어 있다. 이 철근이 안전하게 정착되어 있는지 검토하라. 기둥 내면의 위험단면에서 배근된 철근이 소요철근 단면적보다 10% 많이 배치되었으므로, 응력은 $0.9f_y$ 가 된다. 상부와 측면의 피복두께는 50 mm이다. 만약에 상부와 측면의 피복두께를 70 mm로 늘렸을 경우에 대해서도 검토하라. 단, 보통중량골재 콘크리트 $f_{ck}=27$ MPa이고, $f_y=f_{yt}=400$ MPa이다.

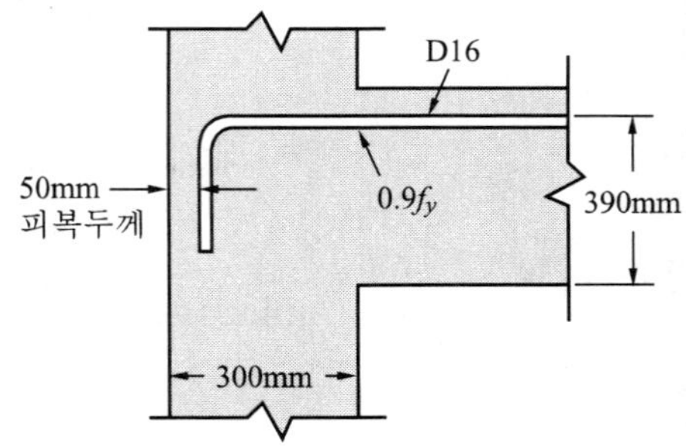

그림 P6.4

6.5 그림 P6.5에는 표준갈고리를 가진 도막되지 않은 D35 철근이 상부와 측면에 50 mm의 피복두께로 정착되어 있다. 90 mm 간격으로 배치된 D13 스터럽에 의해서 이 D35 철근은 전구간에 걸쳐 둘러 쌓여있다. 만약 D35 철근의 최대응력이 지지점에서 발휘된다면, D35 철근을 정착하기 위해서 필요한 내민부분의 최소길이는 얼마인가? 단, 보통중량골재 콘크리트 $f_{ck}=$ 24 MPa, $f_y = f_{yt} =$ 300 MPa이다.

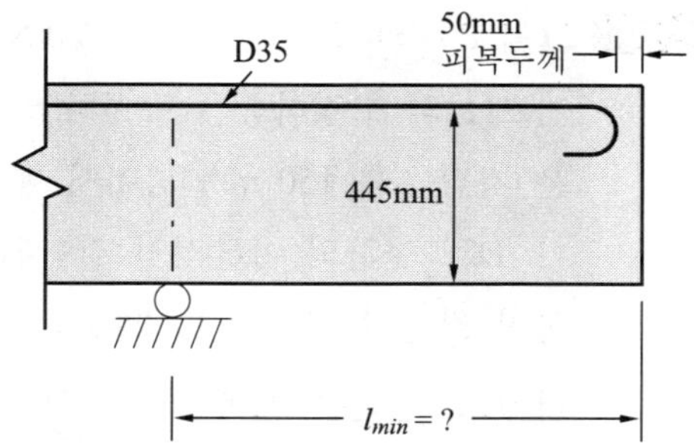

그림 P6.5

6.6 그림 P6.6의 캔틸레버 보는 상부 3-D35 철근으로 보강되어 있다(A-A 단면 참고). 그림에는 생략되어 있지만 D10 전단철근이 전 구간에 걸쳐 250 mm 간격으로 배치되어 있다. 단, 보통중량골재 콘크리트 $f_{ck}=$ 27 MPa, $f_y = f_{yt} =$ 400 MPa이다.

(a) 중앙에 위치한 D35 철근을 이론적으로 절단이 가능한 지점을 결정하라.

(b) 현행 구조기준의 정착길이에 대한 규정을 고려하여, 문제 a에서 D35 철근을 안전하게 정착하기 위해 지점으로부터 연장해야 하는 최소길이를 결정하라.

(c) 만약 에폭시로 도막 된 2-D29 철근과 2-D32 철근을 B점에 50 mm까지 연장하여 사용한다면 구조기준의 정착에 관한 규정을 만족하는가?

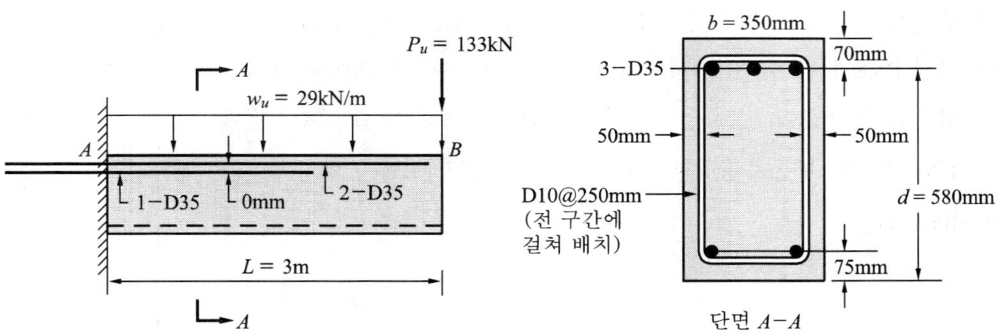

그림 P6.6

6.7 그림 P6.7과 같이 중앙에 267 kN의 집중하중이 작용하는 보가 있다. 보에서 중앙의 휨모멘트를 근거로(보의 고정하중은 무시하였음) 설계된 단면은 A-A 단면으로 그림에 제시되어 있다. D25 철근은 지점 A를 150 mm 넘어서 배치되었으나, D32 철근은 배치가 필요 없는 부분에서 절단이 되었다. D32 철근의 이론적인 절단위치를 결정하고, 보의 중앙으로부터 연장해야 하는 최소길이를 정하여 철근이 적당히 정착이 되었는가를 검토하여라. 단, 보는 경량콘크리트 $f_{ck}=21$ MPa을 사용하였고, 철근은 에폭시로 도막 되어 항복강도 $f_y=f_{yt}=400$ MPa이다.

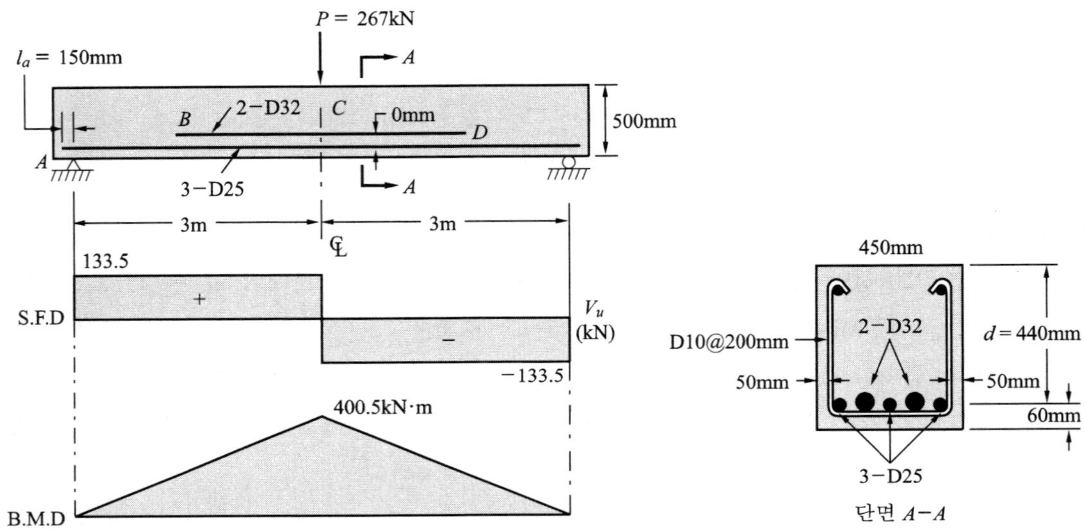

그림 P6.7

6.8 만약 나선형 철근으로 구속되어있는 원형기둥에 D29 철근과 D32 철근이 그림 P6.8과 같이 겹침이음 되어있다. 두 철근이 맞대어져 겹쳐지는 최소의 요구길이 l_s 는 얼마인가? (그림 6.55에서 나선형 철근은 생략하였음.) 단, 보통중량골재 콘크리트 $f_{ck}=27$ MPa, $f_y=f_{yt}=$ 400 MPa이다.

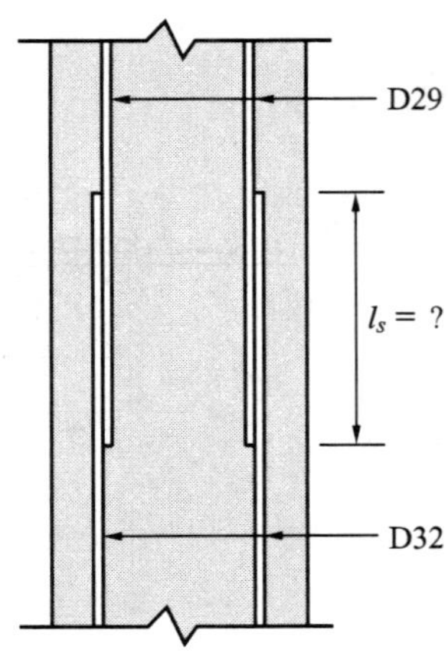

그림 P6.8

6.9 그림 P6.9에서 보통중량골재 콘크리트 f_{ck} = 21 MPa, $f_y = f_{yt}$ = 400 MPa일 때

(a) 전단력도 및 모멘트도, 그리고 모멘트가 최대인 점 및 변곡점(Point of Inflection, P.I.)의 위치를 구하라 (반력은 주어짐).

(b) 철근이 플랜지의 중심 깊이에 배치된다고 가정하여 내부 지점 B에서 요구되는 휨철근의 단면적을 구하라.

(c) 만약에 4-D32 철근으로 내부 지점 B를 보강하는 경우에, 4개의 철근 중에서 2개의 철근을 이론적으로 자를 수 있는 절단위치를 결정하라.

(d) 만약에 내부 지점 B에서 2-D32 철근을 양쪽으로 1.8 m씩 연장한다면, 정착이 적절한가를 검토하라.

(e) 경간 AB에서 최대의 정모멘트에 대해서 요구되는 철근의 단면적을 결정하라. 유효깊이 d = h - 40(피복두께) - 10(스터럽) - 주철근 D25/2이다.

(f) 만약에 정모멘트에 대해서 보의 바닥에 3-D25 철근을 배치하였다. 이 중 두 개의 철근은 각각 단순 지지점 A 및 C를 지나 50 mm 연장되어 배치되어 있다. 현행 구조기준에 따라 이들의 정착은 적절한지 검토하라? 또한 세 번째 철근의 이론적인 절단점의 위치를 결정하라.

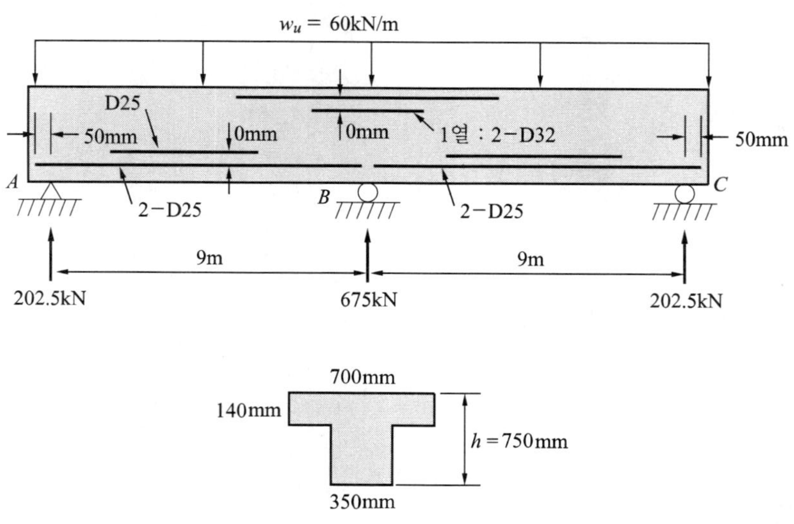

그림 P6.9

Chapter 7

전단과 사인장
Shear and Diagonal Tension

Reinforced Concrete

하중이 작용하는 보에는 3장~4장에서 다루었던 휨모멘트만 발생하는 것이 아니라 전단력도 동시에 발생한다[1]. 그림 7.1에서 단면 1-1을 자른 자유물체도를 보면 보의 축에 연직한 방향으로 작용하는 내적 전단력 V가 연직방향 평형을 이루기 위해서 작용하고 있다.

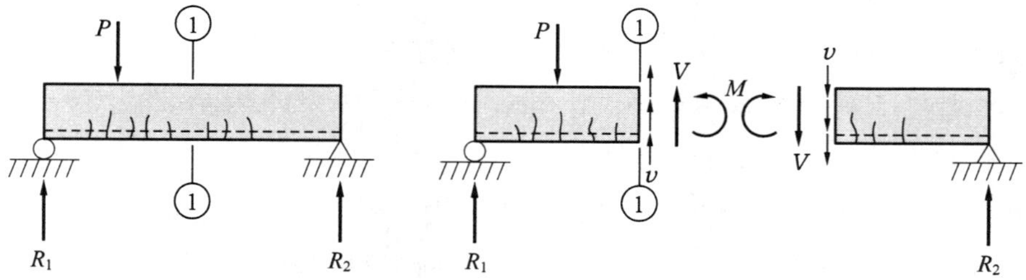

그림 7.1 전단력과 휨모멘트

(a) 하중이 작용하는 보; (b) 단면 1-1을 자른 자유물체도 : 단면의 내력 V와 M을 보여주고 있다.

대부분의 예에서 전단력에 의해서 발생하는 전단응력은 휨으로 인한 응력에 비해서 작기 때문에 일반적으로 철근콘크리트 보는 전단력과의 상호관계를 고려하지 않고 오직 휨모멘트에 대해서만 단면의 치수를 결정하여 필요한 모멘트 저항을 할 수 있도록 보강철근을 배치한다. 이때 만약에 보가 파괴하는 경우에는 사용자에게 충분한 경고의 시간을 줄 수 있도록 보가 공칭강도에 도달했을 때 최 외단 인장철근의 순인장변형률 ε_t 가 규정된 값 이상이 되도록 제한하여[2] 점진적인 연성파괴가 일어나도록 유도하고 있다. 이렇게 휨설계를 하고 난 뒤에 전단에 대해서는 전단보강이 필요한지 검토하여 보의 특정부분에서 계수전단력이 콘크리트의 전단강도를 초과하는 경우에는 전단파괴가 일어나지 않도록 전단보강을 해주어야 한다. 전단파괴는 그림 7.2에서 보는 바와 같이 갑작스러운 분쇄파괴(brittle failure)로 나타나기 때문에 전단에 대한 설계는 보의 전단강도가 각 부분에서 적어도 휨강도를 초과하도록 하여 갑작스러운 전단파괴가 일어나지 않도

그림 7.2 테두리보의 전단파괴

1) 즉, 보는 외력을 받침부에 전달하기 위해서 내적으로 휨모멘트 M과 전단력 V가 발생한다.

2) 구조기준 6.2.2(5)(ACI 10.3.5) 순인장변형률 $\varepsilon_t \geq (0.004$ 또는 $2\epsilon_y)$ 이상으로 제한하는 규정을 의미한다[식 (3.34)].

록 전단보강을 해주어야 한다[3]. 예외적으로 보의 길이가 짧으면서 큰 하중이 작용하는 경우에는 전단이 보의 단면을 결정하는데 지배적인 경우가 발생할 수도 있다.

전단파괴가 일어나는 형태는 부재의 치수, 형태, 하중, 그리고 재료의 특성에 따라 크게 변화한다. 따라서 전단에 대해서 보편적인(universal) 설계방법은 없고 ① 세장보(細長, slender beam)인 경우, 또는 ② 기초판이나 2방향 슬래브를 지지하는 단독기둥의 경우, 또는 ③ 깊은 보(deep beam), 길이가 짧은 브래킷(bracket)과 내민받침(corbel) 또는 전단벽(shearwall) 거동을 하는 벽체(wall)의 경우에 각각 다른 설계방법을 동원하게 된다.

2007년 이후 개정된 구조기준[7.6]에서는 깊은 보(구조기준 7.8.1(2), 6.3.4(1)), 브래킷이나 내민받침(구조기준 7.9.1(2)) 등의 응력교란 영역(D 영역)에 대한 설계를 (ACI에서는 2002년에 도입) 부록 I 스트럿-타이 모델(strut-and-tie model, STM)을 이용하여 설계할 수 있도록 규정하고 있다. 스트럿-타이 모델에 대한 설명은 7.4장의 전단설계의 역사적인 발전에서 하였고, D 영역에 대한 설계는 13장에서 다루었다. 본 장에서는 비교적 깊이가 깊지 않은(세장한) 보의 내부 전단력 V와 전단이 보의 거동과 강도에 미치는 영향을 다룬다.

7.1 기본 이론(Basic Theory)

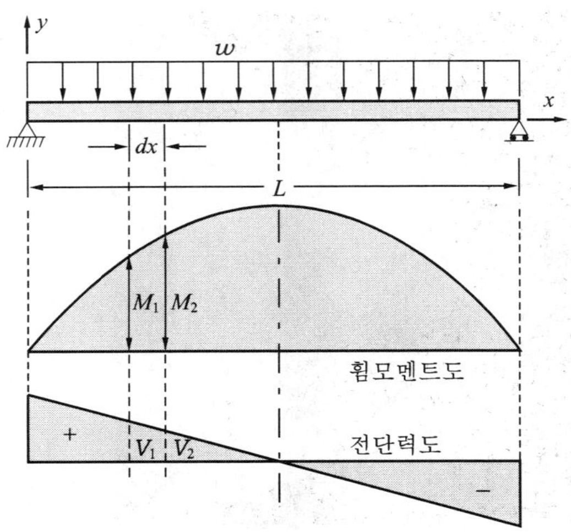

그림 7.3 단순지지 보의 휨모멘트도와 전단력도

균열 전 탄성보에서의 전단응력

그림 7.3의 미소요소 dx에서 모멘트에 대한 평형이 성립하기 위해서는 $dM/dx = V$가 성립해야 한다. 이 식은 휨모멘트가 변하는 비는 바로 그 점에서의 전단력의 크기를 의미한다. 따라서 휨모멘트가 단면과 단면에서 변하면(즉, $M \rightarrow M + \Delta M$), 그 단면에 전단력(전단응력)이 존재하게 된다[4]. 전통적인 탄성이론에 의해서 보가 균질하고(homogeneous), 탄성적이며(elastic) 균열이 발생하지 않은 보(uncracked section)에서 그림 7.3의 임의의 단면에 분포하는 전단응력은

$$v = \frac{VQ}{Ib} \tag{7.1}$$

로 표현된다. 여기에서 V는 단면에 작용하는 전단력 ; Q는 최외

3) 즉, 휨파괴가 먼저 일어나도록 유도한다는 의미이다.

4) 따라서 순수 휨을 받는 보(즉, 휨모멘트가 변하지 않고 일정한 보)에는 전단력(전단응력)이 발생하지 않는다.

단으로 부터 전단응력을 계산하는 면까지의 면적에 대한 중립축으로부터 단면 1차 모멘트 ; I는 단면 2차 모멘트 ; b는 응력이 계산되는 위치에서의 부재의 폭이다. 따라서 전단응력은 단면의 중립축에서 최대가 되고

$$v_{\max(\text{중립축})} = \frac{VQ_{(\text{중립축})}}{Ib} = \frac{V\left(\dfrac{bh}{2} \times \dfrac{h}{4}\right)}{\dfrac{bh^3}{12} \times b} = 1.5\frac{V}{bh} \tag{7.2}$$

분포는 그림 7.4와 같이 포물선 분포를 하게 된다.

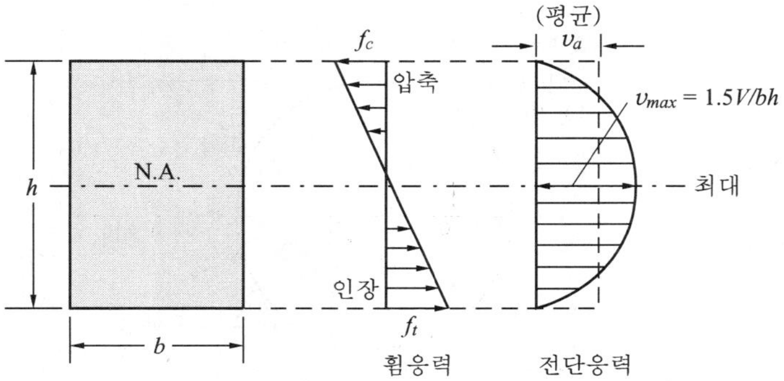

그림 7.4 탄성이론에 의한 균질보에서의 휨과 전단응력

그림 7.4에서와 같이 보의 임의의 면에는 휨응력과 전단응력이 동시에 작용하게 된다. 이 응력에 대한 Mohr도를 그려서 주응력을 계산하면 다음과 같다.

① 중립축에 위치한 미소요소 A (그림 7.6a 참고) : $f_x = 0$(축방향) ; $f_y \approx 0$ 이므로, 순수전단 상태가 된다. 따라서 주응력을 계산하면,

$$f_{1,2} = \frac{f_x + f_y}{2} \pm \sqrt{\left(\frac{f_x + f_y}{2}\right)^2 + v^2} = \pm v \tag{1}$$

가 되므로, 그림 7.5와 같이 보의 축방향에 45° 방향으로 $f = v$ 인 주인장응력이 발생하고, 이 주응력방향에 90° 방향으로 크기가 같은 $f = -v$인 주압축응력이 발생한다. 따라서 만약에 주인장응력이 식 (2.11)의 파괴계수 $f_r = 0.63\lambda\sqrt{f_{ck}}$ 보다 크게 되면 주인장응력에 연직한 방향(즉, 주압축응력 방향과 평행하게)으로 균열이 발

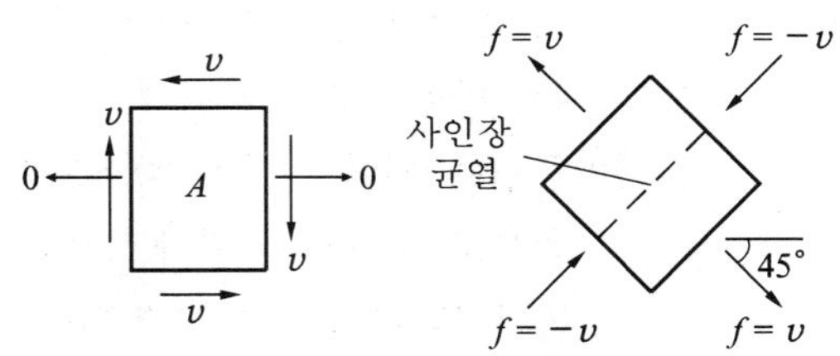

그림 7.5 중립축에 위치한 미소요소의 응력

생하게 된다. 이 균열은 보의 축방향에 45°의 경사로 발생하여 **사인장균열(diagonal tension cracks)** 또는 **경사균열(diagonal cracks)**이라고 부른다.

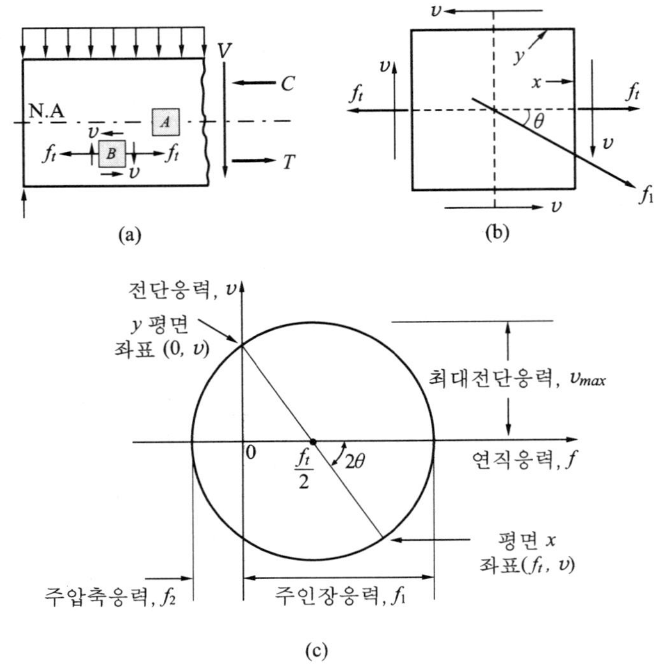

그림 7.6 중립축 아래에 위치한 미소요소 B의 응력 상태
(a) 미소요소 B의 위치, (b) 미소요소 B의 응력, (c) 미소요소 B의 Mohr 도

② 중립축 아래에 위치한 미소요소 B : 그림 7.6c의 중립축 아래에 위치한 미소요소 B의 Mohr도를 보면 최대 주응력이 인장응력으로 이 응력이 파괴계수보다 커지게 되면 균열이 일어나게 된다. 그림 7.6b와 c에서 보면 미소요소 B에 작용하는 인장응력 f_t 의 크기가 커지면 커질수록 Mohr도에서 2θ 의 값이 작아지므로 균열은 보축에 연직한 방향으로 나타나게 된다. 그림 7.3에서 보면 보의 받침부에 가깝게 접근할수록 인장응력은 작아지는 반면에 전단응력은 커지게 되어 앞에서 언급한 순수전단응력 상태와 비슷하게 되어 만약 균열이 일어난다면 축에 45° 방향으로 나타나게 될 것이다.

③ 중립축 위에 위치한 미소요소 C (그림 7.7) : 휨압축응력이 작용하므로 Mohr도는 축에서 좌측으로 이동하게 된다. 그림 7.7c에서 보면 주인장응력이 상당히 감소하여 균열은 발생하지 않게 될 것이다. 그림 7.7b와 c에서 보면 미소요소 C에 작용하는 압축응력 f_c 의 크기가 커지면 커질수록 Mohr도에서 2θ 의 값이 작아져서 주압축응력의 방향이 보축에 연직한 방향에 가깝게 되고, 보의 상연에서 압축응력이 최대가 되므로 콘크리트의 분쇄파괴가 나타날 수도 있다.

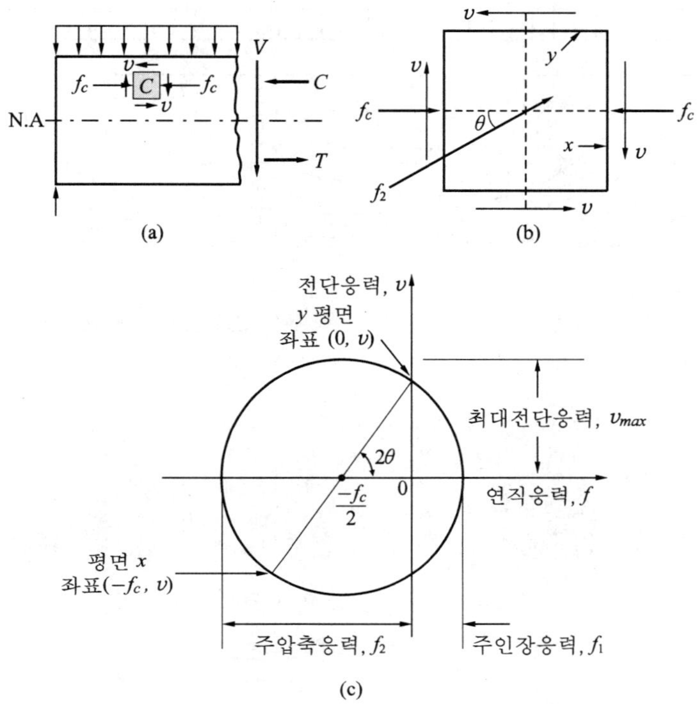

그림 7.7 중립축 위에 위치하는 미소요소 C의 응력상태
(a) 미소요소 C의 위치, (b) 미소요소 C의 응력, (c) 미소요소 C의 Mohr 도

그림 7.8에 균등한 등분포하중이 작용하는 단순지지 된 직사각형 보의 주응력궤적도(trajectories of principal stresses)를 보여주고 있다. 중립축에서 주응력은 45°로 교차하고 있으며, 주인장응력이 파괴계수를 초과하게 되면 이 실선으로 표시된 주인장응력 궤적도에 연직한 방향으로 균열이 발생하게 된다. 그림 7.9에는 실험한 보의 균열형태를 보여주고 있다. 균열은 먼저 휨응력이 최대인 보의 바닥에서 연직한 방향으로 일어나는 **휨균열(flexural crack)**이 나타나고, 이어서 받침부 부근에서 휨과 전단에 의해서 **사인장균열(diagonal tension crack 또는 inclined shear crack)**이 나타난다. 사인장균열은 그림 7.9와 같이 균열이 휨으로 시작해서 복부의 경사균열로 발전하는 균열을 **휨-전단균열(flexural-shear crack)**이라고 하고, 복부의 중립축 부근에서 전단에 의해서 발생하는 균열을 **복부전단균열(web-shear crack)**이라고 부른다(그림 5.7c 참고). 이러한 균열은 보가 전단에 의해서 붕괴되기 전에 나타나며, 몇몇의 경사균열은 보강철근을 따라 받침부를 향하여 발달하여 보강철근의 정착을 취약하게 만든다.

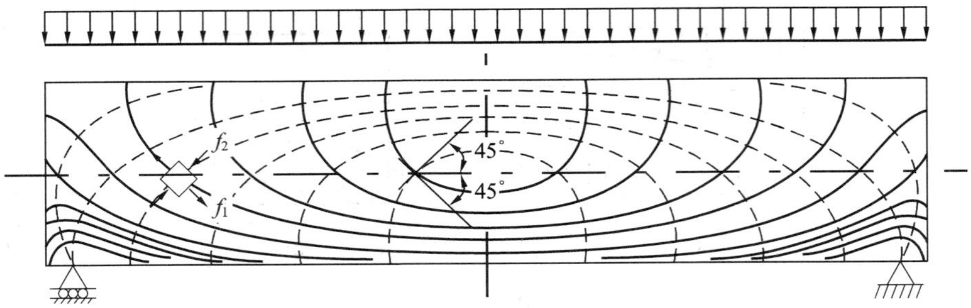

그림 7.8 균질의 등방성 직사각형 보의 주응력 궤적도(trajectories of principal stresses)

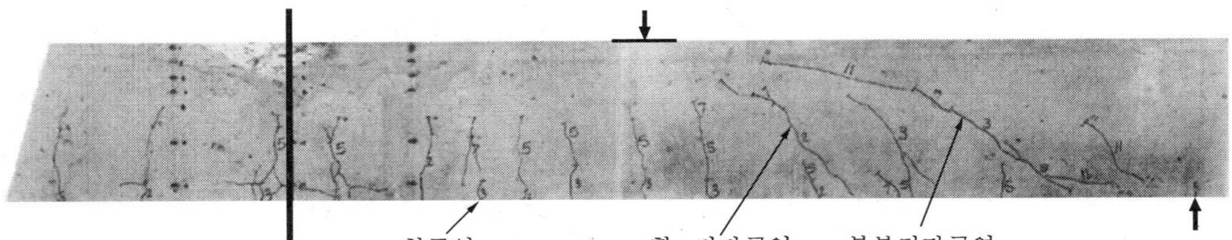

그림 7.9 균열이 일어난 철근콘크리트 보

균열 사이의 평균전단응력(Average Shear Stress between Cracks)

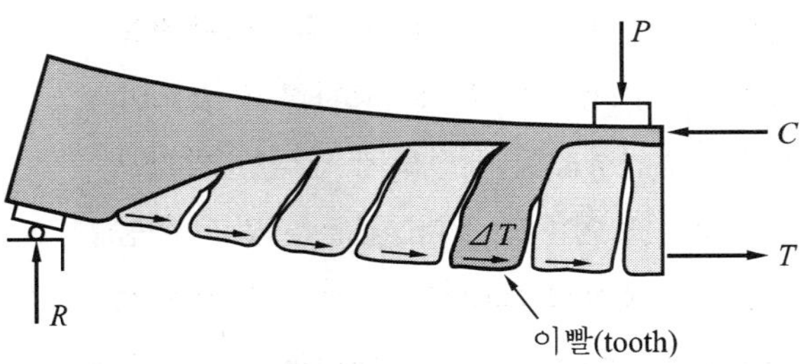

그림 7.10 Kani의 빗모델(comb model 또는 tooth model)[7.2]

19세기 중반에 들어와서 식 (7.1)로 표현되는 전통적인 균등질보에 대한 전단응력개념을 휨과 전단이 작용하는 균열단면의 철근콘크리트 보에 적용하기 위한 연구가 활발하게 진행되었다. 1964년 Kani[7.1]는 휨-전단 균열에 대한 합리적인 모델의 개발을 시도하였다. 그림 7.10에는 Kani에 의해서 제안된 **빗모델(comb model 또는 tooth model)**이라고 불리는 모델로, 휨균열이 일어난 뒤에 보는 균열이 일어나지 않은 빗의 몸체와 균열이 일어난 빗의 살(tooth)로 구성되어 있다고 보았다[5]. Kani의 빗모델은 전단보강이 되지 않은 깊이가 얕고 길이가 긴 부재(slender beam)가 어떻게 전단력을 전달하는지 이해하는데 도움을 주었다.

5) 인접한 휨-전단 균열들 사이의 콘크리트가 마치 빗의 이빨과 유사하다고 하여 제시한 모델로 콘크리트 이빨은 보의 압축영역에 고정된 캔틸레버로 보고, 하중은 배치된 철근에 의해서 작용하는 수평전단력(ΔT)이 작용한다고 가정하였다[7.2].

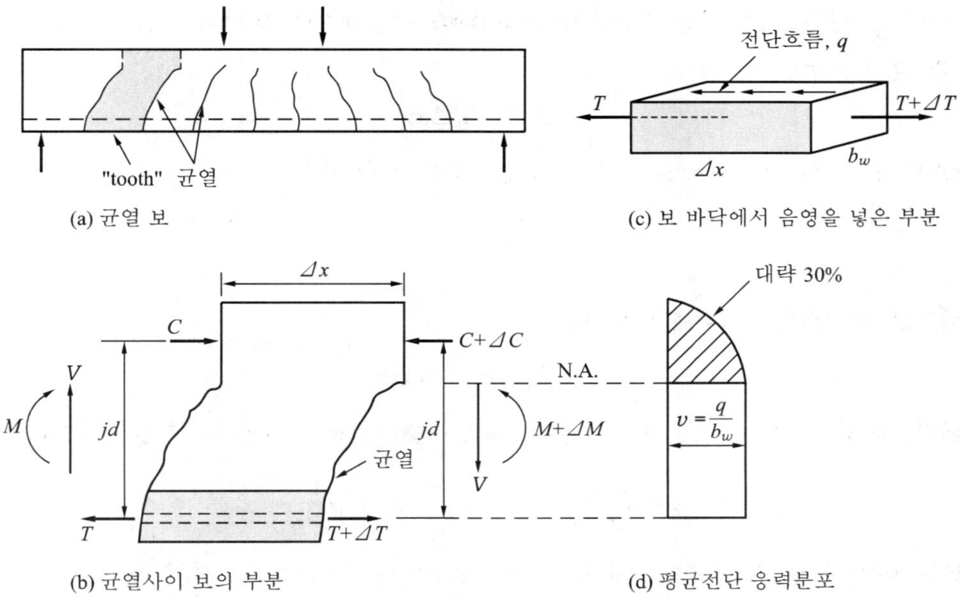

그림 7.11 균열 사이의 평균전단응력의 계산[7.3]

그림 7.11에는 Kani의 빗모델을 일반화하여 길이가 길고 깊이가 낮은 세장보에 휨과 전단에 의해서 휨-전단 균열이 일어난 보를 보여주고 있다. 그림 7.11b의 두 균열 면으로 자른 부분('tooth' 또는 일명 '콘크리트 캔틸레버'라고 부름)의 자유물체도에서 보면 단면의 평형방정식은 좌측과 우측 균열단면에서

$$M = T(jd) \quad \text{그리고} \quad M + \Delta M = (T + \Delta T)(jd) \tag{2}$$

또는

$$\Delta T = \frac{\Delta M}{jd} \tag{3}$$

가 된다. 여기에서 (jd)는 팔거리로 일정하다고 가정하였다. 자른 부분에서 하중에 의해서 단면에 발생하는 단면력(전단력과 휨모멘트)에 대한 모멘트 평형은

$$\Delta M = V\Delta x \tag{7.3}$$

가 되므로, 위 식은

$$\Delta T = \frac{V\Delta x}{jd} \tag{7.4}$$

가 된다. 그림 7.11b에서 바닥 음영 부분의 자유물체도를 그림 7.11c와 같이 그리면, 미소요소 Δx에서 인장력의 차이 ΔT(즉, 부착응력)[6]가 평형을 이루기 위해서 요소의 상면에 수평전단응력이

전달되어야 하므로, 상면에는 **전단흐름(shear flow)** q (전단력)가 발생되게 된다. 따라서 전단흐름은 다음과 같이 표현할 수 있다.

$$\Delta T = q\Delta x \tag{4}$$

전단흐름 q를 복부의 폭 b_w로 나누어 전단응력을 표현하면

$$\frac{q}{b_w} = v \tag{5}$$

가 되므로, 식 (5)를 식 (4)에 대입하면,

$$v b_w \Delta x = \Delta T \tag{6}$$

가 된다. 따라서 균열이 발달하여 도달한 바로 아래에서의 평균전단응력은 식 (7.4)와 같이 쓰면

$$v = \frac{\Delta T}{b_w \Delta x} \quad \text{또는} \quad v = \frac{V}{b_w j d} \tag{7.5}$$

가 된다. 여기에서 $jd \simeq 0.875d$ 이다. 동일한 요소에서 연직전단응력은 수평전단응력과 같아야 하므로 연직전단응력의 분포는 그림 7.11d와 같게 된다[7)]. 균열이 일어난 인장영역의 중립축 아래에서 균열영역을 통해서 전달되는 수평력은 일정하므로 인장영역에서의 전단흐름(shear flow)은 일정하게 된다.

그림 7.11d의 평균전단응력 분포도에서 보면 대략적으로 30%의 전단력이 압축영역에 의해서 지지되고(빗금친 부분), 나머지 전단력은 뒤에서 자세히 다룰 예정이지만 균열면을 따라 발생하는 골재 맞물림(aggergate interlocking)과 휨철근의 다월력(dowel force)에 의해서 전달되고 있다(그림 7.15 참고). 전단보강이 되지 않은 보를 사용한 실험(1970년경)에서 Taylor[7.4]는 전단의 약 1/4은 압축영역에 의해서 전달되고, 휨철근의 다월작용에 의해서 1/4이 전달되며 나머지 1/2은 균열면에서 골재의 맞물림에 의해서 전달된다고 보고하였다(그림 7.15 참고). 따라서 근래의 전단파괴 이론은 상당한 양의 전단이 복부에서 경사균열(inclined crack) 형태로 전달된다고 가정하고 있다.

식 (7.5)에서 보는 바와 같이 전단응력은 복부 폭에 좌우된다. 중립축 아래의 콘크리트에서 순수 전단상태라고 가정하였으므로(그림 7.11d 참고) 식 (7.5)는 철근콘크리트 보의 인장균열 영역에서 사인장응력(diagonal tension)의 크기에 대한 기준으로 사용할 수가 있을 것이다. 이 말은 또한 연직전단응력이 휨균열이 존재하더라도 단면에서 단면으로 골재 맞물림을 통해서 전달된다는 것을 암시하고 있다[7.5].

---

6) 부착응력이 전단력의 함수이므로 전단력이 큰 단순 받침부나 연속보의 변곡점에서 철근의 정착에 대한 문제가 발생할 수 있다(그림 6.32 참고).

7) 또는 균열단면에서 중립축 아래에는 균열이 완전히 일어났다고 가정하므로 식 (7.1)에서 Q의 값이 일정하게 된다.

많은 나라에서 아직도 이 전통적인 전단응력 식을 사용하고 있다. 비록 이 식이 균열단면의 국부적인 전단응력을 정확하게 표현하지는 못하지만 전단의 크기에 대한 기준으로 간편하게 사용할 수 있다. 현행 구조기준[7.6](ACI 318-05[7.7])에서는 전단강도에 대한 기준(index of shear intensity)으로 j의 계산을 생략한($j \approx 1$) 아래의 간단한 식을 사용하고 있다.

$$v = \frac{V}{b_w d} \tag{7.6}$$

7.2 전단보강이 안 된 철근콘크리트 보의 전단저항 메커니즘 (Mechanism of Shear Resistance in Reinforced Concrete Beams without Web Reinforcement)[7.5]

철근이나 프리스트레스트 콘크리트 부재의 전단에 대한 설계에서 콘크리트가 어떻게 저항하느냐를 아는 것은 매우 중요하다. 아직까지 전단보강이 되지 않은 부재의 전단강도는 광범위한 실험결과로부터 구한 경험적인 식에 의존하고 있다.

그림 7.12와 같이 전단보강이 안된 보[8])에 2개의 집중하중이 받침부로부터 전단경간(shear span) a 떨어져 작용하여 보에는 휨과 전단으로 인하여 그림 7.11a와 같은 전형적인 휨-전단균열이 발생하게 된다. 전단력이 일정한 부분(즉, 전단경간)을 잘라서 그린 그림 7.13a의 자유물체도에서 전체 외적인 전단력 V는 다음과 같은 3 종류의 저항력에 의해서 지지되게 된다.

① 압축영역의 전단저항 V_{cz},

② 균열 면을 넘어서 전달되는 휨철근의 다월력(dowel force) V_d

③ 골재의 맞물림(aggregate interlocking)으로 인해서 경사균열에 전달되는 경사전단응력 v_a의 전체 합력 G의 연직요소 V_a.

따라서 평형방정식을 쓰면

$$V = V_{cz} + V_d + V_a \tag{7.7}$$

가 되고, 그림 7.13b에서 압축합력이 작용하는 점 O에서 모멘트를 취하면,

$$M = x\,V \equiv jd(T + V_d \cot\alpha) \tag{7.8}$$

가 된다. 설계 목적을 위해서 휨저항에 대해서 다월력을 무시한다면 식 (7.8)은

8) 그러나, 물론 휨에 대한 설계로 종방향 주인장철근은 배치되어 있을 것이다.

$$M = Tjd \tag{7.9}$$

로 쓸 수 있다. 그림 7.13b와 식 (7.9)에서 관련된 모멘트와 철근의 인장력은 보의 서로 다른 단면에서 발생하는 점을 주목하여야 한다. 지점으로부터 거리$(a - jd\cot\alpha)$ 떨어진 휨보강철근의 인장력은 보의 받침부로부터 거리 a 떨어진 휨모멘트에 의해서 지배받게 된다. 이런 전단거동에 의해서 증가되는 철근응력은 균열각도 α에 따라 $(jd\cot\alpha)$의 거리가 변하므로 이상화된 경사균열의 기울기에 좌우되는 것을 알 수 있다. α가 45°보다 조금 작아서 $jd\cot\alpha \approx d$가 된다면, 철근의 응력이 거리 d 떨어진 단면의 휨모멘트에 좌우되게 된다. 따라서 구조기준에서는 전단에 의해서 증가하는 철근의 응력을 고려하기 위해서 간접적으로 휨철근을 절단할 때 적어도 이론적인 절단점을 넘어서 유효깊이 d 또는 철근의 공칭지름 d_b의 12배 이상을 연장하도록 규정하고 있다[구조기준 8.5.1(2), ACI 12.10.3]. 이렇게 전단이 휨보강철근에 미치는 영향은 전단보강 스터럽 철근을 다루는 7.4장에서 자세하게 다룬다.

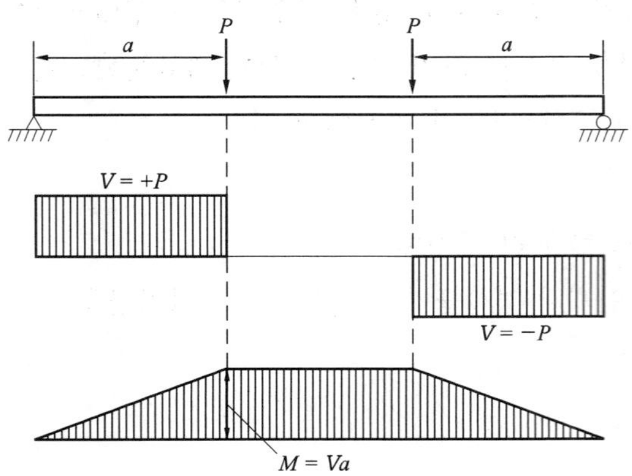

그림 7.12 전단경간(shear span) a의 정의

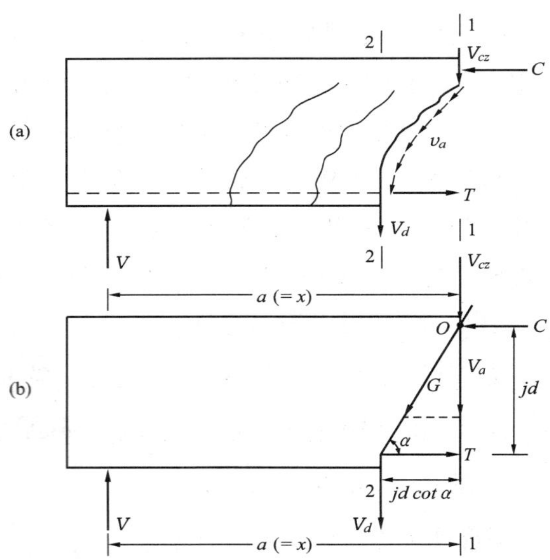

그림 7.13 보에서 전단경간 a의 평형조건

전단저항의 메커니즘(Principal Mechanisms of Shear Resistance)[7.5]

식 (7.3)의 전단과 휨모멘트 변화의 비와 식 (7.9)의 관계를 같이 적으면 내적인 전단저항에 대해서 다음과 같은 2 한계상태로 표현할 수 있다.

$$V = \frac{dM}{dx} = \frac{d}{dx}(Tjd) = jd\frac{dT}{dx} + T\frac{d(jd)}{dx} \tag{7.10}$$

$jd(dT/dx)$항은 보를 따라 팔거리 (jd)는 일정하지만 외부 휨모멘트에 균형을 이루기 위해서 내부 인장력 T가 단면에 따라 변하는 실제 휨부재의 거동을 표현하고 있다. dT/dx는 내부 인장력의 변화의 비로서 휨철근의 표면에 발생하는 부착력(bond force) q로 보의 단위길이당 휨철근에 작용하는 힘으로 표현된다. 보를 따라 팔거리 (jd)가 일정하다면[9)], $d(jd)/dx \approx 0$으로 쓸 수 있으며, 이때는 아래와 같이 표현할 수 있는 완벽한 **보 거동(beam action)**이 된다.

$$V = jd\frac{dT}{dx} = q\,jd \tag{7.11}$$

따라서 식 (7.4)와 동일한 식을 얻었으며, 부재의 단위길이당 부착력 q를 휨철근의 바로 윗면에서는 전단흐름(shear flow)이라고 부른다. 식 (7.11)과 같은 간략화는 오직 전단흐름 또는 부착력이 휨철근과 이를 둘러싸고 있는 콘크리트 사이에서 효과적으로 전달되어야만 가능하게 되며, 이는 말하자면 철근과 콘크리트 사이에 완전한 부착력(perfect bond)이 발휘되어야 한다는 것이다. 반세기 이상의 오랜 기간 동안 전단보강철근이 배치되지 않은 보의 전단저항은 오직 이 보 거동에 의해서만 저항된다고 믿어왔었다.

어떤 이유에서든지 전체 전단경간(shear span)에 걸쳐 철근과 콘크리트 사이의 부착력이 완전히 손상되었다면 인장력 T는 변화할 수가 없으므로, $dT/dx = 0$가 된다. 이러한 상태에서는 내부 전단저항은 콘크리트의 경사 압축대(concrete compression strut)에 의해서만 저항할 수 있으며(그림 7.16 참고), 이런 한계상태를 **아치 거동(arch action)**이라 부르고, 식 (7.10)에서 두 번째 항만 남아 다음과 같이 표현할 수 있다.

$$V = T\frac{d(jd)}{dx} = C\frac{d(jd)}{dx} \tag{7.12}$$

식에는 내부 인장력 T를 내부 압축력 C로 대체하여 기울기가 일정한 압축력 C의 연직분력이 외부전단력에 저항하고 있다는 점을 강조하였다. 보통 철근콘크리트 보에서 철근의 미끄러짐, 균

9) 즉, 보통 탄성보 이론에서 가정으로 받아들이는 단면이 일정하면서 길이가 길고 깊이가 얕은 세장보(slender beam)인 경우를 의미한다.

열, 또는 다른 이유들 때문에 보 거동을 하기 위해서 필요한 완전한 부착력 q가 발휘되기는 어렵게 된다. 따라서 전단저항은 식 (7.10)에서와 같이 2 메커니즘(즉, 보 거동과 아치 거동)의 복합작용으로 나타난다. 작용하는 하중의 크기에 따라 이 2 메커니즘의 전단저항에 대한 분담은 이러한 거동 간에 변형적합성(compatibility of deformation)에 따라 좌우되게 된다.

보 거동(Beam Action in the Shear Span)

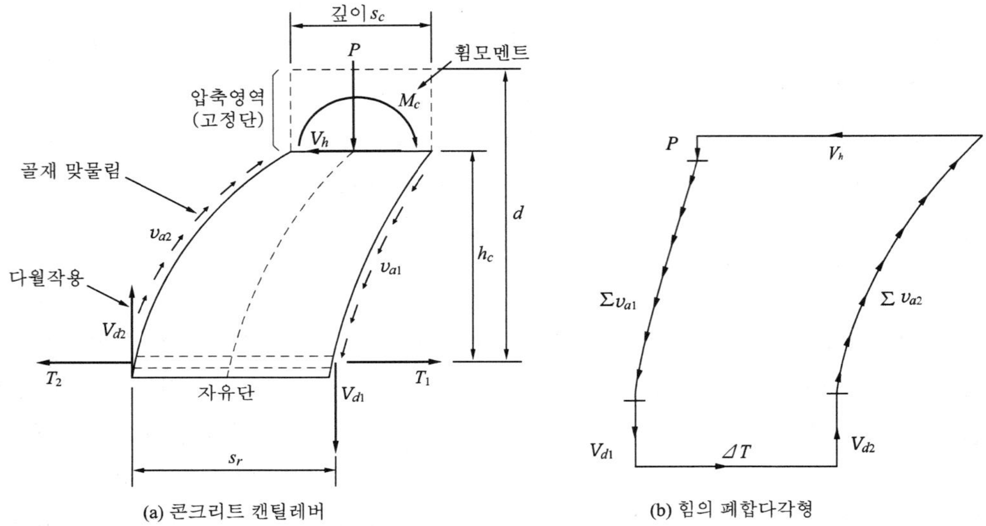

그림 7.14 보의 전단경간에서 콘크리트 캔틸레버(concrete cantilever)의 거동

그림 7.11a와 같이 단순 지지된 보에 하중이 작용하여 휨-전단 균열로 보가 여러 조각('tooth')으로 나누어져 있는 경우에 각각의 조각들은 그림 7.14와 같이 압축콘크리트 영역을 고정단으로 보고 휨철근 쪽을 자유단으로 보는 **콘크리트 캔틸레버(concrete cantilever)**로 잘라낼 수 있다. 식 (7.11)이 의미하는 바와 같이 완벽한 보거동을 하기 위해서는 완전한 부착력 q가 발휘되어야 한다. 그림 7.14a에서 캔틸레버의 거동 요소는 다음과 같다.

① 2 균열 면 사이에서 인장력의 증가는 철근에 부착력 $\Delta T = T_1 - T_2$ 를 발생시킨다.

② 각각의 균열 면에서 전단변위가 일어나면 골재 맞물림에 의해서 전단응력 v_{a1}과 v_{a2}가 발생한다.

③ 또한 동일한 전단변위가 휨보강철근에 다월력 V_{d1}과 V_{d2}를 발생시킨다.

④ 캔틸레버의 지지단에 앞에서 언급한 힘들에 평형을 이루기 위하여 축력 P, 횡방향전단력 V_h, 그리고 휨모멘트 M_c가 발생하게 된다.

그림 7.14b와 같이 힘의 폐합다각형을 그려보면 부착력 ΔT에 의해서 발생하는 캔틸레버 모멘트는 콘크리트의 휨저항모멘트 M_c에 더하여 다월력과 골재의 맞물림에 의해서 저항되고 있는 것을 알 수 있다. 이전에는 통상적으로 골재의 맞물림이나 다월작용이 전단저항에 기여가 낮다는 가정 하에서 보의 압축영역의 기여가 그 보의 전단강도라고 인식하고 있었다. 그러나 Taylor[7.4]의 실험결과에 의하면 그렇지만은 않다는 것이 밝혀졌다. Taylor는 실험에서 경사균열 위의 콘크리트 압축영역을 조사해본 결과 전체 전단저항에 대한 이 영역(그림 7.13a의 V_{cz})의 기여는 파괴에 이르기까지 서서히 증가하지만 최대 25%에 이르는데 그쳤다(그림 7.15 참고). 따라서 나머지 부분의 전단은 당연히 보의 중립축 아래의 인장영역에서 저항해야만 하며 이중에서 다월력은 전체 저항력의 25%를 초과하지 않았고, 골재의 맞물림(aggregate interlocking mechanism)에 의해서 50% 정도가 저항되는 것으로 나타났다(그림 7.15 참고). 물론 스터럽이 단단하게 휨철근을 둘러싸고 있으면 스터럽이 효과적으로 휨철근이 구부러지는 것을 방지하기 때문에 다월 작용을 더 효과적으로 수행할 수 있을 것이다.

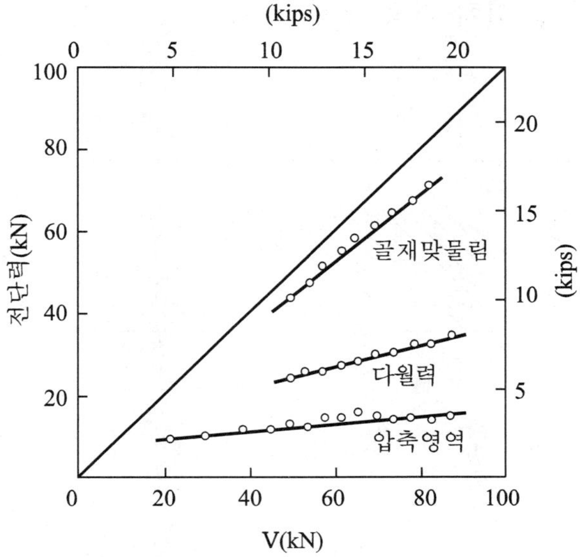

그림 7.15 실험에 의해서 결정된 균열단면에서의 전단저항 요소들의 기여(1970년 Taylor[7.4])

보 거동에서 이 3가지 메커니즘(다월작용, 골재 맞물림, 압축영역의 전단강도)의 최대 저항력이 파괴에 이르렀을 때 서로 단순히 더할 수 있는 상황은 아니다. 경사균열이 압축영역을 향해서 발달하게 되면 캔틸레버의 소위 말하는 고정단(fixed end)이 상당히 감소하게 된다. 이렇게 되면 캔틸레버의 자유단에 상당한 회전이 발생하고, 따라서 다월작용은 거의 잃어버리게 된다. 그림 7.17의 보 8/1과 같이 주철근 주위에 추가적인 2차 경사균열이 발생하게 되면 골재의 맞물림에도 큰 영향을 주어 갑작스런 골재 맞물림력의 감소를 가져온다. 이렇게 콘크리트 캔틸레버에서 한쪽 면의 맞물림력이 감소하여 불균형 상태가 되면 추가적인 균열이 발생하면서 더 이상 견디지 못하고 일반적으로 갑작스럽게 붕괴된다. 이런 파괴를 **사인장파괴(diagonal tension failure)**라 부르며 특히 이런 파괴는 갑작스럽게 일어나므로 설계에서 피해야 할 것이다. 그림 7.17에서 보 7/1과 8/1은 전단경간에서 보 거동으로 인해서 파괴되는 대표적인 모습을 보여주고 있다.

아치 거동(Arch Action)

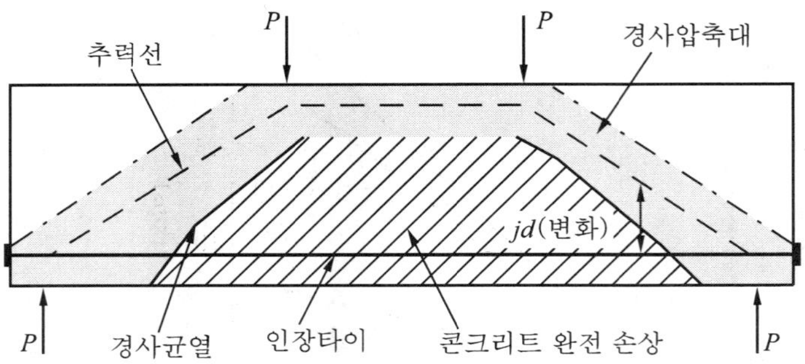

그림 7.16 이상적인 보의 아치거동 파괴

식 (7.12)에서 내부저항력의 팔거리 jd가 변하므로 그림 7.16에서와 같이 전단이 보의 **경사압축대(compression strut)**에 의해서 전달되는 것을 의미한다. 아치거동은 지지단에서 상당한 수평반력이 요구되고, 단순 지지된 보에서는 이 수평반력은 휨보강철근으로부터 얻어진다. 따라서 상당히 큰 정착력이 요구되어 대부분의 아치거동 파괴는 지지단의 정착파괴로 나타난다. 그림 7.16의 이상적인 보에서는 완벽하게 정착이 되었다고 가정하여 식 (7.12)와 같이 바닥철근에서 전체 길이에 걸쳐 일정한 인장력이 발휘된다고 가정하였다. 균열이 발생하지 않은 음영으로 표시된 부분에 추력선(line of trust)을 따라 콘크리트 압축대가 발달되어 있다.

이러한 이상적인 보를 연구하는데 다음 3 가지 사항을 주목할 수 있다[7.8].

① 철근의 부착력이 완전히 손상되어(즉, $dT/dx = q = 0$) 미끄러짐이 일어나야 아치거동이 일어날 수 있다.

② 완전한 아치거동을 하기 위해서 필요한 미끄러짐은 하중이 작용하는 점을 향해서 증가하며, 이 하중이 작용하는 점에서 대략 전단경간에서 철근의 전체 늘어난 길이만큼 미끄러짐이 나타나게 된다.

③ 하중이 작용하는 부근에서 추력선과 중립축이 휨이론에 의한 예측보다 훨씬 위에 위치하게 된다(그림 7.17 참고).

특히 이형철근이 사용되는 실제 보에서 철근과 콘크리트 사이에 감지할 수 있을 정도의 미끄러짐이 발생하지는 않을 것이다. 미끄러짐(slip 또는 translational displacement)[10)]은 대부분 휨변형의 결과나 경사균열 사이에 형성되는 콘크리트 캔틸레버의 파괴로 또는 균열 끝의 압축영역의 휨에 의해서 나타나게 된다. 또한 실제 보에서 보거동으로부터 아치거동으로의 이동은 점진적으로 이루어지며 이는 실험 보에서 내력힘의 팔거리 jd가 변하는 것이 관측될 때 아치거동이 일어나게 된다. 아치거동과 보거동의 메커니즘이 변형에 대해서 전체적으로 비적합(gross incompatibility of the deformation)하기 때문에 보거동의 총 저항력과 아치거동의 총 저항력을 단순히 더할 수는 없게 된다.

10) 트러스에서 인장타이 부분은 늘어나고 압축대는 줄어드는 변형

아치거동에 의한 저항력은 대부분 발생하는 경사압축응력을 수용할 수 있느냐에 따라 좌우된다. 철근력과 보의 폭이 주어지면, 경사압축응력의 크기는 추력선의 경사에 좌우되게 된다. 전단경간에 대한 깊이의 비(a/d)가 이 경사도를 결정하는 척도이며, 모멘트와 전단력으로 표현하면,

$$\frac{a}{d} = \frac{Va}{Vd} = \frac{M}{Vd} \tag{7.13}$$

와 같다. 정착단의 파괴(anchorage failure)를 제외하면, 아치파괴는 아래와 같이 3 가지로 구분할 수 있다.

① 보 거동으로 인한 균열에 이어서 경사균열이 압축영역을 향해서 전진하여 하중부근의 콘크리트영역이 감소되어서 이 부분이 압축하중에 저항하지 못하고 붕괴파괴가 일어나는 경우이다. 이런 파괴를 **전단-압축파괴(shear-compression failure)**라 하고, 그림 7.17에서 보 4, 5 그리고 6이 이런 파괴의 대표적인 예를 보여주고 있다.

② 압축대의 추력선이 상당한 편심을 가져서(즉, 압축대의 경사가 너무 작아서) 압축영역에 **휨인장파괴(flexural tension failure)**가 일어나는 경우이다. 그림 7.17의 보 7/1이 이런 형태의 거동을 보여주며, 파괴는 매우 갑작스럽게 일어난다.

③ 만약에 추력선이 가파르게(즉, $a/d \leq 2$ 인 경우) 되면, 효과적인 아치 거동을 하여 상당히 추가적인 저항을 할 수 있게 된다. 파괴는 **경사압축분쇄(diagonal compression crushing)**나 **찢어짐 파괴(splitting failure)**로 나타나서 마치 콘크리트 원주형 표준공시체로 수행하는 할렬시험(그림 2.20 참고)의 경우와 비슷하게 된다. 아치 메커니즘이 상당한 전단저항을 발휘하기 때문에 종종 보의 휨강도를 얻을 수도 있다(그림 7.17의 보 1이나 2의 경우).

복부 전단철근이 배치되지 않은 보에서 아치 거동이 일어나기 위해서는 그림 7.17과 같이 반드시 하중이 압축영역에 작용하여야 한다[11]. 다음에 다루는 내용을 참고하면 깊은 보(deep beams)에서는 특히 아치 거동이 전단저항을 하는 주된 메커니즘인 것을 알 수 있다(13.3장 참고).

전단파괴 메커니즘(Shear Failure Mechanisms)[7.5]

그림 7.12와 같이 4점 하중(4-points loading)이 작용하는 단순 지지된 보의 전단파괴 메커니즘은 대략 3 종류로 구분할 수 있다. 그림 7.17에 제시된 Leonhardt과 Walther[7.10]에 의해서 실험된 10개의

11) 구조기준 7.8.1(ACI 11.8.1)에는 깊은 보에 대한 전단설계는 순경간이 부재 깊이의 4배 이하 ($l_n/h \leq 4.0$)이거나 하중이 받침부로부터 부재 깊이의 2배 거리 이내에 작용하고, 하중의 작용점과 받침부가 서로 반대면에 있어서 하중 작용점과 받침부 사이에 압축대가 형성될 수 있는 부재에만 적용할 수 있도록 규정하고 있다(그림 13.24 참고).

보에 대한 파괴 모멘트와 극한 전단력을 전단경간 대 깊이 비로 표현된 관계가 그림 7.18에 주어졌다. 보에는 스터럽 전단보강을 하지 않았으며 재료의 특성은 거의 동일했다.

① $3 < a/d < 7$ 인 경우 : 경사균열이 발달하자마자 보거동으로 파괴된다. 균열하중을 추가적으로 지지할 수 있는 후속적인 아치 메커니즘은 발달하지 못한다.

② $2 < a/d < 3$ 인 경우 : 경사균열하중보다 높은 하중에서 압축영역의 전단압축 또는 휨인장 파괴가 일어난다. 보통 아치거동으로 파괴된다.

③ $a/d < 2.5$ 인 경우 : 아치거동으로 인해서 콘크리트가 분쇄되거나 찢어짐에 의해서 파괴된다.

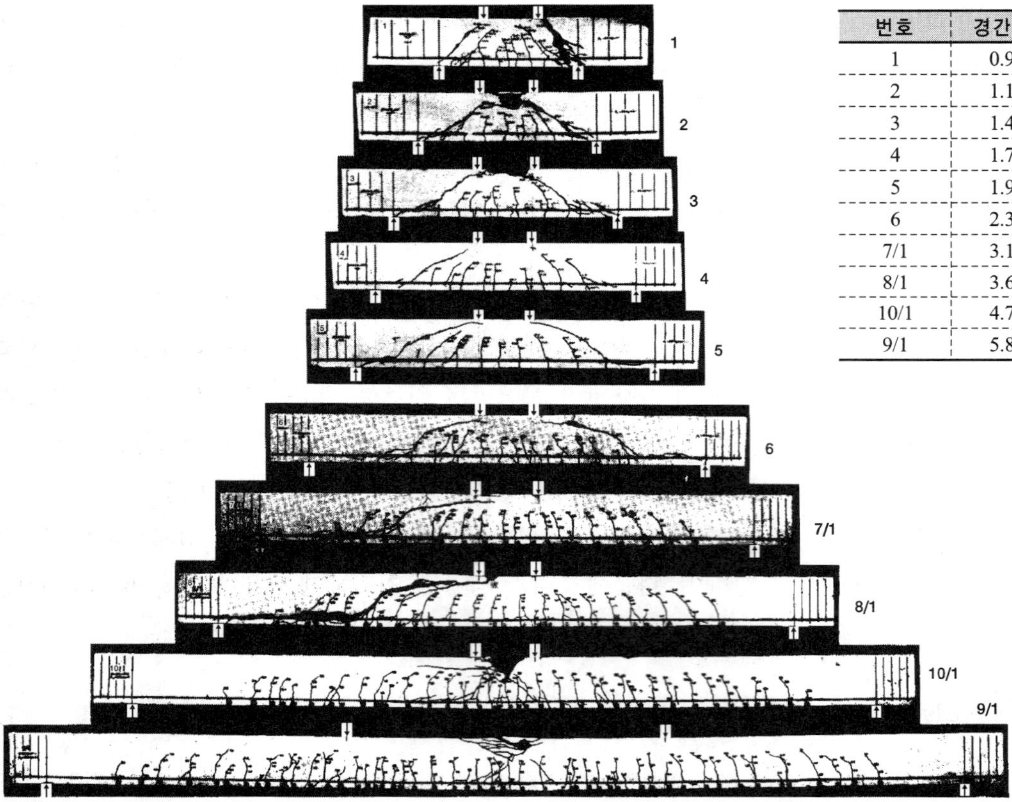

번호	경간(m)	a/d
1	0.90	1.0
2	1.15	1.5
3	1.45	2.0
4	1.70	2.5
5	1.95	3.0
6	2.35	4.0
7/1	3.10	5.0
8/1	3.60	6.0
10/1	4.70	8.0
9/1	5.80	7.0

그림 7.17 1965년에 Leonhardt와 Walther[7.10]가 실험한 보의 균열형상

그림 7.18에서 보면 $1.5 < a/d < 7$ 인 경우에는 하중이 증가하여 보의 공칭 휨모멘트 강도에 도달하기 전에 보는 전단에 의해서 파괴되어 전단이 설계를 지배하게 된다.

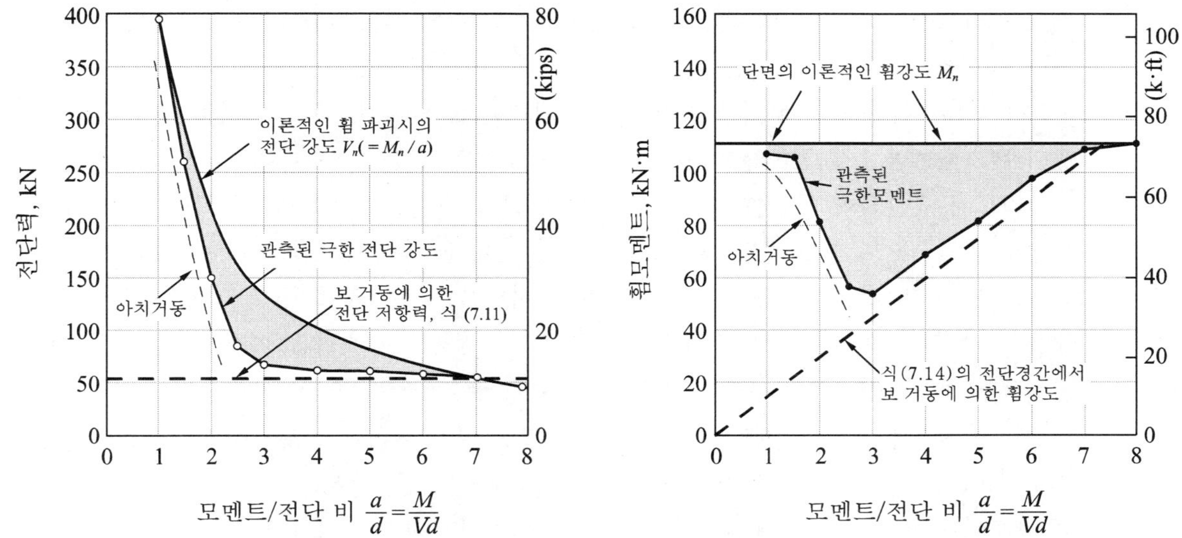

(a) 파괴시 전단 강도 (b) 파괴시 휨모멘트

그림 7.18 **전단경간/깊이 비**(shear span to depth ratio)**와 파괴시의 모멘트와 전단력의 관계**[7.10]

앞에서 언급한 보 거동에 의한 전단저항을 고려하면, 2 균열 면 사이에서 전달되는 부착력 ΔT의 크기는 그림 7.14의 균열사이에 형성되는 캔틸레버 블럭의 강도에 의해서 제한 받는다는 것을 알 수 있다. 직사각형 보에서 전단경간의 모든 캔틸레버의 강도가 일정하다고 가정하면, $\Delta T_{(\max)} = q_{(\max)}\Delta x$가 되고, 보 거동에 의해서 발달하는 최대 휨모멘트는

$$M_{(\max)} = jd\,T_{(\max)} = jd\sum_0^x q_{(\max)}\,\Delta x = [q_{(\max)}\,jd]x = V_{(\max)}x \tag{7.14}$$

가 된다. 여기에서 $q_{(\max)}$는 보의 단위길이에 대한 최대부착력이고, Δx는 균열간의 거리이며, x는 받침부로 부터 최대 휨모멘트 단면까지의 거리(즉, 전단경간 a)이다. 이 휨모멘트가 단면의 휨강도 M_n 보다 작은 경우12)에는 보에 작용하는 하중이 충분히 증가하여 공칭 휨모멘트 강도 M_n에 도달하기 전에 보거동의 전단강도에 의해서 보가 파괴되어 전단강도가 보의 강도를 지배하게 될 것이다. 식 (7.14)에서 보면 전단경간에서 콘크리트 캔틸레버의 보 거동에 의한 휨모멘트 저항은 받침부로부터 거리 x에 따라 증가하게 된다. 식 (7.11)을 보면 보 거동은 또한 $q_{(\max)}$에 의해서 제한받지만 전단경간에서 콘크리트 캔틸레버의 강도가 일정하다면, $q_{(\max)}$도 일정하게 되고 따라

12) 공칭 휨모멘트 강도 M_n은 휨설계에서 압축연단의 콘크리트의 변형률이 0.003에 도달하고, 인장 측의 보강철근이 항복강도에 도달할 수 있다는 가정 하에 구한 값이다.

서 전단강도가 일정하며, 이 전단강도는 전단경간/깊이의 비(a/d)와는 무관하다는 것을 알 수 있다(그림 7.18a 참고).

그림 7.18에서 보거동에 의한 휨과 전단 저항력은 굵은 점선으로 표시되어 있다. 측정된 극한값들과 비교해보면, $(a/d) > 3.0$ 이면 보거동이 지배하는 것을 알 수 있다. $(a/d) > 7.0$ 이 되면 보의 전단강도가 충분하여 하중이 증가하여 단면의 공칭 휨모멘트 강도에 도달할 때까지 전단파괴가 일어나지 않으므로 휨이 보의 강도를 지배하는 것을 알 수 있다. 실험된 보들의 이론적인 휨강도와 측정된 전단강도간의 차이는 그림 7.18에서 음영으로 표시되어 있다. 그림 7.18a와 b의 음영 부분은 각각 전단 때문에 보의 전단강도와 휨강도가 감소되는 것을 보여주고 있으며, 이런 경우에 복부전단철근을 배치해서 보가 공칭강도 M_n에 충분히 도달하도록 해야 한다.

그림 7.18에서 실험한 보의 철근비는 2%이었다. 휨철근 비를 변화시켜가면서 1966년에 수행한 Kani[7.11]의 실험은 전단경간에 많은 휨철근이 배치되게 되면 작용하는 하중 하에서 균열폭이 감소되기 때문에 골재의 맞물림이나 다월작용에 의해서 더 큰 하중을 지지할 수 있는 것을 보여주었다.

7.3 전단보강이 안 된 보의 전단설계(Design for Shear of Beams without Web Reinforcement : Shear Failure Limit State)

앞에서 복부 전단보강철근이 배치되어 있지 않은 단순 지지된 보에 집중하중이 작용할 때 전단저항의 특징을 살펴보았다. 특히 전단경간-깊이의 비가 $2.5 < a/d < 7$ 인 경우에 전단파괴는 사인장균열(휨-전단균열)이 발생하자마자 일어나므로 이런 형상의 보에서 전단파괴 메커니즘은 균열을 일으키는 척도인 콘크리트의 인장강도에 크게 좌우되었다. 따라서 그림 2.23의 파괴계수 실험결과와 같이 겉보기에는 비슷한 부재를 사용해서 수행한 실험결과가 흩어지는 결과가 나오는 것이 놀랄 만한 일이 아닐 것이다(그림 7.19 참고). 또한 어떤 종류의 하중(등분포하중 또는 집중하중)이 작용하느냐에 따라 또는 받침부 조건이 연속이냐 아니면 단순지지냐에 따라 다른 결과를 주게 된다. 이러한 이유들 때문에 현행 구조기준(ACI)에서는 상대적으로 간단한 반경험적 설계식(semi empirical design equation)을 이용하여 휨-전단 균열에 의해서 파괴되는 보의 전단강도를 예측하도록 제시하고 있다. 이 식은 거의 대부분의 경우에서 안전 측으로 보의 전단강도를 예측하며, 전단강도를 좌우하는 주된 요인으로는,

① $\sqrt{f_{ck}}$ 로 표현되는 콘크리트의 인장강도,

② 균열과 다월작용을 조종하는 철근비 $\rho_w = A_s/b_w d$ 와

③ 전단경간-깊이의 비 $a/d = M/Vd$ 이다.

전단파괴가 사인장 파괴(diagonal-tension failures)로 일어나므로 전단강도는 콘크리트의 인장강도, 즉 $\sqrt{f_{ck}}$ 의 함수와 상관관계가 있다고 볼 수 있다. 7.2장에서 다룬 내용들은 전단파괴가 단면에 전단과 더불어 동시에 작용하는 휨모멘트의 크기에 좌우되는 것을 암시하고 있다. 만약에 휨모멘트가 작으면 단면은 비균열 상태이거나 균열이 조금밖에 발생하지 않아 대부분의 단면이 전단에 저항할 수 있을 것이다. 실험에 의하면 파괴가 일어나기 전에 단면에 발달하는 공칭전단강도는 대략 $v_c = 0.29\sqrt{f_{ck}}$ (MPa)이 되었다. 만약에 단면에 작용하는 휨모멘트가 크게 되면 상당한 휨균열이 발생하여 비균열 영역을 감소시킬 뿐만 아니라 높은 휨응력 때문에 공칭전단강도는 $v_c = 0.16\sqrt{f_{ck}}$ (MPa)까지 감소하게 된다[7.9].

앞에서 언급한 바와 같이 철근비 ρ_w 의 증가는 여러 방법으로 전단강도를 증가시킨다. 먼저, 철근의 단면적이 증가하게 되면 휨균열의 길이와 폭을 감소시킨다. 균열의 길이를 감소시킴으로서 전단에 저항할 수 있는 비균열단면의 면적을 증가시켜서 전단에 저항할 수 있는 면적이 늘어나게 되고, 균열사이의 폭이 넓어지는 것을 억제하게 되면 균열면 사이의 마찰저항에 의해서 발달하는 골재의 맞물림에 의한 전단저항이 증가하게 된다. 또한 휨철근의 단면적이 증가하게 되면 다월력이 증가되므로 전단저항이 증가하게 된다.

단면의 전단강도에 영향을 미치는 마지막 요소는 부재의 깊이와 가는 정도(slenderness)이다. 예를 들어서, 하중이 상면에 작용하는 길이가 짧고 깊이가 깊은 보는 깊이가 적당하면서 긴 보에 비해서 큰 공칭전단강도를 가지고 있다. 현행 구조기준 7.8.1(1)(ACI 11.7.1)에서는 하중의 작용점과 받침부가 서로 반대면에 있어서 하중 작용점과 받침부 사이에 압축대가 형성될 수 있는 경우에 순경간에 대한 깊이의 비 $l_n/h \le 4$ 인 경우를 깊은 보(deep beam)로 규정하고 있다(13.3장 참고). 깊은 보의 거동은 깊이가 낮은 세장보의 거동과는 여러 점에서 다르므로 이러한 부재를 설계하고 해석하기 위해서는 특별한 규정이 필요하여 구조기준에서는 비선형 변형률 분포를 고려하여 설계하거나 또는 부록의 스트럿-타이 모델을 적용하도록 규정하고 있다(구조기준 7.8.1(2)).

그 외에도 보의 깊이가 증가할수록 동일한 f_{ck}, ρ_w와 (a/d)에서 경사균열의 전단응력을 감소시키는 경향이 있다. 보의 깊이가 깊어질수록 주철근 위치에서의 균열폭이 자꾸 넓어지고, 따라서 균열을 따라 발생하는 골재 맞물림력을 저하시켜서 초기에 경사균열이 발생하도록 한다. Collins와 Mitchell[7.15]에 의하면 굵은골재의 크기가 동일하면서 복부 전단보강철근이 배치되지 않은 보를 이용하여 등분포 하중을 작용시켜서 수행한 실험에서 유효깊이 $d=$ 600 mm인 경우에 대략 $V_u = (\sqrt{f_{ck}}/6)b_w d$ 의 전단력이 작용할 때 파괴되었지만, 유효깊이가 3.29~4.92배 증가한 $d=$ 1,975 ~ 2,950 mm인 경우에는 $d=$ 600 mm인 경우의 절반인 $V_u = (\sqrt{f_{ck}}/12)b_w d$ 가 되기도 전에 파괴가 일어났다. 그러나 복부 전단보강철근이 배치되면 복부철근이 균열폭이 넓어지는 것을 억제하여 골재 맞물림력의 손상이 일어나지 않게 되고 따라서, 보의 깊이가 깊어지더라도 강도의 감소는 일어나지 않을 것이다[7.3].

또한 보의 전단강도는 축하중이 어떻게 작용하느냐에 영향을 받게 된다. 뒤에서 자세히 다루겠지만 축인장력이 작용하게 되면 경사균열하중을 감소시키고, 축압축력이 작용하면 반대로 증가시키게 된다.

구조기준 7.3.1(2)(ACI 11.2.2.1)에서는 보가 휨-전단 균열(flexure-shear cracking load)에 의해서 파괴되는 경우에 전단강도를 좌우하는 주된 요소들($\sqrt{f_{ck}}$, ρ_w, $a/d = M/Vd$)을 조합하여 아래와 같은 식을 제시하고 있다13)[7.6].

$$V_c = (v_c) b_w d = \left(0.16\lambda\sqrt{f_{ck}} + 17.6\rho_w \frac{V_u d}{M_u}\right) b_w d \le (0.29\lambda\sqrt{f_{ck}}) b_w d \tag{7.15a}$$

여기에서 f_{ck} 의 단위는 MPa로 이는 N/mm^{2}과 같으므로 다른 값들도 이와 같이 N과 mm로 계산하면 된다. 고려하는 단면의 계수 전단력과 휨모멘트의 척도인 $V_u d/M_u$ 는 축압축력이 작용하지 않는 상태에서 $V_u d/M_u \le 1.0$ 로 제한되며, 이 규정은 M_u 의 최소값이 $V_u d$ 와 같도록 하는 규정으로 M_u 가 매우 작거나 0에 가까운 변곡점(point of inflection, P.I.) 부근에서 V_c 의 값을 제한하는 효과를 갖고 있다[7.7]. 또한 철근비 $\rho_w = A_s/b_w d$ 이다.

구조기준 3.4.4(ACI 8.6.1)에서 경량콘크리트로 만들어진 부재의 전단강도를 계산하는 경우에 쪼갬인장강도(splitting tensile strength) f_{sp} 값이 주어지면 식 (7.15a)에서 λ 대신에 $f_{sp}/(0.56\sqrt{f_{ck}}) \le 1.0$ 를 대입하도록 규정하고 있다(2.5장 참고). 그러나 f_{sp} 의 값이 주어지지 않는 경우에는 콘크리트의 단위질량과 연관된 수정계수인 λ 는 보통중량골재 콘크리트에서 1.0, 전경량 콘크리트는 0.75, 모래경량 콘크리트(lightweight concrete made with sand and lightweight aggregate)는 0.85이며, 일부의 골재만이 경량골재로 치환된 경우는 체적비에 따라 직선보간할 수 있다. 따라서 쪼갬인장강도 f_{sp} 가 주어진 경량콘크리트를 사용한 경우에 식 (7.15a)는 아래와 같이 표현할 수 있다.

$$V_c = \left[0.16\sqrt{f_{ck}}\,[f_{sp}/(0.56\sqrt{f_{ck}})] + 17.6\rho_w \frac{V_u d}{M_u}\right] b_w d = \left(0.286 f_{sp} + 17.6\rho_w \frac{V_u d}{M_u}\right) b_w d$$
$$\le \left[0.29\sqrt{f_{ck}}\,[f_{sp}/(0.56\sqrt{f_{ck}})]\, b_w d = (0.518 f_{sp})\, b_w d\right] \tag{7.15b}$$

식 (7.15a)는 또한 복부-전단 균열(web-shear cracking)에 의해서 파괴가 일어나는 보의 경우에도 안전측의 전단강도를 계산하므로 어떤 설계조건에도 사용할 수 있다. 식 (7.15a)에서 M_u가 커지게

13) 일반적으로 식 (7.15a)는 전단경간/깊이 비 a/d가 대략 2.5～6.0인 경우에 휨-전단 균열하중을 예측하는 식으로 받아들여지고 있다.

되면, 2번째 항이 작아져서, $V_c = (0.16\lambda\sqrt{f_{ck}})b_w d$ 에 접근하게 된다. 그러나 만약에 M_u가 0에 접근하게 되면, 2번째 항이 매우 커져서, 이 경험적 식은 더 이상 적용되지 못하고 상한한계 $V_c = (0.29\lambda\sqrt{f_{ck}})b_w d$ 에 의해서 제한받게 된다. 그림 7.19에는 식 (7.15a)의 계산 결과와 실험결과를 무차원 값으로 비교하였다.

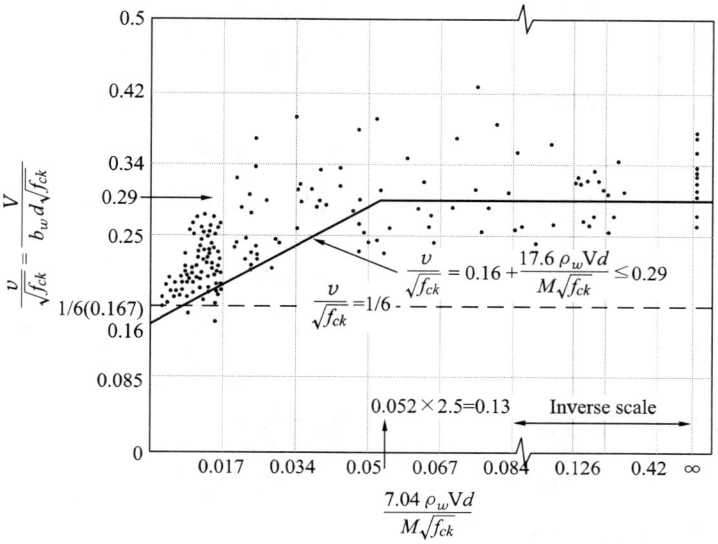

그림 7.19 실험 결과와 식 (7.15a)와 (7.16a)의 상관관계[7.42]

구조기준 7.3.1(1)①(ACI 11.2.1.1)에서는 좀더 간단한 아래 식으로 보의 공칭 전단강도를 계산할 수 있도록 하고 있다.

$$\text{간략식}:\ V_c = (v_c)b_w d = \left(\frac{\lambda\sqrt{f_{ck}}}{6}\right)b_w d\,[= (0.167\lambda\sqrt{f_{ck}})b_w d] \qquad (7.16a)$$

여기에서 $b_w d$는 보에서 복부의 유효면적이다. 쪼갬인장강도 f_{sp}가 주어진 경량콘크리트를 사용한 경우에 식 (7.15b)와 같이 표현하면 아래와 같다.

$$V_c = \frac{f_{sp}}{0.56\sqrt{f_{ck}}}\left(\frac{\sqrt{f_{ck}}}{6}\right)b_w d = (0.298 f_{sp})b_w d \le \frac{\sqrt{f_{ck}}}{6}b_w d \qquad (7.16b)$$

현재 보에 대한 전단강도의 지식은 대부분 압축강도가 56 MPa 이하의 콘크리트로 만든 보를 실험한 결과에 의존하고 있다. 56 MPa보다 높은 고강도의 콘크리트에 대한 실험에서 식 (7.15a)나 식 (7.16a)가 콘크리트의 전단강도를 과대평가하는 것으로 판명되어, 구조기준 7.2.1(4)(ACI 11.1.2)에서 $\sqrt{f_{ck}}$가 8.4 MPa을 초과할 수 없도록 규정하고 있다. 이 값은 $f_{ck} =$ 70.56 MPa ≈ 70 MPa에 상당한다. 그러나 식 (7.32)의 최소 전단철근(구조기준 7.4.3, ACI 11.4.6) 이상으로 전단보강한 보나 장선구조(joist, 그림 7.24 참고) 또는 프리스트레스트 콘크리트 보의 V_c 계산에서 $\sqrt{f_{ck}}$ 값이 8.4 MPa을 초과할 수 있다. 실험에 의하면 고강도 콘크리트로 만든 보에서 추가의 전단보강이 사인장파괴(brittle diagonal tension failure)를 방지하여 감소되는 전단강도를 보상해 주는 것이 관찰되었다.

구조기준 7.2.1(2)와 (3)(ACI 11.1.1.1, 11.1.1.2)에서는 공칭전단강도 V_c를 결정할 때 개구부(opening)의 영향과 구속된 부재에서 크리프와 건조수축으로 인한 축방향 인장력의 영향을 고려하여야 하고, 깊이가 인정하지 않은 부재의 경사진 휨압축력의 영향도 고려하도록 규정하고 있다.

또한 구조기준 7.3.1(3)(ACI 11.2.3)에서 원형단면 부재(circular member)의 V_c를 계산하기 위한 단면적은 지름을 D라 하면, 유효깊이는 $d = 0.8D$로, 단면적은 (유효깊이 x 지름) = $0.8D^2$로 구하도록 규정하고 있다. 이 값은 원형단면의 면적을 구하는 식 $(D^2/4)\pi = 0.785D^2 \approx 0.8D^2$ 로 제시한 것이다.

예제 7.1(a) 콘크리트의 전단강도

그림 7.20의 단면에서 다음과 같은 조건일 때, 각각의 콘크리트 전단강도 V_c를 계산하라. 여기서, 보통중량골재 콘크리트의 설계기준강도 $f_{ck} = 24\text{ MPa}$ 이고, $A_s = 1{,}927\text{ mm}^2$ 이다.

(a) 받침부에서 거리 d 떨어진 전단의 위험단면(그림 7.53 참고)에서 $V_u = 177.5\text{ kN}$, $M_u = 40.7\text{ kN}\cdot\text{m}$ 인 경우 :

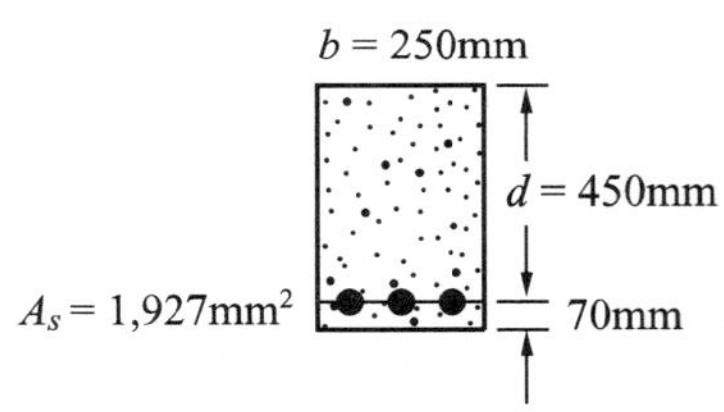

그림 7.20

풀이

① 식 (7.15a) 상세 식으로 V_c 계산 :

$$V_c = \left[0.16\lambda\sqrt{f_{ck}} + 17.6\rho_w(V_u d/M_u)\right]b_w d \le (0.29\lambda\sqrt{f_{ck}})b_w d$$

$$\frac{V_u d}{M_u} = \frac{(177.5\text{ kN})(0.45\text{ m})}{(40.7\text{ kN}\cdot\text{m})} = 1.96 \le 1.0$$ <N.G.>

따라서 $V_u d/M_u = 1.0$

$$\rho_w = \frac{A_s}{b_w d} = \frac{1{,}927\text{ mm}^2}{(250\text{ mm})(450\text{ mm})} = 0.0171$$; 보통중량골재 콘크리트 $\lambda = 1.0$

$$V_c \le (0.29\lambda\sqrt{f_{ck}})b_w d = (0.29\times 1.0\sqrt{24})(250)(450)(10^{-3}) = 159.8\text{ (kN)}$$

$$V_c = \left(0.16\lambda\sqrt{f_{ck}} + 17.6\rho_w\frac{V_u d}{M_u}\right)b_w d = \left[0.16(1.0\sqrt{24}) + (17.6)(0.0171)(1.0)\right](250)(450)/10^3$$

$$\therefore V_c = (0.784 + 0.301)(250)(450)/10^3 = \underline{122.1\text{ (kN)}} < 159.8\text{ kN}$$ <o.k.>

② 식 (7.16a) 간략 식으로 V_c 계산 :

$$\therefore\ V_c = (v_c)b_w d = \left(\frac{\lambda\sqrt{f_{ck}}}{6}\right)b_w d = \frac{1.0\sqrt{24}}{6}(250)(450)/10^3 = (0.816)(112.5) = \underline{91.9\ (\mathrm{kN})}$$

[이 값은 상세 식으로 구한 122.1 kN의 75.2 % 밖에 되지 않아 안전 측의 값을 주고 있다.]

계수전단력 $V_u =$ 177.5 kN $> \phi V_c =$ 0.75(122.1) = 91.6 kN보다 크기 때문에, 이 단면은 전단에 대해서 보강해야 한다. 따라서 소요 전단보강철근의 강도 $V_s \geq V_u/\phi - V_c =$ 236.7 - 122.1 = 114.6 (kN)이 된다.

전단강도에 대한 축하중의 영향(Influence of Axial Load on Shear Strength)

단면에 전단과 함께 축하중이 작용하게 되면 전단에 의해서 발생하는 사인장력의 크기가 변하게 된다. 축인장력은 콘크리트가 사인장력(diagonal tension)에 저항하는 인장강도의 일부분을 사용해서 보의 전단에 대한 저항력을 감소시키게 된다. 그러나 축압축력의 경우에는 전단에 의한 사인장력을 감소시키게 되므로 콘크리트의 전단강도를 증가시키게 된다. 그림 7.21에는 인장응력과 압축응력이 전단에 의해서 생기는 사인장응력 f_1 에 미치는 영향을 Mohr 도에 의해서 보여주고 있다.

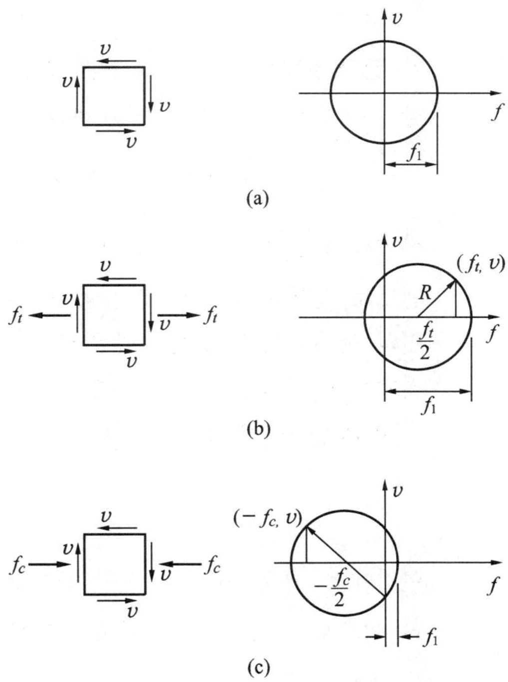

그림 7.21 Mohr 도에서 축응력의 사인장 응력에 대한 영향 (a) 순수전단, (b) 전단과 인장, (c) 전단과 압축.

반경험식인 식 (7.15a)는 전단강도에 주된 영향을 미치는 계수와 함께 사인장균열을 일으키는 하중을 안전측으로 예측할 수 있도록 한다. 이 식은 또한 적당하게 변환하면 축하중 N_n의 영향을 고려하여 단면에 사인장균열을 일으키는 인장응력을 구할 수 있도록 한다[7.12]. 그림 7.22에서 보의 미소요소 dz 를 고려하여 내부 압축합력 C가 작용하는 점 A에서 모멘트를 취하면,

$$T\left(d - \frac{a}{2}\right) = M_n - N_n\left(\frac{h}{2} - \frac{a}{2}\right) \tag{7.17}$$

여기에서 $a/2 \approx d/8$ 로 보면 식의 우측 항은 $M_n - N_n(h/2 - d/8)$로 표현된다. 구조기준에서 M_n과 N_n 대신에 M_u와 N_u로 표현하고, 식 (7.15a)의 M_u 대신에 축방향력 N_n이 작용할 때 휨모멘트

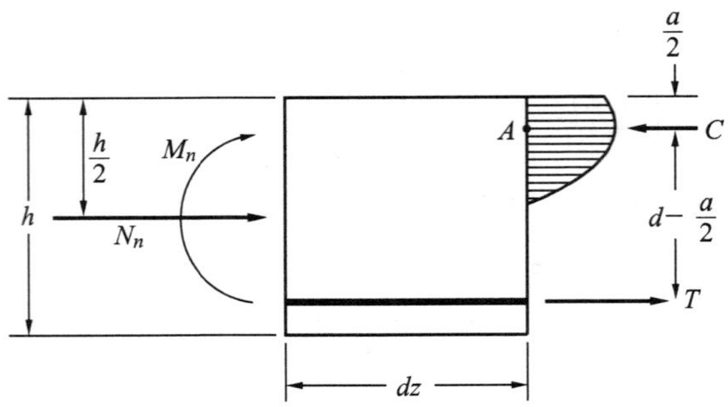

그림 7.22 축압축력과 휨모멘트가 동시에 작용하는 부재

M_u가 사인장균열에 미치는 영향과 등가인 휨모멘트 M_m을 표현하면,

$$M_m = M_u - N_u\left(\frac{4h-d}{8}\right) \tag{7.18}$$

가 된다. 따라서 식 (7.15a)에서 M_u 대신에 M_m으로 대체하여 축방향 압축력이 작용하는 경우에 상세 식으로 다음과 같이 표현할 수 있다.

$$\text{축방향 압축력(상세식)}: \quad V_c = \left(0.16\lambda\sqrt{f_{ck}} + 17.6\rho_w\frac{V_u d}{M_m}\right)b_w d \tag{7.15c}$$

여기에서 V_u와 M_m은 V_c가 계산되는 단면의 계수하중에 의한 전단과 식 (7.18)로 계산되는 휨모멘트로 언제나 부호는 정(+)이어야 한다. 또한, b_w는 복부의 폭 ; d는 단면의 유효깊이 ; h는 단면의 전체깊이 ; N_u는 축방향력으로 N_u/A_g의 단위는 MPa이고 ; f_{ck}는 콘크리트의 설계기준 압축강도 ; $\rho_w = A_s/b_w d$는 휨보강 철근비이다.

식 (7.15c)에서 $V_u d/M_m$에 대한 제한은 없지만, 계산된 V_c는 아래 값 이하이어야 한다.

$$V_c \le \left(0.29\lambda\sqrt{f_{ck}}\sqrt{1+\frac{N_u}{3.5A_g}}\right)b_w d \tag{7.19}$$

여기에서 A_g는 단면의 전체 단면적(mm^2)이다. 축방향 압축력을 받는 경우에 식 (7.15c) 대신에 간략 식으로 다음 식으로 V_c를 계산할 수도 있다.

$$\text{축방향 압축력(간략식)}: \quad V_c = \left[\left(1+\frac{N_u}{14A_g}\right)\frac{\lambda\sqrt{f_{ck}}}{6}\right]b_w d \tag{7.16c}$$

여기에서 N_u(압축력)의 부호는 정(+)으로 N_u/A_g의 단위는 N/mm^2이다. 현저히 큰 축방향 인장력을 받는 경우 V_c는 상세 식으로 아래 식으로 구할 수 있다.

$$\text{축방향 인장력(상세식)}: \quad V_c = \left[\left(1+\frac{N_u}{3.5A_g}\right)\frac{\lambda\sqrt{f_{ck}}}{6}\right]b_w d \tag{7.20}$$

여기에서 N_u(인장력)의 부호는 부(−)로 N_u/A_g의 단위는 역시 N/mm^2이다. 식 (7.20)에서

N_u / A_g가 만약에 -3.5 이하이면 $V_c = 0$ 이 된다. 구조기준 7.3.1(1)③(ACI 11.2.1.3)에서는 이런 조건인 경우 이외에도 식 (7.20)에 의해서 전단강도를 구하지 않는 한 전단철근이 모든 계수전단력 V_u를 받도록 설계하여야 한다고 규정하고 있다(즉, $V_c = 0$ 으로 간주할 수 있다고 제시).

표 7.1에는 전단보강이 안 된 부재의 전단강도에 미치는 축하중의 영향이 도표화되어 있다. 그림 7.23에는 전단 실험한 결과와 계산식의 관계를 보여주고 있다[7.47].

표 7.1 전단보강이 안된 부재의 전단강도에 미치는 축하중의 영향 (구조기준 7.3.1, ACI 11.2)

	간략 식	상세 식
휨	$V_c = \left(\dfrac{\lambda\sqrt{f_{ck}}}{6}\right) b_w d$	$V_c = \left(0.16\lambda\sqrt{f_{ck}} + 17.6\rho_w \dfrac{V_u d}{M_u}\right) b_w d$ $\le (0.29\lambda\sqrt{f_{ck}}) b_w d$ 와 $V_u d / M_u \le 1$
휨과 축압축력	$V_c = \left[\left(1 + \dfrac{N_u}{14A_g}\right)\dfrac{\lambda\sqrt{f_{ck}}}{6}\right] b_w d$ 압축력일 때 N_u 부호 + ; N_u / A_g 단위는 MPa	$V_c = \left(0.16\lambda\sqrt{f_{ck}} + 17.6\rho_w \dfrac{V_u d}{M_m}\right) b_w d$ $\le \left(0.29\lambda\sqrt{f_{ck}}\sqrt{1 + \dfrac{N_u}{3.5A_g}}\right) b_w d$ $M_m = M_u - N_u \dfrac{(4h - d)}{8}$, $\dfrac{V_u d}{M_m}$ 제한없음. 압축력일 때 N_u 부호 + ; N_u / A_g 단위는 MPa
휨과 축인장력	$V_c = 0$; 전단철근이 모든 전단력을 받도록 설계	$V_c = \left[\left(1 + \dfrac{N_u}{3.5A_g}\right)\dfrac{\lambda\sqrt{f_{ck}}}{6}\right] b_w d$ 인장력일 때 N_u 부호 - ; N_u / A_g 단위는 MPa

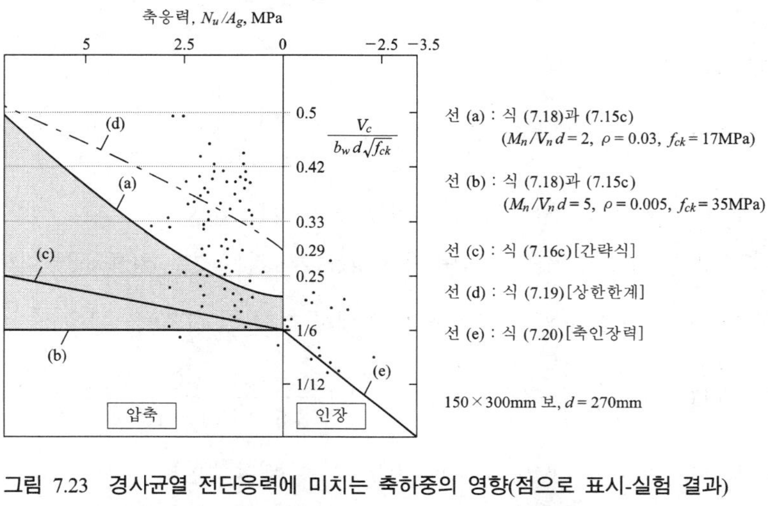

그림 7.23 경사균열 전단응력에 미치는 축하중의 영향(점으로 표시-실험 결과)
[음영 부분이 식 (7.18)과 식 (7.15c)로 구한 값의 범위를 보여준다]

예제 7.1(b-c) 축하중이 작용하는 단면의 콘크리트의 전단강도 계산

예제 7.1a에서 다음 각각의 경우에 대해서 상세 식과 간략 식으로 V_c를 결정하라.

(b) $N_u = 44$ kN (압축력)이 작용하는 경우 ; (c) $N_u = -44$ kN (인장력)이 작용하는 경우

풀이

(b) 압축력 $N_u = 44$ kN 를 고려하기 위해서 상세 식 (7.15c)를 사용

① V_c 계산 : $A_g = bh = (250)(520) = 130 \times 10^3\ (\text{mm}^2)$

여기서 $(V_u d/M_m)$에 대한 제한은 없으며, 계산된 V_c는 아래 값 이하이어야 한다.

$$V_c \leq \left(0.29\lambda\sqrt{f_{ck}}\sqrt{1+\frac{N_u}{3.5A_g}}\right)b_w d = 0.29(1.0\sqrt{24})\sqrt{1+\frac{44\times10^3}{3.5\times130\times10^3}}(250)(450)$$

$$\therefore\ V_c \leq (1.421\times1.047)(250)(450)/10^3 = 167.3\ (\text{kN})$$

$$M_m = M_u - N_u(4h-d)/8 = [40.7-44(4\times520-450)/8]/10^3 = 31.7\ (\text{kN}\cdot\text{m})$$

($\because M_m = 31.7$ kN · m 는 $M_u = 40.7$ kN · m 로부터 22% 감소한 값이다.)

$$\therefore\ V_u d/M_m = 177.5\times450\times10^{-3}/31.7 = 2.52$$

$$V_c = \left(0.16\lambda\sqrt{f_{ck}} + 17.6\rho_w\frac{V_u d}{M_m}\right)b_w d$$

$$= [0.16(1.0\sqrt{24})+17.6(0.0171)(2.52)](250)(450)(10^{-3})$$

$$V_c = (0.784+0.758)(250)(450)(10^{-3}) = 173.5\ (\text{kN}) \leq 167.3\ \text{kN}$$ <N.G.>

$\therefore\ V_c = \underline{167.3\ \text{kN}}$ ($N_u = 0$ 인 상세식 $V_c = 122.1$ kN 에 비해서 37% 증가)

② 또는, 간략 식 (7.16c)로 V_c를 계산 :

$$V_c = \left[\left(1+\frac{N_u}{14A_g}\right)\frac{\lambda\sqrt{f_{ck}}}{6}\right]b_w d = \left(1+\frac{44\times10^3}{14\times130\times10^3}\right)\frac{1.0\sqrt{24}}{6}(250)(450)/10^3$$

$$\therefore\ V_c = (1.024\times0.816)(250)(450)/10^3 = \underline{94.1\ (\text{kN})}$$

[167.3 kN의 56% 안전 측 ; 축압축력이 작용하지 않는 경우, 91.9 kN에 비해서 약 2.4% 증가되었다.]

(c) 인장력 $N_u = -44$ kN 를 고려하기 위해서 상세 식 (7.20)을 사용 :

$$V_c = \left[\left(1+\frac{N_u}{3.5A_g}\right)\frac{\lambda\sqrt{f_{ck}}}{6}\right]b_w d = \left(1+\frac{-44\times10^3}{3.5\times130\times10^3}\right)\frac{1.0\sqrt{24}}{6}(250)(450)/10^3$$

$$\therefore\ V_c = (0.903\times0.816)(250)(450)/10^3 = \underline{82.9\ (\text{kN})}$$

(축인장력이 작용하지 않는 간략식의 $V_c = 91.9$ kN 에 비해서 9.8% 감소)

전단철근이 없는 보의 설계(Design of Beams with no Shear Reinforcement)

실제로 사인장 파괴(diagonal-tension failure)로 전단파괴가 일어나게 되면 보는 완전히 붕괴(complete rupture)된다. 이러한 파괴는 경고의 시간을 주지 않을 뿐만 아니라 또한 떨어지는 콘크리트 조각에 맞게 되면 매우 위험하게 된다. 현행 구조기준에서는 보가 확실하게 연성파괴(ductile failure)가 일어나도록, 설계된 보가 전단파괴를 일으키는 하중보다 훨씬 낮은 하중에서 휨에 의해서 인장철근의 항복으로 보가 파괴되도록 규정하고 있다. 따라서 현행 구조기준에서 전단에 대한 강도감소계수를 휨의 0.85보다 11.8% 작은 0.75으로 규정하여 전단보다는 휨에 의해서 파괴가 일어나도록 유도하고 있다. 이렇게 설계된 보는 과도한 하중이 작용하게 되면 균열이나 처짐이 일어나기는 하지만 보가 전단파괴와 같이 완전히 절단되어 붕괴되지는 않을 것이다.

구조기준에서는 일반적인 요구조건으로 모든 보는 전단에 대해서 보강을 하도록 규정하고 있다. 전단철근은 경사균열의 진행을 방지하고 연성을 줄뿐만 아니라 만약에 커다란 경사균열이 발달했을 경우에도 완전한 붕괴가 일어나는 것을 방지할 수 있다. 구조기준 7.4.3(1)(ACI 11.4.6)에서는 계수전단력이 아주 낮은 경우, 즉 $V_u \le (0.5\phi V_c)$ 에만 전단철근을 배치하지 않을 수 있다고 규정(7.5장 참고)하고 있다.

예외 규정 : 일반적인 부재에서 설계전단강도를 50%를 감소시켜서 최소 전단보강철근을 배치하도록 하는 규정에 대한 예외 규정으로 폭이 넓고 깊이가 낮은 부재는 1/2로 강도를 감소시켜서 최소 전단보강철근의 배치를 할 필요 없이 단면의 모든 전단강도가 유효하다고 보아 판별하도록 하였다. 따라서 계수전단력이 부재의 설계전단강도를 초과하지 않는, $V_u/\phi < V_c$ 인 경우에는 전단보강철근을 배치할 필요가 없다. 실험에 의하면 깊이가 낮은 보에서 휨파괴가 일어나기 전에 전단파괴가 거의 일어나지 않았다. 깊이가 낮은 보로 구분되기 위해서는 다음의 ①~④ 조건 중에서 1 가지를 만족하여야 하고, ⑤ 규정은 2007년 기준에 삽입된 규정으로 휨이 주거동인 판 부재인 경우에도 예외로 볼 수 있다고 규정하고 있다[구조기준 7.4.3(1), ACI 11.4.6.1]. ⑥과 ⑦ 규정은 2012년 구조기준에 도입된 규정으로 각각 프리스트레스트 속빈 부재인 경우와 강섬유콘크리트 보에 대한 규정이다.

① 슬래브(solid slab)와 기초판(footing)

② 구조기준 3.4.11에서 규정한 콘크리트 장선구조(joist construction)(그림 7.24 참고)

③ 단독 보인 경우 : 전체 깊이 $h \le$ 250 mm 이하인 경우

④ 슬래브와 일체로 시공된 보(즉 I형 또는 T형 보)의 경우 :
$h \le$ 최대 값(플랜지 두께의 2.5배, 복부 폭의 1/2) 이하인 경우

⑤ 교대 벽체 및 날개벽, 옹벽의 벽체, **암거(culvert)** 등과 같이 휨이 주거동인 판 부재인 경우

⑥ 순 단면(total untopped depth)의 깊이가 315 mm를 초과하지 않는 프리스트레스트 속빈 부재

(prestressed hollow-core unit)이거나 <u>또는</u> 프리스트레스트 속빈 부재에 작용하는 계수전단력이 $V_u < 0.5\phi V_{cw}$ 인 경우14)

⑦ 강섬유콘크리트 보(fiber-reinforced concrete beam)에서 보의 깊이 $h \le 600\,\text{mm}$ 이고, $f_{ck} \le$ 40 MPa이면서 작용하는 계수전단력 $V_u \le \phi(\sqrt{f_{ck}}/6)b_w d$ 인 경우

바닥-장선구조(Floor-Joist Construction) : 장선구조에 대해서는 앞에서 언급한 규정에 더하여 구조기준 3.4.11(3)(ACI 8.13.8)에서는 전단력을 10%를 증가시켜서 계산되는 콘크리트의 전단강도를 $1.1V_c$로 할 수 있도록 규정하고 있다. 이렇게 전단강도를 10%를 증가시키기 위한 장선구조로 역할을 하기 위해서는, ① 장선은 그 폭이 100 mm 이상이어야 하고, ② 그 높이는 장선의 최소 폭의 3.5배(즉, 350 mm) 이하이어야 하고, ③ 장선사이의 순간격은 750 mm를 초과하지 않아야 한다는 규정을 만족하여야 한다(그림 7.24 참고). 만약에 장선구조가 이 조건들을 만족시키지 못하면 슬래브와 보로 설계하여야 한다[구조기준 3.4.11(1)④, ACI 8.13.4].

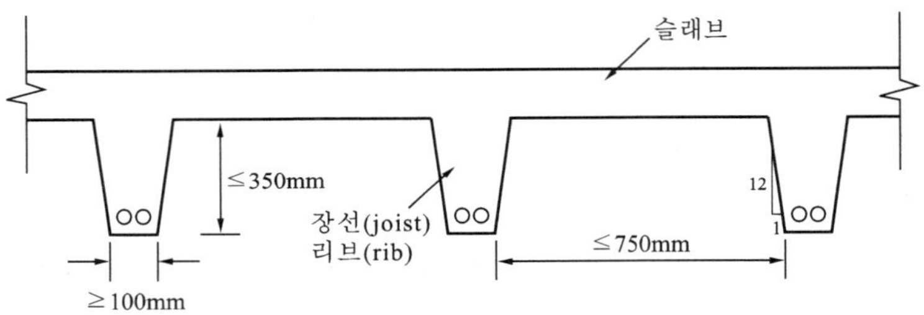

그림 7.24 장선구조의 구조기준 3.4.11 규정

예제 7.2 깊이가 낮은 보의 전단강도

그림 7.25에서 보의 단면은 휨모멘트에 대해서만 보강되어져 있다. 설계전단강도 ϕV_c는 얼마인가? 여기에서, 보통중량골재 콘크리트의 설계기준강도 f_{ck} = 21 MPa 이고, f_{yt} = 400 MPa이다.

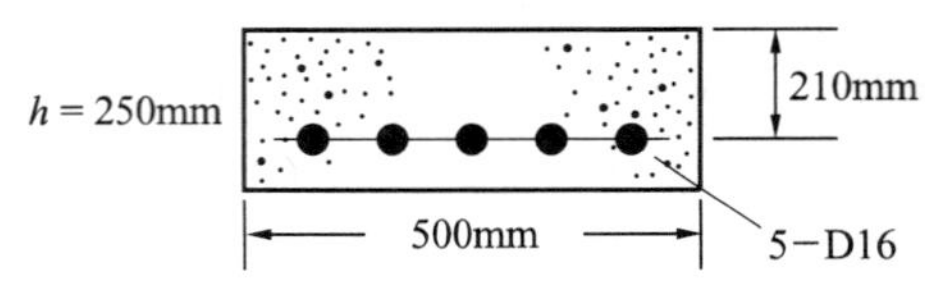

그림 7.25

14) 구조기준 7.4.3⑤에서 "순 단면(total untopped depth)의 깊이가 315 mm를 초과하지 않는 속빈 부재에 작용하는 계수전단력이 $0.5\phi V_{cw}$를 초과하지 않는 경우"로 되어 있어서 속빈 부재의 깊이가 315 mm 이하이면서 계수전단력이 $0.5\phi V_{cw}$ 이하이어야 조건을 만족하는 것 같이 착각하도록 제시되었다. 그러나 ACI 318-08 11.4.6(b)에서 보면 "Hollow-core units with total untopped depth not greater 315 mm <u>**and**</u> hollow-core units where V_u is not greater than $0.5\phi V_{cw}$"로 제시되어 프리스트레스트 속빈 부재에서 순 단면의 깊이가 315 mm를 초과하지 않거나 <u>또는</u> 만약에 깊이가 315 mm 초과하는 경우에도 $V_u < 0.5\phi V_{cw}$ 이면 최소전단철근을 배치할 필요가 없다는 규정으로 이해할 수 있다(ACI 318-08 R11.4.6.1(b)[7.7] 참고).

풀이

$V_u > (0.5\phi V_c)$ 인 경우에 최소 전단철근을 배치하여야 하므로 만약에 구조기준 7.4.3(1)의 예외규정을 만족시키지 못하면 단면의 설계전단강도가 1/2로 감소하는 것과 같게 된다. 예외규정을 만족하는지 검토한다.

단독 보의 경우 : $h = 250\text{ mm} \le [h_{(한계)} = 250\text{ mm}]$ <o.k.>

따라서 조건 3을 만족하고, 전단보강철근은 배치되지 않았으므로 $V_s = 0$, 따라서 $V_u < \phi V_c$ 인 경우에 전단보강철근을 배치하지 않아도 된다. 따라서 이 단면의 설계전단강도는 ϕV_c가 된다.

보통중량골재 콘크리트 : $\lambda = 1.0$; 전단강도 감소계수 $\phi = 0.75$

$$\phi V_c = 0.75\left(\frac{\lambda\sqrt{f_{ck}}}{6}b_w d\right) = 0.75\left(\frac{1.0\sqrt{21}}{6}\frac{\text{N}}{\text{mm}^2}\right)(500\text{ mm})(210\text{ mm})$$

$$\therefore\ \phi V_c = 0.75(0.764)(105{,}000) = 0.75(80.20\times 10^3\text{ N})(10^{-3}) = \underline{60.1\text{ kN}}$$

예제 7.3 깊이가 약간 더 깊은 보의 전단강도

그림 7.26의 단면은 휨모멘트에 대해서만 보강되었다. 현행 구조기준에 의해서 설계전단강도는 얼마인가? 여기에서, 보통중량골재 콘크리트의 설계기준강도 $f_{ck} = 21$ MPa이고, $f_{yt} = 400$ MPa이다.

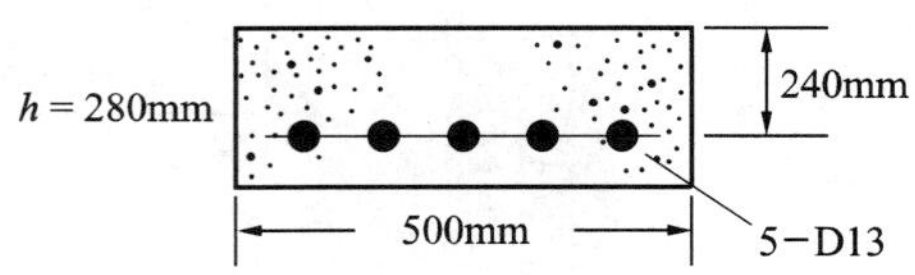

그림 7.26

풀이

예외규정을 만족하는지 검토한다.

단독 보인 경우 : $h = 280\text{ mm} > [h_{(한계)} = 250\text{ mm}]$ <N.G.>

따라서 조건 3을 만족시키지 못하고, 전단보강철근은 배치되지 않아 $V_s = 0$ 이므로,

$V_u \le (0.5\phi V_c)$ 인 경우에만 전단보강철근을 배치하지 않을 수 있다. 따라서 이 단면의 설계전단강도는 $(0.5\phi V_c)$로 제한된다고 볼 수 있다.

보통중량골재 콘크리트 : $\lambda = 1.0$

$$(0.5\phi V_c) = (0.5)(0.75)\left(\frac{\lambda\sqrt{f_{ck}}}{6}b_w d\right) = (0.5)(0.75)\left[\frac{(1.0\sqrt{21})}{6}(500)(240)(10^{-3})\right]$$

$$\therefore\ (0.5\phi V_c) = (0.5)(0.75)(91.65) = \underline{34.4\text{ (kN)}}$$ [15)]

15) 예제 7.3은 예제 7.2보다 보의 높이 h가 단지 30 mm 증가했는데 전단강도는 43% 감소되고 있다. 이렇게 보의 높

예제 7.4 장선구조의 전단강도

1 방향 장선 슬래브의 경간 $l = 6.0\,\text{m}$ 이고, $w_L = 4.71\,\text{kN/m}^2$ 의 활하중과 구조물의 자중에 의한 고정하중 $w_D = 3.23\,\text{kN/m}^2$ 이 작용하고 있다(그림 7.27 참고). 여기에서, 보통중량골재 콘크리트의 설계기준강도 $f_{ck} = 21\,\text{MPa}$ 이고, $f_{yt} = 400\,\text{MPa}$ 이다.

(a) 전단철근이 사용되지 않았다면, 장선구조가 지지할 수 있는 최대 전단력 ϕV_n은 얼마인가?

(b) 받침부로부터 d 만큼 떨어진 위치의 전단력을 최대전단력으로 고려한다면, 장선구조는 설계하중에 의해 발생되는 계수전단력을 지지할 수 있는가?

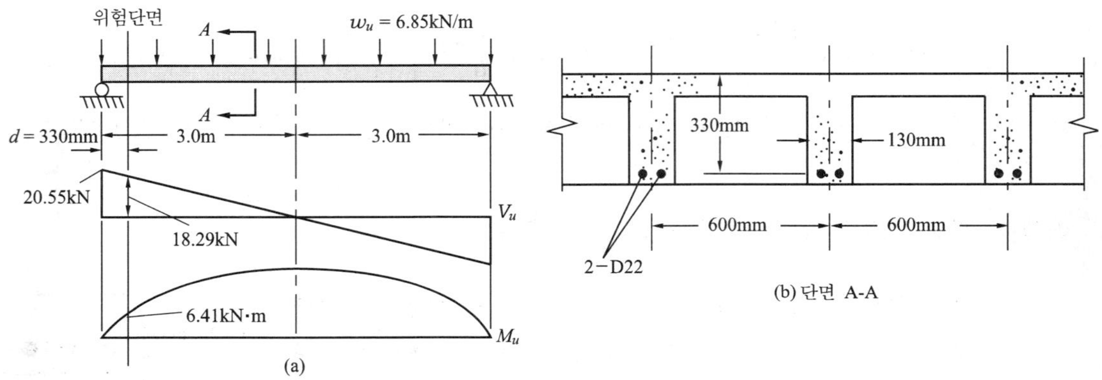

그림 7.27

풀이

그림 7.24의 구조기준 3.4.9(3)의 규정을 만족하는지 검토 :

① 장선의 폭 130 mm > 100 mm <o.k.>

② (높이 330 mm + 피복두께 + 철근직경/2 - 슬래브 두께) < (3.5 x 130 = 455 mm) <o.k.>

[슬래브 두께는 주어지지 않았지만 (330 + 피복두께 + 철근직경/2 - 슬래브 두께)가 455 mm 보다 크기는 어려우므로 만족한다고 본다.]

③ 순간격, $(600 - 130 = 470\,\text{mm}) < 750\,\text{mm}$ <o.k.>

장선구조의 모든 조건을 만족하므로 $\phi V_n = \phi(1.1\,V_c)$ 로 할 수 있다.

(a) $\phi V_n = \phi(1.1\,V_c)$ 계산 :

폭 600 mm의 T형 보에 작용하는 계수하중의 계산(그림 7.27b 참고) :

$$w_u = [1.2(3.23\,\text{kN/m}^2) + 1.6(4.71\,\text{kN/m}^2)](0.60\,\text{m}) = 6.85\,\text{kN/m}$$

이는 조금밖에 변하지 않는데 강도의 급격한 감소는 구조기준의 규정이 일률적이지 않음을 보여주고 있다.

$d = 330\text{ mm}$ 떨어진 위험단면에서 계수전단력 V_u 계산 (위험단면 : 그림 7.53 및 7.54 참고) :

$$V_u = R - w_u d = 6.85(3) - 6.85(0.33) = 20.55 - 2.26 = 18.29\ (\text{kN})$$

식 (7.16a) 이용 V_c의 계산 : 보통중량골재 콘크리트 $\lambda = 1.0$

$$V_c = (\lambda\sqrt{f_{ck}}/6)b_w d = (1.0\sqrt{21}/6)(130)(330)/10^3 = 32.77\ (\text{kN})$$

장선구조가 지지할 수 있는 최대 전단저항력 ϕV_n의 계산 :

$$\therefore \phi V_n = \phi(1.1\,V_c) = 0.75(1.1)(32.77) = \underline{27.03\ (\text{kN})}$$

(b) $\phi V_n = 27.03\text{ kN} > V_u = 18.29\text{ kN}$ 이므로 전단보강은 할 필요가 없다.

[$(0.5\phi V_c) = 13.52\text{ kN} < V_u = 18.29\text{ kN} < (\phi V_c) = 32.77\text{ kN}$ 이지만 장선구조이므로 최소 전단철근[식 (7.32)]을 배치할 필요가 없다.]

7.4 전단보강이 된 보의 전단저항 메커니즘(Mechanism of Shear Resistance in Beams with Web Reinforcement)[7.3, 7.5]

단면에 작용하는 계수전단력 V_u가 콘크리트의 전단강도를 초과하는 경우에는 부재에 수직철근을 배치해서 전단강도를 증진시켜야 한다. 전단보강철근으로는 구조기준 7.4.1(1)(ACI 11.4.1)에서 용접철망(welded wire reinforcement), 나선철근(spiral), 원형띠철근(circular tie) 및 후프철근(hoop) 등도 배치할 수 있도록 규정하고 있지만 가장 일반적으로 그림 7.29와 같은 인장철근을 둘러싸고 압축영역에 정착하는 스터럽(stirrup)이나 U형 철근이 사용된다. 만약에 비틀림모멘트가 존재하는 경우에는 8장에서 다루는 비틀림 설계를 수행하여 그림 7.29b와 같은 폐쇄스터럽(closed stirrup) 또는 U형 스터럽과 이를 덮어씌우는 **결속근(cap tie)**을 배치(그림 8.33 참고)해야 할 것이다.

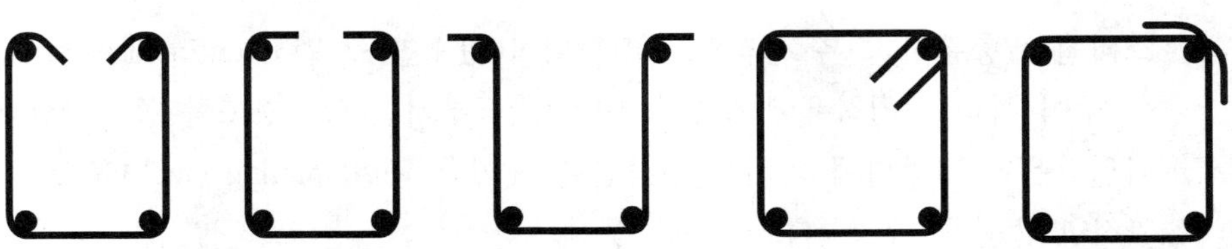

(a) 열린 U형 스터럽 (b) 폐쇄스터럽

그림 7.29 여러 가지 형태의 전단보강철근 스터럽의 형상(그림 7.48 및 8.33 참고)

스터럽과 같은 복부철근이 배치된다고 해서 7.2장에서 다루었던 기본적인 전단저항 메커니즘은 바뀌지 않고, 단지 보 메커니즘(beam mechanism)에서 콘크리트 캔틸레버(concrete cantilever)가 묶인 캔틸러버(tied cantilever)로 거동하는 상황만 변하게 된다. 골재의 맞물림(aggregate interlock), 다월력(dowel)과 압축영역의 복합작용(그림 7.14 참고)에 의해서 저항되는 부착력 ΔT 에 더해서 전통적으로 트러스 작용(truss action)이라고 불리는 콘크리트 캔틸레버와 스터럽의 거동으로 인해서 추가적인 부착력 $\Delta T'$ 이 발생하게 된다[그림 7.34 및 7.38 트러스 유사 개념(truss analogy concept) 참고]. 그림 7.30에서 보는 바와 같이 이 트러스 모델에서 캔틸레버는 경사압축부재(diagonal compression member)로서 역할을 하게 된다.

스터럽이 배치되게 되면 부재의 보거동에 여러 가지 이익을 준다. 스터럽의 전단저항에 대한 기여는 다음과 같다.

① 스터럽은 휨-전단 균열이 통과하는 휨철근을 효과적으로 구속하여 다월작용을 증진시킨다.

② 트러스 작용에 의한 경사압축력 C_d 에 의해서 캔틸레버 블럭(cantilever block)의 휨인장응력을 억제한다(그림 7.31 참고).

③ 탄성영역에서 경사균열의 폭을 제한하여, 골재의 맞물림에 의한 전단의 전달을 증진시키고 유지시킨다.

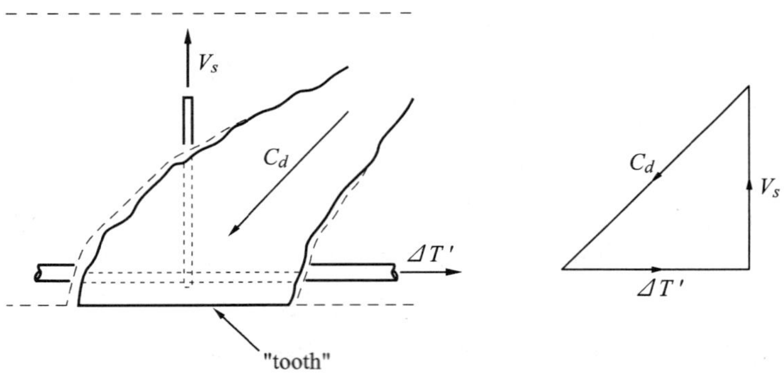

그림 7.30 묶인 캔틸레버(tied cantilever)에서 스트럿(압축대)로 작용하는 콘크리트 캔틸레버(concrete cantilever)

④ 스터럽이 충분히 좁은 간격으로 배치되어 있으면 구속력(confinement effect, 그림 2.25 참고)을 주어 특히 아치작용에 영향을 미치는 국부적인 압축강도를 증가시킨다.

⑤ 다월작용과 정착력에 의해서 정착단에 찢어짐 균열(splitting crack)이 발생했을 때 부착력의 완전한 손상을 방지한다.

복부전단철근이 적당하게 배치되면 앞에서 다루었던 콘크리트에 의한 전단저항력, 즉 보거동으로 주어졌던 V_c 와 복부전단철근의 전단에 대한 저항력, 즉 트러스 메커니즘으로 저항되는 추가적인 전단력 V_s 에 의해서 보는 전단저항을 하게 된다. 그림 7.18b에서 보는 바와 같이 경사균열 때문에 보의 강도가 이론적인 휨강도 이하로 떨어지므로 복부전단철근을 배치하여 보의 휨강도가 충분히 발휘될 수 있도록 해야 한다. 경사균열 전에 스터럽의 변형률은 접해있는 콘크리트의 변형률과 동일하다. 콘크리트는 작은 변형률에도 균열이 발생하므로 경사균열이 발생하기 전의 스터럽의 응력은 보통 21 MPa ~ 43 MPa 이상을 초과하지 않게 된다[16]. 따라서 스터럽이 경사균열의 형성을 억제하지는 못하지만 균열이 일어난 뒤에는 효과를 발휘하게 된다.

그림 7.31에는 보의 경사균열과 스터럽에 발생하는 힘들을 보여주고 있다. 스터럽에 의해서 전달되는 인장력은 V_s 로 표시되고 있다. 균열이 발생하여 벌어진 뒤에도 V_s 는 사라지지 않기 때문에 언제나 균열 아래의 보 부분에 작용하는 압축력 $C_1{}'$ 과 전단력 $V_{cz}{}'$ 이 존재하게 된다. 다시 설명하자면, 균열요소 DEF에서 균열 폭이 넓어져서 V_d 와 V_a 가 0에 접근하더라도, V_s 가 존재하므로 $C_1{}'$ 과 $V_{cz}{}'$ 이 여전히 존재하게 된다는 의미이다. 그렇기 때문에 T_2 가 T_1 보다 작아지게 되며, 그 차이가 얼마냐는 복부철근의 양에 좌우되게 된다.

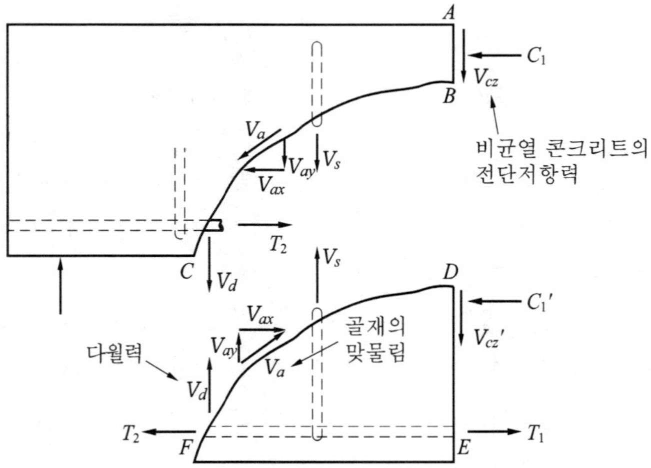

그림 7.31 스터럽이 있는 균열 보의 내력

그림 7.32는 이러한 보의 정량적인 하중이력(loading history)을 보여주고 있다. 대각선(45°선)이 의미하는 바와 같이 내적인 전단저항 요소들의 합은 반드시 작용 전단력과 같아야 할 것이다. 휨균열이 일어나기 전에는 모든 전단은 균열 전 콘크리트에 의해서 지지될 것이다. 휨균열과 경사균열 사이에서는 외부 전단력은 V_{cz} (콘크리트의 전단저항), V_{ay} (골재의 맞물림)와 V_d (다월작용)에 의해서 저항된다. 종래에 균열을 지나가는 스터럽이 항복하게 되면 큰 전단력이 작용하더라도 V_s 는 일정하게 될 것이다. 스터럽이 항복하게 되면 경사균열의 폭은 급격하게 넓어지게 되고, 따라서 V_{ay} (골재

16) 만약, $f_{yt} =$ 400 MPa이라면 대략 5%~10% 정도의 응력이 발생한다.

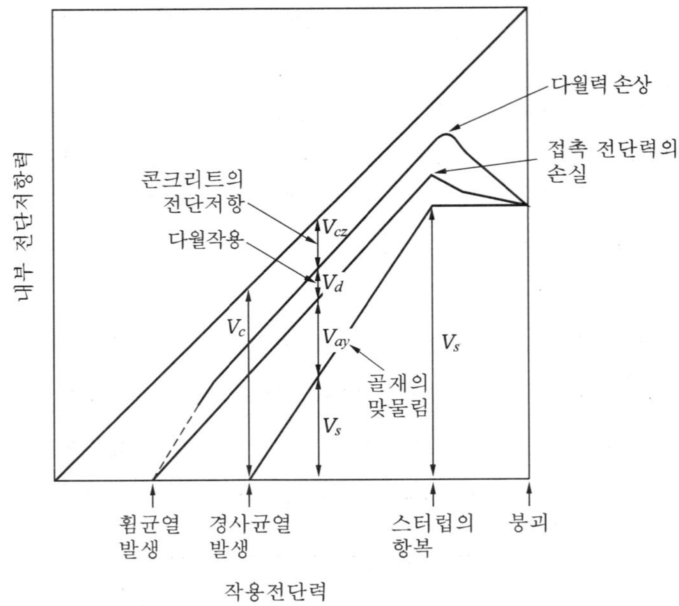

그림 7.32 복부철근이 배치된 보의 내부 전단력의 분포[7.42]

의 맞물림)는 더 감소하게 된다. 최종적으로 찢어짐 파괴(splitting-dowel failure)가 일어나거나 압축영역이 전단과 압축의 조합에 의해서 붕괴될 때까지 나머지 전단저항력 V_d와 V_{cz}의 합은 가속적으로 증가하게 될 것이다.

여기에서 V_s를 제외한 저항력들은 분쇄하중-처짐반응(brittle load-deflection response)을 갖고 있어 V_{cz}, V_d와 V_{ay}의 기여를 양적으로 정하기가 매우 어렵다. 따라서 설계에서는 이 모든 항을 합하여 V_c로 표현하고 **콘크리트의 전단저항력**이라고 부른다. 따라서 복부전단철근이 배치된 단면의 공칭전단강도 V_n는 아래와 같이 표현될 수 있다.

$$V_n = V_c + V_s \tag{7.21}$$

구조기준에서 V_c는 스터럽으로 보강되지 않은 보의 파괴강도(failure capacity)로 간주되어 식 (7.15a)로 제시되었으며, 이는 그림 7.18a에서 a/d가 2.5 ~ 6.5 구간의 보거동에 의한 휨-전단강도로 표현되고 있다.

그림 7.33에는 Mörsch[7.14]가 1922년에 실험한 사인장 균열(diagonal crack)이 일어난 뒤의 보의 거동을 보여주고 있다[7.15]. 단순 지지된 T형 보에는 점진적으로 증가하는 등분포하중을 작용시켰으며, 우측 보에만 전단보강철근이 배치된 점이 두 보의 차이점이다. 그림 7.33에서 보는 바와 같이 두 보의 초기거동은 매우 비슷하다. 두 보에서 대략 78 kN (= 8P)이 작용할 때 보의 중앙에 휨균열이 발달하기 시작하고, 하중이 196 kN으로 증가했을 때 휨균열이 보의 전체에 걸쳐서 나타나고 있다.

전단보강(스터럽)을 배치하지 않은 좌측 보에서는 대략 196 kN의 하중이 작용할 때 휨-전단 균열이 발생하며 약간의 추가하중이 작용하게 되면 더 이상 견디지 못하고 전단파괴가 나타났다. 이에 비해서 전단보강이 된 우측의 보에서는 휨-전단 균열이 발생한 뒤에도 추가의 하중을 지지하여 대략 353 kN의 하중이 작용할 때는 훨씬 더 각도가 작게 새로운 경사균열이 일어나는 것을 관찰할 수 있다. 이 보는 최종적으로 412 kN이 작용할 때 보 중앙에서의 휨에 의해서 파괴가 일어나고 있다.

전단설계의 목적은 전단보강이 되지 않은 보의 파괴에서 보는 바와 같은 조기에 파쇄적인 전단파괴가 일어나지 않도록 방지하는 것이다. 따라서 현행 설계개념은 설계된 부재의 전단저항력이 충분해서 보가 연성으로 휨파괴(ductile flexural failure)가 나타나도록 유도하는 것이다.

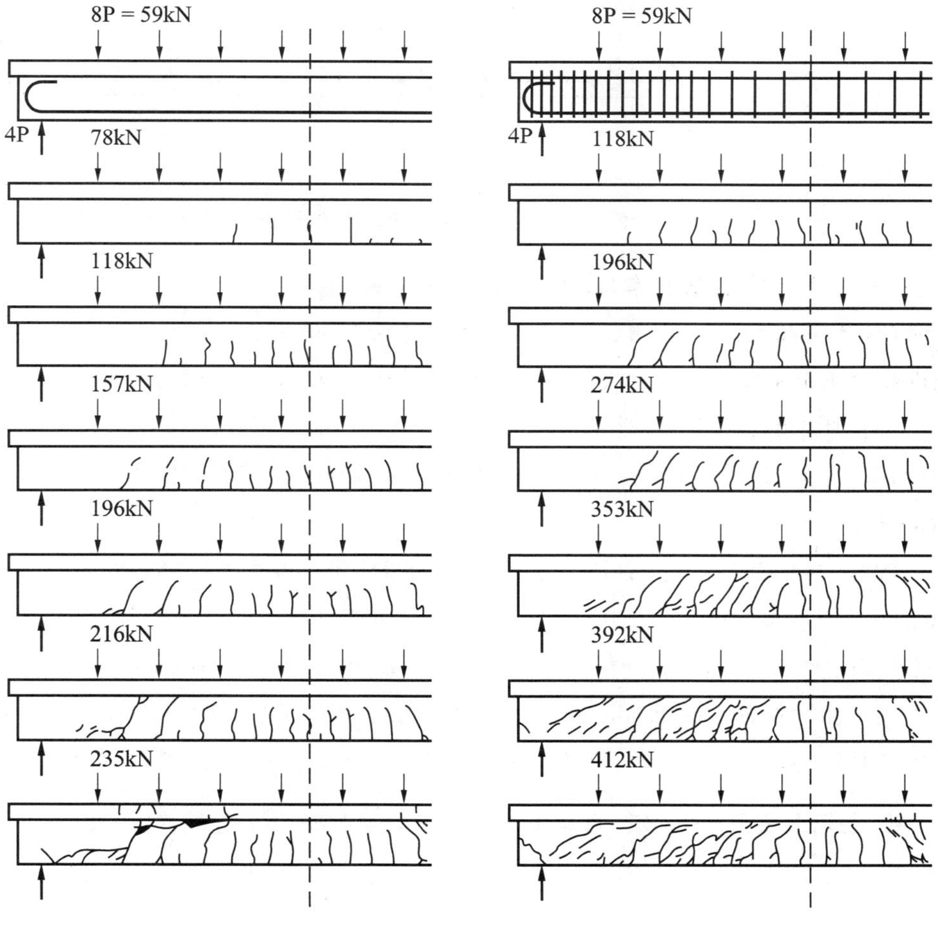

(a) 스터럽이 배치안된 보 (b) 스터럽이 배치된 보

그림 7.33 등분포하중이 작용하는 단순 지지된 T-형 보의 거동 (1922년 Mörsch[7.14]의 실험결과)

전단설계의 역사적인 발전 (Historical Development of Shear Design Provisions)

현재 각국의 시방서에서는 휨과 전단이 작용하는 일반적인 보의 설계에 단면법(sectional method)을 사용하고 있다. ACI 318 시방서[7.7]는 휨과 전단은 주어진 단면에서 가장 나쁜 조건의 휨과 전단의 조합에 대하여 각각 분리하여 설계할 수 있다고 가정하고 있다. 휨과 전단의 상호작용은 휨철근의 절단점에 대한 설계상세를 이용하여 간접적으로 다루고 있으며[구조기준 8.5.1(2) 휨 철근의 정착, 그림 7.36 및 7.37 참고, ACI 12.10.3], 부재에서 콘크리트의 응력을 제한하는 것으로 부재가 충분히 연성거동(ductile behavior)을 하도록 하고 사용하중 하에서 경사균열의 폭이 한계 안에 들도록 하고 있다.

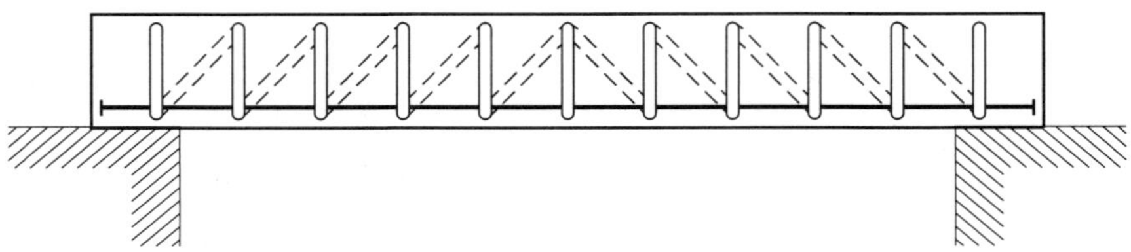

그림 7.34 1899년 Ritter[7.17]가 제시한 전단에 대한 트러스 유사

1900년대 초에 **트러스 유사개념(truss analogy concept)**은 복부철근이 배치된 철근콘크리트 보의 해석과 설계에 대한 개념적인 기구로 사용되었다. 1899년 Ritter[7.17]는 균열콘크리트 보의 힘의 흐름(flow of forces)을 트러스모델을 이용하여 설명하였다(그림 7.34 참고). 이 트러스모델에서는 콘크리트의 경사압축력이 트러스의 경사부재의 역할을 하고 스터럽은 연직 인장부재의 역할을 하며, 종방향 인장철근은 트러스의 바닥 하현재(bottom chord)를 구성하고, 보의 휨압축영역은 상현재(top chord)로 역할을 하는 것이다[17].

1902년 Mörsch[7.18]는 이 트러스모델을 좀더 상세하게 설명하였다. Mörsch는 경사압축대(compression diagonal 또는 strut)가 꼭 상부의 한 스터럽에서 바로 옆의 바닥 스터럽으로 연결될 필요는 없다는 점을 확연하게 보여주었다(그림 7.35a 참고). 1922년에 출판된 Mörsch의 교재[7.19]에서 그는 불연속의 경사압축대(discrete diagonal compression struts)보다는 그림 7.35b와 같이 전단에 저항하는 경사압축대의 연속된 장(continuous field of diagonal compression)으로 제시하였다.

45° 트러스 모델 (The 45° Truss model) : Ritter와 Mörsch는 균열 후 콘크리트의 인장응력을 무시하였고, 균열이 일어난 뒤에 압축경사대의 각도가 45° 를 유지한다고 가정하였다. Ritter와 Mörsch

17) 보에서 트러스 메커니즘이 작동을 하기 위해서는 그림 7.36에서와 같이 경사균열이 형성된 뒤에야 일어날 수 있다(즉, 콘크리트에서 사인장응력이 사라진 뒤라는 의미이다)[7.5].

가 사용한 평형조건이 그림 7.36에 요약되어 있다. 만약에 전단응력이 유효전단면적, 즉 폭 b_w에 깊이 jd에 균등하게 분포된다고 가정하면(그림 7.36a 참고), 그림 7.36b의 자유물체도에서 요구되는 주압축응력의 크기를 결정할 수 있다.

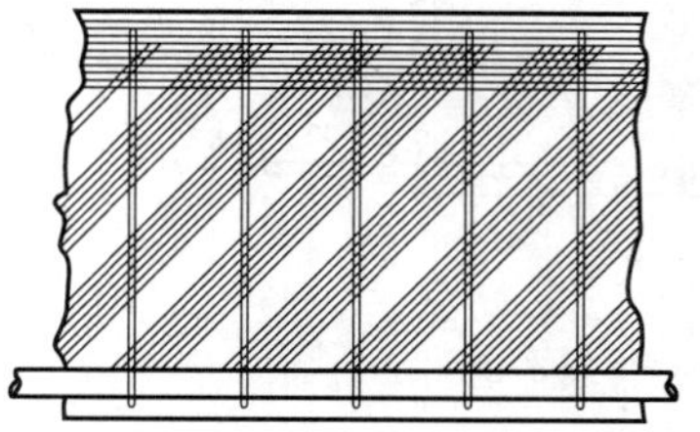

(a) 트러스모델

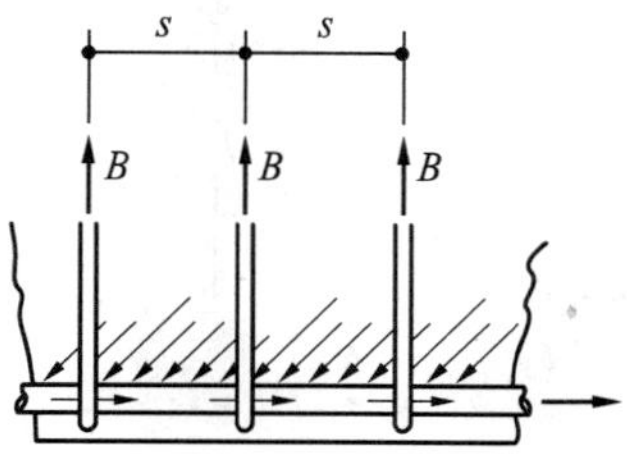

(b) 스터럽에 작용하는 힘

그림 7.35 1902년 Mörsch[7.19]가 제시한 트러스모델

평형을 이루기 위해서 총 경사압축력 $f_2 b_w(jd/\sqrt{2})$와 $\sqrt{2}\,V$는 같아야 할 것이다. 따라서 주압축응력은

$$f_2 = \frac{2V}{b_w jd} \tag{7.22}$$

로 표현된다. 그림 7.36b와 같이 경사압축력의 종방향 분력은 V가 되고, 이 힘은 종방향 철근에서 크기가 같은 N_v로 지지되어야 한다. 따라서 전단에 의해서 종방향 철근에 발생하는 인장력은

$$N_v = \frac{V}{\tan 45^o} = V \tag{7.23}$$

로 주어진다. 그림 7.36c의 스터럽 하나에 대한 폭 s의 자유물체도에서 경사압축력 $f_2 b_w(s/\sqrt{2})$는 $f_2 b_w s/2$의 수직분력을 갖으며, 이 힘은 스터럽의 인장력 $A_v f_v$에 의해서 평형을 이루어야만 한다. 식 (7.22)의 f_2를 대입하고 정리하면,

$$A_v f_v \equiv f_2 b_w \frac{s}{\sqrt{2}}(\cos 45^o) = f_2 b_w \frac{s}{\sqrt{2}}\frac{1}{\sqrt{2}} = \frac{2V}{b_w jd} b_w \frac{s}{2} = \frac{V}{jd}s$$

$$\frac{A_v f_v}{s} = \frac{V}{jd} \tag{7.24}$$

가 되며, 여기에서 A_v는 스터럽 다리의 단면적(U형이라면 양쪽 다리의 단면적)이고, s는 스터럽의 간격이며, f_v는 스터럽의 인장응력이다.

이 방정식이 개발될 당시에 설계는 사용하중에 의한 응력에 제한을 두어 수행하는 허용응력설계법이었다. 스터럽의 단면적과 간격은 식 (7.24)에서 스터럽의 응력이 허용값 안에 들도록 선택되

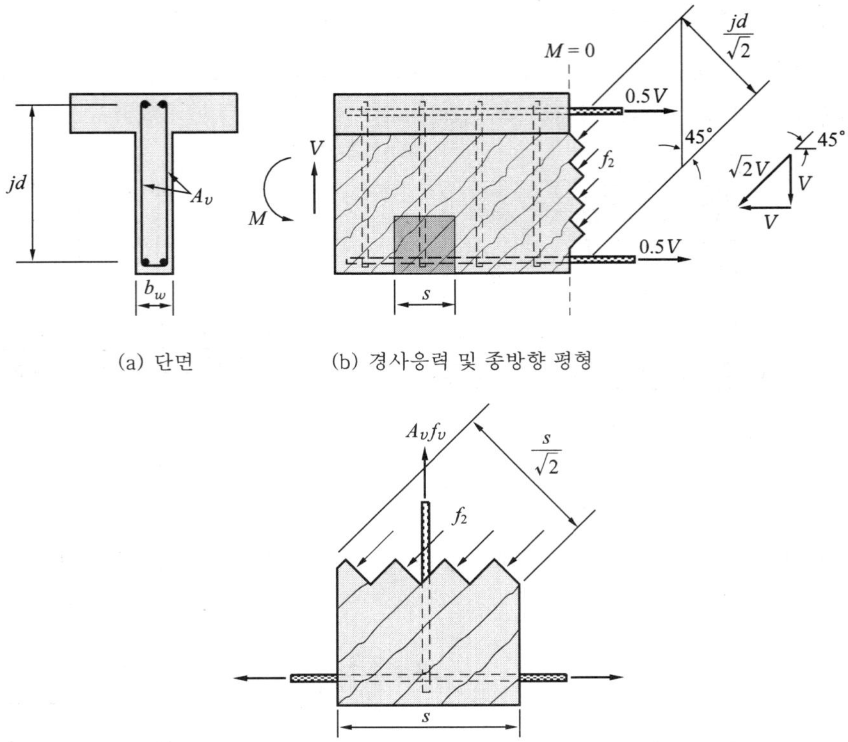

(a) 단면 (b) 경사응력 및 종방향 평형

(c) 스터럽에 작용하는 힘

그림 7.36 경사균열이 일어난 콘크리트의 45°트러스의 평형조건[7.15]

었다. 식 (7.23)을 이용해서 전단에 의해서 발생하는 종방향 철근의 추가적인 인장응력이 검토되었고, 복부의 콘크리트 압축응력은 식 (7.22)를 이용하면 된다.

1922년 Mörsch는 경사압축응력의 경사각을 선택하는데 있어서 다음과 같이 기술하였다 : 스터럽의 설계에 있어서 2차 경사균열의 각도를 수학적으로 결정하기는 불가능하다. 따라서 실용적인 적용에서 경사각에 대해서 불합리한 가정을 할 가능성이 있으므로 스터럽의 설계에 경사각을 $\theta = 45^o$ 로 가정하였다. 원래 이 값은 초기 전단균열에서 보여주는 경사각이다.

Mörsch가 이야기하는 **2차 경사균열(secondary inclined crack)**은 그림 7.33b에서 보의 파괴직전에 보여주는 경사각이 낮은 균열을 말하는 것이다. 만약에 스터럽을 이 경사각이 낮은 각도에 대해서 설계한다면 상대적으로 작은 수의 스터럽이 필요할 것이다. Mörsch는 45°의 선택이 너무 안전 측의 설계가 된다는 것을 알고 있었으나, 그 당시에 경사각을 결정하는 어떤 실용적인 방법도 찾아낼 수가 없었다.

전통적인 ACI의 $(V_c + V_s)$ **설계방법 (Traditional ACI Approach)** : 1904년에서 1922년 사이에 일리노이대학의 Talbot와 위스콘신대학의 Moritz와 Whithey는 수백 개의 철근콘크리트 보를 실험하였다[7.20]. 이 초기의 실험에서 얻은 스터럽의 응력이 45° 트러스 모델이 예측한 값에 비해서 상당히 작다는 것이 발견되었다(그림 7.37 참고).

45° 트러스 모델로 예측한 보의 전단강도가 실험 전단강도에 비해서 작은 값(과도한 안전 측)을 주는 이유는 균열이 일어나기 전의 콘크리트의 인장응력을 무시하고 압축대의 경사각을 45°로 선택하기 때문이다. 45° 트러스 모델에서는 식 (7.24)에서와 같이 복부전단철근이 배치되어 있지 않으면 전단강도는 0이 된다. 그러나 앞에서 다룬바와 같이 보는 경사균열이 형성되기 전까지는 파괴되지 않고 전단에 저항한다.

1910년의 첫 번째 ACI 시방서에서는 콘크리트의 인장응력을 고려하기 위해서 복부철근을 계산하는데 있어서 콘크리트가 0.27 MPa을 지지하고 나머지는 복부전단철근에 의해서 지지하도록 설계하여야 한다고 규정하였다. 그 당시에 일반적인 콘크리트의 압축강도가 13.8 MPa 정도이므로 이 허용응력시방서에서 콘크리트의 인장응역으로 사용하중 하에서 $0.02f_{ck}$ (이는 극한상태에서는 $0.04f_{ck}$)를 허용한 것이다.

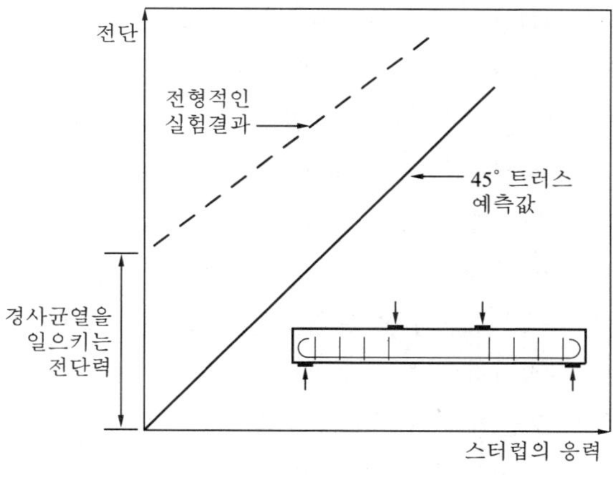

그림 7.37 작용하는 전단력에 대한 스터럽의 응력 변화

이런 초기의 ACI 시방서 이후에 북미설계에서는 45° 트러스 모델이 균열 전 콘크리트의 전단저항력을 무시하는 것으로 인한 너무 안전 측의 결과를 보완하기 위한 방법으로 이 45° 트러스 모델의 전단철근 저항력 V_s에 전단철근으로 보강되지 않은 콘크리트 부재가 균열 전 전단에 저항하는 저항력 V_c(압축영역, 골재 맞물림, 다월작용)를 더하여 보완하였다. 우리나라의 현행 구조기준과 ACI 318의 전단설계는 따라서 균열 전 콘크리트가 전단에 저항하는 **콘크리트 분담(concrete contribution)**과 나머지를 복부철근이 저항하는 **철근분담(steel contribution)**의 형식이 되었다. 1986년 이후의 ACI 시방서에는 설계전단강도 ϕV_n은 계수전단력 V_u보다 크도록 스터럽을 선택하여야하고, 공칭전단강도는 식 (7.21)과 같이

$$V_n = V_c + V_s \tag{7.21}$$

로 표현되었다. 콘크리트의 분담 V_c는 경사균열이 일어나기 직전의 전단강도를 취하며, 일반적으로 프리스트레싱이 도입되지 않는 철근콘크리트 보에서는 식 (7.15a)나 식 (7.16a)을 취하도록 하였다. 철근의 분담 V_s는 45° 트러스 방정식을 이용하여 계산할 수 있으며, 식 (7.24)는 스터럽이 축방향에 연직하게 배치됐고 한계상태에서 스터럽의 응력이 $f_v = f_{yt}$ 항복응력에 도달했다고 보면, $V_s = A_v f_{yt} d/s$로 정리된다.

전통적인 ACI 설계방법에서 소요전단강도가 콘크리트의 전단강도 V_c를 초과해야만 스터럽을 배치하도록 하였다. 따라서 그 당시에 북미지역의 많은 철근콘크리트 보나 프리스트레싱 보가 스터럽이 없이 시공되었다. 1955년 8월에 오하이오 주, 쉘비(Shelby)의 윌킨스 공군부대에서 발생한 창고의 전단파괴로 전통적인 ACI 전단설계 과정에 대한 의문이 제기되었고, 이를 보완하기 위해서 $V_u > (0.5\phi V_c)$ 인 경우에는 최소전단철근을 배치하도록 하였다. 복부철근이 배치되지 않은 보는 초기 경사균열(first diagonal crack)이 형성된 뒤에 갑작스런 분쇄파괴로 붕괴될 수 있다(7.5장 참고).

변각 트러스모델(Variable Angle Truss model)[7.3] : 근래에 여러 설계 규정이 스터럽 철근을 경제적으로 설계하기 위해서 개발되었다. 그 중에 한 설계방법은 현행 구조기준 및 ACI 318 시방서에서와 같이 45° 트러스로 가정하면서 전단보강철근의 철근력을 결정하는데 콘크리트의 분담을 추가하는 방법이다. 다른 설계방법에서는 경사압축대의 경사각이 변하는 트러스(variable angle of inclination of the diagonal)로 가정하여 접근하고 있다. 트러스 경사재의 경사각은 소성이론에 근거를 두어 제한적으로 주어진 범위 내에서 45°와 다른 값을 가질 수 있도록 허용되었다. 이 접근 방법은 종종 콘크리트의 분담을 고려하지 않는 표준 트러스모델(standard truss model with no concrete contribution)이라고 불리며, 균열 내의 골재의 맞물림과 다월력이 압축대가 더 작은 경사각을 갖도록 하면서 스터럽 철근의 역할은 더욱더 증대하게 된다. 콘크리트 분담을 포함하는 변각 트러스모델(variable-angle truss model)도 제안되었으며, 이 모델을 **수정 트러스모델(modified truss model)**[7.22, 7.23]이라고 부른다. 이 모델에서는 경사압축대의 경사각이 변하는 것에 더하여 프리스트레싱이 안된 보에서 전단응력의 크기에 따라 콘크리트의 분담이 감소되도록 하고 있다. 반면에, 프리스트레싱 콘크리트 부재에서는 전단응력의 크기에 따라 콘크리트의 분담이 변하지는 않으며, 콘크리트의 분담은 프리스트레스력의 크기와 인장 연단의 응력의 함수로 표시되고 있다.

앞에서 다룬바와 같이 트러스 모델은 골재의 맞물림, 종방향 철근의 다월작용 및 균열 전 콘크리트의 전단저항력 등과 같은 전단파괴 메커니즘의 요소들을 직접적으로 고려하지 않고 있다. 프리스트레싱 된 보에서 프리스레싱력이 클수록 초기 균열의 경사각은 작아진다. 프리스트레싱에 의한 압축응력의 크기에 따라 프리스트레스트 보는 파괴 시에 프리스트레싱이 안된 보에 비해서 통상 훨씬 작은 경사각을 보이며, 따라서 적은 양의 스터럽이 요구된다.

1960년부터 1980년대에 이르기까지 Ritter와 Mörsch의 연구가 새롭게 조명되면서 근래의 설계기준에 이 수정트러스모델이 적용되게 되었다. 대부분의 관심은 철근콘크리트와 프리스트레스 콘크리트의 전단과 비틀림에 대해서 변각 트러스모델을 적용하는데 집중되었다[7.24, 7.25]. 소성이론이 더욱 발전하면서 이 모델의 적용이 비항복 영역(nonyielding domains)까지 확대되었다[7.26, 7.27]. 1964년에 Kupfer[7.24]는 콘크리트의 인장강도는 무시하고 선형탄성부재로 가정하여 트러스 모델을 이용하여 변각 경사균열에 대한 해를 제시하였다.

그림 7.38a와 같이 경사균열이 발달한 보에는 상부와 하부 플랜지에 각각 압축력 C와 인장력 T가 발달하고, 스터럽은 연직 인장력을 받고, 경사균열사이의 콘크리트 압축경사대(strut 또는 diagonal compression strut)는 경사압축력이 작용하게 된다. 경사균열이 일어난 보에 대한 **유사 트러스(truss analogy)**를 구성하기 위해서는 몇 가지 가정과 단순화가 필요하다.

트러스의 압축 상현재(top chord)는 콘크리트에 작용하는 압축력을 대신하고 있다. 그림 7.38b의 유사 트러스에서 압축부재는 점선으로 표시되어 있고, 인장부재는 실선으로 표시되어 있다. 트러스의 거동은 휨철근을 따라 가상적인 핀으로 연결된 불연속의 부착력을 유지하기 위하여 변하는 외부 휨모멘트에 대해서 일정한 내부 팔거리로 작용하기 때문에, 앞에서 정의된 완벽한 보거동(perfect beam action)과 유사하다[7.5].

설계에서 스터럽의 이상적인 분포는 파괴하중이 작용할 때 모든 스터럽이 항복에 이르도록 만드는 것이라 볼 수 있다. 따라서 스터럽이 모두 항복하여 균열면을 따라 스터럽들이 $A_v f_{yt}$ 의 힘을 전달한다고 가정할 수 있다. 여기에서 A_v 는 스터럽 다리의 단면적이다. 이렇게 됐을 때 트러스는 정력학적으로 정정구조물이 된다. 그림 7.38b의 트러스를 **소성 트러스모델(plastic truss model)**이라 부르는데 그 이유는 트러스가 정정화되기 위해서는 스터럽의 소성상태에 의존하기 때문이다. 설계 시에 단면을 선택할 때 콘크리트가 분쇄하기 전에 스터럽이 항복하도록 유도하여 보가 콘크리트의 소성거동에 좌우되지 않도록 해야 할 것이다. 트러스모델에서 전단력의 요소, V_{cz}, V_{ay} 및 V_d를 무시하고 있으므로 콘크리트는 전단력의 저항에 기여하지 않는다고 가정하는 것이다.

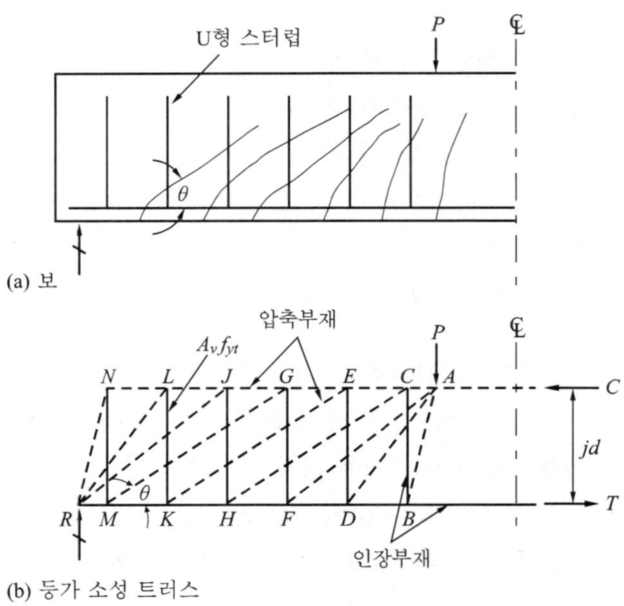

그림 7.38 균열보의 소성 트러스 모델(plastic truss model)

소성 트러스 모델을 그리기 위해서 아래와 같은 가정을 도입하였다.

① 균열은 수평에 대해 각도 θ를 갖고 있으며, 이 각도는 25°에서 65° 사이이다.

② 모든 전단은 스터럽에 의해서 저항된다.

③ 보는 휨과 전단이 동시에 작용하여 파괴되기 직전이므로 스터럽은 항복하여 각각 연직력 $A_v f_{yt}$ 를 지지한다고 가정한다.

그림 7.38b에서 하중이 작용하는 점으로부터 시작되는 경사압축대 AB, AD와 AF를 압축팬 **(compression fan)**이라 부른다. 압축팬에서 경사압축대의 수는 A점에 작용하는 모든 연직하중이 압축대의 연직 요소력에 의해서 충분히 지지될 수 있는 수이어야 한다. 유사한 압축팬이 받침부 R의 RN, RL과 RJ에도 존재한다. 이런 압축팬의 사이를 **압축장(compression field)**이라 부르며, 평행한 경사압축대 CH, EK와 GM를 포함하고 있다. 압축장에서의 경사각 θ 는 압축팬에서 연직하중에 평형을 이루기 위해서 필요한 스터럽의 개수에 따라 결정된다.

전통적인 트러스 모델에서 보에 파괴를 일으키는 전단은 스터럽은 항복하고[즉, $f_v = f_{yt}$, 식 (7.24a) 참고] 균열각은 $\theta = 45°$ 라는 가정을 도입하여 평형방정식 (7.24a)로 부터 구할 수 있다.

1978년 CEB-FIP[7.22]에서 변각 트러스 모델(Variable-angle truss model)이 소개되었으며, 설계자는 $3/5 \le \cot\theta \le 5/3$ $(\theta = 31° \sim 59°)$ 의 범위 안에서 선택할 수 있도록 하고, 스위스 시방서에서는 균열폭을 제한하기 위해서 균열각도의 허용범위를 $0.5 \le \cot\theta \le 2.0$ $(\theta = 26° \sim 64°)$ 로 제시하고 있다[7.3]. 설계자는 전체 계산에서 동일한 값의 θ 만 사용한다면 어떤 값으로 가정해도 문제가 되지 않는다. 만약에 $\theta = 45°$ 로 가정하고 $jd \approx d$ 로 보면 식 (7.24a)는 현행 구조기준의 식과 일치하게 된다(즉, 45° 트러스 모델). MacGregor[7.3]는 설계에서 θ 의 값이 $25° \le \theta \le 65°$ 의 범위 안에 있어야 한다고 제시하고 있다. 설계자가 $\theta = 40° \sim 50°$ 로 선택하면 보통 경제적인 설계가 될 것이다.

Stuttgart 대학의 Schlaich 교수 등[7.28]은 이 트러스 모델을 일반화(generalized the truss analogy)하여 구조물의 모든 부분에 적용할 수 있는 **스트럿-타이 모델(strut-and-tie model, STM)**을 제시하였다. 이 모델은 그림 7.38b에서 보는 바와 같이 철근콘크리트 구조물이 외력을 받침부나 지반에 전달하기 위해서는 일련의 **압축장(compressive stress field)**과 이 압축장을 연결하는 **인장타이(tension tie)**가 필요하다는 사실로 설명될 수 있으며, 여기에서 인장타이는 보강철근일수도 있고 프리스트레싱 긴장재이거나 또는 콘크리트 인장응력장(tensile stress field)일 수도 있다.

스트럿-타이 모델(Strut-and-Tie Model, STM)[7.3] : 1987년 Schlaich[7.28] 등은 균일하게 분포된 압축경사대를 갖는 보로 이 트러스 모델을 확대하여 구조물의 모든 부분을 **스트럿-타이 모델(strut-and-tie model)**로 구성하였다. 이 접근방법은 특히 변형률의 분포가 깊이에 따라 상당하게 비선형으로 변하는 구조물의 설계에 있어서 적당한 방법으로 2007년 이후 구조기준에서는 깊은 보의 설계는 부록 I의 스트럿-타이 모델을 적용하여야 한다고 규정하고, 브래킷과 내민받침 그리고 벽체는 이 설계방법도 적용할 수 있다고 제안하고 있다.

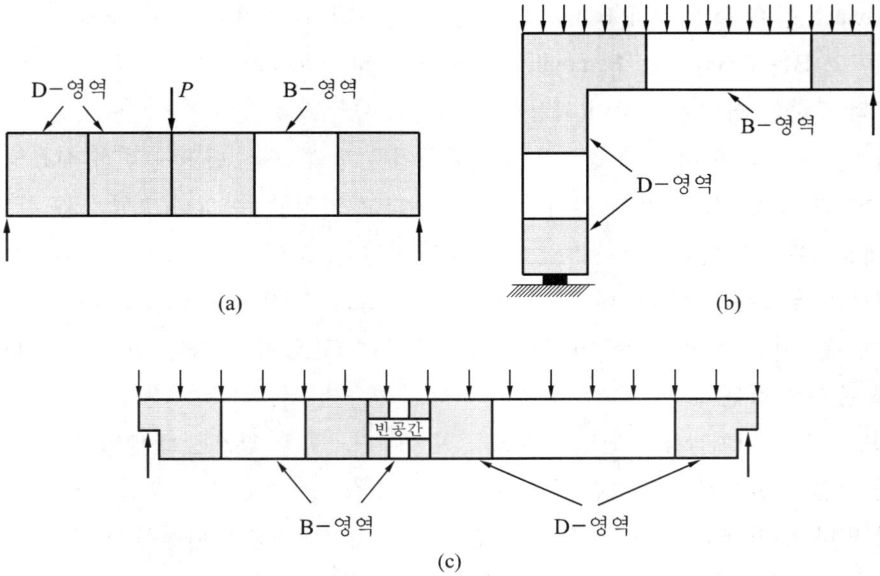

그림 7.39 B 영역과 D 영역

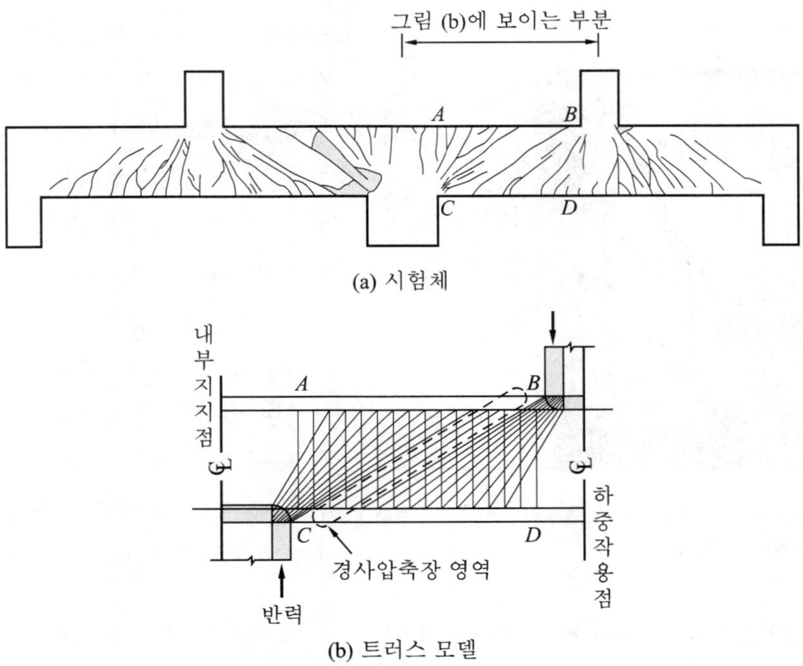

그림 7.40 2경간 보의 균열 형태와 트러스모델

Schlaich 등은 D 영역과 B 영역의 개념을 소개했는데, 여기서 D는 **D**iscontinuity 나 **D**isturbed의 의미이고 B는 **B**eam 또는 **B**ernoulli를 의미한다. St. Vernant의 원리에 의하면 집중하중이나 반력의 국부적 교란의 영향은 하중이 작용하는 위치로부터 보의 깊이만큼 멀어지면 사라진다고 암시하고 있다[7.34]. 이 원리에 따라 D 영역은 집중하중이나 반력 또는 단면이 변하거나 방향이 바뀌는 곳으로부터 각 방향으로 부재의 깊이만큼 연장된다고 가정할 수 있다(그림 7.39 참고). 따라서 전형적인 세장보에서 D 영역사이의 부분이 B 영역이 된다. D 영역 [D-region, 불연속영역(arch action)]에서 변형율의 분포는 비선형인데 비해, B 영역 [B-region, 보영역(beam action)]에서는 선형으로 분포한다. 한 콘크리트 부재가 완전히 D 영역에 속할 수도 있지만, 종종 한 부재에 D 영역과 B 영역이 함께 존재하게 된다.

일반적으로 아치작용이 단면의 강도를 증가시키므로 B 영역은 D 영역에 비해서 약하게 된다. 따라서 그림 7.18a에서 전단경간/깊이 비 a/d가 2～2.5를 초과하면 강도가 급격히 떨어지는 것을 볼 수가 있다. 만약에 a/d가 2보다 작은 경우와 같이 전단경간이 완전히 D 영역으로 되어있으면 보의 거동은 아치작용에 의해서 지배를 받으므로 전단강도가 상당히 증가하게 된다. 전단경간이 길어지면 보의 전단강도는 B 영역에 의해서 좌우되고 그림 7.18a에서와 같이 그 값은 일정하게 된다.

D 영역에 대한 설계는 오랫동안 어림잡아 경험적으로 수행되어온 형편이다. 근래에 들어 Schlaich[7.28] 등은 균일하게 분포된 압축경사대를 갖는 보로 트러스 모델을 확대하여 구조물의 모든 부분을 **스트럿-타이 모델(strut-and-tie model, STM)**로서 구성하여 D 영역을 설계하는 방법을 제시하였다. 이 접근방법은 특히 변형률의 분포가 깊이에 따라 비선형으로 변하는 구조물의 설계에 있어서 적당한 설계방법으로 13장에서 다루게 된다.

그림 7.40에는 2경간 연속보에 대한 실험을 수행하여 발생한 균열형태와 이에 대한 트러스모델을 보여주고 있다. 그림 7.41은 실험이 끝나고 난 뒤의 내부받침부의 압축팬의 사진이며, 방사형 압축팬을 뚜렷하게 볼 수 있다.

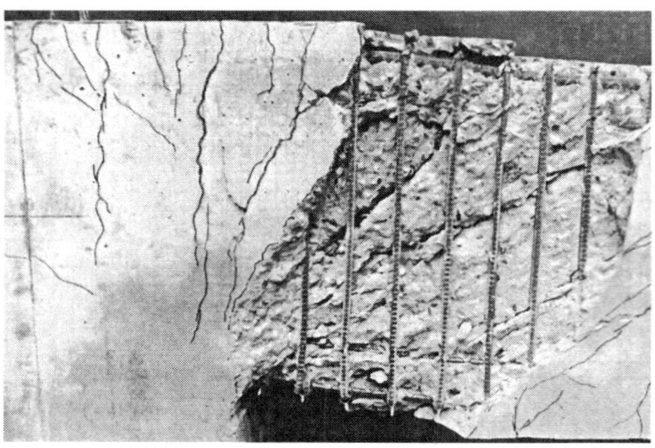

그림 7.41 그림 7.40b에서 보여주는 보의 내부받침부에서 압축팬 (compression fan)의 발달

압축장이론(Compression Field Theory, CFT)[7.15, 7.16] : 변각 트러스모델(variable-angle truss model)을 이용해서 전단을 설계하기 위해서는 경사압축대(diagonal compressive strut)의 경사각 θ를 알아야만 한다. 1929년 Wagner[7.37]는 비행기에서 응력을 받는 박막(stressed-skin)의 전단설계를 다루면서 유사

한 문제를 다루었다. Wagner는 두께가 얇은 금속 박막이 좌굴을 일으키고 난 뒤에도 횡방향 수직재(transverse frames)와 종방향 현재(longitudinal stringers)로 보강되어 있으면 추가적인 전단이 사인장장(a field of diagonal tension)에 의해서 지지될 수 있다고 가정하였다(그림 7.42 참고). 사인장의 경사각을 결정하기 위해서 Wagner는 시스템의 변형을 고려하였다. 그는 좌굴이 일어난 두께가 얇은 금속 박막에서 경사인장응력의 경사각은 박막과 횡방향 수직재 그리고 종방향 현재의 변형으로부터 결정한 주인장 변형률(principal tensile strain)의 경사각과 일치한다고 가정하였다. 이 접근 방법이 바로 **인장장이론(tension field theory)**이라고 알려진 방법이다.

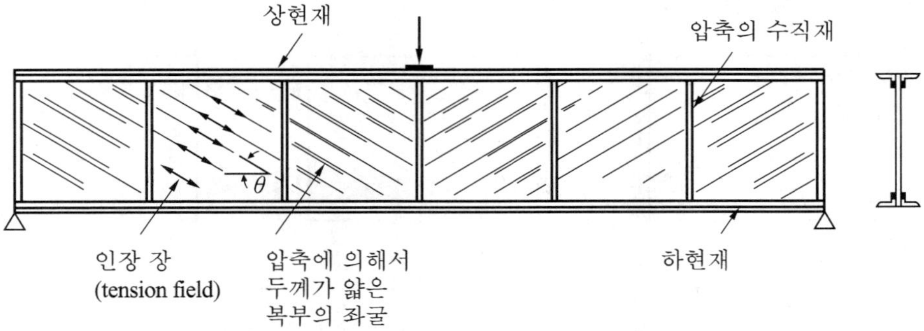

그림 7.42 전단이 작용하는 두께가 얇은 강재 거더의 인장장(tension fields)

캐나다 토론토대학의 Collins와 Mitchell[7.29]은 Wagner의 접근방법을 철근콘크리트에 적용하기 위해서 균열 후에 콘크리트는 인장에 저항하지 못하고, 전단은 압축경사장(a field of diagonal compression)에 의해서 지지된다는 가정을 도입하였다. 따라서 경사 압축대의 경사각을 구하기 위해서 먼저 Mohr도에서 경사압축대의 경사각 θ에 대한 관계를 적어 변형률 적합성을 만족하고 응력-변형률 관계와 평형방정식을 이용하여 전단이 작용하는 부재의 완벽한 하중-변형관계를 결정하는 식을 유도하였다. 이런 접근방법을 **압축장이론(compression field theory, CFT)**이라고 불린다.

보강철근과 경사균열이 일어난 콘크리트에서 평형조건과 적합조건 그리고 적절한 응력-변형률 관계를 사용하기 때문에 전단이 작용할 때 강도뿐만 아니라 하중-변형응답까지 예측할 수가 있게 된다. 그러나 콘크리트에 비록 균열이 일어났지만 보강철근으로 인해서 잔류하는 인장응력을 압축장이론은 무시하기 때문에 과도한 변형이 일어나고 따라서 구한 강도는 너무 안전 측의 값을 주게 되었다. 이를 보완하여 다음에 설명하는 **수정압축장 이론(modified compression field theory, MCFT)**은 균열콘크리트에서 잔류하는 인장응력의 영향을 고려하고 있다.

참고문헌 [7.15], [7.16] 그리고 [7.45]에는 압축장이론의 접근방법과 예제를 상세히 소개하고 있으므로 본 교재에서는 생략하도록 한다.

수정압축장이론(Modified Compression Field Theory, MCFT)[7.15] : 그림 7.43은 프리스트레싱이 되지 않은 부재의 복부에서의 균열전과 균열후의 응력장을 보여주고 있다. 균열이 일어나기 전에 전단은 45° 방향으로 작용하는 크기가 같은 경사인장응력(diagonal tensile stress)과 경사압축응력(diagonal compressive stress)에 의해서 전달된다. 경사균열(diagonal crack)이 발생하게 되면 콘크리트의 인장응력은 상당히 감소하게 된다. 압축장이론에서는 균열이 일어난 뒤에 주인장응력 f_1 을 0으로 가정하였다(그림 7.43b 참고). 그러나 콘크리트에 균열이 발생했다고 하더라도 보강철근이 배치되어 있으므로 얼마간은 인장저항력을 가지며, 그림 7.43c와 같이 수정압축장이론에서는 균열 사이의 콘크리트에서 인장응력의 역할을 포함시키고 있다[18].

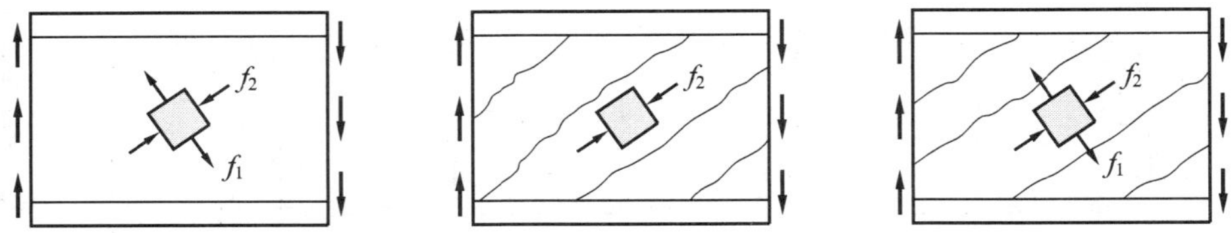

(a) 균열전 단면 $f_1 = f_2, \theta = 45^\circ$　　(b) 압축장이론, $f_1 = 0$　　(c) 수정압축장이론, $f_1 \neq 0$

그림 7.43 철근콘크리트 보의 복부에서의 응력장(stress field)

참고문헌 [7.15], [7.16] 그리고 [7.45]에는 수정압축장이론을 이용하여 전단-스터럽 변형률 반응을 계산하는 절차를 자세하게 제시하고 있다. 스터럽의 변형률이 실험에 의해서 계측된 값과 압축장이론과 수정압축장이론을 이용해서 계산된 값들을 비교한 결과는 경사균열을 일으키는 전단보다 작은 전단에서는 스터럽의 변형률은 무시할 수 있을 정도로 작으며 이를 수정압축장이론은 정확하게 예측하고, 또한 경사균열이 일어난 뒤에 스터럽의 변형률을 잘 예측하고 있는 것을 보여주었다.

휴스턴 대학의 Hsu 등은 경사균열이 발생된 콘크리트에서 인장응력을 고려하기 위해서 다소 다른 모델을 개발하였다.[7.32, 7.33] 이 모델을 **회전경사각 연성 트러스모델(rotating-angle softened-truss model, RA-STM)**이라고 부른다. MCFT와 마찬가지로 RA-STM도 균열콘크리트에서 주응력의 경사각 θ 가 주변형률의 방향과 일치한다고 가정하였다. 전형적인 부재에서 전단이 증가할수록 이 경사각은 감소하게 되어 회전경사각(rotating-angle)이란 이름이 붙게 되었다.

18) 이를 소위 **인장강성(tension-stiffening effect)**이라고 부른다.

7.5 **전단철근이 배치된 보의 전단설계**(Design for Shear of Beams with Web Reinforcement)[7.9]

스터럽은 일반적으로 한 종류의 철근으로 배치한다. 계수전단력 V_u 가 부재의 길이를 따라 변화하므로 요구되는 스터럽의 양에 따라 스터럽의 간격을 조절하면 된다. 최대전단력 구간에서 스터럽의 간격을 결정하여 설계자의 판단에 따라 전단력이 상당히 감소되어 스터럽의 간격이 크게 증가하는 구간까지 일반적으로 같은 간격의 스터럽을 배치하여 안전 측의 설계가 되도록 한다. 일반적으로 전단이 충분히 감소하여 스터럽의 간격이 50 mm~100 mm 이상 변화하는 단면까지는 동일한 간격을 사용하곤 한다.

철근사이의 묽은 콘크리트의 배치를 쉽게 하기 위해서 가능하면 스터럽의 간격은 75 mm 이하로 배치하지 않는 것이 좋다. 만약에 처음에 선택한 철근으로 계산한 간격이 너무 가깝게 되면 보다 굵은 철근을 사용하거나 다리가 여러 개인 스터럽을 사용하여 간격이 어느 정도 벌어지도록 해야 한다.

경사균열(diagonal cracking)이 일어나기 전까지는 스터럽은 본질적으로 응력을 받지 않는다(그림 7.32 참고). 경사균열이 일어나고 난 뒤에 균열 전 콘크리트가 받던 하중의 일부분을 지지하게 되어 스터럽의 응력이 증가하게 된다. 콘크리트에 균열이 일어난 뒤에 전단의 일부분에 저항하는 것 이외에 스터럽은 경사균열의 길이를 억제함으로서 보거동을 향상시켜서 전단에 저항할 수 있는 콘크리트의 면적을 증진시킨다. 스터럽은 또한 주된 경사인장균열이 형성된 뒤에 부재를 결속해서 보의 연성을 증진시킨다.

1) 스터럽의 항복에 의한 파괴(Failure due to Yielding of the Stirrup)[7.3]

그림 7.31에서 전단은 A-B-C 균열면을 따라 전달되고, 전단저항에 기여하는 요소들은 압축영역 V_{cz}, 골재 맞물림의 연직요소 V_{ay}, 다월작용 V_d, 그리고 스터럽력 V_s 가 포함되어 있다. 현행 구조기준(ACI)에서는 V_{cz}, V_{ay} 와 V_d 를 모두 포함하여 V_c 로 표현하고, 이를 콘크리트의 전단저항력이라고 부르며, 공칭 전단강도는

$$V_n = V_c + V_s \tag{7.21}$$

로 표현되었다. 구조기준은 또한 V_c 가 전단보강이 되지 않은 보의 전단강도와 같다고 가정하여, 경사 균열강도인 식 (7.15a), (7.16a)와 (7.20)과 같이 취할 수 있다고 규정하고 있다. V_c 값을 경사균열을 일으키는 전단력으로 보는 것은 실험결과에 대해서 경험적으로 관찰한 결과라는 점을 강

조해야 할 것이다.

그림 7.44a는 경사균열 면을 자른 보의 자유물체도를 보여주고 있다. 균열 면의 수평투영 길이는 균열각이 45°보다 약간 작다고 보아 d로 보았다. 만약 스터럽의 간격이 s라면 균열 면에 따라 절단되는 스터럽의 개수는 d/s가 된다. 파괴시에 모든 스터럽이 항복한다고 가정하면, 전단력과 스터럽간의 평형은[구조기준 식 (7.4.3), ACI 식 (11-15)],

$$\frac{V_s}{\frac{d}{s}} = A_v f_{yt} \quad \text{또는} \quad V_s = \frac{A_v f_{yt} d}{s} \tag{7.24a}$$

로 표현할 수 있다. 여기에서 f_{yt}는 횡방향 철근의 설계기준 항복강도이다.

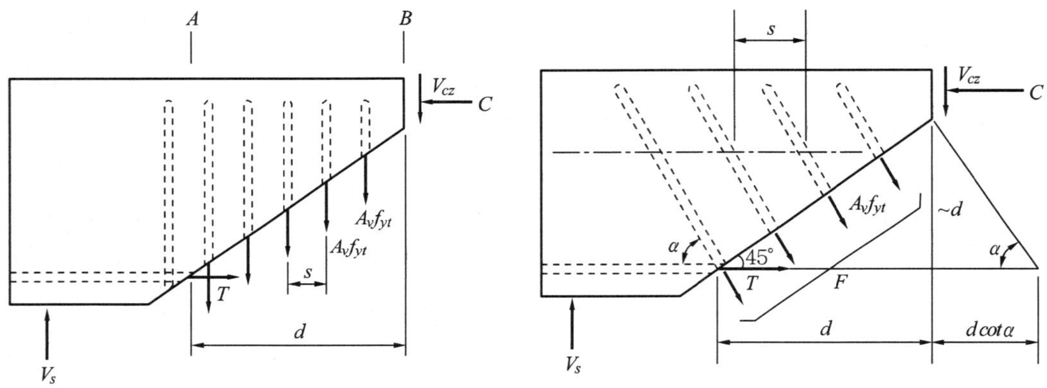

(a) 부재축에 직각으로 설치되는 스터럽 (b) 경사 스터럽

그림 7.44 스터럽에 의해서 저항되는 전단

만약 스터럽이 수평에 대해 각도 α의 경사를 갖고 배치되었다면, 그림 7.44b에서와 같이 균열 면을 따라 절단되는 스터럽의 개수는 대략 $d(\cot 45° + \cot\alpha)/s = d(1+\cot\alpha)/s$가 된다. 경사력 F는

$$F = A_v f_{yt} \left[\frac{d(1+\cot\alpha)}{s}\right] \tag{7.25}$$

로 표현될 수 있다. 스터럽에 의한 전단저항력 V_s는 연직력 F의 연직요소로 $F\sin\alpha$가 된다[구조기준 식 (7.4.4), ACI 식 (11-16)].

$$V_s = F\sin\alpha = A_v f_{yt}(\sin\alpha + \cos\alpha)\frac{d}{s} \tag{7.26}$$

경사균열은 또한 모멘트도에 의한 인장력 T보다 인장력이 큰 값이 되도록 영향을 미치는 것을 그림 7.44(또한 그림 7.31 참고)에서 보여주고 있다. 이러한 사실을 트러스 유사에서는 확연하게 보여주고 있지만 구조기준(ACI)의 설계방법에서는 분명하게 제시되어있지 않다.

만약에 V_u가 ϕV_c를 초과하게 되면 스터럽을 배치해서

$$V_u \leq \phi V_n = \phi(V_c + V_s) \tag{7.27}$$

되도록 하여야 한다. 설계에서는 V_c나 V_s에 매번 ϕ를 곱해서 계산하는 것보다 V_u를 ϕ로 나누어 다음과 같이 계산하면 훨씬 간편할 것이다.

$$V_s \geq V_u/\phi - V_c \tag{7.28}$$

또한, 스터럽을 선택하여 A_v가 결정되었을 경우에 연직 스터럽의 간격은 식 (7.24a)를 대입하여 다시 적으면 다음과 같다.

$$s \leq \frac{A_v f_{yt} d}{V_s} = \frac{A_v f_{yt} d}{V_u/\phi - V_c} \tag{7.29}$$

경사균열을 지나가도록 스터럽이 배치되지 않으면 전단에 저항할 수 없다. 이런 이유 때문에 구조기준 7.4.2(1)(ACI 11.4.5.1)에서는 부재축에 직각인 전단철근의 최대간격은 $0.5d$ 또는 600 mm 이하가 되도록 규정하여 45° 균열 면에 적어도 하나의 스터럽이 지나도록 하였다(그림 7.45 참고). 경사스터럽과 굽힘철근의 최대간격은 그림 7.45b와 같이 주인장철근에서 부재의 중간높이 $0.5d$까지 반력점 방향으로 주인장 철근까지 연장된 45°선과 한번 이상 교차되도록 배치하여야 한다. 만약에 V_s가 다음 식을 초과하는 경우에는 위에서 규정한 스터럽의 최대허용 간격을 1/2로 줄여야 한다[구조기준 7.4.2(3), ACI 11.4.5.3][19].

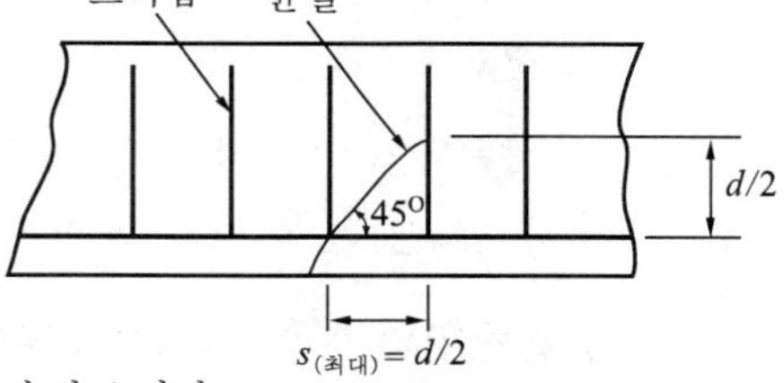

(a) 수직 스터럽

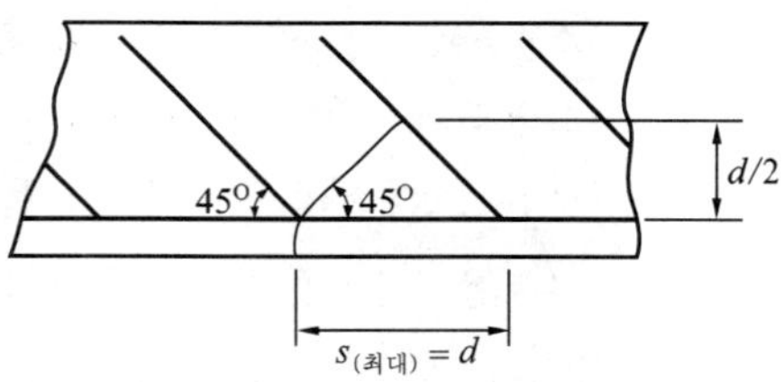

(b) 경사 스터럽

그림 7.45 스터럽의 최대간격

$$V_u/\phi - V_c = V_s > \left(\frac{\lambda\sqrt{f_{ck}}}{3}\right) b_w d \tag{7.30}$$

따라서 수직 스터럽의 간격은 $0.25d$ 또는 300 mm 이하이어야 한다. 그 이유는 스터럽을 촘촘하게 배치하면 경사균열의 폭이 줄어들 뿐만 아니라, 스터럽의 간격이 좁을수록 경사압축대의 하부에 좋은 정착력을 제공할 수 있기 때문이다.

19) $(\lambda\sqrt{f_{ck}}/3)b_w d \equiv [2V_c = 2(\lambda\sqrt{f_{ck}}/6)b_w d]$ 와 같게 된다. 2012 구조기준[7.6]에서는 그동안 도입하지 않았던 스터럽의 간격 규정에도 경량콘크리트 계수 λ를 도입하였다. 그러나 연관된 규정인 식 (7.31)에는 도입하지 않고 있다. 참고문헌 7.59에서는 추후 보완사항으로 전단보강근의 최대전단강도 규정도 $V_{s(\max)} \leq (2\lambda\sqrt{f_{ck}}/3)b_w d]$와 같이 λ의 도입을 주장하고 있다.

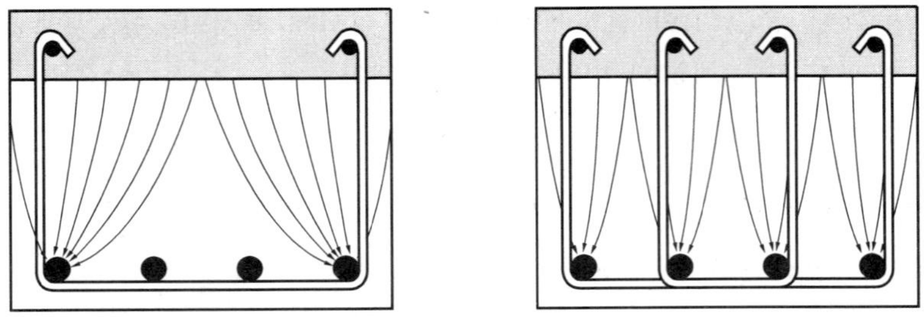

(a) 간격이 넓게 배치된 스터럽 다리 (b) 간격이 좁게 배치된 스터럽 다리

그림 7.46 스터럽이 배치된 보에서 경사압축력의 흐름

보의 폭이 넓은 보에서 그림 7.46a와 같이 단면의 주변을 따라 스터럽이 배치되면 복부의 경사 압축대는 스터럽의 모서리에 배치된 종방향 철근에 의해서만 지지되게 된다. 이런 상황은 그림 7.46b와 같이 스터럽의 다리가 2개 이상이 되면 상당히 개선되게 된다. ACI 해설 R11.4.7[7.7]에서는 폭이 넓은 보의 전단거동이 스터럽의 횡방향 거리(transverse spacing of stirrup legs)를 제한하면 증진된다고 제시하고 있다. 또한 CEB-FIP[7.40]에서는 스터럽 다리의 횡방향 간격을 $2d/3$ 또는 800 mm 중 작은 값 이하로 제한하도록 하고 있다.

2) 스터럽의 정착 파괴로 시작되는 전단파괴(Shear Failure Initiated by Failure of the Stirrup Anchorage)

식 (7.24a)와 (7.29)는 극한상태에서 스터럽이 항복한다는 가정 하에서 구한 식이며, 이 가정은 스터럽이 안정되게 정착된 경우에만 사실이 될 것이다. 일반적으로 경사균열의 상부 끝은 보의 압축영역에 그림 7.9, 7.17이나 7.47과 같이 매우 가깝게 접근한다. 극한상태에서 경사균열 면을 통과하는 스터럽의 응력은 항복강도 f_{yt} 에 근접하거나 도달했을 것이다. 따라서 그림 7.47에서 검은 부분은 항복응력 f_{yt} 를 발휘할 수 있도록 정착되어야 한다. 이러한 이유 때문에 구조기준 8.5.4(1)(ACI 12.13.1)에서는 스터럽이 피복두께 요구조건과 다른 철근과의 간격이 허용하는 한 부재의 압축면과 인장면 가까이까지 연장되어야 한다고 규정하고, 스터럽을 정착하기 위해서 갈고리의 형태를 제시하고 있다. 그림 7.48은 현행 구조기준에서 스터럽의 정착에 대한 요구조건을 보여주고 있다.

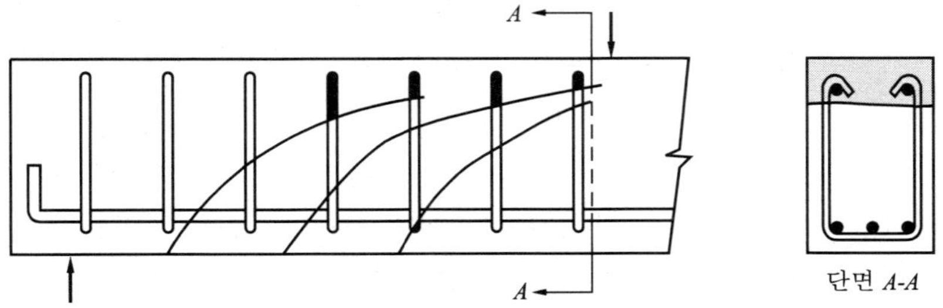

그림 7.47 스터럽의 정착

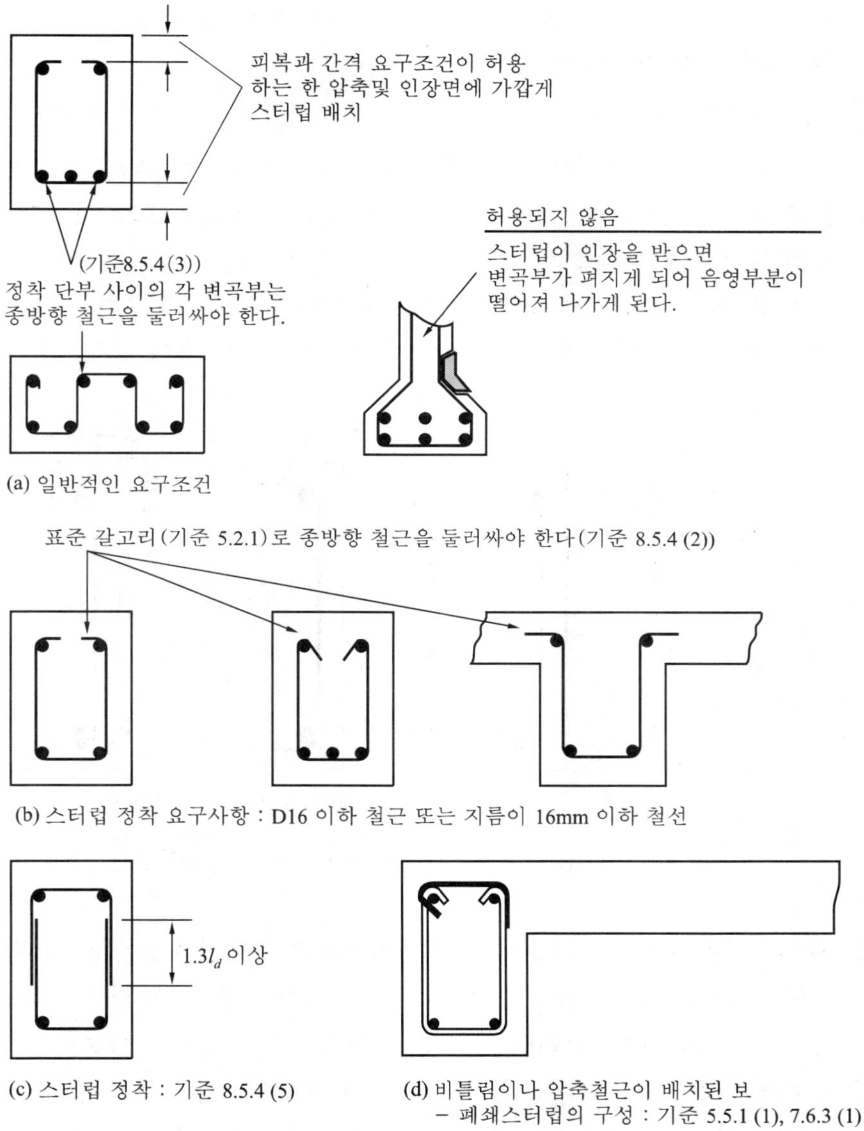

그림 7.48 스터럽 상세에 대한 요구조건

① 구조기준 8.5.4(3)(ACI 12.13.3)에서 그림 7.48a와 같이 단일 U형 또는 다중 U형 스터럽의 양 정착단 사이의 연속구간 내에서 굽혀진 부분(변곡부)은 종방향 철근을 둘러싸야 한다(그림 7.29 및 그림 8.33 참고)고 규정하고 있다.

② 항복강도에 관계없이 D16 이하 철근 또는 지름 16 mm 이하 철선에 대해서는 구조기준 8.5.4(2) (ACI 12.13.2.1)에서는 특별한 정착길이를 요구하지 않고 종방향 철근을 둘러싸는 표

준갈고리를 사용할 수 있도록 허용하고 있다. 표준갈고리는 그림 7.48b에서와 같이 90° 와 135° 가 사용된다(그림 6.23 참고).

③ $f_{yt} \geq$ 300 MPa인 D19, D22 및 D25 스터럽은 종방향 철근을 둘러싸는 표준갈고리 외에 추가로 부재의 중간 깊이에서 갈고리 단부의 바깥까지 $l_l = 0.17 d_b f_{yt} / (\lambda \sqrt{f_{ck}})$ 이상의 묻힘길이를 확보하여 정착하여야 한다[구조기준 8.5.4(2), ACI 12.13.2.2][20) (그림 7.49 참고). 표준갈고리 이외에 일정한 정착길이를 요구하는 이 규정은 D19~D25 철근을 종방향 철근 주위에 굽혀서 단단하게 정착하기(tightly around) 어려울 뿐만 아니라 항복강도도 높기 때문에, 스터럽의 정착은 갈고리에 의한 저항과 정착길이로 인한 저항밖에 없기 때문에 마련된 규정이다[7.7].

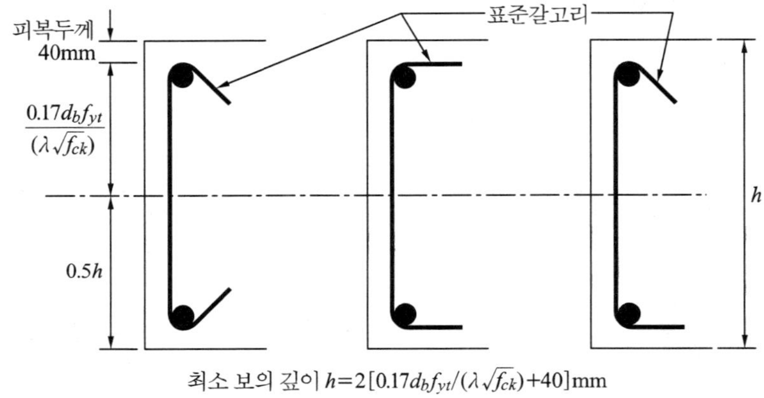

그림 7.49 D19, D22, 및 D25 스터럽의 정착을 만족하는 보의 최소 깊이에 대한 규정[7.48]

④ 깊이가 깊은 부재는, 특히 깊이가 점진적으로 변하는 경우에는 구조기준 8.5.4(5)(ACI 12.13.5)에서 제시하는 그림 7.48c와 같이 길이 $1.3 l_d$ 이상의 겹침이음 스터럽(lap spliced stirrup)을 배치하는 것이 유리하다. 그러나 지진지역에는 취약한 것으로 판명되었다.

⑤ 구조기준 5.5.1(ACI 7.11)에서는 압축철근이 배치된 보나 응력의 반전이 있는 보 또는 비틀림을 받는 보는 폐쇄스터럽을 배치하도록 규정하고 있다. 구조기준 5.8.1(3)(ACI 7.13.2.3)에서는 보의 끝 부분이나 테두리보(spandrel beam)에는 폐쇄스터럽 또는 적어도 135°의 구부림을 갖는 표준갈고리를 배치하도록 하고 있다. 폐쇄스터럽은 그림 7.48d와 같이 배치할 수도 있지만, 구조기준 5.8.1(ACI 7.13.2)의 구조물의 일체성을 확보하기 위한 요구조건의 규정은 만족시키기 어려울 것이다.

20) 말하자면, ($h/2$ - 갈고리의 피복두께) $\geq l_l = 0.17 d_b f_{yt} / (\lambda \sqrt{f_{ck}})$ 를 만족하여야 한다는 의미이다.

표준갈고리와 정착길이에 대한 내용은 6장에서 다루고 있다.

표준 스터럽 갈고리는 보통 철근의 구부림보다 작은 직경의 핀 둘레로 구부려 진다(그림 6.23 참고). 고강도 강재는 구부리는 과정에 미세한 균열이 발생할 수 있다. 이 미세 균열이 철근이 항복강도를 충분히 발휘하기 전에 철근에 파단이 일어나는 원인이 될 수 있다[7.3]. 이러한 이유 때문에 구조기준 7.4.1(3)에서는 전단철근의 설계기준항복강도를 500 MPa로 제한을 두고 있으며, 용접 이형철망(**w**elded deformed **w**ire **r**einforcement, WWR)[21)]을 사용할 경우 설계기준항복강도를 600 MPa까지 할 수 있다고 규정하였다.

또한 이렇게 전단보강철근(비틀림철근도 동일하게 제한, 구조기준 7.6.1(4))의 설계기준항복강도를 제한하는 이유는 구조기준 해설[7.44]에서 언급한 바와 같이 다음의 3)에서 다루는 사용하중 하에서 사인장 균열폭(control of diagonal crack width)을 억제하기 위한 것이다.

일반적으로 경사균열과 전단철근의 끝 사이에 정착에 필요한 거리가 매우 짧으므로 MacGregor[7.3]는 보가 매우 큰 경우를 제외하고는 가능하면 300 MPa의 스터럽을 사용하는 것이 좋다고 제안하고 있다. 게다가 강도가 낮은 전단철근을 사용하면 스터럽의 사이의 간격이 좁아져서 폭이 넓으면서 과도하게 발생하는 경사균열을 억제할 수 있다.

3) 사용하중 하에서 과도한 균열 폭으로 사용성 손상(Serviceability Failure due to Excessive Crack Widths at Service Load)

보에 폭이 넓은 균열이 발생하면 보기 좋지 않을 뿐만 아니라 물이 침투하여 철근을 부식시킬 수 있다. 실험에 의하면 굽힘철근으로만 보강된 보의 최대사용하중 균열 폭이 수직스터럽을 배치한 보에 비해서 균열 폭이 1.5배에 이르렀다. 경사 스터럽이 배치된 경우에는 최대사용하중 균열폭은 수직스터럽을 배치한 경우에 비해서 80% 밖에 되지 않았다. 또한 직경이 작은 스터럽을 좁게 배치한 보의 균열 폭이 직경이 굵어서 간격을 넓게 배치한 경우보다 좁았다.

구조기준 7.4.4(9)(ACI 11.4.7.9)에서는 스터럽에 의해서 저항되는 최대전단력을 아래의 식과 같이 제한하여 균열의 폭이 과도하지 않게 제한하고 있다[22)].

$$V_{s\,(\max)} \le \frac{2}{3}\sqrt{f_{ck}}\,b_w d \tag{7.31}$$

ACI-ASCE 426 위원회[7.42]에 의하면 $V_{s\,(\max)}$가 배치된 보에서 사용하중이 작용할 때 스터럽의 응력이 234 MPa에 이르렀고 이때의 균열 폭은 0.36 mm이었다. 비록 이 제한이 대부분의 경우에 만족할만한 결과를 주지만, 스터럽의 간격을 좁게 배치하고 보의 복부에 표피철근(skin reinforcement)을

21) 실제 부재의 실험결과[7.41]에 의하면 용접철망을 사용한 부재의 사용하중 하에서의 경사 균열폭이 스터럽을 이용한 부재에 비해서 감소되어 $f_{yt} \le$ 600 MPa로 규정하고 있다[7.44].

22) 만약에 보통중량골재를 사용하여 $\lambda = 1.0$이면, $(2\sqrt{f_{ck}}/3)b_w d \equiv 4V_c$와 같게 된다.

표면에 가깝게 배치하면 균열 폭을 제한하는데 효과적이다(5.7장 참고).

4) 복부의 콘크리트 파쇄에 의한 전단파괴(Shear Failure due to Crushing of the Web)

트러스 유사를 다룰 때 암시한 바와 같이 복부의 경사압축대에는 압축응력이 존재한다. 복부의 두께가 얇은 보는 이 압축응력에 의해서 복부가 붕괴할 수 있다(그림 7.50과 7.51 참고 : 경사균열의 끝부분 참고). 대부분의 시방서에서 경사압축응력이 전단응력에 관련이 되어있으므로 최대전단응력을 콘크리트 압축강도의 0.2에서 0.25배로 제한하고 있다. 현행 구조기준에서는 앞에서 사용하중이 작용할 때 균열을 제한하기 위해서 제시된 식 (7.31)의 최대전단력 규정이 복부 균열파괴에 대해서도 적당한 안전을 제공한다고 보고 있다. 이 규정은 단면이 받는 전단력의 강도를 제한하여 보의 중간깊이에서 전단에 의해서 생기는 경사압축응력이 콘크리트의 압축강도보다 작게 하여 복부의 압축파괴를 방지하도록 하는 것이다.

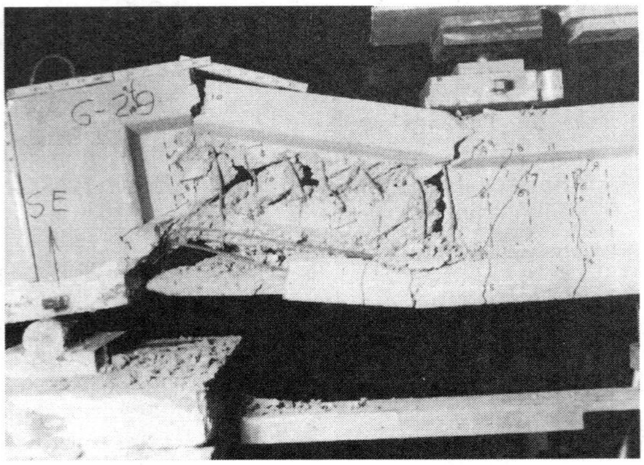

그림 7.50 복부 파쇄 붕괴(web crushing failure)

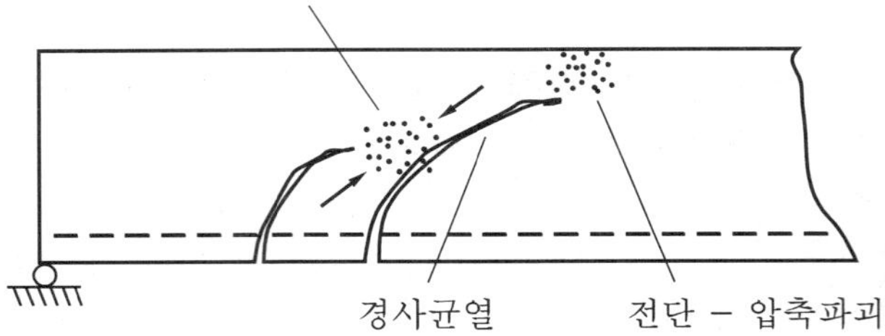

그림 7.51 높은 전단응력 때문에 발생할 수 있는 붕괴파괴 모드

5) 인장재의 파괴에 의한 전단파괴(Shear Failure Initiated by Failure of the Tension Chord)

트러스 유사의 전단경간에서 임의의 위치에서의 종방향 인장철근력은 단면에서 최대모멘트가 발생하는 단면 방향으로 대략 거리 d만큼 떨어진 단면의 휨모멘트의 함수임을 보여주었다. 부분적으로 이런 이유 때문에 구조기준 8.5.1(2)(ACI 12.10.3)에서는 휨철근을 더 이상 요구되지 않는 점을 지나서 d 또는 $12d_b$ 이상을 연장하도록 규정하고 있으며, 다만 단순경간의 받침부와 캔틸레버의 자유단에는 적용하지 않아도 된다고 규정하고 있다.

최소복부철근(Minimum Web Reinforcement)7.15

과거의 ACI 설계방법에서는 소요전단강도가 V_c를 초과할 때만 스터럽을 배치하도록 하였다. 이러한 규정 때문에 북미지역에서 설계된 대부분의 철근콘크리트 보나 프리스트레스트 보에는 스터럽이 배치되지 않게 되었다. 만약에 보에 복부보강이 되어있지 않으면 경사균열이 형성되면서 갑작스럽게 붕괴파괴가 일어날 수 있다. 보의 전단강도는 또한 반복하중이 작용하여 균열을 진행시키거나 인장강도를 저하시키는 것과 같은 요소에 의해서 상당히 감소할 수 있다.

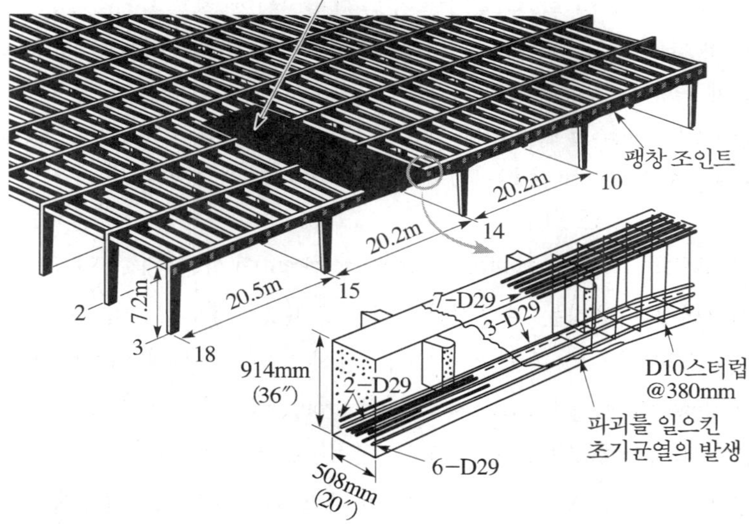

그림 7.52 창고건물의 지붕 보에 나타난 전단파괴 형상(오하이오주 Shelby의 Wilkins 공군 비행장)

1955년 미국 공군의 창고건물 지붕보에 일어난 전단파괴는 ACI의 전단설계가 안전하지 않음을 보여주었다(그림 7.52 참고). 보는 고정하중에 의해서 파괴되었으며, ACI의 허용전단응력이 0.6 MPa이고 이 값에 대응하는 파괴 전단응력은 대략 1.1 MPa인데도 불구하고 작용하는 전단응력이 오직 0.52 MPa 밖에 되지 않았는데 파괴가 일어난 것이다. Elstner와 Hognestad[7.43]의 조사에 의하여 북미설계규정에 대해서 다음과 같은 보완을 제시하였다.

① 최소복부 전단철근을 배치하여야 한다.

② 휨철근은 변곡점(contraflexure)을 넘어서 충분히 연장되어야 한다.

③ 구속에 의해서 발생하는 인장(건조수축 등)은 설계에서 고려되어야 한다.

이러한 보완책을 고려하여, 구조기준 7.4.3(1)(ACI 11.5.6.1)에서는 $V_u > (0.5\phi V_c)$ 인 경우에 최소전단철근을 배치하도록 규정하고 있다. 전단철근이 배치되어 있지 않은 보의 전단파괴는 경고

없이 갑작스럽게 붕괴파괴(brittle)로 일어나기 때문에 최소전단철근의 배치는 예상치 않은 인장력이 작용하거나 과하중이 작용하는 경우를 대비해서 중요할 뿐만 아니라, 또한 설계방정식에서 제시하는 전단강도도 실제 전단파괴하중과 상당한 편차(그림 7.19 참고)를 보이기 때문에 최소전단철근의 배치는 중요하다. 구조기준에서는 아래의 예외에는 최소전단철근을 배치하지 않아도 되도록 규정하고 있다(7.3장 참고).

① 슬래브(solid slab)와 기초판(footing)
② 구조기준 3.4.11에서 규정한 콘크리트 장선구조(joist construction)(그림 7.24 참고)
③ 단독 보인 경우 : 전체 깊이 $h \leq$ 250 mm 이하인 경우
④ 슬래브와 일체로 시공된 보(즉 I형 또는 T형 보)의 경우 :
$h \leq$ 최대 값(플랜지 두께의 2.5배, 복부 폭의 1/2) 이하인 경우
⑤ 교대 벽체 및 날개벽, 옹벽의 벽체, **암거(culvert)** 등과 같이 휨이 주거동인 판 부재인 경우
⑥ 순 단면(total untopped depth)의 깊이가 315 mm를 초과하지 않는 프리스트레스트 속빈 부재(prestressed hollow-core unit)이거나 **또는** 프리스트레스트 속빈 부재에 작용하는 계수전단력이 $V_u < 0.5\phi V_{cw}$인 경우
⑦ 강섬유콘크리트 보(fiber-reinforced concrete beam)에서 보의 깊이 $h \leq$ 600 mm이고, $f_{ck} \leq$ 40 MPa이면서 작용하는 계수전단력 $V_u \leq \phi(\sqrt{f_{ck}}/6)b_w d$인 경우

이들 예외는 각각 부재의 폭을 따라 또는 장선구조인 경우에 인접한 부재에, 하중의 재분배가 일어날 가능성(load shearing between weak and strong area)이 있기 때문에 규정을 약화시킨 것이다. 또한 구조기준 7.4.3(2)(ACI 11.4.6.2)에서는 최소전단철근이 없어도 계수휨모멘트와 계수전단력에 저항할 수 있다는 것이 실험에 의해서 확인된다면 최소전단철근 규정을 적용하지 않아도 되도록 허용하고 있다(실제 부재의 치수와 재료의 강도를 이용하여 실험하고 강도감소계수가 1인 공칭강도 값을 비교하여야 한다).

구조기준 7.4.3(3)(ACI 11.4.6.3)에서는 최소전단철근을 다음 식에 의해 구하도록 하고 있다.

$$A_{v(\min)} = \left(0.0625\sqrt{f_{ck}} \ \geq \ 0.35\right)\frac{b_w s}{f_{yt}} \tag{7.32}$$

2003년 이전의 기준에서는 최소 전단철근량은 우측 항의 한계인 $A_{v(\min)} = 0.35 b_w s / f_{yt}$로 제시하여 콘크리트 강도와는 무관하게 규정하였다. 그러나 근래의 실험에 의하면 갑작스런 전단파괴를 방지하기 위해서는 콘크리트 강도가 증가할수록 최소 전단철근량을 증가시켜야 할 필요가 있다는 것이 밝혀졌다(표 7.2 참고)[7.7, 7.44].

따라서 2007년 이후 구조기준에서는 $\sqrt{f_{ck}}$를 포함하여 $f_{ck} <$ 31.4 MPa인 경우23)에는 이전과 같은 최소 전단철근량을 배치하도록 하고, $f_{ck} \geq$ 31.4 MPa인 고강도 콘크리트인 경우에는 점진적으로 최소 전단철근량을 증가시킬 수 있도록 하였다.

식 (7.32)의 우측 항 $(0.35 b_w s / f_{yt})$는 0.35 MPa의 전단응력을 전달하기 위해서 필요한 복부철근을 배치하는 것과 동일한 단면적이다. $f_{ck} = 17.3$ MPa로 보면 식 (7.16a)에 의한 전단력은 $V_c = (1.0\sqrt{17.3}/6) b_w d = 0.69 b_w d$가 된다. 여기에서 전단철근에 의한 전단저항이 경사균열에 의한 콘크리트의 전단응력의 1/2을 지지한다면 $V_{s(\min)} = V_c/2 = 0.35 b_w d$가 된다. 식 (7.24a)에서 $A_v f_{yt} = (V_s s)/d$이고 여기에 $V_{s(\min)}$을 대입하면, 식 (7.32)의 우측 항 한계식이 된다. 식 (7.32)의 최소복부철근을 배치하게 되면, ϕV_n은 아래와 같이 표현된다.

$$\phi V_n = \phi[V_c + V_{s(\min)}] = \phi(V_c + 0.0625\sqrt{f_{ck}}\, b_w d) \geq \phi(V_c + 0.35 b_w d) \tag{7.33}$$

표 7.2 현행 구조기준에 의한 최소전단철근 규정 (음영 부분이 지배)

f_{yt} (MPa)	f_{ck} (MPa)	$(0.0625\sqrt{f_{ck}}/f_{yt}) \times b_w s$	$(0.35/f_{yt}) \times b_w s$
300	21~30	0.00095 ~ 0.00114	0.00117
	35	0.00123	
	40	0.00132	
	45	0.00140	
	50	0.00147	
350	21~30	0.00082 ~ 0.00098	0.00100
	35	0.00106	
	40	0.00113	
	45	0.00120	
	50	0.00126	
400	21~30	0.00072 ~ 0.00086	0.00088
	35	0.00092	
	40	0.00099	
	45	0.00105	
	50	0.00110	
500	21~30	0.00057 ~ 0.00068	0.00070
	35	0.00074	
	40	0.00079	
	45	0.00084	
	50	0.00088	

23) $f_{ck} = (0.35/0.0625)^2 = 31.4$ (MPa)

$\sqrt{f_{ck}} > 8.4$ MPa(즉, $f_{ck} > 70$ MPa)인 경우에는 식 (7.32)를 만족하도록 최소전단철근이 배치되어야만 V_c를 계산 할 때 $\sqrt{f_{ck}}$ 값이 8.4 MPa을 초과할 수 있다. 따라서 식 (7.32)에 따른 최소 전단철근량을 배치하지 않은 경우에 V_c의 계산에서 f_{ck} 값을 70 MPa을 초과하여 계산해서는 안 될 것이다. 또한 지진지역에서는 지진에 의해서 발생하는 전단력이 최대 소요전단강도의 1/2이상을 초과하고 계수축력 $P_u \le (A_g f_{ck}/20)$인 경우에 $V_c = 0$로 간주하여 복부철근을 배치하여야 한다고 구조기준 21.3.4(ACI 21.5.4.2)에서 제시하고 있다.

구조기준 5.8.1(3)(ACI 7.13.2.3) 구조 일체성 요구조건에서는 부재의 끝 부분(perimeter beam)이나 테두리보(spandrel beam)에서 상단철근 둘레에 135° 구부린 스터럽이나 폐쇄스터럽을 배치하도록 규정하고 있다. 테두리보에서 이러한 스터럽은 상단과 하단철근과 같이 작용하여 건물의 주위에 인장타이 역할을 해서 내부 보의 파괴에 따른 붕괴가 발전하는 것을 제한시킨다.

보를 설계할 때 최대전단력의 위치(Location of Maximum Shear for the Design of Beams)[7.3]

그림 7.53a와 같이 하중이 상부 플랜지에 작용하고 바닥에서 지지되면 가장 가까운 경사균열은 받침부로부터 대략 45° 바깥방향으로 발생한다. 받침부로부터 유효깊이 d 이내에 작용하는 하중은 45° 방향의 균열안쪽의 압축팬에 의해서 받침부에 직접 전달된다. 따라서 그림 7.53a와 같이 경사균열을 통과하는 스터럽의 응력에는 영향을 미치지 않는다.

이러한 현상을 고려하여 구조기준 7.2.1(5)(ACI 11.1.3)에서는 ① 작용전단력 방향으로의 받침부 반력이 부재의 단부를 압축하고, ② 하중은 부재의 상면 또는 그 근처에 작용하고, ③ 받침부

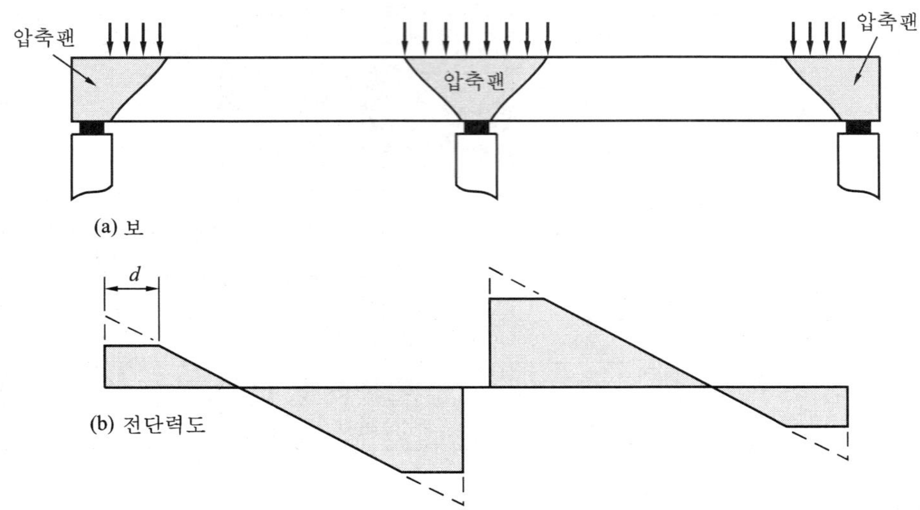

그림 7.53 설계 전단력도

내면과 아래에서 정의되는 위험단면 사이에 집중하중이 작용하지 않는 경우에 철근콘크리트 부재의 경우 받침부 내면에서 d 거리 이내에 위치한 단면은 d 거리에서 구한 전단력 V_u 의 값으로 설계할 수 있다고 규정하고 있고, 프리스트레스트 콘크리트 부재의 경우 받침부 내면에서 $0.5h$ 거리 이내에 위치한 단면은 $0.5h$ 거리에서 구한 것과 동일한 전단력 V_u 의 값으로 설계할 수 있다고 제시하고 있다. 따라서 그림 7.53a의 보에서 설계에 적용되는 V_u 분포도는 그림 7.53b로 표시될 수 있다.

이렇게 설계전단력 V_u 의 값을 감소시킬 수 있는 상황은 모든 예에서 적용될 수 있는 것은 아니므로 조심해야 한다. 그림 7.54에는 설계 시에 나타나는 전형적인 6가지의 예를 보여주고 있다.

일반적인 보의 상황인 그림 7.54a나 c 또는 일체로 시공된 전형적인 보-기둥 접합부인 그림 7.54b는 구조기준 7.2.1(5)의 규정을 적용하여 위험단면은 받침부 면으로부터 거리 d 떨어진 단면이므로 이 단면에서 구한 V_u 를 이용하여 전단설계를 수행할 수 있다.

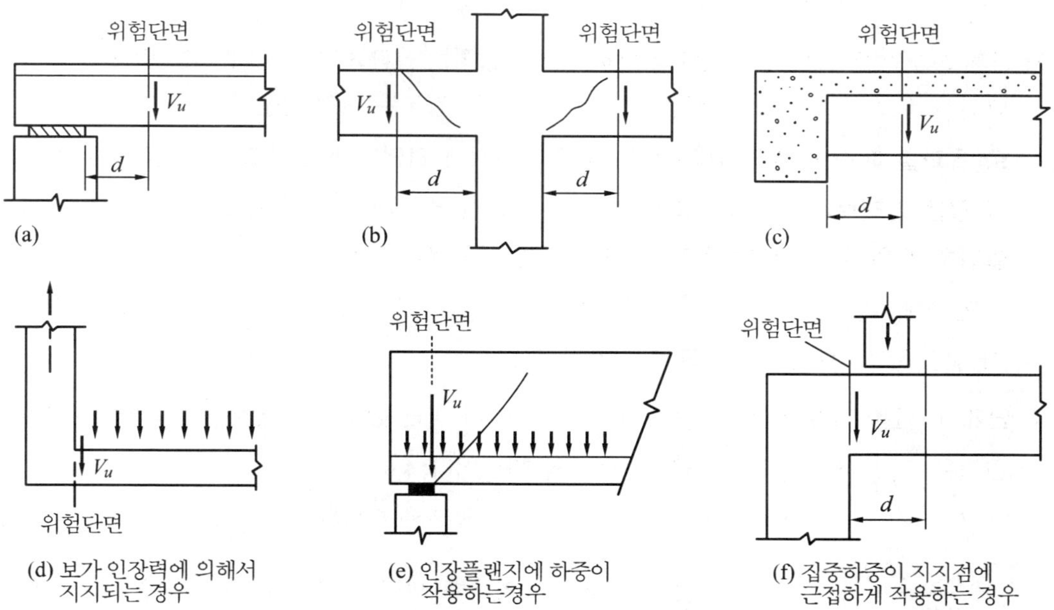

그림 7.54 구조기준 7.2.1(5)(ACI 11.1.3)의 적용[7.47]

만약에 보가 압축에 의해서 지지되지 않고 인장에 의해서 지지되게 되면 위험단면은 받침부에 접한 면이 되고 그림 7.54d와 같이 균열이 접합부 내부로 발전하므로 주의하여 설계하여야 한다. 그림 7.54e 같이 하중이 하부플랜지에 작용하면 거리 d 안에 작용하는 하중이 받침부에 도달하기 전에 경사균열을 통해서 전달되어야 하므로 설계 위험단면은 당연히 받침부 면이 될 것이다. 그림

7.54f와 같이 집중하중이 기둥면에서 거리 d 안에 작용하여 상당한 전단력의 변화가 발생하는 경우에 위험단면은 보와 기둥의 접합면이 되고, 보의 끝 부분은 휨과 전단에 대해서 깊은 보(deep beam)로 보아 설계하여야 한다.

현행 구조기준의 전단설계과정(Summary of the Design Procedures for Shear)[7.47]

1) 단계 1 : 계수하중을 사용해서 전단력도와 휨모멘트 도를 그리고, 위험단면에서 최대 계수전단력 V_u를 계산하여, V_u/ϕ를 계산한다. 강도감소계수 $\phi = 0.75$ 이다.

2) 단계 2 : 콘크리트의 공칭전단강도 V_c를 계산한다.
   ① 축하중이 없고 전단과 휨모멘트만 작용하는 경우 : 식 (7.15a)나 식 (7.16a) 이용; $V_u d/M_u \le 1$; $V_c \le 0.29\lambda\sqrt{f_{ck}}\,b_w d$; 식 (7.32)의 최소 전단철근량이 배치되면 $f_{ck} >$ 70 MPa을 계산에 적용할 수 있다.
   ② 축하중이 작용하는 경우 : 식 (7.15c), (7.16c) 및 (7.20) 이용

3) 단계 3 : 일반적으로 휨모멘트에 대해서만 보강하는 슬래브나 기초판 또는 얕은 보에서 위험단면에 대해서 $V_u/\phi \le V_c$를 검토한다. $V_u/\phi > V_c$ 인 경우는 거의 발생하지 않지만 만약에 $V_u/\phi > V_c$로 초과할 때는 단면의 깊이나 f_{ck}를 증가시켜서 단면의 전단강도를 증가시켜야 할 것이다. 깊이가 얕은 슬래브나 보에서 스터럽은 거의 효과가 없는데 그 이유는 압축영역이 얕아서 항복강도를 발휘하기 위해서 필요한 정착을 제대로 하지 못하기 때문이다.

   만약에 $V_u/\phi - V_c = V_s > [(2\sqrt{f_{ck}}/3)b_w d \equiv 4V_c]$ 인 경우에는 단면의 크기를 증가시키거나 아니면 콘크리트의 압축강도를 증가시킨다.

4) 단계 4 : 깊이가 얕지 않은 보는 $V_u/\phi \ge (0.5V_c)$ 인 경우에 전단철근을 배치해야 한다. 스터럽의 간격은 V_u/ϕ와 V_c의 상대적인 강도의 함수이다.
   ① $(0.5V_c) < V_u/\phi < V_c$ 인 경우 : 최소전단철근을 배치한다. 간격은 $s = d/2 \le 600\,\text{mm}$ 또는 $\dfrac{A_v f_{yt}}{0.0625\sqrt{f_{ck}}\,b_w} \le \dfrac{A_v f_{yt}}{0.35 b_w}$ 이하로 배치한다. 만약에 휨부재에 반복하중(cyclic loading)이 작용하면 V_u/ϕ가 $(0.5V_c)$이하가 되더라도 구조기준 · 해설 7.4.3(1)[7.44](ACI R11.4.6.1)에서는 최소전단철근을 배치하는 것이 현명하다고 제안하고 있다. 이는 반복하중이 작용하는 부재에서는 단면의 전단강도를 저하시키는 사인장균열(diagonal tension cracks)이 정하중에 의한 응력보다도 낮은 응력에서 발생할 수 있기 때문이다.
   ② $V_u/\phi - V_c = V_s \le [(2\sqrt{f_{ck}}/3)b_w d \equiv 4V_c]$ 인 경우 : 식 (7.28)을 이용해서 스터럽의 소요전단

강도 $V_{s(\text{소요})}$를 계산하고, 식 (7.29)로 스터럽의 간격 $s \le A_v f_{yt} d / V_s$나 또는 $A_v / s \le V_s / f_{yt} d$로 단위 길이 당 스터럽의 단면적을 계산한다(표 7.2 참고). 스터럽의 간격은

㉠ $V_s \le \left(\dfrac{\lambda \sqrt{f_{ck}}}{3}\right) b_w d \equiv 2V_c$: $s = \dfrac{d}{2} \le 600\,\text{mm}$ 또는 $\dfrac{A_v f_{yt}}{0.0625\sqrt{f_{ck}}\, b_w} \le \dfrac{A_v f_{yt}}{0.35 b_w}$ 이하,

㉡ $V_s > \left(\dfrac{\lambda \sqrt{f_{ck}}}{3}\right) b_w d \equiv 2V_c$: $s = \dfrac{d}{4} \le 300\,\text{mm}$ 또는 $\dfrac{A_v f_{yt}}{0.0625\sqrt{f_{ck}}\, b_w} \le \dfrac{A_v f_{yt}}{0.35 b_w}$ 이하. 그림 7.55에는 등분포 하중이 작용하는 보의 전단력 도에서 전단보강철근의 요구조건이 제시되었다. 일반적으로 그림 7.55와 같이 받침부에서 $V_u/\phi = V_c$ 인 위치와 $V_u/\phi = (0.5V_c)$ 인 위치를 결정하여 전단설계를 수행한다. 표 7.3에는 현행 구조기준에서 제시한 전단보강이 된 보의 전단설계 과정이 도표화되어 있다.

표 7.3 현행 구조기준에 의한 전단설계 규정[7.47]

		$V_u/\phi \le (0.5V_c)$	$(0.5V_c) < V_u/\phi \le V_c$	$V_c < V_u/\phi$
소요 스터럽 단면적 $A_{v(\text{소요})}$		필요 없음[1]	$(0.0625\sqrt{f_{ck}} \ge 0.35)\dfrac{b_w s}{f_{yt}}$ 단, $f_{yt} \le 500\,\text{MPa}$	$\dfrac{(V_u/\phi - V_c)s}{f_{yt} d}$; 단, $\phi = 0.75$
스터럽의 간격, s	소요	-	$\dfrac{A_v f_{yt}}{0.0625\sqrt{f_{ck}}\, b_w} \le \dfrac{A_v f_{yt}}{0.35 b_w}$	$\dfrac{A_v f_{yt} d}{V_u/\phi - V_c}$
	최대간격	-	$d/2 \le 600\,\text{mm}$	$(V_u/\phi - V_c) \le (\lambda\sqrt{f_{ck}}/3) b_w d$ 간격 제한 : $d/2 \le 600\,\text{mm}$ $(\lambda\sqrt{f_{ck}}/3) b_w d < (V_u/\phi - V_c) \le (2\sqrt{f_{ck}}/3) b_w d$ 간격 제한 : $d/4 \le 300\,\text{mm}$

1) 그 외, $V_u/\phi > 0.5V_c$ 이어도 전단철근을 배치하지 않아도 되는 경우 : ① 슬래브와 기초판 , ② 구조기준 3.4.11에서 규정한 콘크리트 장선구조(joist construction)(그림 7.24 참고) , ③ 단독 보인 경우 : 전체 깊이 $h \le$ 250 mm이하인 경우, ④ 슬래브와 일체로 시공된 I형 또는 T형 보의 경우 : $h \le$ 최대값 (플랜지 두께의 2.5배, 복부폭의 1/2) 이하인 경우, ⑤ 교대 벽체 및 날개벽, 옹벽의 벽체, 암거(culvert) 등과 같이 휨이 주거동인 판 부재인 경우, ⑥ 순 단면(total untopped depth)의 깊이가 315 mm를 초과하지 않는 프리스트레스트 속빈 부재(prestressed hollow-core unit)이거나 또는 프리스트레스트 속빈 부재에 작용하는 계수전단력이 $V_u < 0.5\phi V_{cw}$ 인 경우, ⑦ 강섬유콘크리트 보(fiber-reinforced concrete beam)에서 보의 깊이 $h \le$ 600 mm이고, $f_{ck} \le$ 40 MPa이면서 작용하는 계수전단력 $V_u \le \phi(\sqrt{f_{ck}}/6) b_w d$ 인 경우

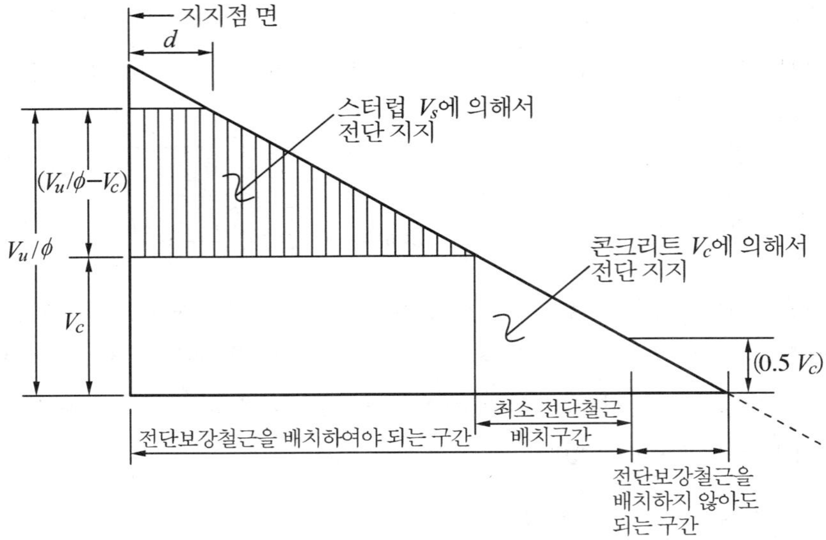

그림 7.55 등분포하중이 작용하는 보의 전단력 도에서 전단보강철근의 요구조건

예제 7.5 단순지지 보의 전단철근 설계

경간 $l = 6.0$ m**인 단순지지 된 직사각형 보에서 전단보강으로 배치하려는** U**형** D13 **스터럽** ($A_b = 126.7\ \text{mm}^2$, $A_v = A_b \times 2 = 126.7 \times 2 = 253.4\ \text{mm}^2$) **철근을 현행 구조기준에 의거 설계하라. 단,** $b_w = 350$ mm, $d = 500$ mm, **보통중량골재 콘크리트** $\lambda = 1.0$, $f_{ck} = 24$ MPa, $f_{yt} = 400$ MPa**이다. 보에는 등분포 고정하중** $w_D = 46$ kN/m**와 등분포 활하중** $w_L = 40$ kN/m**가 작용한다.**

풀이

① 계수등분포 하중 계산 : 식 (1.15)

$$w_u = w_{Du} + w_{Lu} = 1.2w_D + 1.6w_L = 1.2(46) + 1.6(40) = 55.2 + 64 = \underline{119.2\ (\text{kN/m})}$$

$$> 1.4w_D = 1.4(46) = 64.4\ (\text{kN/m}) \qquad \text{<o.k.>}$$

② 계수 전단력 및 소요 전단강도 $V_n \geq V_u/\phi$ 계산 : 전단강도감소계수 $\phi = 0.75$

$$V_{u(\max)} = w_u l/2 = 119.2(6.0)/2 = 357.6\ (\text{kN}) \quad ; \quad V_u/\phi = 357.6/0.75 = \underline{476.8\ (\text{kN})}$$

단순지지 보에 등분포 고정하중과 활하중이 작용하는 경우에 가장 불리한 전단력 분포를 구하기 위해서 (1) 하중조합 1 : 전체 경간에 $(w_{Du} + w_{Lu})$ 작용 ; (2) 하중 조합 2 : 전체 경간에 w_{Du} 작용하고 좌측의 경간 절반에만 w_{Lu}가 작용하는 경우 ; (3) 하중 조합 3 : 전체 경간에 w_{Du} 작용하고 우측의 경간 절반에만 w_{Lu}가 작용하는 경우로 나누어 구한 그림 7.56c와 같은 전단력 분포를 이용하여 설계하였다[8.3].

(a) 전체 경간에 w_{Du} 작용하고, 좌측 절반에만 w_{Lu}이 작용하는 경우 (그림 7.56b 참고) :

좌측 받침부의 반력 : $R_1 = w_{Du}l/2 + 3w_{Lu}l/8$

왼쪽 절반에 대한 자유물체도에서 평형방정식을 써서 경간 중앙에서의 전단력 계산 :

$$V_{u@중앙} = \left(\frac{w_{Du}l}{2} + \frac{3w_{Lu}l}{8}\right) - \left(\frac{w_{Du}l}{2} + \frac{w_{Lu}l}{2}\right) = -\frac{w_{Lu}l}{8} = -0.125(w_{Lu}l)$$

(b) 전체 경간에 w_{Du} 작용하고, 우측 절반에만 w_{Lu}이 작용하는 경우 :

우측 받침부의 반력 : $R_2 = w_{Du}l/2 + 3w_{Lu}l/8$

경간 중앙에서의 전단력 계산 :

$$V_{u@중앙} = -\left(\frac{w_{Du}l}{2} + \frac{3w_{Lu}l}{8}\right) + \left(\frac{w_{Du}l}{2} + \frac{w_{Lu}l}{2}\right) = \frac{w_{Lu}l}{8} = 0.125(w_{Lu}l)$$

따라서 경간 중앙에서의 계수 전단력 : 그림 7.57a 참고

$V_{u@중앙} = w_{Lu}l/8 = 64(6.0)/8 = 48.0\ (\text{kN})$; $V_{u@중앙}/\phi = 48.0/0.75 = 64.0\ (\text{kN})$

받침부에서 거리 $d = 500\ \text{mm}$ 떨어진 위치의 계수 전단력 :

$500 : 3{,}000 = x_1 : (476.8 - 64)$

$x_1 = (500/3{,}000)(476.8 - 64) = (1/6)(412.8) = 68.8\ (\text{kN})$

$V_{u@d}/\phi = 476.8 - 68.8 = \underline{408.0\ (\text{kN})}$

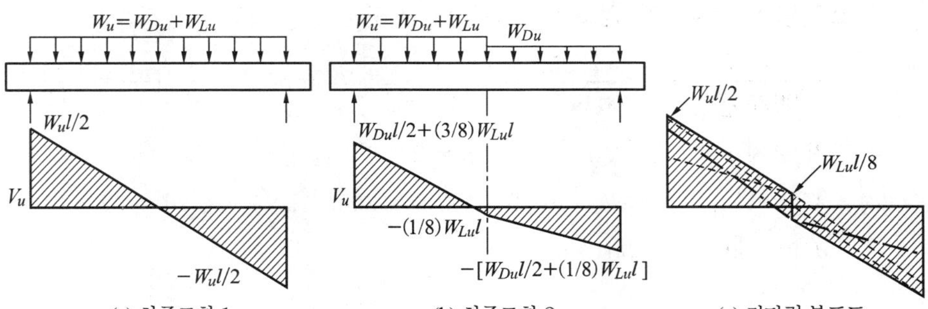

그림 7.56 예제 7.5의 전단력 분포 포락선

③ **콘크리트의 전단강도 V_c 및 $V_c/2$ 계산 : 간략 식 (7.16a) 이용**

$V_c = (\lambda\sqrt{f_{ck}}/6)b_w d = [(1.0)\sqrt{24}/6](350)(500)/10^3 = \underline{142.9\ (\text{kN})}$

$V_c/2 = 142.9/2 = \underline{71.4\ (\text{kN})} < V_{u@d} = 408.0\ \text{kN}$; ∵ 스터럽을 배치하여야 한다.

④ 전단력 분포도에서 전단보강 철근의 배치가 필요 없는 $V_c/2$ 인 위치 계산 :

지점에서의 거리 x 계산 : $3{,}000 : x = (476.8-64) : (476.8-71.4)$

$$\left[\, x = \frac{476.8-71.4}{476.8-64}\,3{,}000 = \underline{2{,}946\ (\mathrm{mm})} \,\right] - 3{,}000 = 54\ (\mathrm{mm})$$

전체 경간 중에서 보 중앙의 54 x 2 = 108 mm 만이 전단보강 철근을 배치하지 않아도 되는 구간이다. 따라서 상황에 따라 전 구간에 걸쳐서 전단보강 철근 스터럽을 배치하도록 한다.

⑤ 복부의 분쇄파괴 방지 규정 $V_s \le V_{s\,(\max)}$ 검토 :

식 (7.31) : $V_{s\,(\max)} = (2/3)\sqrt{f_{ck}}\,b_w d = 4V_c = 4(142.9) = 571.6\ (\mathrm{kN})$

$V_s = V_{u@d}/\phi - V_c = 408.0 - 142.9 = \underline{265.1\ (\mathrm{kN})} \quad < V_{s\,(\max)} = 571.6\ \mathrm{kN}$ <o.k.>

⑥ $V_s = V_{u@d}/\phi - V_c = 265.1\ \mathrm{kN}$ 에 대한 스터럽의 간격 계산 :

$$s_{(소요)} \le \frac{A_v f_{yt} d}{V_{u@d}/\phi - V_c} = \frac{253.4(400)(500)}{265.1\times 10^3} = 191\ (\mathrm{mm}) \quad > s_{(배치)} = \underline{190\ \mathrm{mm}}$$ <o.k.>

$s_{(배치)} = \underline{190\ \mathrm{mm}}$ **로 배치했을 경우의 전단강도 검토** :

$$V_n = \frac{A_v f_{yt} d}{s} + V_c = \frac{253.4(400)(500)}{190}/10^3 + 142.9 = 266.7 + 142.9 = \underline{409.6\ (\mathrm{kN})}$$

` $> V_{u@d}/\phi = 408.0\ \mathrm{kN}$ <o.k.>

⑦ 스터럽의 간격제한 검토 : 최소전단철근 규정, 식 (7.32)

$$\frac{A_v f_{yt}}{0.0625\sqrt{f_{ck}}\,b_w} = \frac{253.4(400)}{0.0625\sqrt{24}\,(350)} = 946\ (\mathrm{mm}) \;;\; \frac{A_v f_{yt}}{0.35 b_w} = \frac{253.4(400)}{0.35(350)} = 827\,(\mathrm{mm})$$

간격 규정 : $V_s \le \left(\lambda\sqrt{f_{ck}}/3\right)b_w d = 2V_c$ 인 경우 : $s_{(\max)} = \mathrm{Min.}(d/2,\ 600\ \mathrm{mm})$

$V_s = V_{u@d}/\phi - V_c = 408.0 - 142.9 = 265.1\ (\mathrm{kN}) \quad < 2V_c = 2\times 142.9 = 285.8\ (\mathrm{kN})$

$d/2 = 500/2 = 250\,(\mathrm{mm})$

$$\therefore s_{(\max)} = \mathrm{Min.}\left(\frac{d}{2},\ 600,\ \frac{A_v f_{yt}}{0.0625\sqrt{f_{ck}}\,b_w},\ \frac{A_v f_{yt}}{0.35 b_w}\right) = \mathrm{Min.}(\underline{250}, 600, 946, 827) = \underline{250\ (\mathrm{mm})}$$

$s_{(배치)} = \underline{190\ \mathrm{mm}} \ < s_{(\max)} = \underline{250\ (\mathrm{mm})}$ <o.k.>

⑧ 스터럽의 최대간격 $s_{(\max)} = 250\ \mathrm{mm}$ 로 배치할 수 있는 범위 계산 :

$V_n = A_v f_{yt} d/s + V_c = [253.4(400)(500)/250]/10^3 + 142.9 = 202.7 + 142.9 = \underline{345.6\ (\mathrm{kN})}$

받침부에서 $V_u/\phi = 345.6\ \mathrm{kN}$ 인 거리 계산 : $3{,}000 : x = (476.8-64) : (476.8-345.6)$

$$x = \frac{476.8-345.6}{476.8-64}\,3{,}000 = 953\ (\mathrm{mm})$$

따라서 받침부에서 953 mm를 넘어서는 스터럽의 최대 간격 $s_{(\max)} = 250\ \mathrm{mm}$ **로 배치한다.**

⑨ 스터럽의 배치 :

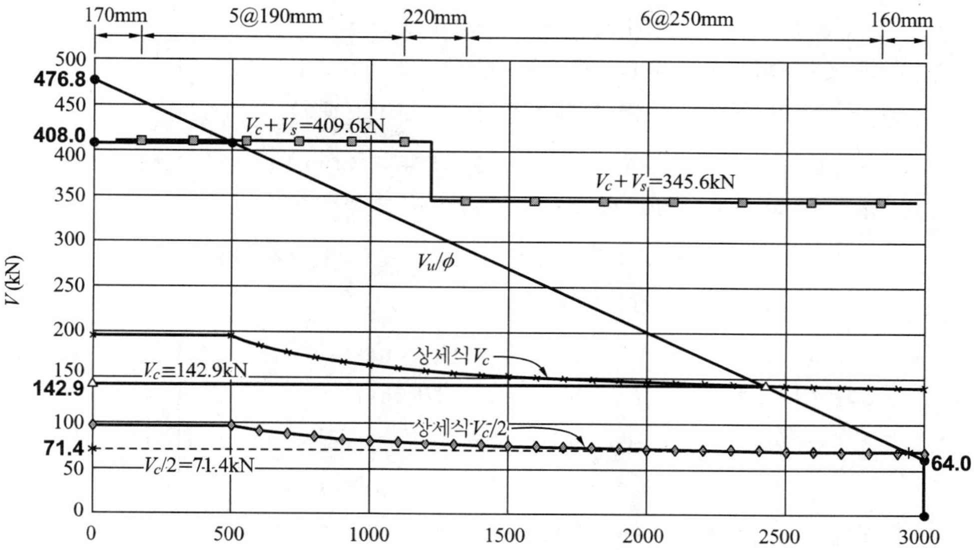

(a) 전단력 분포도

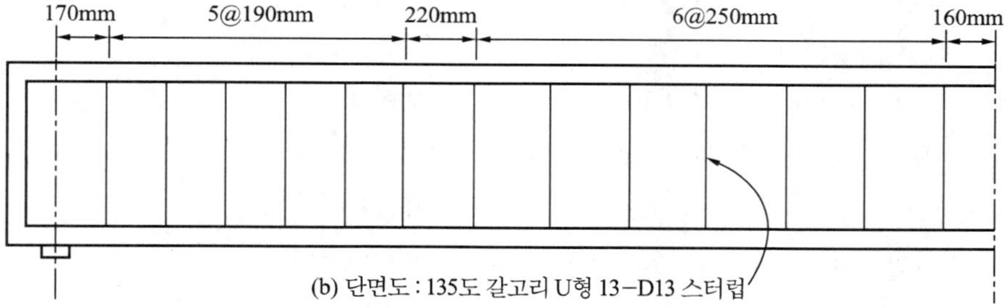

(b) 단면도 : 135도 갈고리 U형 13-D13 스터럽

그림 7.57 예제 7.5의 전단력 분포도 및 전단보강 U형 D13 스터럽의 설계

(1) $s_{(\max)} = 250\text{ mm}$ 로 배치할 수 있는 경계인 953 mm까지 $s_{(\text{배치})} = 190\text{ mm}$ 로 배치하는데 필요한 U형 철근의 개수 계산 : 길이 150 mm의 지압판(bearing plate) 위에 보를 놓는다고 가정하고 지압판 끝단에서 첫 번째 스터럽은 간격의 1/2 = 190 / 2 = 95 mm 떨어져서 배치 : (953 - 95 - 150/2 = 783) / 190 = 4.1 ≈ 5개 (올림) 배치

배치 범위 : 75 + 95 + 5 × 190 = 170 + 950 = 1,120 mm > 953 mm <o.k.>

(2) $s_{(\max)} = 250\text{ mm}$ 로 배치 : 나머지 구간 3,000 - 1,120 = 1,880 mm

1,880 mm 구간에서 첫 번째 스터럽은 간격의 1/2인 (190 + 250)/ 2 = 220 mm 떨어져서 배치한다.

나머지 구간에 배치해야 되는 개수 계산 : (1,880 - 220 = 1,660) / 250 = 6.6 ≈ 6개(내림)

를 배치하여 총 1 + 6 = 7개를 배치한다.

경간 중심에서 스터럽이 배치되지 않는 간격 : (1,880 - 220 - 6 × 250 = 160) - 250/2 = 35 mm < (3,000 - 2,946 = 54 mm, 배치할 필요가 없는 구간) <o.k.>

총 스터럽의 개수 = (1+ 5@190 mm + 7@250 mm) x 2 = 13 x 2

= **총 26개 U형 D13 스터럽 배치**

⑩ D13 U형 스터럽의 길이 계산 : 보의 피복두께 40 mm (표 2.12 참고) (그림 7.58 참고)

$h = d + 40 + 13 + 29/2 = 500 + 67.5 = 567.5 \approx \underline{570\text{ mm}}$

갈고리 A 및 G의 길이 (그림 6.23 참고)[7.49] : 갈고리 길이 $6d_b$ + (굽힘직경 $4d_b$ x 3.14/4 $\approx 3d_b$)

$= 9d_b = 9(13) = 117 \approx 120$ (mm)

B 및 D의 길이 : $h - 2 \times 40 = 570 - 80 = 490$ mm ;

C의 길이 : $b_w - 2 \times 40 = 350 - 80 = 270$ mm

스터럽의 총길이 = (A+G) + (B+D) + C

= 120 x 2 + 490 × 2 + 270 = <u>1,490 (mm)</u>

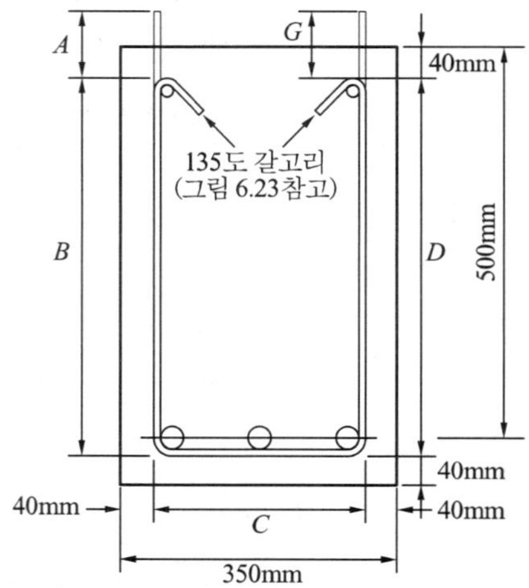

그림 7.58 단면도

⑪ 상세 식 (7.15a)의 적용 예를 보이기 위해서 전단강도 계산 : 휨 설계를 수행하여 $A_s = 3{,}636\text{ mm}^2$ 가 배치되었다고 가정한다.

$\rho_w = A_s/(b_w d) = 3{,}636/(350)(500) = 0.0208$

$V_{u\,(\max)} = w_u l/2 = 119.2(6.0)/2 = 357.6\text{ (kN)}$;

$V_{u\,@\,중앙} = w_{Lu} l/8 = 64(6.0)/8 = 48.0\text{ (kN)}$

받침부에서 유효깊이 $d = 500$ mm 떨어진 위치의 강도 계산 :

$$V_{u\,@\,d} = V_{u\,(\max)} - [(V_{u\,(\max)} - V_{u\,@\,중앙})/3.0] \times d$$

$$V_{u\,@\,d} = 357.6 - [(357.6 - 48.0)/3.0] \times 0.5 = 357.6 - 51.6 = 306.0\text{ (kN)}$$

$$M_{u\,@\,d} = [(V_{u\,(\max)} + V_{u\,@\,d})/2] \times d = [(357.6 + 306.0)/2] \times 0.5 = 165.9\text{ (kN·m)}$$

$V_u d/M_u = 306.0(0.5)/165.9 = 0.922 < 1.0$ <o.k.>

식 (7.15a) : $V_c = \left(0.16\lambda\sqrt{f_{ck}} + 17.6\rho_w \dfrac{V_u d}{M_u}\right) b_w d \le 0.29\lambda\sqrt{f_{ck}}\, b_w d$

$V_{c\,@\,d} = [0.16(1.0\sqrt{24}) + 17.6(0.0208)(0.922)](350)(500)/10^3 = \underline{196.2\text{ (kN)}}$

$< 0.29\lambda\sqrt{f_{ck}}\, b_w d = 0.29(1.0\sqrt{24})(350)(500)/10^3 = 248.6\text{ (kN)}$ <o.k.>

그림 7.57a에는 상세식으로 구한 전단강도의 분포도가 제시되었다. 위험단면에서 콘크리트의 전단강도가 196.2 - 142.9 = 53.3 kN의 차이가 나서 간격도 135 mm 이하로 줄일 수 있지만 상세식

의 전단강도가 M_u 가 증가함에 따라 감소하고, 또한 스터럽의 최대간격 제한 규정 250 mm가 지배하게 되어 상세식의 사용이 주는 이점이 거의 없게 된다.

예제 7.6 전단철근의 설계

그림 7.59의 T형 보에 대하여, 다음 각각의 경우에 U형 D10 스터럽 ($A_v = 143\ \mathrm{mm}^2$, 다리 2개의 단면적)을 배치할 때 요구되는 스터럽의 간격을 계산하여라. 위험단면에서 각각의 계수전단력 V_u 의 크기는 다음과 같다. ① $V_u = 53$ kN, ② $V_u = 160$ kN, ③ $V_u = 186$ kN인 경우. 보통중량골재 콘크리트의 설계기준압축강도 $f_{ck} = 21$ MPa이고, 스터럽의 $f_{yt} = 400$ MPa이며, h = d + 70 mm다.

풀이

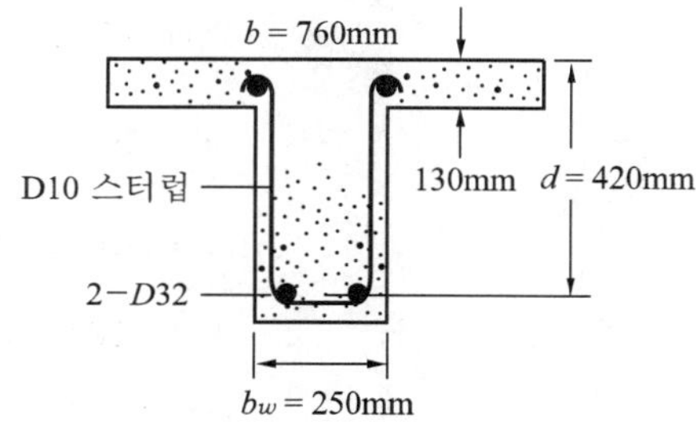

그림 7.59

보통중량골재 콘크리트 $\lambda = 1.0$; 먼저 T형 단면이 $V_u/\phi < V_c$ 이면 전단보강철근을 배치하지 않아도 되는 얕은 보인지 검토한다. 슬래브와 일체로 시공된 보의 경우 얕은 보이기 위해서는 $h \le \mathrm{Max.}(2.5h_f,\ b_w/2)$ 를 만족하여야 하므로,

$\mathrm{Max.}[\,2.5h_f = 2.5(130) = \underline{325}$;

$b_w/2 = 250/2 = 125] = \underline{325\ (\mathrm{mm})}$

$h = 490\ \mathrm{mm} > 325\ \mathrm{mm}$; 따라서 슬래브와 일체로 시공된 보의 경우 얕은 보이기 위한 조건을 만족하지 못하므로 $V_u/\phi > 0.5V_c$ 이면 최소전단 보강철근을 배치하여야 한다.

① $\underline{V_u = 53\ \mathrm{kN}\ \text{인 경우}}$:

ⓐ $V_u/\phi \ge V_c$ 를 만족하여 스터럽의 배치가 요구되는지 검토 :

$$V_c = \frac{\lambda\sqrt{f_{ck}}}{6}b_w d = \frac{1.0\sqrt{21}\ \mathrm{N/mm^2}}{6}(250\ \mathrm{mm})(420\ \mathrm{mm})(10^{-3}\ \mathrm{kN/N}) = 80.2\ (\mathrm{kN})$$

$$0.5V_c = 0.5(80.2) = 40.1\ (\mathrm{kN})$$

$\therefore\ V_u/\phi = 53/0.75 = 70.7\ (\mathrm{kN}) > (0.5V_c = 40.1\ \mathrm{kN})$; 스터럽을 배치하여야 한다.

ⓑ 최소전단철근이 배치되어야 되는지 검토 :

$(0.5V_c = 40.1\ \mathrm{kN}) < (V_u/\phi = 70.7\mathrm{kN}) < (V_c = 80.2\ \mathrm{kN})$ 이므로, 최소전단철근을 배치하면 된다. 간격의 제한은 $s_{(\max)} = \mathrm{Min.}[d/2 = 420/2 = \underline{210\ (\mathrm{mm})},\ 600\ \mathrm{mm}]$ 이므로, 간격 $s_{(\text{배치})} = \underline{210\ \mathrm{mm}}$ 로 배치한다.

ⓒ 스터럽의 간격이 구조기준의 최소전단철근 규정을 만족하는지 검토 : 표 7.3 참고

$f_{ck} = 21\,\text{MPa} < 31\,\text{MPa}$ 이므로 식 (7.32)에서 우측 항이 지배한다.

$$\therefore s_{(\text{배치})} = 210\,\text{mm} < \left[s_{(\max)} \le \frac{A_v f_{yt}}{0.35 b_w} = \frac{(143)(400)}{0.35(250)} = 654\,(\text{mm}) \right]$$ <o.k.>

② $V_u = 160\,\text{kN}$ 인 경우 :

$V_u/\phi = 160/0.75 = 213.3\,(\text{kN}) > V_c = 80.2\,\text{kN}$ 이므로 스터럽을 배치해야 한다.

ⓐ $V_u/\phi - V_c = V_s \le (2\sqrt{f_{ck}}/3) b_w d$ 인지 검토 :

$V_s = V_u/\phi - V_c = 213.3 - 80.2 = 133.1\,(\text{kN})$

보통중량골재 $\lambda = 1.0$; $(2\sqrt{f_{ck}}/3) b_w d \equiv 4V_c = 4(80.2) = 320.8\,(\text{kN})$

$V_s = 133.1\,\text{kN} < (2\sqrt{f_{ck}}/3) b_w d = 320.8\,\text{kN}$ <o.k.>

단면을 증가시키거나 콘크리트의 압축강도를 증가시킬 필요는 없다.

ⓑ 스터럽의 소요 간격 계산 : U형 D10 스터럽, $A_v = 143\,\text{mm}^2$

식 (7.29) : $s_{(\text{소요})} \le \dfrac{A_v f_{yt} d}{V_s} = \dfrac{(143)(400)(420)}{133.1 \times 10^3} = \dfrac{24{,}024 \times 10^3}{133.1 \times 10^3} = 180\,(\text{mm})$

ⓒ 구조기준의 간격 제한 검토 : $\lambda = 1.0$; $(\lambda\sqrt{f_{ck}}/3) b_w d \equiv 2V_c = 2(80.2) = 160.4\,(\text{kN})$

$V_s = 133.1\,\text{kN} < [(\lambda\sqrt{f_{ck}}/3) b_w d = 160.4\,\text{kN}]$

따라서 간격의 제한은

$s_{(\text{소요})} = 180\,\text{mm} < s_{(\max)} = \text{Min.}[d/2 = 420/2 = \underline{210},\ 600\,\text{mm}]$ <o.k.>

따라서 $s_{(\text{소요})} = 180\,\text{mm}$ 가 지배하므로, $\therefore s_{(\text{배치})} = \underline{180\,\text{mm}}$ 로 배치하도록 한다.

③ $V_u = 186\,\text{kN}$ 인 경우 :

$V_u/\phi = 186/0.75 = 248.0\,(\text{kN}) > V_c = 80.2\,\text{kN}$ 이므로 스터럽을 배치해야 한다.

ⓐ $V_u/\phi - V_c = V_s \le (2\sqrt{f_{ck}}/3) b_w d$ 인지 검토 :

$V_s = V_u/\phi - V_c = 248.0 - 80.2 = 167.8\,(\text{kN})$

$\lambda = 1.0$; $V_s = 167.8\,\text{kN} \le (2\sqrt{f_{ck}}/3) b_w d \equiv 4V_c = 320.8\,\text{kN}$ <o.k.>

단면을 증가시키거나 콘크리트의 압축강도를 증가시킬 필요는 없다.

ⓑ 스터럽의 소요 간격 계산 : U형 D10 스터럽, $A_v = 143\,\text{mm}^2$

식 (7.29) : $s_{(\text{소요})} \le A_v f_{yt} d / V_s = 24{,}024 \times 10^3 / (167.8 \times 10^3) = 143\,(\text{mm})$

ⓒ 구조기준의 간격 제한 검토 : $\lambda = 1.0$; $(\lambda\sqrt{f_{ck}}/3) b_w d \equiv 2V_c = 160.4\,\text{kN}$

$[(\lambda\sqrt{f_{ck}}/3) b_w d = 160.4\,\text{kN}] < V_s = 167.8\,\text{kN} < [(2\sqrt{f_{ck}}/3) b_w d = 320.8\,\text{kN}]$

따라서 간격의 제한은

$s_{(소요)} = 143\text{ mm} < s_{(\max)} = \text{Min.}[d/4 = 420/4 = \underline{105},\ 300\text{ mm}]$ <N.G.>

따라서 $s_{(\max)} = 105\text{ mm}$ 가 지배한다.

우수리를 떼어 내고 $s_{(배치)} = \underline{100\text{ mm}}$ 로 배치하도록 한다.

예제 7.7 전단철근의 설계

그림 7.60의 보에서 U형 D13 스터럽(다리 2개의 단면적 $A_v = 253\text{ mm}^2$)이 배치될 때, 요구되는 스터럽의 간격을 계산하여라. 단, $V_u = 190$ kN이고, 보통중량골재 콘크리트 $f_{ck} =$ 24 MPa, $f_{yt} =$ 400 MPa 이다.

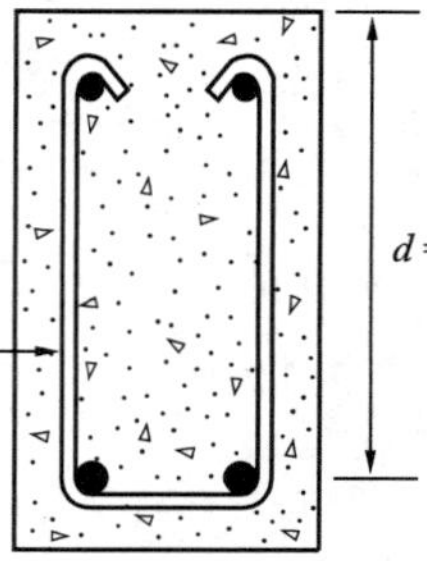

그림 7.60

풀이

① 콘크리트가 부담하는 전단력 계산 : $\lambda = 1.0$

$V_c = (\lambda\sqrt{f_{ck}}/6)b_w d = (1.0\sqrt{24}/6)(280)(420)/10^3 = 96.0\text{ (kN)}$

② 스터럽이 부담해야 할 전단력 결정 :

$V_s = V_u/\phi - V_c = 190/0.75 - 96.0 = 253.3 - 96.0 = 157.3\text{ (kN)}$

③ 스터럽의 소요 간격 계산 : U형 D13 스터럽, $A_v = 253\text{ mm}^2$

식 (7.29) : $s_{(소요)} \le A_v f_{yt} d/V_s = (253)(400)(420)/(157.3 \times 10^3) = 270\text{ (mm)}$

④ 구조기준의 간격 제한 검토 : 보통중량골재 콘크리트 사용

$V_s = 157.3\text{ kN} < [(\lambda\sqrt{f_{ck}}/3)b_w d \equiv 2V_c = 2(96.0) = 192.0\text{ (kN)}]$

따라서 간격의 제한은

$s_{(소요)} = 270\text{ mm} \le s_{(\max)} = \text{Min.}[d/2 = 420/2 = \underline{210},\ 600\text{ mm}]$ <N.G.>

$s_{(\max)} = 210\text{ mm}$ 가 지배한다.

따라서 $s_{(배치)} = \underline{210\text{ mm}}$ 로 배치하도록 한다.

⑤ 스터럽의 간격이 구조기준의 최소전단철근 규정을 만족하는지 검토 : 표 7.3 참고

$f_{ck} =$ 24 MPa < 31 MPa → 식 (7.32)에서 우측 항이 지배

$$s_{(배치)} = 210\text{ mm} < \left[s_{(\max)} = \frac{A_v f_{yt}}{0.35 b_w} = \frac{(253)(400)}{0.35(280)} = 1{,}033\text{ (mm)}\right]$$ <o.k.>

예제 7.8 박스형 보의 전단설계

그림 7.61의 박스형 보의 경간 $l = 9.0\ \mathrm{m}$ 이다. 만약 보가 U형 D10 스터럽(다리 2개의 단면적 $A_v = 143\ \mathrm{mm}^2$)으로 전단 보강되어 있다면, 스터럽을 배치하지 않아도 되는 구간과 스터럽의 간격을 $d/2$로 배치해도 되는 구간을 결정하여라. 단, 보통중량골재 콘크리트 $f_{ck} = 21$ MPa이고, $f_{yt} = 400$ MPa이다.

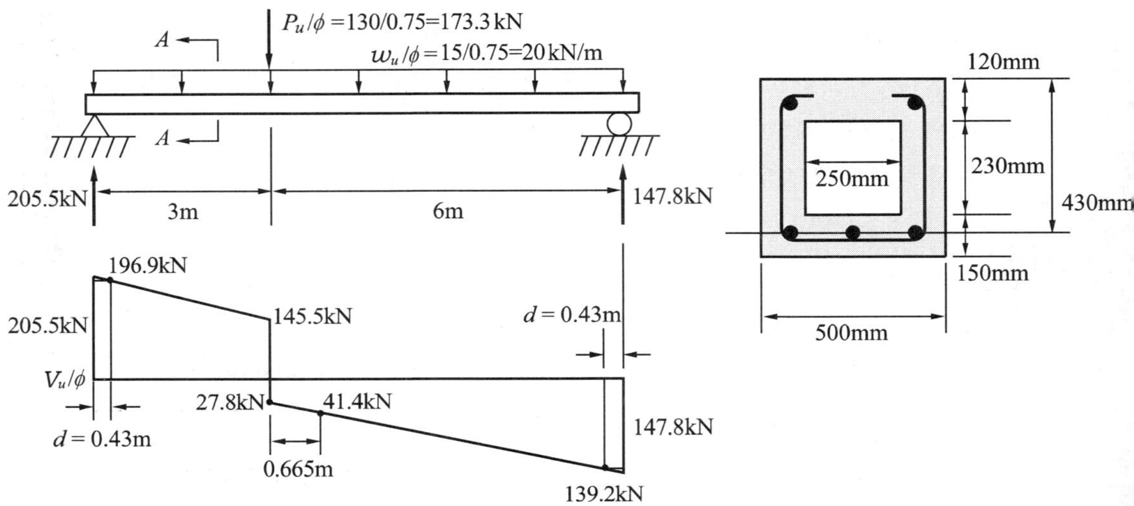

그림 7.61

풀이

① 반력을 구하고 전단력도 V_u/ϕ를 그린다.

좌측 받침부의 반력 : $R_1/\phi = 20(9)/2 + 173.3(6)/9 = 90 + 115.5 = 205.5\ (\mathrm{kN})(\uparrow)$

우측 받침부의 반력 : $R_2/\phi = 173.3 + 20(9) - 205.5 = 353.3 - 205.5 = 147.8\ (\mathrm{kN})(\uparrow)$

집중하중 바로 왼쪽 전단력 : $V_{왼쪽}/\phi = 205.5 - 20(3) = 145.5\ (\mathrm{kN})(\downarrow$, 부호 +)

집중하중 바로 오른쪽 전단력 : $V_{오른쪽}\ \phi = 173.3 - 145.5 = 27.8(\mathrm{kN})(\uparrow$, 부호 −)

② 단면의 콘크리트가 부담하는 전단력의 계산 :

보통중량골재 콘크리트 $\lambda = 1.0$; $b_w = 500 - 250 = 250\ (\mathrm{mm})$

$$V_c = \frac{\lambda\sqrt{f_{ck}}}{6} b_w d = \frac{1.0\sqrt{21}}{6}(250)(430)/10^3 = 82.1\ (\mathrm{kN})$$

만약 $V_u/\phi \le (0.5V_c) = 0.5(82.1) = 41.1\ (\mathrm{kN})$ 이면 스터럽을 배치할 필요가 없다.

따라서 전단력도에서 스터럽을 배치하지 않아도 되는 구간은 집중하중(173.3 kN)가 작용하는 위치로부터 우측으로 $[(41.1-27.8)/20]\times 10^3 = 665\ (\text{mm})$까지 이다.

③ 받침부에서 거리 $d = 430\ \text{mm}$ 떨어진 위험단면에서 V_u/ϕ 계산 :

좌측 받침부에서 위험단면 : $V_{u1}/\phi = 205.5 - 0.43(20) = 196.9\ (\text{kN})$

우측 받침부에서 위험단면 : $V_{u2}/\phi = -147.8 + 0.43(20) = -139.2\ (\text{kN})$

④ 스터럽이 간격 $s_{(\text{배치})} = d/2 = 215\ \text{mm}$로 배치될 때 보의 전단강도 계산 :

$$V_n = V_c + V_s = V_c + \frac{A_v f_{yt} d}{s} = 82.1 + \frac{(143)(400)(430)}{215}/10^3 = 82.1 + 114.4 = 196.5\ (\text{kN})$$

⑤ 우측의 6 m 구간 검토 : 최대 계수전단력은 $V_{u2}/\phi = 139.2\ \text{kN} < V_n = 196.5\ \text{kN}$ 이므로 우측 경간에서 665 mm를 빼고 전 구간 6,000 - 665 = 5,335 mm에 $s_{(\text{배치})} = d/2 =$ <u>$215\ \text{mm}$</u> 로 U형 D10 스터럽을 배치하면 된다.

⑥ 좌측 경간에 대해서 검토 : $V_n = 196.5\ \text{kN} > V_{u1}/\phi = 196.9\ \text{kN}$ 이므로, 전단강도가 약간 부족하므로 스터럽의 간격을 다시 계산한다.

$V_s = V_{u1}/\phi - V_c = 196.9 - 82.1 = 114.8\ (\text{kN})$

식 (7.29) : $s_{(\text{소요})} \le \dfrac{A_v f_{yt} d}{V_s} = \dfrac{(143)(400)(430)}{114.8\times 10^3} = 214\ (\text{mm})$

따라서 배치하려던 간격 $s_{(\text{배치})} = d/2 = 215\ \text{mm}$ 에 비해서 약간 줄어들었다. 따라서 첫 번째 스터럽을 보의 좌측 받침부 내면에서 <u>75 mm</u> (≥ 피복두께 40 mm + D10 직경/2, 9.53/2 + 주철근 갈고리의 직경) 떨어져서 배치하고, 나머지 구간을 $s_{(\text{배치})} =$ <u>$210\ \text{mm}$</u> 간격으로 배치하도록 한다.

전단보강철근의 강도 검토 : 첫 번째 스터럽의 영향구간 = 75 + 210/2 = 180 mm

$$V_{s1} = \frac{(143)(400)(430)/10^3}{180} = (24{,}596)/180 = 136.6\ (\text{kN})$$

$V_{n1} = V_c + V_{s1} = 82.1 + 136.6 = 218.7\ (\text{kN}) > V_{u1}/\phi = 196.9\ \text{kN}$ <o.k.>

두 번째 스터럽의 영향 구간 = 210 mm

$V_{s2} = (24{,}596)/210 = 117.1\ (\text{kN})$

$V_{n1} = V_c + V_{s2} = 82.1 + 117.1 = 199.2\ (\text{kN}) > V_{u1}/\phi = 196.9\ \text{kN}$ <o.k.>

⑦ 구조기준의 간격 제한 검토 : $\lambda = 1.0$; $(\lambda\sqrt{f_{ck}}/3)b_w d = (2V_c) = 2(82.1) = 164.2\ (\text{kN})$

$V_{s1} = 136.6\ \text{kN} < [(\lambda\sqrt{f_{ck}}/3)b_w d = 164.2\ \text{kN}]$

$\therefore s_{(\text{배치})} =$ <u>$210\ \text{mm}$</u> $< s_{(\max)} = \text{Min.}[d/2 = 215\ \text{mm},\ 600\ \text{mm}]$을 만족한다.

예제 7.9 전단을 고려하여 등분포하중의 결정

그림 7.62의 경간 $l=$ 6.0 m의 단순지지 보는 계수등분포하중 w_u 를 지지하고 있다. 각 지점으로부터 50 mm 떨어져서 1.5 m까지 U형 D10 스터럽이 100 mm 간격으로 배치되어 있고, 보의 중앙부에는 230 mm 간격으로 배치되어 있다. 부재의 전단강도가 지지할 수 있는 등분포하중 w_u 최대 값을 계산하여라. 단, 보통중량골재 콘크리트 $f_{ck}=$ 21 MPa이고, $f_{yt}=$ 400 MPa이다.

풀이

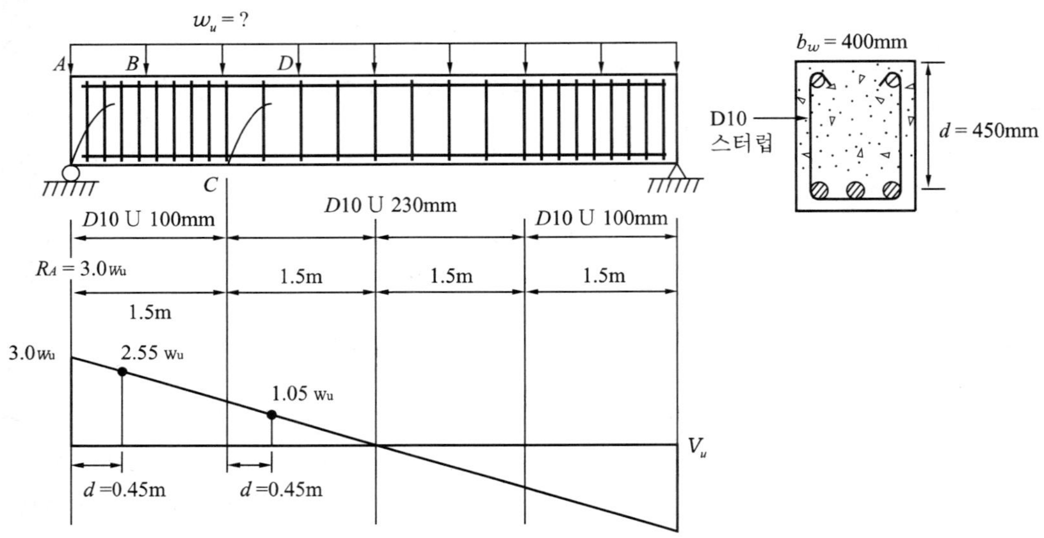

그림 7.62

먼저 최대전단력이 발생하는 점에서 검토하고, 스터럽의 간격이 변하는 점에서도 검토한다.

① 보의 받침부로부터 $d=450\,\text{mm}$ 떨어진 단면이 전단력에 대해서 위험단면이므로, 이 단면에서 작용 가능한 w_u 를 계산한다.

위험단면에서 최대 계수전단력 계산 : $\dfrac{V_u}{\phi}=\dfrac{(3-0.45)\,w_u}{\phi}=\dfrac{2.55\,w_u}{0.75}=3.4\,w_u\,(\text{kN})$

콘크리트가 부담하는 전단력 계산 : 보통중량골재 콘크리트 $\lambda=1.0$

$$V_c=\frac{\lambda\sqrt{f_{ck}}}{6}b_w d=\frac{1.0\sqrt{21}}{6}(400)(450)(10^{-3})=137.5\,(\text{kN})$$

스터럽이 부담하는 전단력 계산 : $s_{(배치)}=100\,\text{mm}$

$$V_s=\frac{A_v f_{yt}\,d}{s}=\frac{143(400)(450)}{100}/10^3=257.4\,(\text{kN})$$

따라서 $V_u/\phi \le V_c + V_s$ 에서, $3.4w_u \le 137.5 + 257.4 = 394.9$ (kN)

받침부에서 거리 $d = 450$ mm 떨어진 위치 : $\therefore w_u \le \dfrac{394.9\ \text{kN}}{3.4\ \text{m}} = \underline{116.1\ \text{kN/m}}$

② 보의 중앙부분에서 사인장 균열은 지점으로부터 1.5 m 떨어진 스터럽의 간격이 100 mm에서 230 mm로 증가하는 C점의 바닥에서 시작될 수 있다. 따라서 C점이 지지해야하는 전단력은 A점의 반력과 A와 D (C점에서 우측으로 거리 $d = 450$ mm 떨어진 위치)사이에 작용하는 등분포 하중과의 차이와 같고, 위험단면은 균열의 시작점인 C점으로부터 거리 d 떨어진 위치(즉 D점)가 된다[24].

계수전단력 계산 : $\dfrac{V_u}{\phi} = \dfrac{3.0w_u - (1.5+0.45)w_u}{0.75} = \dfrac{1.05w_u}{0.75} = 1.4w_u$ (kN)

스터럽이 부담하는 전단력 계산 : $s_{(\text{배치})} = 230$ mm

$$V_s = \frac{A_v f_{yt} d}{s} = \frac{(143)(400)(450)}{230} / 10^3 = 111.9\ (\text{kN})$$

따라서, $V_u/\phi \le V_c + V_s$ 에서, $1.4w_u \le 137.5 + 111.9 = 249.4$ (kN)

C점에서 우측으로 거리 $d = 450$ mm 떨어진 위치 : $\therefore w_u \le \dfrac{249.4}{1.4} = \underline{178.1\ (\text{kN/m})}$

③ 따라서 2값 중에서 작은 값이 지배하므로, 주어진 보에서 전단을 고려할 때 작용시킬 수 있는 최대 등분포 계수하중은 $\therefore w_{u\,(\max)} \le \underline{116.1\ \text{kN/m}}$ 이다.

24) A-C 구간의 전단저항력이 보 중앙부분의 전단력에 비해서 촘촘하게 배치한 스터럽 때문에 훨씬 강하기 때문에 A-C 구간이 전단에 대해서 지점과 같이 견고하다고 생각할 수 있다.

7.6 전단마찰(Shear Friction)

때때로 전단이 서로 미끄러질 수 있는 2 부재의 경계 면을 따라 전달되어야 하는 상황이 발생한다. 구조기준 7.1.1(3)(ACI 11.6.1)에서는 균열이 발생하거나 발생할 가능성이 있는 면, 서로 다른 재료 간의 접촉면 또는 서로 다른 시기에 친 콘크리트 사이의 접촉면을 전단전달을 검토하는 것이 필요한 단면으로 규정하고 있다. 이런 경우에 전단이 전달되는 메커니즘을 **골재의 맞물림(aggregate interlock)** 또는 **경계면에서의 전단력 전달(interface shear transfer)** 또는 **전단마찰(shear friction)**이라고 부른다[7.3]. 주부재에 붙어있는 작은 부재에 큰 하중이 작용하게 되면 두 부재사이 면에 커다란 전단응력이 발생하여 두 부재를 서로 떨어지게(shear off) 하려고 한다. 그림 7.63은 전형적인 전단마찰에 의한 파괴형상을 보여주고 있다. 일어날 가능성이 있는 전단마찰 파괴에 대한 보강철근의 설계는 그림 7.63에서와 같이 예상 파괴면에 연직하게 철근을 배치하여 파괴면을 따라 압축력이 발생하도록 하는 것에 근거를 두고 있다(그림 7.68 참고)[7.9]. 그림 7.63c는 다월 철근(steel dowel)에 의해서 시공이음에서 새로 친 콘크리트와 먼저 친 콘크리트 사이에 전단력이 전달되는 예를 보여주고 있다.

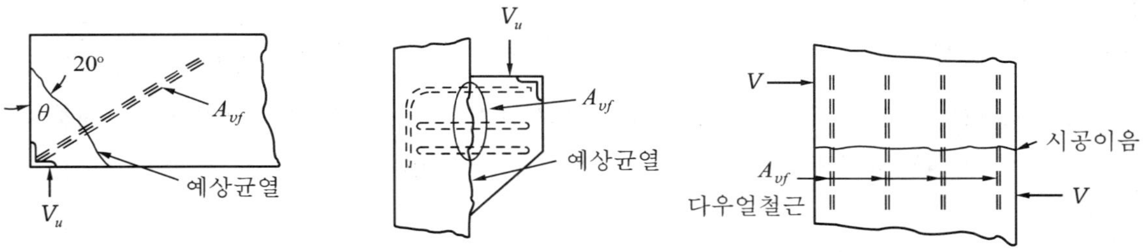

(a) 프리캐스트 보 지압 (b) 내민받침(Corbel) (c) 전단 벽

그림 7.63 전단마찰에 의한 예상 균열면과 이 면에 연직하게 배치되는 전단마찰 보강철근, A_{vf}[7.3]

전단마찰 개념(shear-friction concept)은 사인장으로 설계해서는 적당하지 않은 직접전단이 작용하는 브래킷(bracket), 내민받침(corbel)이나 프리캐스트 연결부위(precast connections)등을 설계하는데 편리한 도구이다[7.47](그림 7.64 참고). 이 개념은 그림 7.68과 같이 부재나 이음의 구조적인 거동을 간단하게 가시화하여 설계에 적용할 수 있도록 하며, 예상된 위치에 균열이 발생한다고 가정하여 접근한다. 이 개념이 얼마나 성공적으로 적용되느냐는 미끄러짐이나 균열이 발생하는 위치를 얼마나 적절하게 선택하느냐에 달려있다. 전형적인 끝단이나 모서리 지압인 경우에 그림 7.63a와 같이 균열은 대략 연직에 대해서 $\theta = 20°$ 방향으로 나타나고 있다[25].

25) PCI Design Handbook Fig. 5.6.2[7.50]에서는 예상 균열 각도를 $\theta \approx 0°$ 로 제시하여 균열면의 면적을 $A_c = b \times h$ 로 구하도록 제시하고 있다.

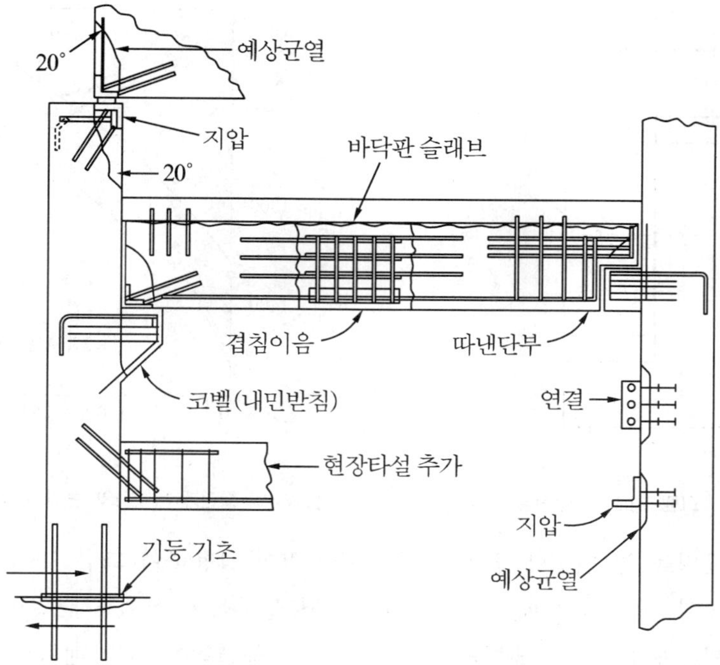

그림 7.64 균열이 발생할 가능성이 있는 면과 전단 마찰 개념의 적용[7.47]

실험 거동(Behavior in Tests)[7.3]

Mattock[7.51] 및 Hanson[7.52] 등은 그림 7.65와 같은 전단전달 시험체(shear transfer specimen)를 이용하여 광범위한 실험을 수행하였다. 시험체는 실험하기 전에 그림의 굵은 점선과 같이 의도적으로 균열을 만들었거나 또는 균열이 없는 시험체를 사용하였다. 전형적인 실험결과가 파괴시의 전단강도 v_u와 횡방향 철근계수 ρf_y를 기준으로 그림 7.66에 제시되었다. 여기에서 ρ는 **전단력 전달 면(shear surface)**의 면적에 대한 횡방향 철근의 단면적 비이다. 비 균열단면이 균열단면에 비해서 큰 전단강도를 주지만, 높은 ρf_y에서는 사전 균열에 상관없이 상한한계 v_u에 접근하는 것을 발견할 수가 있다.

비 균열 시험체에서는 그림 7.67과 같이 일련의 사인장 균열이 발생하였다. 추가적인 전단변형을 받으면 균열사이의 압축대 끝에서(A와 B점에서) B점이 A점에 비해서 상대적으로 아래방향으로 이동하는 회전변형을 일으키게 된다. 동시에 균열을 넘어서 측정한 거리 AC가 증가하여 횡방향 철근을 잡아당기게 된다. 보강철근의 인장력은 압축대에 압축력이 증가하는 것으로 평형을 이루게 된다. 최종적인 파괴는 철근이 항복(yielding)하거나 또는 압축대가 분쇄(crush)하여 일어날 것이다.

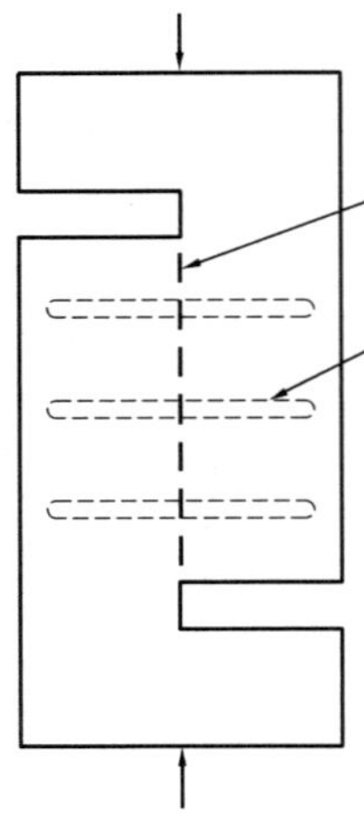

그림 7.65 전단전달 시험체

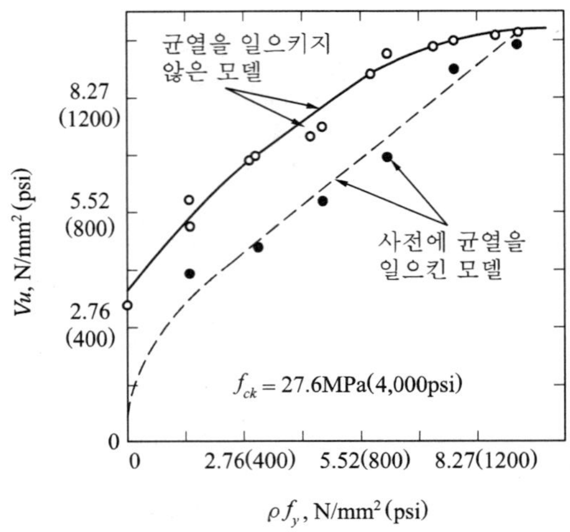

그림 7.66 철근계수(ρf_y)의 변화에 따른 전단강도의 변화

사전에 균열을 준 단면에 균열을 따라 전단력이 작용하여 그림 7.68b와 같이 미끄러짐(slip)이 발생하게 되면, 균열면이 매끄럽지 못하고 울퉁불퉁하여 상대편 균열면을 밀어내서 벌어지려는 변위가 발생하게 된다. 이 벌어지려는 힘은 가상 균열면에 따라 배치된 보강철근에 발달된 인장력($A_{vf}f_y$)에 의해서 저항되고, 연직한 힘의 평형을 이루기 위해서 균열면에는 크기가 같고 방향이 반대인 압축력(clamping force) N이 발생하게 된다. 가상 파괴면을 따라 발달하는 압축합력 N는 전단마찰 보강철근이 배치된 방향으로 평형방정식을 쓰면 다음과 같이 표현될 수 있다.

$$\sum F_y = 0 \ ; \quad N = F_s = A_{vf} f_y$$

이 연직력 N으로 인해서 가상의 균열면을 따라 마찰력 F_r이 발생하여 추가적인 미끄러짐에 저항하게 된다.

$$F_r = N\mu = A_{vf} f_y \mu$$

여기에서 μ는 마찰계수로 표 7.4에는 구조기준 7.7.2(3)(ACI 11.7.4.3)에서 규정한 값들이 제시되어 있다.

전단이 균열면을 따라 전달되는 것은 ① 이 압축응력으로 발생하는 마찰력과 ② 균열면에서 골재의 면이 고르지 못하기 때문에 발생하는 골재 맞물림과 횡방향 철근의 다월력에 의하여 전달된다. Mattock과 Hawkins[7.51]는 보강철근이 균열면에 연직하게 배치되어있는 경우에 사전 균열이 일어난 면의 전단강도를 아래와 같이 제시하였다.

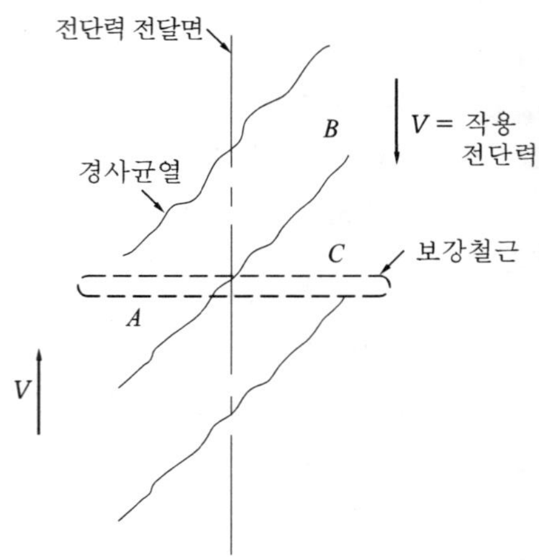

그림 7.67 비 균열 전단력 전달 면을 따라 발생하는 사인장 균열

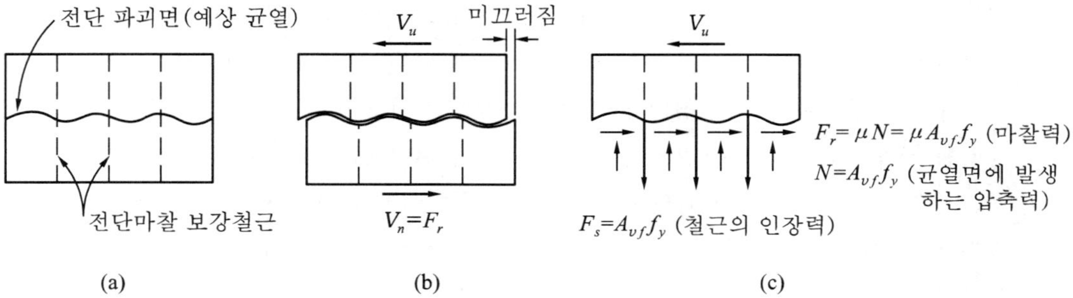

그림 7.68 전단마찰 개념의 이상화(shear friction analogy)

$$V_n = 0.8A_{vf}f_y + A_ck_1 \tag{7.34}$$

여기에서 A_{vf}는 균열면에 연직하게 배치된 철근의 단면적이며, A_c는 전단마찰에 저항하는 콘크리트 면적이다. Mattock과 Hawkins는 보통중량골재 콘크리트에서 계수 k_1을 2.8 MPa로, 전경량 콘크리트는 1.4 MPa, 부분경량(모래경량) 콘크리트인 경우에는 1.75 MPa로 제시하였다. 첫 번째 항은 마찰력을 표현하며 마찰계수로 0.8을 취한 것이며, 두 번째 항은 골재 맞물림과 다월력을 표현하고 있다. 구조기준 해설 7.7.1[7.44](ACI R11.7.3[7.7])에서는 식 (7.34)를 좀 더 상세한 방법 중의 한 방법인 **수정 전단마찰방법(modified shear-friction method)**으로 제시하고 있다. 또한 전단마찰 보강철근이 전단력 전달 면(shear plane)에 대해서 경사 α_f가 있는 경우 전단강도 V_n은 아래 식으로 구하도록 하고 있다.

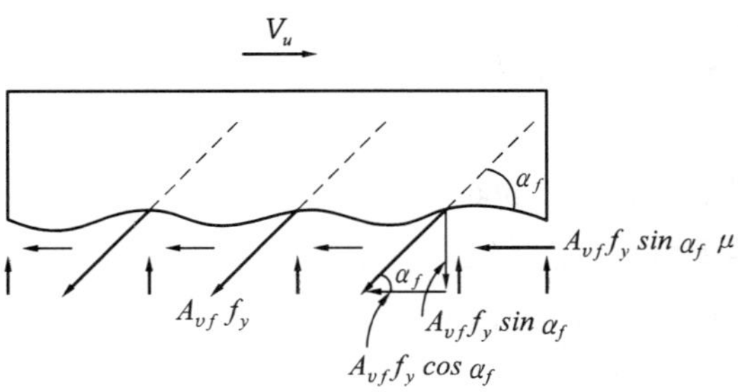

그림 7.69 경사 전단마찰 보강철근의 이상화

$$V_n = A_{vf}f_y(0.8\sin\alpha_f + \cos\alpha_f) + A_ck_1\sin^2\alpha_f \tag{7.35}$$

여기에서 α_f는 전단력 전달 면(shear plane)과 전단마찰 보강철근과의 각도이다(즉, $0 < \alpha_f < 90^o$) (그림 7.69 참고). 이 수정전단마찰방법을 사용하기 위해서는 $\rho f_y = A_{vf}f_y\sin\alpha_f / A_c \geq 1.4$ MPa이 되도록 규정하고 있다. 따라서 $f_y=$ 400 MPa인 경우에 최소보강철근비, $\rho=$ 1.4/400 = 0.0035가 된다.

구조기준에 따른 설계규정(Design Rules)[7.3]

구조기준 7.7.1(ACI 11.7)에서는 직접전단이 어떤 면(a given plane)을 넘어서 전달될 때 전단마찰 설계(shear-friction design)가 적용된다고 규정하고 있다. 이런 면에는 그림 7.63이나 7.64와 같이 존재하거나 발생할 가능성이 있는 균열면, 콘크리트가 타설 되는 시간이 다른 경우에 발생하는 면,

콘크리트와 강재의 접촉면 또는 프리캐스트 시공의 연결부위 등이 있다.

구조기준 7.7.1(2)에서 균열은 해당 전단력 전달 면에 걸쳐 발생한다고 가정할 수 있다고 규정하고 있다. 이 전단력 전달 면상의 소요전단 마찰철근 단면적 A_{vf}는 구조기준 7.7.2(ACI 11.7.4)의 전단마찰 설계방법에 따라 계산하거나 그 외의 전단전달 설계방법을 사용하여 계산할 수 있으며, 이때는 강도가 다양한 실험결과와 실질적으로 일치하여야 한다고 제시하고 있다. 앞에서 언급한바와 같이 구조기준 해설 7.7.1[7.44](ACI R11.7.3[7.7])에서는 좀더 상세한 방법 중의 한 방법인 수정전단마찰 설계방법으로 식 (7.34)와 (7.35)를 제시하고 있다.

설계에서 균열은 전단력 전달 면(shear plane)에 발생한다고 가정하고, 보강철근은 균열면을 따라서 배치하게 된다. 일체로 친 콘크리트나 표 7.4의 1.0λ 인 경우와 같이 표면을 거칠게 만든 굳은 콘크리트에 새로 친 보통중량골재 콘크리트인 경우에 보강철근은 아래 식을 이용하여 계산할 수 있다.

$$V_u/\phi \le \{ V_n = F_r = A_{vf} f_y \mu \le \text{Min.}[\,0.2 f_{ck},\ (3.3 + 0.08 f_{ck})\,]\, A_c\,(\text{N}) \} \tag{7.36a}$$

그 밖의 경우 즉, 경량콘크리트를 사용하거나 표면을 일부러 거칠게 만들지 않은 경우에는

$$V_u/\phi \le [\, V_n = F_r = A_{vf} f_y \mu \le (0.2 f_{ck} \le 5.5) A_c \,] \tag{7.36b}$$

여기에서 전단에 대해 $\phi = 0.75$이며, A_c는 전단전달을 저항하는 콘크리트 단면의 면적이고, μ는 마찰계수로 표 7.4에 제시되어 있다. 만약에 강도가 서로 다른 콘크리트를 친 경우 낮은 강도 콘크리트의 f_{ck} 값을 사용하여 V_n을 계산하여야 한다. 식 (7.36a)나 (7.36b)는 주어진 단면에 배치할 수 있는 전단전달 보강철근의 상한한계로 이 한계 이상을 배치하면 불안전측이 되기 때문에 제시된 규정이다. 식 (7.36a)에서 $f_{ck} \le 27.5$ MPa에서는 $0.2 f_{ck} A_c$가 지배하고, $f_{ck} > 27.5$ MPa에서는 $(3.3 + 0.08 f_{ck}) A_c$가 지배한다. 식 (7.36b)에서 5.5/0.2 = 27.5 (MPa)로 $f_{ck} > 27.5$ MPa이면 $5.5 A_c$가 지배하게 된다.

표 7.4 전단 파괴면의 상태에 따른 마찰계수의 값[구조기준 7.7.2(3), ACI 11.7.4.3]

전단 파괴면의 특징	마찰계수 μ
일체로 친 콘크리트	1.4λ
접촉면은 깨끗하고 레이턴스가 없으며, 요철의 크기가 대략 6 mm 정도 되게 일부러 표면을 거칠게 만든 굳은 콘크리트에 새로 친 콘크리트	1.0λ
일부러 거칠게 하지 않은 굳은 콘크리트에 새로 친 콘크리트	0.6λ
깨끗하고 페인트가 묻어있지 않은 전단연결재(스터드)에 의하거나 철근에 의해 구조강에 정착된 콘크리트	0.7λ

여기에서 λ는 경량콘크리트 계수로 보통중량골재 콘크리트의 경우 1.0 ; 모래경량 콘크리트의 경우 0.85 ; 전경량 콘크리트인 경우 0.75이다. 일부의 굵은골재를 경량골재로 치환한 경우는 치환하는 체적비에 따라 직선보간한다[식 (2.12a) 참고].

전단마찰 보강철근이 전단력 전달 면에 대해서 경사각 α_f를 두고 배치된 경우에는 공칭전단강도 V_n은 아래 식으로 계산하면 된다(그림 7.69 참고).

$$V_n = A_{vf} f_y (\mu \sin \alpha_f + \cos \alpha_f) \tag{7.37}$$

여기에서 α_f는 예상의 전단 균열면과 보강철근과의 각도이며, 연직력만 마찰저항력을 주므로 이 항에만 μ를 곱해주어야 할 것이다. 그림 7.69와 같이 배치된 철근의 경사각이 90°를 초과하지 않는 미끄러짐 거동에서 A_{vf}는 인장력을 받는 철근만을 포함시켜야 할 것이다.

따라서 식 (7.36)과 (7.37)로부터 소요 전단마찰 보강철근의 단면적은 다음 식으로 결정할 수 있다.

$$A_{vf\,(소요)} \geq \left[\frac{V_u/\phi}{\mu f_y} \quad \text{또는} \quad \frac{V_u/\phi}{f_y(\mu \sin \alpha_f + \cos \alpha_f)} \right] \tag{7.38}$$

구조기준 7.7.3(ACI 11.7.9) 접촉면의 처리에서 ① 전단전달을 효과적으로 하기 위해서 이미 굳은 콘크리트에 새로운 콘크리트를 칠 때는 접촉면은 깨끗하고 레이턴스가 없도록 하여야 한다고 규정하고 μ가 1.0λ와 같다고 가정하는 경우의 접촉면은 그 요철의 크기가 대략 6 mm 정도 되게 거칠게 만들어야 한다고 규정하며, ② 스터드를 사용하거나 철근을 용접하여 구조강과 콘크리트 사이에서 전단이 전달되는 경우에는 강재는 깨끗하고 페인트가 묻어있지 않아야 한다고 규정하고 있다. 또한 구조기준에서는 다음의 규정을 만족하도록 규정하고 있다.

① 전단마찰철근은 전단력 전달 면에 걸쳐 적절하게 두어야 하며, 또 이 철근 양쪽을 정착길이를 확보하거나 갈고리 또는 특수한 장치에 용접하여 철근이 설계기준항복강도를 발휘할 수 있도록 양측에 정착해야 한다[구조기준 7.7.2(7)].

② 항복시의 변형률이 너무 크지 않도록 전단마찰철근의 설계기준항복강도는 500 MPa 이하로 하여야 한다[구조기준 7.7.2(5)]

③ 전단력 전달 면(shear plane)에 순인장력이 작용할 때는 이 인장에 저항하기 위하여 전단전달에 대해서 배치한 철근에 추가하여 보강철근을 배치하여야 한다[26]. 한편 전단력 전달 면상에 영구적인 순압축력이 작용할 경우 소요 A_{vf}를 계산 할 때 전단마찰철근의 힘 $A_{vf} f_y$에 추가되는 힘으로 고려할 수 있다[27][구조기준 7.7.2(6)].

26) 이 규정은 특히 보의 지압부분과 같이 변형이 구속될 때 온도 차이나 크리프 또는 건조수축으로 인하여 전단력 전달 면에 발생하는 인장력은 부재를 파괴시킬 수 있으므로 추가로 보강철근을 배치하여야 한다는 규정이다.

27) 전단력 전달 면에 휨모멘트가 작용할 때 휨인장응력과 휨압축응력은 서로 평형상태에 있게 된다. 따라서 전단전달 강도(shear-transfer strength)나 전단력 전달 면을 따라 작용하는 합압축력 $A_{vf} f_y$에는 변화를 일으키지 않게 된다. 휨인장 영역에서 요구되는 휨인장 보강철근의 단면적이 전단전달 보강철근(shear-transfer reinforcement)의 단면적보다 큰 경우를 제외하고 추가적인 철근을 배치할 필요가 없으며, 이러한 사실은 Mattock[7.53] 등에 의해서 실험적으로

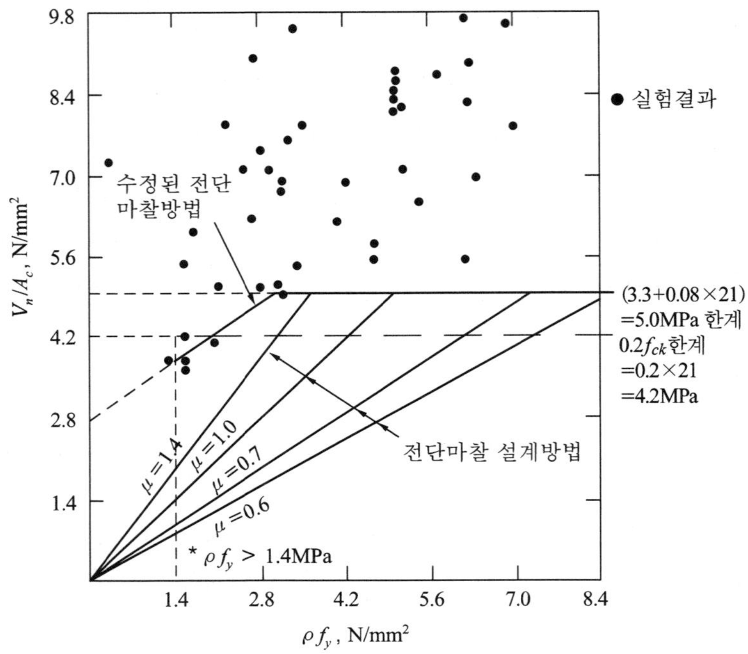

그림 7.70 전단전달강도(shear transfer strength)에 미치는 전단마찰 보강철근의 영향 (f_{ck} = 21 MPa)[7.48]

또한 Mattock과 Hawkins[7.51]는 만약에 전단력 전달 면을 따라 합압축력이 작용하게 되면, 전단전달강도는 합압축력과 전단마찰 보강철근력 $A_{vf}f_y$를 합한 값의 함수가 되는 것을 보여주었다. 설계에 있어서 전단력 전달 면을 따라 영구히 합압축력이 작용하는 경우에는 요구 전단마찰철근의 양이 줄어드는 이점을 취할 수 있다[7.7, 7.44]. 따라서 영구적인 순압축력을 N_u라면 식 (7.36)은

$$V_n = (A_{vf}f_y + N_u)\mu \tag{7.39}$$

로 표현될 수 있다.

전단마찰 방법(shear-friction method)는 모든 전단이 균열면 사이의 마찰에 의해서 저항된다고 가정하고 있다. 실제 직접전단에 저항하는 메커니즘은 다월작용이나 콘크리트의 부착력(apparent cohesive strength of the concrete) 등이 전단강도를 주기 때문에 훨씬 더 복잡하다[7.47]. 따라서 실제의 마찰계수[식 (7.34)의 0.8]보다 훨씬 더 큰 마찰계수(μ = 1.4 또는 1.0)를 사용하여 계산된 전단강도가 그림 7.70과 같이 실험결과에 비해서 안전측의 결과를 주는 것이다. 식 (7.36a)나 (7.36b)에서 다룬바와 같이 전단전달강도 V_n은 식들의 값보다 크게 취할 수 없도록 제한하고 있다. 그림 7.70에서 보는바와 같이 이 제한은 효과적으로 V_n의 최대철근 단면적의 상한한계를 주고 있다.

증명되었다[7.7, 7.44].

예제 7.10 프리캐스트 보의 지지대 받침(bearing) 설계[7.55]

그림 7.71와 같이 계수하중 $V_u=$ 556 kN이 지지대 역할을 하는 75 x 75 x 9.5 mm L형 앵글에 작용하고 있다. 체적변화를 구속하는 것을 고려하기 위해서 구조기준 7.9.2(5)(ACI 11.9.3.4)에서 제시하는 것과 같이 수평력으로 연직력의 20%를 고려하여, 인장력 $N_{uc}=0.2 \times 556=$ 111.2 kN이 그림 7.71a와 같이 작용하는 것으로 고려한다. 항복강도가 400 MPa인 철근을 사용할 때 요구되는 전단마찰철근을 설계하라. 보통중량골재 콘크리트의 설계기준압축강도 $f_{ck}=$ 35 MPa이다.

풀이

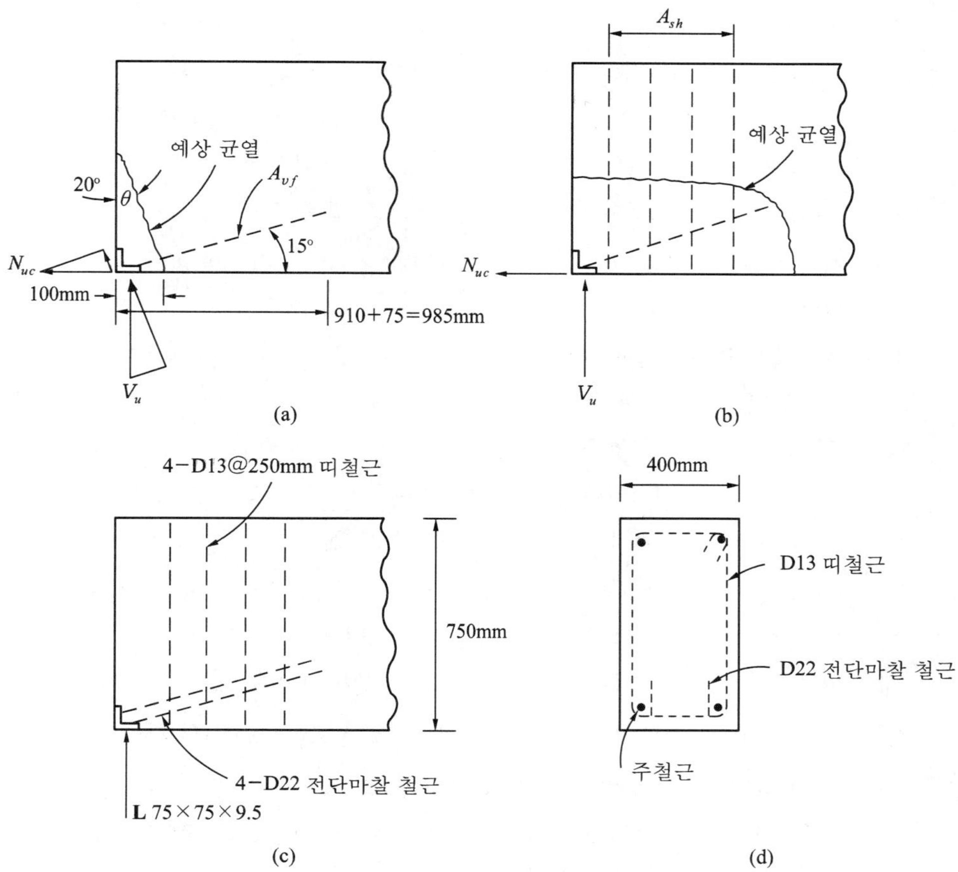

그림 7.71 보의 지지대 받침(bearing shoe) 설계 (a) 경사균열 ; (b) 수평균열 ; (c) 보강철근의 배치; (d) 단면

① 전단마찰철근 A_{vf} 설계 : 그림 7.71a와 같이 예상 균열은 보의 끝에서 100 mm 떨어진 위치에서 시작해서 연직면에 대해서 20° 각도로 형성된다고 가정한다.

(a) 균열면에 대한 V_u 계산 : $V_{u(균열면)} = V_u \cos 20° + N_{uc} \sin 20°$

$V_{u(균열면)} = 556 \cos 20° + 111.2 \sin 20° = 522.5 + 38.03 = 560.5$ (kN)

(b) 마찰계수 μ 계산 : 보통중량골재 콘크리트이므로 $\lambda = 1.0$ 이고, 일체로 친 콘크리트이므로 표 7.4에서 $\mu = 1.4\lambda = 1.4(1.0) = 1.4$

(c) 전단마찰철근은 그림 7.71a에서와 같이 보 바닥과 15° 각도를 두고 배치한다.

$\alpha_f = 90 - 5 = 85°$

식 (7.38) : $A_{vf(소요)} \geq [V_{u(균열면)}/\phi]/[f_y(\mu \sin \alpha_f + \cos \alpha_f)]$

$= (560.5 \times 10^3/0.75)/[400 \times (1.4 \times \sin 85° + \cos 85°)] = 1{,}261\ (\mathrm{mm}^2)$

(d) 예상균열 면에 작용하는 연직 순압축력 N_u 계산 :

$N_u = V_u \sin 20° - N_{uc} \cos 20° = 556 \sin 20° - 111.2 \cos 20° = 85.7$ (kN) 가 작용하므로 구조기준 7.7.2(6)의 규정에 따라 순 압축력을 A_{vf} 계산에 적용하면, 식 (7.39)

$A_{vf(소요)} \geq [(V_{u(균열면)}/\phi)/\mu + N_u]/f_y = [(560.5/0.75)/1.4 - 85.7] \times 10^3/400$

$\geq (533.8 - 85.7) \times 10^3/400 = 1{,}121\ (\mathrm{mm}^2)$

그러나 안전 측으로 설계하기 위해서 N_u의 영향을 무시하여 $A_{vf(소요)} = 1{,}261\ (\mathrm{mm}^2)$로 설계한다. 4개의 D22 철근을 배치하면 $A_{vf(배치)} = 1{,}548\ \mathrm{mm}^2 > A_{vf(소요)} = 1{,}261\ \mathrm{mm}^2$ 가 되어 충분하다.

(e) A_{vf} 철근의 정착길이 계산 : 4-D22 A_{vf} 철근은 L형 앵글에 용접하고 철근의 항복강도가 충분히 발휘할 수 있도록 보의 내부로 연장한다. PCI Design Handbook, Fig. 4.6.2[7.50]에서 A_{vf} 철근의 정착길이는 l_d를 하도록 제시하고 있으므로, 그림 7.71c와 같이 L형 앵글에 용접하고 앵글에서부터 l_d만큼 연장하여 배치하도록 한다. 표 6.2의 조건 1이나 또는 조건 2를 만족한다고 보아, $\alpha = 1.0$; $\beta = 1.0$; $\lambda = 1.0$ 으로 고려한다.

$l_{d(소요)} = (0.6 d_b f_y / \lambda \sqrt{f_{ck}})(\alpha\beta) = 0.6 \times 22.2 \times 400/(1.0\sqrt{35}) = 901$ (mm)

또는 표 6.3을 이용하여 계산 : $l_{d(소요)} = 40.6\, d_b = 40.6 \times 22.2 = 901$ (mm)

따라서 $l_{d(배치)} = 910$ mm $> l_{d(소요)} = 901$ mm 로 한다.

(f) 최대 허용전단강도 V_n 검토 : 전단력 전달 면(shear plane)의 단면적을 계산해보면,

$A_c = 400(100/\sin 20°) = 116.95 \times 10^3\ (\mathrm{mm}^2)$

$f_{ck} = 35$ MPa > 27.5 MPa이므로 → $(3.3 + 0.08 f_{ck})A_c$항이 지배

구조기준 7.7.2(4) : 식 (7.36a),

$V_{n(최대허용)} \leq (3.3 + 0.08 f_{ck})A_c = (3.3 + 0.08 \times 35)A_c = 6.1 A_c$

$\therefore V_{n(최대허용)} \leq 6.1 A_c = 6.1(116.95 \times 10^3)/10^3 = \underline{713.4\ (\mathrm{kN})}$

$V_{n\,(균열면)} = 560.5/0.75 = 747.3\text{ kN} > V_{n\,(최대허용)} = 713.4\text{ kN}$ <N.G.>

[예상 균열면의 각도를 $\theta = 20°$ 로 가정했지만 PCI Design Handbook Fig. 4.6.2[7.50]에서는 각도를 $\theta \approx 0°$ 로 제시하고 있다. 따라서 본 예제에서 최대허용 공칭전단강도의 규정을 만족하기 위해서 θ 를 계산해보면

$V_{n\,(균열면)} = (747.3 \times 10^3) \leq 6.1A_c = 6.1(400)(100/\sin\theta)$

$\theta \leq \sin^{-1}\left[6.16(400)(100)/(747.3 \times 10^3)\right] = 19.05°$ 가 된다.

따라서 예상 균열의 각도를 $\theta = 19.05°$ 이하가 되면, 최대 허용전단강도에 대한 규정을 만족하게 된다. 본 예제에서 추가의 계산은 생략한다.]

② 예상 수평균열에 대한 연직보강철근 A_{sh} 설계 : 그림 7.71b에서 보는 바와 같이 전체 정착구간이 보로부터 떨어져 나가 분리되는 수평균열이 발생할 수 있다. 이에 대한 보강철근 A_{sh}의 소요철근단면적은 전단마찰철근 A_{vf}이 항복강도를 발휘한다고 가정하여 구한다. 이 계산에서 이미 A_{vf}를 계산할 때 강도감소계수를 적용했으므로 ϕ는 다시 적용할 필요는 없다.

(a) A_{sh} 계산 [PCI 식 (5.55) 참고[7.50]] :

$$A_{sh\,(소요)} = \frac{A_{vf}f_y\cos 15°}{\mu f_y} = \frac{1{,}261 \times 400 \times \cos 15°}{1.4 \times 400} = 870\ (\text{mm}^2)$$

4개의 D13 띠철근을 그림 7.71d와 같이 배치하면

$A_{sh\,(배치)} = 4 \times (126.7 \times 2) = 1{,}014\ (\text{mm}^2) > A_{sh\,(소요)} = 870\text{ mm}^2$ <o.k.>

(b) 최대 허용전단강도 V_n 검토 :

구조기준 7.7.2(4)에 따라 전달될 수 있는 최대전단력에 대한 제한은 안전측으로 수평거리로 910 + 75 = 985 (mm)를 고려한다.

$V_{n\,(최대허용)} \leq 6.1A_c = 6.1(400 \times 985)/10^3 = 2{,}403\ (\text{kN})$

이 전단력 전달 면에 발생하는 최대 공칭전단강도는

$V_n = A_{vf}f_y\cos 15° = 1{,}261 \times 400\cos 15°/10^3 = 487.2\ (\text{kN})$

$< V_{n\,(최대허용)} = 2{,}403\text{ kN}$ <o.k.>

③ 구속철근(confinement reinforcement) 설계 : PCI Design Handbook 5.6.2[7.50]에는 지압력이 $1.1f_{ck}A_1$을 초과하는 모든 부재에 구속철근을 모든 방향으로 배치하도록 제안하고 있으며, 이 규정은 구조기준 6.8 지압강도(ACI 10.17)와 연관되어 있다.

따라서 검토하면 $V_u = 556\text{ kN} < 1.1(35)(75 \times 400)/10^3 = 1{,}155\ (\text{kN})$ 이 되므로 구속철근(confinement reinforcement)은 배치할 필요가 없다.

7.7 합성콘크리트 부재의 수평전단강도(Horizontal Shear Strength in Composite Concrete Beam)[7.3]

종종 프리캐스트 보나 강재 보위에 현장치기 슬래브(cast-in-place, topping)를 쳐서 시공하면 이때 슬래브와 보가 작용하중에 일체로 거동한다고 가정하여 설계한다. 이러한 보와 슬래브를 **합성휨부재(composite concrete flexural member)**라 한다. 그림 7.72와 같이 합성부재에 하중이 작용하면 현장치기(cast-in-place) 슬래브는 수평으로 미끄러지려는 경향이 있으며, 슬래브의 바닥은 프리캐스트 복부 위 부분에 비해서 바깥쪽으로 움직이려 하고, 프리캐스트 복부 상부는 안쪽으로 움직이려 한다. 만약에 이 미끄러짐(slip)을 방지하지 않게 되면 플랜지와 복부는 2개의 독자적인 보로 거동하게 된다(그림 7.72a 참고). 따라서 전체적인 합성거동의 발달은 미끄러짐을 방지함으로서 기대할 수 있다.

미끄러짐이 방지되기 위해서는 2 합성부재의 접촉면 사이에서 전단력이 전달되어야만 한다. 일반적인 휨하중에 의해서 발생하는 전단력은 그림 7.72b에서와 같이 슬래브에서는 최대휨모멘트가 발생하는 쪽으로 작용하고, 복부에서는 반대방향으로 작용하게 된다. 접촉면에서의 전단저항은 ① 접촉면의 표면을 거칠게 하거나, ② 접착제(bonding agent)를 사용하거나, ③ 스터럽을 연장하는 방식으로 배치하는 전단연결재(shear connector)에 의해서 또는 ④ 특별한 상황에는 복부의 상부에 전단키(shear key)를 이용하여 얻을 수 있다. Hanson[7.52]의 실험에 의하면 전단키는 실제로 미끄러짐이 발생하기 전까지는 효과가 없을 뿐만 아니라 강도에는 거의 영향을 미치지 못하는 것으로 나타났다[7.3].

그림 7.72a의 비합성단면에서는 슬래브와 보 사이에 수평전단력이 존재하지 않고 각각의 부재에 중립축이 존재하는 2개의 독립적인 보로 거동한다. 비록 수평전단력의 전달이 전단마찰과 메커니즘이 비슷하기는 하지만 동일하지는 않고, 구조기준에서는 서로 상이하게 규정을 제시하고 있다. 식 (7.34)의 수정전단마찰 강도 식은 전단력 전달면의 길이가 상대적으로 짧은 경우에 적당하며, 전단력 전달면의 길이가 길어서 국부적으로 최대응력이 나타나는 경우에는 너무 큰 전단력을 주는 것으로 보고되고 있다[7.3].

균열이 일어나기 전의 탄성보에서 수평전단응력은 다음과 같은 재료역학 교과서에서 제시하는 식으로 구할 수 있다.

$$v_h = \frac{VQ}{I_c b_v} \tag{7.1}$$

여기에서 $V=$ 단면에 작용하는 사용하중에 의한 전단력 ; $Q=$ 합성단면의 중립축으로부터 고려하는 전단 접촉면과 압축연단 사이의 면적에 대한 1차 모멘트 ; $I_c=$ 합성단면에 대한 단면 2차 모멘트 ; b_v= 수평전단을 고려하는 프리캐스트 복부의 폭 또는 단면의 폭이다.

1960년대의 연구에서는 식 (7.1)을 이용해서 파괴시의 접촉 전단응력을 계산했지만 균열의 영향을 무시했고 탄성콘크리트 거동이라는 가정 때문에 실제의 응력 값을 계산하지 못한다고 인식되었다[7.55]. 따라서 파괴시의 공칭전단응력을 계산하기 위해서 식 (7.1)보다 간단하지만 논리적인 아래 식이 제시되었다.

$$v_h = \frac{V}{b_v d} \tag{7.40}$$

현행 구조기준(ACI)은 식 (7.40)을 이용하여 실험에 의해서 결정된 공칭전단응력의 한계를 이용하여 설계하도록 제시되었다. 따라서 구조기준 17.3.2(ACI 17.5)에서는 합성단면에 대한 공칭 수평전단강도를 다음 식으로 구하도록 제안하고 있다.

$$V_{nh} = v_{nh} b_v d \tag{7.41}$$

여기에서 v_{nh}는 접촉면을 여러 상태로 하거나 전단연결재의 양을 조절한 합성보를 이용하여 실시한 실험에 의해서 결정하였다. 구조기준에서 제시하는 공칭 수평전단응력 v_{nh}은 다음과 같다.

① 접촉면이 청결하고, 부유물이 없으며 표면이 고의로 거칠게 만들어진 경우에는 다음 값 이하로 취해야 한다.

$$V_{nh} \le 0.56 b_v d\,(\mathrm{N}) \tag{7.42}$$

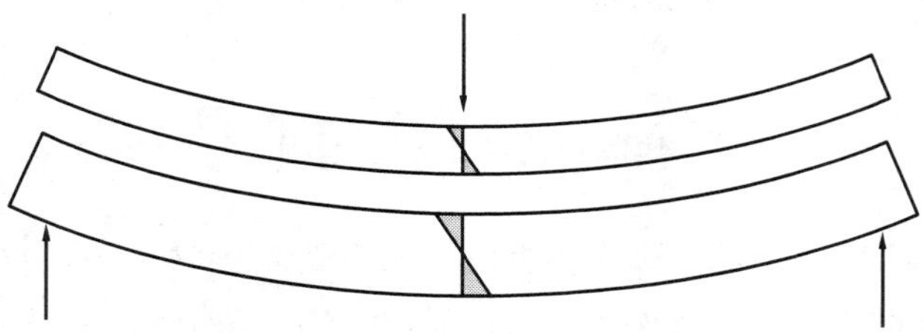

(a) 비합성 단면(전달할 수평전단응력이 없음)

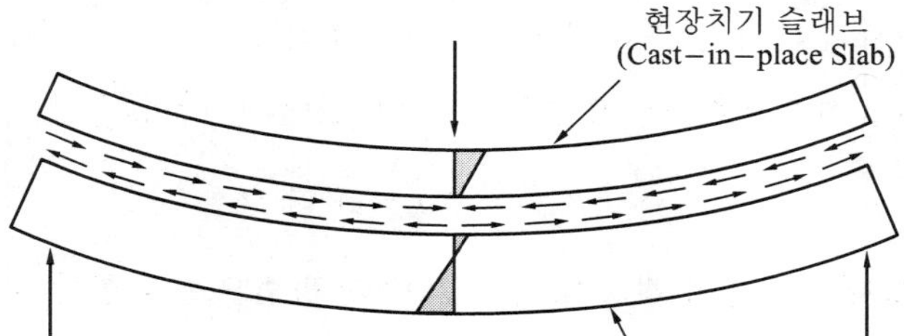

(b) 합성 단면

그림 7.72 합성보에서 수평전단력의 전달

② 최소전단철근인 식 (7.32)의 최소 전단연결재가 배치되어 있고, 접촉면이 청결하고 부유물이 없으나, 표면이 고의로 거칠게 만들지 않은 경우에 역시 식 (7.42)의 값 이하로 취해야 한다.

$$A_{v\,(\min)} = (0.0625\sqrt{f_{ck}} \geq 0.35)\, b_v s / f_{yt} \tag{7.32}$$

③ 최소 전단연결재가 있고, 접촉면이 청결하고 부유물이 없으며 표면이 약 6 mm 깊이로 고의로 거칠게 만들어진 경우에는 다음 값 이하로 취해야 한다(그림 7.73 참고).

$$V_{nh} = [\,(1.8 + 0.6\rho_v f_y)\lambda \leq 3.5\,]\, b_v d\,(\mathrm{N}) \tag{7.43}$$

여기에서 전단연결재의 간격은 지지 요소의 최소 치수의 4배, 또한 600 mm 이하이어야 하고, 상호 연결된 요소들에 충분히 정착되어야 한다[구조기준 17.3.3(1)과 (3)]. 식 (7.43)에는 $\rho_v = A_v / b_v s$ 를 포함하여 접촉면을 가로질러 배치된 전단연결재의 영향을 포함하고 있으며, 수정계수(correction factor) λ를 포함하여 경량골재 콘크리트의 영향(표 7.4 참고)도 고려하고 있다[7.47]. 식 (7.32)와 같이 최소 전단연결재를 배치한다면, $\rho_v f_{y\,(\text{최소})} = (A_v / b_v s) f_y = 0.35$ MPa이 되어, 식 (7.43)에서 $V_{nh\,(\min)} = 2.01\lambda b_v d$가 되고, 보통중량골재 콘크리트로 $\lambda = 1$일 때 최대값의 한계, $V_{nh\,(\max)} = 3.5 b_v d$에서 $\rho_v f_{y\,(\text{최대})}$는 최소 전단연결재를 배치한 경우의 8배인 2.83 MPa[28])이 된다.

구조기준 17.3.2(2)④에서는 고려하는 단면에서 계수전단력 V_u가 다음 값을 초과하는 경우, 수평전단에 대한 설계는 전단마찰 규정(구조기준 7.6)에 따라 다월 철근을 설계해야 된다고 규정하고 있다.

$$\text{전단마찰 규정으로 설계 :} \quad V_u > \phi(3.5 b_v d)\ (\mathrm{N}) \tag{7.44}$$

구조기준 17.3.2(3)(ACI 17.5.4)에서는 수평전단력은 합성부재의 임의 요소에서 압축력이나 인장력의 실제 변화량을 계산함으로써 구할 수 있다고 제시하고 있다[7.3]. 그림 7.74는 이런 경우를 설명하고 있다. 보의 중앙에서 압축영역의 힘은 C로 표시되어 있으며, 이 힘은 모두 접촉면 위에 작용한다고 가정한다. 보의 끝에서 플랜지의 힘은 0이 되므로, 모든 수평전단응력은 보의 중앙에서 받침부 사이에서 접촉면을 통하여 전달되어야 한다. 따라서 수평전단력은

$$V_{nh} = C = T \tag{7.45}$$

가 된다. 플랜지에 인장이 작용할 때도 비슷한 방법으로 표현할 수 있다. 구조기준 17.3.2(4)에서는

28) (3.5-1.8)/0.6 = 2.83 (MPa)

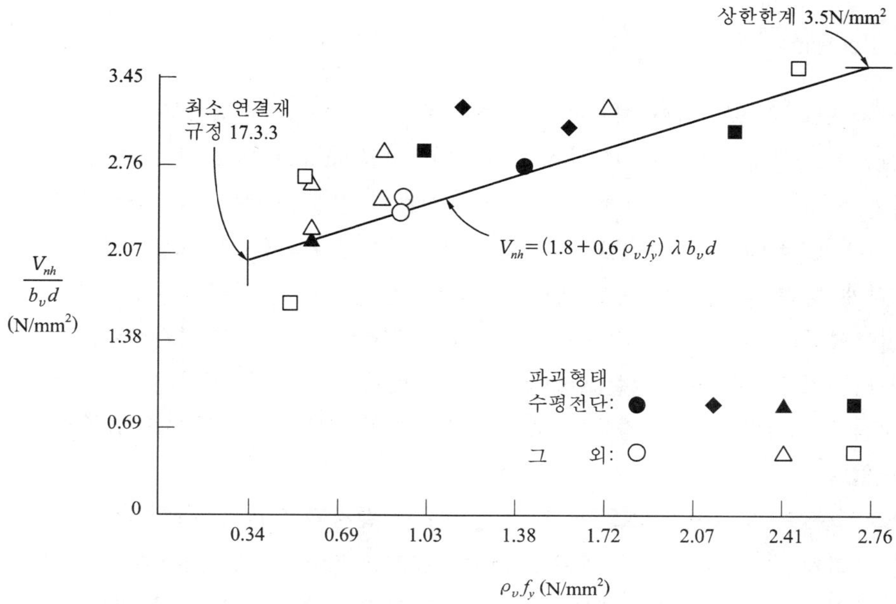

그림 7.73 보통중량골재 콘크리트의 표면을 거칠게 한 합성부재의 실험결과 비교
(ACI 318-89 R17.5.2.3[7.56])

수평전단력에 저항하는 전단연결재를 식 (7.45)에 만족되도록 설계할 때, 부재 축을 따라 전단연결재의 간격과 단면적은 부재 내의 전단력 분포를 반영하여 결정하여야 한다고 규정하고 있다. 이 규정은 수평전단응력을 다음과 같은 식을 이용하여 구하도록 암시하고 있다.

$$v_{nh} = \frac{K\,V_{nh}}{A_c} \tag{7.46}$$

여기에서 A_c는 접촉면 면적이고, K는 부재를 따라 전단응력이 어떻게 분포되느냐에 따른 계수이다. K는 고려하는 위치의 전단응력 나누기 평균전단응력으로 구할 수 있다. 그림 7.74에서 K가 보의 중앙에서는 0에서 보의 끝에서는 2로 변하므로, 식 (7.45)와 (7.46)의 수평전단응력의 분포는 그림 7.74b와 같이 된다. 만약에 전단응력이 일정하다면 K는 1이 될 것이다. 예제 7.11에서 보는 바와 같이 이 두 방법에 의해서 계산한 설계는 거의 동일한 결과를 준다.

이러한 방법들로 수평전단강도를 계산한 뒤에 기본 설계조건은 다음 식으로 표현된다.

$$\phi V_{nh} \geq V_u \tag{7.47}$$

여기에서 V_u는 고려하는 단면의 총 계수전단력이고, 강도감소계수는 $\phi = 0.75$ 이다.

처짐(Deflection)[7.3]

합성콘크리트 휨부재의 처짐을 계산하는 데는 현장치기 슬래브를 시공할 때 동바리를 바쳐 시공(shored, 가설지주)하느냐 또는 동바리 없이 시공(unshored)하느냐에 따라 좌우된다[7.3]. 만약에 동바리를 바쳐 시공해서 프리캐스트 보와 슬래브의 전체 고정하중이 합성단면에 의해서 저항되면, 구조기준 4.3.4(1)(ACI 9.5.5.1)에서는 설계자가 처짐계산을 할 때 합성부재는 일체로 제작된 부재와 동등하게 다룰 수 있도록 하고 있다. 탄성계수는 압축영역의 콘크리트 강도를 사용하고 파괴계수는 인장영역의 콘크리트의 강도를 기준으로 결정하여야 한다. 가설지주로 지지되는 구조물의 경우에 프리스트레스트 되지 않는(nonprestressed) 보통콘크리트 합성구조에서 표 5.8(구조기준 표 4.3.1)의 처짐을 계산하지 않는 경우의 보 또는 1방향 슬래브의 최소두께를 만족하면 처짐을 검토할 필요가 없다.

구조기준 4.3.4(2)(ACI 9.5.5.2)에는 가설지주가 설치되지 않는 구조물의 경우, 프리스트레스 되지 않은 프리캐스트 휨부재의 두께가 표 5.8의 규정된 값 이상인 경우에는 처짐을 계산 할 필요가 없다고 규정하고 있다. 합성부재인 경우에는 표 5.8을 만족하지만, 합성부재가 되기 전의 프리캐스트 부재인 경우에 만족하지 못하는 경우에는 합성부재가 된 뒤의 처짐은 계산할 필요가 없으나, 유효합성단면이 되기 전의 순간처짐이나 합성단면이 유효하기 전의 장기처짐은 검토되어야 한다고 규정하고 있다.

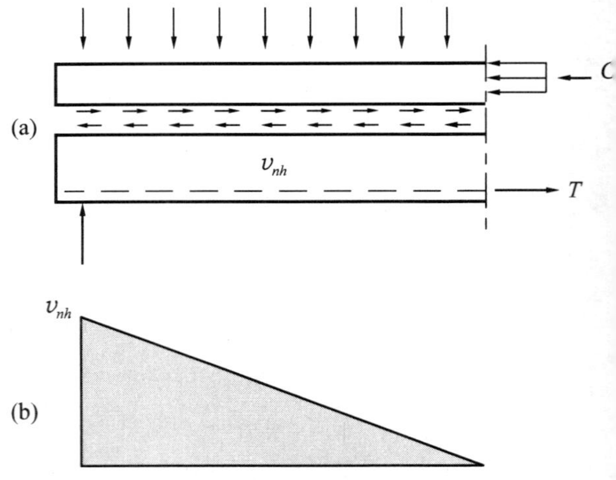

그림 7.74 합성보에서의 수평전단응력

구조기준 4.3.4(1)에서는 처짐을 계산하는 경우에 프리캐스트 부분과 현장치기 부분의 건조수축 차이에 의한 곡률과 프리스트레스트 콘크리트 부재의 경우 축방향 크리프 영향을 고려하여야 한다고 제시하고 있다. 보에 대한 슬래브의 건조수축은 보에 비해서 슬래브를 축소시키려 하므로 보를 아래쪽으로 휘게 만들어 하중에 의한 처짐에 추가적인 처짐을 유발시킨다. 보에서 건조수축의 일부분은 보가 구조물로 세워지기 전에 일어나지만, 현장치기 슬래브의 건조수축은 슬래브가 타설 된 뒤에 모두 일어나게 된다. 따라서, 슬래브가 보에 대해서 수축하게 되면 슬래브에는 인장응력이 발생하고 보에는 압축응력이 발생하게 된다. 이러한 응력발생이 얼마간 슬래브와 보에 발생하는 크리프를 재분배하는 효과를 가져 올 수 있다. 이러한 영향은 **재령에 의해서 조종되는 유효탄성계수(age-adjusted effective modulus)**와 **환산단면(age-adjusted transformed section)**에 의해서 고려될 수 있다[7.3, 7.57].

예제 7.11 합성콘크리트 휨부재의 설계[7.3]

그림 7.75에 보이는 경간이 7.2 m인 단순 지지된 프리캐스트 보가 3 m 간격으로 배치되고 그 위에 현장치기 슬래브가 합성부재로 시공된다. 이 슬래브에는 사용 등분포 활하중 4.79 kPa, 칸막이 하중 0.958 kPa과 추가 고정하중 0.479 kPa이 작용한다. 프리캐스트 보와 합성단면(프리캐스트 보와 슬래브)을 설계하라. 보통중량골재 콘크리트의 설계기준강도는 슬래브는 21 MPa이고, 보는 35 MPa이며, 철근은 $f_y = f_{yt} =$ 400 MPa이다.

풀이

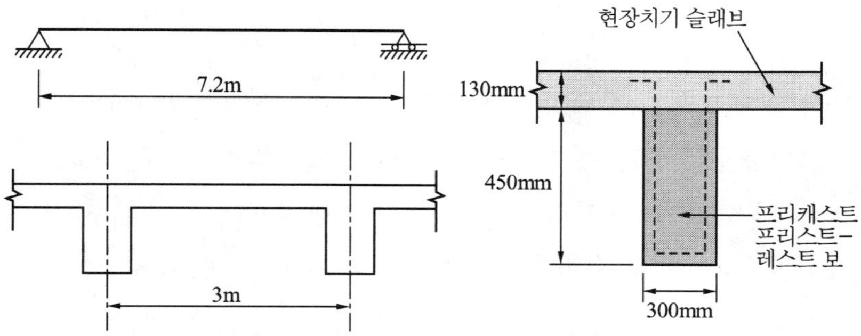

그림 7.75 프리캐스트 프리스트레스트 합성 바닥 보

① 초기 단면 선택 :

표 5.6(구조기준 표 4.3.1)에서 1단 연속 슬래브의 최소두께는 $h_f = l/24 =$ 3,000/24 = 125 (mm)이고, 단순 지지된 보의 최소두께는 $h = l/16 =$ 7,200/16 = 450 (mm)가 된다. 그러나 구조기준 4.3.4(2)에서 가설지주가 설치되지 않는 구조물의 경우, 프리스트레스 되지 않은 프리캐스트 휨부재의 두께가 구조기준 표 4.3.1의 규정된 값 이상인 경우에는 처짐을 계산 할 필요가 없다고 규정하므로 이 규정을 만족하도록, 프리캐스트 보는 깊이 450 mm에 폭 300 mm로, 슬래브의 두께는 130 mm로 결정한다. 프리캐스트 보의 피복두께는 주철근으로 D29 철근을 사용하고, 옥외 공기에 직접 접하지 않는다고 보아, 피복두께는 40 + 28.6/2 + 10 ≈ 65 mm로 고려한다. 따라서 프리캐스트 보의 유효깊이는 450 - 65 = 385 (mm)가 된다.

② 프리캐스트 보의 계수하중 계산 :

가설지주 없이 시공되므로 프리캐스트 보는 자신과 슬래브 그리고 거푸집 [고정하중은 0.479 kPa (10 psf)로 고려]의 고정하중을 지지해야 한다. 시공 중에 활하중으로 2.39 kPa (50 psf)을 고려하도록 한다.

콘크리트 단위질량 $\rho_c = 2{,}400\ \mathrm{kg/m^3}$ 으로 가정

콘크리트 단위무게 $\gamma_c = \rho_c g = 2{,}400 \times 9.807/10^3 = 23.54\ (\mathrm{kN/m^3})$

- 고정하중 : 프리캐스트 보의 복부 $0.45 \times 0.3 \times 23.54 = 3.18\ (\mathrm{kN/m})$

  슬래브 $0.13 \times 3 \times 23.54 = 9.18\ (\mathrm{kN/m})$

  추가 고정하중 거푸집 $3 \times 0.479 = 1.437\ (\mathrm{kN/m})$

  총 고정하중 : $13.80\ \mathrm{kN/m}$
- 활하중 : $3 \times 2.39 = 7.17\ (\mathrm{kN/m})$

시공하중에 대한 하중계수를 규정한 것은 없지만 $U = 1.2D + 1.6L$ 을 택하도록 한다.

$$w_u = 1.2 \times 13.80 + 1.6 \times 7.17 = 16.56 + 11.47 = 28.03\ (\mathrm{kN/m})$$

③ **휨에 대한 프리캐스트 보의 단면 결정** : $M_u = w_u l^2/8 = 28.03 \times 7.2^2/8 = 181.6\ (\mathrm{kN \cdot m})$

구조기준에서 허용하는 최대철근비 계산 : $\beta_1 = 0.85 - (0.007)(35-28) = 0.801$

표 3.5에서 인장지배 단면의 한계 철근비 $\rho_t = 0.625\rho_b = 0.625(0.0357) = 0.0223$

철근비로 $\rho = 0.02$ 를 배치하면, $\phi = 0.85$ 가 된다. ϕR_n 을 표에서 읽거나 계산하면

식 (3.46a) : $R_n = \rho f_y \left(1 - \dfrac{\rho f_y}{1.7 f_{ck}}\right) = (0.02)(400)\left(1 - \dfrac{0.02 \times 400}{1.7 \times 35}\right) = 6.92\ (\mathrm{MPa})$

$bd^2 \geq \dfrac{M_u/\phi}{R_n} = \dfrac{181.6 \times 10^6/0.85}{6.92} = 30.87 \times 10^6\ (\mathrm{mm^3})$ 이므로,

폭은 $b = 300\ \mathrm{mm}$ 로 가정했으므로 $d \geq \sqrt{30.87 \times 10^6/300} = \sqrt{102{,}913} = 321\ \mathrm{mm}$ 가 된다. 그러나 ①에서 언급한바와 같이 처짐을 계산하지 않아도 되는 깊이 $h = 450\ \mathrm{mm}$ 를 사용한다면,

$$a = \frac{\rho f_y d}{0.85 f_{ck}} = \frac{0.02 \times 400 \times 385}{0.85 \times 35} = 103.5\ (\mathrm{mm})$$

$$A_{s(\text{소요})} \geq \frac{M_u/\phi}{f_y(d - a/2)} = \frac{181.6 \times 10^6/0.85}{400(385 - 103.5/2)} = 1{,}603\ (\mathrm{mm^2})$$

따라서 300 mm × 450 mm 단면에 2-D25 (= 1,013 mm²)과 2-D22 (= 774 mm²) 철근을 배치,

$A_{s(\text{배치})} = 1{,}013 + 774 = 1{,}787\ (\mathrm{mm^2}) > A_{s(\text{소요})} = 1{,}603\ \mathrm{mm^2}$ <o.k.>

검토 : $a = 1{,}787 \times 400/(0.85 \times 35 \times 300) = 80.1\ (\mathrm{mm})$

$$\phi M_n = 0.85 \times 1{,}787 \times 400\left(385 - \frac{80.1}{2}\right)/10^6 = 209.6\ (\mathrm{kN \cdot m})$$

$> M_u = 181.6\ \mathrm{kN \cdot m}$ <o.k.>

④ **휨에 대한 합성부재의 강도 검토** :

합성부재의 계수하중 계산 : 하중계수는 시공하중에 대해서 역시 $U = 1.2D + 1.6L$을 택한다.

- 고정하중 : 프리캐스트 복부 3.18 kN/m

  슬래브 9.18 kN/m

  추가 고정하중 1.437 kN/m

  총 고정하중 $w_D = 13.80$ kN/m ; 계수하중 = 1.2 × 13.80 = 16.56 kN/m

- 활하중 : 바닥 활하중 3 × 4.79 = 14.37 (kN/m)

  칸막이 활하중 3 × 0.958 = 2.87 (kN/m)

  총 활하중 $w_L = 17.24$ kN/m ; 계수하중 = 1.6 × 17.24 = 27.58 kN/m

- 총 계수하중 및 계수휨모멘트 계산 : $w_u = w_{Du} + w_{Lu} = 16.56 + 27.58 = 44.14$ (kN/m)

  $\therefore M_u = w_u l^2/8 = 44.14 \times 7.2^2/8 = 286.0$ (kN · m)

ϕM_n을 계산 : 식 (4.16a) (구조기준 3.4.8, ACI 8.10.2)에 따라

유효플랜지의 폭 : ㉠ $16h_f + b_w = 16 \times 130 + 300 = 2{,}380$ (mm)

㉡ 슬래브 중심 간 거리 = 3,000 = 3,000 (mm)

㉢ 보 경간의 1/4 = 7,200/4 = 1,800 (mm) ← 최소값 지배

따라서 유효 플랜지의 폭 $b_e = 1{,}800$ mm

전체 깊이 = 450 + 130 = 580 (mm) ; $d = 580 - 65 = 515$ (mm)

압축강도가 21 MPa인 현장치기 슬래브가 직사각형 보 거동을 한다고 가정하면,

$a = 1{,}787 \times 400/(0.85 \times 21 \times 1{,}800) = 22.2$ (mm) $< h_f = 130$ mm <o.k.>

단계 ③에서 배치한 철근단면적에 대해서 휨모멘트 강도를 계산하면,

$\phi M_n = 0.85 \times 1{,}787 \times 400(515 - 26.7/2)/10^6 = 304.8$ (kN · m)

$> M_u = 286.0$ kN · m <o.k.>

그러므로, 단계 ③에서 선택한 철근의 단면적이 합성부재에도 충분하다.

따라서 300 mm x 450 mm의 프리캐스트 보에 **2-D25와 2-D22의 종방향 철근을 배치**하고 현장치기 슬래브(cast-in-place slab)의 두께는 130 mm로 한다.

⑤ **연직 전단력의 검토** : 지점에서 거리 d 떨어진 위치의 계수전단력 계산 :

$V_u = 44.13$ kN/m × (7.2/2 − 0.515) m = 136.1 kN

전단강도는 콘크리트의 약한 쪽 강도를 기준으로 계산한다.

$V_c = (\lambda\sqrt{f_{ck}}/6) b_w d = (1.0\sqrt{21}/6)(300 \times 515)/10^3 = 118.0$ (kN)

$\phi V_c = 0.75 \times 118.0 = 88.5\,(\mathrm{kN})$

$\phi V_c = 88.5\,\mathrm{kN} < V_u = 136.1\,\mathrm{kN}$ 이므로 전단보강 스터럽을 배치하여야 한다.

$V_s = V_u/\phi - V_c = 136.1/0.75 - 118.0 = 63.5\,(\mathrm{kN})$ (지점으로부터 거리 d 떨어진 곳)

U형의 D10 철근을 스터럽으로 배치한다면, $A_v = 143\,\mathrm{mm}^2$

$$s_{(소요)} \leq \frac{A_v f_{yt} d}{V_s} = \frac{143 \times 400 \times 515}{63.5 \times 10^3} = 464\,(\mathrm{mm})$$

스터럽의 최대 간격 : $d/2 = 515/2 = \underline{258\,(\mathrm{mm})} \leq 600\,\mathrm{mm}$ ← 작은 값 지배

$\underline{s_{(배치)} = 250\,\mathrm{mm}} < s_{(소요)} = 258\,\mathrm{mm}$ 간격으로 배치하면 된다.

최소전단철근 규정 검토 : $f_{ck} = 21\,\mathrm{MPa} < 31\,\mathrm{MPa}$ 이므로 $(3.5/f_{yt})$항 지배

식 (7.32) : $s_{(\min)} = \dfrac{A_v f_{yt}}{0.35 b_w} = \dfrac{143 \times 400}{0.35 \times 300} = 545\,(\mathrm{mm})$

$> s_{(배치)} = 250\,\mathrm{mm}$ <o.k.>

전단철근은 수평전단을 검토한 뒤에 선택하도록 한다.

⑥ 수평전단의 계산 :

수평전단 강도는 구조기준 17.3.2(2)와 (3)(ACI 17.5.2와 17.5.3)의 규정에 따라 계산할 수 있다. 2 방법에 따라 각각 계산하여 결과를 서로 비교한다. 이 예제에서 표면을 고의로 거칠게 만들었다고 가정한다.

(a) 구조기준 17.3.2(2) : $\phi V_{nh} \geq V_u = 136.1\,\mathrm{kN}$ (지점에서 거리 d 떨어진 위치) 표면은 고의로 거칠게 만들었지만 최소 전단연결재가 배치되지 않았을 때의 공칭 수평전단강도는

$\phi V_{nh} = 0.75(0.56 b_v d) = (0.75)(0.56)(300)(515)/10^3 = 64.9\,(\mathrm{kN}) < V_u = 136.1\,\mathrm{kN}$

따라서 전단연결재가 필요하다.

구조기준 17.3.2(2)④ : 계수전단력 V_u가 $\phi(3.5 b_v d)$을 초과하는 경우, 수평전단에 대한 설계는 전단마찰 규정(구조기준 7.6)에 따라 다월 철근을 설계해야 된다고 규정하였으므로 검토하도록 한다.

식 (7.44) : $V_u = 136.1\,\mathrm{kN}$

$< \phi(3.5 b_v d) = 0.75(3.5)(300)(515)/10^3 = 405.6\,(\mathrm{kN})$ <o.k.>

따라서 전단마찰 규정으로 설계할 필요는 없다.

구조기준 17.3.2(2)③ : 최소 전단연결재가 있고, 접촉면이 청결하고, 부유물이 없으며 표면이 대략 6 mm 깊이로 고의로 거칠게 만들어진 경우[식 (7.43) 참고] :

$\phi V_{nh} = \phi(1.8 + 0.6 \rho_v f_y) \lambda b_v d\,(\mathrm{N})$ 이므로, 최소 전단연결재를 배치하도록 한다.

전단 연결재의 최대간격은 구조기준 17.3.3(1)에 따라, 지지 요소의 최소 치수의 4배 = 130 x 4 = 520 (mm) 또는 600 mm 이하이므로 간격은 ⑤에서 다룬 연직 전단의 250 mm가 지배한다. U형의 D10 철근을 250 mm 간격으로 배치한다면,

$$\rho_v = \frac{A_v}{b_v\, s} = \frac{143}{(300)(250)} = 0.001907$$

$$\phi V_{nh} = \phi(1.8 + 0.6\rho_v f_y)\lambda b_v d$$

$$= (0.75)(1.8 + 0.6 \times 0.001907 \times 400)(1.0)(300)(515)/10^3 = 261.6\ (\mathrm{kN})$$

$$\phi V_{nh} = 261.6\ (\mathrm{kN}) < 3.5 b_v d = 540.8\ (\mathrm{kN})$$ <o.k.>

$$\phi V_{nh} = 261.6\ \mathrm{kN} > V_u = 136.1\ \mathrm{kN}$$ <o.k.>

따라서 수평전단에 대해서 최소전단 스터럽을 배치하면 충분하다. 상부 슬래브에 정착을 돕기 위해서 U형 스터럽 보다는 폐쇄스터럽(closed-stirrup)을 사용한다.

설계 : 보의 전체에 걸쳐서 D10 폐쇄스터럽을 250 mm 간격으로 배치한다.

(b) 구조기준 17.3.2(3) : 수평전단력은 합성부재의 임의 요소에서 압축력이나 인장력의 실제 변화량을 계산함으로써 구할 수 있다고 제시하고 있다. 완전하게 슬래브에만 압축영역이 존재하여 (그림 7.74 참고) 접촉면을 통하여 전체 힘이 전달되어야 하므로

$$V_{nh} = C = T = A_s f_y = (1{,}787)(400)/10^3 = 714.8\ (\mathrm{kN})$$

식 (7.46)에서 $v_{nh} = K V_{nh}/A_c$; 전단력의 분포가 삼각형이므로 받침부에서 $K = 2$;

$$A_c = 300\,\mathrm{mm} \times 7{,}200/2 = 1{,}080 \times 10^3\ (\mathrm{mm}^2)$$

$$v_{nh\,(소요)} = \frac{K V_{nh}}{A_c} = \frac{(2)(714.8 \times 10^3)}{1{,}080 \times 10^3} = 1.324\ (\mathrm{N/mm^2}) > 0.56\ \mathrm{N/mm^2}$$ 보다 크므로,

구조기준 17.3.2(2)①에 따라 표면을 대략 6 mm 깊이로 고의로 거칠게 만들고 최소 전단연결재를 배치해서 보강하도록 한다.

따라서 U형의 D10 철근을 배치하면, $\rho_v = A_v/(b_v s) = 143/(300 \times 250) = 0.001907$ 가 되고, 수평전단강도는 구조기준 17.3.2(2)④ 규정으로 계산하면,

$$v_{nh\,(배치)} = (1.8 + 0.6\rho_v f_y)\lambda = (1.8 + 0.6 \times 0.001907 \times 400)(1.0) = 2.26\ (\mathrm{MPa})$$

$$v_{nh\,(배치)} = 2.26\ \mathrm{MPa} > v_{nh\,(소요)} = 1.324\ \mathrm{MPa}$$

따라서 최소의 전단연결재를 배치하면 충분하다. 앞에서와 같이 U형 대신에 정착을 돕기 위해서 폐쇄스터럽을 사용한다.

설계 : 보의 전체에 걸쳐서 D10 폐쇄스터럽을 250 mm 간격으로 배치한다.

구조기준 17.3.2(2)와 (3)의 규정에 따라 수행한 설계는 동일한 결과가 되었다.

참고문헌

7.1 Kani, G. N. J., "The Riddle of Shear Failure and Its Solution," *Journal ACI*, Vol. 61, Apr. 1964, pp. 441-467.

7.2 ASCE-ACI Committee 445 on Shear and Torsion, "Recent Approaches to Shear Design of Structural Concrete," *J. of Structural Engineering*, 124(12), 1375-1417, December 1998.

7.3 James K. Wight and James G. MacGregor, Reinforced Concrete Mechanics and Design, 6th Edition, Pearson Education, Inc., 2012, 1157 pp.

7.4 Taylor, Howard P.J., "Investigating of forces carried across cracks in reinforced concrete beams in shear by interlock of aggregate," TRA 42.447, Cement and Concrete Association, London, 1970, 22 pp.

7.5 Park, P., Paulay, T., Reinforced Concrete Structures, John Wiley & Sons, New York, 1975, 769 pp.

7.6 콘크리트구조기준, 국토해양부제정, 한국콘크리트학회 발행, 2012, pp. 342.

7.7 ACI 318-08, ACI 318R-08, Building Code Requirements for Structural Concrete(318-08) and Commentary(318R-08), Farmington Hills, MI 48333-9094.

7.8 Fenwick, R.C., Pauley, T., "Mechanisms of Shear Resistance of Concrete Beams," *Journal of the Structural Division*, ASCE, Vol. 94, ST10, 1968, pp. 2235-2350.

7.9 Leet, Kenneth, and Bernal, Dionisio, Reinforced Concrete Design, Third Edition, McGraw-Hill Co., 1997, 546 pp.

7.10 Leonhardt, F., Walther, "Reducing the Shear Reinforcement in Reinforced Concrete Beams and Slabs," *Magazine of Concrete Research*, Vol. 17, No. 53, December 1965, pp. 187-198.

7.11 Kani, G.N.J., "Basic Facts Concerning Shear Failure," *Journal ACI*, Vol. 63, June 1966, pp. 675-692.

7.12 ACI-ASCE Committee 326(now 426), "Shear and Diagonal Tension," *Journal ACI*, Vol. 59, January, pp. 1-30, 1962.

7.13 MacGregor, J. G., and Hanson, "Proposed changes in shear provisions for reinforced and prestressed concrete beams," *ACI Journal*, Proceedings, 66, April 1969, 276-288.

7.14 Mörsch, E., Reinforced Concrete Construction, Verlag von Konrad Wittwer, Stuttgrat, Germany, 1922, 460 pp.

7.15 Collins, Michael P., and Mitchell, Denis, Prestressed Concrete Structures, Prentice Hall, Inc., Englewood Cliffs, New Jersey 07632, 1991, 766 pp.

7.16 Collins, Michael P., and Mitchell, Denis, Prestressed Concrete Basics, Canadian Prestressed Concrete Institute(CPCI), 1987, 614 pp.

7.17 Ritter, W., "Die Bauweise Hennebique"(Construction Techniques of Hennebique), Schweizerische Bauzeitung, Zurich, Feb., 1899.

7.18 Mörsch, E., Concrete-Steel Construction, McGraw-Hill Book Co., New York 1902, 368 pp. (English translation by E.P. Goodrich of 3rd ed. of Der Eisenbetonbau, 1st ed., 1902.)

7.19 Mörsch, E., Reinforced Concrete Construction, Verlag von Konrad Wittwer, Stuttgrat, Germany, 1922, 460 pp.

7.20 Hognestad, E., "What Do We Know About Diagonal Tension and Web Reinforcement in Concrete",

University of Illinois Engineering Experiment Station, Circular Series No. 64, 1952, 47 pp.

7.21 ASCE-ACI Committee 445 on Shear and Torsion, "Recent Approaches to Shear Design of Structural Concrete," *J. of the Structural Engineering*, 124(12), 1375-1417, 1998.

7.22 Comité Euro-International du Beton(CEB). "Shear and torsion, June : Explanatory and viewpoint papers on model Code Chapters 11 and 12, prepared by CEB Committee V," CEB, Paris, CEB Bull. 12, 1978.

7.23 Ramirez, J. A., and Breen, J. E., "Evaluation of a modified truss-model approach for beams in shear." *Struct. J.* Am. Concrete Inst., 88(5), 562-571, 1991.

7.24 Kupfer, H., "Generalization of Mörsh's truss analogy using the principle of minimum strain energy." Comité Euro-International du Beton, Bulletin d'Information, No 40, CEB. Paris, 1964, pp. 44-57.

7.25 Thurlimann, B., Marti P., Pralong, J., Ritz, P., and Zimmerli, B.(1983). "Vorlesung Zum Bortbildungs kurs fur Bauingenieure." Institute fur Bautecknik und Konstruktion, ETH, Zurich.

7.26 Nielsen, M. P., and Braestrup, N. W., "Plastic shear strength of reinforced concrete beams." Tech. Rep. 3, Bygningsstatiske Meddelelser, Vol. 46, 1975.

7.27 Marti, P., "Zur Plastischen Berechung von Stahlbeton (On plastic analysis of reinforced concrete)." Rep. No. 1O4, Institute of Structural Engineering. ETH, Zurich, 1980.

7.28 Schlaich, J., Schäfer, I., and Jennewein, M. "Towards a consistent design of structural concrete." *J. Prestressed Concrete Inst.*, 32(3), 74-150, 1987.

7.29 Collins, M. P., and Mitchell, D., "Shear and Torsion Design of Prestressed and Non-Prestressed Concrete Beams," *PCI Journal*, Vol. 25, No. 5, 1980, 32-100.

7.30 Vecchio, F. J., and Collins, M. P., "The Response of Reinforced Concrete to In-Plane Shear and Normal Stresses", Publication No. 82-03, Department of Civil Engineering, University of Toronto, March 1982, 332 pp.

7.31 Vecchio, F. J., and Collins, M. P., "The modified compression field theory for reinforced concrete elements subjected to shear." *J. Am. Concrete Inst.*, 83(2), 1986, 219-231.

7.32 Belarbi, A.. and Hsu, T. T. C., "Constitutive laws of softened concrete in biaxial tension-compression." ACI *Struct. J.*, 92(5). 1995, 562-573.

7.33 Hsu, T. T. C., Unified theory of reinforced concrete. CRC Press, Boca Raton, Fla., 1993.

7.34 Gere, James M., Mechanics of Materials, 5th Edition, Brooks/Cole, 2001, 926 pp.

7.35 Marti, Peter, "Truss models in detailing," Concrete International Design and Construction, Vol. 7, No. 12, December 1985, 66-73.

7.36 Marti, Peter, "Basic Tools of Reinforced Concrete Beam Design." *ACI Journal*, Vol. 82, No. 1, Jan.-Feb. 1985. pp. 46-56.

7.37 Wagner, H., "Metal Beams with Very Thin Webs," Zeitschrift für Flugtechnik und motorluftschiffahr, Vol. 20, No. 8 to 12, 1929.

7.38 Arbesman, B., "The Effect of Stirrup Cover and Amount of Reinforcement on Shear Capacity of Reinforced Concrete Beams", M. Eng. Thesis, University of Toronto, 1975.

7.39 Walraven, Joost C., "Fundamental Analysis of Aggregate Interlock," *J. of Structural Division*, ASCE, V. 107, No. ST11, Nov. 1981, pp. 2245-2270.

7.40 CEB-FIP model Code 1990, First Draft, Bulletin d'Information 195 and 196, Comite Euro-International du

Beton, Lausanne, March 1990, 348 pp.

7.41 Griezic, A., Cook, W. D.. and Mitchell, D., "Tests to determine performance of deformed welded-wire fabric stirrups," *ACI Structural Journal*, V. 91, No. 2, Mar-Apr. 1994, 211-220.

7.42 ASCE-ACI Committee 426, The Shear Strength of Reinforced Concrete members - Chpt. 1 to 4, *J. of the Structural Division*, 99(ST6), 1091-1187, June 1973.

7.43 Elstner, R.C., and Hognestad, E., "Laboratory Investigation of Rigid Frame Failure," *ACI Journal*, Vol. 53., No. 1, Jan. 1957, pp. 637-668.

7.44 콘크리트구조설계기준 해설, KCI-M-07-003, 한국콘크리트학회 발행, 2007, pp. 523.

7.45 민창식 등, 철근콘크리트공학, 구미서관, 초판 3쇄, 2006, 1054 pp.

7.46 변동균, 신현묵, 문제길, 철근콘크리트, 10판, 동명사, 2008, pp. 642.

7.47 Notes on ACI 318-08 Building Code Requirements for Structural Concrete with design applications, Portland Cement Association, 5420 Old Orchard Road, Skokie, Illinois 60077-1083, 2008.

7.48 ACI SP-17(09), ACI Design Handbook, 7th Edition, 2009, 252 pp.

7.49 민창식, 보-슬래브 바닥판 종합설계, 구미서관, 2011, 285 pp.

7.50 PCI Design Handbook, 7th Edition, Precast/Prestressed Concrete Institute(PCI), 2010.

7.51 Mattock, A. H., and Hawkins, N. M., "Shear Transfer in Reinforced Concrete-Recent Research," Journal of PCI, Vol. 17, No. 2, March-April 1972, pp. 55-75.

7.52 Hanson, N. W., "Precast-Prestressed Concrete Bridges," Part 2, "Horizontal Shear Connections," Journal of the Research and Development Laboratories, PCA, Vol. 2, No. 2, May, 1960, pp. 38-58.

7.53 Mattock, A. H., and Johal, L., and Chow, H.C., "Shear Transfer in Reinforced Concrete with Moment or Tension Acting Across the Shear Plane," Journal of PCI, Vol. 20, No. 4, July-Aug., 1975, pp. 76-93.

7.54 Nilson, A. H., Darwin, David, and Dolan, Charles, W., Design of Concrete Structures, 13th Edition, McGraw-Hill Co., 2003, 779 pp.

7.55 Nilson, A. H., Design of Prestressed Concrete, 2nd Edition, John Wiley & Sons, 1987, 592 pp.

7.56 ACI 318-89, ACI 318R-89, Building Code Requirements for Structural Concrete(318-89) (Revised 1992) and Commentary(318R-89) (Revised 1992), Redford Station, Detroit, MI 48219.

7.57 Naaman, A. E., Prestressed Concrete Analysis and Design, Techno Press 3000, 2004, 1071 pp.

7.58 CPCI(Canadian Precast/Prestressed Concrete Institute) Design manual, 4th Edition, 2007.

7.59 "특집 개정 콘크리트구조기준 - 경량콘크리트계수", 홍성걸, 콘크리트학회지, 제 24권 1호(통권 126호), pp. 33~35, 2012년 01.

연습문제

7.1 단순 지지된 직사각형 보에 등분포 하중과 보의 중앙에 집중 활하중 $P_L=$ 17.7 kN이 작용하고 있다. 보의 경간은 $l=$ 6 m이고, 보의 단면은 $b_w=$ 300 mm, $d=$ 600 mm, $h=$ 700 mm이며, $A_s=$ (3-D29) + (3-D25)의 주철근이 배치되어 있다. 다음 각각의 경우에 현행 구조기준에 따라 상세식과 간략식을 이용하여 받침부로부터 유효깊이 d 떨어진 위치를 위험단면으로 고려하여 콘크리트의 설계전단강도 ϕV_c를 결정하라. 물론, V_u와 M_u도 역시 받침부로부터 유효깊이 d 떨어진 위치의 위험단면에서 계산하여야 한다. (a) 축방향력이 작용하지 않는 경우, (b) 축방향 압축력 N_u가 작용하는 경우, (c) 축방향 인장력 $-N_u$가 작용하는 경우.

(1) 조건 : 모래경량골재 콘크리트 $f_{ck}=$ 24 MPa, $f_{yt}=$ 350 MPa, 등분포하중 $w_D=$ 53.9 kN/m, $w_L=$ 19.6 kN/m이 작용하고, $N_u=$ 83.3 kN인 경우.

(2) 조건 : 보통중량골재 콘크리트 $f_{ck}=$ 27 MPa, $f_{yt}=$ 400 MPa, 등분포하중 $w_D=$ 45.0 kN/m, $w_L=$ 20.0 kN/m이 작용하고, $N_u=$ 75.0 kN인 경우.

(3) 조건 : 보통중량골재 콘크리트 $f_{ck}=$ 30 MPa, $f_{yt}=$ 500 MPa, 등분포하중 $w_D=$ 48.5 kN/m, $w_L=$ 22.5 kN/m이 작용하고, $N_u=$ 92.5 kN인 경우.

7.2 그림 P7.1 (a)의 직사각형 단면의 단순지지 순경간 $l_n=$ 6.0 m 보에는 자신의 등분포 고정하중에 더하여 추가 등분포 고정하중 $w_{sD}=$ 16.0 kN/m와 활하중 등분포하중 $w_L=$ 22.0 kN/m가 작용한다. 사용되는 재료는 보통중량골재 콘크리트($\rho_c=$ 2,500 kg/m^3) 설계기준 압축강도 $f_{ck}=$ 21 MPa이고, $f_y=f_{yt}=$ 300 MPa이다.

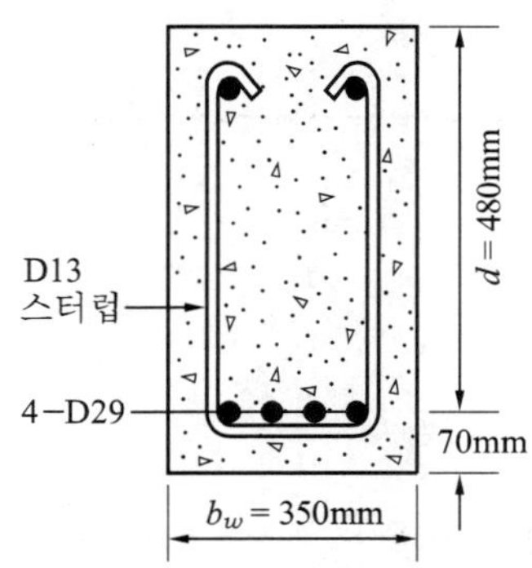

그림 P7.1 (a)

(a) $V_u/\phi=(1.2V_D+1.6V_L)/\phi$ 분포도를 그림 P7.1 (b)에 그려 넣어라.

(b) 간략식을 이용하여 보의 V_c와 $V_c/2$ 분포도를 그림 P7.1 (b)에 그려 넣어라.

(c) $V_u/\phi > V_c$ 구간과 $V_c > V_u/\phi > V_c/2$ 구간에 대해서 전단철근 $A_v=$ 2-D13 = 2(126.7) = 253.4 mm^{2}로 Worksheet를 이용하여 전단보강 철근을 설계하고 그림 P7.1 (c)에 그려 넣어라.

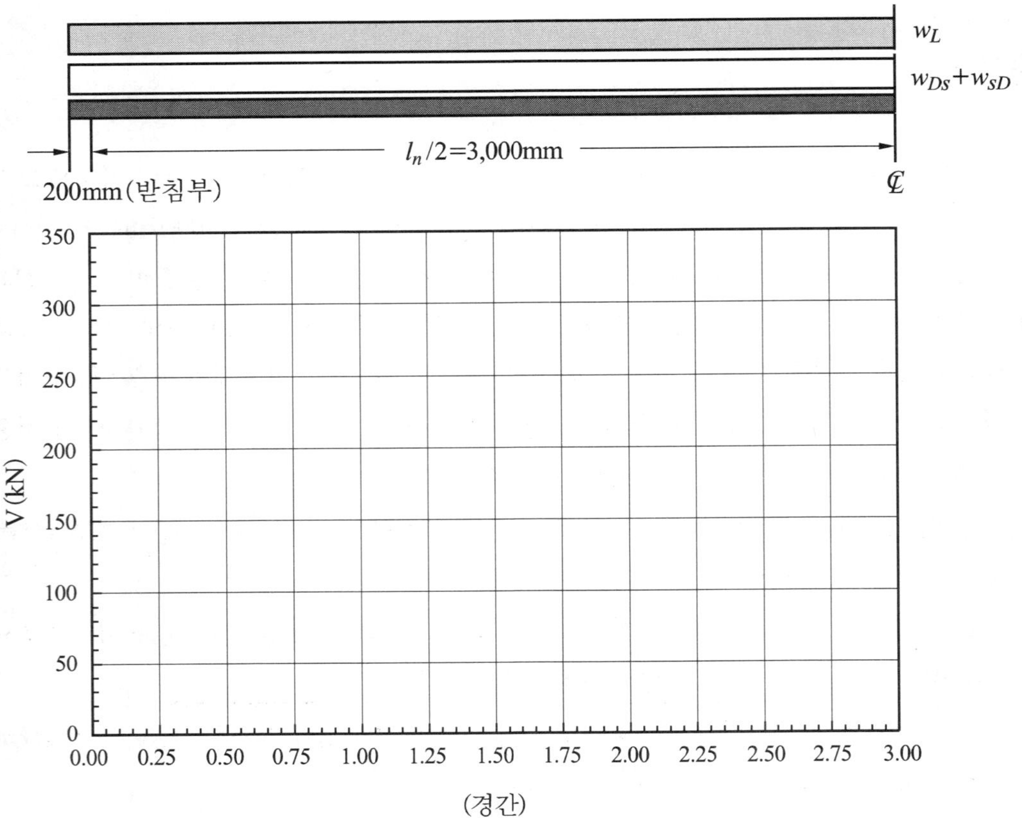

(b) 전단력 분포도

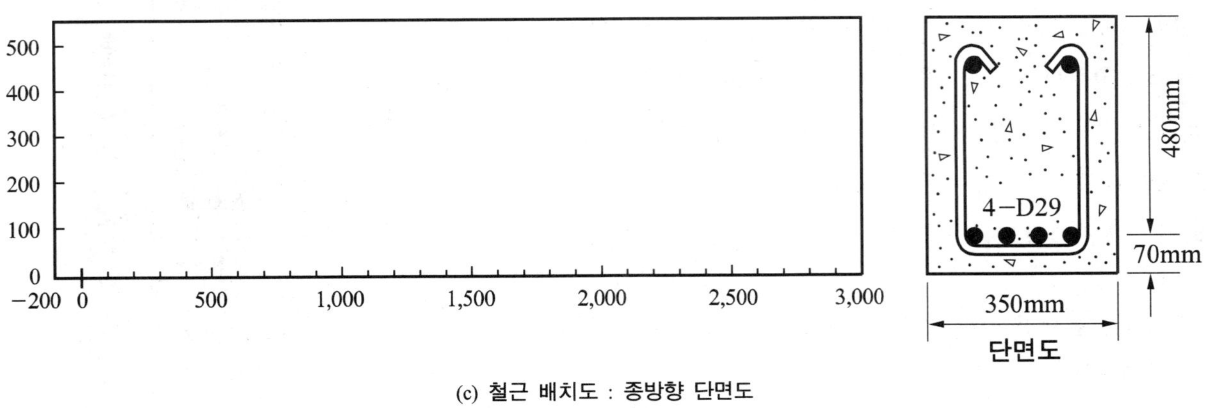

(c) 철근 배치도 : 종방향 단면도

그림 P7.1 (b)와 (c)

[문제 7.2]의 Worksheet #1-2

① V_u/ϕ 분포도 :

단위중량 $\gamma_c = \rho_c g =$ (____ kg/m³)(____ m/sec²) = ____ N/m³ = ____ kN/m³

단면적 $A_g = b_w h =$ (____) (____) = ____ (mm²)

등분포 고정하중 $w_{Ds} = A_g \gamma_c =$ (____ /10⁶) (____) = ____ (kN/m)

총 고정하중 $w_D = w_{Ds} + w_{sD} =$ ____ + ____ = ____ (kN/m)

계수 등분포 하중 $w_u = 1.2w_D + 1.6w_L =$ 1.2(____) + 1.6(____) = ____ (kN/m)

받침부 내면 :

$V_u = w_u\, l/2 =$ (____)(____ /2) = ____ (kN)

$V_u/\phi =$ ____ / ____ = ____ (kN)

유효깊이 d 떨어진 위치 : d = ____ m

$V_{u\,@d} = w_u(l/2 - d)$

= (____)(____ /2 - ____) = ____ (kN)

$V_{u\,@d}/\phi =$ ____ / ____ = ____ (kN)

x =	0.0	$l/2$ = ____
V_u/ϕ =	____	0.0
x =	0.0	d = ____
$V_{u\,@d}/\phi$ =	____	← ____
V_c =	____	
$V_c/2$ =	____	

② V_c 및 $V_c/2$ 분포도 : 보통중량골재 콘크리트 $\lambda =$ ____

$V_c = (\lambda\sqrt{f_{ck}}/6)\, b_w d =$ (____ / 6) ____ /10³ = ____ (kN)

$V_c/2 =$ ____ /2 = ____ (kN)

③ **소요 전단철근 $V_u/\phi > V_c$ 구간 설계** : U형 전단철근 A_v = 2-D13 = 2(126.7) = 253.4 mm² 배치

V_c의 위치 계산 : V_u/ϕ : V_c = $l/2$: ×1 (경간 중앙에서 거리)

$\therefore x_1 = (l/2)\, V_c / (V_u/\phi) =$ (____) × (____) / ____ = ____ (m)

받침부에서 거리 $\therefore l_1 = l/2 - x_1 =$ ____ - ____ = ____ (m)

$V_s = (V_u/\phi)_{@d} - V_c =$ ____ - ____ = ____ (kN)

$< (2/3)\sqrt{f_{ck}}\, b_w d = 4V_c =$ 4 (____) = ____ (kN) 〈OK〉

$< (1/3)\sqrt{f_{ck}}\, b_w d = 2V_c =$ 2 (____) = ____ (kN) 〈OK〉

∴ 최대 간격 $s_{(max)} = \text{Min}[d/2,\ 600\text{ mm}]$

∴ $s_{(소요)} \le A_v f_{yt}\, d / V_s =$ 143 (____) (____) / (____ × 10³) = ____ (mm)

(a) 최대 간격 규정 : $s_{(max)} = \text{Min}[d/2,\ 600\text{ mm}] =$ Min [____ /2 = ____ mm, 600 mm]

(b) 최소전단철근 규정 : 선택한 A_v에 대해서 최대간격으로 규정, 표 7.3 참고

$f_{ck} =$ ____ MPa 〈 31 MPa → 우측 항 지배

$s_{(max)} = A_v f_{yt} / (0.35\, b_w) =$ (____) (____) / (0.35 × ____) = ____ (mm)

(c) $s_{(소요)} =$ Min [____, ____, ____] = ____ (mm)

스터럽은 보통 50 mm나 100 mm 등간격으로 배치

선택 $s_{(배치)} =$ ____ mm < $s_{(소요)} =$ ____ mm 〈OK〉

[문제 7.2]의 Worksheet #2-2

④ **최소 전단철근 $V_c > V_u/\phi > V_c/2$ 구간 설계 :**

$V_c/2$ 의 위치 계산 : V_u/ϕ : $V_c/2 = l/2$: ×2 (경간 중앙에서 거리)

$\therefore x_2 = (l/2)(V_c/2)/(V_u/\phi) =$ (____) (____) / ____ = ____ (m)

받침부에서 거리 $\therefore l_2 = l/2 - x_2 =$ ____ - ____ = ____ (m)

V_c 의 위치 ($l_1 =$ ____ m)에서 $V_c/2$ 의 위치 ($l_2 =$ ____ m)의 구간은 최대간격 규정과 최소전단철근 규정에 따라 스터럽을 설계한다.

(a) 최대 간격 규정 : $s_{(\max)} = \mathrm{Min}[d/2, 600\,\mathrm{mm}] = \mathrm{Min}$ [____ /2 = ____ mm, 600 mm]

(b) 최소전단철근 규정 : 선택한 A_v 에 대해서 최대간격으로 규정, 표 7.3 참고

$f_{ck} =$ ____ MPa < 31 MPa → 우측 항 지배

$s_{(\max)} = A_v f_{yt}/(0.35 b_w) =$ (____) (____) / (0.35 × ____) = ____ (mm)

(c) $s_{(소요)} = \mathrm{Min}$ [____ , ____] = ____ (mm) ; 스터럽 50 mm, 100 mm 등간격 배치

역시 스터럽의 간격은 $\therefore s_{(배치)} =$ ____ mm < $s_{(소요)} =$ ____ mm 〈OK〉

⑤ **U형 스터럽 A_v 배치** : 그림 P7.1 (b) 및 (c) 참고

설계구간 : 받침부 내면에서 $V_c/2$의 위치 $l_2 =$ ____ m 구간에 U형 스터럽을 ____ mm 간격 배치.

$V_{s\,(배치)} = A_v f_{yt}\, d/s_{(배치)} =$ [(____) (____) (____)/ ____] /10^3 = ____ (kN)

> $V_{s(소요)} =$ ____ (kN) 〈OK〉

소요 개수 계산 : 첫 번째 스터럽은 받침부 내면에서 ____ /2 = ____ mm 떨어져서 배치한다.

(____ - ____)/ ____ = ____ 구간 소요

〈 정수 ____ 구간 ; ____ + 1 = ____ 개 배치

배치 구간 = ____ + ____ (____) = ____ + ____ = ____ (mm)

스터럽 배치 구간 $V_n = V_c + V_s =$ ____ + ____ = ____ (kN)

$> (V_u/\phi)_{@d} =$ ____ kN 〈OK〉

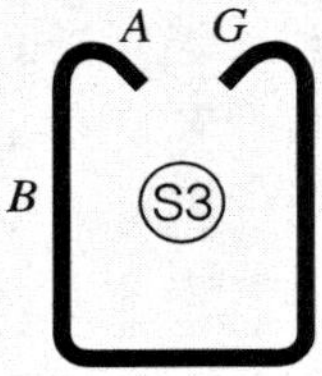

D13 스터럽(T1)의 길이 계산 : Type S3 열린 U형 스터럽 (그림 참고)

갈고리 길이(A 또는 G) = $6d_b + 3d_b = 9d_b =$ ____ (그림 6.23 참고)

B 또는 D의 길이 = ____ - 2(40) = ____ ; C의 길이 = ____ - 2(40) = ____

T1 스터럽의 총 길이 = A + B + C + D + G = 2(____ + ____) + ____ = ____ (mm)

T1 D13 스터럽 전체 소요 총 길이 = ____ 개 × ____ mm / 1,000 = ____ **m**

T1 D13 스터럽 소요 총 무게 = ____ m × ____ kg/m = ____ **kg** [철근 단위무게, 표 2.9]

구조기준 8.5.4(3) 복부철근의 정착에서 스터럽의 굽혀진 부분은 종방향 철근으로 둘러싸도록 규정되어있고, 또한 스터럽을 걸어서 배치하기 위해서 135도 갈고리에는 걸이철근(hanger reinforcement) 2-D10을 배치한다. 2-D10 철근은 받침부 안으로 150 mm 연장하고 갈고리는 장착하지 않도록 한다.

7.3 그림 P7.2의 T형 단면 보의 위험단면에 계수전단력 $V_u = 62$ kN이 작용할 때 스터럽의 배치가 필요한지 검토하라. 또한 U형 D10 스터럽을 사용한다면 스터럽의 간격은 얼마인가? 단, 전경량골재 콘크리트 설계기준강도 $f_{ck} = 27$ MPa이고 $f_{yt} = 350$ MPa이다.

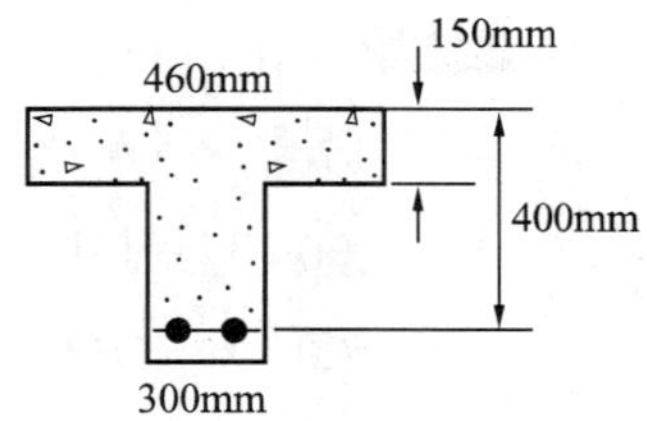

그림 P7.2

7.4 그림 P7.3의 단면 보의 위험단면에 계수전단력 $V_u = 124.5$ kN가 작용한다고 할 때 스터럽이 필요한지 검토하라? 단, 모래경량골재 콘크리트 설계기준강도 $f_{ck} = 27$ MPa이다.

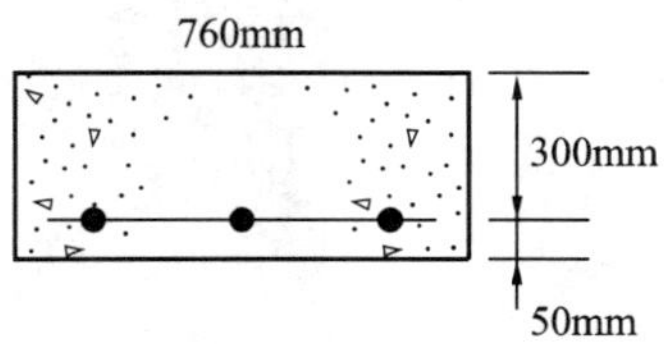

그림 P7.3

7.5 그림 P7.4의 단면을 가진 보에 스터럽을 $d/2$ 간격으로 배치할 수 있는 위치를 결정하라. 또한 단면 $x-x$에서의 스터럽의 간격을 결정하라. 단, 보통중량골재 콘크리트 $f_{ck} = 30$ MPa이고 $f_{yt} = 400$ MPa이다.

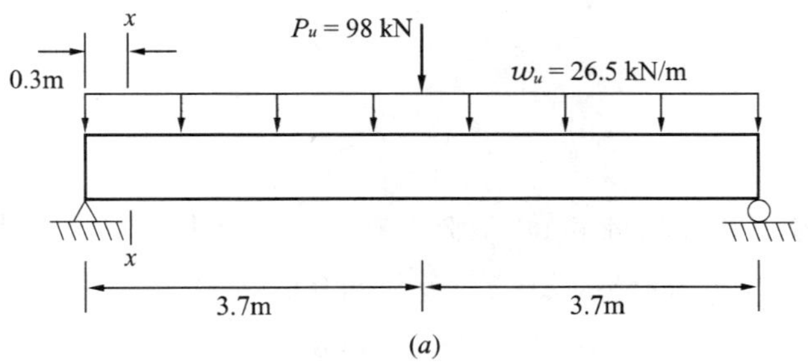

그림 P7.4

7.6 그림 P7.5에 보이는 단면의 보가 전단에 대하여 현행 구조기준에서 최대로 허용하는 스터럽으로 보강되어 있다.

(a) 단면의 공칭전단강도 V_n은 얼마인가?

(b) D10 스터럽이 사용되었다면 요구되는 스터럽의 간격은 얼마인가?

(c) D13 스터럽이 식 (7.29)에 의해 구한 간격으로 배치되었다면 구조기준의 규정을 만족하는가?

단, 모래경량골재 콘크리트 $f_{ck} = 21$ MPa이고 $f_{yt} = 400$ MPa이다.

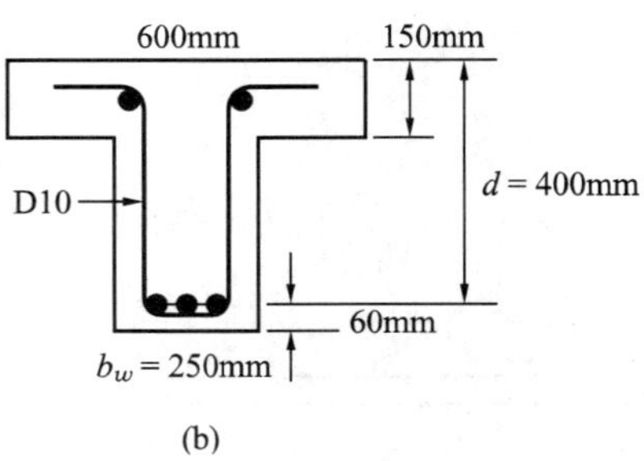

그림 P7.5

7.7 그림 P7.6에 보이는 박스형 보가 그림과 같이 각각의 복부에 D13 스터럽으로 보강되어있다. 단, 보통중량골재 콘크리트 f_{ck}= 24 MPa이고 f_{yt}= 350 MPa이다.

(a) 단면에서 현행 구조기준이 허용하는 최대 계수전단력 V_u 는 얼마인가?

(b) 만약 D13철근 대신에 D10 스터럽을 중심간격 150 mm로 배치한다면 단면의 공칭전단강도 V_n 는 얼마인가?

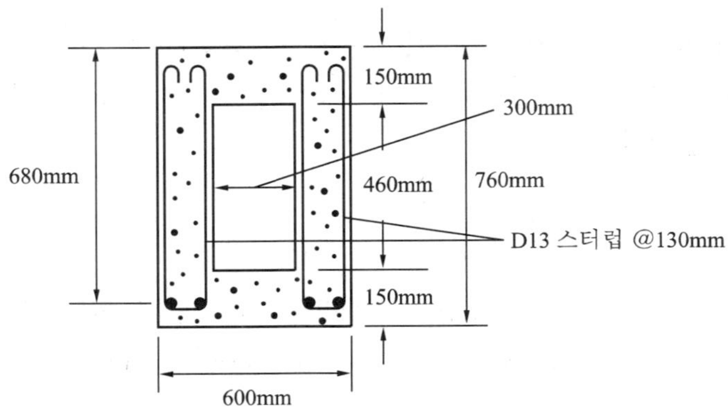

그림 P7.6

7.8 그림 P7.7에서 (a) 단면 A와, (b) 단면 B에서 요구되는 스터럽의 간격은? (c) 스터럽을 필요로 하지 않는 구간은 어디인가? 단, D10 스터럽을 사용하고, 보통중량골재 콘크리트 f_{ck}= 21 MPa이고 f_{yt}= 400 MPa이다.

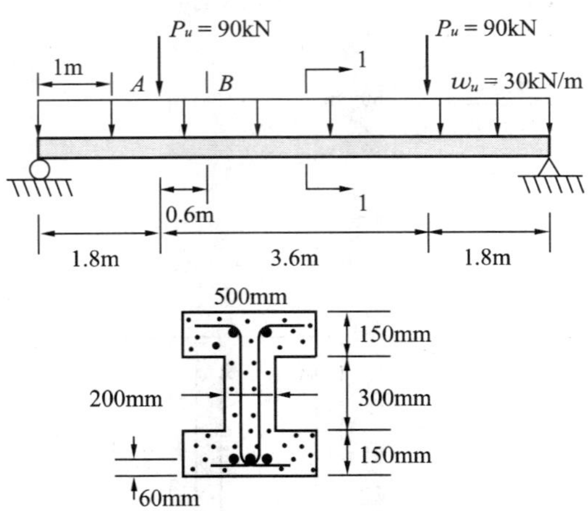

그림 P7.7

7.9 그림 P7.8의 단면 1과 2에서 현행 구조기준을 만족하는 D10 스터럽의 최대 허용간격은 얼마인가? 단, 모래경량골재 콘크리트 f_{ck}= 21 MPa이고 f_{yt}= 400 MPa이다. V_c를 계산 할 때 간략식과 상세 식을 각각 사용하여 계산하라.

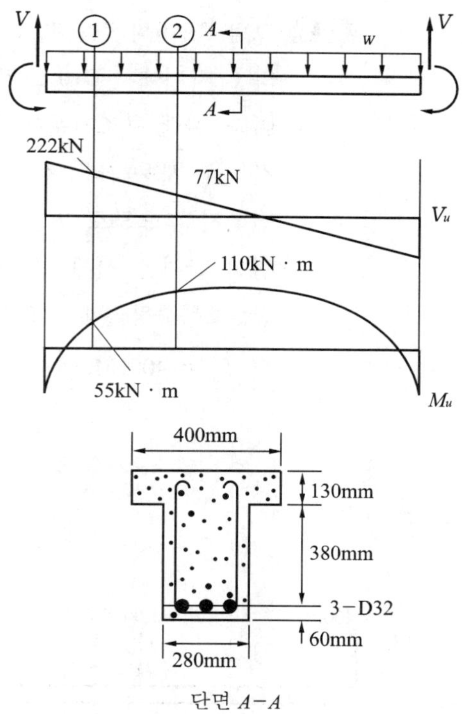

그림 P7.8

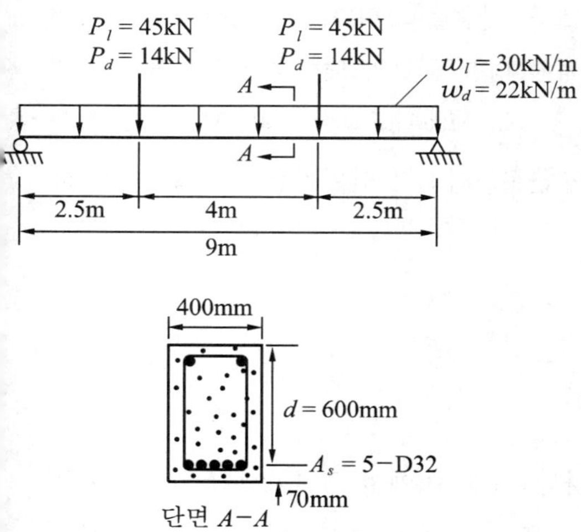

그림 P7.9

7.10 그림 P7.9의 보에 대하여 스터럽의 간격을 결정하라. 그림에서 나타난 하중은 사용하중이며, 모래경량골재 콘크리트 f_{ck}= 27 MPa이고 f_{yt}= 400 MPa이다. D10 스터럽을 사용하고, 결과를 축척에 따라 스케치하라. 상세 식을 이용하여 V_c를 결정하고, 주철근으로 5-D32가 배치되었다.

7.11 그림 P7.10의 단순지지 보에서 A와 B 및 B와 C 사이에서 D10 스터럽의 간격을 결정하여라. 현행 구조기준에서 허용하는 최대허용간격을 사용하라. 전단이 그렇게 급격하게 변하지 않으므로 위험단면에서 결정한 스터럽의 간격을 전체 구간에 걸쳐서 유지한다. 단, 보통중량골재 콘크리트 $f_{ck}=$ 21 MPa이고 $f_{yt}=$ 400 MPa이다.

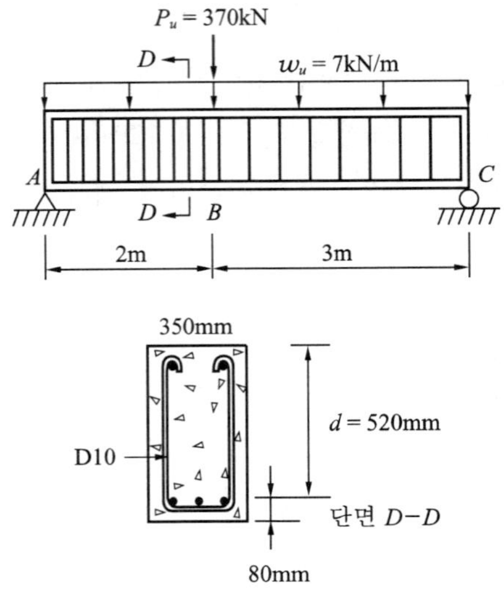

그림 P7.10

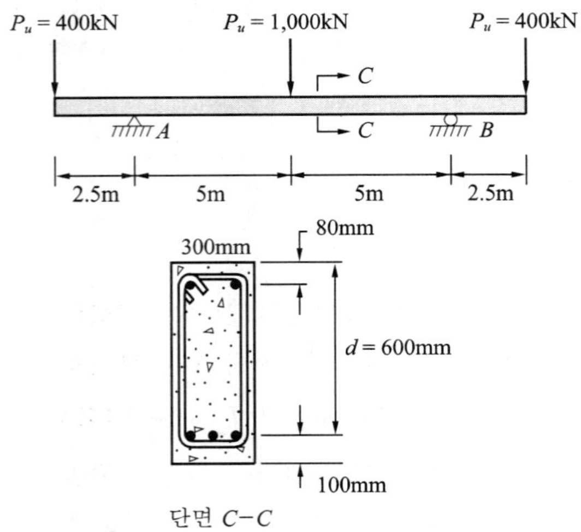

그림 P7.11

7.12 그림 P7.11 보에서 전단에 대해서 적절한 스터럽 철근의 종류와 간격을 결정하라. 보통중량골재 콘크리트를 사용한 보의 자중을 고려하고, 받침부 B 좌우에서의 전단파괴에 의한 균열의 대략적인 모양을 스케치하라. 단, $f_{ck}=$ 27 MPa이고 $f_{yt}=$ 400 MPa이며, 보통중량골재 철근콘크리트의 단위질량 $\rho_c=$ 2,500 kg/m^{3}이다.

7.13 그림 P7.12의 뼈대구조에서 (a) 전단보강이 되어있지 않다면 부재 AB에서 전단파괴가 일어날 지점은 어디인가? (b) F지점에서 전단균열이 일어난다면 그 균열의 형상을 스케치하라. (c) 보의 중심으로부터 1.2 m 떨어진 E점에서 D10 스터럽을 사용한다면 필요한 스터럽의 간격은 얼마인가? 단, 보통중량골재 콘크리트 설계기준압축강도 $f_{ck}=$ 21 MPa이고 $f_{yt}=$ 350 MPa이다.

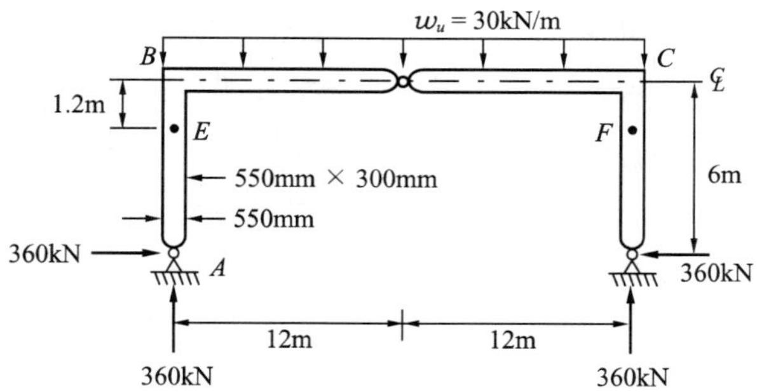

그림 P7.12

7.14 그림 P7.13의 1방향 슬래브는 D13 철근이 130 mm 간격으로 보강되어 있다. 휨강도와 전단강도를 모두 고려해서 슬래브가 지지할 수 있는 최대 등분포 계수하중 w_u를 결정하라. 단, 모래경량골재 콘크리트 설계기준강도 f_{ck}= 21 MPa이고 $f_y = f_{yt}$ = 350 MPa이다.

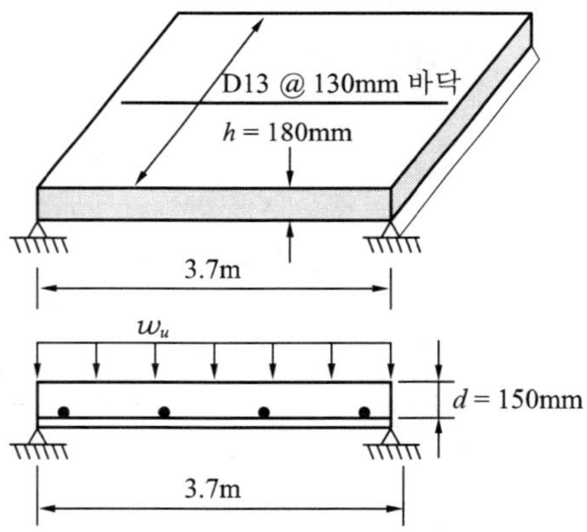

그림 P7.13

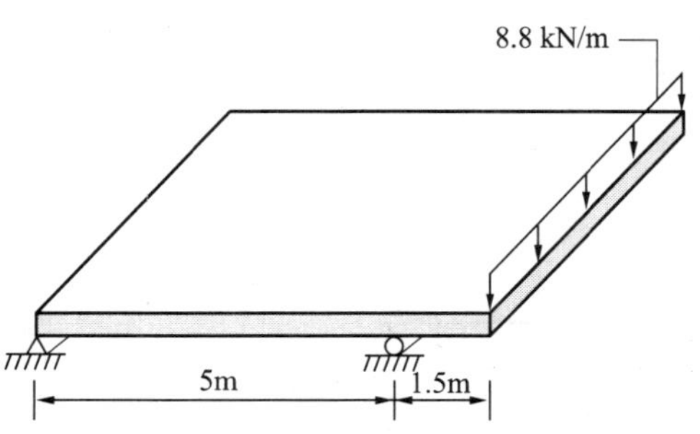

그림 P7.14

7.15 그림 P7.14에서 1방향 슬래브의 깊이와 주철근 그리고 온도철근을 결정하여라. 이 단면의 전단저항이 현행 구조기준의 요구를 만족함을 증명하라. 캔틸레버의 끝단에 작용하는 등분포 선하중이 벽돌벽의 고정하중으로 존재한다. 슬래브의 고정하중과 더불어 등분포 사용하중 w_{SD}= 1.44 kN/m^2 (추가 고정하중), w_L= 3.60 kN/m^2 (활하중)이 작용한다. 단, f_{ck}= 21 MPa이고 f_y= 400 MPa, 보통중량골재 철근콘크리트의 단위질량 ρ_c = 2,500 kg/m^3 이다.

7.16 경간 $l = 10$ m의 단순 지지된 보의 단면은 단독 T형 단면으로 $b = 900$ mm, $b_w = 300$ mm, $h_f = 150$ mm, $d = 610$ mm이다. 보에는 보의 무게를 포함한 등분포 고정하중 $w_D = 20$ kN/m와 등분포 활하중 $w_D = 24$ kN/m가 작용한다. 전단력 분포도를 그리고 이를 근거로 종방향 전단보강 스터럽(U형 D13 철근)을 설계하여 대략적인 전단보강 철근의 배치도를 그려라. 보통골재 콘크리트의 설계기준압축강도 $f_{ck} = 24$ MPa이고, $f_y = 400$ MPa, $f_{yt} = 300$ MPa이다.

7.17 그림 P7.15에 보이는 경간 $l = 4.8$ m에 내민보(길이 1.8 m)가 붙은 단순 지지된 보는 직사각형 단면으로 $b = 300$ mm, $d = 550$ mm이다. 보에는 보의 무게를 포함한 등분포 고정하중 $w_D = 29$ kN/m와 등분포 활하중 $w_D = 22$ kN/m가 작용한다. 전단력 분포도를 그리고 이를 근거로 종방향 전단보강 스터럽(U형 D13 철근)을 설계하여 대략적인 전단보강 철근의 배치도를 그려라. 보통중량골재 콘크리트의 설계기준압축강도 $f_{ck} = 27$ MPa이고, $f_y = f_{yt} = 400$ MPa이다.

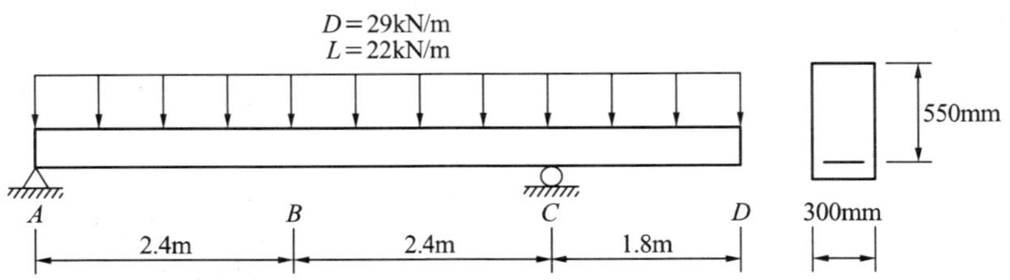

그림 P7.15

7.18 그림 P7.16에는 연속보의 내부경간을 보여주고 있다. 양단의 전단력은 $\pm w_u l_n / 2$ 이다(그림 4.35 참고). 보에는 보의 무게를 포함한 등분포 고정하중 $w_D = 22$ kN/m와 등분포 활하중 $w_D = 26$ kN/m가 작용한다. 전단력 분포도를 그리고 이를 근거로 종방향 전단보강 스터럽을 설계하여 대략적인 전단보강 철근의 배치도를 그려라. 보통중량골재 콘크리트의 설계기준압축강도 $f_{ck} = 21$ MPa이고, $f_y = 400$ MPa, $f_{yt} = 300$ MPa이다.

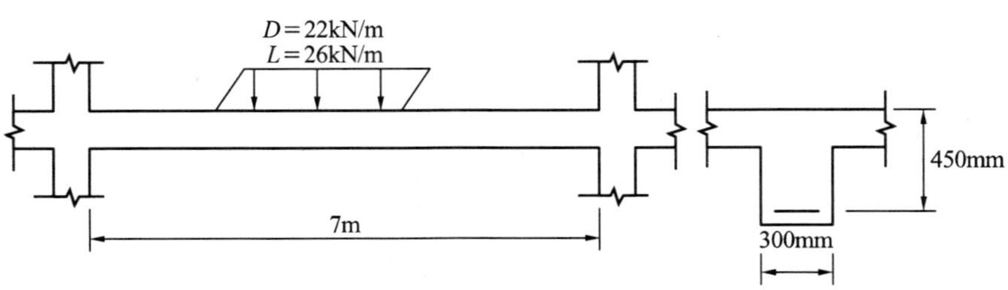

그림 P7.16

7.19 그림 P7.17에 보이는 연속 테두리 거더 A-E에는 바닥보에 의한 집중하중이 보를 통해서 1/3점에 각각 작용하고 있다. 집중하중은 거더가 지지하고 있는 바닥시스템의 모든 고정하중과 활하중을 고려하여 계산하면 $P_D = 150$ kN과 $P_L = 70$ kN이 된다. 보통중량골재 콘크리트 $f_{ck} = 35$ MPa, $f_y = f_{yt} = 400$ MPa이고, D16 스터럽($A_b = 198.6\ \mathrm{mm}^2$)을 배치하도록 한다. 연속보의 받침부에서 구조기준 3.4.1(4)의 1방향 슬래브의 전단력 계수 $w_D l_n/2$를 적용하여 다음에 답하라(그림 4.35 참고).

(1) 테두리 거더 A-E에 대한 V_u/ϕ의 전단력 분포도를 그려라. 반 T형 단면인 테두리 거더의 고정하중 w_D 계산에서 플랜지 부분(슬래브)은 보의 집중하중을 계산할 때 포함되었으므로 이를 뺀 $b_w = 400$ mm, $h_b = 500$ mm로 계산하며, $\rho_c = 2{,}350\ \mathrm{kg/m^3}$, $g = 9.8\ \mathrm{m/sec^2}$이다.

(2) 등분포하중의 크기가 집중하중에 비해서 너무 작아 전단력도에서 기울기가 거의 무시할 정도이므로 위험단면은 거리 d 떨어진 면이 아니라 기둥의 받침부를 위험단면으로 고려하여 설계하도록 한다. 거더의 위험단면에서 전단보강 철근이 필요한지 검토하고, 만약 필요하면 현행 구조기준에 따라 간격을 결정하고 거더 AE에 대해서 대략적인 전단보강 철근의 배근도를 그려라.

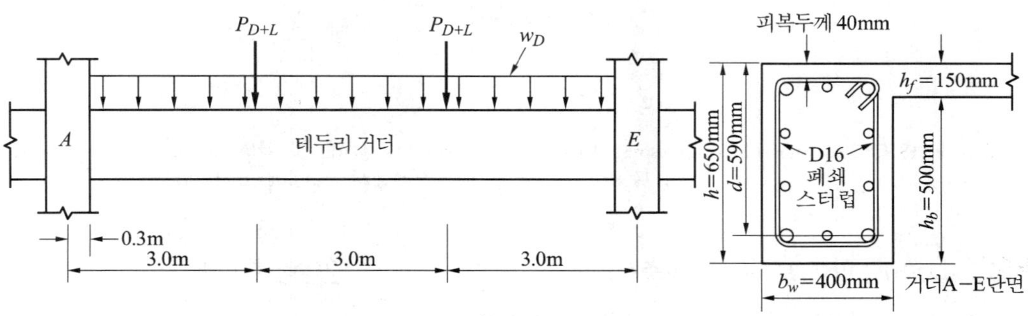

그림 P7.17

7.20 [7.58] 경간이 8 m인 직사각형 단면 보(b= 400 mm, h= 700 mm)가 고정하중을 포함한 계수 등분포 하중 120 kN/m를 지지하고 있다. 보통중량골재 콘크리트 설계기준강도 f_{ck}= 35 MPa이고, f_y= 400 MPa인 보강철근이 배치된다. 크기가 100 mm x 350 mm인 지압판(bearing pad)은 보의 끝으로부터 75 mm 떨어져서 배치되었다. 보의 끝에서 전단마찰 보강철근 A_{vf}와 연직보강철근 A_{sh}를 설계하라 (그림 P7.18 참고).

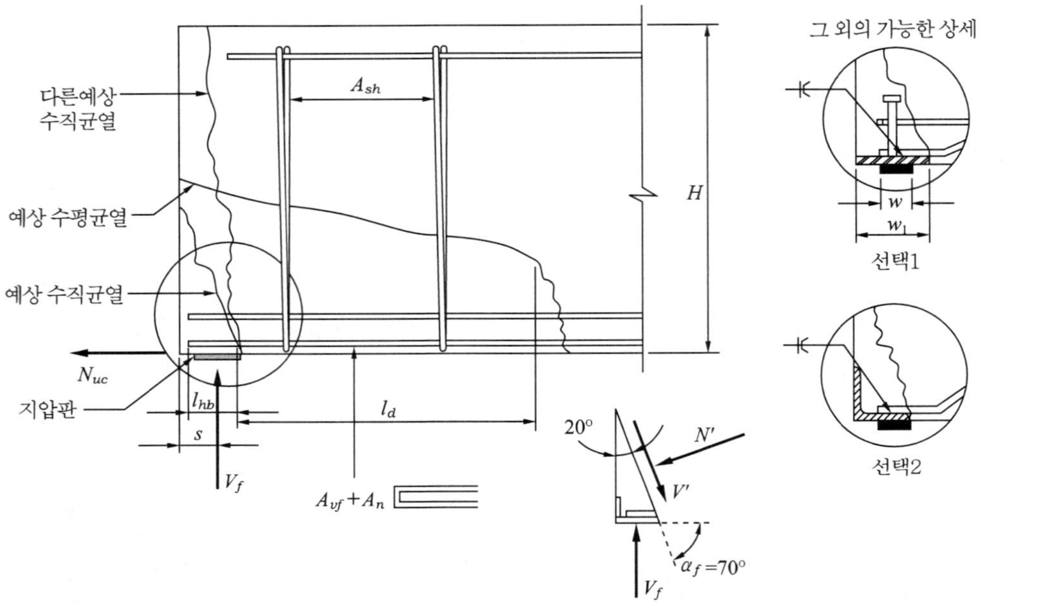

그림 P7.18 CPCI(Canadian Precast/Prestressed Concrete institute)에서 제시한 보 끝의 지압설계 예(dapped-end bearing)[7.58]
(그림의 $A_{vf}+A_n$ 은 예제 7.10에서는 A_{vf} 로 표시되었음.)

7.21 [7.47] 그림 P7.19에 보이는 보통중량골재 콘크리트 f_{ck}= 24 MPa로 제작되는 벽기둥(pilaster)에 대해서 예상 균열면을 넘어서 전달되는 전단에 대해서 설계하라. 예상 균열면은 연직면에 대해서 20°로 가정하라. 보의 반력은 D = 110 kN, L = 135 kN이고 건조수축 및 온도변화로 인한 하중 T = 90 kN을 고려하고, f_y= 400 MPa을 사용한다.

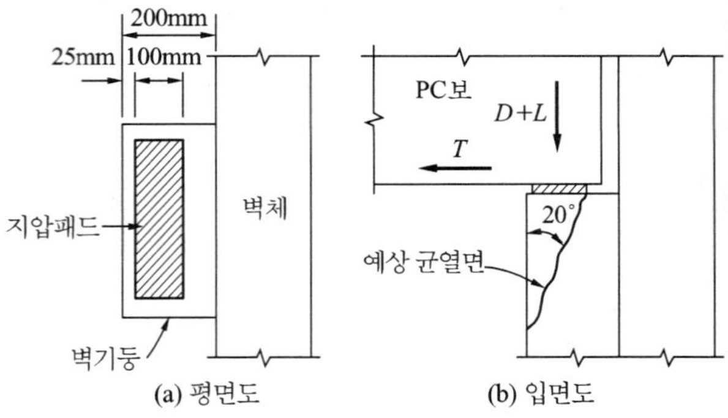

그림 P7.19 PC보를 받치는 벽기둥의 단면도

Chapter 8

Reinforced Concrete

비틀림 거동과 강도

Torsional Behavior and Strength

철근콘크리트 보는 보통 휨모멘트와 함께 전단력의 영향을 받는다. 기둥(압축지배 단면)의 경우에 있어서도 축하중 외에 종종 휨모멘트와 전단력이 작용한다. 철근콘크리트 부재에는 이러한 힘들 이외에 길이 방향의 축을 중심으로 부재를 비트는 비틀림모멘트가 작용할 수 있다. 비틀림모멘트는 일반적으로 휨모멘트와 전단력과 동시에 작용하며, 특수한 경우에는 축하중까지 같이 받을 수 있다.

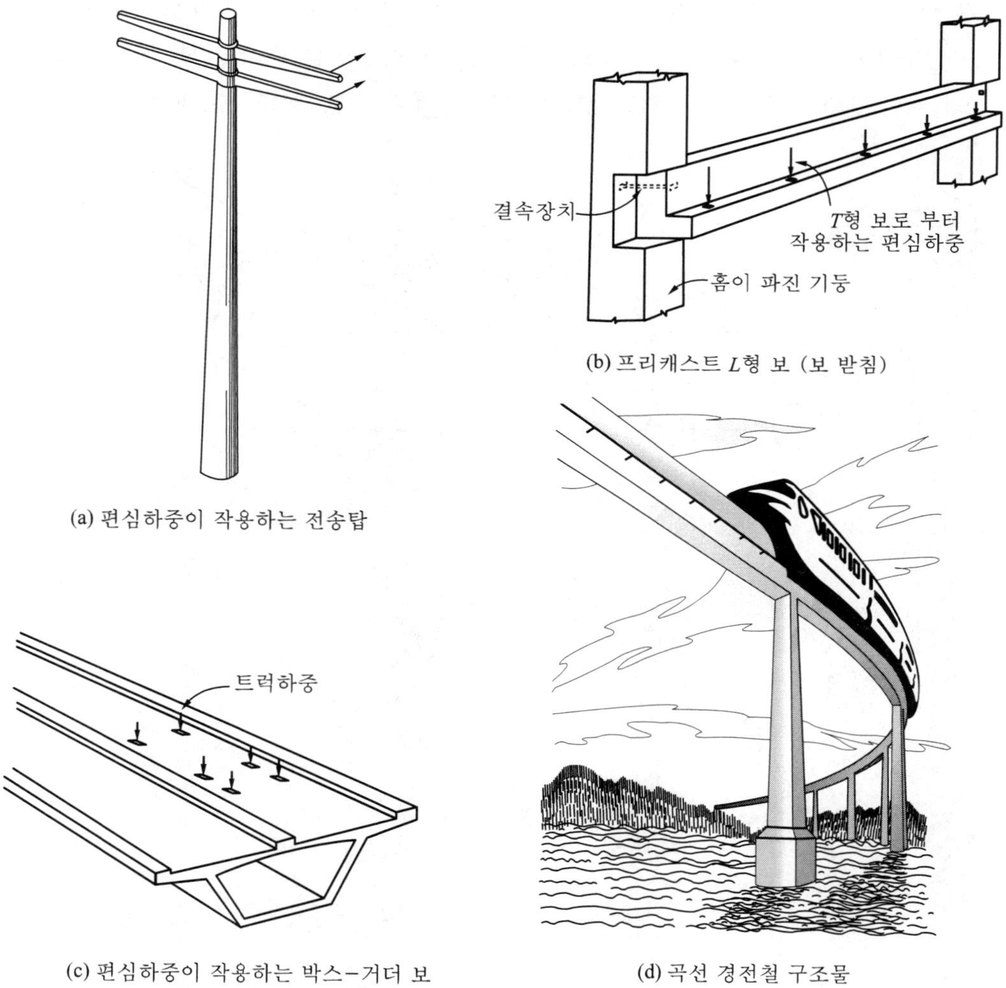

(a) 편심하중이 작용하는 전송탑

(b) 프리캐스트 L형 보 (보 받침)

(c) 편심하중이 작용하는 박스-거더 보

(d) 곡선 경전철 구조물

그림 8.1 보강콘크리트 부재에 상당한 비틀림모멘트가 작용하는 예

과거에는 비틀림모멘트를 2차적인 영향으로 간주하여, 부재 설계에서도 비틀림모멘트를 제외한 힘들에 대해서 상대적으로 넉넉한 안전계수로 설계하여 비틀림모멘트의 영향이 포함될 수 있도록 하고, 이로써 비틀림모멘트에 대한 직접적인 설계는 피하였다[8.1]. 그러나 근래에 들어와서 많은 예에 있어서 비틀림모멘트에 대한 설계가 필요하고 보강철근을 배치하여 비틀림강도를 증가시켜야 할 상황이 발생하였다. 이러한 변화에는 2 가지 이유를 들 수 있다. 첫째는, 발달된 구조해석 방법과 정교한 설계방법에 따라 작용하는 하중의 효과를 좀더 정확하게 평가함으로서 전체적인 안전계수의 감소와 이에 따른 부재단면의 축소를 들 수 있다. 둘째로는, 비틀림의 영향이 큰 부재의 사용이 점차 증가하게 되었다. 예를 들면, 그림 8.1과 같이 편심하중이 작용하는 송전탑 기둥, T형이나 더블 T형 보를 지지하는 L형 보 또는 편심하중을 받는 박스형 보, 곡선 교량의 거더나 나선형의 계단 슬래브 등은 비틀림모멘트에 대한 설계를 수행하여야 할 것이다.

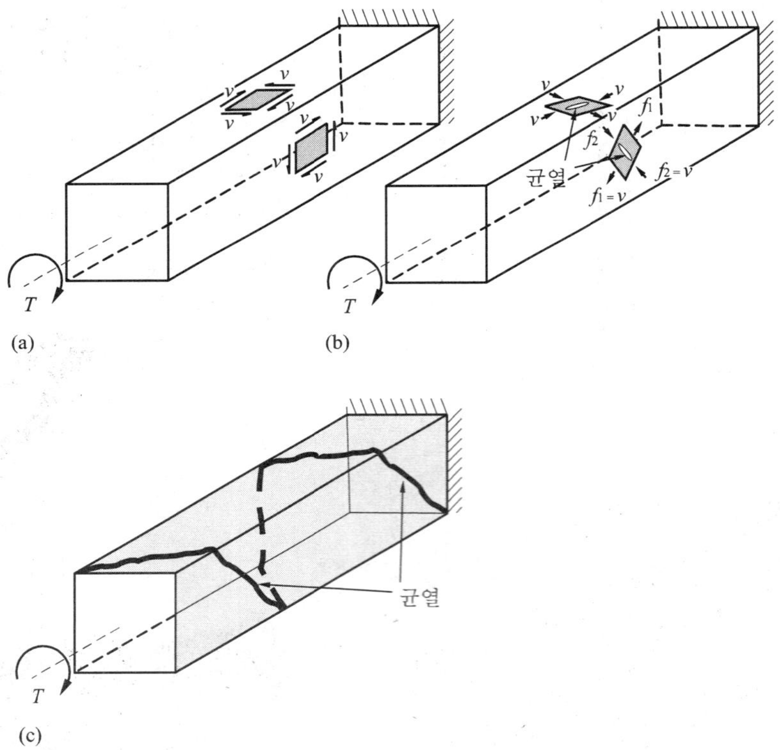

그림 8.2 순수비틀림에 의한 주응력과 균열

그림 8.2에서와 같이 순수비틀림을 받는 부재는 전단이 작용할 때와 유사하게 전단응력이 발생하며, 이 전단응력은 축방향에 45° 방향의 사인장응력으로 경사균열을 발생시킨다. 전단과 다른 점은 비틀림모멘트가 작용할 때는 그림 8.2c와 같이 균열이 부재를 돌아가면서 나선형으로 발생한다는 점이다. 만약 부재가 비틀림에 대해서 폐쇄스터럽과 종방향 철근으로 적당하게 보강되어 있

지 않으면 갑작스런 취성(脆性, brittle) 파괴가 일어 날 수 있다. 보강철근을 배치함으로서 사용하중이 작용할 때 균열폭을 줄이고 비틀림강도를 증진시킬 뿐만 아니라 극한상태에서 연성(延性)을 갖도록 할 수 있을 것이다.

철근콘크리트 부재에 있어서 비틀림모멘트 강도를 구하는 데는 2 가지 서로 다른 이론이 사용되고 있다. 먼저, Lessig[8.2]에 의해서 제안되고 Hsu[8.3]에 의해서 발전된 **경사휨 이론(skew bending theory)**으로서 1989년도[8.4]와 1996년도[8.5]의 콘크리트표준시방서(1971년부터 1989년의 ACI 318 시방서)의 비틀림설계에 채택된 이론이다. 이 이론에 의하면 전단과 비틀림의 일부분은 콘크리트에 의해서 저항되고 나머지는 전단철근과 비틀림철근에 의해서 저항된다는 가정에 기초하고 있으며, 파괴형태는 그림 8.3에서 보여주는 바와 같이 직사각형 부재에서 3면을 따라 나선형의 균열이 발달하는 경사휨에 의하여 나타난다고 가정하고 있다.

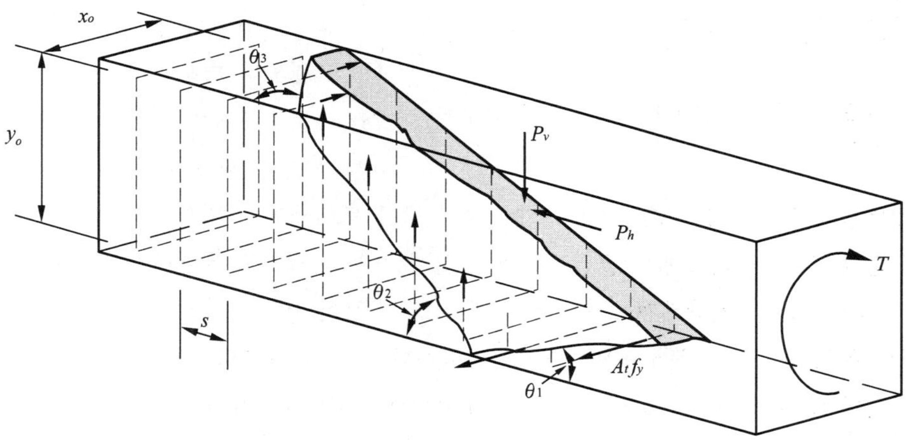

그림 8.3 경사 휨 파괴면

두 번째 이론은 **박벽관(箔壁管, 얇은 벽 튜브)/공간 트러스 모델(thin-walled tube/plastic space truss model)**에 근거를 두고 있다. 이 이론은 Lampert[8.6], Lampert와 Thurlimann[8.7] 그리고 Lampert와 Collins[8.8]에 의해서 개발되었고, 2003년 이후의 콘크리트구조(설계)기준[8.9]과 CEB-FIP 시방서[8.10], Canadian 시방서[8.11], 95년 이후의 ACI 318 시방서[8.12]에서 다루고 있다.

앞에서 언급한 바와 같이 전단과 휨모멘트 그리고 비틀림모멘트는 동시에 나타나기 때문에 합리적인 설계에서는 이 3 힘들의 상관관계를 고려하여야 할 것이다. 그러나 예측하기 거의 불가능한 균열의 상태와 콘크리트의 비탄성거동, 그리고 이 3 힘들의 상호작용에 의해서 발생하는 매우 복잡한 응력상태 등의 이유 때문에 정확한 해석을 하기는 거의 불가능하다. 비틀림에 대한 현행

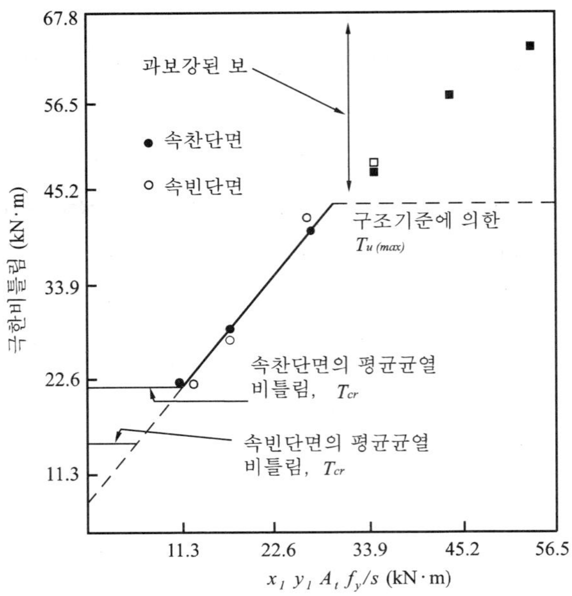

그림 8.4 같은 크기의 속찬 단면과 속빈 단면의 비틀림 강도 비교[8.3]

설계방법, 즉, 박벽관/공간 트러스 모델 이론에 따른 설계방법은 아래와 같이 단순화한 가정에 근거를 두고 있다[8.13].

① 휨과 전단 그리고 비틀림 사이에 서로 상호작용은 없다고 가정한다. 따라서 각각의 힘에 대해서 보강철근을 설계하여 최종적으로 서로 더해준다.

② 전단과 비틀림이 동시에 작용할 때, 비틀림은 콘크리트의 공칭전단강도 V_c에 영향을 미치지 않는다고 가정한다. 이때, 콘크리트의 비틀림강도는 0으로 가정한다.

③ 전단과 비틀림에 대한 스터럽 철근은 각각 설계하여 더해준다.

④ 비틀림응력은 보가 박벽관(속이 비고 두께가 얇은 튜브)이라고 가정하여 구한다.

⑤ 비틀림철근의 설계는 가상적이고 3차원인 공간 트러스에 의해서 힘이 전달된다는 가정 하에 구한다. 공간 트러스에서 균열사이의 나선형 경사 콘크리트 부분(압축대)은 압축력에 저항하고 보강철근은 인장부재로서 역할을 한다고 가정한다(그림 8.5c 참고).

따라서 현행 구조기준에서 단면에 균열이 일어나기 전에 콘크리트에 의해서 저항되는 비틀림강도는 단면이 얇은 벽의 튜브(속이 빈 단면, thin-walled tube analogy)로 되어 있다고 가정하여, 일정한 비틀림모멘트가 작용할 때 이 얇은 벽을 따라 균일한 전단흐름(shear flow) q가 발생하여 저항한다는 가정 하에서 구한다[8.14](그림 8.5a 참고). 다시 말하자면 속이 빈 단면이나 속이 찬 단면 모두 얇은 벽의 튜브로 고려하는 것이다. 그러나 그림 8.4에서 보는 바와 같이 가운데가 빈 단면에 초기 균열을 일으키는 비틀림모멘트는 속찬 단면에 비해서 떨어지므로 2007년 이후 구조기준에서는 이를 고려하기 위해서 조정하였다[구조기준 7.5.1(1), ACI 11.5.1].

그림 8.4에는 단면의 크기가 같고 점차 종방향과 스터럽철근의 단면적을 증가시킨 속이 찬 단면과 속이 빈 단면의 비틀림강도를 비교하였다. 비록 속이 빈 단면의 초기 균열을 일으키는 비틀림모멘트은 속이 찬 단면에 비해서 작지만 같은 단면크기에 동일한 보강철근을 배치한 상태에서 극한 비틀림강도는 비슷하게 나타났다. 만약 단면이 적절하게 보강되었다면 초기균열이 일어났다고 해서 즉시파괴로 이어지지 않고 다만 내부응력의 재분배가 일어날 것이다. 이러한 결과는 비틀림에 의해서 초기 균열이 일어난 후에는 공간 트러스와 유사한 구조시스템에 의해서 비틀림모멘트

가 전달되고, 이 트러스의 강도는 저보강 부재의 경우 보강철근에 의해서 좌우되며 경사 콘크리트 압축대는 거의 영향이 없다는 것을 보여주고 있다.

균열이 일어난 후에는 그림 8.5c에서와 같이 박벽관은 가상적인 공간 트러스 상사 이론에 따라 속이 빈 트러스로 이상화하고 이 트러스는 인장력에 저항하는 폐쇄스터럽(closed stirrup)과 모서리의 종방향 철근(longitudinal bar) 그리고 압축력에 저항하는 경사 콘크리트 압축대(concrete compression diagonal strut)로 구성되어 있다. 구조기준 7.6.2(2)(ACI 11.5.3.6)에서는 균열사이의 콘크리트 경사 압축대의 균열 경사각 θ는 철근콘크리트에서는 일반적으로 45°를 취하고, 프리스트레스트 콘크리트에서는 37.5°를 취하도록 제안하고 있다.

8.1 박벽관/공간 트러스 방법(Thin-Walled Tube/Plastic Space Truss Method) - 현행 구조기준[8.29]

1999년도에 한국콘크리트학회와 대한건축학회는 토목과 건축이 서로 각각 사용하던 기준을 통합하여 콘크리트구조설계기준(이하 '구조기준')을 출판하면서 비틀림 설계기준으로 세계적인 설계방법의 발달 추세에 맞추어 박벽관(箔壁管)/소성 공간 트러스 모델(thin-walled tube/plastic space truss model)에 근거한 설계방법을 채택하고, 이어서 2003년도에는 단위를 국제단위계(일명 SI 단위계)로 변환하여 출판하였고, 2007년도에는 ACI 318-05를 2012년에는 ACI 318-08을 참조하여 개정하였다. 이 설계방법은 유럽연합의 CEB-FIP 시방서[8.10]와 Canadian 시방서[8.11] 그리고 ACI 318-95[8.12]에서 이미 사용되고 있던 방법이다.

이 모델은 보의 비틀림강도를 박벽관 상사와 전단에서 다루는 트러스 모델을 복합한 것이다(그림 8.5 참고). 역학에 근거를 둔 이 모델은 파괴모델을 가시화하기 쉽고 그림 8.3의 경사휨 모델 이론보다 계산하기 쉬운 장점이 있다. 이 이론에서는 균열이 일어나기 전에는 속이 빈 단면이나 속이 찬 단면 모두 박벽관(얇은 벽의 튜브)으로 고려하여 접근하고, 속이 빈 단면에 대해서 균열을 일으키는 비틀림모멘트가 감소하는 것을 고려하기 위해서 둘러싸인 전체 면적 A_{cp} 대신에 콘크리트만의 면적 A_g를 사용할 수 있도록 조종하였다[식 (8.4d) 및 (8.4e) 참고].

균열이 일어난 후 튜브는 가상적인 공간 트러스 상사 이론에 따라 속이 빈 공간 트러스로 이상화하고 이 트러스는 인장력에 저항하는 폐쇄스터럽과 종방향 철근 그리고 압축력에 저항하는 경사 콘크리트 압축대로 구성되어 있다고 본다.

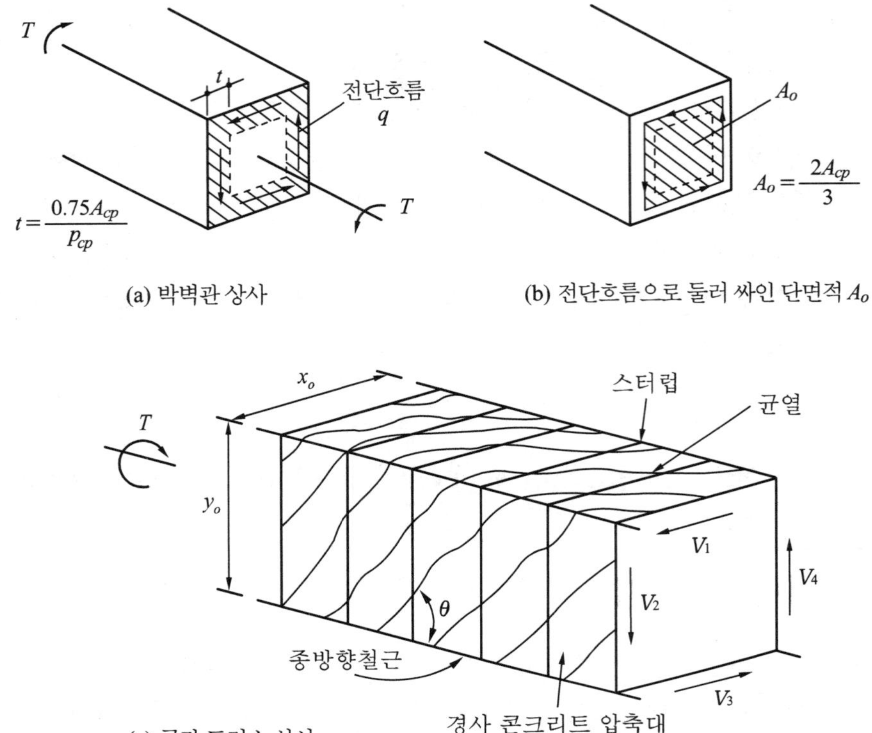

(a) 박벽관 상사 (b) 전단흐름으로 둘러 싸인 단면적 A_o

(c) 공간 트러스 상사

그림 8.5 박벽관(얇은 벽 튜브) / 공간 트러스 모델[8.17]

비틀림설계를 고려해야 되는 한계

만약 비틀림균열이 일어나지 않는다면 비틀림철근은 필요가 없을 것이다. 순수비틀림에서 주인장응력 f_1은 전단응력 v와 같으므로(그림 8.2 참고) 얇은 벽의 튜브(전단흐름, $q = vt$)[8.14]에서

$$f_1 = v_t = \frac{q}{t} = \frac{T}{2A_o t} \tag{8.1}$$

로 표현되며, 여기에서 T는 비틀림모멘트, A_o는 벽의 두께 중심선으로 둘러싸인 면적, t는 전단응력을 계산하는 부분의 벽의 두께이다. 식 (8.1)을 속이 찬 단면에 적용하기 위해서는 균열에 대해서 동일한 두께를 갖는 튜브로 전환해야 할 것이다. Canadian 시방서[8.11]에서 균열이 일어나기 전에 벽의 두께 t를 실험에 근거하여 $(3A_{cp}/4p_{cp})$와 같다고 보았다[1]. 여기에서 p_{cp}는 콘크리트 단면의 둘레의 길이이고, A_{cp}는 이 p_{cp}로 둘러싸인 전체 면적이다. A_o를 현행 구조기준에서 $(2/3)A_{cp}$로

1) 아래첨자 c는 **c**oncrete로 p는 **p**erimeter(둘레)로 보면 기억하기 쉽다.

취하면 식 (8.1)은

$$f_1 = v_t = \frac{T}{2\left(\frac{2}{3}A_{cp}\right)\frac{3A_{cp}}{4p_{cp}}} = T\left(\frac{p_{cp}}{A_{cp}^2}\right) \tag{8.2}$$

가 될 것이다. 비틀림균열은 주인장응력이 2축 인장-압축에서 $\sqrt{f_{ck}}/3$ (MPa)로 취하는 콘크리트의 인장응력에 이를 때 균열이 일어난다고 가정할 수 있다[8.18]. 따라서 균열을 일으키는 비틀림모멘트는

$$T_{cr} = \frac{\sqrt{f_{ck}}}{3}\left(\frac{A_{cp}^2}{p_{cp}}\right) \tag{8.3a}$$

로 주어진다. 인장강도로 취한 $\sqrt{f_{ck}}/3$ 은 통상 취한 $\sqrt{f_{ck}}/2$ 보다 작은데 이는 2축 상태에서의 인장강도는 1축 강도에 비해서 작기 때문이다[8.18].

전단과 비틀림이 동시에 작용할 때 비틀림 균열하중은 원형 상관관계를 따르며, $0.25T_{cr}$이 존재할 때 V_{cr}은 대략 3% 감소한다[8.18]. 현행 구조기준에서는 T_u가 $(1/4)T_{cr}$을 초과하는 경우에 비틀림에 대해서 설계하도록 제시하고 있다. 따라서 T_u가 아래에 주어지는 값보다 작은 경우는 비틀림에 대해서 설계할 필요가 없다[구조기준 식 (7.5.1)].

$$T_u < \phi\frac{\sqrt{f_{ck}}}{12}\left(\frac{A_{cp}^2}{p_{cp}}\right) \quad \text{또는} \quad \frac{T_u}{\phi} < \frac{\sqrt{f_{ck}}}{12}\left(\frac{A_{cp}^2}{p_{cp}}\right) \tag{8.4a}$$

현행 구조기준에서는 비틀림모멘트에 대한 강도감소계수 ϕ는 전단력과 같은 0.75를 제시하고 있다. 식 (8.4a)는 식 (8.3a)에 의해서 주어진 T_{cr}의 25%에 해당한다. 하중계수를 곱한 비틀림모멘트가 식 (8.4a)의 값보다 작은 경우에는 단면의 전단강도나 휨모멘트 강도를 감소시키지 않는 것이 실험에 의하여 관찰되었다.

독립된 보에서 A_{cp}는 주변장 p_{cp}로 둘러싸인 면적(속이 빈 단면의 면적도 포함)이다. 내민 플랜지에서 보와 일체로 되거나 완전한 합성구조로 시공되었다면 구조기준 10.5.5(1)③(ACI 13.7.5.1)에서 슬래브의 위와 아래에서 슬래브가 접합되는 두께(h_f)를 제외한 보의 각각의 위쪽과 아래쪽 남은 높이(h_b)만큼의 플랜지 길이(위와 아래쪽에서 긴 높이 고려)를 A_{cp}와 p_{cp}의 계산에 포함시킬 수 있다고 제시하고 있다(그림 8.6 참고). 계산에 포함하는 내민 플랜지의 길이는 어느 쪽에서든지 슬래브 두께의 4배를 초과할 수 없다.

그러나 구조기준 7.5.1(2)(ACI 11.5.1.1)에서는 플랜지를 갖는 독립부재이거나 슬래브와 일체로 친 부재에 있어서 플랜지를 포함하여 산정한 (A_{cp}^2/p_{cp})값이 플랜지를 포함하지 않은 경우의 값

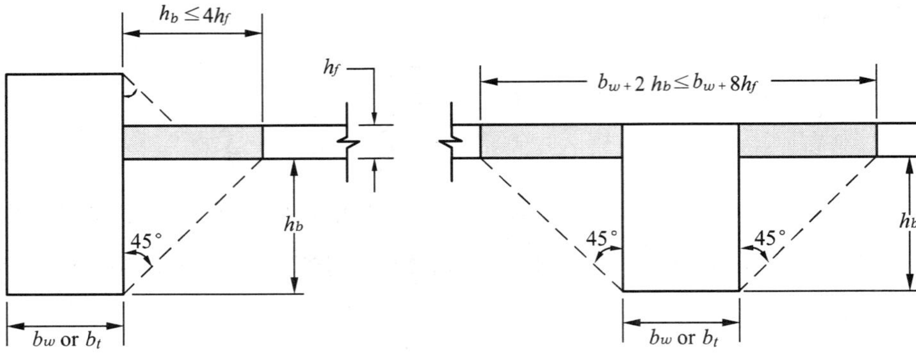

그림 8.6 완전한 합성구조에서 보의 비틀림계산에 포함시킬 수 있는 슬래브의 부분(음영 부분) 예 [구조기준 10.5.5(1)③; ACI 13.7.5.1(c)]

보다 작은 경우에는 설계에서 비틀림을 고려할 필요가 없는 식 (8.4a)의 한계비틀림을 계산할 때 그림 8.6과 같은 플랜지 부분을 계산에서 포함하지 않아도 된다고 규정하고 있다.

경량콘크리트(Lightweight Concrete)

구조기준에서는 경량콘크리트 사용에 따른 강도의 감소를 고려하기 위해서 경량콘크리트 계수 λ를 도입하여 $\lambda\sqrt{f_{ck}}$ 로 표현하였다(구조기준 3.4.4, ACI 8.6.1). 쪼갬인장강도(splitting tensile strength) f_{sp} 의 값이 규정되어 있지 않을 때 전경량 콘크리트(all-light-weight concrete)를 사용한 경우에는 $\lambda = 0.75$가 되고, 모래경량 콘크리트(부분경량골재 콘크리트, sand-lightweight concrete)에 대해서는 $\lambda = 0.85$가 되며, 보통중량골재 콘크리트(normal-weight concrete)를 사용한 경우에는 $\lambda = 1.0$이 된다. 또한 부분적으로 경량골재가 섞인 경우에는 경량골재로 치환하는 체적비에 따라 직선보간(linear interpolation)한 값을 곱하여 보정($\lambda = 0.75 \sim 1.0$ 사이)하도록 규정하고 있다. 따라서 f_{sp}가 주어지지 않은 경우에 단면에 균열을 일으키는 비틀림모멘트와 비틀림의 영향을 무시할 수 있는 한계 비틀림모멘트(threshold torsion)인 식 (8.3a)와 (8.4a)는 각각 다음과 같이 쓸 수 있다.

$$T_{cr} = \frac{\lambda\sqrt{f_{ck}}}{3}\left(\frac{A_{cp}^2}{p_{cp}}\right) \tag{8.3b}$$

$$\frac{T_u}{\phi} < \left[\frac{T_{cr}}{4} = \frac{\lambda\sqrt{f_{ck}}}{12}\left(\frac{A_{cp}^2}{p_{cp}}\right)\right] \tag{8.4b}$$

그러나 경량콘크리트에 대한 쪼갬인장강도(splitting tensile strength) f_{sp} 값이 주어지면 경량콘크리트 계수 λ 대신에 $f_{sp}/(0.56\sqrt{f_{ck}}) \leq 1.0$ 를 대입하도록 규정하여 아래와 같이 표현될 수 있다

(구조기준 3.4.4, 2.5장 참고).

$$T_{cr} = \left[\frac{\sqrt{f_{ck}}}{3} \frac{f_{sp}}{0.56\sqrt{f_{ck}}} = 0.595 f_{sp} \le \frac{\sqrt{f_{ck}}}{3} \right] \left(\frac{A_{cp}^{\ 2}}{p_{cp}} \right) \tag{8.3c}$$

$$\frac{T_u}{\phi} < \left[\frac{\sqrt{f_{ck}}}{12} \frac{f_{sp}}{0.56\sqrt{f_{ck}}} = 0.149 f_{sp} \le \frac{\sqrt{f_{ck}}}{12} \right] \left(\frac{A_{cp}^{\ 2}}{p_{cp}} \right) \tag{8.4c}$$

비틀림 강도에 대한 축하중의 영향(Influence of Axial Load on Torsional Strength)

7.3장에서 다룬바와 같이 단면에 비틀림과 함께 축하중이 작용하게 되면 전단과 같이 비틀림에 의해서 발생하는 사인장력의 크기가 변하게 된다. 축인장력은 콘크리트가 사인장력(diagonal tension)에 저항하는 인장강도의 일부분을 사용해서 보의 비틀림에 대한 저항력을 감소시키지만, 축압축력의 경우에는 비틀림에 의한 사인장력을 감소시키게 되므로 콘크리트의 비틀림 강도를 증가시키게 된다(그림 7.21 참고). 따라서 구조기준 7.5.1(1) 및 구조기준 7.5.2(2)에서는 비틀림 강도에 대한 축하중의 영향을 고려하기 위해서 Mohr도에서 축응력 N_u / A_g와 균열을 일으키는 인장응력 $\sqrt{f_{ck}}/3$ 으로 주인장응력을 구하는 식을 정리하여 고려하지 않은 식에 곱해주도록 하였다.

$$\sqrt{\frac{\lambda\sqrt{f_{ck}}}{3} + \frac{N_u}{A_g}} = \sqrt{1 + \frac{N_u / A_g}{\lambda\sqrt{f_{ck}}/3}}$$

여기에서 N_u는 V_u, T_u와 동시에 단면에 수직하게 발생하는 크리프와 건조수축의 영향을 포함하는 계수축력(factored axial force)으로, 압축은 양(+), 인장은 음(-)의 값이다. A_g는 콘크리트의 단면적으로 속이 빈 면적은 계산에 포함시키지 말아야 된다(구조기준 7.5.1, ACI 11.5.1).

따라서 식 (8.3c)와 (8.4c)는 각각 다음과 같이 표현될 수 있다.

$$T_{cr} = \frac{\lambda\sqrt{f_{ck}}}{3} \sqrt{1 + \frac{N_u / A_g}{\lambda\sqrt{f_{ck}}/3}} \left(\frac{A_{cp}^2}{p_{cp}} \right) \tag{8.3d}$$

$$\frac{T_u}{\phi} < \frac{\lambda\sqrt{f_{ck}}}{12} \sqrt{1 + \frac{N_u / A_g}{\lambda\sqrt{f_{ck}}/3}} \left(\frac{A_{cp}^2}{p_{cp}} \right) \tag{8.4d}$$

비틀림 강도에 대한 속이 빈 단면의 영향(Influence of hollow section on Torsional Strength)[구조기준 7.5.1(1), ACI 11.5.1]

비틀림에 있어서 속이 빈 부재(hallow member)는 단독 또는 여러 개의 공동이 배치되는 상자형 큰보(box girder)와 같이 종방향으로 구멍이 있는 부재를 일컫는다. 속이 빈 단면에서 비틀림과 전단의 상호관계는 공동이 작은 경우에는 타원형 상관곡선에서 벽의 두께가 얇은 박벽관 단면(thin-walled section)인 경우에는 직선형 상관곡선으로 변하게 된다. 비틀림 설계의 가정이었던 박벽관 단면의 직선형 상관관계에서 $0.25\,T_{cr}$의 비틀림이 경사균열전단(inclined cracking shear)을 대략 25% 정도 감소시키는데 이는 일반적인 철근콘크리트 단면에서는 너무 과도한 것으로 판단되었다.

따라서 2007년 이후 구조기준(ACI 318-02)에서는 속이 빈 단면에서 균열을 일으키는 비틀림모멘트 값의 감소를 고려하기 위해서 다음과 같이 2가지 내용에 대해서 조종하였다. 첫 번째로는 속이 찬 보와 속이 빈 보의 실험에서 단면의 크기가 같은 경우에 속이 빈 보에 균열을 일으키는 비틀림이 대략적으로 속이 찬 보에 (A_g/A_{cp})를 곱한 값과 비슷하여 식 (8.4c)에 (A_g/A_{cp})를 한 번 곱해주고(그림 8.4 참고), 두 번째로는 균열 비틀림을 계산할 때 (A_g/A_{cp})를 다시 한 번 곱해서 전단과 비틀림에 대한 속이 찬 단면의 원형 상관관계와 박벽관 단면의 직선형 상관관계와의 변화구간을 고려하고자 한 것이다. 따라서 식 (8.4a)~(8.4d)의 설계에서 비틀림 고려여부를 판정하기 위한 한계(threshold torsion)의 계산에 $A_g/A_{cp} < 0.95$ 를 만족하는 속이 빈 단면인 경우에 A_{cp} 대신에 A_g(공동의 단면적은 포함시키지 않은 콘크리트만의 단면적)를 사용할 수 있도록 규정하였다.

$$\frac{A_g}{A_{cp}} < 0.95 \text{인 경우} \begin{cases} \dfrac{T_u}{\phi} < \dfrac{\lambda\sqrt{f_{ck}}}{12}\left(\dfrac{A_g^{\,2}}{p_{cp}}\right) & (8.4e) \\ \dfrac{T_u}{\phi} < \dfrac{\lambda\sqrt{f_{ck}}}{12}\sqrt{1+\dfrac{N_u/A_g}{\lambda\sqrt{f_{ck}}/3}}\left(\dfrac{A_g^{\,2}}{p_{cp}}\right) & (8.4f) \end{cases}$$

그러나 그라우트 되지 않는 포스트텐션 덕트가 배치되는 부재와 같이 비틀림을 고려하는 전체 단면(A_{cp})에 대한 콘크리트 단면(A_g)의 비가 0.95 이상인, 즉 $A_g/A_{cp} \geq 0.95$ 로 종방향 공동의 비가 작은 경우에는, A_{cp} 대신에 A_g를 대신 사용할 필요가 없다고 제안하였다[8.24, 8.25].

적합비틀림(compatibility torsion)으로 부재에 균열이 일어난 뒤에 응력의 재분배(redistribution of internal force)가 일어나는 부정정 구조물의 경우에 식 (8.3a)~(8.3d)로 구한 T_u로 설계할 수 있도록 하는 규정에서, 속이 빈 단면에 대해서 A_{cp} 대신에 A_g를 대신 사용해서는 안 된다는 구조기준 7.5.2(2)(ACI 11.5.2.2)의 규정은 A_g대신에 A_{cp}를 그대로 사용함으로서 재분배한 뒤의 계수비틀림모멘트 값이 커져서 안전 측의 설계가 되도록 하는 것이다[8.23].

예제 8.1 : 설계에서 비틀림 고려여부를 판정하기 위한 한계 검토

그림 8.7의 캔틸레버 보에는 보의 중심으로부터 125 mm 떨어져서 계수집중하중 $P_u = 34$ kN이 작용하고 있다. 비틀림모멘트를 설계에서 고려해야 되는지를 현행 구조기준의 규정에 따라 판단하라. 단, 보통중량골재 설계기준압축강도 $f_{ck} = 27$ MPa 콘크리트를 사용하였다.

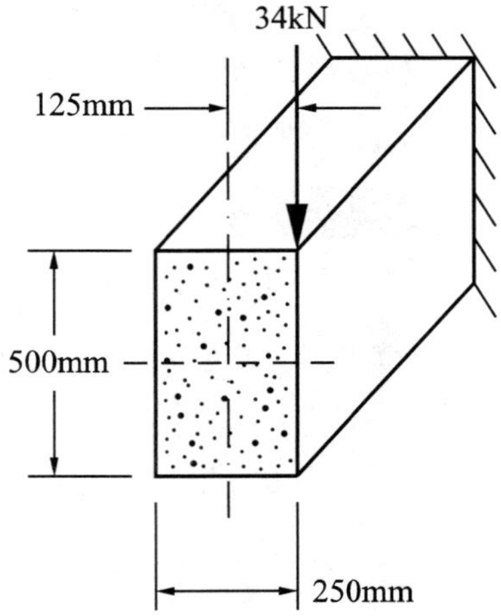

그림 8.7

풀이

① 전체 단면적을 이용하여 A_{cp}와 p_{cp}를 계산 :

$$A_{cp} = b \cdot h = 250(500) = 125,000\ (\mathrm{mm}^2)$$

$$p_{cp} = 2(b+h) = 2(250+500) = 1,500\ (\mathrm{mm})$$

$$A_{cp}{}^2 / p_{cp} = (b \cdot h)^2 / [2(b+h)] = 125,000^2 / 1,500 = 10.42 \times 10^6\ (\mathrm{mm}^3)$$

② 식 (8.4c)에 의하여 단면의 한계 비틀림모멘트 값 계산 :

보통중량골재 콘크리트 $\lambda = 1.0$

$$\frac{\lambda\sqrt{f_{ck}}}{12}\left(\frac{A_{cp}^2}{p_{cp}}\right) = \left(\frac{1.0\sqrt{27}}{12}\frac{\mathrm{N}}{\mathrm{mm}^2}\right)(10.42\times10^6\ \mathrm{mm}^3)\left(\frac{1\ \mathrm{kN}}{10^3\ \mathrm{N}}\frac{1\ \mathrm{m}}{10^3\ \mathrm{mm}}\right)$$

$$= (0.433)(10.42\times10^6)/10^6\ \mathrm{kN\cdot m} = \underline{4.51\ \mathrm{kN\cdot m}}$$

③ 작용하는 비틀림모멘트의 값을 구하여 비교 검토 :

$$\therefore\ T_u/\phi = (34\ \mathrm{kN})(0.125\ \mathrm{m})/0.75 = 5.67\ \mathrm{kN\cdot m} > 4.51\ \mathrm{kN\cdot m}$$

④ 따라서 설계에서 비틀림을 고려하여야 한다.

예제 8.2 : 박스형 단면 보의 설계에서 비틀림 고려여부 판단

그림 8.8의 박스형 단면의 보에서 비틀림에 대한 위험단면에 대한 설계에서 비틀림의 고려여부를 판단하라. 단, 보통중량 골재 콘크리트 $f_{ck}=$ 35 MPa을 사용하였다.

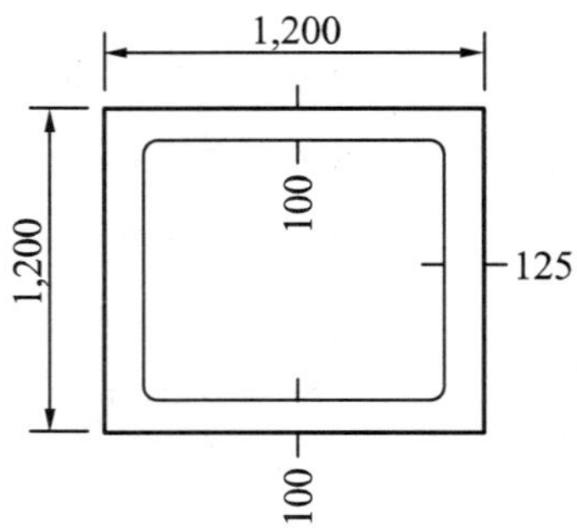

그림 8.8

풀이

① A_{cp}와 p_{cp}를 계산 :

$$A_{cp}= b \cdot h = (1,200)(1,200)= 1,440 \times 10^3\,(\text{mm}^2)$$

$$p_{cp}= 2(b+h)= 2(1,200+1,200)= 4,800\,(\text{mm})$$

속이 빈 단면이므로 A_g를 검토 :

$$A_g = 2(1,200- 2\times 125)(100)+2(1,200)(125)= 490\times 10^3\,(\text{mm}^2)$$

$$A_g\,/A_{cp}= (490\times 10^3)/(1,440\times 10^3)= 0.340< 0.95$$

구조기준 7.5.1(1)(ACI 11.5.1)에 따라 그림 8.8의 박스형 단면은 속이 빈 단면으로 A_{cp} 대신에 A_g를 사용할 수 있다.

$$A_g{}^2/p_{cp}= (490\times 10^3)^2/(4,800)= 50.02\times 10^6\,(\text{mm}^3)$$

② 식 (8.4c)에 의하여 단면의 한계 비틀림모멘트 값 계산 : 보통중량골재 콘크리트 $\lambda= 1.0$

$$\frac{\lambda\sqrt{f_{ck}}}{12}\left(\frac{A_g{}^2}{p_{cp}}\right)= \left(\frac{1.0\sqrt{35}}{12}\right)(50.02\times 10^6)/10^6 = \underline{24.7\,(\text{kN}\cdot\text{m})}$$

③ A_g를 사용하지 않고 이전의 규정대로 A_{cp}를 그냥 사용한다고 가정하여 계산 :

$$A_{cp}{}^2/p_{cp}= (1,440\times 10^3)^2/(4,800)= 432.0\times 10^6\,(\text{mm}^3)$$

$$\frac{\lambda\sqrt{f_{ck}}}{12}\left(\frac{A_{cp}{}^2}{p_{cp}}\right)= 24.7\left(\frac{432.0}{50.02}\right)= 24.7(8.64)= \underline{213.4\,(\text{kN}\cdot\text{m})}$$

본 예제에서 A_{cp}를 적용하게 되면 비틀림모멘트 값이 속이 빈 단면을 고려한 값에 비해서 8.6배에 이르러 상당한 비틀림에 대해서도 설계를 할 필요가 없는 상황이 발생하고 있다(그림 8.4 참고).

예제 8.3 : 비틀림을 설계에서 고려하지 않아도 되는 편심 계산

그림 8.9에 보이는 경간 10 m의 T형 보에서 지점 A는 비틀림에 대해서 완전히 구속되도록 설계되고, 지점 B는 비틀림에 저항하지 못하도록 하였다. 연직하중에 대해서 보는 양단 단순 지지된 보로 고려할 수 있다. 고정하중으로 보의 자중에 더하여 계수 등분포 활하중 $w_u =$ 12 kN/m가 작용하고 있다. 현행 구조기준에 따라 설계에서 비틀림에 대한 고려를 하지 않기 위해서는 최대 편심 e를 얼마까지 허용할 수 있는가? 다만, 보통중량골재 콘크리트 $f_{ck} =$ 21 MPa이고 유효깊이 $d =$ 540 mm이다.

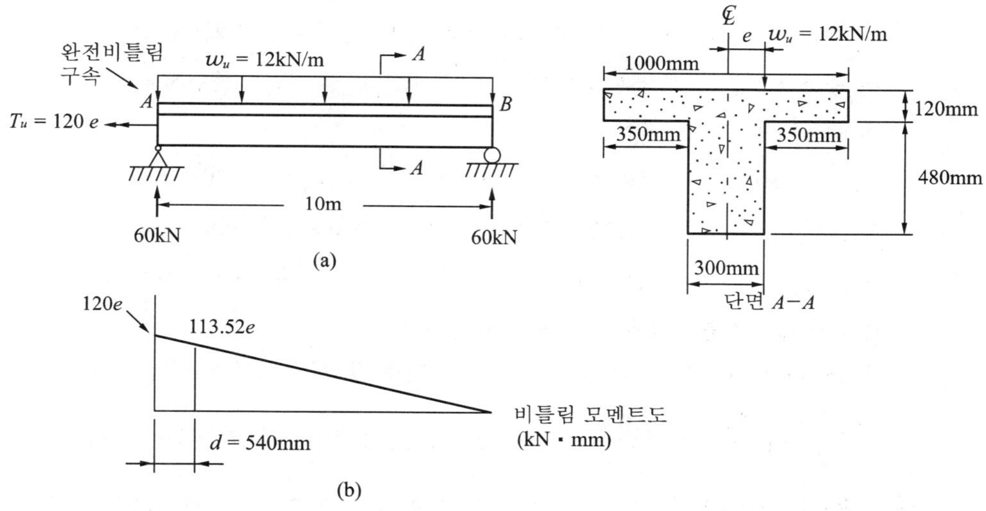

그림 8.9

풀이

단면에 비틀림모멘트를 발생시키지 않기 위해서는 합력이 단면의 전단중심(shear center)을 통과하여야 할 것이다. 전단 중심은 언제나 대칭축에 존재하므로 보의 고정하중에 의한 연직하중은 보의 전단중심을 통과하므로 비틀림모멘트를 발생시키지 않을 것이다(물론 전단력과 휨모멘트는 존재). 비틀림모멘트는 오직 계수 등분포 활하중 12 kN/m의 편심에 의해서 발생하며 그림 8.9b에 비틀림모멘트 분포도로 주어졌다. 지점에 압축반력이 생기므로 비틀림에 대한 위험단면은 전단에서와 같이 지점으로부터 거리 d 떨어진 위치가 될 것이다.

① 지점에서 거리 d 떨어진 위치에서의 계수 비틀림모멘트를 계산 :

$$T_u = (12\ \mathrm{kN/m})(10\ \mathrm{m} - 0.54\ \mathrm{m})\mathrm{e}\,(\mathrm{mm}) = 113.52\mathrm{e}\ (\mathrm{kN}\cdot\mathrm{mm})$$

$$T_u/\phi = 113.52e/0.75 = 151.4e\ (\mathrm{kN}\cdot\mathrm{mm})$$

여기에서 편심 e 의 단위는 mm이다. 식 (8.4c)에 주어진 값을 초과하지 않으면 설계에서 비틀림모

멘트를 고려할 필요가 없다.

② 전체 단면적으로 단면의 값 A_{cp}와 p_{cp}를 계산 :

합성구조 T형 보이므로 그림 8.6과 같이 플랜지 부분을 비틀림계산에 포함시킬 수 있다.

$h_b = 480\,\text{mm} \le 4h_f = 4(120) = 480\,(\text{mm})$ <o.k.>

그러나 플랜지의 내민길이가 350 mm 밖에 안 되므로 단면 A-A의 전체단면이 유효하다.

$A_{cp} = (480+120)(300) + 120(700) = (180+84)\times 10^3 = 264\times 10^3\,(\text{mm}^2)$

$p_{cp} = 2(120+480+1{,}000) = 3{,}200\,(\text{mm})$

$A_{cp}{}^2/p_{cp} = (264\times 10^3)^2/3{,}200 = \underline{21.78\times 10^6\,(\text{mm}^3)}$

구조기준 7.5.1(2)에서 플랜지를 포함하지 않은 $A_{cp}{}^2/p_{cp}$를 계산해서 만약에 이 값이 큰 경우에는 플랜지 부분을 계산에 포함시키지 말라고 되어있으므로, 플랜지를 제외한 직사각형 단면에 대해서 A_{cp}와 p_{cp}를 계산 :

$A_{cp} = (480+120)(300) = 180\times 10^3\,(\text{mm}^2)$; $p_{cp} = 2(120+480+300) = 1{,}800\,(\text{mm})$

$(A_{cp}{}^2/p_{cp})_{\text{직사각형}} = (180\times 10^3)^2/1{,}800 = 18.0\times 10^6\,(\text{mm}^3)$

$A_{cp}{}^2/p_{cp} = 21.78\times 10^6\,\text{mm}^3 > (A_{cp}{}^2/p_{cp})_{\text{직사각형}} = 18.0\times 10^6\,\text{mm}^3$

따라서 플랜지를 포함하여 계산한 값을 사용한다.

③ 식 (8.4c)에 의하여 단면의 한계 비틀림모멘트 값 계산 : 보통중량골재 콘크리트 $\lambda = 1.0$

$$\frac{\lambda\sqrt{f_{ck}}}{12}\left(\frac{A_{cp}^2}{p_{cp}}\right) = \frac{1.0\sqrt{21}}{12}(21.78\times 10^6)/10^3 = 8{,}317\,(\text{kN}\cdot\text{mm})$$

④ 작용하는 계수 비틀림모멘트 값과 비교하여 최대편심 e의 값을 결정한다.

$151.4\,e\,(\text{kN}\cdot\text{mm}) \le 8{,}317\,\text{kN}\cdot\text{mm}$

$\therefore e_{(\max)} \le 8{,}317/151.4 = \underline{54.9\,(\text{mm})}$

폐쇄스터럽의 단면적(Area of Closed Stirrups)[8.18]

순수 비틀림을 받고 있는 보는 그림 8.5c와 같은 공간 트러스 상사 모델(space truss analogy)을 이용하여 상사 할 수 있다. 간략화를 하기 위해서 직사각형 단면을 이용하지만 어떤 단면에도 적용할 수 있다. 보는 공간 트러스로 이상화하였고 이 공간 트러스는 모서리에 배치되는 종방향 철근과 폐쇄스터럽 그리고 균열사이에 보를 나선형으로 감싸고 있는 콘크리트 압축대로 구성되어 있다. 트러스 높이와 폭은 폐쇄스터럽의 모서리간의 중심간 거리로 y_o와 x_o로 표시되어 있다. 균열각도 θ는 초기에는 거의 45°이지만 비틀림모멘트가 증가할수록 작아질 것이다.

식 (8.1)에서 전단응력 v와 전단흐름 q의 관계는 $v = q/t$ 이므로 q를 적으면

$$q = \frac{T}{2A_o}$$

가 된다. 트러스에 윗면과 아래면의 전단흐름에 의해서 발생하는 총 전단력은

$$V_1 = V_3 = \frac{T}{2A_o} x_o \tag{8.5a}$$

와 같다. 또한 좌측과 우측면에 대해서 총 전단력을 쓰면

$$V_2 = V_4 = \frac{T}{2A_o} y_o \tag{8.5b}$$

로 쓸 수 있다. 트러스의 우측 아래 모서리를 기준으로 내부 비틀림모멘트를 구하면

$$T = V_1 y_o + V_2 x_o$$

가 된다. 식 (8.5a)와 (8.5b)를 대입하면

$$T = \left(\frac{T}{2A_o} x_o\right) y_o + \left(\frac{T}{2A_o} y_o\right) x_o = \frac{2T(x_o y_o)}{2A_o}$$

$x_o y_o = A_o$ 이므로 내력 $V_1 \sim V_4$과 외력 T가 평형을 이루는 것을 알 수 있다.

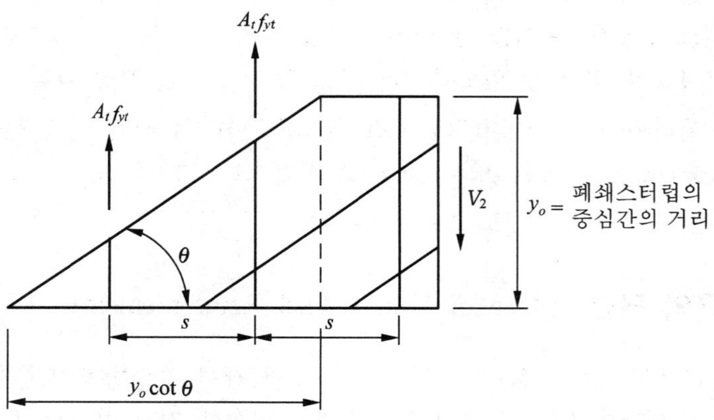

그림 8.10 폐쇄스터럽에 발생하는 연직력에 대한 자유물체도

그림 8.10은 그림 8.5c에서 연직면의 한 부분을 보여주고 있다. 경사균열은 n_2개의 스터럽을 절단하며 폐쇄스터럽의 간격을 s로 적으면 $\tan\theta = y_o/x$ 에서 $n_2 = (y_o \cot\theta)/s$ 로 적을 수 있다. 스터럽에서 저항하는 힘은 평형상태를 유지하기 위해서 전단력 V_2와 평형을 이루어야 할 것이다. 스터럽 모두가 극한상태에서 항복한다고 가정하면,

$$V_2 = A_t f_{yt}\left(\frac{y_o \cot\theta}{s}\right) \tag{8.6}$$

여기에서 f_{yt}는 스터럽철근의 항복응력이다. V_2를 식 (8.5b)로 다음과 같이 쓰고

$$V_2 = A_t f_{yt}\left(\frac{y_o \cot\theta}{s}\right) = \frac{T}{2A_o} y_o$$

T가 공칭비틀림강도 T_n이 된다면 다음과 같이 표현할 수 있다[구조기준 식 (7.6.4)].

$$T_n = \frac{2A_o A_t f_{yt}}{s}\cot\theta \tag{8.7a}$$

또한 이 식을 선택된 폐쇄스터럽 A_t에 대한 간격으로 표현하면 설계식으로 다음과 같게 된다.

$$s_{(소요)} \leq \left(\frac{2A_o f_{yt}\cot\theta}{T_u/\phi}\right)A_t \tag{8.7b}$$

구조기준 7.6.2(2)(ACI 11.5.3.6)에서 θ는 $30°$에서 $60°$까지 어떤 값이던지 사용할 수 있도록 제시하고 있다. 철근콘크리트나 프리스트레싱 힘이 주철근 인장강도의 40% 미만인 경우에는 일반적으로 전단에서와 같이 45°로 취할 수 있고, 프리스트레싱 힘이 주철근 인장강도의 40% 이상인 경우는 37.5°로취할 수 있다고 규정하고 있다.

전단흐름에 의해 둘러싸인 면적 A_o는 그림 8.5b에서 전단흐름과 압축경사대가 발달하는 균열부재에서 등가 콘크리트 튜브(equivalent concrete tube)의 두께를 알지 못하기 때문에 미지이다. 등가 콘크리트 튜브의 두께를 결정하는 일을 피하기 위해서 구조기준 7.6.2(2)(ACI 11.5.3.6)에서는 $A_o = 0.85A_{oh}$ 로 취할 수 있도록 제시하고 있다. A_{oh}는 가장 바깥 측의 비틀림보강 폐쇄스터럽의 중심으로 둘러싸인 면적이다(그림 8.20 참고)[2]. 따라서 균열 전 단면에서는 전단흐름에 의해 닫친 단면적(gross area enclosed by shear flow path) A_o를 $A_o \approx (2/3)A_{cp}$로 고려하고[식 (8.2) 참고], 균열 후 단면에서는 $A_o \approx 0.85A_{oh}$로 보는 것이다[3].

종방향 철근의 단면적(Area of Longitudinal Reinforcement)

그림 8.11에는 그림 8.5c에서 임의의 벽 'i'에 대한 수평방향 자유물체도를 보여주고 있다. 힘의 삼각형에서 전단력 V_i는 콘크리트 압축대에 평행한 경사 압축력 D_i와 축방향 인장력 N_i로 나눌

2) 아래첨자 h는 **h**oop로 보면 된다.

3) 직사각형 단면인 경우에 전단흐름에 의해 닫친 단면적 A_o는 균열 전 단면에 $A_o \approx (2/3)A_{cp} = (2/3)bh$ 와 균열 후 단면의 $A_o \approx 0.85A_{oh} = 0.85x_o y_o$ 로 표현할 수 있다. 만약에 $b=$ 350 mm, $h=$ 550 mm로 보고 그림 8.20과 같이 콘크리트 표피로부터 스터럽 중심까지의 거리를 45 mm로 가정하면, 균열 전 $A_o = (2/3)bh =$ (2/3)(350)(550) = 128,333 (mm^2)이 되고, 균열 후 $A_o = 0.85x_o y_o =$ 0.85(350-90)(550-90) = 0.85(260)(460) = 101,660 (mm^2) 이 되어 그 차이가 (1 - 128,333/101,660) × 100 = 26.2%에 이른다.

수 있다. D_i와 N_i는 각각 다음과 같이 표현된다.

$$D_i = V_i / \sin\theta \tag{8.8}$$

$$N_i = V_i \cot\theta \tag{8.9}$$

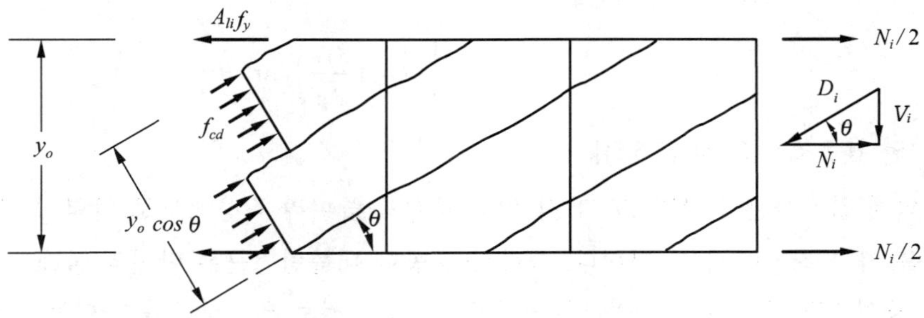

그림 8.11 수평력에 대한 자유물체도

V_i가 작용하는 'i' 측면(그림 8.5c 참고)을 따라 전단흐름 q는 모든 점에서 일정하므로 N_i는 'i' 측면의 중심축을 따라서 작용할 것이다. 'i' 측면의 위와 바닥 모서리에 종방향 철근이 배치된 보에서 N_i의 1/2이 각각의 모서리 철근에 의해서 지지될 것이다. 유사한 방법에 의해서 트러스의 각 면에 대한 힘의 분배가 일어날 것이다. 그림 8.5c에 있는 직사각형 단면에서 총 축방향 힘은

$$\sum N_i = \sum V_i \cot\theta$$

식 (8.5a)와 (8.5b) 그리고 식 (8.9)를 대입하고, 앞에서와 같이 T를 T_n으로 보면,

$$\sum N_i = \sum V_i \cot\theta = \sum q\, y_i \cot\theta = \frac{T_n}{2A_o}\cot\theta \sum y_i \tag{8.10}$$

여기에서 폐쇄스터럽 중심선의 둘레길이인 $\sum y_i = 2(x_o + y_o) = p_h$ 가 된다(그림 8.5c 참고). 종방향 힘 $\sum N_i$에 저항하기 위해서 전체 단면적이 A_l인 종방향 철근이 배치되어야 할 것이다. 종방향 철근이 극한상태에서 항복한다고 가정하고 이때의 항복응력을 f_y라 하면, $A_l f_y = \sum N_i$ 가 되어야 한다. 따라서 식 (8.10)을 정리하면,

$$T_n = \frac{2A_o A_l f_y}{2(x_o + y_o)\cot\theta} \tag{8.11a}$$

가 된다. 설계를 위해서 식 (8.11a)를 폐쇄스터럽 철근의 단면적을 이용하여 간단히 적기 위해서 $p_h = 2(x_o + y_o)$로 쓰고 A_l로 식을 정리하면,

$$A_l = \frac{T_n}{2A_o}\frac{p_h}{f_y}\cot\theta \tag{8.11b}$$

가 된다. 식 (8.7)을 정리하면

$$\frac{T_n}{2A_o} = \frac{A_t}{s} f_{yt} \cot\theta$$

가 되며, 이 식을 식 (8.11b)에 대입하면,

$$A_l = \left(\frac{A_t}{s}\right) p_h \left(\frac{f_{yt}}{f_y}\right) \cot^2\theta \tag{8.12a}$$

가 된다[구조기준 식 (7.6.5)].

벽에 작용하는 인장력 N_i 가 각 면의 중심축을 따라 작용하므로 합력 $\sum N_i$ 는 전체 단면의 중심축을 따라 작용하게 될 것이다. 따라서 종방향 비틀림철근은 단면의 둘레에 고르게 배치하여 단면의 중심축과 종방향 보강철근의 중심축이 대략 서로 일치하도록 하여야 한다. 폐쇄스터럽의 모서리에는 적어도 하나의 종방향 철근을 배치하여 스터럽을 콘크리트 압축대에 정착하여 충분히 항복강도를 발현하도록 하여야 한다. 구조기준 7.6.2(3)에서 식 (8.12a)의 θ 값은 식 (8.7a)의 폐쇄스터럽 A_t 를 계산할 때의 θ 값과 동일한 값을 사용하도록 하였다. 그 이유는 θ 값이 감소하여 A_t 의 소요철근량이 감소하고[식 (8.7a) 참고], A_l 의 소요철근량이 증가하는[식 (8.12a) 참고] 것을 피하기 위해서이다.

만약 종방향 철근과 스터럽의 항복강도가 같고, θ 는 구조기준에서 제시하는 45°를 취하면 식 (8.12a)는 아래와 같이 간단하게 적을 수 있다.

$$A_l = \left(\frac{A_t}{s}\right) p_h = \left(\frac{A_t}{s}\right) 2\,(x_o + y_o) \tag{8.12b}$$

■ 전단력과 비틀림모멘트의 조합(Combined Shear and Torsion)

공간 트러스 상사 모델에 의한 식 (8.7a)와 (8.12a)를 유도하는 과정에서 보면 모든 비틀림모멘트는 철근력 T_s 에 의해서 저항되고 콘크리트의 영향(T_c)은 고려되지 않는 것을 발견할 수가 있다. 전단력과 비틀림모멘트가 동시에 작용할 때, 현행 구조기준(ACI 318-05[8.23])은 V_c 는 변화가 없고 T_c 는 0이 된다고 가정하고 있다. 따라서 V_n [구조기준 식 (7.2.2)]과 T_n 은 각각

$$V_n = V_c + V_s \tag{8.13}$$

$$T_n = T_s \tag{8.14}$$

로 표현되고, 여기에서 $V_c = (\lambda\sqrt{f_{ck}}/6)\,b_w d$ [식 (7.16a)]이다. 현행 비틀림 설계방법에서 V_c 와 T_c 사이에 상호작용이 없다는 가정은 계산을 간단하게 해준다. ACI 318 위원회에 의해서 수행된

설계비교에 의하면 낮은 V_u에 높은 T_u가 작용하고 v_u가 대략 $0.8(\phi\sqrt{f_{ck}}/6)$인 경우에 현행 구조기준[8.9]이 이전의 시방서 방법[8.5]보다 더 많은 스터럽이 요구되었다. v_u의 값이 이 값보다 큰 경우에는 현행 설계방법이 경사 휨 방법에 비해서 같거나 약간 작은 스터럽이 요구되었다[8.18].

최대 전단력과 비틀림모멘트(Maximum Shear and Torsion)

비틀림모멘트가 단독으로 작용하거나 또는 전단력과 같이 작용할 때 부재는 식 (8.7a)와 (8.12a)에서 가정한 것과 같이 스터럽과 종방향 철근이 항복하여 파괴되거나 또는 그림 8.11의 경사 압축력 D_i에 의해서 콘크리트가 분쇄(粉碎)되어 파괴될 것이다. 콘크리트 부재가 연성파괴 형태를 갖기 위해서는 경사콘크리트 압축대가 분쇄되기 전에 보강철근이 항복하여야 할 것이다. 사용하중하에서 경사균열 폭이 너무 넓게 되면 붕괴할 가능성도 있고 보기 흉할 뿐만 아니라 누수로 인하여 철근의 부식과 같은 문제들을 발생 시킬 수 있다. 구조기준 7.6.1(ACI 11.5.3)에서 전단력과 비틀림모멘트의 조합에 대한 제한은 사용하중 하에서의 균열 폭을 제한하는 방법으로 유도되었다. 또한 이 규정은 복부의 분쇄 파괴에 대한 하한 경계 값을 제시하고 있다.

균열폭의 제한(Crack Width Limit)

구조기준(ACI R11.5.3.1)에서는 보기 좋지 않은 균열을 줄이면서 전단이나 비틀림으로 인해서 발생하는 경사압축응력으로 인해서 콘크리트 표면에 분쇄파괴가 일어나지 않도록 단면의 크기를 제한하고 있다[8.23]. 앞장의 전단에 대해서 구조기준 7.4.4(9)(ACI 11.4.7.9)은 사용하중에 의한 전단력에서 과도한 균열의 폭을 제한하기 위해서 스터럽에 의해서 전달되는 최대전단력을 식 (7.31), $V_{s(최대)} = (2\sqrt{f_{ck}}/3)b_w d$로 제한하였다. 비틀림에 대해서도 구조기준 7.6.1(ACI 11.5.3)에서는 전단과 마찬가지로 접근하고 표현은 응력값으로 하였다. 식 (8.1)에서 균열이 일어난 뒤에 A_o는 구조기준에 따라 $0.85A_{oh}$를 취하고, 박벽의 벽 두께를 $t \approx A_{oh}/p_h$로 보면, 비틀림에 의한 전단응력은 식 (8.1)에서

$$v_{tu} = \frac{T_u}{2A_o t} = \frac{T_u}{2(0.85A_{oh})(A_{oh}/p_h)} = \frac{T_u}{1.7A_{oh}^2/p_h} = T_u\left(\frac{p_h}{1.7A_{oh}^2}\right)$$

와 같이 표현된다. 그림 8.12a에서 보는 바와 같이 **속빈 단면(hollow section)**의 A점에서 비틀림에 의한 전단응력과 전단력에 의한 전단응력은 서로 더해지므로, 균열에 대한 제한은[구조기준 식 (7.6.2)]

$$\textbf{속빈 단면:}\ v_u + v_{tu} = \frac{V_u}{b_w d} + \frac{T_u p_h}{1.7A_{oh}^2} \le \phi\left(\frac{V_c}{b_w d} + \frac{2\sqrt{f_{ck}}}{3}\right) \tag{8.15a}$$

로 표현되었다.

구조기준 7.6.1(2)에서는 만약 속빈 단면에서 벽의 두께가 변한다면 식 (8.15a)는 좌변이 최대가 되는 위치에서 계산하라고 제시되어 있다. 일반적으로 이러한 위치는 비틀림과 전단응력이 더해지는 위치이며 그림 8.12a에서는 A점이 될 것이다. 만약 위나 아래의 플랜지가 연직 복부 벽보다 얇게 되면 그림 8.12a의 플랜지에서도 식 (8.15a)를 검사하여야 할 것이다. 플랜지에서 전단력에 의한 전단응력은 보통 무시할 정도이다. 만약에 벽의 두께 t가 (A_{oh}/p_h)보다 작게 되면, 구조기준 7.6.1(3)에서는 (A_{oh}/p_h) 대신에 실제 벽의 두께를 사용하여 식 (8.15a)의 2번째 항은 다음 식 (8.15b)와 같이 $(T_u/1.7A_{oh}t)$로 취하도록 규정하고 있다.

$$\textbf{속빈 단면},\ t < \frac{A_{oh}}{p_h} \text{ 인 경우}:\quad \frac{V_u}{b_w d} + \frac{T_u}{1.7A_{oh}t} \le \phi\left(\frac{V_c}{b_w d} + \frac{2\sqrt{f_{ck}}}{3}\right) \tag{8.15b}$$

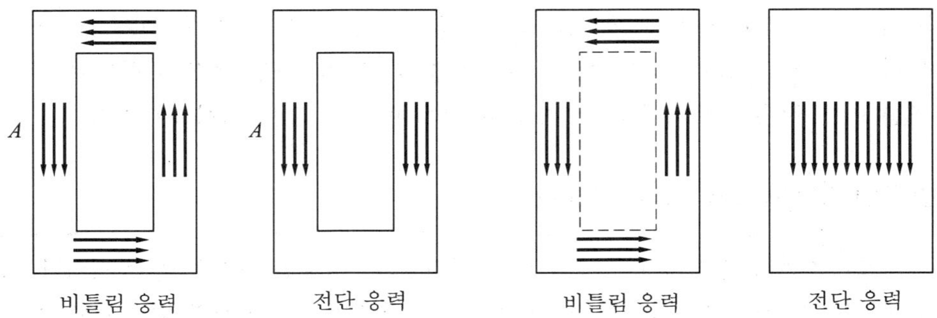

(a) 속빈 단면 (b) 속찬 단면

그림 8.12 전단과 비틀림의 조합을 받는 부재의 전단응력[8.12]

속찬 단면에서 직접전단에 의한 전단응력은 단면의 폭에 균등하게 분포되었다고 보고 비틀림 전단응력은 그림 8.12b에서와 같이 두께가 얇은 박막으로 보아 벽에만 존재한다고 가정한다. 비틀림응력은 그림 8.12b에서와 같이 박벽에만 존재한다고 가정하므로 두 응력을 그냥 더하면 너무 안전측이 되므로(또한 전단과 비틀림에 대한 실험에서 보면 속찬 단면의 강도가 속빈 단면보다 크므로), 그대로 더하지 않고 제곱한 값을 더한 뒤에 제곱근을 취하여 구하도록 하였다. 이는 직각 사각형에서 사변의 길이를 구하는 것과 같은 방법으로 비틀림에 의한 전단응력과 전단력에 의한 전단응력을 각각 변의 길이로 생각한 것이다. 따라서 **속찬 단면(solid section)**의 균열에 대한 제한 식은[구조기준 식 (7.6.1)]

$$\textbf{속찬 단면}:\ \sqrt{v_u^2 + v_{tu}^2} = \sqrt{\left(\frac{V_u}{b_w d}\right)^2 + \left(\frac{T_u p_h}{1.7A_{oh}^2}\right)^2} \le \phi\left(\frac{V_c}{b_w d} + \frac{2\sqrt{f_{ck}}}{3}\right) \tag{8.16}$$

로 표현되었다. 식 (8.15a)와 (8.16)에서 $V_c/b_w d$이 포함되어 있으므로 V_c값이 각각 다른 프리스트레스트 콘크리트 부재 또는 축 인장력이나 압축력이 작용하는 부재에도 사용할 수 있다.

복부 콘크리트의 분쇄파괴에 대한 제한(Web Crushing Limit)

박벽으로 구성된 관에서 비틀림에 의한 파괴는 또한 균열사이의 경사 콘크리트 압축대의 분쇄로 나타날 수도 있다. 그림 8.11에서 콘크리트 압축대에 평행한 경사 압축력은 식 (8.8)로 주어졌다. 이 힘은 그림 8.11에서 볼 수 있는 것과 같이 폭 $y_o \cos\theta$ 에 작용하므로 압축응력의 합 $D_i = t(y_o \cos\theta) f_{cd}$ 에서

$$f_{cd} = \frac{V_i}{t y_o \cos\theta \sin\theta} \tag{8.17}$$

로 쓸 수 있다. 여기에 식 (8.5b)를 대입하고, $A_o = 0.85A_{oh}$ 와 $t \approx A_{oh}/p_h$ 를 대입하면 f_{cd} 는 다음과 같이 쓸 수 있다.

$$f_{cd} = \frac{T_u p_h}{1.7A_{oh}^2 \cos\theta \sin\theta} \tag{8.18}$$

전단력에 대해서도 유사한 방법으로 적으면 압축응력은

$$f_{cd} = \frac{V_u}{b_w d \cos\theta \sin\theta} \tag{8.19}$$

로 적을 수 있다. 속찬 단면의 식 (8.16)과 같이 제곱한 값을 더한 뒤에 제곱근을 구하면

$$f_{cd} = \sqrt{\left(\frac{V_u}{b_w d \cos\theta \sin\theta}\right)^2 + \left(\frac{T_u p_h}{1.7A_{oh}^2 \cos\theta \sin\theta}\right)^2} \tag{8.20}$$

로 표현할 수 있다. f_{cd} 가 균열이 일어난 콘크리트의 분쇄강도 f_{ce} 를 초과하지 말아야 될 것이다. Collins와 Mitchell[8.19]은 f_{ce} 를 시험체의 종방향과 횡방향 철근의 변형률과 연관을 시켜서 $\theta = 45°$ 이고 종방향과 횡방향 변형률이 0.002이며 철근의 항복강도가 414 MPa인 경우에 $f_{ce} = 0.55 f_{ck}$ 로 제시하였다. 이 f_{ce} 를 식 (8.20)의 f_{cd} 와 같다고 보고 $\theta = 45°$ 를 적용하여 $\cos\theta \sin\theta = 0.5$ 가 되어, 전단과 비틀림이 동시에 작용할 때 콘크리트의 분쇄파괴가 일어나지 않도록 하는 상한 한계를 다음과 같이 정할 수 있다.

$$\sqrt{\left(\frac{V_u}{b_w d}\right)^2 + \left(\frac{T_u p_h}{1.7A_{oh}^2}\right)^2} \le \phi(0.275 f_{ck}) \tag{8.21}$$

균열폭을 제한하는 식 (8.15a)와 (8.16)에서 철근콘크리트인 경우에 현행 구조기준 식 (7.3.1)과 같이 $v_c = \sqrt{f_{ck}}/6$ 로 볼 수 있으므로[식 (7.16a) 참고] 식 (8.15a)와 (8.16)의 제한값은 $\phi 5\sqrt{f_{ck}}/6$ 이 될 것이다. 만약에 $f_{ck} >$ 9.2 MPa인 경우에는 언제나 식 (8.21)의 $\phi(0.275 f_{ck}) = \phi(0.275 \times 9.2) = \phi(2.53)$ 값이 $\phi 5\sqrt{f_{ck}}/6 = \phi(5\sqrt{9.2}/6) = \phi(2.528)$ 을 초과하게 된다. 일반적으로 콘크리트의 압축강도가 9.2 MPa을 초과하므로 구조기준에서는 식 (8.15a)와 (8.16)의 균열폭을 제한하

는 식만을 포함하였다. 식 (8.21)을 유도하는 과정에서 식 (8.17)에서는 $y_o(\approx 0.9d)$를 사용하였고 식 (8.19)에서는 d를 사용하였으며 V_c값을 무시한 상태에서 모든 전단을 트러스 작용에 의해서 지지된다는 가정을 도입하였다.

MacGregor와 Ghoneim[8.17]은 구조기준의 균열폭의 제한 식 (8.16)에 대해서 순수 비틀림을 적용하여 실험한 결과 시험체가 콘크리트의 분쇄에 의해서 파괴되어서 식 (8.16)이 하한경계를 주고 있음을 보여주었다. 따라서 속빈 단면의 식 (8.15a)와 속찬 단면의 식 (8.16)은 주어진 단면과 콘크리트 강도 f_{ck}로 사용하중 하에서 균열폭을 제한 할 뿐만 아니라 콘크리트가 압축파괴가 일어나지 않도록 하여 철근에 의한 연성파괴를 유도하는 것이다.

휨모멘트와 비틀림의 조합(Combined Moment and Torsion)

식 (8.10)에서 보는 바와 같이 비틀림이 축방향 인장력 $N=\sum N_i= T_n p_h \cot\theta/(2A_0)$ 를 발생시킨다. 이 축방향 인장력이 공간 트러스에서 그림 8.13a와 같이 1/2이 위 모서리의 상현재에 작용하고 나머지 1/2은 아래 모서리의 하현재에 작용한다고 가정할 수 있다. 그림 8.13b는 휨에 의한 압축력과 인장력으로 $C= T= M_u/jd$ 로 표현되었다. 그림 8.13c에서 볼 수 있는 바와 같이 휨과 비틀림을 조합하기 위해서는 이 내력 힘들을 더해주어야 할 것이다. 구조기준 7.6.2(4)(ACI 11.5.3.8)에서 제시하는 것과 같이 휨인장력 T에 대한 철근과 비틀림에 의하여 하현재에 작용하는 $N/2$에 대한 철근을 서로 더해주어야 할 것이다.

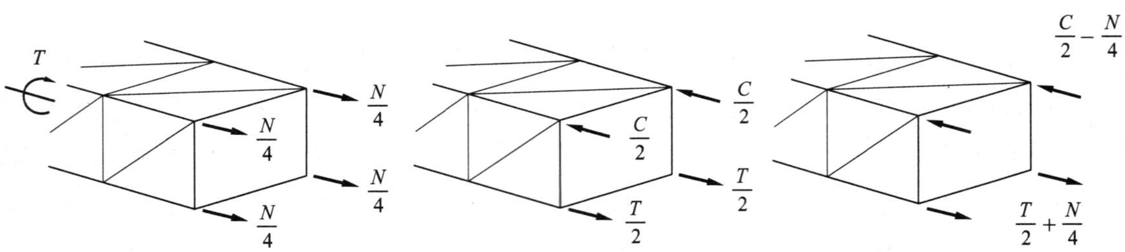

(a) 비틀림　　(b) 모멘트　　(c) 비틀림과 모멘트

그림 8.13 비틀림모멘트와 휨모멘트의 조합에 의한 내력

휨 압축영역에서 압축력 C는 $N/2$에 의해서 얼마간 상쇄될 것이다. 구조기준 7.6.2(5)에서는 압축영역에서 종방향 철근의 면적을 $M_u/(0.9df_y)$만큼 감소시킬 수 있다고 하였다. 여기에서 M_u는 T_u와 함께 단면에 작용하는 계수모멘트이다. 휨모멘트가 부재의 길이에 따라 변화하므로 여러 단면에서 검토하여야 할 것이다. 만약 여러 하중조합에 대해서 설계하여야 하는 경우에는 M_u와 T_u는 동일한 하중일 때에 대해서 다루어야 한다. 일반적으로 예제 8.5에서와 같이 압축철근의 감소는 설계에 그렇게 큰 영향을 미치지 않는다.

평형과 적합 비틀림(Equilibrium and Compatibility Torsion)

비틀림 하중은 아래와 같이 2 종류로 구분할 수 있다.

① **평형비틀림(Equilibrium Torsion)** : 구조물의 평형조건을 만족시키기 위해서 비틀림모멘트가 요구되는 경우와

② **적합비틀림(Compatibility Torsion)** : 부재가 접합되는 부분에서의 변형의 적합성을 만족시키기 위해서 비틀림모멘트가 요구되는 경우이다. 그림 8.14a는 편심을 주는 집중하중 P에 의해서 비틀림을 받는 캔틸레버 보를 보여주고 있으며, 그림 8.14b는 프리캐스트 슬래브를 지지하고 있는 역 T형 보를 보여주고 있다. 슬래브에 의한 A와 B의 고정하중이 크기가 다르거나 활하중이 한쪽에만 작용하는 경우에 비틀림모멘트가 발생할 것이다.

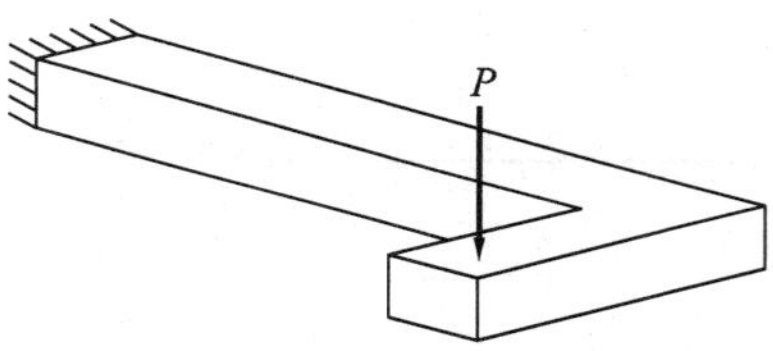

(a) 편심하중이 작용하는 캔틸레버 보

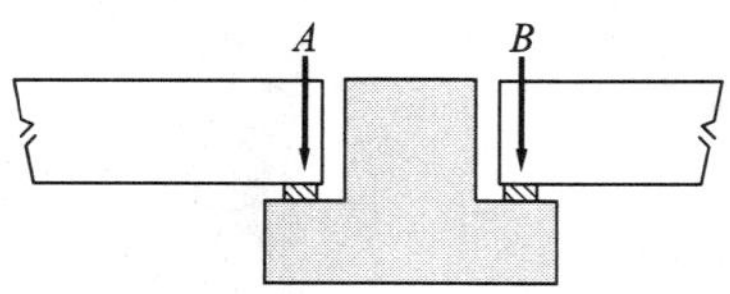

(b) 프리캐스트 바닥슬래브를 지지하는 역T형 보

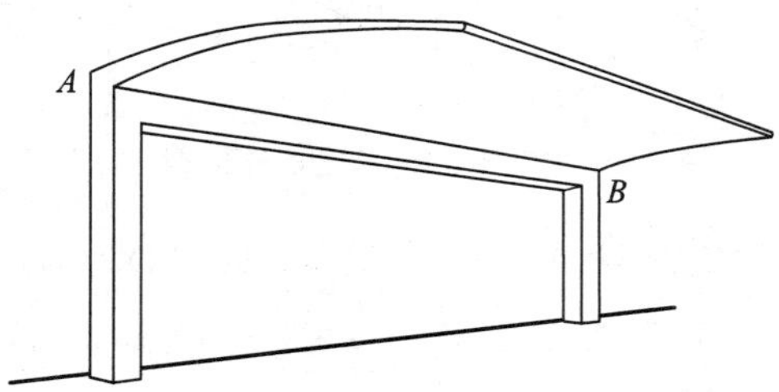

(c) 차양 (canopy)

그림 8.14 평형비틀림 상태의 예

그림 8.14a와 b에서 보가 평형상태에 있기 위해서는 구조시스템이 비틀림모멘트에 저항하여야 할 것이다. 만약 비틀림에 대해서 저항하지 못하면 보들은 축에 따라 회전하여 결국에는 붕괴될 것이다. 그림 8.14c의 차양(canopy)에서도 보 AB에 비틀림이 작용하므로 이 비틀림모멘트에 저항할 수 있어야 하고 기둥은 휨모멘트에 저항할 수 있어야 될 것이다.

그림 8.15a에서 보 A-B는 하중이 작용하면 보가 휘면서 그림 8.15b에 있는 휨모멘트가 발생할 것이다. 그림 8.15c에서와 같이 만약 A 지점이 십자 보 C-D에 일체로 연결되었다면 보 A-B의 A점이 회전하기 위해서는 보 C-D가 축방향으로 비틀림이 일어나야 한다. 만약 C와 D 지점이 비틀림

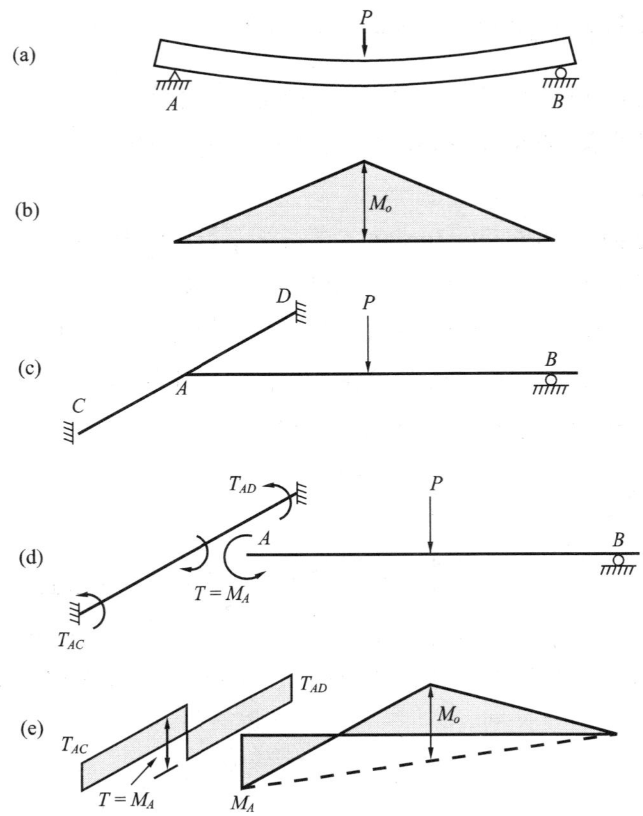

그림 8.15 적합비틀림 상태의 예

에 대해서 구속되어 있다면 그림 8.15d에서와 같이 보 C-D의 A점에 비틀림모멘트 T가 작용하게 되고, 크기가 같고 방향이 반대인 휨모멘트 M_A가 보 A-B에 작용하게 될 것이다.

이러한 모멘트들의 크기는 C-D의 비틀림강성과 A-B의 휨강성의 상대적인 크기에 의해서 좌우될 것이다. 만약 C-D가 자신의 축에 대해서 자유롭게 회전한다면 T는 0이 될 것이고, 만약 C-D가 회전하지 못하도록 구속되어 있고 C-D의 비틀림강성이 A-B의 휨 강성에 비해서 매우 크다면 휨모멘트 M_A는 최대가 되고 그 값은 마치 A지점이 고정단일 때의 값에 접근하게 될 것이다. 휨모멘트 M_A와 비틀림모멘트 T는 보 A-B의 A지점과 보 C-D의 A점의 적합성에 영향을 받게 된다. 그림 8.15e에서 보는 바와 같이 휨모멘트 M_A는 보 A-B의 중심에서의 모멘트 크기를 감소시킨다는 것을 알 수 있다.

비틀림에 의해서 보에 균열이 발생하면 보의 비틀림강성은 급격하게 감소하게 될 것이다. 만약 보 A-B에 하중이 작용하면 비틀림에 의해서 보 C-D에 균열이 일어나기 전까지는 비틀림모멘트가 증가하게 될 것이다. 균열이 일어나면서 C-D의 비틀림강성은 감소하게 되고 비틀림모멘트 T와 휨모멘트 M_A도 감소하게 될 것이다. 이때에 보 A-B의 중심에서의 모멘트 값이 증가하여 균열로 인한 감소분을 부담하여야 할 것이다. 이러한 현상은 Collins와 Lampert[8.20]에 의해서 다루어 졌으며, 구조기준 7.5.2(ACI 11.5.2) 계수비틀림모멘트 계산과 구조기준 7.6.1(ACI 11.5.3) 비틀림모멘트가 작용하는 경우 단면치수의 제한에 대한 근거가 되고 있다.

평형비틀림인 경우에는 비틀림모멘트 T_u가 비틀림을 설계에서 고려할 필요가 없는 식 (8.4c) 또는 (8.4d) 보다 큰 경우에 T_u에 대해서 비틀림설계를 하도록 제시하고, 적합비틀림에 대해서는 적합성에 의해서 내력의 재분배(redistribution of internal forces)가 일어나므로 구조기준 7.5.2(ACI 11.5.2)에서는 지점으로부터 거리 d 떨어진 단면에서의 T_u를 아래와 같이 감소시킬 수 있다고 제시하였다[4].

적합비틀림

$$\frac{T_u}{\phi} = T_{cr} = \frac{\lambda\sqrt{f_{ck}}}{3}\left(\frac{A_{cp}^2}{p_{cp}}\right) \tag{8.3b}$$

$$\frac{T_u}{\phi} = T_{cr} = \frac{\lambda\sqrt{f_{ck}}}{3}\sqrt{1+\frac{N_u/A_g}{\lambda\sqrt{f_{ck}}/3}}\left(\frac{A_{cp}^2}{p_{cp}}\right) \tag{8.3d}$$

이 값은 순수 비틀림을 받을 때 단면에 균열을 일으키는 비틀림 값으로 이 비틀림모멘트가 작용되어 변형된 상태에서 인근 부재로 모멘트 재분배가 일어날 수 있다. 회전에 의하여 과도한 균열이 발생할 수 있지만 균열폭은 간격을 좁게 배치한 폐쇄스터럽 철근에 의해서 제한할 수 있을 것이다.

구조기준 7.5.1(1)(ACI 11.5.1)에서는 속이 빈 단면에 대해서 식 (8.4a)나 (8.4b)를 이용하여 비틀림 영향을 고려해야 되는 한계 비틀림모멘트를 계산할 때 A_{cp} 대신에 A_g를 대신 사용할 수 있다고 규정하지만, 구조기준 7.5.2(2)(ACI 11.5.2.2)에서 식 (8.3c)나 (8.3d)로 계수비틀림모멘트 T_u를 감소시키는 경우에는 A_{cp} 대신에 A_g를 대신 사용해서는 안 된다고 규정하고 있다. 이는 앞에서 설명한 바와 같이 A_g 대신에 A_{cp}를 그대로 사용함으로서 재분배되는 계수비틀림모멘트 값이 커져서 안전 측의 설계가 되도록 하는 것이다[8.24].

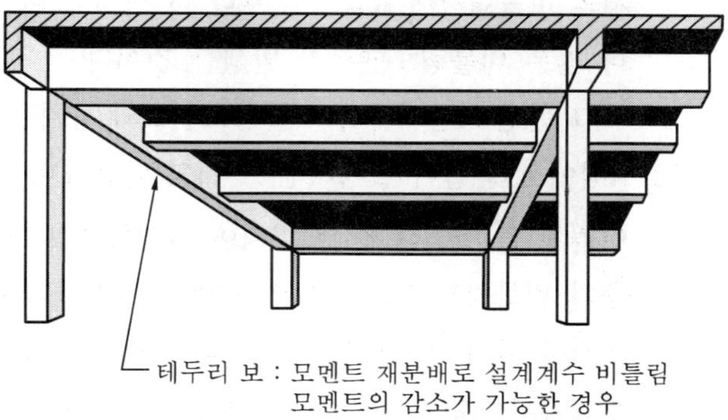

그림 8.16 구조기준 7.5.2의 규정에 따라 계수비틀림모멘트 T_u를 감소시킬 수 있는 부정정 적합비틀림의 예

4) 비틀림모멘트 재분배에 대한 이 개념은 구조기준 3.4.2(ACI 8.4)에서 다루는 연속휨부재의 모멘트 재분배와 연관되는 개념이다(14장 참고).

그림 8.16의 테두리 보(spandrel beam)와 같이 비틀림에 대해서 꼭 설계해야 되는 부재에 대해서 이 규정은 종종 계수비틀림모멘트 T_u를 축소시켜 단면을 감소시킬 수 있으므로 설계에서 건축상의 제한에 능동적으로 대처할 수 있게 한다(예제 8.8 참고).

비틀림모멘트의 계산(Calculation of Torsional Moments)

1) 평형비틀림 - **정정구조물**인 경우

그림 8.14a와 같이 비틀림에 대해서 정정구조물인 경우에 어떤 단면에서의 비틀림모멘트는 그 단면을 절단한 자유물체도로부터 구할 수 있다.

2) 평형비틀림 - **부정정구조물**인 경우

그림 8.14c에서 보에 전달되는 보 A-B의 단위길이당 비틀림모멘트 t는 연직반력이 작용하는 라인에 대한 단위폭의 차양 돌출부분에 고정하중에 의해서 발생하는 모멘트가 될 것이다. 보 A-B를 따라 등분포 비틀림모멘트는

$$\text{기둥의 } A\text{와 } B \text{ 사이에서의 비틀림 각의 변화} = \int_A^B \frac{t\,dx}{GI_p}$$

여기에서 G는 전단탄성계수이고, I_p는 극관성모멘트(polar moment of inertia)이다. 만약 비틀림 각의 변화가 0이고 부재를 따라 GI_p의 분포가 보의 중심에 대칭이면 A점과 B점에서의 비틀림모멘트는 $\pm tl/2$가 될 것이다(그림 8.17a 참고). 만약 B 기둥의 휨 강성이 A 기둥보다 작게되면, B점에서의 비틀림각이 A점에서 보다 더 커지며 비틀림모멘트 분포도 대칭이 아니라 휨강성이 큰 A점에 더 많은 비틀림모멘트가 발생할 것이다.

그 반면 A점에서의 비틀림모멘트의 증가는 A점에 일찍 비틀림균열을 발생시킬 것이다. 이렇게 A점에서 균열이 발생하면 A 지역의 유효비틀림강성 GI_p가 감소하게 되어 A점에서의 강성이 줄어들게 될 것이다. 이런 상황이 발생하면 보를 따라 비틀림모멘트의 재분배가 발생하고 따라서 최종의 비틀림모멘트의 분포는 대칭에 접근하게 될 것이다.

보를 따라 비틀림모멘트 T와 기둥의 강성 K_c 그리고 비틀림강성 K_t 사이의 상관관계 때문에 부정정구조물인 경우에 비틀림모멘트의 분포를 정확하게 산정하기는 매우 어렵다. 하여튼 보는 작용하는 하중에 균형을 이룰 수 있도록 전체 비틀림모멘트에 대해서 설계되어야 할 것이다. 설계에서 보가 적당한 연성을 갖게만 된다면, 작용하는 하중에 균형을 이루는 어떤 비틀림모멘트의 분포도 안전한 설계가 될 것이다. 한쪽 끝에서 비틀림모멘트는 $T = tl$로부터 $T = 0$까지 변하는 값을 가질 수 있다(그림 8.17b 참고). 이러한 경우에 T를 0으로 가정한 끝에서는 초기 비틀림모멘트가

0이 되기 위해서 비틀림이 일어나야 되므로 상당한 비틀림균열이 발생하게 될 것이다. 대부분의 경우에 이런 경우의 보에서 그림 8.17a에서 보여주는 바와 같이 한쪽 끝에서 $T = \pm tl/2$ 의 분포로 폐쇄스터럽을 설계하면 충분하다.

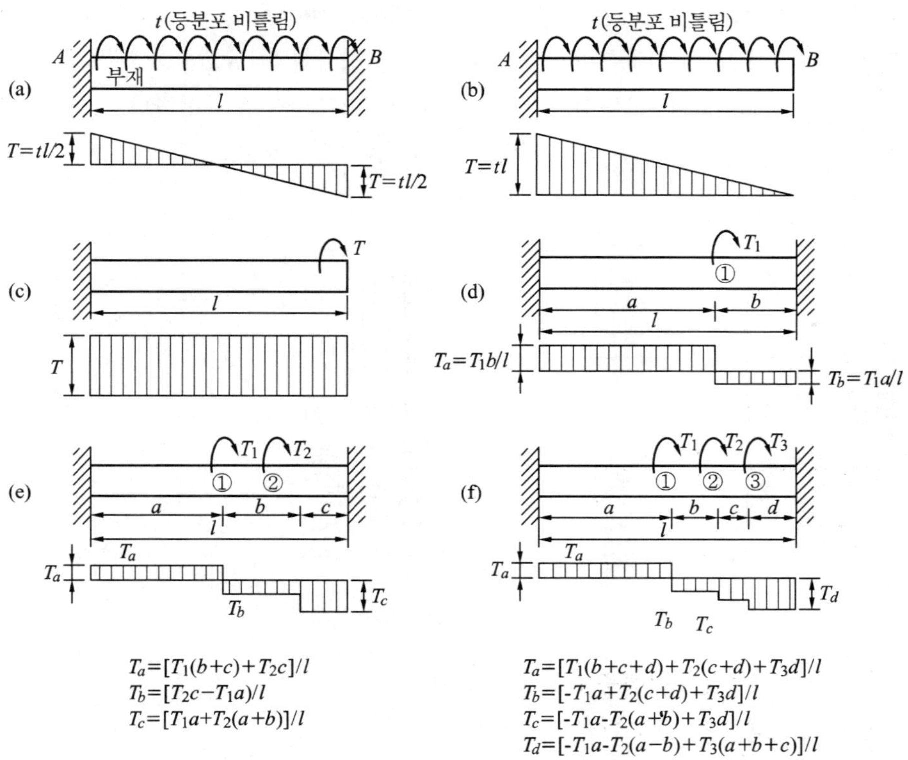

그림 8.17 비틀림 모멘트 분포도[8.28] : (a) 및 (b) 그림 8.14c의 보 A-B에 발생하는 비틀림모멘트 분포 한계

예제 8.4 : 테두리 보의 비틀림 응력 계산

그림 8.18a에 보이는 슬래브의 두께 $h_f = 115$ mm이고 순경간 $l_n = 3{,}633$ mm인 단부패널 S1의 불연속단에 발생하는 휨모멘트가 $M = -w_u l_n^{\,2}/24$ (그림 4.35 참고)일 때, 순경간이 9,140 mm인 테두리보 B2에 발생하는 최대 비틀림 전단응력(maximum torsional shear stress)이 얼마인지 계산하라. 슬래브에 작용하는 사용 등분포 고정하중과 활하중은 각각 $w_D = 4{,}788$ N/m^{2}과 $w_L = 2{,}681$ N/m^{2}이다. 기둥의 크기는 460 mm × 460 mm로 가정한다. 단, 보통중량골재 콘크리트의 설계기준압축강도 $f_{ck} = 21$ MPa이다.

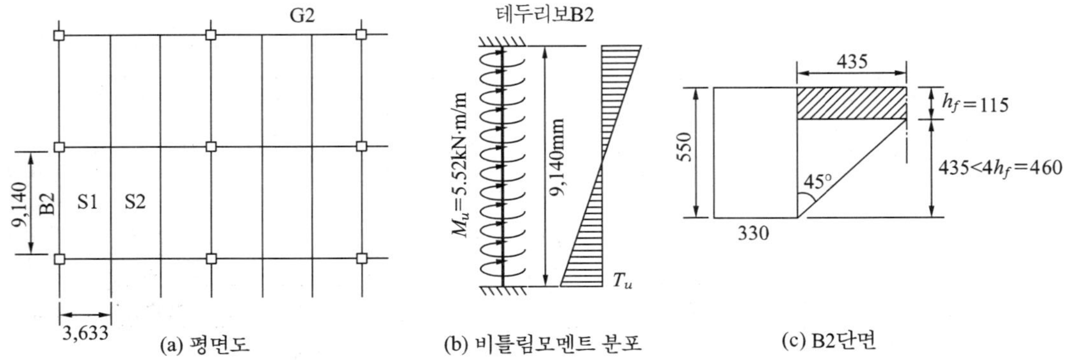

(a) 평면도 (b) 비틀림모멘트 분포 (c) B2단면

그림 8.18a **예제** 8.4

① 바닥판의 계수 등분포하중 w_u, 불연속 단부의 부휨모멘트 M_u 및 테두리보에 작용하는 비틀림모멘트 T_u 계산 (그림 8.18a 참고) :

$w_u = 1.2(4{,}788) + 1.6(2{,}681) = 10{,}035\ (\mathrm{N/m^2}) \quad > \ 1.4(4{,}788) = 6{,}703\ (\mathrm{N/m^2})$ <o.k.>

$M_u = w_u l_{n1}^2/24 = (10.035)(3.633^2)/24 = 5.52\ (\mathrm{kN \cdot m/m})$

$T_u = M_u l_{n2}/2 = (5.52)(9.140)/2 = 25.22\ (\mathrm{kN \cdot m})$

② 비틀림에 관련된 계수 계산 : $p_h = 2(x_o + y_o)$ 계산 (그림 8.18b 참고)

폐쇄스터럽으로 D13($d_b = 12.7$ mm) 철근을 배치하고 피복두께 40 mm를 확보한다고 보아

$x_o = 330 - 2(40 + 12.7/2) = 237.3\ (\mathrm{mm})$; $y_o = 550 - 2(40 + 12.7/2) = 457.3\ (\mathrm{mm})$

$p_h = 2(x_o + y_o) = 2(237.3 + 457.3) = 1{,}389\ (\mathrm{mm})$

$A_{oh} = x_o y_o = 237.3(457.3) = 108.5 \times 10^3\ (\mathrm{mm^2})$

③ 최대 비틀림응력 계산 : 식 (8.1) 참고

식 (8.15a) : 비틀림 응력 $v_{tu} = \dfrac{T_u}{2A_o t} = \dfrac{T_u}{2(0.85A_{oh})(A_{oh}/p_h)} = \dfrac{T_u p_h}{1.7A_{oh}^2}$

$\therefore v_{tu} = \dfrac{T_u p_h}{1.7A_{oh}^2} = \dfrac{25.22\times 10^6(1,389)}{1.7(108.5\times 10^3)^2} = \underline{1.75\ (\text{MPa})}$

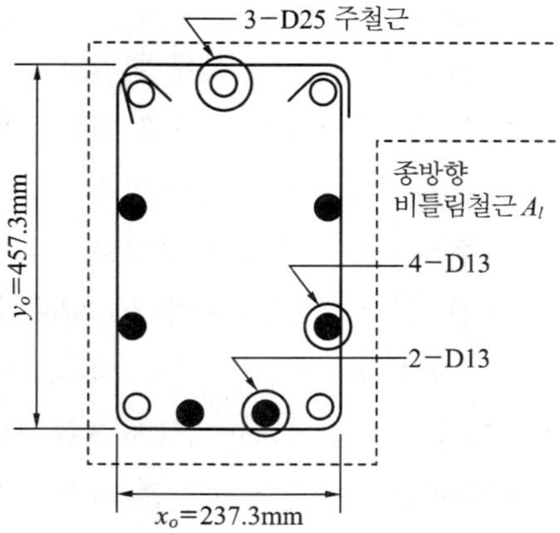

그림 8.18b 예제 8.4의 테두리보 B2 단면의 대략적인 철근 배근도

8.2 비틀림, 전단과 휨에 대한 설계(Design for Torsion, Shear, and Moment)[8.9]

비틀림과 전단 그리고 휨이 조합되어 작용하는 경우에 설계는 먼저 휨모멘트에 대해서 설계하고, 이어서 적당한 전단강도와 비틀림강도를 가질 수 있도록 폐쇄스터럽과 종방향 철근을 배치한다. 기본 설계 방정식은[구조기준 식 (7.2.1)과 (7.6.3)]

$$V_u \le \phi V_n = \phi(V_c + V_s) \quad \text{또는} \quad V_u/\phi \le (V_c + V_s) \tag{8.22}$$

$$T_u \le \phi T_n = \phi T_s \quad \text{또는} \quad T_u/\phi \le T_n = T_s \tag{8.23}$$

로 제시되어 있다. 여기에서 전단력과 비틀림모멘트에 대한 강도감소계수는 0.75이고 T_n은 식 (8.7a)에 주어졌다.

비틀림에 대한 단면의 선택(Selection of Cross Sections for Torsion)

비틀림모멘트는 균열이 일어나기 전에는 전단응력에 의해서 저항되고, 균열이 일어난 뒤에는 전단흐름 힘(그림 8.5c의 $V_1 \sim V_4$)에 의해서 저항된다. 따라서 최대의 효율을 갖기 위해서는 전단응력과 전단흐름 힘들이 부재를 둘러싸면서 원형의 분포를 갖고 동시에 단면의 축에서 멀어질수록 유리할 것이다. 그러므로 폐쇄된 정사각형 단면이 열린 U형 단면보다 비틀림에 유리하고, 같은 단면적일 때는 박벽관이 속이 찬 단면보다는 효과적이다.

비록 구조기준에서 속빈 단면의 내부모서리에 헌치(haunch 또는 fillet)을 배치하도록 제시하지는 않고 있지만 거푸집을 제거하기 쉽고 내부모서리에 경사 압축력 때문에 발생하는 응력집중을 완화시킬 수 있으므로 헌치를 배치하여야 할 것이다. 콘크리트표준시방서(1996)[8.5] 5.6.1(2)에서는 박스단면에서 단면에 종방향 비틀림철근이 8개보다 적은 경우에는 각각의 내부모서리에 최소 길이가 $x/6$인 헌치를 두어야 한다고 제시하고 있다(그림 8.19 참고). 여기에서 x는 직사각형 단면의 짧은 면의 길이이다. 만약 종방향 비틀림철근이 8개 이상인 경우에 헌치는 최소 길이 $x/12$를 가져야 하지만 100 mm를 넘을 필요는 없다.

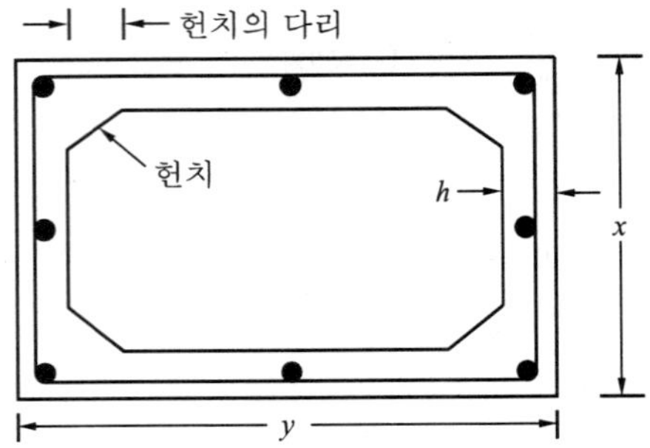

그림 8.19 헌치의 길이 설명[8.5]

비틀림에 대한 위험단면의 위치(Location of Critical Sections for Torsion)

전단에서의 위험단면은 지점으로부터 거리 d 떨어진 위치이다(그림 7.53 참고). 전단에서와 같이 구조기준 7.5.2(4)(ACI 11.5.2.4)에서는 받침부로부터 d 이내에 위치한 단면을 설계할 때에, 거리 d에서 계산된 T_u와 같은 값으로 설계해도 된다고 제시하고 있다. 만약 d 이내에 집중 비틀림이 발생하면 설계시 위험단면은 받침면이 될 것이다.

A_{cp}와 p_{cp}의 정의

A_{cp}는 단면에서 외부 둘레로 둘러싸인 전체면적으로 이 면적 속에 포함되는 속빈 단면도 포함시켜야 한다. 내민 플랜지에서 보와 일체로 시공되었다면 A_{cp}에 구조기준 10.5.5(1)(ACI 13.7.5.1)에서 규정한 보의 양쪽편의 슬래브의 면적도 포함시켜야 한다고 제시하고 있다(그림 8.6 및 8.20 참고). p_{cp}는 A_{cp}를 둘러싸는 주변장으로 플랜지 부분도 포함한다.

그러나 구조기준 7.5.1(2)(ACI 11.5.1.1)에서는 플랜지를 갖는 독립부재이거나 슬래브와 일체로 친 부재에 있어서 플랜지를 포함하여 산정한 (A_{cp}^2/p_{cp})값이 플랜지를 포함하지 않은 경우의 값보다 작은 경우에는 설계에서 비틀림을 고려할 필요가 없는 식 (8.4a)의 한계비틀림을 계산할 때 그림 8.6과 같은 플랜지 부분을 계산에서 포함하지 않아도 된다고 규정하고 있다.

A_{oh}의 정의

A_o는 전단흐름도에 따라 폐쇄된 단면적으로 구조기준 7.6.2(2)(ACI 11.5.3.6)에서는 $A_o = 0.85A_{oh}$로 취할 수 있도록 제시하고 있다. A_{oh}는 가장 바깥의 비틀림보강 폐쇄스터럽의 중심선으로 둘러싸인 면적으로 그림 8.20에서 보여주고 있다. 그림 8.20은 여러 단면의 A_{oh}를 보여주며 그림에서 보면 비틀림에 저항하기 위해서 정사각형 단면이나 폭이 넓은 단면이 우월하다는 것을 알 수 있다.

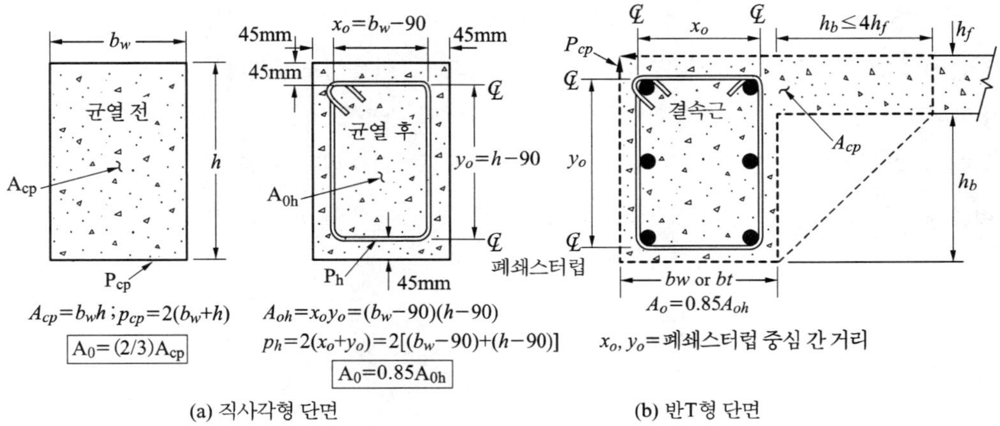

그림 8.20 A_{cp}와 p_{cp} 및 A_{oh}와 p_h의 정의

비틀림 보강철근 : 소요단면적과 철근상세

비틀림 보강철근은 식 (8.7a)의 폐쇄스터럽과 식 (8.12a)의 종방향 철근으로 구성되어 있다. 구조기준 7.6.2(4)(ACI 11.5.3.8)에서 비틀림모멘트에 의해 요구되는 철근은 비틀림모멘트와 조합하여 작용하는 전단력과 휨모멘트 및 축력에 의해서 요구되는 철근을 추가하여야 한다고 규정하고 있다. 또한 구조기준 7.6.2(5)(ACI 11.5.3.9)에서 휨 압축영역에 있는 종방향 철근의 면적을 감소시킬 수 있다고 규정하고 있다(그림 8.13 참고).

전단을 설계할 때에 U형으로 두 다리의 단면적 A_v를 선택한 경우에 스터럽의 간격 s [식 (7.29)]가 결정하게 된다. 설계에서 전단력과 비틀림모멘트의 조합을 고려할 때 전단력에 의해서 요구되는 스터럽과 비틀림에 의해서 요구되는 스터럽을 더해야 한다. 전단과 비틀림에 대한 스터럽의 면적은 각각 A_v/s와 A_t/s로 표시되며 단위는 보의 길이에 대한 mm²/mm이다. 단일 U형 스터럽에서 A_v는 양쪽 다리의 면적을 표시하고 A_t는 한쪽 다리의 면적을 표시하므로, 총 스터럽의 단위 길이 당 단면적 A_{v+t}/s(전단스터럽을 기준으로 표기하는 경우)는

$$\frac{A_{v+t}}{s} = \frac{A_v}{s} + \frac{2A_t}{s} \quad (\text{단위길이 당 스터럽의 단면적}) \tag{8.24a}$$

로 표현될 수 있다. 여기에서 철근 한 가닥으로 만들어진 폐쇄스터럽인 경우에 A_{v+t}는 스터럽의 양쪽 다리의 단면적이다. 만약에 보의 폭이 넓어서 전단에 대한 보강 스터럽의 다리가 2개 이상일 경우에는 맨 바깥 편에 있는 다리만을 식 (8.24a)의 계산에 적용시켜야 한다.

식 (8.24a)를 이용하여 A_{v+t}를 선택하고 간격 s를 결정할 수 있다. 그러나 일반적인 설계과정에서 스터럽을 먼저 선택하여 철근 한 가닥의 단면적 A_b (U형 스터럽인 경우 $A_v = 2A_b$)가 결정되어 전단에 의한 스터럽의 간격은 식 (7.29)로 결정되고, 비틀림모멘트에 대한 폐쇄스터럽의 간격은 식 (8.7b)로 결정되게 된다. 그동안 동일하게 표현했던 스터럽의 간격 s를 식 (7.29)로 결정한 전단에 의해서 소요되는 간격은 s_v로 표현하고, 식 (8.7b)로 결정되는 비틀림모멘트에 의해서 소요되는 간격을 s_t로 표현하여 이를 식 (8.24a)에 대입하고 $A_v = 2A_b$로 나누어 주면서, 정리하면

$$\frac{1}{s_{(\text{소요})}} = \frac{1}{s_v} + \frac{1}{s_t}$$

$$s_{(\text{소요})} = \frac{s_v s_t}{s_v + s_t} \tag{8.24b}$$

가 된다. 따라서 식 (8.24b)를 사용하게 되면 식 (8.24a)를 적용하기 위해서 소요 스터럽의 단면적을 단위 길이 당으로 변형할 필요 없이 직접 스터럽의 소요 간격을 계산할 수 있다.

비틀림 보강철근의 종류와 정착

비틀림에서는 그림 8.5c에서와 같이 경사 균열이 보의 모든 면을 따라 나선형으로 발달하므로 모든 면에 스터럽이 필요하다. 이러한 이유 때문에 구조기준 7.6.3(1)(ACI 11.5.4.1)에서는 종방향 철근에 더하여

① 부재축에 수직인 폐쇄스터럽(closed stirrup) 또는 폐쇄띠철근(closed tie),

② 부재축에 수직인 횡방향 강선으로 구성된 폐쇄용접철망(welded wire reinforcement), 또는

③ 철근콘크리트 보에서 나선철근(spiral reinforcement) 중에서 한 방법으로 보강하도록 하고 있다.

보강철근은 피복두께에 대한 규정이 허용하는 한에 있어서 최대로 바깥쪽에 배치하여 A_{oh}가 최대가 되도록 하여야 할 것이다. **속빈 단면(hollow section)**에서 폐쇄스터럽은 유효벽두께를 A_{oh}/p_h로 보았을 때 횡방향 비틀림철근의 중심선으로부터 내부 벽면까지의 두께가 이 값의 1/2 (즉, $0.5A_{oh}/p_h$) 이상으로 설계하도록 규정하고 있다[구조기준 7.6.3(4), ACI 11.5.4.4].

예제 8.5 : 박스형 단면 보의 복부와 플랜지 두께의 검토

그림 8.8의 박스형 단면 보에서 비틀림 폐쇄스터럽이 둘러싸는 면적이 가능한 한 최대가 되도록 최소 피복두께 40 mm(표 2.12 참고)를 고려하여 D16 철근이 횡방향 비틀림철근으로 배치되었을 때 배치된 폐쇄스터럽이 구조기준 7.6.3(4)(ACI 11.5.4.4)에 따라 내부 벽면의 두께가 $(0.5A_{oh}/p_h)$이상이 되는지 검토하라.

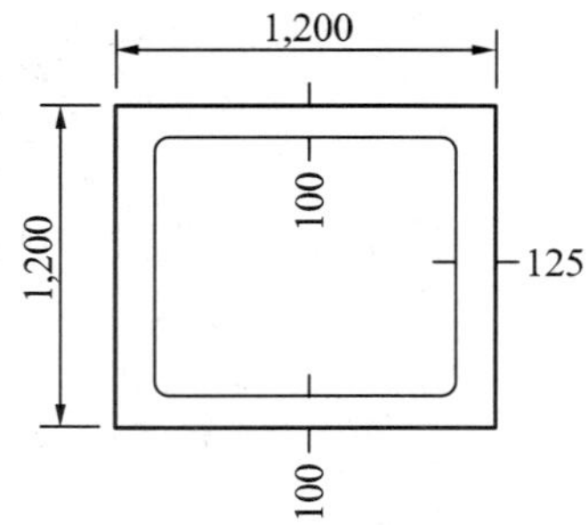

그림 8.8

풀이

① 비틀림 계수 계산 : D16 철근의 지름 $d_b = 15.9\,\text{mm}$

$x_0 = 1,200 - 2(40 + 15.9/2) = 1,200 - 2(48)$

$= 1,200 - 96 = 1,104\,(\text{mm}) \equiv y_0$

$p_h = 2(x_0 + y_0) = 2(2 \times 1,104) = 4,416\,(\text{mm})$

$A_{oh} = x_0 y_0 = 1,104^2 = 1,219 \times 10^3\,(\text{mm}^2)$

② $0.5A_{oh}/p_h$ 계산 : $A_{oh}/p_h = 1,219 \times 10^3/4,416 = 276\,(\text{mm})$

$0.5A_{oh}/p_h = 276/2 = 138\,(\text{mm})$

③ 플랜지와 복부의 두께 검토 (각각의 두께 100 mm와 125 mm) :

폐쇄스터럽의 중심에서 내부 벽면까지의 두께 검토

복부 : 125 - 40 -15.9/2 = 125 - 48 = 77 mm > 138 mm <N.G.>

플랜지 : 100 - 48 = 52 mm > 138 mm <N.G.>

따라서 플랜지와 복부의 두께는 138 + 40 + 8 = 186 mm 이상이 되어야 한다.

④ 본 예제의 정사각형 박스형 단면 보에서 한 변의 길이가 480 mm이면 $0.5A_{oh}/p_h = 48\,\text{mm}$ 로 D16 폐쇄스터럽에 최소피복두께 40 mm가 내부 벽면의 두께 규정을 만족하는 경우가 되어, 이때의 복부나 플랜지의 두께는 96 mm 이상이면 된다. 따라서 한 변이 길이가 480 mm 이상이 되면 본 예제와 같이 $(0.5A_{oh}/p_h)$가 지배하게 되어 최소 피복두께보다 두꺼운 피복을 하여야 한다.

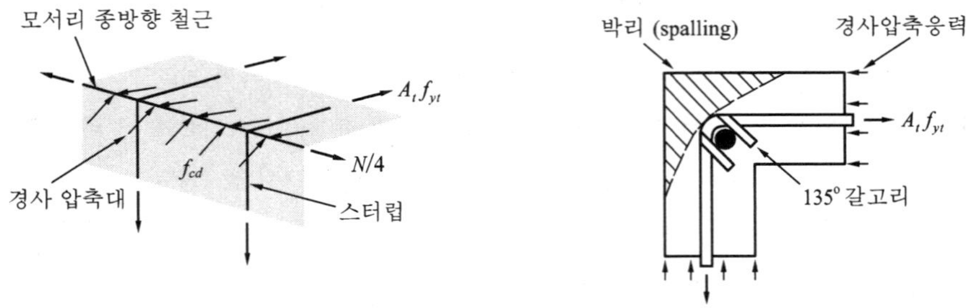

(a) 공간트러스의 모서리에 작용하는 힘들 (b) 공간트러스의 모서리에 일어나는 박리현상

그림 8.21 순수비틀림에 의한 주응력과 균열

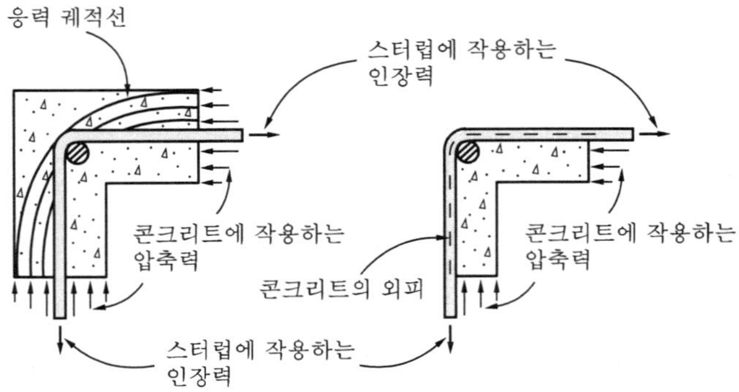

(a) 박리가 안 일어난 모서리 (b) 박리가 일어난 모서리

그림 8.22 비틀림에 의한 콘크리트 피복의 박리현상

Mitchell과 Collins[8.21]는 스터럽의 정착에 대한 실험을 실시하였다. 그림 8.21a는 그림 8.5c의 공간트러스 모델에서 한쪽 모서리를 보여주고 있다(그림 8.22 및 8.23 참고). 그림 8.21b에는 콘크리트의 경사 압축응력 f_{cd} 중에서 윗면과 옆면에 평행하게 발달되는 분력이 표시되어 있다. 모서리를 향해서 작용하는 콘크리트 압축응력은 스터럽의 인장응력에 의해서 상쇄되게 된다.

철근을 둘러싸고 있는 콘크리트는 일반적으로 제대로 구속되어 있지 않기 때문에 모서리 부분의 압축력이 너무 크게 되면 그림 8.21b의 빗금인 모서리 부분이 떨어져 나가게(박리, spalling) 된다(그

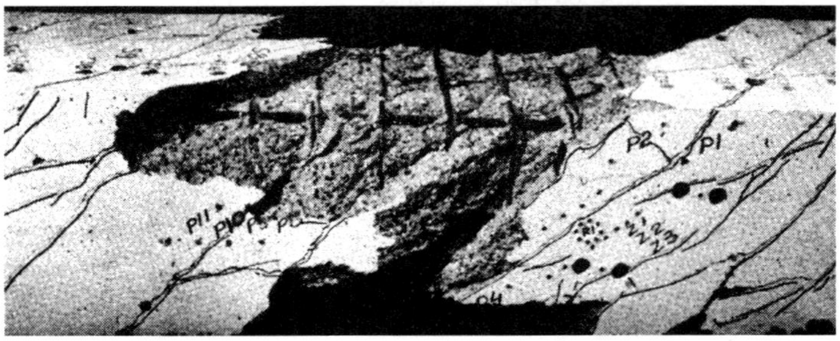

그림 8.23 비틀림에 의한 콘크리트 피복의 박리

림 8.22 참고). 구조기준 7.6.3(2)에서는 만약 모서리에 박리현상이 나타날 수 있는 경우에 스터럽은 종방향 철근 주위로 135° 표준갈고리에 의해서 정착되어야 한다고 규정하고 있다(그림 7.48, 7.49 및 그림 8.33 참고). 만약 스터럽을 둘러싸고 있는 콘크리트가 플랜지나 슬래브 또는 비슷한 역할을 하는 부재에 의해서 구속되어 박리가 일어나지 않을 경우에는 구조기준 7.6.3(2)에서 그림 8.24a와 같이 정착을 할 수 있도록 하고 있다.

구조기준 7.6.3(3)(ACI 11.5.4.2)에서는 비틀림에 대한 종방향 비틀림철근은 양쪽 끝 모두에서 항복강도가 발현(developed)되어야 한다고 규정하고 있다. 일반적으로 최대 비틀림모멘트가 보의 양끝에서 발생하므로 종방향 철근이 보의 지지 면에서 항복강도를 발휘할 수 있도록 갈고리를 장치하여야 한다. 구조기준 8.5.2(1)(ACI 12.11.1)에서 제시하는 것과 같이 철근을 받침부내로 150 mm 이상 연장하여야 한다는 규정은 종방향 비틀림철근의 정착에는 부족하므로 적용해서는 안 될 것이다.

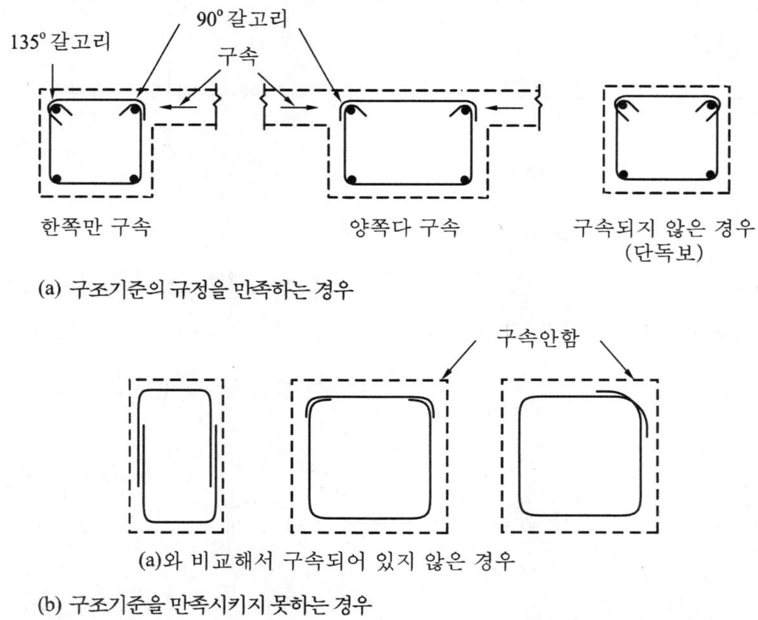

그림 8.24 폐쇄스터럽의 정착 [구조기준 7.6.3(2), ACI 11.5.4.2][8.22]

최소 비틀림 보강철근(Minimum Torsional Reinforcement)

평형비틀림에서 계수비틀림모멘트가 아래 값보다 크게 되면[구조기준 식 (7.5.1) ; ACI 11.5.1]

$$\frac{T_u}{\phi} \geq \frac{\lambda\sqrt{f_{ck}}}{12}\left(\frac{A_{cp}^{\ 2}}{p_{cp}}\right) \tag{8.4c}$$

또는 축하중이 존재하는

$$\frac{T_u}{\phi} \geq \frac{\lambda\sqrt{f_{ck}}}{12}\sqrt{1+\frac{N_u/A_g}{\sqrt{f_{ck}}/3}}\left(\frac{A_{cp}^2}{p_{cp}}\right) \tag{8.4d}$$

경우에 다음 둘 중에서 큰 값의 비틀림 보강철근을 배치하여야 한다. ① 구조기준 7.6.2(ACI 11.5.3) 규정에 따른 비틀림 보강철근, 또는 ② 구조기준 7.6.4(ACI 11.5.5)의 최소 비틀림철근을 배치하여야 한다.

속이 빈 단면에 대해서 $A_g/A_{cp} < 0.95$인 경우에 A_{cp} 대신에 A_g를 사용할 수 있다. A_g는 공동의 면적을 포함하지 않은 순 콘크리트만의 단면적이다. 또한 구조기준 7.5.1(2)(ACI 11.5.1.1)에서는 플랜지를 갖는 독립부재이거나 슬래브와 일체로 친 부재에 있어서 그림 8.6과 같이 플랜지를 포함하여 산정한 A_{cp}^2/p_{cp}값이 플랜지를 포함하지 않은 경우의 값보다 작은 경우에는 설계에서 비틀림을 고려할 필요가 없는 한계비틀림을 계산할 때 플랜지 부분을 계산에서 포함하지 않아도 된다고 규정하고 있다.

폐쇄스터럽의 최소 철근량은 구조기준 식 (7.6.6)에서 아래와 같이 제시되고 있다[식 (7.32)].

$$(A_v + 2A_t)_{(\min)} = A_{v+t\,(\min)} = \left(0.0625\sqrt{f_{ck}} \geq 0.35\right)\frac{b_w s}{f_{yt}} \tag{8.25a}$$

여기에서 스터럽의 간격 s는 식 (8.24b)로 구한 $s = (s_v s_t)/(s_v + s_t)$이다. 이 식은 또한 설계에서 폐쇄스터럽으로 배치되는 단면적과 전단보강으로 배치되는 U형 스터럽의 단면적을 더해서 배치하므로 A_{v+t}를 A_v로 쓰면 간격에 대한 제한으로 아래와 같이 표현할 수도 있다.

$$s_{(\max)} \leq \left(\frac{1}{0.0625\sqrt{f_{ck}}} \leq \frac{1}{0.35}\right)\frac{A_v f_{yt}}{b_w} \tag{8.25b}$$

Hsu[8.3]가 수행한 순수 비틀림을 받는 직사각형 철근콘크리트 부재의 실험에 의하면 2개의 보가 균열 비틀림하중에 의해서 파괴되었다. 이들 보의 전체 콘크리트 체적에 대한 스터럽과 종방향 철근의 체적비는 0.80%와 0.88%이었다. 체적비가 1.07%인 보는 균열 비틀림하중의 1.08배의 하중에서 파괴되었다. Hsu가 실험한 다른 모든 보들의 체적비는 1.07% 이상이었으며 파괴는 균열 비틀림하중의 1.2배 이상에서 일어났다. 따라서 Hsu의 실험결과가 균열 비틀림하중을 지지하기 위해서는 비틀림철근의 체적비가 0.9～1.0% 이상을 배치하면 가능하다는 것을 보여주었다. 따라서 최소 체적비를 1%로 정하면

$$\frac{A_{l\,(\min)}\,s_t}{A_{cp}\,s_t} + \frac{A_t\,p_h}{A_{cp}\,s_t} \geq 0.01$$

$$A_{l\,(\min)} = 0.01A_{cp} - \frac{A_t\,p_h}{s_t}$$

가 된다. 만약 상수 0.01를 공시체 강도의 함수로 생각하여 $0.63\sqrt{f_{ck}}/f_y$ 로 쓰고 이 항에 비틀림에 대한 종방향 보강철근과 전단에 대한 보강철근간의 차이를 완화시키기 위해 실용적으로 2/3를 곱해주고, 오른쪽 두 번째 항에 철근의 항복강도(f_{yt}/f_y)를 포함시켜서 적으면 구조기준 식 (7.6.7)이 된다.

$$A_{l\,(\min)} = \frac{0.42\sqrt{f_{ck}}\,A_{cp}}{f_y} - \left(\frac{A_t}{s_t}\right)p_h\frac{f_{yt}}{f_y} \tag{8.26}$$

여기에서 식 (8.25a)의 최소철근량 규정에 따라 $A_t/s_t \geq 0.175b_w/f_{yt}$ 이상으로 취해야 한다.

비틀림 보강철근의 간격(Spacing of Torsional Reinforcement)

그림 8.21에서와 같이 보의 모서리철근이 균열사이의 콘크리트 압축대의 정착을 도와준다. 만약 스터럽의 간격이 너무 멀거나 종방향 철근의 지름이 너무 작으면 압축력은 종방향 철근을 바깥쪽으로 휘게 만들어서 보를 약하게 만든다. 구조기준 7.6.4(4)(ACI 11.5.6.1)에서는 폐쇄스터럽의 간격이 $p_h/8 \leq$ 300 mm이어야 한다고 규정하고 있다. p_h는 가장 바깥에 위치한 폐쇄스터럽 중심선의 둘레길이[$p_h = 2(x_o + y_o)$]이다(그림 8.20 참고).

비틀림모멘트에 의해서 보의 축을 따라 나타나는 축력 N 때문에 구조기준 7.6.4(5)(ACI 11.5.6.2)에서는 배치한 종방향 철근의 도심이 횡단면의 도심과 비슷하도록 종방향 철근을 폐쇄스터럽을 따라 둘레에 균등하게 분포하여 배치하도록 규정하였다. 종방향 철근의 최대 간격은 300 mm 이하이고 스터럽의 내부에 배치해야 하며, 스터럽의 각 모서리에는 최소한 하나의 종방향 철근이 배치되어야 한다. 종방향 철근의 직경은 스터럽 간격의 1/24, 즉 $d_b \geq s_t/24$ 이상이어야 하며, 또한 D10 철근 이상이어야 한다. Mitchell과 Collins[8.21]의 실험에 의하면 종방향 철근의 직경이 스터럽 간격의 1/31일 때 종방향 철근이 바깥쪽으로 휘면서 파괴되는 것이 판명되었다.

구조기준 7.6.4(6)에서 비틀림 보강철근은 비틀림 보강철근이 필요 없는 식 (8.4a)의 $0.25\,T_{cr}$ 구간을 넘어서 $(b_t + d)$만큼 연장하여 배치하도록 하였다. 여기에서 b_t는 폐쇄스터럽을 포함하는 단면의 폭으로 일반적인 경우에 b_w와 같다고 볼 수 있다. 이 연장길이는 비틀림균열이 보를 따라 나선형으로 발달되는 현상에 근거한 것이다.

비틀림 보강철근의 설계 최대항복응력

2012년 구조기준 [7.6.1(4), ACI 11.5.3.4]에서는 전단보강철근의 규정(7.4.1(4))과 같이 비틀림철근의 설계기준항복강도를 500 MPa로 제한하고 있다. 이는 사용하중 하에서 균열의 폭을 제한하고자 하는 규정으로 이해할 수 있다[8.24, 8.25].

고강도 콘크리트

구조기준 7.2.1(4)(ACI 11.1.2.1)에서는 고강도 콘크리트에 대한 전단이나 비틀림에 대한 실험결과가 전무하여 구조기준 7장 전단과 비틀림 계산에서는 $\sqrt{f_{ck}}$ 의 값을 8.4 MPa로 제한하였다. 이는 $f_{ck} \leq$ 70 MPa로 제한하는 격이 된다.

그러나 실험에 의하면 고강도 콘크리트로 만든 보에서 추가의 전단보강이 사인장 파괴(brittle diagonal tension failure)를 방지하여 감소되는 전단강도를 보상해 주는 것이 관찰되어 이를 보완하기 위해서, 8.5장에서 다루는 식 (8.32)의 최소 전단철근(구조기준 7.4.3, ACI 11.4.6) 이상으로 전단 보강한 보나 장선구조(joist) 또는 프리스트레스트 콘크리트 보에서 V_c(철근콘크리트)와 V_{ci} 및 V_{cw}(프리스트레스트콘크리트)를 계산할 때에 $\sqrt{f_{ck}}$ 값이 8.4 MPa을 초과할 수 있도록 하였다.

대체 비틀림 설계법(Alternative Design for Torsion)[8.9, 8.23, 8.25]

구조기준 7.6.5(ACI 11.5.7)에서는 단면형상비가 $h/b_t \geq 3$ 이며 기존의 구조기준의 범위에 포함되는 속이 찬 단면의 비틀림 설계는 해석 및 실험적으로 검증된 다른 방법으로 수행할 수 있다고 제안하였다. 그러나 구조기준[8.9]이나 해설[8.25] 또는 홍성걸 등[8.26]의 콘크리트학회지 특집에서도 대체 비틀림 설계법에 대한 언급을 찾을 수 없다. 다만 현 구조기준의 근간이 되는 ACI의 R11.5.7[8.23]에서 PCI(Precast and Prestressed Concrete Institute)에 Zia와 Hsu[8.27]가 소개한 설계방법을 대체 비틀림 설계법이라고 암시하고 있으며, ACI Note[8.24]에서는 프리스트레스트가 도입되는 또는 되지 않는 속이 찬 부재의 비틀림 설계에 적용할 수 있는 Zia-Hsu 대체 비틀림 설계법을 소개하고 있다.

8.3 비틀림설계(Design Method for Torsion)[8.18]

1) 단계 1

처짐계산을 하지 않아도 되는 휨부재의 최소높이(표 5.6)로 h 및 d를 선택한다. 우선 $b \approx h/1.5$로 b를 가정하여 전단력도, 휨모멘트도 및 비틀림모멘트도를 그린다.

2) 단계 2

식 (3.51)을 이용하여 M_u/ϕ로부터 b를 구하여, 전단 [식 (7.31)] 및 비틀림 [식 (8.15a), (8.15b) 및 (8.16)]에 대해서 균열 폭 제한의 사용성을 만족하는지 검토하여 b를 결정한다. 만약 필요하면 처짐을 검토하고 깊이를 조정한다. 전단응력이 너무 크게 되면 단면을 다시 선택하여야 한다. 비틀림모멘트에는 정사각형 단면이 가장 우수하다. 단면의 크기 조건을 만족하지 못하면 조종하여 단계 1로 돌아간다.

전단의 균열 폭에 대한 사용성 검토 :

$$V_{s\,(\max)} \le \frac{2}{3}\sqrt{f_{ck}}\,b_w d \tag{7.31}$$

비틀림의 균열 폭에 대한 사용성 검토 : 단면의 크기가 적당한지 검사한다.

속찬 단면:
$$\sqrt{\left(\frac{V_u/\phi}{b_w d}\right)^2 + \left(\frac{(T_u/\phi)p_h}{1.7A_{oh}^2}\right)^2} \le \left(\frac{V_c}{b_w d} + \frac{2\sqrt{f_{ck}}}{3}\right) \tag{8.16}$$

속빈 단면:
$$\frac{V_u/\phi}{b_w d} + \frac{(T_u/\phi)p_h}{1.7A_{oh}^2} \le \left(\frac{V_c}{b_w d} + \frac{2\sqrt{f_{ck}}}{3}\right) \tag{8.15a}$$

속빈 단면, $t < \dfrac{A_{oh}}{p_h}$ 인 경우:
$$\frac{V_u/\phi}{b_w d} + \frac{T_u/\phi}{1.7A_{oh}t} \le \left(\frac{V_c}{b_w d} + \frac{2\sqrt{f_{ck}}}{3}\right) \tag{8.15b}$$

을 만족하지 못하면 단면의 크기를 증가시켜야 한다. 전단과 비틀림에 대한 위험단면은 받침 면으로부터 거리 d 떨어진 위치이고, $t \approx A_{oh}/p_h$ 이다.

3) 단계 3

식 (8.4c)를 만족하면 비틀림설계를 무시한다.

$$\frac{T_u}{\phi} < \frac{\lambda\sqrt{f_{ck}}}{12}\left(\frac{A_{cp}^2}{p_{cp}}\right) \tag{8.4b}$$

여기에서 $\phi = 0.75$이고 $f_{ck} \le 70$ MPa이다. 직사각형 단면에서 $A_{cp}^2 = (x_1 \cdot y_1)^2 = (b \cdot h)^2$ 으로 쓰고 $p_{cp} = 2(x_1 + y_1) = 2(b+h)$ 로 쓰면 식 (8.4b)는 아래와 같이 쓸 수 있다.

$$\frac{T_u}{\phi} < \frac{\lambda\sqrt{f_{ck}}}{12}\left(\frac{A_{cp}^2}{p_{cp}}\right) = \frac{\lambda\sqrt{f_{ck}}}{12}\left[\frac{(b \cdot h)^2}{2(b+h)}\right] \tag{8.4f}$$

4) 단계 4

평형비틀림 상태인지 적합비틀림 상태인지 결정 - 만약 적합비틀림이면 받침 면에서 거리 d 떨어진 위치의 계수 비틀림모멘트를 식 (8.3b)나 (8.3e)로 감소시킬 수 있다. 이런 경우에는 다른 부재의 휨모멘트, 전단력, 비틀림모멘트도 역시 조종해야 한다.

$$\frac{T_u}{\phi} = \frac{\lambda\sqrt{f_{ck}}}{3}\left(\frac{A_{cp}^2}{p_{cp}}\right) \tag{8.3b}$$

또는 직사각형 단면인 경우에

$$\frac{T_u}{\phi} = \frac{\lambda\sqrt{f_{ck}}}{3}\left(\frac{A_{cp}^2}{p_{cp}}\right) = \frac{\lambda\sqrt{f_{ck}}}{3}\left[\frac{(b \cdot h)^2}{2(b+h)}\right] \tag{8.3e}$$

5) 단계 5

휨모멘트에 대한 소요 철근량을 계산하고, 스터럽으로 배치하는 철근의 굵기를 결정하여 단일 U형인 경우 $A_v = 2A_b$를 이용하여 소요 간격 $s_{v(\text{소요})}$를 결정한다. $V_s \leq V_u/\phi - V_c$와 $s_{v(\text{소요})} \leq A_v f_{yt} d / V_s$를 계산한다. 여기에서 $f_{yt} \leq$ 500 MPa이다.

6) 단계 6

비틀림모멘트에 대한 폐쇄스터럽의 소요 간격을 식 (8.7b)로 계산한다. 여기에서 폐쇄스터럽이 철근 한 가닥으로 구성되어 있으면 $A_t = A_b$ 가 된다.

$$s_{t(\text{소요})} \leq \left(\frac{2A_o f_{yt}\cot\theta}{T_u/\phi}\right)A_t = \left[\frac{2(0.85A_{oh})f_{yt}\cot 45^o}{T_u/0.75}\right]A_t = \left(\frac{1.275A_{oh}f_{yt}}{T_u}\right)A_t \tag{8.7b}$$

식 (8.7b)에서 $\theta = 45^o$ 와 역시 $f_y = f_{yt} \leq$ 500 MPa를 적용하여야 한다. A_o는 가장 바깥쪽 폐쇄스터럽의 중심선으로 둘러싸인 단면적 A_{oh}의 0.85배이다.

7) 단계 7

전단에서 소요되는 간격 $s_{v(\text{소요})}$와 비틀림모멘트에서 소요되는 스터럽의 간격 $s_{t(\text{소요})}$를 더하여 최종 폐쇄스터럽의 소요 간격을 결정한다.

$$s_{(\text{소요})} = \frac{s_v s_t}{s_v + s_t} \tag{8.24b}$$

만약 2개 이상의 스터럽 다리가 필요하게 되면 가장 바깥쪽에 있는 스터럽만 폐쇄하면 된다. 비틀림 보강철근은 비틀림모멘트가 식 (8.4b)인 점을 지나서 적어도 $(b_t + d)$이상을 연장하여야 한다.

8) 단계 8

폐쇄스터럽의 간격이 구조기준의 최대 간격 [전단에 대한 간격 제한 ; 비틀림에 대한 간격 제한 ; 횡방향 폐쇄스터럽의 최소 면적 규정, 구조기준 7.6.4(2), ACI 11.5.5.2]을 만족하는지 검토한다.

(1) 전단에 대한 스터럽의 최대간격은(구조기준 7.4.2, ACI 11.4.5)

$V_s \le (\lambda\sqrt{f_{ck}}/3)b_w d$ 인 경우 : $s_{(\max)} = (d/2,\ 600\ \text{mm})$ 이하

$V_s > (\lambda\sqrt{f_{ck}}/3)b_w d$ 인 경우 : $s_{(\max)} = (d/4,\ 300\ \text{mm})$ 이하

(2) 비틀림에 대한 간격 제한 (구조기준 7.6.4(4), ACI 11.5.6.1) : $s_{(\max)} = \text{Min.}(p_h/8,\ 300\ \text{mm})$

(3) 폐쇄스터럽의 최소 철근량, 식 (8.25b) : $s_{(\max)} = \text{Min.}\left(\dfrac{A_v f_{yt}}{0.0625\sqrt{f_{ck}}\,b_w},\ \dfrac{A_v f_{yt}}{0.35\,b_w}\right)$

간격에 대한 제한을 같이 쓰면,

$$V_s \le \left(\frac{\lambda\sqrt{f_{ck}}}{3}\right)b_w d \text{ 인 경우 : } s_{(\max)} = \text{Min.}\left(\frac{d}{2},\ 600,\ \frac{p_h}{8},\ 300,\ \frac{A_v f_{yt}}{0.0625\sqrt{f_{ck}}\,b_w},\ \frac{A_v f_{yt}}{0.35 b_w}\right)\text{mm}$$

$$V_s > \left(\frac{\lambda\sqrt{f_{ck}}}{3}\right)b_w d \text{ 인 경우 : } s_{(\max)} = \text{Min.}\left(\frac{d}{4},\ 300,\ \frac{p_h}{8},\ 300,\ \frac{A_v f_{yt}}{0.0625\sqrt{f_{ck}}\,b_w},\ \frac{A_v f_{yt}}{0.35\,b_w}\right)\text{mm}$$

9) 단계 9

비틀림에 대한 종방향 철근의 단면적 계산 :

$$A_l = \left(\frac{A_t}{s_t}\right)p_h\left(\frac{f_{yt}}{f_y}\right)\cot^2\theta \tag{8.12a}$$

스터럽과 종방향 철근의 항복응력이 같고(일반적인 경우) 구조기준에서 제시하는 것과 같이 $\theta = 45^o$ 로 취하면 식 (8.12a)는 아래와 같이 간단하게 적을 수 있다.

$$A_l = \left(\frac{A_t}{s_t}\right)p_h = \left(\frac{A_t}{s_t}\right)2(x_0 + y_0) \tag{8.12b}$$

A_l은 다음 값보다는 커야 한다.

$$A_{l\,(\min)} = \frac{0.42\sqrt{f_{ck}}\,A_{cp}}{f_y} - \left(\frac{A_t}{s_t}\right)p_h\frac{f_{yt}}{f_y} \tag{8.26}$$

여기에서 $A_t/s_t \ge 0.175 b_w/f_{yt}$ 이어야 한다. 종방향 철근은 폐쇄스터럽을 따라 둘레에 균등하게 최대 간격이 300 mm 이하로 분포하여 배치하고 종방향 철근의 직경 $d_b = s/24 \ge D10$ 철근 직경 이상이어야 한다.

10) 단계 10(선택사항)

설계자는 압축영역에 있는 비틀림 보강 종방향 철근의 단면적을 $M_u/(0.9\,d\,f_y)$만큼 감소시킬

수 있다.

11) 단계 11

비틀림과 휨모멘트에 의해서 요구되는 각각의 종방향 철근의 단면적을 더해서 구하고 철근의 크기를 선택한다.

12) 단계 12

만약 필요하면 철근의 정착에 대해서 검토한다(6장 참고).

예제 8.6 비틀림모멘트, 전단력과 휨모멘트가 조합된 보의 설계

그림 8.25의 캔틸레버 보를 D10 폐쇄스터럽을 이용하여 설계하라. 단면의 중심축으로부터 250 mm 떨어져서 계수등분포하중 $w_u =$ 25 kN/m가 작용(고정하중 포함)하고 있다. 단, 보통중량골재 콘크리트 설계기준강도 $f_{ck} =$ 24 MPa이고, $f_y = f_{yt} =$ 400 MPa, $l =$ 3.50 m이다.

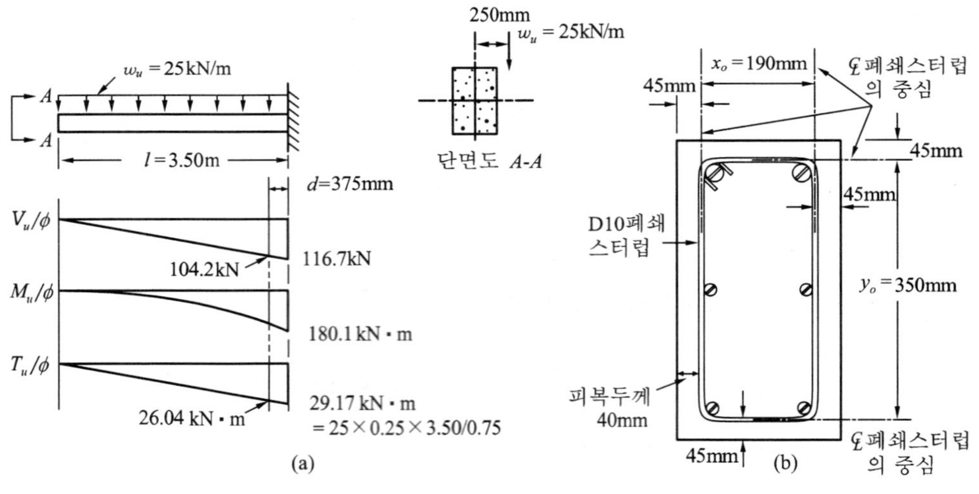

그림 8.25 (a) 전단력, 휨모멘트 및 비틀림모멘트도; (b) 폐쇄스터럽의 단면도

풀이

① 처짐계산을 하지 않아도 되는 휨부재의 최소높이를 이용(표 5.6 참고)하여 부재의 깊이 h 및 d 결정 : $h_{(\min)} = l/8 =$ 3.50 x 1,000 / 8 = 438 (mm)이므로, $h_{(설계)} =$ **440 mm**로 결정한다.
D10 스터럽 직경 ≈ 10 mm, 주철근으로 1열의 D29 철근 사용한다고 가정, 직경 ≈ 29 mm
주철근의 도심에서 콘크리트 표피까지의 거리 : $d_{cg} =$ 40 + 10 + 29/2 ≈ 65 (mm)
$\therefore d = h - d_{cg} =$ 440 - 65 = 375 (mm)로 고려한다.

그림 8.25a와 같이 전단력도, 휨모멘트도 및 비틀림모멘트도와 위험단면에서 각각의 값을 구한다.

② 식 (3.51)을 이용하여 b를 구하고, 단면이 식 (8.16) 균열폭 제한의 사용성을 만족하는지 검토하여 b 결정 :

휨모멘트에 대한 설계 : 단철근 직사각형 단면 보에서 $\epsilon_t = 0.006$인 철근비 ρ를 기준으로 설계

식 (3.44b) : $\rho_{(시도)} = 0.283\beta_1(f_{ck}/f_y) =$ 0.283(0.85)(24/400) = 0.0144

따라서 인장지배 단면 $\phi = 0.85$이다.

$0.85f_{ck} =$ 0.85(24) = 20.4 (MPa) ; $\rho f_y =$ 0.0144(400) = 5.77

식 (3.46a) : $R_n = \rho f_y\left(1 - \dfrac{0.5\rho f_y}{0.85f_{ck}}\right) =$ 5.77[1 - 0.5(5.77)/20.4] = 4.96 (MPa)

식 (3.51) : $b_{(소요)} \geq \dfrac{M_u/\phi}{R_n}\dfrac{1}{d^2} =$ 180.1 x 10^6 / 4.96 / 375^2 = 259 (mm)

선택 $b = 260$ mm 로 식 (8.16) 전단과 비틀림의 균열폭 제한 사용성을 검토하면 <u>불만족</u>이 된다. 따라서 <u>$b = 280$ mm</u> 로 증가시켜서 검토하면 아래와 같이 만족하므로 선택한다.

전단의 균열폭에 대한 사용성 검토 : 보통중량골재 콘크리트 $\lambda = 1.0$

$v_c = \lambda\sqrt{f_{ck}}/6 =$ 1.0√24 / 6 = 0.816 (MPa)

$V_c = v_c(b_w d) =$ 0.816(280)(375) / 10^3 = 85.73 (kN)

$V_s \geq V_u/\phi - V_c =$ 104.2 - 85.73 = 18.43 (kN)

$V_s =$ 18.43 kN < $(2\sqrt{f_{ck}}/3)b_w d = (2/3)\sqrt{24}(280)(375)/10^3 = 342.9$ (kN) <o.k.>

비틀림의 사용성 검토 : D10 스터럽, $A_t = A_b =$ 71.3 mm²

$x_0 =$ b - 2(40+5) = 280 - 90 = 190 (mm) ; $y_0 =$ 440 - 90 = 350 (mm)

$p_h = 2(x_0 + y_0) =$ 2(190+350) = 1,080 (mm)

$A_{oh} = x_0 \cdot y_0 =$ 190 x 350 = 66,500 (mm²)

$v_u = V_u/(b_w d) =$ 78.13 x 10^3 / (280 x 375) = 0.744 (MPa) ; ${v_u}^2 =$ 0.744^2 = 0.5536

$v_{tu} = T_u p_h/(1.7{A_{0h}}^2) =$ (19.53x10^6)(1,080)/(1.7x$66,500^2$)=2.806 ; ${v_{tu}}^2 =$ 2.806^2 = 7.873

$$\sqrt{\left(\frac{V_u}{b_w d}\right)^2 + \left(\frac{T_u p_h}{1.7A_{oh}^2}\right)^2} = \sqrt{{v_u}^2 + {v_{tu}}^2} = \sqrt{(0.5536+7.873)} = \sqrt{8.426} = 2.903 \text{ (MPa)}$$

$$\phi\left(\frac{V_c}{b_w d} + \frac{2}{3}\sqrt{f_{ck}}\right) = \phi\frac{5}{6}\sqrt{f_{ck}} = \phi(5v_c) = (0.75)(5\text{x}0.816) = 3.06 \text{ (MPa)}$$

$\sqrt{{v_u}^2 + {v_{tu}}^2} = 2.903\,\text{MPa} \;<\; \phi(5v_c) = 3.06\,\text{MPa}$ <o.k.>

③ 식 (8.4b)의 제한 값과 고정단으로부터 거리 d 떨어진 위치에서의 계수 비틀림모멘트 T_u를 비교하여 비틀림설계가 필요한지 판단 :

$A_{cp} = bh =$ (280)(440) = 123,200 (mm^2) ; $p_{cp} = 2(b+h) =$ 2(280 + 440) = 1,440 (mm)

$\dfrac{A_{cp}^{\,2}}{p_{cp}} = \dfrac{(b \cdot h)^2}{2(b+h)} =$ 123,200^2/1,440 = 10.54 x 10^6 (mm^3)

$\dfrac{\lambda\sqrt{f_{ck}}}{12}\left(\dfrac{A_{cp}^{\,2}}{p_{cp}}\right) = \dfrac{1.0\sqrt{24}}{12}(10.54\times10^6)/10^6 = 4.30\,(\text{kN}\cdot\text{m}) \;<\; T_u/\phi =$ 26.04 (kN · m)

따라서 비틀림 모멘트를 고려하여 설계하여야 한다. 스터럽은 폐쇄형으로 일반적으로 열린 U형(직사각형 단면에서 양단에 135도 갈고리 장착) 스터럽에 결속근(cap tie, 양단에 135도 갈고리 장착)을 덮어 씌워서 시공한다(그림 8.33 참고).

④ 평형비틀림 상태인지 적합비틀림 상태인지 결정 : 비틀림모멘트가 평형을 이루기 위해서 필요하므로 평형비틀림 상태이다. 따라서 설계는 $T_u/\phi =$ 26.04 kN · m에 대해서 수행한다. 만약 적합비틀림이면 식 (8.3b)에 따라 $T_u/\phi = 4\left[(\lambda\sqrt{f_{ck}}/12)(A_{cp}^{\,2}/p_{cp})\right] =$ 4 x 4.30 = 17.2 (kN · m)로 설계할 수 있다(구조기준 7.5.2, ACI 11.5.2).

⑤ 휨 설계 : 식 (3.48) : $\dfrac{M_u/\phi}{f_{ck}bd^2} = \dfrac{180.1\times10^6}{24\times280\times375^2} = 0.191$

표 3.10 : $\omega = 0.219$를 읽거나, 식 (3.50) : $\omega = 1 - \dfrac{\sqrt{1-2.36(0.191)}}{1.18} = 0.219$

$\rho_{(소요)} = \omega f_{ck}/f_y = 0.219(24)/400 = 0.0131$

물론 단계 2의 $\rho_{(시도)} =$ 0.0144 > $\rho_{(소요)} = 0.0131$; 인장지배 단면 $\phi =$ 0.85이다.

$\therefore A_{s\,(소요)} = \rho_{(소요)}bd = 0.0131(280)(375) = \underline{1{,}379\,(\text{mm}^2)}$

⑥ 전단력에 요구되는 스터럽의 간격 계산 :

D10 폐쇄스터럽, $A_v = 2A_b = 2(71.3) = 143\,(\text{mm}^2)$

$V_s \geq V_u/\phi - V_c =$ 104.2 - 85.73 = 18.43 (kN)

식 (7.29) : $\therefore\; s_{v\,(소요)} \leq \dfrac{A_v f_{yt} d}{V_s} = \dfrac{(143)(400)(375)}{18.43\times10^3} = \dfrac{21{,}450}{18.43} = \underline{1{,}164\,(\text{mm})}$

전단철근의 간격 제한 $s_{(max)} \leq$ Min.($d/2$, 600 mm) 및 최소철근 규정은 단계 9에서 검토한다.

⑦ 비틀림모멘트에 요구되는 스터럽의 간격을 식 (8.7b)로 계산 : $\theta = 45^{\circ}$

$A_0 = 0.85A_{0h} = 0.85(x_0 \cdot y_0) =$ 0.85(190 x 350) = 0.85 x 66,500 = 56,525 (mm^2)

식 (8.7b) :

$$\therefore s_{t(소요)} \leq \left[\frac{2A_o f_{yt}\cot\theta}{T_u/\phi}\right] A_t = \frac{2(56,525)(400)(1)(71.3)}{26.04 \times 10^6} = \frac{3,444}{26.04} = \underline{124\ (\mathrm{mm})}$$

⑧ 전단과 비틀림 보강철근을 더하여 소요 간격 계산 :

식 (8.24b) : $s_{(소요)} = \dfrac{s_v s_t}{s_v + s_t} = \dfrac{1,164(124)}{1,164+124} = 112\ (\mathrm{mm})$

따라서 $\underline{\therefore s_{(배치)} = 110\ \mathrm{mm}}$ < $s_{(소요)} = 112\ \mathrm{mm}$ <o.k.>

⑨ 폐쇄스터럽의 최대간격 검토 :

전단의 최대 간격 : $V_s =$ 18.43 kN < $(\lambda\sqrt{f_{ck}}/3)b_w d \equiv 2V_c = 2(85.73) = 171.5$ (kN)

$s_{(max)} \leq$ Min.($d/2$, 600 mm)

비틀림의 최대 간격 : $s_{(max)} \leq$ Min.($p_h/8$, 300 mm)

폐쇄스터럽의 최소 철근량, 식 (8.25b) : $s_{(max)} = \mathrm{Min.}\left[\dfrac{A_v f_{yt}}{0.0625\sqrt{f_{ck}}\,b_w}, \dfrac{A_v f_{yt}}{0.35 b_w}\right]$

위의 간격에 대한 제한 조건을 모두 같이 쓰면,

$$s_{(max)} \leq \mathrm{Min.}\left(\frac{d}{2}, 600, \frac{p_h}{8}, 300, \frac{A_v f_{yt}}{0.0625\sqrt{f_{ck}}\,b_w}, \frac{A_v f_{yt}}{0.35 b_w}\right)\mathrm{mm}$$

$d/2 =$ 375/2 = 188 (mm)

$p_h/8 = 2(x_0 + y_0)/8 =$ 2(190+350)/8 = 1,080/8 = $\underline{135\ (\mathrm{mm})}$ ← **지배**

$\dfrac{A_v f_{yt}}{0.0625\sqrt{f_{ck}}\,b_w} =$ 57,200 / [$0.0625\sqrt{24}$ (280)] = 667 (mm)

$\dfrac{A_v f_{yt}}{0.35 b_w} =$ 57,200 / (0.35 x 280) = 584 (mm)

$s_{(max)} \leq$ Min. (188, 600, $\underline{135}$, 300, 667, 584) = 135 (mm)

$s_{(배치)} = \underline{110\ \mathrm{mm}}$ < $s_{(max)} = 135\ \mathrm{mm}$ <o.k.>

$s_{(max)} = 135$ mm 에서 10 mm 이하를 떼어내고 배치할 수 있는 최대간격은 130 mm가 되므로, 130 mm 간격으로 배치할 수 있는 구간 계산 :

식 (8.24b)를 이용해서 130 mm로 배치한 경우의 설계강도 계산 :

전단 : $s_{v\,(배치)} = [(s_v + s_t)/s_t]\, s_{(배치)} =$ [(1,164+124) / 124] 130 = 1,350 (mm)

$$V_n = \frac{A_v f_{yt} d}{s_{v\,(배치)}} + V_c = 21{,}450/1{,}350 + 85.73 = 15.88 + 85.73 = 101.6\ (kN)$$

자유단에서 거리 계산 (그림 8.25a 참고), 116.7 : 101.6 = 3.5 : x1

x1 = (101.6/116.7) 3.5 = 3.047 (m)

비틀림 : $s_{t\,(배치)} = [(s_v + s_t)/s_v]\, s_{(배치)} =$ [(1,164+124) / 1,164] 130 = 144 (mm)

$$T_n = \frac{2A_0 f_{yt} \cot\theta\, A_t}{s_{t\,(배치)}} = 3{,}224/144 = 22.39\ (kN.m)$$

자유단에서 거리 계산 (그림 8.25a 참고), 29.17 : 22.39 = 3.5 : x2

x2 = (22.39/29.17) 3.5 = 2.686 (m)

x1과 x2 중에서 작은 값이 지배하므로 x2 = 2.686 m에서 자유단(x = 0 m)까지는 130 mm 간격으로 배치하면 된다[5].

캔틸레버 지점부 [$s_{(배치)} =$ 110 mm]/2 = 55 mm 떨어져서 첫 번째 폐쇄스터럽을 배치한다.
(3.5 - 2.686 - 0.055 = 0.759) / 0.11 = 6.9 ≤ 7개 배치(110 mm 간격) ;
130 mm 간격으로 배치 구간, (3.5 - 0.055 - 0.11 x 7 = 2.675) / 0.13 = 20.6 ≥ 20개 배치
자유단에서 마지막 스터럽과 콘크리트 표피와의 두께 : 3.5 - 0.055 - 0.11 x 7 - 0.13 x 20 = 0.075 m

75 mm 간격은 피복두께 40 mm와 스터럽의 반경 등을 고려할 때 적당하다.

0.075 m ~ 0.075 + 0.13 x 20 = 2.675 m까지 **20-D10@130 mm 간격으로 배치** (그림 8.28 참고)
2.675 m ~ 2.675 + 7 x 0.11 = 3.445 m까지 **7-D10@110 mm 간격으로 배치** (그림 8.28 참고)
총 폐쇄스터럽의 개수 = 20 + 7 + 1 = 28 개

⑩ **비틀림 보강철근을 배치하는 범위 검토** : 계수 비틀림모멘트 T_u가 단계 3의 ϕ4.30 = (0.75)(4.30) = 3.23 kN·m 이하가 되면 비틀림보강을 할 필요가 없다. 비틀림모멘트가 3.23 kN·m이 되는 위치의 자유단에서의 거리 x는 3.50 x (3.23 / 19.53) = 0.578 m 이다(그림 8.26 참고). 구조기준의 규정에 따라 비틀림 보강철근이 더 이상 필요하지 않은 위치로부터 $b_t + d =$ 280 + 375 = 655 (mm)까지 비틀림 보강철근을 배치해야 한다. 655 mm > 578 mm 보다 크므로 보의 전체에 걸쳐서 폐쇄스터럽을 배치한다.

5) 이렇게 단면력으로 설계하면 전단력과 비틀림모멘트 값의 단위가 틀려서 서로 각각 단면력을 검토하는 수밖에 없다. 이에 비해서 ACI Note[8.24]에서는 경간에 대해서 $(A_v + 2A_t)/s$ [식 (8.24a)]의 분포도를 그려서 설계하고 있다. 그러나 8.4장에서와 같이 응력값으로 설계하게 되면 전단으로 인한 전단응력과 비틀림으로 인한 비틀림 전단응력을 서로 더하여 분포도를 그릴 수 있으므로 폐쇄스터럽에 의한 설계강도 분포도를 그림 8.34와 같이 그릴 수 있어서 비교하며 설계할 수 있다.

⑪ 식 (8.12b)로 소요 종방향 철근의 단면적을 계산 :

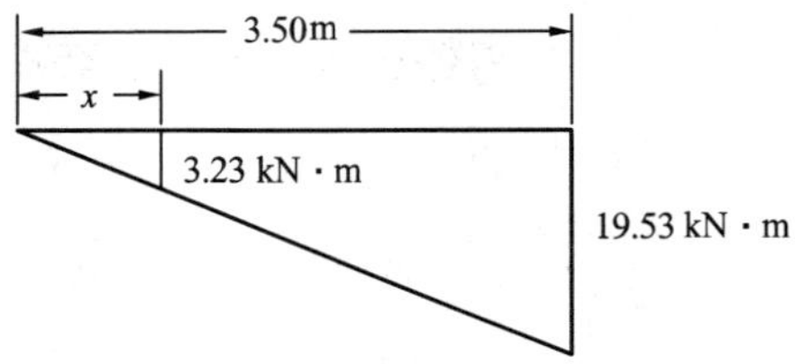

그림 8.26 비틀림 보강철근을 배치할 필요가 없는 영역, $x = 0.587$ m

$p_h = 2(x_0 + y_0) =$ 2(190+350) = 1,080 (mm)

$A_t / s_t =$ 71.3/124 = 0.576

$A_{l\,(소요)} = (A_t / s_t) p_h =$ 0.576(1,080) = <u>622 (mm^2)</u>

종방향 철근의 최대간격은 300 mm 이므로 A_l을 3 등분 [(440 - 65 - 50 - 13/2)/2 = 159 mm < 300 mm, o.k.]하여 보의 상부와 바닥 그리고 중간 깊이에 배치한다.

$A_{s\,(소요)} = A_l / 3 =$ 622/3 = 207 (mm^2)

종방향 철근의 최소 직경 검토 : $d_b = s_t / 24 \geq D10$ 철근 직경 이상

최소 직경 $d_{b\,(최소)} =$ (D10 철근) 124/24 = 5.2 (mm) > 9.53 mm(D10 철근)

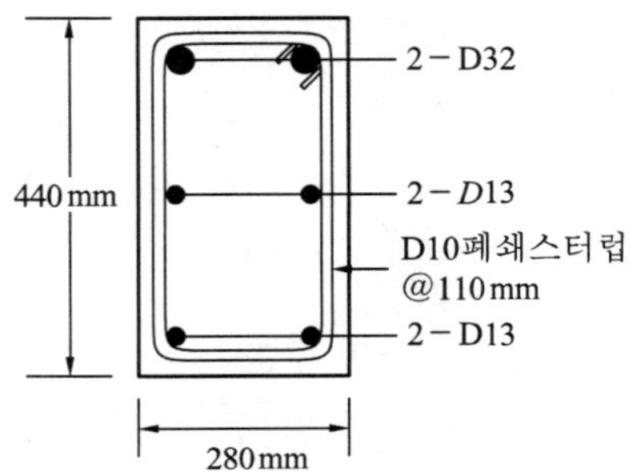

그림 8.27 철근 배치도

<u>선택 D13 철근</u> : $d_{b\,(선택)} =$ 12.7 mm > $d_{b\,(최소)} =$ 9.53 mm <o.k.>

단면의 중간 깊이와 바닥에 각각 2개의 D13 배치 : 그림 8.27 참고

∴ $A_{s\,(배치)} =$ <u>2-D13</u> = 253 mm^2 > $A_{s\,(소요)}$ = 207 mm^2 <o.k.>

상부에서의 종방향 철근은 휨 보강철근, $A_s = 1{,}379\ \text{mm}^2$ 와 더하면 1,379 + 207 = 1,586 mm^{2}가 된다. 2개의 D32 철근을 배치하면(그림 8.27 참고)

∴ $A_{s\,(배치)}$ = <u>2-D32</u> = 1,588 mm^2 > $A_{s\,(소요)} =$ 1,586 mm^2 <o.k.>

[단계 1에서 유효깊이를 계산하면서 주철근으로 D29 철근을 가정하여 구했으므로 유효깊이를 다시 산정하여 재설계하여야 하지만 생략한다.]

⑫ 식 (8.26)으로 최소 종방향 철근을 검토 :

$A_t / s_t =$ <u>0.576</u> > $0.175 b_w / f_{yt} =$ 0.175(280)/400 = 0.123 <o.k.>

$A_{cp} = bh =$ (280)(440) = 123,200 (mm^2)

식 (8.26) : $A_{l\,(\min)} = \dfrac{0.42\sqrt{f_{ck}}}{f_y} A_{cp} - \left(\dfrac{A_t}{s_t}\right) p_h \dfrac{f_{yt}}{f_y}$

(0.42$\sqrt{24}$ / 400)(123,200) = 633.7 ; (0.576)(1,080)(1) = 622.0

$A_{l\,(\min)} =$ 633.7 - 622.0 = 11.8 (mm^2)

∴ $A_{l\,(배치)} =$ 253 x 2 + (1,588-1,379) = 715 (mm^2) > $A_{l\,(\min)}$ = 11.8 mm^2 <o.k.>

⑬ 휨철근 배치와 순간격에 대한 규정 검토 [5.4장 및 식 (2.52a) 참고] :

외부 습윤환경 $k_{cr} = 210$; 철근의 응력 : $f_s = (2/3)f_y =$ (2/3)(400) = 267 (MPa)

순피복두께 : $c_c = 40 + 10 = 50$ (mm)

식 (5.11) : $s_{(\max)} = 375(k_{cr}/f_s) - 2.5c_c =$ 375(210/267) - 2.5(50) = <u>170 (mm)</u>

$\leq 300(210/f_s) =$ 300(210/267) = 236 (mm) <o.k.>

$\therefore s_{(배치)} =$ 280 - 2(40+10) - 32 = 148 (mm) < $s_{(\max)} =$ 170 mm <o.k.>

식 (2.52a)(그림 4.28 참고) : 굵은골재 최대치수 a_{max} = 20 mm 가정

순간격 제한 = Max. [25 mm, <u>32 mm</u>, (4/3)20 = 27 mm] = 32 mm 이상

순각격 계산 : 280 - 100 - 2(32) = 116 mm > 32 mm <o.k.>

⑭ 구조기준 7.6.2(5)에서는 휨압축 영역의 종방향 비틀림철근의 면적을 $M_u/(0.9df_y)$만큼 줄일 수 있도록 되어 있다. 다음의 2 가지 이유 때문에 본 예제에서는 이 규정을 적용하지 않는다. 첫째는 M_u가 보의 길이에 걸쳐서 변하기 때문이고, 둘째는 D10 지름 이상, $s_t/24$ 이상 [$d_b \geq$ 124/24 = 5.2 (mm) > <u>9.53 mm</u>]의 종방향 철근이 스터럽의 각 모서리에 최소한 하나가 배치되어야 한다는 구조기준 7.6.4(5) 규정 때문이다.

⑮ 대략적인 철근배치도는 그림 8.27과 그림 8.28에 주어졌다.

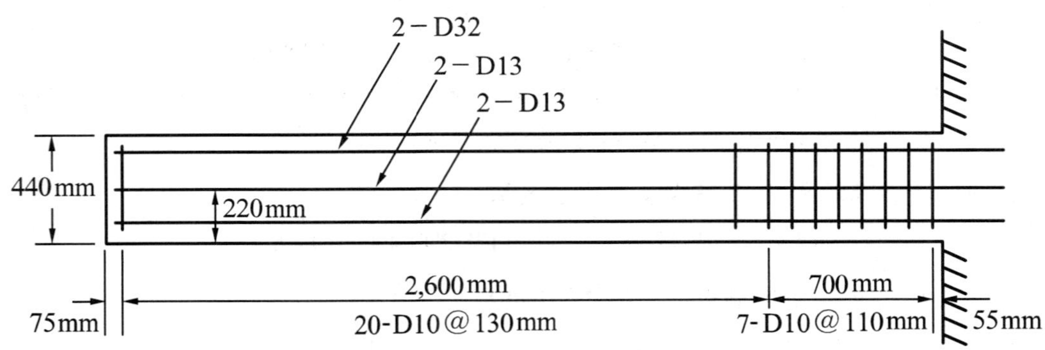

그림 8.28 철근배치도

예제 8.7 박스형 단면 보의 비틀림 설계

계수전단력 $V_u = 213.8$ kN과 계수 비틀림모멘트 $T_u = 40.7$ kN·m가 그림 8.29의 박스 단면 보에 작용하고 있다. 모든 면에서 단면의 두께는 130 mm이다. 구조기준에 따라 전단력과 비틀림모멘트에 의해서 요구되는 D10 폐쇄스터럽의 간격과 종방향 철근의 단면적을 구하라. 단, 모래경량골재 콘크리트의 설계기준강도 $f_{ck} = 24$ MPa, $f_y = f_{yt} = 400$ MPa이다.

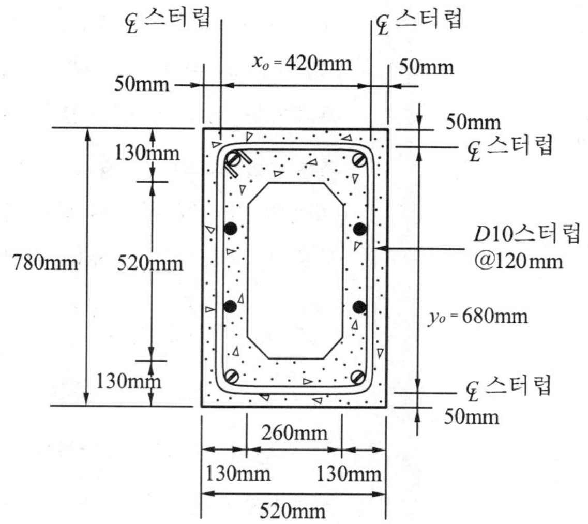

그림 8.29

풀이

① 요구되는 콘크리트 박스 보의 제값 계산 : 모래경량골재 콘크리트, 쪼갬인장강도 f_{sp}가 주어지지 않았으므로, $\lambda = 0.85$

D29 주철근($d_b \approx 29$ mm)이 배치된다고 보아 유효깊이 계산 :

$\therefore d =$ 780 - (50 + 10/2 + 29/2) ≈ 780 - 70 = <u>710 (mm)</u>

$b_w = 260\ \text{mm}\ \ ;\ b = 520\ \text{mm}$

$p_{cp} = 2(b+h) = 2(520+780) = 2{,}600\ (\text{mm})$

$A_{cp} = bh = 520(780) = 405.6 \times 10^3\ (\text{mm}^2)$

속이 빈 단면이므로 A_g를 계산하여 검토 :

$A_g = 2[(520)(130)+(780-260)(130)] = 270.4 \times 10^3\ (\text{mm}^2)$

$A_g/A_{cp} = (270.4\times10^3)/(405.6\times10^3) = 0.667 < 0.95$; 따라서 A_{cp} 대신에 A_g를 사용할 수 있다.

$A_g{}^2/p_{cp} = (270.4\times10^3)^2/2{,}600 = 28.12\times10^6\ (\text{mm}^3)$

$p_h = 2(x_o+y_o) = 2(420+680) = 2{,}200\ (\text{mm})$

$A_{oh} = x_o \cdot y_o = 420(680) = 285.6\times10^3\ (\text{mm}^2)$

$A_o = 0.85A_{oh} = 0.85(285.6\times10^3) = 242.8\times10^3\ (\text{mm}^2)$

D10 폐쇄스터럽의 단면적 : $A_t = A_b = 71.3\ \text{mm}^2\ \ ;\ A_v = 2A_b = 143\ \text{mm}^2$

② 폐쇄스터럽 중심선에서 내부 벽면까지의 피복두께 검토[구조기준 7.6.3(4), ACI 11.5.4.4] : 속 빈 단면(hollow section)에서 횡방향 비틀림 폐쇄스터럽의 중심선으로부터 내부 벽면까지의 두께는 $0.5A_{oh}/p_h$ 이상이 되도록 설계하여야 한다.

$A_{oh}/p_h = x_0 \cdot y_0/[2(x_0+y_0)] = 285.6\times 10^3/2{,}200 = 130\ \text{(mm)}$

$0.5A_{oh}/p_h = 0.5\times 130 = 65\ \text{(mm)}$

플랜지와 복부 두께 검토 : 130 - 50 = 80 (mm) > 65 mm <o.k.>

플랜지와 복부의 두께가 구조기준의 최소피복두께 규정과 폐쇄스터럽의 비틀림에 의한 콘크리트 피복의 박리에 대해서 만족한다.

③ 사용성 검토, 식 (8.15a) : $v_u + v_{tu} = V_u/b_w d + T_u p_h/1.7A_{oh}^2 \le \phi 5\sqrt{f_{ck}}/6$

$$v_u + v_{tu} = \frac{213.8\times 10^3}{(260)(710)} + \frac{(40.7\times 10^6)(2{,}200)}{1.7(285.6\times 10^3)^2} \le 0.75\left(\frac{5}{6}\right)\sqrt{24} = 3.06\ \text{(MPa)}$$

$v_u + v_{tu} = 1.158 + 0.646 = 1.804\ \text{(MPa)} < 3.06\ \text{MPa}$ <o.k.>

∴ 단면의 크기는 적당하다.

④ 비틀림모멘트를 설계에 고려해야 하는지 여부 검토 :

$$\frac{\lambda\sqrt{f_{ck}}}{12}\left(\frac{A_g^{\ 2}}{p_{cp}}\right) = \left(\frac{0.85\sqrt{24}}{12}\right)(28.12\times 10^6)/10^6 = (0.347)(28.12) = 9.76\ (\text{kN}\cdot\text{m})$$

$T_u/\phi = 40.7/0.75 = 54.3\ \text{kN}\cdot\text{m} > 9.76\ \text{kN}\cdot\text{m}$; 비틀림모멘트에 대한 설계를 고려하여야 한다.

만약에 A_{cp} 대신에 A_g를 사용하지 않았다면,

$A_{cp}^{\ 2}/p_{cp} = (405.6\times 10^3)^2/2{,}600 = 63.27\times 10^6\ (\text{mm}^3)$

$$\frac{\lambda\sqrt{f_{ck}}}{12}\left(\frac{A_{cp}^{\ 2}}{p_{cp}}\right) = 9.76\left(\frac{63.27}{28.12}\right) = 9.76(2.25) = 22.0\ (\text{kN}\cdot\text{m})$$가 되어 2.25배가 된다.

⑤ 연직 전단에 요구되는 스터럽의 간격 계산 : $\lambda = 0.85$

$$V_c = \frac{\lambda\sqrt{f_{ck}}}{6}b_w d = \frac{0.85\sqrt{24}}{6}(260)(710)/10^3 = 128.1\ \text{(kN)}$$

$V_s \ge V_u/\phi - V_c = 213.8/0.75 - 128.1 = 285.1 - 128.1 = 157.0\ \text{(kN)}$

$V_s = 157.0\ \text{kN} < (2\sqrt{f_{ck}}/3)b_w d = (2\sqrt{24}/3)(260)(710)/10^3 = 602.9\ \text{(kN)}$ <o.k.>

식 (7.29) : $\therefore\ s_{v\,(소요)} \le \dfrac{A_v f_{yt} d}{V_s} = \dfrac{(143)(400)(710)}{157.0\times 10^3} = \underline{259\ \text{(mm)}}$

⑥ 비틀림모멘트에 대한 스터럽의 간격 s_t 계산 : $\theta = 45^o$

식 (8.7b) :

$$s_{t\,(소요)} \le \left(\frac{2A_o f_{yt}\cot\theta}{T_u/\phi}\right)A_t = \left[\frac{(2)(242.8\times 10^3)(400)(1)}{54.3\times 10^6}\right](71.3) = \underline{255\ \text{(mm)}}$$

⑦ 전단과 비틀림 보강철근을 더하여 소요 간격 계산 :

식 (8.24b) : $\therefore s_{(소요)} = \dfrac{s_v s_t}{s_v + s_t} = \dfrac{259(255)}{259+255} = 128\ (\mathrm{mm})$

따라서 $\therefore s_{(배치)} = \underline{120\ \mathrm{mm}} < [s_{(소요)} = 128\ \mathrm{mm}]$로 배치한다.

⑧ 폐쇄스터럽의 최대간격 검토 :

전단의 최대 간격 :

$$V_s = 157.0\ \mathrm{kN} < \left(\frac{\lambda\sqrt{f_{ck}}}{3}\right) b_w d = \left(\frac{0.85\sqrt{24}}{3}\right)(260)(710)/10^3 = 256.2\ (\mathrm{kN})$$

$s_{(\max)} \le \mathrm{Min.}(d/2,\ 600\ \mathrm{mm})$

비틀림의 최대 간격 : $s_{(\max)} \le \mathrm{Min.}(p_h/8,\ 300\ \mathrm{mm})$

폐쇄스터럽의 최소 철근량, 식 (8.25b) : $s_{(\max)} = \mathrm{Min.}\left[\dfrac{A_v f_{yt}}{0.0625\sqrt{f_{ck}}\, b_w},\ \dfrac{A_v f_{yt}}{0.35 b_w}\right]$

위의 간격에 대한 제한 조건을 모두 같이 쓰면,

$$s_{(\max)} \le \mathrm{Min.}\left(\frac{d}{2},\ 600,\ \frac{p_h}{8},\ 300,\ \frac{A_v f_{yt}}{0.0625\sqrt{f_{ck}}\, b_w},\ \frac{A_v f_{yt}}{0.35 b_w}\right)\mathrm{mm}$$

$d/2 = 710/2 = 355\ (\mathrm{mm})$; $p_h/8 = 2{,}200/8 = 275\ (\mathrm{mm})$

$$\frac{A_v f_{yt}}{0.0625\sqrt{f_{ck}}\, b_w} = \frac{57{,}200}{0.0625\sqrt{24}(260)} = 719\ (\mathrm{mm})$$

$$\frac{A_v f_{yt}}{0.35 b_w} = \frac{57{,}200}{0.35(260)} = 629\ (\mathrm{mm})$$

$s_{(\max)} \le \mathrm{Min.}(355,\ \underline{275},\ 300,\ 719, 629)\ (\mathrm{mm}) = 275\ \mathrm{mm}$

$\therefore s_{(설계)} = \underline{120\ \mathrm{mm}} < [s_{(\max)} = 275\ \mathrm{mm}]$ <o.k.>

D10 폐쇄스터럽을 120 mm 간격으로 배치한다.

⑨ 식 (8.12b)로 소요 종방향 철근의 단면적을 계산 :

$A_{l\,(소요)} = (A_t/s_t)p_h = (71.3/255)(2{,}200) = 0.280(2{,}200) = \underline{615\ (\mathrm{mm}^2)}$

식 (8.26)으로 최소 종방향 철근을 검토 :

$A_t/s_t = 0.280 > [0.175 b_w/f_{yt} = 0.175(260)/400 = 0.114]$ <o.k.>

식 (8.26) : $A_{l\,(\min)} = \dfrac{0.42\sqrt{f_{ck}}}{f_y} A_{cp} - \left(\dfrac{A_t}{s_t}\right) p_h \dfrac{f_{yt}}{f_y}$

$$A_{l(\min)} = \frac{0.42\sqrt{24}}{400}(405.6\times 10^3) - (0.280)(2{,}200)\left(\frac{400}{400}\right) = 2{,}086 - 616 = 1{,}470\ (\mathrm{mm}^2)$$

$> [A_{l\,(소요)} = 615\ \mathrm{mm}^2]$ <N.G.>

따라서 종방향 철근으로 $\underline{A_{l\,(소요)} = A_{l\,(\min)} = 1{,}470\ \mathrm{mm}^2}$를 폐쇄스터럽 주위에 고르게 분배하여 배치한다.

예제 8.8 적합비틀림 상태를 고려한 설계 예

그림 8.30의 1방향 슬래브에는 균등한 계수등분포하중 $w_u = 14.3\ \text{kN/m}^2$이 작용하고 있다. 1번과 3번 선을 따라있는 보는 $b = 300$ mm, $d = 380$ mm, $h = 460$ mm이고, 보통중량골재 $f_{ck} = 21$ MPa 콘크리트를 사용하였고, 기둥의 단면은 300 × 300 mm이다. 전형적인 슬래브 1 m 폭에 작용하는 휨모멘트를 결정하고, 1번 선의 F와 G 사이에 위치하는 테두리 보(spandrel beam)를 설계하는데 필요한 최대 비틀림모멘트와 등분포하중을 다음의 2 경우에 대하여 각각 구하라.

(a) 1번 선의 F와 G를 따라 배치된 기둥과 아래에 제시된 계수 부모멘트를 받는 슬래브에 의해서 구속된 경우 : 그림 4.35c 참고, 순경간 $l_n = 4.57 - 0.3 = 4.27\ (\text{m})$

불연속 단부 부모멘트 :

$$\frac{w_u l_n^{\,2}}{24} = \frac{14.3(\times 1\ \text{m};\ \text{단위 폭당})(4.27^2)}{24} = 10.86\ (\text{kN}\cdot\text{m/m})$$

(b) 적합비틀림 상태로 위험단면의 비틀림모멘트를 식 (8.3c)의 $T_{cr} = \phi(\lambda\sqrt{f_{ck}}/3)A_{cp}^{\,2}/p_{cp}$로 한정할 수 있는 경우 :

풀이

① 균열 비틀림모멘트 계산에 포함시킬 수 있는 단면에 대한 제값들 계산 : 그림 8.6 및 구조기준 10.3.1(4) 및 10.5.5.(1) 참고, 보통중량골재 콘크리트 $\lambda = 1.0$

$h_b = 460 - 125 = \underline{335}\ (\text{mm}) < 4h_f = 4(125) = 500\ (\text{mm})$ <o.k.>

그림 8.30b와 같이 플랜지 부분 포함 : $A_{cp} = 300(460) + 125(335) = 179.9 \times 10^3\ (\text{mm}^2)$

그림 8.30b : $p_{cp} = 460 + 300 + 2(335) + 125 + 635 = 2{,}190\ (\text{mm})$

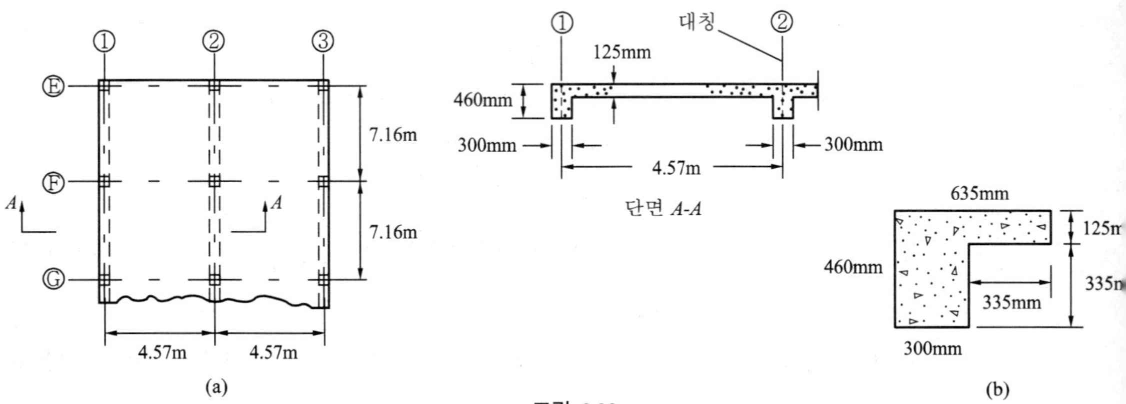

그림 8.30

$A_{cp}{}^2/p_{cp} = (179.9\times10^3)^2/2{,}190 = 14.78\times10^6\ (\mathrm{mm}^3)$

구조기준 7.5.1(2)에서 플랜지를 포함하지 않은 $A_{cp}{}^2/p_{cp}$를 계산해서 만약에 이 값이 큰 경우에는 플랜지 부분을 계산에 포함시키지 말라고 되어있으므로, 플랜지를 제외한 직사각형 단면에 대해서 A_{cp}와 p_{cp}를 계산 :

$A_{cp} = 300(460) = 138.0\times10^3\ (\mathrm{mm}^2)$; $p_{cp} = 2(460+300) = 1{,}520\ (\mathrm{mm})$

$(A_{cp}{}^2/p_{cp})_{직사각형} = (138\times10^3)^2/1{,}520 = 12.53\times10^6\ (\mathrm{mm}^3)$

$A_{cp}{}^2/p_{cp} = 14.78\times10^6\ \mathrm{mm}^3 > (A_{cp}{}^2/p_{cp})_{직사각형} = 12.53\times10^6\ \mathrm{mm}^3$

따라서 플랜지를 포함하여 계산한 값을 사용한다.

② **(a)의 경우** : 슬래브와 보 사이에 10.86 kN · m/m 의 부 휨모멘트가 작용하므로, 기둥면으로부터 $d=$ 380 mm 떨어진 위험단면의 계수 비틀림모멘트 T_u 계산(그림 8.31a 참고) :

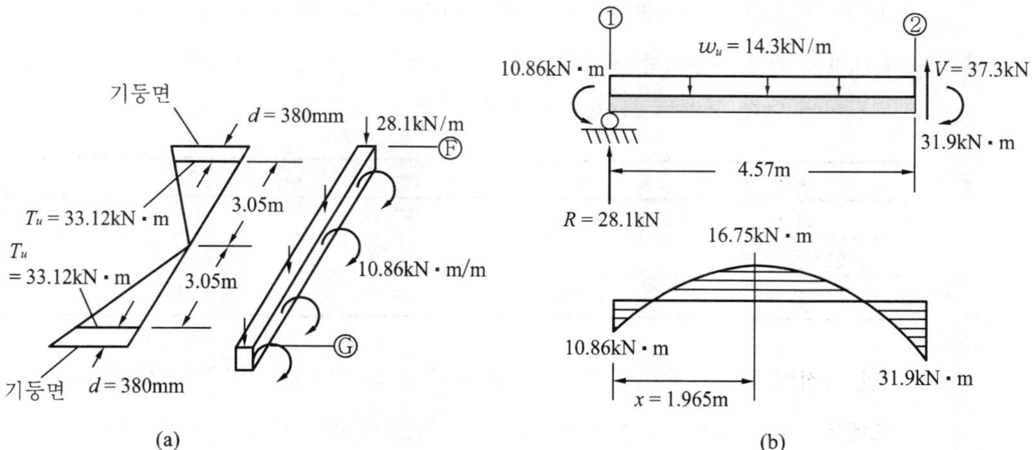

그림 8.31

위험단면에서 테두리 보의 경간중앙까지의 거리$= 7.16/2 - 0.3/2 - 0.38 = 3.05\ (\mathrm{m})$가 된다.

$T_u = (10.86\ \mathrm{kN\cdot m/m})(3.05\ \mathrm{m}) = \underline{33.12\ (\mathrm{kN\cdot m})}$

계수 등분포하중 14.3 kN/m^{2}와 단모멘트 10.86 kN · m/m 가 작용하는 단위 1 m당 연속슬래브의 해석은 아래와 같이 모멘트분배법을 이용하여 구할 수 있으며 그림 8.31에 주어졌다.

지점	①	②		③
FEM	-10.86	37.33	-37.33	10.86
전달모멘트		-5.43	5.43	
ΣM	-10.86	31.9	-31.9	10.86

2번 지점의 고정단 모멘트 : $FEM = w_u l^2/8 = 14.3(4.57)^2/8 = 37.33\ (\mathrm{kN \cdot m})$

1번 지점의 반력 : $R = [10.86 + 14.3(4.57^2)/2 - 31.9]/4.57 = \underline{28.1\ (\mathrm{kN})}$

모멘트가 0인 위치는 1번 지점으로부터 전단력이 0인 지점이므로,

최대 모멘트 가 일어나는 위치 : $x = 28.1/14.3 = 1.965\ \mathrm{m}$

$M_{max} = 28.1(1.965) - 10.86 - 14.3(1.965^2)/2 = 16.75\ \mathrm{kN \cdot m}$

③ **(b)의 적합비틀림인 경우** : 위험단면의 비틀림모멘트는 다음과 같이 취할 수 있으므로[구조기준 7.5.2(2), ACI 11.5.2]

$$T_u = T_{cr} = \phi \frac{\lambda \sqrt{f_{ck}}}{3} \left(\frac{A_{cp}^2}{p_{cp}} \right) = 0.75 \left(\frac{1.0\sqrt{21}}{3} \right) (14.78 \times 10^6)(10^{-6}) = \underline{16.93\ (\mathrm{kN \cdot m})}$$

슬래브가 테두리 보에 모멘트를 균등하게 분배하여 작용한다고 보면, 단위길이 당 모멘트는 아래와 같이 계산할 수 있다.

$M_u = T_u/3.05 = 16.93\ \mathrm{kN \cdot m}/(3.05\ \mathrm{m}) = 5.55\ \mathrm{kN \cdot m/m}$

슬래브에 전체 계수하중과 단모멘트 $5.55\ \mathrm{kN \cdot m/m}$ 를 작용하여 다시 해석하면 그림 8.32의 단위길이에 대한 모멘트 곡선을 구할 수 있다.

지점	①	②		③
FEM	-5.55	37.33	-37.33	5.55
전달모멘트		-2.78	2.78	
$\sum M$	-5.55	34.55	-34.55	5.55

1번 지점의 반력 : $R = [5.55 + 14.3(4.57^2)/2 - 34.55]/4.57 = \underline{26.33\ (\mathrm{kN})}$

모멘트가 0인 위치는 1번 지점으로부터 전단력이 0인 지점, $x = 26.33/14.3 = 1.841\ (\mathrm{m})$

$M_{(max)} = 26.33(1.841) - 5.55 - 14.3(1.841^2)/2 = 18.69\ \mathrm{kN \cdot m}$

그림 8.31과 8.32에서 두 방법을 비교해보면, 적합비틀림 해석을 하면 테두리보의 비틀림모멘트와 연직하중을 감소시킬 수 있음을 보여주고 있다. 이렇게 설계하중들을 감소시켜서 단면이 작은 테두리보를 사용할 수가 있다. 테두리 보에서 하중의 감소는 내부슬래브에서 얼마간의 정모멘트와 부모멘트의 증가로 상쇄되며, 이러한 증가는 슬래브 보강철근의 양에는 거의 영향을 미치지 않는다.

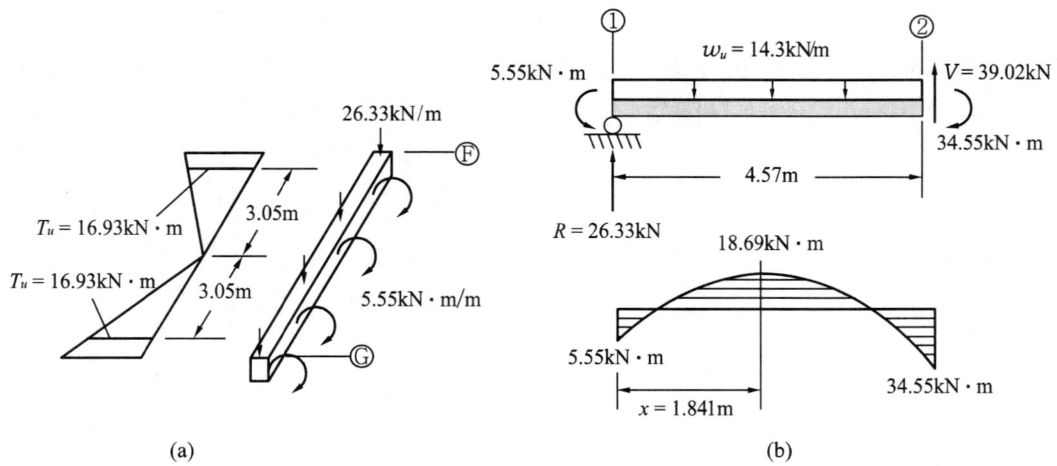

그림 8.32

8.4 전단과 비틀림모멘트 설계의 조합(Combined Design Method for Shear and Torsion)[8.30]

현행 콘크리트구조기준(이하 '구조기준')에서 전단과 비틀림 설계는 비록 7장에 '전단과 비틀림'으로 한 장에서 다루고는 있지만 각각의 설계방법이 태생적으로 분리되어 발달되었기 때문에 규정의 내용들도 마치 두 설계방법이 서로 분리된 설계인 것 같이 제시되고 있다.

테두리보나 편심하중이 작용하거나 또는 연속부재가 서로 각도를 갖고 연결되는 경우에 전단과 비틀림이 동시에 작용하고 이로 인해서 각각의 전단응력이 발생하므로 이 두 전단응력을 더하여 전단과 비틀림에 대해서 동시에 분포도를 그리고 통합하여 설계하면 설계과정을 이해하기 쉬울 뿐 만 아니라 명확하게 표현할 수 있을 것이다. 그러나 현행 구조기준에서는 전단[식 (7.24a)]과 비틀림 설계식[식 (8.7a)]을 단면력으로 표현하여 각각 kN과 kN · m로 차원이 달라서 분포도를 그리기 위해서는 각각 다른 축에 그릴 수밖에 없어서 전단과 비틀림에 대해서 각각 설계를 수행하여 최종적으로 열린 스터럽과 폐쇄 스터럽의 철근 단면적을 더하여 설계하는 복잡한 과정을 거쳐야 한다.

게다가 현행 구조기준에서는 전단과 비틀림모멘트에 대한 설계식을 단위 길이 당 스터럽의 단면적으로 표현되는 A_v/s나 $2A_t/s$ [식 (8.24a) 참고]로 제시하여, 설계과정에서 이 값들의 크기나 상황을 정확하게 인식하기 거의 불가능하게 된다. 설계에서 먼저 스터럽의 종류를 결정하여 단면적 A_v 나 A_t가 결정되므로 설계식들을 스터럽의 간격에 대한 식으로 정리하면 설계과정을 명확하게 인식할 수 있고 또한 여러 설계과정도 간단하게 정리되어 이해하기 쉽도록 할 것이다.

그림 8.12에서 보는 바와 같이 종방향 축에 연직하게 발생하는 전단응력과 종방향 축을 중심으로 회전하며 발생하는 비틀림 전단응력은 구조기준 7.6.1(2)(ACI 11.5.3.2)에서 언급한 바와 같이 서로 더하여 응력 값이 가장 커지는 면에 대해서 설계하면 될 것이다. 예를 들어서 그림 8.12a의 속빈 단면에서는 두 응력이 더해지는 A 면을 기준으로 설계하고, 그림 8.12b의 속찬 단면에서는 좌측면을 기준으로 설계하면 된다. 이러한 응력 값에 대한 개념은 단면의 균열폭 제한이나 또는 복부 콘크리트의 압축파괴에 대한 사용성을 검토하는 경우에 적용되고 있는 개념이다.

물론 비틀림모멘트 설계에서 설계를 할 필요가 없는 한계비틀림의 검토는 비틀림모멘트 단면계수 $(A_{cp}{}^2/p_{cp})$로 수행되고 보강철근의 설계는 폐쇄스터럽으로 둘러싸인 단면계수 $(1.7A_{0h}{}^2/p_h)$를 적용하여 정리가 필요하게 된다.

전단보강 철근배치 한계 : 설계에서 전단보강철근을 배치하지 않아도 되는 한계는 축하중이 없는 경우의 V_c를 간략식[식 (7.16a), 표 7.1]으로 구한다고 보고, 응력으로 표현하면 아래와 같이 쓸 수 있다.

$$\frac{v_u}{\phi_s} < \left[\frac{v_c}{2} = \left(\frac{\lambda\sqrt{f_{ck}}}{6} b_w d \right) \frac{1}{2(b_w d)} = \frac{\lambda\sqrt{f_{ck}}}{12} \right] \tag{8.27}$$

비틀림 설계 한계 : 비틀림모멘트의 경우에 대한 균열에 대한 한계비틀림의 검토는 단면계수 $(A_{cp}{}^2/p_{cp})$로 판단하므로 이 계수를 적용하여 응력으로 표현하면 식 (8.4a)는 다음과 같이 적을 수 있다.

$$\left[\frac{v_{tu(\text{한계})}}{\phi_s} = \frac{T_u/\phi_s}{A_{cp}{}^2/p_{cp}} \right] < \left[\left(\frac{\lambda\sqrt{f_{ck}}}{12} \frac{A_{cp}{}^2}{p_{cp}} \right) \frac{p_{cp}}{A_{cp}{}^2} = \frac{\lambda\sqrt{f_{ck}}}{12} \right] \tag{8.28}$$

여기에서 직사각형 단면인 경우에 $A_{cp}{}^2 = (b_w \cdot h)^2$, $p_{cp} = 2(b_w + h)$ 가 된다(그림 8.20 참고).

전단 보강철근의 설계 : 일반적으로 주철근에 연직한 열린 U형 스터럽 형태로 배치되는 전단보강철근은 사전에 철근의 종류가 선택되어 단면적 $A_v = 2A_b$ (단일 U형, $A_b =$ 다리 한 가닥의 단면적)가 결정된다고 보아 전단보강철근의 설계($v_s =$ 전단보강철근의 소요전단응력)를 스터럽의 소요 간격에 대한 식으로 표현하면서, 비틀림모멘트 보강철근의 소요 간격과 구분하기 위해서 $s_{v(\text{소요})}$를 응력으로 표현하면 다음과 같이 쓸 수 있다[식 (7.29) 참고].

$$v_s = \frac{V_s}{b_w d} = \frac{A_v f_{yt} d}{s_v} \frac{1}{b_w d} = \frac{A_v f_{yt}}{s_v b_w}$$

$$s_{v(소요)} \le \left[\frac{A_v f_{yt}}{v_s b_w} = \frac{A_v f_{yt}}{(v_u/\phi_s - v_c) b_w} \right] \tag{8.29}$$

비틀림 보강철근 설계 : 철근의 종류가 선택되어 폐쇄스터럽의 다리 하나의 단면적 $A_t = A_b$가 결정된다고 보아 비틀림응력 $v_{ts} = v_{tu}/\phi_s$로 표현된 식을 폐쇄스터럽의 소요 간격에 대한 식으로 쓰면서, 전단 보강철근의 소요 간격과 구분하기 위해서 $s_{t(소요)}$를 도입하면 다음과 같이 표현할 수 있다[식 (8.7b) 참고].

$$\left(v_{ts} = \frac{v_{tu}}{\phi_s} = \frac{T_u/\phi_s}{2A_0 t} \right) \le \left[\frac{2A_0 f_{yt} \cot\theta}{s_t (2A_0 t)} A_t = \frac{A_t f_{yt} \cot\theta}{s_t t} \right]$$

$$s_{t(소요)} \le \left[\frac{A_t f_{yt} \cot\theta}{v_{ts} t} = \frac{A_t f_{yt} \cot\theta}{(v_{tu}/\phi_s) t} \right] \tag{8.30}$$

여기에서 스터럽의 중심에서 콘크리트 표피까지의 거리를 45 mm (= 40 + 10/2)로 가정하면, 직사각형 단면에서 $A_0 = 0.85A_{0h} \approx 0.85(b_w - 90)(h-90)$, $p_h \approx 2[(b_w - 90) + (h-90)]$, $t \approx A_{0h}/p_h$ 이고, 압축경사각 θ는 $30^o \le \theta \le 60^o$이다.

구조기준 7.6.2(4)(ACI 11.5.3.8)의 규정에 따라 비틀림모멘트에 의해서 요구되는 철근은 비틀림모멘트와 조합하여 작용하는 전단력과 휨모멘트 및 축력에 의해서 요구되는 철근을 추가하도록 규정하고, 이 때 철근의 간격과 배치는 가장 엄격한 요구조건을 만족하도록 제안하고 있다. 이 규정에 따라 구조기준 해설6)에서는 전단보강 철근의 단위길이 당 단면적과 비틀림모멘트 보강철근의 단위 길이 당 단면적을 식 (8.24a)와 같이 더해주도록 하고 있다.

$$\frac{A_{v+t}}{s} = \frac{A_v}{s_v} + 2\left(\frac{A_t}{s_t}\right) = \frac{v_s b_w}{f_{yt}} + 2\left(\frac{v_{ts} t}{f_{yt} \cot\theta}\right) \tag{8.24a}$$

여기에서 A_{v+t}는 전단과 비틀림보강 철근을 더해주면서 그 기준이 전단보강 철근으로 단일 U형 스터럽인 경우에 $A_v = 2A_b$ 라는 의미이다.

식 (8.24a)에서 보는 바와 같이 설계과정에서 단위길이당 단면적으로 표현되는 A_v/s_v나 A_t/s_t가 도입되어 설계자가 스터럽의 간격 등에 대해서 직관적으로 판단하기 쉬지 않게 된다. 그러나 식 (8.29)나 식 (8.30)로 표현되면 설계과정에서 간격으로 표현되므로 쉽게 상황을 인식할 수 있게 된다. 또한 식 (8.24a) 대신에 식 (8.29)와 식 (8.30)을 식 (8.24a)와 유사한 방법으로 써서 더하는 식 (8.24b)를 이용하면 간단하게 최종적인 폐쇄스터럽의 간격을 계산할 수 있다.

$$s_{(소요)} \le \frac{s_v s_t}{s_v + s_t} \tag{8.24b}$$

식 (8.24a)를 다시 쓰면,

$$[A_{v+t(소요)} = A_{v(소요)} + 2A_{t(소요)}] \ge \left(\frac{v_s s_v b_w}{f_{yt}} + \frac{2 v_{ts} s_t t}{f_{yt} \cot\theta} \right) \tag{8.24c}$$

가 된다. 이 식을 식 (8.24b)와 같이 간격 s로 정리하면서 열린 U형 스터럽과 폐쇄스터럽 비틀림 보강철근의 단면적을 더해주면서 응력에 대해서 다음과 같이 표현할 수 있다.

$$s_{(소요)} \le \frac{A_{v+t} f_{yt}}{v_s b_w + 2v_{ts} t/\cot\theta} \tag{8.31a}$$

또는 이 식을 다리 한 가닥의 기준으로 표현하여 $2A_{t+v} = A_{v+t}$로 쓰면,

$$s_{(소요)} \le \frac{2A_{t+v} f_{yt}}{v_s b_w + 2v_{ts} t/\cot\theta} \tag{8.31b}$$

로 쓸 수도 있다. 설계에서는 식 (8.29)와 식 (8.30)을 이용해서 전단과 비틀림의 스터럽의 소요간격을 결정해서 최종적인 폐쇄스터럽의 소요간격을 식 (8.24b)로 계산하거나 또는 식 (8.31a)나 (8.31b)를 이용해서 전체 스터럽의 소요간격을 계산할 수도 있다.

그림 8.33에서와 같이 단일 U형이 아니고 다리가 4개인 다중 U형인 경우에 맨 바깥에 배치되는 폐쇄스터럽 A_t와 $A_v/4$를 더해서 맨 바깥에 배치되는 스터럽의 단면적을 결정하면 된다. 이런 경우에 A_{v+t}는

$$A_{v+t} = \frac{A_v}{2} + 2A_t \tag{8.32}$$

로 결정하면 된다. 그림 8.33a~d에는 단면에 연결된 플랜지나 슬래브로 구속된 경우와 그렇지 않는 경우의 폐쇄스터럽 결속장치(결속근, cap tie)의 정착에 대해서 보여주고 있다.

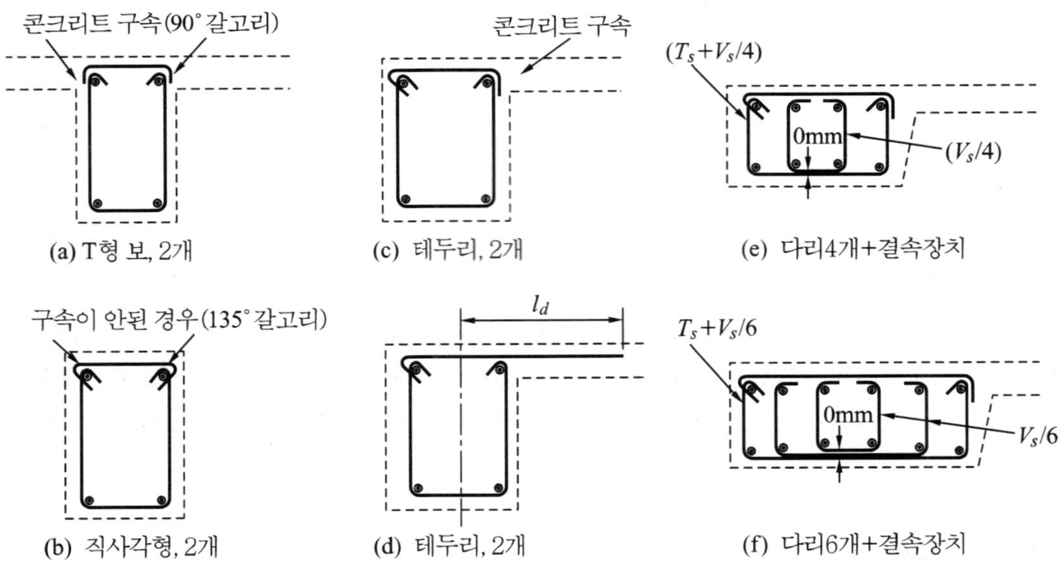

그림 8.33 플랜지나 슬래브의 구속으로 인한 폐쇄스터럽 [U형 스터럽 + 결속근(cap tie)]의 갈고리 종류와 다리가 여러 개인 경우에 비틀림 보강철근으로 고려되는 단면의 주변을 둘러싸듯 배치되는 철근[8.31]

예제 8.9 : 전단과 비틀림 설계의 조합

예제 8.6에서 다루었던 문제를 응력값을 이용하여 재설계하고, 전단과 비틀림에 의한 소요 공칭전단 응력 분포도 [$v_n \geq (v_u + v_{tu})/\phi_s$]와 설계된 폐쇄스터럽의 전단강도 $(v_s + v_{ts})$ 분포도를 그려라. 그림 8.25에서 단면의 중심축으로부터 250 mm 떨어져서 계수등분포하중 $w_u =$ 25 kN/m가 작용하는 경간 $l =$ 3.50 m의 캔틸레버 보를 D10 폐쇄스터럽을 이용하여 전단과 비틀림모멘트에 대해서 설계하라. 단면 b x h = 280 x 440 mm이고 유효깊이 d = 375 mm이다. 보통중량골재 콘크리트 설계기준 압축강도 $f_{ck} =$ 24 MPa이고, $f_y = f_{yt} =$ 400 MPa이다.

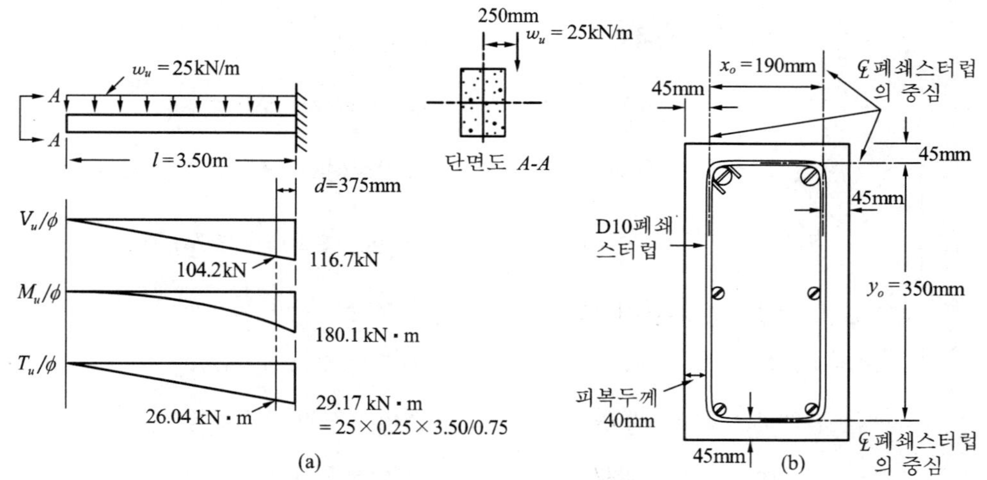

그림 8.25 (a) 전단력, 휨모멘트 및 비틀림모멘트도; (b) 폐쇄스터럽의 단면도

풀이

① 제 계수 계산 : 보통중량골재 콘크리트 $\lambda =$ 1.0

$\lambda\sqrt{f_{ck}} = (1.0)\sqrt{24} = 4.899\,(\text{MPa})$; $b_w d =$ (280)(375) = 105,000 (mm^2)

$A_{cp} = b_w h =$ (280)(440) = 123,200 (mm^2)

$p_{cp} = 2(b_w + h) =$ 2(280+440) = 1,440 (mm)

$A_{cp}{}^2 / p_{cp} =$ 123,200^2 / 1,440 = 10.540 x 10^6 (mm^3)

$A_{oh} = x_0 \cdot y_0 =$ (190)(350) = 66,500 (mm^2)

$p_h = 2(x_0 + y_0) =$ 2(190+350) = 1,080 (mm)

$1.7A_{0h}{}^2 / p_h =$ 1.7(66,500^2)/1,080 = 6.961 x 10^6 (mm^3)

$t = A_{0h} / p_h =$ 66,500/1,080 = 61.57 (mm)

② 설계 공칭강도 계산 : 받침부에서 전단응력 및 비틀림모멘트 응력 계산 :

$V_u/\phi_s =$ 25 x 3.5 / 0.75 = 87.5/0.75 = 116.7 (kN)

$\dfrac{v_u}{\phi_s} = \dfrac{V_u/\phi_s}{b_w d} =$ 116.7 x 10^3 / 105,000 = 1.111 (MPa)

$T_u/\phi_s =$ 25 x 3.5 x 0.25 /0.75 = 21.88/0.75 = 29.17 (kN · m)

$\dfrac{v_{tu}}{\phi_s} = \dfrac{T_u/\phi_s}{1.7{A_{0h}}^2/p_h} =$ 29.17 x 10^6 /(6.961 x 10^6) = 4.190 (MPa)

d = 375 mm 떨어진 위험단면에서 전단응력 및 비틀림모멘트 응력 계산 :

$V_u/\phi_s =$ 25 x (3.5-0.375) / 0.75 = 78.13/0.75 = 104.2 (kN)

$\dfrac{v_u}{\phi_s} = \dfrac{V_u/\phi_s}{b_w d} =$ (104.2 x 10^3) / 105,000 = 0.9921 (MPa)

$T_u/\phi_s =$ 25 x (3.5-0.375) x 0.25 /0.75 = 19.53/0.75 = 26.04 (kN · m)

$\dfrac{v_{tu}}{\phi_s} = \dfrac{T_u/\phi_s}{1.7{A_{0h}}^2/p_h} =$ (26.04 x 10^6) / (6.961 x 10^6) = 3.741 (MPa)

③ 균열폭 제한의 사용성 검토 : 식 (8.16)

$v_c = \lambda\sqrt{f_{ck}}/6 =$ 4.899 / 6 = 0.8165 (MPa) ; $v_c/2 = \lambda\sqrt{f_{ck}}/12 =$ 0.8165/2=0.4082 (MPa)

$v_u =$ 0.9921 x 0.75 = 0.7440 (MPa) ; ${v_u}^2 =$ 0.7440^2 = 0.5536

$v_{tu} =$ 3.741 x 0.75 = 2.806 ; ${v_{tu}}^2 =$ 2.806^2 = 7.873

$\sqrt{\left(\dfrac{V_u}{b_w d}\right)^2 + \left(\dfrac{T_u p_h}{1.7A_{oh}^2}\right)^2} = \sqrt{{v_u}^2 + {v_{tu}}^2} =$ √(0.5536+7.873) = √8.426 = 2.903 (MPa)

$\phi\left(\dfrac{V_c}{b_w d} + \dfrac{2}{3}\sqrt{f_{ck}}\right) = \phi\dfrac{5}{6}\sqrt{f_{ck}} = \phi(5v_c) =$ (0.75)(5 x 0.8165) = 3.062 (MPa)

$\sqrt{{v_u}^2 + {v_{tu}}^2} =$ 2.903 MPa < $\phi(5v_c) =$ 3.062 MPa <o.k.>

④ 전단과 비틀림에 대해서 설계를 수행할 필요가 있는지 d = 375 mm 떨어진 위험단면에서 검토 :

전단 : $v_u/\phi_s =$0.9921 MPa > $v_c/2 =$0.4082 MPa ; 따라서 전단보강 철근을 배치하여야 한다.

전단보강 철근을 배치할 필요가 없는 구간 계산 (보의 자유단에서의 거리) :

$x_1 =$ (0.4082/1.111) 3.5 = 1.286 (m) ; $v_u/\phi_s =$ 0.9921 MPa > $v_c =$ 0.8165 MPa

따라서 최소전단철근 이상의 보강철근을 배치하여야 한다.

비틀림 : $\dfrac{v_{tu(\text{한계})}}{\phi_s} = \dfrac{T_u/\phi_s}{{A_{cp}}^2/p_{cp}} =$ (26.04 x 10^6) / (10.540 x 10^6) = 2.471 (MPa)

$> \lambda\sqrt{f_{ck}}/12 =$ 0.4082 MPa ; 따라서 비틀림모멘트에 대해서 설계하여야 한다.

비틀림모멘트 보강철근을 배치할 필요가 없는 구간 계산 (보의 자유단에서의 거리) :

$\dfrac{v_{tu(\text{받침부})}}{\phi_s} = (T_u/\phi_s)(p_{cp}/A_{cp}{}^2) =$ (29.17 x 10^6) / (10.540 x 10^6) = 2.767 (MPa)

$\therefore x_2 =$ (0.4082/2.767)(3.5) = 0.516 (m) < $x_1 =$ 1.286 m

구조기준 7.6.4(6)에서 비틀림철근은 계산상으로 필요한 위치에서 $(b_t + d)$이상의 거리까지 연장시켜 배치하도록 규정하고 있으므로, 보강철근을 배치할 필요가 없는 구간은

$b_t + d =$ 280 + 375 = 655 (mm) > $x_2 =$ 516 mm

따라서 피복두께를 고려하여 전 구간에 걸쳐서 폐쇄스터럽을 배치하여야 한다.

⑤ 전단 및 비틀림모멘트에 대한 보강철근 설계 : D10 스터럽을 배치, $A_t = A_b =$ 71.3 mm^2

$A_v = 2A_b =$ 2(71.3) ≈ 143 (mm^2) ; $f_{pe} =$ 0 MPa이므로 $\theta = 45^o$; $\cot\theta = 1.0$

d = 375 mm 떨어진 위험단면에서 전단 및 비틀림모멘트 설계 :

$v_s \geq [\, v_u/\phi_s - v_c =$ 0.9921 - 0.8165 = 0.1756 (MPa)]

$s_{v(\text{소요})} \leq A_v f_{yt}/v_s b_w =$ (143)(400)/(0.1756 x 280) = 1,164 (mm)

$v_{ts} \geq v_{tu}/\phi_s =$ 3.741 MPa

$s_{t(\text{소요})} \leq A_t f_{yt} \cot\theta / v_{ts} t =$ (71.3)(400)(1) / (3.741 x 61.57) = 124 mm

$\therefore s_{(\text{소요})} \leq (s_v s_t)/(s_v + s_t) =$ (1,164 x 124) / (1,164+124) = 112 mm

또는 식 (8.31a)로 계산 : $A_{v+t} = A_v =$ 143 mm^2 ; $A_v f_{yt} =$ (143)(400) = 57,200

$v_s b_w + 2 v_{ts} t/\cot\theta =$ (0.1756)(280) + 2(3.741)(61.57)/1 = 49.168 + 460.66 = 509.8

$\therefore s_{(\text{소요})} \leq \dfrac{A_{v+t} f_{yt}}{v_s b_w + 2 v_{ts} t/\cot\theta} =$ 57,200 / 509.8 = 112 (mm)

따라서 10 mm 이하를 떼어내고 D10 폐쇄스터럽을 110 mm 간격으로 배치하도록 한다.

$\therefore s_{(\text{배치})} =$ 110 mm < $s_{(\text{소요})} =$ 112 mm <o.k.>

설계강도의 검토 : 식 (8.31a)에서

$A_{v+t} f_{yt}/s_{(\text{배치})} =$ 57,200/110 = 520 < $v_s b_w + 2v_{ts} t/\cot\theta =$ 509.8 <o.k.>

또는 식 (8.24b)를 이용하여

$s_{v(\text{배치})} = [(s_v + s_t)/s_t]\, s_{(\text{배치})} =$ [(1,164+124) / 124] 110 = 1,143 (mm)

$v_{s(\text{설계})} = A_v f_{yt}/[s_{v(\text{배치})} b_w] =$ 57,200 / (1,143 x 280) = 0.1787 (MPa)

$> v_{s(\text{소요})} =$ 0.1756 MPa <o.k.>

$s_{t(\text{배치})} = [(s_v + s_t)/s_v]\, s_{(\text{배치})} =$ [(1,164+124) / 1,164] 110 = 122 (mm)

$v_{ts(설계)} = A_t f_{yt} \cot\theta / [s_{t(배치)} t] =$ (57,200/2) / (122 x 61.57) = 3.807 (MPa)

$> v_{ts(소요)} =$ 3.741 MPa <o.k.>

또는 전단응력과 비틀림모멘트 응력을 더해서 검토하면,

$\therefore (v_s + v_{ts})_{(설계)} + v_c =$ (0.1787+3.807)+ 0.8165 = 3.986+0.8165 = 4.803 (MPa)

$> (v_s + v_{ts})_{(소요)} + v_c =$ (0.1756+3.741)+0.8165=3.917+0.8165 = 4.733 (MPa) <o.k.>

⑥ D10 스터럽의 간격 검토 및 배치 : 간격에 대한 제한과 식 (8.25b)를 같이 쓰면,

$v_s =$ 0.1756 MPa $< \lambda\sqrt{f_{ck}}/3 = 2v_c =$ 2 × 0.8165 = 1.633 (MPa)

$d/2 =$ 375/2 = 188 (mm)

$p_h/8 = 2(x_0 + y_0)/8 =$ 2(190+350)/8 = 1,080/8 = 135 (mm)

$A_v f_{yt} / (0.0625\sqrt{f_{ck}}\, b_w) =$ 57,200 / [0.0625√24 (280)] = 667 (mm)

$\dfrac{A_v f_{yt}}{0.35 b_w} =$ 57,200 / (0.35 × 280) = 584 (mm)

$s_{(\max)} \le$ 최소 $\left[d/2,\ p_h/8,\ 300,\ A_v f_{yt}/(0.0625\sqrt{f_{ck}}\, b_w),\ A_v f_{yt}/(0.35 b_w) \right]$

$s_{(\max)} \le$ Min. (188, 135, 300, 667, 584) = 135 (mm)

앞에서 캔틸레버의 지점 부근에서 $s_{(배치)} =$ 110 mm로 배치했으므로 간격 검토 :

$s_{(배치)} =$ 110 mm $< s_{(\max)} =$ 135 mm <o.k.>

$s_{(\max)} =$ 135 mm에서 10 mm 이하를 떼어내고 배치할 수 있는 최대간격은 130 mm가 되므로,

130 mm 간격으로 배치할 수 있는 구간 계산 :

식 (8.24b)를 이용해서 130 mm로 배치한 경우의 설계강도 계산 :

$s_{v(배치)} = [(s_v + s_t)/s_t]\, s_{(배치)} =$ [(1,164+124) / 124] 130 = 1,350 (mm)

$v_{s(설계)} = A_v f_{yt} / [s_{v(배치)} b_w] =$ 57,200 /(1,350 x 280) = 0.1513 (MPa)

$s_{t(배치)} = [(s_v + s_t)/s_v]\, s_{(배치)} =$ [(1,164+124) / 1,164] 130 = 144 (mm)

$v_{ts(설계)} = A_t f_{yt} \cot\theta / [s_{t(배치)} t] =$ (57,200/2) / (144 x 61.57) = 3.23 (MPa)

전단응력과 비틀림모멘트 응력을 더해서 검토,

$\therefore (v_s + v_{ts})_{(설계)} + v_c =$ (0.1513+3.23) + 0.8165 = 3.38 + 0.8165 = 4.19 (MPa)

3.5 m에서 소요 공칭강도의 합, $v_n + v_{tn} = v_u/\phi_s + v_{ts}/\phi_s =$ 1.111 + 4.19 = 5.30 (MPa)

분포도에서 4.19 MPa되는 위치의 계산 : $x_3 =$ (4.19/5.30) 3.5 = 2.77 (m)

캔틸레버 지점부에서 [$s_{(배치)}$ =110 mm]/2= 55 mm 떨어져 첫 번째 폐쇄스터럽을 배치한다.

(3.5 - 2.77 - 0.055 = 0.675) / 0.11 = 6.1 ≤ 7개 배치(110 mm 간격) ;

130 mm 간격으로 배치하는 구간, (3.5 -0.055 -0.11 x 7 = 2.675) / 0.13 = 20.6 ≥ 20개 배치

자유단에서 마지막 스터럽과 콘크리트 표피와의 두께 : 3.5 – 0.055 – 0.11 x 7 – 0.13 x 20 = 0.075 m

75 mm 간격은 피복두께 40 mm와 스터럽의 반경 등을 고려할 때 적당하다.

0.075 m ~ 0.075 + 0.13 x 20 = 2.675 m까지 **20-D10@130 mm 간격으로 배치** (그림 8.34 참고)

2.675 m ~ 2.675 + 7 x 0.11 = 3.445 m까지 **7-D10@110 mm 간격으로 배치** (그림 8.34 참고)

총 폐쇄스터럽의 개수 = 20 + 7 + 1 = 28 개

종방향 철근 설계 및 휨철근 배치 등은 예제 8.6에서 다루므로(단계 11~15) 생략한다.

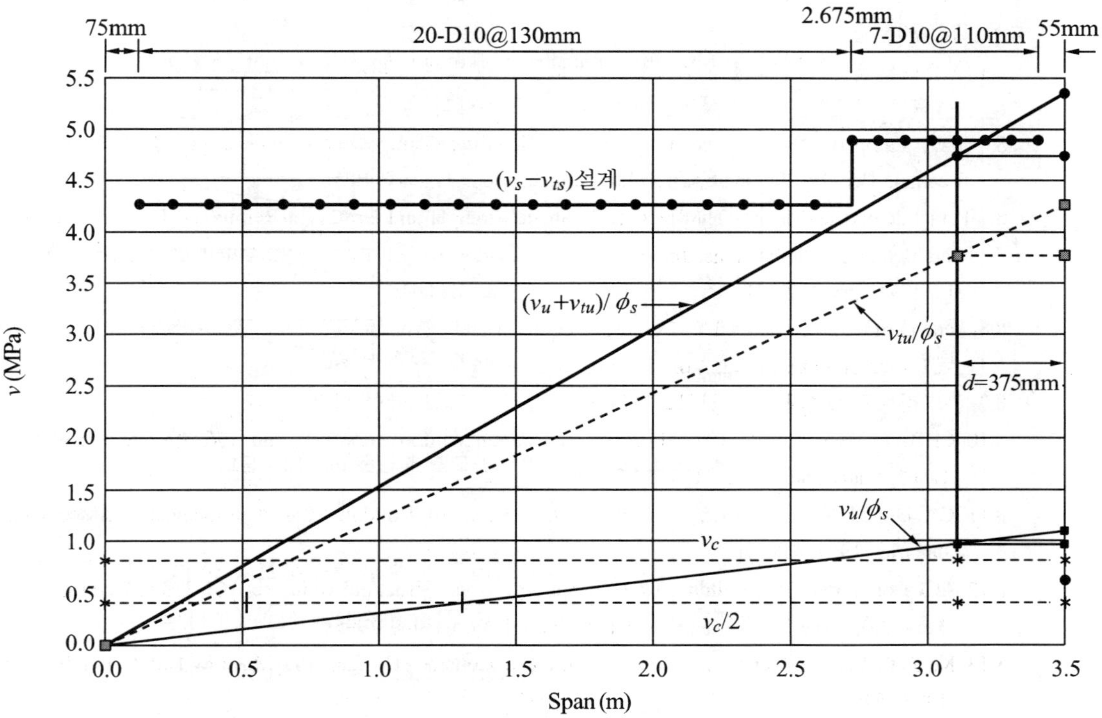

그림 8.34 전단과 비틀림에 의한 소요 공칭 전단응력 분포도와 폐쇄스터럽의 설계강도 분포도

참고문헌

8.1 A. H. Nilson, D. Darwin, and C. W. Dolan, Design of Concrete Structures, McGraw-Hill Com., Inc. 13th Edition, 2003. 779 pp.

8.2 N. N. Lessig, Determination of the Load Carrying Capacity of Reinforced Concrete Elements with Rectangular Cross-Section Subjected to Flexure with Torsion, Work 5. Institute Betona i Zhelezobetona, Moscow, 1959, pp. 4-28.

8.3 Thomas T. C. Hsu, "Torsion of Structural Concrete-Behavior of Reinforced Concrete Rectangular Members," Torsion of Structural Concrete, ACI Publication SP-18, American Concrete Institute, Detroit, 1968, pp. 261-306.

8.4 콘크리트표준시방서, 건설부제정, 대한토목학회 발행, 1989.

8.5 콘크리트표준시방서, 건설교통부제정, 대한토목학회 발행, 1996.

8.6 Paul Lampert, Torsion und Biegung von Stahlbetonbalken(Torsion and Bending of Reinforced Concrete Beams), Bericht 27, Institute für Baustatik, Zurich, January 1970.

8.7 Paul Lampert and Bruno Thürlimann, "Ultimate Strength and Design of Reinforced Concrete Beams in Torsion and Bending," Publications, International Association for Bridge and Structural Engineering, Zurich, Vol. 31-Ⅰ, 1971, pp. 107-131.

8.8 Paul Lampert and Michael P. Collins, "Torsion, Bending, and Confusion - An Attempt to Establish the Facts," ACI Journal, Proceeding, Vol.69, No.8 August 1972, pp. 500-504.

8.9 콘크리트구조설계기준, 건설교통부제정, 한국콘크리트학회 발행, 2007.

8.10 CEB-FIP Model Code 1990, First Draft, Bulletin d'Information 195 and 196, Comité Euro-International du Béton, Lausanne, March 1990, 348 pp.

8.11 CAN3-A23.3-M84, Design of Concrete Structures for Building, Canadian Standards Association, Rexdale, Ontario, 1984, 280 pp.

8.12 ACI Committee 318, Building Code Requirements for Structural Concrete(ACI 318-95) and Commentary(ACI 318R-95), American Concrete Institute, Farmington Hills, 1995.

8.13 Kenneth Leet and Dionisio Bernal, Reinforced Concrete Design, The McGraw-Hill Com., Inc., 3rd Edition, 1997, 546 pp.

8.14 James M. Gere and Stephen P. Timoshenko, Mechanics of Materials, Chapman & Hall, 3rd Edition, 1991, 806 pp.

8.15 A. C. Ugural and S. K. Fenster, Advanced Strength and Applied Elasticity, PTR Prentice Hall, 3rd Edition, 1995, 570 pp.

8.16 ACI Committee 318, Building Code Requirements for Structural Concrete(ACI 318-89) and Commentary(ACI 318R-89), American Concrete Institute, Detroit, 1989.

8.17 James G. MacGregor and Mashour G. Ghoneim, "Design for Torsion," ACI Structural Journal, Vol. 92, No. 2, March-April 1995, pp. 211-218.

8.18 James K. Wight and James G. MacGregor, Reinforced Concrete Mechanics and Design, 6th Edition, Pearson

Education, Inc., 2012, 1157 pp.

8.19 Michael P. Collins and Denis Mitchell, "Design Proposals for Shear and Torsion," PCI Journal, Vol.25, No.5, September-October 1980, 70 pp.

8.20 Michael P. Collins and Paul Lampert, "Redistribution of Moments at Cracking - The Key to Simpler Torsion Design?" Analysis of Structural Systems for Torsion, ACI Publication SP-35, American Concrete Institute, Detroit, 1973, pp. 343-383.

8.21 Denis Mitchell and Michael P. Collins, "Detailing for Torsion," *ACI Journal*, Proceedings, Vol. 73, No.9, September 1976, pp. 506-511.

8.22 ACI Committee 315, ACI Detailing Manual, ACI Publication SP-66(88), American Concrete Institute, Detroit, 1988, 218 pp.

8.23 ACI Committee 318-11, Building Code Requirements for Structural Concrete(ACI 318-11) and Commentary(ACI 318R-11), American Concrete Institute, Farmington Hills, 201, 503 pp.

8.24 Notes on ACI 318-08, Building code requirements for structural concrete with design applications, Portland Cement Association, 5420 Old Orchard Road, Skokie, Illinois 60077-1083.

8.25 2007년도 개정 콘크리트구조설계기준 · 해설, 한국콘크리트학회 편, 2007, 523 pp.

8.26 홍성걸, 김우, 이정윤, “전단 및 비틀림 모멘트와 스트럿-타이 모델,” 콘크리트학회지, Vol. 19, No.4(통권 99호), 2007년 7월, pp. 32-36.

8.27 Zia, P., and Hsu, T. T. C., "Design for Torsion and Shear in Prestressed Concrete Flexural Members," *PCI Journal*, Vol. 49, No. 3, May-June 2004, pp. 34-42.

8.28 PCI Design handbook, Precast and Prestressed Concrete Institute, MNL-120-10, 7th edition, 2010.

8.29 콘크리트구조기준, 국토해양부 제정, 한국콘크리트학회 발행, 2012, 342 pp.

8.30 민창식, “전단과 비틀림모멘트 설계의 조합,” 한국콘크리트학회, 콘크리트학회 논문집, Vol. 23, No. 1 (통권 121), 2011년 2월, pp. 57~65.

8.31 Concrete Reinforcing Steel Institute (CRSI), *Design Handbook 2008*, 10th Edition, 2008, 14-46 pp.

8.32 민창식, 보-슬래브 바닥판 종합설계, 구미서관, 2011, 285 pp.

연습문제

8.1 그림 P8.1의 각각의 단면에 대한 A_{cp}, p_{cp}, A_g, A_{oh} 와 p_h 를 계산하라. 단, 그림에 규정이 되어있지 않으면 피복두께는 40 mm로 하라.

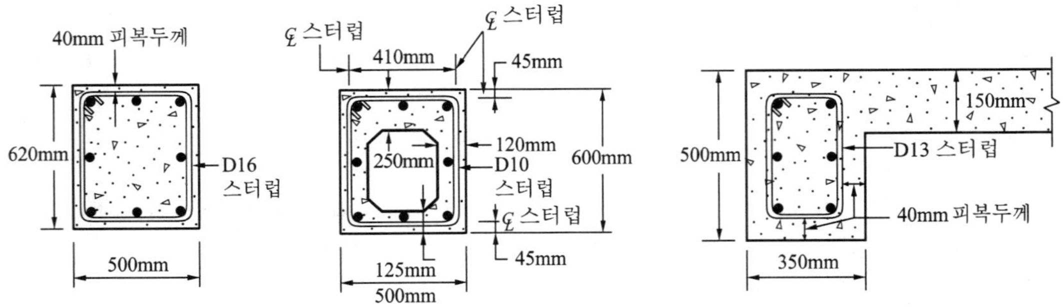

(a) (b) (c)

그림 P8.1

8.2 그림 P8.1c 단면에서 T_u가 얼마 이상이면 비틀림모멘트에 대한 설계를 수행하여야 하나?

8.3 계수비틀림모멘트 $T_u = 8$ kN · m가 그림 P8.2의 T형 단면에 작용한다. 비틀림모멘트를 설계에서 고려해야 하는지를 판단하라. 단, 보통중량골재 콘크리트의 설계기준강도 $f_{ck} = 30$ MPa이다.

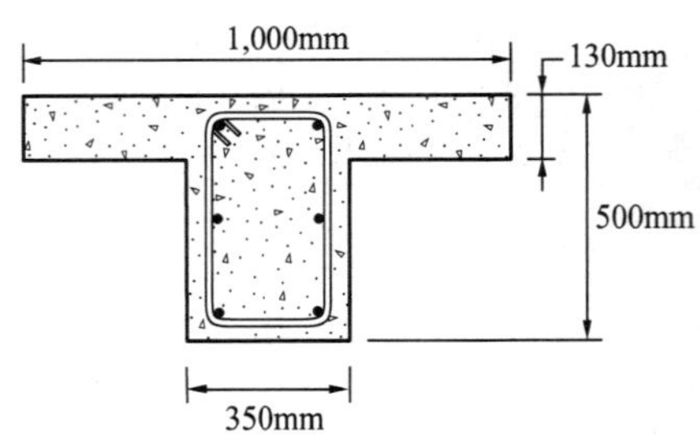

그림 P8.2

8.4 계수비틀림모멘트 $T_u = 13.6$ kN · m가 그림 P8.3에 있는 T형 단면에 작용한다. 비틀림모멘트가 설계에서 고려되어야 하는지를 판단하라. 단, 모래경량골재 콘크리트의 설계기준강도 $f_{ck} = 27$ MPa이다.

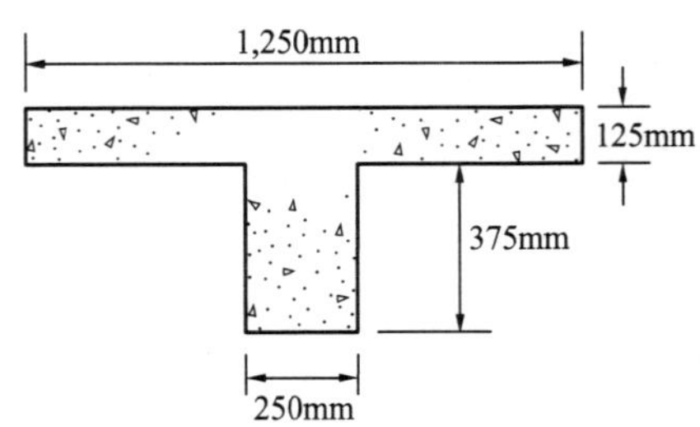

그림 P8.3

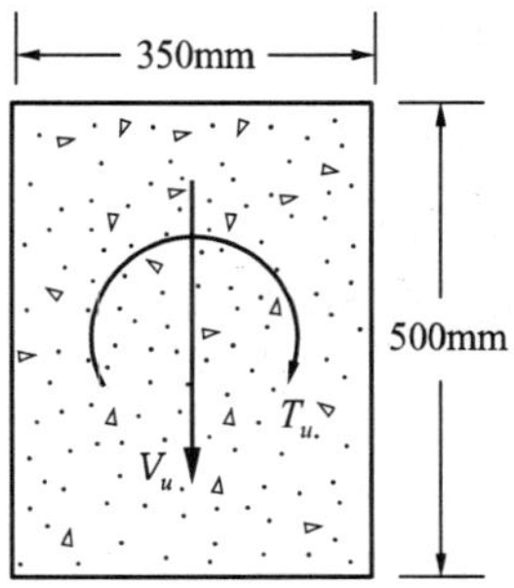

그림 P8.4

8.5 그림 P8.4의 직사각형 보에는 계수전단력 V_u와 계수비틀림모멘트 T_u가 작용하고 있다. 이 단면에서 가장 쉽게 사(斜)인장 균열이 형성될 수 있는 위치는 어느 곳인가?

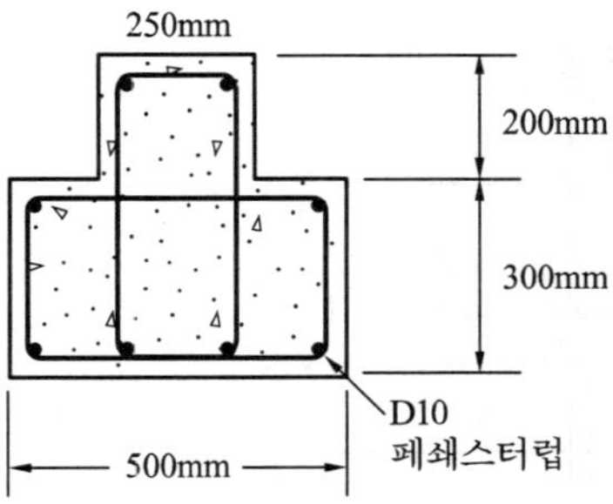

그림 P8.5

8.6 그림 P8.5의 역 T형 보 단면에는 D10 폐쇄스터럽이 그림과 같이 피복두께 40 mm를 유지하고 배치되었다. 이 단면이 지지할 수 있는 최대 비틀림 모멘트는 얼마인가? 단, 보통중량골재 콘크리트의 설계기준강도 $f_{ck} = 21$ MPa이고 $V_u / T_u = 1/6$이다.

8.7 계수하중의 조합으로 보의 단면에 발생하는 계수단면력은 $V_u = 133$ kN, $M_u = 325$ kN · m, $T_u = 135$ kN · m이다(그림 P8.6 참고). 깊이 550 mm이고 폭 350 mm인 단면이 주어진 하중들의 조합에 적당한지를 현행 구조기준에 따라 판단하라. 만약 적당하지 않은 경우는 깊이는 550 mm로 고정되었다고 가정하고, 요구되는 폭을 결정하라(단, 치수를 10 mm 단위로 증감한다.)? 또한 휨모멘트, 전단력과 비틀림모멘트에 대한 단면의 보강철근을 설계하고 세부 설계사항을 스케치하라. 단, 보통중량골재 콘크리트의 설계기준압축강도 $f_{ck} = 24$ MPa이고 $f_y = f_{yt} = 400$ MPa이다. 폐쇄스터럽으로는 D13 철근을 배치하고, 피복두께 40 mm, 유효깊이 485 mm로 가정한다.

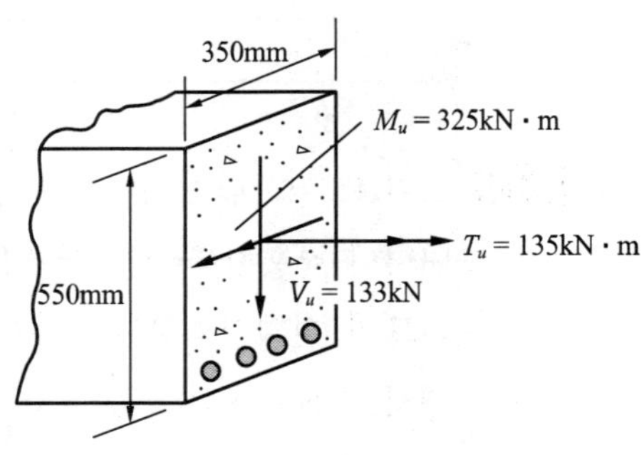

그림 P8.6

8.8 사용하중으로 집중고정하중 26.5 kN과 집중활하중 22.6 kN이 그림 P8.7의 C점에 작용한다. 보의 AB 구간에 사용하중이 작용할 때 균열이 발생하지 않도록 부재의 깊이를 결정하고, 각 구간 AB와 BC의 위험단면에 대해서 보강철근을 설계하라. 보의 폭은 460 mm를 넘지 않으면서, 가능한 한 깊이가 얕도록 하라. 단, 보통중량골재 콘크리트의 설계기준압축강도 $f_{ck}=30$ MPa이고 $f_y=f_{yt}=400$ MPa이다. 스터럽으로는 D13 철근을 배치하고 피복두께는 40 mm를 유지한다. 보의 고정하중을 계산에 포함시키며 철근콘크리트의 단위질량 $\rho_c=2{,}500$ kg/m^{3}이다.

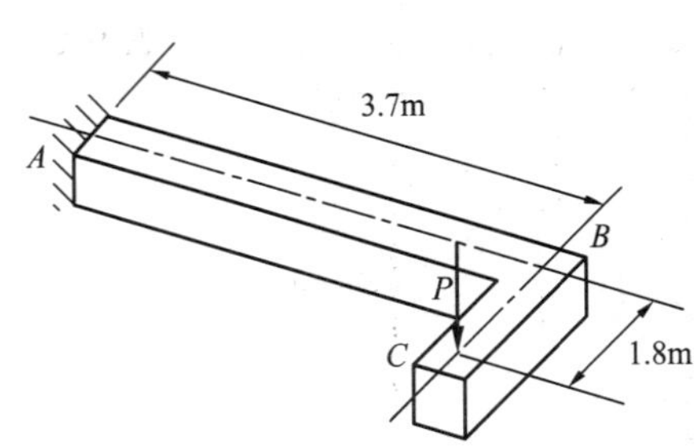

그림 P8.7

8.9 그림 P8.8에 있는 단면에는 $V_u=222$ kN와 $T_u=40.7$ kN · m가 작용하고 있다.

(a) D16 폐쇄스터럽의 간격 s는 얼마로 해야 되는가?

(b) 비틀림모멘트에 대한 종방향 철근의 단면적은 얼마이어야 하는가? 단, 모래경량골재 콘크리트의 설계기준강도 $f_{ck}=21$ MPa이고 $f_y=400$ MPa, $f_{yt}=300$ MPa이다.

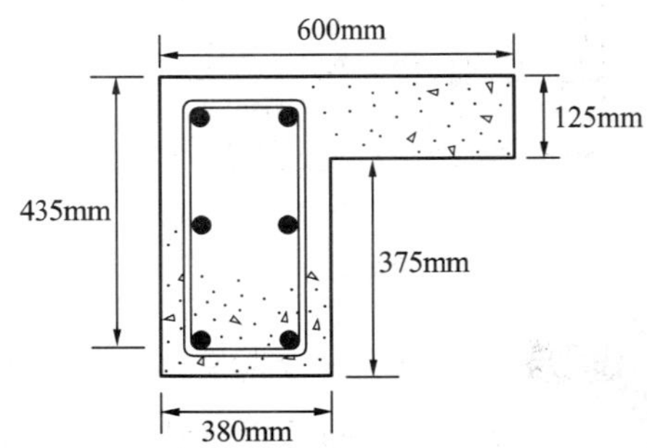

그림 P8.8

8.10 그림 P8.9의 단면에는 $V_u=160$ kN, $M_u=270$ kN · m(정모멘트), $T_u=120$ kN · m의 계수설계단면력이 작용한다. 피복두께는 구조기준의 규정에 따라 40 mm를 배치한다. 단, 보통중량골재 콘크리트의 설계기준강도 $f_{ck}=24$ MPa이고 $f_y=f_{yt}=400$ MPa이며, 폐쇄스터럽으로는 D10 철근이 배치되거나 또는 되었다고 본다.

(a) 그림 P8.9a에 설계단면력을 지탱하도록 보강할 수 있는지 판단하라.

(b) 그림 P8.9b에 설계단면력이 작용할 때 보강철근을 설계하라.

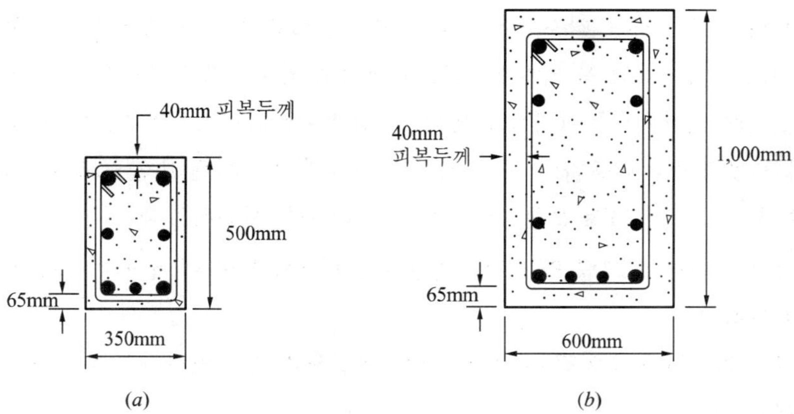

그림 P8.9

8.11 그림 P8.10 캔틸레버 보는 길이가 2.4 m, 폭이 460 mm이고 자중과 더불어 단부로부터 150 mm 떨어져서 보의 연직 축으로부터 115 mm 벗어난 곳에 집중하중이 작용하고 있다. 집중하중은 고정하중 67 kN과 활하중 89 kN으로 구성되어 있다. 휨모멘트, 전단력과 비틀림모멘트에 대한 보강철근을 설계하라. 단, 보통중량골재 콘크리트의 설계기준강도 $f_{ck} = 27$ MPa, $f_y = f_{yt} = 400$ MPa이며, 휨 설계는 $\rho = 0.01$로 가정하여 시작한다.

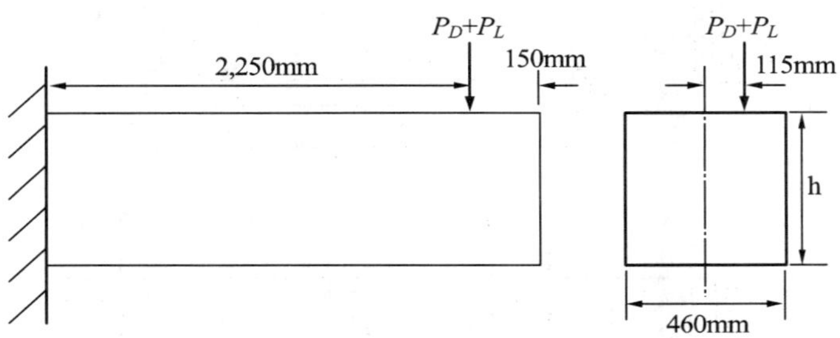

그림 P8.10

8.12 (a) 예제 8.4에서 비틀림 설계를 수행할 필요가 있는지 검토하라.

(b) 만약에 비틀림 설계를 수행하여야 한다면 그림 8.18b를 참고하여 비틀림 설계를 수행하라. 폐쇄스터럽으로는 D13 철근을 배치하고, $f_y = f_{yt} = 400$ MPa을 사용한다.

8.13 [8.13] 그림 P8.11에는 정사각형 격자형에 중심 간격 7.2 m로 배치된 기둥에 의해서 지지되는 바닥판 시스템을 보여주고 있다. 남-북 방향의 기둥은 거더로 연결되고 동-서 방향은 폭이 2.4 m인 중간보로 연결되어 1방향 슬래브를 지지하고 있다. 그림 8.45a에는 비균열 단면(uncracked section)으로 3차원 컴퓨터 프로그램을 이용하여 구한 테두리 거더의 이상화된 비틀림모멘트 분포도를 보여주고 있다. 바닥판은 f_{ck}= 35 MPa 보통중량골재 콘크리트를 사용하였다.

(a) 테두리 거더의 단면이 그림 P8.11b인 경우에 그림 P8.11a에 주어진 비틀림 모멘트 분포도가 정확한지 검토하라?

(b) 만약에 그림 P8.11a에 주어진 비틀림모멘트 분포도가 부정확하다면 어떤 값의 비틀림모멘트로 설계하여야 하나?

(c) 만약에 그림 P8.11c 단면이라면 어떤 값의 비틀림모멘트로 설계하여야 하나?

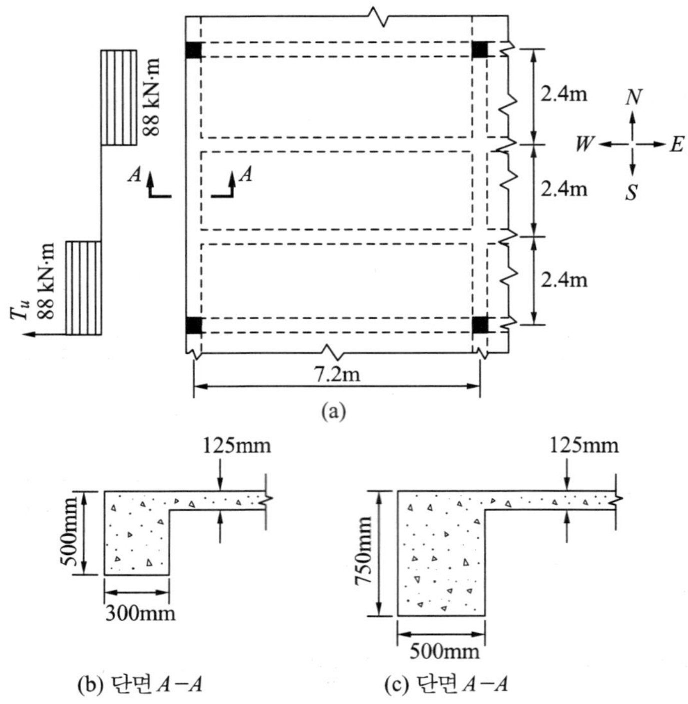

그림 P8.11

8.14 [**연습문제 3.16 및 7.2와 연계**] 직사각형 단면의 단순지지 순경간 $l_n = 6.0$ m 보의 w_D와 $w_{sD} =$ 16.0 kN/m는 단면의 중심축에 작용하지만, $w_L = 22.0$ kN/m는 단면의 중심축으로부터 **편심 e = 250 mm**로 작용하여 보에는 비틀림 모멘트가 작용하고, 비틀림 모멘트에 대해서 받침부 조건은 고정단이라고 가정한다. 폐쇄스터럽으로 D13 (직경 13 mm, $A_b = 126.7$ mm²)을 배치하고, **주철근으로 D32를 배치**한다고 가정하여, 유효깊이 $d =$ 550 - 40 - **13** - **32**/2 = 550 - 69 = 481 ≒ 480 (mm)로 고려한다.

[문제 3.16] $w_u = 60.1$ kN·m, 단면 중앙에서 $M_u = 270.3$ kN·m이다. 보통중량 골재 콘크리트 $\rho_c =$ 2,500 kg/m³, $f_{ck} =$ 21 MPa, $f_y = f_{yt} =$ 300 MPa이다.

(a) $T_u/\phi = 1.6\,T_L/\phi$ 분포도와 $T_u@d/\phi$를 주어진 그림 P8.12 (g)에 그려 넣어라. d가 변했으므로 $V_u@d$와 $V_u@d/\phi$를 다시 계산한다 [그림 P8.12 (a) & (b)의 빈칸을 채워 넣을 것.].

(b) 보의 $T_{cr}/4$ 분포도를 그림 P8.12 (g)에 그려 넣어라.

(c) $T_u@d/\phi \geq T_{cr}/4$ 구간에 대해서 비틀림 철근 $A_t = A_b =$ D13 = 126.7 mm²로 Worksheet와 그림 P8.12 (g)를 이용하여 **비틀림 보강 폐쇄스터럽과 종방향 보강철근 A_l을 설계**하라.

(d) [문제 7.2]에서 설계한 **전단보강철근 A_v와 A_t를 합하여 폐쇄스터럽을 배치**하고, 종방향 철근 A_l은 [문제 3.16]에서 설계한 주철근과 합하여 최종적으로 설계를 완성하여 종방향 단면도와 횡방향 단면도를 그림 P8.12 (h)와 (i)에 각각 그려라.

[문제 8.14] Worksheet #1-6

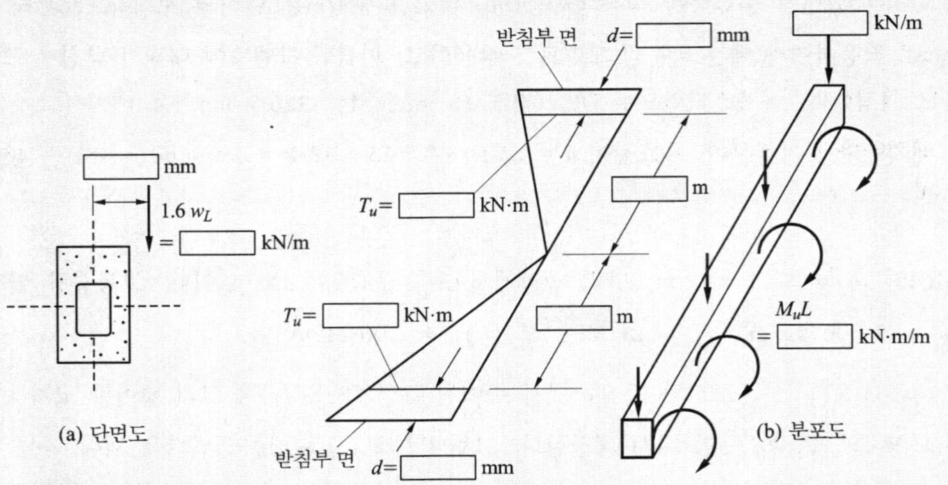

그림 P8.12 (a) 단면도, (b) 비틀림 모멘트 분포도

① $T_u/\phi = 1.6T_L/\phi$ **분포도 및** $T_{u@d}/\phi$ **표시** : 그림 P8.12 (a) 및 (b)의 빈 칸을 채워 넣는다.

$T_u = M_{uL} \times (l/2) = 1.6 \times w_L \times e \times (l/2) =$ (1.6 × ______ × ______) × (______/2)
= (______ × ______) × ______ = ______ (kN · m)

$T_u/\phi =$ ______ / 0.75 = ______ (kN · m)

$T_{u@d}$ = 1.6 × [______ × ______ × (______ − ______)] = 1.6 × ______ = ______ (kN · m)

$T_{u@d}/\phi =$ ______ / 0.75 = ______ (kN · m)

[문제 7.2] $V_{u@d} =$ ______ kN ; $V_{u@d}/\phi =$ ______ kN

[문제 3.16] $M_{u@center} =$ ______ kN · m

② **비틀림 설계의 유무 판단** : 보통중량골재 콘크리트 $\lambda =$ ______

$A_{cp} = bh =$ (______)(______) = ______ (mm^2) ; $p_{cp} =$ 2(b+h) = 2(______+______) = ______ (mm)

$A_{cp}{}^2/p_{cp} =$ (b · h)^2 / [2(b+h)] = ______^{2} / ______ = ______ × 10^6 (mm^3)

$T_{cr}/4 = (\lambda\sqrt{f_{ck}/12})\,(A_{cp}{}^2/p_{cp})$ = (____ × √____ /12) × ______ × 10^6 / 10^6 = ______ (kN · m)

< $T_{u@d}/\phi =$ ______ kN · m

따라서 **비틀림 모멘트를 설계에서 고려**하여야 한다. 스터럽은 폐쇄형으로 일반적으로 열린 U형(직사각형 단면에서 양단에 135도 갈고리 장착) 스터럽에 결속근(cap tie, 양단에 135도 갈고리 장착)을 덮어 씌워서 시공한다(그림 8.33).

[문제 8.14]의 Worksheet #2-6

③ **적합비틀림 상태 경우** : 적합비틀림이면 식 (8.3b)에 따라 $\dfrac{T_u}{\phi} \equiv T_{cr} = 4\times\left(\dfrac{\lambda\sqrt{f_{ck}}}{12}\right)\left(\dfrac{A_{cp}^2}{p_{cp}}\right) = 4\times$ ______

= ________ (kN · m)로 감소시켜 설계할 수 있다 (물론, $T_{u@d}/\phi$가 이 값보다 큰 경우) (구조기준 7.5.2, ACI 11.5.2).

④ **단면의 사용성 검토** : **속찬 단면** $\sqrt{\left(\dfrac{V_u}{b_w d}\right)^2 + \left[\dfrac{T_u p_h}{(1.7A_{oh}^2)}\right]^2} \le \phi\left[\dfrac{V_c}{b_w d} + \left(\dfrac{2}{3}\right)\sqrt{f_{ck}}\right] = \phi(5v_c)$

D13 스터럽, $A_t = A_b =$ ______ mm^2

$x_0 =$ b - 2(40+____ /2) = ______ -______ = _____ (mm) [스터럽 중심 간의 거리, 그림 P8.12 (c) 참고]

$y_0 =$ ______ -______ = _______ (mm)

$p_h = 2(x_0 + y_0) =$ 2(______+______) = _______ (mm)

$A_{0h} = x_0 \cdot y_0 =$ ______ × ______ = ________ (mm^2)

$V_u/(b_w d) = v_u =$ _____ × 10^3/(_____ × ______) = ______(MPa)

$v_u^2 =$ ______^{2} = ________

$T_u p_h/(1.7A_{0h}^2) = v_{tu} =$ (________ × 10^6) (________)

/ (1.7 × ________^{2}) = ________ (MPa)

$v_{tu}^2 =$ ______^{2} = ________

$\sqrt{\left(\dfrac{V_u}{b_w d}\right)^2 + \left(\dfrac{T_u p_h}{1.7A_{oh}^2}\right)^2} = \sqrt{v_u^2 + v_{tu}^2} = \sqrt{}$(________ + ________)

= $\sqrt{}$________ = ______ (MPa)

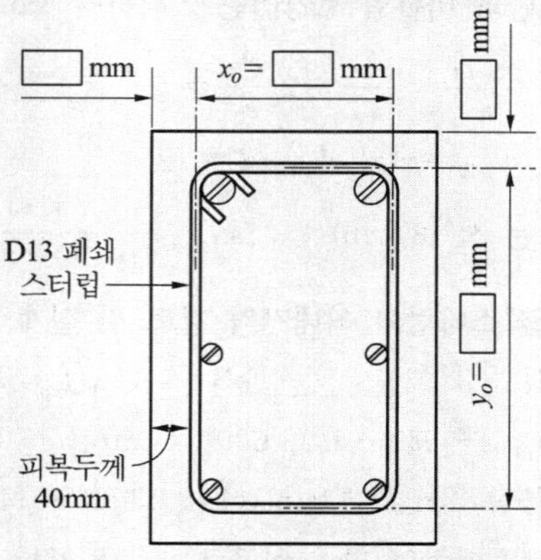

그림 8.12 (c)

$\phi(5v_c) = 0.75\times 5\times\sqrt{f_{ck}}/6 =$ 0.75 × 5 × $\sqrt{}$_____ / 6 = 0.75 × 5 × ________ = _______ (MPa)

$\phi\left(\dfrac{V_c}{b_w d} + \dfrac{2}{3}\sqrt{f_{ck}}\right) = \phi\dfrac{5}{6}\sqrt{f_{ck}} = \phi(5v_c) =$ _______ (MPa)

$\therefore \sqrt{v_u^2 + v_{tu}^2} =$ _______ MPa < $\phi(5v_c) =$ _______ MPa 〈사용성 검토 OK〉

주어진 단면이 작용하는 전단력과 비틀림 모멘트에 대해서 크기가 충분하다. 만약 불만족이면 단면을 키우거나 또는 f_{ck}를 증가시켜야 한다.

⑤ **전단 및 비틀림모멘트에 요구되는 스터럽의 간격 계산** : RC $\theta = 45°$; PSC $\theta = 37.5°$

전단 설계 : 콘크리트의 전단강도 $V_c = (\lambda\sqrt{f_{ck}/6})b_w d$ = ________ × ______ × ______ / 1,000

= ________ (kN)

$V_s = V_{u@}d/\phi - V_c =$ _______ - _______ = _______ (kN)

$\therefore \dfrac{A_v}{s_v} = \dfrac{V_s}{f_{yt} d} =$ (_____ × 1,000) / (_____ × ______) = _________ (mm^2/mm)

$\therefore s_{v(\text{소요})} = A_v$ / _______ = __________ / _______ = ________ (mm)

또는 $\therefore s_{v\,(\text{소요})} \le \dfrac{A_v f_{yt}\, d}{V_s} =$ 2 × _____ × _____ × _____ / (_____ × 1,000) = _______ (mm)

[문제 8.14]의 Worksheet #3-6

비틀림 설계 :

$A_0 = 0.85A_{0h} = 0.85\,(x_0 \times y_0) = 0.85 \times$ ______ = ______ (mm^2)

cot θ = 1/tan θ = 1/tan ____° = ____

$\therefore \dfrac{A_t}{s_t} = \dfrac{T_u/\phi}{2A_0 f_{yt} \cot\theta}$ = ____ × 10^6 / (2 × ______ × ______ × ____) = ______ (mm^2/mm)

$\therefore s_{t(소요)} \leq A_t$ / ______ = ______ / ______ = ______ (mm)

또는 식 (8.7b) :

$\therefore s_{t\,(소요)} \leq \dfrac{2A_0 f_{yt} \cot\theta}{T_u/\phi} A_t$ = 2(____) (____)(____) / (____×10^6)×______ = ____ (mm)

⑥ 전단과 비틀림 보강철근을 더하여 소요 간격 계산 :

$\therefore \dfrac{A_{v+t}}{s} = \dfrac{A_v}{s_v} + 2\dfrac{A_t}{s_t}$ = ______ + 2 × ______ = ______ (mm^2/mm)

$\therefore s_{소요} = A_v/(A_{y+t}/s)$ = (2 × ____) / ______ = ______ (mm)

또는 식 (8.24b) : $\therefore s_{\,(소요)} \leq \dfrac{s_v s_t}{s_v + s_t}$ = ______ × ______ /(______ + ______) = ______ (mm)

⑦ 폐쇄스터럽의 최대간격 검토 및 설계 :

전단 : V_s = ______ kN < $(\lambda\sqrt{f_{ck}}/3)\,b_w d \equiv 2V_c$ = 2 (______) = ______ (kN) 〈OK〉

$s_{\max}$ = Min.(d/2, 600) = Min.(____/2 = ______, 600) = ______ (mm)

비틀림 : $s_{\max}$ = Min.(ph/8, 300) = Min. (____/8 = ____, 300) = ______ (mm) ← 지배

폐쇄스터럽의 최소 철근량, 식 (8.25b) : $s_{\,(\max)}$ = Min. $\left[A_v f_{yt}/(0.0625\sqrt{f_{ck}}\,b_w),\ A_v f_{yt}/(0.35 b_w)\right]$

f_{ck} = ____ MPa 〈 31 MPa ; 우측항 지배

$s_{\max} = A_v f_{yt}/(0.0625\sqrt{f_{ck}}\,b_w)$ = ______ × ______ / [0.0625√____ (______)] = ______ (mm)

$s_{\max} = A_v f_{yt}/(0.35 b_w)$ = ______ × ______ / (0.35 × ______) = ______ (mm)

위의 간격에 대한 제한 조건을 모두 같이 쓰면,

$s_{\,(\max)} \leq$ Min. $\left[\,d/2,\ 600\ ;\ p_h/8,\ 300\ ;A_v f_{yt}/(0.0625\sqrt{f_{ck}}\,b_w),\ A_v f_{yt}/(0.35 b_w)\right]$ mm

$\therefore s_{\max}$ = Min. (______, ______, ______) = ______ (mm)

$\therefore s_{소요}$ = ______ mm < $s_{\max}$ = ______ mm 〈OK〉

소요 간격이 ______ mm이므로 **D13 폐쇄스터럽(135도 갈고리 U형 스터럽 + 결속근)** $s_{배치}$**= 150 mm**로 배치하도록 한다.

또한, 스터럽을 배치하지 않아도 되는 구간을 빼고는 $s_{\max}$ = ______ mm이므로 필요한 구간 전체에 $s_{배치}$ = 150 mm로 배치한다.

⑧ 스터럽을 배치할 필요가 없는 구간 계산 :

스터럽 배치할 필요 없는 구간 계산 : $V_u/\phi \leq V_c/2$ = ______/2 = ______ (kN)

$V_u/\phi = (w_u \times l/2)/\Phi$ = (______ × ____/2) / ____ = ______ / ______ = ______ (kN)

______ : ______ = ______ : × ; ∴ × = (______/______) × ______ = ______ (m)

[문제 8.14]의 Worksheet #4-6

폐쇄스터럽 배치할 필요 없는 구간 계산 : $T_u/\phi \le \left(\lambda\sqrt{f_{ck}/12}\right)\left(A_{cp}^2/p_{cp}\right)=$ ________ kN·m

T_u/ϕ : ______ = _____ : x ; $\therefore x$ = (______ / ________) × ______ = ________ (m) ← 작은 값 지배

폐쇄스터럽을 배치하여야 하는 구간 : _____ - _______ = ________ (m)

⑨ **폐쇄스터럽의 배치 :** b_t = 스터럽이 배치된 부분 단면의 폭

구조기준 7.6.4(6)에 따라 비틀림 보강철근이 더 이상 필요하지 않은 위치로부터 $b_t(b_w)+d=$_____ + _____ = ______ (mm)까지 비틀림 보강철근을 배치해야 한다. 더 이상 스터럽을 배치하지 않아도 되는 구간 _____ mm < _____ mm이므로 <u>보의 전체에 걸쳐서 폐쇄스터럽을 배치</u>한다.

필요 개수 계산 : 구간 / 간격 = ______ / _____ = ________ 구간(개) 필요

배치(간격 1/2 떼어서 배치 시작) : _____ /2 = _____ mm 떼어서 ____개의 D13 폐쇄스터럽을 배치

소요 개수 ____ × 2 (좌우 경간) = _____ 개

배치구간 = _____+ (______ × ______=_____ mm) + ______ = __________ (mm) **[전 구간 배치]**

⑩ **종방향 철근의 배치 :**

$A_t/s_t=$ _______ $> 0.175\,b_w/f_{yt} = 0.175 \times$ _____ / _____ = ________ 〈OK〉

$\therefore$ Al(소요) = $(A_t/s_t)p_h$ = ________ (________) = ________ (mm^2)

최소 종방향 철근 : $A_{cp}=$ _________ mm^2, $p_h=$______ mm

식 (8.26) : $Al(\min) = 0.42\sqrt{f_{ck}}\,A_{cp}/f_y-(A_t/s_t)p_h(f_{yt}/f_y)$

= (0.42√____ × _____ /_____) - ______ × ______ = ______ - _______ = ______ (mm^2)

$\therefore$ Al(소요) = _______ mm^2 > Al (min) = _______ mm^2 〈OK〉

종방향 철근의 최대간격은 300 mm 이므로 Al을 3등분(**2개씩 3층, 총 6개 배치**)하여 보의 상부와 바닥 그리고 중간 깊이에 배치한다.

연직 간격 : $y_0/2=$ ______ / 2 = ______ (mm) < 300 mm 〈최대 간격 OK〉

수평 간격 : $x_0=$______ mm < 300 mm 〈OK〉

각 철근 $A_{s(소요)}=Al/6=$______ /6=______ (mm^2) < **D13 종방향 철근선택** = _______ mm^2 〈OK〉

종방향 철근 최소 직경 검토 : (d_b =13mm) > [$s_t/24$ = _____ /24= _____ (mm) ; D10] 〈철근직경 OK〉

ⓐ **바닥 층 주철근 배치 :**

휨설계에서 계산된 $A_{s(소요)}=$ <u>2,528</u> mm^2 이다.

총 소요 $A_s=$_____ + _________ × 2 = _________ (mm^2)

4개의 D32 철근 배치 : $\therefore A_{s\,(배치)}=$ <u>4-D32 = mm²</u> > $A_{s\,(소요)}=$ _______ mm^2 〈OK〉

철근의 수평 순간격 검토 : 굵은 골재 최대치수 a_{max} = 20 mm로 가정

철근의 중심 간격 $s=$ [______ - 2 (40+13) - 32] / 3 = ________ (mm)

철근의 순간격 $s_c=$ _______ - 32 = ________ (mm)

> Max [25 mm, (4/3) a_{max} = (4/3) 20 = ____ mm, d_b = ____ mm] = ____ **mm** 〈OK〉

[문제 8.14]의 Worksheet #5-6

휨철근의 배치 검토 : 외부 습윤환경 $k_{cr} = 210$; 철근의 응력 : $f_s = (2/3)f_y = (2/3)(\_\_\_\_)=\_\_\_\_$(MPa)

순피복두께 : $c_c = 40 + 13 = 53$ (mm)

식 (5.11) : $s_{(\max)} = 375(k_{cr}/f_s) - 2.5c_c = 375(210/\_\_\_\_\_) - 2.5(53) = \_\_\_\_\_\_$ (mm) ← 지배

$\leq 300(k_{cr}/f_s) = 300(210/\_\_\_\_\_) = \_\_\_\_\_\_$ (mm)

$\therefore s_{(배치)} = \_\_\_\_\_\_$ mm 〈 $s_{(\max)} = \_\_\_\_\_\_$ mm 〈OK〉

[배치하는 3,177 mm^2이 소요보다 15% 정도 더 크므로, **2-D32 + 2-D29** = 1,588 + 1,285 = 2,873 mm^2 〉 2,765 mm^2을 배치할 수도 있다.]

[문제 3.16 및 7.2]에서 주철근을 D29로 가정하여 d = 480 mm로 계산했으므로 D32 철근에 대한 d = h - 40 - 13 - 32/2 = 550 - 69 = 481 mm 〉 480 mm로 재설계할 필요는 없다.]

ⓑ **중간 및 상부 층 종방향 철근 배치** :

상부 및 하부 층 모서리에 각각 D13 철근 1개씩 배치 $A_s = \_\_\_\_\_ mm^2 > A_{s(소요)} = \_\_\_\_\_ mm^2$ 〈OK〉

⑪ **철근의 길이 계산** : 그림 P8.12 (d)에 B1 & B2 철근상세를 그려 넣는다.

ⓐ **종방향 철근** : 하부 주철근은 CRSI 보의 철근 상세 [**그림 P3.8 (c)**]에 따라 표준갈고리를 장착한 철근과 하지 않은 철근을 한 개씩 교대로 배치하고, 받침부 안으로 _____ mm 연장한다.

B1 : **2-D32** 주철근의 표준갈고리 선택 - 90도 표준갈고리의 꼬리 길이(A 또는 G, **그림 6.23**) = $17d_b$ = 17 × 32 = 544 mm로 보의 깊이 _____ mm에서 하부(____ mm)와 상부(____ mm) 피복두께를 각각 제외하면 _____ - _____ - _____ = _____ mm 〈 _____ mm로 공간이 충분하지 않다. 따라서 180도 표준갈고리를 장착하기로 한다. D32의 180도 표준갈고리를 배치하기 위해서 필요한 깊이 J = $10d_b$ = 320 mm 〈 _____ mm로 공간이 충분하다. 180도 표준갈고리의 꼬리 길이 (A 또는 G) ≈ $13d_b$ ≈ 420 mm

180도 갈고리의 반경 (철근 바깥쪽) = (___ + ___) d_b = _____ × _____ = _____ (mm)

B1 D32 철근 총 길이 = 2[_____ + _____ (받침부로의 연장길이)] + _____ = _____ (mm)

B2 : **2-D32** 직선 주철근, B1과 하나건너 하나 배치 (단부경간), 총 길이 = 2 (_____) + _______ = _______ (mm)

B1 & B2 : 4-D32 총 소요 길이 = 2 (_______ + _______) / 10^3 = _______ (m)

B3 : **4-D13** 중간 및 상부 종방향 철근 - CRSI에 따라 받침부 안으로 _____ mm 연장하고 끝에는 90도 표준갈고리를 장착한다. (그림 12d 상부철근 참고, pp. 75)

B3 D13 철근 총 길이

= 2 [210 (90도 표준갈고리 A 길이) +_____ (받침부로 연장)] +________ = ________ (mm)

B3 4-D13 총 소요 길이 = 4 × _______ / 1,000 = _______ (m)

모든 종방향 철근의 길이가 8.0 m 이하이므로 겹침이음에 대해서 고려할 필요는 없다.

[문제 8.14]의 Worksheet #6-6

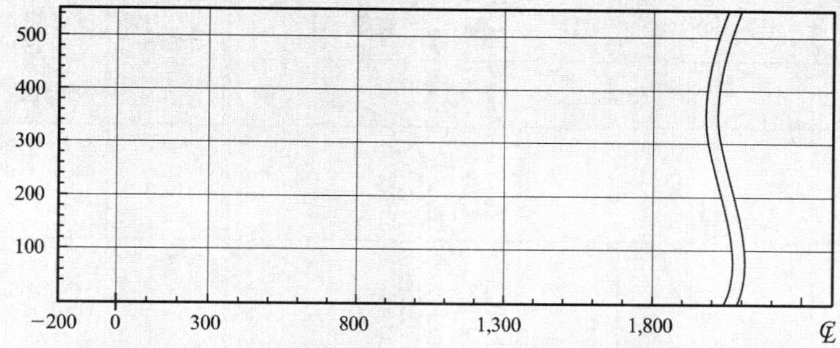

그림 P8.12 (d) B1과 B2 철근 상세

ⓑ **횡방향 철근** : D13 스터럽의 길이 계산 - **Type s3** 열린 U형 스터럽(T1)에 결속근(cap-tie, **T2** 철근 ; **Type T9**)을 씌워 폐쇄스터럽의 효과를 내도록 한다.

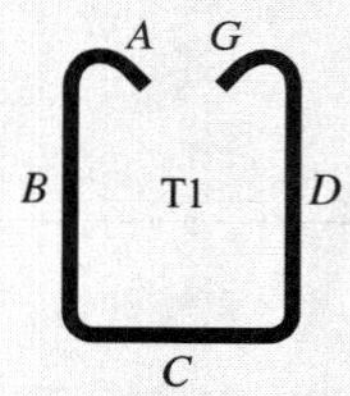

그림 P8.12 (e)

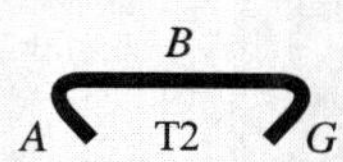

그림 P8.12 (f)

T1 : _____- D13 U형 스터럽 : 135도 갈고리 길이(A 또는 G) = 6db + 3db = 9db = 9 × 13 = 117

≈ 120 (mm) [**그림 6.23 (c) 및 (d)** 참고]

B 또는 D의 길이 = _______ - 2(40) = _________

C의 길이 = _______ - 2(40) = _________

T1 스터럽의 총 길이 = A + B + C + D + G

= 2 (_______ + _______) + ________ = _________ (mm)

T2 : _____-D13 결속근(cap tie) **양 끝에 135도 갈고리 장착** : 135도 갈고리 길이(A 또는 G) = 120 mm ;

B의 길이 = _______ mm ; 총 길이 = A + B + G = 2 × _______ + _______ = ________ (mm)

T1 & T2 각각 _____- D13 철근 **총 소요 길이** = _____×(_______ + _______) = ________ (m)

구조기준 8.5.4(3) 복부철근의 정착에서 스터럽의 굽혀진 부분은 종방향 철근으로 둘러싸도록 규정되어있지만, 종방향 철근 ____- D13이 배치되므로 추가로 배치할 필요는 없다.

⑫ **소요 철근의 총 무게 및 콘크리트 소요 체적 계산** : 2016 건설공사 표준품셈, 국토교통부 발행

콘크리트 소요 체적 = b × h × l = _______ × ________ × ________ = __________ (m^3)

1% 할증 포함 = ___________ m^3 [레디믹스트 콘크리트 할증 1%]

표 P8.1 철근 절곡상세 및 물량표 (3% 할증 포함)

기호	굵기	절곡종류	A	B	C	D	G	길이	개수	총길이 (m)	단위 무게 (kg/m)	총 무게 (kg)	할증 (3%) (kg)
			(mm)										
B1	**D32**	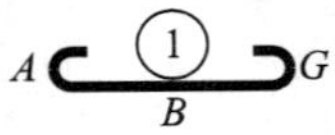											
B2		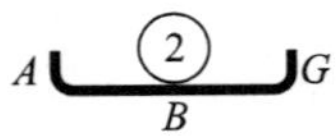											
소계													
B3	**D13**	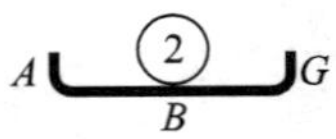											
T1		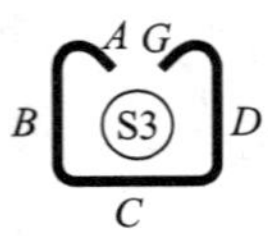											
T2		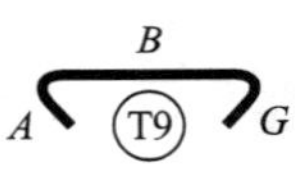											
소계													

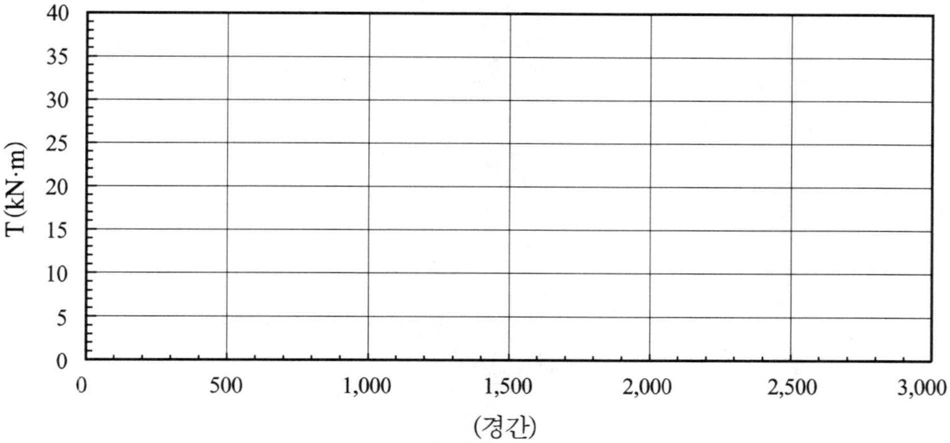

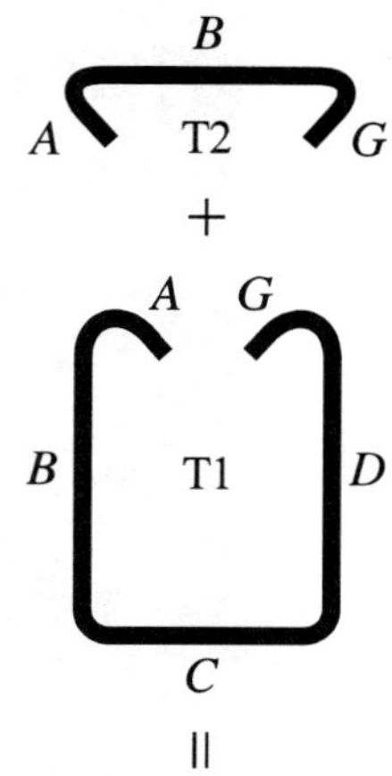

||
D13 폐쇄스터럽

(g) 비틀림 모멘트 분포도

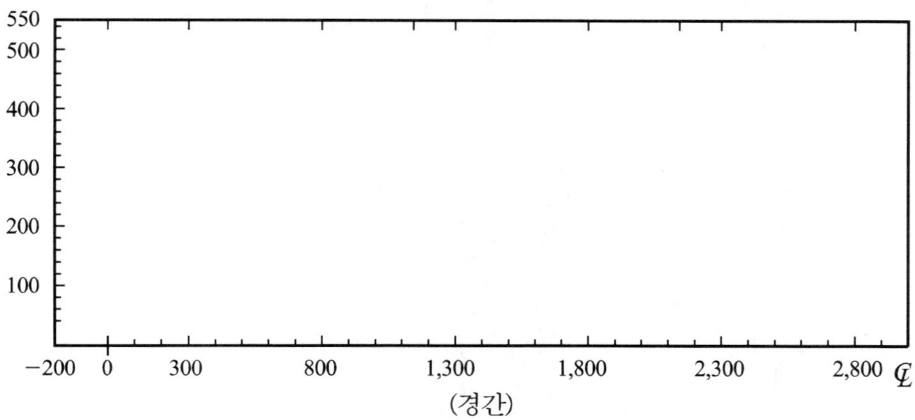

(h) 철근 배치도 : 종방향 단면도

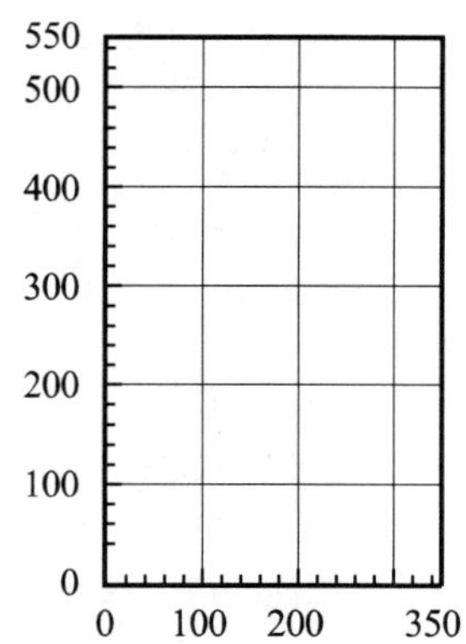

(i) 횡방향 단면도

그림 P8.12 (g) , (h) 및 (i)

Chapter 9

기둥-축 방향 하중을 받는 부재
(Column - Compression Members)

Reinforced Concrete

9.1 서론(Introduction)[9.1]

본 장에서는 축력과 휨모멘트를 동시에 전달해야 되는 **보-기둥(beam-column)**의 설계에 대해서 다룬다. 축력과 휨모멘트의 상대적인 크기에 따라 보-기둥의 거동은 완벽한 보(인장지배 단면)로부터 순수한 기둥(압축지배 단면)으로 구분할 수 있다. 보-기둥이란 용어가 정확한 용어이지만 종종 줄여서 간단하게 **기둥(column)**이라고 부른다.

만약에 기둥이 가늘고 길게(slender) 되면(그림 9.1 참고) 기둥의 길이가 짧고 굵은 기둥(short and stocky)에 비해서 최대 휨모멘트의 크기나 작용위치를 결정하는데 훨씬 더 복잡하게 된다. 이렇게 기둥이 가늘고 길게 되면 그림 9.2와 같이 **1차 모멘트(primary moment)**[1)]에 의해서 부재가 휘게 되면 추가적으로 축력 P에 중심선의 처짐 Δ를 곱한 크기의 **2차 모멘트(secondary moment)**가 부재에 발생하게 된다. 임의의 단면에 발생하는 휨모멘트는 따라서 아래와 같이 표현할 수 있다.

그림 9.1 2001년 완공된 중앙고속도로 영주-제천간의 신단양대교 : PSC 박스거더교로 H형 RC 라멘교각 기둥의 높이가 103 m (우물통 기초하단에서 상부노면까지)에 이른다.

$$M_i = M + P\Delta \tag{9.1}$$

여기에서 M은 1차 모멘트이고 $P\Delta$는 2차 모멘트이다. 이렇게 보가 길고 가늘어서 휘기 때문에 생기는 추가적인 모멘트의 발생을 **$P\Delta$ 영향(장주효과)**이라고 부른다. 이 2차 모멘트의 크기가 크게 되면 설계에서는 1차 모멘트와 2차 모멘트를 더한 값으로 단면의 크기를 결정하도록 하고 있다.

상대적으로 길이가 길고 잘 휘어서 2차 모멘트의 영향이 큰 기둥을 **장주(長柱, 細長기둥, long column 또는 slender column)**라고 부른다. 부재의 길이가 단순히 길다고만 해서 장주로 구분되는 것이 아니고 부재의 단구속 조건과 길이대 두께의 비로 표현되는 부재의 연성(flexibility)에 의해서 구분된다. 만약에 부재의 길이가 짧게 되면(즉, 短柱, **short column**) 휨강성이 크기 때문에 휨변형이

1) 부재의 단모멘트나 또는 축방향 하중의 편심에 의해서 발생하는 휨모멘트(그림 9.2에서 M)

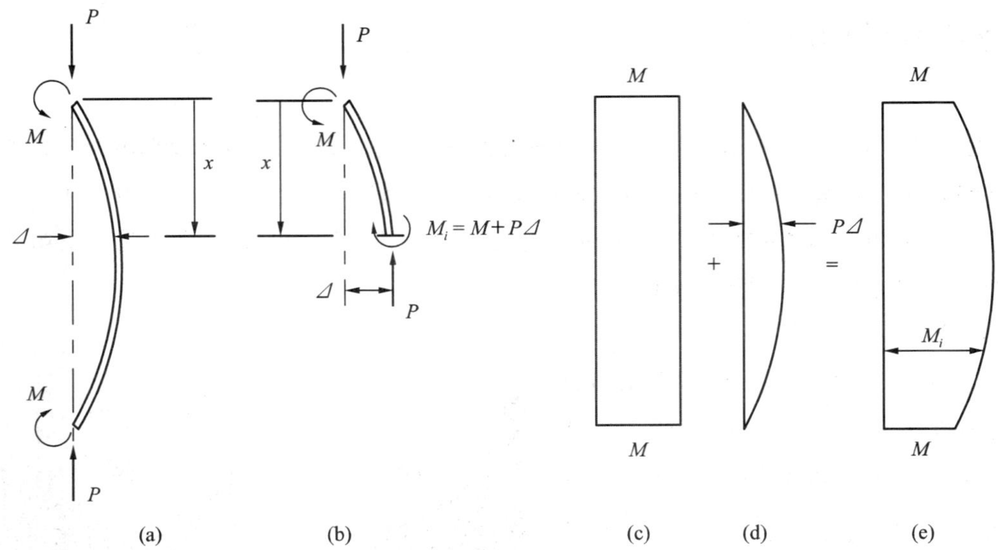

그림 9.2 보-기둥의 1차와 2차 휨모멘트 (a) **보-기둥,** (b) **자유물체도,** (c) 1**차 휨모멘트,** (d) 2**차 휨모멘트,** (e) **총 휨모멘트**

미미하게 일어나고 따라서 2차 모멘트의 크기도 작아서 무시할 수 있게 된다. 철근콘크리트 기둥은 비록 장주로 구분되었더라도 상대적으로 두꺼워서, 2차 모멘트가 상당히 발달해도 일반적으로 좌굴(buckling)에 의해서 파괴되지 않고 과응력(overstress)에 의해서 파괴된다. Leet와 Bernal[9.1]은 2차 모멘트가 1차 모멘트의 5% 이내인 경우를 단주로 구분하고, 2차 모멘트가 5% 이상인 경우를 장주로 구분하도록 제시하고 있다.

기둥에 파괴가 일어나게 되면 기둥이 받치고 있던 상부구조물이 붕괴되어 인명피해가 일어날 가능성이 높아서 보보다 높은 안전계수를 갖도록 설계한다[2]. 기둥에는 영향을 미치지 않으면서 보가 연성(ductile manner)을 보이면서 파괴되면 비록 바닥시스템에는 상당한 처짐이 나타나겠지만 구조물의 전체적인 붕괴는 피할 수 있게 된다.

그림 9.3에는 보-기둥을 포함하는 구조물과 보-기둥의 자유물체도가 제시되어 있다. 그림 9.3c에서 보는 바와 같이 철근콘크리트 보와 기둥은 일체로 시공하기 때문에 상당한 부정정 연속골조 시스템이 되게 된다. 따라서 부재들은 서로 강접 되어(rigid joint), 그림 9.3c에서 점선으로 표시된 변형된 형상도와 같이 한 부재에 하중이 작용하게 되면 다른 부재에도 휨변형과 모멘트를 발생시키게 된다. 물론 변형과 모멘트는 하중이 작용하는 부재에서 최대이고 하중이 작용하는 장소에서 멀

2) 현행 구조기준 3.3.3(ACI 9.3.2)에서 보의 인장지배 단면에 대한 강도감소계수는 $\phi_{(휨)} = 0.85$이고, 띠철근으로 보강된 압축지배 단면의 강도감소계수는 $\phi_{(축압축)} = 0.65$로 제시되고 있다.

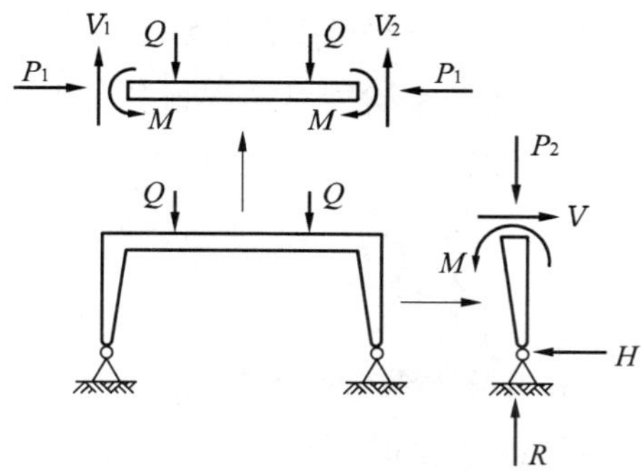

(a) 강접 골조(rigid frame)

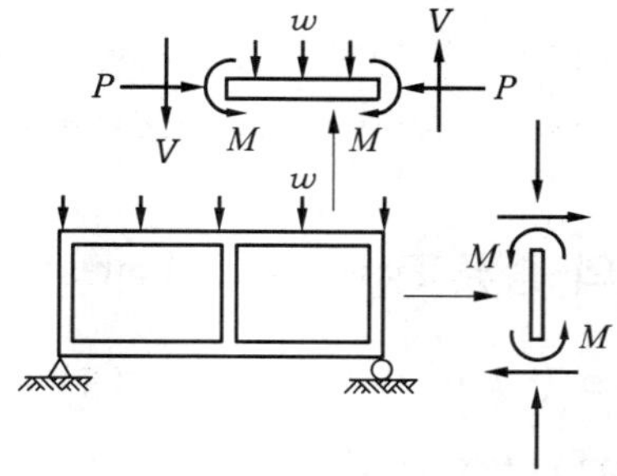

(b) 비렌딜 트러스(Vierendeel truss)

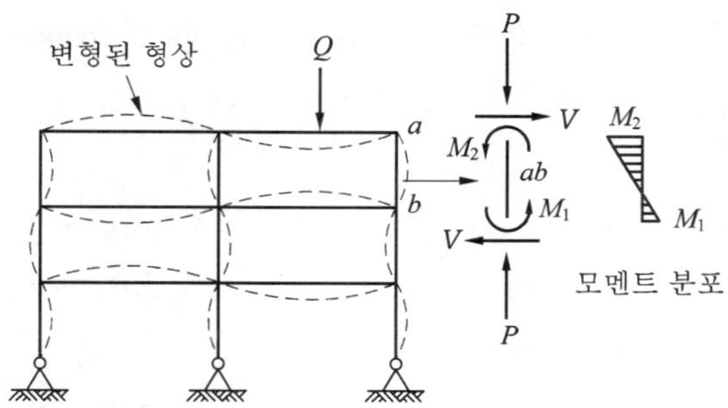

(c) 건물 골조(building frame)

그림 9.3 보-기둥(beam-column)을 포함하는 구조물의 예

어질수록 급격하게 감소할 것이다.

골조의 모든 부재가 작용하는 하중에 의해서 직접적으로 또는 다른 부재의 처짐에 의한 간접적으로 일어나는 이음부의 회전(joint rotation)으로 인해서 보뿐만 아니라 기둥의 모든 부재에는 3종류의 내력(전단, 휨모멘트 및 축력)이 발생하게 된다. 게다가 기둥에는 예기치 않은 축력의 편심으로 인해서 모멘트가 발생할 수도 있다. 공극(void)이나 곰보(honeycombing) 또는 철근의 배치나 거푸집이 뒤틀리게 되면 도심의 위치가 변하여 축력에 편심이 일어날 수 있다. 따라서 건물의 기둥은 하중조건에서 비록 축력만 작용한다고 하더라도 축력뿐만 아니라 최소모멘트에 대해서도 설계하여야 한다[구조기준 6.5.6(7), ACI 10.10.6.5 ; 식 (9.29) 참고].

고층빌딩의 기둥은 기초로부터 지붕까지의 전체높이로 설계하지 않고 각층의 높이를 기준으로 설계한다. 기둥의 크기를 결정하기 위해서 구조물을 전체로 보아 그림 9.3c와 같이 한 기둥을 잘라 자유물체도를 그리고 발생하는 모멘트 중에서 가장 큰 값을 기준으로 단면을 결정한다.

어떤 층에서든지 기둥에 작용하는 총축력은 위층 기둥에 작용하는 축력에 대략적으로 비례하여 위층의 기둥은 아래층의 기둥에 비해서 작은 축하중이 작용하여 단면을 축소하거나 또는 보강철근의 양을 감소시킬 수 있다. 거푸집의 변화 때문에 생기는 추가적인 비용이나 시간을 절약하기 위해서 종종 전체 구조물에서 기둥의 단면을 일정하게 유지하고 아래층으로 내려올수록 보강철근의 양이나 콘크리트의 압축강도를 증가시키곤 한다.

기둥의 종류(Types of Columns)

대부분의 철근콘크리트 기둥은 원형이거나 직사각형 단면을 갖고 있고 축방향 철근(longitudinal reinforcement)으로 보강되어 있다(그림 9.4 참고). 콘크리트를 치거나 다질 때 축방향 철근이 이탈하지 않도록 횡방향 철근에 철사로 단단히 묶어야 한다. **띠철근(tie)**이라고 불리는 횡철근에 축방향 철근을 배치한 기둥을 **띠철근 기둥(tied column)**이라고 부르고, 연속된 나선형 횡철근에 축방향 철근을 정착하면 **나선철근 기둥(코일철근 기둥, spiral column)**이라고 부른다(그림 9.4 참고). 그림 9.4b의 나선철근의 바깥선을 지름으로 하여 둘러싸인 면적을 **심부면적(core area,** 구조기준의 A_{ch})이라고 한다.

그림 9.5에는 구조용 강재나 강관을 축방향으로 보강한 **합성압축부재(composite compression member)**를 보여주고 있다. 특히 콘크리트로 채운 강관기둥에서 축력을 받게 되면 콘크리트는 포와송비 때문에 횡방향으로 팽창하려하고 이를 강관이 억제하게 되어 마치 나선철근과 같이 콘크리트를 구속하여 연성이나 강도가 상당히 증가하게 된다[그림 2.25 및 식 (2.14) 참고]. 그림 9.5a와 같이 구조용 강재를 콘크리트에 매립한 형태는 열에 약한 강재를 보호할 수 있을 뿐만 아니라 강재의 부식을 방지하는데 좋은 방법 중의 하나이며, 일본에서 특히 유행하여 **강재보강 콘크리트**

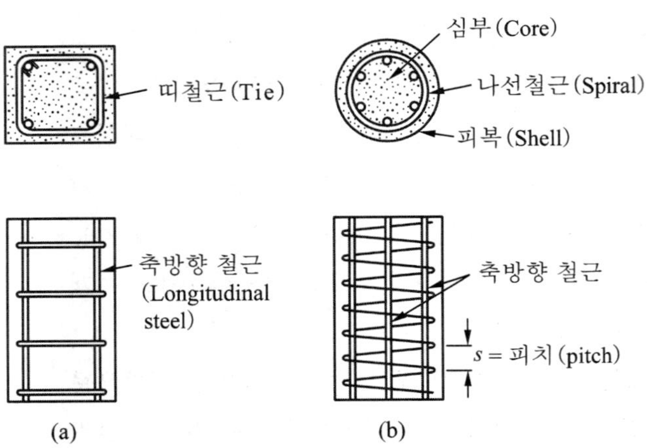

그림 9.4 **기둥의 종류** : (a) 띠철근 보강기둥 - 사각형 단면에는 최소 4개의 축방향 철근을 배치[구조기준 6.4.2(2), ACI 10.9.2]; (b) 나선철근 보강기둥 – 최소 6개의 축방향 철근을 배치하도록 규정

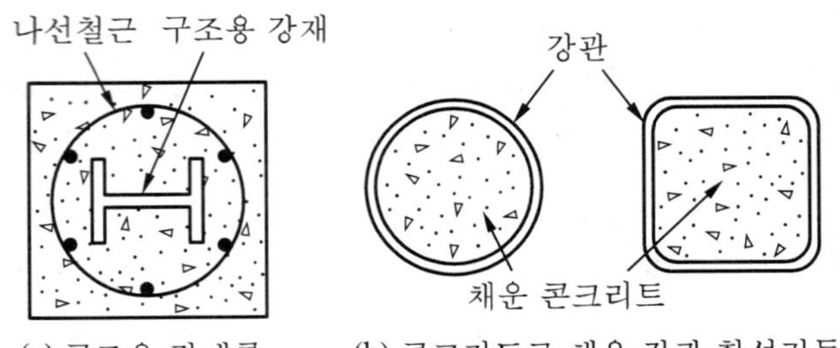

(a) 구조용 강재를 나선철근기둥에 묻은 합성기둥

(b) 콘크리트로 채운 강관 합성기둥 [*CFT*(concrete – filled tube) 기둥]

그림 9.5 **여러 형태의 합성기둥** (composite compression members)(ACI 10.16)[9.3]

(steel-reinforced concrete)라고 불린다[9.2].

만약에 기둥의 단면적이 작으면 벽속에 숨기기도 쉽고 공간도 적게 차지하므로 가능한 한 작은 단면적을 사용하도록 종용될 것이다.

2007년 이후 구조기준에서는 이전의 기준에서 유지해오던 압축부재 단면의 최소치수에 대한 규정3)을 삭제하여 주택이나 하중이 작은 건축물에서 단면이 작은 압축부재를 사용할 수 있도록 하였다. ACI 해설 R10.8[9.3]에서는 단면이 작은 압축부재를 사용하는데 있어서 설계에서 세심한 주의를 하여야 하고 또한 건조수축 응력의 중요성이 증가하는 점을 인식하여야 한다고 경고하고 있다. Leet와 Bernal[9.1]은 비록 구조기준에서 최소단면의 치수에 대해서 규정은 하지 않고 있지만 건축 상의 간격(construction clearance)을 고려하면 최소 폭이나 직경은 적어도 200 mm에서 250 mm는 되어야 할 것이라고 제안하고, CRSI[9.18]에서는 직사각형 단면의 최소치수는 250 mm로 짧은 변에 대한 긴 변의 비는 슬래브-기둥 시스템에서 2배 이하로 제시하고, 원형 단면에서는 직경 300 mm를 최소 치수로 제시하고 있다.

크리프나 건조수축을 감소시키고, 휨강도와 연성을 갖도록 현행 구조기준 6.4.2(1)(ACI 10.9.1)에서는 최소 축방향 주철근 단면적을 전체 단면적 A_g의 1% 이상을 배치하도록 규정하고4), 상한 한계로는 전체 단면적의 8% 이하를 배치하도록 제시하고 있다. 실용적으로 현장에서 5%~6% 이상의 철근을 거푸집 안에 배치하기도 어려울 뿐만 아니라 묽은 콘크리트의 배치도 쉽지 않아 공극이나 곰보가 발생할 가능성이 크게 된다. 이런 시공 중의 결함은 기둥의 강도에 상당한 감소를 가져올 수 있다. 따라서 구조기준 6.4.2(1)에서는 축방향 주철근이 겹침이음 되는 경우에 철근비는 4%를 초과하지 않도록 규정하고 있다. 또한 철근사이의 간격이 충분히 넓어서 공극 없이 묽은 콘크리트가 배치될 수 있도록 구조기준 5.3.2(ACI 7.6.3)에서는 기둥의 축방향 철근의 순간격은 40 mm 이상, 또한 철근 공칭 지름의 1.5배 이상이어야 하며, 굵은골재 공칭 최대치수 $a_{\max}$의 4/3 배 이상으로 하도록 규정하고 있다[식 (2.52b) 참고].

요구철근량이 많은 단면에서는 철근을 묶어서 최대 4개의 철근을 다발철근으로 배치할 수 있도록 현행 구조기준 5.3.2(6)(ACI 7.6.6)에서는 허용하고 있다. 또한 이런 경우에 다발철근은 스터럽이나 띠철근으로 둘러싸여져야 된다고 규정하고 있다(그림 9.27g 참고).

구조기준 5.4(표 2.12 참고)에서는 현장치기 콘크리트로 옥외의 공기나 흙에 직접 접하지 않는

---

3) 2003년 기준 6.4.1에서는 띠철근 압축부재 단면의 최소치수는 200 mm이고 그 단면적은 60,000 mm² 이상이어야 하고, 나선철근 압축부재 단면의 심부의 지름은 200 mm 이상, $f_{ck}=$ 21 MPa 이상이어야 한다고 규정하였다.

4) 실험에서 축방향 철근이 대략 1% 이하로 배치된 기둥에 지속하중이 작용하면 콘크리트의 크리프로 인하여 콘크리트의 응력이 철근의 응력으로 전달되어 철근의 응력이 상당히 증가하여 항복하는 것이 발견되었다[9.15]. 따라서 이를 방지하고자 적어도 1% 이상을 배치하도록 하는 규정이다.

콘크리트인 경우에 축방향 및 띠철근, 나선철근을 화재나 부식으로부터 보호할 수 있도록 최소 40 mm의 피복두께[5)]가 요구되고, 흙에 접하거나 옥외의 공기에 직접 노출되는 콘크리트인 경우에는 D29 이상인 경우는 60 mm ; D25 이하인 경우 50 mm ; D16 이하 철근 및 지름 16 mm 이하의 철선인 경우에는 40 mm의 피복두께가 요구된다. 구조기준 5.4.4(ACI 7.4.4)에서 다발철근인 경우에는 다발의 등가지름 이상의 피복두께를 두어야 하지만 60 mm 이상일 필요는 없고, 흙에 접하는 경우에는 80 mm 이상을 수중에서 콘크리트를 타설하는 경우에는 100 mm 이상의 피복두께를 두어야 한다고 규정하고 있다.

9.2 기둥 거동의 기초(Fundamentals of Column Behavior)[9.1]

현행 구조기준에 따라 기둥이 단주인지 장주인지를 구분하기 전에 기둥 거동의 기초에 대해서 다루도록 한다. 여기에서 다루는 기둥 거동에 대한 내용은 일반적인 내용이므로 강재로 만든 기둥에 대해서도 동일하게 적용할 수 있고, 일반적으로 재료역학[9.5]에서 다루는 내용이므로 간단하게 소개하도록 한다.

완벽한 기둥의 좌굴(Buckling of Perfect Columns)

그림 9.6에 하부는 마찰저항이 없는 힌지로 지지되고 상부는 횡방향 거동을 억제한 롤러로 지지된 세장기둥을 보여주고 있다. 힌지는 마찰저항이 없으므로 부재의 양 끝에서는 회전으로 인해서 모멘트가 발생하지 않는다. 간략화하기 위해서 기둥은 완벽한 직선이고 잔류응력은 없으며 재료는 탄성-완전소성 재료로 만들어졌다고 가정한다. 탄성영역에서 응력-변형률곡선의 기울기는 일정하여 탄성계수는 E이고, 이 영역을 지나서 소성영역에서의 응력-변형률곡선은 수평선을 그으며 탄성계수 $E_t = 0$가 된다(그림 9.6b 참고).

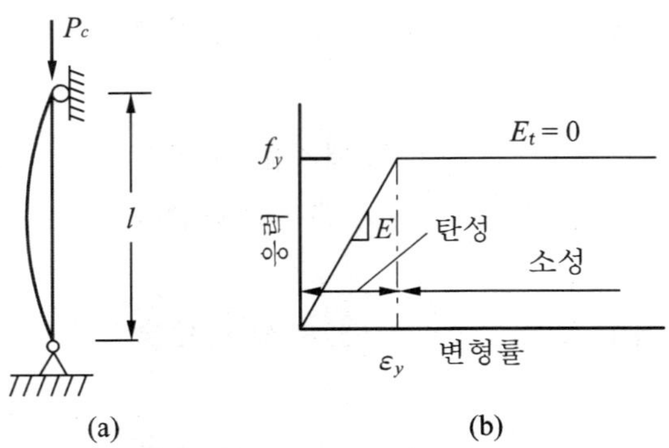

그림 9.6 힌지 지점 기둥의 좌굴 : (a) Euler의 좌굴하중이 작용할 때, (b) 이상화 된 응력-변형률곡선

만약에 기둥이 세장(slender)하면 **Euler의 좌굴하중(Euler buckling load)** 또는 **임계하중(critical load)**이라고 부르는 축하중 강도 P_c에 도달하면 싸인곡선 모양으로 좌굴이 일어난다. 비록 좌굴이 일어난 기둥이 이 임계하중을 지탱하기는 하지만 조금만 하중이 증가해도 지탱할 수 없으므로 이 임계하중은 세장기둥이

5) 콘크리트 설계기준압축강도가 40 MPa 이상인 경우는 10 mm 줄여서 30 mm로 할 수 있다고 규정하고 있다.

지지할 수 있는 이론적인 최대하중이 된다.

그림 9.6에서 굽은기둥의 평형을 고려하여 좌굴을 일으키는 최소 하중은 다음과 같이 표현된다.

$$P_c = \frac{\pi^2 EI_{(\min)}}{l^2} \tag{9.2}$$

여기에서 E는 탄성계수, $I_{(\min)}$은 최소단면 2차 모멘트(minimum moment of inertia), l은 지지점 사이의 기둥의 길이이다. 만약에 P_c를 단면적 A로 나누어 주면 식 (9.2)는 좌굴기둥의 평균응력에 대한 식이 된다.

$$f_c = \frac{\pi^2 EI_{(\min)}}{l^2 A} \tag{9.3}$$

최소회전반경(minimum radius of gyration) $r = \sqrt{I_{(\min)}/A}$ 을 이용하여, $I_{(\min)} = Ar^2$로 다시 쓰면 이 Euler 식을 응력함수로 다음과 같이 쓸 수 있다.

$$f_c \le f_y \text{인 경우}: \quad f_c = \frac{\pi^2 E}{(l/r)^2} \tag{9.4}$$

여기에서 무차원 계수 (l/r)을 기둥의 **세장비(slenderness ratio)**라 하고 기둥의 좌굴응력을 결정하는 기하학적인 특성을 갖고 있다. π^2뿐만 아니라 $f_c < f_y$ 인 탄성영역에서 E가 고정값이므로 식 (9.4)는 쌍곡선(hyperbola)이 된다(그림 9.7 참고). 그림 9.7을 보면 세장비 (l/r)가 감소할수록 좌굴이 일어나는 평균응력이 증가하는 것을 알 수 있다. 탄성좌굴이 일어나는 가장 작은 세장비는 식 (9.4)에 f_c 대신에 f_y를 대입하여 이때의 세장비를 구하면,

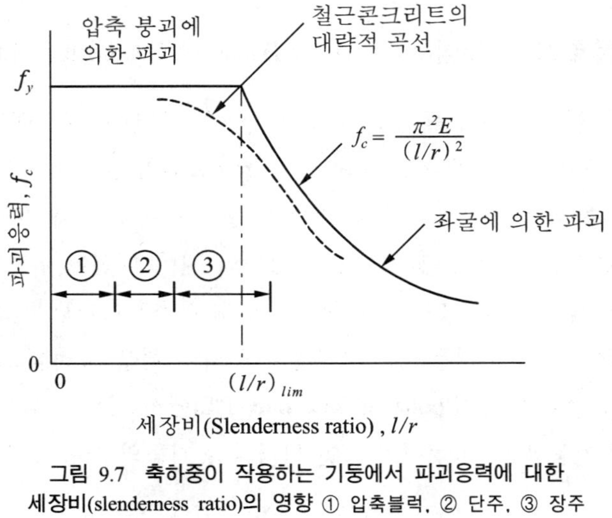

그림 9.7 축하중이 작용하는 기둥에서 파괴응력에 대한 세장비(slenderness ratio)의 영향 ① 압축블럭, ② 단주, ③ 장주

$$\left(\frac{l}{r}\right)_{(\mathrm{lim})} = \sqrt{\frac{\pi^2 E}{f_y}} \tag{9.5}$$

그림 9.7에서 보이는 바와 같이 세장비가 $(l/r)_{(\mathrm{lim})}$보다 작거나 같은 경우에는 응력이 f_y 에 도달했을 때 붕괴파괴가 일어나고, $(l/r)_{(\mathrm{lim})}$보다 클 때는 좌굴에 의해서 파괴된다.

철근콘크리트 기둥의 세장비에 대한 파괴응력의 변화를 그린다면 그림 9.7과 비슷하겠지만 크리프, 콘크리트의 비선형 응력-변형률곡선, 결함(imperfection) 및 철근 등의 영향으로 인해서 상당히 복잡하며 대략적으로 점선과 같은 모양이 될 것이다.

대부분의 철근콘크리트 기둥은 굵고 짧아서(stocky) 좌굴에 의한 파괴는 거의 일어나지 않는다. 비록 철근콘크리트 기둥의 길이가 길더라도 세장비는 $0 \sim (l/r)_{(\mathrm{lim})}$ 사이에 있게 된다. 세장비가 증가함에 따라 다음과 같이 구분할 수 있다.

① **주각(pedestal)(아주 짧은 압축블럭 또는 교각, short compression block or pier)** : 구조기준 1.4 용어의 정의에서는 기초 위에 돌출된 압축부재로서 단면의 평균 최소치수에 대한 높이의 이율이 3이하인 부재를 주각이라고 정의하고, 지붕, 바닥 등의 상부 하중을 받아서 토대 및 기초에 전달하고 벽체의 골격을 이루는 수직 구조체를 기둥(column)이라고 정의하고 있다.

② **단주(short column)** : 강성이 크고 길이가 짧은 대부분 건축물에서의 기둥으로 2차 모멘트가 작은 기둥을 단주라고 한다.

③ **장주(세장기둥, long column)** : 비록 길이가 짧다고 하더라도 세장비(slenderness ratio, l/r)가 커서 휨변형에 의해서 2차 휨모멘트가 무시할 수 없는 크기로 발생하는 기둥이다(그림 9.40 참고).

지점 조건 - 유효길이 개념(Influence of Boundary Conditions - Effective-Length Concept)

마찰저항이 없는 힌지나 롤러로 지지된 기둥은 실제로는 존재하지 않는다. 실제 기둥의 끝은 회전에 대해서 구속되어 언제나 단모멘트(end moment)가 발생하고, 더군다나 종종 기둥의 끝에 횡변형이 일어날 수 있을 정도로 강성이 강하지 않는 경우도 있다. 마찰저항이 없는 힌지로 지지된 기둥으로부터 유도된 식 (9.2)와 (9.4)에서 기둥의 길이 대신에 **유효길이(effective length)**라는 개념을 도입하여 실제적인 지점조건을 고려할 수 있다. 유효길이개념은 그림 9.8a와 같이 한쪽 끝은 고정지점이고 다른 쪽의 끝은 롤러로 지지된 기둥의 변형을 고려함으로서 구할 수 있다.

그림 9.8c와 같이 **변곡점(point of inflection, P.I.)**에서 상부의 롤러 지점까지를 자유물체도로 그리면 이 부분의 기둥은 마치 길이가 l_e 인 힌지지점 기둥의 거동과 같게 된다. 변곡점은 다음의 두 이

유로 인해서 힌지지점과 등가가 된다 : (1) 모멘트가 0이고, (2) 마찰저항이 없는 힌지와 같이 좌굴이 일어난 기둥의 변곡점 밑의 부분은 휨강성이 없어서 회전에 대해서 저항하지 못한다.

유효길이 l_e는 보통 실제길이 l에 **유효길이계수(effective-length factor)** k를 곱해서 표현한다. 따라서 식 (9.2)와 (9.4)에서 l 대신에 kl을 대입하면 각각 다음과 같이 표현할 수 있다.

$$P_c = \frac{\pi^2 EI_{(\min)}}{(kl)^2} \tag{9.6}$$

$$f_c = \frac{\pi^2 E}{(kl/r)^2} \tag{9.7}$$

따라서 식 (9.6)과 (9.7)로 경계조건이 어떻게 변하더라도 기둥의 좌굴하중이나 좌굴응력을 예측할 수 있다. 물론 이 식들은 탄성거동에 대해서만 적용하여야 한다.

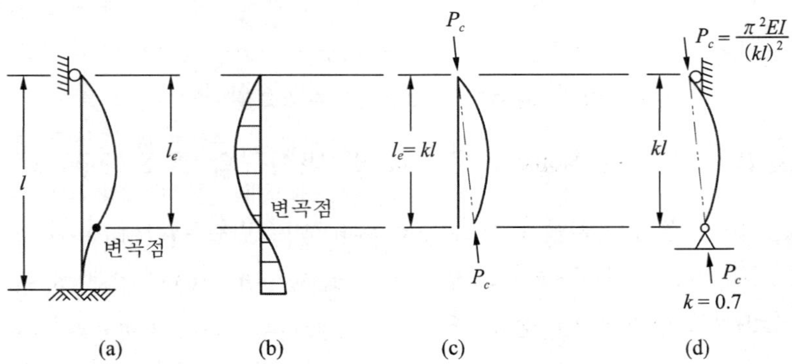

그림 9.8 한쪽 지점은 고정단이고 다른 쪽은 힌지지점인 기둥의 유효길이 : (a) 좌굴이 일어난 형상, (b) 모멘트도, (c) 변곡점 위 기둥의 자유물체도, (d) 등가 힌지지점 기둥

여러 지점조건에 대한 유효길이계수 k는 여러 설계핸드북이나 또는 그림 9.13과 같은 직선연결 도표로부터 읽을 수 있다. 그림 9.8과 같은 기둥인 경우에 탄성곡선에 대한 미분방정식으로 구하면 계수 $k=0.7$이 된다. 이상화된 지점 조건에 대해서 구한 k 값이 그림 9.9에 주어졌다.

그림 9.9의 유효길이계수를 비교해보면 횡방향 변위가 구속된 경우에 $k=0.5$~1.0가 되고, 주어진 기둥에서 회전과 횡변위를 구속한 경우에 k 값이 0.5로 좌굴이 일어나기 위해서는 가장 큰 하중이 작용하여야 된다. 만약에 한쪽 단이라도 횡변위 구속이 되어있지 않으면 $k \geq 1$보다 크게 된다.

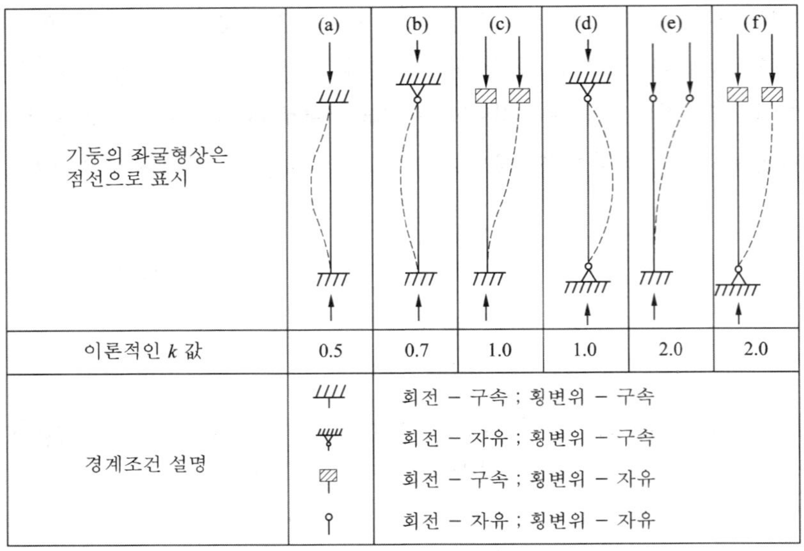

그림 9.9 여러 이상화된 경계조건에 대한 유효길이계수 k

횡구속 골조(Braced 또는 Nonsway Frame)와 비횡구속 골조(Unbraced 또는 Sway Frame)

건축물 골조의 절점(joint)에서 강체(rigid element)나 버팀재(가새, bracing)로 구속되어 횡방향 변위가 일어나지 않을 때 **횡구속 골조(braced 또는 nonsway frame)**라 한다. 건물의 바닥은 보통 전단벽(shear wall)이나 엘리베이터 통로 또는 철근콘크리트 조적벽(reinforced masonry wall)등으로 횡구속 되어 있다. 구조기준 해설 6.5.5[9.6](ACI R10.10.5[9.3])에서는 한 층내 기둥의 전체 횡변위에 대한 강성을 횡저항 부재의 강성[전단벽(shear wall), 전단트러스(shear truss) 또는 다른 형태의 횡방향 버팀재(가새, lateral bracing) 등]과 비교함으로써 유추할 수 있다고 하고, 구조기준 6.5.1(2)[9.4]에서는 근사적으로 횡변위에 저항하는 구조요소 중 기둥을 제외한 구조요소의 전체 총 강성이 해당 층에 있는 기둥 전체 강성의 12배보다 큰 골조는 횡구속 골조로 간주할 수 있다고 규정하고 있다. 만약에 조사로서 쉽게 판단할 수 없다면 구조기준 6.5.5(ACI 10.10.5)에 골조의 횡구속 여부를 판단할 수 있는 2 가지 방법(아래의 방법 2와 방법 3)을 제시하고 있다. 실제 구조물에 있어서 완전히 횡구속 조건이거나 또는 완벽하게 비횡구속 조건의 골조 구조물은 존재하지 않는다고 볼 수 있다. 따라서 횡구속 골조와 비횡구속 골조의 판단은 다음과 같은 방법을 통해서 구분할 수 있다.

1) 방법 1 : 횡변위에 저항하는 구조요소 중 기둥을 제외한 구조요소의 전체 총 강성이 해당 층에 있는 기둥 전체 강성의 12배보다 큰 골조는 횡구속 골조로 간주할 수 있다[구조기준 6.5.1(2)]. 또는 육안으로 전단벽이나 엘리베이터 통로, 벽돌 벽, 버팀재(가새, bracing) 등으로 횡방향 변위를 구속하면 횡구속 골조로 본다(그림 9.10 참고).

2) 방법 2 : 2차 해석(second-order analysis)에 의한 기둥 단부 휨모멘트의 증가량(즉, 2차 모멘트)이 1차 탄성해석에 의한 단부 휨모멘트의 5%를 초과하지 않는 경우에 기둥은 횡구속 구조물로 가정할 수 있다[구조기준 6.5.5(2), ACI 10.10.5.1]. 1차 해석은 재료는 탄성이며 기둥이 변형되기 전의 모양에 대해서 해석하며, 2차 해석은 절점의 영향이나 기둥의 변형을 고려하여 해석하므로 복잡하게 된다. 근래에 개발된 컴퓨터 프로그램들은 보통 1차 해석뿐만 아니라 2차 해석도 수행할 수 있다. 만약에 횡변위가 미미하게 일어나면 이 두 종류의 해석에서 구한 모멘트에 차이가 거의 없게 된다.

3) 방법 3 : 층 안정성 지수에 대한 다음 식을 만족하면 횡구속 구조물로 간주할 수 있다[구조기준 6.5.5(3), ACI 10.10.5.2].

$$\text{층 안정성 지수, } Q = \frac{\sum P_u \Delta_o}{V_u l_c} \le 0.05 \tag{9.8}$$

여기에서 $\sum P_u$와 V_u는 각각 해당 층에서 전체 수직 축력과 층전단력이다. Δ_o는 V_u로 인한 해당 층의 상단과 하단 사이의 탄성 1차 해석에 의한 상대변위이다. 현행 구조기준 6.5.4(2)(ACI 10.10.4.1)에서 휨균열, 크리프 등과 같은 영향을 고려하여 감소된 단면 2차 모멘트를 사용하도록 하고 있다. 예를 들어서 기둥 및 비균열 벽체에서는 $I = 0.70I_g$, 보 및 균열벽체에서는 $I = 0.35I_g$ 등으로 제시하고 있다(표 9.1 참고). l_c는 기둥의 길이로 절점의 중심에서 중심 간의 길이이다.

골조(frame)가 강체(rigid element)나 버팀재로 구속되어있지 않아 횡방향 변위가 일어나는 경우를 **비횡구속 골조(unbraced 또는 sway frame)**라 한다. 그림 9.10에는 횡구속 골조와 비횡구속 골조

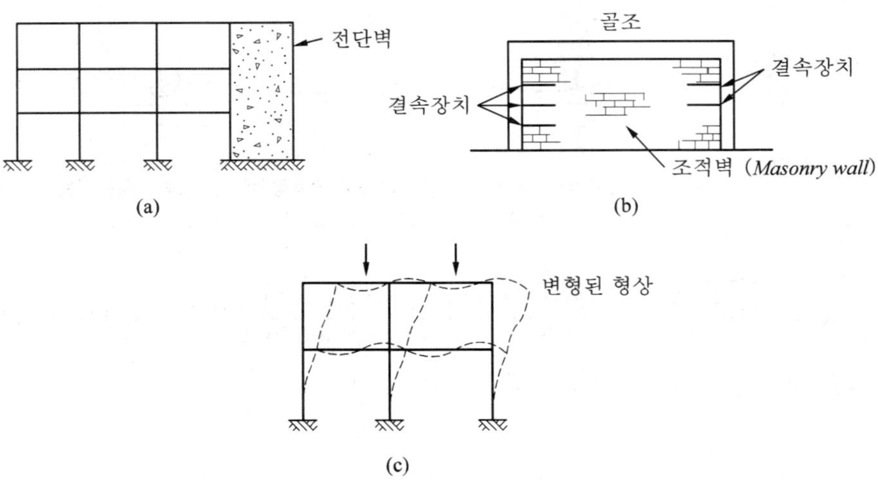

그림 9.10 횡구속 골조와 비횡구속 골조의 예 : (a) 전단벽에 의해서 횡구속 된 경우, (b) 벽돌 벽에 의해서 단단하게 횡구속 된 골조, (c) 비횡구속 골조

의 예를 보여주고 있다.

만약에 동일한 골조에서 한 골조는 횡구속 되어 있고 다른 골조는 비횡구속 되었을 때 언제나 비횡구속 골조가 횡구속 골조보다 기둥의 유효길이가 길게 된다. 기둥의 강도는 강성과 같이 유효길이가 길어질수록 감소하므로 설계자는 전단벽이나 버팀재를 적절히 배치하는 것이 중요하다.

예제 9.1 층 안정성 지수 계산

계수 고정하중과 풍하중이 작용할 때 1차 구조해석을 수행하여 건축물 3 층 바닥이 2 층의 바닥에 비해 12.2 mm 횡방향 처짐이 발생하였다. 해석에 의해서 구한 절점하중들이 그림 9.11에 주어졌다. 식 (9.8)의 층 안정성 지수를 이용해서 횡구속 골조인지 아니면 비횡구속 골조인지 판단하라.

풀이

식 (9.8)의 층 안정성 지수 $Q=\sum P_u \Delta_o/(V_u l_c) \le 0.05$ 를 만족하면 횡구속 골조로 판단 할 수 있다.

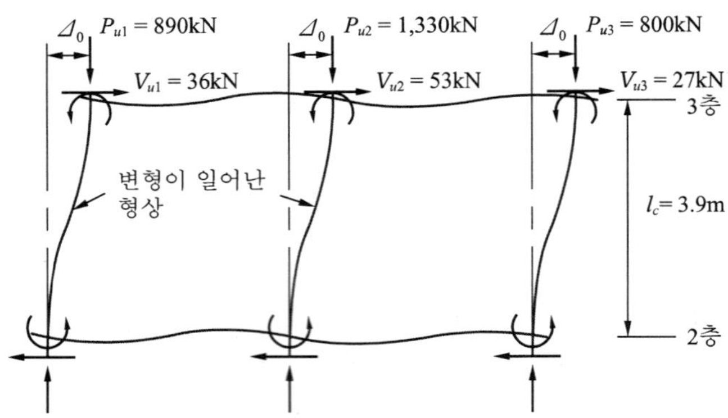

그림 9.11 풍하중과 고정하중이 작용할 때 각 기둥에 작용하는 외력과 바닥간의 상대 횡변위 (Δ_0 = 12.2 mm)

$$Q=\frac{\sum P_u \Delta_o}{V_u l_c}=\frac{(890+1,330+800)\ \mathrm{kN}\times 12.2\ \mathrm{mm}}{(36+53+27)\ \mathrm{kN}\times 3,900\ \mathrm{mm}}=0.081>\ 0.05$$

따라서 그림 9.11의 골조는 비횡구속 골조이다.

9.3 유효길이계수와 장주의 구분(Effective-Length Factor and Classifying Long Column)[9.1]

철근콘크리트 골조에서 기둥은 다른 기둥과 보에 강접연결(rigidly connected)되어 있다. 층사이의 특정한 기둥의 유효길이는 골조가 어떻게 버팀재(braced)로 지지되어 있고 또 보의 휨강성이 얼마냐에 따라 좌우된다. 하중이 작용하여 기둥이 휘기 위해서는 기둥과 보가 강접 되어 있기 때문에 보에도 회전이 일어나야 한다. 만약에 보의 강성이 커서 잘 휘지 않게 되면(stiff) 기둥에 마치 고정지점과 같이 회전에 대해서 구속효과를 줄 것이다(그림 9.12a 참고). 그림 9.12b와 같이 만약에 보가 유연해서 잘 휘면 이런 경우에는 거의 회전에 대해서 구속력을 주지 못하므로 마치 힌지 지점과 같게 된다.

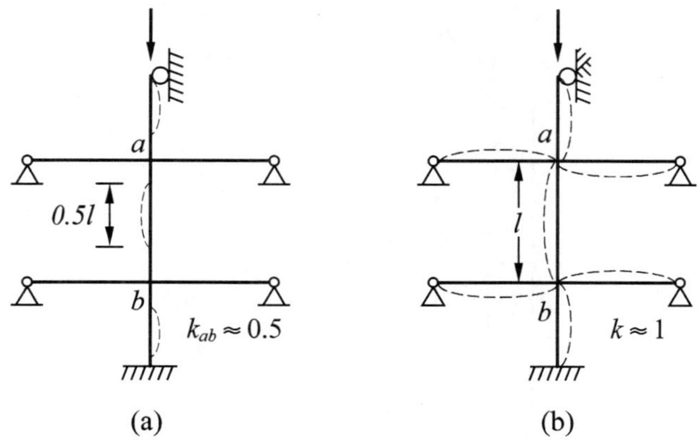

그림 9.12 횡구속 골조에서 기둥의 유효길이에 미치는 보의 강성 : (a) 단단한(stiff) 보, (b) 유연한(flexible) 보

Jackson과 Moreland[9.3]는 그림 9.13과 같은 직선연결도표를 제시하여 골조에서 거더의 휨강성이 연결된 기둥의 유효길이에 미치는 영향을 산정할 수 있도록 하였다. 이 도표는 각 기둥의 단부에 대해서 계산하는 절점의 Ψ(psi) 값을 이용하여 유효길이계수 k를 읽도록 되어있다. 단면이 일정한 강접골조의 Ψ는 다음 식과 같이 보에 대한 기둥의 상대적인 휨강성의 비로 표현된다.

$$\Psi = \frac{\Sigma(E_c I_c / l_c)_{(\text{기둥})}}{\Sigma(E_b I_b / l_b)_{(\text{보})}} \tag{9.9}$$

여기서, $I_c =$ 기둥의 유효단면 2차 모멘트 $= 0.7 I_g$ [구조기준 6.5.4(2), 표 9.1 참고] ; $I_b =$ 보의 유효단면 2차 모멘트 $= 0.35 I_g$; $l_c =$ 절점의 중앙에서 중앙까지의 기둥의 길이 ; $l_b =$ 절점의 중앙에서 중앙까지의 보의 길이 ; E_b, $E_c =$ 각각 보와 기둥의 탄성계수이다.

기둥의 상부와 하부 절점에서 계산한 2개의 Ψ값을 직선 연결하여 중앙선에서 유효길이계수 k를 읽는다. 기둥의 강도는 횡방향 지지대(lateral support)의 유무에 따라 영향을 받으므로 도표는 횡구속 골조와 비횡구속 골조로 나누어 제시되었다.

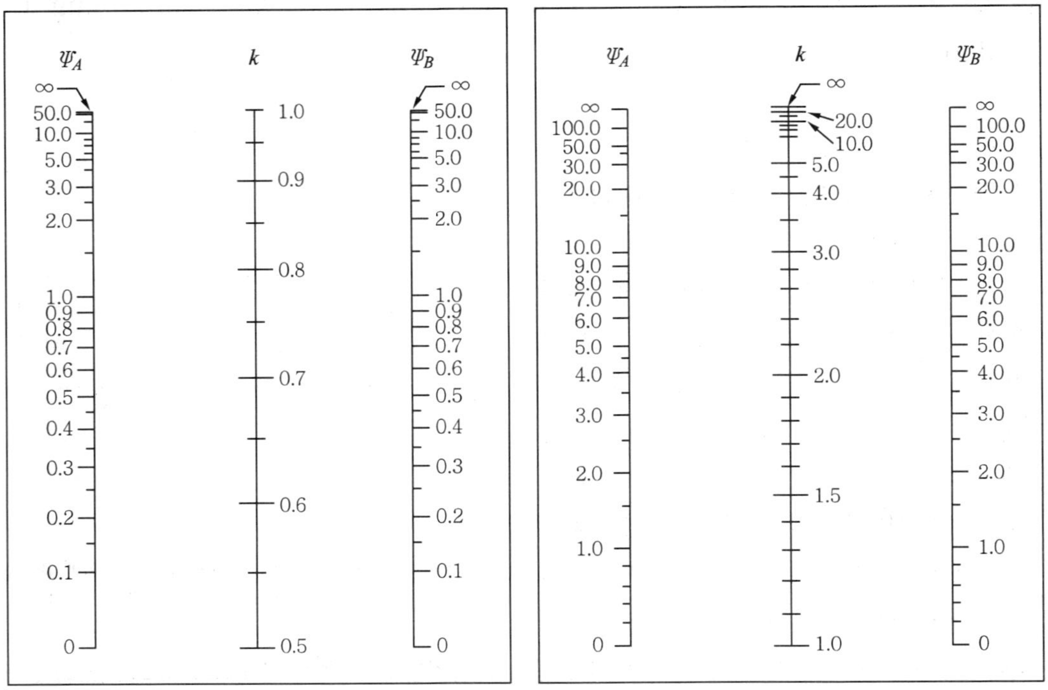

(a) 횡구속 골조　　(b) 비횡구속 골조

그림 9.13 Jackson-Moreland[9.3]의 유효길이계수 k를 구하는 직선연결도표 :
(a) 횡구속 골조, (b) 비횡구속 골조. $\Psi=$ 압축부재 단부의 강성도비 $= \sum (EI/l_c)_{(기둥)} / \sum (EI/l)_{(보)}$

횡구속 골조에서 k 계수는 그림 9.14a와 같이 모든 기둥의 좌굴이 동시에 일어나고 보는 단곡률로 휘어서 보의 끝에서 회전각이 서로 반대방향으로 일어난다는 가정 하에서 구한 값이고, 비횡구속 골조에서 k 계수는 그림 9.14b와 같이 보와 기둥에서 좌굴이 복곡률로 일어난다는 가정 하에서 구한 값이다. 만약에 보의 경계조건이 이런 가정과 일치하지 않게 되면 경계조건의 변화를 고려하

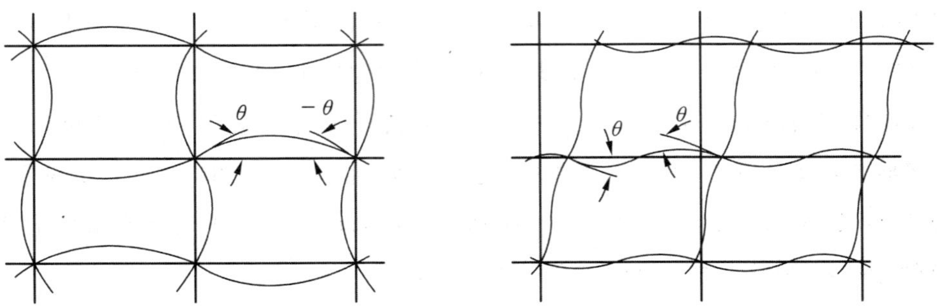

(a)　　(b)

그림 9.14 직선연결도표의 유효길이계수 k를 구한 골조의 변형형상 :
(a) 횡구속 골조의 휨변형, (b) 비횡구속 골조의 휨변형

기 위해서 강성을 수정해야 한다. 비횡구속 골조에서 보의 강성에 타단의 연결(far end of a girder connection)이 힌지인 경우에는 0.5를 고정단인 경우에는 0.67을 곱해주어야 된다. 횡구속 골조에서는 보의 강성에 타단이 힌지인 경우에는 1.5를 고정단인 경우에는 2를 곱해주어야 한다.

현행 구조기준 6.5.4(ACI 10.10.4.1)에서는 횡구속과 비횡구속 골조에서 k를 계산하는데 또는 탄성 2차 해석(elastic second-order analysis, 9.7장 참고)을 하는데 균열과 보강철근이 보와 기둥의 강성에 미치는 영향을 고려하여 전체단면 값의 일부분을 고려하도록 하였으며 이는 표 9.1에 제시되어 있다.

표 9.1 **탄성 2차 해석**(elastic second-order analysis)**이나 유효길이계수 k를 계산할 때 사용하는 부재의 특성값**(구조기준 6.5.4, ACI 10.10.4.1)

(1) 탄성계수			E_c [식 (2.4a) 참고]
(2) 단면 2차 모멘트	보		$I = 0.35I_g$
	기둥		$I = 0.70I_g$
	벽체	비균열	$I = 0.70I_g$
		균열	$I = 0.35I_g$
	플랫 플레이트 및 플랫 슬래브		$I = 0.25I_g$
(3) 단면적			$1.0A_g$
(4) 횡방향 지속하중이 작용할 경우에 I를 $(1+\beta_{ds})$로 나누어야 한다. 비횡구속 골조에서 $\beta_{ds} =$ 지속적으로 작용하는 최대계수 지속전단력 / 전체 계수전단력 비 ≤ 1.0.			

횡구속 골조에서 유효길이계수 $k =$ 0.5~1.0로 변하므로 구조기준 6.5.6(5)(ACI 10.10.6.3)에서는 해석에 의해서 값이 타당하다는 것이 증명되지 않으면 안전측으로 $k = 1.0$로 할 수 있다고 제시하고 있다. 비횡구속 골조에서 기둥의 유효길이계수는 항상 $k \geq 1.0$이어야 된다.

구조기준에 의한 보-기둥의 단주와 장주의 구분(Classifying Short and Long Columns)

부재에서 휨강성이 얼마인지를 평가하는 **유효세장비(effective-slenderness ratio)** kl_u/r을 이용하여 보-기둥을 2차 모멘트의 영향이 미미한 **단주(short column)**와 2차 모멘트의 영향을 무시할 수 없는 **장주(long 또는 slender column)**로 구분할 수 있다. 1970년도 경에 수행된 MacGregor[9.7] 등의 연구에 의하면 유효세장비가 다음과 같은 조건을 만족하면 단주로 구분할 수 있다고 하였으며6), 이를 구조기준 6.5.1(ACI 10.10.1)에서 다음 식과 같이 제시하고 있다.

6) Leet[9.1]에 의하면 2만개의 전형적인 건축물의 기둥을 조사해 본 결과 90% 정도가 횡구속 된 기둥이고, 비횡구속 기둥에서 40% 정도가 단주이었다. 따라서 대부분의 기둥이 횡구속 되어 2차 모멘트가 작아서 설계에서 무시할 수 있을 정도였다고 한다.

$$\text{비횡구속 골조 : } \frac{kl_u}{r} \leq 22 \tag{9.10}$$

$$\text{횡구속 골조 : } \frac{kl_u}{r} \leq \left[34 - 12\left(\frac{M_1}{M_2}\right) \leq 40\right] \tag{9.11}$$

여기서, k는 그림 9.13으로 구하는 유효길이계수 ; $l_u =$ 압축부재의 비지지 길이(unsupported length of member)(그림 9.15 참고) ; $r = \sqrt{I/A} =$ 굽힘이 일어나는 축에 대한 단면의 회전반경(radius of gyration)(그림 9.16 참고) ; $M_1 =$ 전형적인 1차 탄성해석에 의해서 구한 단모멘트 중에서 작은 값 ; $M_2 =$ 전형적인 1차 탄성해석에 의해서 구한 단모멘트 중에서 큰 값, 즉, $|M_1| < |M_2|$이고, 단곡률일 때 M_1/M_2의 부호는 양(+)이고, 이중 곡률(double curvature)일 때 M_1/M_2의 부호는 음(-)이며, 이때 $M_1/M_2 \geq -0.5$ 이상이어야 한다.

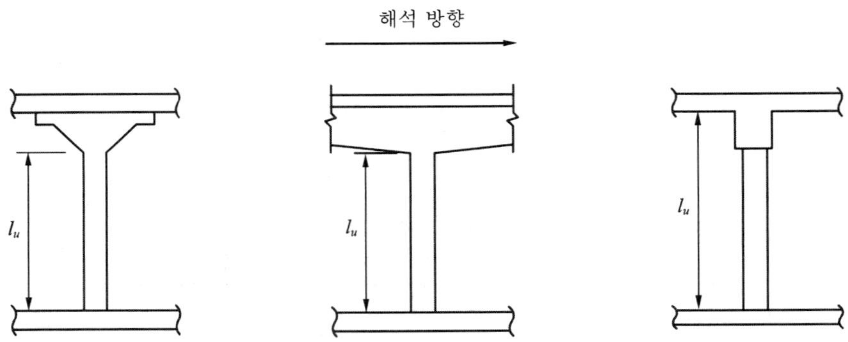

그림 9.15 압축부재의 비지지 길이(unsupported length) l_u

만약에 기둥이 마찰저항이 없는 힌지로 지지되면 기둥의 끝단에서 회전에 대한 구속을 할 수가 없게 된다. 이런 경우에 힌지절점은 휨강성이 0로 보아 $\Psi = \infty$ (무한대)로 고려하여야 한다. 고정지점은 보가 무한대의 강성을 가졌다고 보아 회전을 일어나지 않도록 구속하므로 $\Psi = 0$ 로 보아야 한다.

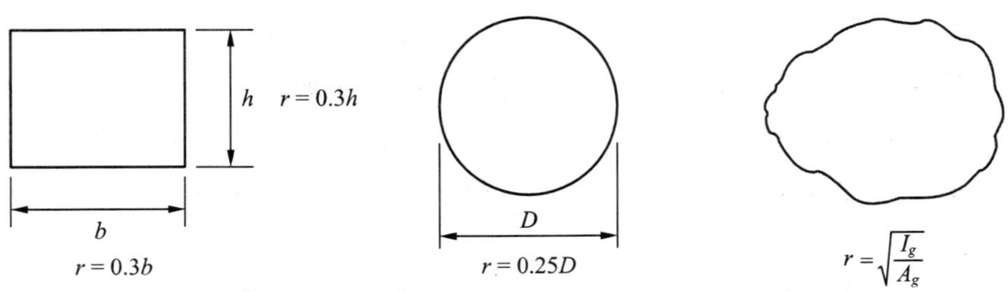

그림 9.16 구조기준 6.5.1(4)(ACI 10.10.1.2)에서 제시하는 회전반경 r의 값

예제 9.2 유효길이계수 계산

① A 단은 자유단(상부)이고 B 단은 고정단(하부)인 기둥에서 유효길이계수 k를 그림 9.13을 이용하여 구하라.

② 기둥의 상부 A 단은 보로 연결되어 횡구속 골조로 볼 수 있지만 지점 조건은 힌지 연결되었으며, 기둥의 하부 B 단도 역시 힌지로 지지되었을 때 이 기둥의 유효길이계수 k를 구하라.

풀이

① 지점조건에 따라 A 단은 $I_g = 0$ 이고, B 단은 $I_g = \infty$ 를 사용한다.

$$\Psi_A = \frac{\sum (I_c/l_c)_{(기둥)}}{\sum (I_b/l_b)_{(보)} = 0} = \infty\ ; \quad \Psi_B = \frac{\sum (I_c/l_c)_{(기둥)}}{\sum (I_b/l_b)_{(보)} = \infty} = 0$$

그림 9.13b의 직선연결도표 비횡구속 골조에서 $\infty \sim 0$를 직선으로 연결하여 k를 읽으면, $\underline{k = 2.0}$ 이 된다.

② 기둥의 상부와 하부에서 회전에 대해서 아무런 구속도 하지 못하므로, 상 · 하부에서 모두 $I_g = 0$로 볼 수 있다.

$$\Psi_A = \frac{\sum (I_c/l_c)_{(기둥)}}{\sum (I_b/l_b)_{(보)} = 0} = \infty\ ; \quad \Psi_B = \frac{\sum (I_c/l_c)_{(기둥)}}{\sum (I_b/l_b)_{(보)} = 0} = \infty$$

그림 9.13a의 직선연결도표 횡구속 골조에서 $\infty \sim \infty$를 직선으로 연결하여 k를 읽으면, $\underline{k = 1.0}$ 이 된다.

예제 9.3 단주인지 장주인지 판단

그림 9.17의 기둥 bc를 만약에 (a) 횡구속 골조인 경우와 (b) 비횡구속 골조인 경우에 각각 단주인지 장주인지 현행 구조기준의 규정에 따라 판별하라. 그림 9.17의 모든 단면은 직사각형 단면이며, 모든 부재는 동일한 콘크리트를 사용해서 탄성계수 E_c는 일정하다. 또한 모든 보의 단면은 300 mm × 600 mm로 일정하다.

풀이

(a) 횡구속 골조인 경우 : 판별식 식 (9.11)을 이용하기 위해서 먼저

① $M_1/M_2 = -(30/45) = -0.67 < -0.5$ 이므로, $M_1/M_2 = -0.5$ 로 한다.

② 식 (9.11), $kl_u/r \leq 34 - 12\,(M_1/M_2) = 34 - 12(-0.5) = 40 \leq 40$ <o.k.>

③ 구조기준 6.5.5(5)에서는 횡구속 골조에서 해석에 의해서 값이 타당하다는 것이 증명되지 않으면 안전 측으로 $k = 1.0$으로 할 수 있다고 하므로, $k = 1.0$ 으로 선택한다.

④ 비지지길이 l_u 계산 : $l_u = 3{,}750 - 600 = 3{,}150\ (\mathrm{mm})$

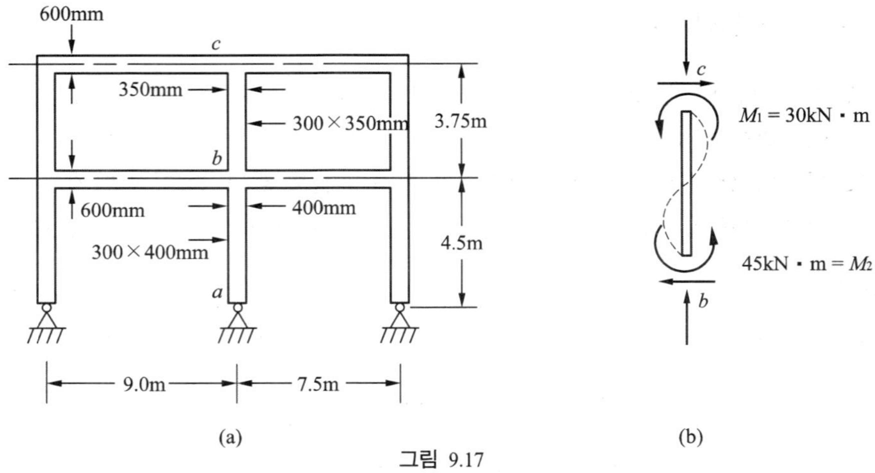

그림 9.17

⑤ 회전반경 r 계산(그림 9.16 참고) : $r = 0.3h = 0.3(350) = 105\,(\text{mm})$

⑥ 유효세장비 계산 : $kl_u/r =$ 1.0 (3,150)/105 = <u>30</u> < $[\,34 - 12\,(M_1/M_2) = 40\,]$

따라서, 이 기둥은 단주이다.

⑦ 단주로 판단되었으므로 더 이상 상세해석을 수행할 필요는 없으나, 그림 9.13의 직선연결도표를 이용해서 보의 강성이 k값에 미치는 영향을 구해본다.

⑧ 기둥 ab, bc와 보의 단면 2차 모멘트 계산 : 철근을 무시한 전체 단면의 중심축에 대한 단면 2차 모멘트(I_g)에 구조기준 6.5.4(2)에 따라 균열과 보강철근이 보와 기둥의 강성에 미치는 영향을 고려하여(표 9.1 참고), 계수 0.35와 0.70을 보와 기둥에 각각 곱해준다.

$$I_{ab} = (0.70)bh^3/12 = (0.70)(300)(400^3)/12 = (0.70)(1.6\times 10^9) = 1.12\times 10^9\,(\text{mm}^4)$$

$$I_{bc} = (0.70)(300)(350^3)/12 = (0.70)(1.072\times 10^9) = 0.7503\times 10^9\,(\text{mm}^4)$$

$$I_{보} = (0.35)(300)(600^3)/12 = (0.35)(5.4\times 10^9) = 1.89\times 10^9\,(\text{mm}^4)$$

⑨ 식 (9.9)를 이용해서 상대 강성도비 Ψ 계산 :

- 상부 : $\Psi_A = \dfrac{\sum(I_{bc}/l_{bc})}{\sum(I_{보}/l_{보})} = \dfrac{0.7503\times 10^9/3.75}{1.89\times 10^9/9 + 1.89\times 10^9/7.5} = \dfrac{0.20008}{0.462} = 0.433$

- 하부 : $\Psi_B = \dfrac{\sum(I_{bc}/l_{bc})}{\sum(I_{보}/l_{보})} = \dfrac{0.7503/3.75 + 1.12/4.5}{0.462} = \dfrac{0.4490}{0.462} = 0.972$

⑩ 그림 9.13a의 직선연결도표에서 읽으면 $k =$ 0.72가 되므로, $kl_u/r =$ 0.72 (3,150)/105 = 21.6

(b) 비횡구속 골조인 경우 : 판별식 식 (9.10)을 이용하기 위해서 먼저

① 그림 9.13b에서 $\Psi_A =$ 0.433, $\Psi_B =$ 0.972로 읽으면 $k =$ 1.22가 된다.

② 유효세장비 계산 : $kl_u/r =$ 1.22 (3,150)/105 = <u>36.6</u> > 22 ; 따라서 이 기둥은 장주로 구분된다.

9.4 축하중이 작용하는 단주의 강도(Strength of Short Axially Loaded Column)

일반적인 기둥의 설계에 대해서 다루기 전에 먼저 균등한 축하중이 작용하여 파괴되는 길이가 짧은 단주에 대해서 다루어 철근콘크리트 기둥의 강도와 파괴모드에 대한 띠철근과 나선철근의 영향에 대해서 다루도록 한다.

띠철근이나 나선철근으로 보강된 단주의 강도는 그림 9.18a에 보이는 단주의 윗부분을 자른 자유물체도로 구할 수 있다. 파괴하중 P_0는 단면의 도심에 작용하여 철근이나 콘크리트에 같은 변형률을 일으키며 기둥을 균등하게 Δ 만큼 줄어들게 만들었다. 기둥은 철근과 콘크리트가 그림 9.18b의 응력-변형률도에서 최대강도에 이르는 변형을 받았을 때 파괴는 일어날 것이며, 이 변형률은 대략 0.002가 될 것이다. 이 변형률에서 철근의 응력은 f_y에 이르고 콘크리트의 응력은 f_{ck}에 도달하게 될 것이다. 그림 9.18c의 축방향 자유물체도의 평형에서 축파괴하중 P_0는 철근의 저항력

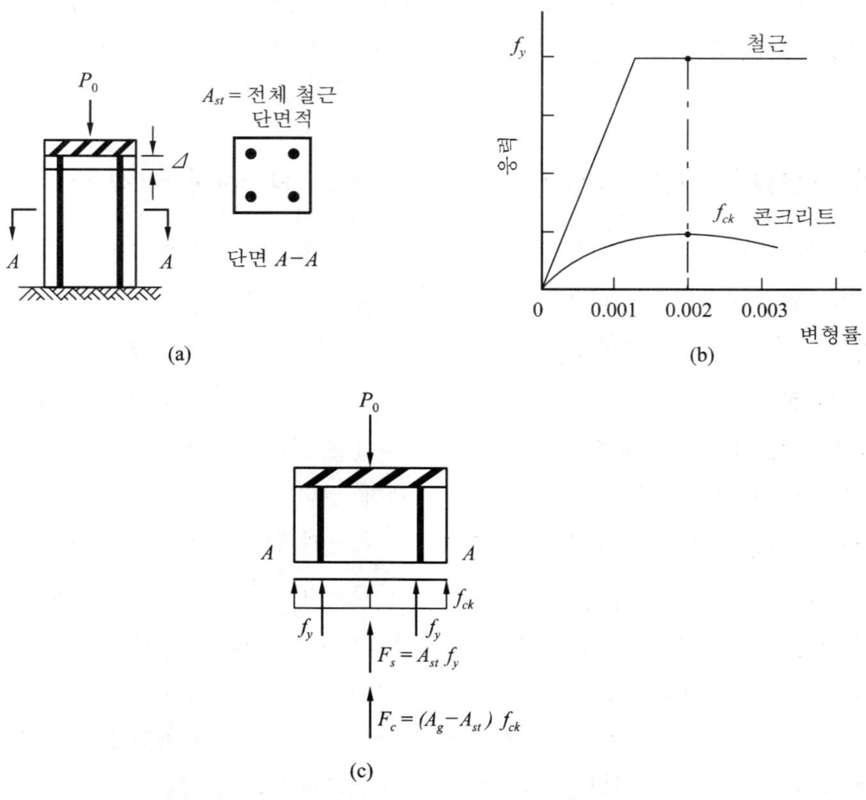

그림 9.18 축하중을 받는 단주의 강도 (a) 단주, (b) 파괴시의 1축 응력-변형률도, (c) 파괴시의 콘크리트와 철근의 저항력

F_s와 콘크리트의 저항력 F_c의 합으로 다음과 같이 표현될 것이다.

$$P_0 = F_s + F_c = f_y A_{st} + f_{ck}(A_g - A_{st}) \tag{9.12a}$$

여기에서 A_g는 단면의 전체 단면적이고, A_{st}는 축방향 철근(철근 또는 구조용 형강)의 전체 단면적이다. Hognestad[9.8] 등이 수행한 실험에 의하면 식 (9.12a)가 너무 큰 값의 강도를 예측하여, 콘크리트의 압축강도 f_{ck}에 0.85 계수를 곱하여 감소시키면 실험에서 구한 압축강도와 비슷한 것을 알게 되었다. 따라서 식 (9.12a)는

$$P_0 = f_y A_{st} + (0.85 f_{ck})(A_g - A_{st}) \tag{9.12b}$$

로 표현할 수 있다. 식 (9.12b)의 0.85 계수는 실험실의 원주형 공시체에서 구한 강도보다 현장의 기둥에서 구한 강도가 떨어지는 상황을 고려했다고 볼 수 있다. 이러한 강도의 차이는 현장의 거푸집보다 실험실에서 다지기도 잘 다지고 양생도 효과적으로 하는 상황이 반영됐다고 볼 수 있다. 또한 연직으로 위치하는 거푸집에서 과도한 혼합수가 상부로 올라오는 **블리딩(bleeding)** 현상이 일어날 가능성이 많아 거푸집 상부에서 콘크리트의 물-시멘트 비가 증가하면 이 부분의 압축강도가 떨어지게 될 것이다.

띠철근과 나선철근 기둥의 거동(Behavior of Tied and Spiral Columns)

실험에 의하면 단면의 크기가 같고 동일한 축방향 철근이 배치된 길이가 짧은 띠철근과 나선철근 기둥은 동일한 강도(즉, P_0)를 갖고 있었다. 그러나 극한하중이 작용했을 때 서로 파괴양상은 상당히 다르게 나타났다(그림 9.19 참고). 띠철근 기둥에서 극한하중 P_0에 도달하게 되면 큰 압축력을 받는 콘크리트에 상당한 균열이 발생하면서 콘크리트가 붕괴되어 떨어져 나가면서 띠철근 사이의 축방향 철근이 지지력을 잃고, 따라서 축방향 철근에 작용하는 상당한 압축력 때문에 철근은 좌굴이 일어나면서 최종적인 파괴가 일어나게 된다.

나선철근 기둥에 P_0가 작용하게 되면 띠철근 기둥과 같이 즉시 파괴가 일어나지 않고 나선철근 밖의 콘크리트 피복(shell)에 균열이 발생하면서 떨어져 나가게 된다. 이때 일반적으로 연속적으로 배치된 나선철근의 간격이 촘촘하기 때문에 떨어져나간 콘크리트 피복 때문에 강도는 감소하지만 나선철근 사이의 축방향 철근의 좌굴은 일어나지 않게 된다(그림 9.20b 참고). 따라서 축방향 철근과 이 철근으로 둘러싸여 구속된 콘크리트(즉, 심부)는 최종적인 파괴에 이르기 전까지 상당한 추가의 하중에 저항하면서 커다란 연성을 보여준다(그림 2.25 참고).

추가적으로 저항할 수 있는 하중의 크기는 나선철근의 강도에 따라 좌우된다. Park과 Paulay[9.10]

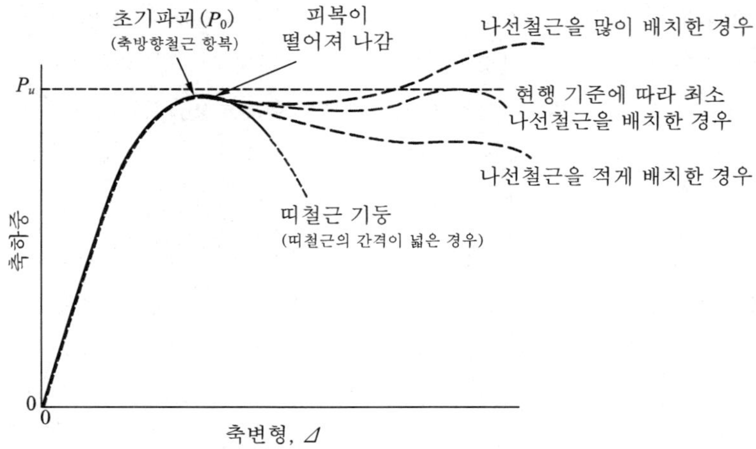

그림 9.19 띠철근 기둥과 나선철근 기둥의 거동비교

는 동일한 단면적의 나선철근이 기둥의 강도에 미치는 영향은 동일한 단면적의 축방향 철근에 비해서 대략 2배 더 효과적이라고 주장하였다. 물론 나선철근 기둥의 높은 하중 저항능력은 피복이 떨어져 나간 뒤에 상당히 큰 변형이 일어나면서 가능하다. 심부의 콘크리트가 팽창하여 나선철근이 항복에 이르면 나선철근 기둥은 최종적으로 붕괴되게 된다. 그림 9.19의 나선철근 기둥에 대한 점선은 나선철근을 현행 구조기준의 규정에 따라 배치하는 경우와 이에 비해서 많이 배치한 경우와 적게 배치한 경우의 강도를 비교하고 있다. 현행 구조기준에 의해서 나선철근이 배치된 나선철근 기둥의 최종강도 P_u는(상당한 처짐이 일어난 뒤에) 초기 파괴하중 P_0보다 약간 크게 조종되는 것을 알 수 있다. 상대적으로 취약한 띠철근 기둥에 비해서 최종적인 붕괴에 이르기 전에 상당한 처짐을 동반하는 나선철근 기둥은 큰 연성(ductility)과 인성(靭性, toughness)을 주고 있다.

기둥에 있어서 횡방향 구속의 우수성은 특히 지진하중이 작용할 때 많은 연구자들에 의해서 인정되었다[9.9]. 간격을 좁게 배치한 띠철근도 나선철근과 마찬가지로 콘크리트를 구속해서 강도와 연성을 증가시키지만 나선철근만큼 효과적이지는 못하였다[9.10]. 그 이유는 직사각형 모양의 띠철근은 띠철근의 모서리 부분에만 구속력을 주고 모서리 이외의 직선부분에서는 콘크리트가 팽창하면 밖으로 휘기 때문이다(그림 9.20a 참고). 이에 비해서 나선철근인 경우는 연속으로 배치되어있기 때문에 원형으로 균등한 구속력을 전체 기둥에 주기 때문에 효과적이다. 1955년

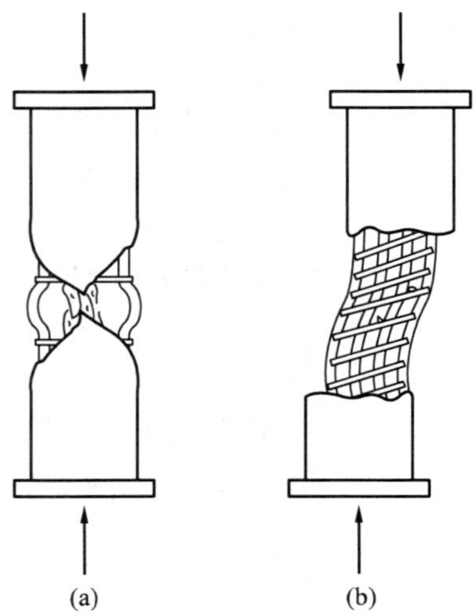

그림 9.20 파괴형상
(a) 띠철근 기둥, (b) 나선철근 기둥

수행한 Chen[9.11]의 실험에 의하면 강도증진에 대해서 띠철근이 동일한 단면적의 나선철근에 비해서 대략 50% 정도의 효율이 있다고 보여주었고, 그 외에도 많은 연구자들이 간격을 좁게 배치한 띠철근이 강도를 증진시킨다고 보고하였다. 그러나 1964년 Roy와 Sozen[9.12]은 비록 띠철근의 간격을 좁게 배치해도 강도에는 거의 영향을 미치지 못한다고 보고하고 있다. 따라서 띠철근의 간격을 좁게 배치했을 때 대부분의 경우에서 강도의 증가는 미미하다고 볼 수 있다. 하여튼 다양한 실험결과에서 띠철근의 간격을 좁히면 연성이 상당히 증가하는 것을 보여주었다.

이러한 띠철근으로 보강된 압축부재와 나선철근으로 보강된 압축부재의 파괴형태가 다른 점을 고려하여 현행 구조기준에서는 최 외단 인장철근의 순인장변형률 $\varepsilon_t \leq \varepsilon_y$ 인 압축지배 단면에 대해서 띠철근으로 보강된 부재는 강도감소계수를 0.65로 제시하고, 나선철근(코일철근)으로 보강된 부재인 경우에는 0.70으로 제시하고 있다[구조기준 3.3.3, ACI 9.3.2.2]. 휨의 0.85에 비해서 작은 강도감소계수(즉, 안전에 대해서 높은 값)를 사용하는 이유는 안전에 대한 고려 이외에 철근이 배치되고 단면이 작으면서 길이가 긴 기둥의 거푸집에 묽은 콘크리트를 부어 잘 다져서 품질 좋은 콘크리트를 생산하기에 쉽지 않다는 점도 고려되었다고 볼 수 있다(1.10장 참고).

과거의 ACI 318-77(10.3.6)에서는 모든 압축부재에 대해서 띠철근 기둥에는 최소편심 0.10h를 고려하고 나선철근 기둥에는 최소편심 0.05h를 고려하도록 규정하였다. 여기에서 h는 부재의 전체 두께이다[9.14]. 이렇게 설계에서 최소편심을 고려하도록 한 것은 식 (9.12b)로 제시되는 순수 축하중강도를 감소시켜서 예기치 않은 편심과 장기하중이 작용할 때 콘크리트 설계기준강도가 감소하는 현상을 고려하고자 하였던 것이다. 1977년 이후 ACI 시방서에서는 최소편심에 대한 고려 대신에 직접적으로 설계축강도 $\phi P_{n(\max)}$를 띠철근 기둥에서는 80%로 나선철근 기둥에서는 85%로 제한하는 것으로 개정하였다[구조기준 6.2.2(7), ACI 10.3.6].

띠철근 기둥 : $\phi = 0.65$

$$\phi P_{n(\max)} = \phi(0.80 P_0) = \phi\{0.80\,[\,f_y A_{st} + (0.85 f_{ck})(A_g - A_{st})\,]\,\} \tag{9.13a}$$

나선철근 기둥 : $\phi = 0.70$

$$\phi P_{n(\max)} = \phi(0.85 P_0) = \phi\{0.85\,[\,f_y A_{st} + (0.85 f_{ck})(A_g - A_{st})\,]\,\} \tag{9.13b}$$

이렇게 설계축강도를 제한하는 것은 압축부재에 순수 축하중만 작용하거나 또는 압축력과 작은 휨모멘트가 작용하는 경우에 기둥이 저항할 수 있는 최대 축하중을 제한하고자 하는 것이다.

나선철근의 설계(Design of Spirals)[9.1]

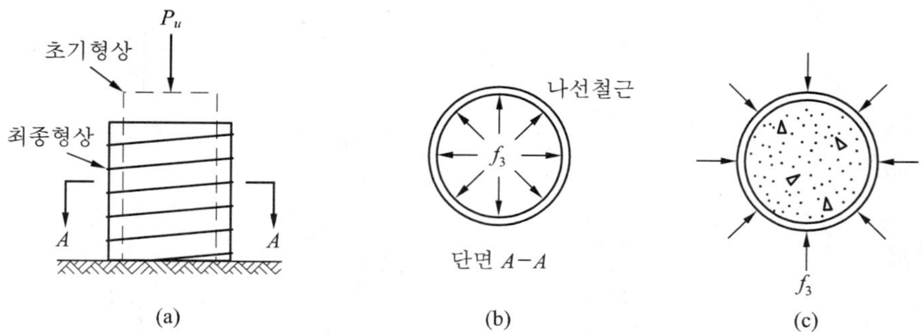

그림 9.21 나선철근에 발생하는 응력 : (a) 압축력을 받는 심부의 횡방향 팽창으로 인해서 나선철근에 응력이 발생, (b) 심부의 팽창으로 인해 나선철근에 횡압력 발달, (c) 나선철근에 의해서 심부에 작용하는 횡압력

현행 구조기준에서는 최소 나선철근의 보강을 제시하여 초기 파괴하중 P_0에 도달한 뒤에 심부의 구속력에 의해서 상당한 변형을 동반하면서 최종 파괴하중이 적어도 P_0 이상 되도록 규정하였다(그림 9.19 참고). 콘크리트 심부를 둘러싸고 있는 나선철근이 그림 9.21과 같이 심부를 조이는 힘에 의해서 초기 파괴하중 P_0가 작용하여 피복(shell)이 떨어져 나간 뒤에도 나선철근으로 싸인 심부가 추가적인 하중을 지지할 수 있게 된다. 그림 2.25 및 식 (2.14)에서 다룬바와 같이 횡압력이 작용할 때 원주형 공시체의 압축강도가 상당히 증가하였다. 횡압력 f_3가 존재할 때 압축강도 f_1은 식 (2.14)를 다시 쓰면

$$f_1 = f_{ck} + 4.1 f_3 \tag{2.14}$$

와 같이 표현되었다(그림 9.22 참고).

구조기준에서는 콘크리트의 피복(shell)이 떨어져 나가면서 발생한 강도의 감소와 나선철근의 횡방향 구속력으로 심부의 콘크리트에 발생하는 강도증가가 같도록 나선철근의 단면적을 조종하였다[7]. 피복이 떨어져 나가기 전의 피복부분의 압축강도는 $(A_g - A_{ch})(0.85 f_{ck})$이 되고, 피복이 떨어져나간 뒤에 나선철근의 구속력 때문에 증가한 심부의 강도는 $A_{ch}(4.1 f_3)$가 된다. 여기에서 A_{ch}는 나선철근 바깥선으로 측정한 지름(d_c)으로 계산한 심부의 면적이다. 따라서 두 값이 같아야 하므로

$$(A_g - A_{ch})(0.85 f_{ck}) = A_c(4.1 f_3) \tag{9.14}$$

7) 나선철근으로 보강된 기둥의 피복이 떨어져 나가기 전의 하중과 떨어져나간 뒤의 심부의 2차 극한하중이 같도록 하는 규정이다.

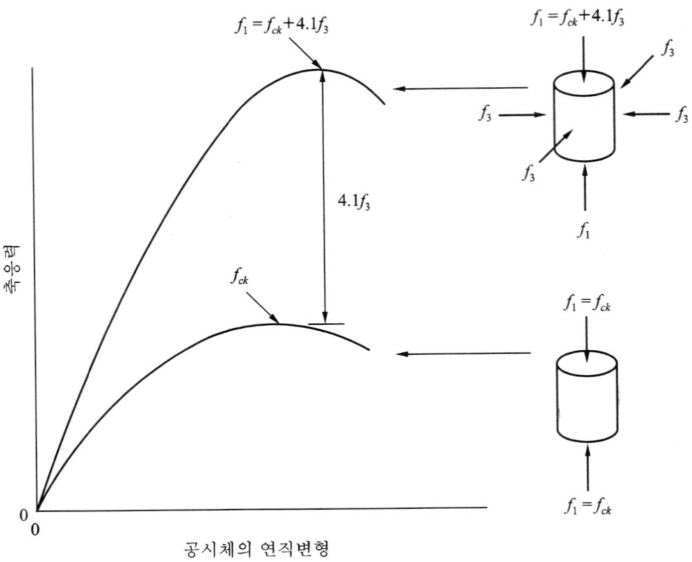

그림 9.22 횡방향 구속력이 있을 때의 압축강도의 비교(그림 2.25 참고)

여기에서 f_3를 나선철근의 항복강도와 면적으로 표현하기 위해서 나선철근의 간격(pitch) s 두께 만큼의 실린더에서 반으로 자른 단면에서 자유물체도로부터 구하면(그림 9.23 참고).

$$d_c s f_3 = 2A_b f_{yt} \quad \text{또는} \quad f_3 = \frac{2A_b f_{yt}}{d_c s} \tag{9.15}$$

여기에서 s는 나선철근의 간격(pitch)이고, A_b는 나선철근의 단면적이며, f_{yt}는 나선철근의 설계기준항복강도이다. 이 식에서 나선철근의 경사는 매우 작으므로 무시하였다. 이 식을 식 (9.14)에 대입하고 양변을 A_{ch}로 나누어 주면,

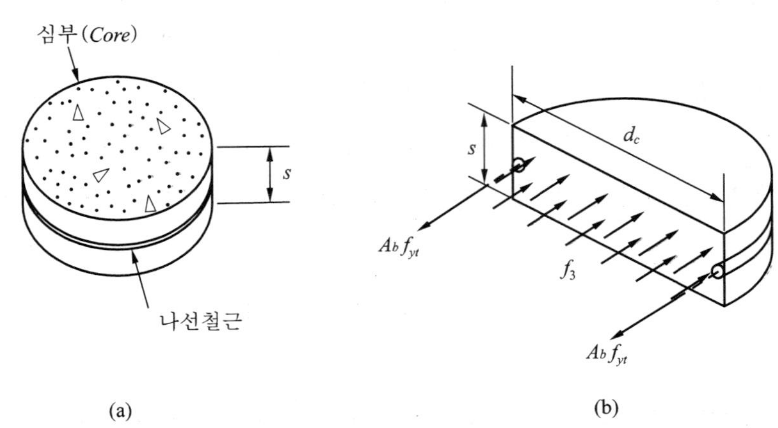

그림 9.23 심부가 압축력을 받아 팽창해서 나선철근에 발생하는 응력

$$\left(\frac{A_g}{A_{ch}}-1\right)(0.85f_{ck})=\frac{4.1(2A_bf_{yt})}{d_cs} \tag{9.16}$$

가 된다. 그런데 나선철근비를 아래와 같이 규정하면,

$$\rho_s=\frac{\text{한 루프에서 나선철근의 체적}}{\text{간격 } s\text{에 대한 심부의 체적}}=\frac{A_b\pi(d_c-d_b)}{(\pi d_c^2/4)s}\approx\frac{A_b\pi(d_c)}{(\pi d_c^2/4)s}=\frac{4A_b}{d_cs} \tag{9.17}$$

로 쓸 수 있다. 여기에서 d_b는 나선철근의 직경이다. 이 식을 식 (9.16)에 대입하고 정리하면,

$$\rho_s=0.415\frac{f_{ck}}{f_{yt}}\left(\frac{A_g}{A_{ch}}-1\right) \tag{9.18}$$

가 된다. 안전 측으로 계수 0.415를 0.45로 표현하면[구조기준 6.4.2(3), ACI 10.9.3], 최소 나선철근비 규정은 아래와 같이 표현된다.

$$\rho_s=\frac{4A_b}{d_cs}\geq\left[\rho_{s\,(\min)}=0.45\frac{f_{ck}}{f_{yt}}\left(\frac{A_g}{A_{ch}}-1\right)\right] \tag{9.19}$$

구조기준 6.4.2(3)에서는 식 (9.19)에서 $f_{yt}\leq$ 700 MPa 이하로 하여야 하며, 400 MPa을 초과하는 경우에는 구조기준 5.5.2(2)⑥에서 규정하는 겹침이음을 해서는 안 된다고 규정하고 있다.

현행 구조기준 5.5.2(2) 압축부재의 횡철근에서는 나선철근에 대한 상세를 다음과 같이 제시하고 있다. 현장치기 콘크리트 공사에서 나선철근의 지름은 10 mm 이상으로 하고, 나선철근 사이로 묽은 콘크리트의 흐름이 방해가 되지 않고 너무 간격이 벌어져서 구속을 적절히 하지 못하는 상황이 발생하지 않도록 나선철근의 순간격은 25 mm ~ 75 mm로 규정하였다. 또한 나선철근의 정착은 나선철근의 끝에서 추가로 심부주위를 1.5 회전만큼 더 확보하고, 나선철근의 이음은 철근 또는 철선지름의 48배 이상, 또한 300 mm 이상의 겹침이음 또는 용접이음으로 하여야 한다고 규정하고 있다. 나선철근은 확대기초판 또는 기초 슬래브의 윗면에서 그 위에 지지된 부재의 최하단 수평철근까지 연장하고(그림 9.24a 참고), 보 또는 브래킷이 기둥의 모든 면에 연결되어 있지 않을 때에는 나선철근의 끝나는 지점 위에서부터 슬래브 또는 지판 밑면까지 띠철근을 연장하여야 하고(그림 9.24b 참고), 기둥머리가 있는 기둥에서 기둥머리의 지름이나 폭이 기둥지름의 2배가 되는 곳까지 나선철근을 연장하도록 규정하였다.

그림 9.19에서 보는 바와 같이 나선철근이 효과적으로 심부의 콘크리트를 구속하여 나선철근 기둥이 띠철근에 비해서 우월한 연성 및 인성을 보여주어 특히 지진하중이나 풍하중 등과 같이 예기치 않은 횡하중이 작용하는 경우에 갑작스러운 붕괴파괴를 지연시켜서 인명피해 등을 피할 수 있

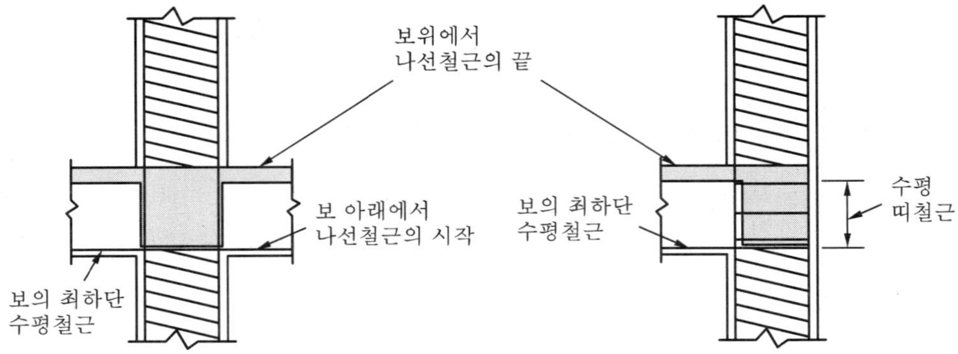

(a) 기둥의 모든 면에 보가 배치된 경우

(b) 기둥의 모든 면에 보가 배치되지 않은 경우

그림 9.24 구조기준 5.5.2(2)⑦과 ⑧(ACI 7.10.4.6) : 나선철근의 종결 규정

을 것이다. 2010년도에 국내에서 나선철근(**코일철근**)을 가공생산하기 시작하였지만 그 이전에 현장에서는 그림 9.25a와 같이 원형띠철근에 보강띠철근(**연결철근, cross-tie**)를 추가하거나 또는 그림 9.25b와 같이 기계적이음 또는 용접이음으로 연결부를 완전체결하는 방법을 통하여 대체적인 나선철근의 구속효과를 얻었다. 그러나 이렇게 철근을 배치함으로 추가의 연결철근이 필요하거나 또는

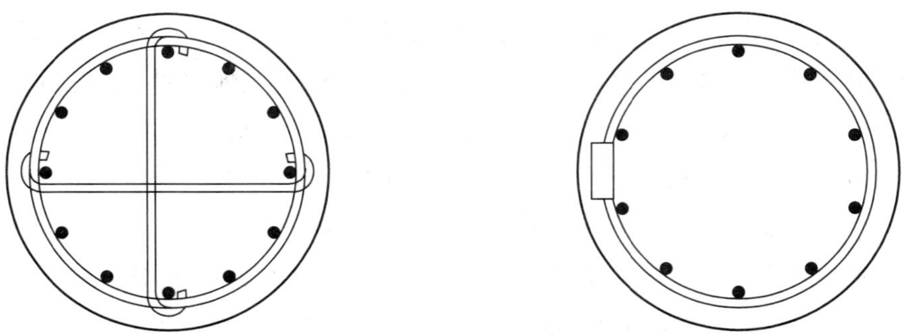

(a) 원형띠철근 + 보강띠철근

(b) 이음처리한 원형띠철근

그림 9.25 현장에서 사용하는 원형교각의 심부구속 방법[9.13]

고가의 이음비용이 요구되고 특히 타원형 단면에서는 띠철근의 직선부분의 좌굴을 방지하고자 복잡한 연결철근을 배치하게 되면 비경제적일 뿐만 아니라 콘크리트 타설시 시공성도 저하되게 된다.

직사각형 단면의 최소 횡방향 철근비 규정(Minimum Rectangular Hoop Reinforcement)

직사각형 단면 기둥에 대한 최소 띠철근비 규정은 일반 기준에는 없으나 구조기준 21.4.4 내진

설계 특별 고려사항[ACI 318-21장의 지진설계규정 21.6.4.4(b)[9.3]]에서 보면 직사각형 단면기둥에 대한 최소 횡방향 철근에 대한 규정이 제시되어있다. 이 규정은 원형기둥에서 피복이 떨어져 나가도 극한하중이 감소하지 않도록 하는 규정과 같은 효과를 직사각형 단면기둥에서 갖도록 하는 규정이다. 직사각형 띠철근의 총 단면적은 아래 식의 값보다 적지 않아야 한다.

$$A_{sh} = \left[0.3\left(\frac{A_g}{A_{ch}} - 1\right) \geq 0.09 \right] \frac{s\,h_c f_{ck}}{f_{yh}} \tag{9.20}$$

여기에서 A_{sh}는 간격 s와 폭 h_c에 배치되는 보강띠철근을 포함한 총 띠철근의 단면적, mm^2 ; s는 축방향 철근방향으로 잰 띠철근의 간격, mm ; h_c는 구속보강철근 중심간의 거리로 측정한 기둥 내부의 단면치수, mm ; f_{yh}는 횡방향 철근의 설계기준항복강도, N/mm^2 (MPa) ; A_{ch}는 횡방향 철근(띠철근)의 최 외단으로 둘러싸인 단면적, mm^{2}이다. 횡방향 띠철근의 간격은 ① 부재의 최소 단면 치수의 1/4 이하 ; ② 축방향 철근 직경의 6배 이하 ; ③ s_x 이하 : 100 mm $\leq$ [$s_x = 100 + (350 - h_x)/3$] < 150 mm이어야 한다[9.14]. 여기에서 h_x는 후프철근이나 기둥 띠철근의 최대 수평간격이다[9.3, 9.6].

띠철근의 설계(Design of Ties)[구조기준 5.5.2(3), ACI 7.10.5]

앞에서 다룬바와 같이 간격을 좁게 배치한 띠철근이 비록 기둥의 극한강도를 증가시키지는 못하지만 기둥의 모양을 유지시켜서 갑작스러운 붕괴파괴를 방지하였다. 현행 구조기준 5.5.1(1)(ACI 7.11.1)에서는 모든 종방향 철근은 띠철근으로 둘러싸야 된다고 규정하고 있다. 4.1장에서 다루었던 띠철근 규정을 다시 적으면

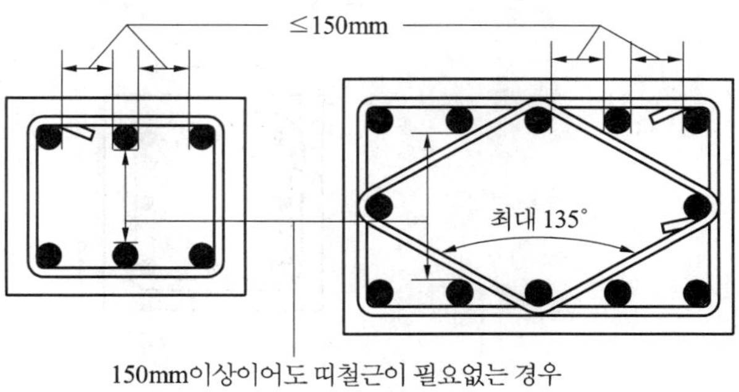

그림 9.26 구조기준 5.5.2(3)③ (ACI 7.10.5.3): 축방향 철근의 간격 규정

1) 띠철근 규정 [구조기준 5.5.2(3)①, ACI 7.10.5.1] (표 9.5 참고) :

㉠ D32 이하의 축방향 철근 경우 : D10 이상 띠철근 사용

㉡ D35 이상의 축방향 철근과 다발철근의 경우 : D13 이상의 띠철근으로 둘러싸야 하며, 띠철근 대신 등가단면적의 이형철선 또는 용접철망을 사용할 수 있다. (4.2a)

2) 띠철근의 수직간격 $s_{v\,(\max)}$ 제한 [구조기준 5.5.2(3)②, ACI 7.10.5.2] (표 9.6 참고) :

$$s_{v\,(\max)} \le \mathrm{Min.}\left[\,16d_b,\ 48d_t,\ b\,\right] \tag{4.2b}$$

여기에서 d_b는 축방향 철근지름이고, d_t는 띠철근이 나 철선지름이며, b는 기둥 단면의 최소 치수이다.

또한 띠철근은 모든 모서리에 있는 축방향 철근과 하나 건너 있는 축방향 철근이 135° 이하로 구부린 띠철근의 모서리에 의해 횡지지 되도록 배치되어야 한다. 이때 어떤 축방향 철근도 띠철근을 따라 횡지지 된 인접한 축방향 철근의 순간격이 150 mm 이상 떨어지지 않아야 한다(그림 9.26 및 9.27 참고).

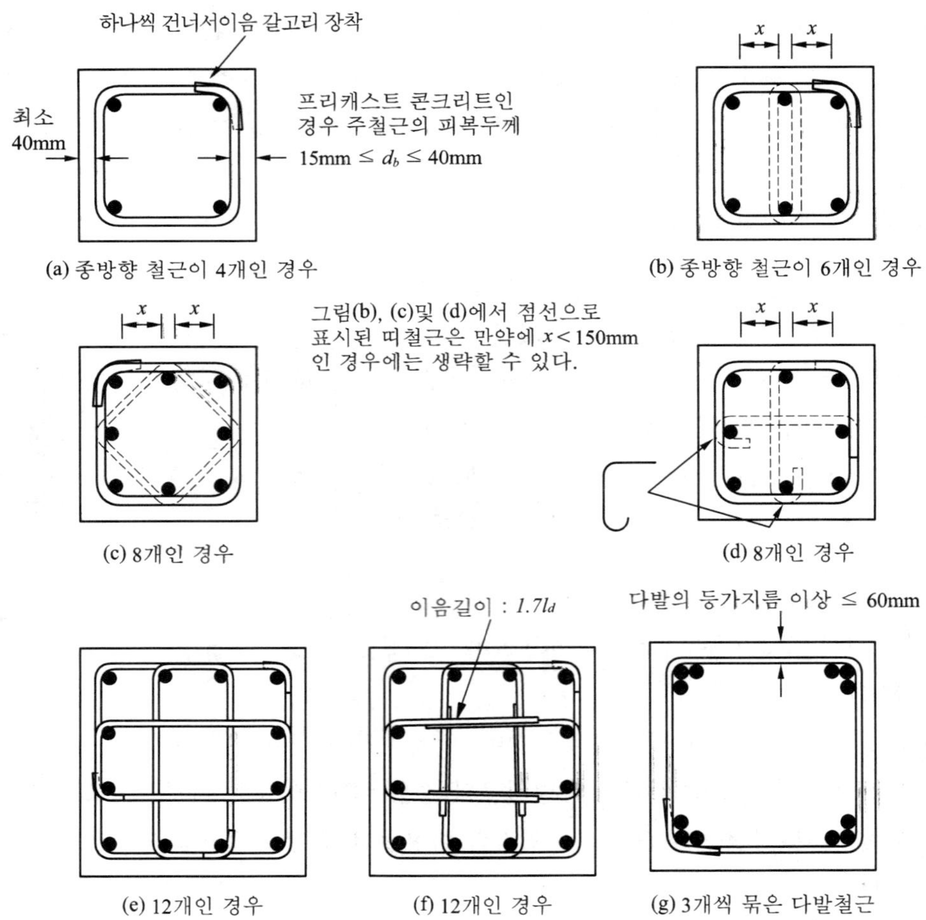

그림 9.27 전형적인 띠철근의 배치

확대기초판 또는 기초 슬래브의 윗면에 배치되는 첫 번째 띠철근 간격은 다른 띠철근 간격의 1/2 이하로 하여야 하고, 슬래브나 지판에 배치된 최하단 수평철근 아래에 배치되는 첫 번째 띠철근도 다른 띠철근 간격의 1/2 이하로 하여야 한다(그림 9.28b 참고). 보 또는 브래킷이 기둥의 4 면에 연결되어 있는 경우에 가장 낮은 보 또는 브래킷의 최 하단 수평철근 아래에서 75 mm 이내에서 띠철근을 끝낼 수 있다. 이 규정은 그림 9.28a에서와 같이 모든 면에 보로 둘러싸인 기둥에서 보 아랫부분의 띠철근은 보의 최 하단 수평철근에서 75 mm 이상 떨어져서는 안 된다는 규정이다.

종방향 철근의 간격 제한과 겹침이음 규정(Bar Spacing and Splices Requirements)[9.15]

구조기준 5.3.2(3)(ACI 7.6.3) 간격제한에서는 나선철근과 띠철근 기둥에서 축방향 철근의 순간격은 ≥ [40 mm, $1.5d_b$, $(4/3)a_{\max}$] 이상($a_{\max}$ = 굵은 골재 최대치수)[식 (2.52b)]이어야 한다고 규정하고 있다.

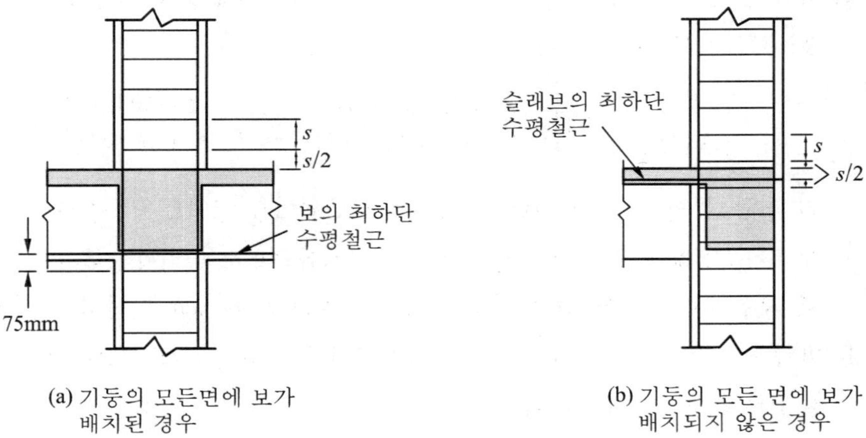

그림 9.28 구조기준 5.5.2(3) 띠철근의 종결 규정

극한상태에서 철근의 응력이 어떤 상태이냐 따라 겹침이음에 대한 규정이 변하게 된다. 따라서 표 9.7a 나 9.7b의 설계표에는 극한상태에서 철근의 응력이 얼마인지를 $0\% f_y$, $50\% f_y$ 등의 값이 제시되고 있다. 설계자에게 기둥철근의 상세가 중요한 이유가 2가지 있다. 먼저, 압축겹침이음인 경우에는 설계시에 특별한 이음길이를 표시하지 않으면 도면을 그릴 때 자동으로 일반적인 압축이음 길이를 그려 넣게 된다. 따라서 철근이 극한상태에서 인장이 작용하게 되면 이음길이가 충분하지 않게 되므로 설계자는 이음길이를 계산해서 소요길이를 명확하게 표시하여야 한다. 둘째로, 만약에 B급 이음이 필요하게 되면 소요 이음길이가 너무 길게 될 수도 있다. 촘촘하게 배치된 D25 나 D29 철근에서 이음길이가 대략 1.3 m~1.5 m로 보통 한 층 높이의 절반에 이를 수 있다. 이음

길이를 줄이기 위해서 철근의 굵기가 가는 것을 사용하거나 또는 콘크리트의 강도를 높이거나 또는 가격이 고가이지만 기계적이음을 사용하면 된다. 일반적으로 현장에서 실수를 피하기 위해서 인장면이던지 압축면이던지 간에 동일한 이음길이를 갖도록 하며 다음과 같은 단계를 밟아 설계한다.

① 표 9.7a(그림 9.36 참고)와 같은 설계표에서 f_s로 표시된 구간을 이용하여 이음을 계산하는 철근이 압축이음인지 인장이음인지를 결정한다.

a) 설계상관도의 세로축과 $f_s = 0\% f_y$ 사이의 구간 - 모든 철근이 압축인 경우 : 압축이음

b) 설계상관도의 $f_s = 0\% f_y$에서 $f_s = 50\% f_y$ 구간의 인장 면 철근 : A급 인장이음, 그러나 전체 철근의 1/2을 초과하는 철근이 겹침이음 되는 경우에는 B급 인장이음

c) $f_s = 50\% f_y$에서 가로축 사이의 구간의 인장 면 철근 : B급 인장이음[구조기준 8.8(3)]

② 만약 압축겹침이음이 필요하면, 현행 구조기준 8.6.3(1)(ACI 12.16.1)에서 압축철근의 겹침이음 길이는 식 (6.21)을 다시 쓰면,

$$l_s = \left(\frac{1.4 f_y}{\lambda \sqrt{f_{ck}}} - 52 \right) d_b \begin{bmatrix} \le (0.072 f_y) d_b \leftarrow f_y \le \ 400\ \mathrm{MPa} \\ \le (0.13 f_y - 24) d_b \leftarrow f_y > \ 400\ \mathrm{MPa} \end{bmatrix} \ge \ 300\ \mathrm{mm} \qquad (6.21)$$

가 된다. 또한 $f_{ck} < 21$ MPa인 경우에는 겹침이음 길이를 1/3 증가시키도록 하고 있다. 또한 구조기준 8.8(2)②(ACI 12.17.2.5)에서는 나선철근으로 둘러싸인 축방향 철근의 겹침이음 길이에 계수 0.75를 곱할 수 있지만, 겹침이음 길이는 300 mm 이상이어야 한다고 규정하고 있다.

③ 만약에 인장이음이 필요하면 표 6.3에 따라 정착길이 l_d를 계산하고, 여기에 A급 이음은 1.0을 B급 이음에는 1.3을 곱해준다.

예제 9.4 나선철근의 설계

그림 9.29에는 지름 $h = 400$ mm인 원형 나선철근 기둥에 축방향 철근 6-D25으로 보강되어 있다. 현행 구조기준에 따라 기둥의 설계강도 ϕP_n을 구하고, 나선철근을 설계하면서 구조세목을 검토하라. 나선철근으로는 D13(지름, $d_b = \ 12.7$ mm)을 배치한다. 단, $f_{ck} = 35$ MPa, $f_y = f_{yt} = 400$ MPa, 나선철근 심부의 지름 $d_c = 320$ mm(나선철근 바깥선으로 측정한 지름)이다.

풀이

① 단주의 설계축하중 강도 계산, 식 (9.13b) :

$$\phi P_n = \ \phi P_0 = \ \phi [0.85 f_{ck} (A_g - A_{st}) + f_y A_{st}]$$

$A_g = \pi h^2/4 = \pi(400)^2/4 = 125{,}700\ (\text{mm}^2)$

$A_{st} = 6 \times 506.7 = 3{,}040\ (\text{mm}^2)$

$0.85(35)(125{,}700 - 3{,}040) = 3{,}649.1 \times 10^3$

$400(3{,}040) = 1{,}216.0 \times 10^3$

$\phi P_n =$ (0.70) [(3,649.1 + 1,216.0) x 10^3]

$\therefore \phi P_n =$ 3,406 × 10^3 (N) = 3,406 kN

$\phi P_{n(\max)} = 0.85(\phi P_0) =$ 0.85 x 3,406 kN = 2,895 kN

② 축방향 철근비 $1\% \le \rho_t \le 8\%$ 검토

1% < [$\rho_t = A_{st}/A_g =$ 3,040/125,700 = 0.024 = 2.4%] < 8%

<o.k.>

③ 식 (9.19)의 최소나선 철근비 :

$$\rho_{s(\min)} \ge 0.45 \frac{f_{ck}}{f_{yt}} \left(\frac{A_g}{A_{ch}} - 1 \right)$$

$A_{ch} = \pi d_c^{\,2}/4 = \pi(320^2)/4 = 80{,}425\ (\text{mm}^2)$

$A_b = 126.7\ \text{mm}^2$ (D13 철근)

$$\rho_{s(\min)} \ge 0.45 \frac{35}{400} \left(\frac{125{,}700}{80{,}425} - 1 \right) = 0.0222$$

④ 소요 나선철근의 간격(피치) s 계산 : 식 (9.17)에서

$$\therefore s_{(\text{소요})} \le \frac{4A_b}{\rho_{s(\min)} d_c} = \frac{4(126.7)}{0.0222(320)} = 71\ (\text{mm})$$

⑤ 나선철근의 간격을 60 mm로 배치한다면, 나선철근의 순간격은 75 mm 이하, 25 mm 이상[구조기준 5.5.2(2)④]이므로,

25 mm < [나선철근의 순간격 = 60 - 13 = 47 (mm)] < 75 mm <o.k.>

따라서 나선철근으로 D13철근을 간격 $s_{(\text{배치})} = 60\ \text{mm}$ 로 배치한다.

⑥ 실제 배치한 나선철근비 계산 :

$$\therefore \rho_{s(\text{배치})} = \frac{4A_b}{d_c\, s_{(\text{배치})}} = \frac{4(126.7)}{(320)(60)} = 0.0264 > \rho_{s(\min)} = 0.0222$$ <o.k.>

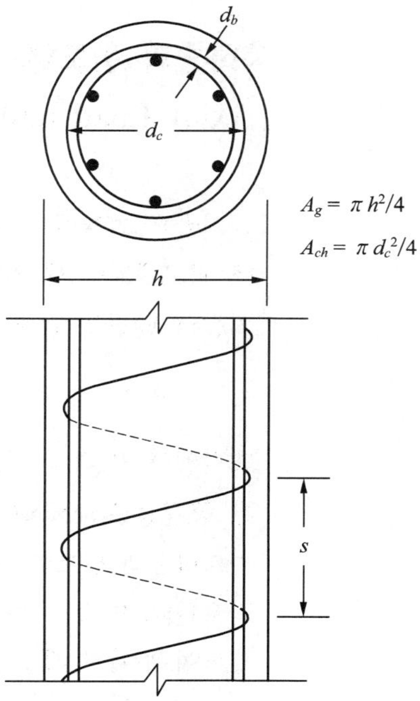

그림 9.29 심부의 지름 d_c와 나선철근의 직경 d_b 및 피치 s의 정의

9.5 축하중과 휨모멘트가 작용하는 단주의 강도(Strength of Short Columns for Axial Load and Moment)[9.1]

기둥의 설계에서 가장 기본적인 문제는 설계 계수하중이 기둥에 작용해서 발생한 축하중과 최대 휨모멘트에 대해서 기둥의 이론적인 강도에 각각의 강도감소계수를 곱한 강도가 충분하도록 기둥의 단면을 결정하는 일이다. 이를 식으로 표시하면 아래와 같다.

$$\phi P_n \geq P_u \quad \text{와} \quad \phi M_n \geq M_u \tag{9.21}$$

여기에서 P_u와 M_u는 계수하중에 의해서 발생하는 계수 축하중과 계수 휨모멘트이고, P_n과 M_n은 공칭강도(nominal strength)라고 불리는 이론적인 축강도 및 휨강도이다.

축하중과 휨모멘트에 의해서 발생하는 응력의 분포는 처음에는 알려지지 않은 단면의 제값들에 좌우된다. 따라서 기둥의 설계를 직접적으로 수행하기는 불가능하므로, 단면의 제값들을 먼저 가정하여 주어진 계수하중들에 대해서 안전한지 검토하게 된다. 물론 주어진 하중조건에 대해서 여러 가지 다양한 조합의 콘크리트나 철근 단면으로 설계할 수 있지만 구조기준에서 철근비를 제한하고 건축적인 제한 때문에 설계한 단면은 거의 비슷하게 된다.

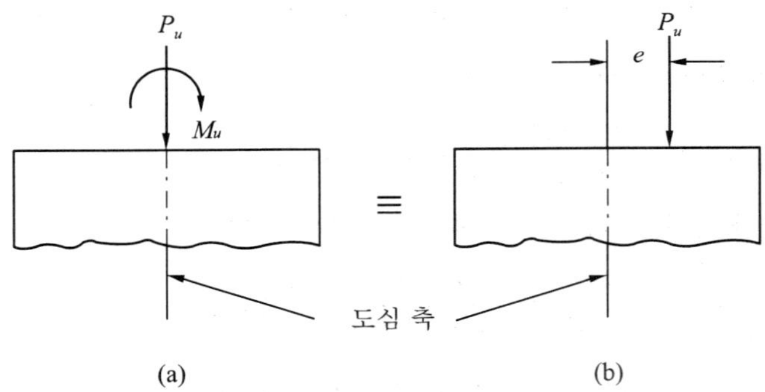

그림 9.30 **계수 축하중과 계수 휨모멘트의** 2**가지 표현방법** : (a) 하중과 휨모멘트, (b) 편심이 있는 하중, $e = M_u / P_u$

철근콘크리트 기둥의 단면 치수를 결정하기 위해서는 다양한 크기의 축하중과 휨모멘트의 조합에 대한 단면의 거동을 알아야 할 것이다. 축하중과 휨모멘트는 2가지 방법에 의해서 표현할 수 있다. 그림 9.31a의 단면에는 계수 축하중 P_u와 계수 휨모멘트 M_u가 작용하는 것을 보여주고 있다. 계수 축하중 P_u는 단면의 도심(centroid)에 작용해서 단면에 균등한 압축력을 주고 계수 휨모멘트 M_u는 순수 휨모멘트로 단면을 도심축에 대해서 회전하도록 한다. $P_u - M_u$ 를 정력학적으로

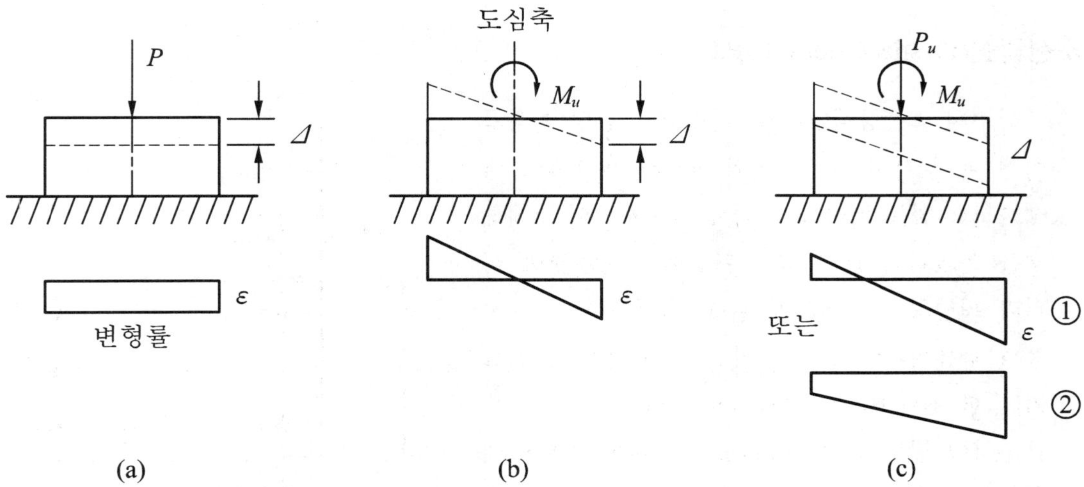

그림 9.31 축하중과 휨모멘트로 인해서 발생하는 변형 : (a) 축하중, (b) 순수 휨모멘트, (c) 축하중과 휨모멘트, ① 축하중에 비해서 휨모멘트가 크게 되면 인장이 발생하고, ② 축하중이 크게 되면 전 단면이 압축에 있게 된다.

등가가 되도록 도심에서 편심 e를 갖는 계수 축하중 P_u로 표현하여 $P_u e = M_u$ 가 된다(그림 9.30b 참고). 이렇게 표현하면 축하중과 휨모멘트의 상대적인 크기가 명확하게 나타난다. 만약에 M_u가 P_u에 비해서 상대적으로 작으면 e가 작게 된다. 이렇게 e가 작게 되면 대부분의 단면은 압축력이 작용하여 기둥거동이 지배하게 되고, 만약에 e가 크게 되면 P_u가 단면의 바깥에 작용하여 압축은 미미하게 되고 휨의 보거동이 지배하게 된다.

그림 9.31a에서 보는바와 같이 단면의 도심에 압축력이 작용하게 되면 단면은 균등하게 줄어들게 된다. 순수 휨모멘트가 작용하게 되면 평면인 단면은 변형 후에도 평면을 유지한다는 가정을 도입하여 중립축을 중심으로 선형회전을 하게 된다. 따라서 단면에 축하중과 휨모멘트가 동시에 작용하게 되면 2 변형을 서로 더하여 그림 9.31c와 같이 변형은 선형분포가 될 것이다. 그림 9.31c의 ①번 예에서는 인장면의 변형이 축변형을 초과하여 단면의 한쪽에 인장변형이 발생하는 경우로 이렇게 인장변형이 발생하면 콘크리트에는 균열이 일어난다고 가정한다. 만약에 축하중이 크고 휨모멘트가 작게 되면 축하중에 의한 압축변형이 휨모멘트에 의해서 발생한 인장변형보다 크게 되어 전체 단면에 압축변형만이 존재하게 된다(그림 9.31c의 ②번 예).

소성중심(Plastic Centroid, P.C.)

단면의 **소성중심(P.C.)**은 압축력이 단면에 작용하여 파괴 시에 단면전체에 균등한 변형률이 발생하도록 하는 점이다. 만약에 작용하중이 소성중심을 통과하지 않게 되면 단면에는 압축뿐만 아니라 휨변형도 발생하게 된다. 축하중에 이 축하중의 작용위치와 소성 중심 간의 거리를 곱한 크기만 한 휨모멘트가 발생하게 된다.

만약에 단면이 주축(principal axe)에 대해서 대칭이면 소성중심은 대칭축의 교차점과 일치하게 된다. 비대칭단면에서는 소성중심은 단면에 균등한 변형이 일어나도록 하는 합력의 작용위치이다[8]. 따라서 파괴 시에 균등한 변형률 $\varepsilon_u = 0.003$로 콘크리트는 $(0.85 f_{ck})$에 도달하고, 철근은 f_y에 도달한 상태를 말한다.

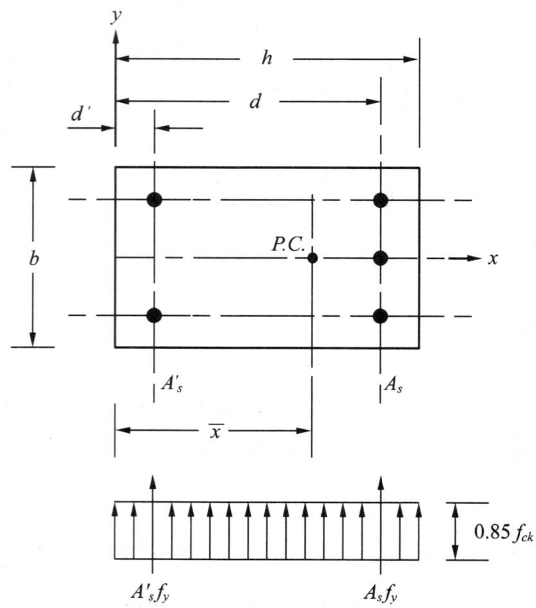

그림 9.32 소성중심

예제 9.5 소성중심

그림 9.32에서 y축에 대한 소성중심의 거리 $\overline{x}$를 계산해보면 다음과 같이 표현될 수 있다.

$$\overline{x} = \frac{\sum F_n x_n}{P_n} = \frac{(0.85 f_{ck}) b h (h/2) + A_s f_y (d) + A_s' f_y (d')}{(0.85 f_{ck}) b h + A_s f_y + A_s' f_y}$$

여기에서 합연직력 $P_n = \sum F_n$이다. x축에 대해서는 단면이 대칭이므로 x축과 $\overline{x}$가 만나는 점이 소성중심이 된다. 따라서 이점에 축력이 작용하게 되면 휨모멘트는 발생하지 않고 단면에는 순수 압축력만 작용하게 된다.

8) 다른 말로 하면 소성중심은 파괴 시에 축하중 P_0를 얻을 수 있는 하중작용 점이다.

하중-모멘트 상관도(Load-Moment Interaction Curves)

기둥을 설계하는 과정을 개발하기 위해서 먼저 주어진 단면에 축하중과 휨모멘트가 동시에 작용하여 파괴될 때 변형률이 어떻게 분포하는지에 대한 관계에 대해서 다룬다. 이 관계로부터 축하중과 편심의 거리에 따른 단면의 축하중 강도의 변화를 보여주는 **하중-모멘트 상관도(P-M 상관도, interaction curve)**를 그릴 수 있다.

작용하는 하중과 파괴시의 변형률의 관계를 보여주기 위해서 예제 9.6에서 축하중 P_n과 휨모멘트 M_n이 파괴를 일으키는 여러 하중-모멘트의 조합 중에서 하나라고 가정한다. 그림 9.33a에서 보는바와 같이 단면에서 최대 압축변형률이 0.003이 되었을 때 압축부재가 공칭강도에 도달하여 파괴된다고 가정한다(3.2장 기본가정 2 참고). 그림 9.33a에서 최 외단 인장철근 층의 변형률 $\varepsilon_t = \varepsilon_{s3}$가 되며, 휨모멘트가 0으로부터 증가함에 따라 순수 압축상태인 $\varepsilon_{s3} =$ -0.003 단계에서 최 외단 철근층의 변형률이 서서히 증가하여 $\varepsilon_{s3} = 0\%\,\varepsilon_y$ (0 인장응력, zero tension) $\rightarrow 25\%\,\varepsilon_y \rightarrow 50\%\,\varepsilon_y$ 로 또한 압축지배 단면의 한계 $\varepsilon_{3s} = 100\%\,\varepsilon_y$ 인 균형변형률 상태에 도달하게 된다. 이 단계를 넘어서 $\varepsilon_{3s} \geq 0.005$ (또는 $2.5\varepsilon_y$) 인 인장지배 단면의 한계변형률을 초과할 때까지의 구간을 변화구간(transition region)이라고 한다(그림 3.19a 및 b 참고). 이 상태에서 휨모멘트 더욱더 증가하여 축하중은 0으로 감소하고 휨모멘트만 존재하는 $\varepsilon_t = \varepsilon_{s3} = \infty$ 인 완전한 휨 거동을 하는 보가 된다.

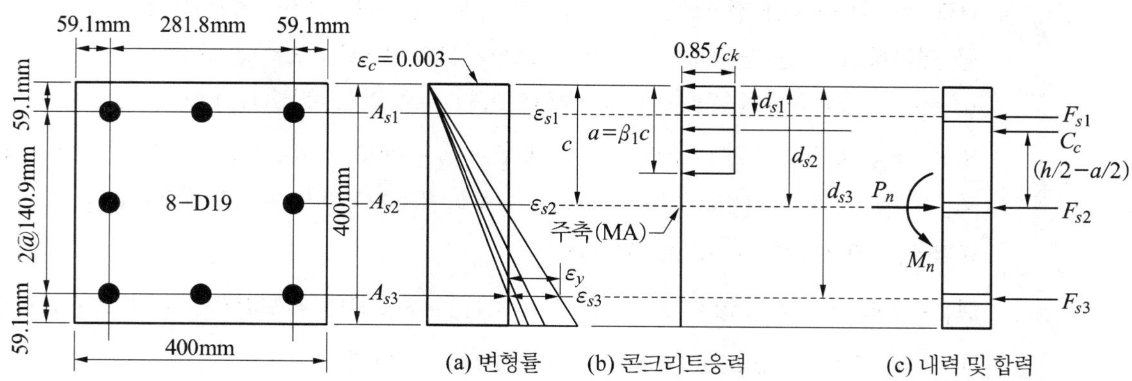

그림 9.33 예제 9.6에서 다루는 압축부재의 단면과 변형률 분포

철근과 콘크리트에 발생하는 응력은 각 재료의 응력-변형률곡선으로부터 구할 수 있다(그림 9.18b 등 참고). 각각의 응력에 작용면적을 곱해주면 내적 저항력을 구할 수 있다. 보에서 다룬 것과 같이 파괴 시 실제의 비선형 압축응력의 분포를 크기는 $(0.85f_{ck})$이고 균등하게 분포하는 등가의

직사각형 응력분포로 가정한다. 철근과 콘크리트의 내적 저항력이 계산되면 2개의 평형방정식 $\sum F_y = 0$ 와 $\sum M = 0$ 에 의하여 축력 P_n과 모멘트 M_n을 결정하고, 편심은 $e = M_n / P_n$ 으로 계산할 수 있다.

예제 9.6 400 mm × 400 mm 정사각형 단면의 하중-모멘트 상관도 계산[9.18]

그림 9.33의 400 mm × 400 mm 정사각형 단면에서 $f_{ck} = 27$ MPa이고, $f_y = 400$ MPa 등급의 8-D19 축방향 주철근을 배치하였다. 하중-모멘트 상관도를 그릴 수 있도록 주축(major axis, MA)에 대해서 다음과 같이 요구되는 각각의 $(P_n - M_n)$과 편심 $e = M_n / P_n$을 계산하라. ① $P_n = P_0$인 경우, ② $P_{n\,(\max)}$와 M_n, ③ $f_{st} = 0\% f_y (\varepsilon_t = \varepsilon_{s3} = 0.0)$일 때의 P_{ot}와 M_{ot} (0 인장응력), ④ $f_{st} = 25\% f_y$ $(\varepsilon_t = \varepsilon_{s3} = 0.25\,\varepsilon_y)$인 경우, ⑤ $f_{st} = 50\% f_y (\varepsilon_t = \varepsilon_{s3} = 0.50\,\varepsilon_y)$인 경우, ⑥ $f_{st} = 100\% f_y (\varepsilon_t = \varepsilon_{s3} = \varepsilon_y)$인 균형변형률 상태인 경우, ⑦ 휨 부재의 한계변형률 $\varepsilon_t = \varepsilon_{s3} = 0.004\,(f_{st} = 200\% f_y)$인 경우, ⑧ 인장지배 단면인 $\varepsilon_t = \varepsilon_{s3} = 0.005 (f_{st} = 250\% f_y)$일 때의 P_{nt}와 M_{nt}, ⑨ 휨 부재(보)인 $P_n = 0.0$일 때의 M_n을 각각 결정하라.

풀이

축방향 철근의 중심으로부터 가장 가까운 콘크리트 표면까지의 거리 계산 : 식 (4.2a)에 따라 D32 이하의 종방향 철근에는 D10 이상의 띠철근을 사용하여야 하므로 축방향 철근으로 D19를 배치하면 철근 중심에서 콘크리트 표면까지의 거리는 (표 9.5 참고)

$d' = d_{s1} =$ 피복두께$(40) +$ 띠철근지름$(9.53) +$ 주철근지름$(19.1/2) = 59.1$ (mm)

철근 간격 계산 : 간격 $= (h - 2d')/($개수$- 1) = [400 - 2(59.1)]/(3 - 1) = 140.9$ (mm)

$d_{s2} = 59.1 + 140.9 = 200$ (mm) ; $d_{s3} = 59.1 + 2(140.9) = 340.9$ (mm)

$0.85 f_{ck} = 0.85(27) = 22.95$ (MPa)

$A_g = 400(400) = 160 \times 10^3$ (mm^2) ; $A_{st} = 8 - D19 = 8(286.5) = 2{,}292$ (mm^2)

$\rho_t = A_{st} / A_g = [2{,}292/(160 \times 10^3)] \times 100 = 1.43\,\%$

$A_{s1} = A_{s3} = 3 - D19 = 3(286.5) = 859.5$ (mm^2) ; $A_{s2} = 2 - D19 = 2(286.5) = 573$ (mm^2)

① **$P_n = P_0$ 계산** : $A_g - A_{st} = 160 \times 10^3 - 2{,}292 = 157{,}708$ (mm^2)

$P_n = 0.85 f_{ck}(A_g - A_{st}) + f_y A_{st} = [22.95(157{,}708) + 400(2{,}292)](10^{-3}) = \underline{4{,}536\ (\text{kN})}$

② **$P_{n\,(\max)}$와 M_n 계산** : $P_{n\,(\max)} = 0.80(4{,}536) = \underline{3{,}629\ (\text{kN})}$

$C_c = (0.85 f_{ck})(\beta_1 c) b = 22.95(0.85)(400)c = 7{,}803c$ (N) $= 7.803c$ (kN)

$\varepsilon_{si} = \varepsilon_c(1 - d_{si}/c) = 0.003(1 - d_{si}/c)$; $f_{si} = E_s\,\varepsilon_{si}$

$$\begin{aligned}\sum F_{si} &= \sum [A_{si}(f_{si} - 0.85f_{ck})] = \sum A_{si}[(0.003 - 0.003\,d_{si}/c)E_s - 0.85f_{ck})] \\ &= (0.003E_s - 0.85f_{ck})\sum A_{si} + 0.003E_s\sum(d_{si}\times A_{si})/c \\ &= (0.003E_s - 0.85f_{ck})A_{st} + 0.003E_s\sum(d_{si}\times A_{si})/c\end{aligned}$$

$(0.003E_s - 0.85f_{ck})A_{st} = [\,0.003(200{,}000) - 22.95\,](2{,}292)(10^{-3}) = 1{,}322.6\ (\mathrm{kN})$

$$\begin{aligned}0.003E_s\sum(d_{si}\times A_{si})/c &= 600[59.1(859.5) + 200(573) + 340.9(859.5)](10^{-3})/c \\ &= 275{,}040/c\ (\mathrm{kN\cdot mm})\end{aligned}$$

$\sum F_{si} + C_c = P_{n\,(\max)}$; $1{,}322.6 - 275{,}040/c + 7.803\,c = 3{,}629$

$c^2 - 295.6\,c - 35{,}248 = 0$; $c = [\,295.6 + \sqrt{295.6^2 - 4(35{,}248)}\,]/2 = 386.7\ (\mathrm{mm})$

$a = \beta_1 c = 0.85(386.7) = 328.7\ (\mathrm{mm})$

$\varepsilon_c :\ \varepsilon_{si} = c\ :\ c - d_{si}$; $\varepsilon_{si} = \varepsilon_c(1 - d_{si}/c)$

$f_{si} = E_s\varepsilon_{si} \le f_y = 400$; $F_{si} = A_{si}(f_{si} - 0.85f_{ck})$

$\varepsilon_{s1} = 0.003(1 - 59.1/386.7) = 0.00254$; $\varepsilon_{s2} = 0.003(1 - 200/386.7) = 0.00145$

$\varepsilon_{s3} = 0.003(1 - 340.9/386.7) = 0.00036$

$[\,d_{s1}$ 및 $d_{s2}\,] < a = 328.7\ \mathrm{mm}$ → 철근응력 $f_s - 0.85f_{ck}$ 해준다.

$f_{s1} = E_s\varepsilon_{s1} = 200{,}000(0.00254) = 508 \le \underline{400}$; $F_{s1} = \dfrac{859.5(400 - 22.95)}{1{,}000} = 324.1\ (\mathrm{kN})$

$f_{s2} = E_s\varepsilon_{s2} = 200{,}000(0.00145) = \underline{290} \le 400$; $F_{s2} = \dfrac{573(290 - 22.95)}{1{,}000} = 153.0\ (\mathrm{kN})$

$f_{s3} = E_s\varepsilon_{s3} = 200{,}000(0.00036) = \underline{72.0} \le 400$; $F_{s3} = \dfrac{859.5(72)}{1{,}000} = 61.9\ (\mathrm{kN})$

$C_c = (0.85f_{ck})ab = 22.95(328.7)(400)(10^{-3}) = 3{,}017.5\ (\mathrm{kN})$

$$\begin{aligned}\sum F_{si} + C_c &= 324.1 + 153.0 + 61.9 + 3{,}017.5 = 3{,}556.5\ (\mathrm{kN}) \\ &\ne [\,P_{n\,(\max)} = 3{,}629\ \mathrm{kN}\,]\end{aligned}$$

<N.G.>

f_{si} 계산에서 탄성-완전소성을 다루지 못해서 생기는 오차로 다시 반복계산을 수행한다.

$c = [\,P_{n\,(\max)} - \sum F_{si}\,]/(0.85f_{ck}\beta_1 b\times 10^{-3}) = (3{,}629.0 - 519.3)/7.803 = 398.6\ (\mathrm{mm})$

$a = \beta_1 c = 0.85(398.6) = 338.9\ (\mathrm{mm})$

$\varepsilon_{s1} = 0.003(1 - 59.1/398.6) = 0.00256$; $\varepsilon_{s2} = 0.003(1 - 200/398.6) = 0.00149$

$\varepsilon_{s3} = 0.003(1 - 340.9/398.6) = 0.00043$

$f_{s1} = E_s\varepsilon_{s1} = 200{,}000(0.00256) = 512 \le \underline{400}$

$$F_{s1} = \frac{859.5(400-22.95)}{1{,}000} = 324.1\,(\text{kN})$$

$$f_{s2} = E_s\varepsilon_{s2} = 200{,}000(0.00149) = \underline{299.0} \le 400$$

$$F_{s2} = \frac{573(299.0-22.95)}{1{,}000} = 158.2\,(\text{kN})$$

$$f_{s3} = E_s\varepsilon_{s3} = 200{,}000(0.00043) = 86.9 \le 400$$

$$F_{s3} = \frac{859.5(86.9)}{1000} = 74.7\,(\text{kN})$$

$$C_c = (0.85f_{ck})ab = 22.95(338.9)(400)(10^{-3}) = 3{,}110.7\,(\text{kN})$$

$$\sum F_{si} + C_c = 324.1 + 158.2 + 74.7 + 3{,}110.7 = 3{,}667.6\,(\text{kN})$$

$$\neq [\,P_{n(\max)} = 3{,}629\text{ kN}\,]$$ <N.G.>

반복계산을 1회나 또는 2회 정도를 수행하면 수렴한 중립축의 깊이 c를 구할 수 있다. 계산을 간편하게 하기 위해서 Excel 등의 Spreadsheet를 사용하여 수동으로 수렴된 값을 구해보면 $c = 394.52$ mm 에서 수렴한다. $a = \beta_1 c = 0.85(394.52) = 335.3\,(\text{mm})$

$$\sum F_{si} + C_c = 324.1 + 156.4 + 70.09 + 3{,}078.4 = 3{,}629.0\,(\text{kN}) \approx [\,P_{n(\max)} = 3{,}629\text{ kN}\,]$$

주축(MA)에 대해서 모멘트를 취하면,

$$M_c = C_c(h-a)/2 = 3{,}078.4(400-335.3)/(2\times10^3) = 99.52\,(\text{kN}\cdot\text{m})$$

$$M_{s1} = F_{s1}(h/2-d_{s1}) = 324.1(200-59.1)(10^{-3}) = 45.662\,(\text{kN}\cdot\text{m})$$

$$M_{s2} = F_{s2}(h/2-d_{s2}) = 156.3(200-200)(10^{-3}) = 0.0\,(\text{kN}\cdot\text{m})$$

$$M_{s3} = F_{s3}(h/2-d_{s3}) = 70.09(200-340.9)(10^{-3}) = -9.876\,(\text{kN}\cdot\text{m})$$

$$M_n = M_c + \sum M_{si} = 99.52 + 45.662 + 0 - 9.876 = \underline{135.3\,(\text{kN}\cdot\text{m})}$$

$$e = e_{(\min)} = M_n/P_n = 135.3\times10^3/3{,}629 = \underline{37.3\,(\text{mm})}$$

③ **$f_{st} = 0\% f_y\,(\varepsilon_t = \varepsilon_{s3} = 0.0)$ 일 때의 P_{ot}와 M_{ot}(0 인장응력) 계산 :**

$$f_{st} = f_{s3} = E_s\varepsilon_{s3} = E_s\varepsilon_{st} = 0.0\,(\text{MPa}) \quad ;\ \varepsilon_{st} = \varepsilon_{s3} = f_{st}/E_s$$

$$d_{sn} = d_{s3} = 340.4\text{ mm} \quad ;\ \varepsilon_c : f_{st}/E_s = c : d_{sn} - c$$

$$c = d_{sn}\Big/\left(1 + \frac{f_{st}}{E_s\epsilon_c}\right) = 340.9[1 + 0/200{,}000(0.003)] = 340.9\,(\text{mm})$$

$$a = \beta_1 c = 0.85(340.9) = 289.8\,(\text{mm})$$

$$\varepsilon_{s1} = 0.003(1-59.1/340.9) = 0.00248 \quad ;\ \varepsilon_{s2} = 0.003(1-200/340.9) = 0.00124$$

$$\varepsilon_{s3} = 0.003(1-340.9/340.9) = 0.0$$

$f_{s1} = E_s \varepsilon_{s1} = 200{,}000(0.00248) = 496 \le \underline{400}$

$F_{s1} = 859.5(400 - 22.95)/1{,}000 = 324.1 \text{ (kN)}$

$f_{s2} = E_s \varepsilon_{s2} = 200{,}000(0.00124) = \underline{248.0} \le 400$

$F_{s2} = 573(248.0 - 22.95)/1{,}000 = 128.9 \text{ (kN)}$

$f_{s3} = E_s \varepsilon_{s3} = 200{,}000(0.0) = 0.0 \le 400$; $F_{s3} = 859.5(0.0)/1{,}000 = 0.0 \text{ (kN)}$

$C_c = (0.85 f_{ck}) a b = 22.95(289.8)(400)(10^{-3}) = 2{,}660.0 \text{ (kN)}$

$P_{ot} = \sum F_{si} + C_c = 324.1 + 128.9 + 0 + 2{,}660.1 = \underline{3{,}113 \text{ (kN)}}$

$M_c = C_c(h-a)/2 = 2{,}660.0(400 - 289.8)/(2 \times 10^3) = 146.6 \text{ (kN}\cdot\text{m)}$

$M_{s1} = F_{s1}(h/2 - d_{s1}) = 324.1(200 - 59.1)(10^{-3}) = 45.662 \text{ (kN}\cdot\text{m)}$

$M_{s2} = F_{s2}(h/2 - d_{s2}) = 128.9(200 - 200) = 0.0 \text{ (kN}\cdot\text{m)}$

$M_{s3} = F_{s3}(h/2 - d_{s3}) = 0.0(200 - 340.9)(10^{-3}) = 0.0 \text{ (kN}\cdot\text{m)}$

$M_{ot} = M_c + \sum M_{si} = 146.6 + 45.662 + 0 + 0 = \underline{192.3 \text{ (kN}\cdot\text{m)}}$

$e_{ot} = M_{ot}/P_{ot} = 192.3 \times 10^3 / 3{,}113 = \underline{61.8 \text{ (mm)}}$

④ **$f_{st} = 25\% f_y$ ($\varepsilon_t = \varepsilon_{s3} = 0.25\varepsilon_y$) 인 경우** : $d_{sn} = d_{s3} = 340.9 \text{ mm}$

$f_{st} = f_{s3} = 0.25 f_y = 0.25(400) = 100 \text{ (MPa)}$

$$c = d_{sn} \Big/ \left(1 + \frac{f_{st}}{E_s \epsilon_c}\right) = 340.9 \Big/ \left(1 + \frac{100}{600}\right) = 292.2 \text{ (mm)}$$

$a = 0.85(292.2) = 248.4 \text{ (mm)}$

$\varepsilon_{s1} = 0.003(1 - 59.1/292.2) = 0.00239$; $\varepsilon_{s2} = 0.003(1 - 200/292.2) = 0.00095$

$\varepsilon_{s3} = 0.003(1 - 340.9/292.2) = -0.00050$ (계산에서 인장변형률을 - 로 고려하였다.)

$f_{s1} = E_s \varepsilon_{s1} = 200{,}000(0.00239) = 478 \le \underline{400}$

$F_{s1} = 859.5(400 - 22.95)/1{,}000 = 324.1 \text{ (kN)}$

$f_{s2} = E_s \varepsilon_{s2} = 200{,}000(0.00095) = \underline{189.3} \le 400$

$F_{s2} = 573(189.3 - 22.95)/1{,}000 = 95.33 \text{ (kN)}$

$f_{s3} = E_s \varepsilon_{s3} = 200{,}000(-0.0005) = \underline{-100.0} \ge -400$

$F_{s3} = 859.5(-100)/1{,}000 = -85.95 \text{ (kN)}$

$C_c = (0.85 f_{ck}) a b = 22.95(248.4)(400)(10^{-3}) = 2{,}280.0 \text{ (kN)}$

$P_n = \sum F_{si} + C_c = 324.1 + 95.33 - 85.95 + 2{,}280.0 = \underline{2{,}614 \text{ (kN)}}$

$M_c = C_c(h-a)/2 = 2{,}280.0(400-248.4)/(2\times 10^3) = 172.86$ (kN·m)

$M_{s1} = F_{s1}(h/2-d_{s1}) = 324.1(200-59.1)(10^{-3}) = 45.662$ (kN·m)

$M_{s2} = F_{s2}(h/2-d_{s2}) = 95.33(200-200) = 0.0$ (kN·m)

$M_{s3} = F_{s3}(h/2-d_{s3}) = -85.95(200-340.9)(10^{-3}) = 12.11$ (kN·m)

$M_n = M_c + \sum M_{si} = 172.86 + 45.662 + 0 + 12.11 = \underline{230.6\ (\text{kN}\cdot\text{m})}$

$e = M_n/P_n = 230.6\times 10^3/2{,}614 = \underline{88.2\ (\text{mm})}$

⑤ $\boldsymbol{f_{st} = 50\% f_y\ (\varepsilon_t = \varepsilon_{s3} = 0.50\varepsilon_y)}$ **인 경우** : $d_{sn} = d_{s3} = 340.9$ mm

$f_{st} = f_{s3} = 0.50 f_y = 0.50(400) = 200$ (MPa)

$c = d_{sn}\Big/\left(1+\dfrac{f_{st}}{E_s\epsilon_c}\right) = 340.9\Big/\left(1+\dfrac{200}{600}\right) = 255.7$ (mm)

$a = 0.85(255.7) = 217.3$ (mm)

$\varepsilon_{s3} = -0.0010$; $f_{s3} = \underline{-200.0} \le 400$; $F_{s3} = 859.5(-200)/1{,}000 = -171.9$ (kN)

$\varepsilon_{s1} = 0.00231$; $f_{s1} = 462 \le \underline{400}$; $F_{s1} = 859.5(400 - 22.95)/1{,}000 = 324.1$ (kN)

$\varepsilon_{s2} = -0.00065$; $f_{s2} = \underline{130.7} \ge -400$; $F_{s2} = 573(130.7-22.95)/1{,}000 = 61.71$ (kN)

$\varepsilon_{s3} = -0.0010$; $f_{s3} = \underline{-200} \ge -400$; $F_{s3} = 859.5(-200)/1{,}000 = -171.9$ (kN)

$C_c = (0.85 f_{ck})ab = 22.95(217.3)(400)/10^3 = 1{,}995.0$ (kN)

$P_n = \sum F_{si} + C_c = \underline{2{,}209\ (\text{kN})}$

$M_c = C_c(h-a)/2 = 182.2$ (kN·m) ; $M_{s1} = F_{s1}(h/2-d_{s1}) = 45.669$ (kN·m)

$M_{s2} = F_{s2}(h/2-d_{s2}) = 0.0$ (kN·m) ; $M_{s3} = F_{s3}(h/2-d_{s3}) = 24.224$ (kN·m)

$M_n = M_c + \sum M_{si} = \underline{252.1\ (\text{kN}\cdot\text{m})}$; $e = e_b = M_n/P_n = 252.1 \times 10^3/2{,}209 = \underline{114.1\ (\text{mm})}$

⑥ $\boldsymbol{f_{st} = 100\% f_y\ (\varepsilon_t = \varepsilon_{s3} = \varepsilon_y)}$ **인 균형변형률 상태인 경우** : $d_{sn} = d_{s3} = 340.9$ mm

$f_{st} = f_{s3} = 1.0 f_y = 1.0(400) = 400$ (MPa)

$c = d_{sn}\Big/\left(1+\dfrac{f_{st}}{E_s\varepsilon_c}\right) = 340.9\Big/\left(1+\dfrac{400}{600}\right) = 204.5$ (mm)

$a = 0.85(204.5) = 173.9$ (mm)

$\varepsilon_{s1} = 0.00213$; $f_{s1} = 426 \le \underline{400}$; $F_{s1} = 859.5(400 - 22.95)/1{,}000 = 324.1$ (kN)

$\varepsilon_{s2} = -0.00007$; $f_{s2} = \underline{13.3} \ge -400$; $F_{s2} = 573(13.3)/1{,}000 = 7.63$ (kN)

$\varepsilon_{s3} = -0.0020$; $f_{s3} = \underline{-400} \ge -400$; $F_{s3} = 859.5(-400)/1{,}000 = -343.8$ (kN)

$C_c = (0.85 f_{ck}) a b =$ 22.95(173.9)(400)/10³ = 1,596.0 (kN)

$P_n = \sum F_{si} + C_c =$ <u>1,584 (kN)</u>

$M_c = C_c (h - a)/2 =$ 180.5 (kN · m) ; $M_{s1} = F_{s1}(h/2 - d_{s1}) =$ 45.662 (kN · m)

$M_{s2} = F_{s2}(h/2 - d_{s2}) =$ 0.0 (kN · m) ; $M_{s3} = F_{s3}(h/2 - d_{s3}) =$ 48.44 (kN · m)

$M_n = M_c + \sum M_{si} =$ <u>274.6 (kN · m)</u> ; $e = e_b = M_n / P_n =$ 274.6 x 10³/1,584 = <u>173.3 (mm)</u>

⑦ **$\varepsilon_t = \varepsilon_{s3} = 0.004$ 인 휨 부재의 한계변형률인 경우** : $d_{sn} = d_{s3} = 340.9\,\text{mm}$

계산을 하기 위해서 $f_{st} = f_{s3} = 0.004 E_s = (2.0 \varepsilon_y) E_s = 2.0 f_y = 2.0(400) = 800\ (\text{MPa})$

$$c = d_{sn} \Big/ \left(1 + \frac{f_{st}}{E_s \varepsilon_c}\right) = 340.9 \Big/ \left(1 + \frac{800}{600}\right) = 146.1\ (\text{mm})$$

$a = 0.85(146.1) = 124.2\ (\text{mm})$

$\varepsilon_{s1} =$ 0.00179 ; $f_{s1} =$ <u>357.3</u> ≤ 400 ; $F_{s1} =$ 859.5(357.3 - 22.95)/1,000 = 287.37 (kN)

$\varepsilon_{s2} =$ -0.00111 ; $f_{s2} =$ <u>−221.4</u> ≥ −400 ; $F_{s2} =$ 573(−221.4)/1,000 = −126.84 (kN)

$\varepsilon_{s3} =$ -0.0040 ; $f_{s3} =$ <u>−400</u> ≥ −400 ; $F_{s3} =$ 859.5(−400)/1,000 = −343.8 (kN)

$C_c = (0.85 f_{ck}) a b =$ 22.95(124.2)(400)/10³ = 1,140.0 (kN)

$P_{nt} = \sum F_{si} + C_c =$ <u>956.7 (kN)</u>

$M_c = C_c (h - a)/2 =$ 157.22 (kN · m) ; $M_{s1} = F_{s1}(h/2 - d_{s1}) =$ 40.49 (kN · m)

$M_{s2} = F_{s2}(h/2 - d_{s2}) =$ 0.0 (kN · m) ; $M_{s3} = F_{s3}(h/2 - d_{s3}) =$ 48.44 (kN · m)

$M_{nt} = M_c + \sum M_{si} =$ <u>246.1 (kN · m)</u> [9] ; $e = M_{nt} / P_{nt} =$ 246.1 x 10³ / 956.7 = <u>257.3 (mm)</u>

⑧ **$\varepsilon_t = \varepsilon_{s3} = 0.005$ 인 인장지배 단면인 경우** : $d_{sn} = d_{s3} = 340.9\,\text{mm}$

계산을 하기 위해서 $f_{st} = f_{s3} = 2.5 f_y = 2.5(400) = 1{,}000\ (\text{MPa})$

$$c = d_{sn} \Big/ \left(1 + \frac{f_{st}}{E_s \epsilon_c}\right) = 340.9 \Big/ \left(1 + \frac{1{,}000}{600}\right) = 127.8\ (\text{mm})$$

$a = 0.85(127.8) = 108.7\ (\text{mm})$

$\varepsilon_{s1} =$ 0.00161 ; $f_{s1} =$ <u>332.6</u> ≤ 400 ; $F_{s1} =$ 859.5(332.6 − 22.95)/1,000 = 257.56 (kN)

$\varepsilon_{s2} =$ -0.00169 ; $f_{s2} =$ <u>−338.7</u> ≥ −400 ; $F_{s2} =$ 573(−338.7)/1,000 = −194.1 (kN)

---

9) 균형변형률 상태와 비교해 보면 최인장단 변형률은 0.002에서 0.004로 증가하였지만 단면의 휨모멘트 강도는 274.6 kN · m에서 246.1 kN · m로 감소하여 균형변형률 부근에서 P-M 상관도의 배가 볼록한 형상을 하고 있다. 이런 현상은 ϵ_t가 증가하여 c와 a가 감소하여 압축합력이 감소할 뿐만 아니라, 인장 측 철근력이 완전소성 구간에 있어서 변형률이 증가하더라도 인장력이 증가하지 않기 때문이다.

$\varepsilon_{s3}=$ -0.00050 ; $f_{s3}=$ <u>−400</u> $\geq$ −400 ; $F_{s3}=$ 859.5(−400)/1,000 = −343.8 (kN)

$C_c=(0.85f_{ck})ab=$ 22.95(108.7)(400)/10^3 = 997.5 (kN)

$P_{nt}=\sum F_{si}+C_c=$ <u>717.2 (kN)</u>

$M_c=C_c(h-a)/2=$ 145.3 (kN·m) ; $M_{s1}=F_{s1}(h/2-d_{s1})=$ 36.29 (kN·m)

$M_{s2}=F_{s2}(h/2-d_{s2})=$ 0.0 (kN·m) ; $M_{s3}=F_{s3}(h/2-d_{s3})=$ 48.44 (kN·m)

$M_{nt}=M_c+\sum M_{si}=$ <u>230.0 (kN·m)</u> ; $e=M_{nt}/P_{nt}=$ 230.0 x 10^3 / 717.2 = <u>320.7 (mm)</u>

⑨ **휨부재(보)의 $P_n=0.0$ 일 때의 M_n 계산** : 이 상태에 대한 M_n을 결정하기 위해서 Excel에서 수동으로 c 값을 조종하여 내력으로 구한 $P_n=0$ 이 되도록 결정한다.

$c=66.28$ mm 에서 수렴하여, $a=\beta_1 c=0.85(66.28)=56.3$ (mm)

$\varepsilon_{s1}=$ 0.00032 ; $f_{s1}=$ <u>65.0</u> $\leq$ 400 ; $F_{s1}=$ 859.5(65.0)/1,000 = 55.87 (kN)

$\varepsilon_{s2}=$ -0.00605 ; $f_{s2}=$ −1,210 $\geq$ <u>−400</u> ; $F_{s2}=$ 573(−400)/1,000 = −229.2 (kN)

$\varepsilon_{s3}=$ -0.01243 ; $f_{s3}=$ −2,486 $\geq$ <u>−400</u> ; $F_{s3}=$ 859.5(−400)/1,000 = −343.8 (kN)

$C_c=(0.85f_{ck})ab=$ 22.95(56.3)(400)/10^3 = 517.2 (kN)

$P_n=\sum F_{si}+C_c=$ −0.0 (kN) ≈ 0 <o.k.>

$M_c=C_c(h-a)/2=$ 88.87 (kN·m) ; $M_{s1}=F_{s1}(h/2-d_{s1})=$ 7.87 (kN·m)

$M_{s2}=F_{s2}(h/2-d_{s2})=$ 0.0 (kN·m) ; $M_{s3}=F_{s3}(h/2-d_{s3})=$ 48.44 (kN·m)

$M_n=M_c+\sum M_{si}=$ <u>145.2 (kN·m)</u> ; $e=M_n/P_n=$ 145.2 x 10^3 / 0 = <u>∞ (mm)</u>

표 9.2 예제 9.6에서 축하중-휨모멘트 및 편심의 변화

	① P0	② Pn (max)	③ 0% fy	④ 25% fy	⑤ 50% fy	⑥ 100% fy	⑦ 200% fy	⑧ 250% fy	⑨ Pn = 0
M_n (kN·m)	0	135.3	192.3	230.6	252.1	274.6	246.1	230.0	145.2
P_n (kN)	4,536	3,629	3,113	2,614	2,209	1,584	956.7	717.2	0
e (mm)	0	37.3	61.8	88.2	114.1	173.3	257.3	320.7	∞
$\varepsilon_t=\varepsilon_{s3}$	-0.003	-0.00041	0.0	0.0005	0.001	0.002	0.004	0.005	0.0124

⑩ 표 9.2에는 예제의 계산 결과를 요약하였다. 이를 그림으로 그리면 축하중-휨모멘트 이론상관도를 그림 9.34와 같이 그릴 수 있다. 상관도에서 원점을 향하는 방사선 실선의 기울기는 $P_n/M_n=1/e$가 되며, 그림 9.34에 표시되어있다.

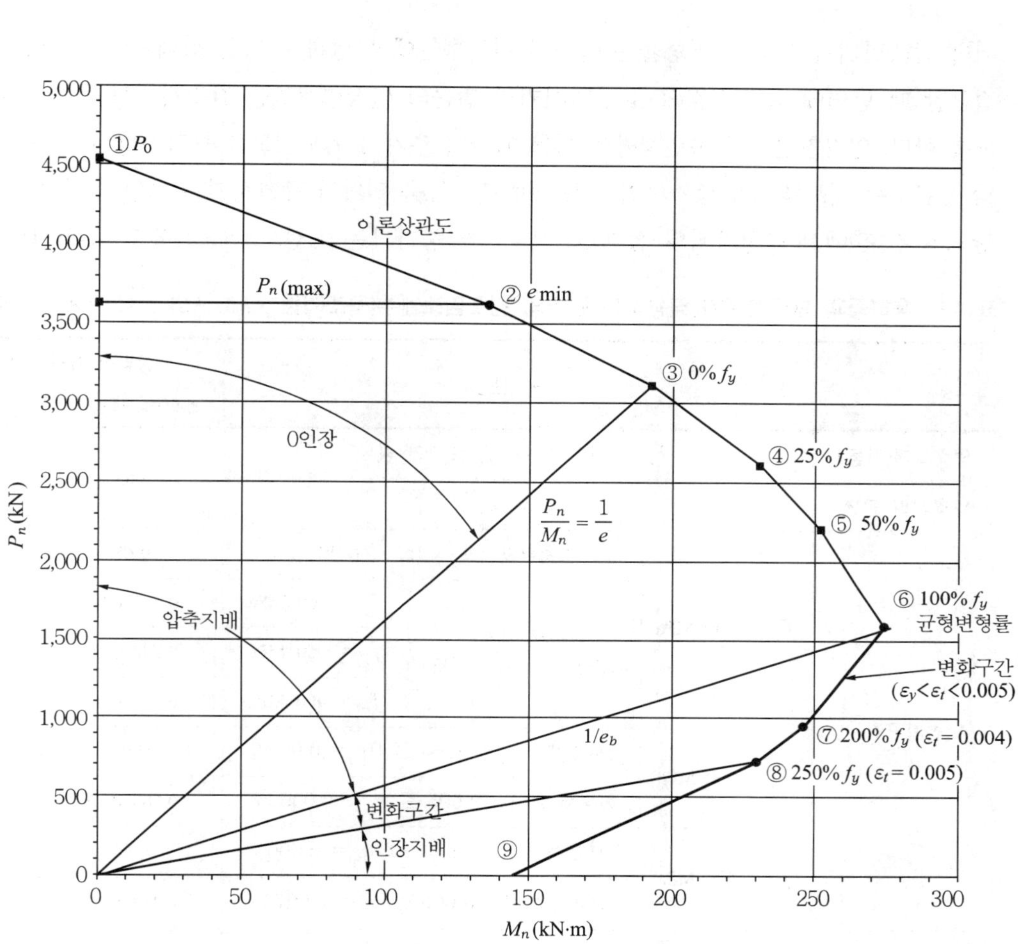

그림 9.34 예제 9.6의 이론 하중-모멘트 상관도 : f_y= 400 MPa인 경우

상관도의 모양(Shape of the Interaction Curve)

앞에서 언급한 바와 같이 그림 9.34의 이론 축하중-모멘트 상관도는 구분되는 2영역을 갖고 있다. 점 ①에서 점 ⑥의 구간은 압축면의 압축붕괴로 인해서 파괴가 시작되는 압축지배 단면(compression-controlled section, $\varepsilon_t \le \varepsilon_y$)이다. 이 영역에서 휨모멘트가 증가하거나 또는 등가로 작용하중의 편심이 증가하면 부재의 축하중 강도가 거의 선형으로 감소한다. 이러한 현상은 부재의 내적인 강도 중에서 휨모멘트에 저항하기 위한 부분이 증가하게 되면 당연히 축하중을 지지하기 위한 부분은 감소하게 될 것이다.

인장이 지배(tension-controlled section)하는 점 ⑥에서 점 ⑨의 부분에서 축에 대해서 대칭으로 보강철근이 배치된 단면은 마치 저보강 보와 같이 거동한다. 파괴는 인장철근의 항복에 의해서 시작되며 압축면의 콘크리트 변형률은 아직 극한변형률에 도달하지 않은 상태이다. 인장철근이 항복에 접근할 때 단면에 축하중을 조금 증가시키면 철근의 인장변형률을 감소시켜서 항복이 일어나지 않도록 한다. 인장철근이 항복변형률에 이를 때까지 추가의 휨모멘트를 증가시킬 수 있으므로 이 영역의 상관도는 휨모멘트가 증가하면서 동시에 축하중을 얼마간 증가시키는 모양이 된다. 이 형상이 상관도의 점 ⑨에서 균형파괴의 점 ⑥로 기울기가 증가하는 곡선으로 표시되고 있다(그림 9.34 참고).

표 9.3 **축하중과 휨모멘트가 작용하는 단면의 강도감소계수**(**구조기준** 3.3.3, ACI 9.3.2) (**표** 3.5 **참고**)

<table>
<tr><th rowspan="2" colspan="4">구 분</th><th colspan="2">횡방향 철근형식 및 ϕ</th></tr>
<tr><th>스터럽, 띠철근</th><th>나선철근</th></tr>
<tr><td>압축부재(기둥)</td><td colspan="3">$P_u = \phi P_n \geq 0.1 f_{ck} A_g$ 인 경우</td><td rowspan="2">0.65</td><td rowspan="2">0.70</td></tr>
<tr><td>압축지배 단면</td><td colspan="3">$\varepsilon_t \leq \varepsilon_y$</td></tr>
<tr><td rowspan="8">변화구간</td><td rowspan="4">$f_y \leq$ 400 MPa</td><td colspan="2">압축부재 : $\varepsilon_y < \varepsilon_t < 0.004$</td><td>0.65</td><td>0.70</td></tr>
<tr><td rowspan="3">휨부재 한계 :
$0.004 \leq \varepsilon_t < 0.005$</td><td>$f_y =$ 300 MPa</td><td>0.793~0.85</td><td>0.807~0.85</td></tr>
<tr><td>$f_y =$ 350 MPa</td><td>0.788~0.85</td><td>0.804~0.85</td></tr>
<tr><td>$f_y =$ 400 MPa</td><td>0.783~0.85</td><td>0.80~0.85</td></tr>
<tr><td rowspan="2">$f_y =$ 500 MPa</td><td colspan="2">압축부재 : $\varepsilon_y < \varepsilon_t < (2.0\varepsilon_y = 0.005)$</td><td>0.65</td><td>0.70</td></tr>
<tr><td colspan="2">휨부재 한계 : $0.005 \leq \varepsilon_t < 0.00625$</td><td>0.783~0.85</td><td>0.80~0.85</td></tr>
<tr><td rowspan="2">$f_y =$ 600 MPa</td><td colspan="2">압축부재 : $\varepsilon_y < \varepsilon_t < (2.0\varepsilon_y = 0.006)$</td><td>0.65</td><td>0.70</td></tr>
<tr><td colspan="2">휨부재 한계 : $0.006 \leq \varepsilon_t < 0.0075$</td><td>0.783~0.85</td><td>0.80~0.85</td></tr>
<tr><td>인장지배 단면</td><td colspan="3">$f_y \leq$ 400 MPa : $\varepsilon_t \geq 0.005$
$f_y =$ 500 MPa : $\varepsilon_t \geq (2.5\varepsilon_y = 0.00625)$
$f_y =$ 600 MPa : $\varepsilon_t \geq (2.5\varepsilon_y = 0.0075)$</td><td colspan="2">0.85</td></tr>
</table>

그림 9.34의 이론상관도는 $f_y =$ 400 MPa의 8-D19 축방향 철근을 배치한 철근콘크리트 단면에 대해서 파괴를 일으키는 모든 축하중과 휨모멘트 강도의 조합을 보여주고 있다. 만약에 축방향 철근을 D19 대신에 같은 개수의 지름이 굵은 D22를 배치한다면 상관도의 형상은 같지만 단면의 강도는 증가하여 D19 철근의 상관도 밖에 동일한 형상의 부풀린 형태로 그려지게 될 것이다.

구조기준 3.3.3(ACI 9.3.2)에서는 그림 9.34와 같은 **이론상관도(theoretical** 또는 **nominal interaction curve)**의 $(M_n - P_n)$조합에 적절한 단일 강도감소계수를 곱하여 **설계상관도(design interaction curve)**를 구하도록 제시하고 있다. 구조기준에서 제시되는 강도감소계수에 대한 구분은 표 9.3에 정리하였다.

공칭강도에서 최 외단 인장철근의 순인장변형률이 압축지배 변형률과 인장지배 변형률 한계사이[$\varepsilon_y \le \varepsilon_t \le (0.005$ 또는 $2.5\varepsilon_y)$]의 변화구간(transition region)인 경우에는 강도감소계수는 인장지배 단면의 0.85에서 띠철근의 0.65 또는 나선철근의 0.70으로 선형 변화한다(그림 3.19a 및 b 참고). 또한 구조기준 6.2.2(5)(ACI 10.3.5)에서는 계수축력 $P_u = \phi P_n \ge 0.1 f_{ck} A_g$ 이상인 부재를 압축부재(기둥)로 구분하여 띠철근으로 보강된 단면의 강도감소계수는 0.65로, 나선철근으로 보강된 단면은 0.70으로 하도록 제시하고 있다[10].

$f_y =$ 400 MPa인 철근이 배치된 경우에 ϕ의 변화를 ε_t로 표현하면(표 3.4 참고),

$$\text{스터럽, 띠철근 보강 : } \phi = 0.65 + (\varepsilon_t - 0.002)\frac{200}{3} = 0.517 + 66.7\,\varepsilon_t \tag{9.22a}$$

$$\text{나선철근 보강 : } \phi = 0.70 + (\varepsilon_t - 0.002)(50) = 0.600 + 50.0\,\varepsilon_t \tag{9.22b}$$

가 되고, 이 식은 또한 다음과 같이 (c/d_t)로 표현할 수도 있다. 여기에서 c는 중립축의 깊이이고, d_t는 압축연단에서 최외단 인장철근 층까지의 거리이다.

$$\text{스터럽, 띠철근 보강 : } \phi = 0.65 + 0.20\left(\frac{1}{c/d_t} - \frac{5}{3}\right) = 0.317 + \frac{0.20}{c/d_t} \tag{9.22c}$$

$$\text{나선철근 보강 : } \phi = 0.70 + 0.15\left(\frac{1}{c/d_t} - \frac{5}{3}\right) = 0.450 + \frac{0.15}{c/d_t} \tag{9.22d}$$

앞에서 언급한 바와 같이 현행 구조기준에서는 설계상관도에서 최대 축하중강도 $\phi P_{n(\max)}$를 제한하고자 맨 윗부분을 직선으로 자르도록 제시하고 있다. 따라서 식 (9.12b)의 P_0에 스터럽 및 띠철근 기둥에는 0.80을 나선철근기둥에는 0.85를 곱하여 최대 축하중 강도가 감소하도록 하였다.

스터럽이나 띠철근 기둥 : $\phi = 0.65$

$$\phi P_{n(\max)} = \phi(0.80 P_0) = \phi\{0.80[f_y A_{st} + (0.85 f_{ck})(A_g - A_{st})]\} \tag{9.13a}$$

나선철근 기둥 : $\phi = 0.70$

$$\phi P_{n(\max)} = \phi(0.85 P_0) = \phi\{0.85[f_y A_{st} + (0.85 f_{ck})(A_g - A_{st})]\} \tag{9.13b}$$

이렇게 설계상관도 윗부분을 자르는 이유는 기둥에 순수 축하중만 작용하거나 또는 압축력과 작

10) 단면에 작용하는 계수축력 $P_u \ge 0.1 f_{ck} A_g$ 인 경우는 압축부재로 보아 강도감소계수를 0.65(스터럽이나 띠철근으로 보강된 부재)나 0.70(나선철근으로 보강된 부재)으로 하는 규정은 $\varepsilon_y \le \varepsilon_t \le (0.005$ 또는 $2.5\varepsilon_y)$ 인 변화구간에서 강도감소계수가 선형변화하지 못하도록 하는 역할을 하여 규정들이 서로 조화롭지 못한 상황이다. 예제 9.6에서 다룬 단면에 대한 설계상관도를 그린 그림 9.35에서 보면 $P_u \le \phi P_n = 0.1 f_{ck} A_g = 432$ kN 이 $\phi P_{n(\max)}$의 18.3% 밖에 안 되고 실제 설계에서 이렇게 작은 P_u가 작용할 가능성이 적지 않다고 판단된다.

은 휨모멘트가 작용하는 경우에 기둥이 저항할 수 있는 최대 축하중을 제한하고자 하는 것이다. 이런 축소는 다음과 같은 2 가지 이유 때문이다. ① 실제 해석에서 고려되지는 않았지만 모든 기둥은 예기치 않은 편심에 의해서 휨모멘트가 작용할 수 있으므로 축하중을 제한하여 이러한 휨모멘트에 저항할 수 있도록 하는 것이다. ② 장기간 축하중을 지지하는 기둥의 강도는 단기간 하중이 작용하는 기둥에 비해서 강도가 떨어지기 때문이다. 이렇게 설계상관도의 윗부분을 자르게 되면 나선철근과 띠철근 기둥이 지지할 수 있는 순수 축하중을 각각 15%와 20% 감소시키게 된다.

다음 예제 9.7에는 예제 9.6에서 다룬 단면에 대한 설계상관도를 계산하여 그림 9.35에 제시하고 있다.

예제 9.7 400 x 400 mm 정사각형 단면 부재의 설계상관도 계산[9.18]

예제 9.6의 단면에 대해서 설계상관도를 계산하라.

풀이

각 단계에 대한 강도감소계수와 $\phi M_n - \phi P_n$ 의 조합을 정리하면 표 9.4와 같다.

여기에서 휨 부재(보)에서 한계변형률인 $\varepsilon_t = \varepsilon_{s3} = 0.004\,(200\%\,f_y)$인 점 ⑦에서 강도감수계수는 식 (9.22a)에서

$$\phi = 0.65 + (\varepsilon_t - 0.002)\,200/3 = 0.65 + (0.004 - 0.002)200/3 = 0.783$$

표 9.4에는 계산결과가 제시되었고, 그림 9.35에는 예제 9.6의 단면에 대한 설계상관도가 제시되었다. 또한 설계상관도에는 $f_s = 0\%\,f_y$ 와 $f_s = 50\%\,f_y$ 등의 실선이 그려져 있다. 이 표시는 최 외단 인장 철근의 응력을 표시한 것으로 구조기준 8.8(3)(ACI 12.17.2.2)에서 기둥철근의 겹침이음 길이를 설계할 때 사용된다(예제 9.8 참고).

표 9.4 예제 9.6의 400 mm x 400 mm 단면의 축하중-휨모멘트 설계상관도 및 강도감소계수

	① P0	② Pn (max)	③ 0% fy	④ 25% fy	⑤ 50% fy	⑥ 100% fy	⑦ 200% fy	⑧ 250% fy	⑨ Pn = 0
M_n (kN · m)	0	135.3	192.3	230.6	252.1	274.6	246.1	230.0	145.2
P_n (kN)	4,536	3,629	3,113	2,614	2,209	1,584	956.7	717.2	0
ϕ	0.65						0.783	0.85	
ϕM_n (kN · m)	0	88.0	125.0	149.9	163.9	178.5	192.8	195.5	123.4
ϕP_n (kN)	2,949	2,359	2,023	1,699	1,436	1,030	749.5	609.6	0

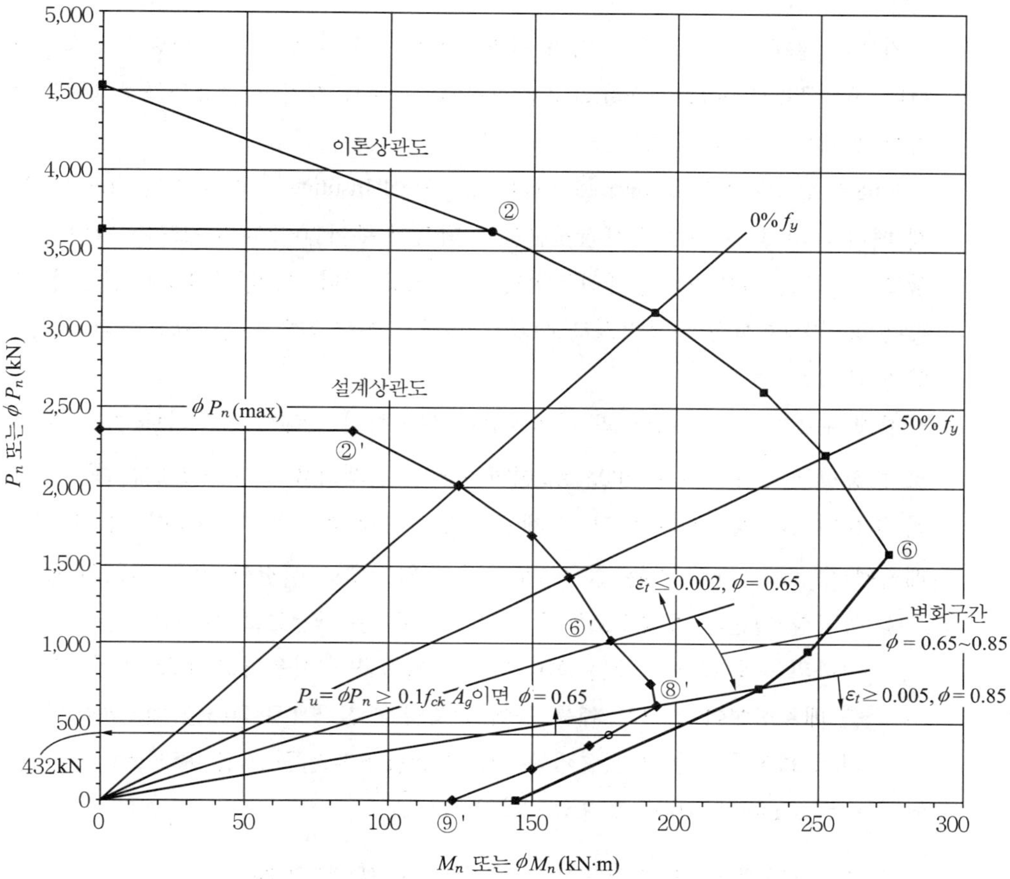

그림 9.35 설계 하중-모멘트 상관도

설계표를 이용한 설계(Design from Table)

기둥의 설계는 일반적으로 여러 기관[9.17]에서 출판된 무차원의 하중-모멘트 설계상관도를 이용하거나 또는 PCA(Portland Cement Association) 등에서 개발한 컴퓨터프로그램 pcaColumn 등을 이용하여 설계를 수행하고 있다.

2008년 발행된 CRSI(Concrete Reinforcing Steel Institute)[9.18]의 설계도서(design handbook)에서는 실제 배치될 수 있는 치수의 보강철근을 선택하여 주어진 재료의 강도와 단면에 대한 설계표를 제시하고, 이 표를 이용하여 설계하는 예를 제시하고 있다. 이런 설계표를 만들기 위해서는 예제 9.6과 같은 동일한 계산을 반복적으로 수행해야 되고 이런 작업에는 Excel 등과 같은 Spreadsheet를 이용하면 대처할 수 있다.

현행 구조기준의 규정에 맞게 설계표를 구성하기 위해서 콘크리트 설계기준강도 $f_{ck}=$ 27 MPa로 보강철근의 등급은 SD400으로 제한하였다. 경제성을 고려하고 단순화하기 위해서 한 단면에는 한 종류의 철근을 배치하였고, 설계에서 간편하게 적용될 수 있도록 철근비가 $1\% < \rho_t \leq 4\%$ 로 배치될 수 있는 가장 가는 철근으로부터 순차적으로 직경이 굵은 철근의 값을 제시하였다.

① 축방향 철근의 중심으로부터 가장 가까운 콘크리트 표면까지의 간격 : 식 (4.2a)에 따라 D32 이하의 축방향 철근에는 D10 이상의 띠철근을 사용하고, D35 이상에는 D13 이상의 띠철근을 배치하여야 하므로 예를 들어서 축방향 철근으로 D16을 배치하다면 철근 중심에서 콘크리트 표면까지의 거리는 피복두께 40 mm + 띠철근 지름 9.53 mm + 주철근 지름 15.9 mm/2 = 57.5 mm가 되어, 표 9.5가 된다.

표 9.5 축방향 철근의 중심에서 가장 가까운 콘크리트 표면까지의 거리

철근의 크기	띠철근 D10						띠철근 D13		
	D16	D19	D22	D25	D29	D32	D35	D38	D41
깊이 d' (mm)	57.5	59.1	60.6	62.2	63.8	65.4	70.2	71.8	73.4

② 띠철근의 간격 : 띠철근의 간격은 식 (4.2b)에서 예를 들어서 축방향으로 D16 철근이 배치된다면 간격은

ⓐ 축방향 철근 지름의 16배 이하 : $16d_b$ = 16 × 15.9 = 254 mm,

ⓑ 띠철근의 지름 48배 이하 : $48d_t$ = 48 × 9.53 = 457 mm,

ⓒ 단면의 최소치수 이하이어야 하므로, 단면의 최소치수가 지배하지 않는다면 띠철근의 간격은 254 mm 이하가 되어야 한다. 이를 표로 만들면 표 9.6이 된다.

표 9.6 띠철근의 최대 간격 (구조기준 5.5.2, ACI 7.10.5)*

축방향 철근의 크기	띠철근의 크기와 간격 (mm)		
	D10	D13	D16
D16	254	-	-
D19	306	-	-
D22	355	-	-
D25	406	406	-
D29	457	457	-
D32	457	509	-
D35	**	558	558
D38	**	610	610
D41	**	610	610

* 최대간격은 기둥의 최소치수를 초과해서는 안 된다.
** 가능하지 않음.

③ 이음 : 구조기준 8.6.1(2)(ACI 12.14.2.1)에서 D35를 초과하는 철근은 겹침이음을 하지 못하도록 규정하면서, 구조기준 8.6.3(2)(ACI 12.16.2)에서는 압축이음인 경우에 D41이나 D51 철근을 D31 이하의 철근에 겹침이음을 할 수 있도록 허용하고 있다. 따라서 D38 이상 철근은 압축이음이 아니고는 이음을 할 수 없으므로 조건이 허용하지 않는 한 사용하지 않는 것이 좋을 것이다.

구조기준 8.8(3)(ACI 12.17.2.2)에서 인장측 철근의 응력이 $0 \le f_s < 0.5f_y$ 인 경우에 전체 철근의 1/2 이하가 겹침이음되면 A급 인장이음으로 하고, 1/2를 초과하는 철근이 겹침이음되면 B급 인장이음을 하여야 하고[식 (6.20) 참고], 철근의 응력이 $f_s \ge 0.5f_y$ 이상이 되는 구간은 B급 인장이음을 하여야 한다고 규정하고 있다. $f_s < 0$ 인 구간은 압축이음을 하면 될 것이다(그림 9.36 참고).

④ 표 9.7a와 b에는 각각 400 mm x 400 mm와 500 mm x 500 mm 정사각형 띠철근 단주의 설계표가 제시되었다. 이 표 9.7a를 이용하여 설계상관도를 그려보면 그림 9.36이 된다. 예제 9.6과 같은 계산을 수행하도록 개발한 Excel sheet를 이용하면 설계에 필요한 설계표를 구성하는데 문제가 없을 것이다.

표 9.7a 400 mm × 400 mm **정사각형 띠철근 단주의 설계표**

정사각형 띠철근 단주 : 400 mm x 400 mm														
철근은 4면에 대칭으로 배치					fck =	27	MPa	fy =	400	MPa	φMn (kN.m)		φPn (kN)	
		Max cap		0% fy		25% fy		50% fy		100% fy		ε_t=0.005		(P=0)
		φ = 0.65										φ=0.85		
철근	ρ_g	φMn	φPn	φMn	φPn	φMn	φPn	φMn	φPn	φMn	φPn	φMn	φPn	φMn
4 -D 25	1.27	91	2,307	131	1,962	156	1,651	171	1,401	188	1,013	204	739	109
4 -D 29	1.61	94	2,413	140	2,020	168	1,693	184	1,427	205	1,004	223	698	135
4 -D 32	1.99	98	2,532	150	2,086	180	1,741	199	1,455	225	994	243	649	162
4 -D 35	2.39	100	2,660	161	2,142	192	1,779	212	1,475	240	959	255	555	188
4 -D 38	2.85	104	2,804	172	2,224	205	1,838	229	1,511	260	937	277	482	219
8 -D 19	1.43	88	2,359	125	2,024	150	1,699	164	1,436	178	1,030	196	610	123
8 -D 22	1.94	92	2,517	136	2,118	163	1,767	179	1,478	199	1,021	218	511	161
8 -D 25	2.53	96	2,704	148	2,232	178	1,849	197	1,528	223	1,010	244	389	204
8 -D 29	3.21	100	2,917	162	2,361	195	1,943	217	1,585	249	999	273	244	251
8 -D 32	3.97	106	3,155	177	2,506	213	2,047	239	1,649	279	985	303	76	299

표 9.7b 500 mm × 500 mm **정사각형 띠철근 단주의 설계표**

정사각형 띠철근 단주 : 500 mm x 500 mm														
철근은 4면에 대칭으로 배치					fck =	27	MPa	fy =	400	MPa	φMn (kN.m)		φPn (kN)	
		Max cap		0% fy		25% fy		50% fy		100% fy		ε_t = 0.005		(P=0)
		φ = 0.65										φ=0.85		
철근	ρ_g	φMn	φPn	φMn	φPn	φMn	φPn	φMn	φPn	φMn	φPn	φMn	φPn	φMn
4 -D 29	1.03	176	3,487	237	3,080	290	2,602	320	2,222	351	1,640	259	675	182
4 -D 32	1.27	182	3,606	252	3,144	307	2,648	340	2,249	378	1,629	286	675	220
4 -D 35	1.53	186	3,734	268	3,194	325	2,680	360	2,264	403	1,607	312	675	258
4 -D 38	1.82	192	3,878	284	3,274	345	2,738	384	2,299	435	1,595	343	675	301
4 -D 41	2.14	198	4,034	302	3,362	366	2,801	409	2,337	468	1,583	377	675	348
8 -D 22	1.24	172	3,591	230	3,189	283	2,687	312	2,284	342	1,670	387	1,119	217
8 -D 25	1.62	178	3,778	247	3,302	304	2,769	337	2,336	375	1,662	427	1,026	277
8 -D 29	2.06	185	3,991	267	3,432	327	2,864	365	2,395	411	1,653	471	916	344
8 -D 32	2.54	193	4,229	288	3,578	353	2,971	395	2,461	452	1,643	519	789	416
8 -D 35	3.06	199	4,484	310	3,712	378	3,064	425	2,513	490	1,615	557	594	486
8 -D 38	3.65	208	4,772	334	3,889	408	3,193	460	2,593	537	1,602	609	419	567

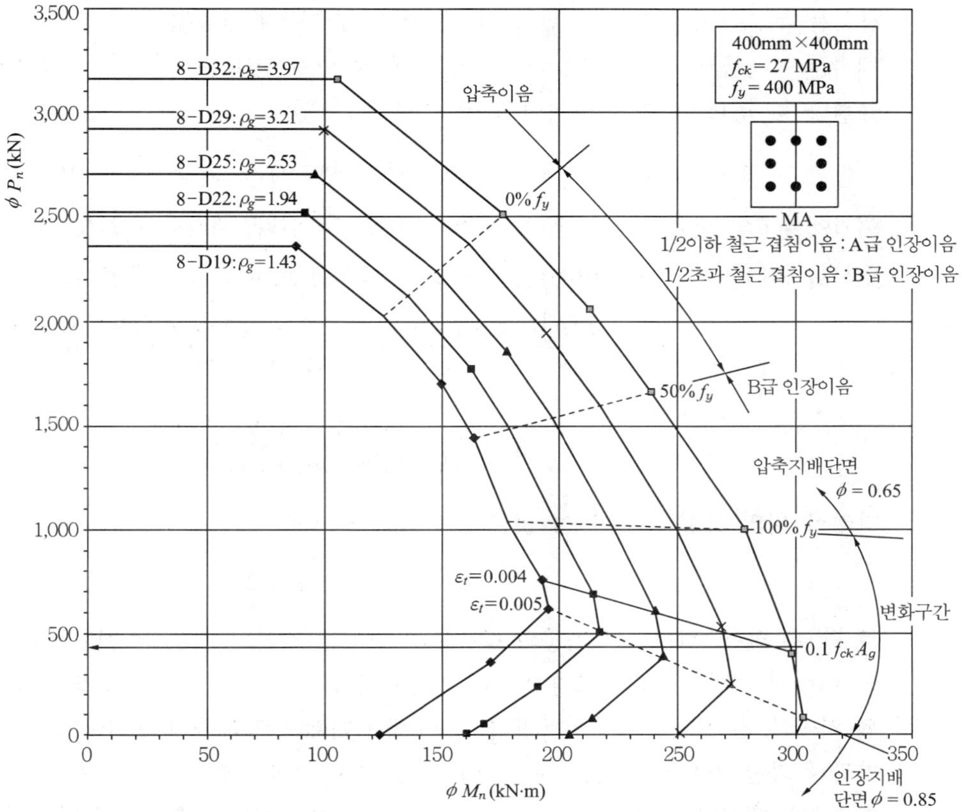

그림 9.36 400 mm x 400 mm 띠철근 단주의 설계 하중-모멘트 상관도

원형기둥의 상관도(Interaction Diagram for Circular Column)[9.15]

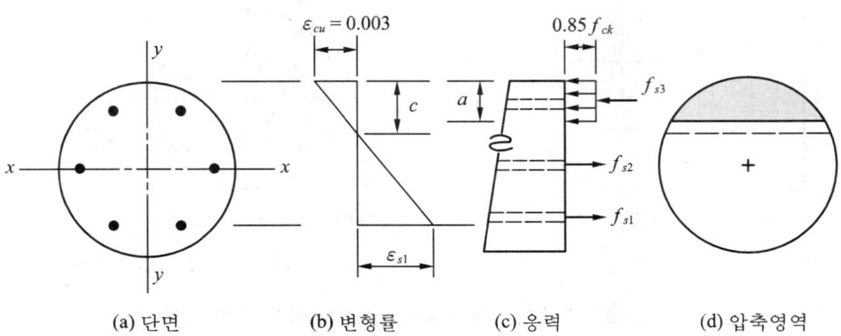

그림 9.37 축하중과 휨모멘트가 작용하는 원형단면 기둥

그림 9.37b에서와 같이 중립축의 깊이 c는 가정된 변형률 분포도 닮은 삼각형으로부터 구할 수 있다. 등가의 직사각형 응력의 깊이는 $a = \beta_1 c$로 구하면 된다. 그림 9.37d와 같이 압축응력이 작

용하는 부분은 깊이가 a 인 원의 일부분이다. 압축력과 기둥의 도심에 대한 모멘트를 계산하기 위해서는 이 빗금인 부분의 면적과 도심을 계산하여야 한다. 이 값들은 그림 9.38과 같이 θ의 함수로 표현할 수 있다. 면적은 아래와 같이 표현할 수 있다.

$$A = (h/2)^2\theta - [(h/2)\sin\theta][(h/2)\cos\theta] = (h^2/4)(\theta - \sin\theta\cos\theta) \tag{9.23}$$

여기에서 θ의 단위는 레디안(1 radian = 180°/π)이다. 끼인각이 2θ인 원호의 원의 중심으로부터 도심의 거리는 $h\sin\theta/3\theta$이므로[9.5], 빗금인 면적의 도심 $\bar{y}$를 구하면 아래와 같이 표현된다.

$$\bar{y} = \frac{[(h^2/4)\theta](h\sin\theta/3\theta) - (h^2/4)\sin\theta\cos\theta\,[(h/3)\cos\theta]}{(h^2/4)(\theta - \sin\theta\cos\theta)}$$

$$\bar{y} = \frac{(h^3/12)\sin^3\theta}{(h^2/4)(\theta - \sin\theta\cos\theta)} \tag{9.24}$$

따라서 원의 중심에 대한 이 빗금인 면적의 모멘트는

$$A\bar{y} = h^3(\sin^3\theta/12) \tag{9.25}$$

로 쓸 수 있다. 원형단면 기둥의 상관도의 모양은 철근의 개수와 중립축의 방향에 대한 위치에 따라 변하게 된다. 따라서 그림 9.37의 기둥에서 $x-x$ 축의 모멘트 강도는 $y-y$ 축에 비해서 적게 될 것이다. 설계시에 현장에서의 철근 배치에 대해서 명확하게 제시하기 어려우므로 상관도에서는 가장 취약한 위치에 철근을 배치하여 계산하여야 한다. 물론 철근의 개수가 8개 이상이 되면 마치 연속으로 배치하는 격이 되어 이런 문제는 없어진다. 횡방향 철근으로 나선철근이 배치되거나 또는 띠철근이 배치되는 경우에는 각각 식 (9.13a)나 (9.13b)에 따라 강도감소계수를 적용하면 된다.

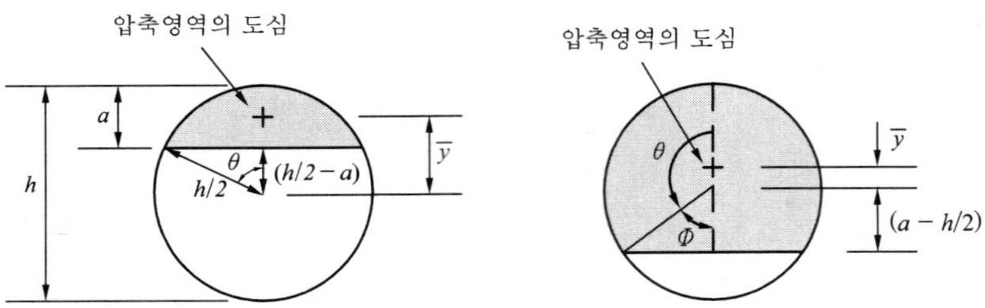

(a) 예 1: $a \le h/2$, $\theta < 90°$

$\theta = \cos^{-1}\left(\frac{h/2 - a}{h/2}\right)$

(b) 예 2: $a > h/2$, $\theta > 90°$

$\theta = 180° - \Phi$, $\Phi = \cos^{-1}\left(\frac{a - h/2}{h/2}\right)$

그림 9.38 원형단면에서 압축력이 작용하는 부분의 예

원형단면 기둥의 설계는 보통 기존에 제시된 설계상관도[9.17]를 이용하거나 컴퓨터를 이용하여 하중-모멘트 상관도를 그려서 설계를 수행한다. CRSI 설계도서[9.18]에는 원형 띠철근을 배치한 원형단면 기둥(round tied column)에 대한 설계표가 제시되고, 계산과정이 예제로 제시되었다.

9.6 단주의 설계(Design Procedure for a Short Column)[9.15]

기둥은 일반적으로 강접합 구조물(rigid-joint structure)의 한 요소로서 해석과 설계는 서로 관련되어 있다. 부정정 구조물에서 하중의 분포는 부재의 상대강성에 따라 좌우되므로 구조물을 해석하기 전에 먼저 구조물의 치수를 결정하여야 한다. 계수하중에 의한 기둥의 축하중과 모멘트가 결정된 뒤에 축방향 주철근을 선택할 수 있다. 만약에 주철근의 면적이 현행 구조기준의 제한인 총단면적의 1%~8%의 한계에 들면 설계를 마칠 수 있다[11]. 그러나 초기에 가정한 단면이 너무 작거나 너무 크게 되면 단면의 치수를 조종하여 재해석을 수행하여 만족될 때까지 반복계산 하여야 한다. 대부분의 구조물에서 기둥의 치수가 조금 변한다고 해도 기둥에 작용하는 하중에 그렇게 큰 변화를 주지 않는다. 따라서 한 두 번의 반복계산으로 단면을 결정할 수 있다. 이어서, 나선철근이나 띠철근을 설계하고 단면의 전단강도도 검토하여야 한다. 내부기둥에서 전단력은 보통 작지만 복곡률로 휘는 외부기둥에서는 상당한 전단력이 작용할 수도 있다.

기둥의 선택에 미치는 영향 : 기둥의 종류(Choice of Column Type)

Wight와 MacGregor[9.15]는 단면, f_{ck}와 f_y가 동일한 3 종류의 기둥[① 나선철근의 원형기둥, 직경 450 mm ; 한 변의 길이가 400 mm인 정사각형 기둥에서 ② 주철근이 한 방향으로 배치된 경우과 ③ 양면에 배치된 경우]의 강도를 비교하였다.

편심비 $e/h \leq 0.1$ 인 경우에는 강도면에서 나선철근 기둥이 가장 효과적이었다. 그 이유는 강도감소계수가 띠철근의 0.65에 비해서 0.70으로 높고 식 (9.13b)에서와 같이 높은 축하중을 허용하기 때문일 것이다. 이러한 경제성은 거푸집이나 나선철근이 상대적으로 고가인 점에서 서로 상쇄된다고 볼 수 있다.

편심비 $e/h \geq 0.2$ 인 경우에는 휘는 축으로부터 가장 멀리 배치될 수 있는 주철근이 한 방향으로 배치된 경우가 가장 효율적이다. 물론, 직사각형 단면에서 휘는 축에 대해서 깊이를 증가하게 되면 더 큰 효율을 얻을 수 있을 것이다.

양면에 주철근을 배치하는 띠철근 기둥은 보통 $e/h < 0.2$ 인 경우와 모멘트가 양방향으로 작용하는 경우에 사용된다. 지진지역 등과 같이 연성이 매우 중요한 경우에는 보통 나선철근 기둥이 사용된다.

11) 구조기준 6.4.2(1)에서는 최대 축방향 주철근 단면적을 전체 단면적 A_g의 0.01배 이상, 0.08배 이하로 제한하고, 겹침이음되는 경우의 철근비는 0.04를 초과하지 않도록 제시하고 있다.

철근비와 재료의 선택(Choice of Material Properties and Reinforcement Ratios)

소규모의 구조물에서 일반적으로 바닥에 쓰이는 콘크리트와 동일한 강도의 콘크리트 강도(21 MPa ~ 24 MPa)를 기둥에 일괄적으로 사용한다.

고층구조물(특히, 저층에서)에서는 종종 기둥의 단면을 축소시켜 사용가능한 공간을 확보하기 위해서 바닥에 쓰이는 강도보다 높은 강도의 콘크리트를 기둥에 사용한다. 이런 경우에 약한 바닥 콘크리트를 통해서 기둥의 하중을 전달하는 문제를 고려하여야 한다. 축하중이 작용하는 기둥과 바닥 슬래브의 접합부분에 대한 실험에서 바닥부재로 둘러싸여 횡방향 구속된 슬래브가 기둥의 축하중을 전달하는데 있어서 바닥 콘크리트에 비해서 기둥의 콘크리트 강도가 1.4배 이상이 되지 않는 한 축하중을 전달하는데 문제가 없었다고 보고되고 있다[9.19]. 구조기준 6.7.2(1)(ACI 10.12)에서는 기둥용 콘크리트의 설계기준 압축강도를 바닥판 콘크리트에 비해서 고강도 콘크리트를 사용할 수 있도록 하고 있다. 강도의 증가가 1.4배 이하인 경우에는 특별한 조치를 취하지 않아도 되지만, 1.4배를 초과하게 되면 바닥판 구조를 통한 하중을 전달하기 위해서 제시된 3 방법 중에서 한 가지를 만족하여야 한다. 고층구조물에서 바닥은 24 MPa 강도의 콘크리트를 사용하고 기둥에는 1.4배의 24 x 1.4배 ≈ 35 MPa의 콘크리트를 사용하곤 한다.

축방향 주철근이나 나선철근(코일철근)은 특별한 이유가 없는 경우에 보통 SD400의 철근을 사용하며, 띠철근은 SD400이나 SD300의 철근을 사용한다.

비록 구조기준에서 기계적 이음이나 맞댐용접을 사용한다고 보아 최대 축방향 철근비를 8%까지 허용하고 있지만 이 정도의 철근을 배근하는 것은 쉽지 않은 일이다(그림 6.44 참고). 겹침이음을 하는 경우에는 구조기준에서는 겹침 부분의 철근비를 8% 이하로 하기 위해서 절반인 4%로 규정하고 있다. 최대 철근비로는 대략 3%~5% 정도로 볼 수 있고, 가장 경제적인 띠철근 기둥의 철근비는 1%~2% 정도여서 3% 이상의 철근비가 배치된 띠철근 기둥은 거의 없다고 볼 수 있다. 고층건축물의 아래층 기둥에서는 건축적인 제한 때문에 기둥의 크기가 제한받을 수 있다. 이런 경우에 높은 철근비가 적용될 수 있으므로 철근을 2개에서 4개로 묶어서 다발로 배치할 수 있다(그림 9.27g 참고). 나선철근 기둥은 일반적으로 큰 축하중이 작용하는 경우에 사용되므로 철근비가 약간 높은 2.5%~5% 정도가 사용된다.

현행 구조기준 6.4.2(2)(ACI 10.9.2)에서는 축방향 주철근의 최소 개수는 직사각형이나 원형 띠철근으로 둘러싸인 경우 4개, 삼각형 띠철근으로 둘러싸인 경우 3개, 나선철근으로 둘러싸인 철근의 경우 6개로 하여야 한다고 규정하고 있다. 직사각형 단면의 기둥에서 대부분 짝수의 철근을 배치해서 휨 축에 대해서 대칭이 되도록 하며, 또한 보통 동일한 굵기의 철근을 배치한다.

기둥의 치수 산정(Estimating the Column Size)[9.15]

초기 설계단계에서 요구되는 기둥의 소요치수가 얼마인지 산정하여야 한다. 주어진 단면에서 축하중의 강도는 모멘트가 얼마만큼 작용하느냐에 따라 변하므로 기둥의 치수를 간단히 산정하기는 쉽지 않다. 만약에 모멘트가 작게 되면 기둥의 치수는 식 (9.13a 및 b)의 최대 축하중에 좌우된다. 따라서 식 (9.13a 및 b)를 다시 쓰고 A_g로 나누어, $\rho_g = A_{st}/A_g$로 쓰면서 간단하게 정리하면,

$$\text{스터럽, 띠철근 기둥:}\quad A_{g\,(\text{시도})} \geq \frac{P_u}{0.45(f_{ck} + f_y\rho_g)} \tag{9.26a}$$

$$\text{나선철근 기둥:}\quad A_{g\,(\text{시도})} \geq \frac{P_u}{0.55(f_{ck} + f_y\rho_g)} \tag{9.26b}$$

이 두 식은 만약에 모멘트가 존재하는 경우에는 기둥의 크기가 작게 산정될 수 있다. 왜냐하면 이 식들은 하중-모멘트 상관곡선에서 최대 축하중의 한계인 $\phi P_{n\,(\max)}$를 기준으로 추정되었기 때문이다.

나선철근의 설계 : 구조기준 5.5.2(2)에 따라 나선철근의 지름은 10 mm 이상으로 하고, 최소 순간격은 25 mm 이상, 최대 순간격은 75 mm 이하로 하도록 규정하고 있다. 식 (9.17)과 (9.19)를 같이 쓰면 나선철근의 소요 간격은

$$s_{\,(\text{소요})} \leq \frac{4\,A_b f_{yt}}{0.45\,d_c f_{ck}(A_g/A_{ch} - 1)} \tag{9.27}$$

로 쓸 수 있다.

예제 9.8 설계표를 이용한 띠철근 기둥의 설계[9.18]

주어진 조건을 만족하는 직사각형 단면의 압축부재(기둥)를 설계표를 이용하여 설계하라. 단면의 폭은 400 mm로 하고 동일한 치수의 거푸집을 사용할 수 있도록 설계하라. $f_y =$ 400 MPa 등급의 철근을 사용하고 가능하면 $f_{ck} =$ 27 MPa인 보통중량골재 콘크리트를 사용하라. 부재는 횡구속이 되었다고 가정하여 설계한다. 층의 높이는 3.45 m 이고 각 층의 비지지 길이는 $l_u =$ 2.55 m이다.

하중계수를 곱하여 각 층의 바닥판 밑에서 계산한 계수축하중 및 계수휨모멘트는

(a) 1층 : 2층 바닥판 바로 밑 $(P_u, M_u) =$ (3,758 kN, 30.6 kN · m)

(b) 2층 : 3층 바닥판 바로 밑 $(P_u, M_u) =$ (2,744 kN, 30.6 kN · m)

(c) 3층 : 4층 바닥판 바로 밑 $(P_u, M_u) =$ (1,730 kN, 30.6 kN · m)

또한 1층에서 계수전단력 $V_u =$ 120 kN이 작용한다고 보아 이를 검토하라.

풀이

① **먼저 단면을 대략적으로 결정** : 2층 바닥판 바로 밑의 1층에서 배치 가능한 최대 철근비 $\rho_g = 0.04$ 를 배치한다고 보아 계산을 시작한다.

식 (9.26a) :

$$A_{g(\text{시도})} \geq \frac{P_u}{0.45(f_{ck}+f_y\rho_g)} = \frac{3,758\times 10^3}{0.45(27+400\times 0.04)} = 194.2\times 10^3\ (\text{mm}^2)$$

$b=$ 400 mm로 정해졌으므로 $h_{(\text{소요})} = A_g/b = 194.2\times 10^3/400 = 486\ (\text{mm})$

$h_{(\text{배치})} = 500\ \text{mm} > h_{(\text{소요})} = 486\ \text{mm}$ <o.k.>

단면에 모멘트가 거의 작용하지 않으므로 **<u>400 mm × 500 mm</u>**인 직사각형 단면을 선택한다.

편심 검토 : $e = \dfrac{M_u}{P_u} = \dfrac{30.6\times 10^3}{3,758} = 8.1\ (\text{mm})$; $\dfrac{e}{h} = \dfrac{8.1}{500} = 0.0163$

$e/h > 0.2$ 이상인 경우에는 양면에 일렬로 철근을 배치하는 게 가장 경제적이다. 따라서 본 예제에서는 모든 면에 고르게 철근을 배치하는 형식을 사용하기로 한다.

② **횡구속 골조 압축부재에 대해서 장주효과(slenderness effect)를 고려해야 하는지 식 (9.11)로 검토** (구조기준 6.5.6(5), ACI 10.10.6.3) : 횡구속 골조에서 안전 측으로 유효길이계수 $k = 1.0$ 의 사용을 제안하므로 적용한다.

횡구속 골조로 단곡률(그림 9.14a 참고)이므로 $M_1/M_2 = 30.6/30.6 = 1.0$

식 (9.11) : 주축 $r = 0.3h =$ 0.3(500) = 150 (mm)

$$\left[\frac{kl_u}{r} = \frac{(1.0)(2,550\ \text{mm})}{150\ \text{mm}} = 17.0\right] < \left[34 - 12\left(\frac{M_1}{M_2}\right) = 34 - 12(1.0) = 22 \leq 40\right]$$

따라서 본 예제의 기둥은 구조기준에 따라 장주효과를 고려할 필요 없이 단주로 설계하면 된다.

③ 400 mm x 500 mm **직사각형 단면에** $f_{ck} =$ 27 MPa, $f_y =$ 400 MPa**의 표 9.8을 이용하여 설계** : $\phi P_{n(\max)}$ 와 이에 대응하는 $\phi M_{n(\max)}$ 를 읽으면,

(a) 1층 (2층 바닥판 바로 밑) :

8-D35 철근의 경우 : $\phi P_{n(\max)} =$ 3,887 kN > $P_u =$ 3,758 kN <o.k.>

$\phi M_{n(\max)} =$ 169 kN·m > $M_u =$ 30.6 kN·m <o.k.>

(b) 2층 (3층 바닥판 바로 밑) : (물론 4-D29 철근도 가능하지만, 아래층의 8개 주철근에서 갑작스럽게 4개로 줄이지 않고 점차 개수를 줄이기 위해서 6개의 D25를 선택하였다.)

6-D25 철근의 경우 : $\phi P_{n(\max)} =$ 2,983 kN > $P_u =$ 2,744 kN <o.k.>

$\phi M_{n(\max)} =$ 151 kN·m > $M_u =$ 30.6 kN·m <o.k.>

(c) 3층 (4층 바닥판 바로 밑) :

4-D29 철근의 경우 : $\phi P_{n\,(\max)} =$ 2,891 kN > $P_u =$ 1,730 kN <o.k.>

$\phi M_{n\,(\max)} =$ 146 kN · m > $M_u =$ 30.6 kN · m <o.k.>

(c)의 경우에 계수축하중이 $P_u/\phi P_{n\,(\max)} = 1{,}730/2{,}891 = 0.60$ 밖에 안 되므로 구조기준 6.4.1(4)(ACI 10.8.4)[12)]에 따라 (0.60)만큼 감소된 유효단면적을 사용하여 최소철근비 규정에 위반되지 않고 철근량을 줄일 수 있다.

감소된 유효단면적 = $(0.60)(200{,}000) = 120{,}000\ (\text{mm}^2)$

ϕM_n 검토 : $\phi M_n = (0.60)146 = 87.7$ (kN · m) > $M_u = 30.6$ kN · m <o.k.>

4-D29 = $2{,}570\ \text{mm}^2$; 감소된 철근량 $A_{s\,(\text{소요})} = (0.60)2{,}570 = 1{,}542\ (\text{mm}^2)$

4-D22를 배치한다면, $A_{s\,(\text{배치})} = 1{,}548\ (\text{mm}^2) > A_{s\,(\text{소요})} = 1{,}542\ \text{mm}^2$ <o.k.>

④ **띠철근의 설계** : 표 9.6에 따라 최소 띠철근을 선택하고 띠철근의 최대간격을 결정한다.

(a) 1층 (2층 바닥판 바로 밑) : 축방향 철근 8-D35

띠철근 D13 : 558 mm < 기둥의 최소 치수 = 400 mm → 띠철근 D13 @ 400 mm

(b) 2층 (3층 바닥판 바로 밑) : 축방향 철근 6-D25

띠철근 D10 : 406 mm < 기둥의 최소 치수 = 400 mm → 띠철근 D10 @ 400 mm

(c) 3층 (4층 바닥판 바로 밑) : 축방향 철근 4-D22 ; 띠철근 D10 @ 350 mm < 355 mm

⑤ **수직간격에 대해서 전단검토** : 예를 들기 위해서 1층에 계수전단력 $V_u = 120$ kN 이 작용한다고 가정하여 전단을 검토한다. 만약에 $V_u/\phi > V_c/2$ 이면 위의 띠철근 규정 뿐 만 아니라 전단규정도 만족하여야 한다.

$d = 500 - 70.2 \approx 430\ (\text{mm})$ (표 9.5 참고) ; 보통중량골재 콘크리트 $\lambda = 1.0$

식 (7.16c) : $V_c = (\lambda\sqrt{f_{ck}}/6)(1 + N_u/14A_g)b_w d$

$$V_c = \frac{1.0\sqrt{27}}{6}\left(1 + \frac{3{,}758 \times 10^3}{14 \times 200{,}000}\right)(400)(430)/10^3 = 348.9\ (\text{kN})$$

$V_u/\phi = 160\ \text{kN} < V_c/2 = 348.9/2 = 174.5\ (\text{kN})$ <o.k.>

따라서 전단에 대해서 검토하지 않아도 된다. 만약에 $0.5V_c < V_u/\phi \le V_c$ 이면, 위의 띠철근에 대한 구조기준과 최소전단 철근량 및 전단철근의 간격제한에 대한 규정도 만족시켜야 한다.

구조기준 5.5.2(3)③(ACI 7.10.5.3)에서 띠철근은 모든 모서리에 있는 종방향 철근과 하나 건너 있

12) 구조기준 6.4.1(4)(ACI 10.8.4) : 하중에 의해서 요구되는 단면보다 큰 단면으로 설계된 압축부재의 경우, 감소된 유효단면적을 사용하여 최소 철근량과 설계강도를 결정할 수 있다. 이 때 감소된 유효단면적은 전체 단면적은 1/2 이상이어야 한다고 규정하고 있다. 이 규정은 계수하중을 지지하는데 충분한 크기의 기둥을 설계하면 최소철근비 규정에 따라 철근을 증가시킬 필요가 없도록 하는 규정이다.

는 종방향 철근이 135° 이하로 구부린 띠철근의 모서리에 의해 횡지지 되도록 배치되어야 하며, 어떤 종방향 철근도 띠철근을 따라 횡지지 된 종방향 철근의 양쪽으로 순간격이 150 mm 이상 떨어지지 않아야 한다(그림 9.27 참고). 1층 D35 철근이 배치된 장변에 대해서 축방향 철근의 순간격 계산 : 표피에서 철근 중심까지의 폭 = 40 + 12.7 + 34.9/2 = 70.15 (mm)

$[500-2(70.15)-2(34.9)]/2=145\,(\text{mm})$ < 150 mm <o.k.>

종방향 철근의 순간격이 < 150 mm 이므로 그림 9.39와 같이 하나 건너 띠철근의 모서리로 횡지지하면 된다(그림 9.26 및 9.27 참고).

⑥ **이음 길이 결정** : 모든 축방향 철근이 $f_s < 0$ 이므로 압축이음을 하면 된다.

구조기준 8.6.3(2)(ACI 12.16.2) 서로 다른 크기의 철근을 압축이음할 때 크기가 큰 철근의 압축정착길이와 크기가 작은 철근의 겹침이음길이 중 큰 값 이상이어야 하므로,

큰 철근 압축 정착길이 계산 :

식 (6.12) : $l_{dc}=(0.25f_y/\lambda\sqrt{f_{ck}})\,d_b=(0.25\times400/(1.0\sqrt{27})=\underline{19.2\,d_b}$

$> \ 0.043f_y\,d_b=0.043(400)\,d_b=17.2\,d_b$ <o.k.>

작은 철근 압축 겹침이음 길이, 식 (6.21) : $0.072f_y=0.072(400)=\underline{28.8}$ ← 지배

$1.4f_y/\lambda\sqrt{f_{ck}}-52=1.4(400)/(1.0\sqrt{27})-52=107.8-52=55.8$

$l_s=\left[1.4f_y/(\lambda\sqrt{f_{ck}})-52\le 0.072f_y\right]d_b=(55.8\le 28.8)d_b=\underline{28.8\,d_b}$

(a) 2층 : 축방향 철근 6-D25 ; 띠철근 D10 @ 400 mm

큰 철근 D35 : $l_{dc}=19.2\,d_b=19.2(34.9)=672\,(\text{mm})$

작은 철근 D25 : $l_s=28.8\,d_b=28.8(25.4)=\underline{732\,(\text{mm})}$ < 740 mm 배치

(b) 3층 : 축방향 철근 4-D22 ; 띠철근 D10 @ 355 mm

큰 철근 D25 : $l_{dc}=19.2\,d_b=19.2(25.4)=488\,(\text{mm})$

작은 철근 D22 : $l_s=28.8\,d_b=28.8(22.2)=\underline{639\,(\text{mm})}$ < 640 mm 배치

⑦ **기초 설계** : 그림 9.39와 같이 독립기초를 배치한다고 보아 설계한다.

ⓐ 기둥의 지압강도 설계 (구조기준 6.8, ACI 10.14) :

재하면적 $A_1=bh=400\times500=200{,}000\,(\text{mm}^2)$

기둥의 설계지압강도 : $\phi(0.85f_{ck}A_1)=0.65(0.85\times27\times200{,}000)/1{,}000=2{,}984\,(\text{kN})$

소요축하중 = 계수축하중 - 설계지압강도

$P_{u\,(소요)}=P_u-\phi(0.85f_{ck}A_1)=3{,}758-2{,}984=774\,(\text{kN})$

ⓑ 기초의 지압강도 설계(그림 11.16 참고) : 기초의 깊이(250/2 = 125 mm 이상)와 크기(800 mm x 1,000 mm 이상)가 되어 $A_2=4A_1$ 를 만족하여 $\sqrt{A_2/A_1}=2$ 가 된다고 가정한다.

기초 설계지압강도 : $2,984(2) = 5,968\ (\mathrm{kN}) \ > P_u = 3,758\ (\mathrm{kN})$ <o.k.>

ⓒ 다월 철근 설계 : 최소철근 단면적 - 구조기준 12.4.2(2)(ACI 15.8.2.1) 현장치기 기둥과 주각에서 접촉면 사이의 최소철근 단면적은 0.005Ag 이상이어야 하므로,

$$A_{s\ (\min)} = 0.005A_g = 0.005(200,000) = 1,000\ (\mathrm{mm}^2)$$

소요 다월 철근 단면적

$A_{s(소요)} = P_{u(소요)}/f_y =$ 774x1,000/400 = 1,935 (mm2) > $A_{s(\min)} =$ 1,000 mm^2 <o.k.>

$\therefore A_{s\ (배치)} = 6 - D22 = 2,322\ \mathrm{mm}^2 > \ A_{s(소요)} = 1,935\ \mathrm{mm}^2$ <o.k.>

다월로 양면에 3개씩 6-D22 철근을 배치하도록 한다.

다월 D22 철근의 매립깊이 계산 : $l_{db} = 19.2\,d_b = 19.2(22.2) = 426\ (\mathrm{mm})$

표 6.4의 보정계수를 곱해주면,

$\therefore l_{dc} = l_{db}\left[A_{s(소요)}/A_{s(배근)}\right] = 426(1,935/2,322) = 426(0.83) = 354\ (\mathrm{mm}) <$ <u>360 mm 배치</u>

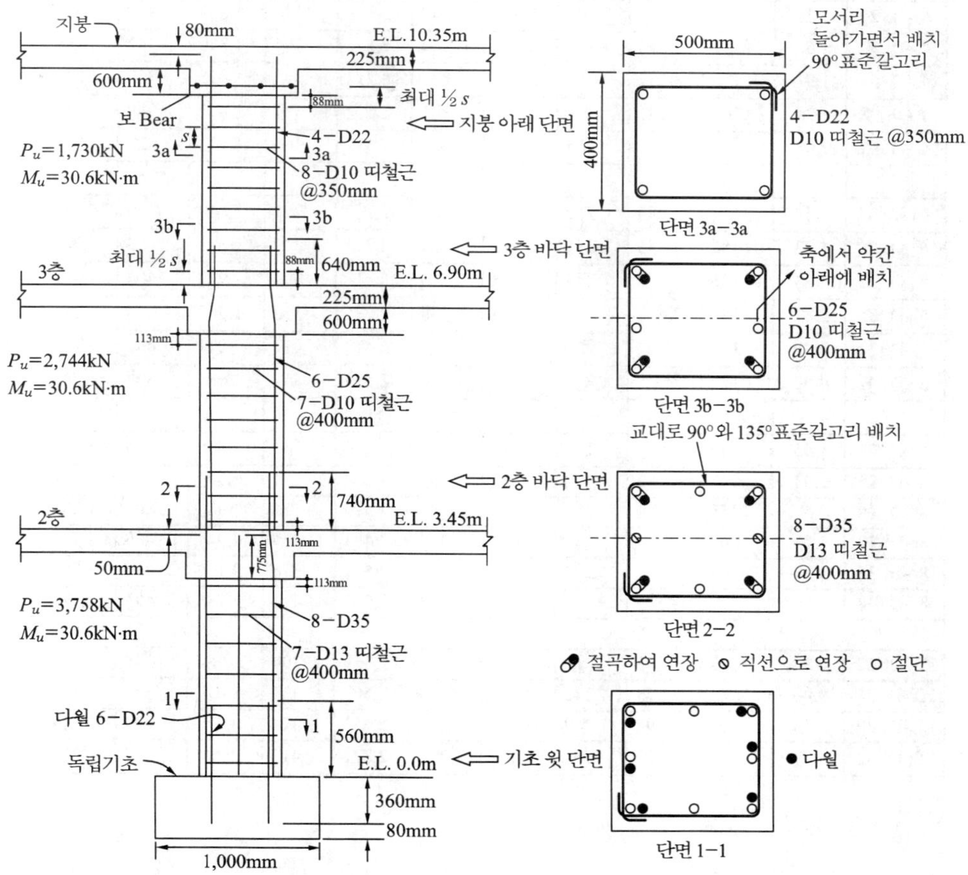

그림 9.39 기둥설계의 겹침이음과 절단 상세 (그림 9.27 참고)

D22 다월과 D35 축방향 철근의 이음길이 계산 :

큰 철근 D35 : $l_{db} = 19.2\,d_b = 19.2(34.9) = \underline{672\ (\mathrm{mm})}$

작은 철근 D22 : $l_s = 28.8\,d_b = 28.8(22.2) = 639\ (\mathrm{mm})$

보정계수 0.83을 곱해주면, $\therefore\ l_{dc} = (0.83)672 = 558\ (\mathrm{mm}) < \underline{560\ \mathrm{mm}\ 배치}$를 한다.

⑧ 최종설계 : 400 mm × 500 mm 직사각형 기둥에 그림 9.39와 같이 축방향 철근과 띠철근을 배치한다.

표 9.8 400 mm × 500 mm **직사각형 띠철근 단주의 설계표**

직사각형 띠철근 단주 : 400 mm x 500 mm														
4,8,12 개 철근은 4면에 대칭으로 배치 ; 6개인 경우 3개씩 양면에 배치														
					fck =	27	MPa	fy =	400	MPa	φMn (kN.m)		φPn (kN)	
		Max cap		0% fy		25% fy		50% fy		100% fy		ε_t = 0.005		(P=0)
		φ = 0.65										φ=0.85		
철근	ρ_g	φMn	φPn	φMn	φPn	φMn	φPn	φMn	φPn	φMn	φPn	φMn	φPn	φMn
4 -D 29	1.28	146	2,891	202	2,527	247	2,128	274	1,807	305	1,308	347	1,022	178
4 -D 32	1.59	151	3,010	216	2,593	264	2,175	294	1,836	332	1,299	379	995	216
4 -D 35	1.91	156	3,137	231	2,649	281	2,213	314	1,855	357	1,280	403	932	253
4 -D 38	2.28	161	3,281	247	2,731	301	2,272	337	1,891	389	1,269	439	889	296
4 -D 41	2.68	167	3,437	265	2,821	322	2,337	363	1,931	422	1,258	476	838	343
6 -D 25	1.52	151	2,983	212	2,593	261	2,177	291	1,840	329	1,310	378	1,024	209
6 -D 29	1.93	158	3,143	231	2,685	284	2,243	319	1,881	365	1,299	422	991	260
6 -D 32	2.38	166	3,321	252	2,788	310	2,318	349	1,927	406	1,287	471	952	316
6 -D 35	2.87	172	3,512	273	2,884	335	2,386	378	1,965	444	1,265	508	864	370
6 -D 38	3.42	180	3,728	297	3,010	364	2,478	414	2,023	491	1,252	561	801	434
6 -D 41	4.02	189	3,963	323	3,149	396	2,579	451	2,085	542	1,238	617	726	502
8 -D 22	1.55	142	2,994	195	2,632	240	2,209	266	1,866	296	1,335	338	845	213
8 -D 25	2.03	148	3,182	212	2,747	261	2,294	291	1,919	329	1,329	378	753	273
8 -D 29	2.57	155	3,394	231	2,879	284	2,390	319	1,980	365	1,321	422	645	338
8 -D 32	3.18	163	3,633	252	3,027	310	2,498	349	2,048	406	1,312	471	519	409
8 -D 35	3.83	169	3,887	273	3,167	335	2,597	378	2,104	444	1,288	508	327	477
8 -D 38	4.56	178	4,175	297	3,346	364	2,727	414	2,186	491	1,276	561	153	550
12 -D 22	2.32	153	3,298	218	2,845	269	2,369	300	1,984	341	1,334	398	719	309
12 -D 25	3.04	163	3,579	242	3,026	299	2,502	335	2,072	387	1,325	456	584	386
12 -D 29	3.85	174	3,898	269	3,231	331	2,653	374	2,172	439	1,315	519	426	469
12 -D 32	4.77	186	4,255	298	3,462	368	2,821	417	2,284	497	1,302	588	242	560

9.7 장주의 설계(Design of Long or Slender Column)

기둥의 설계는 근본적으로 계수 축하중 P_u와 **장주효과(slenderness effect**, secondary moment)를 고려하여 구한 계수 휨모멘트 M_u가 연합하여 작용할 때 이를 지지할 수 있도록 적절한 기둥 단면(cross section)과 보강철근(reinforcement)을 선택하는 일이다. 9.2장에서 다룬바와 같이 기둥의 세장(slenderness)한 정도는 **세장비(slenderness ratio)** kl_u/r로 표현된다. 여기에서 k는 기둥의 지지점의 회전이나 횡방향 변위를 구속하는 정도에 따라 변하는 **유효길이계수(effective length factor)**, l_u는 비지지 기둥의 길이(unsupported column length), $r=\sqrt{I/A}$는 기둥 단면의 **회전반경(radius of gyration of the column cross-section)**이다. 일반적으로 단면의 크기에 비해서 길이가 길게 되면 **장주(slender column)**가 된다[9.14].

설계에서 휨과 축력을 고려한 해석으로부터 구한 힘과 모멘트 강도와 이 힘과 모멘트에 대해서 기둥의 단면에 대해서 계산으로 구한 강도가 같은 기둥을 **단주(short column)**라고 하고, 이에 비해서 2차 변형(2차 모멘트)으로 인해서 강도가 감소하는 기둥을 **장주(slender column)**라고 한다. 이러한 정의에 의해서 규정된 세장비 이하인 경우에는 단주로 설계되고 이 값을 초과하는 경우에는 장주로 설계된다[식 (9.10) 및 식 (9.11) 참고]. 사용되는 콘크리트와 보강철근이 고강도일 뿐만 아니라 해석 방법이나 설계방법이 더욱 더 정확해져 점차 단면이 작아져서 기둥은 자꾸 가늘게 된다. 따라서 장주의 설계에 있어서 좀더 신뢰성있고 합리적인 설계절차가 필요한 상황이다.

그림 9.40은 철근콘크리트 기둥의 **축하중-모멘트 상관도(P-M 상관도)**를 보여주고 있다. 이 상관도는 기둥의 길이가 매우 짧은 단주에서 기둥의 단면이 파괴되는데 요구되는 축하중과 휨모멘트의 조합을 보여주고 있다. 식 (9.1)에서 기둥의 길이가 짧거나 휨강성이 강해서 추가적인 횡변위 Δ가 매우 작고 미미하다면 모든 하중의 단계에서 $M=Pe$가 되어, $P-M$ 진행진로가 그림 9.41에서 선형인 OA로 표시된다. 따라서 단주에서 하중이 증가하여 상관곡선을 만나게 되면 재료에 의한 파괴가 일어날 것이다[13]. 이에 비해서 만약에 기둥이 장주라면 최대모멘트는 $M_i=P(e+\Delta)$가 되고 축하중이 증가함에 따라 Δ는 더 빨리 증가하게 되므로 $P-M$ 진행진로는 곡선으로 나타나게 된다. 이때 부재의 유효세장비 kl_u/r에 따라 2 종류의 거동이 일어날 수 있다. 먼저, kl_u/r이 상대적으로 작아서 횡변위 Δ_1이 일어나지만 기둥은 좌굴이 일어나지 않고 안정되어 그림 9.41에서 OB 선분으로 표시되는 것과 같이 상관곡선을 만나면서 종래에는 단면의

13) 단주의 파괴 : 모멘트와 축력의 조합이 단면의 강도를 초과하여 파괴가 일어나고, 이런 파괴를 **재료파괴(material failure)**라고 한다.

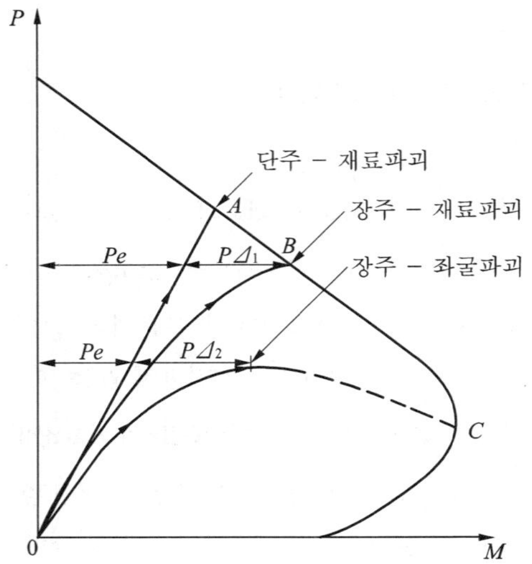

그림 9.40 철근콘크리트의 단주와 장주의 파괴거동을 보여주는 P-M 상관도[9.10]

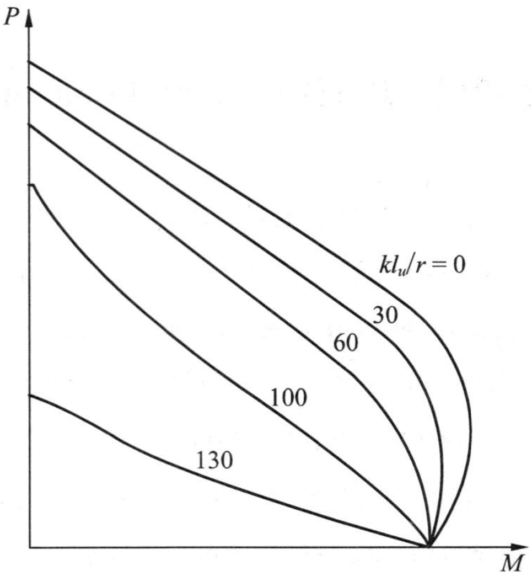

그림 9.41 장주의 세장비와 상관도의 관계

재료파괴가 일어나는 경우이다. 이런 종류의 파괴는 일반적으로 건축물의 **횡구속 기둥(braced against sway column)**에서 일어난다. 횡변위가 일어나서 최대모멘트는 증가하기 때문에 축하중 강도는 A에서 B로 감소하게 된다. 두 번째로 기둥이 상당히 가늘고 길어서(즉, 부재의 유효세장비 kl_u/r가 상대적으로 더 클 때) 상관곡선을 만나기 전에 좌굴이 일어나며(그림 9.7 참고), 그림 9.40에서는 OC의 선분으로 표시될 수 있다. 이런 불안정한 좌굴파괴는 **비횡구속 기둥(unbraced column)**에서 일어날 수 있다.

따라서 세장비의 영향과 확대모멘트를 전형적인 상관곡선에 그리기 위해서 세장비를 변화시켜 가면서 장주의 상관곡선을 그리면, 그림 9.41과 같이 되며, 여기에서 $kl_u/r = 0$ 곡선은 부재의 축강도와 휨모멘트 강도가 기둥의 세장비에 의해서 영향을 받지 않는 단주의 경우가 된다. 이런 상관도는 여러 종류의 하중조건에서 세장비가 얼마나 기둥의 강도를 감소시키는지 잘 보여주고 있다.

세장효과의 고려(Consideration of Slenderness Effect) (**구조기준** 6.5.1, ACI 10.10.1)[9.14]

ACI 318-08 해설 R10.10.1[9.3]에서는 근래 실무에서 압축부재의 2차 영향(second-order effect)을 대부분 컴퓨터 프로그램(computer analysis technique)에 의해서 다루는 사실에 근거하여 2008년 ACI 318을 재편성하면서, 대부분의 구조물에서 2차 영향이 무시할 정도로 작아서 **세장효과(slenderness effect)**를 고려할 필요가 없고, 따라서 압축부재는 1차 해석(first-order analysis)으로 구한 하중을 근거로 설계하면 된다고 언급하고 있다.

9.3장에서 다룬바와 같이 세장한계(slenderness limts)는 **횡구속 압축부재(compression members braced against sidesway)** 와 **비횡구속 압축부재(compression members not braced against sidesway)**에 대해서 각각 규정하고 있다[식 (9.10)과 (9.11) 참고]. 주어진 세장한계의 하한한계인 경우에는 2차 모멘트는 무시하고 축하중과 1차 모멘트(1차 해석)에 대해서 기둥(단주 설계)을 설계하면 된다. 횡구속 압축부재에서 90% 이상의 기둥이 장주효과를 고려할 필요가 없고, 비횡구속 압축부재에서 대략 40% 정도의 기둥이 장주효과를 무시해도 되는 상황이 된다. 구조기준 2012에서는 장주효과를 고려하기 위해서 다음과 같은 3가지 방법을 제시하고 있다.

1. **비선형 2차 해석(nonlinear second-order analysis)**(구조기준 6.5.3, ACI 10.10.3) : 이 해석에서는 재료의 비선형성, 균열, 부재곡률, 횡방향 변위, 재하기간, 건조수축과 크리프, 지지 기초와의 상호작용 등을 고려하여야 한다.
2. **탄성 2차 해석(elastic second-order analysis)**(구조기준 6.5.4, ACI 10.10.4) : 이 해석에서는 축력의 영향, 부재 길이에 걸쳐 있는 균열 구역, 하중 지속효과 등을 고려하여 계산된 부재의 단면 특성을 사용하여야 한다.
3. **확대휨모멘트 방법(moment magnification procedure)**(구조기준 6.5.5~6.5.7, ACI 10.10.5) : 구조기준에서는 모멘트 확대를 통하여 세장효과를 다루는 근사해법을 적용할 수 있도록 하고 있다. 이 방법에서 1차 해석에서 구한 모멘트에 2차 영향을 고려할 수 있는 모멘트 확대계수(moment magnifier)를 곱하도록 하고 있다. 모멘트 확대계수는 기둥의 계수축하중 P_u와 임계좌굴하중 P_c의 함수이다.

구조기준 6.5.2(2)(ACI 10.10.2.1)에서는 압축부재(compression members), 구속 보(restrained beams), 기타지지 부재(other structural members)는 2차 효과(second-order effect)를 포함한 확대휨모멘트가 탄성 1차 해석에 의한 휨모멘트의 1.4배를 초과하지 않아야 된다고 규정하고 있다. 이 규정은 2007 구조기준 6.5.2(6)에서 골조 구조에서 각 압축부재의 세장비 $kl_u/r > 100$ 인 경우에 축력과 휨모멘트를 계산하는데 비선형 2차 해석으로 하여야 한다는 안정성 검토(stability check) 규정을 대체하는 조항으로, 계수 중력하중(factored gravity loads)이 작용할 때 구조물 전체로서 가로흔들이(횡이동 변위) 불안정(sidesway instability)이 일어나지 않도록 방지하는 규정이다[9.14, 9.3]. 구조기준 6.5.1(ACI 10.10.1)의 비횡구속 골조와 횡구속 골조의 세장비 한계는 그림 9.42에 정리되어있다[식 (9.10) 및 식 (9.11) 참고].

비선형 2차 해석(Nonlinear Second-order Analysis) (구조기준 6.5.3, ACI 10.10.3)[9.14, 9.15]

비선형 2차 해석에서는 재료의 비선형성, 균열, 부재곡률, 횡방향 변위, 재하기간, 건조수축과 크

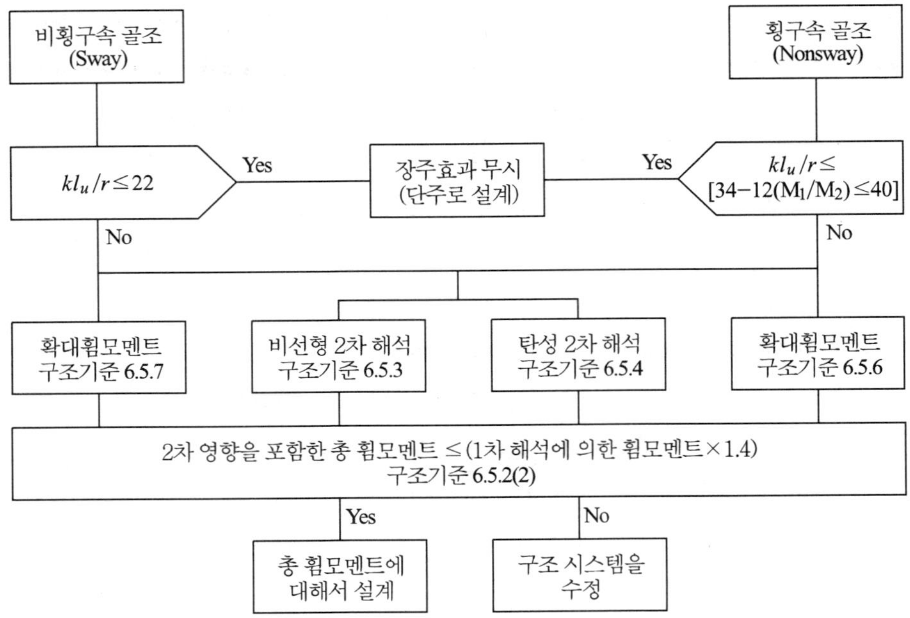

그림 9.42 현행 구조기준의 장주와 단주의 구분과 장주에 대한 근사해법의 적용범위[9.14]
(단, $|M_1| < |M_2|$)

리프, 지지 기초와의 상호작용 등을 고려하여야 한다. 비선형 2차 해석의 과정은 참고문헌 9.7 및 9.16에 제시되어 있다.

구조기준 6.5.3(2)(ACI 10.10.3)에서는 "장주효과에 대한 비선형 2차 해석은 부정정 콘크리트 구조물의 기둥에 대한 강도실험 결과와 유사한 결과를 예측하는 해석 방법을 사용하여야 한다"고 규정하고 있다. 이 내용은 부정정 철근콘크리트 구조물에 대한 광범위한 실험 결과와 강도의 예측에 있어서 상당히 근접한 결과를 주는 비선형 2차 해석방법을 사용하여야 한다는 것을 설명하는 것이다. ACI R10.10.3 해설에서는 비선형 2차 해석 절차는 부정정 철근콘크리트 구조물의 실험결과와 적어도 15% 이내의 결과를 주는 절차에 따라 해석하여야 한다고 제시하고 있다. 또한 실험은 최소한도로 고려한다고 하여도 평면의 횡구속 골조와 비횡구속 골조 그리고 기둥의 강성이 다양하게 변하는 골조에 대한 실험의 결과와 비교하여야 한다고 제안하고 있다.

■ 탄성 2차 해석(Elastic Second-order Analysis) (구조기준 6.5.4, ACI 10.10.4)[9.14, 9.15]

탄성 2차 해석에서는 표 9.1에서 제시하는 축력의 영향, 부재 길이에 걸쳐 있는 균열 구역, 하중지속효과 등을 고려하여 계산된 부재의 단면 특성을 사용하여야 한다. 표 9.1의 (4)에는 횡방향 지속하중(빌딩 양 측면에 작용하는 크기가 다른 토압 등의 하중)이 작용할 경우에 표 9.1의 단면2차모멘트에 $(1+\beta_{ds})$로 나누어야 한다고 규정하고, 지속하중효과를 고려하는 계수 β_{ds}는 1개 층 전체의 (최대 계수지속전단력) / (최대 계수전단력)의 비로서, $\beta_{ds} \leq 1.0$ 이하의 값(구조기준 6.5.4(3), ACI 10.10.4.2)을 사용하여야 한다고 규정하고 있다.

횡구속 골조 압축부재의 확대휨모멘트(Magnification of Moment in Nonsway Braced Frames) (구조기준 6.5.6, ACI 10.10.6)[9.1]

횡구속이 되어있는 압축부재에서 부재의 중앙부분에 횡방향 하중은 작용하지 않고 기둥의 끝단에 서로 크기가 다른 모멘트만 작용할 때 기둥에 발생하는 최대모멘트는 2차 모멘트(secondary moment)의 크기에 따라 좌우되게 된다. 만약 2차 모멘트의 크기가 작으면 최대모멘트는 한쪽 단부에서 나타나게 된다(그림 9.43b와 e 참고). 반면에 2차 모멘트의 크기가 크게 되면 단일곡률이나(그림 9.43a), 복곡률일 때(그림 9.43d) 최대모멘트는 단부의 사이에서 일어나게 된다(그림 9.43c와 f 참고). 이러한 경우에는 최대 단부모멘트 M_2에 등가 휨모멘트 보정계수(equivalent-moment correction factor) C_m을 곱해서 확대모멘트를 구해야 한다(그림 9.44 참고). 이 C_m은 그림 9.44에서와 같이 M_2를 1차와 2차 모멘트의 합인 등가의 휨모멘트 M_c로 바꾸는 역할을 하게 된다. M_2에 **수정확대계수(modified magnification factor)** δ_{ns}를 곱해서, 확대계수모멘트 M_c를 구하는 절차는 다음과 같다.

$$M_c = \delta_{ns} M_2 \tag{9.28}$$

식 (9.28)의 계수모멘트 M_2는 각 주축에 대해서 다음 값 이상으로 하여야 한다고 구조기준 6.5.6(7)(ACI 10.10.6.5)에서 규정하여 장주에 대한 최소편심규정을 제시하였다.

$$M_{2(\min)} = P_u e_{(\min)} = P_u(15 + 0.03h) \tag{9.29}$$

여기에서 h의 단위는 mm이다. $M_{2(\min)}$이 M_2보다 큰 부재에 대해서 식 (9.33)의 C_m 값은 1.0으로 취하거나, 계산된 단부 휨모멘트 M_1과 M_2의 비를 이용해서 구하여야 한다.

수정확대계수(modified magnification factor) δ_{ns}는 다음과 같이 정의되었다.

$$\delta_{ns} = \frac{C_m}{1 - P_u/0.75P_c} \geq 1.0 \tag{9.30}$$

여기에서 P_u는 주어진 편심에서의 계수축력이고, Euler의 좌굴하중인 P_c는 아래와 같이 표현된다.

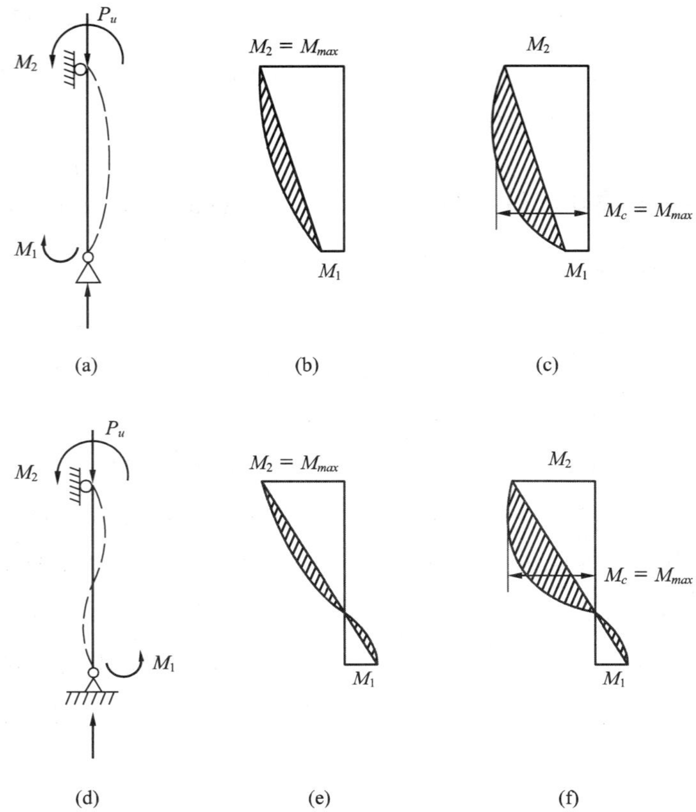

그림 9.43 비대칭 단모멘트가 작용하는 구속된 기둥에서 최대 휨모멘트가 발생하는 위치에 대한 2차 모멘트의 영향 :
(a) 단일곡률 휨, (b) 2차 모멘트가 작은 경우, (c) 2차 모멘트가 큰 경우,
(d) 복곡률의 경우, (e) 2차 모멘트가 작은 경우, (f) 2차 모멘트가 큰 경우

$$P_c = \frac{\pi^2 EI}{(k l_u)^2} \tag{9.6}$$

식 (9.6)에서 유효길이계수 k는 그림 9.13의 직선연결도표를 이용해서 구하거나 안전 측으로 1.0으로 볼 수 있다.

식 (9.6)에서 EI는 균열과 크리프 등을 고려해서 구조기준 6.5.6(3)(ACI 10.10.6.1)에서는 다음 2식 중에서 하나의 식을 이용하여 계산하도록 제안하고 있다.

$$EI = \frac{(0.2\,E_c I_g + E_s I_{se})}{1 + \beta_{dns}} \tag{9.31a}$$

$$EI = \frac{0.4\,E_c I_g}{1 + \beta_{dns}} \tag{9.31b}$$

여기서, $\beta_{dns}=$ (축방향 계수 지속하중(고정하중)에 의한 최대 계수축력) / (전체 계수축하중에 의한 최대 계수축력) (표 9.1 참고), $\beta_{dns} \leq 1.0$ 이하이어야 한다. $I_{se}=$ 부재단면의 중심축에 대한 철근의 단면 2차 모멘트 ; $I_g=$ 철근을 무시한 콘크리트 전체 단면의 중심축에 대한 단면 2차 모멘트이다.

식 (9.31b)는 식 (9.31a)를 간략화한 식으로 현행 구조기준의 해설에서는 이 식을 $\beta_{dns}=0.6$ 으로 가정하여 다음과 같이 더 간편화된 식을 제시하고 있다[9.6].

$$EI = 0.25E_cI_g \tag{9.32}$$

철근의 강성 E_sI_{se} 가 생략된 식 (9.31b)나 식 (9.32)는 보강철근이 상대적으로 작게 배치된 기둥의 계산에 적당하고, 생략되지 않은 식 (9.31a)는 보강철근이 많이 배치된 부재의 계산에 적당하다[9.1].

식 (9.30)의 **등가 휨모멘트 보정계수(equivalent-moment correction factor)** C_m 은 기둥의 양단 사이에 횡방향 하중이 작용하지 않는 부재인 경우에 다음 식으로 계산할 수 있다.

$$C_m = 0.6 + 0.4\frac{M_1}{M_2} \tag{9.33}$$

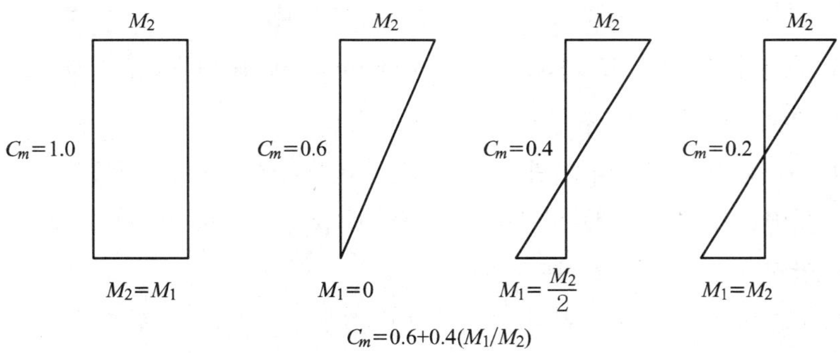

그림 9.44 등가 휨모멘트 보정계수 C_m [9.14]

여기에서 M_1 은 압축부재의 단부 계수휨모멘트 중 작은 값으로, 단일곡률로 휜 경우에는 양(+), 복곡률로 휜 경우에는 음(-)의 부호를 갖고, M_2 는 단부 계수휨모멘트 중 큰 값으로 항상 양(+)의 부호를 갖는다. 기둥의 양단 사이에 횡하중이 작용해서 최대 휨모멘트가 부재의 단부가 아니라 부재의 중간부분에서 발생하는 경우에 $C_m=1.0$ 으로 취하고, 식 (9.28)에서 M_2에 이 최대 휨모멘트로 대체하여야 한다(그림 9.44 참고).

1) 구조기준에 의한 횡구속 된 장주의 설계 과정(Summary of Design Procedure for Braced Slender Column)[9.14]

① 1.10장에 의해 계수하중조합(factored load combination)의 결정 (구조기준 3.3.2, ACI 9.2)
구조기준 3.3.2(2) 작은 활하중에 대한 하중계수를 적용할 수 있는지 검토하여 활하중 L의 하중계수를 0.5로 적용한다.
기둥 상부와 하부의 계수 모멘트 $M_{u(상부)}$와 $M_{u(하부)}$는 부재의 균열단면을 고려하여 1차 골조 해석(first-order frame analysis)에 의해서 구한다.

② 각각의 하중조합에 대해서 M_c를 결정한다. 여기에서 M_c는 만약에 세장효과를 고려해야 된다면 이를 포함한 가장 큰 기둥의 계수단모멘트(factored column end moment)이다. M_c는 다음의 방법에 의해서 구할 수 있다.

a. **비선형 2차 해석**(nonlinear second-order analysis, $P\Delta$ analysis)(구조기준 6.5.3, ACI 10.10.3)
b. **탄성 2차 해석**(elastic second-order analysis)(구조기준 6.5.4, ACI 10.10.4)
c. **확대휨모멘트 방법**(magnified moment method)(구조기준 6.5.5~6.5.7, ACI 10.10.5~10.10.6)

③ 확대휨모멘트 방법(구조기준 6.5.5~6.5.7, ACI 10.10.5~10.10.6)

1. 기둥의 비지지길이 l_u 결정 (그림 9.15 참고)
2. 부재의 휨강성 EI 계산, 식 (9.31a 나 b) 및 (9.32) 이용 ; 간략식으로 $\beta_{dns} = 0.6$ 으로 계산
3. 유효길이계수 k 결정 (그림 9.13 이용)
4. 횡구속이 되었는지 판단 : (1) 그림 9.10과 같이 육안검토(9.2장 참고) ; (2) 2차 해석의 휨모멘트가 1차 해석보다 5%를 초과하지 않는 경우에 횡구속으로 판단 ; (3) 식 (9.8)의 층 안정성 지수 Q 로 판단
5. 회전반경 r 결정 : 직사각형 단면인 경우 $r = 0.3h$; 원형단면 $r = 0.25h$; 임의의 단면 $r = \sqrt{I_g/A_g}$ (그림 9.16 참고)
6. 장주영향을 고려해야 하는지 검토 : 식 (9.11) 및 그림 9.42 참고
식 (9.11) : $34 - 12(M_1/M_2) < (kl_u/r)$이면 구조기준의 확대휨모멘트를 사용해서 장주로 설계 ; $M_1/M_2 \geq -0.5$; 단일곡률일 때 M_1/M_2의 부호 양(+), 복곡률일 때 부호 음(-)
7. Euler의 좌굴하중 P_c 결정 : $P_c = \pi^2 EI/(kl_u)^2$ [식 (9.6)]
8. 등가 휨모멘트 보정계수(equivalent-moment correction factor) C_m 계산 :

횡방향 하중이 없는 경우 : $C_m = 0.6 + 0.4 M_1 / M_2$; $|M_1| < |M_2|$ [식 (9.33)] ; 기둥의 양단 사이에 횡하중이 있는 경우 : $C_m = 1.0$

9. 수정된 모멘트 확대계수 δ_{ns} 계산 : $\delta_{ns} = \dfrac{C_m}{1 - P_u / 0.75 P_c} \geq 1.0$ [식 (9.30)]

10. 확대 계수모멘트 M_c 계산 : $M_c = \delta_{ns} M_2$ [식 (9.28)]

    최소편심규정 : 계수모멘트 M_2는 각 주축에 대해서 다음 값 이상으로 하여야 한다.

    $M_{2\,(\min)} = P_u (15 + 0.03 h)$ [식 (9.29)] ; 여기에서 h의 단위는 mm이다.

    이때, 만약 $M_{2\,(\min)} > M_2$ 이면, 즉, $M_{2\,(\min)}$값이 지배하게 되면, (1) C_m을 1.0로 하거나, 즉, $M_1 / M_2 = 1$; (2) 계산된 단부모멘트 M_1 / M_2를 이용하여 구하여야 한다.

④ 확대휨모멘트의 크기 검토(구조기준 6.5.2(2), ACI 10.10.2.1) : $M_c > 1.4 M_2$ 이면 기둥의 단면이나 구조시스템을 조종하여야 한다. $M_c \leq 1.4 M_2$ 를 만족하면 설계표를 이용하여 설계

예제 9.9 횡구속 골조의 띠철근 기둥 설계[9.1]

그림 9.45의 띠철근 기둥은 횡구속(braced frame) 되어 있다. 그림에 표시되어있는 계수모멘트는 $y-y$축에 대한 값으로 휨을 고려한 $y-y$축에 대한 유효길이계수 k는 0.9이다. $y-y$축에 대해서 계수하중을 지지하기 위해서 필요한 축방향 철근과 띠철근을 설계하라. 단, $f_{ck}=$ 27 MPa, $f_y=$ 400 MPa, $\beta_{dns}=$ 0.6 (지속하중/전체계수 하중 비)이다. 콘크리트의 단위질량 $\rho_c=$ 2,300 kg/m^{3}인 보통중량 골재를 사용하였다. 단면 가정은 기초설계에서 제시한 400 mm x 500 mm로 시작한다.

풀이

① 단주인지 장주인지 판별 :

$y-y$축에 대한 휨 : 복곡률이기 때문에 M_1 / M_2의 부호는 음(-)이다.

$$\left(\frac{k l_u}{r} = \frac{0.9 \times 7{,}000}{0.3 \times 500} = 42.0\right) > \left[34 - 12\frac{M_1}{M_2} = 34 - 12\left(-\frac{25.7}{155}\right) = 36.0 \leq 40\right]$$

따라서 $y-y$축에 대해서 기둥은 장주이고, 설계에서 2차 모멘트를 간주해야 한다.

② M_2가 구조기준 6.5.6(7)에서 제시한 최소편심을 만족하는지 검토 [식 (9.29)] :

$$M_{2\,(\min)} = P_u (15 + 0.03 h) = (2{,}780)(15 + 0.03 \times 500)/1{,}000 = 83.4 \text{ (kN} \cdot \text{m)}$$

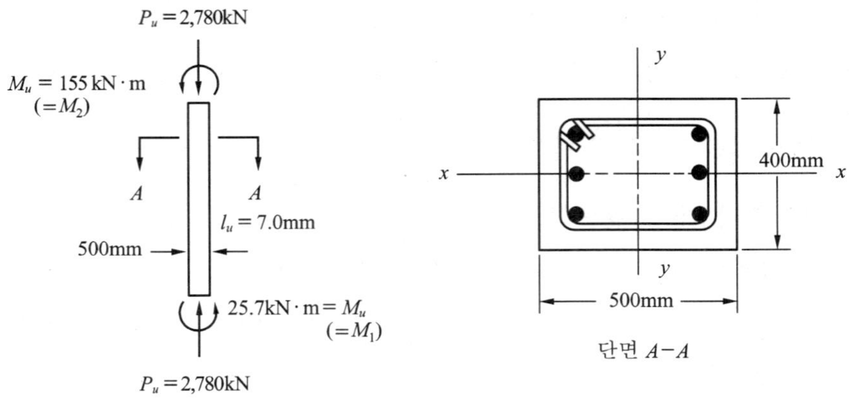

그림 9.45

$< M_2 = 155$ kN · m

$\therefore M_2 = 155$ kN · m 로 설계하면 된다.

③ 확대계수모멘트 $M_c = \delta_{ns} M_2$ 계산 : $\delta_{ns} = \dfrac{C_m}{1 - P_u/0.75 P_c} \geq 1.0$

(a) 식 (2.4b) 이용 E_c 및 I_g 계산 : $f_{cu} = f_{ck} + 4 = 27 + 4 = 31$ (MPa)

보통중량골재 사용 : $E_c = 8{,}500 \sqrt[3]{31} = 26.7 \times 10^3$ (MPa)

$I_g = 400(500^3)/12 = 4{,}167 \times 10^6$ (mm^4)

(b) EI계산 : $\beta_{dns} = 0.6$ 이므로,

식 (9.31b) : $EI = \dfrac{0.4 E_c I_g}{1 + \beta_{dns}} = \dfrac{0.4(26.7 \times 10^3)(4{,}167 \times 10^6)}{1 + 0.6} = 27.81 \times 10^{12}$ (N · mm^2)

(c) $(kl_u)^2$ 계산 : $(kl_u)^2 = (0.9 \times 7{,}000)^2 = 39{,}690 \times 10^3$ (mm^2)

(d) Euler의 좌굴하중 P_c 계산 : $P_c = \dfrac{\pi^2 EI}{(kl_u)^2} = \dfrac{\pi^2 (27.81 \times 10^{12})}{39{,}690 \times 10^3} \times 10^{-3} = 6{,}915$ (kN)

(e) 등가 휨모멘트 보정계수 C_m 계산 :

식 (9.33) : $C_m = 0.6 + 0.4 \dfrac{M_1}{M_2} = 0.6 + 0.4\left(-\dfrac{25.7}{155}\right) = 0.534$ <o.k.>

(f) 수정확대계수 δ_{ns} 계산 : 식 (9.30)

$\delta_{ns} = \dfrac{C_m}{1 - P_u/0.75 P_c} = \dfrac{0.534}{1 - 2{,}780/(0.75 \times 6{,}915)} = 1.15 > 1.0$ <o.k.>

$\delta_{ns} = 1.15$ 으로 설계

(g) 등가의 휨모멘트 M_c 계산 : 식 (9.28) : $\therefore M_c = \delta_{ns} M_2 = 1.15(155) = 178.3$ (kN · m)

④ 확대휨모멘트의 크기 검토(구조기준 6.5.2(2), ACI 10.10.2.1) :

$M_c = 178.3\ \text{kN}\cdot\text{m} < 1.4M_2 = 1.4(155) = 217\ (\text{kN}\cdot\text{m})$ <o.k.>

만족하므로 기둥의 단면이나 구조시스템(structural system)을 조종할 필요는 없다.

설계표를 이용하여 설계한다.

⑤ 표 9.8을 이용하여 설계 : $(M_u,\ P_u) =$ (178.3 kN · m, 2,780 kN)에 대해서 설계

표 9.8에서 $\phi P_n = 2,780\ \text{kN}$ 일 때를 읽으면서 철근비가 가장 작은 배치부터 검토하면,

(a) 4-D29, $\rho_g = 1.28\ \%$: 최대 (146 kN · m, 2,891 kN) ; 0% fy (202 kN · m, 2,527 kN)

$\phi P_n =$ 2,780 kN일 때의 ϕM_n을 구하면, 기울기 : (202 - 146) / (2,891 - 2,527) = 0.154

$\phi M_n =$ 146 + 0.154 (2,891 - 2,780) = 163.1 (kN · m) < $M_u =$ 178.3 kN · m <N.G.>

(b) 4-D38, $\rho_g = 2.28\ \%$: 최대 (161 kN · m, 3,281 kN) ; 0% fy (247 kN · m, 2,731 kN)

$\phi P_n =$ 2,780 kN일 때의 ϕM_n을 구하면, 기울기 : (247 - 161) / (3,281 - 2,731) = 0.156

$\phi M_n =$ 161 + 0.156 (3,281 - 2,780) = 239.3 (kN · m) > $M_u =$ 178.3 kN · m <o.k.>

(c) 6-D25, $\rho_g = 1.52\ \%$: 최대 (151 kN · m, 2,983 kN) ; 0% fy (212 kN · m, 2,593 kN)

$\phi P_n =$ 2,780 kN일 때의 ϕM_n을 구하면, 기울기 : (212 - 151) / (2,983 - 2,593) = 0.156

$\phi M_n =$ 151 + 0.156 (2,983 - 2,780) = 182.8 (kN · m) > $M_u =$ 178.3 kN · m <o.k.>

(d) 8-D22, $\rho_g = 1.55\ \%$: 최대 (142 kN · m, 2,994 kN) ; 0% fy (195 kN · m, 2,632 kN)

$\phi P_n =$ 2,780 kN일 때의 ϕM_n을 구하면, 기울기 : (195 - 142) / (2,994 - 2,632) = 0.146

$\phi M_n =$ 142 + 0.146 (2,994 - 2,780) = 173.3 (kN · m) < $M_u =$ 178.3 kN · m <N.G.>

여러 배합 중에서 만족하면서 철근비가 최소인 경우를 선택하여, 축방향 철근으로 **6-D25, $\rho_g = 1.52\ \%$** 를 배치하도록 한다.

만약에 가정한 단면이 조건을 만족시키지 못하는 경우에는 단면이나 또는 f_{ck} 를 증가시킨다.

⑥ 띠철근의 설계 : 표 9.6에 따라 주철근이 D25이므로 D10 띠철근을 간격 400 mm로 배치한다.

⑦ 일반적으로 설계에서 지배적인 휨모멘트(critical moment)가 작용하는 1축에 대해서 설계하면 충분하다[9.24]. 그러나 상당한 2축 휨모멘트가 작용하는 정사각형 압축부재인 경우에 근사적으로 양 방향으로 작용하는 휨모멘트를 벡터합 $M_u = \sqrt{M_{ux}^2 + M_{uy}^2}$ 하여 구한 보강철근에 비대칭 휨(skew bending)을 고려하여 대략 15%를 추가하여 결정한 보강철근을 각 면에 고르게 배치하여 설계하기도 한다(9.8장 참고)[9.17, 9.25].

비횡구속 골조 압축부재의 확대휨모멘트(Magnification of Column Moments in Sway Unbraced Frame)(구조기준 6.5.7, ACI 10.10.7)

비횡구속 골조에서 기둥의 유효세장비 $kl_u/r > 22$ 인 경우[식 (9.10)]에 현행 구조기준에서는 단모멘트(sway moment)에 계수를 곱해서 확대하여 설계하도록 규정하고 있다. 비횡구속 골조는 전단벽과 같은 휨강성이 큰 부재와 연결되어 있지 않으므로 보와 기둥은 규정에 따라 각층에서 횡변위가 제한될 수 있게 충분한 휨강성을 갖도록 설계하여야 한다. 특히 단면을 줄이기 위해서 고강도 콘크리트를 사용하는 경우에 기둥의 축방향 강성은 상당히 크지만 상대적으로 휨강성은 감소할 수 있다. 만약에 비횡구속 골조가 상당히 유연하다면 고정하중과 횡하중이 작용할 때 상당한 가로흔들이(side sway)가 일어날 수 있다. 만약에 고정하중이 상당히 큰 경우에 약간의 풍하중이나 고정하중이 예기치 않게 편심을 갖고 작용하게 되면 유연한 기둥에 과도한 휨이 나타나서 사용성에 문제가 있는 경우가 발생할 수도 있다.

앞에서 언급한바와 같이 구조기준 6.5.2(ACI 10.10.2)에서는 모멘트를 확대시키는 3 가지 방법이 제시되어 있다. ① 비선형 2차 해석이나, ② 표 9.1의 유효단면 2차 모멘트를 이용하여 탄성 2차 해석으로 각종 하중의 조합을 적용하여 컴퓨터 프로그램을 이용하여 수행하는 방법이고, ③ 만약에 적절한 컴퓨터프로그램을 이용하기가 용이하지 않은 경우, 탄성 1차 해석을 이용하여, 가로흔들이가 없는 고정하중에 대한 해석과 가로흔들이가 있는 횡하중을 각각 해석하여 설계하도록 하고 있다. 최종적인 기둥의 단모멘트는 가로흔들이를 일으키지 않는 모멘트 M_{ns}에 확대된 가로흔들이 모멘트 $\delta_s M_s$를 더해서 구하도록 하였다. 가로흔들이를 일으키는 모멘트만을 확대하도록 하는 규정은 1981년경에 Ford[9.16] 등이 실험과 이론적으로 타당성을 보여주었지만, 여전히 아주 세장한 기둥에서 최대모멘트가 단부가 아니라 기둥의 단부사이에서 일어날 가능성이 있으며, 이 내용은 뒤에서 다루게 된다.

1) 현행 구조기준에 의한 비횡구속 골조 압축부재의 확대모멘트 설계과정(Magnification Procedure for Sway Unbraced Frame)(구조기준 6.5.7, ACI 10.10.7)[9.1]

고정하중과 가로흔들이 하중이 작용하는 비횡구속 골조에서 장주의 설계모멘트 M_1과 M_2는 다음과 같은 식으로 표현된다.

$$M_1 = M_{1ns} + \delta_s M_{1s} \tag{9.34a}$$

$$M_2 = M_{2ns} + \delta_s M_{2s} \tag{9.34b}$$

여기서, $M_1 =$ 압축부재의 단부 계수휨모멘트 중 작은 값으로, 단일곡률로 휜 경우에는 양(+)이고,

복곡률로 휜 경우에는 음(-)의 부호를 가진다. ; M_2= 압축부재의 단부 계수휨모멘트 중 큰 값으로, 항상 양(+)의 부호를 가진다. ; M_{1ns}와 M_{2ns}= 단부에서 횡변위를 일으키지 않는 하중에 대해서 탄성 1차 골조해석으로 계산된 압축부재의 단부 계수휨모멘트이며, 말하자면 식 (9.8)에서 층 안정성 지수 $Q \le 0.05$인 경우이다. ; δ_s= 비횡구속 골조에 대한 휨모멘트 확대계수 ; M_{1s}와 M_{2s}= 단부에서 횡변위를 일으키는 하중에 대해서 탄성 1차 골조해석으로 계산된 단부 계수휨모멘트이며, 말하자면 식 (9.8)에서 층 안정성 지수 $Q > 0.05$인 경우이다.

현행 구조기준에서 휨모멘트 확대계수 δ_s를 계산하는 2 가지 방법을 제시하고 있다. 먼저 구조기준 6.5.7(2)(ACI 10.10.7.3)에서 δ_s를 다음 식으로 구하도록 제시하고 있다.

$$\delta_s = \frac{1}{1-Q} = \frac{1}{1-(\sum P_u \Delta_o / V_u l_c)} \le 1.5 \tag{9.35}$$

만약에 식 (9.35)로 계산한 δ_s값이 1.5를 초과하게 되면 다음에 제시하는 식 (9.36)나 또는 탄성 2차 해석으로 δ_s를 계산하여야 한다. 구조기준 6.5.7(3)(ACI 10.10.7.4)에서 δ_s를 구하는 다른 식을 제시하고 있다.

$$\delta_s = \frac{1}{1-\sum P_u / (0.75 \sum P_c)} \ge 1.0 \tag{9.36}$$

여기서, $\sum P_u$= 한 층의 모든 연직계수축력의 합 ; $\sum P_c$= 횡방향 변위에 저항하는 모든 기둥의 임계축력(Euler의 좌굴하중) P_c의 합으로 식 (9.6)으로 계산한다.

한 층에서 $\sum P_u$와 $\sum P_c$는 모든 기둥의 값을 더해야 하는데 그 이유는 특정한 층에서 가로흔들이의 거동은 모든 기둥의 횡방향 휨강성의 함수이기 때문이다(그림 9.46 참고). $\sum P_c$의 계수 0.75는 EI의 변화할 가능성에 대한 강성감소계수이다. 식 (9.6)의 유효길이계수 k는 비횡구속 골조에서 항상 1보다 크며, 그림 9.13의 직선연결도표로 구할 수 있다. 식 (9.6)의 EI는 식 (9.31a 나 b) 또는 식 (9.32)로 계산할 수 있다.

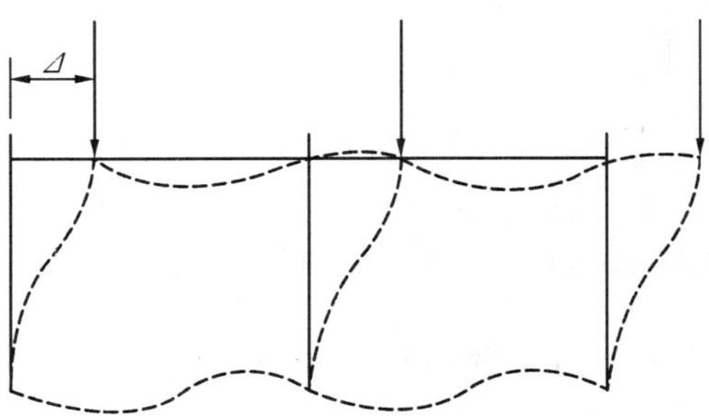

그림 9.46 가로흔들이에서 좌굴은 한 층의 모든 기둥에서 동시에 일어난다.

비횡구속 골조에서 풍하중이나 지진하중과 같이 하중의 작용시간이 짧은 단기하중이 작용하는 경우에 기둥의 강성은 시간이 지남에 따라 증가하는 횡방향 변위(따라서 증가하는 $P\Delta$ 모멘트)에 의한 크리프의 영향을 받지 않게 된다. 이런 하중이 작용하는 경우에 구조기준 6.5.7(3)(ACI R10.10.7.4)에서는 식 (9.31a)나 (9.31b)에서 지속하중 계수 $\beta_{ds}=0$ 으로 할 수 있다고 제시하고 있다. 이렇게 $\beta_{ds}=0$ 으로 하면 기둥의 유효강성이 증가하는 효과가 있게 된다. 만약에 비횡구속 골조에서 지속하중이 작용하거나 또는 ① 비대칭 고정하중으로 또는 ② 비대칭 골조에 고정하중이 작용하여 전단하중이 발생하는 경우에 β_d 는 '1개 층 전체 (최대 계수지속전단력 / 최대 계수전단력)'으로 정의되고 있다(표 9.1 참고).

비횡구속 골조에서 기둥의 강도는 유효길이계수 k 가 1에서 무한대로 변하여 특히 보의 휨강성에 예민하게 된다. 강성이 큰 보(stiff girder)는 기둥에 상당한 회전저항을 주고, 유효길이를 감소시켜서 축하중 강도를 증진시키게 된다. 기둥에 저항모멘트가 완전히 발달하기 전에 보에 소성힌지가 발달해서 기둥의 강도가 감소되지 않도록 구조기준 6.5.7(5)(ACI 10.10.7.1)에서는 비횡구속 골조에서 압축부재와 접합부의 휨부재(flexural member, beam)는 압축부재 절점의 확대된 단부 계수휨모멘트(total magnified end moments of the compression members at the joint)를 이용하여 설계하여야 한다고 규정하고 있다.

예를 들어서 그림 9.47b에는 기둥 CD의 C 절점에 발생하는 최대 확대계수 휨모멘트를 보여주는데, 이 값은 1차와 2차 모멘트를 더하여 최대값을 구한 것이다. 그림 9.47c에서 보는 바와 같이 절점 C가 평형을 이루기 위해서는 보의 모멘트 M_{cb}는 언제나 기둥의 모멘트 M_{cd}와 같아야 한다. 따라서 기둥에 내적으로 발달할 수 있는 휨모멘트는 보에 발생하는 모멘트를 초과할 수 없을 것이다.

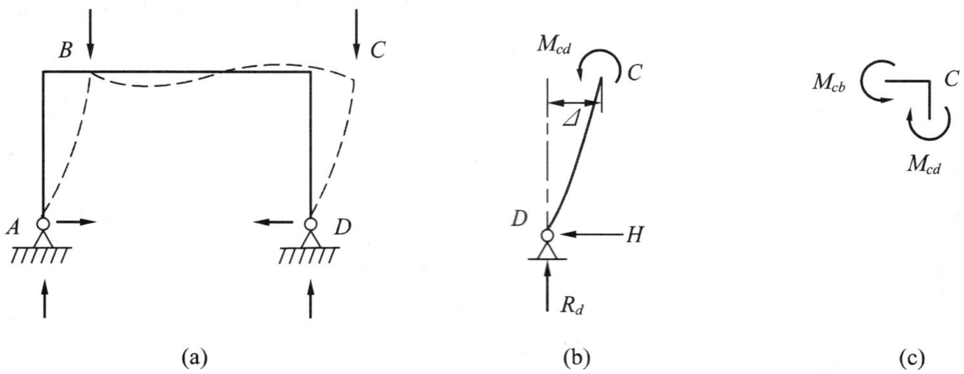

그림 9.47 비횡구속 골조에서 보의 끝에 대한 설계모멘트
(a) 하중에 의한 가로흔들이, (b) 기둥 CD의 자유물체도, (c) 절점 C에서의 보와 기둥의 모멘트

2) 사용하중이 작용할 때의 처짐계산(Computations of Frame Deflection under Service Loads)

비횡구속 골조에서 사용하중이 작용할 때 처짐을 계산하기 위해서는 파괴직전이 아닌 사용하중이 작용할 때의 부재의 유효강성을 고려하여야 한다. 표 9.1의 단면 2차 모멘트는 계수하중이 작용

하여 상당한 균열이 발생하고 붕괴직전의 상황을 고려했기 때문에 사용하중이 작용할 때 처짐을 계산하는 데는 적절하지 않다. 사용하중이 작용하는 경우에는 계수하중이 작용할 때보다 하중이 적어서 균열도 적게 나타날 것이다. 따라서 사용하중에 대한 처짐을 계산하는 경우에 부재의 강성이 덜 손상 받는 것을 고려하기 위해서 기준 2007 해설 6.5.2(1)(ACI R10.10.4.1)에서는 표 9.1의 I 값에 1 / 0.7 = 1.43 계수를 곱하여 강성을 증가시킬 수 있도록 하고 있다.

3) 구조기준에 의한 비횡구속 된 장주의 설계 과정(Summary of Design Procedure for Unbraced Slender Column)[9.14]

① 1.10장에 의해 계수하중조합(factored load combination)의 결정 (구조기준 3.3.2, ACI 9.2)

a. **중력하중(고정하중과 활하중)만 작용하는 경우** : 기둥 상부와 하부의 계수 모멘트 $(M_{u(상부)})_{ns}$와 $(M_{u(하부)})_{ns}$는 부재의 균열단면을 고려하여 1차 골조 해석(first-order frame analysis)에 의해서 구한다.
M_1과 M_2는 각각 $(M_{u(상부)})_{ns}$와 $(M_{u(하부)})_{ns}$ 중에서 작은 값과 큰 값이다. M_{1ns}와 M_{2ns}(횡변위를 일으키지 않는 하중)는 각각 M_1과 M_2가 작용하는 단부에서의 계수단모멘트(factored end moment)이다.

b. **중력하중(고정하중과 활하중)과 횡하중이 작용하는 경우** : 기둥 상부와 하부의 총 계수 모멘트는 각각 $M_{u(상부)} = (M_{u(상부)})_{ns} + (M_{u(상부)})_s$와 $M_{u(하부)} = (M_{u(하부)})_{ns} + (M_{u(하부)})_s$이다.
M_1과 M_2는 각각 $M_{u(상부)}$와 $M_{u(하부)}$ 중에서 작은 값과 큰 값이다. 이 단계에서 M_1과 M_2에 세장효과는 포함되지 않았다. M_{1ns}와 M_{1s}는 각각 M_1이 작용하는 기둥 단부에서의 계수횡구속 및 비횡구속 모멘트이고, M_{2ns}와 M_{2s}는 각각 M_2가 작용하는 기둥 단부에서의 계수횡구속 및 비횡구속 모멘트이다.

c. **중력하중(고정하중)과 횡하중이 작용하는 경우** : 모멘트의 정의는 b와 동일하다.

d. **횡하중에 대해서 b와 c의 방향과 반대 방향에 대해서도 다루어야 한다.**

② 단계 1에서 결정한 지배적인 하중조합에 대해서 기둥의 소요 보강철근을 결정한다. 각각의 하중조합으로 부터 P_u, M_1 그리고 M_2를 구한다. 여기에서 구한 새로운 M_1과 M_2는 세장효과를 포함한 총 계수단모멘트이다. 만약에 임계하중(critical load, 좌굴하중) P_c를 식 (9.31a)의 EI를 이용해서 구하기 위해서는 기둥의 보강철근을 먼저 산정하여야 한다. M_1과 M_2는 다음 중에서 한 방법으로 결정할 수 있다.

a. 비선형 2차 해석(nonlinear second-order analysis, $P\Delta$ analysis)(구조기준 6.5.3, ACI 10.10.3)

b. 탄성 2차 해석(elastic second-order analysis)(구조기준 6.5.4, ACI 10.10.4)

c. 확대휨모멘트 방법(magnified moment method)(구조기준 6.5.7, ACI 10.10.7)

③ 확대휨모멘트 방법(구조기준 6.5.7, ACI 10.10.7)

1. 기둥의 비지지길이 l_u 결정 (그림 9.15 참고)
2. 부재의 휨강성 EI 계산, 식 (9.31a 나 b) 및 (9.32) 이용 ; 간략식으로 $\beta_{ds}=0$ 으로 계산
3. 유효길이계수 k 결정 (그림 9.13 이용)
4. 횡구속이 되었는지 판단 : (1) 그림 9.10과 같이 육안검토(9.2장 참고) ; (2) 2차 해석의 휨모멘트가 1차 해석보다 5%를 초과하지 않는 경우에 횡구속으로 판단 ; (3) 식 (9.8)의 층 안정성 지수 Q 로 판단
5. 회전반경 r 결정 : 직사각형 단면인 경우 $r=0.3h$; 원형단면 $r=0.25h$; 임의의 단면 $r=\sqrt{I_g/A_g}$ (그림 9.16 참고)
6. 장주영향을 고려해야 하는지 검토 : 식 (9.10) 및 그림 9.42 참고
   단주로 설계 : $kl_u/r \le 22$ 이면 장주효과를 무시하고 단주로 설계

장주효과를 고려해야 하는 경우 ($kl_u/r > 22$) :

7. Euler의 좌굴하중 P_c 결정 : $P_c=\pi^2 EI/(kl_u)^2$ [식 (9.6)]
8. 수정된 모멘트 확대계수 δ_s 계산 : 식 (9.35)나 (9.36) 이용

$$\delta_s \le 1.5 \text{ 인 경우} \quad : \delta_s = \frac{1}{1-Q} = \frac{1}{1-(\sum P_u \Delta_0 / V_u l_c)} \ge 1 \tag{9.35}$$

$\delta_s > 1.5$ 인 경우 : 탄성 2차 해석(elastic second-order analysis)을 하거나 또는

$$\delta_s = \frac{1}{1-(\sum P_u / 0.75 \sum P_c)} \ge 1 \tag{9.36}$$

여기서, $\sum P_u=$ 한 층의 모든 기둥의 연직계수축력의 합 ; $\sum P_c=$ 횡방향 변위에 저항하는 모든 기둥의 Euler의 좌굴하중 P_c의 합이다.

9. 압축부재의 양단 모멘트 계산 : $\begin{pmatrix} M_1 = M_{1ns} + \delta_s M_{1s} \\ M_2 = M_{2ns} + \delta_s M_{2s} \end{pmatrix}$ (9.34a 및 b)

여기서, $M_1=$ 비교하여 작은($|M_1| < |M_2|$) 단부모멘트, 단곡률일 때 (+), 복곡률일 때 (-) ; $M_2=$ 큰 단부모멘트, 언제나 (+) ; 식 (9.8)의 층 안정성 지수 $Q \le 0.05$ 인 경우에

M_{1ns}와 M_{2ns}= 횡변위를 일으키지 않는 하중에 대하여 1차 탄성해석에 의해서 구한 단부 계수모멘트 ; δ_s= 비횡구속 골조에 대한 휨모멘트 확대계수 ; 식 (9.8)의 층 안정성 지수 $Q > 0.05$인 경우에 M_{1s}와 M_{2s}= 횡변위를 일으키는 하중에 대하여 1차 탄성해석에 의해서 구한 단부 계수모멘트이다.

최소편심규정 : 계수모멘트 M_2는 각 주축에 대해서 다음 값 이상으로 하여야 한다. $M_{2\,(\min)} = P_u(15 + 0.03h)$ [식 (9.29)] ; 여기에서 h의 단위는 mm이다. 이때, 만약 $M_{2\,(\min)} > M_2$면, 즉, $M_{2\,(\min)}$값이 지배하게 되면, (1) C_m을 1.0로 하거나, 즉, $M_1/M_2 = 1$; (2) 계산된 단부모멘트 M_1/M_2를 이용하여 구하여야 한다.

④ 확대휨모멘트의 크기 검토(구조기준 6.5.2(2), ACI 10.10.2.1) :

$M_{ns} + \delta_s M_{1s} \le 1.4(M_{ns} + M_{1s})$을 만족하지 못하면 기둥의 단면이나 구조시스템(structural system)을 조종하여야 한다. 조건을 만족하면 설계표를 이용하여 설계한다.

예제 9.10 비횡구속 골조의 띠철근 기둥 설계[9.1]

확대휨모멘트 방법을 이용한 비횡구속 장주 기둥의 모멘트를 계산하라. 골조의 해석은 컴퓨터 해석($P\Delta$ 영향을 고려하지 않은 1차 해석)에 의해서 수행하였다. 그림 9.48에서 평면상의 비 횡구속 된 골조에 계수 등분포 고정하중 w_u= 51.1 kN/m와 횡방향 계수풍하중은 절점 f에 W_u= 35.6 kN이 작용하고 있다. 풍하중은 지속적으로 작용하지 않는 것으로 고려한다. **설계해야 할 기둥 cd에 대한 축방향 하중과 휨모멘트를 결정하라.** 그림 9.48a에 주어진 단면 2차 모멘트는 부재의 총 단면에 대한 값이다. 보통중량 골재의 f_{ck}= 27 MPa, $E_c = 8,500\sqrt[3]{27+4}$ = 26.7 × 10^3 (MPa), 고정하중에 대해서 $\beta_{ds} = 0.5$로 고려하고, 풍하중은 하중이 단기간에 작용하는 것으로 보아 $\beta_{ds} = 0$로 고려한다. 단, $I_{보}$ = 3,215 × 10^6 mm^4, $I_{cd} = I_{af}$ = 390.6 × 10^6 mm^4, I_{be} = 675.0 × 10^6 mm^{4}이다.

풀이

식 (9.34a) 및 (9.34b)에서 비횡구속 골조는 고정하중과 횡하중을 분리하여 각각 계산하도록 하고 있다. 등분포 고정하중이 작용하는 경우에는 하중과 구조물이 대칭이기 때문에 횡변위가 발생하지 않기 때문이다. 골조가 횡구속 되어있지 않으므로 풍하중에 의해서 발생한 모멘트에는 반드시 확대계수 δ_s를 곱해 주어야 한다. 그림 9.48b, c, d는 각각 고정하중, 횡하중 그리고 이 두 하중을 동시에 작용시켰을 경우, 1차 탄성해석에 의한 반력과 부재의 단모멘트를 보여주고 있다.

기둥 cd 에 대해서 식 (9.10)의 $kl_u/r > 22$ 인지 검토하여 만족하면 모멘트에 확대계수를 적용하여야 한다. 유효길이계수 k는 그림 9.13의 직선연결도표를 이용하여 구할 수 있다. 골조는 비횡구속 되었기 때문에 강성도비 Ψ_A 와 Ψ_B를 계산할 때 보 강성에 대한 균열 영향을 고려하기 위해서 표 9.1의 값을 사용하여야 한다.

① 표 9.1을 이용하여 I의 계산 : 구조기준에서 제시하는 것과 같이 부재의 유효 단면 2차 모멘트는 다음과 같이 줄게 된다.

$I_{보} = 0.35 I_g = 0.35 \times 3,125 \times 10^6 = 1,094 \times 10^6 \ (\mathrm{mm}^4)$

$I_{af\ (기둥)} = I_{cd} = 0.70 I_g = 0.70 \times 390.6 \times 10^6 = 273.4 \times 10^6 \ (\mathrm{mm}^4)$

$I_{be\ (기둥)} = 0.70 I_g = 0.70 \times 675.0 \times 10^6 = 472.5 \times 10^6 \ (\mathrm{mm}^4)$

② 유효길이계수 k를 그림 9.13에서 읽기 위해서 Ψ_A 와 Ψ_B 계산 :

$$\Psi_A = \frac{\sum (I_c/l_c)_{(기둥\ cd)}}{\sum (I_{보}/l_{보})} = \frac{273.4 \times 10^6/3,200}{1,094 \times 10^6/7,320} = 0.57$$

$\Psi_B = \infty$ (힌지 = 0 회전구속 : $I_g = 0$ 로 고려)

③ 그림 9.13의 직선연결도표에서 읽으면, $k = 2.2$ 가 된다.

비지지 길이 $l_u = 3,200 - 250 = 2,950 \ (\mathrm{mm})$

$[\, kl_u/r = 2.2(2,950)/0.3(250) = 86.5 \,] > 22$

$kl_u/r > 22$ 이기 때문에 기둥은 장주이며, 구조기준에 따라 식 (9.34b)를 이용해서 설계모멘트 M_2를 구할 수 있다.

④ 동일한 비횡구속 기둥 cd와 af 의 Euler 좌굴하중 P_c 계산 : 식 (9.31b)를 이용하여 기둥 cd와 af 의 유효 EI를 계산한다. 풍하중은 장기하중이 아니므로 $\beta_{ds} = 0$ 를 사용한다.

$$EI = \frac{0.4 E_c I_g}{1 + \beta_{ds}} = \frac{0.4(26.7 \times 10^3)(390.6 \times 10^6)}{1+0} = 4,171.6 \times 10^9 \ (\mathrm{N \cdot mm^2})$$

$\therefore P_{c(기둥\ af와\ cd)} = \pi^2 EI/(kl_u)^2 = \pi^2(4,171.6 \times 10^9)/[2.2(2,950)]^2/10^3 = 977.5 \ (\mathrm{kN})$

⑤ 가운데 기둥 be 에 대한 P_c의 계산

$$\Psi_A,\ \Psi_B \text{ 계산} : \Psi_A = \frac{\sum (I_c/l_c)_{(기둥\ be)}}{\sum (I_{보}/l_{보})} = \frac{472.5 \times 10^9/3,200}{(1,094 \times 10^9/7,320) \times 2} = 0.49 \quad ; \ \Psi_B = \infty$$

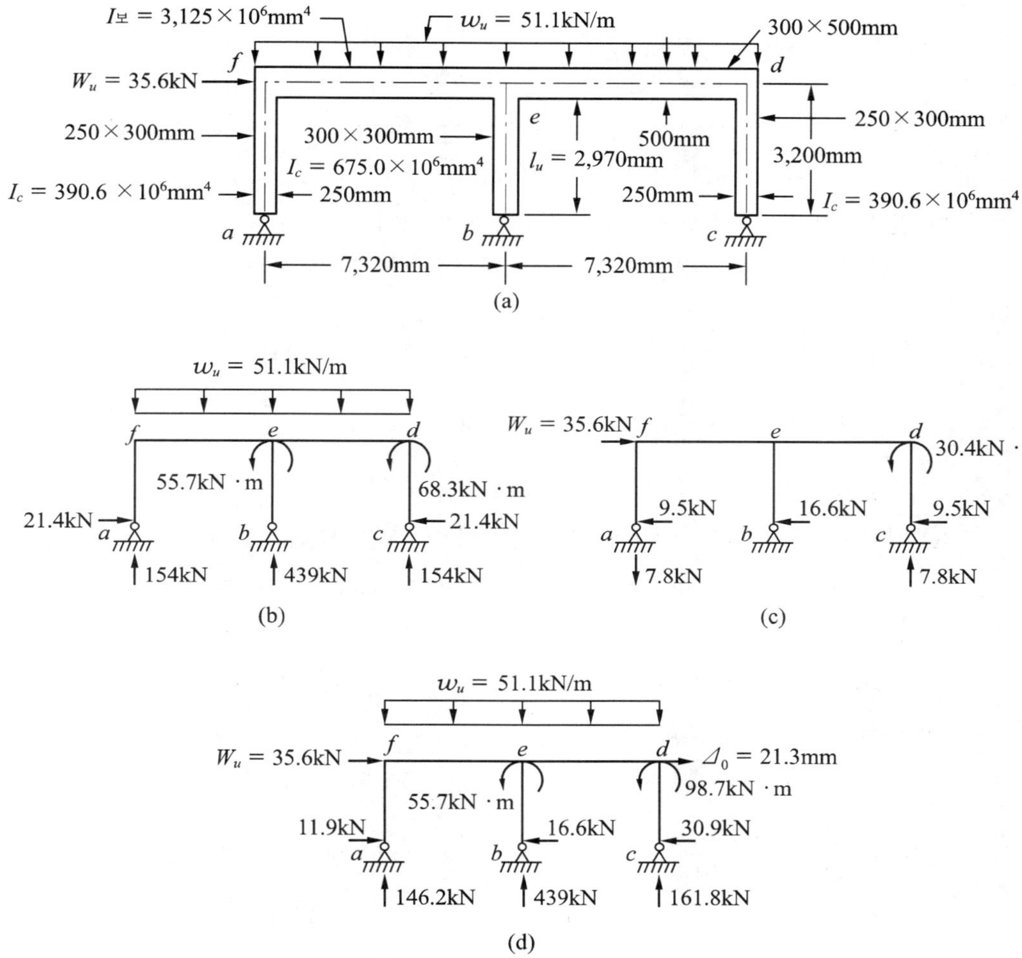

그림 9.48 PΔ 영향을 고려하지 않은 1차 해석 결과 (b) 고정하중, (c) 풍하중, (d) 고정하중 + 풍하중

그림 9.13의 직선연결도표에서 읽으면, 비횡구속인 경우, $k = 2.18$; $\beta_{ds} = 0$ 을 사용한다.

$$EI = \frac{0.4E_cI_g}{1+\beta_{ds}} = \frac{(0.4)(26.7\times10^3)(675.0\times10^6)}{1+0} = 7{,}209\times10^9\ (\text{N}\cdot\text{mm}^2)$$

$$\therefore P_{c(\text{기둥 }be)} = \frac{\pi^2 EI}{(kl_u)^2} = \frac{\pi^2(7{,}209\times10^9)}{[2.18(2{,}950)]^2}/10^3 = 1{,}720.4\ (\text{kN})$$

⑥ 기둥 cd 의 상부에서 확대모멘트 M_2 를 계산 :

(a) 모멘트 확대계수 δ_s 계산 [구조기준 6.5.7(3)] :

$$\delta_s = \frac{1}{1-(\sum P_u / 0.75\sum P_c)} \geq 1$$

$$= \frac{1}{1-\dfrac{146.2+439+161.8}{(0.75)(977.5+1,720.4+977.5)}} = \frac{1}{1-0.271} = 1.37 < 1.5$$ <o.k.>

(b) 골조에 대해서 횡방향 휨강성이 적당한지 검토하는 다른 방법 : 층 안정성 지수 Q 를 계산하여 구조기준 6.5.4(6)②(ACI 10.13.6)에서 골조의 횡방향 휨강도가 만족하는지 확인한다.

식 (9.8) : $Q = \dfrac{\sum P_u \Delta_o}{V_u l_c} = \dfrac{(146.2+439+161.8)(21.3)}{(30.9+16.6-11.9)(3,200)} = 0.14$ <o.k.>

식 (9.35) : $\delta_s = \dfrac{1}{1-0.14} = 1.16 > 1.0$ <o.k.>

(Q 를 사용해서 구한 δ_s 가 작은 값을 얻게 된다.)

(c) 기둥 cd 의 상부에서 확대모멘트 M_2 계산 : $M_2 = M_{2ns} + \delta_s M_{2s}$

$M_{2ns} = 68.3$ kN · m (가로흔들이 없는 계수모멘트) ; $M_{2s} = 30.4$ kN · m (가로흔들이 있는 계수모멘트)

$\therefore M_2 = M_{2ns} + \delta_s M_{2s} = 68.3 + 1.37(30.4) = \underline{109.9\ (\text{kN} \cdot \text{m})}$

(d) 실제 편심이 $e_{(\min)}$보다 큰지 검토 :

$e_{(\min)} = 15 + 0.03h = 15 + 0.03(250) = 22.5\ (\text{mm})$

$e = \dfrac{M_c}{P_u} = \dfrac{98.7\times 10^3}{161.8} = 610\ (\text{mm}) > 22.5\ \text{mm}$; 따라서 $e_{(\min)}$을 사용할 필요가 없다.

⑦ 확대휨모멘트의 크기 검토(구조기준 6.5.2(2), ACI 10.10.2.1) :

$M_{ns} + \delta_s M_{1s} \leq 1.4(M_{ns} + M_{1s})$

68.3 + 1.37(30.4) = 109.9 (kN · m) < 1.4(68.3 + 30.4) = 1.4(98.7) = 138.2 (kN · m) <o.k.>

만족하므로 기둥의 단면이나 구조시스템(structural system)을 조종할 필요는 없다.

설계표를 이용하여 설계한다.

⑧ 결론 : 기둥 cd 는 250 mm x 300 mm 단면에 대해서 휨모멘트 $M_u = M_c =$ 109.9 kN · m와 축력 $P_u =$ 161.8 kN에 대해서 설계하면 된다. 예제 9.6의 계산과정을 Excel 등의 Spreadsheet서 개발한 프로그램을 이용하여 본 예제에 대한 설계표를 만들면 표 9.9가 된다.

가정한 단면인 경우에 5.14%의 철근비에서나 만족할 수 있지만 이음을 하지 않는다고 보아 선택하면,

6-D29, $\rho_g =$ 5.14% : 50% fy (102 kN · m, 763 kN) ; 100% fy (117 kN · m, 332 kN)

$\phi M_n =$ 109.9 kN · m일 때의 ϕP_n을 구하면, 기울기 : (763 – 332)/(117-102) = 28.73

$\phi P_n =$ 332 + 28.73(117-109.9) = 536.0 (kN) > $P_u =$ 161.8 kN <o.k.>

최종설계 : 축방향 철근으로 6-D29을 배치하고, 표 9.6에 따라 D10 띠철근을 250 mm 간격으로 배치한다.

표 9.9 250 mm × 300 mm **직사각형 띠철근 단주의 설계표**

직사각형 띠철근 단주 : 250 mm x 300 mm														
양면에 각각 절반씩 배치					fck =	27	MPa	fy =	400	MPa	ϕMn (kN.m)		ϕPn (kN)	
		Max cap		0% fy		25% fy		50% fy		100% fy		ε_t = 0.005		(P=0)
		ϕ = 0.65										ϕ=0.85		
철근	ρ_g	ϕMn	ϕPn	ϕMn	ϕPn	ϕMn	ϕPn	ϕMn	ϕPn	ϕMn	ϕPn	ϕMn	ϕPn	ϕMn
4 -D 16	1.06	30	1,051	45	866	52	730	56	622	58	446	61	309	32
4 -D 19	1.53	32	1,120	49	904	57	758	61	639	65	433	68	270	44
4 -D 22	2.06	33	1,199	54	949	62	790	68	657	73	417	75	222	56
4 -D 25	2.70	35	1,292	59	1,002	69	829	75	676	82	396	84	161	70
4 -D 29	3.43	36	1,399	64	1,064	75	873	82	696	91	371	93	88	85
4 -D 32	4.24	38	1,518	70	1,133	83	923	90	717	101	341	102	1	102
6 -D 16	1.59	32	1,129	50	915	58	766	63	645	67	438	70	275	45
6 -D 19	2.29	34	1,232	56	974	65	809	71	672	78	420	81	217	62
6 -D 22	3.10	36	1,350	62	1,043	73	860	81	701	89	398	92	147	80
6 -D 25	4.05	38	1,491	70	1,126	82	920	91	731	102	369	105	57	100
6 -D 29	5.14	70	1,651	78	1,221	93	989	102	763	117	332	118	-51	122

9.8 2축 하중이 작용하는 기둥(Biaxially Loaded Columns)[9.14]

앞에서는 편심 축하중이 작용하여 기둥이 오직 한쪽 방향으로만 휘는 상황에 대해서 다루었다. 그러나 바닥에 작용하는 활하중의 위치가 변하게 되면 기둥에는 2 주축을 중심으로 휘게 만드는 2축 하중이 작용할 수 있다. 현행 구조기준에서는 설계를 간략화하기 위해서 대부분의 구조물에서 1축 휨이 작용하는 하중만을 규정하고 있다. 그러나 보나 거더에 의해서 양방향으로 구속되는 모서리 기둥(corner column)이나 무거운 테두리 보(spandrel beam)를 지지하는 기둥이거나 또는 교량의 교각(bridge pier)인 경우에 보통 2축 휨(biaxial bending)에 대해서 설계하고 있다[9.25].

현행 구조기준 6.5.2(4)(ACI 10.3.7)에서는 장주에 대해서 2축 휨이 발생하면 각 주축에 대해서 계산된 휨모멘트는 각각 확대되어야 된다고 규정하고 있다. 구조기준 6.6(3)(ACI R10.3.7)에는 모서리에 위치하거나 또는 다른 위치의 기둥에서 축하중과 2축 휨이 동시에 작용하는 경우에 축력과 휨모멘트의 평형조건과 변형률의 적합조건을 이용하여 설계하되, 적용성이 입증된 근사해법에 의하여 설계할 수도 있다고 제안하고 있다.

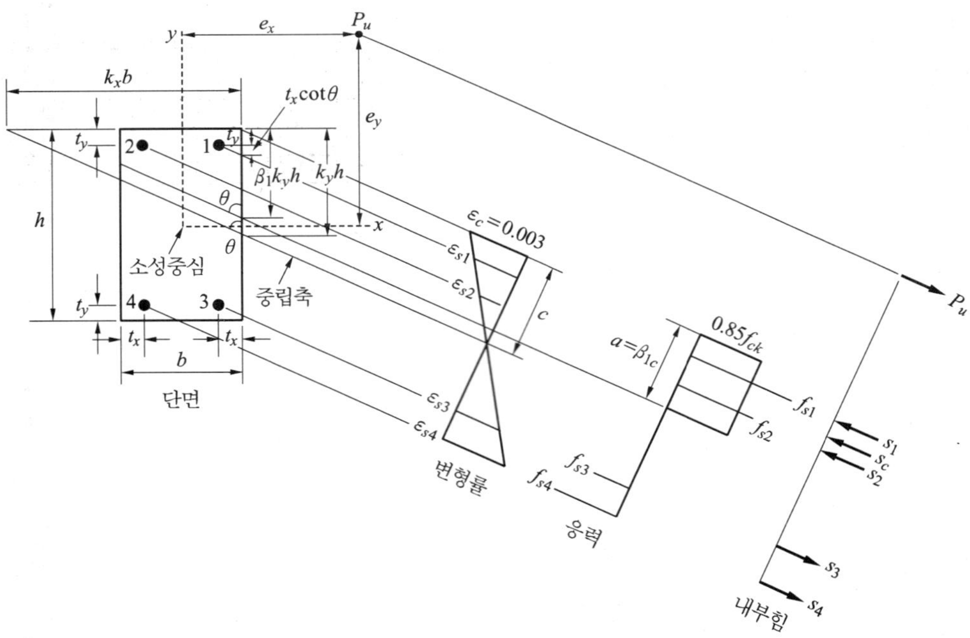

그림 9.49 공칭강도 상태에서의 2축 휨이 작용하는 압축부재 단면(기둥)[9.10]

그림 9.49에는 2축 휨이 작용하는 대칭으로 보강철근이 배치된 압축지배 단면(기둥)에 공칭강도

상태에서 발달하는 변형률, 응력 및 내력의 분포가 주어졌다. 변형률 적합과 평형 방정식을 이용하여 단면을 해석할 수 있다. 콘크리트의 압축합력 C_c 나 등가압축응력 블록에 대한 y 축 방향 연단(상면)에서 도심의 거리 $\overline{y}$ 나 x 축 방향 연단(우측면)에서 도심의 거리 $\overline{x}$ 는 등가압축응력의 면적과 모양에 좌우되고 4종류의 가능한 모양이 Mattock 등[9.26]에 의해서 다루어졌다[9.10, 9.27]. 그림 9.49에서 축력과 소성중심 축에 대한 휨모멘트의 평형방정식은 아래와 같이 각각 적을 수 있다.

$$P_u = C_c + S_1 + S_2 + S_3 + S_4 \tag{9.37}$$

$$M_{ux} = P_u e_y = C_c\left(h/2 - \overline{y}\right) + (S_1 + S_2)(h/2 - t_y) - (S_3 + S_4)(h/2 - t_y) \tag{9.38a}$$

$$M_{uy} = P_u e_x = C_c\left(b/2 - \overline{x}\right) + (S_1 + S_3)(b/2 - t_x) - (S_2 + S_4)(b/2 - t_x) \tag{9.38b}$$

이러한 2축 휨 모멘트가 작용하는 단면을 설계하거나 해석할 때에 일반적으로 경사각 θ 와 중립축의 깊이 $k_y h$ 가 미지이므로 이들 값을 결정하기 위해서는 시행-조정(trial-adjustment)의 과정을 거쳐야 하기 때문에 매우 복잡하게 된다. 더군다나 중립축은 일반적으로 합력의 편심에 대해서 연직하지 않는다. 설계에서 단면의 강도가 소요되는 강도에 이를 때까지 보강철근과 단면을 연속적으로 조종하는 과정을 거쳐야 하기 때문에 위의 식들을 컴퓨터 없이 직접적으로 적용하는 것은 거의 불가능하다고 볼 수 있다[9.10].

1축 상관곡선(uniaxial interaction diagram)은 축하중 P 와 1축 모멘트 M 이 작용할 때 단면의 하중-모멘트 강도를 표현하고 있다(즉, 그림 9.50의 면에서 ECG는 x 축에 대해서 작용하는 1축 휨에 대한 $\phi P_n - \phi M_{nx}$ 의 상관도). 축하중이 작용하는 기둥의 2축 휨저항은 그림 9.50과 같이 P 축을 중심으로 방사 방향으로 일련의 1축 상관도에 의해서 구성되는 **상관작용 표면(interaction surface)**

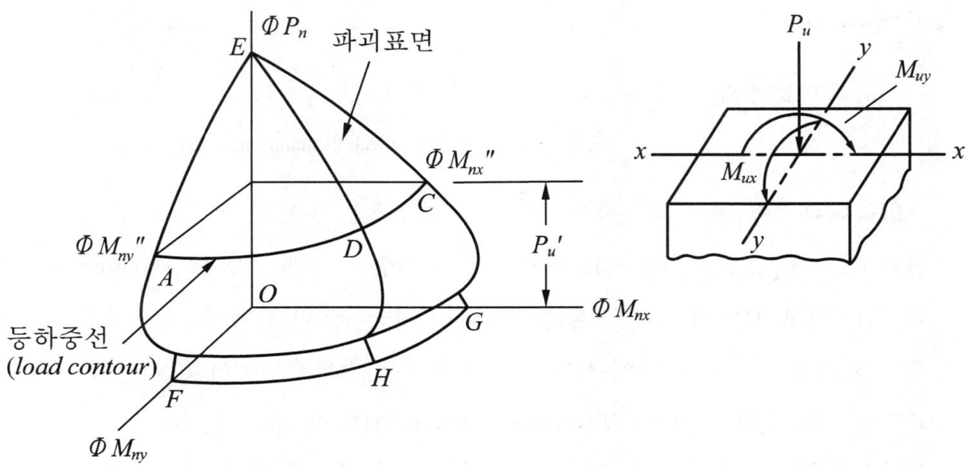

그림 9.50 축하중과 2축 모멘트가 작용하는 직사각형 단면기둥의 파괴면 상관도(interaction failure surface)

[**파괴표면(failure surface)** 이라고도 함]으로 표현할 수 있다[9.14]. 이 상관작용 표면에서 수평으로 자른 면[**등하중선(load contour)**, ADC 곡선]은 주어진 $P_u(=\phi P_n)$에 대해서 파괴를 일으키는 $M_{ux}(=\phi M_{nx})$와 $M_{uy}(=\phi M_{ny})$의 조합을 나타낸다. 해석에 의하면 이러한 등하중선은 특별한 경우로 $M_{ux}=M_{uy}$ 일 때 원형이나 또는 타원(ellipse)형과는 다른 모양으로 나타났다. $M_{ux}=M_{uy}$인 경우에 등하중선이 원형이므로 주축에 대해서 45° 방향으로 휠 때 최대 강도를 주게 된다. 일반적인 예에 있어서 상관도는 단면의 형상, 재료의 강도 및 배치와 보강철근과 축하중의 크기에 따라 변하여 구하기가 쉽지 않다[9.10].

앞에서 다룬 것과 같이 1축 휨에 대해서는 설계상관도나 표를 이용해서 설계할 수 있다. 그러나 2축 휨에서는 여러 자료가 연관된 복잡한 계산으로 인하여 다양한 휨모멘트의 비에 대한 상관도나 표를 만드는 것이 실용적이 아닐 수 있다. 따라서 설계에서 받아들일 수 있는 단순화된 가정을 도입하여 각 축에 대한 1축 저항으로 기둥의 2축 휨 거동을 연관시키는 방법으로 개발된 몇몇 설계법이 개발되었다[9.14, 9.21].

파괴표면(Failure Surface)[9.14]

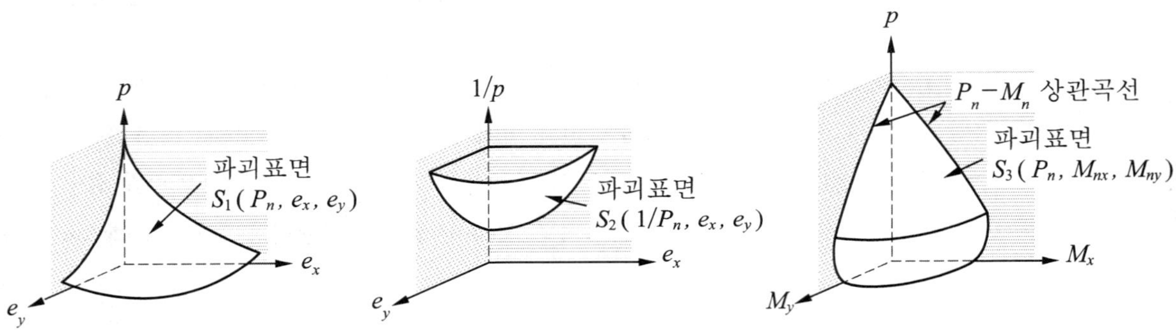

(a) 파괴표면 S_1 (b) 역하중 파괴표면 S_2 (c) 파괴표면 S_3

그림 9.51 3 종류의 파괴표면(failure surfaces)

압축력과 2축 휨이 작용하는 단면의 공칭강도는 3 변수 P_n, M_{nx}와 M_{ny}의 함수로 축하중과 편심 $e_x = M_{ny}/P_n$과 $e_y = M_{nx}/P_n$으로 표현할 수 있다. **파괴표면(failure surface)**은 편심 e_x, e_y를 또는 휨모멘트 M_{ny}, M_{nx}를 함수로 파괴하중 P_n의 관계를 그린 표면이다. 3종류의 파괴표면도가 있으며[9.14, 9.22], 첫 번째 표면은 S_1으로 그림 9.51a와 같이 P_n, e_x와 e_y를 축으로 그린 파괴표면도이다. **역하중 파괴표면(reciprocal failure surface)** $S_2(1/P_n, e_x, e_y)$는 그림 9.51b와 같고 S_1 파괴표면으로부터 구할 수 있다. Bresler[9.20]는 이 역하중 파괴표면 S_2를 이용하여 해석하는 절차를 제시하였다. 세 번째 파괴표면은 그림 9.50에서 다룬 3차원 상관도로 그림 9.51c에서 보여주며 P_n과 M_{ny}, M_{nx}의 관계로 $S_3(P_n, M_{nx}, M_{ny})$파괴표면이다. 많은 연구자[9.14, 9.20, 9.22]들이 S_2와 S_3 파괴면을 이용하여 설계나 해석할 수 있도록 근사법을 제시하였다.

방법 1 : 중첩방법(Method of Superposition)[9.10]

이 설계방법은 Moran[9.28]에 의해서 제안된 방법으로 축에 대칭으로 보강철근이 배치되는 경우에 작용하는 경사 휨(inclined bending)을 단면의 주축에 대한 휨으로 단순화하여 1축 휨 설계방법을 사용하도록 하는 설계방법이다.

한 방법으로는 (P_u, M_{uy})와 (P_u, M_{ux})가 작용하는 각각의 경우에 소요되는 보강철근을 결정해서 서로 더하여 설계하는 방법이다. 이 방법은 그림 9.52a에서 먼저 1번 점에 하중을 작용시키고 이어서 2번 점에 하중을 작용시키는 것과 같게 된다. 이 방법은 이론적인 근거가 없이 설계에서 콘크리트의 강도를 2번 고려하여 불안전한 결과가 될 수 있으므로 적용하지 말아야 할 것이다.

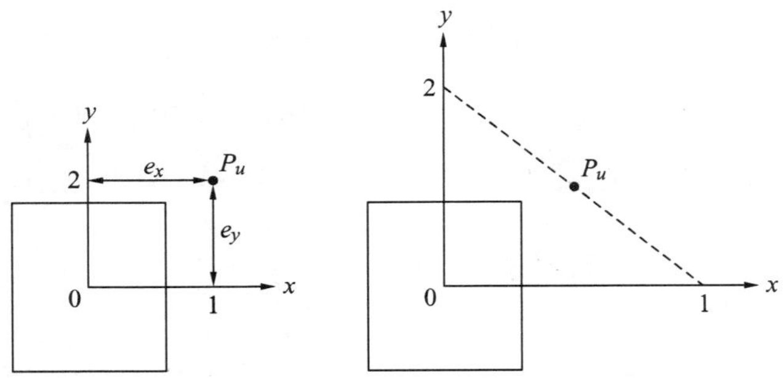

그림 9.52 2축 휨이 작용하는 단면에 대한 간략화된 설계방법[9.10]

다른 방법으로는 그림 9.52b와 같이 축하중 P_u가 작용하는 점을 통과하는 직선이 축을 자른 점 1-2에 대해서 P_u가 1번 점에 작용할 때와 2번 점에 작용할 때의 보강철근을 각각 구하여 더해서 설계하는 방법이다. Moran[9.28]에 의하면 이 방법을 적용한 설계는 언제나 안전 측에 있으며, 어떤 예에서는 너무 과도하게 안전 측이라고 보고하고 있다.

또 다른 방법으로는 축하중 P_u를 정력학적으로 등가인 1번 점에 작용하는 P_{ux}와 2번 점에 작용하는 P_{uy}로 나누고, P_{ux}에 대해서 설계를 할 때는 콘크리트의 강도 $f_{ck}(P_{ux}/P_u)$를 고려하고, P_{uy}에 대해서 설계를 할 때는 콘크리트의 강도 $f_{ck}(P_{uy}/P_u)$를 고려하여 각각 결정한 소요 보강철근을 더하여 설계하는 방법이다. 비록 이 설계방법이 이론적인 근거는 없지만 Moran은 만족한 결과를 얻을 수 있다고 주장하고 있다.

방법 2 : 등가 1축 편심방법(Method of Equivalent Uniaxial Eccentricity)[9.15]

그림 9.53의 2축 휨이 작용하는 직사각형 압축지배 단면(기둥)에 대한 상관작용선(interaction line)은 P_u가 일정할 때 가능한 편심의 조합을 표시하고 있다. 따라서 이 선분에 있는 어떤 임의의 (e_x, e_y)점에 하중이 작용할 때 구한 P_u는 1축 편심 e_{0x}에 작용할 때 구한 P_u와 같아야 하므로 이를 이용하여 설계할 수 있다. 만약에 상관작용선의 형상을 알 수만 있다면 등가 1축 편심 e_{0x}에 P_u가 작용할 때에 대해서 설계하면 되고 이는 1축 휨 설계에 대해서만 고려하면 된다는 의미이다[9.10].

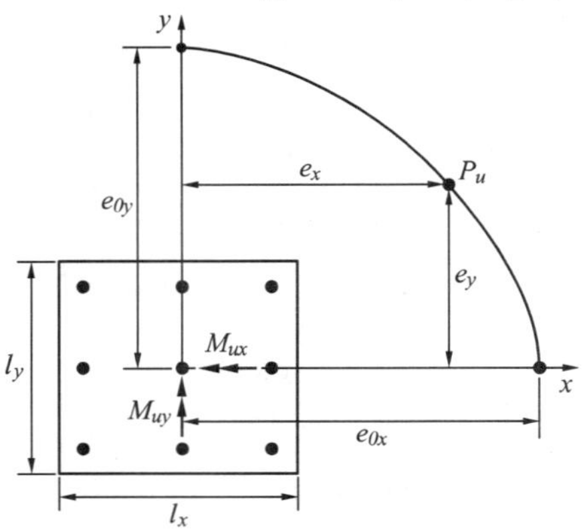

그림 9.53 일정한 P_u가 작용할 때의 2축 휨으로 인한 압축부재 단면의 상관작용선(interaction line)

MacGregor 방법[9.30] : 근사적으로 등가 1축 편심 e_{0x}를 결정하는 여러 방법이 제안되었는데 MacGregor는 그림 9.53에서와 같이 편심 e_x와 평행한 단면의 길이를 l_x라 하고, 편심 e_y와 평행한 단면의 길이를 l_y라 하면, 각 주축에 대한 휨모멘트는 각각

$$M_{uy} = P_u e_x \quad ; \quad M_{ux} = P_u e_y \tag{9.39a, b}$$

로 표현되고 (e_x/l_x) 비와 (e_y/l_y) 비의 상대적인 크기에 따라 압축지배 단면(기둥)은 P_u와 다음 식의 계수모멘트 M_{0y}나 또는 M_{0x}로 설계하도록 제안하였다.

$$\frac{e_x}{l_x} \geq \frac{e_y}{l_y} \text{ 인 경우:} \quad M_{0y} = P_u e_{0x} = P_u \left[e_x + \alpha e_y (l_x / l_y) \right] \tag{9.40a}$$

$$\frac{e_x}{l_x} < \frac{e_y}{l_y} \text{ 인 경우:} \quad M_{0x} = P_u e_{0y} = P_u \left[e_y + \alpha e_x (l_y / l_x) \right] \tag{9.40b}$$

여기에서 계수 α는

$$P_u \leq 0.4 f_{ck} A_g \text{ 인 경우} \;\; : \;\; \alpha = \left(0.5 + \frac{P_u}{f_{ck} A_g} \right) \frac{f_y + 300}{700} \geq 0.6 \tag{9.41a}$$

$$P_u > 0.4 f_{ck} A_g \text{ 인 경우} \;\; : \;\; \alpha = \left(1.3 - \frac{P_u}{f_{ck} A_g} \right) \frac{f_y + 300}{700} \geq 0.5 \tag{9.41b}$$

로 표현된다. 이 방법의 적용은 단면이 각축에 대해서 대칭이고, 길이의 비가 $0.5 \leq l_x / l_y \leq 2.0$ 범위에 있는 경우에 한정되며, 보강철근은 4면 모두에 고르게 배치하여야 한다[9.15].

극대칭 원형 기둥[9.17, 9.32] : 원형 단면이면서 축방향 철근이 6개 이상 배치되어 압축부재의 강도를 어떤 축에 대해서도 휨강도가 일정한 극대칭(polar symmetry)으로 고려할 수 있는 경우에 x 축과

y축 방향의 계수휨모멘트를 다음 식과 같이 벡터합하여 축하중 P_u와 M_u(1방향 모멘트)에 대해서 설계하면 된다.

$$M_u = \sqrt{M_{ux}^2 + M_{uy}^2} \tag{9.42}$$

여기에서 M_{ux}와 M_{uy}는 각각 단면의 x축과 y축 방향으로 작용하는 계수휨모멘트이다.

각 방향 축강도가 일정한 정사각형 기둥[9.17, 9.32] : 정사각형 단면에서 4면에 동일한 보강철근이 배치된 경우(즉, $M_{0x} = M_{0y}$인 경우)(또는 원형 단면에 4개의 축방향 철근이 배치되는 경우)에 정해진 축하중 P_u에 대해서 비록 2축 모멘트강도가 일정하는지는 않지만 상관표면(interaction surface)은 거의 원형에 가깝게 된다[9.32]. ACI Design Handbook[9.17]에서는 식 (9.42)를 이용하여 근사적으로 설계하는 방법을 제시하면서 최종 축방향 철근은 비대칭 휨(skew bending)을 고려하여 소요 철근량에 대략 15%를 추가하여 설계하고 있다[9.32].

예제 9.11a[9.15]

계수하중 $P_u =$ 640 kN, $M_{ux} =$ 163 kN·m, $M_{uy} =$ 73 kN·m이 작용하는 띠철근으로 보강된 정사각형 압축지배 단면(기둥)을 **등가 1축 편심방법**(MacGregor 방법 및 각 방향 축강도가 일정한 정사각형 기둥 설계방법)으로 설계하라. 띠철근의 배치는 표 9.6에 따라 결정한다. 단, $f_{ck} =$ 21 MPa, $f_y =$ 400 MPa이다.

풀이

① 식 (9.26a)를 이용하여 단면의 크기 결정 : 철근비 $\rho_g = 1.5\%$ 로 가정한다.

$$A_{g(\text{시도})} \geq \frac{P_u}{0.45(f_{ck} + f_y \rho_g)} = \frac{640 \times 10^3}{0.45(21 + 400 \times 0.015)} = 52{,}675\ (\text{mm}^2)$$

$$\therefore l_x \geq \sqrt{52{,}675} = 230\ (\text{mm})$$

식 (9.26a)가 축력에 대한 식이므로 휨모멘트가 작용할 때 너무 작은 단면을 제시할 수 있다. 따라서 본 예제에서는 적절하게 단면을 키워서 **400 mm × 400 mm 단면**을 선택하여 설계를 시작한다.

$$\therefore A_{g(\text{설계})} = l_x \times l_y = 400\ \text{mm} \times 400\ \text{mm} = 160{,}000\ \text{mm}^2$$

② 각 주축에 대한 편심 계산 : 식 (9.39a, b) 이용

$$e_x = M_{uy}/P_u = 73 \times 10^3/640 = 114.1\ (\text{mm})$$

$$e_y = M_{ux}/P_u = 163 \times 10^3/640 = 254.7\ (\text{mm})$$

③ **MacGregor 방법** : 등가 1축 편심 및 1축 계수모멘트 계산

$l_x = l_y$ 이므로 $e_x/l_x < e_y/l_y \quad \rightarrow \quad e_{0y} = e_y + \alpha e_x (l_y/l_x) = e_y + \alpha e_x$

$P_u = 640$ kN < $[\,0.4 f_{ck} A_g = 0.4(21)(160{,}000)/10^3 = 1{,}344\ (\mathrm{kN})\,]$

따라서 식 (9.41a) 사용

$$\alpha = \left(0.5 + \frac{P_u}{f_{ck} A_g}\right)\frac{f_y + 300}{700} = \left(0.5 + \frac{640}{21 \times 160}\right)\frac{400+300}{700} = 0.690 \quad > 0.6 \qquad \text{<o.k.>}$$

$\therefore e_{0y} = e_y + \alpha e_x (l_y/l_x) = e_y + \alpha e_x = 254.7 + 0.690(114.1) = 333.4\ (\mathrm{mm})$

$\therefore M_{0x} = P_u e_{0y} = 640 \times 333.4/10^3 = \underline{213.4\ (\mathrm{kN \cdot m})}$

따라서 본 압축부재는 $(M_{0x},\ P_u) = (213.4\ \mathrm{kN \cdot m},\ 640\ \mathrm{kN})$이 작용하는 1축 휨부재로 설계하면 된다.

④ 1축 휨 압축지배 단면의 설계 : 표 9.10에서 $(M_{0x},\ P_u) = (213.4\ \mathrm{kN \cdot m},\ 640\ \mathrm{kN})$을 만족하는 조합을 찾아보면 8-D29 철근에서 50% fy (192, 1,311) 와 100% fy (224, 778)에서 $\phi M_n =$ 192 ~ 224 kN·m로 $M_{oy} = 213.4\ \mathrm{kN \cdot m}$를 포함하므로 선택하여 $\phi P_n \geq P_u = 640$ kN 을 만족하는지 검토한다.

50% fy ↔ 100% fy 구간의 기울기 = (큰 ϕP_n - 작은 ϕP_n) / (큰 ϕM_n - 작은 ϕM_n)

기울기 = (1,311 - 778) / (224 - 192) = 533/32 = <u>16.7</u>

$M_{0y} = 213.4\ \mathrm{kN \cdot m}$일 때

$\phi P_n =$ 작은 ϕP_n + 기울기 (큰 ϕM_n - 목표 M_{0y})

$\phi P_n = 778 + \underline{16.7}(224 - 213.4) = 954\ (\mathrm{kN}) > P_u = 640$ kN <o.k.>

따라서 <u>**8-D29 종방향 철근**</u>을 각 면에 고르게 3개씩 배치하여 설계한다. 철근비는 $\rho_g = 3.21\%$ 이다. 띠철근으로는 표 9.6에 따라 D10 철근을 400 mm 간격으로 배치한다.

[350 mm × 350 mm 단면은 $\rho_g = 5.19\%$ 인 8-D32 철근을 배치하여도 $\phi M_n < M_{0x}$ 되어 설계를 만족하지 못하게 된다. 또한 $M_{ux}/M_{uy} = 163/73 = 2.23$배로 직사각형 단면(300 mm × 400 mm)으로 설계하면 단면은 25% 감소하지만 $A_{st} = 8 - D32 = 6{,}354\ \mathrm{mm}^2$로 24% 증가하게 된다.]

⑤ **각 방향 축강도가 일정한 정사각형 단면** $M_u = 1.15\sqrt{M_{ux}^2 + M_{uy}^2}$ **이용방법** : ACI Design Handbook[9.17]에서는 정사각형 단면에 보강철근이 균등하게 분포되는 경우에 식 (9.42)를 이용해서 설계하고 최종 소요 철근단면적은 비대칭 휨(skew bending)에 대비하여 15%를 더하여 결정하였으므로, 식 (9.42)에 1.15배를 가하여 계수휨모멘트를 결정하면,

표 9.10 400 mm x 400 mm **정사각형 띠철근 단주의 설계표** : $f_{ck} = 21\,\text{MPa}$, $f_y = 400\,\text{MPa}$

정사각형 띠철근 단주 : 400 mm x 400 mm														
철근은 4면에 대칭으로 배치					fck =	21	MPa	fy =	400	MPa	φMn (kN.m)		φPn (kN)	
		Max cap		0% fy		25% fy		50% fy		100% fy		εt = 0.005		(P=0)
		φ = 0.65										φ = 0.85		
철근	ρg	φMn	φPn	φMn	φPn	φMn	φPn	φMn	φPn	φMn	φPn	φMn	φPn	φMn
8 -D 19	1.43	71	1,941	104	1,644	125	1,374	138	1,152	153	802	169	425	120
8 -D 22	1.94	75	2,101	115	1,742	138	1,446	153	1,197	173	795	192	328	157
8 -D 25	2.53	79	2,291	127	1,859	154	1,531	172	1,251	198	787	218	209	199
8 -D 29	3.21	84	2,506	141	1,993	170	1,629	192	1,311	224	778	247	67	243
8 -D 32	3.97	89	2,748	156	2,142	189	1,737	214	1,379	254	767	277	-99	283

$$M_u = 1.15\sqrt{M_{ux}^2 + M_{uy}^2} = 1.15\sqrt{163^2 + 73^2}$$

$$\therefore M_u = 1.15\sqrt{31{,}898} = 1.15(178.6) = \underline{205.4\ (\text{kN}\cdot\text{m})}$$

[ACI 방법이 MacGregor 방법에 비해서 (1 - 205.4/213.4) × 100 = 3.7% 적은 계수휨모멘트를 요구한다.]

표 9.10에서 $(M_u,\ P_u) = (205.4\ \text{kN}\cdot\text{m},\ 640\ \text{kN})$ 을 만족하는 조합을 찾아보면 **<u>8-D29 철근</u>**에서 50% fy (192, 1,311) 와 100% fy (224, 778) 구간이 만족한다.

$M_u = 205.4\ \text{kN}\cdot\text{m}$ 가 224 ~ 192 kN·m 범위에 포함되니 $M_u \le \phi M_n = 205.4\ \text{kN}\cdot\text{m}$ 일 때 $\phi P_n \ge P_u = 640\ \text{kN}$ 이 만족하는지 검토한다.

50% fy ↔ 100% fy 구간의 기울기 = (큰 ϕP_n - 작은 ϕP_n) / (큰 ϕM_n - 작은 ϕM_n)

기울기 = (1,311 - 778) / (224 - 192) = 533/32 = <u>16.7</u>

$M_u = 205.4\ \text{kN}\cdot\text{m}$ 일 때

$\phi P_n =$ 작은 ϕP_n + 기울기 (큰 ϕM_n - 목표 M_{0y})

$\phi P_n = 778 + \underline{16.7}(224 - 205.4) = 1{,}088\,(\text{kN}) > P_u = 640\ \text{kN}$ <o.k.>

방법 3 : Bresler의 역하중 방법(Bresler Reciprocal Load Method)[9.14]

Bresler[9.20]는 실질적으로 해석하기 위한 방법을 개발하기 위해서 파괴표면 $S_2(1/P_n,\ e_x,\ e_y)$를 근사로 그림 9.54에서 A, B와 C 점을 통과하는 $S_2'(1/P_n',\ e_x,\ e_y)$로 대신하였다. 어떤 특정한 단면에 대해서 P_0 (C점에 해당)는 압축력만 작용할 때의 하중강도이고, P_{0x} (B점에 해당)와 P_{0y} (A점에 해당)는 편심이 각각 e_y와 e_x일 때의 1축 하중강도이다. 진짜 표면의 각 점은 각각 다른 평면으로 되었다고 가정하여 전체 표면이 무한한 수의 평면으로 되었다고 가정하였다.

임의의 편심 e_y와 e_x로 2축 휨이 작용하는 압축지배 단면(기둥)의 축하중 강도의 일반적인 관

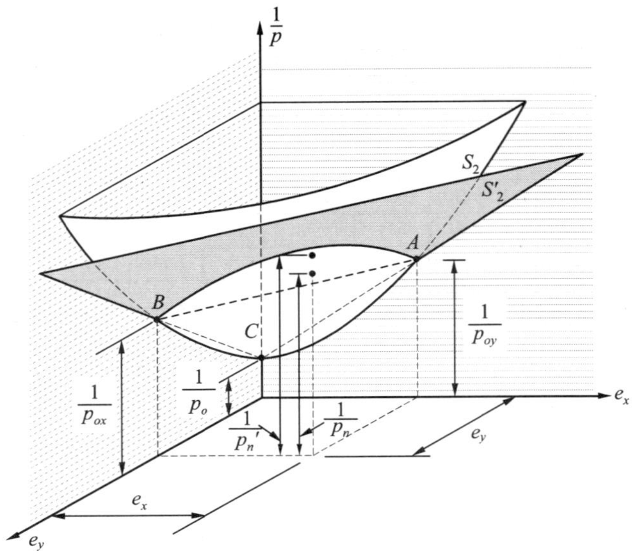

그림 9.54 역하중 방법(reciprocal load method)

계는 다음과 같이 표현된다[9.20, 9.21].

$$\frac{1}{P_n} \approx \frac{1}{P_n'} = \frac{1}{P_{0x}} + \frac{1}{P_{0y}} - \frac{1}{P_0} \tag{9.43a}$$

이를 다시 정리하면, 다음과 같이 표현할 수 있다.

$$P_n \approx \frac{1}{\dfrac{1}{P_{0x}} + \dfrac{1}{P_{0y}} - \dfrac{1}{P_0}} \tag{9.43b}$$

여기서 P_{0x}는 $M_{nx} = P_n e_y$의 모멘트가 작용할 때 기둥의 최대 1축 하중강도 ; P_{0y}는 $M_{ny} = P_n e_x$의 모멘트가 작용할 때 기둥의 최대 1축 하중강도 ; P_0는 모멘트가 작용하지 않을 때의 최대축하중 강도이다[식 (9.12b)].

축하중 강도 P_0, P_{0x}, P_{0y}는 앞에서 다룬 방법에 의해서 쉽게 결정할 수 있다. Bresler가 수행한 실험은 계산에 의해서 구한 P_n이 최대로는 9.4%, 평균은 3.3%의 편차밖에 보이지 않을 정도로 정확한 것을 보여주었다. 그러나 Pannell[9.22]은 축하중이 매우 작고 휨이 지배하는 $P_n/P_0 \leq 0.06$인 경우에 식 (9.43b)가 부정확한 것을 보여주었다. 따라서 식 (9.43b)는 다음 조건을 만족할 때만 사용하도록 하였다.

$$P_n \geq 0.1 f_{ck} A_g \tag{9.44}$$

역하중 방법은 보강철근이 배치된 압축지배 부재에 편심 e_x와 e_y를 갖는 계수축하중 P_u가 작용할 때 설계조건 $\phi P_n \geq P_u$ 를 만족하는지 검토할 수 있다.

예제 9.11b[9.21]

예제 9.11a에서 MacGregor와 ACI의 등가 1축 편심방법으로 설계된 압축지배 400 mm × 400 mm 단면에 8-D29 철근($\rho_g = 3.21\%$)으로 각 축에 대칭으로 보강되고, 띠철근으로 D10(지름 9.53mm) 철근이 400 mm 간격으로 배치되었다(그림 9.55 참고). Bresler의 **역하중방법**을 이용하여 계수하중 ($P_u = 640$ kN , $M_{ux} = 163$ kN · m , $M_{uy} = 73$ kN · m)을 지지하는데 문제가 없는지 검토하라. $f_{ck} = 21$ MPa , $f_y = 400$ MPa 이다. d'은 표 9.5에 따라 63.8 mm로 한다.

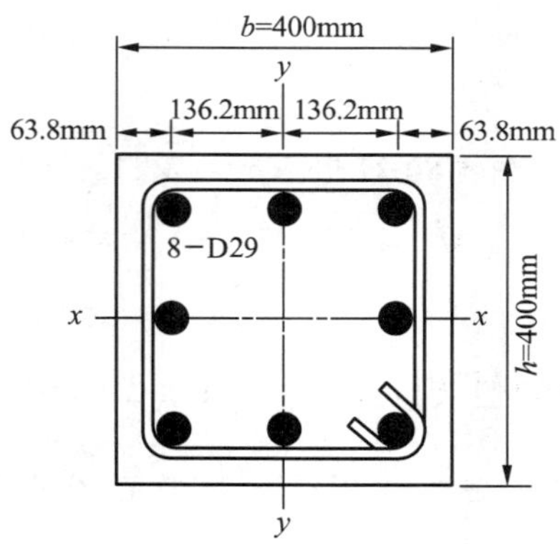

그림 9.55

풀이

① 공칭강도 계산 : 나선철근이 아닌 방법으로 보강된 압축지배 단면 $\phi = 0.65$

$P_n = P_u/\phi = 640/0.65 = 984.6$ (kN)

$M_{nx} = M_{ux}/\phi = 163/0.65 = 250.8$ (kN · m) ; $M_{ny} = M_{uy}/\phi = 73/0.65 = 112.3$ (kN · m)

② Bresler의 역하중 방법을 사용하기 위해서 식 (9.44) 검토 :

$P_n = 984.6$ kN $> 0.1 f_{ck} A_g = 0.1(21)(160{,}000)/1{,}000 = 336$ (kN) <o.k.>

③ P_0 계산 , 식 (9.12b) : $A_{st} = 8 \times 642.4 = 5{,}139$ (mm^2) ; $0.85 f_{ck} = 0.85(21) = 17.85$ (MPa)

$P_0 = 0.85 f_{ck}(A_g - A_{st}) + A_{st} f_y$

$\therefore P_0 = [17.85(160{,}000 - 5{,}139) + 5{,}139(400)]/1{,}000 = 4{,}820$ (kN)

④ x 축 계산 : $M_{ux} = 163\,\mathrm{kN \cdot m}$ 일 때의 표 9.10 8-D29에서 P_{0x} 계산

0% fy (141 kN · m, 1,993 kN) ; 25% fy (170 kN · m, 1,629 kN)

기울기 = (큰 ϕP_n − 작은 P_n)/(큰 ϕM_n − 작은 ϕM_n)

기울기 = $(1{,}993 - 1{,}629)/(170 - 141) = 12.55$

P_{ux} = 작은 ϕP_n + 기울기(큰 ϕM_n − 목표 M)

$P_{ux} = 1{,}629 + 12.55(170 - 163) = 1{,}717\,(\mathrm{kN})$

$\therefore P_{0x} = P_{ux}/\phi = 1{,}717/0.65 = 2{,}641\,(\mathrm{kN})$

⑤ y 축 계산 : $M_{uy} = 73\,\mathrm{kN \cdot m}$ 일 때의 8-D29에서 P_{0y} 계산

Max Cap. (84 kN · m, 2,506 kN)에서 만족하므로

$P_{uy} = 2{,}506\,\mathrm{kN}$; $\therefore P_{0y} = P_{uy}/\phi = 2.506/0.65 = 3{,}855\,(\mathrm{kN})$

⑥ 식 (9.43b) 검토 : $\phi P_n = \dfrac{\phi}{1/P_{0x} + 1/P_{0y} - 1/P_o} > P_u = 640\,\mathrm{kN}$

$$\phi P_n = \frac{0.65}{\dfrac{1}{2{,}641} + \dfrac{1}{3{,}855} - \dfrac{1}{4{,}820}} = 0.65(2{,}323) = 1{,}510\,(\mathrm{kN}) > P_u = 640\,\mathrm{kN} \qquad \text{<o.k.>}$$

⑦ 400 mm × 400 mm 단면에 **8-D29 철근**($\rho_g = 3.21\,\%$)로 보강된 압축부재는 계수하중 ($P_u = 640\,\mathrm{kN}$, $M_{ux} = 163\,\mathrm{kN \cdot m}$, $M_{uy} = 73\,\mathrm{kN \cdot m}$)을 지지하는데 문제가 없다.

방법 4 : Bresler의 등하중선 방법(Bresler Load Contour Method)[9.14, 9.21]

파괴표면 S_3를 축하중의 크기가 일정한 P_n으로 자른 면과 M_{nx}, M_{ny}를 관련시키는 평면을 **등하중선 상관도(load contour interaction)**라고 부른다(그림 9.56 참고). 다른 말로 하자면 전체 표면 S_3를 P_n에 따라 자른 등하중선의 집합으로 볼 수 있다.

Bresler[9.20]가 제시한 무차원 상관도에 의한 등하중선의 일반식은 다음과 같이 표현된다.

$$\left(\frac{M_{nx}}{M_{n0x}}\right)^{\alpha} + \left(\frac{M_{ny}}{M_{n0y}}\right)^{\beta} = 1.0 \tag{9.45a}$$

여기에서 M_{nx}와 M_{ny}는 각각 x축과 y축 방향으로의 공칭 2축 모멘트강도로 $M_{nx} = P_n e_y$와 $M_{ny} = P_n e_x$가 된다. M_{n0x}는 M_{ny}(또는 e_x)가 0인 경우에 P_n이 작용할 때의 M_{nx}강도이고, M_{n0y}는 M_{nx}(또는 e_y)가 0인 경우에 P_n이 작용할 때의 M_{ny}강도이다. 계수 α와 β는 철근의 양과 분포, 위치, 그리고 단면 및 철근과 콘크리트의 강도 및 특성에 따라 변하는 함수이다.

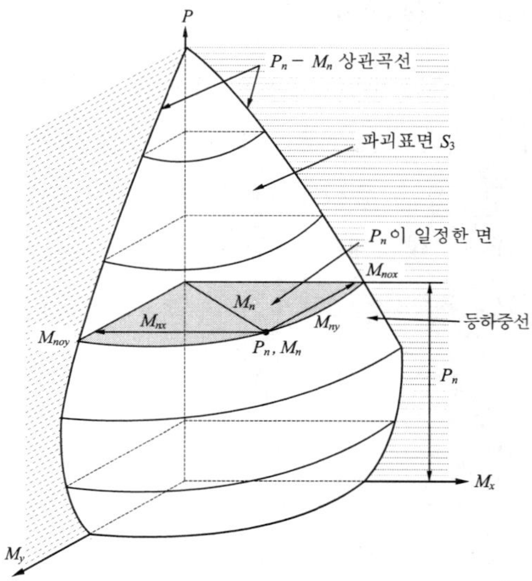

그림 9.56 파괴표면 S_3의 하중 P_n에 대한 등하중선

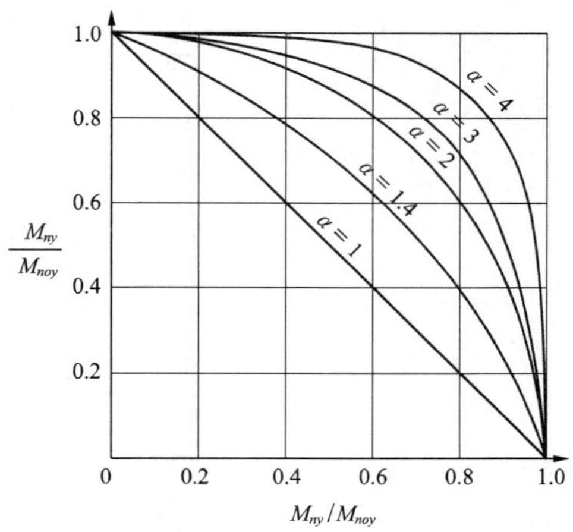

그림 9.57 Bresler의 등하중선 방법의 상관곡선 [식 (9.45b)]

Bresler[9.20]는 $\alpha = \beta$로 가정해도 충분히 정확하다고 보아 식 (9.45a)를

$$\left(\frac{M_{nx}}{M_{n0x}}\right)^{\alpha} + \left(\frac{M_{ny}}{M_{n0y}}\right)^{\alpha} = 1.0 \qquad (9.45b)$$

와 같이 표현하였으며, 이 관계를 그리면 그림 9.57과 같게 된다.

식 (9.45b)나 그림 9.57을 고려하고 있는 특정한 단면에 대해서 적용하기 위해서는 α값을 결정하여야 한다. Bresler는 대부분의 단면에서 α 값이 1.15～1.55의 범위에 있다고 보고하면서 철근이 균등하게 분포되어 있는 정사각형이나 직사각형 단면에서는 1.5로 보아도 된다고 제시하고 있다.

만약에 $\alpha = 1.0$로 보면 식 (9.45b)의 상관곡선은 선형이 되어 다음과 같이 된다.

$$\frac{M_{nx}}{M_{n0x}} + \frac{M_{ny}}{M_{n0y}} = 1.0 \qquad (9.45c)$$

그림 9.57에서 보는 바와 같이 식 (9.45c)는 기둥의 강도를 과소평가하기 때문에 언제나 안전측의 결과를 얻게 되는데 특히, 축하중의 크기가 크거나 철근의 비가 낮을 경우에 그렇게 된다[9.14]. PCA의 ACI-318 Note[9.14]에서는 다음 식이 만족될 때 이 방법을 사용하도록 제안하고 있다.

$$P_n < 0.1 f_{ck} A_g \qquad (9.46)$$

방법 5 : PCA 등하중선 방법(PCA Load Contour Method)14)[9.14, 9.21]

PCA (또는 Parme) 등하중선 방법은 Bresler의 등하중선 방법으로부터 개발된 방법이다. Bresler의 상관방정식 식 (9.45b)는 파괴표면 S_3에서 높이가 P_n인 수평평면으로 자른 면을 기본적인 강도의 기준으로 하고 있다. 그림 9.58은 Bresler의 전형적인 등하중선을 2차원으로 그리기 위해서 M_x와 M_y의 축을 변환하여 그린 그림이다. PCA 방법에서는 등하중선에서 2축 모멘트강도 M_{nx}와 M_{ny}의 비가 1축 모멘트강도 M_{n0x}와 M_{n0y}의 비와 같다고 보아 점 B를 정의하였다. 따라서 점 B는

$$\frac{M_{nx}}{M_{ny}} = \frac{M_{n0x}}{M_{n0y}} \tag{9.47a}$$

또는

$$M_{nx} = \beta M_{n0x} \ ; \quad M_{ny} = \beta M_{n0y} \tag{9.47b}$$

로 표현할 수 있다.

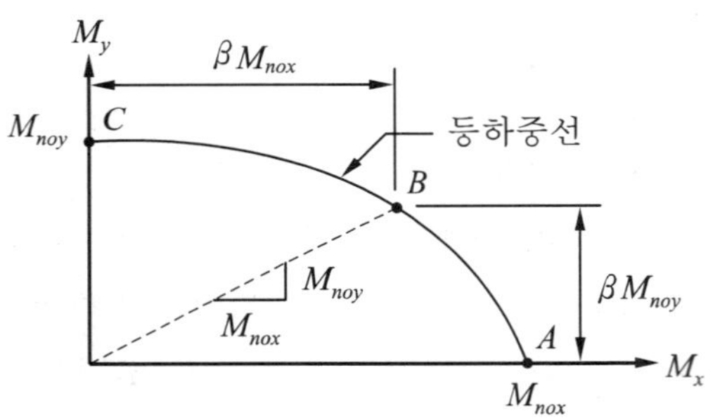

그림 9.58 고정하중 P_n 값의 평면으로 파괴표면 S_3를 자른 등하중선

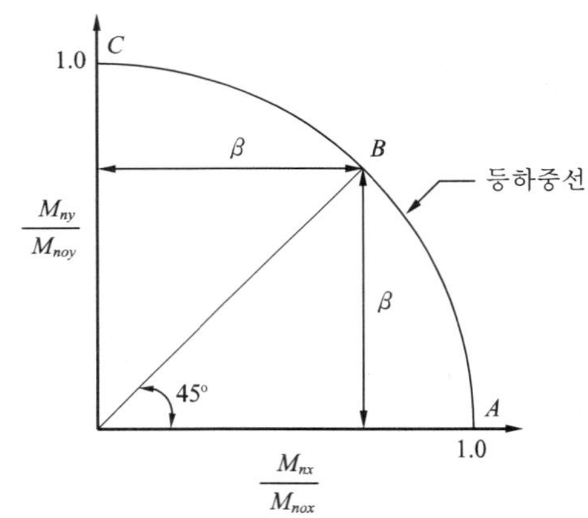

그림 9.59 고정하중 P_n에 대한 무차원 등하중선

그림 9.58의 등하중선을 무차원 등하중선으로 표현하면 그림 9.59와 같이 되며 점 B는 x축과 y축에 식 (9.47b)로 정의되는 β비의 크기로 정해진다. 개념적으로 보면 β비는 기둥단면에 동시에 작용하는 것이 허용될 수 있는 1축 모멘트강도의 일정한 부분이다. 실제의 β값은 P_n과 P_0의 비에 따라 또한 재료와 단면의 특성에 따라 좌우되며, 일반적으로 0.55~0.70의 범위에 있다[9.23]. Parme[9.23] 등은 설계를 위해서 이 값의 평균 $\beta = 0.65$를 사용할 수 있다고 제안하고 있다. 또한

14) 또는 Parme 접근방법[9.23]이라고 부른다.

Parme 등은 좀 더 정확한 β 값을 구할 수 있는 도표를 제시하였다[9.14, 9.27].

주어진 단면과 하중에 대해서 경험적인 β 값이 결정되고, 식 (9.45b)의 관계를 받아들인다면 완벽한 무차원 등하중선을 규정할 수 있다. 식 (9.45b)의 α 와 점 B의 좌표값으로 구한 β 값의 관계를 다음과 같이 구할 수 있다. 식 (9.47b)의 점 B의 좌표를 식 (9.45b)에 대입하면,

$$\left(\frac{\beta M_{n0x}}{M_{n0x}}\right)^{\alpha} + \left(\frac{\beta M_{n0y}}{M_{n0y}}\right)^{\alpha} = 2\beta^{\alpha} = 1.0$$

$$\alpha \log\beta = \log 0.5 \quad \text{또는} \quad \alpha = \frac{\log 0.5}{\log \beta} \tag{9.48a}$$

가 된다. 따라서 식 (9.45b)는

$$\left(\frac{M_{nx}}{M_{n0x}}\right)^{\left(\frac{\log 0.5}{\log\beta}\right)} + \left(\frac{M_{ny}}{M_{n0y}}\right)^{\left(\frac{\log 0.5}{\log\beta}\right)} = 1.0 \tag{9.48b}$$

가 된다. 설계에 사용할 수 있도록 9개의 β 값에 대해서 식 (9.48b)의 관계를 그린 도표가 그림 9.60에 제시되었다. 그림 9.60에서 가장 작은 값인 $\beta = 0.5$ 인 경우에 식 (9.48b)는 직선으로 좌표에서 상대적인 모멘트가 1.0인 점들로 표시된다. 상한 한계인 $\beta = 1.0$ 인 경우에는 식 (9.48b)는 2 직선으로 좌표축과 평행하게 나타난다.

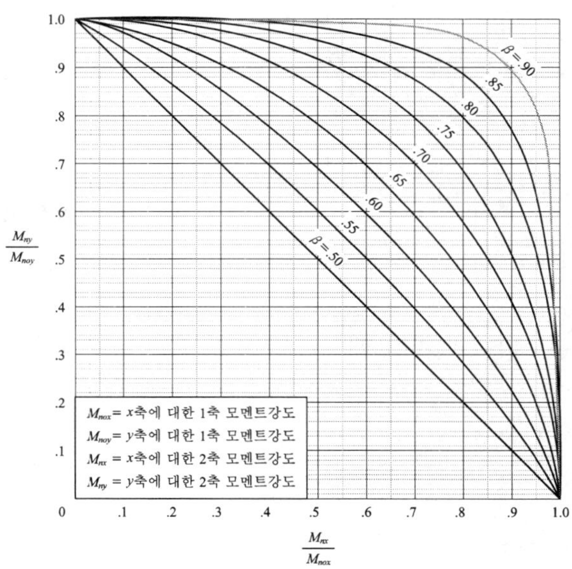

그림 9.60 2축 모멘트강도의 관계

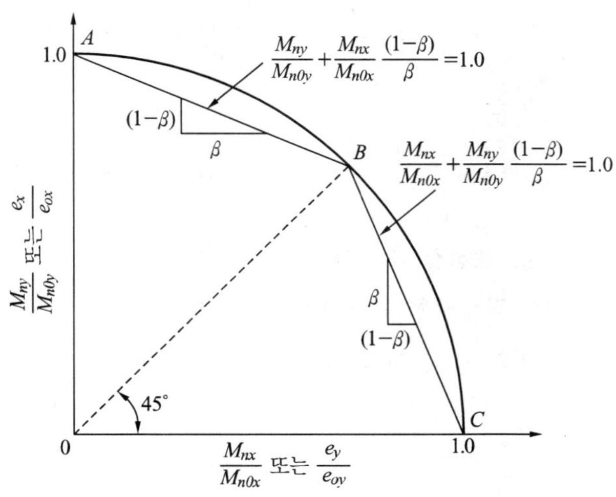

그림 9.61 무차원 등하중선의 직선 간략화(bilinear approximation)

휨과 같이 등가 직사각형 응력블럭과 평형방정식을 이용하여 β값을 계산했을 때, γ, b/h, f_{ck} 등과 같은 변수가 β값에 미치는 영향은 매우 미미한 것을 발견하였다. $P_n/P_0 = 0.1 \sim 0.9$일 때 최대 β값은 겨우 5% 밖에 차이가 나지 않았다. 가장 일반적으로 사용되는 P_n/P_0 구간에서 β값의 변화는 3% 이상 되지 않았다. 이렇게 β값이 거의 변하지 않으므로 2 값의 f_y와 몇 종류의 철근 배치형식에 대한 낮은 β값을 구하는 포락선은 ACI Note[9.14]에 주어졌다.

주어진 단면에 대한 조사가 간략화 되었으므로 각 축의 편심하중에 대해서 만족하는 강도를 갖는 단면의 결정은 연속적으로 단면을 가정하여 해석하는 방법으로 진행되어야 한다. 그림 9.60의 곡선을 그림 9.61과 같이 45°를 가르는 AB와 BC의 2개의 직선으로 가정하면 빠르게 수렴하여 만족하는 단면을 구할 수 있다.

그림 9.61에서 선분 BC를 기하학적으로 표현하면,

$$\frac{M_{ny}}{M_{nx}} > \frac{M_{n0y}}{M_{n0x}} \text{인 경우 : } \quad \left(\frac{M_{nx}}{M_{n0x}}\right)\left(\frac{1-\beta}{\beta}\right) + \left(\frac{M_{ny}}{M_{n0y}}\right) = 1.0 \tag{9.49a}$$

설계목적으로 정리하여 다시 쓰면,

$$M_{noy} = M_{nx}\left(\frac{M_{n0y}}{M_{n0x}}\right)\left(\frac{1-\beta}{\beta}\right) + M_{ny} \tag{9.49b}$$

그림 9.61에서 선분 BA를 기하학적으로 표현하면,

$$\frac{M_{ny}}{M_{nx}} < \frac{M_{n0y}}{M_{n0x}} \text{인 경우 : } \quad \left(\frac{M_{nx}}{M_{n0x}}\right) + \left(\frac{M_{ny}}{M_{n0y}}\right)\left(\frac{1-\beta}{\beta}\right) = 1.0 \tag{9.50a}$$

또는

$$M_{nox} = M_{nx} + M_{ny}\left(\frac{M_{n0x}}{M_{n0y}}\right)\left(\frac{1-\beta}{\beta}\right) \tag{9.50b}$$

로 표현할 수 있다.

직사각형 단면에서 모든 면에 철근이 고르게 분포되어 배치될 때 M_{n0y}/M_{n0x}비는 대략 b/h의 비와 같다. 따라서

$$\frac{M_{n0y}}{M_{n0x}} \approx \frac{b}{h}$$

로 쓸 수 있다. 식 (9.49b)와 (9.50b)를 다시 쓰면 각각

$$\frac{M_{ny}}{M_{nx}} \geq \frac{b}{h} \text{인 경우 : } \quad M_{n0y} \approx M_{nx}\frac{b}{h}\left(\frac{1-\beta}{\beta}\right) + M_{ny} \tag{9.49c}$$

$$\frac{M_{ny}}{M_{nx}} < \frac{b}{h} \text{ 인 경우 :} \quad M_{n0x} \approx M_{nx} + M_{ny}\frac{h}{b}\left(\frac{1-\beta}{\beta}\right) \tag{9.50c}$$

가 된다.

식 (9.49c)와 (9.50c)를 이용하는 설계에서 b/h와 h/b 비를 선택하여야 하고 β값을 가정하여야 한다. 작용하중이 상대적으로 작은 경우에는 $\beta = 0.55 \sim 0.70$ 로 변한다. 따라서 2축 휨해석을 하는 경우에 초기값으로 보통 $\beta = 0.65$ 로 가정한다.

설계과정(Manual Design Procedure)[9.14]

2축 휨이 작용하는 기둥의 설계과정을 정리하면 아래와 같다.

① PCA(Parme)의 등하중선 방법으로 등가 1축 휨모멘트 강도 M_{n0x} 또는 M_{n0y}를 결정한다.

ⓐ $\beta = 0.65$ 로 선택하거나 또는 ACI Note 등[9.14, 9.27]에서 대략적인 β값을 읽는다.

ⓑ 만약에 $M_{ny}/M_{nx} \geq b/h$ 경우에 식 (9.49c)를 사용해서 대략의 등가 1축 모멘트강도 M_{n0y}를 계산한다. 또는 $M_{ny}/M_{nx} < b/h$ 인 경우에는 식 (9.50c)를 사용해서 대략의 등가 1축 모멘트강도 M_{n0x}를 계산한다.

ⓒ 축하중 강도 P_n과 등가 1축 휨모멘트 강도 M_{n0x} 또는 M_{n0y}로 앞에서 다룬 1축 휨하중이 작용하는 기둥을 설계하는 방법을 이용해서 단면을 설계한다.

② MacGregor의 등가 1축 편심방법으로 e_{0x} 또는 e_{0y}를 결정하여 등가 1축 휨모멘트 강도 $M_{0x} = P_u e_{0y}$ 또는 $M_{0y} = P_u e_{0x}$를 구하여 설계한다. 단, 장변 대 단변의 비가 0.5~2.0 범위이고 각축에 대칭이고 철근은 4면에 고르게 배치하여야 한다.

③ 각축에 축강도가 일정한 정사각형 단면($M_u = 1.15\sqrt{M_{ux}^2 + M_{uy}^2}$)이거나 보강철근이 6개 이상 배치되는 원형단면인 경우($M_u = \sqrt{M_{ux}^2 + M_{uy}^2}$)를 이용하여 설계한다.

④ 다음의 3 가지 방법 중에서 한 방법으로 설계된 단면을 검토한다.

(a) Bresler의 역하중 방법(Bresler reciprocal load method) :

$$P_n \approx \frac{1}{\dfrac{1}{P_{0x}} + \dfrac{1}{P_{0y}} - \dfrac{1}{P_0}} \tag{9.43b}$$

(b) Bresler의 등하중선 방법(Bresler load contour method) :

$$\frac{M_{nx}}{M_{n0x}} + \frac{M_{ny}}{M_{n0y}} \leq 1.0 \tag{9.45c}$$

(c) PCA 등하중선 방법(PCA load contour method) : 식 (9.48b)를 사용하거나 또는

$$\frac{M_{ny}}{M_{nx}} > \frac{M_{n0y}}{M_{n0x}} \text{ 인 경우 : } \left(\frac{M_{nx}}{M_{n0x}}\right)\left(\frac{1-\beta}{\beta}\right) + \left(\frac{M_{ny}}{M_{n0y}}\right) \le 1.0 \quad (9.49a)$$

$$\frac{M_{ny}}{M_{nx}} < \frac{M_{n0y}}{M_{n0x}} \text{ 인 경우 : } \left(\frac{M_{nx}}{M_{n0x}}\right) + \left(\frac{M_{ny}}{M_{n0y}}\right)\left(\frac{1-\beta}{\beta}\right) \le 1.0 \quad (9.50a)$$

를 사용한다.

예제 9.11c 2축 하중이 작용하는 정사각형 기둥 설계

계수하중 $P_u = 640$ kN , $M_{ux} = 163$ kN · m , $M_{uy} = 73$ kN · m 이 작용하는 띠철근으로 보강된 정사각형 압축지배 단면(기둥)을 PCA 등하중선 방법으로 설계하고, 설계된 단면을 역하중 방법, 등하중 방법(Bresler와 Parme방법)으로 검토하라. 띠철근의 배치는 표 9.6에 따라 결정한다. 단, $f_{ck} = 21$ MPa , $f_y = 400$ MPa 이다.

풀이

① 공칭강도를 결정 : 나선철근이 아닌 그 외의 철근으로 보강된 압축부재(띠철근 기둥)의 강도감소계수는 $\phi = 0.65$ 이므로,

$P_n = P_u / \phi = 640 / 0.65 = 984.6$ (kN)

$M_{nx} = M_{ux} / \phi = 163 / 0.65 = 250.8$ (kN · m)

$M_{ny} = M_{uy} / \phi = 73 / 0.65 = 112.3$ (kN · m)

② $\beta = 0.65$ 로 가정

③ 등가의 1축 모멘트강도 M_{n0x} 또는 M_{n0y} 결정 :

$\dfrac{M_{ny}}{M_{nx}} = \dfrac{112.3}{250.8} = 0.45 < \dfrac{b}{h} = 1.0$ (정사각형 단면) 이므로, 식 (9.50c)를 사용한다.

$$M_{n0x} \approx M_{nx} + M_{ny}\frac{h}{b}\left(\frac{1-\beta}{\beta}\right) = 250.8 + 112.3\,(1.0)\frac{1-0.65}{0.65} = 311.2 \text{ (kN · m)}$$

④ 축하중 $P_u = 640$ kN 과 등가의 1축 모멘트 $M_{u0x} = \phi M_{n0x} = 0.65(311.2) =$ <u>202.3 (kN · m)</u> 가 작용할 때 보강철근을 설계한다.

400 mm x 400 mm 단면의 표 9.10에서 $(\phi M_{n0x}, P_u) = (202.3$ kN · m, 640 kN$)$을 만족하는 조합을 찾아보면 **<u>8-D25 철근</u>**에서 100% fy (198 kN · m, 787 kN)와 $\varepsilon_t = 0.005$ (218 kN · m, 209 kN) 구간에서 $\phi M_n =$ 198 ~ 218 kN · m로 $\phi M_{n0x} = 202.3$ kN · m 를 포함하므로 선택

100% fy ↔ $\varepsilon_t = 0.005$ 구간의 기울기 = (큰 ϕP_n - 작은 ϕP_n) / (큰 ϕM_n - 작은 ϕM_n)

기울기 = (787 - 209) / (218 - 198) = 533/32 = 28.9

$\phi M_{n0x} = 202.3$ kN · m 일 때 :

$\phi P_n =$ 작은 ϕP_n + 기울기 (큰 ϕM_n - 목표 M_{0y})

$\phi P_n = 209 + \underline{28.9}(218 - 202.3) = 663\,(\text{kN}) > P_u = 640$ kN <o.k.>

그러나 100% fy ~ $\varepsilon_t = 0.005$ 구간이 변화구간이므로 표 9.10에서 $(\phi M_{n0x},\ P_u) = (202.3$ kN · m, 640 kN$)$을 만족하는 조합을 찾아보면 **8-D29 철근**에서 50% fy (192, 1,311) 와 100% fy (224, 778) 구간에서 $\phi M_n = 192 \sim 224$ kN · m로 $\phi M_{n0x} = 202.3$ kN · m 를 포함하므로 선택하여 $\phi P_n \geq P_u = 640$ kN을 만족하는지 검토한다.

50% fy ↔ 100% fy 구간의 기울기 = (큰 ϕP_n - 작은 ϕP_n) / (큰 ϕM_n - 작은 ϕM_n)

기울기 = (1,311 - 778) / (224 - 192) = 533/32 = 16.7

$\phi M_{n0x} = 202.3$ kN · m 일 때 :

$\phi P_n =$ 작은 ϕP_n + 기울기 (큰 ϕM_n - 목표 M_{0y})

$\phi P_n = 778 + \underline{16.7}(224 - 202.3) = 1{,}139\,(\text{kN}) > P_u = 640$ kN <o.k.>

[설계 : 단면 400 mm x 400 mm에 $A_{st} = 8 - D29 = 5{,}139\ \text{mm}^2\ (\rho_g = 3.21\%)$ 를 각 면에 고르게 배치하고, $f_{ck} = 21$ MPa , $f_y = 400$ MPa 이다.]

⑤ 선택한 단면을 2축 강도에 대해서 다음 3 가지 방법에 의해서 검토한다.

(a) Bresler의 역하중 방법(Bresler reciprocal load method) :

㉠ $P_n = 984.6\ \text{kN} > 0.1 f_{ck} A_g = 0.1(21)(160{,}000)/1{,}000 = 336\ (\text{kN})$ <o.k.>

㉡ P_0, P_{0x} 및 P_{0y} 결정

$P_0 = 0.85 f_{ck}(A_g - A_{st}) + A_{st} f_y = [0.85(21)(160{,}000 - 5{,}139) + 5{,}139(400)]/1{,}000$

$\therefore P_0 = \underline{4{,}820\ \text{kN}}$

• x 축 : $M_{ux} = 163$ kN · m 일 때 P_{0x} 계산 : 0% fy (141, 1,993) ~ 25% fy (170, 1,629)

기울기 = (1,993 - 1,629) / (170 - 141) = 12.6

$P_{ux} = 1{,}629 + 12.6(170 - 163) = 1{,}717\ (\text{kN})$

$\therefore P_{0x} = P_{ux}/\phi = 1{,}717/0.65 = \underline{2{,}641\ (\text{kN})}$

• y 축 : $M_{uy} = 73$ kN · m 일 때 P_{0y} 계산 : Max Cap. (84, 2,506) ~ 0% fy (141, 1993)

$\phi M_{n(\max)} = 84$ kN · m $> M_{uy} = 73$ kN · m 이므로

$P_{uy} = \phi P_{n(\max)} = 2{,}506$ kN

$\therefore P_{0y} = P_{uy}/\phi = 2{,}506/0.65 = \underline{3{,}855\ (\text{kN})}$

㉢ 식 (9.43b) : $\phi P_n = \dfrac{\phi}{\dfrac{1}{P_{0x}} + \dfrac{1}{P_{0y}} - \dfrac{1}{P_0}} > P_u = 640\ \text{kN}$

$$= \frac{0.65}{\dfrac{1}{2{,}641} + \dfrac{1}{3{,}855} - \dfrac{1}{4{,}820}} = 0.65(2{,}323) = 1{,}510\ (\text{kN}) \quad > P_u = 640\ \text{kN}$$ <o.k.>

(b) Bresler의 등하중선 방법(Bresler load contour method) : 자료가 주어지지 않았으므로 안전측으로 $\alpha = 1.0$ 으로 본다. 단면이 대칭이므로 $M_{n0x} \equiv M_{n0y}$ 가 된다. 따라서 x축 방향에 대해서만 값들을 결정하면 된다.

㉠ $P_n = 984.6\ \text{kN} > 0.1 f_{ck} A_g = 0.1(21)(160{,}000)/1{,}000 = 336\ (\text{kN})$ <N.G.>

식 (9.46)의 $P_n < 0.1 f_{ck} A_g$ 조건을 만족하지는 않지만 계산 예를 보이기 위해서 검토해본다.

㉡ $P_u = 640\ \text{kN}$ 일 때 M_{u0x} 계산 : 100% fy (224, 778) ~ $\varepsilon_t = 0.005$ (247, 67)

기울기 = (247 - 224) / (778 - 67) = 0.03

$M_{u0x} = 224 + 0.03(778 - 640) = 228\ (\text{kN} \cdot \text{m})$

$\therefore M_{n0x} = M_{u0x}/\phi = 228/0.65 = 351.5\ (\text{kN} \cdot \text{m})$

㉢ $\alpha = 1.0$ 이므로 식 (9.45c)에서 $\dfrac{M_{nx}}{M_{n0x}} + \dfrac{M_{ny}}{M_{n0y}} \le 1.0$ 를 만족하는지 검토

$250.8/351.5 + 112.3/351.5 = 0.713 + 0.320 = 1.033 > 1.0$ <N.G.>

철근이 균등하게 분포되어 배치되는 정사각형이나 직사각형 단면인 경우에 $\alpha = 1.5$ 로 보아도 된다고 하므로,

$\left(\dfrac{M_{nx}}{M_{n0x}}\right)^{\alpha} + \left(\dfrac{M_{ny}}{M_{n0y}}\right)^{\alpha} = 0.713^{1.5} + 0.320^{1.5} = 0.783 < 1.0$ <o.k.>

(c) PCA 등하중선 방법(PCA load contour method) : 이 방법을 적용하기 위해서는 P_0, M_{n0x} 및 M_{n0y} 와 실제의 β 값을 결정하여야 한다. 단면이 대칭이므로 $M_{n0x} \equiv M_{n0y}$ 가 된다. 따라서 x 축 방향에 대해서만 값들을 결정하면 된다.

㉠ P_0 계산 : $P_0 = 0.85 f_{ck}(A_g - A_{st}) + A_{st} f_y = 4{,}820\ (\text{kN})$

㉡ $P_u = 640\ \text{kN}$ 일 때 M_{u0x} 계산 : 100% fy (224, 778) ~ $\varepsilon_t = 0.005$ (247, 67)

기울기 = (247 - 224) / (778 - 67) = 0.03

$M_{u0x} = 224 + 0.03(778 - 640) = 228\ (\text{kN} \cdot \text{m})$

$\therefore M_{n0x} = M_{u0x}/\phi = 228/0.65 = \underline{351.5\ (\text{kN} \cdot \text{m})}$

㉢ P_0 와 ρ_g 값으로부터 근접한 β 를 ACI NOTE Fig. 7-15a[9.14] 또는 참고문헌 9.27에서 읽는다.

$P_n / P_0 = 984.6/4{,}820 = 0.204$

$\rho_g = 5{,}139/(400 \times 400) = 0.0321$; $\omega = \rho_g f_y / f_{ck} = 0.0321(400)/21 = 0.61$

ACI Note(Fig. 7-15a)나 참고문헌 9.27(그림 10.72b)에서 읽으면 $\beta \approx 0.53$ 이 된다.

㉣ 식 (9.48b), $\left(\dfrac{M_{nx}}{M_{n0x}}\right)^{\left(\frac{\log 0.5}{\log \beta}\right)} + \left(\dfrac{M_{ny}}{M_{n0y}}\right)^{\left(\frac{\log 0.5}{\log \beta}\right)} \le 1.0$ 검토 :

$\log 0.5 = -0.301$; $\log \beta = \log 0.53 = -0.276$

$$\frac{\log 0.5}{\log \beta} = \frac{-0.301}{-0.276} = 1.092$$

$$\left(\frac{M_{nx}}{M_{n0x}}\right)^{\left(\frac{\log 0.5}{\log \beta}\right)} + \left(\frac{M_{ny}}{M_{n0y}}\right)^{\left(\frac{\log 0.5}{\log \beta}\right)} = \left(\frac{250.8}{351.5}\right)^{1.092} + \left(\frac{112.3}{351.5}\right)^{1.092}$$

$$= 0.713^{1.092} + 0.320^{1.092}$$

$$\left(\frac{M_{nx}}{M_{n0x}}\right)^{\left(\frac{\log 0.5}{\log \beta}\right)} + \left(\frac{M_{ny}}{M_{n0y}}\right)^{\left(\frac{\log 0.5}{\log \beta}\right)} = 0.692 + 0.288 = 0.979 < 1.0$$ <o.k.>

㉤ 이 단면은 또한 직선 간략화 식으로도 검토할 수 있다.

$M_{ny} / M_{nx} = 112.3/250.8 = 0.448 < M_{n0y} / M_{n0x} = 1.0$

→ 식 (9.50a) : $\left(\dfrac{M_{nx}}{M_{n0x}}\right) + \left(\dfrac{M_{ny}}{M_{n0y}}\right)\left(\dfrac{1-\beta}{\beta}\right) \le 1.0$

$0.713 + 0.320(1-0.53)/0.53 = 0.997 < 1.0$ <o.k.>

⑥ 설계방법의 비교 : $f_{ck} = 21$ MPa , $f_y = 400$ MPa 이고, $P_u = 640$ kN , $M_{ux} = 163$ kN · m , $M_{uy} = 73$ kN · m 이 작용하는 정사각형 400 mm × 400 mm 띠철근 압축부재 설계의 경우

ⓐ MacGregor 등가 1축 편심방법 : $M_{0x} = 213.4$ kN · m → 설계 $A_{st} = 8 - D29$

ⓑ ACI $M_u = 1.15\sqrt{M_{ux}^2 + M_{uy}^2}$ 방법 : $M_{0x} = 205.4$ kN · m → 설계 $A_{st} = 8 - D29$

ⓒ PCA 등하중선 방법 : : $M_{0x} = 202.3$ kN · m → 설계 $A_{st} = 8 - D29$

본 예제의 경우에서 어떤 방법을 사용해서 설계하던지 등가 1축 계수 휨모멘트는 서로 5.5% 밖에 차이가 나지 않고 최종 설계되는 단면의 철근비는 $\rho_g = 3.21\%$ 로 동일하게 된다.

참고문헌

9.1 Leet, K., and Bernal, D., Reinforced Concrete Design, Third Edition, McGraw-Hill Co., 1997, 546 pp.

9.2 Buchanan, Andrew H., "Structural Design for Fire Safety," John Wiley & Sons Ltd., 2001, 421 pp.

9.3 ACI 318-08, ACI 318R-08, Building Code Requirements for Structural Concrete(318-08) and Commentary (318R-08), Farmington Hills, MI 48331.

9.4 콘크리트구조기준, 국토해양부제정, 한국콘크리트학회, 2012, 342 pp.

9.5 Gere, James M., Mechanics of Materials, 5th Edition, Brooks/Cole, 2001, 926 pp.

9.6 2012년 개정 콘크리트구조기준 해설, 한국콘크리트학회 편, 2012, 599 pp.

9.7 MacGregor, J. G., Breen, J., and Pfrtang, E. O., "Design of Slender Concrete Columns," ACI Proc., Vol. 67, pp. 6-28., 1970.

9.8 Hognestad, E., "A Study of Combined Bending and Axial Load in Reinforced Concrete Members," Univ. of Illinois Engineering Experimental Station, Bulletin No. 399, June 1951, 128 pp.

9.9 Practical Lessons from the Loma Prieta Earthquake, National Research Council, National Academic Press, Washington, D.C., 1994.

9.10 Park, P., Paulay, T., Reinforced Concrete Structures, John Wiley & Sons, New York, 1975, 769 pp.

9.11 Chen, W. W. L., "The Ultimate Strength and Deformation of Plastic Hinges in Reinforced Concrete Frameworks," Magazine of Concrete Research, Vo. 7, No. 21, Nov. 1955, pp. 121-132.

9.12 Roy, H. E. H. and Sozen, M. A., "Ductility of Concrete," Proceedings of the International Symposium on the Flexural Mechanics of Reinforced Concrete, ASCE-ACI, Miami, Nov. 1964, pp. 213-224, 224-235.

9.13 서진영, 이지영, "결합 원형띠철근을 이용한 철근 콘크리트 교각의 심부구속방법 개선," 고속도로, 제66호, 2003 상, 한국도로공사, pp. 90-105.

9.14 Notes on ACI 318-08 Building Code Requirements for Structural Concrete with Design Applications, Portland Cement Association, Skokie, Illinois 60077-1083.

9.15 Wight, J. K. and MacGregor, J. G., Reinforced Concrete Mechanics and Design, 6th Edition, Pearson Education Inc., 2012, 1157 pp.

9.16 Ford, J. S., Chang D. and Breen, J, "Design Indications from Tests of Unbraced Multipanel Concrete Frames," Concrete International, Vol. 3, No. 3, March 1981.

9.17 *The Reinforced Concrete Design Manual* in Accordance with ACI 318-11, ACI SP-17(11), Volume 1, ACI, 2012, 338 pp.

9.18 *CRSI Handbook* 2008, Concrete Reinforcing Steel institute, Schaumberg, Ill., 2008.

9.19 Bianchini, Albert C., Woods, R. E., and Kesler, Clyde E., "Effect of Floor Concrete Strength on Column Strength," *ACI Journal*, Proceedings, Vol. 56, No. 11, May 1960, pp. 1149-1169.

9.20 Bresler, B., "Design Criteria for Reinforced Columns under Axial Load and Biaxial Bending," *ACI Journal*, Proc., Vol. 57, pp. 481-490, Nov. 1960.

9.21 Wang, Chu-Kia, Salmon, Charles G. and Pincheira, Jose A., Reinforced Concrete Design, 7th edition, John Wiley & Sons, Inc., 2007, 948 pp.

9.22 Pannell, F. N., "Failure Surfaces for Members in Compression and Biaxial Bending," *ACI Journal*, Proc., 60, January 1963, 129-140.

9.23 Parme, Alfred L., Nives, Jose M., and Gouwens, Albert, "Capacity of Reinforced Rectangular Columns

Subject to Biaxial Bending," *ACI Journal*, Proc., 63, Sept. 1966, pp. 911-923.

9.24 Fintel, Mark, ed., *Handbook of Concrete Engineering*, 2nd ed., Chpt. 1, Proportion of Sections – Strength Design method by Murat Saatcioglu, pp. 1-52, Van Nostrand Reinhold Company, 1985.

9.25 McCormac, J. C., Brown, R. H., Design of Reinforced Concrete, 8th edition, John Wiley Sons, 2009, 706 pp.

9.26 Mattock, A. H., Kriz, L. B. and Hognestad, E., "Rectangular Concrete Stress Distribution in Ultimate Strength Design," *ACI Journal*, Vol. 57, No. 8, February 1961, pp. 875-928.

9.27 민창식 등, 철근콘크리트공학, 구미서관, 1판, 3쇄, 2006, pp. 1054.

9.28 Moran, F., "Design of reinforced Concrete Sections Under Normal Loads and Stresses in the Ultimate Limit State," Bulletin d'Information No. 83, Comite Europeen du Beton, Paris, April 1972, 134 pp.

9.29 Furlong, R. W., Hsu, C.-T. T., and Mizra, S. A., "Analysis and Design of Concrete Columns for Biaxial Bending – Overview," *ACI Structural Journal*, Vol. 101, No. 3, May-June 2004, pp. 413-423.

9.30 MacGregor, J. G., "Simplified Design Procedures for Concrete Columns," Introductory Report, Symposium on Design and Safety of Reinforced Concrete Compression Members, Reports of the Working Commissions, Vol. 15, International Association of Bridge and Structural Engineering, Zurich, April 1973, pp. 23-49.

9.31 International Building Code 2006, ICC(International Code Council) Inc., 2006, pp.664.

9.32 Rice, P. F., Hoffman, E. S., Gustafson, D. P. and Gouwens, A. J., Structural Design Guide to the ACI Building Code, 3rd Edition, Van Nostrand Reinhold Company, 1985, 477 pp.

연습문제

9.1 그림 P9.1에 주어진 골조에서 (a) 횡구속 골조일 때와 (b) 비횡구속 골조인 경우에 각각 기둥 AB와 CD가 현행 구조기준에 따라 장주인지 단주인지 판별하라. 모든 부재의 두께는 300 mm 이다. 보는 $f_{ck} = 21\,\mathrm{MPa}$ 이고, 기둥은 $f_{ck} = 40\,\mathrm{MPa}$ 콘크리트로 만들어졌다.

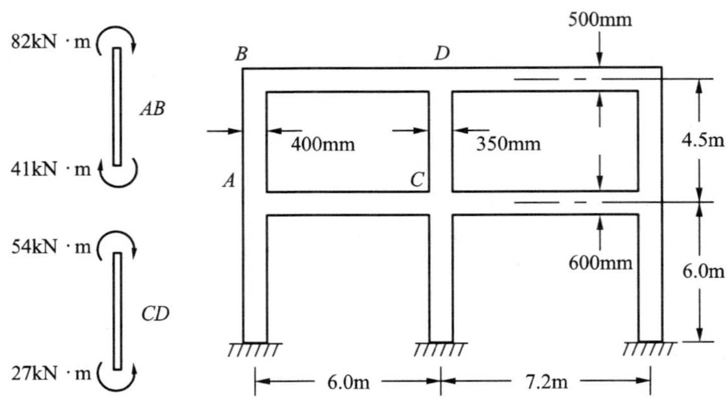

그림 P9.1

9.2 지름이 $h = 500\,\mathrm{mm}$ 인 단주 나선철근 기둥에 축방향 철근 6-D25가 고르게 배치되어 있다. 현행 구조기준에 따라 이 기둥의 ϕP_n 을 구하고 D13($d_s = 12.7\,\mathrm{mm}$)을 이용하여 나선철근을 설계하고, 구조세목을 검토하라. 단, $f_{ck} = 27\,\mathrm{MPa}$, $f_y = f_{yt} = 400\,\mathrm{MPa}$, 나선철근 심부의 지름 $d_c = 420\,\mathrm{mm}$ 이다.

9.3 그림 P9.2의 기둥 AB가 캔틸레버 단주라면 현행 구조기준에 따라 허용 가능한 최대 비지지길이 l_u는 얼마까지 가능한가? 단, $f_{ck} = 21\,\mathrm{MPa}$, $f_y = 400\,\mathrm{MPa}$ 이다.

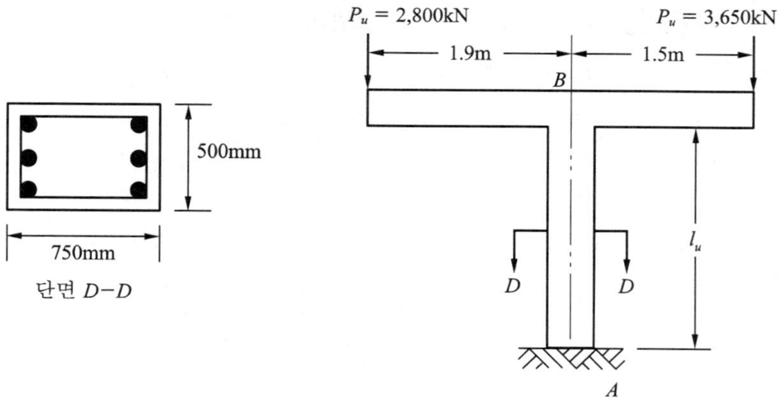

그림 P9.2

9.4 그림 P9.3에서 골조는 그려진 평면상에서만 휜다고 생각해서 기둥 AB의 유효세장비를 구하라. 골조는 평면상에서 비횡구속 골조이며, 기둥과 보는 모두 직사각형 단면이다. 단, $f_{ck} = 40\text{ MPa}$이다.

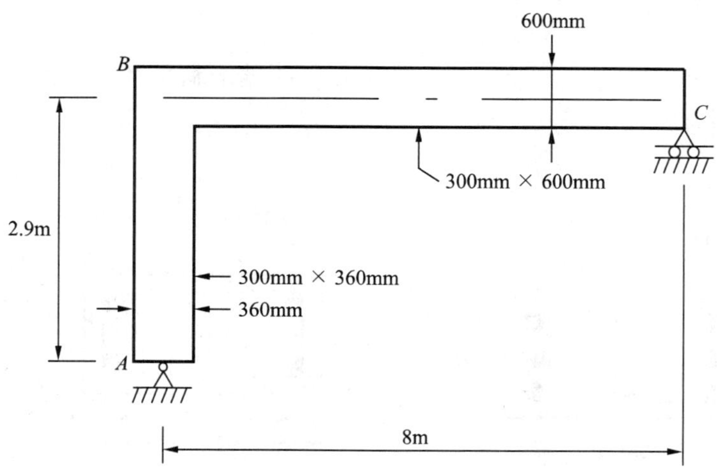

그림 P9.3

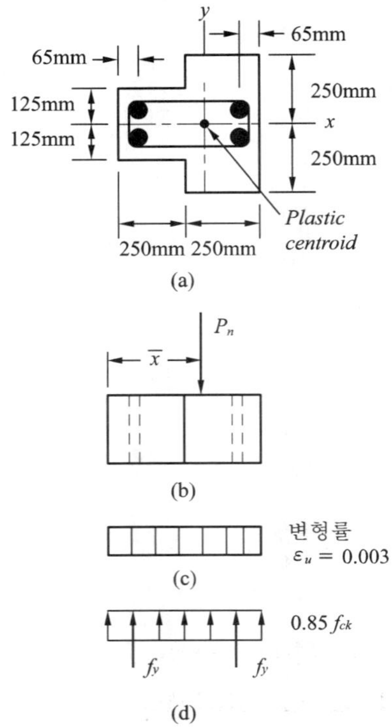

그림 P9.4

9.5 그림 P9.4에 보이는 단면의 소성중심을 $x-x$ 축을 따라 위치를 결정하라. 단, $f_{ck} = 21\ \text{MPa}$, $f_y = 400\ \text{MPa}$ 이며, 단면은 4-D32 철근으로 보강되어 있다.

9.6 $P_D = 1{,}250\ \text{kN}$ 와 $P_L = 550\ \text{kN}$ 이 작용하는 직사각형 단주(휨모멘트는 무시할 정도로 작다는 의미) 띠철근 기둥을 설계하라. 철근비는 대략 2%로 하고, 기둥은 정사각형 단면으로 한쪽 면의 길이는 400 mm로 설계를 시작하고, 필요한 띠철근도 설계하라. 설계표 표 9.7a를 이용하여 설계를 검토하라. 단, $f_{ck} = 27\ \text{MPa}$, $f_y = 400\ \text{MPa}$ 이다.

9.7 그림 P9.5a에 주어진 띠철근 기둥의 단면에서 순수 축하중에 대한 설계 축하중 강도 ϕP_n 을 결정하라. 단, $f_{ck} = 40\ \text{MPa}$, $f_y = 400\ \text{MPa}$ 이다.

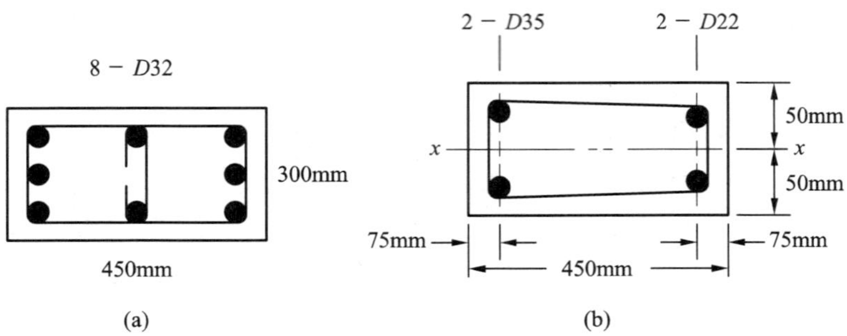

그림 P9.5

9.8 그림 P9.5b에 보이는 단면에서 x-x 축에 대한 소성중심의 위치를 결정하라.
(a) $f_{ck} = 27\,\mathrm{MPa}$, $f_y = 400\,\mathrm{MPa}$ 일 때와 ; (b) $f_{ck} = 40\,\mathrm{MPa}$, $f_y = 400\,\mathrm{MPa}$ 인 경우.

9.9 그림 P9.6에 보이는 단면을 갖는 직사각형 띠철근 기둥에서 축하중이 $y-y$ 축의 오른쪽(즉, x-x 축)에 작용할 때의 이론적인 하중-모멘트 상관도를 Excel을 이용하여 그려라. (a) $\phi P_{n(\max)}$ 인 경우, (b) 인장철근의 응력이 $0\% f_y$ 인 경우, (c) $50\% f_y$ 인 경우, (d) $100\% f_y$ 인 균형파괴의 경우, (e) $\varepsilon_t = 0.005\,(\equiv 250\%\ f_y)$ 인 인장지배 단면인 경우, (f) 순수 휨의 경우로 구분하여 계산하라. 단, $f_{ck} = 35\,\mathrm{MPa}$, $f_y = 400\,\mathrm{MPa}$ 이다.

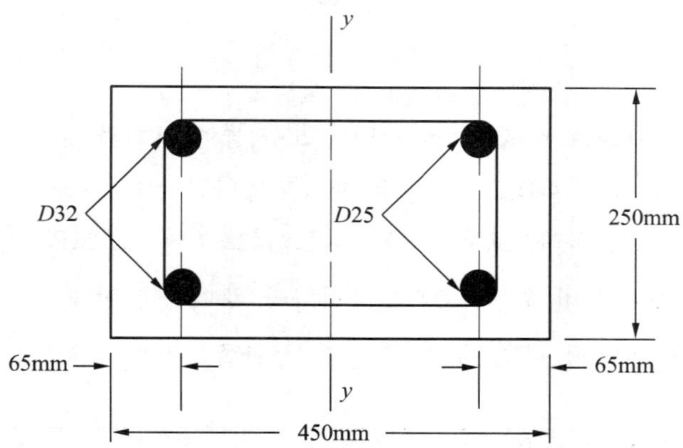

그림 P9.6

9.10 그림 P9.7에 보이는 횡구속 골조의 한 부재인 단면 250 mm × 300 mm의 띠철근 기둥을 표 9.9의 설계표를 이용하여 설계하라. 해석한 결과 휨은 $y-y$ 축을 중심으로 일어났으며, 고정하중은 전체 하중의 50%이었다. $k = 0.83$ 을 사용하고, 보통중량골재 콘크리트 $f_{ck} = 27$ MPa, $f_y = 400$ MPa을 사용한다. 만약에 불만족이면 $l_u = 3.5$ m로 재설계하라.

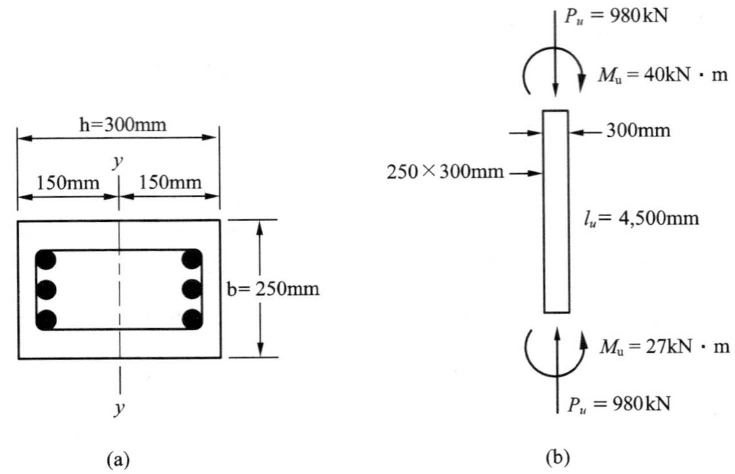

그림 P9.7

9.11 그림 P9.8에 주어진 300 mm × 400 mm 단면의 보-기둥에 그림과 같은 계수하중이 작용하고 있다. 만약에 이 단면 그림과 같이 4-D32 철근으로 보강되었다면 현행 구조기준에 따라 작용하는 하중을 지지하는데 충분한지 판단하라? 보통중량골재 콘크리트 f_{ck}= 21 MPa, f_y= 400 MPa이고, 전체 계수축력에 대한 지속하중의 비 β_{dns}= 0.5로 고려하라. 주어진 단면에 대한 상관값은 kN과 kN · m의 단위로 아래와 같다. 만약에 구조기준의 조건을 불만족하면 l_u= 4.3 m로 고려하라.

철근	ρ_g	Max Cap.		0% fy		25% fy		50% fy		100% fy		ε_t = 0.005		
		φMn	φPn	φMn	φPn	φMn	φPn	φMn	φPn	φMn	φPn	φMn	φPn	φMn
4-D32	2.65	65	1,745	110	1,384	133	1,140	150	930	177	575	193	309	155

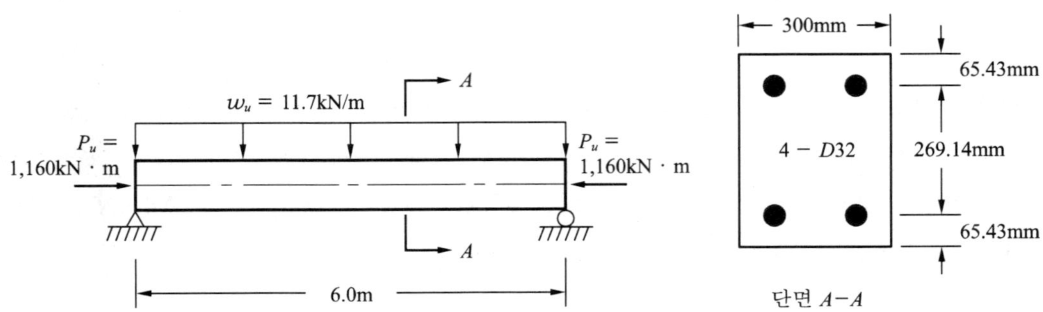

그림 P9.8

9.12 현행 구조기준에 따라 그림 P9.9 기둥에 작용시킬 수 있는 최대 휨모멘트를 결정하라. 골조는 횡구속 골조이며, 유효길이계수 $k=$ 0.85로, 보통중량골재 콘크리트 $f_{ck}=$ 21 MPa, $f_y=$ 400 MPa이고, 전체 계수축력에 대한 지속하중의 비 $\beta_{dns}=$ 0.5로 고려하라. 주어진 단면에 대한 상관값은 kN과 kN · m의 단위로 아래와 같다.

		Max Cap.		0% fy		25% fy		50% fy		100% fy		$\varepsilon_t=0.005$		
철근	ρ_g	φMn	φPn	φMn	φPn	φMn	φPn	φMn	φPn	φMn	φPn	φMn	φPn	φMn
4 -D 35	3.19	68	1,874	120	1,451	145	1,187	163	958	192	548	206	221	180

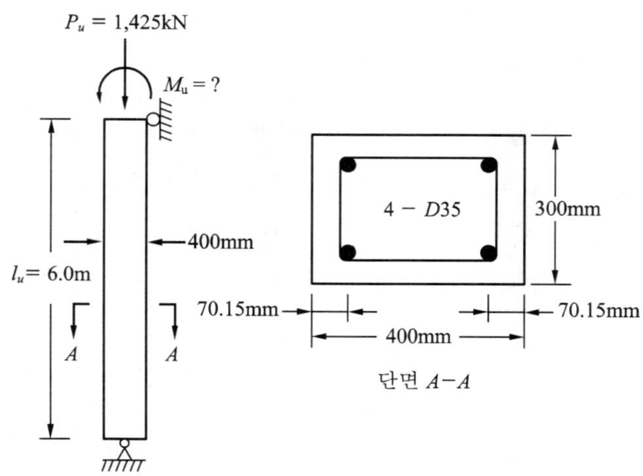

그림 P9.9

9.13 그림 P9.10은 정정 비횡구속 골조를 보여주고 있다. 골조가 평면상에서는 가로흔들이가 구속되어있지 않지만, 평면에 90° 방향으로는 횡구속 되어 있다. 골조의 평면에 연직방향의 휨에 대해서 기둥의 유효길이 $l_u=$ 4.8 m이고 휨모멘트는 0으로 가정하라.

(a) 정사각형 300 mm × 300 mm 기둥의 단면이 주어진 사용하중(고정하중, 활하중, 풍하중)을 설계하는데 적당한지 검토하라.

(b) 만약에 단면(300 mm × 300 mm)이 적당하다면 축방향 철근과 띠철근을 설계하라. 만약에 300 mm 가 부족하다면 평면에 연직한 방향(즉, 두께)으로는 300 mm를 유지하면서 평면방향(즉, 폭)으로 증가시켜가면서 설계한다. 단, 보통중량골재 콘크리트 $f_{ck}=$ 21 MPa, $f_y=$ 400 MPa이다.

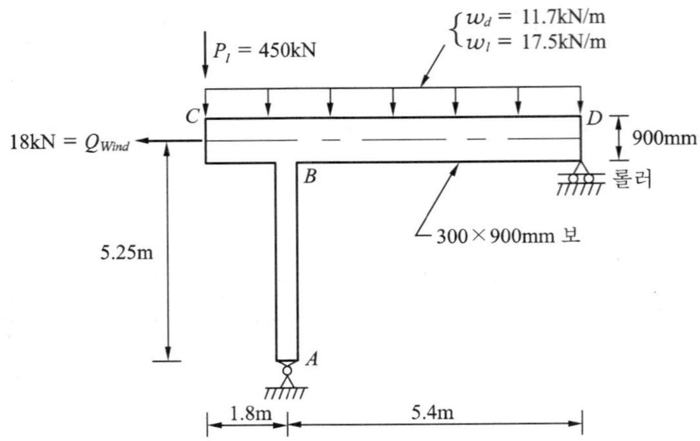

그림 P9.10

9.14 2축 하중이 작용하는 압축부재에 대한 근사설계방법을 이용하여 400 mm 정사각형 단면의 기둥을 설계하라. 보강철근은 모든 면에 고르게 분포되도록 설계하며, $P_u = 1{,}000$ kN, $M_{ux} = 100$ kN·m, $M_{uy} = 130$ kN·m 이 작용한다. 단면의 강도를 Bresler의 역하중 방정식으로 검토하라. 단, 보통중량골재 콘크리트 $f_{ck} = 21$ MPa, $f_y = 400$ MPa 이다.

9.15 다음의 2축 사용하중이 작용하는 띠철근 기둥을 설계하라. 고정하중 $P_D = 720$ kN, $M_{Dx} = 55$ kN·m, $M_{Dy} = 27$ kN·m 와 활하중 $P_L = 280$ kN, $M_{Lx} = 65$ kN·m, $M_{Ly} = 22$ kN·m 이 작용하고, 보통중량골재 콘크리트 $f_{ck} = 21$ MPa, $f_y = 400$ MPa 의 재료를 사용한다. 단, $b = 350$ mm, $h = 550$ mm 로 설계한다. 보강철근은 4면에 고르게 배치한다.

9.16[9.14] 다음과 같은 계수하중이 작용하는 정사각형 띠철근 기둥을 설계하라. 철근은 모든 면에 균등하게 분포되어 배치된다고 가정한다. $P_u = 5{,}340$ kN, $M_{ux} = 407$ kN·m, $M_{uy} = 170$ kN·m 이 작용하고, 보통중량골재 콘크리트 $f_{ck} = 35$ MPa, $f_y = 400$ MPa 이다. 단, 설계에서 단면은 600 mm × 600 mm 정사각형 단면을 선택하라.

정사각형 띠철근 단주 : 600 mm x 600 mm														
철근은 4면에 대칭으로 배치					fck =	35	MPa	fy =	400	MPa	φMn (kN.m)		φPn (kN)	
		Max cap		0% fy		25% fy		50% fy		100% fy		εt=0.005		(P=0)
		φ = 0.65										φ=0.85		
철근	ρ_t	φMn	φPn	φMn	φPn	φMn	φPn	φMn	φPn	φMn	φPn	φMn	φPn	φMn
4 -D 35	1.06	384	6,306	538	5,385	633	4,557	683	3,905	730	2,918	816	2,347	333
4 -D 38	1.27	392	6,447	559	5,458	658	4,609	713	3,934	770	2,902	864	2,316	391
4 -D 41	1.49	401	6,601	582	5,539	686	4,666	746	3,967	813	2,885	916	2,280	452

Chapter 10

Reinforced Concrete

2방향 슬래브의 설계
Design of Two-Way Slabs

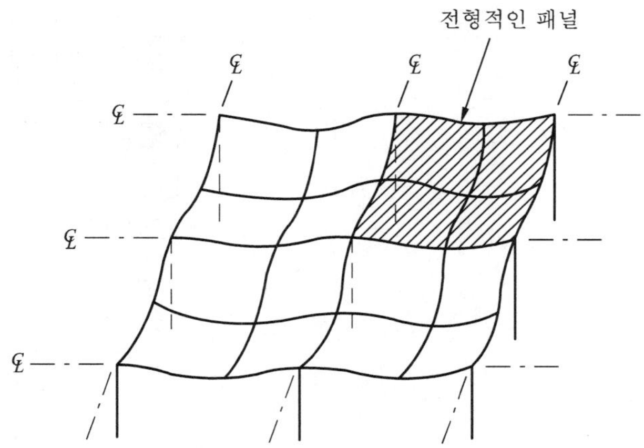

그림 10.1 직사각형으로 배치된 기둥에 의해서 지지되는 등분포 하중이 작용하는 슬래브의 처짐형상[10.1]

그림 1.4와 같이 슬래브 위에 작용하는 하중은 보를 통해서 기둥으로 전달되고 이 하중은 기초를 통해서 지반에 전달된다. 평평한 면을 형성하여 활동공간을 주는 슬래브에서 단변에 대한 장변의 비가 2배를 넘는 슬래브는 하중을 전달하기 위해서 그림 4.33과 같이 한 방향으로 휘면서 하중을 전달하여 이런 슬래브를 1방향 슬래브라고 한다[4.3장 참고 ; 구조기준 10.2.1(2), ACI 9.5.3.2]. 이에 비해서 단변에 대한 장변의 비가 2배를 넘지 않아 슬래브위에 작용하는 하중을 양방향으로 휘면서 전달하는 슬래브를 2방향 슬래브라고 한다. 따라서 2방향 슬래브에서 과도한 균열이나 처짐을 제한하기 위해서 일반적으로 보강철근을 슬래브의 측면과 평행하게 양방향으로 배치한다. 종종 매트기초(mat foundation)도 2방향 슬래브로 설계되지만 대부분의 2방향 슬래브는 건물의 바닥슬래브에 사용되며 일련의 기둥에 의해서 지지된다. 그림 10.1과 같이 기둥의 위치가 정사각형과 비슷하게 되면 슬래브는 하중을 기둥에 전달하기 위해서 2방향 거동이 발달하게 된다. 기둥의 중심선에 의해서 직사각형으로 형성되는 판을 패널(panel)이라고 한다. 상당히 과장된 그림 10.1과 같이 기둥의 위치에서는 조그만 언덕형상이 생기고 패널의 중앙부분에는 마치 그릇과 같이 움푹 들어간 처짐형상을 보여준다. 따라서 아래로 휘어서 양곡률을 보여주는 장소에는 하부철근이 배치되어야 하고, 위로 솟아서 음곡률인 부분은 상부철근이 배치되어야 할 것이다.

가장 일반적인 2방향 슬래브로는 2방향 보로 보강된 **보-슬래브 바닥판(two-way beam-supported slab)**, 플랫 플레이트(flat plate), 플랫 슬래브(flat slab), 워플 슬래브[waffle slab 또는 2방향 장선 슬래브(two-way joist slab)]등이 있다[10.2]. 현행 구조기준에서는 이런 모든 형식의 슬래브를 비슷한 방법으로 해석할 수 있도록 제시하고 있다. 그림 10.2a와 같이 4면이 보로 보강된 슬래브가 가장 처음에 사용하던 슬래브 시스템이었다. 기술이 발달함에 따라 서서히 보는 점차적으로 사라지게 되어 기둥이 직접적으로 슬래브를 지지하는 **플랫 플레이트(flat plate**, 그림 10.2b)가 나타나기 시작했다. 이 플랫 플레이트는 가장 효과적이고 경제적이어서 호텔이나 아파트, 병원 및 대형매장 등의 다층 건축구조물에서 가장 일반적으로 쓰이는 시스템이다. 플랫 플레이트 시스템은 다른 시스템에 비해서 형상이 단순하기 때문에 시간이 절약될 뿐만 아니라 인건비도 적게 든다. 또한 바닥시스템의 두께가 얇기 때문에 층의 높이가 낮아져서 벽이나 칸막이 또는 여러 장치들이 절약되어 건축

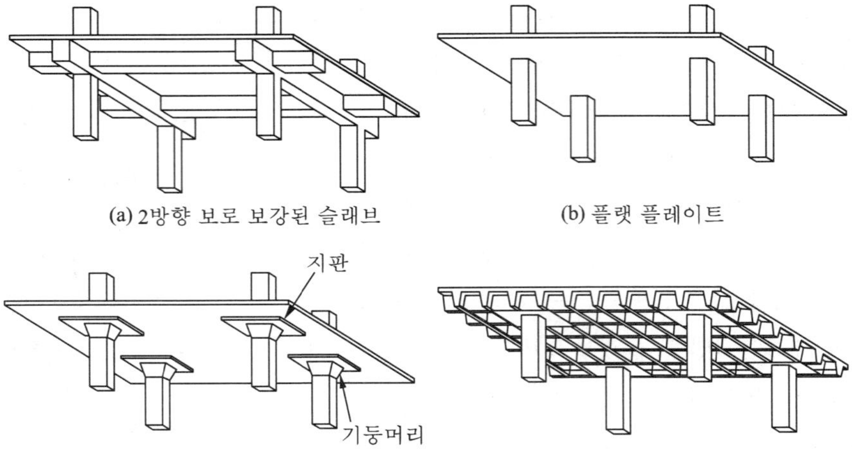

그림 10.2 2방향 슬래브의 종류 : (a) 기둥의 중심선을 따라 보로 보강된 슬래브, (b) 플랫 플레이트(flat plate), (c) 플랫 슬래브(flat slab), (d) 워플 슬래브[waffle slab 또는 2방향 장선 슬래브(two-way joist slab)]

상의 여러 장점을 갖게 된다. 특히 고도상의 제한이 있는 특정한 지역에서 주어진 건축물의 총 높이에서 최대한의 층을 구성할 수 있도록 할 뿐만 아니라 플랫 플레이트 시스템이 기둥의 배열이나 칸막이 또는 개구부(opening)등을 뚫는데 가장 유연한 시스템이다.

플랫 플레이트 사용의 근본적인 제한은 기둥 둘레의 전단이 문제이다[구조기준 10.3.3(3), ACI 13.5.4]. 큰 하중이 작용하거나 경간이 길어지면 플랫 플레이트는 종종 기둥주위에 국부적으로 두께를 두껍게 시공하여 전단에 문제가 없도록 하며 이를 **지판(drop panel)**이라고 부른다. 이렇게 플랫 플레이트에 지판을 시공한 슬래브를 **플랫 슬래브(flat slab)**(그림 10.2c)라고 부른다. 구조기준 10.3.4(2)(ACI 13.2.5)에서 지판은 받침부 중심선에서 각 방향 받침부 중심 간 경간의 1/6 이상을 각 방향으로 연장시키고, 돌출한 두께는 슬래브 두께의 1/4 이상으로 하여야 한다고 제시하고 있다. 기둥주위의 전단 때문에 기둥의 상부에 기둥머리를 시공하기도 한다. 설계에서 기둥머리는 기둥의 일부분으로 보고, 지판은 슬래브의 일부분으로 본다(구조기준 10.5.3과 10.5.4, ACI 13.7.3, 13.7.4).

워플 슬래브(waffle slab) 시공은 직각방향으로 서로 엇갈리게 배치한 일련의 장선구조를 기둥이 지지하는 형식이다. 보통 장선은 정사각형으로 배치되며 기둥머리부분은 전단을 고려해서 속이 꽉 찬 단면으로 기둥과 연결된다. 구조기준에서는 워플 슬래브를 단면이 꽉찬 기둥머리부분을 지판으로 보아 플랫 슬래브로 설계할 수 있도록 제시하고 있다[구조기준 10.1.1(3), ACI 13.1.3]. 워플 슬래브 시공은 장선사이의 경간이 짧기 때문에 슬래브의 두께를 감소시킬 수 있어서 기존의 플랫 슬래브에 비해서 고정하중을 상당히 경감시킬 수 있다. 따라서 워플 슬래브 시스템은 경간이 길거나 또는 큰 하중이 작용하는 경우에 두께가 두꺼운 지판이나 보강보를 배치하기 어려운 상황에서 특히 유리하고 2방향 장선의 모양이 보기에도 나쁘지 않다.

구조물의 각층에 발생하는 전단력과 휨모멘트는 대부분 그 층의 바닥판에 직접적으로 작용하는 하중에 의해서만 일어나므로, 구조기준(ACI)에서는 각 층의 연직하중에 대해서 독립적으로 해석할 수 있도록 하였다. 해석을 위해서 바닥판(floor)은 바닥판의 위와 아래에서 오직 기둥에 의해서만 지지되고 구속된다고 가정하고, 해석을 간단하게 하기위해서 기둥의 먼 끝은 고정(fixed end)되고 연직하중은 바닥판에 가로방향 변위를 발생시키지 않는다고 가정하였다(그림 10.3c 참고).

연속된 3차원 구조물의 바닥판에 대한 엄밀 해석은 부정정 구조로 매우 복잡하므로 현행 구조기준(ACI)에서는 전체 바닥판을 패널의 중심을 따라 가상적으로 자른 2차원의 골조로 나누어 해석할 수 있도록 하였다. 그림 10.3b와 c에서 보는바와 같이 이렇게 나누면 기둥의 중심선을 따라 양쪽으로 폭이 패널의 절반길이 만큼 되는 깊이가 얕은 슬래브-보(slab-beam)가 만들어진다. 그림 10.3c와 같이 내부골조(interior frame)는 기둥 중심선 부분인 전체 폭의 **주열대(column strip)**와 양옆으로 1/2폭의 **중간대(middle strip)**로 구성되어 있다. 단부골조에서는 각각 1/2 폭의 주열대와 중간대를 포함하게 된다(그림 10.3b 참고). 이런 2방향 슬래브에서 양방향으로의 휨을 고려하기 위해서는 전체 바닥판을 종방향과 횡방향의 강접골조(rigid frame)로 각각 나누어 설계하여야 한다. 이렇게 슬래브를 간략법에 의해서 해석하게 되면 모멘트는 고려하지만 평면상의 막력(in-plane membrane force)은 무시하게 되어 결과적으로는 안전측의 설계가 된다[10.1].

현행 구조기준에서는 슬래브-보에서 모멘트를 결정하는데 **직접설계법(direct design method)**과 **등가골조법(equivalent-frame method)**의 2 방법을 제시하고 있다. 직접설계법은 거의 등간격으로 기둥이 배치되면서 작용하중이 등분포인 슬래브의 설계에 제한되며 슬래브-보에서 위험단면의 설계모멘트가 계수하중과 단면의 함수로 제시된 계수를 이용하는 경험적인 해석방법이다. 등가골조법은 기둥의 간격이나 또는 집중하중이나 등분포하중에 대한 제한이 없으며 일정한 폭의 슬래브(a strip of slab)와 아래위로 붙은 기둥을 강접골조(rigid frame)로 보아 해석하는 방법이다(그림 10.22 참고).

또한 구조기준 부록 IV[10.5]에서는 4변이 지지되고 있는 2방향 슬래브 설계에 적용할 수 있는 장방형 슬래브 설계용 계수가 제시되어있다. 이 부록은 1999년도 콘크리트구조설계기준 부록 II에 처음으로 도입된 내용으로 ACI 318-63[10.9]에서 Method 3으로 소개된 설계방법이다. 이 설계방법은 그동안 유럽에서 사용되던 방법을 ACI에서 도입한 것으로 ACI 318-63에 부록(A2003 - Method 3)으로 소개되었지만 ACI 318-71[10.10]에서는 자취를 감추었다. 이 설계방법은 장변방향의 순경간(l_2)에 대한 단변방향의 순경간(l_1) 비가 $0.5 \le (m = l_1/l_2) \le 1.0$ 까지의 범위에 적용할 수 있다. 중간대에서 단변방향과 장변방향의 휨모멘트는 구조기준 표 IV.1~IV.3에서 읽는 계수 C_A 및 C_B를 이용하여 아래 식으로 계산할 수 있다. 주열대 휨모멘트는 중간대와의 경계선에서는 식 (10.1a, b)의 전체 값으로 하고, 단부로 가면서 이들 값의 1/3로 직선적으로 감소하는 것으로 계산하도록 제시하고 있다.

$$M_A = C_A w_u l_1^2 \quad ; \quad M_B = C_B w_u l_2^2 \tag{10.1a, b}$$

이렇게 1999년도 기준의 부록에 소개된 장방형 슬래브 설계계수는 그 후 계속적으로 부록에 현재 (2012)까지 소개되고 있는 상황이다.

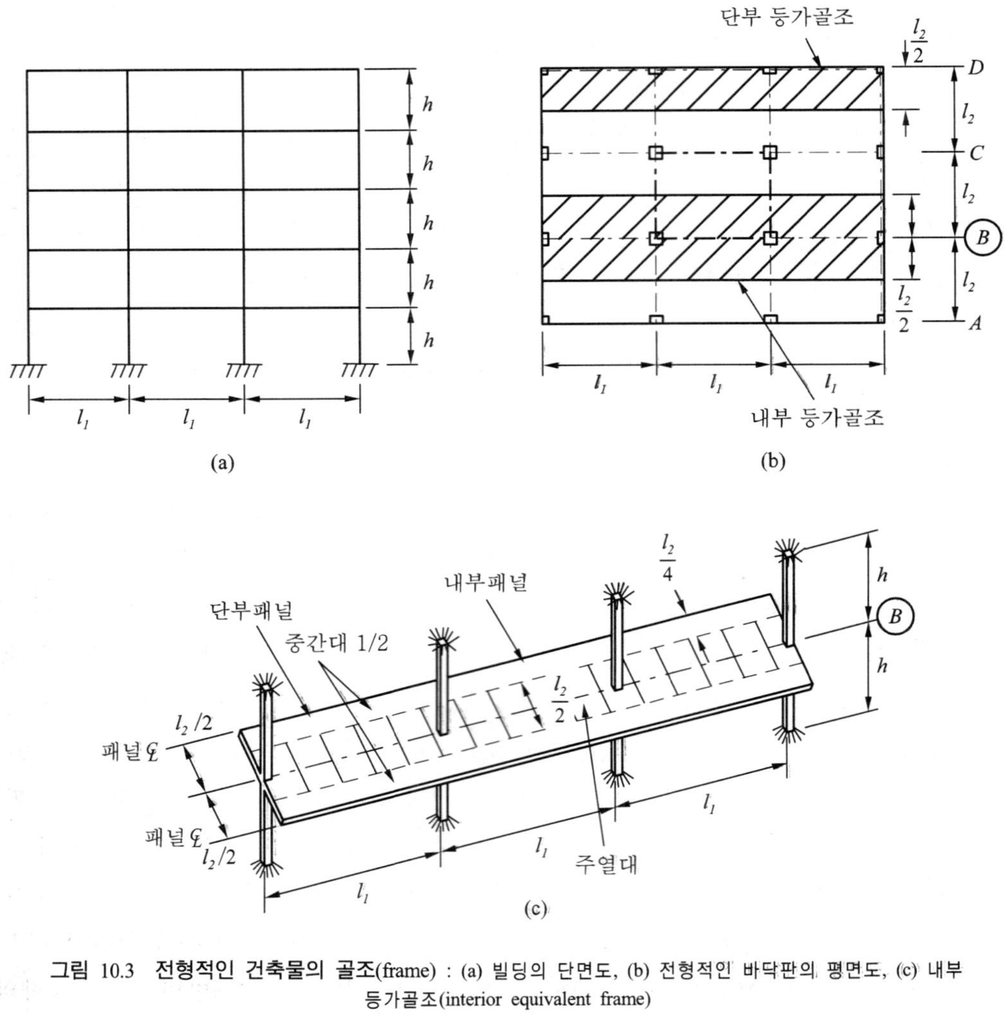

그림 10.3 전형적인 건축물의 골조(frame) : (a) 빌딩의 단면도, (b) 전형적인 바닥판의 평면도, (c) 내부 등가골조(interior equivalent frame)

비록 두께가 얇더라도 적절히 보강된 2방향 슬래브는 상당한 휨강성을 발휘는 하지만 슬래브의 유연성 때문에 과도한 처짐이 일어날 수 있다. 2방향 슬래브의 두께는 보통 구조기준 4.3.2(ACI

9.5.3)의 처짐에 대한 제한 규정에 따라 결정된다(표 10.1 참고). 슬래브의 두께가 일반적으로 얇기 때문에 전단에 의해서 기둥에 전달할 수 있는 강도가 낮을 수 있다. 만약에 그림 10.2b와 같이 기둥을 따라 보가 배치되지 않았다면 대부분의 플랫 플레이트의 파괴는 기둥에서 전단의 과응력으로 시작되어 기둥이 슬래브를 뚫고 들어가는 파괴가 일어나며 이런 파괴를 **뚫림전단파괴(2방향 전단파괴, punching-shear failure)**라고 한다[1].

10.1 처짐량을 제한하는 2방향 슬래브의 최소두께 (Minimum Thickness of Two-way Slabs to Control Deflection)

현행 구조기준에서 규정한 처짐량을 만족시키기 위해서 2방향 슬래브의 처짐을 계산하여 표 5.7(구조기준 표 4.3.2)에서 제시한 최대허용처짐과 비교하거나 또는 슬래브의 최소두께로 처짐을 제한하는 방법을 사용하고 있다. 슬래브의 처짐을 계산하는 것은 매우 복잡하므로, 슬래브의 강성에 대해서 가장 주된 계수인 슬래브의 최소두께에 대한 규정을 이용하여 보통 처짐량을 제한한다. 슬래브의 처짐은 여러 변수에 따라 좌우되므로, 2방향 슬래브의 실험을 통하여 슬래브의 최소두께에 대해서 경험식을 제시하였다. 이 식들은 경간, 패널의 형태, 경계조건, 보의 강성, 철근의 항복강도 등의 처짐에 대한 영향을 고려하였다. 현행 구조기준 4.3.2에서는 2방향 슬래브에서 내부지지 사이에 보가 있는 경우와 없는 경우로 나누어서 슬래브의 최소두께에 대한 규정을 제시하고 있다.

내부 기둥(Interior Support) 사이에 보가 없는 슬래브의 경우

테두리보를 제외하고 슬래브 주변에 보가 없거나 보의 강성비(stiffness ratio) $\alpha_m \le 0.2$ 이하인 경우[식 (10.3) 참고] 슬래브의 최소두께는 긴 변의 순경간 l_n 의 함수로 표현된 표 10.1(구조기준 표 4.3.3)에 따라 최소두께를 결정한다[구조기준 4.3.2(3), ACI 9.5.3.3]. 또한 최소두께는 다음 값 이상으로 하여야 하는데 구조기준 10.3.4(ACI 13.2.5)에서 제시하는 **표준지판(drop panel)**은 ① 지판은 받침부(기둥) 중심선에서 각 방향 받침부 중심 간 경간의 1/6 이상을 각 방향으로 연장시키

1) 1995년 6월 29일 약 500여명의 인명을 앗아간 서울시 서초구에서 일어난 삼풍백화점 붕괴사고는 한국시설안전관리공단(www.kistec.or.kr)의 홈페이지에서 기술자료-사고사례-건축물을 보면 기술적 원인에서는 언급하지 않고 있지만 그림에서 보면 원래 플랫 슬래브에서 기둥머리 위의 150 mm 두께의 지판이 시공에서 누락되어 마치 플랫 플레이트로 시공되어 붕괴가 전형적인 뚫림전단파괴(punching-shear failure)로 일어나면서 수많은 인명을 잃는 붕괴사고가 일어나게 되었다.

거나, ② 지판의 슬래브 아래로 돌출한 두께는 돌출부를 제외한 슬래브 두께의 1/4 이상이어야 한다고 규정하고 있다.

① 구조기준 10.3.4에 따른 표준 지판이 없는 슬래브의 경우 : $h_{(\min)} \geq 120\,\text{mm}$

② 구조기준 10.3.4에 따른 표준 지판이 있는 슬래브의 경우 : $h_{(\min)} \geq 100\,\text{mm}$

내부 기둥 사이에 보가 있는 슬래브의 경우

① **강성비 $\alpha_m \leq 0.2$ 인 경우** : 슬래브 사이에 보가 없는 경우로 간주하여 표 10.1(구조기준 표 4.3.3)에 따라 최소두께를 결정하고, 지판이 없는 경우 $h_{(\min)} \geq 120\,\text{mm}$ 를 지판이 있는 경우 $h_{(\min)} \geq 100\,\text{mm}$ 를 만족하여야 한다.

표 10.1 내부에 보가 없거나 또는 보의 깊이가 아주 작아서 $\alpha_m \leq 0.2$ 인 경우의 슬래브의 최소두께(구조기준 표 4.3.3)

<table>
<tr><th rowspan="3">설계기준 항복강도 f_y (MPa)</th><th colspan="3">지판이 없는 경우</th><th colspan="3">지판이 있는 경우</th></tr>
<tr><th colspan="2">단부(외부) 슬래브</th><th rowspan="2">내부 슬래브</th><th colspan="2">단부(외부) 슬래브</th><th rowspan="2">내부 슬래브</th></tr>
<tr><th>테두리보가 없는 경우</th><th>테두리보가 있는 경우</th><th>테두리보가 없는 경우</th><th>테두리보가 있는 경우</th></tr>
<tr><td>300</td><td>$l_n / 32$</td><td colspan="3">$l_n / 35$</td><td colspan="2">$l_n / 39$</td></tr>
<tr><td>350</td><td>$l_n / 31$</td><td colspan="3">$l_n / 34$</td><td colspan="2">$l_n / 37.5$</td></tr>
<tr><td>400</td><td>$l_n / 30$</td><td colspan="3">$l_n / 33$</td><td colspan="2">$l_n / 36$</td></tr>
<tr><td>500</td><td>$l_n / 28$</td><td colspan="3">$l_n / 31$</td><td colspan="2">$l_n / 33$</td></tr>
<tr><td>600</td><td>$l_n / 26$</td><td colspan="3">$l_n / 29$</td><td colspan="2">$l_n / 31$</td></tr>
</table>

② **강성비(stiffness ratio)가 $0.2 < \alpha_m < 2.0$ 인 경우** : 슬래브의 최소두께 $h_{(\min)}$은 다음과 같이 제시하고 있다[구조기준 4.3.2(3), ACI 9.5.3.3].

$$h_{(\min)} \geq \frac{l_n(800 + f_y/1.4)}{36{,}000 + 5{,}000\beta(\alpha_m - 0.2)} \geq 120\,\text{mm} \tag{10.2a}$$

③ **강성비 $\alpha_m \geq 2.0$ 인 경우** : 슬래브의 최소두께 $h_{(\min)}$은 다음과 같이 제시되었다.

$$h_{(\min)} \geq \frac{l_n(800 + f_y/1.4)}{36{,}000 + 9{,}000\beta} \geq 90\,\text{mm} \tag{10.2b}$$

여기서 $l_n =$ 긴 변의 순경간 ; $\beta =$ 2방향 슬래브에서 단변방향에 대한 장변방향의 순경간비 ; $\alpha_m =$ 한 슬래브 주위의 모든 보의 α 값의 평균 값 ; $\alpha =$ 보 양쪽의 슬래브 판의 중앙선에 의해서 구획되는 슬래브의 휨강성에 대한 보 휨강성의 비(beam-to-slab stiffness ratio)

로 다음과 같이 표현할 수 있다.

$$\alpha = \frac{\text{보의 휨강성}}{\text{슬래브의 휨강성}} = \frac{4E_{cb}I_b/l}{4E_{cs}I_s/l} = \frac{E_{cb}I_b}{E_{cs}I_s} \tag{10.3}$$

여기에서 E_{cb} 와 E_{cs} 는 각각 보와 슬래브 콘크리트의 탄성계수이고, I_b 와 I_s 는 각각 보와 슬래브의 비균열 단면 2차 모멘트이다(그림 10.4 참고). 만약에 플랫 플레이트와 같이 보가 배치되지 않은 상황에서 $\alpha = 0$ 가 된다. 그림 10.5에는 ACI 318 Note[10.2]에 제시된 도표로 보-슬래브 강성비 α 를 읽어서 구할 수 있다.

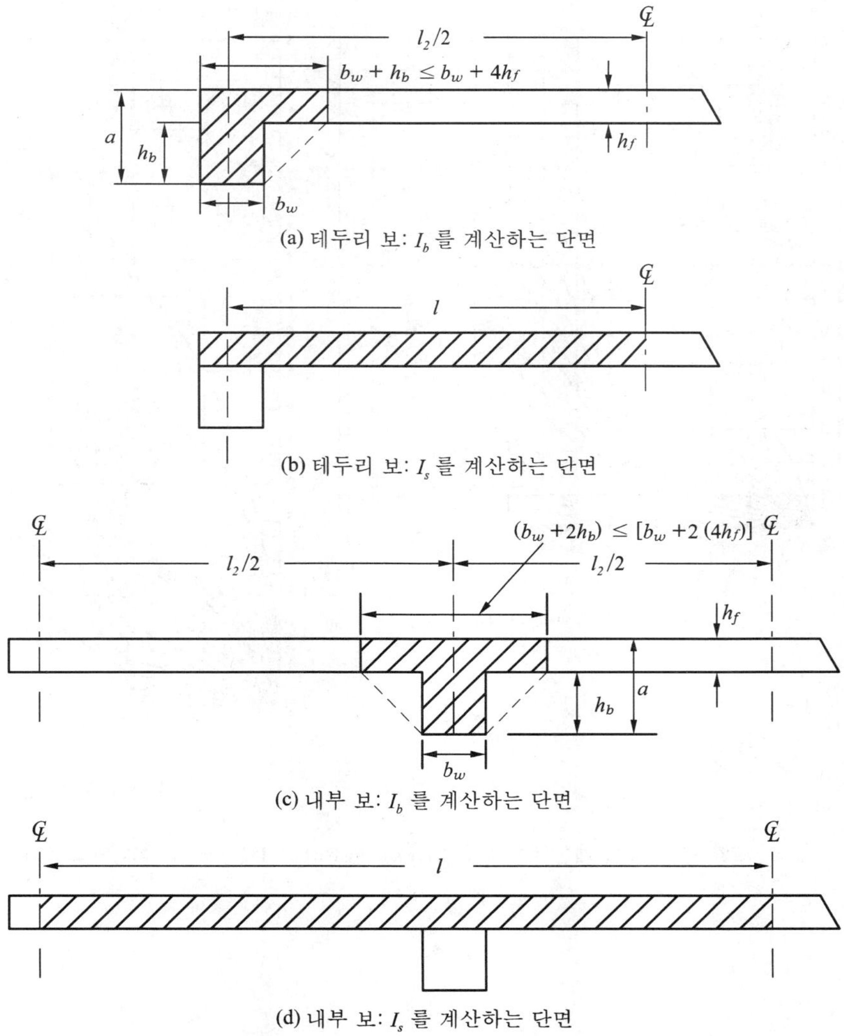

(a) 테두리 보: I_b 를 계산하는 단면

(b) 테두리 보: I_s 를 계산하는 단면

(c) 내부 보: I_b 를 계산하는 단면

(d) 내부 보: I_s 를 계산하는 단면

그림 10.4 α **계산에 포함시켜야 되는 보와 슬래브의 단면(구조기준 4.1.2 및 10.5.5)**

구조기준 4.3.2(3)③[ACI 9.5.3.3(d)]에서는 불연속단을 갖는 슬래브에 대해서는 강성비 $\alpha \geq 0.8$의 테두리보를 설치하거나, 또는 식 (10.2a)와 (10.2b)에서 구한 최소 소요두께를 적어도 10% 이상 증대시켜야 된다고 제시하고 있다.

현행 구조기준 4.3.2(4)에서는 만약에 처짐이 표 5.7(구조기준 표 4.3.2 : 최대 허용 처짐 규정)에서 규정한 제한값을 초과하지 않는 것이 계산에 의해서 확인된 경우에 식 (10.2a)나 (10.2b)에서 규정한 최소 소요두께보다 작은 두께의 슬래브를 사용할 수 있으며, 이때 처짐은 패널의 크기, 모양, 지지조건, 패널 단부의 구속상태 등을 고려하여 계산하여야 한다고 규정하고 있다.

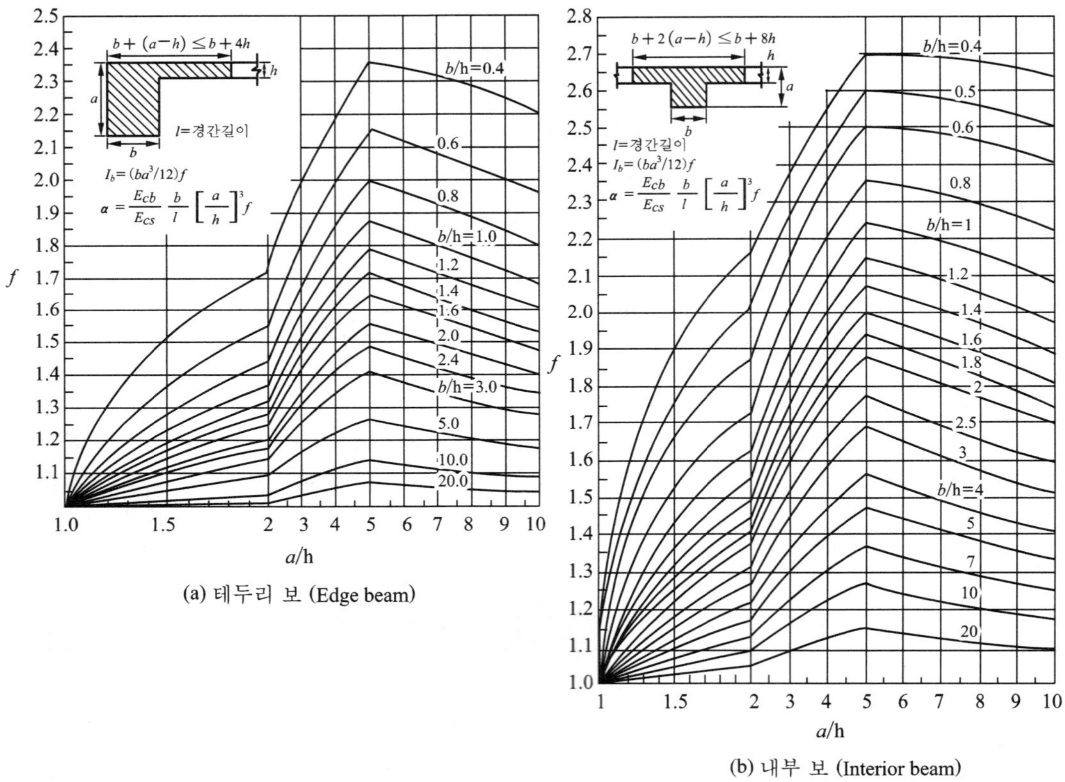

(a) 테두리 보 (Edge beam)

(b) 내부 보 (Interior beam)

그림 10.5 α**를 계산하는 도표**(Notes on ACI 318 : PCA)[10.2] (l **정의는 그림 10.4 참고**)

예제 10.1 슬래브의 최소두께 계산

그림 10.6에 보이는 6 m × 7.5 m 플랫 플레이트 패널이 450 mm 정사각형 기둥에 의해서 지지되고 있다. 테두리보는 배치되지 않는다. 그림의 모서리 패널을 조사하여 만약에 처짐계산을 하지 않는 경우에 현행 구조기준에서 요구하는 슬래브의 최소두께는 얼마인가? 단, $f_{ck}=21$ MPa이고, $f_y=400$ MPa이다.

풀이

① 순경간 l_n 계산 : $l_n = 7.5-0.45 = 7.05\ (\mathrm{m})$(각 패널의 경간이 틀린 경우에는 각각의 경우에 최소두께를 계산해서 가장 큰 값을 두께로 결정해야 한다.)

② 표 10.1에서 읽으면, $h_{(\min)} = l_n/30 = 7.05\times10^3/30 = 235\ (\mathrm{mm})$ (순경간의 길이가 긴 쪽이 지배하므로 짧은 쪽 순경간은 무시한다.)

③ 따라서 $h_{(설계)} = 240\ \mathrm{mm} > h_{(\min)} = 235\ \mathrm{mm}$ <o.k.>

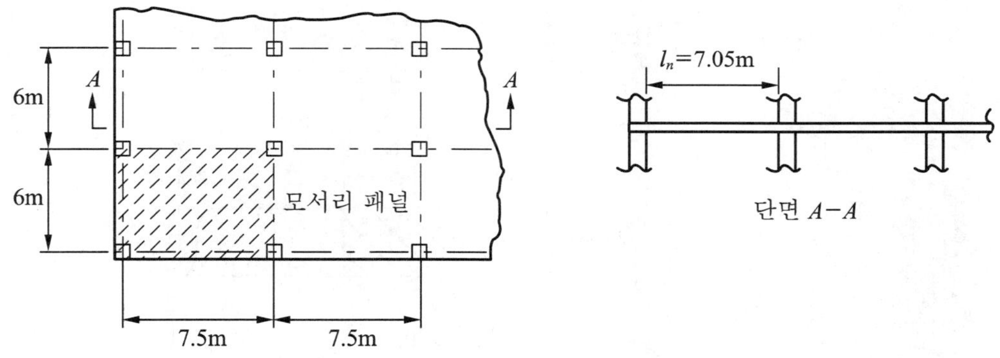

그림 10.6 플랫 플레이트 바닥

예제 10.2 보-슬래브 강성비 α 계산

그림 10.7에는 깊이가 400 mm이고 폭이 300 mm인 테두리보(edge beam)를 가진 200 mm 두께의 슬래브를 보여주고 있다. 슬래브와 테두리보는 일체로 시공되어 압축강도 f_{ck}와 탄성계수 E_c는 동일하다. 보-슬래브 강성비 α를 계산하라.

풀이

$E_{cb}=E_{cs}$ 이므로 식 (10.3)은 $\alpha = I_b/I_s$ 가 된다.

① I_b 의 계산 : 먼저, 그림 10.7b에서 슬래브의 상부에서 중립축의 거리 계산

$$\frac{(500\times200\times200/2)+[300\times200\times(200+200/2)]}{(500\times200)+(300\times200)}=175\ (\text{mm})$$

따라서 중립축은 슬래브의 상부에서 175 mm에 위치한다.

$$\therefore I_b=\left(\frac{300\times400^3}{12}\right)+(300\times400)\times25^2+\left(\frac{200\times200^3}{12}\right)+(200\times200)\times75^2$$

$$=2{,}033\times10^6\ (\text{mm}^4)$$

② 또는 그림 10.5a를 이용해서 I_b 를 계산하면 $\dfrac{a}{h}=\dfrac{400}{200}=2$; $\dfrac{b}{h}=\dfrac{300}{200}=1.5$ 일 때 읽으면 $f=$ 1.27 이므로,

$$I_b=\left(\frac{b\,a^3}{12}\right)f=\frac{300\times400^3}{12}(1.27)=2{,}032\times10^6\ (\text{mm}^4)$$

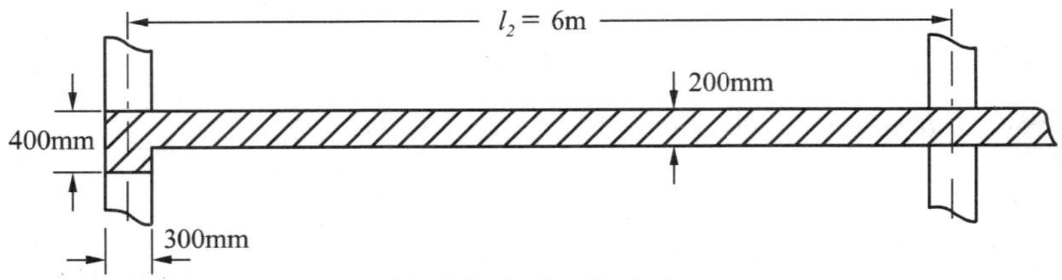

(a) 단부 슬래브의 단면

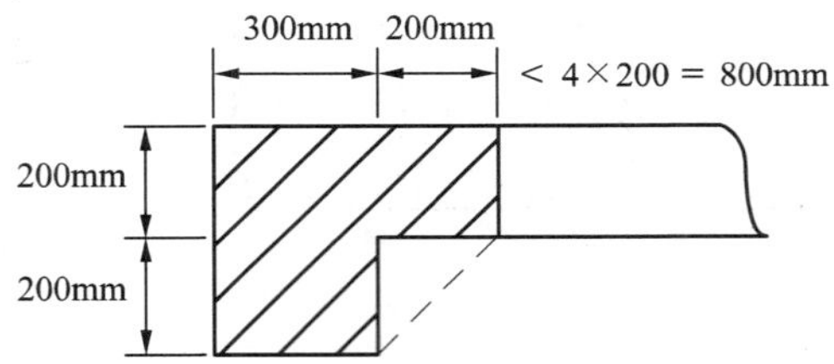

(b) 테두리 보: I_b 계산 단면

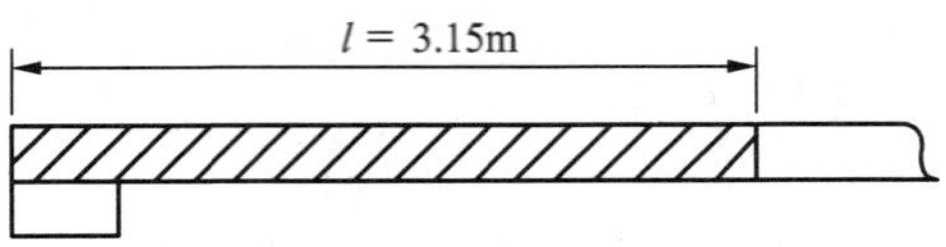

(c) 모서리 테두리 보: I_s 계산 단면

그림 10.7 슬래브

③ I_s 의 계산 : 그림 10.7c에서 빗금인 부분 ; $I_s=\dfrac{3{,}150\times200^3}{12}=2{,}100\times10^6\ (\text{mm}^4)$

④ α 의 계산 : $\therefore \alpha=\dfrac{I_b}{I_s}=\dfrac{2{,}033\times10^6}{2{,}100\times10^6}=0.968$

⑤ 또는 그림 10.5a를 이용해서 α 를 구하면 : $\alpha = \dfrac{E_{cb}}{E_{cs}} \dfrac{b}{l} \left(\dfrac{a}{h}\right)^3 f$ 에서; 앞에서 읽은 값 $f = 1.27$ 이고, $l = (l_2 + b_w)/2 = (6{,}000 + 300)/2 = 3{,}150\ (\mathrm{mm})$ 이다.

$$\therefore \alpha = \frac{E_{cb}}{E_{cs}} \frac{b}{l} \left[\frac{a}{h}\right]^3 f = (1)\frac{300}{3{,}150}\left(\frac{400}{200}\right)^3 \times 1.27 = 0.968\ (\because \text{계산으로 구한 값과 일치한다.})$$

예제 10.3 슬래브의 최소두께 검토

그림 10.20에 보이는 바닥시스템의 내부 패널에서 슬래브 두께가 200 mm일 때 현행 구조기준에서 처짐을 제한하는 최소두께 규정을 만족하는지 검토하라. 슬래브는 기둥의 중심선을 따라 깊이가 600 mm인 보로 보강되어 있다. 그림의 내부 패널을 조사하여 만약에 처짐계산을 하지 않는 경우에 현행 구조기준에서 요구하는 슬래브의 최소두께는 얼마인가?
단, $f_{ck} = 21$ MPa이고, $f_y = 400$ MPa이고, $E_c = E_{cs} = E_{cb}$ 이다.

풀이

장변방향에 관련된 보-슬래브 강성비를 α_1 이라 하고, 단변방향에 관련된 강성비를 α_2 라 한다.

① 장변방향에 관련된 보-슬래브 강성비 α_1을 구하기 위해서 I_b와 I_s를 계산 : $a/h = 600/200 = 3$; $b/h = 300/200 = 1.5$ 일 때 그림 10.5b에서 읽으면 $f = 1.72$,

$$I_b = \left(\frac{b\,a^3}{12}\right) f = \frac{(300)(600^3)}{12}(1.72) = 9{,}288 \times 10^6\ (\mathrm{mm}^4)$$ 2)

I_s 계산에 포함시켜야 하는 연직한 경간의 길이(그림 10.4d 참고) : $l = 6$ m

$$I_s = \frac{6{,}000 \times 200^3}{12} = 4{,}000 \times 10^6\ (\mathrm{mm}^4) \quad ; \quad \therefore \alpha_1 = \frac{I_b}{I_s} = \frac{9{,}288 \times 10^6}{4{,}000 \times 10^6} = 2.32$$

② 단변방향에 관련된 보-슬래브 강성비 α_2 를 구하기 위해서 I_s를 계산 : I_s 계산에 포함시켜야 하는 연직한 경간의 길이(그림 10.4d 참고) : $l = 9$ m

$$I_s = \frac{9{,}000 \times 200^3}{12} = 6{,}000 \times 10^6\ (\mathrm{mm}^4) \quad ; \quad \therefore \alpha_2 = \frac{I_b}{I_s} = \frac{9{,}288 \times 10^6}{6{,}000 \times 10^6} = 1.55$$

③ 평균값 α_m 계산 : $\alpha_m = \dfrac{\alpha_1 + \alpha_2}{2} = \dfrac{2.32 + 1.55}{2} = 1.94 < 2.0$ 이므로 식 (10.2a) 이용

2) 그림 10.5를 이용하여 α 를 직접 구하기보다는 I_b는 도표를 이용하여 구하고, I_s는 계산이 쉬우므로 직접 계산하여 α 를 구하는 것이 오히려 편리하다.

④ β 계산 : $\beta = \dfrac{l_{n\,(장변)}}{l_{n\,(단변)}} = \dfrac{9.0-0.3}{6.0-0.3} = \dfrac{8.7}{5.7} = 1.53$

⑤ $h_{(min)}$ 계산 : $h_{(min)} = \dfrac{l_n(800+f_y/1.4)}{36{,}000+5{,}000\beta(\alpha_m-0.2)}$

$h_{(min)} = \dfrac{8{,}700(800+400/1.4)}{36{,}000+5{,}000(1.53)(1.94-0.2)} = 191\ (\mathrm{mm}) > 120\ \mathrm{mm}$ <o.k.>

$\therefore h_{(배치)} = 200\ \mathrm{mm} > h_{(min)} = 191\ \mathrm{mm}$ <o.k.>

10.2 직접설계법(Direct Design Method)(구조기준 10.4, ACI 13.6)

현행 구조기준 10.3.2(1)(ACI 13.5.1)에 의하면 2방향 슬래브 시스템은 평형조건과 기하학적인 적합조건을 충족하면서 소요강도와 사용성을 만족시키는 어떤 방법으로든 설계할 수 있다고 규정하고 있다. 가장 일반적인 경우로 직사각형으로 배치된 기둥에 의해서 지지되는 슬래브는 **직접설계법(direct design method)**이나 또는 **등가골조법(equivalent frame method)**으로 설계할 수 있다. 이 두 설계방법은 현행 구조기준 10.4(ACI 13.6)와 10.5(ACI 13.7)에서 각각 다루고 있다. 기하학적으로 배치가 특이하거나, 기둥의 간격이 일률적이지 않거나, 또는 큰 개구부(large opening)로 인해서 슬래브의 연속성이 손상 받는 경우에는 구조기준에서 제시한 어떤 방법도 적용할 수 없게 된다. 이러한 특수한 경우에는 유한요소 해석법(finite element analysis)이나 항복선 해석(yield-line analysis) 등과 같은 방법을 사용하여 해석하여야 한다.

직접설계법은 등분포 하중이 작용하는 슬래브-보의 위험단면에서 설계모멘트를 결정하는 경험적인 설계방법이다. 이 방법에서 골조의 각 경간을 단순보로 고려하여 계산한 모멘트(static moment)를 받침부의 최대 부모멘트와 경간 중앙에서 최대 정모멘트로 분배한다. 단부패널(exterior panel)을 제외하고 종방향의 모멘트를 결정하는데 부재의 특성 값이 필요하지 않으므로 상당히 계산이 간단하게 된다.

2방향 슬래브의 설계절차(Design Process for Two-Way Slabs)[10.7]

2방향 슬래브의 설계는 다음과 같은 단계를 밟아 수행한다.

① 건축물의 배치(layout)를 구상하고, 2방향 슬래브의 종류(그림 10.2 참고)를 선택한다. 어떤 종류의 슬래브를 선택하느냐는 건축적인 요소와 건설 시의 비용과 시간 등에 가장 크게 영향을 받는다.

② 슬래브의 두께를 선택한다.

ⓐ 일반적으로 슬래브의 두께는 사용하중이 작용할 때 과도한 처짐이 발생하지 않도록 하는 표 10.1(구조기준 4.3.2, ACI 9.5.3) 규정에 따라 선택된다.

ⓑ 슬래브의 두께가 내부나 단부 기둥에서 전단강도에 충분한지 검토한다.

③ 설계방법을 선택한다.

a) 등가골조법(Equivalent Frame Method) : 각 패널의 양과 부계수휨모멘트를 계산하기 위해서 탄성골조해석(elastic frame analysis)을 사용하며, 계산을 수행하기가 복잡하다.

b) 직접설계법(Direct Design Method) : 각 패널에서 설계모멘트를 계산하는데 구조기준 10.4(ACI 13.6)에서 제시한 계수를 사용한다.

④ 설계하는 패널(내부 또는 단부)과 방향을 결정한다.

⑤ 슬래브의 정과 부계수휨모멘트를 계산한다.

⑥ 슬래브의 치수에 따라 또는 보가 배치된 경우에는 보의 강성에 따라 계수휨모멘트를 슬래브의 폭을 따라 분배한다.

⑦ 만약에 보가 배치되었으면 계수휨모멘트를 보에도 분배하여야 한다.

⑧ ⑥-⑦ 단계에서 구한 계수휨모멘트에 따라 철근의 설계를 수행한다.

⑨ 나머지 패널에 대해서 ⑤-⑨의 단계를 밟아 설계를 수행한다.

⑩ 내부 및 단부 기둥-슬래브의 절점에서 불균형모멘트와 전단력을 전달하기 위한 전단강도를 검토한다.

직접설계법 적용의 제한사항(Limitations on the Use of the Direct Design Method)

정과 부모멘트의 위험단면에서 슬래브의 휨강도가 활하중이 가장 불리하게 작용할 때 발생하는 모멘트를 전달하는데 문제가 없도록 구조기준 10.4.1(ACI 13.6.1)에서는 직접설계법을 적용하기 위해서 다음과 같은 조건을 만족하도록 규정하고 있다(그림 10.8 참고).

① 각 방향으로 3경간 이상이 연속되어야 한다.

② 경간은 길이에서 비슷해야 하며, 각 방향으로 연속한 받침부 중심 간 경간 길이의 차이는 긴 경간의 1/3 이하이어야 한다. 즉, 짧은 경간 $\geq (2/3)l_1$ 을 만족하여야 한다.

③ 모든 하중은 **중력하중(gravity load)**[3]으로서 슬래브 전체에 걸쳐서 고르게 등분포 되어야 하며, 활하중은 고정하중의 2배 이하이어야 한다, 즉, $L/D \leq 2$ 이어야 한다.

④ 슬래브 판들은 직사각형이어야 하며 단변 경간에 대한 장변 경간의 비는 2 이하이어야 한다.

3) 중력에 의해서 발생하는 고정하중이나 활하중을 일컬으며, **중량하중(weight load)**라고도 부른다.

즉, $l_2/l_1 \leq 2$ 를 만족하여야 한다.

⑤ 만약에 보가 기둥의 중심선을 따라 모든 변에 배치된 경우, 직교하는 두 방향에서 상대강성은

$$0.2 \leq \frac{\alpha_1 l_2^2}{\alpha_2 l_1^2} \leq 5.0 \tag{10.4}$$

를 만족하여야 한다. 여기에서 휨 강성비 α는 식 (10.3)이나 그림 10.5로 결정하면 된다.

⑥ 연속한 기둥 중심선으로부터 기둥의 이탈은 이탈방향 경간의 최대 10%까지 허용된다.

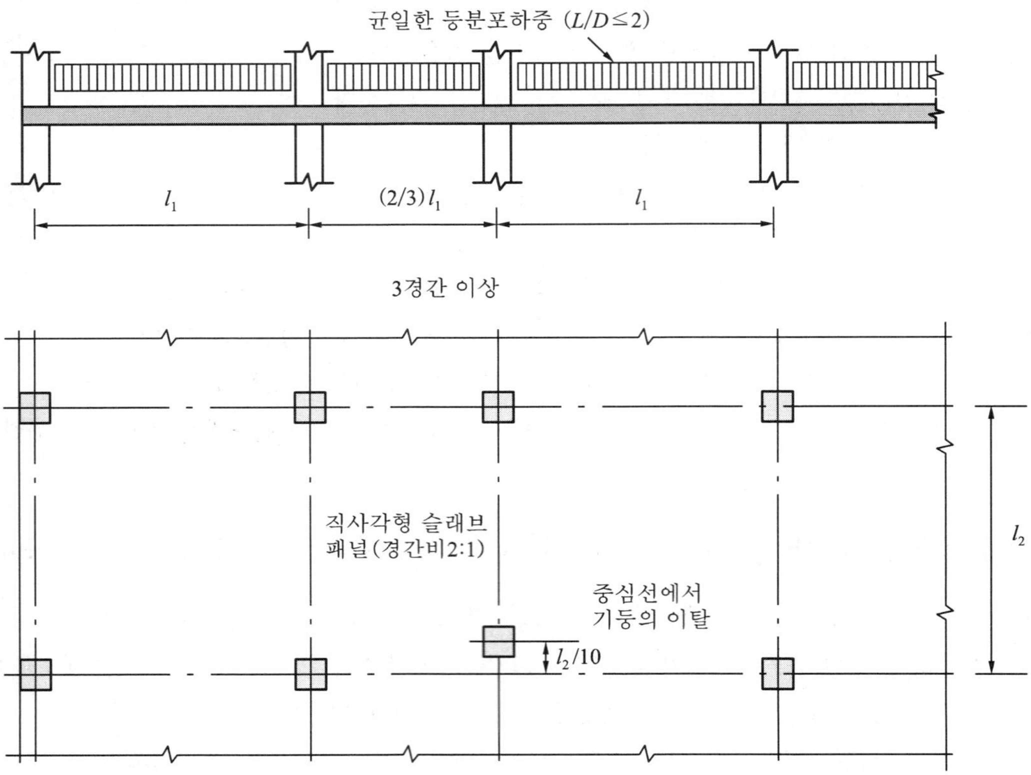

그림 10.8 구조기준 10.4.1(ACI 13.6.1)의 2방향 슬래브에서 직접설계법을 적용할 수 있는 조건[10.2]

패널에서 모멘트의 분배(Distribution of Moments within Panels)

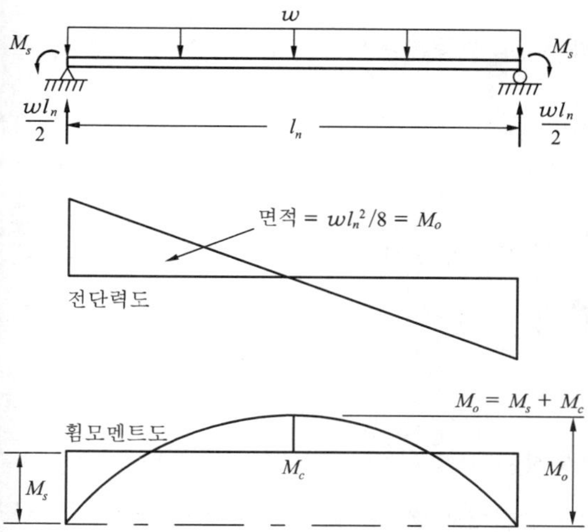

그림 10.9 연속보에서의 전단력과 휨모멘트도

직접설계법은 그림 10.9에서 보는 바와 같이 등분포하중이 작용하는 보에서 지지점의 부모멘트와 보 중앙에서의 정모멘트의 차이가 이 두 단면사이의 전단력도의 면적과 같은 $wl_n^2/8$ 이라는 사실에 근거를 두고 있다. 만약에 일반적인 내부패널에서와 같이 부모멘트 M_s가 각각의 지지점에 발생한다면 보 중앙에서의 정모멘트 M_c와의 합은 다음과 같다.

$$M_c + M_s = M_0 \tag{10.5}$$

등분포하중이 작용하는 슬래브-보에서 폭 l_2이고, 순경간 l_n, 계수 등분포하중 w_u일 때 **정적 모멘트(static moment)** M_0는 다음과 같다.

$$M_0 = M_s + M_c = \frac{w_u l_2 l_n^2}{12} + \frac{w_u l_2 l_n^2}{24} = \frac{w_u l_2 l_n^2}{8} \tag{10.6}$$

여기에서 순경간 l_n은 받침부 내면(기둥, 기둥머리 또는 벽체) 사이의 거리이며, $l_n \geq 0.65 l_1$ 이어야 한다. l_1은 받침부의 중심에서 중심 간의 거리이다. 구조기준 10.4.2(5)(ACI 13.6.2.5)에서 순경간 l_n을 계산하는 경우에 정다각형의 받침부는 그림 10.10과 같이 같은 단면적을 갖는 정사각형 받침부로 환산하여 취급할 수 있다고 제시하고 있다.

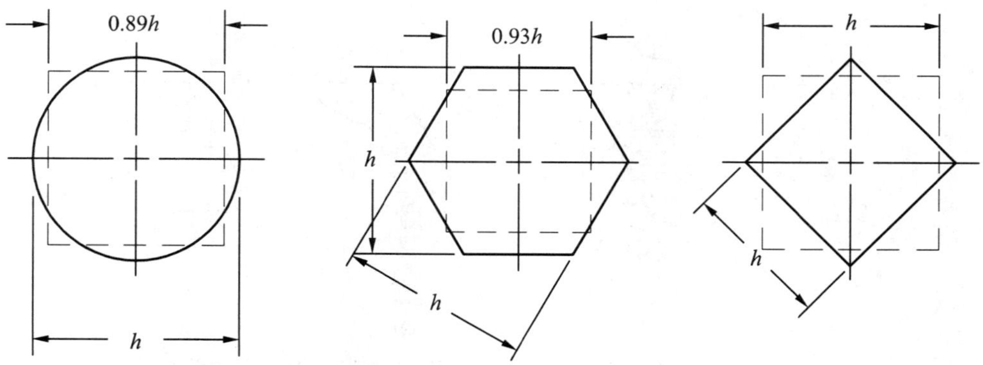

그림 10.10 지지하는 부재를 등가 정사각형 단면으로 환산하는 예

그림 10.11a와 같이 4 모서리가 지지된 등분포 하중이 작용하는 직사각형 슬래브를 고려하면 설계에서 어떻게 정적모멘트 M_0 를 분배하여야 하는지 알 수 있다. 그림 10.11a에서 l_1 은 장변의 길이이다. 대칭이므로 4 모서리의 반력은 슬래브에 작용하는 전체 등분포하중의 1/4로 동일하며 다음과 같이 표현할 수 있다.

$$R_v = \frac{w\,l_2\,l_1}{4} \tag{10.7}$$

l_1 방향으로 단면 1-1의 경간 중앙에서 합력모멘트는 그림 10.11b와 같이 평면에서 나오는 z 방향으로 모멘트를 취하면

$$M_{1-1} = \frac{w\,l_2\,l_1^{\,2}}{8} \tag{10.8}$$

가 된다. 만약 슬래브를 l_1 경간에 등분포하중 $w\,l_2$ 가 작용하는 보와 같이 본다면 식 (10.8)은 단순지지된 보에 등분포하중이 작용할 때의 경간 중앙에서의 모멘트와 같다. 비슷한 방법으로 l_2 방향으로 경간 중앙의 단면 2-2의 합력모멘트는

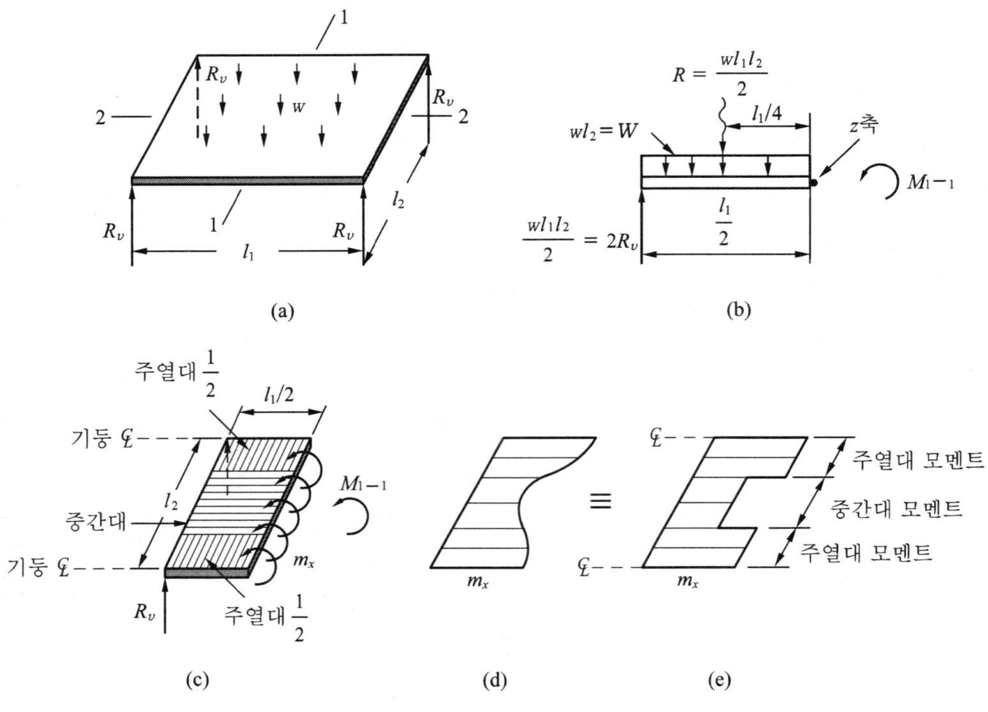

그림 10.11 모서리가 지지된 직사각형 슬래브에서 경간 중앙에서의 모멘트
(a) 슬래브의 형상, (b) 단면 1-1의 좌측을 정면에서 본 자유물체도, (c) 횡방향 모멘트, (d) m_x의 이론적 분포, (e) 구조기준에서 사용하는 m_x의 분포

$$M_{2-2} = \frac{w\,l_1\,l_2^2}{8} \tag{10.9}$$

로 쓸 수 있다. 경간 중앙에서의 모멘트 M_{1-1}과 M_{2-2}를 비교해보면 큰 모멘트가 장변방향으로 발달하는 것을 알 수 있다. 만약에 식 (10.8)을 (10.9)로 나누어 주면 다음 식과 같이 경간 중앙에서의 모멘트의 비가 경간의 비에 비례하는 것을 알 수 있다.

$$\frac{M_{1-1}}{M_{2-2}} = \frac{l_1}{l_2} \tag{10.10}$$

비록 각 방향으로의 경간 중앙에서의 합력모멘트는 정력학으로 쉽게 구할 수 있지만, 슬래브의 폭을 따라 이 모멘트가 횡방향으로 어떻게 분포되는지는 알 수가 없다. 횡방향 단면의 각 부분에 모멘트가 얼마나 분배되는지 알기 위해서는 플레이트의 미분방정식을 풀어야 한다. 그림 10.11d에는 플레이트 해석에 의해서 구한 이론적인 횡방향 모멘트 m_x의 분포를 보여주며, m_x가 슬래브의 중앙에서 최소이고 모서리로 갈수록 증가하는 것을 알 수 있다. 현행 구조기준(ACI)에서는 2방향 슬래브의 설계를 간단하게 하기 위해서 이런 횡방향 모멘트의 분포를 그림 10.11e와 같이 크기가 일정한 2 영역으로 나누었다. 모멘트가 작은 슬래브의 중심대(center strip)를 **중간대(middle strip)**라고 부르며, 중간대 사이의 기둥의 중심선을 따른 부분을 **주열대(column strip)**라고 부른다.

구조기준 10.3.1(2) 및 (3)(ACI 13.2.1)에서는 주열대는 기둥 중심선을 기준으로 양쪽으로 $0.25\,l_2$와 $0.25\,l_1$ 중 작은 값을 한 쪽의 폭으로 하는 슬래브의 영역을 가리키며, 중간대는 두 주열대 사이의 슬래브 영역을 가리킨다고 규정하고 있다(그림 10.12 참고).

물론 중간대보다 주열대에 큰 모멘트가 작용하므로 단위길이 당 많은 보강철근을 배치하여야 하지만, 실험연구에 의하면 슬래브의 폭을 따라 철근의 분포를 상대적으로 균등하게만 한다면 철근의 간격이 정확하게 얼마인지에는 관계없이 슬래브의 총 휨강도가 발달되는데 문제가 없다는 것을 보여주었다[10.1]. 이는 한 단면이 근처의 다른 단면보다 더 큰 응력을 받게 된다면 추가적으로 약간의 처짐이 일어나면서 응력을 적게 받는 철근의 응력이 발휘되기 때문일 것이다. 물론 균열폭을 최소로 하기 위해서 현행 구조기준 10.6.1(2)(ACI 13.3.2)에서는 슬래브의 위험단면에서 철근의 간격은 슬래브 두께의 2배 이하 또는 300 mm 이하로 하여야 한다고 규정하고, 그 외의 단면에 대해서는 구조기준 5.3.2(5)(ACI 7.6.5)에서 휨 주철근의 간격은 벽체나 슬래브 두께의 3배 이하 또는 450 mm 이하로 하여야 한다고 규정하고 있다.

직접설계법에서 식 (10.6)으로 구한 정적모멘트 M_0는 그림 10.9나 그림 10.13과 같이 슬래브-보의 정과 부모멘트로 분배해야 하며 이를 수행하기 위해서는 다음과 같은 단계를 거쳐야 한다.

① 식 (10.6)을 이용해서 각 경간에서 단순 지지된 보의 최대정적모멘트 M_0를 계산한다.

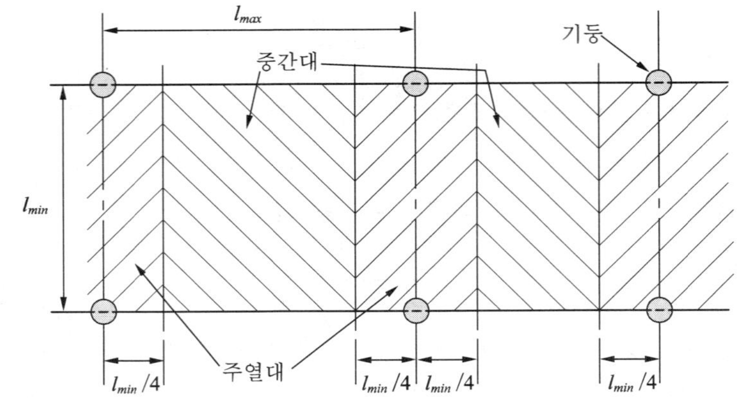

(a) 단변방향 패널

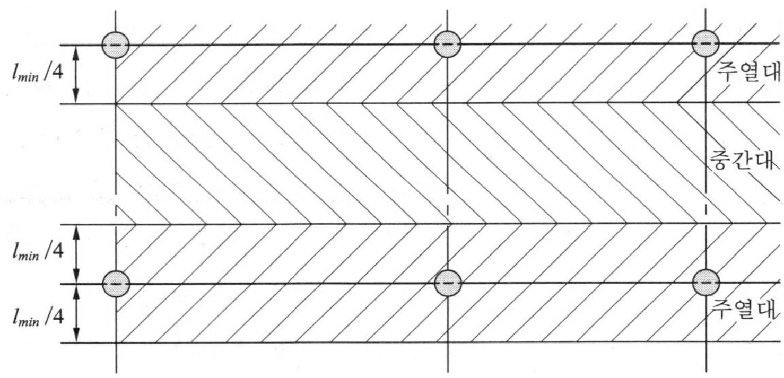

(b) 장변방향 패널

그림 10.12 **주열대(column strip)**와 **중간대(middle strip)**의 정의

② 그림 10.13과 같이 M_0를 슬래브-보의 받침부와 경간 중앙에서의 모멘트로 분배한다.

③ M_c와 M_s를 슬래브-보에서 기둥과 중간대(middle strip)사이의 폭에 분포시킨다. 만약에 주열대(column strip)에 보가 배치되었으면 주열대 모멘트는 보와 주열대에 균형이 잡히도록 분배한다.

슬래브-보의 정 및 부모멘트(Positive and Negative Moments in a Slab-Beam)

그림 10.13에는 구조기준 10.4.3(ACI 13.6.3)에서 제시된 슬래브-보의 **내부패널(interior panel)**과 **단부패널(exterior panel)**에서 정적 단순지지 보의 모멘트 M_0를 경간의 중앙과 받침부에 각각 분배하는 것을 보여주고 있다. 그림 10.13a의 내부패널에서 경간 중앙의 계수 0.35와 받침부의 계수 0.65가 제시된 근거는 다음과 같다. 식 (10.6)에서 부모멘트 M_s를 M_0로 나누어 주면,

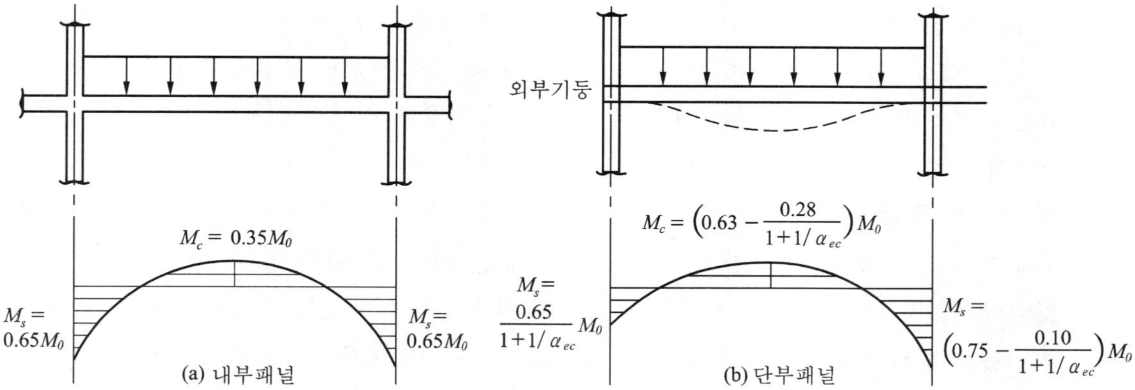

그림 10.13 M_0**의 함수로 표현되는 슬래브-보의 정 및 부모멘트,** $\alpha_{ec} = K_{ec}/\sum(K_s+K_b)$ [10.1]

$$\frac{M_s}{M_0} = \frac{w_u l_2 {l_n}^2/12}{w_u l_2 {l_n}^2/8} = \frac{2}{3} = 0.67 \approx 0.65 \tag{10.11}$$

가 되며, 경간 중앙의 정모멘트에서도 비슷한 과정을 거치면,

$$\frac{M_c}{M_0} = \frac{w_u l_2 {l_n}^2/24}{w_u l_2 {l_n}^2/8} = \frac{1}{3} = 0.33 \approx 0.35 \tag{10.12}$$

가 되어, 내부패널에서 그림 10.13a와 같이 M_0가 분배되게 된다. 이런 모멘트의 분배는 등분포하중이 작용하는 고정단 보에서의 분포와 같고 이는 내부절점에서 뚜렷한 회전이 일어나지 않는다는 가정에 근거한 것이다. 이런 가정이 성립되는 이유는 내부절점의 좌우로 발생하는 모멘트가 서로 크기가 거의 비슷하면서 방향은 반대이기 때문이다. 직접설계법에서 이런 균형상태는 (1) 인접한 경간의 차이에 대한 제한과 (2) 활하중과 고정하중의 비에 대한 제한에 의해서 유지된다.

그림 10.13b와 같은 단부패널에는 하중이 한쪽 면에만 작용하므로 단부절점은 언제나 불균형모멘트가 작용하게 된다. 슬래브-보에서 단부절점의 회전은 그 점에서의 부모멘트는 감소시키면서 경간 중앙의 정모멘트와 첫 번째 내부받침부의 부모멘트는 증가시키게 된다. 단부절점에 발생하는 회전의 정도는 슬래브-보에 대한 **단부등가기둥(exterior equivalent column)**의 강성에 좌우되게 된다.

그림 10.13b와 같이 단부패널에서 모멘트의 분배는 α_{ec}의 함수이며, 다음과 같이 표현된다.

$$\alpha_{ec} = \frac{K_{ec}}{\sum(K_s + K_b)} \tag{10.13}$$

여기에서 K_{ec}는 식 (10.20)으로 표현되는 등가기둥의 강성이며, K_s와 K_b는 각각 슬래브 전체 단면에 대한 강성($K_s = 4EI_s/l_1$)과 보의 강성($K_b = 4EI_b/l_1$)이다(예제 10.2 및 10.5 참고). 만약에 단부등가기둥의 강성이 슬래브-보의 강성에 비해서 크게 되면 슬래브의 단부 끝을 기둥이 회전에 대해서 억제하여 마치 고정단과 같은 조건이 된다. 등가기둥의 강성이 상당히 큰 한계상태에서 α_{ec}가 무한대에 접근하면 단부패널에서 M_0에 곱해지는 계수는 내부패널과 같이 받침부에서는 0.65이고 경간 중앙에서는 0.35가 된다. 이에 비해서 만약에 등가기둥의 강성이 작아서 유연하여 α_{ec}가 0에 접근하게 되면, 기둥은 마치 힌지지점과 같이 거동하여 슬래브의 단부 받침부에 회전에 대해서 거의 구속하지 못하게 된다. 이런 경우에 슬래브-보의 단부 받침부에서 모멘트는 0에, 경간 중앙에서는 $0.63M_0$에 그리고 내부 첫 번째 받침부에서는 $0.75M_0$에 접근하게 된다. 계수 α_{ec}의 계산을 생략하기 위해서 구조기준 표 10.4.1(ACI 13.6.3.3)에서는 설계에서 발생할 수 있는 5가지 조건에 대해서 표 10.2와 같이 제시하고 있다(그림 10.14 참고).

표 10.2 **단부 경간(end span)에서 정 및 부계수 휨모멘트의 분배율(%)(구조기준 표 10.4.1, ACI 13.6.3.3)**

구분	(1)	(2)	(3)	(4)	(5)
	구속되지 않은 단부 받침부	모든 받침부 사이에 보가 있는 슬래브	내부 받침부 사이에 보가 없는 슬래브		완전 구속된 단부 받침부
			테두리보가 없는 경우	테두리보가 있는 경우	
내부 받침부의 부계수 휨모멘트	0.75	0.70	0.70	0.70	0.65
정계수 휨모멘트	0.63	0.57	0.52	0.50	0.35
단부 받침부의 부계수 휨모멘트	0	0.16	0.26	0.30	0.65

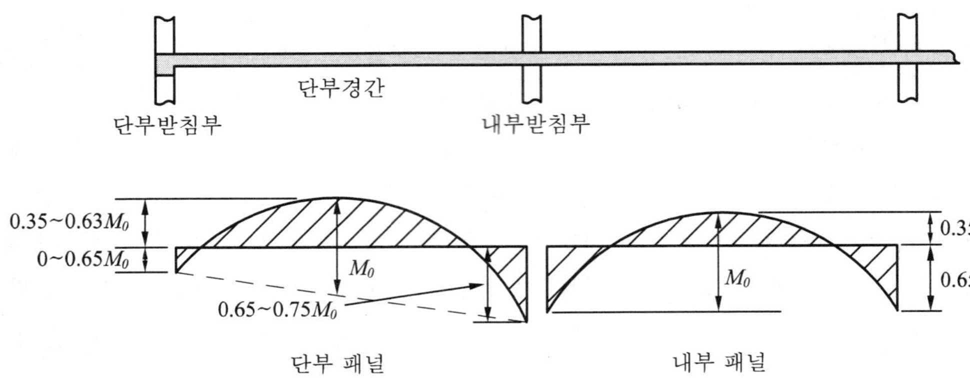

그림 10.14 **정적모멘트 M_0의 정 및 부모멘트 영역에서의 분배**

만약에 경간의 길이가 서로 달라 내부받침부의 양쪽에서 부모멘트의 크기가 서로 다른 경우에 현행 구조기준 10.4.3(4)(ACI 13.6.3.4)에서는 불균형휨모멘트를 인접한 부재의 휨강성에 따라 분배되도록 해석하지 않는다면, 두 개의 부모멘트 중 큰 휨모멘트에 견디도록 휨철근을 설계하여야 한다고 제시하고 있다.

직접설계법에서 정적모멘트 M_0의 최대 정 및 부모멘트의 분배는 총 활하중과 고정하중이 모든 패널에 고르게 분포하여 작용한다는 가정에 근거를 둔 것이다. 만약에 경간에 하중이 고르게 분포되면 기둥이나 보를 사이에 두고 좌우에서 모멘트가 서로 균형을 이루어 내부 절점의 회전은 작을 수밖에 없다.

그러나 모든 패널에 고르게 하중이 작용하지 않고 임의의 패널에만 하중이 작용(pattern loading)하는 경우에, 받침부에서 부모멘트는 모든 패널에 하중이 작용한 경우에 비해서 4%~5% 정도의 증가에 그치는 반면에 중앙부의 정모멘트는 40%~50% 정도가 증가되는 경우도 발생할 수 있다. 활하중이 고정하중에 비해서 증가하면 할수록 이런 불규칙하게 작용하는 활하중에 의한 정모멘트의 증가가 비례하여 커지게 된다. 물론 활하중이 고정하중에 비해서 작다면 대부분의 모멘트가 고르게 분포하여 작용하는 고정하중에 의해서 발생하므로 활하중의 작용위치에 의한 변화는 미미하게 될 것이다. 또한 기둥의 강성이 작아질수록 슬래브의 끝단에서의 구속력이 감소하여 슬래브가 상당히 휘면서 중앙부의 정모멘트가 급격히 증가하게 될 것이다(그림 10.15 참고)[10.1].

구조기준 10.4.7(ACI 13.6.7)에서는 고려된 방향에서 슬래브판에 대한 전체 정적 계수모멘트가 식 (10.6)으로 계산되는 M_0 보다 작지 않은 범위 내에서 정 및 부모멘트를 10%까지 수정할 수 있도록 하여 활하중이 임의의 패널에만 작용하여 얼마간 정모멘트가 증가하는 현상을 고려할 수 있도록 하였다. 구조기준에서 이렇게 정 및 부모멘트를 수정하도록 하는 근거는 저보강 된 슬래브에서 모멘트의 재분배(특히, 부모멘트는 감소하고 정모멘트는 증가하게 되는)의 능력을 감안한 것이다.

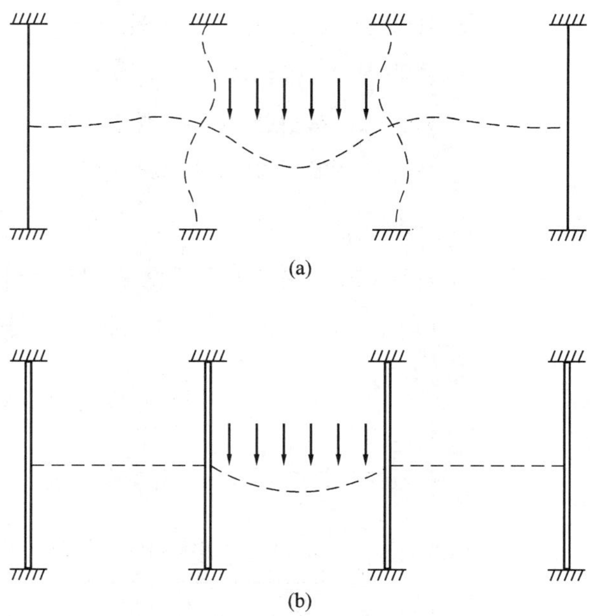

그림 10.15 패턴하중(pattern loading)이 작용할 때 기둥의 강성이 슬래브의 휨에 미치는 영향 :
(a) 강성이 작은 기둥절점이 회전을 일으켜서 슬래브의 휨이 증가; (b) 강성이 강한 기둥이 슬래브의 휨을 억제

주열대에서 계수모멘트의 분배(Transverse Distribution of Moments at Column Strip)

직접설계법에서 최종단계는 각 슬래브-보에서 주열대(column strip)과 중간대(middle strip)에 정 및 부모멘트를 분배하는 일이다.

주열대의 정계수모멘트 분배율(Positive factored moment) : 표 10.3(구조기준 표 10.4.4, ACI 13.6.4.4)를 이용해서 직선보간법으로 쉽게 구할 수 있도록 주어졌으며 식으로 표현하면 아래와 같다[10.2].

표 10.3 주열대의 정계수모멘트 분배율(%) (구조기준 표 10.4.4, ACI 13.6.4.4)

l_2/l_1	0.5	1.0	2.0
$(\alpha_1 l_2/l_1)=0$		60	
$(\alpha_1 l_2/l_1) \geq 1.0$	90	75	45

위의 값 사이에서는 직선보간법을 적용한다.

$$\text{중앙부의 정계수모멘트의 분배율} = 60 + 30\left(\frac{\alpha_1 l_2}{l_1}\right)\left(1.5 - \frac{l_2}{l_1}\right) \tag{10.14}$$

여기에서 $\alpha_1 l_2/l_1 > 1.0$ 인 경우에는 $\alpha_1 l_2/l_1 = 1.0$ 을 사용하여야 한다. $\alpha_1 l_2/l_1$ 은 슬래브 패널의 형상비(aspect ratio) l_2/l_1 과 휨강성비 α_1 의 함수이다. 여기에서 l_1 은 휨모멘트가 결정되는 방향으로 측정한 받침부 중심 사이의 경간이고, l_2 는 l_1 에 수직한 방향으로 측정한 받침부 중심 사이의 경간이다(그림 10.3 참고). α_1 은 l_1 방향으로의 슬래브 휨강성에 대한 보의 휨강성 비로 식 (10.3)이나 그림 10.5를 이용하여 구할 수 있다.

주열대 내부받침부의 부계수모멘트 분배율(Interior negative factored moment) : 표 10.4(구조기준 표 10.4.2, ACI 13.6.4.1)에 주어졌으며 이를 식으로 표현하면 다음과 같다[10.2].

$$\text{내부받침부에서 부계수모멘트 분배율} = 75 + 30\left(\frac{\alpha_1 l_2}{l_1}\right)\left(1 - \frac{l_2}{l_1}\right) \tag{10.15}$$

여기에서도 역시 $\alpha_1 l_2/l_1 > 1.0$ 인 경우에는 $\alpha_1 l_2/l_1 = 1.0$ 을 사용하여야 한다.

표 10.4 주열대 내부 받침부의 부계수모멘트 분배율(%) (구조기준 표 10.4.2, ACI 13.6.4.1)

l_2/l_1	0.5	1.0	2.0
$(\alpha_1 l_2/l_1)=0$		75	
$(\alpha_1 l_2/l_1) \geq 1.0$	90	75	45

위의 값 사이에서는 직선보간법을 적용한다.

주열대 외부(단부) 받침부의 부계수모멘트 분배율(Exterior negative factored moment) : 표 10.5(구조기준 표 10.4.3, ACI 13.6.4.2)에 주어졌다. 이는 식으로 표현하면 다음과 같다.

$$\text{외부받침부에서 부계수모멘트 분배율} = 100 - 10\beta_t + 12\beta_t\left(\frac{\alpha_1 l_2}{l_1}\right)\left(1 - \frac{l_2}{l_1}\right) \tag{10.16}$$

여기에서도 역시 $\alpha_1 l_2/l_1 > 1.0$ 인 경우에는 $\alpha_1 l_2/l_1 = 1.0$ 을 사용하며, 또한 $\beta_t > 2.5$ 인 경우에는 $\beta_t = 2.5$ 를 사용하여야 한다.

표 10.5 주열대 외부(단부) 받침부의 부계수모멘트 분배율(%) (구조기준 표 10.4.3, ACI 13.6.4.2)

l_2/l_1		0.5	1.0	2.0
$(\alpha_1 l_2/l_1) = 0$	$\beta_t = 0$		100	
	$\beta_t \geq 2.5$		75	
$(\alpha_1 l_2/l_1) \geq 1.0$	$\beta_t = 0$		100	
	$\beta_t \geq 2.5$	90	75	45

위의 값 사이에서는 직선 보간법을 적용한다.

표 10.3과 10.4에서는 패널의 길이 비 l_2/l_1 의 세 값(0.5, 1.0 과 2.0)과 $\alpha_1 l_2/l_1$ 의 두 값(0과 1.0)에 대해서 표로 제시되었다. 이 값들 사이의 분배율은 직선보간법을 사용해서 구할 수 있다. 표 10.2~10.5에 의해서 주열대에 분배되고 남은 계수모멘트는 중간대에 균등하게 분배하여 설계하여 한다.

플랫 플레이트(flat plate) : 보가 없으므로 $\alpha = 0$ 가 되어 $\alpha_1 l_2/l_1$ 는 영으로 취할 수 있다. 따라서 표 10.4에서와 같이 주열대가 부계수모멘트의 75%를 지지하고, 나머지 25%는 인접한 중간대가 절반씩, 즉 12.5%씩 나누어서 지지하여야 한다.

보의 계수휨모멘트 분배(Factored moment in beams) : 구조기준 10.4.5(ACI 13.6.5)에서는 기둥의 중심선을 따라 보가 배치된 경우에 $\alpha_1 l_2/l_1 \geq 1.0$ 일 때 받침부 사이의 보가 지지해야 되는 주열대 휨모멘트 분담률은 85%이고, $0 < \alpha_1 l_2/l_1 < 1.0$ 인 경우에는 85%와 0% 사이를 직선보간법으로 구한 휨모멘트에 견디도록 설계하여야 한다고 규정하고 있다. 예를 들어서 $\alpha_1 l_2/l_1 = 0.8$ 이면, 주열대에서 보가 분담해야 되는 휨모멘트는 $0.8(85) = 68\,\%$ 가 되고, 주열대 계수모멘트 중에서 보에 배당된 모멘트를 빼고 나머지 계수모멘트는 보의 양쪽의 슬래브(주열대에서 보 부분을 제외한 양쪽의 슬래브)에 균등하게 배당하여 설계하여야 한다.

외부(단부) 슬래브-보(exterior slab-beam)에서 주열대와 중간대의 부계수모멘트는 표 10.5나 식

(10.16)를 이용하여 분배하여야 한다. 이런 외부(단부) 패널에서 부계수모멘트의 주열대와 중간대의 분배는 테두리보(spandral beam)의 비틀림강성에 영향을 받아서 추가적인 계수 β_t 가 필요하다. β_t 는 테두리보의 받침부 중심 간의 경간과 동일한 폭을 가진 슬래브의 휨강성에 대한 테두리보의 비틀림강성의 비이다. **비틀림 강성비(ratio of torsional stiffness)** β_t 는 전단탄성계수 G 에 단부 보의 비틀림 성질을 정의하는 단면상수 C 를 곱하고, 단부 보에 연직한 슬래브의 EI 로 나누어서 구한다. 포와송비 $\nu = 0$ 로 가정하면 $G = E/2$ 가 되므로 β_t 는

$$\beta_t = \frac{E_{cb}\,C}{2\,E_{cs}\,I_s} \tag{10.17}$$

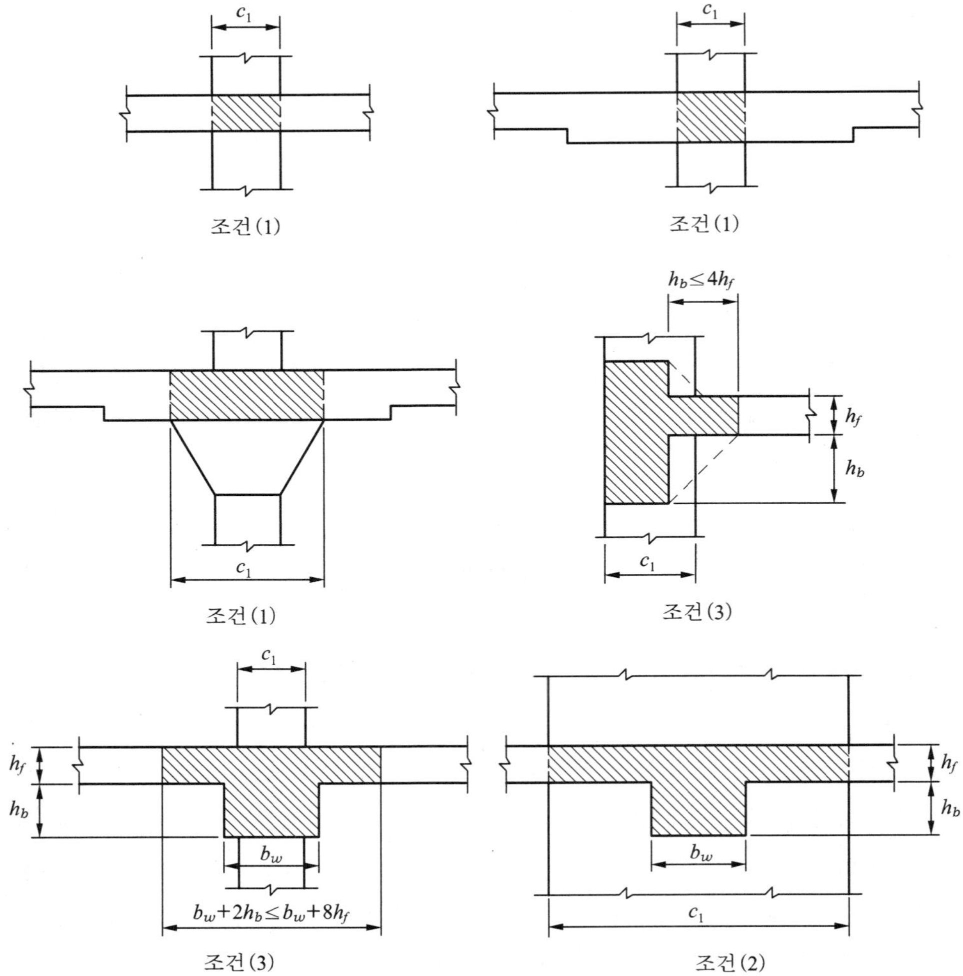

그림 10.16 β_t 계산에 적용하는 단면 - 슬래브-보 절점에서 비틀림 부재로 고려해야 되는 면적[10.2]
[구조기준 10.5.5(1) (ACI 13.7.5.1)] [c_1은 조건 (1)에 따른 슬래브의 폭]

로 표현될 수 있다. β_t 를 계산하는데 적용하는 단면은 보의 휨강성을 계산하는데 적용하는 단면과는 약간 다르다(그림 10.4 참고). 구조기준 10.5.5(ACI 13.7.5.1)에서는 비틀림 부재는 부재의 전체 길이에 걸쳐서 일정한 단면을 가지는 것으로 가정하고, 다음의 규정 중에서 단면은 큰 것으로 택하여야 한다고 제시하고 있다.

(1) 휨모멘트가 결정되는 경간방향의 기둥, 브래킷, 또는 기둥머리의 폭과 같은 폭의 슬래브 부분

(2) 일체식이거나 완전 합성구조물일 경우 (1)에서 규정된 슬래브 부분에 슬래브 상하의 횡방향 보를 더한 것

(3) 보가 슬래브와 일체로 되거나 완전한 합성구조로 되어 있을 때, 보는 보가 슬래브의 위 또는 아래로 내민 높이 중 큰 높이만큼을 보의 양측으로 연장한 슬래브 부분을 포함한 것으로, 보의 한 측으로 연장되는 거리는 슬래브 두께의 4배 이하로 한 단면(그림 8.6 참고)

그림 10.16에서 조건 (1), (2) 및 (3)은 구조기준 10.5.5(1)의 조항을 각각 설명하고 있다. 만약에 테두리보의 비틀림강성이 작아서 β_t 가 0에 접근하게 되면, 슬래브의 끝단에 대한 대부분의 구속이 기둥에 의해서 나오므로 이런 경우에 부계수모멘트의 100%가 주열대에 분배되게 된다. 중간대에는 설계모멘트가 분배되지 않으므로 구조기준 6.3.2(4)에 따라 휨 보강철근은 최소단면적으로 구조기준 5.7.2의 수축·온도철근을 배치하면 된다[식 (4.30) 참고].

비틀림성질을 정의하는 단면상수 C 는 대략 단면의 **극관성모멘트(polar moment of inertia)**와 같다. 단면상수 C 의 계산은 횡단면을 그림 10.17에서와 같이 직사각형 단면으로 나누어서 더하여 계산한다.

$$C = \sum \left[\left(1 - 0.63\frac{x}{y}\right)\frac{x^3 y}{3} \right] \tag{10.18}$$

여기에서 x 는 단변의 길이이고 y 는 장변의 길이이다. 그림 10.17과 같이 단면을 직사각형으로 나눌 때 모든 가능한 직사각형으로 나누어 가장 큰 C값을 주는 구분을 취해야 한다. 표 10.6에는 C값을 계산하는 계산도표가 주어졌다. 예를 들어서 그림 10.17c에서 $x_1 =$ 350 mm, $y_1 =$ 650 mm이고 $x_2 =$ 150 mm, $y_2 =$ 500 mm라면 표 10.6에서 읽으면,

(c)로 잘랐을 때 : $C_{(c)} =$ (6,138 + 456) × 10^6 = 6,594 × 10^6 (mm^4)가 되고,

(d)로 잘랐을 때 : $C_{(d)} =$ (3,995 + 850) × 10^6 = 4,845 × 10^6 (mm^4)가 된다. 큰 값이 지배하므로, 그림 10.17c의 단면상수는 $C = C_{(c)} =$ 6,594 × 10^6 mm^4가 된다.

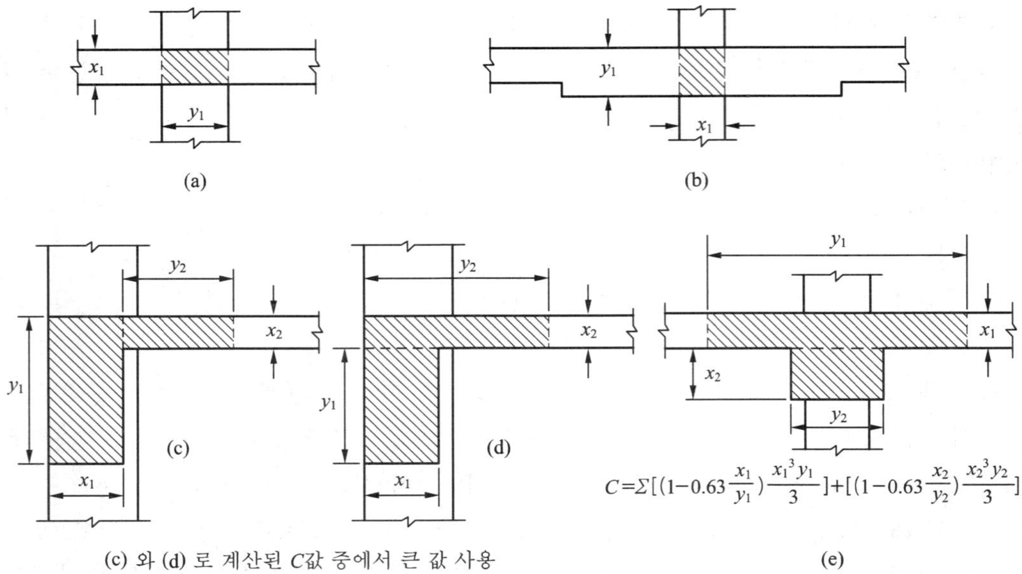

그림 10.17 비틀림부재의 비틀림성질을 정의하는 단면상수 C[10.2]

표 10.6 C 계산 도표 (× 10^6) (단위 : mm^4)

y	x (직사각형 단면에서 작은 치수를 x로 표시)									
	100	125	150	175	200	225	250	300	350	400
300	79.0	144.0	231.2	339.0	464.0	600.9	742.2	999.0		
350	95.7	176.6	287.4	428.3	597.3	790.7	1,002.6	1,449.0	1,850.8	
400	112.3	209.1	343.7	517.6	730.7	980.5	1,263.0	1,899.0	2,565.4	3,157.3
450	129.0	241.7	399.9	606.9	864.0	1,170.4	1,523.4	2,349.0	3,279.9	4,224.0
500	145.7	274.3	456.2	696.3	997.3	1,360.2	1,783.9	2,799.0	3,994.5	5,290.7
550	162.3	306.8	512.4	785.6	1,130.7	1,550.1	2,044.3	3,249.0	4,709.1	6,357.3
600	179.0	339.4	568.7	874.9	1,264.0	1,739.9	2,304.7	3,699.0	5,423.7	7,424.0
650	195.7	371.9	624.9	964.2	1,397.3	1,929.8	2,565.1	4,149.0	6,138.3	8,490.7
700	212.3	404.5	681.2	1,053.6	1,530.7	2,119.6	2,825.5	4,599.0	6,852.9	9,557.3
750	229.0	437.0	737.4	1,142.9	1,664.0	2,309.4	3,085.9	5,049.0	7,567.4	10,624.0
800	245.7	469.6	793.7	1,232.2	1,797.3	2,499.3	3,346.4	5,499.0	8,282.0	11,690.7
850	262.3	502.1	849.9	1,321.5	1,930.7	2,689.1	3,606.8	5,949.0	8.996.6	12,757.3
900	279.0	534.7	906.2	1,410.9	2,064.0	2,879.0	3,867.2	6,399.0	9,711.2	13,824.0
1,000	312.3	599.8	1,018.7	1,589.5	2,330.7	3,258.7	4,388,0	7,299.0	11,140.4	15,957.3
1,200	379.0	730.0	1,243.7	1,946.8	2,864.0	4,018.0	5,429.7	9,099.0	13,998.7	20,224.0
1,500	479.0	925.3	1,581.2	2,482.7	3,664.0	5,157.1	6,992.2	11,799.0	18,286.2	26,624.0

기둥과 벽체의 설계모멘트(Design Moments in Column and Wall)

내부기둥(Interior column) : 모멘트의 전달 계산과 슬래브 상하의 기둥을 설계하는데 사용되는 총 모멘트는 균등하지 않은 활하중의 분포로 인해서 발생하는 불균형모멘트에 근거를 두고 있다. 불균형모멘트는 기둥에 붙어있는 상대적으로 길이가 긴 패널에는 계수고정하중과 절반의 계수 활하중이 작용하고, 길이가 짧은 패널에는 계수고정하중만 작용한다고 가정하여 계산한다. 따라서 절점에서의 총 불균형 부모멘트는[10.7]

$$M = 0.65\left[\frac{(w_d + 0.5w_l)l_2 {l_n}^2}{8} - \frac{{w_d}'{l_2}'({l_n}')^2}{8}\right] \tag{10.19a}$$

로 표현되며, 여기에서

w_d, w_l, l_n, l_2 = 기둥을 사이에 둔 양쪽의 설계 슬래브-보 패널 중에서 경간 길이가 긴 패널에 대해서 작용하는 단위 면적당 계수고정하중과 계수활하중 및 해석하는 방향의 순경간과 이에 수직한 방향의 경간 (즉, $l_1 \geq {l_1}'$)

${w_d}'$, ${l_n}'$, ${l_2}'$ = 기둥을 사이에 둔 패널 중에서 경간 길이가 짧은 패널에 대해서 작용하는 단위 면적당 계수고정하중 및 해석하는 방향의 순경간과 이에 수직한 방향의 경간

식 (10.19a)에서 계수 0.65는 정적모멘트의 내부받침부에 대한 부모멘트 계수이다. 계수 0.65와 1/8을 곱해주면 0.081이 되며 이 불균형모멘트 중에서 일부분은 슬래브에 분배되고 나머지는 기둥에 의해서 지지되어야 한다. 아직 슬래브에 대한 강성이 계산되지 않았으므로 대부분의 불균형모멘트가 기둥으로(86% 정도) 전달된다는 가정을 도입하여 식 (10.19a)를 다음과 같이 표현할 수 있다.

$$M_{(\text{내부 기둥})} = 0.07\left[(w_d + 0.5w_l)l_2 l_n^2 - {w_d}'{l_2}'({l_n}')^2\right] \tag{10.19b}$$

구조기준 10.4.9(ACI 13.6.9)에서 전체적인 해석을 하지 않는 한, 내부 받침부에서 슬래브 상하의 받침부재는 상하부재의 강성에 직접 비례하여 식 (10.19b)의 휨모멘트에 견디도록 설계하여야 한다고 제시하였다. 식 (10.19b)로 주어진 총 설계모멘트는 슬래브 상하의 기둥에 각 기둥의 휨강성($4EI/l$)에 비례하여 분배되어야 하며, 구조기준에서는 슬래브 시스템과 일체로 이루어진 기둥과 벽체들은 슬래브 시스템에 작용하는 부계수 모멘트로부터 발생하는 휨모멘트에 견딜 수 있도록 설계되어야 한다고 규정하고 있다.

해석하는 슬래브의 근접한 순경간과 이에 수직한 경간이 각각 서로 같은 일반적인 경우에 내부기둥에 대한 식 (10.19b)는 다음과 같이 간단하게 표현될 수 있다[10.2].

$$M_{(\text{내부 기둥})} = 0.07(0.5w_l l_2 l_n^2) \tag{10.19c}$$

단부기둥(Exterior columns)**이나 벽체** : 슬래브 시스템의 총 단부 부계수모멘트가 받침부에 직접적으로 전달되게 된다. 근사적인 모멘트계수를 이용한 해석에서 받침부의 중앙과 받침부 면사이의 모멘트의 변화를 고려하는 것에 대한 규정이 명확하지 않으므로 표 10.2[구조기준 10.4.3 표 10.4.1(ACI 13.6.3.3)에서 제시한 부계수모멘트 분배율을 직접 적용한다. 예를 들면 테두리보가 있는 경우에는 슬래브 상하의 단부기둥에 $0.3M_0$가 전달되고, 테두리보가 없는 경우에는 $0.26M_0$가 상하의 기둥에 전달되므로 이 값과 연직하중을 이용하여 각각의 기둥을 설계하면 된다[10.2]. 슬래브 상하의 단부기둥에 전달되는 총 부계수모멘트는 상하기둥의 휨강성에 따라 분배되어야 하며 만약에 휨강성이 상하의 기둥에서 동일한 경우에는 총 부계수모멘트의 1/2 씩이 각각의 기둥에 전달될 것이다.

Leet[10.1]는 단부기둥에 길이가 0인 가상적인 패널이 붙어있다고 보아(즉, $l_n' = 0$) 식 (10.19b)를 아래와 같이 변환한 식을 설계에서 종종 사용한다고 제시하였다.

$$M_{(\text{단부 기둥})} = 0.07(w_d + 0.5w_l)l_2 l_n^2 \tag{10.19d}$$

슬래브 보강철근의 상세(Detailing Slab Reinforcement)

이런 과정을 밟아서 한 패널에서 3군데의 위험단면에 대한 철근이 선택되면 그림 10.18(구조기준 그림 10.6.1 보가 없는 슬래브에서 철근의 최소 정착길이)의 철근상세와 같이 철근을 슬래브에서 연장하면 경간의 모든 부분에서 적당한 보강철근을 배치하게 된다. 그림 10.18은 구조기준 10.6.4(ACI 13.3.8)의 보가 없는 슬래브의 철근 상세에 대해서 그림으로 내용을 설명해주고 있다.

예를 들면, 구조기준 10.6.4(5)(ACI 13.3.8.5)에서는 보가 배치되지 않는 슬래브 구조가 전체 구조물로 거동할 수 있도록 주열대의 각 방향에서 모든 하부철근이나 철선은 연속으로 배치되거나 아니면 그림 10.18과 같이 A급 겹침이음으로 이어져야하고, 또한 각 방향에서 적어도 2개의 하부철근이나 철선은 기둥(column core)을 지나서 단부 받침부에 정착되어야 한다고 규정하고 있다. 이렇게 기둥을 지나서 배치되는 철근을 **일체철근(integrity steel)**이라고 한다(구조기준 5.8, ACI 7.13 참고). 이 규정은 만약에 한 기둥에서 2방향 뚫림전단파괴(punching shear failure)가 일어났을 경우(그림 10.39b 참고)에 슬래브에 얼마간의 여분의 강도를 갖도록 하기 위한 것이다.

받침부 사이에 보가 배치되었거나 테두리보가 배치된 경우에 그림 10.18의 철근 상세를 적용해서는 안 되며 모멘트의 변화를 근거로 6장의 정착과 이음 규정을 이용하여 철근의 길이를 결정하여야한다. ACI Note[10.2]에서는 다만 이렇게 결정된 철근의 길이가 그림 10.18에서 주어진 길이보다 짧아서는 안 된다고 제안하고 있다. 구조기준 10.6.2(ACI 13.3)에는 보나 테두리보가 배치된 슬래브인 경우에 철근의 정착에 대해서 아래와 같이 규정하고 있다.

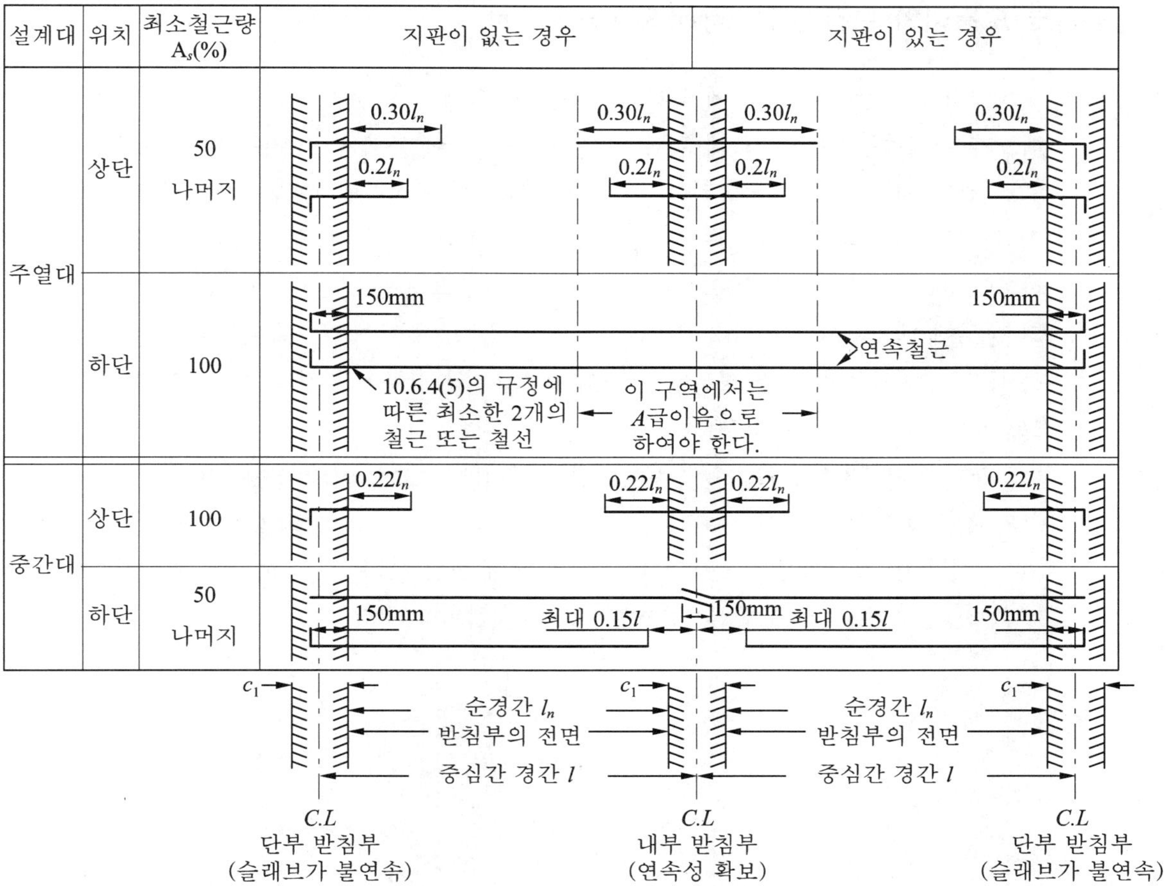

그림 10.18 보가 없는 슬래브에서 철근의 최소 정착길이(구조기준 그림 10.6.1, ACI Fig. 13.3.8)

(1) 불연속 단부 모서리에 직각방향의 정휨모멘트에 대한 철근은 슬래브의 끝까지 연장하고 직선 또는 갈고리를 150 mm 이상 테두리보, 기둥 또는 벽체 속에 묻어야 한다.

(2) 불연속 단부에 직각방향의 부휨모멘트에 대한 철근은 정착과 이음의 규정(6장 참고)에 따라 받침면에서 정착(developed)되도록 테두리보, 기둥 또는 벽체 속으로 구부리거나 갈고리로 하거나 그렇지 못하면 적절히 정착시켜야 한다.

(3) 불연속 단부에서 슬래브가 테두리보나 벽체로 지지되어 있지 않은 경우, 또는 슬래브가 받침부를 지나 캔틸레버로 되어 있는 경우에는 철근을 슬래브 내부에서 정착시킬 수 있다.

구조기준 10.6.1(ACI 13.3.2)에서는 휨모멘트가 결정되는 위험단면(critical section)에서 철근 간격은 슬래브 두께의 2배 이하 또는 300 mm 이하로 하여야 한다고 규정하고, 최소 철근량은 구조기준 5.7의 1방향 슬래브의 수축·온도철근 규정에 따르도록 제안하고 있다(4.3장 식 (4.30) 참고).

단부 모퉁이의 보강철근(Corner Reinforcement)[10.7]

상대적으로 강성이 큰 보에 의해서 지지되는 슬래브의 단부 모퉁이에서 그림 10.19a와 같이 슬래브가 처지려는 경향이 있게 된다. 그림 10.19a의 B점은 단순 지지된 단부 A-D와 C-D에 상대적으로 하향 처짐이 일어나게 된다. 만약 모서리 D를 고정하면 A-C와 B-D 띠(strip)는 그림과 같이 휘게 되어, A-C 띠는 아래로 휘어(정모멘트) 보강철근은 A-C 띠에 평행으로 슬래브의 바닥에 배치하여야 하고(그림 10.19b), B-D 띠는 위로 휘므로(부모멘트) 보강철근은 B-D 띠에 평행하게 슬래브의 상부에 배치하여야 한다(그림 10.19c). 일반적으로 슬래브의 단부에 평행하게 배치되는 직교철근 매트로 대신하며, 이런 경우에는 슬래브의 상부와 하부에 각각 배치하여야 한다(그림 10.19d 참고)[10.2].

구조기준 10.6.3(ACI 13.3.6)에서는 받침부 사이에 α 값 [식 (10.3)]이 1.0 보다 큰 보가 있는 슬래브의 경우에 단부 모퉁이 부분의 슬래브에 특별한 상부 및 하부 보강철근을 배치하도록 규정하고 있다. 이 특별 보강철근은 슬래브 단위폭당 최대 정휨모멘트에 대해서 설계하여야 하며 모퉁이로부터 긴 경간의 1/5 길이만큼 각 방향으로 배치하여야 한다.

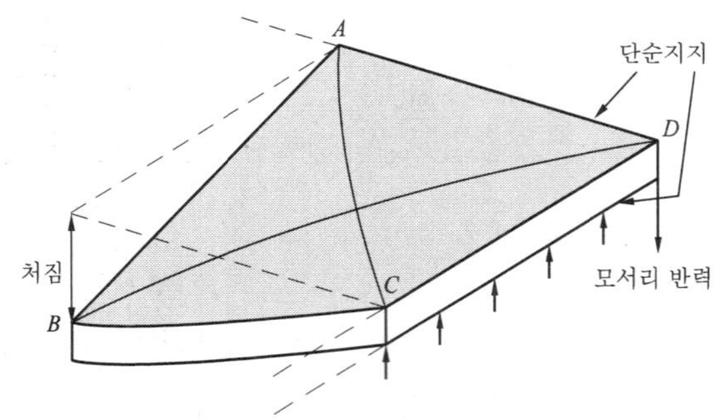

(a) 단순지지된 슬래브에서 모퉁이의 변형

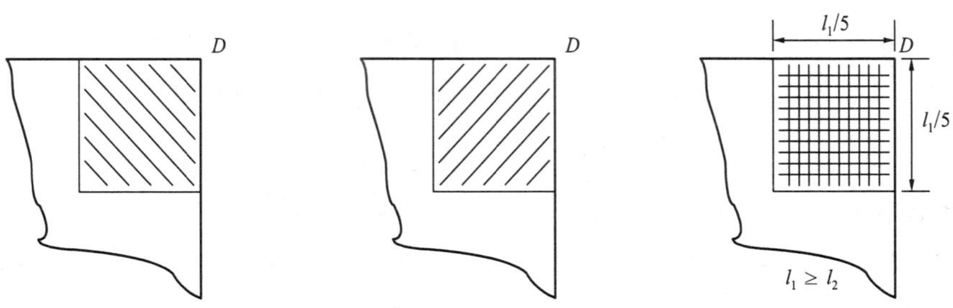

(b) 슬래브 바닥의 보강철근 (c) 슬래브 상부의 보강철근 (d) 평행하게 배치된 보강철근 (상부와 하부에 각각 배치)

그림 10.19 보에 의해서 지지되는 모퉁이 단부 슬래브의 특별 보강철근

예제 10.4 보로 보강된 2방향 슬래브에서 직접설계법에 의한 설계모멘트의 결정[10.1]

그림 10.20에 보이는 슬래브는 기둥의 중심선을 따라 깊이가 600 mm인 보로 보강되어 있다. 현행 구조기준의 직접설계법을 이용하여 슬래브-보의 2번 선을 따라 단부와 내부경간의 모든 위험단면에서 설계 정 및 부계수모멘트를 결정하라. 모든 기둥의 단면은 300 mm × 300 mm이고 모든 층에서 기둥의 높이는 4.5 m로 일정하다. 단, f_{ck}= 21 MPa, f_y= 400 MPa이고, 고정 등분포하중 w_D= 7.18 kPa, 등분포 활하중 w_L= 2.39 kPa이 작용하고 있다. (처짐량을 제한하는 2방향 슬래브의 최소두께 계산은 예제 10.3을 참고할 것. 슬래브의 두께는 예제 10.3에 따라 h= 200 mm로 설계하도록 한다.)

풀이

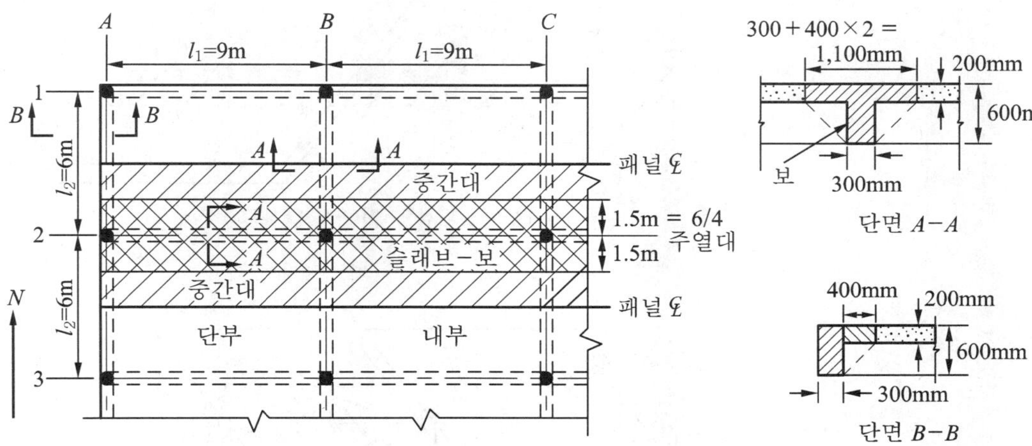

그림 10.20 보로 보강된 2방향 슬래브 : 바닥 평면도

(1) East-West 방향 패널 중에서 기둥 B와 C 선으로 구분되는 내부 슬래브-보의 설계 :

① 정적모멘트 M_0 계산 : 식 (10.6)

$$w_u = 1.2(7.18) + 1.6(2.39) = 12.44\ (\text{kPa}) \quad ; \quad l_n = 9.0 - 0.3 = 8.7\ (\text{m})$$

$$\therefore M_0 = \frac{w_u l_2 l_n^{\ 2}}{8} = \frac{12.44(6)(8.7^2)}{8} = 706.2\ (\text{kN} \cdot \text{m})$$

② 정 및 부계수모멘트로 분배 : 식 (10.11)과 (10.12)

- 경간 중앙부 : $M_c = M_{(\text{정계수모멘트})} = 0.35 M_0 = 0.35(706.2) = 247.2\ (\text{kN} \cdot \text{m})$
- 받침부 : $M_s = M_{(\text{부계수모멘트})} = 0.65 M_0 = 0.65(706.2) = 459.0\ (\text{kN} \cdot \text{m})$

③ 내부받침부에서 부계수모멘트 M_s 의 주열대 및 중간대 횡방향 분배 : $l_2/l_1 = 6.0/9.0 = 0.67$

α_1의 계산은 예제 10.3을 참고 : $\alpha_1(E_{cb}/E_{cs})(l_2/l_1) = \alpha_1(l_2/l_1) = 2.32(0.67) = 1.55$ 이므로 표 10.3에서 $(\alpha_1 l_2/l_1) \geq 1.0$ 인 경우에서 직선보간법으로 $l_2/l_1 = 0.67$ 일 때를 구하면 $75 + \dfrac{90-75}{1.0-0.5}(1.0-0.67) = 75 + 30(0.33) = 75 + 9.9 = 84.9$ 가 된다. 따라서

- 주열대의 부계수모멘트 : $0.849(459.0) = \underline{389.7\ (\text{kN} \cdot \text{m})}$
- 중간대의 부계수모멘트 : $(1-0.849)(459.0) = 0.151(459.0) = \underline{69.3\ (\text{kN} \cdot \text{m})}$ 또는 양쪽의 중간대에 1/2씩 $34.7\ \text{kN} \cdot \text{m}$ 분배

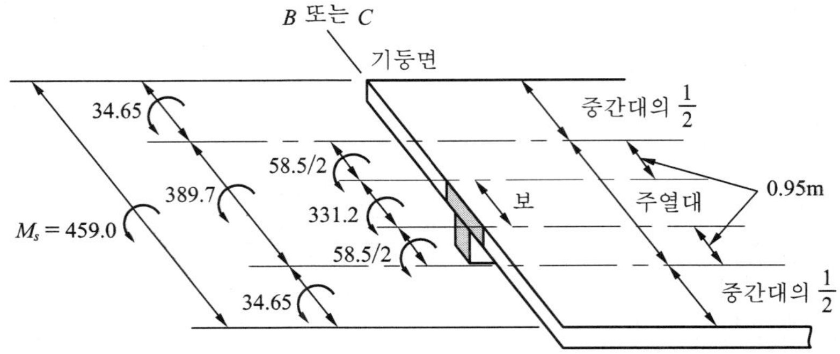

(a) 내부 패널 받침부에서 부계수모멘트의 분배

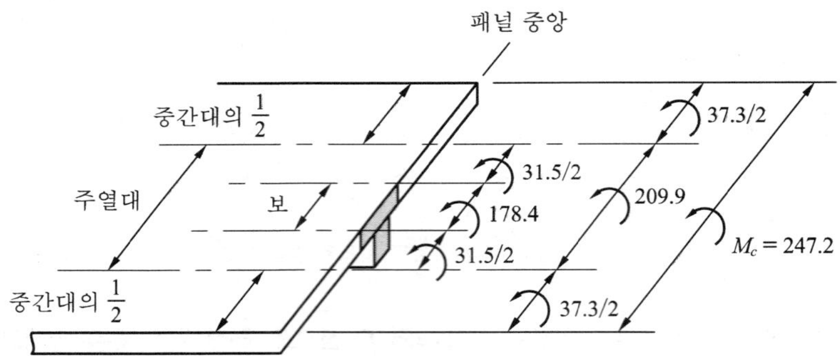

(b) 내부 패널 중앙부에서 정계수모멘트의 분배

그림 10.21 내부 슬래브-보의 설계모멘트 분배의 요약(단위 kN·m)

주열대 부계수휨모멘트 중에서 보에 분배되는 부계수휨모멘트 계산 : 구조기준 10.4.5(ACI 13.6.5)에 따라 기둥의 중심선을 따라 보가 배치된 경우에 주열대 모멘트 중에서 $\alpha_1 l_2/l_1 = 1.55 > 1.0$ 인 경우에는 보에 85%를 분배해야 하므로, $0.85(389.7) = \underline{331.2\ (\text{kN} \cdot \text{m})}$는 보에 분배하고 나머지 $389.7 - 331.2 = \underline{58.5\ (\text{kN} \cdot \text{m})}$는 보 부분(그림 10.20 단면 A-A 참고)을 제외한 양쪽 슬래브 내민부분(각각 절반씩 58.5/2 = 29.3 kN·m)에 폭 $b = 1.5 - 1.1/2 = 1.5 - 0.55 = 0.95\ (\text{m})$의 보로 설계하면 된다. 따라서 주열대에서 보 부분을 제외한 양쪽 옆 날개 슬래브에 작용하는 하

중은 $58.5/2 = 29.3$ (kN · m)가 된다(그림 10.21a 참고).

④ **중앙부에서 정계수모멘트 M_c의 주열대 및 중간대 횡방향 분배** : 주열대의 분배율이 84.9% 이므로

- 주열대의 정계수모멘트 : $0.849(247.2) = \underline{209.9\ (\text{kN} \cdot \text{m})}$
- 중간대의 정계수모멘트 : $(1-0.849)(247.2) = 0.151(247.2) = \underline{37.3\ (\text{kN} \cdot \text{m})}$

주열대 모멘트 중에서 보에 분배되는 계수휨모멘트 계산 : 구조기준 10.4.5(ACI 13.6.5)에 따라 기둥의 중심선을 따라 보가 배치된 경우에 주열대 모멘트 중에서 $\alpha_1 l_2/l_1 = 1.55 > 1.0$ 인 경우에는 보에 85%를 분배해야 하므로, $0.85(209.9) = \underline{178.4\ (\text{kN} \cdot \text{m})}$는 보에 분배하고 나머지 $209.9 - 178.4 = \underline{31.5\ (\text{kN} \cdot \text{m})}$는 보 부분(그림 10.20 단면 A-A 참고)을 제외한 양쪽 슬래브 내민부분에 $b = 1.5 - 1.1/2 = 1.5 - 0.55 = 0.95$ (m)의 보로 설계하면 된다. 따라서 주열대에서 보 부분을 제외한 양쪽 옆 슬래브에 작용하는 하중은 $31.5/2 = 15.7$ (kN · m)가 된다(그림 10.21b 참고).

⑤ **철근배근의 계산** : 주열대에는 D16 철근($A_b = 198.6\ \text{mm}^2$)을 주철근으로 배근한다고 가정($d_b = 15.9$ mm)하고, 스터럽으로는 D10 철근을 배치한다고 가정하여 설계를 시작한다.

(a) E-W 방향 슬래브의 유효깊이 계산 :

$d = h - \text{피복두께} - d_b/2 = 200 - 20 - 15.9/2 \approx 172\ (\text{mm})$

N-S 방향 슬래브의 유효깊이 계산 : $d = 200 - 20 - 15.9 - 15.9/2 \approx 156\ (\text{mm})$

(b) 보 부분 T-형 단면의 유효깊이 계산 : $d = 600 - 40 - 10 - 25.4/2 \approx 530\ (\text{mm})$

(c) 주열대 슬래브 내민 부분 설계 : $b = 950$ mm ; 인장지배 단면 가정 $\phi = 0.85$

소요 휨모멘트 $- M_n = M_u/\phi = 29.3/0.85 = 34.4\ (\text{kN} \cdot \text{m/m})$ (표 10.7 참고)

$m = f_{ck} b d^2/10^6 = (21)(950)(172^2)/10^6 = 590.2\ (\text{kN} \cdot \text{m})$

식 (3.50) :

$\omega = [1 - \sqrt{1 - 2.36 M_n/m}\,]/1.18 = [1 - \sqrt{1 - 2.36(34.4)/590.2}\,]/1.18 = 0.06046$

$\therefore A_{s\,(\text{소요})} = \omega(f_{ck}/f_y)bd = 0.06046(21/400)(950 \times 172) = \underline{519\ (\text{mm}^2)}$

$\therefore s_{(\text{소요})} \leq b/(A_s/A_b) = 950/(519/198.6) = \underline{364\ (\text{mm})}$

ⓐ 최소철근 검토, 식 (4.30) : $A_{s(\min)} = 0.002bh$

$$s_{\min} \leq \frac{\text{strip 폭}}{\text{철근의 개수}} = \frac{950}{A_{s(\min)}/A_b} = \frac{950A_b}{0.002bh} = \frac{950 \times 198.6}{0.002 \times 950 \times 200}$$

$$s_{\min} \leq \frac{188{,}670}{380} = \underline{497\ (\text{mm})}$$

ⓑ 구조기준 10.6.1.(2) 위험단면에서 철근의 간격 규정 :

$s_{\min} \leq (2h = 2 \times 200 = 400,\ 300\ \text{mm})\text{이하} = \underline{300\ \text{mm 이하}}$

ⓒ 구조기준 6.3.3(4) 휨철근의 배치 : $k_{cr} = 280$ (건조환경)

$f_s = (2/3)f_y = (2/3)400 = 267\ (\text{MPa})$; $k_{cr}/f_s = 280/267 = 1.05$

$c_c = 20\ \text{mm}$ (최소두께) ; $2.5c_c = 2.5 \times 20 = 50\ (\text{mm})$

식 (5.11) : $s_{\max} = 375(k_{cr}/f_s) - 2.5c_c = 375(1.05) - 50 = 394 - 50 = 344\ (\text{mm})$

$\leq 300(k_{cr}/f_s) = 300(1.05) = \underline{315\ (\text{mm})}$ 지배

ⓓ 철근 간격 결정 : $\therefore s_{\max} \leq (364,\ 497,\ 300,\ 315)\ \text{mm}$ 이하 $= \underline{300\ \text{mm}}$ 이하

D16 철근을 300 mm 간격으로 3개를 배치 : 경계에서 175 mm 떨어져서 300 mm 간격으로 철근 3개를 배치하면 175 + (3-1)(300) + 175 = 950 mm <o.k.>

$\therefore A_{s\,(\text{배치})} = \underline{3 - D16 = 3 \times 198.6 = 596\ (\text{mm}^2)} > 519\ \text{mm}^2$ <o.k.>

이런 과정을 밟아서 각 위험단면에서 설계를 수행할 수 있다.

(d) 부계수휨모멘트 : 주열대 보 부분의 설계 (표 10.7 참고) : 플랜지에 인장을 받으므로 폭 $b_w = 300\ \text{mm}$인 직사각형 보로 설계한다.

소요 휨모멘트 $-M_n = M_u/\phi = 331.2/0.85 = 389.7\ (\text{kN}\cdot\text{m})$

$m = f_{ck}bd^2/10^6 = (21)(300)(530^2)/10^6 = 1{,}770\ (\text{kN}\cdot\text{m})$

식 (3.50) :

$$\omega = [1 - \sqrt{1 - 2.36M_n/m}\,]/1.18 = [1 - \sqrt{1 - 2.36(389.7)/1{,}770}\,]/1.18 = 0.26014$$

$\therefore A_{s\,(\text{소요})} = \omega(f_{ck}/f_y)bd = 0.26014(21/400)(300 \times 530) = \underline{2{,}171\ (\text{mm}^2)}$ ← 지배

$\therefore s_{(\text{소요})} \leq b/(A_s/A_b) = 1{,}100/(2{,}171/198.6) = \underline{101\ (\text{mm})}$

ⓐ 최소철근 검토 : 역 T형 보이므로 식 (3.39a)를 적용하여야 하는데 플랜지에 인장을 받아 폭을 b로 보아 계산하면 너무 과다한 최소철근이 계산된다. 따라서 안전 측으로 이 T형보를 정정구조로 가정하여 식 (3.39b)를 적용한다.

$b_w = \text{Min.}(b,\ 2b_w) = \text{Min.}(1{,}100,\ 2 \times 300 = \underline{600}) = 600\ (\text{mm})$

$f_{ck} = 21 < 31.36\ \text{MPa}$ → 우측항 지배 : $A_{s\,(\min)} = \left(\dfrac{1.4}{f_y} = \dfrac{1.4}{400} = 0.0035\right)b_w d$

$$s_{\max} \leq \frac{\text{strip 폭}}{\text{철근의 개수}} = \frac{1{,}100}{A_{s\,(\min)}/A_b} = \frac{1{,}100A_b}{0.0035b_w d} = \frac{1{,}100 \times 198.6}{0.0035 \times 600 \times 530}$$

$$s_{\max} \leq \frac{218{,}460}{1{,}113} = \underline{196\ (\text{mm})}$$

ⓑ 구조기준 10.6.1.(2) 위험단면에서 철근의 간격 규정 :

$s_{\max} \leq (2h = 2 \times 200 = 400,\ 300\ \text{mm})$ 이하 $= \underline{300\ \text{mm 이하}}$

ⓒ 구조기준 6.3.3(4) 휨철근의 배치 : $k_{cr} = 280$ (건조환경)

$c_c = 40\ \text{mm}$ (최소 피복두께) ; $2.5c_c = 2.5 \times 40 = 100\ (\text{mm})$

식 (5.11) : $s_{max} = 375(k_{cr}/f_s) - 2.5c_c =$ 375(1.05) - 100 = 394 - 100 = <u>294 (mm)</u> 지배

$\leq 300(k_{cr}/f_s) =$ 300(1.05) = 315 (mm)

ⓓ 철근 간격 결정 : $\therefore s_{max} \leq$ (101, 196, 300, 294) mm 이하 = <u>101 mm</u> 이하

D16 철근을 100 mm 간격으로 11개를 배치 : 경계에서 50 mm 떨어져서 100 mm 간격으로 철근 11개를 배치하면 50 + (11-1)(100) + 50 = 1,100 mm <o.k.>

$\therefore A_{s\,(배치)} = \underline{11 - D16 = 11 \times 198.6 = 2{,}185\ (\mathrm{mm}^2)} > 2{,}171\ \mathrm{mm}^2$ <o.k.>

(e) 보 부분의 중앙 정계수휨모멘트에 대한 설계 (표 10.7 참고) : 플랜지에 압축을 받으므로 폭 $b = 1{,}100$ mm인 직사각형 보로 가정하여 설계를 시작한다 (보의 폭 $b_w = 300$ mm).

소요 휨모멘트 $- M_n = M_u/\phi = 178.4/0.85 = 209.9$ (kN · m)

$m = f_{ck} b d^2/10^6 = (21)(1{,}100)(530^2)/10^6 = 6{,}489$ (kN · m)

식 (3.50) :

$\omega = [1 - \sqrt{1 - 2.36M_n/m}\,]/1.18 = [1 - \sqrt{1 - 2.36(209.9)/6{,}489}\,]/1.18 = 0.03299$

$\therefore A_{s\,(소요)} = \omega(f_{ck}/f_y)bd = 0.03299(21/400)(1{,}100 \times 530) = \underline{1{,}010\ (\mathrm{mm}^2)}$

ⓐ 최소철근 검토, 식 (3.39a) : T형 보이므로 표 3.5에서

$A_{s\,(\min)} = 0.0035 b_w d = 0.0035(300)(530) = 557\ (\mathrm{mm}^2)$

$< A_{s\,(소요)} = 1{,}010\ \mathrm{mm}^2$ <o.k.>

ⓑ 구조기준 6.3.3(4) 휨철근의 배치 : $k_{cr} = 280$ (건조환경)

$c_c = 40$ mm (최소 피복두께) ; $2.5c_c = 2.5 \times 40 = 100$ (mm)

식 (5.11) : $s_{max} = 375(k_{cr}/f_s) - 2.5c_c =$ 375(1.05) - 100 = 394 - 100 = <u>294 (mm)</u> 지배

$\leq 300(k_{cr}/f_s) =$ 300(1.05) = 315 (mm)

ⓒ 철근의 간격 검토 : 굵은골재 최대치수 $a_{max} = 20$ mm 가정

소요 철근의 개수 $A_{s\,(소요)}/A_b = 1{,}010/198.6 = 5.1 \approx 6$ 개 배치

수평 순간격 $s_{c\,(\max)} =$ Max [25mm, $d_b = 16$, $(4/3)a_{max} = (4/3)(20) = 27$] = 27 mm

철근의 순간격 검토 :

[300 - 2(40+10) - 6(25)] / 5 = 10 mm < $s_{c\,(\max)} = 27$ mm <N.G.>

ⓓ 철근을 3개씩 2층으로 배치 :

철근의 순간격 검토 :

[300 - 100 - 3(25)] / 2 = 108 mm > $s_{c\,(\max)} = 27$ mm <o.k.>

상하철근 순간격 : $s_{cv\,(\max)} = \mathrm{Max}[25\ \mathrm{mm},\ (4/3)a_{max} = 27\ \mathrm{mm}] = 27$ mm

d 계산 : 600 - 50 - 25 - 27/2 = 512 mm

$\omega = [1 - \sqrt{1 - 2.36(209.9)/6{,}056}\,]/1.18 = 0.03540$

$\therefore A_{s\,(소요)} = \omega(f_{ck}/f_y)bd = 0.03540(21/400)(1{,}100 \times 512) = \underline{1{,}047\ (\text{mm}^2)}$

6-D16 철근을 2층으로 배치 :

$\therefore A_{s\,(배치)} = \underline{6 - D16 = 11 \times 198.6 = 1{,}192\ (\text{mm}^2)} > 1{,}047\ \text{mm}^2$ <o.k.>

표 10.7 내부패널 받침부의 부계수휨모멘트와 중앙부의 정계수휨모멘트에 대한 설계(E-W strip)

	내부패널 받침부의 **부계수 휨모멘트**					내부패널 중앙부의 **정계수 휨모멘트**				
	중간대 1/2	주열대			중간대 1/2	중간대 1/2	주열대			중간대 1/2
		날개부분	보	날개부분			날개부분	보	날개부분	
(1) 정적 모멘트 (kN.m)	**706.2**									
(2) 정 및 부 슬래브 모멘트 (kN.m)	**706.2 x -0.65 = -459.0**					**706.2 x 0.35 = 247.2**				
(3) 주열대와 중간대의 분배 (kN.m)	**-34.7**	**-459.0 x 0.849 = -389.7**			**-34.7**	**18.7**	**247.2 x 0.849 = 209.9**			**18.7**
(4) 주열대 모멘트 분배 (kN.m)		**-29.3**	**-331.2**	**-29.3**			**15.7**	**178.4**	**15.7**	
(5) 각 strip의 폭, b (m)	1.5	0.95	1.1	0.95	1.5	1.5	0.95	T형 단면	0.95	1.5
(6) φ=0.85 인장지배 단면 가정	0.85					0.85				
(7) $M_n = M_u / \varphi$ 계산	-40.8	-34.4	-389.7	-34.4	-40.8	22.0	18.5	209.9	18.5	22.0
(8) 유효깊이, d (mm)	172		530	172		172		530	172	
(9) $m = f_{ck}\,b\,d^2/10^3$	931.9	590.2	1,770	590.2	931.9	931.9	590.2	6,489	590.2	931.9
(10) $\omega = [1-\sqrt{(1-2.36M_n/m)}]/1.18$	0.04494	0.06046	0.26014	0.06046	0.04494	0.02390	0.03198	0.03299	0.03198	0.02390
(11) 검토 $\omega < 0.32\beta_1 = 0.272$; 인장지배단면	o.k.	o.k.	o.k.	o.k.	o.k.	o.k.	o.k.	o.k.	o.k.	o.k.
(12) 소요 철근 단면적 $A_s = \omega(f_{ck}/f_y)bd$	**609**	**519**	**2,171**	**519**	**609**	324	274	**1,010**	274	324
(13) 배치하는 철근의 종류	**D13**	**D16**			**D13**	**D13**	**D16**			**D13**
(14) 철근 1개의 단면적 A_b (mm^2)	126.7	198.6	198.6	198.6	126.7	126.7	198.6	198.6	198.6	126.7
(15) 철근의 간격 계산, $s_{max} < b/(A_s/A_b)$	312	364	101	364	312	587	688		688	587
(16) 최소 철근, $s_{max} < b/[(0.002bh)/(14)]$	317	497	107	497	317	317	497	557	497	317
(17) 철근간격 규정, $s_{max} < (2h < 300\text{ mm})$	300	300	300	300	300	300	300		300	300
(18) 휨철근 배치, $s_{max} = 300(k_{cr}/f_s)$	315	315	294	315	315	315	315	294	315	315
(19) 최대 철근간격, $s_{max} < \min(15,16,17,18)$	**300**	**300**	**101**	**300**	**300**	**300**	**300**		**300**	**300**
(20) 소요 철근의 개수, b/(18)	**5.0**	**3.2**	**10.9**	**3.2**	**5.0**	**5.0**	**3.2**	**5.1**	**3.2**	**5.0**
(21) 배치하는 철근의 개수	5	3	11	3	5	5	3	6	3	5
(22) 배치되는 철근 간격, 1,000 x (5)/(16)	**300**	**250**	**100**	**250**	**300**	**300**	**300**		**317**	**300**
(23) 배치 철근 단면적 $A_{s(배치)}$ (mm^2/ strip)	634	596	2,185	596	634	634	596	1,192	596	634
(24) $A_{s\,(배치)} > A_{s\,(소요)}$ 검토	o.k.	o.k.	o.k.	o.k.	o.k.	o.k.	o.k.	o.k.	o.k.	o.k.

(2) East-West 방향 패널 중에서 기둥 A와 B 선으로 구분되는 단부 슬래브-보의 설계 : 단부 경간에서의 정 및 부계수모멘트의 분배율은 표 10.2에 주어졌다(구조기준 표 10.4.1, ACI 13.6.3.3).

① 단부 경간의 위험단면에서 설계모멘트의 분배(표 10.2) :

(a) 단부 받침부의 부계수모멘트 : $M_s = 0.16\,M_0 = 0.16(706.2) = 113.0\ (\text{kN} \cdot \text{m})$

(b) 중간부의 정계수모멘트 : $M_c = 0.57\,M_0 = 0.57(706.2) = 402.5\ (\text{kN} \cdot \text{m})$

(c) 내부 받침부의 부계수모멘트 : $M_s = 0.70\,M_0 = 0.70(706.2) = 494.3\ (\text{kN} \cdot \text{m})$

② 중앙부에서 정계수모멘트 M_c 의 주열대 및 중간대의 횡방향 분배 : 단부 슬래브-보와 내부 슬래브-보의

치수가 동일하므로 (1)에서 계산한 값과 같다. 따라서 $l_2/l_1 = 0.67$ 및 $\alpha_1 l_2/l_1 = 1.55$ 에서 주열대 분배는 84.9%가 되고, 중간대는 나머지 15.1%를 분배하면 된다.

- 주열대의 정계수모멘트 : $0.849(402.5) = 341.7$ (kN · m)
- 중간대의 정계수모멘트 : $0.151(402.5) = 60.8$ (kN · m) → 1/2 씩이 양쪽 중간대에 분배

주열대 모멘트 중에서 보에 분배되는 계수휨모멘트 계산 : 구조기준 10.4.5(ACI 13.6.5)에 따라 기둥의 중심선을 따라 보가 배치된 경우에 주열대 모멘트 중에서 $\alpha_1 l_2/l_1 \geq 1.0$ 인 경우에는 보에 85%를 분배해야 하므로, $0.85(341.7) = 290.4$ (kN · m)는 보에 분배하고 나머지 $341.7 - 290.4 = 51.3$ (kN · m)는 보 부분을 제외한 양쪽 슬래브 내민부분 [$1.5 - 1.1/2 = 1.5 - 0.55 = 0.95$ (m)]에 1/2인 25.7 kN · m 를 등분포로 분배하여 설계하면 된다(표 10.8 참고).

③ **내부 받침부에서 부계수모멘트 M_s 의 주열대 및 중간대의 횡방향 분배** : (1)④에서와 같이 표 10.4에서 $(\alpha_1 l_2/l_1) \geq 1.0$ 인 경우 - 직선보간법으로 $l_2/l_1 = 0.67$ 일 때 구하면 분배율 84.9%가 된다.

- 내부받침부에서 주열대의 부계수모멘트 : $0.849(494.3) = 419.7$ (kN · m)
- 내부받침부에서 중간대의 부계수모멘트 : $0.151(494.3) = 74.6$ (kN · m) 또는 각 중간대에 1/2인 37.3 kN · m 을 분배해서 설계

내부받침부에서 주열대 부계수휨모멘트 중에서 보에 분배되는 부계수휨모멘트 계산 : 구조기준 10.4.5(ACI 13.6.5)에 따라 기둥의 중심선을 따라 보가 배치된 경우에 주열대 모멘트 중에서 $(\alpha_1 l_2/l_1) \geq 1.0$ 인 경우에는 보에 85%를 분배해야 하므로, $0.85(419.7) = 356.7$ (kN · m)는 보에 분배하고 나머지 $419.7 - 356.7 = 63.0$ (kN · m)는 보 부분을 제외한 양쪽 슬래브 내민부분에 1/2 (31.5 kN · m)을 등분포로 분배하여 설계하면 된다(표 10.8 참고).

④ **단부 받침부에서 부계수모멘트 M_s 의 주열대 및 중간대의 횡방향 분배** : 단부 받침부의 부계수모멘트의 분배율은 표 10.5에 주어졌다. $l_2/l_1 = 0.67$ 과 $\alpha_1 l_2/l_1 = 1.55$ 이외에 비틀림 강성비 계수, $\beta_t = E_{cb}C/(2E_{cs}I_s)$ [식 (10.17)]가 필요하다.

(a) 단면계수 C 는 식 (10.18)를 이용해서 계산하면, 그림 10.20의 단면 B-B에서 $x_1 = 300$ mm, $y_1 = 600$ mm 와 $x_2 = 200$ mm, $y_2 = 400$ mm 로 나누어 표 10.6에서 읽으면 $C_1 = (3{,}699 + 730.7) \times 10^6 = 4{,}430 \times 10^6$ (mm^4)

또는 $x_1 = 300$ mm, $y_1 = 400$ mm 와 $x_2 = 200$ mm, $y_2 = 700$ mm 로 나누면,

$C_2 = (1{,}899 + 1{,}530.7) \times 10^6 = 3{,}430 \times 10^6$ (mm^4)에서 큰 값이 지배하므로

$\therefore C = C_1 = 4{,}430 \times 10^6$ mm^4

(b) 슬래브의 단면 2차 모멘트 I_s 계산 : 그림 10.4d에 따라 I_s 계산에 포함시키는 경간의 길이는 $l_2 = 6.0$ m 가 된다. $\therefore I_s = bh^3/12 = 6{,}000 \times 200^3/12 = 4{,}000 \times 10^6$ (mm^4)

(c) 식 (10.17)을 이용해서 β_t 계산 : $E_{cb} = E_{cs}$ 이므로,

$\therefore \beta_t = E_{cb}C/2E_{cs}I_s = C/2I_s = 4{,}430 \times 10^6/(2 \times 4{,}000 \times 10^6) = 0.55$

(d) 표 10.5를 이용해서 단부 받침부의 부계수모멘트의 주열대 분배율을 계산 : 표 10.5를 이용하기 위

해서는 2번의 직선보간법을 사용하여야 한다[식 (10.16)을 사용하여 직접 계산할 수도 있다.]. $\alpha_1 l_2/l_1 = 1.55 > 1.0$ 이므로 표 10.5의 아래 두 줄을 사용하면 된다. 먼저 $l_2/l_1 = 0.5$ 와 $l_2/l_1 = 1.0$ 일 때의 각각의 경우에 $\beta_t = 0 \sim 2.5$ 구간에서 $\beta_t = 0.55$ 인 경우의 값을 구한다.

- $l_2/l_1 = 0.5$ 인 경우 : 주열대 분배율 $= 90 + (10/2.5)(2.5 - 0.55) = 97.8$
- $l_2/l_1 = 1.0$ 인 경우 : 주열대 분배율 $= 75 + (25/2.5)1.95 = 94.5$

이 두 값 이용하여 $l_2/l_1 = 0.67$ 의 주열대 분배율 $= 94.5 + \dfrac{97.8 - 94.5}{1.0 - 0.5}(1.0 - 0.67) = 96.7(\%)$

- 주열대의 부계수모멘트 : $0.967(113.0) = 109.3$ (kN · m)
- 중간대의 부계수모멘트 : $0.033(113.0) = 3.73$ (kN · m) → 1/2씩이 양쪽 중간대에 작용

단부받침부에서 주열대 부계수휨모멘트 중에서 보에 분배되는 부계수모멘트 계산 : 구조기준 10.4.5(ACI 13.6.5)에 따라 기둥의 중심선을 따라 보가 배치된 경우에 주열대 모멘트 중에서 $(\alpha_1 l_2/l_1) \geq 1.0$ 인 경우에는 보에 85%를 분배해야 하므로, $0.85(109.3) = 92.9$ (kN · m)는 보에 분배하고 나머지 $109.3 - 92.9 = 16.4$ (kN · m)는 보 부분을 제외한 양쪽 슬래브 내민부분에 1/2 (8.2 kN · m)을 등분포로 분배하여 설계하면 된다.

(3) North-South 패널에서 동일한 방법으로 기둥 2-3선으로 구분되는 내부 슬래브-보의 설계를 수행한다.

(4) 양방향의 위험단면에 대해서 설계가 끝나면 전단이나 필요하면 비틀림을 검토하고 그림 10.18을 참고하여 보강철근을 배근하여 설계를 수행하면 된다. 본 예제는 보로 보강된 2방향 슬래브이므로 구조기준 10.4.8(1)(ACI 13.6.8.1)에 따라 $\alpha_1 l_2/l_1 = 1.55 > 1.0$ 이므로 그림 10.40과 같은 부하면적에 작용하는 하중을 지지한다고 보아 보에 대한 전단검토를 한다.

표 10.8 단부 슬래브-보의 위험단면에 분배되는 설계 계수모멘트

		단부 받침부의 부계수모멘트	중앙부의 정계수모멘트	내부 받침부의 부계수모멘트
중간대 1/2		1.9	30.4	37.3
주열대		8.2	25.7	31.5
	보	92.9	290.4	356.7
		8.2	25.7	31.5
중간대 1/2		1.9	30.4	37.3

10.3 **등가골조법**(Equivalent Frame Method)(**구조기준** 10.5, ACI 13.7)

2방향 슬래브가 직접설계법에 대한 하중이나 기하학적인 제한 조건을 만족시키지 못하거나(그림 10.8 참고, 구조기준 10.4.1, ACI 13.6.1), 풍하중이나 지진하중에 의해서 횡하중이 작용하게 되면 구조기준 10.5(ACI 13.7)에서는 슬래브-보 구조물을 **등가골조(equivalent frame)**로 절단하여 일반적으로 **모멘트분배법(moment distribution method)**을 이용한 탄성해석으로 해석하도록 제시하고 있다. 직접설계법에서는 간단한 휨모멘트 계수를 이용하여 설계하지만, 등가골조법은 2방향 슬래브의 3차원 골조시스템을 그림 10.22와 같이 일련의 슬래브-보(slab-beam)와 기둥(column)으로 구성되는 2차원 골조로 분리하여 모멘트분배법이나 유사한 방법으로 모든 하중조건에 대해서 해석한다. 기둥과 패널 슬래브의 상관관계를 최대한 정확하게 표현하기 위해서는 그림 10.24와 같은 등가기둥을 해석에 사용하여야 한다.

풍하중이나 지진하중과 같은 횡하중이 작용하는 경우에 구조물의 전체 높이에 대한 골조를 고려해야 되는데 그 이유는 각 층에 작용하는 횡하중은 그 층위의 모든 층에 작용하는 횡하중의 함

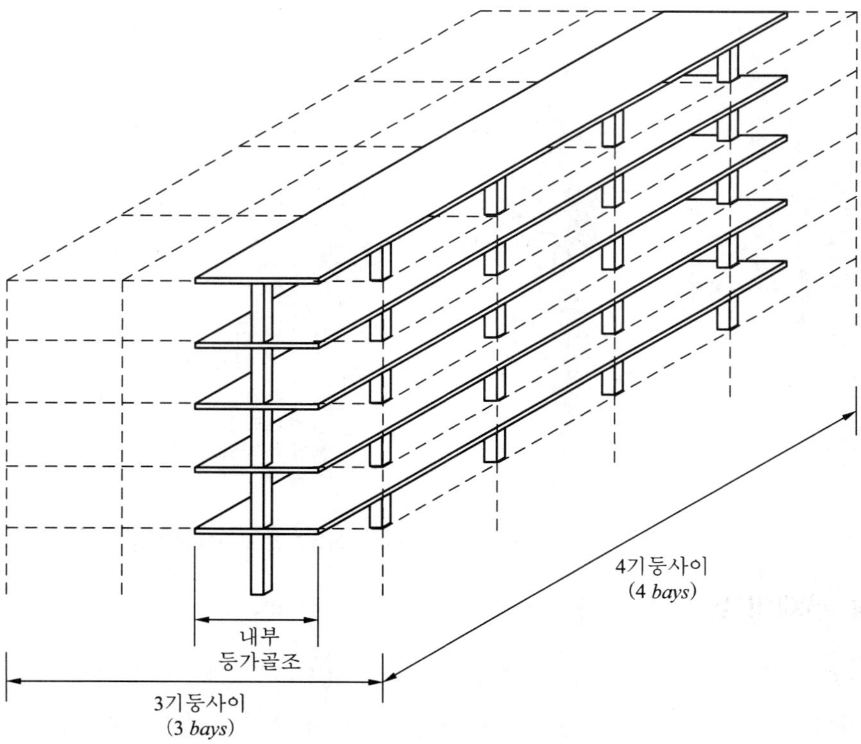

그림 10.22 5층 건물의 등가골조[10.2]

수이기 때문이다. 만약에 해석이 중력하중(gravity load)에 국한되게 되면 해석은 각 층의 바닥판(floor)과 이 바닥판에 연결된 기둥을 분리해서 해석할 수 있다. 이런 경우에 위와 아래 바닥판에 연결된 부분인 기둥의 먼 단부의 끝은 고정단으로 가정할 수 있다(그림 10.3c 참고).

등가기둥(Equivalent Column)[10.1]

기둥의 폭과 보의 폭이 거의 일치하는 일반적인 강접골조(rigid frame)에서 기둥과 보사이의 모멘트 전달은 휨에 의해서만 일어난다. 그러나 슬래브-보-기둥의 골조에서는 슬래브가 기둥의 양옆으로 연장되어 있어서 기둥과 슬래브간의 직접적인 모멘트의 전달은 대략 기둥의 폭 정도에서만 일어나고 그 외의 부분(즉, 기둥의 양옆에서 패널의 중심까지의 부분)에서 모멘트는 비틀림에 의해서 전달되어야 한다(그림 10.23 참고). 슬래브와 기둥 간에 모멘트가 전달되는 상황은 기둥에 횡방향의 양옆으로 부재(비틀림 팔, torsional member)가 있다고 가정하면 쉽게 이해할 수 있다. 이 비틀림 팔은 기둥에서 떨어진 부분에 작용하는 슬래브 모멘트를 비틀림에 의해서 기둥에 전달하게 된다. 바닥판의 위와 아래의 기둥과 비틀림 부재는 하나의 짝이 되며 이를 **등가기둥(equivalent column)**이라고 부른다(그림 10.24 참고).

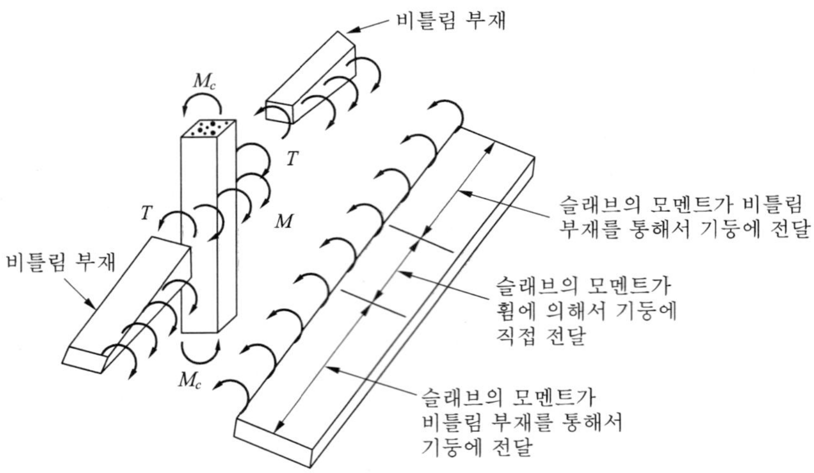

그림 10.23 슬래브와 기둥간의 모멘트의 전달

비틀림 부재의 유효단면(Effective Cross Section of the Torsional Member)

비틀림 부재의 유효단면은 구조기준 10.5.5(1)(ACI 13.7.5.1)에서 부재의 전체 길이에 걸쳐서 일정한 단면을 가지는 것으로 가정하도록 규정하고 있다. 유효단면은 보가 배치되지 않은 경우에 그림 10.25의 빗금인 부분과 같이 경간방향의 기둥, 브래킷, 또는 기둥머리의 폭과 같은 폭의 슬래브 중

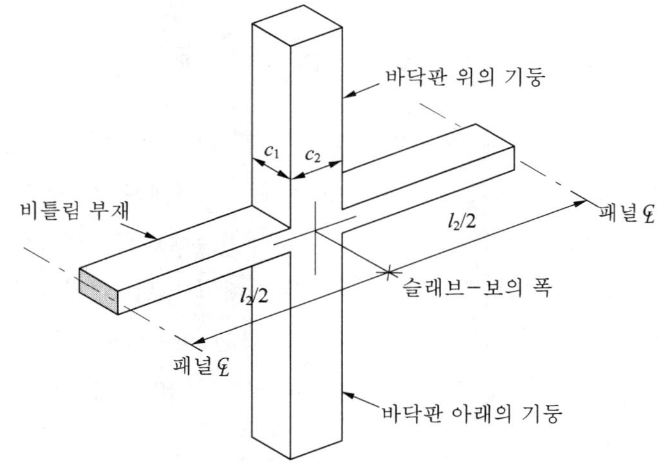

그림 10.24 **등가기둥**(equivalent column)

에서 가장 큰 단면을 택하여야 한다. 만약에 기둥의 중심선을 따라 보가 배치되는 경우에는 슬래브 부분[4]에 슬래브 상하의 횡방향 보를 더한 단면을 유효단면으로 고려한다(그림 10.4a와 c 및 그림 10.16 참고).

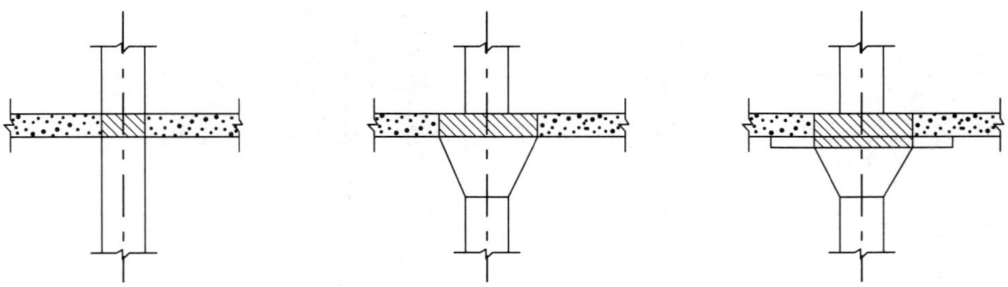

(a) (b) (c)

그림 10.25 **비틀림 부재의 유효단면(빗금인 부분)**
(a) 슬래브, (b) 기둥머리가 있는 경우, (c) 기둥머리와 지판이 있는 경우

등가기둥의 강성(Stiffness of the Equivalent Column)

슬래브와 기둥의 모멘트를 해석하기 위해서는 등가기둥의 강성을 계산하여야 한다. 등가기둥의 강성 K_{ec}는 다음 식과 같이 연성[flexibility, 강성의 역수(inverse of stiffness)]의 함수로 표현되었다.

---

4) 보가 슬래브의 위 또는 아래로 내민 높이 중, 큰 높이만큼을 보의 양측으로 연장한 슬래브 부분을 포함한 것으로, 보의 한 측으로 연장되는 거리는 슬래브 두께의 4배 이하로 하여야 한다.

$$\frac{1}{K_{ec}} = \frac{1}{\sum K_c} + \frac{1}{K_t} \tag{10.20}$$

여기에서 $\sum K_c$는 슬래브의 위와 아래 기둥의 휨강성이며 $K_c = k_c EI/l_c$ 로 표현된다[10.2]. 기둥의 먼 단부의 끝이 고정단이고 단면이 일정한 경우에 $k_c = 4$ 이며, 단면이 변화함에 따라 계수 k_c는 4.0보다 큰 값으로 ACI 318 Notes의 표 A7[10.2]이나 또는 Leet[10.1]나 MacGregor[10.7] 등의 교과서에 제시되어 있다. 표 10.9에는 Leet가 제시한 표를 제시하고 있다. 여기에서 기둥의 길이 l_c는 슬래브의 중앙에서 중앙까지의 길이이다. 단위 회전각에 대한 비틀림모멘트 $K_t(= M/\theta)$는 비틀림 부재의 절대 비틀림강성으로 다음과 같이 표현된다[구조기준 10.5.5(2), ACI 13.7.5.2].

$$K_t = \sum \frac{9\,E_{cs}\,C}{l_2(1 - c_2/l_2)^3} \tag{10.21}$$

여기서 E_{cs} = 슬래브에 사용되는 콘크리트의 탄성계수이고 ; c_2 = 휨모멘트가 결정되는 경간방향과 수직된 방향(기둥 좌우에서 횡경간 방향)으로 측정된 기둥, 등가기둥, 기둥머리 또는 브래킷의 폭(그림 10.27 참고), mm ; $l_2 = l_1$ 에 수직한 방향으로 측정한 기둥 양 옆의 각각의 받침부 중심 사이의 경간 ; C = 식 (10.18)로 정의되는 비틀림 성질을 정의하는 단면상수(그림 10.17과 표 10.6 참고)

만약에 보가 기둥에 연결되어 있을 경우에는 식 (10.20)의 K_t 에 보가 없는 슬래브만의 단면 2차 모멘트(I_s)에 대한 그 보를 포함한 슬래브 단면 2차 모멘트(I_{sb})의 비를 곱해주어야 한다.

$$\frac{1}{K_{ec}} = \frac{1}{\sum K_c} + \frac{1}{K_t(I_{sb}/I_s)} \tag{10.22}$$

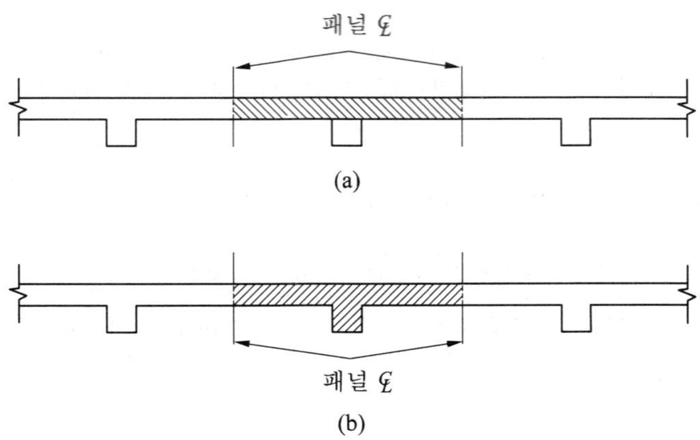

그림 10.26 (a) I_s와 (b) I_{sb}가 계산되는 단면

I_s 와 I_{sb} 의 계산은 그림 10.26에 주어졌으며, I_s 의 계산은 보 부분을 포함하지 않는 슬래브의 단면 2차 모멘트이고, I_{sb} 는 보 부분을 포함한 슬래브의 단면 2차 모멘트이다.

만약에 비틀림 부재(팔)의 비틀림 강성이 작다면 비록 기둥이 상당히 견고하더라도 슬래브를 구속하지 못하고 등가기둥의 강성은 0에 접근하게 된다. 이런 경우는 식 (10.20)에서 $K_t = 0$ 을 대입하면 우변이 무한대에 접근하여 좌변의 $K_{ec} = 0$ 가 되게 된다. 그런데 만약에 비틀림 부재의 강성이 상당히 견고하여 $K_t \approx \infty$ 에 접근하게 되면 $1/K_t = 0$ 가 되어 $K_{ec} = \sum K_c$ 가 된다.

예제 10.5 등가기둥의 유효강성 K_{ec} 의 계산[10.1]

식 (10.20)를 이용하여 그림 10.20의 단부기둥 2A의 유효강성 K_{ec} 를 계산하라. 두께 200 mm 슬래브는 폭 300 mm에 깊이 600 mm의 테두리보로 지지되어 있다. 계산을 간단하게 하기 위해서 기둥의 단면은 전체 길이에 걸쳐서 일정한 것으로 가정하고(그림 10.27 참고), 탄성계수 E_c 는 일정하다.

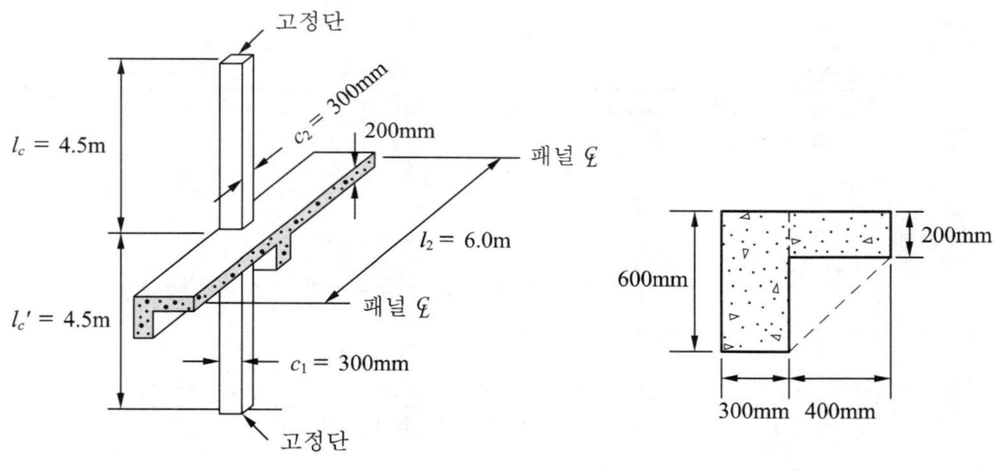

그림 10.27 (a) 등가기둥, (b) 비틀림부재의 단면

풀이

보가 배치되었으므로 식 (10.22)을 사용하여 계산한다.

① 기둥의 휨강성 $\sum K_c = \sum k_c E_c I_c / l_c$ 계산 :

기둥의 먼 단부의 끝이 고정단이고 단면이 균일한 경우에 $k_c = 4.0$ 이다.

여기에서 $I_c = bh^3/12 = (300)(300^3)/12 = 675 \times 10^6\ (\mathrm{mm}^4)$

슬래브의 위와 아래의 기둥강성을 더해야 하므로,

$$\therefore \sum K_c = (4.0)\frac{E_c(675 \times 10^6)}{4.5 \times 10^3}(2) = 1.2 \times 10^6\ E_c\,(\mathrm{mm \cdot N})/\mathrm{rad}$$

② 비틀림 단면계수 C 계산 : 그림 10.27b와 같이 절단하면, 식 (10.18)을 이용하여 계산하거나, 표 10.6을 이용하여 계산한다. 비틀림부재로 고려해야 되는 면적을 단면계수를 계산하기 위해서 2개의 단면으로 나누면, $x_1 = 300\ \mathrm{mm}$, $y_1 = 600\ \mathrm{mm}$ 와 $x_2 = 200\ \mathrm{mm}$, $y_2 = 400\ \mathrm{mm}$ 가 되므로, 표 10.6에서 읽으면,

$\therefore C = (3{,}699 + 730.7) \times 10^6\ \mathrm{mm}^4 = 4{,}429.7 \times 10^6\ \mathrm{mm}^4$ (그림 10.17c와 d에서 보면 c로 자른 경우가 큰 값을 주어 지배한다.)

③ 비틀림부재의 비틀림강성 K_t 계산 : 식 (10.21) $K_t = \sum \dfrac{9E_{cs}C}{l_2(1-c_2/l_2)^3}$

계산에서 기둥 양옆으로 동일한 단면의 비틀림부재가 붙어있으므로 2를 곱해준다.

$$\therefore K_t = (2)\frac{9E_{cs}(4{,}429.7 \times 10^6)}{6{,}000(1-300/6{,}000)^3} = (2)(7.7499 \times 10^6)E_{cs} = 15.5 \times 10^6 E_{cs}\,(\mathrm{mm \cdot N})/\mathrm{rad}$$

④ 슬래브-보 단면의 단면 2차 모멘트 I_{sb} 계산 (그림 10.28a 및 그림 10.27 참고) :

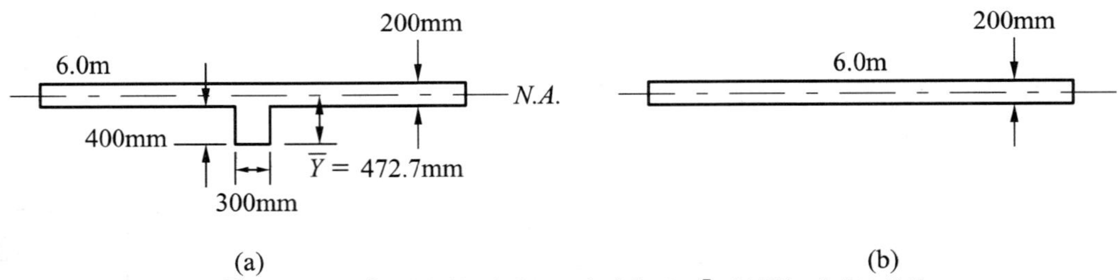

그림 10.28 (a) I_{sb} 계산하는 슬래브-보의 단면, (b) I_s 계산하는 슬래브 단면

먼저 바닥으로부터 중립축의 거리 계산 :

$$\overline{Y} = \frac{\sum A_n \overline{Y_n}}{\sum A_n} = \frac{(1.2 \times 10^6)(500) + (0.12 \times 10^6)(200)}{6{,}000(200) + 300(400)} = \frac{624 \times 10^6}{1.32 \times 10^6} = 472.7\ (\mathrm{mm})$$

$$I_{sb} = \sum (I + A d^2)$$

$$= \frac{6{,}000(200^3)}{12} + (1.2 \times 10^6)(500-472.7)^2 + \frac{300(400^3)}{12} + (0.12 \times 10^6)(472.7-200)^2$$

$$= (4{,}000 + 894.3 + 1{,}600 + 8{,}923.8) \times 10^6 = 15{,}418 \times 10^6\ (\mathrm{mm}^4)$$

⑤ 슬래브 단면의 단면 2차 모멘트 I_s 계산 (그림 10.28b및 그림 10.27 참고) :

$$I_s = bh^3/12 = 6{,}000(200^3)/12 = 4{,}000 \times 10^6\ (\mathrm{mm}^4)$$

⑥ 등가기둥의 강성 K_{ec} 계산 : 식 (10.22)

$$\frac{1}{K_{ec}} = \frac{1}{\sum K_c} + \frac{1}{K_t\,(I_{sb}/I_s)} = \frac{1}{1.2\times 10^6 E_c} + \frac{1}{15.5\times 10^6 E_c\left(\dfrac{15{,}418\times 10^6}{4{,}000\times 10^6}\right)}$$

$$= \frac{1}{1.2\times 10^6 E_c} + \frac{1}{59.74\times 10^6 E_c}$$

$$\therefore K_{ec} = \frac{\sum K_c\,[K_t\,(I_{sb}/I_s)]}{\sum K_c + K_t\,(I_{sb}/I_s)} = \frac{(1.2\times 59.74)(10^{12})E_c^{\,2}}{(1.2+59.74)(10^6)E_c} = 1.176\times 10^6 E_c\,(\mathrm{mm}\cdot\mathrm{N/rad})$$

부재의 단면특성(Properties of Members)[10.1]

등가골조해석에 대해서 구조기준 10.5.3(1)(ACI 13.7.3.1)에서는 골조부재의 단면 2차 모멘트를 구할 때 콘크리트의 전체 단면을 기준으로 구할 수 있도록 허용하고 있다. 만약에 설계에서 휨균열에 의한 단면의 변화를 고려하려고 하면 비록 간단한 구조물이라도 계산이 상당히 복잡하고 길어지게 된다.

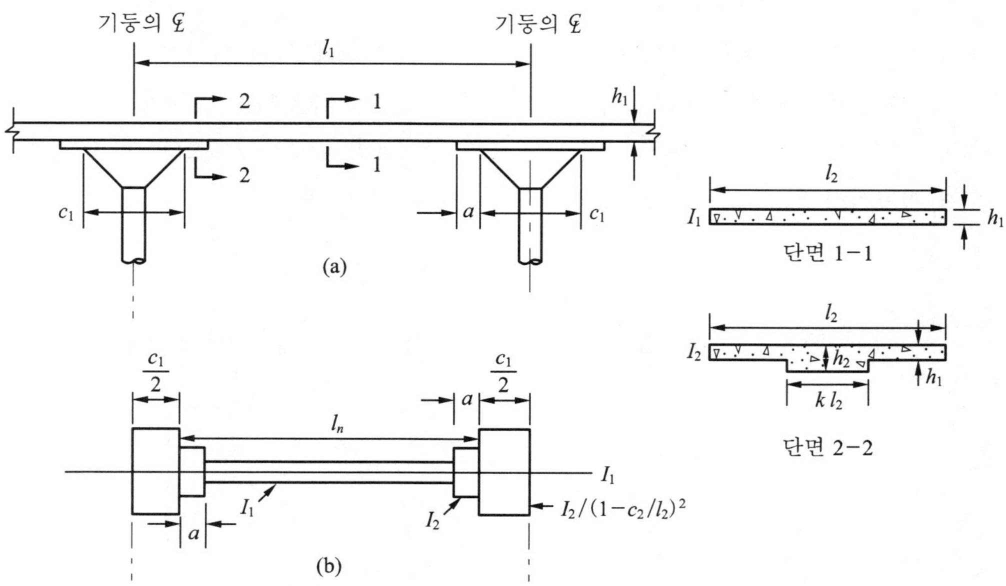

그림 10.29 슬래브-보의 단면특성 (a) 지판과 기둥머리가 배치된 슬래브, (b) 가정한 단면 2차 모멘트의 변화[10.2]

구조기준 10.5.3(2)(ACI 13.7.3.2)에서는 또한 기둥이나 슬래브-보에서 축방향을 따라 변하는 단면 2차 모멘트를 고려하도록 규정하고 있다. 이런 단면 2차 모멘트의 변화는 기둥과 슬래브의 연결부위의 절점에서 기둥과 슬래브가 서로를 강화시켜는 현상으로 상당히 복잡하게 된다. 절점부위는 기둥의 중심선으로부터 시작해서 받침부 면까지인데 받침부 면은 기둥이나 브래킷 또는 기둥머리와의 교차점, 또는 슬래브 밑의 지판이나 폭넓은 기둥과 등가인 벽과의 교차점이 받침부 면이 된다. 그림 10.29와 같이 기둥에 기둥머리나 또는 브래킷 등이 배치되면 기둥 중심선으로부터 받침부 면까지를 바닥판 슬래브의 보강된 단면으로 고려한다는 것이다. 슬래브-보와 기둥면과의 접촉은 기둥의 폭이나 또는 기둥머리의 폭으로 매우 짧기 때문에 슬래브-보의 끝에서 오직 제한된 슬래브의 폭만이 휨에 유효하게 거동한다.

휨강성에 영향을 미치는 상반된 두 계수는 ① 기둥이나 브래킷으로 인해서 증가하는 깊이(large increase in depth)와 ② 기둥과 슬래브-보의 접촉부분을 제한하는 감소된 유효 폭(reduced effective width)이다. 이 두 계수의 영향을 대략적으로 고려하기 위해서 구조기준에서는 기둥의 중심선에서부터 받침부 면까지의 단면 2차 모멘트는 받침부 면의 슬래브-보의 단면에서 구한 단면 2차 모멘트에 계수 $(1-c_2/l_2)^2$ 로 나눈 값을 일정하게 고려하도록 하였다. 여기에서, c_2 는 고려하는 경간 방향에 연직한 방향의 기둥면의 폭이고, l_2 는 슬래브-보의 폭이다. 그림 10.29b에는 전형적인 슬래브-보에서 이상화된 단면 2차 모멘트의 변화를 보여주고 있다.

이와 유사하게, 슬래브가 기둥의 휨강성을 강화하는 경우로 슬래브 두께의 1/2이 기둥을 강화하여 구조기준 10.5.4(3)(ACI 13.7.4.3)에서는 계산을 간단하게 하기 위해서 그림 10.30b와 같이 슬래브와 접합부에서 기둥의 단면 2차 모멘트를 무한대라고 가정한다. 만약에 보나 기둥머리 또는 브래킷 등이 배치되는 경우에 기둥 끝에서 무한대의 단면 2차 모멘트는 그림 10.30과 같이 이런 요소의 바닥까지 연장된다고 가정한다(그림 10.30에서 a 깊이).

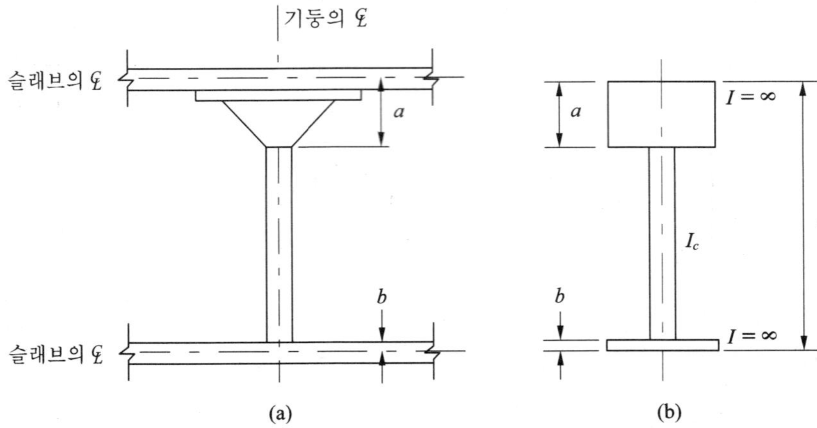

그림 10.30 기둥의 단면특성 : (a) 지판이나 기둥머리가 배치된 기둥의 경우, (b) 가정된 단면 2차 모멘트의 변화

단면 2차 모멘트가 변화할 때 기둥이나 슬래브-보에 대한 단면특성의 계산은 상당히 복잡하여 단면특성의 계산을 간단하게 하기 위해서 여러 종류의 설계도표가 제시되고 있다(표 10.9 및 10.10). 만약에 등가골조를 모멘트분배법으로 해석하게 되면, 이 해석에 필요한 강성계수(stiffness factor), 고정단 모멘트 계수(coefficients for fixed-end moment, FEM) 및 전달계수(carryover factor, COF)는 ACI 318 Notes[10.2] 등에 제시되어 있다. 표 10.10에는 플랫 플레이트의 슬래브-보인 경우에 모멘트 분배계수가 주어졌다. ACI 318 Notes에는 PCA에서 개발한 상용 컴퓨터프로그램 ADOSS를 이용하여 슬래브 시스템을 설계하는 예를 보여주고 있다. 근래에는 모멘트분배법을 이용하여 수계산하기 보다는 통상적으로 그림 10.22와 같은 등가골조를 2차원으로 보아 컴퓨터 프로그램을 이용하여 해석하고 설계하는 실정이다.

표 10.9 기둥의 강성계수 k_c[10.1]

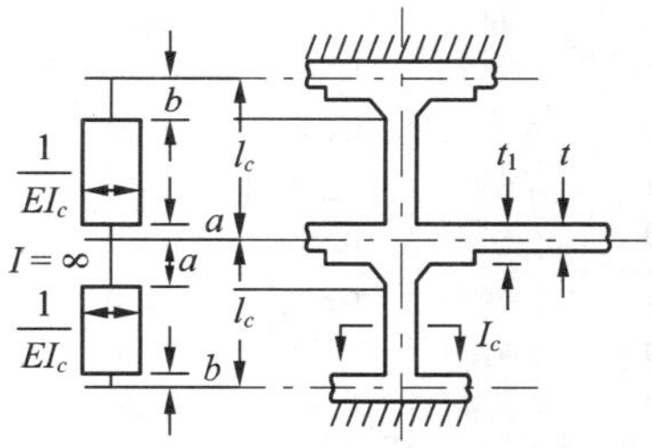

a/l_c* \ b/l_c*	0.00	0.02	0.04	0.06	0.08	0.10	0.12	0.14	0.16	0.18	0.20
0.00	4.000	4.082	4.167	4.255	4.348	4.444	4.545	4.651	4.762	4.878	5.000
0.02	4.337	4.433	4.533	4.638	4.747	4.862	4.983	5.110	5.244	5.384	5.533
0.04	4.709	4.882	4.940	5.063	5.193	5.330	5.475	5.627	5.787	5.958	6.138
0.06	5.122	5.252	5.393	5.539	5.693	5.855	6.027	6.209	6.403	6.608	6.827
0.08	5.581	5.735	5.898	6.070	6.252	6.445	6.650	6.868	7.100	7.348	7.613
0.10	6.091	6.271	6.462	6.665	6.880	7.109	7.353	7.614	7.893	8.192	8.513
0.12	6.659	6.870	7.094	7.333	7.587	7.859	8.150	8.461	8.796	9.157	9.546
0.14	7.292	7.540	7.803	8.084	8.385	8.708	9.054	9.426	9.829	10.260	10.740
0.16	8.001	8.291	8.600	8.931	9.287	9.670	10.080	10.530	11.010	11.540	12.110
0.18	8.796	9.134	9.498	9.888	10.310	10.760	11.260	11.790	12.370	13.010	13.700
0.20	9.687	10.080	10.510	10.970	11.470	12.010	12.600	13.240	13.940	14.710	15.560

a : 절점에 연결된 기둥 끝의 강화된 부분의 길이, b : 먼 단부의 강화된 부분의 길이

표 10.10 플랫 플레이트 슬래브-보의 모멘트분배계수[10.1]

FEM(등분포하중 w) $= Mwl_2 l_1^2$

K(강성) $= kEl_2 t^3/12l_1$

전달계수 $= COF$

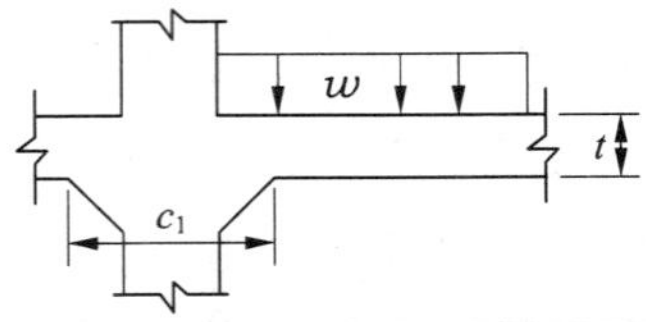

c_2/l_2 \ c_1/l_1		0.00	0.05	0.10	0.15	0.20	0.25	0.30	0.35	0.40
	M	0.083	0.083	0.083	0.083	0.083	0.083	0.083	0.083	0.083
0.00	k	4.000	4.000	4.000	4.000	4.000	4.000	4.000	4.000	4.000
	COF	0.500	0.500	0.500	0.500	0.500	0.500	0.500	0.500	0.500
	M	0.083	0.084	0.084	0.084	0.085	0.085	0.0.85	0.086	0.086
0.05	k	4.000	4.047	4.093	4.138	4.181	4.222	4.261	4.299	4.334
	COF	0.500	0.503	0.507	0.510	0.513	0.516	0.518	0.521	0.523
	M	0.083	0.084	0.085	0.085	0.086	0.087	0.087	0.088	0.088
0.10	k	4.000	4.091	4.182	4.272	4.362	4.449	4.535	4.618	4.698
	COF	0.500	0.506	0.513	0.519	0.524	0.530	0.535	0.540	0.545
	M	0.083	0.084	0.085	0.086	0.087	0.088	0.089	0.090	0.090
0.15	k	4.000	4.132	4.267	4.403	4.541	4.680	4.818	4.955	5.090
	COF	0.500	0.509	0.517	0.526	0.534	0.543	0.550	0.558	0.565
	M	0.083	0.085	0.086	0.087	0.088	0.089	0.090	0.091	0.092
0.20	k	4.000	4.170	4.346	4.529	4.717	4.910	5.108	5.308	5.509
	COF	0.500	0.511	0.522	0.532	0.543	0.554	0.564	0.574	0.584
	M	0.083	0.085	0.086	0.087	0.089	0.090	0.091	0.093	0.094
0.25	k	4.000	4.204	4.420	4.648	4.887	5.138	5.401	5.672	5.952
	COF	0.500	0.512	0.525	0.538	0.550	0.563	0.576	0.588	0.600
	M	0.083	0.085	0.086	0.088	0.089	0.091	0.092	0.094	0.095
0.30	k	4.000	4.235	4.488	4.760	5.050	5.361	5.692	6.044	6.414
	COF	0.500	0.514	0.527	0.542	0.556	0.571	0.585	0.600	0.614
	M	0.083	0.085	0.087	0.088	0.090	0.091	0.093	0.095	0.096
0.35	k	4.000	4.264	4.551	4.864	5.204	5.576	5.979	6.416	6.888
	COF	0.500	0.514	0.529	0.545	0.560	0.576	0.593	0.609	0.626
	M	0.083	0.085	0.087	0.088	0.090	0.092	0.094	0.095	0.097
0.40	k	4.000	4.289	4.607	4.959	5.348	5.778	6.255	6.782	7.365
	COF	0.500	0.515	0.530	0.546	0.563	0.580	0.598	0.617	0.635

등가골조의 설계하중(Design Loads for Equivalent Frames)

등가골조법은 일반적으로 임의의 패널에만 하중이 작용하는 경우(pattern loading)를 고려하여 각 패널의 받침부와 중앙단면에서 설계모멘트를 결정한다. 그러나 구조기준 10.5.6(2)(ACI 13.7.6.2)에서는 만약에 활하중이 고정하중의 75% 이하인 경우에는 전체 슬래브 시스템에 활하중이 동시에 작용하는 경우의 해석으로 설계할 수 있도록 허용하여 임의의 패널에만 활하중이 작용하는 경우를 고려하는 여러 차례의 해석을 생략할 수 있도록 하였다. 이 규정은 저보강 된 슬래브가 연성에 의해서 슬래브가 파괴되기 전에 최대 정모멘트와 부모멘트 사이에 모멘트 재분배가 일어나는 현상을 고려한 규정이다.

그러나 활하중이 고정하중의 75%를 초과하는 경우에는 전체 계수활하중의 75%가 한 경간씩 건너 슬래브판에 작용하는 경우에 대한 해석의 결과로 설계할 수 있지만 그러나 이 값은 전체 슬래브판에 동시에 계수하중이 작용하는 경우보다 작아서는 안 된다.

설계모멘트(Design Moment)

구조물에서 단면의 중심선의 치수로 해석을 하므로 등가골조 해석에 의한 슬래브-보의 단모멘트(end moments)는 받침부의 중심선을 기준으로 구한 값이 된다. 절점 안에서 슬래브-보 단면의 깊이가 급격히 깊어지므로 받침부 안에 비해서 받침부 면에서 배치된 상부철근에 의한 휨강성이 줄어들게 된다(그림 10.31 참고).

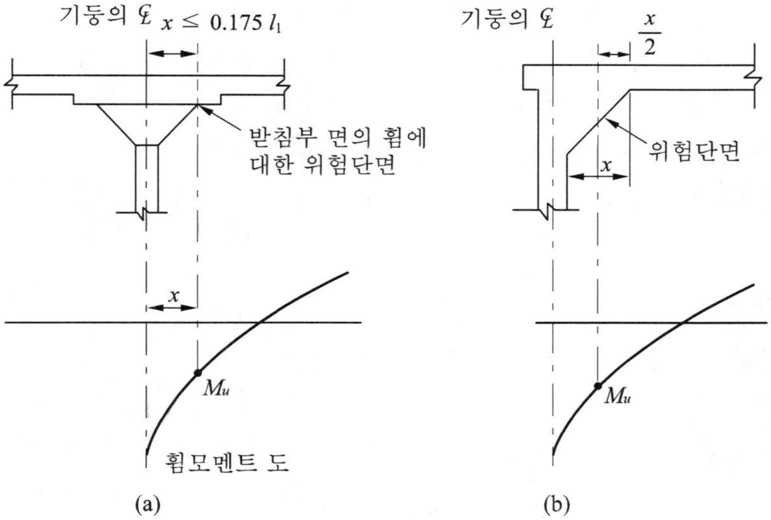

그림 10.31 휨에 대한 위험단면 : (a) 내부기둥, (b) 단부기둥

따라서 구조기준 10.5.7(1)(ACI 13.7.7.1)에서는 부계수휨모멘트에 대한 철근의 설계는 받침부의 중심선에서의 값보다 작은 모멘트에 대해서 설계할 수 있도록 규정하고 있다. 내부기둥에서 기둥이나 기둥머리 받침부 면에서 구한 모멘트로 설계할 수 있는데 이때 기둥중심에서 떨어진 거리는 $x \le 0.175\, l_1$ 이어야 한다. 여기에서 l_1 은 고려하는 방향의 기둥 중심간의 거리이다.

만약 단부기둥에서 기둥머리나 브래킷 등이 배치되면 부계수휨모멘트에 대한 위험단면은 기둥면과 받침부 면의 길이의 1/2 만큼을 기둥면에서 떨어진 거리로 한다(그림 10.31b 참고).

등가골조법으로 해석하는 바닥시스템이 직접설계법의 하중이나 기하학적인 조건을 만족하는 경우에 구조기준 10.5.7(4)(ACI 13.7.7.4)에서는 계산결과 얻은 휨모멘트는 설계에 이용되는 정모멘트와 평균 부모멘트의 절대값의 합이 식 (10.6)의 정적 계수휨모멘트 $M_0 = w_u l_2 l_n^{\,2}/8$ 보다 크지 않도록 각각의 모멘트에 일정한 계수를 곱해서 줄일 수 있도록 규정하고 있다. 이 규정은 직접설계법과 등가골조법의 결과가 유사하도록 하는 규정이다.

예제 10.6 등가골조법으로 구한 휨모멘트의 조종[10.1]

그림 10.32a에는 등가골조법으로 해석하여 구한 정과 부계수휨모멘트의 분포를 보여주고 있다. 만약에 슬래브 시스템이 직접설계법의 설계조건을 만족한다면 단면의 정적 계수휨모멘트가 $M_0 = 325$ kN·m인 경우에 구조기준 10.5.7(4)에 따라 등가골조법에 의해서 구한 모멘트를 감소시키기 위해서 곱해줄 수 있는 계수는 얼마인가?

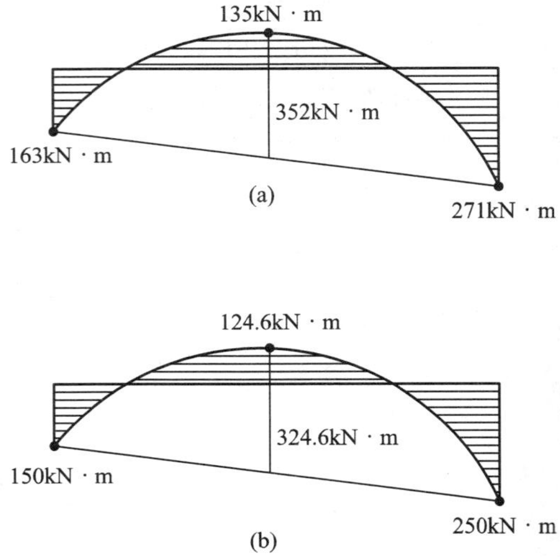

그림 10.32 (a) 등가골조법으로 구한 계수휨모멘트 (b) 합이 정적모멘트를 초과하지 않아도 된다는 규정에 따라 감소시킨 설계모멘트

풀이

부계수휨모멘트의 평균과 정계수휨모멘트의 합을 구하면,

$$\frac{163+271}{2} + 135 = 352\ (\mathrm{kN \cdot m})$$

$$> M_0 = 325\ \mathrm{kN \cdot m}$$ 이므로,

등가골조법으로 구한 모든 모멘트는 계수 $325/352 = 0.923$ 을 곱해서 감소시킬 수 있다(그림 10.32b 참고).

따라서 좌측의 부계수휨모멘트 = $163 \times 0.923 = 150\ (\mathrm{kN \cdot m})$ 등으로 조종할 수 있다.

예제 10.7 플랫 플레이트의 등가골조법 해석[10.1]

그림 10.33에 보이는 플랫 플레이트 바닥시스템에서 동-서간의 전형적인 내부 골조를 해석하라. 바닥시스템은 두께가 225 mm인 슬래브를 각 방향으로 5개의 450 mm 정사각형 기둥이 지지(4 bays)하는 구조로 되어있다. 기둥과 슬래브의 단면의 변화를 고려하고 모멘트분배법으로 해석하라. 단, $f_{ck}=$ 21 MPa이고, $f_y=$ 400 MPa이다.

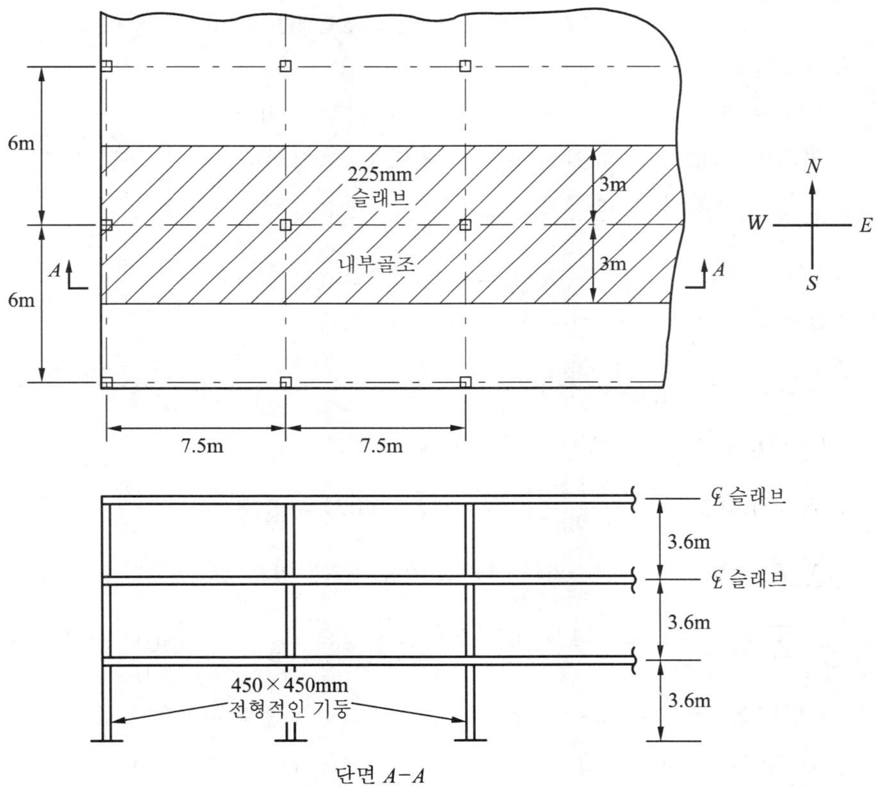

그림 10.33 바닥판의 평면도와 연직단면

풀이

① 기둥의 강성계산 $\sum K_c$: $l_c = 3{,}600\ \mathrm{mm}$; $I_c = \dfrac{bh^3}{12} = \dfrac{(450)(450^3)}{12} = 3{,}417 \times 10^6\,(\mathrm{mm}^4)$

기둥강성계수 k_c를 표 10.9에서 읽기 위해서 $a/l_c = b/l_c = 112.5/3{,}600 = 0.0313$ (그림 10.35 참고)가 된다. 표 10.9에서 k_c 값을 읽기 위해서는 두 번의 직선보간법을 적용해야 한다.

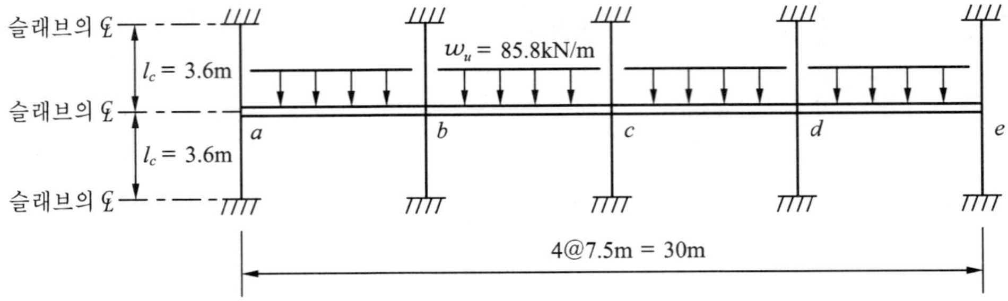

그림 10.34 동-서 방향의 전형적인 내부골조(폭 $l_2 = 6.0\,\text{m}$)

$b/l_c = 0.02$ 인 경우 : $a/l_c = 0.0313$ 의 값을 읽기 위해서 0.02와 0.04의 값에 보간법을 적용한다.

$$4.433 + \frac{4.882 - 4.433}{0.02}(0.0313 - 0.02) = 4.687$$

$b/l_c = 0.04$ 인 경우 : $a/l_c = 0.0313$ 의 값을 읽기 위해서 0.02와 0.04의 값에 보간법을 적용한다.

$$4.533 + \frac{4.940 - 4.533}{0.02}(0.0313 - 0.02) = 4.763$$

따라서, $b/l_c = 0.0313$ 인 경우를 계산하면,

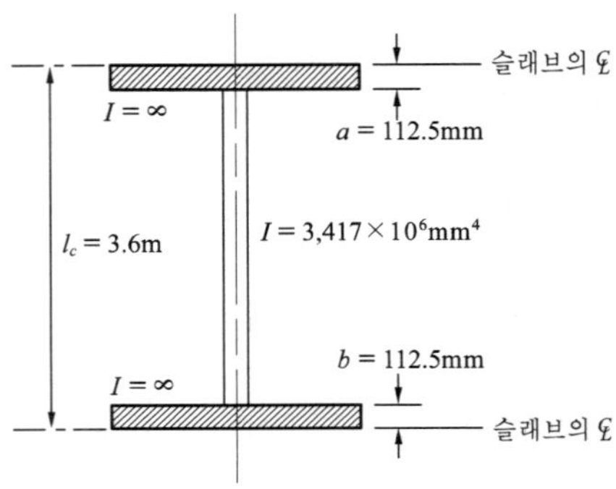

그림 10.35 전형적인 기둥

$$\therefore k_c = 4.687 + \frac{4.763 - 4.687}{0.02}(0.0313 - 0.02) = \underline{4.73}$$

$\sum K_c$ 계산 : 슬래브의 위와 아래로 기둥이 2개 있으므로

$$\therefore \sum K_c = 2\frac{k_c E I_c}{l_c} = (2)\frac{4.73(E\,3{,}417 \times 10^6)}{3{,}600} = (8.979 \times 10^6)E\,(\text{mm} \cdot \text{N})/\text{rad}$$

② 단면이 225 mm(두께) × 450 mm(폭)인 직사각형 비틀림 부재의 강성 K_t 계산 [그림 10.16의 조건 (1) 참고] : 식 (10.21)을 이용 ; $l_2 = 6{,}000\,\text{mm}$; $c_2 = 450\,\text{mm}$

표 10.6의 단면상수 C계산 : $x = 225\,\text{mm}$ 와 $y = 450\,\text{mm}$ 를 읽으면

$C = 1{,}170.4 \times 10^6\,(\text{mm}^4)$

비틀림 부재의 비틀림강성 K_t 계산 : 계산에서 기둥 양옆으로 동일한 단면의 비틀림 부재가 붙어있으므로 2를 곱해준다.

$$K_t = \sum \frac{9E_{cs}C}{l_2(1 - c_2/l_2)^3} = (2)\frac{9E(1{,}170.4 \times 10^6)}{6{,}000(1 - 450/6{,}000)^3}$$

$$= 4.436 \times 10^6\,E\,(\text{mm} \cdot \text{N})/\text{rad}$$

③ 등가기둥의 강성 K_{ec} 계산 : 식 (10.20)

$$\frac{1}{K_{ec}} = \frac{1}{\sum K_c} + \frac{1}{K_t} = \frac{1}{8.979\times 10^6 E} + \frac{1}{4.436\times 10^6 E}$$

$$\therefore K_{ec} = \frac{(\sum K_c)K_t}{\sum K_c + K_t} = \frac{(8.979\times 4.436)(10^{12})E^2}{(8.979+4.436)(10^6)E} = 2.969\times 10^6 E\,(\text{mm}\cdot\text{N}/\text{rad})$$

④ 슬래브-보의 강성 계산(그림 10.36 참고) :

$$I_s = \frac{l_2 h^3}{12} = \frac{(6{,}000)(225^3)}{12} = 5{,}695\times 10^6\,(\text{mm}^4)\ ;\quad l_1 = l_s = 7{,}500\text{ mm}$$

표 10.10에서

$$\frac{c_1}{l_1} = \frac{450}{7{,}500} = 0.06\quad ;$$

$$\frac{c_2}{l_2} = \frac{450}{6{,}000} = 0.075$$

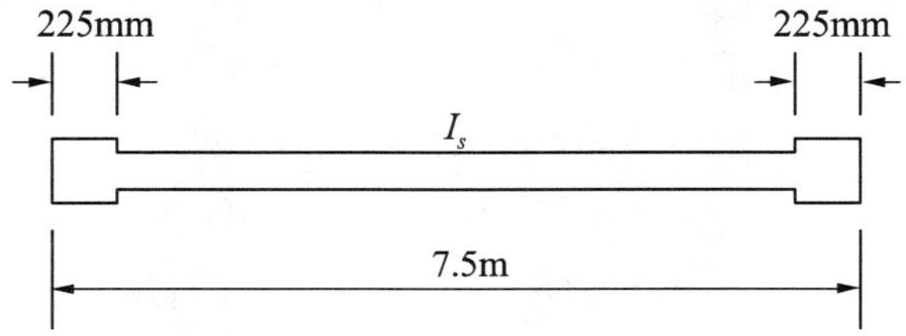

그림 10.36 이상화된 전형적인 슬래브-보

$c_2/l_2 = 0.05$ 인 경우 :

$c_1/l_1 = 0.06$ 의 값을 읽기 위해서 0.05와 0.01의 값에 보간법을 적용한다.

$$4.047 + \frac{4.091-4.047}{0.05}(0.06-0.05) = 4.056$$

$c_2/l_2 = 0.10$인 경우 : $c_1/l_1 = 0.06$ 의 값을 읽기 위해서 0.05와 0.01의 값에 보간법을 적용한다.

$$4.093 + \frac{4.182-4.093}{0.05}(0.06-0.05) = 4.111$$

따라서, $c_2/l_2 = 0.075$인 경우를 계산하면,

$$\therefore k = 4.056 + \frac{4.111-4.056}{0.05}(0.075-0.05) = \underline{4.084}$$

슬래브-보의 강성 K_s 계산 :

$$K_s = \frac{kEI_s}{l_s} = \frac{4.084E(5{,}695\times 10^6)}{7{,}500} = 3.101\times 10^6 E\,(\text{mm}\cdot\text{N/rad})$$

또는 표 10.10과 같이

$$K_s = \frac{kEl_2t^3}{12l_1} = \frac{4.084E(6{,}000)(225^3)}{12(7{,}500)} = 3.101\times 10^6 E(\text{mm}\cdot\text{N/rad})$$ 로 계산할 수도 있다.

⑤ 단부절점의 분배계수 계산 : 단부절점의 총 강성은

$$\sum K = K_s + K_{ec} = (3.101+2.969)\times 10^6 E = 6.07\times 10^6 E$$

$$DF_{\text{슬래브}} = \frac{K_s}{\sum K} = \frac{3.101}{6.07} = \underline{0.51}\quad ,\ DF_{\text{등가기둥}} = \frac{K_{ec}}{\sum K} = \frac{2.969}{6.07} = \underline{0.49}$$

슬래브 위와 아래에 동일한 강성의 기둥이 배치되었으므로, 등가기둥의 분배계수는 1/2로 나누어 위와 아래의 기둥에 각각 분배한다.

⑥ 내부절점의 분배계수 계산 :

내부절점의 총 강성은 좌우의 슬래브 강성을 고려해야 하므로,

$$\sum K = K_s + K_s + K_{ec} = (2 \times 3.101 + 2.969) \times 10^6 E = 9.171 \times 10^6 E$$

$$DF_{슬래브} = \frac{K_s}{\sum K} = \frac{3.101}{9.171} = \underline{0.34} \quad , \; DF_{등가기둥} = \frac{K_{ec}}{\sum K} = \frac{2.969}{9.171} = \underline{0.32}$$

역시 슬래브 위와 아래에 동일한 강성의 기둥이 배치되었으므로, 등가기둥의 분배계수는 1/2로 나누어 위와 아래의 기둥에 각각 분배한다.

⑦ 고정단 모멘트 FEM 및 전달계수 COF 계산 : 모든 경간에 하중이 작용한다고 가정하여, 표 10.10에서 $c_1/l_1 = 0.06$; $c_2/l_2 = 0.075$ 인 경우에 계수 M을 직선보간법으로 계산한다.

$c_2/l_2 = 0.05$ 인 경우 : $c_1/l_1 = 0.06$ 의 값을 구하기 위해서 0.05와 0.10의 값을 읽으면 고정값으로 $M = 0.084$ 가 된다.

$c_2/l_2 = 0.10$ 인 경우 : $c_1/l_1 = 0.06$ 의 값을 구하기 위해서 0.05와 0.10의 값을 읽어서 직선보간법으로 계산하면, $0.084 + \dfrac{0.085 - 0.084}{0.05}(0.06 - 0.05) = 0.0842$ 가 된다.

따라서, $c_2/l_2 = 0.075$ 인 경우를 계산하면,

$$\therefore M = 0.084 + \frac{0.0842 - 0.084}{0.05}(0.075 - 0.05) = \underline{0.0841}$$

폭 6 m에 대한 등분포 하중(그림 10.33 및 10.34 참고) : $w_{u\,/폭\,6\,\mathrm{m}} = 85.8\ \mathrm{kN/m}$

$$\therefore FEM = M w_u l_1^{\,2} = (0.0841)(85.8)(7.5^2) = \underline{405.9\ (\mathrm{kN \cdot m})}$$

전달계수 COF를 표 10.10에서 읽어서 직선보간법으로 계산하면,

$c_2/l_2 = 0.05$ 인 경우 : $c_1/l_1 = 0.06$ 의 값을 구하기 위해서 0.05와 0.10의 값을 읽어서 직선보간법으로 계산하면, $0.503 + \dfrac{0.506 - 0.503}{0.05}(0.06 - 0.05) = 0.5036$ 가 된다.

$c_2/l_2 = 0.10$ 인 경우 : $c_1/l_1 = 0.06$ 의 값을 구하기 위해서 0.05와 0.10의 값을 읽어서 직선보간법으로 계산하면, $0.507 + \dfrac{0.513 - 0.507}{0.05}(0.06 - 0.05) = 0.5082$ 가 된다.

따라서, $c_2/l_2 = 0.075$ 인 경우를 계산하면,

$$\therefore COF = 0.5036 + \frac{0.5082 - 0.5036}{0.05}(0.075 - 0.05) = \underline{0.506}$$

⑧ 모멘트분배법 : 좌우로 대칭이므로 1/2의 구조물만 해석하면 된다. 그림 10.37과 같이 구조물의 중앙의 절점, c는 고정단으로 고려한다. 그림 10.37에서는 골조 절점의 부재 끝에서의 모멘트만 계

산하였다.

⑨ 구조기준 10.5.7(4)에 따라 해석하는 바닥시스템이 직접설계법의 하중 및 기하학적인 제한사항(구조기준 10.4.1, ACI 13.6.1)을 만족하면 정모멘트와 평균 부모멘트 절대값의 합이 정적 계수휨모멘트보다 크지 않도록 감소시킬 수 있다. 그림 10.33의 바닥시스템이 직접설계법의 제한사항을 모두 만족한다고 가정하면,

정적 계수휨모멘트, $M_0 = \dfrac{w_u l_2 l_n^{\ 2}}{8} = \dfrac{14.3(6)(7.5^2)}{8} = 603.28\ (\mathrm{kN \cdot m})$

그림 10.38의 단부골조에서 모멘트 합 = $\dfrac{208.11 + 478.07}{2} + 267.76 = 610.85\ (\mathrm{kN \cdot m})$은 정적계수 휨모멘트에 비해서 1.3% 밖에 차이가 나지 않으므로 본 예제에서는 무시하도록 한다.

그림 10.38의 내부골조에서 모멘트 합 = $\dfrac{443.08 + 387.09}{2} + 188.54 = 603.63\ (\mathrm{kN \cdot m}) \approx M_0 =$ 603.28 kN · m 이므로 무시한다.

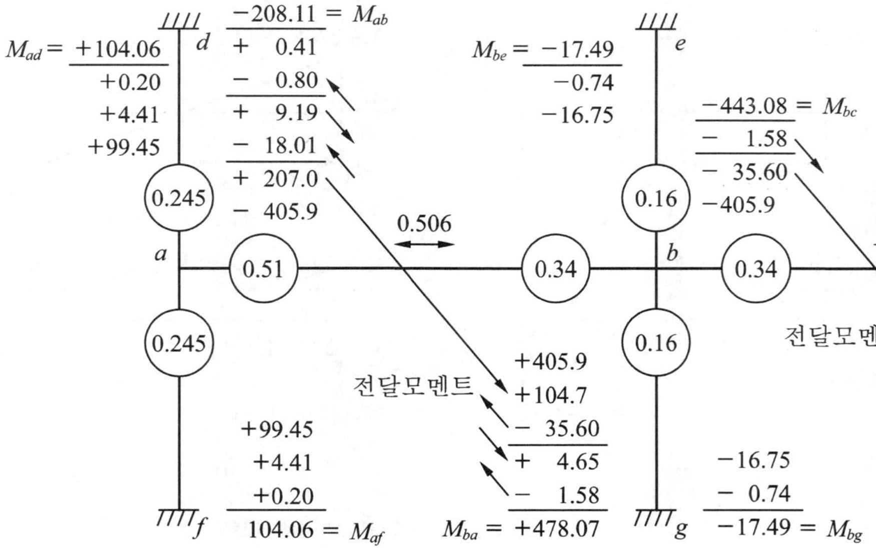

그림 10.37 골조에 대한 모멘트분배법 해석
(기둥에서 먼 단부의 모멘트는 계산하지 않았음.)(시계방향 모멘트 +)

⑩ 슬래브-보의 단부와 내부경간의 전단력 및 휨모멘트를 계산(그림 10.38 참고)

(a) 단부골조 a 받침부의 전단력 계산

$\sum M_b = 0: \ \ (208.11 + 85.8 \times 7.5^2/2 - 478.07)/7.5 = \underline{285.76\ (\mathrm{kN})}$

a 받침부에서 전단력이 0인 위치 : $285.76/85.8 = 3.331\ (\mathrm{m})$

(b) 단부골조 b 받침부의 전단력 계산

$$\sum F_x = 0: \quad 85.8 \times 7.5 - 285.76 = \underline{357.74\ (\mathrm{kN})}$$

(c) 단부골조 a 받침부의 위험단면(225 mm 떨어진 위치)에서 설계모멘트 계산(그림 10.31 참고)

$$\sum M_{단면} = 0: \ 208.11 + 85.8 \times 0.225^2/2 - 285.76 \times 0.225 = 145.99\ (\mathrm{kN \cdot m})$$

(d) 단부골조 b 받침부의 위험단면(225 mm 떨어진 위치)에서 설계모멘트 계산)

$$\sum M_{단면} = 0: \quad 478.07 + 85.8 \times 0.225^2/2 - 357.74 \times 0.225 = 399.75\ (\mathrm{kN \cdot m})$$

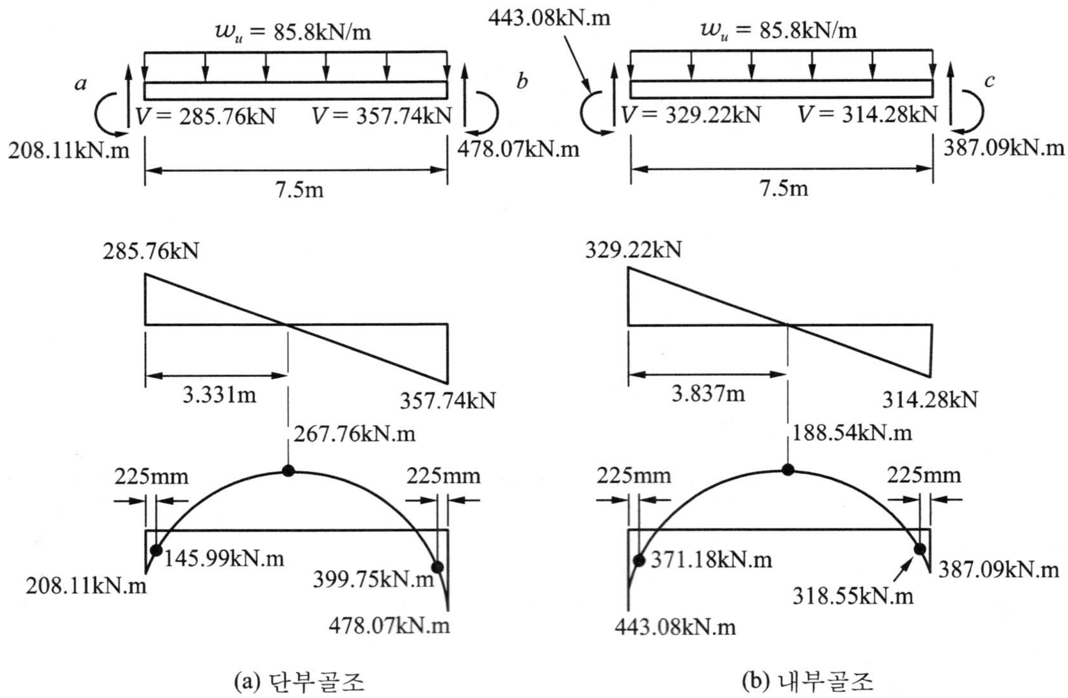

그림 10.38 슬래브-보의 전단력도와 휨모멘트도

⑪ 슬래브-보의 각 위험단면에서 계수휨모멘트가 계산되었으므로 10.2장 직접설계법에서 다룬바와 같이 표 10.2~10.5를 이용하여 주열대와 중간대에 계수휨모멘트를 나누어 그림 10.18을 이용하여 철근을 배치하여 설계를 수행한다. 본 예제에서는 예제 10.4를 참고하고 세부적인 휨 설계 절차는 생략하였다. 플랫 플레이트와 단부기둥 사이의 불균형휨모멘트 전달을 위한 안전성 검토는 예제 10.9에서 수행하였다.

10.4 **바닥판 하중의 기둥으로의 전달**(Transfer of the Floor Load into Columns)

2방향 슬래브가 지지할 수 있는 최대하중은 종종 슬래브와 기둥 사이의 절점 강도에 의해서 결정된다. 비록 두께가 얇은 2방향 슬래브가 설계하중에 의해서 발생하는 모멘트를 지지하는데 충분한 휨강도를 가졌다고 하더라도 설계하중을 기둥에 전달하는데 필요한 전단강도가 부족한 경우가 발생할 수 있다. 기둥으로의 하중 전달은 기둥 둘레의 면적에서 발생하며, 만약에 슬래브의 두께가 얇게 되면 이 면적이 작게 되어 응력이 상당히 증가할 수 있다. 그림 10.2b의 플랫 플레이트 슬래브 시스템에서 종종 이런 상황이 발생할 수 있다. 따라서 기둥머리(column capital)나 지판(drop panel) 등을 배치하는 플랫 슬래브 형식으로 이런 문제점을 보완하거나 또는 전단보강을 하여야 한다.

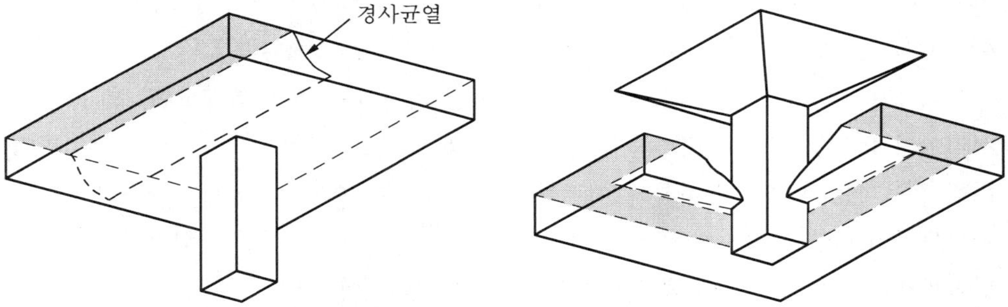

(a) 1 방향 보거동 전단 (b) 2 방향 뚫림 전단

그림 10.39 **2방향 슬래브의 전단파괴 메커니즘**

2방향 슬래브나 기초(footing)에서 2종류의 전단파괴 메커니즘이 일어날 수 있다. 그림 10.39a와 같은 **1방향 전단** 또는 **보-거동 전단(beam-action shear)**은 바닥판의 전체 폭에 걸쳐서 경사균열이 일어나면서 발생하는 파괴 메커니즘이며, 두 번째 메커니즘은 그림 10.39b와 같이 기둥의 둘레를 따라 잘려진 원뿔모양이나 피라미드 형태와 같이 일어나는 **2방향 전단** 또는 **뚫림전단(punching shear)** 파괴 메카니즘이다. 일반적으로 슬래브나 기초의 뚫림전단강도가 1방향 전단강도에 비해서 상당히 작아서 설계에서 지배하지만 1방향 전단도 설계에서 검토하여야 할 것이다.

슬래브와 기둥 사이에서 휨모멘트가 전달되어야 하며, 이 전달모멘트도 전단응력을 발생시키므로 연직하중에 의해서 발생하는 전단응력에 더해주어야 한다. 이런 응력은 모멘트가 절점의 한쪽에서만 작용하는 단부기둥에서 최대가 된다[10.1].

보가 있는 슬래브(Slabs with Beams)[10.1]

2방향 슬래브를 보강하기 위해서 기둥의 중심선을 따라 배치된 보의 전단강도는 부하 바닥면적에 작용하는 하중(tributary floor loads)을 기둥에 전달하는데 문제가 없어야 한다. 만약에 보의 강성이 커서 $\alpha_1 l_2/l_1 \geq 1.0$ 인 경우에는 보가 전체 바닥하중을 기둥에 전달한다고 가정하여 설계한다(구조기준 10.4.8, ACI 13.6.8). 만약에 보가 배치되지 않은 플랫 플레이트나 플랫 슬래브의 경우에는 $\alpha_1 = 0$ 가 되어 전체 바닥하중은 슬래브에 의해서 기둥에 전달된다. $0 < \alpha_1 l_2/l_1 < 1.0$ 인 경우에 보와 슬래브 간의 하중 분담은 직선보간법으로 결정할 수 있도록 구조기준 10.4.8(2)(ACI 13.6.8.2)에서 제안하고 있지만 어떤 방법을 사용해서 분배해야하는지는 제시하지 않고 있다. 비록 현행 구조기준에서 보가 없는 경우인 $\alpha_1 l_2/l_1 = 0$ 에서 보가 상당한 강성을 갖는 $\alpha_1 l_2/l_1 \gg 1.0$ 사이의 보의 사용을 허용하고 있지만 Wight와 MacGregor[10.7]는 특히 전단설계의 적용에 문제가 될 수 있으므로 보의 강성이 $0 < \alpha_1 l_2/l_1 < 1.0$ 범위인 보는 사용하지 않는 것이 좋을 것이라고 제안하고 있다.

보의 위에 직접적으로 작용하는 모든 하중을 지지하는 것 이외에 그림 10.40과 같이 패널의 모서리에서 45° 방향으로 연장되는 선분과 패널의 중심선이 만나서 형성하는 **부하면적(tributary area)** 위에 작용하는 바닥판의 하중도 지지한다고 가정한다. 이런 가정 때문에 보는 삼각형이거나 또는 마름모꼴의 하중을 지지해야 한다. 보에서 전단력을 구할 때 직접설계법이나 등가골조법으로 구한 연속부재의 끝단에서 휨모멘트의 변화도 역시 고려해야 한다.

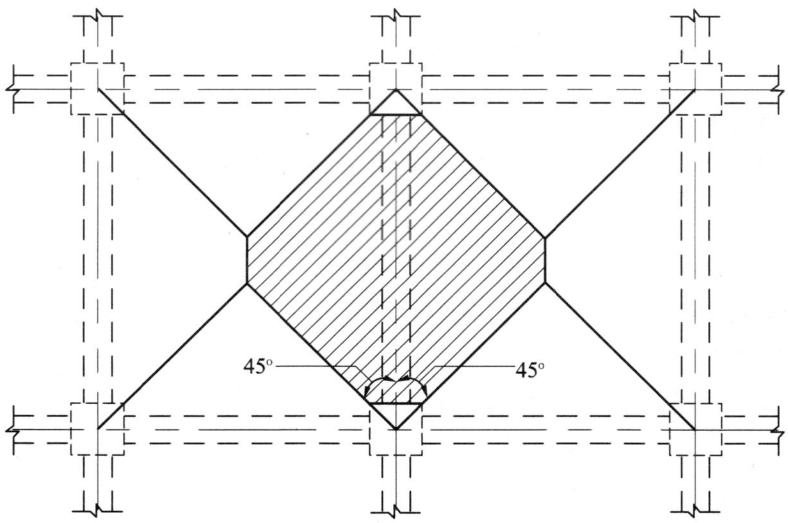

그림 10.40 2방향 슬래브의 내부 보에서 전단력 계산을 위한 **부하면적(tributary area)**

보가 배치되지 않는 슬래브(Slabs without Beams)

앞에서 언급한바와 같이 슬래브에 작용하는 연직하중은 전단응력으로 받침기둥에 전달된다. 큰 하중이 작용하는 슬래브에서 만약에 기둥둘레의 전단응력이 콘크리트의 전단강도를 초과하게 되면 붕괴가 일어나거나 또는 받침면에 휨모멘트가 발달하여 상당한 균열이 발생할 수도 있다. 기둥의 양쪽 면에서 휨모멘트의 크기가 같은 특별한 경우에는 오직 연직하중만이 기둥에 전달되면 된다. 이런 연직하중은 그림 10.41에서와 같이 슬래브를 균등하게 아래로 밀어 내리려 하여 기둥 주변의 위험단면에는 전단응력이 발생하게 된다. 기둥 주변의 전단응력은 그림 10.41c와 같이 사인장응력(diagonal tension stress)을 발생시켜서 이 사인장응력이 슬래브의 전단강도를 초과하게 되면 **뚫림전단파괴(punching-shear failure 또는 2방향 전단, 2-way shear)**가 일어나게 된다.

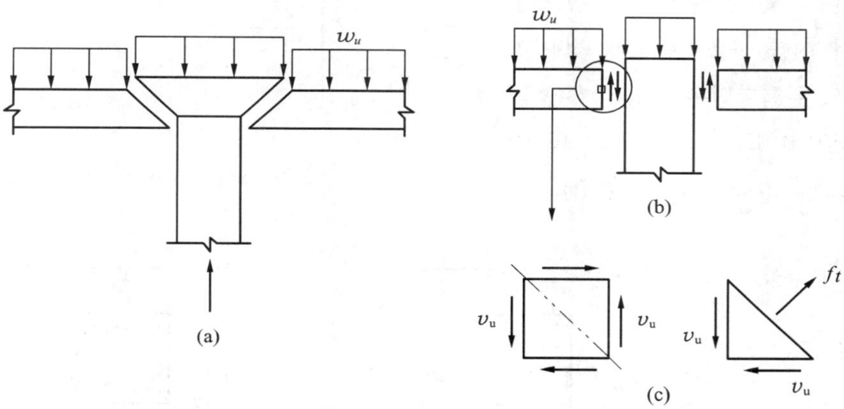

그림 10.41 슬래브에서 기둥으로의 연직하중의 전달 : (a) 뚫림전단파괴(punching-shear failure), (b) 기둥면에서의 전단응력, (c) 전단응력으로 인해 발달하는 사인장응력(diagonal tension stress)

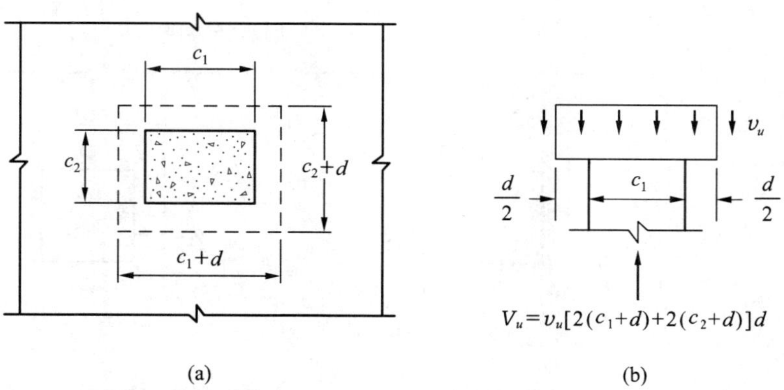

그림 10.42 2방향 뚫림전단의 위험단면 : (a) 평면도, (b) 위험단면에 균등하게 작용하는 연직하중에 의해서 발달하는 전단응력

비록 뚫림전단파괴가 대각선 면으로 일어나지만(그림 10.41a 참고) 구조기준 7.12.1(3)(ACI 11.11.1.2)에서는 Moe[10.8]의 제안에 따라 기둥의 주변을 따라 기둥에서 슬래브의 유효깊이의 1/2만큼 떨어진 가상적인 면에 발생한다고 규정하고 있다. 이렇게 실제의 파괴 면인 기둥면에서 거리 $d/2$ 떨어진 면을 위험단면으로 가정함으로써 훨씬 더 간단한 설계 식을 유도할 수 있어서 이를 구조기준에서 적용한 것이다[10.7]. 위험단면은 기둥의 주변을 따라 그림 10.42a의 점선으로 표시되어 있다(그림 10.43과 10.44 참고).

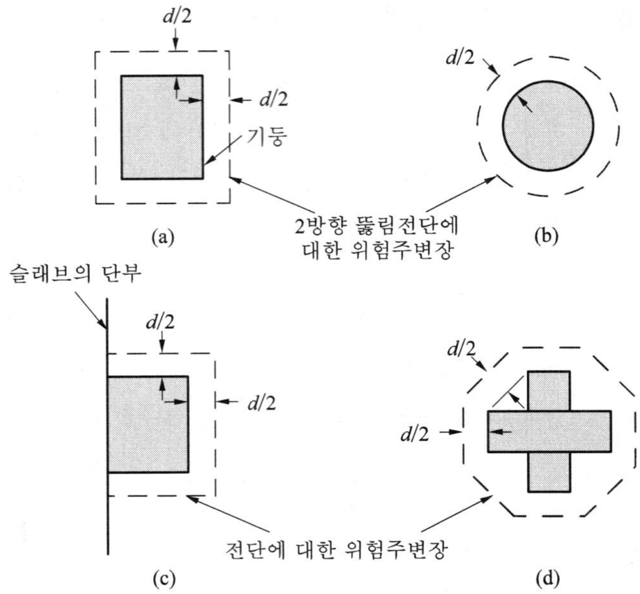

그림 10.43 2방향 뚫림전단에 대한 위험단면

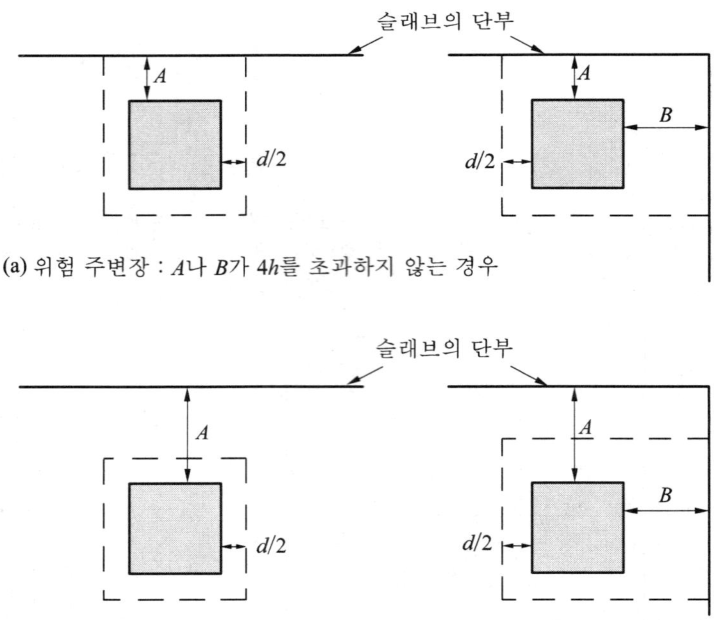

그림 10.44 위험주변장(critical perimeter)에 대한 개구부(opening)나 단부(edges)의 영향[ACI-ASCE 426 위원회가 추천(1978)] (여기에서 h는 슬래브의 전체두께이다.)

슬래브 및 기초판과 기둥의 접합부는 대표적인 응력교란영역(discontinuity region)으로 구조 거동이 복잡하며 취성적인 파괴양상을 보인다. 특히 슬래브-기둥 외부 접합부의 경우 내부접합부와 달리 위험단면이 비대칭적이므로 중력하중에 의해서도 편심전단력과 불균형모멘트가 발생하며 횡하중에 보다 취약하다. 따라서 종전 콘크리트구조설계기준(2007)[10.4]이나 ACI 318-08[10.3] 등의 국내외 설계기준에서는 슬래브와 기초판의 2방향 뚫림전단설계시 설계의 안전 측을 최우선시하고 있으며, 기존 실험결과에 의존하여 개발된 경험적 강도식을 이용하고 있다. 이렇게 개발된 경험적 설계방법은 새로운 설계조건에 대해서 불안전측이 되는 문제점이 발생할 수도 있어서 2012 구조기준 7.12 슬래브와 기초판에 대한 전단 설계에서는 최경규 등의 연구[10.12~10.14]를 기반으로 대폭 개정하였다[10.11].

구조기준 7.12.2(2)와 (5)에서는 2방향 뚫림전단에 대해서 철근콘크리트 슬래브와 기초판에 대한 공칭전단강도 V_c는 아래의 식으로 계산하도록 제시되었다.

$$V_c = v_c b_o d = [\lambda k_s k_{bo} f_{te} \cot\psi (c_u/d)] b_o d \tag{10.23a}$$

$$V_c = (\lambda k_s k_{bo} f_{te} \cot\psi) b_o c_u \le (0.34 f_{ck}) b_o c_u \tag{10.23b}$$

여기에서 v_c는 콘크리트 재료의 공칭전단응력강도, b_o는 위험단면의 둘레길이로 최소가 되어야 하나 집중하중, 반력구역, 기둥, 기둥머리 또는 지판 등의 경계로부터 $d/2$ 보다 가까이 위치시킬 필요는 없다고 구조기준 7.12.1(4)에서 규정, λ는 경량콘크리트계수, k_s는 슬래브의 두께계수, k_{bo}는 위험단면 둘레길이의 영향계수, f_{te}는 압축대 콘크리트의 인장강도, ψ('psi')는 슬래브 휨 압축대의 균열각도, c_u는 압축철근의 영향을 무시하고 계산된 슬래브 위험단면 압축대 깊이의 평균값, f_{cc}는 위험단면 압축대에 적용하는 평균압축응력이다. 각 계수들의 정의는 아래와 같다.

$$k_s = (300/d)^{0.25} \le 1.0 \tag{10.24}$$

$$k_{bo} = 4/\sqrt{\alpha_s (b_o/d)} \le 1.25 \tag{10.25}$$

$$f_{te} = 0.21\sqrt{f_{ck}} \quad ; \quad f_{cc} = (2/3) f_{ck} \tag{10.26, 10.27}$$

$$\cot\psi = \sqrt{f_{te}(f_{te}+f_{cc})}/f_{te} = \sqrt{1+f_{cc}/f_{te}} = \sqrt{1+(2/3)f_{ck}/(0.21\sqrt{f_{ck}})}$$

$$\therefore \cot\psi = \sqrt{f_{te}(f_{te}+f_{cc})}/f_{te} = \sqrt{1+3.175\sqrt{f_{ck}}} \tag{10.28}$$

$$c_u = d[25\sqrt{\rho/f_{ck}} - 300(\rho/f_{ck})] \tag{10.29}$$

여기에서 d의 단위는 mm이고, α_s는 내부기둥에 대하여 1.0, 외부기둥(모서리 기둥 제외)에 대하여 1.33, 모서리 기둥에 대하여 2.0이다. 식 (10.28)에서 $\rho \le 0.03$ 의 범위에서 사용할 수 있으며, ρ가 0.005 이하인 경우 0.005를 사용할 수 있다고 규정하고 있다.

또한 구조기준 7.12.2(6)은 계수전단력 V_u 를 계산 할 때에는 슬래브-기둥 접합부에서는 각 기둥면에 $0.5d$ 내, 기초판-기둥 접합부에서는 각 기둥면에 $0.75d$ 내에 재하되는 등분포하중의 영향을 무시할 수 있도록 제안하고 있다.

전단보강철근(Shear Reinforcement)[10.5, 10.7]

만약에 $V_u > \phi V_c$ 인 경우에 전단강도는 다음과 같은 방법에 의해서 증가시킬 수 있다.

① 전체 패널에 걸쳐 슬래브의 두께를 두껍게 한다.

② 기둥머리에 지판(drop panel)을 배치한다.

③ 기둥의 크기를 증가시키거나 기둥머리를 배치해서 주변길이 b_o를 증가시킨다.

④ 전단보강철근을 배치한다.

전단보강철근은 보편적으로 배치되지는 않지만 그림 10.45a와 b의 전단철근(스터럽)과 그림 10.45c~e의 평평한 강재바에 스터드를 용접해서 만든 **확대머리 전단스터드(headed shear stud)**, 그리고 I형강 또는 ㄷ형강으로 만든 **전단머리(shear head)**등의 3 종류가 사용되고 있다. 구조기준 7.12.3~7.12.5에는 각각 전단철근, 전단머리 그리고 확대머리 전단스터드에 대한 규정이 소개되어 있다.

슬래브나 기초판의 두께가 유효깊이 $d \geq$ [$16d_{str}$, 150 mm] 이상인 경우에 전단철근을 배치할 수 있다고 구조기준 7.12.3(1)에서 규정하고 있다. 여기에서 d_{str}은 전단철근의 지름이다.

전단 설계식 식 (7.27)을 다시 쓰면

$$V_u / \phi \leq [\, V_n = (V_c + V_s) \leq 0.34 f_{ck} b_o c_u \,] \tag{10.30}$$

이고5), 전단철근의 공칭전단강도 V_s는 식 (7.24a)에 계수 0.5를 도입하여

$$V_s = 0.5 \left(\frac{A_v f_{yt} d}{s} \right) \tag{10.31}$$

로 구조기준 7.12.3(2)에서 제시하고 있다. 구조기준 해설 7.12.3(2)[10.16]에서는 전단철근으로 보강된 슬래브-기둥 접합부의 경우 일반적으로 접합부가 최대 강도에 도달하는 시점에서 뚫림전단

5) 구조기준 7.12.2(5)에서 $V_c \leq (0.34 f_{ck}) b_o c_u$ [식 (10.23b)]로 규정하고 구조기준 7.12.3(3)에서는 $V_n \leq (0.34 f_{ck}) b_o c_u$ 로 규정하여 V_c와 V_n에 동일한 상한한계를 적용하고 있다. 구조기준 해설 7.12.3(3)[10.16]에서는 전단철근량이 과다할 경우에 전단철근이 항복되기 이전에 슬래브 압축대가 압축 파괴되므로 공칭전단강도 $V_n = V_c + V_s$ 가 발휘되지 않는다. 따라서 슬래브 압축대에 압축파괴를 일으키는 $(0.34 f_{ck}) b_o c_u$ 로 공칭전단강도의 최대 값을 제한하였다고 한다.

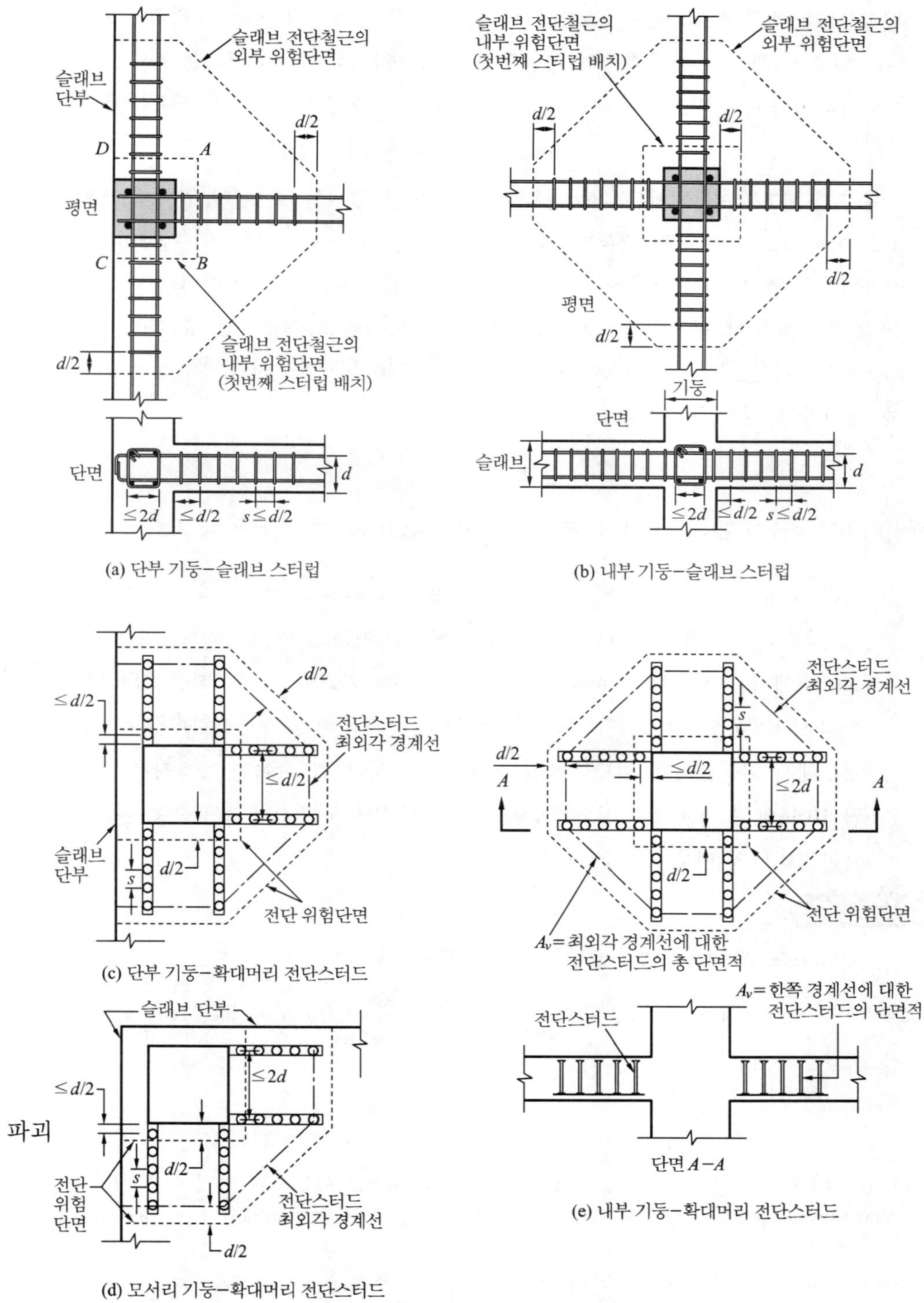

그림 10.45 슬래브에서의 전단보강철근 상세[10.16]

면 이내에 배근된 전단철근이 항복강도에 도달하지 않는다는 연구 결과[10.17]에 따라 안전 측으로 위험단면에 배근된 전단철근의 평균응력이 항복강도의 50%에 도달한다고 가정하여 계수 0.5를 도입하였다고 한다. 여기에서 A_v는 전단위험단면에 따라 배치된 모든 전단철근의 단면이고, $f_{yt} \leq$ 400 MPa이어야 한다[6)].

구조기준 7.12.3(4)에서는 기둥면과 기둥 주위를 감싸는 첫 번째 열에서 스터럽 사이의 간격은 $d/2$ 이하이고, 기둥면의 평행방향의 스터럽 다리 사이의 간격은 $2d$ 이하이어야 한다고 규정하면서, 스터럽 열 사이의 간격은 기둥면에 직각방향으로 $d/2$ 이하이어야 한다고 제한하고 있다(그림 10.45 참고). 또한 구조기준 7.12.3(5)에서 슬래브 전단철근은 단면 상, 하에서 충분히 정착되어야 하고, 스터럽은 구조기준 8.5.4 복부철근의 정착 요건을 만족시키도록 굽혀진 부분은 종방향 철근을 둘러싸야 한다고 규정하고 있다.

예제 10.8 플랫 플레이트의 내부 기둥에서 1방향 보거동 전단[7)] 및 2방향 뚫림전단 검토[10.7]

그림 10.46에는 균등한 등분포하중이 작용하는 플랫 플레이트 슬래브의 내부기둥을 보여주고 있다. 슬래브의 두께는 150 mm이고, 기둥의 650 mm 면에서는 $d=$ 125 mm이고, 기둥의 300 mm 면에서는 $d=$ 112.5 mm이다. 슬래브에는 추가고정 등분포하중 0.96 kN/m^{2}과 등분포 활하중 2.87 kN/m^{2}이 작용한다. 보통중량골재 콘크리트의 설계기준압축강도 $f_{ck}=$ 21 MPa이다. 슬래브에서 기둥으로의 휨모멘트의 전달은 무시할 만큼 작아서 상호작용은 고려하지 않는다. 그림 10.46의 슬래브에서 전단강도가 적당한지 검토하라. 단, 보통중량 콘크리트를 사용하여 철근콘크리트의 단위질량 2,500 kg/m^{3}이다.

풀이

① 등분포 계수하중 결정 : 콘크리트 단위무게 계산

$$\gamma_c = 2{,}500\frac{\text{kg}}{\text{m}^3} \times 9.807\frac{\text{m}}{\text{sec}^2} = 24{,}518\frac{\text{kg}\cdot\text{m}}{\text{sec}^2}/\text{m}^3 = 24{,}518\frac{\text{N}}{\text{m}^3} = 24.52\frac{\text{kN}}{\text{m}^3}$$

6) 구조기준 7.4.1(3) 전단철근의 전단강도에서는 $f_{yt} \leq$ 500 MPa로 규정하고, 용접 이형 철망을 사용하는 경우에는 $f_{yt} \leq$ 600 MPa로 규정하였는데 본 규정에서는 과대평가를 방지하기 위해서 $f_{yt} \leq$ 400 MPa로 규정하였다고 한다[10.15].

7) 슬래브의 설계에서 1방향 보거동 전단이 지배하는 경우는 거의 없지만 설계에서 검토하여야 할 것이다. 위험단면은 보와 같이 받침부에서 거리 d 떨어진 거리이다.

$$w_u = 1.2\left(24.52\ \frac{\text{kN}}{\text{m}^3}\times 0.15\ \text{m} + 0.96\ \frac{\text{kN}}{\text{m}^2}\right) + 1.6\left(2.87\ \frac{\text{kN}}{\text{m}^2}\right)$$

$$= 1.2\left(3.68\ \frac{\text{kN}}{\text{m}^2} + 0.96\ \frac{\text{kN}}{\text{m}^2}\right) + 4.59\ \frac{\text{kN}}{\text{m}^2} \quad = 5.57 + 4.59 = \ 10.16\ \frac{\text{kN}}{\text{m}^2}$$

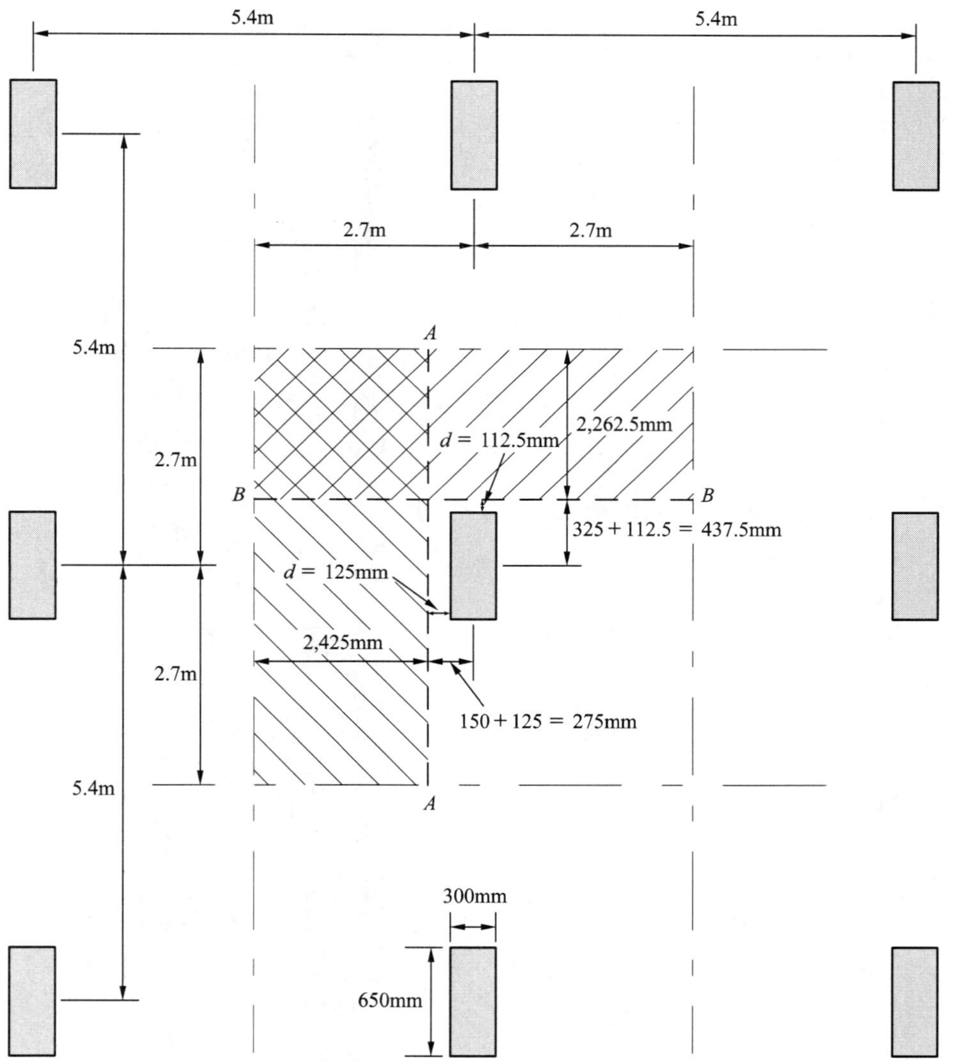

그림 10.46 내부 기둥의 1방향에 대한 위험단면

② 1방향 전단 검토 : 1방향 전단은 기둥면으로부터 거리 d 떨어진 위치가 위험단면이다. 따라서 그림 10.46의 A-A와 B-B 면이 1방향 전단의 위험단면이 된다. 빗금인 면적이 각각의 1방향 전단에

대한 부하면적(tributary area)으로, 이 부하면적의 경계는 $V_u = 0$ 인 대칭선으로 둘러 싸여있다. A-A 단면의 부하면적이 크므로, 이 단면에 의해서 좌우될 것이다.

(a) 단면 A-A의 V_u 를 계산 : $V_u = 10.16\,\dfrac{\text{kN}}{\text{m}^2} \times 2.425\text{ m} \times 5.4\text{ m} = 133.0\text{ kN}$

(b) 1방향 전단의 ϕV_n 계산 : 스터럽이나 전단보강이 되어있지 않으므로, $\phi V_n = \phi V_c$ 가 된다.

$$\phi V_c = 0.75\left(\frac{\lambda\sqrt{f_{ck}}}{6}\,b_w\,d\right) = 0.75\left[\left(\frac{1.0\times\sqrt{21}}{6}\,\frac{\text{N}}{\text{mm}^2}\right)\times 5{,}400\text{ mm}\times 125\text{ mm}\right]$$

$$= 0.75\,(515.5\times 10^3\text{ N}) = 386.6\text{ kN}$$

$\therefore\ \phi V_c = 386.6\text{ kN} > V_u = 133.0\text{ kN}$ 이므로 1방향 전단에 대해서 <o.k.>

③ 2방향 전단 검토 : 2방향 전단의 위험단면은 그림 10.47과 같이 기둥면으로부터 거리 $d/2$ 떨어진 직사각형 단면이다. 빗금 친 부분에 작용하는 하중이 위험단면의 주변길이에 전단을 발생시킨다. 1방향 전단과 같이 위험영역의 바깥 경계는 $V_u = 0$ 라고 가정한 대칭선이 된다. 유효깊이는 평균값 $d = (125 + 112.5)/2 \approx 119\ (\text{mm})$를 사용한다.

(a) 위험단면의 주변길이에 대한 V_u 계산 :

$$V_u = 10.16\,(5.4\times 5.4 - 0.419\times 0.769) = 293.0\ (\text{kN})$$

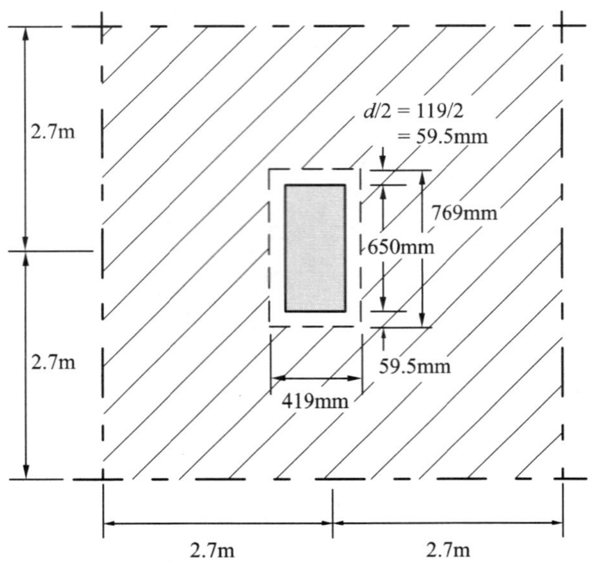

그림 10.47 2방향 전단의 부하면적 및 위험단면

(b) 위험단면에 대한 ϕV_c 계산 : 보통중량골재 콘크리트 $\lambda = 1.0$; 내부기초 $\alpha_s = 1.0$

$0.34 f_{ck} =$ 0.34(21) = 7.14 (MPa)

위험단면의 둘레길이 $b_o =$ 2 (419 + 769) = 2,376 (mm)(그림 11.23 참고)

$b_o / d =$ 2,376/119 = 19.97

슬래브 두께 계수 $k_s = (300/d)^{0.25}$ = $(300/119)^{0.25}$ = $2.521^{0.25}$ = 1.260 < 1.0 <N.G.>

위험단면 둘레길이 영향계수 :

$k_{bo} = 4 / \sqrt{\alpha_s (b_o / d)} =$ 4 /√(1.0x19.97) = 4 /4.468 = 0.895 < 1.25 <o.k.>

압축대 콘크리트 인장강도 $f_{te} = 0.21 \sqrt{f_{ck}}$ = 0.21√21 = 0.962 (MPa)

평균압축응력 $f_{cc} = (2/3) f_{ck} =$ (2/3)21 = 14 (MPa)

슬래브 휨 압축대의 균열각도 :

$\cot\psi = \sqrt{f_{te}(f_{te} + f_{cc})} / f_{te} =$ √(0.962 (0.962+14))/ 0.962 = 3.94

슬래브 위험단면 압축대 깊이의 평균값 : $\rho = 0.0$ 로 가정 ; < 0.005이므로 $\rho = 0.005$

$\rho / f_{ck} =$ 0.0005/21 = 0.000238

$c_u = d[25 \sqrt{\rho / f_{ck}} - 300(\rho / f_{ck})] =$ 119 x (25√0.000238 - 300 × 0.000238) = 37.4

$\lambda k_s k_{bo} f_{te} \cot\psi =$ 1.0(1.0)(0.895)(0.962)(3.94) = 3.40 ≤ $0.34 f_{ck} =$ 7.14 : 3.40 지배

식 (10.23a) : ∴ $V_c = (\lambda k_s k_{bo} f_{te} \cot\psi) b_o c_u =$ (3.40)(2,376)(37.4)/10^3 = 301.9 (kN)

(c) 2방향 전단 검토 : $\phi V_c =$ 0.75 × 301.9 = 226.4 (kN) < $V_u =$ 293.0 kN **<N.G>**

2방향 전단에 만족하지 못하므로 그림 10.45와 같은 전단보강철근을 배치하여야 한다. 또는 평균 $d =$ 142 mm로 증가시키거나, $f_{ck} =$ 47 MPa로 증가시켜도 만족할 수 있다. 단지 전단철근을 배치하기 위해서는 슬래브의 최소 유효깊이 $d \geq (16 d_{str},\ 150\ \text{mm}) =$ (16 × 9.53 = 152.5, 150) ≈ 153 mm이어야 하므로 $d \geq$ 153 mm 이상이 되어야 한다. 참고로 2007 기준으로 구한 2방향 뚫림전단강도 $\phi V_c =$ 311.5 kN으로 전단보강철근을 배치할 필요가 없이 만족한다(본 교재 2판 4쇄, 예제 11.9 참고, pp. 744~747).

불균형휨모멘트에 의해서 발생하는 전단응력(Shear Stresses Produced by Unbalanced Moment)[10.5]

구조기준 10.3.3 불균형휨모멘트의 전달에서 연직하중, 풍하중 또는 기타 횡방향 하중으로 인하여 슬래브 및 기초판과 기둥 사이에 휨모멘트가 전달될 때, 이 계수 불균형휨모멘트 M_u는 구조기준 7.12.7(휨모멘트 전달을 위한 편심전단 설계)에 따라 다음 식을 만족하도록 설계되어야 한다고 규정하였다(그림 10.48 참고).

$$M_u \le \phi M_n = \phi_f M_F + \phi_v (M_S + M_T) = \phi_f (M_{Ff} + M_{Fb}) + \phi_v (M_{Sf} + M_{Sb} + M_T) \quad (10.32)$$

$$= 0.85(M_{Ff} + M_{Fb}) + 0.75(M_{Sf} + M_{Sb} + M_T)$$

여기에서 ϕM_n은 설계불균형휨강도로 위험단면을 구성하는 전면, 후면, 측면의 3개 모멘트 성분의 합으로 계산 ; $M_F (= M_{Ff} + M_{Fb})$는 전면과 후면 슬래브의 휨강도의 합이고 $M_S (= M_{Sf} + M_{Sb})$는 전면과 후면의 편심전단에 의한 휨강도, M_T는 측면의 편심전단에 의한 비틀림 강도이다. 여기에서 아래첨자 f와 b는 각각 전면(front)와 후면(back)을 의미한다(그림 10.48 참고). 강도감소계수 $\phi_f = 0.85$ 이고, $\phi_v = 0.75$ 이다.

슬래브의 위험단면(critical section)은 기둥 또는 기둥머리 면에서 양쪽으로 슬래브나 지판 유효두께의 0.5배($0.5d$) 만큼 떨어진 폭을 나타낸다[구조기준 10.3.3(2), 7.12.1(3)]. 여기에서 기둥 주위 4각형 형태의 위험단면에 4개의 모서리 성분 중에서 전면과 후면은 불균형휨모멘트가 직접 받침부에 전달되는 면으로서, 전면은 연직하중에 의한 직접전단력과 불균형휨모멘트에 의한 전단력의 방향이 일치하는 면이며 후면은 전면의 반대 측에 위치하는 면이다. 측면은 전후면에 직교하는 두 면을 가리킨다.

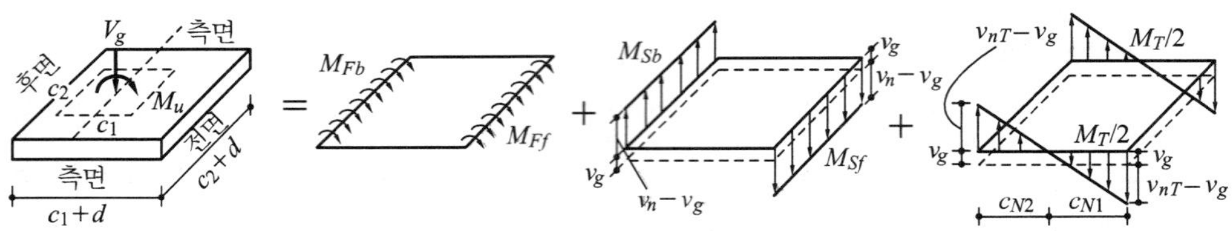

그림 10.48 슬래브-기둥 내부접합부에서 편심전단응력의 중립축과 불균형모멘트 모델[10.10]

전면과 후면 슬래브의 휨강도 M_F는

$$M_F = M_{Ff} + M_{Fb} \quad (10.33)$$

이고, 여기에서 M_{Ff}, M_{Fb}는 각각 위험단면 이내에서 전면의 상부 주철근과 후면의 하부 주철근을 인장철근으로 하는 슬래브 휨강도이다. 단부(외부) 접합부의 경우에는 불균형휨모멘트의 작용방향에 따라서 전면이나 후면이 외부에 접하는 경우에는 M_{Ff} 또는 M_{Fb}가 존재하지 않을 수 있다.

전면과 후면의 편심전단에 의한 휨강도 M_S는 측면의 편심전단에 의한 비틀림 강도 M_T는 위험단면의 각 모서리에 작용하는 전단력과 기둥단면 중심까지 거리의 곱으로 정의되는 각 전단력의 기여도의 합으로 계산된다. 이때 전단응력은 접합부 주위 위험단면의 중립축부터 거리에 비례하여 직선적으로 분포한다고 가정하여야 한다. 여기서 중립축의 위치는 위험단면에서 거리에 비례하는 선형 전단응력분포의 직접뚫림계수 전단력에 대해 휨의 평형조건을 사용하여 계산한다.

전후면과 측면 편심전단강도를 각각 식 (10.23a)와 (10.31)과 같이 쓰면 다음과 같이 정된다.

$$\text{전후면 편심전단강도 : } v_n = v_c + v_p + 0.4v_s \le (0.34f_{ck})c_u/d \tag{10.34a}$$

$$v_n = \lambda k_o k_{bo} f_{te} \cot\psi (c_u/d) + v_p + 0.4\left[0.5\left(\frac{A_v f_{yt} d}{s}\right)/b_o d\right] \le (0.34f_{ck})c_u/d \tag{10.34b}$$

$$\text{측면 편심전단강도: } v_{nT} = 0.63\lambda\sqrt{f_{ck}} + v_p + v_s \le (0.34f_{ck})c_u/d \tag{10.35a}$$

$$v_{nT} = 0.63\lambda\sqrt{f_{ck}} + v_p + 0.5\left(\frac{A_v f_{yt} d}{s}\right)/b_o d \le (0.34f_{ck})c_u/d \tag{10.35b}$$

여기에서 v_p는 고려하는 면에 작용하는 유효프리스트레스 힘의 수직성분에 의해서 발생하는 고려하는 면의 위험단면적에 대한 평균응력이고, v_s는 역시 고려하는 면에 배치된 전단보강재에 의한 편심전단강도로 접합부 주위 모든 면에 전단보강재를 균등하게 배치하여야 하며, $f_{yt} \le 400$ MPa 이어야 한다.

접합부 위치에 따라서 전면과 후면의 편심전단에 의한 휨강도 M_S와 측면의 편심전단에 의한 비틀림 강도 M_T는 다음과 같이 정의된다.

내부 접합부의 경우 : 내부 접합부에서 전후면의 편심전단응력은 불균형휨모멘트 $M_S(=M_{Sf}+M_{Sb})$를 발생시킨다. 전면의 압축대에는 직접전단응력 $v_g[=V_G/(b_o d)]$가 작용하고 있으므로 불균형휨모멘트에 의한 허용전단응력은 $(v_n - v_g)$로 제한된다. 직접전단응력은 불균형휨모멘트를 유발하지 않으며, 따라서 전후면의 불균형휨모멘트 M_S는 편심전단의 기여도를 고려하고, 측면의 편심전단에 의한 휨모멘트 M_T는 측면의 유효전단응력 $(v_{nT} - v_g)$를 이용하여 다음과 같이 각각 계산된다(그림 10.48 참고).

$$M_S = [(v_n - v_g)(c_2 + d)d](c_1 + d) \ge 0 \tag{10.36}$$

$$M_T = (4/3)(v_{nT} - v_g)\left(\frac{c_1 + d}{2}\right)^2 d \ge 0 \tag{10.37}$$

여기에서 v_n은 전면의 편심전단강도, $v_g[=V_G/(b_o d)]$는 위험단면에 작용되는 직접전단응력이다.

후면이 단부(외부)에 면한 접합부의 경우(그림 10.49a 모멘트 방향 E_{1f}) : 단부(외부) 기둥이 슬래브 단부에서 떨어져 있는 경우에 위험단면을 정의할 때 기둥면과 슬래브 단부 사이의 거리 e는 슬래브 두께의 두 배보다 작아야한다($e \le 2h$).

전후면의 불균형휨모멘트 M_S는 편심전단의 기여도를 고려하고, 측면의 편심전단에 의한 휨모멘트 M_T는 다음과 같이 각각 계산된다(그림 10.48 및 10.49a 참고).

$$M_S = M_{Sf} = 0.5 v_n (c_2 + d) d (c_1 + d) \tag{10.38}$$

$$M_T = \left(c_{N2} + \frac{2}{3} c_{N1} - \frac{c_1}{2} - e \right) v_{nTf}\, d\, c_{N1} + \left(-\frac{1}{3} c_{N2} + \frac{c_1}{2} + e \right) v_{nTb}\, d\, c_{N2} \tag{10.39}$$

여기에서 v_n은 전면의 편심전단강도이다. 단부(외부) 접합부에서는 위험단면이 비대칭이므로 직접전단응력 $v_g [= V_G / (b_o d)]$ 가 불균형모멘트를 유발할 수 있어서 내부접합부의 경우와는 달리 불균형휨강도 산정에 직접전단응력 성분을 제외하지 않았다. v_{nTf}, v_{nTb}는 각각 전면과 후면에 면한 측면의 양단부에서 편심전단강도이고, c_{N1}, c_{N2}는 각각 중립축으로부터 전면과 후면까지의 거리로 직접뚫림전단력에 의한 힘의 평형을 고려하여 다음과 같이 계산된다.

$$c_{N1} + c_{N2} = c_1 + 0.5d + e \tag{10.40}$$

$c_{N1} > c_{N2}$ 인 경우 :

$$c_{N1} = \frac{v_{nT}(c_1 + 0.5d + e)^2}{v_{nT}(2c_1 + d + 2e) + v_n (c_2 + d) - v_g b_o} \le (c_1 + 0.5d + e) \tag{10.41}$$

$$v_{nTf} = v_{nT} \quad ; \quad v_{nTb} = (c_{N2} / c_{N1}) v_{nT} \tag{10.42}$$

$c_{N1} \le c_{N2}$ 인 경우 :

$$c_{N2} = \frac{v_{nT}(c_1 + 0.5d + e)^2}{v_{nT}(2c_1 + d + 2e) - v_n (c_2 + d) + v_g b_o} \le (c_1 + 0.5d + e) \tag{10.43}$$

$$v_{nTf} = (c_{N1} / c_{N2}) v_{nT} \quad ; \quad v_{nTb} = v_{nT} \tag{10.44}$$

가 된다.

전면이 단부(외부)에 면한 접합부의 경우(그림 10.49b 모멘트 방향 E_{1b}) : 단부(외부) 기둥이 슬래브 단부에서 떨어져 있는 경우에 위험단면을 정의할 때 기둥면과 슬래브 단부 사이의 거리 e는 슬래브 두께의 두 배보다 작아야한다($e \le 2h$).

전후면의 불균형휨모멘트 M_S와 측면의 편심전단에 의한 휨모멘트 M_T는 다음과 같이 각각 계산된다(그림 10.49b 참고).

$$M_S = M_{Sb} = 0.5 v_n (c_2 + d) d (c_1 + d) \tag{10.45}$$

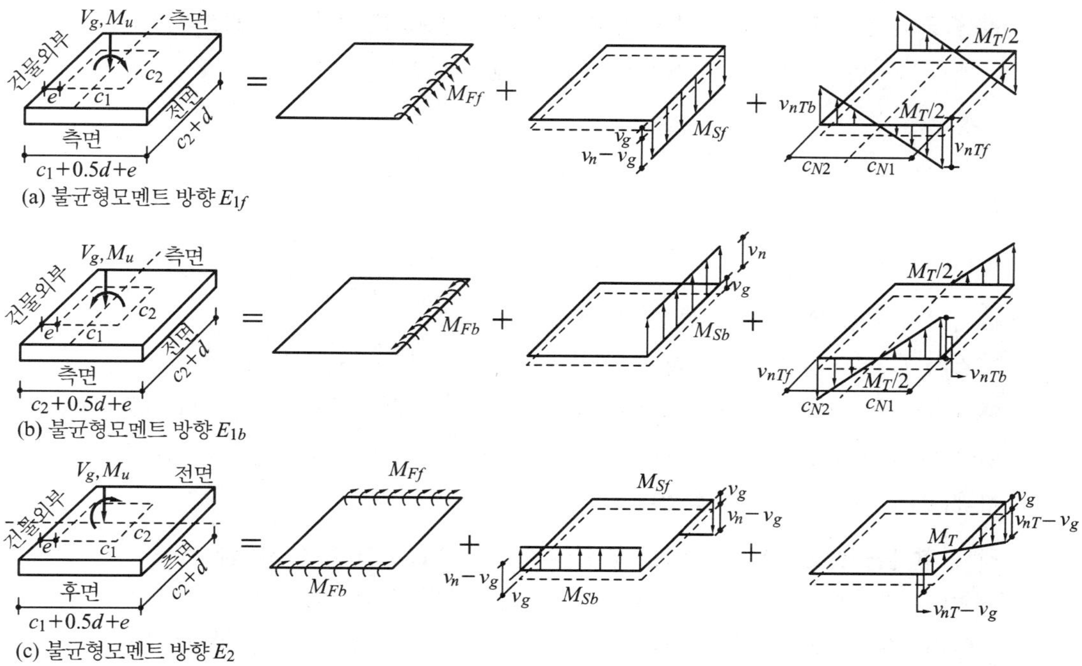

그림 10.49 슬래브-기둥 단부(외부) 접합부에서 편심전단응력의 중립축과 불균형휨강도 모델[10.16]

$$M_T = \left(c_{N2} + \frac{2}{3}c_{N1} - \frac{c_1}{2} - e\right)v_{nTb}\,d\,c_{N1} + \left(-\frac{1}{3}c_{N2} + \frac{c_1}{2} + e\right)v_{nTf}\,d\,c_{N2} \quad (10.46)$$

여기에서 v_n 은 후면의 편심전단강도이다.

$c_{N1} > c_{N2}$ 인 경우 :

$$c_{N1} = \frac{v_{nT}(c_1 + 0.5d + e)^2}{v_{nT}(2c_1 + d + 2e) - v_n(c_2 + d) + v_g b_o} \le (c_1 + 0.5d + e) \quad (10.47)$$

$$v_{nTf} = (c_{N2}/c_{N1})\,v_{nT} \quad ; \quad v_{nTb} = v_{nT} \quad (10.48)$$

$c_{N1} \le c_{N2}$ 인 경우 :

$$c_{N2} = \frac{v_{nT}(c_1 + 0.5d + e)^2}{v_{nT}(2c_1 + d + 2e) + v_n(c_2 + d) - v_g b_o} \le (c_1 + 0.5d + e) \quad (10.49)$$

$$v_{nTf} = v_{nT} \quad ; \quad v_{nTb} = (c_{N1}/c_{N2})\,v_{nT} \quad (10.50)$$

가 된다.

한 측면이 단부(외부)에 면한 접합부의 경우(그림 10.49c 모멘트 방향 E_2) : 전후면의 불균형휨모멘트 M_S와 측면의 편심전단에 의한 휨모멘트 M_T는 다음과 같이 각각 계산된다(그림 10.49c 참고).

$$M_S = [(v_n - v_g)(c_1 + 0.5d + e)d](c_2 + d) \geq 0 \tag{10.51}$$

$$M_T = \frac{2}{3}(v_{nT} - v_g)\left(\frac{c_2 + d}{2}\right)^2 d \geq 0 \tag{10.52}$$

여기에서 v_n은 전면의 편심전단강도이다.

슬래브-기둥 접합부 불균형휨강도식의 검증을 위하여 Pan-Moehle[10.18]와 Luo-Durrani[10.19] 등이 수행한 48개의 내부 접합부와 30개의 외부 접합부에 대한 실험결과를 비교 검토하여 제시한 구조기준(2012) 휨모멘트 전달을 위한 편심전단 설계(7.12.7)가 슬래브-기둥 접합부의 거동을 비교적 정확하게 추정한다고 주장하고 있다[10.16].

각 방향 불균형모멘트의 안정성 검토(구조기준 7.12.7(5)) : 기초판과 기둥 또는 슬래브와 기둥 사이에 양방향으로 불균형모멘트가 작용하는 경우, 위험단면에서 각 방향 불균형모멘트에 대해서 안전하도록 설계하여야 한다. 이때 각 방향의 편심전단강도는 양방향 편심전단의 상호작용을 고려하여 저감하여야 한다. 근사적으로 편심전단강도는 다음과 같은 상호작용식을 만족하도록 설계하여야 한다.

$$\left(\frac{M_{u1} - \phi_f M_{F1}}{\phi_v M_{v1}}\right) + \left(\frac{M_{u2} - \phi_f M_{F2}}{\phi_v M_{v2}}\right) \leq 1.0 \tag{10.53}$$

여기에서 $M_{v1} = M_{S1} + M_{T1}$, $M_{v2} = M_{S2} + M_{T2}$ 이며, 아래첨자 1, 2는 그림 10.50에서와 같이 두 개의 직교방향을 가리킨다.

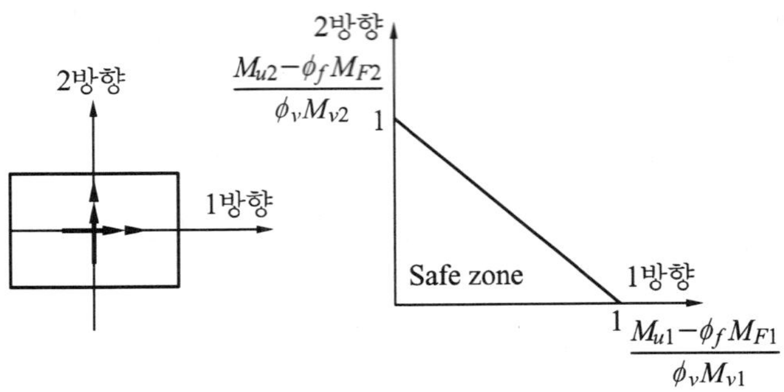

그림 10.50 양방향 불균형모멘트 상관관계를 고려한 슬래브 설계방법[10.16]

실험연구에 의하면 접합부에 양방향으로 불균형모멘트 (M_{u1}, M_{u2})가 작용하는 경우에 일방향으로 작용하는 경우보다 강도가 저하되었다(그림 10.50 참고). 양방향 슬래브휨강도 (M_{F1}, M_{F2})는 독립적으로 발휘되지만, 편심전단에 의한 불균형모멘트강도 $M_{v1}(=M_{S1}+M_{T1})$과 $M_{v2}(=M_{S2}+M_{T2})$는 서로 영향을 미치기 때문이다. 편심전단 성분 M_{v1}과 M_{v2} 사이에 직선형 상관관계를 가정할 경우에 식 (10.53)은 안전 측의 설계조건을 제시하고 있다[10.16].

예제

10.9 예제 10.7의 플랫 플레이트와 단부기둥 사이의 불균형휨모멘트 전달을 위한 안전성 검토

그림 10.33의 바닥판 구조에서 등가골조법에 의해서 계산한 단부 기둥면에 발생하는 부계수휨모멘트 $-M_u=$ 146.0 kN·m이었다. 이 불균형휨모멘트가 단부기둥에 전달되는데 문제가 없는지 검토하라. 예제 10.7에 따라 계수등분포하중 $w_u=$ 14.3 kN/m^{2}이 작용할 때 450 mm x 450 mm 단부(외부)기둥에서 슬래브의 휨 설계를 수행하고, 전단강도를 검토하라. 보통중량골재 콘크리트의 설계기준압축강도 $f_{ck}=$ 21 MPa이고, $f_y=$ 400 MPa다.

풀이

① 주열대에 대해서 모멘트 분배 : 표 10.4 참고

설계대 6 m에서 주열대는 1/2이므로 주열대의 넓이 $b=$ 6/2 = 3 m가 된다.

플랫 플레이트에서 휨강성 비 $\alpha=I_b/I_s=0/I_s=0$

테두리 보가 없으므로 태두리보의 비틀림 강성비 $\beta_t=C/2I_s=0$

따라서 표 10.4에서 부계수모멘트 중에서 주열대가 부담해야 되는 비율은 100%로 폭 3 m의 주열대에 작용하는 $-M_u=$ 146.0 kN·m가 된다. 설계대에서 주열대를 빼고 양쪽으로 1.5 m 씩의 중간대 3 m에는 최소철근(식 (4.30)의 수축·온도철근)을 배치하면 된다.

② 휨보강 철근 설계 :

유효깊이 $d=h$ - 20 (표 2.12 피복두께) - 12.7/2 (D13 주철근 가정) = 225 - 20 - 6.35 ≈ 198 (mm)

소요 휨모멘트 $-M_n=M_u/\phi=146.0/0.85=171.8$ (kN·m)

$m=f_{ck}bd^2/10^6=(21)(3{,}000)(198^2)/10^6=2{,}470$ (kN·m)

식 (3.50) :

$$\omega=[1-\sqrt{1-2.36M_n/m}\,]/1.18=[1-\sqrt{1-2.36(171.8)/2{,}470}\,]/1.18=0.0727$$

$\omega_{소요}=0.0727<\omega_t=0.32\beta_1=0.32\times 0.85=0.272$ → 인장지배 단면 o.k. [표 3.9]

$\therefore A_{s\,(소요)} = \omega(f_{ck}/f_y)bd = 0.0727(21/400)(3{,}000 \times 198) = \underline{2{,}266\ (\mathrm{mm}^2)}$ ← 지배

D13 철근을 배치한다면, $A_b = 126.7\ \mathrm{mm}^2$

$\therefore s_{(소요)} \le b/(A_s/A_b) = 3{,}000\ /\ (2{,}266/126.7) = \underline{168\ (\mathrm{mm})}$

ⓐ 최소철근 검토 : 식 (4.30) : $A_{s\,(\min)} \ge 0.002bh$

$$s_{\min} \le \frac{\text{strip 폭}}{\text{철근의 개수}} = \frac{b}{A_{s\,(\min)}/A_b} = \frac{b \times A_b}{0.002bh} = \frac{126.7}{0.002 \times 225} = \underline{282\ (\mathrm{mm})}$$

ⓑ 구조기준 10.6.1.(2) 위험단면에서 철근의 간격 규정 :

$s_{\max} \le (2h = 2 \times 225 = 450,\ 300\ \mathrm{mm})$이하 $=$ $\underline{300\ \mathrm{mm}\ 이하}$

ⓒ 휨철근의 배치 : 구조기준 6.3.3(4), $k_{cr} = 280$ (건조환경 가정)

$k_{cr}/f_s = k_{cr}/(2f_y/3) = 280\ /(2 \times 400\ /3) = 280\ /\ 266.7 = 1.05$

$c_c = 20$ mm (순피복두께) ; $2.5c_c = 2.5 \times 20 = 50$ (mm)

식 (5.11) : $s_{\max} = 375(k_{cr}/f_s) - 2.5c_c = 375(1.05) - 50 = 394 - 50 = 344\ (\mathrm{mm})$

$\le 300(k_{cr}/f_s) = 300(1.05) = \underline{315\ (\mathrm{mm})}$ 지배

ⓓ 철근 간격 결정 : $\therefore s_{\max} \le (168,\ 282,\ 300,\ 315)$ mm 이하 = $\underline{168\ \mathrm{mm}}$ 이하

D13 철근을 3,000 mm / 150 mm 간격 = 20개 배치 :

경계에서 75 mm 떨어져서 150 mm 간격으로 철근 20개를 배치

75 + (20-1)(150) + 75 = 3,000 mm <o.k.>

$\therefore A_{s\,(배치)} = \underline{20\text{-D13} = 20 \times 126.7 = 2{,}534\ (\mathrm{mm}^2)} > 2{,}266\ \mathrm{mm}^2$ <o.k.>

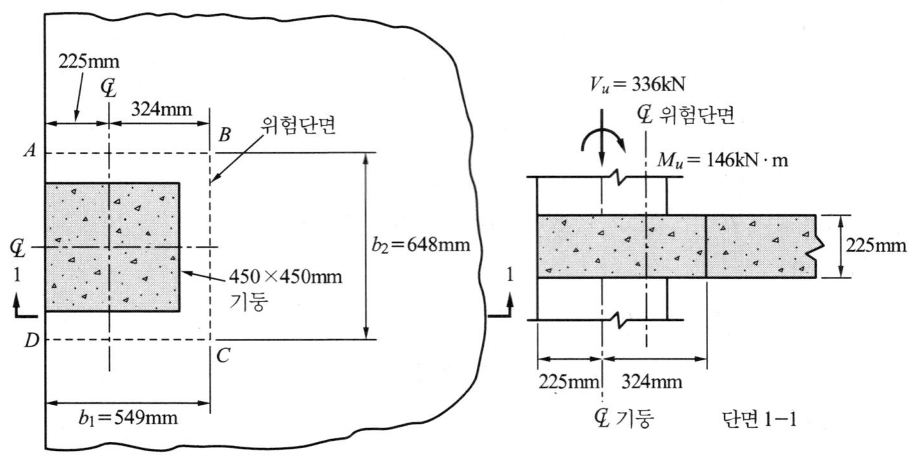

그림 10.51 슬래브에서 단부(외부) 기둥으로의 전단력과 휨모멘트의 전달

③ 슬래브와 단부기둥(edge column) 사이의 불균형휨모멘트 전달을 위한 안전성 검토 : 구조기준 7.12.7

(a) 뚫림전단에 대한 콘크리트의 전단응력 v_c 계산 : 그림 10.51 참고

보통중량골재 콘크리트 $\lambda = $ 1.0 ; 단부기초 $\alpha_s = $ 1.33

$0.34 f_{ck} = $ 0.34(21) = 7.14 (MPa)

위험단면의 둘레길이 b_o 계산 :

$b_o = 2(c_1 + 0.5d) + (c_2 + d) = $ 2(450+198/2)+(450+198) = 2(549) + 648 = 1,746 (mm)

$b_o / d = $ 1,746/198 = 8.82

슬래브 두께 계수 $k_s = (300/d)^{0.25} = (300/198)^{0.25} = 1.155^{0.25} = 1.109 < 1.0$ <N.G.>

위험단면 둘레길이 영향계수 :

$k_{bo} = 4 / \sqrt{\alpha_s (b_o / d)} = $ 4 /√(1.33 x 8.82) = 4 /3.425 = 1.168 < 1.25 <o.k.>

압축대 콘크리트 인장강도 $f_{te} = 0.21\sqrt{f_{ck}} = $ 0.21√21 = 0.962 (MPa)

평균압축응력 $f_{cc} = (2/3) f_{ck} = $ (2/3)21 = 14.0 (MPa)

슬래브 휨 압축대의 균열각도 :

$\cot\psi = \sqrt{f_{te}(f_{te} + f_{cc})} / f_{te} = $ √(0.962 (0.962+14.0))/ 0.962 = 3.94

철근비 계산 :

전면의 폭($b_2 = c_2 + d = $ 450 + 198 = 648 mm)에 배치되는 주철근의 개수 계산 : 기둥의 중심에서 각각 75 mm 떨어져서 철근이 배치되고 이어서 150 mm 간격으로 배치되므로 4개가 배치되기 위해서 필요한 폭은 450 mm이고, 6개는 750 mm이므로 위험단면의 전면에 배치되는 철근의 개수는 4개이다.

측면의 폭($c_1 + 0.5d = $ 450 + 198/2 = 549 mm)에도 동일한 D13@ 150 mm로 배치된다고 보고 75 mm 떨어져서 철근이 배치된다고 보면, (549 - 75) /150 = 3.2 ≈ 3 개가 각 양 측면에 배치된다.

총 배치 철근 단면적 $A_s = $ [4 + 2(3) = 10 개] - D13 = 10 x 126.7 = 1,267 mm²

$\therefore \rho = A_s / (b_o d) = $ 1,267/(1,746 × 198) = 0.00366 < 0.005 <N.G.> → $\rho = $ 0.005

슬래브 위험단면 압축대 깊이의 평균값 : $\rho / f_{ck} = $ 0.005/21 = 0.000238

$c_u = d[25\sqrt{\rho / f_{ck}} - 300(\rho / f_{ck})] = $ 198 × (25√0.000238 - 300 × 0.000238) = 62.2

$v_c (d / c_u) = \lambda k_s k_{bo} f_{te} \cot\psi = $ 1.0(1.0)(1.168)(0.962)(3.94) = 4.43 ≤ $0.34 f_{ck} = $ 7.14 <o.k.>

(b) 위험단면 폭 $b_2 = $ 648 mm에 대한 전후면 휨강도 $M_F = M_{Ff} + M_{Fb}$ 계산 : 그림 10.49a 참고

$A_s = $ 4-D13 = 4(126.7) = 506.8 mm² 가 배치되므로(②에서 계산)

$A_s f_y =$ 506.8(400) = 202,720 (N)

$(0.85f_{ck})b_2 =$ (0.85 x 21)(648) = 17.85(648) = 11,567 (N/mm)

$a = A_s f_y / [(0.85 f_{ck}) b_2] =$ 202,720 / 11,567 = 17.5 (mm)

$M_{Ff} = A_s f_y (d - a/2) =$ 202,720/(198 - 17.5/2) / 10^6 = 38.36 (kN · m)

$\therefore M_F = M_{Ff} + M_{Fb} =$ 38.36 + 0 = 38.36 kN · m

(c) 전후면 편심전단강도 $M_S = M_{Sf}$ 계산 : 그림 10.49a 참고

$v_c = (\lambda k_s k_{bo} f_{te} \cot\psi)(c_u/d) =$ 4.43 (62.2)/198 = 1.39 (MPa)

유효프리스트레스 힘의 평균응력 $v_p = 0$

전면 또는 후면에 배치된 전단보강재(= 0 가정)에 의한 편심전단강도 : 식 (10.43b)

$$v_s = 0.4\left[0.5\left(\frac{A_v f_{yt} d}{s}\right)/b_o d\right] = 0$$

식 (10.34a) : $v_n = v_c + v_p + 0.4 v_s =$ 1.39 + 0 + 0 = 1.39 (MPa)

< $(0.34 f_{ck}) c_u / d =$ 7.14(62.2)/198 = 2.24 (MPa) <o.k.>

식 (10.38) : $\therefore M_S = M_{Sf} = 0.5 v_n (c_2 + d) d (c_1 + d)$

= 0.5(1.39)(648)(198)(648) / 10^6 = 57.91 (kN · m)

(d) 측면의 편심전단강도 M_T 계산 : 그림 10.49a 참고

유효프리스트레스 힘의 평균응력 $v_p = 0$

전면 또는 후면에 배치된 전단보강재(= 0 가정)에 의한 편심전단강도 : 식 (10.35b)

$$v_s = 0.5\left(\frac{A_v f_{yt} d}{s}\right)/b_o d = 0$$

식 (10.35b) : $v_{nT} = 0.63\lambda\sqrt{f_{ck}} + v_p + v_s \le 0.34 f_{ck} c_u / d$

= 0.63(1.0)$\sqrt{21}$ + 0 + 0 = 2.89 + 0 + 0 = 2.89 (MPa)

≤ $(0.34 f_{ck}) c_u / d =$ 7.14(62.2)/198 = 2.24 (MPa) ← 지배

(1) 위험단면에 작용하는 직접전단응력 $v_g = V_g / (b_o d)$ 계산 :

2방향 뚫림전단의 부하면적(tributary area) (그림 10.33 및 10.47 참고) :

동서방향 길이 = 7.5/2 + 0.45/2 = 3.75 + 0.225 = 3.975 (m)

남북방향 길이 = 3 + 3 = 6 (m)

전체 부하면적 - 위험단면적 = 3.975 × 6 - 0.549 × 0.648 = 23.49 (m^2)

예제 10.7에서 계수등분포하중 w_u = 14.3 kN/m^2

$\therefore v_g = Vg / (b_o d) = V_u / (b_o d) =$ 23.49x14.3/(1,746x198/10^3) = 335.9/345.7 = 0.972 (MPa)

(2) $c_{N1} > c_{N2}$ 인 경우의 c_{N1} 및 c_{N2} 계산[8] : 식 (10.40)

$$c_{N1} = \frac{v_{nT}(c_1 + 0.5d + e)^2}{v_{nT}(2c_1 + d + 2e) + v_n(c_2 + d) - v_g b_o} \le (c_1 + 0.5d + e) = 549 \text{ mm}$$

$= 2.24 \times 549^2$ / [2.24(2x450+198+0) + 1.39(648) - 0.972(1,746)] = <u>405.0 (mm)</u>

< 549 mm <o.k.>

$c_{N2} = c_1 + 0.5d - c_{N1}$ = 549 - 405.0 = <u>144.0 (mm)</u>

(3) v_{nTf} 와 v_{nTb} 계산 :

$v_{nTf} = v_{nT} =$ <u>2.244 MPa</u>

$v_{nTb} = (c_{N2}/c_{N1})v_{nT} =$ (144.0/405.0) 2.24 = <u>0.798 (MPa)</u>

(4) 측면의 편심전단강도 M_T 계산 : 식 (10.39)

$$M_T = \left(c_{N2} + \frac{2}{3}c_{N1} - \frac{c_1}{2} - e\right)v_{nTf}\, d\, c_{N1} + \left(-\frac{1}{3}c_{N2} + \frac{c_1}{2} + e\right)v_{nTb}\, d\, c_{N2}$$

$c_{Nf} = c_{N2} + (2/3)c_{N1} - c_1/2 - e =$ 144.0 + (2/3)405.0 - 450/2 - 0 = 189.0 (mm)

$c_{Nb} = -c_{N2}/3 + c_1/2 + e =$ -(1/3)144.0 + 450/2 + 0 = 177.0 (mm)

$M_T = (v_{nTf}\, c_{Nf}\, c_{N1} + v_{nTb}\, c_{Nb}\, c_{N2})d =$ [2.244(189.0)(405.0)+0.798(177.0)(144.0)]198/10^6

$\therefore M_T =$ (171,791+20,338)(198)/10^6 = <u>38.04 (kN · m)</u>

(e) 접합부의 설계불균형모멘트 강도 검토 : 식 (10.32)

$$M_u \le \phi M_n = \phi_f M_F + \phi_v(M_S + M_T) = \phi_f(M_{Ff} + M_{Fb}) + \phi_v(M_{Sf} + M_{Sb} + M_T)$$

$\phi M_n = \phi_f M_{Ff} + \phi_v(M_{Sf} + M_T) =$ 0.85 x 38.36 + 0.75 (57.91 + 38.04) = 32.61 + 71.96

= 104.6 (kN · m)

$\therefore \phi M_n =$ 104.6 kN · m < $M_u =$ 146.0 kN · m <N.G.>

만족시키기 위해서 위험단면 폭 b_2 = 648 mm 안에 배치되어야 하는 철근 계산 :

(146.0 - 71.96)/0.85 = 87.11 (kN · m) ; (87.11/38.36) x 4 = 9.1 ≈ 10개

따라서 위험단면 폭 b_2 = 648 mm에 D13 철근 10 개 이상을 배치하여야 만족한다.

8) $c_{N1} > c_{N2}$ 경우에 식 (10.40)으로 계산하도록 제시하고 있어서 c_{N1}과 c_{N2} 값의 크기를 사전에 알 수 있다는 것인지 명확하지 않다.

참고문헌

10.1 Leet, Kenneth, and Bernal, Dionisio, Reinforced Concrete Design, Third Edition, MacGraw-Hill Co., 1997, 546 pp.

10.2 Notes on ACI 318-08, Portland Cement Association, Skokie, Il., 2008.

10.3 ACI 318-08, ACI 318R-08, Building Code Requirements for Structural Concrete(318-08) and Commentary(318R-08), Farmington Hills, MI 48333-9094.

10.4 콘크리트구조설계기준 해설, 한국콘크리트학회, 2007, 523 pp.

10.5 콘크리트구조기준, 국토해양부제정, 한국콘크리트학회, 2012, 342 pp.

10.6 Gere, James M., Mechanics of Materials, 5th Edition, Brooks/Cole, 2001, 926 pp.

10.7 Wight, James K., and MacGregor, J. G., Reinforced Concrete Mechanics and Design, 6th Edition, Pearson Education Inc., 2012, 1157 pp.

10.8 Moe, Johannes, "Shear Strength of Reinforced Concrete Slabs and Footing under Concentrated Loads," Portland Cement Association, Bull. D47, p. 92, April 1961.

10.9 ACI 318-63, ACI Standard, Building Code Requirements for Reinforced Concrete(ACI 318-63), Redford Station Detroit 19, Mich. 48219-4754.

10.10 ACI 318-71, ACI Standard, Building Code Requirements for Reinforced Concrete(ACI 318-71), Redford Station Detroit 19, Mich. 48219-4754.

10.11 특집 개정 콘크리트구조기준, "슬래브와 기초판의 전단설계(pp. 36~41)", 최경규, 박홍근, 홍성걸, 콘크리트학회지, 제24권, 1호, 2012, 01.

10.12 최경규, 박홍근, "무량판 슬래브-기둥 접합부에 대한 전단강도모델", 콘크리트학회논문집, Vol. 22, No. 3, 2010, pp. 345~356.

10.13 최경규, 박홍근, 김혜민, "슬래브-기둥 접합부에 대한 전단강도모델", 콘크리트학회논문집, Vol. 22, No. 4, 2010, pp. 585~593.

10.14 최경규, 김석환, 김동훈, 박홍근, "전단보강 슬래브-기둥 내부 접합부 및 기초판에 대한 뚫림전단강도 모델", 콘크리트학회논문집, Vol. 23, No. 2, 2011, pp. 159~168.

10.15 특집 개정 콘크리트구조기준, "철근의 설계기준 항복강도(pp. 29~32)", 이재훈, 박홍근, 콘크리트학회지, 제24권, 1호, 2012, 01.

10.16 2012년 개정 콘크리트구조기준 해설, 한국콘크리트학회, 2012, 599 pp.

10.17 Bu, W. and Polak, M. A., "Seismic Retrofit of Reinforced Concrete Slab-Column Connections Using Shear Bolts," *ACI Structural Journal*, V. 106, No. 4, 2009, pp. 514-522.

10.18 Pan, A. and Moehle, J. P., "Later Displacement Ductility of Reinforced Concrete Flat Plates," *ACI Structural Journal*, Vol. 86, No. 3, 1989, pp. 250-258.

10.19 Luo, Y. H. and Durrani, A. J., "Equivalent Beam Model for Flat-Slab Buildings – Part I : Interior Connections," *ACI Structural Journal*, Vol. 92, No. 1, 1995, pp. 115-124.

연습문제

10.1 그림 P10.1에 보이는 보에서 슬래브의 휨강성에 대한 보의 휨강성의 비 α를 계산에 의해서 구하고, 또한 그림 10.5의 도표를 이용하여 α를 구하여 비교하라. 슬래브와 보의 콘크리트는 일체로 시공되었다.

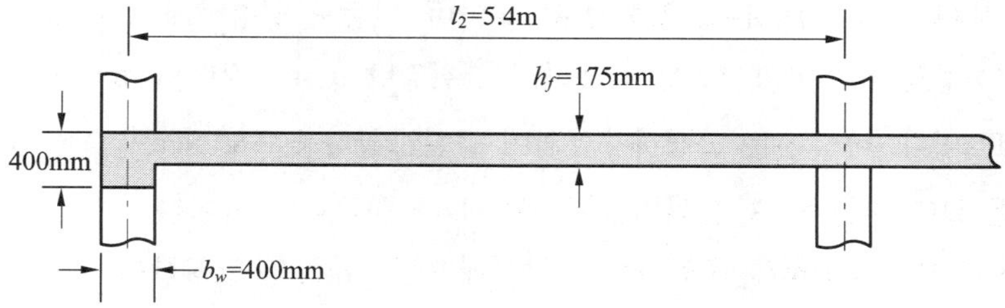

그림 P10.1

10.2 [10.6] 그림 P10.2의 내부패널(interior panels)에서 짧은 경간방향의 주열대와 중간대의 모멘트를 결정하라. 슬래브의 두께는 150 mm이고, 설계 등분포 활하중은 1.96 kN/m^{2}이고, 추가 등분포 고정하중은 0.25 kN/m^{2}이며, 칸막이로 인한 고정하중은 1.23 kN/m^{2}이 작용한다. 기둥의 크기는 250 mm x 300 mm이다.

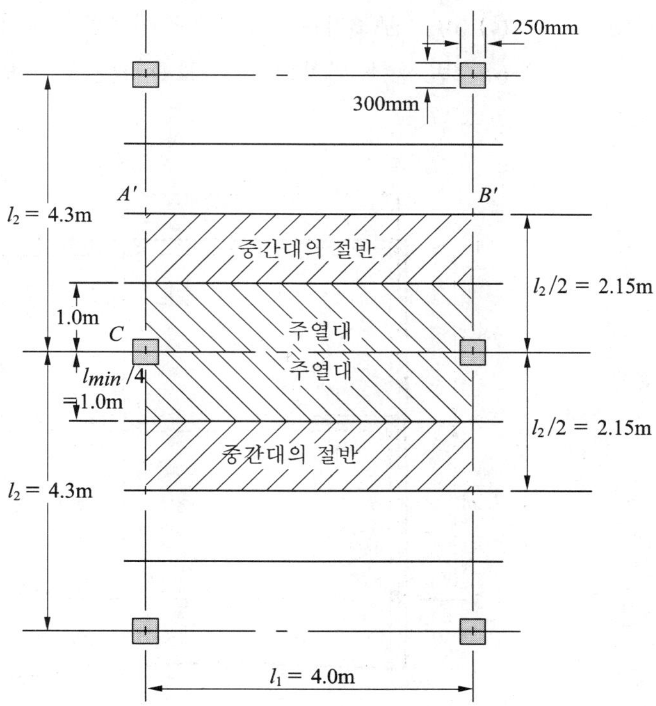

그림 P10.2 플랫 플레이트의 내부패널

10.3 예제 10.4에서 현행 구조기준의 직접설계법을 이용하여 North-South 스트립의 B선을 따라 슬래브-보의 단부와 내부패널(1-2-3 구간)의 모든 위험단면에서 정 및 부계수휨모멘트를 결정하여 각 설계 strip에 대해서 분배하라. 모든 설계조건은 예제 10.4와 동일하다. 건조환경으로 $k_{cr}=$ 280으로 고려한다.

10.4 그림 P10.3에 보이는 2방향 바닥 시스템은 두께가 250 mm인 슬래브를 폭이 350 mm인 보가 지지하고 있다. 바닥판 간의 높이는 동일하게 4.2 m이며, 기둥도 일정하게 350 mm x 350 mm 정사각형 단면이다. 보통중량골재 콘크리트를 사용하여 단위질량 $\rho_c=$ 2,500 kg/m^{3}이고, $f_{ck}=$ 21 MPa이며, $f_y=$ 400 MPa이다. 바닥에는 고정하중이외에 등분포활하중 3.83 kPa이 작용한다. 설계에서 주열대 보 부분은 D16 철근을 그 이외의 부분에는 D13 철근을 사용한다.

(a) 슬래브의 두께 250 mm가 구조기준의 처짐에 대한 규정을 만족하는지 검토하라.

(b) 현행 구조기준의 직접설계법을 사용하여 2번 선을 따라 A-B-C 패널(East-West)의 슬래브-보와 B번 선을 따라 1-2-3 패널(North-South)의 슬래브-보에서 위험단면에 대한 정 및 부 계수휨모멘트를 결정하고 설계하라.

(c) (b)를 구조기준의 등가골조해석법을 이용하여 설계하라.

(d) 2번 선에 위치한 단부 보를 전단과 휨모멘트에 대해서 설계하라.

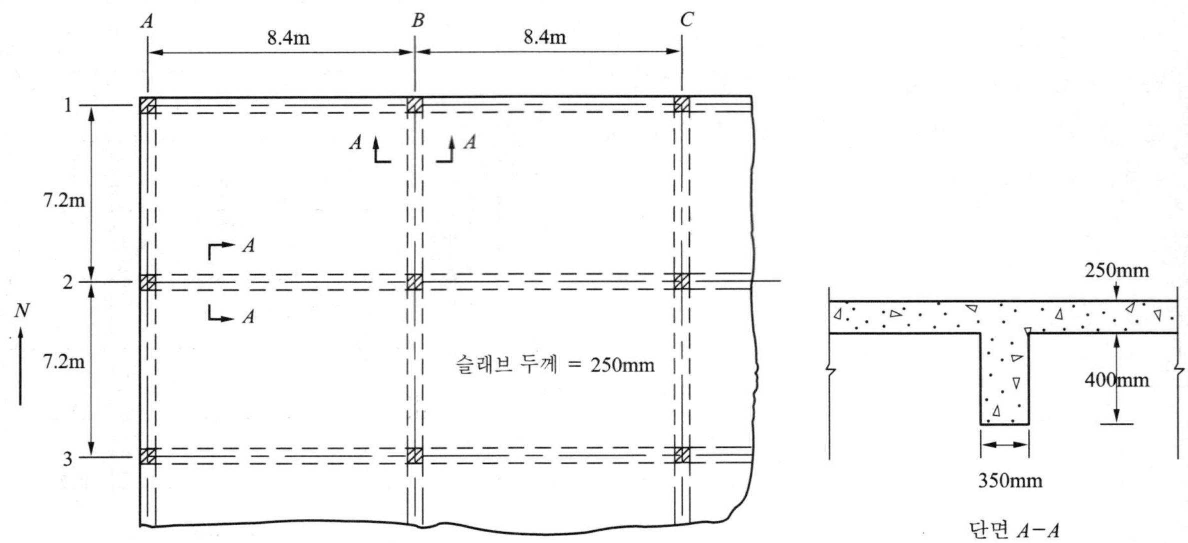

그림 P10.3

10.5 각 방향으로 경간이 6 m이고 두께가 175 mm인 평평한 플랫 플레이트 슬래브(flat-plate slab)를 400 mm × 400 mm의 기둥이 지지하고 있다(그림 10.46 참고). 유효깊이는 각 방향으로 148 mm 와 135 mm이다. 슬래브는 자신의 고정하중 외에 추가고정 등분포하중 0.98 kN/m^{2}와 등분포 활하중 1.94 kN/m^{2}을 지지하고 있다. 콘크리트의 압축강도는 f_{ck}= 27 MPa이다. 단, 보통중량골재 콘크리트를 사용하여 철근콘크리트의 단위질량 ρ_c= 2,500 kg/m^{3}이다. 전형적인 내부지지 받침부에서 1방향 및 2방향 전단을 검토하라.

10.6 그림 P10.4의 플랫 플레이트 바닥시스템에서 그림과 같이 전단력 V_u = 356 kN과 휨모멘트 M_u = 97.6 kN · m가 바닥 슬래브에서 단부기둥으로 전달되어야 한다. 모든 하중은 기둥의 중심선에 작용한다. 구조기준의 규정에 따라 절점의 전단강도가 적절한지 검토하라. 단, 유효깊이 d= 198 mm로 고려하고, f_{ck}= 27 MPa이며, 그림 10.44를 참고할 것.

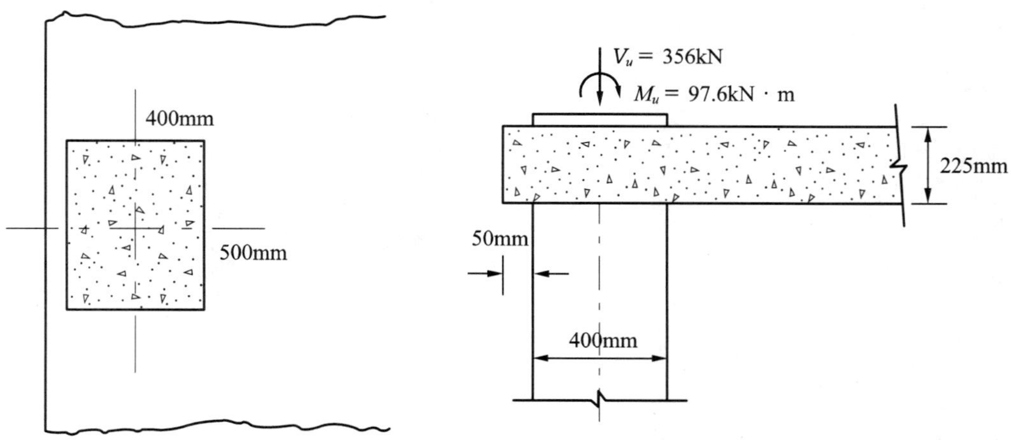

그림 P10.4

Chapter 11

기초판의 설계
Footing Design

Reinforced Concrete

건축물이나 교량 또는 다른 구조물의 하중은 기둥이나 벽과 같은 주요 **하중-지압부재(load-bearing member)**를 통하여 **기초(foundation)**에 전달되고 기초는 이런 하중을 지반에 전달하게 된다. 일반적으로 지반의 지압저항력은 기둥이나 벽의 압축응력에 비해서 상당히 작으므로 지반에 직접적으로 작용하는 응력을 감소시키기 위해서 기초는 지반에 과도한 변형이나 파괴가 일어나지 않도록 충분한 면적으로 확대하게 된다.

따라서 기초판의 설계는 가장 적당한 기초의 형식을 결정하기 위해서 흙에 대한 연구(soil study)와 기초의 치수를 결정하기 위한 구조설계(structural design)로 구분할 수 있다. 만약에 흙의 조건이 복잡하고 기초의 배치가 어렵거나 또는 기초의 침하를 조절해야 하는 경우에는 지반공학자와 구조공학자가 팀으로 기초판 설계를 하여야 할 것이다.

기초판 밑의 흙에는 상당한 하중이 작용하여 압축이 일어나고 따라서 구조물에는 침하(settlement)가 발생하게 된다. 기초판의 설계에서 중요한 두 가지 요구사항은 구조물 전체의 침하가 허용한계 이내이어야 한다는 것과 각 부분의 부등침하가 가능한 한 일어나지 않도록 하여야 한다는 것이다. 상부 구조물에 손상을 방지하기 위해서는 구조물 전체의 침하를 제한하는 것보다 부등침하를 최소화하는 것이 더욱 중요하다. 따라서 침하를 제한하기 위해서는 ① 구조물의 하중을 전달하기 위해서 흙이 충분한 강도를 가져야 되고, ② 지압력이 최소가 되도록 충분히 넓은 면적에 하중을 분포시켜야 한다[11.11]. 구조물에서 부등침하에 대한 허용한계는 1963년 Bjerrum에 의해서 각 비틀림(angular distortion) 값으로 제시되었다[11.12]. 각 비틀림은 구조물의 두 위치에 대한 부등침하의 양을 수평거리로 나눈 값으로, 패널이나 벽돌벽에 균열이 일어나는 한계로는 1/100, 기둥이나 보에 구조적 손상이 일어나는 한계는 1/150, 또한 패널 벽에 균열이 일어나기 시작하는 한계는 1/300 등으로 제시하고 있다.

11.1 기초의 종류(Types of Foundation)[11.1]

특정한 구조물에 대한 기초를 선택하는 데는 다음과 같은 사항이 고려되어야 한다.

① 현장 지반의 다양한 흙의 강도와 압축저항력

② 기둥하중의 크기

③ 수위의 위치

④ 지하실의 배치여부

⑤ 근접 구조물의 기초의 깊이

만약에 지반에 지압강도와 강성이 적절한 흙이 분포되었다면, 기둥과 벽은 그림 11.1과 같이

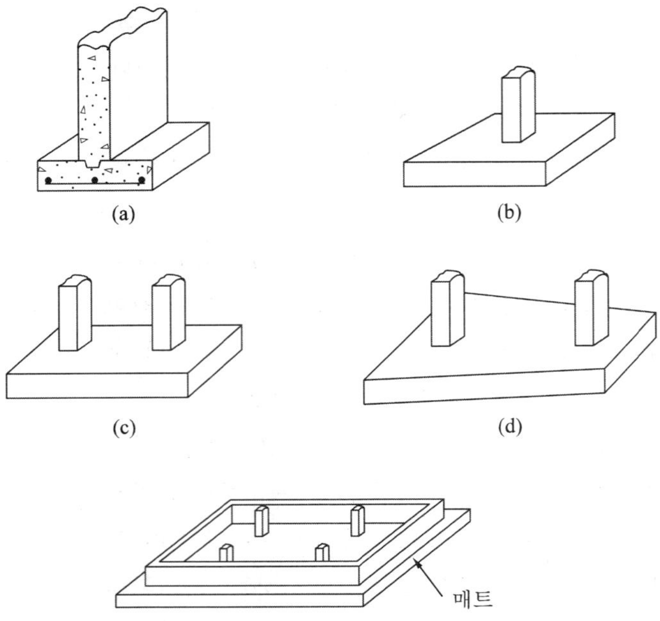

그림 11.1 기초의 종류 : (a) 벽기초, (b) 2방향 기초(독립기초), (c) 직사각형 연결기초, (d) 마름모형 연결기초, (e) 매트기초(전면기초)

기초판(footing)이라고 불리는 콘크리트 패드로 지지된다. 벽은 보통 그림 11.1a와 같이 벽을 따라 폭이 좁고 길이가 긴 **벽기초(strip footing** 또는 **wall footing)**로 지지되고, 주철근은 기초의 방향에 연직한 짧은 길이방향으로 기초판의 바닥에 배치된다. 또한 종종 온도나 건조수축 보강철근이 벽의 방향과 같은 방향으로 배치되어 부분적으로 지반이 연약한 부분에서 필요한 휨강도를 준다. 그림 11.1b와 같이 각각의 기둥이 2방향으로 휘는 직사각형 콘크리트 패드에 의해서 지지될 수도 있다. 이런 2방향 기초(2-way footing) 또는 **독립기초(spread footing)**는 2방향으로 휘기 때문에 주철근을 기초판의 각 면에 평행하게 2방향으로 배치하여야 한다. 독립기초판의 두께를 어떻게 처리하느냐에 따라 그림 11.2와 같이 여러 종류로 독립기초를 구분할 수도 있다.

기둥의 간격이 좁아서 기초판이 중첩되거나 또는 한 방향의 기초판의 길이가 재산권 때문에 제한받는 경우에 2개 또는 그 이상의 기둥을 1개의 기초판에 배치할 수 있으며 이런 기초판을 **연결기초(combined footing)**라고 한다. 일반적으로 연결기초는 직사각형이지만 기둥하중이 크게 다른 경우에 경제적으로 설계하기 위해서 또는 직사각형이 불가능한 경우에 그림 11.1d와 같이 마름모꼴의 기초가 사용될 수도 있다. 연결기초는 그림 11.3과 같이 재산권의 경계에 따라 여러 모양을 할 수가 있으며, 그림 11.3e와 같이 2개의 기초를 보로 연결하는 캔틸레버 연결기초도 있다.

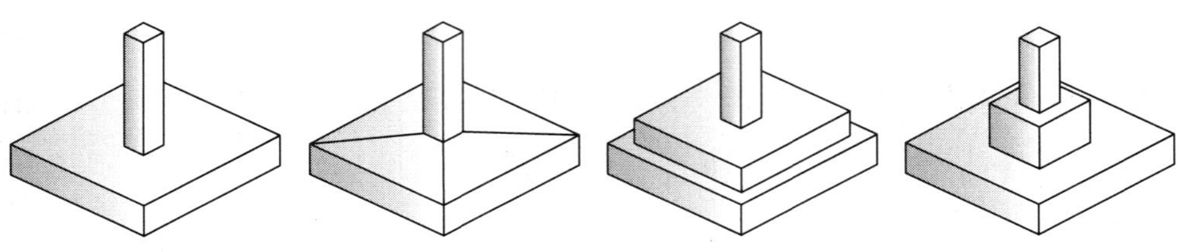

그림 11.2 독립기초의 종류

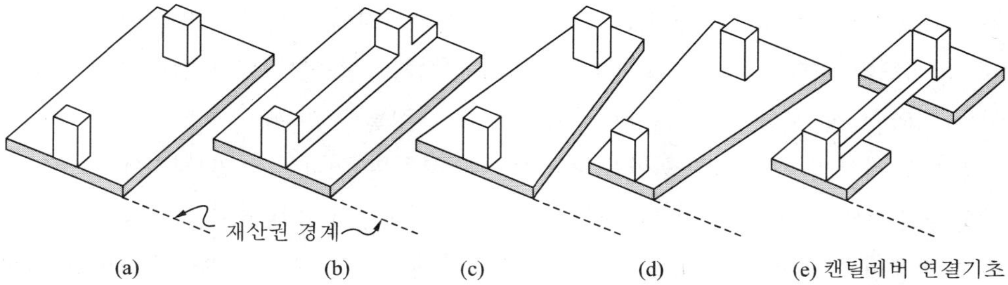

그림 11.3 재산권 경계에 따른 여러 종류의 연결기초[11.5]

만약에 지반의 흙이 약해서 기초의 넓이가 건축물 평면의 1/2을 초과하는 경우에는 기둥이나 벽을 **매트기초(mat foundation 또는 전면기초, raft foundation)**라고 부르는 하나의 넓은 기초로 지지할 수 있다(그림 11.1e 참고). 보통 매트기초는 깊이가 일정한 슬래브로 설계하지만 종종 보와 슬래브 구조로 설계하면 오히려 경제적일 때가 있다.

연속된 매트기초는 여러 형태의 기초를 위해서 각각의 거푸집을 만드는 비용을 절약할 수 있을 뿐만 아니라 각각의 기둥에 기초를 만드는 것에 비해서 대략 100% 정도의 부등침하를 감소시킬 수 있다[11.1]. 만약에 지하수위가 기초의 바닥위에 위치하거나 또는 지하실을 배치하여야 하는 경우에는 지하실을 건조하게 유지하기 위해서 철근콘크리트 매트의 둘레에 방수벽을 설치하여야 한다. 지하실에 지하수의 유입을 방지하기 위해서는 보강철근을 충분히 배치하고 콘크리트를 잘 다져서 배치하여 높은 수압에 의해서 바닥매트에 균열이 발생하지 않도록 하여야 한다.

지반의 굴착비용이 최소화되도록 가능하면 기초를 지표면에 가깝게 배치하여야 하지만 설계자는 기초바닥의 지반이 동결(freeze)에 의한 상해를 받지 않도록 유의하여야 한다. 만약에 기초 지반이 얼게 되면 흙속의 수분이 얼면서 부피가 팽창하여 기초판이 연직방향으로 이동하는 **동상 현상(froast heaving)**이 일어날 수 있다. 일반적으로 미국북부에서는 가장 추운 겨울에 지반의 동결을 방지하기 위해서 대략 1.22 m~1.83 m 밑에 기초를 배치하면 된다고 제시하고 있다[11.1]. 김상규[11.2]에 의하면 남한지역에서는 강원도 인제 등에서

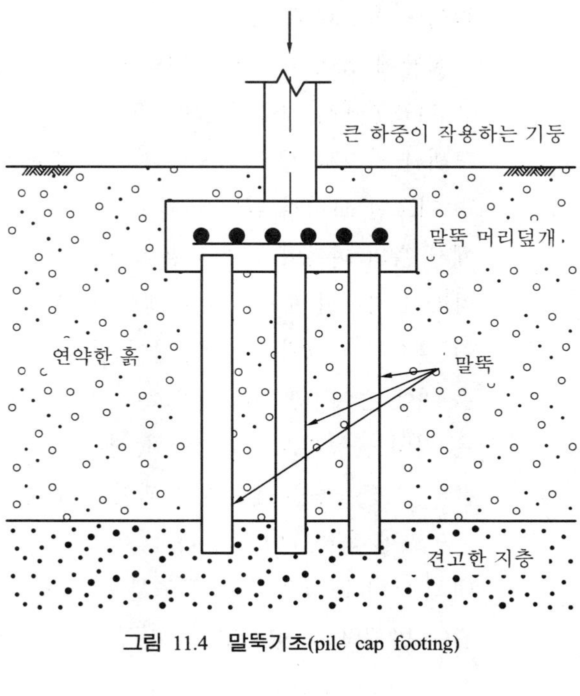

그림 11.4 말뚝기초(pile cap footing)

는 최대동결깊이가 1.3 m 정도로 가장 깊고, 서울 등지에서는 대략 0.8 m, 남쪽인 부산지역에서는 0.3 m 정도가 된다고 제시하고 있다. 동해의 염려가 없는 아열대나 열대 지역에서 기초의 최소깊이는 지압에 잘 저항하는 지반의 깊이에 따라 결정될 것이다.

만약에 상부의 지층이 기초판을 지지하기에 부족한 연약한 층인 경우에 구조물의 하중은 지압강도가 충분한 깊은 곳의 잘 다져진 모래층이나 암반층에 전달되어야 한다. 적절한 지지력의 지층이 표면에서 상당히 깊은 곳에 존재하는 경우에 종종 기초판은 **말뚝기초(pile footing)**에 의해서 지지되며, 말뚝은 강, 콘크리트 또는 나무로 만들어진 기둥으로 단단한 지지층에 박아 넣어서 지지력을 확보한다. 만약에 큰 하중을 지지하기 위해서 여러 개의 말뚝이 사용될 때는 말뚝 머리덮개(pile cap)를 이용하여 기둥의 하중을 말뚝에 분배한다(그림 11.4 참고).

11.2 **토압**(Soil Pressure)[11.1]

기초판 밑의 **지압력(bearing pressure** 또는 **접촉압력, contact pressure)**은 기초자체는 강성이고 기초판 밑의 흙은 균질한 탄성재료로 보아 둘러싸인 주변의 흙과는 상관없이 독립적으로 거동한다는 가정 하에 결정한다. 토압이 흙의 변형에 직접적으로 비례한다고 가정하기 때문에 그림 11.5a와 같이 축하중이 작용할 때 기초판 밑의 흙이 균등하게 압축되므로 기초판 밑의 흙에는 균등한 압축력이 작용한다고 가정한다.

실제에 있어서 기초판 밑의 압축력은 균등하지 않고 변한다. 압축력의 변화는 ① 기초의 휨강성, ② 지표면에서 기초의 깊이, ③ 흙의 종류, 즉 진흙이냐 아니면 모래냐에 따라 변한다. 예를 들어서 모래나 자갈과 같은 점착력이 없는 흙에 배치된 기초가 침하를 일으켜서 연직 변위가 발생하게 되면 기초판 모서리 밑의 흙이 수평으로 이동하게 된다. 지표면이나 또는 깊이가 얕게 배치된 기초판에서 흙의 피복이 얇기 때문에 기초판 밑의 흙이 수평으로 이동하는데 거의 저항하지 못하게 된다. 따라서 기초판 모서리 주위에서 흙의 입자가 이동하면서 기초판의 모서리를 따라 둘레에서 지압력이 감소되어 그림 11.5b와 같이 지압력은 포물선분포가 된다. 그러나 만약에 기초가 점착력이 없는 흙 위에 놓이지만 지표면으로부터 상당한 깊이에 배치하게 되는 경우에는 기초판에 작용하는 토압은 거의 균등하게 된다. 이런 경우에 기초판위의 상당한 깊이의 흙의 무게가 기초판 모서리 밑의 흙의 수평이동을 제한하게 되어 기초판 모서리 주위를 따라 연직저항력을 가질 수 있게 된다.

만약에 축하중이 작용하는 기초가 점착력이 있는 진흙위에 배치되면 강성기초의 균등한 침하가 대략 그림 11.5c와 같은 응력분포를 보여주게 된다. 점착력이 있는 흙에서는 기초판의 둘레를 따라 흙에 발생하는 전단저항력이 추가적인 연직 지압력을 주어 기초판의 중앙보다 모서리에서 더 큰

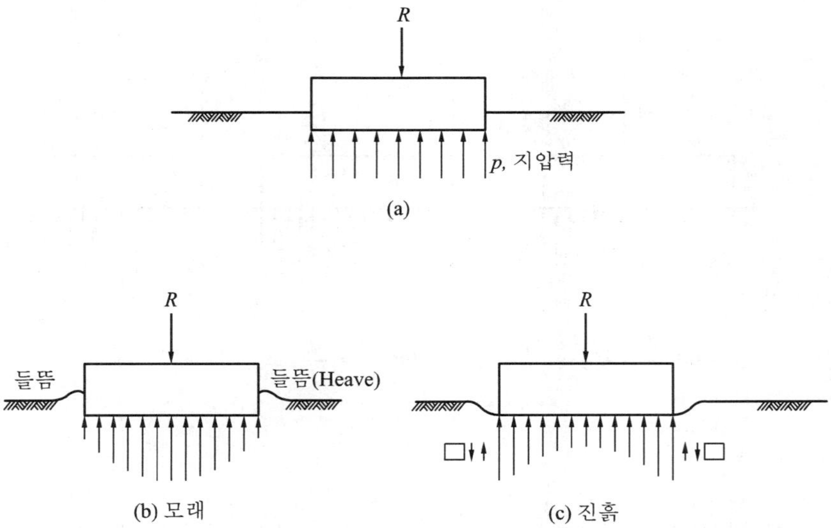

그림 11.5 기초중심에 하중을 받을 때의 지반 지압력의 분포(bearing pressure) : (a) 설계에서 가정하는 지반 지압력의 분포, (b) 점착력이 없는 흙(모래)위에 위치한 기초의 변형과 지반 지압력의 분포, (c) 점착력이 있는 흙(진흙)위에 위치한 기초의 변형과 지반 지압력의 분포

응력에 저항할 수 있게 된다.

비록 축하중이 작용하는 기초판 밑의 토압의 크기가 균등하지는 않지만 기초판의 설계에서 흙의 종류에 상관없이 설계를 간단하게 하기 위해서 균등한 토압으로 가정한다. 실험연구에 의하면 이렇게 토압을 균등하다고 가정하여 설계한 수많은 기초판이 만족한 결과를 주어 이 가정에 의해서 수행된 설계가 안전 측인 것을 암시하고 있다.

편심하중이 작용하는 기초판(Eccentrically Loaded Footing)

기초판에는 편심이 없이 축하중이 작용하여 침하는 균등하게 일어나고 토압이 최소가 되도록 하는 것이 좋지만 기초판은 종종 축하중과 휨모멘트에 대해서 설계한다. 휨모멘트는 풍하중이나 지진하중과 같은 수평하중에 의해서 또는 수평토압이나 기초판에 기둥하중이 편심을 갖고 작용하는 경우에 발생할 수 있다(그림 11.6 참고).

만약에 연직하중의 편심이 적은 경우에 기초판의 전체 면적에 압축응력이 발생한다. 이런 경우에 토압은 축하중에 의해서 발생하는 축응력 P/A 와 모멘트에 의해서 발생하는 휨응력 Mc/I 를 더하면 구할 수 있다. 인장응력이 흙과 콘크리트 사이에 전달되지 않으므로 응력을 더할 수 있는 상황은 인장 휨응력이 축압축응력을 초과하지 않을 때 까지만 유효하게 된다. 직사각형 기초판에서 이렇게 응력을 더할 수 있는 최대 편심은 기초판에서 응력의 분포가 그림 11.6b와 같은 삼각형

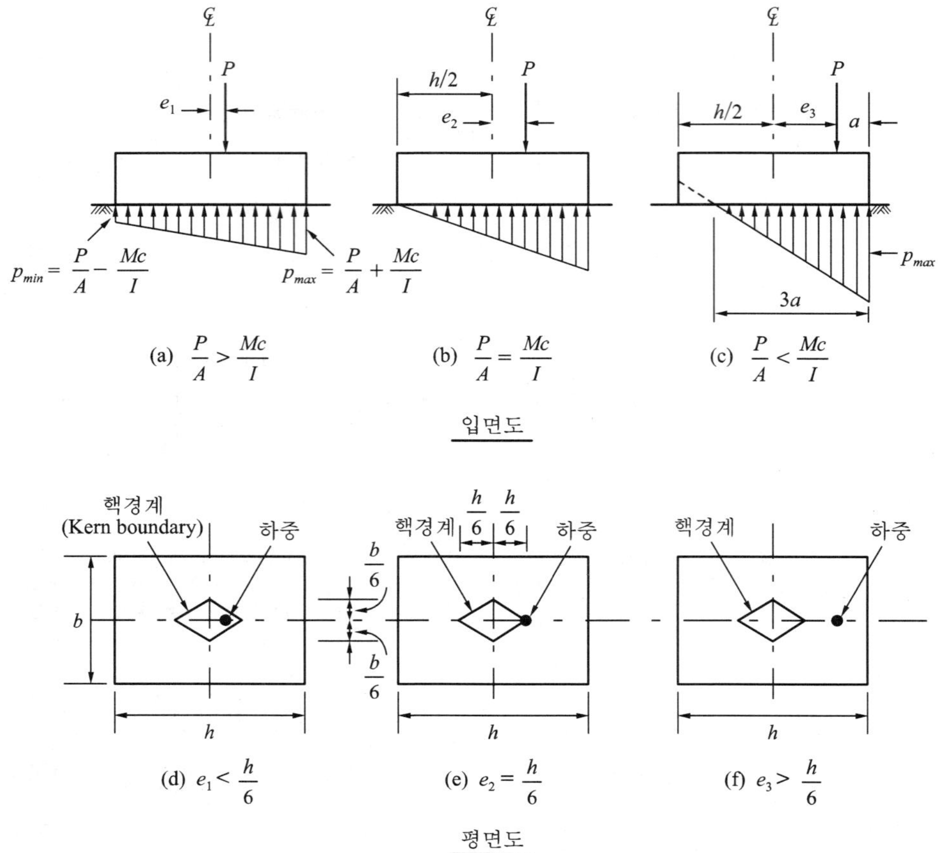

그림 11.6 편심하중이 작용하는 직사각형 기초판의 토압분포

분포일 때로 인장 휨응력과 축압축응력의 크기가 같아서 한쪽 모서리에서 응력이 0이 된다. 휨모멘트를 Pe로 표현하고 압축응력 $p_{(\min)}$이 0이 된다면, 그림 11.6b와 같이

$$\frac{P}{A} = \frac{Mc}{I} = \frac{Pec}{I}$$

와 같이 표현할 수 있다. 따라서 편심 e를 계산하면

$$e = \frac{I}{Ac} \tag{11.1}$$

가 된다. 길이가 h이고 폭이 b인 직사각형 기초판에서 식 (11.1)은

$$e = \frac{bh^3/12}{bh(h/2)} = \frac{h}{6} \tag{11.2}$$

가 된다(그림 11.6e 참고). 그림 11.6d~f에는 단면에 인장응력이 발생하지 않도록 하는 **핵경계(kern boundary)**가 표시되어 있다. 핵경계에 대한 개념은 또한 프리스트레스트 콘크리트에서 고강도 강선을 배치할 때 중요한 판단근거가 된다.

만약 연직하중의 편심이 커서 휨인장응력(Mc/I)이 축압축응력(P/A)을 초과하게 되면 그림 11.6c와 f에서 보는바와 같이 기초판의 일부분에 삼각형 응력분포가 발생한다. 이런 응력분포에서 연직하중이 작용하는 점이 바로 토압의 도심이라는 사실을 인식하고, 연직하중의 편심과 기초판의 치수를 안다면 그림 11.6c에서 a로 표현되는 연직하중에서 기초판의 모서리까지의 거리를 구할 수 있다. 따라서 삼각형 분포의 토압이 작용하는 총 길이는 $3a$가 된다. 작용하는 연직하중과 토압의 합력이 평형을 이루므로,

$$\frac{p_{(\max)}}{2}3ab = P$$

가 되어, $p_{(\max)}$를 구하면,

$$p_{(\max)} = \frac{2P}{3ab} \quad \text{여기에서} \quad a = \frac{h}{2} - e \tag{11.3}$$

로 표현할 수 있다.

예제 11.1에서 보면 편심하중이 작용하는 기초판에서 토압의 분포를 구하는 계산과정이 설명되어 있다. 예제에서는 지층에 과도한 토압이 발생하지 않도록 하기 위해서는 가능한 한 편심을 작게 유지하는 것이 중요하다는 것을 보여주고 있다.

예제 11.1 편심하중이 작용하는 기초판에서의 토압계산

그림 11.7에는 1.8 m x 1.2 m의 기초판에 기초판의 도심에 x축을 따라 오른쪽으로 편심 $e=$ 150 mm에 압축합력 $P=$ 890 kN이 작용하고 있다. 기초판 바닥에 작용하는 토압을 결정하라. 또한 편심 $e=$ 375 mm로 증가한 경우에 대해서 토압을 계산하라.

풀이

① 편심 검토 : $e = 150 < h/6 = 1{,}800/6 = 300\,(\text{mm})$ 이므로 그림 11.7b와 같이 응력분포가 마름모꼴이 되므로 축압축응력과 휨응력을 더할 수 있다.

② 단면적 및 단면 2차 모멘트 계산 :

$$A = bh = (1.2)(1.8) = 2.16\,(\text{m}^2) \quad ; \quad I = bh^3/12 = 1.2(1.8^3)/12 = 0.5832\,(\text{m}^4)$$

③ 최대 및 최소 토압응력 계산 :

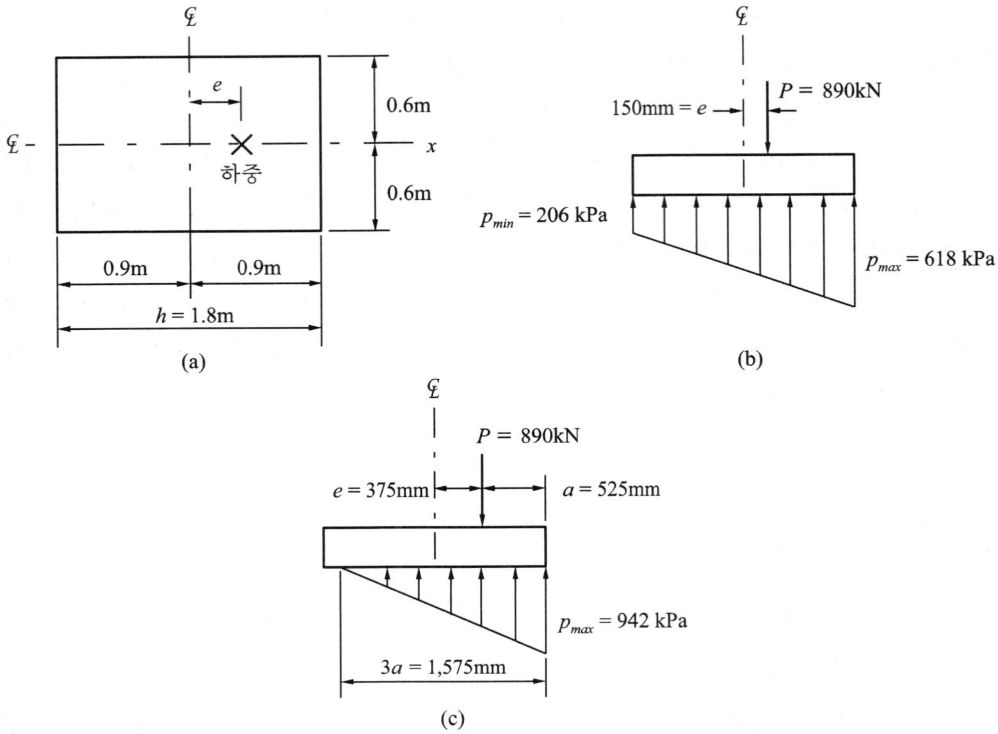

그림 11.7 (a) 평면도, (b) e = 150 mm, (c) e = 375 mm

$$p_{(\max)} = \frac{P}{A} \pm \frac{Pec}{I} = \frac{890 \times 10^3}{2.16 \times 10^6} + \frac{(890 \times 10^3)(150)(900)}{0.5832 \times (10^3)^4}$$

$$= 0.4120 + 0.2060 = 0.618\,(\mathrm{N/mm^2}) = 0.618\,\mathrm{MPa}$$

$$p_{(\min)} = P/A - Pec/I = 0.4120 - 0.2060 = 0.206\,(\mathrm{MPa})$$

④ 편심이 $e = 375\,\mathrm{mm}$ 인 경우 검토 : $e = 375\,\mathrm{mm} > h/6 = 300\,\mathrm{mm}$ 이므로 토압응력은 길이 $3a$ 에 작용한다.

⑤ 식 (11.3)으로 최대 토압응력 계산 : $a = h/2 - e = 900 - 375 = 525\,(\mathrm{mm})$

$$p_{(\max)} = \frac{2P}{3ab} = \frac{2(890 \times 10^3)}{3(525)(1,200)} = 0.942\left(\frac{\mathrm{N}}{\mathrm{mm^2}}\right) = 0.942\,\mathrm{MPa}$$

따라서 편심은 150 mm에서 375 mm로 225 mm 증가하여 길이 h 에 비해서 오직 11.5% 증가했는데 최대 토압응력은 52.4%나 증가하였다.

허용토압(Allowable Soil Pressure)

기초판을 설계할 때 고려해야 되는 사항으로는 ① 흙에 2방향 뚫림전단파괴(punching shear failure)가 일어나지 않도록 토압이 흙의 허용지지력을 초과하지 않아야 하고, ② 과도한 침하(settlement)가 일어나지 않아야 한다. 인접한 기초판에 과도한 부등침하(differential settlement)가 발생하면 바닥에 경사가 일어나거나 벽돌벽(masonry wall)에 균열이 일어나거나 또는 골조에 과응력을 줄 수 있다. Leet와 Bernal[11.1]에 의하면 예민한 기계가 배치되어 섬세한 평형이 요구되지 않는 구조물에서 25 mm의 최대침하는 구조물이나 부속 또는 비구조적 요소에 피해를 주지 않는다고 제안하고 있다.

다양한 종류의 흙에 대한 허용토압은 보통 시방서에 제시되어 있다. 이런 허용토압은 흙의 강도에 대해서 이론적인 연구와 실제 구조물의 침하를 측정한 값을 근거로 구한 값이다. 통상적으로 허용토압은 기초판이 흙의 뚫림에 대해서 안전계수 3을 고려하고 있지만 이 안전계수가 침하의 제한 값인 25 mm에 대해서도 안전을 확신하지는 못한다. 설계에서 규정하는 침하량을 만족시키기 위해서는 참고문헌 11.2나 11.3과 같은 문헌에서 제시한 표준관입실험에 의해서 측정한 흙의 강도와 침하량을 계산하는 도표를 이용하여 검토할 수 있다.

시방서에서는 각종 흙의 종류에 대한 허용토압은 기초판 밑의 흙에 직접적으로 작용할 수 있는 **허용 총토압(gross soil pressure)** 또는 **순토압(net soil pressure)**으로 표시되어 있다. 총토압은 기초판 바닥의 위에 작용하는 모든 하중에 의해서 흙에 발생하는 모든 응력을 말하며, 이 하중은 ① 사용하중, ② 기초판의 고정하중 및 ③ 기초판에서 지표면까지의 흙의 무게를 포함하고 있다. 순토압은 고려하는 위치에서 흙의 무게를 뺀 토압으로 총토압에서 기초판의 바닥에서 지표면까지의 깊이에 대한 단위평방 m당 흙의 무게를 뺀 토압이다. 이렇게 순토압을 구하는 것은 흙과 콘크리트 사이의 단위질량에 차이가 없어서 동일하다고 가정한 결과이다.

예제 11.2 총 및 순토압 계산

그림 11.8에 보이는 한 변의 길이가 1.5 m인 정사각형 기초판 바닥의 총 및 순토압을 계산하라. 흙의 단위질량 $\rho_s = 2{,}082\ \text{kg/m}^3$이고 철근콘크리트의 단위질량 $\rho_c = 2{,}400\ \text{kg/m}^3$이다.

풀이

① 흙과 철근콘크리트의 단위무게 계산 :

흙의 단위무게 : $\gamma_s = 2{,}082\ \dfrac{\text{kg}}{\text{m}^3} \times 9.8\ \dfrac{\text{m}}{\text{sec}^2} = 20{,}404\ \dfrac{\text{N}}{\text{m}^3}$

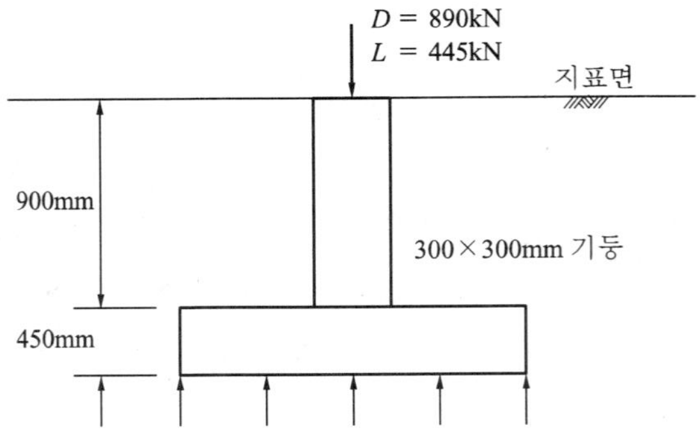

그림 11.8

철근콘크리트의 단위무게 : $\gamma_c = 2{,}400\ \text{kg/m}^3 \times 9.8\ \text{m/sec}^2 = 23{,}520\ \text{N/m}^3$

② 기초판의 바닥에 작용하는 모든 하중계산 :

기초의 고정하중 : $(1.5^2)(0.45)(23{,}520)/10^3 = 23.81\ (\text{kN})$

기둥의 고정하중 : $(0.3^2)(0.9)(23{,}520)/10^3 = 1.91\ (\text{kN})$

흙의 무게 : $(0.9)(1.5^2 - 0.3^2)(20{,}404)/10^3 = 39.67\ (\text{kN})$

사용하중 : $\underline{890 + 445 = 1{,}335\ (\text{kN})}$

총 하중 : $\sum = 1{,}400\ (\text{kN})$

③ 총토압 계산 : $q_{(gr)} = P/A = 1{,}400\ \text{kN}/(1.5\ \text{m})^2 = 622\ \text{kN/m}^2 = \underline{622\ \text{kPa}}$

④ 순토압 계산 : 흙과 콘크리트 사이의 단위무게에 차이가 미미하여 무시하고 계산하면,

$\therefore q_n = q_{(gr)} - 1.35\ \text{m}$ 높이의 흙의 무게

$= 622 - (1.35\ \text{m})(20{,}404\ \text{N/m}^3)/10^3 = \underline{594\ \text{kPa}}$

11.3 연직하중이 작용하는 기초판의 설계 (Design of Footings for Vertical Load)[11.1]

깊이가 얕은보로 설계되는 기초판은 자신의 고정하중뿐만 아니라 기초판의 상부와 바닥에 작용하는 압력에 의해서 발생하는 내력에 대해서 단면의 치수를 결정하여야 한다. 만약에 기초판이 일정한 깊이의 흙으로 덮여있고 흙 하중이 도심에 작용한다면 기초판 자체의 고정하중과 흙의 하중은 해석에서 생략하여 기초판의 설계는 오직 기둥이나 벽의 계수하중에 대해서 단면의 치수를 결정하면 된다. 이런 간략화는 기초판과 흙의 무게로 인해서 기초판 바닥에 발생하는 압력은 이 두

재료에 의해서 작용하는 하중과 크기나 분포가 같기 때문에 기초판에 작용하는 순영향(net effect)은 0이 된다. 다른 말로 설명하자면 그림 11.9와 같이 균등한 깊이의 흙과 기초판의 고정하중에 의해서는 전단이나 모멘트가 발생하지 않는다는 것이다.

대부분의 구조물에서 보통 단위 평방 m당 수십 kN이 작용하는 보나 슬래브의 치수는 휨에 의해서거나 또는 처짐을 고려하지 않는 최소두께에 의해서 결정된다. 이에 비해서 기초판에는 기초판의 크기가 비록 작다고 하더라도 200 kPa ~ 450 kPa 정도의 큰 하중이 작용하여 상당히 큰 전단력이 발생하지만, 일반적으로 전단보강철근은 배치하지 않는다. 따라서 기초판의 설계에서 보통 전단보다는 휨에 의해서 기초판의 두께가 결정되고, 이 기초판의 두께는 가능한 모든 파괴면에서 계수하중에 의해서 발생하는 전단력보다 콘크리트의 전단강도 ϕV_c가 초과할 수 있도록 정해져야 한다.

얕은 기초판에서 일반적으로 전단철근은 배치하지 않는데 그 이유는 ① 기초판이 2방향으로 휠 때 전단철근을 유효하게 배치하는데 어려움이 있고, ② 깊이가 얕은 기초판에서 압축영역의 깊이가 전단철근이 정착하는데 충분한 깊이를 주지 못하기 때문이다[1].

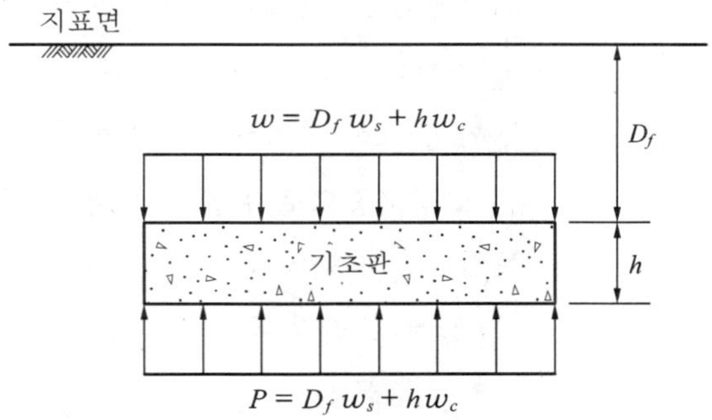

그림 11.9 기초판의 콘크리트와 흙에 의해서 기초판의 바닥에 발생하는 균일한 압력 ; w_c와 w_s는 콘크리트와 흙의 단위무게

단독기둥에 의해서 축하중이 작용하는 직사각형 기초는 ① 휨(flexure), ② 휨-전단(1방향 전단 또는 보-전단, flexural shear or beam shear), 및 ③ 뚫림전단(2방향 전단, punching shear)에 대해서 설계하여야 한다(그림 11.15 참고). 기초판이 2방향으로 휘기 때문에 치수가 정사각형이 아닌 경우에는 각각의 축에 대해서 휨과 휨-전단에 대해서 설계하여야 한다. 설계에서 종종 각 방향으로 주철근의 배치로 인해서 유효깊이가 변하지만 간략화하기 위해서 동일하다고 가정하여 설계를 수행한다. 일반적으로 기초의 깊이는 2방향 뚫림전단에 의해서 결정된다.

기초판 단면의 결정(Determination of Base Area of Footings)

구조기준 12.2(2)(ACI 15.2.2)에서 기초판의 밑면적(base area)은 기초판에 의해서 지반의 흙에 전달되는 하중계수를 곱하지 않는 사용하중인 외력과 휨모멘트에 의해서 계산된 총토압(gross soil

1) 파괴에 이르렀을 때 전단철근이 항복에 도달한다고 가정하여 설계하지만 정착길이가 짧아서 파괴에 이르렀을 때 전단철근이 항복에 도달하지 못하게 된다.

pressure)이 흙의 허용토압 q_a을 초과하지 않도록 결정하라고 제시하고 있다. 따라서 기초판의 면적은 총토압을 적용하여 결정하고, 휨 보강철근과 전단강도는 순토압(net soil pressure)에 계수를 곱하여 구한 계수하중을 이용하여 검토한다. 기초판의 면적은

$$A = \frac{D(\text{구조물, 기초판, 흙}) + L}{q_a} \tag{11.4}$$

여기에서 D와 L은 고정하중과 활하중을 가리킨다.

기초판의 단면적이 결정되고 나면 나머지의 설계는 계수를 곱하여 구한 **계수순토압(factored net soil pressure)** p_u을 이용하여 계산하며 p_u는 다음 식 (11.5a~e) 중에서 큰 값을 선택한다.

$$p_u = [\,1.2D + 1.6(L + \alpha_H H_v + H_h)]/A \ \geq \ 1.4D/A \tag{11.5a}$$

$$p_u = [\,1.2D + 1.6(L + \alpha_H H_v) + 0.8H_h\,]/A \tag{11.5b}$$

여기에서 H_v = 흙, 지하수 또는 기타 재료의 자중에 의한 연직방향 하중, 또는 이에 의해서 생기는 단면력 ; 구조기준(2007년 이후)에서는 기존의 수평토압하중 H를 수평성분과 연직성분으로 나누어 명확히 정의하면서 연직방향 흙의 무게 H_v의 계수는 기존 구조기준에서 토피가 깊은 경우에는 고정하중으로 취급하여 하중조합 계수 $1.4D$를 사용하던 효과와 표피가 얕은 경우에 사용되던 토압하중 계수인 $1.6H$의 효과를 모두 포함할 수 있도록 보정계수 α_H를 아래와 같이 도입하였다.

α_H = 토피의 두께에 따른 연직방향 하중 H_v에 대한 보정계수로

$$\begin{cases} h \leq \ 2\,\text{m}: \ \alpha_H = 1.0 \\ h > \ 2\,\text{m}: \ \alpha_H = 1.05 - 0.025h \ \geq 0.875 \end{cases} \tag{1.14}$$

식 (1.13)에서 $h \leq 2.0\,\text{m}$ 인 경우에는 $\alpha_H = 1.0$ 가 되어 $1.6\alpha_H = 1.6$ 이 되며, 최대 $h = 7.0\,\text{m}$ 가 되면, $\alpha_H = 0.875$ 가 되어 $1.6\alpha_H = 1.4$ 가 되도록 하였다. H_h = 흙, 지하수 또는 기타 재료의 횡압력에 의한 수평방향 하중, 또는 이에 의해서 생기는 단면력이다.

풍하중(Wind Load) : W는 풍하중 또는 이에 의해서 생기는 단면력으로 방향성을 고려하여 최대 정 또는 부 계수하중을 얻을 수 있도록 ±로 계산하여야 하며, 하중조합은 아래와 같다.

$$p_u = (1.2D + 1.0L + 1.3W)/A \tag{11.5c}$$

$$p_u = (1.2D + 0.65W)/A \tag{11.5d}$$

$$p_u = [\,0.9(D + H_v) + 1.3W + (1.6H_h \text{ 또는 } 0.8H_h)]/A \tag{11.5e}$$

식 (11.5c)에서 풍하중 W는 주하중으로 역할을 하고, 식 (11.5d)에서는 부하중의 역할을 하고 있다. 식 (11.5e)는 식 (11.5c)에서 활하중이 없을 때 주어지는 식으로, 고정하중에 대한 계수 0.9는 풍하중에 대해서 고정하중으로 인한 연직하중이 구조물을 안정시키는 역할을 하는 경우를 대비하는 계수로 원래의 계수 1.2에 75%를 곱하여 구한 값이다.

구조기준 3.3.2(4)에서는 흙, 지하수 또는 기타 재료의 횡압력에 의한 하중 H_h와 H_v로 인한 하중효과가 W로 인한 하중효과를 상쇄시키는 경우에는 식 (11.5e)의 H_h 및 H_v에 대한 하중계수를 0으로 하라고 규정하고 있다. 또한 만일 측면 토압이 다른 하중에 의한 구조물의 거동을 감소시키는 저항효과를 준다면, 이를 H_h에 포함시키지 않아야 하지만 설계강도를 계산할 때에는 H_h의 효과를 고려하여야 한다고 규정하고 있다.

계수하중으로부터 구한 계수순토압 p_u는 일반적으로 흙의 허용토압 q_a보다 크게 된다. 하중계수의 평균계수는 대략 1.4 정도가 되지만 허용토압의 안전계수는 대략 2.5~3 정도가 되므로 문제가 되지 않는다. 따라서 계수순토압은 지반의 흙에 붕괴를 가져오는 압력보다는 작게 된다.

휨(Flexure)

그림 11.10a의 기초에서 빗금 친 부분에 작용하는 토압이 기둥면인 A-A축에 대해서 다음과 같은 휨모멘트를 발생시킨다.

$$M_u = (p_u b f) f/2 \tag{11.6}$$

여기에서 $(p_u b f)$는 빗금 친 부분에 작용하는 토압합력이고 $(f/2)$는 단면 A-A에서 합력이 작용하는 거리이다. 이 휨모멘트는 그림 11.10b에 배치된 보강철근에 의해서 저항되어야 한다. 최대 휨모멘트는 기둥면인 단면 A-A와 반대편의 동일한 위치에 발생할 것이다. 만약 기초판이 정사각형이 아니면 그림 11.10a의 B-B 단면에 대해서도 동일한 설계를 수행하여야 할 것이다.

철근콘크리트 기둥이 아닌 조적조 기둥(벽돌기둥)이나 강재 밑판(base plate)이 배치된 기둥의 휨에 대한 위험단면은 그림 11.16에 제시되어 있다.

1) 최소 휨철근(Minimum Flexural Reinforcement)

구조기준 6.3.2(4)(ACI 10.5.4)에서 두께가 균일한 구조용 슬래브와 기초판에 대해서 경간방향으로 보강되는 인장철근의 최소 철근량은 구조기준 5.7의 수축·온도철근의 규정에 따르도록 규정하고 있다. 흙에 직접 지지되는 슬래브는 구조기준의 해설(ACI 해설)[11.6, 11.8]에서 구조물의 다른 부재로부터 전달되는 수직하중을 흙에 직접 전달하지 않는 한 이 절에서 규정하는 구조용 슬래브로 볼 필요가 없으므로 본 규정의 최소 철근량을 배치하지 않아도 되도록 하였다[2)]. 따라서 기초판이나

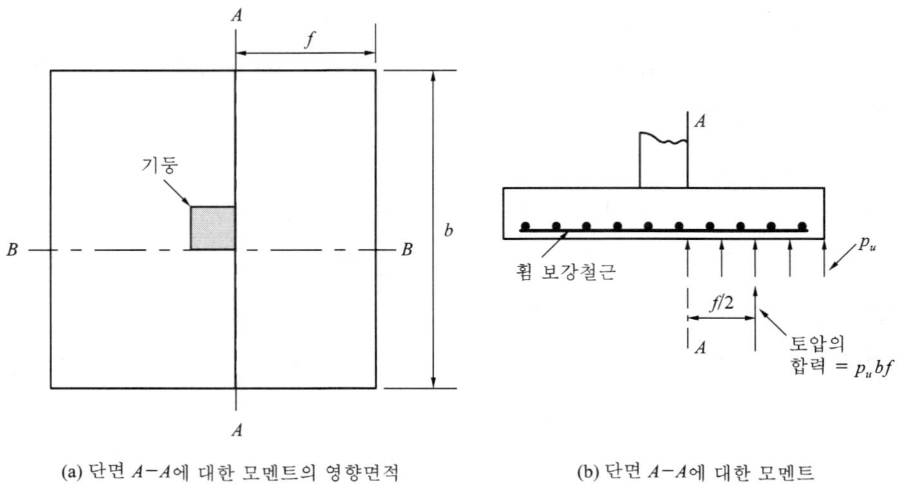

그림 11.10 기초의 휨거동

전면기초에서 최소 휨철근량은 구조기준 5.7의 수축・온도철근의 식 (4.30)을 다시 쓰면,

$$A_{s\,(\min)}/\mathrm{m} = \left\{ \begin{matrix} f_y \le \ 400\,\mathrm{MPa:} \ \ 2.0\,h \\ f_y = \ 500\,\mathrm{MPa:} \ \ 1.6\,h \end{matrix} \right\} \le \ 1{,}800\ \mathrm{mm}^2 \tag{4.30}$$

가 된다. 이때, 철근의 최대 간격은 $s_{\,(\max)} \le \ (3h$ 또는 $450\,\mathrm{mm})$ 이하로 제한하고 있다. 지하구조물이나 교량 하부구조의 기초 등과 같이 깊이가 유난히 깊은 슬래브에서는 과다 설계의 우려가 있어서 구조기준 5.7.2(2)에서는 전체 콘크리트 단면적을 곱하여 계산한 수축・온도철근 단면적이 단위 m당 $A_{s\,(\text{단위 m})}/\mathrm{m} \le \ 1{,}800\,\mathrm{mm}^2$ 를 초과할 필요는 없다고 상한한계를 규정하였다[3]).

2) 휨철근의 배치(Distribution of Flexural Reinforcement)

그림 11.10의 A-A와 B-B 단면을 따라 단위 길이에 대한 모멘트는 기둥면에서 최대이면서 변하게 된다. 철근의 배치를 간단히 하기 위해서 구조기준 12.3.1(3)(ACI 15.4.3)에서 1방향 기초판, 또는 2방향 정사각형 기초판에서 철근은 기초판 전체에 걸쳐 균등하게 배치하여야 한다고 규정하고 있고, 2방향 직사각형 기초판의 각 방향 철근 배치는

2) 현행 구조기준 해설의 근원인 ACI 318 R10.5.4[11.8]에서 “Soil supported slabs such as slabs-on-ground are not considered to be structural slabs in the context of this section, unless they transmit vertical loads from other parts of the structure to the soil.”로 제시된 내용을 해설 6.3.2(4)[11.6]에서는 “흙에 직접 지지되는 슬래브는 구조물의 다른 부재를 통하여 흙으로 수직하중을 전달하지 않는 한 구조용 슬래브로 간주하지 않으므로...”로 표현되어 마치 기초판 밑에 말뚝이나 보가 배치되어 슬래브가 직접 하중을 흙에 전달하지 않는 경우를 구조용 슬래브로 보라는 듯한 착각을 일으키고 있다.

3) 이렇게 수축・온도철근에 대한 전체철근 단면적의 제한은 $f_y \le$ 400 MPa인 경우에 슬래브의 두께를 $h \le$ 900 mm까지 허용하는 것과 같은 결과가 되어 슬래브가 유난히 두꺼운 경우에 배치하는 철근단면적의 상한한계 역할을 한다.

① 장변방향으로의 철근은 폭 전체에 균등히 배치하고,

② 단변방향으로의 철근은 아래 식으로 산출한 철근량을 유효폭 내에 균등하게 배치하고, 나머지 철근량을 이 유효폭 이외의 부분에 균등히 배치시키도록 규정하고 있다.

$$\text{유효폭내에 배치하는 철근량} = \text{단변방향의 전체 철근량} \times \frac{2}{\beta+1} \tag{11.7}$$

여기에서, 유효폭은 기초판의 단변 폭 길이이며, 기둥이나 받침대의 중심선이 유효폭의 중심이 되도록 하고, $\beta = L/B$ 는 기초판에서 장변/단변의 비이다(그림 11.11 참고).

기초의 종류	정사각형 기초	직사각형 기초
1방향 기초	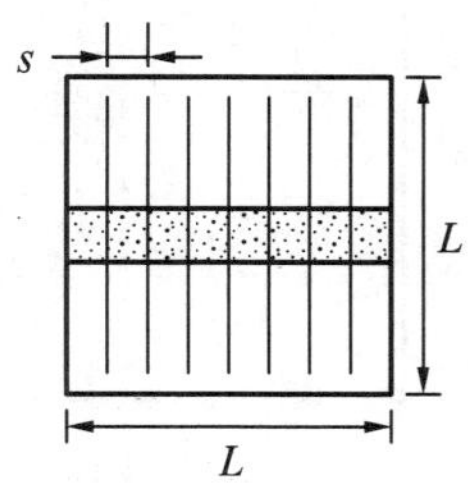	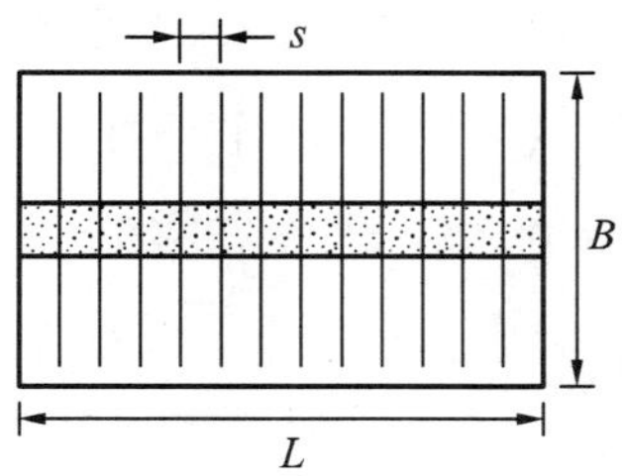
2방향 기초	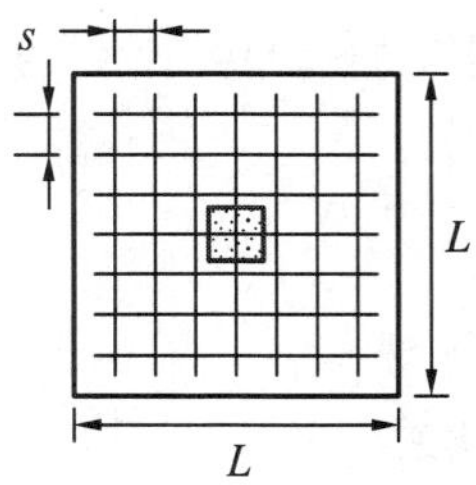	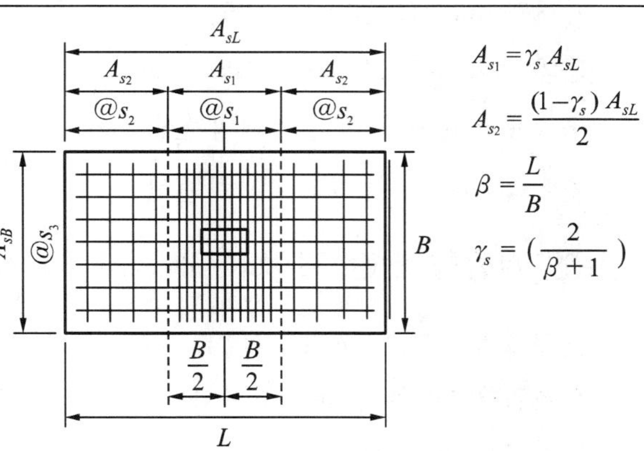

그림 11.11 휨 보강철근의 배치

3) 철근의 정착(Development of Reinforcement)

인장 이형철근의 정착길이는 식 (6.5)로 구할 수 있으며, 이를 다시 쓰면,

$$l_d = \left[\frac{0.9 f_y}{\lambda \sqrt{f_{ck}}} \frac{\alpha \beta \gamma}{(c + K_{tr})/d_b} \right] d_b \geq 300 \text{ mm} \tag{6.5}$$

여기서, $(c + K_{tr})/d_b \leq 2.5$; λ = 경량콘크리트 계수로서 쪼갬인장강도 f_{sp}[식 (2.9b)]가 주어

지면 $\lambda = f_{sp}/(0.56\sqrt{f_{ck}}) \le 1.0$을 대입하고, 만약 주어지지 않은 경우, 전경량 콘크리트 = 0.75, 모래경량 콘크리트(굵은 골재만 경량골재인 경우) = 0.85, 보통골재 콘크리트 = 1.0을 적용하고, 사이값은 각 골재의 치환하는 체적비에 따라 직선보간 [식 (2.12a) 참고] ; $\alpha =$ 철근배근 위치계수(1.3 또는 1.0 ; 표 6.1 참고) ; $\beta =$ 에폭시 도막계수(1.5, 1.2 또는 1.0) ; $\gamma =$ 철근 또는 철선의 크기계수(0.8 또는 1.0) ; $c =$ 철근간격 또는 피복두께에 관련된 치수 ; $K_{tr} =$ 횡방향 철근지수 = $40A_{tr}/(sn)$, 횡방향 철근이 배치되어 있어도 간편하게 $K_{tr} = 0$으로 할 수 있다. ; $A_{tr} =$ 정착된 철근을 따라 쪼개질 가능성이 있는 면을 가로질러 배근된 간격 s 이내에 있는 횡방향 철근의 전체 단면적, mm^2 (그림 6.13 참고) ; $f_{yt} =$ 횡방향 철근의 설계기준항복강도, MPa ; $s =$ 정착길이 l_d 구간에서 횡방향 철근의 최대간격, mm ; $n =$ 쪼개질 가능성이 있는 평면을 따라 정착되거나 이어지는 철근 또는 철선의 수이다.

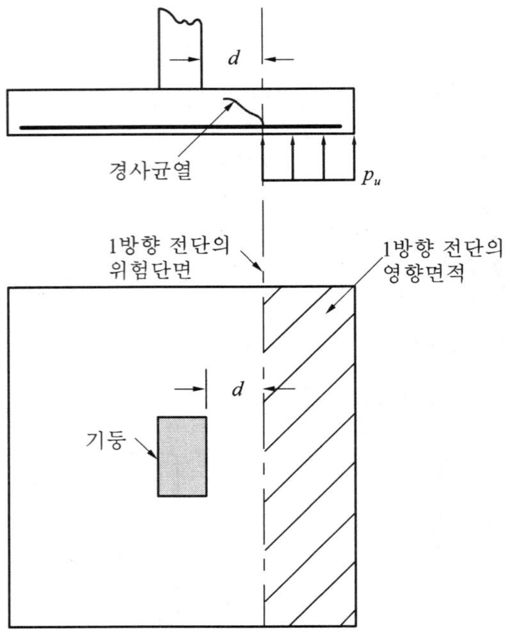

그림 11.12 1방향 전단의 위험단면과 부하면적(tributary area)

휨-전단(1방향 전단, Flexure Shear, Beam Shear)

구조기준 7.11.1(ACI 11.12.1.1)에서 슬래브 또는 기초판이 폭이 넓은 보와 같이 휨거동을 할 때, 설계위험단면은 전체 폭으로 이루어진 단면으로 하고 설계는 아래 식으로 하도록 규정하고 있다.

$$\phi V_n = \phi(V_c + V_s) \ge V_u \quad \text{또는} \quad V_n = V_c + V_s \ge V_u/\phi \tag{7.27}$$

여기에서 $\phi = 0.75$ 이며, 콘크리트의 전단강도는 식 (7.16a)를 다시 쓰면 다음과 같다.

$$V_c = \left(\frac{\lambda\sqrt{f_{ck}}}{6}\right) b\,d \tag{7.16a}$$

기초판의 바닥에 작용하는 계수전단력은 계수순토압 p_u에 부하면적을 곱해서 구하면 된다(그림 11.12 참고).

$$V_u = \text{부하면적} \times p_u \tag{11.8}$$

기초판에서 전단철근을 배치하기 쉽지 않을 뿐만 아니라 기초판의 두께를 두껍게 하는 것이 스터럽을 배치하는 것보다 쉬우므로 대부분의 경우에 $V_s = 0$ 이다. 따라서 구조기준 12.2(5)(ACI 15.7)에서는 기초판 상단에서 하단 철근까지의 깊이(즉, 유효깊이 d)는 흙 위에 놓이는 기초의 경우는 150 mm 이상, 말뚝기초의 경우는 300 mm 이상으로 하여야 한다고 제시하고 있다. 철근의 최소 피복두께는 흙에 접하거나 옥외의 공기에 직접 노출되는 콘크리트인 경우에 D29 이상의 철근에 60 mm, D25 이하의 철근에 50 mm, D16 이하의 철근에 40 mm로 규정하고, 흙에 접하여 콘크리트를 친 후 영구히 흙에 묻혀있는 콘크리트인 경우에는 80 mm 이상의 피복두께를 배치하도록 규정하고 있다[표 2.12 참고, 구조기준 5.4.1(2), (3), ACI 7.7.1].

그림 11.12의 경사균열은 균열의 각도가 대략 45°라면 기둥면에서 거리 d 떨어진 위치에서 기초판의 바닥과 만난다. 따라서 그림 11.12와 같이 기둥이나 벽체의 면에서 유효깊이 d 떨어진 위치가 휨-전단의 위험단면이 된다.

설계에서는 $V_c \geq V_u/\phi$ 에서 다음 식으로 기초판의 두께를 검토한다.

$$d_{(\text{소요})} \geq (V_u/0.75) \Big/ \left(\frac{\lambda \sqrt{f_{ck}}}{6} b \right) \tag{11.9}$$

뚫림전단(2방향 전단, Punching Shear)[11.4]

실험적 연구[11.9]에 의하면 뚫림전단의 위험단면은 기둥면이었으며(그림 10.39 참고), 부하면적은 기둥부분을 제외한 바깥부분으로 이 부분에 작용하는 하중으로 기둥은 슬래브를 뚫고 들어가는 거동을 하게 된다(그림 10.41 참고). 구조기준 7.12.1(3)(ACI 11.12.1.2)에서는 설계 식을 간단하게 하기 위해서 기둥면에서 거리 $d/2$ 떨어진 둘레길이를 **위험전단 주변장(critical shear perimeter)**으로 제시하였다[4]. 예를 들어서, 그림 11.13에서 위험단면의 둘레길이는 $b_o = 2(c_1 + d) + 2(c_2 + d) = 2(c_1 + c_2) + 4d$ 가 된다. 여기에서 c_1과 c_2는 기둥 각 변의 폭이고 d는 평균유효깊이이다.

기초판에는 전단보강철근이 거의 배치되지 않으므로, $V_s = 0$ 가 되어, 식 (7.27)은 $\phi V_c \geq V_u$ 로 표현할 수 있다. 구조기준 7.12.2(2)와 (5)에서는 2방향 뚫림전단에 대해서 철근콘크리트 기초판에 대한 공칭전단강도 V_c는 아래의 식으로 계산하도록 제시되었다.

4) 구조기준 7.12.2(6)에서 **슬래브-기둥 접합부**에서 Vu를 계산할 때 기둥면에서 **0.5d** 내에 재하되는 등분포하중의 영향을 무시하고, **기초판-기둥 접합부**에서는 **0.75d** 내에 재하되는 등분포 지반력의 영향을 무시할 수 있다고 규정하여 구조기준 7.12.1(3) 내용과 서로 충돌하고 있다.

$$V_c = v_c b_o d = [\lambda k_s k_{bo} f_{te} \cot\psi (c_u/d)] b_o d \tag{10.23a}$$

$$V_c = (\lambda k_s k_{bo} f_{te} \cot\psi) b_o c_u \le (0.34 f_{ck}) b_o c_u \tag{10.23b}$$

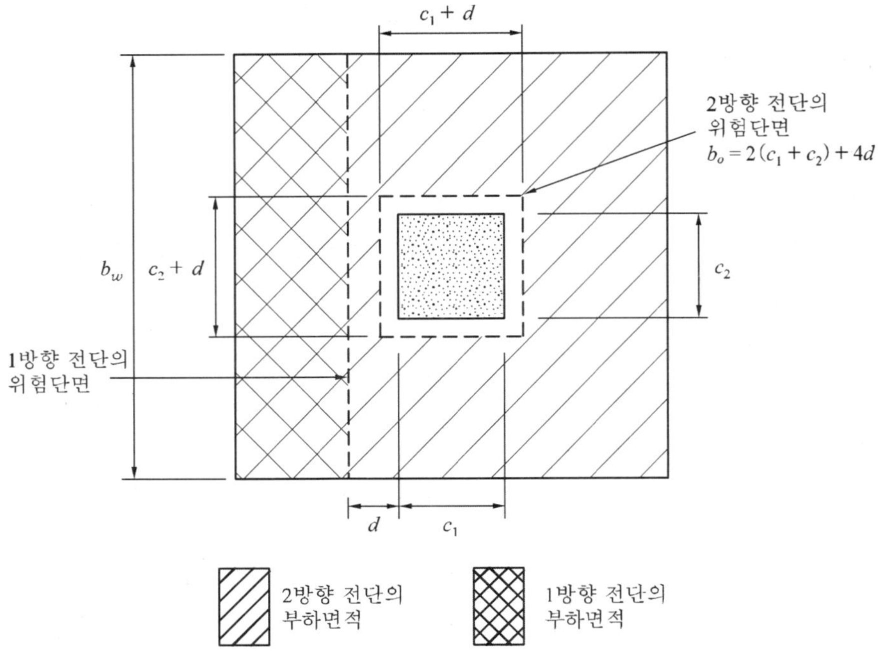

그림 11.13 전단에 대한 위험단면과 부하면적

여기에서 v_c는 콘크리트 재료의 공칭전단응력강도, b_o는 위험단면의 둘레길이로 최소가 되어야 하나 집중하중, 반력구역, 기둥, 기둥머리 또는 지판 등의 경계로부터 $d/2$보다 가까이 위치시킬 필요는 없다고 구조기준 7.12.1(4)에서 규정, λ는 경량콘크리트계수, k_s는 슬래브의 두께계수, k_{bo}는 위험단면 둘레길이의 영향계수, f_{te}는 압축대 콘크리트의 인장강도, ψ는 슬래브 휨 압축대의 균열각도, c_u는 압축철근의 영향을 무시하고 계산된 슬래브 위험단면 압축대 깊이의 평균값, f_{cc}는 위험단면 압축대에 적용하는 평균압축응력이다. 각 계수들의 정의는 아래와 같다.

$$k_s = (300/d)^{0.25} \le 1.0 \tag{10.24}$$

$$k_{bo} = 4/\sqrt{\alpha_s (b_o/d)} \le 1.25 \tag{10.25}$$

$$f_{te} = 0.21\sqrt{f_{ck}} \quad ; \quad f_{cc} = (2/3) f_{ck} \tag{10.26, 10.27}$$

$$\cot\psi = \sqrt{f_{te}(f_{te} + f_{cc})}/f_{te} = \sqrt{1 + f_{cc}/f_{te}} = \sqrt{1 + (2/3) f_{ck}/(0.21\sqrt{f_{ck}})}$$

$$\therefore \cot\psi = \sqrt{f_{te}(f_{te} + f_{cc})}/f_{te} = \sqrt{1 + 3.175\sqrt{f_{ck}}} \tag{10.28}$$

$$c_u = d[25\sqrt{\rho/f_{ck}} - 300(\rho/f_{ck})] \tag{10.29}$$

여기에서 d의 단위는 mm이고, α_s는 내부기둥에 대하여 1.0, 외부기둥(모서리 기둥 제외)에 대하여 1.33, 모서리 기둥에 대하여 2.0이다. 식 (10.28)에서 $\rho \le 0.03$ 의 범위에서 사용할 수 있으며, ρ가 0.005 이하인 경우 0.005를 사용할 수 있다고 규정하고 있다.

또한 구조기준 7.12.2(6)은 계수전단력 V_u를 계산 할 때에는 슬래브-기둥 접합부에서는 각 기둥면에 $0.5d$ 내, 기초판-기둥 접합부에서는 각 기둥면에 $0.75d$ 내에 재하되는 등분포하중의 영향을 무시할 수 있도록 제안하고 있다.

보통 기초판에 전단보강철근을 배치하지 않지만 기초판의 두께가 유효깊이 $d \ge$ [$16d_{str}$, 150 mm] 이상인 경우에 전단철근을 배치할 수 있다고 구조기준 7.12.3(1)에서 규정하고 있다. 여기에서 d_{str}은 전단철근의 지름이다.

전단 설계식 식 (7.27)을 다시 쓰면

$$V_u/\phi \le [\ V_n = (V_c + V_s) \le 0.34 f_{ck} b_o c_u\ ] \tag{10.30}$$

이고[5], 전단철근의 공칭전단강도 V_s는

$$V_s = 0.5\left(\frac{A_v f_{yt} d}{s}\right) \tag{10.31}$$

로 구조기준 7.12.3(2)에서 제시하고 있다. 여기에서 A_v는 전단위험단면에 따라 배치된 모든 전단철근의 단면이고, $f_{yt} \le 400$ MPa이어야 한다[6].

구조기준 7.12.3(4)에서는 기둥면과 기둥 주위를 감싸는 첫 번째 열에서 스터럽 사이의 간격은 $d/2$ 이하이고, 기둥면의 평행방향의 스터럽 다리 사이의 간격은 $2d$ 이하이어야 한다고 규정하면서, 스터럽 열 사이의 간격은 기둥면에 직각방향으로 $d/2$ 이하이어야 한다고 제한하고 있다. 또한 구조기준 7.12.3(5)에서 슬래브 전단철근은 단면 상, 하에서 충분히 정착되어야 하고, 스터럽은 구조기준 8.5.4 복부철근의 정착 요건을 만족시키도록 굽혀진 부분은 종방향 철근을 둘러싸야 한다고 규정하고 있다.

---

5) 구조기준 7.12.2(5)에서 $V_c \le (0.34 f_{ck}) b_o c_u$ [식 (10.23b)]로 규정하고 구조기준 7.12.3(3)에서는 $V_n \le (0.34 f_{ck}) b_o c_u$로 규정하여 V_c와 V_n에 동일한 상한한계를 적용하고 있다.

6) 구조기준 7.4.1(3) 전단철근의 전단강도에서는 $f_{yt} \le 500$ MPa로 규정하고, 용접 이형 철망을 사용하는 경우에는 $f_{yt} \le 600$ MPa로 규정하였는데 본 규정에서는 과대평가를 방지하기 위해서 $f_{yt} \le 400$ MPa로 규정하였다고 한다[11.15].

기둥의 종류에 따른 위험단면(Critical Sections)

그림 11.14에는 기둥이 철근콘크리트인 경우에 구조기준에서 제시하는 각각의 경우에 대한 위험단면(critical section)을 보여주고 있다. 철근콘크리트 기둥이 아닌 조적조 기둥(벽돌기둥, masonry wall)이나 강재 밑판(steel base plate)이 배치된 기둥의 위험단면은 그림 11.15에 제시되어 있다. 구조기준 12.2(4)(ACI 15.3)에서는 기초판에서 휨, 전단 및 철근정착에 대한 위험단면을 정할 경우, 원형 또는 정다각형인 콘크리트 기둥이나 받침대는 같은 면적의 정사각형 부재로 취급할 수 있다고 규정하고 있다. 따라서 원형 또는 정다각형인 콘크리트 기둥에서 휨에 대한 위험단면은 가상적인 같은 면적의 정사각형 부재의 면으로 고려할 수 있다[그림 10.10 및 구조기준 10.4.2(5), ACI 13.6.2.5 참고].

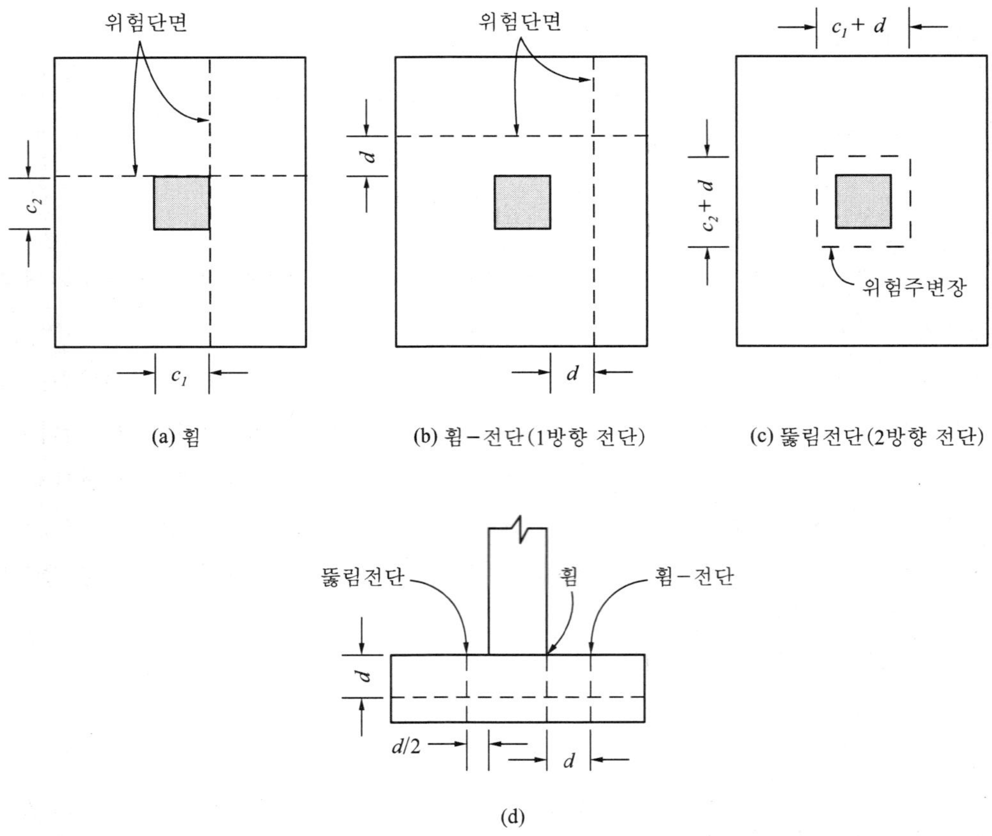

그림 11.14 철근콘크리트 기둥을 받치고 있는 독립기초의 위험단면

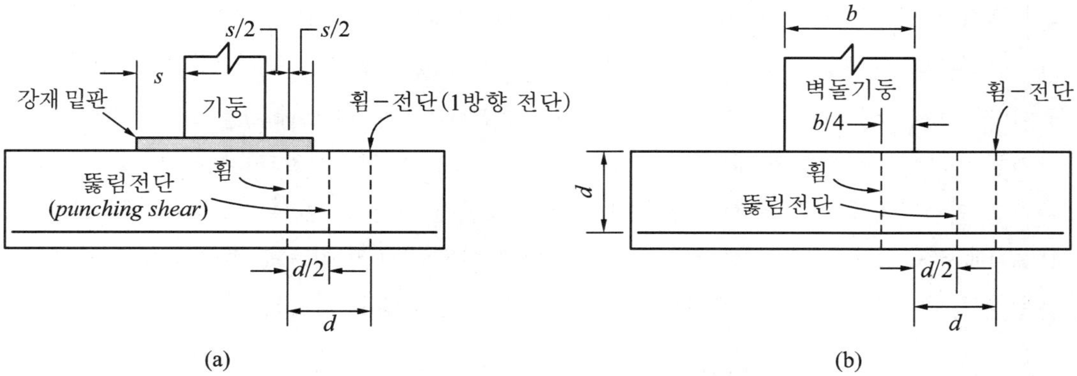

그림 11.15 위험단면 (a) 강재 밑판이 배치된 경우 ; (b) 조적조 벽체(벽돌기둥, masonry column)의 기초

기둥으로부터 기초판으로의 하중의 전달(Transfer of Load from Column to Footing)

기둥과 기초판 상부의 접촉면에서 콘크리트가 붕괴되지 않도록 구조기준 12.4.1(2)(구조기준 6.8 지압강도)(ACI 15.8.1.1, ACI 10.14)에서는 기둥의 바닥과 기초판의 표면에서의 **지압강도(bearing stress)**에 제한을 두고 있다. 비록 기둥 바닥에서의 지압강도는 $\phi(0.85 f_{ck} A_1)$을 초과할 수 없지만 조건에 따라 기둥 밑의 기초판에서의 지압강도는 다음 식만큼 증가시킬 수도 있다.

$$\phi(0.85 f_{ck} A_1)\sqrt{A_2/A_1} \le \phi(0.85 f_{ck} A_1)2 \tag{11.10}$$

여기에서 $\phi = 0.65$ 이고, A_1은 접촉면의 면적이고, A_2는 A_1에서 기초 속으로 수직 1에 수평으로

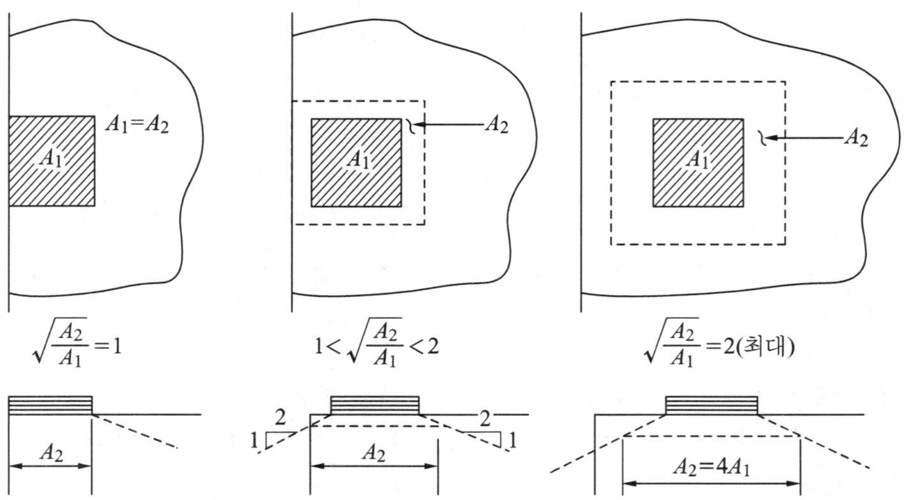

그림 11.16 둘러싼 콘크리트의 구속효과 - A_1과 A_2의 정의 : $\sqrt{A_2/A_1} \le 2.0$

2인 경사가 만드는 정 피라미드의 면적이다(그림 11.16 참고). 식 (11.10)의 제한 값에 따라 최대 $A_2 = 4A_1$ 이므로 한 변의 길이는 2배까지 증가할 수 있게 된다. 1 보다 큰 계수, $\sqrt{A_2/A_1}$ 은 하중이 작용하는 콘크리트를 수평으로 둘러싸는 효과(lateral confinement)를 고려한 것이다.

기둥, 벽체 또는 받침대 저면에서 힘과 모멘트는 콘크리트의 지압과 다월 철근(dowel bar) 및 기계적인 연결장치에 의해서 지지 받침대 또는 기초판에 전달시켜야 된다고 구조기준 12.4.1(1)(ACI 15.8.1)에서 규정하고 있다. 힘의 전달은 현장치기 시공일 때의 기둥과 벽체에 대해서 또한 프리캐스트 시공인 경우에 기둥과 벽체에 대해서 각각 다른 규정을 다음과 같이 두고 있다.

1) 현장치기 시공 - 기둥의 경우

구조기준 12.4.2(2)(ACI 15.8.2.1)에서 힘의 전달은 현장치기 기둥과 기초판의 경우, 양 부재 접촉면 사이의 다월 철근 단면적(dowel)은 지지되는 부재 단면적의 0.005배 이상으로 하여야 한다고 규정하여 다음과 같이 식으로 표현할 수 있다(그림 11.20 참고).

$$\text{다월(dowel) 철근의 단면적} \geq 0.005A_g \tag{11.11}$$

여기에서 A_g는 기둥의 총단면적이다.

2) 현장치기 시공 - 벽체의 경우

구조기준 12.4.2(3)(ACI 15.8.2.2)에서 구조기준 11.3(2)의 최소 수직 철근량 이상을 배치하도록 규정하고 있다. 구조기준 11.3(2)(ACI 14.3.2)에서 벽체 전체 단면적에 대한 최소 수직 및 수평 철근 단면적은 각각

$$A_{sv\,(\text{최소})}/\text{m} = \begin{cases} ① \ f_y \geq 400\,\text{MPa 에 } D16 \text{ 이하 이형철근} & : \ 1.2h \\ ② \ \text{기타 이형철근} & : \ 1.5h \\ ③ \ \text{지름 } 16\,\text{mm 이하의 용접철망} & : \ 1.2h \end{cases} \tag{11.12a}$$

$$A_{sh\,(\text{최소})}/\text{m} = \begin{cases} ① \ f_y \geq 400\,\text{MPa 에 } D16 \text{ 이하 이형철근} & : \ 2.0h \\ ② \ \text{기타 이형철근} & : \ 2.5h \\ ③ \ \text{지름 } 16\,\text{mm 이하의 용접철망} & : \ 2.0h \end{cases} \tag{11.12b}$$

로 제시되고 있다. 단, 수직 및 수평 철근의 간격은 벽두께의 3배 이하, 또한 450 mm이하로 하여야 한다.

3) 프리캐스트 시공 - 기둥의 경우

힘의 전달은 구조기준 12.4.3(2)(ACI 15.8.3)에서 구조기준 16.3.1(4)①(ACI 16.5.1.3)의 규정에 따르도록 제시되고 있으며, 프리캐스트 기둥은 다음 식이 주는 값 이상의 최소인장철근을 배치하여야 한다고 규정하고 있다.

$$A_{s\,(\min)} \geq 1.5A_g/f_y \tag{11.13}$$

이 식에서 하중에 의해 필요한 단면적보다 더 큰 단면적을 가지는 기둥의 경우 감소된 유효단면적 A_g를 사용할 수 있는데, 이 감소된 유효단면적은 전체 단면적의 1/2 이상은 되어야 한다.

4) 프리캐스트 시공- 벽체의 경우

구조기준 16.3.1(4)②(ACI 16.5.1.3)에서는 프리캐스트 벽 패널은 벽 패널당 최소한 두 개의 연결철근을 사용하여야 하며, 연결철근 하나의 공칭인장강도는 45 kN 이상이어야 한다. 따라서 f_y= 400 MPa인 철근이 사용될 때 최소 연결철근의 단면적은 $A_{s\,(최소)} \geq$ 45,000/400 = 112.5 (mm^2)가 되어 단면적이 A_b= 126.7 mm^{2}인 D13 철근 이상이 사용되어야 한다. 또한 해석결과 기초바닥 저면에 인장력이 발생되지 않을 때에는 이 연결철근을 흙에 직접 지지되는 콘크리트 바닥 슬래브에 정착될 수 있다고 규정하고 있다.

또한 구조기준 12.4.2(4)(ACI 15.8.2.3)에서는 기초에서 압축력만을 받는 D41과 D51인 주철근은 힘전달 철근으로서 다월 철근과 겹침이음 할 수 있으며, 이 때 다월 철근은 D35 이하이어야 하고 지지되는 부재 속에 묻혀야 된다[구조기준 8.6.3(2), ACI 12.16.2]. 이 때 묻힘길이는 D41 또는 D51의 압축정착길이나 또는 다월 철근의 압축겹침이음길이 중 큰 값보다 커야 하며, 기초판 속으로 묻힘길이는 다월 철근의 압축정착길이 이상으로 하여야 한다고 규정하고 있다.

11.4 등분포하중이 작용하는 벽기초의 설계 (Design of a Wall Footing with a Uniform Load)

균등한 토압이 작용하는 벽 기초에서 벽의 면에서 내민 기초판 부분은 기초판 바닥의 압력에 의해서 그림 11.17b와 같이 캔틸레버 보와 같이 휘게 된다. 만약 벽에 균등한 하중이 작용하면 기초의 길이방향으로 동일하게 거동하므로 그림 11.17a와 같이 단위 길이(1 m)로 잘라서 설계하면 된다. 벽기초를 설계하는 과정을 정리하면 다음과 같다.

설계과정

1) 단계 1

소요 기초폭의 결정 : $b_{(소요)}$ = 전체 사용하중 / 허용 순 지반지지력 = $(D+L)/q_n$

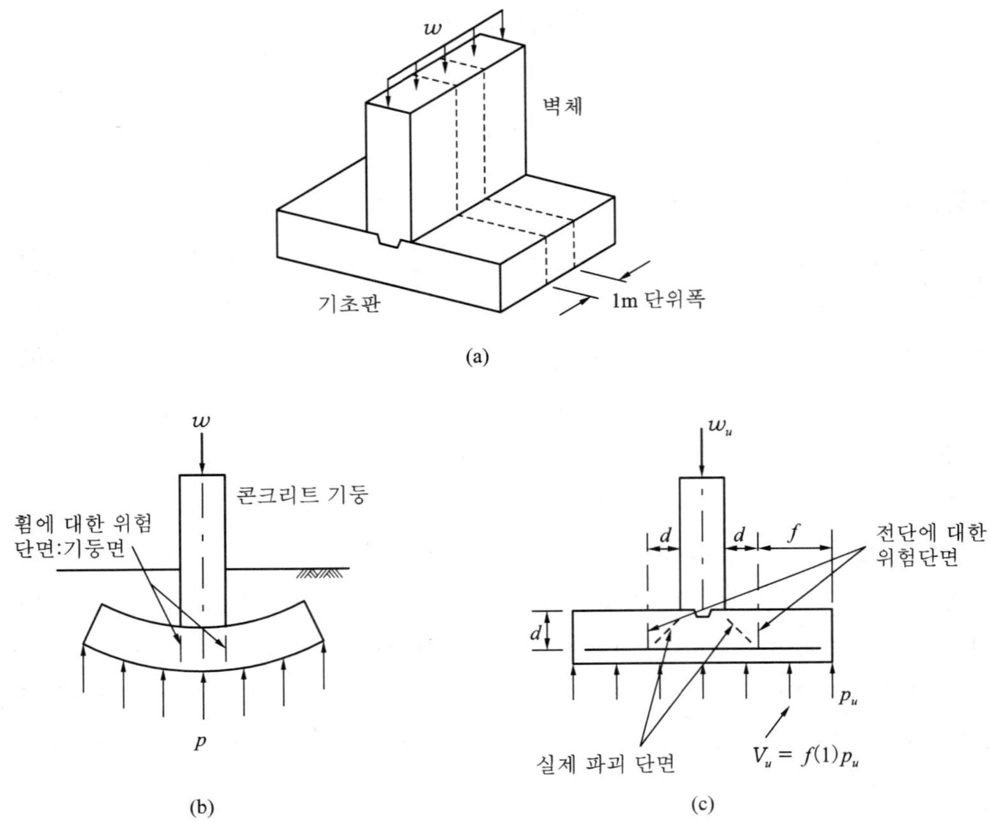

그림 11.17 벽기초 설계의 세부사항 : (a) 균등한 등분포하중이 작용하는 기초, (b) 휨변형, (c) 휨-전단(1방향 전단)의 위험단면

2) 단계 2

기초의 유효깊이 d 결정(즉, 기초판 상단에서부터 하단철근 중심까지의 깊이) : 구조기준 12.2(5)(ACI 15.7)에서 흙 위에 놓이는 기초의 경우 150 mm 이상, 말뚝기초의 경우는 300 mm 이상으로 하여야 하고, 철근의 최소 피복두께는 표 2.12를 참고하여 확보하여야 한다.

3) 단계 3

식 (11.5a) 및 (11.5b)를 이용하여 하중계수를 곱하여 계수하중을 구하고, 계수순토압 p_u를 결정

4) 단계 4

휨-전단 파괴(1방향 전단파괴)가 일어나지 않는지 검토 : 벽의 면으로부터 거리 d 떨어진 위험단면(그림 11.17c 참고)에서 식 (7.16a)를 이용하여 검토한다. 여기에서 $b_w = 1.0$ m 이고, V_u는 식 (11.8)을 이용하여 구한 기초판 바깥 면에서 위험단면까지의 사이에 작용하는 계수순토압 p_u로부

터 구한 계수전단력이다. 만약에 소요전단강도와 실제전단강도 사이에 차이가 많이 나면 기초판의 깊이를 조절하면서 안전한 설계가 될 때까지 반복 계산하여야 한다.

5) 단계 5

휨모멘트에 대한 소요 철근단면적 계산 : 구조기준 12.3.1(2)①에서 계수휨모멘트를 계산할 때 콘크리트 기둥, 받침대 또는 벽체를 지지하는 기초판은 기둥 및 받침대 또는 벽체의 외면이 위험단면이 되고(그림 11.14a 및 d 참고), 강재 밑판(그림 11.15a 참고)을 갖거나 또는 조적조 벽체(그림 11.15b 참고)를 지지하는 기초판에서는 그림과 같이 위험단면을 각각 규정하고 있다. 전단을 지지하기 위해서 기초판의 두께가 상대적으로 두꺼워져서 휨철근량이 감소하므로 식 (4.30)을 이용하여 최소 휨보강철근을 언제나 검토하여야 한다.

$$A_{s\,(\min)}/\mathrm{m} = \begin{Bmatrix} f_y \le \ 400\ \mathrm{MPa}:\ 2.0\,h \\ f_y = \ 500\ \mathrm{MPa}:\ 1.6\,h \end{Bmatrix} \le 1{,}800\ \mathrm{mm}^2 \tag{4.30}$$

6) 단계 6

식 (6.5)(표 6.3 참고)를 이용하여 휨에 대해서 위험단면에서 철근 끝까지의 길이가 정착길이를 만족하는지 검토 : 기둥면에서 철근은 f_y가 발휘된다고 가정하였으므로, 철근은 충분히 연장되어 기둥면에서 항복응력이 발휘되도록 갈고리 등으로 정착되어야 한다.

예제 11.3 벽기초의 설계[11.1]

고정하중 147 kN/m와 활하중 110 kN/m가 작용하는 콘크리트 벽을 지지하는 철근콘크리트 벽기초(그림 11.18 참고)를 설계하라. 기초 밑의 흙에 전달되는 최대토압은 239.3 kPa을 넘지 않아야 한다. 단, f_{ck} = 21 MPa, f_y = 400 MPa, 흙의 단위질량 ρ_s = 2,080 kg/m^3, 보통중량 콘크리트로 단위질량 ρ_c = 2,400 kg/m^{3}이다.

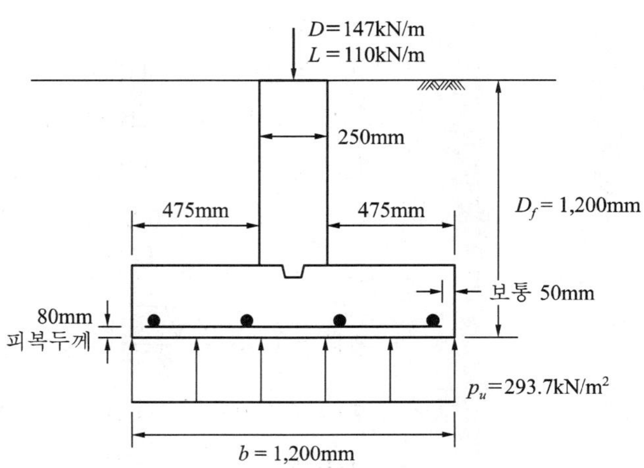

그림 11.18 벽기초

풀이

벽과 기초의 단위길이(1 m)에 대해 해석하고, 사용하중을 이용하여 기초폭을 결정하도록 한다. 흙의 최대허용토압 239.3 kPa에서 기초와 기초판 바닥위의 흙의 무게를 제외한 후의 흙의 순지지력을 계산한다. 먼저 기초의 두께는 300 mm로 가정하고, 벽과 흙의 작은 무게 차이는 무시한다.

① 기초판 바닥 위의 콘크리트 바닥 판과 흙의 무게를 계산 :

- 기초판 상부로부터 흙의 깊이 계산 : 1,200 − 300 = 900 (mm)
- 흙과 콘크리트 판을 1m 폭의 하중으로 계산 :

흙의 단위무게 : $\gamma_s = 2{,}080 \dfrac{\text{kg}}{\text{m}^3} \times 9.807 \dfrac{\text{m}}{\text{sec}^2} = \left(20{,}400 \dfrac{\text{kg}\cdot\text{m}}{\text{sec}^2}\right)/\text{m}^3 = 20.4 \dfrac{\text{kN}}{\text{m}^3}$

콘크리트 판의 단위무게 : $\gamma_c = 2{,}400 \dfrac{\text{kg}}{\text{m}^3} \times 9.807 \dfrac{\text{m}}{\text{sec}^2} = 23.54 \dfrac{\text{kN}}{\text{m}^3}$

- 흙의 허용 순토압 계산 :

$$q_n = 239.3 \frac{\text{kN}}{\text{m}^2} - \left(0.3\,\text{m} \times 23.54 \frac{\text{kN}}{\text{m}^3} + 0.9\,\text{m} \times 20.4 \frac{\text{kN}}{\text{m}^3}\right) = 213.9 \frac{\text{kN}}{\text{m}^2}$$

② 사용하중으로 소요 기초의 폭 계산 :

$b_{(\text{소요})} = \dfrac{D+L}{q_n} = \dfrac{147+110}{213.9} = 1.20\ (\text{m})$; 따라서 <u>1,200 mm</u> 사용한다.

③ 계수하중에 의한 압축응력 계산, 식 (11.5a) :

$$p_u = \frac{P_u}{A} = \frac{1.2(147)+1.6(110)}{1.2\times 1} = \frac{352.4\,\text{kN}}{1.2\,\text{m}^2} = 293.7 \frac{\text{kN}}{\text{m}^2} = 293.7\,\text{kPa}$$

$> 1.4D/A = 1.4(147)/1.2 = 171.5\ (\text{kPa})$ <o.k.>

④ 1방향 전단 검토 : 기둥면으로부터 d 떨어진 곳에서 전단력을 검토(그림 11.19a 참고). 기초 바닥에서 주철근을 위한 피복두께 80 mm와 철근의 반지름으로 10 mm를 고려하면

$\therefore d = 300 - 90 = 210\ (\text{mm}) > 150\ \text{mm}$ <o.k.>

- 기둥면으로부터 d 떨어진 수직단면의 계수전단력 :

$V_u = (0.475\,\text{m} - 0.21\,\text{m})(1\,\text{m})(293.7\,\text{kN/m}^2) = 77.8\,\text{kN}$ / 단위길이 m

- 콘크리트 전단강도 계산 :

$$\phi V_c = 0.75\left(\frac{\lambda\sqrt{f_{ck}}}{6}\right) b_w d = 0.75\left(\frac{1.0\sqrt{21}}{6}\right)(1{,}000)(210) = 120.3\times 10^3\ (\text{N/m당})$$

$\phi V_c = 120.3\,\text{kN}$ 가 $V_u = 77.8\,\text{kN}$ 보다 상당히 크므로, 기초의 깊이를 감소시킬 수 있다.

식 (11.9)로 소요 d를 계산 :

$$d_{(\text{소요})} \geq V_u / [\phi(\lambda\sqrt{f_{ck}}/6) b_w] = \frac{77.8\times 10^3}{120.3\times 10^3/210} = 136\ (\text{mm})$$

d를 너무 감소시키면 V_u가 증가하여 만족하지 못할 수 있으므로,

$\underline{d = 170\text{ mm}} > 150\text{ mm}$; $h = d + 90 = 170 + 90 = \underline{260\text{ mm}}$로 시도하면,

$V_u = [(0.475 - 0.17)\text{m}](1\text{m})(293.7\text{ kN/m}^2) = 89.4\text{ kN}$이므로,

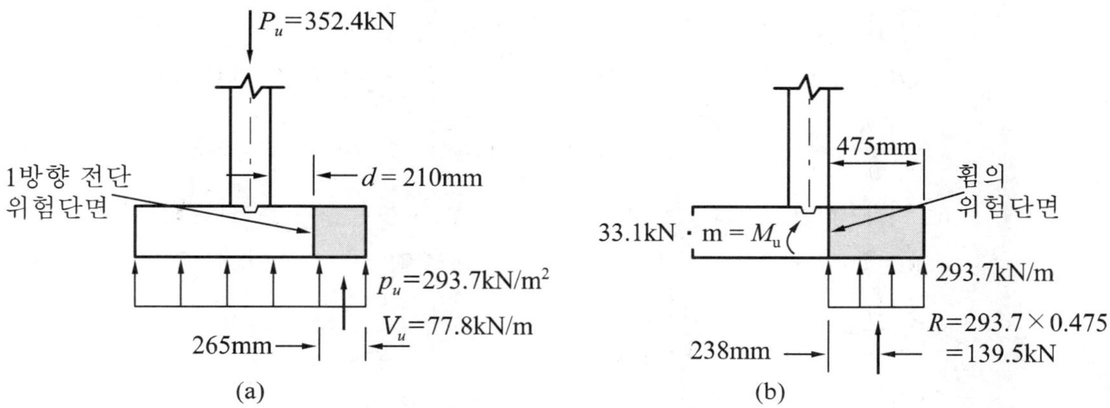

그림 11.19 위험단면 (a) 휨-전단(1방향 전단), (b) 휨모멘트

$\phi V_c = 0.75(1.0\sqrt{21}/6)(1{,}000)(170) \times 10^{-3} = 97.4\text{ (kN)} > V_u = 89.4\text{ kN}$ <o.k.>

⑤ **휨모멘트에 대한 주철근 설계** : 기둥면의 위험단면에 대해서(그림 11.19b 참고),

$\varepsilon_t \geq 0.005$ 로 보아 $\phi = 0.85$ 로 가정한다.

$M_u = 293.7(0.475^2/2) = 33.1\text{ (kN·m)}$; $M_n = M_u/\phi = 33.1/0.85 = 38.94\text{ (kN·m)}$

$m = f_{ck} b d^2/10^6 = 21(1{,}000)(170^2)/10^6 = 606.9\text{ (kN·m)}$

식 (3.50) :

$\omega_{(소요)} = [1 - \sqrt{1 - 2.36 M_n/m}]/1.18 = [1 - \sqrt{1 - 2.36(38.94/606.9)}]/1.18 = 0.0668$

식 (3.45a) : $\omega_{(소요)} = 0.0668 < \omega_t = 0.32\beta_1 = 0.32(0.85) = 0.272$; 인장지배 단면 o.k.

$A_{s(소요)} = \omega(f_{ck}/f_y)(bd) = (0.0668)(21/400)(1{,}000)(170) = 596\text{ (mm}^2)$

D13 ($d_b = 126.7\text{ mm}^2$) 이형철근을 200 mm 간격으로 배치하면;

$\therefore A_{s(배치)} = \dfrac{1{,}000}{200} \times 126.7 = 634\text{ (mm}^2) > A_{s(소요)} = 596\text{ mm}^2$ <o.k.>

⑥ **최소 휨보강 철근 검토** : 식 (4.30) 이용, $f_y = 400$ MPa이므로

$A_{s(\min)}/\text{m} = 2.0h = 2.0(260) = 520\text{ (mm}^2) < 1{,}800\text{ mm}^2$ <o.k.>

$A_{s(배치)} = 634\text{ mm}^2 > A_{s(\min)} = 520\text{ mm}^2$ <o.k.>

⑦ **정착길이 검토** : l_d는 식 (6.5)로 계산 :

$$\frac{l_d}{d_b} = \frac{0.90 f_y}{\lambda \sqrt{f_{ck}}} \frac{\alpha \beta \gamma}{(c + K_{tr})/d_b} \geq \frac{300}{d_b} = \frac{300}{13} = 23.1$$

(a) c 계수 계산 :

㉠ D13 철근 중심 간의 거리의 1/2 : $c = 150/2 = 75\ (\text{mm})$ ← 작은 값 지배

㉡ 철근 중심과 콘크리트 표면까지의 거리 : $c = 80 + d_b/2 = 80 + 13/2 = 87\ (\text{mm})$

(b) K_{tr} 계산 : 스터럽이 배치되지 않으므로, $A_{tr} = 0$; $K_{tr} = 40A_{tr}/(sn) = 0$

$$\frac{c + K_{tr}}{d_b} = \frac{75 + 0}{13} = 5.8 \leq 2.5 \quad \rightarrow \quad (c + K_{tr}/d_b) = 2.5 \text{ 를 사용한다.}$$

(c) 정착길이의 보정계수를 구하면 : $\lambda = 1$ (보통중량골재 콘크리트)

$\alpha = 1$ (하부철근) ; $\beta = 1$ (도막되지 않은 철근) ; $\gamma = 0.8$ (D19 이하의 철근)

$$\therefore \frac{l_d}{d_b} = \frac{0.90(400)(1)(1)(0.8)}{1.0\sqrt{21}\,(2.5)} = 25.1$$

D13 철근의 직경, $d_b \approx 13\ \text{mm}$ 이므로,

$\therefore l_{d\,(소요)} = 25.1(13) = 326\ (\text{mm}) > 300\ (\text{mm})$ 이상 <o.k.>

만약 주철근을 기초판의 끝에서 50 mm 간격까지 연장되면, 철근을 정착할 수 있는 길이는 $475 - 50 = 425\ \text{mm}$ 이다. 따라서

$\therefore l_{d\,(배치)} = 425\ \text{mm} > l_{d\,(소요)} = 326\ \text{mm}$ <o.k.>

그러므로 정착은 만족한다.

⑧ **벽체로부터 기초의 하중 전달 검토** : 일반적으로 벽기초에서는 벽체로부터 기초판으로의 힘의 전달에 문제가 없어서 설계에서 생략하지만 예제로서 다루어 본다. 콘크리트 지압력(bearing capacity of concrete)을 초과하는 하중은 다월(dowel)에 의해 전달되어야 한다.

(a) 기둥 밑면의 콘크리트 지압력 검토 :

$P_{c\,(기둥)} = \phi 0.85 f_{ck} A_1 = 0.65(0.85)(21)(250)(1{,}000)/10^3 = 2{,}901\ (\text{kN})$

$> P_u = 352.4\ \text{kN}$ <o.k.>

따라서 기둥 밑면에서의 지압력은 충분하므로 연결철근은 필요하지 않지만 구조기준 12.4.2(2)에 따라 최소 연결철근은 배치하여야 한다[식 (11.12) 참고].

(b) 기초판 윗면의 지압강도 검토 : 기초판 깊이 방향으로 1 : 2 비율로 $h = 260\ \text{mm}$ 들어가면 520 mm가 되어 475 mm를 초과하므로 $A_2 = 1{,}200(1{,}000)\ (\text{mm}^2)$ 가 된다.

$\sqrt{A_2/A_1} = \sqrt{1{,}200(1{,}000)/(250)(1{,}000)} = \sqrt{4.8} = 2.2 > 2.0$ → 2.0 사용

$P_{c\,(기초판)} = (\phi 0.85 f_{ck} A_1)(2) = 2{,}901(2) = 5{,}802\ (\text{kN}) > P_u = 352.4\ \text{kN}$ <o.k.>

따라서 기초판 윗면의 하중전달에도 문제가 없다.

(c) 구조기준 12.4.2(3)에 따라 : 벽체의 주철근에 D19 수직철근을 사용한다고 가정하면, 식 (11.13a)에서

$A_{s\,(\min)}/\text{m} = 1.5h = 1.5(250) = 375\ (\text{mm}^2/\text{단위 m 당})$

그림 11.20과 같이 복배근으로 D10 철근($A_s = 71.33\ \text{mm}^2$)을 다월 철근으로 배치한다면

다월 철근의 간격은 $1{,}000/[375/(71.33\times 2)] = (1{,}000/2.63) = 380\ (\text{mm})$가 된다.

따라서 D10 다월 철근을 간격 300 mm로 복배근(내측면과 외측면)으로 배치한다.

$A_{s\,(\text{배치})} = \dfrac{1{,}000}{300}(71.33\times 2) = 476\,(\text{mm}^2) \quad > A_{s\,(\text{소요})} = 375\ \text{mm}^2$ <o.k.>

(d) D10 다월 철근의 정착길이 검토 :

㉠ 기초판으로의 압축정착길이 검토 : 식 (6.12)에서 압축철근의 기본정착길이는

$l_{db} = 0.25\,d_b f_y/\lambda\sqrt{f_{ck}} = 0.25(9.53)(400)/(1.0\sqrt{21}) = 208\ (\text{mm})$

$> 0.043 f_y d_b = 0.043(400)(9.53) = 164\ (\text{mm})$ <o.k.>

정착길이 : $l_d = 208\left(\dfrac{\text{소요 } A_s}{\text{배근 } A_s}\right) = 208\left(\dfrac{375}{476}\right) = 164\,(\text{mm})$

> 기초에서 다월의 여유 정착길이 = $260 - 80 - 12.7\times 2 = 154.6\ \text{mm}$ <N.G.>

따라서 기초의 두께를 20 mm 증가시켜서 <u>$h = 280\ \text{mm}$</u> 로 설계하면,

다월 여유 정착길이 = $280 - 80 - 12.7\times 2 = 174.6\ \text{mm} > l_{d\,(\text{소요})} = 164\ \text{mm}$ <o.k.>

D10 다월 연결철근을 기초판에서 90°로 구부려서 주철근에 잘 묶어서 배치한다.

㉡ 벽체로의 정착길이 검토 :

- 벽체의 주철근 D19 철근의 압축 기본정착길이 계산

$l_{db} = 0.25\,d_b f_y/\lambda\sqrt{f_{ck}} = 0.25(19.1)(400)/(1.0\sqrt{21}) = 417\ (\text{mm})$

$> 0.043 f_y d_b = 0.043(400)(19.1) = 329\ (\text{mm})$ <o.k.>

D19 철근의 압축정착길이 : $l_d = 417\left(\dfrac{\text{소요 } A_s}{\text{배근 } A_s}\right) = 417(1) = 417\,(\text{mm})$

(소요 A_s / 배근 $A_s = 1$ 로 가정)

- D10 철근의 압축겹침이음길이 계산 : 식 (6.21)에서

$l_s = [1.4f_y/(\lambda\sqrt{f_{ck}}) - 52]d_b = [1.4(400)/(1.0\sqrt{21}) - 52](9.53) = 669\ (\text{mm})$

$< 0.072 f_y d_b = 0.072(400)(9.53) =$ <u>274 (mm)</u> > 300 mm이어야 하므로 D10 철근의

압축겹침이음길이 $l_s = 300\ \text{mm}$ 이상이어야 한다.

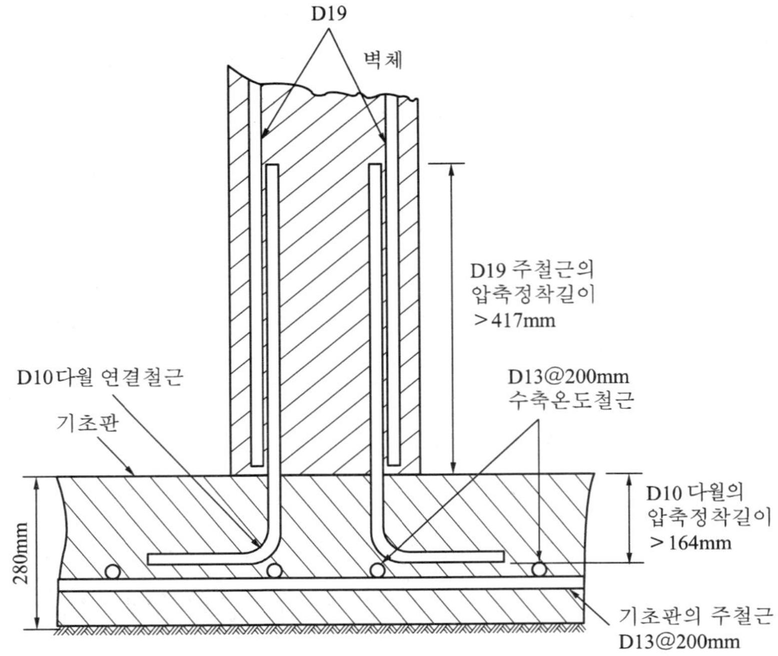

그림 11.20 벽체-기초판에서의 힘의 전달

- 따라서 D10 철근의 기둥에서의 정착길이는 D19 철근의 압축정착길이 $l_d = 417$ mm 와 D10 철근의 압축겹침이음길이 $l_s = 300$ mm 중에서 큰 값 이상이므로 417 mm 이상을 기초판의 상면에서 기둥으로 연장하여야 한다(그림 11.20 참고).

⑨ 11.1장에서 언급한 바와 같이 **벽기초의 길이방향으로 수축 및 온도철근을 배치**한다면 :

식 (4.30) : $A_{s\,(소요)}/\mathrm{m} = 2.0h/1.2 = 2.0(280)/1.2 = 560\,(\mathrm{mm}^2) < 1,800\,\mathrm{mm}^2$ <o.k.>

D13 철근을 배치한다면, $(1,200-100)/(672/126.7) = 1,100/5.30 = 207\,(\mathrm{mm})$가 된다.

따라서 D13 철근을 200 mm 간격으로 6개를 배치한다면,

$A_{s\,(배치)} = 126.7 \times 6 = 760\,(\mathrm{mm}^2) > A_{s\,(소요)} = 672\,\mathrm{mm}^2$ <o.k.>

최종설계 : 기초판의 두께 $h = 280$ mm, 폭 $b = 1,200$ mm로 하고, 주철근으로 D13 이형철근을 200 mm 간격으로 배치하며, 수축 및 온도철근으로 D13 철근을 벽체방향으로 200 mm 간격으로 배치한다.

11.5 축하중이 작용하는 2방향 기초의 설계 (Design of an Axially Loaded Two-way Footing)

단독 기둥에 의해서 축하중이 작용하는 직사각형 확대기초는 ① 휨(flexure), ② 휨-전단(1방향 전단 또는 보-전단, flexural shear or beam shear), 및 ③ 뚫림전단(2방향 전단, punching shear)에 대해서 설계하여야 한다. 그림 11.21에는 각각의 파괴모드에 대한 위험단면과 휨 보강철근의 배치가 집중되는 유효폭을 보여주고 있다. 기초판이 2방향으로 휘기 때문에 주철근이 양방향으로 배치되어야 하며, 치수가 정사각형이 아닌 경우에는 각각의 축에 대해서 휨과 휨-전단에 대해서 설계하여야 한다. 설계에서 양 방향으로 주철근이 배치되어 유효깊이가 변하지만 간략화하기 위해서 동일하다고 가정하여 설계를 수행한다. 일반적으로 기초의 깊이는 2방향 뚫림전단에 의해서 결정된다. 2방향 확대기초에 대한 설계과정을 정리하면 다음과 같다.

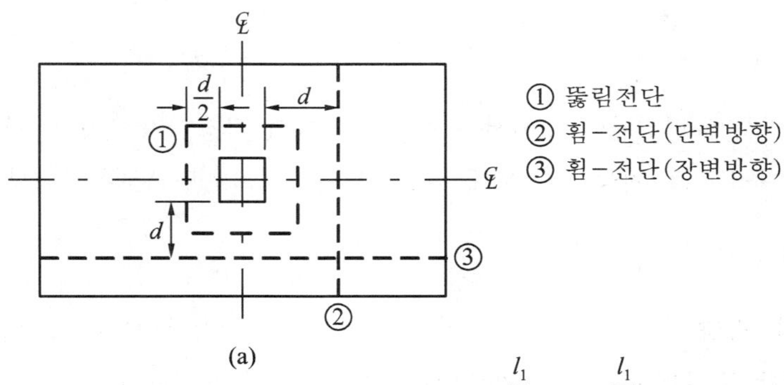

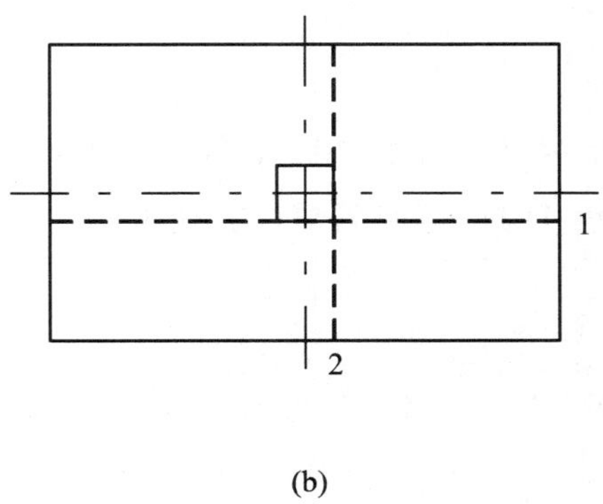

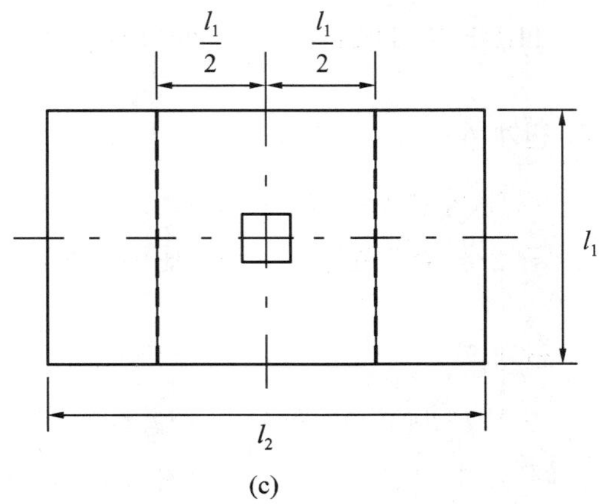

그림 11.21 2방향 기초의 설계단면 : (a) 전단에 대한 위험단면, (b) 휨에 대한 위험단면, (c) 보강철근의 배치가 집중되는 단변 방향의 구간, 유효폭

설계과정

1) 단계 1

식 (11.4)를 이용하여 기초의 면적 결정 : 이때 경제성을 감안하여 가능하면 정사각형을 선택하도록 한다.

2) 단계 2

기초의 유효깊이 d 선택 : 구조기준 12.2(5)(ACI 15.7)에서 흙 위에 놓이는 기초의 경우 150 mm 이상, 말뚝기초의 경우는 300 mm 이상 ; 철근의 최소 피복두께는 D29 이상 철근 사용에 60 mm, D25 이하 철근에 50 mm(표 2.12 참고) ; 실용적인 최소깊이는 대략 250 mm 이상이다[11.1].

3) 단계 3

식 (11.5a) 및 (11.5b)를 이용하여 계수순토압 p_u를 계산

4) 단계 4

2방향 뚫림전단에 대해서 기초판의 두께가 적당한지 검토 : 그림 11.13, 11.14c 및 11.21a와 같이 철근콘크리트 기둥인 경우에 위험단면은 기둥의 면으로부터 거리 $d/2$ 떨어진 위치이다.

5) 단계 5

각 방향으로 기둥면에서 거리 d 떨어진 위험단면에서 1방향 휨-전단강도 검토(그림 11.12, 11.14b 및 11.21a 참고) : 추가적인 전단강도가 요구될 때는 유효깊이를 증가시킨다.

6) 단계 6

각 방향으로 휨모멘트에 대한 소요 철근단면적 계산(그림 11.21b 참고) : 식 (4.30)으로 최소 철근량을 검토한다. 철근의 배치는 식 (11.7)과 그림 11.11 및 11.21c를 참고한다.

7) 단계 7

식 (6.5)(표 6.3 참고)를 이용하여 정착길이가 만족하는지 검토 : 휨에 대해서 위험단면에서 철근 끝까지의 길이가 만족하는지 검토한다.

예제 11.4 2방향 정사각형 기초의 설계[11.1]

기초 중앙에 위치한 400 mm 정사각형 기둥을 지지하는 그림 11.22의 정사각형 2방향 기초를 설계하라. 기둥에는 고정하중 1,020 kN와 활하중 711.5 kN이 작용하고 있다. 기초 바닥에서 흙의 허용토압은 263.6 kPa이다. 기둥은 여섯 개의 D32 철근으로 보강되어 있다. 단, $f_{ck}=$ 21 MPa, $f_y=$ 350 MPa, 흙의 단위질량 $\rho_s=$ 2,080 kg/m^3, 보통중량골재 콘크리트의 단위질량 $\rho_c=$ 2,400 kg/m^{3}이다.

풀이

① 총 사용하중 $1,020+711.5=1,731.5\,(\text{kN})$ 을 사용해서 기초의 크기를 정한다. 먼저, 기초의 깊이를 650 mm로 가정(> 150 mm 이상), 흙의 허용지지력(net allowable soil pressure)을 계산하기 위해서 먼저 흙과 콘크리트의 단위무게를 계산하면

흙 : $\gamma_s = 2,080\dfrac{\text{kg}}{\text{m}^3}\times 9.807\,\dfrac{\text{m}}{\text{sec}^2} = 20,400\,\dfrac{\text{kg}\cdot\text{m}}{\text{sec}^2}\,/\text{m}^3 = 20.40\,\dfrac{\text{kN}}{\text{m}^3}$

콘크리트 : $\gamma_c = 2,400\dfrac{\text{kg}}{\text{m}^3}\times 9.807\,\dfrac{\text{m}}{\text{sec}^2} = 23,540\,\dfrac{\text{kg}\cdot\text{m}}{\text{sec}^2}\,/\text{m}^3 = 23.54\,\dfrac{\text{kN}}{\text{m}^3}$

흙의 두께 : $1.2\text{ m} - 0.65\text{ m} = 0.55\text{ m}$

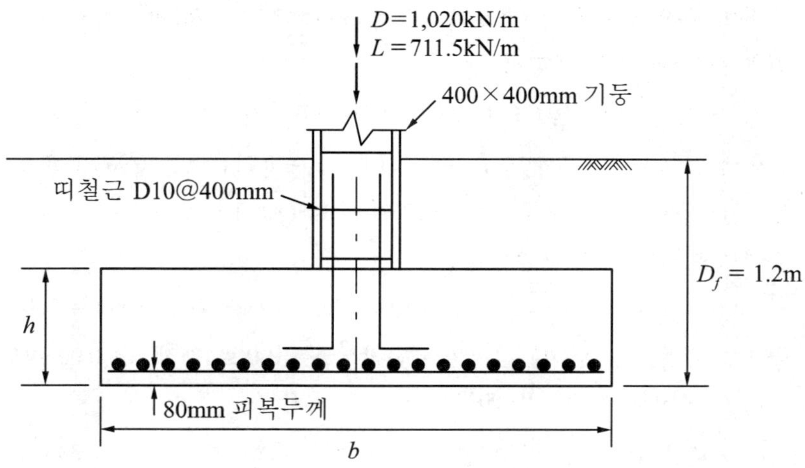

그림 11.22

$$\therefore q_n = 263.6\frac{\text{kN}}{\text{m}^2} - \left(23.54\,\frac{\text{kN}}{\text{m}^3}\right)(0.65\text{ m}) - \left(20.40\,\frac{\text{kN}}{\text{m}^3}\right)(0.55\text{ m}) = 237.1\text{ kPa}$$

$$\text{소요 단면적 : } A_{(\text{소요})} = \frac{P}{q_n} = \frac{1731.5\text{ kN}}{237.1\text{ kN/m}^2} = 7.30\text{ m}^2 \quad ; \sqrt{7.30\text{ m}^2} = 2.70\text{ m}$$

∴ <u>2.75 m × 2.75 m</u> 로 하여, 기초의 면적은 $A = 7.56 \text{ m}^2$ 로 결정한다.

② 계수 기둥하중에 의한 기초바닥에서 계수순토압 계산 :

$U = 1.2(1{,}020) + 1.6(711.5) = 1{,}224 + 1{,}138.4 = 2{,}362 \text{ (kN)}$

$> 1.4(1{,}020) = 1{,}428 \text{ (kN)}$ <o.k.>

$p_u = 2{,}362/7.56 = 312.5 \text{ (kN/m}^2)$

기초 바닥의 보강철근이 두 줄로 겹치므로 평균값 d는 기초 윗면으로부터 두 줄 철근의 중심까지 거리이다. 주철근을 D25 철근으로 가정하면 지름은 25.4 mm이다.

$d =$ 650 mm - (80 mm 피복두께 + 25.4 mm 철근지름) ≈ 650 - 105 = 545 mm

③ 2방향 뚫림전단 검토 : 기둥면으로부터 $d/2$ 떨어진 위험단면에서의 2방향 뚫림전단을 검토한다(그림 11.23a 참고).

위험단면에서의 계수전단력 :

$V_u = 2{,}362 \text{ kN} - [(0.545 + 0.4)^2 \text{ m}^2](312.5 \text{ kN/m}^2) = 2{,}083 \text{ kN}$

위험단면에 대한 ϕV_c 계산 : 보통중량골재 콘크리트, $\lambda = 1.0$; 내부기초 $\alpha_s = 1.0$

$0.34 f_{ck} =$ 0.34(21) = 7.14 (MPa)

위험단면의 둘레길이 $b_o =$ 4 x 945 = 3,780 (mm)(그림 11.23 참고)

$b_o/d =$ 3,780/545 = 6.94

슬래브 두께 계수 $k_s = (300/d)^{0.25} = (300/545)^{0.25} = 0.550^{0.25} = \underline{0.861} < 1.0$ <o.k.>

위험단면 둘레길이 영향계수 :

$k_{bo} = 4/\sqrt{\alpha_s(b_o/d)} = 4/\sqrt{(1.0 \text{x} 6.94)} = 4/2.634 = 1.518 < \underline{1.25}$ ← 지배 <N.G.>

압축대 콘크리트 인장강도 $f_{te} = 0.21\sqrt{f_{ck}} = 0.21\sqrt{21} = 0.962$ (MPa)

평균압축응력 $f_{cc} = (2/3) f_{ck} =$ (2/3)21 = 14 (MPa)

슬래브 휨 압축대의 균열각도 :

$\cot\psi = \sqrt{f_{te}(f_{te} + f_{cc})}/f_{te} = \sqrt{(0.962(0.962+14))}/0.962 = 3.94$

슬래브 위험단면 압축대 깊이의 평균값 : $\rho = 0.0$ 로 가정 ; < 0.005이므로 $\rho = 0.005$

$\rho/f_{ck} =$ 0.0005/21 = 0.000238

$c_u = d[25\sqrt{\rho/f_{ck}} - 300(\rho/f_{ck})] = 545 \text{ x } (25\sqrt{0.000238} - 300 \text{ x } 0.000238) = 171.3$

$\lambda k_s k_{bo} f_{te} \cot\psi =$ 1.0(0.861)(1.25)(0.962)(3.94) = <u>4.09</u> ≥ $0.34 f_{ck} =$ 7.14 : 4.09 지배

식 (10.23a) : ∴ $V_c = (\lambda k_s k_{bo} f_{te} \cot\psi) b_o c_u = (4.09)(3{,}780)(171.3)/10^3 = 2{,}646$ (kN)

2방향 전단 검토 : $\phi V_c =$ 0.75 x 2,646 = 1,984 (kN) < $V_u =$ 2,083 kN **<N.G.>**

2방향 전단에 만족하지 못하므로 그림 10.45와 같은 전단보강철근을 배치하여야 한다.

최종설계에서 보면 주철근으로 10-D22 철근을 양방향으로 285 mm 간격으로 배치하므로 이를 ρ 계산에 고려해 본다. (965 / 2 = 482.5 mm) - (285/2 - 285 = 427.5 ; 2개) = 55 mm 이므로 965 mm 폭에 주철근 4개가 배치된다. 4방향 전체 A_s = 4 x 4 x 387.1 = 6,193.6 mm^2

$\rho = A_s/b_o d =$ 6,193.6 / (3,780 x 545) = 0.003 < 0.005 ; $\rho =$ 0.005가 되어 변하지 않는다.

그러나 유효깊이 $d =$ 570 mm($h = d + 105 =$ 570 + 105 = 675 mm)로 증가시키면 2방향 뚫림 전단에 대해서 굳이 전단보강철근을 배치하지 않아도 만족한다.

따라서 **$d =$ 565 mm**, **$h =$ 565 + 105 = 670 mm**로 설계한다.

$b_o =$ 4 x 965 = 3,860 mm ; $k_s = (300/d)^{0.25} =$ 0.854 ; $k_{bo} = 4/\sqrt{\alpha_s (b_o/d)} =$ 1.25

$c_u = d[25\sqrt{\rho/f_{ck}} - 300(\rho/f_{ck})] =$ 177.6 ; $\lambda k_s k_{bo} f_{te} \cot\psi =$ 4.05

$\therefore V_c = (\lambda k_s k_{bo} f_{te} \cot\psi) b_o c_u =$ 2,776 kN ; $\phi V_c =$ 2,082 kN > $V_u =$ 2,071 kN **<o.k.>**

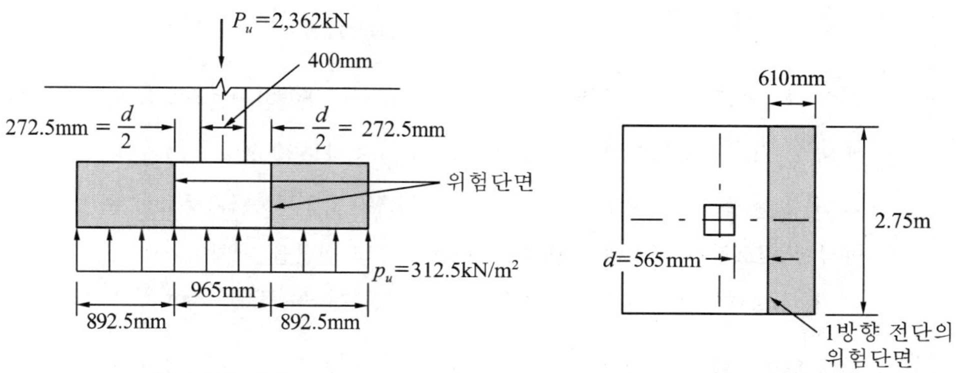

(a) 2방향 전단 (b) 1방향 전단

그림 11.23

④ **1방향 휨-전단강도 검토** : 기둥면으로부터 d 만큼 떨어진 면에서 전단강도 검토(그림 11.23b 참고)

$V_u =$ (0.61 m x 2.75 m)(312.5 kN/m^2) = 524.2 kN

$\phi V_c = \phi(\lambda\sqrt{f_{ck}}/6) b_w d = 0.75(1.0\sqrt{21}/6)(2,750)(545)/10^3 = 858.5$ (kN)

> $V_u =$ 524.2 kN <o.k.>

⑤ **휨철근의 면적 계산** : 위험단면은 기둥면에서 기초의 폭을 가로질러 있다(그림 11.24 참고).

$\varepsilon_t \geq 0.005$로 보아 $\phi = 0.85$ 로 가정한다.

$M_u =$ (1.175 m x 2.75 m)(312.5 kN/m^2)(1.175 m / 2) = 593.2 kN · m

$M_n = M_u/\phi =$ 593.2 / 0.85 = 697.9 (kN · m)

$m= f_{ck}bd^2/10^6 =$ 21(2,750)(565²)/10⁶ = 18,435 (kN · m)

식 (3.50) : $\omega_{(소요)} = [1- \sqrt{1-2.36M_n/m}]/1.18$

$\omega_{(소요)}$ =[1- √(1 - 2.36(697.9/18,435))]/1.18 = 0.0387

식 (3.45a) : $\omega_{(소요)} =$ 0.0387 < $\omega_t = 0.32\beta_1 = 0.32(0.85) = 0.272$; 인장지배 단면 o.k.

$\therefore A_{s(소요)} = \omega(f_{ck}/f_y)(bd) =$ (0.0387)(21/350)(2,750)(565) = 3,612 (mm²)

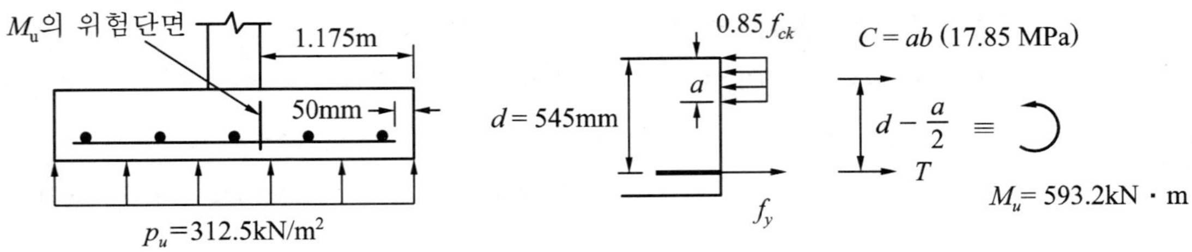

그림 11.24

최소 A_s 검토 : $f_y =$ 350 MPa, $A_{s(\min)}/\mathrm{m} =$ 2.0(670) = 1,340 (mm²) < 1,800 mm² <o.k.>

$A_{s(\min)}/\mathrm{m} = 3,575/2.75 = 1,300\ (\mathrm{mm}^2) < 1,800\ \mathrm{mm}^2$ <o.k.>

$\therefore A_{s(소요)} =$ 3,612 mm² < $A_{s(\min)}$ = 1,340 x 2.75 = <u>3,685 mm²</u> <o.k.>

따라서 최소철근 규정이 지배한다. **<u>10개의 D22 철근을 배치</u>**하면 :

$\therefore A_{s(배치)} =$ 10 x 387.1 = 3,871 mm² > $A_{s(소요)} =$ 3,685 mm² <o.k.>

⑥ 휨에 대한 정착길이 검토 : 식 (6.5), $l_d/d_b = (0.9f_y/\lambda\sqrt{f_{ck}})\dfrac{\alpha\beta\gamma}{(c+K_{tr}/d_b)}$

- 계수 c 계산 :

(a) D22 철근의 중심 간 거리 = (2,750 - 2(80 + 22.2/2)) / 9 ≈ 285 mm ; $c =$ 285/2 = 143 (mm)

(b) 철근 중심과 콘크리트 표면까지의 거리 : $c = 80 + d_b/2 = 80 + 22.2/2 =$ <u>91 (mm)</u>

스터럽은 배치되지 않으므로 $A_{tr} = 0$; 따라서 $K_{tr} = 40A_{tr}/(sn) = 0$

$\therefore (c+K_{tr})/d_b = (91+0)/22.2 = 4.10 > 2.5$ 이므로 $\therefore (c+K_{tr})/d_b = 2.5$

표 6.1로부터, $\alpha = 1.0$, 하부철근
$\beta = 1.0$, 도막되지 않은 철근 ($\alpha\beta < 1.7$ o.k.)
$\gamma = 1.0$, 크기계수, $D22$ 이상의 철근
$\lambda = 1.0$, 보통중량 콘크리트 사용

위의 값들을 대입하면, $l_d/d_b = 0.90(350)(1)(1)(1)/[1.0\sqrt{21}\,(2.5)] = 27.5$

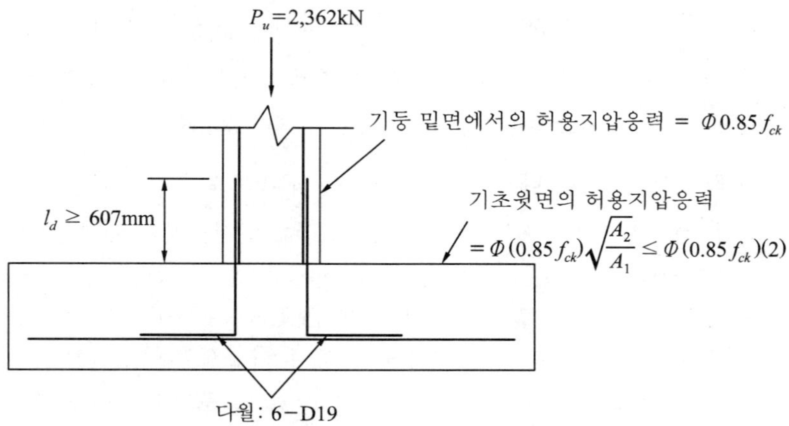

그림 11.25 기둥으로부터 기초판으로의 하중의 전달

$d_b = 22.2\ \text{mm}$; $\therefore l_d = 27.5(22.2) = 611\ (\text{mm}) > 300\ \text{mm}$이다.

철근 끝의 피복두께를 50 mm로 하면, 정착길이는 1,175 - 50 = 1,125 (mm)가 되므로 <o.k.>

⑦ **기둥으로부터 기초의 하중 전달 검토** : 콘크리트 지압력(bearing capacity of concrete)을 초과하는 하중은 다월(dowel)에 의해 전달되어야 한다(그림 11.25 참고).

(a) 기둥 밑면의 콘크리트 지압력 :

$P_c = \phi 0.85 f_{ck} A_1 = 0.65(0.85)(21)(400^2)/10^3 = 1,856\ (\text{kN})$

다월이 기초에 전달해야 하는 축력 : $P_d = P_u - P_c = 2,362 - 1,856 = 506\ (\text{kN})$

(b) 기초판 윗면의 지압강도 검토 :

$\sqrt{A_2/A_1} \leq 2.0$ 이므로 $A_2 \leq 4A_1 = 4 \times 400^2 = 640,000\ (\text{mm}^2)$

따라서 한 변의 최대 길이는 $\sqrt{A_2} = \sqrt{640,000} = 800\ (\text{mm})$이므로, 그림 11.16을 참고하면 기초판 깊이 방향으로 1 : 2 비율로 100 mm 들어가면 200 mm가 확장되어 800 mm × 800 mm 단면이 된다. 따라서 기초판의 깊이가 670 mm이므로 100 mm 이상이 되어 $\sqrt{A_2/A_1} = 2.0$로 제한 받게 된다.

$P_{c\,(\text{기초판})} = (\phi 0.85 f_{ck} A_1)(2) = P_c(2) = 1,856 \times 2 = 3,712\ (\text{kN}) > P_u = 2,362\ \text{kN}$

따라서 기초판 윗면의 하중전달에는 문제가 없다.

(c) 506 kN을 전달하는데 필요한 다월 연결철근의 면적 계산 :

$A_{s\,(\text{소요})} = P_d/f_y = 506 \times 10^3/350 = 1,446\ (\text{mm}^2)$

최소 다월 철근의 단면적 검토 : 식 (11.11)[구조기준 12.4.2(2), ACI 15.8.2.1]에 따라 기둥면적의 0.5%를 사용해야 한다.

$A_{s\,(\min)} = 0.005(400^2) = 800\,(\text{mm}^2) < A_{s\,(소요)} = 1,446\,(\text{mm}^2)$ ← 지배

기둥의 6개 철근에 붙들어 매기에 적당하게 6개의 다월을 배치한다고 하면,

(d) 다월 철근 한 개의 단면적은 $A_{s\,(개당\ 소요)} = 1,446\,\text{mm}^2/6 = 241\,\text{mm}^2$이므로,

∴ **6개의 D19 철근을 다월로 배치**하면 $A_{s\,(배치)} = 287\,\text{mm}^2$가 되므로 충분하다.

(e) 다월 철근의 정착 : 구조기준 12.4.2(4) 현장치기 시공에서 힘 전달 ; 기초에서 압축력만을 받는 D41과 D51 주철근은 다월 철근과 겹침이음을 할 수 있다. 다월 철근은 D35 이하이어야 하며, 지지되는 부재 속에 묻혀야 한다. 이때 묻힘길이는 D41 또는 D51의 정착길이나 또는 다월 철근의 겹침이음길이 중 큰 값보다 커야 하며, 기초판 속으로 묻히는 묻힘길이는 다월 철근의 정착길이 이상으로 하여야 한다고 규정하고 있으므로, 압축에서의 다월은 주철근의 정착길이나 다월의 겹침이음길이 중에서 큰 값 이상을 기둥 속에 연장하여야 한다.

㉠ D32 주철근의 압축정착길이 계산 :

식 (6.12) : $\therefore l_d = \dfrac{0.25\,d_b f_y}{\lambda\sqrt{f_{ck}}} = \dfrac{0.25(31.8)(350)}{1.0\sqrt{21}} = 607\,(\text{mm})$ ← 지배

$> l_d = 0.043\,d_b f_y = 0.043(31.8)(350) = 479\,(\text{mm})$ 이상 <o.k.>

㉡ 다월의 압축상태에 대한 겹침이음길이 계산(구조기준 8.6.3) : $f_y \le$ 400 MPa인 경우

식 (6.21) :

$l_s = [1.4f_y/(\lambda\sqrt{f_{ck}}) - 52]d_b = [1.4(350)/(1.0\sqrt{21}) - 52](19.1) = 1,049\,(\text{mm})$

$< 0.072\,f_y d_b = 0.072(350)(19.1) = \underline{481\ (\text{mm})} > 300$ mm이어야 하므로 D19 철근의 압축겹침이음길이 $l_s = 481$ mm이상이어야 한다.

D32 철근의 압축정착길이 $l_d =$ 607 mm가 D19 다월 철근의 압축겹침이음길이 $l_s =$ 481 mm보다 크므로 D19 다월 철근의 기둥에서의 정착길이는 607 mm가 된다.

㉢ 기초판에서의 다월의 정착길이 계산 : $l_d = 607 \times 241/287 = 510\,(\text{mm})$

최종설계 : $A =$ 2.75 m x 2.75 m, $h =$ 670 mm, 주철근의 바닥에서의 피복두께는 80 mm, 주철근 - 길이 2.65 m의 D22 철근 10개를 285 mm 간격 [2,750 - 2(80 + 22/2))/9 = 285.3 mm]으로 기초판의 바닥에 양방향으로 배치 ; 6개의 D19 다월 연결철근은 기둥 속으로는 607 mm 이상을 연장하고, 기초판으로는 510 mm 이상을 연장하면 되지만 맨 끝에서 90°로 구부려서 기초바닥의 주철근에 단단히 묶는다.

예제 11.5 2방향 직사각형 기초의 설계

예제 11.4의 기초에서 폭이 1.9 m로 제한되었을 경우에 재설계하라. 예제 11.4의 조건은 기초 중앙에 위치한 400 mm 정사각형 기둥에 고정하중 1,020 kN와 활하중 711.5 kN이 작용하고, 기초 바닥에서 흙의 허용토압은 263.6 kPa이며, 기둥은 6-D32 철근으로 보강되어 있다. 단, f_{ck}= 21 MPa, f_y= 400 MPa, 흙의 단위질량 ρ_s= 2,080 kg/m^3, 보통중량골재 콘크리트의 단위질량 ρ_c= 2,400 kg/m^{3}이다.

풀이

① 예제 11.4의 ① 계산에서 :

소요 면적 : $A_{(소요)} = \dfrac{P}{q_n} = \dfrac{1731.5\ \text{kN}}{237.1\ \text{kN/m}^2} = 7.30\ \text{m}^2$이고, 폭은 $b = 1.9$ m로 제한되었으므로 기초판의 길이를 구하면

$h_{(소요)} = 7.30/1.9 = 3.84$ (m)가 된다. 따라서 $h_{(배치)} = 3.90$ m로 하면(그림 11.26 참고),

$A_{(배치)} = 3.9 \times 1.9 = 7.41\ \text{m}^2 > A_{(소요)} = 7.30\ \text{m}^2$ <o.k.>

기초판은 예제 11.4와 같이 두께는 670 mm, 유효깊이 d= 565 mm로 가정한다.

② 계수 기둥하중에 의한 기초바닥의 계수순토압 계산 : $p_u = 2{,}362/7.41 = 318.8$ (kPa)

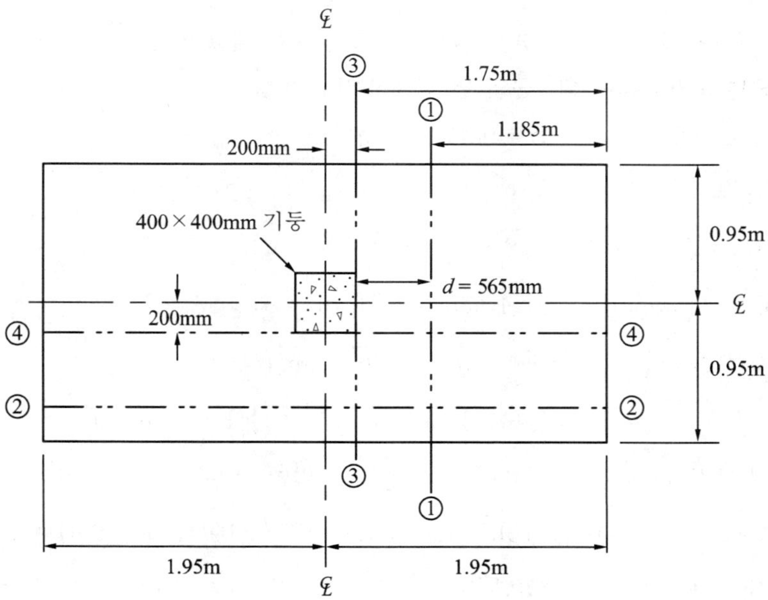

그림 11.26

③ 2방향 뚫림전단 검토 : 예제 11.4에서 $d=$ 565 mm에 대해서 이미 검토했으므로 본 예제에서는 생략한다.

④ 1방향 휨-전단강도 검토 : 기둥면으로부터 d 만큼 떨어진 1-1 면에 대해서 전단강도 검토(그림 11.26 참고)

(a) $d=$ 565 mm인 경우 : $V_u=$ (1.185 m x 1.9 m)(318.8 kN/m²) = 717.8 kN

$$\phi V_c = \phi \frac{\lambda \sqrt{f_{ck}}}{6} b_w d = 0.75\left(\frac{1.0\sqrt{21}}{6}\right)(1{,}900)(565)/10^3 = 614.9\ (\text{kN})$$

$< \quad V_u = 717.8\ \text{kN}$ <N.G.>

따라서 기초판의 두께를 증가시켜야 한다. 식 (11.9)를 이용하여 소요 유효깊이를 계산하면,

$$d_{(소요)} \geq V_u \Big/ \left(0.75 \frac{\lambda \sqrt{f_{ck}}}{6} b_w\right) = \frac{717.8 \times 10^3}{614.9 \times 10^3/565} = 660\ (\text{mm})$$가 된다.

유효깊이가 증가하면 ϕV_c는 증가하지만, 부하면적이 감소하여 V_u가 감소하므로 가정했던 유효깊이에 65 mm를 더하여 $d_{(배치)}=$ 630 mm로 다시 검토한다.

(b) $d=$ 630 mm인 경우 : 부하면적의 길이 = 1,750 - 630 = 1,120 mm

$V_u=$ (1.12 m x 1.9 m)(318.8 kN/m²) = 678.4 kN

$\phi V_c=$ 614.9(630/565) = 685.7 kN > $V_u=$ 666.3 kN <o.k.>

따라서 기초판의 유효깊이를 <u>$d = 630\ \text{mm}$</u>로 결정한다. 단면 2-2에 대한 부하면적은 1-1의 부하면적에 비해서 상당히 감소하므로 검토할 필요가 없다.

⑤ 단면 3-3에 대한 휨철근의 면적 계산(장변 방향) :

$\varepsilon_t \geq 0.005$로 보아 $\phi = 0.85$ 로 가정한다.

$M_u = (1.75^2/2\ \text{m} \times 1.9\ \text{m})(318.8\ \text{kN/m}^2) = 927.5\ \text{kN}\cdot\text{m}$

$M_n = M_u/\phi = 927.5/0.85 = 1{,}091\ (\text{kN}\cdot\text{m})$

$m = f_{ck} b d^2/10^6 = 21(1{,}900)(630^2)/10^6 = 15{,}836\ (\text{kN}\cdot\text{m})$

식 (3.50) : $\omega_{(소요)} = [1 - \sqrt{1 - 2.36 M_n/m}]/1.18$

$\omega_{(소요)} = [1 - \sqrt{1 - 2.36(1{,}091/15{,}836)}]/1.18 = 0.0719$

식 (3.45a) : $\omega_{(소요)} = 0.0719 < \omega_t = 0.32\beta_1 = 0.32(0.85) = 0.272$; 인장지배 단면 o.k.

$\therefore A_{s(소요)} = \omega(f_{ck}/f_y)(bd) = (0.0719)(21/400)(1{,}900)(630) = 4{,}521\ (\text{mm}^2)$

최소 A_s 검토 : 기초판 두께 $h = d + 80 + 25$(평균값 가정) $= 630 + 105 =$ <u>$735\ (\text{mm})$</u>

$f_y = $ 400 MPa : $A_{s\,(\min)} = 0.002bh = 0.002(1{,}900)(735) = 2{,}793\ (\text{mm}^2)$

$A_{s\,(\min)}/\text{m} = 2{,}793/1.9 = 1{,}470\ (\text{mm}^2) < 1{,}800\ \text{mm}^2$ <o.k.>

$A_{s\,(소요)} = 4{,}521\ \text{mm}^2 > A_{s\,(\min)} = 2{,}793\ \text{mm}^2$ <o.k.>

따라서 최소철근 규정은 지배하지 않는다. 9개의 D25 철근을 배치하면,

$\therefore A_{s\,(배치)} = 9 \times 506.7 = 4{,}560\ (\text{mm}^2) \quad > A_{s\,(소요)} = 4{,}521\ \text{mm}^2$ <o.k.>

철근의 간격 = [1,900 − 2 × 80 (피복두께) − 25.4 (철근의 직경)] / 8 = 214 (mm)

따라서 **<u>9-D25 철근을 214 mm 간격</u>** (순간격 = 214 − 25.4 = 189 mm)으로 배치한다.

- 순간격 검토 :

㉠ 보로 검토 : 25 mm ; $d_b =$ 25.4 mm; 굵은골재 40(4/3) = <u>53 (mm)</u> 이상 < 189 mm <o.k.>

㉡ 슬래브로 검토 : 두께의 3배 = 735 x 3 = 2,205 (mm) ; <u>450 mm</u> 이하 > 189 mm <o.k.>

⑥ 단면 4-4에 대한 휨철근의 면적 계산(단변 방향) : s

$\varepsilon_t \geq 0.005$ 로 보아 $\phi = 0.85$ 로 가정한다.

$M_u = (0.75^2/2\ \text{m} \times 3.9\ \text{m})(318.8\ \text{kN/m}^2) = 349.7\ \text{kN} \cdot \text{m}$

$M_n = M_u/\phi = 349.7/0.85 = 411.4\ (\text{kN} \cdot \text{m})$

$m = f_{ck} b d^2/10^6 = 21(3{,}900)(650^2)/10^6 = 34{,}603\ (\text{kN} \cdot \text{m})$

식 (3.50) : $\omega_{(소요)} = [1 - \sqrt{1 - 2.36 M_n/m}]/1.18$

$\omega_{(소요)} = [1 - \sqrt{1 - 2.36(411.4/34{,}603)}]/1.18 = 0.0120$

식 (3.45a) : $\omega_{(소요)} = 0.0120 < \omega_t = 0.32\beta_1 = 0.32(0.85) = 0.272$; 인장지배 단면 o.k.

$\therefore A_{s\,(소요)} = \omega(f_{ck}/f_y)(bd) = (0.0120)(21/400)(3{,}900)(650) = 1{,}594\ (\text{mm}^2)$

최소 A_s 검토 : $A_{s\,(\min)} = 0.002bh = 0.002(3{,}900)(755) = \underline{5{,}889\ (\text{mm}^2)}$ ← 지배

$A_{s\,(\min)}/\text{m} = 5{,}889/3.9 = 1{,}510\ (\text{mm}^2) < 1{,}800\ \text{mm}^2$ <o.k.>

따라서 **<u>21개의 D19 철근을 배치</u>**하면 :

$\therefore A_{s\,(배치)} = 21 \times 286.5 = 6{,}017\ (\text{mm}^2) \quad > A_{s\,(소요)} = 5{,}889\ \text{mm}^2$ <o.k.>

⑦ 식 (11.7)로 짧은 변 방향 중앙 유효폭에 배치되는 철근 계산 : 유효폭 = 단변의 길이= 1.9 m

$\beta = L/B = 3.9/1.9 = 2.05$ (그림 11.27 참고)

유효폭에 배치되는 철근량 $= \dfrac{2}{\beta + 1}(21\,개) = \dfrac{2}{2.05 + 1}(21\,개) = 13.8\,개$

따라서 대칭을 고려하여 15개의 D19 철근을 유효폭 1.9 m 사이에 배치하고 나머지를 양쪽으로

3개씩 배치한다.

- 먼저 유효폭을 제외한 부분 $[(3.9-1.9)/2 = 1.0\,(\mathrm{m})\,]$에서의 철근의 간격 :

  $= [\,1{,}000 - 80\,(\text{피복두께}) - 19.1\,(\text{철근의 직경})/2\,]/3 = 303\,(\mathrm{mm})$

  따라서 **<u>3-D19 철근을 300 mm 간격</u>** (순간격$= 300 - 19.1 = 280.9\,\mathrm{mm}$)로 배치한다.

유효폭 내의 철근의 간격$= [\,1{,}900 - 19.1\,(\text{철근의 직경})\,]/14 = 134.4\,(\mathrm{mm})$

따라서 **<u>15-D25 철근을 134 mm 간격</u>** (순간격 $134 - 19.1 = 114.9\,\mathrm{mm}$)로 배치한다.

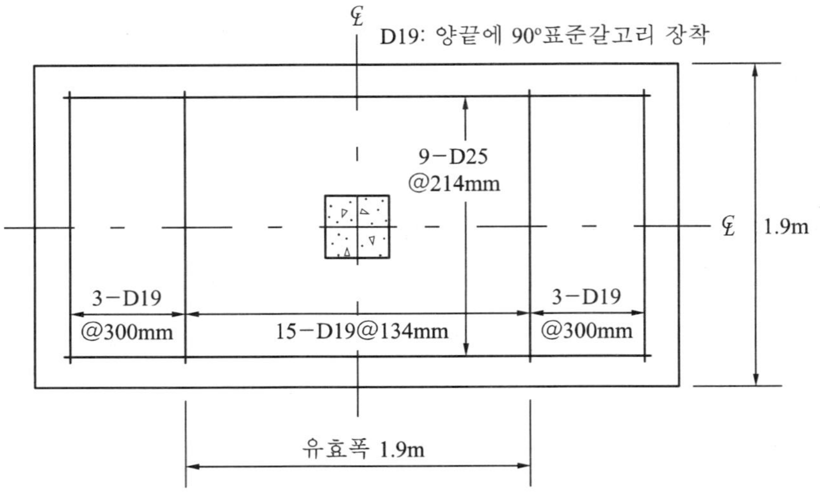

그림 11.27 휨철근의 배치

- 순간격 검토 :

  ㉠ 보로 검토 : 25 mm ; $d_b = 19.1$ mm; 굵은골재 40(4/3) = <u>53 (mm)</u> 이상 < 134 mm <o.k.>

  ㉡ 슬래브로 검토 : 두께의 3배 = 735 x 3 = 2,205 (mm) ; <u>450 mm</u> 이하 > 300 mm <o.k.>

⑧ 단변 방향으로 배치되는 D19 휨철근에 대한 정착길이 검토 :

(a) 표 6.2의 조건 2 : 철근의 순간격이 $2d_b = 2(19.1) = 38.2\,(\mathrm{mm})$ 이상이고; 피복두께가 d_b이상인 경우이므로,

식 (6.9)로 정착길이 계산 : $l_d / d_b = (0.60 f_y / \lambda \sqrt{f_{ck}})(0.8\alpha\beta)$

표 6.1로부터, $\alpha = 1.0$, 하부철근
$\beta = 1.0$, 도막되지 않은 철근 $[\,\alpha\beta = 1.0 < 1.7 <\mathrm{o.k.}>\,]$
$\lambda = 1.0$, 보통중량 콘크리트 사용

위의 값들을 대입하면 $\therefore l_d / d_b = 0.60\,(400)(0.8)(1)(1)/(1.0\sqrt{21}) = 41.9$

$d_b = 19.1\,\mathrm{mm}$: $\therefore l_d = 41.9\,(19.1) = 800\,(\mathrm{mm}) > 300\,\mathrm{mm}$ 이다.

철근 끝의 피복두께를 50 mm로 하면,

정착길이 = 950 - 200 - 50 = 700 (mm) < 소요 정착길이 = 800 mm <N.G.>

(b) D19 철근 끝에 90° 표준갈고리의 정착을 검토한다.

식 (6.14)에서 D35 철근이하에서 갈고리 측면의 피복두께가 70 mm 이상이고, 갈고리 끝의 피복두께가 50 mm이상이므로, 계수 0.7을 적용할 수 있다(표 6.5 참고).

표준갈고리 소요 정착길이 : 도막되지 않은 철근 $\beta = 1.0$

식 (6.14) : $l_{hb}/d_b = 0.24\beta f_y/\lambda\sqrt{f_{ck}} = 0.24\times 1.0\times 400/(1.0\sqrt{21}) = 20.95$

$l_{dh\,(소요)} = (0.7)(l_{hb}/d_b)d_b = (0.7)(20.95)(19.1) = 300\,(\mathrm{mm})$

단면의 유효정착길이 = 950 - 200 - 80 = 670 (mm) > $l_{dh\,(소요)} = 300$ mm <o.k.>

장변 방향으로 배치되는 D25 철근의 정착길이는 유효배치 길이가 1,750 - 50 = 1,700 (mm)나 되므로, 검토를 생략한다.

⑨ 장변 방향으로 배치되는 D25 휨철근에 대한 정착길이 검토 : 표 6.2의 조건 2를 철근의 순간격이 $2d_b = 2(25.4) = 50.8\,(\mathrm{mm})$ 이상이고; 피복두께가 d_b 이상인 경우로 만족하므로,

식 (6.10)으로 정착길이 계산 : $\dfrac{l_d}{d_b} = \dfrac{0.60 f_y}{\lambda\sqrt{f_{ck}}}(\alpha\beta)$; $\alpha = 1.0$, $\beta = 1.0$, $\lambda = 1.0$

위의 값들을 대입하면 $\therefore l_d / d_b = 0.60(400)(1)(1)/(1.0\sqrt{21}) = 52.4$

$\therefore l_d = 52.4(25.4) = 1{,}330\,(\mathrm{mm}) > 300\,\mathrm{mm}$ 이다.

철근 끝의 피복두께를 50 mm로 하면, 정착길이는 1,750 - 50 = 1,700 (mm) <o.k.>

⑩ 기둥으로부터 기초의 하중 전달을 위한 다월 철근의 설계는 예제 11.4와 동일하므로 생략한다.

최종설계 : $A = 1.9$ m x 3.9 m, $h = 735$ mm, 주철근의 바닥에서의 피복두께는 80 mm ; 주철근(그림 11.27 참고) :

단변 방향 : 유효폭 1.9 m에 90° 표준갈고리를 양끝에 장착한 D19 철근 15개를 134 mm 간격으로 배치하고, 유효폭 밖의 양쪽에 3개의 D19 철근을 300 mm 간격으로 배치 ;

장변 방향 : 9개의 D25 철근을 214 mm 간격으로 배치 ;

다월 연결철근은 예제 11.4와 유사하게 배치한다.

참고문헌

11.1 Leet, Kenneth, and Bernal, Dionisio, Reinforced Concrete Design, Third Edition, MacGraw-Hill Co., 1997, 546 pp.

11.2 김상규, 토질역학 - 이론과 응용, 청문각, 1991, 434 pp.

11.3 Peck, R, Hanson, W., and Thornburn, T., Foundation Engineering, 2nd Ed., Wiley, New York, 309 pp, 1974.

11.4 Wight, James K. and MacGregor, J. G., Reinforced Concrete Mechanics and Design, 6th Edition, Pearson Education Inc., 2012, 1157 pp.

11.5 Essential Requirements for Reinforced Concrete Buildings(For Buildings of Limited Size and Height, Based on ACI 318-02), ACI International publication series IPS-1, 2002, 248 pp.

11.6 콘크리트구조설계기준 해설, 한국콘크리트학회, 2007, 523 pp.

11.7 Meyer, C., Design of Concrete Structures, Prentice Hall International Series, 576 pp. 1996.

11.8 ACI 318-08, ACI 318R-08, Building Code Requirements for Structural Concrete(318-08) and Commentary(318R-08), Farmington Hills, MI 48333-9094.

11.9 ASCE-ACI Committee 326, "Shear and Diagonal Tension," Part 3, "Slabs and Footings," ACI Journal, Proceedings, Vol. 59, No. 3, March 1962, pp. 353-396.

11.10 Notes on ACI 318-08, Portland Cement Association, Skokie, Il., 2008.

11.11 Nilson, A. H., and Darwin, David, and Dolan, Charles W., Design of Concrete Structures, 13th Edition, McGraw-Hill, Inc., 2004, 779 pp.

11.12 Merritt, F. S., and Gardner, W. S., Section 7 : Geotechnical Engineering, Standard Handbook for Civil Engineers, Edited by F. S. Merritt, 3rd Edition, 1983.

11.13 콘크리트구조기준, 국토해양부제정, 한국콘크리트학회, 2012, 342 pp.

11.14 특집 개정 콘크리트구조기준, "슬래브와 기초판의 전단설계(pp. 36~41)", 최경규, 박홍근, 홍성걸, 콘크리트학회지, 제24권, 1호, 2012, 01.

11.15 특집 개정 콘크리트구조기준, "철근의 설계기준 항복강도(pp. 29~32)", 이재훈, 박홍근, 콘크리트학회지, 제24권, 1호, 2012, 01.

연습문제

11.1 그림 P11.1과 같이 지표면 아래 1.8 m 깊이에 벽기초(wall footing)를 세우려고 한다. 지반의 허용지지력(allowable soil pressure)은 287 kPa이고, 벽에는 균등한 등분포 고정하중 $D=292\text{ kN/m}$ 와 활하중 $L=117\text{ kN/m}$ 가 작용할 때 벽기초를 설계하라. 단, $f_{ck}=21\text{ MPa}$, $f_y=f_{yt}=400\text{ MPa}$ 이고, 보통중량골재 콘크리트의 단위질량 $\rho_c=2{,}400\text{ kg/m}^3$ 이고, 흙의 단위질량 $\rho_s=2{,}160\text{ kg/m}^3$ 이다.

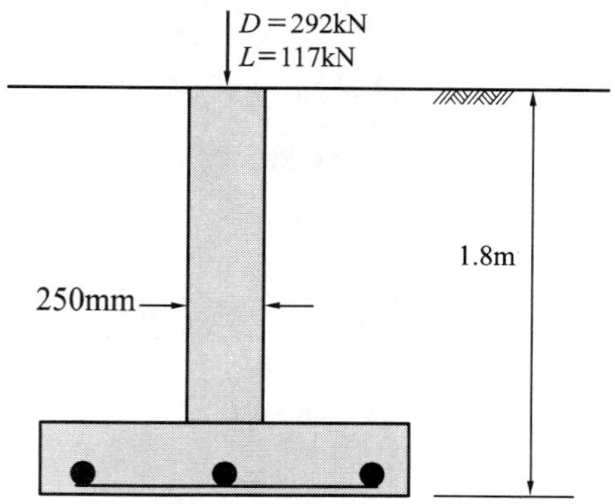

그림 P11.1

11.2 그림 P11.2에 보이는 450 mm × 450 mm 정사각형 기둥을 지지하는 정사각형 2방향 기초판을 현행 구조설계기준의 규정에 따라 설계하라. 흙의 허용지지력은 478.5 kN/m^2 이고, $f_{ck}=21\text{ MPa}$이며, $f_y=400\text{ MPa}$이다. 보통중량골재 콘크리트의 단위질량은 $2{,}400\text{ kg/m}^3$ 이고 흙의 단위질량은 $2{,}080\text{ kg/m}^3$ 로 한다. 기둥에는 12-D32 철근으로 보강되었다.

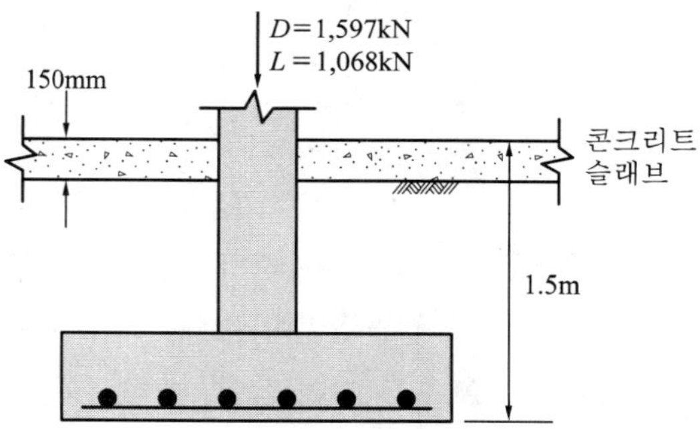

그림 P11.2

11.3 480 mm × 480 mm 정사각형 기둥을 지지하는 직사각형 2방향 기초판을 현행 구조설계기준의 규정에 따라 설계하라. 기둥에는 사용 고정하중 $D=1{,}340\text{ kN}$과 사용 활하중 $L=1{,}070\text{ kN}$이 작용하고 있다. 기초판 바닥은 지표면에서 1.2 m 깊이에 위치하고 기초판의 폭은 2.1 m 이상이 되지 않도록 한다. 흙의 허용지지력은 383 kN/m^2이고, $f_{ck}=24\text{ MPa}$이며, $f_y=350\text{ MPa}$이다. 보통중량골재 콘크리트의 단위질량은 $2{,}400\text{ kg/m}^3$이고 흙의 단위질량은 $2{,}080\text{ kg/m}^3$ 로 한다.

11.4 단면의 도심에 하중이 작용하는 그림 P11.3의 정사각형 기초의 크기는 1.8 m × 1.8 m이고 두께는 450 mm로 8개의 D19 철근이 양 방향으로 보강되었다. 만약에 고정하중이 사용하중의 50%를 차지할 때 이 기초판에 작용할 수 있는 최대 사용하중의 크기는 얼마인가? 흙의 강도와 휨, 1방향 휨-전단 및 2방향 뚫림전단에 대해서 검토하라. 흙의 허용지지력은 287 kPa이고, f_{ck} = 21 MPa이며, f_y = 400 MPa이다. 보통골재 콘크리트의 단위질량은 2,400 kg/m^{3}이고 흙의 단위질량은 2,080 kg/m^{3}로 한다.

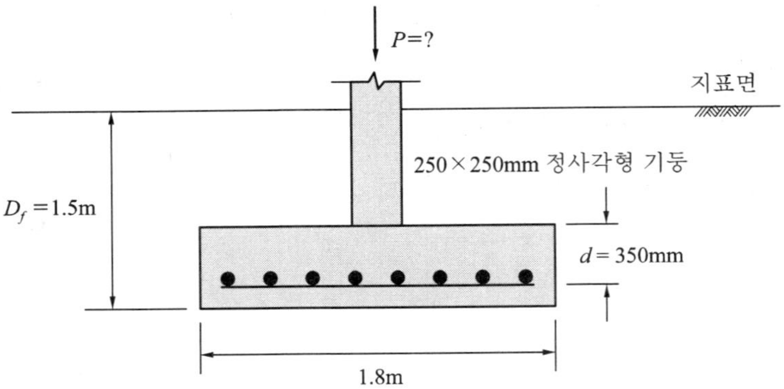

그림 P11.3

11.5 길이가 5.4 m이고 폭이 1.8 m인 연결기초판은 그림 P11.4과 같이 2개의 기둥을 지지하고 있다. 만약에 기초판이 강체라고 가정한다면 (a) 기둥하중에 의해서 기초판의 바닥에 발생하는 토압의 분포도를 그려라(단, 기초판의 고정하중은 무시하라); (b) 종방향으로 기초판의 전단력 및 휨모멘트도를 그려라.

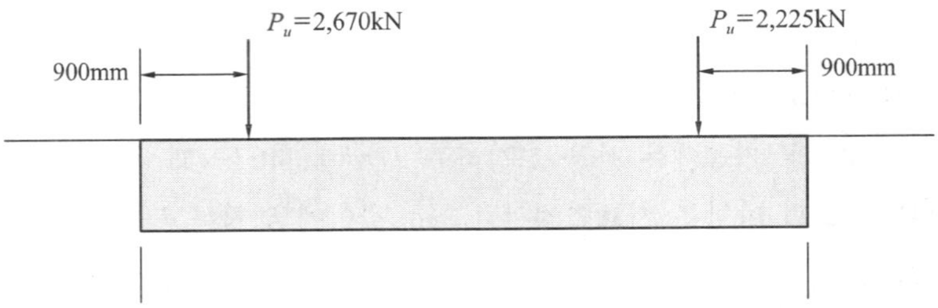

그림 P11.4

Chapter 12

옹벽의 설계
Design Of Retaining Walls

Reinforced Concrete

옹벽(retaining wall)은 구조물이나 도로 등과 같은 구조물을 건설하는 경우에 평평한 면을 만들기 위해서 연직절토 한 흙이 붕괴가 되지 않도록 하는 구조물이다. 모래나 자갈과 같이 점착력이 거의 없는 흙에 연직절토를 하게 되면 그림 12.1a의 쐐기모양의 흙 abc가 붕괴하여 경사면을 만들게 되고, 현장에서 이런 경사면이 공간 확보나 도로 노반 또는 다른 조건 때문에 제한되는 경우에 옹벽을 시공할 수 있다. 그림 12.1b~d에서와 같이 도로를 따라 절토를 하거나 성토를 또는 절토와 성토를 동시에 하는 경우에 옹벽이 사용된다. 그림 12.2에는 여러 형태의 옹벽을 보여주고 있다. 작용하는 하중은 고정하중과 토압 그리고 배수가 잘 안 되는 경우에 수압을 받는 경우도 있다. 굴착, 절토 등의 주위 환경과 경제성을 고려하여 구조형태를 결정하여야 한다.

만약에 지지해야 되는 흙의 높이가 1.5 m ~ 3.0 m로 그렇게 높지 않은 경우에 벽돌, 무근콘크리트 또는 석축(석공 옹벽)으로 만드는 **중력식 옹벽(gravity retaining wall)**(그림 12.2a 참고)을 사용할 수 있다. 중력식 옹벽은 활동이나 전도 등에 대해서 자신의 고정하중으로 안정을 유지한다. 벽돌이나 무근콘크리트의 인장강도가 작기 때문에 수평토압에 의해서 발생하는 인장 휨응력을 억제하는데 충분한 축압축응력이 발생하도록 무게와 두께를 결정하여야 한다.

지지해야 되는 흙의 높이가 높아질수록 요구되는 옹벽의 무게와 두께가 급격하게 증가하여 중력식 옹벽이 너무 무거워져서 비경제적이 될 때 철근콘크리트 **캔틸레버식 옹벽(cantilever retaining wall)**을 사용할 수 있다(그림 12.2b 참고). 캔틸레버식 옹벽은 각각 캔틸레버로 거동하는 연직벽인

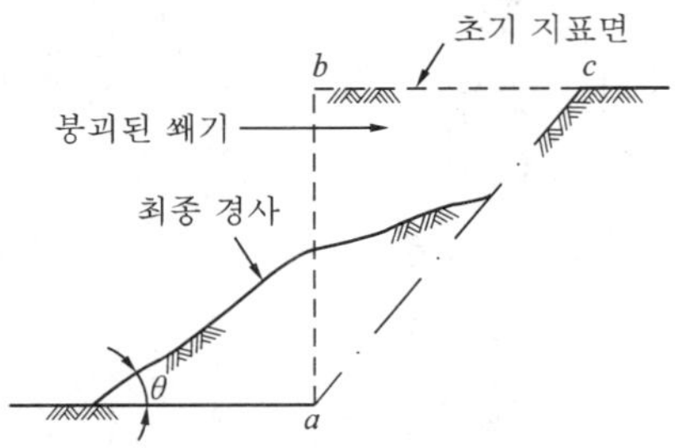

(a)

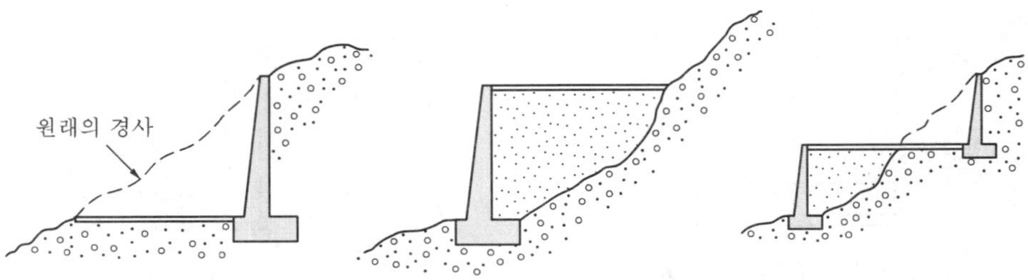

(b) 절토　　(c) 성토　　(d) 절토와 성토

그림 12.1 **지지되지 않은 흙의 붕괴** : (a) a-b를 따라 절토하면 지반 abc(soil wedge)가 붕괴[12.1]; 도로에 배치되는 옹벽의 예[12.2], (b) 절토, (c) 성토, (d) 절토와 성토

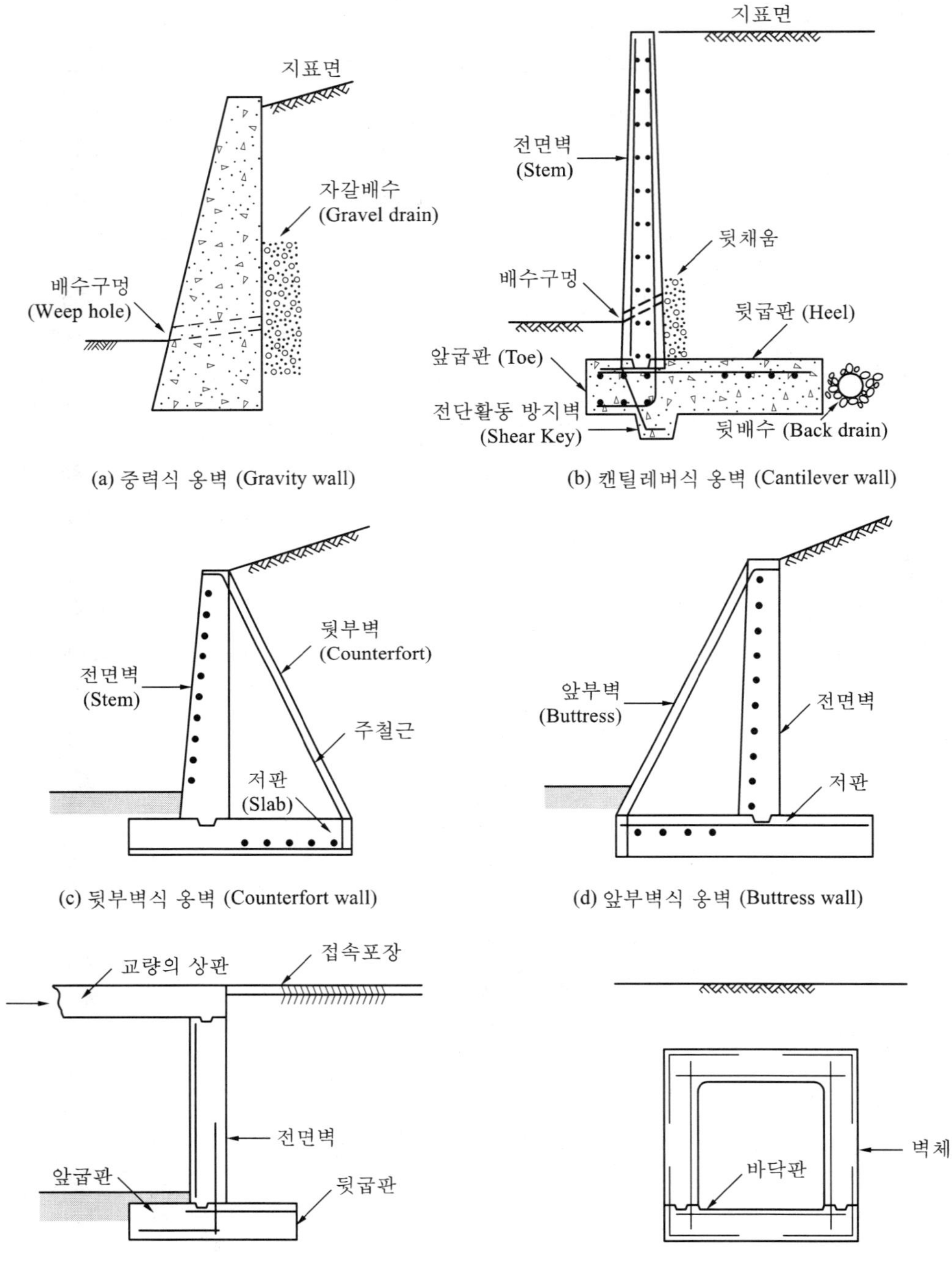

(a) 중력식 옹벽 (Gravity wall)

(b) 캔틸레버식 옹벽 (Cantilever wall)

(c) 뒷부벽식 옹벽 (Counterfort wall)

(d) 앞부벽식 옹벽 (Buttress wall)

(e) 교량의 교대 (Bridge abutment)

(f) 박스형 암거 (Box culvert)

그림 12.2 옹벽의 종류[12.1, 12.3]

전면벽(stem)과 기초저판의 앞부분인 **앞굽판(toe)**과 뒷부분인 **뒷굽판(heel)**으로 구성되어 있다. 뒷굽판 위의 흙의 무게는 옹벽이 바깥쪽으로 활동하거나 전도되는 것을 방지하여 안정을 도와준다. 옹벽을 바깥쪽으로 밀어내는 힘이 큰 경우에 바닥에 길이가 짧은 캔틸레버인 **전단활동 방지벽(shear key)**을 배치하여 옹벽의 활동저항력을 증가시키기도 한다. 캔틸레버식 옹벽은 전면벽과 기초저판의 배치에 따라 역T형 또는 L형 등으로 구분할 수 있다. 전단활동 방지벽을 시공하게 되면 지반을 교란하여 지지력을 감소시키므로 전단활동 방지벽을 피하는 경우도 있다.

높이가 대략 3 m~6 m인 경우에 캔틸레버식 옹벽이 가장 경제적이 된다. 만약에 지지해야 되는 흙의 높이가 6 m 이상을 넘게 되면 전면벽의 휨모멘트가 증가하여 하단의 두께가 두꺼워지므로 전면벽을 보강하기 위해서 **뒷부벽(counterfort)**(그림 12.2c)이나 **앞부벽(buttress)**(그림 12.2d)을 배치한다. 뒷부벽은 전면벽의 뒤에서 뒷굽판에 걸쳐서 배치되는 경사보로 전면벽과 함께 길이가 변하는 T형 보로 거동한다. 그림 12.2c와 같이 뒷부벽의 휨 주철근은 뒷부벽의 경사면에 따라 배치된다. 뒷부벽이 배치될 때 전면벽은 뒷부벽 사이를 수평으로 자르는 단위 띠장 연속보(unit strip continuous slab)로 보아 설계하고, 이런 거동은 바닥판 시스템의 T형 보와 슬래브의 거동과 유사하게 된다. 앞부벽(buttress)은 모양은 뒷부벽과 같지만 전면벽의 앞면에 배치되어 압축대로 거동하여 직사각형보로 설계하며, 같은 높이에서 인장거동의 뒷부벽에 비해서 경제적이다. 그러나 뒷부벽식 옹벽의 뒷부벽은 지반에 매립되지만 앞부벽은 튀어나와 공간을 차지하므로 대부분 뒷부벽식이 사용된다.

그림 12.2e와 같이 **교량의 교대(bridge abutment)**는 상부에 교량의 상판이 수평저항력을 주는 것을 제외하면 캔틸레버 옹벽과 같이 거동한다. 따라서 이런 교대는 바닥은 고정단으로 보고 상부는 단순지지 또는 부분적으로 구속되었다고 보아 보로 설계한다[12.3]. 건축물의 지하실벽도 교대와 비슷하게 토압에 대해서 옹벽으로 설계하여야 한다.

구멍이 하나거나 또는 여러 개의 **박스형 암거(box culvert)**는 폐합된 강접골조(rigid frame) 구조물로 수평토압뿐만 아니라 지지하는 토압에 의한 연직하중과 구조물의 상부에서 작용하는 토압과 차량하중에 대해서도 설계하여야 한다[12.3].

굴착의 깊이가 매우 깊은 경우, 특히 시공 중에 임시로 절토면의 붕괴를 방지하고자 그림 12.3a와 같이 **캔틸레버식 시트파일(널말뚝, sheet pile)**[1)]을 이용하여 지반을 안정화시킨다. 만약에 캔틸레버식 시트파일의 길이가 길어지면 시트파일 벽의 휨모멘트를 감소시키기 위해서 그림 12.3b와 같이 **그라운드 앵커(ground anchor, earth anchor)**를 배치할 수 있다.

1) 흙막이 공법에는 I형이나 U형의 쉬트파일을 지중에 연속적으로 박아 흙막이벽을 만드는 공법 이외에도 H형강의 엄지말뚝(soldier piles) 사이에 토류판을 끼우는 공법과 지하철의 개착식공법이나 대형구조물의 지하굴착에서 종종 사용되는 공법으로 굴착부분에 안정액(bentonite)을 주입하여 지지시키면서 굴착하여 철근망태를 배치하여 콘크리트를 치는 **지하연속벽(slurry wall) 공법** 등이 있다[12.4].

뒷채움 흙에 배수가 안 되서 물이 차게 되면 상당한 수압이 옹벽에 작용할 수 있다. 그림 12.2a와 b에서와 같이 옹벽 배면에 수압이 발생하지 못하도록 배수층(drain)과 배수구멍(weep hole)을 설치하여야 한다. 배수공은 직경 65 mm 이상의 배수파이프로 옹벽을 관통해서 대략 수평과 연직으로 4.5 m 간격으로 배치된다[1996년도 시방서 17.4(9)][12.8]. 배수구멍의 배치가 보기에 나쁘거나 또는 앞굽판 밑의 흙을 연약하게 만들 경우에는 옹벽 뒷굽판 뒤에 연속으로 배치하는 뒷배수관(back drain pipe)을 배수관에 연결하여 배수할 수도 있다. 뒷배수관의 주위에는 배수가 양호한 사질토나 조약돌을 배치하고 배수관은 모래나 실트의 유입으로 구멍이 막히지 않도록 필터를 배치하여야 한다. 우수나 눈으로 옹벽에 수압이 발생하지 않도록 지표면에 점토의 함유량이 큰 불투수성 층을 깔거나 또는 배수가 양호한 뒷채움재를 옹벽의 위로부터 경사지게(옹벽으로부터 멀어지게) 배치하여 수압이 옹벽에 작용하지 못하도록 하기도 한다.

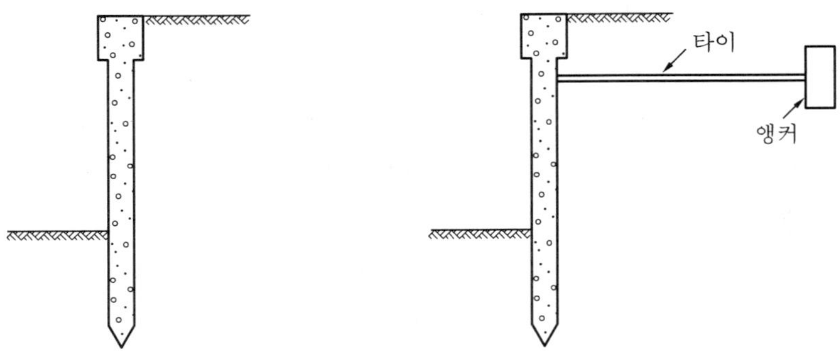

(a) 시트파일 (b) 앵커로 지지된 시트파일

그림 12.3 시트파일(cantilevered sheet pile wall)**과 앵커로 지지된 시트파일**(anchored sheet pile wall)

12.1 **옹벽에 작용하는 토압**(Earth Pressures on Retaining Walls)[12.1]

이론적인 토압(soil pressure)은 모래나 자갈과 같은 점착력이 없는 흙(cohesionless soil)을 기준으로 개발한 Rankine 토압이론이나 Coulomb 토압이론을 이용해서 결정할 수 있다. 비록 이론적인 토압들이 점착력이 없는 흙을 기초로 개발되었지만 옹벽 등에 작용하는 흙으로 인한 토압이 얼마인가를 추정할 수 있게 한다. 점토나 실트와 같이 점착력이 있는 흙의 토압은 현장에서 측정한 자료를 토대로 Peck 등[12.5]에 제시되어 있으므로 설계자료로 이용할 수 있다.

교란되지 않은 지반에서 토압은 수압과 같이 단위무게와 지표면에서 깊이에 따라 비례하며 이를 **정지토압(at-rest pressure)**(그림 12.4 참고)이라고 한다. 옹벽에 작용하는 토압은 옹벽이 휘는 방향과 같은 방향으로 흙이 움직이려 하면서 발생하는 토압(즉, 옹벽을 밀어내는 토압)을 **주동토압(active soil pressure)**(그림 12.5a 참고)이라고 하고, 이와 반대로 옹벽이 흙의 움직임에 저항할 때 발생하는 토압(즉, 옹벽을 밀어 올려 흙을 압축하면서 발생하는 토압)을 **수동토압(passive soil pressure)**(그림 12.5b 참고)이라고 한다. 따라서 수동토압이 주동토압에 비해서 몇 배가 더 크게 된다[12.3].

정지토압(At-Rest Pressure)

그림 12.4에서 보는 바와 같이 지표면으로부터 깊이 z 들어간 위치의 직사각형 흙의 요소에서 흙의 종류는 모래나 자갈과 같이 점착력이 없다고 가정하였다. 점토나 진흙의 함유량이 커서 점착력이 큰 재료에 비해서 이런 종류의 점착력이 없는 흙은 상대적으로 작은 수평토압이 발생하기 때문에 뒷채움 재료(backfill)로서 우수하다. 한쪽 면의 길이가 1 m인 정사각형 미소요소를 고려하고 수위는 이 요소가 위치한 곳보다 훨씬 더 깊은 곳에 위치하여 부력의 영향을 받지 않는다고 가정한다. 이 요소에 작용하는 수직토압은 이 요소의 위에 위치하는 흙기둥의 무게이며 이는 아래와 같이 표현할 수 있다.

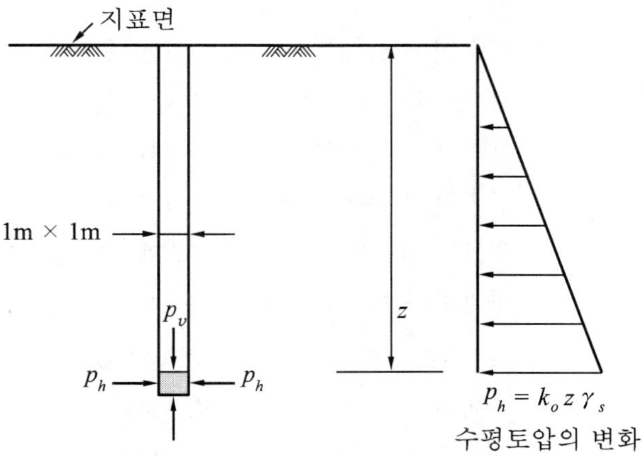

그림 12.4 부착력이 없는 흙의 지표면 아래에서 깊이에 따른 수평토압의 변화 ; k_o 정지토압계수 ; γ_s 흙의 단위무게

$$p_v = z\gamma_s \tag{12.1}$$

여기서, $\gamma_s =$ 흙의 단위무게$= \rho_s g$; $\rho_s =$ 흙의 단위질량 ; $g =$ 중력가속도 = 9.807 m/sec^2 ; $z =$ 요소의 상면에서 지표면까지의 거리이다.

요소의 측면에 작용하는 수평토압 p_h는 실험적 연구에 의하면 수직토압과 다음과 같은 식에 의해서 연관되었다.

$$p_h = k_o p_v \tag{12.2}$$

여기에서 k_o는 소위 말하는 **정지토압계수(at-rest coefficient)**로 기계적으로 다지지 않은 모래층일 때 0.4 ~ 0.5정도가 된다. 만약에 연직한 방향으로 다지게 되면 k_o는 증가하게 된다. 식 (12.2)에 (12.1)을 대입하면 p_h는

$$p_h = k_o z\gamma_s \tag{12.3}$$

가 된다. k_o와 γ_s가 일정한 상수(constant)이므로 수평토압 p_h는 그림 12.4에서와 같이 깊이 z에 따라 선형으로 변하게 된다. 깊이에 따른 토압의 분포가 그림 12.4와 같이 수압과 같다고 해서 $k_o \gamma_s$를 **등가수압(equivalent fluid weight)**이라고도 한다[12.11].

주동토압(Active Pressure)

옹벽을 설계하는데 사용되는 수평토압은 식 (12.3)의 정지토압보다는 얼마간 작은 값이 될 것이다. 실제로 옹벽을 설계하는데 사용되는 수평토압을 구하고자 그림 12.5a와 같이 옹벽이 토압에 의해서 밀리는 거동을 고려하였다. 정지토압의 상태가 흐트러지지 않도록 하면서 옹벽을 생각하는 위치의 흙속에 끼어 넣었다고 가정하고, 옹벽은 수평방향으로 자유롭게 움직일 수 있다고 할때 그림 12.5a와 같이 옹벽의 왼편에 있는 흙을 파내게 되면 옹벽은 평형을 이루기 위해서 좌측으로 얼마간의 거리 Δ_o만큼 움직여서 쐐기 abc는 붕괴를 일으키려는 초기상태가 될 것이다. 쐐기 abc는 그림 12.1a와 같이 좌측-하향 방향으로 움직이려 하며 이 흙 쐐기의 변형에 저항하기 위해서 경사 붕괴면 ac를 따라 전단응력이 발달(우측-상향 방향)하게 될 것이다. 이 전단응력은 ac 면을 따라 발생하는 연직응력의 함수일 것이다. 흙 쐐기에 대해서 수평방향으로의 평형을 고려할 때 전단응력의 수평방향 응력이 흙 쐐기가 좌측 바깥 방향으로 이동하려는 것에 저항하는 요소이다. 이러한 수평방향의 구속으로 인하여 이 흙 쐐기가 움직이지 못하도록 옹벽에 의해서 발휘되어야 하는 수평토압은 정지토압보다 작은 값이 된다. 이 감소된 수평토압 p_a를 **랜킨의 주동토압(Rankine active pressure)**이라 하며, 식 (12.3)에서 계수 k_o를 주동토압계수 k_a로 바꾸어 표현할 수 있다.

$$p_a = k_a z \gamma_s \tag{12.4}$$

여기에서 **주동토압계수** k_a는

$$k_a = \frac{1-\sin\phi}{1+\sin\phi} = \tan^2\left(45^o - \frac{\phi}{2}\right) \tag{12.5}$$

로 표현된다. 식 (12.5)에서 **흙의 마찰각(soil friction angle 또는 전단저항각)** ϕ는 모래나 자갈의 다짐 정도에 따른 함수로 실험에 의해서 결정할 수 있다. ϕ값은 또한 현장에서 볼링을 하면서 수행할 수 있는 **표준관입시험(standard penetration test, SPT)**과도 상관관계를 갖고 있다. 표준관입시험에서 외경이 50 mm이고 내경이 35 mm인 원형의 스플리트 스푼 샘플러(split spoon sampler)를 622.7 N의 해머로 750 mm 높이에서 자유 낙하하여 300 mm 관입하는데 필요한 타격회수를 N값이라 하며 이 값으로 흙의 밀도(density)를 추정한다. Peck 등[12.5]은 N값과 전단저항각 사이의 관계를 아래와 같이 간단하게 제시하였다.

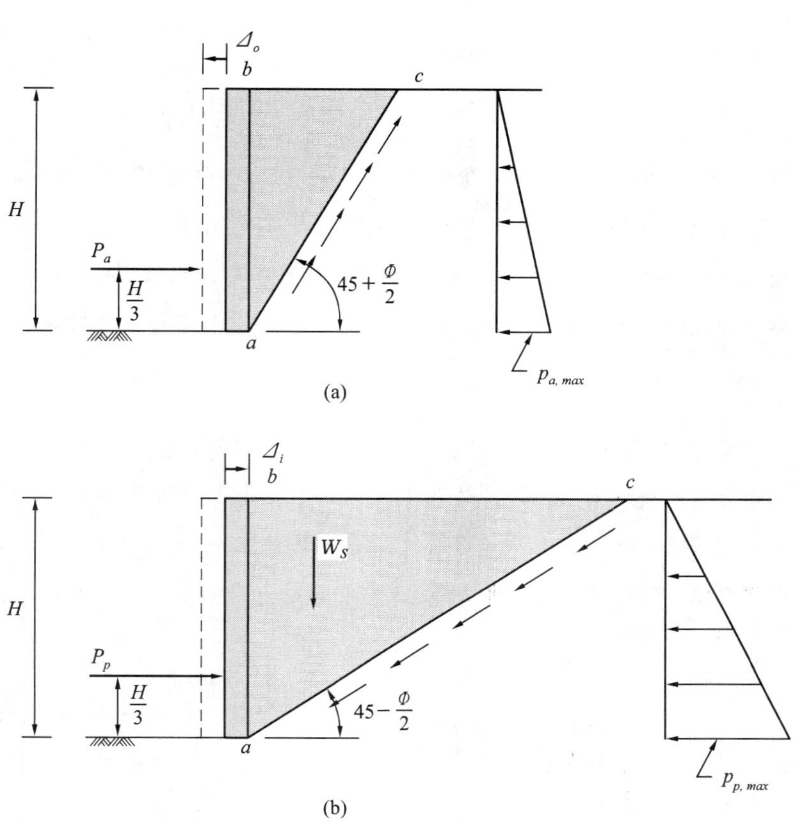

그림 12.5 **쐐기모양의 흙이 파괴시에 옹벽에 작용하는 힘** (a) 옹벽이 바깥쪽으로 밀리는 경우(**주동토압, active pressure**). 주동토압 P_a는 벽 뒤 쐐기모양의 흙의 붕괴를 방지하는 최소력; (b) 옹벽이 안쪽으로 밀리는 경우(**수동토압, passive pressure**). 수동토압 P_p는 쐐기모양의 흙이 오른쪽 윗 방향으로 밀려 올라가며 붕괴하는데 필요한 힘이다.

$$\phi = 0.3N + 27 \tag{12.6}$$

지반의 흙의 상태가 상당히 연약하여 SPT의 타격회수가 10회인 경우와 흙이 상당히 견고하여 타격횟수가 50회인 경우를 비교하면 전단마찰각은 30° ~ 42° 사이에 있으며, 주동토압계수 k_a는 0.333 ~ 0.20의 범위에 있게 된다.

식 (12.4)에서 보면 옹벽의 배면에 작용하는 주동토압이 마치 수압과 같이 깊이에 따라 선형으로 증가하는 것을 알 수 있다. 그림 12.5a에는 옹벽의 배면에 발달하는 삼각형 모양의 주동토압의 분포를 보여주고 있다. 높이가 H 인 옹벽의 단위 폭 m 당 작용하는 총 주동토압(주동토압 합력) P_a는

$$P_a = p_{a\,(\max)} H/2 \tag{12.7a}$$

이며, 여기에서 $p_{a\,(\max)}$는 토압의 최대값으로 지표면에서 깊이 H 들어간 위치의 토압이다. 식

(12.4)를 대입하면 식 (12.7a)는

$$P_a = k_a z(\rho_s g)H/2 \tag{12.7b}$$

가 되고, p_a의 분포가 삼각형이므로 P_a는 바닥에서 옹벽 높이의 1/3 지점에 작용하게 된다.

만약에 지표면에 균등한 등분포하중 w가 작용하게 되면 연직 및 수평토압에 미치는 영향은 그림 12.6과 같이 등가 토압의 깊이 H_e로 전환하여 고려할 수 있고, 가상적인 지층의 높이 H_e는 상재하중 w를 흙의 단위무게 $\gamma_s = \rho_s g$ 로 나누어서 구할 수 있다.

$$H_e = w/\gamma_s \tag{12.8}$$

이렇게 지표면의 상재하중을 등가 토압으로 전환하면 식 (12.1)~(12.4)에서 깊이 z는 그림 12.6에서 보는 바와 같이 등가 지층의 표면으로부터의 거리가 된다. 그림 12.6b와 같이 수평토압의 분포는 마름모꼴이 되어 지표면에서의 수평토압은 $k_a H_e \gamma_s = k_a w$ 와 같게 된다. 수평토압의 분포를 합력으로 계산하는 경우에 보통 2개의 삼각형 분포로 나누거나 또는 직사각형과 삼각형 분포로 나누어 계산한다.

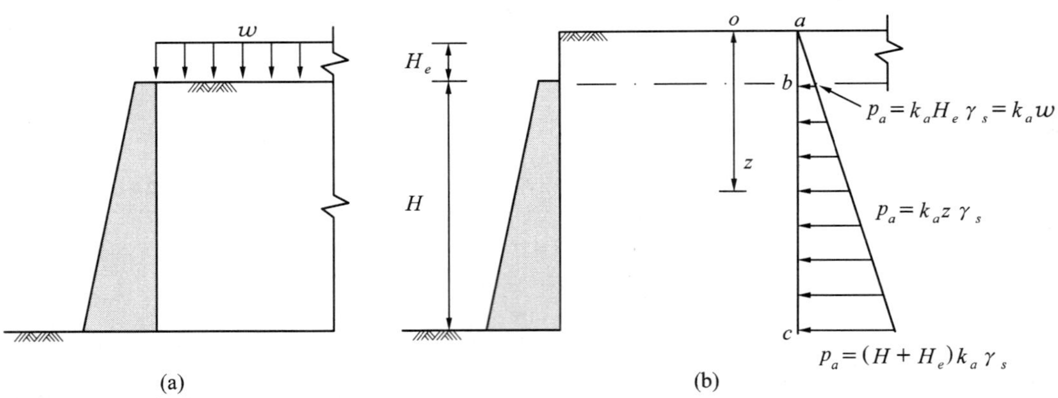

그림 12.6 상재하중 w를 등가토압의 깊이 H_e로 변환

경사진 지표면에 의한 토압(Soil Pressure Produced by Sloping Backfills)

옹벽 배면의 성토(backfill)가 상향의 각도 β의 경사를 갖게 되면(그림 12.7 참고), 랜킨의 주동토압 p_a는 성토면의 각도와 평행하게 작용하며 아래와 같이 주어진다.

$$p_a = z\gamma_s \cos\beta \frac{\cos\beta - \sqrt{\cos^2\beta - \cos^2\phi}}{\cos\beta + \sqrt{\cos^2\beta - \cos^2\phi}} \tag{12.9}$$

여기서, $z=$ 지표면으로부터의 깊이, $\beta=$ 배면 성토의 경사각, $\phi=$ 흙의 마찰각, $\gamma_s = \rho_s g =$ 흙의 단위무게, $\rho_s=$ 흙의 단위질량, $g= 9.807$ m/sec^2 중력가속도이다.

수동토압(Passive Pressure)

그림 12.5b에서와 같이 옹벽이 성토를 향해서 밀어 Δ_i의 변위를 발생시키는 힘 p_p를 가상할 수 있다. 이런 변위로 인하여 흙쐐기 abc는 붕괴를 일으키려는 초기상태가 되어 ac의 바닥면을 경계로 상향-우측으로 움직이려 할 것이다. 이런 거동은 ① 흙쐐기의 무게와 ② ac 면을 따라 발생하는 전단응력에 의해서 저항될 것이다. 전단응력이 변위와 반대방향이고 주동토압의 경우에 비해서 수동토압을 일으키는 흙쐐기의 체적이 훨씬 크므로 옹벽에 작용하는 수동토압 p_p는 주동토압 p_a에 비해서 훨씬 크게 된다. 깊이에 따라 선형으로 변하는 수동토압은 아래와 같이 주어진다.

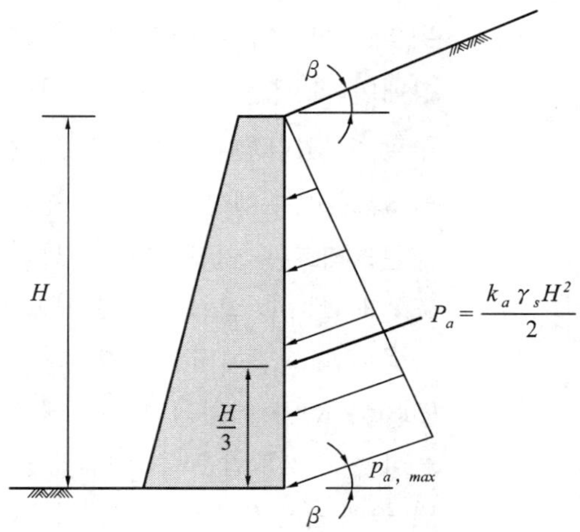

그림 12.7 상향의 각도를 갖는 배면 성토에 의한 토압

$$p_p = k_p z \gamma_s \tag{12.10}$$

여기서, $z=$ 지표면으로부터의 깊이, $\gamma_s=$ 흙의 단위무게, $k_p=$ 수동토압계수로 아래와 같이 표현된다.

$$k_p = \frac{1+\sin\phi}{1-\sin\phi} = \tan^2\left(45^o + \frac{\phi}{2}\right) = \frac{1}{k_a} \tag{12.11}$$

여기에서 ϕ는 흙의 마찰각이다. 식 (12.5)와 식 (12.11)의 우측 항들을 비교하면 수동토압계수 k_p는 주동토압계수 k_a의 역수(inverse)와 같다. 앞에서 비교한 흙의 상태가 상당히 연약하여 SPT의 타격회수가 10회인 경우와 흙이 상당히 견고하여 타격회수가 50회인 경우의 전단마찰각이 30° ~ 42° 사이에서, 수동토압계수 k_p는 3.0~5.0의 범위에 있게 된다. 높이가 H인 옹벽의 단위 폭 m 당 작용하는 총 수동토압(수동토압 합력) P_p는 다음과 같이 표현할 수 있다.

$$P_p = k_p \gamma_s H^2/2 \tag{12.12}$$

12.2 캔틸레버식 옹벽의 거동(Behavior of a Cantilever Retaining Wall)[12.1]

전면벽의 양면과 바닥저판(굽판)의 상면과 흙 사이에는 크기를 알 수 없는 마찰력이 발생하므로 옹벽에 작용하는 힘은 부정정계이다. 만약에 옹벽이 바깥방향으로 전도가 일어나려고 해서 옹벽 뒤의 v 형태의 쐐기부분(그림 12.8 참고)에 랜킨의 주동토압이 발생한다면 뒷굽판 끝의 연직면(가상배면)에 작용하는 응력은 만약에 배면에 경사가 없으면 식 (12.4)로 경사가 존재하면 식 (12.9)로 구할 수 있다. 따라서 옹벽을 해석하는 경우에 옹벽과 굽판 위에 작용하는 흙을 포함하는 자유도를 그려서 수행한다.

콘크리트는 인장강도가 낮기 때문에 휨부재의 인장쪽에는 보강철근을 배치하여야 한다. 그림 12.8과 같이 옹벽의 주요 3 부재 [전면벽(stem, 연직벽), 앞굽판(toe), 뒷굽판(heel)]의 변형된 모양을 고려하면 캔틸레버식 옹벽에서 인장철근의 위치를 결정할 수 있다. 물론 바닥에 전단활동 방지벽(shear key)이 배치되면 여기에도 보강철근을 배치하여 할 것이다. 캔틸레버식 옹벽의 내측면에 작용하는 수평토압은 전면벽의 상부가 바깥방향으로 휘게 만들어서 외측면 쪽에는 압축응력이 내측면 쪽에는 인장응력이 발생하도록 한다. 수평토압은 또한 옹벽을 앞굽을 기준으로 회전하게 만들어서 뒷굽을 들리도록 한다. 이 회전으로 인해서 뒷굽 밑의 토압은 감소시키지만 앞굽 밑의 토압은

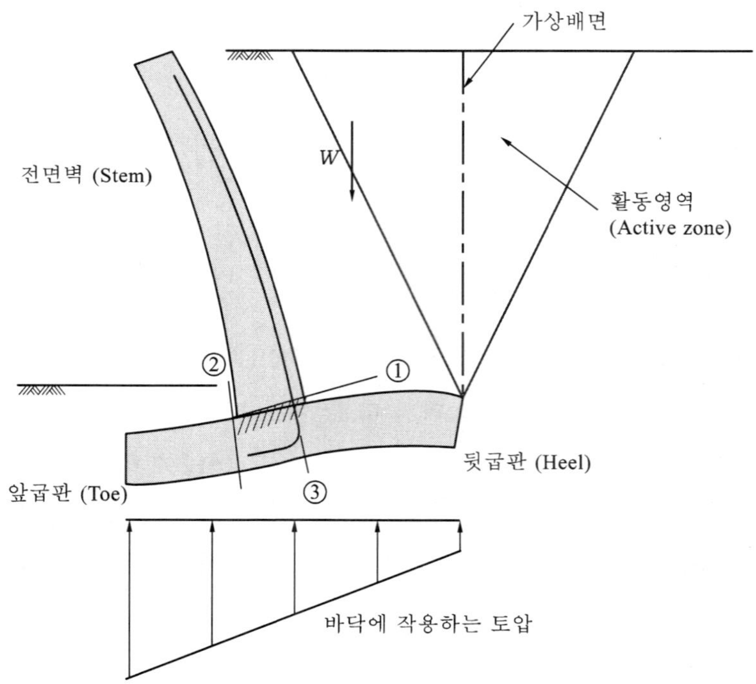

그림 12.8 캔틸레버식 옹벽의 변형된 모양(deflected shape)

증가하게 된다. 비록 흙이 선형탄성재료는 아니지만 기초 바닥 밑의 토압이 선형으로 변한다고 가정하여 설계하고 있으며 이렇게 설계된 많은 옹벽들이 안전하게 거동하였다. 그림 12.8에는 이런 거동에 의한 전면벽과 기초바닥의 변형된 모양을 과장되게 그린 그림을 보여주고 있다. 전면벽, 앞굽판 및 뒷굽판의 자유물체도를 보면 각각 캔틸레버로 고려할 수 있고 따라서 캔틸레버식 옹벽이라고 불리고 있다.

전면벽을 설계하기 위해서는 기초바닥(그림 12.8의 ①번 평면)을 고정단으로 하는 캔틸레버로 거동한다고 가정하여, 전면벽의 내측면 쪽에 연직 휨철근을 배치하고 전단의 위험단면은 바닥에서 거리 d 떨어진 단면이 된다.

뒷굽(hill) 캔틸레버는 표면에 작용하는 흙의 무게는 상당하지만 바닥에서 위로 작용하는 상향토압은 상대적으로 적으므로 아래 방향으로 휘게 된다. 따라서 보강철근은 뒷굽판의 윗면에 배치하여야 할 것이다(그림 12.2b 참고). 뒷굽판이 전면벽의 내측면에 배치된 주철근에 의해서 연직으로 지지되므로 그림 12.8의 ③번 단면에 뒷굽 캔틸레버가 고정되어 있다고 가정할 수 있다.

기초의 앞굽판(toe)에서는 바닥에서의 지압력(bearing pressure)은 크고 기초 자신의 고정하중이나 굽판 위에 흙의 깊이가 얕아서 하향하중은 작게 된다. 따라서 앞굽판은 윗방향으로 휘므로 보강철근은 앞굽판의 바닥면에 배치되어야 한다(그림 12.2b 및 12.18 참고). 일반적으로 그림 12.2b와 같이 전면벽의 휨보강철근을 기초 바닥에서 90° 절곡하여 앞굽판까지 연장하여 보강한다. 안전 측으로 뒷굽판의 바닥에 얼마간의 보강철근을 배치하기도 한다.

기초 바닥에서 토압의 분포는 합력이 어떤 위치에 작용하느냐에 따라 변하게 된다. 가능하다면 이 합력이 기초 중심의 1/3 점(middle third, 중심에서 편심 = h/6) 안에 작용하도록 단면을 결정하는 것이 유리하다(그림 12.9 및 그림 11.6 참고). 만약에 합력이 기초 중심의 1/3점 밖에 작용하게 되면 하중이 작용하는 쪽의 바닥에 상당히 큰 압축응력이 발생하게 된다. 만약에 이 응력이 흙의 지압강도를 초과하게 되면 지압파괴가 일어나거나 또는 과도한 부등침하가 일어날 수도 있다.

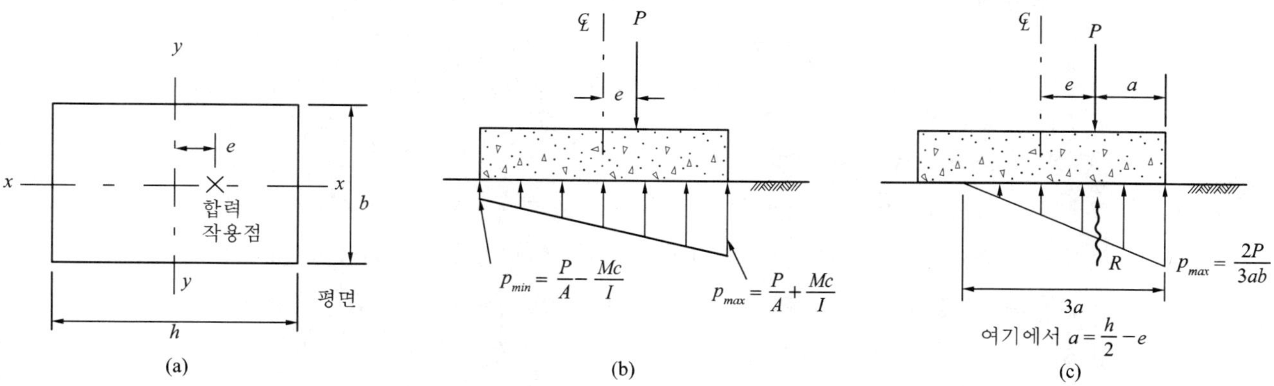

그림 12.9 편심하중이 작용할 때의 토압의 분포 : (a) 평면, (b) 편심이 작은 $e < h/6$ 인 경우, (c) 편심이 큰 $e > h/6$ 인 경우

12.3 캔틸레버식 옹벽의 설계과정(Design Procedure for a Cantilever Retaining Wall)

일반적으로 옹벽의 설계는 구조기준의 휨설계 규정에 따라 1 m 폭을 자른 단면에 대한 해석을 토대로 설계한다. 옹벽의 단면은 반복법에 의해서 적당한 강도에 전도나 활동이 없는 안정한 구조물이 될 때까지 반복적인 과정을 거쳐서 결정된다.

옹벽의 설계에 있어서 구조기준 13.2.2[12.6]에서는 안정조건으로 다음의 조건들을 만족하도록 요구하면서, 구조기준 13.1.1(3)에서는 이러한 규정은 지진하중의 영향을 배제한 상시하중(자중, 토압, 수압 및 상재하중 등)들의 조합의 경우에만 적용하도록 제한하고 있다. 따라서 지진하중(E)을 고려한 식 (1.20)이나 식 (1.21)의 하중조합이 옹벽에 작용하는 경우에 구조기준 13장을 적용할 수 없도록 규정하고 있다.

① **활동에 대한 안정**(sliding) : 기초저판과 지반과의 마찰저항에 의한(활동에 대한) 저항력은 옹벽에 작용하는 수평력의 1.5배 이상이어야 한다.

② **전도에 대한 안정**(overturning) : 전도에 대한 저항휨모멘트는 횡토압에 의한 전도휨모멘트의 2.0배 이상이어야 한다.

③ **지반의 침하에 대한 안정성 검토** : 옹벽의 폭이 충분히 넓어서 지지 지반에 작용하는 최대 압력이 지반의 허용지지력을 초과하지 않아야 한다. 옹벽기초 지반의 지지력 추정은 지지 지반의 내부마찰각이나 점착력 등과 같은 재료특성으로부터 지반의 극한 지지력을 추정할 수 있으며 이 경우에 안전율은 3을 적용하여 허용지지력 $q_a \leq q_u/3$ 로 하여야 한다.

④ **활동방지벽 혹은 횡방향 앵커 등의 설치** : 전도 및 지반지지력에 대한 안정조건을 만족하며, 활동에 대한 안정조건을 만족하지 못할 경우 활동방지벽 혹은 횡방향 앵커 등을 설치하여 활동저항력을 증대시킬 수 있다. 또한 구조기준 13.4(2)에서는 이렇게 활동방지벽을 설치하는 경우에는 활동방지벽과 저판을 일체로 만들어야 한다고 규정하고 있다.

1) 기본설계(Preliminary Design)[12.1]

옹벽의 시험단면(trial section)을 결정한다. 본 단계에서는 전면벽이나 기초저판의 두께나 길이를 추정한다. 기초저판의 길이는 전면벽의 높이에 따라 변하는데 대략 전면벽 높이의 50%~75% 정도로 한다. 전형적으로 높이가 높은 전면벽은 높이의 비에 따라 긴 기초저판이 필요하게 된다. 또한 흙과 기초저판과의 마찰계수가 줄어들면 들수록 옹벽이 미끄러지지 않도록 하기 위해서 추가의 흙의 무게가 필요하므로 더 긴 기초저판이 필요하게 된다. 최대 마찰력은 연직력의 함수이기 때문에 연직력이 커지면 커질수록 마찰력이 증가하게 된다[식 (12.14) 참고].

기초저판에서의 전면벽의 두께는 토압에 의해서 발생하는 전단력과 휨모멘트를 고려하여 결정하면 된다. 일반적으로 전단보다는 휨모멘트에 의해서 전면벽의 두께가 결정된다. 이 단계에서 아직 기초바닥의 단면이 결정되지 않았으므로 전면벽의 높이를 정확하게 결정할 수는 없다. 따라서 기본설계를 위해서 기초저판의 두께를 가정하여야 한다[2]. 기초의 두께가 결정된 최종설계에서는 전면벽에서 휨에 요구되는 철근의 단면적을 좀더 정확하게 계산할 수 있다.

전면벽에서 상부로 올라갈수록 전단과 휨모멘트가 감소되므로 휨보강철근의 양을 감소시키거나 단면을 일정하게 감소(tapering, 변단면)시켜서 재료를 절약할 수 있다. 일반적으로 전면벽의 앞면에 대략 1,000 mm 당 20 mm에서 30 mm의 경사(1 : 0.02 ~ 0.03)를 주지만 전면벽의 상부에서 적어도 250 mm ~ 300 mm 정도의 두께는 확보하여야 한다. 이 최소두께가 양면에 철근을 배치하는데 필요한 피복두께를 확보하면서 현장에서 콘크리트를 배치하는데 문제가 없도록 할 것이다. 이렇게 앞면에 경사를 주어 단면을 축소하는 게 재료를 절약하기도 하지만 또한 옹벽의 바깥방향으로의 회전을 감소시킨다. 앞면에 이렇게 경사를 주지 않으면 높이가 높은 옹벽에서는 마치 옹벽이 앞으로 기운 것 같이 보이게 되지만, 전면벽의 높이가 낮은 경우에는 보통 앞면의 경사를 생략한다.

기초저판의 두께는 보통 뒷굽판의 전단에 의해서 결정된다. 처음에는 전면벽의 두께보다 15%~20% 정도 더 두껍게 기초의 두께를 가정한다. 크기가 그렇게 크지 않은 옹벽에서는 기초의 두께를 일정하게 설계하지만, 기초에 작용하는 하중이 매우 커서 단면이 커지게 되면 바닥을 변단면으로 하거나 또는 앞굽판의 두께를 축소하여 콘크리트의 양을 절약할 수도 있다.

2) 흙의 분석과 안정성 해석(Soil Study and Stability Analysis)

옹벽의 기본단면을 결정한 뒤에 수평토압, 흙과 콘크리트의 무게에 의해서 기초의 바닥에 발생하는 토압(soil pressure)을 계산한다. 이 해석에는 하중계수를 사용하지 않는다. 다음으로 ① 기초저판의 앞굽에서 토압이 허용지압강도(allowable soil bearing capacity)를 초과하지 않는지 검토하고, ② 활동(sliding)에 대해서 적어도 안전계수가 1.5 이상 되는지 검토한다. 활동에 대한 안전계수(S.F.)는

$$S.F. = \frac{\text{안정시키려는 힘(즉, 최대 마찰력)}}{\text{밀어내려는 힘}} \tag{12.13}$$

로 표현되고, 기초 바닥에 발달하는 최대마찰력 $F_{r\,(\max)}$은 아래와 같이 표현된다.

$$F_{r\,(\max)} = \mu N \tag{12.14}$$

2) McCormac[12.12]에 의하면 전면벽 하부의 두께는 전체 옹벽 높이의 대략 7%~12% 정도면 적당하다고 제시하고 있다.

여기서, $N=$ 바닥에 작용하는 연직력, 즉, 콘크리트와 흙의 무게(성토가 경사진 경우 상재한 흙의 무게 포함)의 밀어내는 힘의 연직요소력 ; $\mu=$ 흙과 기초바닥간의 마찰계수. 깨끗한 모래나 자갈인 경우는 0.55, 거칠은 모래나 실트인 경우는 0.45, 실트질인 경우는 0.35를 사용한다[12.5].

앞굽판 위의 흙은 절토시에 교란되거나 또는 미래에 제거될 가능성이 있기 때문에 일반적으로 앞굽에서의 수동토압은 무시한다. 보통 기초의 전체길이에 걸쳐서 흙에 압축응력이 발달하도록 전면벽을 배치한다. 이렇게 되기 위해서는 앞굽과 전면벽의 외측면과의 거리가 대략 기초길이의 1/4 또는 1/3 정도는 되어야 한다. 전체 기초에 압축력이 발생하게 되면 전도(overturing)에 대해서 안전계수를 증진시켜 주게 된다. 전도에 대한 안정은 앞굽의 끝을 기준으로 옹벽과 흙의 무게에 의한 안정시키려는 모멘트(stabilizing moment)와 수평토압에 의한 전도모멘트(overturing moment)의 비가 적어도 2.0 이상이 되어야 한다[구조기준 13.2.2(3)]. 만약에 해석에서 안전계수를 만족시키지 못하면 옹벽의 단면 등을 수정하여 반복계산으로 옹벽이 안정할 때까지 계속하여야 한다.

3) 최종설계(Final Design)

위험단면에서 계수하중을 이용하여 보강철근의 단면적과 콘크리트가 전단에 대해서 적당한지 검토한다. 위험단면에서 전단강도가 부족할 때는 단면의 두께를 증가시킨다. 일반적으로 전면벽이나 기초저판에서 스터럽을 사용하지 않는다. 전면벽과 기초저판은 구조기준 7.4.3(1)④에서 교대벽체 및 날개벽, 옹벽의 벽체, 암거 등과 같이 휨이 주거동인 판 부재로 구분되어 아래 식을 만족하면 된다.

$$V_u \leq \phi V_c$$

마지막으로 철근의 절단점을 계산하고 모든 철근의 정착이나 이음길이가 충분한지 검토한다. 설계가 완전하게 끝나면 축척으로 개략도를 상세하게 그린다.

옹벽의 구조세목(Design Requirements)

구조기준 11(ACI 14)에는 내력벽체(bearing wall)에 대한 설계기준이 제시되어 있다. 주요한 구조세목은 아래와 같다.

① **내력벽체의 최소두께 규정** [구조기준 11.4.2(3)①, ACI 14.5.3.1] : 벽체(bearing wall)의 두께는 수직 및 수평 받침점간 거리 중에서 작은 값의 1/25 이상 ≥ 100 mm 이상이어야 하고, 지하실 외벽 및 기초 벽체(exterior basement wall and foundation wall)의 두께는 200 mm 이상으로 하여야 한다고 규정하고 있다. 구조기준 13.3.2(3)에서 옹벽의 전면벽 두께는 구조기준 11.4.2(3)의 내력 벽체의 최소 두께 규정에 따라야 한다고 규정하고 있다.

② **벽체의 전체 단면적에 대한 최소 수직철근 규정** [구조기준 11.3(2), ACI 14.3.2] :

$$A_{sv(\text{최소})}/\text{m} = \begin{cases} \text{① } f_y \geq 400\,\text{MPa 으로서 } D16 \text{ 이하의 이형철근} & : 1.2h \\ \text{② 기타 이형철근} & : 1.5h \\ \text{③ 지름 } 16\,\text{mm 이하의 용접철망} & : 1.2h \end{cases} \quad (11.13a)$$

③ **벽체의 전체 단면적에 대한 최소 수평철근 규정** [구조기준 11.3(3), ACI 14.3.3] :

$$A_{sh(\text{최소})}/\text{m} = \begin{cases} \text{① } f_y \geq 400\,\text{MPa 으로서 } D16 \text{ 이하의 이형철근} & : 2.0h \\ \text{② 기타 이형철근} & : 2.5h \\ \text{③ 지름 } 16\,\text{mm 이하의 용접철망} & : 2.0h \end{cases} \quad (11.13b)$$

단, 수직 및 수평철근의 간격은 벽두께의 3배 이하, 또한 450 mm 이하로 하여야 한다.

④ **벽체의 두께가 250 mm 이상인 경우에 수직 및 수평철근을 벽면에 평행하게 양면으로 배치하여야 한다고 규정** [구조기준 11.3(4), ACI 14.3.4] :

(a) 벽체의 외측면 철근량 = 전체 소요 철근량의 (1/2 ~ 2/3) ; 배치위치 = 외측면 50 mm ~ 벽두께 1/3 이내에 배치하여야 한다.

(b) 벽체의 내측면 철근량 = 전체 소요 철근량 중에서 외측면에 배치하고난 나머지 철근을 배치한다. 전체 소요 철근량의 (1/3 ~ 1/2) ; 배치위치 = 내측면 20 mm ~ 벽두께 1/3 이내에 배치하여야 한다고 규정하고 있다[3].

⑤ **배수구멍 및 뒤채움** : 직경 65 mm 이상의 배수구멍을 간격 4.5 m 간격으로 배치하고, 뒷부벽식의 경우에는 각 격간에 적어도 한 개의 배수구멍을 만들어야 한다[1996년도 시방서 17.4(9)][12.8]. 옹벽의 배면에는 배수구멍으로 물이 잘 모이도록 조약돌이나 부순돌 또는 특수 콘크리트 블록의 두께 300 mm~ 400 mm 이상의 배수층을 두는 게 좋다.

⑥ **수축 및 신축이음** : 옹벽에는 간격 9 m이하로 그 표면에 V형의 홈을 가진 수축이음(contraction joint, 균열유발줄눈)을 둔다[12.8]. 또한 설계 시에 콘크리트의 수화열, 온도변화 및 건조수축 등 부피변화에 대한 별도의 구조해석이 없는 경우에는 반드시 신축이음(expansion joint)을 두어 철근을 자르는 것이 좋다.

⑦ **옹벽 외측면의 경사** : 벽면을 연직으로 만들면 전면으로 넘어갈 것 같은 느낌을 주므로 옹벽의 노출면에는 1/50 (1 : 0.02) 정도의 경사를 주면 안정감을 준다[12.8].

3) 내측면은 뒤틀림응력(warping stress)이 발생할 수 있는 직접적인 온도변화로부터 얼마간 보호되므로 전체 소요 철근량 중에서 2/3를 외측면에 배치하도록 규정하고 있다[12.15]. 그러나 실무에서는 시공상 편의를 위해서 외측면과 내측면에 동일한 간격으로 배치하므로 전체 소요량의 1/2을 기준으로 소요 간격보다 좁은 간격으로 배치하면 1/2 이상이 양면에 배치되어 만족한 설계가 될 것이다.

12.4 하중계수와 설계가정(Load Factors and Design Assumptions)

현행 구조기준 3.3.2(1)(ACI 9.2.1)에서 토압과 지하수압(F)이 작용하는 경우에 소요강도는

$$\left.\begin{aligned} U &= 1.2(D+F+T)+1.6(L+\alpha_H H_v+H_h) \\ U &= 1.2(D+F+T)+1.6(L+\alpha_H H_v)+0.8H_h \end{aligned}\right\} \geq 1.4(D+F) \qquad (1.13,\ 1.16)$$

여기에서 D = 고정하중, 또는 이에 의해서 생기는 단면력 ; F = 유체의 밀도를 알 수 있고, 저장 유체의 높이를 조절할 수 있는 유체의 중량 및 압력에 의한 하중 또는 이에 의해서 생기는 단면력 ; T = 온도, 크리프, 건조수축 및 부등침하의 영향 등에 의해서 생기는 단면력 ; L = 활하중 또는 이에 의해서 생기는 단면력 ; H_v = 흙, 지하수 또는 기타 재료의 자중에 의한 연직방향 하중, 또는 이에 의해서 생기는 단면력 ; H_h = 흙, 지하수 또는 기타 재료의 횡압력에 의한 수평방향 하중, 또는 이에 의해서 생기는 단면력이다. 2007년 이후 구조기준에서는 기존의 토압하중 H를 수평성분과 연직성분으로 나누어 명확히 정의하면서 연직방향 흙의 무게 H_v의 계수는 기존 구조기준에서 토피가 깊은 경우에는 고정하중으로 취급하여 하중조합 계수 $1.4D$를 사용하던 효과와 표피가 얕은 경우에 사용되던 토압하중 계수인 $1.6H$의 효과를 모두 포함할 수 있도록 보정계수 α_H를 아래와 같이 도입하였다.

$$\begin{cases} h \leq 2\,\mathrm{m}: & \alpha_H = 1.0 \\ h > 2\,\mathrm{m}: & \alpha_H = 1.05 - 0.025h \geq 0.875 \end{cases} \qquad (1.13)$$

식 (1.16)은 횡압력을 작게 산정할 때 안전 측인 설계가 되는 경우에 대한 검토를 위한 식으로 토압의 경우 연직 방향력 보다 수평 방향력의 불확실성이 크기 때문에 이를 고려하기 위한 식이다.

풍하중(W)이 작용하는 경우에 소요강도는 아래의 식으로 제시되었다. 이 식에서 고정하중으로 인한 연직하중이 구조물을 안정시키는 역할을 하는 경우를 대비하여 원래의 계수 1.2에 75%를 곱하여 구한 값이다.

$$U = 0.9(D+H_v)+1.3W+(1.6H_h \text{ 또는 } 0.8H_h) \qquad (1.19)$$

여기에서 흙, 지하수 또는 기타 재료의 횡압력에 의한 수평방향 하중 H_h의 하중계수가 1.6 또는 0.8 (또는 1.0 또는 0.5)로 되어있는 이유는 풍하중 W로 인한 수평하중이 좌우방향으로 작용하므로 이에 대해서 각각의 경우를 고려하여 안전 측의 설계가 되도록 한 것이다[12.16].

다음에 소개되는 안전 측의 캔틸레버식 옹벽 설계방법은 여러 저자에 의해서 추천된 방법이다.

1) 단계 1 : 하중계수를 곱하지 않은 사용하중을 이용하여 그림 12.10a의 전면벽과 기초저판에 작용하는 토압을 결정한다.

2) 단계 2 : 전면벽을 설계한다. 일반적으로 전면벽 자신의 고정하중이나 내측면에 토압으로 생기는 하향 마찰력 등으로 인한 작은 축력은 무시한다. 전면벽의 두께는 일반적으로 휨모멘트에 의해서 결정된다. $(3/8 \sim 1/2)\rho_b$의 철근비를 사용하면 전단보강을 하지 않을 정도의 적당한 두께가 된다. 철근비가 증가하면 전면벽이 얇아져서 옹벽에 과도한 처짐이 발생할 수도 있다.

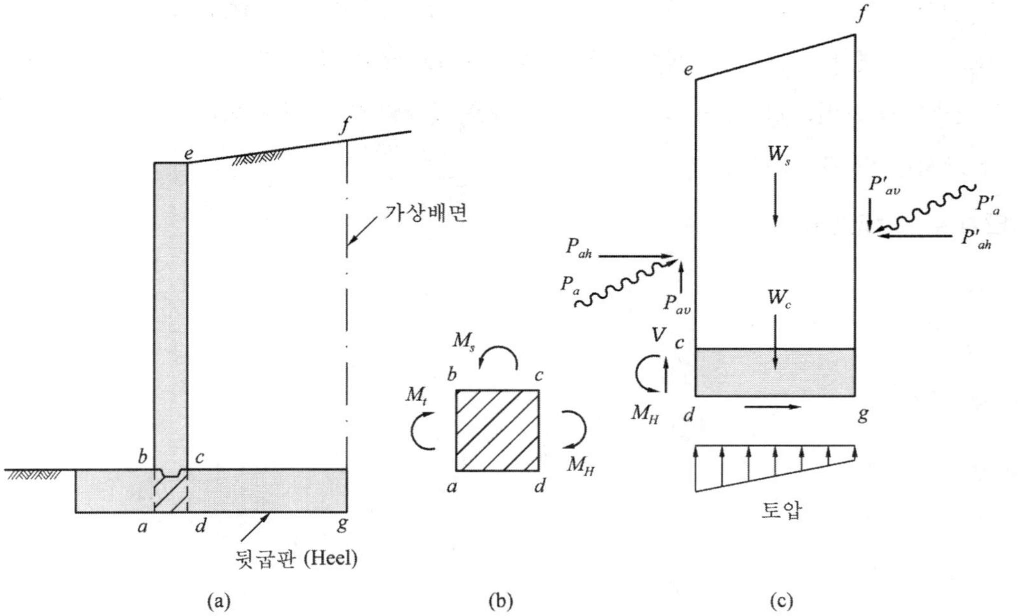

그림 12.10 뒷굽판(heel)에 작용하는 하중 : (a) 옹벽의 횡단면, (b) 전면벽의 바닥을 자른 자유물체도에 작용하는 휨모멘트(전단은 생략), (c) 전면벽 내측면의 흙과 기초저판의 자유물체도에 작용하는 힘

3) 단계 3 : 뒷굽판을 설계한다. 그림 12.10c에는 전면벽의 내측면과 뒷굽을 기준으로 자른 가상배면 사이의 뒷채움 흙과 뒷굽판의 자유물체도를 보여주고 있다. 전면벽에 작용하는 추력(推力, thrust)을 P_a라 하고, 가상배면 fg에 작용하는 토압을 P_a'이라 하면, 뒷굽판을 설계하기 위한 M_H에 이 2힘이 영향을 미치게 된다. $P_a' > P_a$ 이지만, P_a'과 P_a의 작용위치가 비슷하므로 이 2힘의 수평요소에 의한 휨모멘트를 무시하게 되면 M_H의 값이 증가하므로 안전측의 설계가 될 것이다. 또한 기초저판 밑의 토압도 무시한다. 따라서 설계는 최악의 상태로 뒷굽판이 그 위에 작용하는 모든 연직하

중(기초의 고정하중, 흙의 무게 및 지표면의 상재하중과 P_a' 의 연직분력 P_{av}')을 지지하도록 한다.

전면벽에 작용하는 수평토압이 옹벽에 작용하는 가장 주된 하중이다. 전면벽 바닥과 기초저판에 있는 직사각형 요소(그림 12.10a에서 빗금친 abcd 요소 ; 그림 12.10b 참고)에서 휨모멘트에 대한 평형을 고려하면

$$M_s = M_t + M_H \tag{12.15a}$$

로 쓸 수 있고, M_H에 대해서 다시 적으면,

$$M_H = M_s - M_t \tag{12.15b}$$

가 된다. 식 (12.15a)와 (12.15b)에 있는 휨모멘트는 전면벽(stem, M_s), 앞굽(toe, M_t) 및 뒷굽(heel, M_H)의 위험단면에서의 설계휨모멘트이다. 식 (12.15b)에서 보면 뒷굽의 휨모멘트 M_H가 언제나 전면벽의 휨모멘트 M_s 보다 작으므로 뒷굽판을 설계할 때의 최대휨모멘트 M_H는 전면벽의 M_s 보다 커서는 안 될 것이다.

4) 단계 4 : 앞굽판을 설계한다.

예제 12.1 캔틸레버식 옹벽의 설계[12.1]

깊이가 6 m 인 절토단면을 지지하는 그림 12.11과 같은 캔틸레버식 옹벽을 설계하라. 지표면에는 24.0 kPa의 상재하중이 작용하고, 기초저판은 동상(frost heaving)으로부터 보호하기 위해서 1.2 m 깊이에 배치한다. 옹벽의 배면은 단위질량 $\rho_s = 2{,}000\ \mathrm{kg/m^3}$인 다진 자갈로 채워 넣었다. 기초저판과 흙 사이의 마찰계수 $\mu = 0.55$이고 랜킨의 주동토압계수 $k_a = 0.27$ 이다. 기초저판에는 자갈이 있고 허용순토압(allowable net soil pressure)은 263.5 kPa이고, 보통중량 콘크리트 $f_{ck} = 27$ MPa, $f_y = 400$ MPa이며 인장지배 단면의 한계 철근비는 $\rho_t = 0.0183$(표 3.5 참고)이다. 굵은골재 최대치수는 토목구조물로 단면이 큰 경우이므로 $a_{\max} = 40\ \mathrm{mm}$를 적용한다 [식 (2.1) : 40 mm > 기본설계에서 단면의 최소치수(전면벽 상부의 두께)의 1/5 이하 = 410 (1/5) = 82 mm <o.k.>].

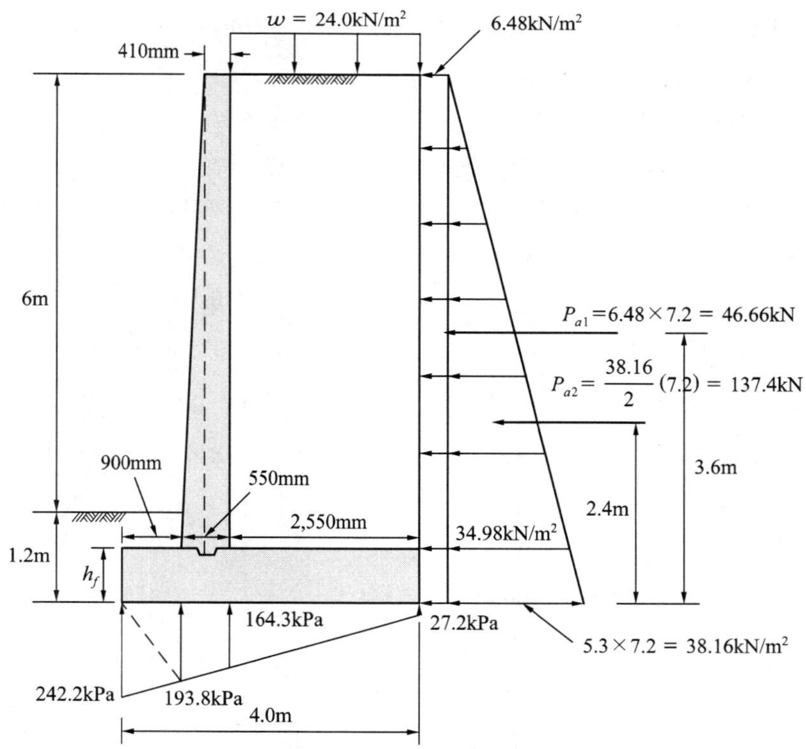

그림 12.11 단위 1m당 전면벽과 흙의 자유물체도

[배면에 수압이 걸리지 않도록 적절한 현장상황에 따라 배수구멍(weep holes)이나 배면배수(drains)에 대한 설계가 된다고 보아 본 예제에서는 다루지 않는다. 만약에 현장의 흙이 배수특성이 나쁜 진흙

이나 실트 함유량이 많거나, 압밀이 어렵거나 또는 흙이 여러 종류로 구성된 경우에는 배면을 성토하기 위해서 진흙이나 실트의 함유량이 작은 모래나 자갈 등의 입도가 굵은 흙으로 대치하는 것이 현명하다. 특히 옹벽이 높을 경우 입도가 굵은 모래나 자갈을 많이 함유한 성토재는 큰 마찰계수를 가져서 배면 수평토압을 상당히 감소시키고 또한 배수에 아주 효과적이다. 이렇게 조절된 성토재를 사용하면 단위질량이나 마찰각과 같은 값을 보다 정확하게 결정할 수 있다.]

풀이

그림 12.11에서 전면벽과 흙의 단위 폭 1 m에 대해서 계산한다.

지표면에 작용하는 상재하중에 의한 수평토압의 계산 : $p_a = k_a w = 0.27(24.0) = 6.48\ (\text{kN/m}^2)$

배면 성토에 의한 수평토압을 식 (12.4)로 계산한다.

흙의 단위무게 : $\gamma_s = \rho_s g = 2{,}000\dfrac{\text{kg}}{\text{m}^3} \times 9.81\dfrac{\text{m}}{\text{sec}^2} = 19{,}620\ \dfrac{\text{kg}\cdot\text{m}}{\text{sec}^2}/\text{m}^3 = 19.62\ \dfrac{\text{kN}}{\text{m}^3}$

식 (12.4) : $p_a = k_a z \gamma_s = 0.27\,z \times 19.62\ \text{kN/m}^3 = 5.30\,z\ \text{kN/m}^3$

그림 12.11에는 기초 저판의 뒷굽판의 연직면(가상배면)에 작용하는 수평토압들의 값이 제시되었다.

단계 1 : 기본설계 (Preliminary Design)

① **기초저판의 접합부에서 전면벽의 두께를 결정 :** 기초저판의 두께는 ~0.08h = 0.08(7.2) = 0.567 (m)이므로, <u>기초저판의 두께를 600 mm로 가정</u>하면 전면벽의 높이는 7.2 - 0.6 = 6.6 m 가 된다. 전면벽을 기초 저판위에 고정된 캔틸레버로 보고 설계한다(그림 12.12 참고).

(a) 전면벽의 바닥에서 수평토압으로 인한 휨모멘트를 계산 :

사용 휨모멘트 : $M_s = 42.77(6.6/2) + 115.4(6.6/3) = 141.1 + 253.9 = 395.0\ (\text{kN}\cdot\text{m})$

계수휨모멘트 : $M_u = 1.6\,M_s = 1.6(395.0) = 632.0\ (\text{kN}\cdot\text{m})$

(b) 식 (3.46b), $M_u/\phi \le \rho f_y b d^2(1-\rho f_y/1.7 f_{ck})$로 $0.5\rho_t = 0.5\times 0.0183 = 0.00915$, 인장지배단면 강도감소계수 $\phi = 0.85$를 이용하여 전면벽의 유효깊이 d를 결정한다. 적당한 철근비 $0.5\rho_t$를 사용하여 전면벽의 유효깊이를 결정하게 되면 보통 수평토압으로 인해 발생하는 전단력을 지지하는데 문제가 없게 된다.

$\rho f_y = 0.00915 \times 400 = 3.66\ (\text{MPa})\ ;\ 1.7 f_{ck} = 1.7 \times 27 = 45.9\ (\text{MPa})$

$$\therefore d_{(소요)} \ge \sqrt{\frac{M_u/\phi}{\rho f_y b(1-\rho f_y/1.7 f_{ck})}} = \sqrt{\frac{632.0\times 10^6/0.85}{(3.66)(1{,}000)(1-3.66/45.9)}} = 470\ (\text{mm})$$

(c) 주철근으로 D25 철근을 배치한다고 보아 흙에 접하는 환경으로 피복두께 50 mm(표 2.11 ; 구조기준 5.4)에 D25 철근의 반지름 25.4/2 ≈ 13 mm를 더하여 전면벽의 두께 h를 구하면, $h_{(소요)} = 470 + 50 + 13 = 470 + 63 = 533\ (\text{mm})$이므로

<u>**전면벽 두께 : 기초저판의 접합부 $h = 550\ \text{mm}$**</u>로 하여 설계한다.

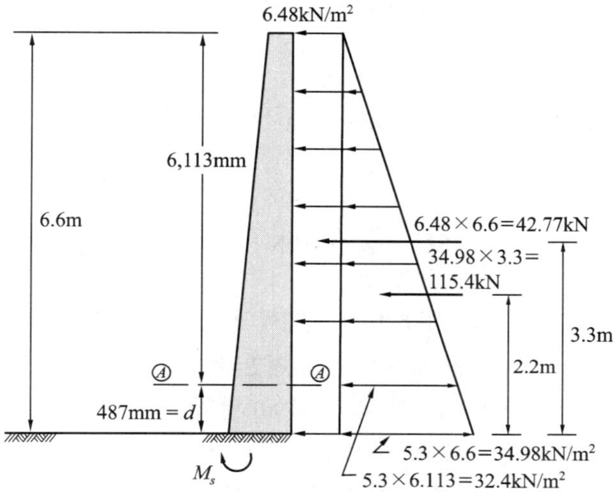

그림 12.12 단위 1m 당 전면벽의 자유물체도

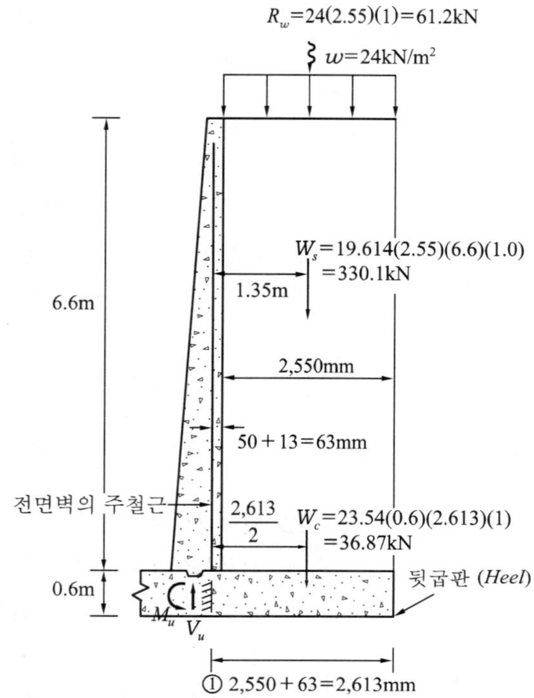

그림 12.13 뒷굽판 캔틸레버에 작용하는 힘 (저판 바닥에 작용하는 토압은 무시한다)

따라서 $d = 550 - 63 = 487\,(\mathrm{mm})$가 된다.

(d) 따라서 $A_{s\,(소요)}/\mathrm{m} = \rho b d = 0.00915 \times 1{,}000 \times 487 = 4{,}456\,(\mathrm{mm}^2)$이므로 D25 철근 ($A_b = 506.7\,\mathrm{mm}^2$)을 배치한다면

(e) 소요간격 계산 :

식 (4.26) : $s_{(소요)} \le \dfrac{b}{A_{s\,(소요)}/배치철근의\ 단면적} = 1{,}000 \times \dfrac{506.7}{4{,}456} = 114\,(\mathrm{mm})$

전면벽을 캔틸레버(보)로 보아 수평철근 순간격 규정 검토 : 식 (2.52a)

$s_c \ge \mathrm{Max.}[25\,\mathrm{mm},\ d_b,\ (4/3)a_{\max}] = \mathrm{Max.}[25,\ 25.4,\ (4/3)40 = 53] = 53\,(\mathrm{mm})$

$\therefore s_{c\,(배치)} = 114 - 25 = 89\,(\mathrm{mm}) > s_{c\,(소요)} = 53\,\mathrm{mm}$ <o.k.>

벽체에서 수직철근의 최대간격 규정 검토 : 식 (2.53c)

$s \le \mathrm{Min.}[\,벽두께\ 3배,\ 450\,\mathrm{mm}\,] = \mathrm{Min.}[\,3(550) = 1{,}650,\ 450\,] = 450\,(\mathrm{mm})$

$\therefore s_{(배치)} = 114\,\mathrm{mm} < s_{(소요)} = 450\,\mathrm{mm}$ <o.k.>

간격이 적당하므로 $0.5\rho_t$에 의한 전면벽의 두께는 적절하다고 볼 수 있다.

(f) 전면벽 상부의 두께를 결정하기 위해서 앞면에 1/48의 경사를 둔다고 하면, 줄어드는 전체 단면

의 두께는 $6,600/48 = 137.5\,(\text{mm})$ 가 된다.

따라서 상부의 두께 $550 - 137.5 = 412.5\,(\text{mm})$이므로 $h_{(\text{전면벽 상부의 두께})} = 410\text{ mm}$로 한다.

구조기준 13.3.2(3) : $h_{(\text{전면벽 상부 두께})} = 410\text{ mm} >$ 지하실 외벽 최소두께 200 mm 이상 <o.k.>

(g) 전면벽의 두께가 바닥에서 전단력에 적당한지 검토 : 위험단면은 그림 12.12에서 유효깊이 $d = 487\text{ mm}$떨어진 A-A 단면이다. 두께가 감소하므로 A-A 단면의 두께는 $(140/6,600) \times 6,113 + 410 = 540\,(\text{mm})$가 된다.

$$\phi V_c = \phi \frac{\lambda \sqrt{f_{ck}}}{6} bd = 0.75 \frac{(1.0)\sqrt{27}}{6}(1,000)(540)/10^3 = 350.5\,(\text{kN})$$

위험단면에 작용하는 계수전단력 계산

$$V_u = 1.6\left[6.48 \times 6.113 + \frac{32.4}{2}(6.113)\right] = 221.8\,(\text{kN}) \quad < \phi V_c = 350.5\text{ kN} \qquad \text{<o.k.>}$$

② **뒷굽판의 두께를 결정 :** 기초저판의 길이는 대략 0.6 x 전면벽의 길이 = 0.6(6.6) = 3.96 (m) (또는 전체높이 h의 0.4h ~ 0.67h)[12.14]가 되므로 반올림해서 **기초 저판의 길이 = 4.0 m** 로 한다. h = 7.2 m에서 앞굽판의 내민길이는 0.125h ~ 0.17h (= 0.9 m ~ 1.2 m) 정도이므로, 0.9 m로 결정한다. 그림 12.13에서 뒷굽판은 전면벽의 주인장 철근이 배치되어 있는 단면 ①에 고정된 캔틸레버로 본다. 기초 저판에 작용하는 상향 토압은 무시한다. 단면 ①에서 V_u와 M_u를 계산한다. 기초저판의 두께는 우선 **600 mm로 가정**하여 고정하중을 계산한다.

(a) 철근콘크리트의 단위무게 계산 :

단위질량 $\rho_c = 2,400\text{ kg/m}^3$ (표 1.6 참고)

단위무게 $\gamma_c = \rho_c g = 2,400 \times 9.81/10^3 = 23.54\,(\text{kN/m}^3)$

그림 12.13에 배면토압으로 인한 W_s와 뒷굽판의 고정하중 W_c에 대해서 전면벽의 주철근 중심으로부터 팔거리가 제시되었다.

(b) 계수전단력 및 계수휨모멘트 계산 : 식 (1.13) 참고 ; 상재하중 R_w는 활하중의 성격이 크다고 보아 계수 1.6을 적용하였다.

$\alpha_H = 1.05 - 0.025h = 1.05 - 0.025(6.6) = 0.885$; $1.6\alpha_H = 1.6(0.885) = 1.416$

$$V_u = 1.2W_c + (1.6\alpha_H)H_v + 1.6R_w$$
$$= 1.2(36.87) + 1.416(330.1) + 1.6(61.2) = 609.6\,(\text{kN})$$
$$M_u = 1.2(36.87 \times 2.613/2) + 1.416(330.1 \times 1.338)$$
$$+ 1.6(61.2)(1.338) = 813.1\,(\text{kN}\cdot\text{m})$$

기본설계에서 계산한 전면벽의 휨모멘트 M_s가 $632.0\text{ kN}\cdot\text{m}$로 여기에서 계산된 $M_H = 813.1\text{ kN}\cdot\text{m}$보다 작으므로 그림 12.10b와 식 (12.15b)에 따라 $M_H = M_s = 632.0\text{ kN}\cdot\text{m}$로

하여 설계할 수도 있다. 그러나 본 예제에서는 안전 측으로 계산하기 위해서 여기에서 계산된 값을 이용하여 설계한다.

(c) 전단보강 스터럽이 배치되지 않았을 때 전단에서 요구하는 뒷굽판의 두께를 계산 :

$$\text{식 (11.9)}: \ \therefore d_{(소요)} \geq \frac{V_u}{\phi(\lambda\sqrt{f_{ck}}/6)b} = \frac{609.6\times 10^3}{0.75(1.0\sqrt{27}/6)(1{,}000)} = 939\ (\text{mm})$$

(d) 설계휨모멘트 $M_H = 813.1$ kN · m 와 $0.5\rho_t$ 이용하여 요구되는 유효깊이 d를 계산 :

$\rho f_y = 0.00915\times 400 = 3.66$; $1.7f_{ck} = 1.7\times 27 = 45.9$

$$\therefore d_{(소요)} \geq \sqrt{\frac{M_u/\phi}{\rho f_y b(1-\rho f_y/1.7f_{ck})}}$$

$$= \sqrt{\frac{813.1\times 10^6/0.85}{(3.66)(1{,}000)(1-3.66/45.9)}} = 533\ (\text{mm})$$

(e) 따라서 전단이 요구하는 두께는 $d_{(소요)} \geq 939$ mm로 전단이 지배한다.

(f) 소요되는 뒷굽판의 두께 h_f 계산 :

$$h_{f\,(소요)} = d + 80\text{mm 피복두께} + \text{철근직경}/2 = 939+80+15 = 1{,}034\ (\text{mm})$$

따라서 <u>$h_{f\,(배치)} = 1{,}100$ mm</u>로 설계한다.

앞의 설계에서 기초저판의 두께를 600 mm로 가정하여 설계에서 배치하는 기초두께 1,100 mm 보다 500 mm 얇게 계산하였으므로 전면벽의 길이는 그만큼 짧아져야 할 것이다. 전면벽의 길이가 짧아지므로 전면벽의 계산에서 전단력과 휨모멘트가 감소하여 앞에서 결정한 단면의 제값을 사용하면 안전 측의 설계가 되므로 최종설계에서 단면의 치수를 그대로 사용하도록 한다. 또한 비록 작용하는 하중은 감소하지만 앞굽판의 두께도 뒷굽판과 동일하게 가정하였다. 최종설계에서 앞굽판에 대해서 상세한 해석을 할 예정이다.

단계 2 : 토압 및 안정성 검토(Soil Study and Stability Analysis)

③ **기본설계에서 결정한 치수를 사용하여 옹벽의 안정성을 활동과 전도 그리고 흙의 허용지지력에 대해서 검토 :** 토압의 분포를 구하기 위해서 먼저 옹벽에 작용하는 토압의 크기와 위치를 결정하여야 한다. 이 힘들은 그림 12.14에 보이는 콘크리트와 흙의 자유물체도에 작용하는 합력과 크기는 같고 방향은 반대이다. 토압합력 R_y의 연직분력은 기초판의 바닥에 작용하는 모든 연직하중을 합한 것과 같고, 표 12.1의 (1)번 열에 계산되어 크기는 538.8 kN이 되었다. 수평분력 R_x는 작용하는 수평토압과 같으며 표 12.2의 (1)번 열에서 계산되고, 크기는 184.0 kN이다.

표 12.1 앞굽판 A점에 대한 연직하중의 크기와 모멘트

(1) 힘 (kN)	(2) 팔거리(A점으로부터) (m)	(3) A점에 대한 모멘트 (kN·m)
$W_{w1} = (6.10)(0.14)(23.54)/2 = 10.1$	0.993	10.0
$W_{w2} = (6.10)(0.41)(23.54) = 58.9$	1.245	73.3
$W_f = (1.10)(4.0)(23.54) = 103.6$	2.0	207.2
$W_s = (6.10)(2.55)(19.614) = 305.1$	2.725	831.4
$W_q = (24.0)(2.55) = 61.2$	2.725	166.8
$R_y = \sum F_y = 538.8$ kN		$\sum M_a = 1{,}288.6$ kN·m (↩)

표 12.2 앞굽판 A점에 대한 토압 P_a의 크기와 모멘트

(1) 힘 (kN)	(2) 팔거리 (A점으로부터) (m)	(3) A점에 대한 모멘트 (kN·m)
$P_{a1} = 46.7$	3.6	168.1
$P_{a2} = 137.4$	2.4	329.8
$P_a = \sum F_x = 184.0$ kN		$\sum M_a = 497.9$ kN·m (↪)

토압의 합력이 기초판에 작용하는 위치인 앞굽판의 A점에서 B점까지의 거리 $\overline{x}$ 를 구하기 위해서 A점에 대해서 휨모멘트를 구하였다(표 12.1과 12.2 참고).

(a) A점으로부터 합력의 편심 $\overline{x}$ 계산 : A점에 대한 모든 휨모멘트를 더하면;

$$\sum M_A = 1{,}288.6 - 497.9 - 538.8\,\overline{x} = 0 \;;\quad \overline{x} = 1.468\,(\text{m})$$

기초판의 중심에서 R_y의 편심 e를 구하면 :

$e = 2.0 - 1.468 = 0.532\,(\text{m}) < h/6 = 4.0/6 = 0.67\,(\text{m})$; 인장응력은 발생하지 않는다.

(b) 기초판 바닥의 토압 분포 계산 : 기초저판에 압축응력만 발생하므로 그림 12.9b의 식으로 응력을 계산한다.

$$P = R_y = 538.8\ \text{kN} \;;\; M = R_y(e) = 538.8(0.532) = 286.7\ (\text{kN}\cdot\text{m})$$

$$A = (1)(4) = 4.0\,(\text{m}^2) \;;\; I = bh^3/12 = (1)(4^3)/12 = 5.333\,(\text{m}^4)$$

$$\therefore p = \frac{P}{A} \pm \frac{Mc}{I} = \frac{538.8}{4.0} \pm \frac{286.7(2.0)}{5.333} = 134.7 \pm 107.5 = 242.2 \text{ 또는 } 27.2\ (\text{kPa})$$

따라서 $p_{(\max)} = 242.2$ kPa ; $p_{(\min)} = 27.2$ kPa; 그림 12.14에 토압응력의 분포도가 제시되어 있다.

(c) 허용토압 검토 : $q_a = 263.5\ \text{kPa} > p_{(\max)} = 242.2\ \text{kPa}$ <o.k.>

(d) 활동에 대한 안전계수 검토 : 식 (12.13)에서

$$S.F. = \frac{\text{최대 마찰력}}{\text{밀어내는 힘}} = \frac{\mu R_y}{P_a} = \frac{(0.55)(538.8)}{184.1} = 1.61 > 1.50$$ <o.k.>

(e) 전도에 대한 안전계수 검토(표 12.2 참고) :

$$S.F. = \frac{\text{안정시키려는 모멘트}}{\text{전도시키려는 모멘트}} = \frac{1{,}288.6}{497.9} = 2.59 > 2.0$$ <o.k.>

옹벽의 치수가 허용토압 및 활동과 전도에 대해서 안정하므로 기본설계에서 정한 옹벽의 치수는 만족한다. 따라서 치수에 대한 조종 없이 최종설계단계로 가서 보강철근을 설계하고 설계상세에 대해서 다룬다.

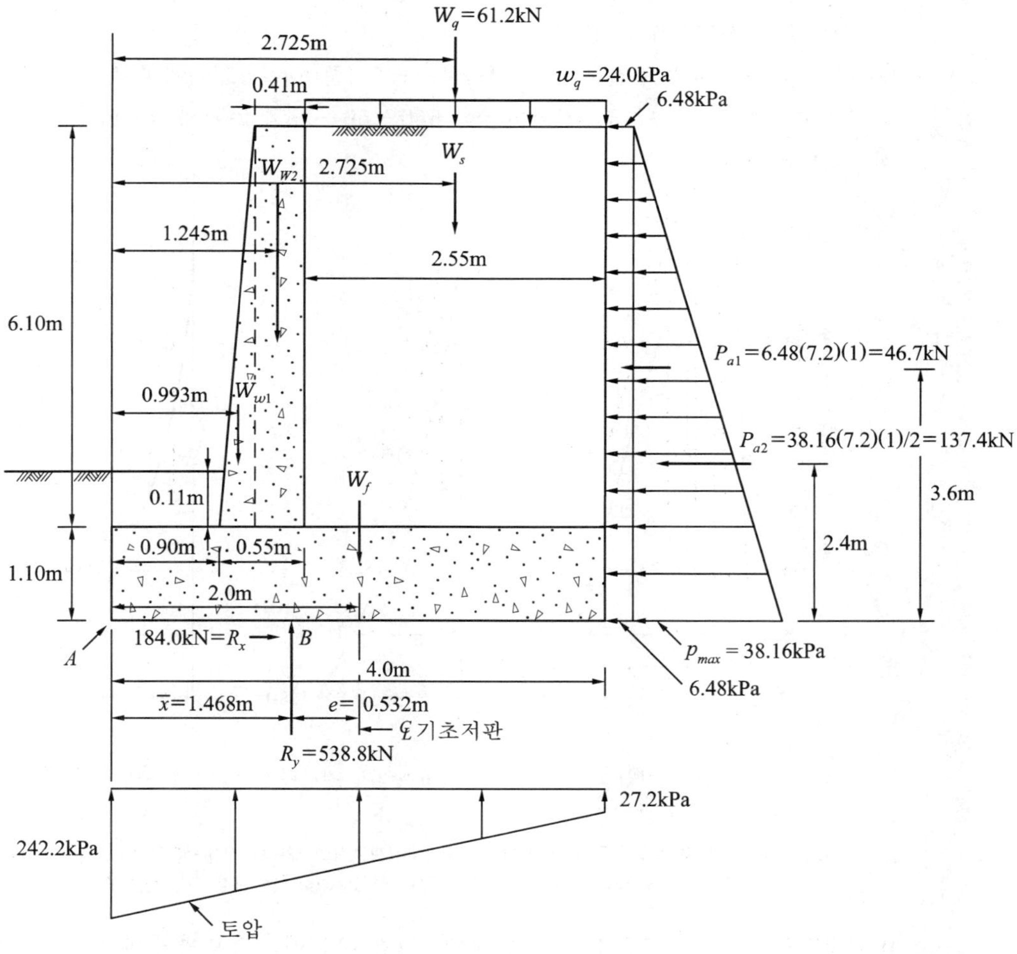

그림 12.14 기초저판의 바닥에 발생하는 토압의 분포(단위 m당)

단계 3 : 최종 설계(Final Design)

④ **전면벽의 재설계 :** 기본설계에서 뒷굽판이 최대전단력을 전달하기 위해서는 가정한 600 mm는 부족하여 뒷굽판의 두께가 1,100 mm가 필요하였다. 만약에 옹벽의 전체높이를 7.2 m로 유지한다면 전면벽의 길이는 7.2 - 1.10 = 6.10 m로 줄어들게 된다. 전면벽의 높이가 줄어들어서 전면벽의 바닥에서의 최대전단력과 휨모멘트가 기본설계에 비해서 얼마간 줄어들게 된다. 이런 하중의 감소를 고려하여 **전면벽의 두께**를 감소시킬 수 있지만 기본설계에서 결정한 바닥에서 **두께 550 mm에 상부두께 410 mm**를 그대로 유지하도록 한다. 또한 전면벽에서 초과하는 휨철근을 단계별로 절단하고자 하므로, 구조기준 8.5.1(6)①(ACI 12.10.5.1)[4]에서 콘크리트의 전단강도의 2/3만 활용할 수 있다는 규정에 따라, 전면벽에서 여분의 두께로 인한 전단강도가 절단점에서 휨철근의 절단을 가능하게 할 수도 있다.

D25 철근을 사용하고 주철근의 피복두께는 구조기준 5.4(표 2.11)에 따라 50 mm를 배치한다. 따라서 전면벽 바닥에서의 유효깊이는 $d = 550 - 50 - 25.4/2 \approx 550 - 63 = 487\,(\mathrm{mm})$를 사용하여 설계한다.

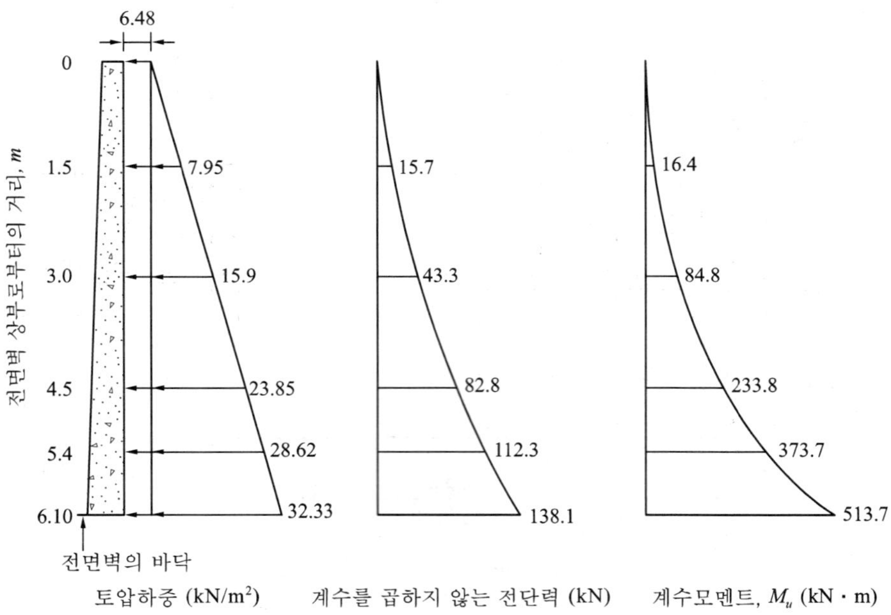

그림 12.15 전면벽의 전단력과 휨모멘트도 : (a) 전면벽의 배면에 작용하는 랜킨의 주동토압의 분포, (b) 하중계수를 곱하지 않는 토압으로 인한 전단력, (c) 하중계수 1.6을 곱해준 휨모멘트

(a) 전면벽의 전단력과 휨모멘트 분포 계산 : 그림 12.15에는 전면벽의 계수를 곱하지 않은 전단력

4) 구조기준 8.5.1(6)① : 휨철근을 인장구역에서 절단하기 위해서는 절단점의 전단력이 전체 전단강도의 2/3를 초과하지 않아야 한다.

도와 계수휨모멘트 M_u의 분포도가 제시되어 있다. 예를 들어서 전면벽 바닥에서의 계수휨모멘트는 $M_u = 1.6\left[6.10(6.48)\dfrac{6.10}{2} + \dfrac{6.10}{2}(32.33)\dfrac{6.10}{3}\right] = 513.7\,(\mathrm{kN}\cdot\mathrm{m})$로 계산할 수 있다[표 12.3의 (5)번 열 참고].

(b) 전면벽에서 높이에 따른 유효깊이 계산 :

전면벽의 상부에서의 유효깊이 $d_{(z=0)} = 0.41 - 0.063 = 0.347\,(\mathrm{m})$

전면벽이 아래로 내려갈수록 두꺼워지므로 상부에서 구하는 단면까지의 깊이를 z라 하면 :

$d_{(z)} = 0.347 + z\dfrac{0.14}{6.10}$ 가 된다 [표 12.3의 (6)번 열 참고].

(c) 식 (3.51), $R_n = (M_u/\phi)/(bd^2)$ 계산 [표 12.3의 (7)번 열 참고] :

(d) 소요철근비 계산 [식 (3.47a) 이용, 표 12.3의 (8)번 열 참고] :

식 (3.47a) : $\rho_{(소요)} = \dfrac{0.85f_{ck}}{f_y}\left(1 - \sqrt{1 - \dfrac{2R_n}{0.85f_{ck}}}\right)$

(e) 소요 철근단면적 계산 [표 12.3의 (9)번 열 참고] : $A_{s\,(소요)} = \rho_{(소요)}bd$

표 12.3 전면벽의 상부로부터 거리 z에 따른 소요철근 단면적

(1) 전면벽 상부에서 거리 z (m)	(2) 상재하중으로인한 토압 (kPa)	(3) 토압 (kPa)	(4) 전단력 (kN)	(5) 계수모멘트 (kN · m)	(6) d (m)	(7) R_n (MPa)	(8) 소요 철근비 $\rho_{(소요)}$	(9) 소요 철근단면적 (mm^2)
1.5	6.48	7.95	15.7	16.4	0.381	0.133	0.00035	132
3.0		15.90	43.3	84.8	0.416	0.577	0.00152	630
4.5		23.85	82.8	233.8	0.450	1.356	0.00363	1,633
5.4		28.62	112.3	373.7	0.471	1.982	0.00538	2,535
6.10		32.33	118.1	513.7	0.487	2.548	0.00702	3,419

(f) D25 휨철근의 배치 : 철근 1개의 단면적 $A_b = 506.7\,\mathrm{mm}^2$

전면벽 바닥에서의 소요철근의 거리 : $\dfrac{A_{s\,(소요)}}{A_b} = \dfrac{1{,}000}{s}$

식 (4.26) : $s_{(소요)} \le 1{,}000/[A_{s\,(소요)}/A_b] = 1{,}000/(3{,}419/506.7) = 148\,(\mathrm{mm})$

$\therefore s_{(배치)} = 100\,\mathrm{mm}$로 배치[5]하면,

5) 148 mm 이하로 배치하면 되지만, 1/2의 철근을 절단하고 이어서 다시 1/2의 철근을 절단하자면 구조기준 11.3(5)의 벽체의 최소철근비 규정에서 최대간격이 [3h = 3(410) = 1,230 ≤ 450 mm) 이하[식 (11.13b) 참고]이므로 이를 고려

$$A_{s\,(배치)} = 506.7(1{,}000/100) = 506.7(10) = 5{,}067\ (\mathrm{mm}^2)$$

$$> A_{s\,(소요)} = 3{,}419\ \mathrm{mm}^2 \qquad \text{<o.k.>}$$

배근을 간단하게 하기 위해서 구조기준 8.5.1(6)에 따라 최대로 절단할 수 있는 전체철근의 1/2을 절단한다고 하면 $A_{s\,(배치)} = 5{,}067/2 = 2{,}534\ \mathrm{mm}^2$ 철근의 이론적인 절단점은 전면벽의 바닥에서 $6.10 - 5.399 = 0.701\ (\mathrm{m})$ 가 된다[6]. 마찬가지로 다시 1/2을 절단한다면 같은 방법으로 전면벽의 바닥에서 이론적인 절단점은 $6.10 - 4.044 = 2.056\ (\mathrm{m})$가 된다(그림 12.16 참고).

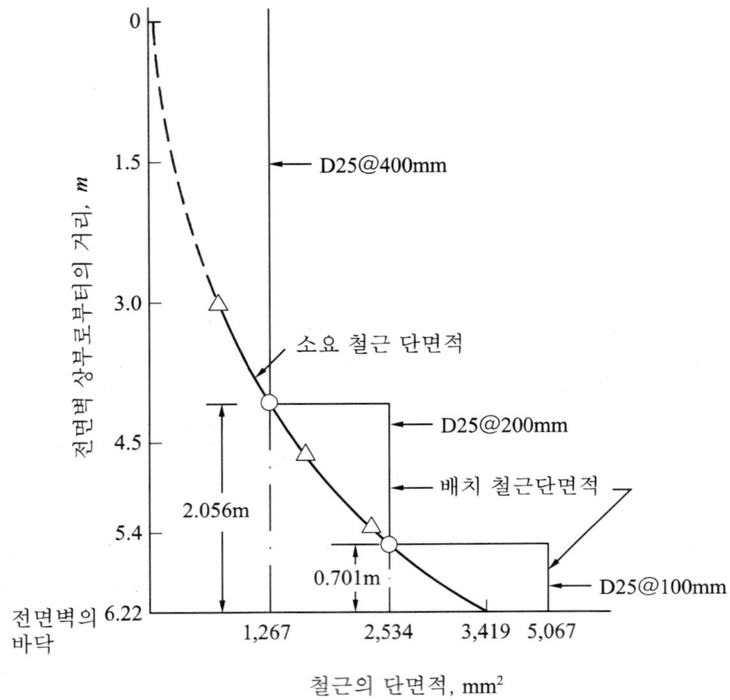

그림 12.16 전면벽에서 높이에 따른 소요 휨철근 단면적

○ 표시는 이론적인 절단위치 - 구조기준 8.5.1(2)에 따라 철근은 이론적인 절단점에서 적어도 d 또는 $12d_b$ 이상을 연장하여야 한다.

(g) 이론적인 절단점을 지나서 연장해야 되는 D25 주철근의 연장길이 계산 : 구조기준 8.5.1(2)에 따라 철근은 이론적인 절단점에서 적어도 d 또는 $12d_b$ 이상을 연장하여야 한다고 규정하고 있으므로, 첫 번째 절단한 철근의 위치는 상부로부터 $z = 5.399\ \mathrm{m}$이므로,

---

하여 100 mm로 선택한다(100 mm × 2 → 200 mm × 2 → 400 mm 관계를 유지하기 위해서 선택한다.).

6) 5.399 m는 표 12.3과 같은 Excel worksheet에서 (1)번 열의 값을 변화시켜가면서 (9)번 열의 값이 2,534 mm^2되는 값을 거꾸로 찾으면 쉽게 구할 수 있다.

㉠ $d_{(5.399)} = 0.347 + (5.399)\dfrac{0.14}{6.10} = 0.471\,(\text{m}) = \underline{471\text{ mm}}$ ← 지배

㉡ $12d_b = 12(25.4) = 305\,(\text{mm})$

㉢ 전면벽 바닥으로부터 D25 철근의 길이 :

$l_1 = 0.701 + 0.471 = 1.172\,(\text{m}) \; < \; \underline{l_{1\,(배치)} = 1.2\text{ m}}$ <o.k.>

(h) D25 철근의 정착길이 검토 : 계수 c 계산

㉠ D25 철근 중심간의 거리= $100/2 = 50\text{ mm}$ ← 지배

㉡ 철근 중심과 콘크리트 표면까지의 거리 : $c = 50 + 25.4/2 = 63\,(\text{mm})$

스터럽은 배치되지 않으므로 $A_{tr} = 0$; 따라서 $K_{tr} = 40A_{tr}/(sn) = 0$

$(c + K_{tr})/d_b = (50+0)/25.4 = 1.97 < 2.5$ 이므로 $(c+K_{tr})/d_b = 1.97$ 사용

표 6.1로부터, $\alpha = \beta = \gamma = \lambda = 1.0$

위의 값들을 대입하면, 식 (6.5) :

$$\frac{l_d}{d_b} = \frac{0.90 f_y}{\lambda\sqrt{f_{ck}}}\,\frac{\alpha\beta\gamma}{(c+K_{tr})/d_b} = \frac{0.90(400)}{1.0\sqrt{27}(1.97)} = 35.2$$

표 6.1에 따라 추가로 배치한 철근으로 인한 감소를 고려하면,

$$l_{d\,(소요)} = 35.2\,d_b\frac{A_{s\,(소요)}}{A_{s\,(배치)}} = 35.2(25.4)\frac{3{,}419}{5{,}067} = 603\,(\text{mm})$$

$l_{d\,(소요)} = 603\text{ mm} < l_{1\,(배치)} = 1{,}200\text{ mm}$ 이므로 D25 철근은 안전하게 정착되었다. 또한 D25 철근은 두께가 1,100 mm인 기초저판 속으로 적어도 603 mm 이상이 정착되어야 한다(그림 12.17 참고).

(i) 이론적인 절단점(상부에서 $z = 5.399\text{ m}$, 또는 바닥에서 0.701 m 떨어진 위치)에서 구조기준 8.5.1(6)①(ACI 12.10.5.1)에 따라 $V_u \le (2/3)\phi V_c$ 를 만족하여 철근을 절단할 수 있는지 검토 :

$V_{u\,(z\,=\,5.399\text{ m})} = 1.6\left[5.399(6.48) + (5.3)(5.399^2)/2\right] = 179.6\,(\text{kN})$

$d_{(z\,=\,5.399)} = 0.471\text{ m}$

$\dfrac{2}{3}\phi V_c = \dfrac{2}{3}\left(\dfrac{0.75}{6}\right)(1)\sqrt{27}(1{,}000)(471)/10^3 = 203.9\,(\text{kN}) > V_u = 179.6\text{ kN}$ <o.k.>

따라서 전단강도의 조건을 만족하므로 1/2의 휨철근을 절단해도 문제가 안 된다.

(j) 앞에서 언급한바와 같이, 나머지 철근 중에서 다시 1/2을 절단하면,

$A_{s\,(배치)} = 2{,}534/2 = 1{,}267\text{ mm}^2$ 철근에 대한 이론적인 절단점의 거리는 전면벽의 바닥에서 $6.10 - 4.044 = 2.056\,(\text{m})$가 된다(그림 12.16 참고). 이론적인 절단점에서 연장해야 되는 길이 :

첫 번째 절단한 철근의 위치는 상부로부터 $z = 4.044$ m 이므로,

㉠ $d_{(4.044)} = 0.347 + (4.044)\dfrac{0.14}{6.10} = \underline{0.440\ (\text{m})}$ ← 지배

㉡ $12\,d_b = 12(0.0254) = 0.305\ (\text{m})$

㉢ 전면벽 바닥으로부터 D25 철근의 길이 :

$$l_2 = 2.056 + 0.440 = 2.496\ (\text{m}) < \underline{l_{2\,(\text{배치})} = 2.6\ \text{m}}\ (\text{그림 12.17에서 b 철근})$$

두 번째 절단에서 전면벽의 상부까지 연장된 a 철근의 간격은 400 mm로 구조기준 5.7.2에서 간격은 두께의 5배 이하, 450 mm 이하이므로 [$h = 440 + 63 = 503\ (\text{mm})$; $5 \times 503 = 2{,}515\ (\text{mm}) > 450\ \text{mm}$ 이므로, 450 mm가 지배], 따라서 400 mm 간격은 적당하다.

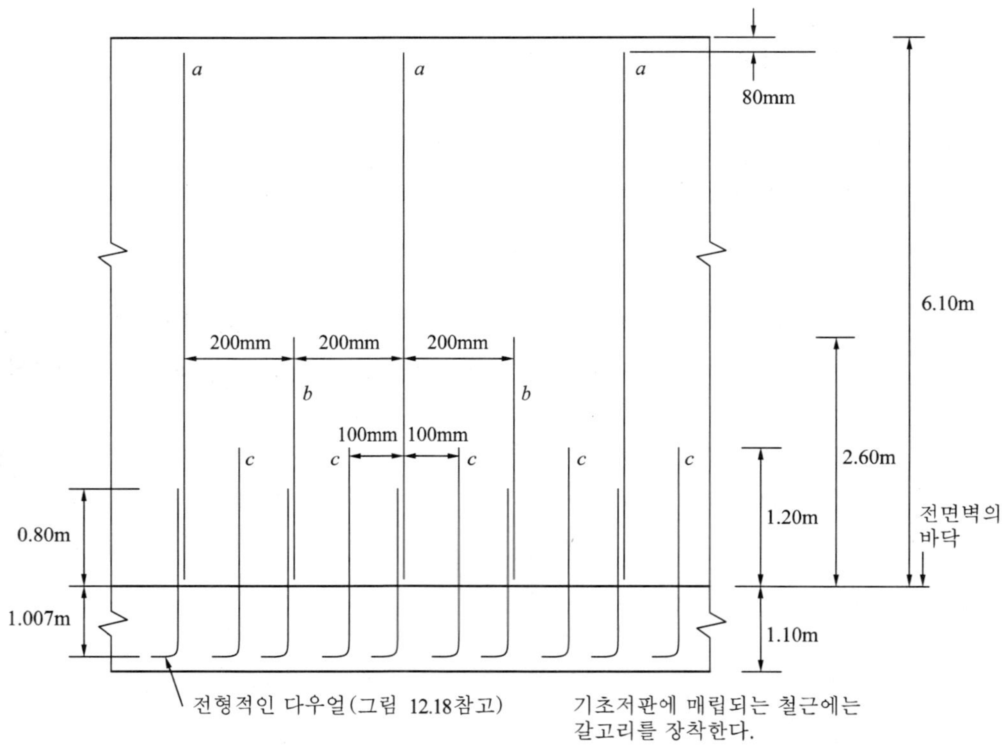

그림 12.17 D25 주휨철근의 절단점을 보여주는 전면벽의 입면도 : 그림에서 수평철근은 생략

(k) 주철근이 너무 길게 되면 자신의 무게 때문에 휘거나 또는 현장에서 철근공에 의해서 휘어질 수도 있다. 구조기준에서는 길이가 얼마나 길어질 때 이음을 하라는 규정은 없지만 대략 철근 지름의 90에서 100배 정도 될 때 이음을 하면 적당하다[12.1]. 따라서 D25 철근에서 $90 \times 25.4 = 2{,}286\ (\text{mm})$ 이므로, 그림 12.18에서 길이가 2.60 m 이상인 철근은 이어대기로 한다. 구조기준

8.6.2(2)(ACI 12.15.2 ; 6.8장 참고)에 따라 배치된 철근량이 해석결과 요구되는 소요철근량의 2배 이하($5,067/3,419 = 1.48 < 2.0$)이므로 B급 이음길이를 배치하여야 한다.

이음길이 : $1.3l_d = 1.3(603) = 784$ (mm)→ <u>배치 이음길이 = 800 mm</u> (그림 12.17)

(l) D25 주철근의 길이 계산 : 그림 12.17 참고 ; a 철근의 길이 = 6,100 - 80 = 6,020 mm 와 이어대는 철근의 길이 = 800 + 1,007 + 410 (그림 6.23, 90도 표준갈고리 A(G)의 길이 = 410 mm) = 2,217 mm ; a 철근의 총 길이 = 6,020 + 2,217 = <u>8,237 mm</u> ; b 철근의 길이 = 2,600 + 2,217 = <u>4,817 mm</u> ; c 철근의 길이 = 1,200 + (1,100 - 80 - 25.4/2) + 410 = 1,200 + 1,007 + 410 = <u>2,617 mm</u>

(m) 최소 수평철근 배치 : 구조기준 11.3(3)(ACI 14.3.3), 식 (11.13b)에 따라 최소 수평철근을 배치한다. 수평철근으로 D13 철근($A_b = 126.7\ \text{mm}^2$)을 배치하고 두꺼운 옹벽의 하부(두께 550 mm)를 기준으로 외측면과 내측면에 각각 1/2 이상씩을 동일하게 배치한다.

식 (11.13b) : $\dfrac{A_{sh\,(소요)}/2}{A_b} = \dfrac{2.0h/2}{A_b} \equiv \dfrac{1,000}{s_{\,(소요)}} \quad \rightarrow \quad s_{\,(소요)} \le \dfrac{1,000A_b}{h}$

하부기준 - 소요철근의 간격 : $s_{\,(소요)} \le 1,000A_b/h = 1000 \times 126.7/550 = 230$ (mm)

$\therefore s_{\,(배치)} =$ <u>200 mm</u> $< s_{\,(소요)} = 230$ mm <o.k.>

$A_{sh\,(외측면\ 배치)} = [1,000/s_{(배치)}]A_b = (1,000/200)126.7 = 633.5\ (\text{mm}^2)$

비율 검토 : $0.5 < [A_{sh\,(배치)}/2.0h = 633.5/(2 \times 550) = 0.58] < 2/3 = 0.67$ <o.k.>

외측면과 내측면에 동일하게 <u>D13 수평철근 @ 200 mm</u>로 배치한다. 피복두께 50 mm를 배치하면 배치위치는 50 mm < [50 + 13/2 = 56 mm] < 410/3 = 137 mm <o.k.>

(n) 최소 수직철근 배치 : 식 (11.12a)에 따라 D13 철근을 배치한다면, 전면벽 하부에서의 소요 수직철근도 역시 수평철근과 같이 1/2 이상을 배치하도록 한다.

외측면 $A_{sv\,(최소)}/\text{m} = 1.2h/2 = 1.2(550)/2 = 330\ (\text{mm}^2)$

내측면에 배치한 주 휨철근은 $A_{s\,(배치)} = 5,067\ \text{mm}^2 > A_{sv\,(최소)}/\text{m} = 330\ \text{mm}^2$ 이므로 본 규정을 충족하므로, 외측면에 대해서만 최소 수직철근을 배치하면 된다.

식 (11.13a) : $\dfrac{A_{sv\,(소요)}/2}{A_b} = \dfrac{1.2h/2}{A_b} \equiv \dfrac{1,000}{s_{\,(소요)}}$

$$s_{\,(소요)} \le \frac{1,000A_b}{0.6h} = \frac{1,000 \times 126.7}{0.6 \times 550} = 384\ (\text{mm})$$

따라서 <u>D13 수직 외측면 철근 @ 300 mm 간격으로 배치</u>하면,

$A_{sv\,(외측면\ 배치)} = [1,000/s_{(배치)}]A_b = (1,000/300)126.7 = 422\ (\text{mm}^2)$

$0.5 <$ 외측면 배치비율 $= 422/660 = 0.64 < 0.67$ <o.k.>

피복두께 50 mm : 배치위치는 50 mm < [50 + 13/2 = 56 mm] < 410/3 = 137 mm <o.k.>

⑤ **뒷굽판의 재설계 :** 기본설계에서 뒷굽판의 두께가 1,100 mm가 필요하였다. 하중이 변하지 않았으므로 이 깊이를 그대로 사용한다. 피복두께로 80 mm가 필요하고, D25 철근의 반지름, $25.4/2 = 12.7\,(\text{mm})$를 빼면, 유효깊이 $d = 1{,}100 - 80 - 12.7 \approx 1{,}007\,(\text{mm})$가 된다.

(a) 소요휨철근 계산 : 기본설계에서 구한 계수휨모멘트 $M_u = 813.1$ kN · m에 대해서 표 12.3과 같은 절차로 계산하면 $R_n = 0.943\,(\text{N/mm}^2)$로, $A_{s\,(\text{소요})} = 2{,}516\,(\text{mm}^2)$가 된다.

(b) 최소철근 검토 : $f_{ck} = 27\,\text{MPa} < 31\,\text{MPa}$이므로 $(1.4/f_y)$항 지배

식 (3.39a) : $A_{s\,(\min)} = 1.4bd/f_y = 1.4(1{,}000)(1{,}007)/400 = 3{,}525\,(\text{mm}^2)$ ← 지배

(c) D25 철근의 배치 : 소요 간격 계산

식 (4.26) : $s_{(\text{소요})} \leq 1{,}000/(3{,}525/506.7) = 1{,}000/6.96 = 144\,(\text{mm})$

D25 철근 @ 140mm로 배치하면

$A_{s\,(\text{배치})} = 506.7(1{,}000/140) = 3{,}619\,(\text{mm}^2) > A_{s\,(\text{소요})} = 3{,}525\,\text{mm}^2$ <o.k.>

(d) 주철근에 연직한 방향으로 배력철근 배치 : 흙속에 묻히므로 온도변화가 거의 없다고 보아 D13 철근을 최대 간격인 450 mm로 배치한다.

⑥ **앞굽판의 재설계 :** 그림 12.11에서 앞굽판은 전면벽의 외측면에 고정된 길이 0.90 m의 캔틸레버로 보아 설계한다. 계수하중을 구하기 위해서 식 (1.13)을 이용하면 토압($h = 1.2$ m < 2.0 m ; $\alpha_H = 1.0$)에는 계수 1.6을 곱하고, 콘크리트로 인한 고정하중에는 계수 1.2를 곱해준다. 성토되는 110 mm의 흙의 무게는 무시한다.

(a) 콘크리트의 고정하중 계산 : (1.10)(1)(23.54) = 25.89 (kN/m)

(b) 전면벽의 외측면의 바닥에 작용하는 토압계산 (그림 12.11 참고) :

27.2 + (3.10)(242.2 - 27.2) / 40 = 27.2 + (3.10)(53.75) = 193.8 (kPa)

(c) 전면벽의 외측면에서 계수휨모멘트 계산 (토압은 그림 12.11과 같이 삼각형으로 나누어 계산)

$$M_u = \frac{1}{2}(0.90^2)\left\{1.6(1.0)\left[(242.2)\frac{2}{3} + (193.8)\frac{1}{3}\right](1)\right\} - 1.2\left[\frac{1}{2}(0.90^2)(25.89)(1)\right]$$

$\therefore M_u = 1.6(65.39 + 26.16) - 1.2(10.48) = 133.9$ (kN · m)

(d) 소요 휨철근 계산 : 유효깊이 $d =$ 1,100 - 80 - 12.7 = 1,007 (mm) ; 계수휨모멘트 $M_u =$ 133.9 kN · m에 대해서 표 12.3과 같은 절차로 계산하면 $R_n = 0.155$ MPa로, $A_{s\,(\text{소요})} =$ 407 (mm^2)가 된다.

(e) 최소철근 검토 : $A_{s\,(\min)} = 1.4bd/f_y = 1.4(1{,}000)(1{,}007)/400 = 3{,}525\,(\text{mm}^2)$ ← 지배

(f) 앞굽판의 주철근으로 전면벽의 D25 철근을 연장하여 사용하도록 한다(그림 12.17 및 12.18 참고) : 전면벽 바닥에서의 D25 철근의 간격 : $\underline{s_{(\text{배치})} = 100\,\text{mm}}$ 로 배치하였으므로,

$A_{s\,(\text{배치})} = 506.7(1{,}000/100) = 5{,}067\,(\text{mm}^2) > A_{s\,(\text{소요})} = 3{,}525\,\text{mm}^2$ <o.k.>

앞굽판에서 이어대는 D25 주철근의 길이 재계산 : 그림 12.17 참고 ;

그림 6.23, 90도 표준갈고리 A(G)의 길이 = 410 mm를 앞굽판 피복두께 80 mm까지 연장하면 전면벽 내측면에서 앞굽판 전면까지의 길이 = (550-50) + (900-80) = 1,320 mm (꼬리 길이)

이어대는 a 철근 길이 = 800 + (1,100 - 80 - 25.4/2) + 1,320 = 800 + 1,007 + 1,320 = 3,127 mm

a 철근의 총 길이(2 가닥) = 6,020(직선) + 3,127(L형) = 9,147 mm

b 철근의 총 길이(2 가닥) = 2,600(직선) + 3,127(L형) = 5,727 mm

c 철근(L형)의 길이 = 1,200 + 1,007 + 1,320(꼬리) = 3,527 mm

$\phi M_n \geq (4/3)M_u$를 만족하는 상황으로 최소철근을 줄일 수 있지만 생략한다.

(g) 전단 검토 : 위험단면은 전면벽의 외측면에서 거리 d 떨어진 거리로 $0.90 - 1.007 = -0.107\,(\mathrm{m})$이므로 검토를 생략한다.

(h) 주철근에 연직한 방향으로 배력철근 배치 : 흙속에 묻히므로 온도변화가 거의 없다고 보아 D13 철근을 배치하는데 전면벽의 주휨철근의 정착을 돕기 위해서 적당히 300 mm 간격으로 배치한다.

⑦ **전면벽 바닥에서 전단의 전달 :** 전면벽의 바닥이 기초저판의 상면에서 바깥쪽으로 활동하지 않도록 이전에는 보통 전단활동 방지홈(shear key)을 배치하였다. 그림 12.18와 같이 전면벽이 배치될 위치에 기초판의 상면에 나무 등을 매립하여 홈을 만든다. 기초판의 콘크리트가 경화한 뒤에 나무를 제거하면 원하는 홈을 얻을 수 있다. 전단활동 방지홈의 깊이는 전달되어야 하는 전단을 콘크리트의 지압강도로 나누어서 계산한다. 전단활동 방지홈의 폭은 전달되어야 하는 전단을 콘크리트의 전단강도로 나누어 구한다.

전단활동 방지홈을 설계하는 다른 방법은 전면벽의 하부와 기초저판의 상면에서 전단-마찰 파괴면을 따라 보강철근을 배치하는 방법이다(7.6장 참고). 기초저판과 전면벽이 접합되는 면에 최적화된 전단-마찰 저항력이 발생할 수 있도록 기초판의 상면에 깊이가 적어도 6 mm 정도 되도록 표면을 거칠게 만들어야 한다.

전단 - 마찰 보강철근 A_{vf}를 구하기 위해서 식 (7.38)을 사용하면,

그림 12.12에서 전면벽에 작용하는 총 계수전단력 $V_u = 1.6(42.77 + 115.4) = 253.1\,(\mathrm{kN})$

식 (7.38) : $A_{vf\,(소요)} = \dfrac{V_u/\phi}{\mu f_y} = \dfrac{253.1 \times 10^3/0.75}{(1.0)(400)} = 844\,(\mathrm{mm}^2)$

이 값은 구조기준 7.6.2(4)에 따라 $V_n \leq 0.2 f_{ck} A_c$또는 $5.6 A_c$ 이하이어야 하므로,

$V_n = 253.1/0.75 = 337.5\,(\mathrm{kN})$; $A_c = 0.55(1) = 0.55\,(\mathrm{m}^2)$

$V_n = 337.5\,\mathrm{kN} < 0.2 f_{ck} A_c = 0.2(27)(0.55 \times 10^6)/10^3 = 2{,}970\,(\mathrm{kN})$

$< 5.6 A_c = 5.6(0.55 \times 10^6)/10^3 = 3{,}080\,(\mathrm{kN})$ <o.k.>

전면벽의 바닥에서 $A_{s\,(여분)} = 5{,}067 - 3{,}403 = 1{,}664\,\mathrm{mm}^2 > A_{vf\,(소요)} = 844\,\mathrm{mm}^2$ <o.k.>

따라서 그림 12.18과 같이 기초저판의 상면에 전단활동 방지홈을 배치할 필요 없이 전면벽과의

접촉면에 깊이 6 mm의 홈으로 거칠게 하면 된다.

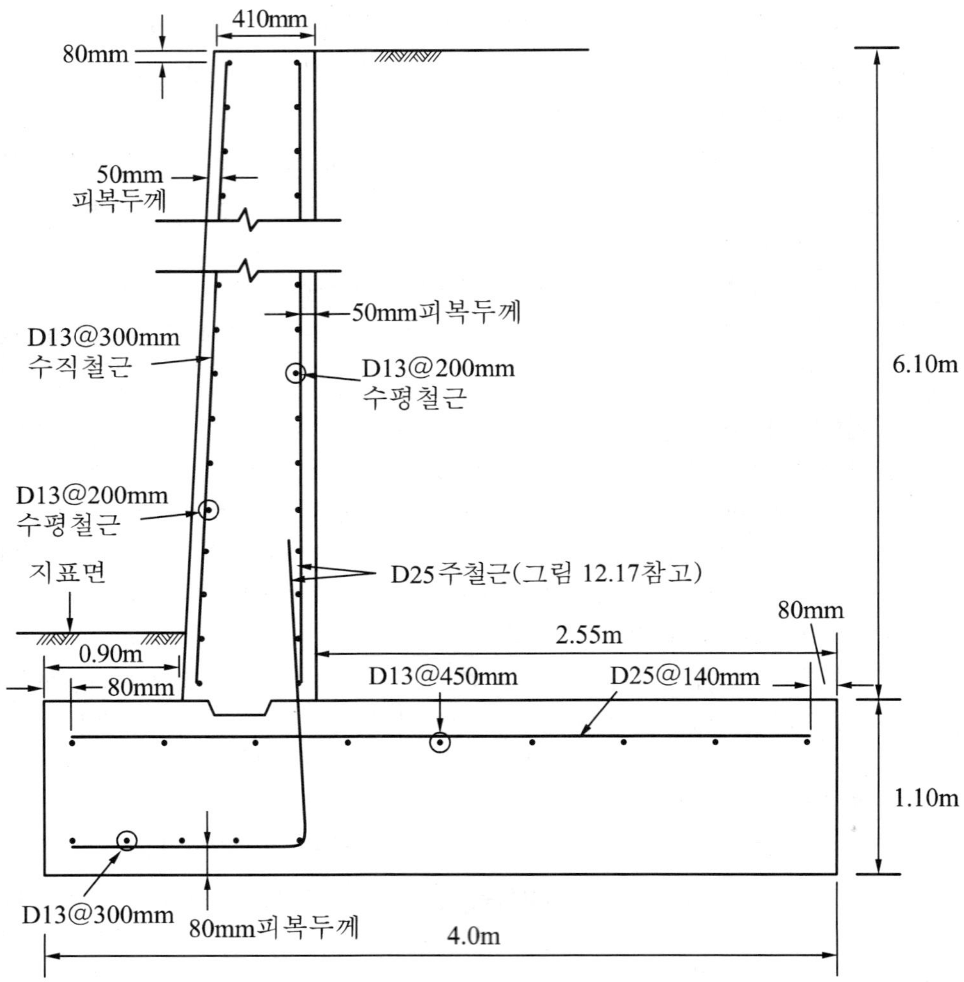

그림 12.18 옹벽과 기초저판의 철근의 상세배근도

참고문헌

12.1 Leet, Kenneth, and Bernal, Dionisio, Reinforced Concrete Design, Third Edition, MacGraw-Hill Co., 1997, 546 pp.

12.2 Meyer, C., Design of Concrete Structures, Prentice Hall International Series, 576 pp. 1996.

12.3 Wang, Chu-Kia, Salmon, Charles G. and Pincheira, Jose A., Reinforced Concrete Design, 7th edition, Harper & Row, 2007, 948 pp.

12.4 남상욱, 토목시공학, 청운문화사, 2000, 817 pp.

12.5 Peck, R., Hanson, W., and Thornburn, T., Foundation Engineering, 2nd. ed., Wiley, New York, pp. 425, 1974.

12.6 콘크리트구조기준, 국토해양부 제정, 한국콘크리트학회, 2012, 342 pp.

12.7 ACI 318-08, ACI 318R-08, Building Code Requirements for Structural Concrete(318-08) and Commentary(318R-08), Farmington Hills, MI 48333-9094.

12.8 철근콘크리트표준시방서, 건설교통부제정, 사단법인 대한토목학회, 1996.

12.9 Williams, A., Design of Reinforced Concrete Structures, 2nd Edition, Engineering Press, Austin, Texas, 2000, 385 pp.

12.10 Reynolds, C. E., and Steedman, J. C., Reinforced Concrete Designer's Handbook, Cement and Concrete Association, London, 1981.

12.11 Spiegel, L., and Limbrunner, G. F., Reinforced Concrete Design, 2nd Edition, Prentice-Hall International Limited, 1986, 432 pp.

12.12 McCormac, J. C., Deisgn of Reinforced Concrete, 3rd Edition, Harper Collins College Publishers, 1993, 693 pp.

12.13 김생빈, 개정 토목구조물설계, 기문당, 2001, 411 pp.

12.14 Hassoun, M. Nadim and Al-Manaseer, Akthem, Structural Concrete Theory and Design, John Wiley & Sons, Inc., 2005, 865 pp.

12.15 CRSI Design Handbook 2008 Based upon the 2008 ACI Building Code, 10th Edition, Concrete Reinforcing Steel Institute, Schaumberg, Ill., 2008.

12.16 신현목, 이영욱, 특집 개정 콘크리트구조기준 : 해석과 설계원칙, 제24권, 1호(통권 126호), 콘크리트학회지, pp. 22~23.

연습문제

12.1 그림 P12.1에 보이는 3.75 m 높이의 절토면을 지지하는 캔틸레버식 옹벽을 설계하라. 지표면에는 균등한 등분포하중 $9.58\ kN/m^2$ 이 작용하고 있다. 뒷채움재로는 다진 자갈을 사용하며 단위질량 $\rho_s = 2{,}160\ kg/m^3$ 이다. 소유권 때문에 옹벽의 기초저판은 전면벽의 외측면에서 0.6 m 까지 연장할 수 있다. 그림 12.22와 같이 뒷굽판에 뒷배수를 배치하여 옹벽에 수압이 작용하지 않는다고 가정한다. 옹벽의 뒷채움에는 랜킨의 주동토압이 발달한다고 가정한다.

콘크리트와 흙 사이의 마찰계수는 0.55로 고려하고, 최대 허용토압은 $263.5\ kN/m^2$ 을 초과할 수 없다. 단, $\phi = 35^o$, 보통중량골재 콘크리트 $f_{ck} = 27\ MPa$, $f_y = 400\ MPa$ 이다.

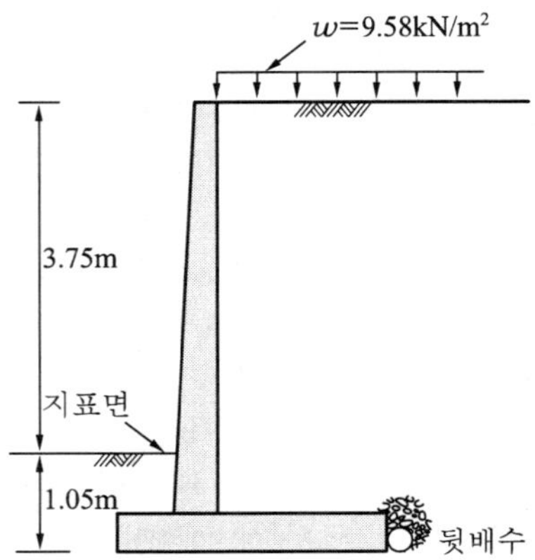

그림 P12.1

12.2 그림 P12.2에 보이는 10°의 상향경사각을 가진 3.0 m 높이의 절토면을 지지하는 캔틸레버식 옹벽을 설계하라. 뒷채움재로는 다진 자갈을 사용하며 단위질량 $\rho_s = 2{,}000\ kg/m^3$ 이다. 뒷굽판에 뒷배수를 배치하여 옹벽에 수압이 작용하지 않는다고 가정한다. 옹벽의 뒷채움에는 랜킨의 수동토압이 발달한다고 가정하고, 콘크리트와 흙 사이의 마찰계수는 0.55로, 최대 허용토압은 $240\ kN/m^2$ 을 초과할 수 없다. 단, $\phi = 35^o$, 보통중량골재 콘크리트 $f_{ck} = 27\ MPa$, $f_y = 400\ MPa$ 이다.

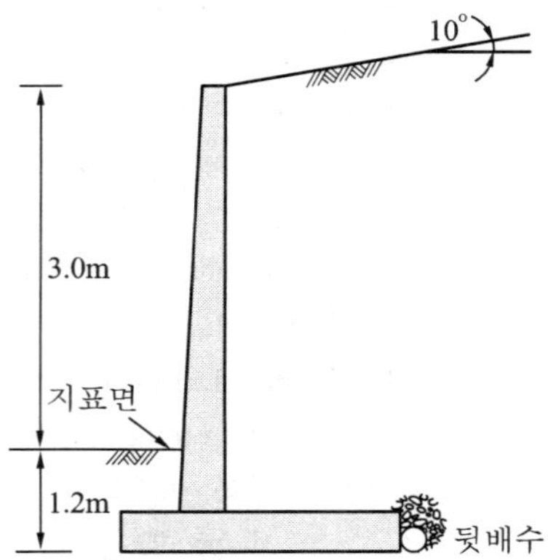

그림 P12.2

12.3 연습문제 [12.1]에서 전면벽의 외측면이 기초저판의 왼쪽 면과 일치해야 되는 경우(즉, L형 옹벽)에 대해서 재설계하라. 지표면에는 상재하중이 없다고 가정하고, 앞굽판 위의 지표면에서 전면벽의 높이는 3.15 m 이다.

Chapter 13

Reinforced Concrete

불연속 영역 및 스트럿-타이 모델

Discontinuity Region and Strut-and-Tie Model

13.1 스트럿-타이 모델(Strut-and-Tie Models)[13.1]

구조부재는 그림 7.39와 같이 선형 변형률과 보 이론이 적용될 수 있는 **B 영역(Beam 또는 Bernoulli region)**과 집중하중이 작용하거나 또는 단면이 불연속이어서 보 이론이 적용되지 않는 **D 영역(Discontinuity 또는 교란영역 Disturbed region)**으로 나눌 수 있다. D 영역에서는 하중의 상당한 부분이 면내력(in-plane force)으로 지지된다. D 영역의 예는 집중하중이나 반력이 작용하는 부근, 내민 받침(corbel), 깊은 보(deep beam), 접합부(joint), 따낸단부(dapped end), 단면의 급격한 변화, 개구부(holes)와 그 외의 불연속 단면이 여기에 속한다(그림 13.1 및 13.2 참고). 오랜 동안 D 영역에 대한 설계는 경험적이거나 어림잡아 수행되어 왔다. 그러나 1987년 Stuttgart 대학교의 Schlaich 교수[13.2]와 연구진들에 의해서 발표된 3편의 논문에서 구조물의 모든 부분 즉, B 영역과 D 영역에 동일하게 적용할 수 있도록 트러스 모델을 일반화(generalized the truss analogy)하여 **스트럿-타이 모델(strut-and-tie model, STM)**을 제시하였다[13.3].

이 모델은 철근콘크리트 구조물이 외력을 지지점이나 지반에 전달하기 위해서는 일련의 **압축장(compressive stress field)**과 이 압축장을 서로 연결하는 **인장타이(tension tie)**에 의한다는 사실에 의해서 설명될 수 있다. 이 타이는 보강철근일수도 있고 프리스트레싱 긴장재이거나 또는 콘크리트 인장응력장(tensile stress field)일 수도 있다.

Saint-Venant의 원리에 의하면 교란의 국부적인 영향은 교란이 시작되는 점에서 대략 부재의 깊이만큼의 거리에서 사라진다고 암시하고 있다. 따라서 D 영역은 불연속 단에서 각 방향으로 부재의 깊이만큼 연장된다고 가정하였다(그림 7.39 및 13.1 참고).

1998년에 출판된 ASCE-ACI 445 위원회의 연구보고서[13.4]에서 다룬바와 같이 구조용 콘크리트의

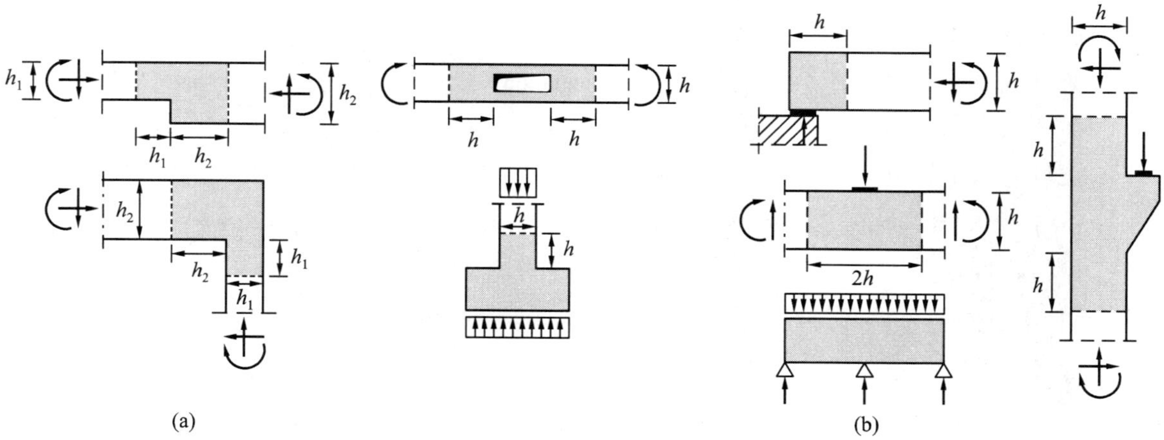

그림 13.1 1987년 Schlaich 등[13.2]이 인용한 D 영역 예 :
(a) 기하학적인 불연속 단면 구간 ; (b) 집중하중이 작용하는 위치나 불연속 단면 구간

설계에 스트럿-타이 모델(STM)을 이용하게 되면 D 영역뿐만 아니라 B 영역도 동일한 설계개념으로 접근할 수 있는 가능성을 제시하였다. 이에 따라, ACI에서는 2002년도에 출판한 ACI 318-02 시방서[13.5]의 부록에 스트럿-타이 모델의 설계방법을 수록하였다. ACI에서 발행한 SP-208 보고서[13.6]에는 스트럿-타이 모델을 이용해서 여러 저자들이 다룬 깊은 보(deep beam), 따낸단부(dapped end) 및 내민받침(corbel) 등의 설계 예가 제시되어 있다. ACI 318-99[13.7] 18.13에는 스트럿-타이 모델을 이용한 포스트텐션 부재의 정착단 설계가 제시되기 시작하였다.

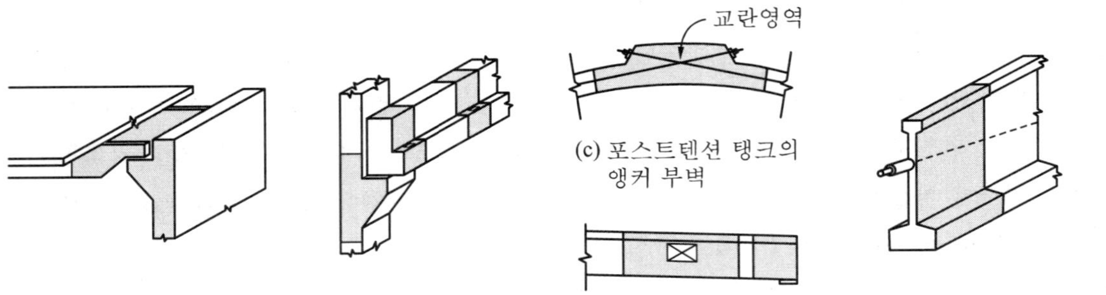

그림 13.2 프리캐스트-프리스트레스트 콘크리트의 응력교란 D 영역 예[13.15]

D 영역의 거동(Behavior of D-Regions)[13.1]

균열이 일어나기 전에는 **탄성응력장(elastic stress field)**이 존재하고 이는 유한요소 해석(finite element analysis)과 같은 해석법을 이용하여 구할 수 있다. 균열이 발생하게 되면 이 응력장은 교란되어 주요한 내부 힘들의 방향을 변화(reorientation)시키게 된다. 균열 후에 내부 힘들은 **콘크리트 압축대(concrete compression strut)**와 **인장철근 타이(steel tension tie)**와 **절점영역(nodal zone)**으로 구성된 스트럿-타이 모델(struts-and-tie model)로 모델링할 수 있다. 만약에 압축대의 끝부분이 단면의 중앙부분에서 보다 좁게 되면(그림 13.3 또는 13.4b의 병모양 스트럿) 압축대에는 종방향 균열(longitudinal crack)이 발생할 수 있으며, 이 균열은 철근으로 보강하지 않으면 파괴로 이어질 수 있다. 반면에 균열을 억제하는 횡방향 철근(transverse reinforcement)이 배치되어 있으면 추가적인 하중을 지지하여 종래에는 압축파괴가 일어날 것이다. 또한 파괴는 인장타이의 항복에 의하거나 절점영역(nodal zone)의 파괴에 의해서도 나타날 수 있다. 물론, 인장철근 타이의 항복에 의해서 파괴가 시작되어 부재가 연성(ductility)을 보이는 것이 바람직하다.

스트럿-타이 모델의 구성요소(Components of Strut-and-Tie Model)

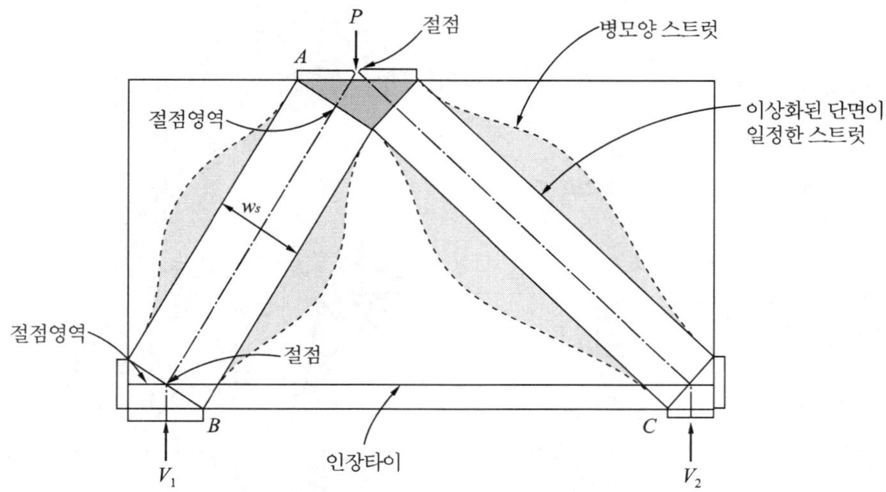

그림 13.3 깊은 보의 스트럿-타이 모델

그림 13.3에는 깊은 보에 대한 스트럿-타이 모델을 보여주고 있다. 모델은 2개의 콘크리트 스트럿(압축대)와 인장타이 역할을 하는 종방향철근, 그리고 **절점(node)**이라고 불리는 접합점과 절점부근의 콘크리트를 일컫는 **절점영역(nodal zone)**으로 구성되어 있다. 절점영역은 경사진 스트럿으로부터 다른 스트럿이나 타이 또는 지점의 반력으로 힘을 전달한다. 구조기준 해설 7.2.1[13.17](ACI R11.1[13.5])에서는 응력교란영역(D영역, 구조기준에서 언급한 부재 : 깊은보, 브래킷, 내민받침 및 벽체의 설계)의 전단설계에 부록 I의 스트럿-타이 모델을 적용할 수 있도록 규정하고 있다.

스트럿-타이 모델은 (1) 작용하는 하중에 대해서 힘의 시스템이 평형을 이루고, (2) 스트럿, 타이 또는 절점영역에서 단면의 계수강도가 계수하중에 의한 단면의 부재력을 초과하여 만족하는 모델을 말한다. 소성론의 **하한경계이론(lower bound theorem of plasticity)**에 의하면 구조물에서 (1)과 (2)를 만족시키는 이 힘의 시스템은 실제 구조물의 강도(strength)에 대한 하한경계라고 제시하고 있다. 하한경계이론이 적용되기 위해서는 구조물은 (3) 탄성거동으로부터 충분한 연성(sufficient ductility)을 가져서 내력이 분배되는 소성거동(plastic behavior)을 발달시켜 (1)과 (2)를 만족시키는 상태를 말한다. 물론 이 이론은 가정된 하중 시스템에 도달하기 전까지는 어떠한 요소도 변형능력(deformation capacity)을 초과하지 않는다는 가정을 하고 있다. 이러한 이유 때문에 스트럿-타이 모델에서 스트럿, 타이 또는 절점영역의 부재력은 탄성거동에서 완전한 소성거동 사이의 분포가 될 것이다. 따라서 구조기준 I.2.3[13.30](ACI A.2.6[13.31])에서는 하한경계이론에 따라 다음과 같은 설계식을 제시하고 있다.

$$\phi F_n \geq F_u \tag{13.1}$$

여기에서 F_u는 계수하중에 의한 스트럿과 타이의 단면력 또는 절점영역의 한 면에 작용하는 단면력이고, F_n은 스트럿, 타이 그리고 절점영역의 공칭축강도이며, ϕ는 감도감소계수1)이다.

스트럿 (압축대, Compression Strut)

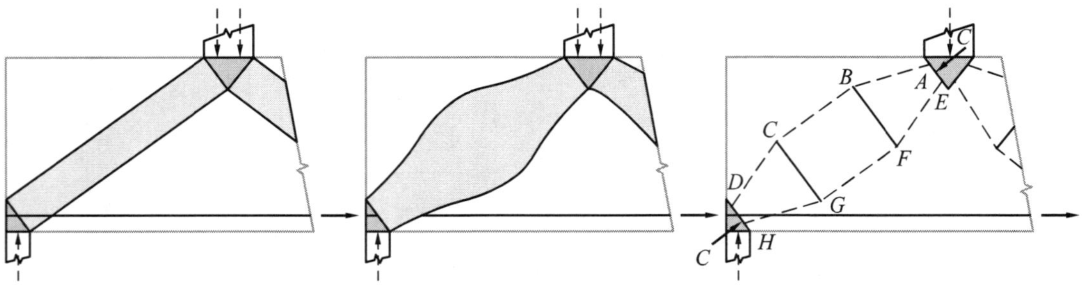

(a) 이상화된 단면이 일정한 스트럿 (b) 병모양 스트럿 (c) 병모양 스트럿의 스트럿-타이 모델

그림 13.4 스트럿(Compression Struts)

스트럿-타이 모델에서 **스트럿(compression strut)**은 압축대 방향으로 압축을 받는 콘크리트 압축응력장(concrete compression stress field)을 표현하고 있다. 압축대는 보통 단면적이 일정한(prismatic) 또는 균일하게 단면적이 변하는(uniformly tapering) 부재로 이상화되지만, 종종 그림 13.4b와 같이 압축대의 끝에서 보다는 중간에서 넓어져서 길이에 따라 단면적이 변하는 **병모양 스트럿(bottle-shaped strut)**으로 이상화하거나, 그림 13.4c와 같이 국부적인 트러스모델로 이상화하기도 한다[13.2, 13.3]. 설계에서 간략하게 하기 위해서 병모양 스트럿을 선형적으로 단면의 폭이 변하도록 그림 13.5b와 같이 스트럿의 종방향 대 횡방향으로 2 : 1로 분산되어 전달된다고 가정한다 [구조기준 I.3.3(1), ACI A.3.3]. 압축력이 이렇게 퍼져서 작용하게 되면 횡방향으로 인장이 발생해서 압축대의 축을 따라 균열이 발생할 수 있고(그림 13.5a 참고), 이에 대해서 횡방향 철근을 배치하지 않으면 균열이 일어난 뒤에 파괴로 발달될 것이다. 충분한 횡방향 철근2)이 배치되면 압축대는 압축파괴(crushing)가 지배하게 될것이다. 스트럿-타이 모델에서 압축대는 그림 13.4c와 같이 압축대의 축을 따라 점선으로 표현된다.

1) 스트럿-타이 모델의 강도감소계수는 ACI에서는 모든 요소에 동일한 0.75를 적용하고 있지만 국내에서는 상황에 맞게 스트럿, 절점영역 및 지압부는 0.75로 타이는 0.85로 제시하고 있다.

2) 구조기준 I.3.3(2)에서는 구속철근 또는 균열조절철근이라고 부르며 식 (13.9)를 만족하도록 제안하고 있다.

종방향 균열에 의한 스트럿의 파괴(Strut Failure by Longitudinal Cracking) : 그림 13.6a는 병모양 스트럿의 한 부분을 보여주고 있다. 지압면적의 폭은 a이고 압축대의 두께는 t이다. 압축대의 중간높이에서의 유효폭은 b_{ef}로 표시되었다. Schlaich 등[13.2]은 병모양 부분을 대략 압축대의 끝에서 $1.5b_{ef}$까지 연장된다고 보고, 예제에서는 $b_{ef} = l/3 \geq a$로 고려하였다. 여기에서 l는 절점에서부터 절점까지의 압축대의 길이이다. 길이가 짧은 압축대에서는 b_{ef}가 a보다 커야하는 한계가 종종 지배한다. MacGregor[13.1]는 압축대에서 병모양 영역을 아래와 같이 가정하였다.

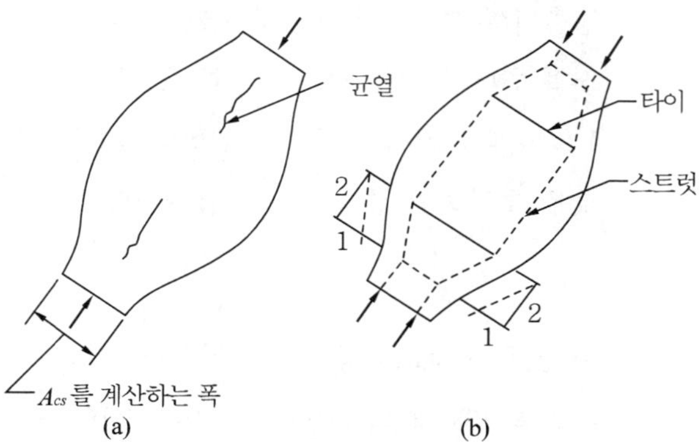

그림 13.5 병모양 스트럿(bottled-shape strut)

$$b_{ef} = a + l/6 \leq \text{허용 가능한 폭} \tag{13.2}$$

그림 13.4c와 13.6b는 스트럿-타이 모델에서 병모양 영역을 보여주고 있으며, 여기에서는 Rogowsky와 Marti[13.8]에 따라 경사압축대의 길이를 $b_{ef}/2$로 보았다. 그림 13.6b에서 $b_{ef}/2$떨어진 곳에서의 횡방향 인장력 T는 스트럿-타이 모델에서

$$\frac{b_{ef}}{2} : \frac{b_{ef}}{4} - \frac{a}{4} = \frac{C}{2} : T$$

가 되므로,

$$T = \frac{C}{2}\left(\frac{b_{ef}/4 - a/4}{b_{ef}/2}\right) \quad \text{또는} \quad T = \frac{C}{4}\left(1 - \frac{a}{b_{ef}}\right) \tag{13.3}$$

로 표현된다. 이 인장력 T는 콘크리트에 횡방향 응력을 발생시켜서 균열을 유발시킬 수 있으며, 그림 13.6c의 응력분포도와 같이 횡방향으로 분포하게 된다. Adebar와 Zhou[13.9]는 압축대 양끝에서의 인

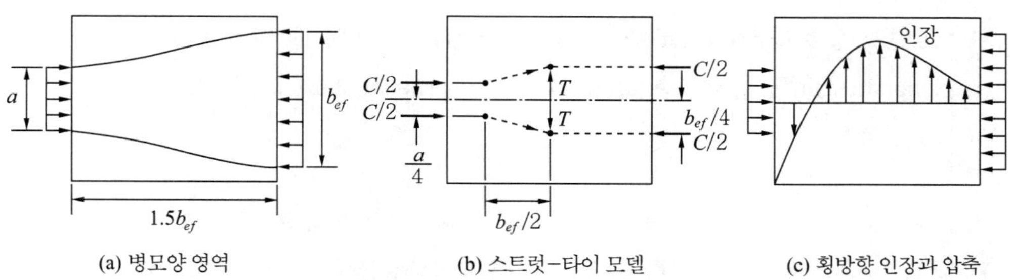

그림 13.6 응력의 분포와 스트럿에 발생하는 횡방향 인장

장응력의 분포는 $l/a \geq 3.5$ 인 경우에는 완전히 분리되고, $l/a \approx 1.5 \sim 2.0$ 인 경우에는 완전히 겹쳐야 된다고 제시하였다. 또한 길이가 $2b_{ef}$이고 $b_{ef}/a = 2$ 인 압축대에서 인장응력이 포물선 형태로 $1.6b_{ef}$에 걸쳐서 분포하여 인장력 $2T$와 평형을 이룬다고 가정하면 압축대의 끝에서 지압력이 아래 값을 초과하면 종방향 균열이 발생할 수 있을 것이다.

$$C = 0.55\,a\,t\,f_{ck} \tag{13.4}$$

이 값은 Schlaich 등[13.2, 13.3]이 제시한 $0.6\,a\,t\,f_{ck}$에 대응하는 값이다.

그림 13.4의 벽체와 같은 깊은 보에서 보강하지 않은 압축대의 최대하중은 콘크리트 균열에 의해서 지배되며 이런 경우에 압축대의 최대하중은 식 (13.3)에 의해서 결정할 수 있다. 이 식에서는 압축력이 오직 한 방향(두께방향을 제외하고)으로만 퍼진다고 가정하고 있다. 그러나 만약에 지압 영역이 부재의 전체 폭에 걸쳐 있지 않은 그림 13.7a와 같은 경우에 압축대의 폭에 걸쳐 횡방향의 인장력이 발생하므로 두께방향(reinforcement through the thickness)으로 철근(즉, 단면에 평행한 방향)을 배치하여야 한다.

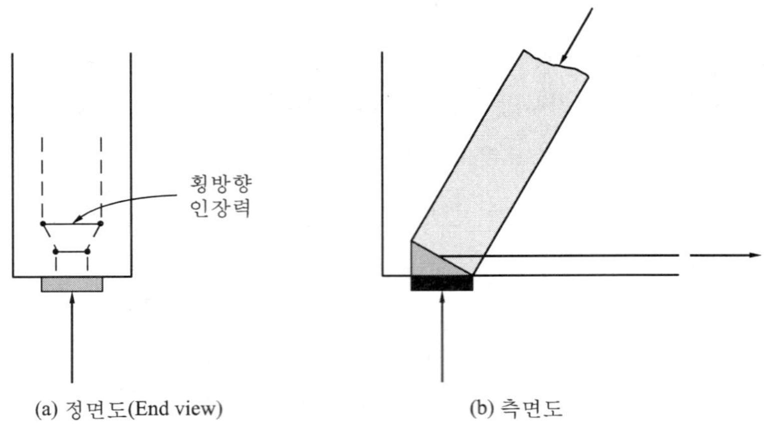

그림 13.7 스트럿에서 축방향으로 하중의 횡방향 분산

스트럿의 압축파괴(Compression Failure of Strut) : 압축대에서 콘크리트의 압축분쇄 파괴강도(crushing strength)를 유효압축강도(effective compressive strength) f_{ce}라 하고 다음과 같이 표현한다.

$$f_{ce} = \nu f_{ck} \tag{13.5}$$

여기에서 ν는 유효계수(efficiency factor)로 0~1.0의 값을 갖고 있다. 여러 문헌[13.2, 13.10~13.12]에 따라 각각 다른 유효계수를 제시하고 있으며, 유효압축강도에 미치는 주요 요소들은 아래와 같다.

① 콘크리트의 강도(Concrete Strength) : 강도가 증가할수록 콘크리트는 취성(brittle)이 증가하고 ν는 감소하게 된다.

② 지속하중 영향(Load Duration Effect) : 원주형 공시체의 강도 f_{ck}에 비해서 보나 기둥의 강도가 떨어지는 경향이 있는데 그 이유로는 지속하중으로 인한 강도감소, 굳지 않은 콘크리트가 배치될 때 브리딩에 의해서 상부 콘크리트가 약해지는 점, 그리고 원주형 공시체와 실제 구조물의 압축영역의 형상이 다른 것 등에 의해서 설명된다. 구조기준 6.2.1(7)①(ACI 10.2.7.1)에서는 이런 상황 등을 고려하여 휨부재에서 등가 직사각형 응력블럭의 크기를 $0.85f_{ck}$로 정할 수 있도록 하고 있다. 그림 13.8에서는 보에서 스트럿이 어떻게 등가 직사각형 압축응력 블록을 표시하는지를 보여주고 있다. 스트럿에서는 지속하중의 영향을 고려하기 위해서 식 (13.5)를 아래 식으로 표현하였다.

$$f_{ce} = \beta_s (0.85 f_{ck}) \tag{13.6}$$

③ 스트럿의 횡방향 인장변형률(Tensile Strain Transverse to the Strut) : Collins와 Mitchell[13.12]에 의하면 균등한 인장변형을 받는 패널의 압축강도가 감소되는 것을 보여주었다(참고문헌 13.24의 그림 8.53 및 8.60 참고). AASHTO LRFD에서 f_{cu}는 이 개념을 근거로 제시되었다[13.16].

④ 균열 스트럿(Cracked Strut) : 압축대와 평행하게 또는 각도를 갖고 발생하는 균열은 스트럿을 약하게 만든다.

스트럿의 설계(Design of Compression Strut) : 구조기준 I.3.1(ACI A.3.1)에서는 스트럿의 공칭압축강도는 아래의 식으로 양단부에서 구한 값 중에서 작은 값을 취하도록 규정하고 있다.

$$F_{ns} = f_{ce} A_{cs} \tag{13.7}$$

여기에서 $A_{cs} = b_s w_s$는 스트럿 단부에서의 단면적이고, 유효압축강도 f_{ce}는 식 (13.6)과 절점영역의 식 (13.6a)에서 구한 값 중에서 작은 값이다[3]. b_s는 스트럿의 두께(thickness)이고, w_s는 스트럿의 유효폭(effective strut width)이다. 식 (13.1), 식 (13.6)과 식 (13.7)을 같이 쓰면,

$$\phi F_{ns} = \phi f_{ce} A_{cs} = \phi(\beta_s 0.85 f_{ck})(b_s w_s) \geq F_u \tag{13.8}$$

로 쓸 수 있다. 표 13.1에는 구조기준 I.3.2(ACI A.3.2)와 I.5.3(ACI A.5.2)에서 제시된 β_s와 β_n[4]계수

3) 구조기준에서는 이 내용을 생략하고 제시하지 않고 있지만, 참고문헌 13.25의 표 1.1.1에서는 이 내용의 적용을 암시하고 있으므로 본 교재에서도 ACI와 같이 적용하도록 한다.

4) β_n은 절점영역의 유효 압축강도를 계산할 때 타이의 정착영향을 고려하기 위한 계수이다.

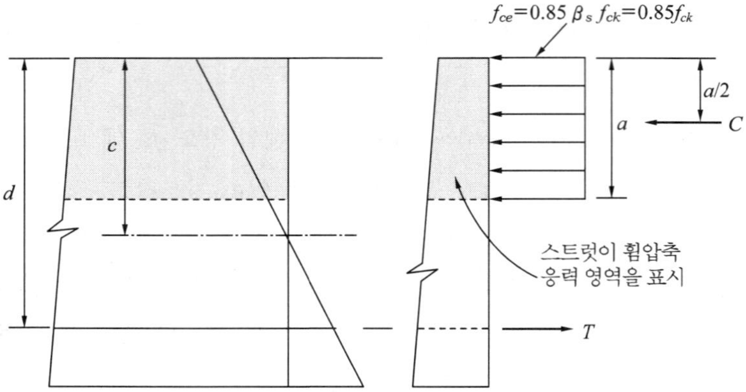

(a) 변형률 분포 (b) 응력 분포

그림 13.8 보에서 압축응력 블럭을 표시하는 스트럿

가 주어졌다. 각 계수에 대한 설명은 다음과 같다.

ⓐ 전 길이에 걸쳐 스트럿의 단면적이 일정한 한 경우 : 보나 기둥의 압축영역에서와 같이 등가 직사각형 응력블럭 a와 두께 b와 같은 경우로 $\beta_s = 1.0$ 이다. 중립축의 깊이는 $c = a/\beta_1$ 이고, 압축합력은 $C = f_{ce}ab$ 로 압축연단에서 거리 $a/2$ 떨어진 위치에 작용한다.

ⓑ 병모양 스트럿(bottle-shaped strut)에서 횡보강 철근이 배치된 경우 : 그림 13.4b나 13.5에서와 같이 스트럿을 따라 발생하는 찢어짐 균열을 방지하고자 횡방향 보강철근이 배치된 경우이다. 이런 종류의 스트럿에서는 종방향 균열이 발생하지만 배치된 횡방향 보강철근으로 인해서 균열이 일어난 뒤에 균열 폭의 증가는 억제되어 추가의 하중을 지지할 수 있게 되며, 이런 경우 $\beta_s = 0.75$ 가 된다. 만약에 횡방향 보강철근이 배치되지 않는 경우 찢어짐 균열이 일어나자마자 붕괴파괴가 일어날 수 있으므로 작은 β_s 값을 사용하여야 한다.

압축대에 나타나는 종방향 균열은 압축대가 자신의 압축강도에 이르는 것을 방해하게 된다. 균열을 억제하기 위한 보강철근의 강도는 콘크리트 스트럿에 균열이 발생하여 잃어버리는 인장력과 같으면 되고, 그림 13.6b의 국부적인 스트럿-타이 모델을 이용해서 계산할 수 있다. 식 (13.3)으로 제시되는 인장타이력 T로부터 대략 압축대에 연직방향으로 보강철근이 배치되고 보강철근은 극한 상태에서 항복한다면 단면적은 공칭강도를 표시하는 아래첨자 n을 쓰면 아래 식으로 표현된다.

$$T_n = A_s f_y \geq \Sigma\left[\frac{C_n}{4}\left(1 - \frac{a}{b_{ef}}\right)\right] \tag{13.3a}$$

여기에서 C_n은 스트럿의 공칭압축력이고, a는 스트럿 단부의 지압판의 폭이고, b_{ef}는 병모양 스트럿의 폭으로 그림 13.6b에 표시되어 있다. Σ는 압축대 양쪽 끝에서의 값을 더한다는 의미이다.

표 13.1 구조기준 I.3.2와 I.5.3에 제시된 유효계수 β_s와 β_n

압축대 (strut) $f_{ce}=\beta_s(0.85f_{ck})$	전 길이에 걸쳐 스트럿의 단면적이 일정한 경우		$\beta_s=1.0$
	병모양 스트럿	횡방향 보강철근이 배치된 경우	$\beta_s=0.75$
		보강철근이 배치되지 않은 경우	$\beta_s=0.60\lambda$ *
	인장요소 또는 부재의 인장플랜지에서의 스트럿인 경우		$\beta_s=0.40$
	기타의 모든 경우		$\beta_s=0.60$
절점영역(nodal zone) $f_{ce}=\beta_n(0.85f_{ck})$	지지판, 스트럿 또는 지지판과 스트럿에 의해 형성된 절점영역 : CCC 절점		$\beta_n=1.0$
	하나의 타이가 연결된 절점영역 : CCT 절점		$\beta_n=0.80$
	두개 이상의 타이가 연결된 절점영역 : CTT 절점 또는 TTT 절점		$\beta_n=0.60$

* λ는 경량콘크리트에 관한 수정계수(correction factor)로 일반콘크리트의 경우 1.0 ; 모래경량 콘크리트의 경우 0.85 ; 전경량 콘크리트인 경우 0.75이다. 일부의 모래만이 대체된 경우는 직선보간법을 적용할 수 있다[식 (2.12a) 참고].

만약에 철근이 압축대와 각도 θ를 주어 배치하게 되면 $A_s f_y/\sin\theta$ 하면 된다. 이러한 보강철근을 **구속철근(confinement reinforcement)**[또는 **균열조절철근(crack control reinforcement)**, 또는 **표면철근(surface reinforcement)**]이라 부른다. 구조기준 I.3.3(2)(ACI A.4.3.3.1)에서는 스트럿-타이 모델에서 필요한 구속철근을 계산하기 위해서 다음의 식을 사용하도록 하고 있다.

$$\sum \frac{A_{si}}{b_s s_i}\sin^2\gamma_i \geq 0.003 \tag{13.9}$$

여기에서 A_{si}는 그림 13.9와 같이 스트럿의 축과 각 γ_i이고 간격 s_i로 배치된 균열조절철근(표면철근)의 총 단면적 ; b_s는 스트럿의 두께(thickness)이다. 아래첨자 $i=1, 2$ 에서 1은 수직철근을 의미하고, 2는 수평방향 구속철근을 의미한다. 구조기준 I.3.3(3)(ACI A.3.3.2)에서는 균열조절 표면철근은 그림 13.9와 같이 스트럿 축에 각각 γ_1과 γ_2 각을 갖도록 직각방향으로 배치하거나, 또는 한 방향으로 배치하려면 $\gamma \geq 40^o$ 이상 되도록 배치하여야 한다고 규정하고 있다.

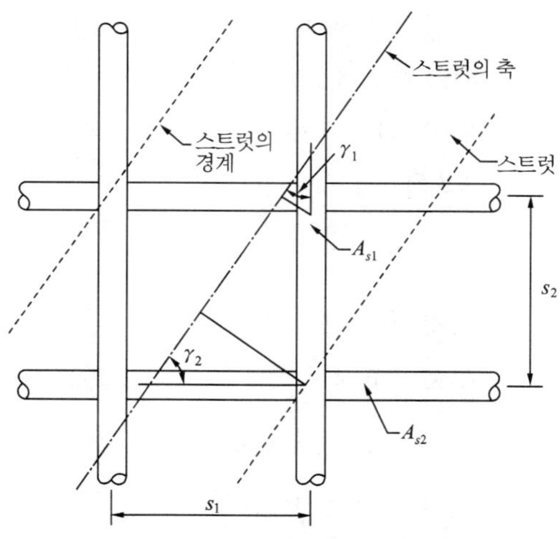

그림 13.9 스트럿을 가로지르는 균열조절철근 (구속철근)

식 (13.9)는 간략한 계산을 위해서 응력보다는 철근비로 나타낸 식[13.17]이고, $f_{ck} \leq$ 40 MPa인 경우에만 적용하도록 규정하고 있다. 수직방향 철근의 인장변형률 ε_{s1}은 스트럿 축에 연직한 변형률 $\varepsilon_{s1}\sin\gamma_1$을 일으키고, 수평방향 철근은 $\varepsilon_{s2}\sin\gamma_2$의 연직한 변형률을 일으킨다. 여기에서 $\gamma_1+\gamma_2=90^o$이다.

ⓒ 병모양 스트럿에서 보강철근이 배치되지 않은 경우 : 식 (13.9)를 만족하지 못하는 경우로 3차원 구조물인 파일캡(pile cap)과 같은 메스콘크리트에서 2차원 스트럿의 횡방향 구속철근을 적용하기 어려운 경우가 발생할 수 있다. 이런 경우에 구조기준 I.3.2(2)②[ACI A.3.2.2(b)]에서는 감소된 f_{ce}를 규정하고 있다. 축방향 균열이 발생하면서 붕괴된다고 가정하여 $\beta_s=0.60\lambda$ 로, 경량골재 수정계수 λ를 곱해주도록 하였다. 따라서 스트럿의 강도는 다음과 같이 압축대에 균열을 일으키는 압축력을 강도로 고려해야 한다.

$$C_{cr}=0.85(0.60\lambda f_{ck})(b_s w_{nz}) \tag{13.10}$$

여기에서 w_{nz}와 b_s는 절점영역(node zone)의 폭과 두께이다.

ⓓ 인장요소 또는 부재의 인장플랜지에서의 스트럿인 경우 : 보나 박스거더 또는 벽체의 인장플랜지에서 종방향 및 횡방향 보강철근 설계에 사용되는 스트럿-타이 모델의 콘크리트 스트럿에 적용한다. 이러한 스트럿은 인장영역에서 균열을 가로질러 압축력을 전달하여야 하므로 낮은 값 $\beta_s=0.40$ 으로 규정되었다.

ⓔ 기타의 모든 경우 : 앞의 경우에 해당되지 않는 스트럿에 적용된다. 예로는 보 복부의 압축장에서 그림 13.10a와 같이 평행하게 형성되는 경사균열이 스트럿을 분리하는 경우와 그림 13.10b와 같이 비스듬한 균열이 경사 스트럿을 가로지르는 경우이다.

ⓕ 압축철근의 배치(Use of Compression Reinforcement) : 스트럿의 강도를 증가시키기 위해서 압축철근을 배치할 수 있으며, 압축철근은 스트럿의 중심선에 평행하게 배치하여 적절히 정착하고 구조기준 5.5.2(ACI 7.1)의 압축부재에 대한 띠철근[식 (4.2a) 참고]이나 나선철근의 규정도 만족하여야 한다. 이런 경우에 스터럿의 강도는 다음의 식으로 구할 수 있다[구조기준 I.3.4(2), ACI A.3.5].

$$F_{ns}=f_{ce}A_{cs}+1.13A_s{}'f_s{}' \tag{13.11}$$

여기에서 보강철근의 응력 $f_s{}'$은 스트럿이 파쇄될 때의 스트럿의 변형률로부터 구할 수 있으며, 구조기준 해설[13.17]에서는 SD300 ~ SD400 철근의 경우에 $f_s{}'=f_y$로 취할 수 있다고 하였다.

ⓖ 보강철근에 의한 스트럿의 정착(Strut Anchored by Reinforcement) : 가끔 휨에 대한 트러스 모델의 복부에서 경사 스트럿이 종방향 철근에 의해서 지지되고 이 종방향 철근은 스터럽에 의해서 지지되는 경우가 있다(그림 7.36b 참고).

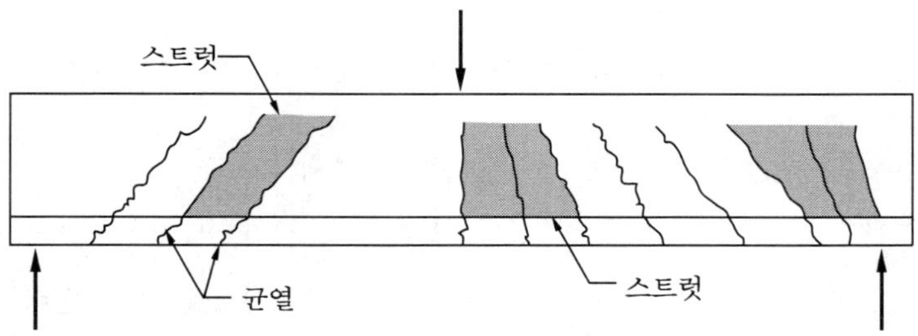

(a) 평행하게 형성되는 경사균열이 스트럿을 분리하는 경우

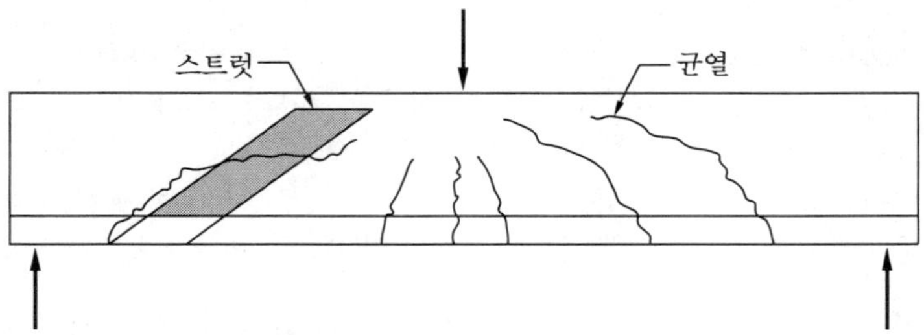

(b) 비스듬한 균열이 경사스트럿을 가로지르는 경우

그림 13.10 구조기준 I.3.2(2)④(ACI A.3.2.4)의 기타인 경우의 스트럿의 종류

인장타이(Tension Tie)

스트럿-타이 모델에서 두 번째 중요한 요소는 인장타이이다. 인장타이는 동일한 방향으로 하나 또는 여러 층으로 이루어져 배치되고, 설계는 식 (13.1)에 타이(tie)를 의미하는 아래첨자 t를 더하여,

$$\phi F_{nt} \geq F_u \tag{13.1a}$$

로 표현하고 있다. 여기에서 F_{nt}는 타이의 공칭강도로

$$F_{nt} = A_{st} f_y + A_{ps}(f_{pe} + \Delta f_p) \tag{13.12}$$

로 표현된다. 여기에서 A_{ps}는 프리스트레스트 강재타이의 단면적이고 $(f_{pe} + \Delta f_p) \leq f_{py}$이어야 한다.

구조기준 I.4.2(ACI A.4.2)에서 철근의 중심선은 인장 타이의 중심선과 일치하여야 한다고 규정하고 있다. 스트럿-타이 모델의 배치에서 타이는 보강철근과 이 보강철근이 연결되는 삼각형 모양의 콘크리트(prism of concrete) 절점영역으로 구성되어 있다. 타이를 둘러싸는 삼각형의 콘크리트 폭을 타이의 유효폭(effective width of tie) w_t라 하며 구조기준 해설(ACI RA.4.2)에서 아래와 같은 제한 값을 제시하고 있다.

① 인장철근이 1열(one layer of steel)로 배치되는 경우 : 철근타이의 유효폭 w_t는 그림 13.11a에

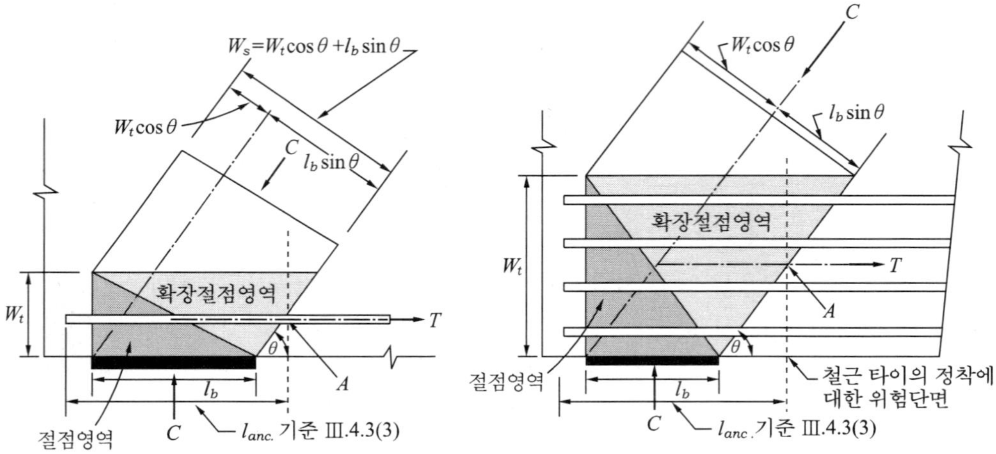

(a) 1열 철근을 배치하는 경우 (b) 다열 철근을 배치하는 경우

그림 13.11 C-C-T 절점에서 인장력 분포의 영향을 고려한 확장절점영역(extended nodal zone)

서와 같이 타이 철근의 도심에서 콘크리트 표면까지 거리의 2배이다.

② 다열의 철근(distributed steel)이 배치되는 경우 : 절점영역의 응력을 정수압 상태(hydrostatic nodal zone)로 고려할 경우 철근타이의 유효폭의 상한값은 다음 값으로 보아야 한다.

$$w_{t\,(\max)} = F_{nt} / (f_{ce}\, b_s) = F_{nt} / (\beta_n 0.85 f_{ck} b_s) \tag{13.13}$$

여기에서 f_{ce}는 식 (13.6a)에 주어진 절점영역의 유효압축강도이고, b_s는 스트럿의 두께(thickness)이다. 콘크리트는 철근타이가 작용하는 절점영역 면의 폭을 구하는데 사용되지만, 타이에서 콘크리트는 어떤 하중에도 저항하지 않고 다만 철근과 접착력에 의해서 스트럿에서 타이나 지압판으로 하중을 전달하는 역할을 한다. 철근타이를 둘러싸고 있는 콘크리트는 **인장강화(tension stiffening)**에 의해서 타이의 축력을 증가시키므로 사용성 해석(serviceability analysis)에서 타이의 축력을 모델링할 때 포함시킬 수 있다. 정착력이 부족하게 되면 타이는 파괴될 수 있으며, 스트럿-타이 모델을 이용해서 D 영역을 설계하는데 있어서 절점영역(nodal zone)에서 인장타이의 정착은 매우 중요한 사항이다. 인장타이는 스트럿-타이 모델에서 실선으로 표시되어 있다.

절점영역에서 인장타이의 정착(Anchorage of Ties in Nodal Zone) : 스트럿-타이 모델을 이용해서 설계하는데 있어서 모델의 끝단이나 절점영역에서 타이의 정착은 복잡하면서 상당히 도전적인 문제이다. 어떤 설계방법을 사용하느냐 와는 별개로 타이의 정착은 모든 설계에서 문제가 될 것이다. 사실 이 스트럿-타이 모델의 장점은 구조기준 I.4.3(ACI A.4.3)에서와 같이 정착을 독립적으로 다룬다는 점이다. 타이가 연결된 절점영역에서 타이는 자유단에서 확장절점영역과 철근타이 도심과 만나는 점 A(그림 13.11참고)에서 부착력, 표준갈고리 또는 기계적 장치 등에 의해서 정착되어야 하고, 절점을 기준으로 서로 맞은편에 있는 타이력의 차이는 절점영역에서 정착시켜야 한다고 규정하고 있다. 표준갈고리에 의해서 정착하는 경우에는 가능하면 지지하는 기둥(supporting column) 등의 내부로 연장하여 구속력을 받도록 하는 것이 좋다.

구조기준 I.4.3(3)과 (4)(ACI A.4.3.2-3)에서는 그림 13.11a나 b와 같이 하나의 타이 또는 두개 이상의 타이가 연결된 절점 영역에서 타이력을 확장절점영역의 경계면과 철근타이의 도심이 교차하는 A 점으로부터 확장절점영역 내측에서 정착시켜야 한다.

절점과 절점영역(Nodes and Nodal Zones)

스트럿-타이 모델에서 3개 또는 그 이상의 힘들이 모이는 점(joint)을 **절점(node)**라고 하고, 개념적으로 핀절점(pinned joint)으로 이상화 할 수 있다. 스트럿과 타이의 힘이 절점을 통해서 전달될 수 있도록 하는 절점의 2차원 삼각형 또는 다각형 형태이거나 3차원에서 입체의 유한한 콘크리트 영역을 **절점영역(nodal zone)**이라 한다. 한 절점에는 3개 또는 그 이상의 힘들이 모여서 반드시 평형을 이루어야 하므로, 절점에서 다음의 평형방정식을 만족하여야 한다.

$$\sum F_x = 0\ ;\quad \sum F_y = 0\ ;\quad \sum M = 0 \tag{13.14}$$

이 중에서 세 번째 조건 $\sum M = 0$ 은 작용하는 모든 힘이 공통적인 한 점(common point)으로 향하거나 또는 이 점에 작용하는 힘으로 분해될 수 있어야 된다는 것을 암시하고 있다. 그림 13.12a에서 2개의 압축력이 각도를 갖고 작용하므로 b와 c에서와 같이 제 3의 힘이 없이는 평형을 이룰 수가 없다. 절점은 그림 13.12b와 같이 3개의 스트럿으로 구성되어 있으면 C-C-C로 구분하고, 그림 13.12c와 같이 한 힘이 인장이면 C-C-T로 구분한다. 또한 C-T-T는 한 개의 스트럿와 2개의 인장타이로 연결된 절점을 말하고 T-T-T는 모든 힘이 인장타이인 경우이다.

정수압 절점영역(Hydrostatic Nodal Zone) : 그림 13.13과 13.14에는 절점영역을 배치하는 일반적인 예가 제시되어 있다. 그림 13.4a의 단면이 일정한(prismatic) 스트럿에는 축압축응력만 작용한다고 가정한다. 스트럿의 축에 연직한(perpendicular) 단면은 압축응력만 존재하지만 연직이 아니고 각도가 있는 단면에는 압축응력뿐만 아니라 전단응력도 존재하게 된다. 절점영역을 배치하는 방법 중에 한 방법으로 그림 13.13에서 보는 바와 같이 절점의 면(sides of the nodes)이 스트럿이나 인장타이의 축에 연직하게 배치해서 절점의 모든 면에 동일한 지압응력이 발생하도록 하는 방법이 있다. 만약에 C-C-C 절점에서 이렇게 하면 절점 각 면의 길이 비는 $w_{n1} : w_{n2} : w_{n3}$이고, 이때 만나는 3개의 압축력의 비는 $C_1 : C_2 : C_3$와 같게 된다(그림 13.13a 참고). 이렇게 절점을 배치하면 모든 방향에서 절점에 작용하는 면내응력(in-plane stresses)이 동일하게 되고 따라서 이런 방식으로 배치하는 것을 **정수압 절점영역(hydrostatic nodal zone)**이라고 부른다. 이런 경우에 평면응력에 대한 Mohr 도는 한 점으로 표시되며, 만약에 한 힘이 인장력이라면 그쪽 면 절점의 폭은 그림 13.13b와 같이 타이 끝에 배치된 가상적인 지압판(hypothetical bearing plate)을 이용하여 계산할 수 있다. 다른 경우로 만약에 타이가 그림 13.13c와 같이 확장절점영역(extended nodal zone)의 오른쪽 면 A점에 도달하지 전에 부착이나 갈고리 또는 기계적인 정착장치에 의해서 절점영역을 넘어서 정착하는 경우가 있고, 이러한 경우에 절점영역은 정수압 C-C-C 절점과 같게 된다. 그러나 압축 콘크리트의 변형률과 철근의 인장변형률이 너무 근접하여 변형률 부적합(strain incompatibility)으로 인해서 절점영역의 강도가 감소하게 된다. 따라서 이런 절점의 경우에는 $\beta_n = 0.80$ 인 C-C-T 절점으로 설계하여야 한다.

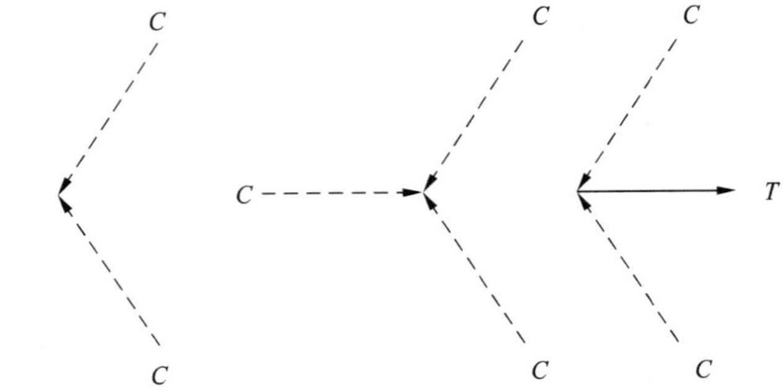

(a) 평형을 이루지 못함　(b) CCC 절점　(c) CCT 절점

그림 13.12 절점에 작용하는 힘들과 절점의 분류

정수압 절점영역에서 스트럿이나 타이의 축에 직각인 하중면(절점영역 경계면)에 작용하는 응력은 서로 같거나 또는 거의 같게 되므로, 방정식은 절점영역 면에 작용하는 각각의 힘에 대한 하중면의 길이를 관계시켜서 적을 수 있다.

그림 13.11a는 정수압 C-C-T 절점을 보여주고 있다. 그림 13.11a에서 보는바와 같이 지압판이 있는 절점영역의 폭은 l_b이면서 연직한 하중면의 폭을 w_t로 쓰고, 수평과 경사 스트럿 축의 각도가 θ이면 나머지 스트럿의 폭은 다음과 같이 표현될 수 있다.

$$w_s = w_t \cos\theta + l_b \sin\theta \tag{13.15}$$

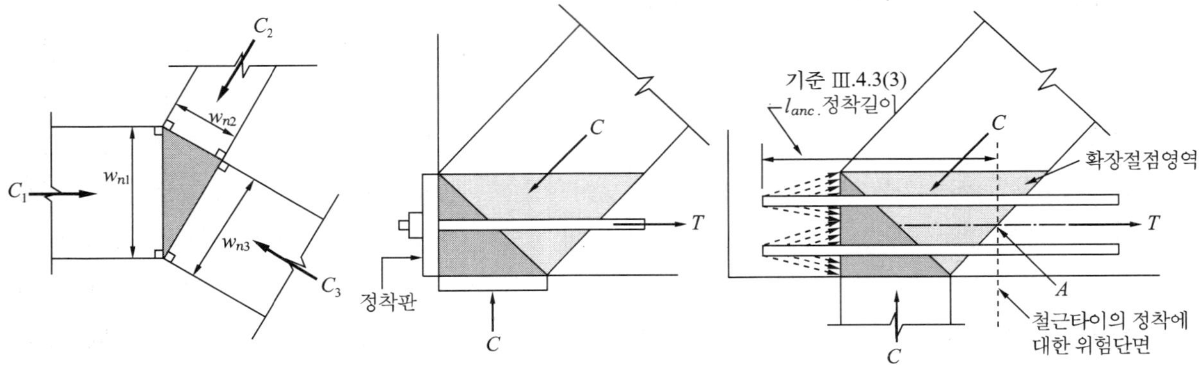

(a) 기하학적 형상　(b) 판에 의해서 정착된 인장력　(c) 부착에 의해 정착된 인장력

그림 13.13 정수압 절점영역(hydrostatic nodal zone) : (a) C-C-C **절점** ; (b) C-C-T **절점** ; (c) C-C-T **절점**

이 식은 그림 13.13a와 같이 C-C-C 절점에도 적용할 수 있다. 만약에 식 (13.7)의 스트럿 력을 이용해서 구한 스트럿의 폭 w_s가 식 (13.15)를 이용해서 구한 값보다 크게 되면, w_t나 l_b 중에서 한 값을 또는 2값 모두를 넓히거나하여 식 (13.7)을 이용하여 구한 폭과 식 (13.15)에서 구한 폭이 같도록 만들어야 한다.

확장절정영역(Extended Nodal Zone) : 확장절점영역은 절점과 스트럿, 지압영역, 또는 타이 부분을 연장한 콘크리트를 포함하고 있다. 따라서 그림 13.14a에서 반력위의 압축응력이 작용하는 대부분의 콘크리트를 포함하는 진한 음영부분이 확장절점영역이 된다. C-C-C 절점을 제외하고 이런 정수압 절점영역을 사용해서 설계한다는 것은 쉽지 않은 일이다. 근래에 들어와서 절점영역의 설계는 그림 13.14에서 보는 바와 같이 부재가 만나는 부분의 콘크리트를 절점영역으로 포함시켜서 단순화하고 있다[13.3, 13.11]. 이렇게 하게 되면 예를 들어서 지압판이나 스트럿의 응력을 서로 다르게 가정할 수 있다. 그림 13.14에는 2 종류의 예를 보여주고 있다. 그림 13.14a는 C-C-T 절점을 보여주며 철근은 절점 내거나 또는 A점의 왼쪽 면에 정착되어야 하고, 또한 그림에는 철근타이가 정착되어야 하는 최소정착길이 l_{anc}를 보여주고 있다. 절점 연직면의 응력은 인장력 T를 절점 연직면의 넓이로 나눈 값과 같아야 할 것이다. 각 경계면의 응력들은 서로 다를 수 있는데 이는, ① 3 힘의 합력이 한 점에서 만나고, ② 응력들이 표 13.1의 한계를 넘지 않으면서, ③ 절점의 응력이 각 면에서 일정할 때 성립될 수 있다.

이러한 절점영역의 장점은 구조기준 I.4.3(3)(ACI A.4.3.2)에서 언급한 바와 같이 철근타이의 정착은 그림 13.14a의 지압판 끝 B점이 아니라 A점으로 할 수 있다는 사실이다. 이렇게 철근타이의

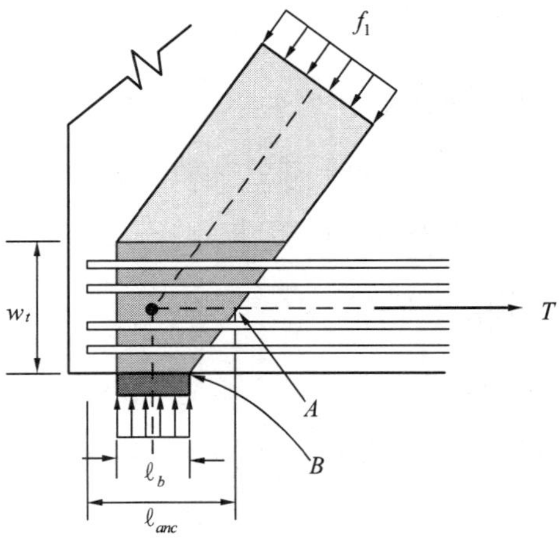

(a) CCT 절점

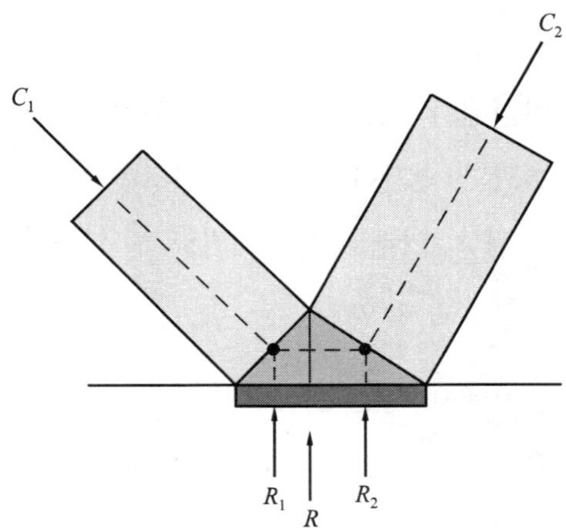

(b) 세분된 절점영역

그림 13.14 부재 교차 부분에서의 확장절점영역과 절점영역의 세분화[13.1]

정착에서 **확장된 정착길이(extended anchorage length)**를 인정하는 것은 반력이나 스트럿에 의한 압축력이 콘크리트와 철근타이의 부착력을 증진시키는 점을 고려한 것이다.

세분된 절점영역(Subdivision of Nodal Zone) : 절점영역을 세분하여 각각의 외력이 세분된 절점영역을 통해서 전달된다고 가정하면 종종 스트럿-타이 모델을 구성하는데 간략하게 하여 수월할 수가 있다. 그림 13.14b의 절점영역에서 반력 R은 R_1과 R_2로 세분되어 각각 C_1과 C_2의 수직성분에 평형을 이루게 된다. 절점영역의 세분화는 특히 보의 등분포 고정하중을 일련의 집중하중으로 변환하여 각각의 집중하중을 스트럿이 전달하도록 하는 경우에 유용하게 사용될 수 있다[13.1].

그림 13.14b의 절점은 2개의 부절점(subnode)으로 나눌 수 있으며, 이는 절점을 향하는 부재의 응력, 연직하게 나눈 면의 응력과 지압판의 응력이 모두 표 13.1의 한계를 만족하여야 할 것이다.

비록 식 (13.15)는 정수압 절점영역에서 유도되었지만, 확장절점영역의 세분화된 절점영역에서 경사진 스트럿 축에 수직한 폭을 계산할 때 사용할 수 있다. 이 식은 처음에 결정한 폭이 적당하지 않을 때 경사진 스트럿의 폭을 조종하는데 유용하게 사용될 수 있다. 스트럿의 최대 폭은 식 (13.13)에 제시되었다.

절점영역의 설계(Design of Nodal Zone) : 절점영역은 분쇄(crushing)에 의해서 파괴된다고 가정한다. 설계에서는 인장타이의 정착도 역시 고려해야 한다. 만약에 인장타이가 절점영역에 정착되면 인장타이의 인장변형률과 절점 콘크리트의 압축변형률이 서로 적합하지 못하게 되면 절점을 약하게 만든다. 구조기준 I.5.1(ACI A.5.1)에서는 특별하게 구속하지 않는 한 절점영역에서의 공칭압축강도가 다음 값들을 초과하지 못하도록 제시하고 있다. 스트럿에 대한 식 (13.7)에 절점영역(nodal zone)의 'n' 아래첨자를 써서,

$$F_{nn} = f_{ce} A_{nz} \tag{13.16}$$

여기에서 A_{nz}는 F_u의 작용선에 직각인 절점영역 경계면의 면적 또는 합력 작용선에 직각인 절점영역의 면적이고, f_{ce}는 절점영역의 유효압축강도로 스트럿에 대한 유효압축강도 식 (13.6)에서 β_s의 s 아래첨자를 절점 n로 교체하여 다음과 같이 표현하고 있다.

$$f_{ce} = \beta_n (0.85 f_{ck}) \tag{13.6a}$$

여기에서 β_n는 절점영역 내부에서 타이의 인장변형률과 스트럿의 압축변형률의 부적합성 정도를 반영하는 유효계수(effectiveness factor)[13.17]로 표 13.1에 제시되어 있다. 식 (13.1)과 (13.16) 및 (13.6a)를 같이 쓰면

$$\phi F_{nn} = \phi f_{ce} A_{nz} = \phi(\beta_n 0.85 f_{ck})(b_s w_{nz}) \geq F_u \tag{13.8a}$$

과 같은 설계식을 얻을 수 있다. 1991년 Jirsa 등[13.18]이 수행한 실험에 의하면 C-C-T와 C-T-T 절점에서도 절점에 대해서 적절히 상세설계를 수행하면 $\beta_n = 0.95$ 의 강도를 얻을 수 있다고 보고하고 있다[13.1].

스트럿-타이 모델의 타당성(Validity of Strut-and-Tie Model)

주어진 문제에 대한 스트럿-타이 모델의 타당성은 모델이 실제상황을 얼마나 잘 표현하느냐에 달려있다. 균열전의 탄성상태에서 균열이 일어난 뒤에 탄성상태 그리고 소성 균열상태로 변하면서 콘크리트에는 제한된 내적힘의 재분배(redistribution of internal forces)가 나타난다. 만약에 선택한 트러스가 완전한 소성상태에 도달하기 위해서 과도한 변형이 요구되면 트러스는 조기에 파괴될 수도 있다.

그림 13.15에는 스트럿-타이 모델을 사용하여 해석한 결과가 비교되어 있다[13.15]. 단순 지지된 보

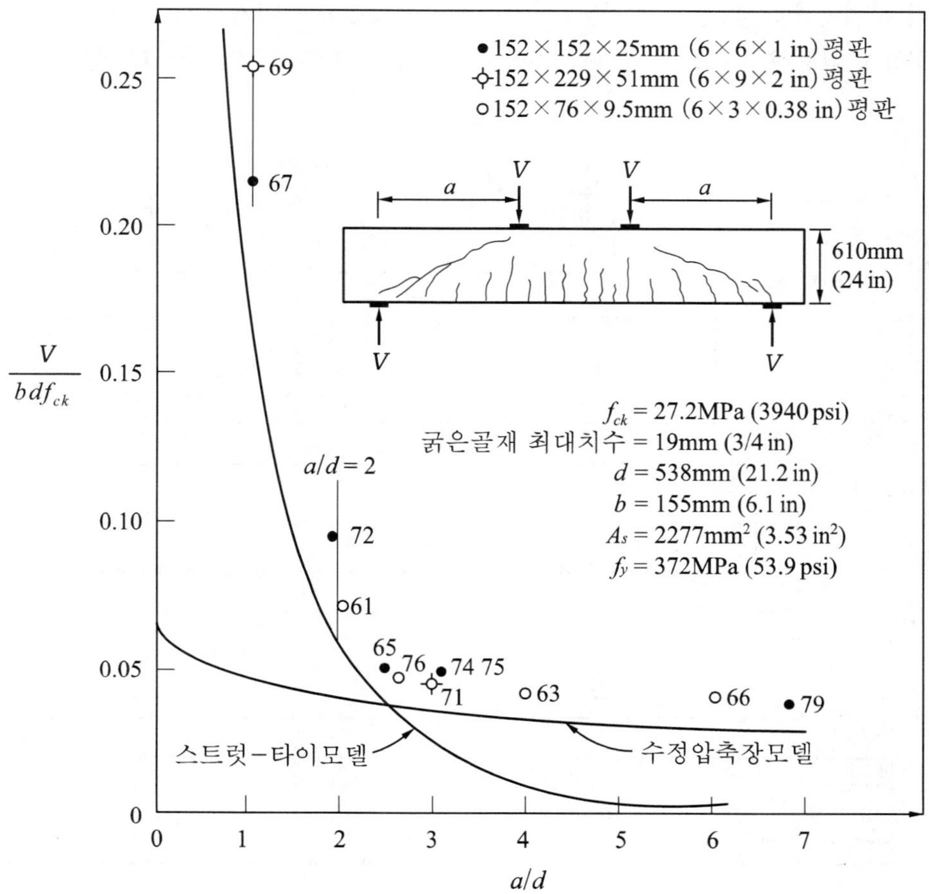

그림 13.15 1979년 Kani 등[13.15]에 의해서 실험한 값과 예측한 값과의 전단강도 비교

에서 2 점 하중(2 points loading 또는 4-points loading)을 전단경간(shear span, a)을 변화시켜가면서 실험한 보의 전단강도를 실험값과 계산에 의해서 구한 값을 서로 비교하였다. 작용하중이 지지점에 가까워져서 전단경간-유효깊이의 비(a/d)가 감소할수록 보의 전단강도는 급격하게 증가하는 것을 볼 수 있다. 그림 13.16에는 1979년 Kani 등[13.19]에 의해서 수행된 실험체의 전형적인 파괴형상을 보여주며, 실험에서 전단경간-유효깊이의 비(shear-span-to-depth ratio, a/d)가 1에서 7로 증가할 때 대략 1/6 정도의 전단강도의 감소를 가져왔다[13.15].

그림 13.15의 실험결과와 그림 13.16의 파괴형상을 비교해보면 이 보들에서 하중을 지지하는 2개의 서로 다른 메커니즘이 있다는 것을 보여주고 있다. 전단경간-유효깊이의 비가 2.5보다 작을 때는 하중을 그림 13.3과 같이 스트럿-타이 작용(또는 아치작용, 그림 7.16 참고)으로 지지하며, 이 범위에서 보의 전단강도는 전단경간이 증가함에 따라 급격하게 감소하고, 또한 강도가 지압판의 크기와 같은 설계상세에 대단히 민감하였다(그림 13.15에서 •, ○로 표시). 보의 파괴는 콘크리트의 분쇄파괴(crushing)로 나타났다. 전단경간-유효깊이의 비가 2.5보다 큰 경우에는 보는 받침부나 하중이 작용하는 부분인 교란영역(disturbed region)으로부터 떨어진 압축장 부분의 상태에 큰 영향

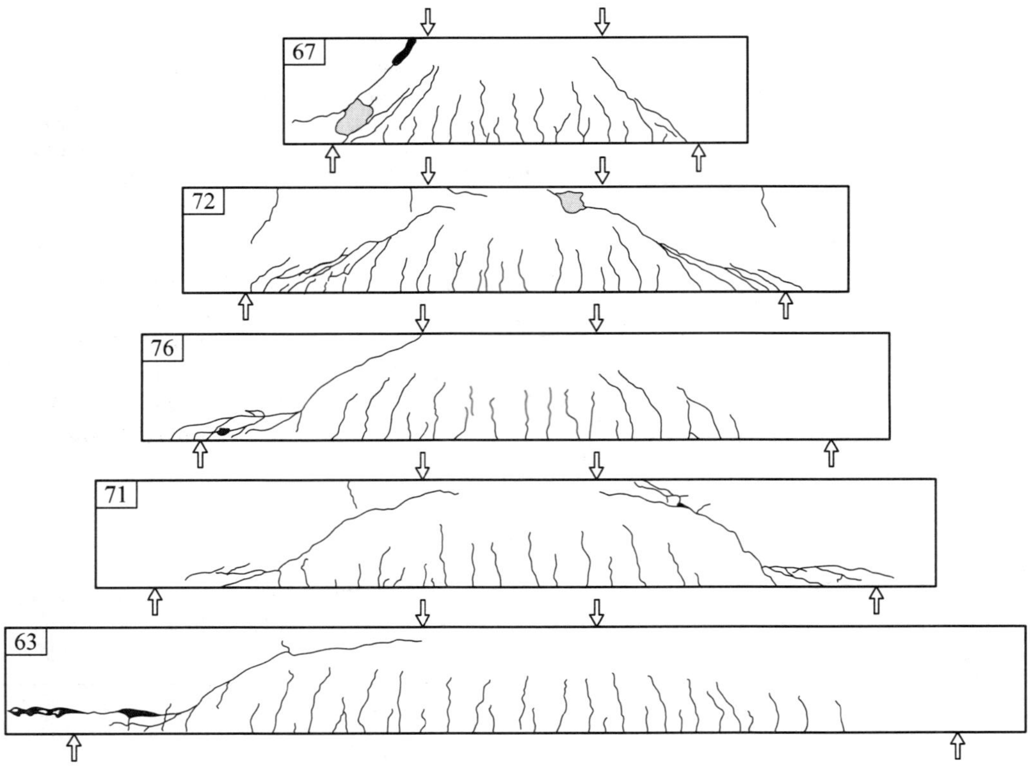

그림 13.16 1979년 Toronto 대학의 Kani 등[13.19]에 의해서 수행된 실험체의 전형적인 파괴형상

을 받았다. 이러한 보의 강도예측은 Collins과 Mitchel[13.15]에 의해서 제시된 **수정압축장 이론(MCFT)**의 단면모델(sectional model)을 이용해서 계산할 수 있다. 이 범위에서는 보의 강도는 지압판과 같은 설계상세의 영향은 거의 받지 않았으며, 전단경간이 증가함에 따른 강도의 감소는 미비하였다. Collins과 Mitchell[13.15]에는 그림 13.15에 제시된 계산에 의해서 예측한 값을 구하는 과정을 전단경간-유효깊이 비가 2이고 지압판의 길이가 152 mm인 경우의 계산 과정을 제시하고 있다.

13.2 **스트럿-타이 모델의 배치**(Layout of Strut-and-Tie Model)13.1

스트럿-타이 모델은 2 단계의 과정을 거쳐서 그릴 수 있다. 대부분의 예에서는 그림 13.3에서와 같이 스트럿과 타이의 중심선을 서로 연결하여 그리는 것으로도 충분히 정확하다. 그러나 밀집영역에서는 스트럿의 방향과 각도나 교차점이 그림에서 보는바와 같이 압축대의 폭에 상당한 영향을 받게 된다. 이런 경우에 있어서 스트럿의 폭을 고려해서 부분적으로 또는 전체적인 스트럿-타이 모델을 축적으로 그려야 한다. 스트럿-타이 모델을 배치하는데 있어서 몇 가지 경험적인 규칙을 아래에 제시하였다.

1. 스트럿-타이 모델은 D 영역의 경계에서 작용외력과 평형을 이루어야 한다. 만약에 여러 하중을 고려하게 될 때는 각각의 하중에 대해서 스트럿-타이 모델을 그리고, 어떤 임의의 부분에서 가장 많은 철근이 요구되는 스트럿-타이 모델이 그 부분의 설계를 지배하게 될 것이다.

2. 비대칭으로 집중하중이 작용하는 단순지지된 깊은 보의 스트럿-타이 모델은 직선 부재로 구성된 아치나 또는 그림 13.17과 같이 휨모멘트도와 같은 형상의 매달린 케이블로 구성할 수 있다. 등분포 하중이 작용하는 경우에는 휨모멘트도나 스트럿-타이 모델이 포물선 형상을 한다는 점만 다르게 된다.

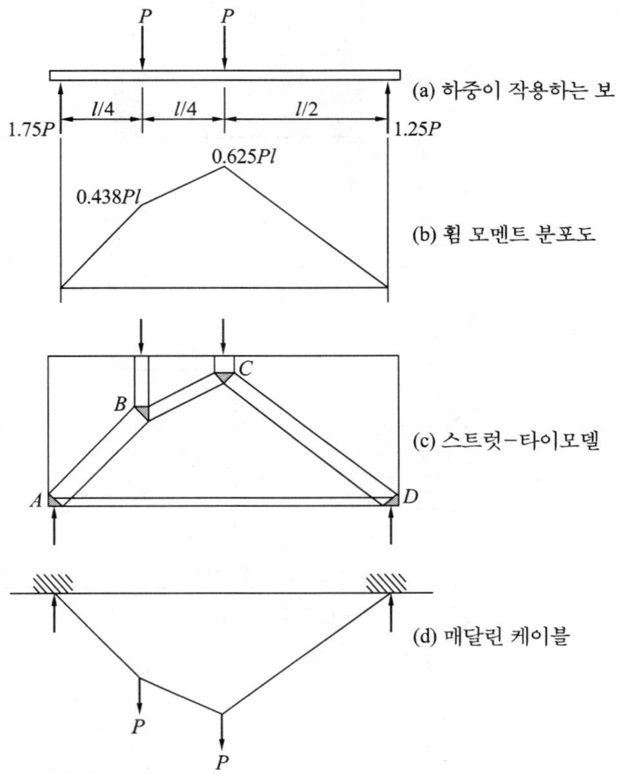

그림 13.17 정적으로 등가의 여러 구조물[13.1]

3. 스트럿-타이 모델은 작용하중이 D 영역을 지나서 받침부로 전달될 때 실질적인 힘의 흐름을 표현할 수 있어야 한다. 종종 이런 일은 관찰에 의해서 결정될 수 있다. 유한요소 해석과 같은 탄성해석을 이용하여 그림 13.18a의 깊은 보와 같이 균열 전 D 영역의 응력궤적도를 그릴 수 있다. 주 압축력은 점선으로 표시된 압축력 궤적선(compressive stress trajectory)에 평행하게 작용하고, 주 인장력은 실선으로 표시된 인장응력 궤적선에 평행하게 작용한다. 이러한 응력궤적도가 내부 힘의 흐름을 보여주어 유용하지만 스트럿-타이 모델을 구성하는데 꼭 필요하지는 않다. 그림 13.18d와 e에서와 같이 스트럿은 대략적으로 압축응력 궤적도의 방향을 따른다. 일반적으로 스트럿의 방향은 압축응력 궤적도 방향에서 ±15° 이내이어야 한다.

인장타이는 일반적으로 서로 연직하게(orthogonally) 배치되는 철근으로 구성되어 있으므로 스트럿에서와 같이 인장응력 궤적도와 타이의 방향이 꼭 일치하지는 않아도 된다. 그러나 인장타이도 역시 대략 인장응력 궤적과 같은 방향으로 배치하면 좋을 것이다.

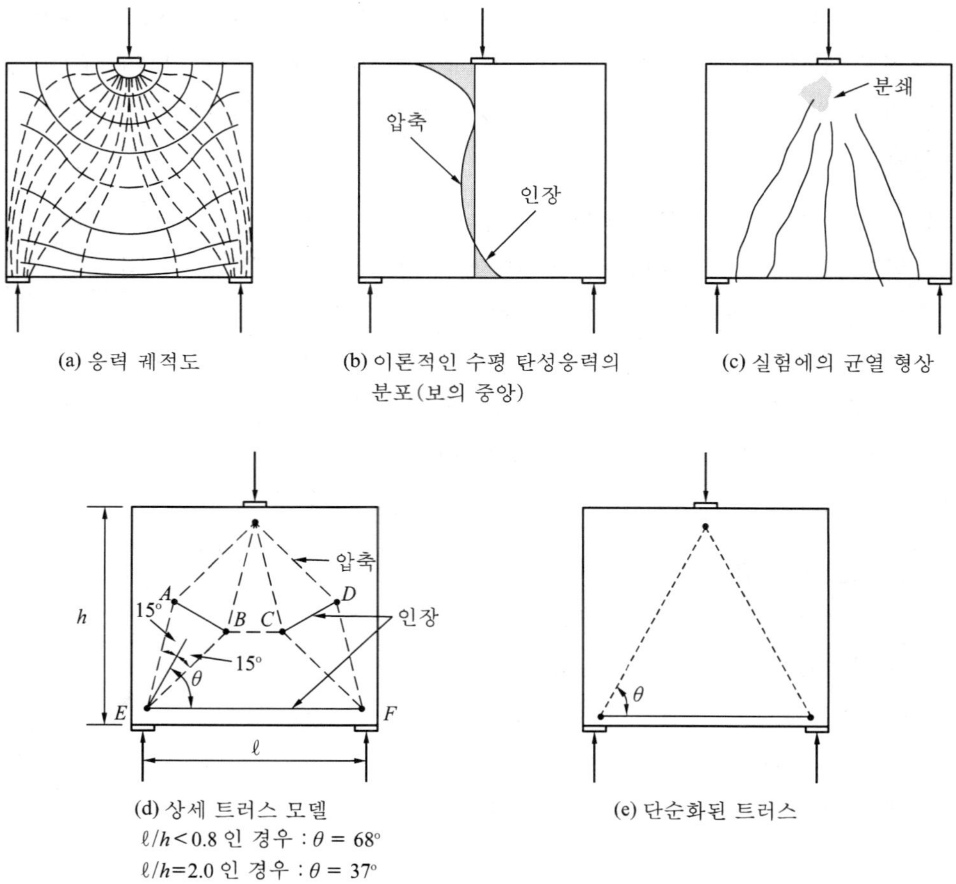

그림 13.18 집중하중이 작용하는 단경간 깊은 보[13.3] (a) 주응력궤적선(인장-실선, 압축-점선), (b) 이론적인 탄성-수평응력의 분포, (c) 균열형상, (d) 트러스 모델, (e) 단순화된 트러스

4. 스트럿은 서로 가로지르거나 중복되게 배치될 수 없다. 왜냐하면 각개 스트럿의 폭은 최대 응력이 작용한다고 보아 계산되기 때문이다.

5. 타이는 스트럿을 가로 지를 수 있다.

6. 일반적으로 스트럿이나 타이의 방향이 탄성응력 궤적도에서 ±15° 이내로 배치되면 충분한 소성변형강도(plastic deformation capacity)를 갖는다고 가정한다. 구조기준 I.3.3(ACI A.3.3.1)의 구속철근에 대한 규정[식 (13.9)]은 이러한 각도 차이를 허용할 수 있도록 모멘트 재분배를 염두에 둔 규정이다.

7. 타이의 방향은 일반적으로 인장응력 궤적을 따르지만 가능하면 실제로 배치하기 쉽게 위치시켜야 한다. 상황이 가능하다면 철근은 서로 연직하게 직선으로 배치하는 것이 좋다.

8. 만약에 실험을 수행한 공시체의 균열형상 사진이 있다면, 이를 이용해서 가장 적합한 스트럿-타이 모델을 구성할 수 있을 것이다. 그림 13.18c에는 깊은 보의 실험에서 나타난 균열형상을 보여주고 있다. 스트럿의 배치는 당연히 이 균열 면과 평행한 방향으로 배치해야지 균열을 가로질러서 배치해서는 안 될 것이다.

9. 스트럿 압축응력의 확산으로 인한 스트럿의 횡방향 인장력에 저항하도록 철근이 배치된 병모양 스트럿의 경우에 스트럿의 압축력은 종방향 대 횡방향으로 2 : 1로 분산하여 전달된다고 가정할 수 있다[그림 13.5b 참고, 구조기준 I.3.3(1), ACI A.3.3].

10. ACI A.2.5에 의하면 스트럿과 타이와 각은 $\theta \geq 25°$ 이상이어야 한다고 규정[5]하고 있다. 압축 스트럿의 폭은 이 각도에 매우 민감하다. 예를 들어서 연직 분력 $V_u = 900\,\text{kN}$ 이 작용하는 두께 $b_s = 300\,\text{mm}$ 인 깊은 보에서 스트럿의 유효압축강도 $f_{ce} =$ 0.85 x 0.75 x 21 = 13.39 MPa 인 경우에 사이각이 $65 \sim 25°$ 로 감소할 때 스트럿의 소요 폭은 다음과 같이,

$$\theta = 65 \sim 25^o : \quad w_s = \frac{\dfrac{V_u}{\sin(65 \sim 25^o)}}{\phi f_{ce} b_s} = \frac{(2{,}130 \sim 993) \times 10^3}{0.75 \times 13.39 \times 300} = 330 \sim 707\,(\text{mm})$$

로 2.1배나 증가하게 된다. 어떤 경우에는 이렇게 스트럿의 소요 폭이 증가하면 배치하는데 어려움이 발생할 수도 있다. 비록 구조기준이나 ACI에서 요구하지는 않지만 스트럿의 소요 폭을 적당히 조종하기 위해서 스트럿과 타이의 사이각을 $\theta \geq 40^o$ 이상으로 유지하는게 좋다[13.1].

5) 현행 구조기준 부록 I에서는 이 규정을 생략하고 있음.

11. 최소철근량(Minimum Steel Content) : 하중은 최소의 힘과 변형이 요구하는 경로를 따라 전달되려고 한다. 인장타이가 스트럿에 비해서 큰 변형을 하므로 가능한 한 철근은 길이가 짧으면서 적은 단면적을 배치하는게 가장 좋은 모델이라고 할 수 있다. 따라서 그림 13.19a 모델이 b보다는 좋은 모델인데 그 이유는 모델 a가 그림 13.18a의 탄성응력 궤적도의 형태에 근접한 모양을 가지고 있기 때문이다. Schlaich 등[13.2]은 좋은 모델을 선택하는 기준을 다음과 같이 제시하였다.

$$\Sigma F_i l_i \varepsilon_{mi} = \text{최소} \tag{13.17}$$

여기에서 F_i, l_i와 ε_{mi}는 스트럿이나 인장타이 i 의 힘, 길이, 평균 변형률을 의미한다. 콘크리트의 변형률은 인장타이에 비해서 작으므로 식 (13.17)의 계산에서 스트럿은 무시할 수도 있다.

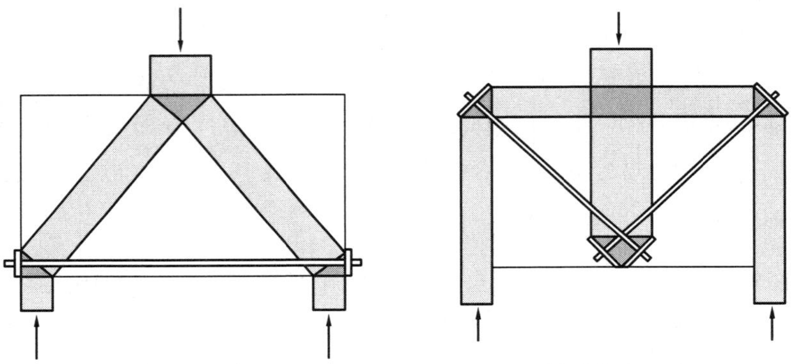

(a) 올바른 트러스　　(b) 잘못된 트러스

그림 13.19 올바른 트러스 모델과 잘못된 트러스 모델

12. 스트럿이나 타이의 폭은 제한된 공간에 배치하여야 한다. 그림 13.8에서와 같이 깊은 보에서 압축영역을 표시하는 스트럿의 축은 압축연단에서 거리 a/2 떨어진 곳에 위치하여야 한다. 또한 만약에 정수압 절점영역이 사용된다면, 인장타이의 축은 보의 인장연단에서 대략 거리 a/2 떨어진 곳에 위치시켜야 한다. 보와 같은 부재를 모델링하기 위한 첫 번째 단계는 스트럿-타이 모델의 절점을 정하는 일이고 이는 대략 a/2를 이용하여 수행할 수 있다.

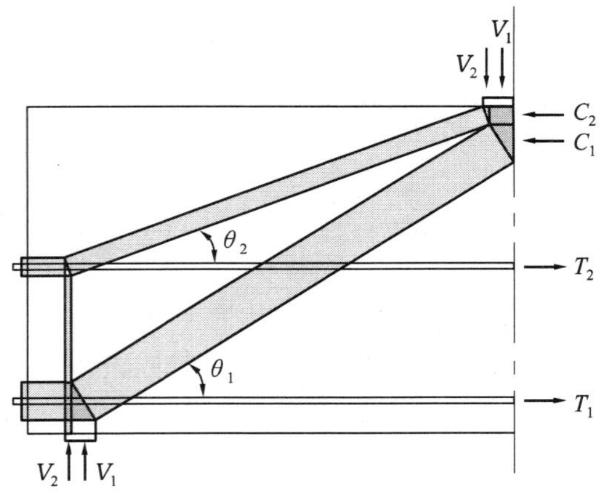

그림 13.20 1986년 Rogowsky와 MacGregor가 제시한 수평 복부철근이 배치된 보의 소성트러스 모델[13.10]

그림 13.20에는 단순 지지된 보의 절반으로 휨보강철근(T_1)과 복부의 중간높이에 수평철근(T_2)이 배치되어 2개의 트러스로 구성된 스트럿-타이 모델을 보여주고 있다. 이 보를 소성트러스로 모델링하기 위해서는 주철근을 인장타이로 하는 트러스와 복부 중간에 배치된 철근을 인장타이로 하는 2개의 개별적 트러스로 모델링 해야만 할 것이다. 따라서 만약에 이상적인 소성재료로 보가 만들어 졌다면 강도는 2 트러스의 전단강도를 더하여 $V_1 + V_2$로 구할 수 있을 것이다. 그러나 1986년 Rogowsky와 MacGregor[13.10]의 실험에 의하면 보의 강도에 대한 T_2 철근의 기여는 미미했는데, 그 이유는 보에 하중이 작용하면 먼저 바닥의 주철근이 항복하게 되고 복부중간 높이의 철근이 항복하기 위해서는 상당한 변형률이 요구될 뿐만 아니라 사이각 θ_2가 너무 작기 때문이다. 이런 모드가 완전히 발전되기 전에 일반적으로 하부 트러스에서 먼저 파괴가 일어날 것이다.

14. 세분화된 절점영역(subdivision the nodal zone) : 절점영역을 세분하여 각각의 외력이 세분된 절점영역을 통해서 전달된다고 가정하면 종종 스트럿-타이 모델을 구성하는데 수월할 수 있다.

15. 종종 각각의 하중에 대해서 평형을 이루는 간단한 모델을 더하여 구성할 수도 있다. 물론 스트럿이 서로 중복되거나 가로질러서는 안 될 것이다.

스트럿-타이 모델의 설계 절차(Strut-and-Tie Model Design Procedure)[13.22]

전형적으로 스트럿-타이 모델의 설계는 다음과 같은 단계를 밟는다.

1. D 영역을 결정하고 분리시킨다.

불연속 구간은 St. Venant의 법칙에 따라 불연속 단에서 거리 h 만큼 연장되어 있다고 생각할 수 있다. 그림 8.39a에서 보면 4개의 D 영역과 하나의 B 영역으로 나누어져 있다. 그림 8.39c의 보의 구멍주위에는 6개의 D 영역으로 구분되어 있다. 그림 13.21a의 보-기둥 절점에서는 D 영역이 상대편 부재 쪽으로 거리 h 만큼 연장되었다고 볼 수도 있고, 또는 음영 처리된 부분과 같이 기둥이나 보의 끝 면에서 끝나는 것으로 보아도 좋다.

2. 각 D 영역의 경계에서 합력을 계산한다.

같은 길이로 잘라서 계산하거나, 또는 그림 13.21c와 같이 맨 오른쪽의 인장합력과 좌측의 압축합력이 같도록 나눌 수도 있다. 이렇게 서로 접해있는 두 힘의 크기는 같으면서 방향이 반대인 이러한 힘들을 압축대와 인장타이로 **응력선회(force whirl)** 또는 **U형 선회(U turn)**라고 한다. 이렇게 하면, 수직력의 평형을 유지하기 위해서는 나머지 부분(왼쪽의 2개 구분)의 합력과 기둥에 작용하는 외력이 같아야 할 것이다. 이렇게 구분하면 오른쪽 2 부분의 힘들이 서로 상쇄되기 때문에 스트럿-타이 모델을 구성하기 쉬워진다.

3. D 영역을 통과하여 합력이 전달될 수 있도록 트러스 모델을 구성한다. 스트럿이나 타이의 축은 대략적으로 각각 압축장과 인장응력장의 축과 일치하도록 한다.

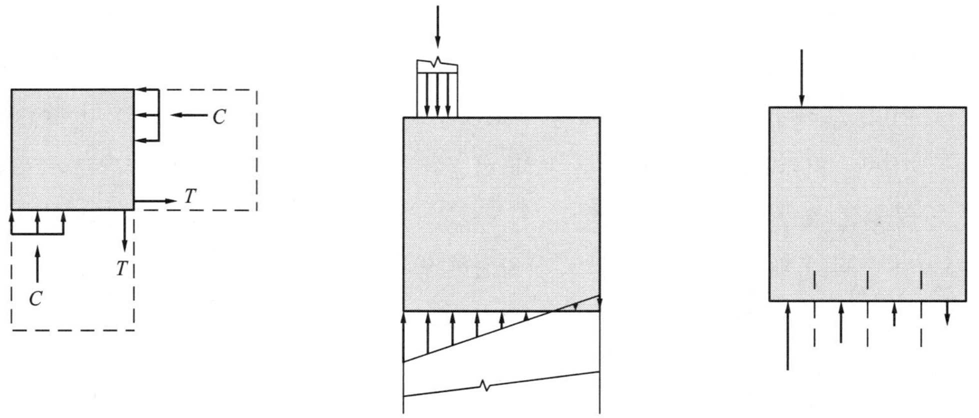

(a) 보-기둥의 절점　(b) 경계면에서의 응력분포　(c) 경계면에서의 합력분포

그림 13.21 D 영역 경계면의 힘 분포

일반적으로 말해서 철근의 양이 최소가 되도록 트러스를 선택하여야 할 것이다[13.2]. 동일직선상에 있지 않은 두 힘이 한 점에서 만나면 평형을 이루기 위해서는 제 3의 힘이 필요하며, 이 점이 바로 콘크리트 상세설계의 기본법칙이다. 따라서 그림 13.17c의 받침부 A에서 2개의 스트럿이 각도를 갖고 만나면 평형을 이루기 위해서 인장타이(AD)가 필요하게 된다. 또한 B 절점과 C 절점의 평형을 유지하기 위해서는 스트럿(압축대, BC와 AD)가 필요하게 된다. 그림 13.22d와 같이 인장을 받는 철근의 끝을 구부려서 갈고리로 모서리에 배치하여 압축영역에 잘 정착해서 스트럿의 압축력과 타이의 인장력이 평형을 이루도록 해야 한다.

4. 트러스의 부재력을 계산한다.

그림 13.8과 같이 내부 우력을 이용하거나 또는 그림 13.21b와 같이 탄성해석(휨공식 $f = My/I + P/A$)을 이용하여 부재력을 계산한다.

5. 앞에서 계산한 부재력과 유효압축강도[식 (13.6)과 (13.6a)]를 이용하여 스트럿이나 절점영역의 유효폭을 결정한다. 강도의 검토는

$$\phi F_n \geq F_u \tag{13.1}$$

를 이용하여 수행한다. 여기에서 F_u는 적용 가능한 하중조합에서 가장 큰 계수하중이고, F_n은 스트럿이나 타이 또는 절점의 공칭강도이고, 스트럿, 절점영역 및 지압부에서 강도감소계수

$\phi = 0.75$ 이고 타이의 강도감소계수는 $\phi = 0.85$ 이다.

6. 타이에 대해서 식 (13.12)를 이용하여 보강철근의 단면적을 결정한다. 철근타이는 절점영역에서 적절히 정착되어야 한다.

7. 사용성(Serviceability) : ACI 해설 RA.2.1에서 스트럿-타이 모델에 의한 강도한계상태(strength limit state)에 더하여 구조부재는 사용성 조건도 검토하여야 한다고 언급하고 있다. 비록 구조기준 해설에서는 직접적인 언급은 없지만 구조기준 3.3.1(2)(ACI 9.1.2)에서 구조 부재는 사용하중에 대해서 충분한 기능을 확보할 수 있도록 이 구조기준의 다른 모든 규정에도 적합하여야 한다고 규정하고, 또한 구조기준 4.1.1(1)에서는 사용기간 중 충분한 기능과 성능을 유지하기 위하여 사용하중에 대한 사용성과 내구성을 검토하여야 한다고 규정하고 있다. 따라서 사용성을 검토하기 위해서 처짐은 탄성해석을 통하여 수행하고, 균열에 대한 검토는 철근타이가 콘크리트에 둘러싸여 있다고 가정하여 식 (5.11)(구조기준 6.3.3, ACI 10.6.4)을 이용하여 검토할 수 있다[13.5].

특정의 구조 부재와 하중 조건에 대해서 보통 스트럿-타이 모델을 여러 개 구성할 수 있다. 그 모델들 중에서 스트럿과 타이가 각각 압축응력과 인장응력 궤적도를 따르면서 사용성 조건을 만족한다면 가장 좋은 모델이 될 것이다. 스트럿-타이 모델을 구성하는데 ACI A.2.5의 한 절점에서의 스트럿과 타이의 사이각이 $\theta \geq 25°$ 이상이어야 한다는 규정은 균열문제를 완화시켜주면서 또한 거의 같은 방향에서 스트럿은 짧아지고 타이는 길어질 때 발생하는 부적합성(incompatibility)을 피할 수 있을 것이다.

예제 13.1 벽체의 D 영역 설계[13.1]

그림 13.22a에 보이는 두께가 350 mm인 벽체는 사용 고정하중 440 kN과 활하중 730 kN이 작용하는 350 mm × 550 mm의 기둥을 지지하고, 벽체는 2개의 350 mm × 350 mm의 기둥에 의해서 지지되고 있다. 그림에는 보이지 않지만 바닥슬래브가 벽체의 면외좌굴(buckling out-of-plane)을 방지하고 있다. 벽체의 보강철근을 설계하라. 보통중량골재 콘크리트의 설계기준강도 $f_{ck} = 21$ MPa이고, 철근의 항복강도 $f_y = f_{yt} = 400$ MPa을 사용하라.

풀이

① D영역의 분리 : 벽체 위에 있는 기둥의 하중이 벽체를 통하여 전달되어야 하므로 St. Vernant 원리에 따라 부재의 크기만큼의 깊이(2.5 m)까지 D영역이 형성된다. 따라서 그림 13.22a와 같이 기둥과 연결되는 위와 아래에 D영역이 형성되고 그 사이는 B영역이 이어주고 있다. 또한 상부 기둥의 연결부분(D1)과 하부의 2개 기둥으로 하중을 전달하는 부분에 2개의 불연속영역(D4와 D5)을 갖고 있어서, 기둥 끝 부분에 D영역이 형성되어야 하지만 벽체에는 거의 영향을 미치지 않으므로

생략한다.

벽체의 고정하중 계산 : 철근콘크리트 단위무게 $\gamma_c = 24\,\text{kN/m}^3$ 로 가정(표 1.6 참고)

$$P_D = 7.5\,\text{m} \times 2.5\,\text{m} \times 0.35\,\text{m} \times 24\,\text{kN/m}^3 = 157.5\,\text{kN}$$

이 하중은 그림 13.22b와 같이 벽체의 중앙에 균등하게 분포되어 작용한다고 가정한다.

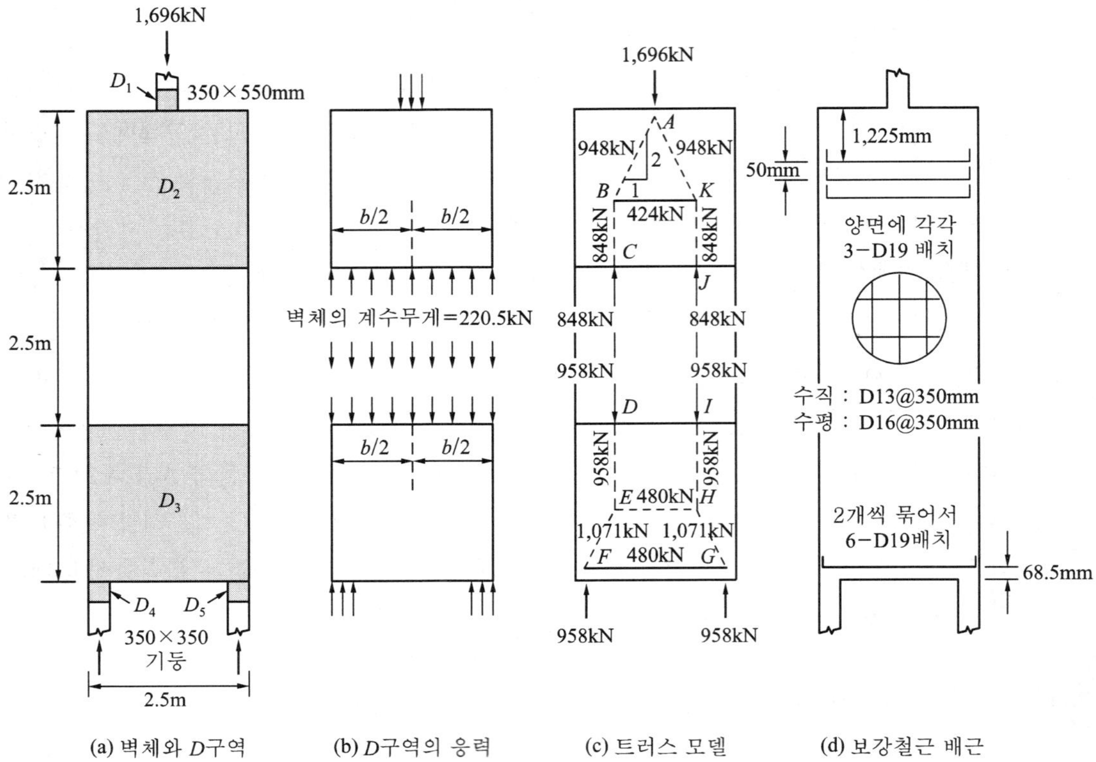

그림 13.22 벽체 구조물에서의 D영역

② 계수하중의 계산 : 식 (1.15) 참고

$$U = 1.2D + 1.6L = 1.2(440) + 1.6(730) = 1,696\,(\text{kN}) > 1.4D = 1.4(440) = 616\,(\text{kN})$$

벽체의 계수 고정하중 : $P_{Du} = 1.4(157.5) = 220.5\,(\text{kN})$

③ D영역을 분리하고 D영역의 경계에서 합력을 계산 :

D2 영역 설계 : D2 영역의 상부 경계에서는 기둥의 중앙에 1,696 kN이 작용하고, 바닥의 벽체와의 경계에서는 벽체 폭의 1/4 점에 1,696 kN / 2 = 848 kN이 작용하는 것으로 표시한다. 따라서 D2 영역의 바닥에서 벽체를 b/2 폭의 2부분으로 나누어 848 kN이 그 중심을 통해서 전달된다고 가정하여 D2의 바닥에서 응력이 균등하도록 한다.

D3 영역 설계 : D3 영역의 상부 경계에서는 D2와 B영역을 통해서 벽체의 1/4 점에 전달되는 848 + 220.5/2 = 958 kN을 전달하기 위해서 스트럿이 형성되어야 하고, 벽체의 고정하중을

포함한 균등한 압축력이 바닥의 2 기둥에 전달되기 위해서는 스트럿의 거리가 벌어져서 각각 기둥의 중심과 만나야 할 것이다. 이때 스트럿이 서로 벌어지면서 인장력이 발생하여 이 2 절점을 잇는 인장타이가 있어야 할 것이다.

④ 스트럿-타이 모델을 구성 : 그림 13.22c와 같이 D2 영역에서 트러스를 구성한다. 점선은 스트럿을 의미하고 실선은 인장타이를 의미한다. 이 트러스를 그리는 데는 압축대의 경사각 θ (∠ABK)를 결정해야 하는데 이는 응력궤적도(stress trajectory)를 그려서 구하거나 또는 대부분의 예에 있어서 그림 13.22c와 같이 2 : 1의 경사로 가정하여[6] 절점 B에서 스트럿 AB와 BC의 각 $\theta = \tan^{-1}(1/2) = 26.6°$가 된다. 이렇게 기둥에서 D2 영역으로 하중이 전달될 때 부채모양으로 확대되어 벽체를 1/4로 나눈 점과 만나는 점을 절점 B와 K로 정하고, 이 절점의 아래는 연직한 스트럿 BC와 KJ로 연결하면 벽체의 폭에는 균등한 압축응력이 발생하게 된다. [절점 A에서 하중 1,696 kN의 1/2이 기둥 폭의 1/4점에 각각 작용한다고(그림 13.22b 참고) 보아 스트럿-타이 모델을 구성할 수도 있다.]

비슷한 방법으로 D3 영역에서도 스트럿-타이 모델을 구성하여 그림 13.22c와 같이 그린다.

⑤ 스트럿-타이 모델에서 각 부재력과 스트럿의 폭을 계산 :

D2 영역 : 가장 작은 유효압축강도 값이 지배(ACI A.3.1)[7]하므로, 스트럿의 유효강도와 절점영역(nodal zone, NZ)의 유효강도를 비교하여 최소값을 지배하는 유효압축강도로 결정한다.

스트럿 AB (또는 AK)의 유효압축강도 계산 :

NZ A : 절점영역 A는 모든 면에서 압축이 작용하는 C-C-C 절점이므로 표 13.1에서 $\beta_n = 1.0$;

유효압축강도 $f_{ce} = \beta_n(0.85 f_{ck}) = (1.0)(0.85 \times 21) = 17.85\ (\mathrm{MPa})$

NZ B (또는 K) : C-C-T 절점, $\beta_n = 0.80$; $f_{ce} = (0.80)(0.85 \times 21) = 14.28\ (\mathrm{MPa})$

스트럿 AB (또는 AK) : 병모양 스트럿으로 식 (13.9)(구조기준 I.3.3)을 만족하는 균열조절철근이 배치되었다고 보아, 표 13.1에서 $\beta_s = 0.75$

유효압축강도 $f_{ce} = \beta_s(0.85 f_{ck}) = 0.75(0.85 \times 21) = 13.39\ (\mathrm{MPa})$

가장 작은 값 $f_{ce} = \underline{13.39\ \mathrm{MPa}}$ 이 지배한다.

NZ A에서 기둥 쪽 면의 지압면적 검토 : $F_{u,A} = 1{,}696\ \mathrm{kN}$; 식 (13.8a)를 쓰면, 소요 지압면적 또는 NZ의 폭은 벽체의 두께가 350 mm이므로 소요되는 절점영역의 폭 계산 :

$$w_{nz,A} = \frac{F_{u,A}/\phi}{f_{ce}\, b_s} = \frac{1{,}696 \times 10^3/0.75}{13.39 \times 350} = 483\ (\mathrm{mm}) < 550\ \mathrm{mm} \qquad \text{<o.k.>}$$

스트럿 AB (또는 AK) 쪽 면의 폭 계산 : $F_{u,AB} = 848/\cos 26.6^o = 948\ (\mathrm{kN})$

6) 구조기준 I.3.3(1)(ACI A3.3)에서 보면 스트럿의 압축력은 스트럿의 종방향 대 횡방향으로 2 : 1로 분산되어 전달된다고 가정할 수 있도록 규정하고 있다.

7) 구조기준에서는 이 규정을 생략하고 있지만, 참고문헌 13.25의 표 1.1.1에서는 이 내용의 적용을 암시하고 있으므로 본 교재에서도 ACI와 같이 적용하도록 한다.

비례식으로 폭을 계산 하면,

$w_{s,AB} = w_{nz,A}(F_{u,AB}/F_{u,A}) = 483(948/1,696) = 270\ (\text{mm})$

NZ B에서 철근타이 쪽 면의 지압면의 폭 검토 : $F_{u,BK} = 948\cos 63.4^o = 424\ \text{kN}$

$w_{t,BK} = (424 \times 10^3/0.75)/(13.39 \times 350) = 121\ (\text{mm})$

스트럿 BC (또는 KJ) 쪽 면의 폭 계산 : $F_{u,BC} = 848\ \text{kN}$

$$w_{s,BC} = \frac{848 \times 10^3/0.75}{13.39 \times 350} = 241\ (\text{mm}) < \frac{b}{2} = \frac{2,500}{2} = 1,250\ (\text{mm})$$ <o.k.>

D3 영역 :

스트럿 EF (또는 HG)의 유효압축강도 계산 :

NZ F (또는 G): 절점영역 F는 C-C-T 절점이므로 표 13.1에서 $\beta_n = 0.80$

유효압축강도 $f_{ce} = \beta_n(0.85 f_{ck}) = (0.80)(0.85 \times 21) = 14.28\ (\text{MPa})$

NZ E (또는 H) : C-C-C 절점, $\beta_n = 1.0$; $f_{ce} = (1.0)(0.85 \times 21) = 17.85\ (\text{MPa})$

스트럿 EF (또는 HG) : 병모양 스트럿 식 (13.9)(구조기준 I.3.3)을 만족 균열조절철근이 배치되었다고 보아, 표 13.1에서 $\beta_s = 0.75$

유효압축강도 $f_{ce} = \beta_s(0.85 f_{ck}) = (0.75)(0.85 \times 21) = 13.39\ (\text{MPa})$

가장 작은 값 $f_{ce} = \underline{13.39\ \text{MPa}}$ 이 지배한다.

NZ F에서 기둥 쪽 면의 지압면적 검토 : $F_{u,F} = 958\ \text{kN}$; 식 (13.8a)를 쓰면, 소요 지압면적의 폭은 벽체의 두께가 350 mm이므로 소요되는 절점영역의 폭 계산 :

$$w_{nz,F} = \frac{F_{u,F}/\phi}{f_{ce}\, b_s} = \frac{958 \times 10^3/0.75}{13.39 \times 350} = 273\ (\text{mm}) < 350\ \text{mm}$$ <o.k.>

인장타이 FG 쪽 면의 폭 계산 : $F_{u,FG} = 958/\tan 63.4^o = 480\ (\text{kN})$

$$w_{t,FG} = \frac{F_{u,FG}/\phi}{f_{ce}\, b_s} = \frac{480 \times 10^3/0.75}{13.39 \times 350} = 137\ (\text{mm})$$

스트럿 EF (또는 HG) 쪽 면의 폭 계산 : $F_{u,EF} = 958/\cos 26.6^o = 1,071\ \text{kN}$

$w_{s,EF} = (1,071 \times 10^3/0.75)/(13.39 \times 350) = 305\ (\text{mm})$

NZ E : CCC 절점에서

스트럿 EF (또는 HG) 쪽 면의 폭 : $w_{s,EF} = \dfrac{1,071 \times 10^3/0.75}{13.39 \times 350} = 305\ (\text{mm})$

스트럿 DE (또는 IH) 쪽 면의 폭 : $w_{s,DE} = \dfrac{958 \times 10^3/0.75}{13.39 \times 350} = 273\ (\text{mm})$

스트럿 EH 쪽 면의 폭 : $w_{s,EH} = \dfrac{480 \times 10^3/0.75}{13.39 \times 350} = 137\ (\text{mm})$

⑥ 경사 스트럿의 균열을 억제하기 위한 수직 및 수평철근 배치 :

수직철근과 스트럿 AB의 사이각 $\gamma_1 = 26.6^o$; 수평철근과 스트럿 AB의 사이각 $\gamma_2 = 63.4^o$

수직철근 : $f_{ck} = 21\ \text{MPa} < 40\ \text{MPa}$이므로 <u>양면에 각각 **D13** 철근을 **350 mm** 간격으로 배치</u>한다면,

$\sin^2 26.6^o = 0.200$; $A_{s1}/(b_s s_1 \sin^2\gamma_1) = (126.7 \times 2)(0.200)/(350 \times 350) = 0.000414$

수평철근 : <u>양면에 각각 **D16** 철근을 **350 mm** 간격으로 배치</u>한다면, $\sin^2 63.4^o = 0.800$

$(A_{s2}/b_s s_2)\sin^2\gamma_2 = (198.6 \times 2)(0.800)/(350 \times 350) = 0.00259$

총 균열조절철근 : $\sum(A_{si}/b_s s_i)\sin^2\gamma_i = 0.000414 + 0.00259 = 0.00300 \geq 0.003$ <o.k.>

구조기준 11.3(ACI 14.3.2) : $f_y \geq 400$ MPa에 D16 이하 이형철근을 배치하는 경우에 최소 수직철근비 = 0.0012, 최소 수평철근비 = 0.002이고 ; 배치는 두께 250 mm 이상인 벽체에 대해서는 벽면에 평행하게 양면으로 간격은 벽두께 3배 이하 450 mm 이하로 규정하고 있으므로 이를 만족하는지 검토한다.

수직철근비 = $A_{s1}/b_s s_1 = (126.7 \times 2)/(350 \times 350) = 0.00207 > 0.0012$ <o.k.>

수평철근비 = $A_{s2}/b_s s_2 = (198.6 \times 2)/(350 \times 350) = 0.00324 > 0.0020$ <o.k.>

⑦ 인장타이에 대한 수평보강철근 설계 : $\phi F_{nt} = \phi A_{st} f_y \geq F_{ut}$; $\phi = 0.85$

타이 BK 설계 : $F_{u,BK} = 948 \cos 63.4^o = 424\ \text{kN}$

$A_{st\,(소요)} \geq (F_{u,BK}/\phi)/f_y = (424 \times 10^3/0.85)/400 = 1{,}247\ (\text{mm}^2)$

균열조절 수평철근으로 D16철근을 350 mm 간격으로 배치되었고, 타이 BK의 정착 폭이 $w_{t,BK} = 106\ \text{mm}$이므로, 조금 철근량이 많기는 하지만 수직철근에 묶어서 배치하기 쉽게 6개의 철근을 선택하여 <u>$\boldsymbol{A_{s\,(배치)} = 6 - D19 = 1{,}719\ \text{mm}^2}$</u> 를 3층으로 나누어 각층에 2개씩을 배치한다.

정착길이 검토 : 그림 13.23 참고

$l_{d\,(배치)} = 1{,}200 + 241/2 + 60/\tan 63.4^o - 50 = 1{,}200 + 121 + 30 - 50 = 1{,}301\ (\text{mm})$

표 6.3 : 조건 1을 만족, $l_{d\,(소요)} = 41.9 d_b = 41.9(19.1) = 800\ (\text{mm})$

$< l_{d\,(가능)} = 1{,}301\ \text{mm}$ <o.k.>

철근의 위치 : 위치는 절점 A가 벽체의 상부에서 75 mm 떨어져서 위치한다고 가정하여 보의 상부에서 75 + 1,200 - 100/2 = 1,225 mm 떨어져서 2개를 벽체의 양면에 배치하고, 여기에서 50 mm와 100 mm 떨어져서(전체로는 1,275 mm와 1,325 mm) 각각 2개의 D19 철근을 양면에 배치한다.

타이 FG 설계 : $F_{u,FG} = 958/\tan 63.4^o = 480\ \text{kN}$

$A_{st\,(소요)} \geq (F_{u,FG}/\phi)/f_y = (480 \times 10^3/0.85)/400 = 1{,}412\ (\text{mm}^2)$

타이 FG의 정착폭은 $w_{t,FG} = 120\ \text{mm}$ 이므로 <u>$\boldsymbol{A_{s\,(배치)} = 6 - D19 = 1{,}719\ \text{mm}^2}$</u> 를 바닥에서 타이 FG의 폭의 중심선 $w_{t,FG}/2 = 137/2 = 68.5\ \text{mm}$ 에 아래의 정착길이를 감안하

여 수평으로 2개 씩 묶어서 1열로 배치한다.

철근의 수평간격 검토 : 폭 350 mm - (피복두께 40 + 양면에 수직철근 직경 13) x 2 = 244 mm ;

철근의 순간격 = (244 - 6 x 19.1) / 2 = 64.7 mm > 25 mm 또는

등가 $d_b = \sqrt{2 \times 286.5 \times 4/\pi} = 27.0\,(\mathrm{mm})$ <o.k.>

철근의 정착 검토 : 확장절점영역의 경계면과 철근타이 도심이 만나는 점 Q 이내에서 정착하여야 한다 (그림 13.23 참고). $l_{d\,(배치)} = 175 + 137 + 34 - 50 = 296\,(\mathrm{mm})$

표 6.3 : 조건 1 만족

$l_{d\,(소요)} = 41.9\,d_b = 41.9(19.1) = 800\,(\mathrm{mm}) > l_{d\,(가능)} = 293\,\mathrm{mm}$ <N.G.>

철근의 끝에 90도 표준갈고리를 장착한다면, 식 (6.14)에서 소요 정착길이 $\lambda = 1.0$

$l_{hb} = 100\,d_b/\lambda\sqrt{f_{ck}} = 100(19.1)/(1.0 \times \sqrt{21}) = 417\,(\mathrm{mm})$; 보통중량골재 콘크리트 가정

표 6.5의 보정계수에서 ②를 만족시키기 위해서 피복두께를 57 mm로 증가시키면

순간격은 폭 350 mm - 70 x 2 = 210 mm

철근의 순간격 = (210 - 6 x 19.1) / 2 = 47.7 mm > 25 mm 또는 등가 $d_b = 27.0\,\mathrm{mm}$ <o.k.>

따라서 $C_s = 70\,\mathrm{mm}$, $C_e = 50\,\mathrm{mm}$ 를 확보하여 보정계수 0.7을 적용한다.

$l_{dh\,(소요)} = 417(1{,}599/1{,}719)(0.70) = 417(0.651) = 271\,(\mathrm{mm}) < l_{d\,(배치)} = 296\,\mathrm{mm}$ <o.k.>

만약에 만족하지 못할 때는 그림 13.13b와 같이 철근을 지압판 등에 용접하거나 또는 프리스트레싱 강선을 배치할 수도 있다.

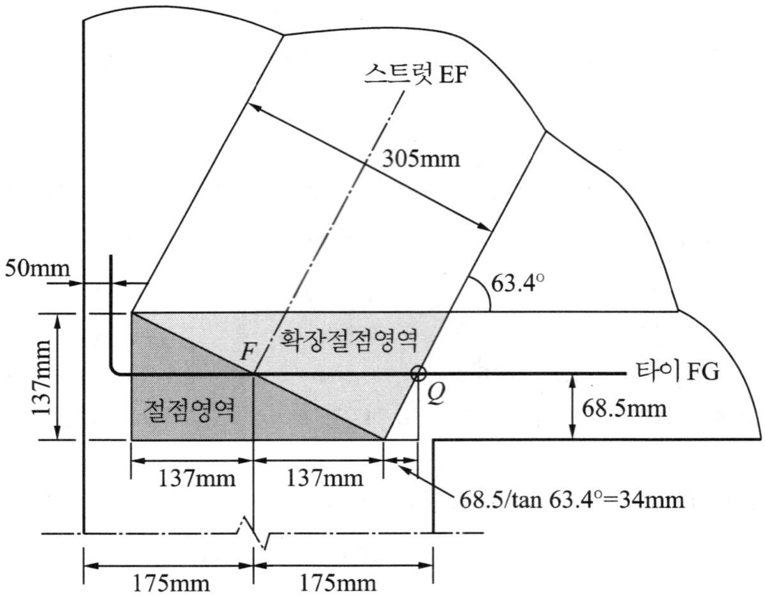

그림 13.23 절점 F의 확장절점영역에서 90° 표준갈고리로 타이 FG의 정착

13.3 깊은 휨부재(Deep Beam, Deep Flexural Member)[13.1]

구조기준 6.3.4(ACI 10.7)(구조기준 7.8, ACI 11.8 깊은 보의 전단설계)에서 **깊은 보(deep beam)**는 한쪽 면이 하중을 받고 반대쪽 면이 지지되어 하중과 받침부 사이에 스트럿(압축대)이 형성되는 구조요소로서(그림 13.24 참고),

(a) 순경간 l_n이 부재 깊이의 4배 이하인 부재 : $l_n \leq 4h$

(b) 또는 받침부 내면에서 부재 깊이의 2배 이하인 위치에 집중하중이 작용하는 경우에 이 구간을 깊은 보로 정의하고 깊은 보는 비선형 변형률 분포(nonlinear distribution of strain)를 고려하여 설계하거나 또는 스트럿-타이 모델에 따라 설계하여야 하고, 횡좌굴을 고려하여야 한다고 규정하고 있다.

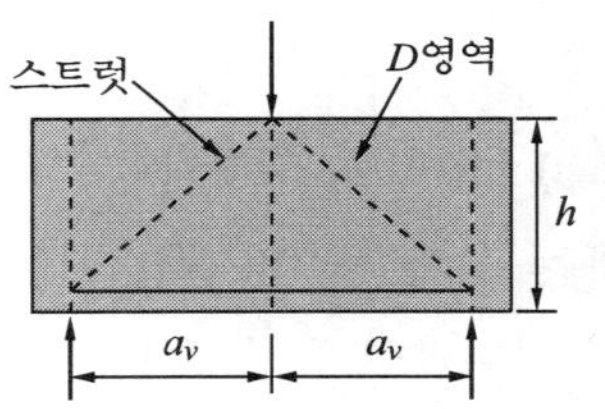

(a) 전단경간, $a_v < 2h$, 깊은 보

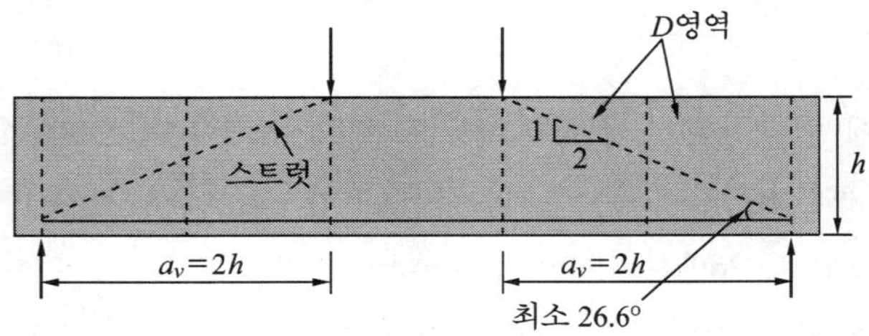

(b) 전단경간, $a_v = 2h$, 깊은 보의 한계

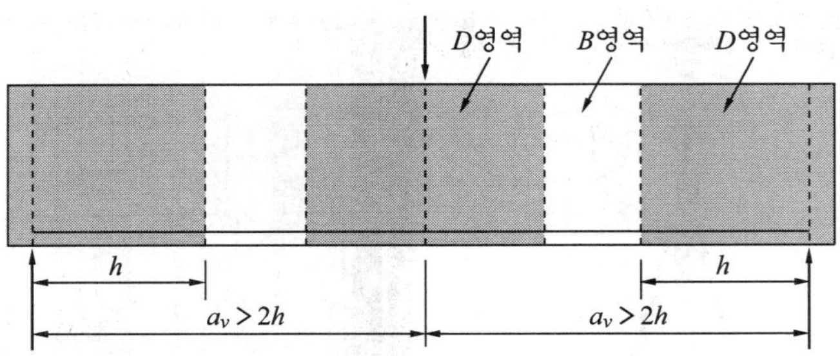

(c) 전단경간, $a_v > 2h$, 얕은 보

그림 13.24 깊은 보(deep beam)와 얕은 보(slender beam)의 정의[13.17]

또한 구조기준 8.5.2(5)와 8.5.3(4)(ACI 12.11.4, 12.12.4)에서는 깊은 보의 정모멘트 철근 및 부모멘트 철근의 정착에 대해서 규정하고 있다.

전형적으로 깊은 보는 그림 13.25의 연속보에서와 같은 **전달보(transfer girder)**에서 나타난다. 이런 전달보는 하나 또는 여러 개의 기둥으로부터 전달되는 하중을 지지하여 수평적으로 다른 기둥

그림 13.25 3 경간 연속 깊은 보

에 전달한다. 깊은 보 거동은 또한 벽체나 **기초 캡(pile cap)**등에서도 나타난다. 비록 이렇게 깊은 보의 거동을 하는 부재들은 많지만 최근에 와서야 만족하는 설계방법이 발달되고 있는 형편이다. 그림 13.26에는 1966년 Leonhardt와 Walther[13.21]가 수행한 실험결과로 등분포하중이 각각 보의 상부와 보의 바닥에 작용할 때의 단순 지지된 보의 파괴형상을 보여주고 있다. 하중이 작용하는 위치가 틀리면서 파괴형태도 변하는 것을 알 수 있다.

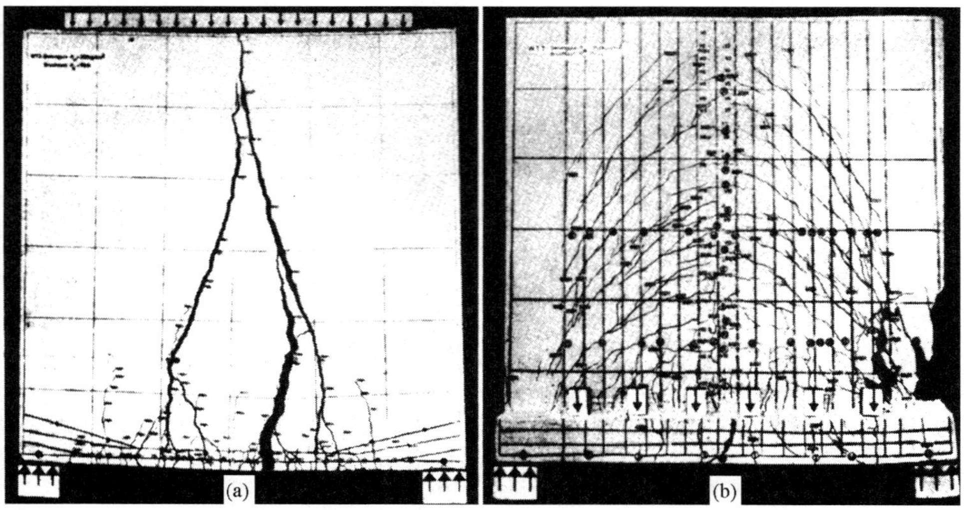

그림 13.26 **단순보의 파괴형태**[13.21] : 등분포하중이 (a) 보의 상부에 작용할 때(아치거동), (b) 보의 바닥에 작용할 때(연직 및 사인장)

깊은 휨부재의 해석과 거동(Analysis and Behavior of Deep Beam)

깊은 보에 대한 균열 전 상태의 탄성해석은 균열이 일어나기 전에만 의미가 있을 것이다. 깊은 보에서 극한하중의 대략 1/3～1/2이 작용할 때 이미 균열이 발생하게 된다. 균열이 발달한 뒤에는 균열 면을 통해서 인장력이 전달되지 못하므로 상당한 응력의 재분배(redistribution of stress)가 일어나야 한다. 탄성해석의 결과를 이용하면 균열을 일으키는 응력의 분포를 알아 균열방향과 균열 후의 힘의 흐름에 대한 짐작을 가능케 한다. 그림 13.18a나 13.27a에서 점선은 주압축응력에 평행한 방향의 압축응력 궤적도이고 실선은 주인장응력에 평행한 인장응력 궤적을 표시한다. 따라서 균열은 실선에 직각방향(또는 점선방향에 평행한 방향)으로 일어날 것이라고 짐작할 수 있다.

보의 중앙에 집중하중이 작용하는 단경간 보(그림 13.18)에서는 주압축응력이 대략 하중 작용점과 지지점을 연결하는 선과 평행으로 작용하며, 가장 큰 주인장응력은 보의 바닥에 평행하게 작용한다. 보의 중앙에서의 수평 인장응력과 압축응력의 분포가 그림 13.18b에 보여주고 있다. 비록 그

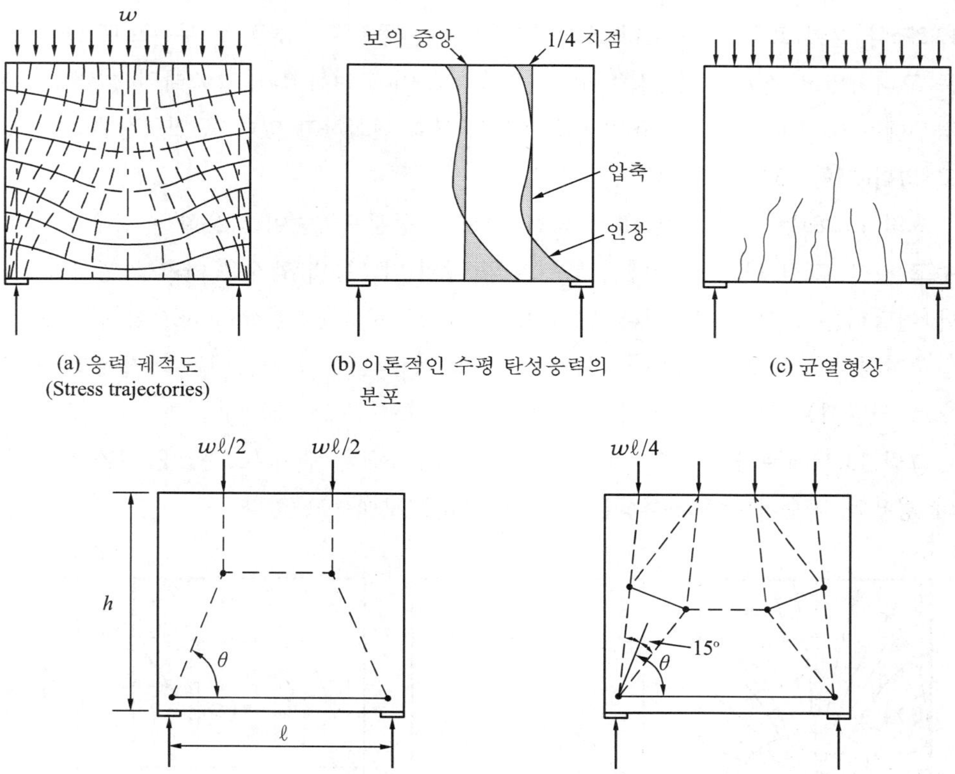

(a) 응력 궤적도 (Stress trajectories)

(b) 이론적인 수평 탄성응력의 분포

(c) 균열형상

(d) 트러스 모델
$\ell/h \leq 1$ 일때 $\theta = 68°$
$\ell/h = 2$ 일때 $\theta = 54°$

(e) 상세 트러스 모델

그림 13.27 등분포하중이 보의 상부에 작용하는 깊은 보

림에서는 보이지 않고 있지만 보의 바닥에서의 휨응력이 보의 대부분의 경간에 걸쳐서 일정하다는 사실을 주목하여야 한다. 그림 13.18a의 응력궤적도는 그림 13.18d와 같이 간략화 할 수 있으며, 점선은 스트럿(압축대)을 표시하고 실선은 인장타이를 표시하고 있다. 압축대의 경사각 θ는 $l/d \leq 0.80$ 인 경우에는 대략 68° (2.5 : 1 경사)에서 $l/d = 1.8$ 인 경우에는 40° (0.85 : 1 경사)로 선형적으로 변하고 있다. 이런 보를 실험하게 되면 그림 13.18c와 같은 균열이 발달하며 그림 13.18d에서 3개의 인장타이(AB, CD와 EF)는 균열을 가로질러 배치되고 있다. 파괴는 그림 13.18c에서 빗금인 부분에서 분쇄파괴나 절점 E나 F에서 정착파괴로 진행될 것이다. 그림 13.18d의 트러스 모델을 더 단순화시키면 그림 13.18e와 같이 모델링 할 수도 있지만 이 모델은 경사균열을 적절히 표현하지 못하고 있다.

그림 13.27a에는 등분포하중이 보의 상부에 작용하는 단경간 보의 탄성해석에 의한 응력궤적도를 보여주고 있다. 그림 13.27b에는 보의 중앙과 1/4 경간에서 연직면에 대한 수평응력의 분포도를 보여주고 있다. 이 응력 궤적도는 그림 13.27d와 같이 트러스로 표현하거나 조금 더 세분화된 그림 13.27e와 같이 표현할 수 있다. 앞의 모델에서는 등분포하중을 두 부분으로 나누어서 각각 합력으로 고려하였고, 상세모델에서는 4부분으로 나누어 고려하였다. 압축대의 경사각 θ는 $l/d \leq 1.0$ 인 경우에는 68° 에서 $l/d = 2.0$ 일 때는 55°로 선형 변화하고 있다. 균열형상은 그림 13.27c에 보여주고 있다(그림 13.26a 참고).

그림 13.28a는 깊은 보의 바닥 받침(ledge)에 등분포하중이 작용하는 경우에 응력궤적도를 보여주고 있다. 그림 13.28c와 d에서 보는 바와 같이 압축응력 궤적은 아치를 형성하고 하중은 이 아치에 매달리는 형태로 지지된다. 그림 13.28b에 보이는 균열형상은 하중이 먼저 보강철근에 의해서 압축아치가 형성될 수 있는 보의 윗부분으로 전달되고, 그 다음에는 아치에 의해서 하중이 지지점으로 전달되는 것을 확실하게 보여주고 있다(그림 13.26b 참고).

그림 13.29에는 연속 깊은 보에 대한 유사한 그림을 보여주고 있다. 여기에서 각도 θ는 단순보의 경우와 비슷하며 균열형상은 그림 13.29b에 보여주고 있다.

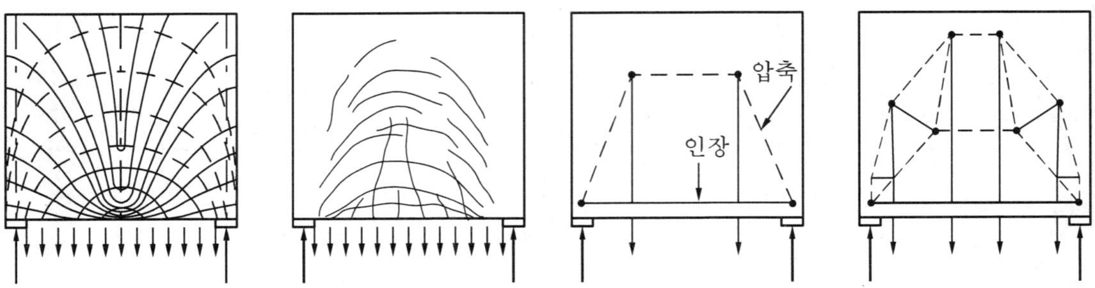

(a) 응력 궤적도 (b) 균열형상 (c) 트러스모델 (d) 상세 트러스모델

그림 13.28 보의 바닥에 하중이 작용하는 깊은 보

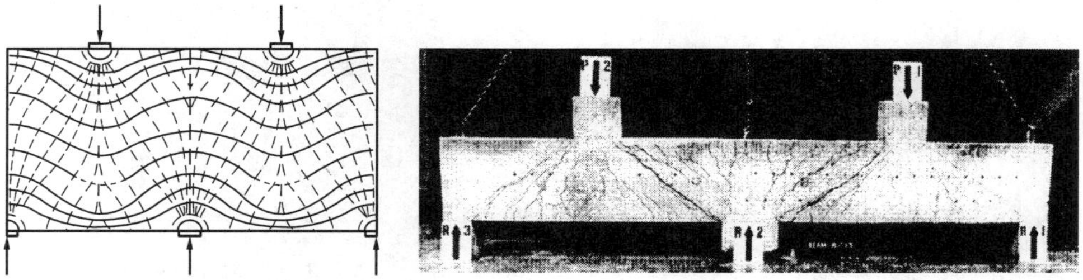

(a) 응력 궤적도 (b) 균열형상

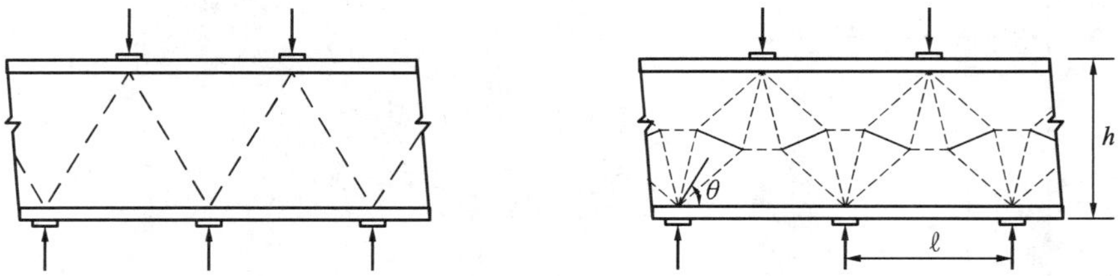

(c) 단순화된 트러스모델 (d) 상세 트러스 모델, $\theta = tan^{-1}(1.8h/l)$

그림 13.29 **연속 깊은 보**[13.2]

그림 13.27b에서의 휨인장응력의 분포와 그림 13.28 및 13.29의 트러스모델에서 깊은 보의 경간을 따라 종방향 인장타이의 인장력이 일정할 것이라고 암시하고 있다. 이러한 사실은 이 힘들이 지지점을 넘어서 절점에 잘 정착되어야지 만약 제대로 정착되지 못하면 정착에 의한 파괴가 일어날 수 있다는 것을 의미한다.

깊은 보의 스트럿-타이 모델(Strut-and-Tie Model for Deep Beam)

그림 13.3은 단경간 깊은 보의 간단한 스트럿-타이 모델을 보여주고 있다. 그림 13.3에서 하중, 반력, 스트럿(strut) 및 인장타이는 각 트러스 부재의 중심선과 작용하는 힘의 작용선이 평형을 만족시키기 위해서 절점에서 서로 만나도록 배치되어 있고, 철근은 단부에서 외적으로 정착되어 있다. 실제 철근콘크리트 보에서 정착은 수평 또는 연직 갈고리에 의하거나 특별한 경우에는 그림에서 보이는 바와 같이 정착판(anchor plate)을 사용해서 정착하게 된다.

그림 13.3에 보이는 트러스는 ① 인장타이의 항복, ② 스트럿의 응력이 유효압축강도 f_{ce}를 초과해서 나타나는 압축 분쇄파괴, 또는 ③ 절점이 유효압축강도보다 큰 응력을 받았을 때의 절점의 파괴 중에서 한 방법으로 파괴될 것이다. 종종 이러한 파괴는 하중 작용점이나 지지점에서의 지압파괴를 동반하곤 한다. 보강재의 인장파괴가 스트럿이나 절점의 파괴보다는 연성파괴이므로 철근의 강도가 지배하도록 설계하여야 할 것이다.

깊은 보에 대한 두 번째 예로 그림 13.30에는 보의 중앙에 집중하중이 작용하고 연직 스터럽으

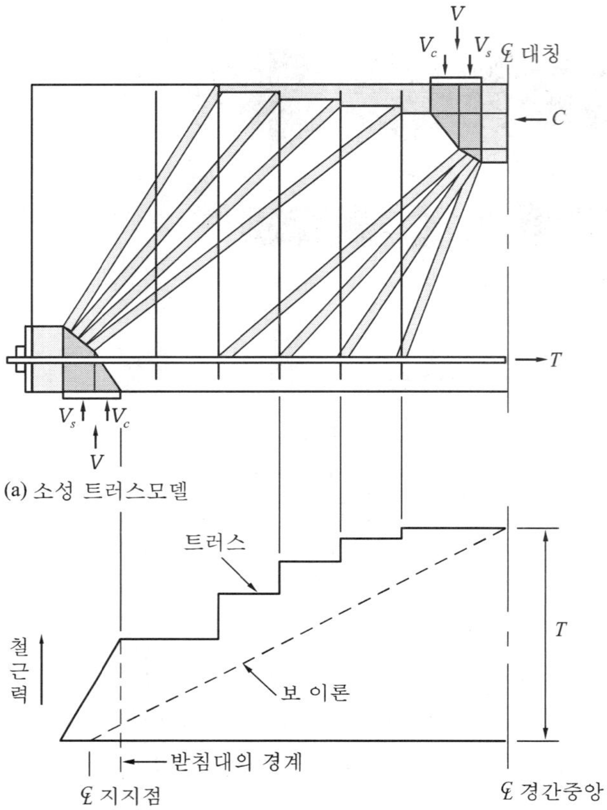

(a) 소성 트러스모델

(b) 주철근에 작용하는 인장력

그림 13.30 스터럽이 배치된 깊은 보의 스트럿-타이모델

로 보강된 단순보를 보여주고 있다. 이 모델은 여러 개의 트러스를 합한 것으로, 그 중에서 한 트러스는 하중 작용점에서 지지점을 직접 연결하는 스트럿을 갖고 있으며 이 스트럿이 전단력 V_c를 전달하게 된다. 다른 트러스는 스터럽을 연직 인장부재로 사용하며, 하중 작용점과 지지점에서 압축팬(compression fan)을 형성하고 있다. 각 스터럽의 연직력은 스터럽이 항복한다는 가정으로 계산할 수 있다(그림 8.38 참고). 각각의 작은 스트럿의 연직분력은 절점에서 평형을 이루기 위해서 스터럽의 항복응력과 같아야 한다. 그림 13.30의 맨 왼쪽에 배치된 스터럽은 직접 스트럿(direct compression strut)을 피해서 하중 작용점에서 스터럽의 하단을 연결할 수 없기 때문에 사용되지 않고 있다.

하중 작용점에서 시작하여 방사선 모양으로 발달하는 스트럿(압축팬, compression fan)은 바닥의 주인장철근에 위치하는 스터럽과 만나야 하는데 그 이유는 스트럿의 수평분력에 평형을 이루기 위해서는 바닥의 주철근 인장력의 변화가 필요하기 때문이다. 바닥 주철근의 인장력은 스터럽과 만날 때마다 교차되는 부분의 스트럿의 수평분력만큼 감소되며 그림 13.

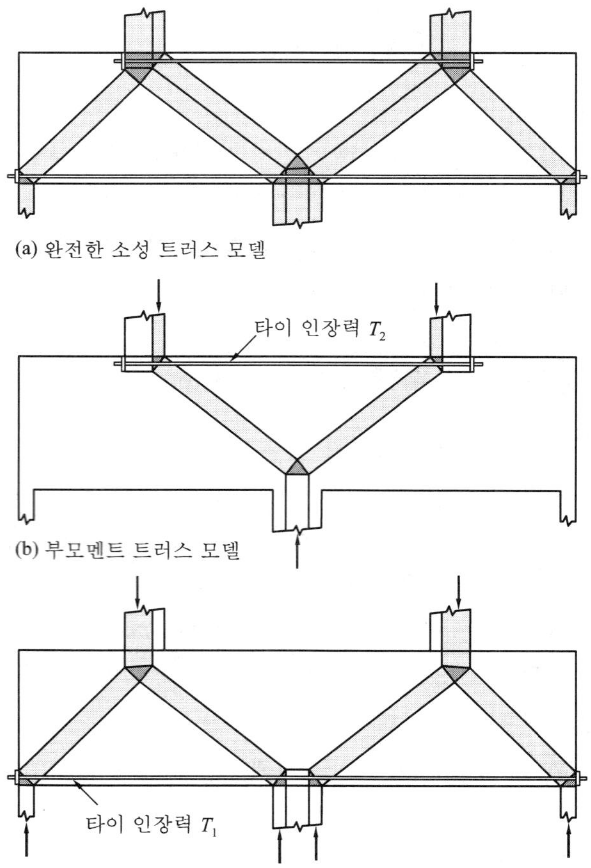

(a) 완전한 소성 트러스 모델

(b) 부모멘트 트러스 모델

(c) 정모멘트 트러스 모델

그림 13.31 2경간 연속보의 스트럿-타이 모델

30b에는 바닥 주철근의 인장합력이 계단모양으로 표시되어 있다. 보이론 M/jd로부터 계산한 인장력은 그림에 점선으로 표시되어 있다. 이렇게 소성트러스 상사(plastic truss analogy)로부터 구한 인장력은 보 이론으로 구한 인장력보다 상당히 크다는 점을 주목하여야 하며 이는 실험에 의해서 판명되었다.

그림 13.31에는 2경간 연속보의 소성 트러스 모델을 보여주고 있다. 스트럿은 명암으로 표시하고 정수압 절점(hydrostatic element)은 진한 색으로 표시하였다. 내부 지지점에서 2개의 트러스가 하중을 전달한다. 그림 13.31b에 있는 상부트러스는 상부에 위치한 타이인장력 T_2와 구성되고, 그림 13.31c에 있는 하부트러스는 바닥철근에 의한 인장력 T_1과 구성된다. 각 트러스의 지지력(capacity)은 인장타이의 인장력 $A_s f_y$와 삼각형의 기하학적인 모양으로부터 계산할 수 있다. 그림 13.31a의 완전한 트러스의 지지력은 그림 13.31b와 c 트러스의 지지력을 더하면 구할 수 있다. 그림에는 T_1과 T_2 인장력이 하중이 작용하는 점과 외부 지지점에 지압판으로 정착되어 있는 것을 보여주고 있다. 다시 강조하지만, T_1과 T_2에는 양쪽 지압판 사이에서 일정한 인장력이 발달된다고 가정하고 있다.

깊은 보에 대한 스트럿-타이 설계(Design Using Strut-and-Tie Model)

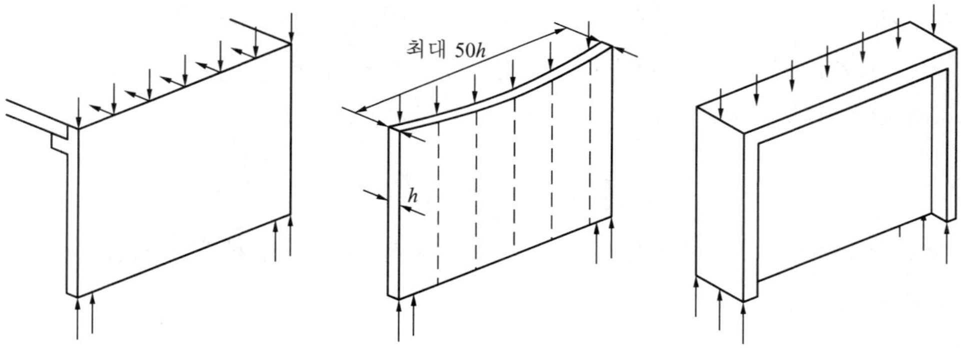

(a) 지붕이나 바닥판에 의한 횡방향 구속　　(b) 최소 횡방향 구속　　(c) 플랜지에 의한 횡방향 구속

그림 13.32 깊은 휨부재의 횡방향 지지 방법[13.22]

구조기준 6.3.4(ACI 10.7.1)에서는 깊은 보는 비선형 변형률 분포(nonlinear distribution of strain)를 고려하거나 또는 부록 I의 스트럿-타이 모델을 이용하여 설계하고 횡좌굴을 고려하여야 한다고 규정하고 있다. 횡방향 좌굴에 대해서는 다행히도 대부분의 벽체나 보는 그림 13.32a와 같이 바닥판이나 지붕에 의해서 횡방향으로 지지되어 압축플랜지의 횡방향 좌굴은 거의 문제가 되지 않는다.

구조기준 6.3.1(1)(ACI 10.4.1)에서는 그림 13.32b와 같이 아무런 지지부재가 없는 압축플랜지에서 횡지지 간격이 최소 폭 b의 50배를 초과하지 못하도록 규정하고 있다. 자유벽체(free-standing wall)에 있어서 횡방향 좌굴에 대해서 적당한 안전율을 갖도록 횡방향 안정에 대해서 검토하여야 하고, 필요한 경우에는 그림 13.32c와 같이 횡방향 구속을 위해서 플랜지를 배치할 수도 있다[13.22].

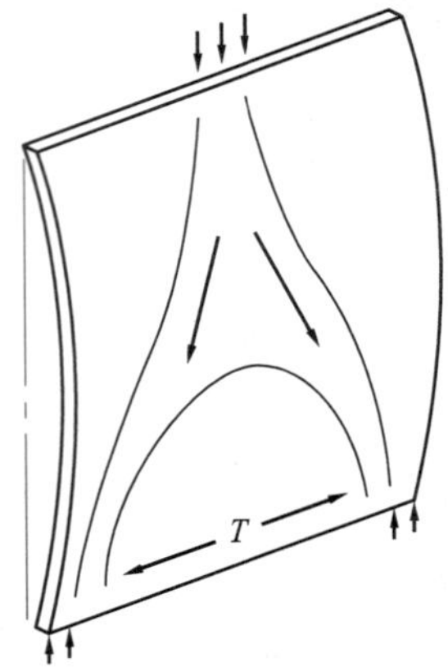

그림 13.33 깊은 보의 종방향 횡좌굴

그림 13.33과 같은 지지점이나 집중하중이 작용하는 부근에서의 연직방향의 횡좌굴은 기둥설계의 모멘트 확대방법(moment magnifier method)이나 수치해석 또는 에너지방법으로 검토할 수도 있다[13.22]. ACI Note[13.22]에서는 만약에 부재의 높이-두께의 비가 25로 제한될 때는 좌굴은 문제가 되지 않는다고 제시하고 있다.

단순 지지된 깊은 보에서의 수평인장철근의 정착은 특별한 주의를 기울여야한다. 휨모멘트가 지지면의 0상태에서 급격하게 증가하므로, 지지면 부근에서 소요강도가 완전히 발달되지 않을 수도 있다. 만약 가능하다면 인장철근은 정착길이를 충분히 갖게 배치하여야 하고 만약 정착길이가 충분하지 않다면 표준갈고리나 또는 특별한 정착장치를 이용하여야 한다.

구조기준에서 언급하는 깊은 보 설계의 규정에 대해서 정리하면 아래와 같다.

① 최소 휨인장철근량 (구조기준 6.3.4, ACI 10.7.3) : 휨에 대한 최소철근량인 식 (3.39a) 이상을 배치하여야 한다.

$$A_{s\,(\min)} = \left(0.25\sqrt{f_{ck}} \ \geq \ 1.4\right)\frac{b_w d}{f_y} \tag{3.39a}$$

② 최대 전단강도 : 구조기준 7.8.1(3)(ACI 11.7.3)에서 깊은 보의 최대 전단강도는 다음의 값 이하가 되어야 한다고 규정하고 있다[8]).

$$V_{n\,(\max)} \leq \frac{5}{6}\lambda\sqrt{f_{ck}}\,b_w d \tag{13.18}$$

이 식은 균열 폭이 너무 과도하지 않도록 하고 또한 복부 콘크리트의 분쇄파괴를 방지하고자 하는 식 (7.31)의 스터럽에 의해서 저항되는 최대전단력을 제한하는 규정과 같은 규정이다.

③ 최소 수직전단 철근량 A_v [구조기준 7.8.2(1), ACI 11.7.4] :

8) ACI 318-08 11.7.3에서는 경량콘크리트 계수 λ를 도입하지 않고 있지만 구조기준 7.8.1(3)에서는 도입하고 있다. 이 규정에 상응하는 구조기준 7.4.4(9)에서는 $V_s \leq (2\sqrt{f_{ck}}3)b_w d$로 표시하여 λ를 포함하지 않고 있다.

$$A_{v\,(\min)} \geq 0.0025\, b_w s \quad ; \quad s \leq (d/5\text{또는 } 300\text{ mm})\text{ 이하} \tag{13.19a}$$

여기에서 s은 수직 전단철근의 간격이고 다음 식에서 s_h는 수평 전단철근의 간격이다. 이 철근은 **표면철근(skin reinforcement)**으로 균열의 폭을 조절할 수 있도록 표면에 되도록 가깝게 배치하여야 한다.

④ 최소 수평전단 철근량 A_{vh} [구조기준 7.8.2(2), ACI 11.7.5] :

$$A_{vh\,(\min)} \geq 0.0015\, b_w s_h \quad ; \quad s_h \leq (d/5\text{또는 } 300\text{ mm})\text{ 이하} \tag{13.19b}$$

⑤ 또는 구조기준 7.8.2(3)(ACI 11.7.6)에서는 최소 수직 및 수평 전단철근 대신에 식 (13.9)[구조기준 부록 I.3.3(2), ACI A.3.3.1]을 만족하는 철근을 배치할 수 있도록 규정하고 있다.

$$f_{ck} \leq 40\text{ MPa인 경우}: \quad \sum \frac{A_{si}}{b_s s_i}\sin^2\gamma_i = \frac{A_{s1}}{b_s s_1}\sin^2\gamma_1 + \frac{A_{s2}}{b_s s_2}\sin^2\gamma_2 \geq 0.003 \tag{13.9}$$

여기에서 아래첨자 1과 2는 각각 수직과 수평 철근을 표시하여 s_1과 s_2는 수직 및 수평철근의 간격을, γ_1과 γ_2는 그림 13.9에서와 같이 각각 스트럿의 축과 수직 및 수평철근과의 사이각을, A_{s1}과 A_{s2}는 수직 및 수평철근량을 의미한다. 또한 b_s는 스트럿의 두께(thickness)이다.

⑥ 철근타이의 정착 [구조기준 8.5.1(5), ACI 12.10.6] : 경사형, 계단형, 또는 변단면 기초판, 브래킷, 깊은 보 또는 인장철근이 압축 면에 평행하지 않아 철근의 응력이 직접적으로 휨모멘트에 비례하지 않는 휨부재의 인장철근은 적절한 정착을 마련하여야 한다고 규정하고 있다. 구조기준 해설에서는 폭이 넓고 하중이 브래킷 모서리에 가깝게 작용하지 않는 경우에 수평면의 U형 갈고리 철근이 효과적인 단부 정착을 제공할 수 있다고 제안하고 있다(그림 13.39b 참고).

⑦ 깊은 보에서 정모멘트 철근의 정착 [구조기준 8.5.2(5), ACI 12.11.4] : 단순받침부에서 정모멘트 철근은 구조기준 I.4.3(ACI A.4.3)에 따라 정착하는 경우를 제외하고, 받침부 전면에서 f_y를 발휘할 수 있도록 정착하여야 한다고 규정하고, 또한 깊은 보의 내부 받침부에서 정모멘트 철근은 연속되거나 인접 경간의 정모멘트 철근과 겹침이음이 되도록 설계하여야 한다고 규정하고 있다.

구조기준 I.4.3(ACI A.4.3)에서는 철근타이는 기계적 장치, 포스트텐션 정착 장치, 표준갈고리 또는 철근의 연장 등에 의해 정착시켜야 한다고 규정하고, 정착은 확장절점영역의 경계면과 철근타이의 도심이 교차하는 곳(그림 13.14a의 A점)으로부터 확장절점영역 내측에서 정착시켜야 한다고 규정하고 있다.

⑧ 깊은 보에서 부모멘트 철근의 정착 [구조기준 8.5.3(4), ACI 12.12.4] : 내부 받침부에서 부모멘트 철근은 인접경간의 부모멘트 철근과 연속되도록 설계하여야 한다고 규정하고 있다.

예제 13.2 깊은 휨부재의 설계[13.20]

현행 구조기준의 규정에 따라 그림 13.34a에 보이는 경간 $l = 6.0\ \mathrm{m}$ 의 깊은 보를 스트럿-타이 모델을 이용하여 설계하라. 보의 하중 작용점에는 각각 고정 집중하중 $P_D = $ 800 kN과 활하중 $P_L = $ 400 kN이 작용하고 있다. 설계에서 보 자신의 고정하중은 이미 고려되었다고 보아 다시 고려할 필요는 없다. 보통중량 골재의 $f_{ck} = $ 27 MPa 콘크리트를 사용하고 $f_y = f_{yt} = $ 400 MPa 등급의 보강철근을 배치한다. 또한 얕은 보(slender beam)로 보아 휨설계를 수행하여 소요 인장철근 단면적과 중립축의 깊이를 결정하고 스트럿-타이 모델을 이용하여 설계한 결과와 비교 검토하라 (여기에서 주철근으로 D29를 2층으로 배치하고 D16 스터럽을 배치한다고 보아 $d = 1.9\ \mathrm{m}$ 로 본다. 설계는 $jd \approx 0.875d$ 로 시작하고, 수렴은 전 소요철근단면적에 대한 새 값의 차이가 1.0 % 이하가 되면 만족한다고 본다.).

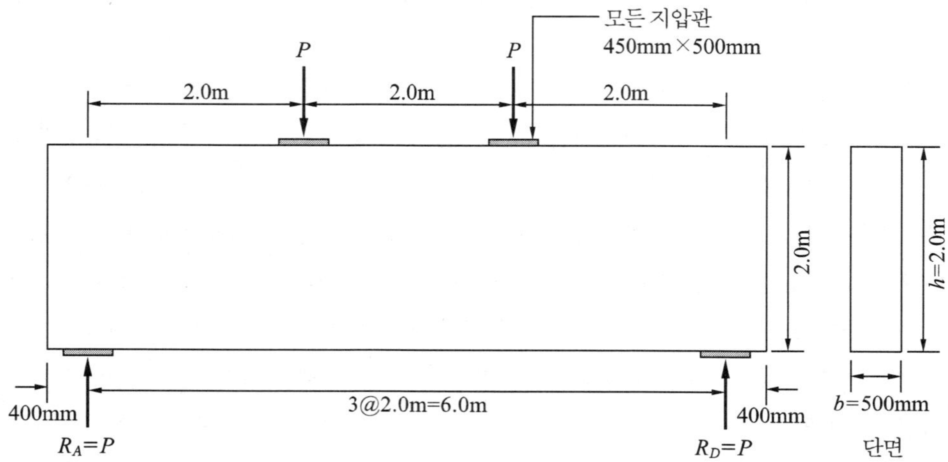

그림 13.34a 예제 13.2 깊은 보의 형상과 하중

풀이

① 계수하중 P_u 및 반력 계산 :

$$P_u = 1.2P_D + 1.6P_L = 1.2(800) + 1.6(400) = 1{,}600\ (\mathrm{kN})$$

$$> 1.4P_D = 1.4(800) = 1{,}120\ (\mathrm{kN})$$ <o.k.>

$$\therefore R_A = R_D = P_u = 1{,}600\ \mathrm{kN}$$

② 깊은 보인지 검토 :

전단경간 $a_v = 2.0\ \mathrm{m}$ 이므로, $a_v / h = 2.0/2.0 = 1.0 < 2.0$; 따라서 깊은 보이다.

또는 순경간 $l_n = 6.0 - 0.45 = 5.55\ (\mathrm{m}) < 4h = 4(2.0) = 8.0\ (\mathrm{m})$ <o.k.>

③ 단면의 최대 전단강도 검토 : 식 (13.18) 검토, $V_u = R_A = R_D = 1{,}600\ \mathrm{kN}$

인장연단에서 인장철근의 도심까지의 거리 = 40 + 16(D16 스터럽) + 29 (D29 주철근 2층으로 배치) + 25/2 (상하철근 간격) = 97.5 ≈ 100 mm ; $d = 2{,}000 - 100 = 1{,}900\ (\mathrm{mm})$

보통중량골재 $\lambda = 1.0$

$$\phi V_n = \phi \frac{5}{6} \lambda \sqrt{f_{ck}}\, b_w d = 0.75\left(\frac{5}{6}\right)(1.0)\sqrt{27}\,(500 \times 1{,}900)/10^3 = 3{,}085\ (\mathrm{kN})$$

$$> V_u = 1{,}600\ \mathrm{kN}$$ <o.k.>

④ D 영역을 결정하고 분리 : St. Vernant 법칙에 따라 하중 작용점에서 양쪽으로 h 만큼 떨어진 영역이므로 보의 전체 경간이 D 영역이 된다.

⑤ 스트럿-타이 모델을 구성하고 소요 트러스 부재력을 계산 :

그림 13.34b와 같이 가장 간단한 스트럿-타이 모델을 선택하도록 한다. 트러스는 하중 작용점에서 받침부로 직접 향하는 스트럿 AB (또는 CD)로 구성되었다. 스트럿 BC와 타이 AD는 트러스가 평형을 이루기 위해서 필요하다.

Uribe와 Alcocer[13.20]에 의하면 이 모델은 전단경간에서 평형을 이루는데 스터럽이 요구되지 않기 때문에 극한하중보다 작은 하중에서 폭 넓은 균열이 발생할 수 있으므로 사용하지 않는 게 현명할 것이라고 언급하면서, 그러나 구조기준의 최소 수직철근이 배치되면 이 결점을 보완할 수 있다고 하였다. 따라서 본 예제에서도 그림 13.34b와 같이 가장 간단한 스트럿-타이 모델을 선택하고 전단경간에서 균열에 대한 보강은 식 (13.9)의 균열조절철근을 배치하도록 한다. 좀더 복잡한 스트럿-타이 모델은 연습문제 [13.1]에서 다루었다.

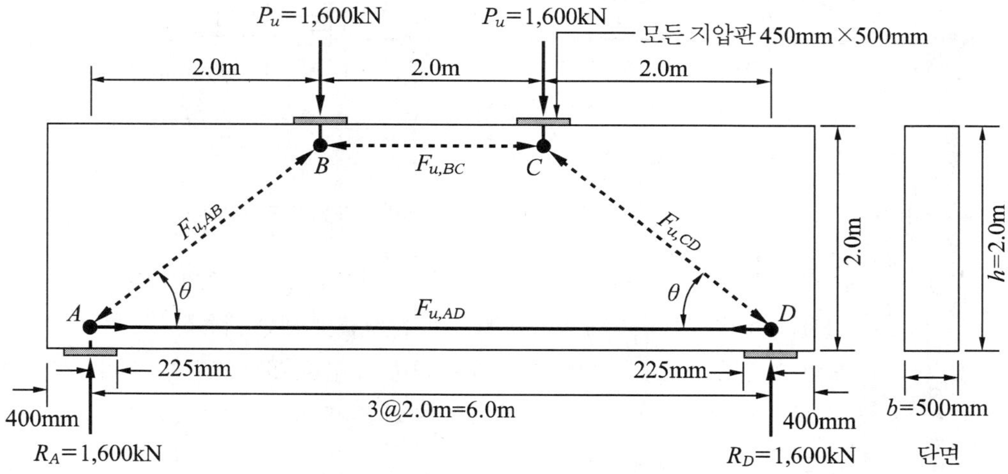

그림 13.34b 깊은 보의 스트럿-타이 모델

(가) 하중 작용점과 받침부의 지압판의 강도 검토 : $F_u = P_u = 1{,}600\ \mathrm{kN}$

지압판의 면적 : $A_{nz} = 450(500) = 225 \times 10^3\,(\mathrm{mm}^2)$

ⓐ 하중 작용점의 지압강도 검토 : C-C-C 절점이므로 표 13.1에서 $\beta_n = 1.0$

식 (13.6a)와 (13.8a) :

$$\phi F_{nn} = \phi(\beta_n 0.85 f_{ck}) A_{nz} = 0.75(1.0 \times 0.85 \times 27)(225 \times 10^3)/10^3 = 3{,}873\ (\mathrm{kN})$$

$> F_u = 1{,}600\ \mathrm{kN}$ <o.k.>

ⓑ 받침부의 지압강도 검토 : CCT 절점이므로 표 13.1에서 $\beta_n = 0.80$

$$\phi F_{nn} = \phi(\beta_n 0.85 f_{ck}) A_{nz} = 0.75(0.80 \times 0.85 \times 27)(225 \times 10^3)/10^3 = 3{,}098\ (\mathrm{kN})$$

$> F_u = 1{,}600\ \mathrm{kN}$ <o.k.>

(나) 스트럿 BC 및 타이 AD의 폭 결정 : 보의 절반을 자른 그림 13.34c의 자유물체도에서 보는바와 같이 스트럿 BC와 타이 AD는 내부우력으로 $\sum F_x = 0$ 를 만족시키기 위해서 $F_{u,BC} = F_{u,AD}$가 되어야 한다.

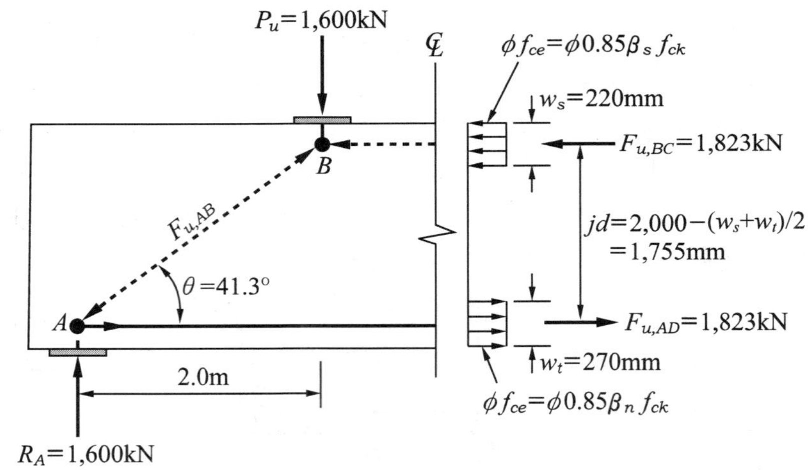

그림 13.34c 스트럿-타이 모델의 자유물체도

절점 A와 절점 B의 수평위치는 각각 하중 작용점과 받침부의 위치로 결정하면 되지만, 연직위치는 계산하거나 또는 결정하여야 한다. 보를 최대한 활용하기 위해서 이 절점들은 최대한 보의 연단에 가깝게 배치하는 것이 유리하다. 다른 말로 표현하면 내력의 팔거리 jd가 최대가 되도록 배치한다는 것이며, 이렇게 되기 위해서는 스트럿 BC 폭 w_s와 타이 AD의 폭 w_t가 최소가 되어야 할 것이다.

스트럿 BC의 폭 w_s 가 최소가 되도록 하기 위해서 구조기준에서 규정한 최대 유효압축강도가 되도록 한다. 단면적이 일정한 경우 : $\beta_s = 1.0$

$F_{u,BC} = \phi F_{ns} = \phi f_{ce} A_{cs} = \phi(\beta_s 0.85 f_{ck}) b_s w_s = (0.75)(1.0)(0.85 f_{ck}) b_s w_s$
$= 0.6375 f_{ck} b_s w_s = 0.6375(27)(500) w_s / 10^3 = 8.606 w_s \text{ (kN)}$

타이 AD의 폭 w_t가 최소가 되도록 하기 위해서 구조기준에서 규정한 최대 유효압축강도가 되도록 한다. C-C-T 절점, $\beta_n = 0.80$

$F_{u,AD} = \phi F_{nt} = \phi f_{ce} A_{nz} = \phi(\beta_n 0.85 f_{ck}) b_s w_t = (0.85)(0.80)(0.85 f_{ck}) b_s w_t$
$= 0.578 f_{ck} b_s w_t = 0.578(27)(500) w_t / 10^3 = 7.803 w_t \text{ (kN)}$

$F_{u,BC} = F_{u,AD}$ 이므로 대입하면,

$0.6375 f_{ck} b w_s = 0.578 f_{ck} b w_t \quad ; \quad w_t = (0.6375/0.578) w_s = 1.103 w_s$

팔거리 $jd = 2{,}000 - w_s/2 - w_t/2 = 2{,}000 - 0.5 w_s - (1.103/2) w_s = 2{,}000 - 1.051 w_s$

그림 13.34c의 절점 A에서 모멘트를 취하면서, $F_{u,BC}$와 jd를 대입하면,

$P_u(2{,}000) - F_{u,BC}(jd) = 0 \quad ; \quad 1{,}600(2{,}000) - 8.606 w_s (2{,}000 - 1.103 w_s) = 0$

$9.049 w_s^2 - 17{,}212 w_s + 3.2 \times 10^6 = 0 \quad ; \quad w_s^2 - 1{,}902 w_s + 353{,}630 = 0$

$\therefore w_s = [1{,}902 - \sqrt{1{,}902^2 - 4(353{,}630)}\,]/2 = 209 \text{ (mm)}$

$\therefore w_t = 1.103 w_s = 1.103(209) = 230 \text{ (mm)}$

이 폭을 이용하여 설계하게 되면 압축스트럿 BC에서 압축응력이 겨우 만족되는 한계상황이고, 또한 인장타이 AD에서도 정착하기에 겨우 만족되는 면적이 된다. 따라서 설계에서는 조금 안전 측으로 $\underline{w_{s\,(배치)} = 220 \text{ mm}}$ 로 하고 $\underline{w_{t\,(배치)} = 270 \text{ mm}}$ 로 설계하도록 한다.

$d = 2{,}000 - w_t/2 = 2{,}000 - 270/2 = \underline{1{,}865 \text{ (mm)}}$

(다) 스트럿 $F_{u,BC}$와 타이 $F_{u,AD}$의 팔거리 jd를 결정하고, 스트럿 및 타이력 계산 :

$\therefore jd = 2{,}000 - w_s/2 - w_t/2 = 2{,}000 - 220/2 - 270/2 = \underline{1{,}755 \text{ (mm)}}$

$\therefore F_{u,BC} = V_u(2{,}000)/jd = 1{,}600(2{,}000)/1{,}755 = \underline{1{,}823 \text{ (kN)}} = F_{u,AD}$

그림 13.34c에서 압축스트럿 BC는 압축연단으로부터 220/2 = 110 mm 떨어져서 위치하고, 인장타이 AD는 인장연단으로부터 270/2 =135 mm 떨어져서 위치한다.

스트럿 AB의 경사각 θ 계산 : $\therefore \theta = \tan^{-1}(1{,}755/2{,}000) = \underline{41.3^o}$

$\therefore F_{u,AB} = 1{,}600/\sin\theta = 1{,}600/\sin 41.3^o = \underline{2{,}426 \text{ (kN)}}$

⑥ 스트럿 AB의 폭 $w_{s,AB}$ 및 강도 검토 :

스트럿 AB의 상부에서의 폭 계산 :

$w_{st} = l_b \sin\theta + w_s \cos\theta = 450 \sin 41.3^o + 220 \cos 41.3^o = 297.0 + 165.3 = 462 \text{ (mm)}$

스트럿 AB의 하부에서의 폭 계산 :

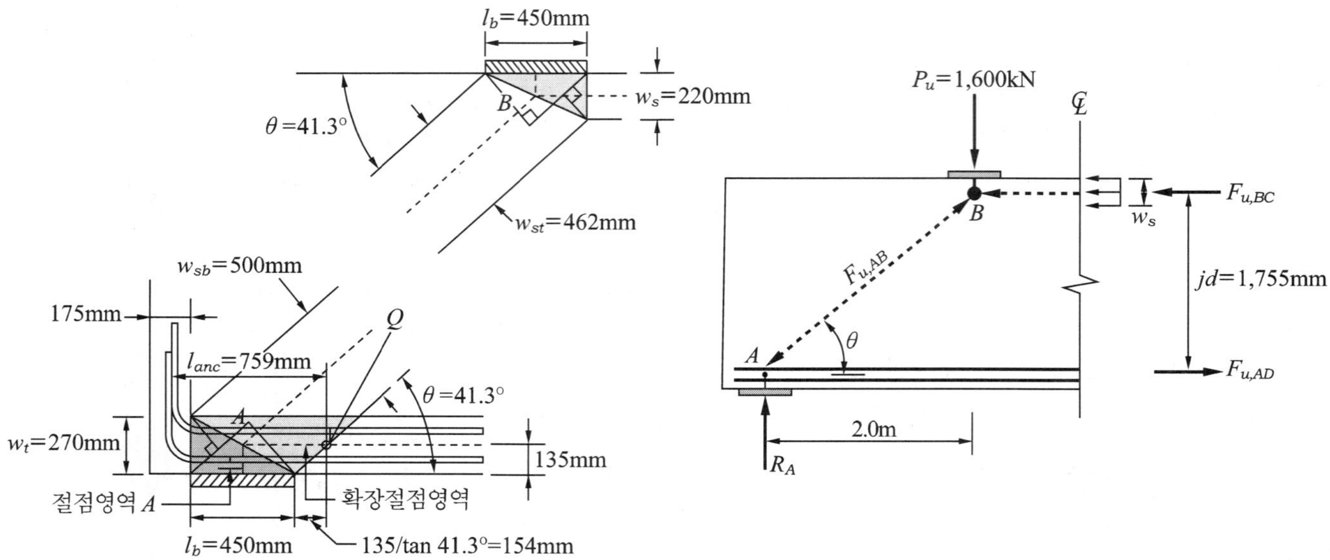

그림 13.34d 절점영역 A 및 B의 설계 상세

$$w_{sb} = l_b \sin\theta + w_t \cos\theta = 450 \sin 41.3^o + 270 \cos 41.3^o = 297.0 + 202.8 = 500\ (\text{mm})$$

주어진 공간에 배치할 수 있는지 검토하여야 하므로 큰 값이 지배 $\underline{w_{s,AB} = 500\ \text{mm}}$ 가 된다.

유효압축강도 f_{ce} 를 결정하기 위해서 계수 β_s 결정 : ACI A.3.1[9] 에서 유효압축강도는 스트럿과 양 절점에서의 유효강도 중에서 가장 작은 값이 지배하므로,

NZ B : C-C-C 절점이므로 $\beta_n = 1.0$; NZ A : C-C-T 절점이므로 $\beta_n = 0.80$

스트럿 AB : 그림 13.34a와 같이 이상화하여 단면이 일정하게 구성하였지만 실제에 있어서 각도를 갖는 스트럿은 그림 13.34b와 같은 병모양 스트럿으로 고려하여야 할 것이다. 병모양 스트럿에서 식 (13.9)의 균열조절철근이 배치된다고 보아, 표 13.1에서 $\beta_s = 0.75$ 가 된다. 따라서 가장 작은 $\underline{\beta_s = 0.75}$ 가 지배하게 된다.

스트럿 AB의 강도 검토 :

$$\phi F_{ns} = \phi f_{ce} A_{cs} = \phi(\beta_s 0.85 f_{ck})(b_s w_s) = 0.75(0.75)(0.85 \times 27)(500)(462)/10^3 = 2{,}982\ (\text{kN})$$

$$> \ F_{u,AB} = 2{,}426\ \text{kN} \qquad \text{<o.k.>}$$

⑦ 인장타이 AD의 소요철근 단면적 설계 : 구조기준 3.3.3에 따라 $\phi = 0.85$ 를 사용한다.

$$\therefore A_{s,AD(소요)} = (F_{u,AD}/\phi)/f_y = (1{,}823 \times 10^3/0.85)/400 = \underline{5{,}362\ (\text{mm}^2)}$$

최소철근단면적 검토 : $f_{ck} = 27\ \text{MPa} < 31\ \text{MPa}$ 이므로 $1.4/f_y$ 항 지배, 식 (3.39a)에서

9) 구조기준 부록 I에는 이 내용을 포함하지 않고 있지만 콘크리트학회에서 발행한 설계 예제집[13.25]에서는 이를 적용하고 있다.

$A_{s,\min} = (1.4/f_y)b_w d = (1.4/400)(500)(1,865) = 3,264\ (\text{mm}^2)$

$< A_{s,AD(소요)} = 6,077\ \text{mm}^2$ <o.k.>

$\therefore A_{s,AD(배치)} = \underline{2열로\ 10 - D29\ 배치 = (10 \times 642.4) = 6,424\ (\text{mm}^2)}$

$> A_{s,AD(소요)} = 5,362\ \text{mm}^2$ <o.k.>

⑧ 절점영역의 설계 및 정착의 검토 :

철근의 수평간격 검토 - 1열에 5-D29 배치 : [폭 500 - (피복두께 40 + 수직철근 양면에 D16 배치, 15.9) x 2 - 5 x 28.9] / 4 = 61 mm > $d_b =$ $\underline{28.9\ \text{mm}}$, 25 mm 또는 (4/3)$a_{\max}$ = (4/3)20 = 27 mm 이상 (그림 4.28 참고) <o.k.>

구조기준 I.4.3(3) & (4)에서 철근타이의 정착은 확장절점영역의 경계면과 철근타이의 도심이 교차하는 점 Q로부터 확장절점영역 내측에 정착하여야 한다고 규정하고 있으므로, 그림 13.34d의 절점영역 A에서

타이 AD의 정착폭은 $w_{t,AD} =$ 270 mm이므로 2 열로 $A_{s,AD(배치)} =$ 10-D29를 바닥에서 타이 AD 폭의 1/4 등분선 $w_{t,AD}/4$ = 270/4 = 67.5 mm에 아래의 정착길이를 감안하여 배치한다.

$l_{anc} =$ 175 + 450 + 154 - 40 = 739 (mm)

표 6.3에서 순간격이나 피복두께가 $d_b =$ 28.6 mm 이상이고 정착길이 전체에 걸쳐서 최소 철근량 이상의 스터럽(간격 $d/2 =$ (2,000 - 270/2) / 2 = 1,865 / 2 = 933 mm 또는 <u>600 mm</u> 이하를 만족한다고 가정)을 배치하면 조건 1을 만족하므로

$l_{d(소요)} = 46.2\,d_b =$ 46.2(28.6) = 1,321 (mm) > $l_{anc} =$ 739 mm <N.G.>

철근의 끝에 90도 표준갈고리를 장착한다면, 식 (6.14)에서 소요 정착길이는

보정계수 : $A_{s(소요)}/A_{s(배치)} =$ 6,077 / 6,424 = 0.946

[$8d_b =$ 8(28.6) = 229 mm > 150 mm] = 229 mm

식 (6.14) : $l_{hb} = \dfrac{0.24\beta f_y d_b}{\lambda\sqrt{f_{ck}}} = \dfrac{0.24(1.0)(400)(28.6)}{1.0 \times \sqrt{27}} = 528\ (\text{mm})$

$l_{dh} = \left[\dfrac{A_{s(소요)}}{A_{s(배치)}}\right] l_{hb} =$ (0.946)(528) = 500 (mm) > 229 mm <o.k.>

< $l_{anc} =$ 739 mm <o.k.>

⑨ 병모양 스트럿에 균열조절 보강철근 배치 [구조기준 7.8.2 또는 I.3.3(2)] : 그림 13.9 참고

수직철근과 스트럿 AB의 사이각 $\gamma_1 = 90 - 41.3 = 48.7^o$

수평철근과 스트럿 AB의 사이각 $\gamma_2 = 41.3^o$

수직철근 : $f_{ck} = 27\text{ MPa} < 40\text{ MPa}$ 이므로 <u>**양면에 각각 D16 철근을 250 mm 간격으로 배치**</u>

한다면, $\sin^2 48.7^o = 0.565$; $\dfrac{A_{s1}}{b_s\,s_1}\sin^2\gamma_1 = (198.6\times 2)(0.565)/(500\times 250) = 0.00180$

수평철근 : <u>**양면에 각각 D16 철근을 250 mm 간격으로 배치**</u>한다면, $\sin^2 41.3^o = 0.435$

$$\frac{A_{s2}}{b_s\,s_2}\sin^2\gamma_2 = (198.6\times 2)(0.435)/(500\times 250) = 0.00138$$

총 균열조절철근 : $\sum\dfrac{A_{si}}{b_s\,s_i}\sin^2\gamma_i = 0.00180 + 0.00138 = 0.0032 > 0.003$ <o.k.>

구조기준 11.3(ACI 14.3.2) : $f_y \ge 400\text{ MPa}$ 에 D16 이하 이형철근을 배치하는 경우에 최소 수직철근비 = 0.0012, 최소 수평철근비 = 0.002이고 ; 배치는 두께 250 mm 이상인 벽체에 대해서는 벽면에 평행하게 양면으로 간격은 벽두께 3배 이하 450 mm 이하로 규정하고 있으므로 이를 만족하는지 검토한다.

수직철근비 = $A_{s1}/b_s\,s_1 = (198.6\times 2)/(500\times 250) = 0.00318 > 0.0012$ <o.k.>

수평철근비 = $A_{s2}/b_s\,s_2 = (198.6\times 2)/(500\times 250) = 0.00318 > 0.0020$ <o.k.>

수직 및 수평 철근의 최대 간격 $s \le d/5 = 1{,}865/5 = 373\text{ (mm)}$ 또는 <u>300 mm</u> 이므로

$s_{(배치)} = 250\text{ mm} < 300\text{ mm}$ <o.k.>

철근 배치 상세는 그림 13.34e에 제시되었다.

⑩ 얕은 보로 보아 휨설계를 수행하여 소요 인장철근 단면적과 중립축의 깊이를 결정 :

$0.85f_{ck} = 0.85(27) = 22.95\text{ (MPa)}$; 인장지배 단면으로 보아 $\phi = 0.85$

ⓐ 집중하중 아래의 최대 계수 휨모멘트 M_u 계산 : $M_u = 1{,}600(2.0) = 3{,}200\text{ (kN}\cdot\text{m)}$

$$m = f_{ck}bd^2 = (27)(500)(1{,}900^2)/10^6 = 48{,}735\text{ (kN}\cdot\text{m)}$$

$$\omega = \frac{1-\sqrt{1-2.36(M_u/\phi)/m}}{1.18} = \frac{1-\sqrt{1-2.36(3{,}200/0.85)/48{,}735}}{1.18} = 0.08113$$

$\omega = 0.08113 < [\,0.32\beta_1 = 0.32(0.85) = 0.272\,]$ <o.k.> → 인장지배 단면 $\phi = 0.85$

$$A_{s(소요)} = \rho(bd) = \omega\left(\frac{f_{ck}}{f_y}\right)bd = 0.08113\left(\frac{27}{400}\right)bd = 0.00548(500)(1{,}900) = \underline{5{,}203\text{ (mm}^2)}$$

$$a = \frac{A_{s(소요)}f_y}{0.85f_{ck}b} = \frac{5{,}203(400)}{22.95(500)} = 181.4\text{ (mm)}$$

$$\therefore c = \frac{a}{\beta_1} = \frac{181.4}{0.85} = \underline{213\text{ (mm)}}$$

ⓑ 스트럿-타이 모델과 얕은 보로 보아 휨설계한 인장 주철근의 소요 단면적 비교 :

휨설계 : $A_{s\,(소요)} = 5{,}203\,\mathrm{mm}^2$; 스터럿-타이 모델 설계 : $A_{s,AD\,(소요)} = 6{,}077\,\mathrm{mm}^2$
스트럿-타이 모델로 설계할 때 깊은 보에서 얕은 보로 보아 수행하는 휨설계에 비해서 비선형 거동을 고려하여 (6,077 / 5,203 -1) x 100 = 16.8%의 보강철근이 더 요구되었다.

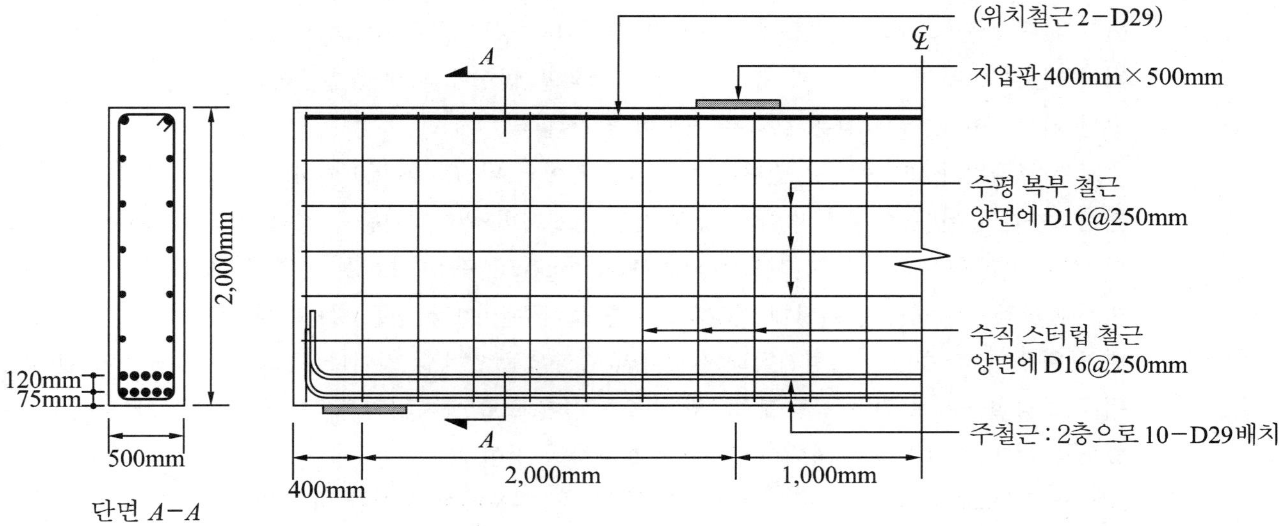

그림 13.34e 최종 철근 배근도

13.4 브래킷과 내민받침(Bracket and Corbel, 까치발, 받침대, 선반)

브래킷(bracket)10)과 내민받침(corbel)은 기둥이나 벽체로부터 대부분 집중하중이나 보의 반력을 지지하기 위해서 튀어나온 길이가 짧은 캔틸레버를 말하며, 외력에 대해서 휨보다는 간단한 트러스나 깊은 보로 거동한다. 지지하는 보의 경간이 자꾸만 길어져서 작용하는 전단력이 증가할 뿐만 아니라, 구조물 전체의 안전을 좌우하므로 설계와 시공은 매우 중요하다. 브래킷이나 내민받침은 지지하는 보로부터 보의 장기 건조수축이나 크리프 변형에 의해서 발생하는 상당한 수평력이 전달될 가능성이 있어서 깊은 보와는 거동이 같지 않다[13.26].

보통 브래킷과 내민받침은 전단경간에 대한 깊이의 비 a/d가 1.0 이하로 작아서 부재의 응력상태는 2차원이 된다. 이렇게 길이가 짧고 깊은 캔틸레버의 탄성거동을 정확하게 알기는 매우 어렵다. 유한요소해석이나 사진탄성모델(photoelastic model)11)을 이용하여 응력궤적도를 그릴 수 있으며, 이 궤적도는 하중이 어떻게 분포되는지를 보여주는 가장 좋은 방법이다. 하중이 증가하게 되면 균열은 대략 주인장 응력궤적도에 직각인 방향으로 발생할 것이다. 콘크리트에 균열이 일어난 뒤에 보강철근이 주인장 응력궤적도와 비슷한 방향으로 배치되면서 큰 저항모멘트가 발생할 수 있도록 최대 팔거리를 갖게 된다면 가장 효과적일 것이다[13.27].

1963년 Franz와 Niedenhoff[13.28]가 사진탄성모델을 이용해서 제시한 마름모꼴의 내민받침과 기둥의 주응력의 분포가 그림 13.35에 주어졌다. 하중은 보로부터 전달되는 것을 묘사하였다. 이러한 실험연구는 아래와 같은 응력상태가 존재함을 보여주었다[13.27].

① 하중 작용점과 기둥면 사이의 내민받침의 상면에서의 인장응력은 거의 일정하고, 궤적도의 간격도 거의 변하지 않으므로 총 인장력도 거의 일정하다는 것을 알 수 있다.

② 내민받침의 경사면을 따른 압축력도 대략 일정하여 경사압축대가 발달하는 것을 알 수 있다.

③ 내민받침의 모양은 응력의 상태에 거의 영향을 미치지 않는다. 만약에 내민받침에 경사면을 두지 않고 직사각형으로 만든다면 하중 반대 편 아래쪽 내민받침에는 거의 응력이 작용하지 않게 된다.

이러한 관찰을 이용하여 내민받침이 비록 응력상태는 매우 복잡하지만 내적으로 **선형아치 메커니즘(internal linear arch mechanism)**을 근거로 하여 간단하게 설계할 수 있다는 것을 암시하고, 실

10) **브래킷(bracket)**은 처마 등을 보강하기 위해서 부착되는 'ㄱ'자형 보강부재를 일컬으며, 특히 벽돌이나 돌로 만든 길이가 짧은 브래킷을 **내민받침(corbel)**이라 한다. 구조기준 1.4에서는 유효깊이에 대한 전단경간의 비가 1보다 크지 않은 부재를 내민보 또는 내민받침 부재로 정의하고 있다.

11) 투명한 막(transparent model)에 편광(polarized light)을 비춰서 외력이 작용할 때 색이 등고선과 같이 표현되는 것을 이용해서 주응력의 축과 크기의 변화를 구하는 실험적 방법

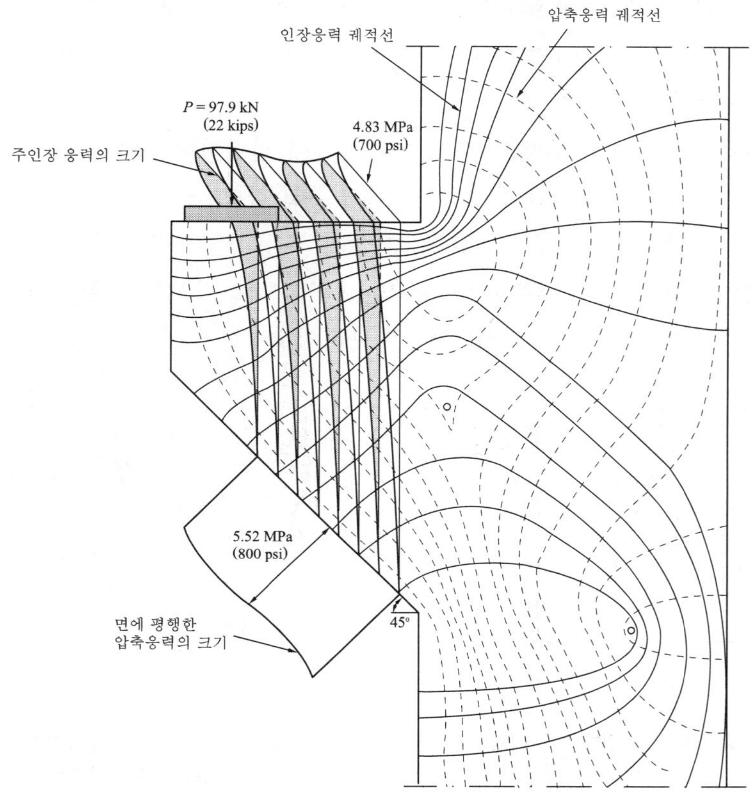

그림 13.35 탄성체 내민받침의 응력 궤적도[13.29]

험에 의한 균열형태가 이러한 거동을 증명하였다. 전단력은 위험단면의 전단응력보다는 경사압축대의 연직력에 의해서 저항되었다(그림 13.36 참고). 보강철근이 조금밖에 배치되지 않은 내민받침에서는 기둥의 지지면에서 휨균열이 발생하자마자 압축영역의 깊이가 작기 때문에 균열이 압축지지대 부근까지 발달해서 미끌어지는 전단파괴(sliding shear failure)가 일어날 수 있으며(그림 13.36c 참고), 이런 경우에는 주철근의 다월 작용뿐만 아니라 균열 면에서의 골재의 맞물림 저항도 필요하게 된다.

파괴 메커니즘(Failure Mechanism)

1965년 Kriz와 Raths[13.29]는 내민받침에 대해서 광범위한 시험을 수행했으며, 이 실험결과를 근거로 ACI(구조기준)는 설계방법을 제시하였다. Kriz와 Raths는 시험결과로부터 다음과 같은 파괴 메커니즘을 구분하였다.

① 휨보강철근이 상당한 변형을 일으키면서 압축대 끝 부분의 콘크리트에 분쇄파괴가 일어나는

휨인장파괴 : 휨균열의 폭이 상당히 넓어진다(그림 13.36a 참고).

② 휨균열이 형성된 뒤에 경사압축대를 따라 경사 찢어짐 파괴 : 이 파괴는 전단압축 때문에 일어난다(그림 13.36b 참고).

③ 길이가 짧고 경사가 급한 일련의 경사균열이 발달하여 내민받침과 기둥면이 분리되는 미끄러짐 전단파괴가 일어날 수 있다(그림 13.36c 참고).

④ 하중이 캔틸레버의 자유단에 너무 가깝게 작용하여 적절히 정착되지 않은 휨보강철근을 따라 일어나는 찢어짐 파괴 : 예기치 않은 편심으로 지압판의 끝에 하중이 작용할 때 이런 종류의 파괴가 일어 날수 있다(그림 13.36d 참고).

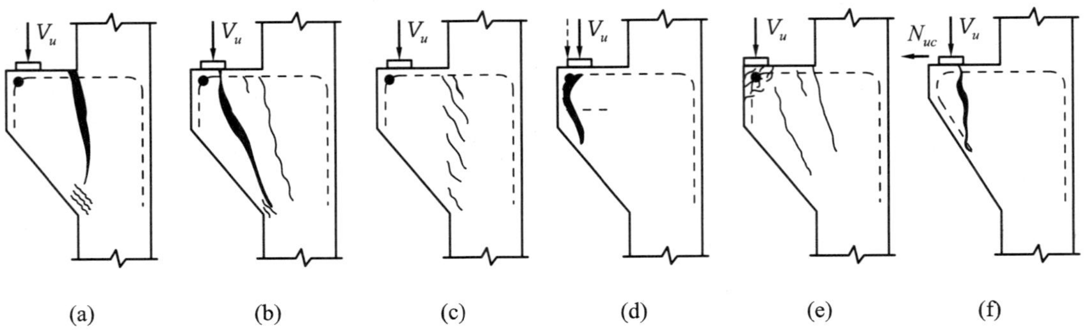

그림 13.36 **내민받침의 파괴메커니즘.** (a) 휨인장(flexural tension), (b) 경사 찢어짐(diagonal splitting), (c) 미끄러짐 전단(sliding shear), (d) 정착단 찢어짐(anchorage splitting), (e) 지압 부서짐(crushing due to bearing), (f) 수평인장(horizontal tension)

⑤ 너무 작거나 또는 강성이 작은 유연한 지압판이거나 내민받침의 폭이 너무 좁을 때 지압판 밑의 콘크리트가 지압 파괴가 일어날 수 있다(그림 13.36e 참고). 이런 이유 때문에 구조기준 7.8.1(2)(ACI 11.9.2)에서는 내민받침의 깊이가 지압면 외측단에서 적어도 $0.5d$ 이상이 되도록 규정하고 있다(그림 13.38 참고).

⑥ 연직하중 V_u이외에 수평하중 N_{uc}가 작용하게 되면 앞에서 언급한 파괴 메커니즘이 더욱더 뚜렷하게 나타날 것이다. 수평하중은 받치고 있는 크레인 거더(crane girder)의 동적작용 뿐만 아니라 내민받침 위에 연결되어 구속된 프리캐스트 보의 건조수축, 크리프 그리고 온도변화에 의해서 발생할 수 있다. 내민받침의 바깥면이 너무 얇고 예기치 않은 수평하중이 작용하게 되면 그림 13.36f와 같은 파괴가 일어날 수도 있다.

⑦ 선형아치 메커니즘은 지압판 바로 밑에서 휨인장철근의 전체 강도가 발휘되어야 하는 것을 암시하며, 그렇기 때문에 내민받침의 주된 파괴 원인이 바로 정착단의 파괴에 의해서 나타난다. 경사압축대의 수평력이 내민받침 외측단에 있는 주철근에 적절히 전달되지 못하면 경사

압축대는 발달하지 못할 것이다.

내민받침의 설계상세는 이러한 7가지 파괴 메커니즘을 고려하여 수행할 수 있다. 전단에 저항하도록 배치하는 일반적인 수직 스터럽(vertical stirrup)은 이러한 상황에서는 효과적이지 못한 것을 알 수 있다.

스트럿-타이 모델을 이용한 내민받침의 설계[13.22]

구조기준 7.9(ACI 11.8)를 이용한 설계 절차는 본 교재의 1 판[13.24]에서 다루고 있으므로 생략하고, 본 교재에서는 스트럿-타이 모델을 이용한 설계만을 제시하였다. 구조기준 7.9(ACI 11.8)의 방법보다 스트럿-타이 모델의 적용이 조금 더 유연하지만(versatile) 구조기준(ACI 시방서)의 적용범위 안에서는 근본적으로 같은 결과를 준다.

구조기준 7.9.1(1)(ACI 11.9)에서 제시하는 부분적으로 스트럿-타이 트러스 모델과 전단마찰 설계방법에 근거하는 브래킷이나 내민받침(corbel)의 설계방법으로는 전단경간에 대한 깊이의 비가 $a_v/d \le 1$ 인 경우에만 적용할 수 있도록 제한하고, 스트럿-타이 모델을 적용하는 경우에는 $a_v/d \le 2$ 이하까지 설계할 수 있도록 하고 있다.

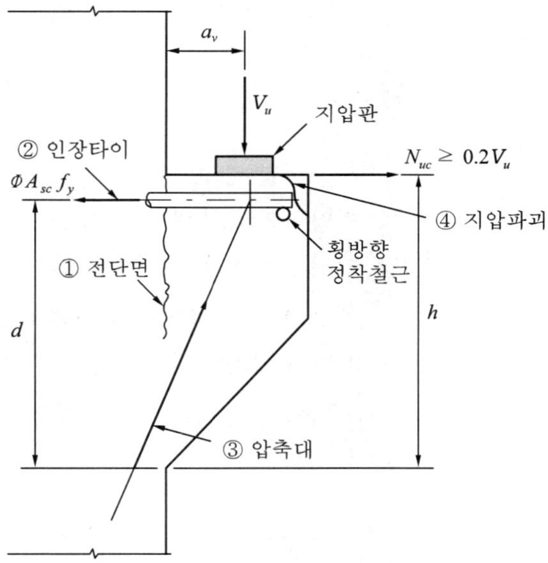

그림 13.37 내민받침의 구조적 거동

그림 13.37에서 보는 바와 같이 전형적인 파괴모드는 인장타이의 항복, 인장타이의 정착단 파괴, 압축대의 부서짐이나 전단에 의한 파괴, 지압판 밑의 국부적 파괴 등으로 나눌 수 있다. 위험단면은 그림 13.37의 ①번 단면으로 **전단면(shear plane)**이라고 부르며 콘크리트를 동시에 치지 않았다면 전단파괴가 이 면을 따라 일어날 수 있다. 이 ①번면에 대해서 전단력 V_u(전단마찰철근 A_{vf})와 수평인장력 N_{uc}(직접인장 보강철근 A_n), 그리고 휨모멘트 $M_u = V_u a_v + N_{uc}(h-d)$ (휨보강철근 A_f)에 저항하도록 각각 설계하여야 한다.

본 교재에서는 구조기준 7.9(ACI 11.9)의 규정 중에서 스트럿-타이 모델을 적용하여 설계하는데 필요한 내용만을 제시하였다.

(1) 유효 깊이 d의 결정 : 기둥과 내민받침의 콘크리트 타설 시간이 다른 경우에는 그림 13.36c와 같이 전단면을 따라 미끄러짐 전단(sliding shear)파괴가 일어날 수 있고, 이런 경우에 이 단면의

전단강도는 7.6장에서 다룬 전단마찰개념에 의해서 구할 수 있다. 따라서 그림 13.37의 ①번 전단면(shear plane)에 대한 전단마찰 보강철근의 공칭전단강도는 식 (7.36)을 이용하여 구할 수 있으며, 보통중량골재 콘크리트를 사용한 경우에 식 (7.36a)를 다시 쓰면,

$$V_n = \mu A_{vf} f_y \leq \mathrm{Min.}[\,0.2f_{ck},\ (3.3 + 0.08f_{ck}),\ 11\,]\,b_w d\,(\mathrm{N}) \tag{7.36a}$$

전경량 콘크리트 또는 모래경량 콘크리트에 대한 전단강도 V_n은 구조기준 7.9.2(3)②(ACI 11.8.3.2.2)에서

$$V_n \leq \left[\,(0.2 - 0.07a_v/d) \leq (5.6 - 2.0a_v/d)\,\right] f_{ck} b_w d\,(\mathrm{N}) \tag{13.20}$$

로 제시되고 있다. 여기에서 마찰계수 μ는 표 13.1에 제시되었다. 설계에서 내민받침의 크기는 $\phi V_n \geq V_u$ 을 만족하도록 다음과 같이 선택하면 된다. 보통중량골재 콘크리트를 사용한 경우에 내민받침의 소요 유효깊이는 식 (7.36a)에서

$$d_{(\text{소요})} \geq \frac{V_u/\phi}{\mathrm{Min.}[\,0.2f_{ck},\ (3.3 + 0.08f_{ck}),\ 11\,]\,b_w} \tag{13.21}$$

로 표현할 수 있다.

(2) 지압면의 외측단의 깊이를 적어도 $0.5d$ 이상으로 하여야 한다(그림 13.38 참고).

(3) 직접수평력 N_{uc} 영향(Horizontal Tensile Force) : 내민받침이나 브래킷이 기둥이나 벽체와 동시에 시공돼서 일체인 경우에 내민받침이 지지하는 보의 크리프, 건조수축 및 온도변화에 의해서 상당한 수평력이 작용할 수 있다. 구조기준 7.9.2(5)에서는 인장력을 피하도록 특별한 장치가 마련되어 있지 않는 한 다음 식 이상으로 하도록 제시하였다.

$$N_{uc} \geq 0.2\,V_u \tag{13.22}$$

또한 N_{uc}는 비록 크리프, 건조수축 또는 온도변화에 기인한 경우라도 활하중으로 간주하여야 한다고 규정하고 있다.

(4) 폐쇄스터럽이나 띠철근의 전제 단면적 A_h 기준 : 구조기준 7.9.3(ACI 11.9.4)에서는 폐쇄스터럽이나 띠철근의 전체 단면적 A_h를 다음 식 이상의 값을 배치하도록 규정하고 있다.

$$A_h \geq 0.5(A_{sc} - A_n) \tag{13.23}$$

여기에서 A_{sc}는 내민받침에서 주인장철근의 단면적이고, A_n은 수평력 N_{uc}에 저항하도록 배치되는 철근이다. 수평폐쇄스터럽 A_h는 그림 13.38과 같이 주인장철근에서 $2d/3$거리 내에 균등하게 배치하여야 한다.

(5) 휨모멘트와 바깥방향으로 작용하는 수평력에 의해서 발생하는 균열로 인한 갑작스런 파괴를 방지하고자 구조기준 7.9.3(2)(ACI 11.9.5)에서는 주인장철근의 최소철근비를 다음 식과 같이 규정하고 있다.

$$\rho_{(\min)} = \frac{A_{sc}}{bd} \geq 0.04\frac{f_{ck}}{f_y} \tag{13.24}$$

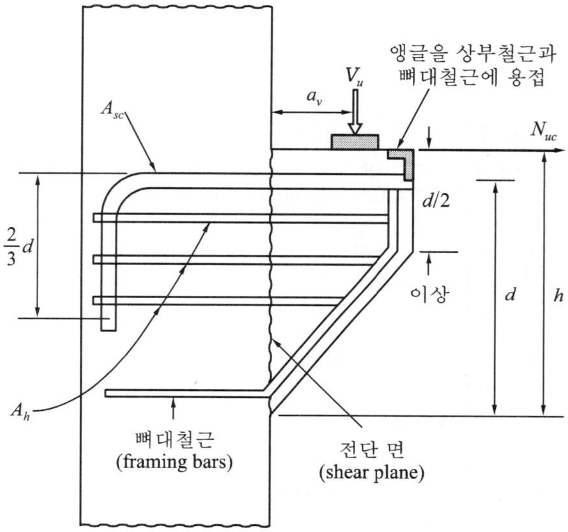

그림 13.38 내민받침의 보강철근의 배근

(6) 주인장철근의 정착 : 그림 13.38의 주인장타이 철근은 기둥의 전단면(shear plane)과 하중이 작용하는 지압판 사이에서 항복응력 f_y가 발달된다고 가정하였으므로 하중이 작용하는 지압판을 넘어서 정착되어야 한다. 구조기준 7.9.3(3)에서 정착하는 방법으로는, 그림 13.38과 같이 ① 인장타이를 앵글에 용접하거나, ② 그림 13.37과 같이 직경이 동일한 수평철근에 용접하거나(그림 13.39a 참고), ③ 또는 인장타이를 수평으로 구부려서 고리(horizontal loop)로 배치하여야(그림 13.39b 참고) 한다. 구조기준 7.9.3(4)에서는 내민받침 상에서 하중이 작용하는 지압면은 주인장철근 A_s의 직선부분보다 나와 있지 않아야 하며(그림 13.39b 참고), 또 횡방향 정착철근(transverse anchor bar)이 사용되는 경우에는 이 철근의 내측면보다 나와 있지 않아야 한다고 규정하고 있다.

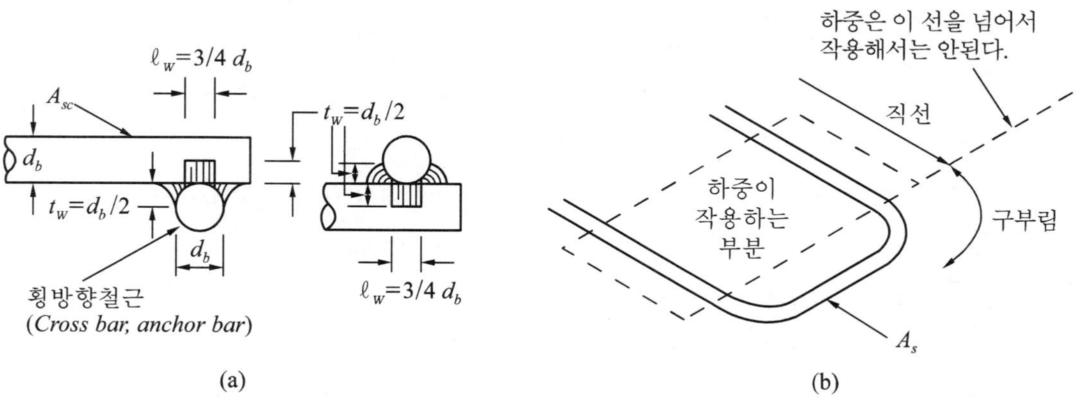

그림 13.39 정착상세 (a) 횡방향 철근 용접, (b) 수평으로 구부려 고리(horizontal loop)로 배치하는 상세

예제 13.3 스트럿-타이 모델을 이용한 내민받침의 설계[13.20]

350 mm x 350 mm의 기둥에 부착되어 기둥면에서 100 mm 떨어져서 프리캐스트 보를 지지하는 내민받침을 설계하라. 내민받침에는 계수전단력 $V_u = 250$ kN 이 작용하고, 내민받침에 크리프나 건조수축을 고려하기 위해서 계수전단력의 20%인 수평방향 인장력 $N_{uc} = 50$ kN 이 작용한다고 가정한다. 보통중량골재 콘크리트의 설계기준강도 $f_{ck} = 35$ MPa 이고 철근의 항복강도는 $f_y = 500$ MPa 이다.

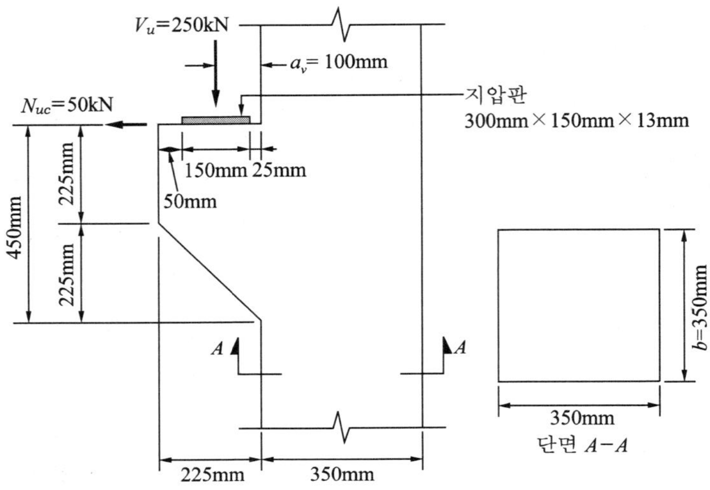

그림 13.40a 예제 13.3의 내민받침 형상

풀이

① 지압판(bearing plate)의 크기 결정 : 지압판 밑의 절점영역은 CCT 절점이 되므로 표 13.1에서 $\beta_n = 0.80$ 이 된다. 따라서 유효압축강도 f_{ce} 는 식 (13.6a)에서

$f_{ce} = \beta_n(0.85f_{ck}) = 0.80(0.85 \times 35) = 23.8$ (MPa)

지압판으로 그림 13.40a와 같이 300 mm × 150 mm × 13 mm를 선택한다면,

$A_c = 300(150) = 45 \times 10^3$ (mm^2)

소요 지압응력 $f_{cu} = V_u / A_c = 250 \times 10^3 / (45 \times 10^3) = 5.56$ (MPa)

$< \phi f_{ce} = 0.75(23.8) = 17.85$ (MPa) <o.k.>

따라서 지압판의 크기는 적당하다.

또는 소요 지압판의 폭 : $\phi f_{ce} = 17.85$ MPa

$w_{s,\,CC\,(소요)} = V_u / (\phi f_{ce} \times 300) = 250 \times 10^3 / (17.85 \times 300) = 47$ (mm) < 150 mm <o.k.>

② 내민받침의 치수 결정 : 구조기준 7.9.2(3)(ACI 11.9.3.2.1)에 따라

식 (13.21) : $d_{(소요)} \geq \dfrac{V_u/\phi}{\text{Min.}[\,0.2f_{ck},\,(3.3+0.08f_{ck}),\;11]\,b_w}$ [보통중량골재 콘크리트]

$\text{Min.}[\,0.2f_{ck}=0.2(35)=7.0,\;3.3+0.08f_{ck}=3.3+0.08(35)=\underline{6.1},\;11\,]=6.1$

$\therefore d_{(소요)} \geq \dfrac{V_u/\phi}{6.1b_w} = \dfrac{250\times10^3/0.75}{6.1\times350} = 156\,(\text{mm})$

내민받침의 전체 깊이를 결정하기에 앞서 내민받침의 길이는 150 mm 폭의 지압판을 배치하므로 지압판의 중심과 기둥면과 100 mm 떨어지도록 그림 13.40a와 같이 배치하고 그림 13.36e와 같은 지압파괴가 일어나는 것을 방지하기 위해서 지압판을 넘어서 50 mm를 확보하도록 하여 전체 내민받침의 길이를 225 mm로 한다.

구조기준 7.9.1(3)(ACI 11.9.2)에서 지압면의 외측단의 깊이를 적어도 $0.5d$ 이상으로 하여야 한다고 하므로 기둥면에서 내민받침의 전체 깊이를 전체 길이의 2배로 하여 $h=225\times2=450\,\text{mm}$ 를 배치하고, 그림 13.40a와 같이 외측단의 깊이를 $h/2=225\,\text{mm}$ 로 결정한다.

$d_{(설계)} = 450-50 = 400\,\text{mm} > d_{(소요)} = 156\,\text{mm}$ <o.k.>

스트럿-타이 모델을 이용하여 설계하기 위해서는 구조기준 7.9.1(ACI 11.9.1)에서 전단경간-깊이비 $a_v/d \leq 2.0$ 를 만족하여야 한다고 규정하므로,

$a_v/d = 100/400 = 0.25 < 2.0$ <o.k.>

③ 스트럿-타이 모델의 구성 :

하중의 편심과 시공오차 등을 고려하여 $V_u=250\,\text{kN}$ 의 작용위치를 지압판의 중심에서 내민받침 외측면 쪽으로 25 mm 이동시켜서 작용시킨다. 따라서 전단력의 작용위치는 기둥면에서 25 + 75 + 25 = 125 mm가 되었다.

그림 13.40b와 같이 간단한 스트럿-타이 모델을 구성하였다. 타이 CB의 중심은 내민받침의 상부에서 50 mm 떨어졌다고 가정하여, 앞에서와 같이 유효깊이 $d=450-50=400\,\text{mm}$ 가 되었다.

수평타이 DA는 내민받침의 경사면의 끝과 만나도록 배치한다.

스트럿 DD' 중심의 위치는 스트럿의 폭 $w_{s,DD'}$ 를 이용하여 구할 수 있다.

스트럿 DD'의 소요축력 $F_{u,DD'}$ 은 절점 A에서 모멘트를 취하여 구할 수 있다. 먼저 V_u와 N_{uc}로 인한 합력작용선의 각도 계산 : $\tan^{-1}(50/250)=11.3^o$

50 mm 들어간 위치에서의 절점 C의 편심은 $50\tan11.3^o = 10\,(\text{mm})$ 가 된다.

$\sum M_A=0\;:\;250(10+125+350-50)+50(450-50)=F_{u,DD'}\,(300-w_s/2)$

여기에서 절점 D는 C-C-T 절점이므로 표 13.1에서 $\beta_n = 0.80$ 이므로,

$F_{u,DD'} = \phi f_{ce} b_s w_s = 0.75[(0.80)(0.85\times35)](350)\,w_s/10^3 = 6.248\,w_s$

$$6.248\,w_s(-300+0.5\,w_s)+128{,}750=0$$

$$w_s^{\,2}-600\,w_s+41{,}213=0 \quad ; \quad w_s=\frac{600-\sqrt{600^2-4\times 41{,}213}}{2}=79\,(\mathrm{mm})$$

트러스의 기하학적인 위치를 결정할 수 있다.

스트럿 CD의 수평거리 : 10 + 125 + 79/2 = 174.5 mm

수평면과 사이각 $\tan^{-1}(400/174.5)=66.4^o$

스트럿 BD의 수평거리 : 300 - 79/2 = 260.5 mm

수평면과 사이각 $\tan^{-1}(400/260.5)=56.9^o$

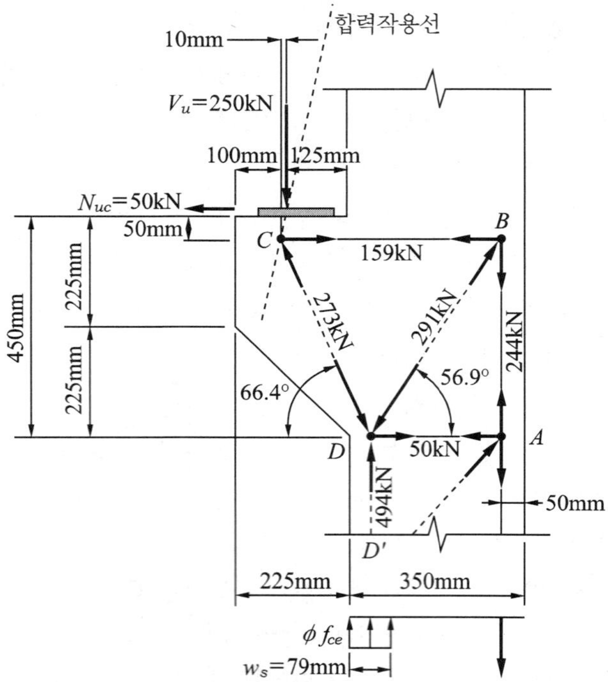

그림 13.40b 스트럿-타이 모델

④ 소요 부재력 계산 :

절점 C :

$F_{u,\,CD}=-250/\cos 23.6^o=-273\,(\mathrm{kN})$; $F_{u,\,CB}=50+273\sin 23.6^o=159\,(\mathrm{kN})$

절점 B :

$F_{u,\,BD}=-159/\sin 33.1^o=-291\,(\mathrm{kN})$; $F_{u,\,BA}=291\cos 33.1^o=244\,(\mathrm{kN})$

절점 D : $F_{u,\,DD'}=-273\cos 23.6^o-291\cos 33.1^o=-494\,(\mathrm{kN})$

$$F_{u,DA} = 273\sin 23.6^o - 291\sin 33.1^o = 50\ (\text{kN})$$

⑤ 타이의 설계 :

ⓐ 타이 CB : $F_{u,CB} = 159$ kN

$$A_{sc,CB(소요)} = (F_{u,CB}/\phi)/f_y = (159\times 10^3/0.85)/500 = 374\ (\text{mm}^2)$$

구조기준 7.9.3(2)(ACI 11.9.5)에서 최소 주인장철근은

$$A_{sc,\min} \geq \left(0.04\frac{f_{ck}}{f_y}\right)bd = \left(0.04\frac{35}{500}\right)(350)(400) = (0.0028)(350)(400) = 392\ (\text{mm}^2)$$

$> A_{s,CB(소요)} = 374\ \text{mm}^2$ <N.G.> ; 따라서 $A_{sc,CB(소요)} = 392\ \text{mm}^2$ 이 지배

$\underline{A_{sc,CB(배치)} = 4 - D13 = 507\ \text{mm}^2} > A_{sc,CB(소요)} = 392\ \text{mm}^2$ <o.k.>

ⓑ 타이 BA : $F_{u,BA} = 244$ kN > $F_{u,CB} = 159$ kN 이지만 타이 BA의 부재력은 기둥의 종방향 철근에 의해서 지지되어야 하므로 가외로 철근을 배치하지는 않고 타이 CB 철근을 구부려서 충분히 정착길이를 확보할 수 있도록 연장한다.

ⓒ 타이 DA : $F_{u,DA} = 50$ kN

$$A_{s,DA(소요)} = (F_{u,DA}/\phi)/f_y = (50\times 10^3/0.85)/500 = 118\ (\text{mm}^2)$$

타이 DA로 D10 철근 2개를 U형 폐쇄 띠철근으로 배치 :

$\underline{A_{s,DA(배치)} = 2(2 - D10) = 285\ \text{mm}^2} > A_{s,DA(소요)} = 118\ \text{mm}^2$ <o.k.>

⑥ 절점영역에서의 타이의 정착 검토 : 절점 D는 단계 ③에서 $w_{s,DD'} = 79$ mm 를 구하면서 검토한 것과 마찬가지이므로 여기에서는 절점 C만 검토하도록 한다.

절점 C : C-C-T 절점이므로 $\beta_n = 0.80$

$$w_t = \frac{F_{u,CB}/\phi}{\beta_n(0.85 f_{ck})b_s} = \frac{159\times 10^3/0.75}{(0.80)(0.85\times 35)(350)} = 25\ (\text{mm})$$

절점 C가 50 mm 내려와 배치되므로 타이 CB의 절점영역의 폭은 100 mm가 되므로 충분하다.

타이 CB의 정착 검토 : 4개의 D13 철근 중에서 2개는 그림 13.40d와 같이 수평으로 구부려서 고리(horizontal loop)로 배치하고 나머지 2개는 뼈대 철근(framing bar)으로 내민받침을 둘러싸도록 배치한다.

수평방향의 내민받침 자유단 쪽으로 90도 표준갈고리가 장착되었다고 보아 검토

그림 6.25에서 피복두께 $C_e = 50$ mm ; $C_s = 70$ mm 를 확보하여 보정계수 0.7 적용

확장절점영역 경계면과 철근타이의 도심이 교차하는 점으로부터 절점영역 내측에 정착하여야 하므로, 기둥면에서부터 갈고리의 정착길이

$$l_{anc} = 50 + 150 + 100/\tan 66.4^o - 50 = 50 + 150 + 44 - 50 = 194\ (\text{mm})$$

$$l_{dh} = \left[\frac{A_{s(소요)}}{A_{s(배치)}}\right](0.7)100\frac{d_b}{\sqrt{f_{ck}}} = \left(\frac{424}{507}\right)(0.7)100\frac{12.7}{\sqrt{35}} = 126\ (\mathrm{mm})$$

$< \ l_{anc} = 194$ mm <o.k.>

만약에 정착길이가 부족하게 되면 타이 끝에 횡방향 정착철근(transverse anchor bar)을 용접하여 장치하거나 또는 ㄱ 형강(angle)에 용접하여 배치할 수도 있다(그림 13.38 참고).

⑦ 스트럿 및 타이의 폭 검토 : 스트럿은 소요폭을 계산하여 이 폭이 공간에 배치할 수 있는지 검토한다.

스트럿 CD : 유효압축강도 f_{ce}를 결정하기 위해서 계수 β_s 결정 : ACI A.3.1에서 유효압축강도는 스트럿과 양 절점에서의 유효강도 중에서 가장 작은 값이 지배하므로,

NZ C나 NZ D : 모두 C-C-T 절점이므로 $\beta_n = 0.80$; 스트럿 CD : 병모양 스트럿에서 식 (13.9)의 균열조절철근이 배치된다고 보아, 표 13.1에서 $\beta_s = 0.75$ 가 된다. 따라서 가장 작은 $\underline{\beta_s = 0.75}$ 가 지배하게 된다.

스트럿 CD의 강도 검토

: $\phi f_{ce} = 0.75(\beta_s 0.85 f_{ck}) = 0.75(0.75)(0.85 \times 35) = 16.73\,(\mathrm{MPa})$

$\phi F_{ns} = \phi f_{ce} A_{cs} = 16.73(350)\,w_{s,\,CD} \geq F_{u,\,CD} = 273 \times 10^3$ N

$w_{s,\,CD(소요)} = 273 \times 10^3/5{,}856 = \underline{47\ (\mathrm{mm})}$

스트럿 BD : NZ B가 CTT 절점이므로 $\beta_n = 0.60$ 이고 이 값이 지배한다.

$\phi f_{ce} = 0.75(\beta_s 0.85 f_{ck}) = 0.75(0.60)(0.85 \times 35) = 13.39\,(\mathrm{MPa})$

$\phi F_{ns} = \phi f_{ce} A_{cs} = 13.39(350)\,w_{s,\,BD} \geq F_{u,\,BD} = 291 \times 10^3$ N

$w_{s,\,BD(소요)} = 291 \times 10^3/4{,}686 = \underline{62\ (\mathrm{mm})}$

타이 BA의 소요폭 계산 : D13 뼈대철근이 배치되므로 피복두께 40 mm를 고려하여 표피에서 50 mm (> 40+13/2 = 46.5 mm) 내부에 철근의 중심이 오도록 배치한다(그림 13.40c 참고).

타이 DA의 소요폭 계산 : 내부에 배치되므로 고려할 필요는 없지만, 피복두께를 고려하여 D10 철근이 배치되므로 철근의 중심에서 50 mm (> 40+10/2 = 45 mm)를 확보하여 배치한다(그림 13.40c 참고).

그림 13.40c에는 스트럿-타이 모델에서 축척으로 그린 각 요소에 대한 배치가 제시되었다. 그림에서 보면 모든 스트럿이나 타이의 소요 폭이 단면에 배치될 수 있으므로 만족한다.

⑧ 병모양 스트럿에 균열조절을 위해서 최소철근 배치 : 식 (13.22)

구조기준 7.9.3(1)(ACI 11.9.4)에서 A_{sc}와 나란한 폐쇄스터럽이나 띠철근은 전체 단면적 $A_h = 0.5(A_{sc} - A_n)$ 이상을 배치하여야 하고, A_{sc}에 인접한 $(2/3)d$ 내에 균등하게 배치하여

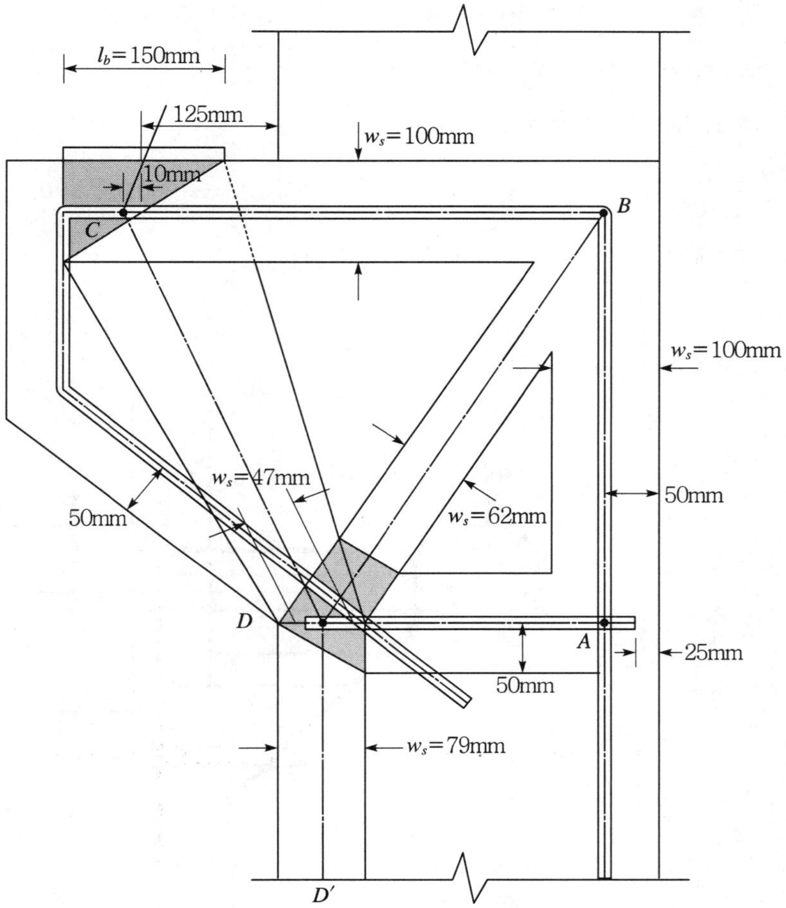

그림 13.40c 축척으로 그린 스트럿-타이 모델 각 요소의 소요 폭

야 한다고 규정하고 있다. 여기에서 A_{sc}는 내민받침의 주인장철근 단면적이고, A_n은 N_{uc}에 저항하는 철근이다.

$$A_{h,(소요)} = 0.5(A_{sc} - A_n) = 0.5\left(A_{sc} - \frac{N_{uc}}{\phi f_y}\right) = 0.5\left[507 - \frac{50 \times 10^3}{0.75(500)}\right] = 187\ (\text{mm}^2)$$

D10 철근 4개를 U형 폐쇄 띠철근으로 배치 :

$\underline{A_{h(배치)} = 2(4 - D10) = 571\ \text{mm}^2} > A_{h,(소요)} = 187\ \text{mm}^2$ <o.k.>

배치 구간 : $(2/3)d = (2/3)400 = 267\ (\text{mm})$ 안에 배치하여야 하므로 267/4 = 67 mm이므로 65 mm 간격으로 배치하도록 한다.

구조기준 I.3.3(2)(ACI A.3.3.1)에서 $f_{ck} \le 40\ \text{MPa}$ 일 때 $\sum \frac{A_{si}}{b_s s_i} \sin^2 \gamma_i \ge 0.003$를 만족하도

록 균열조절철근을 배치하여야만 $\beta_s = 0.75$ 를 적용할 수 있고, 또한 철근을 한 방향으로 배치 하므로 $\gamma_2 =$ 작은 값 지배 ($\underline{56.9^o}$, 66.4^o) $> 40^o$ <o.k.>

$\sin^2 56.9^o = 0.588$; $s_2 = 65$ mm

$\dfrac{A_{s2}}{b_s\, s_2}\sin^2\gamma_2 = (71.3\times 2)(0.588)/(350\times 65) = 0.00369 > 0.003$ <o.k.>

철근 배치 상세는 그림 13.40d에 제시되었다.

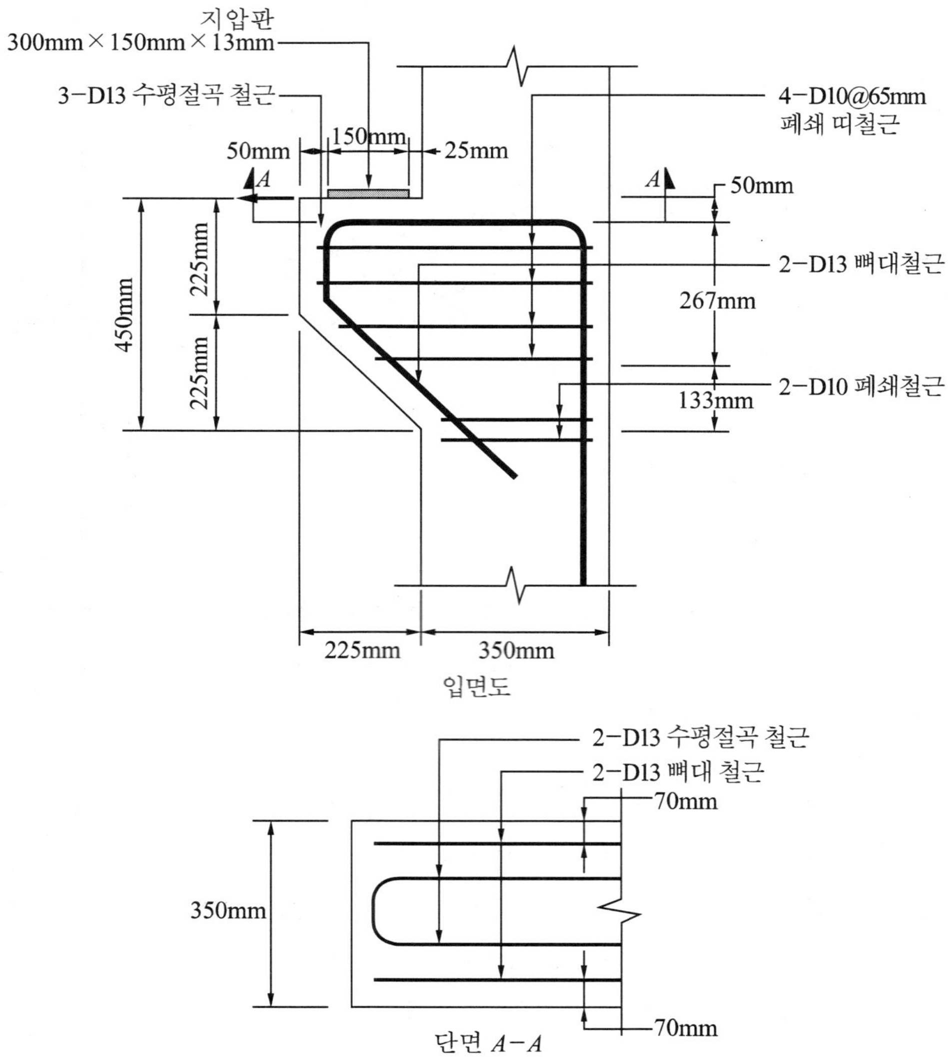

그림 13.40d 철근 배근 상세도

참고문헌

13.1 James K. Wight and James G. MacGregor, Reinforced Concrete Mechanics and Design, 6th Edition, Pearson Education, Inc., 2012, 1157 pp.

13.2 Schlaich, J., Schäfer, K. and Jennewein, M., "Toward a consistent design of structural concrete," Journal of the Prestressed Concrete Institute, Vol. 32, No. 3, May-June 1987, 74-150.

13.3 Schlaich, J., and Schäfer, K., "Design and Detailing of Structural Concrete Using Strut-and-Tie Models," The Structural Engineers, Vol. 69, No. 6, March 1991, 13 pp.

13.4 ASCE-ACI Committee 445 on Shear and Torsion, "Recent Approaches to Shear Design of Structural Concrete", ASCE Journal of Structural Engineering, Vol. 124, No. 12, Dec. 1998, 1375~1417.

13.5 ACI 318-02, ACI 318R-02, Building Code Requirements for Structural Concrete(318-02) and Commentary(318R-02), Farmington Hills, MI 48333-9094.

13.6 Examples for the Design of Structural Concrete with Strut-and-Tie Models, ACI SP-208, Editor : Karl-Heinz Reineck, 2002, 242 pp.

13.7 ACI 318-99, ACI 318R-99, Building Code Requirements for Structural Concrete(318-99) and Commentary(318R-99), Farmington Hills, MI 48333-9094.

13.8 Rogowsky, D. M. and Marti, P., "Detailing for post-tensioning," VSL Report Series, No. 3, VSL.

13.9 Adebar, P. and Zhou, Z., "Bearing strength of compressive struts confined by plain concrete," ACI Structural Journal, Vol. 90, No. 5, Sep.-Oct. 1993, pp. 534-541.

13.10 Rogowsky, D. M. and MacGregor, J. G., "Design of Deep Reinforced Concrete Continuous Beams," Concrete International : Design and Construction, Vol. 8, No. 8, Aug. 1986, pp. 49-59.

13.11 CEB-FIP Model Code 1990, Thomas Telford House, Ltd., London, for Comite Euro-International du Beton, Lausanne, 1993, 437 pp.

13.12 Collins M. P., and Mitchell, D., "Design proposals for shear and torsion," Journal of the Prestressed Concrete Institute, Vol. 25, No. 5, 1980, 70 pp.

13.13 Bergmeister, K., Breen, J. E. and Jirsa, J. O., "Dimensioning of the Nodes and Development of Reinforcement," Structural Concrete, IABSE Colloquium Report, Stuttgart 1991, pp. 551-556.

13.14 CSA Technical Committee on Reinforced Concrete Design, A23.3-94, Design of Concrete Structures, Canadian Standards Association, Rexdale, Ontario, Dec. 1994, 199 pp.

13.15 Collins, Michael. P., and Mitchell, Denis, Prestressed Concrete Structures, Prentice Hall, Inc., Englewood Cliffs, New Jersey 07632, 1991, 766 pp.

13.16 AASHTO LRFD Bridge Design Specifications, SI Unit, 4th edition 2007 I, AASHTO.

13.17 콘크리트구조설계기준 해설, 한국콘크리트학회, 2007, 523 pp.

13.18 Jirsa, J. O., Bergmeister, K., Anderson, R., Breen, J. E. and Barton, D., "Experimental Studies of Nodes in Strut-and-Tie Models," Structural Concrete, IABSE Colloquium Report, Stuttgart 1991, pp. 525-532.

13.19 Kani, M.. W., Huggins, M. W., and Wittopp, R. R., Kani on Shear in Reinforced Concrete, Dept. of Civil Engrg., Univ. of Toronto, 1979, 225 pp.

13.20 ACI SP-208, Examples for the Design of Structural Concrete with Strut-and-Tie Models, Editied by Karl-Heinz Reineck, ACI Subcommittee 445-1, 2002, 242 pp.

13.21 Leonhardt, F. and Walther, R., "Wandaritiger Träger," Deutscher Ausschuss fur Stahlberton, Bulletin No. 18, Wilhelm Ernst & Sohn, Berlin, 1966, 159 pp.

13.22 Notes on ACI 318-08, Portland Cement Association, Skokie, Il., 2008.

13.23 Collins, Michael. P., and Mitchell, Denis, Prestressed Concrete Basics, Canadian Prestressed Concrete Institute, 1987, 614 pp.

13.24 철근콘크리트공학, 민창식 외 3인, 구미서관, 1판, 2005, 1054 pp.

13.25 콘크리트 구조부재의 스트럿-타이 모델 설계집, 한국콘크리트학회 편, 2006, 220 pp.

13.26 Nawy, E. G., Reinforced Concrete A Fundamental Approach, 4th Edition, Prentice Hall International Series, 2000, 777 pp.

13.27 Park, P., Paulay, T., Reinforced Concrete Structures, John Wiley & Sons, New York, 1975, 769 pp.

13.28 Franz, G., and Niedenhoff, H, The Reinforcement of Brackets and Short Deep Beams, Cement and Concrete Association, Library Translation No. 114, London, 1963.

13.29 Kriz, L. B., and Raths, C.H., "Connections in Precast Concrete Structures-Strength of Corbels," Journal of PCI, Vol. 10, No. 1, Feb. 1965, pp.16-61.

13.30 콘크리트구조기준, 국토해양부 제정, 한국콘크리트학회, 2012, 342 pp.

13.31 ACI 318-08, ACI 318R-08, Building Code Requirements for Structural Concrete(318-08) and Commentary(318R-08), An ACI Standard, Farmington Hills, MI 48333-9094.

연습문제

13.1 현행 구조기준의 규정에 따라 그림 P13.1에 보이는 2개의 계수 집중하중 $P_u = 1{,}600$ kN이 작용하는 단순지지 된 경간 $l = 6.0$ m의 깊은 보를 그림에 주어진 스트럿-타이 모델을 이용하여 설계하라. 계수하중에는 보 자신의 고정하중이 포함되었다고 가정하라. 그림에서와 같이 지압판으로는 450 mm × 500 mm 크기가 사용되었다. 보통중량 골재의 $f_{ck} = 27$ MPa 콘크리트를 사용하고 $f_y = f_{yt} = 400$ MPa등급의 보강철근을 배치한다. 얕은 보(slender beam)로 보아 휨설계를 수행하여 소요 인장철근 단면적과 중립축의 깊이를 결정하고 비교 검토하라 (여기에서 주철근으로 D29를 2층으로 배치하고 D16 스터럽을 배치한다고 보아 $d = 1.9$ m로 본다. 설계는 $jd \approx 0.875d$로 시작하고, 수렴은 전 소요철근단면적에 대한 새 값의 차이가 1.0 % 이하가 되면 만족한다고 본다.).

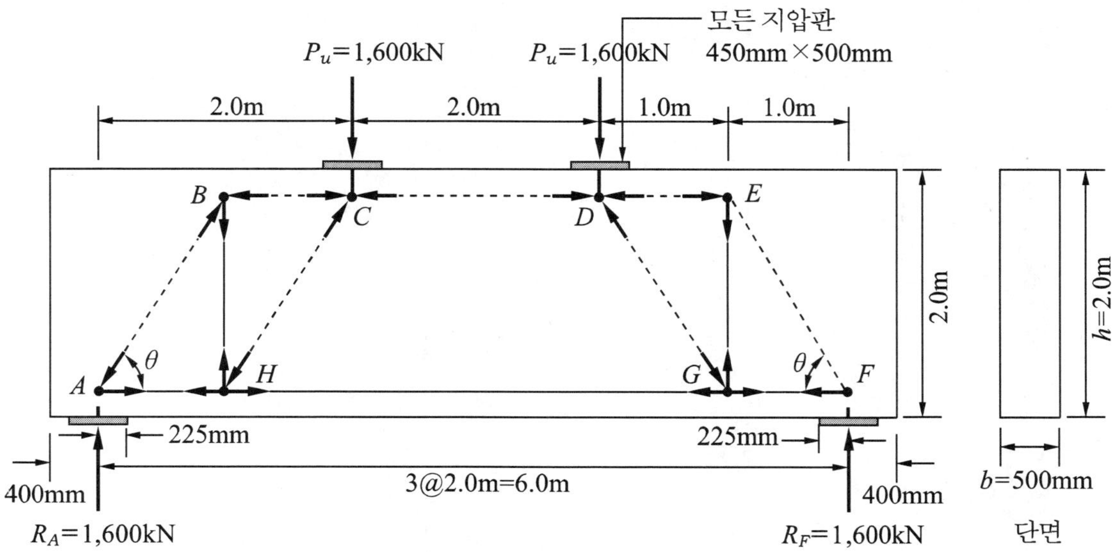

그림 P13.1 깊은 보에 대한 스트럿-타이 모델

13.2 350 mm × 350 mm의 기둥에 부착되어 기둥면에서 150 mm 떨어져서 프리캐스트 보를 지지하는 양쪽으로 내민 그림 P13.2의 내민받침에 대한 스트럿-타이 모델을 이용하여 설계하라. 내민받침에는 계수전단력 V_u = 275 kN, 크리프나 건조수축을 고려하기 위해서 수평방향 인장력 N_{uc} = 64 kN이 작용하고, 기둥에는 계수축력 P_u = 1,220 kN이 작용한다. 보통중량골재 콘크리트의 설계기준압축강도 f_{ck} = 27 MPa이고 철근의 항복강도는 f_y = 400 MPa이다. 그림에서와 같이 100 mm × 100 mm × 13 mm 강재 지압판을 선택하였고, 내민 캔틸레버의 경간은 300 mm로 하고, 내민받침의 전체 깊이는 450 mm에 외측단의 깊이는 250 mm로 결정하였다. 절점 A는 기둥면에서 시공오차를 고려하여 수평으로 25 mm 더 떨어지고 깊이로는 50 mm 들어가게 배치한다.

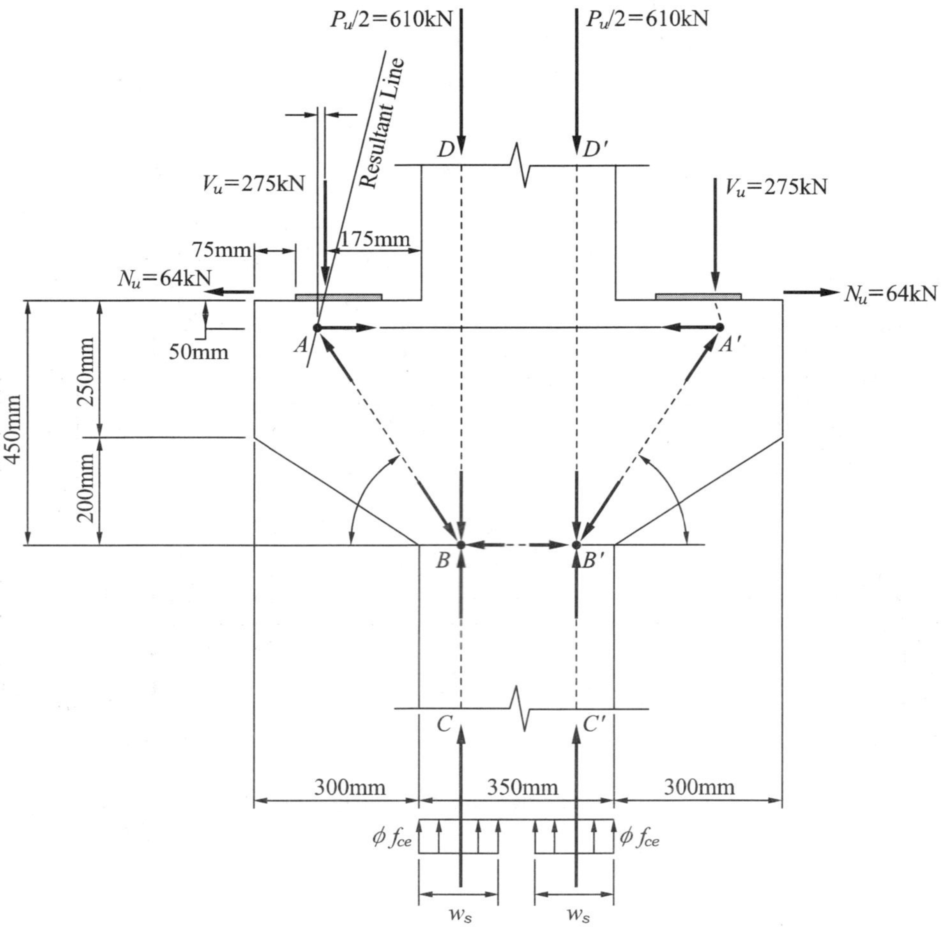

그림 P13.2 양쪽으로 내민 내민받침의 스트럿-타이 모델과 작용하중

Chapter 14

Reinforced Concrete

연속 휨부재의 모멘트 재분배

Redistribution of Moments in Continuous Flexural Members

2007년 기준[14.3]의 '연속 휨부재의 부모멘트 재분배'를 적용하여 연속 받침부의 최대 계수 부모멘트를 증가시키게 되면 경간 중앙부에서 과도한 소성힌지(plastic hinge)가 발생할 수도 있다는 것을 인식하게 되었다. 부모멘트 강도를 증가시키게 되면 정모멘트가 감소하여 부재의 정모멘트 구역에서 비탄성 거동이 일어나며 정모멘트 구역의 휨모멘트 변화가 기준의 한계인 20%를 넘는 경우가 발생할 수도 있다. 따라서 2012년 개정된 구조기준[14.4]에서는 정모멘트와 부모멘트에 동일한 최대허용한계를 적용하였다.

콘크리트 부재는 보강철근이 어떻게 배치되었느냐에 따라 그 거동이 영향을 받게 된다. 예를 들어서 일체로 시공된 3경간 연속 철근콘크리트 보에서 보강철근이 보의 바닥에만 배치되었다고 가정하면, 균열이 일어나기 전까지 보는 3경간의 연속보로 거동하지만 내부 받침부에 균열이 일어난 뒤에는 보는 마치 3경간의 단순지지 보와 같이 거동하게 된다. 따라서 균열이 일어난 뒤 보에서 내력의 재분배가 일어나는 것을 알 수 있다. 구조기준 3.4.2(ACI 8.4)에서는 연성이 충분한 경우에 연속 휨부재에서 **정모멘트 및 부모멘트를 재분배(redistribution of positive and negative moments)**할 수 있도록 제시하고 있다.

구조기준 3.4.2의 규정은 기존의 구조물을 평가할 때나 또는 새로운 구조물을 설계할 때에 유익하게 적용될 수 있으며, 또한 구조기준 3.4.9(ACI 8.11)의 활하중의 배치에서 다루는 활하중의 조합으로 인한 휨모멘트 포락선(moment envelop)의 변화를 고려할 수 있도록 한다. 예를 들어서 최대의 모멘트가 발생하는 하중조합을 고려하는 경우에 이 규정은 설계에서 최대 모멘트의 값을 감소시키거나 또는 증가시킬 수 있도록 하고, 이런 최대 모멘트의 감소나 증가는 동시에 경간 중앙에서의 정모멘트를 증가 또는 감소되도록 한다. 이렇게 연속부재에서 최대 정모멘트나 최대 부모멘트를 증가시키거나 또는 감소시켜서 최적화하여 소요 휨보강철근의 단면적을 조종하여 경제적인 설계가 될 수 있도록 할 수 있다[14.1].

14.1 연속 휨부재의 모멘트 재분배(Redistribution of Moments in Continuous Flexural Members)[14.1]

구조기준 3.4.2(ACI 8.4)에서는 최 외단 인장철근의 순인장변형률 $\varepsilon_t \geq$ 0.0075 이상인 경우에 연속 휨부재의 최대 정모멘트 및 최대 부모멘트를 재분배할 수 있도록 규정하고 있다. 이런 규정은 철근콘크리트 구조물이 비탄성거동을 하고 이런 구조부재를 설계하기 위해서 **한계설계(limit design)**을 적용하고자 하는 시도로 볼 수 있다. 모멘트 재분배는 많은 경우에 있어서 전체 소요 보강철근량을 상당히 감소시킬 수 있어서 콘크리트의 단면을 줄일 수 있도록 하거나 또는 받침부 등에서 철근의 배근을 용이하도록 한다.

구조기준 9.6.2(ACI 18.10.4)에서 연속 프리스트레스트 콘크리트 휨부재에서도 최소 부착철근량 이상이 받침부에 배치된 경우에 모멘트 재분배를 적용할 수 있다고 규정하고 있다.

구조기준 3.4.7(ACI 8.9)에 따르면 연속 휨부재의 설계에서 계수활하중은 두 인접 경간에 만재되거나 또는 한 경간씩 건너서 만재된 경우를 고려(그림 1.11 참고)하도록 하여 적어도 하나 이상의 하중조합에 대해서 설계하도록 규정하고 있어서 각 하중조합에 대해서 탄성해석을 수행하여 각 단면에 대해서 모멘트 포락선의 값을 구하여야 한다. 고려하는 하중조합이 작용하는 경우에 임의의 경간에서 어떤 단면은 최대 휨모멘트에 먼저 도달하지만 다른 단면은 아직 도달하지 않아 외력에 대한 저항력을 저장하고 있게 될 것이다. 시험에 의하면 어떤 단면이 모멘트 강도(moment capacity)에 도달하였더라도 **소성힌지(plastic hinge)**[14.6, 14.7]가 형성되어 회전이 일어나면서 모멘트를 다른 단면으로 재분배하여 완전한 붕괴 메카니즘이 형성될 때까지 지속적으로 추가의 하중에 저항할 수 있다는 것이 규명되었다.

이렇게 원래의 설계강도를 초과하여 추가적으로 하중에 저항하는 능력을 잘 이용하면 재료를 절약하는 설계를 할 수 있을 것이다. 구조기준 3.4.2(ACI 8.4)에서는 각각의 하중조합에 대해서 탄성해석으로 구한 정모멘트나 부모멘트를 감소시키거나 또는 증가시켜서 설계할 수 있도록 허용하고 있다(정역학에 따라 정모멘트나 부모네트를 조종). 이렇게 모멘트를 변화시켜서 최종 모멘트 포락선에서 최대 정모멘트와 부모멘트 값을 감소시킬 수 있다. 단면이 적절한 회전을 하기 위해서는 받침부에서의 순인장변형율이 구조기준 3.4.2의 규정을 만족하여야 한다.

구조기준 3.4.2(ACI 8.4)를 적용하기 위해서는 다음과 같은 제한이 있다.

1. 이 규정은 프리스트레스트가 도입된 또는 안 된 연속 휨부재에 적용할 수 있다.
2. 구조기준 3.4.1(ACI 8.3.3, 그림 4.35 참고)의 근사해법으로 구한 휨모멘트나 또는 직접설계법[구조기준 10.4.1(8), ACI 13.6.1.7]으로 설계하는 슬래브 시스템에는 이 규정을 적용해서는 안 된다. 그러나 구조기준 10.4.7(ACI 13.6.7)에서는 직접설계법으로 슬래브를 설계하는 경우에 정 및 부계수 휨모멘트를 10%까지 조종할 수 있도록 허용하고 있다.
3. 휨모멘트는 모멘트 분배법이나 처짐각법 등과 같은 분석기법에 의해서 구해야 하며, 근사해법에 의해서 구한 휨모멘트는 재분배해서는 안 된다.
4. 재분배는 최 외단 인장철근의 순인장변형률 $\varepsilon_t \geq$ 0.0075인 경우만 적용할 수 있다(그림 3.20 참고).
5. 정모멘트나 부모멘트의 증가나 감소에 대한 최대 허용 재분배율 $\delta = (1{,}000\,\varepsilon_t)\% \leq 20\%$ 이어야 한다.
6. 모멘트의 조종은 고려하는 각 하중조합에 대해서 수행하고, 설계는 모든 하중조합에서 최대값에 대해서 하여야 한다[1].

7. 어떤 경간에서 한 모멘트에 대해서 재분배를 한 경우에 그 경간의 다른 모멘트도 조종하여야 한다[구조기준 3.4.2(2), ACI 8.4.2]. 한 모멘트가 감소하게 되면 평형을 이루기 위해서 다른 모멘트는 증가하여야 한다.
8. 모멘트 재분배가 수행되기 전이나 후에 모든 절점에서 정적인 평형이 유지되어야 한다.
9. 받침부를 사이에 두고 경간의 길이가 서로 달라서 부모멘트가 양면에서 다른 경우에 한쪽 또는 양쪽의 부모멘트를 모두 재분배하여야 하고 이를 받침부 설계에서 고려하여야 한다.
10. 모멘트 재분배는 추가적으로 여러 번의 반복계산(additional cycles)을 통해서 수행할 수도 있다. 연속된 반복계산에서 새로운 모멘트 재분배 비율이 증가하거나 감소하므로 이를 이용하여 정모멘트나 부모멘트를 계산하여야 한다. 대부분 3번 정도의 반복계산을 수행하면 수렴하며 첫 번째 계산에서의 값은 대략 최종의 재분배 비율에서 15% 정도 차이를 보인다.

2007년 이후 구조기준에서는 허용되는 재분배의 비율을 최 외단 인장철근의 순인장변형률 ε_t의 함수로 제시하였다. 그림 3.18의 변형률 분포도에서 ε_t에 대해서 적으면,

$$\varepsilon_t = 0.003\left(\frac{d_t}{c} - 1\right) \tag{3.18}$$

로 쓸 수 있다. 식 (3.48)의 공칭저항강도 계수 R_n을 다시 적으면,

$$\frac{R_n}{f_{ck}} = \frac{M_n}{f_{ck}bd^2} \geq \frac{M_u/\phi}{f_{ck}bd^2} \tag{3.48}$$

식 (3.18)에서 $r = c/d_t$로 쓰면, 등가직사각형 응력블럭의 깊이 a와 압축합력 C는 각각

$$a = \beta_1 c = \beta_1 r d_t \tag{14.1}$$

$$C = (0.85 f_{ck}) b a = (0.85 f_{ck}) b \beta_1 r d_t \tag{14.2}$$

로 쓸 수 있다. 또한 공칭휨모멘트강도 M_n은

$$M_n = C\left(d - \frac{a}{2}\right) = (0.85 f_{ck}) b \beta_1 r d_t \left(d - \frac{\beta_1 r d_t}{2}\right) \tag{14.3}$$

가 된다. 인장철근이 한 층으로 배치되었다고 보아 $d_t = d$로 쓰면서 정리하고, 식 (3.48)을 이용하여 적으면,

$$\frac{M_n}{f_{ck}bd^2} = 0.85\beta_1 r\left(1 - \frac{\beta_1 r}{2}\right) = \frac{R_n}{f_{ck}} \tag{14.4}$$

1) 고려하는 각각의 받침부 기둥면이나 거더면에서 최대값이 발생하는 하중조합의 M_u에 대해서 재분배 비율을 계산하고, 이 재분배 비율을 그 기둥면이나 거더면에 대해서 모든 하중조합에 적용하여 재분배를 수행한다.

$$\frac{R_n}{f_{ck}} = 0.85\beta_1 r\left(1-\frac{\beta_1 r}{2}\right) = 0.85\beta_1 r - (0.85/2)\beta_1^2 r^2 \tag{14.5a}$$

$$r^2 - \frac{2}{\beta_1} r + \frac{40}{17}\frac{1}{\beta_1^2}\frac{R_n}{f_{ck}} = 0 \tag{14.5b}$$

$$r = \frac{1-\sqrt{1-\frac{40}{17}\frac{R_n}{f_{ck}}}}{\beta_1} = \frac{c}{d_t} \tag{14.5c}$$

이 식을 식 (3.18)에 대입하면, 순인장변형률 ε_t 는

$$\therefore \varepsilon_t = 0.003\left(\frac{\beta_1}{1-\sqrt{1-\frac{40}{17}\frac{R_n}{f_{ck}}}} - 1\right) \tag{14.6}$$

가 된다. 구조기준 3.4.2(1)(ACI 8.4.1)에서는 모멘트 재분배율 $\delta = 1{,}000\,\varepsilon_t\,\% \le 20\%$ 로 규정하고 있으므로 식 (14.6)은 아래와 같이 표현할 수 있다.

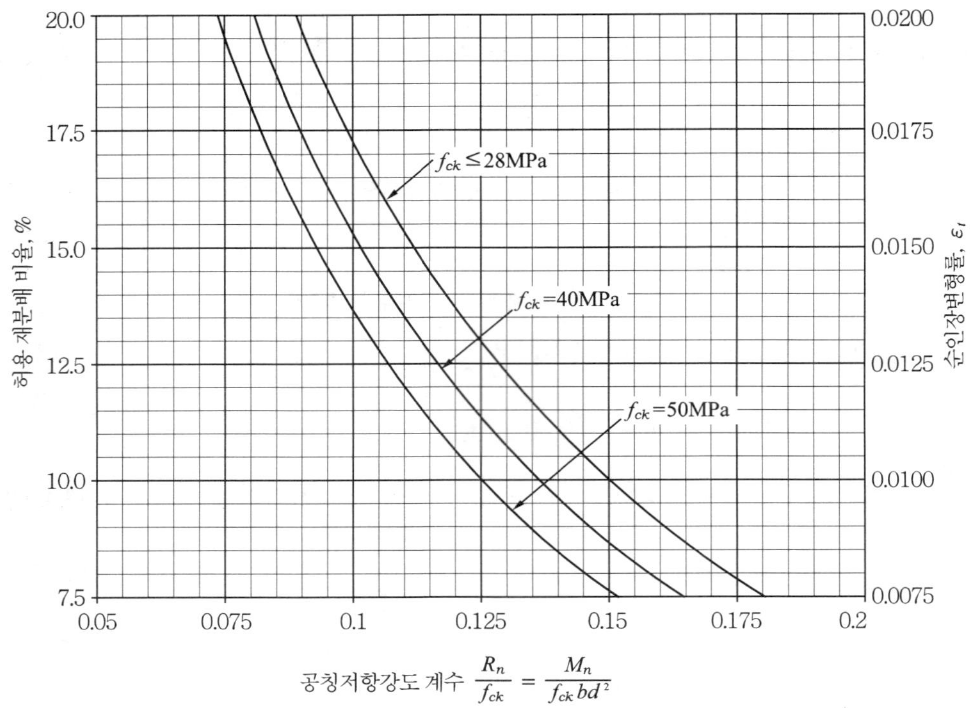

그림 14.1 허용 모멘트 재분배율 δ[14.1]

$$\therefore \delta = (1{,}000\,\varepsilon_t)\% = 3\left(\frac{\beta_1}{1-\sqrt{1-\dfrac{40}{17}\dfrac{R_n}{f_{ck}}}}-1\right)\% \le 20\,\% \tag{14.7}$$

식 (14.7)에는 보강철근의 항복강도가 포함되어있지 않으므로 프리스트레스 강선을 포함하여 어떤 등급의 철근에도 적용할 수 있다. 그림 14.1에는 구조기준에서 허용하는 모멘트 재분배 비율과 순인장변형률 그리고 공칭저항계수와의 관계가 도시되었다.

모멘트 재분배 비율은 다음과 같은 절차를 밟아 계산할 수 있다.

1. 탄성해석을 이용하여 받침부에서 계수휨모멘트를 계산한다. 식 (3.48)을 이용하여 공칭저항강도계수 R_n을 계산한다. 순인장변형률 $\varepsilon_t \ge$ 0.0075로 가정하고 있으므로 인장지배 단면으로 강도감소계수 $\phi=$ 0.85이다.
2. 식 (14.6)을 이용하여 ε_t를 계산한다. $\varepsilon_t \ge$ 0.0075를 만족하면, 식 (14.7)로 모멘트 재분배율 $\delta = (1{,}000\,\varepsilon_t)\% \le 20\%$를 계산한다. 또는 R_n/f_{ck}를 이용하여 그림 14.1에서 모멘트 재분배율을 읽는다.
3. 부모멘트를 조종하고 평형을 이루도록 정모멘트도 조절한다.

일반적으로 생산되는 철근의 굵기가 규정되어있어서 소요철근량보다 배치되는 철근량이 많게 되어 ε_t나 재분배 비율이 약간 감소하게 된다. 이렇게 되면 재분배율의 감소에 비해서 추가의 철근으로 인한 강도의 증가는 훨씬 크게 된다. 예를 들어서 $f_{ck} \le$ 28 MPa에 $\varepsilon_t =$ 0.015인 경우에 공칭저항강도 계수 $R_n/f_{ck}=$ 0.112가 되고 모멘트 재분배율은 15%가 된다(그림 14.1 참고). 만약에 여분의 철근이 배치되어 $\varepsilon_t =$ 0.010가 되고 재분배율은 10 %로 감소되었다면 공칭저항강도 계수는 0.112에서 0.150로 증가하여 재분배율은 단지 5% 감소했지만 강도는 34%나 증가하여 재분배율의 감소량을 상쇄하게 된다. 따라서 이렇게 실제 배치되는 철근량이 소요철근량 보다 많아 감소되는 모멘트 재분배율은 자세하게 계산할 필요는 없을 것이다.

예제 14.1 모멘트 재분배[14.1]

그림 14.2a에 보이는 $d=$ 160 mm인 2경간 연속 1방향 슬래브에는 등분포 고정하중 $w_D=$ 7.0 kPa과 등분포 활하중 $w_L=$ 14.0 kPa이 작용하고, 보통중량골재 콘크리트 $f_{ck}=$ 27 MPa와 $f_y=$ 500 MPa 등급 보강철근을 사용하였다. 현행 구조기준은 연속 휨부재에서 $\varepsilon_t \ge$ 0.0075 이상인 경우에 $\delta = (1{,}000\,\varepsilon_t)\% \le 20\%$ 만큼의 모멘트를 증가 또는 감소시켜서 재분배할 수 있도록 허용하고 있다. 모멘트 재분배를 이용하여 중앙 받침부에서 계수휨모멘트를 감소시키거나 증가시켜서 최소의 소요철근량을 결정하라. 그림 14.2b와 c의 연속보에 대한 전단력 및 모멘트 값을 참고하고, 그림과 같이

최대 정 휨모멘트 위치가 하중유형에 따라 변화하지만 그림 14.2b와 c의 중심인 $x = 0.4l$ 에서 나타난다고 가정하고, 간략화를 하기 위해서 벽체의 연속성은 고려하지 않는다. 슬래브의 설계는 $jd = 0.925d$ 로 시작하고, 수렴은 전 값에 대한 새 값의 차이가 0.5% 이하가 되면 만족한다고 본다.

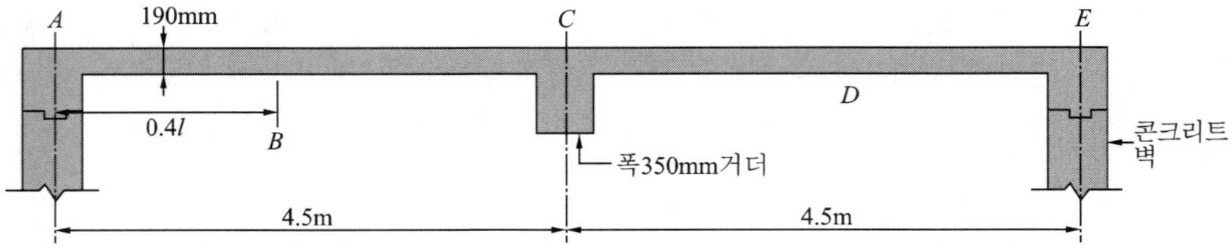

그림 14.2a 예제 14.1의 1방향 2경간 바닥판(one-way 2-span floor)

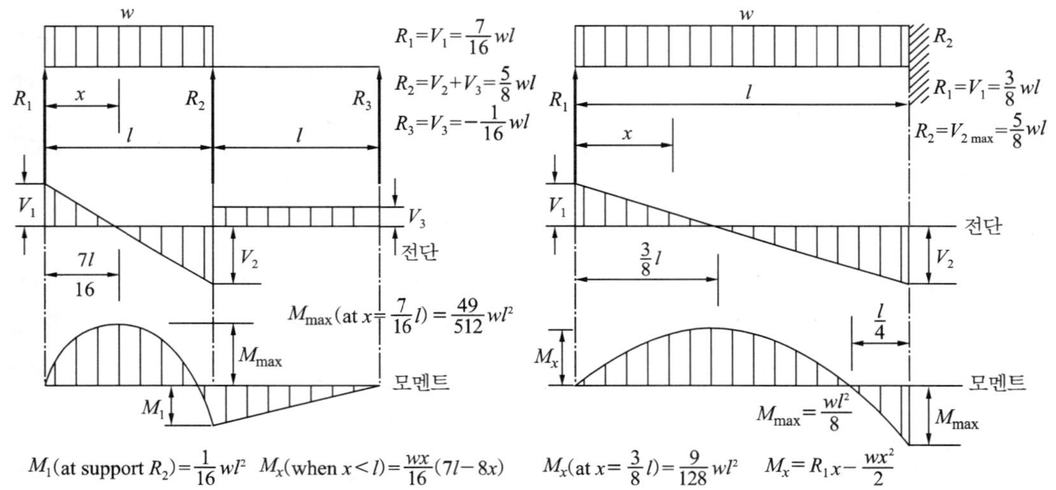

(b) 하중재하 형식 2및 3 (c) 하중재하 형식 1

그림 14.2b 및 c 2경간 연속보의 전단력 및 모멘트 분포도[14.11]

풀이

① 계수하중 및 휨모멘트 계산 :

고정하중 $w_{Du} = 1.2w_D = 1.2(7.0) = 8.4\,(\mathrm{kPa}) \times 1\,\mathrm{m} = 8.4\,\mathrm{kN/m}$

활하중 $w_{Lu} = 1.6w_L = 1.6(14.0) = 22.4\,(\mathrm{kPa}) \times 1\,\mathrm{m} = 22.4\,\mathrm{kN/m}$

$\therefore w_u = 1.2w_D + 1.6w_L = 8.4 + 22.4 = 30.8\,(\mathrm{kN/m})$

$> 1.4w_D = 1.4(7.0) = 9.8\,(\mathrm{kN/m})$ <o.k.>

그림 14.2d, e와 같이 고정하중은 전체 경간에 작용시키고 활하중은 전체 경간(형식 1) 또는 한쪽편 경간(형식 2 또는 3)에만 작용시킨다.

하중 재하 형식 1 (그림 14.2c 참고) :

받침부 C에서 최대 부모멘트 $M_C = w_u l^2/8 = (30.8)(4.5^2)/8 = -78.0\ (\text{kN}\cdot\text{m})$

경간 $3l/8$에서 최대 정모멘트 $M = 9w_u l^2/128 = 9(30.8)(4.5^2)/128 = 43.9\ (\text{kN}\cdot\text{m})$

하중 재하 형식 2 (또는 3) (그림 14.2b 및 14.2c 참고) :

중앙 받침부 C에서 최대 부모멘트 :

$$M_C = \frac{w_{Du}l^2}{8} + \frac{w_{Lu}l^2}{16} = \frac{(8.4)(4.5^2)}{8} + \frac{(22.4)(4.5^2)}{16} = -49.6\ (\text{kN}\cdot\text{m})$$

경간중앙 부근에서 최대 정모멘트 (정모멘트 최대 값의 위치가 일치한다고 가정) :

$$M = \frac{9w_{Du}l^2}{128} + \frac{49w_{Lu}l^2}{512} = \frac{9(8.4)(4.5^2)}{128} + \frac{49(22.4)(4.5^2)}{512} = 55.4\ (\text{kN}\cdot\text{m})$$

② 하중재하 형식 1일 때 최대 휨모멘트는 받침부 C 좌측면에서 계수 부모멘트 -78.0 kN.m로 발생하므로 이 값을 기준으로 최외단 인장철근의 순인장변형률 ε_t 를 계산한다. [2경간에 하중이 대칭으로 작용하므로 받침부 C 우측면에서 동일한 최대값이 발생하므로 다시 계산할 필요는 없다. 만약에 대칭이 아닌 경우에는 좌측면과 우측면에 대해서 각각 재분배 비율을 계산하여야 할 것이다.]

ⓐ 받침부 C의 거더 면에서의 계수 휨모멘트 계산 : 그림 14.2c 참고

받침부 A로부터 거리 x 계산 : $x = 4.5 - 0.35/2 = 4.325\ (\text{m})$

$$M_{C@거더면} = \frac{3w_u l x}{8} - \frac{w_u x^2}{2} = \frac{3(30.8)(4.5)(4.325)}{8} - \frac{30.8(4.325^2)}{2} = -63.3\ (\text{kN}\cdot\text{m})$$

ⓑ $\delta = 1{,}000\varepsilon_t$ 계산 : $\varepsilon_t \ge 0.0075$ 이상으로 가정하므로 $\phi = 0.85$ 이다.

$f_{ck} = 27$ MPa이므로 $\beta_1 = 0.85$

식 (3.31) : $r = \dfrac{c}{d_t} = \dfrac{0.003}{0.003+\varepsilon_t} = \dfrac{0.003}{0.003+0.0075} = \dfrac{0.003}{0.0105} = 0.2857$

$\beta_1 r = 0.85 \times 0.2857 = 0.243$

식 (14.5a) : $(R_n/f_{ck})_{(한계)} = 0.85\beta_1 r - 0.425\beta_1^2 r^2 = 0.85(0.243) - 0.425(0.243^2) = 0.181$

또는 그림 14.1에서 $\epsilon_t = 0.0075$ 에 $f_{ck} \le 28$ MPa인 경우를 읽으면 $(R_n/f_{ck})_{(한계)} \approx 0.18$.

$\dfrac{R_n}{f_{ck}} = \dfrac{M_u/\phi}{f_{ck}bd^2} = \dfrac{63.3\times10^6/0.85}{(27)(1{,}000)(160^2)} = 0.1077 < (R_n/f_{ck})_{(한계)} = 0.181$ ($\varepsilon_t \ge 0.0075$ 만족)

$\delta = 1{,}000\varepsilon_t = 3\left(\dfrac{\beta_1}{1-\sqrt{1-\dfrac{40}{17}\dfrac{R_n}{f_{ck}}}} - 1\right) = 3\left(\dfrac{0.85}{1-\sqrt{1-\dfrac{40}{17}(0.1077)}} - 1\right) = \underline{15.8\%} < 20\%$ <o.k.>

따라서 현행 구조기준에 따라 $\delta = 15.8\%$ 의 부모멘트를 증가 또는 감소시켜서 재분배할 수 있다[2].

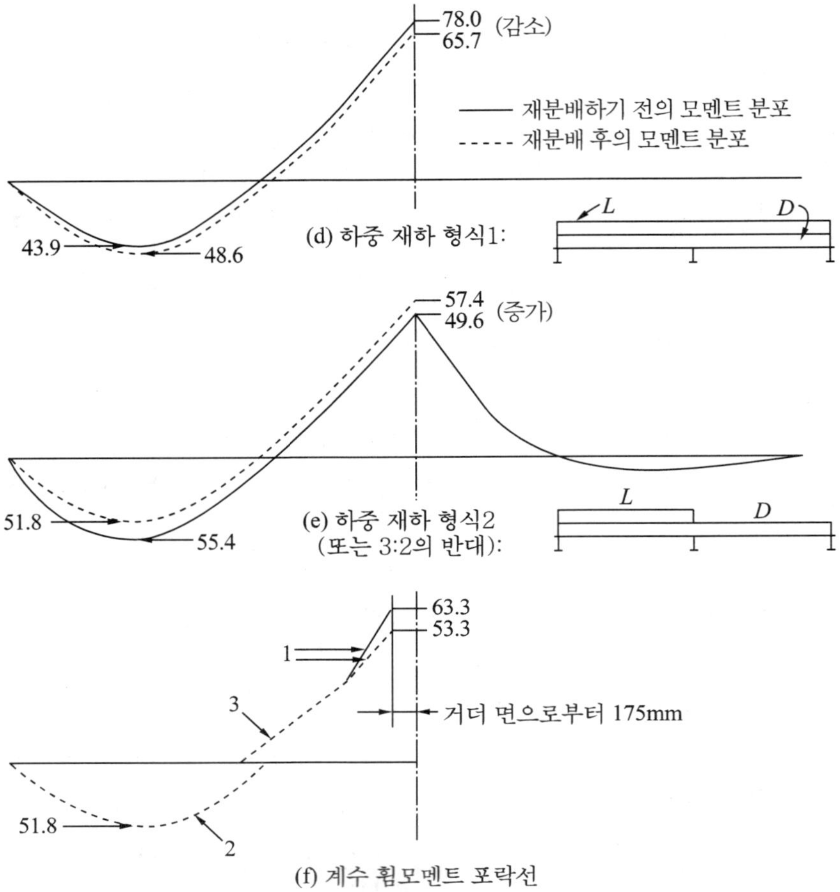

그림 14.2d, e, f 재분배하기 전과 한 후의 하중재하 형식에 따른 모멘트도 및 모멘트 포락선

ⓒ 받침부 C의 부모멘트를 $\delta = 15.8\%$ 감소시켜서 재분배한다. 그림 14.2d 참고

받침부 C : $M_{C\,(\text{조종})} = -78.0(1-0.158) = \underline{-\mathbf{65.7\ (kN \cdot m)}}$

---

2) 조종된 모멘트가 수렴하도록 반복계산을 수행할 수도 있지만 본 예제에서는 반복계산을 수행하지 않아도 충분하므로 반복계산 단계를 생략한다. 하지만 예를 들기 위해서 반복계산을 수행하면 다음과 같게 된다. 조종된 모멘트 계산 : $M_{C@\text{거더 면}} = -63.3(1-0.158) = -53.3\ (\text{kN} \cdot \text{m})$

$\dfrac{R_n}{f_{ck}} = \dfrac{53.3 \times 10^6/0.85}{(27)(1{,}000)(160^2)} = 0.0907$; $\delta = 1{,}000\,\varepsilon_t = 3\left(\dfrac{0.85}{1-\sqrt{1-(40/17)\times 0.0907}} - 1\right) = \underline{19.5\%}$ 가 된다. 반복계산을 2번 더 수행하면 20.8%로 수렴하여 재분배 비율은 최대값인 20%가 된다.

그림 14.2g 자유물체도에서 반력 R_1 및 R_2 계산 :

$R_2 = [30.8(4.5^2)/2 + 65.7]/4.5 = 83.9\,(\text{kN})$; $R_1 = 30.8(4.5) - 83.9 = 54.7\,(\text{kN})$

V = 0인 거리 x 계산 : $x = 54.7/30.8 = 1.780\,(\text{m})$ ($\approx$ 단면 B : $0.4l = 1.8\,\text{m}$)

단면 B : $M_{B\,(\text{조종})} = 54.7(1.78) - (30.8)(1.78^2)/2 = \underline{\mathbf{48.6\,(kN \cdot m)}}$

③ 하중 재하형식 2나 3의 경우에 대해서 모멘트 재분배 : 단면 B의 정모멘트를 감소시키기 위해서, 받침부 C 좌측면의 부모멘트를 15.8% 증가시키도록 한다. 그림 14.2e 참고

ⓐ 받침부 C 좌측면의 부모멘트를 15.8% 증가시켜서, 경간 중앙의 정모멘트를 감소시킨다. 그림 14.2e 참고

받침부 C : $M_{C\,(\text{재분배})} = -49.6(1+0.158) = \underline{\mathbf{-57.4\,(kN \cdot m)}}$

그림 14.2h 자유물체도에서 반력 R_1 및 R_2 계산 :

$R_2 = [30.8(4.5^2)/2 + 57.4]/4.5 = 82.1\,(\text{kN})$; $R_1 = 30.8(4.5) - 82.1 = 56.5\,(\text{kN})$

V = 0인 거리 x 계산 : $x = 56.5/30.8 = 1.834\,(\text{m})$ ($\approx 0.4l = 1.8\,\text{m}$)

단면 B : $M_{B\,(\text{재분배})} = 56.5(1.834) - (30.8)(1.834^2)/2 = \underline{\mathbf{51.8\,(kN \cdot m)}}$

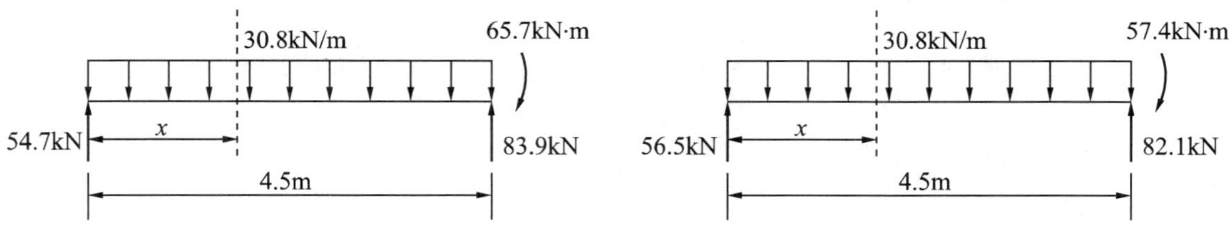

그림 14.2g 및 h 경간 A-C의 자유물체도

④ 받침부 C 거더 좌측면에서 조종된 계수 휨모멘트 및 소요 철근량 계산 :

받침부 C 거더 면 : $M_{C\,(\text{재분배})} = -63.3(1-0.158) = \underline{\mathbf{-53.3\,(kN \cdot m)}}$

$0.85 f_{ck} = 0.85(27) = 22.95\,(\text{MPa})$; $jd = 0.925(160) = 148\,(\text{mm})$

1) $$A_{s\,(\text{소요})} = \frac{M_{u\,@\,C\,\text{거더 면}}/\phi}{f_y jd} = \frac{53.3\times 10^6/0.85}{(500)(148)} = 847\,(\text{mm}^2)$$

$$a = \frac{A_{s\,(\text{소요})} f_y}{0.85 f_{ck} b} = \frac{847(500)}{22.95(1{,}000)} = 18.5\,(\text{mm}) \;;\; jd = d - \frac{a}{2} = 160 - \frac{18.5}{2} = 150.8\,(\text{mm})$$

2) $$A_{s\,(\text{소요})} = \frac{M_{u\,@\,C\,\text{거더 면}}/\phi}{f_y jd} = \frac{53.3\times 10^6/0.85}{(500)(150.8)} = 832\,(\text{mm}^2)$$

수렴 검토 : $100 \times \dfrac{847-832}{847} = 1.8\% > 0.5\%$ <N.G.>

$a = \dfrac{A_{s\,(소요)} f_y}{0.85 f_{ck} b} = \dfrac{832(500)}{22.95(1,000)} = 18.1\,(\text{mm})$; $jd = 160 - 18.1/2 = 150.9\,(\text{mm})$

3) $\therefore A_{s\,(소요)} = \dfrac{M_{u\,@\,C\,거더\ 면}/\phi}{f_y jd} = \dfrac{53.3 \times 10^6/0.85}{(500)(150.9)} = \underline{831\,(\text{mm}^2)}$

수렴 검토 : $100 \times \dfrac{832-831}{832} = 0.12\% < 0.5\%$ <o.k.>

4) 최대철근 단면적 검토 : 인장지배 단면인 $\varepsilon_t \geq 2.5\varepsilon_y = 2.5(0.0025) = 0.00625$ 인지 검토

$c = a/\beta_1 = 18.1/0.85 = 21.3\,(\text{mm})$

$\varepsilon_t = 0.003(d_t/c - 1) = 0.003(160/21.3 - 1) = 0.0195 > 0.00625$ <o.k.>

5) 최소철근단면적 검토 : $f_{ck} =$ 27 MPa < 31 MPa ; $(1.4/f_y)$항 지배

$A_{s\,(\min)} = (1.4/f_y) b_w d = (1.4/500)(1,000)(160) = 448\,(\text{mm}^2)$

$< A_{s\,(소요)} = 831\,(\text{mm}^2)$ <o.k.>

⑤ 단면 B에서 소요 철근량 계산 : $M_{u\,@\,B} = \underline{51.8\,(\text{kN} \cdot \text{m})}$

1) $A_{s\,(소요)} = \dfrac{M_{u\,@\,B}/\phi}{f_y jd} = \dfrac{51.8 \times 10^6/0.85}{(500)(148)} = 824\,(\text{mm}^2)$

$a = \dfrac{A_{s\,(소요)} f_y}{0.85 f_{ck} b} = \dfrac{824(500)}{22.95(1,000)} = 17.9\,(\text{mm})$

$jd = d - a/2 = 160 - 17.9/2 = 151.0\,(\text{mm})$

2) $A_{s\,(소요)} = \dfrac{M_{u\,@\,B}/\phi}{f_y jd} = \dfrac{51.8 \times 10^6/0.85}{(500)(151.0)} = 807\,(\text{mm}^2)$

수렴 검토 : $100 \times \dfrac{824-807}{824} = 2.1\% > 0.5\%$ <N.G.>

$a = \dfrac{A_{s\,(소요)} f_y}{0.85 f_{ck} b} = \dfrac{807(500)}{22.95(1,000)} = 17.6\,(\text{mm})$

$jd = 160 - 17.6/2 = 151.2\,(\text{mm})$

3) $\therefore A_{s\,(소요)} = \dfrac{M_{u\,@\,B}/\phi}{f_y jd} = \dfrac{51.8 \times 10^6/0.85}{(500)(151.2)} = \underline{806\,(\text{mm}^2)}$

수렴 검토 : $100 \times \dfrac{807-806}{807} = 0.12\% < 0.5\%$ <o.k.>

4) 최대철근 단면적 검토 : 인장지배 단면인 $\varepsilon_t \geq 0.00625$ 인지 검토

$c = a/\beta_1 = 17.6/0.85 = 20.7\,(\mathrm{mm})$

$\varepsilon_t = 0.003(d_t/c - 1) = 0.003(160/20.7 - 1) = 0.0202 > 0.00625$ <o.k.>

5) 최소철근단면적 검토 : f_{ck}= 27 MPa < 31 MPa ; $(1.4/f_y)$항 지배

$A_{s\,(\min)} = (1.4/f_y)b_w d = 448\,(\mathrm{mm}^2) < A_{s\,(소요)} = 806\,(\mathrm{mm}^2)$ <o.k.>

⑥ 최종 소요 철근단면적 : 1) 받침부 C : $A_{s\,(소요)} = 831\,\mathrm{mm}^2$; 2) 단면 B : $A_{s\,(소요)} = 806\,\mathrm{mm}^2$

총 소요철근량 총 $A_{s\,(소요)} = 831 + 806 = 1{,}637\,(\mathrm{mm}^2)$

⑦ 모멘트 재분배를 수행하지 않는 경우의 총 소요철근량과 비교 검토 : 받침부 C 및 단면 B

$$A_{s\,(@\,C)} = \frac{63.3 \times 10^6/0.85}{(500)(149.1)} = \underline{998\,(\mathrm{mm}^2)}$$

$$A_{s\,(@\,B)} = \frac{55.4 \times 10^6/0.85}{(500)(150.6)} = \underline{865\,(\mathrm{mm}^2)}$$

총 소요철근량 총 $A_{s\,(소요)} = 998 + 865 = 1{,}864\,(\mathrm{mm}^2)$

100 - (1,637 / 1,864) × 100 = **12.2 % 감소** (모멘트 재분배로 인해서 총 소요 철근량이 12.2% 감소 되었다.)

예제 14.2 연속보의 모멘트 재분배[14.1]

그림 14.3a의 중간층에 위치하는 3경간 연속보의 각 단면에서 모멘트 재분배를 이용하여 최소 소요 철근량을 결정하라. 기둥의 단면은 500 mm × 500 mm이고, 층의 높이는 3.0 m이며, 보의 단면은 $b=$ 500 mm, $h=$ 700 mm, $d=$ 638 mm이다. 보에는 추가의 등분포 고정하중 $w_{sD}=$ 51.1 kN/m와 활하중 $w_L=$ 40.1 kN/m가 작용한다. 보통중량골재 콘크리트($\rho_c = 2{,}400\ \mathrm{kg/m^3}$) 설계기준강도 $f_{ck}=$ 27 MPa이고, $f_y=$ 400 MPa인 보강철근이 배치된다. 그림 14.3b은 PCA에서 개발한 범용프로그램인 pcaBeam[14.13]을 이용하여 구한 각 하중 재하형식에 대한 휨모멘트도이다.

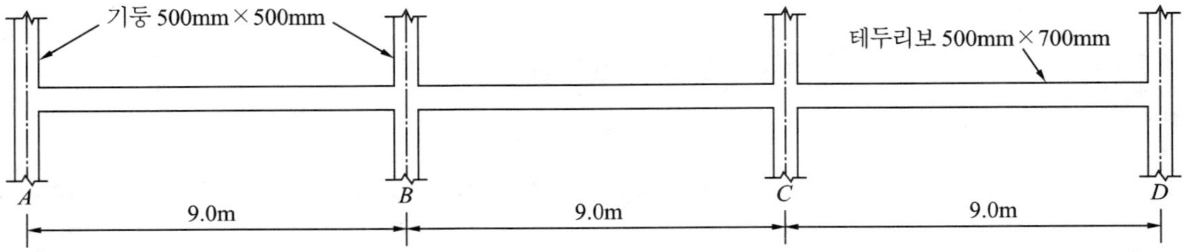

그림 14.3a 예제 14.2의 3경간 연속보

풀이

① 계수하중 및 휨모멘트 계산 :

보의 고정하중 계산 : $\gamma_c = g\,\rho_c = (9.807)(2{,}400) = 23{,}537\,(\mathrm{N/m^3})$

$w_D = b\,h\,\gamma_c = (0.5)(0.7)(23{,}537)(10^{-3}) = 8.238\ (\mathrm{kN/m})$

계수고정하중 $w_{Du} = 1.2\,(w_D + w_{sD}) = 1.2\,(8.238 + 51.1) = 71.2\ (\mathrm{kN/m})$

계수활하중 $w_{Lu} = 1.6 w_L = 1.6(40.1) = 64.2\ (\mathrm{kN/m})$

$\therefore\ w_u = 1.2 w_D + 1.6 w_L = 71.2 + 64.2 = 135.4\ (\mathrm{kN/m})$

② 구조기준 3.4.7의 활하중의 배치 규정에 따라 4 종류의 하중재하 형식에 대해서 휨모멘트도를 결정 :

그림 14.3b에 보이는 휨모멘트도는 pcaBeam 프로그램[14.13]을 이용하여 구하였다.

③ 각 받침부 기둥면의 최대 부모멘트에 대해서 재분배율 δ 계산 :

받침부 A의 우측 기둥면에서 최대값은 하중재하 형식 3 : $M_u = -540.1\ \mathrm{kN\cdot m}$

받침부 B의 좌측 기둥면에서 최대값은 하중재하 형식 2 : $M_u = -875.2\ \mathrm{kN\cdot m}$

우측 기둥면에서 최대값은 하중재하 형식 2 : $M_u = -827.8\ \mathrm{kN\cdot m}$

받침부 C의 좌측 기둥면에서 최대값은 하중재하 형식 2가 경간 중앙에 대해서 거울대칭으로 작용한

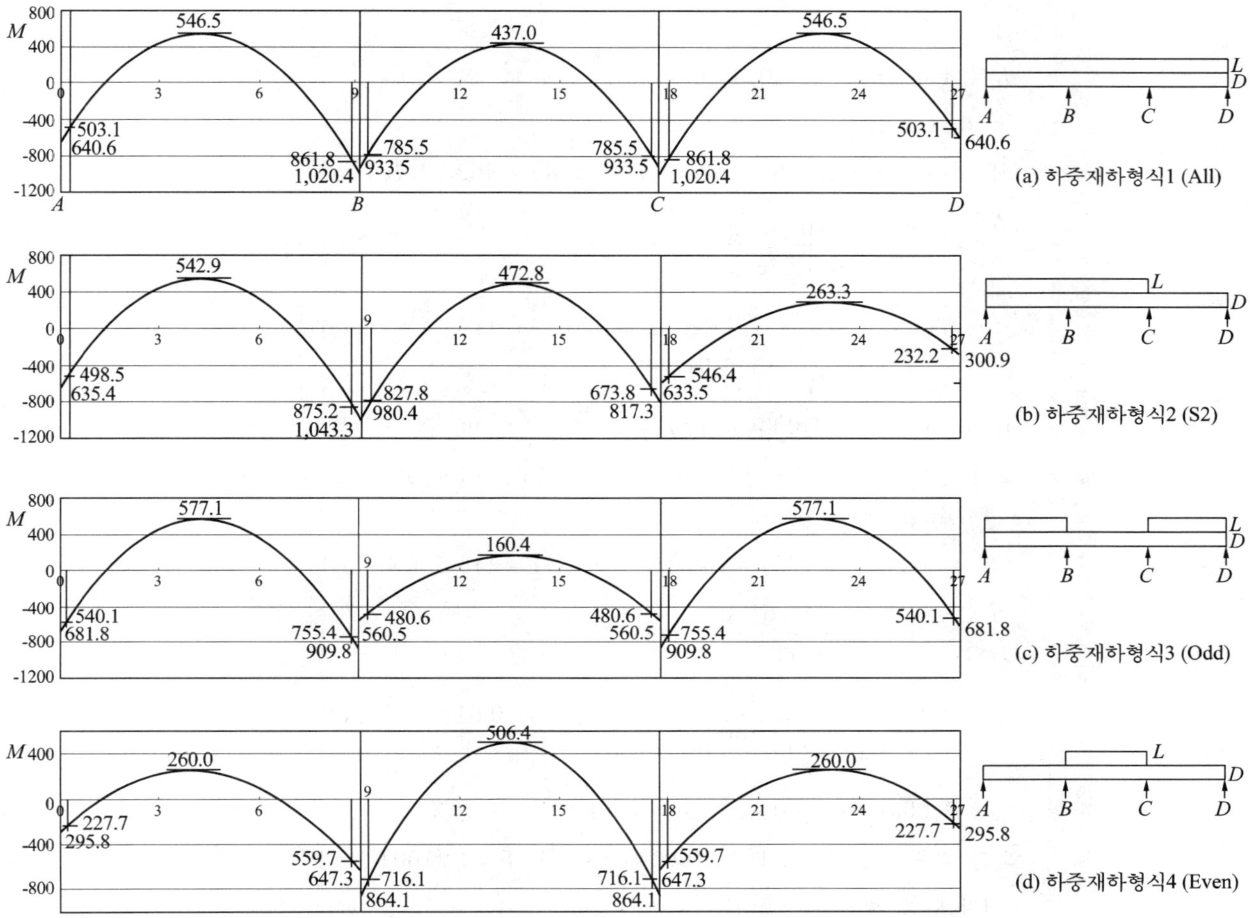

그림 14.3b 예제 14.2의 3경간 연속보에서 하중재하 형식에 따른 휨모멘트도

경우를 고려하면 $M_u = -827.8$ kN·m이 되고, 우측면은 $M_u = -875.2$ kN·m이 된다.

받침부 D의 좌측 기둥면에서 최대값은 하중재하 형식 3 : $M_u = -540.1$ kN·m

받침부 A의 우측 기둥면의 최대 부모멘트에 대해서 재분배율 $\delta = (1{,}000\,\varepsilon_t)\% \le 20\%$ 를 계산하면,

$d = h - 40\text{ mm} - 9.53\text{ mm}$(D10 스터럽) $- 25.4/2$(주철근 D25) $= 638$ (mm)

ⓐ 1차 반복 계산 : $\dfrac{R_n}{f_{ck}} = \dfrac{M_u/\phi}{f_{ck}\,b\,d^2} = \dfrac{540.1\times10^6/0.85}{(27)(500)(638^2)} = 0.1157$

$$\varepsilon_t = 0.003\left(\frac{\beta_1}{1-\sqrt{1-\dfrac{40}{17}\dfrac{R_n}{f_{ck}}}} - 1\right) = 0.003\left[\frac{0.85}{1-\sqrt{1-\dfrac{40}{17}(0.1156)}} - 1\right]$$

$\varepsilon_t = 0.003(4.791) = 0.0144 > 0.0075$ <o.k.>

$\delta_1 = 1{,}000\,\varepsilon_t = 1{,}000(0.0144) = 14.4\,\% < 20\%$ <o.k.>

ⓑ 2차 반복 계산 :

$M_u = M_u(1-\delta/100) = 540.1(1-0.144) = 462.5\ (\text{kN}\cdot\text{m})$

$$\frac{R_n}{f_{ck}} = \frac{462.5\times 10^6/0.85}{(27)(500)(638^2)} = 0.0991$$

$$\varepsilon_t = 0.003\left[\frac{0.85}{1-\sqrt{1-\frac{40}{17}(0.0991)}} - 1\right] = 0.0175 > 0.0075$$ <o.k.>

$\delta_2 = 1{,}000\,\epsilon_t = 1{,}000(0.0175) = 17.5\,\% < 20\%$ <o.k.>

오차 검토 : $(\delta_2/\delta_1 - 1)\times 100 = (17.5/14.4-1)(100) = 22.0\% > 1\%$ <N.G.>

ⓒ 3차 반복 계산 :

$M_u = M_u(1-\delta/100) = 540.1(1-0.175) = 445.5\ (\text{kN}\cdot\text{m})$

$$\frac{R_n}{f_{ck}} = \frac{445.5\times 10^6/0.85}{(27)(500)(638^2)} = 0.0954$$

$$\varepsilon_t = 0.003\left[\frac{0.85}{1-\sqrt{1-\frac{40}{17}(0.0954)}} - 1\right] = 0.0184 > 0.0075$$ <o.k.>

$\delta_3 = 1{,}000\,\epsilon_t = 1{,}000(0.0184) = 18.4\,\% < 20\%$ <o.k.>

오차 검토 : $(\delta_3/\delta_2 - 1)\times 100 = (18.4/17.5-1)(100) = 4.8\,\% > 1\%$ <N.G.>

ⓓ 4차 반복 계산 :

$M_u = M_u(1-\delta/100) = 540.1(1-0.184) = 440.9\ (\text{kN}\cdot\text{m})$

$$\frac{R_n}{f_{ck}} = \frac{440.9\times 10^6/0.85}{(27)(500)(638^2)} = 0.0945$$

$$\varepsilon_t = 0.003\left[\frac{0.85}{1-\sqrt{1-\frac{40}{17}(0.0945)}} - 1\right] = 0.0186 > 0.0075$$ <o.k.>

$\delta_4 = 1{,}000\,\varepsilon_t = 1{,}000(0.0186) = 18.6\,\% < 20\%$ <o.k.>

오차 검토 : $(\delta_4/\delta_3 - 1)\times 100 = (18.6/18.4-1)(100) = 1.3\,\% > 1\%$ <N.G.>

ⓔ 5차 반복 계산 :

$M_u = M_u(1-\delta/100) = 540.1(1-0.186) = \underline{439.7\ (\text{kN}\cdot\text{m})}$

$$\frac{R_n}{f_{ck}} = \frac{439.7\times 10^6/0.85}{(27)(500)(638^2)} = 0.0942$$

$$\varepsilon_t = 0.003\left[\frac{0.85}{1-\sqrt{1-\frac{40}{17}(0.0942)}} - 1\right] = 0.0187 \ > \ 0.0075$$ <o.k.>

$\delta_5 = 1{,}000\,\epsilon_t = 1{,}000(0.0187) = 18.7\,\% \ < \ 20\,\%$ <o.k.>

오차 검토 : $(\delta_5\,/\,\delta_4 - 1)\times 100 = (18.7/18.6-1)(100) = 0.4\,\% \ < \ 1\%$ <o.k.>

그 외의 받침부의 기둥면에서의 부모멘트의 재분배율은 표 14.1을 참고하라.

④ 모멘트의 조종 :

구조기준 3.4.2에 따라 모멘트를 $\delta = 1{,}000\,\varepsilon_t\,\% \le 20\,\%$ 만큼 증가 또는 감소시킬 수 있다. 본 예제에서 내부 받침부 B와 C의 부모멘트를 감소시켜서 경간 중앙부근의 정모멘트는 증가시키도록 한다. 보의 최외단 받침부인 A와 D의 부모멘트는 조종하지 않고 그대로 둔다.

모멘트의 조종은 표 14.2를 참고하고, 계산중에서 하중재하 형식 1의 받침부 A-B 경간에서 모멘트의 조종에 대한 계산 예는 다음과 같다.

ⓐ 받침부 B의 부모멘트를 재분배율 $\delta = 8.1\%$ 만큼 감소시킨다 (그림 14.3c 참고).

받침부 A는 조종하지 않으므로 $M_{u,\,A} = -640.6\ \text{kN}\cdot\text{m}$

$M_{u,\,B\,(조종)} = M_{u,\,B}(1-\delta/100) = -1{,}020.4\,(1-8.1/100) = -937.3\ (\text{kN}\cdot\text{m})$

그림 14.3c와 같이 이 조종된 값을 기준으로 경간에서 다른 값을 계산한다. 계산은 먼저 받침부 중심에서의 부모멘트 값을 기준으로 계산하는 위치에서의(예, $x = 0.25$ m 등) 부모멘트의 좌표값을 계산하고 이 값에서 단순지지 보의 정모멘트를 빼주어 계산한다.

ⓑ $x = 0.25$ m 인 기둥면에 대해서 계산 :

기울기 계산 : $[-640.6-(-937.3)]/9.0 = 32.97$

$x = 0.25$ m 에서 부모멘트의 좌표값 계산 : $-640.6-(32.97)(0.25) = -648.8$

단순지지 받침부에서 거리 x 떨어진 위치의 휨모멘트 값 계산 :

$M = (w_u l\,/\,2)x - (w_u\,x\,/\,2)\,x = w_u\,x\,(l-x)/2$

$M_{@\,x\,=\,0.25\,\text{m}} = w_u\,x\,(l-x)/2 = 135.4(0.25)(9.0-0.25)/2 = 148.1\ (\text{kN}\cdot\text{m})$

$M_{u\,@\,x\,=\,0.25\,\text{m}} = -648.8+148.1 = -500.8\ (\text{kN}\cdot\text{m})$

각각의 위치에 대해서 유사한 계산을 수행하여 정리하면 표 14.2를 얻을 수 있다.

⑤ 재분배된 모멘트를 이용하여 설계 :

표 14.2에서 받침부 A의 우측 기둥면 $x = 0.25$m 에서 최대 부모멘트가 발생하는 하중재하 형식은 3인 경우이다.

$M_{u,\,A} = -537.98\ \text{kN}\cdot\text{m}$

$$\frac{R_n}{f_{ck}} = \frac{M_u\,/\,\phi}{f_{ck}\,b\,d^2} = \frac{537.98\times 10^6/0.85}{(27)(500)(638^2)} = 0.1152$$

$0.85 f_{ck} = 0.85(27) = 22.95\ (\text{MPa})$; $A_c = b\,d = 500(638) = 319{,}000\ (\text{mm}^2)$

표 14.1 각 받침부 기둥면에서 부모멘트 재분배율 δ계산

받침부		A	B		C		D
하중 재하 형식		3	2		-2 (2의 거울대칭)		3
받침부		우측면	좌측면	우측면	좌측면	우측면	좌측면
1차 반복	M_u	**540.1**	**875.2**	**827.8**	**827.8**	**875.2**	**540.1**
	R_n / f_{ck}	0.1157	0.1875	0.1774	0.1774	0.1875	0.1157
	ε_t	0.0144	0.0071	0.0078	0.0078	0.0071	0.0144
	재분배율 δ (%)	14.4	7.1	7.8	7.8	7.1	14.4
2차 반복	M_u	462.5	813.1	763.4	763.4	813.1	462.5
	R_n / f_{ck}	0.0991	0.1742	0.1636	0.1636	0.1742	0.0991
	ε_t	0.0175	0.0080	0.0088	0.0088	0.0080	0.0175
	재분배율 δ (%)	17.5	8.0	8.8	8.8	8.0	17.5
	오차	22.0%	12.7%	13.5%	13.5%	12.7%	22.0%
3차 반복	M_u	445.5	805.2	754.7	754.8	805.2	445.5
	R_n / f_{ck}	0.0954	0.1725	0.1617	0.1617	0.1725	0.0954
	ε_t	0.0184	0.0081	0.0090	0.0090	0.0081	0.0184
	재분배율 δ (%)	18.4	8.1	9.0	9.0	8.1	18.4
	오차	4.8%	1.5%	1.8%	1.8%	1.5%	4.8%
4차 반복	M_u	440.9	**804.1**	**753.5**	**753.5**	**804.1**	440.9
	R_n / f_{ck}	0.0945	0.1723	0.1614	0.1614	0.1723	0.0945
	ε_t	0.0186	0.0081	0.0090	0.0090	0.0081	0.0186
	재분배율 δ (%)	18.6	**8.1**	**9.0**	**9.0**	**8.1**	18.6
	오차	1.3%	0.2%	0.3%	0.3%	0.2%	1.3%
5차 반복	M_u	**439.7**					**439.7**
	R_n / f_{ck}	0.0942					0.0942
	ε_t	0.0187					0.0187
	재분배율 δ (%)	**18.7**					**18.7**
	오차	0.4%					0.4%

표 14.2 분배되기 전의 모멘트 값과 재분배되고 조종된 뒤의 모멘트 값

			하중 재하 형식 1 (All)			하중 재하 형식 2 (S2)			하중 재하 형식 3 (Odd)			하중 재하 형식 4 (Even)		
받침부	위치	δ	x	M_u	$M_{u,adj}$	x	M_u	$M_{u,adj}$	x	M_u	$M_{u,adj}$	x	M_u	$M_{u,adj}$
A	중심		0.00	-640.58	-640.58	0.00	-635.41	-635.41	0.00	-681.76	-681.76	0.00	-295.76	-295.76
	우측면		0.25	-503.09	-500.77	0.25	-498.45	-496.10	0.25	-540.05	**-537.98**	0.25	-227.66	-226.18
	중앙		4.20	546.50	585.42	4.16	542.91	581.89	4.30	577.10	**612.54**	3.95	260.00	283.25
B	좌측면		8.75	-861.81	-781.04	8.75	-875.17	**-793.29**	8.75	-755.42	-683.40	8.75	-559.71	-508.45
	중심 좌측	8.1	9.00	-1,020.42	-937.34	9.00	-1,034.30	-950.09	9.00	-909.81	-835.74	9.00	-647.34	-594.64
	중심 우측	9.0	0.00	-933.52	-849.50	0.00	-980.36	-892.12	0.00	-560.45	-510.01	0.00	-864.10	-786.33
	우측면		0.25	-785.48	-701.44	0.25	-827.78	**-739.95**	0.25	-480.58	-432.13	0.25	-716.06	-638.27
	중앙		4.50	437.00	521.07	4.60	472.80	552.65	4.50	160.41	210.95	4.50	506.40	**584.25**
C	좌측면		8.75	-785.48	-701.45	8.75	-673.75	-599.78	8.75	-482.58	-432.13	8.75	-716.06	-638.28
	중심 좌측	9.0	9.00	-933.52	-849.50	9.00	-817.27	-743.72	9.00	-560.45	-510.01	9.00	-864.10	-786.33
	중심 우측	8.1	0.00	-1,020.42	-937.34	0.00	-633.46	-581.89	0.00	-909.81	-835.74	0.00	-647.34	-594.64
	우측면		0.25	-861.81	-781.04	0.25	-546.35	-496.20	0.25	-755.42	-683.40	0.25	-559.71	-508.45
	중앙		4.80	546.50	**585.42**	5.00	263.27	286.26	4.70	577.10	612.54	5.05	260.00	283.25
D	좌측면		8.75	-503.09	-500.77	8.75	-232.30	-230.85	8.75	-540.05	**-537.98**	8.75	-227.66	-226.18
	중심		9.00	-640.58	-640.58	9.00	-300.93	-300.93	9.00	-681.76	-681.76	9.00	-295.76	-295.76

식 (3.47a) : $\rho = \dfrac{0.85f_{ck}}{f_y}\left(1-\sqrt{1-\dfrac{2R_n}{0.85f_{ck}}}\right) = \dfrac{22.95}{400}\left(1-\sqrt{1-\dfrac{2(0.1152)}{0.85}}\right) = 0.00839$

$A_{s\,(소요)} = \rho A_c = 0.00839(319{,}000) = 2{,}677\ (\mathrm{mm}^2)$

최소철근량 검토 : $f_{ck} =$ 27 MPa < 31 MPa이므로,

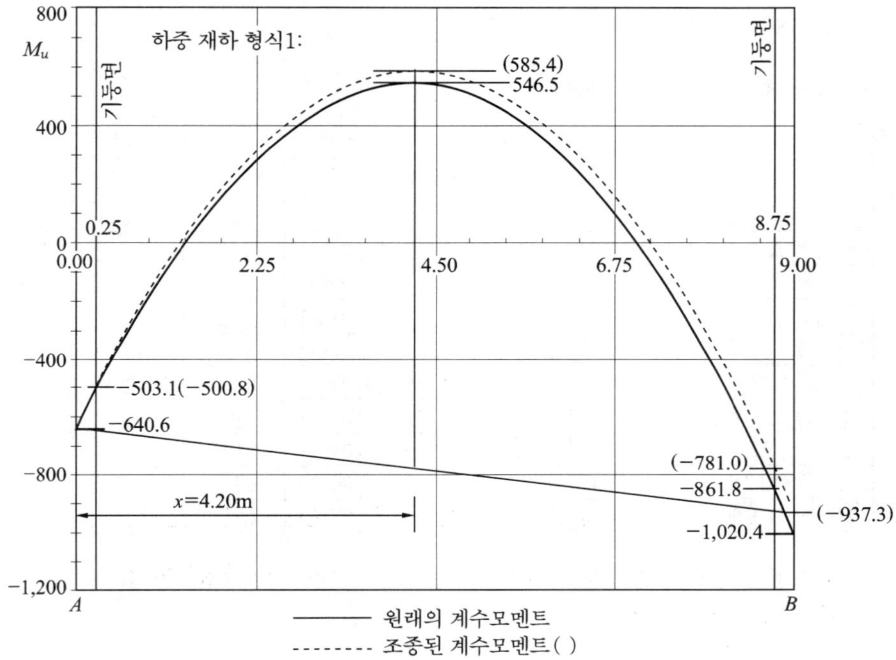

그림 14.3c 하중재하 형식 1에서 경간 A-B의 재분배되기 전의 모멘트 값과 재분배되고 조종된 뒤의 모멘트 값

$A_{s\,(\min)} = \dfrac{1.4}{f_y} b_d\, d = \dfrac{1.4}{400}(500)(638) = 1{,}116\ (\mathrm{mm}^2)$

$< A_{s\,(소요)} = 2{,}677\ \mathrm{mm}^2$ <o.k.>

D29 철근을 이용하여 설계 : 5-D29 철근을 배근하면,

$A_{s\,(배치)} = 5 - D29 = 5(642.4) = 3{,}212\ (\mathrm{mm}^2) > A_{s\,(소요)} = 2{,}677\ \mathrm{mm}^2$ <o.k.>

ⓐ 경간 A-B의 정철근 정착길이 계산 : 그림 6.37의 연속부재에서 1/4 이상은 받침부까지 연속되어야 하므로 5-D29 중에서 3-D29 철근을 연속하여 배치하도록 한다.

연속된 3-D29 철근의 M_n 계산 : $T = A_s f_y = (1{,}927)(400) = 770.8 \times 10^3\ (\mathrm{N})$

$a = \dfrac{T}{0.85 f_{ck}\, b} = \dfrac{770.8 \times 10^3}{0.85(27)(500)} = 67.2\ (\mathrm{mm})$

$$M_n = T\left(d - \frac{a}{2}\right) = (770.8 \times 10^3)\left(638 - \frac{67.2}{2}\right)(10^{-6}) = 465.9\ (\text{kN} \cdot \text{m})$$

pcaBeam 프로그램의 Output 자료에서 $\sim 460\ \text{kN} \cdot \text{m}$가 발생하는 계수모멘트의 좌표를 읽으면 경간 중앙에서 대략 1.65 m가 된다. 구조기준 8.5.1(2)에서 유효깊이 $d = \underline{638\ \text{mm}}$ 또는 $12d_b = 12(28.6) = 343\ (\text{mm})$ 중 큰 값 이상을 연장하여야 하므로, 2-D29 철근의 정착길이는 $l_d = 1.6 + 0.638 = 2.24\ (\text{m})$가 된다.

표 14.3 최종 설계에 대한 요약

위치		모멘트	하중재하	소요 철근량			최소	설계 철근량		
			형식	R_n / f_{ck}	ρ	$A_{s\,(소요)}$	$A_{s\,(min)}$	철근	$A_{s\,(배치)}$	$\rho_{(배치)}$
		(kN.m)				(mm²)	(mm²)		(mm²)	
받침부 A	우측면	-537.98	3	0.115	0.00839	2,677	1,116	5-D29	3,212	0.01007
경간 A-B		612.54	3	0.131	0.00967	3,085		5-D29	3,212	0.01007
받침부 B	좌측면	-793.29	2	0.170	0.01293	4,123		7-D29	4,497	0.01410
	우측면	-739.95	2	0.159	0.01194	3,809		6-D29	3,854	0.01209
경간 B-C		584.25	4	0.125	0.00918	2,929		5-D29	3,212	0.01007
받침부 C	좌측면	-739.95	-2	0.159	0.01194	3,809		6-D29	3,854	0.01209
	우측면	-793.29	-2	0.170	0.01293	4,123		7-D29	4,497	0.01410
경간 C-D		585.42	1	0.125	0.00920	2,935		5-D29	3,212	0.01007
받침부 D	좌측면	-537.98	3	0.115	0.00839	2,677		5-D29	3,212	0.01007

인장철근 정착길이 검토 : 조건 1이나 2를 만족한다고 가정하여 표 6.3에서 보통중량골재 콘크리트에 대한 정착길이

$l_{d\,(소요)} = 46.2\,d_b = 46.2(28.6) = 1,321\ (\text{mm}) \ < \ l_{d\,(배치)} = 2,240\ \text{mm}$ <o.k.>

2-D29 철근의 총 길이 $L_d = 2\,l_d = 2(2.24) = \underline{4.48\ (\text{m})}$이면 된다.

ⓑ 받침부 A의 우측 기둥면 부철근의 정착 검토 (그림 6.36 참고) : 인장철근 1/3 이상 변곡점을 지나서 유효깊이 $d = 638\ \text{mm}$ 또는 $12d_b = 12(28.6) = 343\ (\text{mm})$; 순경간 $l_n = 9.0 - 0.5 = 8.5\ (\text{m})$, $l_n / 16 = 8.5/16 = 0.531\ (\text{m})$ 중 큰 값 이상의 묻힘길이 확보하여야 하므로 묻힘길이 $d = \underline{638\ \text{mm}}$가 지배

1/3 이상을 변곡점을 지나서 묻힘길이 이상을 연장하여야 하므로, 5개 중에서 40%인 2-D29 철근을 연장하도록 한다. pcaBeam 프로그램의 Output 자료에서 변곡점의 거리를 읽으면, 1.4 m 정도가 되므로, 총 길이는 $l_d = 1.4 + 0.638 = \underline{2.038\ (\text{m})}$

인장철근 정착길이 검토 : 상부철근이므로, $\alpha = 1.3$

$l_{d\,(소요)} = 1.3(1,321) = 1,717\ (\text{mm}) \ < \ l_{d\,(배치)} = 2.038\ \text{m}$ <o.k.>

3-D29 철근의 길이 : 정착길이 $l_{d\,(소요)} = 1.3(1,321) = \underline{1,717\ (\text{mm})}$를 배치하도록 한다. 그 외의 부분에 대한 상세 계산은 생략하고 그림 14.3d를 참고하라.

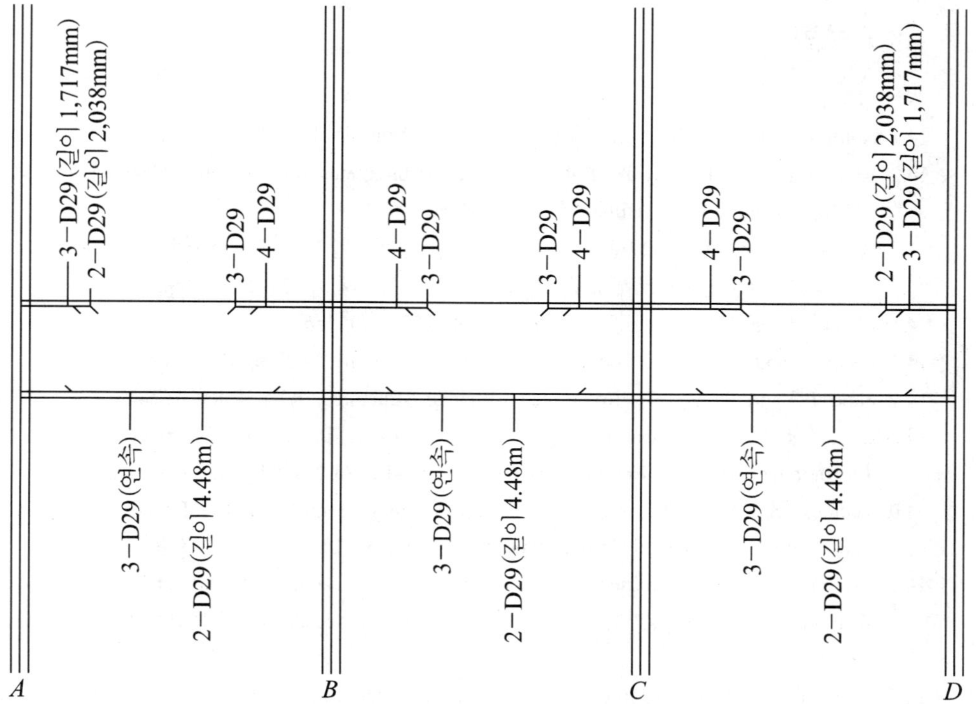

그림 14.3d 휨철근의 개략적인 배치도

참고문헌

14.1 Notes on ACI 318-08, Portland Cement Association, Skokie, Il., 2008.

14.2 ACI 318-08, ACI 318R-08, Building Code Requirements for Structural Concrete(318-08) and Commentary (318R-08), Farmington Hills, MI 48333-9094.

14.3 2007년도 개정 콘크리트구조설계기준 해설, 건설교통부 제정, 한국콘크리트학회, 2007, 523 pp.

14.4 콘크리트구조기준, 국토해양부 제정, 한국콘크리트학회, 2012, 342 pp.

14.5 콘크리트구조설계기준, 한국콘크리트학회, 2003, 295 pp.

14.6 Leet, K., and Bernal, D., Reinforced Concrete Design, 3rd Edition, McGraw-Hill Company, Inc., 1997, 546 pp.

14.7 Park, R., and Paulay, T., Reinforced Concrete Structures, John Wiley & Sons, Inc., 1975, 769 pp.

14.8 Cohn, M. Z., "Rotational Compatibility in the Limit Design of Reinforced Concrete Continuous Beams, Flexural mechanics of Reinforced Concrete", SP-12, ACI/ASCE, Farmington Hills, MI, 1965, pp. 359-382.

14.9 Mattock, A. H., "Redistribution of Design Bending Moments in Reinforced Concrete Continuous Beams", Proceedings, Institute of Civil Engineers(London), V. 13, 1959, pp. 35-46.

14.10 Robert F. Mast, "Unified Design Provisions for Reinforced and Prestressed Concrete Flexural and Compression Members," *ACI Structural Journal*, Proceedings, Vol. 89, No. 2, March-April 1992, pp. 185-199.

14.11 Manual of Steel Construction, Load and Resistance Factor Design, 3rd Edition, AISC, 2001, ISBN 1-56424-051-7.

14.12 Bulletin d' information No. 242, Ductility of Reinforced Concrete Structures, Synthesis Report and Individual Contributions, CEB-FIP, 1998, 332 pp.

14.13 pcaBeam, Software, Portland Cement Association(PCA), V. 2.0.

연습문제

14.1[14.2] 그림 P14.1의 중간층에 위치하는 3경간 연속 테두리보의 각 단면에서 모멘트 재분배를 이용하여 최소 소요 철근량을 결정하고 대략적인 철근 배근도를 그려라. 기둥의 단면은 400 mm × 400 mm 이고, 층의 높이는 3.0 m 이며, 테두리보의 단면 $b=$ 300 mm, $h=$ 400 mm, $d=$ 350 mm이다. 테두리보에는 추가 등분포 고정하중 $w_{sD}=$ 15.0 kN/m와 활하중 $w_L=$ 10.0 kN/m가 작용한다. 보통중량의 콘크리트 설계기준강도 $f_{ck}=$ 27 MPa이고, $f_y=$ 400 MPa인 보강철근이 배치된다. 그림 P14.2는 pcaBeam 프로그램[14.13]을 이용하여 구한 각 하중 재하형식에 대한 휨모멘트도이다.

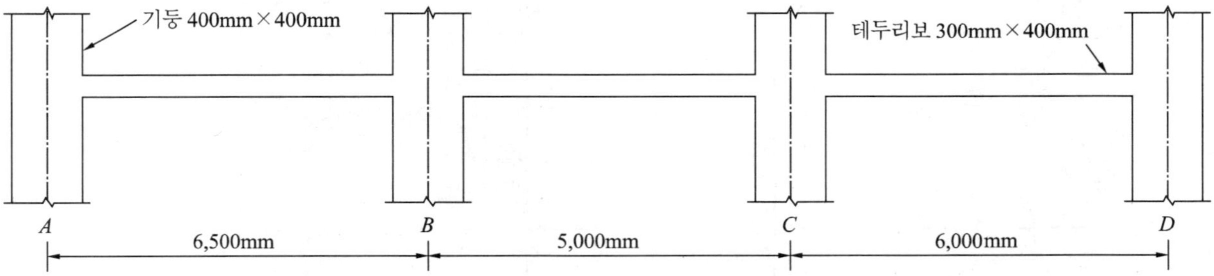

그림 P14.1 **연습문제** 14.1**의** 3**경간 연속보**

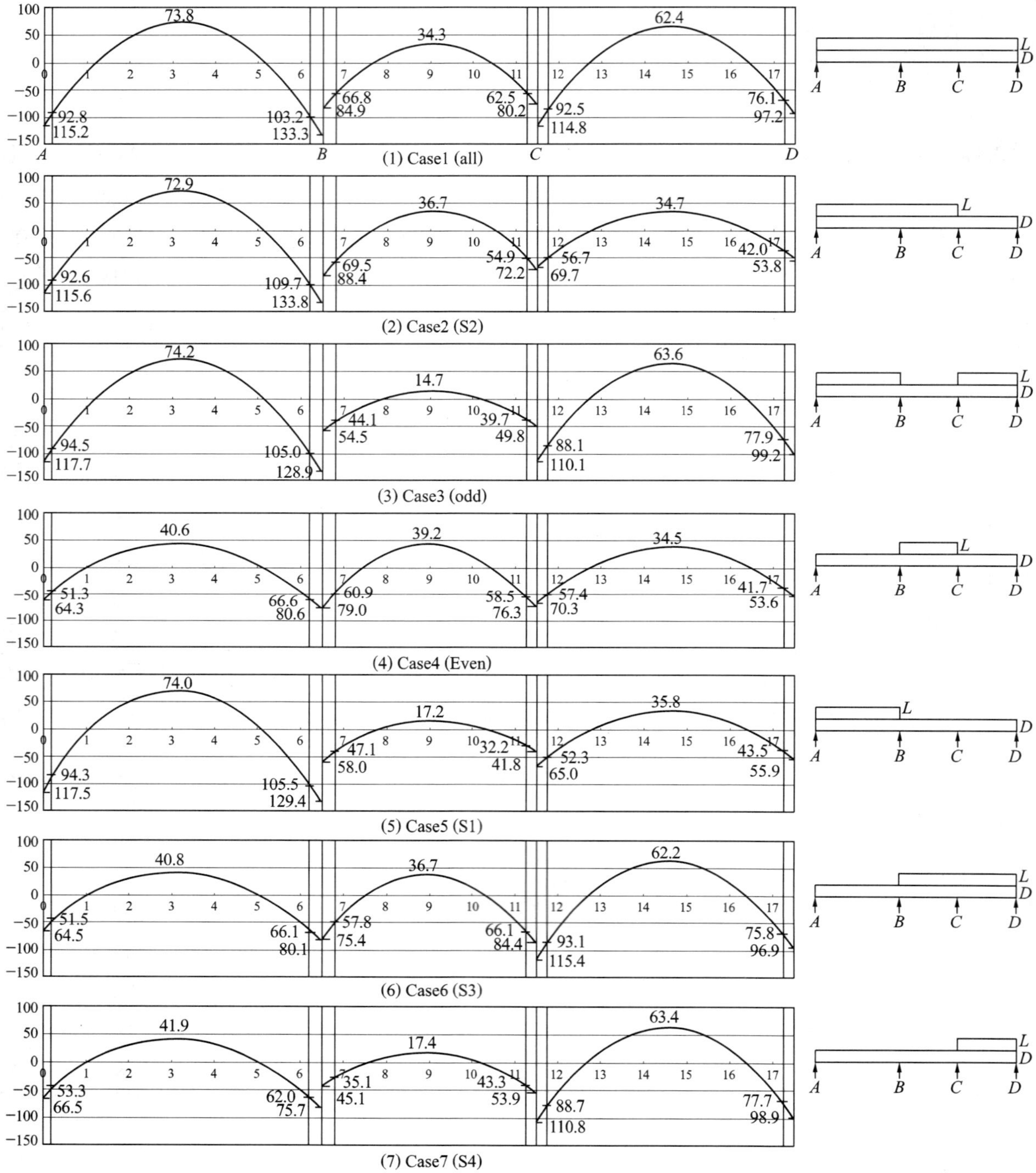
(1) Case1 (all)
(2) Case2 (S2)
(3) Case3 (odd)
(4) Case4 (Even)
(5) Case5 (S1)
(6) Case6 (S3)
(7) Case7 (S4)

그림 P14.2

찾아보기

ㅇ

ㅊ

ㅎ

연습문제 정답

1장

1.2 단면 B의 정 계수 휨모멘트 : $M_{u(단면B)} = 69.9\ \mathrm{kN \cdot m}$

단면 B의 부 계수 휨모멘트 :

$L \leq 5.0\ \mathrm{kN/m^2}$ 인 경우 : $M_{u\ (단면\ B)} = -273.1\ \mathrm{kN \cdot m}$

$L > 5.0\ \mathrm{kN/m^2}$ 인 경우 : $M_{u\ (단면\ B)} = -293.6\ \mathrm{kN \cdot m}$

1.3 경간 중앙 단면 C의 정 및 부 계수 휨모멘트 $M_{u(단면C)} = (166.6$ 과 $-355.1)\ \mathrm{kN \cdot m}$

내부 받침부 B 또는 D의 부 계수 휨모멘트 $M_{u\ (B또는D)} = -457.0\ \mathrm{kN \cdot m}$

1.4 AB 부재의 계수축하중 $P_{u\ (부재\ AB)} = -39.6\ \mathrm{kN}$; 최대 계수 휨모멘트는 절점 B에서 발생

$M_{u(절점\ B)} = \pm\ 63.70\ \mathrm{kN \cdot m}$

1.5 단면 B의 정 및 부 계수 휨모멘트 $M_{u(단면\ B)} = (242.2$ 와 $-21.8)\ \mathrm{kN \cdot m}$;

A 지지점의 계수전단력 $V_{u\ (지지점\ A)} = 73.5\ \mathrm{kN}$

1.6 D+Wind인 경우에 절점 A에서 최대 휨모멘트가 발생한다.

$M_{u\,(\max)} = M_{u\ (절점\ A)} = 137.3\ \mathrm{kN \cdot m}$

1.7 단면 B의 정 및 부 계수 휨모멘트 $M_{u\ (단면\ B)} = (1{,}288$ 과 $-749.9)\ \mathrm{kN \cdot m}$; 지지점 C에서의 최대 부 계수 휨모멘트 $M_{u\,(지지점\ C)} = -1{,}585\ \mathrm{kN \cdot m}$

2장

2.3 (a) $\varepsilon_{cs}(t,\ t_s) = \varepsilon_{cs}(1095일,\ 4일) = -0.000313$

(b) $\varepsilon_{c\sigma}(t,\ t_s,\ T) = \varepsilon_{c\sigma}(3년,\ 49일,\ 14^o\ C) = -0.000555$; $\Delta l = -1.66\ \mathrm{mm}$

2.4 ① $\varepsilon_c = 0.000900$; ② $\varepsilon_c = 0.001146$; ③ $\varepsilon_c = 0.001114$

2.6 $f_r = 3.09\ \mathrm{MPa}$, $P = 221.4\ \mathrm{kN}$

3장

3.3a $k_1 = 0.833$; $k_2 = 0.422$; $k_3 = 1.0$

3.5 f_{ck} 가 2배로 증가될 때 설계강도는 $\phi M_{n1} = 179.3\ \mathrm{kN \cdot m}$ 에서 $\phi M_{n2} = 189.2\ \mathrm{kN \cdot m}$ 로 5.5%의 증가에 그치고 있다. 그러나 인장철근의 변형률은 $\varepsilon_{s1} = 0.00991$ 에서 $\varepsilon_{s2} = 0.02026$ 으로 104.5% 증가하여 상당한 연성의 증가를 보여준다.

3.6 (a) $A_{sb} = 4{,}021\ \mathrm{mm^2}$, (b) $A_{st\,(\mathrm{limit})} = 2{,}872\ \mathrm{mm^2}$, (c) $a_b = 216\ \mathrm{mm}$, $c_b = 270\ \mathrm{mm}$, $a_{t\,(\mathrm{lim})} = 154\ \mathrm{mm}$, $c_{t\,(\mathrm{limit})} = 193\ \mathrm{mm}$, (d) $M_{nt\,(\mathrm{limit})} = 428.0\ \mathrm{kN \cdot m}$, $\phi = 0.783$, $\phi M_{nt\,(\mathrm{lim})} = 335.3\ \mathrm{kN \cdot m}$

3.7 $a = 188.7\,\text{mm}$, $A_{s(소요)} = 1{,}022\,\text{mm}^2$; $a_b = 351.9\,\text{mm}$, $A_{sb} = 3{,}552\,\text{mm}^2$

3.8 (1) $a = 106.7\,\text{mm}$, $\varepsilon_t = 0.0075 > 0.005 \rightarrow \phi = 0.85$, $\phi M_n = 0.85(354.1) = 301.0\,\text{kN}\cdot\text{m}$;

(2) $c_b = 264.3\,\text{mm}$, $A_{sb} = 5{,}098\,\text{mm}^2$; (3) $c_t = 165.2\,\text{mm}$, $A_{st} = 3{,}065\,\text{mm}^2$

3.9 (a) As = 4-D25 : $\varepsilon_t = 0.00823 > 0.005 \rightarrow \phi = 0.85$, $\phi R_n = 3.05\,\text{MPa}$, $\phi M_n = 229.0\,\text{kN}\cdot\text{m}$

(b) As = 4-D22 : $\varepsilon_t = 0.01117 > 0.005 \rightarrow \phi = 0.85$, $\phi R_n = 3.19\,\text{MPa}$, $\phi M_n = 239.5\,\text{kN}\cdot\text{m}$

(c) As = 4-D29 : $\varepsilon_t = 0.00535 < 0.00625 \rightarrow \phi = 0.802$, $\phi R_n = 5.88\,\text{MPa}$, $\phi M_n = 440.7\,\text{kN}\cdot\text{m}$

3.10 (a) $\epsilon_s = 0.0015 < \varepsilon_y = f_y/E_s = 300/200{,}000 = 0.00175$로 압축지배 단면이다.

(b) $c_b = 284.2\,\text{mm}$, $A_{sb} = 2{,}464\,\text{mm}^2$

(c) $\varepsilon_t = \varepsilon_s = 0.0015 < \varepsilon_y = 0.00175$로 압축지배 단면이고 나선철근으로 보강되어 있지 않으므로 강도감소계수 $\phi = 0.65$ 가 된다. 따라서 설계 휨강도는 $\phi M_n = 190.8\,\text{kN}\cdot\text{m}$가 된다. 휨부재의 상한한계 조건 $\rho_{t\,(\text{lim})} = 0.01858$, $\phi = 0.788$, $\phi M_{nt\,(\text{limit})} = 169.8\,\text{kN}\cdot\text{m}$

	휨부재의 상한한계	본 문제(압축부재)	증감율
최 외단 순인장변형률 ε_t	0.004	0.0015	
배치되는 $A_s(\text{mm}^2)$	1,672	2,601	55.6% 증가
강도감소계수 ϕ	0.788	0.65	-17.6% 감소
설계 휨강도 $\phi M_n(\text{kN}\cdot\text{m})$	169.8	190.8	12.4% 증가

휨부재의 한계변형률 0.004에 대한 철근 단면적 $1{,}672\,\text{mm}^2$에서 55.6% 증가시키면 $\varepsilon_t = 0.0015 < \varepsilon_y$로 압축부재가 되어 강도감소계수는 0.85 → 0.788로 17.6% 감소하게 된다. 따라서 단면의 설계 휨모멘트 강도는 $169.8\,\text{kN}\cdot\text{m} \rightarrow 190.8\,\text{kN}\cdot\text{m}$로 12.4% 증가하는데 그치게 된다.

(d) $\varepsilon_t = 0.0063 > 0.005 \rightarrow \phi = 0.85$, $\phi M_n = 145.5\,\text{kN}\cdot\text{m}$

3.11 $\varepsilon_t = 0.00421 > 0.004 \rightarrow \phi = 0.797$, $\phi M_n = 275.1\,\text{kN}\cdot\text{m}$이며, 최대 경간은 $L_{(\max)} \leq 7.908\,\text{m}$로 제한된다.

3.13 (a) $\varepsilon_t = 0.0158 > 0.005$ 인장지배 단면의 조건을 만족하므로 철근비에 대해서는 검토하지 않아도 되지만 검토해보면, $\rho_{(배치)} = 0.0089 < \rho_t = 0.0209$ <o.k.>

(b) 최소철근비 검토 : $\rho_{(배치)} = 0.0089 > \rho_{(\min)} = 0.004$ <o.k.>

(c) $\varepsilon_t > 0.005$를 검토했으므로 다시 수행할 필요는 없지만, 다시 검토해 보면 $a/d = 0.1359 < (a_b/d = 0.5368)$, 따라서 $f_s = f_y$ <o.k.>

(d) $\phi M_n = 365.3\,\text{kN}\cdot\text{m} > (M_u = 353.0\,\text{kN}\cdot\text{m})$ <o.k.>

3.14 식 (3.44b)의 $\varepsilon_t \geq 1.2(2.5\varepsilon_y) = 1.2(0.00625) = 0.0075$가 되도록 설계, 따라서

$\rho_{(시도)} = 0.243\beta_1(f_{ck}/f_y) = 0.0136$ 로 설계를 시작 ;

$h_{(선택)} = 550\,\text{mm}$, $d_{(설계)} = 550 - 65 = 485\,\text{mm} \rightarrow \rho_{(소요)} = 0.01309$ [식 (3.46a), (3.47a)]

$\therefore A_{s(배치)} = 4 - D29 = 2{,}570\,\text{mm}^2 > A_{s(소요)} = 2{,}218\,\text{mm}^2$

$c = a/\beta_1 = 123.4/0.801 = 154.0\,(\text{mm})$;

$\varepsilon_t = 0.003(d_t/c - 1) = 0.00645 > 2.5\varepsilon_y = 0.00625 \rightarrow \phi = 0.85$

$\therefore \phi M_n = 462.3\,\text{kN}\cdot\text{m} > M_u = 407.0\,\text{kN}\cdot\text{m}$ <o.k.>

식 (3.39a) : 최소철근비 검토 $\rho_{(배치)} = 0.0151 > \rho_{\min} = 0.00296$ <o.k.>

식 (2.52a) : 철근 사이의 순간격 검토 $d_b = 28.6\ \mathrm{mm}$ 이상 $< s_{(배치)} = 45.5\ \mathrm{mm}$ <o.k.>

식 (5.11) : 휨철근 배치에 대해서 검토(균열 검토) $s_{(최대)} = 109.5\ \mathrm{mm} > s_{(배치)} = 45.5\ \mathrm{mm}$ <o.k.>

4장

4.1 (a) $d'/a = 0.466 > (d'/a)_{\lim} = 0.392$ <N.G.> ; $a = 166.2\ \mathrm{mm}$

$0.004 < (\varepsilon_t = 0.00483) < 0.005 \rightarrow \phi = 0.838$ (변화구간)

$\varepsilon_s{}' = 0.001849$, $f_s{}' = 369.8\ \mathrm{MPa}$, $\phi M_n = 369.8\ \mathrm{kN \cdot m}$

(b) $d'/a = 0.373 > (d'/a)_{\mathrm{limit}} = 0.392$ <o.k.> ; $a = 160.9\ \mathrm{mm}$

$\varepsilon_t = 0.00508 > 0.005 \rightarrow \phi = 0.85$ (인장지배 단면)

$\varepsilon_s{}' = 0.002$, $f_s{}' = 400\ \mathrm{MPa}$, $\phi M_n = 378.3\ \mathrm{kN \cdot m}$

4.2 $A_{st\,(\mathrm{limit})} = 3{,}448\ \mathrm{mm}^2$, $\phi = 0.783$, $a_{t\,(\mathrm{limit})} = 147.6\ \mathrm{mm}$, $\phi M_{nt\,(\mathrm{limit})} = 388.3\ \mathrm{kN \cdot m}$

4.3 $A_{s\,(소요)} = A_{s1} + A_{s2} = 1{,}641 + 1{,}783 = 3{,}424\ \mathrm{mm}^2$

$< A_{s\,(배치)} = (4 - D29) + (2 - D25) = 3{,}583\ \mathrm{mm}^2$ <o.k.>

$\varepsilon_s{}' = 0.001667$, $f_s{}' = 333.3\ \mathrm{MPa}$

$A_s{}'_{(소요)} = 1{,}969\ \mathrm{mm}^2 < A_s{}'_{(배치)} = (4 - D25) = 2{,}027\ \mathrm{mm}^2$ <o.k.>

$0.004 < (\varepsilon_t = 0.00453) < 0.005 \rightarrow \phi = 0.819$

$\phi M_n = \phi(M_{n1} + M_{n2}) = 380.8\ \mathrm{kN \cdot m} > M_u = 380\ \mathrm{kN \cdot m}$ <o.k.>

4.4 (a) $\varepsilon_t = 0.0274 > 0.005 \rightarrow \phi = 0.85$, $\phi M_n = (0.85)\,519.3 = 441.4\ \mathrm{kN \cdot m}$

(b) $A_{sb} = 10{,}036\ \mathrm{mm}^2$

4.5 $a_w = 237.7\ \mathrm{mm}$, $\varepsilon_t = 0.0043 > 0.004 \rightarrow$ 변화구간 $\phi = 0.807$

$\phi M_n = \phi(M_{nf} + M_{nw}) = 0.807(417.7 + 811.4) = 991.3\ \mathrm{kN \cdot m}$

4.6 (1) $A_{st\,(소요)} = A_{sf} + A_{swt} = 3{,}672 + 1{,}691 = 5{,}363\ \mathrm{mm}^2$, $\phi M_n = (0.85)\,971.3 = 825.6\ \mathrm{kN \cdot m}$

(2) $\varepsilon_s{}' = 0.002 \equiv \varepsilon_y = 0.002$, $\varepsilon_t = 0.0072 > 0.005 \rightarrow \phi = 0.85$,

$\phi M_n = \phi(M_{nc} + M_{nf} + M_{nw}) = 0.85(188.0 + 675.6 + 241.6) = 939.5\ \mathrm{kN \cdot m}$

4.7 (a) $a = 70.6\ \mathrm{mm} < h_f = 130\ \mathrm{mm} \rightarrow$ 직사각형 단면 해석 ; $\epsilon_t = 0.0264 > 0.005 \rightarrow$ 인장지배 단면 $\phi = 0.85$

; $A_{s\,(\min)} = 742\ \mathrm{mm}^2 < A_{s\,(배치)} = 3{,}040\ \mathrm{mm}^2$ <o.k.>

$\phi M_n = 0.85(948.1) = 805.9\ \mathrm{kN \cdot m}$

(b) $a = 134.4\ \mathrm{mm} > h_f = 130\ \mathrm{mm} \rightarrow$ T형 단면 해석

보 W : $A_{sf} = 3{,}655\ \mathrm{mm}^2$; $A_{sw} = A_s - A_{sf} = 2{,}127\ \mathrm{mm}^2$

$a = 142.6\ \mathrm{mm}$; $\epsilon_t = 0.0116 > 0.005 \rightarrow$ 인장지배 단면 $\phi = 0.85$

$A_{s\,(\min)} = 742\ \mathrm{mm}^2 < A_{s\,(배치)} = 5{,}782\ \mathrm{mm}^2$ <o.k.>

$\phi M_n = \phi(M_{nf} + M_{nw}) = 0.85(1{,}096 + 633) = 1{,}470\ \mathrm{kN \cdot m}$

4.8 (a) $b_e = 1{,}650$ mm

(b) $a = 27.3$ mm $< h_f = 150$ mm → 직사각형 단면 해석

$\epsilon_t = 0.0403 > 0.005$ → 인장지배 단면 $\phi = 0.85$

$a_t = 147.4$ mm $< h_f = 150$ mm → 직사각형 단면 해석 ; $A_{st} = 12{,}406$ mm^2 $> A_{s(배치)} = 2{,}294$ mm^2

$A_{s(\min)} = 468$ mm^2 $< A_{s(배치)} = 2{,}294$ mm^2 <o.k.>

$\phi M_n = 0.85(369.9) = 337.4$ kN · m

(c) $A_{sw} = A_s - A_s' = 1{,}696$ mm^2 ; $a = 110.9$ mm ; $\epsilon_s' = 0.00156 < \epsilon_y = 0.002$ <N.G.> ; $f_s' = 312.5$ MPa

a 다시 계산 : $a = 121.3$ mm ; $\epsilon_t = 0.00676 > 0.005$ → 인장지배 단면 $\phi = 0.85$

$A_{s(\min)} = 487$ mm^2 $< A_{s(배치)} = 2{,}710$ mm^2 <o.k.>

$\phi M_n = \phi(M_{nc} + M_{nw}) = 0.85(127.1 + 299.4) = 362.5$ kN · m

4.9 (a) $l_l / l_s = 6.0 / 3.0 = 2.0 \geq 2.0$; ∵ 1방향 슬래브 ; $b_e = 1{,}500$ mm

(b) $A_{sw} = A_s - A_s' = 7{,}256$ mm^2 ; $a = 108.4$ mm $> h_f = 100$ mm → T형 단면 해석

보 F : $A_{sf} = 4{,}909$ mm^2 ; $A_{sw} = 2{,}347$ mm^2 ; $a = 131.5$ mm ; $\epsilon_s' = 0.00203 > \epsilon_y = 0.002$; $f_s' = f_y$

$\epsilon_t = 0.00752 > 0.005$ → 인장지배 단면 $\phi = 0.85$

$A_{s(\min)} = 718$ mm^2 $< A_{s(배치)} = 7{,}653$ mm^2 <o.k.>

$\phi M_n = \phi(M_{nc} + M_{nf} + M_{nw}) = 0.85(73.5 + 908.1 + 419.4) = 1{,}191$ kN · m

(c) $A_{sw} = A_s - A_s' = 1{,}550$ mm^2 ; $a = 86.9$ mm ; $\epsilon_s' = 0.00117 < \epsilon_y = 0.002$ <N.G.>

a 다시 계산 : $a = 104.1$ mm ; $\epsilon_t = 0.01047 > 0.005$ → 인장지배 단면 $\phi = 0.85$

$A_{s(\min)} = 770$ mm^2 $< A_{s(배치)} = 2{,}712$ mm^2 <o.k.>

$\phi M_n = \phi(M_{nc} + M_{nw}) = 0.85(166.4 + 370.2) = 456.1$ kN · m

4.10 단면 C의 계수휨모멘트 $M_u = 130.6$ kN · m ; 소요 인장철근(하부) $A_{s(소요)} = 992$ mm^2

받침부 B의 $-M_u = 260.8$ kN · m ; $d' = 60$ mm로 설계 ; 소요 인장철근(상부)

$A_{s(소요)} = A_{st} + A_{s1} = 1{,}707 + 567.9 = 2{,}275$ mm^2 ; 소요 압축철근(하부) $A_s'_{(소요)} = 631.0$ mm^2

4.11 $\gamma_c = g\rho_c = (9.807)(2{,}500) = 24{,}518$ N/m^3 , $h_{(설계)} = 210$ mm, $w_u = 14{,}434$ N/m

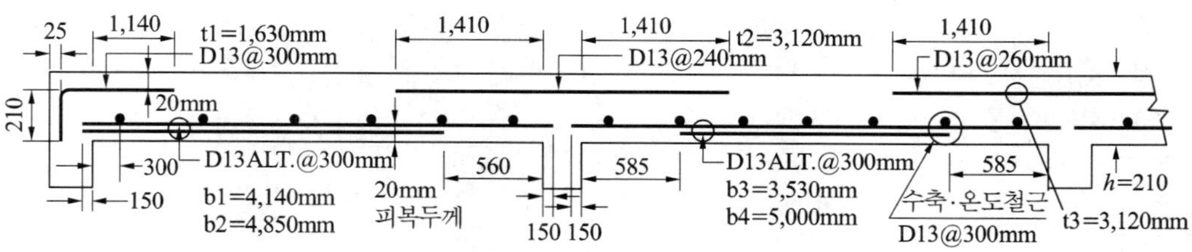

최종 철근 배치도

ln (mm)	4,550	4,550	4,625		4,700	4,700	4,700
$w_u\ l_n^2$	298.8	298.8	308.8		318.9	318.9	318.9
C_m	**1/24**	**1/14**	**1/10**	**1/11**	**1/16**	**1/11**	**1/16**
M_u	12.45	21.34	**30.88**	28.07	19.93	28.99	19.93
m	708.27						
ω	0.0209	0.0362	0.0529		0.0338	0.0496	0.0338
$\omega \le \omega_t$	<o.k.>						
As (소요)	202	349	**510**		326	**478**	326
s (소요)	628	363	**248**		389	**265**	389
s (min)	302						
s (max)	315						
간격제한	300						
최종 s (max)	300	300	248		300	265	300
철근선택	D13@300mm	D13@300mm	D13@240mm		D13@300mm	D13@260mm	D13@300mm
s (배치)	300	300	240		300	260	300
As (배치)	422	422	528		422	487	422

4.12 $\epsilon_t = 0.0442 > 0.005 \rightarrow \phi = 0.85$; $\therefore w_L \le 9.43\ \text{kPa}$

4.13 $h_{(설계)} = 210\ \text{mm}$;

주철근 : $A_{s(소요)} = 804\ \text{mm}^2$/단위폭 m < $A_{s(배치)} = D16@240\ \text{mm} = 828\ \text{mm}^2$ <o.k.>

수축 · 온도철근 : 주철근에 연직한 방향

$A_{s(소요)} = 420\ \text{mm}^2$/단위폭 m < $A_{s(배치)} = D13@300\ \text{mm} = 422\ \text{mm}^2$ <o.k.>

4.14 $h_{(설계)} = 175\ \text{mm}$

상부 주철근 $A_{s(소요)} = 901\ \text{mm}^2$/단위폭 m < $A_{s(배치)} = D16@220\ \text{mm} = 903\ \text{mm}^2$/단위 폭 m

수축 · 온도철근 $A_{s(배치)} = D16@350\ \text{mm} = 362\ \text{mm}^2$/단위폭 m를 주철근 방향에 연직하게 상부와 하부에 하나씩 엇갈려서 배치하고, 바닥에는 하중이 변하거나 크리프 등을 고려하여 가외철근으로 온도철근 $D13@350\ \text{mm}$를 주철근 방향으로 배치한다.

5장

5.1 $I_g = 727.73 \times 10^6\ \text{mm}^4$

콘크리트	파괴계수	M_{cr}	w_{cr}	f_c (상연)	f_s
보통골재	3.09	11.78	6.89	-1.77	14.52
경량	2.48	9.45	5.52	-1.42	23.25
(경량/보통골재-1)×100	-19.8%	-19.8%	-19.8%	-19.8%	60.2%

경량콘크리트를 사용하여 파괴계수 f_r, M_{cr}, w_{cr}, $f_{c\,(상연)}$ 등이 각각 19.8% 씩 감소하였지만, 철근의 응력은 60.2% 증가하였다.

(a) $f_r = 3.09$ MPa , $M_{cr} = 11.78$ kN · m , $w_{cr} = 6.89$ kN/m

$f_{c\,(상연)} = -1.77$ MPa(압축) , $E_c = 25{,}791$ MPa , $n = 7.75$, $f_s = 14.52$ MPa (인장)

(b) $f_r = 2.48$ MPa , $M_{cr} = 9.45$ kN · m , $w_{cr} = 5.52$ kN/m

$f_{c\,(상연)} = -1.42$ MPa(압축) , $E_c = 12{,}910$ MPa , $n = 15.49$, $f_s = 23.25$ MPa (인장)

5.2 $I_g = 3{,}715.5 \times 10^6\ \text{mm}^4$, $f_r = 2.17$ MPa , $w_{cr} = 6.06$ kN/m

5.3 $I_g = 727.73 \times 10^6\ \text{mm}^4$, $M_s = 21.52$ kN · m $>$ $M_{cr} = 11.78$ kN · m ; 따라서 균열 후 단면이다.

(a) 환산단면 개념 : $n = 7.75$, $x = 42.9$ mm , $I_{cr} = 118.12 \times 10^6\ \text{mm}^4$

$f_{c\,(상연)} = -7.81$ MPa(압축) , $f_s = 257.2$ MPa $>$ $f_{sa} = 180$ MPa <N.G.>

최대허용 등분포 하중 : $f_{ca} = 0.4 f_{ck} = 9.6$ MPa

$M_{s,\,\max\,(콘크리트)} = 26.4$ kN · m $>$ $M_{s,\,\max\,(철근)} = \underline{15.1\ \text{kN} \cdot \text{m}}$ ← 작은 값 지배

$\therefore w_L \le 6.49$ kN/m

(b) 내부우력법 : $k = 0.1905$, $x = 42.9$ mm (동일), $jd = 210.7$ mm ,

$f_{c\,(상연)} = -7.81$ MPa(압축) , $f_s = 257.2$ MPa(인장)

$M_{s,\,\max\,(콘크리트)} = 26.4$ kN · m $>$ $M_{s,\,\max\,(철근)} = \underline{15.1\ \text{kN} \cdot \text{m}}$ ← 작은 값 지배

$\therefore w_L \le 6.49$ kN/m ; (a)의 결과와 같다.

5.4 (a) 상세식 사용 : $E_c = 26{,}681$ MPa , $n_{1\,(인장측)} = 750 = n_{2\,(압축측)}$,

$x = 190.8$ mm, $I_{cr} = 1{,}894.1 \times 10^6\ \text{mm}^4$

(b) 상세식 사용 : $E_c = 18{,}472$ MPa , $n_{1\,(인장측)} = 10.83 = n_{2\,(압축측)}$,

$x = 168.1$ mm , $I_{cr} = 1{,}984.8 \times 10^6\ \text{mm}^4$

(c) 상세식 사용 : $E_c = 20{,}138$ MPa , $n_{1\,(인장측)} = 9.93 = n_{2\,(압축측)}$,

$x = 159.3$ mm , $I_{cr} = 3{,}343.9 \times 10^6\ \text{mm}^4$

(d-1) 단기하중 $C_t = 0$, 상세식 사용 : $E_c = 25{,}791$ MPa ,

$n_{1\,(인장측)} = 7.75 = n_{2\,(압축측)}$, $x = 203.2$ mm , $I_{cr} = 6{,}851.4 \times 10^6\ \text{mm}^4$

(d-2) 장기하중 $C_t = 1$, 상세식 사용 : $E_c = 25{,}791$ MPa , $n_{1\,(인장측)} = 7.75$,

$n_{2\,(압축측)} = 15.51$, $x = 198.7$ mm , $I_{cr} = 6{,}898.6 \times 10^6\ \text{mm}^4$

(단기하중인 경우와 비교할 때 0.7% 밖에 차이가 나지 않는다.)

(e) 장기하중 $C_t = 1$, 상세식 사용 : $E_c = 17{,}856$ MPa , $n_{1\,(인장측)} = 11.20$,

$n_{2(압축측)} = 22.40$, $x = 161.4\ \text{mm}$, $I_{cr} = 3{,}028.2 \times 10^9\ \text{mm}^4$

(f) 상세식 사용 : $E_c = 27{,}515\ \text{MPa}$, $n_{1(인장측)} = 7.27 = n_{2(압축측)}$,

$x = 141.5\ \text{mm}$, $I_{cr} = 969.9 \times 10^6\ \text{mm}^4$

5.5 (a) $c_c = 79.5\ \text{mm}$, $f_s = 266.7\ \text{MPa}$, $[\ s_{(max)} = 195\ \text{mm}\ ] > s_{(배치)} = 129.5\ \text{mm}$ <o.k.>

식 (2.52a) 순간격 제한 : $[\ s_{c(min)} = 41.0\ \text{mm}\ ] < [\ s_{c(배치)} = 129.5 - 41 = 88.5\ \text{mm}\ ]$ <o.k.>

(b) $c_c = 62.5\ \text{mm}$, $f_s = 200\ \text{MPa}$, 다발철근 등가지름 $d_{eff} = 44.0\ \text{mm}$ [식 (2.52a) 참고]

식 (5.11) : $[\ s_{(max)} = 261\ \text{mm}\ ] > s_{(배치)} = 156\ \text{mm}$ <o.k.>

식 (2.52a) 순간격 제한 : $[\ s_{c(min)} = 44.0\ \text{mm}\ ] < [\ s_{c(배치)} = 156 - 44 = 112\ \text{mm}\ ]$ <o.k.>

(c) $c_c = 60.5\ \text{mm}$, $f_s = 233.3\ \text{MPa}$, $[\ s_{(max)} = 299\ \text{mm}\ ] > s_{(배치)} = 110.5\ \text{mm}$ <o.k.>

식 (2.52a) 순간격 제한 : $[\ s_{c(min)} = 29\ \text{mm}\ ] < [\ s_{c(배치)} = 110.5 - 29 = 81.5\ \text{mm}\ ]$ <o.k.>

5.6 (a) 그 외의 환경 $k_{cr} = 210$, $c_c = 52.5\ \text{mm}$, $f_s = 266.7\ \text{MPa}$

식 (5.11) : $[\ s_{(max)} = 164\ \text{mm}\ ] > s_{(배치)} = 74.5\ \text{mm}$ <o.k.>

식 (2.52a) 순간격 제한 : $[\ s_{c(min)} = 35.0\ \text{mm}\ ] < [\ s_{c(배치)} = 74.5 - 35 = 39.5\ \text{mm}\ ]$ <o.k.>

(b) 그 외의 환경 $k_{cr} = 210$, $c_c = 57.5\ \text{mm}$, $f_s = 266.7\ \text{MPa}$

식 (5.11) : $[\ s_{(max)} = 152\ \text{mm}\ ] > s_{(배치)} = 34.5\ \text{mm}$ <o.k.>

식 (2.52a) 순간격 제한 : $[\ s_{c(min)} = 26.7\ \text{mm}\ ] > [\ s_{c(배치)} = 34.5 - 25 = 9.5\ \text{mm}\ ]$ <N.G.>

3-D25 = 1,520 mm^2 대신에 < 2-D32 = 1,588 mm^{2}을 배치한다.

$[\ s_{(max)} = 152\ \text{mm}\ ] > s_{(배치)} = 80\ \text{mm}$ <o.k.>

순간격 제한 : $[\ s_{c(min)} = 32\ \text{mm}\ ] < [\ s_{c(배치)} = 80 - 32 = 48\ \text{mm}\ ]$ <o.k.>

5.7 $h_{(min)} \geq 348\ \text{mm}$

5.8 상세식 사용 : $E_c = 23{,}310\ \text{MPa}$, $n_{1(인장측)} = 8.58 = n_{2(압축측)}$

표 5.6에 따라 처짐을 검토하지 않아도 되는지 검토 : $h_{(min)} = 614\ \text{mm} > h = 450\ \text{mm}$; 따라서 처짐을 검토하여야 한다.

$M_s / M_{cr} = 8.2$; 균열 후 단면이다. $x = 165.7\ \text{mm}$, $I_{cr} = 2{,}069.0 \times 10^6\ \text{mm}^4$

고정하중에 의한 순간처짐 : $I_e = 2{,}078.6 \times 10^6\ \text{mm}^4$, $\Delta_D = 36.0\ \text{mm}$

고정하중+활하중에 의한 순간처짐 : $I_e = 2{,}071.5 \times 10^6\ \text{mm}^4$, $\Delta_i = \Delta_{D+L} = 56.8\ \text{mm}$

활하중에 의한 순간처짐 : $\Delta_L = \Delta_{D+L} - \Delta_D = 56.8 - 36.0 = 20.8\ \text{mm}$

$\Delta_L = 20.8\ \text{mm} < \Delta_{(허용)} = 50\ \text{mm}$ <o.k.>

추가 장기처짐 (추가활하중은 없으므로) : $\lambda_\Delta = 2.0$

$\Delta_a = \Delta_i\ \lambda_\Delta = 88.6\ \text{mm} > \Delta_{(허용)} = 37.50\ \text{mm}$ <N.G.>

총 장기처짐 : $\Delta_t = \Delta_i + \Delta_a = 56.8 + 88.6 = 145.4\ \text{mm}$

5.9 상세식 사용 : $E_c = 26{,}681\ \text{MPa}$, $n_{1(인장측)} = 7.50 = n_{2(압축측)}$

표 6.8에 따라 처짐을 검토하지 않아도 되는지 검토 : $h_{(min)} = 416\ \text{mm} < h = 740\ \text{mm}$; 따라서 구조기준에 따라 처짐을 굳이 검토하지 않아도 되지만 문제에서 요구하므로 계산해 보면,

$M_a/M_{cr} = 2.0$; 균열 후 단면이다. $x = 194.9\ \text{mm}$, $I_{cr} = 5{,}458.4 \times 10^6\ \text{mm}^4$

고정하중에 의한 순간처짐 : $I_g = 14{,}772 \times 10^6\ \text{mm}^4$, $\Delta_D = 1.21\ \text{mm}$

고정하중+활하중에 의한 순간처짐 : $I_e = 6{,}641.3 \times 10^6\ \text{mm}^4$, $\Delta_{D+L} = 5.69\ \text{mm}$

활하중에 의한 순간처짐 : $\Delta_L = \Delta_{D+L} - \Delta_D = 5.69 - 1.21 = 4.48\ \text{mm}$

$\Delta_L = 4.48\ \text{mm} < \Delta_{(허용)} = 16.94\ \text{mm}$ <o.k.>

추가 장기처짐 (추가활하중은 없으므로) : $\lambda_\Delta = 2.0$

$\Delta_a = \Delta_i\ \lambda_\Delta = 11.37\ \text{mm} < \Delta_{(허용)} = 12.71\ \text{mm}$ <o.k.>

총 장기처짐 : $\Delta_t = \Delta_i + \Delta_a = 5.69 + 11.37 = 17.06\ \text{mm}$

5.10 $h = 1{,}690\ \text{mm} > 900\ \text{mm}$: 따라서 종방향 표피철근을 배치하여야 한다.
표피철근의 최대간격 $s_{(\max)} = 170.3\ \text{mm}$; 표피철근으로 양면에 4-D10 철근을 배치한다면, $s_{(배치)} = 179\ \text{mm} > [\ s_{(\max)} = 170.3\ \text{mm}\ ]$ <N.G.> ; 따라서 h/2 구간에 5-D10 철근을 배치하도록 한다.
$s_{(배치)} = 143\ \text{mm} < [\ s_{(\max)} = 170.3\ \text{mm}\ ]$ <o.k.>

6장

6.1 (a) $l_{d\,(소요)} = 1{,}833\ \text{mm} < [\ \Delta L = 2{,}100\ \text{mm}\ ]$ <o.k.>
(b) (a)에서 만족하므로 다시 검토하지 않아도 된다.
(c) $l_{d\,(소요)} = 2{,}750\ \text{mm} < [\ \Delta L = 3{,}550\ \text{mm}\ ]$ <o.k.>

6.2 (a) 간략식 사용 : $l_{d\,(소요)} = 2{,}155\ \text{mm} > \Delta L = 1{,}250\ \text{mm}$ <N.G.>
상세식 사용 : $l_{d\,(소요)} = 1{,}293\ \text{mm} < \Delta L = 1{,}250\ \text{mm}$ <N.G.>
(b) 간략식 사용 : $l_{d\,(소요)} = 1{,}773\ \text{mm} < \Delta L = 1{,}250\ \text{mm}$ <N.G.>
상세식 사용 : $l_{d\,(소요)} = 1{,}385\ \text{mm} < \Delta L = 1{,}250\ \text{mm}$ <N.G.>
(c) $b_{(소요)} = 325\ \text{mm}$, $l_{d\,(소요)} = 1{,}250\ \text{mm} \leq \Delta L = 1{,}250\ \text{mm}$ <o.k.>

6.3 (a) A 철근의 이론적인 절단점 $x = 2.184\ \text{m}$;
총 소요 길이 $L_{(소요)} = 2.184 + 0.475 = 2.659\ \text{m} < [\ L_{(배치)} = 2.70\ \text{m}\ ]$ <o.k.>
식 (6.10)으로 정착길이 검토 : $l_{d\,(소요)} = 2.217\ \text{m} > [\ \Delta L = 1.800\ \text{m}\ ]$ <N.G.>
식 (6.5) 상세식으로 검토 : $l_{d(소요)} = 1.330\ \text{m} < [\ \Delta L = 1.800\ \text{m}\ ]$ <o.k.>
(b) 이론적인 절단점 2.184 m를 넘어서 배치되는 나머지 철근의 묻힘길이 = 4.5 - 2.184 + 0.16 = 2.476 m > [$l_{d(소요)} = 2.217\ \text{m}$] [식 (6.10)] <o.k.>

6.4 $C_s = C_e = 50\ \text{mm}$ 인 경우 : $l_{dh\,(소요)} = 266\ \text{mm} > [\ \Delta L = 250\ \text{mm}\ ]$ <N.G.>
$C_s = C_e = 70\ \text{mm}$ 인 경우 : $l_{dh\,(소요)} = 186\ \text{mm} < [\ \Delta L = 250\ \text{mm}\ ]$ <o.k.>

6.5 $L_{(\min)} \geq l_{dh\,(소요)} + 50 = 412 + 50 = 462\ \text{mm}$

6.6 (a) 캔틸레버 끝단으로부터 $x = 2.116\ \text{m}$, (b) 간략식 이용 : $l_{d\,(소요)} \geq 2{,}102\ \text{mm}$; 상세식 이용 : $l_{d\,(배치)} \geq 1{,}464\ \text{mm}$, (c) 에폭시 도막 D32 철근 $l_{d\,(소요)} = 2{,}513\ \text{mm} < \Delta L = 2{,}950\ \text{mm}$ <o.k.> ;
에폭시 도막 D29 철근 $l_{d\,(소요)} = 2{,}277\ \text{mm} < \Delta L = 2{,}950\ \text{mm}$ <o.k.>

6.7 D32 철근의 이론적인 절단점의 위치는 받침부에서 $x = 1.557$ m 떨어진 위치, 2-D32 철근의 정착길이 간략식 사용 $l_{d\,(소요)} = 3{,}352$ mm > [$\Delta L = 3{,}150$ mm] <N.G.> ;

상세식 사용 $l_{d\,(소요)} = 2{,}167$ mm < [$\Delta L = 3{,}150$ mm] <o.k.>

3-D25 철근 간략식 사용 $l_{d\,(소요)} = 2{,}619$ mm < [$\Delta L = 3{,}150$ mm] <o.k.>

6.8 $l_{s\,(소요)} = 626$ mm

6.9 (a) 최대 정휨모멘트인 점 : 받침부 A에서 거리 3.375 m 떨어진 위치에서 $M_{u\,(\max)} = 341.7$ kN · m ; P.I. 점은 받침부 B에서 좌측으로 2.25 m 떨어진 위치 ;

받침부 B에서 최대 부휨모멘트 $-M_{u\,(\min)} = 607.5$ kN · m

(b) 철근을 플랜지의 중심 깊이에 배치한다고 가정한다.

$d = 680$ mm , $A_{s\,(소요)} = 3{,}074\ \text{mm}^2 < A_{s\,(배치)} = 4 - D32 = 3{,}177\ \text{mm}^2$ <o.k.>

(c) 받침부 B에서 절단점의 거리 $x = 0.859$ m

(d) 2-D32 철근의 정착 검토 : $l_{d\,(소요)} = 2{,}095$ mm > $\Delta L = 1{,}800$ mm <N.G.>

(e) $d = 687.5$ mm , $A_{s\,(소요)} = 1{,}515\ \text{mm}^2 < A_{s\,(배치)} = 3 - D25 = 1{,}520\ \text{mm}^2$ <o.k.>

(f) $1.3\,M_n / V_u = 1.747$ m > [$l_{d(소요)} = 1.326$ m] <o.k.> ; 1-D25 철근의 이론적인 절단점은 받침부 A에서 $x = 0.638$ m 떨어진 위치

7장

7.1 (a) $\phi V_{c(상세)} = 130.7$ kN , $\phi V_{c(간략)} = 93.7$ kN ; (b) $\phi V_{c(상세)} = 137.3$ kN , $\phi V_{c(간략)} = 96.3$ kN ;

(c) $\phi V_{c(상세)} = 83.1$ kN , $\phi V_{c(간략)} = 0$ kN

7.2 $\phi V_c = 35.8$ kN

7.3 $\phi V_c/2 = 29.3$ kN < $V_u = 62.0$ kN ; 스터럽을 배치하여야 한다. U형 D10 스터럽 간격 $s \le 200$ mm 로 배치하면 된다.

7.4 얕은 보의 규정을 만족하므로 $\phi V_c = 125.9$ kN > $V_u = 124.5$ kN 이므로, 기준의 규정에 따라 전단보강철근 스터럽을 배치하지 않아도 된다.

7.5 보 전 구간에 걸쳐서 D10 U형 스터럽을 s = d/2 = 200 mm 간격으로 배치하고, x-x 단면도 역시 간격 200 mm 로 배치하면 된다.

7.6 (a) $V_n = V_c + V_s = 87.64 + 412.4 = 500.1$ kN

(b) D10 U형 스터럽 : 62 mm $\le s_{(소요)} \le$ 113 mm

(c) D13 U형 스터럽 : 111 mm $\le s_{(소요)} \le$ 113 mm 로 배치하면 되고, 구조기준의 규정을 만족한다.

7.7 (a) 그림에서와 같이 D13 U형 스터럽을 130 mm 간격으로 배치하면

$V_{s\,(배치)} = 927.8$ kN > [$(2/3)\sqrt{f_{ck}}\,b_w d = 666.3$ kN] <N.G.>

D13 U형 스터럽을 배치하는 경우에 최소허용 스터럽 간격은 $s_{(소요)} \ge$ 181 mm 이지만, 구조기준에서 제한하는 최대간격은 170 mm이므로 D13 U형 스터럽을 배치할 수 없다.

(b) D10 U형 스터럽 150 mm 간격 배치, $V_n = V_c + V_s = 166.6 + 452.5 = 619.1$ kN

7.8 (a) $V_{u@A}=168.0\,\mathrm{kN}$, $s_{(소요)} \le 218\,\mathrm{mm}$; (b) $V_{u@B}=36.0\,\mathrm{kN}$, $s_{(소요)} \le d/2=270\,\mathrm{mm}$; (c) 경간 중앙에서 양쪽 방향으로 1.031 m 구간

7.9 (a) 단면 1 : 상세식 이용 $V_c=130.9\,\mathrm{kN}$, $s_{(소요)} \le 176\,\mathrm{mm}$; 간략식 이용 $V_c=92.7\,\mathrm{kN}$, $s_{(소요)} \le 143\,\mathrm{mm}$; (b) 단면 2 : 상세식 이용 $V_c=104.0\,\mathrm{kN}$, $s_{(소요)} \le 255\,\mathrm{mm}$; 간략식 이용 $V_c=92.7\,\mathrm{kN}$, $s_{(소요)} \le 255\,\mathrm{mm}$

7.10 받침부에서 0.12 m ~ 1.680 m : U형 D10-13@120 mm ; 받침부에서 1.680 m ~ 2.580 m : U형 D10-6@150 mm ; 받침부에서 2.580 m ~ 3.780 m : U형 D10-4@300 mm ; 경간 1/2의 총 스터럽 개수 = 13 + 6 + 4 = 1 = 24개 ; 전 경간의 스터럽 개수 24 x 2 = 48 개

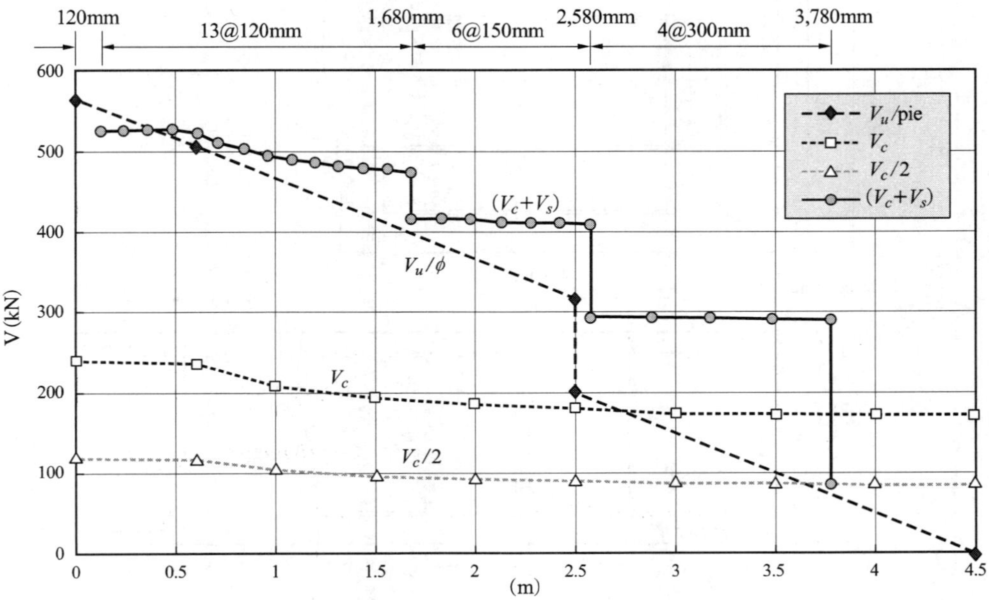

그림 연습문제 7.10 전단력도 및 상세식을 이용한 전단보강 스터럽의 설계

7.11 A-B 구간 : $s_{(소요)} \le 169\,\mathrm{mm}$; B-C 구간 : $s_{(소요)} \le d/2=260\,\mathrm{mm}$

7.12 A-B 구간 : D13 U형 스터럽을 $s_{(소요)} \le 111\,\mathrm{mm}$로 배치 ; 내민보 구간 - D10 U형 스터럽을 $s_{(소요)} \le 87\,\mathrm{mm}$로 배치 ; 받침부 B 좌우로 깔때기 형상의 45도 경사 사인장 균열 발생

7.13 (a) 휨모멘트가 가장 큰 B 절점 부근에서 휨으로 균열이 시작되는 휨-전단균열이 일어나서 파괴될 것이다. (b) 부재 AB와 마찬가지로 먼저 휨으로 기둥 바깥 면에서 휨 균열이 시작되어 내부로 전진하면서 F를 지나는 전단균열로 발전할 것이다. (c) $s_{(소요)} \le 69\,\mathrm{mm}$

7.14 $\therefore w_{u\,(\max)} \le 23.80\,\mathrm{kN/m}$

7.15 (a) 슬래브의 두께 $h_{(설계)}=210\,\mathrm{mm}$; (b) 정모멘트 28.53 kN · m 에 대해서 보의 **바닥**에 D13@ 260 mm 간격으로 배치하고, 우측 지지점의 부모멘트 31.21 kN · m 에 대해서 **상부**에 D13@ 240 mm 간격으로 배치한다. ; (c) 온도철근으로 주철근에 직각인 방향으로 보 전체에 걸쳐서 D13@ 300 mm 간격으로 배치한다. 받침부에서 좌측으로 유효깊이 d 떨어진 위험단면에서 $V_u/\phi=50.3\,\mathrm{kN}$ < [$V_c=139.8\,\mathrm{kN}$] <o.k.>

7.20 전단마찰 보강철근은 그림 P7.18의 선택 1이나 2와 같이 지압패드와 접촉면에 지압 플레이트(175 mm x 350 mm) 을 배치하고 이 지압 플레이트에 전단마찰 보강철근을 ㄷ형으로 용접하여 배치한다(그림 참고).

$(A_{vf}+A_n)_{(배치)} = 4-D19 = 1{,}146\ \mathrm{mm}^2 > (A_{vf}+A_n)_{(소요)} = 1{,}088\ \mathrm{mm}^2$;

$(A_{vf}+A_n)$ 철근의 정착길이는 590 mm를 확보한다.

$A_{sh\,(배치)} = 3(2-D13) = 760\ \mathrm{mm}^2 > A_{sh\,(소요)} = 751\ \mathrm{mm}^2$

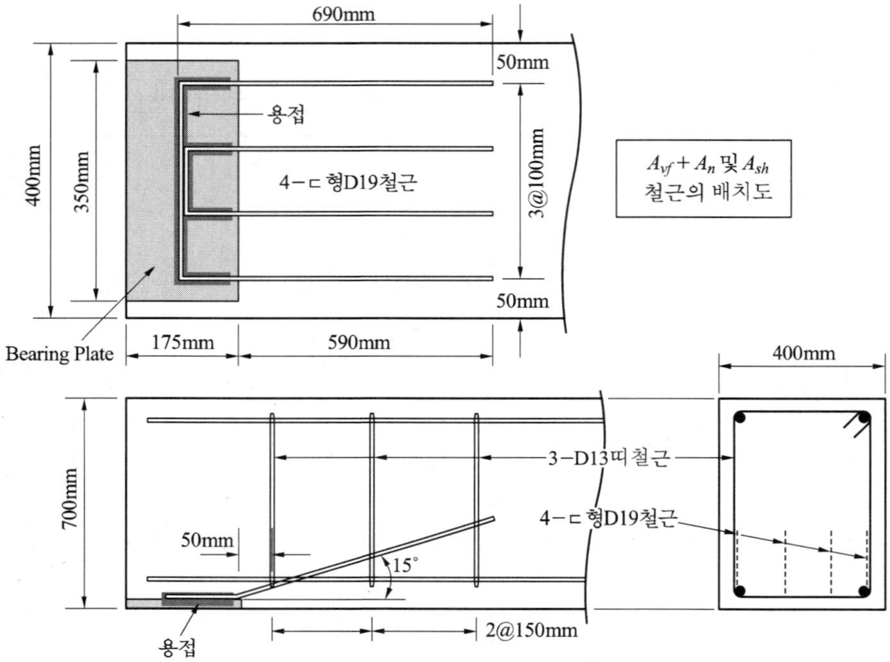

그림 연습문제 7.20의 그림

8장

8.1 (a) $A_{cp}= 310{,}000\ \mathrm{mm}^2$; $p_{cp}= 2{,}240\ \mathrm{mm}$; $A_{0h}= 211{,}696\ \mathrm{mm}^2$; $p_h= 1{,}856\ \mathrm{mm}$

(b) $A_g/A_{cp}= 241{,}500/300{,}000= 0.81 < 0.95 \rightarrow A_{cp}$ 대신에 A_g 사용

$p_{cp}= 2{,}200\ \mathrm{mm}$; $A_{0h} = 209{,}100\ \mathrm{mm}^2$; $p_h = 1{,}840\ \mathrm{mm}$

(c) $A_{cp}= 227{,}500\ \mathrm{mm}^2$; $p_{cp}= 2{,}400\ \mathrm{mm}$; $A_{0h}= 104{,}599\ \mathrm{mm}^2$; $p_h= 1{,}328\ \mathrm{mm}$

8.3 $T_u/\phi= 10.7\ \mathrm{kN\cdot m} > [(\lambda\sqrt{f_{ck}}/12)A_{cp}^2/p_{cp}= 7.15\ \mathrm{kN\cdot m}]$; 비틀림 설계를 수행하여야 한다.

8.4 $A_{cp}= 218{,}750\ \mathrm{mm}^2$, $p_{cp}= 3{,}000\ \mathrm{mm}$; $A_{cp}^2/p_{cp}= 1{,}595\times 10^4\ \mathrm{mm}^3$

$T_u/\phi= 18.13\ \mathrm{kN\cdot m} > [(\lambda\sqrt{f_{ck}}/12)A_{cp}^2/p_{cp}= 5.87\ \mathrm{kN\cdot m}]$; 비틀림 설계를 수행하여야 한다.

8.5 사인장 균열이 일어날 가능성이 가장 큰 위치는 전단응력과 비틀림 응력이 더해지는 우측면 중앙 깊이 부근이다.

8.6 $A_{0h}=118{,}100\ \mathrm{mm}^2$, $p_h=1{,}640\ \mathrm{mm}$, $T_{u\,(\max)} \le 1.87\ \mathrm{kN\cdot m}$

8.7 $A_{0h}=117{,}449\ \mathrm{mm}^2$, $p_h=1{,}428\ \mathrm{mm}$

$$\left[\left(\frac{V_u}{b_w\,d}\right)^2+\left(\frac{T_u\,p_h}{1.7\,A_{0h}{}^2}\right)\right]^{1/2}=(0.614+67.58)^{1/2}=8.26\ (\mathrm{MPa})$$

$> \left[\ \phi(5/6)\sqrt{f_{ck}}=3.06\ (\mathrm{MPa})\ \right]$ <N.G.>

따라서 단면의 크기를 증가시켜야 한다.

$b_w=590\ \mathrm{mm}$ 로 조종 → 판별식 만족 ; 2.97 MPa < 3.06 MPa <o.k.>

1) 휨 설계 : $\omega/\beta_1=0.146<0.32$, 인장지배 단면 → $\phi=0.85$; $A_{s\,(소요)}=2{,}129\ \mathrm{mm}^2$

총 소요 바닥 주철근 $A_{s\,(소요)}=2{,}129+3\times 278=2{,}963\ \mathrm{mm}^2$ (아래 4) 내용 참고)

$<[\ A_{s\,(배치)}=4-D32=3{,}177\ \mathrm{mm}^2\ ]$ <o.k.>

2) 전단설계 : $[\ V_c/2=116.8\ \mathrm{kN}\ ] < V_u/\phi=177.3\ \mathrm{kN} < [\ V_c=233.6\ \mathrm{kN}\ ]$

최소 전단철근 배치하면 된다. $s_{v\,(\max)} \le d/2=243\ \mathrm{mm}$ (지배)

3) 비틀림 설계 : $s_{t\,(소요)} \le 109\ \mathrm{mm}$

4) D13 폐쇄스터럽 간격 $s_{(소요)}=(s_v s_t)/(s_v+s_t)=75\ \mathrm{mm}$ → ∴ $s_{(배치)}=75\ \mathrm{mm}$

종방향 철근 설계 : $A_{l\,(소요)}=2{,}224\ \mathrm{mm}^2$; 8개로 나누어 바닥에 3개, 상연 3개 중간 양면 1개씩 배치

$A_{l\,(소요)}=2{,}224/8=278\ \mathrm{mm}^2$ $<[A_{l\,(배치)}=1-D19=287\ \mathrm{mm}^2\ ]$ <o.k.>

8.8 $h_{(소요)}=830\ \mathrm{mm}<[\ h_{(설계)}=840\ \mathrm{mm}\ ]$; $d_{(설계)}=840-65=775\ \mathrm{mm}$

부재 AB 설계 : 위험단면 받침부 A, $M_{u\,@A}=405.0\ \mathrm{kN\cdot m}$

1) 휨 설계 : $\omega/\beta_1=0.072<0.32$, 인장지배 → $\phi=0.85$; $A_{s\,(소요)}=1{,}604\ \mathrm{mm}^2$;

총 소요 상부철근 $A_{s\,(소요)}=1{,}604+3\times 224=2{,}277\ \mathrm{mm}^2$ (아래 3) 참고)

$<[\ A_{s\,(배치)}=4-D29=2{,}570\ \mathrm{mm}^2\ ]$ <o.k.>

2) 전단설계 : $V_u/\phi=162.2\ \mathrm{kN}<[\ V_c/2=162.7\ \mathrm{kN}\ ]$ → 전단철근을 배치할 필요가 없다.

3) 비틀림 설계 : $s_{t\,(소요)} \le 126\ \mathrm{mm}$; D13 폐쇄스터럽 간격, $s_{(소요)}=126\ \mathrm{mm}$ → ∴ $s_{(배치)}=120\ \mathrm{mm}$

; 종방향 철근 설계 : $A_{l\,(소요)}=2{,}243\ \mathrm{mm}^2$; 4층의 10개로 나누어 상연 주철근에 3개, 바닥에 3개, 중간 2층의 양면에 1개씩을 배치 :

$A_{l\,(소요)}=2{,}243/10=224\ \mathrm{mm}^2$ $<[\ A_{l\,(배치)}=1-D19=287\ \mathrm{mm}^2\ ]$ <o.k.>

부재 BC 설계 : 위험단면 B ; 1) 휨 설계 : $\omega/\beta_1=0.024<0.32$, 인장지배 단면 → $\phi=0.85$;

$A_{s\,(소요)}=1.33\times 535=713\ \mathrm{mm}^2$ $<[\ A_{s\,(배치-상부철근)}=4-D16=794\ \mathrm{mm}^2\ ]$ <o.k.>

2) 전단설계 : $V_u/\phi=117.9\ \mathrm{kN}<[\ V_c/2=162.7\ \mathrm{kN}\ ]$; 전단철근을 배치할 필요가 없다.

8.9 (a) $s_{v\,(소요)} \le 275\ \mathrm{mm}$, $s_{t\,(소요)} \le 214\ \mathrm{mm}$

→ D16 폐쇄스터럽의 간격 $s_{(소요)}=s_v s_t/(s_v+s_t)=(275\times 214)/(275+214)=120\ (\mathrm{mm})$

(b) 종방향 철근 $A_{l\,(소요)}=957\ \mathrm{mm}^2$; 3층으로 나누어 각 층에 2개씩 6-D16을 배치한다면, 1개 철근의 단면적

$A_{l\,(개당)}=957/6=160\ \mathrm{mm}^2$ $< A_{l\,(배치)}=D16=199\ \mathrm{mm}^2$ <o.k.>

8.10 (a) 적합하지 않다. h 를 고정하면, $b_w = 597\,\mathrm{mm}$ 가 되어야 만족, b_w 를 고정하면 $h = 983\,\mathrm{mm}$ 에 만족한다.

(b) 바닥의 주철근 $A_{s\,(소요)} = 1{,}122 + 3\times 165 = 1{,}616\,\mathrm{mm}^2$ < [$A_{s\,(배치)} = 4 - D25 = 2{,}027\,\mathrm{mm}^2$] ; D10 폐쇄 스터럽 설계 $s_{(배치)} = 140\,\mathrm{mm}$: 종방향 철근 설계 $A_{l\,(소요)} = 1{,}647\,\mathrm{mm}^2$; 4층의 10개로 나누어 상연에 3개, 바닥에 3개, 중간 2층의 양면에 1개씩을 배치 :

$A_{l\,(개당)} = 1{,}647/10 = 165\,\mathrm{mm}^2$ < [$A_{l\,(배치)} = 1 - D16 = 199\,\mathrm{mm}^2$]

8.11 $h_{(설계)} = 670\,\mathrm{mm}$, $d = 670 - 65 = 605\,\mathrm{mm}$

1) 휨 설계 : $\omega/\beta_1 = 0.176 < 0.32$, 인장지배 단면 $\phi = 0.85$; $A_{s\,(소요)} = 2{,}818\,\mathrm{mm}^2$;

총 소요 상부철근 $A_{s\,(소요)} = 2{,}818 + 3\times 124 = 3{,}189\,\mathrm{mm}^2$ (아래 3) 참고)

< [$A_{s\,(배치)} = 5 - D29 = 3{,}212\,\mathrm{mm}^2$] <o.k.>

2) 전단설계 : $V_u/\phi = 318.8\,\mathrm{kN} >$ [$V_c = 241.0\,\mathrm{kN}$] ; $\therefore\ s_{v\,(소요)} \le 444\,\mathrm{mm}$

3) 비틀림 설계 : $s_{t\,(소요)} \le 305\,\mathrm{mm}$

D13 폐쇄스터럽 간격 $s_{(소요)} = s_v s_t/(s_v + s_t) = 181\,(\mathrm{mm}) \rightarrow \therefore\ s_{(배치)} = 180\,\mathrm{mm}$

종방향 철근 설계 : $A_{l\,(소요)} = 1{,}237\,\mathrm{mm}^2$; 4층의 10개로 나누어 상연 주철근에 3개, 바닥에 3개, 중간 2층의 양면에 1개씩을 배치 :

$A_{l\,(개당)} = 1{,}237/10 = 124\,\mathrm{mm}^2$ < [$A_{l\,(배치)} = 1 - D16 = 199\,\mathrm{mm}^2$] <o.k.>

8.12 (a) $T_{u@d} = 22.5\,\mathrm{kN\cdot m} >$ [$T_{(한계)} = 5.84\,\mathrm{kN\cdot m}$] ; 따라서 비틀림 설계를 수행하여야 한다.

(b) 전단설계 : 스터럽의 간격을 산정하기 위해서 전단을 먼저 설계하여야 한다.

$V_u/\phi = 99.3\,\mathrm{kN} < V_c = 122.1\,\mathrm{kN}$; 최소 전단철근 배치 $\therefore\ s_{v\,(소요)} \le d/2 = 242\,\mathrm{mm}$

비틀림 설계 : $s_{t\,(소요)} \le 310\,\mathrm{mm}$;

D13 폐쇄스터럽 간격, $s_{(소요)} = 136\,\mathrm{mm} \rightarrow \therefore\ s_{(배치)} = 130\,\mathrm{mm}$

종방향 철근 설계 : $A_{l\,(소요)} = 567\,\mathrm{mm}^2$; 4층으로 나누어 상연 주철근에 2개, 바닥에 2개, 중간 2층의 양면에 1개씩을 배치 :

$A_{l\,(개당)} = 567/8 = 71\,\mathrm{mm}^2$ < [$A_{l\,(배치)} = 1 - D10 = 71.3\,\mathrm{mm}^2$] <o.k.>

9장

9.1 (a) 기둥 AB : $k = 0.83$, $kl_u/r = 27.3 < [34 - 12M_1/M_2 = 40.0]$, 단주 ; 기둥 CD : $k = 0.71$, $kl_u/r = 26.7 < [34 - 12M_1/M_2 = 28.0]$, 단주 ; (b) 기둥 AB : $k = 1.5$, $kl_u/r = 49.4 > 22.0$, 장주 ; 기둥 CD : $k = 1.19$, $kl_u/r = 44.8 > 22.0$, 장주.

9.2 $\phi P_n = 3{,}957\,\mathrm{kN}$, $s_{(소요)} = 95.2\,\mathrm{mm} \rightarrow s_{(배치)} = 80\,\mathrm{mm}$;

$\rho_{s\,(배치)} = 0.0151$ > [$\rho_{s\,(\min)} = 0.0127$] <o.k.>

9.3 $k = 2.0$, $\therefore\ l_u \le 2{,}475\,\mathrm{mm}$

9.4 $k = 2.4$, $kl_u/r = 57.8 > 22.0$, 따라서 장주이다.

9.5 $(0.85f_{ck})$를 고려하는 경우 : 좌측면에서 $\overline{x} = 280.6\,\mathrm{mm}$; $(0.85f_{ck})$를 무시하는 경우 : 좌측면에서

$\bar{x} = 280.2\text{ mm}$; 무시해도 차이는 0.1% 정도밖에 나지 않는다.

9.6 $b_{(소요)} = 389\text{ mm} < [\,b_{(설계)} = 400\text{ mm}\,]$ <o.k.>

$A_{st\,(소요)} = 2{,}400\text{ mm}^2 < [\,A_{st\,(배치)} = 4-D29 = 2{,}570\text{ mm}^2\,]$ <o.k.>

$\phi P_n = 2{,}413\text{ kN} < [\,P_u = 2{,}380\text{ kN}\,]$ <o.k.> ; 간격 400 mm로 D10 띠철근 배치

9.7 $\phi P_n = (0.65)(5{,}532) = 3{,}596\text{ kN}$

9.8 단면의 좌측면으로부터 소성중심 : (a) $\bar{x} = 194\text{ mm}$, (b) $\bar{x} = 200\text{ mm}$; 콘크리트 설계기준강도는 1.48배 증가하지만 소성중심은 오직 3.1% 이동한다.

9.9 (a) $c = 490.3\text{ mm}$, $[\phi M_n,\ \phi P_n]_{(\max)} = (78.0\text{ kN}\cdot\text{m},\ 2{,}241\text{ kN})$

(b) $[\,\phi M_{ot},\ \phi P_{ot}\,]_{(0\%\,f_y)} = (144.4,\ 1{,}745)$, (c) $[\,\phi M_n,\ \phi P_n\,]_{(50\%\,f_y)} = (195.5,\ 1{,}164)$,

(d) $[\,\phi M_b,\ \phi P_b\,]_{(100\%\,f_y)} = (225.7,\ 732)$, (e) $[\,\phi M_{nt},\ \phi P_{nt}\,]_{(100\%\,f_y)} = (254.7,\ 466.3)$,

(f) $[\,\phi M_n,\ \phi P_n\,]_{(순수\ 휨)} = (188.0,\ 0)$

9.10 $[\,34-12M_1/M_2 = 25.9\,] < [\,kl_u/r = 41.5\,]$; 따라서 장주로 설계하여야 하고, $M_c = 66.1\text{ kN}\cdot\text{m} > 1.4M_u = 56.0\text{ kN}\cdot\text{m}$; 따라서 단면을 증가시키거나 또는 구조시스템을 수정하여야 한다.

$l_u = 3.5\text{ m}$ 로 수정 : $[\,34-12M_1/M_2 = 25.9\,] < [\,kl_u/r = 32.3\,]$; 장주로 설계 ; $M_c = 48.78\text{ kN}\cdot\text{m} < 1.4M_u = 56.0\text{ kN}\cdot\text{m}$ <o.k.> ; $(M_u,\ P_u) = (48.8\text{ kN}\cdot\text{m},\ 980\text{ kN})$ 로 설계 ; 표 9.9의 $0\%\,f_y \sim 25\%\,f_y$ 구간의 6-D22의 경우 : $\phi P_n = 980\text{ kN}$ 일 때 $\phi M_n = 65.8\text{ kN}\cdot\text{m} > M_u = 48.8\text{ kN}\cdot\text{m}$ 를 만족하므로 $A_{st\,(배치)} = 6-\text{D}22 = 2{,}322\text{ mm}^2$를 선택한다. D10 띠철근을 250 mm 간격으로 배치 ; 축방향 철근의 겹침이음길이는 540 mm (> 0.83(639) = 531 mm 소요)를 유지한다.

9.11 $k = 1.0$, $[\,34-12M_1/M_2 = 34.0\,] < [\,kl_u/r = 50.0\,]$ 장주이고 비선형 또는 탄성 2차 해석 및 확대모멘트 근사해법을 적용할 수 있는데, 본 연습문제에서는 확대휨모멘트 근사해법을 사용한다.

$M_c = 112.5\text{ kN}\cdot\text{m} > 1.4M_2 = 1.4\times 52.7 = 73.8\text{ kN}\cdot\text{m}$ <N.G.>

단면이나 구조 시스템을 조종하여야 한다.

$l_u = 4.3\text{ m}$ 로 수정 : $[\,34-12M_1/M_2 = 34.0\,] < [\,kl_u/r = 35.8\,]$ 장주이므로 확대모멘트 근사해법을 적용한다.

$M_c = 43.1\text{ kN}\cdot\text{m} > 1.4M_2 = 1.4\times 31.3 = 43.8\text{ kN}\cdot\text{m}$ <o.k.>

$(P_u,\ M_u) = (1{,}160\text{ kN},\ 43.1\text{ kN}\cdot\text{m})$ 에 대해서 설계 ; 주어진 표에서 $0\%\,f_y \sim 25\%\,f_y$ 구간의 4- D32에서 $\phi P_n = 1{,}160\text{ kN}$ 일 때 $\phi M_n = 131.1\text{ kN}\cdot\text{m} > M_u = 106.6\text{ kN}\cdot\text{m}$ 로 만족하므로 $A_{st\,(배치)} = 4-D32 = 3{,}177\text{ mm}^2$ 를 선택한다. D10 띠철근을 300 mm 간격으로 배치 ; 축방향 철근의 겹침이음길이는 920 mm (> 916 mm 소요)를 유지한다.

9.12 $k = 0.85$, $[\,34-12M_1/M_2 = 34.0\,] < [\,kl_u/r = 42.5\,]$, 장주이며 확대모멘트 근사해법을 사용할 수 있다. $\delta_{ns} = 1.14 < 1.4$ <o.k.> ; 주어진 표의 $0\%\,f_y \sim 25\%\,f_y$ 구간에서 $\phi P_n = 1{,}425\text{ kN}$ 일 때 $\phi M_n = 122.5\text{ kN}\cdot\text{m}$ 이므로, $\therefore M_u = M_2 = 122.5/1.14 = 107.7\text{ kN}\cdot\text{m}$

9.14 $\phi P_n = 1{,}000\text{ kN}$ 이고 1축 모멘트 $M_u = \phi M_{n0y} = 183.8\text{ kN}\cdot\text{m}$ 인 경우에 대해서 설계 ; 표 9.10에서 $50\%\,f_y \sim 100\%\,f_y$ 구간의 8-D25에서 $\phi P_n = 1{,}000\text{ kN}$ 일 때 $\phi M_n = 186.1\text{ kN}\cdot\text{m} > M_u = 183.8\text{ kN}\cdot\text{m}$ 로 만족하므로 $A_{st\,(배치)} = 8-D25 = 4{,}054\text{ mm}^2$ 를 선택한다. Bresler 역하중 방법 검토 : $P_0 = 4{,}405\text{ kN}$, x-축 $\phi M_{nx} = 100.0$ kN · m 일 때 표를 이용하여 $P_{0x} = P_n/\phi = 3{,}234$ kN ; y-축 $\phi M_{ny} = 130.0$ kN · m 일 때 표를 이용하여 $P_{0y} = P_n/\phi = 2{,}818$ kN ;

$P_u = 1{,}000$ kN $< \phi_{ct} P_n = 1{,}487$ kN <o.k.>

9.15 $P_u = 1{,}312$ kN 이고 1축 모멘트 $\phi M_{n0x} = 227.2$ kN · m 일 때에 대해서 설계 ; 예제 9.6과 같은 절차를 밟아 350 mm x 550 mm 단면의 설계상관도 표를 구성한다.

$50\% f_y \sim 100\% f_y$ 구간의 4-D25에서 $\phi P_n = 1{,}312$ kN 일 때 $\phi M_n = 238.3$ kN · m $> M_u = 227.2$ kN · m 로 만족하므로 $A_{st\,(배치)} = 4 - D25 = 2{,}027\ \text{mm}^2$를 선택한다.

		직사각형 띠철근 단주:		350 mm x		550 mm								
철근은 4면에 대칭으로 배치		fck = 21 MPa		fy = 400 MPa		ΦMn (kN.m)		ΦPn (kN)						
		Max Cap		0% fy		25% fy		50% fy		100% fy		εt = 0.005		(P=0)
		Φ = 0.65												Φ=0.85
철근	ρt	ΦMn	ΦPn	ΦMn	ΦPn	ΦMn	ΦPn	ΦMn	ΦPn	ΦMn	ΦPn	ΦMn	ΦPn	ΦMn
4 -D 25	1.05	123	2,190	168	1,935	208	1,629	233	1,383	262	998	305	807	157
4 -D 29	1.33	130	2,297	182	2,003	226	1,679	254	1,415	291	995	344	802	196
4 -D 32	1.65	136	2,418	198	2,078	246	1,734	279	1,451	324	992	386	796	240
4 -D 35	1.99	143	2,547	215	2,159	268	1,794	305	1,489	359	988	432	790	287
4 -D 38	2.37	151	2,693	234	2,250	292	1,861	335	1,533	399	984	484	783	339

Bresler 역하중 방법 검토 : $P_0 = 4{,}211$ kN , x-축 $\phi M_{nx} = 170.0$ kN · m 일 때 표를 이용하여 $P_{0x} = P_n/\phi = 2{,}953$ kN ; y-축 $\phi M_{ny} = 67.6$ kN · m 일 때 표를 이용하여 $P_{0y} = P_n/\phi = 3{,}849$ kN ;

$P_u = 1{,}312$ kN $< \phi_{ct} P_n = 1{,}801$ kN <o.k.>

Bresler 등하중선 방법 : $(M_{nx}/M_{n0x})^{1.0} + (M_{ny}/M_{n0y})^{1.0} = 0.997 < 1.0$ <o.k.>

PCA 등하중선 방법 : $\left(\dfrac{M_{nx}}{M_{n0x}}\right)^{\left(\frac{\log 0.5}{\log \beta}\right)} + \left(\dfrac{M_{ny}}{M_{n0y}}\right)^{\left(\frac{\log 0.5}{\log \beta}\right)} = 0.712 < 1.0$ <o.k.>

9.16 $P_u = 5{,}340$ kN 이고 1축 모멘트 $\phi M_{n0x} = 0.65 \times 756.2 = 491.5$ kN · m 일 때에 대해서 설계 ; 예제 9.6과 같은 절차를 밟아 600 mm x 600 mm 단면의 설계상관도 표를 구성한다.

		직사각형 띠철근 단주:		600 mm x		600 mm								
철근은 4면에 대칭으로 배치		fck = 21 MPa		fy = 400 MPa		ΦMn (kN.m)		ΦPn (kN)						
		Max Cap		0% fy		25% fy		50% fy		100% fy		εt = 0.005		(P=0)
		Φ = 0.65												Φ=0.85
철근	ρt	ΦMn	ΦPn	ΦMn	ΦPn	ΦMn	ΦPn	ΦMn	ΦPn	ΦMn	ΦPn	ΦMn	ΦPn	ΦMn
6 -D 29	1.07	254	4,107	342	3,651	427	3,073	479	2,608	542	1,881	636	1,527	328
6 -D 32	1.32	266	4,288	369	3,764	461	3,156	520	2,662	597	1,876	708	1,520	401
6 -D 35	1.59	278	4,482	397	3,886	497	3,246	564	2,719	655	1,870	784	1,512	479
6 -D 38	1.90	291	4,701	429	4,022	538	3,347	613	2,784	721	1,864	871	1,504	567
6 -D 41	2.23	306	4,939	465	4,171	582	3,456	666	2,855	793	1,857	965	1,495	663
8 -D 25	1.13	257	4,147	348	3,676	435	3,091	488	2,619	554	1,880	652	1,525	344
8 -D 29	1.43	271	4,363	380	3,811	475	3,191	537	2,684	619	1,874	737	1,517	611
8 -D 32	1.76	286	4,604	415	3,962	520	3,302	591	2,756	692	1,867	833	1,508	696
8 -D 35	2.13	301	4,862	453	4,123	568	3,421	649	2,833	770	1,859	935	1,498	787
8 -D 38	2.53	318	5,154	496	4,305	622	3,556	715	2,919	858	1,851	1,050	1,487	890
8 -D 41	2.98	336	5,471	543	4,504	681	3,702	786	3,014	954	1,841	1,175	1,475	1,001
10 -D 35	2.66	323	5,242	509	4,361	639	3,597	735	2,946	885	1,848	1,085	1,483	921
10 -D 38	3.17	344	5,607	563	4,589	707	3,765	817	3,054	995	1,837	1,229	1,469	1,049
10 -D 41	3.72	366	6,004	622	4,836	780	3,948	906	3,173	1,115	1,826	1,385	1,454	1,188

Max. ∩. ~ 0% f_y 구간의 10-D41에서 $\phi P_n = 5{,}340$ kN 일 때 $\phi M_n = 511.5$ kN · m > $M_u = 491.5$ kN · m 로 만족하므로 $A_{st\,(배치)} = 10 - D41 = 13{,}396\ \mathrm{mm}^2$를 선택한다.

Bresler 역하중 방법 검토 : $P_0 = 11{,}545$ kN, x-축 $\phi M_{nx} = 400.0$ kN · m 일 때 표를 이용하여 $P_{0x} = P_n/\phi = 8{,}998$ kN ; y-축 $\phi M_{ny} = 170.0$ kN · m 일 때 표를 이용하여 $P_{0y} = P_n/\phi = 10{,}613$ kN ;
$P_u = 5{,}340\ \mathrm{kN} < \phi_{ct} P_n = 5{,}474\ \mathrm{kN}$ <o.k.>

Bresler 등하중선 방법 : $(M_{nx}/M_{n0x})^{1.25} + (M_{ny}/M_{n0y})^{1.25} = 0.988 < 1.0$ <o.k.>

PCA 등하중선 방법 : $(M_{nx}/M_{n0x})^{(\log 0.5/\log\beta)} + (M_{ny}/M_{n0y})^{(\log 0.5/\log\beta)}\ 0.843 < 1.0$ <o.k.>

10 장

10.1 계산에 의해서 구한 $\alpha = I_b/I_s = (2.634\times 10^9)/(1.295\times 10^9) = 2.03$; 그림 10.5에서 읽은 $f = 1.24$ 를 이용해서 구한 $\alpha = (b_w/l)(a/h_f)^3 f = (400/2{,}900)(2.29^3)(1.24) = 2.04$; 차이 0.44%

10.2

단위 : kN · m

M_0	70.49			
M_s와 M_c로 분배	받침부 M_s		중앙부 M_c	
계수	0.65		0.35	
분배 모멘트	-45.82		24.67	
주열대 및 중간대로 분배	주열대	중간대	주열대	중간대
계수	0.75	0.25	0.60	0.40
분배 모멘트	-34.36	-11.45	14.80	9.87

10.3

표 1 : 정적 계수모멘트의 정계수 휨모멘트와 부계수 휨모멘트로 분배 (기준 10.4.3)

	B1	단부 부	정	내부부	B2	부	정	부	B3
1. l_1 (m)			6.000				6.000		
2. l_n (m)			5.700				5.700		
3. l_2 (m)			9.000				9.000		
4. W_u (kPa)			12.44				12.44		
5. $M_0 = W_u l_2 l_n^2/8$ (kN.m)			454.9				454.9		
6. 모멘트 분배 계수		-0.16	0.57	-0.70		-0.65	0.35	-0.65	
7. 정 및 부계수모멘트 (kN.m)		-72.8	259.3	-318.4		-295.7	159.2	-295.7	
8. (a) 내부기둥 모멘트 (kN.m)					39.14				39.14
(b) 단부기둥 모멘트 (kN.m)	72.8								
9. 보로 인한 고정하중 (kN.m)			3.53				3.53		
10. 보로 인한 M_0 (kN.m)			14.34				14.34		
11. 정 및 부모멘트 : 6번×10번		-2.29	8.17	-10.04		-9.32	5.02	-9.32	
12. 보로 인한 기둥모멘트 (kN.m)	2.29				0.72				0.00
13. 총 기둥 모멘트 (kN.m)	75.1				39.85				39.14

표 2 단부패널 단부받침부 부계수 휨모멘트 설계

	중간대	주열대			중간대
		날개부분	보 부분	날개부분	
1. 폭 (m)	3.00	0.95	1.10	0.95	3.00
2. 정 또는부계수 휨모멘트(kN.m)			**-72.8**		
3. 주열대와 중간대 분배 계수	0.0295		0.941		0.0295
4. 2번 줄 x 3번줄(kN.m)	-2.15		-68.48		-2.15
5. 주열대에서 보와 날개 부분 분배율		0.075	0.850	0.075	
6. 4번 줄 x 5번 줄(kN.m)		-5.14	-58.21	-5.14	
7. 보나 벽체로 인한 모멘트(kN.m)			-2.29		
8. 총 설계 계수휨모멘트(kN.m)	**-2.15**	-5.14	**-60.50**	-5.14	-2.15
9. 유효깊이, d 계산 (mm)	161	161	526	161	161
10. b 또는 bw (mm)	3,000	950	300	950	3,000
11(a) $m = \varphi_f f_{ck}\, b\, d^2$	1.38E+09	4.37E+08	1.48E+09	4.37E+08	1.38E+09
(b) $\omega = [m - (m^2 - 2.36 * m * Mu)^{1/2}]/1.18m$	0.0016	0.0118	0.0419	0.0118	0.0016
(c) $\rho = \omega\, f_{ck} / f_y$	0.00008	0.00062	0.00220	0.00062	0.00008
(d) $A_{s(소요)} = \rho\, bd$ (mm^2/ 설계 폭)	39	95	347	95	39
12. 최소철근단면적, $A_{s(min)}$ (mm^2/설계 폭)	**1,200**	**380**	**904**	**380**	**1,200**
13(a) 배근하는 철근의 직경(mm)	D 13	D 13	D 16	D 13	D 13
(b) 철근 1개의 단면적 (mm^2)	126.7	126.7	198.6	126.7	126.7
14(a) 철근의 소요 개수 계산 (개/설계 폭)	9.5	3.0	4.6	3.0	9.5
(b) 배치 철근 개수 (개/ 설계폭)	10	3	5	3	10
15. 철근의 소요 간격 계산(mm)[10/14(b)]	300	317	220	317	300
16(a) 최대 철근간격 규정	300	**300**	300	**300**	300
(c) 간격 검토 [15 ≤ 16(a)]	o.k.	NG	o.k.	NG	o.k.
17(a) 각각의 스트립에 배치하는 철근	10 D 13	4 D 13	5 D 16	4 D 13	10 D 13
(b) 철근의 간격 (mm)	300	238	220	238	300
18. $A_{s(배치)}$ 단면적 (mm^2/설계 폭)	1,267	507	993	507	1,267
19(a) 철근 한 개의 배치길이(m)	1.680	50% 2.130	50% 2.130	50% 2.130	1.680
(b) 철근 한 개의 배치길이(m)		50% 1.560	50% 1.560	50% 1.560	
20. 각 스트립에 배치하는 총 철근길이(m)	16.800	7.380	9.510	7.380	16.800

표 3 단부패널 중앙 정계수 휨모멘트 설계

	중간대	주열대			중간대
		날개부분	보 부분	날개부분	
1. 폭 (m)	3.00	0.95	1.10	0.95	3.00
2. 정 또는 부계수 휨모멘트(kN.m)			**259.3**		
3. 주열대와 중간대 분배 계수	0.200		0.600		0.200
4. 2번 줄 x 3번줄(kN.m)	51.85		155.56		51.85
5. 주열대에서 보와 날개 부분 분배율		0.075	0.850	0.075	
6. 4번 줄 x 5번 줄(kN.m)		11.67	132.23	11.67	
7. 보나 벽체로 인한 모멘트(kN.m)			8.17		
8. 총 설계 계수휨모멘트(kN.m)	**51.85**	11.67	**140.40**	11.67	51.85
9. 유효깊이, d 계산 (mm)	161	161	526	161	161
10. b 또는 bw (mm)	3,000	950	1,100	950	3,000
11(a) $m = \varphi_f f_{ck}\, b\, d^2$	1.38E+09	4.37E+08	5.42E+09	4.37E+08	1.38E+09
(b) $\omega = [m - (m^2 - 2.36*m*M_u)^{1/2}]/1.18m$	0.0385	0.0271	0.0263	0.0271	0.0385
(c) $\rho = \omega\, fck / fy$	0.00202	0.00143	0.00138	0.00143	0.00202
(d) $As_{(소요)} = \rho\, bd$ (mm^2/ 설계 폭)	972	217	**798**	217	972
12. 최소철근단면적, $As_{(min)}$ (mm^2/설계 폭)	**1,200**	**380**	552	**380**	**1,200**
13(a) 배근하는 철근의 직경(mm)	D 13	D 13	D 16	D 13	D 13
(b) 철근 1개의 단면적 (mm^2)	126.7	126.7	198.6	126.7	126.7
14(a) 철근의 소요 개수 계산 (개/설계 폭)	9.5	3.0	4.02	3.0	9.5
(b) 배치 철근 개수 (개/ 설계폭)	10	3	5	3	10
15. 철근의 소요 간격 계산(mm)[10/14(b)]	300	317	76	317	300
16(a) 최대 철근간격 규정	300	**300**	25 이상	**300**	300
(b) 간격 검토 [15 ≤ 16(a)]	o.k.	NG	o.k.	NG	o.k.
17(a) 각각의 스트립에 배치하는 철근	10 D 13	4 D 13	5 D 16	4 D 13	10 D 13
(b) 철근의 간격 (mm)	300	238	220	238	300
18. $As_{(배치)}$ 단면적 (mm^2/설계 폭)	1,267	507	993	507	1,267
19(a) 철근 한 개의 배치길이(m)	6.270	50% 6.270	2개 6.270	50% 6.270	6.270
(b) 철근 한 개의 배치길이(m)		50% 6.270	나머지 6.270	50% 6.270	
20. 각 스트립에 배치하는 총 철근길이(m)	62.700	25.080	31.350	25.080	62.700

10.5 1방향 전단 $\phi_s V_c = 526.1$ kN > $V_u = 150.8$ kN <o.k.>

2방향 전단 $\phi_s V_c = 305.5$ kN < $V_u = 336.7$ kN <N.G.>

본 연습문제에서 2009년 설계기준에서는 만족하였지만 2012년 구조기준의 2방향 전단에 대해서 만족시키지 못하여 슬래브에 전단보강철근을 배치하여야 한다(그림 10.45 참고).

Reserve ::: **10.6** $v_{t\,(\min)} = 0.426$ MPa , $v_{t\,(\max)} = 1.254$ MPa < $\phi v_c = 1.299$ MPa **<o.k.>**

11 장

11.1 기초저판의 두께 $h = 360\,\text{mm}$; 기초저판의 폭 $b = 1{,}650\,\text{mm}$; 벽기초의 축방향에 연직한 방향으로 주철근 D16@ 220 mm로 배치 ; 벽기초에 평행하게 수축·온도철근 D13@ 160 mm로 배치 ; 벽체와 기초사이에 다월 연결철근 D10@ 350 mm로 복배근으로 배치 - 벽체로의 정착길이는 415 mm 이상을 배치하고, 기초에서는 90° 표준갈고리로 온도철근까지 연장하여 묶는다.

11.2 기초의 두께에 대해서 설계를 지배하는 2방향 뚫림전단에 대해서 검토하면 두께가 781 mm 이상이 되어야 만족하게 된다(2009년도 설계기준의 규정에서 h = 701 mm만 되어도 만족하여, 2012 구조기준이 두께를 11.4% 증가시키게 만든다. 2009년 기준에서 h = 701 mm (d = 609 mm)일 때 1방향 전단의 강도차이는 $\phi V_c / V_u = 858.2/583.6 = 1.47$ 배 가 된다. 그러나 2012년 구조기준에서 h = 781 mm (d = 689 mm)일 때 1방향 전단의 강도차이는 $\phi V_c / V_u = 970.9/465.7 = 2.08$ 배에 이르러 2009 기준에서 2012 구조기준으로 바뀌면서 강도차이가 41.5% 증가하게 된다.). 따라서 기초저판의 두께 $h =$ 800 mm 선택 ; 기초저판의 폭 $b =$ 2,460 mm ; 주철근 양방향으로 8-D25@ 325 mm 간격으로 배치 ; 기둥과 기초사이에 다월 연결철근 12-D22 철근을 기둥의 주철근에 잘 묶어서 배치하고, 기둥으로의 정착길이는 698 mm 이상을 배치하고, 기초에서는 90o 표준갈고리로 330 mm 이상을 연장한다.

11.4 설계는 2방향 뚫림전단이 지배하며, $P_u = 3.24 p_u = 3.24 \times 313.8 = 1{,}017$ kN ; D = L = 1,017 / (1.2+1.6) = 1,017/2.8 = 363.1 kN ; $\therefore P_s = D + L = 363.1 + 363.1 = 726.3$ kN

11.5 바닥판 좌측으로부터 A, 좌측 집중하중 작용점 B, 우측 집중하중 작용점 C, 우측 끝 D로 표시 :

(a) 토압 분포 : $p_{u@A} = 1{,}071\,\text{kN/m}$ → 선형 분포 → $p_{u@D} = 741.7\,\text{kN/m}$

(b) 전단력 분포도(약간 위로 볼록한 형상) : $V_{u@A} = 0\,\text{kN}$, $V_{u@B\,\text{좌측}} = 939\,\text{kN}$, $V_{u@B\,\text{우측}} = -1{,}731\,\text{kN}$, $V_{u@C\,\text{좌측}} = 1{,}532\,\text{kN}$, $V_{u@C\,\text{우측}} = -694\,\text{kN}$, $V_{u@D} = 0\,\text{kN}$; 휨모멘트 분포도(아래로 볼록한 형상) : $M_{u@A} = 0\,\text{kN}\cdot\text{m}$, $M_{u@B} = 426.3\,\text{kN}\cdot\text{m}$, $M_{u(x_L = 1.167\,\text{m})} = 0\,\text{kN}\cdot\text{m}$, $M_{u(\max)(x_L = 2.7\,\text{m})} = -1{,}102\,\text{kN}\cdot\text{m}$, $M_{u(x_R = 1.111\,\text{m})} = 0\,\text{kN}\cdot\text{m}$, $M_{u@C} = 304.9\,\text{kN}\cdot\text{m}$, $M_{u@D} = 0\,\text{kN}\cdot\text{m}$

12장

12.1 기초저판의 두께 $h_f = 500$ mm ; 기초저판의 폭 $b = 2,600$ mm ; 전면벽 하부의 두께 300 mm ; 전면벽 상부의 두께 250 mm ; 전면벽 설계 : 주철근 - D25@ 225 mm 간격으로 벽체의 내측 면에 배치하고, 기초저판에는 90° 갈고리로 정착하고, 하나건너 철근은 벽체로 0.79 m 연장하여 자른다 ; 뒷굽판의 설계 : 주철근 D25@ 300 mm로 배치 ; 앞굽판의 설계 : 전면벽의 주철근을 구부려서 앞굽판에 배치한다. 아래에 주어진 그림을 참고할 것.

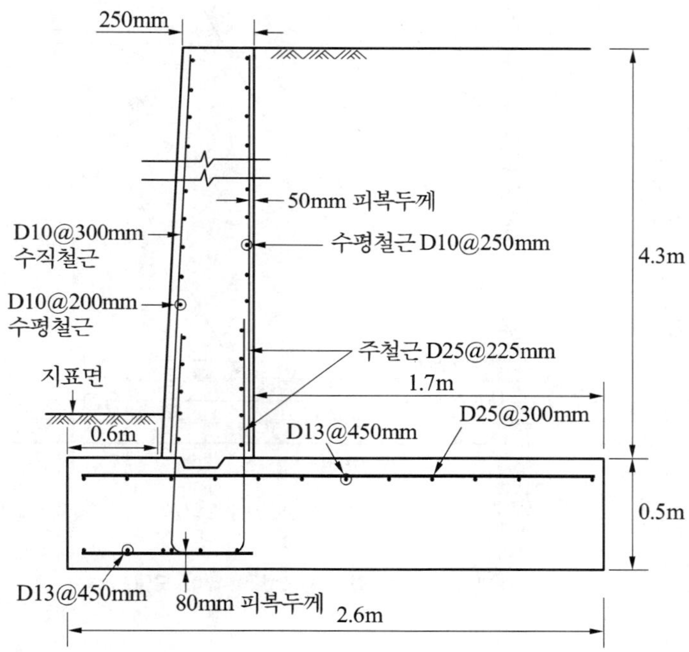

13장

13.1

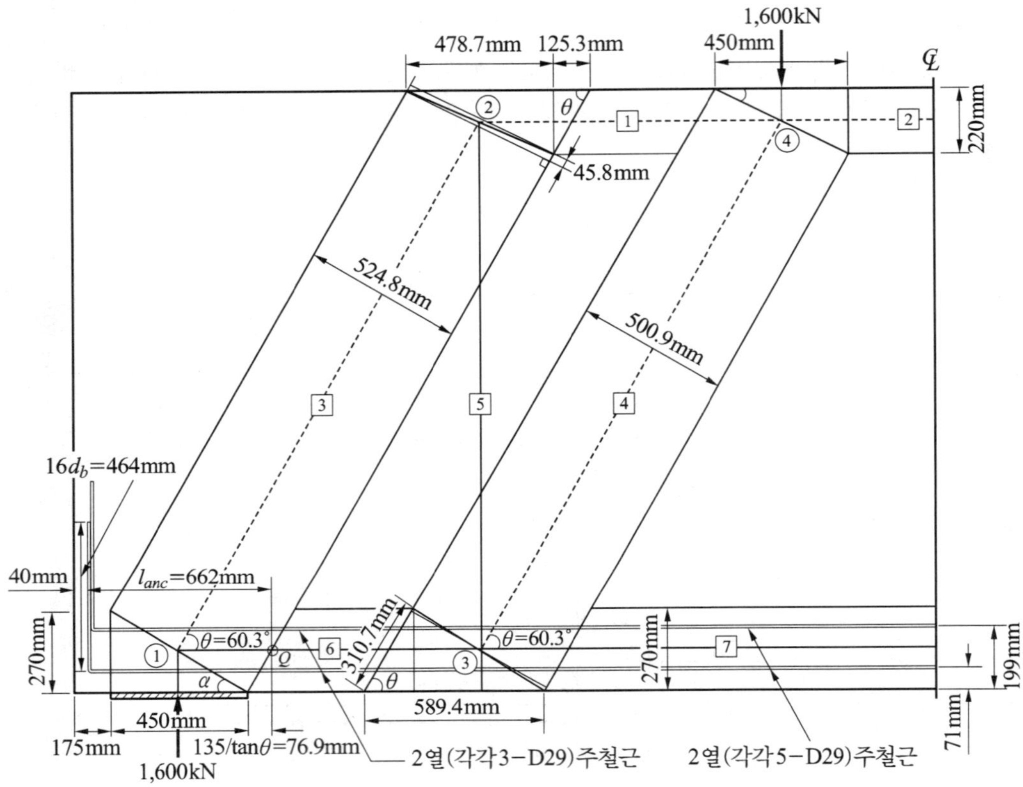

그림 1 : 차원화 시킨 스트럿-타이 모델 ;

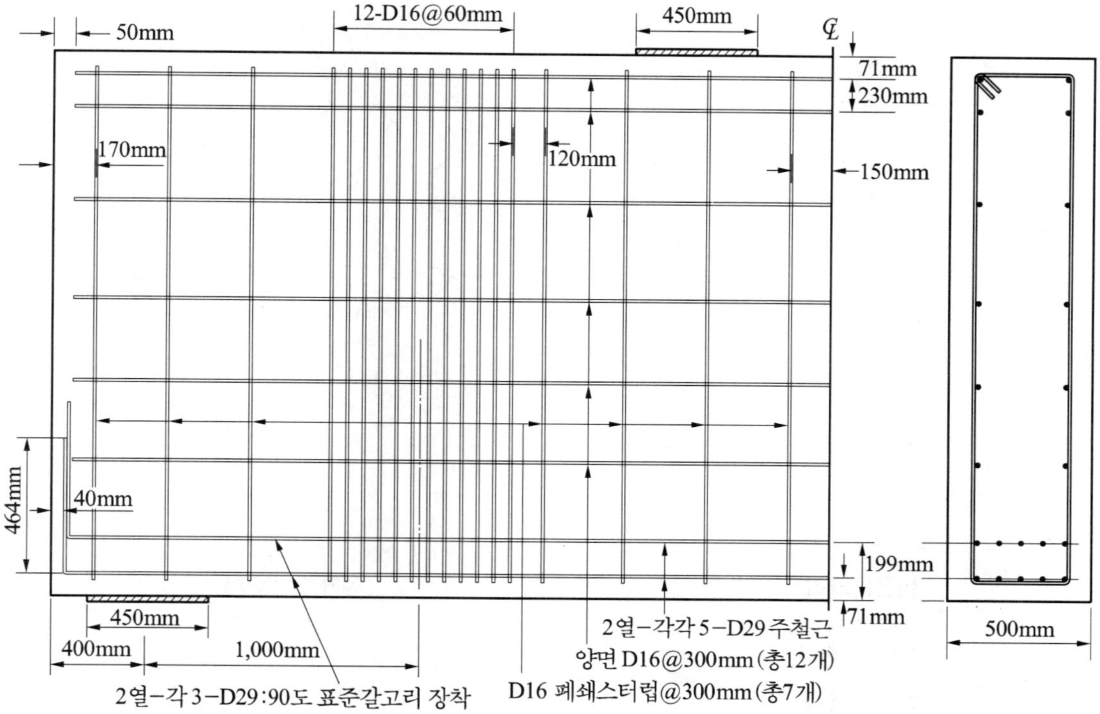

12-D16@60mm
450mm
50mm
71mm
230mm
170mm
120mm
150mm
464mm
40mm
199mm
71mm
450mm
400mm
1,000mm
500mm
2열-각각 5-D29 주철근
양면 D16@300mm(총12개)
D16 폐쇄스터럽@300mm(총7개)
2열-각 3-D29:90도 표준갈고리 장착

그림 2 : 철근 배근 상세도

철근콘크리트공학 정가 35,000원

저자 : 민창식

발행인 : 임해진
발행처 : 도서출판 구미서관

발행 : 2005년 1월 30일 제1판 1쇄
2008년 8월 30일 제2판 1쇄
2013년 2월 25일 제3판 1쇄
2014년 1월 25일 제3판 2쇄
2016년 2월 15일 제3판 3쇄
2019년 2월 15일 제3판 4쇄

등록 : 1979년 6월 29일 No.9–6호
주소 : 서울시 마포구 신촌로 2길 5–15 구미빌딩
전화 : 02–333–1101
팩스 : 02–335–2201
http://www.goomibook.com

ISBN 978–89–8225–915–9 (93530)